NR. 15
REFERAT 0001–2760
SEITE 1–280

1964
15. APRIL

CHEMISCHES ZENTRALBLATT

1830 gegründet
1897—1945 von der Deutschen Chemischen Gesellschaft fortgeführt

Herausgegeben im Auftrage
der Deutschen Akademie der Wissenschaften zu Berlin,
der Chemischen Gesellschaft in der DDR,
der Akademie der Wissenschaften zu Göttingen
und der Gesellschaft Deutscher Chemiker
von Prof. Dr. HEINRICH BERTSCH und Prof. Dr. Dr. h. c. WILHELM KLEMM

Chefredakteure
Dr. EUGEN KLEVER und Prof. Dr.-Ing. EBERHARD LEIBNITZ

135. JAHRGANG
1964

AKADEMIE-VERLAG GMBH · BERLIN · VERLAG CHEMIE GMBH · WEINHEIM · BERGSTRASSE

Chem. Zbl. 135. Jg. Nr. 15 Ref. 0001—2760 S. 1—280 Berlin, 15. April 1964

Inhalt

Namenregister

Ein vollständiger oder gekürzter Abdruck der Referate ist ohne Genehmigung der Redaktion und des Verlages verboten!

Patentregister

Amerikanische Patente (A.P.)

Nr.	Referat
1961472	2252
2846463	1502
2851476	1790
2852551	1790
2873301	2255
2881206	2660
2885357	2656
2885445	2258
2898229	2437
2901475	1487
2905664	2262
2906658	2436
2906782	2250
2914452	2238
2915442*	2208
2915443*	2206
2924632	2254
2928731*	2217
2928840	1492
2931843	2243
2932614	2289
2932649	2009
2934423*	2204
2934561	2281
2938048	2657
2938892	2241
2939876	2240
2940914	2239
2944083	2265
2947746	1501
2947747	1500
2948723	1498
2950258	2237
2950337	2245
2954381	1493
2959574	1740
2959615	2275
2967865	1495
2968683	1752
2971974	2018
2983595	2003
2986569	1994
2986570	1994
2988474	2024
2989391	1995
2990324	2010
2992219	2025
2993775	2002
2994585*	1878
2996505*	2035
2998452	2565
3002841	1810
3002884	2011
3002932	1739
3004885	2004
3005678	2689
3006714	2685
3006755	1811
3008804*	1880
3010780	2693
3010846	2367
3011903	2368
3011943	1523
3013045	2299
3013943	1489
3014947	2014
3017413	2007
3018219	2028
3018298	1506
3018304	1524
3019172	1515
3019235	1505
3022329	2017
3023247	2296
3024137	2172
3027325	1738
3029186	1522
3029258	1509
3030309	1745
3030310	2557
3030389	1503
3031473	1508
3032506	2562
3032529	2382
3032565	1507
3033792	1820
3033797	2365
3033861	1504
3033883*	2568
3034210	2193
3036918	2547
3036954	1516
3036956	1521
3037033	1514
3037866	2544
3037870	2546
3037934	2191
3037955	2374
3037996	1513
3038001	2019
3038924	2020
3039844	2190
3039964	1825
3039966	1824
3039970	2192
3040066	1512
3041179	2541
3041285	2176
3041336*	1538
3041352	2375
3041358	1511
3041365	2021
3042536	1812
3042617	1818
3042621	2564
3042630	2373
3042681	2370
3043675	2001
3043776	1822
3044140	2142
3044968	1806
3045012	1510
3046141	2540
3046227	1823
3046228	1826
3046230	1744
3046278	2008
3047384	2739
3047505	1819
3047508	2177
3047574	1499
3048464	2369
3048547	2178
3048548	2567
3049425*	2211
3049495	2566
3051740	1789
3052535	2155
3052634	1827
3052635	2559
3053763	1788
3053771	2563
3053787	2708
3053801	2377
3053818	2379
3053821	2378
3054762	2376
3054828	1993
3055837	2558
3056828*	1526
3057716	2160
3057805	2558
3058736	2141
3059008	2556
3059009	2554
3059010	2555
3059011	2556
3060083	2015
3060163	2380
3061412	2362
3061427	2162
3061631	2000
3061633	1553
3062638	2167
3062639	2149
3062642	2158
3062719	1517
3062746	1821
3068092*	2205
3068282*	1530
3072713*	1532
3072722*	1528
3074942*	1533
3075012*	1531
3078291*	1535
3079256*	2757
3081167*	2756
3089816*	1552

Australische Patente (Aust.P.)

Nr.	Referat
234970	2005
235810	2384
235817*	1882
235827*	2570
235840*	1881
235887*	1754
235932*	1831
235988*	2569
236271	2543
236521	2029
236778	1802
236951	1814
236974	2150
237241	1809
237347	1803
238002	2170
238003	2170
238004	2170
238005	2170
238079	1787
238171	1829
238463	2184
238585	1815

Belgische Patente (Belg.P.)

Nr.	Referat
544940*	2195
547623*	2197
548756	2201
554799	2626
555219	2250
555220	2250
558510*	2198
559638*	2198
560219	2745
561639*	2210
564178	2249
572253*	2038
573012	2560

Dänische Patente (Dän.P.)

Nr.	Referat
88030	1861
88429	2300
88934	2311

Auslegeschriften der Patentanmeldungen des Deutschen Patentamtes München (D.A.S.)

Nr.	Referat
1110425	2420
1111630	2292
1117581	2305
1119424	1750
1122703	2444
1126397	2282
1129139*	1878
1131417	2164
1135441	2235
1135892	2247
1137203	2440
1137212	2452
1137810	1746
1138236*	2213
1138758	2253
1139215	1747
1142165	2293
1142832	1785
1143076	2184
1143188	1869
1143277	1749
1143278	1748
1143821	2314
1144715	2256
1144716	2256
1144717	2256
1145161	2296
1145731	2341
1146428	2663
1146472	1631
1146864	2234
1147006	2006
1148219	1866
1148220	2290
1148379	2454
1148967	2621
1149131	2683
1149132	2626
1149290	2662
1149712	2274
1149909*	2214
1150387	2023
1150516	2453
1150692*	2032
1150979	2022
1151150	2027
1151378	2451
1151819*	2031
1152095	1875
1152777	2655
1153004	1876
1153005	1874
1153010	2297
1153013	2273
1153014	2270
1153022	1791
1153173	2442
1153352	2264
1153365	2417
1153367	1872
1153372	1871
1153527	2428
1153528	2450
1153529	2445
1153749	2413
1153750	2416
1153753	1868
1153754	1873
1154108	1867
1154110	1870
1154466*	1549
1154474	2447
1154475	2287
1154477	2284
1155776*	1548

Deutsche Patente (D.B.P.)

Nr.	Referat
976012	2616
976286	2622
976427	2438

Deutsche Patente (D.P.[DDR])

Nr.	Referat
18357*	1885

Deutsche Reichs-Patente (D.R.P.)

Nr.	Referat
753776	2629
757623	2628
766441	2619

Englische Patente (E.P.)

Nr.	Referat
811500	2265
820160	2654
827298	2653
831923*	2209
831930*	2206
833467	2276
834100	2263
834348	2266
836841	2427
836970	2249
837722*	2215
838745	2434
839279	2299
839425	2430
842726*	2207
844342	2313
846856	2658
847784	1751
850415	2251
851265	2242
851583	2418
852332	2661
853781	2424
853849	2272
854385	2431
854605	2426
854988	2432
855012	2423
855757	2414
855761	2435
855874	2433
857106	2429
857143	2419
858060	2738
858759	2448
859807	2425
860674*	1877
861454	2449
861455	2449
862488	2443
862499	2627
862567	2317
865299	2248
865324	2412
865778*	1888
867483	2294
868286*	2196
870027	2338
870052	2457
870621	2458
871323	2623
871528	2474
872179	2458
872907	2689
872997	1486
874507	2246
874548*	1886
874583	2257
874868	2366
875050	2302
875151	2471
875156*	1887
875348	1500
876074	2475
877062	2565
877662	2271
877671	2455
878269	2298
878762	2246
878806	2597
879006	2472
880547*	1758
880596	2478
880947	2476
881281	2477
881927	2316
882975	2686
883021*	1759
884809	2256
884972*	1756
886425	1997
886426	1997
886463	1828
888594	1491
891413	1484
891422*	1878
891483	2179
892421*	2034
892566	1804
892811	2735
893206	2256
893582	2711
894391*	1753
895702	2194
897157	1502
898367	2363
898800	1808
899100	2561
899218	1488
899599	2188
899764	2171
899898	1494
900804	2183
901196	2748
901551*	2039
901735	2734
902033	2168
902627	1998
902803	2013
903050	2752
904097	2736
905032	2712
905695	1999
905891*	2036
906423	2371
906455	2175
907147	2381
907464	2314
907724	2755
907848	1490
908212	1817
908316	1485
910213	1807
910456	1519
910871	2705
911482	1520
911821	2706
912552*	1538
912636	2166
913136*	1879
913591	2753
914001	1816
914178	1748
914861	2163
914862	2163
917014*	1551
917228	2146
918738*	1540
918934	2156
919460*	1755
921423	2383
922316*	1550
922652*	1542
924005*	1543
924036*	1554
924622*	2713
925044*	2216
926454*	2760

Französische Patente (F.P.)

Nr.	Referat
77496	2739
1192146*	2212
1204649*	2200
1208457*	2206
1210014*	2215
1228274	1996
1229779	1749
1229780	1748
1231089	2421
1231090	2422
1243653	2620
1244022	2307
1246403	2315
1246730	2309
1248053	2340
1250367	2189
1251242*	2203
1255377	2161
1268287	2182
1272833	2181
1274648	2186
1278282	2187
1285094	2747
1285579	2364
1286155	2710
1287334*	2202
1288960	2372
1291772	2147
1292118*	2759
1292434	2750
1296575	2154
1297678*	2758
1298462	2174
1299750	2143
1300163	2144
1300187	2153
1301964	2148
1302050	2152
1302778	2157

Indische Patente (Ind.P.)

Nr.	Referat
66153	1859
66155	1859
67133	1518
67249	1525
67821	2013
68218	1743
68446	2625
68483	2652
68860	2151
68928	1860
69301	1497
69596	2707
69700	2659
69840	2618
69900	2173
69925	2303
69979	2145
70172	2268

Italienische Patente (It.P.)

Nr.	Referat
532663*	2696
545475	2630
555509	2441
558069	1742
558306	1786
559115	2545
559549	2695
559804	2542
559984	2737
560746	2684
560917	2593
561050	2480
561538	2456
561699	2624

Japanische Auslegeschriften (Jap.A.S.)

Nr.	Referat
13739/1961	2189
13747/1961	1784
13840/1961	1737

Nr.	Referat
Niederländische Patente (Niederl.P.)	
102180	2751
102539	1830
102876*	1878
103802*	1757
103829*	2033
103889*	2030
103898*	1832
104053*	1884
104092*	1760
104130*	1534
104144*	1539
Norwegische Patente (Norw.P.)	
97524	2598
97688	2594
97922	2595
98165	2439
98234	1813
Österreichische Patente (Oe.P.)	
217478	2415
223725	2733
223902	2180
Schweizer Patente (Schwz.P.)	
355458	1496
356225	2339
363353	2754
363426*	2714
366549*	1537
367809*	1883
368796*	1541
368798*	1545
368799*	1544
369449*	1546
369450*	1547
369462*	1536
370093*	1527
370401*	1530
370764*	1529
370765*	1529
370766*	1529
Sowjetische Patente (UdSSR.P.)	
108677	2741
125376	2446
129200	2236
129328	2709
129333	2165
129334	2169
129483	2744
129822	2159
129939	2742
129940	2743
131348	2267
131755	2244
132222	2285
132223	2286
133340	2740
133872	2280
133873	2617
133874	2295
133875	2261
133876	2301
133877	2259
133878	2260
133883	2288
133884	2306
133886	2312
133887	2310
133888	2308
133889	2277
133890	2278
133891	2279
133892	2269
133893	2283
133895	2291
133974	2596
134014	2470
134015	2479
134017	2459
134020	2473
134090	1805
134092	1741
134526	1687
145690	2691
148722	2746
149179	2688
149304	2749
149786	2690
149842	2687
149852	2692
Tschechoslowakische Patente (Tschech.P.)	
98194	2016
99908	2026
Ungarische Patente (Ung.P.)	
150764	2694

CHEMISCHES ZENTRALBLATT

Nr. 15 · 15. April 1964
Referat 0001—2760
Seite 1—280

Geschichte, Unterricht

0001 **Das wissenschaftliche Werk Albert Einsteins.** Werner Heisenberg. (Sci. and Cult. [Calcutta] **29**, 392—95, 1963; Munich, MPI of Phys. and Astrophys.; engl.) A. Blaschette 1◇

0002 **Paul T. Héroult.** Anonym. (Aluminium suisse **13**, 123—25, 1963; dt., franz.) — Würdigung zum 100. Geburtstage des Pioniers der elektrolyt. Al-Fabrikation (geb. 10/4. 1863 in Thury-Harcourt bei Caen; gest. 1914). A. Blaschette 1◇

0003 **Die Elektronenstruktur der Atome — Die Hartree-Fock-Methode und die Korrelation.** J. C. Slater. (Rev. mod. Physics **35**, 484—87, 1963; Cambridge, Mass., MIT, Dep. of Phys.; engl.) — Kurze Übersicht über die histor. Entwicklung. A. Blaschette 2◇

0004 **Erinnerungen an die frühe Quantenmechanik von Atomen mit zwei Elektronen.** Egil A. Hylleraas. (Rev. mod. Physics **35**, 421—31, 1963; Oslo, Univ.; engl.) — Persönliche Erinnerungen des Vf. aus den Jahren 1925—1930. A. Blaschette 2◇

0005 **Zur Geschichte des älteren Deutschen Apothekenwesens.** 3. Mitt. **Nürnbergs Apotheker und Apotheken bis 1632.** Rudolf Schmitz, Karlheinz Bartels und Heinz Gossmann. (Pharmaz. Ztg. **108**, 1202—12, 1963; Marburg/Lahn, Univ., Seminar für Geschichte der Pharm.; dt.) — Geschichtsstudie für die Zeit von 1300—1637. — 180 Literaturangaben. Ch. Weiske 2◇

0006 **Die Eurochemic Company.** 1. Mitt. **Organisation und Tätigkeitsbereich.** Erich Pohland. (Nuclear Engng. **5**, 295—96, 1960; engl.) W. Menz 2◇

0007 **Die Eurochemic Company.** 2. Mitt. **Technologie, Planung und Auslegung.** Rometsch. (Nuclear Engng. **5**, 297—98, 1960; engl.) — Vgl. vorst. Referat. — Beschreibung der Anlagen zur Wiederaufbereitung von Brennelementen. W. Menz 2◇

0008 **Nukem — Deutsche Anlage zur Herstellung von Brennelementen.** Anonym. (Nuclear Engng. **5**, 320—21, 1960; engl.) — Zielsetzung der „Nuklear Chemie- u. Metallurgie-Gesellschaft". W. Menz 2◇

0009 **Ausbildung und Betätigung des Ingenieurs der Kerntechnik.** Hans Adam. (Kerntechn., Isotopentechn. u. -chem. **4**, 313—15, 1962; dt.) D. Hoene 6◇

0010 **Die Bedeutung der Fächer Chemie und Radiochemie bei der Ausbildung eines Ingenieurs für Isotopentechnik.** W. Uphoff. (Kerntechn., Isotopentechn. u. -chem. **4**, 470, 1962; Kiel, Staatl. Ing.-Schule; dt.) — Programm u. Erfahrungen an der Kieler Ingenieur-Schule während eines Zusatzsemesters zur Ausbildung von Ingenieuren für die Isotopentechnik. D. Hoene 6◇

0011 **Jodquelle für Halbwertszeitexperimente.** Frank L. Moore jun. (Amer. J. Physics **31**, 362—63, 1963; Potsdam, N.Y., Clarkson Coll. of Technol.; engl.) — $NaJO_3$ erweist sich als geeignetes Material für Halbwertszeitexperimente. Das einzige stabile Isotop von J (^{127}J) hat einen Neutroneneinfangquerschnitt von 6 barn. Das Radioisotop (^{128}J) hat eine Halbwertszeit von 25 Min. u. erlaubt somit eine Zählung über mehrere Halbwertszeiten in Labor.-Kursen. Bei Bestrahlungen von 2 Std. ist die 15-Std.-Na-Aktivität (^{24}Na) vernachlässigbar, während mit langen Bestrahlungen Quellen erzeugt werden, die für Verss. mit gemischten Zerfällen geeignet sind. Herbert Weber 6◇

0012 **Osmose.** D. G. Carter. (School Sci. Rev. **43**, 585—87, 1962; Norwood, Techn. Coll., Dep. of Chem.; engl.) — Besprechung der treibenden Kräfte u. der energet. Verhältnisse bei der Osmose zum Gebrauch im Schulunterricht. D. Hoene 6◇

0013 **Molekulare Wechselwirkungen mit den Oberflächen von Feststoffen.** A. C. Zettlemoyer. (Amer. Scientist **47**, 216—33, 1959; Bethlehem, Pa., Lehigh Univ.; engl.) — Einführung in Begriffe der Oberflächenchemie (Adsorptionserscheinungen an Oberflächenheterogenitäten, Korrosion, Schmierung, Schutz- u. Farbüberzüge, biolog. Membranen) u. in Meß-Meth. zur Unters. von Oberflächen-Rkk. (Feldemissionsmikroskop, IR-Spektroskopie, Einbettungswärmen u. kernmagnet. Resonanz). R. Junge 6◇

0014 **Dünnschichtchromatographie auf Deckgläsern. Ein Versuch aus der organischen Chemie.** M. Benton Naff und Anna S. Naff. (J. chem. Educat. **40**, 534—35, 1963; Carlisle, Pa., Dickinson Coll.; engl.) — Praktikums-Verss. (Trennung von Farbstoffen bzw. substituierten Phenolen auf mit Silicagel überzogenen Deckgläsern). A. Blaschette 6◇

0015 **Dünnschichtchromatographische Trennung von Tintenfarbstoffen.** Leonard F. Druding. (J. chem. Educat. **40**, 536, 1963; Newark, N.J., Rutgers Univ.; engl.) — Unterrichtsversuche. A. Blaschette 6◇

0016 **Elektrophoretische Untersuchung synthetischer Lebensmittelfarbstoffe.** M. H. Anwar, S. Norman, B. Anwar und P. Laplaca. (J. chem. Educat. **40**, 537—38, 1963; Tappan, N.Y., South Orangetown Central School District; engl.) — Unterrichts-Verss. (Trennung komplexer Gemische der in den USA zugelassenen elf Farbstoffe unter Verw. eines einzigen Puffer-Syst.). A. Blaschette 6◇

0017 **Ein Gaschromatographie-Gerät für Vorlesungszwecke.** John McLean und Peter L. Pauson. (J. chem. Educat. **40**, 539—40, 1963; Glasgow, Royal Coll. of Sci. and Technol.; engl.) A. Blaschette 6◇

0018 **Bestimmung von Aktivitätskoeffizienten durch Gaschromatographie: Ein Versuch aus der physikalischen Chemie.** Susan Kenworthy, James Miller und D. E. Martire. (J. chem. Educat. **40**, 541—43, 1963; Madison, Wis., Drew Univ.; Hoboken, N.J., Stevens Inst. of Technol.; engl.) — Verss. mit *Bzl.*, *Cyclohexan* u. *Cyclohexen*. A. Blaschette 6◇

0019 **Versuch zur Verwendung der Methode von West und Vick in einem Unterrichtslaboratorium.** Pierre Belin und René Thomassin. (Chim. analytique **43**, 387—90, 1961; Tours, Coll. sci. Univ., Labor. de Chim.; franz.) — Um in einem Unterrichts-Labor. die Verw. von H_2S umgehen zu können, empfehlen Vff. die Halbmikro-Meth. von West u. Vick (C. **1958**, 12199) zur Auftrennung der Kationen in der anorgan. Analyse. Die Kationen werden dabei in 6 Gruppen aufgeteilt: 1. Alkalimetalle; 2. Gruppe der Chloride Hg^{2+} u. Ag^+; 3. Gruppe der bas. Benzoate Sn^{4+}, Sb^{3+}, Bi^{3+}, Fe^{3+}, Cr^{3+}, Al^{3+}; 4. Gruppe der Fluoride Pb^{2+}, Mg^{2+}, Ba^{2+}, Ca^{2+}, Sr^{2+}; 5. Gruppe der nicht amphoteren Kationen Hg^{2+}, Fe^{2+}, Mn^{2+}, Cu^{2+}, Cd^{2+}, Co^{2+} u. Ni^{2+}; 6. Gruppe der amphoteren Kationen ZnO_2^-, SnO_2^- u. AsO_2^-. A.-M. Fretzdorff 6□

A. Allgemeine, physikalische und anorganische Chemie

0020 **Quantentheorie der Transportkoeffizienten.** 2. Mitt. K. Baumann. (Ann. Physics **23**, 221—32, 1963; Vienna, Univ., Inst. for Theoret. Phys.; engl.) — Für ein Syst. von Elektronen u. Phononen oder Elektronen u. Verunreinigungen werden mittels der therm. Green-Funktionen die Transport-Koeff. abgeleitet. Dabei werden Störungsrechnungen durchgeführt. M. Wiedemann 10◇

0021 **Integraldarstellung des Vertexanteils in der Störungstheorie.** I-Tschen Lju und I. T. Todorow. (Ber. Akad. Wiss. UdSSR **148**, 806—09, 1963; Verein. Inst. für Kernforsch.; russ.) M. Wiedemann 10◇

0022 **Zeitumkehr und Superselektion.** H. Ekstein. (Nuovo Cimento [10] **23**, 606—15, 1962; Argonne, Ill., Argonne Nat. Labor.; engl.) — Die Anforderungen, die an den Zeitumkehroperator vom physikal. Standpunkt zu stellen sind, werden mittels Observablen u. Eigenzuständen formuliert. Es ergeben sich Superselektionsregeln, die den Experimenten entsprechen. M. Wiedemann 10◇

0023 **Spezielle Natur des Bahndrehimpulses.** James D. Louck. (Amer. J. Physics **31**, 378—83, 1963; Auburn, Ala., Auburn Univ.; engl.) — Die Eigg. von Bahndrehimpulsoperatoren werden im Rahmen der formalen Theorie des Drehimpulses untersucht. Die Einwertigkeit der Eigenfunktionen braucht nicht postuliert zu werden. Herbert Weber 10◇

0024 **Chemisches Potential und tiefliegende Anregung im Vielkörper-Bose-System.** Katuro Sawada und Ludwig W. Bruch. (Physic. Rev. [2] **131**, 1379—83, 1963; San Diego, La Jolla, Calif., Univ. of California; engl.) — Unters. zur Darst. des chem. Potentials u. tiefliegender Anregungsenergie in Termen der Dichtefluktuation. Als Beispiel wird die Phononenanregung im Fall von ^4He behandelt. Herbert Weber 10◇

0025 **Eine Bemerkung zur Theorie der Paarungskorrelationen.** M. R. Bhagavan. (Proc. physic. Soc. **82**, 605—10, 1963; Manchester, Univ., Dep. of Theoret. Phys.; engl.) — Im Hinblick auf das Energiespektrum eines Syst. von Fermionen in Ggw. von Paarungskräften wird gezeigt, daß die Hartree-Bogoljubow-Theorie von Paarungskorrelationen zu einer Verallgemeinerung der Meth. der Green-Funktionen nach Gorkow (C. **1959**, 7701) führt. Herbert Weber 10◇

0026 **Diskrete Masse, Elementarlänge und eine topologische Invariante als Folgerung eines relativistischen invarianten Variationsprinzips.** U. Enz. (Physic. Rev. [2] **131**, 1392—94, 1963; Eindhoven, Netherlands; engl.) — Das Variationsprinzip wird aus Analogiebetrachtungen von sich bewegenden Bloch-Wänden in magnet. Kristallen u. von Elementarteilchen erhalten. Die Invariante hat die Symmetrie-Eigg. der Elementarladung. Herbert Weber 10◇

A_1. Kernphysik und Kernchemie

0027 **Kernwechselwirkungen ultrahoher Energie und ausgedehnte Luftschauer.** W. M. Glencross. (Proc. physic. Soc. **82**, 501—14, 1963; London, Imp. Coll., Dep. of Phys.; engl.) — Vorschlag eines Modells über die Elastizität von Kern-Wechselwrkg. bei Energien $>10^{13}$ eV mit Annahmen über die mittlere Energie der sek. Pionen. Mit diesem Modell ließen sich qual. viele der Eigg. der ausgedehnten Luftschauer erklären. Herbert Weber 85◇

0028 **Der Ursprung kosmischer Myonen und Photonen hoher Energie und die Hyperon-Hypothese.** Ju. D. Kotow und I. L. Rosental. (J. exp. theoret. Physik [UdSSR] **43**, 1411—18, 1962; Moskau, Techn.-Phys. Inst.; russ., Auszug: engl.) — Das differentielle Spektrum der kosm. Myonen (10^{11}—10^{14} eV) wird unter der Annahme berechnet, daß die Teilchen, die das 0,7—0,8fache der Energie der Primärteilchen abführen, Hyperonen sind. P. Sliwinski 85◇

0029 **Das Ladungsverhältnis der Höhenstrahlmyonen bei großen Zenitwinkeln.** F. Ashton, K. MacKeown, P. V. Ramana Murthy, J. B. M. Pattison und A. W. Wolfendale. (Physics Letters [Amsterdam] **6**, 259—60, 1963; Durham, N.C., Univ., Dep. of Phys.; engl.) — Mittels eines „horizontalen" magnet. Spektrographen wurde an 2070 Myonenbahnen mit mehr als 5 GeV u. bei einem Zenitwinkel von 77,5—90° das Ladungsverhältnis bestimmt. Das Verhältnis $N(\mu^+)/N(\mu^-)$ sank zunächst von 1,29 auf 1,07 im Intervall 15—30 GeV der Myonenenergie auf Seehöhe u. stieg dann auf 1,73 bei über 220 GeV an. M. Wiedemann 85◇

0030 **Messung der relativistischen Zeitdilatation unter Benutzung von μ-Mesonen.** David H. Frisch und James H. Smith. (Amer. J. Physics **31**, 342—55, 1963; Cambridge, Mass., MIT, Sci. Teaching Center and Dep. of Phys.; engl.) — Auf den Gipfel des Mt. Washington, N.H., einfallende μ-Mesonen wurden bzgl. des Geschw.-Bereiches zwischen 0,9950 u. 0,9954 c selektiert. Die Anzahl dieser μ-Mesonen, die die Meereshöhe erreichten, wurde in Cambridge, Mass., gemessen. Die ohne Zeitdilatation erwartete Anzahl wurde aus der Verteilung der Zerfallszeiten dieser μ-Mesonen berechnet. Der beobachtete Zeitdilatationsfaktor ist $8,8 \pm 0,8$ im Vgl. zu dem für Mesonen dieser Geschw. in der Nachw.-Geometrie berechneten effektiven Zeitdilatationsfaktor $1/(1 - v^2/c^2)^{1/2} = 8,4 \pm 2$. Herbert Weber 90◇

0031 **Polarisationseffekte beim Strahlungszerfall von π-Mesonen.** Ss. A. Gadshijew und A. I. Muchtarow. (J. exp. theoret. Physik [UdSSR] **43**, 1275—80, 1962; Aserbaidshan. Univ.; russ., Auszug: engl.) — Unters. zu Polarisationseffekten beim Zerfall $\pi \to e(\mu) + \nu + \gamma$ für die Varianten A u. V der schwachen direkten Wechselwirkung. Es wurden Auswahlregeln für die Wechselbeziehungen der longitudinalen Spinpolarisationen gefunden. P. Sliwinski 90◇

0032 **Elektromagnetische Korrektureffekte zum Zerfall $\pi^+ \to \pi^0 e^+ \nu$.** Ngee-Pong Chang. (Physic. Rev. [2] **131**, 1272—75, 1963; New York, N.Y., Columbia Univ., Dep. of Phys.; engl.) — Einfache Störungsberechnung. Herbert Weber 90◇

0033 **Pion-Nucleon-Streuung im Grenzbedingungsmodell. 1. Mitt. Unelastische Effekte bei S-Wellen.** H. Goldberg und E. L. Lomon. (Physic. Rev. [2] **131**, 1290—1302, 1963; Cambridge, Mass., MIT, Dep. of Phys. and Labor. of Nucl. Sci.; engl.) Herbert Weber 90◇

0034 **P-Wellen-Pion-Pion-Resonanz.** B. H. Bransden und J. W. Moffat. (Physic. Rev. Letters **8**, 145—47, 1962; Glasgow, Univ.; Baltimore, Md., RIAS; engl.) — Vgl. C. **1964**, 13-0042. — Die gekoppelten S- u. P-Wellen-Amplituden bei der Pion-Pion-Streuung werden im Bereich der Kopplungs-Konst. $\lambda = -0,1$ untersucht. Die Lösung entspricht den experimentellen Befunden über die P-Wellen-Resonanz im Zweipionensystem. M. Wiedemann 90□

0035 **Bestimmung des Wirkungsquerschnitts der Pion-Pion-Wechselwirkung aus der Reaktion $\pi^- + p \to \pi^- + \pi^+ + n$ bei kleiner Impulsübertragung auf das Nucleon.** A. V. Arefyev, Yu. D. Bayukov, Yu. M. Zaitsev, M. S. Kosodaev, G. A. Leksin, V. T. Osipenkov, D. A. Suchkov, V. V. Telenkov und V. B. Fedorov. (Physics Letters [Amsterdam] **6**, 299—300, 1963; Moscow, Inst. of Theoret. and Experim. Phys.; engl.) — Ein Pionenstrahl von 290 MeV fiel auf ein Target aus fl. H_2. Die erzeugten Pionenpaare laufen durch eine Funkenkammer u. ein Hodoskop aus 16 Scintillatoren. Die Gesamtenergie der Pionen u. der Impulstransfer wurden bestimmt; nach Chew-Low wurde der $\pi\pi$-Wrkg.-Querschnitt ermittelt. Die Werte liegen zwischen 28 u. 18 mb. M. Wiedemann 90◇

0036 **Über die mögliche Rolle von Vektormesonen bei der elastischen Streuung energiereicher π-Mesonen und Protonen.** G. G. Aruschanow. (J. exp. theoret. Physik UdSSR] **43**, 1709—11, 1962; russ., Auszug: engl.) — Der vom Vektorteilchenaustausch bei elast. Streuung von π-Mesonen (auch Protonen an Protonen u. π-Mesonen an π-Mesonen) herrührende Beitrag eines Poldiagramms wurde berechnet. Die Übereinstimmung mit Experimenten war gut. P. Sliwinski 90◇

0037 **Zerfallsprodukte von Vektormesonen.** G. Feinberg. (Physic. Rev. Letters **8**, 151—54, 1962; New York, N.Y., Columbia Univ.; engl.) — Die partiellen Breiten für die Mesonen mit $T = 0$ u. wahrscheinlich $J = 1$ sind anomal klein. Es wird daher nach anderen Zerfallsmodi gesucht, die überwiegen dürften. Für $\overline{\omega}^0$, $\overline{\varrho}^0$, η^0, ζ^0 sind die Zerfallsmodi u. die partiellen Breiten tabelliert. M. Wiedemann 90□

0038 **Beweis für den Zerfall $\omega \to \pi^0 + \gamma$.** V. V. Barmin, A. G. Dolgolenko, Yu. S. Krestnikov, A. G. Meshkovsky, Yu. P. Nikitin und V. A. Shebanov. (Physics Letters [Amsterdam] **6**, 279—82, 1963; Moskau, Inst. of Theoret. and Experim. Phys.; engl.) — Die Rk. $\pi^- + p \to n + \omega$ wurde in der 17-Liter-Blasenkammer mit einer Propan + Xenon-Füllung mit Pionen von 1,25; 1,55 u. 2,8 GeV/c ausgelöst. Gesucht wurde nach Rkk. mit 3γ. Für den Gesamt-Wrkg.-Querschnitt $\pi^- + p \to n + \omega \to n + \pi^0 + \gamma$ wurden Werte in der Größenordnung von 0,5 mb gefunden. M. Wiedemann 90◇

0039 **Der Strahlungszerfall eines ω-Teilchens.** Yuan-beng Dai. (Scientia sinica **12**, 1111—16, 1963; Acad. Sinica,

Inst. of Math.; engl.) — Dispersionstheoret. Unters. zum Prozeß $\omega \rightarrow \pi + \gamma$. Herbert Weber 90◇

0040 **Strahlungszerfall des ϱ-Mesons.** Paul Singer. (Physic. Rev. [2] **130**, 2441—49, 1963; Evanston, Ill., Northwestern Univ., Dep. of Phys.; engl.) — Diskussion unter der Annahme, daß die Zerfallsvertices durch die $\omega\pi$- u. $\pi\pi$-Zwischenzustände niedriger Masse beherrscht werden. Die Übergänge $\varrho \rightarrow \pi + \gamma$, $\varrho^0 \rightarrow \pi^+ + \pi^- + \gamma$, $\varrho^0 \rightarrow \pi^0 + \pi^0 + \gamma$, $\varrho^{+,-} \rightarrow \pi^{+,-} + \pi^0 + \gamma$ u. $\varrho^0 \rightarrow \eta + \gamma$ werden betrachtet. Herbert Weber 90◇

0041 **Eine Prüfung der zusammengesetzten Natur des ϱ-Mesons in den Formfaktoren der Nucleonen.** B. Jouvet. (Physics Letters [Amsterdam] **6**, 307—09, 1963; Coll. de France, Labor. de Phys. Atom. et Mol.; franz.) — Theoret. Untersuchung. M. Wiedemann 90◇

0042 **Neutrale Zerfallsmodi und Spin und Parität des η-Mesons.** Laurie M. Brown und Paul Singer. (Physic. Rev. Letters **8**, 155—56, 1962; Evanston, Ill., Northwestern Univ.; engl.) — Von den beiden ϱ-Pion-Resonanzzuständen hat das ω eine Masse von 787 MeV, das η eine von 550 MeV. Dem ersten wurde 1^- zugeordnet. Die Berechnung der Verzweigungsverhältnisse $R = (V^0 \rightarrow \pi^0 + \gamma)/(V^0 \rightarrow \pi^+ + \pi^- \pi^0)$ ergab für ω 0,008 u. für η 0,3 im Widerspruch mit dem Experiment. M. Wiedemann 90□

0043 **Leptonische Dreikörperzerfälle der K-Mesonen.** P. Dennery und H. Primakoff. (Physic. Rev. [2] **131**, 1334—44, 1963; Philadelphia, Pa., Univ. of Pennsylvania; engl.) — Unters. bzgl. der strangenessändernden schwachen Wechselwirkung. Herbert Weber 90◇

0044 **Prüfung der CP-Erhaltung beim Zerfall neutraler K-Mesonen.** R. G. Sachs und S. B. Treiman. (Physic. Rev. Letters **8**, 137—40, 1962; Madison, Wis., Univ., Phys. Dep.; Princeton, N.J., Univ., Palmer Phys. Labor.; engl.) — Ausgehend von der Tatsache, daß die Rk. $K^0 \rightarrow \pi^+ + e^- + \bar{\nu}$ mit $\Delta S = -\Delta Q$ (Q = elektr. Ladung) tatsächlich beobachtet wird, werden Experimente angegeben, um bei lepton. Wechselwrkg. mit Änderung der Strangeness auch die CP-Invarianz zu prüfen, z. B. das $K_2 \rightarrow 2\pi$-Verzweigungsverhältnis, longitudinale Polarisation der Leptonen bei den $K_{\mu3}$- u. K_{e3}-Zerfällen. M. Wiedemann 90□

0045 **Prüfungen des Einpionenaustauschmodells.** S. B. Treiman und C. N. Yang. (Physic. Rev. Letters **8**, 140—41, 1962; engl.) — Vgl. vorst. Referat. — Es werden Meth. behandelt, um das Modell der energiereichen Teilchen-Rkk. mit Austausch nur eines Pions zu prüfen. Als Beispiel werden die Rk. $\pi(k) + N(p) \rightarrow \pi(k_1') + \pi(k_2') + N(p')$ u. die dabei zu erwartenden Korrelationen behandelt. M. Wiedemann 90□

0046 **Dynamisches Modell der K*-Resonanz.** Richard H. Capps. (Physic. Rev. [2] **131**, 1307—14, 1963; Roma, Italy, Univ., Ist. di Fis.; engl.) — Das K*-Vektormeson wird als eine P-Wellen-Resonanz in den gekoppelten $\pi + K$- u. $\eta + K$-Zuständen (Isotopenspin 1/2) angesehen. π–η–K- u. K*–ϱ-Massendifferenzen werden behandelt. Herbert Weber 90◇

0047 **Modifiziertes K*-Austauschmodell für ΛK^0-Erzeugung.** G. T. Hoff. (Physic. Rev. [2] **131**, 1302—07, 1963; Chicago, Ill., Univ. of Chicago, Enrico Fermi Inst. for Nucl. Stud. and Dep. of Phys.; engl.) — Unters. zu $\pi^- + p \rightarrow \Lambda + K^0$ u. zur $K^*\Lambda N$-Kopplungskonstante. Herbert Weber 90◇

0048 **Impulsverteilung des Λ bei der Reaktion $\Sigma^- + d \rightarrow \Lambda + 2n$.** Jean Cortois und Marcel Deboudt. (J. Physique **24**, 391—93, 1963; Lille, Fac. des Sci., Dep. de Phys.; franz.) — Die Rate der Rk. $\Sigma^- + d \rightarrow \Lambda + 2n$ wurde in Abhängigkeit vom Impuls des Λ berechnet u. ein Maximum bei 283 MeV/c in Übereinstimmung mit experimentellen Daten gefunden. M. Wiedemann 90◇

0049 **Ein gruppentheoretisches Modell für die Dynamik starker Wechselwirkungen.** Pekka Tarjanne. (Suomalaisen Tiedeakatemian Toimituksia [Ann. Acad. Sci. fenn.], Sarja A VI **1962**, Nr. 105, 1—92; Copenhagen, Denmark, NORDITA; engl.) — Vorschlag eines dynam. Modells für starke Wechselwrkg., das auf einer Verallgemeinerung der Chew-Low-Wick-Näherung zur Meson-Nucleon-Streuung beruht. Herbert Weber 90◇

0050 **Partialsymmetrien von schwachen Wechselwirkungen.** Sheldon L. Glashow. (Nuclear Physics [Amsterdam] **22**, 579—88, 1961; Copenhagen, Univ. of Copenhagen, Inst. of Theoret. Phys.; engl.) — Schwache u. elektromagnet. Wechselwrkg. der Leptonen werden unter der Hypothese untersucht, daß die schwachen Wechselwrkg. durch Vektorbosonen vermittelt werden. Herbert Weber 90◇

0051 **Dispersive Behandlung von schwachen Zerfällen und Endzustandswechselwirkungen in Modelltheorien.** Kurt Haller und Leon F. Landovitz. (Physic. Rev. [2] **130**, 2593—97, 1963; New York, N.Y., Univ. Heights, New York Univ.; New York, N.Y., Yeshiva Univ., Belfer Graduate School of Sci.; engl.) — Unters. eines Modells, bei dem ein schweres Fermion B zum Lee-Modell hinzugefügt wird, wobei B an V u. Θ schwach gekoppelt ist. Zerfallsamplituden für $B \rightarrow V + \Theta$ u. $B \rightarrow N + \Theta + \Theta$ werden nach dispersionstheoret. Meth. entwickelt. Herbert Weber 90◇

0052 **Effekt von überlappenden Resonanzen in Endzuständen.** P. K. Srivastava. (Physic. Rev. [2] **131**, 461—70, 1963; Chicago, Ill., Univ. of Chicago, Enrico Fermi Inst. for Nucl. Stud. and Dep. of Phys.; engl.) — Unters. zu einem berechenbaren Modell für Rk.-Prozesse, die zu einem Dreiteilchenendzustand führen, bei dem 2 überlappende Resonanzen auftreten können, z. B. $V_1 + \Theta \rightarrow N + \Theta + \Theta$. Herbert Weber 90◇

0053 **Behandlung des Austausches bei Streuprozessen.** M. Bolsterli. (Physic. Rev. [2] **131**, 883—85, 1963; Copenhagen, Denmark, Univ. of Copenhagen, Inst. for Theoret. Phys.; Minneapolis, Minn., Univ. of Minnesota, School of Phys.; engl.) — Vgl. C. **1964**, 9-0057. — Unters. zur Streuamplitude für Prozesse, bei denen der Anfangs- (oder End-) Zustand, der ein Einzelteilchen plus eine gebundene Gruppe einschließt, in einen direkten u. einen Austauschteil aufgespalten wird. Herbert Weber 90◇

0054 **Neue Reihe für Phasenverschiebung bei Potentialstreuung.** S. Rosendorff und S. Tani. (Physic. Rev. [2] **131**, 396—406, 1963; Rochester, N.Y., Univ. of Rochester, Dep. of Phys. and Astronomy; New York, N.Y., Univ. Heights, New York Univ., Dep. of Phys.; engl.) Herbert Weber 90◇

0055 **Öffnungswinkel von Elektron–Positron-Paaren.** Haakon Olsen. (Physic. Rev. [2] **131**, 406—15, 1963; Trondheim, Norway, Norges Tekn. Høgskole, Inst. of Theoret. Phys.; engl.) — Berechnung des Querschnitts für Erzeugung von energiereichen Paaren mit bestimmten Öffnungswinkeln. Herbert Weber 90◇

0056 **Spinaustausch bei Elektron–Wasserstoff-Stößen.** M. H. Mittleman. (Physic. Rev. Letters **9**, 495—96, 1962; London, Univ. Coll., Phys. Dep.; engl.) — Aus den verschiedenen numer. Meth. zur Lösung der energiearmen e–H-Streuung werden die Spinaustauschamplitude herausgezogen u. die Näherungsformen der T-Matrix geprüft. Die Unterss. beschränken sich auf einfallende S–Wellen-Elektronen. Gerhard Schmidt 90◇

0057 **Bestimmung der Elektronenpolarisation durch Mott-Streuung.** Noah Sherman und Donald F. Nelson. (Physic. Rev. [2] **114**, 1541—42, 1959; Ann Arbor, Mich., Univ. of Michigan, Phys. Dep.; engl.) — Vff. berechnen den Asymmetriefaktor der Polarisation u. den Einzelstreuungsquerschnitt für die Streuung von 75- u. 121-keV-Elektronen am nicht abgeschirmten Coulomb-Feld von Au u. Al. Für Au werden die Ergebnisse mit den die Abschirmung berücksichtigenden Berechnungen von Mohr u. Tassie verglichen. Das abgeschirmte Feld liefert bei 165° eine um 50% größere Asymmetrie als das nicht abgeschirmte Feld. G. Lehmpfuhl 90◇

0058 **Streuung von Elektronen hoher Energie in einer Kernemulsion.** Ahmad Husain. (Pakistan. J. sci. ind. Res. **1**, 37—39, 1958; Dacca, East Pakistan, Univ., Dep. of Phys.; engl.) — Vf. untersucht Elektron–Elektron-Stoßprozesse in Ilford-G5-Platten für Elektroneneinfallsenergien von 6,5, 11,5 u. 18,7 MeV u. vergleicht die Zahl der gemessenen Stoßprozesse mit den aus den bekannten Formeln folgenden. H. Schirrwitz 90◇

0059 **Ionisationsenergieverluste schneller Elektronen in dünnen Filmen.** A. I. Alichanjan, G. M. Garibjan, M. P. Lorikjan, A. K. Walter, I. A. Grischajew, W. A. Petrenko und G. L. Furssow. (J. exp. theoret. Physik

[UdSSR] **44,** 1122—24, 1963; russ.) — Die mittels Linearbeschleuniger erzeugten Elektronen von 20,5; 40; 47,5 u. 88 MeV durchliefen 10^{-6} cm dicke Scintillationsschichten auf Polystyrolbasis auf einer Al-Unterlage. Die Intensität des Stromes wurde mittels Sekundäremissionsmonitor gemessen. Der Ionisationsenergieverlust in dünnen Schichten wuchs logarithm. mit der Elektronenenergie. Bei dünnen Schichten stimmten die experimentellen Befunde mit der ohne Berücksichtigung des Dichteeffektes berechneten Kurve überein. M. Wiedemann 90◇

0060 **Wechselwirkungen von 1,61-GeV/c-Antiprotonen im Wasserstoff unter Einschluß von zwei austretenden geladenen Teilchen.** Gerald R. Lynch, Robert E. Foulks, George R. Kalbfleisch, Sylvia Limentani, Janice B. Shafer, M. Lynn Stevenson und Nguyen-huu Xuong. (Physic. Rev. [2] **131,** 1276—86, 1963; Berkeley, Calif., Univ. of California, Lawrence Radiat. Labor.; engl.) — Messungen unter besonderer Berücksichtigung der elast. Streuung, der Einzelpionenerzeugung sowie der Vernichtung in drei oder mehr Pionen. Es wurden keine Zweipionenresonanzen beobachtet. Herbert Weber 90◇

0061 **Zweimesonenvernichtungen von 1,61-GeV/c-Antiprotonen in Wasserstoff.** Gerald R. Lynch, Philippe Eberhard, George R. Kalbfleisch, Joseph E. Lannutti Bogdan C. Maglić, Janice B. Shafer, M. Lynn Stevenson und Nguyen-huu Xuong. (Physic. Rev. [2] **131,** 1287—89, 1963; engl.) — Vgl. vorst. Referat. — In der H_2-Blasenkammer wurden folgende partielle Querschnitte gemessen: $\bar{p} + p \rightarrow \pi^- + \pi^+$, 119 ± 30 μb; $\bar{p} + p \rightarrow K^- + K^+$, 55 ± 18 μb. Winkelverteilungen wurden untersucht. Herbert Weber 90◇

0062 **Elastische Nucleon–Nucleon-Streuung bei hohen Energien und kleinen Winkeln.** K. Hiida. (Physic. Rev. Letters **8,** 148—50, 1962; Argonne, Ill., Argonne Nat. Labor.; engl.) — Die experimentell gefundene Formel für die elast. Proton–Proton-Streuung, die mittels Zählermessungen an den Syst. Proton–Polyäthylen u. Proton–C erhalten wurde, wird versuchsweise durch die doppelte Beugungsstreuung eines virtuellen Bosons durch zwei Nucleonen gedeutet. M. Wiedemann 90□

0063 **Winkelinformation über den Nucleon–Nucleon-Stoß bei ultrarelativistischen Energien.** 1. Mitt. **Der transversale Impuls bei 27 GeV.** C. Castagnoli und I. Ortalli. (Atti. Accad. Sci. Torino, Cl. Sci. fisiche, mat. natur. **96,** 417—29, 1962; Torino, Univ., Ist. di Fis.; ital.) — Unters. zur Erlangung von Informationen über die physikal. Natur von N–N-Stößen bei 27 GeV unter Benutzung der Winkelverteilungen der Sekundärteilchen u. Diskussion von neuen Meth. der Winkelinformation. Der transversale Impuls in Schauern, die durch Protonen von 27 GeV in Kernemulsionen erzeugt wurden, wird untersucht. Herbert Weber 90◇

0064 **Winkelinformation über den Nucleon–Nucleon-Stoß bei ultrarelativistischen Energien.** 2. Mitt. **Bestimmung der Primärenergie.** J. Castagnoli, A. De Marco und C. Lamborizio. (Atti. Accad. Sci. Torino, Cl. Sci. fisiche, mat. natur. **96,** 939—51, 1962; Torino e Parma, Univ., Ist. di Fis.; ital.) — 1. vgl. vorst. Referat. — Nach einer Diskussion der Meth. zur Best. der Primärenergie von Nucleonen bei Wechselwrkg. sehr hoher Energie werden die experimentellen Daten analysiert, die sich aus dem Beschuß von Kernemulsionen mit 27-GeV-Protonen ergaben. Herbert Weber 90◇

0065 **Extrapolationsmethoden und die Nucleon–Deuteron-Aufbruchreaktion.** I. J. R. Aitchison. (Physic. Rev. [2] **130,** 2484—94, 1963; Upton, N.Y., Brookhaven Nat. Labor.; engl.) — Unters. zur Anwendung der Chew-Low-Extrapolation auf $n + d \rightarrow n + p + n$ u. $p + d \rightarrow n + p + p$. Herbert Weber 90◇

0066 **Analyse der elastischen Protonenstreuung im Bereich 9—22 MeV nach dem optischen Modell.** F. G. Perey. (Physic. Rev. [2] **131,** 745—63, 1963; Oak Ridge, Tenn., Oak Ridge Nat. Labor.; engl.) — Analyse von Winkelverteilungen für Elemente, die schwerer als Al sind. Herbert Weber 90◇

0067 **Streuung von Protonen mit 10,0—12,3 MeV Energie an ^{28}Si.** A. V. Cohen und J. A. Cookson. (Nuclear Physics [Amsterdam] **24,** 529—34, 1961; Aldermaston, Berks., A.W.R.E.; engl.) — Die Anregungskurve für unelast. Streuung von Protonen (10,0—12,3 MeV) zeigt wesentliche Struktur. Winkelverteilungen dieser Rk. u. der elast. Prozeß wurden bei Beschußenergien von 10,61 u. 11,98 MeV bestimmt; die elast. Ergebnisse werden nach dem opt. Modell diskutiert. Herbert Weber 90◇

0068 **Elastische Streuung von 6,9-MeV-Protonen durch Chrom- und Zink-Isotope.** A. K. Walter, A. P. Kljutscharew, W. A. Lutzik, B. F. Orlenko, M. W. Passetschnik, W. Ss. Prokopenko und N. N. Putscherow. (Ber. Akad. Wiss. UdSSR **147,** 1325—27, 1962; Inst. für Phys. u. Phys.-techn. Inst. der Akad. der Wiss. der UdSSR; russ.) — Die elast. Streuung der Protonen wurde an ^{50}Cr, ^{54}Cr, ^{64}Zn, ^{68}Zn u. ^{70}Zn untersucht u. an ^{52}Cr u. ^{53}Cr wiederholt. Es wurden 2 Scintillationsspektrometer mit CsJ(Tl)-Kristall benutzt. Die Winkelverteilungen zeigten sämtlich ein Minimum des Verhältnisses des experimentellen zum Rutherford-Wrkg.-Querschnitt bei ca. 90°. M. Wiedemann 90◇

0069 **Streuung von energiereichen Deuteronen an komplexen Kernen.** Larry Zamick. (Ann. Physics **21,** 550—78, 1963; Princeton, N.J., Princeton Univ., Palmer Phys. Labor.; engl.) — Die Deuteron–Kern-Streuamplitude wird zur Nucleon–Nucleon-Streuamplitude unter Benutzung der Hochenergie- u. Kleinwinkelapproximation (Glauber) in Beziehung gesetzt. Herbert Weber 90◇

0070 **Elektronenstreuung in Tritium und ^{3}He.** H. Collard, R. Hofstadter, A. Johansson, R. Parks, M. Ryneveld, A. Walker, M. R. Yearian, R. B. Day und R. T. Wagner. (Physic. Rev. Letters **11,** 132—34, 1963; Stanford, Calif., Stanford Univ., Dep. of Phys. and High-Energy Phys. Labor.; Los Alamos, N.Mex., Scient. Labor.; engl.) — Aus der Streuung von 291-MeV-Elektronen unter 40° wurden Formfaktoren ermittelt. Es ergab sich hieraus für ^{3}He ein Ladungsradius von $1{,}97 \pm 0{,}10 \cdot 10^{-13}$ u. ein magnet. Radius von $1{,}69 \pm 0{,}10 \cdot 10^{-13}$ cm, für ^{3}H ein Ladungsradius von $1{,}68 \cdot 10^{-13}$ u. ein magnet. von $1{,}63 \cdot 10^{-13}$ cm. M. Wiedemann 90◇

0071 **Eine Untersuchung der Variationswellenfunktionen für das α-Teilchen.** E. W. Schmid, Y. C. Tang und R. C. Herndon. (Nuclear Physics [Amsterdam] **42,** 247—53, 1963; Oak Ridge, Tenn. Oak Ridge Nat. Labor.; Tallahassee, Fla., Florida State Univ.; engl.) — Obere u. untere Grenze für die Energie des α-Teilchens wurde mit verschiedenen Wellenfunktionen berechnet. H. Schroeder 90◇

0072 **Die Spin–Bahn-Kopplung in der Schalenstruktur der Atomkerne.** K. Bleuler und A. Schröder. (Helv. physica Acta **29,** 258—59, 1956; Zürich, Univ. Theor.-Phys. Seminar; dt.) — Für die Spin–Bahn-Wechselwrkg. wird ein Term im Hamilton-Operator eines Nucleons entwickelt, der u. a. in Übereinstimmung mit dem Mittelwert der Spin–Bahn-Aufspaltung bei leichten Kernen (^{5}He, ^{13}C, ^{13}N, ^{17}O, ^{17}F) u. dem Wert der Spin–Bahn-Aufspaltung bei den „idealen" Einteilchenzuständen (^{207}Pb, ^{41}Ca, ^{41}Sc, ^{49}Sc) steht. I. Zoll 95◇

0073 **Geometrische Darstellung von Kerneigenschaften.** M. Beiner und K. Bleuler. (Nuclear Physics [Amsterdam] **22,** 589—97, Bonn, Univ. of Bonn, Dep. of Theoret. Nucl. Phys.; engl.) — Experimentelle Kerndaten werden mit Hilfe einer geometr. Meth. dargestellt, die einen zusammenfassenden Überblick über Kern-Eigg. u. einen direkten Vgl. mit theoret. Ergebnissen gestattet. Behandelt werden u. a. Abtrennenergien für Protonen u. Neutronen, Schalenstruktureffekte u. Darst. von Einzelteilchenzuständen von Kernen ungerader Masse. Herbert Weber 95◇

0074 **Eine Methode zur Bestimmung der optischen Anisotropie und der Oberflächenform von Atomkernen.** L. Je. Lasarewa und B. A. Tulupow. (J. exp. theoret. Physik [UdSSR] **43,** 1910—13, 1962; Phys. Lebedew-Inst. der Akad. der Wiss. der UdSSR; russ., Auszug: engl.) — Die Meth. basiert auf der Unters. der Winkelverteilung geladener Teilchen, die von deformierten Kernen bei photonuclearen Rkk. emittiert werden. P. Sliwinski 95◇

0075 **Über die Kollektivmodell-Wellenfunktionen.** Zlatko Janković. (Rad jugosl. Akad. Znanosti Umjetnosti, Odjel mat., fizicke tehn. Nauke **1962,** Nr. 325, 1—17; Zagreb, Univ. of Zagreb, Fac. of Sci. and Inst. „Rudjer Bošković"; engl.) — Unters. zu den Vibrationsschwingungen der Kernanregung. Herbert Weber 95◇

0076 **Das Schwingungs–Quadrupol-Anregungsmodell und nichtaxiale Rotatormodell.** D. P. Grechukhin. (Nuclear

Physics [Amsterdam] **24,** 576—600, 1961; Moscow, USSR, Acad. of Sci., I. V. Kurchatov Atom. Energy Inst.; engl.) — Zur Aufklärung der experimentellen Möglichkeiten einer Prüfung des nichtaxialen Rotatormodells u. des Schwingungsmodells für Kerne mit nahezu äquidistanten Spektren wird ein detaillierter Vgl. der Voraussagen dieses Modells für die folgenden Größen durchgeführt: Wahrscheinlichkeiten von E0-, E2-, E4- u. M1-Übergängen in Kernen; Isotopen- u. Isomerenverschiebungen der Niveaus von Atomelektronen; Quadrupolmomente von Kernen in angeregten Zuständen. Herbert Weber 95◇

0077 **Vergleich der Energieniveaus des Kerns ^{152}Gd mit der Theorie nichtaxialer Kerne.** A. T. Strigatschew. (Nachr. Moskauer Univ., Ser. III **17,** Nr. 6, 20—23, 1962; russ.) R. Teichmann 95◇

0078 **Magnetisches Moment des angeregten 23,8-keV-Zustandes des ^{119}Sn-Kerns.** W. A. Brjuchanow, N. N. Deljagin und W. Ss. Spinel. (J. exp. theoret. Physik [UdSSR] **42,** 1183—85, 1962; Moskau, Univ., Inst. für Kernphys.; russ., Auszug: engl.) — Das magnet. Moment des 23,8-keV-Zustandes des ^{119}Sn-Kernes wurde durch die Meth. der γ-Resonanzabsorption (Mössbauer-Absorption) zu 0,75 $\pm$ 0,04 Kernmagnetonen bestimmt. Als γ-Quelle diente ^{119m}Sn in Form von SnO_2, u. als Absorber wurde eine Sn–Fe-Leg. mit 1,7% Sn, angereichert mit ^{119}Sn bis 75%, verwendet. Der Absorber wurde mit fl. N_2 gekühlt. Das 6-Komponentenspektrum war gut aufgelöst. Das auf den Sn-Kern in der Leg. einwirkende Magnetfeld beträgt 68 $\pm$ 2 kOe u. ist abhängig vom Sn-Geh. der Leg. (57 $\pm$ 4 kOe bei 10% Sn-Geh.). Absorber aus Sn–Fe-Leg. mit bis zu 10% Sn sowie Mn_2Sn ergeben ebenfalls gut aufgelöste Spektren. G. Winkhaus 95◇

0079 **Messung der Lebensdauer des 4$^+$-Niveaus (1282 keV) von ^{114}Cd mit der Methode der Resonanzstreuung.** A. F. Akkerman, E. Ja. Wilkowisski, D. K. Kaipow und W. N. Tschekanow. (J. exp. theoret. Physik [UdSSR] 1268—71, 1962; Akad. der Wiss. der KasachSSR, Kernphys. Inst.; russ., Auszug: engl.) — Die mittlere Lebensdauer des 4$^+$-Niveaus von ^{114}Cd wurde mittels eines Modells elast. Stöße von Moll. u. mittels der experimentell gemessenen Abhängigkeit des Wrkg.-Querschnittes des Resonanzeffektes von der Quellendichte bestimmt: $\tau = (7{,}5^{+1{,}2}_{-2{,}6}) \cdot 10^{-12}$ s. Der Wert stimmt mit dem aus verschiedenen Kernmodellen berechneten überein. Gleichzeitig wurde nach der Meth. der Selbstabsorption die mittlere Lebensdauer des 2$^+$-Niveaus (557 keV) mit $(1{,}53 \pm 0{,}53) \cdot 10^{-11}$ s gemessen. P. Sliwinski 95◇

0080 **Berechnung der Parameter des experimentellen γ-Quanten-Resonanzabsorptionsspektrums in Kristallen.** G. A. Bykow und Sui Chijen Fam. (J. exp. theoret. Physik [UdSSR] **43,** 909—18, 1962; Moskau, Univ., Inst. für Kernphysik; russ., Auszug: engl.) — Berechnung für einfache u. aufgespaltene Linien unter Berücksichtigung der Selbstabsorption in der Quelle. H. Liepack 95◇

0081 **Bemerkungen zur Beobachtung virtueller lokalisierter Modi mittels des Mössbauer-Effektes.** G. W. Lehman und R. E. De Wames. (Physic. Rev. Letters **9,** 344—45, 1962; Canoga Park, Calif., North Amer. Aviat. Sci. Center; engl.) — Vff. beziehen in Berechnungen des Absorptionsquerschnittes für γ-Strahlen bei der isotop. Substitution eines schweren Mössbauer-Atoms in einem leichten Wirtsgitter die erste Phononenlinie ein u. schlagen Experimente zur Nachprüfung des Effektes vor. H. Schroeder 95◇

0082 **Doppelte γ-Emission von Atomkernen.** S. R. de Groot. (Nederl. Tijdschr. Natuurkunde **29,** 219—20, 1963; Leiden, Inst.-Lorentz; niederl.) — Übersicht über rechner. u. experimentelle Unterss. über die doppelte γ-Emission von Atomkernen. — 7 Literaturangaben. W. Wesly 103◇

0083 **Regelmäßigkeiten in den Verzweigungsverhältnissen von höheren angeregten Zuständen der gerade-gerade-Kerne.** R. Van Lieshout, R. A. Ricci und R. K. Girgis. (Nuovo Cimento [10] **21,** 379—82, 1961; Amsterdam, Inst. voor Kernphys. Onderz.; Napoli, Univ., Ist. de Fis. Super., Ist. Naz. de Fis. Nucl.; Giza, Univ. of Cairo, Dep. of Phys.; engl.) — Es wurde festgestellt, daß die γ-Übergangswahrscheinlichkeit von einem höheren Niveau zum ersten angeregten 2$^+$-Zustand im allg. stark unterdrückt ist gegenüber der zum zweiten angeregten 2$^+$-Zustand. Die Verzweigungsverhältnisse $B(E2;\ J \to 2^{+\prime})/B(E2;\ J \to 2^+)$ u. $B(M1;\ J \to 2^{+\prime})/B(M1;\ J \to 2^+)$ sind für zahlreiche Nuclide tabelliert. M. Wiedemann 103□

0084 **Zusammenfassung von neueren Ergebnissen über innere Konversion.** M. K. Ramaswamy. (Current Sci. [Bangalore] **32,** 249—51, 1963; Dharwar, Karnatak Univ., Dep. of Phys.; engl.) — 12 Literaturstellen. Herbert Weber 103◇

0085 **Die Polarisation der Teilchen der inneren Konversion, die auf einen β-Zerfall folgt.** Ss. M. Darbinjan. (Nachr. Akad. Wiss. ArmenSSR, Ser. physik.-math. Wiss. **16,** Nr. 1, 105—110, 1963; russ.) — Die Korrelation der Polarisation der Konversionselektronen zur Richtung des Fluges der Elektronen des vorausgehenden β-Zerfalls wird für Coulomb-Übergänge berechnet. M. Wiedemann 103◇

0086 **Einfluß des Austausches auf L-zu-K-Einfangverhältnisse.** John N. Bahcall. (Physic. Rev. Letters **9,** 500—02, 1962; Pasadena, Calif., California Inst. of Technol.; engl.) — Verallgemeinerung der Theorie des Elektroneneinfangs durch Einbeziehung von Atomvariablen in die End- u. Anfangszustände. Herbert Weber 103◇

0087 **Über Reaktionen des totalen Zerfalls von Kernen.** Ju. A. Bereshnoi, A. P. Kljutscharew, Ju. N. Ranjuk und N. Ja. Rutkewitsch. (J. exp. theoret. Physik [UdSSR] **43,** 1248—52, 1962; russ., Auszug: engl.) — Der Zerfall von C-Kernen in α-Teilchen wurde untersucht (^{12}C + ^{12}C $\to 6\alpha$; Kernemulsion mit 115-MeV-C-Ionen beschossen). Die Energie u. Winkelverteilungen der α-Teilchen wurden mit dem statist. Modell verglichen. P. Sliwinski 103◇

0088 **Photozertrümmerung von Helium.** Paul Goldhammer und Henry S. Valk. (Physic. Rev. [2] **128,** 2925 bis 2926, 1962; engl.) — Vgl. C. **1963,** 20274. — Berichtigung einer l. c. wiedergegebenen Gleichung. Gerhard Schmidt 103◇

0089 **Die Anregungsfunktion der Reaktion ^{7}Li(p, γ)^{8}Be zwischen 1 und 3 MeV.** V. Riech. (Physics Letters [Amsterdam] **6,** 267—68, 1963; Hamburg, Inst. für Experimentalphys.; dt.) — Li auf Ta wurde mit Protonen von 0,88 bis 3,06 MeV beschossen u. die Anregungsfunktionen für den γ-Übergang zum Grundzustand u. zum ersten angeregten Zustand mit 2,9 MeV Anregungsenergie unter 90° zur Protonenrichtung getrennt gemessen. Es wurden 2 Resonanzen bei 1,03 u. 2,06 MeV gefunden. M. Wiedemann 103◇

0090 **Über die schnellen Effekte in Beryllium.** P. G. Aline, P. E. Novak und B. Wolfe. (Nuclear Sci. Engng. **7,** 392—94, 1960; San José, Calif., Gen. Electric Comp., Atomic Power Equipm. Dep.; engl.) — Berechnung des Einfl. der (n, 2n)- u. (n, α)-Rkk. in einem Be-moderierten Reaktor. Die Ergebnisse zeigen, daß der (n, 2n)-Effekt eine wesentliche Verbesserung in der Neutronenökonomie bewirken kann. Herbert Weber 103◇

0091 **Winkelverteilung von α-Teilchen aus ^{9}Be(d, α)^{7}Li-Reaktionen.** P. G. Iwanitzki. (Ukrain. physik. J. **7,** 1160—64, 1962; Kiew, Akad. der Wiss. der UkrainSSR, Phys. Inst.; ukrain., Auszug: engl.) — Die erwähnten Winkelverteilungen werden für den Grundzustand u. angeregte Zustände von ^{7}Li bei einer Deuteronenenergie von 13,6 MeV bestimmt u. die experimentellen Werte mit den nach der Theorie der direkten Wechselwrkg. berechneten Verteilungen verglichen. Der direkte Wechselwrkg.-Prozeß spielt bei gegebener Deuteronenenergie eine wichtige Rolle in dem vorliegenden Rk.-Mechanismus. W. Sobieski 103◇

0092 **Energieniveaus in ^{14}N, die zu dem in dem CNO-Cyclus erzeugten Verhältnis ^{12}C/^{13}C gehören.** Ronald E. Brown. (Astrophysic. J. **137,** 338—41, 1963; Seattle, Wash., Univ. of Washington; engl.) — Unters. der Rk. ^{13}C(p, γ)^{14}N durch Beschuß von ^{13}C mit 10,5-MeV-Protonen ergab, daß keine Resonanz in ^{13}C(p, γ)^{14}N im stellaren Raum existiert u. daß die von Caughlan u. Fowler (vgl. Astrophysic. J. **136,** [1962], 453) durchgeführte Berechnung der Geschw. dieser Rk. richtig ist. C. Gottfried 103△

0093 **Über das Zerfallsschema von ^{27}Mg.** Francesca Demichelis. (Atti. Accad. Sci. Torino, Cl. Sci. fisiche, mat. natur. **96,** 640—43, 1962; Torino, Politecn., Ist. di Fis. Sperim.; ital.) — Aus dem β-Spektrum u. β–γ- u. γ–γ-Koinzidenzen wird auf die Existenz von 2 neuen Energieniveaus bei 1,65 u. 1,83 MeV in ^{27}Al geschlossen. Herbert Weber 103◇

0094 **Ein isomerer Zustand in ^{102}Rh.** P. Born, A. Veefkind, W. H. Elsenaar und J. Blok. (Physica [Utrecht] **29**, 535—36, 1963; Amsterdam, Nederland, Vrije Univ., Natuurkundig Labor.; engl.) — Bei Messungen des Zerfalls von ^{102}Rh stellen Vff. Übergänge von einem isomeren Zustand ($T_{1/2}$ 1057 d) zu den Niveaus 2220 u. 1870 keV in ^{102}Ru fest. Für die Spins der Zustände von ^{102}Rh wird 3 oder 4 ($T_{1/2}$ 1057 d) bzw. 0 oder 1 ($T_{1/2}$ 205 d) vorgeschlagen. W. Sobieski 103◇

0095 **Photoneutronen vom ^{115}In.** E. Ss. Anaschkina. (J. exp. theoret. Physik [UdSSR] **43**, 1197—1201, 1962; Physikal.-techn. A. F. Joffe-Inst. der Akad. der Wiss. der UdSSR; russ., Auszug: engl.) — Die Photoneutronen wurden durch Bremsstrahlung ($E_{\gamma max}$ = 28 MeV) erzeugt. Der Beitrag des Resonanzphotoeffekts war (45 ± 10)%. Die Gesamtausbeute betrug im Energiebereich von 0—11 MeV (1,72 ± 0,6)·10^{-3} n/Mol·MeV·cm^3; die Winkelverteilung ist anisotrop. P. Sliwinski 103◇

0096 **γ-Spektren und Halbwertszeiten von vier Isotopen mit ungerader Masse A des Wolframs und Tantals.** A. Santoni, A. Caruette und J. Valentin. (J. Physique **24**, 407—09, 1963; Orsay, Labor. de Phys. Nucl.; franz.) — Ta-Oxid wurde mit Protonen von 40—155 MeV des Synchrocyclotrons beschossen u. die einzelnen Isotope mittels eines Separators mit doppelter magnet. Ablenkung getrennt. Es wurden folgende Halbwertszeiten gefunden: ^{179}W 38 ± 0,5 Min., ^{177}W 2,25 ± 0,05 Std., ^{175}W 34 ± 1 Min., Tochterelement ^{175}Ta 10,5 ± 0,2 Std., ^{173}W 16,5 ± 0,5 Min., Tochterelement ^{173}Ta 3,65 Stunden. M. Wiedemann 103◇

0097 **Der Zerfall des ^{181}W.** P. Debrunner, E. Heer, W. Kündig und R. Rüetschi. (Helv. physica Acta **29**, 235—37, 1956; Zürich, ETH, Physikal. Inst.; dt.) — Vgl. C. **1960**, 12232. — Genaue Unters. des Zerfallsschemas von ^{181}W, um durch Koinzidenz-Verss. das vom ^{181}*Hf*-Zerfall bekannte Niveauschema des ^{181}*Ta* zu ergänzen. Die Verzweigungsverhältnisse der Elektroneneinfänge nach den verschiedenen Niveaus wurden bestimmt. Die Zerfallsenergie von ^{181}W liegt zwischen 160 u. 200 keV. I. Zoll 103◇

0098 **Feinstruktur der α-Strahlung von ^{239}Pu.** Ss. A. Baranow, W. M. Kulakow und Ss. N. Belenki. (J. exp. theoret. Physik [UdSSR] **43**, 1135—39, 1962; russ., Auszug: engl.) — In dem mit einem magnet. α-Spektrographen untersuchten α-Zerfall von ^{239}Pu wurden mehr als 20 Feinstrukturgruppen gefunden. Eine mögliche Interpretation der Energieniveaus des ^{235}*U*-Kerns, der die Existenz einer neuen Niveaubande ($5/2^+$, $7/2^+$, $9/2^+$, $11/2^+$ für 129, 160, 204, 248 keV) einschließt, wird diskutiert. Das ^{235}U-Niveauschema ist angegeben. P. Sliwinski 103◇

0099 **Energieverteilung der Fragmente der spontanen Spaltung von ^{244}Cm.** L. S. Malkin, I. D. Alchasow, A. Ss. Kriwochatski, K. A. Petrshak und L. M. Below. (Atomenergie [UdSSR] **15**, 249—50, 1963; russ.) — Mittels Gas-Scintillationszähler wurde an einem Präp. von ^{244}Cm (0,243 μg, verunreinigt mit etwas ^{242}Cm u. ^{238}Pu) die Energieverteilung der Prodd. des spontanen Zerfalls bestimmt, für den eine Halbwertszeit von 1,46 ± 0,05·10^7 a ermittelt wurde. Die wahrscheinlichsten Energien betrugen für das leichte u. schwere Spaltfragment 117 ± 4 bzw. 86 ± 3 MeV. M. Wiedemann 103◇

0100 **Der Mechanismus der Anreicherung und Abtrennung von Rückstoßatomen in den Systemen feste Phase–Gas, feste Phase–Lösung.** K. B. Saborenko, A. M. Babeschkin und I. Ss. Aultschenko. (Radiochemie [UdSSR] **1**, 742—46, 1959; russ.) — Verschiedene Präpp. von akt. $BaCO_3$ mit verschiedener Teilchengröße u. durch Pressen erzielter verschiedener Porosität wurden hergestellt. Mit Thoron (^{220}Rn) u. ThX (^{224}Ra) wurde ihr Emanationsvermögen gemessen, ferner der Übergang in die fl. Phase durch Schütteln mit Lsgg. von $BaCl_2$. Der Teilchenabstand beeinflußte die Rückstoßatome in verschiedener Weise. M. Wiedemann 104□

0101 **Trennung von Borisotopen nach der Methode des chemischen Austausches. 2. Mitt. Komplexverbindungen von Bortrifluorid mit β.β'-Dichloräthyläther (Chlorex).** G. M. Pantschenkow, A. W. Makarow und L. I. Petschalin. (J. physik. Chem. [UdSSR] **34**, 2489—94, 1960; Moskau, Lomonossow-Univ.; russ., Auszug: engl.) — 1. vgl. C. **1959**, 2383; 3. vgl. C. **1964**, 12-0087. — In einer 2 m hohen, 2 cm weiten Kolonne mit Nichromspiralen als Füllkörper wird der Isotopenaustausch zwischen $^{10}BF_3$ u. dem Komplex von BF_3 mit β.β'-Dichlordiäthyläther $^{11}BF_3\cdot(C_2H_4Cl)_2O$ (I) durchgeführt, in einem Desorber erfolgt die Trennung von BF_3 u. I bei 175°. Der Koeff. α der Trennung bei einem Durchgang bei 60° beträgt 1,015 ± 0,005. Eine Anordnung (Abb.) für die massenspektrometr. Analyse von BF_3 wird beschrieben. R. K. Müller 104□

0102 **Bestimmung des einfachen Verteilungskoeffizienten bei der Trennung von Schwefelisotopen. Komplexverbindungen von SO_2.** G. M. Pantschenkow und L. I. Petschalin. (J. physik. Chem. [UdSSR] **35**, 1643—44, 1961; russ.) — Vgl. vorst. Referat. — Vff. versuchen, über die Austausch-Rkk. $^{34}SO_{2(g)}$ + R·$^{32}SO_{2(fl)}$ ⇌ $^{32}SO_{2(g)}$ + R·$^{34}SO_{2(fl)}$ (A) u. $^{33}SO_{2(g)}$ + R·$^{32}SO_{2(fl)}$ ⇌ $^{32}SO_{2(g)}$ + R·$^{33}SO_{2(fl)}$ (B) eine Trennung der S-Isotope durchzuführen, wobei für R = m-Xylidin (I) oder Dimethylanilin (II) verwendet wird. Die dargestellten Komplex-Verbb. enthalten jeweils 1,2 oder 1,6 Mol SO_2 für I bzw. II. Die Verteilungs-Koeff. α dieser Rkk. werden bei 20° zu R = I: 1,008; R = II: 1,013 für A u. R = I: 1,008; R = II: 1,009 für B bestimmt. W.-D. Heußner 104□

0103 **Thermodiffusionstrennung von Siliciumisotopen in Monosilan.** G. G. Dewjatych und G. K. Borissow. (J. physik. Chem. [UdSSR] **37**, 1985—88, 1963; Gorki, Lobatschew-Univ.; russ., Auszug: engl.) — Die Trennung von Si-Isotopen durch therm. Diffusion von SiH_4 an einer Koaxialzylinderkolonne mit einem Spalt von 2 mm Breite u. einer wirksamen Oberflächenlänge von 102 cm wurde untersucht. Die experimentellen Ergebnisse stimmen mit den Theorien von Johns u. Ferri bzw. Onsager überein. Die Parameter der idealen Kaskade zur Darst. von 1 g SiH_4 mit 20% ^{30}Si innerhalb von 24 Std. wurden bestimmt. H. Roschkowski 104◇

0104 **Ein Verfahren zur Bestimmung des Anreicherungsgrades von Uran-235 aus den α-Aktivitäten der Uranisotope.** F. Bernhard, G. Blumentritt u. J. Schintlmeister. (Atompraxis **6**, 154—58, 1960; Dresden, TH, Lehrstuhl für Kernspektroskop.; dt.) — Bei der Gewinnung von ^{235}*U* nach dem Diffusions-Verf. kann der Anreicherungsgrad aus dem relativen Verhältnis der Isotope ^{234}*U* u. ^{238}*U* ermittelt werden. Die formelmäßige Beziehung zwischen dem Verhältnis dieser beiden Isotope u. dem ^{235}*U*-Geh. wird angegeben. Das Verhältnis $^{234}U/^{238}U$ wird meßtechn. ermittelt, indem eine sehr dünne Schicht der zu untersuchenden U-Probe in 14 cm Abstand konzentr. um ein Proportionalzählrohr gelegt wird. Durch Veränderung des Luftdrucks in der Meßkammer wird die relative Intensität der beiden α-Linien (4,182 MeV, 2,71 cm Luftreichweite für ^{238}*U*, 4,768 MeV, 3,26 cm für ^{234}*U*) gemessen. Das Präp. wird durch Eintauchen eines gereinigten Al-Bleches in eine Lsg. von 10 g $UO_2(NO_3)_2\cdot6H_2O$ in 1 Liter W. hergestellt. W. Reusse 104□

0105 **Ausbeute gasförmiger Spaltprodukte in Uranmetall.** J. W. Weber. (J. nuclear Mater. [Amsterdam] **10**, 67—69, 1963; Richland, Wash., Gen. Electr. Co., Hanford Atom. Prod. Operat., Hanford Labor.; engl.) — Beim radioakt. Zerfall von ^{235}U u. ^{239}Pu werden die Isotope ^{83}Kr, ^{84}Kr, ^{85}Kr, ^{86}Kr, ^{131}Xe, ^{132}Xe, ^{133}Xe, ^{134}Xe, ^{135}Xe u. ^{136}Xe gebildet. Beim normalen radioakt. Zerfall gehen ^{133}Xe u. ^{135}Xe zu ^{133}Cs bzw. ^{135}Cs über, stabilisieren sich jedoch im Reaktor durch Neutroneneinfang zu ^{134}Xe bzw. ^{136}Xe. Zwischen Neutronenfluß u. Ausbeute besteht demnach eine Beziehung, für die eine Näherungsgleichung abgeleitet wird. H. Roschkowski 110◇

0106 **Das Problem der Spaltungsgase bei schnellen Reaktoren mit beweglichen Spaltstoffen.** Frederick G. Hammitt, Evan C. Kovacic und Frederick J. Leitz. (Nuclear Sci. Engng. **7**, 327—35, 1960; Ann Arbor, Mich., Univ. of Michigan, Dep. of Nucl. and Mechan. Engng.; Detroit, Mich., Atom. Power Dev. Assoc., Inc.; engl.) — Betrachtungen über die Bldg. von Gasblasen in umlaufenden geschmolzenen Legg. oder Pasten. Herbert Weber 110◇

0107 **Das Bestrahlungsprogramm für den Dragon-Reaktor.** R. A. Saunders. (Nuclear Engng. **8**, Nr. 80, 15—19, 1963; Winfrith, AEE, Dragon Proj.; engl.) — Untersucht werden Stahl u. Graphit u. Brennstoffhülsen sowie Verff. zur Spaltprod.-Kontrolle. Überblick über die bisherigen Fortschritte. Gerhard Schmidt 110◇

0108 **Eine kleine Umlaufapparatur zur Elektronenbestrahlung von Flüssigkeiten.** W. S. Guentner und T. J. Hardwick. (Int. J. appl. Radiat. Isotopes **13**, 98—99, 1962; Pittsburgh, Pa., Gulf Res. and Dev. Co.; engl.) — Es wird eine Reihe von konstruktiven Verbesserungen beschrieben, die gegenüber der in Ind. Engng. Chem. **52**, [1950], 50 von Guentner u. Hardwick geschilderten Umlaufanordnung vorgenommen wurden. Die neue Anlage hat ein kleineres Vers.-Vol., einen größeren Bereich der Bestrahlungs-Temp. u. Möglichkeiten zur einfachen u. schnellen Reinigung der leicht austauschbaren Einzelteile. T. Tamberg 112◇

0109 **Eine einfache Elektronenkanone für Elektronenstreuversuche.** William Parker, Carl-Joel Andreen und Hilding Slätis. (Nuclear Instruments Methods [Amsterdam] **15**, 200—02, 1962; Gothenburg, Chalmers Univ. of Technol., Dep. of Phys.; engl.) Gerhard Schmidt 112◇

0110 **Impulsquelle mehrfach geladener Ionen mit magnetischer Trennung des Bündels.** L. I. Bolotin, P. Ss. Markin und Ss. I. Meleschkow. (Versuchsgeräte u. Versuchstechn. [UdSSR] **6**, Nr. 6, 86—88, 1961; russ.) — Es wird eine Quelle für mehrfach geladene Ionen mit Impulsextraktion u. magnet. Trennung beschrieben. Es wird eine Beschleunigung bis 400 keV erzielt. Die Stromstärken bei Fokussierung auf einen Flecken von 15 mm ∅ betragen bei N^{4+} 1,4 mA, bei N^{3+} 1,5 mA u. bei N^{2+} 2 mA. M. Wiedemann 112◇

0111 **Funkenquelle mehrfach geladener Ionen.** L. I. Bolotin, P. Ss. Markin, Ju. F. Kulygin, G. M. Skoromny und Ss. I. Meleschkow. (Versuchsgeräte u. Versuchstechn. [UdSSR] **6**, Nr. 6, 88—90, 1961; russ.) — Spektrum sowie Oscillogramm des Stroms werden wiedergegeben. Die Funkenquelle liefert einen Gesamtionenstrom von 15 mA. Der Strom an N^{4+} u. C^{4+} beträgt 100 μA bei einer Impulsdauer von 15 μs, der an N^{3+} u. C^{3+} 500 μA bei 500 μs Dauer. M. Wiedemann 112◇

0112 **Gesteuerte Quelle positiver Ionen, frei von neutralen Teilchen.** M. N. Zwetajew. (Versuchsgeräte u. Versuchstechn. [UdSSR] **6**, Nr. 2, 126—28, 1961; Physikal.-techn. Inst. der Akad. der Wiss. der UdSSR; russ.) — Es wurde eine Quelle für positive Ionen konstruiert, die mit einer Kammer, Oberflächenionisation u. Alkalisalzen arbeitet. Der Ionenstrom kann bis 10^{-7}A erreichen. Beim Austritt ist der Durchmesser des fokussierten Bündels 1 mm. M. Wiedemann 112◇

0113 **Untersuchungen an einer HF-Ionenquelle.** J. Güldenpenning und M. Richter. (Ann. Physik [7] **12**, 113—20, 1963; Zeuthen bei Berlin, Dt. Akad. der Wiss. zu Berlin, Kernphysikal. Inst.; dt.) — An einer modifizierten Thonemannschen Hochfrequenz (HF)-Ionenquelle wurden der extrahierte Ionenstrom I_K u. der dabei auftretende Düsenverluststrom I_D in Abhängigkeit von der HF-Leistung N_{HF} des Senders, vom Druck p im Entladungsgefäß u. von der Höhe h eines Quarzringes nach Moak, Reese u. Good, der zur Erhöhung des Anteils der extrahierten Ionen auf die Extraktionsdüse gesetzt wurde, gemessen. Durch Vorschalten eines Ionenkondensors vor das fünfstufige Fokussierungs-Syst. wird der verwertbare Ionenstrom vergrößert. P. Detje 112◇

0114 **Transportable Beschleunigerröhre mit Ionenquelle für den Neutronengenerator.** E. A. Ab, G. M. Andrianowa, R. N. Plotnikow und L. A. Chutzischwili. (Versuchsgeräte u. Versuchstechn. [UdSSR] **6**, Nr. 1, 129—30, 1961; Leningrad, Forschungsinst. für geophysikal. Schürfmeth.; russ.) — Die Neutronen werden durch Beschuß eines Zr-T-Targets in massivem Cu-Halter mit beschleunigten Deuteronen erhalten. Die Ionenröhre besteht aus einer zylindr. Anode mit 2 scheibenförmigen Kathoden. Der Neutronenstrom liegt bei 80 μA u. 110 kV bei 450 c. M. Wiedemann 112◇

0115 **Neutronengeneratoren.** W. I. Strishak und N. Ss. Nasarow. (Versuchsgeräte u. Versuchstechn. [UdSSR] **6**, Nr. 2, 72—75, 1961; Inst. für Phys. der Akad. der Wiss. der UdSSR; russ.) — Es werden 4 Typen von Neutronengeneratoren beschrieben, die die Rkk. $D(d, n)^3He$ u. $D(t, n)^4He$ bei niedrigen Beschleunigungsspannungen bei 200 kV benutzen. Mit einer hochfrequenten Ionenquelle u. einer Quelle mit Glimmentladung im Magnetfeld können hohe Ionenströme am Target erzielt werden. Die Neutronenausbeuten wurden im Vgl. zur Ra-Be-Quelle bestimmt, sie lagen bei der ersten Rk. bei $2 \cdot 10^8$/s, bei der zweiten bei 10^{10}/s. M. Wiedemann 112◇

0116 **Erzeugung und Untersuchung monochromatischer polarisierter Bündel langsamer Neutronen.** H. Beil, P. Carlos und J. Matuszek. (J. Physique **24**, 359—66, 1963; franz.) — Mittels einer Anordnung aus mechan. Selektor u. Kristallen aus Fe_3O_4 oder aus 92% Co u. 8% Fe als Polarisator u. Analysator wurden monochromat. polarisierte Neutronen mit 10—0,001 eV erhalten. M. Wiedemann 112◇

0117 **Dichtung von Glasfenstern in Blasenkammern mit flüssigem Wasserstoff.** W. A. Beketow, Ja. M. Sselektor, Ss. M. Sombkowski und M. Ss. Ainutdinow. (Versuchsgeräte u. Versuchstechn. [UdSSR] **6**, Nr. 1, 182—83, 1961; russ.) — Bei der Dichtung wird ein Cu-Körper in einen Fluorplastering geschoben. Zum Zusammenziehen der Dichtung dienen Messingbolzen. Beim Abkühlen kommt es infolge des verschiedenen Ausdehnungs-Koeff. von Messing u. Glas nochmals zum Anziehen der Dichtung. M. Wiedemann 112◇

0118 **Rechtwinklige Wilson-Kammer.** I. P. Jawor. (Versuchsgeräte u. Versuchstechn. [UdSSR] **6**, Nr. 2, 169, 1961; russ.) — Beschreibung einer rechtwinkligen Wilson-Kammer von $50 \times 50 \times 20$ cm³. Die Totzeit lag bei 30 Sekunden. M. Wiedemann 112◇

0119 **Trennung von Spaltprodukten verschiedener Massen in einer Doppelionisationskammer.** Herbert Meister. (Nukleonik [Berlin] **5**, 3—8, 1963; München, TH, Labor. für techn. Phys.; dt.) — Eine neuartige Meth. zur schnellen Trennung (in ca. 10^{-2} s) von Spaltprodd. verschiedener Massen wird angegeben. Aus der einen Hälfte einer Doppelionisationskammer, in der die Spaltungen stattfinden u. in der durch Messung der Elektronenströme von beiden Spaltprodd. das jeweilige Verhältnis der Spaltprod.-Massen festgestellt wird, werden die gewünschten Spaltprodd., solange sie noch eine Restionisation besitzen, durch gepulste elektr. Felder abgesaugt. Die Grenzen der Meth., Massenauflösung u. Intensität betreffend, werden aufgezeigt. H. Schroeder 112◇

0120 **Funkendetektoren für geladene Teilchen.** M. I. Daion und G. A. Lekssin. (Fortschr. physik. Wiss. [UdSSR] **80**, 281—329, 1963; russ.) — Überblick. — 92 Literaturangaben. Herbert Weber 112◇

0121 **Teleskop aus Funkenzählrohren im Magnetfeld-Gerät zur Messung von Impulsen schneller geladener Teilchen.** M. I. Daion, W. Ch. Wolynski und L. I. Potapow. (Versuchsgeräte u. Versuchstechn. [UdSSR] **6**, Nr. 2, 47—52, 1961; Physikal. Inst. der Akad. der Wiss. der UdSSR; russ.) — Es wird ein Teleskop aus 3 planparallelen Funkenzählern beschrieben, das sich im Magnetfeld von bis zu 6300 Oe befindet. Die Funkenzähler sind aus Plexiglas, die obere Elektrode ist eine SnO_2-Schicht auf Glas, die untere ebenfalls eine leitende Schicht auf Glas oder eine Al-Folie. Die Arbeitsoberfläche liegt bei 200 cm², die Elektroden sind lichtdurchlässig. Im allg. können Bahnen auf 0,2 mm genau lokalisiert werden. Das Teleskop eignet sich zur Messung der Impulse schneller geladener Teilchen mit ca. 10^{11} eV/s. M. Wiedemann 112◇

0122 **Einige Entwicklungen an der Entladungskammer.** G. Charpak und L. Massonet. (Rev. sci. Instruments **34**, 663—69, 1963; Genf, CERN; Orsay, Frankreich, Univ. de Paris, Fac. des Sci., Inst. de Radium; engl.) — Die Arbeitsbedingungen einer Entladungskammer können, wie Verss. der Vff. gezeigt haben, durch Zufügen von Halogendampf, bes. J_2, zum Gas (He-Ne) in der Entladungsstrecke, ferner durch relativ lange Spannungsimpulse (0,5—10 μs) sowie Feldstärken, die die stat. Durchbruchsfeldstärke nur wenig überschreiten, verbessert werden. Die entwickelte Kammer hat außerdem transparente Elektroden aus rostfreiem Stahlgewebe, relativ großen Elektrodenabstand u. arbeitet mit enger Wiederholungsrate. W. Reusse 112◇

0123 **Gasentladungsdetektor der γ-Strahlung mit logarithmischer Empfindlichkeit.** Ju. M. Toltschenow und W. G. Tschaikowski. (Versuchsgeräte u. Versuchstechn. [UdSSR] **6**, Nr. 1, 51—52, 1961; russ.) — Es wurde ein Zähler mit 26 mm ∅ u. 130 mm Länge, gefüllt mit Ne + 2% Ar bis zu 500 Torr, u. einer krit. Spannung von 700 V

konstruiert, der nach dem Prinzip der Coronaentladung arbeitet. Erfaßt werden Intensitäten von 10^{-2} bis 10^6 r/h.
M. Wiedemann 112◇

0124 **Neue verbesserte Ergebnisse der Lichtkammer.** G. Cavalleri, E. Gatti, M. Nasini und G. Redaelli. (Energia nucleare **8,** 779, 1961; Segrate, Labor. CISE; Milano, Politecn. Ist. di Fis., Cattedra di Elettron. Nucl.; engl.) — Die von Arecchi u. Mitarbeitern (C. **1963,** 22198) entwickelte Kammer wird in der Weise verbessert, daß der Verstärkerimpuls durch einen auf die prim. Scintillation ansprechenden Photomultiplier gesteuert wird.
Gerhard Schmidt 112◇

0125 **Zur Theorie der Coronaentladung in Kernstrahlungszählern.** W. Ja. Ssaweljew und Ju. O. Nosskow. (Versuchsgeräte u. Versuchstechn. [UdSSR] **6,** Nr. 1, 47—50, 1961; russ.) M. Wiedemann 112◇

0126 **Ein Löschkreis für selbstlöschende Geiger-Müller-Zähler-Anordnungen.** Vasco Caini und Ingrid U. Olsson. (Ark. Fysik **22,** 225—35, 1962; Pisa, Italy, CAMEN; Uppsala, Sweden, Inst. of Phys.; engl.)
Herbert Weber 112◇

0127 **Messung β-aktiver Präparate mit einer Aktivität von $5 \cdot 10^{-12}$ Curie.** R. M. Polewoi und W. A. Ptschelin. (Versuchsgeräte u. Versuchstechn. [UdSSR] **6,** Nr. 1, 82—85, 1961; russ.) — Es wurde ein handlicher 4π-Zähler mit Methanfüllung konstruiert, der noch β-Präpp. mit $5 \cdot 10^{-13}$ c zu messen gestattet. Durch Pb-Schutz u. Antikoinzidenzschaltung wird der Untergrund auf 1 Impuls/min herabgedrückt. Die Plateau-Bldg. u. die Fehler wurden untersucht.
M. Wiedemann 112◇

0128 **Zerlegbares Rechteck-Neutronen-Proportionalzählrohr.** Ju. G. Abow und B. A. Awerkin. (Versuchsgeräte u. Versuchstechn. [UdSSR] **6,** Nr. 1, 181—82, 1961; russ.) — Es wird eine rechteckige Anordnung beschrieben, bei der in der Wrkg. mehrere Zähler in einem vereinigt sind. Sie enthält einen W-Draht als Anode u. einen Rahmen mit Netzen als Kathode. Die Verteilung der Amplituden der Impulse sowie die Zählcharakteristik wurden aufgenommen. Der tote Raum fällt bei diesem Zähler weg. M. Wiedemann 112◇

0129 **Ein Luft-α-Proportionalzählrohr, das unempfindlich gegen atmosphärische Luftfeuchtigkeit ist.** A. M. R. Ferrari und C. J. Borkowski. (Rev. sci. Instruments **33,** 1047—50, 1962; Oak Ridge, Tenn., Nat. Labor.; engl.) — Ein herkömmliches Luft-α-Proportionalzählrohr wird auch gegen hohe Luftfeuchtigkeit prakt. unempfindlich, wenn in dem Zentraldraht ein schwacher Strom (ca. 15 mA) aufrechterhalten wird. K. Jaeger 112◇

0130 **Zur Theorie der Energieauflösung von Scintillationszählern.** A. M. Ratner und I. A. Rom-Kritschewskaja. (Versuchsgeräte u. Versuchstechn. [UdSSR] **6,** Nr. 2, 53—56, 1961; Charkow, Inst. für chem. Rkk.; russ.) — Die Verbreiterung des Photomaximums, die von der ungleichmäßigen Lichtausbeute im Vol. des Scintillators herrührt, wird behandelt. Die Lichtausbeute u. die Lichtsammlung werden für einen Kristall mit spiegelnder Oberfläche berechnet.
M. Wiedemann 112◇

0131 **Wirkungsgradstabilisator eines Scintillationszählers.** W. N. Afanassjew. (Versuchsgeräte u. Versuchstechn. [UdSSR] **6,** Nr. 1, 74—75, 1961; russ.) — Es wurde ein CsJ-Kristall mit ^{60}Co bestrahlt, die Intensität des Kontrollsignals lag bei 30000 Impulsen/s. Die Abhängigkeit der Spannung am Photomultiplier von der Spannung am Ausgang der Quelle wurde mit u. ohne Stabilisator aufgenommen.
M. Wiedemann 112◇

0132 **Wirkung der nichtlinearen Empfindlichkeit von NaJ(Tl) auf die Einkristall-Summenspektren.** H. G. Devare und P. N. Tandon. (Nuclear Instruments Methods [Amsterdam] **22,** 253—55, 1963; Bombay, Tata Inst. of Fundament. Res.; engl.) — Es wurden experimentelle Unterss. der Lage des Maximums von γ-Summenspektren von ^{177}Lu, ^{60}Co, ^{88}Y, ^{24}Na u. ^{144}Pm durchgeführt. Die Lage der Maxima ist infolge der nichtlinearen Empfindlichkeit des NaJ(Tl)-Kristalls nach höheren Energien verschoben. Ein Vgl. mit den Verschiebungen, die auf Grund der Lichtausbeutekurven des Kristalls für γ-Strahlung zu erwarten sind, zeigt im wesentlichen gute Übereinstimmung bei Zweifachkaskaden.
P. Detje 112◇

0133 **Zur Form der Scintillationsimpulse von CsJ(Tl)-Kristallen.** G. N. Beloserski, K. A. Gridnew und A. N. Pissarewski. (Versuchsgeräte u. Versuchstechn. [UdSSR] **6,** Nr. 1, 73, 1961; Strahlungsinst. der Akad. der Wiss. der UdSSR; russ.) — Die Form der Impulse u. die Zeit des Anstiegs sowie des Abfalls wurden an CsJ-Kristallen mit 0,1—0,15 Mol-% Tl bei Anregung mit α-Teilchen des ^{239}Pu sowie mit γ-Strahlung von ^{137}Cs u. ^{60}Co untersucht.
M. Wiedemann 112◇

0134 **Herstellung von plastischen Scintillatoren nach der Druckmethode.** M. Ja. Balan, W. W. Kriwitzki, G. A. Lekssin und Ju. W. Trebuchowski. (Versuchsgeräte u. Versuchstechn. [UdSSR] **6,** Nr. 2, 171, 1961; russ.) — Plast. Scintillatoren können aus Polystyrol + Terphenyl + POPOP bei Drücken von 100—200 g/cm² u. Temp. von 140—150° hergestellt werden. Es lassen sich auch ganz dünne (0,5 mm) Scintillatoren gewinnen.
M. Wiedemann 112◇

0135 **Scintillationsdetektor zur auflösenden Registrierung schwerer und leichter ionisierter Teilchen.** W. N. Botschkarew und W. W. Nefedow. (Versuchsgeräte u. Versuchstechn. [UdSSR] **6,** Nr. 2, 80—81, 1961; Physikal. Inst. der Akad. der Wiss. der UdSSR; russ.) — Aus dem Vgl. der Lichtblitze u. ihrer langsamen Komponente konnte zwischen Elektronen u. schweren Teilchen unterschieden werden. Geprüft wurde z. B. die Registrierung von Po + Be-Neutronen in Ggw. von γ-Strahlung. Der Detektor arbeitet stabil bis zu $2 \cdot 10^3$ Impulsen/s. M. Wiedemann 112◇

0136 **Schichten-Scintillationsdetektor zur Registrierung schneller Neutronen in Gegenwart von γ-Quanten.** W. Ss. Jewssejew, W. I. Komarow, W. S. Kusch, W. Ss. Roganow, W. A. Tschernogorowa und M. M. Schumtschak. (Versuchsgeräte u. Versuchstechn. [UdSSR] **6,** Nr. 1, 68—72, 1961; Verein. Inst. für Kernforsch.; russ.) — Es wurde aus 28 Scheiben eines Plastescintillators — auf der Grundlage von Polystyrol mit Terphenyl u. anderen Zusätzen — ein Schichtendetektor konstruiert, der eine hohe Empfindlichkeit für Neutronen im Bereich von 5—20 MeV u. eine geringe für γ-Quanten besitzt. Das Spektrum der Rückstoßprotonen wurde bestimmt. M. Wiedemann 112◇

0137 **Anlage zur Registrierung von Neutronen toroidaler Impulsentladungen.** W. W. Matwejew udd A. D. Ssokolow. (Versuchsgeräte u. Versuchstechn. [UdSSR] **6,** Nr. 1, 130—32, 1961; russ.) — Zur Ermittlung der Ausbeute u. zeitlichen Verteilung von Neutronen, die in einer toroidalen thermonuclearen Anordnung erzeugt wurden, wurde ein Scintillationszähler mit elektron. Syst. benutzt. Das Oscillogramm der Impulse von d-d-Neutronen ist wiedergegeben.
M. Wiedemann 112◇

0138 **Die kontinuierliche Messung der Intensität des thermischen Neutronenflusses in Kernreaktoren hoher Leistung.** W. R. Loosemore und J. A. Dennis. (J. Brit. nuclear Energy Soc. **1,** 109—18, 1962; Harwell, AERE; engl.) — Mit Hilfe von Ionisationskammern für mittlere Ströme werden Messungen bis zu 500° erfolgreich durchgeführt. Die Kammern bestehen aus rostfreiem Stahl u. besitzen eine Xe-Füllung, ihre Elektroden sind mit U_3O_8 überzogen. Gerhard Schmidt 112◇

0139 **Aero-γ-Spektrometer zum Nachweis von Gesteinsverschiebungen.** D. B. Sikka. (Res. Bull. Panjab Univ. [N. S.] **13,** 91—102, 1962; Chandigarh, Panjab Univ., Dep. of Geol.; engl.) — Beschreibung eines speziell für diesen Zweck entwickelten Scintillationsspektrometers u. Vgl. der Ergebnisse mit den nach anderen geophysikal. Meth. erhaltenen Daten. Gerhard Schmidt 112◇

0140 **Abhängigkeit der Zeit- und Amplitudeneigenschaften eines neuen Millimikrosekunden-Photomultipliers von den Arbeitsparametern.** A. Eckardt, P. Görlich, H. J. Pohl und R. Prager. (Nuclear Instruments Methods [Amsterdam] **16,** 44—50, 1962; Jena, Univ.; Berlin, Dt. Akad. der Wiss., Inst. für Optik u. Spektroskop.; Jena, VEB Carl Zeiss; engl.) — Am Photomultiplier K12 FS50 (VEB Zeiss, Jena) wurden bei Kopplung an feste u. fl. organ. Scintillatoren die Impulsamplitude, ihre Linearität, Anstiegs- u. Abfallszeiten, die Halbwertsbreite sowie das zeitliche Flackern der Impulse untersucht. W. Reusse 112◇

0141 **Ein neuer Typ eines schnellen Verstärkers.** M. Ageno und C. Felici. (Nuclear Instruments Methods [Amsterdam]

16, 59—62, 1962; Roma, Ist. Super. di Sanità, Labor. di Fis.; engl.) — Für die verzerrungsfreie Verstärkung von Scintillations- u. Čerenkov-Impulsen wurde ein transistorisierter Kettenverstärker entwickelt. Als Impedanztransformatoren werden Kathodenfolger verwendet. Mit Verstärkungsfaktoren 4 bzw. 400 werden Anstiegszeiten von 4,2 bzw. 12 ns erzielt. W. Reusse 112◇

0142 **Hochgeschwindigkeits-Impulsoscillograph.** L. Ss. Bartenew, G. W. Glebowitsch und K. N. Ptitzin. (Versuchsgeräte u. Versuchstechn. [UdSSR] **6**, Nr. 6, 80—83, 1961; Radiophysikal. Forschungsinst.; russ.) — Es wurde ein Oscillograph mit einer maximalen Geschw. von $2 \cdot 10^{10}$ cm/s, einer Instabilität von nicht mehr als $1{,}5 \cdot 10^{-11}$ s konstruiert, der Impulsprozesse von 10^{-10} s Dauer zu registrieren gestattet. M. Wiedemann 112◇

0143 **Teilchenidentifizierung durch Impulsformdiskriminierung im p–i–n-Halbleiterdetektor.** C. A. J. Ammerlaan, R. F. Rumphorst und L. A. Ch. Koerts. (Nuclear Instruments Methods [Amsterdam] **22**, 189—200, 1963; Amsterdam, Inst. for Nucl. Phys. Res.; engl.) — Die Impulshöhe wird von der Teilchenenergie bestimmt, während die Impulsform von der Reichweite des Teilchens abhängt. In der theoret. Impulsanalyse wird die Impulshöhe zu einem festen Zeitpunkt während der Anstiegszeit als die reichweitenabhängige Größe benutzt. Deuteronen u. α-Teilchen im Energiebereich von 8—26 MeV sollten getrennt werden können. Experimentelle Unterss. bestätigen die theoret. Ergebnisse. P. Detje 112◇

0144 **Gerät zur Identifizierung eingefangener mehrfach geladener Teilchen in Kernphotoemulsionen.** A. P. Shdanow und I. M. Kuks. (Versuchsgeräte u. Versuchstechn. [UdSSR] **6**, Nr. 1, 45—47, 1961; Strahlungsinst. der Akad. der Wiss. der UdSSR; russ.) — Es wird ein photoelektr. Gerät mit Photomultiplier u. einer opt. Vergrößerung von 1350 beschrieben, das zur Ausmessung der Breite der Spuren geladener Teilchen in Photoemulsionen dient. Bestimmt wurde ihre Abhängigkeit von der Restreichweite bei Protonen u. Li-Spuren. M. Wiedemann 112◇

0145 **Messung der Ionisation in Photoemulsionen des Typs R.** A. O. Waissenberg, E. D. Kolganowa, N. W. Rabin und Je. A. Pessotzkaja. (Versuchsgeräte u. Versuchstechn. [UdSSR] **6**, Nr. 2, 57—59, 1961; russ.) — An Photoemulsionen vom Typ R erreichte der relativist. Anstieg der Ionisation 13%. Hierzu wurde an den Spuren von Protonen, Pionen u. Elektronen die Verteilung der Lückenlängen sowie der Körner untersucht. M. Wiedemann 112◇

0146 **Untersuchung der Abhängigkeit der Verzerrung und Pseudostreuung vom Neigungswinkel der Spuren in Kernphotoemulsionen.** Schu-fen Wan, N. Dalchashaw, R. M. Lebedew und W. N. Stelzow. (Versuchsgeräte u. Versuchstechn. [UdSSR] **6**, Nr. 2, 60—62, 1961; Verein. Inst. für Kernforsch.; russ.) — Mittels 9-GeV-Protonen u. Emulsionen von 0,04 cm Dicke wurde bei Winkeln von 0,5, 1,2, 2,1, 2,9, 5,6 u. 10° obige Abhängigkeit bestimmt. Die Verzerrung machte sich über 3° bemerkbar, die Pseudostreuung war nicht signifikant vom Winkel abhängig. M. Wiedemann 112◇

A₂. Optisches Verhalten der Materie

0147 **Thermonucleare Reaktionen in Sternen unter Einschluß von schweren Ionen bis zur Bildung von Eisenkernen.** Hiroshi Tsuda. (Progr. theoret. Physics [Kyoto] **29**, 29—43, 1963; Kyoto, Kyoto Univ., Dep. of Nucl. Sci.; engl.) — Untersucht wird das *C*-, *Ne*- u. *O*-Brennen, das im stellaren Kern nach der He-Erschöpfung auftritt. Die einzelnen Rk.-Raten von schweren Ionen mit Ionen bei Temp. um 10^9 °K werden wiedergegeben. Gerhard Schmidt 113◇

0148 **Rote Riesen mit extremen Metalldefiziten.** George Wallerstein, Jesse L. Greenstein, Robert Parker, H. L. Helfer und Lawrence H. Aller. (Astrophysic. J. **137**, 280—300, 3 Tafeln, 1963; Berkeley, Calif., Univ., Astron. Dep.; California Inst. of Technol., Carnegie Instn. of Washington; Mount Wilson and Palomar Obs.; Rochester, Univ., Dep. of Phys. and Astron.; Univ. of Michigan, Obs.; engl.) — In den 3 Sternen HD 122563, HD 165195 u. HD 221170 wurden im Vgl. zur Sonne Abnahmen in dem mittleren Verhältnis Metall/Wasserstoff um Faktoren von 800, 500 u. 500 festgestellt. Tabellar. angegeben sind die relativen Häufigkeitsverhältnisse von *Na I*, *Mg I*, *Al I*, *Si I*, *Sc II*, *Ti I*, *Ti II*, *Ti*, *V I*, *V II*, *V*, *Cr I*, *Cr II*, *Cr*, *Mn I*, *Co I*, *Ni I*, *Zn I*, *Sr II*, *Y II*, *Zr II*, *Ba II*, *La II*, *Ce II*, *Nd II* u. *Eu II*. C. Gottfried 113△

0149 **Solarer Neutrinofluß.** J. N. Bahcall, William A. Fowler, I. Iben jun. und R. L. Sears. (Astrophysic. J. **137**, 344—46, 1963; Pasadena, Calif., California Inst. of Technol.; engl.) — Vff. führen zunächst aus, daß die effektive Neutrinoerzeugungs-Temp. in einen einfachen Zusammenhang mit der zentralen Sonnen-Temp. gebracht werden kann. Für ein nicht veröffentlichtes Modell von Iben u. Sears finden Vff. eine effektive Neutrino-Temp. von ca. $15 \cdot 10^6$ °K. Die Anzahl der $^7Be(p,\gamma)^8B$-Rkk., die pro Zeiteinheit in der Sonne auftritt, ist eine extrem empfindliche Funktion dieser Temp., während die konkurrierende $^7Be(e,\nu)^7Li$-Rk. eine langsam variierende Funktion der obigen Temp. ist. Eine ungefähre Berechnung zeigt, daß eine Erhöhung der effektiven Temp. um 20% über den mit dem obigen Modell erhaltenen Wert den Neutrinofluß um einen Faktor von 15 erhöhen würde. C. Gottfried 113△

0150 **Ozon und Sonnenflecken.** Julius London und Marion W. Haurwitz. (J. geophys. Res. **68**, 795—801, 1963; Boulder, Colo., Univ., Dep. of Astro-Geophys. and High Altitude Obs.; Nat. Bur. of Stand.; engl.) — Vff. untersuchten krit. eine Annahme von Willet (vgl. J. geophys. Res. **67**, [1962], 661), wonach eine enge Wechselwrkg. zwischen den Sonnenflecken u. den totalen O_3-Schwankungen besteht u. kommen dabei zu dem Ergebnis, daß die von Willet (vgl. l. c.) gezogenen Schlußfolgerungen ohne statist. Bedeutung sind. C. Gottfried 113△

0151 **Raketenspektroskopie.** S. N. Ghosh und Sharda Nand. (Proc. nat. Acad. Sci., India, Sect. A **32**, 268—301, 1962; Allahabad, Univ., J. K. Inst. of Appl. Phys.; engl.) — Beschreibung von in bes. stabilisierten Raketen eingebauten Spektrographen u. Technik zur Aufnahme des (durch Sonnen- u. Erdatmosphäre absorbierten) Teils des Sonnenspektrums im Wellenlängenbereich von 3000 Å. Die experimentellen Ergebnisse verschiedener Autoren — Intensitäten der Emissionslinien im untersuchten Bereich, Unters. der oberen Bereiche der Erdatmosphäre — werden diskutiert. — 56 Literaturangaben. W. Sobieski 113◇

0152 **Detektor zur Auflösung des Sonnenspektrums im Gebiet der weichen Röntgenstrahlung.** Ralph H. Müller. (Analytic. Chem. **35**, 97, 1963; engl.) — Kurze Beschreibung eines Detektors zur Auflösung der Sonnenstrahlung im Bereich von 50—400 Å, der in dem Spektrometer des Satelliten OSO-1 (1962) eingebaut war. P. Kurzmann 113◇

0153 **Hamilton-Operator der Spin–Spin-Kopplung bei Spin-Multipletts.** A. D. McLachlan. (Molecular Physics **6**, 441—44, 1963; Cambridge, Univ., Chem. Labor., Dep. of Theoret. Phys.; engl.) — Die Beziehung zwischen dem Operator der Kopplung zwischen den Elektronenspins, dem Spin-Hamilton-Operator für die Nullfeldaufspaltung eines Tripletts oder höheren Spinzustandes u. der Spinkopplungsfunktion nach McWeeny (C. **1961**, 13123) wird untersucht. H. Liepack 114◇

0154 **Korngrößenkorrektur zur relativistischen Thomas-Fermi-Zustandsgleichung und ihr Einfluß auf die Chandrasekharsche Massengrenze.** Ashok Jain und V. K. Tewary. (Progr. theoret. Physics [Kyoto] **29**, 691—98, 1963; Delhi, Univ., Dep. of Phys. and Astrophys.; engl.) — Das relativist. Thomas-Fermi-Modell wird für endliche Korngrößen erweitert. Die Korrektur für den Elektronendruck beträgt ca. 10% bei einer Dichte von 10^9 g cm^{-3} u. nimmt auf ca. 90% bei 10^{12} g cm^{-3} zu. Die Massengrenze ist um einen Faktor von ca. 2,5 größer. H. Liepack 114◇

0155 **Die Integration der gestörten Wellengleichung erster Ordnung für angeregte Zustände eindimensionaler Systeme.** W. Byers Brown und Joseph O. Hirschfelder. (Proc. nat. Acad. Sci. USA **50**, 399—406, 1963; Univ. of Wisconsin, Theoret. Chem. Inst.; engl.) A. Blaschette 114◇

0156 **Eigenfunktionen der Konfiguration f³.** J. C. Eisenstein. (J. Res. nat. Bur. Standards, B **67**, 169—80, 1963; engl.) — Für drei äquivalente f^3-Elektronen werden Wellenfunktionen angegeben, die Eigenfunktionen von L^2, S^2, J^2 u. J_z sind. A. Blaschette 114◇

0157 **Die spektroskopische Untersuchung mit Hilfe von Stoßwellen.** Chr. Smit. (Nederl. Tijdschr. Natuurkunde **29,** 110—25, 1963; Utrecht, Ryksuniv., Fys. Labor.; niederl.) — Übersicht über Begriff, Eigg. u. Erzeugung von Stoßwellen u. deren Anwendung zu spektroskop. Untersuchungen. — 32 Literaturangaben. W. Wesly 114◇

0158 **Anregung von Spektren durch Ionenbeschuß.** S. N. Ghosh und B. N. Srivastava. (Proc. nat. Acad. Sci., India, Sect. A **32,** 231—67, 1962; Allahabad, Univ., J. K. Inst. of Appl. Phys.; engl.) — Ausführliche Übersicht über (App., Spektren, Anregungsmechanismen u. analyt. Auswertung, Tabellen) durch Ionenbeschuß angeregte Spektren. — 50 Literaturangaben. W. Sobieski 114◇

0159 **Satelliten von Röntgenlinien und ihr Ursprung — ein allgemeiner Überblick.** G. B. Deodhar. (Proc. nat. Acad. Sci., India, Sect. A **32,** 320—34, 1962; Allahabad, Univ., Phys. Dep.; engl.) — Übersicht über Art u. Entstehung von K-, L-, M- u. HF- u. NF-Satelliten u. deren Charakteristiken. — 70 Literaturangaben. W. Sobieski 116◇

0160 **Untersuchung der Röntgen-K-Hauptabsorptionskante der Eisen- und Vanadinatome in ihren Legierungen in zwei Modifikationen.** L. G. Nikolajewa und Ss. M. Karalnik. (Ukrain. physik. J. **5,** 231—34, 1960; Kiew, Schewtschenko-Univ.; ukrain., Auszug: engl.) — An der α- u. der σ-Modifikation von Fe-V-Legg. mit 20—90% V wird die Lage der K-Kanten der Röntgenabsorptionsspektren untersucht. Die Verschiebung gegenüber der Lage bei den reinen Metallen beträgt bei den mittleren Konzz. maximal 4—5 eV. Bei der σ-Phase liegt die K-Kante bei längeren Wellen als bei der α-Phase. Damit verhält sich das Syst. Fe–V analog dem Syst. Fe-Cr, dem es auch im Zustandsdiagramm, in den Phasenumwandlungen u. im kristallchem. Bau ähnlich ist. Es erscheint möglich, daß die $\alpha \rightarrow \sigma$-Umwandlungen von einer Abgabe von 3d-Elektronen der Fe-Atome an die äußeren Niveaus der Cr- u. V-Atome begleitet sind. Dafür sprechen auch Literaturangaben über die Röntgenemissionsspektren. R. K. Müller 116◇

0161 **Theoretische und experimentelle Untersuchungen der mehrquantigen Übergänge zwischen den Zeeman-Subniveaus eines Atoms.** J. M. Winter. (J. Physique Radium **19,** 802—05, 1958; Saclay, Paris, Labor. de Phys.; franz.) — An Na-Atomen mit 0,3 Torr Ar als Puffergas wurden magnet. Dipolübergänge beobachtet, für die $\Delta m = \pm 1{,}0$ nicht gilt. Linienverschiebungen u. Breiten wurden bestimmt. Eine im Einklang mit den Verss. stehende Theorie wird entwickelt. Es werden 3 Typen von Übergängen unterschieden, die durch ein oscillierendes Magnetfeld H_1 erzeugt werden. H_1 = rotierendes Feld, senkrecht zu H_0; H_1 ist ellipt., u. es existieren 2 oscillierende Felder. Ferner wurden Mehrfachresonanzen zwischen den beiden Niveaus der elektron. Resonanz des Diphenylpicrylhydrazyls beobachtet. M. Wiedemann 118◇

0162 **Messungen des Zeeman-Effekts in neutralem und einfach ionisiertem Quecksilber.** Th. A. M. Van Kleef und M. Fred. (Physica [Utrecht] **29,** 389—404, 1963; Amsterdam, Nederland, Univ., Zeeman-Labor.; Argonne, Ill., Argonne Nat. Labor.; engl.) — Es werden die Spektren von *Hg I* u. *Hg II* u. die berechneten u. gemessenen g-Werte einiger Niveaus sowie vollständige Tabellen des beobachteten Zeeman-Effekts der Linien wiedergegeben. In Hg I wird der Paschen-Back-Effekt der Niveaus $6\,^1D_2$ u. $6\,^3D_1$ untersucht. Die gemessenen Werte stimmen mit den theoret. ermittelten innerhalb der Fehlergrenzen gut überein. W. Sobieski 118◇

0163 **Franck-Condon-Faktoren des Schumann-Runge-Bandensystems des Sauerstoffmoleküls.** I. T. Jakubow. (Optik u. Spektroskopie [UdSSR] **9,** 409—12, 1960; russ.) — Die Franck-Condon-Faktoren des Schumann-Runge-Banden-Syst. von O_2 werden berechnet (Tabelle) u. in einem Diagramm mit den nach anderen Meth. erhaltenen Werten verglichen. R. K. Müller 118□

0164 **Schwingungsanalyse des Systems ($B^2\Pi \rightarrow X^2\Pi$) von NS.** M. M. Patel. (Z. Physik **173,** 347—51, 1963; Bangalore, India, Indian Inst. of Sci., Dep. of Phys.; engl.) — Die mittels Entladungen im trockenen S-Dampf u. N_2 in Ggw. von Ar erzeugten Spektren von *NS* werden untersucht u. im Bereich 2280—2760 Å 33 neue Linien des Syst. $B^2\Pi \rightarrow X^2\Pi$ gefunden. Im höheren Energiezustand beträgt das Dublettintervall 94, im niedrigeren 223 cm^{-1}. Das Verhältnis der Kraft-Konst. im oberen u. Grundzustand hat mit 0,39 fast den gleichen Wert wie im β-Syst. von NO (0,30). Die durchgeführte Schwingungsanalyse bestätigt, daß die neuen Linien aus einem $B^2\Pi \rightarrow X^2\Pi$-Übergang stammen u. daß die Intensitätsverteilung (parabelförmig) qual. mit dem übereinstimmt, wie es nach dem mäßig hohen Wert von Δr_e (ca. 0,12 Å) zu erwarten ist. W. Sobieski 118◇

0165 **Über das Bandenspektrum von TlH.** T. Larsson und H. Neuhaus. (Ark. Fysik **23,** 461—69, 1963; engl.) — Vff. untersuchen das Spektrum von TlH im Bereich 4200 bis 4300 Å, wobei vier neue Banden gefunden u. analysiert werden. Drei davon können als (0,0)-, (1,0)- bzw. (2,0)-Banden des Übergangs $^1\Pi \rightarrow X^1\Sigma^+$ identifiziert, die vierte aus einer Störung zwischen den Zuständen $^1\Pi$, $v = 1$ u. $\Omega = 2$, $v = 0$ einem Übergang zwischen $\Omega = 2$ u. dem Grundzustand zugeordnet werden. Die Werte der Rotations-Konst. der oberen Energiezustände sind wegen der Störungen u. der nur in geringer Anzahl auftretenden Linien unsicher. Der Mangel an Linien kann erklärt werden, wenn die Potentialkurve der Atomzustände $^3P^0_{3/2}$ von Tl u. $^2S_{1/2}$ von H angenommen wird. Die Dissoziationsgrenze des Grundzustands $D_0'' = 15927$ cm^{-1} u. die Spektren der anderen Hydride der Bor-Gruppe werden miteinander verglichen u. diskutiert. TlH zeigt keine Hyperfeinstruktur. W. Sobieski 118◇

0166 **Das Emissionsspektrum von NiBr.** N. Sundarachary. (Proc. nat. Acad. Sci., India, Sect. A **32,** 311—19, 1962; Banaras, Hindu Univ., Dep. of Spectroscopy; engl.) — Neuunterss. des Emissionsspektrums von *NiBr* zwischen 5500 u. 3800 Å, Analyse der gefundenen Syst., wobei der Effekt der vorliegenden Isotopen $^{59}Ni^{79}Br$, $^{58}Ni^{81}Br$, $^{60}Ni^{79}Br$ u. $^{60}Ni^{81}Br$ berücksichtigt wird (Spektren, Tabellen, Energiediagramme). W. Sobieski 118◇

0167 **Das Spektrum des CoBr im sichtbaren Bereich (λ 4300—4700 Å).** S. V. Krishna Rao und P. Tiruvenganna Rao. (Indian J. Physics Proc. Indian Assoc. Cultivat. Sci. **36** (**45**), 609—12, 1962; Waltair, Andhra Univ., Phys. Dep.; engl.) — Spektrogramme hoher Auflösung von CoBr zeigen, daß im sichtbaren Bereich vier charakterist. Banden-Syst. existieren, von denen drei aus Banden mit scharfem Kopf bestehen, während die vierte auf Grund des Einfl. von $Co^{79}Br$ u. $Co^{81}Br$ am Bandenkopf Aufspaltung zeigt. Die Wellenzahlen der Banden werden mitgeteilt. Aus der Schwingungsanalyse werden die Schwingungs-Konst. angenähert berechnet. Es wird ferner der Einfl. von ^{81}Br auf die drei ersten Banden-Syst. untersucht. D. Noack 118◇

0168 **Spektren von aus Atomen der I. Gruppe des Periodensystems bestehenden zweiatomigen Molekülen.** K. Majumdar. (Proc. nat. Acad. Sci., India, Sect. A **32,** 335—40, 1962; engl.) — Überblick über Unters.-Meth. u. Spektren von Cu_2, Ag_2, Au_2, *CuAg* u. *CuAu* u. Diskussion der Charakteristiken der Bandenspektren aus Arbeiten verschiedener Autoren. — 13 Literaturangaben. W. Sobieski 118◇

0169 **Emissionsspektren von CuTe- und AuTe-Molekülen.** R. C. Maheshwari und D. Sharma. (Proc. physic. Soc. **81,** 898—901, 1 Tafel, 1963; Univ. of Allahabad; Univ. of Gorakhpur, Dep. of Phys.; engl.) — Cu-Te- bzw. Au-Te-Mischungen zeigen bei 1800 bzw. 2100° zwischen 6965—6110 bzw. 6940—6155 Å Banden, die den Moll. CuTe bzw. AuTe zugeschrieben werden. Aus der Schwingungsanalyse ergaben sich für alle beobachteten Banden die Konst. ν_e, ω_e', $\omega_e'\chi_e'$, ω_e'' u. $\omega_e''\chi_e''$ zu CuTe: 15988,8; 198,0; 0,50; 254,0; 1,01 cm^{-1} u. AuTe: 15481,1; 156,1; 0,10; 212,5; 0,50 cm^{-1}. J. Blume 118◇

0170 **Absorptionskoeffizienten von flüssigem Wasser und wässerigen Lösungen im fernen Ultraviolett.** J. L. Weeks, G. M. A. C. Meaburn und S. Gordon. (Radiat. Res. **19,** 559—67, 1963; Argonne, Ill., Argonne Nat. Labor.; engl.) — Der lineare Extinktions-Koeff. von fl. H_2O beträgt bei 1849 Å u. 25° $k = (1{,}80 \pm 0{,}01)$ cm^{-1}, seine Temp.-Abhängigkeit zwischen 20 u. 35° $(0{,}051 \pm 0{,}001)$ cm^{-1} Grad^{-1}. Die Extinktions-Koeff. wss. Lsgg. von H_2SO_4 (0,4—0,001 m), CH_3OH (24,6—0,12 m) u. *HCOOH* (26,5 m) zeigen bei 1849 Å eine Konz.-Abhängigkeit, dagegen die von Na_2SO_4 (0,25 bis 0,010 m), *Äthylacetat* (0,75—0,030 m), *NaHCOO* (10^{-8} bis 10^{-1} m) u. $HClO_4$ (0,087—0,87 m) nicht. K.-D. Asmus 119◇

0171 **Probleme bei der Züchtung aus der Schmelze von Lithiumfluorid-Einkristallen für den Gebrauch im kurzwelligen Ultraviolett.** E. Freytag und G. Schreiber. (Tag.-Ber. physik. Ges. DDR, Greifswald 1959, Physik Chem. Kristallphosphore **1**, 270—72, herausgeg. 1960; Berlin, Humboldt-Univ., I. Phys. Inst.; Dt. Akad. der Wiss., Inst. für Opt. u. Spektroskop.; dt.) — LiF-Einkristalle wurden nach dem Nacken-Kyropoulos-Verf. aus der Schmelze gezogen. Die Kristalle wurden auf ihre Durchlässigkeit zwischen 1000 u. 1700 Å untersucht. Die eingelagerten OH^--Ionen beeinflussen die Durchlässigkeitsgrenze im UV u. führen zu einer Absorptionsbande bei 2,76 μ. Die integrale Absorption im IR wurde bestimmt, ebenso die Absorptionskanten im UV bei konst. Absorptionskoeffizienten. Das Maximum der UV-Bande wird rechner. ermittelt.
H. Roschkowski 119◇

0172 **Aus optischen Spektren abgeleitete Platzsymmetrie der Übergangsmetall-Verunreinigungen in Kristallen.** H. A. Weakliem und D. S. McClure. (J. appl. Physics, Suppl. zu **33**, Nr. 1, 347—54, 1962; Princeton, N.J., RCA Labor.; engl.) — Untersucht wurden Verunreinigungen von Ti^{3+}, V^{3+}, Cr^{3+}, Mn^{3+}, Co^{3+} u. Ni^{3+} in Korund u. Co^{2+}-, Ni^{2+}- u. Cu^{2+}-Verunreinigungen im Wurtzit-Gitter von Cs_2ZnX_4 mit X = Cl oder Br. Die Spektren mit polarisiertem Licht (5000 bis 7000 Å) wurden im Bereich zwischen der Temp. des fl. He u. Zimmer-Temp. aufgenommen. In allen Fällen substituiert das Übergangsmetallion ein Kation der reinen Verbindung. Die Spektren werden in großen Zügen durch die Einw. des Kristallfeldes der nächsten Ligandennachbarn auf das Verunreinigungskation gedeutet. Dabei wird jedoch angenommen, daß das Ligandenfeld seine ursprüngliche Konfiguration nicht ändert. Der Feinbau der Spektren u. die beobachteten Polarisationseffekte werden zur genauen Platz-Best. des Übergangsmetallkations herangezogen. Dabei zeigt sich, daß z. B. im Korund einige der Verunreinigungskationen um ca. 0,1 Å von den Al-Plätzen der reinen Verb. entfernt eingebaut werden. Diese Verschiebung findet entlang der C_3-Achse in Richtung auf die benachbarte Oktaederleerstelle statt. Dieser Effekt ist bes. deutlich bei Mn^{3+} zu beobachten u. wird vermutlich durch einen Jahn-Teller-Effekt verursacht.
K. Jaeger 119◇

0173 **Zur Natur der A-Zentren in KCl.** Noriko Nishimaki, Kazuko Kojima und Tadanobu Kojima. (J. physic. Soc. Japan **16**, 576—77, 1961; Osaka, Japan, Women's Univ.; City Univ.; engl.) — Theoret. u. experimentelle Unterss. an gefärbten KCl-Kristallen mit 1 Mol-% NaCl zeigten, daß die A-Zentren offensichtlich F-Zentren mit einem Na^+ auf einem der angrenzenden sechs Kationenplätze sind.
K. Jaeger 119◇

0174 **Untersuchung der Einfangzentren in KCl + AgCl + TlCl-, KCl + AgCl + CuCl- und KCl + TlCl + CuCl-Einkristallen.** A. Ch. Chalilow und E. Ju. Ssalajew. (Nachr. Akad. Wiss. AserbaidshanSSR, Ser. physik.-techn. chem. Wiss. **1958**, Nr. 6, 39—42; russ.) — Vgl. C. **1963**, 13432. — Ermittlung der prim. u. sek. Absorptionsspektren von mit Ag, Tl u. Cu versetzen KCl-Einkristallen vor u. nach Bestrahlung mit Röntgenstrahlen (45 kV; 10 mA; 6 Std.) sowie γ-Strahlen (^{60}Co; 2,5 c; 3—30 Std.). — Während reines KCl im Wellenlängengebiet zwischen 200—1100 nm durchlässig ist, erscheinen nach Röntgen- u. γ-Bestrahlung neue Absorptionsbanden mit Maxima bei 216; 222; 230; 248; 280; 289; 440; 563; 825 nm für die erste; bei 216; 235; 285; 370; 440; 563; 825 nm für die zweite u. bei 255 u. 563 nm für die 3. Verbindung. Ohne Bestrahlung liegen die Maxima für die 3 Kristalle bei 218; 232; 252 bzw. bei 216 u. 248 bzw. bei 250 nm. Nach den Ergebnissen werden die neuen Maxima wahrscheinlich durch Störungen der Einfangszentren zusammen mit Gitterstörungen des Kristalls nach der Bestrahlung verursacht.
J. Tůmová 119◇

0175 **Absorption und Reflexionsvermögen von dünnen, nicht der Luft ausgesetzten Tellurschichten zwischen 2 und 13 eV.** Henri Merdy, Sonja Robin-Kandare und Jean Robin. (C. R. hebd. Séances Acad. Sci. **257**, 1526—29, 1963; Dakar, Sénégal, Fac. des Sci., Labor. de Phys.; franz.) — Auf Träger aus Quarz, Pyrexglas bzw. CaF_2 werden bei 10^{-5} Torr mit Aufdampf-Geschw. von 100—150 Å/min Te-Schichten mit Dicken $\leq$450 Å aufgedampft. Von den Schichten werden zwischen 2 u. 13 eV Transmission T u. Reflexionsvermögen R bei einem Einfallswinkel von 6° 30′ bestimmt. T weist bei 4,95 u. 5,90 eV schwach getrennte Minima u. bei höheren Energien eine breite Absorptionsbande auf, aus der Maxima bei 7,80, 9,15 u. 10 eV hervortreten. R fällt mit steigender Energie ab u. weist für 6,7 eV ein Minimum bzw. 7,3 eV ein Maximum auf. Die Energieabhängigkeit von R u. T wird unter Berücksichtigung des Bandschemas von Te diskutiert.
Herbert Müller 119◇

0176 **Dispersionsrelationen für Brechungsindex und Absorptionskoeffizient in Medien mit Excitonabsorption.** A. Ss. Dawydow. (J. exp. theoret. Physik [UdSSR] **43**, 1832—40, 1962; russ., Auszug: engl.) — Die räumliche Dispersion in isotropen Medien mit Excitonabsorption spielt eine um so größere Rolle je breiter das Excitonzustandsband ist. Im Frequenzbereich der räumlichen Dispersion können zusätzlich transversale Wellen mit großen Werten des Brechungsindexes u. Absorptions-Koeff. gebildet werden. Die Dispersionsrelation von Kramers-Kronig gilt nur für gewöhnliche transversale Wellen. P. Sliwinski 119◇

0177 **Brechungsindex von festem Argon.** B. L. Smith und C. J. Pings. (Physica [Utrecht] **29**, 555—58, 1963; Pasadena, Calif., California Inst. of Technol.; engl.) — Durch Best. des Winkels minimaler Ablenkung von prismenförmigen Probenkörpern wird der Brechungsindex von festem *Ar* bei 5893 Å im Temp.-Bereich 78—84° K u. Drücken bis zu 71 atm bestimmt. Bei p = 0 u. 83,81° K beträgt n 1,26820 ± 0,00016. W. Sobieski 119◇

0178 **Bestimmung des Brechungsindexes und der Dicke von ultradünnen Schnitten von Kohlen und Graphit durch Interferometrie.** James T. McCartney und Sabri Ergun. (J. opt. Soc. America **52**, 197—200, 1962; Pittsburgh, Pa., U. S. Dep. of Interior, Bur. of Mines, Coal Res. Center; engl.) — Vff. beschreiben zunächst eine neu entwickelte Meth. zur Herst. von 500—1000 Å dicken Schnitten von Kohlen. An diesen Kohlen bzw. Vitriniten wurde direkt mit einem Interferenzmikroskop der Brechungsindex der Kohlenkomponenten gemessen. Untersucht wurden Kohlen verschiedener Güteklassen, deren chem. Analysen tabellar. wiedergegeben sind. Die Phasenänderung des polarisierten monochromat. Lichtes (5460 Å) nach Durchgang durch den absorbierenden ultradünnen Schnitt ist eine Funktion des Brechungsindexes, der Dicke u. des Extinktionskoeffizienten. Diese Parameter wurden graph. aus der Phasenänderung u. unabhängigen Absorptionsmessungen erhalten. Die auf diese Weise erhaltenen Brechungsindices stimmten gut mit Werten überein, die aus Messungen der Reflexionsfähigkeit erhalten worden waren. Die gemessenen Werte sind tabellar. zusammengestellt. Für Graphit wurden durch direkte Messung der Brechungsindex u. der Absorptionsindex zu 2,20 bzw. 0,51 erhalten; durch Messen der Reflexionsfähigkeit waren die Werte 2,15 u. 0,66. C. Gottfried 119△

0179 **Optische Konstanten von Aluminium zwischen 300 und 800 Å.** W. R. Hunter. (J. appl. Physics **34**, 1565—66, 1963; Washington, D.C., U. S. Nav. Res. Labor.; engl.) — Der Brechungsindex n u. der Extinktions-Koeff. k von Al wird zwischen 300 u. 800 Å aus dem Abstand von Interferenzringen bzw. dem Winkel maximaler Reflexion an Al-Filmen bestimmt u. graph. dargestellt.
G. M. Neumann 119◇

0180 **Lichtbrechung durch sehr hochfrequente Ultraschallwellen.** B. Ramachandra Rao und J. Satyanarayana Murty. (Proc. physic. Soc. **77**, 958—64, 1961; Waltair, India, Andhra Univ., Ultrasonic Labor.; engl.) — Die Brechung monochromat. Lichts wurde in einer Debye-Sears-App. bei Frequenzen von 50—230 MHz gemessen. Die Intensität der ersten Ordnung nimmt mit steigender Schallfrequenz stark ab. Oberhalb 100 MHz wird ein scharfer Reflex der ersten Ordnung erhalten, wenn das Licht im Braggschen Winkel auf die Schallwellen trifft. Die Intensität des abgebeugten Lichts der ersten Ordnung ist von der Länge des Schallfeldes abhängig u. geht entsprechend der Theorie von Bhatia u. Noble durch ein Maximum.
H. U. Borgstedt 119◇

0181 **Das $A'^3\Sigma_g^- - X'^3\Pi_u$-Bandensystem des C_2-Moleküls.** E. A. Ballik und D. A. Ramsay. (Astrophysic. J. **137**, 61—83, 1963; Ottawa, Nat. Res. Council, Div. of Pure Phys.; engl.) — Vff. führten eine Rotations- u. Schwingungsanalyse des infraroten Banden-Syst. $A'^3\Sigma_g^- - X'^3\Pi_u$ des mol. C_2 durch.

Die Wellenzahlen u. Rotationsbezeichnungen sind in mehreren Tabellen angegeben, ebenso die hauptsächlichsten Molekularkonst. des $A'^3\Sigma_g^-$-Zustands. Es werden kleine Störungen bis zu 0,32 cm^{-1} in den Lagen einiger Rotationsniveaus dieses Zustands gefunden, die wahrscheinlich durch Niveaus des benachbarten $X^1\Sigma_g^+$-Zustands verursacht werden. Aus diesen schwachen spinverbotenen Störungen folgt, daß dieser $X^1\Sigma_g^+$-Zustand 610 ± 5 cm^{-1} unter dem $X'^3\Pi_u$-Zustand liegt. Der $X^1\Sigma_g^+$-Zustand ist daher als der Grundzustand des C_2-Mol. anzusehen u. nicht der $X'^3\Pi_u$-Zustand, was bisher angenommen worden war. Es wird ein Mechanismus zur Erklärung der Ggw. der Swan-Banden u. der Abwesenheit der Phillips-Banden in den Spektren der Kometen vorgeschlagen.
C. Gottfried 120△

0182 **Eine Erweiterung des Phillips-Systems von C_2 und ein Überblick über die C_2-Zustände.** E. A. Ballik und D. A. Ramsey. (Astrophysic. J. **137**, 84—101, 1963; engl.) — Vgl. vorst. Referat. — Vff. berichten über die Rotations- u. Schwingungsanalyse des IR-Spektrums des C_2-Mol., das von einem Kohlebogen erhalten worden war. Es wurden dabei 9 neue Banden des Phillips-Syst. von C_2 ($b^1\Pi_u$–$x^1\Sigma_u^+$) festgestellt u. Messungen an 3 anderen Banden bis zu höheren J-Werten durchgeführt. Die hierbei erhaltenen neuen Mol.-Konst. sind angegeben. In beiden Zuständen wurden wieder Störungen in einigen wenigen Rotationsniveaus gefunden. Die Störungen in dem $X^1\Sigma_g^+$-Zustand sind gleich u. entgegengesetzt denen, die in dem $A'^3\Sigma_g^+$-Zustand (vgl. l. c.) gefunden worden waren. Die Störungen in dem $b^1\Pi_u$-Zustand sind einem bisher nicht identifizierten $A''^3\Sigma_u^+$-Zustand zuzuschreiben; angenäherte Mol.-Konst. für diesen Zustand sind angegeben. Tabellar. sind die Mol.-Konst. für alle bekannten Zustände des C_2 angegeben, zusammen mit einem neuen Diagramm der Potentialkurven. C. Gottfried 120△

0183 **Infrarotspektren verdünnter fester Lösungen.** H. W. Morgan und P. A. Staats. (J. appl. Physics, Suppl. zu **33**, Nr. 1, 364—66, 1962; Oak Ridge, Tenn., Oak Ridge Nat. Labor., Phys. Div.; engl.) — Feste Lsgg. von $(^{10}B^{16}O_2)^-$, $(^{11}B^{16}O_2)^-$, $(^{10}B^{16}O^{17}O)^-$, $(^{10}B^{16}O^{18}O)^-$, $(^{11}B^{16}O^{17}O)^-$ u. $(^{11}B^{16}O^{18}O)^-$ in KBr u. KCl wurden IR-spektroskop. im Temp.-Bereich 4—300° K untersucht. Von den Ergebnissen wird auf die Symmetrie der Ionen u. ihre Gitterplätze geschlossen. Die zu diesen Unterss. angewandten Meth. eröffnen auch die Möglichkeit, Art u. Konz. von Verunreinigungen in Einkristallen zu bestimmen. K. Jaeger 120◇

0184 **Untersuchung der Struktur von Natriumdivanadat, -dimolybdat und -diwolframat mit der X_2O_7-Gruppe durch Infrarotabsorptionsspektroskopie.** Thérèse Dupuis und Micheline Viltange. (Mikrochim. ichnoanalyt. Acta [Wien] **1963**, 232—38; Paris, France, Labor. de Rech. microanal., E.N.S.C.P.; franz. — C. **1963**, 18338.) U. Wenzel 120◇

0185 **Infrarotspektroskopische Untersuchungen an Alkylverbindungen von Gallium, Indium und Antimon.** F. Oswald. (Z. analyt. Chem. **197**, 309—22, 1963; Erlangen, Siemens Schuckertwerke Akt.-Ges. Forsch.-Labor.; dt.) — Vf. untersucht die IR-Absorptionsspektren der Trialkyl-Verbb. (C_1—C_4) der Elemente Ga, In u. Sb im Wellenbereich 4000—300 cm^{-1} (25—33 μ). Das große Massen-Verhältnis der 3 in jedem der Moll. vorhandenen Atomarten bewirkt, daß nur eine schwache Kopplung zwischen den einzelnen Schwingungsformen besteht, wodurch die Zuordnung der Absorptionen zu den Schwingungen einzelner Atomgruppen im Moll. möglich wird. Die CH-Absorptionen sind vom Zentralatom weitgehend unabhängig u. für die Art der Alkylgruppe charakteristisch. Aus der Lage der Metall–Kohlenstoff-Absorptionsbanden ($\nu_{Ga-C} \approx 540\ cm^{-1}$, $\nu_{In-C} \approx 470\ cm^{-1}$, $\nu_{Sb-C} \approx 500\ cm^{-1}$) werden die Kraft-Konst. dieser Bindungen abgeschätzt. Bei den Isobutyl-Verbb. liegen die Absorptionen um 100 cm^{-1} höher als bei den anderen Gliedern der Reihe, was auf eine höhere Kraft-Konst. der Metall—C-Bindung zurückgeführt wird. Die Spektren werden zur Reinheitsprüfung u. Feststellung eingetretener Veränderungen verwandt. Bei therm. Belastung der Isopropyl-Verbb. tritt Zers. der Substanzen ein. Eine Isomerisierung wird nicht beobachtet.
A. Kumm 120◇

0186 **Neuere Ergebnisse der Luminescenzforschung.** 1. Mitt. H. Witzmann und J. Buhrow. (Tag.-Ber. physik. Ges. DDR, Greifswald 1959, Physik Chem. Kristallphosphore **1**, 5—46, herausgeg. 1960; Greifswald, Univ., Inst. für phys. Chem.; dt. — C. **1963**, 4231.) H. Roschkowski 125◇

0187 **Neuere Ergebnisse der Luminescenzforschung.** 2. Mitt. **Zum Luminescenzverhalten halogenhaltiger Sauerstoffphosphore.** H. Witzmann und J. Füssel. (Tag.-Ber. physik. Ges. DDR, Greifswald 1959, Physik Chem. Kristallphosphore **1**, 47—76, herausgeg. 1960; dt.) — 1. vgl. vorst. Referat. — Übersicht. — 72 Literaturangaben.
H. Roschkowski 125◇

0188 **Eine Intensitätsfunktion anorganischer Kristallphosphore für den gesamten Temperaturbereich.** H. Witzmann und J. Buhrow. (Tag.-Ber. physik. Ges. DDR, Greifswald 1959, Physik Chem. Kristallphosphore **1**, 77, herausgeg. 1960; dt.) — Vgl. vorst. Referate. — Eine Gleichung für die Temp.-Abhängigkeit der Luminescenzintensität wird abgeleitet u. ihre Gültigkeit an experimentellen Beispielen aus der Literatur untersucht. — 23 Literaturangaben.
H. Roschkowski 125◇

0189 **Zum Emissionsverhalten thalliumaktivierter Borate mit Elementen der zweiten Gruppe des Periodensystems.** H. Witzmann und J. Malur. (Tag.-Ber. physik. Ges. DDR, Greifswald 1959, Physik Chem. Kristallphosphore **1**, 150—55, herausgeg. 1960; dt.) — Vgl. vorst. Referate. — Borate der Zus. 5 $MeO \cdot B_2O_3$; 3 $MeO \cdot B_2O_3$; 2 $MeO \cdot B_2O_3$; 6 $MeO \cdot 5\ B_2O_3$; $MeO \cdot B_2O_3$; 2 $MeO \cdot 3\ B_2O_3$ u. $MeO \cdot 2\ B_2O_3$ mit Me = Be, Mg, Ca, Sr, Ba wurden durch Glühung der Oxide unter Zugabe von Tl_2SO_4 (ca. 1% Tl) hergestellt u. auf ihr Emissions-Verh. im UV-Gebiet bei Anregung mit λ = 2480 Å untersucht. Es treten im allg. eine kürzerwellige Bande um 3000 Å u. eine zweite Bande um 3600 Å auf. Ihr Auftreten u. das Intensitätsverhältnis hängt von der Aktivator-Konz. ab. Die kurzwellige Bande tritt bevorzugt bei den Be-Boraten auf. Sie wird von einzelnen Tl-Ionenzentren hervorgerufen. Mit steigendem Aktivatorzusatz erfolgt die Bldg. von Paar- oder Haufenzentren unter Löschung der Bande bei 3000 u. Bldg. der Bande bei 3600 Å. H. Roschkowski 125◇

0190 **Zum Emissionsverhalten ceraktivierter Erdalkaliborate und -fluoroborate im nahen Ultraviolett.** H. Witzmann und W. Reupert. (Tag.-Ber. physik. Ges. DDR, Greifwald 1959, Physik Chem. Kristallphosphore **1**, 165—78, herausgeg. 1960; dt.) — Vgl. vorst. Referate. — Das Emissions-Verh. von Verbb. der Zus. *3 $MeO \cdot B_2O_3$, 3 $MeO \cdot B_2O_3 \cdot MeF_2$; $MeO \cdot B_2O_3$, $MeO \cdot B_2O_3 \cdot MeF_2$, 3 $MeO \cdot 5\ B_2O_3$* u. *3 $MeO \cdot 5\ B_2O_3 \cdot MeF_2$* (Me = Ca, Sr, Ba, Aktivierung mit Ce^{3+} in wechselnden Mengen, z. T. Glühung unter H_2) nach Anregung mit kurzwelligem UV wurde untersucht. Die Emissionskurven werden graph. mitgeteilt. H. Roschkowski 125◇

0191 **Zur Ultraviolett-Emission bleiaktivierter Calcium- und Bariumborate.** H. Witzmann und W. Wetterau. (Tag.-Ber. physik. Ges. DDR, Greifswald 1959, Physik Chem. Kristallphosphore **1**, 179—88, herausgeg. 1960; dt.) — Vgl. vorst. Referate. — Verbb. aus den Syst. CaO–B_2O_3 u. $BaO \cdot B_2O_3$ wurden durch Vermischen der Carbonate u. Borsäure unter Zugabe des Aktivators (10^{-1} bis 10^{-2} g Pb/g Grundverb.), Trocknen, Vorglühen u. Glühen dargestellt. Die Emissionskurven der Proben verschiedener Zus. werden denen von Proben mit weiteren Zusätzen [$Ca(BO_2)_2 \cdot SiO_2$:Pb, $Ba(BO_2)_2 \cdot SiO_2$: Pb, $Ba(BO_2)_2 \cdot BeO$: Pb u. $Ba(BO_2)_2 \cdot ZnO$: Pb gegenübergestellt. Weiterhin wird die Temp.-Abhängigkeit der Luminescenz zwischen —180 u. 220° aufgenommen. Zur Unters. des Bldg.-Verlaufs der Grundgitter der Proben bei der Festkörper-Rk. zu ihrer Darst. werden die DTA-Diagramme der Verbb. aufgenommen u. für BaO, B_2O_3, $BaCO_3$—H_3BO_3, $Ba(BO_2)_2$, $Ba(BO_2)_2$–PbO, $CaCO_3$–H_3BO_3, $Ca(BO_2)_2$ u. $Ca \cdot (BO_2)_2 \cdot PbO$ mitgeteilt. H. Roschkowski 125◇

0192 **Aktivierungsversuche an Metaantimonaten der zweiten Gruppe des Periodensystems.** H. Witzmann und H. Köhler. (Tag.-Ber. physik. Ges. DDR, Greifswald 1959, Physik Chem. Kristallphosphore **1**, 189—93, herausgeg. 1960; dt.) — Vgl. vorst. Referate. — Mischungen von Sb_2O_3 u. $CaCO_3$, $SrCO_3$ bzw. $BaCO_3$ wurden unter Zugabe des Aktivators (Mn, Pb, Bi, Tl) ca. 1 Std. lang unter O_2 geglüht. Nach der Vorglühung wurden die Prodd. zermahlen u. erneut 90 Min. lang bei 1100° erhitzt. Die gewonnenen Metaantimonate $MeSb_2O_6$ werden auf ihr Emissions-Verh. nach Anregung mit UV-Strahlung von Hg-Lampen bei ausgefiltertem sichtbarem Teil des Spektrums untersucht. Aufgenommen wurden

weiterhin die Reflexionsspektren der unaktivierten Verb. MgO, $CaSb_2O_6$, $SrSb_2O_6$ u. $BaSb_2O_6$.
H. Roschkowski 125◇

0193 **Luminescenzerscheinungen am System x CaO–y TiO_2(Pb).** H. Witzmann und E. Stransky. (Tag.-Ber. physik. Ges. DDR, Greifswald 1959, Physik Chem. Kristallphosphore **1**, 273–77, herausgeg. 1960; dt.) — Vgl. vorst. Referate. — Mischungen aus $CaCO_3$ u. TiO_2 im Verhältnis 1 : 0,1 (0,2···0,8) wurden bis zum vollständigen Umsatz von TiO_2 geglüht u. mit $Pb(NO_3)_2$ aktiviert. Die Emission der Prodd. nach Anregung mit UV-Strahlung (3650 Å) geht mit wachsendem Anteil an $CaTiO_3$ zurück, die Leuchtzentren befinden sich offensichtlich nur in der CaO-Phase. Die Phasen-Zus. der Glühungs-Prodd. wurde röntgenograph. bestätigt.
H. Roschkowski 125◇

0194 **Einige neue Beobachtungen an elektroluminescenten Leuchtscheiben.** Z. Bodó. (Tag.-Ber. physik. Ges. DDR, Greifswald 1959, Physik Chem. Kristallphosphore **1**, 160–64, herausgeg. 1960; Budapest, Forsch.-Inst. für die Nachrichtentechn. Ind.; dt.) — Übersicht über Unterss. zur Elektroluminescenz von SiC, ZnS u. ZnS : Cu, Pb an Hand von 23 Literaturangaben. H. Roschkowski 125◇

0195 **Bemerkung zur Abnahme der Leuchtintensität von Elektroluminescenzzellen.** L. Balázs, M. Hársy und J. Szabó. (Acta physica Acad. Sci. hung. **14**, 155–64, 1962; Budapest, Ung. Akad. der Wiss., Forsch.-Inst. für die Nachrichtentechn. Ind. und Forsch.-Inst. für Techn. Phys.; dt.) — Die Änderung der Leuchtdichte u. der elektr. Maßgrößen bei Elektroluminescenzzellen wurden in Abhängigkeit von der Betriebszeit gemessen. Die Veränderung der Spannung, Abhängigkeit der Lichtstärke, des Verlustfaktors tg δ u. der Kapazität wurden während des Betriebes bestimmt. Die Messungen wurden an in Lack u. Email eingebettetem ZnS: Cu-Leuchtstoffen durchgeführt. I. Zoll 125◇

0196 **Untersuchung der Elektroluminescenz von ZnS:Cu-Einkristallen.** V. E. Oranovskii und B. A. Khmelinin. (Tag.-Ber. physik. Ges. DDR, Greifswald 1959, Physik Chem. Kristallphosphore **1**, 112–16, 1 Tafel, herausgeg. 1960; Acad. of Sci. of UdSSR, Phys. Lebedev-Inst., Vavilov Luminescence Labor.; engl.) — Vgl. C. **1963**, 12288. — An ZnS : Cu-Einkristallen wird das Auftreten einer streifenförmigen Verteilung der Elektroluminescenzintensitäten im Querschnitt des Kristalls beobachtet. Ihr Ursprung ist noch ungeklärt. Vff. untersuchen den Einfl. einer UV-Bestrahlung auf die Elektroluminescenz. Die auftretenden Veränderungen werden durch Verschiebungen der Ladungsträger im Kristall zu erklären versucht. H. Roschkowski 125◇

0197 **Indium als Koaktivator in ZnS–Cu-Luminophoren.** G. Wendel. (Acta physica Acad. Sci. hung. **14**, 145–53, 1962; Berlin, Dt. Akad. der Wiss., Phys. Inst., Bereich Strahlungsquellen; dt.) — In diffundiert von ca. 500° ab in ZnS ein, ohne daß eine wesentliche Änderung im Emissionsspektrum auftritt. Durch nachträgliches Eindiffundieren von Cu entsteht eine breite orangerote Emission mit einem Maximum bei ca. 6700 Å. Die notwendige Cu- u. In-Konz. ist abhängig von der Glühatmosphäre des Ausgangsleuchtstoffes. Die langwellige Emission wird durch O oder eingebaute Halogen-Ionen nicht beeinträchtigt. Die Emission wird einem assoziierten Cu-In-Leuchtzentrum zugeschrieben.
I. Zoll 125◇

0198 **Beitrag zur Tilgung der Luminescenz durch infrarote Strahlung.** J. Ádám. (Tag.-Ber. physik. Ges. DDR, Greifswald 1959, Physik Chem. Kristallphosphore **1**, 117–23, herausgeg. 1960; Budapest, Forsch.-Inst. für Fernmeldetechn.; dt.) — An mikrokristallinen ZnS:Cl-, ZnS:AgCl- u. ZnS:CuCl-Phosphoren mit Wurtzit- u. Sphaleritstruktur sowie an ZnCdS:CuCl- u. ZnCdS:AgCl-Phosphoren wurde die Löschung der Luminescenz durch IR-Strahlung im Wellenlängenbereich 0,8 bzw. 1,3 μ untersucht. Die Löschung wird in Abhängigkeit von der Intensität der IR-Strahlung graph. dargestellt.
H. Roschkowski 125◇

0199 **Ausleuchtung von Kristallphosphoren mit Ultraschall zur Dosismessung von Ultraviolettlicht und β-Strahlung.** K. Friedrich und L. Herforth. (Tag.-Ber. physik. Ges. DDR, Greifswald 1959, Physik Chem. Kristallphosphore **1**, 124–28, herausgeg. 1960; Leipzig, Dt. Akad. der Wiss., Inst. für angew. Radioaktivität; dt.) — Durch Einw. von Ultraschall auf Leuchtstoffe können Elektronen aus den Hafttermen befreit werden, wobei die durch Vorbestrahlung (z. B. mit UV- oder β-Strahlung) gespeicherte Energie teilweise in Form von Licht abgegeben werden kann. Vff. berichten über vorläufige Verss. an ZnS:Cu-, ZnS:Cu, Pb-Phosphoren u. dem kommerziellen Halogenid-Leuchtstoff R 28 bei Vorbestrahlung mit UV-Licht oder β-Strahlung von ^{204}Tl u. ^{90}Y.
H. Roschkowski 125◇

0200 **Radioaktive, selbstleuchtende Verbindungen.** 3. Mitt. **Temperaturabhängigkeit der Lichtintensität und des Abklingens der Photoluminescenz radioaktiver, selbstleuchtender Verbindungen.** Yasuro Ato und Ryoitiro Huzimura. (Rep. Government ind. Res. Inst., Nagoya **10**, 561–66, 1961; jap., Auszug: engl.) — Die Luminescenzintensität als Funktion der Arbeits-Temp. u. das Abklingen der Photoluminescenz nach Erregen durch UV-Licht (3650 Å) an radioakt., selbstleuchtenden Verbb. [ZnS, ZnS·CdS u. Zn_2SiO_4 in Gemischen mit $^{90}SrCO_3$–$^{90}Y_2(CO_3)_3$] wird untersucht. Die Tiefe des Elektronenfanges liegt bei 0,3–0,7 eV. Die Art des Abklingens der mit radioakt. Isotopen aktivierten Leuchtstoffe unterscheidet sich nicht von der gewöhnlicher Proben; jedoch wird die Abklingkonst. geringfügig vermindert u. die Geschw. des Abklingens vermindert sich durch Vermischen mit β-akt. Isotopen. W. Wesly 125◇

0201 **Die Emissionsverschiebung der Zink–Cadmiumsulfid-Reihe in Abhängigkeit von der Art des Aktivatoreinbaus.** H. Ortmann und H. Treptow. (Tag.-Ber. physik. Ges. DDR, Greifswald 1959, Physik Chem. Kristallphosphore **1**, 223–27, herausgeg. 1960; Liebenwalde b. Berlin, Dt. Akad. der Wiss., Phys.-techn. Inst., Bereich Luminescenzforsch.; dt.) — Vgl. C. **1963**, 8421. — (Zn, Cd)S-Phosphore wurden durch Glühen der Sulfide unter Zugabe von 2% S, 2% NaCl u. 10^{-4} g Cu/g (Zn, Cd)S hergestellt. Diese Proben zeigen nur die langwellige, dem Cu zuzuordnende Emissionsbande. Durch eine zweite Gleichung unter Zugabe der gleichen Cu-Menge tritt prakt. nur noch die kurzwellige Bande auf. Die Emission der Präpp. bei Raum-Temp. nach Anregung mit λ = 366 nm wurde untersucht u. in Abhängigkeit vom jeweiligen Cd-Geh. graph. dargestellt, wobei auch mit Ag aktivierte Proben verwendet wurden. Der energet. Abstand der Maxima der Cu-Banden beträgt unabhängig vom Mischungs-Verhältnis 0,36 eV.
H. Roschkowski 125◇

0202 **Über einige Eigenschaften der Mischphosphore vom Typ ZnCdS.** K. Albers. (Tag.-Ber. physik. Ges. DDR, Greifswald 1959, Physik Chem. Kristallphosphore **1**, 228–35, herausgeg. 1960; Berlin, Humboldt-Univ., II. Phys. Inst.; dt.) — Die Linearverschiebungen verschiedener Luminescenzbanden von mit Cu aktivierten ZnCdS-Phosphoren wurden bei Raum-Temp. u. bei ca. 95° K gemessen u. mit den Werten von mit Ag aktivierten Proben verglichen. Für die mittlere Verschiebung ergibt sich ein Wert von $1{,}18 \cdot 10^{-2}$ eV/Mol-% ± 3%. Die Ionisationsenergien der einzelnen Terme werden mit von Bube u. Lind aus elektr. Messungen gewonnenen Werten verglichen. Für die orangefarbige Bande wird der Wert 0,55 eV festgestellt, der unabhängig vom Aktivator ist.
H. Roschkowski 125◇

0203 **Zur Theorie der mit Tl^+ aktivierten Kristallphosphore.** M. Balarin. (Tag.-Ber. physik. Ges. DDR, Greifswald 1959, Physik Chem. Kristallphosphore **1**, 236–42, herausgeg. 1960; dt.) H. Roschkowski 125◇

0204 **Zum Luminescenzmechanismus von mit den Ionen Ga^+, Ge^{2+}, In^+, Sn^{2+}, Tl^+ und Pb^{2+} aktivierten Alkalihalogenidkristallen.** Ch. B. Lushchik. (Tag.-Ber. physik. Ges. DDR, Greifswald 1959, Physik Chem. Kristallphosphore **1**, 255–62, herausgeg. 1960; Tartu, Akad. der EstnSSR, Inst. of Phys. and Astron.; engl.) — Übersicht über eine Reihe von Arbeiten zum Luminescenzmechanismus von mit den genannten Ionen aktivierten Phosphoren KCl, KBr, KJ u. NaCl. — 52 Literaturangaben. H. Roschkowski 125◇

0205 **Fluorescenzanregung von NaJ(Tl) und CsJ(Tl) durch Röntgen- und γ-Strahlen.** A. J. L. Collinson und R. Hill. (Proc. physic. Soc. **81**, 883–92, 1963; London, Borough Polytechn., Dep. of Phys.; engl.) — Es wurde die Lichtausbeute L_γ für Energien E_γ von 6–200 keV, teilweise bis 2,6 MeV, gemessen. Aus L_γ/E_γ wurde die Scintillationsleistung einzelner Elektronen zwischen 1 u. 100 keV berechnet. Bei 15 keV ergab sich ein Maximum. — Die Ergebnisse für Einzelelektronen standen in guter Übereinstimmung mit der Diffusionstheorie von Meyer u. Murray.
J. Blume 125◇

0206 **Einfluß von Cu und Ag auf die Elektronenemission und Luminescenz von NaCl:Ca.** A. Bohun. (Tag.-Ber. physik. Ges. DDR, Greifswald 1959, Physik Chem. Kristallphosphore **1,** 263—69, herausgeg. 1960; Prag, Tschechoslowak. Akad. der Wiss., Inst. für techn. Phys.; dt.) — Vf. untersucht den Einfl. von Cu- u. Ag-Zusätzen (ca. 10^{-3} bis 10^{-5}%) auf die Thermoelektronenemission u. die Thermoluminescenz von mit Ca aktivierten NaCl-Proben. Die Kristalle werden vor der Messung mit Röntgenstrahlung photochem. verfärbt u. einer weiteren Bestrahlung mit F-Licht ausgesetzt. Die Meßergebnisse für Temp. bis zu ca. 700° K sind graph. dargestellt. Bei Cu- oder Ag-Konzz. > Ca-Konz. überwiegt der Einfl. von Cu bzw. Ag. Die Maxima der Z-Zentren erscheinen erst bei kleineren Cu- oder Ag-Geh., die Cu- u. Ag-Maxima verschwinden bei ca. 480° K infolge des Einfl. von Ca.
H. Roschkowski 125◇

0207 **Die Luminescenz von Calciumwolframat-Mischkristallen bei Röntgenerregung.** R. Piwonka. (Tag.-Ber. physik. Ges. DDR, Greifswald 1959, Physik Chem. Kristallphosphore **1,** 156—59, herausgeg. 1960; Liebenwalde b. Berlin, Dt. Akad. der Wiss., Phys.-techn. Inst., Bereich Luminescenzforsch.; dt.) — Durch Fällung von $CaCl_2$-Lsgg., denen bis zu 1 Mol-% $BaCl_2$, $MgCl_2$, $CdCl_2$, $PbCl_2$, $FeCl_2$ bzw. MnCl zugesetzt wurden, mit Na_2WO_4-Lsg. wurden Mischwolframate hergestellt u. auf ihr Emissions-Verh. nach Anregung mit 80 kV Röntgenstrahlung untersucht. Der Einbau von Ba-, Mg- u. Cd-Wolframat zeigt keinen Einfl., Pb-Wolframat ruft einen Nachleuchteffekt hervor. Bei Einbau von Fe u. Mn in sehr geringen Mengen wird die Emission geschwächt u. das Maximum der Emission nach längeren Wellen verschoben.
H. Roschkowski 125◇

0208 **Über die Anfangsstadien des Luminescenzaufbaus und -abklingens in Phosphoren mit Haftstellen verschiedener Arten.** V. V. Antonov-Romanovskij. (Tag.-Ber. physik. Ges. DDR, Greifswald 1959, Physik Chem. Kristallphosphore **1,** 278—88, herausgeg. 1960; Akad. der Wiss. der UdSSR, Lebedew-Inst. für Phys., Wawilow-Luminescenz-Labor.; engl.) — Theoret. Untersuchung.
H. Roschkowski 125◇

0209 **Untersuchungen über die Polarisation der Luminescenz des Isländischen Kalkspats.** H. Treptow. (Tag.-Ber. physik. Ges. DDR, Greifswald 1959, Physik Chem. Kristallphosphore **1,** 321—26, herausgeg. 1960; Liebenwalde b. Berlin, Dt. Akad. der Wiss., Phys.-techn. Inst., Bereich Luminescenzforsch.; dt.) — Durch Best. der Wechselwrkg. zwischen den Polarisationsvorzugsrichtungen u. dem kristallograph. Aufbau von Isländ. Kalkspat wird auf die Art u. die Lage der Luminescenzzentren geschlossen.
H. Roschkowski 125◇

0210 **Über die Kinetik der Löschung der Fluorescenz von Lösungen durch Fremdstoffe.** B. Ja. Sweschnikow, W. M. Schirokow, L. A. Kusnetzowa und P. I. Kudrjaschow. (Nachr. Akad. Wiss. UdSSR, physik. Ser. **22,** 1047 bis 1050, 1958; russ.) — Erläuterung der Berechnungs-Meth. der Dauer $\tau_{fl.}$ der Fluorescenz nach verschiedenen Autoren u. Vgl. mit prakt. ermittelten Werten bei 3-Aminophthalimid in Glycerin u. Fluorescein in W.-Lsg. in Ggw. unterschiedlicher KJ-Mengen zur Löschung der Fluorescenz. Es zeigt sich, daß $\tau_{fl.}$ im ersten Falle nach der allg. Formel mit guter Genauigkeit berechnet werden kann, während im zweiten Falle nach dieser Formel zu hohe Werte erhalten werden. Bessere Werte gibt eine von Vff. früher mitgeteilte Gleichung. — 8 Literaturangaben. J. Tůmová 125

A₃. Elektrizität, Magnetismus, Elektrochemie

0211 **Optische Untersuchungen eines Stoßrohrs mit magnetischem Wind.** Michel Cloupeau und Andrzej Szaniawski. (J. Rech. Centre nat. Rech. sci. **1960,** 117—21, Labor. d'Aerotherm. et Inst du Radium, Labor. de Rech. électron.; franz.) — Vff. beschreiben eine Vers.-Anordnung zur Unters. der Fortpflanzung von Stoßwellen in einem Entladungsrohr mit Hilfe eines Drehspiegels u. wobei das durch einen Funken erzeugte Plasma durch das durch den Entladungsstrom erzeugte magnet. Feld „geblasen" wird.
C. Gottfried 131△

0212 **Elektronenreflexion von mit Cäsium bedeckten polykristallinen Metallen bei niedriger Primärenergie.** R. J. Zollweg. (J. appl. Physics **34,** 2590—98, 1963; Pittsburgh, Pa., Westinghouse Res. Labor.; engl.) — Messung des Anteils langsamer Elektronen, der von mit Cs bedeckten Oberflächen reflektiert wird, im Hinblick auf die Anwendung auf thermion. Energieumwandler u. magnetohydrodynam. Generatoren. Die Energie der auf das Target auftreffenden Elektronen wird nach dem Verf. von Fox u. Mitarbeitern (C. **1959,** 2006) durch den Wechselstromanteil definiert, der durch eine Dreielektroden-Filterlinse mit einer zusätzlichen Wechselspannung von 0,05 V an der Mittelelektrode hindurchtritt. Gemessen wird der vom Target aufgenommene u. der vom Target reflektierte, auf zwei Kollektorelektroden aufgefangene Wechselstromanteil. Die Energieabhängigkeit des Reflexions-Koeff. im Primärenergiebereich von 0,05—5 eV wird für verschiedene Metalle (Leg. *Advance,* nichtrostender *Stahl, Inconel, Monel, Mo, W, Ta, Cu, Ag, Pt, Platinmohr*) bei verschiedenen Graden der Bedeckung mit Cs in einer Tabelle wiedergegeben. Die mit Cs bedeckten Oberflächen reflektieren Elektronen durchweg stärker als reine Oberflächen. Die Gegenfeld-Messungen der Längskomponente der Geschw. der reflektierten Elektronen sind bei niedrigen Primärenergien mit der Annahme elast. Reflektion u. einer Cosinus-Winkelverteilung verträglich. F. Lenz 131◇

0213 **Atomauslösung bei der Zerstäubung bei niedriger Energie von Einkristallen kubisch-raumzentrierter Metalle.** G. S. Anderson. (J. appl. Physics **34,** 659—63, 1963; Minneapolis, Minn., Gen. Mills Electron. Div.; engl.) — Vgl. C. **1963,** 8425. — Die räumliche Verteilung der aus niedrigindizierten Flächen von *V, Fe, Nb, Mo, Ta* u. *W* bei Beschuß mit Hg^+, Xe^+, Ar^+ u. Ne^+ mit Energien bis zu 800 eV ausgelösten Atome wurde gemessen. Die Hauptrichtungen sind ⟨1 1 1⟩ u. ⟨1 0 0⟩, die Richtungen der Focusonen-Ausbreitung in kub.-raumzentrierten Kristallen. Daneben wurden andere Richtungen beobachtet, in denen eine Impulsfokussierung nicht möglich ist. Sie werden auf ⟨1 1 1⟩-Focusonen zurückgeführt, die auf Oberflächenatome auftreffen, die sich nicht auf den normalen Plätzen befinden. Bei Beschuß der (1 0 0)-Flächen erscheint der Zentralfleck ([1 0 0]-Auslösung) oberhalb einer Mindestenergie, die in der Folge Ne, Ar, Xe, Hg zunimmt. Für schwere Ionen sind die Impulse mehr in Vorwärtsrichtung gerichtet u. der Zentralfleck wird weniger ausgeprägt als für leichtere auftreffende Ionen.
H. Liepack 131◇

0214 **Vorprozesse des Wärmedurchschlages. 2. Mitt. Zur Theorie der inhomogenen Stromverteilung bei hohen elektrischen Leistungen.** K. W. Böer, E. Jahne und E. Nebauer. (Physica Status solidi [Berlin] **1,** 231—42, 1961; Berlin, Humboldt-Univ., Phys. Inst.; dt.) — 1. vgl. C. **1963,** 16805. — Es wird das elektr.-therm. Verh. eines zylindr. Dielektrikums im Vor-Wärme-Durchschlagsgebiet untersucht. Die Temp.- u Stromdichteverteilungen werden in Abhängigkeit von der elektr. Leistung diskutiert. Die Strom–Spannungs-Charakteristik wird in einer Parameterdarstellung angegeben. Mit dem diskutierten Modell kann die Ausbildung eines Stromkanals, in dem das Dielektrikum auf hohe Temp. erhitzt wird u. das Umbiegen der Strom–Spannungs-Charakteristik in einen Ast negativen differentiellen Widerstandes erklärt werden. H. Schibilla 132◇

0215 **Untersuchung von Polarisationsvorgängen und der Verteilung elektrischer Felder in photoleitenden Isolatoren.** S. Peled, E. Harnik, M. Y. Ben-Sira und B. Pratt. (J. appl. Physics **34,** 207—10, 1963; Jerusalem, Israel, Hebrew Univ., Dep. of Phys.; Haifa, Israel, Technion-Israel Inst. of Technol., Dep. of Phys.; engl.) — Zur Klärung von Unstimmigkeiten zwischen Theorie u. Experiment bei Polarisationsprozessen in teilweise bestrahlten Isolatoren werden mit Röntgenstrahlung verfärbte *NaCl*-Einkristalle untersucht. Die theoret. Angaben werden bestätigt. Die Verteilung des elektr. Feldes längs der Probe wurde im Laufe des Polarisationsprozesses mit einer Lichtraster-Meth. bestimmt.
I. Zoll 132◇

0216 **Einige dielektrische und optische Eigenschaften von KD_2PO_4.** T. R. Sliker und S. R. Burlage. (J. appl. Physics **34,** 1837—40, 1963; Cleveland, Ohio, Clevite Corporat., Electronic Res. Div.; engl.) — Der Curie-Punkt von KD_2PO_4 liegt bei 222 ± 1° K, das ist 9° K höher als früher angenommen wurde. Vff. glauben, daß der frühere Wert wegen unvollständiger Deuterierung der Proben zu tief gemessen wurde.

Ferner werden folgende Meßwerte angegeben: Die DK zwischen 208 u. 300° K, die Konst. der Resonanz für Form-Scherschwingungen zwischen 270 u. 320° K, die Elastizitäts-Koeff. zu $s_{66}^{E} = 165 \pm 3 \cdot 10^{-12}$ m²/N bei Zimmer-Temp., die piezoelektr. Konst. zu $d_{36} = 58 \pm 2 \cdot 10^{-12}$ C/N bei Zimmer-Temp., der elektromechan. Kopplungsfaktor bei Zimmer-Temp. zu $k_{36} = 0{,}22 \pm 0{,}01$, die opt. Absorption bei Zimmer-Temp. für KD_2PO_4 u. KH_2PO_4 zwischen 200 mμ u. 2600 mμ, der elektroopt. Koeff. am spannungsfreien Kristall bei Zimmer-Temp. zu $r_{63} = 26{,}4 \pm 0{,}7 \cdot 10^{-12}$ m/V, die Gitter-Konst. für KD_2PO_4 u. KH_2PO_4, die spontane Polarisation u. das Koerzitivfeld zwischen 150 u. 222° K.

S. Krause 132◇

0217 **Thermoluminescenz und dielektrischer Verlust von Bariumtitanat-Keramik bei Röntgenstrahlanregung.** K. V. Rao und H. N. Bose. (Proc. nat. Inst. Sci. India, Part A **28**, 573—77, 1962; Kharagpur, Indian Inst. of Technol., Dep. of Phys.; engl.) — Mit Röntgenstrahlen angeregte Bariumtitanat-Keramik weist Thermoluminescenz zwischen 180 u. 400° mit einem Maximum bei ca. 330° auf; der dielektr. Verlust nimmt bei Zimmer-Temp. von $\tan\delta = 0{,}021$ auf 0,027 zu. Beim Aufheizen der Proben auf 400° geht der dielektr. Verlust auf den normalen Wert vor der Anregung zurück. Der Mehrbetrag des dielektr. Verlustes $\Delta \tan\delta$ der angeregten Probe zur nichtangeregten wird beim Aufheizen in zwei Stufen beseitigt; die erste liegt zwischen 110 u. 180°, d. h. bevor Thermoluminescenz auftritt, die zweite beim Aufheizen auf 400°; letztere ist also mit der Thermoluminescenz gekoppelt. Die Ergebnisse scheinen zu zeigen, daß die eingefangenen Elektronen oder Löcher auf Grund ihrer elektrostat. Wechselwrkg. die Bldg. u. Bewegung von Bezirken in ferroelektr. Materialien verhindern u. dadurch den Hysteresisverlust beeinflussen. G. Herzog 133◇

0218 **Spontane Polarisation einiger (Na, K) NbO_3-Keramiken.** Rodman D. Golding, Robert H. Dungan und Basil Ohnysty. (Appl. Physics Letters **1**, 2—3, 1962; Albuquerque, N.Mex., Sandia Corp.; engl.) — Nach dem Verf. von Egerton u. Mitarbeiter (C. **1960**, 7415) werden (Na, K)·NbO_3-Keramiken hergestellt, die eine hohe spontane elektr. Polarisation von ca. 30 μC/cm² besitzen, welche nur wenig von der Temp. abhängt. In vielen Fällen, z. B. für $(Na_{0,98}K_{0,02})\cdot NbO_3$ wurden dabei auch rechteckige Hystereseschleifen angetroffen, wobei die Koerzitivkraft (17 kV/cm bei 100°) mit zunehmender Temp. abnimmt. Die ferroelektr. Eigg. hängen von den Herst.-Bedingungen sehr stark ab. Ein kleiner Überschuß an Nb_2O_5 ist sehr günstig. Außerdem müssen die Alkaliniobate gut durchkrist. u. frei von Zwillingen sein.

H. Fahlenbrach 133◇

0219 **Isothermer Peltier-Koeffizient und Phononendrag in Kupfer.** W. G. Henry. (Canad. J. Physics **41**, 1094—1101, 1963; Ottawa, Nat. Des. Council, Div. of Appl. Chem.; engl.) — Beschreibung einer App. zur Best. von Peltier-Koeff. der Größenordnung 1—0,2 mV. Die Messungen wurden an einem *Cu-Pb*-Element vorgenommen. Die Genauigkeit betrug bei 0,2 mV u. der Temp. des fl. N_2 3%, bei 1 mV u. Raum-Temp. ca. 1%. G. Klotz 133◇

0220 **Bremsfeldtechnik zur Messung der Sublimation von Vorrats- und Oxidkathoden.** John V. Florio. (J. appl. Physics **34**, 200—06, 1963; New York, N.Y., Gen. Telephone and Electron. Labor. Inc.; engl.) — Mit Hilfe der Bremsfeldtechnik wird die Verdampfungs-Geschw. von *Ba* u. *BaO* von Vorrats- u. Oxidkathoden gemessen. Dabei wird die zeitliche Änderung der Anodenaustrittsarbeit, die von der Abscheidung sublimierten Ba u. BaO (von der Kathode) abhängt, bestimmt. Verwendet wurde eine Mo-Anode.

I. Zoll 134◇

0221 **Untersuchungen der Leuchtkraft und des Spektrums einer Magnesiumoxid-Kaltkathode.** K. Ramanathan und R. Johannes. (J. Electronics and Control [1] **14**, 617 bis 621, 1963; Blue Pell, Pa., Philco Corp., Advanc. Technol. Center; Philco Sci. Labor.; engl.) — Die Messungen werden an Dioden mit 2×5 cm² Kathodenfläche u. ca. 3 mm Elektrodenabstand durchgeführt. Bei einem Anodenstrom von 8 mA ist die Intensität maximal. Oberhalb 200° fällt sie auf 25%. Das blaue Licht hat spektrale Maxima bei ca. 400, 430 u. 530 nm. R. Nink 134◇

0222 **Bestimmung der Parameter örtlicher Zentren in einem Halbleiter durch langanhaltende Lichtanregung.** I. A. Mirzchulawa. (Festkörperphysik [UdSSR] **5**, 1514 bis 1522, 1963; Tbilissi, Univ.; russ.) — Untersucht wurde die Änderung des Photostromes in einem Halbleiter als Funktion der Anregungszeit. Unter bestimmten Bedingungen erreicht der Photostrom erst ein Maximum u. pendelt sich dann auf seinen stationären Wert ein. Aus dem Verlauf der Photostromkurve, der Lage u. Höhe des Maximums kann eine Reihe von Parametern bestimmt werden, z. B. Konzz. u. Einfangquerschnitte für Elektronen u. Photonen sowie Daten über Störstellenzentren. K. Jaegeı 135◇

0223 **Spezifische elektrische Leitfähigkeit und galvanomagnetische Koeffizienten von Halbmetallen und entarteten Halbleitern in starken elektrischen Feldern.** L. E. Gurewitsch und I. Ja. Korenblit. (J. exp. theoret. Physik [UdSSR] **44**, 2150—58, 1963; Akad. der Wiss. der UdSSR, Phys.-Techn. Joffe-Inst.; russ., Auszug: engl.) — Die elektr. Leitfähigkeit u. die galvanomagnet. Koeff. von Halbmetallen u. entarteten Halbleitern in einem starken elektr. Feld ändern sich beträchtlich, wenn das Phononen-Syst. sich nicht im Gleichgewicht befindet. Das Nichtgleichgewicht der Phononen manifestiert sich in ihrer „Erwärmung" (Zunahme der langwelligen Phononen in einem starken elektr. Feld) u. in der „gegenseitigen" Hemmung der Elektronen u. Phononen. Der erste Umstand führt zu einer Verringerung der Freien Weglänge der Elektronen bzgl. der Phononen mit zunehmender Feldstärke u. ist der Grund für die Feldstärkenabhängigkeit der elektr. Leitfähgkeit in der Nullnäherung der Entartung. In einem starken Magnetfeld nimmt die elektr. Leitfähigkeit zunächst mit wachsender elektr. Feldstärke zu, erreicht ein Maximum u. nimmt bei genügend hohen Feldstärken umgekehrt proportional der elektr. Feldstärke ab u. ist dann unabhängig von der magnet. Feldstärke. Die Stromstärke nimmt dagegen monoton zu u. erreicht einen Sättigungswert. Die Hall-Leitfähigkeit nimmt mit zunehmendem elektr. Feld E ab u. ist in genügend starkem Feld proportional E^{-2}, wogegen der Hall-Strom ein Maximum aufweist. Die Abweichung vom Ohmschen Gesetz in schwachen elektr. Feldern ist in einem schwachen Magnetfeld negativ, ändert das Vorzeichen mit zunehmender Feldstärke u. geht für starke magnet. Felder gegen Null. Die „gegenseitige" Hemmung der Elektronen u. Phononen führt zu einer Zunahme der Freien Weglänge der Elektronen. Dieses bewirkt das Absinken des elektr. Feldes im Sättigungsbereich des elektr. Stromes.

K. Jaeger 135◇

0224 **Galvanomagnetische Erscheinungen in Halbleitern bei anisotroper Elektronenstreuung.** I. Ja. Korenblit. (Festkörperphysik [UdSSR] **4**, 168—78, 1962; Leningrad, Halbleiter-Inst. der Akad. der Wiss. der UdSSR; russ.) — Es wird eine Theorie der galvanomagnet. Erscheinungen für den Fall der Streuung durch ionisierte Fremdatome für nichtsphär. Energieflächen entwickelt. Es werden Gleichungen für die galvanomagnet. Koeff. in Form von hochkonvergenten Reihen erhalten. Die Ergebnisse werden mit denen von Herring u. Vogt (vgl. C. **1958**, 7665) verglichen.

K. Huste 135◇

0225 **Energieabhängige Volumenrelaxationszeit und Oberflächenleitung.** R. F. Greene. (Physics Chem. Solids **23**, 424—25, 1962; Silver Spring, Md., U. S. Naval Ordn. Labor.; engl.) — Vgl. C. **1962**, 8875. — Theoret. Arbeit, die den Einfl. der Energieabhängigkeit der Vol.-Relaxationszeit auf die Transport-Eigg. von Leitungselektronen u. speziell auf die Oberflächenleitung aufzeigt. K. H. Härdtl 135◇

0226 **Eigenschaften von Oberflächen in Halbleitern.** A. Frova und A. Stella. (Suppl. Nuovo Cimento Nr. 2, [10] **22**, 517—44, 1 Tafel, 1961; Pavia, Univ., Ist. di Fis.; ital.) — Zusammenfassender Überblick an Hand der vorliegenden Literatur. — 37 Literaturangaben. C. Gottfried 135△

0227 **Zur nichtlinearen Photopolarisation (Photodepolarisation) in amorphen Selenschichten.** W. M. Fridkin und Ju. N. Barulin. (Festkörperphysik [UdSSR] **5**, 1523 bis 1527, 1963; Moskau, Akad. der Wiss. der UdSSR, Inst. für Kristallogr.; russ.) — Untersucht wird die nichtlineare Zeitabhängigkeit der Photodepolarisation in amorphen Se-Schichten. Aus diesen Kurven werden die Driftlängen der Elektronen u. Defektelektronen abgeleitet. Diskutiert wird

die Bldg. elektrophotograph. Bilder. Die Konz. u. Lage der Defektelektronenhaftstellen wird abgeschätzt.
K. Jaeger 135◇

0228 **Elektrische und optische Eigenschaften von glasigem Selen.** H. P. D. Lanyon. (Physic. Rev. [2] **130**, 134–43, 1963; Urbana, Ill., Univ. of Illinois; engl.) — Wiedergabe u. Diskussion der raumladungsbedingten Strom–Spannungs-Kurve glasiger Se-Schichten von 2,4—60 μ Dicke. Vgl. von Literaturwerten opt. Absorptionsspektren, sowie Diskussion von Photoleitfähigkeit u. durch Elektronenbeschuß hervorgerufener Leitfähigkeit nach der entwickelten Modellvorstellung.
G. Klotz 135◇

0229 **Hall-Effekt und spezifischer Widerstand von Tellur.** R. W. McKay und W. E. Gravelle. (Canad. J. Physics **39**, 534—50, 1961; Toronto, Ont., Univ., Dep. of Phys.; engl.) — Hall-Effekt u. Widerstand wurden an sieben kristallinen Proben von hochreinem Te mit einer empfindlichen Wechselstrom-Meth. gemessen. Die effektiven Verunreinigungen des Te lagen zwischen $5 \cdot 10^{-6}$ u. $5 \cdot 10^{-5}$ Atom-%. Bei hohen Temp. zeigt Te ein anomales Verh. des Hall-Effektes. Drei dafür vorgeschlagene Deutungen werden an Hand der vorliegenden Meßergebnisse diskutiert.
L. Roth 135◇

0230 **Nichtohmsches Verhalten von Silicium.** E. A. Davies und D. S. Gosling. (Physics Chem. Solids **23**, 413—16, 1962; Manchester, England, Assoc. Electr. Ind. Ltd., Res. Dep.; engl.) — Vff. messen die Stromdichte als Funktion der Feldstärke bis 60 kV/cm von n-Typ-Si mit einem Raum-Temp.-Widerstand von 70 Ohm·cm. Für Feldstärken größer als 10^3 V/cm nimmt die Stromdichte weniger als proportional mit der Feldstärke zu. Dieses Abweichen vom Ohmschen Verh. wird mit einer Abnahme der Beweglichkeit der Ladungsträger erklärt. Die Kurve Stromdichte-Feldstärke zeigt im Gegensatz zu Ge kein Sättigungsgebiet u. die Beweglichkeitsabnahme ist viel kleiner als in Ge.
K. H. Härdtl 135◇

0231 **Durch Strahlung erzeugte Energieniveaus in Silicium.** C. A. Klein. (J. appl. Physics **30**, 1222—31, 1959; Waltham, Mass., Raytheon Co., Res. Div.; engl.) — Übersicht. — 23 Literaturhinweise.
K. Jaeger 135◇

0232 **Unordnungsbereiche in mit schnellen Neutronen beschossenen Halbleitern.** B. R. Gossick. (J. appl. Physics **30**, 1214—18, 1959; Tempe, Ariz., State Univ.; engl.) — Vgl. C. **1964**, 9-0225. — Abgeschätzt werden Breite u. Tiefe der Potentialstörungen, die die Unordnungsbereiche neutronenbestrahlter n-Ge- u. fremdleitender Si-Proben umgeben. Diskutiert werden die Streuung von Leitungselektronen, Absorption von Defektelektronen u. die Polarisierbarkeit dieser Unordnungsbereiche.
K. Jaeger 135◇

0233 **Elektrische Eigenschaften und Struktur polykristalliner Germaniumschichten.** R. Grigorovici, N. Croitoru und N. Marinescu. (Rev. Physique [Bucarest] **7**, 325—40, 1962; dt.) — Vgl. C. **1964**, 15-0265. — Auf mit fl. N_2 gekühlte Glas- bzw. Quarzträger werden bei 10^{-7} Torr aus W-Gefäßen >3000 Å dicke Ge-Schichten aufgedampft. Von den Schichten werden vor u. nach Wärmebehandlung bei 20—500° spezif. elektr. Widerstand ϱ, Hall-Effekt sowie Struktur röntgenograph. mit CuK$_\alpha$-Strahlung u. elektronenmkr. untersucht. Die aufgedampften Schichten sind amorph u. erreichen erst nach Wärmebehandlung bei 100—250° einen stabilen Zustand. Mit Temp.-Steigerung nimmt ϱ für Glasträger bis 100—150° bzw. für Quarzträger bis 250—300° irreversibel ab. Zwischen 350—400° bzw. 450—500° ist die ϱ-Änderung reversibel. Die Aktivierungsenergie von ϱ für stabile amorphe Ge-Schichten ist >1 eV. Bei höheren Temp. krist. die Schichten isotherm, wenn der Restdruck $<10^{-5}$ Torr ist; $\varrho = f(T)$ (T = Temp.) ist dann zwischen —196 u. 500° reversibel. Die Ausdehnung der Kristallite ist eine Funktion der Aufdampfgeschw. (AG) der amorphen Schichten. Bei AG von 320 Å/s werden nur Beugungsringe des amorphen Ge beobachtet, während für AG = 13 Å/s die Beugungsintensitäten für amorphes Ge abnehmen u. gleichzeitig Beugungsringe des krist. Ge auftreten. Polykristalline Ge-Schichten sind p-leitend; der Leitungstyp wird durch das Auftreten der Kristallitgrenzflächen bestimmt. Die Hall-Beweglichkeit der Defektelektronen ist zwischen 250 u. 515° K von der Temp. unabhängig. Bis 650° tritt keine Vorzeichenänderung der Hall-Konst. auf, jedoch nimmt ihr Wert mit steigender Temp. stark ab. Die Breite der verbotenen Energiezone in polykristallinen, entarteten Ge-Schichten ist $<0,5$ eV.
Herbert Müller 135◇

0234 **Untersuchung der Rekombination der Ladungsträger in dotiertem Germanium.** 4. Mitt. **Dotierung von Germanium mit Te.** K. D. Glintschuk und N. M. Litowtschenko. (Ukrain. physik. J. **8**, 575—82, 1963; Kiew, Akad. der Wiss. der UkrainSSR, Halbleiter-Inst.; ukrain., Auszug: engl.) — 3. vgl. gl. J. **7**, [1962], 152. — Gemessen wurden die Rekombination u. der Haftstelleneinfang der Ladungsträger in Te-dotiertem n- u. p-Ge. Der Querschnitt der positiv geladenen Te-Atome für den Defektelektroneneinfang betrug $S_P^+ \sim 3 \cdot 10^{-19}$ cm^2 bei 90 bis 130° K. Ein Vgl. der Querschnitte für den Elektroneneinfang durch negativ geladene u. für den Defektelektroneneinfang durch positiv geladene Atome zeigt, daß der Rekombinationsmechanismus für Elektronen u. Defektelektronen an abstoßenden Zentren bei tiefen Temp. wahrscheinlich ident. ist.
K. Jaeger 135◇

0235 **Ein kontrollierter Diffusionsprozeß für Indium in n-Germanium.** F. Barson, J. J. Dyett, C. Karan und W. E. Mutter. (J. elctrochem. Soc. **107**, 459—61, 1960; Poughkeepsie, N.Y., IBM Corp., Product Developm. Labor.; engl.) — Der auf Grund von Cu-Verunreinigungen auftretende therm. Übergang von n-Ge in p-Ge bei der Herst. von (n-p-n-)Ge-Transistoren kann durch ein geeignetes Verf. unter Verw. von In-Schmelzen vermieden werden. In wirkt sowohl als Cu-Extraktionsmittel, als auch (über die Dampfphase) als p-Leitung erzeugendes Dotierungsmittel. Der Dotierungsgrad läßt sich abei leicht durch Sn-Zusätze zur Schmelze kontrollieren. Die elektr. Eigg. des Ge-Kristalls werden bei dieser Meth. kaum beeinflußt.
K. Jaeger 135◇

0236 **Die Debye-Temperaturen der III–V-Verbindungen.** E. F. Steigmeier. (Appl. Physics Letters **3**, 6—8, 1963; Princeton, N.J., RCA Labor.; engl.) — Zusammenstellung der Elastizitätskonst. u. der Debye-Temp. von *InSb, AlSb, GaSb, InAs, InP, GaAs, AlAs, AlP, GaP, BAs, BP, BN.*
R. Nink 135◇

0237 **Plasmonspektren von In und InSb.** L. A. Balabanowa, M. M. Bredow und B. A. Kotow. (Festkörperphysik [UdSSR] **4**, 86—89 1962; Leningrad, Halbleiter-Inst. der Akad. der Wiss. der UdSSR; russ.) — Eine früher (vgl. Agejew, gl. J. **2**, [1960], 2899) beschriebene Technik wird auf die Unters. des Energieverlustes von Elektronen, die durch In- u. InSb-Filme hindurchtreten, angewandt. Es wurde eine Diskussion der Resultate auf der Grundlage der Plasmaschwingung u. der Zwischenbandübergänge gegeben. Es wird gezeigt, daß Messungen des Energieverlustes zur Unters. der Bandstruktur von Festkörpern dienen können.
K. Huste 135◇

0238 **Eine Theorie über den Tunneleffekt unter Mitwirkung polarer Phononen.** W. P. Dumke, P. B. Miller und R. R. Haering. (Physics Chem. Solids **23**, 501—07, 1962; Yorktown Heights, N.Y., IBM Corp., Thomas J. Watson Res. Center; engl.) — Elektronenübergänge beim Tunneleffekt können ohne oder unter Mitwirkung von Phononen stattfinden. Vff. messen u. berechnen für *InSb* die beiden Tunnelwahrscheinlichkeiten mit u. ohne Phononenbeteiligung u. finden ein theoret. Verhältnis von 0,003. Gemessen wird jedoch ein Verhältnis von 0,10. Dieser Widerspruch kann nicht durch eine Unkenntnis der genauen Bandstruktur, des Streumechanismus oder der Breite des p–n-Übergangs erklärt werden, sondern liegt in der Ungenauigkeit der Theorie des Tunneleffektes selbst. Ähnliche Unstimmigkeiten findet man bei *Ge*. Sie werden auf gleiche Weise gedeutet.
K. H. Härdtl 135◇

0239 **Die Verteilung von Zink zwischen festem InSb und In–Sb-Schmelzen.** U. Merten und A. P. Hatcher. (Physics Chem. Solids **23**, 533—39, 1962; San Diego, Calif., Gen. Atom. Div. of Gen. Dynamics Corp., John Jay Hopkins Labor. for Pure and Appl. Sci.; engl.) — Der Verteilungs-Koeff. von Zn zwischen InSb u. In–Sb-Schmelzen liegt für Zn-Konzz. kleiner $2 \cdot 10^{19}$ cm^{-3} bei 3 u. ist innerhalb 25 bis

60 Atom-% Sb nahezu unabhängig von dem Sb-Geh. der Schmelze. Für Zn-Konzz. größer als $2 \cdot 10^{19}$ cm^{-3} sinkt der Verteilungs-Koeff. steil ab bis auf 0,2 für einen Zn-Geh. von $3 \cdot 10^{20}$ cm^{-3}. Dieses Absinken wird mit dem Einfl. von Oberflächenzuständen in Verbindung gebracht. K. H. Härdtl 135◇

0240 **Negative Widerstände bei niedrigen Frequenzen in dünnen anodischen Oxidfilmen.** T. W. Hickmott. (J. appl. Physics **33,** 2669—82, 1962; Schenectady, N.Y., Gen. Electr. Res. Labor.; engl.) — Negative Widerstände u. hohe Stromdichten wurden in Gleichstrom-Spannungs-Charakteristiken von Metall/Oxid/Metall-„sandwiches" festgestellt. Die „sandwiches" wurden durch anod. Oxydation ca. 2000—4000 Å dicker Metallfilme u. abermaliges Aufdampfen eines dünnen Metallfilmes hergestellt. Die Oxidfilmdicke betrug 150 bis 1000 Å. Die Spannung, für die ein Strommaximum gefunden wurde, betrug für *Al–SiO–Au* 3,1 V, für *Al–Al_2O_3–Au* 2,9 V, für *Ta–Ta_2O_5–Au* 2,2 V, für *Zr–ZrO_2–Au* 2,1 V u. für *Ti–TiO_2–Au* 1,7 V. Für Al_2O_3, das am eingehendsten untersucht wurde, ist die Spannung für das Strommaximum unabhängig von der Schichtdicke des Oxidfilmes zwischen 150 u. 1000 Å. Die Effekte sind nicht feldabhängig. Maximum–Minimum-Verhältnisse von 30:1 u. Stromdichten von 10 A/cm² sind typisch. Die maximalen Stromdichten bei den Spannungen der Strommaxima betragen 25 A/cm², die Minimumstromdichten 0,01 A/cm². Die Änderungsdauer der Spannung vom Strommaximum zum Stromminimum betrug $< 0,5\,\mu$s. Die Abhängigkeit dieser Effekte von der Temp. u. von der umgebenden Atmosphäre (Vakuum, trockenes He bzw. N_2) werden beschrieben. Bei 2,5 V kann bei Al_2O_3-„sandwiches" Elektronenemission auftreten. Ein Mechanismus für die negativen Widerstände kann noch nicht angegeben werden.

K. Jaeger 135◇

0241 **Messungen der Volumenleitfähigkeit von leicht reduziertem Rutil (TiO_2) parallel und senkrecht zur c-Achse.** G. A. Acket und J. Volger. (Physica [Utrecht] **29,** 225—26, 1963; Utrecht, Rijksuniv., Fys. Labor.; engl.) — Zwischen 210 u. 380° K wurden an Rutilplättchen mit In-Kontakten Messungen der Gleichstromgrenzleitfähigkeit parallel u. senkrecht zur C-Achse durchgeführt. Zwischen dem Kontakt- u. dem Vol.-Widerstand werden Unterschiede bis zu mehreren Größenordnungen festgestellt. Durch örtliche Red. kann der Kontaktwiderstand erniedrigt werden. Der Vol.-Widerstand senkrecht zu c übersteigt den Widerstand parallel c($\varrho_{\parallel c}$) im Bereich $10^2\,\Omega$cm $< \varrho_{\parallel c}/ < 10^3\,\Omega$cm in den meisten Fällen um den Faktor 5, jedoch werden auch niedrigere Werte festgestellt. Im gleichen Bereich sind beide Vol.-Widerstände im Gegensatz zum Kontaktwiderstand kaum von der Temp. abhängig. Die Ergebnisse lassen vermuten, daß die von Hollander u. Mitarbeiter (C. **1961,** 6047) erwähnte Anisotropie teilweise durch eine Abhängigkeit des Kontaktwiderstandes von der Orientierung der Kontaktoberfläche hervorgerufen wird. Die Anisotropie des Widerstandes könnte auf eine Red.-Anisotropie zurückzuführen sein.

H. Roschkowski 135◇

0242 **Anmerkung zum Leitfähigkeitsmechanismus von Vanadin(III)-oxid.** G. A. Acket und J. Volger. (Physica [Utrecht] **28,** 277—80, 1962; Utrecht, Univ., Fys. Labor.; engl.) — An *V_2O_3* werden Seebeck- u. Hall-Messungen durchgeführt. Die Thermokraft Θ wird im Bereich von -150 bis $+400°$ als Temp.-Funktion dargestellt. Die Hall-Konst. betragen $R_H < 2 \cdot 10^{-3}$ cm³ Coulomb^{-1} (300° K) u. $R_H < 1{,}5 \cdot 10^2$ cm³ Coulomb^{-1} (165° K). Unterhalb 168° K wird Löcherleitfähigkeit angenommen; die Bewegung der Ladungsträger wird durch die Rkk. $V^{3+} + V^{2+} \rightarrow V^{2+} + V^{3+}$ oder $V^{3+} + V^{4+} \rightarrow V^{4+} + V^{3+}$ verursacht, ihre Anzahl beträgt $n \geq 10^{16}$ cm^{-3} (165° K). Zwischen 168 u. 300° K liegt das Fermi-Niveau im Leitfähigkeitsband, die Messungen deuten auf metallähnlichen Mechanismus hin ($n > 3 \cdot 10^{21}$ cm^{-3}). Der Leitungsmechanismus zwischen 300 u. 670° K ähnelt dem im Bereich $< 168°$ K, jedoch scheint die Aktivierungsenergie bedeutend niedriger zu sein. M. Engel 135◇

0243 **Thermoelektrische Kraft in nichtstöchiometrischem α-Nb_2O_5.** R. F. Janninck und D. H. Whitmore. (J. chem. Physics **39,** 179—82, 1963; Evanston, Ill., Northwestern Univ., Dep. of Materials Sci.; engl.) — Vgl. C. **1963,** 11906. — Gemessen wurde an α-Nb_2O_{5-x} die thermoelektr. Kraft im Temp.-Bereich 300—1270° K. α-Nb_2O_{5-x} ($0{,}0012 \leq x \leq 0{,}1545$) ist im untersuchten Zus.-Bereich n-leitend. Die thermoelektr. Kraft folgt $\Theta = -(k/e)\cdot\ln[(1-x)/x]$, wobei k die Boltzmann-Konst. ist. α-Nb_2O_5 ist ein einfacher Halbleiter mit einem schmalen d-Leitungsband. K. Jaeger 135◇

0244 **Elektrische Eigenschaften von Urandioxideinkristallen.** P. Nagels, M. Denayer und J. Devreese. (Solid State Commun. **1,** 35—40, 1963; Mol, Belgium, S.C.K.–C.E.N., Solid State Phys. Dep.; engl.) — Gemessen wurde die elektr. Leitfähigkeit von UO_x-Einkristallen mit $2{,}000 \leq x \leq 2{,}007$ im Temp.-Bereich 90—900° K. Die Aktivierungsenergie nimmt mit zunehmendem Überschuß-O von 0,34 auf 0,19 eV ab. Der Hall-Effekt war unmeßbar klein (Hall-Beweglichkeit $\mu_H < 0{,}015$ cm² V^{-1}s^{-1} bei 300° K). Die Ergebnisse lassen sich mit dem Modell des kleinen Polarons deuten.

K. Jaeger 135◇

0245 **Darstellung und Eigenschaften von Mischkristallen $SnS_{(1-x)}Se_x$.** W. Albers, C. Haas, H. Ober, G. R. Schodder und J. D. Wasscher. (Physics Chem. Solids **23,** 215—20, 1962; Eindhoven, Netherlands, N. V. Philips Gloeilampenfabr., Philips Res. Labor.; engl.) — Vgl. C. **1963,** 6471. — SnS u. SnSe bilden eine vollständige Mischkristallreihe mit einem minimalen Schmelzpunkt bei 853° für die Verb. mit x = 0,5. Die S u. Se-Atome sind im Mischkristall statist. verteilt. Die Gitter-Konst. ändert sich linear mit x. Die Kristalle enthielten weniger als $2{,}5 \cdot 10^{16}$ cm^{-3} Verunreinigungen (spektrochem. Analyse) u. waren p-leitend mit einer Löcher-Konz. von ca. 10^{18} cm^{-3}. Bei 300° K hat die Beweglichkeit für x = 0,3 ein Minimum von 65 cm²/Vs. Die entsprechenden Werte für SnS u. SnSe liegen bei 90 bzw. 115. Die Beweglichkeit ändert sich mit T^{-2}, was auf Gitterstreuung schließen läßt. Der Bandabstand bei 300° K nimmt für x = 0 von 1,08 eV linear auf 0,90 eV für x = 1 ab.

K. H. Härdtl 135◇

0246 **Die thermoelektrischen Eigenschaften von Legierungen der Systeme $AgSbTe_2$–$AgBiTe_2$, –PbTe und –SnTe.** Taizo Irie, Teizo Takahama und Takashi Ono. (Jap. J. appl. Physics **2,** 72—82, 1963; Kawasaki, Fuji Electr. Mfg. Co., Ltd.; engl.) — Die untersuchten Legg. wurden durch Zonenschmelzen hergestellt. Thermokraft u. elektr. Leitfähigkeit variieren über die gesamte Länge der zonengeschmolzenen Barren. Die Art der Variation hängt von der Fahrgeschw. der Zone ab. Diese Tatsachen hängen wahrscheinlich mit der Art der Ausscheidung von Ag_2Te oder Sb_2Te_3 zusammen. Für zwei Proben von AgSbTe, die keine Ag_2Te-Ausscheidungen enthielten, wurden Abhängigkeiten der Hall-Beweglichkeit von der abs. Temp., die $T^{-0,7}$ bzw. $T^{-1,3}$ entsprachen, gefunden. In den Syst. $AgSbTe_2$–$AgBiTe_2$ u. –PbTe nehmen mit wachsendem $AgBiTe_2$- bzw. PbTe-Geh. die elektr. Leitfähigkeit ab u. die Thermokraft zu. Die Wärmeleitfähigkeit fällt mit dem $AgBiTe_2$-Geh., steigt mit dem SnTe-Geh. u. durchläuft im Syst. $AgSbTe_2$–PbTe zwischen 20 u. 60 Mol.-% PbTe ein breites Minimum.

D. Rogalla 135◇

0247 **Zur U → F-Umwandlung und Photoleitfähigkeit in Alkalihalogenid-Kristallen.** Takehiko Ishii. (Sci. Rep. Tôhoku Univ., Ser. I **46,** 24—35, 1962; Tôhoku Univ., Fac. of Sci., Dep. of Phys.; engl.) — Die durch UV-Lichtbestrahlung verursachte Umwandlung von U- in F-Zentren u. die Photoleitfähigkeit von Alkalihalogeniden mit verschiedenen Halogenverunreinigungen u. verschiedenen Anzahlen von U-Zentren wurde untersucht. Die photoelektr. Eigg. der U-Zentren scheinen in *KCl-*, *KBr-* u. *NaCl*-Kristallen im wesentlichen dieselben zu sein. Die beobachteten Photoströme im Bereich der kurzwelligen Seite der U-Bande werden als zur U–F-Umwandlung gehörig angesehen. Es wird angenommen, daß an Br^--Fremdatomen lokalisierte Excitonen ihre Energie an U-Zentren übertragen u. die U–F-Umwandlung verursachen, während an J^--Ionen lokalisierte Excitonen das nicht tun. Eine von der Zerstörung von β-Zentren abhängige Spektralverteilung des Photostroms wird in einem additiv verfärbten KCl-Kristall bei Zimmer-Temp. beobachtet.

J. M. Spaeth 135◇

0248 **Der Einfluß eines allseitigen Druckes auf die Ionenleitung in dotierten Einkristallen von Natriumchlorid, Kaliumchlorid und Rubidiumchlorid.** C. Ballard Pierce. (Physic. Rev. [2] **123,** 744—54, 1961; Urbana, Ill., Univ., Dep. of Phys.; engl.) — Gemessen wurde die Ionenleitung in *$CaCl_2$*-dotiertem NaCl, *$SrCl_2$*-dotiertem KCl u. *$BaCl_2$*-dotiertem RbCl als Funktion eines allseitigen Druckes (≤ 9000 kg/cm²) im Temp.-Bereich 200—500°. In diesem Temp.-Bereich beruht die elektr. Leitfähigkeit fast ausschließlich auf der Bewegung von extrins. Kationenleerstellen. Das Aktivierungs-Vol. ΔV_m der Kationenleerstellenbewegung beträgt 7,7 ± 0,5 cm^3/Mol für NaCl + $CaCl_2$ u. 7,0 ± 0,5 cm^3/Mol für KCl + $SrCl_2$. Der kleine Schermodul in KCl u. RbCl nimmt mit zunehmendem Druck ab, während die Verhältnisse bei NaCl genau umgekehrt liegen. Die Leitfähigkeit des $BaCl_2$-dotierten $RbCl_2$ nimmt um eine Größenordnung zu, wenn die NaCl-Struktur in die CsCl-Struktur übergeht. Diese Umwandlung tritt für 300° bei 6100 kg/cm² auf. K. Jaeger 135◇

0249 **Über Leitfähigkeitsmessungen an AgCl-Kristallen.** E. Jeltsch. (Z. Physik **154**, 601–12, 1959; Berlin-Adlershof, Dt. Akad. der Wiss., Inst. für Kristallphys.; dt.) — Vgl. C. **1959**, 7026. — Gemessen werden die elektr. Leitfähigkeit u. die Photoleitfähigkeit reiner u. *Ag_2Se*-dotierter AgCl-Kristalle bei 20–240° K. Es werden flache Elektronenfallen mit Bindungsenergien zwischen 10^{-3} u. 10^{-2} eV nachgewiesen. Das beobachtete Abklingen der Photoleitung u. die Tilgung der Glow-Kurvenmaxima auf therm., opt. u. elektr. Wege werden durch eine Aktivierungsenergie (ca. 10^{-3} eV) der Rekombination u. durch ein allmähliches Verarmen an akt. Rekombinationszentren gedeutet. K. Jaeger 135◇

0250 **Zur Elektronenleitung in AgBr-Kristallen.** E. Jeltsch. (Z. Physik **154**, 613–17, 1959; dt.) — Vgl. C. **1959**, 7026 u. vorst. Referat. — Gemessen werden die elektr. Leitfähigkeit u. die Photoleitfähigkeit reiner u. *Ag_2Se*-dotierter AgBr-Kristalle bei 20–240° K. Die elektr. Eigg. von AgBr gleichen denen von *AgCl*. Die Vers.-Ergebnisse werden mit flachen Elektronenfallen (Bindungsenergien 10^{-3} bis 10^{-2} eV) u. einer Rekombinationsaktivierungsenergie gedeutet. K. Jaeger 135◇

0251 **Annäherung an den metallischen Zustand nach optischen und elektrischen Messungen.** B. M. Riggleman und H. G. Drickamer. (J. chem. Physics **38**, 2721–24, 1963; Urbana, Ill., Univ. of Illinois, Dep. of Chem. and Chem. Engng.; engl.) — Der elektr. Widerstand von *J_2*, *Se*, *AgJ* u. *SnJ_4* wurde gemessen. Dreifach sublimierte Jodkristalle zeigten senkrecht zur ac-Fläche (Mol.-Fläche) oberhalb 160 kbar metall. Verh., parallel zu ac oberhalb 220 kbar. Se wird oberhalb 130 kbar metallisch. Die Übereinstimmung aus Widerstandsmessungen u. Best. des Bandabstandes aus der opt. Absorption ist gut. SnJ_4 wird oberhalb 185 kbar metallisch. AgJ zeigt unterhalb 70 kbar eine scheinbare Ionenleitung, bei 97 kbar erfolgt ein scharfer Anstieg des Widerstandes, der quant. der Zunahme des opt. bestimmten Bandabstandes entspricht. Die Hochdruckphase ist ein Halbleiter mit einer Aktivierungsenergie von ca. 0,5 eV. H. Liepack 136◇

0252 **Eine Berechnung der spezifischen elektrischen Leitfähigkeit.** Noboru Matsudaira. (Progr. theoret. Physics [Kyoto] **25**, 153–55, 1961; Univ. of Tokyo, Coll. of Gen. Educat., Inst. of Phys.; engl. — C. **1963**, 20.) A. Blaschette 136◇

0253 **Resonanzverstärkung von Schall durch Leitungselektronen.** Shulamith G. Eckstein. (Physic. Rev. [2] **131**, 1087–1101, 1963; Argonne, Ill., Argonne Nat. Labor.; engl.) — Berechnung der Winkelverteilung des durch Leitungselektronen verstärkten Schalls mittels der Boltzmann-Gleichung. H. Liepack 136◇

0254 **Nicht-lokaler Korrelationseffekt auf das periodische Feld, Antiabschirmung.** Minoru Tanaka. (Progr. theoret. Physics [Kyoto] **29**, 675–90, 1963; Tokyo, Univ., Inst. for Solid State Phys.; engl.) — Die Bedeutung der Elektron-Elektron-Korrelationseffekte bei der Best. des Energiespektrums in der Nähe des ersten verbotenen Bandes in Alkalimetallen wird mittels des Propagator-Formalismus untersucht. Die Korrektur des Potentials infolge des Abschirmungseffekts ist vernachlässigbar. Die Austauschstreuung hat quant. für die Elektronenzustände in der Nähe der Zonengrenzenmitte in einwertigen Metallen größere Bedeutung als die Abschirmung (nichtlokaler Korrelationseffekt). Dieser Effekt führt im Fall von *Li* zu einer Vergrößerung des Bandabstandes in der Mitte der Zonengrenze um 10% des nach der OPW-Meth. berechneten Bandabstandes. Die Fermi-Oberfläche des Valenzelektrons von Li wird in ⟨1 1 0⟩-Richtung näher an die Zonengrenze gezogen. H. Liepack 136◇

0255 **Temperaturkoeffizienten des Widerstandes von metallischen Filmen im Temperaturbereich von 25–600°.** Richard B. Belser und Walter H. Hicklin. (J. appl. Physics **30**, 313–22, 1959; Georgia Inst. of Technol., Engng. Exp. Stat.; engl.) — Der Temp.-Koeff. des elektr. Widerstandes von zerstäubten Filmen von ***Au, Ir, Mo, Ni, Pd, Pt, Rh, Ta*** u. ***W***, aufgedampften Filmen von ***Al, Cr, Ti*** u. ***Zr*** sowie den Leg.-Filmen ***Pt–Au***; ***Pb–Ir*** u. ***Pb–Ni*** wurde im Temp.-Bereich von 25–600° unter Vakuumbedingungen ermittelt. Die Temp.-Koeff. lagen für die reinen Metalle bei $^1/_3$–$^2/_3$ des Wertes für das entsprechende massive Metall, unabhängig davon, ob eine Glas-, Vycor- oder Stupalith-unterlage verwendet wurde. Die Werte für die Leg.-Filme lagen sehr niedrig (bei 0,0004 pro Grad für Au–Pt). Die Werte für Mo, W, Ta, Cr, Zr u. Ti-Filme lagen infolge von Oxideinschlüssen in derselben Größenordnung. G. M. Neumann 136◇

0256 **Einfluß der Schichtdickenungleichmäßigkeit auf die elektrische Leitfähigkeit dünner Metallschichten.** Andrei Dévényi und Rodika Meneile. (Rev. Physique [Bucarest] **6**, 491–505, 1 Tafel, 1961; russ.) — Vff. untersuchen theoret. die Leitfähigkeits-Eigg. dünner (~ 800 Å aufgedampfter Metallschichten mit ungleichmäßiger Stärke, die Leerstellen verschiedener Form u. Größe enthalten, aber nicht unterbrochen sind. Unmittelbar aufgedampfte, nicht bearbeitete Schichten u. wärmebehandelte Schichten sowie Einfl. der Unterlage werden getrennt untersucht. In beiden Fällen spielt die bedeutendste Rolle die freie Weglänge der Ladungsträger, im zweiten Fall auch deren Wanderung in die Unterlage. — Die Berechnungen nach den aufgestellten Formeln werden mit experimentellen Ergebnissen aus der Literatur an *Ag, Pb, Cd* u. *Au* verglichen u. bei der angeführten Schichtstärke eine gute Übereinstimmung gefunden. — 20 Literaturangaben. J. Tůmová 136◇

0257 **Widerstandsänderung einer auf einem verformbaren Träger abgeschiedenen, dünnen Metallschicht.** Antoine Colombani, Bernard Laniepce und Pierre Huet. (C. R. hebd. Séances Acad. Sci. **250**, 3946–48, 1960; franz.) — Auf Träger aus *Glimmer* (**I**) bzw. Plexiglas werden im Vakuum 40–7200 Å dicke *Bi*-Schichten aufgedampft. In einer Brückenschaltung wird mit Wechselspannung von 500 Hz die Widerstandsänderung $\Delta R/R$ bestimmt, die bei konst. Dicke von Träger e u. Schicht e' durch verschieden große Auslenkungen h des Trägers hervorgerufen wird. $\Delta R/R$ ist e u. h direkt u. der Schichtlänge umgekehrt proportional. Das Vorzeichen von $\Delta R/R$ ist von der Auslenkrichtung abhängig; der Proportionalitätsfaktor der Auslenkung ist als Funktion von e' graph. angegeben. Herbert Müller 136◇

0258 **Elektrische Leitfähigkeit und Hall-Effekt dünner Eisenschichten.** Claude Vautier, Gérard Bordes und Antoine Colombani. (C. R. hebd. Séances Acad. Sci. **255**, 906–08, 1962; Rouen, Fac. des Sci., Labor. de Phys. des Couches minces; franz.) — Vgl. vorst. Referat. — Auf polierten Quarzträgern werden bei 10^{-6} Torr mit Aufdampf-Geschw. von 60 Å/s 100–1420 Å dicke Fe-Schichten abgeschieden. Die Abhängigkeit des spezif. elektr. Widerstandes ϱ von der Schichtdicke e weist den bekannten Abfall mit steigendem e auf u. zeigt bei ca. 300 Å eine Einmündung in konst. Werte, die um den Faktor 7 größer als ϱ' für kompaktes Fe sind. Durch Anlassen bei 480° wird ϱ vermindert u. als Grenzwert das 3fache von ϱ' erreicht. Die Hall-Spannung U_H steigt mit der Magnetfeldstärke zunächst linear an, um bei ca. 20 kOe in einen Sättigungswert einzumünden, der für e = 1420 Å ca. 40 μV u. für e = 100 Å ca. 2000 μV (jeweils i = 1 mA) beträgt. Die Grenzwerte der Hall-Koeff. sind $R_0 = 3 \cdot 10^{-12}$ u. $R_1 = 3{,}1\ 10^{-10}$ Vcm/A Gauß. Das Vorzeichen von U_H ist stets positiv. Herbert Müller 136◇

0259 **Änderung des elektrischen Widerstandes einer auf einem verformbaren Träger abgeschiedenen dünnen Metallschicht.** Bernard Laniepce, Antoine Colombani und Pierre Thureau. (C. R. hebd. Séances Acad. Sci. **252**, 1919–21, 1961; Caen, Fac. des Sci., Labor. des Couches minces; franz.) — Auf Träger aus Glimmer bzw. Plexiglas werden 90–16000 Å dicke *Bi*-Schichten aufgedampft. Die Träger werden gebogen u. die relativen Widerstandsänderungen $\Delta R/R$ senkrecht u. parallel zur Biegerichtung als Funktion der auftretenden mechan. Spannungen bestimmt. $\Delta R/R$ steigt linear mit der Auslenkung des Trägers an. Der Proportionalitätsfaktor k bzw. k', der $\Delta R/R$ in longitudinaler bzw. transversaler Richtung nach $\Delta R/R = k\,(\Delta l/l)$ bzw.

$\Delta R/R = k' (\Delta l/l)$ ($\Delta l/l$ = relative Längenänderung der Bi-Schicht) beschreibt, weist als Funktion der Schichtdicke d für $800 < d < 1500$ Å ein Maximum auf.
Herbert Müller 136◇

0260 **Elektrische Eigenschaften aufgedampfter Cadmiumschichten.** Radu Grigorovici und Andrei Dévényi. (Rev. Physique [Bucarest] **6**, 385–95, 1961; Bukarest, Akad. der R.V.R., Phys. Inst.; dt.) — Bei $3 \cdot 10^{-7}$ Torr werden auf Glasträger mit 140° K 500–1500 Å dicke Cd-Schichten mit Aufdampf-Geschw. v von 20–4200 Å/min aufgedampft. Der elektr. Widerstand R der Schichten wird zwischen 140 u. 400° K bestimmt. Der anfängliche Temp.-Koeff. α_i von R ist für $20 < v < 500$ (Å/min) $\alpha_i < 0$, $500 < v < 1000$ α_i ca. 0 u. $1000 < v < 4200$ $\alpha_i > 0$. Mit Temp.-Anstieg der Schichten nimmt R bis zu einem Minimalwiderstand R_{min} ab; bei steigenden Temp. wird α stets positiv. Die Cd-Schichten mit $\alpha_i < 0$ besitzen ein unbeständiges Gefüge u. zeigen infolge der Beweglichkeit der Cd-Atome selbst bei 140° K eine spontane Kristallisation. Ein geringes v führt zur Bldg. von Schichten, die stark gewellt u. durchlöchert sind. Die anomal großen Werte des spezif. elektr. Widerstands bei R_{min} sind auf die durch kräftige Schichtwellung verursachten Weglängeneffekte u. nicht auf Strukturfehler zurückzuführen.
Herbert Müller 136◇

0261 **Hall-Konstante dünner Silberschichten.** R. Grigorovici und N. Croitoru. (Rev. Physique [Bucarest] **6**, 171–76, 1961; russ.) — Vgl. vorst. Referat. — Es wurden der Widerstand u. die Hall-Konst. von dünnen, auf N_2-gekühlte Unterlagen aufgedampften Ag-Schichten in Abhängigkeit von der Schichtstärke gemessen u. mit kristallinen Ag-Schichten verglichen. — Vff. konnten keine Abhängigkeit der Elektronen-Konz. von der Struktur finden; die mittlere Elektronen-Konz. beträgt bei den Schichten $(7{,}53 \pm 0{,}30) \cdot 10^{22}$ cm^{-3} u. stimmt mit dem Wert für massives Ag überein. Die Leitfähigkeit der nichtkristallinen Ag-Schichten wird demnach zum Unterschied von Pb durch die freie Weglänge der Elektronen begrenzt, u. die Leitfähigkeit ist die des Metalltypus.
J. Tůmová 136◇

0262 **Die elektrische Leitfähigkeit und die Struktur dünner Silberschichten.** R. Grigorovici, N. Croitoru und A. Dévényi. (Rev. Physique [Bucarest] **6**, 49–72, 2 Tafeln, 1961; dt.) — Vgl. vorst. Referat. — Auf Glasträger mit 140 bzw. 296° K werden bei $5 \cdot 10^{-7}$ bis 10^{-6} Torr mit Aufdampf-Geschw. (AG) von 5–500 Å/min 30–1000 Å dicke Ag-Schichten aufgedampft. Von den Schichten werden die elektr. Widerstände R als Funktion der Schicht-Temp. bestimmt u. gleichzeitig die Schichtstrukturen elektronenmkr. untersucht. Ag-Schichten, die bei Träger-Temp. von 140° K mit AG von 5–20 Å/min abgeschieden werden, sind nicht kristallin; R ist um 4–5 Größenordnungen größer als der Wert für krist. Schichten. Für den Temp.-Koeff. von R gilt stets $\alpha \geq 0$, d. h. große R-Werte sind auf die Verringerung der Elektronenbeweglichkeit in den Schichten zurückzuführen. An Schichten, die bis zum Erreichen des Minimalwertes von R erwärmt wurden, ist das Gesetz von Fuchs erfüllt, d. h. die Schichten sind kontinuierlich, planparallel u. fehlerfrei. Die Ag-Schichten reißen beim Erhitzen auf 923° K auf u. bilden nahezu halbkugelförmige Körner, deren Randwinkel mit der Trägerfläche konst. 82° beträgt; Ag haftet demnach besser auf Glasflächen als Pb.
Herbert Müller 136◇

0263 **Untersuchungen an im Vakuum aufgedampften Bleischichten.** 1. Mitt. **Temperaturkoeffizienten des elektrischen Widerstandes.** R. Grigorovici, N. Croitoru und A. Dévényi. (Rev. Physique [Bucarest] **6**, 149–56, 1961; dt.) — Vgl. vorst. Referat. — In einer Hochvakuum-App. werden bei $2 \cdot 10^{-7}$ bis 10^{-6} Torr auf gekühlte Glasträger von 140° K mit Aufdampf-Geschw. (AG) zwischen 5 u. 112 Å/min 142 ± 24 Å dicke Pb-Schichten aufgedampft. Von den Schichten wird der elektr. Widerstand R u. sein Temp.-Koeff. α zwischen 140 u. 380° K bestimmt. Die R-Werte nach dem Aufdampfen steigen mit fallender AG an. Die Schichten sind für AG zwischen 5 u. 20 Å/min u. Temp. T von 140–180° K amorph. $R = f(T)$ ist in diesem Temp.-Bereich reversibel. Für AG > 25 Å/min erfolgt die R-Änderung irreversibel. Zwischen 220 u. 280° K fällt R irreversibel um 5–6 Größenordnungen, da bei beginnender Kristallisation große Kristallite entstehen, die durch amorphes Pb getrennt sind. Beim Aufdampfen dünner Pb-Schichten auf Glasträger von 296° K wird R erst bei Abscheidung großer Pb-Mengen meßbar, da Pb nur geringfügig auf dem Träger haftet u. zur Bldg. isolierter Körner neigt; die Körner werden allmählich über Stege verbunden. Im Bereich der reversiblen R-Änderung erreicht α einen negativen Maximalwert; die Aktivierungsenergie der elektr. Leitfähigkeit beträgt dann $0{,}78 \pm 0{,}05$ eV. Mit zunehmendem T durchläuft R ein Minimum, für welches die Pb-Schichten planparallel u. fehlerfrei sind. α erreicht den Wert Null u. wird dann positiv.
Herbert Müller 136◇

0264 **Untersuchungen an im Vakuum aufgedampften Bleischichten.** 2. Mitt. **Die Hall-Konstante.** R. Grigorovici, N. Croitoru und L. Nicolaide. (Rev. Physique [Bucarest] **6**, 157–69, 1961; dt.) — 1. vgl. vorst. Referat. — Vff. bestimmen die Hall-Spannungen an l. c. beschriebenen Pb-Schichten als Funktion der Temp. zwischen 140 u. 380° K in einem Magnetfeld von 4–5 kOe. Die Hall-Konst. A hat für amorphe Schichten zunächst negatives Vorzeichen; erst für vollständig krist. Schichten wird das Vorzeichen positiv. Das Verhältnis A/A_m (A_m = Hall-Konst. der vollständig krist. Schicht) hängt nur von ϱ/ϱ_m (ϱ = spezif. elektr. Widerstand einer metastabilen, ϱ_m einer vollständig krist. Schicht) ab. Zur Deutung dieser Ergebnisse werden 3 mögliche Modelle der Leitfähigkeit diskutiert. Die Ladungsträger-Konz. der Schichten liegt zwischen $6 \cdot 10^{15}$ u. $3{,}6 \cdot 10^{19}$, wenn für Pb Eigenhalbleitung angenommen wird. Die effektiven Massen sind 10^2 m (m = Elektronenmasse). Herbert Müller 136◇

0265 **Die elektrische Leitfähigkeit und die Hall-Konstante von auf gekühlte Unterlagen aufgedampften Aluminiumschichten.** R. Grigorovici, A. Dévényi und T. Boţilă. (Rev. Physique [Bucarest] **7**, 303–09, 1962; dt.) — Vgl. vorst. Referate. — Bei ca. $3 \cdot 10^{-7}$ Torr werden mit Aufdampf-Geschw. von 0,83–284,0 Å/min auf mit fl. N_2 gekühlte Glasträger 142–718 Å dicke Al-Schichten aufgedampft. Von den Schichten werden zwischen 110 u. 380° K spezif. elektr. Widerstand ϱ u. Hall-Konst. A bestimmt. Der Temp.-Koeff. α des elektr. Widerstandes der Schichten ist stets positiv. Mit steigender Temp. nehmen ϱ zu bzw. α ab, ohne daß die Werte des massiven Al erreicht werden. Die Schichten weisen keine merklichen Strukturfehler auf, sind jedoch stark gewellt u. enthalten nach elektronenmkr. Aufnahmen eine beträchtliche Anzahl von Löchern. Aus den Hall-Messungen folgt, daß die Änderungen von ϱ prakt. nur auf Änderungen der Elektronenbeweglichkeit zurückzuführen sind. Nach dem Aufdampfen ist $A = -(4{,}13 \pm 0{,}39) \cdot 10^{-5}$ (cm^3/Coulomb) u. im Minimum von ϱ $A_m = -(3{,}79 \pm 0{,}35) \cdot 10^{-5}$.
Herbert Müller 136◇

0266 **Die elektrischen Eigenschaften dünner Nickel-Filme bei sehr tiefen Temperaturen.** E. I. Kondorsky, O. S. Galkina, L. A. Chernikova und Chsian Kai-da. (J. physic. Soc. Japan, Suppl. B-I **17**, 588–91, 1962; Moscow, Univ.; engl.) — Ferromagnet. Ni-Filme sehr hoher Reinheit wurden durch Niederschlagung therm. verdampften Ni auf temperierte Glasflächen bei 4,2° K u. einem Druck von 10^{-7} Torr hergestellt. Im Temp.-Bereich von 2–300° K wurden anschließend die Temp.-Abhängigkeit des elektr. Widerstands u. des Hall-Effekts untersucht. Bei tiefen Temp. entspricht der Restwiderstand fast dem des kompakten Ni. Die untersuchten Schichtdicken betrugen 30, 75, 135, 935 u. 1300 Å. Die EMK des Hall-Effekts der untersuchten Filme entsprechen ebenfalls etwa denen der kompakten Proben.
D. Noack 136◇

0267 **Beobachtungen über den elektrischen Widerstand von Titan.** R. J. Wasilewski. (Trans. metallurg. Soc. AIME **224**, 5–8, 1962; Wilmington, Del., E. I. du Pont de Nemours & Co.; engl.) — Der elektr. Widerstand eines Ti-Einkristalls u. von vielkristallinem Ti wird zwischen 77 u. 1500° K bestimmt. Bei vergleichbarer Reinheit unterscheidet sich der Widerstand des vielkristallinen Ti von dem, der aus den axialen Widerstandswerten berechnet ist. Die beobachtete Anisotropie wird erörtert. H. Hochstein 136◇

0268 **Der elektrische Widerstand von Titan–Sauerstoff-Legierungen.** R. J. Wasilewski. (Trans. metallurg. Soc. AIME **224**, 8–12, 1962; engl.) — Vgl. vorst. Referat. — Die Änderung des elektr. Widerstands mit der Temp. wird an einer Reihe von Ti-Legg. mit bis zu 33 Atom-% O im Bereich von 77–1500° K gemessen. Das Widerstands-Verh. ist stark anomal u. mit einfacher metall. Leitung unvereinbar. Der

Widerstand wird von der Zus. u. der Temp. bestimmt; in beiden Fällen treten singuläre Punkte in den Kurven auf. Einige an Ti–N- u. Zr–O-Legg. ausgeführte Verss. zeigen das Vorhandensein ähnlicher Anomalien. Diese Beobachtungen, zusammen mit veröffentlichten Werten über Einfl. der Bldg. von Substitutions-Legg. auf den elektr. Widerstand von Ti lassen vermuten, daß die Anomalien durch die Elektronenstruktur dieser Metallgruppe bewirkt ist. Das Vorhandensein einer Zweibandleitung u. eine bedeutende Verschiebung der Bänder zueinander mit der Temp. u./oder der Elektronen-Konz. werden angenommen. H. Hochstein 136◇

0269 **Hall-Effekt in Eisen und Nickel.** Tetsuhiko Okamoto. (J. Sci. Hiroshima Univ., Ser. A **26**, 11–24, 1962; Hiroshima, Univ., Fac. of Sci., Dep. of Phys.; engl.) — Hall-Messungen wurden an Ein- u. Polykristallen von Fe, Fe mit 1,23 bzw. 2,04 bzw. 3,83% Si, Fe mit 0,9% Cr u. Ni zwischen 77 u. 1200° K durchgeführt. Der gewöhnliche Hall-Effekt zeigt in Fe eine Anisotropie u. Temp.-Abhängigkeit, die in Ni nicht beobachtet wird, der außergewöhnliche Hall-Effekt dagegen zeigt isotropes Verhalten. Die Ergebnisse lassen sich mit den bekannten Elektronenstrukturmodellen der Metalle nicht deuten. G. M. Neumann 136◇

0270 **Die transversale magnetische Widerstandsänderung bei hochfesten Kupferlegierungen.** Richard Stevenson und Richard Bolton. (Canad. J. Physics **4**, 985–89, 1963; Montreal, Quebec, McGill Univ., Eaton Electron. Res. Labor.; engl.) — An neu entwickelten Cu-Legg. mit 0,3% *Cr* bzw. 0,12% *Zr*, die hohe Zugfestigkeit besitzen, werden die magnet. Widerstandsänderungen im zur Stromrichtung transversalen Magnetfeld bei 77 u. 4° K gemessen u. mit den Werten von Cu verglichen. R. Nink 136◇

0271 **Spezifischer elektrischer Widerstand einer AuCu-Legierung.** M. C. Anquetil. (J. Physique Radium **23**, 986–88, 1962; Saclay, Centre d'Études Nucl.; franz.) — Vgl. C. **1963**, 18753. — Vf. maß die Änderungen des elektr. Widerstands einer AuCu-Leg. mit 52 Atom-% Au zwischen 20 u. 500° mit dem Zweck, die Kinetik der Umwandlung AuCu I—AuCu II näher zu untersuchen. Aus der beobachteten Änderung des elektr. Widerstands mit der Temp. ist deutlich die Ggw. von Antiphasen ersichtlich. Die für die Übergänge gefundenen Temp. stimmen mit denen überein, die auf röntgenograph. Wege bestimmt wurden. Diese Übergangs-Temp. liegen bei 308 u. 364°; bei der ersten Temp. ändert sich der Widerstand von 17,2 auf 14 $\mu\Omega\cdot$cm, bei der zweiten Temp. von 11,5 auf 10 $\mu\Omega\cdot$cm; dies entspricht einer Änderung des Ordnungsparameters von 0,7 auf 0,1. Auch die gemessenen Relaxationszeiten zeigen ein Maximum an jedem Übergangspunkt. C. Gottfried 136△

0272 **Änderung des Hall-Koeffizienten während des Ordnungsprozesses in Cu_3Au.** A. R. von Neida und R. B. Gordon. (Philos. Mag. [8] **7**, 1129–43, 1962; New Haven, Conn., Yale Univ., Hammond Metallurg. Labor.; engl.) — Untersucht wurde bei Zimmer-Temp. u. der Temp. des fl. N_2 die Abhängigkeit des Hall-Koeff. R vom Ordnungsgrad in Cu_3Au. Im vollkommen geordneten Zustand ist $R > 0$, im ungeordneten Zustand ist $R < 0$. Gemessen wurde die Abhängigkeit der Größe von R vom Fernordnungsgrad u. von der Größe der Antiphasendomänen. Trotz des hohen Ordnungsgrades innerhalb der Domänen wirkt die Wechselwrkg. von Elektronen mit den Domänengrenzen auf den Hall-Koeff. in grundsätzlich gleicher Weise wie die Wechselwrkg. in ungeordnetem Material. Die Abhängigkeit von R von dem Fernordnungsgrad wird mit der Änderung der Brillouin-Zonenstruktur während des Ordnungsprozesses in der Leg. gedeutet. K. Jaeger 136◇

0273 **Elektrischer Widerstand der Versetzungen in kubisch-flächenzentrierten Metallen.** L. M. Clarebrough, M. E. Hargreaves und M. H. Loretto. (Philos. Mag. [8] **7**, 115–20, 1962; Melbourne, Australia, Univ. of Melbourne, Div. of Tribophys.; engl.) — Speicherenergie, elektr. Widerstand, Dichte u. Härte werden an *Au* u. *Ag* gemessen, die zu 75% plast. verformt waren. Die Werte werden mit früheren Ergebnissen für *Cu* verglichen. Die aus den experimentellen Werten berechneten Widerstände für die Versetzungen weichen für Au, Ag u. Cu kaum voneinander ab, obgleich ihre Stapelfehlerenergien beträchtlich differieren. Daraus wird geschlossen, daß Stapelfehler keinen wesentlichen Beitrag zum Widerstand eines Metalls liefern. K. Jaeger 136◇

0274 **Der Zusammenhang zwischen dem realen und idealen spezifischen Widerstand von Platin.** R. J. Berry. (Canad. J. Physics **41**, 946–82, 1963; Ottawa, Canada, Nat. Res. Council, Div. of Appl. Phys.; engl.) — An einer Vielfalt thermometr. Pt-Proben wird zwischen 0 u. 900° K der Widerstandsquotient $R_{T°}/R_{273°}$ bestimmt. Es werden Meth. angegeben, mit deren Hilfe aus Messungen bei höheren Temp. auf den Restwiderstand bei 0° K geschlossen werden kann. Die Ergebnisse werden auf das Problem angewendet, die Temp.-Kurve des spezif. Widerstands von Pt durch Extrapolation auf den Bereich unterhalb 90,19° K auszudehnen. R. Nink 136◇

0275 **Abweichungen von der Matthiessenschen Regel für Platin.** P. G. Klemens und G. C. Lowenthal. (Austral. J. Physics **14**, 352–58, 1961; Sydney, Australia, C.S.I.R.O., Div. of Phys.; engl.) — Eine Analyse der Temp.-Abhängigkeit des elektr. Widerstands von 17 Pt-Widerständen bis zu Temp. des fl. He zeigte drei Arten der Abweichung von der Matthiessenschen Regel. Eine von ihnen folgte der Theorie von Sondheimer u. Wilson. Die beiden anderen Abweichungstypen werden wahrscheinlich auf die Empfindlichkeit der Bandstruktur von Übergangsmetallen gegenüber geringen Fremdionen-Konzz. zurückgehen. Das Verh. von Pt-Widerständen beruht daher zum großen Teil auf der Art u. Konz. der Störstellen, was besonders wichtig für die Verw. von Pt-Widerständen als Tieftemp.-Thermometer ist. K. Jaeger 136◇

0276 **Größeneffekt im elektrischen Widerstand von Legierungen.** Ben A. Green jun. (Physic. Rev. [2] **126**, 1402–05, 1962; Cleveland, Ohio, Western Reserve Univ., Dep. of Phys.; engl.) — Vgl. Blatt, C. **1958**, 4696. — Vf. zeigt, daß durch die Hypothese von Harrison (l. c.) der Effekt der Atomgröße von Verunreinigungen auf den elektr. Widerstand für die in fl. Na gelösten Alkalimetalle Li, K, Rb u. Cs, mit einer guten Genauigkeit vorausgesagt wird. Der Verunreinigungswiderstand wurde numer. für verschiedene Verdünnungen $\Delta V/V$ berechnet u. erweist sich nicht zu $(\Delta V/V)^2$ proportional, sondern folgt vielmehr näherungsweise der empir. Gleichung $\Delta\varrho = \text{const}\cdot[b\Delta V/V - 1 + \exp(-b\,\Delta V/V)]$. Neue Messungen an Na–K-Legg. lieferten für einen Geh. von 0; 0,22; 0,54 bzw. 1,24 Atom-% K in Na folgende spezif. Widerstandswerte: 9,77, 9,94, 10,30 bzw. 10,97 $\mu\Omega\cdot$cm. D. Jörchel 136□

0277 **Zur Theorie der magnetischen Widerstandsänderung.** 3. Mitt. János Hajdu. (Z. Physik **163**, 108–18, 1961; Göttingen, Univ., Inst. für theoret. Phys.; dt.) — 2. vgl. Z. Physik **160**, [1960], 481; 1. vgl. C. **1961**, 17106. — Die früher durchgeführte quantentheoret. Berechnung der magnet. Widerstandsänderung freier Elektronen wird jetzt auf das isolierte Zwei-Bänder-Modell übertragen. Dabei werden Ausdrücke für die Stromstärke, die Stoßzeit u. die galvanomagnet. Koeff. erhalten, die sich für Spezialfälle vereinfachen lassen, so daß erst dann eine Prüfung durch das Experiment möglich wird. Für die transversale Widerstandsänderung nimmt der Widerstand nicht genau quadrat. mit dem Magnetfeld zu. Die Kohlersche Theorie bleibt daher nicht streng gültig, wenn die Quantelung der Elektronenbewegung im Magnetfeld eine Rolle spielt. H. Fahlenbrach 136□

0278 **Über den Einfluß anomal kleiner Zonen auf die Hochfrequenzeigenschaften der Metalle im konstanten Magnetfeld.** G. A. Begiaschwili. (Metallphysik u. Metallkunde [UdSSR] **12**, 499–506, 1961; Tbilissi, Stalin-Univ.; russ.) — In einem starken Magnetfeld ändert sich die Hochfrequenzimpedanz eines Metalls durch das Vorhandensein sehr kleiner Zonen wenig. In einem schwachen Magnetfeld nimmt bei kleinen Zonen die Impedanz einen Wert an, der dem Falle eines normalen Skineffekts entspricht. R. K. Müller 136◇

0279 **Neue Methoden in der Theorie der Supraleitfähigkeit.** 1. Mitt. J. Olszewski. (Zeszyty naukowe Wyższej Szkoły pedagog. Gdańsku, Mat., Fizyka, Chem. **1**, 47–66, 1961; Gdańsk, Wyższa Szkoła pedagog., Zakl. Fiz. teoret.; pol.) — Übersicht: Eigg. von Supraleitern; makroskop. Theorien; Theorie von Fröhlich. — 22 Literaturangaben. R. K. Müller 136◇

0280 **Über die Supraleitung und ihre Anwendungsmöglichkeiten.** Sigvard Thulin. (Kosmos [Stockholm] **40**, 121–48, 1962; Västerås; schwed.) — Übersicht: Der supraleitende Zustand u. seine charakterist. Eigg.; thermodynam.

u. andere Veränderungen bei Phasenübergang; die Supraleitung beeinflussende Faktoren; allg. Vgl. zwischen den Eigg. von Metallen im normalen u. im supraleitenden Zustand; supraleitende Materialien u. ihre Klassifizierung; Eigg. nichtidealer Supraleiter; Theorie der Supraleitung; Anwendungsmöglichkeiten R. K. Müller 136◇

0281 **Untersuchung über den Einfluß von hohem Druck auf die Supraleitfähigkeitseigenschaften von Cadmium.** N. B. Brandt und N. I. Ginsburg. (J. exp. theoret. Physik [UdSSR] **44**, 1876—83, 1963; russ., Auszug: engl.) — Es wird der Einfl. von Drücken bis zu 27000 atm auf die Kurven des krit. Feldes sowie auf die Temp. T_c für den Übergang zur Supraleitung bei Cd im Temp.-Bereich von 0,08 ± 0,5° K untersucht. Ferner wird die Möglichkeit diskutiert, Cd ohne Änderung der Kristallmodifikation in den nichtsuperleitenden Zustand umzuwandeln. D. Noack 136◇

0282 **Metallisches Indiumtellurid.** A. J. Darnell, A. J. Yencha und W. F. Libby. (Science [Washington] **141**, 713—14, 1963; Los Angeles, Calif., Univ. of California, Dep. of Chem. and Inst. of Geophys.; engl.) — Metall. InTe(II) ist bei 1 atm Druck bis zu 125° stabil, kub. mit a = 3,07 Å; D_{exp}. 6,69 g/cm³; hellblau. Wird die Verb. auf —197° gekühlt, so vertieft sich die blaue Farbe. Es ist sehr weich. Die Darst. aus InTe(I) wird beschrieben. Ernst Schulte 136◇

0283 **Supraleitfähigkeit von metallischem Indiumtellurid.** H. E. Bömmel, A. J. Darnell, W. F. Libby, B. R. Tittmann und A. J. Yencha. (Science [Washington] **141**, 714, 1963; engl.) — Vgl. vorst. Referat. — Metall. InTe(II) ist ein Supraleiter, die Sprung-Temp. beträgt 2,18° K, das krit. Feld ca. 800 Gauß. Ernst Schulte 136◇

0284 **Der Einfluß von Gitterstörungen auf die Übergangstemperatur zur Supraleitung von Thallium.** Jörg Hasse und Klaus Lüders. (Z. Physik **173**, 413—21, 1963; Karlsruhe, TH, Phys. Inst.; dt.) — Der Restwiderstand von sehr reinen Tl-Drähten (99,999%) wurde durch plast. Verformung bei Temp. des fl. He erhöht. Mit wachsendem Restwiderstandsverhältnis nahm die Sprung-Temp. um einige hundertstel Grad ab, um nach Durchlaufen eines Minimums den Wert der unverformten Probe zu erreichen. Dies entspricht dem Verh. vieler anderer Metalle, in denen geringe Mengen eines Zusatzelements gelöst sind. Durch Tempern bei relativ tiefen Temp. (54—298° K) wurden in den Proben hauptsächlich Punktdefekte entfernt. Dadurch konnte der Einfl. der verschiedenen Arten von Gitterfehlstellen auf die Sprung-Temp. untersucht werden. Die Resultate legen den Schluß nahe, daß Punktdefekte dazu neigen, die Sprung-Temp. zu erhöhen, während ausgedehnte Fehler, wie z. B. Versetzungen, die Sprung-Temp. erniedrigen. D. Rogalla 136◇

0285 **Über die Supraleitfähigkeit von Ti– und Zr–Rh-Legierungen.** Ch. J. Raub und C. A. Andersen. (Z. Physik **175**, 105—14, 1963; La Jolla, Univ. of California; San Diego, Calif., Dep. of Phys., Scripps Inst. of Oceanogr.; dt.) — Die Unters. der Supraleitfähigkeit in den Syst. Ti–Rh u. Zr–Rh ergab einen deutlichen Einfl. der Valenzelektronenkonzentration. Sowohl in der hexagonalen dichtest gepackten α-Phase, als auch in der kub. raumzentrierten β-Phase beider Syst. nimmt die Sprung-Temp. mit der Valenzelektronen-Konz. zu. Die hypothet. Sprung-Temp. der Rh-freien β-Phasen des Ti bzw. Zr liegt tiefer als die der hexagonalen α-Phase. H. Jehne 136◇

0286 **Formeln für die elementaren elektromagnetischen Wellen vom Typ EH in Zylinder-Koordinaten.** Yves Garault. (C. R. hebd. Séances Acad. Sci. **254**, 1590—92, 1962; Fontenay-aux-Roses, Seine, Labor. d'Électron. de la Sorbonne; franz.) — In einer vorhergehenden Arbeit (C. R. hebd. Séances Acad. Sci. **254**, [1962], 1391) sind bereits kohärente Lösungen für die Ausbreitung solcher Wellen vom Typ EH, die sich nur in period. Strukturen ausbreiten können, abgeleitet worden. Auf dieser Grundlage werden jetzt die elektr. u. magnet. Feldstärken dieser Wellen in Zylinderkoordinaten berechnet. Dabei werden die beiden Fälle schneller u. langsamer Ausbreitungs-Geschw. v_φ, bezogen auf die Licht-Geschw. c, betrachtet. Für $v_\varphi = c$ entarten diese EH-Wellen nicht in transversale Wellen. H. Fahlenbrach 137□

0287 **Hyperfeinstruktur von Erbium-169.** Walter M. Doyle und Richard Marrus. (Physic. Rev. [2] **131**, 1586 bis 1588, 1963; Berkeley, Calif., Univ. of California, Lawrence Radiat. Labor. and Dep. of Phys.; engl.) — Die Hfs im $^3H_6$-Grundzustand wurde durch Messung der magnet. Resonanz an Atomstrahlen untersucht. Es wurden ermittelt Hfs-Konst. A = 725,46 (31) MHz, $g_J = -1{,}16381$ (5), $g_I = +5{,}55\,(27)\cdot10^{-4}$, g-Faktoren in Bohrsche Magnetonen. Das für diamagnet. Abschirmung korr. magnet. Moment μ_I beträgt +0,513 (25) nm, in Übereinstimmung mit dem aus A unter Benutzung des $\langle 1/r^3\rangle$-Wertes von Lindgren (C. **1963**, 2318) berechneten Moments. H. Liepack 137◇

0288 **Der g_J-Faktor des Niveaus 6^3P_1 in Quecksilber.** J. N. Dodd. (Proc. physic. Soc. **78**, 65—69, 1961; Dunedin, New Zealand, Univ. of Otago, Dep. of Phys.; engl.) — Mit Hilfe einer Doppelresonanz-Meth. wurde der g_J-Faktor von Hg untersucht. Es ergab sich in Übereinstimmung mit anderen Best.-Meth. $g_J = 1{,}48631 \pm 0{,}00008$. G. Heinsohn 137◇

0289 **Kernkühlung durch Rotation.** F. N. H. Robinson. (Physics Letters [Amsterdam] **4**, 180—81, 1963; Oxford, Clarendon Labor.; engl.) — Theoret. Erklärung der Kernpolarisation durch kontinuierliche Rotation eines anisotropen paramagnet. Kristalls in einem Magnetfeld bei niedrigen Temp. durch Beobachtung des Effektes an einem $La_2Mg_3\cdot(NO_3)$-Kristall aus einer Lsg., in der 2% der diamagnet. La-Ionen durch Ce ersetzt worden sind. Gerhard Schmidt 137◇

0290 **Induzierter Bahnparamagnetismus in metallischem Chrom.** J. S. Denbigh und W. M. Lomer. (Proc. physic. Soc. **82**, 156—58, 1963; Harwell, Didcot, A.E.R.E.; engl.) — Aus Energiebandberechnungen von Wood für raumzentrierte Struktur u. einfache Wellenfunktionen für 3d- u. s-Bahnen wird der induzierte Bahnparamagnetismus von Cr näherungsweise berechnet. Es ergibt sich, daß der Beitrag χ_1 des induzierten Bahnparamagnetismus zur magnet. Susceptibilität χ in Metallen recht groß ist. Für Cr wird $\chi_1 = 100\cdot10^{-6}$ elektromagnet. Einheiten pro Mol mit einer Genauigkeit von ca. 50% berechnet. K. Scheffler 137◇

0291 **Elektronenspinresonanz.** D. J. E. Ingram. (Lab. Pract. **12**, 518—27, 1963; Kiel, Univ.; engl.) — Die Grundlagen der ESR, allg. Erfordernisse zur Konstruktion von ESR-Spektrometern sowie deren prinzipieller Aufbau werden besprochen. Ein Spektrometer mit einer Wellenlänge von 3 cm u. ein Q-Band-Spektrometer werden beschrieben. Abschließend wird der Anwendungsbereich der ESR umrissen, wobei bes. auf die Möglichkeit der quant. Lösung neben der qual. Unters. der jeweiligen Aufgabe hingewiesen wird. K. Scheffler 137◇

0292 **Aufnahme von paramagnetischen Elektronenresonanzspektren während der Einwirkung von Röntgenstrahlen.** D. I. Narjadtschikow, A. D. Grischina und N. A. Bach. (Versuchsgeräte u. Versuchstechn. [UdSSR] **7**, Nr. 3, 192, 1962; Inst. für Elektrochemie der Akad. der Wiss. der UdSSR; russ.) — Beschreibung einer App. zur Unters. von paramagnet. Elektronenresonanzspektren während der Röntgenstrahlung bei Temp. von —196 bis —105°. M. Wiedemann 137◇

0293 **Paramagnetische Resonanz in Tellur.** W. R. Datars, Gaston Fischer und P. C. Eastman. (Canad. J. Physics **41**, 178—80, 1963; Ottawa, Ontario, Canada, Def. Res. Telecommunic. Establ.; Nat. Res. Council; engl.) — Hochreine Te-Einkristalle werden im Mikrowellenbereich untersucht bei einer Frequenz von 35 GHz in einem Magnetfeld bis zu 15 kOe. Messungen des Hall-Effektes zeigen, daß die Konz. der Ladungsträger unterhalb 200° K mit abnehmender Temp. bis 4° K zunimmt, wobei die Zahl der Leerstellen in diesem Temp.-Bereich konst. bleibt. Eine bei 4,2° K u. 34,3 GHz aufgenommene Absorptionskurve zeigt, daß die erste Ableitung der Absorption nach der magnet. Feldstärke H bei Steigerung von H ein Maximum bei 12,2 kOe erreicht, das auf paramagnet. Resonanz zurückgeführt wird. K. Scheffler 137◇

0294 **Paramagnetische Elektronenresonanz von W^{5+}-Ionen in Gläsern.** N. R. Jafejew, N. Ss. Garifjanow und Ju. W. Jablokow. (Festkörperphysik [UdSSR] **5**, 1673—77, 1963; Leningrad, Opt. Vavilov-Inst.; russ.) — Ausgeführt wurden EPR-Unterss. an W^{5+} in Silicat- u. Phosphatgläsern [n-$Na_2O\cdot(98-n)SiO_2\cdot2\,WO_3$ (n = 15 u. 20) sowie $10\,K_2O\cdot38\,ZnO\cdot50\,P_2O_5\cdot2\,WO_3$ (in Mol-%)] bei 9320 u. 440 MHz bei Temp. von 295 u. 77° K. Die Ergebnisse der Messungen zeigen, daß W^{5+} in verzerrten Sauerstofftetraedern sitzt. Eine ^{183}W-Hyperfeinstruktur wird bei 440 MHz beobachtet. K. Jaeger 137◇

0295 **Spin-Gitter-Relaxation von S-Zustand-Ionen: Mn^{2+} in einer kubischen Umgebung.** M. Blume und R. Orbach. (Physic. Rev. [2] **127**, 1587–92, 1962; Harwell, Berks., AERE, Theoret. Phys. Div.; Cambridge, Mass., Harvard Univ., Div. of Engng. and Appl. Phys.; engl.) — Vff. entwickeln die Theorie der Spin-Gitter-Relaxation für S-Zustand-Ionen, bes. für Mn^{2+} in kub. Umgebung, u. zeigen, daß ein Punktladungsmodell zwar mit den experimentell beobachteten Relaxationszeiten sehr gut übereinstimmende Zeiten, jedoch Bahn-Gitter-Wechselwrkg.-Koeff. liefert, die bei richtiger Größenordnung das verkehrte Vorzeichen haben. D. Jörchel 137◇

0296 **Paramagnetische Relaxation des Fe^{3+}-Ions in Korund.** N. Je. Kassk, L. Ss. Kornijenko und A. I. Smirnow. (Festkörperphysik [UdSSR] **5**, 1668–72, 1963; russ.) — Gemessen wurde mit Hilfe der Impulssättigungstechnik unter Benutzung von 3-cm-Wellen die Spin-Gitter-Relaxationszeit τ_1 von Fe^{3+} in Al_2O_3-Proben mit verschiedenen Fe-Gehalten. Es wurde der Bereich 2–80° K untersucht. In einem mittleren Temp.-Bereich ist τ_1 nahezu temperaturunabhängig. K. Jaeger 137◇

0297 **Paramagnetische Elektronenresonanz von Co^{2+}-Ionen in Korund.** G. M. Swerew und N. G. Petelina. (J. exp. theoret. Physik [UdSSR] **42**, 1186–90, 1962; Moskau, Univ., Inst. für Kernphys.; russ., Auszug: engl.) — EPR-Messungen an den Liniengruppen der beiden nichtäquivalenten Co^{2+}-Syst. **I** u. **II** in Korund wurden durchgeführt. Die Frequenzabhängigkeit von $g_\perp$ u. die Temp.-Abhängigkeit der Spin-Gitter-Relaxationszeit T_1 wurden bestimmt. $g_\perp$ ist innerhalb der Fehlergrenzen bis zu 71 GHz nicht frequenzabhängig. T_1 ist bei ca. 10–30° K proportional $\exp(\delta/kT)$ (δ = Abstand zum nächsten angeregten Kramers-Dublett). Die Proportionalitätsfaktoren a haben die Werte a_I $1{,}6 \cdot 10^{-11}$ (9–30°) u. a_{II} 10^{12} (14–26°); $\delta_I = 110$ (cm^{-1}), $\delta_{II} = 185$. Unterhalb 4,2° K ändert sich T_1 umgekehrt proportional der Temperatur. Die Ergebnisse bestätigen bestehende Theorien über die EPR von Co^{2+}. G. Winkhaus 137◇

0298 **Direkter optischer Nachweis von Änderungen der Grundzustandsbesetzung von Neodym in Äthylsulfatkristallen.** C. K. Asawa und R. A. Satten. (Physic. Rev. [2] **127**, 1542–48, 1962; Malibu, Hughes Res. Labor.; Los Angeles, Calif., Univ. of California, Dep. of Phys.; engl.) — Vff. beschreiben eine Meth. zur opt. Beobachtung von Besetzungsänderungen in paramagnet. Salzen mit Hilfe circular polarisierten Lichts u. wenden sie auf den Grundzustand von Nd-Äthylsulfat (**I**) u. von Nd in La-Äthylsulfat (**II**) an. Die Besetzung wird durch paramagnet. Resonanz u. therm. Relaxationsprozesse geändert. Spin-Gitter-Relaxationszeitmessungen zwischen 1,87 u. 2,16° K in reinen u. verd. Salzen lieferten Werte von 17 bzw. 11 ms für die tiefere bzw. höhere Temp. sowie eine Temp.-Abhängigkeit der Relaxationszeit mit $T^{-2,5}$ bzw. $T^{-1,7}$ für 3% Nd in **II** bzw. für **I**. Aus der Kenntnis des Grundzustands, der circularen Polarisation des Lichts u. der Auswahlregeln lassen sich Informationen über die angeregten Zustände gewinnen. D. Jörchel 137◇

0299 **Spingitterrelaxationszeit von Samariumäthylsulfat.** R. Orbach. (Physic. Rev. [2] **126**, 1349–51, 1962; Cambridge, Mass., Harvard Univ., Div. of Engng. and Appl. Phys.; engl.) — Vf. berechnet die Spin-Gitter-Relaxationszeit T_1 von Sm^{3+} in Äthylsulfat zu $1/T_1 \cong 1{,}0 \cdot 10^{-17}$ H^4T, wenn $H_\perp$ z-Achse, u. zu $1/T_1 \cong 1{,}8 \cdot 10^{-18}$ H^4T, wenn $H_\parallel$ z-Achse. Diese starke Anisotropie in bezug auf die Richtung des äußeren Magnetfelds H ist allerdings noch kleiner als der Faktor von ca. 400, der aus einer Betrachtung der Energienenner allein folgt. Die notwendige Zeeman-Beimischung der angeregten Niveaus in den Grundzustand ist bei äußerem, zur Symmetrieachse parallelem Feld wesentlich kleiner als bei senkrechtem Feld, weil einerseits die durch ein paralleles Feld verbundenen Niveaus im nächsten J-Multiplett ca. 1100 cm^{-1} entfernt liegen u. andererseits ein senkrechtes Feld den Grundzustand nicht mit einem innerhalb des Grundmultipletts nur 53,6 cm^{-1} entfernt liegenden Niveau zu verbinden vermag. Dies gilt allg. für Ionen mit kleinen J-Werten in Kristallen mäßig hoher Symmetrie. D. Jörchel 137□

0300 **Elektronenspinresonanz von A-Zentren in KCl-Kristallen.** Hiroshi Ohkura, Kazuo Murase und Hiroshi Sugimoto. (J. physic. Soc. Japan **17**, 708–09, 1962; Osaka, Osaka City Univ., Dep. of Appl. Phys.; engl.) — ESR-Messungen an A-Zentren (= F-Zentren mit einem nächstbenachbarten Na^+-Ion an Stelle eines K^+-Ions) im X-Band bei −180°, bei welcher Temp. A-Zentren stabil sind. Die Halbwertsbreite ist größer als bei F-Zentren (85 ± 1 G, verglichen mit 58 ± 1 G bei F-Zentren), was auf Grund der größeren Hyperfeinkopplungs-Konst. des Na-Kernes, verglichen mit der des K-Kernes, verstanden werden kann (in Übereinstimmung mit dem Modell des A-Zentrums). J. M. Spaeth 137◇

0301 **Paramagnetische Resonanz von Ionen im ^8S-Zustand in Metallen.** Martin Peter. (J. appl. Physics, Suppl. zu **32**, Nr. 3, 338–39, 1961; Murray Hill, N.J., Bell Telephone Labor., Inc.; engl.) — Vf. diskutiert das Auftreten der paramagnet. Resonanz bei Unterss. der kernmagnet. Resonanz u. der paramagnet. Elektronenresonanz von intermetall. Verbb. mit *Gd* u. *Eu*, die Gd^{3+} u. Eu^{3+} im ^8S-Zustand enthalten. Herbert Müller 137◇

0302 **Paramagnetismus von polykristallinem Gadolinium-, Terbium- und Dysprosium-Metall.** Sigurds Arajs und R. V. Colvin. (J. appl. Physics, Suppl. zu **32**, Nr. 3, 336–37, 1961; Monroeville, Pa., U. S. Steel Corp. Res. Center, Edgar C. Bain Labor. for Fund. Res.; engl.) — Von polykristallinem 99,85%ig. Gd, 99,5%ig. Tb bzw. 99,52%ig. Dy werden zwischen 300 u. 1500° K die paramagnet. Susceptibilitäten untersucht. Das Curie-Weiss-Gesetz ist für Gd bis 740° K, für Tb bis 1500° K u. für Dy zwischen 300 u. 900° K erfüllt. Die entsprechenden Curie-Temp., Bohrschen Zahlen u. Energiezustände sind für Gd: 310 ± 3° K, 8,07 ± 0,07 u. $^8S_{7/2}$, Tb: 236 ± 2° K, 9,62 ± 0,05 u. $^7F_6$ bzw. Dy: 151 ± 1° K, 10,67 ± 0,05 u. $^6H_{15/2}$. Die Meßwerte werden unter Berücksichtigung der Theorie des Paramagnetismus von Van Vleck diskutiert. Herbert Müller 137◇

0303 **Magnetische Untersuchungen schwach paramagnetischer Ionen in Lösungen.** O. P. Singhal. (J. physic. Soc. Japan **17**, 1338–40, 1962; Pilani, India, Birla Coll., Phys. Labor.; engl.) — Gemessen wurden die paramagnet. Susceptibilitäten wss. Lsgg. von $(NH_4)_2Cr_2O_7$, $Na_2Cr_2O_7$, K_2CrO_4 u. $KMnO_4$. Die gemessenen Susceptibilitäten lagen stets unter den additiv berechneten, was auf elektr. Feld-Einfl. u. auf eine Änderung der Ionenradien zurückgeführt wird. Der pH ist auf die gemessenen Susceptibilitäten von großem Einfluß. Stets jedoch lagen die Susceptibilitäten der gelösten Salze über den Susceptibilitäten der entsprechenden Kristalle, was auf dem Fehlen der Wechselwrkg. Kristallfeld-magnet. Moment der Ionen beruht. K. Jaeger 137◇

0304 **Empfindlichkeit von Hohlraumresonatoren und Wanderwellen-ESR-Spektrometern.** T. H. Wilmshurst, W. A. Gambling und D. J. E. Ingram. (J. Electronics and Control [1] **13**, 339–60, 1962; Univ. of Southampton, Dep. of Electron.; Univ. of Keele, Dep. of Phys.; engl.) — Meth. zur Verw. von Resonatoren in der Mikrowellenspektroskopie. G. Klotz 137◇

0305 **Probenwechsler für paramagnetische Elektronenresonanz.** W. D. Ohlsen. (Rev. sci. Instruments **33**, 492–93, 1962; Ithaca, N.Y., Cornell Univ., Dep. of Phys., Labor. of Atomic and Solid State Phys.; engl.) — Beschreibung eines Probenwechslers für ESR-Messungen im X-Band bei abgepumptem fl. He als Bad; durch den Probenwechsel wird die Umgebung der Probe nicht gestört. J. M. Spaeth 137◇

0306 **Der de Haas-van Alphen-Effekt in Rubidium.** K. Okumura und I. M. Templeton. (Philos. Mag. [8] **7**, 1239–41, 1962; Ottawa, Ontario, Canada, Nat. Res. Council, Div. of Pure Phys.; engl.) — An Rb-Einkristallen bekannter Orientierungen wurde der de Haas-van Alphen-Effekt gemessen. Die Oscillationsperiode betrug $6{,}10 \cdot 10^{-19} \pm 0{,}6\%$ $Gauß^{-1}$, woraus sich für den Extrembereich der Fermi-Oberfläche $1{,}56 \cdot 10^{16}$ cm^{-2} u. eine wahrscheinliche Verzerrung in dem Bereich von +2% ergeben. K. Jaeger 137◇

0307 **Bahnsusceptibilität verdünnter Legierungen.** W. Kohn und M. Luming. (J. Physics Chem. Solids **24**, 851–62, 1963; La Jolla, Calif., Univ. of California, Dep. of Phys.; engl.) — Vff. berechnen die Änderung der diamagnet. Susceptibilität eines Elektronengases in Metallen durch eine lokalisierte kugelförmige Störung. Als Modell dienen Störzentren von Zn, Ga, Ge u. As-Atomen in Cu. Die theoret. Ergebnisse stimmen mit den Experimenten nicht überein, vermutlich wegen der Vernachlässigung des Bandcharakters der Cu-Elektronen. K. H. Härdtl 137◇

0308 **Abwesenheit von Antiferromagnetismus in Palladium.** S. C. Abrahams. (J. Physics Chem. Solids **24,** 589—90, 1963; Murray Hill, N.J., Bell Telephone Labor.; engl.) — Die magnet. Susceptibilität von Pd hat bei 80° K ein Maximum, das nach Lidiard (C. **1955,** 11339) einer antiferromagnet. Kopplung zugeschrieben werden kann. Vf. versucht mit Hilfe von Neutronenbeugung eine antiferromagnet. Spinordnung nachzuweisen. Trotz großer Meßgenauigkeit kann aber keine Spur einer antiferromagnet. Wechselwrkg. gefunden werden. K. H. Härdtl 137◇

0309 **Die möglichen antiferromagnetischen Symmetrie-Gruppen von Azurit.** E. P. Riedel und R. D. Spence. (Physica [Utrecht] **26,** 1174—84, 1960; East Lansing, Mich., Michigan State Univ., Dep. of Phys.; engl.) — Spence u. Mitarbeiter (C. **1959,** 10475) haben durch Protonenresonanz-Unterss. gezeigt, daß das Mineral Azurit $[Cu_3(CO_3)_2(OH)_2]$ antiferromagnet. ist. Über diesen Antiferromagnetismus werden jetzt durch zusätzliche Röntgen-Unterss. u. durch gruppentheoret. Überlegungen (Shubnikov-Gruppen) nähere Angaben gewonnen. Für das monoklin kristallisierende Mineral werden danach die möglichen antiferromagnet. Symmetriegruppen bestimmt, wobei die Cu-Ionen auf drei verschiedenen Untergittern untergebracht werden u. der Antiferromagnetismus durch einen Superaustausch zwischen den Cu-Ionen über dazwischen liegende O-Ionen zustande kommt. H. Fahlenbrach 137□

0310 **Kernquadrupolkopplung in ionischen Molekülen.** A. D. Buckingham. (Trans. Faraday Soc. **58,** 1277—83, 1962, Oxford, Univ., Inorgan. Chem. Labor.; engl.) — Der Gradient des elektr. Feldes am Kern eines kugelförmigen Ions in einem elektr. Feld F_z mit Feldgradienten F^0_{zz} wird als $-eq(1+\gamma)F_{zz} + \varepsilon F_z^2$ angenommen. γ ist der gewöhnliche Antiabschirmfaktor u. ist für größere Ionen von der Größenordnung 100. Wenn ε u. γ positiv sind, verstärken sich die Beiträge zu q, wenn F_z u. F^0_{zz} von einer äußeren negativen Ladung stammen; sie neigen in der Nähe einer positiven Ladung zur Auslösung. Durch Anwendung dieses Modells auf Alkalimetallhalogenid-Moll. ($^7Li^{19}F$, $^6Li^{35}Cl$, ^7LiCl, $^7Li^{81}Br$, $^6Li^{127}J$, $^7Li^{127}J$, $^{23}Na^{19}F$, $^{23}Na^{35}Cl$, $^{23}NaBr$, $^{23}Na^{127}J$, $^{39}K^{19}F$, $^{39}K^{35}Cl$, ^{39}KBr, ^{39}KJ, $^{85}Rb^{19}F$, $^{85}Rb^{35}Cl$ u. $^{133}Cs^{19}F$) war es möglich, die beobachteten Kernquadrupolkopplungs-Konst. u. ihre Änderung mit der Schwingungsquantenzahl mittels eines einzigen Wertepaares für ε u. γ zu erklären. Das Quadrupolmoment der Alkalimetallkerne u. die Abhängigkeit von e^2qQ von der Rotationsquantenzahl J werden berechnet. H. Laue 137□

0311 **Temperatureinfluß der Knight-Verschiebungen in Alkalimetallen.** T. Muto, S. Kobayasi, M. Watanabe und H. Kozima. (Physics Chem. Solids **23,** 1303—27, 1962; Tokyo, Univ. of Tokyo, Inst. for Solid State Phys.; engl.) — Vff. untersuchen theoret. den Einfl. von Gitterschwingungen (GS) auf die Knight-Verschiebung in Alkalimetallen bei konst. Volumen. Zur Deutung des Einfl. werden 2 Mechanismen betrachtet. Für den Einfl. von GS auf die Hyperfein-Wechselwrkg. zwischen Leitungselektronen u. Kernspins werden die entsprechenden gestörten Wellenfunktionen bzw. Hamilton-Funktionen abgeleitet. Außerdem wird die Wechselwrkg. zwischen GS u. der Ladungsverteilung der Leitungselektronen berücksichtigt. Zur Ableitung der benötigten Matrixelemente werden die Formen des Bloch-Orbitals der Leitungselektronen in Alkalimetallen nach Silverman (C. **1953,** 12) u. Callaway (C. **1962,** 11477) benutzt. Für den normalen Ausdruck der Knight-Verschiebung wird eine Korrektur abgeleitet, die sowohl von Temp. als auch der Ionenmasse abhängt. Die berechneten Temp.-Koeff. der Knight-Verschiebung von ^7Li, ^{23}Na, ^{39}K, ^{87}Rb bzw. ^{133}Cs bei konst. Vol. zeigen eine befriedigende Übereinstimmung mit Meßwerten. Herbert Müller 137◇

0312 **Kernmagnetische Resonanzspektren für ein System ABC von Kernen mit dem Spin 1/2 und deren Linienbreiten.** Sudhanshu S. Iha. (Proc. Indian Acad. Sci., Sect. A **54,** 13—23, 1961; Bombay, Tata Inst. of Fund. Res.; engl.) — Für Moll. mit 3 gleichen Kernen (Spin = 1/2) werden die Aufspaltung der KMR-Linien, deren Linienbreite sowie die Spinkopplungs-Konst. für den allg. Fall berechnet. K. Scheffler 137◇

0313 **Zur Linienbreite der Kernresonanz an ausgedehnten Proben im inhomogenen Magnetfeld.** G. Richter und A. E. Schwind. (Ann. Physik [7] **11,** 405—10, 1963; Berlin-Adlershof, Akad. der Wiss., Inst. für spezielle Probl. der theoret. Phys.; dt.) — Für endlich ausgedehnte feste Proben symm. Gestalt, die in einem schwach inhomogenen Magnetfeld liegen, wird eine Verbreiterung der gemessenen Resonanzlinie auf Grund der Feldinhomogenität beobachtet. Theoret. Unterss. für zylinder- u. kugelförmige Proben zeigen, daß sich das Quadrat der Linienbreite im inhomogenen Feld additiv aus dem Quadrat der Linienbreite im homogenen Feld u. einem dem Quadrat der Verteilungsbreite der Resonanzfrequenzen innerhalb der Probe proportionalen Term zusammensetzt. K. Scheffler 137◇

0314 **Kernmagnetische Resonanz in den Metallhexaboriden.** Edward J. McNiff jun. und Sidney Shapiro. (J. Physics Chem. Solids **24,** 939—45, 1963; Cambridge, Mass., Arthur D. Little, Inc.; engl.) — In CaB_6, YB_6, LaB_6, CeB_6, NdB_6, EuB_6, GdB_6 u. YbB_6 werden bei Raum-Temp. die kernmagnet. Resonanzen in einem Magnetfeld von 5800 G untersucht. EuB_6 u. GdB_6 zeigen negative Knight-Verschiebung, alle anderen positive. Das Vorzeichen u. die Größe der Knight-Verschiebung wird mit der Änderung der Zahl der Leitungselektronen beschrieben. K. H. Härdtl 137◇

0315 **Kernmagnetische Resonanz von ^{53}Cr in ferromagnetischem CrO_2.** Hiroshi Yasuoka, Hisashi Abe, Akira Hirai und Tsuneo Hashi. (J. physic. Soc. Japan **18,** 593—94, 1963; Kyoto, Kyoto Univ., Fac. of Sci., Dep. of Phys.; engl.) — Vff. untersuchen die KMR von ^{53}Cr in ferromagnet. CrO_2 in Abwesenheit eines äußeren Feldes. Das KMR-Signal ist nur schwach u. verschwindet bei 240° K. Die Linienform zeigt Absorption u. besitzt eine Breite von ca. 200 kHz. Die Resonanzfrequenz ist proportional T^2 (T = Temp.) u. liefert bei Extrapolation auf 0° K 36,56 MHz. Bei 0° K beträgt das Hyperfeinfeld | 152,3 | kOe. Herbert Müller 137◇

0316 **Kernmagnetische Resonanz von ^{57}Fe-Kernen in den Hyperfeinfeldern von geordnetem Lithiumferrit.** Le Dang Khoi und Félix Bertaut. (C. R. hebd. Séances Acad. Sci. **255,** 1211—13, 1962; Grenoble, Centre d'Études nucl. et École d'Ingén. Électron., Labor. d'Électrostat. et de Phys. du Métal; franz.) — In geordneten $LiFe_5O_8$-Spinellen besetzen 2 Fe-Atome Tetraederplätze (A) u. 3 Fe-Atome Oktaederplätze (B). Dementsprechend werden für ^{57}Fe 2 Resonanzfrequenzen gemessen: $\nu_A = 68{,}89$ MHz entsprechend 492 kOe, $\nu_B = 70{,}80$ MHz entsprechend 506 kOe bei 20°. Die Änderung der Resonanzfrequenzen mit der Temp. zwischen 20 u. 360° K zeigt, daß die Differenz der Frequenzen für A u. B mit abnehmender Temp. zunimmt. Bei extrapolierten 0° K sind die Resonanzfrequenzen $\nu_A = 71{,}34$ MHz, $\nu_B = 74{,}36$ MHz. Die Messungen zeigen, daß die Änderung der Resonanzfrequenzen von ^{57}Fe mit der Temp. der therm. Änderung der partiellen Kernmagnetisierung an den Plätzen A u. B proportional ist. K. Scheffler 137◇

0317 **Kernmagnetische Relaxation in wässerigen Lösungen starker Säuren.** G. Bonera, F. Borsa, P. de Stefano und A. Rigamonti. (Arch. Sci. [Genève] **14 (166),** 368—73, 1961; Pavia, Univ., Ist. di Fis.; engl.) — Die Änderung der Protonenspin-Gitter-Relaxationszeiten τ_1 in sauerstofffreien Lsgg. von HNO_3 u. HCl mit der Konz. wird gemessen u. gedeutet. Messungen bei verschiedenen Temp. u. konst. Konzz. zeigen, daß $T/\tau_1\eta$ (η = Viscosität in Poise) linear mit der Temp. ansteigt. K. Scheffler 137◇

0318 **Magnetische Resonanz in einer Flüssigkeit mit axialsymmetrischer Anisotropie.** Étienne Boileau. (C. R. hebd. Séances Acad. Sci. **255,** 2941—43, 1962; Grenoble, Labor. d'Éectrostat. et de Phys. du Métal et de Phys. gén.; franz.) — Theoret. Unters. der magnet. Protonenresonanz in einer Fl., in der die statist. Bewegung Axialsymmetrie hat. Es wird gezeigt, daß der Entw.-Koeff. P_4 bei der Entw. der Wahrscheinlichkeit der Wasser-Mol.-Orientierung nach Legendre-Polynomen bei drei verschiedenen Phänomenen auftreten kann: bei der Anisotropie von T_1 bzw. von T_2 sowie bei der Kopplung zwischen der Polarisation der beiden Linien. J. M. Spaeth 137◇

0319 **Verallgemeinerte Austauschkopplung.** Gustav Obermair. (Z. angew. Physik **15,** 201, 1963; München, Univ., Inst. für Theoret. Phys.; dt.) — Für ein n-Elektronen-Syst. mit Wechselwrkg. wird eine Schrödinger-Gleichung für die Spinfunktion aufgestellt u. aus der Darst. der Permutationsoperatoren durch Spinmatrizen ein effektiver Spin-Hamilton-Operator ermittelt. Die Anwendung auf ferromagnet. kub. Spingitter gibt für tiefe Temp. Spinwellenlösungen mit quadrat. Dispersionsgesetz u. für höhere Temp. oberhalb des Curie-Punktes $1/\chi$-Reihen-Darst. mit dem Curie-Weiß-Gesetz des Paramagnetismus in erster Näherung. H. Fahlenbrach 137◇

0320 **Quantentheorie der Spindiffusion.** Hazime Mori und Kyozi Kawasaki. (Progr. theoret. Physics [Kyoto] **25,** 866—67, 1961; Kyoto Univ., Res. Inst. for Fundament. Phys.; engl.) — Vgl. C. **1964,** 3-0321. — Der Begriff der Spindiffusion infolge Austausch-Wechselwrkg. zwischen Spins eignet sich zur Deutung von Experimenten über Kernspinrelaxation in Kristallen mit paramagnet. Verunreinigungen u. über die krit. Streuung von Neutronen durch einen Ferromagneten. M. Wiedemann 137□

0321 **Relaxationszeiten und dynamische Polarisationszeiten in Gegenwart von Spindiffusion.** Jacques-Michel Winter. (C. R. hebd. Séances Acad. Sci. **249,** 2192—94, 1959; franz.) — Durch Messungen der Frequenzabhängigkeit der Kernrelaxationszeiten T_1 bei 300 u. 77° K von ^{19}F in *LiF*-Kristallen werden die früher theoret. unter Berücksichtigung der Spindiffusion berechneten Formeln für Kernrelaxationszeiten in Feststoffen bestätigt. Gleichzeitig wird der Einfl. der Spindiffusion auf die dynam. Polarisationszeiten diskutiert. K. Scheffler 137◇

0322 **Die Bewegungsgleichung für den effektiven Spin.** A. R. Kessel und A. K. Morotscha. (Festkörperphysik [UdSSR] **5,** 1528—36, 1963; Kasan, Phys.-Techn. Inst. der Akad. der Wiss. der UdSSR; russ.) — Mit gruppentheoret. Meth. werden Bloch-Gleichungen für den effektiven Spin S* abgeleitet. Lösungen werden für die Ionen der Seltenerdmetalle für Syst. 4 S* (S* + 1) angegeben. Ferner werden allg. Ausdrücke abgeleitet für Relaxationszeiten, die alle üblichen Wechselwrkg. des Ions mit seiner Umgebung berücksichtigen. K. Jaeger 137◇

0323 **Über die Durchsichtigkeit von Blochwänden.** Robert Pick und Daniel Saint-James. (J. Physique Radium **23,** 124—25, 1962; Centres d'Étud. Nucl. de Saclay, Serv. de Phys. du Solide et de Resonance Magnét.; franz.) — Auf der Grundlage einer Arbeit von Boutron (C. **1962,** 18369) wird die Frage der Durchsichtigkeit von 180°-Bloch-Wänden in einem unendlich ausgedehnten einachsigen ferromagnet. Kristall rechner. geprüft. Im Gegensatz zu den Ergebnissen von Hartmann-Boutron wird dabei gezeigt, daß die Frage der Durchsichtigkeit keine Frage eines geeigneten speziellen Ansatzes für die Energie der Spinwellen ist. Die Durchsichtigkeit hängt vielmehr mit der Winkelabhängigkeit der Kristallenergie zusammen. Bloch-Wände sind danach nur unter ganz bestimmten Potentialbedingungen durchsichtig. H. Fahlenbrach 137□

0324 **Ferromagnetisches Verhalten von Einkristallen und Polykristallen einer 0,5%igen Eisen-Aluminium-Legierung und seine Abhängigkeit von der Kristallorientierung und der Abmagnetisierungsart.** Mikio Yamamoto und Ryôfu Miyasawa. (Sci. Rep. Res. Inst. Tôhoku Univ., Ser. A **13,** 374—401, 1961; Res. Inst. for Iron, Steel and Other Metals; engl.) — Nach therm. (TD) u. Wechselfeld (AD)-Abmagnetisierung werden ballist. bei Raum-Temp. u. teilweise in verschiedenen Kristallrichtungen gemessen: Magnetisierungskurve, Entmagnetisierungsfaktor N, Elementarbereichverteilung, Kristallanisotropie-Konst. K_0, K_1 u. K_2, Sättigungsmagnetfeld H_s, Remanenz I_k, Koerzitivkraft H_c u. Anfangssusceptibilität χ_0. Dabei ist $N_{TD} > N_{AD} > N_A$ (N_A = Shuddemagens Entmagnetisierungsfaktor). In TD sind die Bereichsgrößen längs leichter Achsen in der Nähe der stabförmigen Probenachsen kleiner als in größeren Winkeln dazu. Bei AD liegen die Verhältnisse umgekehrt. Bei der TD werden kleine positive, bei der AD kleine negative Anisotropien induziert. Unabhängig ob Ein- oder Polykristall wurde gefunden: $(K_0)_{TD} > (K_0)_{AD}$, $(K_1)_{TD} > (K_1)_{AD}$, $A_{TD} > A_{AD}$ (A = Hysteresearbeit), $(H_s)_{TD} > (H_s)_{AD}$, $(I_k)_{TD} < (I_k)_{AD}$, $(H_c)_{TD} = (H_c)_{AD}$ u. $(\chi_0)_{TD} > (\chi_0)_{AD}$. Alle diese u. weitere Unterschiede von der Kristallorientierung in verschieden abmagnetisierten Zuständen u. der Werte bei Poly- u. bei Einkristallen in den verschiedenen Zuständen konnten durch die erwähnten induzierten kleinen Anisotropien verschiedenen Vorzeichens bei den verschiedenen Arten der Abmagnetisierung befriedigend erklärt werden. H. Fahlenbrach 137◇

0325 **Ein ferromagnetisch-antiferromagnetisches Modell für Kupfer-Mangan und verwandte Legierungen.** J. S. Kouvel. (J. Physics Chem. Solids **24,** 795—822, 1963; Schenectady, N.Y., Gen. Electr. Res. Labor.; engl.) — Bei früheren Messungen (C. **1963,** 21) wurden ungewöhnliche magnet. Eigg. (Verschiebung der Hysteresekurven aus dem Ursprung bei tiefen Temp.) in Cu-Ag-Legg. mit 25 Atom-% Mn beobachtet. Vf. beschreibt diesen Effekt mit folgendem Modell: Die Legg. bestehen aus wechselwirkenden ferromagnet. u. antiferromagnet. Domänen, die im Grundzustand eine Gesamtmagnetisierung von Null haben. Erst beim Abkühlen im Magnetfeld werden einige Domänen in einen anderen Zustand übergeführt u. stabilisiert. Das Modell liefert sehr gute Übereinstimmung mit den magnet. u. elektr. Messungen. K. H. Härdtl 137◇

0326 **Studium der „Reptation"- und „Bascule"-Erscheinungen an polykristallinen Fe-Si-Blechen.** V. Hajko, J. Daniel-Szabó und V. Kavečanský. (Czechoslov. J. Physics **12,** 867—70, 1962; Košice, TH, Physikal. Inst.; dt.) — Die sukzessive asymm. Ummagnetisierung eines Ferromagnetikums ist mit den makroskop. „Reptation"- u. „Bascule-négative"-Effekten verbunden, welche zur Folge haben, daß die Endpunkte der Hysteresisschleife, welche sich nach u. nach stets von neuem realisiert, im allg. nicht konst. sind; die Existenz dieser Erscheinungen wurde theoret. von Néel (vgl. C. **1960,** 2092) begründet. Vff. untersuchten experimentell den Einfl. sukzessiv vorgenommener asymm. Ummagnetisierungen auf den magnet. Zustand von polykristallinen Fe-Si-Blechen. Die verwendeten Bleche mit 3,2% Si wurden 1 Std. lang in H_2-Atmosphäre bei 1000° geglüht; ihre Koerzitivkraft betrug 0,35 Oe. Aus einem dieser Bleche wurde für die Messungen ein Toroid ausgeätzt. Ein zweites Blech wurde einer plast. Zugverformung unterzogen; die Koerzitivkraft wuchs hierdurch auf 1,2 Oe. Aus diesem plast. verformten Blech wurde wiederum ein entsprechendes Toroid ausgeätzt. Die Induktionsmessungen wurden ballist. vorgenommen. Als Ausgangszustand wurde bei jeder Messung der aus dem Sättigungszustand erhaltene Remanenzzustand gewählt. Die asymm. Durchmagnetisierung wurde in der Weise vorgenommen, daß mit Hilfe eines Unterbrechers mit der Frequenz von 0,5 Hz sukzessiv ein bestimmtes negatives Feld ein- u. ausgeschaltet wurde. Es wurde festgestellt, daß im Vgl. mit der „Reptation"-Erscheinung im Sinne von Néel die an den nichtverformten Blechen erhaltenen Ergebnisse gewisse Anomalien im Verlauf der Reptationserscheinung aufweisen. Bei dem plast. verformten Blech waren diese Anomalien nicht mehr zu beobachten. Es wird daher angenommen, daß die Voraussetzungen der Néelschen phänomenolog. Theorie der Reptationserscheinung wahrscheinlich nur bei einem genügend hohen Störungsgrad im Ferromagnetikum erfüllt sind. C. Gottfried 137△

0327 **Der K-Zustand einiger ferromagnetischer Legierungen.** Peter Muth. (Z. Metallkunde **53,** 203—06, 1962; Dresden, Hochsch. für Verkehrswesen, Physik. Inst.; dt.) — An *Mumetall, Mo-Permalloy, Kanthal* u. *Fe-Al* wurde die Bldg. des K-Zustandes untersucht. Der spezif. elektr. Widerstand der Legg. wächst nach einer Wärmebehandlung bei mittleren Temp. u. nimmt nach einer Kaltverformung ab. Einen ähnlichen Verlauf zeigen die Thermokräfte. Die Änderungen der ferromagnet. u. der gewöhnlichen Hall-Konst. gehen nicht systemat. vor sich. Die Sättigungsmagnetisierung nimmt zu. Die Ergebnisse können durch die Bldg. einer Nahordnung gedeutet werden, verbunden mit einer starken Überlappung der d-Funktionen der Nachbaratome u. einer Zunahme der Zustandsdichte des d-Bandes. F. Vier 137□

0328 **Spinwellentheorie ferromagnetischer dünner Schichten.** A. Corciovei. (Physic. Rev. [2] **130,** 2223—29, 1963; Bucharest, Rumania, Inst. for Atomic Phys.; engl.) —

Die Spinwellentheorie nach Hollstein-Primakoff wird auf dünne ferromagnet. Schichten angewendet. Dabei wird in Anlehnung an Döring (C. **1962**, 17307, 13297), in die Hamilton-Funktion ein Term für die magnet. Anisotropie eingeführt. Mit der Theorie wird die Abhängigkeit der magnet. Eigg. von der Temp. u. die Anzahl einatomiger Lagen in der Schicht beschrieben. Ferner wird der mögliche Einfl. einer parallelen u. senkrechten Anisotropie erörtert.
H. Fahlenbrach 137◇

0329 **Abhängigkeit der magnetischen Eigenschaften dünner Eisenfilme von der Verdampfungsgeometrie.** S. Szczeniowski, H. Ratajczak und R. Gontarz. (J. physic. Soc. Japan, Suppl. B-I **17**, 562–66, 1962; Poznań, Pol. Acad. of Sci., Inst. of Phys., Labor. of Ferromagnetics; engl.) — Es wird die Abhängigkeit der uniaxialen magnet. Anisotropie dünner Fe-Filme von der Verdampfungsgeometrie an Proben gleicher Dicke, wie sie durch Rotation eines geeignet geformten Diaphragmas über der Probenunterlage erhalten werden, berichtet. Mit steigendem Einfallswinkel des Metalldampfes auf die Unterlage erhält man für die Anisotropie-Konst. höhere Werte, bei einem Winkel von 30° wird ein Maximum durchschritten; die Werte werden schließlich Null u. bei noch größeren Winkeln ändert sich die Richtung der leichten Achse. Es wird ferner über die Abhängigkeit der Domänenstruktur vom Aufdampfwinkel berichtet.
D. Noack 137◇

0330 **Umkehr der leichten Achse bei Eisenfilmen mit schiefem Einfall.** V. Kamberský und R. Gontarz. (Physica Status solidi [Berlin] **3**, K67–K69, 1963; Prag, Czechoslov. Acad. of Sci., Inst. of Phys.; Poznań, Pol. Acad. of Sci., Inst. of Phys., Labor. of Ferromagnetics; engl.) — Schiefer Einfall des Metalldampfes auf das Substrat erzeugt nach Unterss. von Smith u. Mitarbeitern (J. appl. Physics **31**, [1960], 1755) eine Strukturanisotropie des Films. Beim Anlassen derartiger Fe-Filme wird im Gegensatz zu den Erwartungen keine Abnahme der magnet. Anisotropie, sondern die Entw. eines neuen anisotropen Verh. gleicher Größenordnung, jedoch mit der Achse leichter Magnetisierung senkrecht zur vorherigen beobachtet. Diese neue Anisotropie wird der Diffusion von Verunreinigungen, bes. in Korngrenzen, zugeschrieben.
H. Roschkowski 137◇

0331 **Einfluß der Torsion auf die Magnetisierung von gleichzeitig einem kreisförmigen Wechselfeld und einem longitudinalen kontinuierlichen Feld unterworfenenElektrolyteisen-Schichten.** V. Tutovan und P. Apostol. (An. ştiint. Univ. „Al. I. Cuza" Iaşi, Sect. I [N. S.] **8**, 145–58, 1962; rum.) — Einen Sonderfall der Magnetisierung dünner Schichten von Elektrolyt-Fe stellt die „Erscheinung der magnet. Wechselinduktion" („Procopiu-Effekt") dar, wobei in einer mit einem Cu-Leiter mit Fe-Überzug koaxialen Spule eine induzierte EMK auftritt, wenn Gleichstrom durch den Leiter fließt u. die Fe-Schicht einem longitudinalen kontinuierlichen Magnetfeld ausgesetzt ist. Es wird gezeigt, daß auch ohne ein solches Feld dieser Effekt auftreten kann, wenn die Fe-Schicht einer Torsion unterworfen wird. Die Effekte in beiden Fällen erweisen sich als äquivalent.
R. K. Müller 137◇

0332 **Kreisförmiger Barkhausen-Effekt. Beziehung zwischen der Form der „magnetischen Wechselinduktionen" und der Form der Hysteresekurve.** M. Sorohan. (An. ştiint. Univ. „Al. I. Cuza" Iaşi, Sect. I [N. S.] **8**, 253–60, 1962; rum.) — Der kreisförmige Barkhausen-Effekt („Procopiu-Effekt") hängt mit der Durchflußzeit der magnet. Induktion zusammen, daher können die „magnet. Wechselinduktionen" aus der Hysteresekurve des verwendeten Fe-Drahts abgeleitet werden. Ihre Größe u. ihre Form hängen in erster Linie von der Hysterese im rotierenden Magnetfeld, der Permeabilität u. der magnet. Anisotropie des Fe ab, außerdem von mechan. Einw., Temp. u. den Dimensionen der Probe.
R. K. Müller 137◇

0333 **Die magnetoelastischen Konstanten von Nickel.** E. W. Lee und R. R. Birss. (Proc. physic. Soc. **78**, 391–98, 1961; Sheffield, Univ., Dep. of Phys.; London, Imp. Coll., Dep. of Phys.; engl.) — Aus den Meßwerten der Magnetostriktions-Konst. der Vff. (Proc. physic. Soc. **76**, [1960], 502) u. der von Alers, Neighbours u. Sato (C. **1962**, 15874) gemessenen elast. Konst. werden die magnetoelast. Konst. des Ni berechnet. Dabei wird eine gute Übereinstimmung der Temp.-Abhängigkeit dieser magnetoelast. Konst. mit der Theorie von Kittel u. Van Vleck erreicht. Diese Theorie sieht eine Abhängigkeit der magnetoelast. Konst. vom Betrage der spontanen Magnetisierung vor, die durch ein starkes Magnetfeld leicht erhöht werden kann, so daß die erzwungene (wahre) Magnetostriktion auf diesem Wege im Prinzip erklärt werden kann.
H. Fahlenbrach 137□

0334 **Pyromagnetische Messungen an Nickel bei tiefer Temperatur.** E. W. Pugh und B. E. Argyle. (J. appl. Physics, Suppl. zu **32**, Nr. 3, 334–35, 1961; Yorktown Heights, N.Y., IBM Res. Center; engl.) — Vff. untersuchen die Temp.-Abhängigkeit des Magnetisierungsabfalls einer bei 4,2° K in [1 1 1]-Richtung magnetisierten Ni-Kugel zwischen 4,2 u. 45° K mit Hilfe eines Pyromagnetometers. In der Probe werden 5–60 Sek. dauernde therm. Impulse erzeugt u. die damit verbundenen Magnetisierungsänderungen Δ M mit Hilfe eines magnet. Flußmessers nach Cioffi (Rev. sci. Instruments **21**, [1950], 624) auf $5 \cdot 10^{-3}$ Gauß genau verfolgt. Δ M fällt monoton mit der Temp. T, u. aus $\log \Delta M/M_0 = f(\log T)$ (M_0 = Magnetisierung bei 0° K) folgt für den Exponenten der T-Abhängigkeit 1,59 ± 0,06.
Herbert Müller 137◇

0335 **Darstellung von Nickelferrit-Einkristallen und Untersuchung ihrer magnetischen Eigenschaften.** H. Makram und R. Krishnan. (J. Physique Radium **23**, 1000, 1962; Bellevue, C.N.R.S., Labor. de Magnétisme et de Phys. du Solide; franz.) — Die Darst. von Ni-Ferriten geschah unter Verw. des bei ca. 480° schm. eutekt. Gemisches $PbO-PbF_2$ (3 : 4) als Lösungsmittel. Ausgegangen wurde von dem Gemisch der folgenden Zus.: PbF_2 38,08 (Mol-%), PbO 28,6, NiO 16,66, Fe_2O_3 16,66. Das Gemisch wurde bei ca. 1220° geschmolzen, 3 Std. lang bei dieser Temp. belassen u. sehr langsam bis auf 900° abgekühlt. Die erhaltenen Einkristalle waren maximal 10 mm groß u. hatten gut entwickelte Flächen. Die chem. Analyse ergab die mittlere Formel $Ni_{0,98}Fe_{0,02}{}^{2+} \cdot Fe_2{}^{3+}O_4$. Die Messungen der ferrimagnet. Resonanz wurden an Kugeln mit einem Durchmesser zwischen 0,3 u. 0,4 mm durchgeführt. Mit einer Frequenz von 9080 MHz wurden der gyromagnet. Faktor g sowie die Breite Δ M der ferrimagnet. Resonanzlinie in den Richtungen [1 1 1] u. [1 0 0] gemessen. Die Energie der magnetokristallinen Anisotropie wurde aus den Änderungen des Resonanzfeldes mit der Orientierung berechnet.
C. Gottfried 137△

0336 **Vorrichtung zur Untersuchung des Faraday-Effektes eines Ferrits im 10000-MHz-Band.** R. Sardos. (J. Physique Radium **23**, 1005–06, 1962; Bordeaux, Fac. des Sci., Labor. d'Opt. Ultrahertzienne; franz.) — Mit der beschriebenen Vorr. wurde an einem *Cr-Mn-Ferrit* (30 Fe_2O_3, 20 Cr_2O_3, 50 MnO) die Rotation α als Funktion des angelegten Magnetfeldes sowie die sehr schwache Hysterese der Elliptizität b/a gemessen, die den Faraday-Effekt begleitet.
C. Gottfried 137△

0337 **Magnetische Eigenschaften einiger Uranoxide bei tiefen Temperaturen.** M. J. M. Leask, L. E. J. Roberts, A. J. Walter und W. P. Wolf. (J. chem. Soc. [London] **1963**, 4788–94; Oxford, Clarendon Labor.; Harwell, Didcot, Berks., AERE, Chem. Div.; engl.) — Mit Hilfe einer Induktions-Meth. wurden die magnet. Susceptibilitäten (χ) von UO_2 (**I**), $UO_{2,1}$ (**II**), U_4O_9 (**III**), U_3O_7 (**IV**) u. U_3O_8 (**V**) zwischen 1,5 u. 44° K bestimmt; die Werte sind graph. wiedergegeben. Während χ als Funktion der Temp. bei **V** ein scharf ausgeprägtes Maximum bei 4,2° K u. kleinere Effekte bei 8 u. 25,3° K zeigt, weisen **I** ein Maximum bei 29° K u. **II**, **III** u. **IV** eines bei 6,4° K auf. Die Effekte bei **II**, **III** u. **IV** werden prim. auf die sich auf Zwischengitterplätzen im **I**-Gitter befindlichen O-Ionen zurückgeführt.
G. Gattow 137◇

0338 **Magnetische Charakteristiken einiger intermetallischer Verbindungen zwischen Mangan und den Lanthanidenmetallen.** L. V. Cherry und W. E. Wallace. (J. appl. Physics, Suppl. zu **32**, Nr. 3, 340–41, 1961; Pittsburgh, Pa., Univ. of Pittsburgh, Dep. of Chem.; engl.) — Vff. untersuchen die Temp.-Abhängigkeit der Magnetisierung von AMn_5 (A = Sm, Gd, Tb, Dy, Ho, Er bzw. Y) zwischen 80 u. 550° K. Die Curie-Temp. u. Sättigungsmagnetisierungen bei 78 bzw. 298° K sind für *YMn_5* 490° K, 2,21 u. 1,38 (BM/Elementarzelle), *$SmMn_5$* 440° K, 1,72 u. 1,40, *$GdMn_5$* 465° K, 6,23 u. 2,89, *$TbMn_5$* 445° K, 6,18 u. 2,66, *$DyMn_5$* 430° K, 5,34 u. 2,49, *$HoMn_5$* 425° K, 5,12 u. 1,99, bzw.

ErMn$_5$ 415^0 K, 3,74 u. 1,63. Für alle Verbb. außer YMn_5 steigt die Magnetisierung in der Nähe von 80^0 K rasch mit fallender Temp. an; offenbar existiert ein zweiter Curie-Punkt. Herbert Müller 137◇

0339 **Anisotropie der magnetischen Susceptibilität von Gesteinen und Mineralien.** S. Uyeda, M. D. Fuller, J. C. Belshé und R. W. Girdler. (J. geophys. Res. **68,** 279—91, 1963; Cambridge, Univ., Dep. of Geodesy and Geophys.; engl.) — Für die Anisotropie der magnet. Susceptibilität von Gesteinen u. ferrimagnet. Mineralien sind die Form des magnet. Materials u. die kristalline Anisotropie bestimmend. Im allg. wirken beide Faktoren gleichzeitig, im Gesteinsmagnetismus sind diese Effekte häufig trennbar. Auf Grund theoret. Überlegungen kommen Vff. zu dem Ergebnis, daß man für den Fall der durch die Form bedingten Anisotropie den Grad der Anisotropie annähernd vorhersagen kann, wenn die Größe der Gesamtsusceptibilität u. die Dimensionen des Körpers bekannt sind. In kub. *Titanomagnetiten* u. Gesteinen, die Titanomagnetite enthalten, ist die Anisotropie hauptsächlich einem Formeffekt zuzuschreiben, während die kristalline Anisotropie in Kristallen niedriger Symmetrie, wie *Pyrrhotinen, Hämatiten* u. *Ilmeniten* vorherrschend ist. Die kristalline Anisotropie von Pyrrhotin bestimmt eine Ebene leichter Magnetisierung senkrecht zu der pseudohexagonalen Achse, in der die scheinbare Susceptibilität ca. 10^{-3} elektromagnet. Einheiten pro cm^3 beträgt. Im Hämatit liegen die Richtungen leichter u. schwieriger Magnetisierung in der Basisebene u. entlang der c-Achse. Messungen der scheinbaren Susceptibilitätsanisotropie zusammen mit mkr. Beobachtungen an *Ludwigit* führten zu dem Ergebnis, daß der Magnetismus dieses Minerals hauptsächlich durch eine Spinellphase, möglicherweise Magnetit, verursacht wird. Messungen an polykristallinen Scheiben von *Magnetit* sowie in magnet. anisotropen Gesteinen zeigten, daß die Richtung des thermoremanenten Magnetismus zuweilen deutlich u. stets systemat. von der Richtung des äußeren magnet. Feldes abweicht. C. Gottfried 137△

0340 **Remanenter, induzierter und gesamter Magnetismus einer Folge von Serpentinproben aus der Sierra Nevada, California.** R. L. DuBois. (J. geophys. Res. **68,** 267—78, 1963; Tucson, Ariz., Univ., Dep. of Geol.; engl.) C. Gottfried 137△

0341 **Untersuchung der Umwandlung der Hydratformen von Salzen in Lösung mittels der Methode der elektrischen Leitfähigkeit.** B. F. Markow und N. Ch. Tumanowa. (J. physik. Chem. [UdSSR] **34,** 1534—42, 1960; Kiew, Inst. für allg. u. anorgan. Chem. der Akad. der Wiss. der UdSSR; russ., Auszug: engl.) — Die Umwandlung eines Kristallhydrates eines Salzes in ein anderes oder in die wasserfreie Form, die in der festen Phase bei Temp.-Erhöhung stattfindet, entspricht in konz. Lsgg. den Übergängen der Hydratformen der Salze. Die Übergänge werden offenbart in den stufenförmigen Veränderungen der Temp.-Koeff. der Elektroleitfähigkeit der Lösungen. Die Elektroleitfähigkeitspolytherme umfaßt zwei gerade Linien, die in einem bestimmten Winkel zueinander stehen, verbunden durch einen kurzen gekrümmten Abschnitt. Der Schnittpunkt der Linien liegt bei einer Temp. nahe der Umwandlungs-Temp. der festen Phase. Dieser Effekt wurde bei den konz. Lsgg. vieler Salze gefunden, die Kristallhydrate bilden. Untersucht wurden gesätt. wss. Lsgg. von $CoCl_2 \cdot 6\,H_2O$, $Na_2SO_4 \cdot 7\,H_2O$ ($\cdot 10\,H_2O$), $Na_2CO_3 \cdot 10\,H_2O$, $Cu(NO_3)_2 \cdot 6\,H_2O$, $LiNO_3 \cdot 3\,H_2O$, $Sr(NO_3)_2 \cdot 4\,H_2O$, $Ca(NO_3)_2 \cdot 4\,H_2O$, $NaBr \cdot 2\,H_2O$, $NaJ \cdot 2\,H_2O$, $Na_2CrO_4 \cdot 4\,H_2O$, $MnSO_4 \cdot 5\,H_2O$, $ZnSO_4 \cdot 6\,H_2O$, $Na_2B_4O_7 \cdot 10\,H_2O$ u. $CoSO_4 \cdot 6\,H_2O$. Messungen der Elektroleitfähigkeit von Lsgg. von Magnesium- u. Kobaltsulfaten zeigen keine Übergänge der Hydrate in der Lsg. an, was durch die Erhaltung der höheren Hydrate bei erhöhten Temp. in der metastabilen Phase erklärt wird. Die Ergebnisse bestätigen die Theorie der strukturellen Übereinstimmung zwischen koexistierenden Phasen insofern, als strukturelle Umwandlungen der festen Phase in der Lsg. wiedergegeben werden. W. Pump 138◇

0342 **Über den Zustand der Protonen in wässerigen Lösungen.** N. Je. Chomutow. (J. physik. Chem. [UdSSR] **34,** 380—86, 1960; Moskau, Chem.-technolog. Mendelejew-Inst.; russ., Auszug: engl.) — Das isobar-isotherm. Potential der Protonenhydratisierung wird angesehen als die Summe der elektrostat. Bldg.-Energie von H_3O^+-Ionen in der Gasphase u. der elektrostat. Energie ihrer Zugabe zum Wasser. Die Werte aus Vers. u. Berechnung stimmen füs das isobare Potential überein, vorausgesetzt, daß der Radius des H_3O^+-Ions mit 1,38 Å angenommen wird. Die Protonen können während des Übergangs von einem Wasser-Mol. zum anderen als Protonengas betrachtet werden. Es wurde die Gleichung der Elektroleitfähigkeit eines solchen Gases in Übereinstimmung mit den Vers.-Werten entwickelt. W. Pump 139◇

0343 **Thermochemie der Dissoziation von Schwefelsäure und hypochloriger Säure in wässeriger Lösung.** I. Je. Fliss, K. P. Mischtschenko und N. W. Pachomowa. (J. anorg. Chem. [UdSSR] **3,** 1772—80, 1958; russ.) — Durch calorimetr. Messungen mit potentiometr. Titration lassen sich thermochem. Unterss. für Rk.-Prozesse in Lsgg. instabiler Syst. durchführen. Vff. eichen ihr Meßsyst. durch Best. der Wärmetönung bei Neutralisation verd. Lsgg. von H_2SO_4 bei Temp. von 10, 25, 35 u. 50^0. Aus den erhaltenen Werten errechnet sich der pK-Wert für HSO_4^-. Die Zus. verd. H_2SO_4-Lsgg. in Abhängigkeit vom pH-Wert, der Anfangs-Konzz. u. der Temp. wird bestimmt. Vff. untersuchen die Rk. $HClO_{aq} \rightleftharpoons H^+_{aq} + ClO^-_{aq}$ in wss. Lsg. u. bestimmen die Dissoziationswärme u. geben mit den Werten für Δ H: $5{,}90 \pm 0{,}04$, $5{,}70 \pm 0{,}05$, $5{,}40 \pm 0{,}05$ u. $5{,}00 \pm 0{,}04$ kcal/Mol eine thermodynam. Charakteristik dieses Prozesses für die Temp. 10, 25, 35 u. 50^0. W.-D. Heußner 139◇

0344 **Konduktometrische Hochfrequenztitrationen von organischen Basen in $SOCl_2$ mit Lewis-Säuren.** Carla Bertoglio Riolo, Teresa Fulle Soldi und Fausta Martinotti. (Ann. Chimica **52,** 1043—51, 1962; Pavia, Univ., Ist. di Chim. gen.; ital.) — Mit Hilfe der konduktometr. Hochfrequenz-Meth. wurden die organ. Basen (B) $(CH_3)_4NCl$, $(CH_3)_4NBr$, $(C_2H_5)_4NBr$, $(C_4H_9)_4NBr$, Triäthylamin, Diisobutylamin, Anilin, Pyridin, 2-Aminopyridin, 2-Picolin, Chinolin, Isochinolin, Chinaldin, Lepidin, 5.6- u. 7.8-Benzochinolin, Acridin, Phenazin, Benzo-, Hydroxy-, Dihydroxy- u. Hydroxybenzophenazin, Cinchonin u. Brucin in $SOCl_2$ mit den Lewis-Säuren $SbCl_5$, $SnCl_4$, $TiCl_4$, $ZrCl_4$, $SbCl_3$, $AlCl_3$, BCl_3 u. $FeCl_3$ titriert. Diese Meth. ist bis zu einer B-Konz. von $8 \cdot 10^{-5}$ Mol/Liter anwendbar u. ermöglicht bei Verw. von mehrwertigen Substanzen die Best. der Äquivalenzpunkte. G. Platzer 139◇

0345 **Soret-Koeffizient und Wärmetransport wässeriger Cadmiumsulfatlösungen.** J. Demichowicz-Pigoniowa. (Trans. Faraday Soc. **59,** 2268—74, 1963; Wrocław, Poland, Inst. of Technol., Dep. of Phys. Chem.; engl.) — Mit Hilfe einer früher ausführlich beschriebenen Elektrothermodiffusions-Meth. (C. **1956,** 8274, 11903) wurden der Soret-Koeff. u. der Wärmetransport wss. 0,05—0,5n $CdSO_4$-Lsgg. bei 25, 38 u. 45^0 bestimmt; die Werte sind graph. u. tabellar. wiedergegeben. G. Gattow 139◇

0346 **Löslichkeit und Auflösungsmechanismus von Blei(IV)-oxid.** L. W. Wanjukowa, M. M. Issajewa und B. N. Kabanow. (Ber. Akad. Wiss. UdSSR **143,** 377—79, 1962; Inst. für Elektrochem. der Akad. der Wiss. der UdSSR; Moskau, Inst. für Automechan.; russ.) — Zusammenfassende Unterss. über den Mechanismus der Elektrodenprozesse in Bleiakkumulatoren. Im Syst. PbO_2–H_2O–H_2SO_4 wird die Löslichkeit von β-PbO_2 durch 2 Rk.-Stadien erklärt, die nach $PbO_2 + H_2O \rightarrow PbO(OH)_2 + H^+ \rightarrow PbO(OH)^+ + H_2O$ ablaufen. In Abhängigkeit von der H^+-Konz. wird die $PbO(OH)^+$-Konz. in Lsg. dargestellt. Bei den üblichen H_2SO_4-Konzz. in Bleiakkumulatoren ist damit eine Löslichkeit bis 0,2 mMol/Liter gegeben. W.-D. Heußner 140□

0347 **Eine Elektrolysezelle für schweres Wasser zur Deuteriumerzeugung, die mit automatischem Ausschalter und Sicherheitsvorkehrungen versehen ist.** P. K. Dutt. (J. sci. Instruments **37,** 352—53, 1960; Calcutta, India, Saha Inst. of Nucl. Phys.; engl.) — Beschrieben wird eine unter Normaldruck arbeitende Elektrolysezelle zur D_2-Darst. mit Gasabgabe in ein Vakuum (∼ 1 Torr/min) u. automat. Abschaltung bei Erreichen eines vorgegebenen Druckes. K. Jaeger 141◇

0348 **Über Methoden zur Untersuchung der Kinetik von Elektrodenprozessen.** 1. Mitt. **Methoden bei Wechselstrom.** Bruno Mazza. (Rend. Ist. lombardo Sci. Lettere, A **95,** 947—86, 1961; Milano, Politecn., Ist. di Chim. Fis., Elettrochim. e Metallurg.; ital.) — Ausführliche Beschreibung der verschiedenen Meth. an Hand der vorliegenden Literatur sowie ihrer speziellen Anwendung bei der Unters. der Wasserstoffüberspannung an verschiedenen Metallen u. bei der Unters. der Kinetik der Elektrodenprozesse in geschmolzenen Salzen. — 32 Literaturangaben. C. Gottfried 142△

0349 **Über Methoden zur Untersuchung der Kinetik von Elektrodenprozessen. 2. Mitt. Verschiedene Methoden.** Bruno Mazza. (Rend. Ist. lombardo Sci. Lettere, A **95**, 987—1011, 1961; ital.) — 1. vgl. vorst. Referat. — Vf. untersucht krit. vergleichend die von verschiedenen Seiten aufgestellten Hypothesen, auf denen sich die verschiedenen experimentellen Meth. zur Unters. der Kinetik der Elektrodenprozesse gründen. In zahlreichen Tabellen werden die von verschiedenen Seiten bei Verw. von Wechselstrom erhaltenen Ergebnisse denen der anderen Meth. gegenübergestellt. — 22 Literaturangaben. C. Gottfried 142△

0350 **Übergangsprozesse beim Aufladen poröser Elektroden.** O. Ss. Ksenshek. (J. physik. Chem. [UdSSR] **37**, 2007—11, 1963; Dnjepropetrowsk, Chem.-technolog. Inst.; russ., Auszug: engl.) — Meth. zur Analyse der experimentell ermittelten Aufladungskurven werden auf Grund theoret. Unterss. zusammengestellt. Sie gestatten die Ermittlung der spezif. Oberfläche einer porösen Kathode, des Elektrolytwiderstandes in den Poren, des Austauschstroms u. einiger anderer Größen. H. Roschkowski 142◇

0351 **Verhalten einer durch ein Gemisch von Sauerstoff und Kohlensäuregas umspülten Platinelektrode in geschmolzenen Carbonaten.** G. K. Stepanow und A. M. Trunow. (Ber. Akad. Wiss. UdSSR **142**, 866—69, 1962; Inst. für Elektrochem. der Akad. der Wiss. der UdSSR, Ural-Abt.; russ.) — Die EMK von Gas-Konz.-Elementen in geschmolzenen Carbonaten (tern. Gemisch aus 30 Mol-% K_2CO_3, 40 Na_2CO_3 u. 30 Li_2CO_3) wurden untersucht. Die Oberfläche der Pt-Elektrode überzieht sich mit einer dünnen, aber dichten Oxidschicht, welche das Metall vor weiterer Oxydation schützt. Infolgedessen verhält sich die oxydierte Oberfläche wie eine ziemlich indifferente Elektrode. Die Elektroden bestanden aus kleinen rechtwinkligen Pt-Blechen, welche in ein Korundrohr eingebaut waren, durch welches auch das jeweilige CO_2–O_2-Gemisch in die Schmelze eingeleitet wurde. Als inertes Verdünnungsmittel wurde N_2 verwendet. Es wurde die Abhängigkeit der EMK von der Zus. des Gases bei folgenden drei Konz.-Ketten untersucht: Pt(p_{CO_2} = 0,2; p_{O_2} = 0,2) | CO_3^{2-} | (p'_{O_2} = x; p'_{CO_2} = 0,2) Pt (I), Pt (p_{CO_2} = 0,2; p_{O_2} = 0,2) | CO_3^{2-} | (p'_{O_2} = 0,2; p'_{CO_2} = x) Pt (II), Pt (p_{CO_2} = 0,67; p_{O_2} = 0,33) | CO_3^{2-} | (p'_{O_2} = x; p'_{CO_2} = 1 — x) Pt (III). Die experimentellen Ergebnisse stimmen befriedigend mit der theoret. Gleichung $E = A - [(2{,}3\,R\,T/2\,F) \cdot \log p'_{CO_2} \cdot p'^{1/2}_{O_2}]$, wobei $A = (2{,}3\,R\,T/2\,F) \cdot \log p_{CO_2} \cdot p^{1/2}_{O_2}$ überein. Ferner wurde die Temp.-Abhängigkeit folgender Elemente untersucht: Pt (p_{CO_2} = 0,104; p_{O_2} = 0,234) | CO_3^{2-} | (p'_{CO_2} = 0,81; p'_{O_2} = 0,19) Pt u. Pt (p_{CO_2} = 0,182; p_{O_2} = 0,148) | CO_3^{2-} | (p_{CO_2} = 0,215; p_{O_2} = 0,785) Pt. Es wurde eine gute Übereinstimmung der experimentellen u. theoret. Ergebnisse beim Studium der Zusammenhänge zwischen der EMK, Temp., Zus. u. dem Druck der Gase festgestellt. Bei der von CO_2 u. O_2 umspülten Platinelektrode stellt sich folgendes Gleichgewicht ein: $CO_3^{2-} \rightleftharpoons CO_2 + \frac{1}{2} O_2 + 2e$. E. Dobolyi 142◇

0352 **Das Nulladungspotential von Antimon.** Hao-Tsing Wu und Chih-Cheng Lin. (Acta chim. sinica **29**, 95—98, 1963; Fudan Univ., Dep. of Chem.; chin., Auszug: engl.) — Unterss. über die Best. des Null-Ladungspotentials von Sb durch Messung der Elektrodenkapazität (EK) mit der Wechselstrombrücke zeigen, daß die Kapazitäts–Potential-Kurven von Sb in 0,01n HCl bei einem Elektrodenpotential von $-0{,}19 \pm 0{,}02$ V ein Kapazitätsminimum (KM) aufweisen. Bei Sättigung der HCl-Lsg. mit Methyl-n-butylcarbinol fällt die EK in der Nähe dieses Potentials stark. Das KM tritt beim gleichen Potential auf, wenn die Frequenz des Meßsignals von 1000 auf 5000 Hz steigt. Die reversible Rk. $2\,Sb + 3\,H_2O \rightarrow Sb_2O_3 + 6\,H^+ + 6\,e^-$ verläuft bei einem thermodynam. Potential, dessen Wert vom pH der Lsg. abhängt. In neutraler KCl-Lsg. kann das Null-Ladungspotential von Sb nicht bestimmt werden. W. Wesly 142◇

0353 **Einfluß von Ultraschall auf die anodische Bildung von Bleidioxid.** F. I. Kukos und M. F. Skalosubow. (J. angew. Chem. [UdSSR] **33**, 177—81, 1960; Nowotscherkassk, Polytechn. Inst.; russ.) — Vgl. C. **1956**, 3771. — Der Einfl. von Ultraschall (US, 1,4 MHz, 1—5 W/cm²) auf die anod. Polarisation von glatten Pb-Platten, die mit konst. Stromdichte 0,5 mA/cm² in 6,7n H_2SO_4 anodisiert wurden, wird bei $25 \pm 3°$ untersucht. Bei kleinen Stromstärken I wird die Passivierung durch US beschleunigt, bei höheren I, die zur Kavitation genügen, verzögert. Der starke Anstieg des Maximalpotentials ε_{max} ist nicht durch den Übergang von $Pb - 2\,e \rightarrow Pb^{2+}$ zu $Pb^{2+} - 2\,e \rightarrow Pb^{4+}$ allein zu erklären, sondern beruht offenbar auf einer Reihe überlagerter Rkk., die zur Bldg. von bas. Salzen u. deren festen Lsgg. führen. Je dickere Schichten der Prodd. in der 1. Stufe entstehen, um so mehr nimmt ε_{max} mit I zu. Die Bldg. von PbO_2 scheint zu beginnen, bevor ε_{max} erreicht ist, u. zwar durch Depolarisation der Oxydation von Pb u. von PbO zu PbO_2. R. K. Müller 142□

0354 **Untersuchungen über den Einfluß einiger geringer Zusätze zu der Lösung auf die Wasserstoffüberspannung von Kupfereinkristallen.** Bruna Rivolta und Anita Pappagallo. (Rend. Ist. lombardo Sci. Lettere, A **95**, 785—96, 1961; Milano, Politecn., Ist. di Elettrochim., Chim. Fis. e Metallurg.; ital.) — Vff. untersuchten den Einfl. von geringen Zusätzen von $CdSO_4$, $AsCl_3$, $SbCl_3$ u. $InCl_3$ zu 0,1m H_2SO_4 als Elektrolyt auf die H-Überspannung an polykristallinen Cu-Kathoden u. einkristallinen Cu-Kathoden, die nach (1 1 1), (1 1 0) u. (1 0 0) orientiert waren. Die Konz. von Cd betrug 10^{-5}m in 0,1m H_2SO_4, die von As, Sb u. In 10^{-4}m in 0,1m H_2SO_4. Die Vorbehandlung der Elektroden wird genau beschrieben. Als Bezugselektrode wurde $Hg/Hg_2 \cdot SO_4$, 0,1m H_2SO_4 verwendet. Bei allen Verss. wurde die Stromstärke allmählich von 10^{-2} auf 10^2 A/m² gesteigert. Die Meßergebnisse sind graph. als Überspannung gegen den Logarithmus der Stromstärke wiedergegeben. Der Zusatz von Cd hat einen merklichen Einfl. auf die H-Überspannung. Nach einem linearen Teil der Kurve steigt die Überspannung sehr schnell an, hierauf ist das Tafelsche Gesetz wieder gültig. Bei Zusatz von As folgt der Kurvenverlauf dem Gesetz von Tafel. Bei einem Zusatz von Sb ist der Kurvenverlauf oberhalb 0,5 A/cm³ dem Kurvenverlauf des Elektrolyten ohne Zusatz gleich. Bei Zusatz von In ist das Ansteigen der Überspannung analog dem, das bei Zusatz von Cd beobachtet worden war. C. Gottfried 142△

0355 **Reduktion von Gadolinium, Dysprosium, Holmium und Erbium an der Quecksilbertropfelektrode.** Akio Iwase. (J. chem. Soc. Japan, pure Chem. Sect. [Nippon Kagaku Zasshi] **81**, 1266—71, 1960; Yamagata-Daigaku, Bunrigakubu; jap., Auszug: engl. S. A87.) — Polarogramme von Gd^{3+}, Dy^{3+}, Ho^{3+} u. Er^{3+} werden in 0,1m KCl unter Zusatz von 0,01% Gelatine bei pH 2—5 u. in einem Konz.-Bereich der Depolarisatoren von 10^{-4} bis 10^{-3}m gemessen. Die Red.-Wellen dieser Ionen treten von der Wasserstoffwelle getrennt bei ca. —1,8 V (gegen SCE) auf. Obgleich die zweite Welle (vgl. Purushottam u. Mitarbeiter, Analytica chim. Acta [Amsterdam] **12**, [1955], 589) nicht beobachtet wird, tritt eine Maximawelle bei —1,98 V auf. Das Halbwellenpotential hängt vom pH der Lsg. ab u. wird in einem pH-Bereich von 2—5 mit abnehmendem pH-Wert negativer. Der Grenzstrom ist diffusionsgesteuert u. die Diffusionsstrom-Konst. stimmt mit der für die Red. $R^{3+} \rightarrow R^{0+}$ theoret. berechneten gut überein. Die Halbwellenpotentiale dieser Ionen zeigen unter denselben Bedingungen prakt. ident. Wert u. die Differenz zwischen dem Standardelektrodenpotential u. dem Halbwellenpotential nimmt mit steigender Atomzahl ab. E. Maekawa 142□

0356 **Untersuchung der Sulfatkomplexe von Neptunium(IV).** Cl. Musikas. (Radiochem. Acta [Frankfurt/M.] **1**, 92—98, 1963; Fontenay-aux-Roses, France, Comm. à l'Energ. Atom., Centre d'Études Nucl.; franz.) — Vf. untersuchte die Komplexe polarograph. u. wies die Existenz von $[NpSO_4]^{2+}$ u. $Np(SO_4)_2$ nach. Np^{3+} bildet keine stabilen Sulfatkomplexe. Die Stabilitäts-Konst. des $Np(SO_4)_2$ wurde polarograph. zu 4360 bestimmt, während gleichzeitig potentiometr. Unterss. die Werte 312 bzw. 3770 für $[NpSO_4]^{2+}$ u. $Np(SO_4)_2$ ergaben. U. Wenzel 142◇

0357 **Polarographische Untersuchung der Reduktion und Oxydation komplexer Rutheniumchloride an der Platinelektrode.** N. K. Pschenitzyn und N. A. Jeserskaja. (J. anorg. Chem. [UdSSR] **5**, 1068—73, 1960; russ.) — $K_2[Ru(OH)Cl_5]$ wird in 2n HCl + n-NaCl-Lsg. an der Pt-Elektrode irreversibel zu $K_2[Ru(H_2O)Cl_5]$ (rot) bei einem Potential zwischen 0,5 u. 0,3 V reduziert. Die Absorptionsspektren der Lsg. nach der Red. zeigen die Ggw. von Doppelkernionen, $[Ru_2OCl_{10}]^{6-}$ (I). Durch Aufnahme der Strom-Spannungs-Kurven der Red. von I können Ru-Konzz. von 5—500 γ/ml nachgewiesen werden, störend wirken Pt u. Pd. $K_2[Ru(H_2O)Cl_5]$ wird an der Pt-Elektrode bei 1,0—0,8 V oxydiert; die Oxydations-Prodd. werden noch untersucht. J. Tůmová 142◇

0358 **Über den Mechanismus von Elektrodenprozessen in der Zone der periodischen Benetzung.** W. F. Negrejew und D. M. Abramow. (Nachr. Akad. Wiss. Aserbaidshan-SSR, Ser. physik.-techn. u. chem. Wiss. **1958**, Nr. 1, 97—106; russ.) — Die Korrosions-Verss. wurden in einer bes. App. mit Fe-Blech [0,10 (%) C, 0,36 Mn, 0,018 Si, 0,017 P, 0,037 S, Rest Fe] u. Benetzung mit W. des Kasp. Meeres u. mit Flußwasser durchgeführt. Bei einer sehr dünnen Wasserschicht (100—500 μ) stellt die Korrosion einen elektrochem., mit Sauerstoffdepolarisation verlaufenden Vorgang vor; die entstehenden Korrosions-Prodd. sind ebenfalls ein starker Depolarisator. Die Korrosions-Prodd. sind porös, aus Hydraten zusammengesetzt, deren Struktur von der Höhe oberhalb des Wasserspiegels abhängig ist. Von den untersuchten Salzen zeigt NaCl die größten Potentiale u. größte Korrosions-Wrkg., die Wrkg. sinkt mit der Reihe $MgCl_2$, $MgSO_4$, $CaSO_4$. Die Strommessung mittels eines Mikroelements in Abhängigkeit von der Höhe oberhalb des Wasserspiegels zeigt auf maximale Korrosion in 0,5 mm Höhe. J. Tůmová 143◇

0359 **Über die thermogalvanische Korrosion von Metallen.** A. Ja. Schatalow, I. K. Marschakow und Ss. A. Kalushina. (Ber. Akad. Wiss. UdSSR **142**, 1339—41, 1962; Woronesh, Univ.; russ.) — Bei der Unters. der thermogalvan. Korrosion von Metallen (Armco-Fe, austenit., nichtrostender 18/8 Cr-Ni-Stahl, Ni, Zr) wird festgestellt, daß das stationäre Potential des korrodierenden Metalls bei der Erwärmung auf die positive Seite verschoben wird, was auch das Auftreten eines thermogalvan. Elements mit anomaler Polarität bedingt, d. h., mit einer Temp.-Erhöhung wird ein Übergang des Metalls zu einem stärker passiven Zustand beobachtet. Der Effekt der Passivierung bei einer Temp.-Erhöhung wird am Beispiel Armco-Eisen in einer alkal. Lsg. nachgewiesen. H. Hochstein 143□

0360 **Einfluß der Mikrogeometrie der Oberfläche von Metallen und der Temperatur auf die Geschwindigkeit der atmosphärischen Korrosion.** L. M. Lapidess. (J. angew. Chem. [UdSSR] **33**, 397—402, 1960; russ.) — Zur Best. der Korrosions-Geschw. wird ein Film von 200 μ Stärke einer 0,01n NaCl-Lsg. auf halbkreisförmigen (Ø 30 mm) Proben der Metallpaare Cu-Zn u. Cu-Al gehalten, die durch 0,01 mm Glimmer getrennt sind. Bei Messungen bei 98% Feuchtigkeit u. 5—50° (±0,3°) steigt die Stromstärke (SS) an polierten Oberflächen mit der Temp. (t) stetig an, bei Cu-Zn ist die SS größer als bei Cu-Al. Bei rauhen Flächen zeigen die Kurven SS-t ein Maximum bei 5—10° u. ein Minimum bei 10—20°, bei t > 20° steigt die SS rasch an. Bis 30° ist die SS an polierten Flächen höher als an rauhen. Eine Gleichung wird mitgeteilt, die den Zusammenhang der SS mit dem Diffusions-Koeff. D, der Dicke δ der Diffusionsschicht u. der O_2-Konz. C wiedergibt: $I = n \cdot F \cdot D \cdot C/\delta$. An polierten Flächen nimmt D/δ mit steigendem t rascher zu als C abnimmt. R. K. Müller 143□

A₄. Thermodynamik, Thermochemie

0361 **Statistische und thermodynamische Beschreibung korrelierter Systeme. 2. Mitt. Entropie.** Andrzej Fuliński. (Acta physica polon. **23**, 159—65, 1963; Kraków, Jagellonian Univ., Dep. of Theoret. Chem.; engl.) — 1. vgl. C. **1964**, 2-0350. — Ableitung von Gleichungen für die Entropie, die Zeitabhängigkeit der Entropie u. die Entropieerzeugung für zwei schwach bzw. stark bzw. vollständig korrelierte Subsyst., die zusammen ein isoliertes Syst. bilden. Die gesamte Entropieerzeugung σ im isolierten Syst. setzt sich zusammen aus den Entropieerzeugungen σ_1, σ_2 u. σ_{12} infolge irreversibler Prozesse in u. zwischen den beiden Subsystemen. Die Entropie des Gesamtsyst. S ist gleich der Summe der Entropien der Subsyst. S_1 u. S_2 zuzüglich der Wechselwrkg.-Entropie S_{12} der beiden Subsysteme. A. Blaschette 146◇

0362 **Thermodynamik irreversibler Prozesse in Oberflächensystemen. 4. Mitt. Vektorielle irreversible Prozesse innerhalb von mehrkomponentigen Monoschichten auf homogenen und isotropen Oberflächen.** B. Baranowski und J. Popielawski. (Bull. Acad. polon. Sci., Sér. Sci. chim. **11**, 253—60, 1963; Pol. Acad. of Sci., Inst. of Phys. Chem.; engl.) — 3. vgl. C. **1964**, 10-0357. A. Blaschette 146◇

0363 **Die Eigenschaften von Elementen und Verbindungen unter Ultrahochdruck.** Tadao Tomonari. (Chem. and chem. Ind. [Kagaku to Kôgyô] **16**, 1008—22, 1963; Yokohama-Kokuritu-Daigaku, Kôgakubu; jap.) — Übersicht. — 53 Literaturangaben. E. Maekawa 148◇

0364 **Über die Zustandsgleichung fester Körper bei suprahohen Drücken.** Ju. N. Rjabinin. (Metallphysik u. Metallkunde [UdSSR] **9**, 312—14, 1960; Inst. für Hochdruckphys. der Akad. der Wiss. der UdSSR; russ.) — Neuere Unterss. (vgl. Walsh u. Mitarbeiter, C. **1958**, 4702) über die p-V-Beziehung bei Drücken bis 500000 kg/cm² zeigen, daß die zunächst empir. Zustandsgleichung $(p+\pi)\cdot V^n = (p_1+\pi)\cdot V_1^n$ auch bis zu solchen Drücken anwendbar ist. Die berechneten Werte für *Cu* stimmen mit dem Vers. bis 150000 kg/cm² völlig überein, bei 500000 kg/cm² beträgt die Abweichung +2,3%. Bei 19 Elementen übersteigen die Abweichungen nicht ±10%. Die früher durch Extrapolation festgestellte Abhängigkeit der Kompressibilität u. der Atom-Voll. von der Ordnungszahl wird durch den Vers. bestätigt. R. K. Müller 148◇

0365 **Linearer Ausdehnungskoeffizient von protonenbestrahlten KCl-Kristallen.** I. N. Anochina, I. G. Bersina, I. B. Berman und L. Ss. Ssokolow. (Kristallographie [UdSSR] **7**, 429—32, 1962; Tomsk, Polytechn. Inst.; russ.) — Vgl. C. **1964**, 1-0349. — KCl-Kristalle wurden bei 20—30° mit Protonen von 4,5 MeV u. der Intensität $6\cdot 10^{10}/cm^2\cdot s$ bestrahlt. Der lineare Ausdehnungs-Koeff. wurde bei 25—500° gemessen, ebenso die Versetzungsdichte. Der erstere ändert sich infolge der Bestrahlung (bis zu $3\cdot 10^{14}$ Protonen/cm²) maximal um 7% bei 500° u. um 3,5% bei 100°. Die Änderung des Ausdehnungs-Koeff. u. der Versetzungsdichte laufen parallel. Bei einer Dosis von $2\cdot 10^{14}/cm^2$ erreichen beide ein Minmium, bei höheren Dosen steigen sie wieder an. M. Wiedemann 148◇

0366 **Die Wärmeausdehnung von AlSb, GaSb, ZnFe und HgTe bei tiefen Temperaturen.** Ss. I. Nowikowa und N. Ch. Abrikossow. (Festkörperphysik [UdSSR] **5**, 2138—40, 1963; Moskau, Akad. der Wiss. der UdSSR, Inst. für Metallurgie; russ.) — Gemessen wurde der Ausdehnungs-Koeff. α von AlSb, GaSb, ZnFe u. HgTe im Temp.-Bereich 20—340° K. In diesem Bereich ist α negativ. Die Zustandsgleichung wird für diesen Fall geprüft. Für $\alpha < 0$ muß die atomare Wechselwrkg.-Energie im nullten Schwingungszustand in Hinsicht auf Vol.-Änderungen ein Minimum besitzen. K. Jaeger 148◇

0367 **Gesetzmäßigkeiten der Lage von Faltungen der Druckoberflächen ternärer Flüssigkeits-Dampf-Systeme und Verschiebung der Faltungen bei Veränderungen der Temperatur.** 2. Mitt. M. P. Ssussarew. (J. physik. Chem. [UdSSR] **37**, 1944—48, 1963; Leningrad, Univ.; russ., Auszug: engl.) — 1. vgl. C. **1963**, 16819. — Theoret. Unters., bei der neben den genannten Parametern auch die die gegenseitige Lage der tern. u. bin. Azeotropen im Konz.-Dreieck u. die Veränderung der Zus. des tern. Azeotropen mit der Temp. bestimmenden Gleichungen aus den Differentialgleichungen für die Gleichgewichts-Verteilung koexistierender Phasen zweier Komponenten eines tern. Syst. Lsg.-Dampf (bei idealem Verh.) abgeleitet werden. H. Roschkowski 150◇

0368 **Kontrollierte Wasserverdunstung durch monomolekulare Filme.** S. S. Katti, S. B. Kulkarni, M. K. Gharpurey und A. B. Biswas. (J. sci. ind. Res. [New Delhi], Sect. D **21**, 434—37, 1962; Poona, India, Nat. Chem. Labor.; engl.) — Um die Wirksamkeit verschiedener Substanzen auf die freie Verdunstung von W. zu prüfen, wurden folgende Substanzen auf offenen Wasseroberflächen gespreitet u. die Verdunstungsverluste bestimmt: $n\text{-}C_{16}H_{33}OH$ (**I**), $n\text{-}C_{18}H_{37}OH$ (**II**), $n\text{-}C_{20}H_{41}OH$ (**III**), $n\text{-}C_{22}H_{45}OH$ (**IV**), $n\text{-}C_{18}H_{37}OC_2H_4OH$ (**V**), sowie 1 : 1 molare Mischungen von **I** u. **II**, **II** u. **V**, **IV** u. $n\text{-}C_{22}H_{45}OC_2H_4OH$, **II** u. Methylstearat (**VII**) u. **II** u. Äthylstearat (**VIII**). Es wurde beobachtet, daß die Monoschichten von n-Alkoxyäthanolen denen der entsprechenden n-Alkohole sowohl in ihrer verdunstungshemmenden Wrkg. als auch in ihrer Beständigkeit überlegen sind. Der Zusatz von **VIII** zu **II** zerstörte den Film, während **VII** die Eigg. des Alkoholfilms verbesserte. Die Reihenfolge der Wirksamkeit wird folgendermaßen angegeben: V > II + V > II + I > I > II + VII > II > II + VIII. K. Strenge 150◇

0369 **Gleichgewicht zwischen Flüssigkeit und Dampf im System Äthylenglykol–Wasser.** Ss. K. Ogorodnikow, W. B. Kogan und A. I. Morosowa. (J. angew. Chem. [UdSSR] **35**, 685—87, 1962; Lebedew-Forsch.-Inst. für synthet. Kautschuk; russ.) — Bei der experimentellen Unters. des Gleichgewichts Fl.–Dampf im Syst. Äthylenglykol–W. werden die Isobaren bei 760 Torr u. die Isothermen bei 80° aufgenommen. Das Syst. ist prakt. ideal. Es wird vermutet, daß auch das Syst. W.–Methylenglykol ideal ist. G. Engelhardt 150◇

0370 **Über einige Eigenschaften konzentrierter Lösungen des Systems $MgSO_4$–$CO(NH_2)_2$–H_2O.** Stanislaw Poczopko, Antoni Basiński, Zbigniew Torski und Wiesława Mańkowska. (Roczniki Chem. [Ann. Soc. chim. Polonorum] **36**, 947—52, 1962; Toruń, Copernicus-Univ., Dep. of Phys. Chem.; pol., Auszug: engl.) — Die bei isothermer Dest. (30°, Dauer 8 Tage) von $MgSO_4$–$CO(NH_2)_2$–H_2O-Gemischen verschiedener Zus. auftretenden Massenänderungen (n_{H_2O}/n_{MgSO_4}) sowie der Dampfdruck u. die Oberflächenspannung werden als Funktionen des Verhältnisses $n_{CO(NH_2)_2}/n_{MgSO_4}$ tabellar. u. graph. wiedergegeben. W. Betcke 150◇

0371 **Methode zur Aufteilung der Zusammensetzungsdiagramme reziproker Mehrstoffsysteme mit Komplexbildung.** W. I. Possypaiko. (J. physik. Chem. [UdSSR] **37**, 1989—94, 1963; Moskau, Allunion-Forsch.-Inst. für Chemiemaschinenbau; russ., Auszug: engl.) — Beschreibung des Verf. u. seiner Anwendung auf die Syst. Li,K || Cl, BO_2, WO_4 u. Li,K || Cl, BO_2, NO_3, SO_4. H. Roschkowski 150◇

0372 **Thermodynamische Eigenschaften von Lösungen geschmolzener Salze im System $CdBr_2$–KBr.** M. F. Lantratow und T. N. Schewljakowa. (J. angew. Chem. [UdSSR] **34**, 1065—71, 1961; Leningrad, Elektrotechn. (Uljanow)-Inst.; russ.) — Die EMK-Werte der Ketten (Graphit)Cd/$CdBr_2(N_1)$ + $KBr(N_2)/Br_2$ (Graphit) wurden für die Konzz. N_1 (Molenbruch) = 1,0—0,2 bei 580—720° gemessen; sie stellen lineare Funktionen der Temp. dar. Aus negativen Abweichungen der Aktivitäten von $CdBr_2$ u. KBr wurde auf die Bldg. der Ionen $[CdBr_3]^-$ u. $[CdBr_6]^{-4}$ in den Lsgg. geschlossen. Tabellar. Angabe der partiellen u. Gesamt-Entropien u. Mischungsenthalpien. H. Jäger 150◇

0373 **Einfluß der Energie der radioaktiven Strahlung auf die Verdampfungsgeschwindigkeit eines festen Körpers.** I. Je. Simakow und Wikt. I. Spitzyn. (Ber. Akad. Wiss. UdSSR **141**, 1400—02, 1961; Akad. der Wiss. der UdSSR, Inst. für phys. Chem.; russ.) — Die Abhängigkeit der Verdampfungs-Geschw. (V) von MoO_3 bei 700 ± 1° von der Aktivität radioakt. Beimengungen mit verschiedenen β-Energien (^{90}Y, ^{99}Mo, ^{185}W) wurde untersucht. Die durch thermogravimetr. Analyse bei 700° erhaltenen Resultate weisen auf einen Anstieg der V mit steigender Aktivität der Beimengung von ^{90}Y u. ^{185}W. In beiden Fällen konnte keine Aktivität im Sublimat nachgewiesen werden. Für MoO_3 mit ^{99}Mo-Beimengung treten wesentliche Änderungen der V schon bei niedrigen Aktivitäten auf. Kurt Winkler 150◇

0374 **Schnellmethode zur Untersuchung von Zustandsdiagrammen durch die Methode der Thermographie.** L. G. Berg, Ss. D. Gromakow und I. W. Soroatzkaja. (Ber. Akad. Wiss. UdSSR **125**, 75—78, 1959; Kasan, Uljanow-Lenin-Univ.; russ.) — Während man bei der üblichen thermograph. Unters. die Differentialkurve aus den Differenzen zwischen den Temp. des untersuchten u. des Vgl.-Stoffes gewinnt, schlagen Vff. vor, als Vgl.-Stoff einen zweiten zu nehmen u. damit gleichzeitig 2 Stoffe zu untersuchen. Die Differentialkurve notiert dann die therm. Effekte beider Stoffe, wobei die therm. Effekte dieses 2. Stoffes sich umkehren (Exoeffekt wird Endo- u. umgekehrt). Dabei kann man das Thermoelement gleichzeitig nach beiden Stoffen eichen. — Der Hauptmangel dieses Verf. besteht darin, daß die Erhitzung in beiden Stoffen bei einem geringen Temp.-Unterschied erfolgt. Durch Eichen des Thermoelements kann man diesen Mangel völlig beseitigen. Außerdem ist diese Temp.-Differenz auf den Abkühlungskurven erheblich geringer. Am Beispiel des bin. Syst. KCl–$SrCl_2$ wird das Verf. u. die Deutung der Kurven ausführlich erläutert. Für die Kurvenaufnahme nimmt man die beiden Komponenten in wechselnden Verhältnissen (von 10 zu 10 Gew.-%). Bei Identifizierung der Proben ist zu beachten, daß die Thermoeffekte des untersuchten Stoffes 1 auf der Kurve der einfachen u. der Differenznotierung erscheinen, während sie für den Vgl.-Stoff 2 nur auf der Differentialkurve auftreten. Auf dieselbe Art können auch die Kurven von 3 Stoffen gleichzeitig aufgenommen werden, wenn man 2 Thermoelemente anwendet: man setzt ein einfaches Thermoelement in die entsprechend ausgewählte mittlere Probe. A. v. Wilpert 150□

0375 **Abschätzung der Phasendiagramme für Systeme zweier binärer Verbindungen.** Karl S. Vorres. (J. Amer. ceram. Soc. **46**, 410, 1963; Lafayette, Ind., Univ., Dep. of Chem.; engl.) — Kurze Zusammenfassung. — 6 Literaturzitate. K. Jaeger 150◇

0376 **Über die Anwendung von festen Elektrolyten bei der Untersuchung thermodynamischer Eigenschaften von Schmelzen nach der EMK-Methode.** M. F. Lantratow und A. G. Moratschewski. (J. angew. Chem. [UdSSR] **32**, 1397—98, 1959; russ.) — Vgl. C. **1962**, 2640. — Vff. weisen anläßlich eines Artikels von Mussichin u. Mitarbeitern (C. **1960**, 5075) darauf hin, daß die thermodynam. Gleichung $E = (RT/3\,F)\ln(1/a_{Al})$ nur für EMK-Messungen an festen Elektrolyten mit Ionenleitung gültig ist, nicht aber für das von Mussichin verwendete Syst. $Al/Al_2O_3/Fe$, $C_{gesätt.}$ Al, Me (Me–Mn, P, Si), da sowohl Al_2O_3 bei Temp. von 900—1300° als auch ein Glas der Zus. (in %) SiO_2 45, Al_2O_3 10, B_2O_3 10, CaO 30, Fe_2O_3 5, Elektronenleitung aufweisen. H. Dahmen 150□

0377 **Thermodynamische Untersuchung an verschmolzenen binären Legierungen durch Messung der elektromotorischen Kraft (Das System Zn–Sb).** Zensaku Kozuka, Jyoichiro Moriyama und Isao Kushima. (J. electrochem. Soc. Japan [Overseas Edit.] **29**, 104—05, 1961; Kyoto, Japan, Univ., Fac. of Engng., Dep. of Metallurgy; engl.) — Vgl. C. **1963**, 8439. — Gemessen wurde bei 550—650° die EMK der Kette Zn/LiCl–KCl (eutekt.) + 5% $ZnCl_2$/Zn–Sb (0—100 Atom-% Sb). Berechnet wurden die Aktivitäten von Zn u. Sb in Zn–Sb, die überschüssige Freie Energie der Zn–Sb-Lsgg., ihre überschüssige Entropie, die molaren Mischungsenthalpien u. die Funktion $\log \gamma_{Zn}/(1-N_{Zn})^2$ (N = Molenbruch). Die Zn–Sb-Lsgg. weichen stark vom idealen Verh. ab (maximal bei $N_{Zn} = 0{,}45$). K. Jaeger 150◇

0378 **Thermodynamische Untersuchung verschmolzener ternärer Legierungen durch Messung der elektromotorischen Kraft (Das System Zn–Cd–Sn).** Zensaku Kozuka, Jyoichiro Moriyama und Isao Kushima. (J. electrochem. Soc. Japan [Overseas Edit.] **29**, 106—10, 1961; engl.) — Vgl. C. **1963**, 12307. — Gemessen wurde die EMK zwischen 450—600° [Elektrolyt: LiCl–KCl eutekt. + 5% $Cd(Zn)Cl_2$] der tern. Legg. Zn–Cd–Sn u. der drei bin. Legg. dieser Elemente. Berechnet wurden aus den Ergebnissen die überschüssige Freie Energie, Entropie u. die Mischungsenthalpien bei 500°. Ferner wurden die Aktivitäten der Elemente in den festen Lsgg. bestimmt. K. Jaeger 150◇

0379 **Löslichkeit von Verbindungen der Übergangsmetalle im Lichte der Kristallfeldtheorie.** K. B. Jatzimirski. (Ber. Akad. Wiss. UdSSR **129**, 354—56, 1959; Akad. der Wiss. der UdSSR, Zelinsky-Inst. für organ. Chem.; russ.) — An Hand der aus der Literatur entnommenen Lösungswärmen der Halogenide, Hydroxide, Sulfate u. Sulfide von Mn^{2+}, Fe^{2+}, Co^{2+}, Ni^{2+}, Cu^{2+} u. Zn^{2+} wird gezeigt, daß sich diese nicht linear mit der Ordnungszahl des Metallatoms ändern, sondern im Falle des Cu^{2+} stets Abweichungen nach der endothermen, für alle anderen Übergangsmetalle nach der endothermen u. exothermen Seite auftreten. Vorzeichen u. Größe der Abweichungen hängen vom Kristallfeld ab, schwache Felder ergeben exotherme, starke Felder endotherme Abweichungen. G. Engelhardt 156◇

0380 **Berechnung der wichtigsten thermodynamischen Größen für ClO_{aq}^- und $HClO_{aq}$ bei 25°.** I. Je. Fliss, K. P. Mischtschenko und N. W. Pachomowa. (J. anorg. Chem. [UdSSR] **3**, 1781—84, 1958; russ.) — Vff. bestimmen durch thermochem. Unterss. der Rkk. $HClO_{aq} \rightleftharpoons H_{aq}^+ + ClO_{aq}^-$ u. $ClO_{aq}^- + H_2O_2 \rightarrow Cl_{aq}^- + H_2O + O_2$ für ClO_{aq}^- bzw. $HClO_{aq}$: ΔH_{298}^0 zu —25,73 kcal/g-Ion bzw. —31,37 kcal/Mol; ΔZ_{298}^0 zu —9,21 kcal/g-Ion bzw. —19,17 kcal/Mol sowie S_{298}^0 zu 11,36 bzw. 25,84 Entropieeinheiten. W.-D. Heußner 156◇

0381 **Über das Gleichgewicht der Reduktionsreaktion von Berylliumoxid durch Kohlenstoff.** F. Sch. Muratow und A. W. Nowosselowa. (Ber. Akad. Wiss. UdSSR **143,** 599—602, 1962; Moskau, Lomonossow-Univ.; russ.) — Für die Red.-Rk. $BeO_{(fest)} + 3/2\ C_{(Graphit)} \rightleftharpoons 1/2\ Be_2C_{(fest)} + CO_{(gas)}$ bestimmen Vff. im Temp.-Bereich von 1800—2000° K bei Drücken von 10^{-4} Torr in Abhängigkeit von der Rk.-Dauer (1—20 Std.) den Druckverlauf als Maß der Gleichgewichts-Einstellung der Reaktion. Neben röntgenograph. Unterss. werden die nach Hydrolyse der Rk.-Prodd. entstehenden Mengen an CH_4 zur Charakterisierung verwendet. Aus dem Verlauf der log K_P-Werte in Temp.-Abhängigkeit gilt die Gleichung: log $K_P = (9{,}021 \pm 0{,}092) - (20712 \pm 222/T)$. ΔH_T^0 der Rk. (1800—2000° K) ist $= 94{,}8 \pm 1{,}0$ kcal/Mol BeO; ΔS_T^0 (1800—2000° K) $= 41{,}28 \pm 0{,}42$ Entropieeinheiten. Die Standard-Bldg.-Wärme von Be_2C (fest) beträgt $-32{,}8$ kcal pro Mol, die Standardentropie 4,36 Entropieeinheiten.
W.-D. Heußner 156□

0382 **Flammenspektren.** W. M. Vaidya. (Proc. nat. Acad. Sci. India, Sect. A **32,** 214—20, 1962; New Delhi, Nat. Phys. Labor.; engl.) — Überblick über flammenspektrometr. Meth. zur Unters. des Verh. der bei der chem. Rk. in Verbrennungsmaschinen, Düsen- u. Raketentriebwerken entstehenden Radikale u. zur Temp.-Bestimmung. Abb. von Flammenfront, Nachglühen u. nicht entflammtem Bereich u. deren Spektren bei der Explosion von *Bzl.*, *Bzn.*, H_2 u. *Isooctan* in einer Verbrennungsmaschine sowie von C_2H_4, C_2D_2, $C_2H_2 + O$ u. $C_2D_2 + O$. W. Sobieski 157◇

0383 **Theorie der kettenthermischen Fortpflanzung einer Flamme mit zwei aktiven Zentren mit verschiedenen Diffusionskoeffizienten.** L. A. Lowatschew. (Ber. Akad. Wiss. UdSSR **125,** 129—32, 1959; Inst. für chem. Phys. der Akad. der Wiss. der UdSSR; russ.) — Inhaltlich ident. mit der C. **1961,** 10752 referierten Arbeit. A. v. Wilpert 157□

0384 **Verbrennung von Benzin-Luft-Gemischen im turbulenten Strom.** L. Ss. Kosatschenko. (Nachr. Akad. Wiss. UdSSR, Abt. chem. Wiss. **1960,** 45—52; Inst. für chem. Phys. der Akad. der Wiss. der UdSSR; russ.) — Wenn man die durch eine Bzn.-Luft-Flamme erzeugte summar. Turbulenz eines isothermen Stromes berücksichtigt, stimmen die Vers.-Werte mit den theoret. ziemlich gut überein, wodurch die physikal. Vorstellungen von Damköhler [1940] u. Schtschelkin [1943] über die Übertragung einer Flamme im turbulenten Strom durch Strompulsationen u. die normale Flammen-Geschw. bestätigt werden. Die direkte Abhängigkeit der durch die Flamme erzeugten Turbulenz von der normalen Verbrennungs-Geschw. erhöht deren Bedeutung für die Flammenübertragung im turbulenten Strom. Die turbulente Fortpflanzungs-Geschw. der Flamme wird durch die maximale Geschw. der Flammenzentren gegenüber dem brennenden Gemisch bestimmt. Die in Begegnung des frischen brennenden Gemisches auftretenden Zentren bilden die vordere Flammenfront; von ihnen geht, wie von den Entflammungsquellen, die Weiterverbrennung des Gemisches in der Verbrennungszone an der durch Pulsationen gekrümmten Flammenoberfläche aus. Bei einer Strömungs-Geschw. $v = 22$—76 m/s, einer Temp. des Bzn.-Luft-Gemisches von 440—470° K u. einem Turbulenzgrad $\varepsilon = 1{,}7 + 15{,}0\%$ entsprechen die Vers.-Ergebnisse der Gleichung $u_T = k \cdot v^{0,6}$, wobei der Koeff. k von ε abhängt, u_T die turbulente Flammen-Geschw. ist. Zwischen dieser u. der nichtturbulenten Flammen-Geschw. u_N findet Vf. die Beziehung $u_T/u_N = 1 + k_2[(u'/u_N) + (u''/u_N)]$ u. $u_T = u_N + k_2\,[u' + 2{,}8\,u_N]$. R. K. Müller 157□

0385 **Einige akustische Eigenschaften von Unterwasserexplosionen von Wasserstoff-Sauerstoff-Gemischen.** C. C. Leroy, D. J. Parkes und E. M. Sirovich. (J. acoust. Soc. America **35,** 245—50, 1963; La Spezia, Saclant ASW Res. Center; engl.) — In verschieden dimensionierten Explosionsgefäßen untersuchten Vff. die akust. Eigg. einer $2\,H_2 + O_2$-Explosionsmischung, wobei auch der Entzündungspunkt in dem Explosionsgefäß, der hydrostat. Druck u. die Menge des $2\,H_2 + O_2$-Gemisches variiert wurde. Die Vers.-Ergebnisse sind graph. angegeben u. werden besprochen.
C. Gottfried 157△

0386 **Die Ermittlung der Temperatur- und Wärmeleitfähigkeit bei mittleren und höheren Temperaturen.** 1. Mitt. **Grundlagen der Ermittlung der Leiteigenschaften und Literaturbericht.** Walter Richter und Siegfried Lippmann. (Neue Hütte **8,** 240—43, 1963; dt.) — Übersicht. — 23 Literaturangaben. H. Roschkowski 158◇

0387 **Bestimmung der Temperaturleitfähigkeit mit Hilfe einer Aufheizung durch Elektronenbeschuß.** M. Cerceo und H. M. Childers. (J. appl. Physics **34,** 1445—49, 1963; Alexandria, Va., Amer. Mach. & Foundry Co.; engl.) — Eine Meth. zur Best. der Temp.-Leitfähigkeit bei der Aufheizung von Stoffen durch Elektronenbombardement wird entwickelt u. an Al_2O_3 u. C auf ihre Gültigkeit untersucht.
G. M. Neumann 158◇

0388 **Wärmeleitfähigkeit von Graphit in Beziehung zu seiner Defektstruktur.** C. N. Hooker, A. R. Ubbelohde und D. A. Young. (Proc. Roy. Soc. [London], Ser. A **276,** 83—95, 1963; London, Imp. Coll., Dep. of Chem. Engng. and Chem. Technol.; engl.) — Die anisotrope Wärmeleitfähigkeit von pyrolyt. aus CH_4 gewonnenem Graphit in Richtung der a- bzw. c-Achsen wurde mit einer bes. konstruierten App. im Temp.-Bereich zwischen 90 u. 350° K gemessen. Dabei wurde bei der Herst. der Graphitproben deren Defektstruktur durch unterschiedliche Abscheidungsbedingungen u. Anlaßbehandlung bis zu Temp. von 3000° verändert. Die Fehlordnung wurde daneben durch Messung des elektr. Widerstands u. der Thermo-EMK bestimmt.
H. Roschkowski 158◇

0389 **Messung der Temperaturleitfähigkeit von Halbleitern mit Hilfe der Ångström-Methode.** A. Green und L. E. J. Cowles. (J. sci. Instruments **37,** 349—51, 1960; Wembley, England, Gen. Electr. Co. Ltd., Res. Labor.; engl.) — Beschrieben wird eine App. zur genauen Best. der Temp.-Leitfähigkeit von Halbleitern. Grundlage des Vers. ist die Messung der thermoelektr. Eigg. der Probensubstanzen. Der App. erfaßt in seiner jetzigen Form den Temp.-Bereich ca. 20—180°. Als Testsubstanz diente Bi_2Te_3.
K. Jaeger 158◇

0390 **Dynamische Theorie der Ultraschallabsorption.** 2. Mitt. **Bemerkungen zur Weinreich-Beziehung.** Noboru Takimoto. (Progr. theoret. Physics [Kyoto] **26,** 659—66, 1961; Sendai, Tohoku Univ., Res. Inst. for Iron, Steel and Other Metals; engl.) — 1. vgl. Progr. theoret. Physics [Kyoto] **25,** [1961], 327. — Die Absorption der Ultraschallwellen ist aus der Wechselwrkg. mit Elektronen zu verstehen, die kinet. Energie aufnehmen. Im Falle fortschreitender transversaler Wellen resultieren lokale Hall-Ströme in der Fortpflanzungsrichtung. Im übrigen befolgen longitudinale u. transversale Schallwellen die Weinreich-Beziehung.
H. U. Borgstedt 159◇

0391 **Neuere Anwendung von Ultraschall in der Festkörperphysik.** G. S. Verma. (Proc. nat. Acad. Sci., India, Sect. A **32,** 221—30, 1962; Allahabad, Univ., Dep. of Phys.; engl.) — Überblick über Meth. zur Erzeugung von Schallwellen mit Mikrowellenfrequenzen (2—10 GHz) mit Quarz- u. Ge-Kristallen u. Anwendung der Ultraschallwellen zur Anregung von Kernspinübergängen, bei akust. Resonanzabsorption in Festkörpern, dem Modell für die Energielücke in der BSC-Theorie der Supraleitfähigkeit, dem Mössbauer-Effekt u. der Rotverschiebung in akust. beschleunigten Syst., der Unters. von Photoleitern u. der Fermi-Oberfläche von Metallen. — 38 Literaturangaben. W. Sobieski 159◇

0392 **Verfahren zur Messung der Schwächung von Ultraschall-Longitudinalwellen in Plasten und Gesteinen.** Michel Auberger und John S. Rinehart. (J. acoust. Soc. America **32,** 1698—99, 1960; Golden, Colo., Colorado School of Mines, Mining Engng. Dep., Min. Res. Labor.; engl.) — Mit Hilfe einer erweiterten Hughes-Impuls-Technik werden Messungen der Longitudinalwellen-Schwächung bei 250—1000 kHz in *Plexiglas* u. *Granit* durchgeführt. W. Betcke 159◇

A₅. Kolloidchemie, Grenzschichtforschung

0393 **Herstellung und Untersuchung reproduzierbarer Wasser/Öl-Emulsionen.** A. C. Zettlemoyer, Jean S. Buckingham und W. D. Schaeffer. (J. Colloid Sci. **18,** 104—06, 1963; Bethlehem, Pa., Lehigh Univ., Surface Chem. Labor.; engl.) — Vff. beschreiben die Herst. verschiedener W./Öl-Emulsionen in einem Syst. schwingender Walzen.
D. Noack 161◇

0394 **Zur Wirkungsweise von Dispergiermitteln.** Hans Plaetschke. (Chemiker-Ztg. **84,** 634, 1960; Ludwigshafen, Labor. der Gebr. Giulini G. m. b. H.; Neumünster, Phrix-

Werke Akt.-Ges.; dt.) — Es werden Verss. im Hinblick auf die Hypothese ausgeführt, daß sich in höherwertigen Oxiden (z. B. Al_2O_3) das positivere Atom in der Mitte des Mol.-Verbandes befindet, wogegen die Mol.-Oberfläche von dem negativeren Sauerstoff gebildet wird; an diese negative Oberfläche können sich zur Ladungskompensation positive H-Ionen ablagern, die die Feststoffteilchen in Form mehr oder weniger großer Kristallaggregate stabilisieren. Bei Zusatz von Dispergiermitteln werden die H-Ionen weggefangen u. die Kristallaggregate können dispergieren. Gute Dispergiermittel sind Verbb. mit überwiegend negativen Mol.-Gruppen, z. B. Poly- [z. B. $Na(PO_3)_x$] u. Diphosphate (z. B. $Na_4P_2O_7$), Mol. mit Hydroxygruppen (Äthylenglykol, Polyvinylalkohol) bzw. freien Elektronenpaaren (Di- u. Triäthylamin, Piperazin). Verbb. mit positiven Mol.-Gruppen oder Substanzen, die keine H-Ionen wegfangen, verändern die Feststoffaggregate nicht (z. B. NaCl, Urotropin, o-Phenylendiamin, Propionitril, Hydraziniumsulfat u. NH_4Cl). In Suspensionen, in denen die Feststoffe durch Na_2SO_4 z. T. stabilisiert sind, kann diese Wrkg. durch Zusatz von Diphosphat aufgehoben werden. Andererseits können in einer Suspension von Sorbit u. NaCl, die Na^+ die negativen Hydroxygruppen des Sorbits blockieren. Als Unters.-Meth. diente die Sedimentationsanalyse nach Andreasen mit Al_2O_3 als Feststoff in wss. Suspension. G. Peters 162◇

0395 **Untersuchungen über die Wärmebeständigkeit von Silicagelen.** Chung Shen. (Acta chim. sinica **29**, 67—77, 1963; Peking, Med. Coll., Dep. of Pharm.; chin., Auszug: engl.) — Die Wärmebeständigkeit (WB) von gereinigtem Silicagel (I) ist größer als die unbehandelter Proben, die beim Erhitzen auf ca. 940° fast ihre ganze Porosität u. Aktivität verlieren. Die WB von grobporigen I ist größer als die feinporiger I. Die Wasserdampf-Adsorptionsisothermen von hydrophobem u. auf > 600° erhitztem I zeigen bei niedrigem Druck eine Wölbung. Mit steigender Temp. vermindern sich Oberfläche u. Gesamt-Poren-Vol. fein- u. grobporiger I. Bei relativ niedrigen Temp. beeinflußt die Erwärmungsdauer (bis 44 Std.) die Adsorptionsfähigkeit von I nicht. Bei höherer Temp. fällt die Adsorption mit steigender Erwärmungsdauer. Die entwässerte I-Oberfläche wird durch Eintauchen in W. teilweise rehydratisiert. Die Bzl.-Dampf-Adsorptions-Desorptions-Isothermen großporiger I zeigen eine Hystereseschleife. W. Wesly 162◇

0396 **Über die Abhängigkeit der Oberflächenspannung von Cäsium von der Temperatur.** O. A. Timofejewitschewa, W. B. Lasarew und A. W. Perschikow. (Ber. Akad. Wiss. UdSSR **143**, 618—20, 1962; Kurnakow-Inst. für allg. u. anorg. Chem. der Akad. der Wiss. der UdSSR; russ.) — Vff. untersuchen die Abhängigkeit der Oberflächenspannung σ des Cs im Temp.-Bereich von 62—280° bei 480 Torr in Ar-Atmosphäre u. zeigen, daß die Linearität der Temp.-Abhängigkeit in diesem Gebiet durch die Formel $\sigma = 68{,}4 - 0{,}046\,(t-28)$ wiedergegeben wird. σ am F. = 68,4 dyn/cm, therm. Koeff. der Oberflächenspannung 0,046 dyn/cm·Grad. W.-D. Heußner 166□

0397 **Die Bestimmung der effektiven Diffusionskoeffizienten in porösen Sorbentien.** G. M. Pantschenkow, W. A. Skoblo und Ju. M. Shorow. (Hochschulnachr. [Baku] Erdöl, Gas **4**, Nr. 1, 73—77, 1961; Moskau, Gubkin-Inst. für Erdölchem. u. Gas-Ind.; russ.) — Mathemat. Ableitung. W. Hantzsch 171□

0398 **Der Einfluß der Aggregation und der Flüssigkeitsdurchdringung auf die Viscosität verdünnter Suspensionen kugelförmiger Teilchen.** T. Gillespie. (J. Colloid Sci. **18**, 32—40, 1963; Midland, Mich., Dow Chem. Co., Phys. Res. Labor.; engl.) — Unter Verw. der Brinkman-Meth. für die Erweiterung der Einstein-Beziehung für die Viscosität sehr verd. Suspensionen wird eine Beziehung abgeleitet, in der Aggregationseffekte sowie der Einfl. der Fl.-Durchdringung berücksichtigt sind. Verss. mit einheitlich großen Latex-Teilchen zeigen, daß bei Ultraschall-Bestrahlung die Viscosität abnimmt. Dies geht aus Änderungen des Aggregationsgrades hervor. Eine Analyse der Literaturwerte zeigt, daß in fast allen Verss. mit beständigen Aggregaten gerechnet werden muß, eine Best. von Teilchengrößen oder Teilchengrößenverteilungseffekten in verd. Suspensionen wird deshalb sehr erschwert. D. Noack 172◇

0399 **Abhängigkeit der normalen und der Schubspannungen von der Deformationsgröße beim Übergang vom Ruhezustand zum stationären Fließen des Aluminiumnaphthenatgels.** A. A. Trapesnikow, A. Ss. Morosow und G. G. Petrshik. (Ber. Akad. Wiss. UdSSR **133**, 637 bis 640, 1960; Inst. für physik. Chem. der Akad. der Wiss. der UdSSR; russ.) — Vgl. C. **1960**, 735, 12361, 14799. — Die rheolog. Eigg. eines 2%ig. Al-Naphthenatgels in Vaselinöl nach 3jähriger Alterung werden aus der quant. Beziehung zwischen den gleichzeitig angewandten normalen (P_n) u. Schubspannungen (P_τ) bestimmt u. die relative Schubverformung $\varepsilon = \Theta/\mathrm{tg}\,\alpha$ in einem bes. rheolog. Zusatzgerät zu dem früher verwendeten Elastoviscosimeter gemessen. Das Gel ist zwischen horizontalen u. kon. Scheiben mit 3°20' Spaltwinkel angeordnet. Der Schubwinkel ist $\Theta = \Omega t$ (Ω = Winkel-Geschw., t = Zeit). Die Kurven für P_n u. P_τ in Abhängigkeit von ε gehen durch ein Maximum bei P_{n_1} ca. 80 u. P_{τ_1} ca. 40 u. für P_{n_2} u. P_{τ_2} bei $\varepsilon = 1750$. P_{n_2} u. P_{τ_2} sind viel höher als P_{n_1} u. P_{τ_1}, aber die Werte von P_τ zwischen den 2 Maxima u. nach dem 2. Maximum sind prakt. gleich, P_n dagegen ist nach dem 2. Maximum prakt. zu vernachlässigen im Vgl. mit P_n zwischen den Maxima. Bei $\varepsilon > 1700$ erleidet die Struktur des Syst. Veränderungen, die sich auf P_τ wenig auswirken, aber P_n stark beeinflussen. Vielleicht hängt P_n stark von Unebenheiten (Relief) der Teilchen ab. R. K. Müller 173□

0400 **Annäherung einer Feststoffkugel an eine starre ebene Grenzfläche.** 2. Mitt. G. D. M. MacKay, M. Suzuki und S. G. Mason. (J. Colloid Sci. **18**, 103—04, 1963; Montreal, McGill Univ., Dep. of Chem.; Pulp and Paper Res. Inst. of Canada; engl.) — 1. vgl. C. **1962**, 10373. — Anwendung einer von Brenner angegebenen exakten Lsg. für die langsame Sedimentation einer Feststoffkugel durch eine viscose Fl. gegen eine horizontale Fläche auf ein l. c. mitgeteiltes Beispiel (Nylonkugeln in Siliconöl). D. Noack 174◇

0401 **Über die Struktur von Mineralien und ihre Flotationseigenschaften.** W. W. Bakakin. (J. Strukturchem. [UdSSR] **1**, 162—69, 1960; Inst. für anorgan. Chem. der Sibir. Abt. der Akad. der Wiss. der UdSSR; russ.) — Am Beispiel einiger oxid. Pb-Minerale (Cerussit, Anglesit, Pyromorphit, Wulfenit, Mimetesit, Vanadinit, Beudantit, Plumbojarosit) werden die Flotations-Eigg. (Na_2S-Xanthogenat) mit der Größe der unkompensierten elektrostat. Ladung der Oberfläche u. mit den Aktivitäten (Ionenbesetzung der Oberflächen; wobei die Spaltbarkeiten der Minerale eine wichtige Rolle spielen) der Grenzschichten in Verb. gebracht. M. Hähnert 174□

0402 **Bestimmung der Adsorptionsisothermen nach einer schnellen Fließmethode.** Klaus Robert Lange. (J. Colloid Sci. **18**, 65—72, 1963; Primos, Pa., Philadelphia Quartz Co., Res. and Dev. Dep.; engl.) — Vf. beschreibt eine einfache Fließmeth. zur Best. von Absorptionsisothermen von Feststoffen mit hoher spezif. Oberfläche unter Verw. von N_2. Vgl.-Messungen nach der BET-Meth. stimmen gut mit gemessenen Werten überein. Es wird über einige Messungen an Silicagel, Tonerde u. Kieselsäure-Tonerde-Gemischen berichtet. D. Noack 176◇

0403 **Untersuchungen über die katalytischen Eigenschaften von Kobaltpulver.** 3. Mitt. **Sorption von Wasserdampf an Kobaltpulver.** Zdzisław Rojek. (Roczniki Chem. [Ann. Soc. chim. Polonorum] **36**, 953—58, 1962; Toruń, Copernicus Univ., Dep. of Phys. Chem.; pol., Auszug: engl.) — Bei oxidfreier Oberfläche verläuft die Sorption von Wasserdampf an Co-Pulver unmeßbar schnell. Die Bedeckung der Oberfläche mit W. nimmt mit steigender Temp. sehr schnell ab u. ist bei 250° gleich Null. Enthält dagegen das Co-Pulver Oxide, so verläuft die Sorption in meßbarer Zeit, wobei die adsorbierte Wassermenge mit steigendem Oxid-Geh. zunimmt. Die Bindung des adsorbierten W. ist relativ schwach. W. Betcke 176◇

0404 **Zustand des Protaktiniums in wässeriger Lösung.** 6. Mitt. **Adsorptionseigenschaften des Protactiniums.** I. Je. Starik, L. D. Scheidina und L. I. Ilmenkowa. (Radiochemie [UdSSR] **4**, 44—49, 1962; russ.) — 5. vgl. C. **1963**, 4258. — Die Adsorption von Pa(^{233}Pa) an Metallen (Pt, Au, Fe, Sn, Cu, Ni) an Quarzglas u. Fluoroplast wurde aus 1—14n HNO_3 sowie aus Lsgg. mit pH 1—14 untersucht. An den Metallen ist die Adsorption hoch im Bereich pH 3—4, sie nimmt in der Reihenfolge Fe > Cu=N > Sn ≫ Au > Pt ab, sonst ist sie im Bereich pH 1—14 gering. Bei den beiden anderen Adsorbentien liegt das Maximum bei pH 4,5—5. In

2n HNO_3 liegen hoch geladene komplexe Kationen des Pa vor. In 10—14n HNO_3 dürften Acidokomplexe des Pa in mol. Form adsorbiert werden (an Glas). M. Wiedemann 176◇

0405 **Kaliumdesorption von W im elektrischen Feld.** A. G. Naumowetz. (Festkörperphysik [UdSSR] 5, 2294 bis 2302, 1963; Kiew, Akad. der Wiss. der UkrainSSR, Phys. Inst.; russ.) — Feldelektronenmkr. Unters. der K-Desorption von W im elektr. Feld im Temp.-Bereich 77—1050° K. Diese Erscheinung wird einer Verdampfung der Ionen durch die Potentialschwelle hindurch zugeschrieben, die durch den Schottky-Effekt erniedrigt ist. Ferner werden einige Elektronenabsorptions-Eigg. des Syst. K–W untersucht. K. Jaeger 176◇

0406 **Messung der Desorptionsenergie von Silber auf Molybdän und Nickel mit radioaktiven Tracern.** E. von Goeler und R. N. Peacock. (J. chem. Physics **39**, 169—74, 1963; Urbana, Ill., Univ. of Illinois; engl.) — Die Desorption des ^{107m}Ag infolge des Neutrinorückstoßes beim ^{107}Cd-Zerfall durch Elektroneneinfang (vgl. Alvarez, Helmholtz u. Wright, Physic. Rev. [2] **60**, [1941], 160) wurde für therm. gereinigte polykristalline Mo- u. Ni-Filme untersucht. Die Desorptionsenergie betrug für Ag auf Mo 1,9 ± 0,3 eV, für Ag auf Ni 1,6 ± 0,3 eV. H. Liepack 176◇

0407 **Gravimetrische Bestimmung der Adsorptionskapazität von Ionenaustauschharzen.** W. W. Ratschinski und I. W. Kolossow. (Betriebs-Lab. [UdSSR] **29**, 926—27, 1963; Moskau, Landwirtsch. Timirjasew-Akad.; russ.) — Formeln zur Berechnung der Adsorptionskapazität (AK) aus dem Gew.-Unterschied bei Beladung mit Ionen von verschiedenem Atom-Gew. u. verschiedener Wertigkeit werden angegeben. Sie stehen in guter Übereinstimmung mit dem beobachteten Adsorptions-Verh. der Alkali- u. Erdalkalimetalle. Für NH_4^+ ergab sich eine zu niedrige AK (Verflüchtigung beim Trocknen), für Be^{2+} eine zu hohe AK (Bldg. von Hydroxokomplexen, wahrscheinlich $BeOH^+$). R. Gerbatsch 177◇

0408 **Aerosole aus kugelförmigen NaCl-Teilchen.** E. Matijević, W. F. Espenscheid und M. Kerker. (J. Colloid Sci. **18**, 91—94, 1963; Potsdam, N.Y., Clarkson Coll. of Technol., Dep. of Chem.; engl.) — Es wird über eine Herst.-Meth. von Aerosolen aus kugelförmigen NaCl-Teilchen verschiedener Größe berichtet. Die Vers.-Anordnung besteht aus einem modifizierten Sinclair-LaMer-Aerosolgenerator mit He als Trägergas. Die Verss. wurden bei 820—1000° bei Fließ-Geschw. von 0,5—5,0 Liter/Min. durchgeführt. Die Aerosolteilchen wurden elektronenmkr. untersucht. Die Teilchengrößenverteilung der nach dieser Meth. hergestellten NaCl-Kügelchen ist sehr schmal, z. B. betrug die Standardabweichung 138 nm bzw. 141 nm bei einer mittleren Teilchengröße von 935 nm bzw. 547 nm. Elektronen- u. Röntgenbeugungs-Verss. ergaben, daß die NaCl-Kügelchen größtenteils amorph sind. Bei Feuchtigkeitszutritt wandeln sich die amorphen Teilchen in kub. NaCl-Kristalle um. D. Noack 180◇

0409 **Anomales Verhalten eines durch Atomisierung von monodispersem Polystyrol-Latex hergestellten Aerosols.** G. Langer und J. M. Pierrard. (J. Colloid Sci. **18**, 95—97, 1963; Chicago, Ill., Armour Res. Found., Illinois Inst. of Technol.; engl.) — Es wird über neuere Beobachtungen an Rückstandsteilchen bei der Verdampfung von H_2O aus stabilisierten Latextröpfchen berichtet. Die Teilchen wurden in einem elektrostat. Klassierer untersucht, dabei ergab sich eine eindeutige Trennung zwischen Polystyrolagglomeraten, einzelnen Polystyrolteilchen u. Rückstandsteilchen. D. Noack 180◇

A₆. Strukturforschung

0410 **Ein automatischer Polierkopf.** P. E. Evans. (J. sci. Instruments **39**, 242—43, 1962; Manchester, Manchester Coll. of Sci. and Technol., Fuel Technol. and Metallurgy, Dep. of Chem. Engng.; engl.) — Konstruktionsbeschreibung für eine Anordnung zum Feinpolieren von Metall- oder Keramikproben, die sich an handelsüblichen Polierscheiben montieren läßt. Unterss. an C-Stahl u. Al_2O_3 werden mitgeteilt. D. Noack 181◇

0411 **Streuung langsamer Neutronen an Kristallen und Flüssigkeiten.** 1. Mitt. B. R. A. Nijboer und J. J. J. Kokkedee. (Nederl. Tijdschr. Natuurkunde **29**, 61—79, 1963; Utrecht, Inst. voor theoret. Fys.; holl.) — Übersicht über die Streuung langsamer Neutronen an einem einzelnen Atomkern u. einem makroskop. Syst. in stat. Annäherung, die Kristalldynamik u. diffuse Streuung u. die dynam. Theorie der Neutronenstreuung an harmon. Kristallen. — 30 Literaturangaben. W. Wesly 181◇

0412 **Streuung langsamer Neutronen an Kristallen und Flüssigkeiten.** 2. Mitt. J. J. J. Kokkedee und B. R. A. Nijboer. (Nederl. Tijdschr. Natuurkunde **29**, 93—109, 1963; holl.) — 1. vgl. vorst. Referat. — Übersicht über die Phononen-Entw., den Einfl. der Phononen-Wechselwrkg. u. die Streuung von Neutronen an Flüssigkeiten. — 46 Literaturangaben. W. Wesly 181◇

0413 **Zur Theorie der Streuung langsamer Neutronen an Mischkristallen mit Spinellstruktur in Abhängigkeit von der Zusammensetzung und dem Inversionsgrad.** Ju. A. Isjumow und A. N. Men. (Kristallographie [UdSSR] **7**, 358—61, 1962; Inst. für Metallphys. der Akad. der Wiss. der UdSSR; Inst. für Metallurg. der Ural-Abt. der Akad. der Wiss. der UdSSR; russ.) — Es werden theoret. Formeln abgeleitet für die Abhängigkeit des Wrkg.-Querschnitts der elast. Streuung langsamer Neutronen in festen Lsgg. vom Spinell-Typ von der Zus. u. vom Inversionsgrad. Ein geeignetes Beispiel wäre $Fe_{0,2}Mn_{0,8}Fe_2O_4$. M. Wiedemann 181◇

0414 **Neutronendiffraktometer für hohe Intensitäten.** P. Szabó, E. Krén und J. Gordon. (Acta physica Acad. Sci. hung. **15**, 203—13, 1963; Budapest, Central Res. Inst. of Phys., Dep. of Solid State Phys.; engl.) — Beschreibung des Geräts, das der Anordnung von Wollan u. Shull (Physic. Rev. [2] **73**, [1948], 830) folgt. Gerhard Schmidt 181◇

0415 **Konstruktion und Charakter eines Neutronendiffraktometers.** Wan-Schou An, Chuan-Tschio Tschshan, Zi-Len Jan, Dja-Schtschan Tschshu und Guan-Din Li. (Acta physica sinica **17**, 222—28, 1961; chin., Auszug: russ.) — Vff. beschreiben die Konstruktion eines Neutronendiffraktometers, seine Eigg. u. Genauigkeit. Als Monochromator dient ein NaCl-Einkristall, die Wellenlänge des monochromatisierten Lichts beträgt 1,06 Å, die Intensität $3 \cdot 10^6$ n/min. Beugungsdiagramme von *NaCl*-Einkristallen u. *α-Fe* werden angegeben. H. Roschkowski 181◇

0416 **Experimenteller Nachweis der Phasenschiebung von Elektronenwellen durch das magnetische Vektorpotential.** 1. Mitt. H. Boersch, H. Hamisch, K. Grohmann und D. Wohlleben. (Z. Physik **165**, 79—93, 1961; Berlin, TU, I. Phys. Inst.; dt.) — 2. vgl. C. **1963**, 21065. — Zum Nachw. der phasenschiebenden Wrkg. des magnet. Vektorpotentials auf Elektronenwellen wurde ein Zweistrahl-Interferometer benutzt, in dem die beiden Wellenfelder ein mit dem magnet. Fluß erfülltes Gebiet umgeben, ohne es zu durchdringen. Die Interferenzfigur kann als Beugungserscheinung unter Berücksichtigung der magnet. Phasenschiebung mit Hilfe des Kirchhoffschen Beugungsintegrals behandelt werden. Als Folge der magnet. Phasenschiebung ergeben sich in Übereinstimmung mit dem Experiment Unsymmetrien in der Intensitätsverteilung, die sich beim Umpolen des magnet. Flusses spiegelbildlich umkehren. H. Laue 181□

0417 **Elektronenmikroskopie von Kristallen.** Eiji Suito. (Chem. and chem. Ind. [Kagaku to Kôgyô] **16**, 974—86, 1963; Kyoto-Daigaku-Kagaku-Kenkyûzyo.; jap.) — Übersicht. — 45 Literaturangaben. E. Maekawa 181◇

0418 **Ein magnetisches Erhitzungs–Elektronen-Emissionsmikroskop für metallkundliche Zwecke.** M. von Ardenne und U. Heisig. (Exp. Techn. Physik **11**, 2—17, 1963; Dresden-Bad Weißer Hirsch, Forsch.-Inst. Manfred von Ardenne; dt.) — Beschreibung eines Emissionsmikroskops, bei dem die elektronenopt. Abb. der Objektoberfläche entweder mit durch indirekte Heizung oder durch einen Ionenstrahl aus einer Unoplasmatronquelle ausgelösten Elektronen erfolgt. Das Auflösungsvermögen beträgt bei therm. Emission 25 nm u. bei Sekundäremission 50 nm. H. Liepack 181◇

0419 **Die Bestimmung der Molekularstruktur durch Röntgenmethoden.** J. D. Dunitz. (Chimica [Aarau, Schweiz] **17**, 169—75, 1963; Zürich, ETH, Labor. für organ. Chem.; engl.) — Einführende Übersicht. H. Roschkowski 181◇

0420 **Über Bestimmung der Θ-Werte aus der Temperaturabhängigkeit der Laue-Bragg-Streuung.** S. K. Joshi. (Proc. physic. Soc. **78**, 1255, 1961; Allahabad, Univ., Phys. Dep.; engl.) — Vf. berechnete mit der Blackman-Gleichung die charakterist. Debye-Temp. von *Al* zu 402° K, wobei er die von Walker (vgl. Physic. Rev. [2] **103**, [1956], 547) berechneten Werte der normalisierten Frequenzverteilungsfunktion verwendete. C. Gottfried 181△

0421 **Bestimmung von Restspannungen mit Hilfe von Röntgenstrahlen.** 1. Mitt. W. A. Agejew. (J. techn. Physik [UdSSR] **28,** 2514—19, 1958; russ.) — Theoret. Erläuterung der Prinzipien der röntgenograph. Best. von Restspannungen erster Ordnung mit erweiterten Berechnungen, in denen gezeigt wird, daß unter dem Einfl. der Spannungen eine Debyesche Ellipse erhalten wird, die senkrecht zu den Spannungsachsen σ_1 u. σ_2 orientiert ist. — Ableitung der Formeln. J. Tůmová 181□

0422 **Bestimmung von Restspannungen mit Hilfe von Röntgenstrahlen.** 2. Mitt. **Über die dritte Spannungskomponente bei der Bestimmung von Spannungen mit Röntgenstrahlen nach der Methode von Sachs.** W. A. Agejew. (J. techn. Physik [UdSSR] **28,** 2520—26, 1958; russ.) — 1. vgl. vorst. Referat. — Aufstellung von Formeln für die Best. der dritten Spannungskomponente σ_3. J. Tůmová 181□

0423 **Methode zur Trennung der Dubletts von Röntgenbeugungslinien.** W. W. Kukol. (Betriebs-Lab. [UdSSR] **29,** 575—78, 1963; Ukrain. Metallinst.; russ.) — Vf. leitet mathemat. Beziehungen zur Trennung von Dubletts in Einzelreflexe ab. Iris Berger 181◇

0424 **Intensitätsänderungen der Röntgenreflexe in Abhängigkeit von der Richtung eines wirksamen Druckes.** Einosuke Fukushima, Kazunobu Hayakawa und Hiroshi Nimura. (J. physic. Soc. Japan, Suppl. Nr. II, Proc. int. Conf. Crystal Lattice Defects, Kyoto **1962,** 348—51, 1963; Stetagaya-ku, Tokyo, Japan, Metropolitan Univ., Fac. of Sci.; engl.) — Gemessen wurden die Intensitäten der röntgenograph. Beugungsreflexe (Mo-K_α) einer unter einseitigem mechan. Druck stehende *Si*-Probe. Die Intensitäten sind von Größe u. Vorzeichen des Spannungsgradienten in der Probe abhängig. Die beobachteten Abhängigkeiten werden mit der asymmetr. Topographie der Gitterfehler in Verbindung gebracht. K. Jaeger 181◇

0425 **Über die Intensität der Reflexe auf Röntgenogrammen.** W. M. Danilenko und G. Ja. Kosyrski. (Ukrain. physik. J. **5,** 190—202, 1960; Akad. der Wiss. der UkrainSSR, Inst. für Metallphys.; ukrain., Auszug: engl.) — Die Intensität der Streuung von monochromat. Röntgenstrahlung durch das Korn eines Polykristalls u. die integrale Verteilungsbreite der Intensität entlang dem Debye-Ring wurden berechnet unter Berücksichtigung der Divergenz der Röntgenstrahlung, der Korngröße u. des Vorhandenseins kohärent streuender desorientierter Blöcke. H. Jäger 181□

0426 **Verbreiterung der Röntgenbeugungslinien von polierten Silber- und Goldoberflächen.** Masao Kuriyama. (J. physic. Soc. Japan **15,** 1426—33, 1960; Shin-Ryudo-cho, Minato-ku, Tokyo, Japan, Univ., Inst. for Solid State Phys.; engl.) — Mitgeteilt wird eine Theorie der Verbreiterung von Röntgenbeugungslinien auf Grund mechan. Spannungen in der Probe. Die nach dieser Meth. erhaltenen Ergebnisse für polierte Ag- u. Au-Oberflächen stimmen mit den nach der Fourierschen Linienprofilanalyse erhaltenen Werten überein. Unter Verw. verschiedener Strahlungen (Mo-K_α, Cu-K_α, Fe-K_α) läßt sich nach der Meth. der Linienverbreiterung auch der Verlauf der Spannung senkrecht zur Oberfläche im Probeninneren verfolgen. Es konnte an Ag- u. Au-Proben gezeigt werden, daß mit stärkerem Polieren der Oberfläche die Spannungen tiefer in die Proben hineinreichten, in keinem Fall aber nur auf die Oberflächen oder oberflächennahe Gebiete beschränkt blieben. K. Jaeger 181◇

0427 **„Moduledra Crystal Modules." Eine Lehr- und Untersuchungshilfe in der Physik des festen Zustands.** A. L. Loeb und G. W. Pearsall. (Amer. J. Physics **31,** 190—96, 1963; Cambridge, Mass., MIT, School of Engng.; engl.) — Beschreibung eines Syst. zur Konstruktion von Modellen aller Kristallstrukturen, in denen einige oder alle Ionen entweder hexagonal- oder kub. dicht gepackt sind. C. Gottfried 181△

0428 **Neuere Probleme der Bestimmung der Molekülfeinstruktur.** Kozo Kuchitsu. (Chem. and chem. Ind. [Kagaku to Kôgyô] **16,** 964—73, 1963; Tokyo, Univ., Naturwiss. Fak.; jap.) — Übersicht. — 47 Literaturangaben. E. Maekawa 181◇

0429 **Über die Änderung der Elektronenstruktur mit dem Atomabstand. Fall des geradlinigen und symmetrischen H_3 und H_3^+.** Alexandre Laforgue. (Cahiers de Physique **11,** Nr. 79, 93—112, 1957; Centre de Chim. théor. de France; franz.) — Erweiterung der C. **1963,** 13458 referierten Arbeit auf den Fall, daß der Kernabstand verschieden vom Gleichgewichtsabstand ist. K. Rumpf 182

0430 **Superaustauschwechselwirkung. Das Vierelektronenmodell.** Jun Kondo. (Progr. theoret. Physics [Kyoto] **22,** 819—29, 1959; Meguroku, Tokyo, Japan, Univ. of Tokyo, Inst. for Solid State Phys.; engl.) — Die verschiedenen angeregten Konfigurationen wurden bei der Unters. der Superaustausch-Wechselwrkg. des Vierelektronenmodells berücksichtigt. Die einzige benutzte Voraussetzung ist, daß die Überlappung zwischen den Atombahnen (zwischen Ionen in einem Ionenkristall) gering ist. O. Jansen 182◇

0431 **Anwendung von Zellen-Modellen zur Bestimmung von Relaxationszeiten in Kneser-Flüssigkeiten.** Erhard Sittig. (J. acoust. Soc. America **32,** 1625—27, 1960; Los Angeles, Calif., Univ. of California, Phys. Dep.; engl.) — Zur rechner. Behandlung der Schwingungsrelaxation in Kneser-Fll. (unter der Annahme der Schwingungsenergiefortpflanzung durch Zweierstöße) wird ein verbessertes Modell vorgeschlagen, dem statt der kub.-primitiven „Gitterstruktur" der Fl. ein kub.-flächenzentriertes Gitter zugrunde liegt. Das Modell gestattet die Beseitigung einiger bei der ursprünglichen Betrachtungsweise von Herzfeld-Litovitz auftretender Schwierigkeiten u. führt zu einer verbesserten Übereinstimmung zwischen Theorie u. Experiment. W. Betcke 186◇

0432 **Lokalisierte Gitterschwingungen.** 2. Mitt. J. A. Krumhansl. (J. physic. Soc. Japan, Suppl. Nr. II, Proc. int. Conf. Crystal Lattice Defects, Kyoto **1962,** 70—75, 1963; Ithaca, N.Y., Cornell Univ., Labor. of Atomic and Solid State Phys. and Dep. of Phys.; engl.) — 1. vgl. C. **1963,** 3128. — Mitgeteilt wird eine Meth. des „effektiven elast. Kontinuums" zur Berechnung des Einfl. von Gitterfehlstellen auf das Gitterschwingungsspektrum. Durchgeführt wird ein Vgl. einer exakten Berechnung u. einer Näherung für ein eindimensionales Gitter mit Massen- oder Potentialstörstellen. Ferner konnte gezeigt werden, daß hinreichend kleine Störstelleneffekte in dreidimensionalen Gittern nicht notwendigerweise örtlich begrenzte Schwingungsveränderungen verursachen müssen. K. Jaeger 190◇

0433 **Halbkristall-Energiekonstanten.** Hartland H. Schmidt. (J. chem. Physics **34,** 1520—24, 1961; Riverside, Calif., Univ., Div. of Phys. Sci.; engl.) — Vf. bringt tabellar. die errechneten Konst., die zur Berechnung der Oberflächenenergien von perfekten Halbkristallen erforderlich sind, für einfach kub., flächenzentriert u. raumzentriert kub., einfach hexagonale u. hexagonal dichtest gepackte Strukturen. C. Gottfried 190

0434 **Zur Kristallgitterdynamik des ZnS-Typs mit gebrochenen Ionenladungen.** E. N. Korol und K. B. Tolpygo. (Festkörperphysik [UdSSR] **5,** 2193—2206, 1963; Kiew, Univ.; russ.) — Abgeleitet werden ein Ausdruck für die potentielle Gitterenergie U u. Gleichungen für die Gitterschwingungen von Gittern des ZnS-Typs unter der Annahme, daß die Gleichgewichtsverteilung der Valenzelektronen gebrochene mittlere Ionenladungen für die Atome ergibt. Die Berechnung von U ist für ion. u. homöopolare Gitter verallgemeinert u. auf der adiabat. Näherung aufgebaut. Die Aufenthaltswahrscheinlichkeiten der Bindungselektronenpaare, die als lokalisiert angesehen werden, ändern sich in einem elektr. Feld u. bei einer Verschiebung der Atomkerne. K. Jaeger 190◇

0435 **Erfahrungen über die Herstellung von ZnS-Einkristallen.** P. Kovács und J. Szabó. (Acta physica Acad. Sci. hung. **14,** 131—43, 1962; Budapest, Ung. Akad. der Wiss., Forsch.-Inst. für Techn. Phys. u. Forsch.-Inst. für die Nachrichtentechn. Ind.; dt.) — Zur Unters. der Elektrolumineszenz werden als Modelle ZnS-Einkristalle mit der abgeänderten Frerichsschen Meth. hergestellt. Die Wrkg. von Trägergasen, Flußmaterialien, Wärmebehandlung, Verunreinigungen, Temp.-Verteilung auf Größe, Form u. Eigg. der ZnS-Kristalle wird geprüft. Die Kristallstruktur wird mkr. u. durch Elektronenbeugungs- u. Röntgenaufnahmen untersucht. I. Zoll 190◇

0436 **Wachstum und Dekoration von ZnTe-Kristallen.** R. T. Lynch, D. G. Thomas und R. E. Dietz. (J. appl. Physics **34**, 706—07, 1963; Murray Hill, N.J., Bell Telephone Labor.; engl.) — Es wird über die Ausbildung von Gitterleerstellen, Gitterfehlstellen u. Versetzungen in ZnTe-Kristallen berichtet, die unter verschiedenen Bedingungen aus der Schmelze sowie durch Transport-Rkk. über die Dampfphase unterhalb des Fp. hergestellt wurden. An den Oberflächen-Gitterdefekten tritt durch Abscheidung von Te an aggregierten Zn-Leerstellen in vielen Fällen Dekoration auf, die auch durch therm. Ätzen hervorgerufen werden kann. D. Noack 190◇

0437 **Die Rolle des Sauerstoffs bei der Reduktion von Siliciumverunreinigungen in GaAs während des Kristallwachstums.** J. F. Woods und N. G. Ainslie. (J. appl. Physics **34**, 1469—75, 1963; Yorktown Heights, N.Y., IBM, Thomas I. Watson Res. Center; engl.) — Nach der Bridgeman-Meth. in Ggw. von O_2 gezogene GaAs-Kristalle zeigen einen niedrigeren Si-Geh. u. Ladungsträgerdichten von $2—4 \cdot 10^{15}$ cm^{-3} u. Beweglichkeiten von 7500—8650 $cm^2/V \cdot s$. Als bedeutendster Einfl. wird die Unterdrückung der SiO_2-Dissoziation an der Gefäßwandung durch die Ggw. von O_2 angesehen. G. M. Neumann 190◇

0438 **Fehlorientierung und andere Defekte in Si-Einkristallen, die nach der Czochralski-Methode gezüchtet wurden.** M. G. Milwidski. (Festkörperphysik [UdSSR] **5**, 2102—04, 1963; Moskau, Staatl. Planungs- u. Forsch.-Inst. für die Industrie der Seltenen Metalle; russ.) — Es konnte gezeigt werden, daß die Fehlorientierung eines Si-Einkristalles, der nach der Czochralski-Meth. gezüchtet wurde, mit dem Auftreten einer Reihe anderer Defekte verbunden ist: Störung der Zentralsymmetrie der Fremdionenverteilung im Kristall, Zwillings-Bldg. u. Versetzungsbildung. K. Jaeger 190◇

0439 **Elektronenmikroskopische Studien orientierter Aufwachsungen.** Herbert Schneider. (Jenaer Rdsch. **4**, 154—55, 1959; dt.) — Kurze Besprechung von Photographien elektronenmkr. u. mkr. Abbildungen von orientierten Aufwachsungen von n-Octylaminhydrochlorid (I) auf KCl u. KBr. Z. T. wird Spiralwachstum von I beobachtet, dessen Gesetzmäßigkeiten untersucht werden. Mit den Unterss. sollte eine Hypothese von Bachmann überprüft werden, nach der nur solche wasserlösl. Salze flotieren, deren Gitterabstände mit denen geeigneter Netzebenen des krist. Sammlers innerhalb ca. $\pm 20\%$ übereinstimmen, womit eine Beziehung zur Epitaxie gegeben ist. H. Roschkowski 190◇

0440 **Einfluß der Durchmischung einer Lösung auf den Einfang isomorpher Beimengungen durch Kristalle.** L. N. Matussewitsch. (J. angew. Chem. [UdSSR] **33**, 316—23, 1960; Polytechn. Kirow-Inst. des Urals; russ.) — Als Beispiele von isomorphen Kristallpaaren werden untersucht: Al- u. Fe-NH_4-Alaun, $CuSO_4$-$FeSO_4$ u. $Pb(NO_3)_2$-$Ba(NO_3)_2$. Der Übergang von der Kristallisation in ruhendem Medium zur Kristallisation unter Durchmischung hängt in seiner Wrkg. vom Verteilungs-Koeff. D ab. Wenn $D < 1$ $(D > 1)$ ist, nimmt bei zunehmender Mischungs-Geschw. der Fremdkristall-Geh. ab (zu). Dies entspricht der Beschleunigung des Einfl. der Diffusion auf die Konz. der Beimengung in der Lsg. in der Umgebung der wachsenden Kristalle. Bei der Best. von D müssen die hydraul. Bedingungen des Kristallisationsprozesses konst. gehalten werden, da sonst größere Schwankungen der D-Werte auftreten, bes. wenn D stark von 1 abweicht. Man kann so mittels der hydraul. Bedingungen die Reinheit der Kristalle oder die Anreicherung einer isomorphen Beimengung regeln. R. K. Müller 190□

0441 **Zum Schließen einzelner Poren in kristallinen Festkörpern durch allseitigen Druck.** Ja. Je. Gegusin, A. Ss. Dsjuba und A. M. Kossewitsch. (Festkörperphysik [UdSSR] **5**, 2219—27, 1963; Charkow, Univ.; russ.) — Experimentelle Unters. der Kinetik des Porenschlusses in *NaCl*-Einkristallen durch allseitigen Druck. Die Beobachtungen werden durch ein Ansteigen des Dampfdruckes in den Poren auf Grund der Vol.-Abnahme gedeutet. Die Grenzspannung der Elastizität σ_s wurde bei Zimmer-Temp. zu $\sim 45—55$ g/mm^2 bestimmt. Dieser Wert stimmt gut mit dem opt. bestimmten Literaturwert überein. Auch die anderen kinet. Parameter des Porenschlusses stehen im Einklang mit den Angaben anderer Autoren. K. Jaeger 190◇

0442 **Nachweis des Auftretens und Verschwindens der Schleifenstrukturen in KCl-Kristallen infolge Elektronenbestrahlung.** Tadatosi Hibi und Keiji Yada. (J. physic. Soc. Japan **18**, 311, 1963; Sendai, Tohoku Univ., Res. Inst. for Sci. Measurements; engl.) — Die Apertur der Kondenserlinse eines Elektronenmikroskops wurde mit einem 200—300 Å dicken C-Film zur Entfernung des Ionenstrahls beschickt. In KCl-Blättchen traten bei dadurch reiner Elektronenbestrahlung zuerst Versetzungsstrukturen auf, die bei längerer Beobachtung wieder verschwanden. Damit ist sichergestellt, daß die beobachtete Erscheinung nur durch Elektronenbestrahlung allein auftritt. — 5 Literaturangaben. C. Gottfried 190△

0443 **Photoausheilung von (n, γ)-Effekten in Bromaten.** L. Arizmendi und A. G. Maddock. (J. inorg. nuclear Chem. **17**, 191, 1961; Cambridge, Univ., Chem. Labor.; engl.) — Vff. untersuchen die unter dem Einfl. von UV-Bestrahlung erfolgende Ausheilung von (n,γ)-Effekten in $Ca(BrO_3)_2$ verschiedener Körnung. H. Schroeder 190◇

0444 **Untersuchung der Vollkommenheit des Gitters im versetzungsfreien Silicium mit Hilfe der Gitterkonstanten- und Dichtemethode.** M. E. Straumanis, P. Borgeaud und W. J. James. (J. appl. Physics **32**, 1382—84, 1961; Rolla, Mo., Univ. of Missouri, School of Mines and Metallurg., Dep. of Metallurg. and of Chem. Engng.; engl.) — Mit Hilfe der von Straumanis (vgl. C. **1961**, 13103) beschriebenen Gitter-Konst.- u. Dichte-Meth. untersuchten Vff. von Dash (vgl. C. **1959**, 4062) dargestellte hochreine Si-Einkristalle, die nach den Unterss. von Dash (vgl. l. c.) frei von beobachtbaren Versetzungen waren. Die Messungen zeigten, daß das Gitter des untersuchten Kristalls vollkommen war ohne überschüssige Leerstellen oder Zwischengitterstellen. Die Gitter-Konst. von im Vakuum erhitzten Si-Pulver bei 25° war $a = 5{,}43070 \pm 0{,}00004$ Å, die von nicht erhitztem Pulver bei 25° $a = 5{,}43081$ Å. Die mit Hilfe der Drehkristall-Meth. bestimmten Gitter-Konst. lagen zwischen 5,43028 u. 5,43048 Å bei 25°. Die an allen Proben zwischen 10 u. 60° erhaltenen Wärmeausdehnungs-Koeff. waren $2{,}6 \pm 0{,}4 \cdot 10^{-6}/°C$. Die mittlere Dichte der Kristalle beträgt $2{,}3289 \pm 0{,}0001$ g/cm^3. C. Gottfried 190

0445 **Gitterspannung isolierter Störstellen in Element- und Verbindungshalbleitern.** Frederick L. Vook. (J. physic. Soc. Japan, Suppl. Nr. II, Proc. int. Conf. Crystal Lattice Defects, Kyoto **1962**, 190—97, 1963; Albuquerque, N.Mex., Sandia Labor.; engl.) — Ausgeführt wurden Präzisionsmessungen der Längenänderung nach Elektronenbeschuß u. Erhitzen von *InSb* u. *GaAs*. Die Längenänderung betrug für InSb bei $T < 110°$ K $\Delta L/L = 1{,}0 \pm 0{,}1 \cdot 10^{-23}$ pro 2,0-MeV-Elektron/cm^2 (bei Bestrahlung mit $2{,}0 \cdot 10^{19}$ Elektronen/cm^2). Bestrahlung mit 1,4 MeV-Elektronen lieferte einen Wert, der um den Faktor 4,5 kleiner war. Ein „reversibles Ausglühen" der Störstellen wurde schon zwischen 50 u. 170° K beobachtet, obwohl dieser Prozeß normalerweise erst bei $T > 290°$ K einsetzte. GaAs zeigte bei $T < 95°$ K eine Längenänderung $\Delta L/L = 1{,}0 \pm 0{,}1 \cdot 10^{-23}$ pro 2,0-MeV-Elektron/cm^2 u. $\Delta L/L = 6{,}8 \pm 1{,}0 \cdot 10^{-24}$ pro 1,6-MeV-Elektron/cm^2. „Reversibles Ausglühen" wurde nur in geringem Maße unterhalb 185° K beobachtet. Das normale Ausglühen setzte bei 190° K ein. Die an GaAS u. InSb gemessenen Längenänderungen sind sehr viel größer als die in Ge u. Si gemessenen. K. Jaeger 190◇

0446 **Hochdruckuntersuchungen von Störstellen.** David Lazarus. (J. physic. Soc. Japan, Suppl. Nr. II, Proc. int. Conf. Crystal Lattice Defects, Kyoto **1962**, 224—28, 1963; Urbana, Ill., Univ., Dep. of Phys.; engl.) — Untersucht wurde die Bldg.-Geschw. u. Bewegung von Störstellen als Funktionen eines äußeren allseitigen Druckes. Eine Anzahl der untersuchten Metalle u. Ionenkristalle zeigen in der Nähe der Störstellen beträchtliche Relaxationen der Bldg. u. Bewegung von Leerstellen, Zwischengitterionen u. Farbzentren. K. Jaeger 190◇

0447 **Zur Theorie der Gitterleerstellenbildung in Kristallen mit inneren Spannungen unter Druck.** L. A. Girifalco und D. Kuhlmann-Wilsdorf. (J. physic. Soc. Japan, Suppl. Nr. II, Proc. int. Conf. Crystal Lattice Defects, Kyoto **1962**, 230—33, 1963; Philadelphia, Pa., Univ., School of Metallurg. Engng.; engl.) — Berechnet wird die Gleichgewichts-Konz. der Gitterleerstellen in Kristallen, die inneren Spannungen, äußeren allseitigen Drücken oder beiden unterworfen sind. Eingehend wird die Abhängigkeit der Leerstellen-Konz. von den inneren Spannungen diskutiert. K. Jaeger 190◇

0448 **Geladene Versetzungen in Ionenkristallen.** F. Rueda und W. Dekeyser. (J. appl. Physics **32,** 1799, 1961; Ghent, Belgium, Labor. voor Kristallografie en Stud. van Vaste Stoffen; engl.) — Nachgewiesen wurden negative elektr. Ladungen der Versetzungen in Kristallen von *LiF*, *NaCl* u. NaCl + 0,2% $CdCl_2$, positive Aufladung in NaCl + 1,0% Na_2O_2 u. *MgO*, wobei die positive Ladung der Versetzungen in MgO evtl. auch auf unkontrollierbare Verunreinigungen der Kristalle zurückgehen kann. K. Jaeger 190◇

0449 **Erratum. Zwischengitterversetzungsschleifen in Magnesiumoxid.** G. W. Groves und A. Kelly. (Philos. Mag. [8] **7,** 892, 1962; engl.) — Berichtigung zu Groves u. Kelly, C. **1963,** 1186. Bei den beobachteten Beugungsdiagrammen ist eine Drehung um 180° auszuführen; damit sind die untersuchten Schleifen Versetzungsschleifen u. keine Zwischengitterschleifen. K. Jaeger 190◇

0450 **Sprungartige Verschiebung von Versetzungen in NaCl-Kristallen.** W. N. Roshanski und W. M. Stepanowa. (Ber. Akad. Wiss. UdSSR **133,** 804—06, 1 Tafel, 1960; Moskau, Lomonossow-Univ. u. Inst. für Kristallograph. der Akad. der Wiss. der UdSSR; russ.) — NaCl-Kristalle werden unter starkem Rühren mit einem Gemisch von Eisessig u. abs. Methanol (2:1) in 5—40 Sek. selektiv geätzt, dann in Butanol gewaschen u. einem Luftstrahl ausgesetzt. Bei längerem Erhitzen kann man so die Verschiebung der Versetzungen u. deren Kinetik besser verfolgen als bei stufenweisem Ätzen. Lage u. Größe der Ätzfiguren lassen eine sprunghafte Verschiebung der Versetzungen unter der Einw. konst. tangentialer Spannungen erkennen. Einige Ätzbilder werden in Abb. gezeigt u. besprochen. Die Ungleichmäßigkeit der plast. Verformung ist durch verschiedenartige Verzerrungen der Kristallstruktur (Fehlstellen, zusätzliche Atome, Einschlüsse, Blockgrenzen usw.) bedingt, die Potentialschwellen verursachen u. dadurch die freie Verschiebung der Versetzungen verhindern. R. K. Müller 190□

0451 **Das Verhalten von Spaltprodukten, die durch Kernrückstoß in Graphitpulver aufgefangen wurden.** 3. Mitt. **Diffusion von Jod-133 und Tellur-132 in Graphit bei hohen Temperaturen.** Seishi Yajima, Sumio Ichiba, Yuichiro Kamemoto und Koreyuki Shiba. (Bull. chem. Soc. Japan **34,** 493—97, 1961; Tokai, Ibaraki-ken, Japan, Japan Atomic Energy Res. Inst., Div. of Chem.; engl.) — 2. vgl. C. **1963,** 17606; 7. vgl. C. **1964,** 12-0485. — Pulvergemische aus 1 g Graphit u. 50 mg UO_2 wurden 2 Std. mit $5\cdot 10^{11}$ Neutronen/$cm^2\cdot s$ bestrahlt. Mit 4 n HNO_3 wurden UO_2 u. ^{239}Np gelöst, u. nach 40 Std. wurde an den getrockneten Proben (Graphit + Spalt-Prodd.) die Diffusion von ^{133}J u. ^{132}Te bei 400—1200° gemessen. Die Diffusionsisothermen zeigen zunächst nicht näher deutbare Abklingeffekte. K. Jaeger 190◇

0452 **Fehlordnungen und Sauerstofftransport in Cadmiumoxid.** R. Haul und D. Just. (J. appl. Physics, Suppl. zu **33,** Nr. 1, 487—93, 1962; Bonn, Univ., Inst. für phys. Chem.; engl.) — Vff. untersuchten den ^{18}O-Austausch zwischen O_2 u. CdO im Bereich von 630—855°. Da sich das Isotopengleichgewicht an der Kristalloberfläche nicht sofort einstellt, werden die Geschw.-Konst. K der Phasengrenz-Rkk. u. die Gitterdiffusions-Konst. D nach einem besonderen Verf. bestimmt: $K = 1{,}3\cdot 10^2 \exp(-49 \pm 11/RT)$ u. $D = 3{,}8\cdot 10^6\cdot \exp(-92 \pm 4/RT)$. Der Einfl. des O_2-Partialdruckes ($D \sim p_{O_2}{}^{-1/5}$) deutet darauf hin, daß der Gitterleerstellenmechanismus auf die Sauerstoffdiffusion einwirkt. Diese Annahme wird ferner dadurch gestützt, daß die Diffusion durch Li_2O-Einbau erhöht wird. Durch Dotierungs-Verss. mit Li_2O ließ sich der Leerstellenanteil bestimmen. Er betrug in reinem CdO bei 790° u. 0,16 atm O_2 $4{,}4\cdot 10^{-4}$. Die Bldg.-Energie für Störstellen wurde zu 29 kcal/Mol berechnet, womit sich für die Aktivierungsenergie der Diffusion 63 kcal/Mol ergibt. Die Geschw.-Konst. der Phasengrenz-Rk. wächst mit abnehmendem O_2-Partialdruck ($K \sim p_{O_2}{}^{-1/3}$) u. mit zunehmender Li_2O-Dotierung. Ein Mechanismus des O-Austauschs an der Kristalloberfläche wird entwickelt. K. Jaeger 190◇

0453 **Selbstdiffusion in polykristallinem Yttriumoxid.** Michael F. Berard und D. R. Wilder. (J. appl. Physics **34,** 2318—21, 1963; Ames, Iowa, Iowa State Univ., Inst. for Atom. Res. and Dep. of Ceram. Engng.; engl.) — Unter Verw. von ^{91}Y wurde der Y-Selbstdiffusions-Koeff. in polykristallinem Y_2O_3 im Bereich 1400—1800° zu $D = 2{,}41\cdot 10^{-4}\cdot \exp(-43900/RT)$ cm^2/s bestimmt. H. Liepack 190◇

0454 **Fehlordnungen und Stofftransport bei AgBr.** A. W. Lawson. (J. appl. Physics, Suppl. zu **33,** Nr. 1, 466—73, 1962; Riverside, Calif., Univ. of California; engl.) — Vff. gibt eine Übersicht über die experimentellen u. theoret. Ergebnisse zur Ionenkinetik u. zum Störstellengleichgewicht am Beispiel des AgBr. Einige ungelöste Probleme werden diskutiert (Polarisation, Mikrowellen-DK, Diffusion, Thermokraft u. ihre Beziehungen zur Beweglichkeit u. Dichte der Störstellen). — 53 Literaturangaben. K. Jaeger 190◇

0455 **Über „lineare" Phasenumwandlungen in Festkörpern (in Verbindung mit den Ehrenfest-Gleichungen).** M. P. Mochnatkin. (Festkörperphysik [UdSSR] **5,** 2049—51, 1963; Saratow, Pädagog. Inst.; russ.) — Betrachtet werden Beispiele „linearer" Phasenumwandlungen erster Ordnung, die die Ehrenfest-Gleichungen für den Sprung der Wärmekapazität erfüllen. K. Jaeger 190◇

0456 **Über die Polymorphie des Berylliumchlorids.** O. N. Kuwyrkin, O. N. Breussow, A. W. Nowosselowa und K. N. Ssemenenko. (J. physik. Chem. [UdSSR] **34,** 343—48, 1960; Moskau, Lomonossow-Univ.; russ., Auszug: engl.) — Während des schnellen Abkühlens einer $BeCl_2$-Schmelze oder während der Kristallisation aus der gasförmigen Phase tritt eine metastabile α'-Modifikation (I) auf, die in der Struktur dem $(SiS_2)_n$ analog ist, u. die bei Erhitzen auf 250° in die kub. β'-Modifikation (II) u. bei weiterem Erhitzen auf 340° in die stabile rhomb.-innenzentrierte β-Modifikation (III) übergeht. Röntgendaten: I krist. rhomb. innenzentriert, a = 10,00; b = 5,33; c = 5,27 Å, Z = 4, D_R 1,89; D_{exp} 1,899 g/cm³, II ist kub.-primitiv, a = 8,27 Å, Z = 8, D_R = 1,87 g/cm³, III mit a = 16,08; b = 14,48, c = 10,10 Å, Z = 36, D_R = 2,01 g/cm³. W. Pump 190◇

0457 **Phasenumwandlungen in $LiAl_5O_8$.** R. K. Datta und Rustum Roy. (J. Amer. ceram. Soc. **46,** 388—90, 1963; University Park, Pa., Univ., Materials Res. Labor.; engl.) — Oberhalb 1295 ± 5° krist. $LiAl_5O_8$ im Spinellgitter mit a = 7,921 Å, unterhalb dieser Temp. kub.-primitiv mit a = 7,907 Å. Zusätzlich existieren eine Reihe von metastabilen Phasen mit der gleichen Symmetrie der Tieftemp.-Modifikation, jedoch mit anderen Unordnungsverteilungen, als sie auf Grund einer Modifikationsumwandlung Spinell → kub.-primitiv zu erwarten sind (IR-Absorptionsspektren). K. Jaeger 190◇

0458 **Germaniumspinelle.** Anthony J. Perrotta und I. Stewart McCallum. (J. Amer. ceram. Soc. **46,** 408—09, 1963; Chicago, Ill., Univ., Dep. of Geophys. Sci.; engl.) — Dargestellt wurden die Verbb. $Li_5X_5Zn_8Ge_9O_{36}$ [X = Al^{3+}, Ga^{3+} u. Fe^{3+}]. Trotz kub. primitiver Indizierung werden sie als „Spinelle" bezeichnet, mit a_{Al} = 8,189, a_{Ga} = 8,240 u. a_{Fe} = 8,275 Å. K. Jaeger 190◇

0459 **Über die Struktur und verwandte Eigenschaften der Praseodymoxide.** L. Eyring und N. C. Baenziger. (J. appl. Physics, Suppl. zu **33,** Nr. 1, 428—33, 1962; Tempe, Ariz., Arizona State Univ.; Iowa City, Iowa, State Univ. of Iowa; engl.) — Röntgenograph., chem., pyrolyt. u. elektr. wurden die Oxide PrO_x (x = 1,83; 1,81; 1,78; 1,71 u. 1,69) untersucht u. in ihren Eigg. jeweils auf die Phasen $PrO_{2,00}$ u. $PrO_{1,50}$ bezogen. K. Jaeger 190◇

0460 **Homöotypie Bi_2Se_2—Bi_2Se_3—Bi_3Se_4—Bi_4Se_5 usw. (Platynit, Ikunolith, Laitakarit).** H. Strunz. (Neues J. Mineralog., Mh. **1963,** Nr. 7, 154—57; Berlin, TU, Inst. für Miner.; dt.) — Nach neueren Unterss. gehören die Mineralien Platynit ($Pb_8Bi_{15}Se_{15}S_8$), Ikundith u. Laitakarit sowie das synthet. BiSe zur Tetradymit-Joseitgruppe. Rhomboedr. Gittersymmetrie mit a_0 = 4,25 Å u. c_0 mit einem Vielfachen von 1,9—2,0 Å mit homöotyper Schichtstruktur (Anzahl der Schichten jeweils in Klammern) besitzen Bi_2 (2), Bi_2Se_2 (4), Bi_2Se_3 (5), Bi_3Se_4 bzw. Bi_4Se_3 (7), $Bi_4(Se, S)$ (9) u. $Bi_{14}Te_6$ (20). Die Quersumme der chem. Formel entspricht der Zahl der Schichten je Schichtpaket. Die Atome treten in rhomboedr. Punktlagen auf. Ein Teilersatz des Bi durch Pb im Platynit führt zu einer Überstruktur mit doppeltem a_0 nicht rhomboedr. sondern hexagonaler Gittersymmetrie. F. Ensslin 190◇

0461 **Zur Kristallchemie einiger AB_2O_4-Verbindungen.** F. P. Glasser und L. S. Dent Glasser. (J. Amer. ceram. Soc. **46,** 377—80, 1963; Old Aberdeen, Scotland, Univ.,

Dep. of Chem.; engl.) — Dargestellt wurden die Verbb. *$BaGa_2O_4$, $BaCr_2O_4$, $BaFe_2O_4$, $PbAl_2O_4$, $PbGa_2O_4$, $PbCr_2O_4$, $SrAl_2O_4$, $SrGa_2O_4$* u. *$SrCr_2O_4$*. $SrAl_2O_4$, $SrGa_2O_4$ u. $BaGa_2O_4$ sind strukturell ähnlich wie $BaAl_2O_4$ gebaut, also von tridymitartiger Struktur. Pulveraufnahmen lassen eine gleiche Struktur auch für $PbAl_2O_4$, $PbGa_2O_4$ u. $SrCr_2O_4$ vermuten. $BaCr_2O_4$ u. $BaFe_2O_4$ krist. im $CaFe_2O_4$-Gitter. Der Strukturtyp von $PbCr_2O_4$ konnte nicht identifiziert werden. Diskutiert wird der Einfl. des Kationenradienverhältnisses auf die Bldg. der jeweiligen Strukturtypen. Die Ausbildung von Übergangsstrukturen (z. B. α-$CaCr_2O_4$) kann aus den Werten der Kationenradienverhältnisse vorausgesagt werden.
K. Jaeger 190◇

0462 **Über die Kristallstruktur von Triphenyldichlorstibin.** T. N. Polynowa und M. A. Porai-Koschitz. (J. Strukturchem. [UdSSR] **1**, 159—61, 1960; Moskau, Lomonossow-Univ.; russ.) — $(C_6H_5)_3SbCl_2$ krist. mit a = 13,44; b = 10,92 c = 12,26 Å (alle Werte ± 0,05 Å) in D_2^4 — P 2_1 2_1 2_1; Z = 4. Angabe der Atomparameter. Die Moll. besitzen die Konfiguration einer trigonalen Bipyramide (Cl), in deren Zentrum Sb lagert; die C_6H_5-Gruppe befindet sich in der Äquatorialebene. Die C-Positionen wurden aus geometr. Betrachtungen festgelegt.
M. Hähnert 195□

0463 **Zur Struktur der Anionenketten von in Wasser unlöslichen kristallinen hochmolekularen Alkalipolyphosphaten. Vorläufige Strukturangaben für $[Na_2H(PO_3)_3]_x$ und für die B-Form des Kurrolschen Salzes $Na_nH_2P_nO_{3n+1}$.** Erich Thilo und Karl-Heinz Jost. (Kristallographie [UdSSR] **6**, 828—30, 1961; Berlin-Adlershof, Inst. für anorgan. Chem. der Dt. Akad. der Wiss.; russ.) — Vgl. C. **1962**, 18028. — Die Identitätsperioden der Ketten hochmol. Polyphosphate der Reihe $(MePO_3)_x \cdot H_2O$ werden für folgende Verbb. bestimmt zu: *$(LiPO_3)_x$*: 5,2 Å für die Niedertemp.-Form; *$(RbPO_3)_x$*: 4,2 Å; Madrellsches Salz: 7,0 Å für die Hochtemp.-Form; Kurrolsches Salz: 6,1 Å für die spiralförmig angeordnete A-Form. $[Na_2H(PO_3)_3]_x$ krist. in P $\bar{1}$ mit a = 7,72 ± 0,05 (Å), b = 6,76 ± 0,05, c = 7,11 ± 0,05, α = 90,6 ± 0,5°, β = 92,4 ± 0,5°, γ = 103,1 ± 0,5°, Z = 2. Die B-Form des Kurrolschen Salzes bildet nadelförmige Kristalle, P 2_1/n, a = 11,73 (Å), b = 6,01 u. c = 7,62; β = 94°. Z = 8. Aus der Elektronendichteprojektion läßt sich folgern, daß in der B-Form wie in der A-Form spiralenförmige Ketten aus PO_4-Tetraedern vorhanden sind. In der A-Form ist das Na-Atom von 5 O-Atomen unmittelbar umgeben, während bei der B-Form 6 O-Atome auf ein Na-Atom entfallen.
W.-D. Heußner 195□

0464 **Kristallstruktur von Rubidiumdi-(meta)-fluoroberyllat $RbBe_2F_5$ und sein Modellverhältnis zu den Blattsilicaten mit dem Radikal $[Si_2O_5]$.** W. W. Iljuchin und N. W. Below. (Kristallographie [UdSSR] **6**, 847—58, 1961; Inst. für Kristallogr. der Akad. der Wiss. der UdSSR; russ.) — Übersicht auf die Best. der Kristallstruktur von $RbBe_2F_5$ durch Patterson-Projektionen auf xz u. yz. Die Struktur läßt sich als vereinfachtes Modell eines Blattsilicates darstellen, wobei die Rb-Oktaeder in abwechselnder Folge mit doppelten Netzebenen von $(Be_2F_5)_{\infty,\infty}$ aus BeF_4-Tetraedern umgeben sind. — 31 Literaturangaben.
W.-D. Heußner 195□

0465 **Vergleich der Kristallstrukturen von Bustamit und Wollastonit.** Donald R. Peacor und C. T. Prewitt. (Amer. Mineralogist **48**, 588—96, 1963; Cambridge, Mass., MIT; engl.) — Die Strukturen von Bustamit u. Wollastonit unterscheiden sich im Prinzip nur in der relativen Anordnung der Tetraederketten. Beide Minerale sind pseudomonoklin. Raumgruppe für Bustamit P 2_1/m u. für Wollastonit A2/m-Gitter-Konst., Atomkoordinaten, isotrope Temp.-Faktoren u. Atomabstände sind angegeben.
Ernst Schulte 195◇

0466 **Die Gitterkonstanten natürlicher und synthetischer Zinkblenden.** Brian J. Skinner. (Amer. Mineralogist **46**, 1399—1411, 1961; Washington, D.C., U. S. Geol. Surv.; engl.) — Vgl. C. **1963**, 6120. — Die Einfl. von Fe, Mn u. Cd in fester Lsg. im Zinkblendegitter auf die Gitter-Konst. sind linear u. additiv. Sie lassen sich durch die Funktion a = 5,4093 + 0,000456 x + 0,00424 y + 0,00202 z (Å) beschreiben (x = FeS-, y = CdS-, z = MnS-Geh. in Mol-%). 19 natürliche Zinkblenden wurden chem. analysiert u. zeigten gute Übereinstimmung.
J. Heinze 195◇

0467 **Die Beziehungen zwischen Gitterkonstanten und Zusammensetzung bei synthetischen Wurtziten.** Brian J. Skinner und Philip M. Bethke. (Amer. Mineralogist **46**, 1382—98, 1961; Washington, D.C., U. S. Geol. Surv.; engl.) — Vgl. C. **1963**, 6120. — Die Gitter-Konst. von Fe- u. Mn-haltigem 2H-Wurtzit werden durch die Funktionen a = 3,8230 + 0,000490x + 0,001628z; c = 6,2565 + 0,000886x + 0,002089z beschrieben, während für den Fe- u. Cd-haltigen 2H-Wurtzit a = 3,8230 + 0,000490x + 0,003124y; c = 6,2565 + 0,000886x + 0,004555y gilt. (a u. c in Å; x = FeS-, y = CdS-, z = MnS-Geh. in Mol-%).
J. Heinze 195◇

0468 **Über morphologische Aspekte des Hopeits.** W. Kleber und N. W. Below. (Kristallographie [UdSSR] **6**, 825—27, 1961; Berlin, Humboldt-Univ., Miner.-Petrograph. Inst. u. Museum; Moskau, Inst. für Kristallogr. der Akad. der Wiss. der UdSSR; russ.) — Röntgenograph. u. morpholog. Raumgruppen-Best. an natürlichem (Südrhodesien) u. synthet. Hopeit $[Zn_3(PO_4)_2 \cdot 4\,H_2O]$ ergeben, daß D_{2h}^{16} — P n m a sehr viel wahrscheinlicher ist als P n 2_1 a. Gitterparameter: a = 10,64 (Å), b = 18,36 u. c = 5,04. Unter morpholog. Aspekten ist die Anordnung von 3 Pinakoiden in (2 0 0), (0 2 0) u. (0 0 2) unmöglich denkbar, wenn man die Metrik der Zelle betrachtet. — 11 Literaturangaben.
W.-D. Heußner 195□

0469 **Struktur der Anlagerungsprodukte von aromatischen Aminen an Zinkhalogenide.** A. W. Ablow und T. I. Malinowski. (Ber. Akad. Wiss. UdSSR **123**, 677—80, 1958; Moldau-Zweigstelle der Akad. der Wiss. der UdSSR; russ.) — Als Beispiel der Prodd. der Anlagerung von aromat. Aminen an Zn-Halogenide wird das beim Vermischen schwach erhitzter Lsgg. von $ZnCl_2$ u. p-Toluidin (**I**) in abs. A. gebildete u. bei der Abkühlung in nadeligen Plättchen ausgeschiedene Prod. röntgenograph. untersucht, das nach Trocknung der Formel $ZnCl_2 \cdot 2\,C_6H_9N$ entspricht. Die Verb. krist. monoklin mit a = 12,44 ± 0,05, b = 4,78 ± 0,02, c = 26,2 ± 0,1 Å β = 93°30′ ± 30′, D_{exp} 1,52; D_R 1,49 g/cm³, Z = 4, C_{2h}^6— I 2/a oder C_s^4 — Ia. Der Vgl. mit dem $CoCl_2$-I-Prod. (C. **1958**, 9676, 11139) u. der Abstand Zn—Cl = 2,35 ± 0,05 Å ergeben eine Mol.-Struktur mit dem Zn-Atom im Zentrum eines fast regulären Tetraeders, von dem 2 Spitzen mit Cl-Atomen, 2 mit N-Atomen von **I** besetzt sind. Die Koordinationszahl des Zn ist also nicht wie bei Co verändert.
R. K. Müller 195□

0470 **Neue Ergebnisse der kristallographischen Untersuchung von Sulfiden, Seleniden und Telluriden L_2X_3 der Seltenerdmetalle, von Yttrium und Scandium.** Jean Flahaut, Louis Domange, Micheline Guittard, Marie-Paule Pardo und Madeleine Patrie. (C. R. hebd. Séances Acad. Sci. **257**, 1530—33, 1963; franz.) — Aus Pulveraufnahmen folgt für Nd_2Te_3 bzw. Gd_2Te_3 eine orthorhomb. Struktur mit a = 12,16 (Å), b = 11,93, c = 4,37 u. d_4^0 = 6,94 (g/cm³) bzw. a = 11,98, b = 11,75, c = 4,29 u. d_4^0 = 4,72; beide Verbb. sind isomorph. Mit der Zuordnung der Beugungsdiagramme zu einem pseudo-kub. Gitter werden folgende Gitter-Konst. abgeleitet: Sc_2S_3 a = 5,18 (Å), Yb_2Se_3 a = 5,66, Lu_2Se_3 a = 5,62, Sc_2Se_3 a = 5,42, Dy_2Te_3 a = 6,115, Y_2Te_3 a = 6,114 u. Er_2Te_3 a = 6,067. Der Zusammenhang zwischen den Strukturtypen für Sulfide, Selenide u. Telluride von La, Ce, Pr, Nd, Sm, Gd, Dy, Y, Er, Yb, Lu u. Sc u. den Ionenradien der in den Verbb. enthaltenden Elemente wird diskutiert.
Herbert Müller 195◇

0471 **Kristallbau und chemische Natur niederer Titanoxide $TiO_{0 \to 0,48}$.** Je. Ss. Makarow und L. M. Kusnetzow. (J. Strukturchemie [UdSSR] **1**, 170—77, 1960; Moskau, Vernadsky-Inst. für Geochem. u. anal. Chem. der Akad. der Wiss. der UdSSR; russ.) — Vff. führen genaue Messungen der Gitterparameter, der Dichte u. der relativen Intensitäten der Röntgenreflexe durch. Die α-Physe der Syst. Ti—O bildet sich durch Einlagerung der Sauerstoffatome (Ionen) in die Hohlräume der α-Ti-Struktur. Aus den Intensitäten der Reflexe u. bei Annahme einer statist. Verteilung der O-Atome auf die oktaedr. Lücken der α-Phase schließen die Vff., daß im Bereich $TiO_{0,401-0,600}$ (300°) die O-Atome geordnet in jeder 2. Schicht der oktaedr. Lücken (⊥ [0 0 1]) lagern. Eine Vergrößerung des Sauerstoff-Geh. führt kontinuierlich zu einer Vergrößerung der Ti–Ti, Ti–O-, O–O-Abstände der Oxide.
M. Hähnert 195□

0472 **Über die Symmetrie und die Struktur von Strontiumgermanat $Sr(GeO_3)$ als Modellanaloges zum α-Wollastonit, $Ca(SiO_3)$.** K. Dornberger-Schiff. (Kristallographie [UdSSR] **6**, 859—68, 1961; Berlin-Adlershof, Dt. Akad.

der Wiss. zu Berlin, Inst. für Kristallstruktur; russ.) — Zusammenfassung von Unterss. über Symmetrie u. Struktur von $Sr_3(GeO_3)_3$, welches nach OD-Struktur-Unterss. (vgl. C. **1962,** 9999) bei maximaler Ordnung der Raumgruppe P 6_3 m c angehört. In dieser Struktur sind 3 $(GeO_3)_3$-Gruppen senkrecht zur c-Achse u. die Sr-Atome aufeinanderfolgend zur $(GeO_3)_3$-Gruppe angeordnet. Drei verschiedenartige Koordinationsoktaeder unter Beteiligung des O umgeben die Sr-Atome. W.-D. Heußner 195□

0473 **Über die Struktur der Uranate.** Je. A. Ippolitowa und L. M. Kowba. (Ber. Akad. Wiss. UdSSR **138,** 377—80, 1961; Moskau, Lomonossow-Univ.; russ.) — Vgl. C. **1963,** 1207. — Zwischen den wasserhaltigen u. wasserfreien Uranaten besteht nicht nur eine Ähnlichkeit in den physikal. u. chem. Eigg., sondern auch in der Struktur, wie aus dem Vgl. der Strukturen von Mono- bis Hexauranaten von K, Na, Ca, Zn, Mg, Cd, Sr u. Ba hervorgeht. Als Baugruppe tritt stets $(UO_2)O_2$ auf. Die Sauerstoffatome in den Uranaten (außer dem Sauerstoff in der Uranylgruppe) kann man ohne wesentliche Änderung der Struktur durch F^-, OH^- u. H_2O ersetzen. F. Lenz 195□

0474 **Über die Struktur von Manganferrit.** Ju. S. Nosik und I. I. Jamsin. (Kristallographie [UdSSR] **6,** 923—24, 1961; Inst. für Kristallograph. der Akad. der Wiss. der UdSSR; russ.) — Neutronograph. Messungen an Einkristallen von Manganferrit $Mn_{1,03}Fe_{1,97}O_4$ (I) werden zwischen Raum-Temp. u. Temp. oberhalb des Curie-Punktes durchgeführt. Der die Abweichung von der dichtesten Packung charakterisierende Sauerstoffparameter U u. der Inversionsgrad X werden aus den Intensitäten bestimmter Reflexgruppen zu 0,260 ± 0,002 bzw. 0,80 ± 0,004 bestimmt. Die magnet. Sättigungsmomente betragen $\mu_0 = 4{,}60$ (Bohrsche Magnetonen; 4,2° K) u. für die Untergitter μ (Oktaeder) $= \mu$ (Tetraeder) $= 3{,}18$ bei 296° K. W.-D. Heußner 195□

0475 **Die Kristallstruktur von Kupfertetrathiocyanatomercurat, Cu[Hg(SCN)$_4$].** 2. Mitt. Andrzej Korczyński. (Roczniki Chem. [Ann. Soc. chim. Polonorum] **36,** 1539 bis 1541, 1962; Łódź, Politechn. Kat. Chem. Nieorg.; pol.) — 1. vgl. gl. J. **35,** [1961], 1173. — Vf. geben auf Grund zweidimensionaler Daten eine Tabelle der Atomkoordinaten an. Im $[Hg(SCN)_4]^{2-}$ wird Hg verzerrt tetraeder. von S koordiniert (Mittelwerte: Hg–S 2,57 ± 0,014; S–C 1,72 ± 0,05; C–N 1,21 ± 0,06 Å; S–Hg–S 108° 06′; Hg–S–C 101° 15′ u. 83° 10′; S–C–N 180°). Cu besitzt in der CuN_4S_2-Einheit sechszählige Koordination mit S in trans-Stellung (Mittelwerte: Cu–N 1,90 ± 0,04; Cu–S 3,00 ± 0,017; N–Cu–N 74° u. 106°; Cu–N–C 180°). R. Uttech 195◇

0476 **Die Struktur von Kaliumnitrosylpentachlororuthenat.** T. Ss. Chodaschowa und G. B. Boki. (J. Strukturchem. [UdSSR] **1,** 151—58, 1960; Moskau, Kurnakow-Inst. für allg. u. anorgan. Chem. der Akad. der Wiss. der UdSSR; russ.) — Vgl. C. **1963, 15323.** — $K_2[Ru(NO)Cl_5]$ (I) krist. rhomb.; D_{2h}^{16} — Pnma; Z = 4; a = 13,31 ± 0,05, b = 10,25 ± 0,05, c = 6,84 ± 0,03 Å, D_{exp} 2,707; D_R 2,741 g/cm³. I ist mit einer Reihe komplexer Aquo-Verbb. des Typs $K_2[MeCl_5]\cdot H_2O$ isomorph. Angabe der Atomparameter aus Patterson- u. Elektronendichteprojektionen. Ru besitzt die Koordinationszahl 6 (5 Cl, 1 N). Die Ru–N–O-Gruppe ist linear gebaut. M. Hähnert 195□

0477 **Epitaktisches Oxidwachstum auf dünnen, einkristallinen Filmen aus Gold-Nickel-Legierungen.** I. H. Khan und M. F. Francombe. (Nature [London] **199,** 800—01, 1963; Blue Bell, Pa., Philco Sci. Labor.; engl.) — Von Au-Legg. mit 5% Ni werden durch Kathodenzerstäubung 600 bis 700 Å dicke Schichten auf Spaltflächen von NaCl bzw. Glimmer (G) bei 440° abgeschieden. Die Schichten sind nach $(1\,0\,0)_{Leg}//(1\,0\,0)_{NaCl}$ u. $[0\,1\,1]_{Leg}//[0\,1\,1]_{NaCl}$ bzw. $(1\,1\,1)_{Leg}//(0\,0\,1)_G$ u. $[1\,\bar{1}\,0]_{Leg}//[1\,0\,0]_G$ orientiert. Die Schichten werden bei 390° in H_2-Ar-Gemischen angelassen u. anschließend an Luft oder in O_2 bei 390° oxydiert. Das gebildete NiO krist. in NaCl-Struktur. Auf einer Au-Schicht mit (1 0 0) ist NiO nach (1 0 0) orientiert. Der Einfl. einer Diffusion von Ni an die Phasengrenzfläche wird diskutiert. Herbert Müller 196◇

0478 **Metastabile Textur von dünnen, mit geringer Aufdampfgeschwindigkeit im Vakuum aufgedampften Silberschichten.** Claude Boulesteix. (C. R. hebd. Séances Acad. Sci. **257,** 1695—98, 1963; Paris, Labor. de Phys.-Enseign.; franz.) — Auf Träger aus Glas oder poliertem Quarz werden im Vakuum mit Aufdampfgeschw. (AG) zwischen 11 u. 200 Å/min 50—120 Å dicke Ag-Schichten aufgedampft. Von den Schichten wird der Flächenwiderstand $\varrho_\square$ im Vakuum, nach Behandlung mit Luft bzw. N_2 sowie nach erneutem Evakuieren bestimmt. Bei AG von 11 Å/min wird bei stufenweisem Aufdampfen erst nach der Abscheidung der 3. Schicht eine elektr. Leitfähigkeit beobachtet. Die Schichten haben im angegebenen Bereich von AG Werte von $\varrho_\square$ zwischen 10^2 u. 10^8 Ω, u. ihre $\varrho_\square$-Änderung ist stark von der Gasadsorption abhängig. Die Metastabilität zeigt sich in der irreversiblen Einw. von Luft u. dem Einfl. einer Wärmebehandlung, da die Schichten offenbar porenreich aufgebaut sind u. ein starker Einfl. der Oberflächenenergie auftritt. Herbert Müller 196◇

0479 **Frequenzverteilung von Gitterschwingungen in Natrium.** A. E. Dixon, A. D. B. Woods und B. N. Brockhouse. (Proc. physic. Soc. **81,** 973—74, 1963; Chalk River, Ontario, Canada, Atomic Energy of Canada Ltd., Neutron Phys. Branch; engl.) — Die Berechnung der Frequenzverteilung wurde für 180441 Punkte innerhalb eines irreduziblen Sektors der ersten Brillouin-Zone angestellt. Der Sektor betrug 1/48 der Zone. Man erhielt insgesamt 24576000 Frequenzen. Außerdem wurden aus der Frequenzverteilung die spezif. Wärme u. die ihr äquivalente Debye-Temp. zwischen 0 u. 200° K berechnet. J. Blume 197◇

0480 **Möglichkeit des Auftretens einer flüssigen Phase von 430° an in handelsüblichem Beryllium.** M. Weisz, J. Mallen und J. L. Baron. (J. nuclear Mater. [Amsterdam] **10,** 56—59, 1963; Gif-sur-Yvette, Centre d'Études Nucl. de Saclay; franz.) — Die Möglichkeit des Auftretens eines fl. Be-Al-Si-Eutektikums bei Temp. über 450° in handelsüblichem, Al u. Si als Verunreinigungen enthaltendem Be, wird nachgewiesen. H. Hochstein 197◇

0481 **Mikroskopische Untersuchung von Beryllium während einer Verformung im Warmsprödigkeitsgebiet.** P. Bastien und P. Pointu. (J. nuclear Mater. [Amsterdam] **10,** 63—66, 1963; Paris, École Centrale des Arts et Manuf., Centre de Rech. de Phys. des Métaux; franz.) — Bei der Verformung von durch Fe u. Al verunreinigtem Be im Temp.-Bereich von 500—600° werden mkr. starke Gleitlinien beobachtet. Es werden Falten (Kinke) festgestellt, die von 500° an eine große Beweglichkeit haben. Die Verformung beginnt durch eine Aufeinanderfolge von das Korn umgebenden Falten; darauf können einige schwache u. undeutliche Gleitbänder erscheinen, gefolgt ihrerseits von neuen Falten, deren Beweglichkeit nicht durch die vorhandenen Bänder beeinflußt zu sein scheint; schließlich findet eine beträchtliche Kornverlängerung statt, die der Oberfläche das Aussehen von miteinander verwickelten, schmalen Rinnen erteilt. Die größte Faltenbeweglichkeit kann durch eine Reinigung des Kornes infolge der Wanderung von Fe zum an den Korngrenzen ausgeschiedenen Al erklärt werden. Ein Fe-Überschuß vermindert stark diese Beweglichkeit u. kann daher verantwortlich für den Verlust an Duktilität bei 500° sein. H. Hochstein 197◇

0482 **Untersuchung der Entwicklung der Polygonisationssubstruktur von Aluminium.** P. Lesbats. (Acta metallurg. [New York] **11,** 77—78, 1963; Vitry, Centre d'Ét. de Chim. Metallurg.; franz.) — An Hand der von Vf. u. Montuelle (vgl. C. **1963,** 9223) mitgeteilten Vers.-Ergebnisse bespricht Vf. theoret. den Mechanismus der l. c. beobachteten Entw. des polygonisierten Zustandes von Al. C. Gottfried 197△

0483 **Ätzung von sehr reinem Zink.** R. C. Brandt, K. H. Adams und T. Vreeland jun. (J. appl. Physics **34,** 587—90, 1963; Pasadena, Calif., California Inst. of Technol., W. M. Keck Labor. of Engng. Mater.; engl.) — Es wird eine Meth. zur Erzeugung verschiedener Ätzfiguren auf $\{1\,0\,\bar{1}\,0\}$-Flächen von 99,999%ig. Zn u. durch Zonenschmelzen noch weiter gereinigtem Zn angegeben. Die Ätzfiguren wurden durch Polierung in einer Chromsäure-Lsg. nach Behandlung der Oberfläche mit Hg erzeugt. Die verschiedenen Einfl. des Hg an Versetzungslinien werden untersucht. Ein Teil der Unterss. wurde mit ^{147}Hg durchgeführt. D. Noack 197◇

0484 **Versetzungen und Ätzfiguren in sehr reinem Zink.** R. C. Brandt, K. H. Adams und T. Vreeland jun. (J. appl. Physics **34,** 591—94, 1963; engl.) — Vgl. vorst. Referat. —

Die Konz. des Hg an den Ätzfiguren wird näher untersucht. Aus qual. u. quant. Unterss. geht hervor, daß alle Basisversetzungen, die die Prismenflächen schneiden, durch den l. c. beschriebenen Ätzvorgang erkannt werden können. Qual. Beobachtungen an Ätzfiguren von Proben, die durch Schleifen schräg auf Basisfläche deformiert u. verzwillingt wurden, unterstützen die Annahme, daß ein direkter Zusammenhang (1:1) zwischen Versetzungen u. Ätzfiguren auf den Prismenflächen besteht. D. Noack 197◇

0485 **Versetzung in Zinkkristallen mit einer Substruktur aus gestreckten Zellen.** Michal Boček und Petr Kratochvíl. (Czechoslov. J. Physics **9**, 406—07, 1959; Prague, Charles Univ., Dep. of Solid State Phys.; engl.) — Zn-Einkristalle mit $2,2 \cdot 10^{-2}$ Atom-% Cd wiesen ca. $6 \cdot 10^5$ Versetzungen/cm^2 auf. Die nach dem Modell von Tiller (C. **1959**, 4062) berechnete Versetzungsdichte beträgt ca. 10^6 cm^{-2}. Die Diskrepanz des berechneten u. des beobachteten Wertes wird auf eine Homogenisierung der Cd-Verteilung beim Ziehen u. Tempern des Einkristalls zurückgeführt. K. Jaeger 197◇

0486 **Wachstumsmechanismus von Germaniumdendriten: Kinetik sowie die nichtisotherme Grenzschicht.** D. R. Hamilton und R. G. Seidensticker. (J. appl. Physics **34**, 1450—60, 1963; Pittsburgh, Pa., Westinghouse Res. Labor.; engl.) — Das Wachstum aus der Schmelze gezogener Dendriten stimmt mit der Theorie des Schichtfließmechanismus bei Verzwillingung der Dendriten gut überein. Für die Geschw.-Konst. läßt sich ein Wert $\geqslant 3$ cm/s Grad abschätzen. G. M. Neumann 197◇

0487 **Durch Ätzen sichtbar gemachte Versetzungslinien und Netzwerke in Molybdänkristallen.** Duan Fong, Nay-ben Ming und Chi Li. (Scientia sinica **12**, 909—10, 1963; Nanking, Univ.; engl.) — An Mo-Einkristallen werden nach Polieren durch elektrolyt. Ätzen in einem Gemisch aus Methylalkohol, H_2SO_4 u. HCl (Mol-Verhältnis 30:6:13) bei einer Stromstärke von 0,4 A/cm^2, einer Spannung von 2,5 V u. einer Stromdichte von 80 mA/cm^2 Versetzungslinien u. Netzwerke durch entstandene Ätzgrübchen sichtbar gemacht. Die Versetzungslinien werden nach Lage u. Richtung erörtert. H. Hochstein 197◇

0488 **Experimenteller Nachweis für die Existenz von Versetzungen mit dem Burgers-Vektor ⟨100⟩ in Molybdänkristallen.** Duan Fong, Nay-ben Ming, Chi Li und Tian-nan Lin. (Scientia sinica **12**, 979—86, 1963; engl.) — Vgl. vorst. Referat. — Die experimentellen Ergebnisse zeigen, daß wss. Lsgg. von der als Ätzmittel verwendeten Oxalsäure Versetzungs-Ätzgrübchen auf Flächen mit niedrigem Index von aus der Elektronenstrahl-Schmelzzone gewachsenen Mo-Kristallen erzeugen können. Wenn die (0 0 1)-Fläche als Beobachtungsebene verwendet wird, werden die Ätzgrübchendichten längs der drei sich schneidenden Kleinwinkelunterkorngrenzen u. der geknickten Kleinwinkelunterkorngrenzen gemessen. Die Read-Shockley-Formel für asymm. Kleinwinkelkorngrenzen wird bestätigt. H. Hochstein 197◇

0489 **Sekundärrekristallisation und Rekristallisation nach kritischer Kaltverformung von Uran von hoher Reinheit.** Nelly Ambrosis de Libanati, Daniel Calais und Paul Lacombe. (J. nuclear Mater. [Amsterdam] **10**, 23—42, 1963; Paris, École des Mines, Centre de Rech. Métallurg.; franz.) — Das Wachstum großer Körner wird an einem elektrolyt. erzeugten U hoher Reinheit untersucht. Dieses Wachstum erfolgt entweder bei der sek. Rekristallisation nach hoher Walzverformung u. längerem Glühen bei hohen Temp. in der α-Phase oder bei krit. Kaltverformung u. Glühen zwecks Erzielung einer prim. Rekristallisation. In U hoher Reinheit tritt das Wachsen der großen Körner bei beiden Prozessen auf. Die sek. Rekristallisation erzeugt kleinere Kristalle als die Meth. mit krit. Kaltverformung, weil immer noch Reste der feinkörnigen Textur der prim. Rekristallisation vorhanden sind. Jedoch ist es möglich, bei krit. Kaltverformung sehr vollkommene große Körner von 1—3 cm^3 Oberfläche u. ein vollständiges Verschwinden der prim. Rekristallisationstextur zu erreichen. Die Kristallorientierungen zahlreicher Körner, wie sie durch beide Wachstums-Meth. gebildet sind, werden durch Laue-Rückstrahlung ermittelt. Die aus der sek. Rekristallisation stammenden Körner haben eine ausgeprägtere Textur als die aus der krit. Kaltverformung herkommenden. In beiden Fällen jedoch spielt die b-Achse sämtlicher Kristalle eine wichtige Rolle für das Wachstum; sie läuft nämlich immer der Walzrichtung parallel. Beim späteren Glühen wird das Wachstum von Kristallen verschiedener Orientierungen erst dann beobachtet, wenn die Kaltverformung zu der prim. Rekristallisation deutlich den Grad der krit. Kaltverformung überschreitet. Die beiden Wachstumsarten der sek. Rekristallisation u. der krit. Verformung werden dadurch zu deuten versucht, daß die durch hohe Kaltverformung erhaltenen Texturen auf die Texturen der sek. Rekristallisation oder der Rekristallisation nach krit. Verformung bezogen werden. H. Hochstein 197◇

0490 **Vergleich des Einflusses schwacher Cr-, Fe- oder Mo-Zusätze auf die Umwandlungen von U während des Abschreckens und nachfolgenden Anlassens.** Jean Delaplace. (Mém. Sci. Rev. Métallurgie **57**, 721—27, 1960; Saclay, École Nat. Sup. de la Métallurg. et de l'Industrie des Mines de Nancy et Dép. Métallurg. du C.E.A.; franz.) — Die Abkühlungs-Geschw. übt nur einen sehr geringen Einfl. auf die Anfangs-Temp. der $\gamma \to \beta$-Umwandlung der U–Cr- u. U–Fe-Legg. sowie der $\beta \to \alpha$-Umwandlung der U–Fe-Legg. aus, hat aber einen starken Einfl. auf die $\gamma \to \beta$-Umwandlung der U–Mo-Legg. u. bes. auf die $\beta \to \alpha$-Umwandlung der U–Cr-Legierungen. Die krit. Abkühlungs-Geschw. zum Erhaltenbleiben der β-Phase ist 100^0/s für die U–Cr- u. U–Fe-Legierungen. Die Stabilität dieser β-Phase hängt von der Leg.-Zus., der Abkühlungs-Geschw. u. der Anfangs-Temp. des Abschreckens ab. Sie ist vor allem bei den aus dem β-Gebiet abgeschreckten Legg. größer als bei den aus dem γ-Gebiet abgeschreckten Legierungen. Bei der U–Cr-Leg. läßt sich die β-Phase nur durch Abschrecken aus dem β-Gebiet erhalten. Das Abschrecken aus dem γ-Gebiet ergibt eine martensit. α-Phase. H. Hochstein 197◇

0491 **Röntgenographische Untersuchung von Phasenumwandlungen in elektrolytischen Manganniederschlägen.** W. P. Moissejew und O. Ss. Popowa. (Metallphysik u. Metallkunde [UdSSR] **9**, 584—88, 1960; Inst. für physik. Chem. der Akad. der Wiss. der UdSSR; russ.) — Vff. untersuchen die Natur von elektrolyt. [Zus. des Elektrolyten 150—200 (g/Liter) $MnSO_4 \cdot 5\,H_2O$; 50—100 $(NH_4)_2SO_4$; z. T. mit Glycerinzusatz] abgeschiedenen Mn-Schichten u. finden zwei allotrope Formen (γ- u. α-Mn), wobei γ-Mn eine instabile Modifikation darstellt, die im Verlaufe mehrerer Std. in α-Mn übergeht. Elektrolytzusätze können diese Umwandlung beschleunigen u. unter bestimmten Bedingungen die Bldg. von γ-Mn verhindern. Röntgen-Unterss. zeigen, daß γ-Mn eine feste Lsg. von H_2 in α-Mn mit stark verzerrtem Kristallgitter darstellt. Im Vakuum läßt sich durch Erwärmen ein Zerfall dieser festen Lsgg. beobachten. Dabei tritt eine Verkleinerung der Gitterabstände u. Abnahme des Verzerrungsgrades ein. Wechselnde Zusätze von Glycerin zum Elektrolyten steigern die H_2-Konzz. im Mn-Nd. u. beschleunigen beim Erwärmen den Zerfall der festen Lösungen. Elektrolyt. Ndd. von Mn auf Stahl können das Austenitgefüge stabilisieren u. bis Raum-Temp. erhalten. Bei Zusatz von SO_2 zum Elektrolyten kann das Mn im quasikristallinen Zustand erhalten werden. Zur Berechnung der kub. Gitterparameter aus Röntgenaufnahmen geben Vff. eine Formel an. W.-D. Heußner 197□

0492 **Schwingungsspektrum des Kupfers aus der Säkulardeterminante nach Dayal.** B. B. Tripathi. (J. chem. Physics **37**, 1576—77, 1962; Banaras, Hindu Univ., Dep. of Phys.; engl.) — Ergänzung zu einer früheren Arbeit von Vf. u. Dayal (C. **1963**, 8054) über eine neue Meth., die Säkulardeterminante für Cu aufzustellen, in der die Ion–Ion-Kraft-Konst. aus der Theorie der metall. Kohäsion ermittelt wurde. D. Noack 197◇

0493 **Ätzgruben an Versetzungen in Silber-Einkristallen.** H. J. Levinstein und W. H. Robinson. (J. appl. Physics **33**, 3149—52, 1962; Pittsburgh, Pa., Carnegie Inst. of Technol., Metals Res. Labor.; engl.) — Zur Bldg. von Ätzgruben an Versetzungen auf (1 0 0)- u. (1 1 1)-Flächen von Ag-Einkristallen stellen Vff. Ätz-Lsgg. [a) 30%ig. H_2O_2, konz. NH_4OH 2:5, b) 30%ig. H_2O_2, konz. NH_4OH, CrO_3, konz. HCl] zusammen, mit denen durch 500—2000 Å große Ätzgruben auf (1 1 1)-Flächen noch Versetzungslinien mit einer Dichte von 10^{10} Linien/cm^2 festgestellt werden können. Nach dieser Meth. wurde die Gleitlinienstruktur des deformierten Ag als Netzstruktur erkannt. W. Sobieski 197◇

0494 **Untersuchung der Diffusion an der Oberfläche polykristalliner Metalle.** Ja. Je. Gegusin und G. N. Kowalew. (Festkörperphysik [UdSSR] **5**, 1687—96, 1963; Charkow, Univ.; russ.) — Untersucht wird die Oberflächendiffusion von Ag auf polykristallinem *Ag*, *Ni* u. *Au*. Die Diffusions-Koeff. auf Ag u. Ni betragen 0,3·exp (—11800 kcal pro Mol/RT) bzw. 22,4·exp (—16000 kcal pro Mol/RT). Die diffundierenden Atome dringen 10—30 Atomlagen tief in die Kristalle ein. Die Ergebnisse werden diskutiert.
K. Jaeger 197◇

0495 **Hexagonale Ausscheidungen von Nickel in Silicium.** Masayuki Yoshida, Yoichiro Yamaguchi und Hiroyuki Aoki. (Jap. J. appl. Physics **2**, 305—06, 1963; Ibaraki, Japan, Electr. Comm. Labor.; engl.) — Zwei Arten von hexagonalen Ausscheidungen, nämlich eine gleichseitige u. eine lange, werden im Innern von Si-Einkristallen, die ca. 10^{17} Ni-Atome/cm^3 enthalten, durch ein IR-Mikroskop festgestellt. Diese Beobachtung wurde aus der [1 1 1]-Richtung gemacht. Da die Kanten des gleichseitigen Sechsecks u. die lange Achse des verlängerten Sechsecks in den [1 1 0]-Richtungen gefunden werden, wird gefolgert, daß beide Arten von Sechsecken in Wirklichkeit gleichseitig sind u. auf verschiedenen (1 1 1)-Ebenen liegen. Ni scheiden sich in Si nicht als Sechsecke, sondern als kleinere Punkte von unbestimmter Form mit einem Durchmesser von ca. 10 μ aus, wenn die Probe im Vakuum 15 Min. bei 1050° geglüht u. dann abgeschreckt wird. Die meisten Punkte liegen in Linien, deren Abstände mehrere 10 μ betragen. H. Hochstein 197◇

0496 **Hexagonale Lamellen in Silicium, in das Nickel eindiffundiert ist.** Takashi Iizuka, Makoto Kikuchi und Kenji Kanasaki. (Jap. J. appl. Physics **2**, 309—10, 1963; Tokyo, Nagata-cho, Electrotechn. Labor.; Komaemachi, Kokusai Electr. Co. Ltd.; engl.) — Ni wurde auf den beiden Seiten einer Si-Einkristallprobe aufplattiert u. bei 800 bis 1300° 1 Std. lang in einer Ar-Atmosphäre eindiffundiert u. dann auf Raum-Temp. abgeschreckt. Die Oberflächenschichten wurden poliert u. mit dem IR-Mikroskop untersucht. Hierbei zeigt sich, daß sich das Ausscheidungs-Verh. von Ni in Si von dem des Cu hinsichtlich der Form der Ausscheidung unterscheidet. Während sich nämlich Cu in Form von Nadeln oder Platten auf Versetzungslinien oder als isolierte Punkte abscheidet, scheidet sich Ni in allen Proben in Stückform aus. Zusätzlich werden auch hexagonale Lamellen auf den oder in der Nähe der ⟨1 1 0⟩-Versetzungslinien beobachtet. Die Sechsecke liegen auf den {1 1 1}-Ebenen u. ihre Seiten in den ⟨1 1 0⟩-Richtungen. Ihre Größe liegt in der Größenordnung von 10 μ u. nimmt mit steigender Wärmebehandlungs-Temp. zu. Obwohl der Mechanismus der Bldg. der Sechsecke noch unbekannt ist, wird dabei ein Klettern von Versetzungen durch Aneignung von Einlagerungs-Ni-Atomen angenommen. Die Sechsecke sind wahrscheinlich Ni-Lamellen, die mit den von Halbversetzungen umgebenen Stapelfehlern kohärent sind. H. Hochstein 197◇

0497 **Untersuchung des Systems Sb–Te im Bereich der Verbindung Sb_2Te_3 im festen und flüssigen Zustand.** L. W. Poretzkaja, N. Ch. Abrikossow und W. M. Glasow. (J. anorg. Chem. [UdSSR] **8**, 1196—98, 1 Tafel, 1963; Metallurg. Baikow-Inst. der Akad. der Wiss. der UdSSR; russ.) — Vff. untersuchten die Temp.-Abhängigkeit der Abweichung des Te-Geh. von der stöchiometr. Zus. der Verb. Sb_2Te_3 im festen u. fl. Zustand von Legg. mit Ausgangs-Geh. von 58,9—60,4 Atom-% Te. Im Temp.-Intervall 400—621° existiert bei 59,2—60 Vol.-% Te ein schmaler Bereich von festen Lösungen. Die Viscosität einer nur wenig über dem F. liegenden Schmelze hat im Zus.-Bereich von Sb_2Te_3 ein Maximum. Das Maximum wird bei höheren Temp. der Schmelze schon stark verwischt. G. Ewald 197◇

0498 **Neue Daten zum Zustandsdiagramm des Systems Indium–Selen.** G. K. Slawnowa, N. P. Lushnaja und S. Ss. Medwedewa. (J. anorg. Chem. [UdSSR] **8**, 1199 bis 1203, 1963; russ.) — Vff. bestimmten mit Hilfe der therm. Analyse das Zustandsdiagramm des Syst. In–Se im gesamten Konz.-Bereich. Aufgefunden wurden die Verbb. In_2Se, *InSe*, In_5Se_6 u. In_2Se_3. In_5Se_6 schm. unter Zers. bei 660 ± 10°. Bei 550 ± 10° geht die α-Modifikation in β-In_5Se_6 über. Die Mikrohärte von α-In_5Se_6 beträgt 393 kg/cm^2. Für das polymorphe In_2Se_3 wurden folgende Umwandlungs-Temp. bestimmt: 200° ($\alpha \rightleftharpoons \beta$); 650 ± 10° ($\beta \rightleftharpoons \gamma$) u. 750° ($\gamma \rightleftharpoons \delta$). Die Mikrohärten von In_2Se, InSe u. α-In_2Se_3 betragen 287; 60 u. 50,8—59,4 kg/cm^2. G. Ewald 197◇

0499 **Elektronendichteverteilung im Aluminiumarsenid bei 20° und —100°.** N. N. Ssirota und N. M. Olechnowitsch. (Ber. Akad. Wiss. UdSSR **143**, 370—72, 1962; Abt. Festkörper- u. Halbleiterphys. der Akad. der Wiss. der BelorussSSR; russ.) — *AlAs*-Proben wurden durch Zusammenschmelzen der Komponenten u. Zerkleinern des Prod. unter Ar auf 15—20 μ Korngröße hergestellt. Von gepreßten Proben wurden Röntgenaufnahmen angefertigt. Die Analyse der Elektronendichteprojektionen für 20° u. —100° zeigt, daß bei Temp.-Erniedrigung die Elektronendichte zwischen den benachbarten Al- u. As-Ionen in geringem Maße in [1 1 1]-Richtung anwächst. Andererseits verbreitert sich in der Ebene (1 1 0) in [1 1 0]-Richtung das Gebiet geringer Dichte zwischen ihnen. Die Ergebnisse werden in Zusammenhang mit den Halbleiter-Eigg. von AlAs gebracht. K. Winkler 197□

0500 **Hypothesen von durch Abschrecken erhaltenen Leerstellen in Al und in primären Al-Mischkristallen.** Yu-pu Huang. (Scientia sinica **12**, 891—908, 1963; Schanghai, Acad. Sinica, Inst. of Metallurg.; engl.) — Es wird eine einheitliche, aus drei Hypothesen zusammengesetzte Theorie über Abschreck-Leerstellen in Al u. in prim. Al-Mischkristallen aufgestellt u. erörtert. Bei diesen drei Hypothesen handelt es sich um 1. die der Assoziation von Hochtemp.-Leerstellen während des Abschreckens; 2. die der Konservation der Abschreck-Leerstellen sowie 3. die der Wechselwrkg. von Abschreck-Leerstellen während des isothermen Glühens.
H. Hochstein 197◇

0501 **Ein Beitrag zur Konstitution des Systems Titan–Zirkonium–Wasserstoff.** N. Pessall und A. D. Mc Quillan. (Trans. metallurg. Soc. AIME **224**, 536—40, 1962; Urbana, Ill., Univ.; Birmingham, England, Univ.; engl.) — Die Phasenverhältnisse in einem isothermen Schnitt des Syst. Ti–Zr–H bei 750° wird durch Messung von H_2-Gleichgewichtsdrücken untersucht. Das hieraus sich ergebende Zustandsdiagramm zeigt, daß die Hydridphase einen anomal weiten Homogenitätsbereich besitzt, der sich von ca. 66,6 bis 30 Atom-% H in ca. 15 Atom-% Zr enthaltenden Legg. erstreckt. Eine Messung der Lösungswärme von H als Funktion der Leg.-Zus. in β-Phasen zeigt kein anomales Verh. im Bereich um 15 Atom-% Zr, u. es wird angenommen, daß der ausgedehnte Homogenitätsbereich in der Hydridphase bei etwa dieser Zus. auf eine erhöhte Stabilität der Hydridphase zurückzuführen ist. H. Hochstein 197◇

0502 **Bewegung des Wasserstoffs in Zircaloy-2 bei Wärmegradienten.** C. N. Spalaris, A. E. Pickett und G. G. Gaul. (Nuclear Sci. Engng. **8**, 83—85, 1960; San José, Calif., Gen. Electr. Comp., Atom. Power Equipm. Dep.; engl.) — Vgl. C. **1960**, 13592. — Best. der Wanderung von H_2 in Hülsen aus Zr-Legg. mit der heißen Extraktionstechnik.
Gerhard Schmidt 197◇

0503 **Diffusion von Niob und Kohlenstoff in Niob und dessen Carbiden.** P. W. Geld und W. D. Ljubimow. (Nachr. Akad. Wiss. UdSSR, Abt. techn. Wiss., Metallurgie Brennstoffe **1961**, Nr. 6, 119—26; Swerdlowsk; russ.) — Unter Verw. von ^{95}Nb u. ^{14}C wird durch Abtragen der oberen Diffusionsschichten u. Messung der Aktivitäten der verbleibenden Proben der Diffusions-Koeff. für Nb u. C in Nb u. einigen Nb-Carbiden für Temp. zwischen 900 u. 2100° bestimmt. Vff. bestimmen die Aktivierungsenergie für die Selbstdiffusion von Nb in Nb zu 85 (kcal/g-Atom) u. für Nb in $NbC_{0,98}$ zu 55, während für C in Nb 32 u. für C in $NbC_{0,98}$ (a = 4,46 kX) sowie $NbC_{0,75}$ (a = 4,426 kX) u. $NbC_{0,5}$ [hexagonal, a = 3,122 (kX), c = 4,942] Werte von 32—33 gefunden wurden. Aus den erhaltenen Werten u. halbempir. Gleichungen wird die Sublimationswärme des *Ta* zu 224 kcal/g-Atom sowie die Aktivierungsenergie der Selbstdiffusion von *V* zu 68 kcal/g-Atom berechnet.
W.-D. Heußner 197◇

0504 **Reziproke Löslichkeit von Zirkonium-, Niob- und Hafniumcarbid.** Je. I. Gladyschewski, N. M. Popowa und T. F. Fedorow. (J. anorg. Chem. [UdSSR] **8**, 1997—98, 1963; russ.) — Vff. untersuchen im Syst. 10—80 (Mol-%) ZrC/80—10 NbC/10—80 HfC in Abhängigkeit von der chem. Zus. die Änderung der Gitter-Konst. a (4,49—4,67 Å) der gebildeten ununterbrochenen Reihe fester Lsgg. u. bestimmt damit die reziproke Löslichkeit. W.-D. Heußner 197◇

0505 **Physikalische Eigenschaften von Wolframcarbid-Kobalt-Legierungen.** W. I. Tumanow, W. F. Funke, M. L. Basskin und T. A. Nowikowa. (Nachr. Akad. Wiss. UdSSR, Abt. techn. Wiss., Metallurgie Brennstoffe **1961,** Nr. 6, 144—48; Moskau; russ.) — Vff. charakterisieren durch Best. von spezif. Widerstand, Elastizitätsmodul, linearem Ausdehnungs-Koeff. u. der Festigkeit (Korngröße u. Porosität) die physikal. Eigg. gehärteter WC-Co-Legg., welche 0—96 Gew.-% Co enthalten. Die experimentellen Werte zeigen, daß der spezif. Widerstand ein sehr empfindliches Charakteristikum der Legg.-Eigg. darstellt u. Zustand, Zus. u. Struktur der Legg. wiedergibt. W.-D. Heußner 197◇

0506 **Diffusion von Lithium in Wolfram.** H. M. Love und G. M. McCracken. (Canad. J. Physics **41,** 83—89, 1963; Kingston, Ontario, Queen's Univ.; engl.) — Li-Ionen werden aus einer Ionenquelle bei 10^{-6} Torr auf ein $2{,}5 \cdot 10^{-3}$ bis $1{,}3 \cdot 10^{-2}$ cm dickes, polykristallines W-Band geschossen, u. das durch das W-Band bei 1365—1500° K diffundierende ^7Li wird massenspektrometr. bestimmt. Unter Berücksichtigung von Oberflächenwanderung u. -lebensdauer wird für die Temp.-Abhängigkeit des Diffusions-Koeff. $D = 5 \cdot \exp \cdot [-(1{,}8 \pm 0{,}2)/kT]$ cm^2/s erhalten; D_0 ist nur auf den Faktor 2 genau bekannt. Herbert Müller 197◇

0507 **Eine Röntgenuntersuchung von Stapelfehlern in Cu-Ge-Legierungen.** Koji Nomaki und Shigeyasu Koda. (Trans. Japan Inst. Metals **3,** 125—26, 1962; Sendai, Japan, Tohoku Univ.; engl.) — An reinem Cu u. an Cu-Legg. mit 3,09; 6,48 u. 9,13% Ge werden Röntgen-Unterss. über Stapelfehler durchgeführt. Die Änderungen der Stapelfehlerenergie in Abhängigkeit vom Ge-Geh. wird ermittelt. Es zeigt sich, daß sie rasch abnimmt, wenn sich die Löslichkeitsgrenze der festen Lsg., die eine hexagonale Phase zur Nachbarphase hat, nähert. Die Stapelfehlerenergie kann in der Hauptsache von der Elektronenenergie in der Fermi-Oberfläche herrühren. Die Stapelfehlerenergie der Cu-Leg. mit 9,13% Ge beträgt ca. 0,88 erg/cm^2. H. Hochstein 197◇

0508 **Untersuchung des Einflusses kleiner Silberzusätze auf die Parameter der Volumen- und Grenzdiffusion von Silber in Kupfer.** Ss. D. Gerzriken und A. L. Rewo. (Metallphysik u. Metallkunde [UdSSR] **9,** 578—83, 1960; Kiew, Schewtschenko-Univ.; russ.) — Vff. untersuchen Vol.- u. Grenzdiffusionen von Ag in Cu u. Cu-Legg. mit 0,1 Atom-% Ag u. diskutieren die bei Verw. von ^{110}Ag erhaltene Temp.-Abhängigkeit der Diffusionsparameter. Dabei wird beobachtet, daß die Verhältnisse der Aktivierungsenergien bei Grenz- u. Vol.-Diffusion von Ag in reinem Cu oder Cu-Legg. mit Werten von 0,45—0,51 nahe dem Wert für die Selbstdiffusion des reinen Ag mit 0,44 liegen. Die Korngrenzenbreite liegt in der Größenordnung von 3000—4000 Å. Die Diffusion von Ag im Kristallgitter von Elementen verschiedener Ordnungszahlen wird in der Reihe Al, Cu, Ag untersucht u. eine lineare Abhängigkeit zwischen sinkender Aktivierungsenergie bei fallender Ordnungszahl des Elements beobachtet. W.-D. Heußner 197□

0509 **Ein neues Übergitter im System Palladium-Mangan.** Denjiro Watanabe. (Trans. Japan Inst. Metals **3,** 234—36, 1962; Sendai, Japan, Tohoku Univ.; engl.) — Die Struktur von Pd-reichen Mischkristallen (α-Phase) mit einer Zus. nahe bei 25 Atom-% Mn wird durch Elektronenbeugung unter Verw. orientierter aufgedampfter Filme untersucht; die Ordnungsphase Pd_3Mn wurde im Gleichgewichtszustand unterhalb von ca. 650° als existent ermittelt. Die Struktur dieser Phase ist eine period. eindimensionale Antiphasen-Domänenstruktur des aus kub. Grundzellen zusammengesetzten Ag_3Mg-Typs, wobei die Domänengröße 2 mal derjenigen dieser Zelle ist. Diese Ordnungsphase ist bisher noch nicht röntgenograph. beobachtet worden, wahrscheinlich wegen der langen Relaxationszeit beim Ordnungsvorgang. H. Hochstein 197◇

0510 **Bestimmung des γ-Korns durch Kondensation der zusammen auskristallisierbaren Legierung. Einfluß von Al-Nitrid auf das Kornwachstum.** G. Vigneron. (Mém. Sci. Rev. Métallurgie **57,** 705—20, 1960; franz.) — Auf die polierte Oberfläche einer durch Erhitzen unter Hochvakuum austenit. gemachten *Stahl*-Probe wird Dampf einer umwandlungsfreien Leg. zur Kondensation geleitet. Wenn bei dieser Temp. die Ablagerung auskristallisierbar ist, dann bildet sie vollkommen u. einheitlich das Grundgefüge wieder. Das Verf. wird zur Unters. der Wrkg. von AlN als kornwachstumshemmendes Mittel für mittelharte Stähle angewendet u. mit bisher bekannten Verff. in seiner Wrkg. verglichen. H. Hochstein 197◇

0511 **Die Graphitbildung in Grauguß und in Kugelgraphiteisen.** Jaakko Salokangas und Antti Lehtinen. (Z. angew. Physik **16,** 59—60, 1963; Helsinki, Staatl. techn. Forschungsanst.; Valmet, O. Y. Raufpohja Fabriken; dt.) — Der Graphitisierungsprozeß wird bei Grauguß gewöhnlicher Handelsqualität u. bei Gußeisen mit Kugelgraphit vom fl. Zustand an bis nahe der Raum-Temp. durch Messen der Fortpflanzungs-Geschw. von Ultraschallwellen in Abhängigkeit von der Temp. untersucht. Es ist wahrscheinlich, daß die Graphit-Bldg. im Flockengraphit-Gußeisen schon im fl. Zustand, jedoch im Gußeisen mit Kugelgraphit hauptsächlich erst im festen Zustand beginnt. Bei Grauguß findet vermutlich im Verlauf der Abkühlung in der festen Phase der Carbidzerfall u. damit die Graphit-Bldg. im Temp.-Bereich von 1000—700° mit zunehmender Geschw. u. bei Gußeisen mit Kugelgraphit ebenfalls im Bereich von 1000—700°, jedoch mit gleichförmiger Geschw. statt. H. Hochstein 197◇

0512 **Die Orientierung von Martensit in Austenit.** H. M. Otte. (Acta metallurg. [New York] **8,** 892—96, 1960; Baltimore, Md., Res. Inst. for Adv. Study; engl.) — Mitt. neuerer Meßergebnisse über die Orientierung von einzelnen Martensitlamellen in einer austenit. Grundmasse durch Anwendung der Laue-Rückstrahlmethode. H. Hochstein 197◇

0513 **Orientierungsbeziehungen zwischen der kubisch-flächenzentrierten γ-Phase und der σ-Phase in einer Fe-Cr-Ni-Legierung.** Soji Nenno, Masayoshi Tagaya und Zenji Nishiyama. (Trans. Japan Inst. Metals **3,** 82—94, 1962; Osaka, Japan, Univ.; engl.) — Einkristalle einer Fe-Leg. mit 25% Cr u. 20% Ni bestanden aus der flächenzentrierten kub. γ-Phase. Wenn sie 200 Std. lang bei 815° geglüht wurden, schied sich in der kub.-flächenzentrierten Grundmasse ein beträchtlicher Anteil an σ-Phase aus. Durch Röntgenbeugung wurden die Orientierungsbeziehungen zwischen der γ- u. σ-Phase wie folgt bestimmt: $\gamma\,(1\,1\,1) \,||\, \sigma\,(0\,0\,1)$, $\gamma\,[\bar{1}\,1\,0] \,||\, \sigma\,[\bar{1}\,1\,0]$ oder $\gamma\,(1\,1\,1) \,||\, \sigma\,(0\,0\,1)$, $\gamma\,[0\,1\,\bar{1}] \,||\, \sigma\,[1\,4\,0]$. Der Unterschied zwischen diesen beiden Orientierungsbeziehungen ist geringer als 1°. Auf Grund der so ermittelten Orientierungsbeziehungen wird der Prozeß der σ-Bldg. aus der γ-Grundmasse erörtert. Es wird angenommen, daß die Keim-Bldg. der σ-Phase leichter an Gitterfehlern (Stapelfehler oder Zwillingen) auftritt. H. Hochstein 197◇

0514 **Diffusion von Schwefel in Eisen.** Georges Seibel. (C. R. hebd. Séances Acad. Sci. **255,** 3182—84, 1962; Saint-Germain-en-Laye, Inst. de Rech. de la Sidérurgie; franz.) — Stäbe aus 99,97% ig. Fe u. aus mit $4{,}5 \cdot 10^{-3}$ bis $6 \cdot 10^{-3}$% ^{35}S markierten Fe-S-Legg. werden nach Markierung der Grenzfläche mit Sillimanitfäden bei 600° zusammengeschweißt u. unter Ar auf 880—1450° erhitzt. Die Auswertung der radiograph. Meßwerte erfolgt nach der Meth. von Grusin (Ber. Akad. Wiss. UdSSR **86,** [1952], 289). Die Temp.-Abhängigkeit des Koeff. der Vol.-Diffusion in γ-Fe wird bei 1200—1350° mit $D_\gamma = 2{,}42 \exp(-53400/RT)$ cm^2/s beschrieben, während für α- oder δ-Fe $D_{\alpha,\delta} = 1{,}35 \exp(-48400/RT)$ gilt. In γ-Fe wird unterhalb 1200°, in α-Fe unterhalb 907° autoradiograph. eine bevorzugte Korngrenzendiffusion beobachtet. Herbert Müller 197◇

0515 **Anordnung von Versetzungen in unter Zug gereckten Fe-Kristallen.** Tadayoshi Yamashita und Youji Taneda. (Jap. J. appl. Physics **2,** 266—73, 1963; Yokasuka, Japan, Def. Acad., Dep. of Math. and Phys.; engl.) — Stapelversetzungen u. eine Zellenstruktur bildende Versetzungen in Fe-Kristallen werden mit dem Elektronendurchstrahlungsmikroskop untersucht. Es wird gefunden, daß die Stapelversetzungen für Einzelgleiten beobachtet werden im Bereich des hierzu verwendeten Verformungsbetrages u. daß die Zellenstruktur durch Interzwillings-Bldg. auf verschiedenen Gleitflächen gebildet wird. Das Verhältnis zwischen der Fließspannung u. der Versetzungsdichte in beiden Versetzungsarten wird erörtert. Der Spannungs-Konz.-Faktor, der auf eine Hauptversetzung innerhalb der Stapelversetzungen einwirkt, ist bei Raum-Temp. ca. 2, während die Anzahl der Stapelversetzungen im Mittel ca. 7 beträgt. Die Diskrepanz zwischen dem Spannungs-Konz.-Faktor u. der Zahl der Stapelversetzungen wird durch das

Relief der Spannung infolge des Quergleitens verursacht. Die Ggw. von Versetzungen, die Quergleiten in den in einer Reihe angeordneten Stapelversetzungen zeigen, bestätigen die Richtigkeit der dargelegten Betrachtung.
H. Hochstein 197◇

0516 **Die Fließspannung von Eisen oberhalb Raumtemperatur.** D. V. Wilson. (Acta metallurg. [New York] **9**, 618—20, 1961; Birmingham, Univ., Dep. of Ind. Metallurg.; engl.) — Vf. untersucht die Temp.-Abhängigkeit der Fließspannung σ_y eines getemperten Stahls mit 0,40 (%) Mn, 0,004 N, 0,008 P, 0,017 S, 0,008 Si u. 0,04 C u. Korngrößenverteilungen von 8300 bzw. 16 Körner/mm² zwischen 20 u. 220°. In grobkörnigen Proben ist σ_y im untersuchten Bereich von der Temp. T unabhängig, während feinkörnige Proben bis 100° einen Verlauf von $\sigma_y = f(T)$ zeigen, der mit einer starken Versetzungsblockierung u. therm. Keim-Bldg. im Bruchprozeß zu deuten ist. Bei starker plast. Verformung erfolgt unterhalb der Fließgrenze für $T > 110°$ ein ruckartiges Fließen, während oberhalb 190° ein rillenförmiges Fließen einsetzt. Der Einfl. verschiedener Arten der Versetzungsbewegung wird diskutiert. Herbert Müller 200◇

0517 **Streckgrenzen in Eisen nach erneuter Anlegung von Belastung bei tiefen Temperaturen.** A. M. Adair und R. E. Hook. (Acta metallurg. [New York] **11**, 81—84, 1963; Wright-Patterson Air Force Base, Ohio, U.S. Air Force, Off. of Aerospace Res., Aeronaut. Res. Labor.; engl.) — Mit Hilfe der gleichen Vers.-Methodik untersuchten Vff. genauer die früher (C. **1963, 14957**) beobachteten Tieftemp.-Streckgrenzen als Funktion der Verformung in der Probe, der Verformungs-Geschw., der Vers.-Temp. sowie der Alterungszeit u. Alterungs-Temp. zwischen Entlastung u. erneuter Belastung. Die Verformungs-Geschw. waren $8{,}34 \cdot 10^{-5}$, $8{,}34 \cdot 10^{-4}$, $3{,}33 \cdot 10^{-3}$ u. $8{,}34 \cdot 10^{-3}\,s^{-1}$. Vers.-Temp. waren 77, 123, 173 u. 203° K, die Verformungen 10, 12, 14 u. 16%. Die Vers.-Ergebnisse sind graph. wiedergegeben.
C. Gottfried 200△

0518 **Ein Kriterium für den Ursprung des Sprödbruches in angeblich duktilen Metallen.** Régina Pankowski-Fern, Georges A. Homès und Jean-Claude Bauwens. (C. R. hebd. Séances Acad. Sci. **250**, 2368—70, 1960; franz.) — Vff. behandeln Kriterien für Sprödbruchquellen in duktilen Materialien, in die die maximale Zugspannung u. ihr vom Material abhängiger Schwellenwert sowie die normale Elastizitätsgrenze eingehen. Die Anwendung der Meth. auf Sprödbruch-Unterss. an *Weichstahl* u. *Polyvinylchlorid* wird beschrieben. Herbert Müller 200◇

0519 **Über die Veränderungen des Spannungszustandes der Oberflächenschicht von cyclisch verformtem Stahl bei Einwirkung leichtschmelzender metallischer Schmelzen.** M. I. Tschajewski. (Ber. Akad. Wiss. UdSSR **142**, 1294 bis 1297, 1962; Inst. für Maschinenbau u. Automatik der Akad. der Wiss. der UkrainSSR; russ.) — Durch Verss. an einem Wechselbeanspruchungen sowie der Einw. eines leichtschm. metall. Eutektikums unterworfenem Stahl wird festgestellt, daß während der Verformung durch Wechselbeanspruchung ein Diffusionseindringen in das Stahlinnere stattfindet u. dieses zur Bldg. von Restdruckspannungen u. zur Durchbiegung der Probe führt. Eine Schmelze des Pb–Bi-Eutektikums führt zur Entstehung von Druckspannungen in den Stahloberflächenschichten. Es wird angenommen, daß Pb u. Bi in festem Fe unlösl. sind u. daß beide Elemente bei 1000—1300° nicht in das Fe eindiffundieren. Das beobachtete Auftreten der Druckspannungen in der Oberflächenschicht des Stahls wird durch Adsorptionserniedrigung der Bildungsarbeit neuer Mikrooberflächen hervorgerufen, die zu einer Vergrößerung des Umfangs der Oberflächenschicht führt. Wenn im Falle der Einw. der Schmelze Sn oder Pb–Sn die sich bildenden Baufehler der Oberflächenschicht mit intermetall. Verbb., welche die Oberflächenschicht verfestigen, zu füllen vermögen, dann tritt im Falle der Einw. des Eutektikums Pb–Bi zusammen mit einer solchen Verfestigung eine beschleunigte Entw. der erwähnten Mikrodefekte auf, was zu einem bedeutenden Abfall der Dauerfestigkeit führt. Im Falle der Einw. von Schmelzen, die in den ungespannten Stahl einzudiffundieren vermögen, entstehen wesentliche Restspannungen in der Oberflächenschicht des Stahls auch ohne Wechselverformung. H. Hochstein 200□

0520 **In Stählen mit hohem Cr-Gehalt sowie mit hohen Cr- und Ni-Gehalten bei hohen Temperaturen beobachtete Spitzen der inneren Reibung.** Ching-Ping Kung. (Acta physica sinica **17**, 237—45, 1961; chin., Auszug: engl.) — Mehrere Maxima der inneren Reibung wurden bei hohen Temp. während Torsionspendelmessungen für vier Stähle mit hohen Cr-Geh. (12,64—27,62% Cr) sowie mit hohen Cr- u. Ni-Geh. (15,44—25,54% Cr + 9,04—26,59% Ni) festgestellt. Eine Spitze der inneren Reibung wurde in den ferrit. Cr-Stählen nach der Abschreckung ermittelt. Die hiermit verbundene Aktivierungsenergie lag bei ca. 87000 cal/Mol. Eine weitere Spitze wurde bei 640° an im Ofen abgekühlten ferrit. Cr-Stählen sowie ferner noch eine bei 610° für eine im Ofen abgekühlte Stahl-Leg. mit 13% Cr festgestellt. Bei jeder austenit. Cr–Ni-Stahl-Leg. lag die Spitze der inneren Reibung bei ca. 730°. Die hiermit verbundene Aktivierungsenergie betrug 85000 cal/Mol. Die möglichen Ursachen dieser Spitzen wurden erörtert. H. Hochstein 200◇

0521 **Ultraschallschwächung in S.A.E. 3140- und 4150-Stahl.** E. P. Papadakis. (J. acoust. Soc. America **32**, 1628—39, 1960; Watertown, Mass., Watertown Arsenal Labor., Nondestructive Testing Branch, Meth. Dev. Sect.; engl.) — Mit 5—95-kHz-Wellen durchgeführte Schallschwächungs-Unterss. in S.A.E. 3140- u. 4150-Stahl ergaben, daß für die Schwächung in getemperten Strukturen die vom Korn verursachte Streuung verantwortlich ist. Die krit. Größen sind der Korndurchmesser u. das mittlere Quadrat der Schwankungen der Elastizitätsmoduln der einzelnen Körner. Bei Stahl mit Martensitstruktur wird die Schwächung für Wellen von wesentlich kleinerer Länge als dem Korndurchmesser durch den von Mason u. McSkimin für die Rayleigh-Streuung abgeleiteten Ausdruck u. für Wellenlängen von $^1/_3$ bis zum 3fachen des Korndurchmessers durch den Ausdruck von Huntington für stochast. Phasenstreuung wiedergegeben. Bainit scheint in bezug auf das mittlere Quadrat der Schwankungen des Elastizitätsmoduls einen zu hohen Wert zu haben, der sich aber mit Hilfe einer Alternativtheorie (Lifshits-Parkhomovskii) erklären läßt. — Es werden Annahmen für die exakte Behandlung der Schallschwächung bei allen Frequenzen gemacht u. Verff. zur Materialprüfung u. Korn-Unterss. umrissen.
W. Betcke 200◇

0522 **Streckgrenze von Sphäroidit.** W. R. Tyson. (Acta metallurg. [New York] **11**, 61—62, 1963; Cambridge, Univ., Dep. of Metallurg.; engl.) — Unter der Annahme, daß die Carbidsphäroide gleichmäßig in den Ferritkörnern verteilt sind, erhielt Vf. unter Benutzung von experimentellen Ergebnissen von Roberts u. Mitarbeitern (vgl. C. **1955**, 8482 u. von Turkalo u. Low (vgl. C. **1962, 12439**) für die Streckgrenze von Sphäroidit eine Streckgrenze von 60000 lbs./sq.in. Dieser Wert wird befriedigend durch die bekannte Theorie von Orowan erklärt. C. Gottfried 200△

0523 **Innere Reibung bei Raumtemperatur in geglühten Fe-Legierungen.** Koichi Sugimoto und Masao Ibaraki. (Trans. Japan Inst. Metals **3**, 167—72, 1962; Sakai, Osaka Univ.; engl.) — Die von der Dehnungsamplitude abhängige innere Reibung in einem Elektrolyt-Fe, in einem magnet. weichen Fe, in hansdelüblichen niedriggekohlten Stählen, in einem eutektoiden Stahl u. in einer Fe-Leg. mit 3% Si, die alle 2 Std. lang bei 950° geglüht waren, wurde bei Raum-Temp. gemessen. Die die innere Reibung beeinflussenden Faktoren werden erörtert. Die bei den Verff. angewandten Frequenz betrug ca. 1,5 kHz u. die Dehnungsamplituden wurden im Bereich von $1 \cdot 10^{-8}$ bis $1 \cdot 10^{-4}$ verändert. Eine von der Dehnungsamplitude abhängige innere Reibung wurde für Amplituden über $1 \cdot 10^{-6}$ im Falle des Elektrolyteisens u. des eutektoiden Stahles festgestellt; sie betrug bei den anderen Werkstoffen $1 \cdot 10^{-7}$. Die Größe der von der Dehnungsamplitude abhängigen inneren Reibung nahm beträchtlich ab, wenn infolge einer plast. Verformung oder Abschreckung des Stahles innere Spannungen entstanden. Sie nahm ferner ab, wenn die Proben eine höhere Konz. von C- oder N-Atomen in fester Lsg. besaßen. Die Hauptursache dieser inneren Reibung rührt vom magnetomechan. stat. Hysteresisverlust her, weil Versetzungen im geglühten Fe u. Stahl von verhältnismäßig geringer Reinheit durch C- oder N-Atome so fest gebunden sind, daß sie sich nicht leicht aus den Festlegungspunkten loßreißen können. Die von der Dehnungsamplitude unabhängige innere Reibung war sehr klein ($Q^{-1} = 5 \cdot 10^{-5}$), u. es wird gefolgert, daß der Ursprung dieser Art von innerer

Reibung im geglühten Fe oder Stahl die Untergrunddämpfung infolge der Snoek-Spitze, des thermoelast. Effekts u. dgl. ist. H. Hochstein 200◇

0524 **Ermittlung der Kriechlinien bei der Verformung von hochfesten Aluminiumlegierungen.** A. T. Sacharow. (Hochschulnachr. [Ordshonikidse], Nichteisenmetallurgie **6**, Nr. 3, 137—43, 1963; Moskau, Ing.-Ökonom. Inst., Lehrst. für Technol. der Metalle; russ.) — Sog. Kriechlinien zeigen sich an hochfesten deformierten Al-Legg. nach therm. Bearbeitung u. nur dann, wenn das Dehnungsdiagramm dieser Al-Legg. sieben selbständig existente Bereiche der Längenänderung Δl sowie 2 Zonen (Kriechlinienzonen) zeigt. Diese Zonen liegen in Bereichen von 3—6 u. 8—12% Δl u. geben mit ihrem sägezahnartigen Aussehen Belastungsänderungen wieder. Jeder Belastungsänderung entspricht stets das Auftreten einer neuen Kriechlinie u. zeigt damit sprunghafte plast. Deformationen an. W.-D. Heußner 200◇

0525 **Ultraschalldämpfung in Blei.** A. R. Mackintosh. (Proc. Roy. Soc. [London], Ser. A **271**, 88—104, 1962; Cambridge, Univ. of Cambridge, Cavendish Labor.; engl.) — Bei 1,2° K wurde die Absorption longitudinaler Ultraschall-Wellen als Funktion des transversalen magnet. Feldes in reinen Bleieinkristallen untersucht. Die Ergebnisse stimmen grundsätzlich mit der berechneten Fermi-Oberfläche des Bleis überein. Bes. konnten durch Unters. der magnetoakust. Oscillationen als Funktion der Probenorientierung u. der Feldrichtung einige Dimensionen der Loch-Fläche in der zweiten Brillouin-Zone bestimmt werden, sowie eine Zahl neuer elektron. Bereiche auf der vielfach gekoppelten Fläche in der dritten Zone ermittelt werden. Die abs. Größe der Dämpfung sowie ihre Abhängigkeit von der Fortpflanzungsrichtung u. des magnet. Feldes wird bestimmt; die Ergebnisse werden mit Hilfe der allg. Theorie der Ultraschall-Absorption gedeutet. D. Noack 200◇

0526 **Deformationsverzwillingung von Zinneinkristallen unter Stoßbelastung.** Ken-ichirō Ishii. (J. physic. Soc. Japan **14**, 1315—21, 1959; Nagoya, Inst. of Technol., Chikusa Branch; engl.) — Vgl. C. **1961**, 18240. — Sn-Einkristalle (99,98%ig.) wurden Impulsen bei einer Stoßzeit von ca. 10^{-3} s ausgesetzt. Lag [0 0 1] nahezu (± 15°) senkrecht zur Probenachse, so trat Verzwillingung in Verbindung mit Fließprozessen auf. Die obere Fließgrenze lag zwischen 0,7 u. 2,5, die untere zwischen 0,1 u. 0,2 kg/mm². Verzwillingung trat immer dort auf, wo große örtliche Drücke erwartet wurden. Zwei mögliche Deutungen der oberen Fließgrenze der Verzwillingung werden diskutiert. K. Jaeger 200◇

0527 **Die Härtung von Cadmiumkristallen durch cyclische Verformung.** T. H. Alden. (Acta metallurg. [New York] **11**, 65—66, 1963; Schenectady, N.Y., Gen. Electr. Res. Labor.; engl.) — Vgl. C. **1963**, 19944. — Mit Hilfe der l. c. beschriebenen Meth. untersuchte Vf. aus der Schmelze erhaltene Einkristalle von 99,9999%ig. Cd bei −83° u. einer plast. Verformungsamplitude von ± 1%. Die anfängliche Härtungsrate beträgt ca. 700 lb./sq.in. Sie beginnt jedoch unmittelbar zu sinken u. erreicht innerhalb einer Verformung von 100% einen Wert von 70 lb./sq.in. Dieser Wert blieb bis über 1000% Verformung unverändert. Mit Ausnahme der anfänglichen Härtungsrate ist dieses Verh. vollkommen verschieden von dem l. c. beobachteten Tieftemp.-Verh. von Zn. Hier fällt die anfängliche Härtungsrate bei 800 lb./sq.in. nicht unter diesen Wert, außer wenn das Spannungsniveau oberhalb 2000 lb./sq.in. ist. Bei der obigen Temp. verhält sich das Cd ähnlich wie das Zn bei Zimmer-Temp. (vgl. l. c.), wo das Klettern von Kantenversetzungen eine Erholung während der Verformung gestattet. In Hinblick auf die Vers.-Temp. u. die Verfügbarkeit eines Quergleitsyst. scheint es wahrscheinlich zu sein, daß die Erholung des Cd von dem Quergleiten von Schraubenversetzungen herrührt. C. Gottfried 200△

0528 **Anomales Kriechen in vielkristallinem Zn.** R. Kamel und F. A. Bessa. (Brit. J. appl. Physics **14**, 459—62, 1963; Cairo, Univ., Phys. Dep.; engl.) — Reine vielkristalline Zn-Drähte mit verschiedenen Korngrößen werden unter relativ hohen Spannungen (bis zu 8 kg/mm²) u. bei Temp. im Bereich von 20—100° auf Kriechen untersucht. Messungen der inneren Reibung u. der Zugdehnung wurden kontinuierlich während der Kriechprüfung durchgeführt. Eine Spitze der inneren Reibung zeigte sich im stetigen Kriechbereich. Im Falle großkörniger Proben nahm die Spitzenhöhe zu u. verschob ihre Lage zu größeren Kriechzeiten hin. Die Aktivierungsenergie des Kriechprozesses war anomal niedrig (ca. 0,5 eV) u. ließ eine weitere Abnahme mit der Korngröße erkennen. Das Aktivierungs-Vol. nahm mit der Temp. zu u. mit dem Kalthärtungs-Koeff. der Probe ab. Ein Versetzungsmodell, das auf einem Leerstellen-Kletterprozeß beruht, wird für das anomale Kriechen in Zn-Vielkristallen vorgeschlagen. Plast. Verformung während des Kriechens wird für den Ursprung der Leerstellen-Übersättigung angesehen, die das Versetzungsklettern änderte. H. Hochstein 200◇

0529 **Die Zeitabhängigkeit der Festigkeit von Aluminium und Silber bei tiefen Temperaturen.** T. P. Ssanfirowa, E. Je. Tomaschewski und Ss. A. Schurakow. (Festkörperphysik [UdSSR] **5**, 1700—05, 1963; Leningrad, Akad. der Wiss. der UdSSR, Phys.-Techn. Joffe-Inst.; russ.) — Gemessen wurde die Druckabhängigkeit der Bruchzeiten von Al u. Ag bei tiefen Temp. (T ≧ 77° K). Die anomalen Effekte, die dabei beobachtet wurden, werden auf plast. Deformation zurückgeführt. K. Jaeger 200◇

0530 **Experimentelle Ergebnisse über Aluminium als mechanisch instabiler Feststoff.** O. W. Dillon jun. (J. Mechan. Physics Solids **11**, 289—304, 1963; Baltimore, Md., Johns Hopkins Univ.; engl.) — Vers.-Ergebnisse werden mitgeteilt, die erkennen lassen, daß geglühtes Al ein mechan. instabiler Feststoff ist, wenn er einer stat. Torsionsbelastung unterworfen wird. Große u. plötzliche Veränderungen im Dehn-Verh. bei nicht stetigen Belastungswerten werden beobachtet. Die bei der Prüfung benutzten Proben sind dünnwandige Rohre eines feinkörnigen polykristallinen Aggregats. Mit Ausnahme der plötzlichen Änderungen wird bei diesen Verff. eine dichtere Annäherung an das Gleichgewicht als bei den meisten anderen Prüfmeth. erreicht. Zur Erreichung einer Dehnung von 3% sind 3 Wochen erforderlich. Diese langsamen Prüfungen werden mit den üblichen Meth. verglichen; obschon gefunden wird, daß die mittlere Spannungs-Dehnungs-Kurve fast gie gleiche ist, gibt es doch im einzelnen wichtige Unterschiede. Diese Unterschiede werden auf die örtliche Stabilität des Materials bezogen. Werte über die Nichthomogenität der Verformung werden angegeben, u. deren Verhältnis zur Materialstabilität wird erörtert. Ferner werden noch Werte von einer Biegeprüfung u. Torsion einer festen Al-Stange mitgeteilt. H. Hochstein 200◇

0531 **Kalthärtungsmerkmale des Basisflächengleitens von Mg-Einkristallen.** Hideo Yoshinaga und Ryo Horiuchi. (Trans. Japan Inst. Metals **3**, 220—26, 1962; Tokyo, Univ.; engl.) — Die Kalthärtungsmerkmale des Basisflächengleitens von Mg werden durch Zugprüfung bei Temp. von Raum-Temp. bis zu 300° an Mg-Einkristallen mit verschiedenen Orientierungen untersucht. Die erhaltenen aufgelösten Scherspannung-Scherdehnungs-Kurven bestehen aus zwei Stufen. Die erste ist das bekannte Easy-glide-Gebiet, die zweite ist ein Schnellhärtungsbereich, welcher der sog. Stufe II von kub.-flächenzentrierten Metallen entspricht; jedoch wird in diesen Kurven der Bereich, der der Stufe III von kub.-flächenzentrierten Metallen entspricht, nicht beobachtet. Stufe II des Mg-Grundflächengleitens nimmt mit steigender Temp. ab u. verschwindet oberhalb von 200°. Aus den Ergebnissen von Zugprüfungen u. metallograph. Beobachtungen wird gefolgert, daß der Härtungsmechanismus des Grundflächengleitens in Stufe II stark von dem des oktaedr. Gleitens in kub.-flächenzentrierten Metallen verschieden ist u. abhängt von den $\{1 1 \bar{2} 0\}$-Kinkbändern, die durch die Bldg. von $\{1 0 \bar{1} 2\}$-Zwillingen verankert werden. H. Hochstein 200◇

0532 **Bemerkungen zu der Theorie von Rosenfield und Averbach für das anfängliche Fließen in kubisch-flächenzentrierten Metallen und Legierungen.** T. J. Koppenaal. (Acta metallurg. [New York] **11**, 85—86, 1963; Argonne, Ill., Argonne Nat. Labor.; engl.) — Vf. nimmt Bezug auf eine von Rosenfield u. Averbach (vgl. C. **1962**, 4836) entwickelte Theorie für das Anfangsstadium der plast. Verformung in kub.-flächenzentrierten Metallen u. Legg. u. deren Anwendungen auf experimentelle Ergebnisse von anderer Seite an Cu_3Au bzw. angelassenen *Cu*-Einkristallen. Es wird festgestellt, daß die Anwendung der Theorie auf diese experimentellen Ergebnisse zu bezweifeln ist, nicht aber die Theorie an sich. — 5 Literaturangaben. C. Gottfried 200△

0533 **Antwort auf die Bemerkungen von Koppenaal über das anfängliche Fließen in kubisch-flächenzentrierten Metallen.** B. L. Averbach und A. R. Rosenfield. (Acta metallurg. [New York] **11,** 86, 1963; Cambridge, Mass., MIT; Liverpool, Univ.; engl.) — Vgl. vorst. Referat. — Die von Koppenaal (vgl. l. c.) geäußerten Zweifel an der Anwendbarkeit der von Rosenfield u. Averbach (vgl. C. **1962,** 4836) entwickelten Theorie werden als nicht stichhaltig angesehen. C. Gottfried 200△

0534 **Atomphysik und die Festigkeit von Metallen.** Nevill Mott. (Proc. Roy. Soc. [London], Ser. A **275,** 149—60, 1963; engl.) — Zusammenfassender Vortrag über Versetzungen u. ihren Zusammenhang mit der Duktilität. H. Liepack 200◇

0535 **Sekundäre Längenänderungen durch Druck in experimentell verformten Gesteinen.** M. S. Paterson. (Proc. Roy. Soc. [London], Ser. A **271,** 57—87, 1963; Canberra, Australian Nat. Univ., Dep. of Geophys.; engl.) — Bei Marmor u. Kalkstein wurden nach plast. Verformung bei hohem Druck Längenänderungen bei nachlassendem Druck beobachtet, die merklich von den normalen elast. Änderungen durch Druck abweichen. Die Abweichungen vom normalen elast. Verh. sind eine Funktion des Druckes u. nicht der Zeit u. werden von einer Dichteabnahme begleitet. Da solche sek. Längenänderungen bei polykristallinem Cu u. in Calcit-Einkristallen nicht beobachtet werden, nimmt Vf. an, daß sich diese auf intergranulare Spannungen zurückführen lassen, die zu Kornverzerrungen u. zur Ausbldg. innerer Brüche führen. Ähnliche sek. Längenänderungen wurden auch bei Granit, Sandstein u. Serpentin nach Druckverformungen beobachtet. D. Noack 200◇

0536 **Innere Reibung von KCl-Kristallen bei tiefen Temperaturen.** Taira Suzuki, Katsumi Suzuki und Tomoo Kamigaki. (J. physic. Soc. Japan **14,** 731—40, 1959; Sendai, Japan, Tohoku Univ., Res. Inst. for Iron, Steel and Other Metals; engl.) — Gemessen wurde die Ultraschalldämpfung im MHz-Bereich in kaltverformten u. abgeschreckten KCl-Kristallen im Temp.-Bereich 200° K bis Zimmer-Temperatur. Für kaltverformte Proben tritt unterhalb 240° K eine sehr breite Relaxationsbande auf. Unterss. der Dämpfungsanisotropie in Proben, die durch einen einseitigen Druck kaltverformt wurden, zeigten, daß die Dämpfung durch Versetzungsbewegungen verursacht wird. Die Aktivierungsenergie dafür beträgt 0,44 eV. In abgeschreckten Proben verschiebt sich die Dämpfungsbande mit steigenden Abschreckungs-Temp. zu höheren Temp., womit ein Ansteigen der Aktivierungsenergie verknüpft ist. Auch zeigen abgeschreckte Proben Alterungserscheinungen, die sich ebenfalls in einer Verschiebung der Dämpfungsbande nach höheren Temp. äußern. Das Auftreten der Dämpfungsbande wird dem Einfl. von Gitterleerstellen in den Versetzungszentren auf die Aktivierungsenergie der Versetzungsbewegung u. der Versetzungswanderung in den Zentren oscillierender Versetzungen zugeschrieben. K. Jaeger 200◇

0537 **Untersuchung der Anisotropie der mechanischen Eigenschaften für NaCl-Einkristalle auf Grund von Beobachtungen der Versetzungsverteilung auf der (1 1 1)-Fläche.** Ju. Ss. Bojarskaja und M. I. Walkowskaja. (Festkörperphysik [UdSSR] **5,** 2324—31, 1963; Kischinew, Akad. der Wiss. der UdSSR, Inst. für Phys. u. Math.; russ.) — Untersucht wurden die Versetzungsätzmuster auf (1 1 1)-Oberflächen von NaCl-Kristallen nach mechan. Beanspruchung des Kristalls bzw. der Fläche (Punktbelastung, Ritzen). Es wurde eine Polarität der Härte festgestellt. K. Jaeger 200◇

0538 **Abgabe elastischer Energie von Gleitlinien beim Bruch.** S. Wiederhorn. (J. appl. Physics **33,** 3233—34, 1962; Wilmington, Del., E.I. du Pont de Nemours & Co., Engng. Dep., Engng. Res. Labor.; engl.) — Vf. berechnet die beim Bruch längs einer Gleitlinie frei werdende elast. Energie u. stellt fest, daß diese groß genug ist, um das längs (1 1 0) erfolgende Spalten von Ionenkristallen vom NaCl-Typ zu erklären. W. Sobieski 200◇

0539 **Die Temperaturabhängigkeit der Elastizitätskonstanten von Kristallen mit einem Symmetriezentrum.** W. W. Mitzkewitsch. (Festkörperphysik [UdSSR] **5,** 1561 bis 1573, 1963; Wilnja, Kapsukass-Univ.; russ.) — Berechnet werden mit Hilfe der Meth. der homogenen Deformation die Elastizitäts-Konst. von Kristallen mit einem Inversionszentrum, wobei die Gitterschwingungen berücksichtigt werden. Werte für die Temp.-Koeff. der Elastizitäts-Konst. bei hohen Temp. werden für *NaCl*, *KCl*, *KBr* u. *CsBr* angegeben. Die Ergebnisse werden diskutiert u. mit experimentellen Daten verglichen. K. Jaeger 200◇

0540 **Die Abhängigkeit des Frequenzspektrums eines kubisch-primitiven Gitters von der Deformation.** A. I. Gubanow und A. A. Nranjan. (Festkörperphysik [UdSSR] **5,** 1678—81, 1963; Leningrad, Akad. der Wiss. der UdSSR, Phys.-Techn. Joffe-Inst.; russ.) — Berechnet werden die Änderungen des Schwingungsspektrums eines kub. primitiven Kristallgitters, die durch einen einaxialen Druck erzeugt werden, wobei die Wechselwrkg. zwischen nächsten u. zweitnächsten Nachbarn berücksichtigt werden. Es wird gezeigt, daß die Grüneisen-Näherung nicht anwendbar ist. K. Jaeger 200◇

0541 **Reibung und Verschleiß und ihre gegenseitige Beziehung beim Abrieb eines spröden Einkristalls.** P. S. Dobson und H. Wilman. (Brit. J. appl. Physics **14,** 132—36, 1963; London, Imp. Coll., Dep. of Chem. Engng. and Chem. Technol., Appl. Phys. and Chem. of Surfaces; engl.) — Vff. untersuchten zuerst den Reibungs-Koeff. μ u. die Verschleiß-Geschw. M auf der (0 0 1)-Fläche eines *NaCl*-Kristalls während des Abriebs auf trockenem Schmiergelpapier mit Teilchendurchmessern D zwischen 5 μm u. 150 μm entlang der Würfelkante u. Belastungen zwischen 100 g u. 1 kg. Bei einer Belastung von 500 g war μ prakt. konst. ($\mu_{max} = 0{,}78$), wenn D größer als ca. 50 μm war; bei kleinerem D fiel μ sehr schnell ab, bis μ ca. 0,42 bei D = 5 μm betrug. Bei einer Abriebrichtung parallel einer Würfelflächendiagonale u. bei D = 150 μm u. Belastung von 500 g wurde keine meßbare Änderung von μ beobachtet, die Massenverschleiß-Geschw. M dagegen war ca. 3% höher als bei dem ersten Versuch. Es wurde dann der Reibungs-Koeff. von Steinsalz auf Steinsalz bei einer Belastung von 500 g gemessen u. zu 0,28 gefunden. Es wurde zum ersten Mal die Natur der systemat. Abhängigkeit von μ u. M von der Teilchengröße des Schleifmittels nachgewiesen. Aus den mkr. Beobachtungen ergab sich, wie spröder Bruch die Beziehung zwischen Reibung u. Verschleiß beeinflußt. Es konnten 3 Arten von Beziehungen unterschieden werden, die von der Tiefe des Eindrucks der Schleifteilchen abhängig sind. Für Tiefen unter ca. 0,5 μm sind Brüche zu vernachlässigen u. der Verschleiß u. die Reibung sind größenordnungsmäßig denen ähnlich, die man beim Abrieb eines Metalls ähnlicher Härte beobachtet. Für tiefere Eindrücke wurde ein höherer M-Wert beobachtet, u. es besteht eine lineare Beziehung zwischen μ u. M. Bei Eindringungstiefen > ca. 5 μm nimmt M stark zu, jedoch ohne weitere Zunahme von μ. Vff. entwickeln eine modifizierte Theorie der Reibung u. des Verschleißes beim Abrieb von spröden Festkörpern. C. Gottfried 200△

0542 **Einige Aspekte des Kriechbruches.** F. K. G. Odqvist und J. Hult. (Ark. Fysik **19,** 379—82, 1961; Stockholm, Roy. Inst. of Technol.; engl.) — Vff. besprechen krit. die von Robinson (Trans. ASME **74,** [1952], 277) aufgestellten Theorien u. entwickelten Formeln über die Ursachen des Kriechbruches. Sie kommen hierbei zu dem Ergebnis, daß die Hypothese von Kachanov nur eine andere Formulierung darstellt als die Theorie von Robinson. C. Gottfried 200

0543 **Innere Reibung und Anelastizität von festen Körpern.** Bernard Vittoz, Bernard Secretan und Bernard Martinet. (Z. angew. Math. Physik [Basel] **14,** 46—69, 1963; Lausanne, Univ., École Polytechn., Labor. de Gén. Atom.; franz.) — Zusammenfassender Überblick. C. Gottfried 200△

0544 **Durch Kristallgleitung erzeugtes Spannungsfeld an einer freien Oberfläche.** T. H. Lin und S. Uchiyama. (J. Mechan. Physics Solids **11,** 327—43, 1963; Los Angeles, Calif., Univ. of California, Dep. of Engng.; engl.) — Die Anfangsstufe einer plast. Verformung eines feinkörnigen Aggregates mit nur in den am günstigsten orientierten Kristallen auftretendem Gleiten wird erörtert. Der Elastizitäts-Modul der individuellen Kristalle wird als isotrop. angesehen. Die gleitenden Kristalle gelten als kub. in Form u. sind an einer freien Aggregatoberfläche gelagert. Die Kaltverfestigung wird erörtert. Die berechnete Gleitverteilung u. das durch das Gleiten verursachte Spannungsfeld werden angegeben. Das

Gleiten nahe der freien Oberfläche u. der anderen Grenzen der geglittenen Kristalle ist geringer als das im Innern.
H. Hochstein 200◇

0545 **Elastische Eigenschaften von verstärkten Feststoffen: Einige theoretische Prinzipien.** R. Hill. (J. Mechan. Physics Solids **11**, 357–72, 1963; Nottingham, Univ., Dep. of Math.; engl.) — Das Problem von zwei isotropen, miteinander unter Bldg. eines Gemisches mit beliebigen Konzz. fest verbundenen Phasen wird theoret. erörtert. Theoret. Meth. zur Behandlung dieses Problems werden mitgeteilt; hierzu gehört die Ableitung von Ungleichheiten zwischen verschiedenen Moduln. Außerdem wird das Problem vollständig gelöst, wenn die Phasen gleiche Steifigkeiten, jedoch verschiedene Verdichtbarkeiten haben.
H. Hochstein 200◇

0546 **Tiefung eines steifen/plastischen Materials durch einen konischen Eindruckkörper.** F. J. Lockett. (J. Mechan. Physics Solids **11**, 345–55, 1963; Fort Halstead, R.A.R.D.E.; engl.) — Theoret. Untersuchung.
H. Hochstein 200◇

A$_7$. Gleichgewichte, Kinetik

0547 **Verwendung der Sättigungskurve zur Charakterisierung von Komplexverbindungen.** L. P. Adamowitsch. (J. anorg. Chem. [UdSSR] **5**, 782–90, 1960; Charkow, Gorki-Univ.; russ.) — Vgl. C. **1963**, **8461**. — Zur Ermittlung der Zus. von Komplexen wurde die opt. Sättigungskurve verwendet, d. i. die Kurve der Extinktion von Lsgg. komplexbildender 2-Komponentengemische bei konst. Konz. der 1. Komponente in Abhängigkeit von der Konz. der 2. Komponente. Es zeigte sich, daß für einfachere Komplexe der Verlauf der Kurve, deren Ordnung von den Koeff. der Rk.-Gleichung abhängt, durch Hyperbeln wiedergegeben werden kann. Die Parameter dieser Gleichungen können zur Best. der Zus. der Komplexe u. zur Best. der molaren Absorptions-Koeff. sowie zur Ermittlung der Stabilitäts-Konst. verwendet werden. Der Anwendungsbereich der Meth. wird aufgezeigt, u. es wird gezeigt, daß die Meth. auch für den Fall der Polymerisation der farblosen Komponente, wo die Job-Meth. nicht anwendbar ist, brauchbar ist. G. Winkhaus 223□

0548 **Eine Methode zur Untersuchung der Metallkomplexbildung in einer Anionenaustauscherphase.** Sture Fronaeus, Irene Lundqvist und Artur Sonesson. (Acta chem. scand. **16**, 1936–44, 1962; Lund, Univ., Chem. Inst., Dep. of Inorg. and Phys. Chem.; engl.) — Die Verteilung von Cd^{2+} zwischen dem Anionenaustauscher Dowex 2-X8 u. der $NaClO_4$ zur Konstanthaltung der Ionenstärke enthaltenden Lsg. wird in Abhängigkeit von der Br^--Konz. untersucht. Mittels theoret. Überlegungen wird daraus die Ligandenzahl des Cd–Br-Komplexes im Austauscher zu maximal 4 bestimmt. Ebenso wurden die Stabilitäts-Konst. der Komplexe in der Harzphase berechnet: $b_{1R} > 200$ (Mol^{-1}), $b_{2R} = 80 \pm 30$, $b_{3R} = 50 \pm 25$ u. $b_{4R} = 3{,}0 \pm 1{,}5$. R. Krämer 223◇

0549 **Anwendung des Ionenaustauschs zur Untersuchung des Stoffzustandes in Lösung.** 7. Mitt. **Untersuchung der Komplexbildung des Yttriums mit einbasigen Säuren.** W. I. Paramonowa, A. Ss. Kereitschuk und B. A. Schischljakow. (Radiochemie [UdSSR] **1**, 650–59, 1959; russ.) — 6. vgl. C. **1964**, 13-0562. — Die Komplex-Bldg. von ^{91}Y mit Acetat u. Lactat wurde mittels Ionenaustauscher (Kationit KU-2) untersucht. Gefunden wurden die Komplexe $[YAc]^{2+}$ u. $[YAc_2]^+$, deren Instabilitäts-Konst. bei einer Ionenstärke von 0,2 $3{,}8 \cdot 10^{-2}$ u. $1{,}5 \cdot 10^{-3}$ betragen. Ferner wurden die Komplexe $[YLact]^{2+}$ u. $YLact_2^+$ nachgewiesen mit den Instabilitäts-Konst. $2{,}7 \cdot 10^{-3}$ u. $2{,}0 \cdot 10^{-5}$ bei einer Ionenstärke von 0,2. In den Lsgg. der Milchsäure hängt die Komplex-Bldg. nicht nur von der Konz. des Lactations ab, sondern auch von der der nichtdissoziierten Säure.
M. Wiedemann 223□

0550 **Anwendung des Ionenaustauschs zur Untersuchung des Stoffzustands in Lösung.** 8. Mitt. **Untersuchung von Uranylcarbonatlösungen mit der Ionenaustauschmethode.** W. I. Paramonowa und N. M. Nikolajewa. (Radiochemie [UdSSR] **4**, 84–88, 1962; russ.) — 7. vgl. vorst. Referat. — Mittels Adsorptionskurven wurde das Vorliegen von U^{VI} als Anion wie als Kation in Carbonat-Lsgg. in Abhängigkeit vom pH-Wert u. der Carbonat-Konz. festgestellt. Die Kationen-Adsorption spiegelt die Hydrolyse von U^{VI} wieder. Nur bei $[CO_3^{2-}]$ von 10^{-6} bis 10^{-7} wird die Bldg. von Carbonat-Komplexen bei der Anionen-Adsorption beobachtet. Die Instabilitäts-Konst. wurde bei $\mu = 0{,}5$ (Ionenstärke) zu $[UO_2 \cdot (CO_3)_2^{2-}][CO_3^{2-}]/[UO_2(CO_3)_3^{4-}] = (1{,}0 \pm 0{,}1) \cdot 10^{-7}$ bestimmt.
M. Wiedemann 223◇

0551 **Komplexbildungsreaktionen von Antimonpentachlorid.** 1. Mitt. **Carbonsäuren.** M. I. Ussanowitsch, A. K. Nurmakowa und T. N. Ssumarokowa. (J. allg. Chem. [UdSSR] **31** **(93)**, 3493–3500, 1961; Akad. der Wiss. der KasachSSR, Inst. für chem. Wiss.; russ.) — Vff. untersuchen die Dichte, Zähigkeit u. elektr. Leitfähigkeit im gesamten Konz.-Bereich der Syst. $SbCl_5$–C_2H_5COOH, $SbCl_5$–C_3H_7COOH u. $SbCl_5$–CH_3COOH bei 40, 60 u. 80°. Die experimentellen Ergebnisse zeigen, daß sich Komplexe der Zus. $SbCl_5 \cdot 2\,RCOOH$ bilden. Die Dissoziation dieser Komplexe wird folgendermaßen angenommen: $SbCl_5 \cdot RCOOH + RCOOH \rightleftharpoons SbCl_5(RCOO)^- + RCOOH_2^+$. G. Engelhardt 223□

0552 **Über die Komplexbildung von Zirkonium und Hafnium mit einigen Hydroxysäuren.** D. I. Rjabtschikow, A. N. Jermakow, W. K. Beljajewa und I. N. Marow. (J. anorg. Chem. [UdSSR] **5**, 1051–67, 1960; russ.) — Es wird über Unterss. der Trennung von Zr u. Hf mit Hilfe von Ionenaustauschern (Kationit KU-2 u. Anionit EDE-10 p; Kolonne 10 mm ⌀; 250 mm Höhe; Durchlaufgeschw. 0,8 ml/min·cm²) unter Verw. von ^{95}Zr u. ^{181}Hf berichtet. $HClO_4$-saure Lsgg. mit Mengen von 15 mg (Konz. der Lsgg. $5 \cdot 10^{-6}$ m Zr bzw. Hf) wurden angewandt u. der Austauscher mit $HClO_4$ (0,125; 0,5; 1 u. 2 m) sowie Lsgg. von organ. Hydroxysäuren eluiert (Konz. zwischen 0,125 u. 2 m), u. die Aktivität der Eluate bestimmt, wobei die weiche β-Strahlung von ^{95}Nb durch Al-Filter beseitigt wurde. — Allg. ist die Stabilität der Zr-Komplexe größer als die der Hf-Komplexe, wobei die Stabilität in der Reihe Oxal- > Mesoxal- ≥ Trihydroxyglutar- > Citronen- > Milch- > Wein- > Apfelsäure sinkt. — Die besten Trennungsergebnisse wurden mit Citronensäure (K_f für Hf 174 ± 17, für Zr 1300 ± 216) erzielt.
J. Tůmová 223◇

0553 **Chelatbildung zwischen Thoriumionen und Natriumalizarin-3-sulfonat.** 2. Mitt. **Photometrische und konduktometrische Untersuchungen der Zusammensetzung und Stabilität des Chelats.** Suresh C. Srivastava und Arun K. Dey. (Indian J. Chem. **1**, 242–44, 1963; Allahabad, Univ. of Allahabad, Chem. Labor.; engl.) — 1. vgl. C. **1963**, **8850**. — Th(IV) u. Na-Alizarin-3-sulfonat bilden einen im pH-Bereich 2,85–8,00 stabilen rosafarbenen 1:2-Komplex (λ_{max} = 520 nm). Der Logarithmus der Stabilitäts-Konst. wurde zu 8,3 ± 0,2 u. die Freie Bldg.-Energie zu −11,4 ± 0,3 kcal bei pH 4,5, 30° u. der Ionenstärke 0,1 m bestimmt.
P. Kurzmann 223◇

0554 **Untersuchung der relativen Stabilität einiger Komplexverbindungen von Niob und Tantal in Lösung.** A. K. Babko und W. W. Lukatschina. (Ukrain. chem. J. **27**, 794–96, 1961; Inst. für allg. u. anorg. Chem. der Akad. der Wiss. der UkrainSSR; russ.) — Für pH-Werte von 1,2; 2,5 u. 5,0 werden von Vff. die Minimalkonzz. an Wein-, Citronen-, Oxal- u. Milchsäure sowie ÄDTA, NaF u. Brenzcatechin bestimmt, die zur Maskierung von Nb u. Ta erforderlich sind u. die Komplexbeständigkeit in der angegebenen Reihe für Nb u. Ta untersucht. Es genügt die Zugabe von je 1 Mol Wein-, Citronen- u. Oxalsäure oder ÄDTA, um unter Bldg. mehrkerniger Verbb. mehrere (bis zu 6) Mol Nb oder Ta in Lsg. zu komplexieren. W.-D. Heußner 223◇

0555 **Komplexbildung im System Eisen(III)–Nitron–Rhodanid.** 3. Mitt. **Abscheidung und Untersuchung der Extrahierbarkeit des Nitroniumrhodanoferratkomplexes mit Dichloräthan.** A. Ss. Babenko und W. N. Tolmatschew. (Ukrain. chem. J. **28**, 139–45, 1962; Charkow, Polytechn. Lenin-Inst.; russ.) — 2. vgl. Ukrain. chem. J. **28**, [1962], 26. — Vff. untersuchen den ausgeschiedenen krist. Nitron(Nit)–Thiocyanat-Komplex des Fe, bestimmen seine Zus. u. geben die Bruttoformel mit $[H_3(Nit)_3][Fe(SCN)_6]$ (**I**) an. Es konnte gezeigt werden, daß eine maximale Extrahierbarkeit von **I** durch Dichloräthan dann erreicht wird, wenn bei pH-Werten von 0,8–2,9 die Konzz. von SCN^- ca. 0,3–0,5 Mol/Liter u. $C_{20}H_{16}N_4$ $4 \cdot 10^{-3}$ bis $6 \cdot 10^{-3}$ Mol/Liter betragen. Unter diesen Bedingungen werden 0,01–0,4 mg Fe durch einmalige Extraktion mit 10 ml Dichloräthan aus 20 ml wss. Phase noch vollständig erfaßt. Anwesende Cl^-, SO_4^{2-}- u. PO_4^{3-}-

Ionen bis zum Verhältnis von (Fe^{3+}) : (PO_4^{3-}, SO_4^{2-}, Cl^-) = 1 : 1000 haben prakt. keinen Einfl. auf die Extraktion von I.
W.-D. Heußner 223◇

0556 **Ternäre Komplexverbindungen im System Metallion–Nitron–Thiocyanat.** A. Ss. Babenko und W. M. Tolmatschew. (Ukrain. chem. J. **27**, 732–39, 1961; Ber. Akad. Wiss. UkrainSSR **1962**, 394–97; ukrain., Auszug: engl.) — Vgl. vorst. Referat. — Von den untersuchten Metallionen bilden die nachst. bei der Rk. mit Nitron (Nit, als Sulfat) in Ggw. von überschüssigem SCN^- mit Dichloräthan extrahierbare Komplexe: Cu(II), Au(III), Zn(II), Hg(II), In(III), Sn(II), V(V), V(IV), Ta(V), Sb(V), Co(II), Fe(III), Ti(IV), Nb(V), Bi(III), Mo(VI), W(VI), UO_2^{2+}, Pt(IV), Pd(II), Os(VIII), Ru(VI) u. Re(VII). Für Cu(II), Fe(III) u. Co(II) wird die prozentuale Zus. der kristallinen Komplexe u. die Extrahierbarkeit in Abhängigkeit vom pH-Wert u. der Konz. von Nit u. SCN^- in der Lsg. angegeben. Die Zus. entspricht den Verbb. $[H_2(Nit)_2][Cu(SCN)_4]$ bzw. $[H_3(Nit)_3][Fe(SCN)_6]$ bzw. $[H_2(Nit)_2][Co(SCN)_4]$. Die Absorptionsspektren der Verbb. mit Fe(III), Mo(VI), Os(VIII), Bi(III), Re(VII), Au(III), Co(II), Ru(VI), Cu(II), Ti(IV), Nb(V), W(VI) u. UO_2^{2+} sind zusammengefaßt.
O. Lebtag 223△

0557 **Metallkomplexe des Isonicotinsäurehydrazids und ähnlicher Verbindungen.** Morizo Ishidate. (Analyt. Chem., Proc. int. Sympos., Birmingham Univ. [U. K.] **1962**, 178–82, 1963; Takadaminami-cho, Toshima-ku, Tokyo, Tokyo Biochem. Res. Inst.; engl.) — Isonicotin-, Nicotin-, Pyridin-2-carbon-, Benzoe-, p-Nitrobenzoesäurehydrazid, Isonicotinsäureamid, Isonicotinsäure-$N_{(1)}$- u. -$N_{(2)}$-methylhydrazid bilden mit Cu(II) u. anderen 2wertigen Metallen Komplexverbindungen. Struktur u. Stabilität der Cu(II)-Komplexe werden diskutiert.
H. Kuchenbecker 223◇

0558 **Über den Zusammenhang des Löslichkeitsproduktes mit der Löslichkeit.** L. P. Adamowitsch. (Ukrain. chem. J. **27**, 713–18, 1961; Charkow, Gorki-Univ.; russ.) — Zusammenfassende mathemat. Übersicht.
W.-D. Heußner 224◇

0559 **Über die Löslichkeit von feingepulvertem Quarz in Wasser.** G. Ss. Chodakow und E. R. Pluziss. (Ber. Akad. Wiss. UdSSR **123**, 725–28, 1958; Allunions Forschungsinst. für Feinstzerkleinerung der Akad. für Bauwesen u. Architektur der UdSSR; russ.) — Quarzpulverproben wurden auf der Vibromühle 2–16 Min. lang zerkleinert, wobei nach 2 Min. langem Mahlen der höchste Feinheitsgrad von 7 bis 9 m^2/g, einer mittleren Teilchengröße von 0,3 μ entsprechend, bereits erreicht worden war. Proben von 10 g wurden mit 300 ml dest. W. einige Std. lang geschüttelt, dann ließ man die Proben ruhen, wobei nach 60–80 Tagen Sättigung erreicht war. Proben von 20 ml wurden sorgfältig zentrifugiert u. die gelöste Menge mit NH_4-Molybdat (Mo-Blau, Empfindlichkeit 1 mg/Liter) bestimmt. Die gelöste Menge C u. die Löslichkeit C_L ergab sich aus der Formel $C = C_L(1 - e^{-k\tau})$. Prakt. lösten sich bis 120 mg/Liter (20mal mehr als grobkrist. Quarz; die Löslichkeit von Quarz der Gefäße betrug nicht über 4 mg/Liter) — 16mal mehr als berechnet. Es bildet sich eine echte, nichtkoll. Lsg.; die Löslichkeit steigt mit der Zerkleinerungsdauer an; längeres Zerkleinern steigert nicht die Dispersion, zersetzt jedoch das Quarzgitter.
A. v. Wilpert 224□

0560 **Einfluß einer zusätzlichen Komponente auf die Löslichkeit in separierenden Lösungsmitteln. 3. Mitt. Einfluß von Benzol auf die Löslichkeit von Kaliumchlorid in Gemischen von n-Propylalkohol mit Wasser.** A. Ss. Barkan und I. W. Rudakowskaja. (Hochschulnachr. [Iwanowo], Chem. u. chem. Technol. **5**, 559–63, 1962; Beloruss. Lenin-Univ., Inst. für allg. u. anorgan. Chem.; russ.) — 2. vgl. Hochschulnachr. [Iwanowo], Chem. u. chem. Technol. **5**, [1962], 394. — Bei 0, 20 u. 40° wird der Einfl. von Bzl. auf die Löslichkeit von KCl in verschiedenen Schichten untersucht, die sich bilden, wenn wss. Lsgg. mit 9,9, 50 u. 70% n-Propanol mit KCl gesätt. werden. Es wird festgestellt, daß ein Benzolzusatz die Löslichkeit von KCl in den unteren (wss.) Schichten erhöht u. in den oberen (nichtwss.) Schichten erniedrigt. Die mittlere Löslichkeit von KCl in den separierenden Syst. n-Propanol–W.–KCl u. n-Propanol–W.–Bzl.–KCl wird unter den gleichen Bedingungen gemessen. In allen Fällen ruft Zugabe von Bzl. eine Erhöhung der mittleren Löslichkeit hervor, was durch eine Verteilung der Komponenten zwischen den Schichten erklärt wird.
G. Engelhardt 224◇

0561 **Löslichkeitspolythermen von Kalium- und Cäsiumtetrafluoroboraten.** I. G. Ryss und I. Ss. Chordass. (J. anorg. Chem. [UdSSR] **3**, 1410–15, 1958; Dnepropetrowsk, Eisenbahning.-Inst.; russ.) — Die Löslichkeiten von KBF_4 (I) u. $CsBF_4$ (II) wurden bestimmt u. die Werte unter Berücksichtigung partieller Hydrolyse korrigiert. Folgende korr. Löslichkeiten (Gew.-%) werden für Temp. zwischen 0 u. 70 bzw. 60° angegeben u. betragen für I bzw. II bei 0°: 0,1836 (0,533) u. bei 60,1°: 2,472 (7,348). Die Temp.-Abhängigkeit der berechneten Aktivitäten ließ sich durch I: log a = 7,470 – 3080/T bzw. II: log a = 8,236 – 3164/T wiedergeben. Für ΔH^0, ΔS^0_{298} u. ΔF^0_{298} von I (II) ergaben sich die Werte 14,1 (14,5) kcal/Mol, 34 (38) Entropieeinheiten u. 3,90 (3,24) kcal/Mol. Die größere Löslichkeit von II beruht offenbar vor allem auf einem Entropieeffekt.
G. Winkhaus 224◇

0562 **Mitfällung von geringen Selenmengen mit Eisenhydroxid.** W. I. Plotnikow. (J. anorg. Chem. [UdSSR] **3**, 1761–66, 1958; Allunions Bergbaumetallurg. Forschungsinst. für Buntmetalle; russ.) — Durch Messung der ^{75}Se-Aktivität im Nd. bestimmt Vf. den Mitfällungsgrad von Se (in Lsg. als H_2SeO_3 bzw. H_2SeO_4) durch $Fe(OH)_3$ in Abhängigkeit vom pH-Wert der Lsg., der Konzz. an NH_4^+ u. Se(IV, VI)-Salzen, der $Fe(OH)_3$-Menge, von der Temp. bei 20, 50 u. 75°, der Zeit u. der Reihenfolge der Lsg.-Zugabe sowie der Berührung von Nd. mit der Lösung. Dabei läßt sich u. a. im pH-Bereich von 9–10 eine Mitfällung von ca. 60% Se beobachten, die bei pH 6 auf 90–100% ansteigt. Fremdionenzusätze an NO_3^- u. SO_4^{2-} vermindern die Mitfällung bedeutend.
W.-D. Heußner 224◇

0563 **Die Maskierung der hydrolytischen Fällungsreaktionen von Metallionen.** 1. Mitt. **Die Maskierung von Mangan(II)- und Kupfer(II)-Ionen.** K'uei Wang. (Acta chim. sinica **29**, 78–85, 1963; Peking, Med. Coll., Labor. of Analyt. Chem.; chin., Auszug: engl.) — Unterss. über die Verhinderung der hydrolyt. Fällung durch Komplex-Bldg. zeigen, daß die Fähigkeit der Komplex-Bldg. der Rangordnung entspricht: für Cu^{2+}: Weinsäure (I) > Citronensäure (II) > Brenzcatechindisulfonsäure (III) > Äpfelsäure > Sulfosalicylsäure > Biuret, Mandelsäure > Na-Salicylat > Trinatrium-EDTA (IV) > Semicarbazidhydrochlorid > Thioharnstoff > $Na_2S_2O_3$, für Mn^{2+}: III > II > IV > Oxalsäure.
W. Wesly 224◇

0564 **Zur Hydrolyse amphoterer Metallalkoxide.** 1. Mitt. **Allgemeine Grundlagen und Ergebnisse.** Karl Friedrich Jahr und Joachim Fuchs. (Chem. Ber. **96**, 2457–59, 1963; Berlin, FU, Inst. für anorgan. Chem.; dt.) — Bei vorsichtiger Hydrolyse eines im organ. Lsgm. gelösten amphoteren Metallalkoxids in Ggw. von Anhydrobasen bzw. Anhydrosäuren entstehen Salze von niedrigkondensierten Säuren bzw. Basen. Der Kondens.-Grad des Rk.-Prod. hängt im wesentlichen vom pK-Wert der anwesenden Base oder Säure ab. Die Rkk. verlaufen übersichtlicher als die entsprechenden Hydrolysen- bzw. Kondens.-Rkk. in wss. Lsg., weil das W. nur als Reagens, nicht als Solvens, fungiert. Die Rkk. verlaufen quant., wenn das gebildete Salz in dem organ. Lsgm. unlösl. ist. Das Rk.-Prod. ist stets frei von Kristallwasser, enthält aber oft organ. Lsgm. an seiner Stelle. Dadurch läßt sich der Konstit.-Wasser-Geh. des Salzes bestimmen, der für die Strukturaufklärung von Polyionen unerläßlich ist.
G. Heller 224◇

0565 **Zur Hydrolyse amphoterer Metallalkoxide.** 2. Mitt. **Die Verseifung von Orthovanadinsäure-tert.-butylester in Gegenwart von schwachen Basen.** Joachim Fuchs und Karl Friedrich Jahr. (Chem. Ber. **96**, 2460–71, 1963; dt.) — 1. vgl. vorst. Referat. — Die Hydrolyse einer Lsg. von Orthovanadinsäure-tert.-butylester in Testbenzin in Ggw. sehr schwacher organ. Basen, wie Acridin (Acr), entstehen mit wasserhaltigem Ae. (0,381% H_2O) gelborangefarbenes $(AcrH)_6V_{10}O_{28}$, mit wasserreicherem Aceton (>3,5%) leuchtend orangefarbenes $(AcrH)_5HV_{10}O_{28}$ u. mit wasserärmerem Aceton (<3%) dunkelorangefarbenes, etwas braunstichiges $(AcrH)_4H_2V_{10}O_{28}$. Die Zus. der erhaltenen Dekavanadate bewiest, daß Dekavanadinsäure kein Konstit.-Wasser über die Formel $H_6V_{10}O_{28}$ hinaus besitzt. Bei der Esterhydrolyse in Ggw. von Pyridin (Py) entsteht ein Polyvanadat, das wahrscheinlich aus einem Gemisch von $[(PyH)V_3O_8]_n$ u. etwas Dekavanadat besteht. In Ggw. von Basen mit pK_b 4–7

(NH_3, Triäthylamin, Ephedrin, Piperidin, Urotropin) bilden sich bei der Esterhydrolyse mit wasserhaltigem A. (1—5%) oder Pyridin (1—3%) farblose Metavanadate, z. B. in mit NH_3 gesätt. Chlf. das Salz $(NH_4VO_3)_n$. G. Heller 224◇

0566 **Zur Hydrolyse amphoterer Metallalkoxide.** 3. Mitt. **Die Verseifung von Niob(V)-säurepentaäthylester in Gegenwart von Anhydrobasen.** Joachim Fuchs, Karl Friedrich Jahr und Gert Heller. (Chem. Ber. **96,** 2472—84, 1963; dt.) — 2. vgl. vorst. Referat. — Durch Hydrolyse einer Lsg. von Niob(V)-säurepentaäthylester in Testbenzin mit wasserhaltigem A. (<4% H_2O) entstehen Prodd. mit schwankendem Nb_2O_5-Geh.; auch in Ggw. von β-Naphthylamin (pK_a 9,89) wurde kein definiertes Polyniobat erhalten. In Ggw. von Pyridin (Py; 8,77) in wassergesätt. Chlf. (0,117%) fällt $(PyH)_{10}Nb_{24}O_{65}$, in Ggw. von Urotropin (Ur; 7,70) in wasserhaltigem A. (1%), von NH_3 (4,75) in wassergesätt. Chlf. bzw. in Ggw. von Piperidin (Pip; 2,80) in wasserhaltigem Dioxan (1,24%) bilden sich die Dodekaniobate $(UrH)_5 \cdot H_9Nb_{12}O_{37} \cdot Lsgm.$, $(NH_4)_6H_8Nb_{12}O_{37} \cdot Lsgm.$ u. $(PipH)_8H_6 \cdot Nb_{12}O_{37}$. Durch Zugabe einer Lsg. von Guanidin (Gu; 0,50) in wasserhaltigem A. wurde vermutlich ein Gemisch aus $(GuH)_8Nb_6O_{19} \cdot Lsgm.$ u. $(GuH)_7Nb_5O_{16} \cdot Lsgm.$ u. durch Hydrolyse mit wasserhaltigem alkohol. KOH oder wasserhaltiger K-Äthylat-Lsg. $K_8Nb_6O_{19} \cdot Lsgm.$ erhalten. G. Heller 224◇

0567 **Über den synergetischen Effekt bei der Solventextraktion.** L. Newman. (J. inorg. nuclear Chem. **25,** 304—06, 1963; Upton, Long Island, N.Y., Assoc. Univ., Brookhaven Nat. Labor.; engl.) — Im Gegensatz zu Irving u. Edgington (C. **1962,** 10763), die den synerget. Effekt im Syst. Th(IV) bzw. verschiedene 4wertige Actinide–Thenoyltrifluoraceton (HA)–Tributylphosphat (HB) in Ggw. von HNO_3 nur auf eine Verdrängungs-Rk. zurückführen, unterstützt Vf. die Ansicht von Healy (J. inorg. nuclear Chem. **19,** [1961], 314), dieser Effekt könne als Folge einer Additions-Rk. auftreten. Dafür sprechen die Anwendung von HCl statt HNO_3 im vorst. Syst. u. neue Ergebnisse von Newman u. Klotz (J. physic. Chem. **67,** [1963], 205) über den synerget. Effekt von Tri-n-octylamin (R_3N) bei der Solventextraktion von Th(IV) durch HA. Dieser wird durch die Bldg. von ThA_4R_3NHCl hervorgerufen. Dabei ist R_3NHCl an A^- u. nicht direkt an Th gebunden. Tabellar. werden zusammenfassend die Gleichgewichts-Konst. für die Solventextraktion verschiedener Metalle im Syst. HA u. HB oder Tri-n-octylphosphinoxid mitgeteilt, in denen der synerget. Effekt auftritt. Diese Werte stützen die Annahme, daß das synerget. wirkende Mol. an HA u. nicht an das Metallion gebunden ist. G. Heller 224◇

0568 **Verhalten von Yttrium in Seltenerdmetall–Amin-Extraktionssystemen und der Einfluß von Maskierungsmitteln.** D. J. Bauer und A. C. Rice. (U. S. Dep. Interior, Bur. Mines, Rep. Invest. **1963,** Nr. 6242, 1—16; Reno, Bur. of Mines, Reno Metallurg. Res. Center; engl.) — Für die Trennung von Y aus wss.-schwefelsaurer Lsg. von Seltenerdmetallen durch Extraktion mit Kerosin-Lsgg. von Primene 81-R (Mischung prim. C_{12}—C_{14}-Amine) wird der Verteilungs-Koeff. in Abhängigkeit von der Primene-Konz. u. vom pH-Wert bestimmt, ferner werden die Trennfaktoren gegenüber einigen Seltenerdmetallen ermittelt (Y-Dy: 3,8; Y-Ce: 25). Y reichert sich in der wss. Phase an. Die Ggw. von ÄDTE (I) bzw. Diäthylentriaminpentaessigsäure (II) als Maskierungsmittel in der wss. Phase erhöht die Trennfaktoren bei Verw. von Primene JM-T (Gemisch prim. Amine von C_{18} bis C_{21}) als Extraktionsmittel, wobei I geeigneter für die Trennung Y/Yb, II geeigneter für Y/Dy erscheint. W. Betcke 224◇

0569 **Ausscheidungsversuche bei der Untersuchung der Extraktion von Zirkonium mit Tributylphosphat.** Ju. W. Granowski, W. W. Nikischowa, Ju. P. Adler, W. W. Nalimow und L. N. Komissarowa. (Betriebs-Lab. [UdSSR] **29,** 321—26, 1963; Moskau, Lomonossow-Univ.; Forschungs- u. Projektierungsinst. der Spurenmetallind.; russ.) — Mit Vers.-Planung nach dem Verf. der zufälligen Balance konnten mit nur 32 Extraktions-Verss. die für den Extraktionsgrad ausschlaggebenden Faktoren aus 78 möglichen Effekten (12 lineare u. 66 paarweise kombinierte Einfl.-Größen) ermittelt werden. R. Gerbatsch 224◇

0570 **Temperaturverteilung in Reaktionsgefäßen.** Robert G. Mortimer. (J. physic. Chem. **67,** 1938—39, 1963; La Jolla, Calif., Univ. of California, Dep. of Chem.; engl.) — Theoret. Behandlung der Temp.-Verteilung in verschieden geformten Rk.-Gefäßen unter Berücksichtigung der Temp.-Abhängigkeit der Rk.-Geschw. u. der Rk.-Enthalpien. G. Gattow 225◇

0571 **Über die Kinetik der Reaktionsdiffusion in Systemen mit einigen Übergangsphasen.** 1. Mitt. **Makroskopische Berechnung für ein binäres System.** W. I. Archarow. (Metallphysik u. Metallkunde [UdSSR] **8,** 193—204, 1959; Inst. für Metallphys. der Akad. der Wiss. der UdSSR; russ.) — Für 5 verschiedene angenommene Fälle werden mathemat. Berechnungen über die Kinetik von Rk.-Diffusionen in bestimmten Rk.-Stadien bin. Syst. an den Grenzschichten bei chem. Rk. durchgeführt. W.-D. Heußner 225□

0572 **Gleichungen und Tabellen zur Analyse der Festkörperreaktionskinetik.** Edward A. Giess. (J. Amer. ceram. Soc. **46,** 374—76, 1963; Yorktown Heights, N.Y., I.B.M. Corp., Thomas I. Watson Res. Center; engl.) — Diskutiert u. verglichen werden die isothermen Festkörper-Rk.-Kinetikgleichungen von Jander, Dünnwald u. Wagner u. von Ginstling u. Braunshtein. α (der Anteil der Gesamtsubstanz, der bereits reagiert hat) gegen $K \cdot t$ (K = isotherme Rk.-Konst., t = Zeit) wird für die drei Gleichungen tabelliert. K. Jaeger 225◇

0573 **Auswertung von thermogravimetrischen Kurven.** H. H. Horowitz und G. Metzger. (Fuel **42,** 418—20, 1963; Linden, N.J., Esso Res. and Engng. Co.; engl.) — Es wird eine Integrierungs-Meth. zur Auswertung von thermogravimetr. Kurven beschrieben, die leicht anwendbar ist u. mit der die Ordnung einer chem. Rk. bestimmt werden kann. F. Rosendahl 225△

0574 **Über die Kinetik der Umsetzung von Ammoniak und Ozon in Tetrachlorkohlenstofflösung.** Ss. I. Papko. (J. physik. Chem. [UdSSR] **34,** 387—94, 1960; Moskau, Pirogow-Inst. für Med.; russ., Auszug: engl.) — Die Rk.-Geschw. zwischen NH_3 u. O_3 ist im Anfangszustand sehr groß u. fällt dann plötzlich ab. Über 50% des Ozons in der Lsg. reagierten während der ersten 0,08 Sekunden. Die Rk. in CCl_4 hat keinen Kettencharakter u. wird durch Entw. von W. u. Bldg. von NH_4^+-Ionen verzögert, die nicht der Oxydation durch O_3 unterworfen sind. W. Pump 225◇

0575 **Borisotopentrennung im Tieftemperatur-Austauschsystem.** 2. Mitt. **Über Koordinationsverbindungen von Bortrifluorid mit Schwefeldioxid, Chloroform und Monochlordifluormethan.** Ryohei Nakane und Osamu Kurihara. (Sci. Pap. Inst. physic. chem. Res. [Tokyo] **56,** 161—63, 1962; Tokyo, Inst. of Phys. Chem. Res., Isotope Labor.; engl.) — 1. vgl. ibid. **56,** [1962], 164. — Die Einstufentrennfaktoren α der Syst. BF_3–SO_2, BF_3–$CHCl_3$ u. BF_3–$CHClF_2$ wurden bei verschiedenen Mol-Verhältnissen, Temp. u. Drücken bestimmt u. tabellar. mitgeteilt; $\alpha = ([^{10}BF_3 \cdot X]_{fl.}/[^{11}BF_3 \cdot X]_{fl.})/([^{10}BF_3]_g/[^{11}BF_3]_g)$, X = 2. Komponente. Der l. c. für BF_3–SO_2 mitgeteilte α-Wert wird korrigiert. BF_3 scheint in fl. Phase außer mit SO_2 auch mit $CHCl_3$ u. $CHClF_2$ Komplexe zu bilden. P. Sartori 225◇

0576 **Einfluß der Ionenhülle auf die Zersetzungsgeschwindigkeit von Ferraten(VI).** Maria Wrońska. (Roczniki Chem. [Ann. Soc. chim. Polonorum] **36,** 789—99, 1962; Wrocław, Univ., Inst. of inorg. Chem.; Pol. Acad. of Sci., Inst. of Phys. Chem.; engl.) — Die Zers.-Geschw. von 0,0025 u. 0,0050m K_2FeO_4-Lsgg. wird mit Hilfe von bromatometr. u. spektroskop. Analysen-Meth. bestimmt. Ein Zusatz von Na-, K- oder NH_4-Hydrogenphosphat (0,050—0,500m Lsgg.) bewirkt einen homogenen Verlauf der Rk. u. verhindert die Entstehung von $Fe(OH)_3$. Die Unterss. zeigen, daß der Einfl. der Ionenstärke auf die Rk.-Geschw. nicht in bezug auf alle in der Lsg. anwesenden Ionen durch die Beziehungen von Brönsted bzw. Debye-Hückel wiedergegeben werden kann. Maßgebend ist die von der Konz. bedingte Änderung der Aktivitäts-Koeff. der Neutralsalze. Die Geschw. der unter den gegebenen Bedingungen zwischen den FeO_4^{2-}-Ionen bimol. ablaufenden Rk. wird durch die Konz. der zugesetzten einwertigen Kationen bestimmt, deren geschwindigkeitssteigernde Aktivität in der Reihenfolge $Na^+ < K^+ < NH_4^+$ zunimmt. Die relative Geschw.-Konst. nimmt mit der Ionenstärke gemäß $\log (k/k_0) = \text{Konst.}\ X\sqrt{\mu}$ zu, wobei der Anstieg der Geraden von den Zwischenionenkräften bestimmt wird u. in Ggw. von K^+ doppelt so steil wie in Ggw. von Na^+ ist. W. Betcke 225◇

0577 **Untersuchung über die Kinetik der Auflösung von Silberchlorid mit Hilfe radioaktiver Tracer.** A. L. Jones. (Trans. Faraday Soc. **59**, 2355—61, 1963; Shrivenham, Swindon, Wilts., Royal Military Coll. of Sci., Dep. of Chem. and Metallurg.; engl.) — Zwischen 15 u. 35° wurde die Auflösung von elektrolyt. reinem AgCl in W. durch Markierung mit ^{110m}Ag untersucht. Für die Auflösungs-Geschw. wurde bis zu 90%ig. Sättigung eine durch Diffusion bestimmte Abhängigkeit 1. Ordnung gefunden; die Aktivierungsenergie liegt bei 4,6 ± 0,2 kcal/Mol. Ag^+-Ionen im Überschuß bewirken keine Änderung des Geschw.-Gesetzes. Bei der Auflösung von AgCl in verd. KCl-Lsg. tritt gegen Ende eine Verzögerung ein. D. Noack 225◇

0578 **Stabilität und Reaktivität von Bleioxiden.** P. Rüetschi, J. Sklarchuk und R. T. Angstadt. (Electrochim. Acta [London] **8**, 333—42, 1963; Yardley, Pa., Electric Storage Battery Co., Carl F. Norberg Res. Center; engl.) — Mit Hilfe einer hochempfindlichen mikrovolumetr. Meßtechnik bestimmten Vff. die Stabilitäten der α- u. β-Modifikation von PbO_2 (I) in H_2SO_4: tetragonales β-I ist wesentlich stabiler als rhomb. α-I. Es wird gezeigt, daß die Stabilität auf der Langsamkeit der anod. O_2-Entw. beruht u. im Einklang mit O_2-Übergangsmessungen an α- u. β-I steht. Trotz seiner kleinen Oberfläche (bestimmt nach der BET-Meth.) zeigt α-I (0,48 ± 0,05 m^2/g) eine höhere Selbstentladereaktivität als β-I (9,53 ± 0,15 m^2/g). Beide Modifikationen können elektrochem. leicht zu $PbSO_4$ (II) red. werden. Durch therm. Zers. aus α- u. β-I hergestellte Zwischenoxide der Art PbO_x (mit $x \approx 1,5$) sind in alkal. Lsgg. stabil, disproportionieren jedoch in NH_4-Acetat-Lsgg. zu α-I + β-I + Pb^{2+}; in H_2SO_4 entsteht α-I neben II. G. Gattow 225◇

0579 **Die Reaktion von Urantrioxid mit festem Kohlenstoff.** W. G. Wlassow und W. A. Koslow. (J. angew. Chem. [UdSSR] **33**, 760—65, 1960; russ.) — Bei der Unters. der Red.-Geschw. von UO_3 mit Holzkohle (I) bei 350—400° bzw. mit Zuckerkohle (II) bei 450—530° wurde festgestellt, daß die kinet. Charakteristik des Prozesses wesentlich von der Natur des Red.-Mittels abhängt. Die Aktivierungsenergie des Red.-Prozesses, bei welchem die entstandene Gasphase nur aus CO_2 besteht, beträgt mit **I** bzw. **II** **43** bzw. 65 kcal/Mol. Es wird versucht, den Mechanismus der Beschleunigung der Regenerierungs-Rk. von CO, die die langsamste Etappe im Prozeß der direkten UO_3-Red. darstellt, zu erklären. S. Baryschnikow 225

0580 **Über die Reduktion von Kupferoxiden durch Kohlenstoff.** M. Ss. Kurtschatow. (J. physik. Chem. [UdSSR] **32**, 2586—93, 1958; Sofia, Chem. Inst. der Bulg. Akad. der Wiss.; russ., Auszug: engl.) — Inhaltlich ident. mit der C. **1962**, 2659 referierten Arbeit. J. Tůmová 225◇

0581 **Über die Temperaturabhängigkeit der Reaktionsgeschwindigkeit bei der Chlorierung von Kaolin.** B. G. Rabowski. (J. angew. Chem. [UdSSR] **33**, 540—46, 1960; russ.) — Vf. untersucht den Einfl. der Phasenumwandlung Metakaolin → *Sillimanit*, die bei 970—1000° verläuft, auf den Chlorierungsprozeß. Die Temp.-Abhängigkeit der Rk.-Geschw. u. des Chlorierungsgrades zeigen bei der Temp. der Phasenumwandlung einen charakterist. Bruch. Der Charakter der Abhängigkeit der Chlorierungs-Geschw. von der Rk.-Dauer bei Temp. unterhalb u. oberhalb des Phasenübergangsgebiets ist verschieden. — 15 Literaturangaben. Siegfried Braun 225□

0582 **Strahlenchemische Untersuchungen von Wasser bezüglich der anfänglichen linearen Energieübertragung von 11 MeV—23 MeV-Protonen.** G. L. Kochanny jun., A. Timnick, C. J. Hochanadel und C. D. Goodman. (Radiat. Res. **19**, 462—73, 1963; Oak Ridge, Tenn., Oak Ridge Nat. Labor.; East Lansing, Mich., Michigan State Univ.; engl.) — Im Bereich der linearen Energieübertragung (LET) von 0,2—0,4 eV/Å sinken die strahlenchem. Ausbeuten $G(Fe^{3+})$ aus einer $FeSO_4$-Lsg. u. $G(Ce^{3+})_{Tl^+}$ aus einer Tl^+-haltigen $Ce(SO_4)_2$-Lsg. mit steigender LET, während $G(Ce^{3+})$ konst. bleibt. Es werden die Ausbeuten mol. u. radikal. Radiolyse-Prodd. (H, H_2, OH, H_2O_2, H_2SO_5, H_2O) im untersuchten Protonenenergiebereich angegeben. K.-D. Asmus 226◇

0583 **Der Einfluß von Phasenübergängen in der Matrize auf die Rekombination von Radikalen, die bei der Photolyse einer eingefrorenen 25%igen H_2O_2-Lösung in Wasser gebildet werden.** W. Ss. Gurman, Je. I. Jakowenko und W. I. Papissowa. (J. physik. Chem. [UdSSR] **34**, 2372, 1960; Moskau, Lomonossow-Univ.; russ.) W. Pump 226◇

0584 **Strahlungsoxydation von Fe^{2+}-Ionen in KBr-haltigen Lösungen.** Ss. A. Brussenzewa und P. I. Dolin. (J. physik. Chem. [UdSSR] **34**, 2513—16, 1960; Inst. für Elektrochem. der Akad. der Wiss. der UdSSR; russ., Auszug: engl.) — Vgl. C. **1961**, **4628**. — Die Zugabe von KBr zu einer Lsg. von $FeSO_4$ in 0,8n H_2SO_4 verringert die Ausbeute der Strahlungsoxydation von Fe^{2+}-Ionen durch γ-Strahlen aus einer ^{60}Co-Quelle von 15,6 auf 12,3 in Ggw. von Luft u. von 8,10 auf 4,4 in einer entgasten Lösung. Dies ist auf gleichzeitig auftretende Rkk. von OH-Radikalen mit Br^-- u. Fe^{2+}-Ionen u. von H-Atomen mit Br u. Fe^{3+} zurückzuführen. Die Abhängigkeit der Fe^{2+}-Oxydationsausbeute vom Konz.-Verhältnis $[Fe^{2+}]:[Br^-]$ erlaubt die Best. des Verhältnisses der Geschw.-Konst. der Rk. zwischen OH-Radikalen u. Fe^{2+} u. Br^-. Der Wert beträgt 90. W. Pump 226◇

0585 **Wirkung der γ-Strahlung von ^{60}Co auf $Ca(NO_3)_2 \cdot 4\,H_2O$.** A. Ss. Baberkin und M. A. Prosskurnin. (Ber. Akad. Wiss. UdSSR **121**, 492—94, 1958; russ.) — Vff. untersuchten den Einfl. von γ-Strahlen auf $Ca(NO_3)_2 \cdot 4\,H_2O$ bei 25° im Vakuum, auf bis um 30° unterkühlte Schmelzen der gleichen Verb. sowie auf das wasserfreie Salz. Die γ-Dosis betrug $6,2 \cdot 10^{19}$ eV/g·h. Infolge Bestrahlung wird das Kristallhydrat zerstört unter Bldg. von Sauerstoff u. Nitrit. Es werden Vorschläge für den Rk.-Mechanismus u. zur Erklärung der wesentlich geringeren Nitritausbeute beim wasserfreien Salz angeführt. G. Rudakoff 226□

0586 **Untersuchung der Photooxydation von kolloidem Kupfer in Gelatine.** Jan Wojtczak. (Roczniki Chem. [Ann. Soc. chim. Polonorum] **36**, 929—36, 1962; Poznań, Mickiewicz-Univ., Dep. of Phys. Chem.; pol., Auszug: engl.) — An im Dunkeln bei ca. 60° aus wss. $Cu(NO_3)_2$- u. H_3PO_2-Lsgg. u. 4%ig. Gelatine-Lsg. hergestellten koll. Cu-Lsgg. wird der Einfl. von sichtbarem Licht u. von einigen Promotoren auf die Oxydation des Cu-Koll. untersucht. Als Promotoren werden NO_2^-, NO_3^-, $S_2O_8^{2-}$, MnO_4^-, $Cr_2O_7^{2-}$, CN^- u. Komplexbildner, wie NH_3, Pyridin u. CH_3NH_2, verwendet. Als Lichtquelle dient eine 500-W-Lampe in 20 cm Abstand; die Temp. wird auf 20° geregelt. Die Photooxydation des koll. Cu gibt sich durch eine Klärung der trüben Suspension zu erkennen. Die Rk. wird durch nephelometr. Messungen quant. verfolgt. Einen bes. starken Beschleunigungseffekt geben NO_2^-, MnO_4^- u. $S_2O_8^{2-}$. W. Betcke 226◇

0587 **Die Szilard-Chalmers-Reaktion in Ferrocen.** N. Sutin und R. W. Dodson. (J. inorg. nuclear Chem. **6**, 91—98, 1958; Upton, Long Island, N.Y., Brookhaven Nat. Labor., Dep. of Chem.; engl.) — Die Prodd. der Szilard-Chalmers-Rk. in Ferrocen wurden durch Lsgm.-Extraktion u. Chromatographie getrennt. Nach Bestrahlung der Proben (im Brookhaven-Reaktor) werden ca. 12% (21% bei 110°) der ^{59}Fe-Aktivität in Form der Ausgangs-Verb. gefunden. Die Ausbeute an anorgan. radioakt. Fe wird durch Anlassen der bestrahlten Kristalle verringert. Der Effekt ist von der Dosis an schnellen Neutronen abhängig, die die Probe während der Aktivierung empfängt. Die Verteilung der radioakt. Prodd. wird durch Einw. einer großen Dosis γ-Strahlung nach der Aktivierung nicht verändert. Vff. nehmen die Bldg. folgender Spaltprodd. während der Bestrahlung an: freie Fe-Atome oder -Ionen u. Fe-Monocyclopentadienylradikale als prim. Spaltprodd. des n,γ-Prozesses, freie Cyclopentadienylradikale u. freie organ. Radikale, die durch Spaltung des C_5H_5-Ringes durch Einw. schneller Neutronen entstehen. A. Grohmann 226◇

0588 **Eine statistische Theorie der Chemie heißer Atome.** 1. Mitt. R. Frère. (Bull. Cl. Sci., Acad. roy. Belgique [5] **48**, 216—24, 1962; Mol-Donk, C.E.N.; engl.) — 2. vgl. C. **1963**, **21101**. — Vf. untersucht die chem. Wrkg., die sich aus dem Durchgang energiereicher Atome durch fl. u. gasförmige Medien ergeben, nach exakten Meth. der Wahrscheinlichkeitstheorie u. bestimmt die Verteilungsfunktion für die Anzahl der heißen Produkte. Gerhard Schmidt 226◇

0589 **Untersuchung des Mechanismus der katalytischen Jod-Azid-Reaktion an Sulfiden.** A. K. Babko und L. W. Markowa. (Ukrain. chem. J. **27**, 796—803, 1961; Inst. für allg. u. anorgan. Chem. der Akad. der Wiss. der UkrainSSR;

russ.) — Vff. untersuchen die Einfl. von pH, Konzz. u. Aktivität von NaN_3, Na_2S, KJ u. J_2 in Abhängigkeit von der Zeit auf die katalyt. Jod-Azid-Rk. u. bestimmen die Rk.-Geschw. in Abhängigkeit von den Konzz. der einzelnen Komponenten. Die Abhängigkeit dieser Rk. gegenüber S^{2-}-Ionen wächst mit Vergrößerung der Konzz. an NaN_3 u. KJ, aber auch mit Verkleinerung der J_2-Konz. in Lsg. beträchtlich.
W.-D. Heußer 227◇

0590 **Mechanismus der katalytischen Oxydation von Phosphin.** Alfons Krause. (Roczniki Chem. [Ann. Soc. chim. Polonorum] **36,** 973—75, 1962; Poznan, Univ., Inst. für anorgan. Chem.; dt.) — Vf. entwickelt einen auf einer Radikalhypothese basierenden Mechanismus der Oxydation von PH_3 an W, der von der Chemisorption des PH_3 an W-Acceptorradikale u. der Bldg. von radikal. Phosphoniumwolframat als einleitenden Schritten ausgeht. W. Betcke 227◇

0591 **Mechanismus des German-Zerfalls an elementarem Germanium.** Alfons Krause. (Roczniki Chem. [Ann. Soc. chim. Polonorum] **36,** 977—78, 1962; dt.) — Vgl. vorst. Referat. — Der leichte Zerfall von GeH_4 an Ge wird auf eine durch Oberflächenradikale katalyt. begünstigte Lockerung der Ge—H-Bindungen zurückgeführt. W. Betcke 227◇

0592 **Die katalytische Mutation von Substrat und Promotorionen als Mittel zur Unterscheidung von homogener und heterogener Lösungskatalyse an Träger/Ionen-Katalysatoren in Redox-Systemen.** Alfons Krause (unter Mitarbeit von E. Kukielka). (Mh. Chem. **93,** 955—61, 1962; dt.) — Vgl. vorst. Referate. — Es werden einige Träger–Ionen-Katalysatoren beschrieben, die sehr akt. Redoxbeschleuniger darstellen. Als Träger dienen röntgenamorphes Fe(III)-Hydroxid, Mg-Hydroxid, $3\,MgCO_3 \cdot Mg(OH)_2 \cdot 3\,H_2O$ u. Tl_2O_3, die mit Co^{2+}-, Mn^{2+}- u. Cu^{2+}-Ionen als Promotorionen beladen werden. Als Modell-Rkk. werden der H_2O_2-Zerfall u. die peroxydat. HCOOH-Oxydation verwendet. Diese Katalysatoren erweisen sich teils im heterogenen, teils im homogenen Syst. als wirksam; einige arbeiten sowohl in diesem wie in jenem. Dieses unterschiedliche Verh. kann mit Hilfe einer einfachen Mutationsstichprobe festgestellt werden.
W. Dietzel 227◇

0593 **Der Einfluß von Natriummolybdat auf den katalytischen Zerfall des Wasserstoffperoxids in Gegenwart von Dichromat.** Je. S. Nanobaschwili. (J. physik. Chem. [UdSSR] **34,** 742—48, 1960; Tbilissi, Stalin-Univ.; russ., Auszug: engl.) — Na-Molybdat zersetzt Wasserstoffperoxid prakt. nicht, dagegen hat es einen beträchtlichen katalyt. Effekt in Ggw. von $Cr_2O_7^{2-}$ in neutralen u. sauren Lösungen. Eine Erhöhung der Anfangs-Konz. des H_2O_2 beschleunigt die Rk. in neutralem u. verzögert sie in saurem Medium. Die Aktivität der Dichromat- u. Molybdatkatalysatoren sinkt mit der Zeit bis auf einen konst. Grenzwert. Die Zugabe von MoO_4^{2-}-Ionen zu $Cr_2O_7^{2-}$-Ionen in neutralem Medium aktiviert die letzteren auf das 1,54fache, in saurem Medium verzögert sie bei $[H_2SO_4] = 0{,}223$ (Val/Liter) um das 1,11fache u. bei $[H_2SO_4] = 2{,}230$ um das 1,22fache. Die Rk. stellt eine irreversible Katalyse dar, was durch die Abhängigkeit der Geschw. der H_2O_2-Zers. von der Anfangs-Konz. an Peroxid u. durch den Wechsel im Verlauf der Kinetik des Prozesses bei Wiederholung der Rk. bewiesen wird. Es wurden definitiv nichtadditive Beziehungen für die Aktivität der Katalysatoren gefunden. W. Pump 227◇

0594 **Über einige katalytische Eigenschaften von Molybdäntrioxid und -dioxid.** A. A. Balandin und I. R. Roshdesstwenskaja. (Nachr. Akad. Wiss. UdSSR, Abt. chem. Wiss. **1959,** 1889—95; Zelinski-Inst. für Organ. Chem. der Akad. der Wiss. der UdSSR; russ.) — MoO_3 (I), das bei der Zers. von NH_4-Molybdat im N_2-Strom bei 500° entsteht, ist ein Katalysator zur Dehydrierung von Alkoholen. Für Isopropanol beträgt die Aktivierungsenergie 13,9 kcal/Mol. Auch MoO_2 (II), das durch Red. von I mit H_2 bei 500° entsteht, ist ein Katalysator zur Dehydrierung von Alkoholen. Für Isopropanol beträgt die Aktivierungsenergie 12,5 kcal/Mol. II chemisorbiert N_2 bei 500° u. wird vollständig desaktiviert. Die Behandlung des inakt. Katalysators mit H_2 bei 500° bedingt eine teilweise Aktivierung des Katalysators, wobei N_2 als NH_3 desorbiert wird. Mit I u. II kann in einem geringen Maße bei 400—500° Cyclohexan dehydriert werden.
G. Rudakoff 227◇

0595 **Messung des Konzentrationsgradienten von Wasserstoff bei der Hydrierung in Lösung.** A. B. Fassman, I. P. Getmanzewa und D. W. Ssokolski. (J. physik. Chem. [UdSSR] **37,** 2100—05, 1963; Kasach. Kirow-Univ.; russ., Auszug: engl.) — Die Konstruktion einer Potentiometersonde wird beschrieben, mit deren Hilfe über Best. des Elektrodenpotentials an der Gas–Fl.-Grenze u. den benachbarten Schichten der Rk.-Zone die Wasserstoffverteilung im normal zur Phasengrenze gerichteten Diffusionsstrom bei der katalyt. Red. des K-Salzes der Zimtsäure an koll. Pd gemessen wurde. Die vertikale Länge der Rk.-Zone nimmt mit steigender Katalysator-Konz. u. Temp. sowie Abnahme der Rühr-Geschw. ab. Die Meth. eignet sich zur Best. der günstigsten Bedingungen für katalyt. Reaktionen.
H. Roschkowski 227◇

A₈. Präparative anorganische Chemie, Komplexverbindungen, Metallorganische Verbindungen

0596 **Über die Verwendung von Palladium-Osmoseröhren.** R. W. Crompton und M. T. Elford. (J. sci. Instruments **39,** 480—81, 1962; Canberra, Australian Nat. Univ., Ion Diffusion Unit; engl.) — Kurze Übersicht über die Voraussetzungen für die einwandfreie Wirkungsweise von Pd-Osmoseröhren (Diffusionsröhren) zur Herst. von reinem H_2.
D. Noack 238◇

0597 **Herstellung von bromidfreiem Kaliumchlorid für elektrochemische Zwecke.** F. L. Hahn. (Chemist-Analyst **52,** 111—12, 1963; Mexico; engl.) — Zur Herst. von Br^--freiem KCl für Kalomelelektroden wird zu einer salzsauren sd. KCl-Lsg. $KMnO_4$ gegeben (1 Mol auf 4—5 Mol HCl) u. das freiwerdende Br_2 u. überschüssiges Cl_2 mit Hilfe eines Luftstroms entfernt. Nach dem Filtrieren kühlt man die Lsg. ab u. läßt das KCl auskristallisieren.
D. Heinrich 247◇

0598 **Radiochemische Untersuchungen des Systems S + SO₂.** Maria Bruno und Lucia Gil. (Gazz. chim. ital. **91,** 382—85, 1961; Padova, Univ., Ist. di Chim. gen.; ital.) — In einer ersten Vers.-Reihe wurden bei —20° in einer mit ^{35}S markierten Lsg. von S in CS_2 SO_2 kondensiert (Verhältnis $S/SO_2 = 2$) u. 30 Min. lang bei —10° belassen. Hierauf wurden im N_2-Strom ein Teil des CS_2 u. des SO_2 entfernt, der auskrist. S in $BaSO_4$ umgewandelt u. das entweichende SO_2 in einer alkal. Lsg. gebunden u. in $BaSO_4$ umgewandelt. Messungen der Radioaktivität an den beiden $BaSO_4$-Proben zeigten, daß ein Austausch zwischen S u. SO_2 nicht stattgefunden hatte. In einer zweiten Vers.-Reihe wurde mit ^{35}S markierter S bei —60° mit fl. SO_2 in einem verschlossenen Glasrohr 12 Std. lang auf 100° derart erhitzt, daß stets eine fl. Phase vorhanden war. Nach Wiederabkühlen auf —60° wurden wie oben S u. SO_2 in $BaSO_4$ umgewandelt. Auch in diesem Fall konnte ein Austausch zwischen S u. SO_2 nicht festgestellt werden. Daraus ergibt sich weiter, daß sich unter den obigen Vers.-Bedingungen ein Suboxid des S nicht gebildet haben kann. C. Gottfried 253△

0599 **Über die Umsetzungen von seleniger Säure mit schwefliger Säure.** I. W. Janitzki und W. I. Selionkaite. (J. anorg. Chem. [UdSSR] **3,** 1755—60, 1958; Kaunas, Polytechn. Inst.; russ.) — Vff. untersuchen die Rk. zwischen H_2SeO_3 u. H_2SO_3, die bei Mischungsverhältnissen von $H_2SeO_3 : H_2SO_3 = 2:5$ quant. unter Bldg. von $H_2Se_2S_2O_6$ (I) verläuft. I konnte erstmals als Nitronkomplex $[(C_{20}H_{16}N_4)_2 \cdot H_2Se_2S_2O_6]$ aus der Lsg. abgetrennt werden. I zersetzt sich rasch mit W. u. bildet H_2SO_4, H_2SO_3 u. Se. Für den Ablauf der Rk. geben Vff. ein Schema des Rk.-Mechanismus an.

Versuche: $K_2Se_2S_2O_6$: 20 g H_2SeO_3 in 30 ml W. werden mit 4 g K_2CO_3 neutralisiert. Weiter werden 14 g K_2CO_3 in 50—60 ml W. gelöst u. SO_2 wird bis zur Gelbfärbung eingeleitet. Beide Lsgg. werden unter Kühlung gemischt, kurzzeitig bei 20° stehengelassen u. das erhaltene Rohprod. in 100 ml A. umkrist., 5—6 g $K_2Se_2S_2O_6 \cdot H_2O$, Reinheit 95—97%. W.-D. Heußner 254◇

0600 **Chemie der Borane.** Goji Kodama. (Chem. and chem. Ind. [Kagaku to Kôgyô] **16,** 987—97, 1963; Tokyo-Rika-Daigaku, Rigakubu; jap.) — Übersicht. — 6 Literaturangaben. E. Maekawa 258◇

0601 **Chemie der Dekaboran-Phosphorverbindungen.** 2. Mitt. **Synthese und Reaktionen von Diphenylphosphino-**

dekaboran-14. Hansjuergen Schroeder. (Inorg. Chem. [Washington] **2**, 390–93, 1963; New Haven, Conn., Olin Mathieson Chem. Corp., Organics Div.; engl.) — 1. vgl. C. **1963**, 8469. — $NaB_{10}H_{13}$ u. $(C_6H_5)_2PCl$ (**I**) reagieren in Ae. unter Bldg. von $(C_6H_5)_2PB_{10}H_{13}$ (**II**). Das ¹¹B-NMR-Spektrum von **II** läßt auf Substitution am B-Atom 6 des Dekaborankerns schließen. **II** ist in organ. Lsgm. mit Ausnahme von PAe. leicht löslich. Im Gegensatz zu tert. Phosphinen u. monomeren Phosphinoboranen (R_2P-BR_2) reagiert **II** mit Lewis-Säuren wie BH_3, $B(CH_3)_3$, BF_3 u. BCl_3 nicht, wird nicht durch S in heißem Bzl. oxydiert u. nicht durch CH_3J oder C_2H_5J in Ae. oder Bzl. quaterniert. **II** wird aber durch Rk. mit heißem Methanol bzw. A. unter Bldg. von $[(C_6H_5)_2PH]B_9H_{13}$ (**III**) teilweise abgebaut. **III** kann auch durch Rk. von $[(C_2H_5)_2S]B_9H_{13}$ mit $(C_6H_5)_2PH$ (**IV**) gewonnen werden. Die Rk. von **II** mit $N(C_2H_5)_3$ u. die nachfolgende Umsetzung mit $[(C_6H_5)_3P(C_2H_5)]J$ in Aceton führen zu $[(C_2H_5)_3\cdot NH][(C_6H_5)_2PB_{10}H_{12}]$ (**V**) u. $[(C_6H_5)_3P(C_2H_5)][(C_6H_5)_2PB_{10}H_{12}]$ (**VI**). $RB_{10}H_{13}$-Verbb. können auf diese Weise ganz allg. in ihre Anionen übergeführt werden; z. B. gibt $C_6H_5CH_2B_{10}H_{13}$ mit $N(C_2H_5)_3$ $[(C_2H_5)_3NH][C_6H_5CH_2B_{10}H_{12}]$. Bei der Rk. von **II** mit $P(C_6H_5)_3$ entsteht $(C_6H_5)_2PB_{10}H_{13}\cdot 2\ P(C_6H_5)_3$, bei den Rkk. mit **IV** bzw. **I** $(C_6H_5)_2PB_{10}H_{13}\cdot(C_6H_5)_2PH$ (**VII**) bzw. $(C_6H_5)_2PB_{10}H_{13}\cdot(C_6H_5)_2PCl$ (**VIII**). Die ¹¹B-NMR-Spektren von **V** u. **VI** sind mit denen von **VIII** identisch. Bei der Rk. von **VIII** mit $[(C_6H_5)_3P(C_2H_5)]J$ entsteht **VI**. **VII** u. **VIII** scheinen daher die Strukturen $[(C_6H_5)_2PB_{10}H_{12}][HP(C_6H_5)_2H]$ u. $[(C_6H_5)_2PB_{10}H_{12}][ClP(C_6H_5)_2H]$ zu besitzen. Das 1:2-Addukt könnte nach seinem IR-Spektrum das Anion $B_{10}H_{15}^-$, nach seiner geringen Löslichkeit in geeigneten organ. Lsgm. die Struktur $[P(C_6H_5)_3 \rightarrow B_{10}H_{12}P(C_6H_5)_2][HP(C_6H_5)_3]$ haben.

Versuche: *Diphenylphosphinodekaboran-14* (**II**), $C_{12}\cdot H_{23}B_{10}P$; F. 147° (Zers.; PAe.); aus $NaB_{10}H_{13}$ u. **I** in Ae. (30°, 2 Std.); 56,5% (Ausbeute). — *Diphenylphosphinononaboran* (**III**), $C_{12}H_{24}B_9P$; F. 168–169° (Zers.; A.); a) aus **II** u. A. (Rückfluß, 2 Min.); 48,8%; b) aus **II** u. Methanol; 47%; c) aus $[(C_2H_5)_2S]B_9H_{13}$ u. **IV** in Bzl. (Rückfluß, 1 Std.); 100%. — *Triäthylammoniumdiphenylphosphinodekaboranat* (**V**), $C_{18}H_{38}B_{10}NP$; F. 209° (A.); aus $N(C_2H_5)_3$ u. **II** in Ae. (½ Std., 25°); 100%. — *Triphenyläthylphosphoniumdiphenylphosphinodekaboranat* (**VI**), $C_{32}H_{42}B_{10}P_2$; F. 242° [Aceton/Äthylacetat (3:1)]; a) aus **V** u. $[(C_6H_5)_3P(C_2H_5)]J$ in Aceton (Rückfluß, ½ Std.); 86%; b) analog aus **VIII**; 61%. — *Triäthylammoniumbenzyldekaboranat*, $C_{13}H_{35}B_{10}N$; F. 95° (CCl_4); aus $N(C_2H_5)_3$ u. Benzyldekaboran in Ae. u. Fällen mit PAe.; 91%. — *Triphenylphosphoniumtriphenylphosphindiphenylphosphinodekaboranat*, $C_{48}H_{53}B_{10}P_3$; F. 149–151°; aus **II** u. $(C_6H_5)_3P$ in Ae. (Rückfluß, 3 Std.); 92%. — *Diphenylphosphoniumdiphenylphosphinodekaboranat* (**VII**), $C_{24}\cdot H_{34}B_{10}P_2$; F. 114–117° ($CCl_4$); aus **II** u. **IV** in Bzl. unter N_2 [Rückfluß (3 Std.), Stehenlassen (12 Std.)]; 61%. — *Chlordiphenylphosphoniumdiphenylphosphinodekaboranat* (**VIII**), $C_{24}\cdot H_{33}B_{10}ClP_2$; F. 182–184°; aus **I** u. **II** in Ae. (1 Std. Rückfluß); 95%. G. Heller 258◇

0602 **Chemie der Dekaboran-Phosphorverbindungen. 3. Mitt. Dekaboran-14-Phosphin-Polymere.** Hansjuergen Schroeder, Joseph R. Reiner und Thomas A. Knowles. (Inorg. Chem. [Washington] **2**, 393–96, 1963; engl.) — 2. vgl. vorst. Referat. — In alkal. Lsg. (Triäthylamin/Bzl.) kondensieren $B_{10}H_{12}[(C_6H_5)_2PCl]_2$ (**I**) u. $B_{10}H_{12}[(C_6H_5)_2POH]_2$ (**II**) unter Eliminierung von HCl u. Bldg. eines Polymeren mit P–O–P-Vernetzung der Form $[-O-P(C_6H_5)_2B_{10}H_{12}P\cdot(C_6H_5)_2-]_x$ (**III**), M = 27000. Beim Erhitzen von **III** unter red. Druck beginnt bei 270° H_2-Entw.; bei 350° sind 4 Mole H_2 pro Formeleinheit freigesetzt. Auch bei der Pyrolyse (350°) der monomeren Verbb. der allg. Formel $B_{10}H_{12}[(C_6H_5)_2PR]_2$ [R = OH, OCH_2CH_2OH, N_3, $NHNH_2$ u. $N(CH_2CH_2)$] entwickeln sich mit Ausnahme der Verb. mit R = $N(CH_2CH_2)$ ca. 4 Mol H_2 u. nur Spuren Bzl.; danach scheint das entwickelte H_2 völlig aus dem Dekaboranring zu stammen. $B_{10}H_{12}[(C_6H_5)_2PN_3]_2$ (**IV**) u. 2 Mol $P(C_6H_5)_3$ reagieren in Bzl. unter Entw. von N_2 u. Bldg. von $(C_6H_5)_3P{=}N-P(C_6H_5)_2\cdot B_{10}H_{12}P(C_6H_5)_2-N{=}P(C_6H_5)_3$ (**V**). 1.4-Bis-[diphenylphosphino]-benzol (**VI**) sowie 1.2-Bis-[diphenylphosphino]-äthan (**VII**) reagieren mit **IV** unter Bldg. von Polymeren mit P=N–P-Vernetzung, $[{=}P(C_6H_5)_2-R-P(C_6H_5)_2{=}N-P(C_6H_5)_2B_{10}\cdot H_{12}P(C_6H_5)_2-N{=}]_x$ (R = C_6H_4 bzw. CH_2CH_2); diese Polymere sind in organ. Lsgm. unlösl. u. therm. sehr stabil (Zers. >340°).

Versuche: $[OP(C_6H_5)_2B_{10}H_{12}P(C_6H_5)_2]_x$ (**III**); ($C_{24}\cdot H_{32}B_{10}OP_2$); F. >300°; a) aus **I**, $N(C_2H_5)_3$ u. **II** in Bzl. (1 Std. Rückfluß); 87% (Ausbeute); b) aus **I** u. $N(C_2H_5)_3$ in Bzl. (1 Std. Rückfluß); 28%. — *Bis-[triäthylammonium]-bis-[hydroxydiphenylphosphin]-dekaboranat*, $C_{36}H_{64}B_{10}N_2O_2P_2$; F. 202 bis 204°; als Nebenprod. vorst. Rk. durch Extraktion mit Aceton. — $(C_6H_5)_3P{=}N-P(C_6H_5)_2B_{10}H_{12}P(C_6H_5)_2-N{=}P\cdot(C_6H_5)_3$ (**V**); F. 124–126°; aus **IV** u. $P(C_6H_5)_3$ in Bzl. (10 Std, Rückfluß); 90%. — $[P(C_6H_5)_2-R-P(C_6H_5)_2{=}N-P(C_6H_5)_2\cdot B_{10}H_{12}P(C_6H_5)_2-N]_x$, R = CH_2CH_2, $C_{50}H_{56}B_{10}N_2P_4$; aus **IV** u. **VII** in Bzl. unter N_2 (5 Std., Rückfluß); 67,5%; R = C_6H_4, $C_{54}H_{56}B_{10}N_2P_4$; F. >400°; aus 5,74 g **IV** u. 4,46 g **VI** in Bzl. unter N_2 (5 Std., Rückfluß); 5,8 g. G. Heller 258◇

0603 **Umsetzung von glasförmigen Lithiumsilicaten mit Wasser und Vergleich mit Natriumsilicaten.** Ju. A. Schmidt. (J. angew. Chem. [UdSSR] **33**, 266–73, 1960; Inst. für Silicatchem. der Akad. der Wiss. der UdSSR; russ.) — Die Rk. von glasförmigem $Li_2O\cdot 2\ SiO_2$ u. $Na_2O\cdot 2\ SiO_2$ als Plättchen u. Pulver sowie von 11 glasförmigen Li-Silicaten u. zum Vgl. von 6 glasförmigen Na-Silicaten in Pulverform mit W. wird bei 40° untersucht. Die Wechselwrkg. von Quarzglaspulver mit 0,001n LiOH- u. 0,002n NaOH-Lsg. wurde ebenfalls gemessen. Für 9 glasförmige Li-Silicate u. zum Vgl. für Quarzglaspulver in 0,002 LiOH-Lsg. wurde die Umsetzung auch bei 100° durchgeführt. Die Rk. von Li-Gläsern mit W. wird vorrangig durch den Auslaugungsprozeß, wobei sich auf der Oberfläche eine SiO_2-Schicht bildet, bestimmt. Eine Auflösung findet nur in einem begrenzten Zus.-Bereich, der nahe beim Metasilicat liegt, statt. Die Auflösungs-Geschw. bei den Li-Silicatgläsern ist im Vgl. zu den Na-Silicatgläsern wesentlich geringer u. zeigt im untersuchten Zus.-Bereich eine schwächere Abhängigkeit vom Geh. an Alkalimetalloxid u. der Temperatur. Die Besonderheit im Rk.-Verh. der Li-Silicatgläser wird durch den kleineren Ionenradius des Li u. seiner stärkeren Wechselwrkg. mit den O-Anionen erklärt. Herbert Trapp 261□

0604 **Umsetzung von glasförmigen Lithiumalumosilicaten mit Wasser.** Ju. A. Schmidt. (J. angew. Chem. [UdSSR] **33**, 536–41, 1960; russ.) — Vgl. vorst. Referat. — Die Rk. von 4 Li-Alumosilicaten u. zum Vgl. von 4 analog zusammengesetzten Na-Alumosilicaten (Zus. $R_2O:Al_2O_3:SiO_2$ = 1:0,15:2 bzw. 1:0,3:2 bzw. 1:0,5:2 bzw. 1:1:2) in Pulverform mit W. bei 740° wurde untersucht. Die glasförmigen Li-Alumosilicate werden weniger als die entsprechenden Na-Alumosilicate angegriffen. Der Einbau von Al_2O_3 zeigt verschiedene Wrkg. auf die Li- bzw. Na-Disilicate. Einerseits werden die Gläser weniger angegriffen. Andererseits wird die Anzahl der Si–O–Si-Bindungen verringert, mit einem Einfl.-Minimum bei 0,15–0,3 molarem Al_2O_3-Gehalt. Die Hinzugabe von SiO_2 zu den Disilicaten des Li bewirkt eine Verminderung der Einw. der Lsg. u. des Zerstörungsgrades der Si–O–Si-Bindungen. Herbert Trapp 261□

0605 **Die Einwirkung von flüssigem Ammoniak auf Phosphorsäureester.** Robert Klement und Alfred Wild. (Chem. Ber. **96**, 1916–26, 1963; München, Univ., Inst. für Anorg. Chem.; dt.) — Bei der Ammonolyse der Trialkylester der Mono- u. Thiophosphorsäure sowie der phosphorigen Säure spaltet die C–O-Bindung unter Bldg. von $NH_4PO_2\cdot(OR)_2$ bzw. $NH_4POS(OR)_2$ oder $NH_4PO(OR)_2$ u. RNH_2 auf. Dagegen findet bei der Ammonolyse der Triarylester der Mono-, Amido- u. Thiophosphorsäure u. der Arylester der Monoamido- u. Diamidothiophosphorsäure eine Spaltung der O–P-Bindung unter Bldg. von Phosphoryl- (**I**) oder Thiophosphoryltriamid u. Aryl-OH (**II**) statt. Bei der Ammonolyse von Triphenylphosphit bildet sich neben **II** eine hornartige Substanz, die vorläufig nur als polymeres Kondens.-Prod. von $P(NH_2)_3$ mit unbekannter Konstit. gedeutet werden kann. Bei der Einw. von fl. NH_3 auf Diphosphorsäuretetraäthylester u. Triphosphorsäurepentaäthylester wird die P–O–P-Bindung gespalten; die Spalt-Prodd. reagieren in diesem Falle nicht weiter, während beim Diphosphorsäuretetraphenylester der entstandene Monoamidophosphorsäurediphenylester mit NH_3 unter Bldg. von **I** u. **II** reagiert.

Versuche: *Tricyclohexylphosphat*, F. 67–68° (aus Hexan); aus $POCl_3$ u. Cyclohexanol in Bzl. unter Zusatz von Pyridin; blaßgelbe, ölige, sehr viscose Masse; 85% (Ausbeute). — *Ammoniumdiäthylphosphat*, $NH_4PO_2(OC_2H_5)_2$;

a) durch 4wöchiges mechan. Schütteln von $PO(OC_2H_5)_3$ mit fl. NH_3 bei Raum-Temp. im Einschlußrohr; b) analog in 1 Woche aus $P_2O_3(OC_2H_5)_4$; Blättchen (aus Butanol); 78% (Ausbeute). — Analog a): *$NH_4PO_2(OR_2)$*, (R =) *Isopropyl*, F. 163°, ½ Woche ohne Schütteln bei 60°, Blättchen; *n-Butyl*, F. 136°, 2 Wochen bei 60°, Blättchen; *Cyclohexyl*, F. 202°, 8 Wochen, Blättchen; *$NH_4POS(OCH_3)_2$*, F. 134°, 6 Wochen, Blättchen; *$NH_4POS(OC_2H_5)_2$*, F. 152°, 6 Wochen, Nadeln; *$NH_4PO(OC_2H_5)_2$*, F. 117°, 8 Wochen, sehr hygroskop. Blättchen. — *Diäthylphosphorsäureamid*, F. 54°; durch Ammonolyse von $P_2O_3(OC_2H_5)_4$, Extrahieren mit abs. Chlf., zerfließliche Nadeln; 91%. — *Phosphoryltriamid* (I), durch Ammonolyse von $PO(OC_6H_5)_3$ (39%), $PO(OC_6H_4CH_3)_3$, $PO(OC_6H_5)(NH_2)_2$, $PO(OC_6H_5)_2NH_2$ u. $P_2O_3(OC_6H_5)_4$, Eindampfen u. Ausschütteln mit Eiswasser. — *Thiophosphoryltriamid*, durch Ammonolyse von $PS(OC_6H_5)_3$, $PS(OC_6H_5)_2NH_2$ u. $PS(OC_6H_5)(NH_2)_2$, Eindampfen, Ausschütteln mit Bzl. u. Eiswasser. — *Ammoniumdiphenylphosphat*, $NH_4PO_2 \cdot (OC_6H_5)_2$, F. 130°, durch Ammonolyse von $P_2O_3(OC_6H_5)_4$; 61%. G. Heller 264◇

0606 **Über einige Eigenschaften von Berylliumoxidbenzoat.** G. M. Kurdjumow und K. N. Ssemenenko. (Nachr. Moskauer Univ., Ser. Math., Mechan., Astronom., Physik, Chem. **12**, Nr. 3, 265—67, 1957; Lehrst. für anorgan. Chem.; russ.) — Die Darst. von Berylliumoxidbenzoat [I; $Be_4O(C_6H_5COO)_6$] durch Rk. von bas. Be-Carbonat mit Benzoesäure in A., Aceton, Ae. bzw. Chlf. wird beschrieben. I wird therm. u. röntgenograph. untersucht. Die Thermogramme zeigen endotherme Effekte bei 200 u. 300°, die Verb. schmilzt bei 315 bis 318°. Der Effekt bei 200° entspricht einer nicht umkehrbaren Phasenumwandlung. Die Tieftemp.-Modifikation ist monoklin mit $a = 21{,}02 \pm 0{,}05$, $b = 12{,}29 \pm 0{,}05$ u. $c = 34{,}90 \pm 0{,}05$ kX, $\beta = 91°$, $Z = 8$. Mit Bzl. bildet sich eine tetragonal mit $a = 15{,}1$; $c = 12{,}3$ kX kristallisierende instabile Solvatverbindung. S. Baryschnikow 281△

0607 **Über die Verbindungen des Berylliumoxidbenzoats mit Toluol und halogensubstituierten Benzolen.** K. N. Ssemenenko und G. M. Kurdjumow. (Nachr. Moskauer Univ., Ser. Math., Mechan., Astronom., Physik, Chem. **13**, Nr. 3, 187—89, 1958; Moskau, Univ., Lehrst. für anorgan. Chemie; russ.) — Das Aussehen der Kristalle, die Dichte u. die Gitterparameter von $Be_4O(C_6H_5COO)_6$ (I) u. seinen Komplex-Verbb. mit $C_6H_5CH_3$, C_6H_5Cl, C_6H_5Br u. C_6H_5J werden beschrieben. Es wird gezeigt, daß die erwähnten Komplexe eigenartige Einschluß-Verbb. darstellen. Die Moll. des Addenden dieser Verbb. sind in die Gitterhohlräume von I (Skelettsubstanz) inkludiert. Die Bldg.-Energie der Komplexe erwies sich als sehr gering. Röntgendaten: Alle Verbb. krist. monoklin, Z = 8 mit I: (a =) 21,02; (b =) 12,29; (c =) 34,90 (kX), $\alpha = \gamma = 90°$, $\beta = 91°$, $D_R = 1{,}33$; *$Be_4O(C_6H_5COO)_6 \cdot C_6H_5 \cdot CH_3$*: 20,54; 12,41; 35,74; $\alpha = \beta = \gamma$ ca. 90°, D_R 1,27; *$Be_4O(C_6H_5COO)_6 \cdot C_6H_5Cl$*: 19,8; 12,2; 38,9; $\alpha = 90$; $\beta = 72$; $\gamma =$ ca. 90°, D_R 1,30; *$Be_4O(C_6H_5COO)_6 \cdot C_6H_5Br$*: 20,30; 12,22; 35,96; $\alpha = \gamma = 90°$, $\beta =$ ca. 90°, D_R 1,39; *$Be_4O \cdot (C_6H_5COO)_6 \cdot C_6H_5J$*: 19,6; 12,1; 37,6; $\alpha = \beta =$ ca. 90°, $\gamma =$ 90°, D_R 1,44. S. Baryschnikow 281△

0608 **Zu den Bemerkungen von P. W. Geld zur Arbeit „Vergleichende Reduktion von Tricalciumphosphat mit gasförmigen Reduktionsmitteln (Wasserstoff, Kohlenoxid) und mit festem Kohlenstoff".** N. N. Posstnikow. (J. angew. Chem. [UdSSR] **33**, 1430—33, 1960; russ.) — Antwort auf die Bemerkungen von Geld (C. **1962**, 4108) zur Arbeit von Posstnikow, C. **1960**, 8123. H. Jäger 283□

0609 **Untersuchung der basischen Salze und Metalloxidhydrate.** 3. Mitt. **Die basischen Cadmiumchloride.** N. W. Aksselrud und W. B. Spiwakowski. (J. anorg. Chem. [UdSSR] **3**, 1748—54, 1958; Inst. für allg. u. anorg. Chem. der Akad. der Wiss. der UdSSR; russ.) — 2. vgl. C. **1963**, 8070. — Vff. untersuchen die Zus. u. Aktivitäts-Prodd. von Ndd. bas. Cadmiumchloride durch potentiometr. Best. der Gleichgewichtsionenaktivitäten von Cd^{2+}, OH^- u. Cl^- im heterogenen Syst. Cd^{2+}–OH^-–Cl^-–H_2O. In Abhängigkeit vom pH-Wert, der Rk.-Dauer u. der logarithm. Cd-Konzz. lassen sich durch Unterss. nach 150 Tagen Änderungen der Zus. u. der Aktivität der Ndd. feststellen, wobei Vff. beobachten, daß Übergänge zwischen Verbb. der Zus. $Cd(OH)Cl$ zu $Cd(OH)_{0,75}Cl_{1,25}$ u. $Cd(OH)_{1,2}Cl_{0,8}$ stark vom pH-Wert abhängig sind u. der Aktivitätsverlust deutlich meßbar wird. W.-D. Heußner 289◇

0610 **Untersuchung der Hydratisierung von 3 CaO·Al₂O₃ mit der Methode der thermischen Analyse.** P. P. Budnikow und R. D. Aselitzkaja. (Ukrain. chem. J. **27**, 722—28, 1961; Moskau, Chem.-Technol. Mendelejew-Inst.; Nowotscherkask, Polytechn. Inst.; russ.) — Vgl. C. **1961**, 978. — Die Vorgänge bei der Hydratisierung von $3\,CaO \cdot Al_2O_3$ (I) wurden mit DTA-Messungen im Temp.-Bereich von 100—1000° an Proben der trockenen Ausgangs-Verb., die eine bis 180 Std. lang im Exsiccator über W. aufbewahrt wurden, untersucht. Vff. untersuchen die Einfl. geringer Zusätze [0,1—0,5 Gew.-%] an K_2CO_3, $CaCO_3$, K_2SO_4, $CaSO_4$, NaCl u. $CaCl_2$ auf die Strukturausbildung der Hydratisierungsprodukte. CO_3^{2-}-Ionen bremsen den Hydratisierungsprozeß von I u. vermindern die Menge an gebildetem hexagonalem Aluminathydrat, während Cl^--Ionen diesen Prozeß u. den Übergang von der hexagonalen in die kub. Form des Aluminathydrats beschleunigen. Der Einfl. von SO_4^{2-}-Ionen liegt zwischen denen von CO_3^{2-} u. Cl^-. W.-D. Heußner 294◇

0611 **Austausch von Aluminiumtriphenyl mit Benzol.** G. A. Rasuwajew, Je. W. Mitrofanowa u. Ju. A. Kaplin. (J. allg. Chem. [UdSSR] **32** (**94**), 3453, 1962; russ.) — Es wird der Austausch der Phenylradikale im Aluminiumtriphenyl (I) durch Bzl. beim 36std. Erhitzen von I mit ^{14}C markiertem Bzl. (1:30 Mol) im Vakuum untersucht u. festgestellt, daß ein 27,7—31,2%ig. Austausch erfolgt. I. Schade 294△

0612 **Über die Oxydation von Aluminiumtriphenyl.** G. A. Rasuwajew, Je. W. Mitrofanowa, G. G. Petuchow und R. W. Kaplina. (J. allg. Chem. [UdSSR] **32** (**94**), 3454, 1962; russ.) — Bei der O_2-Oxydation von $Al(C_6H_5)_3$ (I) durch 1std. Erhitzen auf 80° in ^{14}C-markiertem Bzl. erfolgt kein Austausch von Phenylradikalen zwischen I u. Bzl.; nichtoxydiertes I ist inakt. u. das erhaltene $^{14}C_6H_5OH$ bildet sich durch Oxydation von ^{14}C-Benzol. I. Schade 294△

0613 **Über die Reaktion von Thallium(III)-chlorid mit Glykokoll.** A. W. Grinewa und N. T. Pressnjak. (J. allg. Chem. [UdSSR] **32** (**94**), 316—17, 1962; Odessa, Univ.; russ.) — Im Syst. $TlCl_3$–Glykokoll (G)–W. bildet sich ein Komplex der Zus. *$TlCl_3 \cdot 3\,G$* (I), der sich durch einen entsprechenden Sprung der elektr. Leitfähigkeit bei Überschuß der Aminosäure bemerkbar macht. I fällt aus Lsgg., die die Komponenten im Verhältnis 1:9 bei pH 3,2—3,4 enthalten, nach längerem Stehen in wohlausgebildeten, bei 120—130° therm. stabilen Kristallen aus. Helmut Schäfer 297△

0614 **Synthetische Scandiumsilicate.** N. A. Toropow und W. A. Wassiljewa. (Kristallographie [UdSSR] **6**, 968—72, 1 Tafel, 1961; Inst. für Silikatchem. der Akad. der Wiss. der UdSSR; russ.) — Im Syst. Sc_2O_3–SiO_2 werden 4 Eutektika der Zus. 55 (Mol-% Sc_2O_3):45 (Mol-% SiO_2), F. 1850°; 45:55, F. 1770°; 31,7:68,3, F. 1660° u. 3:97, F. 1700°, nachgewiesen u. die Verbb. *$Sc_2O(SiO_4)$* (I) u. *$Sc_2(Si_2O_7)$* (II) durch Best. ihrer FF., Dichte u. der opt. Eigg. im Vgl. mit isotypen Verbb. im Syst. MgO–SiO_2 untersucht u. röntgenograph. charakterisiert. I: F. 1950°, D. 3,49 g/cm³; II: F. 1850°, D. 3,39 g/cm³. W.-D. Heußner 299□

0615 **Gleichgewicht zwischen Titan(II)-chlorid, Titan(III)-chlorid und metallischem Titan in geschmolzenen Alkalimetallchloriden.** B. F. Markow, Je. B. Gitman und T. A. Tischura. (Ukrain. chem. J. **27**, 718—22, 1961; Inst. für allg. u. anorg. Chem. der Akad. der Wiss. der UkrainSSR; russ.) — Das Gleichgewicht der Rk. $2\,TiCl_3 + Ti \rightleftarrows 3\,TiCl_2$ in geschmolzenen Alkalimetallchloriden verschiebt sich beim Übergang von LiCl zum CsCl nach links. Bei Temp. zwischen 380 u. 860° werden diese Gleichgewichts-Rkk. in geschmolzenem LiCl, NaCl, KCl u. einem eutekt. Gemisch von KCl-LiCl untersucht u. die bei diesen Temp. vorliegende Menge an gelöstem Ti^{2+} bestimmt, die zwischen 60 u. 85% betragen kann. Gleichgewichtsänderungen durch Bldg. komplexer Verbb. des Typs $Me_2[TiCl_4]$ u. $MeTiCl_3$ haben eine Aktivitätsverminderung von $TiCl_2$ zur Folge. W.-D. Heußner 321◇

0616 **Darstellung und einige Eigenschaften von Hafniumcarbid.** G. W. Ssamssonow und W. N. Paderno. (J. angew. Chem. [UdSSR] **34**, 963—69, Mai 1961; Inst. für Metallkeramik u. Speziallegg. der Akad. der Wiss. der UkrainSSR, Abt. für hochschmelzende Stoffe; russ.) — HfC wurde durch 2maliges, je einstd. Erhitzen von Tabletten aus HfO_2 u.

Ruß im stöchiometr. Verhältnis im Vakuum (0,04—0,1 Torr) bei 1900° hergestellt. Die Phasen-Zus. der Rk.-Prodd. zwischen 1000 u. 2000° wurde näher untersucht. Zwischen 1000 u. 1200° liegt Hf_2O_3 vor. Relativ dichte Prodd. (6—8% Poren-Geh.) wurden durch Pressen bei 3000° erhalten. Das Verh. von HfC gegenüber heißen u. kalten konz. Säuren [HCl, HNO_3, H_2SO_4, H_3PO_4, $H_2C_2O_4$, HCl—HNO_3 (3:1), H_2SO_4—HNO_3 (1:1), HNO_3—HF (4:1), H_2SO_4—H_3PO_4 (1:1), H_2SO_4—$H_2C_2O_4$ (1:1)] u. einige seiner physikal. Eigg. (Thermo-EMK, spezif. u. red. elektr. Widerstand nach Mott, charakterist. Temp., F., Wärmeausdehnungs-Koeff., Elastizitätsmodul, Strahlungs-Koeff. bei 1700° für 655 nm) werden mitgeteilt, wobei die physikal. Daten mit denen von TiC, ZrC, Ti, Zr u. Hf verglichen werden.

H. Jäger 323◇

0617 **Zur Darstellung hochreinen Thoriummetalls durch elektrolytische Reinigung.** Sukeji Kachi, Tsuneo Satow und Sakae Takeuchi. (Sci. Rep. Res. Inst. Tôhoku Univ., Ser. A **11**, 56—65, 1959; Tohoku-Univ., Japan, Res. Inst. for Iron, Steel and Other Metals; engl.) — Zur elektrolyt. Th-Reinigung wurden *$KThF_5$*- oder wasserfreie *$ThCl_4$*-Lsgg. in eutekt. *NaCl–KCl*-Gemischen als Elektrolyte verwendet. Das so erzeugte Reinst-Th hatte Reaktorreinheit, seine Mikrostrukturen u. mechan. Eigg. wurden untersucht.

K. Jaeger 324◇

0618 **Einige wenig lösliche Salze von Heteropolysäuren des Germaniums und Siliciums.** F. M. Perelman, A. Ja. Sworykin und T. N. Jakubowskaja. (J. anorg. Chem. [UdSSR] **3**, 1374—80, 1958; Kurnakow-Inst. für allg. u. anorg. Chem. der Akad. der Wiss. der UdSSR; russ.) — Folgende Salze der Si-Mo- u. Ge-Mo-Heteropolysäuren wurden isoliert: *1,75 $(NH_4)_2O \cdot SiO_2 \cdot 12\ MoO_3 \cdot 5\ H_2O$* (**I**), *1,85 $(NH_4)_2O \cdot GeO_2 \cdot 12\ MoO_3 \cdot 4,65\ H_2O$* (**II**), *1,7 $Rb_2O \cdot SiO_2 \cdot 12,2\ MoO_3 \cdot 8,1\ H_2O$* (**III**), *2 $Rb_2O \cdot GeO_2 \cdot 12\ MoO_3 \cdot 9\ H_2O$* (**IV**), *1,54 $Cs_2O \cdot SiO_2 \cdot 11,5\ MoO_3 \cdot 6,8\ H_2O$* (**V**) u. *1,82 $Cs_2O \cdot GeO_2 \cdot 11,5\ MoO_3 \cdot 6\ H_2O$* (**VI**). Die Salze sind feinkristallin u. gelb, die Cs-Salze etwas grünlich; **VI** wird nach einigen Monaten bläulich. Die Verbb. sind isomorph. Die wss. Lsgg. der NH_4-Salze reagieren sauer, die der Rb- u. Cs-Salze infolge schwacher Hydrolyse neutral. Die Löslichkeiten in W. betragen bei 25° (Gew.-%): **I** 7,58; **II** 8,78; **III** 0,475; **IV** 0,90; **V** 0,123; **VI** 0,057. In schwefelsaurer Lsg. (1,5—48%ig. Säure) sind im allg. die Löslichkeiten mit zunehmender Säure-Konz. erniedrigt, weisen aber bei mittleren Säure-Konzz. ein Maximum auf. Die Löslichkeiten von **V** (**VI**) in 2%ig. HNO_3 betragen 0,0044% (0,039%), in 5,3%ig. HNO_3 0,0041 (0,027). In Oxalsäure-Lsg. findet teilweise Red. der Cs-Salze unter Blaufärbung statt; die Löslichkeiten in 9%ig. Oxalsäure-Lsg. betragen ca. 0,028 bzw. 0,13% für **V** u. **VI**.

Versuche: *Na-Germanat*-Lsg.; durch Schmelzen von metall. Ge mit Na_2O_2 u. Na_2CO_3 (1:3:4,5), Auslaugen mit W., Filtrieren u. Aufbewahren der Lsg. über H_2SO_4. *Heteropolysäuren*; durch Erhitzen (5—7 Std.) von 12 Mol frisch gefällter Mo-Säure mit 1 Mol Na-Silicat- (Na-Germanat-) Lsg. in Ggw. von etwas H_2SO_4 u. Eindampfen auf $^2/_3$ des Anfangsvolumens. *Salze*; durch Fällung aus obigen Lsgg. der Heteropolysäuren.

G. Winkhaus 326◇

0619 **Untersuchung der Darstellungsmethoden von Bleiselenid und seiner Halbleitereigenschaften.** N. I. Glisstenko und A. A. Jeremina. (J. anorg. Chem. [UdSSR] **5**, 1003—05, 1960; Woronesch, Univ.; russ.) — Nach Erläuterung der bekannten Meth. der PbSe-Darst. (aus Pb-Tartrat, $PbSO_4$, $PbCl_2$ durch Rk. mit H_2Se) wird eine neue Meth. beschrieben, bei der aus $Pb(CH_3COO)_2$ u. Na_2SeSO_3 zunächst $PbSeSO_3$ u. durch Hydrolyse PbSe u. H_2SO_4 gewonnen wird. Obwohl die resultierenden Kristalle verschiedene Form besitzen, zeigt die Röntgenanalyse einheitlich kub.-flächenzentrierte Gitter; spezif. Gew. 7,7—7,96; spezif. Leitfähigkeit $7 \cdot 10^{-3}\ Ohm^{-1}$. Die berechnete Breite der verbotenen Zone beträgt 0,4 eV (bei aus Tartrat hergestelltem PbSe 0,92 eV).

J. Tůmová 328◇

0620 **Die PbO-reiche Seite des Systems PbO–TiO_2.** Yoshihiro Matsuo und Hiromu Sasaki. (J. Amer. ceram. Soc. **46**, 409—10, 1963; Kadoma-cho, Kitakawachi-gun, Osaka-fu, Japan, Matsushita Electr. Ind. Co., Dielectr. and Ferroelectr. Materials Res. Sect., Wireless Div., Res. Labor.; engl.) — Auf der PbO-reichen Seite des Syst. PbO–TiO_2 wurden röntgenograph. nur *$PbTiO_3$*, *PbO* (orthorhomb.) u. PbO (tetragonal) nachgewiesen. Eine Phase *Pb_2TiO_4* konnte nicht bestätigt werden. Ferner wurde mit zunehmender Temperdauer eine zunehmende Löslichkeit von $PbTiO_3$ in PbO u. zunehmende Umwandlung $PbO_{orthorh.} \rightarrow PbO_{tetrag.}$, verursacht durch Lösen von $PbTiO_3$, festgestellt.

K. Jaeger 328◇

0621 **Untersuchung über Metallkomplexe von analytischer Bedeutung.** 1. Mitt. **Vanadinkomplexe des 8-Hydroxychinolins und 2-Methyl-8-hydroxychinolins.** Hiroji Nakamura, Yoichi Shimura und Ryutaro Tsuchida. (Bull. chem. Soc. Japan **34**, 1143—47, 1961; Kita-ku, Osaka, Osaka Univ., Fac. of Sci., Dep. of Chem.; engl.) — Vff. stellten Komplexe des V mit 8-Hydroxychinolin (**I**; HOx) u. 2-Methyl-8-hydroxychinolin (**II**; HMOx) dar u. untersuchten ihre Struktur. VO_3^- bildet mit **I** einen blauschwarzen Komplex, mit **II** einen gelben der Zus. *[VO(OH)(MOx)$_2$·2 H_2O]* (**III**), der beim Trocknen unter Schwarzfärbung in *[VO(OH)·(MOx)$_2$]* (**IV**) übergeht. In **III** liegt **II** als einzähniger Ligand vor (N ist nicht an V gebunden), so daß sich eine oktaedr. Struktur ergibt. **IV** besitzt trans-Struktur. Mit **I** können drei Komplexe dargestellt werden, ein violetter (cis-Struktur) u. ein roter (trans-Struktur; beide im festen Zustand fast schwarz) der Zus. *[VO(OCH$_3$)(Ox)$_2$]* oder *[VO(OC$_3$H$_7$)(Ox)$_2$]* nach Umkristallisieren aus Methanol bzw. Isopropanol sowie ein gelber der Zus. *Na[VO(O)(Ox)$_2$(H$_2$O)$_2$]·2 H$_2$O*.

Versuche: *[VO(OH)(MOx)$_2$·2 H$_2$O]* (**III**), aus **II** in 1n Essigsäure durch Verdünnen, tropfenweises Zufügen einer $NaVO_3$-Lsg. in 0,2n NaOH-Lsg., Einstellen von pH 5 mit 1n Essigsäure, 2std. Digerieren bei 70°, 3maliges Umkristallisieren aus 98%ig. Methanol unter Abdampfen des Lsgm. bei 40° im Vakuum u. Trocknen über $CaCl_2$. — *[VO(OH)(MOx)$_2$]* (**IV**), durch Trocknen von **III** über P_2O_5 im Vakuum. — *Na[VO(O)(MOx)$_2$(H$_2$O)$_2$]·2 H$_2$O*, durch Lösen von **III** in 0,2n NaOH-Lsg., Filtrieren, Einengen bei 50° im Vakuum u. 2maliges Umkristallisieren aus 98%ig. Methanol.

P. Kurzmann 330◇

0622 **Der Mechanismus der Reaktion von Etard.** Ileana Necsoiu, A. T. Balaban, I. Pascaru, Elvira Sliam, M. Elian und C. D. Nenitzescu. (Tetrahedron [London] **19**, 1133—42, 1963; Bucharest, R.P.R. Acad., Chem. Inst. and Inst. of Atomic Phys.; engl.) — ESR-Messungen zeigen, daß in Etard-Komplexen $RH \cdot 2\ CrO_2Cl_2$ [RH = Triphenylmethan (**I**), Diphenylmethan (**II**) u. Toluol (**III**)] eins der beiden Cr-Atome diamagnet. (Cr^{VI}), das andere paramagnet. (Cr^{IV}) ist. Bei der Zers. von **I** mit W. bildet sich *Triphenylcarbinol* (**IV**), mit einer konz. wss. Lsg. von NaN_3 entstehen *Triphenylmethylazid* u. wenig **IV**; bei der Zers. von **II** mit einer Lsg. von überschüssigem NaN_3 in Eisessig bilden sich *Benzhydrylazid*, *Benzophenon* (**V**), *Benzhydrol* (**VI**) u. *Benzhydrylacetat*, bei der Zers. von **II** mit SO_2/Essigsäure **V** u. **VI** u. bei der Zers. des Etard-Komplexes von n-Propylbenzol mit wss. SO_2-Lsg. *Propenylbenzol*, *1-Phenyl-1-chlorpropan*, *Propiophenon* u. *1-Phenylpropanol-(1)*. Da prim. bzw. sek. Alkohole wie Benzylalkohol bzw. **VI** glatt in wss. Suspension durch ein Mol. CrO_2Cl_2 zu Benzaldehyd bzw. **V** oxydiert werden, sind Alkohole vermutlich die prim. Prodd. bei der Hydrolyse der Etard-Komplexe. Der erste Schritt der Oxydation durch Chromsäure oder CrO_2Cl_2 besteht in der Übertragung eines Hydridions vom Substrat zum Oxydationsmittel unter Red. eines Cr(VI)-Atoms zu Cr(IV), das an ein zweites Cr(VI) gebunden bleibt. Die Struktur der Etard-Komplexe wird mitgeteilt, wobei die Bldg. eines tautomeren Anions angenommen wird.

Versuche: *Triphenylmethan-Etard-Komplex* (**I**), $C_{19}H_{16}Cl_4Cr_2O_4$, aus $(C_6H_5)_3CH$ u. CrO_2Cl_2 in CCl_4 oder CS_2 unter Ar u. Rühren (1½—2 Std., Temp. <35—45°); 96% (Ausbeute). — Analog: *Diphenylmethan-Etard-Komplex* (**II**), $C_{13}H_{12}Cl_4Cr_2O_4$, 94%; *Toluol-Etard-Komplex* (**III**), $C_7H_8Cl_4Cr_2O_4$, 85%.

G. Heller 335◇

0623 **Trichlorotripyridinmolybdän(III).** Hans B. Jonassen und Lionel J. Bailin. (Inorg. Syntheses **7**, 140—42, 1963; New Orleans, La., Tulane Univ.; engl.) — Darst. nach $K_3MoCl_6 + 3\ C_5H_5N \rightarrow [MoCl_3(C_5H_5N)_3] + 3\ KCl$ in sd. Pyridin; Ausbeute ca. 70%.

A. Blaschette 336◇

0624 **Substitutionsprodukte von Metallcarbonylen mit vielzähnigen Liganden.** 1. Mitt. **Derivate der Carbonyle von Chrom, Molybdän und Wolfram mit 1.2-Bis-[diphenylphosphino]-äthan.** Franco Zingales und Franco Canziani.

(Gazz. chim. ital. **92**, 343—50, 1962; Milano, Univ., Ist. di Chim. gen., Labor. di Chim. dei Composti di Coordinazione del C.N.R.; ital.) — Die Rk. der Hexacarbonyle von Cr, Mo u. W mit 1.2-Bis-[diphenylphosphino]-äthan (L) liefert neue Derivv. *Me(CO)₄L* u. *Me(CO)₂L₂* (Me = *Cr, Mo* oder *W*). Der erhaltene Substitutionsgrad ist vom benutzten Lsgm. u. vom Verhältnis der Reagentien abhängig. Die Umsetzung von Tricarbonylheptatrienmetall u. L führt zu $Me_2(CO)_6L_3$. Sämtliche Derivv. sind fest, krist., farblos bis hellgelb, genug beständig, diamagnet. u. in Lsg. Nichtleiter. Die IR-Absorptionsspektren werden mitgeteilt.

Versuche: $Cr(CO)_4L$ (L = *1.2-Bis-[diphenylphosphino]-äthan*) (I), $C_{30}H_{24}CrO_4P_2$, F. 201° (Zers.), durch 10std. Kochen von 4,5 mMol $Cr(CO)_6$ u. 4,5 mMol L in 60 ml n-Butyläther unter N_2, Filtrieren des Nd. u. Waschen mit Ae.; gelbe Kristalle aus Chlf.-CH_3OH. — $Cr(CO)_2L_2$, $C_{54}H_{48}CrO_2P_4$, F. 264° (Zers.), durch 50std. Kochen von 4,5 mMol $Cr(CO)_6$ u. 11,3 mMol L in 100 ml Diäthylenglykoldimethyläther, tropfenweise Zugabe von Pentan; gelbe Kristalle aus CH_2Cl_2–Äthanol. Aus den CH_2Cl_2-Mutterlaugen wird nach Eindampfen u. Umkristallisation I erhalten. — $Mo(CO)_4L$, $C_{30}H_{24}MoO_4P_2$, F. 183° (Zers.), analog; farblose Kristalle aus Bzl.-Äther. — $Mo(CO)_2L_2$, $C_{54}H_{48}MoO_2P_4$, F. 263° (Zers.), analog; gelbe Kristalle aus Chlf.-Äthanol. — $W(CO)_4L$, $C_{30}H_{24}O_4P_2W$, F. 194° (Zers.), analog; hellgelbe Kristalle aus Bzl.-Petroläther. — $W(CO)_2L_2$, $C_{54}H_{48}O_2P_4W$, F. 274° (Zers.), analog; gelbe Kristalle aus Chlf.-Athanol. — $Cr_2(CO)_6L_3$, $C_{84}H_{72}Cr_2O_6P_6$, F. 263° (Zers.), durch 4tägige Rk. von 4,4 mMol Tricarbonylheptatrienchrom u. 8,8 mMol L in 100 ml Bzl. unter Rühren u. N_2 in der Kälte; gelbe Kristalle aus CH_2Cl_2-Petroläther; Zers. an der Oberfläche im Licht unter N_2 nach mehreren Wochen. — $Mo_2(CO)_6L_3$, $C_{84}H_{72}Mo_2O_6P_6$, F. 210° (Zers.), analog in der Wärme; Kristalle aus CH_2Cl_2-Pentan; luft- u. lichtbeständig. — $W_2(CO)_6L_3$, F. 194° (Zers.), analog vorvorst. Verb.; hellgelbe Kristalle aus CH_2Cl_2-Pentan. — $(C_6H_5)_2P(O)\cdot C_2H_4P(O)(C_6H_5)_2$, F. 263—265°, aus 1 g L in Chlf. durch Behandeln mit 1,7 g J_2 in Chlf., Zugeben von 10 ml verd. NaOH u. Verdampfen des Lsgm.; Kristalle aus Chlf.-Äthanol.

G. Platzer 337◇

0625 **Experimentelle Untersuchung der Fällungsbedingungen von Uranoxiden aus hydrothermalen Lösungen.** R. P. Rafalski und K. F. Kudinowa. (Geol. d. Erzlagerstätten [UdSSR] **1962**, Nr. 6, 46—53; russ.) — Fällungs-Rkk. zwischen UO_2SO_4-Lsgg. (verschiedene Konzz., Rk.-Dauer u. pH; Zusätze von Na_2CO_3, NaCl, NaF u. CO_2; Temp. >200°, genaue Angaben für Temp. 300°) u. natürlichen Mineralen (Siderit, Pyrit, Galenit, Magnetit, Amphibole, gediegenes Arsen) werden untersucht u. die Fällungs-Prodd. mkr. u. röntgenograph. analysiert. Unter hydrothermalen Bedingungen wird U^{6+} durch Fe^{2+} u. S^{2-} red. u. als UO_2 ausgefällt. Die gleiche Wrkg. zeigt elementares As nicht nur in saurem, sondern auch in neutralem Medium. Die Ggw. von Na_2CO_3 u. NaF in mäßigen Konzz. u. von freier H_2CO_3 in der Lsg. hemmt die Red. des U^{6+} bei 300° nicht. Die Zus. u. die Form der abgeschiedenen Red.-Prodd. des U^{6+} werden im sauren Medium (pH <3,5) von der Zus. u. den Eigg. des ausfällenden Minerals (als Fe^{2+}- oder S^{2-}-Lieferanten) beeinflußt. In Abhängigkeit davon bilden sich U_3O_8 (nur bei einem Teil der ausfällenden Minerale u. als Zwischenprod.) u. UO_2, wobei sich letzteres in Form von Kristallen (*Uraninit*), als kollomorphe Bldg. (*Nasturan*) oder als lockerer, feindisperser Bodensatz („*Uranschwärze*") ausscheidet. Zus. u. Form der abgeschiedenen Red.-Prodd. des U^{6+} sind im schwach sauren bis neutralen Medium (pH-Werte von 4,5—7,2) unabhängig von Zus. u. Eigg. der ausfällenden Minerale. Es wird stets kollomorphes UO_2 (Nasturan) ausgeschieden. Dieter Wolf 339◇

0626 **Darstellung und Untersuchung einiger Pertechnetate des Typs $Me^{I}TcO_4$.** C. Keller und B. Kanellakopulos. (Radiochim. Acta [Frankfurt/M.] **1**, 107—08, 1963; Karlsruhe, TH, Lehrstuhl für Radiochem.; Kernreaktor Bau- u. Betriebsgesellschaft m. b. H., Inst. für Radiochem.; dt.) — Die Darst. der Pertechnetate des Rb, Cs, Ag, Tl erfolgte durch Fällung der Carbonate mit $HTcO_4$, des Na, Li, K, NH_4^+ durch Neutralisation der Hydroxide mit $HTcO_4$. Sie sind isotyp mit den entsprechenden Perrhenaten. $NaTcO_4$, $KTcO_4$, NH_4TcO_4, $RbTcO_4$ u. $AgTcO_4$ besitzen tetragonale Scheelitstruktur mit a = 5,337; 5,630; 5,794; 5,758; 5,317; c = 11,88; 12,87; 13,29; 13,54; 11,87 (Å, alle Werte ± 0,02 Å), $CsTcO_4$ u. $TlTcO_4$ orthorhomb. verzerrte Scheelitstruktur mit a = 5,726; 5,501; b = 5,922; 5,747 (Å, alle Werte ± 0,02 Å); c = 14,36 ± 0,02 bzw. 13,45 ± 0,01 Å. Die Struktur von $LiTcO_4$ ist nicht bekannt. Angabe der Löslichkeiten in W. u. der Lsg.-Wärme für $TlTcO_4$, $CsTcO_4$, $AgTcO_4$ u. $RbTcO_4$. U. Wenzel 351◇

0627 **Komplexe niedriger Oxydationsstufen des Rheniums.** Bijon Kumar Sen, Nripendra Nath Ghosh und Pulin Bihari Sarkar. (J. Indian chem. Soc. **40**, 707—08, 1963; Calcutta, India, Univ. Coll. of Sci. and Technol., Inorg. Chem. Labor.; engl.) — Kaliumtetrachlororhenat(III) wird mit 5 Äquivalenten o-Phenantrolin trocken zusammengemischt u. unter Luftabschluß 20 Min. lang auf 245° erhitzt. Das überschüssige o-phen wird mit Bzl. ausgewaschen, anschließend wird mit Methanol extrahiert. Aus dem blauvioletten methanol. Extrakt fällt bei Zugabe von Ae. ein blauer Nd. der Zus. $[Re(o\text{-}phen)_3]Cl_3$ aus. Der Komplex ist in polaren Lsgm., wie W. u. A., sehr gut lösl. ($\lambda_{max} \sim 550$ nm in W.).

H. Kuchenbecker 352◇

0628 **Herstellung von magnetischem Ferrit durch gleichzeitige Fällung. 2. Mitt. Gleichzeitige Fällung aus Lösungsgemischen von Eisen(II)- und Eisen(III)-Ionen.** Junzo Tasaki. (Rep. Government ind. Res. Inst., Nagoya **10**, 537—48, 1961; jap., Auszug: engl.) — Bei gleichzeitiger Fällung von Fe^{2+} u. Fe^{3+} aus Lsg.-Gemischen erhält man magnet. Ndd. mit W. oder A. als Lsgm., wobei die Stärke der Magnetisierung in einem Magnetfeld bei Fällung aus alkohol. Lsg. sehr gering im Vgl. mit Fällungen aus wss. Lsg. ist. Auch die Curie-Temp. ist geringer. Die Oxydation von Proben aus wss. Lsg. beginnt bei >400° u. bei <100°, wenn die Proben aus alkohol. Lsg. gefällt worden sind. Wenn das Verhältnis $Fe^{2+}:Fe^{3+}$ im Lsg.-Gemisch von 0,5 abweicht, besteht der Nd. im Bereich 0,3—0,7 hauptsächlich aus Fe_3O_4.

W. Wesly 354◇

0629 **Reaktionen von koordinierten Liganden.** 2. Mitt. **Darstellung einer neuen Klasse von Isonitrileisenkomplexen, $[FeCN(RCH_2NC)_5]X$.** W. Z. Heldt. (J. inorg. nuclear Chem. **22**, 305—23, 1961; Wilmington, Del., E. I. du Pont de Nemours & Co., Inc., Explosives Dep., Exp. Stat. Labor.; engl.) — 3. u. 4. vgl. C. **1963**, 13872. — Aus $K_4[Fe(CN)_6]$ u. Aryl- oder aktivierten Alkylbromiden (LBr) wurden Isonitril-eisen(II)-Komplexe der Form $[FeCN(LNC)_5]Br$ dargestellt. Die Struktur von $[FeCN(C_6H_5CH_2NC)_5]Br$ **(I)** wurde durch Umwandlung in Salze mit einem anderen Anion (Cl^-, J^-, SCN^-, NO_3^-, ClO_4^-, CF_3COO^-, OH^- oder HSO_4^-), Umsetzung mit $C_6H_5CH_2Br$ **(II)** zu $Fe(C_6H_5CH_2NC)_6Br_2$ **(III)**, Abspaltung von **II** im Vakuum zu $Fe(CN)_2(C_6H_5CH_2NC)_4$ **(IV)**, Hydrolyse unter Bldg. von $C_6H_5CH_2NH_2$ **(V)**, Red. zu **V**, $C_6H_5CH_2NHCH_3$ u. $(C_6H_5CH_2)_2NH$ sowie Oxydation zu C_6H_5COOH bewiesen. **III** u. **IV** konnten auch direkt aus $K_4[Fe(CN)_6]$ **(VI)** erhalten werden. Vermutlich erfolgt die Bldg. von I unter Ersatz von Br im LBr durch $[Fe(CN)_6]^{4-}$ oder durch partiell alkylierte Anionen, wie $[Fe(CN)_5(LNC)]^{3-}$, $Fe(CN)_4(LNC)_2]^{2-}$ usw. Die Rk.-Geschw. dieses Mechanismus bestimmen sowohl die Ionisation des LBr als auch der nucleophile Charakter der intermediär entstehenden Anionen.

Versuche: *Cyano-pentakis-[benzylisocyanid]-eisen(II)-bromidhydrat* (I), $[FeCN(C_6H_5CH_2NC)_5]Br\cdot H_2O$; F. 101 bis 104° {aus Methyläthylketon **(VII)**}; Meth. A: aus 61,5 g **VI** u. 171 g $C_6H_5CH_2Br$ (55 Std., 100°) u. Extraktion mit Chlf.; Einengen des Chlf.-Extraktes u. Lösen der Kristalle in **VII**, aus der Lsg. beim Abkühlen gelbe Kristalle; 109 g (Ausbeute); Meth. B: analog aus 184 g **VI** u. 342 g $C_6H_5CH_2Br$ (47 Std.; 100°); lange hellgelbe Nadeln; 121 g. — *Cyano-pentakis-[benzylisocyanid]-eisen(II)-bromid*, F. 111—112°; durch Trocknen vorstehender Verb. bei 0,1 Torr/25°. — $Fe\cdot(CN)_2(C_6H_5CH_2NC)_4$ **(IV)**, F. 229,5—230°; a) nach Meth. B aus dem in **VII** unlösl. Anteil durch Umkrist. in Chlf. u. CCl_4; 95 g; b) durch Dest. von I bei 100°/0,4 Torr.; 70%. — $Fe(C_6H_5CH_2NC)_6Br_2\cdot H_2O$ **(III)**, a) F. 119—121° (aus $CHCl_3$–CCl_4); nach Meth. B aus 171 g $C_6H_5CH_2Br$ u. 123 g **VI** (120 Std. lang, 25°); unlösl. in **VII**; 30 g; b) F. 134,2—135° (dimorphe Form?, aus **VII**); aus 3,6 g **I** u. 10 g $C_6H_5CH_2Br$ (12 Std. lang; 100°); Extraktion mit **VII**, Chromatographieren an Al_2O_3; 1,7 g. — $[FeCN(p\text{-}CH_3C_6H_4CH_2NC)_5]Br\cdot H_2O$, F. 148—150°; A: aus 0,5 Mol p-$CH_3C_6H_4CH_2Br$ u. 0,1 Mol **VI** (45 Std. lang, 100°); 72 g. — $[FeCN(CH_2{=}CHCH_2NC)_5]Br\cdot H_2O$, F. 56—58° (aus Aceton bei 0°); A: aus 1 Mol $CH_2{=}CHCH_2Br$ u. 0,17 Mol **VI** (48 Std. lang, Rückfluß); 85 g. — $[FeCN(o\text{-}CH_3C_6H_4CH_2NC)_5]\cdot Br$, F. 143—146°; B: aus 0,5 Mol o-$CH_3C_6H_4CH_2Br$ u. 0,1 Mol **VI** (45 Std. lang, 100°); 37 g. — $Fe(CN)_2(o\text{-}CH_3C_6H_4CH_2NC)_4\cdot H_2O$, F. 247—249,5° (aus $CHCl_3/CCl_4$); wie vorst., in **VII** unlösl.; 33 g. — $FeBrCN[(C_6H_5)_2CHNC]_4$, F. 122—123,5°; B: aus

0,5 Mol $(C_6H_5)_2CHBr$ u. 0,1 Mol **VI** (10 Std., 100°); 8,5 g. — *$Fe(CN)_2[(C_6H_5)_2CHNC]_4$*, F. 242—244°; wie vorst.; 102 g. — *$[FeCN\text{-}(p\text{-}ClC_6H_4CH_2NC)_5]Br$*, F. 160—162,5°; Meth. C: aus 0,25 Mol $p\text{-}ClC_6H_4CH_2Br$ u. 0,05 Mol **VI** (60 Std., 100°), Extrahieren mit PAe., Extrahieren des in PAe. unlösl. Öles mit Chlf., Einengen u. Chromatographieren an Al_2O_3; 12,4 g. — *$[FeCN(m\text{-}CH_3C_6H_4CH_2NC)_5]Br\cdot H_2O$*; C: aus 0,5 Mol $m\text{-}CH_3\cdot C_6H_4CH_2Br$ u. 0,1 Mol **VI** (45 Std., 100°); Öl; 39 g. — *$[FeCN\cdot(p\text{-}CH_3COOC_6H_4CH_2NC)_5]Br\cdot H_2O$*, F. 185—186,2°; C: aus 0,25 Mol $p\text{-}CH_3COOC_6H_4CH_2Br$ u. 0,05 Mol **VI** (48 Std., 100°); 2,95 g. — *$[FeCN\{(C_6H_5)_3CNC\}_5]Br$*, F. 298—300°; C: aus 0,05 Mol $(C_6H_5)_3CBr$ u. 0,01 Mol **VI** in Chlf. (18 Std., Rückfluß); 6,07 g. — *$Fe(C_4H_3SCH_2NC)_5Br_2\cdot H_2O$* (?); C: aus 0,5 Mol 3-Thenylbromid u. 0,1 Mol **VI** in **VII** (48 Std., Rückfluß); Öl; 48,1 g. — *Benzoesäure*, durch Oxydation von **I** mit alkal. $KMnO_4$-Lsg.; 86%. — *Benzylamin*, durch Hydrolyse von **I** mit konz. H_2SO_4. — *Benzylaminhydrobromid*, F. 208 bis 215°; durch katalyt. Hydrierung (Raney-Ni) von 54 g **I** in Methanol; 6 g; *p-Toluolsulfonyl-Deriv.*, $C_6H_5CH_2NHSO_2\cdot C_6H_4CH_3$, F. 113,5—114,8°. — *N-Methylbenzylaminhydrobromid*, F. 167,5—168°; durch katalyt. Hydrierung (Raney-Ni) von 10 g **III** in Methanol; 3,8 g; *p-Toluolsulfonyl-Deriv.*, $C_{15}H_{17}NO_2S$, F. 94—94,5°. — *N-Methylbenzylamin*, Nebenprod. bei katalyt. Hydrierung von **I**; *p-Toluolsulfonyl-Deriv.*, F. 94—94,7°. — *N-Benzylformamid*, Nebenprod. bei der katalyt. Hydrierung von **I**. — *$[FeCN(C_6H_5CH_2NC)_5]\,NO_3\cdot H_2O$* (**VIII**), F. 85,5—87,5°; durch Zugabe von 1,69 g $AgNO_3$ in W. zu einer Lsg. von **I** in A., Abfiltrieren, Verdampfen des Lsgm., Extrahieren mit Aceton, Fällen mit CCl_4, Kühlen, mechan. Trennen der beiden anfallenden Kristalltypen u. Chromatographieren an Al_2O_3 (Chlf.); 665 mg. — *$[FeCN(C_6H_5CH_2NC)_5]\cdot NO_3$*, F. 106—108°; neben vorst. Kristallen nach Chromatographieren an Al_2O_3 (aus **VII**); 1,5 g. — Analog wurden dargestellt: *$[FeCN(C_6H_5CH_2NC)_5]CF_3CO_2$*, F. 113—115°; *$[FeCN\cdot(C_6H_5CH_2NC)_5]_2SO_4\cdot 2\,H_2O$*, F. 122—124° (aus **VII**); 5 Std. bei 100°. — *$[FeCN(C_6H_5CH_2NC)_5]SCN$*, F. 110—111,2° (aus **VII**); aus KSCN in W. u. **I** in Methanol (14 Tage lang bei 25°). — Analog: *$[FeCN(C_6H_5CH_2NC)_5]J\cdot H_2O$* (?), F. 119,2—119,6°; aus KJ; *$[FeCN(C_6H_5CH_2NC)_5]Cl\cdot 2\,H_2O$* (?), F. 106—108,5°; *$[FeCN(C_6H_5CH_2NC)_5]ClO_4$*; F. 139—140°; aus $LiClO_4$. — *$[FeCN(C_6H_5CH_2NC)_5]HSO_4\cdot H_2O$*; F. 156,8—157,8°; durch Zugabe von 80%ig. H_2SO_4 zu **I**, 4std. Erhitzen auf dem Wasserbad u. Kühlen. — *$Fe(C_6H_5CH_2NC)_6(ClO_4)_2$*, F. 163,2—165,3°; a) aus 3 g **III** in Methanol u. 5,3 g $LiClO_4$; 3,184 g; b) aus $Fe\cdot(ClO_4)_2\cdot 6\,H_2O$ in Methanol u. Benzylisonitril; gelbe Kristalle, 90%. — *$Fe[(C_6H_5)_3CNC]_4(CN)_2Br$*, F. 303—306,5° (aus **VII**); aus 3,38 g $K_3Fe(CN)_6$ in Chlf. u. 16,15 g Tritylbromid (66 Std. lang, Rückfluß); 18,4 g. G. Heller 354◇

0630 **Oxydation von Kobaltsulfid in Gegenwart von Natriumchlorid.** A. Ja. Sworykin und F. M. Perelman. (J. angew. Chem. [UdSSR] **33**, 765—68, 1960; russ.) — Es wird gezeigt, daß durch Zusatz von 5—20% NaCl zu einem 90,6 (%) FeS_2, 0,63 CoS u. 8,76% $CaSiO_3$ enthaltenden Fe-Konzentrat, das bei 525—535° geröstet wurde, die Umwandlung von CoS in $CoSO_4$ erleichtert wird. Ein Stimulations-Verf. für die obige Umwandlung in S-armen Konzentraten durch eine ergänzende Zugabe von FeS zu der Schicht wird beschrieben. So konnte durch eine Zugabe von je 10% FeS u. 10% NaCl zu einem 1,58% S enthaltenden Prod. (Röstdauer 2 Std.) die Umwandlung von CoS in $CoSO_4$ von 0 auf 79,87% erhöht werden. S. Baryschnikow 355

0631 **Über die Reaktion von Natriumhexanitrocobaltat mit Pyridin.** A. W. Babajewa, I. B. Baranowski und G. G. Afanassjewa. (Ber. Akad. Wiss. UdSSR **143**, 587—89, 1962; Kurnakow-Inst. für allg. u. anorg. Chem. der Akad. der Wiss. der UdSSR; russ.) — Wird ein Gemisch von 2 g $Na_3\cdot[Co(NO_2)_6]\cdot {}^1\!/_2\,H_2O$ (**I**) mit 10 ml wasserfreiem Pyridin (Py) auf 50—60° erwärmt, so geht **I** langsam unter Gelbfärbung in Lsg., aus der sich nach Filtrieren u. Abkühlen orangefarbene Kristalle von *$Co(NO_2)_2\cdot 6\,Py$* abscheiden. Leicht zersetzlich an Luft unter Pyridinabgabe. Umlagerung in der Kälte zu *$[CoPy_3(NO_2)_3]$* (**II**): kirschrote, glänzende Nadeln, unlösl. in W., A., Aceton. D^{20}: 1,68; paramagnet., n_D^{20}: $N_g = 1{,}754$, $N_m = 1{,}720$, $N_p = 1{,}704$. F. unter Zers. 134—135°. Elektroleitfähigkeit bei 25°, V = 5000 Liter/Mol in Nitrobenzol $\mu = 1{,}6\ \Omega^{-1}\cdot cm^2$. Absorptionsmaximum in $CHCl_3$ bei 358 nm. Beim Lösen von **II** in konz. HCl bei 20° entsteht ein grüner Co(II)-Komplex. Vff. untersuchen die Rkk. zwischen $Na_3\cdot[Co(NO_2)_6]$ mit Pyridin in wss. Lsg., deren harzartige Rk.-Prodd. nach längerem Stehen kristallisieren. Das feinkristalline ziegelrote Pulver ist unlösl. in W., schlechtlösl. in A. u. leicht lösl. in Aceton u. $CHCl_3$. F. unter Zers. 94—96°. Die Verb. ist schwach paramagnet. mit $\mu = 1{,}28$ Bohrschen Magnetonen u. verhält sich als Nichtelektrolyt. Es handelt sich wahrscheinlich um eine Co(II)–Co(III)-Verb. der Form $[(NO_2)_2Py_2Co^{III}(OH)(H_2O)Co^{II}Py_2(NO_2)_2]$, möglich ist auch $[CoPy_2(NO_2)_2][Co(NO_2)_2(OH)(H_2O)Py_2]$. Bei Umsetzung mit konz. HCl entsteht eine hellblaue Lsg., aus der die Verb. $(PyH)_2[CoCl_4]$ kristallisiert. Löst man **II** in NH_3 unter N_2, neutralisiert mit HCl u. setzt KSCN zu, so entsteht $Co[Py_4(NCS)_2]$. W.-D. Heußner 355□

0632 **Experimenteller Beitrag zur Untersuchung von Sauerstoff übertragenden Komplexverbindungen.** Vincenzo Caglioti, Antonio Ciana und Claudio Furlani. (Gazz. chim. ital. **90**, 135—46, 1960; Roma, Univ., Ist. di Chim. gen. e inorgan.; Trieste, Univ., Ist. di Chim. gen.; ital.) — Vff. untersuchten spektrophotometr. u. mit Hilfe magnet. Messungen die von Tanford u. Mitarbeitern (vgl. C. **1955**, 8102) beschriebene Beobachtung, wonach alkal. Lsgg. eines Co(II)-Salzes in Ggw. eines Überschusses von Glycylglycin reversibel ein Mol O_2 pro 2 Mol Co absorbieren, wobei sich ein braunes Komplexsalz bildet, das sich irreversibel mit mehr oder weniger hoher Geschw. in ein stark rot gefärbtes Endprod. zersetzt. Bei dem Ausgangsprod. handelt es sich um den anion. Komplex $[Co^{II}(GG)_2(OH)]^-$, wo (GG) das Glycylglycinanion bedeutet. Durch die Messungen wurde die Annahme von Silvestroni (vgl. C. **1960**, **12922**) bestätigt, daß es sich bei dem intermediären braunen Komplex um einen binuclearen Co-Komplex mit einer O-O-Brücke der Form $[(GG)_2CoO_2Co\cdot(GG)_2]^{2-}$ handelt, während das Endprod. als ein einkerniger Co^{3+}-Komplex des Glycylglycins anzusprechen ist, dem auf Grund der Analyse die Formel $[Co^{III}(GG)_2(OH)]$ zuzuteilen ist. C. Gottfried 355

0633 **Kupferkomplexe mit langkettigen aliphatischen Diaminen.** Vincenzo Caglioti, Claudio Furlani, Giulia Dessy und Carmen Ibarra. (Gazz. chim. ital. **92**, 1276—89, 1962; Roma, Univ., Ist. di Chim. gen., Centro di Chim. gen. e Gruppo di Spettroscopia mol. del C.N.R.; ital.) — Verschiedene Typen von festen Komplexen (K) aus $CuCl_2$ u. langkettigen aliphat. Diaminen [en; $H_2N(CH_2)_nNH_2$; n = 2, 3, 4, 5, 6, 8 u. 10] u. p-Aminomethylbenzylamin wurden durch Mischen gleicher Vol. 0,1m alkohol. Lsgg. von $CuCl_2$ u. des entsprechenden en bei Raum-Temp. dargestellt, wobei im allg. unmittelbar der feste Komplex ausfällt. 3 feste Verb.-Typen konnten erhalten werden: a) *$CuCl_2\cdot {}^1\!/_2\,en$* (**I**; gelb, mikrokristallin), aus Lsgg. mit einem sehr großen Überschuß von Cu^{2+}; b) *$CuCl_2\cdot en$* (**II**; grün); c) u. d) *$CuCl_2\cdot 2\,en$* (**III** u. **IV**), aus Lsgg. mit überschüssigem en; je nach Rk.-Bedingungen u. Art des en wurde eine violette Form **III** oder eine blaue Form **IV** gebildet. Aus Diaminen mit geringer Anzahl von C-Atomen wird vorzugsweise **III** u. mit langer Kette von C-Atomen **IV** erhalten, das wahrscheinlich eine Polymerstruktur hat. Mit Ausnahme von **III** erleiden alle K Zers. durch W. u. verd. Säuren u. sind unlösl. in den meisten üblichen Lösungsmitteln. Die gemessenen Pulverreflexionsspektren u. Dichten sind wiedergegeben.

Versuche: Dargestellt wurden: *$CuCl_2\cdot 2\,A$* (A = *Decylendiamin*), hellblau, mikrokristallin; *$CuCl_2\cdot A$*, hellgrün, amorph u. *$CuCl_2\cdot {}^1\!/_2\,A$*, gelb, mikrokristallin; *$CuCl_2\cdot 2\,B$* (B = *Octylendiamin*), hellblau, mikrokristallin; *$CuCl_2\cdot B$*, hellgrün, amorph; *$CuCl_2\cdot {}^1\!/_2\,B$*, gelb, mikrokristallin; *$CuCl_2\cdot 2\,C$* (C = *Hexylendiamin*), hellblau, mikrokristallin; *$CuCl_2\cdot C$*, hellgrün, amorph; *$CuCl_2\cdot {}^1\!/_2\,C$*, gelb, mikrokristallin; *$CuCl_2\cdot 2\,D$* (D = *Pentylendiamin*), hellblau, mikrokristallin; *$CuCl_2\cdot D$*, hellgrün, amorph; *$CuCl_2\cdot {}^1\!/_2\,D$*, gelb, mikrokristallin; *$CuCl_2\cdot 2\,E$* (E = *p-Aminomethylbenzylamin*), hellblau, mikrokristallin; *$CuCl_2\cdot E$*, hellgrün, amorph; *$CuCl_2\cdot {}^1\!/_2\,E$*, gelb, mikrokristallin; *$CuCl_2\cdot 2\,F$* (F = *Butylendiamin*), violett, mikrokristallin; *$CuCl_2\cdot F$*, hellgrün, amorph; *$CuCl_2\cdot {}^1\!/_2\,F$*, gelb, mikrokristallin; *$CuCl_2\cdot 2\,G$* (G = *Propylendiamin*), violett, mikrokristallin); *$CuCl_2\cdot G$*, hellgrün, amorph; *$CuCl_2\cdot {}^1\!/_2\,G$*, gelb, mikrokristallin; *$CuCl_2\cdot 2\,H$* (H = *Äthylendiamin*), violett, mikrokristallin; *$CuCl_2\cdot H$*, hellgrün, amorph; *$CuCl_2\cdot {}^1\!/_2\,H$*, gelb, mikrokristallin. G. Platzer 358◇

0634 **Zur Kenntnis von Kupfer(I)-acetylacetonat.** Reinhard Nast, Rudolf Mohr und Claus Schultze. (Chem. Ber. **96**, 2127—31, 1963; Hamburg, Univ., Chem. Staat-Inst.,

Inst. für Anorg. Chem.; dt.) — Durch Rk. einer Lsg. von CuJ in fl. NH_3 unter Luftausschluß mit Acetylaceton wurde farbloses, krist., diamagnet. *$CuC_5H_7O_2 \cdot 2{,}5\,NH_3$* (I) dargestellt. I ist nur unter NH_3 haltbar. Schon unter trockenem N_2 geht I allmählich in krist. grünes, metall. glänzendes [*$Cu + Cu(C_5H_7O_2)_2$*] · *1,76—0,32 NH_3* (magnet. Moment 1,82 BM) über. Im Hochvakuum tritt Disproportionierung gemäß 2 I → Cu + $Cu(C_5H_7O_2)_2$ + 5 NH_3 [schwarzes, paramagnet. (1,88 BM), mikrokristallines Pulver] ein. Aus diesem äquimol. Gemisch konnte in 50%ig. Ausbeute *Kupfer(II)-acetylacetonat* (1,88 BM) in hellblauen Nadeln heraussublimiert oder mit Tetrahydrofuran extrahiert werden. Magnet., röntgenograph. u. IR-spektroskop. Unterss. an dem von Emmert u. Mitarbeitern (Ber. dtsch. chem. Ges. **69**, [1936], 1319) beschriebenen „violetten Kupfer(I)-Acetylacetonat" zeigen (1,87 BM), daß auch dieses aus einem Gemisch von feinverteiltem Cu u. $Cu(C_5H_7O_2)_2$ besteht. G. Heller 358◇

A₉. Mineralogische und geologische Chemie

0635 **Isotopen-Geologie: Einige Beiträge zur Kenntnis der Entstehung und Entwicklung des Sonnensystems und der Erde.** H. N. A. Priem. (Nederl. Tijdschr. Natuurkunde **29**, 185—208, 1963; Amsterdam, I.G.O. Labor. voor Isotopen-Geol.; niederl.) — Übersicht. — 54 Literaturangaben. W. Wesly 378◇

0636 **Einige Besonderheiten der Verteilung des Goldes in den Quarzadern des Ssaralinsker Erzlagers.** W. I. Bashenow. (Erforsch. Schutz Bodenschätze [UdSSR] **29**, Nr. 8, 14—19, 1963; Tomsk, Polytechn. Inst.; russ.) — Von den früher (1958) festgestellten vier einander folgenden Stadien der Mineral-Bldg. erwiesen sich das 2. (Quarz–Pyrit–Arsenopyrit-) u. 3. (Quarz-Sulfid)-Stadium als Au-tragend. Das „frühe" Au des 2. Stadiums bildet die Hauptquelle der Au-Gewinnung. Das Au ist in erheblicher Menge dispers verteilt, jedoch sind auch Körner von bis mehreren mm Größe sichtbar verteilt. Die Goldprobe ergab eine Größenordnung von 750 bis 800, die Verteilung des Au ist buschförmig. — Das „späte" Au des 3. Stadiums, von untergeordneter Bedeutung, ist säulenförmig verteilt; seine Probe ist gering (600—650); sichtbare Ausscheidung ist selten (nicht über 0,1 mm). Es tritt neben der Hauptgeneration auf. Zwecks Ermittlung der Variationskurven u. des Variations-Koeff. wurden 4320 Proben von 12 Quarzadern an 16 Orten entnommen u. die Kurven aufgezeichnet. Die Variations-Koeff. betrugen für das frühe Au 202—471, im Mittel 300%, für das späte Au 80—130%. A. v. Wilpert 378◇

0637 **Ein Verfahren zur geochemischen Deutung von Häufigkeitsdiagrammen terrestrischer Seltenerdmetalle.** Charles D. Coryell, John W. Chase und John W. Winchester. (J. geophys. Res. **68**, 559—66, 1963; Cambridge, Mass., MIT, Dep. of Chem., Dep. of Geol. and Geophys., Labor. for Nucl. Sci.; engl.) — Vff. beschreiben ein Verf. für die geochem. Deutung der Häufigkeiten von Seltenerdmetallen (SE) in Gesteinen u. Mineralien, das darin besteht, daß das Verhältnis der Häufigkeit jedes SE zu dem entsprechenden Wert in chondrit. Meteoriten im logarithm. Maßstab als Funktion der Atomzahl Z aufgetragen wird. An Hand von Literaturdaten wurde eine Anzahl solcher Diagramme hergestellt u. die aus ihnen zu ziehenden Schlußfolgerungen besprochen. C. Gottfried 378△

0638 **Verteilung von Lanthan, Europium und Dysprosium in Eruptivgesteinen und Mineralien.** John W. Chase, John W. Winchester und Charles D. Coryell. (J. geophys. Res. **68**, 567—75, 1963; engl.) — Vgl. vorst. Referat. — Mit Hilfe der Meth. der Neutronenaktivierung bestimmten Vff. den Geh. an La, Eu u. Dy in 3 ozean. *Basalten*, einem *Diabas*, 4 *Graniten* aus dem nordöstlichen Nordamerika sowie in *Feldspat*- u. *Glimmer*-Konzentraten aus 3 der obigen 4 Granite. Es wurde hierauf auf logarithm. Maßstab die gefundene Konz. gegen die Atomzahl jedes Seltenerdmetalls relativ zu dessen chondrit. Häufigkeit graph. aufgetragen. Aus den erhaltenen Diagrammen ist ersichtlich, daß in den Krustengesteinen La gegenüber Dy relativ zu den Chondriten angereichert ist. In den Basalten liegt Eu nahe der geraden Linie, die La u. Dy verbindet u. scheint demnach normal enthalten zu sein; in den Graniten aber liegt Eu unterhalb dieser Linie. Eu kommt bevorzugt in Feldspat vor. Dieses anomale Verh. von Eu wird dem Umstand zugeschrieben, daß es in einer Periode der magmat. Kristallisation als Eu(II) vorlag. C. Gottfried 378△

0639 **Die Retention von radiogenem Argon in Glaukoniten aus proterozoischen Sedimenten im Northern Territory, Australien.** A. W. Webb, Ian McDougall und J. A. Cooper. (Nature [London] **199**, 270—71, 1963; Canberra, Bur. of Miner. Resources; Australian Nat. Univ., Dep. of Geophys.; engl.) — Altersdatierungen nach der K/Ar-Meth. von 3 Glaukonitkonzentraten ergaben Werte zwischen (1523 u. 1601) · 10^6 Jahren. Verglichen mit Unterss. nach der K/Ar- u. Rb/Sr-Meth. an *Glimmern, Bleiglanz* u. Gesamtgesteinsproben zeigt sich, daß radiogenes Ar nahezu vollständig im Glaukonit aufbewahrt wird. J. Heinze 378◇

0640 **Schwankungen der Isotope in terrestrischem Xenon.** W. A. Butler, P. M. Jeffery und J. H. Reynolds. (J. geophys. Res. **68**, 3283—91, 1963; Berkeley, Calif., Univ. of California, Dep. of Phys.; engl.) — Best. der Isotopen-Zus. u. der Geh. von Xe aus Eklogit, altem Granit u. aus CO_2-Quellgasen. Der Xe-Geh. von bayr. Eklogit entspricht nahezu dem der Erde u. zeigt keine Isotopenanomalien. Xe verschiedener Proben von altem Granit aus Zentral-Transvaal enthält beträchtliche Geh. an radiogenem Xe aus dem ^{238}U-Zerfall. Die Isotopen-Zus. dieses Xe ist mit den Werten von Wetherill in Übereinstimmung. Der Geh. an Spalt-Xe von drei verwandten Graniten ist sehr einheitlich, daher ist die U–Xe-Datierung eine wertvolle Hilfe bei der K–Ar-Datierung alter Proben. Xe von CO_2-Quellgasen enthält eine Komponente aus spontanem Zerfall. Das $^4He/^{136}Xe_F$-Verhältnis ist sehr ähnlich dem berechneten Verhältnis für das aus Gesteinen stammende Gas, das ein Th/U-Verhältnis von 3 hat. Ernst Schulte 378◇

0641 **Untersuchung der Emanierung und Auslaugung von Radiumisotopen aus Monazit.** K. B. Saborenko, A. M. Babeschkin und I. W. Kowalenko. (Radiochemie [UdSSR] **1**, 738—41, 1959; russ.) — Monazitsand wurde in Fraktionen verschiedener Größe (unter 0,01—0,5 mm) zerkleinert u. deren Emanationsvermögen bestimmt. Ferner wurde der Übergang von ^{224}Ra u. ^{228}Ra in Lsgg. von 0,01n $BaCl_2$ u. 0,01n HCl unmittelbar nach dem Zerkleinern sowie nach 18 Tagen aus den einzelnen Fraktionen untersucht. Die Zeitdauer beeinflußt die Auslaugung der Isotopen in verschiedener Weise. Nur ein geringer Teil der Zerfalls-Prodd. dürfte sich in den Capillaren des Monazitsandes befinden, der größere im Kristallgitter. M. Wiedemann 378□

0642 **Isotopenzusammensetzung der australischen Bleie. 2. Mitt. Experimentelle Verfahren und Laboratoriums-Vergleichsmessungen.** J. R. Richards. (J. geophys. Res. **67**, 869—84, 1962; Canberra, Austr. Nat. Univ., Geophys. Dep.; engl.) — 1. vgl. C. **1962**, 17684; 3. vgl. C. **1964**, 1—0617. — Beschreibung der App. u. der Meßmethodik zur massenspektrometr. Best. der Pb-Isotopen in den Bleierzen unter Verw. von aus ihnen hergestelltem $Pb(C_2H_5)_4$. Vgl.-Messungen mit getrennt hergestellten $Pb(C_2H_5)_4$-Proben aus demselben Bleiglanz ergaben eine gute Reproduzierbarkeit des Verfahrens. Aus der Best. der Menge der Isotopen 204, 206, 207 u. 208 wurde das Alter von 22 Bleierzen errechnet. F. Ensslin 378◇

0643 **Nichtübereinstimmende Uran–Blei-Alter.** 2. Mitt. **Nichtübereinstimmende Alter, hervorgerufen durch Diffusion von Blei und Uran.** G. W. Wetherill. (J. geophys. Res. **68**, 2957—65, 1963; Los Angeles, Calif., Univ. of California, Inst. of Geophys. and Planetary Phys. and Dep. of Geol.; engl.) — Die Lösung der Diffusionsgleichung von Pb u. U (eingeschlossen der Einfl. der Metamorphose) wurde auf das Problem der nichtübereinstimmenden Pb–U-Alter angewandt. Die Effekte der kombinierten U- u. Pb-Diffusion unter Einfl. der Metamorphose sind zu komplex, um Gesetzmäßigkeiten ableiten zu können. — Diskussion des Einfl. kombinierter Diffusion auf die Beziehungen von Tilton. Ernst Schulte 378◇

0644 **Alter einiger granitischer Gesteine in den Vogesen, dem Schwarzwald und im Zentralmassiv.** Henry Faul und Emilie Jäger. (J. geophys. Res. **68**, 3293—3300, 1963; Dallas, Tex., Southwest Center for Advanc. Stud.; Bern, Univ., Miner.-Petrograph. Inst.; engl.) — Die Rb/Sr- u. K/Ar-Alters-Best. an *Biotit* u. *Muskovit* von krist. Gesteinen der Vogesen, des Zentralmassivs u. des Schwarzwaldes stimmen überein u. liegen zwischen 280 u. 330 · 10^6 Jahren. Messungen an *Zirkonen* ergaben nicht übereinstimmende Resultate. Ein großer Teil der Zirkone enthielt Pb, zum größten Teil in auslaugbarer Form. Ernst Schulte 378◇

0645 **Norwegische Minerale und Gesteine von möglicherweise caledonischem Ursprung.** I. Hernes. (Nature [London] **199**, 686, 1963; Univ. of Bergen, Geol. Inst.; engl.) — Ein *Molybdänit* von der Rødsand Mine, Zentralnorwegen, ergab ein Re/Os-Alter von 540 ± 54 ($\cdot 10^6$ Jahre). Zwei *Glimmer* aus Pegmatiten aus Südnorwegen (Gegend von Sogn u. Fjordane) haben ein K/Ar-Alter von 582 u. 590. Glimmer im Carbonatit des Fen-Bezirks, 119 km südwestlich von Oslo, haben K/Ar-Alter von 565, 590 u. 603. Die Ergebnisse werden diskutiert. Ernst Schulte 378◇

0646 **Das Alter der Migmatite von Boma und der westkongolesischen Orogenese. Vorläufige Mitteilung über das Alter der Mayumbe- und älterer Formationen.** L. Cahen, J. Delhal, D. Ledent und M. Reinharz. (Ann. Soc. géol. Belgique, Bull. **86**, 229—69, 1963; franz.) — Aus der Alters-Best. von 23 Mineralien lassen sich 3 Phasen der Orogenese erkennen. Die älteste vor (2760 ± 500)$\cdot 10^6$ Jahren bildete die Grundgesteine der Mayumbe-Orogenese zwischen 1400$\cdot 10^6$ u. 1800$\cdot 10^6$ Jahren, die wieder vor 615$\cdot 10^6$ Jahren von der westkongoles. Phase gefolgt war, der posttekton. Pegmatite u. Gänge vor (520—445)$\cdot 10^6$ Jahren folgten. Die westkongoles. Orogenese bildete die heute vorhandenen metamorphen Gesteine mit den Migmatiten von Boma u. einigen pegmatit. u. granit. Intrusionen. Die Alters-Best. einiger Biotite u. Mikrokline ergaben ein jüngeres Alter als den Mineralien zukommt. Dies wird auf sek. hydrothermale Einw. während der letzten Orogenese zurückgeführt. F. Ensslin 378◇

0647 **Das absolute Alter der letzten Granitisierung in Adelie-Land.** Pierre Bellair und Léon Delbos. (C. R. hebd. Séances Acad. Sci. **254**, 1465—66, 1962; Paris, S.P.C.N., Labor. de Géol.; franz.) — An einem in metamorphe Schiefer eingedrungenen Granit der Insel Petrels u. einem grobkristallinen Pegmatit der Insel Helena wurde nach der Rb/Sr-Meth. ein Alter von 1543 bzw. 1530 Millionen Jahren festgestellt. Im ersten Fall wurden 599—655 ppm Rb u. 24—47 ppm ^{87}Sr u. 3,86—4,26 ppm ^{87}Sr (radiogen) u. im zweiten Fall 565—661 ppm Rb, 40—83 ppm ^{87}Sr u. 3,71 bis 4,21 ^{87}Sr (radiogen) im Biotit festgestellt. Diese Granite scheinen sehr viel älter zu sein, als die von anderen Autoren untersuchten Granite der Antarktis, bei denen nur ein Alter zwischen 400 u. 1100 Millionen Jahre festgestellt wurde. F. Ensslin 378◇

0648 **Neue Isotopenaltersmessungen vom McMurdo-Sund-Bezirk, Antarktis.** William C. Pearn, Ernest E. Angino und Duncan Stewart. (Nature [London] **199**, 685, 1963; Manhattan, Kans., Kansas State Univ., Dep. of Statistics; Northfield, Minn., Carleton Coll., Dep. of Geol.; College Station, Tex., Texas A and M Univ., Dep. of Oceanogr. and Meteorol.; engl.) — Weitere Daten des *K/Ar*-Alters von Biotiten verschiedener magmat. u. metamorpher Gesteine vom McMurdo-Sund liegen zwischen 425$\cdot 10^6$ u. 524$\cdot 10^6$ Jahren. Die Ergebnisse zeigen eine lange Periode orogener Aktivität im Bereich der gesamten östlichen Antarktis vor ca. (450—550)$\cdot 10^6$ Jahren an. Ernst Schulte 378◇

0649 **Die Umlagerung von Molybdän und Uran durch hydrothermale Hydrogencarbonatlösungen.** W. I. Recharski, O. W. Krutetzkaja und I. W. Dubrowa. (Geol. d. Erzlagerstätten [UdSSR] **1959**, Nr. 4, 103—10, 2 Tafeln; Moskau, Inst. für Geol. der Erzlagerstätten der Akad. der Wiss. der UdSSR; russ.) — An Kreuzungsstellen von Adern mit Uranpechblende u. Molybdänit mit solchen mit Carbonaten werden teilweise Auflösung u. Umlagerungen der Pechblende u. des Molybdänits durch die jüngeren Hydrogencarbonat-Lsgg. sowie die Wiederausfällung als Pechblende u. Powellit in den carbonat. Adern beobachtet. Die Alkalimetalle der Hydrogencarbonat-Lsgg. sind vor allem den Nebengesteinen entnommen. Als carbonat.-hydrothermal lösl. U-Verbb. werden nach experimentellen Unterss. Alkalimetallsalze mit den Anionen $[UO_2(CO_3)_3]^{4-}$ (I) u. $[U(CO_3)_5]^{6-}$ angenommen. Für die Verbb. mit I ergeben sich an Hand verschiedener Rk.-Gleichgewichte folgende Abhängigkeiten: Eine Erhöhung der Alkalimetallcarbonat-Konz. führt zur Verringerung der UO_2-Konz. u. zur Erhöhung der Konz. des Komplexanions. Erhöhung der Basizität führt zur Ausfällung unlösl. Uranate. Mit steigender CO_3^{2-}-Konz. steigt die Konz. der carbonat. U-Komplexionen. Zur Klärung des Verh. des Molybdänits gegen alkal. Hydrogencarbonat-Lsgg. wurden gleiche Mengen a) von Molybdänit, b) eines Gemisches von Molybdänit u. Pechblende, c) kollomorphen Molybdänits, verwachsen mit Pechblende, in 1%ig. $NaHCO_3$-Lsg. bei ca. 100° (entspricht etwa der Bldg.-Temp. der Carbonatäderchen) 4 Std. lang a) im CO_2-Strom, b) in Luft behandelt u. danach das Filtrat auf Mo- u. U-Geh. geprüft. Im Hydrogencarbonatmilieu geht unter Luft erheblich mehr Mo in Lsg. als unter CO_2. Die Ggw. der Pechblende begünstigt die Oxydation des Mo (im Falle c ist die größte, im Falle a die geringste Menge Mo im Filtrat nachweisbar). — Während des Aufstiegs der jüngeren hydrogencarbonat. hydrothermalen Lsgg. sinkt der CO_2-Partialdruck, führt zum Zerfall der Hydrogencarbonate von Fe, Ca, Zn, Pb u. zur Ausfällung von $CaCO_3$. Fe^{2+}, Zn^{2+}, Pb^{2+} bilden mit dem in den Lsgg. vorhandenen S^{2-} Sulfide, ein Teil des Ca^{2+} mit den bei der Lsg. des Molybdänits gebildeten Molybdat-Ionen Powellit. Durch das Sinken des CO_2-Partialdrucks zerfallen die carbonat. Komplexanionen des U, u. es bilden sich komplexe Gele von UO_3- u. UO_2-Hydraten. Bei der Diagenese der Komplexgele bilden sich neben nierenförmiger Pechblende Einschlüsse von Powellit, Pyrit, Galenit u. Sphalerit im jüngeren Calcit. Dieter Wolf 378◇

0650 **Über die Genese einiger Titan-Zirkonium-Seifen.** Ju. B. Fainer. (Geol. u. Geophysik [UdSSR] **1963**, 100—01; Nowokusnezk, westsibir. geolog. Amt; russ.) — Die Betrachtung der granulometr. Zus. von einigen Seifen zeigt alle Korngrößen von pelit. bis zu grobkörnigem Material u. spezif. Gew. zwischen 2,6 u. 4,5 g/cm³. Dies deutet auf eine geringe hydrodynam. Sortierung. Derartige „Seifen“ bildeten sich wahrscheinlich nur infolge der Sedimentationsvorgänge ohne anschließende Anreicherung auf mineralog. oder mechan. Wege. M. Hähnert 378◇

0651 **Über die spontane Verwitterung des Granits in natürlicher Umgebung: Ergebnisse eines 30 jährigen lysimetrischen Versuchs in Versailles.** Georges Pedro. (C. R. hebd. Séances Acad. Sci. **253**, 2242—44, 1961; Versailles, C.N.R.A., Labor. des sols; franz.) — Ein Zweiglimmergranit wurde 30 Jahre lang der natürlichen Verwitterung ohne Pflanzenbewuchs ausgesetzt. Aus der Siebanalyse geht hervor, daß der Verwitterungseffekt zu einer weitgehenden Kornverkleinerung geführt hat. Der ursprüngliche Granit hatte 100% der Kornklasse 2—4 mm, während jetzt nur noch 8,7% vorhanden waren. Die Siebanalyse ergab weiter 31,00% zwischen 2—0,2 mm, 62,00% 200—20 μ, 4,60% 20—2 μ u. 2,40% $< 2\,\mu$. Der pH-Wert stieg von 6,85 auf 7,75. Chem. ist die Verwitterung kaum feststellbar. Das Verhältnis SiO_2/Al_2O_3 ist von 9,35 nur auf 8,90 gefallen. Auch die Fraktion $< 2\,\mu$ besteht nicht aus Ton, sondern aus den prim. Mineralien mit wenig amorphem Gel. F. Ensslin 378◇

0652 **Die Phänomene der Vergreisung, der Albitisierung und der Lepidolithisierung und ihre räumlichen Beziehungen zu den Graniten und granitischen Pegmatiten von Afrika.** N. Varlamoff. (Ann. Soc. géol. Belgique, Bull. **86**, 285 bis 322, 1 Tafel, 1963; franz.) — Sind die Pegmatite u. Quarzgänge innerhalb des Granits, so ist die Vergreisung unbedeutend u. die Albitisierung gering, was auf die geringe Einw. der postmagmat. Lsgg. zurückzuführen ist. Liegen große Teile der Pegmatite unterhalb des Granits, so werden vorwiegend die oberen Teile der Pegmatite u. die unteren der Quarzgänge einer mäßigen Vergreisung u. einer starken Albitisierung unterzogen entsprechend der Zus. der magmat. Rest-Lsgg. u. der postmagmat. Lsgg. nach der Kristallisation des Granits. Die Vergreisung, Albitisierung, Lepidolithisierung u. die sek. Biotitisierung sind stets auf eine Einw. von Rest-Lsgg. oder postmagmat. Lsgg. auf bereits vorhandene Phasen der magmat. Differentiation zurückzuführen. F. Ensslin 378◇

0653 **Über die geochemischen Besonderheiten und die Genesis der feindispersen Masse quartärer Sedimente.** W. W. Dobrowolski. (Ber. Akad. Wiss. UdSSR **147**, 466—68, 1962; Moskau, Päd. Lenin-Inst.; russ.) — Jeder Landschaftsform entsprechen bestimmte Neubldg., die sich durch chem. u. mineralog. Eigg. sowie texturelle Besonderheiten voneinander unterscheiden. Mit den kontinentalen Ablagerungen des Quartär sind feindisperse Massen verbunden. Unterss. dieser Massen verschiedener Gebiete u. genet. Typen zeigten, daß eine erhöhte Konz. einiger Elemente im Vgl. zur Verteilung dieser in der gesamten Masse der Ablagerungen charakterist. ist. Mineralog. setzen sich diese Massen aus Silicaten mit Glimmerstruktur vom Illittyp zusammen. Ein gewisser Geh.

an Montmorillonitschichten in den Hydroglimmern wird durch den Grad der hypergenen Umbildung der feindispersen Stoffe bestimmt. Letzterer ist auch für die Größe des Verhältnisses der K^+- u. $(H_3O)^+$-Ionen im Kristallgitter der dispersen Hydroglimmer verantwortlich. H. Kelch 378◇

0654 **Geologie und Geochemie des natürlichen Dampfes.** G. Facca und F. Tonani. (Ind. mineraria [2] **13**, 121—31, 1962; ital.) — Vff. führen zunächst aus, daß man auf Grund der geolog. Verhältnisse 3 Typen von Dampffeldern unterscheiden kann. Behandelt wird hierauf die Erzeugung des Dampfes sowie die physikal. Bedingungen in den geotherm. Feldern. C. Gottfried 378△

0655 **Einfluß der Wärme auf die Färbung der pleochroitischen Höfe im Biotit.** S. Deutsch. (Nuovo Cimento [10] **16**, 269—73, 1960; Bruxelles, Univ., Labor. de Phys. Nucl.; franz.) — Bei der Unters. der Stabilität der pleochroit. Höfe im Biotit wurde festgestellt, daß diese durch Erhitzen in Luft u. in N_2 zum Verschwinden gebracht werden, u. zwar um so rascher, je höher die Temp. ist. In Luft werden niedrigere Temp. benötigt als in N_2, da die Oxydation des Fe^{2+} zu Fe^{3+} rascher erfolgt, als durch das entweichende gebundene Wasser. Die Veränderung wurde an Hand von Messungen der opt. Dichte bestimmt. Diese geht durch ein Maximum, um dann wieder abzunehmen. Die pleochroit. Höfe in Biotit sind beständiger als die in Cordierit u. Hornblende. F. Ensslin 380◇

0656 **Erster Fund von Burbankit in der UdSSR.** L. Ss. Borodin und Ju. L. Kapusstin. (Ber. Akad. Wiss. UdSSR **147**, 462—65, 1962; Inst. für Miner., Geochem. u. Kristallchem. Seltener Elemente; russ.) — Burbankit (I) fand man in Carbonatadern eines intensiv nephelinisierten Pyroxenitmassivs. Die physikal. u. opt. Eigg. wurden bestimmt u. tabellar. wiedergegeben. I krist. hexagonal mit a = 10,41; c = 6,48 Å; Z = 10 in D_{6h}^4 — P 6_3 m m; D. 3,50—3,54 g/cm³, Härte 4,5—5. I ist opt. einachsig negativ, N_0 = (1,627 bis 1,635) ± 0,02; N_e = (1,615—1,623) ± 0,02. Die Zus entspricht $Na_2(Ca_{1,2}Sr_{0,8}Ba_{0,6}SE_{0,7}Na_{0,7})_4(CO_3)_5$, u. die allg. Form: $Na_2Ca_4(CO_3)_5$ (SE = Seltenerdmetalle). Ca, Sr u. Ba sind isomorph vertretbar, Na u. SE werden infolge heterovalenter Isomorphie nach folgendem Schema eingebaut: 2 (Ca, Sr, Ba) → (Na, SE). Die Röntgenspektralanalyse zeigte folgende SE-Zus. im Mineral: La-31; Ce-54; Pd-3,5; Nd-1,1; Sm-0,4; Gd-0,05 (in Prozenten von SE_2O_3). Vgl. mit amerikan. Proben ergaben einen höheren Brechungsindex u. ein höheres spezif. Gew., hervorgerufen durch höhere SE-Gehalte. I unterscheidet sich deutlich von gewöhnlichen Carbonaten u. hat keine Strukturanalogien. Er bildet sich unter hydrothermalen Bedingungen bei relativ hohen Temp. u. bei erhöhter Alkalität der Lsgg. u. verwandelt sich in späteren Etappen leicht in Aggregate von Ankylit, Baryt u. Calcit um. H. Kelch 380◇

0657 **Strukturelle Entwicklung, optische Dispersion und andere Eigenschaften des K-Feldspates in der Differentiationszone der Intrusivmasse des Valle del Cervo.** Maria Fiorentini Potenza. (Rend. Ist. lombardo Sci. Lettere, A **95**, 807—26, 1961; Milano, Univ., Ist. di Miner., Petrogr. Geochim.; ital.) — Vf. untersuchte die opt., chem. u. strukturellen Eigg. des *Orthoklases* in der Differentiationszone des Valle del Cervo. In den peripheren Dioriten tritt ein monokliner Orthoklas auf, in den zentralen Graniten ein Übergangsmikroklin, während in der dazwischenliegenden Fazies der Übergang von dem monoklinen Orthoklas zu dem Mikroklin statist. verteilt ist. C. Gottfried 380△

0658 **Gugiait, $Ca_2BeSi_2O_7$, ein neues Berylliummineral und seine Beziehung zur Melilith-Gruppe.** Peng Chi-Jui, Tsao Rung-Lung und Zou-Zu-Rung. (Scientia sinica **11**, 977—88, 1962; Inst. für Geol. der Chines. Akad. der Wiss.; engl.) — In Skarnen, die an Alkalisyenite gebunden sind, wurde Gugiait in Paragenesen mit Melanit, Orthoklas, Idokras, Aegirin, Apatit u. Prehnit gefunden. Er bildet tetragonale Plättchen mit ca. 3 mm ∅ u. einer Dicke von 0,3—0,5 mm: {0 0 1}, {0 1 1}, {1 1 1}, {1 1 0}; a = 7,48 ± 0,02, c = 5,044 ± 0,003 Å, D_{2d}^3 — P $\bar{4}$ 2_1 m. Angabe der d-Werte, Härte: 5; D. 3,0336 g/cm³; Spaltbarkeit vollkommen nach (0 1 0), gut nach (0 0 1). n_0 = 1,664 u. n_e = 1,672 (für Na-Licht); opt. positiv. Die spektrochem. Analyse ergibt Geh. an Si, Ca, Na, Be, Sr, K, Fe, Mg, Mn, Al, Ti, Zr, wobei im Kristallgitter folgende Substitutionen auftreten: $(Na^+, K^+) \rightarrow Ca^{2+}$, $(Mg^{2+}, Mn^{2+}, Fe^{3+}) \rightarrow Be^{2+}$, $Al^{3+} \rightarrow Si^{4+}$, $(F^-, Cl^-) \rightarrow O^{2-}$. In der Melilithstruktur ersetzt Be (Mg, Al) ähnlich dem (Mg, Al)-Ersatz durch Zn im Hardystonit. M. Hähnert 380◇

0659 **Beitrag zur Untersuchung der „Ilmenite" aus dem Südosten von Madagaskar und aus Senegal. Beziehungen zur Natur des „Arizonits".** J. Bolfa, R. Chevallier, H. de la Roche und R. Kern. (Bull. Soc. franç. Minéralog. Cristallogr. **84**, 33—39, 1961; Nancy, Fac. des Sci., Lador. de Minér.-Cristallogr. et de Phys.; franz.) — An den Ilmeniten aus den Küstensanden u. dem Muttergestein von Madagaskar u. den Ufersanden des Senegal wurden die Stadien der Verwitterung untersucht. Der „Ilmenit" aus dem Muttergestein (Charnockit) ist ein Crichtonit ($FeTiO_3$), der über verschiedenen Stadien zu Arizonit ($Fe_2O_3 \cdot TiO_2$) verwittert. Ehe er diese Zus. erreicht, entsteht ein Gemisch von Fe_2O_3 u. TiO_2. Durch Erhitzen im Vakuum entsteht daraus ein ferromagnet. Ferriilmenit u. ein Pseudobrookit. Der „Arizonit" ist daher nur ein Gemenge von Fe_2O_3 u. amorphem TiO_2 als Pseudomorphose nach Ilmenit. Die Verwitterung des Ilmenits findet auch unter teilweiser Wegführung des Fe statt. F. Ensslin 380◇

0660 **Untersuchung über die genaue mineralogische Natur der Auflösungen in den „Ilmeniten" von Vohibarika (Madagaskar) mit der Elektronenmikrosonde.** J. Bolfa, H. de la Roche, R. Kern, M. Capitant und K. D. Phan. (Bull. Soc. franç. Minéralog. Cristallogr. **84**, 400—01, 1961; franz.) — Der „Ilmenit" besteht aus einer grauen Phase, die die Zus. des Ilmenits besitzt, wobei mit der Mikrosonde nur das Gesamt-Fe bestimmt werden kann. Die weißen Einlagerungen mit den opt. Eigg. des Hämatits hatten die Zus. 12,9 Ti, 56,5 Fe u. 0,8 Mn. Es besteht aus einem Zers.-Prod. des Ilmenits u. entspricht einem Titanohämatit, der mit $FeTiO_3$ gesätt. ist. Die Ilmenite entstammen den Charnockiten von Vohibarika. F. Ensslin 380◇

0661 **Untersuchung über einen Montmorillonit-Ton von Chios (Griechenland).** B. Andronopoulos. (Bull. Soc. franç. Minéralog. Cristallogr. **84**, 385—87, 1961; Paris, B.R.G.M.; franz.) — Der Ton besteht nach den Ergebnissen der DTA, dem Verh. beim Erhitzen, der Diffraktometrie u. der chem. Analyse aus Montmorillonit mit Dolomit. Der Montmorillonit ist sehr arm an Fe u. Mg. F. Ensslin 380◇

0662 **Niobaeschynit.** Chang Pei-shan. (Scientia sinica **11**, 969—76, 1962; Inst. für Geolog. der Chines. Akad. der Wiss.; engl.) — Ein Nb-Aeschynit der Zus. (in %): Ce_2O_3 11,56; $[Ce]_2O_3$ 19,61 (Cererden); Nb_2O_5 41,13; Fe_2O_3 6,78; CaO 3,54; ThO_2 2,15 wird beschrieben. Er bildet rhomb. Tafeln, die stark pleochroit. sind: dunkelbraun bis orange. Opt. Daten: n > 2,00, 2 V ca. 80°, opt. negativ. D. 5,056 g/cm³. Nb-Aeschynit ist röntgenamorph. Nach einer Temperung von 6 Std. bei 950° zeigt er rhomb. Symmetrie, wobei die Raumgruppe zu D_{2h}^{16} — P b n m bestimmt wurde. a = 5,32 ± 0,01, b = 11,09 ± 0,02, c = 7,52 ± 0,01 Å. Die stärksten d-Werte liegen bei 3,01, 2,912 u. 1,55 Å. M. Hähnert 380◇

0663 **Vergleichende Untersuchungen an japanischen Quarzproben unterschiedlicher Herkunft.** Taneki Tokuda. (Mem. Inst. sci. ind. Res., Osaka Univ. **16**, 189—95, 1959; Osaka, Japan, Univ.; engl.) — Untersucht wurden verschiedene japan. SiO_2-Gesteine mit Breccien-Struktur. Die zwischen grünen u. roten Zonen auftretenden weißen Quarzadern sind eindeutig sedimentären Ursprungs (Best. des ^{18}O-Anteils, röntgenograph. Unterss.). Gitterdeformationen sind die Ursache für die schleppenden Phasenumwandlungen in natürlichem Quarz. K. Jaeger 380◇

0664 **γ-Titanohämatite in der Natur und ihre Rolle im Gesteinsmagnetismus.** Sadao Sasajima. (J. Geomagnetism Geoelectr. [Kyoto] **12**, 190—215, 1961; Fukui, Japan, Univ., Fac. of Liberal Arts; engl.) — Aus 32 japan. Gesteinsproben wurden die Ti-haltigen γ-Hämatite isoliert u. ihre chem., kristallograph. u. magnet. Eigg. untersucht. Diskutiert wird das Vork. des Ti-haltigen γ-Hämatits u. sein Beitrag zum remanenten Magnetismus der Gesteine. K. Jaeger 380◇

0665 **Neue Angaben über die Minerale der Gruppe Lomonossowit–Murmanit.** Je. I. Ssemenow, N. I. Organowa und M. W. Kuchartschik. (Kristallographie [UdSSR] **6**, 925—32, 1961; Inst. für Miner. u. Geochem. der Seltenen Elemente; russ.) — Übersicht über die Umbildung von Meta-

Lomonossowit [$Na_5H_3MnTi_3(Si_4P_2O_{24})$] zu Meta-Murmanit [$Na_{3,5}H_3MnTi_3(Si_4P_{0,5}O_{15}(OH)_9)$], deren Bedingungen vom Geh. u. dem Verhältnis an Na^+ u. PO_4^{3-} abhängig ist u. an DTA-Messungen u. Röntgen-Unterss. beobachtet wird. — 7 Literaturangaben. W.-D. Heußner 380□

0666 **Über den Zusammenhang der Datolithvererzung mit kleinen Intrusionen.** I. Ja. Baranow und N. G. Rodsjanko. (Hochschulnachr. [Moskau], Geol. Schürfung **6**, 145—48, 1963; Rostow, Univ.; russ.) — Die Datolith-Bldg. aus Bor-Lsgg. darf nicht als Kristallisationsprozeß in Verbindung mit kleinen Intrusionen betrachtet werden. Vielmehr wird ein einheitlicher magmat. Ursprung u. eine gemeinsame Durchdringung sowohl magmat. Derivv. als auch späterer Lsgg. unter den Bedingungen eines subvulkan. Cyclus angenommen. H. Kelch 380◇

0667 **Besonderheiten der Ablagerung von Baryt und Buntmetallsulfiden in der Madneuli-Lagerstätte.** Ju. I. Nasarow. (Geol. d. Erzlagerstätten [UdSSR] **1959**, Nr. 6, 90—101; Tbilissi, Geolog. Verwalt. beim Ministerrat der GrusinSSR; russ.) — Die genannte grusin. Lagerstätte besteht aus einem Baryt–Bleiglanz–Zinkblende- u. einem Kupfersulfid-Erzkörper in kretaz. Effusiva u. Tuffen. Nach einer lagerstättengeolog. u. mineralog. Beschreibung wird die genet. Verb. der Vererzung mit subvulkan. Magmenherden u. period. tekton. Bewegungen auf Brüchen festgestellt. Die Wechselwrkg. der Hydrothermen mit den Nebengesteinen begünstigte die metasomat. Vererzung. Für 2 Proben von hypogenem, gediegenem S aus den Baryt–Bleiglanz-Erzen wurden $^{32}S/^{34}S$-Isotopenhäufigkeitsverhältnisse von 22,158 bzw. 22,168 bestimmt, die die vulkanogene Entstehung des Schwefels bestätigen. Dieter Wolf 380◇

0668 **Sulfid–Hämatit-Erze und die um die Erze liegenden veränderten Gesteine der Chudessker Kupferkieslagerstätte (Nordkaukasus).** N. Ss. Skriptschenko. (Hochschulnachr. [Moskau], Geol. Schürfung **6**, 83—97, 1963; Nowotscherkassks, Polytechn. Ordshonikidse-Inst.; russ.) — In der Lagerstätten-Bldg. zeichnen sich zwei Grundtypen ab: a) Bldg. syngenet. durchgängiger Kupferkiesvererzungen in Form linsenartiger Lager im Stadium hydrothermaler Fumarolen- und Solfatarentätigkeit; b) Bldg. von pyritisierten Quarz–Sericit-Gesteinen mit Cu-, Zn- u. Pb-Vererzungen auf hydrothermal-metasomat. Wege. Die Wechselwrkg. der hydrothermal veränderten Gesteine mit den Sulfid- u. Hämatiterzen sowie die Bldg.-Bedingungen der Erze werden analysiert. Dabei wird besonders auf die mineralog. u. strukturellen Besonderheiten dieser Erze eingegangen. H. Kelch 380◇

0669 **Sedimentologische Untersuchung der oolithischen Eisenvererzung in Lothringen.** L. Bubenicek. (Ann. Soc. géol. Belgique, Bull. **86**, 181—211, 2 Tafeln, 1963; franz.) — Bei der Lothringer Minette lassen sich zwei verschiedene Abscheidungen unterscheiden: Erze mit unregelmäßiger Lagerung, die wie Ufersande an der Meeresküste abgelagert werden, u. tonige Erze mit wellenförmiger Struktur, die in einer ruhigeren, marinen Zone in größeren Tiefen abgelagert wurden. Entsprechend den Bldg.-Bedingungen verschob sich das Redoxpotential nach der reduzierenden Seite, u. es entstanden sek. Siderit, Chlorit u. Pyrit. Die Wechsellagerung zwischen Erz u. erzfreien Schichten ist auf die Transgression des Meeres zurückzuführen. F. Ensslin 380◇

0670 **Mineralogische Charakteristik der Tonböden Turkmenistans.** A. F. Kowalenko und B. N. Winogradow. (Nachr. Akad. Wiss. TurkmenSSR, Ser. physik.-techn. chem. geol. Wiss. **1963**, Nr. 2, 70—78; Akad. der Wiss. der TurkmenSSR, Inst. für erdbebenbeständiges Bauwesen; russ.) — Mineralog. Unterss. der Tonböden von verschiedenen Lagerstätten Turkmenistans ergaben als Tonmineral *Hydroglimmer* mit bedeutenden Mengen an *Mg*- u. *Ca-Carbonaten* sowie große Mengen (25%) von hochdispersem Quarz u. Feldspat. H. Kelch 830◇

0671 **Feldspatstruktur und Gleichgewicht zwischen Plagioklas und Epidot.** Olav H. J. Christie. (Amer. J. Sci. **260**, 149—53, 1962; Oslo, Miner. Geol. Museum; engl.) — In der Diskussion von Rutland (vgl. C. **1962**, 8915) über die Verw. der Zus. von Plagioklas u. Epidot als Indicator für die metamorphe Fazies wird die Annahme gemacht, daß große individuelle Feldspatzwillinge während des Wachstums die geordnete Phase bilden. Diese Annahme steht im Gegensatz zu der Ostwaldschen Stufenregel. Vf. diskutiert den Mechanismus der Umwandlung der Feldspat-Hochtemp.-Formen in die Tieftemp.-Formen. Ernst Schulte 385◇

0672 **Feldspatstruktur und Gleichgewicht zwischen Plagioklas und Epidot: Eine Erwiderung.** R. W. R. Rutland. (Amer. J. Sci. **260**, 153—57, 1962; London, Univ. Coll.; engl.) — Die Ansicht von Christie (vgl. vorst. Ref.), daß fehlgeordnete K-Feldspate metastabil in der Natur vorkommen können u. die Interpretation der Bidwell Bar-Daten werden vom Vf. als annehmbare Möglichkeiten angesehen. Er weist jedoch Christies Verallgemeinerung, daß nach der Ostwaldschen Stufenregel alle metamorphen Plagioklase notwendigerweise zuerst in der Hochtemp.-Form wachsen müssen, zurück. Ernst Schulte 385◇

0673 **Amphibolitische Porphyrite in den Schiefern des Tonale bei Tresivio (Sondrio).** Rodolfo Crespi. (Rend. Ist. Lombardo Sci. Lettere, A **95**, 887—98, 1 Tafel, 1961; Milano, Univ., Ist. di Mineralogia, Petrografia e Geochim.; ital.) — Vf. untersuchte petrograph. u. chem. 2 amphibolit. Porphyritgänge in den Schiefern des Torale in der Nähe von Tresivio. Das Gestein des ersten Ganges zeigte im Dünnschliff eine holokristalline Struktur. Hauptkomponente ist ein *Amphibol*, dessen schwacher Pleochroismus einer grünen Hornblende entspricht. Der ebenfalls reichlich auftretende *Plagioklas* ist teils nach dem Albitgesetz, teils gleichzeitig nach dem Albit- u. Carlsbadgesetz verzwillingt. Außerdem wurden festgestellt, z. T. als sek. Mineralien *Epidot*, *Chlorit*, *Titanit*, *Muskovit*, *Sericit*, *Hämatit* u. *Apatit*. Die chem. Analyse lieferte die folgenden Werte: SiO_2 48,18(%); Al_2O_3 18,04; Fe_2O_3 2,13; FeO 5,12; MnO 0,11; MgO 8,27; CaO 9,31; Na_2O 3,28; K_2O 1,69; TiO_2 1,77; P_2O_5 0,13; H_2O^- 0,29; H_2O^+ 1,91. Diese Zus. entspricht nach Niggli einem normalen gabbrodiorit. Magma. Die chem. Analyse des zweiten Ganges ist der des ersten Ganges sehr ähnlich u. entspricht dem gleichen Magma. Als Hauptmineral tritt in diesem Gestein eine braune *Hornblende* auf. Der Plagioklas ist wie oben verzwillingt. Sek. treten auf Epidote, Titanit, Muskovit, Sericit u. Quarz. Besprochen wird anschließend das Alter der Intrusion u. die Genese der Porphyrite. C. Gottfried 385△

0674 **Petrographische Charakteristik der Kreideablagerungen der Gaslinsker Höhe.** Ch. Ch. Awaschodshajew. (Usbek. geol. J. **7**, Nr. 1, 15—25, 1963; Inst. für Geol. u. Ausbeutung von Erdöl- u. Erdgaslagerstätten der Akad. der Wiss. der UsbekSSR; russ.) — Die kretaz., öl- u. gasführenden Ablagerungen des westlichen Usbekistan bestehen aus klast. (Konglomerate, Sandsteine, Aleurite), klast.-chemogenen (Tone, Mergel, sandig-aleurit.-carbonat. Gesteine), chemogenen (carbonat. u. sulfat. Gesteinen) u. organogenen carbonat. Sedimenten. Makroskop. u. qual.-mkr. Beschreibung der Gesteine. Dieter Wolf 385◇

0675 **Kontaktmetamorphe und metasomatische Prozesse des Kadsharansker Erzfeldes.** K. A. Karamjan. (Nachr. Akad. Wiss. ArmenSSR, geol. geogr. Wiss. **16**, Nr. 3, 67—76, 1963; Akad. der Wiss. der ArmenSSR, Inst. für Geol.; russ.) — Die Bldg.-Prozesse metamorpher Gesteine gehören sowohl zu Prozessen der magmat. Intrusion als auch zu postmagmat. Erscheinungen. Die ältesten metamorphen Bldg. sind Prodd. einer thermalen Metamorphose. Nach dieser Hornfels-Bldg. u. der nachfolgenden Gneis-Fazies fand im Kontakt mit Monzonitintrusionen eine Migmatit-Bldg. statt. Danach erfolgte eine metasomat. Umbildung der Gesteine als Ergebnis postmagmat.-metasomat. Prozesse. Biotitisierung u. Amphibolisierung mit intensiver Fe- u. Mg-Metasomatose herrschten vor. H. Kelch 385◇

0676 **Lagergesteinsgeologie der Thiel Mountains, Antarktis.** A. B. Ford und J. M. Aaron. (Science [Washington] **137**, 751—52, 1962; Washington, D. C., U. S. Geol. Surv.; engl.) — Die Thiel Mountains bestehen vorwiegend aus Cordierit-führenden Hypersthen-Quarzmonzonit-Porphyren, in welche Biotitgranite u. porphyrit. Biotitgranite eingedrungen sind. Die Sedimente u. Metasedimente bestehend aus Quarziten u. Argilliten sind örtlich zu Hornfelsen metamorphosiert worden. F. Ensslin 385◇

0677 **Expositionsalter für Eisenmeteorite.** Oliver A. Schaeffer. (Nature [London] **188**, 1102, 1960; Upton, Long Island, N.Y., Brookhaven Nat. Labor., Chem. Dep.;

engl.) — Vgl. C. **1961,** 7527 u. Wänke, C. **1962,** 5229. — Vf. erkennt einige der von Wänke (vgl. l. c.) gemachten Einwände als berechtigt an. C. Gottfried 388

0678 **Tektit-Untersuchungen.** 5. Mitt. **Spannung in Tektit-Glas.** G. H. R. von Koenigswald. (Proc., Kon. nederl. Acad. Wetensch., Ser. B **66,** 92—97, 1963; engl.) — 4. vgl. C. **1962,** 17692. — Die Spannungen sind in den großen Tektiten so groß, daß ein Zerplatzen in mehrere kleine Bruchstücke eintritt. Dieses Phänomen wurde bei kleinen Tektiten nicht beobachtet. Ernst Schulte 388◇

0679 **Die Gehalte an Lanthan, Europium und Dysprosium in zwei Tektiten.** John W. Chase, Charles C. Schnetzler, Gerald K. Czamanske und John W. Winchester. (J. geophys. Res. **68,** 577—79, 1963; Cambridge, Mass., MIT, Dep. of Chem., Dep. of Geol. and Geophys., Labor. for Nucl. Sci.; engl.) — Vgl. C. **1964,** 15-0638. — Mit Hilfe der Meth. der Neutronenaktivierung bestimmten Vff. die Geh. an La, Eu u. Dy in einem *Moldavit* u. einem *Indochinit*. Der Moldavit enthielt 29 (ppm) La, 0,83 Eu u. 2,8 Dy, der Indochinit 47 La, 1,5 Eu u. 5,3 Dy. Trägt man in logarithm. Maßstab die Verhältnisse dieser Häufigkeiten zu den entsprechenden Werten eines Chondrits graph. auf u. vergleicht die hierbei erhaltenen Diagramme mit den l. c. erhaltenen Diagrammen der 4 Granite u. der 3 ozean. Basalte, dann zeigt sich, daß die Diagramme denen der Granite ähnlicher sind als denen der Basalte. Die für die beiden Tektite erhaltenen Diagramme sind vollständig gleich. C. Gottfried 388△

0680 **Über den Calciumcarbonatgehalt junger mariner Sedimente.** B. Verhoeven. (Netherl. J. agric. Sci. **10,** 58—71, 1962; Kampen, Zuiderzeepolders Dev. and Colon. Authority, Soil Res. Div.; engl.) — Proben von frisch abgelagerten Sedimenten von der holländ. Nordseeküste u. dem Wattenmeer wurden untersucht. Bei grobkörnigen Sedimenten nimmt der $CaCO_3$-Geh. mit dem an Ton zu. In tonreichen Sedimenten ist er beinahe konstant. In den Fraktionen $<75\,\mu$ nimmt $CaCO_3$ mit abnehmender Teilchengröße zu, wobei die Tonfraktion jedoch relativ arm an $CaCO_3$ ist. In Schichten mit vergleichbarem Ton-Geh. nimmt der Geh. an $CaCO_3$ von Süd nach Nord ab. Im Brackwasser der Flußmündungen nimmt er landeinwärts ab. Der $CaCO_3$-Geh. ist hauptsächlich an Material organ. Ursprungs wie Muschelschalen, Foraminiferen usw. gebunden. Rhomboeder u. Nadeln anorgan. Herkunft sind selten. Zwischen 5 u. 30% des Gesamtcarbonat-Geh. sind an Mg gebunden. F. Ensslin 393◇

0681 **Die radioaktiven Quellen von Istarske Toplice. Eine geochemische Untersuchung.** S. Miholić. (Croat. chem. Acta **31,** 33—39, 1959; Zagreb, Univ., Fac. of Sci., Chem. Inst.; engl.) — Die heißen, H_2S-reichen Quellen entspringen einem Staffelbruch des oberen Kreidekalks. Sie sind stark radioaktiv. Mit einem Geh. bis zu 218 mμc/Liter steht die eine von ihnen an 3. Stelle in Europa. Die Radioaktivität wird auf den durch H_2S gefällten schwarzen, U-haltigen Schlamm zurückgeführt, durch den das W. fließt. Es handelt sich um NaCl-, $CaSO_4$- u. $MgCl_2$-reiche Wässer mit Salz-Geh. von 3,1—3,3 g Salz/Liter. F. Ensslin 393◇

0682 **Chemische Untersuchungen an den heißen Quellen in der Gegend Tottori-Misasa, Japan.** 11. Mitt. **Beziehungen zwischen Wassertemperatur, atmosphärischer Temperatur, hervorquellender Menge und Chloridionenkonzentration.** Takeshi Sugihara. (J. chem. Soc. Japan, pure Chem. Sect. [Nippon Kagaku Zassi] **81,** 1221—26, 1960; Tottori-Misasa, Okayama-Daigaku, Onsen-Kenkyûzyô; jap., Auszug: engl. S. A85.) — 10. vgl. J. chem. Soc. Japan, pure Chem. Sect. [Nippon Kagaku Zassi] **81,** [1960], 1059; 8. vgl. C. **1963,** 6525. — Von den drei Quellen in der Gegend Tottori-Misasa wurden die Temp., atmosphär. Temp., hervorquellende Menge u. Cl^--Konz. über ein Jahr (Mai 1952 bis April 1953) gemessen u. empir. Beziehungen zwischen diesen Daten abgeleitet. E. Maekawa 393□

0683 **Chemische Untersuchungen an den heißen Quellen in der Gegend Tottori-Misasa, Japan.** 12. Mitt. **Einfluß von Sickerwasser, Schnee und Regen auf das Quellwasser.** Takeshi Sugihara. (J. chem. Soc. Japan, pure Chem. Sect. [Nippon Kagaku Zassi] **81,** 1226—32, 1960; jap., Auszug: engl. S. A85—A86.) — 11. vgl. vorst. Referat. — Von der Quelle Hisui-no-Yu in der Gegend Tottori-Misasa wurden die Einfl. vom Sickerwasser sowie Schnee- u. Regenfall auf die hervorquellende Menge u. auf die Cl^--Konz. in den Jahren 1955—1957 untersucht. Das Sickerwasser scheint das Quellwasser jedoch nicht durch direktes Mischen, sondern durch Erhöhen des Grundwasserdrucks zu beeinflussen. E. Maekawa 393□

0684 **Anwendung von Deuteriumgehalts-Messungen zur Untersuchung meteorologischer und geologischer Erscheinungen.** Étienne Roth. (J. Chim. physique Physico-Chim. biol. **60,** 339—50, 1963; Saclay, Centre d'Études Nucl., Serv. des Isotopes Stables; franz.) — Vf. untersucht krit. die von vielen Seiten durchgeführten genauen Messungen des Deuterium-Geh. von Meerwasser, Flußwasser, Seen, Schnee, Eis u. Hagel u. kommt zu dem Ergebnis, daß die hierbei festgestellten Änderungen in den Isotopen-Geh. von H u. O von großer Wichtigkeit für meteorolog., hydrolog. u. glaziale Probleme sein können. — 24 Literaturangaben. C. Gottfried 396△

0685 **Die Verwendung der Interferenzmikroskopie zur mineralogischen Analyse von Staubproben aus der Luft, die mit dem thermischen Abscheider gewonnen wurden.** J. Dodgson. (Nature [London] **199,** 245—47, 1963; Nat. Coal Board, Pneumoconiosis Field Res. Unit; engl.) — An Hand von 6 Testproben wird die Genauigkeit der quant. mkr. Quarz-Best. in Stäuben mit Hilfe der Interferenzmikroskopie angegeben. Bes. vorteilhaft ist bei dem Verf. die Möglichkeit des schnellen Wechsels von einer zur anderen Kontrastlage. J. Heinze 396◇

0686 **Zusammensetzung der atmosphärischen Luft über Finnland.** Kurt Buch. (Soc. Sci. fenn., Comment. physico-math. **27,** 1—24, 1962; dt.) — Vgl. C. **1963,** 5404. — Die chem. Zus. der freien Atmosphäre über sechs verschiedenen Orten Finnlands für den Zeitraum 1954—1960 wurde untersucht. Bestimmt wurden jeweils S, Cl^-, N aus NH_3, Na^+, K^+, Mg^{2+} u. Ca^{2+}. Die Vers.-Ergebnisse sind graph. u. tabellar. wiedergegeben. Die Kreisläufe der verschiedenen Ionen werden ausführlich besprochen. C. Gottfried 396△

0687 **Atmosphärische Verunreinigung durch Spaltprodukte in Mailand (Brera).** Luigi Santomauro und Ilse Zagar. (Rend. Ist. lombardo Sci. Lettere, A **95,** 717—54, 1961; ital.) — Vff. berichten über Messungen der Konz. langlebiger Spalt-Prodd. vom Januar 1959 bis zum März 1961 in dem Observatorium von Brera bei Mailand. C. Gottfried 396△

0688 **Versuch zur Altersbestimmung der Gletscherschneeschichten des Jungfraufirns nach dem Tritiumgehalt und Bestimmung der jährlichen Zunahme.** Hans Oeschger, André Renaud und Ernst Schumacher. (Bull. Soc. vaudoise Sci. natur. **68,** 49—56, 1962; Berne; Lausanne; Zurich; franz.) — Die Messungen des T-Geh. erfolgte nach elektrolyt. Anreicherung unter Berücksichtigung der Trennfaktoren T—H u. D—H. Nach den aus verschiedenen Tiefen des Firns entnommenen Proben ergibt sich eine jährliche Zunahme desselben von 134 ± 10 cm. F. Ensslin 396◇

B. Allgemeine und theoretische organische Chemie

0689 **Absorptions- und Emissionsspektren aromatischer Radikale.** 2. Mitt. **Elektronenabsorptionsspektren von Radikalen, die durch Photolyse von Dialkylbenzolen erhalten wurden.** T. F. Bindley, A. T. Watts und S. Walker. (J. chem. Soc. [London] **1962,** 4327—29; Newarke, Leicester, School of Chem., Coll. of Technol.; engl.) — 1. vgl. Watts u. Walker, J. chem. Soc. [London] **1962,** 4323. — Die Absorptionsspektren der durch Photolyse nachst. KW-Stoffe bei —196° in festem Medium gebildeten Radikale wurden im Bereich 3200—3300 untersucht. Photolysiert wurden *o-* u. *p-Xylol*, *o-Äthyl-*, *o-*, *m-* u. *p-n-Propyl-*, *m-* u. *p-Isopropyltoluol*, *o-*, *m-* u. *p-Diäthyl-*, *m-* u. *p-Diisopropyl-* u. *m-* u. *p-Äthylbutylbenzol* sowie *Bzl.* selbst. Als Radikale konnten nachgewiesen werden: $R{-}C_6H_4{-}CH_2{-}$, $R{-}C_6H_4{-}\dot{C}HCH_3$ u. $R{-}C_6H_4\dot{C}(CH_3)_2$ (R = Alkyl). J. Blume B 118◇

0690 **Untersuchungen über die Wechselwirkung von Aromaten mit Ansolvosäuren. 2. Mitt. Zum Nachweis der Ladungsresonanz im Anthracen/AlCl$_3$-Komplex.** H. H. Perkampus und Th. Kranz. (Z. physik. Chem. [Frankfurt/M.] [N. F.] **36**, 238—40, 1963; Hannover, TH, Inst. für Phys. Chem. u. Elektrochem.; dt.) — 1. vgl. C. **1964**, 3-0724. — Vff. untersuchen das Festkörperabsorptionsspektrum des *1-Aminoanthracen/AlCl$_3$*-Komplexes. AlCl$_3$ ist danach an die Aminogruppe angelagert, u. das freie Elektronenpaar ist blockiert. Im *2-Aminoanthracen/AlCl$_3$*-Komplex wird hingegen eine Stabilisierung des positiven Aromatenrumpfes durch Ladungsresonanz durch die NH$_2$-Gruppe begünstigt u. daher ein dem Anthracen/AlCl$_3$-Komplex entsprechendes Spektrum erhalten. K. H. Birr B 118◇

0691 **Die Spektren einiger 9-Alkylphenanthrene im nahen Ultraviolett.** F. A. L. Anet und P. M. G. Bavin. (Canad. J. Chem. **41**, 2160—64, 1963; Ottawa, Canada, Univ. of Ottawa, Chem. Dep.; Welwyn Garden City, England, Smith Cline & French Labor. Ltd.; engl.) — Die Extinktions-Koeff. u. die Lage der Banden in den UV-Spektren von 9-Alkylphenanthrenen in A. werden tabelliert. Es werden 2 Typen nach der Anzahl (6 bzw. 5) u. der Auflösung ihrer Banden unterschieden. Die bathochrome Verschiebung der längstwelligen (α-) Bande läßt sich nicht durch Hyperkonjugation erklären. Die Feinstruktur der α-Bande wird durch die Symmetrie der Substituenten zur Aromatenebene erklärt. Untersuchte Verbb.: *Phenanthren* u. *9-X-Phenanthrene*: *X = Methyl-, Äthyl-, Propyl-, Isopropyl-, n-Butyl-, Isobutyl-, tert.-Butyl-, tert.-Amyl-, Benzyl-, Cyclopentyl-, Cyclohexyl-* sowie *9.10-Dimethylphenanthren*.

Versuche: 9-Alkylphenanthrene, nach Meth. von Anet u. Bavin (C. **1958**, 6785) durch Dehydratisierung der entsprechenden 9-Hydroxymethyl-9-alkylfluorene mit P$_2$O$_5$ in Xylol oder durch Zers. ihrer Tosylate in Ameisensäure. Nachst. Verbb., Vor- u. Zwischenprodd. sind angeführt: *9-tert.-Amylfluoren-9-carbonsäuremethylester*, C$_{20}$H$_{22}$O$_2$, F. 56 bis 57° (CH$_3$OH), Nadeln; 76% (Ausbeute). — *9-tert.-Amylfluoren-9-carbonsäure*, F. 200—204° [Bzl./Hexan (Hx)], Nadeln. — *9-Hydroxymethyl-9-tert.-amylfluoren*, C$_{19}$H$_{22}$O, F. 104 bis 106° (Hx), Nadeln; 91%. *Tosylat*, F. 105—108° (Zers.), schwachgelbe Prismen. — *9-tert.-Amylphenanthren*, C$_{19}$H$_{20}$, F. 87—88°. — *9-sek.-Butylphenanthren*, C$_{18}$H$_{18}$. *1.3.5-Trinitrobenzol-Addukt*, C$_{24}$H$_{21}$N$_3$O$_6$, F. 124—125° (CH$_3$OH), gelbe Nadeln. — *9-Isobutylfluoren-9-carbonsäuremethylester*, C$_{19}$H$_{20}$O$_2$, F. 67—69° (CH$_3$OH). — *9-Hydroxymethyl-9-isobutylfluoren, Tosylat*, C$_{25}$H$_{26}$O$_3$S, F. 104—105° (Hx), Nadeln. — *9-Isobutylphenanthren*, F. 98—99°. — *9-Hydroxymethyl-9-n-butylfluoren, Tosylat*, F. 104—105° (Hx). — *9-Hydroxymethyl-9-n-butylfluoren*, F. 78—79° (Aceton/CH$_3$OH). — *9-n-Propylphenanthren*, F. 62—63° (CH$_3$OH). *Pikrat*, F. 94 bis 95°. — *9-Cyclopentylphenanthren*, F. 125—126° (CH$_3$OH). — *9-Cyclohexylphenanthren*, C$_{20}$H$_{20}$, F. 113—114° (CH$_3$OH). D. Groß/Berlin B 118◇

0692 **Lichtabsorptions-Untersuchungen.** 19. Mitt. **Die Ultraviolettabsorptionsspektren von Jodbenzolen.** W. F. Forbes. (Canad. J. Chem. **39**, 2295—2305, 1961; Victoria, Australia, Parkville, C.S.I.R.O., Div. of Protein Chem., Wool Res. Labor.; engl.) — 18. vgl. Canad. J. Chem. **39**, [1961], 1131; 9. vgl. C. **1964**, 8-0687. — Das UV-Spektrum von *Jodbenzol* (I) im Dampfzustand u. in Lsg. in Cyclohexan (CHX), Ae., A. u. W. sowie die UV-Spektren nachst. I-Derivv. in CHX wurden aufgenommen: *o-, m-, p-Dijodbenzol, o-, m-, p-Jodtoluol, o-, p-Jodphenol, o-, m- p-Jodanisol, o-, m- p-Jodanilin, o-, m-Jodacetophenon, o-, m-Jodbenzaldehyd, o-, m-* u. *p-Jodnitrobenzol*. Es wird gezeigt, daß die Spektren vorst. Verbb. qual. auf der Grundlage einer einfachen Resonanztheorie verstanden werden können, wenn man annimmt, daß der scheinbare mesomere Effekt des J-Atoms größer als der der anderen Halogenatome (vgl. 18. Mitt. u. früher) ist. Ch. Zechel B 118◇

0693 **Lichtabsorptions-Untersuchungen.** 20. Mitt. **Die Ultraviolettabsorptionsspektren und Infrarot-Carbonylbanden von Benzoylchloriden.** W. F. Forbes und J. J. J. Myron. (Canad. J. Chem. **39**, 2452—65, 1961; engl.) — 19. vgl. vorst. Referat. — Die UV-Absorptionsspektren u. die IR-Carbonylbanden wurden von nachst. substituierten Benzoylchloriden (BZC) aufgenommen: *o-, m-, p-Methoxy-, m-, p-Fluor-, o-, m-, p-Chlor-, o-, m-, p-Brom-, o-, m-, p-Jod-, m-, p-Nitro-, o-, m-, p-Methyl-* sowie von *Benzoylchlorid* selbst u. zum Vgl. von *Benzaldehyd* u. *Acetophenon*. Es ließ sich feststellen, daß in erster Näherung die B-Banden der UV-Spektren der BZC denen der entsprechenden Benzaldehyde (vgl. Dearden u. Forbes, C. **1960**, 9156) u. Acetophenone (vgl. Forbes u. Mitarbeiter, C. **1959**, 6743) ähnlich sind. Die Reihenfolge der scheinbaren negativen Mesomerieeffekte im Rahmen einer früher aufgestellten Hypothese (vgl. z. B. Dearden u. Forbes, l. c.) ist $-NO_2 > -COCl > -CHO > COCH_3$; die wirksame Größe vorst. Substituenten hat die Reihenfolge $-NO_2 > -COCH_3 > -COCl > CHO$. — Die IR-Carbonylbande erscheint in den meisten ringsubstituierten BZC als gut ausgebildetes Dublett. Die wahrscheinlichste Erklärung für das Auftreten dieses Dubletts ist die Annahme einer intramol. Schwingung. Ch. Zechel B 118◇

0694 **Absorptionsspektren einiger optisch-aktiver Verbindungen.** Shiva Mohan Verma. (J. sci. ind. Res. [New Delhi], Sect. B **20**, 324—26, 1961; Varanasi, Banaras Hindu Univ., Organ. Chem. Res. Sect.; engl.) — Die UV-Spektren der folgenden Verbb. wurden in A. gemessen: *N-p-* (**I**), [λ_{max} =] 393, 310 u. 221 [mμ], [ε_{max} =] 7092, 16000 bzw. 9883; *N-m-*, 323, 265 u. 225, 1456, 6560 bzw. 17630; *N-o-Nitrophenyl-d-campher-β-sulfonamid*, 348, 268 u. 222, 1648, 3162 bzw. 9600; *N-p-*, 298, 248 u. 220, 3243, 11692 bzw. 20320; *N-m-*, 294, 240 u. 220, 5272, 13363 bzw. 21091; *N-o-Aminophenyl-d-campher-β-sulfonamid*, 294, 238 u. 216, 3783, 10183 bzw. 13305; *p-*, 280 u. 242, 1219 bzw. 22438; *m-*, 282 u. 220, 1818 bzw. 17932; *o-Bis-[d-campher-β-sulfonamido]-benzol*, 278 u. 215, 1913 bzw. 25400; *4.4'-Bis-[d-campher-β-sulfonamido]-diphenylmethan*, 280 u. 238, 1043 bzw. 16170; *4-[d-Campher-β-sulfonamido]-4'-aminodiphenylsulfon*, 290 u. 248, 20212 bzw. 16157. Aus den Messungen der Rotationsdispersion dieser Verbb. (vgl. Singh u. Verma, C. **1959**, 13738) wurden nach der Drudeschen Gleichung mit nur einem Ausdruck die Wellenlängen der Absorptionsmaxima berechnet (für die obige Folge der Verbb.): [λ_{ber} =] 313,4 [mμ]; 300,5; 420,9; 270,5; 259,6; 333,4; 299,2; 300,0; 337,0; 305,4; 295,2. Die Differenzen zwischen λ_{ber} u. λ_{max} betragen bis zu 72,9 mμ. Für die Rotationsdispersion von **I** wurde unter Berücksichtigung seiner 3 Absorptionsmaxima eine Gleichung entwickelt: $[\alpha]_\lambda^{35} = 0{,}2473/(\lambda^2 - 0{,}0154) + 4{,}908/(\lambda^2 - 0{,}0961) + 1{,}123/(\lambda^2 - 0{,}0484)$. Die hiernach sowie die nach einer Gleichung mit nur einem Ausdruck berechneten Werte für $[\alpha]_\lambda^{35}$ stimmen bei 13 Wellenlängen zwischen 670,8 u. 435,8 mμ gut mit den beobachteten (l. c.) überein. G. Cleve B 118◇

0695 **Lösungsmitteleinflüsse auf die erste Ultraviolett-Absorptionsbande in substituierten p-Nitroanilinen.** J. H. P. Utley. (J. chem. Soc. [London] **1963**, 3252—60; Delft, Netherlands, TH; engl.) — Vf. bestimmt die Lage der Maxima des UV-Spektrums von nachst. Anilinen: *N.N-Di-n-hexyl-p-nitro-* (I, C$_{18}$H$_{30}$N$_2$O$_2$), *p-Nitro-, N-Methyl-p-nitro-, N.N-Dimethyl-p-nitro-, 2.6-Dimethyl-4-nitro-, N-Methyl-2.6-dimethyl-4-nitro-, N-tert.-Butyl-p-nitro-* u. *2.6-Di-tert.-butyl-p-nitro-* u. von *1-p-Nitrophenylpyrrolidon* in Isooctan, CCl$_4$, CH$_3$OH u. Dioxan sowie Mischungen der polaren u. unpolaren Lösungsmittel. Die Lage der Bande ist sehr vom Lsgm. abhängig: Je polarer das Lsgm. ist, um so größer ist die Rotverschiebung. Vf. führt die großen Verschiebungen auf H-Brücken-Bldg. oder Dipol—Dipol-Wechselwrkg. zwischen Lsgm. u. gelöstem Stoff zurück. Vf. gibt einen Zusammenhang zwischen der Dipol—Dipol-Wechselwrkg. u. der DK mit Hilfe der Onsager-Gleichung [1936]. — I wurde aus N.N-Di-n-hexyl-p-nitrosoanilin durch Oxydation mit wss. KMnO$_4$ erhalten. K. H. Birr B 118◇

0696 **Ultraviolett-Absorptionsspektrum cyclischer Äther im Vakuum: Trimethylenoxid, Tetrahydrofuran und Tetrahydropyran.** G. J. Hernandez. (J. chem. Physics **38**, 2233—42, 1963; Bedford, Mass., Air Force Cambridge Res. Labor., Geophys. Res. Directorate; engl.) — Das Absorptionsspektrum von *Trimethylenoxid* kann in folgende Rydberg-Serien erfaßt werden: $\nu_{nI} = 77980 - R/(n + 0{,}95)^2$; $\nu_{nII} = 78130 - R/(n + 0{,}95)^2$; $\nu_{nIII} = 79330 - R/(n + 0{,}95)^2$; Ionisationspotential der I. Serie = 9,66$_7$ ± 0,005 eV; die Mol.-Symmetrie verändert sich vom Grund- zum oberen Zustand nicht. Rydberg-Serien für *Tetrahydrofuran*: $\nu_{nI} = 75960 - R(n + 0{,}90)^2$; $\nu_{nII} = 77140 - R/(n + 0{,}90)^2$; $\nu_{nIII} = 77580 - R/(n + 0{,}80)^2$; $\nu_{nIV} = 77720 - R/(n + 0{,}80)^2$ Ionisationspotential der Serie I = 9,42 ± 0,01 eV. *Tetrahydro-*

pyran zeigt die Serie $\nu_n = 74630 - R/(n + 0,90)^2$; Ionisationspotential = 9,25 ± 0,01 eV. Vf. gibt eine Zuordnung des Schwingungsspektrums aller drei Verbindungen.

K. H. Birr B 118◇

0697 **Cyclische Diazoverbindungen. 5. Mitt. Ultraviolett-Spektren einiger cyclischer Diazoverbindungen.** A. Lau, E. Schmitz und R. Ohme. (Z. physik. Chem. [Leipzig] **223,** 417—22, 1963; Berlin, Humboldt-Univ., I. Phys. Inst.; dt.) — 4. vgl. Chem. Ber. **95,** [1962], 2714; 3. vgl. C. **1964,** 2-0871. — Die UV-Spektren von Diazirinen werden im Bereich von 32500—27000 cm^{-1} als Dampf- u. Lsg.-Spektren abgebildet, die Absorptionsmaxima u. mol. Extinktions-Koeff. angegeben. Die Frequenzdifferenzen der einzelnen Maxima sind nahezu konstant. Die Rotverschiebungen der Dampfspektren sind angegeben, wobei die langwelligste Bande die größte Intensität zeigt. Untersuchte Verbb.: Diazirine: *3.3-Dimethyl-, 3-Methyl-, 3.3-Pentamethylen-, 3-tert.-Butyl-, 3-Isopropyl-, 3.3-Tetramethylen-.* D. Groß/Berlin B 118◇

0698 **Optische Spaltung von 3-[2-Methylphenoxy]-propandiol-(1.2).** K. A. Thaker und S. H. Patel. (J. sci. ind. Res. [New Delhi], Sect. B **20,** 327—28, 1961; V. P. Mahavidyalaya, Vallabh Vidyanagar; Ahmedabad, Gujarat Univ., Univ. School of Sci.; engl.) — Aus 0,1 Mol (±)-*3-[2-Methylphenoxy]-propandiol-(1.2)* [*Mephenesin,* (±)-I, F. 60°] u. 0,1 Mol Phthalsäureanhydrid wurde durch Erhitzen auf dem Wasserbad das (±)-*Hydrogenphthalat* [II, $C_{18}H_{18}O_6$, F. 165° (Aceton); 68,2% (Ausbeute)] erhalten. Aus einer Lsg. von 0,2 Mol II u. 0,2 Mol Chinidin in warmem Aceton krist. 64,8 g Chinidinsalz. Mit H_2SO_4 wurden 29,8 g (+)-II, $[\alpha]_D^{28}$ +4,6° (Aceton) erhalten, die mit Brucin in warmem Aceton gelöst wurden. Aus dem schwerer lösl. Brucinsalz wurde mit HCl (+)-II erhalten, F. 146°, $[\alpha]_D^{28}$ +9,0° (c = 2,0; Aceton), +7,5° (c = 2,0; A.), +8,8° (c = 4,72; CH_3OH), +5,0° (c = 2,0; Bzl.), +7,5° (c = 2,0; Chlf.), 0,0° (c = 2,0; Toluol), 0,0° (c = 3,0; Xylol). Verseifung mit NaOH gab (+)-I, $C_{10}H_{14}O_3$, $[\alpha]_D^{28}$ +23,4° (c = 1,96; CH_3OH), +17,3° (c = 1,81; A.), +13,0° (c = 2,0; Bzl.), +11,5° (c = 2,0; Pyridin), +1,9° (c = 0,97; Chlf.), +6,4° (c = 1,28; Toluol), +24,2° (c = 2,1; Aceton). Aus dem leichter lösl. Brucinsalz wurde teilweise akt. (−)-II, F. 157—158° (Aceton), $[\alpha]_D^{28}$ −2,6° (c = 2,5; Aceton) u. hieraus (−)-I, $[\alpha]_D^{28}$ −11,6° (c = 2,1; CH_3OH) erhalten. G. Cleve B 119◇

0699 **Optische Spaltung von (±)-Butandiol-(2.3).** K. A. Thaker und N. S. Dave. (J. sci. ind. Res. [New Delhi], Sect. B **20,** 329—30, 1961; engl.) — Vgl. vorst. Referat. — (±)-*Butandiol-(2.3)-hydrogenphthalat* [(±)-I], $C_{12}H_{14}O_5$, F. 113 bis 114° (A.), a) durch Erhitzen von 22,5 g Butandiol-(2.3) [(±)-II, Kp. 178—180°] mit 37 g Phthalsäureanhydrid auf dem Wasserbad; 51 g (Ausbeute); b) analog durch Erhitzen auf 80—85° in Ggw. von Pyridin; fast 100%. — *Brucinsalz von* I, F. 143° (Aceton), durch Lösen von 23,8 g (±)-I u. 39,4 g Brucin in warmem Äthylacetat, Isolieren des schwerer lösl. Salzes, Auskochen u. Umkristallisieren mit Aceton; 14 g. — (−)-I, F. 120° (Äthylacetat), durch Schütteln einer Suspension vorst. Salzes in Ae. mit Eis/HCl; $[\alpha]_D^{31}$ −3,2° (c = 6,468; Aceton). — (+)-I, F. 120°, analog aus dem leichter lösl. Brucinsalz; $[\alpha]_D^{31}$ +3,1° (c = 5,692; Aceton). — (+)-II, durch Verseifen von (−)-I in wss. KOH u. Dest. des (+)-II; $[\alpha]_D^{31}$ +12,3° (c = 3,5; Aceton). — (−)-II, analog aus (+)-I; $\alpha]_D^{31}$ −10,9° (c = 2,8; Aceton). G. Cleve B 119◇

0700 **Optisch-aktive Formen der 3′.2″-Dibrom-3.4; 5.6-dibenzophenanthren-9.10-dicarbonsäure und ihre Stabilität.** Malcolm Crawford, R. A. M. Mackinnon und V. R. Supanekar. (J. chem. Soc. [London] **1959,** 2807—12; Kampala, Uganda, Makerere Coll.; Belfast, Coll. of Technol.; engl.) — Die Darst. von *3′.2″-Dibrom-3.4;5.6-dibenzophenanthren-9.10-dicarbonsäure* {I, *9.12-Dibromdibenzo-[c.g]-phenanthrendicarbonsäure-(3.4)*} u. ihre Spaltung mit Morphin in die opt.-akt. Formen wird beschrieben. Opt.-akt. I ist ziemlich stabil; in Chlf.-Lsg. bei 25° beträgt die Halbwertszeit der Racemisierung 20 Std., bei 22° 35. Die Identität von I wurde durch Vgl. der UV-Spektren mit denen von *3.4;5.6-Dibenzo-, 1.2.7.8-Tetrahydro-3.4;5.6-dibenzo-, 1.2.7.8.9.10.11.14-Oktahydro-3.4;5.6-dibenzophenanthren-9.10-dicarbonsäure* (II), ihren *3′.2″-Dibrom-Derivv.* (alle als K-Salze), *cis-Stilben* sowie *1.12-Benzoperylen-1′.2′-dicarbonsäure* bestätigt, deren 6.7-Dibrom-Deriv. sich an Stelle von I bei der Dehydrierung des Dibrom-Deriv. von II bilden könnte.

Versuche: *7.7′-Dibrom-3.3′.4.4′-tetrahydrobinaphthyl-(1.1′)*, $C_{20}H_{16}Br_2$, F. 212° (Essigsäure), aus 25 g 7-Bromtetralon-(1) in A. durch Zugabe von $AlCl_3$ u. $HgCl_2$, 3std. Kochen, Zugabe von A., 6std. Kochen, Zers. mit Eis-HCl u. Dehydratisierung des gebildeten Pinakons durch 4std. Kochen mit Essigsäure; 17 g (Ausbeute). — *3′.2″-Dibrom-1.2.7.8.9.-10.11.14-oktahydro-3.4;5.6-dibenzophenanthren-9.10-dicarbonsäureanhydrid* (III), $C_{24}H_{18}Br_2O_3$, F. 260 u. 290° (dimorph, A.), durch 3std. Kochen von 14 g vorst. Verb. mit 4 g Maleinsäureanhydrid in Nitrobenzol; 15 g. *Freie Säure,* FF. 146 u. 255°. — *3′.2″-Dibrom-1.2.7.8-tetrahydro-3.4;5.6-dibenzophenanthren-9.10-dicarbonsäureanhydrid,* $C_{24}H_{14}Br_2O_3$, F. 284°, gelbe Tafeln aus Essigsäure; durch Erwärmen von III mit Br_2 in Essigsäure. *Freie Säure,* F. ca. 140°. — *3′.2″-Dibrom-3.4;5.6-dibenzophenanthren-9.10-dicarbonsäureanhydrid,* $C_{24}H_{10}Br_2O_3$, F. 338°, orangefarbene Nadeln aus Acetanhydrid; aus III in sd. Essigsäure mit Br_2, 10 Min. langes Kochen. *Freie Säure* (I), $C_{24}H_{12}Br_2O_4$, F. ca. 130°, orangegelb; geht beim Erwärmen leicht ins Anhydrid über. (−)-I, $[\alpha]_D^{22}$ −712° (Chlf.), durch Spaltung von inakt. I mit Morphin in sd. A. über das (−)-Morphinsalz ($[\alpha]_D^{22}$ −220°; A.). (+)-I, $[\alpha]_D^{22}$ +745° (Chlf.), aus den Mutterlaugen über das (+)-Morphinsalz ($[\alpha]_D^{22}$ +497°; A.). — *Verb.* $C_{26}H_{20}Br_2O_4$ (Acetoxy-Deriv.?), F. 306° (Essigsäure–Acetanhydrid), durch 1std. Erhitzen von 1 g III mit Pb(IV)-Acetat in Essigsäure–Acetanhydrid; 0,7 g. — *1.2.7.-8.9.10.11.14-Oktahydro-3.4;5.6-dibenzophenanthren-9.10-dicarbonsäureanhydrid,* $C_{24}H_{20}O_3$, zwei Formen von F. 237° u. F. 262° (beide aus Acetanhydrid), Darst. nach Weidlich [1938]. G. Pötzscher B 119◇

0701 **Eine einfache graphische Methode zur Ableitung der Form und Symmetrie der Normalschwingungen.** Johannes Dale. (Spectrochim. Acta [London] **19,** 521—32, 1963; Brussels, Union Carbide European Res. Assoc.; engl.) — Vf. zeigt u. a. am Beispiel von C_2H_4, Cyclobutadien u. Bzl. die formale Analogie zwischen Elektronenorbitalen u. Normalschwingungen u. benutzt diese Analogie als Grundlage für eine einfache graph. Meth. zur Ableitung der Symmetrie u. ungefähren Form der Schwingung. Vf. wendet die Meth. an zur Zuordnung von γ-CH-Schwingungen in einigen chlorierten Benzol-Derivv.: [*1.2-* (I), *1.3-* u. *1.4-Dichlor-, 1.2.3-Trichlor-* (II), *1.2.3.4-, 1.2.4.5-Tetrachlor-*] u. in CH_4, CH_3D, CH_2D_2, CHD_3, CD_4, CH_3Cl, CH_2Cl_2, *Chlf.* u. CCl_4. Die Zuordnungen für I u. II sind neu. K. H. Birr B 120◇

0702 **Lichtstreuung durch Moleküle und Lebensdauer des angeregten Zustandes.** P. P. Schorygin und T. M. Iwanowa. (Ber. Akad. Wiss. UdSSR **150,** 533—36, 1963; Akad. der Wiss. der UdSSR, Zelinsky-Inst. für organ. Chem.; russ.) — Es wurden die UV-Absorptionsspektren u. die Resonanz-Raman-Spektren von *α.ω-Diphenyldecapentaen* (I) u. *-dodecahexaen* bei 25° in Aceton bei 15000—25000 cm^{-1} sowie das Absorptionsspektrum von I bei −70° u. der Fluorescenzbereich bei −196° untersucht.

Helmut Schäfer B 120△

0703 **Raman-Spektren von Kohlenwasserstoffen verschiedener Klassen.** 8. Mitt. **Spektren von Polyalkylbenzolen.** Je. G. Treschtschowa, W. R. Skwartschenko und R. Ja. Lewina. (Nachr. Moskauer Univ., Ser. II **17,** Nr. 5, 66—70, 1962; Lehrstuhl für organ. Chem.; russ.) — 7. vgl. Optik u. Spektroskopie [UdSSR] **10,** [1961], 63; 5. vgl. C. **1963,** 16499. — Die Raman-Spektren von *1.2-Dimethyl-4-äthyl-* (Kp.$_4$ 78 bis 78,5°; D.$_4^{20}$ 0,8726; n_D^{20} 1,5018), *1.2-Dimethyl-4-butyl-* (Kp.$_6$ 82,25°; D.$_4^{20}$ 0,8680; n_D^{20} 1,4975), *1.4-Dimethyl-2.3-diäthyl-* (Kp.$_4$ 65,5—66°; D.$_4^{20}$ 0,8869; n_D^{20} 1,5105), *1.2.5-Trimethyl-3.4-diäthyl-* (Kp.$_9$ 110,5—111°; D.$_4^{20}$ 0,9034; n_D^{20} 1,5192) u. *1.2.3.4-Tetramethyl-5.6-diäthylbenzol* (Kp.$_4$ 92 bis 94°; D.$_4^{20}$ 0,9298; n_D^{20} 1,5312) wurden aufgenommen. Wellenzahlen u. Intensitäten der Linien im Bereich 150 bis 1700 cm^{-1} von allen untersuchten Verbb. werden tabellar. angegeben. Unabhängig von der Substitution treten die charakterist. Benzolringfrequenzen bei 1622—1605, 1577 bis 1570, 1380—1364, 1325—1320, 1290—1240, 1062—1048, 556—547 u. 257—224 cm^{-1} auf. Änderungen der Frequenzlage mit dem Substitutionstyp zeigen die nichtebenen CH-Deformationsschwingungen des aromat. Ringes im Bereich 750—650 cm^{-1}, ihre Intensität verringert sich mit zunehmender Substitution. U.-L. Rau B 120◇

0704 **Infrarotspektren in polarisiertem Licht und Zuordnung der infrarotaktiven Schwingungen von Pyren und D_{10}-Pyren.** S. Califano und G. Abbondanza. (J. chem.

Physics **39**, 1016–23, 1963; Napoli, Italy, Ist. Chim.; engl.) – Die IR-Spektren werden von *Pyren* u. D_{10}-*Pyren* in Lsgg. (CCl_4, CS_2, C_2Cl_4) u. in festem Zustand, als Polarisationsspektrum von Einkristallen u. orientierten Filmen im Bereich 4000–400 cm^{-1} gewonnen u. abgebildet. Die Banden sind tabelliert. Durch Vgl. des experimentell festgestellten Dichroismus mit der Vorausberechnung aus der Kristallstruktur werden nahezu alle Banden zugeordnet.

D. Groß/Berlin B 120◇

0705 **Infrarotabsorptionsspektren von Diaryljodoniumsalzen.** Irving Lillien. (J. chem. Soc. [London] **1962**, 4498–99; Brooklyn, N.Y., Polytechn. Inst.; engl.) – Durch Vgl. der IR-Spektren von *3-, 4-Amino-* u. *4-Amino-4'-nitrodiphenyljodoniumjodid* u. vom *2-, 3-* u. *4-Nitrodiphenyljodonium-* u. *2-* u. *4-Carboxydiphenyljodoniumkation* mit denen von Anilinen u. Nitro-Verbb. versucht Vf., Frequenzverschiebungen zu deuten. K. H. Birr B 120◇

0706 **Schwingungsspektren von Pyridiniumsalzen.** Denys Cook. (Canad. J. Chem. **39**, 2009–23, 1961; Sarnia, Ontario, Dow Chemical of Canada, Exploratory Res. Labor.; engl.) – Das Schwingungsspektrum des *Pyridinium* (**I**)-*Ions* u. dessen N-deuterierter Form wurde in nachst. **I**-Salzen gemessen: *Chlorid* [F. 140–142°, aus Pyridin (**II**) u. HCl in Ae.], *Bromid* (F. 213–214°, aus **II** u. HBr in Ae.), *Jodid*, [F. 214° (Zers.), aus einer äther. Lsg. von **II** durch Zugabe von wss. HJ], *Tetrachlorozinkat* [$(C_5H_5NH^+)_2ZnCl_4$, F. 179 bis 182°, aus **II**-HCl u. $ZnCl_2$ in Aceton (Ac)-Lsg. oder durch Behandlung des **II**-$ZnCl_2$-Komplexes in warmem Ac mit HCl], *Hexabromostannat* [$(C_5H_5NH^+)_2SnBr_6$, F. 280°, aus **II**-HBr u. $SnBr_4$ in Chlf.-Lsg.], *Hexachlorostannat* [$(C_5H_5NH^+)_2 \cdot SnCl_6$, F. 280°, analog vorst. Verb.], *Perchlorat* (F. 280–283°, durch Zugabe von 70%ig. $HClO_4$ zu fl. **II**), *Tetrafluoroborat* (F. 208–210°, wie vorst. mit 50% wss. HBF_4), *Hexachloroantimonat* (F. 215–218°, aus **II**-HCl u. $SbCl_5$ in Chlf.) u. *Reineckat* (F. 105–209°, aus **II**-HCl u. Reinecke-Salz in W.). Die deuterierten Salze wurden durch Austausch mit D_2O gewonnen. Durch Vgl. mit Bzl. u. D–Bzl., mit denen **I** isoelektr. ist, wird eine ziemlich vollständige Zuordnung ermöglicht. Die NH-Bindungen, die durch H-Brücken mit den Anionen verbunden sind, haben Valenzschwingungen, die sich mit dem Wechsel des Anions systemat. ändern. Die ebenen NH-Deformationsschwingungen, die in einigen Fällen veränderlich sind, werden vermutlich zusätzlich noch durch andere Faktoren beeinflußt. Ch. Zechel B 120◇

0707 **Untersuchungen über die Infrarotspektren von heterocyclischen Verbindungen. 7. Mitt. Wasserstoffbindungseinfluß auf Pyridin-1-oxid und seine Derivate.** Hideyo Shindo. (Chem. pharmac. Bull. [Tokyo] **7**, 791–800, 1959; Sankyo Co. Ltd., Takamine Res. Labor.; engl.) – 6. vgl. Chem. pharmac. Bull. [Tokyo] **7**, [1959], 407; 8. vgl. C. **1963**, 2016. – IR-Unterss. an *Pyridin-1-oxid* u. folgenden Derivv. in CS_2 oder CCl_4, Methanol u. W. wurden durchgeführt: *3-, 4-Nitro-, 3-, 4-Cyan-, 3-Methyl-4-nitro-, 3-, 4-Acetyl-, 3-, 4-Chlor-, 3-, 4-Carbäthoxy-, 4-Brom-, 2-, 3-, 4-Methyl-, 4-Methoxy-, 4-Benzyloxy-, 4-Äthyl-, 4-Amino-, 2.4-, 2.6-, 3.5-Dimethyl-, 2.4.6-Trimethylpyridin-1-oxid*. Die Zuordnung der ν(NO) zu der starken Absorption bei 1190 u. 1320 (cm^{-1}) wurde durch die IR-Änderungen infolge H-Bindungs-Bldg. der N-Oxide mit Methanol in unpolaren Lsgm. bestätigt. Die H-Bindungsfähigkeit der N-Oxide wird aus der Verschiebung $\Delta\nu$(OH) der Methanolbande abgeschätzt; es besteht eine ausgezeichnete lineare Beziehung zwischen $\Delta\nu$(OH) u. der σ-Substituenten-Konst. mit Ausnahme der 2-CH_3-Oxide. Die Elektronendonatorfähigkeit der N-Oxidgruppe gegenüber der 4-Stellung wird in polaren Lsgm. mit akt. H-Atomen abgeschwächt, wie aus der Verschiebung der ν(CO) bei 4-Carbonyl-Verbb. in Methanol u. W. hervorgeht.

G. Pötzscher B 120◇

0708 **Eine charakteristische Infrarot-Absorptionsbande von aromatischen Verbindungen der Elemente der vierten Hauptgruppe.** J. G. Noltes, M. C. Henry und M. J. Janssen. (Chem. and Ind. **1959**, 298–99; Utrecht, T.N.O., Inst. of Organ. Chem.; engl.) – Eine IR-Bande bei ca. 9–9,5 μ wird gefunden bei *Tetraphenylsilan* (0,95 μ), *-german* (9,18), *-stannan* (9,34) u. *-plumban* (9,45), die bei Tetraphenylmethan fehlt. Sie ist auf eine durch die Metall-Atome gestörte Phenyl-Schwingung zurückzuführen u. unabhängig von der Anzahl der Phenylgruppen am Metall-Atom.

A. Grohmann B 120

0709 **Anregung der Fluorescenz in Anthraceneinkristallen durch zwei Photonen.** S. Singh und B. P. Stoicheff. (J. chem. Physics **38**, 2032–33, 1963; Ottawa, Canada, Nat. Res. Council, Div. of Pure Phys.; engl.) – Vff. beobachten bei der Bestrahlung von *Anthracen*-Einkristallen mit unpolarisierter Rubin-Maser-Strahlung (6940 Å) eine blaue Fluorescenz (4300 Å), die sie dem Übergang $^1B_{2u} \rightarrow {}^1A_g$ zuordnen. Aus Intensitätsmessungen folgt, daß es sich um eine Anregung mit zwei Photonen handeln muß. K. H. Birr B 125◇

0710 **Die Phosphorescenz und die Dauer der verzögerten Fluorescenz von Pyren in flüssigem Paraffin.** B. Stevens und M. S. Walker. (Proc. chem. Soc. [London] **1963**, 181; Sheffield, Univ., Dep. of Chem.; engl.) – Vff. messen für *Pyren* in entgastem Paraffin die Geschw.-Konst. k_D für das Abklingen der verzögerten Fluorescenz u. k_T für den Zerfall des Triplett-Zustandes zwischen 0 u. –30°. Der Abklingvorgang erfolgt im beobachteten Bereich exponentiell; das Verhältnis $k_D/k_T = 1{,}7 \pm 0{,}3$ ist ein weiterer Beweis für den von Parker u. Hatchard (C. **1964**, 6/7-0704) aufgestellten Mechanismus der verzögerten Fluorescenz.

K. H. Birr B 125◇

0711 **Untersuchung von Energieübertragungsvorgängen nach der Luminescenz- und radiochemischen Methode.** W. A. Krongaus und I. N. Wassiljew. (Kinetik u. Katalyse [UdSSR] **4**, 67–75, 1963; Physikal.-chem. Karpow-Inst.; russ.) – Die Radiolyse (^{60}Co-Strahlen) u. Luminescenz bei Anregung mit UV-Licht des Syst. *Toluol–Dibenzoylperoxid* (**I**) mit *p-Terphenyl* oder *2.5-Diphenyloxazol* als Luminophor wurde untersucht. Die Schutz-Wrkg. der Luminophore für den sensibilisierten Radiozerfall von **I** u. das Löschen der Photo- u. Radioluminescenz der Luminophore durch **I** wird durch konkurrierende Energieübertragung vom Lsgm. auf die beiden Acceptoren u. vom Luminophor auf **I** erklärt. Die Energieübertragung vom Toluol auf **I** u. die Luminophore erfolgt durch „Fernwrkg.", wobei die Diffusionsverschiebung der in Wechselwrkg. stehenden Moll. auch eine wesentliche Rolle spielt. Die Energieübertragung von Luminophor auf **I** erfolgt nach einem Diffusionsmechanismus über die Bldg. eines Intermediärkomplexes aus dem angeregten Mol. des Luminophors u. **I**. Helmut Schäfer B 125△

0712 **Über die Löschung der sensibilisierten Fluorescenz in Lösungen.** B. Ja. Sweschnikow und L. A. Limarewa. (Ber. Akad. Wiss. UdSSR **133**, 807–10, 1960; russ.) – Die Änderung der Leuchtdauer τ von Lsgg. von Trypaflavin (**I**) als Elektronendonator u. Rhodamin B (**II**) als Elektronenacceptor wird mit einem Fluorometer gemessen. Die Löschung der Fluorescenz von **II** durch **I** wird bei direkter Anregung der Fluorescenz von **II** durch die Hg-Linie 546 mμ in Methanol (**III**) u. Glycerin untersucht. Das für die Löschung charakterist. Verhältnis τ_0/τ (τ_0 in ungelöschter, τ in gelöschter Lsg.) hängt von der Fluorescenz-Dauer der **I**-freien Lsg., aber nicht von ihrer Viscosität ab. Das durch das **I**-Mol. geschaffene elektr. Feld wirkt auf das angeregte **II**-Mol. ein u. bewirkt seine strahlungslose Desaktivierung. Die Löschung der Fluorescenz von **I** durch KJ erfolgt in reiner **I**-Lsg. u. in **I**-**II**-Lsg. mit $1 \cdot 10^{-5}$m **II**-Konz. gleich, bei $2{,}5 \cdot 10^{-3}$m **II**-Konz. ist τ halb so groß wie ohne **II**. In reinen **II**-Lsgg. ist die Änderung von τ bei Löschung durch KJ bei $5 \cdot 10^{-3}$m **II**-Konz. etwas größer als bei $1 \cdot 10^{-5}$m **II**-Konz. (infolge Zunahme der Reabsorption). Bei **I**-**II**-Lsgg. ohne KJ ist anfangs τ von **II** gegenüber reiner **II**-Lsg. etwas erhöht. Bei $1 \cdot 10^{-5}$m Konz. erfolgt die Anregung durch Absorption der **I**-Fluorescenz durch **II**, bei $5 \cdot 10^{-3}$m Konz. infolge strahlungsloser Energiewanderung von **I** zu **II**. Im Spektrum der gelöschten Lsg. ist die Emissionsbande von **I** verstärkt. Diese Erscheinung in Kombination mit der Tatsache, daß bei Löschung durch Fremdstoffe die Abnahme der Leuchtausbeute von **I** in **I**-**II**-Lsgg. kleiner, die von **II** größer ist als in den reinen Lsgg., kann zur Bestätigung der Annahme einer sensibilisierten Fluorescenz in der Lsg. dienen, für die bisher eine Begründung fehlt. R. K. Müller B 125□

0713 **Über die Unterscheidung der cis- und trans-isomeren Formen in Dialkylcyclanen durch Massenspektrometrie.** P. Natalis. (Bull. Cl. Sci., Acad. roy. Belgique [5] **48**, 554 bis 559, 1962; Liège, Univ., Centre de Spectrométrie de Masse; franz.) – Massenspektroskop. wurden zunächst eine Reihe von Verbb. untersucht, deren räumliche Konfigurationen bekannt waren. Die Verbb. waren mit ^{13}C u. D markiert.

Untersucht wurden die Isomerenpaare von *1.2-Dimethylcyclopropan* u. *-cyclobutan, 1.2-Dimethyl-, 1-Methyl-2-äthyl-, 1.2-Diäthyl-, 1-Methyl-2-propyl-, 1.3-Dimethyl-, 1-Methyl-3-äthyl-, 1.2.3-* u. *1.2.4-Trimethylcyclopentan, 1.2-, 1.3-, 1.4-Dimethyl-, 1-Methyl-4-isopropyl-* u. *1.3.5-Trimethylcyclohexan, Hexahydroindan* u. *2-Thiadekalin* (mit ^{33}S u. ^{34}S markiert). In allen diesen Fällen waren die relativen Häufigkeiten der Mol.-Ionen der trans-Isomeren größer als die der cis-Isomeren. Weiter wurde eine Reihe von dialkylierten Cyclohexanen untersucht, deren räumliche Konfiguration nicht bekannt war, die jedoch in einer höher u. einer niedriger sd. Form auftreten: *1-Methyl-, 1-Äthyl-, 1-Propyl-, 1-Isopropyl-, 1-Butyl-, 1-Isobutyl-2-cyclohexylcyclohexan, 1-Methyl-, 1-Äthyl-2-cyclohexylmethyl-, 1-Methyl-3-cyclohexylmethyl-, 1-Methyl-, 1-Äthyl-, 1-Isopropyl-4-cyclohexylmethylcyclohexan*. In diesem Fall waren mit Ausnahme der letzten Verb. die relativen Häufigkeiten der Mol.-Ionen der niedrig sd. Form größer tls die der höher sd. Form. Man kann daher als wahrscheinlich annehmen, daß es sich bei den niedrig sd. um die trans-Formen handelt.

C. Gottfried B 131△

0714 **Vergleichende Untersuchung der Kinetik der Umwandlung verschiedener Kohlenwasserstoffe zu Acetylen bei der elektrischen Entladung im statischen System.** A. B. Zenziper, Je. N. Jeremin und N. I. Kobosew. (Ber. Akad. Wiss. UdSSR **141**, 117—20, 1961; Moskau, Univ.; russ.) — Es wurde die Crackung von *Methan, Äthylen, Äthan, Propylen* u. *Propan* zu Acetylen in einer Glimm- u. Funkenentladung bei 35 u. 77 mm Hg-Säule zwischen 2 Messingelektroden im stationären Syst. untersucht. Die maximal erzielbare C_2H_2-Konz., die dabei erfolgte Gesamtkonversion u. der Verbrauch an Elektroenergie werden tabellar. angegeben. Bei einer maximal erzielbaren C_2H_2-Konz. von ca. 20—30% erreicht die Gesamtcrackung ca. 80—90%. Gegenüber der Darst. von C_2H_2 nach dem Carbid-Verf. kann der Verbrauch der Elektroenergie nach der obigen Meth. gesenkt werden.

Helmut Schäfer B 131

0715 **Innermolekulare Wasserstoffbindung und Dipolmomente organischer Verbindungen.** 9. Mitt. **Nitrodiphenylamin und einige seiner Derivate.** A. Je. Lutzki und W. N. Konelskaja. (J. physik. Chem. [UdSSR] **35**, 1938 bis 1943, 1961; Charkow, Polytechn. Lenin-Inst.; russ., Auszug: engl.) — 8. vgl. C. **1962**, 17355. — Gemessen wurden die Dipolmomente bei 25° in Bzl.- u. Dioxan-Lsg. von *Diphenylamin* (μ = 1,30 D, Bzl.; 1,35, Dioxan), *o-Nitro-* (4,15; 4,20), *m-Nitro-* (4,66; 4,89), *p-Nitro-* (6,00; 6,23), *N-Methyl-* (1,55; 1,61), *N-Methyl-o-nitro-* (3,64; 3,81), *-p-nitro-* (6,64; 6,78), *N-Acetyl-* (3,81; 3,91), *N-Acetyl-o-nitro-* (5,76; 5,91), *-m-nitro-* (5,67; 5,79), *-p-nitro-* (6,16; 6,30), *N-Nitroso-* (3,33; 3,59), *N-Nitroso-o-nitro-* (5,80; 5,98), *-m-nitro-* (4,79; 4,92) u. *-p-nitrodiphenylamin* (4,10; 4,32). Der Einfl. der intramol. H-Brückenbindung auf das Dipolmoment wird diskutiert. Der Neigungswinkel des Gruppenmomentes zur C_{ar}—N-Bindung in C_6H_5NHR (R = H, CH_3, $COCH_3$) erfährt durch die Einführung der Phenylgruppe an Stelle des H-Atoms keine wesentliche Änderung. Ihr Einfl. besteht in der Verminderung der Konjugationsfähigkeit der n-Elektronen am N-Atom mit den π-Elektronen des Benzolrings u. in einer erschwerten Orientierung der $N(C_6H_5)R$-Gruppe zum O-Atom des Dioxans.

Wolfram Köhler B 132□

0716 **Dielektrische Eigenschaften einiger monosubstituierter Phenole.** V. S. K. Sarma und S. Dasgupta. (Indian J. pure appl. Physics **1**, 235—37, 1963; New Delhi, Nat. Phys. Labor.; engl.) — Von *Salicylsäure, Brenzcatechin, o-* u. *p-Nitrophenol, Hydrochinon* (I) u. *p-Hydroxybenzaldehyd* wurde der dielektr. Verlust in Abhängigkeit von der Frequenz zwischen 5 Hz u. 50 MHz bei Zimmer-Temp., von I außerdem bei —26; —44; —67; —78,5; —88; —95 u. —100° gemessen. Als Ursache für die auftretenden Verluste werden Leitfähigkeit genannt.

J. Blume B 132◇

0717 **Polare Eigenschaften von Komplexen des Zinntetrachlorids mit ungesättigten Verbindungen.** I. P. Goldstein, Je. N. Gurjanowa und K. A. Kotscheschkow. (J. allg. Chem. [UdSSR] **32** (**94**), 317—18, 1962; Phys.-chem. Karpow-Inst.; russ.) — Durch dielektrometr. Titration wurde festgestellt, daß sich die Dipolmomente von *Octen-(1), Styrol, Stilben* u. *1.1-Diphenyläthylen* in Bzl. in Ggw. von $SnCl_4$ um 0,8—1 D erhöhen. Die Dipolmomente von π-Komplexen sind somit bedeutend kleiner als die vom Typ der Donator-Acceptor-Komplexe, die $SnCl_4$ mit O- oder S-haltigen Verbb. bildet. *Thiophan* u. *Tetrahydrofuran* bilden mit $SnCl_4$ Komplexe vom Donator–Acceptor-Typ (4,1 bzw. 5,4 D in Ggw., 1,9 bzw. 1,7 D in Abwesenheit von $SnCl_4$), *Thiophen* u. *Furan* dagegen bilden mit $SnCl_4$ π-Komplexe (1,7 bzw. 1,0 D in Ggw., 0,5—0,6 bzw. 0,65—0,7 D in Abwesenheit von $SnCl_4$). Dieses unterschiedliche Verh. wird auf die verminderte Donatorfähigkeit der Heteroatome in Nachbarschaft zu Doppelbindungen zurückgeführt.

Helmut Schäfer B 132

0718 **Die elektrischen Momente von N.N-disubstituierten Amiden.** H. Bradford Thompson und Laurine A. LaPlanche. (J. physic. Chem. **67**, 2230—31, 1963; St. Peter, Minn., Gustavus Adolphus Coll., Alfred Nobel Sci. Labor.; East Lansing, Mich., Michigan State Univ., Kedzie Chem. Labor.; engl.) — Vff. bestimmten in Bzl. u. Cyclohexan die Dipolmomente von nachst. Acetamiden (Werte für Messung in Bzl.): *N.N-Dimethyl-* 3,72 D, *N.N-Diäthyl-* 3,68 D, *N.N-Diisopropyl-* 3,75 D, *N-Butyl-N-methyl-* 3,75 D, von *N-Butyl-N-methylisobutyramid* 3,62 D, von *N-Äthyl-N-methyl-* 3,50 D u. *N-Butyl-N-methylpivalamid* 3,57 D u. schließen aus den Ergebnissen, daß vorst. Amide keine ebene Struktur besitzen, bei der eine C=N⁺-Bindung aufträte. Wahrscheinlich ist eine gewisse Drehbarkeit um die C—N-Bindung, die durch ster. Hinderung der Substituenten gefördert wird u. deren Rotationsbarriere möglicherweise mehrere Minima besitzt.

Ch. Zechel B 132◇

0719 **Wechselwirkungspolarisation bei Komplexen mit Wasserstoffbrücken.** Ko Kimura und Ryoichi Fujishiro. (Bull. chem. Soc. Japan **32**, 433—39, 1959; Osaka, Osaka City Univ., Kita-ku, Inst. of Polytechn.; engl.) — 2. vgl. C. **1964**, 12-0711. — Die DK ε, der Brechungsindex n u. das spezif. Vol. v des Gemisches *Benzylalkohol* (**I**)–*Dioxan* (**II**) u. *Phenol* (**III**)–**II** wurden in Bzl. bestimmt. Es wurde das Inkrement des Dipolmoments $\Delta\mu_D$, das auf der Delokalisierung der π-Elektronen beruht, berechnet, unter der Annahme, daß nur die Struktur $-O^{(-)}H^{(+)}O<$ u. nicht die Strukturen $-O-H\cdots O<$ oder $-O^{(-)}H^{(+)}O<$ (**IV**) die Erhöhung des Dipolmoments bedingt. Beim Syst. **I–II** ist bei einem Winkel (C—O—H) = 110° von I $\Delta\mu_D$ 0,10 D u. wenn ein O—O-Abstand von d = 3 Å angenommen wird, errechnet sich $\Delta\mu_D$ = 14,41 D u. ein Anteil der Struktur **IV** von 0,7%. Beim Syst. **III–II** ist γ = 120° u. $\Delta\mu_D$ = 0,21 D bei Annahme von d = 2,9 Å (Anteil der Struktur **IV** = 1,5%).

A. Grohmann B 132

0720 **Die Halbleitung von organischen Substanzen.** 4. Mitt. **Molekülkomplexe vom Semichinon-Typ.** D. D. Eley, H. Inokuchi und M. R. Willis. (Discuss. Faraday Soc. **1959**, Nr. 28, 54—63; Nottingham, Univ. of Nottingham; engl.) — 3. vgl. C. **1961**, 10971; vgl. Mette u. Pick, C. **1954**, 5036. — Die Donator-Acceptor-Mol.-Komplexe von *N.N-Dimethylanilin* (**I**) bzw. *N.N.N'.N'-Tetramethyl-p-phenylendiamin* (**II**) mit *Chlor-* (**III**), *Brom-* (**IV**) u. *Jodanil* (**V**), deren elektr. Leitfähigkeit mit Gleich- u. Wechselstrom (50 kHz bis 20 MHz) bei 22° gemessen wurde, sind Halbleiter mit einer Aktivierungsenergie $\Delta\varepsilon$ von ca. 0,5 eV. Komplexe mit stärkerem Elektronendonator zeigen eine größere Leitfähigkeit, aber eine empfindliche Abweichung vom Ohmschen Gesetz. Vff. stellen ein Modell mit einem freien Elektron auf u. diskutieren die Ergebnisse im Hinblick auf die opt. u. magnet Eigg. der Produkte. Die für Eigenhalbleiter übliche Abhängigkeit des Widerstandes von der Temp. ist: $\varrho = \varrho_0 \cdot \exp(\Delta\varepsilon/kT)$: **I–III**-Komplexe, $\Delta\varepsilon$ 0,47 [eV], ϱ_0 0,93 · 10^4 [Ω·cm]; **I–IV**, 0,45, 2,1·10^5; **I–V**, 0,43, 2,9·10^4; **II–III**, 0,53, 0,59; **II–IV**, 0,56, 14,15; **II–V**, 0,59, 14,15.

A. Grohmann B 135

0721 **Über Sauerstoffradikale.** 21. Mitt. **Untersuchungen an schwefelhaltigen Aroxylen mittels der Elektronenresonanz.** Eugen Müller, Hartmut B. Stegmann und Klaus Scheffler. (Liebigs Ann. Chem. **645**, 79—91, 1961; Tübingen, Univ., Chem. Inst.; dt.) — 20. vgl. C. **1962**, 6755. — Vff. stellen eine Reihe von *2.6-Di-tert.-butylphenolen* her, die in 4-Stellung durch S-haltige Gruppen substituiert sind (Thioäther, Sulfoxide oder Sulfone) u. führen diese in die entsprechenden *Aroxyle* (**A**) über, um den Einfl. des mehrfach gebundenen S-Atoms auf das Radikalelektron zu untersuchen. Die EPR-Spektren u. paramagnet. Eigg. der Radikale werden ausführlich diskutiert u. mit ihrer Hilfe versucht, deren mesomere Grenzzustände festzulegen. Es konnte wahrscheinlich gemacht werden, daß S die Elektronenverteilung im Mol. je nach seinem Bindungszustand beeinflußt u. die **A** als mesomere O—C—S-Radikale vorliegen. In einigen Fällen konnten Oxydations-Prodd. isoliert werden.

Versuche (alle Arbeiten mit Radikalen unter hochgereinigtem N_2): *4-Rhodanato-2.6-di-tert.-butylphenol*, $C_{15}H_{21}$·NOS, F. 59—62° (PAe.), durch tropfenweise Zugabe von in mit KBr gesätt. Methanol gelöstem Br_2 zu einer intensiv gerührten Mischung von 2.6-Di-tert.-butylphenol u. KSCN in mit KBr gesätt. Methanol unter Eiskühlung u. 48std. Stehen bei Raum-Temp.; 50% (Ausbeute). — *4-Mercapto-2.6-tert.-butylphenol* (I), $C_{14}H_{22}OS$, F. 84—85° (PAe.), a) durch portionsweises Versetzen einer Suspension vorst. Verb. in 10%ig. Na_2CO_3-Lsg. unter N_2 mit Zn-Staub unter Erwärmen u. ~ 80std. Sieden bis zur Beendigung der NH_3-Entw., Ansäuern mit halbkonz. HCl u. 2std. Erhitzen unter Rückfluß; 39%; b) durch Versetzen einer Lsg. vorst. Verb. in Methanol unter N_2 mit Zn-Staub, Erhitzen auf Siedetemp., tropfenweises Zufügen von konz. HCl u. ca. 6tägigem Kochen bis zum Aufhören der Gas-Entw. (HCN u. H_2S); 86%. — *Bis-[1-hydroxy-2.6-di-tert.-butylphenyl-(4)]-disulfid* (II), $C_{28}H_{42}O_2S_2$, F. 145—146° (PAe.), durch Erhitzen vorvorst. Verb. in 10%ig. KOH im N_2-Strom bis zur Beendigung der NH_3-Entw. (ca. 8 Tage); 75%. — *Bis-[1-hydroxy-2.6-di-tert.-butylphenyl-(4)]-sulfid*, $C_{28}H_{42}O_2S$, F. 135—136° (PAe.), durch Zugabe vorst. Verb. zu zuvor 2 Std. unter N_2 gekochter methanol. KOH u. ca. 20std. Erhitzen auf Siedetemp. unter langsamem Durchleiten von N_2; 53%. — *4-Methylmercapto-2.6-di-tert.-butylphenol* (III), $C_{15}H_{24}OS$, F. 71—73° (PAe.), durch tropfenweises Versetzen einer Lsg. von I in Ae. mit 0,5m äther. Diazomethan-Lsg. u. 2std. Stehen,; 96%. — *4-tert.-Butylmercapto-2.6-di-tert.-butylphenol*, $C_{18}H_{30}OS$, F. 96—98° (PAe.), durch 8std. Einleiten eines langsamen Isobutylenstromes in mit einigen Tropfen $(NH_4)_2SO_4$-gesätt. H_2SO_4 versetztes, geschmolzenes I bei 110—120°; 50%. — *4-Phenylmercapto-2.6-di-tert.-butylphenol* (IV), $C_{20}H_{26}OS$, F. 99—101° (PAe.), durch Zutropfen von C_6H_5Li oder C_6H_5MgBr zu einer sd. Lsg. von II in Ae. unter Rühren u. Durchleiten eines schwachen N_2-Stromes u. 1std. Nacherhitzen; 67%. — *4-Methylsulfinyl-2.6-di-tert.-butylphenol* (V), $C_{15}H_{24}O_2S$, F. 167° (Zers., Bzl.), nach Hinsberg (1908) durch Übergießen von III mit Perhydrol, Zufügen von Eisessig u. 4tägiges Stehen im Dunkeln; 90%. — *4-Phenylsulfinyl-2.6-di-tert.-butylphenol* (VI), $C_{20}H_{26}O_2S$, F. 131—134° (Zers., Bzl.), analog vorst. Verb. aus IV. — *4-Methylsulfonyl-2.6-di-tert.-butylphenol*, $C_{15}H_{24}O_3S$, F. 180 bis 182° (Bzl., PAe.), nach Hinsberg (1908) durch Versetzen von III oder V mit Perhydrol (Mol.-Verhältnis 1 : 2) Zugabe von Eisessig u. 3std. Erhitzen unter Rückfluß; 90%. — *4-Phenylsulfonyl-2.6-di-tert.-butylphenol*, $C_{20}H_{26}O_3S$, F. 155 bis 156°, analog vorst. Verb. aus IV oder VI. — *Thioessigsäure-S-[1-hydroxy-2.6-di-tert.-butylphenyl-(4)-ester]*, $C_{16}H_{24}O_2S$, F. 66—67,5°, durch Acetylierung von I; 92%.

Gerhard Müller/Bitterfeld B 137□

0722 **Über Sauerstoffradikale. 22. Mitt. Aroxyle als 5π⊕-Resonanzsysteme, ihre qualitative und quantitative Beschreibung.** Eugen Müller, Anton Rieker und Klaus Scheffler. (Liebigs Ann. Chem. **645**, 92—100, 1961; dt.) — 21. vgl. vorst. Referat. — Vff. fassen die an über 50 *Aroxylen* erzielten Ergebnisse in einer qual. u. quant. Betrachtung des Grundzustandes zusammen u. ergänzen sie durch die Befunde an *$D_{(3)}$-2.4.6-Tri-tert.-butylphenoxyl*, *-2.4.6-Tris-[diphenylmethyl]-phenoxyl* u. *-2.4.6-Tri-tert.-butylarazyl* (Arazyl = C_6H_5—$\bar{N}$H). An Hand des ausführlich diskutierten Materials (EPR-Hyperfeinstruktur) wird gezeigt, daß eine Lokalisierung des freien Elektrons am O den Befunden nicht gerecht wird, sondern daß der Aroxylgrundzustand vielmehr als $5\pi^{\oplus}$-Resonanz-Syst. aufzufassen ist, wobei die Absolutbeträge der Dichten ϱ_i des freien Elektrons an den verschiedenen Atomen i des Aroxylsyst. folgende Abstufung zeigen: $\varrho_O > \varrho_{C(4)} > \varrho_{C(2)} = \varrho_{C(6)} > \varrho_{C(1)} \sim \varrho_{C(3)} = \varrho_{C(5)}$.

Versuche: *$D_{(3)}$-Anisol* (I), $Kp._{12}$ 51°, durch Eintropfen von Ae. u. D_2O in eine in üblicher Weise aus Mg u. 3-Bromanisol unter N_2 bereiteten Grignard-Verb. nach Entfernung der flüchtigen Bestandteile; 51% (Ausbeute). — *$D_{(3)}$-Phenol* (II), C_6H_5DO, $Kp._{12}$ 82°, durch 2std. Erhitzen vorst. Verb. mit Essigsäureanhydrid, rotem P u. HJ (D. 1,7) unter Rückfluß, erstarrt beim Abkühlen, Deuterierungsgrad 85%; 84%. — *$D_{(3)}$-2.4.6-Tri-tert.-butylphenol*, F. 126—127° (unkorr., Methanol), durch 6std. Einleiten eines sehr langsamen Isobutylenstromes in eine mit konz. H_2SO_4 versetzte Lsg. vorst. Verb. in PAe. unter Rühren. — *3-Brom-4-methylanisol*, $Kp._{10}$ 111—113°, durch 12std. Einw. einer äther. Diazomethan-Lsg. auf 3-Brom-4-methylphenol; 51—68%. — *$D_{(3)}$-4-Methylanisol*, $Kp._{12}$ 75—78°, aus vorst. Verb. analog I; 78%. Bei der Ätherspaltung analog der Darst. von II erfolgt quant. Austausch von D gegen H unter Bldg. von *p-Kresol*, $Kp._{10}$ 103 bis 106°; 88%. Gerhard Müller/Bitterfeld B 137□

0723 **Paramagnetische Elektronenresonanz von aromatischen und aliphatischen Nitro-Anionen in wässeriger Lösung.** L. H. Piette, Peter Ludwig und Ralph N. Adams. (J. Amer. chem. Soc. **84**, 4212—15, 1962; Palo Alto, Calif., Varian Associates, Instr. Div.; Lawrence, Kans., Univ. of Kansas, Dep. of Chem.; engl.) — Viele Anionenradikale aromat. Nitro-Verbb. zeigen eine vorherrschende ^{14}N-Kopplung, die eine starke Lsgm.-Abhängigkeit zeigt. Bei aliphat. Nitro-Verbb. ist dieser Effekt nicht vorhanden. Aufgenommen u. diskutiert werden die EPR-Spektren der Anionen von *Nitrobenzol*, *o-*, *m-* u. *p-Nitroanilin*, *o-*, *m-* u. *p-Nitrophenol*, *p-Nitroanisol*, *p-Nitrobenzoesäure*, *3-Nitrophthalsäure* u. *1-Nitro-2.4.6-trimethylbenzol*. G. Kemmer B 137◇

0724 **ESR-Untersuchungen an bestrahlten Einkristallen von ε-Caprolactam.** H. Fischer und K.-H. Hellwege. (Z. Naturforsch. **18a**, 994—1000, 1963; Darmstadt, Dt. Kunststoff-Inst.; dt.) — Bei mit Röntgen-Strahlen bestrahlten Einkristallen von *ε-Caprolactam* (*2-Oxohexamethylenimin*) treten an Radikalen hauptsächlich solche nachst. Struktur auf. CH_2—CH_2—CH_2—CH_2—$\dot{C}H$—NH—CO (ringförmig verbunden). Die Aufspaltungsparameter im ESR-Spektrum der α- u. β-Protonen u. des N-Kerns werden mitgeteilt u. erörtert. Ch. Zechel B 137◇

0725 **Paramagnetische Resonanzspektren von freien, bei der Bestrahlung von kristallinen Kohlenhydraten eingefangenen Radikalen.** Dudley Williams, Bernhardt Schmidt, M. L. Wolfram, A. Michelakis und Leo J. McCabe. (Proc. nat. Acad. Sci. USA **45**, 1744—51, 1959; Ohio State Univ., Dep. of Phys. and Chem.; engl.) — Die bei der γ-Bestrahlung von *β-Maltose·H_2O*, *β-Cellobiose*, *α.α-Trehalose*, *Raffinose*, *β-D-Glucuron-* (I) u. *α-D-Galakturonsäure·H_2O* (II) gebildeten Radikale zeigen sehr einfache ESR-Spektren. Dabei sind die Spektren von I u. II einander ähnlich u. werden dem durch H-Abspaltung am $C_{(5)}$ gebildeten Radikal zugeschrieben. Die Spektren der anderen Kohlenhydrate sind untereinander ebenfalls sehr ähnlich; dem Radikal wird die Struktur eines D-Glucopyranosyls zugeschrieben. Auf Grund der Ergebnisse werden Strukturen für die aus 2-Amino-2-desoxy-α-D-glucopyranose·HCl, Erythrit u. D-Threit durch Bestrahlung gebildeten Radikale vorgeschlagen. G. Pötzscher B 137◇

0726 **Magnetismus und Molekularstruktur: Untersuchung von monosubstituierten Phenolen und deren Äthern.** D. S. Kenkare und M. G. Datar. (Current Sci. [Bangalore] **32**, 161—62, 1963; Bombay, Inst. of Sci., Chem. Dep.; engl.) — Vgl. Datar, gl. J. **31**, [1962], 15. — Vff. teilen die magnet. Susceptibilitäten für nachst. Phenole u. deren *Methyl-* u. *Äthyläther* mit: *Brenzcatechin*, *Resorcin*, *Hydrochinon*, *o-*, *m-*, *p-Amino-*, *o-*, *m-*, *p-Nitrophenol*, *o-*, *m-*, *p-Kresol*, *o-*, *m-*, *p-Brom-*, *o-*, *m-* u. *p-Chromophenol* (?), *o-*, *m-*, *p-Hydroxybenzoesäure*, *Salicylsäure*, *m-* u. *p-Hydroxybenzaldehyd*. Die Ergebnisse zeigen keinen systemat. Gang beim Übergang von einer Verb.-Reihe zur anderen. Bei einigen Verbb., die reine o-p-dirigierende Gruppen enthalten, ist die Susceptibilität des p-Isomeren größer als die des o-Isomeren, was auf ster. Effekte zurückgeführt wird. Möglicherweise beeinträchtigt ein großer Substituent die Bahnbewegung der Elektronen u. führt damit zur Erniedrigung des Wertes $\Sigma_D r^{-2}$ u. entsprechend des diamagnet. Wertes. Daraus kann geschlossen werden, daß die Elektronendichte in den verschiedenen Stellungen des Bzl.-Ringes außer durch die Elektronegativität eines Substituenten durch ster. Faktoren beeinflußt wird. Hubertus Zimmer B 137◇

0727 **Die Struktur von Streptolidin.** J. H. Bowie, E. Bullock und A. W. Johnson. (J. chem. Soc. [London] **1963**, 4260—61; Nottingham, Univ., Chem. Dep.; engl.) — Vgl. Johnson u. Westley, J. chem. Soc. [London] **1962**, 1642.— Auf Grund einer erneuten NMR-Unters. von *Streptolidin* (*Geamin*, *Roseonin*)-Dihydrochlorid geben Vff. ihren l. c. gemachten

Strukturvorschlag zugunsten der von Carter u. Mitarbeiter (vgl. J. Amer. chem. Soc. **83**, [1961], 4296) vorgeschlagenen Struktur einer 2-Imino-4-[β-amino-α-hydroxyäthyl]-imidazolidin-5-carbonsäure (4.- u. 5.-Substituent trans-ständig) auf, in der die Seitenkette eine α-ständige OH- u. eine endständige NH_2-Gruppe trägt. Zum Vgl. werden die NMR-Spektren von *1-Aminopropanol-(2)* u. *2-Aminopropanol-(1)* in mit CF_3COOH angesäuerter Lsg. in D_2O aufgenommen. Hubertus Zimmer B 137◇

0728 **Elektrolytische Dissoziation in nichtwässerigen Systemen.** 7. Mitt. **System Allylsenföl–Äthylanilin.** Ss. P. Misskidshjan. (Ukrain. chem. J. **27**, 302—06, 1961; Lwow, med. Inst.; russ.) — 6. vgl. C. **1959**, 745; 9. u. 10. vgl. C. **1962**, 22668. — Bei der Rk. von Allylsenföl mit Äthylanilin bildet sich neben *N-Äthyl-N-phenyl-N'-allylthioharnstoff* auch *Äthylphenylallylammoniumrhodanid* (**I**), das die hohe elektr. Leitfähigkeit des Syst. bedingt. Es besteht eine proportionale Abhängigkeit zwischen der I- bzw. SCN^--Konz. u. der Leitfähigkeit. Durch längeres Erhitzen der Lsgg. wird die Konz. der SCN^--Ionen stark erhöht. Für den gesamten Konz.-Bereich des bin. Syst. wird die Abhängigkeit der elektr. Leitfähigkeit u. der CNS^--Konz. graph. dargestellt (ohne Erhitzen u. 69- bzw. 151std. Erhitzen). Beide Größen durchlaufen bei 40 Mol-% Allylsenföl ein Minimum bzw. bei ca. 10 u. 70—80 Mol-% zwei Maxima. Helmut Schäfer B 138

0729 **Basische Eigenschaften von Hydroxyphthalanen.** Andrzej Fabrycy. (Roczniki Chem. [Ann. Soc. chim. Polonorum] **32**, 1207—09, 1958; Gliwice, Silerian Inst. of Technol., Dep. of Organ. Technol.; pol., Auszug: engl.) — *3.3-Dimethyl-1-phenyl-1-hydroxyphthalan* (**I**) löst sich leicht in Säuren, bildet halbwegs kristallisierbare Salze, wie ein Perchlorat u. komplexe Salze mit $FeCl_3$ u. $SnCl_4$. Seine Basizität ist merklich schwächer als die von *2-Hydroxy-Δ^3-dihydrofuran* (**II**) mit ähnlicher Struktur. Vf. zeigt durch Rkk. von **I** mit HCOOH (Red.), Dimethylanilin (Kondens.) u. CH_3MgBr, daß eine Analogie zwischen **I** u. **II** u. Pyranol besteht. Vf. stellte *1.1-Dimethyl-3-phenylphthalan* (F. 66—67°), *-3-[p-dimethylaminophenyl]-phthalan* (F. 94—95°) u. *1.1.3-Trimethyl-3-phenylphthalan* (F. 155—156°, $Kp._{11}$ 49—50°) dar. A. Grohmann B 139

0730 **Ionisation organischer Verbindungen.** 5. Mitt. **Thiolactame in Schwefelsäure.** J. T. Edward und H. Stollar. (Canad. J. Chem. **41**, 721—25, 1963; Montreal, Quebec, McGill Univ., Dep. of Chem.; engl.) — 4. vgl. C. **1963**, 13125. — Untersucht wurde das Verh. in wss. H_2SO_4 von *α-Thiopyrrolidon* (F. 110—114°), *α-Thiopiperidon* (F. 94—95°) u. *Thiocaprolactam* (F. 105—107°). Mit zunehmender Säure-Konz. nimmt die Ionisation der Thiolactame rascher zu als die Säurefunktion H_0. Eine mögliche Erklärung wird in der Hydratation der Thiolactame gesehen. Die von der Ringgröße abhängigen Basizitätsänderungen der Thiolactame gehen parallel mit denen der Lactame. E. Boye B 139◇

0731 **Gleichzeitige polarographische Bestimmung eines Systems von o-Nitroanisol, o-Chlornitrobenzol und o-Nitrophenol.** Kenichi Honda und Shin-ichi Kikuchi. (Bull. chem. Soc. Japan **34**, 529—32, 1961; Chiba, Univ. of Tokyo, Inst. of Ind. Sci.; engl.) — Die polarograph. Red. von *o-Nitroanisol* (**I**), *o-Chlornitrobenzol* (**II**) u. *o-Nitrophenol* (**III**) wurde in verschiedenen Lsgm. untersucht; eine Grund-Lsg. von 1n NaOH/Methanol (4 : 1) erwies sich zur analyt. Best. der Verbb. bes. geeignet. Während **III** (Halbwellenpotential einer $5 \cdot 10^{-4}$m-Lsg. gegen gesätt. HgCl-Elektrode $E_{1/2}$ — 0,938 V) eine auswertbare polarograph. Stufe ergibt, sind die Stufen von **I** (— 0,759 V) u. **II** (— 0,645 V) ungenügend getrennt. Ihre Best. innerhalb der Konz.-Verhältnisse 1 : 10 bis 10 : 1 ist jedoch möglich, wenn ein mit ansteigendem Kathodenpotential stark zunehmender Kompensationsstrom angelegt wird. Im Polarogramm erscheinen dann die beiden Stufen als meßbare Strecken mit verschiedener Neigung. E. Moisar B 142◇

0732 **Polarographisches Verhalten von organischen Jodverbindungen.** 3. Mitt. **o-Jodbenzoesäure.** C. S. Ramanathan und R. S. Subrahmanya. (Proc. Indian Acad. Sci., Sect. A **49**, 37—47, 1959; Bangalore, Indian Inst. of Sci., Dep. of Inorgan. and Phys. Chem.; engl.) — 2. vgl. C. **1961**, 7535. — Das polarograph. Verh. von *o-Jodbenzoesäure* (**I**, 0,3—10,34 mMol) wurde in wss. A., Dioxan u. Aceton (0 bis 75%) im pH-Bereich 3,3—11 geprüft. Der konst. Diffusionsstrom J fällt mit steigender Konz. an organ. Lsgm. bei allen pH-Werten. Oberhalb pH 7 bleibt J annähernd konst., was auf die völlige Dissoziation von **I** hinweist, während sich bei pH 3,3 größere Mengen undissoziiertes **I** mit steigender Konz. des organ. Lsgm. bilden. Der Red. liegt die Formel $I + H^+ + 2e \rightarrow C_6H_5COOH + J^-$ zugrunde, u. obwohl der Wert $J \cdot \sqrt{\eta}$ annähernd konst ist, wird aus der Viscosität ein falscher Diffusions-Koeff. in bezug auf die Red.-Formel berechnet. Der Red.-Prozeß ist irreversibel, wie aus der Größe des Wertes $E_{3/4} - E_{1/2} = 0{,}1$ V hervorgeht. A. Grohmann B 142

0733 **Kinetische polarographische Ströme von Nitrophthalsäuren.** J u. A. Wachruschew und J a. I. Turjan. (J. physik. Chem. [UdSSR] **37**, 1650—53, 1963; Lissitschan, Filiale des Inst. der Stickstoffind. u. Prodd. der organ. Synth.; Jaroslaw, Inst. für Monomere; russ.) — Die Polarogramme von *Nitroterephthalsäure*, *3-Nitro-* u. *4-Nitrophthalsäure* bei pH 4,5—11,5 wurden aufgenommen u. der Einfl. des pH auf den Grenzstrom der polarograph. Stufen untersucht. Die Geschw.-Konst. der Rekombination wurden berechnet. Helmut Schäfer B 142△

0734 **Polarographie der Bis-[nitrophenyl]-arsinsäuren.** Masao Maruyama und Toshiko Furuya. (Bull. chem. Soc. Japan **30**, 650—57, 1957; Tokyo, Univ., Fac. of Engng., Engng. Res. Inst.; engl.) — Die polarograph. Red. von *2.2'-* (F. 218° [Zers.]), *3.3'-* (F. 244° [Zers.]), *4.4'-* (F. 263° [Zers.]), *2.3'-* (F. 257° [Zers.]), *2.4'-* (F. 248—250°) u. *3.4'-Dinitrodiphenylarsinsäure* (F. 230°) sowie *Diphenylarsinsäure* (**I**; F. 167—168°) wurde in gepufferten Lsgg. im pH-Bereich 1,04—13,05 untersucht. Bei der Red. der Nitro-Verbb. traten zwei diffusionsgesteuerte polarograph. Stufen auf; die erste (n = 8) entsprach der Red. zur Hydroxylamin-Verb., während in der zweiten Stufe (n = 4 + 6) weitere Red. zum Amin u. gleichzeitig Red. von As(V) zu As(III) mit anschließender Dimerisierung erfolgte. Eine Deutung der komplizierten Red.-Stufen von **I** gelang nicht (Polarogramme, Tabellen). E. Moisar B 142◇

0735 **Polarographie der Bis-[aminophenyl]-arsinsäuren, Phenylarsonsäure und Arsanilsäuren.** Masao Maruyama und Toshiko Furuya. (Bull. chem. Soc. Japan **30**, 657—61, 1957; engl.) — Vgl. vorst. Referat. — In saurer Lsg. tritt bei der polarograph. Red. von *2.2'-* (F. 154°), *3.3'-* (F. 247°), *4.4'-* (F. 223,5° [Zers.]) u. *3.4'-Diaminodiphenylarsinsäure* (F. 182°) eine einzige, irreversible Stufe auf, die der Red. As(V) → As(III) mit anschließender Dimerisierung entspricht. *Phenylarsonsäure* (F. 158,5°) sowie *1.2-* (F. 144°), *1.3-* (F. 207° [Zers.]) u. *1.4-Arsanilsäure* (F. 232°) ergeben irreversible Stufen (n = 4), die gleichfalls auf die Red. zu dimeren As(III)-Verbb. hinweisen. Eine Red. von *Phenylarsonigsäure* wurde an der Hg-Tropfelektrode nicht beobachtet. Die Stufenhöhen der vorst. sowie der l. c. genannten Verbb. sind proportional der Konz. u. gestatten eine analyt. Best. der As-Verbindungen (Polarogramme, Tabellen). E. Moisar B 142◇

0736 **Zur Polarographie des Kongorubins und seines Koagulationsverlaufes.** Günter Horn und Hermann Berg. (Kolloid-Z. **178**, 38—44, 1961; Jena, Dt. Akad. der Wiss., Inst. für Mikrobiol. u. exper. Therapie; dt.) — Die polarograph. Red. von *Kongorubin* (**I**) u. *Kongorot* wurde in Britton-Robinson-Puffer (pH 3,6—11) untersucht (Polarogramme, Oscillopolarogramme, Kurven). Reduzierbar ist nur die rote, monomere Form, nicht jedoch die polymere, blaue Form, die sich beim Ansäuern oder bei Elektrolytzusatz ausbildet. Der zeitliche Ablauf der **I**-Flockung sowie die Wrkg. von Schutzkolloiden wurde polarograph. verfolgt: Die Flockung mit $MgSO_4$ erforderte wesentlich geringere Flockmittel-Konzz. als im Falle des KCl. Zugabe von Nucleinsäuren oder Dextran verzögerte zwar den Flockungsbeginn (geringere Keim-Bldg.-Geschw.), beeinflußte aber nicht die relative Poymeren-Gleichgewichtskonz. im Vgl. zur schutzkolloidfreien Flockung. Echte Schutzkolloide (Gelatine, Serumalbumin) verzögerten hingegen nicht nur die Keim-Bldg., sondern bewirkten auch die Einstellung einer kleineren Polymerenkonzentration. E. Moisar B 142◇

0737 **Reaktionen in Stellung 1 bei Kohlenhydraten.** 1. Mitt. **Die polarographische Reduktion von Kohlenhydraten.** W. G. Overend, A. R. Peacocke und J. B. Smith. (J. chem. Soc. [London] **1961**, 3487—97; London, Birkbeck Coll., Chem. Dep.; Birmingham, Univ., Chem. Dep.; engl.) — 2. vgl. C. **1963**, 8089. — Die polarograph. Red.

von Zuckern wurde in Tetramethylammoniumphosphatpuffer untersucht u. bei pH 8 u. 25° folgende Halbstufenpotentiale gemessen: *2.3.4-Tri-O-methyl-L-arabopyranose* (I, −1,36 V gegen gesätt. HgCl-Elektrode), *2.3.5-Tri-O-methyl-D-ribofuranose* (II; −1,57), *2-Desoxy-L-ribose* (−2,10), *2-Desoxy-D-ribose* (−2,10), *D-Ribose* (−2,03), *2-Desoxy-D-allose* (−2,16) *2-Desoxy-D-galaktose* (−2,13), *3.5.6-Tri-O-methyl-D-glucofuranose* (−1,91), *2-Desoxy-D-glucose* (−2,18), *3-Desoxy-D-allose* (−2,03), *L-Arabinose* (−2,12), *2.3.4-Tri-O-methyl-D-ribopyranose* (−2,21), *D-Lyxose* (−1,93), *D-Xylose* (−2,05), *D-Galaktose* (−1,97), *2-O-Methyl-L-arabinose* (−1,71), *D-Mannose* (−1,91), *D-Glucose* (−1,87), *3-O-Methyl-D-glucose* (−1,73) u. *2.3.4.6-Tetra-O-methyl-D-glucopyranose* (—). Nur bei I u. II wurden diffusionsbestimmte Stufen festgestellt; die Stufenhöhe aller anderen untersuchten Verbb. wurde durch die Kinetik der Umlagerung der elektrochem. inakt. cycl. Form in die offenkettige gesteuert. Die Umlagerung der Pentosen verläuft im allg. rascher als die der Hexosen. Eine Methylierung in 2- oder 3-Stellung führt zu einer Verlangsamung der Umlagerung. *2.4;3.5-Bis-[O-äthyliden]-aldehydo-L-xylose* ergab in Boratpuffer bei pH 2,45—9,18 u. 25° eine ebenfalls kinet. bedingte Stufe. Maßgebend für den Red.-Verlauf ist hier die Geschw. der Dehydratation der nichtreduzierbaren Hydratform.

Versuche: *α-D-Glucose*, F. 146°; $[\alpha]_D^{20}$ +52,5°. — *α-D-Galaktose*, F. 167—168°; $[\alpha]_D^{20}$ +80,4°. — *α-D-Mannose*, F. 132°; $[\alpha]_D^{20}$ +14,1°. — *β-L-Arabinose*, F. 158°; $[\alpha]_D^{20}$ +104°. — *β-D-Lyxose*, F. 118—119°; $[\alpha]_D^{20}$ −14°. — *α-D-Ribose*, F. 90°, *α-D-Xylose*, F. 146—147°; $[\alpha]_D^{20}$ −18,8°. — Reinigung vorst. Verbb. durch Vakuum-Dest. der sirupösen wss. Lsgg. u. mehrfache langsame Kristallisation (aus 80%ig. A.). — *2-Desoxy-D-allose*, $C_6H_{12}O_5$, F. 126—128° (Ae.); $[\alpha]_D^{20}$ +150°, nach Prins (vgl. J. Amer. chem. Soc. **70**, [1948], 3955) aus 2.3-Anhydro-4.6-O-benzyliden-α-D-allos'd. — *-β-D-galaktose*, F. 126—128°. — *-α-D-glucose*, F. 146° (Methanol/Aceton). — *-β-D-ribose*, F. 77°. — *-β-L-ribose*, F. 74—76°. — *3-Desoxy-D-allose*; n_D^{18} 1,4735; $[\alpha]_D^{20}$ +8°; farbloser Sirup. — *3-O-Methyl-D-glucose*, F. 167—168° (Methanol), nach Glen u. Mitarbeitern (C. **1953**, 8365). — *3.5.6-Tri-O-methyl-D-glucofuranose*, $C_9H_{18}O_6$, Kp.$_{0,01}$ 115—120°; n_D^{15} 1,4549; $[\alpha]_D^{20}$ +39°, nach einer modifizierten Meth. von Irvine u. Scott [1913] u. fraktionierte Dest.; Sirup. — *2.3.4-Tri-O-methyl-L-arabinose*, $C_8H_{16}O_5$, Kp.$_{0,02}$ 98—99°; n_D^{18} 1,4823; $[\alpha]_D^{20}$ +43°, nach Purdie u. Rose [1906], aber Methylierung mit Haworth-Reagens. — *2.3.4-*, F. 83°, u. *2.3.5-Tri-O-methyl-D-ribose*, $C_8H_{16}O_5$, Kp.$_{0,05}$ 75°; n_D^{18} 1,4540; $[\alpha]_D^{20}$ +40°. — *2.4;3.5-Bis-[O-äthyliden]-aldehydo-L-xylose*, F. 160—161° (Dioxan), nach der von Corbett modifizierten Meth. von Bladon u. Owen (vgl. C. **1951**, II, 359). E. Moisar B 142□

0738 **Kritische Temperatur organischer Verbindungen.** F. Van Hecke. (Ann. Soc. sci. Bruxelles, Sér. I **69**, 11—22, 1955; Cambridge, Mass., MIT, Dep. of Chem. Engng.; engl.) — Vf. berichtet über eine neue Meth. zur Berechnung der krit. Temp. von organ. Verbb., die auf der für gewisse Verb.-Gruppen als gültig angenommenen Beziehung $T_K = m \cdot (dT/dP)_{T_S} + b$ (P = Dampfdruck, T_S = Kp. in °K, m u. b für die Verb.-Gruppe charakterist. Konst.). Unter Verw. von Literaturdaten berechnete Vf. nach dieser Meth. die krit. Temp. einer großen Anzahl von Verbb. u. verglich die berechneten mit experimentell bestimmten Werten. Die prozentualen Abweichungen der berechneten von den experimentellen Werten liegt niedriger als der maximale experimentelle Fehler von ca. 1%. Berechnet wurden die T_K-Werte von *Paraffinen, Olefinen, aliphat. Alkoholen* u. *Estern, Säuren, Nitrilen* u. *Äthern, Bzl., Monohalogen-* u. *Alkylbenzolen, Alicyclen, halogenierten* u. *perhalogenierten Methanen* u. *Äthanen.* C. Gottfried B 149△

0739 **Eine näherungsweise Berechnung der kritischen Temperaturen von Flüssigkeiten.** P. Móritz. (Acta chim. Acad. Sci. hung. **32**, 97—102, 1962; Budapest, TU, Dep. of Inorg. Chem.; engl.) — Vf. berechnet nach der Beziehung: $\log T_c = b \cdot \log (n + c) + d$, wobei b, c u. d Konst., n die Anzahl der im Mol. enthaltenen Atome sind, für nachst. Verbb. die krit. Temp. u. stellt seine Werte den aus der Literatur entnommenen experimentellen Werten gegenüber für: *Äthan, Propan, n-Butan, -Pentan, -Hexan, -Heptan, -Octan, -Nonan, -Decan-, Undecan-, -Dodecan-, Cyclopropan, -butan, -pentan, -hexan, -heptan, -octan, -nonan, -decan, Bzl., Toluol, Äthyl-, n-Propyl-* u. *n-Butylbenzol, A., n-Propanol, -Butanol, -Pentanol, -Hexanol, -Heptanol, -Octanol, -Nonanol, -Decanol, Essig-, Propion-, Butter-* u. *n-Valeriansäure.* Methylester: *Ameisen-, Essig-, Propion-, Butter-* u. *Valeriansäure-.* Äthylester: *Ameisen-, Essig-, Propion-, Butter-, Capryl-* u. *Pelargonsäure-.* Propylester: *Ameisen-, Essig-, Propion-* u. *Buttersäure-. Ameisensäureamyl-* u. *Essigsäurebutylester.* Die durchschnittliche Abweichung der Werte voneinander beträgt ca. 0,5%. Hubertus Zimmer B 149◇

0740 **Enthalpie–Konzentrations-Diagramm des Systems Kohlenstofftetrachlorid–Chloroform.** Jaime Wisniak und Eugenio Ossa. (J. chem. Engng. Data **8**, 296, 1963; Santiago, Chile, Univ. Católica de Chile, Dep. of Chem. Engng.; engl.) — Das Dampf-Fl.-Gleichgewicht im Syst. CCl_4–$CHCl_3$ wurde bei 760 mm Hg gemessen u. das Enthalpie–Konz.-Diagramm für den gesamten Bereich für Temp. zwischen 20 u. 100° berechnet. Die berechneten Aktivitäts-Koeff. sind 1,00 ± 0,01. Der Dampfdruck von $CHCl_3$ wurde im Temp.-Bereich von 50—75° gemessen u. läßt sich darstellen durch $\log P = 6{,}418 - 859{,}3/(181{,}9 + t)$; relativer Fehler ±0,5%, in mm Hg. B. Krebs B 150◇

0741 **Flüssigkeit–Dampf-Gleichgewichte. 9. Mitt. Die Systeme n-Propanol–Benzol und n-Butanol–Benzol bei 45°.** I. Brown und F. Smith. (Austral. J. Chem. **12**, 407—12, 1959; Melbourne, C.S.I.R.O., Chem. Res. Labor., Div. of Phys. Chem.; engl.) — 8. vgl. C. **1959**, 13425. — Vff. bestimmen den Dampfdruck p bei 45,00° im Syst. *n-Propanol* (I, Kp.97,08; n_D^{20} 1,38312; p bei 45° 69,35 mm Hg)–*Bzl.* (Kp. 80,04°; n_D^{25} 1,49798; p_{45} = 223,64 mm Hg) u. im Syst. *n-Butanol* (II, Kp. 117,52; n_D^{20} 1,39730; p_{45} = 25,34 mm Hg)–*Benzol.* Die Konst. der Antoine-Gleichung $\log p = A - B/(c + t)$ sind für I: A = 7,8323; B = 1485,84; C = 203,00; für II: 7,56483; 1416,99; 184,99. Der Molenbruch x_1 der fl. Phase der Mischung wurde durch den Brechung index bestimmt. Aus den Analysenwerten berechneten Vff. das chem. Überschußpotential μ_1^E u. μ_2^E u. die freie Überschußenergie G^E (cal/Mol) der Mischung. Es ist $G^E = x_1 \cdot x_2 [a + b \cdot (x_1 - x_2) + c (x_1 - x_2)^2]$ mit den Konst. für I: a = +949,2; b = −224,2; c = +136,6 (cal/Mol) u. für II: +861,5; −250,3; +142,5. A. Grohmann B 150

0742 **Latente Verdampfungswärme, Dichte, Temperatur und Zusammensetzung organischer Flüssigkeiten.** R. D. Desai. (J. Indian chem. Soc. **38**, 556—64, 1961; Ahmedabad, M. G. Sci. Inst.; engl.) — Vf. berechnet aus Literaturdaten für unters. Verbb. den Lambdachor p λ_i. Er ist definiert durch die empir. gefundene, aber auch theoret. abgeleitete Beziehung $V_{mol} \cdot \lambda_i^{2/3} = M \cdot K = p\,\lambda_i$, wobei V_{mol} das Mol-Vol. einer Fl., λ_i ihre innere latente Verdampfungswärme bei einer bestimmten Temp., M ihr Molgew., K eine für jede Fl. charakterist., weitgehend temperaturunabhängige Konst. bedeuten. Die aus p λ_i ermittelten Atom- u. Bindungsinkremente sind angegeben u. führen bei den ausgewählten Substanzen zu theoret. berechneten Werten von p λ_i, die sehr gut mit den experimentellen übereinstimmen. Das Verhältnis p λ_i/krit. Vol. beträgt ca. 6,88. Für nichtassoziierte Fll. sind noch weitere Beziehungen zwischen p λ_i u. den krit. Daten angegeben. p λ_i ist empfindlicher gegen Konstit.-Einfl. als der Parachor, er ermöglicht, Mol-Vol. unmittelbar zu vergleichen u. den Assoziationsgrad assoziierter Fll. festzustellen. Angegebene λ_i-Inkremente: C 22,0; H 162,0; N 110,0; Äther-O 203,0; Keton-O 410,0; Ester-O 578,0; Doppelbindung 231,0; Dreifachbindung 461,0; Sechsring 74,0. — Berechnet wurde λ_i für: KW-Stoffe: *n-C_5–C_8, C_{10}, Isopentan, Diisobutyl, Diisopropyl, Amylen, Hexen, Cyclohexan, Methylcyclohexan, Bzl., Äthyl-* u. *n-Propylbenzol, Toluol, Mesitylen, o-, m-* u. *p-Xylol, Naphthalin.* Ester: *Ameisen-, Essig-, Propion-, Butter-, Isobutter-, Valerian-* u. *Isovaleriansäureäthylester, Propyl-, Butyl-, Isobutyl-* u. *Isoamylacetat, Methyl-* u. *Isoamylpropionat, Isoamylformiat* u. *-butyrat.* Äther: *Ae., Äthylpropyl-* u. *Äthylisobutyläther, Diäthylacetal, Anisol.* Nitrile: *Aceto-, Propio-, Butyro-, Capro-* u. *Benzonitril.* Ketone: *Diäthyl-, Methylpropyl-, Methylbutyl-, Dipropyl-, Methylhexylketon, Aceton, Acetophenon, Benzaldehyd.* Amine: *Diäthyl-, Amylamin, Anilin, Methyl-* u. *Dimethylanilin, Pyridin, Piperidin.* B. Krebs B 155◇

0743 **Wärmekapazitäten zwischen 11 und 305° K und Entropien von L-Phenylalanin, L-Prolin, L-Tryptophan und L-Tyrosin. Einige freie Bildungsenthalpien.** Arthur

G. Cole, John O. Hutchens und J. W. Stout. (J. physic. Chem. **67**, 1852–55, 1963; Chicago, Ill., Univ. of Chicago, Dep. of Chem. and Physiol.; Inst. for the Study of Metals; engl.) — Von *L-Phenylalanin* (**I**), *L-Prolin* (**II**), *L-Tryptophan* (**III**) u. *L-Tyrosin* (**IV**) wurden die Mol-Wärmen zwischen 11 u. 305° K gemessen u. tabelliert. Ebenso sind Entropien sowie Werte von $H^0 - H_0^0/T$ u. — $(F^0 - H_0^0)/T$ im gleichen Temp.-Bereich tabelliert. Als Normalbldg.-Entropien ($-\Delta S^0_{298}$ in cal/Grad·Mol) wurden ermittelt: **I**: 204,74; **II**: 179,93; **III**: 237,01; **IV**: 229,15, als Normalbldg.-Enthalpien ($-\Delta H^0_{298}$ in kcal/Mol): **I**: 111,6; **III**: 99,2; **IV**: 160,5, als freie Bldg.-Enthalpien ($-\Delta F^0_{298}$ in kcal/Mol): **I**: 50,6; **III**: 28,5; **IV**: 92,2. B. Krebs B 156◇

0744 **Direkte Beobachtungen der Detonation in komprimiertem Nitromethan.** H. Dean Mallory und R. A. Plauson. (Nature [London] **195**, 1293–94, 1962; China Lake, Calif., U. S. Naval Test Stat.; engl.) — Vff. zeigen durch Kurzzeitaufnahmen Detonationserscheinungen in komprimiertem *Nitromethan* (**I**). Die Vers.-Anordnung ist so gewählt, daß eine detonierende „Composition C-3"-Ladung in **I** eine Schockwelle erzeugt. Durch Reflexion der Detonationsfront an der Metallrückwand wird dann die Detonation in **I** ausgelöst, die nun durch das teilweise komprimierte **I** läuft. Die Leuchterscheinung im komprimierten **I** ist schwächer als im unverdichteten Teil von **I**. G. Krien B 157◇

0745 **Relaxationsparameter für die Ultraschallabsorption in Mischungen von Wasser und Äthylalkohol.** S. K. Kor und G. S. Verma. (Physica [Utrecht] **27**, 875–76, 1961; Allahabad, India, Univ., Dep. of Phys.; engl.) — Als Beispiel für den Fall, daß die Ultraschallabsorption eines fl. Zweikomponenten-Syst. die Absorption jeder der einzelnen Komponenten übertrifft, wird die Schallabsorption in *W.*/*A.*-Mischungen untersucht. Aus der Konz.-Abhängigkeit der Überschußabsorption läßt sich auf die Bldg. eines Komplexes der Zus. $C_2H_5OH \cdot 4\,H_2O$ schließen. Unter Zugrundelegung dieses Modells u. unter der Voraussetzung, daß eine einzige Relaxationszeit existiert u. daß die Relaxation der Kompressibilität des Mediums den Hauptbeitrag liefert, wird ein Ausdruck für die Überschußrelaxation abgeleitet, mit dessen Hilfe die Relaxationsparameter des Syst. berechnet werden. Die theoret. Kurve für die Abhängigkeit der Überschußrelaxation vom A.-Molenbruch stimmt mit der aus Experimentaldaten gewonnenen hinlänglich überein; das Maximum ist geringfügig verschoben. W. Betcke B 159◇

0746 **Untersuchungen über die Wechselwirkung von Oberflächenfilmen mit gelösten Stoffen in Lösung.** 4. Mitt. **Einfluß von Kongorot in wässerigem Substrat auf die Einfachschichten von Octadecylamin, Cetylalkohol, Äthyl-n-hexadecyläther, Äthylstearat und Cholesterin.** Mitsuo Muramatsu. (Bull. chem. Soc. Japan **32**, 114–19, 1959; Setagaya-ku, Tokyo, Tokyo Metropolitan Univ., Fac. of Sci., Dep. of Chem.; engl.) — 3. vgl. C. **1962**, **8926**. — Einfachschichten von *Octadecylamin* (**I**), *Cetylalkohol*, *Äthyl-n-hexadecyläther*, *Äthylstearat* u. *Cholesterin* erfahren mit Ausnahme von **I** eine Ausdehnung, wenn sie auf wss. Lsgg. von Kongorot (**II**) bei pH-Werten gespreitet werden, bei denen der Farbstoff nahezu als Zwitterion vorliegt. Die Natur der Kohäsionskräfte, durch die **II**-Moll. aneinander unter Bldg. koll. Aggregate in Lsg. gebunden werden, werden Dipol- u. van der Waalsschen Anziehungskräften zugeschrieben. Die Ausdehnung der Einfachschichten ist dann eine Folge der Bindung dieser Aggregate an die Filme. Die größte Ausdehnung von **I**-Monoschichten erfolgt in sauren Lsgg., in denen die **I**-Moll. eine positive u. die **II**-Moll. eine negative Ladung tragen. Zusätzlich zu den genannten Kräften bei den nichtion. Filmen wirken hier offensichtlich noch Ion–Ion-Anziehungskräfte. G. Pötzscher B 166◇

0747 **Untersuchungen über die Wechselwirkung von Oberflächenfilmen mit gelösten Stoffen in Lösung.** 5. Mitt. **Ablagerung von Einfachschichten einiger amphipatischer Verbindungen von Oberflächen wässeriger Lösungen von Kongorot und Kristallviolett.** Mitsuo Muramatsu. (Bull. chem. Soc. Japan **32**, 391–95, 1959; engl.) — 4. vgl. vorst. Referat. — Monoschichten von *Stearinsäure* (**I**), *Cholesterin*, *Cetylalkohol* (**II**), *Äthyl-n-hexadecyläther* (**III**), *Äthylstearat* (**IV**) u. *Octadecylamin* (**V**) werden aus Bzl. auf W. oder wss. Lsgg. von Kongorot u. Kristallviolett gespreitet, u. es wird versucht, durch Übertragung dieser Monoschichten Filme auf Ba-Stearat Ablagerungen auf poliertem Stahl aufzubauen. Bei **II**, **III** u. **IV** ist sowohl aus W. als auch aus wss. Lsgg. der Farbstoffe eine Filmablagerung auf der festen Phase nicht möglich, bei den anderen drei Verbb. dagegen leicht. Nach den Filmabständen erfolgt eine Anlagerung des Farbstoffs an das Filmmaterial. Die Filmabstände variieren von Fall zu Fall, was auf zwei gegensätzliche Faktoren zurückgeführt wird: 1. Vergrößerung der Filmdicke durch die Anlagerung von Farbstoff; 2. Abnahme des Brechungsindexes des Films infolge einer großen Trennung der KW-Stoffketten. Diese Annahme wird durch die Benetzbarkeit der Filme bestätigt: sie sind alle hydrophob u. oleophil gegenüber Bzl., mit Ausnahme von **I**- u. **V**-Filmen, die aus der Wasseroberfläche übertragen werden u. die nicht von Bzl. benetzt werden. G. Pötzscher B 166◇

0748 **Analyse irrationaler Viscositätsisothermen von binären Systemen.** Ju. Ja. Fialkow. (J. physik. Chem. [UdSSR] **37**, 1938–43, 1963; Kiew, Polytechn. Inst.; russ., Auszug: engl.) — Durch Berechnung der Abweichungen $\Delta\,\eta$ der experimentellen von den theoret. Viscositätsisothermen bei der Analyse irrationaler Viscositätsisothermen (deren Extremstellen nicht bei der Zus. einer im Syst. gebildeten Verb. liegen) kann in vielen Fällen die Zus. der im Syst. gebildeten Verb. bestimmt werden. Die Temp.-Verschiebung des Maximums der irrationalen Viscositätsisothermen vieler Syst. hängt von Unterschieden der S-Werte ($S = \eta_1/\eta_2$) jeder Isotherme ab. Die Berechnung der Werte für jede einzelne Isotherme zeigt, daß $\Delta\,\eta_{max}$ für alle auf das gleiche rationelle Komponentenverhältnis fällt. Es wird vorgeschlagen, die irrationalen Isothermen je nach dem Vorliegen eines $\Delta\,\eta_{max}$-Wertes in echte irrationale u. pseudoirrationale Isothermen aufzuteilen. Untersucht wurden die Syst. *Pyrrol–Buttersäure*, *Methylenchlorid–Aceton*, *m-Toluidin–Essigsäure*, *Phenol–Trichloressigsäure*, H_2SO_4*–Monochloressigsäure*, *o-Chlorphenol–Chinolin*. Daneben werden einige Vgl. mit Daten von Syst. aus der Literatur herangezogen. — 24 Literaturangaben. H. Roschkowski B 172◇

0749 **Physikalische Adsorption in der Vielschichtregion auf heterogenen und homogenen Oberflächen.** Conway Pierce und Bland Ewing. (J. Amer. chem. Soc. **84**, 4070 bis 4075, 1962; Riverside, Calif., Univ. of California, Dep. of Chem.; engl.) — Für eine sehr gleichförmige Oberfläche an *Graphit* (G) wurden Adsorptionsisothermen mit denen von weniger gleichförmigen Oberflächen verglichen. Die Isotherme von *Äthylchlorid* (**I**) auf G bei —78° liefert eine definierte Stufe einer 2. Schicht, wie es auch aus der Frenkel-Halsey-Hill-Gleichung hervorgeht, $-\ln p/p_0 = k/\Theta^s$, aber N_2 bei —195°, **I** bei 0°, *Bzl.* bei 20° u. *n-Hexan* bei 20° zeigen diese Stufe nicht. Die Gründe für die Abweichungen werden diskutiert. G. Kemmer B 176◇

0750 **Adsorption und Adsorptionswärme isomerer Butanole an graphitiertem Ruß.** N. N. Awgul, A. W. Kisselew und I. A. Lygina. (Kolloid-J. [UdSSR] **23**, 514–20, 1961; Moskau, Physikal.-chem. Inst. der Akad. der Wiss. der UdSSR, Gruppe Oberflächenchem.; russ., Auszug: engl.) — Gemessen wurden die Adsorptionsisothermen u. die differentiellen Adsorptionswärmen der Dämpfe von *2-Methylpropanol* (**I**), *sek.-Butanol* (**II**) u. *tert.-Butanol* (**III**) an graphitiertem therm. Ruß. Die Adsorptionsisothermen der Butanole sind wellenförmig, wobei bei *n-Butanol* (**IV**) u. **I** zwei Wellen auf der Adsorptionsisotherme zwei Maxima auf der Adsorptionswärmekurve entsprechen. Beim Übergang von **II** u. **III** vereinigen sich zwei Wellen der Adsorptionsisotherme u. zwei Maxima der Adsorptionswärmekurve in eine Welle u. ein Maximum. Beim Übergang von **IV** zu **III** werden Adsorption u. Adsorptionswärme geringer. Der Zustand der Butanole auf der Adsorptionsschicht am Ruß unterscheidet sich stark vom Zustande einer normalen Flüssigkeit. J. v. Schroeder B 176□

0751 **Doppelschichtadsorption von Dodecylsulfat an Bariumsulfat.** B. D. Cuming und J. H. Schulman. (Austral. J. Chem. **12**, 413–23, 1959; Cambridge, Dep. of Colloid Sci.; engl.) — *Na-Dodecylsulfat* (**I**) wird an gewaschenem u. bei 400–500° geglühtem $BaSO_4$ (**II**, 5–10 μ mittlere Korngröße) in W. bei Sättigung in einer Menge adsorbiert, die der Ausbildung einer Doppelschicht (DOS) von **I** auf der Oberfläche von **II** entspricht, wie durch Vgl. mit der *Stearinsäure*-(F. 69,1–69,3°) u. *Kr*-Adsorption festgestellt wurde. Der Einfl. eines evtl. gebildeten Ba-Dodecylsulfat-Nd. ist gering.

Vff. beschreiben die Bldg. der DOS derart, daß zuerst Chemisorption auftritt, wobei die Ausbildung der DOS durch amphipath. Adsorption bei Konzz. von I nahe der Micell-Bldg.-Konz. erfolgt. Bei der DOS sind die hydrophilen Gruppen nach außen gerichtet, was eine befriedigende Erklärung für die Wiederbenetzung des Nd. bei höheren Konzz. von I ist. A. Grohmann B 176

0752 **Tensammetrische Untersuchungen von Korrosionsinhibitoren.** K. S. Rajagopalan, V. K. Venkatesan und K. Balakrishnan. (Proc. Indian Acad. Sci., Sect. A **50,** 272—81, 1959; Karaikudi, Central Electrochem. Res. Inst.; engl.) — Tensammetr. Unterss. (Unters. der Adsorption durch die Wechselstrompolarographie-Meth.) wurden an *p-Toluidin, α-Naphthylamin, Morpholin* (**I**), *Cyclohexylamin* (**II**), *Dicyclohexylamin* u. seinem *Nitrit* (**III**) u. an *$NaNO_2$* u. Potential- u. Polarisationsmessungen an Stahl in 0,001%ig. NaCl-Lsgg. in Ggw. der Inhibitoren durchgeführt. Nur **I, II, III** u. $NaNO_2$ bewirken eine Passivierung der Stahloberfläche. Es wird angenommen, daß die Verbb. an positiv-akt. Stellen des Fe adsorbiert wird u. daß die Inhibitor-Wrkg. von **III** durch die Bldg. einer Oxidschicht durch die NO_2-Gruppe verstärkt wird, da $NaNO_2$ eine Inhibitor-Wrkg. zeigt, ohne daß Adsorption festgestellt wurde. A. Grohmann B 176

0753 **Energetische Wirkungen der Adsorption von Pyridin an gegen einige heterocyclische Basen aktivierten Silicagelen.** Andrzej Waksmudzki, Jarosław Ościk, Jan Różyło und Romuald Nasuto. (Przemysł chem. **40,** 565—67, 1961; Lublin, Uniw. im. M. Curie-Skłodowskiej, Kat. Chem. fiz.; pol.) — Bei der spezif. Adsorption von *Pyridin* (**I**) aus Dekalin-Lsg. an gegenüber **I,** Chinolin u. Acridin aktiviertem Silicagel (**II**) treten therm. Effekte ein, die von den an unaktiviertem **II** beobachteten verschieden sind. Auch verschiedene **II**-Sorten zeigen erhebliche Unterschiede. Die molaren Enthalpien H_x der **I**-Adsorption u. der Gesamt-**I**-Geh. in der Oberflächenschicht werden berechnet, wobei sich eine Beziehung zum Grad der Oberflächenbedeckung ergibt. Die Kurven von H_x zeigen einen für die verschiedenen **II**-Sorten charakterist. Anstieg bei einem bestimmten **I**-Konz.-Wert (x mMol/g). R. K. Müller B 176◇

0754 **Das Verhalten einiger neutraler Aminosäuren gegenüber Ionenaustauschern.** Manabu Senō und Takeo Yamabe. (Bull. chem. Soc. Japan **33,** 1532—36, 1960; Yayoi-cho, Chiba, Univ. of Tokyo, Inst. of Ind. Sci.; engl.) — Die Adsorption von *Glycin* (**I**), *DL-Alanin* (**II**) u. *L-Leucin* (**III**) wurde in Abhängigkeit vom pH an verschiedenen Kationen- u. Anionenaustauschern untersucht. Maximale Adsorption fand in einem relativ breiten pH-Bereich in der Nähe des I.P. statt. Die Austauschkapazität war bei Austauschern in H^+- bzw. OH^--Form deutlich größer als in der Na^+- oder Cl^--Form. Die Reihenfolge der Selektivitäts-Koeff. der Austausch-Rk. stimmte nicht mit der Kettenlänge der Aminosäuren überein; mengenmäßig übertraf die Adsorption am Kationen- diejenige am Anionenaustauscher. **I** wird sehr intensiv u. **III** stärker als **II** adsorbiert. E. Moisar B 177◇

0755 **Berechnung einiger Atomlokalisierungsenergien verschiedener polycyclischer Kohlenwasserstoffe.** G. Biczó, J. Ladik, F. Tüdös und T. A. Berezsnich. (Acta physica Acad. Sci. hung. **16,** 173—80, 1963; Budapest, Hungarian Acad. of Sci., Central Res. Inst. for Chem.; engl.) — MO-Energien, Gesamt-π-Elektronenenergien u. Lokalisierungsenergien für verschiedene Positionen folgender polycycl. KW-Stoffe wurden berechnet u. tabelliert: *Chrysen, Triphenylen, 1.2-Benzanthracen, Pyren, 3.4-Benzpyren, 1.2;3.4-Dibenzpyren, Anthanthren, Perylen, 1.12-Benzperylen, 3.4-Benztetraphen, 1.2-Benzpyren, 1.2;4.5-Dibenzpyren, 3.4;9.10-Dibenzpyren.* B. Krebs B 182◇

0756 **Über die Bestimmung der Orientierung des mesomeren Effektes von Substituenten nach der Regel von Sutton.** M. G. Woronkow. (Nachr. Akad. Wiss. UdSSR, Abt. chem. Wiss. **1961,** 1688—91; Inst. für Silikatchem. der Akad. der Wiss. der UdSSR; russ.) — Es wurde die Meth. von Sutton erörtert, aus der Differenz der Dipolmomente von Verbb. des Typs $C_6H_5 \cdot X$ u. $CH_3 \cdot X$ (X = gleicher Substituent für Phenyl- u. Methylgruppe) die Richtung mesomerer Effekte zu bestimmen. Es wurden die Grenzen für die Anwendbarkeit der Meth. festgestellt. Als Beispiele wurden die Verbb. ausgewählt mit X = CN, NO_2, NC, CF_3, $SiCl_3$, $SiBr_3$, CCl_3, Cl, Br, F, J, C≡CH, CH_3, $C(CH_3)_3$ u. $Si(CH_3)_3$. Helmut Schäfer B 182

0757 **Struktur der mesomorphen Phasen des Magnesiumstearats.** Pierre Spegt und Antoine Skoulios. (C. R. hebd. Séances Acad. Sci. **254,** 4316—18, 1962; Strasbourg, Centre de Rech. sur les Macromol.; franz.) — Vgl. C. **1962,** 14454 u. Skoulios u. Luzzati, C. **1962,** 15136. — Vff. berichten über eine röntgenograph. Unters. von *Mg-Stearat* bei erhöhten Temperaturen. Auf Grund der erhaltenen Diagramme kann man 3 verschiedene Formen A, B u. C unterscheiden. Phase A, die unterhalb 110° auftritt, ist eine kristalline. Sie besitzt eine lamellare Struktur, wobei die Moll. in Blättchen mit einer Dicke von 47,5 Å angeordnet sind. Phase B erstreckt sich von 110—190°. Es liegt ein zweidimensionales hexagonales Gitter mit d = 30,4 Å bei 190° vor. Bei großen Glanzwinkeln tritt nur eine diffuse Bande auf, wahrscheinlich weil die Paraffinketten der Seifen-Moll. eine regellose Konfiguration besitzen. Phase C ist wie Phase B hexagonal mit d = 28,9 Å. Sie hat nur einen schmalen Existenzbereich u. tritt am häufigsten bei Entmischung mit Phase B auf. Phase C rührt nicht von einer partiellen Zers. der Phase B vor dem Schmelzen her, da die Reversibilität des Phasenübergangs B → C festgelegt werden konnte. An Hand der Intensitäten wurde die Struktur der Phase B angenähert bestimmt. Die Salzgruppen sind in unendlichen parallelen Zylindern lokalisiert, die gleiche Abstände voneinander haben, während die Paraffinketten den Raum zwischen den Zylindern besetzen. Die Dimensionen der Zelle ändern sich nur wenig mit der Temp.; der Dilatations-Koeff. der Zelle ist von der Größenordnung $2 \cdot 10^{-4}$ $Grad^{-1}$. Der Radius der Zylinder beträgt 3,2 ± 0,3 Å u. pro Å-Einheit treten $0{,}68_3$ Metallion auf. Bei einer Probe, die Spuren von Feuchtigkeit enthielt, konnte zwischen 110 u. 120° ein hexagonales Gitter mit d = 40,4 Å beobachtet werden. C. Gottfried B 190△

0758 **Vorläufige Untersuchung der Kristallstruktur der monoklinen Form des Chlorhydrats von Isochinolin.** Françoise Genet. (C. R. hebd. Séances Acad. Sci. **254,** 2389—90, 1962; Paris, Sorbonne, Labor. de Minéral. et Cristallogr.; franz.) — *Isochinolinhydrochlorid* krist. beim Abkühlen einer alkohol. Lsg. in sehr feinen monoklinen Nadeln mit gut entwickelten Flächen, die sehr hygroskop. sind. Schwenk-, Präzessions- u. Weißenberg-Aufnahmen lieferten die Zelldimensionen a = 5,12 ± 0,02; b = 17,7 ± 0,2; c = 9,10 ± 0,05 Å; β = 100 ± 1°; Raumgruppe ist $P\,2_1/c$; D. 1,31; Z = 4. Patterson- u. Elektronendichteprojektionen parallel [1 0 0] wurden durchgeführt. Das Mol. ist angenähert eben u. ist nur an ein Cl-Ion durch eine H-Bindung N···H···Cl geknüpft. C. Gottfried B 195△

0759 **Bestimmung der Kristallstruktur des Kalium- und Natriumsalzes der 5.5-Diäthylbarbitursäure (Veronal).** Jean Berthou, Claude Cavelier, Danièle Marek, Berthe Rérat und Claude Rérat. (C. R. hebd. Séances Acad. Sci. **255,** 1632—34, 1962; Bellevue, Seine-et-Oise, C.N.R.S., Labor. de Cristallogr.; franz.) — Zur Unters. geeignete Kristalle des *K-Salzes* (**I**) u. des *Na-Salzes* (**II**) von *5.5-Diäthylbarbitursäure* wurden aus W. erhalten. Die rhomb. Elementarzellen haben die Dimensionen: **I**: a = 12,35 ± 0,05; b = 12,97 ± 0,05; c = 6,83 ± 0,02 Å; **II**: a = 12,15 ± 0,05; b = 11,97 ± 0,05; c = 6,75 ± 0,02 Å; Raumgruppe für beide Salze ist $P\,2_1\,2_1\,2_1$; Z = 4; **I**: D. 1,36; **II**: 1,41. Die Parameter des hexagonalen heterocycl. Ringes wurden durch 2 zweidimensionale Patterson-Projektionen auf (0 0 1) u. (0 1 0), die des K bzw. Na durch eine dreidimensionale Patterson-Funktion u. die der Äthylgruppen mit Hilfe der Meth. der kleinsten Quadrate erhalten. Der hexagonale heterocycl. Ring liegt wahrscheinlich parallel zu der c-Achse. C. Gottfried B 195△

0760 **Elektronenbeugungsaufnahmen an Natriumseifen.** Hanny Grothe und G. Schimmel. (Naturwissenschaften **49,** 535—36, 1962; Frankfurt/M., Battelle-Inst. e. V.; dt.) — Für Elektronenbeugungsaufnahmen von *Na-Laurat* (**I**) u. *Na-Stearat* (**II**) wurden 0,05—0,1%ig. alkohol. Lsgg. der Seifen hergestellt u. ein Tropfen auf mit Kohlefolie überzogene Präp.-Trägerblenden gebracht u. eingetrocknet. Das Beugungsbild von **I** entspricht auf Grund der röntgenograph. Aufnahmen von McBain u. Mitarbeitern (vgl. J. Amer. chem. Soc. **65,** [1943], 1873) der monoklinen γ-Phase der Seife. Gegenüber den röntgenograph. Ergebnissen wurde für den d-Wert der (0 0 1)-Reflexe der Wert 27 Å gefunden, während die Röntgen-Unterss. für c·sin β den Wert 31,8 Å geliefert hatten. Beobachtet wurde auf den Diagrammen ein bes.

starker (0 0 1)-Reflex, der auf den Röntgenaufnahmen nicht festgestellt worden war, wahrscheinlich, weil er zu nahe am Primärstrahl lag. Die auf den Elektronenbeugungsaufnahmen von **II** beobachtete hexagonale Anordnung der Einkristallinterferenzpunkte konnte bisher nicht erklärt werden. Diese Interferenzpunkte entsprechen einer Gitterperiode von 4,47 Å; für einen Beugungsring errechnete sich ein d-Wert von 3,05 Å. C. Gottfried B 195△

0761 **Intramolekulare Wasserstoffbindung in o-Nitrobenzaldehyd und verwandten Substanzen.** S. Pinchas. (J. physic. Chem. **67**, 1862—65, 1963; Rehovoth, Israel, Weizmann Inst.; engl.) — Aus der Lage der Aldehydfrequenzen (1666 cm^{-1}, 2740 cm^{-1} u. 2820 cm^{-1}) von *Thiosalicylaldehyd* (*2-Formylthiophenol*) wird auf die ebene Struktur des Mol. geschlossen. Aus der Verschiebung der CH-Valenzschwingung zu höheren Frequenzen bei den ebenfalls ebenen o-Alkoxybenzaldehyden (vgl. C. **1955,** 5027) wird die Existenz einer intramol. $C-H_{(Aldehyd)}\cdots O_{(Alkoxy)}$-Brücke abgeleitet. Vff. schließen daraus, daß der Frequenzanstieg der CH-Valenzschwingung im *o-Nitrobenzaldehyd* (vgl. l. c.) auf den gleichen Effekt zurückzuführen ist, ebenso bei o-Halogen- u. 2-Hydroxy-3-nitrobenzaldehyd. Die Energie der H-Brücken beträgt ca. 2 kcal. D. Groß/Berlin B 223◇

0762 **Über das Assoziat Brom-Aceton.** Gabriella Gabrielli, Mario Marzocchi und Simonetta Bartolini. (Ann. Chimica **51,** 71—77, 1961; Firenze, Univ., Ist. di Chim. fis.; ital.) — Vgl. Hassel u. Strømme, C. **1961,** 3957. — Vff. berichten über Messungen der Oberflächenspannung (OS) des tern. Syst. *CCl_4-Br_2-$(CH_3)_2CO$* bei verschiedenen molaren Verhältnissen $(CH_3)_2CO/Br_2$. Hierbei wurde festgestellt, daß die OS ein Minimum bei dem molaren Verhältnis $Br_2/(CH_3)_2CO$ von 1:1 hat. Weiter wurde die Oberflächenspannung bei 20° in Abhängigkeit von äquimol. Konzz. von Br_2 u. $(CH_3)_2CO$ in CCl_4 gemessen. Hierbei wurde gefunden, daß das maximale Inkrement der OS in dem Konz.-Intervall 0,0298 –0,0293 Mol/Liter liegt. Daraus ergibt sich, daß ein monomol. Film des Assoziats mit einer Fläche pro Mol. von 39,5 Å^2 vorliegt. Die Assoziat-Bldg. konnte durch Vgl. der IR-Absorptionsspektren einer Lsg. von Aceton in CCl_4 sowie einer Lsg. äquimol. Mengen von Br_2 u. Aceton in CCl_4 bestätigt werden. C. Gottfried B 223△

0763 **Binäre und ternäre Gemische von Photochlorierungsprodukten von Chlormethanen.** I. Mitt. **Löslichkeit, Dichte und Brechungsindices.** Milka Stojanova-Antoszczyszyn und Antoni Z. Zieliński. (Przemysł chem. **40,** 577—80, 1961; Szczecin, Politechn., Zakł. Technol. chem. org. II; pol.) — In Tabellen u. Dreieckdiagrammen werden die Löslichkeit von *C_2Cl_6* in bin. u. tern. Gemischen von Chlf., CH_2Cl_2, CCl_4, C_2HCl_5 u. D_4^{20} u. n_D^{20} der Lsgg. mitgeteilt: CH_2Cl_2 + Chlf.; CH_2Cl_2 + CCl_4; Chlf. + CCl_4; Chlf. + C_2HCl_5; CCl_4 + C_2HCl_5; Chlf. + C_2Cl_6; CCl_4 + C_2Cl_6; C_2HCl_5 + C_2Cl_6; CH_2Cl_2 + Chlf. + CCl_4; Chlf. + CCl_4 + C_2HCl_5; Chlf. + CCl_4 + C_2Cl_6; CCl_4 + C_2HCl_5 + C_2Cl_6. R. K. Müller B 224◇

0764 **Quantitative Untersuchung des Substituenten-Effekts beim Naphthalin-System.** P. R. Wells und E. R. Ward. (Chem. and Ind. **1958,** 528—29; Leicester, Coll. of Technol. and Commerce; engl.) — Die physikal.-chem. Eigg. (pK-Werte, Hydrolyse, Solvolyse u. Benzoylierung) von *α-* u. *β-Naphthylamin, α-* u. *β-Naphthol, α-* u. *β-Acetylnaphthalin, α-* u. *β-Naphthoesäure, α-* u. *β-Naphthoesäureäthylester* u. *α-* u. *β-Brommethylnaphthalin* werden auf ihre Abhängigkeit der Hammettschen Beziehung von je einem der Substituenten $-NO_2$, $-Cl$, $-Br$, $-SO_3H$, $-NH_2$, $-N(CH_3)_2$ u. $-OCH_3$, die nicht in o-Stellung stehen, untersucht. Der 4-Nitro-Substituent der α-Derivv. hat einen hohen σ-Wert (Substituenten-Konst.). Die σ-Werte der Cl- u. Br-Substituenten sind einander ähnlich. Die Stellungen 5 u. 7 der α-Derivv., 5 u. 7 sowie 8 u. 6 der β-Derivv. sind gleichwertig, ebenso die 4-Stellung des β-Deriv. mit der 3-Stellung des α-Deriv. (m-Position). Die σ-Werte von Nitrosubstituenten im 1. u. 2. Ring unterscheiden sich nicht viel. A. Grohmann B 225

0765 **Schnelle chemische Prozesse bei tiefen Temperaturen.** W. A. Lischnewski, B. M. Ushinow und G. B. Ssergejew. (Ber. Akad. Wiss. UdSSR **142,** 1116—19, 1962; Moskau, Lomonossow-Univ.; russ.) — Früher (vgl. Ber. Akad. Wiss. UdSSR **128,** [1959], 767) wurde gezeigt, daß Cl_2 mit einer Reihe von organ. Verbb. mit Doppelbindungen bei sehr niedrigen Temp. beinahe quant. reagiert. Vff. prüften daraufhin die Allgemeingültigkeit dieser Erscheinung für die Bromierung u. Nitrierung, Hydrohalogenierung von Olefinen. Die Verss. wurden mit Hilfe der DTA u. der Temp. des fl. N_2 durchgeführt: *Isobutylen* (**I**) + *Br_2* (Rk.-Temp. −154°) → 1.2-Dibrom-2-methylpropan (95% Ausbeute). — *Propylen* + Br_2 (−125°) → 1.2-Dibrompropan (96%). — I + HCl (−146°) → 2-Chlor-2-methylpropan (93%). — I + HBr (−137°) → 2-Brom-2-methylpropan (99%). — NO + O_2 (−190°) → NO_2 (100%). — NO + Cl_2 (−115°) → NOCl (99%). — HBr + Cl_2 (−102°) → HCl + Br_2 (100%). Die Geschw. der Rkk. deutet auf geringe Aktivierungsenergien u. wahrscheinlich auf den Ablauf von Ketten-Rkk. hin. Die Verringerung der Aktivierungsenergie im Vgl. zu der Rk. in der Gasphase wird mit der Bldg. von intermediären Mol.-Komplexen erklärt. Für die Syst. existiert im Intervall von −190° bis −100° eine krit. Temp. T_k, bei der schnelle Rk. erfolgt. Die Syst. sind hierbei unterteilbar in solche, bei denen T_k niedriger als der F. beider Komponenten liegt, u. solche, bei denen T_k höher ist. Wahrscheinlich laufen die Rkk. im Moment des Phasenüberganges oder in dessen Nähe ab, z. B. beim ersten Syst.-Typ beim F. des Gemisches. Kurt Winkler B 225□

0766 **Anionotrope Umlagerung bei den Reaktionen von Perfluorbutadien.** I. L. Knunjanz, B. L. Djatkin und Je. P. Motschalina. (Nachr. Akad. Wiss. UdSSR, Abt. chem. Wiss. **1962,** 1483—84; Akad. der Wiss. der UdSSR, Inst. für metallorgan. Verbb.; russ.) — Triäthylamin (**I**) katalysiert die Anlagerung von Alkoholen an Perfluorbutadien unter Bdg. von *1-Alkoxy-4H-perfluorbuten-(2)* u. die anschließende anionotrope Allylumlagerung zu *1-Alkoxy-2H-perfluorbuten-(2)* [$KMnO_4$-Oxydation → Trifluoressigsäure (**II**); Hydratisierung mit 80%ig. H_2SO_4 → α.α.α-Trifluoraceton (**III**)]. **I** katalysiert die Umlagerung von *1H-Perfluorpropen-(2)-carbonsäure-(1)-diäthylamid* zu *2H-Perfluorcrotonsäurediäthylamid* (**IV**; $C_8H_{11}F_4NO$, Kp.$_7$ 81—82°; D_4^{20} 1,2010; n_D^{20} 1,3983). Bei der Einw. von 80%ig. H_2SO_4 auf **IV** wird **III**, bei der $KMnO_4$-Oxydation von **IV** wird **II** erhalten. Helmut Schäfer B 225△

0767 **Ionenreaktionen in bicyclischen Systemen.** 3. Mitt. **Solvolyse von Bicyclooctyl- und Bicyclooctenyl-p-toluolsulfonaten.** Harlan L. Goering und Martin F. Sloan. (J. Amer. chem. Soc. **83,** 1992—99, 1961; Madison, Wis., Univ. of Wisconsin, Dep. of Chem.; engl.) — 2. vgl. C. **1963,** 22702. — Die Geschw.-Konst. k_1 der Acetolyse u. Äthanolyse von *endo-Bicyclo-[2.2.2]-octen-(5)-yl-(2)-p-toluolsulfonat* (**II**) bei 30 u. 42° bzw. 30 u. 49° wurden bestimmt. Zusatz von 0,055 m Na-Acetat verursacht einen schwachen Salzeffekt. Die Rk. verläuft nach 1. Ordnung, es entsteht exo-Bicyclo [3.2.1]-octen-(3)-yl-(2)-acetat. Beim gesätt. Deriv. von **II** beginnt die Rk. nach 1. Ordnung, nach 50%ig. Umsatz sinkt aber k auf einen tieferen Wert, Salzeffekte traten nicht auf. Das Absinken von k ist auf eine Umlagerung zu exo-Bicyclo-[3.2.1]-octyl-(2)-p-toluolsulfonat (**I**) während der Solvolyse zurückzuführen. Diese Umlagerung u. die von *Bicyclo-[2.2.2]-octyl-(2)-p-toluolsulfonat* ist reversibel u. führt zu einem Gleichgewicht beider Isomere. Wenn reines **I** solvolysiert, steigt k bei der Acetolyse nach 30%, bei der Äthanolyse nach 45% Umsatz an. Vff. nehmen bei beiden Rkk. die Bldg. intermediärer Carboniumionen an.

Versuche: *exo-Bicyclo-[3.2.1]-octyl-(2)-p-toluolsulfonat* (**I**), $C_{15}H_{20}O_3S$, F. 51,0—52,6° (Pentan), analog der l. c. beschriebenen Darst. von syn-Δ^7-Camphenyl-p-toluolsulfonat; 92% (Ausbeute). — *Bicyclo-[2.2.2]-octyl-(2)-p-toluolsulfonat,* F. 54,6—55,2° (Pentan), durch Hydrierung von **II** bei Raum-Temp. u. Atmosphärendruck in Äe. an Pd (5% auf $BaSO_4$); 75%. G. Meinhard B 225□

0768 **Über die Ionisierung von tertiären Alkylfluoracetaten in wasserfreier Trifluoressigsäure.** W. N. Ssetkina und D. N. Kurssanow. (Nachr. Akad. Wiss. UdSSR, Abt. chem. Wiss. **1961,** 378; Inst. für elementorg. Verbb. der Akad. der Wiss. der UdSSR; russ.) — tert.-Alkyltrifluoracetate tauschen beim Lösen in D-Trifluoressigsäure (**I**) bemerkenswert schnell H- bzw. D-Atome aus. In einigen Fällen, z. B. bei *tert.-Butyl-, 1-Methylcyclohexyl-(1)-trifluoracetat,* stellt sich das Isotopengleichgewicht so schnell ein, daß die Geschw.-Konst. unter normalen Bedingungen nicht

gemessen werden kann. Zur Erklärung wird eine Ionisierung nach tert.-$ROCOCF_3 \rightleftharpoons [tert.-R]^+[OCOCF_3]^-$ angenommen, wobei die Ionen als **I**-Solvate stabilisiert werden.
Helmut Schäfer B 225

0769 **Regenerierung von Aminosäuren und Peptiden aus deren Trinitrophenylderivaten unter Einwirkung von Ammoniak.** Kazuo Satake, Masaru Tanaka und Haruo Shino. (J. Biochemistry [Tokyo] **50,** 6—11, 1961; Tokyo, Metropolitan Univ., Fac. of Sci., Dep. of Chem.; engl.) — *2.4.6-Trinitrophenyl* (TNP)-*aminosäuren* werden von 15 n NH_3 bei 110° u. einigen Min. Rk.-Dauer im abgedunkelten Einschlußrohr zu *Pikramid* u. Aminosäure gespalten. Sowohl TPN-α- wie -ω-Aminosäuren oder -Peptide sind ohne Neben-Rkk. spaltbar. Nur die Ammonolyse von TNP-Glycin u. -Glycylpeptid gibt eine merkliche Menge von Nebenprodd. (Absorptionsspektren, Papierchromatogramme). Folgende Verbb. wurden aus den entsprechenden TNP-Derivv. isoliert: *Glycin*, 33% (Ausbeute, ±5%); *Alanin*, 97%; *Valin*, 102%; *Leucin*, 100%; *Serin*, 103%; *Threonin*, 99%; *Arginin*, 89%; *Lysin*, 100%; *Tyrosin*, 99%; *Methionin*, 99%; *Cystin*, 82%; *Prolin*, 90%; *Histidin*, 105%; *Asparagin*, 98%; *β-Alanin*, 90%; *Phenylalanin*, 100%; *Tryptophan*, 99%; *Leucyl-*, 90% u. *Glycylglycin*, 55%; *Alanylasparagin*, 65% u. *Leucyltyrosin*, 93%.
K. Maier B 225◇

0770 **Radiochromatographische Verteilung einiger Schwefelmischungen und der Vulkanisationsbeschleuniger.** I. W. Chodshajewa und Ju. W. Kissin. (Kolloid-J. [UdSSR] **23,** 322—26, 1961; Moskau, Lomonossow-Inst. für chem. Feintechnol.; russ.) — Synthetisiert wurden *Co-*, *Ni-*, *Fe-*, *Cu-*, *Cd-*, *Pb-* u. *Hg-Diäthyldithiocarbamat* sowie radioakt. $^{35}S_4$-*Tetraäthylthiuramdisulfid* (**I**). Austausch-Rkk. von ^{35}S mit den vorst. Verbb. sowie der Dithiocarbamate (**A**) mit radioakt. **I** wurden durchgeführt. Die erhaltenen Gemische wurden unter Verw. von A., Methanol bzw. PAe. als Lsgm. papierchromatograph. getrennt u. die entsprechenden Austauschprozente berechnet. Der Austausch von **I** mit ^{35}S verläuft bei 126° zu 73%, der der **A** bei 150—180° zu 13,9 bis 47,6%. Mit Ausnahme der Co- (1,0%) u. Fe-Verb. (82,3%) findet der Austausch der **A** mit **I** zu 100% statt.
S. Baryschnikow B 225△

0771 **Die Bromierung von Uracil- und Thymin-Derivaten.** A. M. Moore und Shena M. Anderson. (Canad. J. Chem. **37,** 590—98, 1959; Chalk River, Ontario, Atomic Energy of Canada Ltd., Biol. Div.; engl.) — 0,01 m Lsg. von *1.3-Dimethyluracil* (**I**), *Uracil* (**II**), *Thymin* (**III**), *Uridin*, *Uridylsäure* (**IV**) u. *Thymidin* werden bei 22—24° in Acetatpuffer mit 0,01 m Br_2 in W. bromiert. Die Rk. wird potentiometr. u. spektroskop. an der Bande λ 266 mμ verfolgt. Die Verbb., mit Ausnahme von **II**, addieren 1 Mol BrOH. **I** reagiert unter Bldg. von *5-Brom-6-hydroxy-1.3-dimethyldihydrouracil*, das bei 100° zu *5-Brom-1.3-dimethyluracil* (F. 181°) dehydratisiert wird. Ebenso bildet **IV** *5-Bromuridylsäure*. Aus **II** entsteht, wahrscheinlich über 5-Bromuracil (**V**) *5.5-Dibrom-6-hydroxy-dihydrouracil* (**VI**). **III**-Derivv. können kein H_2O nach der Bromierung abspalten; so bildet **III** 5-Brom-6-hydroxy-dihydrothymin. Bei der Rk. von **I** mit **VI** verfolgen Vff. die Bldg. von **V** chromatographisch. Für die Bromierung wird ein Mechanismus angegeben.
A. Grohmann B 225

0772 **Untersuchungen an Acylmonosacchariden. 1. Mitt. Isotopenaustausch im Säurerest der Pentaacetyl-α- und -β-glykopyranose.** Jan Świderski und Piotr Blicharski. (Roczniki Chem. [Ann. Soc. chim. Polonorum] **32,** 1121—25, 1958; Warszawa, Univ., Dep. of Organ. Chem.; pol., Auszug: engl.) — *Pentaacetyl-α-* u. *-β-D-glucopyranose*, (0,5 m) tauschen in $^{14}C_{(CO)}$-Essigsäureanhydrid bei 118° das ^{14}C-Atom aus, ohne daß sich die spezif. Drehung ändert. Das *β*-Isomere hat die größere Radioaktivität. Vff. zeigen durch Rk. der akt. Prodd. mit p-Toluidin u. Piperidin, daß der Austausch überwiegend am $C_{(1)}$- u. $C_{(2)}$-Atom vor sich geht.
A. Grohmann B 225

0773 **Druck- und Temperatur-Effekt auf die Kinetik der alkalischen Entfärbung organischer Farbstoffe in wässeriger Lösung.** David T. Y. Chen und Keith J. Laidler. (Canad. J. Chem. **37,** 599—611, 1959; Ottawa, Univ. of Ottawa, Dep. of Chem.; engl.) — Für *Bromphenolblau* (**I**, $2\cdot10^{-5}$ m in 0,2 m NaOH), *Phenolphthalein* (**II**, 10^{-5} m in 0,001 m NaOH) u. *Malachitgrün* (**III**, $2\cdot10^{-5}$ m in $4\cdot10^{-4}$ m NaOH) wurde ein Druckeffekt (1 At — 16000 lbs./sq.in.) u. ein negatives Aktivierungs-Vol. $\Delta V^{\ddagger}$ der Entfärbung (Bldg. der farblosen Carbinole) gemessen, nicht aber für *Kristallviolett* (**IV**, $5\cdot10^{-6}$ m in $2\cdot10^{-3}$ m NaOH). Die Rkk. verlaufen bis zur vollständigen Entfärbung, nur bei **II** stellt sich ein Gleichgewicht ein. Aktivierungsgrößen sind: **I**, $\Delta S^{\ddagger}$ —13,34 (cal/Mol·Grad), E 12,2 (kcal/Mol), A $2{,}04\cdot10^{10}$ (Liter/Mol·s), $\Delta V^{\ddagger}$ —14,9 (cm³/Mol); **II**, $\Delta S^{\ddagger}_{\rightarrow}$ —41,49; $\Delta S^{\ddagger}_{\leftarrow}$ —17,12; E→8,59; E←18,47; A→$1{,}14\cdot10^4$; A←$3{,}06\cdot10^9$ (s^{-1}); $\Delta V^{\ddagger}_{\rightarrow}$ —19,7; $\Delta V^{\ddagger}_{\leftarrow}$ —11,0; **III**, —12,3; 14,65; $1{,}023\cdot10^{11}$; —12,0; **IV**, —12,3; 15,1; $3{,}13\cdot10^{10}$; 0.
A. Grohmann B 225

0774 **Kinetik der Pentaerythrit-Bildungsreaktionen.** M. S. Peters und C. R. Cupit. (Chem. Engng. Sci. **10,** 57—67, 1959; Urbana, Ill., Univ. of Illinois, Chem. Engng. Div.; engl.) — Nach der Kinetik der Bldg. von *Pentaerythrit* (**I**) aus CH_2O u. CH_3CHO ist die Geschw. der Aldol-Kondens. außerordentlich schnell, der geschwindigkeitsbestimmende Schritt ist die Cannizzaro-Rk. zwischen Pentaerythrose (**II**) u. CH_2O, die von der Cannizzaro-Rk. von CH_2O allein als Neben-Rk. begleitet wird. Für diese beiden Rkk. gelten die Beziehungen $d[I]/dt = k_1[CH_2O][NaOH][II]$ u. $-d[CH_2O]/dt = k_2[CH_2O]^2[NaOH]$ mit $k_1 = 1{,}82\cdot10^{17}\exp(-22800/RT)$ u. $k_2 = 4{,}85\cdot10^{15}\cdot\exp(-23645/RT)$ Liter²·Mol⁻²·h⁻¹ bei 0 bis 50°. Die **I**-Bldg.-Geschw. durch Cannizzaro-Rk. von **II** ist also selbst bei kleinen **II**-Konzz. viel größer als die Geschw. der CH_2O-Disproportionierung. Die Analyse der **I**-Ausbeute bzgl. CH_3CHO zeigt, daß Neben-Rkk. während der schnellen Aldol-Kondens. die Ursache für die Ausbeuteverluste sein können.
G. Pötzscher B 225◇

0775 **Die Konstitution der Kondensationsprodukte von Catechinen mit Phloroglucin.** 4. Mitt. **über Kondensationsreaktionen der Catechine.** Walter Mayer, Franz Merger, Gerhard Frank, Kurt Heyns und Hans-Friedrich Grützmacher. (Naturwissenschaften **50,** 152—53, 1963; Heidelberg, Univ., Org.-Chem. Inst.; Hamburg, Univ., Chem. Staatsinst.; dt.) — 3. vgl. C. **1962,** 7141. — Die Kondens. von (+)-*Catechin* [(+)-**I**] mit *Äthylphloroglucin* liefert 2 isomere Kondens.-Prodd. der Zus. $C_{23}H_{22}O_8$, deren Struktur durch massenspektrometrische Unterss. als 2-Phloroglucylmethyl-3-[3.4-dihydroxyphenyl]-4.6-dihydroxy-5.7-diäthylcumaran bewiesen wurde. Während der Kondens. von Phloroglucin mit (+)-**I** oder (+)-Epicatechin [bzw. (—)-**I** u. (—)-Epicatechin] bildet sich offenbar ein ident. Zwischenprod. (bzw. dessen Antipode), das schnell zu 2-Phloroglucylmethyl-3-[3.4-dihydroxyphenyl]-4.6-dihydroxycumaran kondensiert. Bei der Eigenkondens. von (—)-**I** tritt ein Dimerisations-Prod. auf, aus dem in wss. Säure bei Raum-Temp. u. a. zum großen Teil das Kondens.-Dimere $C_{30}H_{26}O_{11}$ des (+)-**I** gebildet, gleichzeitig aber auch (+)-**I** selbst in Freiheit gesetzt wird.
E.-M. Nieke B 225◇

0776 **Untersuchung der Kinetik der Reaktion von Butylbromid mit Pyridin nach der viscosimetrischen Methode.** Je. Bekturow. (Nachr. Akad. Wiss. KasachSSR, chem. Ser. **1961,** Nr. 2 (20), 24—26; russ., Auszug: kasach.) — Die Änderung der Viscosität (η) eines äquimol. Gemisches von Butylbromid u. Pyridin in Nitrobenzol (70%) wird im Verlauf der Rk. bei 80, 90 u. 100° verfolgt. Die Endwerte von η betragen 2,708, 2,318 bzw. 2,008 cP. Aus den Meßwerten wird nach Glasow u. Wigdorowitsch (J. physik. Chem. [UdSSR] **33,** [1959], 2164) die Geschw.-Konst. K berechnet. In den erten 2 Std. nimmt K zu u. stellt sich dann auf einen konst. Wert ein; dieser beträgt bei 80° 0,44 ($\cdot10^{-3}$), bei 90° 0,75, bei 100° 1,22. Die Aktivierungsenergie wird zu 13 kcal/Mol berechnet.
R. K. Müller B 225◇

0777 **Reaktionen des Bornyl-(2)-Radikals. 1. Mitt. Die Decarbonylierung von 2-Formylbornan.** Jerome A. Berson und Carl J. Olsen. (J. Amer. chem. Soc. **84,** 3178—83, 1962; Los Angeles, Calif., Univ. of Southern California, Dep. of Chem.; engl.) — 2. vgl. C. **1963,** 13894. — Die durch Di-tert.-butylperoxid [$(But\text{-}O)_2$] induzierte Decarbonylierung von *2-Formylbornan* in fl. Phase bei 138° liefert hauptsächlich Bornan (**I**) u. Spuren von Bornen (**II**) u. Tricyclen (**III**) als einzige C_{10}-KW-Stoffe. Das hypothet. Umlagerungs-Prod. 2.3.3-Trimethylnorbornan (Isocamphan) wurde nicht beobachtet. Die Länge der Rk.-Kette bei der Bldg. von CO durch Decarbonylierung ändert sich mit dem Verhältnis von Peroxid zu Aldehyd u. liegt zwischen ca. 0,4 u. 4,8, wenn vorst. Verhältnis zwischen 1 u. 0,1 beträgt. Bei einem hohen Verhältnis am Rk.-Anfang nimmt die Ausbeute an den Disproportionierungs-Prodd. **II** u. **III** auf Kosten der von **I** zu, was auf eine zunehmende Bedeutung von Radikal–Radikal-Rkk. gegenüber dem H-Abzug in der nachst. Rk.-Folge hinweist: 1. $(But{-}O)_2 \rightarrow 2\,But{-}O\cdot$, 2. $But{-}O\cdot \rightarrow CH_3\cdot + CH_3\cdot COCH_3$, 3. $But{-}O\cdot + RCHO$ [R = Bornyl-(2)] $\rightarrow But{-}OH + R\dot{C}O$, 4. $R{-}\dot{C}O \rightarrow R\cdot + CO$, 5. $R\cdot + RCHO \rightarrow$ I + $R\dot{C}O$, 6. $2\,R\cdot \rightarrow R_2$, 7. $2\,R\cdot \rightarrow$ II + III.

Versuche: *Rac. 2-Formylbornan*, F. 115—119°, nach Houben u. Doescher [1907] aus Bornyl-MgCl (aus 59 g rac. endo-2-Chlorbornan) in 400 ml Ae. durch Behandlung mit 57,5 g N-Methylformanilid 1 Std. unter Rühren bei Zimmer-Temp., 14 Std. Kochen, Hydrolyse mit 10%ig. H_2SO_4 u. Wasserdampf-Dest., Isolierung u. Reinigung über das *Semicarbazon* [$C_{12}H_{21}N_3O$, F. 204,5—206°; 45 % (Ausbeute) rohes Semicarbazon]; 47% (bezogen auf Semicarbazon). *Opt.-akt. 2-Formylbornan*, F. 130—134°, wie vorst. aus opt.-akt. Bornylchlorid ($[\alpha]_D$ —31,8; c = 10, A.) über das *Semicarbazon* (F. 203,5—204°). — *rac.-endo-2-Hydroxymethylbornan*, aus Bornyl-MgBr durch Carbonisierung, Red. des erhaltenen Carbonsäuregemisches mit $LiAlH_4$ in Ae. u. Aufarbeitung zu einem Gemisch aus 93,5% endo- u. 6,5% exo-Verb.; 73%. — *rac.-endo-2-Methylbornan*, $C_{11}H_{20}$, a) F. 85—87°, aus 16,8 g des vorst. Carbinolgemisches durch Rk. mit 28 g p-Brombenzolsulfonylchlorid in 200 ml Pyridin (Py), u. Red. von 10,3 g des erhaltenen Sulfonates ($C_{17}H_{23}BrO_3S$, F. 64—65,5°; 96%) in 100 ml Ae. mit 1,54 g $LiAlH_4$ in 50 ml Ae. u. Isolierung des KW-Stoffes durch Sublimation; 2,7 g (darin 4 ± 2% exo-Isomeres); b) F. 91—93,5°, durch 20 Std. Erhitzen von 42,6 g CH_3J mit äther. Bornyl-MgCl (aus 17,3 g endo-2-Chlorbornan) u. Aufarbeitung; 1,29 g (darin 19 ± 2% exo-Isomeres). Daneben 1,29 g II u. 2,60 g I. — *rac.-exo-2-Methylbornan*, $C_{11}H_{20}$, F. 107—108° (CH_3OH), aus rac. 2-Hydroxymethylbornan durch Acetylierung mit Acetanhydrid in Py, Pyrolyse des erhaltenen *2-Acetoxymethylbornans* (Kp.$_{7,5}$ 111,5 bis 112,5°, n_D^{25} 1,4673) an Pyrexwendeln bei 500—520° im N_2-Strom zu *2-Methylenbornan* (*1-Methyl-α-fenchen*, F. 86 bis 86,5°; 65%), Hydrierung des rac. Olefingemisches mit PtO_2/CH_3OH u. Aufarbeitung; 66%.

Ch. Zechel B 225◇

0778 **Kinetik des Crackens von Propan in Gegenwart von Sauerstoffzusätzen. 2. Mitt. Alterung und Aktivierung der Gefäßoberfläche.** W. A. Poltorak. (J. physik. Chem. [UdSSR] **35**, 284—86, 1961; Moskau, Lomonossow-Univ.; russ., Auszug: engl.) — 1. vgl. J. physik. Chem. [UdSSR] **35**, [1961], 176. — *Propan* (I) wird mit Zusatz von 4% O_2 bei 600° in einem Quarzgefäß bei 50 mm I-Partialdruck therm. gecrackt. Nach mehreren Durchgängen ist die Gefäßoberfläche soweit aktiviert, daß auch ohne O_2-Zusatz prakt. die gleiche kinet. Kurve erhalten wird. Bei Einführung eines neuen Gemisches von Crackgasen (I + NO + O_2) in das aktivierte Gefäß erhöht die gleiche O_2-Menge die Anfangs-Crackgeschw. (ACG) bis zu einem Maximum. Die ACG von I ohne O_2-Zusatz ist höher, wenn das Gefäß zuvor mit I-NO-O_2-Gemisch behandelt wurde. Wird das Gefäß vor der Rk. mit einem NO-H_2S-Gemisch erhitzt, dann ist die ACG von reinem I kleiner. Die Ergebnisse werden mit der heterogenen Natur der Crack-Rk. von I in Ggw. von O_2 erklärt. R. K. Müller B 225◇

0779 **Thermogravimetrische Analyse einiger Aluminiumseifen.** A. K. Rai und R. C. Mehrotra. (J. Indian chem. Soc. **40**, 359—64, 1963; Gorakhpur, U. P., Univ., Chem. Labor.; engl.) — Die therm. Zers. von *Al-trilaurat*, *-monoisopropylatdilaurat*, *-tripalmitat*, *-monoisopropylatmonopalmitat-monohydroxid* (I), *-oxidstearat*, *-distearatmonochlorid*, *-monostearatdichlorid*, *-monoisopropylatdibehenat* u. *-diisopropylatmonobehenat* wird mit Hilfe einer registrierenden Thermowaage untersucht. Die Tri-Seifen u. das Oxidstearat sind bis ca. 200° stabil. Bei weiterer Temp.-Erhöhung verlieren sie CO_2 unter Bldg. der entsprechenden Ketone, deren Zers. nach Beendigung der CO_2-Entw. (300—330°) beginnt u. bei 380—440° ihre maximale Geschw. erreicht. Die Zers. der Isopropylat- u. Chlorid-Seifen beginnt bereits bei 120° (bei I schon bei 80°) unter Abspaltung von Isopropanol bzw. HCl, deren Ausstoß bei 230—250° (Di-Seifen) bzw. 280 bis 320° (Mono-Seifen) beendet ist. CO_2-Abspaltung u. Keton-Zers. verlaufen wie bei den Tri-Seifen. Bei 600° ist in allen Fällen die Zers. beendet. W. Betcke B 225◇

0780 **Über Reaktionen von schwefelhaltigen Aminosäuren. 1. Mitt. Zersetzung von Cystin, Cystein, Cystindihydantoin, Lanthionin und Lanthionindihydantoin in wässerigen Lösungen.** Helmut Zahn und Erwin Golsch. (Hoppe-Seyler's Z. physiol. Chem. **330**, 38—45, 1962; Aachen, TH, Dt. Wollforsch.-Inst.; dt.) — Die genannten Verbb. wurden in N_2-Atmosphäre 60 Min. bei pH-Werten von 1—14 (Acetat-, Boratpuffer, HCl, NaOH) erhitzt u. anschließend das H_2S jodometr. titriert. Das Zers.-Ausmaß nimmt folgenden Verlauf: *Cystin* (I) zersetzt sich oberhalb pH 11 stark. Als Rk.-Prodd. treten H_2S, Cystein (II) u. Spuren S auf. Mit fortschreitender Zers. nimmt die Bldg. unbekannter S-haltiger Verbb. zu (UV-Spektren). Das Maximum der II-Zers. liegt zwischen pH 8,0 u. 9,5. Hauptprod. ist H_2S. *Cystindihydantoin* (III) zersetzt sich ab pH 2,5 u. ist bei pH 6 völlig gespalten, wobei hauptsächlich H_2S u. S auftreten. *Lanthionin* (IV) ist stabil, während die Spaltung von *Lanthionindihydantoin* (V) ab pH 2 einsetzt u. bei pH 8 vollständig ist. Auch hier tritt als S-haltiges Zers.-Prod. vorwiegend H_2S auf. Während die Zers. von V bei pH 5,1 mit der Acetat-Konz. zunimmt, ist die Zers. von III davon unabhängig. Als Rk.-Mechanismen werden für die I-Zers. Hydrolyse oder α-Eliminierung an der S–S-Brücke diskutiert, während die III-Zers. nach einer β-Eliminierung verläuft. Das auftretende Disulfidanion konnte als *Dibenzylsulfid* (F. 69—70°; Ausbeute 93,5%) gefaßt werden. IV ist wegen des Fehlens der Disulfidgruppe stabil, während V wie III zersetzt wird.

Winfried Krüger B 225◇

0781 **Siliciumorganische Verbindungen mit Kohlenwasserstoffbrücken zwischen Siliciumatomen. 4. Mitt. Pyrolyse von α,ω-Disilylalkanen.** A. D. Petrow, W. M. Wdowin, G. Golubewa und K. Ss. Puschtschewaja. (J. allg. Chem. [UdSSR] **31 (93)**, 3230—34, 1961; Akad. der Wiss. der UdSSR, Zelinsky-Inst. für org. Chem.; russ.) — 2. vgl. C. **1963**, 16905; vgl. auch C. **1962**, 4188. — Es wurde die Pyrolyse von *Bis-[trimethylsilyl]-methan* (I), *α,ω-Bis-[trimethylsilyl]-äthan* (II), *-propan* (III), *-butan* (IV), *1,2-Bis-[trichlorsilyl]-äthan* (V), *1,2-Bis-[methyldichlorsilyl]-äthan* (VI) u. *1,3-Bis-[trichlorsilyl]-propan* (VII) bei 600° untersucht. Die therm. Beständigkeit der α,ω-Hexamethyldisilylalkane nimmt in der Reihenfolge I ≫ III > II > IV ab, woraus aus der Bldg. von Gasen, leichtsd. u. hochsd. Prodd. bei der Pyrolyse geschlossen wird. Die Verbb. werden an der Disilylalkangruppierung $\equiv Si(CH_2)_nSi\equiv$ gespalten, wobei bei n = 2 der Zerfall an der Si—C-Bindung, bei n > 2 an der Si—C- u. C—C-Bindung vor sich geht. Bei n = 1 wird diese Gruppierung nicht gespalten. — So wurden aus I keine merklichen Mengen Alkylmonosilane erhalten. Die Gase bestanden aus 94(%) H_2 u. 6 CH_4. II lieferte 8,5 Trimethyl-, 7 Tetramethylsilan u. 8,5 Trimethylvinylsilan, an Gasen 88,6 H_2, 5 CH_4, 0,4 C_2H_6, 3 C_2H_4 u. 0,8 C_3H_6. Aus III u. IV wurden die gleichen Prodd. wie bei II erhalten, bei IV außerdem Trimethylallylsilan. V lieferte 2,5 $SiHCl_3$, 6 $SiCl_4$ u. ein Gemisch (20—30) aus Vinyl- u. Äthyltrichlorsilan. Aus VI wurden 5,0 Methyldichlor-, 4,0 Methyltrichlorsilan u. ein Gemisch (6) von Vinyl- u. Äthylmethyldichlorsilan u. nach Methylierung des Rückstandes mit Methyl-MgCl II erhalten. In den Pyrolyse-Prodd. von VII wurden 0,5 $SiHCl_3$, 5 Methyltrichlorsilan, 6 Vinyl- u. 1 Allyltrichlorsilan festgestellt. — Die Pyrolyse-Prodd. wurden durch Dest. aufgearbeitet u. durch IR- u. Raman-Analyse sowie Vgl. der physikal. Konst. identifiziert.

Helmut Schäfer B 225

0782 **Radiolyse von flüssigem Heptan durch Elektronen von ^{90}Sr.** Stelio Munari und Corrado Rossi. (Ricerca sci. **29**, 2207—12, 1959; Genova, Univ., Ist. di chim. ind.; ital.) — Fl. Heptan wurde ca. 40 Tage mit Elektronen von ^{90}Sr bestrahlt, wobei die gesamte Dosis größenordnungsmäßig 10^{21} eV/g betrug. Die Zus. der bestrahlten Lsg. wurde chromatograph. bei 50° u. 150° untersucht. Es wurden als Umwandlungs-Prodd. KW-Stoffe von CH_4 bis $C_{14}H_{30}$ nachgewiesen. Die Gesamtmenge der Umwandlungs-Prodd. betrug 1,07 Mol-%. — Diskussion möglicher Mechanismen.

C. Gottfried B 226△

0783 **Intramolekularer Energietransport bei der Radiolyse von Alkylbenzolen.** Ch. Ss. Bagdassarjan, N. Ss. Israilewitsch und W. A. Krongaus. (Ber. Akad. Wiss. UdSSR **141**, 887—90, 1961; Physiko-chem. Karpow-Inst.; russ.) — Vff. untersuchen den intramol. u. zwischenmol. Energietransport sowie die Energieübergänge an Arylalkylen, aromat. u. aliphat. KW-Stoffen durch Messung der Radikalausbeute bei γ-Einstrahlung (Dosisleistung $1,8 \cdot 10^{18}$ eV/Liter·s) unter Verw. von J_2 (Konz. 10^{-8} bis 10^{-3} m) als Radikalacceptor. Die Radiolysebeständigkeit ist bei aromat. KW-Stoffen bedeutend größer als bei aliphat. KW-Stoffen, wie sich durch Unterss. an *Toluol, Äthylbenzol, Cumol, n-Butylbenzol, n-Octylbenzol* sowie der Gemische *Bzl.–n-Octan* u. *Bzl.–n-Hexan–n-Octan* aus den Abweichungen von der radiochem. Additivitätsregel ergibt. W.-D. Heußner B 226◇

0784 **Strahlungschemie wässeriger Chloralhydrat-Lösungen. Anwendung auf kontinuierliche Dosimetrie und röntgenometrische Titration.** Ken'ichi Sugimoto und Sôichirô Musha. (Bull. Univ. Osaka Prefect., Ser. A **11**, 67—72, 1962; Osaka, Sakai, Radiat. Center of Osaka Prefecture, Dep. of Chem.; Coll. of Engng., Dep. of Appl. Chem.; engl.) — Die chem. Wrkg. von ^{60}Co-γ-Strahlen auf belüftete wss. Lsgg. von Chloralhydrat (I) wurde untersucht. Als Rk. wird dabei die Umwandlung von I in HCl beobachtet. Der Umsatz ist der Bestrahlungsdosis proportional u. die Ausbeute an HCl ist von der Dosis-Geschw. unabhängig, hängt jedoch von der Anfangs-Konz. an I ab. Die Rk. eignet sich für kontinuierliche chem. Dosimetrie u. röntgenometr. Titration. Ch. Zechel B 226◇

0785 **Freie Radikale durch Massenspektrometrie.** 16. Mitt. **Die von Quecksilber photosensibilisierte Zersetzung von Biacetyl, Acetylaceton und Acetonylaceton.** A. G. Harrison und F. P. Lossing. (Canad. J. Chem. **37**, 1478—86, 1959; Ottawa, Nat. Res. Council, Div. of Pure Chem.; engl.) — 15. vgl. C. **1964**, 13-0771; 18. vgl. C. **1964**, 4-0673. — Die durch Hg($^3P_1$)-Atome photosensibilisierte Zers. von *Biacetyl* (I) liefert an beständigen Prodd. CO, Aceton (II), Keten (III), Methan u. Äthan. Die Zers. erfolgt durch Spaltung der zentralen C—C-Bindung, wobei von den gebildeten CH_3CO-Radikalen wenigstens 27% lange genug überleben, um mit anderen Radikalen oder angeregten Hg-Atomen zu reagieren. Das durch stufenweise Anregung entstehende Hg($^3S_1$)-Atom beeinflußt die Rk. durch Bldg. angeregter I-Moll. mit einer Lebensdauer von $1{,}83 \cdot 10^{-3}$ s. Nachweisbare Radikale bei der Zers. von *Acetylaceton* sind CH_3, H_3CCO u. CH_3COCH_2, die die beständigen Prodd. CO, wenig C_2H_6, II u. III bilden. Bei der Zers. von *Acetonylaceton* wurden massenspektrometr. CH_3, III, CH_3CO, C_2H_6 u. II nachgewiesen. Die im prim. Prozeß entstehenden Radikale sind wahrscheinlich CH_3CO u. $C_2H_4COCH_3$. A. Grohmann B 226

0786 **Einwirkung ionisierender Strahlen auf wässerige Lösungen von Oxalsäure: Verwendung von wässeriger Oxalsäure als chemisches Dosimeter für Dosen zwischen 1,6 und 160 Mrad.** Ivan Draganić. (J. Chim. physique Physico-Chim. biol. **56**, 9—15, 1959; Vintcha, Yougoslavie, Inst. des Sci. nucléaires „Boris Kidritch"; franz.) — Wss. Lsgg. von *Oxalsäure* mit 10 mMol/Liter wurden mit γ-Strahlen einer ^{60}Co-Quelle von 70 c oder in dem Reaktor von Saclay (Leistung 1500 kW) 1—2 Wochen bestrahlt, wobei die Dosen so bemessen waren, daß ca. 50% der Säure zersetzt wurden. Hierauf wurde sofort nach der Bestrahlung sowie 24 u. 48 Std. später die Menge nicht zersetzter Säure mit Hilfe der früher beschriebenen Meth. (vgl. C. **1958, 11624**) spektrophotometr. bestimmt. Nicht zersetzt waren nach 0, 24 u. 48 Std. 3,14; 3,15 u. $3{,}12 \cdot 10^{18}$ Moll./ml. Hierauf wurden gleiche Lsgg. unter den gleichen Bedingungen bei 20, 50 u. 80° bestrahlt. Nicht zersetzt waren bei diesen Temp. 4,66; 4,62 bzw. $4{,}70 \cdot 10^{18}$ Moll./ml. Hierauf wurde der Einfl. der absorbierten Strahlungsdosis u. der Anfangs-Konz. der Säure auf die Anzahl zersetzter Säure-Moll. untersucht. Verwendet wurden Konzz. von 25, 50, 100, 600 u. 700 mMol/Liter. Hierbei wurde gefunden, daß die Anzahl zersetzter Moll. proportional mit der empfangenen Dosis zunimmt, bis ca. 30% der Anfangsmenge an Säure zersetzt ist. Hierauf ist die Zunahme zersetzter Säure langsamer u. nimmt mit zunehmender Dosis weiter ab. Dieses Verh. ist unabhängig von der Anfangs-Konz. der Säure. Über den Einfl. des pH-Wertes auf die Radiolyse hat Vf. früher (vgl. zweitnachst. Ref.) berichtet. Bei der Unters. der Zers.-Prod. konnten in der wss. Lsg. nur geringe Mengen Formaldehyd u. Glyoxal nachgewiesen werden. Außerdem bilden sich pro Mol. zersetzter Säure ca. 1,5 Mol CO_2. Mögliche Rkk. bei der Radiolyse sind: $H_2O \rightarrow H$, OH, H_2, H_2O_2; $(COOH)_2 + OH \rightarrow H_2O + CO_2 + COOH$; $(COOH)_2 + H \rightarrow H_2O + CO_2 + CHO$; $CHO + COOH \rightarrow HCHO + CO_2$ u. $CHO + CHO \rightarrow (CHO)_2$. Die Verw. der Oxalsäure als Dosismesser wird diskutiert. C. Gottfried B 226△

0787 **Einwirkung ionisierender Strahlen auf wässerige Lösungen von Oxalsäure: Radiolyse in Gegenwart von Sauerstoff.** Ivan Draganić. (J. Chim. physique Physico-Chim. biol. **56**, 16—17, 1959; franz.) — Vgl. vorst. Referat. — Vf. untersuchte die Radiolyse von wss. *Oxalsäure* verschiedener Konz. (bis zu 500 mMol/Liter) bei Bestrahlung mit γ-Strahlen einer ^{60}Co-Quelle mit 70 c unter gleichzeitigem Durchleiten von O_2 durch die Lösung. Die chem. Analyse ergab in der Gasphase das Auftreten von H_2 u. CO_2; in der fl. Phase konnte außer der zersetzten Säure kein Rk.-Prod. nachgewiesen werden. Die gemessenen Zers.-Ausbeuten waren unabhängig von der Anfangs-Konz. der Säure. Auf jedes Mol. zersetzter Säure kommen angenähert 2 Mol CO_2. Die Ausbeute an H_2 ist sehr gering. Es wird daher angenommen, daß H_2 ein prim. Zers.-Prod. von W. ist u. nicht einer Rk. zwischen Säure-Moll. u. in dem bestrahlten W. gebildeten Radikalen zuzuschreiben ist. Folgende Rkk. sind anzunehmen: $H_2O \rightarrow H$, OH, H_2, H_2O_2; $O_2 + H \rightarrow HO_2$; $(COOH)_2 + OH \rightarrow H_2O + CO_2 + COOH$; $COOH + HO_2 \rightarrow H_2O_2 + CO_2$ u. $HO_2 + HO_2 \rightarrow H_2O_2 + O_2$. C. Gottfried B 226△

0788 **Einwirkung ionisierender Strahlen auf wässerige Lösungen von Oxalsäure: Einfluß des pH auf die Ausbeute der Radiolyse in Abwesenheit von Sauerstoff.** Ivan Draganić. (J. Chim. physique Physico-Chim. biol. **56**, 18—20, 1959; franz.) — Vgl. vorst. Referate. — Wss. u. entlüftete Lsgg. von *Oxalsäure* verschiedener Konz. (bis zu 100 mMol/Liter) wurden bei pH-Werten zwischen < 2 u. 14 mit γ-Strahlen einer ^{60}Co-Quelle oder in dem Reaktor von Châtillon bestrahlt, u. zwar mit Dosen, daß weniger als 30% der Säure zersetzt wurden. Die Menge nichtzersetzter Säure wurde mit Hilfe der früher beschriebenen Meth. (vgl. C. **1958, 11624**) bestimmt. Es wurde gefunden, daß der Einfl. des pH unabhängig von der Anfangs-Konz. der Säure u. der Art der Strahlung ist. Mit zunehmendem pH-Wert nimmt die Ausbeute der Radiolyse ab. Diese Abnahme ist gering, wenn der pH-Wert von 0 auf 2 zunimmt; hierauf tritt eine starke Abnahme bis pH 5 auf. Zwischen den pH-Werten 5 u. 10 ist die Ausbeute prakt. konst. u. nimmt hierauf bis pH 13 wieder stark ab. Zur Erklärung der Beobachtungen wird angenommen, daß bei der Radiolyse Rkk. zwischen Oxalationen u. prim. Radiolyse-Prodd. des W. auftreten. Die Rkk. werden kurz besprochen. C. Gottfried B 226△

0789 **Über die Reihenfolge der Reaktionen bei der Hydrierung von Piperylen am Raney-Nickel-Katalysator.** L. Ch. Freidlin, Je. F. Litwin, I. F. Shukowa und B. A. Englin. (Kinetik u. Katalyse [UdSSR] **4**, 128—33, 1963; Zelinsky-Inst. für organ. Chem. der Akad. der Wiss. der UdSSR; russ.) — Die Kinetik u. Selektivität der Hydrierung von *cis-* u. *trans-Piperylen* an Raney-Ni wurden untersucht. Beide Diene werden mit annähernd gleicher Geschw. selektiv zu den Monoolefinen hydriert. Die H_2-Anlagerung erfolgt hauptsächlich in 3.4-Stellung. cis–trans-Umlagerungen werden nicht beobachtet. Bei der weiteren Hydrierung des Monoolefingemisches wird vornehmlich Penten-(1) hydriert. Die Selektivität der Hydrierung wird durch Absorptionsverdrängung der Monoolefine durch die Diene bzw. des β-Olefins durch das α-Olefin erklärt. Helmut Schäfer B 227△

0790 **Isotopenaustausch von Wasserstoff der Kohlenwasserstoffe an den Oxiden seltener Erdelemente.** 1. Mitt. **Deuteriumaustausch an Neodymoxid zwischen Cyclohexan und Deuterium.** Ch. M. Minatschew, E. G. Wakk und R. W. Dmitrijew. (Nachr. Akad. Wiss. UdSSR, Abt. chem. Wiss. **1962**, 1086—93; Zelinsky-Inst. für organ. Chem. der Akad. der Wiss. der UdSSR; russ.) — Der H—D-Austausch zwischen *Cyclohexan* (I) u. D_2 in Ggw. von Nd_2O_3 als Katalysator wurde bei 157—553° untersucht. Der Austausch setzt bei 400° mit merklicher Geschw. ein. Bei 512° beträgt die Ausbeute an D-I mehr als 41%. Nach den Ergebnissen der massenspektrometr. Unters. befinden sich 98,5% des ausgetauschten D in mono-, di- u. trideuteriertem I, 0,8% in tetradeuteriertem I. Helmut Schäfer B 227△

0791 **Über den Einfluß der Konjugationsenergie auf die Geschwindigkeit der katalytischen Dehydrierung alkylaromatischer und alkylhexahydroaromatischer Kohlenwasserstoffe.** O. K. Bogdanowa, A. A. Balandin und I. P. Belomesstnych. (Ber. Akad. Wiss. UdSSR **133**, 841—42, 1960; Zelinsky-Inst. für organ. Chem. der Akad. der Wiss. der UdSSR; russ.) — Vgl. C. **1963**, 16515. — Aus der Unters. der Dehydrierungs-Geschw. der Seitenkette von *Äthylbenzol* u. *-cyclohexan*, *Isopropylbenzol* u. *-cyclohexan* (Al_2O_3–Cr_2O_3-Katalysator, 550—600°, 1000 ml/Liter·Katalysator·Std.; Verdünnung mit Wasserdampf 1:2,7—3,0 g) ergibt sich, daß die Aromaten viel rascher reagieren als die Cyclane. *Cyclohexan* selbst reagiert unter diesen Bedingungen nicht. Die Dehydrierungs-Geschw. scheint hauptsächlich durch die Möglichkeit der Bldg. einer Konjugation zwischen dem Substituenten u. dem aromat. Ring bestimmt zu werden. Daher ist die Dehydrierung einer Alkylgruppe am hydroaromat. Ring erschwert. R. K. Müller B 227□

0792 **Hydrierung ungesättigter Verbindungen unter Gleichgewichtsbedingungen an Katalysatoren der Platingruppe.** D. W. Ssokolski und G. F. Tretjakowa. (Ber. Akad. Wiss. UdSSR **140**, 844—46, 1961; russ.) — Es wurde die Hydrierung von *Di-Na-Maleinat*, *Na-o-Nitrophenolat* u. *Dimethyläthinylcarbinol* in 0,1n NaOH u. in A. bei 20° an Ni, Pt u. Pd auf $CaCO_3$ untersucht. Die ungesätt. Verbb. wurden langsam u. mit konst. Geschw. in die Hydrierungs-App. getropft, wodurch sich nach einiger Zeit eine konst. Hydrierungs-Geschw. u. ein konst. Potential einstellten. Die kinet. Kurven für die Wasserstoffaufnahme ($\Delta V/\Delta t$ in ml/min) u. die Potentialänderung ($\Delta E/\Delta t$) werden angegeben. In einigen Fällen stellt sich der konst. Wert des Potentials früher oder später als die konst. H_2-Aufnahme ein, was mit einer unterschiedlichen Adsorptions-Geschw. von H_2 bzw. der ungesätt. Verbb. an den Katalysatoren erklärt wird. Helmut Schäfer B 227

0793 **Entwicklung von Katalysatoren für die Methanol-Synthese.** N. G. Basak. (J. sci. ind. Res. [New Delhi], Sect. A **18**, 526—30, 1959; Jealgora, Central Fuel Res. Inst.; engl.) — Eine Anzahl von Katalysatoren, die tern. Mischungen von Metallen u. -oxiden mit ThO_2 u. Ce_2O_3 als Promotoren sind, werden in ihrer Leistung mit dem üblichen ZnO–Cr_2O_3-Katalysator bei der Herst. von CH_3OH aus Synth.-Gas bei 100 at u. 300° verglichen. Mit einem Katalysator der Zus. Cu:Zn:TiO_2:ThO_2:Ce_2O_3 (50,15:36,00:12,03:1,55:0,25) wird eine höhere Ausbeute erzielt: Die Umwandlung von Synth.-Gas beträgt unter den genannten Bedingungen 59%, das Prod. besteht aus 90% CH_3OH u. 10% Wasser. G. Pötzscher B 227◇

0794 **Dehydratisierung von primärem Dodecylalkohol an Magnesiumsulfat.** Wikt. I. Spitzyn, I. Je. Michailenko und G. N. Pirogowa. (Ber. Akad. Wiss. UdSSR **140**, 1090—92, 1961; Inst. für phys. Chem. der Akad. der Wiss. der UdSSR; russ.) — Der Umwandlungsgrad von *n-Dodecanol* (I) zu Dodecenisomeren (II) beim Überleiten von I über $MgSO_4$ zwischen 250 u. 450° erniedrigt sich, wenn $MgSO_4$ durch ^{35}S als β-Strahler markiert wird. Gleichzeitig erhöht sich das Verhältnis von α-II zu den anderen Isomeren. Bestrahlung mit schnellen Elektronen (ca. 1 MeV) von außen wirkt umgekehrt auf das Isomerenverhältnis, ohne den Umwandlungsgrad zu beeinflussen. Zur Erklärung wird angenommen, daß die Isomerisierung der Dodecene nach einem Carboniummechanismus erfolgt u. an der bei äußerer Einstrahlung negativ geladenen Katalysatoroberfläche leichter vor sich geht bzw. an der bei ^{35}S-Markierung positiv geladenen Katalysatoroberfläche gehemmt wird. Im Gegensatz zu I wird die Dehydratisierungs-Geschw. von *Cyclohexanol* an $MgSO_4$ durch ^{35}S-Markierung erhöht. Helmut Schäfer B 227

0795 **Untersuchungen über organische katalytische Reaktionen.** 1. Mitt. Ken-ichi Watanabe. (Bull. chem. Soc. Japan **32**, 1280—82, 1959; Setagaya-ku, Tokyo, Tokyo Metropolitan Univ., Fac. of Sci., Dep. of Chem.; engl.) — Aromat. Nitrile (*Benzo-*, *p-Tolu-*, *o-Nitrobenzonitril*, *Benzylcyanid*) werden am Rückfluß in Ggw. von Urushibara-Ni (bes. U–Ni–B) zu den entsprechenden Säureamiden hydrolysiert. Zn-Pulver ist als Katalysator unwirksam; von den Lsgm. W., A., Dioxan oder n-Butanol ist W. am besten geeignet. *Äthylbenzoat* wird unter diesen Bedingungen prakt. nicht angegriffen, *Chlor-*, *Brom-* (I) u. *Jodbenzol* werden zu Bzl. (u. geringen Mengen Biphenyl) dehydriert. Durch geringe Thiophenzusätze zum Ni-Katalysator wird I in ein hoch d. Öl übergeführt. Kochen von *Benzylchlorid* mit U–Ni–B ergibt in 70%ig. Ausbeute Bibenzyl, langwährende Rk. jedoch ein hoch d. Öl. Die analogen Rkk. von Nitro- u. Amino-Deriv. der Halogenbenzole verlaufen jedoch komplex. G. Pötzscher B 227◇

0796 **Untersuchung der Katalysator-Promotor-Wirkung bei der dehydratisierenden Darstellung von Nitrilen.** G. Zemplén und I. Döry. (Acta chim. Acad. Sci. hung. **14**, 89—93, 1958; Budapest, TU, Inst. für organ. Chem.; dt.) — Bei der Darst. von *Acetonitril* aus Essigsäure u. NH_3 am Silicagelkatalysator erhält man Ausbeuten von 85—95% u. eine Konversion von 55% bei 450°. Die flüchtigen Zusatzstoffe $(CH_3O)_3B$, $POCl_3$, $(C_2H_5)_3SiOCOCH_3$ u. $(CH_3)_2SO_4$ zeigen in Konzz. von 0,1—1% eine Inhibierung, u. von den festen Zusatzstoffen (1—3%) Co_2O_3, Fe_3O_2, CaO zeigt TiO_2-Gel eine Promotion, indem es die Konversion bei sonst gleichen Bedingungen um 15% steigert. A. Grohmann B 227

0797 **Katalytische Umwandlungen fünf- und sechsgliedriger cyclischer Sulfide.** N. I. Schuikin und W. W. An. (Nachr. Akad. Wiss. UdSSR, Abt. chem. Wiss. **1962**, 1452—54, Zelinsky-Inst. für organ. Chem. der Akad. der Wiss. der UdSSR; russ.) — Die Umwandlungen von *Tetrahydrothiopyran* (I; Kp.$_{746}$ 140,5°; D_4^{20} 0,9836; n_D^{20} 1,5060), *α-Methylthiophan* (II; Kp.$_{743}$ 131,5°; D_4^{20} 0,9558; n_D^{20} 1,4900) u. *α-Äthylthiophan* (Kp.$_{740}$ 156—157°; D_4^{20} 0,9428; n_D^{20} 1,4884) am ThO_2/Al_2O_3-Kontakt bei 400 u. 600°/30 mm u. 1 at wurden untersucht. Es erfolgt hauptsächlich Zers. unter Abspaltung von H_2S u. Bldg. ungesätt. KW-Stoffe. Daneben erfolgt Dehydrierung zu den Thiophenen. I isomerisiert z. T. zu II. Helmut Schäfer B 227△

0798 **Neue Katalysatoren für die Darstellung von Tetrahydrofuran und γ-Butyrolacton aus Butandiol-(1.4).** W. I. Iwanski und B. N. Dolgow. (Kinetik u. Katalyse [UdSSR] **4**, 165—66, 1963; Leningrad, Univ.; russ.) — Butandiol-(1.4) (I) wird am $Cu/Al_2O_3/SiO_2$-Kontakt (60:15:25%) bei 190 bis 200° quant. in *γ-Butyrolacton* (II; Kp. 205—206°; D_4^{20} 1,300; n_D^{20} 1,4362) übergeführt. Bei 300° wird II in nur 18%ig. Ausbeute erhalten. Neben II werden *Tetrahydrofuran* (III; Kp. 62—63°; D_4^{20} 0,888; n_D^{20} 1,4043), *γ-Hydroxybutyraldehyd*, *Methyläthylketon* u. *Butyraldehyd* erhalten. I wird am $NiO/Al_2O_3/SiO_2$-Kontakt (60:15:25%) quant. in III umgewandelt. Bei 300° entsteht daneben *Acetaldehyd*. Die Darst. von II u. III erfolgt ohne Anwendung von H_2 oder eines inerten Trägergases. Helmut Schäfer B 227△

C. Präparative organische Chemie, Naturstoffe

0799 **Formylierung und Acylierung organischer Verbindungen mit substituierten Carbonsäureamiden.** W. I. Minkin und G. N. Dorofejenko. (Fortschr. d. Chem. [UdSSR] **29**, 1301 bis 1335, Nov. 1960; Rostow/Don, Univ.; Luga, Landwirtschafts-Inst.; russ.) — Überblick über präparative Meth. der Formylierung u. Acylierung organ. Verbb. mit N-substituierten Carbonsäureamiden unter Berücksichtigung des Mechanismus der Reaktionen. — 160 Literaturangaben. G. Froelich 460◇

0800 **Versuche zur Darstellung von D_4-Äthylen durch reduzierende Dehalogenierung von Tetrachloräthylen.** D. M. Sharefkin, R. Sallé und L. Pichat. (Radiochim. Acta [Frankfurt/M.] **1**, 87—89, 1963; Gif-sur-Yvette, Centre d'Études Nucléaires; Saclay, Sect. Molécules Marquées; franz.) — *D_4-Äthylen* wird durch dehalogenierende Red. von Tetrachloräthylen mit Zn u. schwerem W. in Ggw. von Dioxan, NaJ u. $CuCl_2$ dargestellt.

Versuche: *D_4-Äthylen*, durch 12std. Rühren eines Gemisches von 39 g Zn-Staub, 8,3 g reinem Tetrachloräthylen, 7,5 g NaJ, 4 g $CuCl_2$ u. 30 ml Dioxan unter N_2, Erhitzen des Gemisches auf 145° u. Zugabe eines Gemisches von 16,8 g W. u. 30 ml Dioxan innerhalb 1 Std., 3std. Kochen u. Kondensieren der Rk.-Gase mit fl. N_2; die Ausbeute ist abhängig vom eingesetzten Dehalogenierungsmittel: Zn-Späne ohne Reinigung (R) 20% (Ausbeute); mit Cu aktivierte Zn-Späne ohne R 8,5%; mit Cu aktivierter Zn-Staub ohne R 11%; Zn-Staub mit CaO ohne R 5%; Zn-Staub mit 0,4 g NaJ ohne R 11%; Zn-Staub mit 0,4 g NaJ u. 2 g $CuCl_2$ ohne R 15%; Zn-Staub mit 7,5 g NaJ u. 4 g $CuCl_2$ u. R durch Ilosway-Reagens 22%; Zn-Staub mit 0,4 g NaJ u. 2 g $CuCl_2$ u. analoge R 9%. J. Ruhnke 480◇

0801 **Synthese von Acetylen-γ-glykolen in Benzol.** W. D. Asatjan, R. Ss. Gjuli-Kewchjan und N. G. Muschegjan. (Nachr. Akad. Wiss. ArmenSSR, chem. Wiss. **12,** 101—05, 1959; Inst. für organ. Chem. der Akad. der Wiss. der ArmenSSR; russ., Auszug: armen.) — Es wird die Rk. von Aceton bzw. Methyläthylketon mit Acetylen in Bzl. in Ggw. von KOH untersucht. Die Bedingungen für optimale Ausbeuten an *2.5-Dimethylhexin-(3)-diol-(2.5)* (**I**) bzw. *3.6-Dimethyloctin-(4)-diol-(3.6)* (**II**; Kp.$_{680}$ 208—214°, F. 54°) sind: Aceton (Methyläthylketon):KOH:Bzl. = 1:3:13 (Gew.-Menge), Zimmertemperatur. **I** wird dabei in 58,3%ig., **II** in 63,1%ig. Ausbeute erhalten. Neben **II** entsteht eine krist. *Verb.* $C_{15}H_{24}O_2$, F. 127° (A.), offenbar ein Kondens.-Prod. aus 5 Mol Aceton. Die gleiche Verb. wird auch durch Einw. von KOH auf Aceton in Abwesenheit von C_2H_2 erhalten. Das regenerierte Bzl. kann ohne weitere Trocknung für die gleiche Rk. erneut verwendet werden. G. Froelich 570◇

0802 **Darstellung von Dialkylphosphorsäuren durch alkalische Hydrolyse von Dialkylchlorphosphaten.** Heinz Grosse-Ruyken und Klaus Uhlig. (J. prakt. Chem. [4] **18,** 287—91, 1962; Dresden, TU, Inst. für Anw. radioakt. Isotope, Abt. Kerntechn.; dt.) — Zur Unters. der Extraktionsfähigkeit von Dialkylphosphorsäuren für Seltene Erden in Abhängigkeit von der Kettenlänge der Alkylgruppen werden *Phosphorsäurediester* mit Alkylgruppen von C_3H_7— bis $C_{10}H_{21}$— durch Hydrolyse von Dialkylchlorphosphaten mit NaOH dargestellt. Durch das alkal. Medium wird sowohl die Hydrolyse beschleunigt als auch die Neigung zur Dismutation in Monoalkylphosphorsäure u. Trialkylphosphat, die in Ggw. von HCl vorhanden ist, eingeschränkt. MR-Werte vgl. Original.

Versuche: Hydrogenphosphite, durch Umsetzen von PCl_3 mit den entsprechenden Alkoholen: *Di-n-propyl-*, Kp.$_5$ 90°, n_D^{25} 1,4085; 66,3% (Ausbeute). — *Di-n-butyl-*, Kp.$_{1-2}$ 100—103°, n_D^{25} 1,4175; 76,7%. — *Diisobutyl-*, Kp.$_2$ 88°, n_D^{25} 1,4113; 74,4%. — *Di-n-amyl-*, Kp.$_{1-2}$ 118 bis 122°, n_D^{25} 1,4201; 75%. — *Diisoamyl-*, Kp.$_{1-2}$ 110—112°, n_D^{25} 1,4254; 77,4%. — *Di-n-hexyl-*, Kp.$_{1-2}$ 140—145°, n_D^{25} 1,4317; 79%. — *Di-n-heptyl-*, Kp.$_1$ 165—170°, n_D^{25} 1,4362; 67,3%. — *Di-n-octyl-*, Kp.$_1$ 175—180°, n_D^{25} 1,4402; 72%. — *Bis-2-äthylhexyl-*, Kp.$_1$ 160—165°, n_D^{25} 1,4372; 62%. — *Di-n-nonyl-*, Kp.$_1$ 188—192°, n_D^{25} 1,4438; 69,6%. — *Di-n-decyl-*, Kp.$_1$ 200—205°, n_D^{25} 1,4460; 55,8%. — Chlorphosphate, durch Chlorierung vorst. Verbb.: *Di-n-propyl-*, Kp.$_{1-2}$ 93—96°, n_D^{25} 1,4334; 91,3%. — *Di-n-butyl-*, Kp.$_1$ 112—114°, n_D^{25} 1,4378; 87,5%. — *Diisobutyl-*, Kp.$_1$ 100 bis 105°, n_D^{25} 1,4358; 83,4%. — *Di-n-amyl-*, Kp.$_1$ 131—133°, n_D^{25} 1,4373; 96,8%. — *Diisoamyl-*, Kp.$_1$ 122—124°, n_D^{25} 1,4346; 91,2%. — *Di-n-hexyl-*, n_D^{25} 1,4392; 87,9%. — *Di-n-heptyl-*, n_D^{25} 1,4410; 92,8%. — *Di-n-octyl-* (I), n_D^{25} 1,4452; 93,5%. — *Bis-2-äthylhexyl-*, n_D^{25} 1,4480; 93,6%. — *Di-n-nonyl-*, n_D^{25} 1,4527; 90,4%. — *Di-n-decyl-*, n_D^{25} 1,4552; 95,5%. — Phosphorsäureester: *Di-n-octyl-*, durch Zugabe von I zu verd. NaOH bei 60°, 5—6std. Erwärmen auf 60—70°, Absaugen, Digerieren des Na-Salzes mit Bzl., Zugabe von 1m NaOH, Extrahieren mit Ae., Waschen mit 0,5m NaOH, Eindampfen der äther. Lsg., Suspendieren in W., Rühren mit verd. HCl, Aufnehmen in Bzl., Waschen mit W., Äthylenglykol u. W. u. Eindampfen im Vakuum; D.^{20} 0,978, n_D^{20} 1,4464; 81,3%. — *Di-n-propyl-*, D.^{20} 1,135, n_D^{25} 1,4198; 62,5%. — *Di-n-butyl-*, D.^{20} 1,062, n_D^{20} 1,4288; 67,2%. — *Diisobutyl-*, D.^{20} 1,048, n_D^{20} 1,4248; 83,3%. — *Di-n-amyl-*, D.^{20} 1,045, n_D^{20} 1,4370; 71,4%. — *Diisoamyl-*, D.^{20} 1,030, n_D^{20} 1,4327; 87,5%. — *Di-n-hexyl-*, D.^{20} 1,021, n_D^{20} 1,4472; 89,6%. — *Di-n-heptyl-*, D.^{20} 0,983, n_D^{20} 1,4421; 69,4%. — *Bis-2-äthylhexyl-*, D.^{20} 0,965, n_D^{20} 1,4448; 80,7%. — *Di-n-nonyl-*, D.^{20} 0,985, n_D^{20} 1,4609; 65,4%. — *Di-n-decyl-*, F. 37—39°; 75,1%. W. Hampel 590△

0803 **Untersuchungen auf dem Gebiet der Amine und ihrer Derivate.** 8. Mitt. **Synthese einiger symmetrischer und asymmetrischer Thioalkandi-, -tri- und -tetraammoniumverbindungen.** A. L. Mndshojan und M. A. Kaldrikjan. (Nachr. Akad. Wiss. ArmenSSR, chem. Wiss. **12,** 55—61, 1959; Inst. für organ. Feinchemie der Akad. der Wiss. der ArmenSSR; russ., Auszug: armen.) — 7. vgl. C. **1963,** 7742. — Es wird eine Meth. zur Darst. von *2-Pyrrolidinoäthanol* (I) durch Red. von Succinimidoessigsäureäthylester mit $LiAlH_4$ beschrieben. Durch Rk. von I mit $SOCl_2$ u. Umsetzung des erhaltenen Chlorids mit Na_2S wird *β.β'-Dipyrrolidinodiäthylsulfid* erhalten, u. auf analogem Wege werden weitere Diaminodialkylsulfide dargestellt u. in ihre *Hydrochloride, Jodmethylate, -äthylate* u. *Pikrate* übergeführt.

Versuche: *Succinimidoessigsäureäthylester*, $C_8H_{11}NO_4$, Kp.$_2$ 160—161°, durch langsame Zugabe von 74 g Chloressigsäureäthylester zu einem erwärmten Gemisch von 400 ml abs. A., 12,7 g Na u. 50 g Succinimid u. 12std. Erhitzen auf dem Wasserbad; 60% (Ausbeute). — *2-Pyrrolidinoäthanol* (**I**), $C_6H_{13}NO$, Kp. 180—182°, durch Red. von 19,4 g vorst. Verb. in 200 ml Ae. mit 16 g $LiAlH_4$ in 650 ml Ae.; D.$_4^{20}$ 0,9785; n_D^{20} 1,4688; 62,1%. — *S-[β-Diäthylaminoäthyl]-isothiuroniumchlorid* (**II**), F. 190—193°, durch 6std. Erhitzen von 0,2 Mol Thioharnstoff in 150 ml A. mit 0,2 Mol β-Diäthylaminoäthanolhydrochlorid; 94,5%. — *β.β'-Dipyrrolidinodiäthylsulfid*, Kp.$_3$ 160—162° (an anderer Stelle Kp.$_9$ 160—163°), durch langsame Zugabe von 13,2 g $SOCl_2$ in 50 ml Bzl. zu 13 g **I** in 40 ml Bzl. unter Kühlung, 2std. Erhitzen auf dem Wasserbad, Abdestillieren von Bzl., Zugabe von 50 ml Methanol u. eines Gemisches aus 5,52 g NaOH, 13,7 g Na_2S u. 30 ml W. u. 12std. Erhitzen; D.$_4^{20}$ 0,9913; n_D^{20} 1,5060; 40%. *Bis-jodmethylat*, F. 247—248°. *Dipikrat*, F. 155—157°. — *γ.γ'-Bis-[dimethylamino]-α.α'-dimethyldipropropylsulfid*, $C_{12}H_{28}N_2S$, Kp.$_4$ 132—133°, zu 0,14 Mol γ-Dimethylamino-γ-methylpropylchlorid in 50 ml Methanol gibt man 0,07 Mol Na_2S in 30 ml W., erhitzt 8 Std. auf dem Wasserbad, dest. Methanol ab u. extrahiert mit Ae.; D.$_4^{20}$ 0,9022; n_D^{20} 1,4750; 65,3%. *Bis-jodmethylat*, F. 215—216°. *Bis-jodäthylat*, F. 198—199°. *Dipikrat*, F. 145—146°. — *γ.γ'-Bis-[diäthylamino]-α.α'-dimethyldipropylsulfid*, Kp.$_1$ 160—161°, analog vorst. Verb.; D.$_4^{20}$ 0,8867; n_D^{20} 1,4738; 58,2%. *Dipikrat*, F. 152—153°. — *γ.γ-Bis-[dimethylamino]-α.α'.β.β'-tetramethyldipropylsulfid*, Kp.$_1$ 117—118°, analog; D.$_4^{20}$ 0,8882; n_D^{20} 1,4730; 64,8%. *Dihydrochlorid*, F. 228—229°. *Bis-jodmethylat*, F. 250°. *Bis-jodäthylat*, F. 225—226°. *Dipikrat*, F. 156—157°. — *γ.γ'-Bis-[diäthylamino]-α.α'.β.β'-tetramethyldipropylsulfid*, Kp.$_3$ 170 bis 171°; D.$_4^{20}$ 0,8939; n_D^{20} 1,4740; 65,2%. *Dipikrat*, F. 85 bis 86°. — *γ.γ'-Bis-[dimethylamino]-β.β.β'.β'-tetramethyldipropylsulfid*, Kp.$_3$ 132—133°; D.$_4^{20}$ 0,8888; n_D^{20} 1,4740; 62,1%. *Dihydrochlorid*, F. 226—227°. *Bis-jodmethylat*, F. 229°. *Bis-jodäthylat*, F. 193—194°. *Dipikrat*, F. 162°. — *γ.γ'-Bis-[diäthylamino]-β.β.β'.β'-tetramethyldipropylsulfid*, Kp.$_4$ 155 bis 156°; D.$_4^{20}$ 0,8863; n_D^{20} 1,4745; 66,8%. *Bis-jodmethylat*, F. 172—173°. *Dipikrat*, F. 101°. — *β.β.β'.β'-Tetrakis-[dimethylamino]-diisopropylsulfid*, Kp.$_3$ 152—153°; D.$_4^{20}$ 0,9290; n_D^{20} 1,4845; 57,6%. *Tetrahydrochlorid*, F. 213—214°. *Tetrakis-jodmethylat*, F. 211—212°. *Tetrakis-jodäthylat*, F. 206 bis 207°. *Tetrapikrat*, F. 136—137°. — *β.β.β'.β'-Tetrakis-[diäthylamino]-diisopropylsulfid*, Kp.$_2$ 186—187°; D.$_4^{20}$ 0,9074; n_D^{20} 1,4775; 62,2%. *Tetrapikrat*, F. 79—80°. — *β-Diäthylaminoäthyl-[4-dimethylaminobutyl-(2)]-sulfid*, Kp.$_2$ 130—132°; zu 0,1 Mol **II** in 80 ml A. gibt man unter Erwärmen eine Na-Äthylat-Lsg. (0,3 g-Atom Na, 80 ml A.) u. 8 ml W. u. dann 0,12 Mol 4-Dimethylamino-2-chlorbutan u. erhitzt noch 12 Std.; D.$_4^{20}$ 0,8966; n_D^{20} 1,4740; 73,4%. *Dihydrochlorid*, F. 156°. *Bis-jodmethylat*, F. 178—179°. *Bis-jodäthylat*, F. 189 bis 190°. *Dipikrat*, F. 129—130°. — *β-Diäthylaminoäthyl-[4-diäthylaminobutyl-(2)]-sulfid*, Kp.$_7$ 150—152°, D.$_4^{20}$ 0,9001; n_D^{20} 1,4740; 89,1%. *Dihydrochlorid*, F. 144—145°. *Bis-jodmethylat*, F. 205—206°. *Dipikrat*, F. 133°. — *β-Diäthylaminoäthyl-[4-dimethylamino-3-methylbutyl-(2)]-sulfid*, Kp.$_2$ 129 bis 130°; D.$_4^{20}$ 0,9062; n_D^{20} 1,4780; 60,5%. *Bis-jodmethylat*, F. 215°. *Bis-jodäthylat*, F. 192—193°. *Dipikrat*, F. 105°. — *β-Diäthylaminoäthyl-[4-diäthylamino-3-methylbutyl-(2)]-sulfid*, Kp.$_7$ 164—165°; D.$_4^{20}$ 0,8937; n_D^{20} 1,4770; 69,5%. *Bis-jodmethylat*, F. 170—171°. *Dipikrat*, F. 98—99°. — *β-Diäthylaminoäthyl-[3-dimethylamino-2.2-dimethylpropyl]-sulfid*, Kp.$_3$ 127—128°; D.$_4^{20}$ 0,8971; n_D^{20} 1,4720; 70,0%. *Bis-jodmethylat*, F. 200°. *Dipikrat*, F. 125°. — *β-Diäthylaminoäthyl-[3-diäthylamino-2.2-dimethylpropyl]-sulfid*, Kp.$_9$ 160—162°; D.$_4^{20}$ 0,8935; n_D^{20} 1,4720; 78,5%. *Dipikrat*, F. 153—154°. — *β-Diäthylaminoäthyl-β'.β'-bis-[dimethylamino]-isopropylsulfid*, Kp.$_7$ 153—154°; D.$_4^{20}$ 0,9165; n_D^{20} 1,4820; 78,4%. *Tris-jodmethylat*, F. 185—186°. *Tripikrat*, F. 82—83°. — *β-Diäthylaminoäthyl-β'.β'-bis-[diäthylamino]-isopropylsulfid*, Kp.$_4$ 160—162°; D.$_4^{20}$ 0,9035; n_D^{20} 1,4770; 81,6%. *Trihydrochlorid*, F. 208—209°. *Tris-jodmethylat*, F. 135—136°. *Tripikrat*, F. 72—73°. G. Froelich 600◇

0804 **Untersuchungen über Methylglyoxal-bis-[guanylhydrazon]-Analoga.** 1. Mitt. **Homologe von Methylglyoxal-bis-[guanylhydrazon].** Eugene G. Podrebarac, Wayne N. Nyberg, Frederic A. French und C. C. Cheng. (J. med. Chem. **6,** 283—88, 1963; Kansas City, Mo., Midwest Res.

Inst.; engl.) — Rk. von Butin-(2)-diol-(1.4) mit Äthylenglykol liefert *Äthylglyoxal-bis-[äthylenglykolacetal]*, das in Ggw. von Aminoguanidin (**I**)-Sulfat zu *Äthylglyoxal-bis-[guanylhydrazon]-sulfat* {**II**, *1.1'-[Äthyläthandiylidendinitrilo]-diguanidinsulfat*} hydrolysiert wird. Rkk. von Grignard-Verbb. mit Dialkoxyacetylpiperidinen nach Wohl u. Lange [1908] führt zu *α-Ketoacetalen*, die mit **I** in Ggw. von Säuren in *Bis-[guanylhydrazon]-Derivv.* (**A**) übergeführt werden. Nach Dakin [1914] aus Chloressigsäure erhältliches *γ-Diäthoxyacetessigsäureäthylester, Na-Salz* wird mit Propylbromid in das *α-Propyl-Deriv.* (**V**) übergeführt u. zu *Butylglyoxaldiäthylacetal* alkal. hydrolysiert. Vorst. Verb. liefert mit **I**-Sulfat das *Butylanaloge* von **II**. Analog zur Meth. von Bunnett u. Tarbell (vgl. J. Amer. chem. Soc. **67**, [1945], 1944) wird Dichloracetylchlorid zu *Dichlormethylketonen* umgesetzt, die mit **I** entsprechende **A** liefern. Die prim. u. sek. substituierten **A** haben bei pH 1 ein charakterist. UV-Maximum bei 283 mμ, das durch Ersetzen aller H-Atome der CH_3-Gruppe bathochrome Verschiebung nach 300 mμ erfährt. Durch Rkk. von S-Methylisothioharnstoff mit Methylhydrazin (MH), N.S-Dimethylthioharnstoff mit MH, *N.N'.S-Trimethylisothioharnstoff* (**VII**) mit Hydrazin (HY) bzw. MH, *N.N.S-Trimethylisothioharnstoffhydrojodid* mit MH u. N.N.N'.S-Tetramethylisothioharnstoff·HJ (**VIIa**) mit HY bzw. MH werden **I**-*Derivv.* dargestellt, die mit Methylglyoxal (**III**) zu den neun durch Substitution der H-Atome in der Guanylhydrazongruppe möglichen *Homologen* von **A** kondensiert werden. Red. von *N.N.N'.N'-Tetramethyl-N''-nitroguanidin* liefert keine definierten Produkte. Durch Methylieren von N.N.N'.N'-Tetramethylthioharnstoff erhaltenes *N.N.N'.N'.S-Pentamethylisothiuroniumjodid* (**XIII**) wird mit HY in *N.N.N'.N'-Tetramethyl-N''-aminoguanidin* übergeführt u. mit **III** zu *1.1'-[Methyläthandiylidendinitrilo]-bis-[2.2.3.3-tetramethylguanidin]* kondensiert. Die ED_{50}-Werte der pharmakolog. Unterss. sind tabellar. angegeben.

Versuche: *2-Keto-3-methylbutyraldehyddiäthylacetal*, $C_9H_{18}O_3$, Kp.$_{8-9}$ 69—72°, durch 3std. Kochen u. Rühren von Isopropyl-MgBr u. Diäthoxyacetylpiperidin, Stehen bei Zimmer-Temp. über Nacht, Zusetzen von konz. NH_4Cl-Lsg. unterhalb 20°, Dekantieren u. Ausäthern der wss. Schicht; n_D^{26} 1,4085; 70% (Ausbeute). — *2-Ketooctadecylaldehyddiäthylacetal* (**IV**), analog vorst. Verb. durch 10std. Kochen. — *γ-Diäthoxyacetessigsäureäthylester*, Kp.$_{3,1-3,4}$ 103—106°, aus Diäthoxyessigsäureäthylester u. Essigester; n_D^{25} 1,4250; 59%. — *γ-Diäthoxy-α-propylacetessigsäureäthylester* (**V**), $C_{13}H_{24}O_5$, Kp.$_{0,23}$ 80—83°, durch Eintragen von Na in die äther. Lsg. vorst. Verb., Zusetzen von Propylbromid, Rühren bei Zimmer-Temp. über Nacht, 3std. Kochen, Zusetzen von abs. A. u. KJ zum gekühlten Rk.-Gemisch, Einengen, 1tägiges Kochen, Eindampfen im Vakuum, Aufnehmen mit W. u. Ausäthern; n_D^{26} 1,4270; 73%. — *1.1-Dichlorheptanon-(2)* (**VI**), $C_7H_{12}Cl_2O$, Kp.$_{15}$ 85—92°, durch 45 Min. langes Kochen von $CdCl_2$ mit Amyl-MgBr in Ae., Eindampfen unter Zusetzen von Bzl., Zusetzen von Dichloracetylchlorid in Bzl. bei 3°, Rühren bei Zimmer-Temp. über Nacht, Hydrolysieren mit Eis-verd. H_2SO_4, Behandeln der Benzolschicht mit W., $NaHCO_3$-Lsg. u. W., Filtrieren durch Na_2SO_4 u. Eindampfen, n_D^{24} 1,4515; 40%. — *N.N-Dimethylthioharnstoff*, $C_3H_8N_2S$; F. 164—167° (A.), durch 4std. Einleiten von H_2S in eine ammoniakal. Lsg. von Dimethylcyanamid bei 20—30° u. Kühlen auf 5°; 84%. — *N.N.S-Trimethylisothioharnstoffhydrojodid*, $C_4H_{11}JN_2S$, F. 100—101°, durch Rühren vorst. Verb. mit CH_3J in Methanol bei Zimmer-Temp. über Nacht, 6std. Kochen u. Eindampfen; aus Methanol–Essigester Rhomben; 92%. — Diguanidine: *1.1'-[Äthyläthandiylidendinitrilo]-, Sulfat*, $C_6H_{14}N_8 \cdot H_2SO_4 \cdot H_2O$, F. 243—244° (Zers.), durch Zutropfen von 50%ig. H_2SO_4 zu **I**-Bicarbonat in W., ½std. Erwärmen auf 100°, Zusetzen von Äthylglyoxaldiäthylenglykolacetal, 3std. Kochen u. Rühren, 2tägiges Rühren bei Zimmer-Temp., Behandeln des Nd. mit W., abs. A., abs. Ae., Stehen unter Vakuum bei Zimmer-Temp. über Nacht u. Stehen an der Luft über Nacht; 88,5%. — *1.1'-[Isopropyläthandiylidendinitrilo]-, Sulfat*, $C_7H_{16}N_8 \cdot H_2SO_4 \cdot 1\frac{1}{2}\, H_2O$, F. 214—215°, durch 2std. Kochen von **I**-Sulfat u. Isopropylglyoxaldiäthylacetal in wss. A., 2tägiges Rühren bei Zimmer-Temp., Behandeln des Nd. mit W., A. u. abs. Ae. u. 3std. Stehen bei 25°/1 Torr; 79%. — Analog: *1.1'-[tert.-Butyläthandiylidendinitrilo]-, Sulfat*, $C_8H_{18}N_8 \cdot H_2SO_4 \cdot H_2O$, F. 214 bis 215°, aus tert.-Butylglyoxaldiäthylacetal; 70%. — *1.1'-Celyläthandiylidendinitrilo]-, Sulfat*, $C_{20}H_{42}N_8 \cdot H_2SO_4 \cdot 2H_2O$, F. 241—248° (Zers.), aus **IV**. — *1.1'-[Butyläthandiylidendinitrilo]-, Sulfat*, $C_8H_{18}N_8 \cdot H_2SO_4 \cdot H_2O$, F. 261° (Zers.), durch 2std. Kochen von **V** mit KOH in wss.-methanol. KOH, Ausäthern des *2-Ketocapronaldehyddiäthylacetals* (Kp.$_8$ 86 bis 89°, n_D^{24} 1,4150; 42% u. Rk. mit **I**-Sulfat; 76%. — *1.1'-[Amyläthandiylidendinitrilo]-, Sulfat*, $C_9H_{20}N_8 \cdot H_2SO_4 \cdot H_2O$, F. 266° (Zers.), aus **VI**; 54%. — *1.1'-[Hexyläthandiylidendinitrilo]-, Sulfat*, $C_{10}H_{22}N_8 \cdot H_2SO_4 \cdot H_2O$, F. 260° (Zers.), aus *1.1-Dichloroctanon-(2)* (Kp.$_{21}$ 115—122°, aus Hexyl-MgBr, $CdCl_2$ u. Dichloracetylchlorid; n_D^{25} 1,4540; 43%); 65%. — Guanidine: *1.1-Dimethyl-3-amino-, Sulfat* (**VIII**), F. 225,5° (Zers.), aus S-Methylthiosemicarbazid u. Dimethylamin u. Rk. des erhaltenen *1.1-Dimethyl-3-aminoguanidinhydrojodids* (F. 182—185°) mit $AgSO_4$. — *1.3-Dimethyl-3-amino-, Sulfat* (**IX**), $C_3H_{10}N_4 \cdot \frac{1}{2}\, H_2SO_4 \cdot H_2O$, F. 194,5° (Zers.; A.–Ae.), durch Rk. von $(CH_3)_2SO_4$ u. Methylthioharnstoff u. Kochen des Prod. mit MH in Methanol; 78%. —*1-Amino-1.2.3-trimethyl-, Hydrojodid* (**X**), F. 304—316° (Zers.; abs. A.), durch 30 Min. langes Zusetzen von MH in abs. A. zu **VII** in abs. A., 25std. Kochen u. Einengen; 28%. — *N-Amino-N.N'.N''.N''-tetramethyl-, Sulfat* (**XI**), durch 2½std. Rühren von **VIIa** u. $AgSO_4$ in W. bei Zimmer-Temp., Eindampfen des Filtrats im Vakuum, Zusetzen von A. u. MH, 18std. Rühren bei Zimmer-Temp. u. Einengen im Vakuum. — *N.N.N'.N'-Tetramethyl-, Nitrat*, $C_5H_{13}N_3 \cdot HNO_3 \cdot \frac{1}{2}\, H_2O$, F. 87—88° (Butanol–Ae.), durch Zusetzen von verd. HNO_3 zu N.N.N'.N'-Tetramethylguanidin u. Eindampfen; 72%. — *N.N.N'.N'-Tetramethyl-N''-nitro-*, $C_5H_{12}N_4O_2$, F. 86—87°, durch Zusetzen vorst. Verb. bei −5° zu konz. H_2SO_4, 1½std. Stehen unterhalb 0°, Gießen auf Eis, Einstellen mit NH_4OH auf pH 7, Extrahieren mit Chlf. u. Eindampfen; aus Essigester–Heptan u. Bzl. Rhomben; 92%. — *N.N.N'.N'-Tetramethyl-N''-amino-, Hydrojodid* (**XII**), $C_5H_{14}N_4 \cdot HJ$, F. 118—120° (abs. A.), durch Rühren von **XIII** mit 97% g. HY in abs. A. bei Zimmer-Temp. über Nacht u. Aufarbeiten; 90%. — 1.1'-[Methyläthandiylidendinitrilo]-bis-[alkylguanidin]-salze: *-bis-[3-methylguanidin]-sulfat*, $C_7H_{16}N_8 \cdot H_2SO_4 \cdot H_2O$, F. 246—249° (Zers.), durch 24std. Rühren von *3-Amino-1-methylguanidinsulfat* mit 43,2%ig. wss. **III**, Waschen mit W., A. u. Ae. u. 3std. Stehen bei 56°/1 Torr; 94%. — Analog: *-bis-[1-methylguanidin]-sulfat*, $C_7H_{16}N_8 \cdot H_2SO_4 \cdot 4\, H_2O$, F. 216° (Zers.), aus *1-Amino-1-methylguanidinsulfat*; 52%. — *-bis-[3.3-dimethylguanidin]-sulfat*, $C_9H_{20}N_8 \cdot H_2SO_4 \cdot 3\, H_2O$, F. 232 bis 234° (Zers.), aus **VIII**; 68%. — *-bis-[2.3-dimethylguanidin]-hydrojodid*, $C_9H_{20}N_8 \cdot 2\, HJ \cdot H_2O \cdot CH_3OH$, F. 268—269° (Zers.; Methanol), aus *3-Amino-1.2-dimethylguanidinhydrojodid*; 64%. — *-bis-[1.3-dimethylguanidin]-sulfat*, $C_9H_{20}N_8 \cdot H_2SO_4 \cdot 2\, H_2O \cdot CH_3OH$, F. 100° (Zers.), aus **IX**; hellbraun; 61%. — *-bis-[2.3.3-trimethylguanidin]-dihydrojodid*, $C_{11}H_{24}N_8 \cdot 2\, HJ$, F. 212 bis 213° (Zers.), aus *3-Amino-1.1.2-trimethylguanidinjodid*; 88%. — *-bis-[1.3.3-trimethylguanidin]-sulfat*, $C_{11}H_{24}N_8 \cdot 2 H_2SO_4$ $2\, H_2O$, F. 237° (Zers.), durch 3—4std. Kochen von **VII** mit MH in abs. A., Kühlen, Zusetzen von 58%ig. HJ u. 43%ig. wss. **III**, Rühren bei Zimmer-Temp. über Nacht, Eindampfen, Aufnehmen des Rückstands in A., 2std. Rk. mit Ag_2SO_4, Behandeln des Filtrats mit A-Kohle, azeotrope Dest. mit abs. A., Waschen des Rückstands mit abs. A. u. Ae., Extrahieren mit abs. Methanol u. Eindampfen. — Analog: *-bis-[1.2.3-trimethylguanidin]-sulfat*, $C_{11}H_{24}N_8 \cdot H_2SO_4 \cdot 2\, H_2O \cdot C_2H_5OH$, F. 293° (Zers.), aus **X**. — *-bis-[[1.2.3.3-tetramethylguanidin]*, aus **XI**; hygroskopisch. — *-bis-[2.2.3.3-tetramethylguanidin]-hydrojodid*, $C_{13}H_{28}N_8 \cdot 2\, HJ \cdot H_2O$, F. 285—286° (Zers.; A.), aus **XII** ohne Zusetzen von Ag_2SO_4; 61%. H. Gleinig 680◇

0805 **Untersuchungen zur Synthese von Spilanthol. 4. Mitt. Synthese von Isospilanthol [N-Isobutyldecadien-(4.6)-säureamid].** Torakichi Yoshioka. (J. pharmac. Soc. Japan [Yakugakuzasshi] **75**, 622—24, Juni 1955; Tokushima Univ., Fac. of Pharmac.; jap., Auszug: engl.) — 2. vgl. C. **1964**, 8-0806. — Die *Titel-Verb.* verursacht eine schwache, aber lang andauernde Lähmung der Zunge, ohne im Gegensatz zum fl. natürlichen Spilanthol einen scharfen Geschmack zu haben.

Versuche: *α-Formylbernsteinsäurediäthylester*, Kp.$_3$ 95 bis 105°, durch Rk. von Bernsteinsäurediäthylester mit Ameisensäureäthylester in Ggw. von Na; 80% (Ausbeute). — *β-Formylpropionsäureäthylester* (**I**), Kp.$_5$ 70—75°, durch Rk. vorst. Verb. mit W. bei 120°; 83%. *Semicarbazon*, $C_7H_{13}N_3O_3$, F. 137—138°. — *5-Formylpenten-(4)-säureäthylester* (**II**), Kp.$_5$ 78—84°, durch Aldol-Kondens. von **I** mit Acetaldehyd;

$n_D^{19,8}$ 1,4760; $D_4^{19,8}$ 1,054; 18—26%. *Semicarbazon*, $C_9H_{15}N_3O_3$, F. 189—190°. — *6-Hydroxydecen-(4)-säure, Äthylester*, Kp.$_6$ 110—113°, durch Rk. von II mit n-Butyl-MgJ; 30%. *Methylester*, $C_{11}H_{20}O_3$, Kp.$_4$ 100—102°, durch Verseifen von 7,2 g des Äthylesters u. Verestern mit Diazomethan; n_D^{20} 1,4416; 3,7 g. — *Decadien-(4.6)-säuremethylester*, $C_{11}H_{18}O_2$, Kp.$_{0,5-1}$ 100—102°, a) durch Rk. von 3 g vorst. Methylesters mit $KHSO_4$; 0,85 g; b) aus 300 mg vorst. Methylesters mit p-Toluolsulfonylchlorid; n_D^{17} 1,4452; 0,2 g. — *N-Isobutyldecadien-(4.6)-säureamid*, $C_{14}H_{25}NO$, F. 53°, durch Rk. vorst. Verb. mit Isobutylamin. W. Mucke 810△

0806 **Der Gebrauch von Mandelsäure zur Aufspaltung der optischen Antipoden von α-Hydroxyamidiniumchloriden.** Douglas G. Neilson und David A. V. Peters. (J. chem. Soc. [London] **1962**, 1309—11; Dundee, Univ. of St. Andrews, Queens Coll., Dep. of Chem.; engl.) — Verschiedene Amidiniumchloride werden durch Na-(+)- oder -(—)-Mandelat in die opt. Antipoden aufgespalten. (±)-Lactamidiniumchlorid (I) u. (±)-4-Methoxymandelsäureamidiniumchlorid (III) lassen sich leicht trennen, (±)-α-Hydroxyvaleramidiniumchlorid (II) dagegen nicht. (+)- u. (—)-*2-[1-Hydroxyäthyl]benzimidazol* entsteht aus den opt. reinen Lactamidiniumchloriden durch Umsetzung mit o-Phenylendiamin.

Versuche: (±)-*Lactamidiniumchlorid* (I), F. 161 bis 164°, aus Lactonitril über (±)-*Lactimidsäureäthylesterhydrochlorid* [F. 76° (Zers.)]. — (±)-*α-Hydroxyvaleramidiniumchlorid* (II), $C_5H_{13}ClN_2O$, F. 147—148°, aus Na-Butyraldehydbisulfit durch Cyanhydrin-Synth. u. Rk. mit methanol. HCl zu (±)-*α-Hydroxyvalerimidsäuremethylesterhydrochlorid* u. Rk. mit alkohol. NH_3. — (±)-*4-Methoxymandelsäureamidiniumchlorid* (III), F. 233—234° (Zers.), analog aus Anisaldehyd über (±)-*4-Methoxymandelimidsäuremethylesterhydrochlorid* [F. 104—105° (Zers.). *Äthylester*, F. 120—121° (Zers.)]. — (—)-*Lactamidinium-(+)-mandelat* (IV), $C_{11}H_{16}N_2O_4$, F. 171 bis 173° (W.), aus 12,4 g I u. Na-(+)-Mandelat durch Kristallisieren aus W. (Meth. **A**); $[\alpha]_{5461}^{20}$ +61,0° (c = 0,91; Methanol-; 3 g (Ausbeute). — (+)-*Lactamidinium-(—)-mandelat*, F. 170—172°, analog aus I u. Na-(—)-Mandelat (Meth. **B**) $[\alpha]_{5461}^{20}$ —61,4° (c = 1,56; Methanol). — (±)-*Lactamidinium-(±)-mandelat*, F. 165—166°. — (—)-*Lactamidiniumchlorid* (V), $C_3H_9ClN_2O$, F. 148—149° (Zers.), aus IV u. alkohol. HCl in 48 Std.; $[\alpha]_{5461}^{18}$ —16,5° (c = 0,95; W.). — (+)-*Lactamidiniumchlorid*, $C_3H_9ClN_2O$, F. 148—150° (Zers.); $[\alpha]_{5461}^{22}$ +16,8° (c = 1,5; W. (+)-*2-[1-Hydroxyäthyl]-benzimidazol*, F. 174 bis bis 176°, aus 1,3 g vorst. Verb. durch 4std. Kochen mit wss. NaOH, Ansäuern, Extraktion mit Ae. u. 1std. Kochen mit o-Phenylendiamin in 5n HCl; $[\alpha]_D^{20}$ +32° (c = 0,48; A.); 0,12 g. — (—)-*2-[1-Hydroxyäthyl]-benzimidazol*, F. 174 bis 176° (W.); analog aus 0,7 g V; $[\alpha]_D^{19}$ —28,8°; 0,1 g. — (±)-*α-Hydroxyvaleramidinium-(+)-mandelat*, aus II nach **A**; $[\alpha]_{5461}^{18}$ +65,5° (c = 0,51; Methanol). — (+)-*4-Methoxymandelsäureamidinium-(+)-mandelat*, $C_{17}H_{20}N_2O_5$, F. 164—165° (A.), aus 50 g III nach **A**; 13,5 g. — (—)-*4-Methoxymandelsäureamidinium-(—)-mandelat*, F. 163—164°, analog nach **B**; $[\alpha]^{21}$ —119,0° (c = 0,42; Methanol). — (+)-*4-Methoxymandelsäureamidiniumchlorid*, $C_9H_{13}ClN_2O_2$, F. 215°, nach Wiederverfestigung 233—234°; $[\alpha]_{5461}^{22}$ +87,8°. — (—)-*4-Methoxymandelsäureamidiniumchlorid*, F. 213° Verfestigung u. F. 232—233° (Zers.), $[\alpha]_{5461}^{22}$ —87,9° (c = 0,44; W.). — (±)-*4-Methoxymandelsäureamidinium-(±)-mandelat*, $C_{17}H_{20}N_2O_5$, F. 165—166°. W. Mucke 850△

0807 **Cyanäthylierung einiger S-substituierter Thioharnstoffderivate.** A. L. Mndshojan und A. A. Arojan. (Nachr. Akad. Wiss. ArmenSSR, chem. Wiss. **12**, 63—72, 1959; Inst. für org. Feinchemie der Akad. der Wiss. der ArmenSSR; russ., Auszug: armen.) — S-Alkylisothiuroniumsalze liefern mit Acrylonitril im alkal. Medium in guten Ausbeuten die entsprechenden *β-Alkylmercaptopropionitrile*. So gibt S-Butylisothiuroniumbromid (I) mit Acrylonitril *β-Butylmercaptopropionitril*. Bei der Rk. von S-Benzylisothiuroniumsalzen mit Chloressigsäure oder β-Diäthylaminoäthylchlorid werden *Benzylmercaptoessigsäure* bzw. *Benzyl-β-diäthylaminoäthylsulfid* erhalten.

Versuche: Isothiuroniumsalze: *S-Butyl-, -bromid* (I), $C_5H_{13}BrN_2S$, F. 81—82°, durch 5—6std. Erhitzen von je 0,5 Mol Butylbromid u. Thioharnstoff in 100 ml abs. Methanol, Einengen um die Hälfte u. Verdünnen mit 150 ml Ae.; quant. (Ausbeute). — *S-Benzyl-, -chlorid* (II), $C_8H_{11}ClN_2S$, F. 174—175°, analog vorst. Verb. aus Benzylchlorid u. Thioharnstoff; quantitativ. — *S-[4-Methoxybenzyl]-, -chlorid*, $C_9H_{13}ClN_2OS$, F. 147—148°; quantitativ. — *S-[4-Propoxybenzyl]-, -chlorid*, $C_{11}H_{17}ClN_2OS$, F. 155—156°; quantitativ. — Propionitrile: *β-Butylmercapto-*, Kp.$_{12}$ 120—121°, man gibt zu 0,1 Mol I, 0,15 Mol Acrylonitril u. 50 ml W. in 30 Min. unter Kühlung 0,2 Mol NaOH in 40 ml W., rührt 3 Std. bei Zimmer-Temp. u. extrahiert mit Ae.; D_4^{20} 0,948; n_D^{20} 1,4735; 88,8%. — *β-[β-Diäthylaminoäthylmercapto]-*, $C_9H_{18}N_2S$, Kp.$_4$ 129—130°, analog vorst. Verb. aus 0,1 Mol S-[β-Diäthylaminoäthyl]-isothiuroniumchloridhydrochlorid u. 0,15 Mol Acrylonitril; D_4^{20} 0,9556; n_D^{20} 1,4845; 72,5%. *Pikrat*, F. 75—76°. — *β-Benzylmercapto-*, Kp.$_3$ 160—161°; D_4^{20} 1,0950; n_D^{20} 1,5630; 81,9%. — *β-[4-Methoxybenzylmercapto]-*, $C_{11}H_{13}NOS$, Kp.$_3$ 182—184°; D_4^{20} 1,1288; n_D^{20} 1,5638; 85,4%. — *β-[4-Propoxybenzylmercapto]-*, $C_{13}H_{17}NO_2$, Kp.$_1$ 183—184°; D_4^{20} 1,0770; n_D^{20} 1,5438; 81,2%. — *5-[β-Cyanäthylmercaptomethyl]-furan-2-carbonsäure*, $C_9H_9NO_3S$, F. 126—127° (10%ig. A.), zu einer Lsg. von 0,2 Mol S-[5-Carbäthoxyfurfuryl]-isothiuroniumchlorid in 100 ml W. gibt man in 30 Min. bei Zimmer-Temp. 0,8 Mol NaOH in 150 ml W. u. dann 0,3 Mol Acrylonitril, rührt 3 Std. u. gießt auf 50 ml konz. HCl + 150 g Eis; 70,5%. — *4-[β-Cyanäthylmercaptomethyl]-5-äthylfuran-2-carbonsäure*, $C_{11}H_{13}NO_3S$, F. 87—89°, analog aus S-[2-Carbäthoxy-5-äthylfuryl-(4)-methyl]-isothiuroniumchlorid bei 40—45°; 78,5%. — *5-[β-Cyanäthylmercaptomethyl]-benzofuran-2-carbonsäure*, $C_{13}H_{11}NO_3S$, F. 157 bis 158° (50%ig. A.), analog aus S-[2-Carbäthoxybenzofuryl-(5)-methyl]-isothiuroniumchlorid; 76,6%. — *Benzylmercaptoessigsäure*, $C_9H_{10}O_2S$, F. 60—61°, durch kurzes Erwärmen von 0,1 Mol II mit 0,15 Mol Chloressigsäure in 50 ml A., tropfenweise Zugabe von 0,5 Mol NaOH in 50 ml W. u. 100 ml A., 4std. Erhitzen auf dem Wasserbad, Abdestillieren des A. u. Gießen auf konz. HCl + Eis; 95%. — *4-Methoxybenzylmercaptoessigsäure*, $C_{10}H_{12}O_3S$, F. 47—49°, analog vorst. Verb.; 92,4%. — *4-Propoxybenzylmercaptoessigsäure*, $C_{12}H_{16}O_3S$, F. 55—57°; 85%. — *5-Benzylmercaptomethylfuran-2-carbonsäure*, F. 122—123°, aus II u. 5-Chlormethylfuran-2-carbonsäureäthylester in Ggw. von NaOH; 61,7%. — *5-Benzylsulfonylmethylfuran-2-carbonsäure*, $C_{13}H_{12}O_5S$, F. 230° (Eisessig), durch Oxydation von 0,1 Mol vorst. Verb. in 70 ml Eisessig mit 0,3 Mol H_2O_2 (34 ml 30%ig. Lsg.) bei 50—60°; 80,4%. — *Benzyl-β-diäthylaminoäthylsulfid*, $C_{13}H_{21}NS$, Kp.$_1$ 129—130°, durch tropfenweise Zugabe von 0,5 Mol NaOH in 150 ml 30%ig. A. zu einem erhitzten Gemisch von 0,1 Mol II in 30 ml A., Abkühlen, Zugabe von 0,15 Mol β-Diäthylaminoäthylchloridhydrochlorid in 50 ml W., 4std. Rühren u. 3std. Erhitzen auf dem Wasserbad; D_4^{20} 0,9728; n_D^{20} 1,5262; 87,4%. G. Froelich 850◇

0808 **Über die Darstellung von α-substituierten Bernsteinaldehydsäuren.** François Salmon-Legagneur und Yves Le Goff. (C. R. hebd. Séances Acad. Sci. **257**, 1309—12, 1963; Rennes, Fac. des Sci., Labor. de Chim. I; E.N.S.C.R.; franz.) — Die Kondens. von substituierten Malonsäurediäthylestern mit Bromacetal (I) in Ggw. von $NaOC_2H_5$ in A. oder besser von $NaNH_2$ in Dimethylformamid (DMF) liefert *α-Alkyl-α-[β.β-diäthoxyäthyl]-malonsäurediäthylester*, deren Hydrolyse erst mit wss.-alkohol. NaOH, dann mit verd. HCl u. Decarboxylierung *α-Alkylbernsteinaldehydsäureäthylester* liefern, die wahrscheinlich mit den entsprechenden *α-Alkyl-γ-äthoxy-γ-butyrolactonen* im Gleichgewicht stehen. Verseifung mit 1n NaOH u. Ansäuern liefern daraus die *α-Alkylbernsteinaldehydsäuren*, die als solche u. nicht als α-Alkyl-γ-hydroxy-γ-butyrolactone vorzuliegen scheinen, da sie sich als *Semicarbazone* (SC) bzw. *2.4-Dinitrophenylhydrazone* charakterisieren lassen.

Versuche: α-Alkyl-α-[β.β-diäthoxyäthyl]-malonsäurediäthylester, a) durch 24std. Kochen von 2 Mol Alkylmalonester mit $NaOC_2H_5$ u. I in A.; b) durch Umsetzung des Alkylmalonesters mit $NaNH_2$ in Ae. u. Kondens. mit I in DMF: *α-Methyl-*, $C_{14}H_{26}O_6$, Kp.$_5$ 119—121°; nach a) 46, nach b) 55%. — *α-Äthyl-*, $C_{15}H_{28}O_6$, Kp.$_5$ 131—133°; nach a) 42, nach b) 62%. — *α-n-Propyl-*, $C_{16}H_{30}O_6$, Kp.$_5$ 139 bis 141°; nach a) 32, nach b) 60%. — *α-n-Butyl-*, $C_{17}H_{32}O_6$, Kp.$_5$ 149—151°; nach a) 36, nach b) 69%. — *α-n-Amyl-*, $C_{18}H_{34}O_6$, Kp.$_5$ 159—161°; nach a) 42, nach b) 68%. — *α-n-Hexyl-*, $C_{19}H_{36}O_6$, Kp.$_5$ 168—171°; nach a) 31, nach b) 65%. — *α-n-Heptyl-*, $C_{20}H_{38}O_6$, Kp.$_5$ 179—181°; nach a) 32, nach

b) 70%. — *α-n-Octyl-*, $C_{21}H_{40}O_6$, Kp.$_5$ 187—189°; nach a) 20, nach b) 70%. — α-Alkylbernsteinaldehydsäuren: *α-Methyl-*, $C_5H_8O_3$, Kp. 110—112° (bei dieser u. nachst. Verbb. fehlt im Original die Druckangabe). *2.4-Dinitrophenylhydrazon*, $C_{11}H_{12}N_4O_6$, F. 172°. — *α-Äthyl-*, $C_6H_{10}O_3$, Kp. 120—122°. *2.4-Dinitrophenylhydrazon*, $C_{12}H_{14}N_4O_6$, F. 150°. — *α-n-Propyl-*, $C_7H_{12}O_3$, Kp. 135—137°. *SC*, $C_8H_{15}N_3O_3$, F. 173°. — *α-n-Butyl-*, $C_8H_{14}O_3$, Kp. 142—144°. *SC*, $C_9H_{17}N_3O_3$, F. 179—180°. — *α-n-Amyl-*, $C_9H_{16}O_3$, Kp. 153—155°. *SC*, $C_{10}H_{19}N_3O_3$, F. 178°. — *α-n-Hexyl-*, $C_{10}H_{18}O_3$, Kp. 160—162°. *SC*, $C_{11}H_{21}N_3O_3$, F. 174°. — *α-n-Heptyl-*, $C_{11}H_{20}O_3$, Kp. 162 bis 164°. *SC*, $C_{12}H_{23}N_3O_3$, F. 171°. — *α-n-Octyl-*, $C_{12}H_{22}O_3$, F. 46°, Kp. 174—176°. *SC*, $C_{13}H_{25}N_3O_3$, F. 170—172°.

I. Spaeth 860◇

0809 **Reaktion von Na-Malonester mit Oxiden der isomeren Brombutene.** T. I. Temnikowa und Ss. N. Ssemenowa. (J. allg. Chem. [UdSSR] **33 (95)**, 1696—97, 1963; Leningrad, Univ.; russ.) — Bei der Rk. von 2-Brombuten-(3)-oxid oder 1-Brombuten-(2)-oxid mit Na-Malonester (**I**) oder Na-Acetessigester entsteht *α-Carbäthoxy-γ-äthyliden-γ-butyrolacton*, F. 41°. Beim Ansäuern der *Di-Na-Verb. des Lactons* erhält man *α-Carboxy-γ-äthyliden-γ-butyrolacton*, F. 111—114°, das beim Decarboxylieren durch Erhitzen u. nachfolgende Ringöffnung in *γ-Ketocapronsäure* (**II**; *Semicarbazon*, F. 173 bis 174°) übergeht. **II** entsteht auch bei der Rk. von **I** mit α-Brommethyläthylketon; wobei als Zwischenprodd. *β-Ketobutylmalonsäurediäthylester* [Kp.$_2$ 116—117°, n_D^{20} 1,4365, D_4^{20} 1,0753; *β-Ketobutylmalonsäure*, F. 128°] isolierbar ist

H. Dalmer 870△

0810 **Eine neue Methode zur Umwandlung von α-Aminosäuren in α-Ketosäuren.** Friedrich Weygand, Wolfgang Steglich und Herbert Tanner. (Liebigs Ann. Chem. **658**, 128—50, 1962; München, TH, Organ.-Chem. Inst.; dt.) — In 4-Stellung substituierte *2-Trifluormethyloxazolone-(5)* (**A**) sind aus α-Aminosäuren durch Erhitzen mit Trifluoracetanhydrid (**I**) oder aus N-Trifluoracetyl-α-aminosäuren mit $POCl_3$ in Pyridin erhältlich. Sie entstehen als Nebenprodd. auch beim Vers., die Meth. der Peptid-Synth. über die gemischten Anhydride auf N-Trifluoracetylaminosäuren anzuwenden. In anomaler Rk. werden die **A** zu *α-Ketosäuren* hydrolysiert, wodurch viele Verbb. dieser Gruppe leicht zugänglich werden, darunter auch die dem L-Isoleucin entsprechende (+)-*α-Keto-β-methylvaleriansäure* [(+)-**XIII**]. Durch Umsetzen der **A** mit Äthylmercaptan in HBr/Eisessig werden in vielen Fällen direkt die *Mercaptole* der α-Ketosäuren zugänglich; liegt jedoch im 4ständigen Substituenten eine α-Verzweigung vor, so bilden sich auch *α-Äthylmercaptoacrylsäurederivate*. 2-Trifluormethyl-4-brom-4-methyloxazolon-(5) verhält sich bei der Umsetzung mit Äthylmercaptan in HBr/Eisessig wie die bromfreie Verb., da das Brom zunächst reduktiv entfernt wird. Mit o-Phenylendiamin in Eisessig reagieren die **A** direkt zu 3-substituierten *2-Hydroxychinoxalinen*. Lediglich mit Monoaminen findet normale Ringöffnung zu *N-Trifluoracetylaminosäureamiden* statt, mit Anilin hingegen beobachtet man bei 2-Trifluormethyl-4-methyloxazolon-(5) (**II**) eine gemischte Rk.-Weise.

Versuche: 2-Trifluormethyloxazolone-(5), a) durch Zugabe von **I** zu 0,1 Mol Aminosäure, 20 Min. langes Erhitzen auf 80°, 20 Min. auf 120—130° u. Dest. im Vakuum; b) durch Zugabe von $POCl_3$ zu einer Lsg. aus N-Trifluoracetylaminosäure in Pyridin/CH_2Cl_2 bei —20°, ½std. Stehen bei 0° u. 1std. Stehen bei Raum-Temp.: *4-Methyl-* (**II**), Kp.$_{12}$ 42—43°, nach a) aus Alanin; 65% (Ausbeute). — *4-Isopropyl-* (**III**), Kp.$_{12}$ 53°, a) aus Valin analog a); 82%; b) analog b); 77%. — *4-Isobutyl-* (**IV**), $C_8H_{10}F_3NO_2$, Kp.$_{12}$ 72°, a) aus Leucin analog a); 76—85%; b) 87%. — *DL-4-[Butyl-(2)]-* (*DL*-**V**), $C_8H_{10}F_3NO_2$, Kp.$_{15}$ 71°, aus L-Isoleucin analog a); 80%. — (+)-*4-[Butyl-(2)]-* [(+)-**V**], Kp.$_{15}$ 71°, aus N-Trifluoracetyl-L-isoleucin analog b); $[\alpha]_{546}^{22}$ +30,5° [c = 2; Tetrahydrofuran (THF)]; 86%. — *4-Phenyl-* (**VI**), $C_{10}H_6F_3NO_2$, F. 89°, Kp.$_{0,3}$ 86°, aus Phenylglycin analog a); 94%. — *4-[p-Methoxyphenyl]-* (**VII**), $C_{11}H_8F_3NO_3$, F. 78°, Kp.$_{0,7}$ 129°, aus p-Methoxyphenylglycin analog a); 90%. — *4-Benzyl-* (**VIII**), $C_{11}H_8F_3NO_2$, Kp.$_{0,05}$ 77—78°, a) aus Phenylalanin analog a); 85%; b) analog b); 58%; c) durch Zugabe von Triäthylamin u. Chlorameisensäure-sek.-butylester zu N-Trifluoracetyl-DL-phenylalanin in THF in der Kälte, 3std. Stehen bei 0°, Erwärmen auf Raum-Temp. u. Einengen im Vakuum; 52%. — *4-[p-Chlorbenzyl]-* (**IX**), $C_{11}H_7ClF_3NO_2$, F. 54°, Kp.$_{16}$ 151°, aus p-Chlorphenylalanin nach a); 89%. — *4-Carbomethoxymethyl-* (**X**), $C_7H_6F_3NO_4$, Kp.$_{16}$ 117 bis 118°, aus Asparaginsäure-β-methylester nach a); 78%. — *4-Carbäthoxymethyl-* (**XI**), $C_8H_8F_3NO_4$, Kp.$_{0,3}$ 86°, aus Asparaginsäure-β-äthylester analog a); 61%. — *4-[β-Carbäthoxyäthyl]-* (**XII**), $C_9H_{10}F_3NO_4$, Kp.$_{0,6}$ 105°, aus Glutaminsäure-γ-äthylester nach a); 78%. — *N-Trifluoracetyl-DL-phenylalanylglycinäthylester*, F. 128° (Essigester/PAe.), durch 5 Min. lange Rk. von N-Trifluoracetyl-DL-phenylalanin mit Triäthylamin u. Chlorameisensäure-sek.-butylester in Essigester in der Kälte, Zugabe von Glycinäthylesterhydrochlorid u. Triäthylamin, ½std. Stehen bei 0° u. 2std. Stehen bei 5°; 13%; daneben durch Extrahieren mit PAe. **VIII**. — *DL-Asparaginsäure-β-methylester*, $C_5H_9NO_4$, F. 190—192° (wss. Methanol), nach Schwarz u. Mitarbeitern (C. **1958**, 3855) über das *Hydrochlorid* [F. 185—188° (Methanol/Ae.); 62%] u. Umsetzen mit Triäthylamin; 79%. — *α-Ketoisocapronsäure, Na-Salz*, $C_6H_9NaO_3$, durch 5std. Rühren von **IV** mit 1n NaOH bei Raum-Temp., Waschen mit Ae., Chromatographie an Dowex-50, Eluieren mit W., Zugabe von 2n NaOH bis pH 4,5 u. Eindampfen im Vakuum; 83%. — (+)-*α-Keto-β-methylvaleriansäure* [(+)-**XIII**], F. ca. 37°, durch 50std. Rühren von (+)-**V** mit einem 0,2m Citronensäure–Phosphat-Puffer vom pH 6,8 (nach McIlvaine), Waschen mit Ae., Zugabe von H_3PO_4 bis pH 1, Extraktion mit Ae. u. Kurzweg-Dest.; 73%. *Na-Salz*, $C_6H_9NaO_3$, a) aus (+)-**XIII** mit 0,1n NaOH; $[\alpha]_D^{21}$ +32° (c = 1; W.) bzw. +21° (c = 0,8; W.); b) durch 60std. Rühren von (+)-**V** mit 25%ig. $HClO_4$, Extrahieren der Säure mit Ae. u. Umsetzen mit NaOH; $[\alpha]_{546}^{22}$ +26,5° (c = 1; W.); 61%. *2.4-Dinitrophenylhydrazon*, F. 176°, $[\alpha]_D^{20}$ +17° (c = 1; A.). — *α-Ketoglutarsäure* (**XIV**), $C_5H_6O_5$, F. 115° (Bzl./Aceton), a) durch 48std. Stehen von **XII** mit 1n NaOH bei Raum-Temp., Waschen mit Ae., Ansäuern mit 1n H_2SO_4 u. Extrahieren mit Ae.; 61%; b) durch 3std. Kochen von α.α-Diäthylmercaptoglutarsäure (**XV**) mit 70%ig. Essigsäure in Ggw. von konz. HCl; 69%. — *p-Chlorphenylbrenztraubensäure*, $C_9H_7ClO_3$, F. 191°, durch mehrstd. Stehen von **IX** in 70%ig. Trifluoressigsäure, Zugabe von wenig W. u. 1std. Stehen bei 0°; 91%. *2.4-Dinitrophenylhydrazon*, $C_{15}H_{11}ClN_4O_6$, F. 167° (Bzl.). — *Phenylbrenztraubensäure*, F. 152—153° (Chlf.), durch 55 Min. langes Kochen von **VIII** mit 1n HCl, Abfiltrieren u. Kühlen; 77%. — *α-Ketoisovaleriansäure*, Kp.$_{12}$ 66°, aus **III** analog **XIV**; 58%. — *DL-α-Keto-β-methylvaleriansäure* (*DL*-**XIII**), F. 35°, a) durch 18std. Hydrolyse von DL-**V** mit $NaHCO_3$-Lsg. bei Raum-Temp.; 76%; b) durch 24std. Hydrolyse von DL-**V** mit 70%ig. Trifluoressigsäure bei Raum-Temp.; 69%; c) durch 12std. Hydrolyse von DL-**V** analog **XIV**; 66%. *2.4-Dinitrophenylhydrazon*, F. 168°. — *Phenylglyoxylsäure* (**XVII**), F. 66°, a) durch 5std. Hydrolyse von **VI** mit 70%ig. Trifluoressigsäure bei 80°; 69%; b) durch 12std. Hydrolyse von **VI** analog **XIV**; 73%. — *p-Methoxyphenylglyoxylsäure*, F. 90°, a) durch 48std. Hydrolyse von **VII** mit Trifluoressigsäure bei Raum-Temp.; 77%; b) aus **VII** analog **XIV**; 63%. — *Oxalessigsäure*, F. 152°, a) durch 48std. Hydrolyse von **XI** analog **XIV**; 58%; b) durch 72std. Hydrolyse von **XI** mit 5%ig. H_2SO_4 bei Raum-Temp.; 56%; daneben 12% einer **XI** isomeren Verbindung. — *N-Isobutyryl-DL-valin*, $C_9H_{17}NO_3$, F. 176° (W.), a) durch 5tägiges Stehen von **III** mit 80%ig. Trifluoressigsäure, Dest. der Säure u. **III** (45%) u. Reinigen des Dest.-Rückstandes; 29%; daneben aus den Mutterlaugen 56% *Ammoniumtrifluoracetat* (**XVIII**) u. 11% *DL-Valin*; b) durch Zugabe von verd. NH_4OH zu **III**, Eindampfen im Vakuum, 6std. Erhitzen mit 90%ig. Trifluoressigsäure auf 100° u. Einengen im Vakuum; 42%. *Dicyclohexylammoniumsalz*, $C_{21}H_{40}N_2O_3$, F. 173° (Essigester/PAe.). — *N-[α-Methylbutyryl]-α-amino-β-methylvaleriansäure*, $C_{11}H_{21}NO_3$, F. 155°, aus (+)-**V** analog vorst. Verb. nach a); $[\alpha]_{546}^{22}$ +10,5° (c = 1; A.); 45%; daneben 41% **XVIII** u. 14% (+)-**XIII**. — *α.α-Diäthylmercaptopropionsäure* (**XIX**), durch 10 Min. lange Zugabe von **II** zu Äthylmercaptan in 40%ig. HBr/Eisessig in der Kälte, 1—5std. Stehen bei Raum-Temp., Einengen im Vakuum, Digerieren mit peroxidfreiem Diisopropyläther, Einengen der Filtrate im Vakuum, Lösen in Ae., Ausschütteln mit $NaHCO_3$-Lsg., Ansäuern mit 1n H_2SO_4 bei pH 1 u. Extrahieren mit Ae.; 76,5%. *Dicyclohexylammoniumsalz*, $C_{19}H_{37}NO_2S_2$, F. 146,5° (Essigester oder Essigester/PAe.); daneben *2.2.2-Trifluor-1-äthylmercaptoäthylaminhydrobromid* (**XX**). — *β.β-Dimethyl-α-äthylmercaptoacrylsäure*, $C_7H_{12}O_2S$,

F. —2°, durch Behandeln der wss. Lsg. des Salzes mit Dowex-50 u. Extrahieren mit Äther. *Dicyclohexylammoniumsalz*, $C_{19}H_{35}NO_2S$, F. 167° (Essigester), durch Umsetzen von 8 g **III** analog **XIX**, Umsetzen mit Dicyclohexylamin u. Kristallisation aus Essigester bei —15°; 1,8 g; daneben 92% **XX**. — *α.α-Diäthylmercaptoisovaleriansäuredicyclohexylammoniumsalz*, $C_{21}H_{41}NS_2O_2$, F. 142—142,5° (Essigester/PAe.), aus den Mutterlaugen vorst. Verb.; 0,97 g. — *α.α-Diäthylmercaptoisocapronsäure*, $C_{10}H_{20}S_2O_2$, F. 53° (n-Hexan), aus **IV** analog **XIX**; 55%. *Dicyclohexylammoniumsalz*, $C_{22}H_{43}NO_2S_2$, F. 152° (Essigester); daneben 76,5% **XX**. — *2-Äthylmercapto-3-methylpenten-(2)-säure*, aus DL-**V**; Öl; 81%. *Dicyclohexylammoniumsalz*, $C_{20}H_{27}NO_2S$, F. 158° (Essigester); daneben 85% **XX**. — *α.α-Diäthylmercaptophenylessigsäure*, $C_{12}H_{16}O_2S_2$, F. 81°, a) durch kurzes Erwärmen von **VI** mit abs. Äthylmercaptan auf 100° analog **XIX**; aus Essigester/PAe. Prismen; 79%; daneben 83% **XX**; b) analog a) mit feuchtem Äthylmercaptan; 38%. *Dicyclohexylammoniumsalz*, $C_{24}H_{39}NO_2S_2$ F. 189° (Essigester); daneben 35% **XVII**. — *α.α-Diäthylmercapto-p-methoxyphenylessigsäure*, aus **VII** analog **XIX**; 81%. *Dicyclohexylammoniumsalz*, $C_{25}H_{41}NO_3S_2$, F. 171°, aus Essigester Nadeln; daneben 88% **XX**. — *α.α-Diäthylmercapto-β-[p-chlorphenyl]-propionsäure*, aus **IX**; Öl; 86%. *Dicyclohexylammoniumsalz*, $C_{25}H_{40}ClNO_2S_2$, F. 164° (Essigester); daneben 89% **XX**. — *α.α-Diäthylmercaptobernsteinsäure*, $C_8H_{14}O_4S_2$, F. 115° (Essigester/PAe.), durch 4std. Rühren des Äthylesters mit 2n NaOH bei 20° u. kurzes Erwärmen auf 100°; 78%. *Monodicyclohexylammoniumsalz*, $C_{20}H_{37}NO_4S_2$, F. 141° (Essigester/PAe.), durch Umsetzen mit 2 Mol Dicyclohexylamin. *Anhydrid*, durch Erwärmen der Säure mit Acetanhydrid; Öl. *β-Methylester*, aus **X** analog **XIX**; Öl; 73 neben 72% **XX**. *Methylesterdicyclohexylammoniumsalz*, $C_{21}H_{39}NO_4S_2$, F. 148° (Essigester/PAe.). *β-Äthylester*, F. ca. 25° (Essigester/PAe.), aus **XI** analog **XIX**; 85% neben 90% **XX**. *Äthylesterdicyclohexylammoniumsalz*, $C_{22}H_{41}NO_4S_2$, F. 123° (Hexan). — *α.α-Diäthylmercaptoglutarsäure* (**XV**), $C_9H_{16}O_4S_2$, F. 106°, durch Hydrolyse des Äthylesters mit 2n NaOH; aus Essigester/PAe. Nadeln; 88%. *Monodicyclohexylammoniumsalz*, $C_{21}H_{39}NO_4S_2$, F. 186°, aus wss. A. glänzende Würfel. *Anhydrid*, F. 40°, durch Stehen von **XV** mit überschüssigem Acetanhydrid über Nacht; aus Ae. Prismen; 72%. *γ-Äthylester*, a) aus **XII** analog **XIX**; Öl; 80 neben 91% **XX**; b) durch 3tägiges Stehen des **XV**-Anhydrids mit abs. A.; 70%. *Äthylesterdicyclohexylammoniumsalz*, $C_{23}H_{43}NO_4S_2$, F. 124°, aus Hexan Würfel. — *Glutarsäure*, F. 98°, durch Kochen von **XV** mit Raney-Ni in 75%ig. A.; 77%. — *2.2.2-Trifluor-1-äthylmercaptoäthylamin*, $C_4H_8F_3NS$, Kp.$_{12}$ 42°, durch Behandeln von **XX** mit $NaHCO_3$-Lsg. u. Extrahieren mit Äther. *Hydrochlorid*, $C_4H_9ClF_3NS$, durch Einleiten von HCl. — *2.2.2-Trifluor-1-benzylmercaptoäthylaminhydrobromid*, $C_9H_{11}BrF_3NS$, durch Umsetzen von **II** u. Benzylmercaptan in Eisessig/HBr. — *Trifluoracetaldehyd-2.4-dinitrophenylhydrazon*, $C_8H_5F_3N_4O_4$, F. 150—151°, durch kurzes Kochen von **XX** mit 6n HCl, Zugabe von 2.4-Dinitrophenylhydrazin u. Rühren über Nacht; aus 50%ig. A. orangegelbe Nadeln; 74%. — *2-Trifluormethyl-4-brom-4-methyloxazolon-(5)*, $C_5H_3BrF_3NO_2$, Kp.$_{12}$ 78—79°, durch Bromieren von **II** in 1.2-Dichloräthan bei 5°; n_D^{20} 1,4407; 90%. — *Diäthyldisulfid*, durch Umsetzen vorst. Verb. mit überschüssigem Äthylmercaptan in der Kälte; daneben **XIX** u. **XX**. — 2-Hydroxychinoxaline, durch Lösen der **A** in 70%ig. Essigsäure oder Eisessig, Zugabe von o-Phenylendiamin in 50%ig. Essigsäure u. 24std. Rühren bei Raum-Temp.: *3-Methyl-*, F. 246°, aus **II** in 70%ig. Essigsäure; 84%. — *3-Isobutyl-*, $C_{12}H_{14}N_2O$, F. 188,5°, aus **IV** in Eisessig; 73%. — *DL-3-[Butyl-(2)]-*, $C_{12}H_{14}N_2O$, F. 181° (A.), aus DL-**V** in 70%ig. Essigsäure; 81%. — *(+)-3-[Butyl-(2)]-*, $C_{12}H_{14}N_2O$, F. 194° (verd. A.), aus (+)-**V** in 70%ig. Essigsäure; 78%. — *3-Phenyl-*, $C_{14}H_{10}N_2O$, F. 248° (Bzn.), aus **VI** in 70%ig. Essigsäure; 87%. — *3-[p-Methoxyphenyl]-*, $C_{15}H_{12}N_2O_2$, F. 269° (A.), aus **VII** in Eisessig; 87%. — *3-Benzyl-*, F. 198—199°, aus **VIII** in Eisessig; 77%. — *3-[p-Chlorbenzyl]-*, $C_{15}H_{11}ClN_2O$, F. 231° (A.), aus **IX** in 70%ig. Essigsäure; 88%. — *3-Carbomethoxymethyl-*, $C_{11}H_{10}N_2O_3$, F. 225°, aus **X** in 70%ig. Essigsäure; aus verd. A. hellgelbe Kristalle; 69%. — *3-Carbäthoxymethyl-*, $C_{12}H_{12}N_2O_3$, F. 205°, aus **XI** in 70%ig. Essigsäure; aus verd. A. hellgelbe Kristalle; 80%. — *3-[β-Carbäthoxyäthyl]-*, $C_{13}H_{14}N_2O_3$, F. 196° (Bzn.), aus **XII** in 70%ig. Essigsäure; 79%. — *3-Isopropyl-*, F. 227—228°, aus **III** in Eisessig; aus Bzl. oder A. Nadeln; 62%. — *2-[α-Trifluoracetamidoisobutyl]-benzimidazol*, $C_{13}H_{14}F_3N_3O$, F. 284° (Essigester), a) durch Eindampfen der Mutterlaugen vorst. Verb., Zugabe von W., Absaugen u. 10 Min. langes Erhitzen auf 240°; 20%; b) durch Erhitzen von N-Trifluoracetyl-DL-valinthiophenylester u. o-Phenylendiamin auf 200°. — *N-Trifluoracetyl-DL-alaninanilid*, F. 172° (verd. A.), a) durch 3tägiges Stehen von 1,67 g **II** mit Anilin; 1,43 g; daneben 0,05 g *N-Trifluoracetyl-DL-alaninamid* (**XVI**), F. 171—172°; b) durch Stehen von 3,34 g **II** mit 2 Mol Anilin bei Raum-Temp. über Nacht, Digerieren mit Diisopropyläther u. Absaugen; 1,6 g; daneben 0,63 g **XVI** u. *Brenztraubensäureanilid* [F. 102—103° (W.), nach Erstarren F. 180—182°, durch Eindampfen der Diisopropyläther-Lsg. u. Erwärmen mit 2 n HCl; 1 g. *2.4-Dinitrophenylhydrazon*, F. 240—241°. *Phenylhydrazon*, F. 170—171°. *Oxim*, F. 144°]. — *N-Trifluoracetyl-DL-alaninpiperidid*, F. 104°, durch Umsetzen von **II** mit Piperidin; 63%. — *N-Trifluoracetyl-DL-phenylglycinanilid*, $C_{16}H_{13}F_3N_2O_2$, F. 178° (A.), a) durch Umsetzen von **VI** mit Anilin; 64%; b) durch Kondens. von N-Trifluoracetyl-DL-phenylglycin mit Anilin in Essigester in Ggw. von Dicyclohexylcarbodiimid bei —25°; 87%. — *DL-Phenylglycinanilid*, $C_{14}H_{14}N_2O$, F. 119°, durch 10 Min. langes Erwärmen vorst. Verb. mit 1n NaOH auf 100°; 76%. *Hydrochlorid*, F. 224°. — *N-Trifluoracetyl-DL-phenylglycinpiperidid*, $C_{15}H_{17}F_3N_2O_2$, F. 101° (verd. A.), aus **VI** mit 3 Mol Piperidin; 73%. — *N-Trifluoracetyl-DL-leucinanilid*, F. 188° (verd. A.), aus **IV**; 72%. — *N-Trifluoracetyl-DL-isoleucinanilid*, $C_{14}H_{17}F_3N_2O_2$, F. 174° (verd. A.), aus DL-**V**; 63%. — *N-Trifluoracetyl-DL-p-methoxyphenylglycinanilid*, $C_{17}H_{15}F_3N_2O_3$, F. 192° (Essigester/PAe.), aus **VII**; 61%. — *N-Trifluoracetyl-DL-p-chlorphenylalaninanilid*, $C_{17}H_{14}ClF_3N_2O_2$, F. 219° (verd. A.), aus **IX**; 79%. — *N-Trifluoracetyl-DL-p-chlorphenylalaninpiperidid*, $C_{16}H_{18}ClF_3N_2O_2$, F. 206° (A.), aus **IX** mit 3 Mol Piperidin; 77%. — *N-Trifluoracetyl-DL-asparaginsäure-α-anilid-β-methylester*, $C_{13}H_{13}F_3N_2O_4$, F. 149° (A.), aus **X**; 88%. *β-Äthylester*, $C_{14}H_{15}F_3N_2O_4$, F. 134° (verd. A.), aus **XI**; 82%. — *N-Trifluoracetyl-DL-glutaminsäure-α-anilid-γ-äthylester*, $C_{15}H_{17}F_3N_2O_4$, F. 139° (verd. A.), aus **XII**; 62%.

W. Hampel 870△

0811 **Neue Synthesen der „Königinnensubstanz" und der 9-Hydroxy-trans-decen-(2)-säure-(1).** Karl Eiter. (Liebigs Ann. Chem. **658**, 91—99, 1962; Leverkusen, Farbwerke AG, wiss. Hauptlabor.; dt.) — Vgl. C. **1962**, 450. — Die von der Bienenkönigin sezernierte *trans-Decen-(2)-on-(9)-säure-(1)* (*trans*-**I**) wurde auf zwei Wegen synthetisiert, wobei es gelang, aus Glutardialdehyd über *Hepten-(2)-al-(7)-säure-(1)-methylester* (**II**), *Decen-(2)-in-(9)-ol-(7)-säure-(1)-methylester*, *Decadien-(2.7)-on-(9)-säure-(1)-methylester* u. *Decen-(2)-on-(9)-säure-(1)-methylester* (**III**) *trans*-**I** in größeren Mengen darzustellen. Durch Red. von *trans*-**I** mit $NaBH_4$ oder KBH_4 wurde die krist. *9-Hydroxy-trans-decen-(2)-säure-(1)* erhalten, deren Anwesenheit im „Gelée royale" von Brown u. Felauer (vgl. C. **1961**, 17644) wahrscheinlich gemacht werden konnte. Maxima der IR-Spektren vgl. Original.

Versuche: *Hepten-(2)-al-(7)-säure-(1)-methylester, cis-trans-Gemisch*; **II**), Kp.$_{0,09}$ 60—100°, durch Zugabe von 232 g Triphenylphosphincarbomethoxymethylen zu dest. 138,8 g Glutardialdehyd unter N_2 bei 80°, 1½ std. Erwärmen auf 80—90°, Zugabe von Ae., Kühlen auf —20°, Absaugen, Waschen mit PAe. u. Eindampfen im Vakuum; n_D^{20} 1,4590 bis 1,4664; 82 g (Ausbeute). *2.4-Dinitrophenylhydrazon*, $C_{14}H_{16}N_4O_6$, F. 85° (A.). — *Decen-(2)-in-(9)-ol-(7)-säure-(1)-methylester*, $C_{11}H_{16}O_3$, Kp.$_{0,001}$ 105—108°, a) durch Umsetzen von Propargylbromid mit Al unter Tetrahydrofuran (THF) bei 60°, ½ std. Stehen, Kühlen auf —50°, Zugabe von **II** in THF, Erwärmen auf 0°, 1std. Stehen bei 0° u. Zers. mit gesätt. wss. NH_4Cl-Lsg.; n_D^{20} 1,4860; 95%; b) durch Zugabe von **II** u. Propargylbromid zu Zn unter THF in Ggw. von J_2 u. Zers.; 58%. — *Decadien-(2.7)-on-(9)-säure-(1)-methylester*, $C_{11}H_{16}O_3$, Kp.$_{0,19}$ 110—112°, a) durch Erwärmen vorst. Verb. in Dioxan in Ggw. von $Hg(OH)_2 \cdot HgSO_4$ unter N_2, Zugabe von 20%ig. H_2SO_4, Extrahieren mit Ae., Eindampfen u. Chromatographie in PAe./Bzl. (1:1) an Al_2O_3; n_D^{20} 1,4857; 67%; b) durch 1std. Kochen von 50 g **II** mit Aceton/Piperidin/Eisessig unter N_2, Eindampfen, Lösen in Ae. u. Chromatographie; 8,9 g. — *Decen-(2)-on-(9)-säure-(1)-methylester* (**III**) $C_{11}H_{18}O_3$, Kp.$_{0,001}$ 80—100° (Kugelrohr), a) durch Hydrieren vorst. Verb. nach a) in Methanol an einem mit Pb-Acetat vergifteten $Pd/CaCO_3$-Katalysator; n_D^{20} 1,425; 80%; b) durch Hydrieren von 10,55 g vorst. Verb. nach b) in Methanol an einem Lindlar-Katalysator; 10,5 g. — *trans-Decen-(2)-on-(9)-säure-(1)* (*trans-I*), $C_{10}H_{16}O_3$, F. 51—53° (Ae./PAe. bei 0°), a) durch 1std. Erhitzen von III mit Dioxan u. 2n Na_2CO_3 im Autoklav auf 150°, Einengen im Vakuum, Waschen mit Ae., Sättigen mit NaCl, Ansäuern mit 20%ig. H_2SO_4, Extrahieren mit Ae. u. Dest. im Kugelrohr; 37%; b) durch ½ std. Kochen von 11,9 g IV mit 2n HCl in Dioxan, Einengen im Vakuum u. Extrahieren mit Ae.; 4,2 g. Die Isomerisierung von cis- zu trans-I durch Umsetzung von cis-I mit $SOCl_2$ in abs. Bzl. bei 0°, 1std. Erwärmen auf 50°, Dest. im Kugelrohr, Zugabe in Dioxan zu 2n Na_2CO_3, 6std. Stehen bei Raum-Temp., Extrahieren mit Ae. u. Ansäuern war erfolglos. *Methylester*, $C_{11}H_{18}O_3$, $Kp._{0,001}$ 75—90° (Kugelrohr), aus trans-I u. CH_2N_2 in Ae.; n_D^{20} 1,4495. *Äthylenketal des Methylesters* (V), $C_{13}H_{22}O_4$, $Kp._{0,001}$ 100—120° (Kugelrohr), durch 8std. Kochen von 15,5 g III mit Äthylenglykol in Bzl. in Ggw. von p-Toluolsulfonsäure unter Wasserabscheidung; n_D^{20} 1,4650; Öl; 18,3 g. *Äthylenketal* (IV), $C_{12}H_{20}O_4$, $Kp._{0,001}$ 115—135° (Kugelrohr), durch 1std. Kochen von 5 g V mit 25%ig. NaOH, Waschen mit Ae. u. Ansäuern; n_D^{20} 1,4748; Öl; 4 g. *Säurechlorid*, $C_{10}H_{15}ClO_2$, $Kp._{0,005}$ 110 bis 140° (Kugelrohr), durch Zugabe von $SOCl_2$ in PAe. zu 4 g trans-I in abs. Bzl. bei 0°, Stehen bei Raum-Temp., Kochen, Zugabe von $SOCl_2$, 1std. Kochen u. Einengen im Vakuum; n_D^{20} 1,4775; gelbgrünes Öl; 2,9 g. *cis-I*, $C_{10}H_{16}O_3$, $Kp._{0,001}$ 120—130° (Bad-Temp.), aus den Mutterlaugen von trans-I nach a) durch Chromatographie an Silicagel u. Eluieren mit Bzl./Ae. (4:1); n_D^{20} 1,4685; ölige Substanz. — *9-Hydroxy-trans-decen-(2)-säure-(1)*, $C_{10}H_{18}O_3$, F. 43—45° (Ae./PAe. bei 0°), $Kp._{0,001}$ 120—140° (Bad-Temp.), durch ½ std. Kochen von 11,04 g krist. trans-I mit KBH_4 in Methanol, Einengen im Vakuum, Lösen in W., Zugabe von 2n H_2SO_4 bis pH 3 u. Extrahieren mit Ae.; n_D^{20} 1,4737; wachsartige Substanz; 11,8 g (roh). W. Hampel 870△

0812 **Zur Kenntnis der Trithiokohlensäure.** 7. Mitt. **Über die Reaktion von aromatischen und heterocyclischen Trithiokohlensäurediestern mit primären und sekundären Aminen, Hydrazin und Phenylhydrazin.** Zaki El-Hewehi, Eberhard Taeger und Franz Runge. (J. prakt. Chem. [4] **18**, 275—82, 1962; dt.) — 6. vgl. J. prakt. Chem. [4] **18**, [1962], 269. — Aromat. u. heterocycl. Trithiokohlensäurediester liefern mit prim. Aminen im Mol-Verhältnis 1:1 *Senföle* u. *Thiole* als Zerfalls-Prodd. der intermediär gebildeten, unter den angegebenen Rk.-Bedingungen instabilen *N-monosubstituierten Dithiocarbaminsäureester*. Sek. Amine ergeben die beständigen *N-disubstituierten Dithiocarbaminsäureester*. Analog reagieren Hydrazin u. Phenylhydrazin zu *Hydrazin-* bzw. *Phenylhydrazindithiocarbonsäureestern*.

Versuche: *N.N-Pentamethylendithiocarbaminsäure, p-Tolylester*, $C_{13}H_{17}NS_2$, F. 121—121,5°, durch Zugabe von überschüssigem Piperidin zu Trithiokohlensäuredi-p-tolylester, ¼ std. Erwärmen auf 100° u. Verdünnen mit viel W.; aus A. Platten; 95% (Ausbeute). *p-Methoxyphenylester*, $C_{13}H_{17}NOS_2$, F. 107,5—108,5°, aus A. Nadeln; 93%. *2.4-Dichlorphenylester*, $C_{12}H_{13}Cl_2NS_2$, F. 94,5—95,5°, aus A. Spieße oder prismat. Nadeln; 90%. *4-Chlornaphthyl-(1)-ester*, $C_{16}H_{16}ClNS_2$, F. 128,5—129,5°, aus A. blaßgelbe prismat. Kristalle; 91%. *p-Bromphenylester*, $C_{12}H_{14}BrNS_2$, F. 120,5—121,5°, aus A. Nadeln oder Spieße; 96%. *2.5-Dibromphenylester*, $C_{12}H_{13}Br_2NS_2$, F. 117,5—118,5°, aus A. Nadeln; 98%. — *N.N-Diäthyldithiocarbaminsäure, Benzthiazolyl-(2)-ester*, $C_{12}H_{14}N_2S_3$, F. 80°, analog vorst. Verbb. mit Diäthylamin; aus Ae. blaßgelbe Nadeln; 97%. *4-Phenylthiazolyl-(2)-ester*, $C_{14}H_{16}N_2S_3$, F. 94 bis 95°, aus A. blaßgelbe Nadeln; 90%. — *Hydrazindithiocarbonsäure, Phenylester*, $C_7H_8N_2S_2$, F. 141—142°, durch Lösen von Trikohlensäurediphenylester in Dioxan oder A., Zugabe von Hydrazinhydrat in Dioxan oder A. u. Kochen; aus A. blättrige Rauten; 81%. *p-Chlorphenylester*, $C_7H_7ClN_2S_2$, F. 141 bis 142° (Zers.), aus A. oder Bzl. Blättchen; 61%. — *2-Phenylhydrazin-1-dithiocarbonsäure, Phenylester*, $C_{13}H_{12}N_2S_2$, F. 135,5 bis 136,5°, analog vorst. Verbb. mit Phenylhydrazin; aus A. Stäbchen oder Prismen; 76,5%. *p-Tolylester*, $C_{14}H_{14}N_2S_2$, F. 144—145°, aus A. Blättchen; 91%. *2.5-Dichlorphenylester*, $C_{13}H_{10}Cl_2N_2S_2$, F. 198—199° (Zers.), aus A. Blättchen; 60,5%. W. Hampel 880△

0813 **Zur Kenntnis der Trithiokohlensäure.** 8. Mitt. **Über die Einwirkung von Halogen auf Trithiokohlensäurediester.** Zaki El-Hewehi, Eberhard Taeger und Franz Runge. J. prakt. Chem. [4] **18**, 283—86, 1962; dt.) — 7. vgl. vorst. Referat. — Die Einw. von Cl_2, Br_2 u. J_2 auf aromat. u. heterocycl. Trithiokohlensäurediester wird untersucht. Die Stabilität der erhaltenen Additions-Verbb. nimmt mit steigendem Atom-Gew. des Halogens ab. Eine direkte Einführung des Halogens in den aromat. oder heterocycl. Rest des Trithiokohlensäurediester-Mol., auch bei Verw. von Katalysatoren, wie J_2, $FeCl_3$ u. a. speziellen Halogenierungsmitteln, wie N-Bromsuccinimid, ohne Zerstörung des Mol. gelang nicht.

Versuche: *Thiophosgen*, Kp. 73—74°, durch Einw. von Cl_2 auf eine Lsg. von Trithiokohlensäurediphenylester (I); daneben *S_2Cl_2* (Kp. 137—139°), *Perchlormethansulfenylchlorid* (Kp. 148—149°) u. *p-Dichlorbenzol* (F. 52—53°, Kp. 171 bis 173°, aus A. Blättchen). — *Trithiokohlensäuredibromaddukt, Diphenylester*, $C_{13}H_{10}S_3 \cdot Br_2$, durch Einw. von Br_2 in CCl_4 auf I in CCl_4; 95—98% (Ausbeute). *Bis-p-methoxyphenylester*; 95 bis 98%. — *Trithiokohlensäure-bis-[4-phenyl-5-thiono-1.3.4-thiadiazolinyl-(2)]-esterdibromaddukt*; 95—98%. — *Trithiokohlensäuretetrajodaddukt, Diphenylester*, $C_{13}H_{10}J_4S_3$, F. 128 bis 150°, durch 15std. Kochen von I mit J_2 in CCl_4; aus Dioxan metall. grün schimmernde Blättchen; 71%. *Bis-p-chlorphenylester*, $C_{13}H_8Cl_2J_4S_3$, F. 130—160°, aus Dioxan metall. grün schimmernde Blättchen; 76%. *Bis-[4-phenyl-5-thiono-1.3.4-thiadiazolinyl-(2)]-ester*, $C_{17}H_{10}J_4N_4S_7$, F. 145—189°, aus Dioxan metall. glänzende, schwarzviolette Nadeln; 98%. W. Hampel 880△

0814 **Synthese einiger N.N'-disubstituierter Harnstoffe mit vermutlich hypoglykämischer Wirkung.** Giancarlo Bramanti und Gian Franco Di Paco. (Ann. Chimica **51**, 1202 bis 1209, 1961; Pisa, Guidotti & C., Labor. Ric.; ital.) — Die Synth. von *Harnstoffen*, die am N den Benzolsulfonylrest u. am N' den α-Carboxy-γ-methylbutylrest (z. T. verestert) bzw. den α-Carboxypropylrest (z. T. verestert) tragen, wird beschrieben. Die hypoglykäm. Eigg. der dargestellten Verbb. werden untersucht.

Versuche: N'-[α-Carbäthoxy-γ-methylbutyl]-harnstoffe: *N-[p-Acetamidobenzolsulfonyl]-*, $C_{17}H_{25}N_3O_6S$, F. 185° (Zers.), durch Lösen des entsprechenden Arylsulfonylurethans in dem Äthylester der entsprechenden Aminosäure unter Erwärmen u. Schütteln, allmähliches Erhitzen auf 120 bis 125° (2 Std. lang) bei einem Vakuum von <2 Torr, Beenden der Rk. nach 6 Std. u. Umkristallisieren aus wss. A. oder verd. Alkali/verd. HCl. — *N-[p-Chlorbenzolsulfonyl]-*, $C_{15}H_{21}ClN_2O_5S$, F. 140°, analog vorst. Verbindung. — *N-Benzolsulfonyl-*, $C_{15}H_{22}N_2O_5S$, F. 154°. — *N-[p-Toluolsulfonyl]-*, $C_{16}H_{24}N_2O_5S$, F. 174°, a) analog vorst. Verb.; b) durch Zugabe von Leucinäthylester zu p-Toluolsulfonylisocyanat in abs. Chlf. u. 24std. Stehen bei Raumtemperatur. — N'-[α-Carbäthoxypropyl]-harnstoffe: *N-Benzolsulfonyl-*, $C_{13}H_{18}N_2O_5S$, F. 87,5°, nach dem allg. Verfahren. — *N-[p-Toluolsulfonyl]-*, $C_{14}H_{20}N_2O_5S$, F. 120°. — *N-[p-Chlorbenzolsulfonyl]-*, $C_{13}H_{17}ClN_2O_5S$, F. 102°. — *N-[p-Acetamidobenzolsulfonyl]-*, $C_{15}H_{21}N_3O_6S$, F. 175—177°. — N'-[α-Carboxy-γ-methylbutyl]-harnstoffe: *N-[p-Toluolsulfonyl]-*, $C_{14}H_{20}N_2O_5S$, F. 163°, durch ½ std. Kochen des entsprechenden N-Arylsulfonyl-N'-[α-carbäthoxyalkyl]-harnstoffs mit 10%ig. KOH, Eindampfen zur Trockne, Aufnehmen in W., Ansäuern mit verd. HCl gegen Kongorot u. Umkristallisieren der erhaltenen Kristalle aus wss. A.: *N-[p-Chlorbenzolsulfonyl]-*, $C_{13}H_{17}ClN_2O_5S$, F. 173—174°, analog vorst. Verbindung. — *N-Benzolsulfonyl-*, $C_{13}H_{18}N_2O_5S$, F. 159—161°. — N'-[α-Carboxypropyl]-harnstoffe: *N-[p-Toluolsulfonyl]-*, $C_{12}H_{16}N_2O_5S$, F. 145°, analog vorst. Verbindung. — *N-[p-Chlorbenzolsulfonyl]-*, $C_{11}H_{13}ClN_2O_5S$, F. 158° (Zers.). — *N-Benzolsulfonyl-*, $C_{11}H_{14}N_2O_5S$, F. 139° (Zers.). P. Golinske 880△

0815 **Chemie der Isocyansäure.** 1. Mitt. **Reaktionen von Isocyansäure mit Carbonylverbindungen.** F. W. Hoover, H. B. Stevenson und H. S. Rothrock. (J. org. Chemistry **28**, 1825—30, 1963; Wilmington, Del., E. I. du Pont de Nemours and Co., Exp. Station, Central Res. Dep.; engl.) — 2. vgl. C. **1964**, 8-0811. — HNCO (I) reagiert mit Carbonyl-Verbb., wie CH_2O, symm.-Dichlortetrafluoraceton (**VI**), Trifluoracetaldehyd, 5H-Oktafluorpentanal, Perfluorcyclobutanon, Chloral, Dichloracetaldehyd u. Perfluoraceton zu *α-Hydroxyisocyanaten*. Das aus I u. CH_2O bei −70° erhältliche Hydroxymethylisocyanat (**II**) polymerisiert sich oberhalb 0° explosionsartig unter Verlust von CO_2, während bei tiefen Temp. in Ggw. bas. oder saurer Katalysatoren CH_2O abgespalten wird. **II** bildet mit α,β-ungesätt. Äthern bei Raum-Temp. in Ggw. eines sauren Katalysators relativ beständige *Addukte*, deren OCN-Gruppe in üblicher Weise weiter umgesetzt werden kann. Da Amine die Polymerisation von **II** beschleunigen, muß zur Darst. von z. B. *N-Hydroxymethyl-N'-phenylharnstoff* die äther. Lsg. von **II** langsam zu Anilin in Ae. bei -30^0 gegeben werden. **II** bildet mit $SOCl_2$ in der Kälte das *Chlorsulfit*, das beim Erwärmen auf Raum-Temp. SO_2 zu *Chlormethylcarbamoylchlorid* (**III**) abspaltet, aus dem durch Behandlung mit α-Pinen, dl-Limonen, Acrylonitril oder Pyridin *Chlormethylisocyanat* (**IV**) erhältlich ist. **III** addiert sich an Styrol in Ggw. von $HgCl_2$ zu *3-Chlor-3-phenylpropylcarbamoylchlorid*, das beim Erhitzen HCl zu einem Gemisch von *3-Chlor-3-phenylpropyl-* u. *Cinnamylisocyanat* abspaltet. Unter milden Bedingungen liefert **III** mit m-Xylol in Ggw. von $ZnCl_2$ *2.4-Dimethylbenzylcarbamoylchlorid*, das in das entsprechende *Isocyanat* übergeführt wurde. Das aus **I** u. Chloral erhältliche *1-Hydroxy-2.2.2-trichloräthylisocyanat* (**V**) wandelt sich oberhalb seines F. in feste Prodd. ohne definierte Zus. um, die in Aceton, nicht aber in CCl_4 lösl. sind. Bei der Behandlung mit W. liefert **V** *6-[Trichlormethyl]-perhydro-1.3.5-oxadiazindion-(2.4)*, das auch aus Chloralhydrat u. **I** erhältlich ist. **V** gibt mit $SOCl_2$ *1.2.2.2-Tetrachloräthylcarbamoylchlorid* u. *-isocyanat*, in dem das α-Cl-Atom sehr reaktionsfähig ist. Diese beiden Verbb. sowie **III** u. **IV** üben starke Reiz-Wrkg. auf die Atmungswege aus. *Bis-[chlordifluormethyl]-hydroxymethylisocyanat* (**VII**), aus **I** u. **VI**, liegt als Gleichgewichtsgemisch mit seinen Komponenten vor, das bei -20^0 100, bei 0^0 98 u. bei 25^0 95% **VII** enthält. Beim Vers. der Darst. eines linearen Polyurethans aus **VII** in Ggw. von Pyridin entstanden *6.6-Bis-[chlordifluormethyl]-perhydro-1.3.5-oxadiazindion-(2.4)* u. **VI**. *Bis-[trifluormethyl]-hydroxymethylisocyanat* bildet beim Stehen in Glasbehältern das sauer reagierende *6.6-Bis-[trifluormethyl]-perhydro-1.3.5-oxadiazindion-(2.4)*. — Die Konstit. der meisten dargestellten Verbb. werden durch ihre IR-Spektren belegt.

Versuche: *Isocyansäure* (**I**), durch Pyrolyse von Cyanursäure bei 400—550° im N_2-Strom, Auffangen in mit Trockeneis–Aceton gekühlten Fallen u. Dest. über P_2O_5; bei -50^0 haltbar, beim Erwärmen erfolgt explosionsartige Polymerisation oder Dimerisation. — *Hydroxymethylisocyanat* (**II**), $C_2H_3NO_2$, F. ca. -50^0, durch Einleiten von wasserfreiem CH_2O (aus α-Polyoxymethylen) in **I** in abs. Ae. bei -78^0 während 107 Min. unter Rühren, Entfernung des Lsgm. bei -30^0/0,5 Torr u. Reinigung durch Ausfrieren u. Digerieren mit Pentan. — *N-Hydroxymethyl-N'-phenylharnstoff*, $C_8H_{10}N_2O_2$, F. 176—182° (Zers., bei schnellem Erhitzen; CH_3OH), durch ½std. Zutropfen von **II** in Ae. zu Anilin in Ae. bei -35^0, Erwärmenlassen auf -10^0, Gießen in kalte 5%ig. CH_3COOH u. Waschen mit Ae. u. CH_3OH. — *Tetrahydropyranyl-(2)-oxymethylisocyanat*, Kp.$_{15}$ 87—88°, durch Mischen von 135 g **II**, 400 g Dihydropyran, 185 g Ae. u. 0,5 g p-Toluolsulfonsäure bei -5^0 (Selbsterwärmung auf 20°) u. 10tägiges Stehen bei 25°; n_D^{25} 1,4499; 188 g (Ausbeute). — *N-[Tetrahydropyranyl-(2)-oxymethyl]-N'-[p-chlorphenyl]-harnstoff*, F. 143—147°, aus vorst. Verb. u. p-Chloranilin (**VIII**) in Ae. in Ggw. von Pyridin. — *Tetrahydropyranyl-(2)-oxymethylcarbaminsäure, α-Naphthylester*, F. 81—82°, analog vorst. Verb. mit α-Naphthol. *β-Naphthylester*, F. 92—94°, mit β-Naphthol. *2.4-Dichlorphenylester*, F. 98—100°, mit 2.4-Dichlorphenol. — *α-[Butoxy]-äthoxymethylisocyanat*, Kp.$_{16}$ 85 bis 87°, aus **II** u. Butylvinyläther; n_D^{25} 1,4192. — *N-[α-(Butoxy)-äthoxymethyl]-N'-[p-chlorphenyl]-harnstoff*, F. 88—91°, aus vorst. Verb. u. **VIII**. — *Chlormethylcarbamoylchlorid* (**III**), $C_2H_3Cl_2NO$, F. 9—10° (Pentan–CH_2Cl_2, 2:3), durch Zugabe von **II** in Ae. zu $SOCl_2$ in Pentan + etwas Pyridin bei -15^0, 1std. Stehen bei 0° u. 4 Std. lang bei 33—35° u. Eindampfen unter vermindertem Druck; 68%. — *Chlormethylisocyanat* (**IV**), C_2H_2ClNO, Kp.$_{158}$ 37—39°, durch 2std. Stehen von **III** mit α-Pinen in Xylol bei 25—30°; 48%. — *2.3-Dihydro-1H-naphtho-[1.2:e]-[1.3]-oxazinon-(3)*, $C_{12}H_9NO_2$, F. 190—194° (CH_3OH), durch Mischen von **IV**, Pentan–Ae. (3:1) u. β-Naphthol bei 25°, 1tägiges Stehen unter HCl-Entw., Eindampfen im Vakuum u. CH_3OH-Extraktion; 25%. — *3.4-Dihydro-2H-benzo-1.3-oxazinon-(2)*, $C_8H_7NO_2$, F. 189—191° (A.–W., Sublimation, W.), durch 24std. Stehen von **IV** u. Phenol in Pentan–Ae. (3:1) bei 25°, 3std. Kochen, Eindampfen unter vermindertem Druck u. Extraktion des festen Prod. mit Ae. im Soxhlet-App.; 5%. — *2-Keto-6.8-dichlor-1.2.3.4-tetrahydrochinazolin*, $C_8H_6Cl_2N_2O$, F. 258—260° (Dimethylformamid–CH_3OH 2:1), durch Mischen von 8,5 g **IV** in Heptan mit 15 g 2.4-Dichloranilin in Ae.–Heptan (1:2) bei -10^0, 16std. Stehen bei 25° u. Abfiltrieren; 13 g. — *Cinnamylisocyanat* u. *3-Chlor-3-phenylpropylisocyanat*, durch 37std. Kochen von **III** u. Styrol in CH_2Cl_2 mit $HgCl_2$, Abdest. der flüchtigen Prodd. bei 45°/1 Torr, 20std. Kochen mit Toluol u. Fraktionierung; nach dem IR-Spektrum enthielt die 1. Fraktion, Kp.$_{0,35}$ 75—76°, n_D^{25} 1,5597, die Verbb. im Verhältnis 7:3, die 2., Kp.$_{0,28}$ 76 bis 83°, n_D^{25} 1,5408, im Verhältnis 15:85. — *2.4-Dimethylbenzylcarbamoylchlorid*, F. 64—77° (Heptan), durch 26std. Kochen von 135 g **III** u. 2 g $ZnCl_2$ in 508 g m-Xylol u. 300 ml CH_2Cl_2 bei 57—58°, Zugabe von 2 g P_2O_5, Kochen, Filtrieren u. Eindampfen bei 50°/1 Torr; 92 g (roh). — *2.4-Dimethylbenzylisocyanat*, $C_{10}H_{11}NO$, Kp.$_{0,2}$ 80—81°, durch 24std. Kochen vorst. Verb. mit 200 ml Toluol; n_D^{25} 1,5240; 55,7 g. — *2.4-Dimethylbenzylcarbaminsäuremethylester*, $C_{11}H_{15}NO_2$, F. 70,5 bis 71,5° (CH_3OH), durch Kochen vorst. Verb. mit CH_3OH. — *1-Hydroxy-2.2.2-trichloräthylisocyanat* (**V**), F. ca. 25°, durch Stehen von **I** in Ae. mit 1 Val Chloral über Nacht; ca. 100%. — *N-[1-Hydroxy-2.2.2-trichloräthyl]-N'-phenylharnstoff*, F. 145°, aus **V** u. Anilin in Ae. bei -10^0. — *N-[1-Hydroxy-2.2.2-trichloräthyl-N'-[p-chlorphenyl]-harnstoff*, F. 183—185°, analog. — *N.N'-Bis-[1-hydroxy-2.2.2-trichloräthyl]-harnstoff*, F. 173 bis 182°, aus **V** u. wss. Aceton. — *6-[Trichlormethyl]-perhydro-1.3.5-oxadiazindion-(2.4)*, F. 190—200° (je nach Erhitzungs-Geschw.), aus **V** mit 1 Val W. in 1.2-Dimethoxyäthan durch 1std. Rühren bei 0°; 30%. — *1.2.2.2-Tetrachloräthylcarbamoylchlorid*, analog **III** aus **V**. — *1.2.2.2-Tetrachloräthylisocyanat*, Kp.$_1$ 58°, aus vorst. Verb. analog **IV**; ca. 75% (bezogen auf Chloral). — Daraus: *1.2.2.2-Tetrachloräthylcarbaminsäure, Methylester*, F. 93—94°. *β-Naphthylester*, F. 158—165°, mit β-Naphthol in Ggw. von Triäthylamin. *α-Naphthylester*, F. 175 bis 188°, ebenso mit α-Naphthol u. $(C_2H_5)_3N$. *2.4-Dichlorphenylester*, F. 135—139°. *Chinolyl-(8)-ester*, F. 121—125°. — *1-Methoxy-2.2.2-trichloräthylcarbaminsäure, Methylester*, F. 64 bis 65°. *β-Naphthylester*, F. 108—110°. *α-Naphthylester*, F. 149 bis 151°. — *N-[1-(p-Chloranilino)-2.2.2-trichloräthyl]-N'-[p-chlorphenyl]-harnstoff*, F. 162—164°. — *N-[1-Anilino-2.2.2-trichloräthyl]-N'-phenylharnstoff*, F. 153—156°. — *2-Keto-4-[trichlormethyl]-3.4-dihydro-2H-thiazolo-[3.2:a]-1.3.5-triazin*, F. 195° (Zers.), bei Raum-Temp. mit 2-Aminothiazol in Tetrahydrofuran. — *Bis-[chlordifluormethyl]-hydroxymethylisocyanat* (**VII**), $C_4HCl_2F_4NO_2$, Kp.$_7$ 26—27°, durch Mischen von 4,5 g **VI** u. 1,2 g **I** bei -78^0 u. Erwärmenlassen auf Raum-Temp.; 2,4 g. — *N-[Bis-(chlordifluormethyl)-hydroxymethyl]-N'-phenylharnstoff*, F. 75—77° (CCl_4), durch Zutropfen von Anilin zu **VII** in Ae. bei -5^0, Stehen über Nacht, Eindampfen unter vermindertem Druck u. Entfernen von Phenylharnstoff durch Behandlung mit Ae.–PAe. (1:4); 95% (roh). — *6.6-Bis-[chlordifluormethyl]-perhydro-1.3.5-oxadiazindion-(2.4)*, F. 98 bis 99° (Bzl.), durch Zugabe katalyt. Mengen Pyridin zu **VII** (exotherme Rk.). — *Bis-[chlordifluormethyl]-hydroxymethylcarbaminsäureäthylester*, F. 44—46°, aus **VII** u. A. in Äther. — *Bis-[trifluormethyl]-hydroxymethylisocyanat*, $C_4HF_6NO_2$, Kp.$_3$ ca. 2°, F. ca. -40^0, analog **VII**. — *6.6-Bis-[trifluormethyl]-perhydro-1.3.5-oxadiazindion-(2.4)*, F. 110—111°, durch 1wöchiges Stehen vorst. Verb. in einem Glasbehälter. *Triäthylaminsalz*, F. 120—121°. — *N-[1-Hydroxy-2.2.2-trifluoräthyl]-N'-phenylharnstoff*, F. 145—147°. — *N-[1-Hydroxy-2.2.3.3.4.4.-5.5-oktafluorpentyl]-N'-phenylharnstoff*, F. 125—126°.

I. Spaeth 890◇

0816 **Die Aufspaltung von DL-4-Oxalysin.** G. I. Tesser, R. J. F. Nivard und M. Gruber. (Recueil Trav. chim. Pays-Bas **81**, 713—19, 1962; Nijmegen, R. C. Univ., Labor. of Org. Chem.; Groningen, Biochem. Labor. of the Univ.; engl.) — Vgl. C. **1963**, 478. — Aus rac.-$N^\alpha.N^\varepsilon$-Diphthaloyl-4-oxalysin (DL-**I**) wurden über die Brucinsalze beide Enantiomorphe isoliert u. durch saure Hydrolyse in (+)- u. (−)-*4-Oxalysin* (**II**) übergeführt. (−)-**II** zeigt einen negativen Cotton-Effekt [das dem (−)-**II** stereochem. entsprechende (+)-**I** gibt mit $N^\alpha.N^\varepsilon$-Diphthaloyl-L-4-thialysin eine quasirac. Verb.] u. hat wahrscheinlich D-Konfiguration.

Versuche: *DL-4-Oxalysindihydrochlorid* (*DL-II-Dihydrochlorid*), $C_5H_{14}Cl_2N_2O_3$, F. 180° (Zers.), durch Erwärmen von 2-[β-Phthalimidoäthoxymethyl]-2-phthalimidomalonsäurediäthylester auf 45°, Zugeben von 4n NaOH, Kühlen auf 0°, Zugeben von 4n NaOH, Stehen bei 0° über Nacht, Ansäuern mit konz. HCl, Eindampfen, 20 Min. langes Erhitzen mit 2n HCl auf 70°; 61% (Ausbeute). — *$N^\alpha.N^\varepsilon$-Diphthaloyl-DL-4-oxalysin* (DL-**I**), $C_{21}H_{16}N_2O_7$, F. 166°, durch 15 Min. langes Rühren von N-Carbäthoxyphthalimid, **II** u. Soda in W., Ansäuern mit 4n HCl; aus Isoamylalkohol Kristalle; 56%. — *N^{α}.N^{ε}-Diphthaloyl-L-lysin*, F. 65—75°, analog I; $[\alpha]_D^{19}$ —49,7° (c = 1; Dimethylformamid); aus Isopropanol Nadeln; 80%. — *L-Lysinmonohydrochlorid*, durch Dephthaloylieren vorst. Verb. mit Alkali u. Behandeln mit HCl; $[\alpha]_D^{19}$ +10,0° (c = 2; W.). — *N^{α}.N^{ε}-Diphthaloyl-L-4-thialysin*, F. 108—1110°, analog I; aus Dichloräthan-Lsg. mit Essigester/PAe. Kristalle; $[\alpha]_D^{21}$ —63,7° (c = 1; Dimethylformamid). — *N^{α}.N^{ε}-Diphthaloyl-DL-4-oxalysins, Brucinsalz*, a) durch Verdünnen einer Lsg. von DL-I u. Brucin in Methanol mit Isoamylalkohol, 24std. Stehen im Eisschrank, Eindampfen; 95%; b) durch Einrühren von 4 g Brucin in Äthylenglykolmonomethyläther (Kp. 126°) in 4 g DL-I in Äthylenglykolmonomethyläther, Verdünnen mit Isoamylalkohol, Stehenlassen bei Raum-Temp. [→ nach 16std. Stehen bei 1—4° Kristalle (F. 145—149°); 4,2 g], Verdünnen mit Methanol [→ nach 48std. Stehen bei 1—4° gelbe Kristalle (F. 168°); 3,3 g], Lösen der nach a) u. b) erhaltenen Salze in CH_2Cl_2, Verdünnen mit Isoamylalkohol, Abfiltrieren [Fraktion **A**, F. 152°; $[\alpha]_D^{24}$ +12,5° (c = 1; Dimethylformamid); gibt nach Umkristallisation aus Äthylenglykolmonomethyläther u. Trocknen ein solvatfreies *Prod. vom F. 133°*, das beim Umkristallisieren aus Äthylenglykolmonomethyläther/Isoamylalkohol wieder **A** gibt Verdünnen mit Methanol [Fraktion **B**, F. 178°; $[\alpha]_D^{18}$ —60,1° (c = 1; Dimethylformamid)]. — (+)- bzw. (—)-*N^{α}.N^{ε}-Diphthaloyl-4-oxalysin* (D- u. L-I), $C_{21}H_{16}N_2O_7$, F. 174°, durch Versetzen einer Lsg. von 1 g **A** bzw. **B** in W. mit 1n HCl u. Umkristallisieren aus Isoamylalkohol; $[\alpha]_D^{25}$ +65,5° (c = 1; Dimethylformamid) bzw. $[\alpha]_D^{22}$ —65,1° (c = 1; Dimethylformamid). 450 mg. — (—)-*D-4-Oxalysin* (D-II), F. 162°, durch 6std. Erhitzen von D-I mit 6n HCl auf 105°, Eindampfen; aus abs. A. Nadeln; $[\alpha]_D^{22}$ —5° (c = 2; W.); 60%; Dephthaloylieren von D-I mit Alkali u. Ansäuern mit HCl gibt das Racemat. P. Becker 950△

0817 **Organoborverbindungen.** 93. Mitt. **Reaktion von Triallylbor mit Äthylmercaptan. Diallylthioborin- und Allyldithioboronsäurediäthylester und ihre Umwandlungen.** B. M. Michailow und F. B. Tutorskaja. (J. allg. Chem. [UdSSR] 32 (**94**), 833—38, 1962; Zelinsky-Inst. für Organ.-Chem. der Akad. der Wiss. der UdSSR; russ.) — 92. vgl. Nachr. Akad. Wiss. UdSSR, Abt. techn. Wiss. **1962**, 413. — Bei der Rk. von Triallylbor (I) mit Äthylmercaptan (II) entstehen bei einem Mol-Verhältnis von 1:1 *Diallylthioborinsäureäthylester* u. bei 1:3 *Allyldithioboronsäurediäthylester* (**III**) u. *3-Äthylmercaptopropyldithioboronsäurediäthylester* (**IV**), deren Rkk. mit NH_3, Diäthylamin (**V**), Butylamin (**VI**) u. W. untersucht werden.

Versuche (alle Verss. unter N_2): *Diallylthioborinsäureäthylester*, $C_8H_{15}BS$, Kp.$_{11}$ 67—70°, zu 15,9 g I gibt man bei —10° in 1 Std. 7,3 g **II** u. rührt noch 1½ Std. bei Zimmer-Temp.; D_4^{20} 0,8419; n_D^{20} 1,4719; 62,5% (Ausbeute). — *Allyldithioboronsäurediäthylester* (III), $C_7H_{15}BS_2$, Kp.$_2$ 62—64°, a) aus 15,2 g I u. 16,1 g **II** bei —15°; D_4^{20} 0,9563; n_D^{20} 1,5182; 51,8%; daneben 31,8% **IV**; b) man gibt zu 29 g I bei —10° in 2 Std. 26,8 g **II**, läßt auf Zimmer-Temp. erwärmen, setzt nochmals 13,4 g **II** zu, kocht 40 Min. lang u. läßt über Nacht stehen; 16%; daneben 58,9 **IV** u. 0,35 Mol *Propylen*. — *3-Äthylmercaptopropyldithioboronsäurediäthylester* (**IV**), $C_9H_{21}BS_3$, Kp.$_{1,5}$ 120—122°; D_4^{20} 1,0076; n_D^{20} 1,5312; a) aus 6,4 g **III** u. 4,3 g **II** durch 1std. Rühren u. Stehen über Nacht; 77,4%; b) durch 1std. Kochen von 10,2 g **III** mit 7,2 g **II**; 64,1%. Daneben *Triäthyltrithioborat* (n_D^{20} 1,5413; 18%) u. 0,0054 Mol *Propylen*. — *Trimeres 3-Äthylmercaptopropylboronsäureanhydrid* (**VII**), $C_{15}H_{33}B_3O_3S_3$, Kp.$_2$ 189—190°, zu 14,5 g **IV** gibt man 10 ml W., extrahiert mit Ae., dest. Ae. ab, versetzt mit Bzl. u. dest. Bzl./W. ab; D_4^{20} 1,043; n_D^{20} 1,5041; 90%. Liefert mit Propionsäure bei 260° *Äthyl-n-propylsulfid* (Kp. 115—1119°; n_D^{20} 1,4442; 72,8%; *$HgCl_2$-Komplex*, F. 105—106°; 87,5%). — *B-Triallylborazol*, $C_9H_{18}B_3N_3$, Kp.$_{1,5}$ 63—64°, in 13 g **III** leitet man 40 Min. lang trockenes NH_3 ein, wobei Erwärmung auf 40—50° eintritt, u. dest. **II** (6,3 g) ab; D_4^{20} 0,8945; n_D^{20} 1,4821; 57,3%. Daneben 0,83 g *polymerisiertes Produkt*. — *Allyl-bis-[n-butylamino]-bor*, $C_{11}H_{25}BN_2$, Kp.$_{1,5}$ 61—62,5°, zu 16,1 g **III** gibt man bei Zimmer-Temp. in 1½ Std. 17,2 g **VI** u. kocht 1½ Std. lang; D_4^{20} 0,8094; n_D^{20} 1,4421; 70,2%. Daneben 10,1 g **II**. — *Allylthioboronsäureäthylesterdiäthylamid*, $C_9H_{20}BNS$, Kp.$_{1,5}$ 45—47°, aus 19 g **III** u. 7,97 g **V**; D_4^{20} 0,8889; n_D^{20} 1,4832; 39,7%. Daneben *3-Äthylmercaptopropylthioboronsäureäthylesterdiäthylamid* ($C_{11}H_{26}BNS_2$, Kp.$_{1,5}$ 105—112°; D_4^{20} 0,9424; n_D^{20} 1,5031; 35%) u. **II**. — *3-Äthylmercaptopropylborsäuredi-n-butylester*, $C_{13}H_{29}BO_2S$, Kp.$_{1,5}$ 104—106°, a) aus 4,5 g vorst. Verb. u. 2,7 g n-Butylalkohol durch 1½ std. Kochen; D_4^{20} 0,9035; n_D^{20} 1,4514; 91%; daneben **V** u. **II**; b) zu 40 g Allylborsäuredi-n-butylester gibt man tropfenweise 18,6 g **II** u. erhitzt noch 2 Std. lang auf 90—100° (Bad-Temp.); 92,2%. Gibt mit W. **VII**. Renate Richter 980◇

0818 **Organoborverbindungen.** 94. Mitt. **Bis-[dialkylamino]-borane und Bis-[alkylamino]-borane.** B. M. Michailow und W. A. Dorochow. (J. allg. Chem. [UdSSR] 32 (**94**), 1511—14, 1962; russ.) — 93. vgl. vorst. Referat. — Alkylmercapto-[dialkylamino]-borane reagieren mit prim. oder sek. Aminen zu *Bis-[alkylamino]-* bzw. *Bis-[dialkylamino]-boranen*, wobei auch die Dialkylaminogruppe ausgetauscht wird.

Versuche (alle Verss. unter N_2): *Bis-[diisoamylamino]-boran*, $C_{20}H_{45}BN_2$, a) Kp.$_{1,5}$ 122—125°, durch Erhitzen von 5,2 g n-Propylmercapto-[diisoamylamino]-boran mit 4,2 g Diisoamylamin (I); D_4^{20} 0,8147; n_D^{20} 1,4505; 62% (Ausbeute); daneben *n-Propylmercaptan* (II); b) Kp.$_{1,5}$ 123—126°, durch Erhitzen von 7,2 g n-Butylmercapto-[dimethylamono]-boran mit 15,7 g I; 73%. — *Dipiperidinoboran*, $C_{10}H_{21}BN_2$, Kp.$_{1,5}$ 70 bis 71°, aus 8 g Äthylmercapto-[diäthylamino]-boran u. 13,7 g Piperidin; D_4^{20} 0,9247; n_D^{20} 1,4968; 87%. — *N-Methylanilinoboran*, $C_7H_{10}BN$, F. 66—68° (Zers.; Ae.), aus 29,4 g N-Methylanilin (**III**) in 120 ml abs. Ae. u. 0,15 Mol Diboran u. Eindampfen; 99%. — *Bis-[N-methylanilino]-boran*, Kp.$_{1,5}$ 123 bis 127°, man erhitzt 4,1 g vorst. Verb. mit 4 ml **II** 30 Min. auf 55 bis 75° (Entw. von 1400 ml H_2), gibt 4 g **III** zu u. dest. im schwachen Vakuum **II** ab; n_D^{20} 1,6037; 84%. — *Bis-[diallylamino]-boran*, $C_{12}H_{21}BN_2$, Kp.$_4$ 77—81°, durch Erhitzen von 10 g n-Propylmercapto-[dimethylamino]-boran (**IV**) mit 17 g Diallylamin; D_4^{20} 0,8455; n_D^{20} 1,4739; 85%. — *Bis-[isobutylamino]-boran*, $C_8H_{21}BN_2$, Kp.$_9$ 59—61°, man gibt zu 7 g **IV** unter Kühlung 12 ml Isobutylamin u. erhitzt 1½ Std. lang auf 60—65°; D_4^{20} 0,7794; n_D^{20} 1,4263; 87%. — *Bis-[n-butylamino]-boran*, $C_8H_{21}BN_2$, Kp.$_2$ 46—48°, aus 6,6 g **IV** u. 11 ml n-Butylamin u. 1 Std. lang kochen; D_4^{20} 0,7879; n_D^{20} 1,4306; 70%. — *Bis-[allylamino]-boran*, $C_6H_{13}BN_2$, Kp.$_{30}$ 62—67°, analog aus 8,3 g **IV** u. 12 ml Allylamin; D_4^{20} 0,8181; n_D^{20} 1,4520; 56%. Renate Richter 980◇

0819 **Organoborverbindungen.** 95. Mitt. **Synthese von B-Alkyl-B-dialkylmercaptoderivaten des Borazols und einige ihrer Umwandlungen.** B. M. Michailow und A. F. Galkin. (Nachr. Akad. Wiss. UdSSR, Abt. chem. Wiss. **1962**, 619—23; russ.) — 94. vgl. vorst. Referat. — Bei der Rk. von B-Trialkylmercapto-N-trialkylborazolen mit Alkyl-Li oder Alkyl-MgCl entstehen *B-Alkyl-B-dialkylmercapto-N-trialkylborazole*, die mit Methanol, prim. u. sek. Aminen umgesetzt werden.

Versuche (alle Verss. unter N_2): *B-n-Butyl-B-di-n-butylmercaptoborazol*, $C_{12}H_{30}B_3N_3S_2$, Kp.$_{0,2}$ 115—120°, zu 11,6 g B-Tri-n-butylmercaptoborazol in 100 ml Bzl. gibt man in 1 Std. n-Butyl-MgCl (0,81 g Mg, 3,1 g n-Butylchlorid, 50 ml Ae.), kocht 2 Std. lang u. filtriert; D_4^{20} 0,9860; n_D^{20} 1,5065; 33% (Ausbeute). — *B-n-Butyl-B-di-n-butylmercapto-N-trimethylborazol*, $C_{15}H_{36}B_3N_3S_2$, Kp.$_{0,08}$ 152—160°, zu 20 g B-Tri-n-butylmercapto-N-trimethylborazol in 300 Bzl. gibt man in 1 Std. 2,54 g n-Butyl-Li in 50 ml Bzl. u. filtriert; D_4^{20} 0,9898; n_D^{20} 1,5035; 62,3%. Daneben 5,28 g einer Fraktion Kp.$_{0,08}$ 210—230°; n_D^{20} 1,5325. — *B-Äthyl-B-di-n-butylmercapto-N-triäthylborazol* (I), $C_{16}H_{38}B_3N_3S_2$, Kp.$_{0,15}$ 161 bis 163°, aus 29,5 g B-Tri-n-butylmercapto-N-triäthylborazol (II) in 500 ml Bzl. u. 2 g Äthyl-Li in 150 ml Isopentan; D_4^{20} 0,9826; n_D^{20} 1,5080; 62,5%. Daneben 5,65 g einer Fraktion Kp.$_{0,1}$ 210 bis 230°; n_D^{20} 1,5180. — *B-n-Butyl-B-di-n-butylmercapto-N-triäthylborazol* (III), $C_{18}H_{42}B_3N_3S_2$, Kp.$_{0,3}$ 165—167°, aus 19 g **II** in 300 ml Bzl. u. 2,27 g n-Butyl-Li in 100 ml Bzl.; D_4^{20} 0,9630; n_D^{20} 1,5082; 65,5%. — *B-n-Butyl-B-dimethoxy-N-triäthylborazol*, $C_{12}H_{30}B_3N_3O_2$, Kp.$_2$ 147—150°, zu 3 g **III** in 10 ml Bzl. gibt man 0,5 ml abs. Methanol u. erhitzt bis zum Sd.; D_4^{20} 0,9565; n_D^{20} 1,4608; 58%. — *B-n-Butyl-B-bis-[methylamino]-N-triäthylborazol*, $C_{12}H_{32}B_3N_5$, Kp.$_{0,1}$ 100—105°, aus 3 g **III** in 200 ml Bzl. u. 0,5 Methylamin; D_4^{20} 0,9557; n_D^{20} 1,4870; 76,2%. — *B-Äthyl-B-bis-[methylamino]-N-triäthylborazol*, $C_{10}H_{28}B_3N_5$, Kp.$_{0,3}$ 101—103°, analog aus **I**; D_4^{20} 0,9748; n_D^{20} 1,4850; 73,4%. — *B-Äthyl-B-bis-[dimethylamino]-N-triäthylborazol*, $C_{12}H_{32}B_3N_5$, Kp.$_{0,3}$ 88—90°, zu 4,62 g **I** in 25 ml Bzl. gibt man 1,2 g Dimethylamin; D_4^{20} 0,9359; n_D^{20} 1,4830; 74,3%. — *B-n-Butyl-B-bis-[dimethylamino]-N-triäthyl-*

borazol, $C_{14}H_{36}B_3N_5$, Kp.$_{0,05}$ 110—115°, analog aus **III**; D_4^{20} 0,9333; n_D^{20} 1,4845; 70% Renate Richter 980◇

0820 **Organoborverbindungen.** 96. Mitt. **Reaktionen von 1.2-Diaryldiboranen mit primären Aminen.** B. M. Michailow und W. A. Dorochow. (Nachr. Akad. Wiss. UdSSR, Abt. chem. Wiss. **1962**, 623—27; russ.) — 95. vgl. vorst. Referat. — Bei der Rk. von 1.2-Diaryldiboranen mit prim. aliphat. Aminen entstehen *Alkyl-Arylboran-Komplexe*, die sich mit Aminen zu *Aryl-bis-[alkylamino]-boranen* umsetzen u. bei der Pyrolyse *Diaryl-[alkylamino]-borane* u. *N-Trialkylborazole* ergeben.

Versuche (alle Verss. unter N_2 oder Ar): *1.2-Di-p-tolyldiboran* (**I**), $C_{14}H_{18}B_2$, F. 128—132° (Zers.), in die Lsg. von 19 g Di-p-tolylborinsäureisobutylester in 30 ml abs. Ae. leitet man 0,055 Mol Diboran, filtriert u. wäscht mit Hexan; 75% (Ausbeute). — *Äthylamin–Phenylboran-Komplex*, $C_8H_{14}BN$, zu 9 g 1.2-Diphenyldiboran (**II**) in 180 ml Ae. gibt man bei —10 bis 0° 6 g Äthylamin (**III**) u. dest. bei 2 Torr das Lsgm. ab; zähe Fl.; 13,5 g. Gibt bei 8std. Erhitzen auf 70—100° *Diphenyl-[äthylamino]-boran* (Kp.$_3$ 124—128°; n_D^{20} 1,5752; 57%). — *Isobutylamin–Phenylboran-Komplex* (**IV**), $C_{10}H_{18}BN$, analog aus 9,5 g **II** u. 7,8 g Isobutylamin (**V**); n_D^{20} 1,5230; quantitativ. — *Isobutylamin-p-Tolylboran-Komplex*, $C_{11}H_{20}$·BN, F. 51—53° (Ae. u. Hexan), aus 8,7 g **I** u. 6,2 g **V**; 14,8 g. — *Äthylamin–α-Naphthylboran-Komplex* (**VI**), $C_{12}H_{16}BN$, F. 71 bis 73° (Zers.; Ae. u. Hexan), aus 13 g 1.2-Di-α-naphthyldiboran u. 5 g **III**; 17,2 g. — *Isobutylamin–α-Naphthylboran-Komplex* (**VII**), $C_{14}H_{20}BN$, F. 90—92° (Zers.; Ae. u. Hexan), analog vorst. Verb. mit **V**; quantitativ. — *Phenyl-bis-[isobutylamino]-boran*, $C_{14}H_{25}BN_2$, Kp.$_2$ 96—98°, man erhitzt 13,6 g **IV** u. 7,3 g **V** in 2 Std. von 50 auf 150°; D_4^{20} 0,8892; n_D^{20} 1,4930; 69%. — *α-Naphthyl-bis-[isobutylamino]-boran*, $C_{18}H_{27}BN_2$, Kp.$_{2,5}$ 156—158°, durch Erhitzen von 8,1 g **VII** mit 3,6 g **V** von 100 auf 150° in 2 Std.; D_4^{20} 0,9845; n_D^{20} 1,5478; 71%. — *Diphenyl-[isobutylamino]-boran*, Kp.$_3$ 146—150°; Kp.$_{0,5}$ 108 bis 110°, a) durch langsames Erhitzen von 17,9 g **IV** auf 200°; 11,8 g [daneben 0,7 g *N-Triisobutylborazol* (**VIII**), Kp.$_{1,5}$ 76 bis 84°]; gibt mit A. *Diphenylborinsäureäthylester* (Kp.$_{1,5}$ 113 bis 115°; n_D^{20} 1,5571); b) durch 3std. Erhitzen von 9,7 g **IV** auf 100—120°, Versetzen mit 0,5 ml n-Butylmercaptan (**IX**) u. ½std. Erhitzen; 6,2 g. Daneben 1,1 g **VIII**. — *Di-α-naphthyl-[äthylamino]-boran*, $C_{22}H_{20}BN$, F. 89—91°, durch 1½std. Erhitzen von 10 g **VI** mit 1 ml **IX** auf 100—130°; 72%. Daneben 0,3 g *N-Triäthylborazol* (Kp.$_{24}$ 72—76°). — *Di-α-naphthyl-[isobutylamino]-boran*, $C_{24}H_{24}BN$, Kp.$_2$ 229—231°, analog aus 15,7 g **VII** u. 1 ml **IX**; 9,1 g. Daneben 1,2 g **VIII**, Kp.$_{3,5}$ 91 bis 96°; n_D^{20} 1,4480. Renate Richter 980◇

0821 **Organoborverbindungen.** 97. Mitt. **Über die Einwirkung von Diboran auf Dialkylborinsäureester.** B. M. Michailow und L. Ss. Wassiljew. (Nachr. Akad. Wiss. UdSSR, Abt. chem. Wiss. **1962**, 628—34; russ.) — 96. vgl. vorst. Referat. — Vff. untersuchen die Rk. von Dialkylborinsäureestern mit Diboran.

Versuche (alle Verss. unter N_2): *Di-n-propylborinsäure, n-Heptylester* (**I**), $C_{13}H_{29}BO$, Kp.$_{2,5}$ 70—72°, a) zu 37 g Tri-n-propylboran (**II**) u. 1,5 ml n-Butylmercaptan (**III**) gibt man tropfenweise 43 ml n-Heptylalkohol (**IV**) u. erhitzt noch 1½ Std. auf 135°; D_4^{20} 0,7912; n_D^{20} 1,4250; 85% (Ausbeute); b) aus 4,7 g symm.-Tetrapropyldiboran (**VII**) u. 9,1 g n-Propylboronsäuredi-n-heptylester (**VI**) in 50 ml Ae. durch Stehen über Nacht; 2,9 g; daneben 0,45 g *1.2-Di-n-propyldiboran* (**VIII**). *n-Hexylester* (**V**), $C_{12}H_{27}BO$, Kp.$_3$ 63—64°, aus 27 g **II**, 2,5 ml **III** u. 35,6 ml n-Hexylalkohol; D_4^{20} 0,7864; n_D^{20} 1,4220; 93,5%. — *n-Propylboronsäure, Di-n-heptylester* (**VI**), $C_{17}H_{37}$·BO_2, Kp.$_{2,5}$ 114—115°, Kp.$_{3,5}$ 124—127°; D_4^{20} 0,8292; n_D^{20} 1,4292; a) durch Umesterung des Di-n-butylesters mit **IV**; 89%; b) man leitet in die Lsg. von 36 g **I** in 70 ml abs. Ae. in 4½ Std. bei Zimmer-Temp. 0,0318 Mol Diboran ein, dest. nach 4 Tagen den Ae. im Vakuum ab u. fraktioniert nach 3 Tagen langem Stehen; 78%; daneben 4,5 g *symm.-Tetrapropyldiboran* (**VII**, Kp.$_3$ 41—42°; n_D^{20} 1,4285) u. 3 g **VIII**; c) aus 26,3 g **I** in 50 ml abs. Ae. u. 0,0133 Mol Diboran in 1½ Std., 9 Tage bei Zimmer-Temp. stehenlassen, dann bei 5° mit 4 ml abs. Methanol behandeln u. destillieren; 70%. Daneben etwas *n-Propylboronsäuredimethylester* u. 5,2 g *Di-n-propylborinsäuremethylester*, Kp.$_{90}$ 67—73°; n_D^{20} 1,3980. *Di-n-hexylester*, Kp.$_{3,5}$ 95—98°, Kp.$_3$ 90—93°; n_D^{20} 1,4245; a) aus 31,6 g **V** in 100 ml abs. Ae. u. 0,0875 Mol Diboran bei Zimmer-Temp. in 3½ Std. u. Stehen über Nacht; 60%; daneben 0,8 g **VII**, 8,1 g **I**, 2,1 g *Tri-n-hexylborat* (Kp.$_2$ 120 bis 125°; n_D^{20} 1,4260) u. 5,2 g vorwiegend *1.1-Di-n-propyldiboran* [Rk. von 5 g mit 40 ml **IV** gibt 5,6 g **I**, 0,7 g **VI** u. 9,8 g *Tri-n-heptylborat* (**IX**), Kp.$_2$ 147—151°; n_D^{20} 1,4312]; b) aus 17,1 g **V** u. 0,0419 Mol Diboran bei Zimmer-Temp. in 7 Tagen; 73%; daneben 0,8 g **VII**, 1,6 g **V** u. 2,9 g **VIII**; c) aus 22,7 g **V** u. 0,0532 Mol Diboran bei Zimmer-Temp. in 4 Std., Stehen über Nacht u. 2½std. Erhitzen auf dem Wasserbad; 63%; daneben 1,5 g **VI**, 2,3 g **V** u. 3,2 g *1.1-* u. *1.2-Di-n-propyldiboran*; d) aus 21 g **V** u. 0,0146 Mol Diboran bei Zimmer-Temp. in 2½ Std. u. Stehen über Nacht; 48,5%; daneben 2,2 g **VII**, 8,3 g **V** u. 0,6 g **VIII**. — *n-Butylboronsäuredimethylester*, Kp.$_{35}$ 43—45°, zu 27,4 g Di-n-butylborinsäuremethylester leitet man unter Erhitzen auf dem Wasserbad in 2½ Std. 0,04 Mol Diboran ein u. versetzt nach dem Abkühlen mit 22,4 g Anilin; n_D^{20} 1,3940; 67,5%; daneben 18,2 g *Di-n-butylanilinoboran* (Kp.$_{1,5}$ 100—103°; n_D^{20} 1,5007) u. 11,3 g *Butyldianilinoboran*, (Kp.$_{0,04-0,06}$ 120—125°; n_D^{20} 1,5762). Renate Richter 980◇

0822 **Eine neue Methode zur Darstellung von siliciumorganischen Monomeren durch Kondensation von Alkenyl-, Aryl- und Olefinchloriden mit Hydridsilanen bei hoher Temperatur.** Je. A. Tschernyschew, W. F. Mironow und A. D. Petrow. (Nachr. Akad. Wiss. UdSSR, Abt. chem. Wiss **1960**, 2147—56; Zelinsky-Inst. für organ. Chem. der Akad. der Wiss. der UdSSR; russ.) — Es wird eine kontinuierliche Hochtemp.-Kondens. von Silicochloroform (**I**), Alkyldichlor- (**A**) u. Dialkylchlorsilanen (**B**) mit Alkenyl- (**C**) u. Arylchloriden (**D**) beschrieben, die bei 600—700° unter normalem Druck u. ohne Katalysator unter HCl-Abspaltung die entsprechenden *Alkenyl-* u. *Arylchlorsilane* liefert. Bei Verw. von asymm. **C** u. **D** werden hohe, bei symm. **C** u. **D**, bei Äthylen (**II**) oder Propylen (**III**) werden wesentlich schlechtere Ausbeuten erzielt. Die Rk. von **II** oder **III** mit **I** u. **A** verläuft unter H_2-Abspaltung u. liefert neben *Alkenyl-* auch *Alkylchlorsilane*. Trialkylsilane reagieren unter gleichen Bedingungen mit **C** unter Bldg. von *Trialkylchlorsilanen* u. dechloriertem **C**. Eine analoge Red. erfolgt bei allen Rkk. von **D** mit **I**, **A** oder **B** u. liefert die entsprechenden aromat. KW-Stoffe in bis zu 30%ig. Ausbeute. Durch pyrolyt. Zers. der Silane entstehen außerdem geringe Mengen von Si. Bei den Rkk. von **D** besteht bei maximaler Ausbeute eine lineare, reziproke Abhängigkeit von Rk.-Dauer u. Temperatur. Alle Rkk. verlaufen nach dem radikal. Mechanismus. Bei Verw. von Alkenyl- oder Arylbromiden erfolgt nur Red. unter Bldg. ungesätt. KW-Stoffe.

Versuche: Silane: *Vinyltrichlor-*, Kp. 92—93°, a) beim Durchleiten von **II** durch ein auf 600° erhitztes Glasrohr (15 Liter/h)unter gleichzeitigem Zutropfen von 485 g **I** (1 Tropfen/Sek.); 17% (Ausbeute); daneben 4% *Äthyltrichlorsilan*, 50 ml $SiCl_4$ u. 100 g polymere Prodd.; b) analog aus **I** u. Vinylchlorid (**IV**); 60%; c) aus Hexachlordisilan u. **IV**; 20%; daneben 40% $SiCl_4$; d) aus **I** u. Vinylidenchlorid; 16%; daneben 3% *α-Chlorvinyltrichlorsilan*. — *Vinylmethyldichlor-*, a) aus **II** u. Methyldichlorsilan (**V**); 12%; daneben 3% *Äthylmethyldichlorsilan*; b) aus **IV** u. **V**; 52%; c) aus **V** u. Äthylenchlorid; 10%. — *Äthyltrichlor-*, a) aus **I** u. **III**; 5%; daneben 5% *Propenyltrichlorsilan*; b) aus **I** u. Allylchlorid (**VI**); 40%. — *Vinyläthyldichlor-*, aus Äthyldichlorsilan (**VII**) u. **IV**; 27%. — *Vinyläthylmethylchlor-*, aus Äthylmethylchlorsilan u. **IV**; 15%. — *β-Chlorvinylmethyldichlor-*, aus **V** u. 1.2-Dichloräthylen; 20%; daneben 18% *1.2-Bis-[methyldichlorsilyl]-äthylen*. — *β.β-Dichlorvinyltrichlor-*, aus **I** u. 1.1.2-Trichloräthylen (**VIII**); 65%. — *β.β-Dichlorvinylmethyldichlor-*, aus **V** u. **VIII**; 28%. — *β.β-Dichlorvinyläthyldichlor-*, aus **VII** u. **VIII**; 12%. — *α.β.β-Trichlorvinyltrichlor-*, aus **I** u. Tetrachloräthylen; 5%. — *Allylmethyldichlor-*, aus **V** u. **VI**; 30%; daneben 5% *Propenylmethyldichlorsilan*. — *Methallylmethyldichlor-*, a) aus **V** u. Methallylchlorid; 15%; daneben 7% *Isobutylmethyldichlorsilan* (**IX**); b) aus **V** u. Isobutenylchlorid; 8%; daneben 15% **IX**. — Phenyltrichlorsilane: *Unsubstituiert*, Kp. 198—201°, bei mDurchleiten von Chlorbenzol (**X**) u. **I** (2 : 1 Mol) durch ein auf 680° erhitztes Rohr mit einer Geschw. von 45 g/h (Kontaktzeit 15 Sek.); 52%; daneben 47,6 g *$SiCl_4$* u. 15,8 g *Benzol*. — *p-Methyl-*, analog aus **I** u. p-Chlortoluol; 55%. — *o-Methyl-*, aus **I** u. o-Chlortoluol; 45%. — *p-Chlor-*, aus **I** u. p-Dichlorbenzol (**XI**); 29%; daneben 15% *p-Bis-[trichlorsilyl]-benzol*. — *2.5-Dimethyl-*, aus **I** u. 2.5-Dimethylchlorbenzol; 50%. — *2.4.6-Trimethyl-*, aus **I** u. 2.4.6-

Trimethylchlorbenzol; 50%. — *p-Vinyl-*, aus **I** u. p-Chlorstyrol; 25%. — Silane: *α-Naphthyltrichlor-*, aus **I** u. α-Chlornaphthalin (**XII**), 60%. — *β-Naphthyltrichlor-*, aus **I** u. β-Chlornaphthalin (**XIII**); 48%. — *β-Styryltrichlor-*, aus **I** u. β-Chlorstyrol; 75%. — *Methylphenyldichlor-*, aus **V** u. **X**; 35%. — *p-Chlorphenylmethyldichlor-*, aus **V** u. **XI**; 20%; daneben 8% *p-Bis-[methyldichlorsilyl]-benzol.* — *α-Naphthylmethyldichlor-*, aus **V** u. **XII**; 49%. — *β-Naphthylmethyldichlor-*, aus **V** u. **XIII**; 40%. — *α-Naphthyläthyldichlor-*, aus Äthyldichlorsilan (**VII**) u. **XII**; 19%. — *Diphenyldichlor-*, aus Phenyldichlorsilan u. **X**; 35%. I. Schade 980△

0823 **Bromierung von Oktamethylcyclotetrasiloxan.** 3. Mitt. A. I. Ponomarew und A. L. Klebanski. (J. allg. Chem. [UdSSR] **32 (94)**, 4022—25. 1962; russ.) — 2. vgl. C. **1964**, 3-0851. — Die Bromierung von Oktamethylcyclotetrasiloxan (**I**) mit BrCl unter Bestrahlung verläuft nach dem radikal. Mechanismus unter Bldg. von *Mono-*, *Di-* (**II**) u. *Tribrommethylheptamethylcyclotetrasiloxan* (**III**). Die Substitution der H-Atome einer Methylgruppe durch Br wird durch Verseifung mit KOH gezeigt, wobei aus **II** nur *Methylenbromid* u. aus **III** nur *Bromoform* erhalten wird.

Versuche: Heptamethylcyclotetrasiloxane: *Brommethyl-*, $C_8H_{23}BrO_4Si_4$, $Kp._{10}$ 105—106°, durch Zutropfen von 3 ml Br_2 zu 636 g **I** in einem mit Rückflußkühler versehenen Kolben, dessen oberer Teil mit festem CO_2 gekühlt wird, unter Einleiten von Cl_2 u. Bestrahlung, erneute Zugabe von 5 ml Br_2, Wiederholen der Behandlung bis zum Verbrauch von 80 g Br_2 u. Fraktionierung; n_D^{20} 1,4271; $D._4^{20}$ 1,153; 45,5% (Ausbeute). Daneben **II** u. **III**. — *Dibrommethyl-* (**II**), $C_8H_{22}Br_2O_4Si_4$, $Kp._8$ 129—131°; n_D^{20} 1,4452; $D._4^{20}$ 1,351; 23,1%. — *Tribrommethyl-* (**III**), $C_8H_{21}Br_3O_4Si_4$, $Kp._9$ 170 bis 175°; n_D^{20} 1,4813; $D._4^{20}$ 1,558; 6,3%. I. Schade 980△

0824 **Reaktion von Siliciumtetrachlorid mit tert.-Butylacetat. Eine neue Synthese von Tetraacetoxysilan.** R. C. Mehrotra und B. C. Pant. (Tetrahedron Letters [London] **1963**, Nr. 5, 321—22; Jaipur (India), Univ. of Rajasthan, Dep. of Chem.; engl.) — Krist. *Tetraacetoxysilan* wird in 99%ig. Ausbeute durch Rk. von $SiCl_4$ mit einem Überschuß an tert.-Butylacetat (**I**) bei Raum-Temp. erhalten. Rk. von Dimethyldichlorsilan u. **I** ergibt in der Siedehitze quant. *Dimethyldiacetoxysilan.* Mit Trimethylchlorsilan verläuft die Rk. langsamer, während sie mit Diphenyldichlorsilan unvollständig abläuft. E. Sidow 980◇

0825 **Einführung funktioneller Gruppen in organische Germaniumverbindungen.** Michel Lesbre und Jacques Satgé. (C. R. hebd. Séances Acad. Sci. **247,** 471—74, 1958; Toulouse, Fac. des Sci.; franz.) — Trialkylgermane lagern sich an Vinyl-Deriv. an u. reagieren mit Diazoestern oder Diazoketonen unter N_2-Abspaltung.

Versuche: Trialkylgermane, aus den Trialkyl-Ge-Bromiden [aus Tetraalkyl-Ge u. Br_2 in Ggw. von $AlBr_3$] u. $LiAlH_4$: *Tri-n-butyl-*, $C_{12}H_{28}Ge$, $Kp._{20}$ 123°, n_D^{20} 1,4508, $D._4^{20}$ 0,9490. — *Tri-n-amyl-*, $C_{15}H_{34}Ge$, $Kp._{11}$ 150°, n_D^{20} 1,4542, $D._4^{20}$ 0,9310. — *Triisoamyl-*, $Kp._{17}$ 140°, n_D^{20} 1,4517, $D._4^{20}$ 0,9238. — Triäthylgermane: *Cyanäthyl-*, Kp. 225 bis 227°. — *Carboxyäthyl-*, $Kp._{10}$ 158—160°. — *Formyläthyl-*, $Kp._{17}$ 129—131°. — *Acetonyl-*, $Kp._{20}$ 111°. — *Phenacyl-*, $Kp._3$ 135°. — Tri-[n-propyl]-germane: *Methoxycarbonyläthyl-*, $Kp._{18}$ 150—154°. — *Hydroxypropyl-*, $Kp._{20}$ 175—180°. — Tri-[n-butyl]-germane: *Cyanäthyl-*, $Kp._{11}$ 168—169°. — *Carbäthoxyäthyl-*, $Kp._{95}$ 122—124°. — *Hydroyxpropyl-*, $Kp._3$ 153—155°. — *Formyläthyl-*, $Kp._1$ 125—128°. — *Carbäthoxymethyl-*, $Kp._{10}$ 160—165°. — *Tri-n-amylcyanäthylgerman*, $Kp._{11}$ 193—194°. K. Lehmstedt 980

0826 **Anlagerung von Lithiumdialkylphosphiden an Vinylacetylenkohlenwasserstoffe.** A. A. Petrow und W. A. Kormer. (Ber. Akad. Wiss. UdSSR **132,** 1095—98, 1960; Leningrad, Technolog. Lensowjet-Inst.; russ.) — Es wird die Struktur der bei der Rk. von Vinyl- (**I**), Vinylmethyl- (**II**) u. Vinyläthylacetylen (**III**) mit Li-Diäthyl- (**IV**) oder Li-Dibutylphosphid (**I**) u. Behandlung der Rk.-Prodd. mit W. erhaltenen *ungesätt. Phosphine* mit Hilfe der IR-Spektren untersucht u. festgestellt, daß aus **I** u. **V** vorwiegend *Butin-(3)-yl-* neben *Butadien-(2.3)-yl-* u. *Butadien-(1.3)-yldibutylphosphin* erhalten wird, während in allen anderen Fällen die Allenverbb. überwiegen, die Acetylen-Verbb. ganz fehlen u. die Dien-Verbb. nur wenig oder gar nicht auftreten. Außerdem entstehen polymere, P-haltige Verbb. in größeren Mengen. — Die Darst. von *Diäthylbutyl-* u. *Tributylphosphin* wird beschrieben.

Versuche (alle Verss. unter Ar): Phosphine: Durch Zugabe von 0,8 Mol Dialkylphosphin in 25 ml Ae. zu 0,08 bis 0,1 Mol Li-Alkyl in 75 ml Ae., Zutropfen von 0,08 mol I–II nach 30 Min. (Wärme-Entw.), ½ std. Rühren u. Gießen in Eiswasser: *Isomerengemisch mit 40% Butin-(3)-yldibutyl-*, $C_{12}H_{23}P$, $Kp._6$ 95—96°, aus **I** u. **V**; n_D^{20} 1,4830; $D._4^{20}$ 0,8448; 10% (Ausbeute); daneben 2,5 g Polymere. — *Pentadien-(2.3)-yldiäthyl-*, $C_9H_{17}P$, $Kp._5$ 60—61°, aus **II** u. **IV**; n_D^{20} 1,5050; 4,5 g; daneben 4,5 g Polymere. — *Hexadien-(2.3)-yldiäthyl-*, $C_{10}H_{19}P$, $Kp._5$ 78—79°, aus **III** u. **IV**; n_D^{20} 1,5025; $D._4^{20}$ 0,8569; 4,6 g; daneben 7,3 g Polymere. — *Hexadien-(2.3)-yldibutyl-*. $C_{14}H_{27}P$, $Kp._5$ 125—126°, aus **III** u. **V**; n_D^{20} 1,4952; $D._4^{20}$ 0,8534; 5 g; daneben 7,5 g Polymere. — *Diäthylbutyl-*, $Kp._5$ 41—42°, $Kp._{100}$ 106—107°, aus **IV** u. Butylchlorid (**VI**); n_D^{20} 1,4600; $D._4^{20}$ 0,8094; 60%. — *Tributyl-*, $Kp._5$ 96—97°, $Kp._{32}$ 135,5—136°, $Kp._{60}$ 146—147°, aus **V** u. **VI**; n_D^{20} 1,4632; $D._4^{20}$ 0,8191. I. Schade 980△

0827 **Tetramethylenphosphinsäure.** Burckhardt Helferich und Ernst Aufderhaar. (Liebigs Ann. Chem. **658,** 100—03, 1962; Bonn, Univ., Chem. Labor.; dt.) — *Tetramethylenphosphinsäure* (**I**) wird in guter Ausbeute aus 1-Chlor-4-brombutan über mehrere Stufen dargestellt. Die Ergebnisse der Unters. beweisen, daß die von Kosolapoff u. Struck (vgl. C. **1958,** 4736) beschriebene Verb. nicht mit **I** ident. ist.

Versuche: *Gemisch* (**A**) aus *[4-Chlorbutyl]-dichlorphosphin* u. *1.8-Dichloroctan* (**II**), $Kp._{11}$ 109—112°, durch 3std. Zugabe von 60,7 g Mg zu 480 g 1-Chlor-4-brombutan in abs. Ae., 12std. Stehen bei Raum-Temp. unter N_2, Zugabe von $CdCl_2$ unter Kühlung, 4std. Stehen bei 0°, Zugabe einer auf —30° gekühlten PCl_3/Ae.-Lsg., 12std. Stehen bei Raum-Temp., Absaugen unter CO_2 u. Einengen im Vakuum unter N_2; 113 g (Ausbeute). — *Gemisch* (**B**) aus *[4-Chlorbutyl]-phosphonigsäurediäthylester* u. **II**, $Kp._{0,05}$ 70—71°, durch ½ std. Zugabe von 155 g **A** zu N.N-Dimethylanilin in abs. A./abs. Ae. unter N_2, 3std. Stehen, 2std. Kochen, Absaugen unter CO_2 u. Einengen; 124 g. — *[4-Chlorbutyl]-thiophosphonsäurediäthylester*, $C_8H_{18}ClO_2PS$, $Kp._{0,01}$ 87—88°, durch Zugabe von S zu 7 g **B** u. 10 Min. langes Erwärmen auf 150°; schwachgelbe Fl.; 4,8 g. — *[4-Chlorbutyl]-phosponigsäuredi-n-butylester* (**III**), $C_{12}H_{26}ClO_2P$, $Kp._{0,05}$ 99°, durch Umsetzung von 48,5 g **A** mit n-Butanol in Ggw. von Pyridin analog **B**; 29 g; daneben **II**. — *Tetramethylenphosphinsäureäthylester* (**IV**), $C_6H_{13}O_2P$, $Kp._{12}$ 107°, durch langsames Erwärmen von 96 g **B** unter Entw. von *Äthylchlorid* auf 145°, 5 Min. langes Erwärmen auf 190° u. Dest.; 16,5 g (roh). — *Octandiol-(1.8)-bis-[tetramethylenphosphinat]* (**V**), $C_{16}H_{32}O_4P_2$, $Kp._{0,01}$ 218—220°, neben **IV**; 26 g (roh). — *Tetramethylenphosphinsäure-n-butylester*, $C_8H_{17}O_2P$, $Kp._{0,05}$ 76°, durch 1std. Erwärmen von 26,9 g **III** auf 230° analog **IV**; 12,5 g. — *Tetramethylenphosphinsäure* (**I**), $C_4H_9O_2P$, F. 53—54,5° (PAe.), a) durch 3std. Kochen vorst. Esters mit rauchender HCl, Einengen auf dem Wasserbad, Lösen in wenig W., Eindampfen u. Trocknen bei 80°; aus PAe. Nadeln; 75%; b) durch Hydrolyse von **IV**; c) durch Hydrolyse von **V** neben **II**. W. Hampel 980△

0828 **Untersuchungen auf dem Gebiet der Synthese von Herbiciden. 1. Mitt. 2.4-Dichlorphenoxyessigsäure-γ-chlorcrotylester („Crotilin").** W. W. Dowlatjan. (Nachr. Akad. Wiss. ArmenSSR, chem. Wiss. **12,** 125—31, 1959; Armen. Landwirtschafts-Inst., Lehrstuhl für allg. Chemie; russ., Auszug: armen.) — Nach 4 verschiedenen Meth. wird *2.4-Dichlorphenoxyessigsäure-γ-chlorcrotonylester* (**I**) dargestellt. Im Vgl. zu dem dem als Herbicid bekannten 2.4-Dichlorphenoxyessigsäurebutylester ist **I** weniger flüchtig u. genauso wirksam. 2.4-Dichlorphenoxyessigsäure (**II**) wird durch γ-Chlorcrotylalkohol, n-Butyl- u. Isoamylalkohol ohne Katalysatoren leicht verestert, das **II**-Na-Salz reagiert mit 1.3-Dichlorbuten-(2) nur in Ggw. von Pyridin.

Versuche: *2.4-Dichlorphenoxyessigsäure-γ-chlorcrotylester* (**I**; „*Crotilin*"), $C_{12}H_{11}Cl_3O_3$, a) $Kp._2$ 185—187°, zu 0,1 Mol 2.4-Dichlorphenoxyessigsäureanhydrid u. 0,11 Mol γ-Chlorcrotylalkohol in 60 ml Bzl. gibt man unter Eiskühlung 0,11 Mol Pyridin oder Triäthylamin, erhitzt 6 Std. auf dem Wasserbad, wäscht die organ. Phase mit W. u. dest.; 72,6% (Ausbeute); b) durch langsames Erhitzen von 0,7 Mol **II** mit 0,91 Mol γ-Chlorcrotylalkohol auf 170° (Bad-Temp.) unter Abdestillieren des entstehenden Rk.-W.; 76,5—80%; in Ggw. von p-Toluolsulfonsäure ist die Ausbeute nicht größer;

c) zu Na-2.4-Dichlorphenolat (aus 9,778 g 2.4-Dichlorphenol) gibt man 12 g Chloressigsäure-γ-chlorcrotylester u. erhitzt 5 Std. lang auf 155—160° (Bad-Temp.); 52—59%; d) Kp.₁ 186 bis 188°, durch 5std. Erhitzen von 0,6 Mol **II**-Na-Salz mit 180 ml 1.3-Dichlorbuten-(2) (Kp. 120—127°) u. 0,6 g Pyridin; 78,2—80%. — *Chloressigsäure-γ-chlorcrotylester*, $C_6H_8Cl_2O_2$, $Kp._1$ 88°, analog vorst. Verb. nach c); $D._4^{20}$ 1,2325; n_D^{20} 1,4614; 70,7%. G. Froehlich 1060◇

0829 **Untersuchungen auf dem Gebiet der Synthese von Herbiciden.** 2. Mitt. **γ-Chlorcrotylester von Aroxy- und Halogenessigsäuren.** W. W. Dowlatjan. (Nachr. Akad. Wiss. ArmenSSR, chem. Wiss. **12**, 201—06, 1959; russ., Auszug: armen.) — 1. vgl. vorst. Referat. — Durch Rk. von Aryloxyessigsäureanhydriden mit γ-Chlorcrotylalkohol (**I**) in Ggw. von Pyridin wurden einige *Aryloxyessigsäure-γ-chlorcrotylester* dargestellt. In einigen Fällen war die Ggw. von Pyridin als Katalysator nicht erforderlich. Chloressigsäure u. einige Aryloxyessigsäuren lassen sich ohne Katalysator mit **I** glatt verestern. Von den dargestellten Estern zeigten nur *p-Chlorphenoxy-* u. *p-Chlor-o-tolyloxyessigsäure-γ-chlorcrotylester* herbicide Aktivität.

Versuche: γ-Chlorcrotylester: *Chloressigsäure-*, $Kp._1$ 88°, durch Erhitzen von 0,2 Mol Chloressigsäure mit 0,26 Mol **I** auf dem Ölbad unter Abdestillieren des Rk.-Wassers (Meth. **A**); $D._4^{20}$ 1,2325; n_D^{25} 1,4615; 75,5% (Ausbeute). — *Trichloressigsäure-*, $Kp._1$ 90°; $D._4^{20}$ 1,4162; n_D^{20} 1,4750; 74,4% nach **A**. — *Phenoxyessigsäure-*, $Kp._1$ 155—156°, a) nach **A**; b) durch Zugabe von 0,1 Mol Pyridin zu 0,1 Mol Phenoxyessigsäureanhydrid u. 0,11 Mol **I** unter Kühlung u. 6std. Erhitzen (Meth. **B**); c) durch 5std. Erhitzen von 0,1 Mol Na-Phenoxyacetat mit 30 ml 1.3-Dichlorbuten-(2) u. 0,2 g Pyridin auf 130—135° (Meth. **C**), $D._4^{20}$ 1,1816; n_D^{20} 1,5140; 73, 70 bzw. 74,8%. — *o-Tolyloxyessigsäure-*, $Kp._3$ 165°; $D._4^{20}$ 1,1505; n_D^{20} 1,5220; 72 bzw. 68% (nach **B** bzw. **C**). — *o-Nitrophenoxyessigsäure-*, $Kp._1$ 208—210°; $D._4^{20}$ 1,3414; n_D^{20} 1,5340; 47 bzw. 75% (**A** bzw. **C**). — *p-Chlorphenoxyessigsäure-*, $Kp._1$ 185—186°, F. 46—47°; 47% nach **C**. — *p-Chlor-o-tolyloxyessigsäure-*, $Kp._1$ 172—173°; $D._4^{20}$ 1,2637; n_D^{20} 1,5380; 60, 69 bzw. 62%. — *α-Naphthoxyessigsäure-*, $Kp._1$ 208—210°, F. 54°; 44% nach **A**. — *β-Naphthoxyessigsäure-*, $Kp._1$ 215°, F. 43°; 62 bzw. 63% (**A** oder **C**). G. Froehlich 1060◇

0830 **Untersuchungen über Farbkuppler für die subtraktive Farbphotographie.** 5. Mitt. **Synthese von sulfonamidgruppenhaltigen Benzoylacetanilidderivaten.** Noboru Kunimine. (J. pharmac. Soc. Japan [Yakugakuzasshi] **75**, 618—20, Juni 1955; Tokyo, Konishiroku Photo Ind. Co., Chem. Res. Labor.; jap., Auszug: engl.) — 6. vgl. C. **1964**, 11-0843. — m-Benzoylacetamidoanilinhydrochlorid (**I**) wird mit verschiedenen Aryl- oder heterocycl. Sulfonylchloriden umgesetzt.

Versuche: m-Benzoylacetamidoaniline: *N-Benzolsulfonyl-*, $C_{21}H_{18}N_2O_4S$, F. 156—157°, durch Rk. von **I** mit Benzolsulfonsäurechlorid; 15 g (Ausbeute). — *N-p-Toluolsulfonyl-*, $C_{22}H_{20}N_2O_4S$, F. 146—147°, durch Rk. von **I** mit p-Toluolsulfonsäurechlorid; 5,3 g. — *N-p-Methoxybenzolsulfonyl-*, $C_{22}H_{20}N_2O_5S$, F. 108—109°, durch Rk. von **I** mit p-Methoxybenzolsulfonsäurechlorid; 5,2 g. — *N-p-Chlorbenzolsulfonyl-*, $C_{21}H_{17}ClN_2O_4S$, F. 141°, durch Rk. von **I** mit p-Chlorbenzolsulfonsäurechlorid; 5,5 g. — *N-m-Nitrobenzolsulfonyl-*, $C_{21}H_{17}N_3O_6S$, F. 189—190°, durch Rk. von **I** mit m-Nitrobenzolsulfonsäurechlorid; 6,5 g. — *N-p-Acetamidobenzolsulfonyl-*, $C_{23}H_{21}N_3O_5S$, F. 119—121°, durch Rk. von **I** mit p-Acetamidobenzolsulfonsäurechlorid; 6,5 g. — *N-Chinolin-8-sulfonyl-*, $C_{24}H_{19}N_3O_4S$, F. 111°, durch Rk. von **I**, mit Chinolin-8-sulfonsäurechlorid (F. 122°); 5,7 g. — *N-Diphenyl-4-sulfonyl-*, $C_{27}H_{22}N_2O_4S$, F. 110—115°, durch Rk. von **I** mit Diphenyl-4-sulfonylchlorid (F. 105—106°); 5,5 g. — *N.N'-Bis-[m-benzoylacetamidophenyl]-diphenylsulfon-3.3'-disulfonamid*, $C_{42}H_{34}N_4O_{10}S_3$, F. 148—149°, durch Rk. von **I** mit Diphenylsulfon-3.3'-disulfonylchlorid (F. 78°); 4 g. W. Mucke 1090△

0831 **Substitutionsreaktionen von Resorcinderivaten.** 2. Mitt. **Kernalkylierung.** 2. Mitt. Nobuyoshi Kaneniwa. (J. pharmac. Soc. Japan [Yakugakuzasshi] **75**, 670—74, Juni 1955; Kanazawa, Univ. of Kanazawa, Pharmac. Fac.; jap., Auszug: engl.) — 3. vgl. C. **1962**, **1961**. — Durch Kernmethylierung von Resacetophenon (**I**) wird *3-Methyl-2.4-dihydroxyacetophenon* ($C_9H_{10}O_3$, F. 157°. *Oxim*, $C_9H_{11}NO_3$, F. 128,5°) erhalten, dessen Verätherung *3-Methyl-2-hydroxy-4-methoxyacetophenon* (**II**, F. 83°. *Oxim*, $C_{10}H_{13}NO_3$, F. 161°) gibt. Die Ausbeute an **II** ist abhängig vom optimalen mol. Verhältnis **I** : KOH : Methyljodid = 1 : 2,5 : 4; ist das Verhältnis äquimol., so ist das Hauptprod. *Päonol* (F. 40°, Kp. —147—149°. *Oxim*, $C_{10}H_{13}NO_3$, F. 125,5°. W. Mucke 1180△

0832 **Reaktion eines Ketyls mit Dibenzoylperoxid in Benzol.** John F. Garst, Donald Walmsley und William R. Richards. (J. org. Chemistry **27**, 2924—25, 1962; Riverside, Calif., Univ. of California, Dep. of Chem.; engl.) — Bei der Rk. von Alkalimetall–Benzophenonketyl mit Dibenzoylperoxid (**I**) in Bzl. bei Raum-Temp. erfolgt rasch die Bldg. von *Benzoesäure*, u. das zur Ketyl-Darst. eingesetzte *Benzophenon* (**II**) wird fast quant. zurückgewonnen. Dagegen konnten keinerlei peroxid. Prodd. nachgewiesen werden. Bei der obigen Rk. handelt es sich um das erste beschriebene Beispiel der durch ein Anion-Radikal induzierten Spaltung von **I** u. einem der wenigen Fälle, in denen eine homolyt. Spaltung von **I** in Bzl. eintritt, ohne daß ein Angriff auf das Lsgm. erfolgt. Bei einem durch 14std. Rühren von **I** mit K-Metall in Bzl. durchgeführten Vers. wurde das eingesetzte **I** fast quant. wiedergewonnen.

Versuche: *Benzoesäure*, F. 121,5—122,5°, durch Zutropfen einer 0,169 mol. benzol. Lsg. von **I** zu der durch magn. Rühren in Reinststickstoff aus Na–K-Leg. (0,16 Mol jedes Alkalimetalls) oder aus K allein u. 0,318 Mol **II** in Bzl. erhaltenen Ketyl-Lsg., weiteres Zutropfen der **I**-Lsg. über mehrere Std. unter ständigem Rühren, wobei dafür zu sorgen ist, daß zu keinem Zeitpunkt ein **I**-Überschuß zugetropft wird (vollständige Entfärbung der blauen Ketyl-Lsg. wird nicht herbeigeführt), Abdampfen des Bzl. im Vakuum nach Rk. von 0,0878 Mol **I**, Extrahieren des Rückstandes mit Ae. zur Abtrennung von **II**, Aufnehmen des ungelöst gebliebenen Alkali-Benzoats in W. u. Ansäuern; 0,175 Mol (Ausbeute 100%, bezogen auf **I**). — *Benzophenon* (**II**), F. 44,5—47°, aus dem Ae.-Extrakt; 0,306 Mol (roh). D. Holzner 1210

0833 **Verseifung von Benzonitril-Derivaten nach der Radciszewsky-Methode.** Torizo Takahashi und Yoshiki Hamada. (J. pharmac. Soc. Japan [Yakugakuzasshi] **75**, 755—56, 1955; Kyoto, Univ. of Kyoto, Med. Fac., Pharmac. Inst.; jap., Auszug: engl.) — Die Verseifung von 2-Nitro- oder 2-Amino-6-alkoxybenzonitrilen nach der Meth. von Radciszewski [1885] gibt die entsprechenden *Säureamide*, allerdings läßt sich 2.6-Dimethoxybenzonitril nach dieser Meth. nicht verseifen. Bei der Behandlung von 2-Nitro-6-methoxybenzonitril mit konz. H_2SO_4 bei 60—65° erhält man durch Zers. *m-Nitrophenol* (F. 95°).

Versuche: *2-Nitro-6-butoxybenzonitril* (**I**), $C_{11}H_{12}N_2O_3$, F. 97°, aus m-Dinitrobenzol. — *2-Nitro-6-methoxybenzamid*, $C_8H_8N_2O_4$, F. 195°, aus 1,0 g 6-Methoxy-2-nitrobenzonitril, 0,6—1,0 g (Ausbeute). — *2-Amino-6-methoxybenzonitril* (**II**), $C_8H_8N_2O$, F. 141°. — 2-Nitrobenzamide: *6-Äthoxy-*, $C_9H_{10}N_2O_4$, F. 199—200°, aus 2,0 g 6-Äthoxy-2-nitrobenzonitril; 2,0 g. — *6-Butoxy-*, $C_{11}H_{14}N_2O_4$, F. 169°, aus 1,0 g **I**; 1,0 g. — *6-Methoxy-2-aminobenzamid*, $C_8H_{10}N_2O_2$, F. 151°, aus 1,0 g **II**; 0,8 g. W. Mucke 1250△

0834 **Synthese und Eigenschaften von Äthyl-1-acetyl-2-benzylcarbazat, einem Analogon von Acetyl-D- und -L-phenylalaninäthylester.** Abraham N. Kurtz und Carl Niemann. (J. org. Chemistry **26**, 1843—46, Juni 1961; Pasadena, Calif., California Inst. of Technol., Gates and Crellin Labor. of Chem.; engl.) — *1-Acetyl-2-benzylcarbazinsäureäthylester* (**I**) wird nach 3 Meth. synthetisiert: a) Essigsäurehydrazid (**II**) → *1-Acetyl-2-benzylidenhydrazin* (**III**) → *1-Acetyl-2-benzylhydrazin* (**IV**) → **I**; b) Benzylamin (**V**) → *Benzylurethan* (**VI**) → *N-Nitrosobenzylurethan* (**VII**) → *2-Benzylcarbazinsäureäthylester* (**VIII**) → **I**; c) **IV** → *2-Methyl-4-benzyl-1.3.4-oxadiazolon-(5)* (**IX**) → **I**. Die Red. von **III** wird mit H_2 in Ggw. von Pd-Schwarz ausgeführt; als Rohprod. wird eine schwierig zu reinigende, mit **II** verunreinigte Verb. erhalten. **VII** wird mit Zn/CH_3COOH red.; hierbei wird zunächst *2-Benzyl-2-carbäthoxy-1-N-benzyl-N-carbäthoxycarbamoylhydrazin* gebildet, das mit konz. HCl zu **III** u. **VI** hydrolysiert wird. Verss., **VII** mit H_2 in Ggw. von Pd oder Pt-Schwarz zu **VIII** zu reduzieren, gaben fast ausschließlich **VI**. Verss., **I** bei 0,1 Torr/125° zu dest., führten zu **IX**. Die IR-Spektren von **I** u. **IX** werden ausführlich erörtert. Im Gegensatz zu dem in W. neutralen **IX**, das in wss. Aceton stabil ist, wird das saure 2-Methyl-1.3.4-oxadiazolon-(5) (pK_a 7,93 ± 0,02 in W.) in Aceton (**X**)/W. langsam unter Bldg. saurer Prodd., wahrscheinlich durch Rk. mit **X** u. Spaltung zum Acetylhydrazon von **X** u. H_2CO_3, zersetzt.

Versuche: *Essigsäurehydrazid* (**II**), F. 64—66° (Ae./Chlf.), durch 20std. Kochen von Essigsäureäthylester, Hydrazinhydrat u. A. u. Eindampfen; hygroskop.; 65% (Ausbeute); gibt *1-Acetyl-4-phenylsemicarbazid*, F. 174,7—175,2° [95%ig. A. u. Hexan/A. (4 : 1)], durch 1½std. Kochen in Bzl. mit C_6H_5NCO; 30%; bzw. *1-Acetyl-2-isopropylidenhydrazin*, $C_5H_{10}N_2O$, F. 136,5—138° (wss. A.), durch 2 Min. langes Kochen mit **X** in Ggw. von Acetanhydrid (**XI**). — *1-Acetyl-2-benzylidenhydrazin* (**III**), F. 139—141° (wss. A.), durch portionsweise Zugabe von redest. C_6H_5CHO zu **II** in W. bei ca. 0° u. 2tägiges Stehen bei 5°; 66%. — *1-Acetyl-2-benzylhydrazin* (**IV**), $C_9H_{12}N_2O$, F. 81—82° (abs. Ae.), a) durch Schütteln von **III** in abs. A. mit H_2 u. Pd (nach Willstätter u. Waldschmidt-Leitz [1921]) bei 50 lbs./sq.in., Filtrieren, Eindampfen im Vakuum bei 25°, Lösen in W., Ansäuern auf pH 5 u. Extraktion mit Ae.; 43%; b) durch langsame Zugabe von Na-Amalgam zu 104 g Benzalazin in abs. A., 4std. Rühren bei 25°, Gießen in W. (→ *Benzalbenzylhydrazin*), Lösen des Nd. in sd. 1n HCl, Filtrieren, Dampf-Dest. des Filtrats, Neutralisieren des Destillats mit CaO, Filtrieren, Fraktionieren (→ *Benzylhydrazin*; n_D^{25} 1,554; 30 g) u. Rk. mit **XI**; wird durch 1std. Erhitzen mit C_6H_5NCO in Triäthylamin/Bzl. auf dem Dampfbad in *1-Acetyl-2-benzyl-4-phenylsemicarbazid* [$C_{16}H_{17}N_3O_2$, F. 183—183,7° (Chlf.); 46%] übergeführt. — *1-Acetyl-2-benzylcarbazinsäureäthylester* (**I**), $C_{12}H_{16}N_2O_3$, a) durch Zugabe von $ClCOOC_2H_5$ in abs. Chlf. zu **IV** u. $(C_2H_5)_3N$ in abs. Chlf. unter Kühlen in Eis/Salz, ½std. Stehen bei 0°, 16std. Stehen bei 25° u. Aufarbeiten; viscoses Öl; n_D^{25} 1,5216; 91%; b) durch ½std. Kochen von 3,98 g **IX** in Bzl. mit 0,5n äthanol. C_2H_5ONa-Lsg., ½std. Kochen u. Aufarbeiten; 3,8 g. — *2-Methyl-4-benzyl-1.3.4-oxadiazolon-(5)* (**IX**), $C_{10}H_{10}N_2O_2$, Kp.$_{0,025}$ 112°, a) durch Erhitzen von **I** auf 125°/0,1 Torr u. Dest.; n_D^{25} 1,5337; daneben *A.*; b) durch Einleiten von $COCl_2/N_2$ in eine Lsg. von **IV** in C_6H_5Cl u. Aufarbeiten; 82%. — *2-Methyl-1.3.4-oxadiazolon-(5)*, $C_3H_4N_2O_2$, F. 112°, analog **IX** nach b) aus **II** u. $COCl_2$ in W.; 25%. — *N-Nitrosobenzylurethan* (**VII**), durch portionsweises Zugeben von $ClCOOC_2H_5$ in Ae. zu redest. **V** in Ae./NaOH, Aufarbeiten der Ae.-Schicht, Eindampfen im Vakuum [→ *Benzylurethan* (**VI**), F. 44°; 75%], Lösen in CCl_4, Zugeben zu einer Lsg. von Na-Acetat u. NO_2 in CCl_4 bei 0°, Gießen auf Eis, Extraktion mit Ae. u. Aufarbeiten; $D._4^{25}$ 1,1500; n_D^{25} 1,5166; 94%. — *2-Benzyl-2-carbäthoxy-1-N-benzyl-N-carbäthoxycarbamoylhydrazin*, $C_{21}H_{25}N_3O_5$, F. 106°, durch Rühren von **VII**, Zn-Pulver, W. u. Eisessig bei 10° (20 Min.), 25° (3½ Std.) u. auf dem Dampfbad (1 Std.) u. Aufarbeiten; n_D^{25} 1,5189; 85%; gibt durch Rk. mit konz. HCl → **VI** u. **VIII** ($C_{10}H_{14}N_2O_2$, Kp.$_{0,5}$ 93—95°; n_D^{25} 1,5214; 98%; *N-Benzyliden-Deriv.*, $C_{17}H_{18}N_2O_2$, F. 66—67°). H. Pagel 1280◇

0835 **Fortschritte in der Chemie aromatischer Diazoverbindungen.** B. I. Below und W. W. Koslow. (Fortschr. Chem. [UdSSR] **32**, 121—53, 1963; Moskau, Plechanow-Inst. für Volkswirtsch.; russ.) — Überblick über Verf. u. Mechanismus der Diazotierung aromat. Amine sowie über Umwandlungen der Diazo-Verbb. unter Berücksichtigung der Literatur bis einschließlich 1961. — 196 Literaturangaben. G. Froelich 1310◇

0836 **O-Phenylhydroxylaminhydrochlorid.** J. S. Nicholson und D. A. Peak. (Chem. and Ind. **1962**, 1244; Nottingham, Boots Pure Drug Co. Ltd., Res. Dep.; engl.) — Arylierung von N-Phenoxybenzamid liefert das im Vgl. zur freien Base ziemlich stabile *O-Phenylhydroxylaminhydrochlorid*.

Versuche: *N-Phenoxybenzamid*, $C_{13}H_{11}NO_2$, F. 137,5 bis 139°, durch 4std. Kochen u. Rühren von K-Benzhydroxamat mit Diphenyljodoniumbromid u. tert.-Butanol unter N_2; Rhomben aus A.; 24%. — *O-Phenylhydroxylaminhydrochlorid*, C_6H_8ClNO, F. 136° (Zers.), durch 25 Min. langes Kochen von 4,09 g vorst. Verb. mit alkohol. HCl, Kühlen auf 0° u. Versetzen mit Ae.; Blättchen aus Ae./A.; 2 g. *Pikrat*, $C_{12}H_{10}N_4O_8$, F. 127° (Zers.), aus wss. A. gelbe Nadeln. — *O-Phenylhydroxylamin*, Kp.$_{0,05}$ 90°, aus vorvorst. Verb.; farbloses, schnell dunkelndes Öl. — *O-Phenylzimtaldoxim*, $C_{15}H_{13}NO$, F. 81,5—83°, durch Kondens. vorst. Verb. mit Zimtaldehyd; aus PAe. Prismen. — IR-Spektren s. Original. R. Gnauck 1320△

0837 **Neue Derivate mit p-Nitrophenyläthanolamin-Struktur.** U. M. Teotino, L. Polo Friz, G. Steis und D. Della Bella. (Farmaco [Pavia], Ediz. sci. **17**, 252—65, 1962; Milano, Labor. Bioterapico Milanese Selvi & Co., Labor. Ric.; ital.) — Eine Reihe von N-mono- u. -disubstituierten *p-Nitrophenyläthanolaminen* wird aus p-Nitro-ω-bromacetophenon (**I**) über *p-Nitrophenylbromäthanol* (**II**) u. *p-Nitrostyroloxid* (**III**) u. dessen Rk. mit entsprechendem prim., sek. oder heterocycl. Aminen dargestellt. Dabei führt die Red. von **I** mit $NaBH_4$ zu einem Gemisch von **II** u. **III**. Bei Verw. prim. Amine steigt die Ausbeute bis zu C_3 des Alkyls, verzweigte Ketten geben geringere Ausbeute als unverzweigte. Stets überwiegt der Anteil der 2-Amino-1-phenyläthanol-struktur gegenüber dem 1-Amino-1-phenyläthanol-(2)-Isomeren. Bei den Monoalkyl-Derivv. werden die Nitrogruppen katalyt. red. u. anschließend diazotiert u. mit H_3PO_2 verkocht. Andere Prodd. werden unabhängig aus **I** durch direkte Umsetzung mit dem Amin u. Red. mit $NaBH_4$ zum Vgl. erhalten.

Versuche: *1-[p-Nitrophenyl]-2-aminoäthanol* (**V**), F. 138—139° (Chlf.), durch 5tägiges Stehen von 16,5 g **III** mit 400 ml 12,8%ig. alkohol. NH_3; 10 g (Ausbeute). *Hydrochlorid*, $C_8H_{11}ClN_2O_3$, F. 237°. — 1-p-Nitrophenyl-2-monoalkylaminoäthanole, a) durch 3—4tägiges Stehen von 1 Mol **III** mit 4,5 Mol des prim. Amins in A. unter gelegentlichem Rühren u. Isolierung über die salzsaure Lsg., Kristallisation aus A. oder Isopropanol; b) durch Zugabe von **I** zum Amin in Dioxan u. Red. des Aminoketons mit $NaBH_4$: *Methyl-*, $C_9H_{12}N_2O_3$, F. 117°. *Hydrochlorid*, $C_9H_{13}ClN_2O_3$, F. 179°. — *Äthyl-*, $C_{10}H_{14}N_2O_3$, F. 110°. *Hydrochlorid*, $C_{10}H_{15}ClN_2O_3$, F. 209°. — *Propyl-*, $C_{11}H_{16}N_2O_3$, F. 72°. *Hydrochlorid*, $C_{11}H_{17}ClN_2O_3$, F. 184°. — *Isopropyl-*, $C_{11}H_{16}N_2O_3$, F. 98°. *Hydrochlorid*, $C_{11}H_{17}ClN_2O_3$, F. 181°. — *n-Butyl-*, $C_{12}H_{18}N_2O_3$, F. 92°. *Hydrochlorid*, $C_{12}H_{19}ClN_2O_3$, F. 158°. — *sek.-Butyl-*, $C_{12}H_{18}N_2O_3$, F. 82°. *Hydrochlorid*, $C_{12}H_{19}ClN_2O_3$, F. 154°. — *tert.-Butyl-*, $C_{12}H_{18}N_2O_3$, F. 146°. *Hydrochlorid*, $C_{12}H_{19}ClN_2O_3$, F. 277°. — *3-Dimethylaminopropyl-*, *Dihydrochlorid*, $C_{13}H_{23}Cl_2N_3O_3$, F. 194°. — *Cyclohexyl-*, $C_{14}H_{20}N_2O_3$, F. 118°. *Hydrochlorid*, $C_{14}H_{21}ClN_2O_3$, F. 214°. — *Benzyl-* (**VII**), $C_{15}H_{16}N_2O_3$, F. 131°. *Hydrochlorid*, $C_{15}H_{17}ClN_2O_3$, F. 234° (Zers.). — *Phenyl-*, *Hydrochlorid*, $C_{14}H_{15}ClN_2O_3$, F. 188°. — 1-p-Nitrophenyl-2-dialkylaminoäthanole, wie vorst. mit 3 Mol Amin in A.: *Dimethyl-* (**IV**), $C_{10}H_{14}N_2O_3$, F. 86°. *Hydrochlorid*, $C_{10}H_{15}ClN_2O_3$, F. 195°. *Methojodid*, $C_{11}H_{17}JN_2O_3$, F. 228° (Zers.). *Äthojodid*, $C_{12}H_{19}JN_2O_3$, F. 194° (Zers.). *O-Acetyl-Deriv.*, F. 44—45°. *Hydrochlorid*, $C_{12}H_{17}ClN_2O_4$, F. 215—216° (A.). *Äthojodid*, $C_{14}H_{21}JN_2O_4$, F. 171° (Zers.; Methanol). *Benzyljodid*, $C_{17}H_{21}JN_2O_3$, F. 208° (Zers.; A.), durch 6tägiges Stehen von **VII** u. CH_3J in Methanol in der Kälte; 62%. — *Diäthyl-*, $C_{12}H_{18}N_2O_3$, F. 62°. *Hydrochlorid*, $C_{12}H_{19}ClN_2O_3$, F. 174°. — *Di-n-propyl-*, *Hydrochlorid*, $C_{14}H_{23}ClN_2O_3$, F. 147°. — *Diisopropyl-*, $C_{14}H_{22}N_2O_3$, F. 72°. *Hydrochlorid*, $C_{14}H_{23}ClN_2O_3$, F. 237° (Zers.). — *Di-n-butyl-*, $C_{16}H_{26}N_2O_3$, F. 35°. *Hydrochlorid*, $C_{16}H_{27}ClN_2O_3$, F. 122°. — *Di-sek.-butyl-*, $C_{16}H_{26}N_2O_3$, F. 47,5°. *Hydrochlorid*, $C_{16}H_{27}ClN_2O_3$, F. 131°. — *Diisobutyl-*, $C_{16}H_{26}N_2O_3$, F. 55°. *Hydrochlorid*, $C_{16}H_{27}ClN_2O_3$, F. 161°. — *Dibenzyl-*, $C_{22}H_{22}N_2O_3$, F. 91°. *Hydrochlorid*, $C_{22}H_{23}ClN_2O_3$, F. 229° (Zers.). *Methojodid*, $C_{23}H_{25}JN_2O_3$, F. 204° (Zers.). — 1-p-Nitrophenyl-äthanole: *2-Pyrrolidino-*, $C_{12}H_{16}N_2O_3$, F. 79°. *Hydrochlorid*, $C_{12}H_{17}ClN_2O_3$, F. 190°. — *2-Piperidino-*, $C_{13}H_{18}N_2O_3$, F. 91°. *Hydrochlorid*, $C_{13}H_{19}ClN_2O_3$, F. 229° (Zers.). — *2-Morpholino-*, $C_{12}H_{16}N_2O_4$, F. 91°. *Hydrochlorid*, $C_{12}H_{17}ClN_2O_4$, F. 219°. — 1-[p-Aminophenyl]-äthanole: *2-Amino-*, *Hydrochlorid*, $C_8H_{13}ClN_2O$, F. 150—151° (A.), a) durch Hydrieren von 2,5 g **V**-Hydrochlorid in A. über Pd/Kohle; 2,1 g; b) durch Hydrierung von **VI** in A. bei 50—55° über Pd/Kohle. — *2-Methylamino-*, $C_9H_{14}N_2O$, F. 124—125°. *Hydrochlorid*, F. 125—126° (Zers.). — *2-Benzylamino-*, F. 112—114° (Bzl.); 81%. *Hydrochlorid* (**VI**), $C_{15}H_{19}ClN_2O$, F. 155—156° (A.). — *1-Phenyl-2-dimethylaminoäthanol*, Kp.$_{19}$ 124—127°, durch Hydrierung von 8 g **IV** in A., Mischen des Rohprod. mit konz. H_3PO_2 u. Zugabe von wss. $NaNO_2$-Lsg. bei +5°; n_D^{20} 1,5099; 5,5 g. *Hydrochlorid*, $C_{10}H_{16}ClNO$, F. 148 bis 149° (A.). W. Holland 1320◇

0838 **Stereochemische Untersuchungen. 5. Mitt. Hydrierung von α-Isonitroso-β-hydroxypropiophenon.** Tanezo Taguchi, Munemitsu Tomoeda und Tatsuya Ishida. (J. pharmac. Soc. Japan [Yakugakuzasshi] **75**, 666—69, 1955; Fukuoka, Univ. of Kyushu, Med. Fac., Pharmac. Inst.; jap., Auszug: engl.) — 4. vgl. Pharmac. Bull. [Tokyo] **3**, [1955], 4. — Aus β-Brompropionylchlorid (**I**) wird durch Friedel-Crafts-Rk. mit Bzl. *β-Brompropiophenon*, Rk. mit Essigsäure u. K-Acetat zu *β-Acetoxypropiophenon*, dessen

Rk. mit Methylnitrit in Ggw. von HCl u. anschließende Entacetylierung *α-Isonitroso-β-hydroxypropiophenon* (**II**) dargestellt. Die katalyt. Red. von **II** in HCl in Ggw. von Pd-Kohle oder in abs. A. in Ggw. von PtO_2 liefert *dl-Norephedrin.* Als Nebenprod. wird wenig *Pseudonorephedrin* gebildet. Die Hydrierung von **II** in Eisessig in Ggw. von Pd-Kohle liefert ein Gemisch aus *dl-threo-* u. *dl-erythro-1-Phenyl-2-aminopropandiol-(1.3).* Bei längerer Red. von **II** in Eisessig u. höheren Temp. wird auch *Benzoesäure* gebildet. Die N → O-Acylverschiebung der Benzoyl-Derivv. wird untersucht.

Versuche: *α-Isonitroso-β-hydroxypropiophenon* (**II**), $C_9H_9NO_3$, F. 106,5—108°, aus **I**. — *dl-Norephedrinhydrochlorid,* $C_9H_{14}ClNO$, F. 190—192°, durch Hydrieren von 500 mg **II** in HCl in Ggw. von Pd-Kohle; 0,25 g (Ausbeute). — *dl-N-Benzoylnorephedrin,* $C_{16}H_{17}NO_2$, F. 142—144°, durch Rk. vorst. Verb. mit Benzoylchlorid (**IV**) in Ggw. von NaOH. — *dl-O-Benzoylpseudonorephedrin, Hydrochlorid,* $C_{16}H_{18}\cdot ClNO_2$, F. 218—220° (korr.). — *dl-threo-/dl-erythro-1-Phenyl-2-benzoylamino-3-benzoyloxypropanol-(1)* (**III**), $C_{23}H_{21}NO_4$, F. 160—161°, durch Hydrieren von 1 g **II** in Eisessig in Ggw. von Pd-Kohle u. Behandlung des Rk.-Prod. mit **IV** in Ggw. von NaOH; 0,6 g. — *dl-threo-1-Phenyl-2-amino-1.3-dibenzoyloxypropanhydrochlorid,* $C_{23}H_{22}ClNO_4$, F. 186—187°, aus 300 mg **III** durch N → O-Acylverschiebung in konz. HCl u. Essigsäure; 0,2 g. — *dl-threo-1-Phenyl-2-benzoylamino-3-benzoyloxypropanol-(1),* $C_{23}H_{21}NO_4$, F. 146—147°, aus 140 mg vorst. Verb. durch O → N-Acylverschiebung u. Behandeln des Hydrochlorids mit $NaHCO_3$-Lsg.; 0,08 g. — *dl-threo-1-Phenyl-2-benzoylaminopropandiol-(1.3),* $C_{16}H_{17}NO_3$, F. 164 bis 165°, durch Entbenzoylierung von 150 mg vorst. Verb. mit NaOH; 0,095 g. — *dl-threo-/dl-erythro-1-Phenyl-2-benzoylamino-1.3-dibenzoyloxypropan,* $C_{30}H_{25}NO_5$, F. 208—209°, durch Rk. von 50 mg **III** mit **IV** in Ggw. von Pyridin; 0,45 g.
W. Mucke 1320△

0839 **Amin-Austauschreaktionen: Mannich-Basen aus aromatischen Aminen.** J. Cymerman Craig und M. Moyle. (Chem. and Ind. **1963**, 690; San Francisco, Calif., Univ. of California, Dep. of Pharmaceut. Chem.; engl.) — Der Austausch der Aminogruppe findet statt, wenn äquimol. Mengen der Hydrochloride der Basen [1-Diäthylaminobutanon-(3) bzw. β-Diäthylaminopropiophenon] u. ein Arylamin (Anilin, p-Methylanilin, p-Anisidin, p-Chloranilin, p-Benzoylanilin, p-Acetylanilin, p-Nitroanilin, p-Acetylaminoanilin, p-Phenylanilin, p-Aminobenzoesäure, Methylanilin, o-Phenylendiamin, β-Naphthylamin, 3-Aminopyren, 2-Amino- u. 3-Aminopyridin) bei Raum-Temp. reagieren. *Arylaminobutanone-(3)* bzw. *β-Arylaminopropiophenone* werden in ca. 70%ig. Ausbeute erhalten. Durch Kochen der Rk.-Prodd. in wss. A. steigen die Ausbeuten auf 80—90%.
E. Sidow 1340◇

0840 **Zur Chemie der Aminoketone. Struktur von β-Aminoketonen und ihre Umwandlung bei der Hydrierung.** Je. M. Tscherkassowa. (J. allg. Chem. [UdSSR] **30 (92),** 2846—49, 1960; Moskau, Inst. für chem. Feintechnolog.; russ.) — Bei der Unters. der katalyt. Hydrierung bzw. Red. einiger *β-Aminoketone* oder ihrer Hydrochloride wird festgestellt, daß in Abwesenheit akt. H-Atome in α-Stellung neben der Bldg. der entsprechenden *β-Aminoalkohole* auch Desaminierung eintritt.

Versuche (zusammen mit R. A. Mischinow): β-Dimethylaminoalkylphenylketone, durch Mannich-Rk.: *Äthyl-* (**I**); 59% (Ausbeute). *Methomethylsulfat,* $C_{13}H_{21}NO_5S$, F. 133—134° (Aceton). — *Isopropyl-* (**II**); 80%. *Methomethylsulfat,* $C_{14}H_{23}NO_5S$, F. 119,5—120,5° (Aceton). — *tert.-Butyl-* (**III**); 15%. *Methomethylsulfat,* $C_{15}H_{25}NO_5S$, F. 148,5—190°. — *n-Propyl-* (**IV**), aus Phenylpropenylketon u. Dimethylamin. — 1-Phenyl-3-dimethylaminopropanole-(3): *Unsubstituiert,* Kp.$_2$ 93—96°, a) durch Hydrierung von 0,01 Mol **I** in 25 ml abs. A. an Ni (Meth. **A**); 44,2%; daneben 9,8% *Propiophenon* (**V**; *Semicarbazon,* F. 170—172°); b) aus **I**-Hydrochlorid nach **A**; 36,5%; daneben 13,2% **V**; c) aus **I** nach **B** (vgl. nachst. Verb.); 20%; daneben 11,2% **V**. — *2-Methyl-,* F. 85—88°, a) aus **II** nach **A**; 74%; daneben 10,4% *Isobutyrophenon* (**VI**; *Semicarbazon,* F. 162—167°); b) aus **II**-Hydrochlorid nach **A**; 70%; daneben 8,8% **VI**; c) durch langsame Zugabe von 1,5 g Na zu 2 g **II** in 3 ml Ae. u. 3 ml W. (Meth. **B**); daneben 11,6% **VI**. — *2.2-Dimethyl-,* F. 94—96°, a) aus **III** nach **A**; 55,6%; b) aus **III**-Hydrochlorid nach **A**; 50%; c) aus **III** nach **B**; 48%. — *Butyrophenon,* a) aus **IV** nach **A**; 84%; b) aus **IV**-Hydrochlorid nach **A**; 25,9%; c) aus **IV** nach **B**; 28%. *Semicarbazon,* F. 183—186°.
I. Schade 1340△

0841 **Öffnung des Cumarinringes mit Aminen.** W. A. Sagorewski, N. W. Dudykina und W. L. Ssaweljew. (J. allg. Chem. [UdSSR] **33 (95),** 1695—96, 1963; Inst. für Pharmakolog. u. Chemotherap. der Akad. der Wiss. der UdSSR; russ.) — Durch 2std. Erhitzen von Cumarin (**I**) mit Piperidin auf 60° in A. oder ohne Lsgm. auf 105—110° entsteht *β-Piperidino-β-[o-hydroxyphenyl]-propionsäurepiperidid* [**II**, F. 84 bis 85°; 75% (Ausbeute)] neben *o-Hydroxyzimtsäurepiperidid* (**III**), F. 221—222° (Zers.); 17%. — *β-Diäthylamino-β-[o-hydroxyphenyl]-propionsäurediäthylamid,* durch 17std. Erhitzen von **I** mit Diäthylamin; 18%. *Hydrochlorid,* F. 145—146°. Daneben *o-Hydroxyzimtsäurediäthylamid* (**IV**), F. 168—170°; 1%. — *Cumarin,* durch Rk. von **II** mit heißer HCl. — *β-[o-Hydroxyphenyl]-propionsäurediäthylamid* (**V**), F. 129—130°, durch Hydrierung von **IV** an $Pd/BaSO_4$. — *α-Brom-o-hydroxyzimtsäurediäthylamid* (**VI**), F. 117,5—118°, aus 3-Bromcumarin oder 3.4-Dibromdihydrocumarin u. Diäthylamin (16 Std., 20°); 28%. Daneben *Benzofuran-2-carbonsäurediäthylamid.* — *3-Bromcumarin,* durch Erhitzen von **VI** mit konz. HCl. — **V**, durch Hydrierung von **VI** an $Pd/BaSO_4$.
H. Dalmer 1350△

0842 **Die Reaktion von substituierten Benzolen und Chloral. 2. Mitt. Reaktion von N-Acetyl-p-toluidin und Chloral. 1. Mitt.** Masaiti Yasue. (J. pharmac. Soc. Japan [Yakugakuzasshi] **75,** 615—18, Juni 1955; Nagoya City, Univ., Pharmacol. Fac.; jap., Auszug: engl.) — 1. vgl. J. pharmac. Soc. Japan [Yakugakuzasshi] **74,** [1954], 116; 3. bzw. 2. vgl. C. **1963,** 21517. — Durch Rk. von Chloralhydrat (**V**) u. konz. H_2SO_4 mit N-Acetyl-p-toluidin (**VI**) erhält man *5-Acetamido-2-methylphenylglykolsäure* (**I**), die Darst. von *5-Amino-2-methylbenzoesäure* (**IV**) aus **I** u. aus o-Tolunitril wird beschrieben.

Versuche: *5-Acetamido-2-methylphenylglykolsäure* (**I**), $C_{11}H_{13}NO_4$, F. 229° (Zers.), durch 20std. Rk. von **V** mit **VI** u. konz. H_2SO_4 bei 70°; aus W. Nadeln. *Acetat,* $C_{13}H_{15}NO_5$, F. 115—125°, F. 192° (nach Erstarren bei 130—140°), aus Aceton Platten. *Äthylester,* $C_{13}H_{17}NO_4$, F. 153—154°, aus Aceton Prismen. — *5-Acetamido-2-methylphenylglyoxylsäuremonohydrat* (**II**), $C_{11}H_{11}NO_4\cdot H_2O$, F. 197—198° (Zers.), durch Oxydation von **I** mit $KMnO_4$ in der Kälte; aus 50%ig. A. gelbgrüne Prismen. — *5-Acetamido-2-methylbenzoesäure* (**III**), $C_{10}H_{11}NO_3$, F. 230°, a) durch Oxydation von **II** mit $KMnO_4$ bei 60° in Essigsäure; aus 50%ig. A. Prismen; b) durch Rk. von 5-Acetamido-2-methylbenzamid mit $NaNO_2$ in konz. H_2SO_4. — *5-Amino-2-methylbenzoesäure* (**IV**), F. 196°, durch Desacetylierung von **III**. — *5-Amino-2-methylphenylglykolsäure,* $C_9H_{11}NO_3$, F. 216° (Zers.), durch Desacetylierung von **I**; aus 50%ig. A. Platten. — *o-Toluylsäure,* F. 104°, durch Diazotierung vorst. Verb., Verkochung des Diazoniumsalzes u. anschließende Oxydation mit $KMnO_4$ bei 60°. — *5-Acetamido-2-methylbenzonitril,* $C_{10}H_{10}N_2O$, F. 165—166°, durch Acetylierung von **IV**. — *5-Acetamido-2-methylbenzamid,* $C_{10}H_{12}N_2O_2$, F. 246—247°, durch Oxydation vorst. Verb. mit alkal. 30%ig. H_2O_2.
W. Mucke 1350△

0843 **Hochtemperaturkondensation von Fluorhydridsilanen mit Chlorbenzol.** M. F. Schosstakowski, B. A. Ssokolow, A. I. Kosijenko, R. G. Ssultangarew und L. T. Jermakowa. (J. allg. Chem. [UdSSR] **33 (95),** 1696, 1963; Irkutsk, Inst. für organ. Chem. der Sibir. Abt. der Akad. der Wiss. der UdSSR; russ.) — Bei der Hochtemp.-Kondens. von Methyldifluorsilan mit Chlorbenzol erhält man *Methylphenyldifluorsilan,* Kp.$_{729}$ 139—140°; n_D^{20} 1,5250; D_4^{20} 1,2361. Analog erfolgt die Darst. anderer Fluorsilane.
H. Dalmer 1380△

0844 **Arylphosphortrifluoridchloride und N.N-disubstituierte Arylamidophosphortrifluoride.** Sh. M. Iwanowa und A. W. Kirssanow. (J. allg. Chem. [UdSSR] **32 (94),** 2592 bis 2595, 1962; Inst. für organ. Chem. der Akad. der Wiss. der UkrainSSR; russ.) — Bei Einw. von Cl_2 auf Aryltrifluorphosphorane entstehen *Arylphosphortrifluoridchloride.* Bei Rk. dieser Verbb. mit sek. Aminen wird nur das Cl-Atom durch die Aminogruppe unter Bldg. von *N.N-disubstituierten Arylamidophosphortrifluoriden* ersetzt, die leicht zu *Arylphosphonsäurefluoriden* hydrolysiert werden. Letztere werden als *Aniliniumsalze* isoliert, die auch durch Rk. von Arylphosphonsäuredifluoriden mit Anilin zugänglich sind.

Versuche: *Phenylphosphortrifluoridchlorid*, $C_6H_5Cl\cdot F_3P$, durch Einleiten von Cl_2 in Phenyltrifluorphosphoran unter Eiskühlung u. Schütteln u. Entfernung des überschüssigen Cl_2 im Vakuum; fl.; 99% (Ausbeute). — *p-Chlorphenylphosphortrifluoridchlorid*, $C_6H_4Cl_2F_3P$, analog vorst. Verb.; 95%. — Phenylamidophosphortrifluoride, durch Zufügen von sek. Amin zu vorst. Verbb. in abs. Bzl. bei 5—10° u. Eindampfen nach 1 Std.: *N.N-Diäthyl-* (I), $C_{10}H_{15}F_3NP$, Kp.$_2$ 78—79°; D.$_{20}^{22}$ 1,1835; n_D^{22} 1,4690; 77%. — *N.N-Diisobutyl-*, $C_{14}H_{23}F_3NP$, Kp.$_2$ 107—108°; D.$_{20}^{21}$ 1,0972; n_D^{21} 1,4690; 58%. — *N-Phenyl-N-äthyl-*, $C_{14}H_{15}F_3NP$, Kp.$_3$ 141—143°; D.$_{20}^{20}$ 1,2343; n_D^{21} 1,5250; 59%. — *N.N-Pentamethylen-*, $C_{11}H_{15}F_3NP$, Kp.$_2$ 115—116°; D.$_{20}^{23}$ 1,2442; n_D^{20} 1,4940; 34%. — *p-Chlor-N.N-diäthyl-*, $C_{10}H_{14}ClF_3NP$, Kp.$_2$ 96—97°; D.$_{20}^{25}$ 1,2740; n_D^{21} 1,4820; 72%. — *p-Chlor-N.N-diisobutyl-*, $C_{14}H_{22}ClF_3NP$, Kp.$_3$ 138 bis 140°; D.$_{20}^{25}$ 1,1663; n_D^{25} 1,4754; 49%. — *p-Chlor-N.N-pentamethylen-* (II), $C_{11}H_{14}ClF_3NP$, Kp.$_2$ 128—130°; D.$_{20}^{18}$ 1,3258; n_D^{18} 1,5031; 34%. — *Phenylmorpholinophosphortrifluorid*, $C_{10}H_{13}F_3NOP$, Kp.$_2$ 108—109°; D.$_{20}^{22}$ 1,3225; n_D^{23} 1,4942; 52%. — *p-Chlorphenylmorpholinophosphortrifluorid*, $C_{10}H_{12}\cdot ClF_3NOP$, Kp.$_2$ 132—134°; D.$_{20}^{19}$ 1,4008; n_D^{19} 1,5070; 46%. — *Phenylphosphonsäurefluorid, Aniliniumsalz*, durch Zugabe von I zu W., Zugabe von Anilin u. Abkühlen; 85%. — *p-Chlorphenylphosphonsäuredifluorid*, Kp. 210—213°, durch Zugabe von KHF_2 zu p-Chlorphenylphosphonsäuredichlorid; 60%. — *p-Chlorphenylphosphonsäurefluorid, Aniliniumsalz*, $C_{12}H_{12}\cdot ClFNO_2P$, F. 146—147°, a) durch tropfenweise Zugabe vorst. Verb. zu wss. Anilin unter Schütteln u. Kühlen; 70%; b) analog vorvorst. Verb. aus II; aus Dioxan Nadeln; 86%.
H. Berger 1380◇

0845 **Reaktion von Phosphorpentachlorid mit Phosphorsäureamiden.** A. W. Kirssanow und I. N. Shmurowa. (J. allg. Chem. [UdSSR] **28** (**90**), 2478—84, 1958; Inst. für organ. Chem. der Akad. der Wiss. der UkrainSSR; russ.) — Amidophosphorsäure- (I) u. Amidothiophosphorsäurediphenylester (II) reagieren mit PCl_5 leicht unter Bldg. von *[Diphenylphosphorylimido]-* (III) bzw. *[Diphenylthionophosphorylimido]-phosphortrichlorid* (IV): $(C_6H_5O)_2P(O$ bzw. $S)NH_2 + PCl_5 \rightarrow (C_6H_5O)_2P(O$ bzw. $S)N{=}PCl_3$. III liefert beim Erhitzen mit Anilin *[Diphenylphosphorylimido]-phosphorsäuretrianilid* (V), während bei der analogen Rk. mit IV keine individuelle Verb. isoliert werden konnte. Die Hydrolyse von III u. IV mit Ameisensäure liefert *[Diphenylphosphorylamido]-* (VI) bzw. *[Diphenylthionophosphorylamido]-phosphorsäuredichlorid* (VII), die sich mit Anilin zu den *Dianiliden* umsetzen lassen. Bei der Hydrolyse von III u. IV mit W. entstehen *[Diphenylphosphorylamido]-* (VIII) bzw. *[Diphenylthionophosphorylamido]-phosphorsäure*. VIII wird auch durch längeres Kochen mit W. nicht weiter hydrolyt. gespalten; offenbar ist eine H-Bückenbindung für diese hohe Beständigkeit verantwortlich. Die Cl-Atome in III, IV, VI u. VII werden durch Rk. mit Na-Alkoholaten oder -Phenolaten durch Alkoxy- oder Aryloxygruppen unter Bldg. der entsprechenden *Ester* ersetzt. Die auf diesem Wege gebildeten *[Diphenylphosphorylamido]-* bzw. *[Diphenylthionophosphorylamido]-phosphorsäure-bis-p-nitrophenylester* werden beim Erwärmen mit Lauge leicht hydrolyt. gespalten. Sie lassen sich daher auch bei vorsichtiger Hydrolyse der entsprechenden [Diphenylphosphorylimido]-phosphorsäure-tris-p-nitrophenylester nicht bzw. nur in geringer Ausbeute isolieren.

Versuche: *[Diphenylphosphorylimido]-phosphortrichlorid* (III), $C_{12}H_{10}Cl_3NO_3P_2$, man läßt 0,1 Mol I mit 0,1 Mol PCl_5 5—6 Std. bei Zimmer-Temp. stehen u. erhitzt noch ½ Std. auf 50—60°; wenig bewegliche Fl.; lösl. in Bzl., CCl_4, Dioxan, unlösl. in PAe.; 99,4% (Ausbeute). — *[Diphenylthionophosphorylimido]-phosphortrichlorid* (IV), $C_{12}H_{10}Cl_3\cdot NO_2P_2S$, analog vorst. Verb. aus II; wenig bewegliche Fl.; 99,5%. — *[Diphenylphosphorylimido]-phosphorsäuretrianilid* (V), $C_{30}H_{28}N_4O_3P_2$, F. 195—197° (A.), durch 5std. Kochen von 0,01 Mol III mit 0,06 Mol Anilin in 10 ml Bzl.; Plättchen; 76%. — *[Diphenylphosphorylamido]-phosphorsäuredichlorid* (VI), $C_{12}H_{11}Cl_2NO_4P_2$, durch langsames Erhitzen äquimol. Mengen III u. wasserfreier HCOOH, zuletzt auf 120—125°, bis zur Beendigung der Gas-Entw.; sehr viscose Fl.; 99,5%. — *[Diphenylthionophosphorylamido]-phosphorsäuredichlorid* (VII), $C_{12}H_{11}Cl_2NO_3P_2S$, F. 102—104° (CCl_4), durch 3 Tage langes Erwärmen von je 0,01 Mol IV u. wasserfreier HCOOH in 10 ml Bzl. auf 30—35° u. Fällen mit 20 ml PAe.; Nadeln; 30%. — *[Diphenylphosphorylamido]-phosphorsäuredianilid*, $C_{24}H_{23}N_3O_4P_2$, F. 197—198° (Methanol), durch 5std. Kochen von 0,01 Mol VI mit 0,04 Mol Anilin in 10 ml Bzl.; Nadeln; 54%. — *[Diphenylthionophosphorylamido]-phosphorsäuredianilid*, $C_{24}H_{23}N_3O_3P_2S$, F. 198—200° (A.), analog vorst. Verb. aus VII; 98%. — *[Diphenylphosphorylamido]-phosphorsäure* (VIII), $C_{12}H_{13}NO_6P_2$, F. 170—172°, durch Stehenlassen von 0,01 Mol III mit 5 ml W. über Nacht u. Umfällen aus Dioxan + Ae.; 83%. — *[Diphenylphosphorylimido]-phosphorsäuretriphenylester*, $C_{30}H_{25}NO_6P_2$, F. 72—74° (Bzl.–PAe.-Gemisch), durch Zugabe von 0,06 Mol Na-Phenolat zu 0,02 Mol III in 25 ml Bzl., 1std. Kochen, Filtrieren, Eindampfen u. Verreiben des verbleibenden Öls mit W.; Nadeln; 76%. — *[Diphenylthionophosphorylimido]-phosphorsäuretriphenylester*, $C_{30}H_{25}\cdot NO_5P_2S$, F. 96—98° (Methanol), analog aus IV; Prismen; 69%. — *[Diphenylphosphorylimido]-phosphorsäure-tris-p-nitrophenylester*, $C_{30}H_{22}N_4O_{12}P_2$, F. 132—134° (Bzl.), aus III u. Na-p-Nitrophenolat in Dioxan, 2 Std. kochen u. gießen in W.; 78%. — *[Diphenylthionophosphorylimido]-phosphorsäure-tris-p-nitrophenylester* (IX), $C_{30}H_{22}N_4O_{11}P_2S$, F. 154—156°, analog vorst. Verb.; Prismen aus Bzl.; 70%. — *[Diphenylthionophosphorylimido]-phosphorsäure-tris-p-chlorphenylester*, $C_{30}H_{22}\cdot Cl_3NO_5P_2S$, F. 69—71° (Methanol), aus IV u. Na-p-Chlorphenolat in Bzl. (1½ Std. kochen); Prismen; 36%. — *[Diphenylphosphorylamido]-phosphorsäure, Dimethylester*, $C_{14}\cdot H_{17}NO_6P_2$, durch langsame Zugabe von 0,06 Mol Na-Methylat in 20 ml Methanol zu 0,02 Mol VI in 25 ml Bzl. unter Kühlung, Eindampfen, Behandeln des sirupösen Rückstandes mit HCl u. Extrahieren mit Chlf.; gelbliches Öl; 90%. *Diäthylester*, $C_{16}H_{21}NO_6P_2$, analog vorst. Verb.; Extraktion mit Ae.; gelbliches, viscoses Öl; 93%. *Diphenylester*, $C_{24}H_{21}NO_6P_2$, F. 110 bis 112° (Bzl.–PAe.-Gemisch), a) aus VI u. Na-Phenolat in Bzl. (1 Std. kochen); Nadeln; 13%; b) durch Zugabe von 0,02 Mol III in 10 ml Bzl. zu einer Suspension von 0,06 Mol Na-Phenolat in 25 ml Bzl., 1std. Kochen nach Beendigung der exothermen Rk., Abdestillieren des Bzl. im Vakuum, Zugabe von 20 ml Methanol u. 20 ml n-NaOH, ½std. Kochen, Gießen in W. u. Ansäuern; 57%. — *[Diphenylthionophosphorylamido]-phosphorsäure, Dimethylester*, $C_{14}H_{17}NO_5P_2S$, F. 115 bis 117° (Bzl.–PAe.-Gemisch), aus VII u. Na-Methylat; Prismen; 90%. *Diäthylester*, $C_{16}H_{21}NO_5P_2S$, F. 67—69° (CCl_4–PAe.-Gemisch), aus VII u. Na-Äthylat; 81%. *Diphenylester*, $C_{24}H_{21}NO_5P_2S$, F. 100—102° (Bzl.–PAe.-Gemisch), a) aus VII u. Na-Phenolat; 87%; b) aus IV u. Na-Phenolat u. nachfolgende Hydrolyse; 53%. *Bis-p-chlorphenylester*, $C_{24}H_{19}Cl_2NO_5P_2S$, F. 144—146° (A.), aus IV u. Na-p-Chlorphenolat in Bzl.; Nadeln; 34%. *Bis-p-nitrophenylester*, $C_{24}H_{19}N_3O_9P_2S$, F. 174—176° (A.), a) durch 10 Min. langes Kochen von 0,02 Mol IX mit 20 ml 2n NaOH in Methanol, Gießen in W. u. Ansäuern; 12%; b) durch Kochen von 0,01 Mol VII mit 0,03 Mol Na-p-Nitrophenolat in 15 ml Dioxan, Gießen in W. u. Ansäuern.
G. Froelich 1380◇

0846 **Derivate von Monoaniliden von Aroylamidophosphorsäuren.** G. I. Derkatsch, A. M. Lepessa und A. W. Kirssanow. (J. allg. Chem. [UdSSR] **32** (**94**), 2600—06, 1962; Akad. der Wiss. der UkrainSSR, Institut für organ. Chemie; russ.) — Bei der Rk. von Benzoylimidophosphortrichloriden (I) mit Anilin u. Triäthylamin entstehen die *Triäthylammoniumsalze* der entsprechenden *Benzoylimidoanilinophosphordichloride* {II; $[(C_2H_5)_3NH]^+[ArCON{=}P(NC_6H_5)Cl_2]^-$}, die durch Ameisensäure oder W. zu *Benzoylamidophosphorsäureanilidchloriden* (III) u. *Benzoylamidophosphorsäureaniliden* (IV) hydrolysiert werden. Mit Na-Phenolat geben die II *Benzoylimidoanilidophosphorsäurediphenylester* $[ArCON{=}P\cdot(NHC_6H_5)_2]$, die bei Verseifung *Benzoylamidophosphorsäurephenylesteranilide* ergeben. Letztere Verbb. entstehen auch bei der Rk. der III mit Na-Phenolat. Alkoholyse der II ergibt *Benzoylamidophosphorsäureesteranilide*.

Versuche: Aroylimidoanilinophosphordichloride als *Triäthylammoniumsalze* (II): durch Zufügen eines Gemisches von Anilin, Triäthylamin u. Bzl. zu I in Bzl. unter Eiskühlung (7—10°), 3std. Rühren bei Zimmer-Temp., Einengen der filtrierten Lsg. im Vakuum oder Fällung mit PAe.: *Benzoyl-*, $C_{19}H_{26}Cl_2N_3OP$, fl.; 59% (Ausbeute). — *p-Brombenzoyl-*, $C_{19}H_{25}BrCl_2N_3OP$, fl.; 85%. — *m-Nitrobenzoyl-*, $C_{19}H_{25}Cl_2N_4O_3P$, fl.; 83%. — *p-Nitrobenzoyl-*, $C_{19}H_{25}\cdot Cl_2N_4O_3P$, fl.; 98%. — *3.5-Dinitrobenzoyl-*, $C_{19}H_{24}Cl_2N_5O_5P$, F. 62—66° (Zers.); 92%. — Aroylamidophosphorsäureanilidchloride (III): a) durch Zufügen von wasserfreier

Ameisensäure in Bzl. zu vorst. Verbb. in Bzl. bei leichter Erwärmung u. 3std. Stehen: *Benzoyl-*, $C_{13}H_{12}ClN_2O_2P$, F. 155—157° (Zers.), aus Dioxan Nadeln; 69%. — *p-Brombenzoyl-*, $C_{13}H_{11}BrClN_2O_2P$, F. 148—150° (Zers.), aus Dioxan Prismen; 94%. — *m-Nitrobenzoyl-*, $C_{13}H_{11}ClN_3O_4P$, F. 130 bis 132° (Zers.), aus Dioxan Prismen; 73%. — *p-Nitrobenzoyl-*, $C_{13}H_{11}ClN_3O_4P$, F. 140—142° (Zers.), aus Dioxan Prismen; 88%. — *3.5-Dinitrobenzoyl-*, $C_{13}H_{10}ClN_4O_6P$, F. 153—155° (Zers.), hellgelbe Prismen aus Dioxan; 89%. b) Durch 15 Min. langes Stehen derselben Verbb. wie unter a) mit W.; 60—80%. — Aroylamidophosphorsäureanilide (IV), a) durch Zugabe von W. zu den II in Aceton u. 10—12std. Stehen bei Zimmer-Temp.: *Benzoyl-*, $C_{13}H_{13}N_2O_3P$, F. 136—138° (Zers.); 82%. — *p-Brombenzoyl-*, $C_{13}H_{12}BrN_2O_3P$, F. 171—173° (Zers.); 72%. — *m-Nitrobenzoyl-*, $C_{13}H_{12}N_3O_5P$, F. 147—149° (Zers.); 95%. — *p-Nitrobenzoyl-*, $C_{13}H_{12}N_3O_5P$, F. 176—178° (Zers.); 96%. — *3.5-Dinitrobenzoyl-*, $C_{13}H_{11}N_4O_7P$, F. 134 bis 136° (Zers.); 93%. b) Analog a) aus III; 60—85%. — Aroylamide, aus II, III u. IV in sd. W. (30—40 Min.); ca. 100%. — *Benzoylimidoanilidophosphorsäurediphenylester*, $C_{25}H_{21}N_2O_3P$, F. 125—126°, durch Zugabe von Na-Phenolat in Dioxan zu II in Dioxan unter Kühlen mit Eiswasser, Erhitzen auf 40—50° u. 2std. Stehen; aus CCl_4 Prismen; 61%. — *3.5-Dinitrobenzoylimidoanilidophosphorsäurediphenylester*, $C_{25}H_{19}N_4O_7P$, F. 128—130°, aus abs. Methanol Prismen; 72%. — *Benzoylamidophosphorsäurephenylesteranilid*, $C_{19}H_{17}N_2O_3P$, F. 199—201°, durch ½std. Kochen von vorst. Verb. in A. u. 1 n NaOH, Einengen im Vakuum u. Ansäuern mit konz. HCl; aus A. Prismen; 90%. — *3.5-Dinitrobenzoylamidophosphorsäurephenylesteranilid*, $C_{19}H_{15}N_4O_7P$, F. 193—194° (Zers.), a) analog vorst. Verb.; 80%; b) durch 2std. Kochen vorvorst. Verb. mit 96%ig. A.; 75—85%; c) durch Zugabe von Na-Phenolat zu III in Dioxan unter Eiskühlung, ½std. Kochen u. Verdünnen mit W.; 80—90%. — Aroylamidophosphorsäuremethylesteranilide: durch 10 Min. langes Rühren der II in abs. Methanol u. 10std. Stehen bei Zimmer-Temp.: *Benzoyl-*, $C_{14}H_{15}N_2O_3P$, F. 169—170°, aus A. Nadeln; 60%. — *p-Brombenzoyl-*, $C_{14}H_{14}BrN_2O_3P$, F. 182—183°, aus Butanol Prismen; 78%. — *m-Nitrobenzoyl-*, $C_{14}H_{14}N_3O_5P$, F. 181—182°, aus A. Prismen; 49%. — *p-Nitrobenzoyl-*, $C_{14}H_{14}N_3O_5P$, F. 148 bis 150°, aus A. gelbe Prismen; 66%. — *3.5-Dinitrobenzoyl-*, $C_{14}H_{13}N_4O_7P$, F. 186—187° (Zers.), aus A. Prismen; 82%. — Aroylamidophosphorsäureäthylesteranilide: analog vorst. Verbb. mit abs. A.: *Benzoyl-*, $C_{15}H_{17}N_2O_3P$, F. 182 bis 183°, aus A. Nadeln; 90%. — *p-Brombenzoyl-*, $C_{15}H_{16}BrN_2O_3P$, F. 189—190°, aus Butanol Prismen; 84%. — *m-Nitrobenzoyl-*, $C_{15}H_{16}N_3O_5P$, F. 166—167°, aus A. Prismen; 52%. — *p-Nitrobenzoyl-*, $C_{15}H_{16}N_3O_5P$, F. 176—177°, aus A. Prismen; 76%. — *3.5-Dinitrobenzoyl-*, $C_{15}H_{15}N_4O_7P$, F. 182—183° (Zers.), aus A. + Dioxan Prismen; 84%. H. Berger 1380◇

0847 **Ester der Diphenylchlor- und der Triphenylphosphazokohlensäure.** W. I. Schewtschenko, A. Ss. Schtepanek und A. W. Kirssanow. (J. allg. Chem. [UdSSR] **32** (**94**), 2595—2600, 1962; Akad. der Wiss. der UkrainSSR, Inst. für organ. Chemie; russ.) — Bei Einw. von N.N-Dichlorurethanen bzw. der Na-Salze der N-Chlorurethane auf Triphenylphosphin (I) entstehen *N-Carbalkoxyiminotriphenylphosphine* (*Ester der Triphenylphosphazokohlensäure*), die HCl unter Bldg. von *N-Carbalkoxyamidotriphenylchlorphosphinen* [$(C_6H_5)_3P(Cl)NCOOR$] addieren. Letztere gehen beim Erhitzen in *Triphenylphosphinoxid* über. Die Rk. von Urethanen mit Triphenylphosphordichlorid (II) oder Diphenylphosphortrichlorid (III) liefert *N-Carbalkoxyiminotriphenylphosphine* bzw. *N-Carbalkoxyiminodiphenylchlorphosphine*, die unter den Rk.-Bedingungen verschieden weiterreagieren.

Versuche: *Triphenylphosphinoxid*, durch langsames Erhitzen von Äthylurethan (IV) mit II auf 65—75° im Vakuum bis zur Beendigung der Gas-Entw. u. Zugabe von 0,1 n NaOH; 97% (Ausbeute). — *N-Carbomethoxyiminotriphenylphosphin* (V), $C_{20}H_{18}NO_2P$, F. 136—137° (PAe.), a) durch langsame Zugabe von I in Bzl. zu dem Na-Salz von N-Chlormethylurethan in Bzl., ½std. Rühren, Filtrieren u. Eindampfen im Vakuum; Prismen; ca. 100%; b) analog a) aus N.N-Dichlormethylurethan; 50—60%. — *N-Carbäthoxyiminotriphenylphosphin* (VI), $C_{21}H_{20}NO_2P$, F. 135—136° (PAe.), analog vorst. Verb.; Prismen; a) ca. 100%; b) 50—60%. — *Triphenylphosphin* (I), durch Kochen von V oder VI mit 0,1 n HCl; 100%. — *N-Carbomethoxyamidotriphenylchlorphosphin*, F. 46—49° (Zers.), durch Sättigen der Lsg. von V in Bzl. mit HCl, Erhitzen u. Eindampfen im Vakuum bei <20°; 78%. — *Diphenylphosphinsäureanilid*, a) durch 50—60 Min. langes Erhitzen von IV mit III auf 35—40° im Vakuum, ½std. Erhitzen auf 100°, Zugabe von Anilin in Ae. unter Kühlen u. Auswaschen mit W. u. NaOH nach 24 Std.; 77%; b) analog V aus Diphenylchlorphosphin u. dem Na-Salz von N-Chloräthylurethan, 1std. Erhitzen des Eindampfrückstandes im Vakuum auf 100° u. weiter analog a); 70%; c) analog b) aus N.N-Dichloräthylurethan; 72%. — *Diphenylphosphinsäure-N²-phenylureid*, $C_{19}H_{17}N_2O_2P$, F. 204—205°, analog vorst. Verb., Ansäuern der NaOH-Lsg. mit HCl; a) 3%; b) 10%; c) 12%. H. Berger 1380◇

0848 **Chlornitrostyrole in der Diels-Alder-Reaktion.** Maynard B. Neher, Eugene W. Goldberg und Richard W. Fairchild. (J. org. Chemistry **26**, 5220—21, 1961; Columbus, Ohio, Univ., Chem. Dep.; engl.) — Vff. stellten nach der modifizierten Meth. von Thiele [1899] Cl-substituierte *β-Nitrostyrole* (A) dar. Die Thiele-Meth. ist nicht auf Nitroäthan u. 1-Nitropropan anwendbar, die nach Knoevenagel u. Walter [1904] umgesetzt wurden. Aus den A u. Cyclopentadien (I) sowie Butadien (II) wurden Diels-Alder-Addukte synthetisiert. β-Alkyl-β-nitrostyrole lieferten keine Addukte. Desgleichen trat zwischen p-Chlor-β-nitrostyrol (III) u. I keine Rk. ein. Demgegenüber wurden aus III u. II, sowie aus o-Chlor- (V), 2.4-Dichlor- (IV) u. 3.4-Dichlor-β-nitrostyrol mit I u. II die erwarteten Prodd. erhalten. Die Umsetzungen wurden bei Raum-Temp. in verschiedenen Lsgm., bei 90 u. 155° im Rohr, oder durch Kochen in Toluol oder in Ae. durchgeführt.

Versuche: β-Nitrostyrole: *2.4-Dichlor-* (IV), F. 112 bis 113° (A.), aus 2.4-Dichlorbenzaldehyd u. Nitromethan in Methanol durch Zugabe von wss. NaOH <10—15°, ¼std. Stehen, Zugabe von W. u. Aufarbeitung; 62% (Ausbeute). — *3.4-Dichlor-*, F. 89—90°, analog IV; 68%. — *2.4-Dichlor-β-methyl-*, F. 80—81°, nach Knoevenagel u. Walter (l. c.); 38%. Analog: *3.4-Dichlor-β-methyl-*, F. 77—78°; 59%. — *p-Chlor-β-methyl-*, F. 85°; 60%. — *o-Chlor-β-methyl-*, F. 38°; 50%. — *o-Chlor-β-äthyl-*, F. 36°; 50%. — 5-Nitrocyclohexene: *4-o-Chlorphenyl-*, F. 78°, aus V u. II in Toluol durch 5std. Erhitzen auf 120° im Rohr; 55%. Analog: *4-p-Chlorphenyl-*, F. 87°; 50%. — *4-[3.4-Dichlorphenyl]-*, F. 95°; 14%. — *4-[2.4-Dichlorphenyl]-*, F. 75°; 20%. — *5-o-Chlorphenyl-6-nitrobicyclo-[2.2.1]-hepten-(2)*, F. 68° (A.), aus IV u. I in Toluol durch 2½tägiges Stehen bei Raum-Temp.; 42%. Analog: *5-[3.4-Dichlorphenyl]-6-nitrobicyclo-[2.2.1]-hepten-(2)*, F. 119—120°; 42%. — *5-[2.4-Dichlorphenyl]-6-nitrobicyclo-[2.2.1]-hepten-(2)*, F. 105—106°; 42%. D. Kirstein 1410◇

0849 **Katalytische Dehydrochlorierung von Methylchlorcyclohexanen zu Methylcyclohexenen.** N. I. Schuikin, Je. D. Tulupowa, S. P. Poljakowa und D. A. Kondratjew. (Nachr. Akad. Wiss. UdSSR, Abt. chem. Wiss. **1961**, 858—63; Akad. der Wiss. der UdSSR, Zelinsky-Inst. für organ. Chem.; russ.) — Durch Einw. von konz. HCl auf 1-Methylcyclohexanol-(2) (I), -(3) u. -(4) wurden *2-*, *3-* u. *4-Chlor-1-methylcyclohexan* dargestellt. Die Chlorierung von Methylcyclohexan (II) lieferte ein *Methylchlorcyclohexangemisch* (daneben *Methyldichlorcyclohexane*), aus dem durch Dehydrochlorierung *1-Methylcyclohexen-(1)* u. -*(3)* erhalten wurden.

Versuche: Methylcyclohexane: *2-Chlor-*, $Kp._{40}$ 67—68°, durch 15std. Erhitzen von I mit konz. HCl auf 70°; $D._4^{20}$ 0,9717; n_D^{20} 1,4580. — Analog: *3-Chlor-*, $Kp._{40}$ 68 bis 68,2°; $D._4^{20}$ 0,9684; n_D^{20} 1,4580. — *4-Chlor-*, $Kp._{40}$ 68—69°; $D._4^{20}$ 0,9697; n_D^{20} 1,4580. — *Methylchlorcyclohexangemisch*, $Kp._{40}$ 67,5—70,5°, durch 2std. Einleiten von Cl_2 bei 20° in II; 79% (Ausbeute, berechnet auf umgesetztes II). Daneben *Methyldichlorcyclohexane*, $Kp._{10}$ 62—90°; 10,5%. — *Methylcyclohexengemisch*, durch Überleiten vorst. Methylchlorcyclohexangemisches bei 220° über Aktivkohle oder 5—10% ig. $BaCl_2$/Kohle; 76—88% [bei 300° daneben *Dimethylcyclopentene*; 10,3%]. Fraktionierung liefert *1-Methylcyclohexen-(1)* [$Kp._{748}$ 108—109°; $D._4^{20}$ 0,8088; n_D^{20} 1,4505; 24,5—42,0%] u. *1-Methylcyclohexen-(3)* [$Kp._{742}$ 100—100,8°; $D._4^{20}$ 0,7999; n_D^{20} 1,4420; 58—75,5%]. Helmut Schäfer 1810△

0850 **Eliminierungs-Reaktionen von 2-Methylcyclohexan-Derivaten.** Donald G. Botteron und Garson P. Shulman. (J. org. Chemistry **27**, 2007—10, 1962; Syracuse, N.Y., Syracuse Univ., Dep. of Chem.; engl.) — Die Dehydratisierung von trans-2-Methylcyclohexanol (trans-I) mittels handelsüblichem Al_2O_3 bzw. H_3PO_4 führt zu einem 50:50- bzw. 71:29-Gemisch aus *1-* (II) u. *3-Methylcyclohexen* (III), während cis-I unter gleichen Bedingungen in ein 48:52- bzw. 79:21-Gemisch aus II u. III übergeht. Die Zus. der erhaltenen II–III-Gemische wurde gaschromatograph. ermittelt. Die einmal in Ggw. von Hydrochinon (IV) u. zum anderen in Ggw. von Benzoylperoxid (V) durchgeführte Pyrolyse des Methylxanthogenates von cis-I führte in beiden Fällen zu einem 49:51-Gemisch aus II u. III, während die Pyrolyse der entsprechenden trans-Verb. in Ggw. von V ein 67:33-Gemisch, in Ggw. von IV dagegen ein 56:44-Gemisch aus II u. III ergibt. Die Bldg. des Gemisches gleicher Teile II u. III bei der Pyrolyse des Methylxanthogenates von cis-I wird damit erklärt, daß die Eliminierung der äquatorial angeordneten Xanthogenatgruppe sowohl mit dem einen als auch mit dem anderen der gleich gut erreichbaren β-ständigen H-Atome erfolgen kann. Durch Einw. von HCl auf handelsübliches (vorwiegend trans-) I ließ sich lediglich *trans-2-Methylcyclohexylchlorid* (trans-VI) darstellen (vgl. dagegen Mousseron u. Mitarbeiter, Bull. Soc. chim. France, Mém. [5] **13**, [1946], 244). cis-VI bildet sich bei der Rk. von cis-I mit $SOCl_2$ in Pyridin. cis-VI lieferte bei der Einw. von Na-Methylat ein 79:21-Gemisch aus II u. III, was in guter Übereinstimmung mit theoret. Überlegungen steht, nach denen aus cis-VI durch trans-Eliminierung von HCl nach der Saytzeff-Regel vorwiegend II entstehen sollte. Aus trans-VI bildet sich durch 72std. Erhitzen mit 3 mol. methanol. CH_3ONa-Lsg. überwiegend III. Die Durchführung der meisten der vorst. Eliminierungs-Rkk. erfolgte analog Botteron u. Shulman (C. **1962**, 18072).

Versuche: *cis-2-Methylcyclohexanol* (*cis-I*), Kp. 163,5 bis 164°, durch fraktionierte Dest. von handelsüblichem I, n_D^{20} 1,4640. *Phthalsäuremonoester*, F. 104—106°, durch 24std. Erhitzen von cis-I mit Phthalsäureanhydrid; 40% (Ausbeute). *S-Methylxanthogenat*, $C_9H_{16}OS_2$, $Kp._5$ 110—112°, durch Versetzen von abs. p-Xylol u. Na mit cis-I, Zugeben von abs. Ae., Eintropfen von CS_2 innerhalb ½ Std., 2std. Erhitzen, Zugeben von CH_3J innerhalb ½ Std. u. 12std. Erhitzen; n_D^{20} 1,5490; 54%. — *trans-Verb.*, Kp. 165—165,2°, a) durch fraktionierte Dest. aus I, n_D^{20} 1,4620; b) durch 1std. Erhitzen von 16 g nachst. Verb. mit 100 ml 30%ig. NaOH; 4 g (roh). *Phthalsäuremonoester*, F. 124—125°, durch 72std. Erhitzen von handelsüblichem I mit Phthalsäureanhydrid; 20%. *Methylxanthogenat*, $C_9H_{16}OS_2$, $Kp._5$ 113—114°, aus trans-I analog vorst. Verb., n_D^{20} 1,5473; 52%. — *cis-2-Methylcyclohexylchlorid* (cis-VI), $C_7H_{13}Cl$, $Kp._{12}$ 50—52°, durch Zutropfen von 24 g $SOCl_2$ zu einem Gemisch aus 11,4 g cis-I u. 8 g Pyridin; n_D^{20} 1,4065; 1,3 g. — *trans-Verb.*, $Kp._{58}$ 78°, $Kp._{10}$ 39—40°, a) durch 18std. Erhitzen eines Gemisches aus 500 ml HCl, 160 g $CaCl_2$ u. 228 g I; n_D^{20} 1,4588; 62 g, b) durch 3std. Erhitzen von I mit HCl. — *2-Methylcyclohexylamin* (wahrscheinlich vorwiegend trans-Verb.), Kp. 148°, durch Erwärmen von 50 g $NH_2OH \cdot HCl$ u. 80 g krist. Na-Acetat in 200 ml W. auf 45°, Zugeben von 50 g 2-Methylcyclohexanon, ½ std. Schütteln, Stehen über Nacht, Abtrennen des erhaltenen Öles, Zugeben von abs. A., Abfiltrieren des Mg-Sulfats, Zugeben von weiterem A., Erhitzen u. Zugeben von 60 g Na mit solcher Geschw., daß das Sieden aufrechterhalten wird; n_D^{20} 1,4561; 15 ml. — *trans-N-[2-Methylcyclohexyl]-dimethylamin*, $C_9H_{19}N$, Kp. 168—170°, durch Zugeben von CH_3J zu einer methanol. Lsg. vorst. Verb., 10 Min. langes Erhitzen, Zugeben von Na-Methylat u. CH_3J, ½ std. Erhitzen, Gießen in W. u. Zugeben von 10%ig. NaOH; n_D^{20} 1,4517; 43%. *Methojodid*, durch 20 Min. Kochen mit CH_3J u. Zufügen abs. Äther. — *Gemische aus 1-* (II) u. *3-Methylcyclohexen* (III), *79:21-Gemisch*, a) durch Dehydratisierung von cis-I mittels H_3PO_4; 67%; b) durch 13std. Erhitzen von cis-VI mit Na-Methylat in Methanol im Rohr auf 100°. *48:52-Gemisch*, durch Wasserabspaltung aus cis-I an Al_2O_3; 75%. *49:51-Gemisch*, a) durch Erhitzen des Methylxanthogenates von cis-I mit IV (Gew.-Verhältnis ca. 10:1) in einer Mikro-Dest.-App. bis die Dest. beendet ist u. Auffangen der bei 90—120° übergehenden Anteile; 20%; b) analog in Ggw. von V; 37%. *71:29-Gemisch*, aus trans-I durch Einw. von H_3PO_4; 85%. *50:50-Gemisch*, aus trans-I durch Einw. von Al_2O_3; 35%. *44:56-Gemisch*, aus trans-VI durch 60std. Erhitzen mit Na-Methylat in Methanol; 5%. *56:44-Gemisch*, durch Erhitzen des *Methylxanthogenates* von trans-I mit IV analog oben; 31%. *67:33-Gemisch*, wie vorst., jedoch in Ggw. von V; 7%. D. Holzner 1810◇

0851 **Chemie der Dimethylketendimeren. 1. Mitt. Katalytische Hydrierung und Ringspaltung durch Alkohole.** Robert H. Hasek, Edward U. Elam, James C. Martin und Ronald G. Nations. (J. org. Chemistry **26**, 700—04, 1961; Kingsport, Tenn., Eastman Co., Res. Labor.; engl.) — Die katalyt. Hydrierung von Tetramethylcyclobutandion (1.3) (I) in Ggw. von Ru/Kohle gibt in guten Ausbeuten ein Gemisch der cis- bzw. trans-Form von *2.2.4.4-Tetramethylcyclobutandiol-(1.3)* (II). In Ggw. von Rh, Pd oder Pt gibt die Hydrierung von I sehr schlechte Ergebnisse, während mit Cu/Cr_2O_3 u. Ni-Katalysatoren mäßige Ausbeuten an II neben tiefschm. Prodd. erhalten werden. Hydrierung von I in CH_3OH u. Ggw. von Raney-Ni nach Miller [1937] gibt II u. daneben *1-Hydroxy-2.2.4-trimethylpentanon-(3)* (III) u. *2.2.4-Trimethyl-3-oxovaleriansäure* (IV)-*Methylester* (V). III entsteht wahrscheinlich durch Red. von I zu 3-Hydroxy-2.2.4.4-tetramethylcyclobutanon (VII), dessen Spaltung u. Hydrierung des entstandenen 2.2.4-Trimethylpentanon-(3)-als. V wird durch Spaltung von I mit CH_3OH gebildet. Diese Rk. verläuft auch bei erhöhter Temp. langsam; in Ggw. von bas. Reagentien dagegen rasch u. exotherm. Auf diese Weise wurde eine Anzahl von IV-*Estern* dargestellt. Analog werden mit Phenolen oder Mercaptanen die entsprechenden Ester von IV erhalten. Miller erhielt bei der Hydrierung von I in CH_3OH u. Ggw. von Raney-Ni ein Neben-Prod. ($Kp._{34}$ 90 bis 93°), wahrscheinlich vorwiegend V, das sich gegen weitere Hydrierung oder Hydrogenolyse sehr stabil zeigt, während III Spaltung zu 2.4-Dimethylpentanon-(3) erlitt. Durch wiederholtes Kristallisieren von II bzw. II-Diacetat wurde die trans- bzw. (nach Methanolyse) die cis-Form erhalten. Am einfachsten gelang die Isomerentrennung über cis–trans-II-Diformiat (cis–trans-VIII). IR-spektroskop. Unterss. ergaben für II ein Isomerenverhältnis von 1:1. Nach NMR-spektroskop. Konfigurations-Unterss. stehen in cis-II 2 CH_3-Gruppen in cis- u. 2 in trans-Stellung zu einer OH-Gruppe; in trans-II steht jede CH_3-Gruppe zu einer OH-Gruppe in cis-, zur anderen in trans-Stellung. Die Konfiguration von VII ist der von cis-II analog. Auch die Dipolmomente (2,39 bzw. 2,1 D) in Dioxan der cis- u. trans-Isomeren bestätigen die Konfiguration.

Versuche: *2.2.4.4-Tetramethylcyclobutandiol-(1.3)*, *Isomerengemisch* (cis–trans-II), F. 129—150°, durch Hydrieren von I in CH_3OH u. Ggw. von Ru/Kohle bei 125° u. 1000 bis 1500 lbs./sq.in.; 98% (Ausbeute); *Diformiat* (cis–trans-VIII), $Kp._{53}$ 132—133°, durch 9std. Kochen von cis–trans-II u. HCOOH in Bzl.; 70%. *trans*-II, F. 148° (Toluol), durch Stehen von 315 g VIII bei Raum-Temp., Abfiltrieren → *trans*-VIII [F. 67—68° (PAe.), 144 g; daneben 143 g cis–trans-VIII; Öl], Lösen von 132 g trans-VIII in CH_3OH in Ggw. von CH_3O·Na, 24std. Stehen bei Raum-Temp., Zusetzen von wenig Essigsäure u. Eindampfen; 78 g. *cis*-II, F. 162,5—163,5° (Toluol), analog trans-II durch Methanolyse des neben trans-VIII erhaltenen Öles u. fraktionierte Kristallisation von 57 g des Methanolyse-Prod. aus Toluol; 22 g. — *3-Hydroxy-2.2.4.4-tetramethylcyclobutanon* (VII), F. 114° (Bzl./Hexan), durch Hydrieren von I in CH_3OH u. Ggw. von Raney-Ni bei 40° u. 45 lbs./sq.in.; 70%. *2.4-Dinitrophenylhydrazon*, F. 154,5—156°. — 2.2.4-Trimethyl-3-oxovalerate: *Methyl-* (V), $Kp._{22}$ 88—91°, $Kp._{10}$ 74,5—75°, $Kp._{3,1-3,4}$ 51—51,8°, a) durch 12std. Erhitzen von I u. CH_3OH unter N_2 auf 160° im Autoklaven; n_D^{20} 1,4244; 32%; b) durch Hydrieren von 285 g I in CH_3OH u. Ggw. von Raney-Ni bei 150° u. 1500 lbs./sq.in., Filtrieren, Eindampfen, Dest. bei 50—80°/2 Torr u. Fraktionieren; daneben *1-Hydroxy-2.2.4-trimethylpentanon-(3)* (III), $Kp._{26}$ 103—107°, $Kp._{3,5-3,6}$ 62,6°, n_D^{20} 1,4384 (*p-Nitrobenzoat*, $C_{15}H_{19}NO_5$, F. 83—84°); c) analog nachst. Verb.; 89%; Rk. mit N_2H_4 → *4.4-Dimethyl-3-isopropyl-Δ²-pyrazolinon-(5)*, F. 81,5—82,5° (korr.). — *Äthyl-*, $Kp._{9,5}$ 81,5—82°, durch Zugabe von I zu C_2H_5ONa in abs. A. bei 10—50° u. Ansäuern mit Essigsäure; n_D^{20} 1,4230; 87%. — Analog: *Isopropyl-*, $Kp._{36}$ 113—116°, n_D^{20} 1,4209; 54%. — *Allyl-*, $Kp._{10}$ 95—96°, n_D^{20} 1,4369; 73%. — *tert.-Butyl-*, $Kp._{16}$ 100 bis 104°, durch Zugabe von I zu tert.-Butanol in Ggw. von NaH (50%ig. Mineralöldispersion), Rühren, Erwärmen auf 60° u. Ansäuern mit Essigsäure nach dem Ende der exothermen Rk.; n_D^{20} 1,4212; 73%. — *Phenyl-*, $Kp._{0,5}$ 95—96°, durch Erhitzen von I u. Phenol in Ggw. von Na auf 90°, Zusetzen von wenig A. u. ½std. Erhitzen auf 190—195°; n_D^{20} 1,4859; 86%. — *n-Butyl-*, $Kp._{14}$ 113—114°, analog nachst. Verb. (6std. Erhitzen auf 150°); n_D^{20} 1,4288; 18%. — *Äthylen-bis-*, $Kp._{5,5}$ 185—187°, durch 12std. Erhitzen von I, Äthylenglykol u. Pyridin auf 200° im Autoklaven; n_D^{20} 1,4484; 77%. — Analog: *3-Hydroxy-2.2-dimethylpropyl-*, $Kp._{2,5-3,5}$ 130—139°, n_D^{20} 1,4488; 56%; daneben *2.2-Dimethylpropandiol-(1.3)-bis-*, $Kp._{3,5}$ 184°, n_D^{20} 1,4488; 5%. — *2.2.4.4-Tetramethylcyclobutandiol-(1.3)* (II)-*bis-*, F. 113—114° (Aceton), durch Erhitzen von I, II u. C_2H_5ONa in abs. A. auf 100° u. Kühlen nach dem Ende der Rk.; 57%. — *p-Phenylen-bis-*, F. 106—107° (A.), analog vorst. Verb. durch Erhitzen auf 250°; 11%. — *2.2'-Dihydroxydiäthylsulfid, Bis-*, $Kp._{0,004}$ 110°, durch 3std. Kochen von I u. dem Sulfid in Xylol unter Rühren, Dest. bei 250°/3 Torr u. Molekular-Dest.; n_D^{20} 1,4720; 93,5%. — Analog: *1.1.1-Trimethylolpropan, Tris-*, $Kp._{0,001}$ 140°, n_D^{20} 1,4587; 52%. — *Tetramethylolmethan, Tetrakis-*, F. 91—92° (Aceton/Hexan); 57%. — Analog: 2.2.4-Trimethyl-3-oxothiolvalerate: *n-Dodecyl-*, $Kp._{20}$ 78—88°, n_D^{20} 1,4705; 72%. — *Hexamethylen-bis-*, $Kp._1$ 108—133°, n_D^{20} 1,4951; 76%. — *p-tert.-Butylphenyl-*, F. 58 bis 59° (A.); 60%. G. Reinöhl 1970◇

0852 **Chemie der Dimethylketendimeren.** 2. Mitt. **Dehydratisierung von trans-2.2.4.4-Tetramethylcyclobutandiol-(1.3).** Robert H. Hasek, R. Donald Clark und Julian H. Chaudet. (J. org. Chemistry **26,** 3130—33, 1961; engl.) — 1. vgl. vorst. Referat. — Durch Erhitzen der trans-Form von 2.2.4.4-Tetramethylcyclobutandiol-(1.3) (trans-I) mit verd. Mineralsäuren wird unter Dehydratisierung u. Ringspaltung *2.2.4-Trimethylpenten-(3)-al* (II) erhalten. cis-I ist dagegen auch gegenüber sd. 20%ig. H_2SO_4 stabil. Einw. von heißer verd. Säure auf cis–trans-I führt zu einem Gemisch von II u. cis-I, längeres Kochen zu komplexen Prodd., wahrscheinlich durch Hydratisierung bzw. Acetylisierung von II. Die Struktur von II wurde durch Analyse, IR- bzw. NMR-spektroskop. Unters. u. Hydrierung zu *2.2.4-Trimethylpentanol-(1)* gesichert. Vermutlich erfolgt die Dehydratisierung nach einem transanularen Eleminierungsmechanismus.

Versuche: *2.2.4-Trimethylpenten-(3)-al* (II), $C_8H_{14}O$, $Kp._{100}$ 81—83,5°, durch 72std. Kochen von cis–trans-I u. konz. H_2SO_4 in W. unter kontinuierlicher Dest. u. Fraktionieren; n_D^{20} 1,4357—1,4361; 50% (Ausbeute, bezogen auf trans-I); daneben cis-I [F. 162,5—163,5° (Toluol); 95%]. *2.4-Dinitrophenylhydrazon*, $C_{14}H_{18}N_4O_4$, F. 142—143° (A.). — *2.2.4-Trimethylpentanol-(1)*, Kp. 164—166,5°, durch Hydrieren von II in A. u. Ggw. von Raney-Ni bei 150° u. 1000 lbs./sq.in. im Autoklaven; n_D^{20} 1,4292—1,4298; 81%. — *Unters. der Stabilität von trans-*I *gegenüber W. u. Säuren*: a) 45std. Kochen in W. →quant. I; b) 91std. Kochen von 200 g I in 500 ml W. u. 10 ml 0,1 n H_2SO_4 → quant. I; 48std. Kochen nach Zugabe von 80 ml 0,1 n H_2SO_4 → 2,4 g II (roh), 168std. Kochen nach Zugabe von 3 ml konz. H_2SO_4 in 10 ml W. → 72,3 g II (roh). — *Stabilität von cis-*I: 271std. Kochen in 500 ml W. u. 20 ml konz. H_2SO_4 → quant. cis-I, 21std. Kochen nach Zugabe von 50 ml konz. H_2SO_4 (→ keine Bldg. von II), Kühlen, Zusetzen von 180 ml konz. H_2SO_4, 41std. Kochen → geringe Mengen eines Destillates, in dem kein II nachzuweisen war.
G. Reinöhl 1970◇

0853 **Pyrethrolon und verwandte Verbindungen.** M. Elliott. (Chem. and Ind. **1960,** 1142—46; Rothamsted Experimental Station, Dep. of Insecticides and Fungicides; engl.) — Übersicht. — 19 Literaturangaben. H. Krause 1980△

0854 **Synthese einiger 8.8-disubstituierter Heptafulvenderivate.** Tetsuo Nozoe, Toshio Mukai, Kazutoshi Osaka und Nobuyuki Shishido. (Bull. chem. Soc Japan **34,** 1384—90, 1961; Sendai, Tohoku Univ., Fac. of Sci., Dep. of Chem.; engl.) — Die Synth. von Heptafulven (I)-Derivv. mit elektronenanziehenden Substituenten in 8-Stellung wird beschrieben; sie sind erwartungsgemäß stabiler als I. Kondens. von Tropyliumbromid (II) mit Malodinitril (III) bzw. Cyanessigsäureäthylester (IV) führt zu *Tropyl-*(V) u. *Ditropylmalodinitril* (VI) bzw. *Tropyl-* (VII) u. *Ditropylcyanessigsäureäthylester* (VIII). VI bildet sich auch aus V u. II, VIII aus VII u. II. Die analoge Kondens. von Tropylmalonsäurediäthylester (IX) mit Malonsäurediäthylester gelingt nicht. V, VII u. IX werden durch Dehydrierung mit Chloranil (X) in *8.8-Dicyan-* (XI), *8-Cyan-8-carbäthoxy-* (XII) bzw. *8.8-Dicarboäthoxyheptafulven* (XIII) übergeführt; V geht auch durch Bromierung u. Dehydrobromierung in XI über. VI u. VIII disproportionieren beim Erhitzen zu *Tropiliden* u. XI bzw. XII. XI u. XII sind sehr stabil gegen Säuren, aber instabil gegen Alkali. XIII neigt im Gegensatz zu XI u. XII zur Polymerisation. XI läßt sich nicht bromieren. XII bildet im Gegensatz zu XI u. XIII ein *Maleinsäureanhydrid* (XIV)-*Addukt*. XI wird an PtO_2 zu einer *Hexahydro-Verb.*, XIII zu einer *Oktahydro-Verb.* hydriert. — IR- u. UV-Spektren werden diskutiert (Tabelle; Abb. der UV-Spektren von XI u. XII).

Versuche: *Tropylmalodinitril* (V), $C_{10}H_8N_2$, F. 62,8 bis 63,5° (Bzl.), durch Zugabe von 6 g rohem II unter Rühren zu 2,41 g III in Pyridin innerhalb 30 Min., 2std. Rühren bei Raum-Temp., Gießen in 6 n HCl, Extrahieren mit Bzl., Eindampfen u. fraktioniertes Fällen mit A. als 1. Fraktion; 22,7% (Ausbeute). — *Ditropylmalodinitril* (VI), $C_{17}H_{14}N_2$, F. 107—108°, a) neben V durch weiteres Fällen mit A.; Prismen aus A.; 2,04 g; b) durch 1½std. Erhitzen von V in Pyridin mit II auf dem Wasserbad, Zugabe von 6 n HCl, Extrahieren mit Bzl. u. Dest.; 80%. — *Tropylcyanessigsäureäthylester* (VII), $C_{12}H_{13}NO_2$, $Kp._2$ 125—130°, $Kp._4$ 130—135°, durch allmähliche Zugabe von II zu IV in Pyridin bei 0° unter Rühren, Stehenlassen über Nacht bei Raum-Temp., Zutropfen von HCl bei 0°, Ausäthern, Eindampfen, Filtration u. Dest. des öligen Anteils; 45%. — *Ditropylcyanessigsäureäthylester* (VIII), $C_{19}H_{19}NO_2$, F. 124—125°, a) neben VII als kristalliner Anteil; Prismen aus A.; 15%; b) durch ½std. Erwärmen von II u. VII in Pyridin auf 40—50°, Neutralisieren mit 6 n HCl bei 0° u. Extrahieren mit Bzl.; 78%. — *8.8-Dicyanheptafulven* (XI), $C_{10}H_6N_2$, F. 198—199°, a) durch Zutropfen von Br_2 in Chlf. zu V in Chlf. bei Raum-Temp., 40 Min. langes Rühren, Eindampfen im Vakuum, 10 Min. langes Erhitzen auf 100° u. Zugabe von A.; rote Nadeln aus A.; 50%; b) durch 90std. Stehenlassen von 0,5 g V u. N-Bromsuccinimid (XV) in tert.-Butanol (XVI)/Pyridin/W. (11:2:1) bei Raum-Temp., Abfiltrieren des Nd. u. Aufarbeitung der Mutterlauge durch Ausäthern u. Chromatographie in Bzl. an Al_2O_3; 70%; daneben (aus den ersten Eluaten) 65 mg *Benzalmalodinitril* (F. 81—82°; Nadeln); c) durch 2std. Kochen von V u. X in Xylol, Lösen des Nd. in Bzl. u. Waschen mit 1 n NaOH; 17%; d) durch ½std. Erhitzen von 1 g VI auf 140 bis 150° u. Sublimation bei 140—150°/2 Torr; 86%; daneben (durch Ausfrieren in einer nachgeschalteten Kühlfalle) ca. 200 mg *Tropiliden* [Öl; *Maleinsäureanhydrid-Addukt*, F. 99 bis 100° (CCl_4), durch 4½std. Kochen mit XIV in Xylol u. Fällen mit PAe.; 41%]. XI wird unverändert zurückgewonnen nach 2std. Kochen mit 6 n HCl/A. (1:1), nach 4std. Einw. von Br_2 in Chlf. bei Raum-Temp., nach 13std. Kochen mit XIV in Xylol u. nach 6std. Vers. der Hydrierung in A. an 5%ig. Pd-Tierkohle bei Normalbedingungen. XI bildet bei 6std. Erhitzen mit 75%ig. H_2SO_4 auf 100°, Zugabe von W. u. Alkalisieren auf pH 2,5 mit $NaHCO_3$ eine amorphe *gelbe Substanz*, bei 1std. Kochen mit 6 n KOH/A. (1:2) ein Harz u. bei Hydrieren von 120 mg in A. an PtO_2 bei Normalbedingungen u. Chromatographie in Bzl. an Al_2O_3 (Elution mit Bzl.) 30 mg *Hexahydro-Verb.*; daneben (durch Elution mit Ae.) 45 mg einer *Aminoverbindung*. — *8-Cyan-8-carbäthoxyheptafulven* (XII), $C_{12}H_{11}NO_2$, F. 63,5°, a) durch 1½std. Kochen von 10 g VII u. X in Xylol, Filtration, Digerieren des Nd. mit Methanol [→ 2,1 g *Tetrachlorhydrochinon* (XVII), F. 228°], dann mit Bzl. u. Chromatographie der Waschlsgg. an Al_2O_3 sowie Eindampfen der Xylolmutterlauge im Vakuum, Extrahieren mit Methanol u. Chromatographie; rote Prismen aus PAe.; 45%; b) durch Dest. von VIII bei 170—195°/2 Torr, Extraktion des Destillats mit wenig A. u. Chromatographie; 22%; wird unverändert zurückgewonnen nach 2std. Kochen in 6 n HCl/A. (1:1). *Maleinsäureanhydrid-Addukt*, $C_{16}H_{13}NO_5$, F. 177° (Methanol), durch 34std. Kochen von XII u. XIV in Xylol, Eindampfen im Vakuum u. Zugabe von Methanol. — *α-Cyanzimtsäureäthylester*, F. 49—50°, durch 1wöchiges Stehenlassen von 400 mg VII u. XV in XVI/Pyridin/W. (10:2:1) bei Raum-Temp., Gießen in W., Ausäthern, Eindampfen u. Zugabe von A.; Platten aus PAe.; 300 mg. — *8.8-Dicarbäthoxyheptafulven* (XIII), $C_{14}H_{16}O_4$, $Kp._3$ 140—150°, durch 1½std. Kochen von 7,5 g IX u. X in Xylol, Filtration (2,8 g XVII), Eindampfen des Filtrats im Vakuum, Extraktion mit Methanol, Chromatographie in Bzl. an Al_2O_2 u. Dest.; 1,63 g; bildet bei 2wöchigem Stehen bei Raum-Temp. u. Extraktion mit heißem A. ein gelbes, amorphes *Polymeres* vom Erweichungspunkt 120°. — *3-Carb-*

äthoxy-1-oxaazulanon-(2), F. 130°, durch Zugabe von Br_2 in Chlf. zu 0,96 g **IX** in Chlf., ½std. Rühren, Eindampfen, 1std. Erhitzen auf 100° u. Chromatographie in Bzl. an Al_2O_3 (Elution mit Essigester); gelbe Kristalle; 50 mg; daneben durch Elution mit Bzl. 350 mg *rotes Öl*. — *Cycloheptylmalonsäure*, $C_{10}H_{16}O_4$, F. 160—161° (Zers.; CCl_4/Aceton), durch Hydrieren von 500 mg **XIII** in A. an PtO_2 bei Normalbedingungen, Eindampfen (→ 400 mg *Ester*), 2std. Kochen von 250 mg mit 6n KOH/A. (1:1), Eindampfen, Lösen in W., Ansäuern mit verd. HCl u. Ausäthern; 200 mg. G. Fischer 2020◇

0855 **Cyclisierung der ε-Diketone. Gewinnung von 1-[2-Alkyl-2-aminocyclopentyl]-alkylaminen.** Jean Kossanyi. (C. R. hebd. Séances Acad. Sci. **257**, 929—32, 1963; Paris, Labor. de Chim. organ. structurale; franz.) — Aliphat. ε-Diketone geben mit N_2H_4 (aus dem Hydrochlorid durch portionsweisen Zusatz von K_2CO_3) durch 3std. Kochen in Pyridin *1.4-Dialkyl-2.3-diazabicyclo-[3.3.0]-octene-(3)* (**A**), während aus 1.4-Dibenzoylbutan bei der gleichen Behandlung *3.8-Diphenyl-1.2-diazacyclooctadien-(2.8)* (**I**) entsteht. Die **A** sind ziemlich unbeständig u. zersetzen sich in Ggw. von O_2 ab 35°. Ihre NMR-Spektren werden im Vgl. mit dem von **I** diskutiert. Die Hydrierung der **A** gelingt nicht in Ggw. von Pd oder Ni, auch nicht unter Druck, aber in Ggw. von Pt-Schwarz in Essigsäure; sie führt unter Aufnahme von 2 H_2 zur Spaltung der N—N-Bindung unter Bldg. von *1-[2-Alkyl-2-aminocyclopentyl]-alkylaminen* (**B**), deren NMR-Spektren ebenfalls diskutiert werden. Die Hydrierung von **I** liefert nicht die gesätt. Verb., sondern *3.8-Diphenyl-1.2-diazacycloocten-(1)*. Die acidimetr. Titration der **A** u. **B** wird beschrieben. — 1.4-Dialkyl-2.3-diazabicyclo-[3.3.0]-octene-(3) (**A**): *-methyl-*, $C_8H_{14}N_2$, Kp.$_{17}$ 96—97°, n^{25} 1,4894; 76% (Ausbeute). — *-äthyl-*, $C_{10}H_{18}N_2$, Kp.$_{17}$ 120—122°, n^{22} 1,4879; 68%. — *-propyl-*, $C_{12}H_{22}N_2$, Kp.$_{0,05}$ 85—87°, n^{25} 1,4816; 64%. — *-butyl-*, $C_{14}H_{26}N_2$, Kp.$_{0,2}$ 92—95°, n^{23} 1,4807; 71%. — *3.8-Diphenyl-1.2-diazacyclooctadien-(2.8)* (**I**), $C_{18}H_{16}N_2$, F. 136°; 95%. — **B**: *1-[2-Methyl-2-aminocyclopentyl]-äthylamin*, $C_8H_{18}N_2$, Kp.$_{0,03}$ 49°, n^{26} 1,4751; 77%. — *1-[2-Äthyl-2-aminocyclopentyl]-propylamin*, $C_{10}H_{22}N_2$, Kp.$_{0,05}$ 56°, n^{24} 1,4768; 73%. — *1-[2-Propyl-2-aminocyclopentyl]-butylamin*, $C_{12}H_{26}N_2$, Kp.$_{0,4}$ 112 bis 114°; 74%. — *1-[2-Butyl-2-aminocyclopentyl]-pentylamin*, $C_{14}H_{30}N_2$, Kp.$_{0,2}$ 107—108°, n^{23} 1,4724; 78%. — *3.8-Diphenyl-1.2-diazacycloocten-(1)*, $C_{18}H_{20}N_2$, F. 89—90°; 88%. I. Spaeth 2110◇

0856 **Untersuchungen über Stilbene.** 45. Mitt. **Notiz über begrenzt wasserlösliche Triphenylphosphoniumsalze.** Günther Drefahl, Dieter Lorenz und Rolf Breng. (J. prakt. Chem. [4] **18**, 297—300, 1962; Jena, Friedrich-Schiller-Univ., Inst. für Biochem. u. Organ. Chem.; dt.) — 44. vgl. Chem. Ber. **96**, [1962], 2782. — Die Darst. von *Mono-* u. *Bis-triphenylphosphoniumsalzen* wird beschrieben u. über ihre Löslichkeit in W. berichtet. Kurven vgl. Original.

Versuche: *Triphenyl-[4-styrylbenzyl]-phosphoniumbromid* (**I**), F. 279—281°, durch 5std. Kochen von 4-Methylstilben u. N-Bromsuccinimid in CCl_4 in Ggw. von Dibenzoylperoxid, Extrahieren mit W., Eindampfen zur Trockne, Lösen in Bzl., Zugabe von Triphenylphosphin u. 3std. Kochen; aus A./Ae. Nadeln; 56% (Ausbeute). — *1-Styryl-4-[4-methylstyryl]-benzol*, F. 271°, durch Zugabe von Na-Äthylat in abs. A. zu einem Gemisch aus **I** u. p-Toluylaldehyd in A.; aus Bzl. oder Toluol hellgelbe Blättchen; 70%. — *Triphenyl-[4-(4-styrylstyryl)-benzyl]-phosphoniumbromid*, F. 264 bis 265°, durch 5—6std. Kochen vorst. Verb. mit N-Bromsuccinimid in CCl_4 in Ggw. von Dibenzoylperoxid, Abfiltrieren, Eindampfen, Lösen in Toluol, Zugabe von Triphenylphosphin u. 6std. Kochen; aus A./Ae. hellgelbe Nadeln; 33%. — *4-[4-Methylstyryl]-biphenyl*, F. 219—220°, durch Zugabe von Li-Äthylat in abs. A. zu Triphenyl-[biphenylyl-(4)-methyl]-phosphoniumchlorid u. p-Toluylaldehyd in abs. A.; aus Bzl. Blättchen; 67%. — *Triphenyl-[4-(4-phenylstyryl)-benzyl]-phosphoniumbromid*, $C_{39}H_{32}BrP$, F. 264—265°, aus vorst. Verb. analog **I**; aus A. Nadeln; 35%. — *1.4-Bis-[4-methylstyryl]-benzol*, F. 296°, durch Umsetzen von p-Xylylen-bis-[-triphenylphosphoniumchlorid] mit p-Toluylaldehyd in Ggw. von Na-Äthylat in abs. A.; aus Toluol schwachgelbe Blättchen; 49%. — *1.4-Bis-[4-(triphenylphosphoniomethyl)-styryl]-benzoldibromid*, F. 363—365° (Zers.), aus vorst. Verb. analog **I**; aus A./Ae. gelbe Nadeln; 40%. — *1.4-Bis-[4-(triphenylphosphoniomethyl)-phenäthinyl]-benzoldibromid*, $C_{60}H_{46}Br_2P_2$, F. 349—351°, aus 1.4-Bis-[p-tolyläthinyl]-benzol analog **I**; aus A./Ae. Nadeln; 38%. W. Hampel 2580△

0857 **Alkylierung von α-Methyldekalin.** Ju. G. Mamedalijew und O. A. Sutikowa. (Ber. Akad. Wiss. AserbaidshanSSR **17**, 881—85, 1961; Inst. für erdölchem. Prozesse; russ., Auszug: aserbaidshan.) — Bei der Alkylierung von trans-α-Methyldekalin (**I**) mit Propylen (**II**) in Ggw. von H_2SO_4 werden folgende optimale Rk.-Bedingungen ermittelt: Temp. 30°; Konz. der H_2SO_4 98—100%ig; Mol-Verhältnis H_2SO_4:**I**:**II** 2:1:1 u. Geschw. der **II**-Zugabe 4 Liter/Stunde. Die Ausbeute beträgt dann 59,85%.

Versuche: *trans-α-Methyldekalin*, durch Hydrierung von α-Methylnaphthalin in Ggw. von Ni bei 180—200°; $D._4^{20}$ 0,8738; n_D^{20} 1,4718. — *trans-1-Methyl-4(?)-isopropyldekalin*, Kp. 260°; $D._4^{20}$ 0,8689; n_D^{20} 1,4701. Renate Richter 2700◇

0858 **Synthese von Musizin (2-Acetyl-1.8-dihydroxy-3-methylnaphthalin).** Z. Horii, M. Hanaoka und Y. Tamura. (Chem. and Ind. **1962**, 1243—44; Japan, Osaka, Toyonaka, Toneyama, Univ. of Osaka, School of Pharmacy; engl.) — Die Kondens. von 3-Methoxybenzaldehyd mit Nitroäthan in NH_4-Acetat-haltiger Essigsäure liefert *3-[2-Nitropropen-(1)-yl]-anisol*, das durch Red. mit Fe-Pulver/HCl u. Hydrolyse *3-Methoxyphenylaceton* gibt, aus dem mit Bromessigsäureäthylester *β-Methyl-β-hydroxy-γ-[3-methoxyphenyl]-buttersäureäthylester* entsteht. Dieser wird mit $POCl_3$ in Bzl. zu *β-Methyl-γ-[3-methoxyphenyl]-crotonsäureäthylester* dehydratisiert. Katalyt. Red. u. Hydrolyse führt zu *β-Methyl-γ-[3-methoxyphenyl]-buttersäure*, die mit Br_2 in Chlf. *β-Methyl-γ-[2-brom-5-methoxyphenyl]-buttersäure* bildet. Deren *Säurechlorid* liefert mit wasserfreiem $ZnCl_2$ in Bzl. *3-Methyl-5-brom-8-methoxytetralon-(1)*. Umsetzung mit Acetanhydrid u. BF_3 gibt *2-Acetyl-3-methyl-5-brom-8-methoxytetralon-(1)*, dessen Bromierung u. anschließende HBr-Abspaltung mit Morpholin *2-Acetyl-3-methyl-5-brom-8-methoxynaphthol-(1)* gibt, das durch katalyt. Red. an Raney-Ni in Methanol u. KOH *2-Acetyl-3-methyl-8-methoxynaphthol-(1)* (F. 107—108°; Nadeln) liefert. ¼std. Demethylieren mit Pyridinhydrochlorid bei 200—210° liefert daraus *2-Acetyl-1.8-dihydroxy-3-methylnaphthalin* (F. 162—163°; gelbe Nadeln). IR-Daten s. Original. R. Gnauck 2700△

0859 **Synthese von Spiro-[4.5]-decadien-(6.9)-dion-(2.8) durch Reaktion von Ar-1-5-Nachbargruppen.** S. Dorling und J. Harley-Mason. (Chem. and Ind. **1959**, 1551—52; Cambridge, Univ. Chem. Labor.; engl.) — Durch Rk. von O-Acetylphloretinsäurechlorid mit Diazomethan zum *Diazoketon*, dessen Umsetzung mit HCl zu *1-Chlor-4-[p-acetoxyphenyl]-butanon-(2)* u. anschließende Behandlung mit Äthylenglykol, Orthoameisensäuretriäthylester u. p-Toluolsulfonsäure wird unter gleichzeitiger Hydrolyse *2-Chlormethyl-2-[2-(p-hydroxyphenyläthyl]-dioxolan* (**I**) dargestellt. Während das Cl-Atom in **I** durch mehrstd. Kochen mit konz. alkohol. NaOH nicht abgespalten wird, entsteht beim Erhitzen von **I** mit K-tert.-Butylat im Autoklaven auf 180° in 40%ig. Ausbeute *Spiro-[4.5]-decadien-(6.9)-dion-(2.8)-2-äthylenketal* (**II**; F. 63°; λ_{max} 241 mμ; ε 16600). Die Pyrolyse von **I**-Na-Salz bei 220°/10^{-3} Torr liefert ebenfalls **II**. Durch Kochen von **II** mit 70%ig. Essigsäure wird *Spiro-[4.5]-decadien-(6.9)-dion-(2.8)* (F. 74°) erhalten, das mit Acetanhydrid/wenig H_2SO_4 *2.6-Diacetoxy-3.4-dihydronaphthalin* (**III**) liefert. **III** wird durch Pd/Kohle in sd. Nitrobenzol zu *2.6-Diacetoxynaphthalin* dehydriert. Beim Vers., **II** mit Al-Triisopropylat zu red., wird *Tetralon-(2)-äthylenketal* (**IV**) erhalten. Die Bldg. von **IV** erfolgt vermutlich über *8-Hydroxyspiro-[4.5]-decadien-(6.9)-on-(2)-äthylenketal-8-diisopropoxyaluminat*; Spaltung der C—O-Bindung u. Umlagerung des entstehenden Carboniumions. Analog **I** werden *2-Chlormethyl-2-[3-(p-hydroxyphenyl)-propyl]-* u. *2-Chlormethyl-2-[p-hydroxybenzyl]-dioxolan* dargestellt. Beide Verbb. bilden weder mit K-tert.-Butylat noch durch Pyrolyse die entsprechenden Spirodienone. K. Lange 2950△

0860 **Transanulare 1.7-Addition von Tetracyanäthylen an 1.3.5.7-Tetramethylencyclooctan.** J. K. Williams und R. E. Benson. (J. Amer. chem. Soc. **84**, 1257—58, 5/4. 1962; Wilmington, Del., E. I. du Pont de Nemours & Co., Central Res. Dep., Experim. Stat.; engl.) — Ster. Betrachtungen am 1.3.5.7-Tetramethylencyclooctan (**I**) mit Hilfe von Dreiding-Modellen zeigten, daß es eine Konformation gibt, bei der gegenüberliegende Paare von Doppelbindungen parallel zueinander im Abstand von ca. 2,7 Å angeordnet sind. Auf Grund der dadurch gegebenen merklichen Wechselwrkg. des π-Orbitals sollte eine ähnliche Reaktivität wie bei konjugierten Syst. zu erwarten sein. Tatsächlich erfolgt durch Einw. von Tetracyanäthylen (**II**) auf die äquimol. Menge **I** in Tetrahydrofuran eine exotherm verlaufende, transannulare 1.7-Addition, die in 85%ig. Ausbeute zu *3.3.4.4-Tetracyan-8.11-dimethylentricyclo-[4.3.3.0$^{1.6}$]-dodecan* (**III**) führt. Unter den vorst. milden Bedingungen reagiert **III** nicht mit **II** weiter, da die exocycl. Methylengruppen in **III** nicht eng benachbart sind. Es handelt sich bei der Darst. von **III** offenbar um den ersten Fall, in dem die Bldg. eines transanularen Additions-Prod. auf die Nachbarschaft exocycl. Methylengruppen zurückgeht. Durch Rk. mit Brom in Chlf. geht **III** in *3.3.4.4-Tetracyan-8.11-dibrom-8.11-bis-[brommethyl]-tricyclo-[4.3.3.0$^{1.6}$]-dodecan* über.

Versuche: *3.3.4.4-Tetracyan-8.11-dimethylentricyclo-[4.3.3.0$^{1.6}$]-dodecan* (**III**), $C_{18}H_{16}N_4$, F. 222—223° (Acetonitril), durch Zusammengießen der Tetrahydrofuran-Lsgg. von **I** u. **II**, wobei Erwärmung auftritt, u. Abdestillieren des Lsgm. im Vakuum nach 1½std. Stehen der Rk.-Mischung; 85% (Ausbeute). — *3.3.4.4.-Tetracyan-8.11-dibrom-8.11-bis-[brommethyl]-tricyclo-[4.3.3.0$^{1.6}$]-dodecan*, $C_{18}H_{16}Br_4N_4$, F. 218,5—220° (Acetonitril), durch Zugeben von 1,6 g Brom zu einer Lsg. von 1,44 g **III** in warmem Chlf. u. ½std. Stehen; 1,9 g (roh).

D. Holzner 2950◇

0861 **Katalytische Umwandlungen von 1.4-endo-Methylenoktahydronaphthalin und 1.4;5.8-Bis-endo-methylendekalin.** A. F. Plate, N. A. Belikowa und Ss. Ja. Kiritschenko. (Erdölchemie [UdSSR] **1**, 494—500, 1961; Moskau, Lomonossow-Univ., Lehrstuhl für Petrochem.; russ.) — Durch Dien-Synth. werden *1.4;5.8-Bis-endomethylen-Δ^2-oktahydronaphthalin* (**I**) u. *1.4-Endomethylen-Δ^6-oktahydronaphthalin* (**II**) dargestellt u. zu *1.4;5.8-Bis-endomethylen-* (**III**) bzw. *1.4-Endomethylendekalin* (**IV**) hydriert. Bei der katalyt. Umwandlung von **II** an Pt/Kohle entstehen **IV**, *1.4-Endomethylentetralin* (**V**) u. *α-Methylnaphthalin* (**VI**). Bei der Umwandlung von **III** am $Pt/Al_2O_3 \cdot HF$-Kontakt werden *Indan-* u. *Naphthalin-Derivv.* erhalten.

Versuche: *1.4;5.8-Bis-endomethylen-Δ^2-oktahydronaphthalin* (**I**), Kp.$_{11}$ 93°, durch Rk. von Äthylen mit dimerem Cyclopentadien (1:1 Mol) im Autoklaven bei 200°; D_4^{20} 1,0191; n_D^{20} 1,5250; 21—23% (Ausbeute). Daneben *Bicyclo-[2.2.1]-hepten-(2)* [**VII**; F. 41—43°; 47%]. — *1.4;5.8-Bis-endomethylendekalin* (**III**), Kp.$_{21}$ 115°, F. 36,0—36,2° (Methanol), durch Hydrierung von 117 g **I** im Autoklaven an Raney-Ni bei 20—40°; 111,9 g. — *1.4-Endomethylen-Δ^6-oktahydronaphthalin* (**II**), $C_{11}H_{16}$, Kp.$_{26}$ 100,4°, Kp. 209°, Ep. —22°, durch 10std. Erhitzen von 94 g **VII** mit 60 g Butadien im Autoklaven auf 140°; D_4^{20} 0,9630; n_D^{20} 1,5062; 31,6%. Daneben *x-Vinylcyclohexen*. — *1.4-Endomethylendekalin* (**IV**), $C_{11}H_{18}$, Kp.$_{11}$ 83°, Ep. —30°, durch Hydrierung von 11,5 g **II** an Pt-Schwarz; D_4^{20} 0,9468; n_D^{20} 1,4960; 10,0 g. — Umwandlung von **II**: a) durch Überleiten von 56 g **II** über 8%ig. Pt/Kohle bei 205—210°, Chromatographieren an Silicagel aus Isopentan u. Eluieren mit A. werden erhalten: **IV** (45,5%) u. *1.4-Endomethylentetralin* [**V**; Kp.$_{11}$ 78°, Ep. —10°; D_4^{20} 1,0081; n_D^{20} 1,5520; 46,2%]; b) durch Überleiten von 40,8 g **II** über Pt/Kohle bei 300° werden erhalten: verunreinigtes **V** [Kp. 208—211°; 25,4 g; *Nitro-Deriv.*, $C_{11}H_{11}NO_2$, Kp.$_3$ 137 bis 155°] u. verunreinigtes *α-Methylnaphthalin* [**VI**; Kp. 211 bis 237°; 3,8 g; *Pikrat*, F. 141—142°]. — Umwandlung von **III**: Durch Überleiten von **III** über 0,5%ig. $Pt/Al_2O_3 \cdot HF$ bei 480°/20 at, Chromatographie an Al_2O_3 u. UV- u. IR-Analyse werden erhalten bzw. identifiziert: *1-Methyl-*, *4-Methylindan*, *Tetralin*, *Naphthalin* (F. 80°), **VI**, *β-Methyl-*, *2.6-Dimethyl-*, *1.3-Dimethylnaphthalin* u. 2 nichtidentifizierte *Verbb.* mit F. 67,0—67,7° (Methanol) bzw. 89,5—90,5°.

Helmut Schäfer 2950△

0862 **Ein neuer Syntheseweg für 3.6-Dimethyl-2.3-dihydro-1H-cyclopent-[a]-anthracen und 6-Methyl-2.3-dihydro-1H-cyclopent-[a]-anthracen.** Masao Nakazaki, Kikuo Yamagami und Sachihiko Isoe. (Bull. chem. Soc. Japan **34**, 1189—94, 1961; Osaka, Osaka City Univ., Inst. of Polytechn., Dep. of Chem.; engl.) — Aus 4-Bromindanon-(1) entsteht an amalgamiertem Zn *4-Bromindan* (**II**), das mit Methyl-MgBr in *7-Brom-3-methylinden* übergeführt wird, aus dem PtO_2 *4-Brom-1-methylindan* (**I**) entsteht. Beim Grignardieren von **I** in Ggw. von Phthalsäureanhydrid erhält man *2-[1-Methylindan-4-carbonyl]-benzoesäure*, die an Raney-Ni zu *2-[1-Methylindanyl-(4)-methyl]-benzoesäure* hydriert wird. Kochen mit Acetanhydrid/Essigsäure/$ZnCl_2$ liefert *6-Acetoxy-3-methyl-2.3-dihydro-1H-cyclopent-[a]-anthracen*. Durch Rk. mit Methyl-MgBr erhält man daraus *3-Methyl-6-oxo-2.3.6.11-tetrahydro-1H-cyclopent-[a]-anthracen*, das durch weitere Rk. mit Methyl-MgBr *3.6-Dimethyl-2.3-dihydro-1H-cyclopent-[a]-anthracen* liefert.

Versuche: *o-Nitrozimtsäureäthylester*, F. 42°, durch Nitrieren von Zimtsäure, Verestern mit alkohol. HCl u. Abtrennen vom schwerer lösl. p-Isomeren; 21,4% (Ausbeute). — *Hydrocarbostyril*, F. 163°, durch 5—7std. Hydrierung vorst. Verb. bei 55—60°/47 atm in A. in Ggw. von Raney-Ni; 79%. — *β-[2-Bromphenyl]-propionsäure*, F. 91—93° (Essigsäure), Kp.$_1$ 127—128°, a) durch 20std. Kochen von 30 g vorst. Verb. im N_2-Strom mit $Ba(OH)_2$ in W., Verdünnen mit W., Fällen des Ba^{2+} mit CO_2, Alkalisieren mit 10%ig. Na_2CO_3, Lösen des *Na-Salzes* [F. 155°; 84%] u. $NaNO_2$ in W., Zutropfen bei 0—5° zu 48%ig. HBr, Gießen in sd. CuBr in 48%ig. HBr, ½std. Kochen u. Ausäthern; 6,8 g; b) durch ¼std. Erwärmen von äthanol. Na-Äthylat u. Malonsäurediäthylester, Zugeben von o-Brombenzylbromid in abs. A., 3std. Kochen, Eindampfen, Verdünnen mit W., Ansäuern mit konz. HCl, Extrahieren mit Ae., Dest. des *o-Brombenzylmalonsäurediäthylesters* [Kp.$_3$ 165—170°; 82%], Hydrolysieren durch 1std. Kochen mit KOH in A. u. W., Fällen der *o-Brombenzylmalonsäure* mit konz. HCl, Decarboxylieren durch 5std. Kochen mit W. u. Ausäthern; 80%. — *4-Bromindanon-(1)*, F. 95—96°, durch 3std. Kochen vorst. Verb. mit $SOCl_2$, Dest. des *β-[2-Bromphenyl]-propionylchlorids* [Kp.$_2$ 120—123°], Lösen in CS_2, Zugabe von $AlCl_3$ bei 5°, 1½std. Stehen bei Raum-Temp., ¼std. Kochen, Zers. mit HCl/W. u. Wasserdampf-Dest.; aus A. Nadeln; 85%. — *4-Bromindan* (**II**), Kp.$_2$ 75—77°, durch 5std. Kochen vorst. Verb. in A. mit amalgamiertem Zn in konz. HCl, Verdünnen mit W. u. Extrahieren mit Ae.; 85%. — *7-Brom-3-methylinden*, Kp.$_{19}$ 137—139°, durch Zugeben vorst. Verb. in Ae. zu Methyl-MgBr in Ae., 2std. Kochen, Zers. mit Eis/HCl u. Extrahieren mit Ae.; 45%. — *4-Brom-1-methylindan* (**I**), Kp.$_{1,5}$ 74—77°, durch Hydrieren vorst. Verb. in A. an PtO_2; 84%. — *2-[1-Methylindancarbonyl-(4)]-benzoesäure*, $C_{18}H_{16}O_3$, F. 123,5—124,5° (Bzl./PAe.), durch Zutropfen von **I** in Ae. zu Mg in Ae., ¼std. Kochen unter N_2, Zutropfen zu Phthalsäureanhydrid in Bzl., 2std. Kochen unter N_2, Zers. mit verd. HCl, Wasserdampf-Dest., Lösen des Nd. in 10%ig. Soda, Wasserdampf-Dest. u. Ansäuern mit verd. HCl; 36%. — *2-[1-Methylindanyl-(4)-methyl]-benzoesäure*, F. 126—127° (A.), durch Kochen von 3,5 g vorst. Verb. in A. mit Raney-Ni, 4std. Hydrieren bei 210—220°/149—155 atm in einer Stahlbombe in Ggw. von 0,5 g Cu-Chromit u. Abtrennen von Cu u. Cr mit H_2S; 3,2 g. — *6-Acetoxy-3-methyl-2.3-dihydro-1H-cyclopent-[a]-anthracen*, $C_{20}H_{18}O_2$, F. 137—138° (A.), durch 1std. Kochen vorst. Verb. in Acetanhydrid u. Essigsäure mit $ZnCl_2$ u. Verdünnen mit W.; 72%. — *3-Methyl-6-oxo-2.3.6.11-tetrahydro-1H-cyclopent-[a]-anthracen*, $C_{18}H_{16}O$, F. 99—100° (Methanol), durch Zugeben vorst. Verb. in Bzl. zu Methyl-MgBr in Ae., ½std. Kochen, Zers. mit verd. HCl u. Extrahieren mit Ae.; daneben eine *Verb. vom F. 221—223°* (Bzl./A.) aus der Mutterlauge. — *3.6-Dimethyl-2.3-dihydro-1H-cyclopent-[a]-anthracen*, $C_{19}H_{18}$, F. 80,5—81°, durch Zugeben vorst. Verb. in Bzl. zu Methyl-MgBr in Ae., ½std. Kochen, Zers. mit 2n HCl, Extrahieren mit Ae., Chromatographie an Al_2O_3 u. Eluieren mit Bzl./Bzn.; aus Methanol hellgelbe Kristalle; 42%. *Trinitrobenzolat*, $C_{25}H_{21}N_3O_6$, F. 141,5—142°; aus A. scharlachrote Nadeln. — *2-[Indan-4-carbonyl]-benzoesäure*, $C_{17}H_{14}O_3$, F. 175—176° (Bzl.), durch Zutropfen von **II** in Ae. zu Mg in Ae., 20std. Kochen, Zutropfen zu Phthalsäureanhydrid in Bzl., ½std. Kochen, Zers. mit konz. HCl/Eiswasser, Wasserdampf-Dest. u. Ansäuern mit konz. HCl; 58%. — *2-[Indanyl-(4)-methyl]-benzoesäure*, $C_{17}H_{16}O_2$, F. 146 bis 146,5° (Bzl.), durch Kochen vorst. Verb. in A. mit Raney-Ni, 4std. Hydrieren bei 215°/199—202 atm in einer Stahlbombe in Ggw. von Cu-Chromit u. Abtrennen von Cu u. Cr mit H_2S; 72%. — *6-Acetoxy-2.3-dihydro-1H-cyclopent-[a]-anthracen*, $C_{19}H_{16}O_2$, F. 161—161,5°, durch 1std. Kochen vorst. Verb. in Acetanhydrid u. Essigsäure mit $ZnCl_2$, Ver-

dünnen mit W. u. Extrahieren mit Bzl.; aus Bzl. gelbe Prismen; 74%. — *6-Oxo-2.3.6.11-tetrahydro-1H-cyclopent-[a]-anthracen*, $C_{17}H_{14}O$, F. 165—166° (Bzl.), durch Zutropfen vorst. Verb. in Bzl. zu Methyl-MgBr in Ae., Zers. mit W. u. Extrahieren mit Ae.; 34%; daneben aus der Mutterlauge *Verb. vom F. 222—223,5°* (aus Bzl. gelbe Nadeln). — *6-Methyl-2.3-dihydro-1H-cyclopent-[a]-anthracen*, $C_{18}H_{16}$, F. 127—128°, durch Zutropfen vorst. Verb. in Bzl. zu Methyl-MgBr in Ae., ½std. Kochen, Zers. mit verd. HCl u. Extrahieren mit Ae.; aus Bzl. hellgelbe Nadeln; 56%. *Trinitrobenzolat*, $C_{24}H_{19}N_3O_6$, F. 149,5—150,5°, aus A. scharlachrote Nadeln. *Pikrat*, $C_{24}H_{19}N_3O_7$, F. 144—145°, aus Bzl. braunschwarze Nadeln.
P. Becker 2950△

0863 **Reaktion basischer Nitrile mit Chlorwasserstoff.** F. F. Blicke, A. J. Zambito und R. E. Stenseth. (J. org. Chemistry **26**, 1826—31, 1961; Ann Arbor, Mich., Univ., Coll. of Pharm.; engl.) — Durch Einw. von HCl-Gas auf γ-Dimethylaminobuttersäurenitril (**I**), α-Phenyl-δ-dimethylaminovaleriansäurenitril (**II**) bzw. α.α-Diphenyl-ε-dimethylaminocapronsäurenitril (**III**) werden unter Abspaltung von CH_3Cl die Hydrochloride von *1-Methyl-2-iminopyrrolidin* (**IV**), *1-Methyl-2-imino-3-phenylpiperidin* (**V**) bzw. *1-Methyl-2-imino-3.3-diphenylhexamethylenimin* (**VI**) gebildet. Analog reagieren das α-Phenyl-Deriv. (**VII**) von **I** u. das N.N-Dibutylanalogon (**VIII**) von **II**. α-[3-Methoxyphenyl]-γ-dimethylaminobuttersäurenitril (**IX**) gibt bei der gleichen Rk. nur *1-Methyl-2-methylimino-3-[3-methoxyphenyl]-pyrrolidin*, während das α.α-Diphenyl-Deriv. (**X**) von **I** ein Gemisch von *1-Methyl-2-imino-* (**XI**) u. *-2-methylimino-3-3-diphenylpyrrolidinhydrochlorid* liefert, von denen **XI** durch Überführen in *1-Methyl-3.3-diphenylpyrrolidon-(2)* mit HNO_2 identifiziert wird. δ-Dimethylaminovaleriansäurenitril wird von HCl zu *1-Methyl-2-iminopiperidinhydrochlorid* (**XII**) kondensiert, das durch Hydrolyse zu *δ-Methylaminovaleriansäure* identifiziert wird. Verss., α.α-Diphenyl-δ-dimethylaminovaleriansäurenitril oder α.α-Diphenyl-ω-dimethylaminoheptansäurenitril analog zu den entsprechenden Heterocyclen zu kondensieren, waren ohne Erfolg. **IV** wird durch Einw. von Raney-Ni in *1-Methylpyrrolidon-(2)* übergeführt. Das 3-Phenyl-Deriv. (**XIII**) von **IV**-Hydrochlorid, das auch aus dem Hydrochlorid (**XIV**) von **VII** ohne HCl-Gas, allerdings in geringerer Ausbeute, erhalten wird, wird durch Erhitzen mit NaOH in 3 Std. in *1-Methyl-3-phenylpyrrolidon-(2)* (**XV**), in 24 Std. in ein Gemisch von **XV** u. *α-Phenyl-γ-methylaminobuttersäure* (**XVI**) übergeführt. **XV**, das auch durch Erhitzen von **XVI**-Hydrochlorid entsteht, wird mit Na/Butanol zu *1-Methyl-3-phenylpyrrolidin* reduziert. *1-Butyl-2-imino-3-phenylpiperidinhydrochlorid* (**XVII**), das auch aus dem Hydrochlorid von **VIII** ohne HCl-Gas in geringerer Ausbeute entsteht, wird durch Erhitzen in NaOH in 3 Std. zu *α-Phenyl-δ-butylaminovaleriansäure* (**XVIII**)*-amid*, durch längeres Erhitzen in NaOH zu **XVIII** hydrolysiert; **XVIII** geht beim Erhitzen in *1-Butyl-3-phenylpiperidon-(2)* über. Verss., **XVII** u. die Hydrochloride von **IV**, **V** bzw. **VI** mit HNO_2 in die entsprechenden 2-Ketoanalogen überzuführen, gaben nur die *Nitrate* bzw. ein nichtidentifiziertes Produkt.

Versuche: Valeriansäurenitrile: *α-Phenyl-δ-dimethylamino-* (**II**), $C_{13}H_{18}N_2$, Kp.$_{0,5}$ 108—109°, durch Zutropfen von Phenylacetonitril (**XIX**) in abs. Toluol zu $NaNH_2$ in Toluol bei 30—40°, 2std. Rühren unter Zutropfen von γ-Dimethylaminopropylchlorid (**XX**; aus dem Hydrochlorid nach Burtner, J. Amer. chem. Soc. **71**, [1949], 2578) in kaltem Toluol bei Temp. < Kp., 4std. Kochen, Kühlen, Zugabe von W., Extraktion der Toluolschicht mit 20%ig. HCl u. W., Alkalisieren der wss. Lsgg. mit 20%ig. NaOH u. Extraktion mit Ae.; 82%. *Hydrochlorid*, $C_{13}H_{19}ClN_2$, F. 123 bis 124°. *Pikrat*, F. 108—109°. — Analog: *α.α-Diphenyl-δ-dimethylamino-*, F. 66—68°, aus Diphenylacetonitril (**XXI**) u. **XX**; 87%. — *α-Phenyl-δ-di-n-butylamino-* (**VIII**), $C_{19}H_{30}N_2$, Kp.$_{0,15}$ 136—137°, aus **XIX** u. *γ-Di-n-butylaminopropylchlorid* (Kp.$_{11}$ 109—111°, durch Sättigen einer Lsg. von γ-Di-n-butylaminopropanol in abs. Chlf. mit HCl unter Kühlen in Eis/Salz, Zutropfen von $SOCl_2$ < 20°, 4std. Rühren bei Raum-Temp., 12std. Kochen, Eindampfen im Vakuum, Gießen in Eiswasser, Alkalisieren mit 28%ig. NH_4OH u. Extraktion mit Ae.; 89%); 69%. *Hydrogenoxalat*, $C_{21}H_{32}N_2O_4$, F. 147—148°. — *δ-Dimethylamino-*, $C_7H_{14}N_2$, Kp.$_{14}$ 84 bis 86°, durch Zutropfen von abs. $(CH_3)_2NH$ in abs., eiskaltem Bzl. zu δ-Bromvaleriansäurenitril in Bzl. bei 0°, 16std. Rühren bei Raum-Temp., Filtrieren, Einengen, Filtrieren u. Dest.; 84%. *Hydrochlorid*, $C_7H_{15}ClN_2$, F. 136—137°. — Buttersäurenitrile: *γ-Dimethylamino-* (**I**), Kp.$_{10}$ 64—66°, durch Rk. von **XX** u. KCN analog der Darst. von γ-Diäthylaminobuttersäurenitril nach Humphlett u. Mitarbeitern (J. Amer. chem. Soc. **70**, [1948], 4021); 52%. *Hydrochlorid*, $C_6H_{13}ClN_2$, F. 129—130°. — *α-Phenyl-γ-dimethylamino-* (**VII**), Kp.$_{0,3}$ 93 bis 98°, analog **II** aus **XIX** u. β-Dimethylaminoäthylchlorid (**XXII**); 63%. — *α-[3-Methoxyphenyl]-γ-dimethylamino-* (**IX**), Kp.$_{0,4}$ 122—124°, analog **II** aus 3-Methoxyphenylacetonitril u. **XXII**; 69%. — *α.α-Diphenyl-γ-dimethylamino-* (**X**), Kp.$_{0,3}$ 146—147°, analog **II** aus **XXI** u. **XXII**; 83%. — *α.α-Diphenyl-γ-diäthylamino-*, Kp.$_{0,1}$ 140—143°, analog **II** aus **XXI** u. β-Diäthylaminoäthylchlorid; 72%. — *α.α-Diphenyl-ω-dimethylaminoheptansäurenitril*, $C_{21}H_{26}N_2$, Kp.$_{0,25}$ 163—164°, durch Zutropfen von *α.α-Diphenyl-ω-bromheptansäurenitril* (durch Rk. von **XXI** u. $NaNH_2$ in Toluol u. Zutropfen der Lsg. zu 96,6 g 1.5-Dibrompentan in sd. Toluol; 164 g) in abs. Bzl. zu abs. $(CH_3)_2NH$ in eiskaltem Bzl., 24std. Rühren bei Raum-Temp., 4std. Kochen, Kühlen, Zugabe von W., Extraktion der Benzolschicht mit 20%ig. HCl, Kühlen, Alkalisieren mit 20%ig. NaOH u. Extraktion mit Ae.; 56% (bezogen auf **XXI**). *Hydrochlorid*, $C_{21}H_{27}ClN_2$, F. 149—150°. — *α.α-Diphenyl-ε-dimethylaminocapronsäurenitril* (**III**), $C_{20}H_{24}N_2$, Kp.$_{0,4}$ 161—162°, analog vorst. Verb. durch Rk. von $(CH_3)_2NH$ mit α.α-Diphenyl-ε-bromcapronsäurenitril [aus **XXI**, 1.4-Dibrombutan u. $NaNH_2$; 29%; daneben 12% *2.2.7.7-Tetraphenyloctandisäuredinitril*, F. 226—228° (Chlf.), gibt durch $LiAlH_4$-Red. in abs. Toluol/abs. Ae. *2.2.7.7-Tetraphenyl-1.8-diaminooctan*, $C_{32}H_{36}N_2$, F. 208—210° (Chlf.); 69%; *Dihydrochlorid*, $C_{32}H_{38}Cl_2N_2$, F. 336—338° (Zers.; Methyläthylketon/CH_3OH)]. *Hydrochlorid*, $C_{20}H_{25}ClN_2$, F. 166 bis 167°. — 2-Iminopyrrolidine: *1-Methyl-* (**IV**), *Hydrochlorid*, $C_5H_{11}ClN_2$, F. 182—183° (Isopropanol), durch 10 Min. langes Einleiten von HCl in **I** bei 155—160°, 5—10 Min. langes Einleiten bei 270—275°, Kühlen u. Reiben unter Aceton; 46%. *Nitrat* (**XXIII**), F. 116—117° (abs. A.), a) durch Einw. von $NaNO_2$ u. HCl auf **IV**-Hydrochlorid, Neutralisieren mit NaOH, Eindampfen u. Extraktion mit A.; 25%; b) aus **IV** u. 1 Val HNO_3. — *1-Methyl-3-phenyl-*, *Hydrochlorid* (**XIII**), $C_{11}H_{15}ClN_2$, F. 214—215° (Zers.; Isopropanol), a) analog **IV**-Hydrochlorid aus **VII**; 54%; b) durch Erhitzen von **XIV** auf 275—280°; 11%. — *1.N²-Dimethyl-3-[3-methoxyphenyl]-*, $C_{13}H_{18}N_2O$, F. 151—153° (CH_3OH), durch 10 Min. langes Einleiten von HCl in **IX** bei 155—160°, 5—10 Min. langes Einleiten bei 285—295°, Kühlen, Lösen in W., Alkalisieren mit 20%ig. NaOH u. Extraktion mit Ae.; 40%. *Hydrochlorid*, $C_{13}H_{19}ClN_2O$, F. 223° (abs. A.). — *1.N²-Dimethyl-3.3-diphenyl-*, $C_{18}H_{20}N_2$, F. 105—106° (CH_3OH/W.), durch Extraktion mit Ae. aus einer Lsg. des Hydrochlorids in überschüssiger 10%ig. NaOH. *Hydrochlorid*, $C_{18}H_{21}ClN_2$, F. 285 bis 286° (Zers.; abs. A.), a) durch 10 Min. langes Einleiten von HCl in **X** bei 155—160°, 5—10 Min. langes Einleiten bei 285—295°, Kühlen, Kristallisation aus Isopropanol, Lösen in 5%ig. HCl/A./W., Zutropfen von $NaNO_2$ in W. bei 65—70°, ¼std. Rühren bei 65—70°, Kühlen u. 12std. Stehen bei Raum-Temp.; 26%; daneben *1-Methyl-2-imino-3.3-diphenylpyrrolidinhydrochlorid* (**XI**), F. 205—225°, durch Einengen der Isopropanolmutterlauge; 29% (roh); b) analog a) bei 305 bis 315°; 69% (roh). *Pikrat*, F. 180—181° (abs. A.). — *1-Äthyl-3.3-diphenyl-*, $C_{18}H_{20}N_2$, F. 87—88° (PAe.), aus **XXIV**. *Hydrochlorid* (**XXIV**), $C_{18}H_{21}ClN_2$, F. 261—262° (Isopropanol), analog **IV**-Hydrochlorid; 70%. — *1-Methyl-3-phenyl-2-iminopiperidin* (**V**), *Hydrochlorid*, $C_{12}H_{17}ClN_2$, F. 241—243° (Isopropanol), analog **IV**-Hydrochlorid bei 285—295°; 50%. *Nitrat*, $C_{12}H_{17}N_3O_3$, F. 138—139° (abs. A.), analog **XXIII** nach a) (62%) bzw. b). — *1-Butyl-3-phenyl-2-iminopiperidin*, *Hydrochlorid* (**XVII**), $C_{15}H_{23}ClN_2$, F. 188—189° (Isopropanol), a) analog **IV**-Hydrochlorid aus **VIII** bei 285—295°; 54%; b) analog **XIII** nach b) aus **VIII**-Hydrochlorid bei 280 bis 290°; 32%. *Nitrat*, $C_{15}H_{23}N_3O_3$, F. 149—150° (abs. A.), durch 10std. Einw. von HNO_2 auf **XVII** bei 85° u. Kühlen; 68%. — *1-Methyl-2-imino-3.3-diphenylhexamethylenimin* (**VI**), *Hydrochlorid*, $C_{19}H_{23}ClN_2$, F. 155—156° (Isopropanol), durch je 5—10 Min. langes Einleiten von HCl in **III** bei 155—160 u. 285—295°, Kühlen, Lösen in Methyläthylketon, Zugeben von Ae., Lösen des Nd. in heißem Isopropanol, Kühlen u. Zusetzen von Ae.; 19%. — *1-Methylpyrrolidon-(2)*, Kp.$_{20}$ 89—90°, durch Einw. von feuchtem Raney-Ni auf **IV**; 80%. *Hydrochlorid*, F. 87—88° (Aceton/Ae.). — *1-Methyl-*

3-phenylpyrrolidon-(2) (**XV**), F. 60–61°, a) durch 24std. Kochen von **XIII** in NaOH, Kühlen u. Extraktion mit Ae.; 35%; daneben *α-Phenyl-γ-methylaminobuttersäure* (**XVI**), *Hydrochlorid* [$C_{11}H_{16}ClNO_2$, F. 177–179° (abs. A.), durch Ansäuern der mit Ae. extrahierten wss. Phase mit HCl, Eindampfen, Extraktion mit abs. A., Einengen, Zugabe von Ae. u. 24std. Kühlen]; b) durch kurzes Erhitzen von 1 g **XVI**-Hydrochlorid auf 190–200°, Lösen in Ae., Filtrieren, Einengen u. Kühlen; 0,3 g; c) analog a) in 3 Std.; 80%. — *1-Methyl-3-phenylpyrrolidin*, Kp. 200–215°, durch 1½std. Kochen von **XV** mit Na in Butanol, Kühlen, langsame Zugabe von W., Filtrieren, Ansäuern mit HCl, Eindampfen, Lösen in wenig W., Alkalisieren mit festem NaOH u. Extraktion mit Ae.; 66%. *Pikrat*, F. 157–159°. — *1-Methyl-3.3-diphenylpyrrolidon-(2)*, F. 144°, nach Wilson (C. **1956**, 6665) aus **XI**, $NaNO_2$ u. verd. HCl; ca. 45%. — *1-Äthyl-3.3-diphenylpyrrolidon-(2)*, F. 113–114° (PAe.), durch 30std. Kochen von **XXIV**, KOH, W. u. Äthylenglykol, Kühlen, Verdünnen mit W., Abfiltrieren u. Verreiben mit verd. HCl; 73%. — *δ-Methylaminovaleriansäurehydrochlorid*, $C_6H_{14}ClNO_2$, F. 96–97°, nach Renault (Ann. chim. **10**, [1955], 135) aus **XII**; ca. 24%. — *α-Phenyl-δ-butylaminovaleriansäure* (**XVIII**), $C_{15}H_{23}NO_2$, F. 184° (abs. A.), durch 17std. Kochen von **XVII**, NaOH u. W., Kühlen, Zugabe von Ae., Neutralisieren der mittleren Phase mit HCl, Eindampfen u. Extraktion mit abs. A.; 30%. *Amid*, $C_{15}H_{24}N_2O$, F. 90–91° (abs. A.), durch 3std. Kochen von **XVII**, NaOH u. W., Kühlen, Extraktion mit Ae., Eindampfen u. Anreiben mit Ae.; 60%; *Hydrochlorid*, $C_{15}H_{25}ClN_2O$, F. 135–136° (Isopropanol/Ae.). — *1-Butyl-3-phenylpiperidon-(2)*, $C_{15}H_{21}NO$, $Kp._{0,4}$ 138–140°, durch ¼std. Erhitzen vorst. Säure auf 190–200°; 90%.

H. Pagel 3000◇

0864 **Bildung von Tetrahydrofuranderivaten aus 1.4-Diolen in Dimethylsulfoxid.** Bernard T. Gillis und Paul E. Beck. (J. org. Chemistry **28**, 1388–90, 1963; Pittsburgh, Pa., Duquesne Univ., Dep. of Chem.; engl.) — Beim Erhitzen von endo-cis-Bicyclo-[2.2.1]-heptan-2.3-dimethanol (**II**) in Ggw. von Dimethylsulfoxid (**I**) wird *2-Oxatetrahydro-endo-dicyclopentadien* erhalten, während prim., sek. u. tert. 1.4-Diole in Ggw. von **I** in *Tetrahydrofuran-Derivv.* übergeführt werden. IR- u. UV-Maxima sowie die Daten der Gaschromatographie s. Original. Ein Rk.-Mechanismus für die Bldg. der genannten Verb. wird angegeben, eine Reinigungs-Meth. für **I**, *Bicyclo-[2.2.1]-Δ^5-hepten-2.3-dimethanol*, **II** u. *cis-Hexahydrophthalylalkohol* (**III**) wird beschrieben.

Versuche: *2-Oxatetrahydro-endo-dicyclopentadien*, F. 109–110°, durch 13std. Erhitzen von **II** mit der 12fachen Menge **I** auf 156–166°, Zugabe von 150 ml W., Extraktion mit PAe. u. Dest.; 98% (Ausbeute). — *cis-Hexahydrophthalan*, $Kp._{29}$ 84°, durch 14std. Rk. von **III** u. **I** bei 159–161° analog vorst. Verb.; n_D^{20} 1,4667; 66%. — *2.5-Dimethyltetrahydrofuran*, Kp. 91–93°, durch 18std. Erhitzen von Hexandiol-(2.5) u. **I** bei 180°; n_D^{26} 1,4060; 68%. — *2.2.5.5-Tetramethyltetrahydrofuran*, Kp. 115–117°, durch 17std. Erhitzen von 2.5-Dimethylhexandiol-(2.5) u. **I** bei 167°; $n_D^{25,5}$ 1,4136; 52%. — *2.5-Diäthyl-2.5-dimethyltetrahydrofuran*, Kp. 161 bis 163°, durch Rk. von 3.6-Dimethyloctandiol-(3.6) u. **I** bei 170°; n_D^{25} 1,4378; 70%.

H. Dalmer 3061△

0865 **Dehydrierung eines Tetrahydrofurans. Die Darstellung von 3.4-Diphenylfuran.** Donald G. Farnum und Merrill Burr. (J. org. Chemistry **28**, 1387–88, 1963; Ithaca, N.Y., Cornell Univ., Dep. of Chem.; engl.) — Durch Rk. von 2.3-Diphenylbutandiol-(1.4) mit p-Toluolsulfonsäuremonohydrat (**I**) wird *3.4-Diphenyltetrahydrofuran* erhalten, das beim Erhitzen mit Schwefel in *3.4-Diphenylfuran* übergeführt wird. IR-Maxima s. Original.

Versuche: *2.3-Diphenylbutandiol-(1.4)*, $C_{16}H_{18}O_2$, F. 142–143,5° (Bzl.), durch 12std. Erhitzen von 27 g meso-2.3-Diphenylbernsteinsäure (F. 227–229°) u. 7,6 g $LiAlH_4$ in Ae., Zers. des unumgesetzten $LiAlH_4$ durch Zugabe von A., Schütteln mit 5%ig. H_3PO_4, Waschen der wss. Phase mit CH_2Cl_2, Trocknen u. Einengen; 83% (Ausbeute). — *3.4-Diphenyltetrahydrofuran*, $C_{16}H_{16}O$, F. 86–86,5° (wss. A.), durch 6std. Rk. von 8 g vorst. Verb. in Bzl. u. 3 g **I** unter Wasserentfernung; 97%. — *3.4-Diphenylfuran*, F. 108 bis 111° (A.), durch 5std. Erhitzen von 1 g vorst. Verb. mit 1 g S unter N_2 u. Extraktion mit heißem A.; 25%.

H. Dalmer 3061△

0866 **Chemische und chemotherapeutische Untersuchungen über Furanderivate. 17. Mitt. Bakteriostatische Wirkung von 5-Nitrofuryl-(2)-acrylsäure-Derivaten.** Masao Ikeda. (J. pharmac. Soc. Japan [Yakugakuzasshi] **75**, 628–31, Juni 1955; Kanazawa, Kanazawa Univ., Fac. of Pharmac.; jap., Auszug: engl.) — 16. vgl. C. **1962**, 835. — Es werden *β-[5-Nitrofuryl-(2)]-acrylsäureanilide* synthetisiert u. der Einfl. der Substituenten des Anilidrestes auf die antibakterielle Wrkg. an *Staphylococcus aureus* P 209, *Streptococcus haemolyticus* u. *Shigella dysenteriae* Komagome B III geprüft; die größte Wrkg. haben Verbb. mit einer p- oder m-ständigen Hydroxylgruppe; mit Ausnahme der 2-Methyl-4-hydroxy-5-isopropylanilide haben Verbb. mit 2 oder mehr Substituenten im allg. geringere Wirkung.

Versuche: β-[5-Nitrofuryl-(2)]-acrylsäureamide, a) durch Rk. von β-[5-Nitrofuryl-(2)]-acrylsäurechlorid (**I**) mit dem entsprechend substituierten Anilin in Abwesenheit von Pyridin (Meth. **A**); b) analog in Ggw. von Pyridin (Meth. **B**): *N-Benzyl-*, $C_{14}H_{12}N_2O_4$, F. 175–176°, aus 1 g **I** u. 1,1 g Benzylamin nach **A**; aus A. grüngelbe Nadeln; 1,0 g (Ausbeute). — *N-[p-Dimethylaminophenyl]-*, $C_{15}H_{15}N_3O_4$, F. 202° (Zers.), aus 1 g **I** u. 0,6 g p-Dimethylaminoanilin nach **B**; aus A. violette Prismen; 0,3 g. — *N-[p-Mercaptophenyl]-*, $C_{13}H_{10}N_2O_4S$, F. 228°, aus 1 g **II** u. 0,7 g p-Aminothiophenol nach **B**; aus Dioxan orangefarbene Kristalle; 0,3 g. — *N-[p-Nitrophenyl]-*, $C_{13}H_9N_3O_6$, F. 284° (Zers.), aus 1 g **I** u. 0,8 g p-Nitranilin nach **B**; aus Methanol gelbe Nadeln; 0,8 g. — *N-[p-Cyanphenyl]-*, $C_{14}H_9N_3O_4$, F. 275° (Zers.), aus 1,5 g **I** u. 0,6 g p-Aminobenzonitril nach **B**; aus Methanol gelbe Nadeln; 0,5 g. — *N-[p-Carboxyphenyl]-*, $C_{14}H_{10}N_2O_6$, F. >280°, aus 1,0 g **I** u. 0,8 g p-Aminobenzoesäure nach **B**; aus Methanol gelbe Prismen; 0,5 g. — *N-[p-Hydroxyphenyl]-*, $C_{13}H_{10}N_2O_5$, F. 274° (Zers.), aus 1,0 g **I** u. 0,6 g p-Hydroxyanilin nach **B**; aus A. orangefarbene Prismen; 0,5 g. — *N-[m-Hydroxyphenyl]-*, $C_{13}H_{10}N_2O_5$, F. 279° (Zers.), aus 1,0 g **I** u. 0,6 g m-Hydroxyanilin nach **B**; aus A. orangefarbene Nadeln; 0,6 g. — *N-[m-Chlorphenyl]-*, $C_{13}H_9ClN_2O_4$, F. 201° (Zers.), aus 1,0 g **I** u. 0,8 g m-Chloranilin nach **B**; aus A. gelbe Nadeln; 0,6 g. — *N-[o-Chlorphenyl]-*, $C_{13}H_9ClN_2O_4$, F. 188°, aus 1,0 g **I** u. 0,8 g o-Chloranilin nach **B**; aus A. gelbe Nadeln; 0,5 g. — *N-[p-Bromphenyl]-*, $C_{13}H_9 \cdot BrN_2O_4$, F. 221–222° (Zers.), aus 1,0 g **I** u. 1,0 g p-Bromanilin nach **B**; aus Methanol gelbe Nadeln; 0,7 g. — *N-[p-Jodphenyl]-*, $C_{13}H_9JN_2O_4$, F. 129°, aus 1,0 g **I** u. 1,2 g p-Jodanilin nach **B**; aus Methanol gelbe Tafeln; 0,6 g. — *N-[3-Hydroxy-4-carboxyphenyl]-*, $C_{14}H_{10}N_2O_7$, F. 283° (Zers.), aus 1,0 g **I** u. 0,9 g 2-Hydroxy-4-aminobenzoesäure nach **B**; aus Aceton gelbe Nadeln; 0,6 g. — *N-[2-Methyl-4-hydroxy-5-isopropylphenyl]-*, $C_{17}H_{18}N_2O_5$, F. 236° (Zers.), aus 1,0 g **I** u. 1,0 g 2-Methyl-4-hydroxy-5-isopropylanilinhydrochlorid nach **B**; aus Methanol rotbraune Nadeln; 0,6 g. — *N-[2-Hydroxy-5-chlorphenyl]-*, $C_{13}H_9ClN_2O_5$, F. 243° (Zers.), aus 1,0 g **I** u. 1,4 g 2-Hydroxy-5-chloranilin nach **A**; aus A. gelbe Nadeln; 0,5 g. — *N-[2-Hydroxy-5-bromphenyl]-*, $C_{13}H_9BrN_2O_5$, F. 265° (Zers.), aus 1,5 g **I** u. 2,4 g 2-Hydroxy-5-bromanilin nach **A**; aus Aceton gelbe Nadeln; 1,3 g. — *N-[2.5-Dichlorphenyl]-*, $C_{13}H_8Cl_2N_2O_4$, F. 213°, aus 2,0 g **I** u. 2,9 g 2.5-Dichloranilin nach **A**; aus Aceton grüngelbe Nadeln; 2,5 g. — *N-[2-Methyl-3-brom-4-hydroxy-5-isopropylphenyl]-*, $C_{17}H_{17}Br \cdot N_2O_5$, F. 241° (Zers.), aus 1,0 g **I** u. 2,0 g 2-Methyl-3-brom-4-hydroxy-5-isopropylanilin nach **A**; aus A. gelbe Nadeln; 1,4 g. — *N-[2-Methyl-3-chlor-4-hydroxy-5-isopropylphenyl]-*, $C_{17}H_{17}ClN_2O_5$, F. 242° (Zers.), aus 1,0 g **I** u. 3-Chlor-2-methyl-4-hydroxy-5-isopropylanilin nach **A**; aus A. gelbe Nadeln; 1,0 g. — *N-[p-Chlorphenyl]-*, $C_{13}H_9ClN_2O_4$, F. 214°, aus 60,0 g **I** u. 68,0 g p-Chloranilin nach **A**; aus Aceton gelbe Nadeln; 81,0 g.

W. Mucke 3061△

0867 **Chemische und chemotherapeutische Untersuchungen über Furanderivate. 18. Mitt. Bakteriostatische Wirkung von 5-Nitrofuryl-(2)-acrylsäure-Derivaten.** Masao Ikeda. (J. pharmac. Soc. Japan [Yakugakuzasshi] **75**, 631–33, Juni 1955; jap., Auszug: engl.) — 17. vgl. vorst. Referat. — Die antibakterielle Wrkg. von verschieden substituierten *β-[5-Nitrofuryl-(2)]-acrylsäurenaphthylamiden, -phenylestern* u. *-naphthylestern* gegenüber *Staphylococcus aureus* P 209 (S.a.), *Streptococcus haemolyticus* (S.h.) u. *Shigella dysenteriae* Komagome B III wird untersucht. Starke Wrkg. zeigen Derivv. aus β-Naphthylamin, 4-Chlornaphthylamin-(1) u. 4-Bromnaphthylamin-(1) gegenüber S.a. u. S.h., jedoch nicht gegen S.d.

Versuche: *β*-[5-Nitrofuryl-(2)]-acrylsäursamide, aus *β*-[5-Nitrofuryl-(2)]-acrylsäurechlorid (**I**) u. dem entsprechend substituierten Amin: *N-Naphthyl-(1)*-, $C_{17}H_{12}N_2O_4$, F. 222° (Zers.), aus 2,0 g **I** u. 2,8 g *α*-Naphthylamin; aus Aceton gelbe Tafeln; 1,8 g (Ausbeute). — *N-Naphthyl-(2)*-, $C_{17}H_{12}N_2O_4$, F. 222° (Zers.), aus 2,0 g **I** u. 2,8 g *β*-Naphthylamin; aus Aceton orangefarbene Prismen; 1,6 g. — *4-Hydroxynaphthyl-(1)*-, $C_{17}H_{12}N_2O_5$, F. 256° (Zers.), aus 2,0 g **I** u. 3,1 g 4-Hydroxynaphthylamin-(1); aus A. orangefarbene Nadeln; 1,3 g. — *2-Hydroxynaphthyl-(1)*-, $C_{17}H_{12}N_2O_5$, F. 209 bis 210°, aus 2,0 g **I** u. 3,1 g 2-Hydroxynaphthylamin-(1); aus Aceton orangefarbene Nadeln; 1,6 g. — *4-Chlornaphthyl-(1)*-, $C_{17}H_{11}ClN_2O_4$, F. 218°, aus 2,0 g **I** u. 2,8 g 4-Chlornaphthylamin-(1); aus A. gelbe Nadeln; 1,8 g. — *4-Bromnaphthyl-(1)*-, $C_{17}H_{11}BrN_2O_4$, F. 231° (Zers.), aus 2,0 g **I** u. 3,8 g 4-Bromnaphthylamin-(1); aus A. gelbe Nadeln; 1,2 g. — *1-Bromnaphthyl-(2)*-, $C_{17}H_{11}BrN_2O_4$, F. 225° (Zers.), aus 2,0 g **I** u. 3,8 g 1-Bromnaphthylamin-(2); aus A. gelbe Nadeln; 1,9 g. — *2-Äthoxy-6-bromnaphthyl-(1)*-, $C_{19}H_{15}BrN_2O_5$, F. 238°, aus 1,0 g **I** u. 1,1 g 2-Äthoxy-6-bromnaphthylamin-(1); aus A. gelbe Nadeln; 0,4 g. — *β-[5-Nitrofuryl-(2)]-acrylsäurephenylester*, $C_{13}H_9NO_5$, F. 172–173°, grüngelbe Prismen. *p-Chlorphenylester*, $C_{13}H_8ClNO_5$, F. 142°, grüngelbe Nadeln. *β-Naphthylester*, $C_{17}H_{11}NO_5$, F. 213°, gelbe Prismen. *1-Bromnaphthyl-(2)-ester*, $C_{17}H_{10}BrNO_5$, F. 179°; grüne Nadeln. — Es werden außerdem getestet: *α-Furoesäureamid*, F. 140°. — *α-Furoesäureanilid*, F. 122°. — *α-Furoesäure-p-hydroxyanilid*, F. 218°. — *5-Nitro-α-furoesäure-(2)-amid*, F. 161°. — *5-Nitro-α-furoesäure-(2)-anilid*, F. 180°. — *5-Nitro-α-furoesäure-(2)-p-hydroxyanilid*, F. 143°. — *β-[Furyl-(2)]-acrylamid*, F. 169°. — *β-[Furyl-(2)]-acrylanilid*, F. 129–130°. — *β-[5-Nitrofuryl-(2)]-acrylsäure*, F. 235° (Zers.). *Amid*, F. 225° (Zers.). *Anilid*, F. 195°. *p-Hydroxyanilid*, F. 274° (Zers.).

W. Mucke 3061△

0868 **Pyrrolidine.** 1. Mitt. **1-substituierte Pyrrolidyl-(3)-methylalkohole und -chloride.** Yao-Hua Wu und R. F. Feldkamp. (J. org. Chemistry **26**, 1519–24, 1961; Evansville, Ind., Mead Johnson and Co., Res. Div., Dep. of Synth. Organ. Chem.; engl.) — Durch Rk. von Estern der Itaconsäure (**I**) mit prim. Aminen dargestellte *1-substituierte 5-Oxopyrrolidin-3-carbonsäureester* (**E**) werden mit $LiAlH_4$ zu *1-substituierten Pyrrolidinyl-(3)-methanolen* (**M**) red., die mit $SOCl_2$ die entsprechenden *3-Chlormethylpyrrolidine* geben. Die Strukturen einiger der dargestellten Verbb. werden durch Synth. auf anderen Wegen gesichert.

Versuche ($n = n_D^{25}$): 5-Oxopyrrolidin-3-carbonsäuren: *1-Benzyl-*, $C_{12}H_{13}NO_3$, F. 143°, durch 2std. Erhitzen von **I** u. Benzylamin (**II**), Gießen in Eiswasser, Lösen des Nd. in 5n KOH, Entfärben mit Kohle, Filtrieren u. Ansäuern mit konz. HCl; 83% (Ausbeute). *Methylester*, $C_{13}H_{15}NO_3$, F. 64–65° (n-Heptan), Kp.$_{0,06}$ 144–147°, a) durch Verestern der Säure mit 20%ig. methanol. HCl; n 1,5358; 69%; b) durch Stehen von je 1 Val **I**-Dimethylester (**III**) u. **II** in abs. CH_3OH über Nacht, 2–3std. Kochen u. Einengen (Meth. **B**); 79%. *Äthylester*, $C_{14}H_{17}NO_3$, Kp.$_{13}$ 223 bis 226°, analog dem Methylester nach a); n 1,5267; 73%. — *1-Methyl-* (**IV**), *Methylester*, $C_7H_{11}NO_3$, Kp.$_{18}$ 160–161°, durch langsames Zugeben von 1 Val **III** zu CH_3NH_2 in abs. CH_3OH bei 5–10°, Rühren unter Erwärmen auf Raum-Temp. u. Stehen über Nacht (Meth. **A**); n 1,4742; 84%. *Äthylester*, $C_8H_{13}NO_3$, Kp.$_{19}$ 166–167°, nach **A**; n 1,4678; 76%. — *1-Äthyl-*, *Methylester*, $C_8H_{13}NO_3$, Kp.$_{0,13}$ 104–106°, nach **A**; n 1,4702; 89%. — *1-n-Propyl-*, *Methylester*, $C_9H_{15}NO_3$, Kp.$_{0,08}$ 91,5–92°, nach **A**; n 1,4688; 97%. — *1-Isopropyl-*, *Methylester*, Kp.$_{0,06}$ 86–88°, nach **A**; n 1,4665; 91%. — *1-Allyl-*, *Methylester*, $C_9H_{13}NO_3$, Kp.$_{21}$ 178–179°, nach **A**; n 1,4829; 96%. — *1-n-Butyl-*, *Methylester*, $C_{10}H_{17}NO_3$, Kp.$_{18}$ 180–182°, nach **A**; n 1,4882; 84%. — *1-tert.-Butyl-*, *Methylester*, Kp.$_{0,3}$ 87–89°, nach **A**; n 1,4672; 51%. — *1-Cyclohexyl-*, *Methylester*, $C_{12}H_{19}NO_3$, Kp.$_{0,06}$ 122–124°, nach **B**; n 1,4944; 81%. — *1-[o-Chlorbenzyl]-*, *Methylester*, $C_{13}H_{14}ClNO_3$, Kp.$_{0,045}$ 157°, nach **B**; n 1,5464; 70%. — *1-Benzhydryl-*, *Methylester*, $C_{19}H_{19}NO_3$, F. 112–113° (CH_3OH), nach **B**; 17%. — *1-β-Phenäthyl-*, *Methylester*, $C_{14}H_{17}NO_3$, F. 75–77° (Essigester/n-Heptan, 1:1); nach **B**; 89%. — *1-[β-3.4-Dimethoxyphenäthyl]-*, *Methylester*, $C_{16}H_{21}NO_5$, Kp.$_{0,06}$ 218 bis 230°, nach **B**; n 1,5387; 93%. — *1-Phenyl-*, *Methylester*, $C_{12}H_{13}NO_3$, F. 71–73° (n-Heptan), Kp.$_{0,125}$ 152–154°, durch 3std. Erhitzen von je 1 Val **III** u. $C_6H_5NH_2$ auf 180 bis 195° unter Abdestillieren des entstehenden CH_3OH; 43%. — *1-Isopropyl-*, *n-Butylester*, $C_{12}H_{21}NO_3$, Kp.$_{0,06}$ 107 bis 112°, nach **B**; n 1,4575; 96%. — 3-Hydroxymethylpyrrolidine (**M**), durch Red. des entsprechenden **E** mit $LiAlH_4$ in abs. Ae.: *1-Äthyl-*, $C_7H_{15}NO$, Kp.$_{20}$ 110–111°, n 1,4693; 74%. — *1-n-Propyl-*, $C_8H_{17}NO$, Kp.$_{24}$ 122–126°, n 1,4669; 79%. — *1-Isopropyl-*, Kp.$_{24}$ 122–122,5°, n 1,4713; 76%. — *1-Allyl-*, $C_8H_{15}NO$, Kp.$_{21}$ 122–124°, n 1,4822; 69%. — *1-n-Butyl-*, Kp.$_{19}$ 130–131°; n 1,4672; 79%. — *1-tert.-Butyl-*, Kp.$_{36}$ 139,5–140,5°, n 1,4744; 81%. — *1-Cyclohexyl-*, $C_{11}H_{21}NO$, Kp.$_{0,08}$ 97–101°, n 1,5023; 88%. — *1-Benzyl-*, $C_{12}H_{17}NO$, Kp.$_{12}$ 166–168°, n 1,5431; 69%. — *1-[o-Chlorbenzyl]-*, $C_{12}H_{16}ClNO$, Kp.$_{0,06}$ 114–122°, n 1,5541; 70%. — *1-β-Phenäthyl-*, $C_{13}H_{19}NO$, Kp.$_{0,05}$ 114°, n 1,5380; 91%. — *1-[β-3.4-Dimethoxyphenäthyl]-*, $C_{15}H_{23}NO_3$, Kp.$_{0,06}$ 144–148°, n 1,5446; 93%. — *1-Phenyl-*, $C_{11}H_{15}NO$, F. 54 bis 55°, Kp.$_{0,05}$ 130–135°, n 1,5872; 40%. — *1-Benzhydryl-*, $C_{18}H_{21}NO$, F. 96–100°, Kp.$_{0,3}$ 150–154°; 70%. *Hydrochlorid*, $C_{18}H_{22}ClNO$, F. 238–239° (Zers.). — 3-Chlormethylpyrrolidine, durch Sättigen einer Lsg. des entsprechenden **M** in Chlf. mit HCl-Gas, Kochen, Zugeben von 2 Val $SOCl_2$ in Chlf., 1std. Kochen, Einengen, Zusatz von abs. A., Eindampfen, Lösen in W., Waschen mit Diisopropyläther, Alkalisieren mit 56%ig. KOH u. Extraktion mit Ae.: *1-Methyl-*, $C_6H_{12}ClN$, Kp.$_{35}$ 75–76°, n 1,4608; 83%. — *1-Äthyl-*, $C_7H_{14}ClN$, Kp.$_{36}$ 86–88°, n 1,4611; 85%. — *1-Propyl-*, $C_8H_{16}ClN$, Kp.$_{19}$ 89–90°, n 1,4611; 86%. — *1-Isopropyl-*, Kp.$_{24}$ 90–91°, n 1,4630; 86%. — *1-Allyl-*, $C_8H_{14}ClN$, Kp.$_{14}$ 90–91°, n 1,4755; 82%. — *1-Butyl-*, $C_9H_{18}ClN$, Kp.$_{20}$ 108 bis 110°, n 1,4625; 81%. — *1-Benzyl-*, $C_{12}H_{16}ClN$, Kp.$_{19}$ 165–167°, n 1,5346; 81%. — *1-β-Phenäthyl-*, $C_{13}H_{18}ClN$, Kp.$_{0,06}$ 97–102°, n 1,5319; 94%. — *4-Oxopyrrolidin-1.3-dicarbonsäurediäthylester*, F. 60–62°, nach Kuhn u. Osswald (C. **1956**, 11419). — *4-Hydroxypyrrolidin-1.3-dicarbonsäurediäthylester*, Kp.$_{0,18}$ 164–167°, durch Hydrieren vorst. Verb. in abs. A. bei 50 lbs./sq.in. in Ggw. von Pt; n 1,4730; 65%. — *Δ^3-Pyrrolin-1.3-dicarbonsäurediäthylester*, Kp.$_9$ 155–160°, durch 5½std. Kochen vorst. Verb. mit Acetanhydrid u. Na-Acetat, Eindampfen u. Aufarbeiten mit Ae.; n 1,4748; 87%. — *Pyrrolidin-1.3-dicarbonsäurediäthylester* (**V**), Kp.$_{10}$ 152 bis 158°, durch Hydrieren vorst. Verb. in abs. A. bei 50 lbs./sq.in. in Ggw. von Pt; n 1,4582; 90%. — *Pyrrolidin-3-carbonsäureäthylester* (**VI**), Kp.$_{17}$ 92–94°, durch langsame Zugabe von konz. HCl zu **V** in W., 7std. Kochen, Waschen mit Essigester, Eindampfen im Vakuum, Extraktion mit abs. A., Eindampfen, Zugeben von HCl in abs. A., 20std. Kochen, Eindampfen im Vakuum, Alkalisieren mit 40%ig. NaOH unter Kühlen u. Extraktion mit Ae.; n 1,4531; 51%. *1-Methyl-Deriv.*, $C_8H_{15}NO_2$, Kp.$_{38}$ 102–103°, nach Clarke u. Mitarbeitern [1933] durch Einleiten von H_2 in ein Gemisch von **VI**, 37%ig. CH_2O-Lsg., CH_3COOH u. W. bei 50 lbs./sq.in. in Ggw. von 10%ig. Pd/Kohle u. Aufarbeiten mit Ae.; n 1,4401; 73%. — *3-Hydroxymethylpyrrolidin*, Kp.$_{15}$ 122°, durch Zutropfen von **VI** in 4-Methylpentanol-(2)/abs. Toluol zu Na in sd. Toluol, 2std. Kochen, Zers. mit W. bei 50–60°, Sättigen der wss. Schicht mit festem KOH u. Extraktion mit Toluol; n 1,4851; 30%. — *1-Methyl-3-hydroxymethylpyrrolidin*, $C_6H_{13}NO$, Kp.$_{38}$ 112–114°, Kp.$_{16}$ 93–95°, Kp.$_{10}$ 85–90°, Kp.$_8$ 86–89°, a) durch Red. eines Esters von **IV** mit $LiAlH_4$ in abs. Ae.; n 1,4682; 79%; b) durch Red. von **IV**-Methylester mit $NaAlH_4$ in sd. Tetrahydrofuran; 66%; c) durch Red. von **V** mit $LiAlH_4$ in abs. Ae.; 65%; d) durch Zutropfen von vorvorst. Methyl-Deriv. in 4-Methylpentanol-(2) u. abs. Toluol zu Na in Toluol, 3std. Kochen, Zers. mit W. bei 50–60° u. Aufarbeiten mit Toluol; 70%; e) durch 6½std. Kochen vorst. Verb. mit HCOOH u. 37%ig. CH_2O-Lsg., ½std. Kochen mit konz. HCl, Einengen unter red. Druck, Alkalisieren mit 40%ig. NaOH unter Kühlen u. Ausäthern; 35%. *Methobromid*, $C_7H_{16}BrNO$, F. 254–256°.

H. Pagel 3081◇

0869 **Pyrrolidine.** 2. Mitt. **1-substituierte Pyrrolidyl-(3)-methylester von disubstituierten Essig- und Glykolsäuren.** Yao-Hua Wu, R. F. Feldkamp, John R. Corrigan und Harold J. Rhodes. (J. org. Chemistry **26**, 1524–28, 1961; engl.) — 1. vgl. vorst. Referat. — Durch Rk. von Benzilsäure (**I**)-Methylester (**II**) mit 1-substituierten 3-Hydroxypyrrolidinen (**A**) in sd. n-Heptan in Ggw. von Na unter Abscheidung des entstehenden W. werden die entsprechenden 1-substituierten *Pyrrolidyl-(3)-methylester von* **I** dargestellt. Der 1-Methylpyrrolidyl-(3)-methylester (**III**) von **I**, der antispasmod. wirkt, wird auch durch Rk. von I mit 3-Chlor-methyl-1-methylpyrrolidin (IV) bei 153° oder durch Rk. des Chlorids (IX) von Diphenylchloressigsäure (V) mit 3-Hydroxymethyl-1-methylpyrrolidin (VI) zum *1-Methylpyrrolidyl-(3)-methylester von* V u. dessen Hydrolyse dargestellt; seine partielle Hydrierung führt zu einem antispasmod. wirksamen u. auch aus Phenylcyclohexylglykolsäure (VII)-Methyl- oder Äthylester u. VI erhältlichem Gemisch von 2 diastereomeren rac. *1-Methylpyrrolidyl-(3)-methylestern* von VII, die durch fraktionierte Kristallisation u. Fällung getrennt werden. Diphenylessigsäure (VIII)-Chlorid u. VI geben den *1-Methylpyrrolidyl-(3)-methylester von* VIII, der nur als Öl erhalten wurde. I u. IV reagieren nach der Meth. von Horenstein u. Pählicke [1938] in sd. Isopropanol nur mit geringer Ausbeute.

Versuche: *Diphenylchloracetylchlorid* (IX), F. 55—60° (PAe.), durch langsame Zugabe von I zu PCl_5 in CCl_4, 1std. Kochen, Einengen bei 110—115° unter red. Druck, Gießen in Eiswasser u. Extraktion mit Bzl.; 75%. — *5-Oxopyrrolidin-3-carbonsäuremethylester*, F. 62—64°, $Kp._{0,4-0,45}$ 132—142°, durch Einleiten von NH_3 in eine Lsg. von Itaconsäuredimethylester in CH_3OH, Stehen über Nacht bei Raum-Temp. u. Eindampfen im Luftstrom; 50% (Ausbeute). — *3-Hydroxymethylpyrrolidin*, $C_5H_{11}NO$, $Kp._{0,5}$ 74—76°, durch Zutropfen vorst. Verb. in Tetrahydrofuran (THF) zu $LiAlH_4$ in THF, 4½std. Kochen u. Aufarbeiten; n_D^{25} 1,4898; 48%. — Pyrrolidyl-(3)-methylester der Benzilsäure (I), durch ca. 4std. Kochen von je 1 Val II u. A in n-Heptan in Ggw. von Na unter Abscheidung des W., Dekantieren der heißen Lsg., Kühlen auf Raum-Temp. u. Kristallisation aus n-Heptan (Hydrochloride, durch Lösen in 1 Val 0,1n methanol. HCl, Verdünnen mit abs. Ae. bis zur Trübung u. Stehen bei 0° über Nacht; Methobromide, durch Lösen in Aceton u. Sättigen der Lsg. mit CH_3Br): *unsubstituiert*, $C_{19}H_{21}NO_3$, F. 127—131° (Isopropanol); 15%. *Hydrochlorid*, $C_{19}H_{21}NO_3 \cdot HCl$, F. 144,5—146,5° (Aceton/Isopropanol); 80%. — *1-Methyl-*, (III), $C_{20}H_{23}NO_3$, F. 132—134° (n-Heptan oder CH_3CN), a) aus II u. VI; 60%; b) durch 18std. Kochen von I u. 1 Val IV in n-Butanol, Eindampfen im Luftstrom, Rühren mit W. u. 10%ig. HCl, Waschen mit Ae., Alkalisieren mit 10%ig. Soda-Lsg. u. Extraktion mit Chlf.; 12%; c) durch 50 Min. langes Erhitzen von I u. 1 Val IV auf 153 ± 5°, Lösen in Isopropanol, Entfärben mit Kohle, Verdünnen mit Isopropanol u. Isolieren als Hydrochlorid; 61%; d) durch langsame Zugabe von IX zu VI oder seinem Hydrochlorid in Bzl., Chlf. oder CCl_4 oder ohne Lsgm., 3std. Kochen, 1std. Erhitzen mit W., Kühlen auf Raum-Temp., Zugabe von W. u. Chlf., Alkalisieren der wss. Schicht mit 56%ig. KOH u. Extraktion mit n-Heptan; 12%. *Hydrochlorid*, $C_{20}H_{23}NO_3 \cdot HCl$, F. 165—148° (Isopropanol); 89%. *Methobromid*, $C_{21}H_{26}BrNO_3$, F. 177—178° (CH_3OH/Diisopropyläther); 84%. — *1-Äthyl-*, $C_{21}H_{25}NO_3$, F. 73—74° (n-Heptan); 44%. *Methobromid*, $C_{22}H_{28}BrNO_3$, F. 170—171° (A./Diisopropyläther); 88%. — *1-n-Propyl-*, $C_{22}H_{27}NO_3$, F. 70—72° (n-Heptan); 57%. — *1-Isopropyl-*, F. 96—97° (n-Heptan); 45%. *Methobromid*, $C_{23}H_{30}BrNO_3$, F. 167—169° (Isopropanol); 94%. — *1-n-Butyl-*, $C_{23}H_{29}NO_3$, F. 67—68° (n-Heptan); 62%. — *1-tert.-Butyl-*, F. 71—73° (n-Heptan); 60%. *Hydrochlorid*, $C_{23}H_{29}NO_3 \cdot HCl$, F. 193 bis 195° (A./Ae.); 88%. *Methobromid*, $C_{24}H_{32}BrNO_3$, F. 137 bis 139° (Aceton/Ae.); 45%. — *1-Allyl-*, $C_{22}H_{25}NO_3$, F. 86 bis 88° (n-Heptan); 57%. *Methobromid*, $C_{23}H_{28}BrNO_3$, F. 153 bis 154,5° (A.); 81%. — *1-Benzyl-*, $C_{26}H_{27}NO_3$, F. 90—91,5° (CH_3CN); 56%. *Methobromid*, $C_{27}H_{30}BrNO_3$, F. 196—198° (A.); 61%. — *1-Cyclohexyl-*, $C_{25}H_{37}NO_3$, F. 117—118° (n-Heptan); 62%. — *Diphenylessigsäure-[1-methylpyrrolidyl-(3)-methyl]-ester*, durch langsame Zugabe von 5,8 g VI in Bzl. zu 1 Val VIII-Chlorid in Bzl., 1std. Kochen, Lösen der unteren Schicht in W., Sättigen der Lsg. bei 0° mit Soda u. Extraktion mit Diisopropyläther; n_D^{25} 1,5496; 16 g. *Methobromid*, $C_{21}H_{26}BrNO_2$, F. 146—148° (Isopropanol/Ae.), durch Lösen in CH_3CN, Sättigen mit CH_3Br, Rühren mit Ae. u. Stehen bei 0° über Nacht; 92%. — *Phenylcyclohexylglykolsäure, Äthylester*, $Kp._{13}$ 174—178°, nach Smith u. Mitarbeitern (J. Amer. chem. Soc. **71**, [1949], 3772); n_D^{25} 1,5121. *Methylester*, $Kp._1$ 97 bis 100°, analog; n_D^{25} 1,5261. *1-Methylpyrrolidyl-(3)-methylester, Gemisch von DL-α- u. -β-Form*, $C_{20}H_{29}NO_3$, $Kp._{0,25}$ 148 bis 151°, a) durch ca. 7std. Kochen des Äthylesters mit 1 Val VI in Ggw. von Na in n-Heptan unter Abscheiden von A./n-Heptan u. Nachfüllen von n-Heptan, Filtrieren, Einengen u. fraktionierte Dest.; gelbes Öl; n_D^{25} 1,5249; 40%; b) analog a) mit 0,1 Mol des Methylesters statt des Äthylesters unter Abscheiden von CH_3OH; 10,5 g; c) durch Hydrieren von III-Hydrochlorid in Eisessig in Ggw. von 10%ig. Pt/Al_2O_3 bei 2—3 at mit ca. 3 Val H_2, Filtrieren, Verdünnen mit W., Alkalisieren mit 56%ig. KOH, Extraktion mit n-Heptan, Stehen, Filtrieren u. fraktionierte Dest.; 65%; *α-DL-Form-Hydrochlorid*, $C_{20}H_{29}NO_3 \cdot HCl$, F. 178—180° (Zers.; Essigester/A. oder Essigester/Ae.), durch Zugabe von abs. A. zu 4,2 g des Diastereomerengemisches in abs. Ae. u. 1 Val 5,92n äthanol. HCl, Verreiben des Nd. mit Essigester, Lösen in wenig heißem A., Zusetzen von Essigester, Rühren bis zur Kristallisation u. Stehen bei 0°; Täfelchen; 1 g; *β-DL-Form-Hydrochlorid*, F. 129—130° (Essigester/n-Heptan), a) durch Chromatographie des Diastereomerengemisches an Al_2O_3 (daneben das α-DL-Hydrochlorid); Nadeln; b) durch Lösen von 5 g des Diastereomerengemisches in abs. Ae., Zutropfen von kalter äthanol. 4,87n HCl unter Kühlen u. Rühren, Eindampfen im Vakuum, Waschen durch Ausreiben mit abs. Ae., Kochen mit Essigester bis zur Lsg., Kühlen auf Raum-Temp. bis zum Beginn der Kristallisation, 1std. Kühlen auf 0°, Abfiltrieren (→ 1,73 g α-DL-Hydrochlorid), Waschen mit wenig Essigester, ¼std. Rühren des Filtrats u. der Waschfl. mit n-Heptan, Lösen des Nd. in heißem Essigester/n-Heptan, Kühlen auf Raum-Temp., Impfen mit einigen nach a) erhaltenen Kristallen u. 72std. Stehen bei Raumtemperatur.

H. Pagel 3081◇

0870 **Pyrrolidine. 3. Mitt. 10-[1-substituierte Pyrrolidyl-(3)-methyl]-phenothiazine.** Yao-Hua Wu und R. F. Feldkamp. (J. org. Chemistry **26**, 1529—30, 1961; engl.) — 2. vgl. vorst. Referat. — Die Synth. von *10-[1-Alkylpyrrolidyl-(3)-methyl]-phenothiazinen* aus Phenothiazinen u. 3-Chlormethylpyrrolidinen werden beschrieben. Die Verbb. sind Antiallergene.

Versuche: Phenothiazine: *2-Chlor-*, F. 199—200°, nach Charpentier u. Mitarbeitern (C. **1953**, 6891). — *2-Methoxy-*, F. 178—180°, nach Cymerman-Craig u. Mitarbeitern (C. **1959**, 11236). — *10-[1-Methylpyrrolidyl-(3)-methyl]-*, $C_{18}H_{20}N_2S$, F. 87—88° (n-Heptan), $Kp._{0,06}$ 154—156°, durch 20std. Kochen von je 1 Val Phenothiazin, 1-Methyl-3-chlormethylpyrrolidin u. $NaNH_2$ in abs. Toluol, Schütteln mit W., Extrahieren mit 3n HCl, Alkalisieren mit 56%ig. KOH, Extraktion mit Ae., Dest. u. nochmaliges Aufarbeiten mit 3n HCl/Ae.; 42% (Ausbeute). *Hydrochlorid*, $C_{18}H_{21}ClN_2S$, F. 187,5—189° (Isopropanol/Ae.); 87%. *Methobromid*, $C_{19}H_{23} \cdot BrN_2S$, F. 215—217° ($CH_3OH$); 67%. — Analog: *10-[1-Äthylpyrrolidyl-(3)-methyl]-*, $C_{19}H_{22}N_2S$, F. 87—88,5°, $Kp._{0,15}$ 180 bis 205°; 41%. — *10-[1-n-Propylpyrrolidyl-(3)-methyl]-*, $C_{20}H_{24}N_2S$, F. 91—92°; 17%. — *10-[1-Isopropylpyrrolidyl-(3)-methyl]-*, F. 58—59°, $Kp._{0,06}$ 190—195°; 21%. — *10-[1-Allylpyrrolidyl-(3)-methyl]-*, $C_{20}H_{22}N_2S$, F. 80—80,5°, $Kp._{0,08}$ 195—205°; 33%. — *10-[1-n-Butylpyrrolidyl-(3)-methyl]-*, $C_{21}H_{26}N_2S$, F. 60—61°, $Kp._{0,06}$ 200°; 33%. — *10-[1-Benzylpyrrolidyl-(3)-methyl]-*, $Kp._{0,035}$ 225—235°; 20%. *Hydrochlorid*, $C_{24}H_{25}ClN_2S$, F. 207—209° (Aceton/Ae.). — *2-Chlor-10-[1-methylpyrrolidyl-(3)-methyl]-*, $Kp._{0,14}$ 185 bis 200°; 23%. *Hydrochlorid*, $C_{18}H_{20}Cl_2N_2S$, F. 189—191° (A./Ae.). — *2-Chlor-10-[1-äthylpyrrolidyl-(3)-methyl]-*, $Kp._{0,08}$ 185 bis 195°; 40%. *Hydrochlorid*, $C_{19}H_{22}Cl_2N_2S$, F. 120—122° (A./Ae.). — *2-Chlor-10-[1-n-propylpyrrolidyl-(3)-methyl]-*, $Kp._{0,08}$ 203 bis 210°; 8%. *Hydrochlorid*, $C_{20}H_{24}Cl_2N_2S$, F. 168—169° (A./Ae.). — *2-Chlor-10-[1-isopropylpyrrolidyl-(3)-methyl]-*, $Kp._{0,04}$ 195—210°; 18%. *Hydrochlorid*, F. 204—206° (Aceton/Ae.). — *2-Chlor-10-[1-n-butylpyrrolidyl-(3)-methyl]-*, $Kp._{0,2}$ 215—220°; 13%. *Hydrochlorid*, F. 125—126° (Aceton (Ae.). — *2-Methoxy-10-[1-methylpyrrolidyl-(3)-methyl]-*, $Kp._{0,4}$ 177 bis 185°; 22%. *Hydrochlorid*, $C_{19}H_{23}ClN_2OS$, F. 167 bis 169° (Isopropanol/Ae.).

H. Pagel 3081◇

0871 **Pyrrolidine. 4. Mitt. Die Untersuchung der Synthese von [1-Methylpyrrolidyl-(2)]-äthanol.** Yao-Hua Wu, John R. Corrigan und R. F. Feldkamp. (J. org. Chemistry **26**, 1531—33, 1961; engl.) — 3. vgl. vorst. Referat. — Es werden 4 Meth. zur Darst. von *2-[1-Methylpyrrolidyl-(2)]-äthanol*, seine Überführung in *2-[1-Methylpyrrolidyl-(2)]-äthylchlorid* u. dessen Rk. mit Phenothiazin (I) zu *10-[2-(1-Methylpyrrolidyl-(2))-äthyl]-phenthiazin* beschrieben.

Versuche: *β-Carbomethoxypropionylchlorid*, $Kp._{27}$ 98 bis 99°, nach Ruggli u. Maeder (Helv. chim. Acta **25**, [1942], 936) aus Bernsteinsäureanhydrid; 88% (Ausbeute). — *3-Carbomethoxypropionylmalonsäurediäthylester*, $Kp._{0,5}$ 128—134°, nach Baker u. Mitarbeitern (C. **1954**, 6497); n_D^{25} 1,4500; 66%. — *β-Ketoadipinsäure-α-äthyl-δ-methylester* (II), $Kp._{0,2}$ 86 bis 88°, nach Baker u. Mitarbeitern (l. c.) durch Hydrolyse vorst. Verb. u. Decarboxylieren; n_D^{25} 1,4398; 52%. — *[1-Benzyl 5-oxo-Δ^2-pyrrolinyl-(2)]-essigsäureäthylester*, F. 63—70°, durch Rk. vorst. Verb. mit Benzylamin u. Cyclisieren des Prod. nach Baker u. Mitarbeitern (l. c.); 90%. — *2-[1-Benzylpyrrolidyl-(2)]-äthanol*, Kp.$_{0,55}$ 117—123°, durch Red. vorst. Verb. mit $LiAlH_4$; n_D^{25} 1,5343; 50%. — *2-[Pyrrolyl-(2)]-äthanol*, Kp.$_{0,35}$ 101—103°, nach Hess u. Mitarbeitern [1915]; n_D^{25} 1,5321; 6—7%. — *2-[Pyrrolidyl-(2)]-äthanol* **(III)**, Kp.$_{0,21}$ 63 bis 69°, a) aus vorst. Verb. nach Hess u. Mitarbeitern (l. c.); n_D 1,4820; 51,9%; b) durch Hydrieren vorvorst. Verb. in CH_3COOH in Ggw. von 10%ig. Pd/Kohle bei 3 at; 90%. — *[1-Methyl-5-oxo-pyrrolinyl-(2)]-essigsäureäthylester*, $C_9H_{13}NO_3$, F. 120—122°, durch Einleiten von CH_3NH_2 in eine Lsg. von **II** in CH_3OH bei 0°, langsames Erwärmen auf Raum-Temp. u. Stehen über Nacht bei 0°; 53%. — *Ekgoninsäureäthylester*, $C_9H_{15}NO_3$, Kp.$_{21}$ 164—184°, durch Einleiten von CH_3NH_2 in β-Hydromuconsäurediäthylester, 2std. Erhitzen der Lsg. auf 210—230° im Autoklaven u. Fraktionieren im Vakuum; n_D^{25} 1,4646; 63%. — *2-[1-Methylpyrrolidyl-(2)]-äthanol*, Kp.$_{28}$ 114—116°, Kp.$_1$ 101—104°, Kp.$_{19}$ 101—103,5°, Kp.$_{14}$ 96°, a) durch Kochen von **III** mit 90%ig. HCOOH u. 35%ig. CH_2O nach Clarke u. Mitarbeitern [1933]; n_D^{25} 1,4702; 11,5%; b) durch Rk. von **III** mit CH_2O bei 110—120° im Rohr nach Hess u. Mitarbeitern (l. c.); 41,1%; c) durch Red. vorvorst. Verb. mit $LiAlH_4$ in Tetrahydrofuran (THF); 60%; d) durch Red. vorst. Verb. mit $LiAlH_4$ in THF; 70%. *Benzilat*, $C_{21}H_{25}NO_3$, F. 78,5—80°, durch 3std. Kochen mit Benzilsäuremethylester u. etwas Na in n-Heptan unter Abdestillieren von CH_3OH; 72%. — *2-[2-Chloräthyl]-1-methylpyrrolidin*, Kp.$_{18}$ 72°, durch 2std. Kochen vorst. Verb. mit $SOCl_2$ in Chlf., Einengen, Eindampfen mit A., Lösen in W., Alkalisieren mit 56%ig. KOH u. Extrahieren mit Diisopropyläther; n_D^{25} 1,4631; 57,4%. — *10-[2-(1-Methylpyrrolidyl-(2)-äthyl]-phenothiazin*, $C_{19}H_{22}N_2S$, Kp.$_{0,15}$ 168—175°, durch 8std. Kochen von **I**, $NaNH_2$ u. vorst. Verb. in abs. Toluol, Zusatz von W., Extraktion der organ. Phase mit 3n HCl, Alkalisieren mit 56%ig. KOH u. Extraktion mit Ae.; viscoses, hellgelbes Öl; 56%.

H. Pagel 3081◇

0872 **Pyrrolidine. 5. Mitt. Pyrrolidyl-(3)-methylamine und Chinolinderivate.** Homer C. Scarborough, Joseph L. Minielli, Bernard C. Lawes, Walter G. Lobeck jun., John R. Corrigan und Yao-Hua Wu. (J. org. Chemistry **26**, 4955—59, Dez. 1961; engl.) — 4. vgl. vorst. Referat. — Durch Rk. von Itaconsäuredimethylester (**I**) mit prim. Aminen dargestellte *1-substituierte 5-Oxopyrrolidin-3-carbonsäure* (**A**)*-Methylester* werden mit NH_3 bzw. CH_3NH_2 in die *Amide* bzw. *Methylamide* von **A** übergeführt, die mit $LiAlH_4$ zu den entsprechenden *1-substituierten Pyrrolidyl-(3)-methylaminen* red. werden; durch Rk. mit 4-Phenoxy- oder 4-Chlorchinolinen (**B**) werden hieraus die entsprechenden *4-[Pyrrolidyl-(3)-methylamino]-chinoline* (**C**) dargestellt, die wie die aus 1-substituierten Na-[Pyrrolidyl-(3)]-methylaten u. **B** erhältlichen *4-[Pyrrolidyl-(3)-methoxy]-chinoline* bei subkutaner Applikation formalininduzierte Ödeme in Rattenpfoten reduzierten. Verss., das aus **I** u. NH_3 in CH_3OH erhältliche *5-Oxopyrrolidin-3-carbonsäureamid* (**II**) nach Stosius u. Philippi [1925] durch 24std. Rk. von **I** in fl. NH_3 bei Raum-Temp. im Autoklaven darzustellen, waren erfolglos. Verss., durch Rk. von Itaconsäurediäthylester u. NH_3 in heißem A. nach Stosius u. Philippi [1925] Homoasparaginsäureimid (2-Aminomethylbernsteinsäureimid) darzustellen, gaben nur geringe Mengen **II**. Die Struktur von **II** wird durch die nichtbas. Eigg., die Analyse u. die Analogie der Bldg. von **II** u. **A**-Methylestern u. -Amiden gestützt. Die Bldg. von Itaconsäurediamid, die von Strecker [1882] als Ergebnis der Rk. von **I** u. NH_4OH vermutet worden war, kann wegen des Ausbleibens einer Rk. des Prod. mit neutraler Permanganat-Lsg. ausgeschlossen werden. Verss., **C** aus **B** in Phenol nach Surrey u. Cutler (C. **1952**, 1004) darzustellen, hatten nur in Ggw. von 1 Val HCl Erfolg.

Versuche: 5-Oxopyrrolidin-3-carbonsäureamide, durch 3tägiges Stehen von **I** u. prim. Amin in abs. A. bei Raum-Temp., 3tägiges Stehen mit überschüssigem abs. NH_3 bzw. CH_3NH_2, Einengen bzw. Eindampfen u. Kristallisieren aus Tetrahydrofuran (THF) oder Butanon: *1-Methyl-*, $C_6H_{10}N_2O_2$, F. 140—141°; 92% (Ausbeute). — *1.N-Dimethyl-*, $C_7H_{12}N_2O_2$, F. 53—55°; 95%. — *1-Äthyl-*, $C_7H_{12}N_2O_2$, F. 102—103°; 79%. — *1-Allyl-*, $C_8H_{12}N_2O_2$, F. 78—80°; 73%. — *1-n-Butyl-*, $C_9H_{16}N_2O_2$, F. 121—123°; 71%. — *1-Benzyl-*, $C_{12}H_{14}N_2O_2$, F. 166—168°; 86%. — *1-β-Phenäthyl-*, $C_{13}H_{16}N_2O_2$, F. 159—161°; 77%. — *5-Oxopyrrolidin-3-carbonsäureamid*, $C_5H_8N_2O_2$, F. 195—197° (W.), durch Zugeben von überschüssigem NH_3 zu **I** in abs. CH_3OH bei 0° u. 4tägiges Stehen bei Raum-Temp.; 59%. — 3-Aminomethylpyrrolidine, durch Red. vorst. Amide mit 2 Val $LiAlH_4$ in THF: *3-Aminomethyl-*, $C_5H_{12}N_2$, Kp.$_{13}$ 78°; n_D^{24} 1,4864; 50%. — *3-Aminomethyl-1-methyl-* (**III**), $C_6H_{14}N_2$, Kp.$_{760}$ 166—167°; n_D^{24} 1,4648; 60%. *Dipikrat*, $C_6H_{14}N_2 \cdot 2\,C_6H_3N_3O_7$, F. 208—211°. — *3-Methylaminomethyl-1-methyl-*, $C_7H_{16}N_2$, Kp.$_{13}$ 54°; n_D^{24} 1,4516; 67%. — *1-Äthyl-3-aminomethyl-*, $C_7H_{16}N_2$, Kp.$_{20}$ 82—90°; n_D^{20} 1,4613; 68%. *Dipikrat*, $C_7H_{16}N_2 \cdot 2\,C_6H_3N_3O_7$, F. 197—198°. — *1-Allyl-3-aminomethyl-*, $C_8H_{16}N_2$, Kp.$_{20}$ 100°; n_D^{20} 1,4853; 50%. — *3-Aminomethyl-1-n-butyl-*, $C_9H_{20}N_2$, Kp.$_{20}$ 110—114°; n_D^{20} 1,4653; 51%. — *3-Aminomethyl-1-benzyl-*, $C_{12}H_{18}N_2$, Kp.$_{0,3}$ 126°; n_D^{20} 1,5400; 71%. — *3-Aminomethyl-1-β-phenäthyl-*, $C_{13}H_{20}N_2$, Kp.$_{0,06}$ 90 bis 92°; n_D^{24} 1,5349; 66%. — Chinoline: *7-Chlor-4-[1-methylpyrrolidyl-(3)-methylamino]-3-methyl-*, $C_{16}H_{20}ClN_3$, F. 103 bis 104° (CH_3CN u. Isopropylacetat), durch Zugabe von 1 Val äthanol. HCl zu **III** in abs. CH_3OH, Eindampfen im Vakuum, Zugabe von fl. Phenol, 1 Val **III** u. 2 Val 4.7-Dichlor-3-methylchinolin, 24std. Erhitzen auf 125° unter N_2, Verdünnen mit CH_3OH u. W., Alkalisieren mit 20%ig. NaOH, Extraktion mit Chlf., Eindampfen, Lösen in Butanon u. Kühlen auf —20°; 59%. — *6-Methoxy-4-[1-methylpyrrolidyl-(3)-methylamino]-*, $C_{16}H_{21}N_3O$, F. 120—121° (CH_3CN u. Butanon), durch 24std. Rühren von 4-Phenoxy-6-methoxychinolinhydrochlorid u. 2 Val **III** bei 125° unter N_2 u. Aufarbeiten wie bei vorst. Verb.; 34%. — Analog: *7-Chlor-4-[1-methylpyrrolidyl-(3)-methylamino]-*, $C_{15}H_{18}ClN_3$, F. 106 bis 108° (Butanon u. Diisopropyläther); 58%. — *7-Chlor-4-[1-äthylpyrrolidyl-(3)-methylamino]-*, $C_{16}H_{20}ClN_3$, F. 99 bis 100° (Aceton u. CH_3CN); 29%. — *7-Chlor-4-[1-allylpyrrolidyl-(3)-methylamino]-*, $C_{17}H_{20}ClN_3$, F. 126—128° (Aceton); 50%. — *7-Chlor-4-[1-n-butylpyrrolidyl-(3)-methylamino]-*, $C_{18}H_{24}ClN_3$, F. 104—106° (Aceton); 22%. — *7-Chlor-4-[1-benzylpyrrolidyl-(3)-methylamino]-*, $C_{21}H_{22}ClN_3$, F. 127 bis 128° (Butanon u. Isopropylacetat); 51%. — *7-Chlor-4-[1-β-phenäthylpyrrolidyl-(3)-methylamino]-*, $C_{22}H_{24}ClN_3$, F. 127—129° (CH_3CN u. Butanon); 52%. — *7-Chlor-4-N-[1-methylpyrrolidyl-(3)-methyl]-methylamino-*, $C_{16}H_{20}ClN_3$, Kp.$_{0,02}$ 190°; 85%. — *6-Methoxy-4-[1-äthylpyrrolidyl-(3)-methylamino]-*, $C_{17}H_{23}N_3O$, F. 102—103° (CH_3CN); 27%. — *7-Chlor-4-[1-methylpyrrolidyl-(3)-methoxy]-*, $C_{15}H_{17}ClN_2O$, F. 73—76° (Diisopropyläther), durch Zutropfen von 1,2 Val 1-Methylpyrrolidin-3-methanol in abs. Toluol zu 1,2 Val NaH in abs. Toluol, ½std. Erwärmen, Zugabe von 1 Val 4.7-Dichlorchinolin (**IV**), 6std. Rühren, Stehen über Nacht, Kühlen, Extraktion mit verd. HCl, Waschen mit Ae., Alkalisieren mit 20%ig. NaOH, Ausäthern u. Einengen der Extrakte; 80%. — Analog: *7-Chlor-4-[1-isopropylpyrrolidyl-(3)-methoxy]-*, *Dihydrochlorid*, $C_{17}H_{21}ClN_2O \cdot 2\,HCl$, F. 186—187° (A./Essigester), aus **IV**; 75%. — *7-Chlor-4-[1-β-phenäthylpyrrolidyl-(3) methoxy]-*, $C_{22}H_{23}ClN_2O$, F. 72,5—74° (Diisopropyläther), aus **IV**; 82%. — *6-Methoxy-4-[1-methylpyrrolidyl-(3)-methoxy]-*, *Dihydrochlorid*, $C_{16}H_{20}N_2O_2 \cdot 2\,HCl$, F. 231—232° (A./Essigester), aus 4-Chlor-6-methoxychinolin; 39%.

H. Pagel 3081◇

0873 **Untersuchungen über die Komponenten von Digenea simplex Ag. 4. Mitt. Untersuchungen über die Struktur der Kainsäure, der anthelminthisch wirkenden Komponente.** 4. Mitt. Michiharu Miyasaki. (J. pharmac. Soc. Japan [Yakugakuzasshi] **75**, 692—95, Juni 1955; Osaka, Fujisawa Pharmac. Ind. Ltd., Res. Labor.; jap., Auszug: engl.) — 3. vgl. C. **1964**, 8-0872. — Durch Dehydrierung von Kainsäuredimethylester in p-Cymol in Ggw. von Pd-Kohle erhält man *2-Carbomethoxy-3-carbomethoxymethyl-4-isopropylpyrrol*, durch dessen Verseifung die *freie Dicarbonsäure* (**I**) erhalten wird. Erhitzt man **I** mit W., so erhält man *3-Carboxymethyl-4-isopropylpyrrol* (**II**), während die Decarboxylierung von **I** oder **II** durch Dest. *3-Methyl-4-isopropylpyrrol* liefert. **II** ist sublimierbar. Kainsäure selbst bildet leicht ein Anhydrid, hat einen pK-Wert von 2,1 u. wird als *2-Carboxy-3-carboxymethyl-4-isopropenylpyrrolidin* angesehen. Dihydrokainsäure ist demnach *2-Carboxy-3-carboxymethyl-4-isopropylpyrrolidin*. IR-Maxima s. Original.

Versuche: *2-Carboxy-3-carboxymethyl-4-isopropylpyrrol* (**I**), $C_{10}H_{13}NO_4$, F. 170° (Zers.), pK 4,1; 6,2. — *1-Methyl-2-carboxy-3-carboxymethyl-4-isopropylpyrrol*, $C_{11}H_{15}NO_4$,

178⁰ (Zers.), pK 4,0; 6,1. — *3-Carboxymethyl-4-isopropylpyrrol* (II), $C_9H_{13}NO_2$, F. 119°. — *1-Methyl-3-carboxymethyl-4-isopropylpyrrol*, $C_{10}H_{15}NO_2$, F. 65°. W. Mucke 3081△

0874 **Untersuchungen über die Komponenten von Digenea simplex Ag.** 5. Mitt. **Untersuchungen über die Struktur der Kainsäure, der anthelmintisch wirkenden Komponente.** 5. Mitt. Michiharu Miyasaki. (J. pharmac. Soc. Japan [Yakugakuzasshi] **75**, 695—98, Juni 1955; jap., Auszug: engl.) — 4. vgl. vorst. Ref.; 7. vgl. C. **1963**, 19582. — Zur Aufklärung der Struktur wird Kainsäuredimethylester der Ozonolyse unterworfen. Man erhält *Formaldehyd* (*2.4-Dinitrophenylhydrazon*, $C_7H_6N_4O_4$, F. 163°) u. *2-Carboxy-3-carbomethoxymethyl-4-acetylpyrrolidin* [$C_{10}H_{15}NO_5$, F. 181° (Zers.). *Methylester*, $C_{11}H_{17}NO_5$, Kp.$_3$ 128—132°]. Dieses gibt eine Gelbfärbung mit Ninhydrin, zeigt nach trockner Dest. die Pyrrol-Rk., der pK-Wert (2,1; 8,75) läßt auf den *Monoester* der *Kainsäure* mit einer freien α-Carboxylgruppe schließen. Kainsäure u. ihre Derivv. zeigen eine starke Absorption bei 6,05 u. 11,5 μ, welche bei der Dihydro-Verb. verschwindet. Kainsäure besitzt somit eine Isopropenylgruppe u. bildet ein 6-gliedriges Säureanhydrid, dessen N-Acetyl-Deriv. eine IR-Absorption bei 5,51 u. 5,66 μ gibt, u. ist vermutlich *2-Carboxy-3-carboxymethyl-4-isopropenylpyrrolidin*. W. Mucke 3081△

0875 **Eine Methode der Synthese des Benzolringes.** Charles F. Huebner und Ellen Donoghue. (J. org. Chemistry **28**, 1732, 1963; Summit, N.J., Ciba Pharm. Co., Div. of Ciba Corp., Res. Dep.; engl.) — 4-Pyrrolidinopenten-(3)-on-(2) reagiert mit Acetylendicarbonsäuredimethylester in THF in 60%ig. Ausbeute zu *4-Methyl-6-pyrrolidinophthalsäuredimethylester* [$C_{15}H_{19}NO_4$, F. 83—85° (Methanol)], dessen Struktur mit Hilfe von UV- u. KMR-Spektren geklärt wird. J. Gloede 3081△

0876 **Überms-Aminotrimethin-bis-isoindolenine, eine neue Gruppe basischer Farbstoffe.** Heinrich Vollmann und Walther Wolf. (Liebigs Ann. Chem. **659**, 110—23, 1962; Leverkusen, Bayer Akt.-Ges., Wiss. Labor.; dt.) — Vorl. Mitt. vgl. Baumann u. Mitarbeiter, C. **1957**, 4102. — Bei der Umsetzung von 1-Amino-3-iminoisoindoleninen mit sek. Aminen, wie Piperidin oder Morpholin, in Ggw. von Aceton u. einer Säure entstehen rote, gut krist. bas. *Farbstoffe*, die im Aufbau dem Auramin ähneln. Über Eigg. u. Konstit. wird berichtet. UV-Maxima s. Original.

Versuche: *1.3-Diiminoisoindoliniumnitrat* (I), $C_8H_8N_4O_3$, durch Zuabe einer Lsg. von 200 g Phthalogenbrillantblau IF3G in 2 Liter Methanol zu einer Lsg. von 80 g NH_4NO_3 in 100 ml Essigsäure/2 Liter W. u. Kühlen; 200 g (Ausbeute). — *1.3-Bis-[1-piperidinoisoindoleninyliden-(3)]-propyl-(2)-immoniumnitrat, Monomethanolat* (II), $C_{26}H_{32}N_6O_3 \cdot CH_3OH$, durch mehrstd. Stehen von I mit Aceton, Piperidin u. Methanol, Kühlen auf 0—3° u. Absaugen; 35—45%. *Nitrat*, $C_{26}H_{12}N_6O_3$, durch Kristallisation von II aus Acetonitril. *Chlorid, Hydratmethanolat*, $C_{26}H_{32}ClN_5 \cdot H_2O \cdot CH_3OH$, durch Umsetzen von 26 g Phthalodinitril mit Piperidin in Ggw. von Na-Methylat bei 30°, mehrstd. Stehen, Zugabe von Piperidinhydrochlorid u. Aceton, Erwärmen auf 25°, 50std. Rühren bei Raum-Temp. u. Kühlen auf 0°; aus Bzl./Acetonitril gelbgrün glänzende Kristalle; 19 g. — *1.3-Bis-[1-piperidinoisoindoleninyliden-(3)]-2-iminopropan*, $C_{29}H_{31}N_5$, durch Zugabe des Chlorids zu 5%ig. äthanol. KOH bei 25° u. 20 Min. langes Stehen; stahlblau glänzende Rhomboeder; 76%. — *1.3-Bis-[1-morpholinoisoindoleninyliden-(3)]-propyl-(2)-immoniumnitrat* (III), $C_{27}H_{28}N_6O_5 \cdot CH_3OH$, a) durch 4std. Kochen von I mit Morpholin in Methanol/Aceton; rotbraune Nadeln; 62%; b) durch Zugabe von Na-Methylat-Lsg. zu einem Gemisch aus Phthalodinitril u. Morpholin bei 15°, Zugabe von NH_4NO_3 unter Entw. von NH_3, Zugabe von Aceton bei 45° u. 10 Min. langes Erwärmen auf 50—60°; 43%. — *1.3-Bis-[1-aminoisoindoleninyliden-(3)]-propyl-(2)-immoniumacetat* (IV), $C_{21}H_{19}N_5O_2$, durch Umsetzung von Phthalodinitril mit $NaNH_2$ in Formamid, Verrühren mit Methanol, Zugabe von Aceton/Essigsäure, 9std. Kochen, Verdünnen mit W. bei 50° u. Kühlen; bräunliches, bronzeglänzendes Pulver; 21%. *Nitrat*, $C_{19}H_{16}N_6O_3$, durch Behandeln von IV mit NH_4OH, Absaugen, Lösen von 5 g der Farbbase in Methanol u. ½ std. Zugabe einer methanol. NH_4NO_3-Lsg. bei 60°; rotbraune, bläulich glänzende Nadeln; 4,5 g. — *1.3-Bis-[1-piperidinoisoindoleninyliden-(3)]-aceton* (V), $C_{29}H_{30}N_4O$, durch Erwärmen von II mit konz. HCl u. $NaHSO_3$-Lsg. in W. auf 85°, Zugabe von wenig konz. H_2SO_4 u. von NaCl-Lsg., Filtrieren, 1std. Rühren bei 0°, Absaugen, Lösen bei 50° in W., Zugabe von NH_4OH oder 2n NaOH bis zur alkal. Rk. u. Erwärmen auf 80—90°; aus Xylol derbe Rhomben; 83% (roh). *Methanolat*, $C_{29}H_{30}N_4O \cdot CH_3OH$, durch Kristallisation aus Methanol. — *1.3-Bis-[1-morpholinoisoindoleninyliden-(3)]-aceton* (VI), $C_{27}H_{26}N_4O_3$, durch 20 Min. lange Hydrolyse von III mit 50%ig. H_2SO_4 analog V; bräunlichgelbe Rhomben. — *1-[1-Piperidinoisoindoleninyliden-(3)]-3-[1-oxoisoindolinyliden-(3)]-aceton* (VII), $C_{24}H_{21}N_3O_2$, Zers. bei 243—248° (Chlorbenzol), durch Zugabe von NaOH zum Filtrat von VIII; aus Pyridin orangebraune Kristalle; 58%. — *1.3-Bis-[1-oxoisoindolinyliden-(3)]-aceton* (VIII), $C_{19}H_{12}N_2O_3$, Zers. bei 330°, durch 10std. Kochen von II mit verd. H_2SO_4 in Ggw. von $NaHSO_3$-Lsg.; aus Nitrobenzol goldgelbe Nadeln; 21%. — *1-[1-Morpholinoisoindoleninyliden-(3)]-3-[1-oxoisoindolinyliden-(3)]-aceton* (IX), $C_{23}H_{19}N_3O_3$, F. 254° (Zers.), durch Kochen von III mit verd. Mineralsäuren; aus Pyridin bräunlichgelbe Nadeln; daneben **VIII**. — *1-[1-Aminoisoindoleninyliden-(3)]-3-[1-oxoisoindolinyliden-(3)]-aceton* (X), $C_{19}H_{13}N_3O_2$, Zers. bei 249—250°, durch Kochen von **IV** mit verd. HCl; aus Pyridin gelbe Nadeln; daneben **VIII**. — *2.6-Bis-[o-carboxyphenyl]-pyridon-(4), Monohydrat*, $C_{19}H_{13}NO_5 \cdot H_2O$, a) durch 2std. Kochen von **VIII** mit 5%ig. NaOH u. Ansäuern; bräunliche Kristalle; 60%; b) durch 60—80std. Kochen von **III** mit 5%ig. NaOH, Filtrieren, Zugabe von $KMnO_4$ u. Filtrieren; 60%. — *2.6-Diphenylpyridin*, F. 84 bis 85°, durch trockne Dest. von 2 g vorst. Verb. mit Zn; aus Methanol Nadeln; 0,3—0,4 g. — *1.3-Bis-[1-phenylhydrazinoisoindoleninyliden-(3)]-acetonhydroacetat*, $C_{33}H_{28}N_6O_3$, Zers. bei 207—208°, durch 10 Min. langes Kochen von 4,4 mMol **V** oder **VI** mit Phenylhydrazin in Eisessig; aus Essigsäure dunkle Nadeln mit rötlichem Metallglanz; 1 g. — *1-[1-Phenylhydrazinoisoindoleninyliden-(3)]-3-[1-oxoisoindolinyliden-(3)]-aceton, Methanolat*, $C_{25}H_{18}N_4O_2 \cdot CH_3OH$, F. 234 bis 235° (Zers.), durch 10 Min. langes Kochen von 5,2 mMol **VII**, **IX** oder **X** mit Phenylhydrazin in Essigsäure; Nadeln mit grünlichem Metallglanz; 1,74 g. — *1-[1-Anilinoisoindoleninyliden-(3)]-3-[1-aminoisoindoleninyliden-(3)]-propyl-(2)-phenylimmoniumacetat*, durch Erwärmen von **IV** mit Anilin auf 60—62°, nach 2—3 Std. Verdünnen mit Bzl. u. Kühlen auf 40°; grünlich glänzende Nadeln; 20 g. *Freie Base, Methanolat*, $C_{31}H_{23}N_5 \cdot CH_3OH$, F. 139° (Zers.), durch Erwärmen der methanol. Lsg. des Acetats; schwarze Kristalle. *Nitrat*, $C_{31}H_{23}N_5 \cdot HNO_3$, F. 238—240° (Zers.), durch Umsetzen der Base mit 40%ig. NH_4NO_3-Lsg. u. Absaugen bei 40°; grün glänzende Nadeln. — *1.3-Bis-[1-anilinoisoindoleninyliden-(3)]-propyl-(2)-phenylimin, Monohydrat* oder *Methanolat*, $C_{37}H_{27}N_5 \cdot H_2O$ (oder CH_3OH), F. 138—140° (Zers.), durch mehr als 3std. Erwärmen von **IV** mit Anilin wie vorst. Base oder Erhitzen auf 100—120°; aus Bzl. braungelbe Blättchen. W. Hampel 3081△

0877 **Hydantoine, Thiohydantoine, Glykocyamidine.** 4. Mitt. **Über die Orientierung bei der Monomethylierung des 5.5-Diphenylglykocyamidins.** Károly Lempert und Judit Breuer. (Magyar Kémiai Folyóirat [Ung. Z. Chem.] **65**, 263—64, 1959; Budapest, Kórelettani Orszt. M. Tud. Akad. Kisérleti Orvostud. Int.; ung.) — 3. vgl. C. **1959**, 12538. — Durch Vgl. des synthetisierten *N²-Methyl-5.5-diphenylglykocyamidins* u. des isomeren *3-Methyl-Deriv.* mit dem durch Methylieren von 5.5-Diphenylglykocyamidin (I) erhaltenen *Monomethyl-Deriv.* wurde der Beweis erbracht, daß Methyljodid I am $N_{(3)}$ alkyliert.

Versuche: 5.5-Diphenylglykocyamidine: *3-Methyl-*, $C_{16}H_{15}N_3O$, F. 238—239° [Methanol/Dimethylformamid (DMF)], a) durch 3std. Erhitzen von I mit CH_3J in abs. Methanol auf 100° im Rohr u. Fällen mit äthanol. NH_3; 55% (Ausbeute); b) durch 2std. Erhitzen von 2-Methylmercapto-3-methyl-5.5-diphenylimidazolon-(4) (II) mit abs. alkohol. NH_3-Lsg. in Ggw. von NH_4J auf 110° im Rohr u. Abkühlen nach Wasserzugabe; 67%. — *N²-Methyl-*, $C_{16}H_{15}N_3O$, F. 322—324° (DMF), durch Umsetzung von S-Methyl-5.5-diphenyl-2-thiohydantoin mit Methylammoniumchlorid u. äthanol. KOH, Abfiltrieren des entstandenen KCl, Zugabe von äthanol. Methylamin-Lsg. u. 1std. Erhitzen auf 100° im Rohr. — *N².3-Dimethyl-*, $C_{17}H_{17}N_3O$, F. 215—216°, durch 3std. Erhitzen von II mit Methylammoniumchlorid u. KOH in abs. Äthanol auf 120° im Rohr, Abkühlen u. Verdünnen mit W.; 35,5%. W. Hampel 3122△

0878 **Die Reaktion von Benzilsäure mit Benzonitril.** C. W. Bird. (J. org. Chemistry **27**, 4091—92, 1962; London, Univ.

of London, Queen Elizabeth Coll., Dep. of Chem.; engl.) — Bei der Umsetzung von Benzilsäure mit Benzonitril in Ggw. von konz. H_2SO_4 entsteht *2.4.4-Triphenyloxazolon-(5)* (I), das bei der Hydrolyse *α-Benzamidodiphenylessigsäure* (II) ergibt. Durch Kochen von II mit Acetanhydrid wird I zurückgewonnen. Die Red. von I u. II mit HJ ergeben *Benzamid* u. *Diphenylessigsäure*. Die Decarboxylierung von II wird beschrieben. — *N-Diphenylmethylbenzamid*, F. 172—173° (Äthylacetat), durch 1std. Kochen von 0,9 g II mit Chinolin, Zugabe von W., Ansäuern u. Extrahieren mit Chlf.; 0,7 g Ausbeute. W. Hampel 3132△

0879 **Untersuchungen über die Bestandteile von Coix-Species. 2. Mitt. Über die chemische Struktur von Coixol.** Takaji Koyama. (J. pharmac. Soc. Japan [Yakugakuzasshi] **75**, 702—04, Juni 1955; Univ. of Kumamoto, Pharmac. Fac.; jap., Auszug: engl.) — 1. vgl. C. **1964**, 15-0930. — *Coixol* (I) wird aus dem alkalilösl. Anteil der Wurzel von *Coix Lachryma-Jobi* L. var. *frumentacea* Makino isoliert. Die Zers. von I in konz. HCl in Ggw. von $SnCl_2$ gibt *5-Methoxy-2-aminophenolhydrochlorid*. Für die Struktur von I wird *6-Methoxybenzoxazolon* vorgeschlagen u. durch Synth. bestätigt. IR- u. UV-Spektren s. Original.

Versuche: *Coixol* (I), $C_8H_7NO_3$, F. 152—152,5°. *N-Acetyl-Deriv.*, $C_8H_6NO_3(COCH_3)$, F. 147,5°; Nadeln. *N-Benzoyl-Deriv.*, $C_8H_6NO_3(COC_6H_5)$, F. 162—162,5°; Nadeln. *N-Carbäthoxy-Deriv.*, $C_8H_6NO_3(COOC_2H_5)$, F. 107°; Platten. — *5-Methoxy-2-aminophenolhydrochlorid*, $C_7H_{10}ClNO_2$, F. 214°, aus I durch Rk. mit $SnCl_2$ in HCl. W. Mucke 3132△

0880 **Zur Darstellung von Benzoxazolo-[5′.4′:4.5]-benzoxazolen. 2. Mitt. über Umwandlungsprodukte des 2.6-Dihydroxynaphthalins.** Heinz Paul und Klaus Zieloff. (J. prakt. Chem. [4] **18**, 292—96, 1962; Berlin, Humboldt-Univ., II. Chem. Inst.; dt.) — 1. vgl. J. prakt. Chem. [4] **18**, [1962], 219. — Die Darst. von *Benzoxazolo-[5′.4′:4.5]-benzoxazol* sowie der entsprechenden *2.2′-Dialkyl-Deriv.* wird beschrieben. Die Eigg. dieser Verbb. werden angegeben.

Versuche: Benzoxazolo-[5′.4′:4.5]-benzoxazole: *Unsubstituiert*, $C_{12}H_6N_2O_2$, F. 226—227°, durch ½std. Erhitzen von 1.5-Diamino-2.6-dihydroxynaphthalindihydrochlorid (I) mit Orthoameisensäuretriäthylester auf 130—180° u. ½std. Erwärmen auf 180° unter Dest. von A.; aus A. Nadeln; 84,6%. — *2.2′-Diäthyl-*, $C_{16}H_{14}N_2O_2$, F. 156—157°, aus I u. Orthopropionsäuretriäthylester analog vorst. Verb.; aus Methanol Säulen; 68%. — *2.2′-Dimethyl-*, $C_{14}H_{10}N_2O_2$, F. 246°, a) aus I u. Orthoessigsäuretriäthylester; 83,2%; b) durch Sublimation von II unter Abspaltung von Essigsäure bei 220° (Bad-Temp.); Nadeln; 65%; c) durch Erhitzen von III im Schmelzblock auf 320° als Sublimat. — *O.O′-Diacetyl-1.5-dinitro-2.6-dihydroxynaphthalin*, $C_{14}H_{10}N_2O_8$, F. 220 bis 224° (Zers.), durch Erwärmen von 1.5-Dinitro-2.6-dihydroxynaphthalin mit Acetanhydrid in Ggw. von konz. H_2SO_4 auf 50°; aus Aceton oder Essigester blaßgelbe Nadeln; 95%. — *1.5-Diamino-2.6-dihydroxynaphthalindihydrochlorid* (I), durch Red. von 10 g vorst. Verb. mit Sn in HCl in der Siedehitze; 15 g (unrein). — *N.N′.O.O′-Tetraacetyl-1.5-diamino-2.6-dihydroxynaphthalin* (II), $C_{18}H_{18}N_2O_6$, F. 258—259° (Zers.), durch 5 Min. langes Kochen von I mit Acetanhydrid in Ggw. von Na-Acetat; aus Acetanhydrid Nadeln; 71%. — *N.N′-Diacetyl-1.5-diamino-2.6-dihydroxynaphthalin* (III), $C_{14}H_{14}N_2O_4$, Zers. bei 310—340°, durch 12std. Rühren vorst. Verb. mit gesätt. methanol. NH_3; 80%. W. Hampel 3132△

0881 **Thiazolderivate. 8. Mitt. Synthese von Dithiazolylsulfid.** 1. Mitt. Ryozo Maeda und Yoshiro Sawa. (J. pharmac. Soc. Japan [Yakugakuzasshi] **75**, 656—58, 1955; Shionogi & Co. Ltd., Res. Labor.; jap., Auszug: engl.) — 7. vgl. J. pharmac. Soc. Japan [Yakugakuzasshi] **74**, [1954], 652. — Durch Rk. von H_2O_2 mit 2-Mercapto-4-methyl-5-hydroxyäthyl-1.3-thiazol (I) u. 2-Mercapto-4-methyl-5-acetoxyäthyl-1.3-thiazol (II) in Ggw. von 20—25%ig. HCl entsteht *4-Methyl-5-hydroxyäthyl-1.3-thiazol* (III), bei Verw. von konz. HCl entsteht *2-Chlor-4-methyl-5-hydroxyäthyl-1.3-thiazol* (IV). *Bis-[4-methyl-5-hydroxyäthyl-1.3-thiazolyl-(2)]-sulfid* entsteht bei ungenügender H_2O_2-Zugabe neben III bzw. IV.

Versuche: *4-Methyl-5-hydroxyäthyl-1.3-thiazol* (III), Kp.$_4$ 127—128°, a) aus I u. 33,8%ig. H_2O_2 in Ggw. von 20%ig. HCl; 89—93% (Ausbeute); b) aus II u. 35,3%ig. H_2O_2 in Ggw. von 39%ig. HCl. — *2-Chlor-4-methyl-5-hydroxyäthyl-1.3-thiazol* (IV), Kp.$_{6,5}$ 144—146°, nach b) neben III. — *Bis-[4-methyl-5-hydroxyäthyl-1.3-thiazolyl-(2)]-sulfid*, $C_{12}H_{16}N_2O_2S_3$, F. 128—129°, a) aus I u. IV; b) neben III nach b). — *Bis-[4-methyl-5-acetoxyäthyl-1.3-thiazolyl-(2)]-sulfon*, $C_{16}H_{20}N_2O_6S_3$, F. 104—106°, aus vorst. Verb. durch acetylierende Oxydation. — *Bis-[4-methyl-5-hydroxyäthyl-1.3-thiazolyl-(2)]-sulfon*, $C_{12}H_{16}N_2O_4S_3$, F. 147—148°, durch Entacetylierung vorst. Verbindung. W. Mucke 3142△

0882 **Die Darstellung von 2-Methylnaphtho-[2.1]-thiazol.** A. Nederlof. (Bull. Soc. chim. belges **68**, 148—52, 1959; Soest, Nederland, Nederlandsche Fotograf. Ind. N.V.; niederl.) — Ausgehend von N-Acetyl-β-naphthylamin wird die Darst. von *2-Methylnaphtho-[2.1:d]-thiazol* nach einer modifizierten Synth. nach Jacobson [1888] beschrieben.

Versuche: *N-Acetyl-β-naphthylamin*, F. 132—133° (Toluol), durch 10 Min. langes Stehen von β-Naphthylamin mit Acetanhydrid in Essigsäure bei Raum-Temp. u. Verdünnen mit W.; 97,3% (Ausbeute). — *N-Thioacetyl-β-naphthylamin*, F. 147,5—148° (A.), durch 10 Min. langes Kochen vorst. Verb. mit P_4S_{10} in Pyridin, vorsichtige Zugabe von W. u. Zugabe von 4n NaOH bis pH 7; 67,1%. — *2-Methylnaphtho-[2.1:d]-thiazol*, F. 47,5—49°, Kp.$_2$ 148—150°, durch Zugabe einer pyridin. Lsg. vorst. Verb. zu natronalkal. $K_3[Fe(CN)_6]$-Lsg. bei 4°; 86%. *Pikrat*, F. 171—172°. W. Hampel 3142△

0883 **Untersuchungen über Acylderivate von Diaminoaceton. 2. Mitt. Synthese von 2.6-Diphenyl-3.5-diacylaminotetrahydro-γ-pyronen.** Hidenosuke Ueda und Toyosaku Sasaki. (J. pharmac. Soc. Japan [Yakugakuzasshi] **75**, 625—27, 1955; Hyogo Univ. of Agricult., Labor. of Org. Chem.; jap., Auszug: engl.) — 1. vgl. Science Rep. Hyogo Univ. Agriculture **1**, [1953], 16. — Di-N-acyldiaminoacetone unterliegen der Kondens. mit Benzaldehyd (I) in A./W.-Gemischen in Ggw. von NaOH unter Bldg. von *2.6-Diphenyl-3.5-bis-[acylamino]-tetrahydropyronen*; die Ausbeuten liegen <38%. Die Alkohol-Konz. hat Einfl. auf die Ausbeute, auch andere Lsgm., wie Glycerin, Propylenglykol, Dioxan u. Triäthanolamin können verwendet werden. Der Einfl. des Alkalis ist nicht groß, die Ausbeute bleibt bei Verw. von K_2CO_3, $NaNH_2$, NR_3 u. N-Äthylpiperidin jedoch immer unter der in Ggw. von NaOH erreichten.

Versuche: 2.6-Diphenyltetrahydro-γ-pyrone: *3.5-Bis-benzoylamino-*, $C_{31}H_{26}N_2O_4$, F. 280°, durch Rk. von I mit Di-N-benzoyldiaminoaceton; 36% (Ausbeute). — *3.5-Bis-phenacetylamino-*, $C_{33}H_{30}N_2O_4$, F. 255° (Zers.), durch Rk. von 1 g Di-N-phenacetyldiaminoaceton mit 1 g I; 0,5 g. — *3.5-Bis-[β-phenylpropionylamino]-*, $C_{35}H_{34}N_2O_4$, F. 252—257°, durch Rk. von 1 g Di-N-β-phenylpropionyldiaminoaceton mit 1,2 g I; 0,5 g. — *3.5-Bis-cinnamoylamino-*, $C_{35}H_{30}N_2O_4$, F. 285° (Zers.), durch Rk. von 0,4 g Di-N-cinnamoyldiaminoaceton mit 0,5 g I; 0,1 g. — *3.5-Bis-acetamido-*, $C_{21}H_{22}N_2O_4$, F. 260°, durch Rk. von 1 g Bis-acetamidoaceton mit 1,3 g I; 0,8 g. — *3.5-Bis-[äthoxycarbonylamino]-*, $C_{23}H_{26}N_2O_6$, F. 235°, durch Rk. von 0,5 g 1.3-Di-N-carbäthoxydiaminoaceton mit 0,9 g I; 0,25 g. *Phenylhydrazon*, $C_{29}H_{32}N_4O_5$, F. 199°. W. Mucke 3211△

0884 **Oxydative Cyclisierung von Chalkonen zu Flavyliumsalzen.** B. R. Brown, A. J. Davidson und R. O. C. Norman. (Chem. and Ind. **1962**, 1237—38; Oxford, Univ., Dyson Perrins Labor.; engl.) — Die Oxydation von Chalkon mit Trifluorperessigsäure in CH_2Cl_2 liefert 0,5% des *3-Hydroxyflavyliumkations*, das als *Hexachlorostannat* $(C_{15}H_{11}O_2)_2 \cdot SnCl_6$ isoliert wird. Analog entsteht aus 2.4.4′-Tri- bzw. 2.4.3′.4′-Tetramethoxychalkon 10% *5.7.4′-Tri-* bzw. 10% *5.7.3′.4′-Tetramethoxyflavyliumsalz*. R. Gnauck 3211△

0885 **Kernholzextrakte einiger Hölzer der Familie Moraceae.** R. A. Laidlaw und G. A. Smith. (Chem. and Ind. **1959**, 1604—05; Princes Risborough, Aylesbury, Bucks., Forest Prod. Res. Labor., Sect. of Chem.; engl.) — Untersucht wird das Kernholz von *Chlorophora tinctoria* (C.t.), *Morus alba* (M.a.) u. *Maclura pomifera* (M.p.) auf seinen Geh. an *Dihydroflavonolen*. — Aus der wasserlösl., in Bzl. unlösl. Fraktion des Ae.-Extraktes von C.t. wird durch Chromatographie an Cellulosepulver *Maclurin* (I; F. 222—224°), *Dihydromorin* (II; F. 226°. *Pentaacetat*, $C_{25}H_{22}O_{12}$, F. 193—194°), wenig *Dihydrokämpferol* (III; F. 215—217°) u. *Morin* (IV; F. 294—295°. *Pentamethyläther*, F. 156°) isoliert. Durch Ae.-Extraktion von M.a. wird 2% *2.4.3′.5′-Tetrahydroxystilben* (V; *Dihydrat*, $C_{14}H_{12}O_4 \cdot 2\,H_2O$, F. 203°. *Benzoat*, F. 194°. *Tetraacetat*, $C_{22}H_{20}O_8$, F. 141°. *Tetramethyläther*,

$C_{18}H_{20}O_4$, F. 82°), durch Chromatographie der vereinigten, in Ae. u. W. lösl. Fraktion des Ae.- u. Methanolextraktes wenig **II** u. **III** erhalten. 2.4.6.4'-Tetrahydroxybenzophenon u. **I** konnte nicht nachgewiesen werden, **IV** entsteht vermutlich durch Luftoxydation von **II**. Nach Abtrennung von **V** aus dem Ae.-Extrakt von M.p. durch Kristallisation aus W. u. Eindampfen der wss. Mutterlauge wird **II** gewonnen.
K. Lange 3211△

0886 **Synthese von kernsubstituierten Flavonoiden und verwandten Verbindungen. 7. Mitt. Über die Struktur des durch Abbau von Ginkgetin gebildeten Flavons. 3. Mitt. Synthese von 6-[p-Hydroxyphenacyl]-5.7.4'-trihydroxyflavonmethyläther.** Koichi Nakazawa und Sachie Tsubouchi. (J. pharmac. Soc. Japan [Yakugakuzasshi] **75**, 716—19, Juni 1955; Gifu, Gifu Coll. of Pharmac.; jap., Auszug: engl.) — 6. vgl. C. **1964**, 8-0893. — Durch Rk. von Acacetin-7-methyläther (**I**) mit Acetanhydrid (**II**) in Ggw. von Polyphosphorsäure (PS) wird *6-Acetylacacetin-7-methyläther* (**V**) erhalten, der durch Erhitzen mit Morpholin u. S u. anschließende Verseifung mit 100%ig. H_3PO_4 *6-Carboxymethylacacetin-7-methyläther* (**III**) liefert. Methylierung von **III** u. Verseifung ergibt *6-Carboxymethylacacetin-5.7-dimethyläther* (**IV**). Die Kondens. von **IV** mit Anisol (**VI**) in Ggw. von PS liefert *6-[p-Methoxyphenacyl]-acacetin-5.7-dimethyläther*, der nicht mit dem Methyl-Deriv. des durch Zers. von Ginkgetin erhaltenen Flavons ident. ist.

Versuche: *6-Acetylacacetin-7-methyläther* (**V**), $C_{19}H_{16}O_6$, F. 229°, a) aus 8,9 g **I** u. **II** in Ggw. von PS; 48% (Ausbeute); b) aus 6-Acetylacacetin-5.7-dimethyläther; 18%. *Acetat*, $C_{21}H_{18}O_7$, F. 216°. — *Anissäure-2.4-diacetyl-3.5-dimethoxyphenylester*, $C_{20}H_{20}O_7$, F. 207°, aus 2.4-Diacetyl-3.5-dimethoxyphenol u. Anisoylchlorid; 85%. — *3-Acetyl-2.4-dimethoxy-6-hydroxy-ω-anisoylacetophenon*, $C_{20}H_{20}O_7$, F. 150°, durch Umlagerung vorst. Verb.; 75%. — *6-Acetylacacetin-5.7-dimethyläther*, $C_{20}H_{18}O_6$, F. 209°, durch Cyclisierung vorst. Verb.; 85%. — *6-Morpholinothiocarbonylmethylacacetin-7-methyläther*, $C_{23}H_{23}NO_6S$, F. 242° (Zers.), durch Rk. von **V** mit Morpholin u. S. — *6-Carboxymethylacacetin, 7-Methyläther* (**III**), $C_{19}H_{16}O_7$, F. 262° (Zers.), aus vorst. Verb. durch Verseifung mit 100%ig. H_3PO_4. *5.7-Dimethyläther* (**IV**), $C_{20}H_{18}O_7$, F. 276° (Zers.), aus **III** mit Methyljodid. — *6-[p-Methoxyphenacyl]-acacetin, 5.7-Dimethyläther*, $C_{27}H_{24}O_7$ F. 243°, aus **IV** mit **VI** in Ggw. von PS. *7-Methyläther*, $C_{26}H_{22}O_7$, F. 248°, durch Entmethylierung des Dimethyläthers mit $AlCl_3$ in Nitrobenzol.
W. Mucke 3211△

0887 **Untersuchungen über synthetische Analgetica. 8. Mitt. Synthesen von 4-substituierten 1-Methyl-1.2.5.6-tetrahydropyridinen und 2-substituierten 1-Methyl-1.4.5.6-tetrahydropyridinen.** Susumu Oshiro. (J. pharmac. Soc. Japan [Yakugakuzasshi] **75**, 658—62, Juni 1955; Osaka, Gohei Tanabe & Co. Ltd., Osaka Res. Labor.; jap., Auszug: engl.) — 7. vgl. J. pharmac. Soc. Japan [Yakugakuzasshi] **74**, [1954], 717. — Die Anlagerung von Grignard- oder Li-Verbb. entsprechender cycl. Verbb. an 1-Methyl-γ-piperidon (**I**) ergibt *Hydroxypiperidine*, deren Dehydratisierung *1-Methyltetrahydropyridine*, die in 4-Stellung substituiert sind, liefert. Die Verbb. zeigen teilweise starke analget. Wirkung. Die Rkk. mit 1-Methyl-α-piperidon (**II**) verlaufen ähnlich, aber nicht so erfolgreich.

Versuche: 1-Methyl-4-hydroxypiperidine: *4-Thienyl-(2)-*, F. 105—106°, aus **I** u. Thienyl-Li bei Raum-Temp. in 1 Std.; 73% (Ausbeute). — *4-[5-Bromthienyl-(2)]-*, F. 140—141,5°, aus **I** u. der Grignard-Verb. aus 2.5-Dibromthiophen (**III**) bei 38—40° in 2 Std.; 20,5%. — *4-Pyridyl-(2)-*, aus **I** u. der Li-organ. Verb. aus 2-Brompyridin bei 38—40° in 1½ Std.; 34%. — *4-Naphthyl-(1)-*, F. 181—184°, aus **I** u. Naphthyl-(1)-MgBr bei 38—40° in 3 Std.; 47%. — *4-Naphthyl-(2)-*, aus **I** u. Naphthyl-(2)-MgBr bei 38—40° in 2½ Std.; 33,5%. *Pikrat*, F. 216—218°. — *4-Thienyl-(3)-*, aus **I** u. Thiophenyl-(3)-MgJ bei 38—40° in 3 Std.; 17,5%. — *4-[5-Methoxythienyl-(2)]-*, aus der Li-organ. Verb. aus 2-Methoxythiophen u. **I**; Harz. — *4-Furyl-(2)-*, F. 136—138°, aus **I** u. Furyl-(2)-Li bei Raum-Temp. in 1 Std.; 36,5%. — 1-Methylpiperidine: *4-Thienyl-(2)-*, $Kp._{3,5}$ 123—125°; 79%. — *4-[5-Bromthienyl-(2)]-*, $Kp._{2,5}$ 130—133°; 74%. — *4-Pyridyl-(2)-*, $Kp._{3,5}$ 144—148°; 94%. — *4-Naphthyl-(1)-*, $Kp._3$ 152—157°; 73%. — *4-Naphthyl-(2)-*, *Hydrochlorid*; 69%. — *4-Thienyl-(3)-*, $Kp._{2,5}$ 119—123°; 8,3%. — *4-Furyl-(2)-*, $Kp._3$ 86—92°; 20,2%. — *4-[2-Hydroxyphenyl]-*, $Kp._2$ 141 bis 145°; 38,8%. — 1-Methyl-1.2.5.6-tetrahydropyridine: 4-Thienyl-(2)-, *Pikrat*, F. 181—182°. — *4-[5-Bromthienyl-(2)]-*, *Hydrochlorid*, F. 272—274°. — *4-Pyridyl-(2)-*, *Dipikratmonohydrat*, F. 204—206°. — *4-Naphthyl-(1)-*, *Pikrat*, F. 160—161°. — *4-Naphthyl-(2)-*, *Hydrochlorid*, F. 254,5 bis 256,5°. — *4-Thienyl-(3)-*, *Pikrolonat*, F. 198—200,5°. — *4-[2-Hydroxyphenyl]-*, F. 147—149°. — *4-Furyl-(2)-*, *Pikrat*, F. 185—187°. — 1-Methyl-2-hydroxypiperidine: *2-Thienyl-(2)-*, $Kp._{3,5}$ 110—113°, aus **II** u. Thienyl-(2)-MgBr bei 59—60° in 10 Std.; 43,1%. *Pikratmonohydrat*, F. 130—132°. — *2-[5-Bromthienyl-(2)]-*, $Kp._4$ 144—148°, aus **II** u. der Grignard-Verb. aus **III** bei 38—40° in 2 Std.; 37%. *Pikrat*, F. 133—135,5°. — *2-Pyridyl-(2)-*, $Kp._{3,5}$ 118 bis 122°, aus **II** u. Pyridyl-(2)-MgBr bei 38—40° in 2 Std.; 22,6%. *Dipikrat*, F. 86,5—87,5°.
W. Mucke 3231△

0888 **Die tuberkulostatische Wirksamkeit von INH-Acylverbindungen.** A. Rieche, G. Hilgetag, Chr. Bischoff und H. Mücke. (Arch. Pharmaz. **295/67**, 707—14, Sept. 1962; Berlin, Dt. Akad. der Wiss., Inst. für org. Chem.; dt.) — Verschiedene Derivv. des *Isonicotinsäurehydrazids* (*INH*) wurden synthetisiert u. auf tuberkulostat. Wrkg. (TW) geprüft. Die *Acyl-Derivv.* von INH mit bes. rein hergestellten geradkettigen gesätt. *Fettsäuren* (C_6—C_{18}) zeigten, mit Ausnahme des *Undecansäure-Deriv.* (**I**), geringere TW als INH (INH: niedrigste Hemm-Konz. 10^{-7} = 0,1 γ/ml). **I** erwies sich selbst bei Injizierung hoher Dosen (bis zu 3 g/kg) bei Ratten als ungiftig, im Gegensatz zu INH (letale Dosis des INH 0,37 g/kg Ratte). Verss. mit Patienten mußten jedoch abgebrochen werden, da diese nach Einnahme von **I** über Magenbeschwerden klagten. Auch andere Acyl-Derivv. scheinen durch therapeut. Nebenwrkg. für klin. Anwendung nicht geeignet zu sein. Weiter wurden synthetisiert u. getestet: INH-Derivv. von α-Butyl-γ-methylvaleriansäure (**II**), Undecylensäure (**III**), Sorbinsäure (**IV**), p-Acetylaminobenzolsulfonsäure (**V**), p-Aminosalicylsäure (**VI**), N-Undecylenoyl-p-aminosalicylsäure (**VII**) u. *Diisonicotinoylhydrazin* (**VIII**). Von diesen Verbb. erreicht nur **III** die gleiche TW wie **I** oder INH, während **II, IV, V, VI** u. **VII** unwirksam sind. **VIII** erreicht fast die TW von INH.

Versuche: N'-Acylisonicotinsäurehydrazide, durch Zutropfen des entsprechenden Säurechlorids zu INH in Pyridin (Py), Zusatz von W. u. Umkristallisieren: *N'-Caproyl-*, $C_{12}H_{17}N_3O_2$, F. 110° (Bzl.); 80% (Ausbeute). — *N'-Önanthoyl-*, $C_{13}H_{19}N_3O_2$, F. 101—101,5° (Bzl.); 67%. — *N'-Capryloyl-*, $C_{14}H_{21}N_3O_2$, F. 111° (Bzl.); 79%. — *N'-Pelargonoyl-*, $C_{15}H_{23}N_3O_2$, F. 108° (Bzl.); 77%. — *N'-Caprinoyl-*, $C_{16}H_{25}N_3O_2$, F. 117° (Bzl.); 95%. — *N'-Undecanoyl-* (**I**), $C_{17}H_{27}N_3O_2$, F. 116° (Bzl.); 95%. — *N'-Laurinoyl-*, $C_{18}H_{29}N_3O_2$, F. 121,2° (Bzl.); 76%. — *N'-Tridecanoyl-*, $C_{19}H_{31}N_3O_2$, F. 116,5—117° (Bzl.); 51%. — *N'-Myristoyl-*, $C_{20}H_{33}N_3O_2$, F. 124,5° (Bzl.); 82%. — *N'-Pentadecanoyl-*, $C_{21}H_{35}N_3O_2$, F. 120° (Bzl.); 30%. — *N'-Palmitoyl-*, $C_{22}H_{37}N_3O_2$, F. 123 bis 124° (Bzl.); 64%. — *N'-Margarinoyl-*, $C_{23}H_{39}N_3O_2$, F. 121 bis 122° (Bzl.); 80%. — *N'-Stearoyl-*, $C_{24}H_{41}N_3O_2$, F. 125° (Bzl.); 80%. — *N'-Hexadien-(2.4)-oyl-* (**IV**), $C_{12}H_{13}N_3O_2$, F. 216 bis 219° (W.); 55%. — *N'-Undecylenoyl-* (**III**), $C_{17}H_{25}N_3O_2$, F. 110—112° (Bzl.); 79%. — *N'-[α-Isobutylcaproyl]-* (**II**), $C_{16}H_{25}N_3O_2$, F. 133° (A.-W.); 100%. — *N'-[p-Acetylaminophenylsulfonyl]-* (**V**), $C_{14}H_{14}N_4O_4S$, F. 235—236° (W.); 95%. — *N'-[N-Isonicotinoyl-p aminosalicyloyl]-*, $C_{19}H_{15}N_5O_4$, F. 275° (Methanol), durch Zutropfen von Isonicotinsäurechlorid (INC) zu ½ Val p-Aminosalicylsäurehydrazid in Py, 12std. Stehen u. Gießen in W.; 55%. — *N'-[p-Aminosalicyloyl]* -(**VI**), $C_{13}H_{12}N_4O_3$, F. 245° (W.-Methanol), durch ½std. Erhitzen vorst. Verb. in 10%ig. NaOH auf 100°, Erkaltenlassen u. Neutralisieren mit Eisessig; 45%. — *N'-[N-Undecylenoyl-p-aminosalicyloyl]-* (**VII**), $C_{24}H_{30}N_4O_4$, F. 245° (Methanol), durch Zutropfen von Undecylenoylchlorid zu p-Aminosalicylsäuremethylester in Py, Eingießen in W., Absaugen des *N-Undecylenoyl-p-aminosalicylsäuremethylesters* (F. 80°), mehrstd. Rk. mit Hydrazinhydrat bei 100°, Absaugen u. Umkristallisieren des *N-Undecylenoyl-p-aminosalicylsäurehydrazids* [$C_{18}H_{27}N_3O_3$, F. 185° (Methanol oder W.)], Lösen in Py, Zutropfen von INC u. Gießen in W.; 65%. — *N.N'-Diisonicotinoylhydrazin* (**VIII**), $C_{12}H_{10}N_4O_2$, F. 258—260° (W.), durch kurzes Erwärmen äquimolarer Mengen INH u. INC in Py u. Eingießen in W.; fast 100%.
E.-R. Lochmann 3231◇

0889 **Untersuchungen in der Pyridinreihe. 3. Mitt. 6-Aminopicolinsäure.** G. Ferrari und E. Marcon. (Farmaco

[Pavia], Ediz. sci. **14,** 594—97, Aug. 1959; Milano, Simes S.p.A., Labor. ric.; ital.) — 2. vgl. C. **1961,** 8289. — Durch Oxydation von 6-Acetamido-2-methylpyridin mit $KMnO_4$ wird das *N-Acetyl-Deriv.* (I) der *6-Aminopicolinsäure* (II) erhalten u. zur Unters. ihrer pharmakolog. Eigg. einige ihrer Ester u. Amide dargestellt.

Versuche: *6-Aminopicolinsäure* (II), $C_6H_6N_2O_2$, F. 317 bis 319° (Zers.; W.), durch 1std. Kochen von 10 g I u. 10%ig. NaOH u. Neutralisieren mit HCl; 5 g (Ausbeute). ***Methylester*** **(IIa)**, $C_7H_8N_2O_2$, F. 88°, durch Sättigen von 50 g I in CH_3OH mit HCl-Gas unter Kühlung, 3std. Kochen, Eindampfen im Vakuum, Lösen in W., Alkalisieren mit NH_4OH u. Extrahieren mit Chlf.; 21,5 g. *Äthylester*, $C_8H_{10}N_2O_2$, F. 56°, analog **IIa**. *Amid* (**IIb**), $C_6H_7N_3O$, F. 145° (W.), durch 24std. Stehen von 6 g **IIa** u. konz. NH_4OH bei Raum-Temp.; 3 g. — *6-Acetamidopicolinsäure* (I), $C_8H_8N_2O_3$, F. 227—229°, durch Zugeben von $KMnO_4$ zu 6-Acetamido-2-methylpyridin in W. bei 75—80° in 3 Std.; aus A. Prismen; 70%. *Methylester*, $C_9H_{10}N_2O_3$, F. 180° (W.), durch 1½std. Kochen von 10 g **IIa**, Eisessig u. Acetanhydrid, Eindampfen im Vakuum u. Rk. des Rückstands mit verd. NH_4OH; 9,5 g. *Amid*, $C_8H_9N_3O_2$, F. 223° (abs. A.), a) durch 24std. Stehen von 10 g I-Methylester u. konz. NH_4OH bei Raum-Temp.; 6,5 g; b) durch 1std. Kochen von 6 g **IIb**, Eisessig u. Acetanhydrid, Eindampfen im Vakuum u. Rk. des Rückstands mit verd. NH_4OH; 4 g.

F. Heller 3231◇

0890 **Untersuchungen über die N-Oxide von aromatischen heterocyclischen Verbindungen.** 5. Mitt. **Reaktionen von Pyridin- und Chinolin-1-oxid-Derivaten mit Schwefel in flüssigem Ammoniak.** 1. Mitt. Kenichi Takeda und Kanji Tokuyama. (J. pharmac. Soc. Japan [Yakugakuzasshi] **75,** 620—22, 1955; Imafuku, Amagasaki, Hyogo-ken, Shionogi & Co., Ltd., Res. Labor.; jap., Auszug: engl.) — 4. vgl. C. **1963,** 19596. — Die N-Oxide von Pyridin, Chinolin u. ihren Homologen werden durch Behandlung mit S in fl. NH_3 desoxydiert; wenn eine Nitrogruppe vorhanden ist, wird diese unter diesen Bedingungen zur NH_2-Gruppe reduziert. Aliphat. N-Oxide, wie Dimethylanilin-N-oxid, werden auch unter Bldg. von tert. Aminen desoxydiert.

W. Mucke 3231△

0891 **Fortschritte auf dem Gebiet der Synthese, Untersuchung und Anwendung von Chinoliniumverbindungen.** G. T. Piljugin und B. M. Gutzuljak. (Fortschr. Chem. [UdSSR] **32,** 389—432, 1963; Tschernowitz, Univ., Lehrstuhl für organ. Chemie; russ.) — Überblick über Darst., Eigg. u. Verw. von *Chinoliniumverbindungen.* — 506 Literaturangaben.

G. Froelich 3231◇

0892 **Polarisation der heterocyclischen Ringe mit aromatischem Charakter.** 121. Mitt. **Katalytische Reduktion von 3-Nitrochinolin-1-oxid.** Eiji Ochiai, Chikara Kaneko und Jihei Inomata. (J. pharmac. Soc. Japan [Yakugakuzasshi] **78,** 584—88, 1958; Tokyo, Univ. of Tokyo, Fac. of Pharmac. Sci.; jap., Auszug: engl.) — 120. vgl. C. **1963,** 10465. — Die Unters. der katalyt. Red. von 3-Nitrochinolin-1-oxid (I) unter verschiedenen Bedingungen ergab, daß die Red. der NO-Gruppe rascher als bei der 4-Nitro-Verb. erfolgt, was auf die unterschiedliche Elektronendichte am Ring-N zurückgeführt wird.

Versuche: *3-Aminochinolin*, F. 80—82°, a) durch katalyt. Hydrierung von I an Pd-Kohle in 5%ig. HCl unter Aufnahme von 4,6 Mol H_2; 46% (Ausbeute); daneben Spuren einer *Verb. vom F. 195—196°*; b) analog a) nach Aufnahme von 2,8 Mol H_2; 33%; daneben zwei verschiedene ölige Verbb.; c) analog a) in Essigsäure; 63%; daneben II (s. unten); d) in A.; 66%; daneben 5% II; e) in A. in Ggw. von wenig Pyridin; 81%; daneben eine ölige Verb.; f) in Ae. unter Aufnahme von 3 Mol H_2; 33%; daneben 25% II; g) in wss. A. in Ggw. von $NaHCO_3$ unter Aufnahme von 3,4 Mol H_2; 34%; daneben Kristalle u. 2 verschiedene Öle; h) in 5%ig. alkohol. KOH unter Aufnahme von 3,3 Mol H_2; 24%; daneben einige nichtkrist. Verbindungen. — *3-Hydroxylaminochinolin-1-oxid*, $C_9H_8N_2O_2$, F. 174—176° (Zers.; Methanol/Aceton), durch Hydrieren von I in Ae. unter Aufnahme von 2 Mol H_2; 25%. — *3-Acetamidochinolin-1-oxid* (III), $C_{11}H_{10}N_2O_2$, F. 265—267° (Zers.; Methanol), durch Oxydation von 1 g 3-Acetamidochinolin mit 33%ig. H_2O_2; 0,55 g. — *3-Aminochinolin-1-oxid* (II), $C_9H_8N_2O$, F. 180—185° (Zers.; Methanol), durch Erwärmen von 0,2 g vorst. Verb. mit 10%ig. HCl auf 115—120°; 0,13 g. — *3-Acetamidocarbostyril*, $C_{11}H_{10}N_2O_2$, F. 263° (Zers.; Methanol), a) durch Umsetzen von 0,2 g vorvorst. Verb. mit $POCl_3$; 0,12 g; b) durch Hydrieren von 0,1 g nachst. Verb. an Pd/Kohle u. Acetylieren; 0,06 g. — *3-Nitrocarbostyril*, $C_9H_6N_2O_3$, F. 260° (A.), a) durch Kochen von 3-Nitrochinolin-1-oxid mit Tosylchlorid in Chlf.; 83%; b) durch Kochen von 550 mg 3-Nitrochinolin-1-oxid mit Acetanhydrid; 0,2 g. — *3.6.8-Trinitrocarbostyril*, F. 183 bis 185° (Zers.), durch Nitrieren vorst. Verb. mit konz. HNO_3/H_2SO_4. — *2-Chlor-3.6.8-trinitrochinolin*, $C_9H_3ClN_4O_6$, F. 185 bis 187° (A.), durch Erwärmen vorst. Verb. mit PCl_5/$POCl_3$. — *3-Acetamidochinolin*, F. 165°, durch katalyt. Hydrierung von III in 10%ig. HCl.

W. Hampel 3231△

0893 **Polarisation der heterocyclischen Ringe mit aromatischem Charakter.** 122. Mitt. **Über eine neue Dimethylaminierung von N-Oxiden der Chinolinreihe.** Hiroshi Tanida. (J. pharmac. Soc. Japan [Yakugakuzasshi] **78,** 608—11, 1958; jap., Auszug: engl.) — 121. vgl. vorst. Referat. — Beim Erhitzen von Chinolin-1-oxid (I) mit Tosylchlorid in Dimethylformamid in Ggw. von BF_3 als Katalysator entstehen in 2- u. 4-Stellung dimethylaminierte Verbb. in guter Ausbeute. Bei Verw. von Isochinolin-N-oxid entsteht *1-Dimethylaminoisochinolin* neben *2-[Isochinolyl-(1)]-isocarbostyril.* UV- u. IR-Spektren vgl. Original.

Versuche: *2-Dimethylaminochinolin*, $C_{11}H_{12}N_2$, F. 71 bis 72° (PAe.), a) durch 1½std. Kochen von 1 g I in Dimethylformamid in Ggw. von BF_3 als Katalysator, Einengen im Vakuum, Lösen in Chlf., Waschen mit 10%ig. NH_4OH u. 8%ig. KOH, Extrahieren mit 5%ig. HCl, Waschen mit Ae., Zugabe von Alkali, Extrahieren mit Ae., Chromatographie an Al_2O_3 u. Eluieren mit PAe./Bzl. (9:1); 340 mg (Ausbeute); b) durch 3std. Kochen von 2-Chlorchinolin mit Dimethylformamid, Eindampfen im Vakuum u. Aufarbeiten analog a); 56,3%. *Pikrat*, $C_{17}H_{15}N_5O_7$, F. 217—217,5° (verd. A.). *Hydrochlorid*, $C_{11}H_{13}ClN_2$, F. 237°. — *4-Dimethylaminochinolin*, $C_{11}H_{12}N_2$, $Kp._{0,01}$ 110—112°, neben vorst. Verb. durch Eluieren mit Bzl.; 340 mg. *Pikrat*, $C_{17}H_{15}N_5O_7$, F. 189 bis 190,5°. — *Carbostyril*, neben vorvorst. Verb. durch Sättigen der alkal. Waschlauge mit CO_2; 40 mg. — *1-Dimethylaminoisochinolin*, $C_{11}H_{12}N_2$, $Kp._5$ 124—125°, aus Isochinolin-N-oxid; 39%. *Pikrat*, $C_{17}H_{15}N_5O_7$, F. 165—166°. — *2-[Isochinolyl-(1)]-isocarbostyril*, *2/3-Hydrat*, $C_{18}H_{12}N_2O \cdot {}^2/_3\,H_2O$, F. 153—154,5°, neben vorst. Verb.; 25%. *Pikrat*, $C_{24}H_{15}N_5O_8$, F. 249° (A.).

W. Hampel 3231△

0894 **Polarisation der heterocyclischen Ringe mit aromatischem Charakter.** 123. Mitt. **Synthese von Chlormethylchinolinen aus Chinaldin-1-oxid und Lepidin-1-oxid.** Hiroshi Tanida. (J. pharmac. Soc. Japan [Yakugakuzasshi] **78,** 611—13, 1958; jap., Auszug: engl.) — 122. vgl. vorst. Referat. — Die Einw. von Tosylchlorid u. Dimethylformamid auf Chinaldin-1-oxid (I) u. Lepidin-1-oxid (II) liefert nicht die erwarteten Dimethylamino-Derivv., sondern ergibt in beiden Fällen *Chlormethylchinoline.* Die Ausbeute kann durch Zugabe von BF_3 verbessert werden. In Ggw. von W. entsteht aus II u. Tosylchlorid *4-Methylcarbostyril.*

Versuche: *2-Chlormethylchinolin*, $C_{10}H_8ClN$, F. 54 bis 55,5°, durch 2½std. Kochen von 1 g I mit Tosylchlorid in Dimethylformamid in Ggw. von BF_3, Einengen im Vakuum, Lösen in Chlf., Waschen mit 8%ig. NH_4OH, Extrahieren mit 8%ig. HCl, Zugabe von NaOH, Extrahieren mit Ae. u. Chromatographie an Al_2O_3 u. Eluieren mit PAe./Bzl. (9:1); 750 mg (Ausbeute). *Pikrat*, $C_{16}H_{11}ClN_4O_7$, F. 171 bis 171,5° (A.). — *2-Hydroxymethylchinolin*, F. 66—67°, durch 7std. Kochen von 80 mg vorst. Verb. mit Na-Acetat in wss. Essigsäure, Einengen, Neutralisieren mit $NaHCO_3$ u. Chromatographie; Nadeln; 60 mg. — *4-Chlormethylchinolin*, $C_{10}H_8ClN$, F. 56—57°, analog vorvorst. Verb. aus II; 50%. *Pikrat*, F. 188° (A.); 21%. — *4-Methylcarbostyril*, $C_{10}H_9NO$, F. 220—222°, durch ½std. Kochen von II mit Tosylchlorid in Chlf. in Ggw. von W.; aus Methanol Nadeln; 90%.

W. Hampel 3231△

0895 **Polarisation der heterocyclischen Ringe mit aromatischem Charakter.** 124. Mitt. **Die Umlagerung von 4-Benzyloxychinolin-1-oxid und 4-Allyloxychinolin-1-oxid durch Bortrifluorid.** Hiroshi Tanida. (J. pharmac. Soc. Japan [Yakugakuzasshi] **78,** 613—15, 1958; jap., Auszug: engl.) — 123. vgl. vorst. Referat. — Die Umlagerung von 4-Benzyloxy- (I) u. 4-Allyloxychinolin-1-oxid (II) mittels BF_3 ergibt *N-Benzyloxy-* bzw. *N-Allyloxychinolon-(4).*

Versuche: *1-Benzyloxychinolon-(4)*, $C_{16}H_{13}NO_2$, F. 129 bis 130° (Bzl.), a) durch Dest. eines Gemisches aus 1,3 g I-Hydrat u. K_2CO_3 in Chlf. zur Trockne, Zugabe von Dimethylformamid u. BF_3 bei 0°, 4std. Kochen, Eindampfen im Vakuum, Lösen in Chlf., Waschen mit 10%ig. NH_4OH u. Eindampfen; 455 mg (Ausbeute); b) durch Eindampfen von 250 mg III mit verd. KOH zur Trockne u. 5std. Stehen mit Benzylchlorid in Methanol bei Raum-Temp.; 365 mg. *Pikrat*, $C_{22}H_{16}N_4O_9$, F. 172—173°; aus A. Prismen. —*4-Hydroxychinolin-1-oxid* (III), F. 237° (Zers.), durch Ansäuern der ammoniakal. Wasch-Lsg. vorst. Verb. nach a) mit verd. HCl bis pH 5,2; 250 mg. — *2.4-Dichlorchinolin*, $C_9H_5Cl_2N$, F. 66°, durch 40 Min. langes Erwärmen vorvorst. Verb. mit $POCl_3$ in Chlf. auf 100°, Eindampfen, 6std. Erwärmen auf 100°, Zugabe von W., Versetzen mit $NaHCO_3$ bis zur alkal. Rk. u. Extrahieren mit Ae.; Nadeln; 91%. — *4-Allyloxychinolin-1-oxid* (II), $C_{12}H_{11}NO_2$, F. 134—134,5°, durch Stehen von 9,8 g 4-Chlorchinolin mit Na-Allylat in Allylalkohol über Nacht u. Oxydation; aus Äthylacetat Nadeln; 6,6 g. — *1-Allyloxychinolon-(4)*, $C_{12}H_{11}NO_2$, F. 96—97°, a) durch 1std. Erhitzen von 1 g II mit Dimethylformamid in Ggw. von BF_3 auf 145—150°, Einengen im Vakuum, Lösen in $NaHCO_3$-Lsg., Waschen mit Chlf., Ansäuern mit HCl bis pH 5, Abtrennen des ausgeschiedenen III, Einengen u. Chromatographie in benzol. Lsg. an Al_2O_3; 360 mg; b) durch Rk. von Na-4-Hydroxychinolin-1-oxid mit Allylbromid. *Pikrat*, $C_{18}H_{14}N_4O_9$, F. 148—149° (A.).
W. Hampel 3231△

0896 **Oxazolidine und Spirooxazolidine aus (±)-Calycotomin und zur Struktur des 6.7-Dimethoxy-3.4-dihydroisochinolin-1-essigsäureäthylesters.** W. Schneider und K. Schilken. (Arch. Pharmaz. **296/68**, 389—95, 1963; Karlsruhe, TH, Pharmaz.-chem. Inst.; dt.) — (±)-*Calycotomin* (III) bildet mit Aldehyden oder Ketonen *Oxazolidine*, die durch äther. HCl wieder gespalten werden. Der nach Battersby u. Mitarbeitern (J. chem. Soc. [London] **1953**, **2463**) dargestellte *6.7-Dimethoxy-3.4-dihydroisochinolin-1-essigsäureäthylester* liegt nach NMR- u. IR-Spektrum wahrscheinlich als *1-Carbäthoxymethylen-6.7-dimethoxy-1.2.3.4-tetrahydroisochinolin* vor.

Versuche: *N-Homoveratryloxamidsäureäthylester*, F. 73—74°, nach Grüssner u. Mitarbeitern (C. **1960**, **6496**); Nadeln aus Ae.; ca. 90% (Ausbeute). — *1-Carbäthoxy-6.7-dimethoxy-3.4-dihydroisochinolin*, F. 79—80°, durch Rk. vorst. Verb. mit $POCl_3$ nach Grüssner u. Mitarbeitern (l. c.); Prismen aus Ae.; 60%. — (±)-*Calycotomin* (III), F. 134—135° (Bzl.), aus vorst. Verb. durch Kochen mit $LiAlH_4$ in abs. Tetrahydrofuran (THF); 89%. *Hydrochlorid*, F. 194—195° (Ae./Methanol), aus I in abs. Ae. durch Fällung mit äther. HCl, Abfiltrieren, Waschen mit abs. Ae., Lösen in W., Dekantieren, Waschen mit Ae. (Benzaldehyd) u. Eindampfen im Vakuum. *N-Methyl-Deriv.*, $C_{13}H_{19}NO_3$, F. 62 bis 63°, durch Red. von II in abs. THF mit $LiAlH_4$; Nadeln aus Cyclohexan oder PAe.; 83%. — 8.9-Dimethoxy-1.5.6.10b-tetrahydrooxazolo-[4.3:a]-isochinoline: *Unsubstituiert* (II), $C_{13}H_{17}NO_3$, F. 129—130°, aus III in Bzl. mit Paraformaldehyd durch 6tägiges Stehen über Na_2SO_4 bei Raum-Temp.; Nadeln aus abs. A.; 91,7%. — *3.3-Dimethyl-*, $C_{15}H_{21}NO_3$, F. 70—71°, aus III analog II in Aceton; Nadeln aus PAe.; 88,4%. — *3-Phenyl-* (I), $C_{19}H_{21}NO_3$, F. 121 bis 122°, aus III u. Benzaldehyd in Bzl. durch 8std. Kochen unter Abscheidung von W.; Prismen aus Ae./Bzl. u. PAe.; 90,1%. — *3.3-Tetramethylen-*, $C_{17}H_{23}NO_3$, F. 69—70°, aus III u. Cyclopentanon analog I; Blättchen aus PAe.; 43,7%. — *3.3-Pentamethylen-*, $C_{18}H_{25}NO_3$, F. 101—102°, aus III u. Cyclohexanon analog I bzw. II; Blättchen aus PAe.; 34,2 bzw. 47,1%. — *1-Carbäthoxymethylen-6.7-dimethoxy-1.2.3.4-tetrahydroisochinolin*, F. 81—82°, nach Battersby u. Mitarbeitern (l. c.) durch Cyclisierung des entsprechenden Malonsäuremonoäthylesteramids mit P_2O_5 in Toluol u. Chromatographie an Al_2O_3; schwachgelbe Rhomboeder aus abs. Alkohol. *Pikrat*, F. 172—173° (Essigester/A.).
H.-J. Kötzsch 3231◇

0897 **Untersuchung über die Synthese von Piperazinen.** 3. Mitt. **Katalytische Synthese der N-substituierten Piperazine.** Takeo Ishiguro, Eiichi Kitamura, Masaki Matsumura und Hiroshi Ogawa. (J. pharmac. Soc. Japan [Yakugakuzasshi] **75**, 674—77, Juni 1955; Kyoto, Kyoto Univ., Med. Fac., Pharmac. Inst.; jap., Auszug: engl.) — 2. vgl. J. pharmac. Soc. Japan [Yakugakuzasshi] **74**, [1954], 1162; 4. vgl. C. **1961**, 17209. — Durch Gasphasen-Rk. von N-Alkyldiäthanolamin (**A**) u. NH_3 in Ggw. verschiedener dehydrierend wirkender Katalysatoren werden in 2—20%ig. Ausbeute *N-Methyl-*, *-Äthyl-*, *-Propyl-* u. *-Butylpiperazin* dargestellt. Analog entstehen aus **A** u. aliphat. bzw. aromat. Aminen *N.N'-Dimethyl-*, *N-Methyl-N'-phenyl-* u. *N-Äthyl-N'-phenylpiperazin* in Ausbeuten zwischen 7 u. 32%. Ein SiO_2-Al_2O_3-Katalysator wirkt bei aliphat. Aminen bei 325° u. bei aromat. bei 450° am besten.

Versuche: *N-Methylpiperazin*, Kp. 134—136°; 20% (Ausbeute). *Bis-2.4-dinitrophenolat*, $C_5H_{12}N_2 \cdot 2\,C_6H_4N_2O_5$, F. 209—209,5° (A.). *p-Toluolsulfonat*, F. 152—153° (W.). *Benzolsulfonat*, F. 129—130° (W.). — *N-Äthylpiperazin*, Kp. 155 bis 158°; 8%. *p-Toluolsulfonat*, F. 73—74° (W.). *Dipikrat*, $C_6H_{14}N_2 \cdot 2\,C_6H_3N_3O_7$. — *N-Propylpiperazin*, Kp. 165—170°; 8%. *Dipikrat*, $C_7H_{16}N_2 \cdot 2\,C_6H_3N_3O_7$, F. 235—236° (Zers.; W.). — *N-Butylpiperazin*, Kp. 186—192°; 4%. *Dipikrat*, F. 249° (Zers.; W.). — *N.N'-Dimethylpiperazin*, Kp. 131—133°; 32%. *Bis-2.4-dinitrophenolat*, $C_6H_{14}N_2 \cdot 2\,C_6H_4N_4O_5$, F. 216,5 bis 217,5° (W.). — *N-Methyl-N'-phenylpiperazin*, $Kp._{20}$ 145 bis 150°; 14%. *Dipikrat*, F. 215° (Zers.; Aceton/A.). *Monomethojodid*, F. 234—235° (Methanol). — *N-Äthyl-N'-phenylpiperazin*, $Kp._{18}$ 165—170°; 9%. *Monomethojodid*, $C_{12}H_{18}N_2 \cdot CH_3J$, F. 233—235° (A.).
W. Mucke 3272△

0898 **Struktur der $C_{(8)}$-Base, eines Säureabbauproduktes des Tetrodotoxins.** Toshio Goto, Yoshito Kishi und Yoshimasa Hirata. (Bull. chem. Soc. Japan **35**, **1244**—45, 1962; Nagoya, Univ., Fac. of Sci., Chem. Inst.; engl.) — Die durch Säureabbau von Tetrodotoxin (I) erhaltene *$C_{(8)}$-Base* wird als *2-Amino-6-hydroxychinazolin* (II) identifiziert. Dreitägige Rk. von I mit konz. H_2SO_4, Neutralisieren mit wss. $Ba(OH)_2$, Ansäuern des Filtrats mit HCl, Eindampfen unter Vakuum u. Sublimieren führt zu II-*Hydrochlorid* (F. 250°), das zum *Diacetyl-Deriv.* [$C_8H_5N_3O \cdot (COCH_3)_2$, F. 198°] umgesetzt wird. Für Spektren-Vgl. wird *2-Amino-4-methyl-6-hydroxychinazolin* [*Hydrochlorid*, F. >250°] aus 2-Nitro-5-hydroxyacetophenon über *2-Amino-5-hydroxyacetophenon* [F. 183—187° (Zers.)] u. dessen Kondens. mit Cyanamid synthetisiert.
H. Gleinig 3272◇

0899 **Thiopeganderivate.** 12. Mitt. **Synthese einiger 9.10-Thiopegane mit phenolischen Gruppen.** H. S. Sachdev, K. S. Dhami und K. S. Narang. (J. sci. ind. Res. [New Delhi], Sect. C **19**, 11—13, 1960; Hoshiarpur, Punjab Univ., Dep. of Chem.; engl.) — 11. vgl. C. **1960**, **9559**. — Durch Rk. verschiedener Anthranilsäure-Derivv. mit den entsprechenden α-Thiocyanketonen (**A**) werden *9.10-Thiopegan-Derivv.* synthetisiert u. ihre antibakterielle Aktivität gegenüber *Str. haemolyticus*, *M. pyogenes* var. aureus, *S. typhi*, *S. paratyphi*, *S. schottmuelleri*, *Esch. coli*, *S. paradysenteriae* (Flexner), *S. dysenteriae* u. *B. subtilis* geprüft. Die Umsetzung gelingt nicht unter Verw. von **A**-Verbb. mit mehr als einer phenol. Hydroxygruppe oder mit 5-Chloranthranilsäurehydrochlorid.

Versuche: 9.10-Thiopegadien-(2.10)-one-(4): *3-[3'-Methyl-6'-hydroxyphenyl]-*, {*1-[3'-Methyl-6'-hydroxyphenyl]-5H-thiazolo-[3.2:a]-chinazolon-(5)*}, $C_{17}H_{12}N_2O_2S$, F. 311° (verd. Essigsäure), durch 8std. Kochen von α-Thiocyan-3-methyl-6-hydroxyacetophenon (I) mit Anthranilsäurehydrochlorid in abs. A., Filtrieren, Einengen im Vakuum u. Zugabe von Na_2CO_3; 30% (Ausbeute). — Analog werden erhalten: *3-[3'-Methyl-6'-hydroxyphenyl]-6-methyl-* {*1-[3'-Methyl-6'-hydroxyphenyl]-7-methyl-5H-thiazolo-[3.2:a]-chinazolon-(5)*}, $C_{18}H_{14}N_2O_2S$, F. 300° (80%ig. A.), analog aus I u. 5-Methylanthranilsäurehydrochlorid; 25%. — *3-[3'-Methyl-6'-hydroxyphenyl]-6-methoxy-*, $C_{18}H_{14}N_2O_3S$, F. 320° (60%ig. A.); 14%. — *3-[4'-Methyl-6'-hydroxyphenyl]-*, $C_{17}H_{12}N_2O_2S$, F. 216° (verd. Essigsäure), aus α-Thiocyan-4-methyl-6-hydroxyacetophenon; 30%. — *3-[4'-Methyl-6'-hydroxyphenyl]-6-methyl-*, $C_{18}H_{14}N_2O_2S$, F. 230° (verd. Essigsäure); 9,8%. — *3-[4'-Methyl-6'-hydroxyphenyl]-6-methoxy-*, $C_{18}H_{14}N_2O_3S$, F. 322° (verd. A.); 31%.
H. Krause 3272△

0900 **Synthesen von 1.4.6-Triazaindenen (5-Pyrrolo-[3.2:d]-pyrimidinen).** Kuniyoshi Tanaka, Toshio Sugawa, Ritsuo Nakamori, Yasushi Sanno und Yasuo Ando. (J. pharmac. Soc. Japan [Yakugakuzasshi] **75**, 770—71, 1955; Osaka, Takeda Pharmac. Ind. Ltd., Res. Labor.; engl.) — Heterocycl. Verbb., die einen Pyrrol- u. einen Pyrimidinring enthalten, sind isoster mit Purinen u. scheinen interessante Eigg. als Metabolitantagonisten u. Chemotherapeutika zu besitzen. Aus 2.6-Dimethyl-4-hydroxy-5-acetamidopyrimidin wird durch Erhitzen im N_2-Strom mit Na-Alkoholat bei 300° *2.5-Dimethyl-7-hydroxy-1.4.6-triazainden* [F. 336—337° (Zers.), Nadeln] u. aus 4-Hydroxy-5-acetamido-6-methylpyrimidin *2-Methyl-7-hydroxy-1.4.6-triazainden* (F. 360°) erhalten. In 2-Stellung durch eine Hydroxyl-, Methylmercapto- oder Aminogruppe substituierte Pyrimidine werden nicht zu den entsprechenden 5-substituierten 1.4.6-Triazaindenen cyclisiert. 5-Nitro-6-methylpyrimidine werden mit Oxalsäurediäthylester zu den *6-Äthoxyoxalylmethyl-Derivv.* kondensiert, letztere werden red. u. cyclisiert. Aus 2.4-Diäthoxy-5-nitro-6-methylpyrimidin erhält man *2-Carbäthoxy-5.7-diäthoxy-1.4.6-triazainden* (F. 142°, Säulen) u. aus 2-Äthoxy-4-amino-5-nitro-6-methylpyrimidin *2-Carbäthoxy-5-äthoxy-7-amino-1.4.6-triazainden* (F. 232°, Nadeln).

W. Mucke 3227△

0901 **Hypotensive 1.2.4-Benzothiadiazine.** Barbara Ann Bierbaum, John J. Traverso und Calvert W. Whitehead. (J. med. Chem. **6**, 272—75. 1963; Indianapolis, Ind., Lilly Res. Labor.; engl.) — Chlorsulfonierung von 3-Chlor-4-methylanilin bzw. 4-Chlorbenzoesäure, Verdrängen der akt. Cl-Atome aus 2.3-Dichlor- bzw. 2-Chlor-5-methylnitrobenzol mit Benzylthiolen u. Chloroxydation der erhaltenen *2-Benzylmercaptonitrobenzole* liefert entsprechende *Benzolsulfonylchloride*, die mit NH_3 zu den *Benzolsulfonamiden* umgesetzt werden. Rk. von 5-Chlor-2-nitrobenzolsulfonylchlorid mit n-Propyl- bzw. Benzylamin liefert *N-n-Propyl-* bzw. *N-Benzyl-5-chlor-2-nitrobenzolsulfonamid*. Die 2-Nitrobenzolsulfonamide werden katalyt. zu den *2-Amino-Verbb.* (**A**) hydriert. Cyclisieren der **A** mit Ameisensäure, Orthoameisensäure-, Orthoessigsäure- bzw. Orthopropionsäuretriäthylester gibt die entsprechenden *1.2.4-Benzothiadiazindioxide-(1.1)* (**B**). Mischanhydride von Trifluoressigsäure (TF) u. Alkan-, Aralkan- bzw. Cycloalkancarbonsäuren reagieren mit **A** zu *2-Acylaminobenzolsulfonamiden*, die ohne Isolierung mit NH_4OH zu entsprechenden **B** cyclisiert werden. *6-Methyl-3-trifluormethyl-1.2.4 benzothiadiazindioxid-(1.1)* wird durch Rk. von 3.4.5-Trimethoxybenzoesäure mit TF-Anhydrid dargestellt. Die **A** werden mit Aldehyden zu *3.4-Dihydro*-**B** kondensiert. Aus Adamantancarbonsäure-(1) (**I**) erhaltenes *N-Methyl-N-phenyladamantancarbonsäure-(1)-amid* wird mit $LiAlH_4$ zu *Adamantan-1-aldehyd* reduziert. Die hypotensive Aktivität der endocycl. Sulfonamide wird tabellar. angegeben.

Versuche: Benzolsulfonamide-(1): *2-Amino-4-chlor-5-methyl-*, $C_7H_9ClN_2O_2S$, F. 185° (A.), durch Rühren von 3-Chlor-4-methylanilin u. Chlorsulfonsäure unter Zugabe von NaCl, 5std. Erhitzen auf 160°, Gießen auf Eis, Ausäthern, Einengen u. Zugeben des Prod. zu fl. NH_3; 45% (Ausbeute). — *2-Chlor-5-carboxy-*, $C_7H_6ClNO_4S$, F. 260°, analog vorst. Verb. aus p-Chlorbenzoesäure; 70%. — *2-Nitro-6-chlor-*, $C_6H_5Cl \cdot N_2O_4S$, F. 144°, durch 2std. Rühren von Benzylmercaptan u. 2.3-Dichlornitrobenzol in alkohol. KOH, Absaugen des Sulfids, Lösen in verd. Essigsäure, 4std. Einleiten von Cl_2, Wasserzusatz, Ausäthern u. Rk. des Prod. mit fl. NH_3; 70%. — *2-Amino-4-methyl-*, $C_7H_{10}N_2O_2S$, F. 125°, analog vorst. Verb. aus 2-Chlor-5-methylnitrobenzol u. Red.; 15%. — *2-Amino-6-chlor-*, $C_6H_7ClN_2O_2S$, F. 135°, durch Hydrieren von 6-Chlor-2-nitrobenzolsulfonamid an Raney-Ni in A.; 91%. *N-Phenylacetyl-Deriv.*, $C_{14}H_{13}ClN_2O_3S$, F. 148°; 60%. — *2-Amino-5-carboxy-*, $C_7H_8N_2O_4S$, F. 263° (Zers.), durch 18std. Erhitzen von 2-Chlor-5-carboxybenzolsulfonamid, $(NH_4)_2CO_3$ u. $CuSO_4$ in konz. NH_4OH im Rohr auf 130°, Einengen, Neutralisieren, Extrahieren mit A., Einengen u. Wasserzusatz; 42%. — *N-Methyl-N-phenyladamantancarbonsäure-(1)-amid*, $C_{18}H_{23}NO$, F. 99° (Aceton–W.), durch 4std. Kochen von **I** mit PCl_5, Dest., Zusetzen von abs. Ae., Eindampfen des Filtrats, Sublimieren, Zutropfen der Lsg. des *Säurechlorids* (64.5%) in abs. Benzol-Lsg. zu kaltem N-Methylanilin u. $(C_2H_5)_3N$ in abs. Bzl., 1/4std. Rühren u. Aufarbeiten; 86%. — *Adamantan-1-aldehyd*, durch $LiAlH_4$-Red. vorst. Verb. in abs. Tetrahydrofuran bei 0—5°, Stehen bei Zimmer-Temp. über Nacht, Zutropfen von 6n HCl bei 0° u. Ausäthern; ca. 26% (im Gemisch mit Anilid). — 1.2.4-Benzothiadiazindioxide-(1.1) (**B**), a) durch Erhitzen von **A** mit Ameisensäure nach Parke u. Williams (vgl. C. **1951, I**, 2566) bzw. Orthoameisen-, Orthoessig- oder Orthopropionsäuretriäthylester nach Freeman u. Wagner (vgl. C. **1952**, 1008) auf 100° u. Eingießen in W.; b) durch Rk. von **A** mit 1 Val Mischanhydrid der entsprechenden Carbonsäure u. TF u. Cyclisieren der erhaltenen 2-N-Acylaminobenzolsulfonamide mit NH_4OH nach Whitehead u. Mitarbeitern (vgl. C. **1962**, 2366): *7-Acetamido-*, $C_9H_9N_3O_3S$, F. 301°; 50%. — *7-Amino-*, $C_7H_7N_3O_2S$, F. 325°; 70%. — *7-Nitro-*, $C_7H_5N_3O_4S$, F. 262°; 85%. — *6-Chlor-3-methyl-*, $C_8H_7ClN_2O_2S$, F. 280°; 48%. — *6-Chlor-3.7-dimethyl-*, $C_9H_9ClN_2O_2S$, F. 304°; 72%. — *6-Chlor-3-äthyl-7-methyl-*, $C_{10}H_{11}ClN_2O_2S$, F. 290°; 70%. — *6-Chlor-3-diphenylmethyl-7-methyl-*, F. 285°; 11%. — *6-Chlor-3-phenylsulfonylmethyl-7-methyl-*, $C_{15}H_{13}ClN_2O_4S_2$, F. 307°; 13%. — *8-Chlor-3-methyl-*, $C_8H_7ClN_2O_2S$, F. 261°; 81%. — *8-Chlor-3-äthyl-*, $C_9H_9ClN_2O_2S$, F. 229°; 70%. — *6.7-Dichlor-*, $C_7H_4 \cdot Cl_2N_2O_2S$, F. 303°; 52%. — *6.7-Dichlor-3-methyl-*, $C_8H_6Cl_2 \cdot N_2O_2S$, F. 322°; 48%. — *6.7-Dichlor-3-äthyl-*, $C_9H_8Cl_2N_2O_2S$, F. 311°; 70%. — *6.7-Dichlor-3-n-propyl-*, $C_{10}H_{10}Cl_2N_2O_2S$, F. 310°; 43%. — *6.7-Dichlor-3-[adamantyl-(1)]-*, $C_{17}H_{18}Cl_2 \cdot N_2O_2S$, F. oberhalb 400°; 21%. — *6.7-Dichlor-3-[naphthyl-(1)-methyl]-*, $C_{18}H_{12}Cl_2N_2O_2S$, F. 314°; 20%. — *6.7-Dichlor-3-phenylmercaptomethyl-*, $C_{14}H_{10}Cl_2N_2O_2S_2$, F. 241°; 34%. — *3-Methyl-6-trifluormethyl-*, $C_9H_7F_3N_2O_2S$, F. 326°; 36%. — *3-Äthyl-6-trifluormethyl-*, $C_{10}H_9F_3N_2O_2S$, F. 312°; 39%. — *3-Cyclohexylmercaptomethyl-6-trifluormethyl-*, $C_{15}H_{17}F_3N_2O_2S_2$, F. 196°; 32%. — *3.6-Dimethyl-*, $C_9H_{10}N_2O_2S$, F. 250°; 56%. — *3-Äthyl-6-methyl-*, $C_{10}H_{12}N_2O_2S$, F. 218°; 83%. — *6-Methyl-3-β-phenyläthyl-*, $C_{16}H_{16}N_2O_2S$, F. 244°; 46%. — *6-Methyl-3-benzylmercaptomethyl-*, $C_{16}H_{16}N_2O_2S_2$, F. 191°; 54%. — *6.8-Dichlor-3-methyl-*, $C_8H_6Cl_2N_2O_2S$, F. 370°; 61%. — *6.8-Dichlor-3-äthyl-*, $C_9H_8Cl_2N_2O_2S$, F. 337°; 80%. — *6.8-Dichlor-3-phenoxymethyl-*, $C_{14}H_{10}Cl_2N_2O_3S$, F. 265°; 57%. — *6.8-Dichlor-3-benzyl-*, $C_{14}H_{10}Cl_2N_2O_2S$, F. 230°; 28%. — *6.8-Dichlor-3-cyclohexyl-*, $C_{13}H_{14}Cl_2N_2O_2S$, F. 326°; 29%. — *6.8-Dichlor-3-[adamantyl-(1)]-*, $C_{17}H_{18}Cl_2N_2O_2S$, F. 400°; 18%. — *7-Chlor-3-methyl-*, $C_8H_7ClN_2O_2S$, F. 327°; 60%. — *7-Chlor-3-äthyl-*, $C_9H_9ClN_2O_2S$, F. 272°; 83%. — *7-Chlor-3-[norbornen-(5)-yl-(2)]-*, $C_{14}H_{13}ClN_2O_2S$, F. 268°; 19%. — *7-Chlor-3-phenoxymethyl-*, $C_{14}H_{11}ClN_2O_3S$, F. 240°; 31%. — *7-Chlor-3-benzyl-*, $C_{14}H_{11}ClN_2O_2S$, F. 262°; 32%. — *7-Chlor-3-[cyclopenten-(2)-ylmethyl]-*, $C_{13}H_{13}ClN_2O_2S$, F. 246°; 27%. — *7-Chlor-3-cyclohexyl-*, $C_{13}H_{15}ClN_2O_2S$, F. 312°; 28%. — *7-Chlor-3-[thienyl-(2)-methyl]-*, $C_{12}H_9ClN_2O_2S_2$, F. 298°; 50%. — *6-Methyl-3-trifluormethyl-*, $C_9H_7F_3N_2O_2S$, F. 298°; 40%. — *3-Methyl-6-carboxy-*, $C_9H_8N_2O_4S$, F. 390° (Zers.); 6%. — 3.4-Dihydro-1.2.4-benzothiadiazindioxide-(1.1), durch Rk. von **A** mit 1 Val des entsprechenden Aldehyds in wss. alkohol. HCl nach Whitehead u. Mitarbeitern (vgl. C. **1962**, 2367) u. Umkristallisieren aus verd. A.: *6.7-Dichlor-3-[norbornen-(5)-yl-(2)]-*, $C_{14}H_{14}Cl_2N_2O_2S$, F. 239°; 17%. — *8-Chlor-3-β-phenyläthyl-*, $C_{15}H_{15}ClN_2O_2S$, F. 229°; 48%. — *8-Chlor-3-isobutyl-*, $C_{11}H_{15}ClN_2O_2S$, F. 213°; 83%. — *3-Äthyl-6-trifluormethyl-*, $C_{10}H_{11}F_3N_2O_2S$, F. 198°; 26%. — *3-Cyclopentylmethyl-6-trifluormethyl-*, $C_{14}H_{17}F_3N_2O_2S$, F. 242°; 35%. — *3-[Norbornen-(5)-yl-(2)]-6-trifluormethyl-*, $C_{15}H_{15}F_3N_2O_2S$, F. 239°; 40%. — *3-Cyclohexylmethyl-6-trifluormethyl-*, $C_{15}H_{19}F_3N_2O_2S$, F. 237°; 6%. — *3-[3.4-Diäthoxyphenyl]-6-trifluormethyl-*, $C_{18}H_{19}F_3 \cdot N_2O_4S$, F. 178°; 10%. — *6-Methyl-3-β-phenyläthyl-*, $C_{16}H_{18} \cdot N_2O_2S$, F. 166°; 41%. — *6.8-Dichlor-3-isobutyl-*, $C_{11}H_{14}Cl_2N_2 \cdot O_2S$, F. 266°; 88%. — *6.8-Dichlor-3-diäthylmethyl-*, $C_{12}H_{16}Cl_2 \cdot N_2O_2S$, F. 241°; 43%. — *6.8-Dichlor-3-[furyl-(2)]-*, $C_{11}H_8Cl_2 \cdot N_2O_3S$, F. 260°; 45%. — *6.8-Dichlor-3-cyclopentylmethyl-*, $C_{13}H_{16}Cl_2N_2O_2S$, F. 283°; 55%. — *6.8-Dichlor-3-[norbornen-(5)-yl-(2)]-*, $C_{14}H_{14}Cl_2N_2O_2S$, F. 255°; 30%. — *6.8-Dichlor-3-[naphthyl-(1)]-*, $C_{17}H_{12}Cl_2N_2O_2S$, F. 279°; 78%. — *6.8-Dichlor-3-[adamantyl-(1)]-*, $C_{17}H_{20}Cl_2N_2O_2S$, F. 341°; 46%. — *6.8-Dichlor-3-cyclohexylmethyl-*, $C_{14}H_{18}Cl_2N_2O_2S$, F. 270°; 57%. — *6.8-Dichlor-3-β-phenyläthyl-*, $C_{15}H_{14}Cl_2N_2O_2S$, F. 249°; 42%. — *7-Chlor-3-[3.4-diäthoxyphenyl]-*, $C_{17}H_{19}ClN_2O_4S$, F. 232°; 6%. — *7-Chlor-3-{2.3-dihydro-[4H]-pyranyl-(2)}-*, $C_{12}H_{13}ClN_2O_3S$, F. 274°; 21%. — *7-Chlor-3-[norbornen-(5)-yl-(2)]-*, $C_{14}H_{15}ClN_2O_2S$, F. 205°; 4%. — *7-Chlor-3-cyclopentylmethyl-*, $C_{13}H_{17}ClN_2O_2S$, F. 209°; 28%. — *7-Chlor-3-[cyclohexen-(2)-ylmethyl]-*, $C_{14}H_{17}ClN_2O_2S$, F. 200°; 60%. — *7-Chlor-3-β-phenyläthyl-*, $C_{15}H_{15}ClN_2O_2S$, F. 179°; 16%. — *7-Chlor-3-[cyclopenten-(2)-ylmethyl]-*, $C_{13}H_{15}ClN_2O_2S$, F. 191°; 14%. — *7-Chlor-3-[3-methylcyclopentylmethyl]-*, $C_{14}H_{19}ClN_2O_2S$, F. 197°; 28%. — *7-Chlor-2-n-propyl-*, $C_{10}H_{13}ClN_2O_2S$, F. 140°; 86%. — *7-Chlor-2-benzyl-*, $C_{14}H_{13}ClN_2O_2S$, F. 160°; 70%.

H. Gleinig 3333◇

0902 **Die Kondensation von Dialkyl- und Diaryldichlorsilanen mit Homologen des Propandiols-(1.3).** Nicolas Spassky. (C. R. hebd. Séances Acad. Sci. **251**, 2371—73,

1960; Paris, Fac. des Sciences, Labor. de Chim. macromol.; franz.) — Durch portionsweises Zufügen von 1 Mol Dialkyl- oder Diaryldichlorsilan, evtl. gelöst in PAe. oder Heptan, zu einer stark verd. u. auf 5—10° abgekühlten Lsg. von 1 Mol des entsprechenden Diols, evtl. gelöst in Acetonitril, Dimethylformamid, Nitromethan oder einem anderen polaren Lsgm., in Ggw. von Triäthylamin bzw. Pyridin unter N_2 stellt Vf. folgende 2.2-Dimethyl-2-sila-1.3-dioxane dar: *5.5-Dimethyl-*, $Kp._5$ 24—25°, n_D^{20} 1,417. — *5.5-Diäthyl-*, $Kp._3$ 45°, n_D^{20} 1,434. — *5-Methyl-5-propyl-*, $Kp._2$ 37—39°, n_D^{20} 1,429. — *5-Äthyl-5-butyl-*, $Kp._4$ 72—73,5°, n_D^{20} 1,438. — 2.2-Diäthyl-2-sila-1.3-dioxane: *5.5-Dimethyl-*, $Kp._3$ 42—43°, n_D^{20} 1,433. — *5.5-Diäthyl-*, $Kp._4$ 72—74°, n_D^{20} 1,444. — *5-Methyl-5-propyl-*, $Kp._4$ 64—66°, n_D^{20} 1,440. — *2.2-Diphenyl-5.5-dimethyl-2-sila-1.3-dioxan*, F. 63—64°, $Kp._{2,5}$ 149 bis 150,5°. Gerhard Müller/Bitterfeld 3354◇

0903 **Synthese von N-Tosyl-1.2.4.5-tetrahydro-3H-3-benzazepinonen-(1).** Georges Hazebroucq und Jean Gardent. (C. R. hebd. Séances Acad. Sci. **257**, 923—25, 1963; Paris, Pharmacie centrale des Hôpitaux; franz.) — Durch Behandlung von N-Tosyl-N-[carbamoylmethyl]-homoveratrylamin mit $POCl_3$ erfolgt keine intramol. Acylierung, sondern es tritt lediglich Dehydratisierung zu *N-Tosyl-N-[cyanmethyl]-homoveratrylamin* ein, das auch aus N-Tosylhomoveratrylamin u. Chloracetonitril erhältlich ist. Dagegen ließen sich N-Tosyl-N-[phenylcarbamoylmethyl]-homoveratrylamin u. -3.4-diäthoxyphenäthylamin mit wasserhaltigem $POCl_3$ zu den *N-Tosyl-7.8-dialkoxy-1.2.4.5-tetrahydro-3H-3-benzazepinonen-(1)* cyclisieren. Am besten verwendet man frisch dest. $POCl_3$ + 5 Gew.-% H_2O. Das im Phenylkern nicht substituierte N-Tosyl-N-[phenylcarbamoylmethyl]-phenäthylamin gibt bei der gleichen Behandlung *N-Tosyltetrahydroisochinolin* in geringer Ausbeute.

Versuche: *N-Tosyl-N-[phenylcarbamoylmethyl]-homoveratrylamin*, $C_{25}H_{28}N_2O_5S$, F. 148° (A.). — *N-Tosyl-N-[phenylcarbamoylmethyl]-3.4-diäthoxyphenäthylamin*, $C_{27}H_{32}N_2O_5S$, F. 121° (A.). — *N-Tosyl-N-[phenylcarbamoylmethyl]-phenäthylamin*, $C_{23}H_{24}N_2O_3S$, F. 117° (A.). — *N-Tosyl-7.8-dimethoxy-1.2.4.5-tetrahydro-3H-3-benzazepinon-(1)*, $C_{19}H_{21}NO_5S$, F. 211° (A. oder CH_3COOH), aus drittvorst. Verb. durch 1½std. Kochen mit wasserhaltigem $POCl_3$ in Bzl.; 65% (Ausbeute). *2.4-Dinitrophenylhydrazon*, $C_{25}H_{25}N_5O_8S$, F. 235 bis 238° (Zers.), aus CH_3COOH orangefarben. — *N-Tosyl-7.8-diäthoxy-1.2.4.5-tetrahydro-3H-3-benzazepinon-(1)*, $C_{21}H_{25}NO_5S$, F. 127° (A. oder CH_3COOH), analog vorst. Verb.; 55%. — *N-Tosyl-7.8-dimethoxy-1.2.4.5-tetrahydro-3H-3-benzazepinol-(1)*, $C_{19}H_{23}NO_5S$, kein definierter F., aus vorvorst. Verb. durch Red. mit KBH_4. — *N-Tosyl-7.8-dimethoxy-4.5-dihydro-3H-3-benzazepin*, $C_{19}H_{21}NO_4S$, F. 143° (A.), aus vorst. Verb. durch Erwärmen. — *N-Tosyl-1.2.3.4-tetrahydroisochinolin*, $C_{16}H_{17}NO_2S$, F. 145°. I. Spaeth 3370◇

0904 **Einige Analoga des Imipramins.** A. M. Monro, R. M. Quinton und T. I. Wrigley. (J. med. Chem. **6**, 255 bis 261, 1963; Sandwich, Kent, Pfizer Limited, Res. Div.; engl.) — Beckmannsche Umlagerung von *10.11-Dihydro-5H-dibenzo-[a.d]-cycloheptenon-(5)-oxim* (**Ia**) liefert *5.6.11.12-Tetrahydrodibenz-[b.f]-azocinon-(6)* (**II**), das mit $LiAlH_4$ zu *5.6.11.12-Tetrahydrodibenz-[b.f]-azocin* (**I**) red. wird. Durch Alkylieren von **I** bzw. **II** werden entsprechende *Alkylamino-Derivv.* dargestellt. Rk. von **I** mit Chloracylchloriden führt zu den entsprechenden *Chloracylamiden*, die mit Methylamin in die *Aminoacylamide* übergeführt werden. Deren Red. mit $LiAlH_4$ liefert die entsprechenden *Diamino-Derivv.* von **I**. Mit Na in A. wird **Ia** zu *5-Amino-10.11-dihydro-[5H]-dibenzo-[a.d]-cyclohepten* (**IX**) reduziert. Mit $LiAlH_4$ gelingt die Red. nicht. **IX** wird durch analoge Rkk. in *Alkylaminoalkyl-* u. *Dialkylaminoalkyl-Derivv.* übergeführt. In Anlehnung an Clemo u. Mitarbeiter (1924) dargestelltes *10.11-Dihydrodibenzo-[b.e]-[1.4]-diazepinon-(11)* (**III**) wird mit Chloracylchloriden zum *5-[3-Chlorpropionyl]-* (**IV**) bzw. *5-Chloracetyl-Deriv.* acyliert. Durch Rkk. vorst. Derivv. mit Aminen werden entsprechende *Alkyl-* bzw. *Dialkylaminoacyl-Derivv.* erhalten, die teilweise mit $LiAlH_4$ zu den entsprechenden *Diazepinen* red. werden. *10.11-Dihydro-[b.e]-[1.4]-diazepin* wird durch Red. von **III** mit $LiAlH_4$ dargestellt. Die Struktur der Verbb. des Typs **IV** wird aus den IR-Spektren u. Vgl. mit dem IR-Spektrum des durch Acylierung von **II** erhaltenen *5-[3-Chlorpropionyl]-5.6.11.12-tetrahydrodibenz-[b.f]-azocinons-(6)* (**VII**) abgeleitet. Die UV-Spektren für einen Teil der Verbb. werden diskutiert.

Versuche: *10.11-Dihydro-5H-dibenzo-[a.d]-cyclohepten-on-(5)-oxim* (**Ia**), $C_{15}H_{13}NO$, F. 166—169° (Bzl.-PAe.), durch 24std. Kochen von 150 g des Ketons mit $NH_2OH \cdot HCl$ in Pyridin, Einengen im Vakuum, Gießen in W., Ausäthern u. Eindampfen der mit verd. HCl, $NaHCO_3$-Lsg. u. W. aufgearbeiteten Auszüge; 150 g (Ausbeute). — 5.6.11.12-Tetrahydrodibenz-[b.f]-azocinone-(6): *Unsubstituiert* (**II**), $C_{15}H_{13}NO$, F. 250—252° (wss. Aceton), durch 14std. Rk. von 12 g **Ia** mit PCl_5 in Ae. bei Zimmer-Temp., Zusetzen von W., Aufarbeiten der organ. Schicht mit $NaHCO_3$-Lsg. u. W. u. Eindampfen; 8,6 g. — *5-[3-(Dimethylamino)-propyl]-*, $C_{20}H_{24}N_2O$, $Kp._{0,4}$ 176—181°, durch ½—2std. Kochen von **II** mit $NaNH_2$ in Bzl. bzw. Toluol, Zusetzen des entsprechenden Dialkylaminoalkylchlorids u. weiteres 4—18std. Kochen u. Rühren, Zusetzen von W., Extrahieren der organ. Schicht mit verd. HCl, Alkalisieren u. Ausäthern (Meth. **A**); n_D^{20} 1,5744; 48%. — Analog: *5-[Diäthylaminoäthyl]-*, $C_{21}H_{26}N_2O$, $Kp._{0,04}$ 162—166°; n_D^{20} 1,5692; 57%. — *5-[2-Piperidinoäthyl]-*, $C_{22}H_{26}N_2O$, $Kp._1$ 210—216°; n_D^{20} 1,5914; 46%. — *5-[3-Chlorpropionyl]-* (**VII**), $C_{18}H_{16}ClNO_2$, F. 124—126° (A.), durch Acylieren von **II** mit β-Chlorpropionylchlorid (**VIII**) in Tetrahydrofuran (THF) u. $(C_2H_5)_3N$, 1std. Kochen, Wasserzusatz u. Eindampfen. — 5.6.11.12-Tetrahydrodibenz-[b.f]-azocine: *Unsubstituiert* (**I**), $C_{15}H_{15}N$, F. 130—132° (A.), durch 5std. Kochen von 40 g **II** mit $LiAlH_4$ in abs. Ae. u. Zers. mit W. unter N_2, Zusetzen von 15%ig. NaOH, Waschen des äther. Filtrats mit W. u. Eindampfen; 36 g. — *5-[Dimethylaminoäthyl]-*, $C_{19}H_{24}N_2$, $Kp._{0,5}$ 140—146°, nach **A** mit **I**; n_D^{20} 1,5873; 41%. — Analog: *5-[Diäthylaminoäthyl]-*, $C_{21}H_{28}N_2$, $Kp._{0,2}$ 140—144°; n_D^{20} 1,5732; 68%. — *5-[3-Dimethylaminopropyl]-*, $C_{20}H_{26}N_2$, $Kp._{1,4}$ 163—168°; n_D^{20} 1,5802; 70%. — *5-[2-Piperidinoäthyl]-*, $C_{22}H_{28}N_2$, $Kp._{0,05}$ 180—184°; n_D^{20} 1,5857; 56%. — *5-[3-Chlorpropionyl]-* (**VIIa**), $C_{18}H_{18}ClNO$, F. 89—92° (Isopropanol), analog **VII** aus **VIII** u. 5 g **I**; 4,6 g. — *5-[Chloracetyl]-*, $C_{17}H_{16}ClNO$, F. 113—116°, analog **VII**. — *5-[3-Methylaminopropionyl]-, Hydrochlorid* (**X**), $C_{19}H_{23}ClN_2O$, F. 219—221° (Isopropanol), durch 2½std. Einleiten von CH_3NH_2 zu **VIIa** in THF, Stehen über Nacht, Zusetzen von verd. HCl zum Filtrat, Behandeln mit Ae., Alkalisieren, Ausäthern, Lösen des Rückstands in abs. A. u. Behandeln mit äther. HCl; 4,29 g. — *5-[Methylaminoacetyl]-, Hydrochlorid*, $C_{18}H_{21}ClN_2O$, F. 238 bis 241°, analog **X**. — *5-[3-Methylaminopropyl]-* (**Xa**), $C_{19}H_{24}N_2$, $Kp._{0,02}$ 156—159°, durch 3std. Kochen von 15 g **X** in Ae. mit $LiAlH_4$ u. Aufarbeiten; n_D^{20} 1,5905; 8,4 g. — *5-[Methylaminoäthyl]-*, $C_{18}H_{22}N_2$, $Kp._{0,05}$ 141—145°, analog **Xa**; n_D^{20} 1,5944. — 10.11-Dihydro-5H-dibenzo-[a.d]-cycloheptene: *5-Amino-* (**IX**), $C_{15}H_{15}N$, F. 91—93° (Isopropanol), durch 1½std. Kochen von 2 g **Ia** mit Na in abs. A., Zusetzen von W. u. Ausäthern; 1,2 g. — *5-Chloracetamido-* (**XI**), $C_{17}H_{16}ClNO$, F. 233—237° (A.), durch Rk. von 4,2 g **IX** mit Chloracetylchlorid analog **VII**; 5,1 g. — *5-[3-Chlorpropionylamino]-*, $C_{18}H_{18}ClNO$, F. 230—233°, analog **VII**. — *5-[Methylaminoacetamido]-, Hydrochlorid* (**XII**), $C_{18}H_{21}ClN_2O$, F. 286—290° (Isopropanol), durch 8std. Einleiten von CH_3NH_2 in 2 g **XI** in THF, Stehen über Nacht u. Ansäuern mit verd. HCl; 1,98 g. — *5-[3-Methylaminopropionylamino]-, Hydrochlorid*, $C_{19}H_{23}ClN_2O$, F. 229—232°, analog **XII**. — *5-[Dimethylaminoacetamido]-*, $C_{19}H_{22}N_2O$, F. 156—160° (Isopropanol), durch 4std. Erhitzen von 6 g **XI** mit Dimethylformamid u. $(CH_3)_2NH$, Eindampfen im Vakuum, Aufnehmen des Rückstands mit Ae., Waschen mit verd. NaOH u. Eindampfen; 5,14 g. — *5-[Methylaminoäthylamino]-, Dihydrochlorid*, $C_{18}H_{24}Cl_2N_2$, F. 214—217° (A.), durch 8std. Kochen von 6 g **XII** mit $LiAlH_4$ in Ae., Aufnehmen des eingedampften Rk.-Prod. in Ae. u. Behandeln mit äther. HCl; 3,6 g. — Analog: *5-[3-Methylaminopropylamino]-, Dihydrochlorid*, $C_{19}H_{26}Cl_2N_2$, F. 222—226°. — *5-[Dimethylaminoäthylamino]-, Dihydrochlorid*, $C_{19}H_{26}Cl_2N_2$, F. 192—195°. — *N-[o-Nitrophenyl]-anthranilsäure*, F. 208—212°, durch 1std. Kochen von o-Bromnitrobenzol, Anthranilsäure, K_2CO_3 u. akt. Cu-Bronze in Amylalkohol, Zusetzen von W., Eindampfen u. Ansäuern mit 20%ig. HCl auf pH 6. — *N-[o-Aminophenyl]-anthranilsäure*, F. 206—211°, durch 1std. Erhitzen vorst. Verb. mit $SnCl_2$ in alkohol. konz. HCl, Lösen des Rk.-Prod. in konz. NH_4OH, Zusetzen von W. u. Ansäuern mit 5n HCl auf pH 6. — 10.11-Dihydrodibenzo-[b.e]-[1.4]-diazepinone-(11): *Unsubstituiert* (**III**), F. 257—262° (Zers.), durch 48std. Kochen vorst. Verb. in Xylol unter Wasserabscheidung; 83% (bezogen auf o-Bromnitrobenzol). — *5-[3-Chlorpropionyl]-* (**IV**), $C_{16}H_{13}ClN_2O_2$, F. 219° (Methanol), durch 5std. Kochen von **III** mit **VIII** u. N.N-Dimethylanilin in THF u. Eingießen in 5%ig.

$KHCO_3$-Lsg.; 95%. — *5-[Chloracetyl]-*, $C_{15}H_{11}ClN_2O_2$, F. 239 bis 241°, analog **IV**; 68%. — *5-[3-Dimethylaminopropionyl]-* (**V**), $C_{18}H_{19}N_3O_2$, F. 184—190° (A.), durch 22std. Rühren wss. **IV** mit $(CH_3)_2NH$ in Aceton bei Zimmer-Temp., Eindampfen u. Lösen des Rückstands in 5n HCl, Waschen mit Chlf., Alkalisieren mit KOH, Extrahieren mit Chlf. u. Eindampfen; 78%. — Analog **V**: *5-[3-Diäthylaminopropionyl]-* (**VI**), $C_{20}H_{23}N_3O_2$, F. 128—129° (Aceton). — *5-[Dimethylaminoacetyl]-*, $C_{17}H_{17}N_3O_2$, F. 170—173° (Aceton). — *5-[Diäthylaminoacetyl]-*, $C_{19}H_{21}N_3O_2$, F. 145—146° (Aceton u. A.). — *5-[3-Methylaminopropionyl]-*, *Hydrochlorid*, $C_{17}H_{18}ClN_3O_2$, F. 255—257° (A.), durch 9—12std. Kochen von 3 g **IV** in THF unter Einleiten von CH_3NH_2, Eindampfen des Filtrats u. Behandeln der alkohol. L g. des Rückstand mit äther. HCl; 2,8 g. — 10.11-Dihydrodibenzo-[b.e]-[1.4]-diazepine: *Unsubstituiert*, $C_{13}H_{12}N_2$, F. 196—203° (Bzl.), durch Red. von **III** mit $LiAlH_4$ in THF u. Behandeln mit Ae.; 86%. — *5-[3-Dimethylaminopropyl]-*, $C_{18}H_{23}N_3$, F. 101—104° (PAe.-Ae.), durch 7std. Kochen von **V** mit $LiAlH_4$ in abs. Ae. unter N_2, 10std. weiteres Rühren bei Zimmer-Temp. u. Aufarbeiten; 47%; daneben 4% *5-[3-Dimethylaminopropyl]-10.11-dihydrodibenzo-[b.e]-[1.4]-diazepinon-(11)* ($C_{18}H_{21}N_3O$, F. 147—149°, durch mehrtägiges Stehen der Mutterlaugen). — *5-[3-Diäthylaminopropyl]-*, $C_{20}H_{27}N_3$, F. 84° (Essigester), analog vorst. Verb. aus **VI**; 52%.

H. Gleinig 3380◇

0905 **5-S-Äthyl-5-thio-L-arabinosediäthylmercaptal.** M. L. Wolfrom und T. E. Whiteley. (J. org. Chemistry **27**, 2109—10, Juni 1962; Columbus, Ohio, Ohio State Univ., Dep. of Chem.; engl.) — *5-S-Äthyl-5-thio-L-arabinosediäthylmercaptal* (**I**) wird aus Tetra-O-acetyl-α-L-arabinopyranose (**II**) u. Äthylmercaptan in Ggw. von $ZnCl_2$ oder BF_3-Ätherat u. Entacetylierung synthetisiert. Durch reduktive Spaltung von **I** entsteht *1.5-Didesoxy-L-arabinit*.

Versuche: *5-S-Äthyl-5-thio-L-arabinosediäthylmercaptal* (**I**), $C_{11}H_{24}O_3S_3$, F. 65—67° (Hexan), durch langsames Zugeben von BF_3-Ätherat ($ZnCl_2$) zu 20 g **II** in Äthylmercaptan, 4tägiges Rühren, Eingießen in gesätt. wss. $NaHCO_3$, Zugeben von Chlf., Abdampfen des Chlf. bei 100°, Zugeben von Chlf., Eindampfen, Lösen in Methanol, Zugeben von $NaOCH_3$, kurz Aufkochen, Zugeben von $NaOCH_3$, nach 1 Std. Neutralisieren mit Amberlite IR-120, Lösen in Heptan u. Versetzen mit PAe. (30—60°); $[\alpha]_D^{24}$ $-16°$ (c = 3,4; Pyridin); 7,3 g (Ausbeute). — *1.5-Didesoxy-L-arabinit*, $C_5H_{12}O_3$, durch 48std. Rk. von 1 g **I** mit Raney-Ni in abs. A. bei 100°, Extraktion mit A. im Soxhlet, Eindampfen, Lösen in W., Behandeln mit Amberlite IR-120 (H^+) u. IR-45 (OH^-) u. Eindampfen; Sirup; $[\alpha]_D^{26}$ $+5{,}5°$ (c = 1; W.); 160 mg.

E. Schraven 3400◇

0906 **Vollständige Methylierung von reduzierenden Kohlenhydraten.** H. G. Walker jun., Mildred Gee und R. M. McCready. (J. org. Chemistry **27**, 2100—02, Juni 1962; Albany, Calif., West. Reg. Res. Labor.; engl.) — Xylose, Arabinose, Glucose, Mannose, Galaktose, Galakturonsäure, Fructose, Maltose, Cellobiose, Melibiose, Turanose u. Inulin werden nach Kuhn u. Mitarbeitern (C. **1957**, 2745) mit Ag_2O u. CH_3J in Dimethylformamid in guten Ausbeuten vollständig methyliert. Es entstehen bei der Methylierung von L-Arabinose 69% *Methyltri-O-methyl-α-L-*, 17% *-β-L-arabopyranosid* u. 14% *-L-arabofuranosid*; D-Xylose 34% *Methyltri-O-methyl-α-D-*, 66% *-β-D-xylopyranosid* u. Spuren *-D-xylofuranosid*; D-Mannose 76% *Methyltetra-O-methyl-α-D-*, 24% *-β-D-mannopyranosid* u. Spuren *-D-mannofuranosid*; D-Glucose 16% *Methyltetra-O-methyl-α-D-*, 84% *-β-D-glucopyranosid* u. Spuren *-D-glucofuranosid*; D-Galaktose 10% *Methyltetra-O-methyl-D-galaktopyranosid*, 80% *-α-D-* u. 10% *-β-D-galaktofuranosid*; D-Fructose Spuren *Methyltetra-O-methyl-D-fructopyranosid*, 19% *-α-D-* u. 81% *-β-D-fructofuranosid*; D-Galakturonsäure Spuren *Methyltri-O-methyl-D-galaktopyranuronosidmethylester*, 93% *-α-D-* u. 7% *-β-D-galaktofuranuronosidmethylester*. Diese Werte wurden gaschromatograph. bestimmt.

E. Schraven 3400◇

0907 **Die Reaktion von Zuckerderivaten mit freier Carbonylgruppe mit metallorganischen Reagentien.** 2. Mitt. **6-Desoxy-L-idose und ein verzweigter Zucker.** M. L. Wolfrom und S. Hanessian. (J. org. Chemistry **27**, 2107—09, Juni 1962; Columbus, Ohio, Ohio State Univ., Dep. of Chem.; engl.) — 1. vgl. C. **1963**, 2841. — *3-O-Benzyl-6-desoxy-1.2-O-isopropyliden-α-D-xylohexofuranulose-(5)* (**II**) wird durch Oxydation von *3-O-Benzyl-6-desoxy-1.2-O-isopropyliden-β-L-ido (L-glycero-α-D-xylo)-hexofuranose* (**I**) oder *3-O-Benzyl-6-desoxy-1.2-O-isopropyliden-α-D-glucofuranose* (**V**) mit CrO_3 in Pyridin synthetisiert. Durch Red. von **II** mit Metallhydriden erhält man ein Gemisch von **I** u. **V**. Hydrogenolyse von **V** liefert *3.5-Di-O-acetyl-6-desoxy-1.2-O-isopropyliden-α-D-glucofuranose* (**IV**). **V** wird außerdem durch reduktive Spaltung von 3-O-Benzyl-1.2-O-isopropyliden-6-O-[p-toluolsulfonyl]-α-D-glucofuranose (**VI**) synthetisiert. Aus **II** entsteht durch Rk. mit CH_3MgJ *3-O-Benzyl-6-desoxy-1.2-O-isopropyliden-5-O-methyl-α-D-xylohexofuranose* (**III**). Durch Hydrogenolyse von **III** erhält man *6-Desoxy-1.2-O-isopropyliden-5-O-methyl-α-D-xylohexofuranose* u. daraus durch Abspaltung des Isopropylidenrestes *6-Desoxy-5-O-methyl-D-xylohexose*.

Versuche: *3-O-Benzyl-6-desoxy-1.2-O-isopropyliden-α-D-xylohexofuranulose-(5)* (**II**), $C_{16}H_{20}O_5$, F. 55—56° (Ae./PAe.), durch langsames Zugeben von CrO_3 zu Pyridin unter N_2 zuerst bei 10°, dann bei 20°, Zutropfen von **I** bzw. **V** in abs. Pyridin, 24std. Rühren, Einengen, Suspendieren in W. u. Extraktion mit Ae., $[\alpha]_D^{25}$ $-89°$ (c = 1,5; Chlf.); 50% (Ausbeute). — *3-O-Benzyl-6-desoxy-1.2-O-isopropyliden-β-L-ido (L-glycero-α-D-xylo)-hexofuranose* (**I**), F. 90—91°, durch 16std. Rk. von 0,5 g **II** in 50%ig. wss. Methanol mit $NaBH_4$ bei Raum-Temp., Verdünnen mit W., Extraktion mit Chlf., Eindampfen, Lösen in Ae., Versetzen mit PAe. u. 20tägiges Stehen bei 10°; Nadeln; 0,296 g. — *3.5-Di-O-acetyl-6-desoxy-1.2-O-isopropyliden-α-D-glucofuranose* (**IV**), $C_{13}H_{20}O_7$; F. 87—88°, a) durch Eindampfen der vorst. Mutterlauge, 4std. Hydrierung über Pd/Kohle in abs. A. bei 65° u. 500 lb./sq. in., Eindampfen u. Acetylierung mit Acetanhydrid in Pyridin bei Raum-Temp., Nadeln aus Methanol/W.; 22 mg; b) durch Zutropfen von 13,7 g **VI** in abs. Ae. zu $LiAlH_4$ in abs. Ae., 24std. Kochen, Versetzen mit W., Extrahieren mit Ae., Eindampfen u. Reinigung an Al_2O_3 mit Ae. u. 95%ig. A. → *3-O-Benzyl-6-desoxy-1.2-O-isopropyliden-α-D-glucofuranose* (**V**) [$C_{16}H_{22}O_5$, $Kp._{0,1}$ 150°; 4 g]; reduktive Entbenzylierung → Sirup {$[\alpha]_D^{25}$ $-19°$ (c = 1,5; Chlf.)}; u. Acetylierung; $[\alpha]_D^{22}$ $+20°$ (c = 2; Chlf.). — *3-O-Benzyl-6-desoxy-1.2-O-isopropyliden-5-O-methyl-α-D-xylohexofuranose* (**III**), $C_{17}H_{24}O_5$, F. 91—92° (PAe.), durch Zutropfen von 1 g **II** zu CH_3MgJ in abs. Ae. innerhalb 30 Min., 1½std. leichtes Kochen, Kühlen, Eintropfen in gesätt. wss. NH_4Cl-Lsg., Extrahieren der wss. Phase mit Ae. u. Eindampfen; $[\alpha]_D^{25}$ $-49°$ (c = 2; Chlf.); 1,25 g. — *6-Desoxy-1.2-O-isopropyliden-5-O-methyl-α-D-xylohexofuranose*, $C_{10}H_{18}O_5$, F. 115 bis 116° (Ae./PAe.), durch reduktive Entbenzylierung von 0,4 g **III** über Pd/Kohle; Nadeln aus PAe.; $[\alpha]_D^{25}$ $-21°$ (c = 2; W.); 0,22 g. — *6-Desoxy-5-O-methyl-D-threohexose*, *Phenylosazon*, $C_{19}H_{24}N_4O_3$, F. 188—190° (Zers.; A./W.), durch 2std. Rk. von 0,57 g vorst. Verb. mit 0,05%ig. H_2SO_4 bei 70°, a) Neutralisieren mit $BaCO_3$ u. Eindampfen → *6-Desoxy-5-O-methyl-D-xylohexose* {$[\alpha]_D^{25}$ $-10{,}5°$ (c = 0,9; W.); 45 mg}; b) Neutralisieren mit 2n NaOH, Einengen u. Rk. mit Phenylhydrazinacetat bei 100°; 64 mg.

E. Schraven 3400◇

0908 **N-Glykoside.** 6. Mitt. **Untersuchung von isomeren N-Arylglykosylamintetraacetaten.** R. Bognár und P. Nánási. (Acta chim. Acad. Sci. hung. **22**, 301—11, 1960; Debrecen, L. Kossuth Univ., Inst. of Org. Chem.; engl.) — Ident. mit der C. **1959**, 11238 referierten Arbeit.

H. Krause 3400△

0909 **Das Glykosid Amorphin.** Je. Ss. Kondratenko und N. K. Abubakirow. (Ber. Akad. Wiss. UdSSR **146**, 1340—42, 1962; Akad. der Wiss. der UsbekSSR, Inst. für Chem. der Pflanzenstoffe; russ.) — Das aus den Früchten von *Amorpha fruticosa* L. u. anderen Amorpha-Arten isolierte *Amorphin* [**I**; F. 151—152°; $[\alpha]_D^{20}$ $-67{,}9°$ (Pyridin)] liefert bei vollständiger Hydrolyse durch Erhitzen mit 20%ig. H_2SO_4 *D-Glucose* [*Osazon*, F. 203—204°] u. *L-Arabinose* [F. 155°; *Diphenylhydrazon*, F. 202—203°]. Letztere ist in **I** endständig gebunden, u. bei der Hydrolyse von methyliertem **I** wird *2.3.4-Tri-O-methyl-L-arabinose* erhalten. Aglykon von **I** ist *Amorphigenin* [**II**; *24-Norhydroxyrotenon*, $C_{22}H_{20}O_7$, F. 191—192°; $[\alpha]_D^{20}$ $-200{,}9°$ (Bzl.); *Acetat*, $C_{24}H_{22}O_8$, F. 152—154°, *Oxim*, F. 225—227°]. Bei der Oxydation von **II** mit Jod in A. in Ggw. von Na-Acetat entsteht *Dehydroamorphigenin* [**III**; $C_{22}H_{18}O_7$, F. 224—225°; $[\alpha]_D^{20}$ $-50 \pm 5°$ (Chlf.); gelb; *Acetat*, $C_{24}H_{20}O_8$, F. 172—175°]. **III** geht beim Erhitzen in KOH-Zn in *Amorphigeninsäure* [**IV**; $C_{22}H_{22}O_9$, F. 130—132°; $[\alpha]_D^{20}$ $-64{,}7°$ (Methanol); *Methylester*, $C_{23}H_{24}O_9$, F. 96—98°] über. **IV** liefert beim Erhitzen mit Acetanhydrid **III**-*Acetat*, bei der H_2O_2-Oxydation in alkal. Medium *Derrsäure* [$C_{12}H_{14}O_7$, F. 166—167°; *Dimethyl-*

ester, F. 66—67°]. Bei der Hydrierung von **II** an Raney-Ni in alkal. Medium wird *Tetrahydroamorphigenin* [**V**; $C_{22}H_{24}O_7$, F. 197—198°; $[\alpha]_D^{20}$ +37,6° (Methanol); *Oxim*, $C_{22}H_{25}NO_7$, F. 227—229°] erhalten. Die Oxydation von **V** oder die Hydrierung von **III** an Ni liefert *Tetrahydrodehydroamorphigenin* [$C_{22}H_{22}O_7$, F. 187—189°; *Diacetat*. $C_{26}H_{26}O_9$, F. 151—153°]. Bei der Hydrierung von **II** in Eisessig an Pt entsteht *Desoxydihydroamorphigenin* [**VI**; (—)-*24-Nordihydrorotenon*, $C_{22}H_{22}$·O_6, F. 154—155°; $[\alpha]_D^{20}$ —130° (Chlf.); *Oxim*, F. 238—240°]. Bei der Dehydrierung von **VI** entsteht *Desoxydihydrodehydroamorphigenin* [$C_{22}H_{20}O_6$, F. 220—222°; $[\alpha]_D^{20}$ —60 ± 5° (Chlf.)]. Bei der Hydrierung von **IV** an Pt wird *Desoxydihydroamorphigeninsäure* [$C_{22}H_{24}O_8$, F. 160—162°; $[\alpha]_D^{20}$ —62 ± 5° (Aceton)] erhalten. Helmut Schäfer 3450△

0910 **Über pflanzliche Herzgifte. 41. zugleich 5. Mitt. über „Glykoside der Scrophulariaceen der kanarischen Inseln" der spanischen Autoren. Die Glykoside und Aglykone der Blätter von Digitalis canariensis L.** Rudolf Tscheche, Günther Snatzke, Jaime Delgado und Antonio G. González. (Liebigs Ann. Chem. **663**, 157—66, 1963; Bonn, Univ., Organ.-chem. Inst.; La Laguna, Teneriffa, Univ., Organ.-chem., Abtlg. des C.S.I.C.; dt.) — 40. vgl. C. **1961**, 6508; 4. vgl. Chem. and Ind. **1960**, 205. — Aus den Blättern von *Digitalis canariensis L.* (D.c.) erhält man nach Spaltung mit Glucosidase aus Aspergillus oryzae (Luizym) *Canariboivinosid* (**I**) u. -*digitoxosid* (**II**), die bei milder Säurehydrolyse *Canarigenin* (**III**; *Δ⁴-Dehydrodigitoxigenin*), bei energ. Säure-Einw. *Anhydrocanarigenin* (**IV**; *Dianhydroperiplogenin*) liefern. Daneben wurden 3β- (**V**) u. *3α-Methyläther von* **III** (**VI**) beobachtet. Die Bldg. der epimeren 3-Methoxy-Verbb. wurde auch bei Rk. von *Δ⁴-Cholesten-3β-ol* (**VII**) u. *Δ⁴-Androsten-3β.17β-diol* (**VIII**) in methanol. Lsg. beobachtet. R_F-Werte, UV- u. IR-Spektren vgl. Original.

Versuche: *Canarienglykosid A*, $C_{35}H_{52}O_{12}$, a) durch Extraktion von 1,28 kg der Blätter von D.c. mit wss. Methanol, Eindampfen (500 g), Aufnehmen von 272 g Rückstand in Methanol–W. (9:1), Ausschütteln mit CCl_4, Wiederaufnehmen im Methanol–W.-Gemisch gleicher Zus., Chromatographie an Al_2O_3, Eluieren durch Methanol, Eindampfen (115 g), Chromatographie von 40 g des Extrakts an Cellulose (die vorher mit Aceton–W. u. Chlf.–Methanol imprägniert wurde), Eluieren mit Chlf.–Methanol; Fraktionen 1—18 (a; 2,213 g); 19—48 (b; 4,461 g); 49—62 (c; 1,553 g); 63—114 (d; 1,332 g), Umkrist. von b aus Methanol u. Chlf.–Methanol-Bzl. (3:1:1); b) durch Reinigung von 40 g Rohextrakt nach C. **1957**, 10246. — *Anhydrocanarigenin* (**IV**), $C_{23}H_{30}O_3$, F. 211—213° (Methanol); a) durch 10std. Kochen von 100 mg Glucosidgemisch mit methanol. H_2SO_4; $[\alpha]_D^{18}$ —42,2° (c = 1,30; Chlf.); 42 mg; b) neben **III** aus f (s. unten); 105 mg; c) aus **V** u. **VI** durch 30minütiges Erhitzen auf 125°. — *Glucose, Digilanidobiose* u. *Digitoxose*, durch 10tägige enzymat. Hydrolyse von 580 mg Glykosidgemisch mit Luizym in essigsaurer Lsg. unter Toluol bei pH 5,5 u. 37°, Einengen, Versetzen mit A., Kochen, Filtrieren nach Erkalten, Extraktion mit Ae. u. Chlf. (Gesamtextrakt e; 390 mg), Papierchromatographie der wss. Phase. — *Canariboivinosid* [**I**; $C_{29}H_{42}O_7$, F. 192—196°; $[\alpha]_D^{21}$ —10° (c = 0,65; Chlf.)] u. *Canaridigitoxosid* [**II**; $C_{29}H_{42}O_7$, F. 174 bis 77°; $[\alpha]_D^{21}$ — 12° (c = 1,00; Chlf.)], aus e neben **III, IV, V** u. **VI** sowie *Uzari*- u. *Xysmalogenin*, die Abtrennung von **I** u. **II** erfolgt durch Papierchromatographie mit Chlf.–Methanol (9:1), Eindampfen u. Aufnehmen in Methanol–W.; verfilzte Nadeln aus wss. Methanol; 40 mg **I** u. 40 mg **II**. — *Boivinose* u. *Digitoxose*, durch 7tägiges Stehenlassen von 20 mg **I** bzw. 20 mg **II** mit essigsaurem wss. Methanol bis pH 4 u. 37°, Eindampfen, Versetzen mit W., Extrahieren mit Chlf. (Extrakt f), Nachw. papierchromatographisch. — *Canarigenin* (**III**), $C_{23}H_{32}O_4$, F. 192 bis 196° (Chlf.–Bzl.), aus f neben **IV**; 49 mg. — *Δ⁴-Dehydrouzarigenon*, $C_{23}H_{30}O_4$, F. 241—242° (Aceton–PAe.), durch Mischen von 28 mg **III** mit Cyclohexanon u. Al-Isopropylat u. 4minütiges Erhitzen auf 134° in Xylol; 30 mg. — *Anhydro-17α-canarigenin*, durch 22std. Erhitzen von **IV** in Dimethylformamid mit wasserfreiem Na-Acetat u. Na-Tosylat. — *3β-Methoxy-Δ⁴-cholesten* [**IX**; $C_{28}H_{48}O$, F. 78° (Methanol); $[\alpha]_D^{23}$ +37,2° (c = 1,00; Chlf.)] u. *3α-Methoxy-Δ⁴-cholesten* [**X**; $C_{28}H_{48}O$, F. 36°; $[\alpha]_D$ +166,1° (c = 1,00; Chlf.)]. [Epimerengemisch F. 45°; $[\alpha]_D$ +70°]; a) durch 7tägiges Stehenlassen von 20 mg **VII** in wss. essigsaurem Methanol, neben *Δ³·⁵-Cholestadien* (**XI**); b) durch 30minütiges Kochen von 2 g **VII** (aus *Δ⁴*-Cholesten-3-on mit $LiAlH_4$ neben etwas α-Epimer) in 1 Liter Methanol–W.-Gemisch (2:1) u. 10 ml Eisessig, Chromatographie an Kieselgel u. Eluieren mit PAe. (Meth. **A**); 0,7 g **X** u. 1,2 g **IX** (neben etwas **XI**); c) durch 3tägiges Stehenlassen von **VII** mit Toluolsulfochlorid–Pyridin u. Hydrolysieren des Tosylats durch ½std. Kochen mit Methanol. — *Δ³·⁵-Cholestadien* (**XI**), F. 79° (Aceton); a) durch 15minütiges Kochen von **IX** mit methanol. HCl (Meth. **B**), b) analog aus **X**. — *Gemisch der epimeren 3-Methoxy-Δ⁴-androsten-17β-ole* (**XII**), $C_{20}H_{32}O_2$, F. 130—135°, analog **A** aus **VIII** (aus Testosteron mit $LiAlH_4$). *17-O-Acetat*, F. 126—132° (Aceton). — *Δ³·⁵-Androstadien-17β-ol*, F. 156°, analog **B** aus **XII**; b) aus **VIII** mit Säure. K. Gröbe 3450◇

0911 **Untersuchung der Alkaloide aus Lolium cuneatum.** 2. Mitt. Ss. Ju. Junussow und Ss. T. Akramow. (J. allg. Chem. [UdSSR] **30** (**92**), 677—82, 1960; Inst. für Chemie der Pflanzenstoffe der Akad. der Wiss. der UsbekSSR; russ.) — 1. vgl. C. **1956**, 7241. — Aus dem Chlf.-Extrakt von *Lolium cuneatum* (**I**) wird ein neues Alkaloid, *Norlolin* (**II**), isoliert, das eine tert. u. eine prim. Aminogruppe besitzt, beim Behandeln mit Mineralsäuren CO_2 entwickelt, beim Stehen an der Luft ein krist. Carbonat u. mit Acetanhydrid ein nicht kristallisierendes N.N-Diacetyl-Deriv. bildet. Die Identität von **II** mit dem $KMnO_4$-Oxydations-Prod. von *Lolin* (**III**) wird nachgewiesen. **II** wird bei Rk. mit HNO_2 in den Aminoalkohol *Heminorlolin* u. bei der Methylierung in eine bimol. Verb. *Dinorlolinmethan* übergeführt. — Ein Additions-Prod. von **III** u. Dichloräthan (**IV** wird beschrieben.

Versuche: *Additions-Verb. aus Lolin* (**III**) u. *Dichloräthan* (**IV**), $C_{10}H_{18}Cl_2N_2O$, F. 135—136° (abs. A.), durch längeres Stehenlassen einer Lsg. von 1 g **III** in 15 ml **IV**; 0,65 g (Ausbeute); gibt beim Behandeln mit alkohol. HCl **III** u. **IV**. — *Norlolin* (**II**), $C_7H_{12}N_2O$, $Kp._{0,5}$ 94—95°, a) durch Ansäuern der Mutterlaugen von 340 g Chlf.-Extrakt aus **I** (nach Abtrennen von **III** u. Lolinin) mit alkohol. HCl, Fällen als Perchlorat (26 g) u. Überführen in die freie Base; b) durch Zugabe der wss. Lsg. von 0,41 g $KMnO_4$ zu 1 g **III** in 20 ml 20%ig. H_2SO_4 bei —3°, Abdestillieren des entstehenden CH_2O, Zugabe von 40%ig. NaOH, Extrahieren mit Chlf. u. Abtrennen von nicht umgesetztem **III** über die Hydrobromide (0,6 g); n_D^{16} 1,5220; $D._4^{20}$ 1,1793; $[\alpha]_D^{16}$ +15,1° (c = 4,5; Methanol). *Hydrobromid*, $C_7H_{13}BrN_2O$, F. 306—308° (Zers.); $[\alpha]_D^{34}$ +5,84° (c = 8,06; W.). *Carbonat*, F. 141°. *Dinitrat*, $C_7H_{14}N_4O_7$, F. 191 bis 192° (verd. A.), durch Zugabe von konz. HNO_3 zu der alkohol. Lsg. von **II**. *Dihydrochlorid*, $C_7H_{14}Cl_2N_2O$, F. 309 bis 311° (Zers.). *Dipikrat*, F. 226° (Zers.). *N.N-Diacetyl-Deriv.*, $Kp._2$ 190—195°, durch 6std. Kochen von 1 g **II** in 30 ml Acetanhydrid; 1,15 g [*Pikrat*, $C_{17}H_{19}N_5O_{10}$, F. 192—193° (Zers.)]. *Jodmethylat*, mit CH_3J in Methanol. — *Heminorlolin*, C_7H_{11}·NO_2, F. 192° (A.), durch Zugabe der wss. Lsg. von 1 g $NaNO_2$ zu 2 g **II** in 70 ml 20%ig. H_2SO_4 bei —3° u. Neutralisieren mit 40%ig. NaOH nach 24 Std.; $[\alpha]_D^{24}$ +8,09° (c = 3,71; Chlf.); 1,8 g. *Hydrochlorid*, $C_7H_{12}ClNO_2$, F. 233—234°. *Hydrobromid*, $C_7H_{12}BrNO_2$, F. 189—190°. *Pikrat*, F. 142—143°. — *Dinorlolinmethan*, $C_{15}H_{24}N_4O_2$, F. 197—198°, durch Zugabe von 1 ml W., 0,21 g CH_2O u. 0,32 g Ameisensäure (**V**) zu 1 g **II**, 3std. Kochen, Zugabe von 40%ig. NaOH u. Extrahieren mit Chlf.; 0,4 g. *Dipikrat*, $C_{27}H_{30}N_{10}O_{16}$, F. 126—130°. — *N-Methyllolin*, durch 2std. Kochen von 0,5 g **II** mit 0,21 g CH_2O u. 0,32 g **V**, Ansäuern mit 5%ig. H_2SO_4, Ausschütteln mit Ae., Zugabe von NaOH u. Extrahieren mit Ae.; 0,48 g. Oxydation mit $KMnO_4$ liefert **III** bzw. **II**. I. Schade 3500△

0912 **Untersuchung der Alkaloide aus Lolium cuneatum.** 3. Mitt. Ss. Ju. Junussow und Ss. T. Akramow. (J. allg. Chem. [UdSSR] **30** (**92**), 683—89, 1960; russ.) — 2. vgl. vorst. Referat. — Bei Verss. zur Strukturaufklärung von *Lolin* (**I**), *Lolinin* u. *Norlolin* wird **I** durch Rk. mit HCl in eine Verb. mit einer Cl- u. einer OH-Gruppe, *Hydroxychlorlolin* (**II**), übergeführt, deren Bldg. für das Vorliegen einer Ätherbrücke in **I** spricht. Mit KOH liefert **II** wieder **I**. Das beim reduktiven Abbau von **II** über verschiedene Zwischenstufen erhaltene *Pyrrolizidin* (**III**) zeigt, daß die drei Alkaloide **III**-Derivv. sind.

Versuche: *Pyrrol*, C_4H_5N, Kp. 129—130°, durch Zn-Staub-Dest. von 5 g **I**; $D.^{20}$ 0,9422; n_D^{20} 1,4890; 0,3 g (Ausbeute). — *Hydroxychlorlolin* (**II**), $C_8H_{15}ClN_2O$, F. 105 bis 106° (Aceton), aus 1,5 g des nachst. Dihydrochlorids; $[\alpha]_D^{16}$ —74,49° (c = 2,552; Methanol); 1,1 g. *Dihydrochlorid*, C_8H_{17}·Cl_3N_2O, F. 229—230° (Methanol), durch 5std. Erhitzen von 3 g **I**-Dihydrochlorid mit 6 ml 15%ig. HCl im Rohr auf 130 bis 140°; $[\alpha]_D^{25}$ —22,05° (c = 3,492; W.); 3,4 g. *Dihydrobromid*, $C_8H_{17}Br_2ClN_2O$, F. 218—220° (Zers.; A.). *Pikrat*,

F. 184—186° (A.). — *N-Methylhydroxychlorlolin* (**IV**), F. 82 bis 84° (PAe.), durch Zugabe von äquimol. Mengen CH_2O u. Ameisensäure zu 0,8 g **II** (stürm. CO_2-Entw.), 15 Min. langes Erhitzen auf dem Wasserbad, Zugabe von 40%ig. NaOH u. Extrahieren mit Chlf.; 0,85 g. *Dihydrobromid*, $C_9H_{19}Br_2ClN_2O$, F. 206—207° (Zers.; A.). *Pikrat*, F. 210—212° (Zers.; A.). *Dijodmethylat*, $C_{11}H_{23}ClJ_2N_2O$, F. 208—210° (Zers.; Methanol). *Jodmethylat, Hydrojodid*, $C_{10}H_{21}ClJ_2N_2O$, F. 196—198° (Zers.; Methanol), durch Zugabe von 0,8 ml CH_3J zu 0,4 g **II** in 30 ml Methanol u. 30 Min. langes Stehenlassen; $[\alpha]_D^{14}$ $-9,2°$ (c = 4,575; W.); 0,6 g. — *O-Acetyl-N-methylhydroxychlorlolin, Dijodmethylat*, $C_{13}H_{25}ClJ_2N_2O_2$, F. 207—208°, durch 10 Tage langes Stehen von 0,5 g **IV** mit 5 ml Acetylchlorid im zugeschmolzenen Rohr, Neutralisieren mit NH_4OH, Extrahieren mit Ae. u. Zugabe von CH_3J zu der nichtkristallisierenden Base (0,4 g) in Methanol. — *Hydroxyhydrololin* (**V**), $C_8H_{16}N_2O$, F. 93—94° (Aceton), durch Hydrierung von 2 g **II** in 40 ml A. an 10 g Raney-Ni; $[\alpha]_D^{23}$ $-32,1°$ (c = 2,866; Methanol); 0,8 g. *Dihydrochlorid*, $C_8H_{18}Cl_2N_2O$, F. 207—208° (A.); $[\alpha]_D^{12}$ $+8°$ (c = 2,5; W.). *Dihydrobromid*, $C_8H_{18}Br_2N_2O$, F. 204 bis 205° (Methanol). *Perchlorat*, F. 233—235° (Zers.; A.) — *N-Methylhydroxyhydrololin, Jodmethylat, Hydrojodid*, F. 114 bis 117° (Aceton), aus 0,18 g **V** u. 0,5 ml CH_3J; 0,4 g. — *Hydrodesoxychlorlolin* (**VI**), $Kp._2$ 105°, durch Zugabe von 100 ml $SOCl_2$ zu 20 g **V** unter Kühlung, Stehenlassen bis zur vollständigen Auflösung von **V** u. 4std. Erhitzen auf 65—72°; n_D^{25} 1,5140; $D.^{20}$ 1,1906; $[\alpha]_D^{28}$ $+75,64°$ (c = 7,8; A.); 14 g. *Dihydrochlorid*, $C_8H_{17}Cl_3N_2$, F. 218—220° (Zers.; A.); $[\alpha]_D^{18}$ $+47,56°$ (c = 2,796; W.). *Dihydrobromid*, $C_8H_{17}Br_2ClN_2$, F. 220—222° (Zers.; A.); $[\alpha]_D^{14}$ $+37,45$ (c = 5,55; W.). *Perchlorat*, F. 194—195° (Zers.; A.); $[\alpha]_D^{12}$ 35,71° (c = 3,22; W.). *Pikrat*, F. 204—205° (Zers.; A.). — *Dihydrodesoxylolin* (**VII**), $C_8H_{16}N_2$, $Kp._2$ 78°, durch Hydrierung von 13 g **VI** in 150 ml A. an 70 g Raney-Ni; n_D^{20} 1,5030; $D.^{20}$ 1,0874; $[\alpha]_D^{17}$ $+71,83°$ (c = 3,35; Aceton); 8,2 g. Daneben *Methylamin* u. **III**. *Dihydrobromid*, $C_8H_{18}Br_2N_2$, F. 143—145° (A.). *Dihydrojodid*, $C_8H_{18}J_2N_2$, F. 131—132° (A.). *Perchlorat*, F. 232—234° (Zers.; Methanol). *Pikrat*, F. 220—222° (Zers.; A.). *Hexachloroplatinat*, F. 222° (Zers.; W.). *N-Nitroso-Deriv.*, $Kp._1$ 124°, durch Zugabe von 0,45 g $NaNO_2$ in W. zu 1 g **VII** in 10 ml 10%ig. H_2SO_4 unter Kühlung; n_D^{20} 1,5074; $D.^{20}$ 1,272; $[\alpha]_D^{24}$ $+39,45°$ (c = 2,94; A.); 1,05 g [→ liefert mit konz. HCl **VII**]. *Pikrat*, F. 167° (A.). — *N-Methyldihydrodesoxylolin*, $Kp._1$ 71°, aus **VII** mit CH_2O u. Ameisensäure. *Dihydrojodid*, $C_9H_{20}J_2N_2$, F. 165—166° (A.). *Dijodmethylat*, $C_{11}H_{24}J_2N_2$, F. 265—267° (Zers.; Methanol). *Pikrat*, F. 237—238° (Zers.; W.). — *Pyrrolizidin* (**III**), *Pikrat*, F. 256° (A.). *Hexachloroplatinat*, F. 206°. I. Schade 3500△

0913 **Untersuchungen über die Alkaloide der Berberidaceen.** 7. Mitt. **Alkaloide von Berberis amurensis Rupr. var. japonica (Regel) Rehd. forma Bretschneideri (Rehd.) Ohwi.** 1. Mitt. Masao Tomita und Takehiko Kugo. (J. pharmac. Soc. Japan [Yakugakuzasshi] **75,** 753—55, 1955; Kyoto, Univ. of Kyoto, Med. Fac., Pharmac. Inst.; jap., Auszug: engl.) — 6. vgl. J. pharmac. Soc. Japan [Yakugakuzasshi] **73,** [1953], 776. — Untersucht werden die Alkaloide in *Berberis amurensis Rupr. var. japonicum* (Regel) Rehd. *forma Bretschneideri* (Rehd.) Ohwi. Als tert. Basen wurden, isoliert: neben viel *Berbamin* (*Benzolat*, $C_{37}H_{40}N_2O_6 \cdot C_6H_6$ F. 124—126°; $[\alpha]_D^{11}$ $+113,6°$) wenig *Oxyberberin*, F. 197 bis 199°, u. eine neue *Base vom F. 190—191°*; *Berberin, Palmatin* u. *Jatrorrhizin* werden als quartäre Basen erhalten. Oxyacanthin konnte nicht nachgewiesen werden. W. Mucke 3500△

0914 **Untersuchungen über die Alkaloide der Berberidaceen.** 18. Mitt. **Alkaloide von Caulophyllum robustum Maxim.** 1. Mitt. Masao Tomita und Tohru Takahashi. (J. pharmac. Soc. Japan [Yakugakuzasshi] **78,** 680—81, 1958; Kyoto, Univ. of Kyoto, Med. Fac., Pharmaceut. Inst.; jap., Auszug: engl.) — Vgl. vorst. Ref.; 17. vgl. C. **1963,** 21945. — Bei der Extraktion der Wurzeln von *Caulophyllum robustum Maxim* mit Methanol wird eine *tert. Base* erhalten, die ein *Pikrat* [F. 228 bis 230° (Zers.); gelbe Nadeln] u. zwei verschiedene *Styphnate* [F. 201—203° (Zers.); hellgelbe Prismen u. F. 132—136°; gelbe Nadeln] bildet. Als wasserlösl. Teil wird die quart. Base *Magnoflorin* [*Styphnat*, $C_{26}H_{26}N_4O_{12}$, F. 232—233° (Zers., *Jodid*, $C_{20}H_{24}JNO_4$, F. 246° (Zers.)] isoliert. W. Hampel 3500△

0915 **Aconitalkaloide.** 8. Mitt. **Basen aus Aconitpflanzen verschiedener Standorte.** 3. Mitt. Eiji Ochiai, Toshihiko Okamoto, Hideo Tani, Keigo Fujisawa, Shinichiro Sakai und Tsutomu Sugasawa. (J. pharmac. Soc. Japan [Yakugakuzasshi] **75,** 634—38, Juni 1955; Univ. of Tokyo, Med. Fac., Pharmac. Inst.; jap., Auszug: engl.) — 7. bzw. 2. vgl. C. **1964,** 8-0934. — Es werden Aconitspecies aus Nenokuchi (**A**), Namariyama (**B**) u. aus den nordöstlichen Teilen Japans (**C**) auf ihren Alkaloid-Geh. untersucht, trotz gleicher Erscheinung im Habitus fand man unterschiedliche Zus. der Alkaloidkomponenten. Base Ochiai Nr. 11 aus **A** enthielt *Mesaconitin* [**I**, *Nitrat*, F. 177—180° (Zers.), aus Methanol/Ae. Prismen] u. *Ignavin*, eine Jesaconitin-ähnliche Base (**II**) konnte durch UV-Spektrum nachgewiesen werden; Base Ochiai Nr. 12 aus **B** enthielt **I** *Shiriyabase I* [**III**, $C_{23}H_{37-39} \cdot NO_6$ oder $C_{24}H_{39}NO_6$, F. 158—160°, aus Aceton hexagonale Platten; $[\alpha]_D^{14}$ $+43,5°$ (Chlf.). *Nitrat*, F. 214—215° (Zers.)] u. **II**. Base Ochiai Nr. 13 u. Base Ochiai Nr. 14, beide aus **C**, enthielten *Acontin*, **I** u. **III**. W. Mucke 3500△

0916 **Aconitalkaloide.** 9. Mitt. **Basen aus Aconitpflanzen verschiedener Standorte.** 4. Mitt. Eiji Ochiai, Toshihiko Okamoto, Shin-ichiro Sakai und Shigeharu Inoue. (J. pharmac. Soc. Japan [Yakugakuzasshi] **75,** 638—44, Juni 1955; jap., Auszug: engl.) — 8. bzw. 3. vgl. vorst. Referat. — Alkaloidkomponenten der Wurzeln von bei Shimoburo u. Sakuma in Karamura Village, Shimokita Peninsula im nordöstlichen Honshu gefundenen Pflanzen werden isoliert u. gereinigt. Base Ochiai Nr. 15 enthält 0,33% rohe Base, die aus *Shimoburo-Base I* u. *II*, *Isohypognavin* u. einer kristallinen *Base vom F. 267—267°* (**I**) besteht. Base Ochiai Nr. 16 enthält 1,3% rohe Base, die aus *Shimoburobase I* u. *II*, **I** u. einer geringen Menge der *Basen vom F. 170°*, *F. 290°* (Zers.) u. *F. 302°* (*Zers.*) besteht. UV-Spektren s. Original. — *Shimoburobase I*, $C_{21}H_{29}NO_3$ oder $C_{22}H_{31}NO_3$, F. 198—202°, Prismen; $[\alpha]_D^{24}$ $-141,2°$ (Methanol). *Hydrochlorid*, F. 278—279° (Zers.). *Hydrobromid*, F. 275° (Zers.). *Pikrat*, F. 225—229° (Zers.). *Methojodid*, F. 258—260° (Zers.). *Semicarbazon*, F. 245—246° (Zers.). — *Shimoburobase II*, $C_{24}H_{37}NO_7$, F. 208—213°; $[\alpha]_D^{19}$ $+25,52°$ (Chlf.). *Perchlorat*, F. 223—227° (Zers.). — *Isohypognavin*. $C_{27}H_{31}NO_5$, F. 90 bis 92° (Prismen), nach Trocknung F. 135°. *Hydrochlorid*, F. 195—198° (Zers.), $[\alpha]_D^{22}$ $+91,07°$ (Methanol). *Hydrobromid*, F. 235—236° (Zers.). *Methojodid*, F. 253—256° (Zers.). — *Verb.* $C_{20}H_{27}NO_2$, F. 267—267,5° (**I**), $[\alpha]_D^{12,4}$ $+104,4°$ (Methanol). *Pikrat*, F. 282—284°. *Methojodid*, F. 286 bis 287° (Zers.). *Perchlorat*, F. 213—214°. W. Mucke 3500△

0917 **Solanumalkaloide.** 7. Mitt. **Über den Abbau des Solasodins.** 3. Mitt. **Acylierungsversuche.** Gy. Magyar. (Acta chim. Acad. Sci. hung. **25,** 321—26, 1960; Budapest, Forschungsinst. für die Pharmazeut. Ind.; dt.) — 6. bzw. 2. vgl. C. **1960,** 6155 bzw. 6848. — Ident. mit der C. **1963,** 20039 referierten Arbeit. H. Krause 3500△

0918 **Untersuchungen an Terpenen.** 3. Mitt. **Über die Natur der sogenannten „trans"-Norpinsäure vom F. 138 bis 140°. Isolierung der dl-„trans"-Norpinsäure vom F. 178 bis 179°.** Roberto Trave und Luisa Garanti. (Gazz. chim. ital. **90,** 597—611, 1960; Milano, Univ., Ist. Chim. Industr., Labor. Chim. Industr. organ.; ital.) — 2. vgl. C. **1960,** 6850. — Es wurde versucht, aus der sog. „trans"-Norpinsäure vom F. 138—140°, die sich jedoch als eine Mischung aus etwa gleichen Teilen cis- u. trans-Verb. erwies, dl-trans-Norpinsäuren herzustellen. Die beiden dabei entstehenden Isomeren wurden getrennt u. die reine trans-Verb. vom F. 178—179° isoliert. Die Dipolmomente beider Isomeren wurden bestimmt.

Versuche: „*trans*"-*Norpinsäure*, F. 138—140°, nach einer Modifikation der Meth. von Kerr [1929]. — *dl-trans-Norpinsäure*, F. 178—179° (W.), aus vorst. Isomerengemisch durch Überführung in das schwerlösl. *Ba-Salz* u. dessen Zers. mit HCl; gibt mit dem cis-Deriv. F.-Depression; 46% (Ausbeute); gibt bei der Isomerisierung mit konz. HCl in W. (5 Std. bei 180° im Rohr) ein *Gemisch vom F. 136—139°*. — *Norpinsäuredimethylester*, $C_{10}H_{16}O_4$, Kp. 116—117°, aus vorst. Verb. u. Diazomethan in Ae. oder gasförmiger HCl in CH_3OH; n_D^{20} 1,4440. — *Norpinsäuremonomethylester*, $C_9H_{14}O_4$, $Kp._{0,5}$

125°, aus vorvorst. Verb. analog vorst. Verb.; n_D^{20} 1,4570; liefert beim längeren Stehen in PAe. bei 0° den *cis-Ester*, F. 65—67° (PAe.). — *Norpinsäuremonomethylesterchlorid*, Kp.$_1$ 72—73°, aus vorst. Verb. u. SO_4Cl_2 bei 60°; gibt bei der Red. mit $NaBH_4$ in Dioxan (3 Std. Kochen) *2.2-Dimethyl-3-hydroxymethylcyclobutan-1-carbonsäuremethylester* ($C_9H_{16}O_3$, Kp.$_1$ 94—95°), welcher sich zur *2.2-Dimethyl-3-hydroxymethylcyclobutan-1-carbonsäure* ($C_8H_{14}O_3$, F. 45—75°) verseifen läßt deren Oxydation mit 5%ig. $KMnO_4$ in 5%ig. NaOH *Norpinsäure vom F. 138—140°* liefert; kristallisiert man die rohe Hydroxysäure erst mehrfach aus W. u. oxydiert dann, so erhält man *cis-Norpinsäure*, F. 173—174°.

W. Simon 3600△

0919 **Untersuchungen über Sesquiterpenoide.** 4. Mitt. **Natur des Lactonringes.** 1. Mitt. Hisakichi Matsumura, Issei Iwai und Eiji Ohki. (J. pharmac. Soc. Japan [Yakugakuzasshi] **75**, 687—89, Juni 1955; Fukuoka, Univ. of Kyushu Med. Fac., Pharmac. Inst.; jap., Auszug: engl.) — 3. vgl. J. pharmac. Soc. Japan [Yakugakuzasshi] **74**, [1954], 1206. — Die Ketongruppierung am $C_{(3)}$-Atom von Tetrahydrosantonin (I) wird als *Äthylenglykolketal* geschützt, der Lactonring mit $LiAlH_4$ zum *Diol-3-cycloketal* (II) red. u. **II** mit Säure zum *3-Ketodiol* (III) hydrolysiert. Die Hydroxylgruppe am $C_{(5)}$-Atom wird nicht benzoyliert bei **II**, jedoch bei **III**.

Versuche: *Tetrahydrosantonin* (I), F. 153—156°, durch Hydrieren von Santonin. — *Tetrahydrosantonin-3-äthylenketal*, $C_{17}H_{26}O_4$, F. 167—168,5°, aus 0,75 g I u. Äthylenglykol; $[\alpha]_D^8$ +23.4° (c = 5,6; Chlf.;) 0,65 g (Ausbeute). — *β-[5-Hydroxy-4.9-dimethyl-3.3-äthylendioxydekahydronaphthyl-(6)]-propanol* (II), $C_{17}H_{30}O_4$, F. 149—151°, aus 1 g vorst. Verb. durch Red. mit $LiAlH_4$; $[\alpha]_D^8$ —14,0° (c = 3,3°; Chlf.); 0,95 g. *p-Nitrobenzoat*, $C_{24}H_{33}NO_7$, F. 145—146°, aus 0,1 g **II**; $[\alpha]_D^{12}$ —2,5° (c = 1,59; Chlf.); 0,13 g. — *p-Nitrobenzoesäure-{β-[3.5-diketo-4.9-dimethyldekahydronaphthyl-(6)]-propylester}*, $C_{22}H_{27}NO_6$, F. 146—147,5°, durch Oxydation von 0,67 g vorst. Nitrobenzoats; $[\alpha]_D^8$ —21,4° (c = 3,27°; Chlf.); 0,47 g. — *α-[3.5-Dioxo-4.9-dimethyldekahydronaphthyl-(6)]-propionsäure*, F. 150°. — *β-[5-Hydroxy-4.9-dimethyl-3-oxodekahydronaphthyl-(6)]-propanol* (III), $C_{15}H_{26}O_3$, F. 117—118°, a) durch saure Hydrolyse von 2,4 g **II**; $[\alpha]_D^8$ +24,0° (c = 2,0; Chlf.); 1,1 g; b) durch Entbenzoylierung von 1 g nachst. Verb.; 0,28 g. — *p-Nitrobenzoesäure-{β-[5-(p-nitrobenzoyloxy)-4.9-dimethyl-3-oxodekahydronaphthyl-(6)]-propylester}*, $C_{29}H_{32}N_2O_9$, aus 0,11 g **III**; $[\alpha]_D^8$ +64,6° (c = 2,0; Chlf.); 0,16 g. *Oxim*, $C_{29}H_{33}N_3O_9$, F. 204°, aus 0,11 g des Ketons; $[\alpha]_D^{15}$ +174,3° (c = 1,44; Chlf.); 0,09 g. *Semicarbazon*, $C_{30}H_{35}N_5O_9$, F. 237° (Zers.). — *p-Nitrobenzoesäure-{β-[5-hydroxy-4.9-dimethyl-3-oxodekahydronaphthyl-(6)]-propylester}*, F. 191—192,5°. *Semicarbazon*, $C_{23}H_{32}N_4O_6$, F. 235° (Zers.); a) aus II-p-Nitrobenzoat u. Semicarbazid (**IV**); b) durch Rk. von **III** mit p-Nitrobenzoylchlorid u. **IV**.

W. Mucke 3600△

0920 **Untersuchungen über Sesquiterpenoide.** 5. Mitt. **Natur des Lactonringes.** 2. Mitt. Hisakichi Matsumura, Issei Iwai, Eiji Ohki und Keiji Kanzaki. (J. pharmac. Soc. Japan [Yakugakuzasshi] **75**, 689—91, Juni 1955; jap., Auszug: engl.) — 4. bzw. 1. vgl. vorst. Referat. — Der Lactonring von Desoxotetrahydrosantonin (I) wird mit $LiAlH_4$ zum *Diol vom F. 152—153°* (**IVa**) red., dessen Hydroxylgruppen am $C_{(5)}$-Atom nicht benzoyliert werden kann. Red. man Tetrahydroalantolacton (**III**) mit $LiAlH_4$ erhält man ein **IVa**-isomeres *Diol* (**IVb**) *vom F. 113—115°*, in welchem die Hydroxylgruppe am $C_{(5)}$ der Benzoylierung unterliegt. Die Eigg. der Hydroxylgruppen in verschiedenen Lactonen werden geprüft u. mit den experimentellen Ergebnissen der 4. Mitt. (l. c.) verglichen. Das IR-Spektrum von **IVb** ist angegeben.

Versuche: *Desoxotetrahydrosantonin* (I), durch Clemmensen-Red. von Tetrahydrosantonin. — *β-[5-Hydroxy-4.9-dimethyldekahydronaphthyl-(6)]-propanol* (**IVa**), $C_{15}H_{28}O_2$, F. 152—153°, durch Red. von 1,0 g I mit $LiAlH_4$; $[\alpha]_D^{16}$ —14,5° (c = 1,24; Pyridin); 1,02 g (Ausbeute). *p-Nitrobenzoat* (II), $C_{22}H_{31}NO_5$, F. 134—135,5°, aus 0,15 g Alkohol; $[\alpha]_D^8$ —13,9° (c = 1,84; Chlf.); 0,2 g. — *p-Nitrobenzoesäure-{β-[5-oxo-4.9-dimethyldekahydronaphthyl-(6)]-propylester}*, $C_{22}H_{29}NO_5$, F. 126—127°, durch Oxydation von **II**; $[\alpha]_D^8$ —51,1° (c = 2,64; Chlf.). — *β-[5-Oxo-4.9-dimethyldekahydronaphthyl-(6)]-propionsäure*, F. 88—99°, a) aus vorst. Verb. durch Verseifung, b) aus **I** durch Aufspaltung des Lactonrings u. Oxydation der $C_{(5)}$-ständigen Hydroxylgruppe. — *Isomeres β-[5-Hydroxy-4.9-dimethyldekahydronaphthyl-(6)]-propanol* (**IVb**), $C_{15}H_{28}O_2$, F. 113 bis 115°, durch Red. von 1 g **III** mit $LiAlH_4$; $[\alpha]_D^{20,0}$ —8,10 (c = 2,9; Chlf.); 0,8 g. — *p-Nitrobenzoesäure-{β-[5-(p-nitrobenzoyloxy)-4.9-dimethyldekahydronaphthyl-(6)]-propylester}*, $C_{29}H_{34}N_2O_8$, F. 173—174°, aus 0,28 g **IVb**; $[\alpha]_D^{15}$ —1,20° (c = 2,09; Chlf.); 0,47 g.

W. Mucke 3600△

0921 **Über die Identität von Melaleucin und Betulinsäure.** Tsunematsu Takemoto und Nodoka Yahagi. (J. pharmac. Soc. Japan [Yakugakuzasshi] **75**, 765, 1955; jap.) — Die physikal. Konst. von *Melaleucin* (I) u. *Betulinsäure* (II) u. ihrer Derivv. sowie die IR-Absorptionsspektren von **I** u. **II** bzw. deren Acetate zeigen die Identität der beiden Verbindungen. — *Melaleucin* (I), F. 310° (korr.), $[\alpha]_D^{14}$ +4,0°. *Acetat*, F. 287—288° (korr.), $[\alpha]_D^{12}$ +17,5°. *Methylester*, F. 224—226° (korr.). — *Betulinsäure* (II), F. 306—308°, $[\alpha]_D^{20}$ +8,2°; *Acetat*, F. 286°, $[\alpha]_D^{20}$ 22,1°. *Methylester*, F. 224 bis 225°.

W. Mucke 3600△

0922 **Über Triterpenoide aus dem Pericarp (mit Mark) des Ligustrum japonicum Thunb.** Tsunematsu Takemoto, Nodoka Yahagi und Nobushige Nishimoto. (J. pharmac. Soc. Japan [Yakugakuzasshi] **75**, 737—39, 1955; Osaka-fu, Univ. of Osaka, Med. Fac., Pharmac. Inst.; jap., Auszug: engl.) — *Ursolsäure*, F. 280°, *Oleanolsäure*, F. 297—300°, u. *Acetyloleanolsäure* wurden aus dem Pericarp (einschließlich Mark) von *Ligustrum japonicum* Thunb. (Oleaceae) in reinem Zustand isoliert.

W. Mucke 3600△

0923 **Chemie von Terminalia-Species.** 8. Mitt. **Partialsynthese von Arjunolsäure.** L. Ramachandra Row, C. Rukmini und G. S. R. Subba Rao. (J. Indian chem. Soc. **40**, 311—14, 1963; Waltair, Andhra Univ., Dep. of Chem.; engl.) — 7. vgl. C. **1964**, 12-0872. — Vff. oxydierten den *Methylester* (I) von *Hederagenin* mit $KMnO_4$ zu *Hederagonsäuremethylester* (*23-Hydroxy-3-oxo-Δ^{12}-oleanen-28-säuremethylester*) den sie durch Rk. mit Pb-Tetraacetat u. $NaBH_4$-Red. in *Arjunolsäuremethylester* überführten. Rk. von **I** mit HBr/Eisessig lieferte *18α-Hederagenlacton* [*3β.13β.23-Trihydroxy-18α-oleanan-28-säure-28→13β-lacton*]; dessen $KMnO_4$-Oxydation u. Rk. des Prod. mit Pb-Tetraacetat ergab *2α-Acetoxy-3-oxo-13β.23-dihydroxy-18α-oleanan-28-säure-28 → 13β-lacton*.

Versuche: *Hederagenin*, $C_{30}H_{48}O_4$, F. 319—321°, aus 1 kg Schalen von Sapindus-emarginatus-Früchten durch Extraktion mit heißem A., Eindampfen, Ae.-Zusatz, 5std. Kochen des Nd. mit 2n methanol. H_2SO_4 u. Ae.-Extraktion; Nadeln aus Aceton; $[\alpha]_D^{30}$ +66° (c = 1,25; A.); 5 g (Ausbeute). *Methylester* (I; *Methylhederagenin*), F. 238—240°; Nadeln aus Methanol; $[\alpha]_D^{30}$ +70° (c = 1,5; Chlf.). — *Hederagonsäuremethylester*, $C_{31}H_{48}O_4$, F. 217—218°, aus **I** durch 2std. Kochen mit überschüssigem $KMnO_4$ in Aceton, Filtrieren, Eindampfen; Kuben aus Methanol; $[\alpha]_D^{30}$ +94°. — *2α-Acetoxy-3-oxo-23-hydroxy-Δ^{12}-oleanen-28-säuremethylester* (II), $C_{33}H_{50}O_6$, F. 168—170°, aus 2 g vorst. Verb. u. Pb-Tetraacetat in Eisessig durch 4std. Erhitzen auf 100°; Eindampfen im Vakuum, Eintragen in W., Ae.-Extraktion u. Chromatographie an Al_2O_3; Nadeln aus Ae./Methanol (3 : 1); $[\alpha]_D^{30}$ +50° (c = 1,8; Chlf.); 0,8 g. — *Arjunolsäuremethylester*, $C_{31}H_{50}O_5$, F. 214—215°, aus 0,5 g vorst. Verb. in Methanol mit überschüssigem $NaBH_4$ über Nacht, Zusatz von W. u. H_2SO_4, Ae.-Extraktion, Hydrolyse mit 2n methanol. KOH u. Chromatographie; Nadeln aus Ae./Methanol; $[\alpha]_D^{30}$ +68° (c = 1,2; Chlf.); 0,2 g; gibt ein *Lacton-Triacetat*, F. 265—266°, mit 50%ig. HBr/Eisessig; $[\alpha]_D^{30}$ +18°. — *18α-Hederagenlacton*, F. 352°, aus **I** mit HBr/Eisessig; aus CH_3OH Schuppen; $[\alpha]_D^{30}$ +12° (c = 1,5; Chlf.). — *3-Oxo-13β.23-dihydroxy-18α-oleanan-28-säure-28 → 13β-lacton*, $C_{30}H_{46}O_4$, F. 305—307°, aus 2,5 g vorst. Verb. in abs. Aceton durch 2std. Rk. mit $KMnO_4$; Prismen aus Methanol; $[\alpha]_D^{30}$ +38° (c = 2,2; Chlf.); 1,4 g. — *2α.23-Diacetoxy-3-oxo-13β-hydroxy-18α-oleanan-28-säure-28 → 13β-lacton*, $C_{34}H_{50}O_7$, F. 256—258°, a) aus 0,8 g vorst. Verb. analog **II** u. Rk. mit Pyridin/Acetanhydrid; Nadeln aus Methanol; $[\alpha]_D^{30}$ +30° (c = 0,8; Chlf.); 150 mg.

H.-J. Kötzsch 3650◇

0924 **Steroide und verwandte Produkte.** 11. Mitt. **Die Synthese von 3.9.12.20-tetraoxygenierten 9.12-Secosteroiden.** 1. Mitt. Ch. R. Engel und W. W. Huculak. (Canad. J. Chem.

37, 2031—41, 1959; London, Ontario, Canada, Collip Med. Res. Labor.; Univ. of Western Ontario, Dep. of Chem.; engl.) — 10. vgl. C. **1959,** 15366. — Vff. synthetisierten *3α.20β-Bis-[β-carbomethoxypropionyloxy]-12-oxopregnan* (**IV**) in nachst. Rk.-Folge: 3α.12α-Diacetoxy-20-oxopregnan (**I**) → *3α.12α.20β-Trihydroxypregnan* (**II**) → *3α.20β-Bis-[β-carboxypropionyl-oxy]* → *3α.20β-Bis-[β-carbomethoxypropionyloxy]-12α-hydroxy-pregnan* (**III**) → **IV**. **IV** läßt sich mit SeO_2 zu *3α.20β-Bis-[β-carbomethoxypropionyloxy]-12-oxo-$\Delta^{9,11}$-pregnen* dehydrieren, das in die *3α.20β-Diacetoxy-Verb.* übergeführt wurde. Deren Ozonolyse u. nachfolgende Methylierung sowie Acetylierung lieferte *3α.20β-Diacetoxy-9-oxo-9.12-secopregnan-12-säuremethylester*. Die analoge Behandlung der nichtacetylierten Verb. ergab nur nichtkristallisierende Produkte. Da die Bromierung von **IV**, nachfolgende Hydrolyse des Rk.-Prod. mit alkohol./wss. KOH u. anschließende Acetylierung *3α.12β.20β-Triacetoxy-11-oxopregnan* lieferte, schließen Vff., daß sich gewisse 11-Hydroxy-12-ketosteroide unter dem Einfl. von Alkalien schon bei Raum-Temp. in guten Ausbeuten zu 12β-Hydroxy-11-ketosteroiden umlagern lassen. UV-Maxima vgl. Original.

Versuche (FF. in evakuierten Röhrchen; korr. $[\alpha]_D$ in Chlf.): *3α.12α-Dihydroxy-20-oxopregnan*, $C_{21}H_{34}O_3$, F. 169—170° (Ae./Hexan), durch 2std. Kochen von **I** mit 5,4%ig. methanol. KOH; $[\alpha]_D^{20}$ +158° (c = 0,50); 81% (Ausbeute). *3-Methylsuccinat*, $C_{26}H_{40}O_6$, F. 126—128° (Ae./Hexan), durch 2std. Erwärmen von 240 mg vorst. Verb. mit 560 mg Bernsteinsäureanhydrid in Pyridin auf 90° unter Feuchtigkeitsausschluß, Stehen bei Raum-Temp. über Nacht, Versetzen mit Eis, ½std. Stehen, Gießen in W., Extraktion des Nd. mit Ae., Waschen mit eisgekühlter HCl u. W., Abdampfen des Lsgm., 20 Min. lange Rk. von 305 mg *3-Hydrogensuccinat* in abs. Ae. mit 0,6%ig. CH_2N_2-Lsg. in Ae. bei Raum-Temp., Zugabe von Eisessig, Abdampfen des Lsgm. im Vakuum, Chromatographie an Al_2O_3 u. Eluieren mit PAe./Bzl., Bzl., Bzl./Ae., Ae. u. Ae./Essigester (4:1); $[\alpha]_D^{23}$ +139° (c = 1,00); 250 mg. — *3α.12α.20β-Trihydroxypregnan* (**II**), $C_{21}H_{36}O_3$, F. 236° (Aceton/Hexan), durch Zutropfen von 10 g **I** in abs. Tetrahydrofuran innerhalb 50 Min. unter Rühren zu $LiAlH_4$ in abs. Tetrahydrofuran, 1std. Kochen u. Rühren, Stehen über Nacht, Versetzen mit Essigester u. Eis, Zugabe von 2n H_2SO_4, Einengen im Vakuum bei 40° auf ca. ½ Vol., Gießen in W. u. Extraktion mit Ae.; $[\alpha]_D^{24}$ +31° (c = 1,06); 78%. *Triacetyl-Deriv.*, $C_{27}H_{42}O_6$, F. 199—200° (A.); $[\alpha]_D^{23}$ +116,7° (c = 0,556); 63%. *3.20-Bis-hydrogensuccinat*, F. 182—184° (Aceton/Hexan), durch 2std. Erwärmen von 3,636 g **II** in abs. Pyridin mit 8,32 g Bernsteinsäureanhydrid auf 90°, Stehen über Nacht bei Raum-Temp., Zugabe von Eis, ¾std. Stehen, Gießen in W., Extraktion des Nd. mit Ae., Abdampfen des Lsgm. u. Behandeln der Mutterlaugen mit Aceton/Hexan; 4,225 g. *3.20-Bis-methylsuccinat* (**III**), $C_{31}H_{48}O_9$, F. 95—98° (Ae./Hexan), durch Methylierung von 5,805 g vorst. Esters mit CH_2N_2; $[\alpha]_D^{22}$ +71° (c = 1,01); 5,144 g. — *3α.12α.20α-Trihydroxypregnan* (?), F. 97—98° u. F. 218—219°, aus den Mutterlaugen vorst. Verb.; 470 mg. — *3α.20β-Dihydroxy-12-oxopregnan-3.20-bis-methylsuccinat* (**IV**), $C_{31}H_{46}O_9$, F. 113—114° (Ae./Hexan), durch Versetzen von **III** in Eisessig mit CrO_3 in 90%ig. Essigsäure bei 17°, 15std. Stehen, Versetzen mit CH_3OH, Gießen in W. unter Rühren, Abtrennen des Nd. u. Extraktion; $[\alpha]_D^{25}$ +107,5° (c = 0,975); 95%. — *3α.12β.20β-Triacetoxy-11-oxopregnan*, $C_{27}H_{40}O_7$, F. 179—180,5°, durch Versetzen von 2,002 g **IV** in Eisessig mit 2 Tropfen HBr/Eisessig u. bei 55—60° mit 8,6 ml 0,75m Br_2/Eisessig, 5½std. Stehen bei 50—60°, Zutropfen von $Na_2S_2O_3$-Lsg. bei Raum-Temp., Gießen in W., Extraktion des Nd. mit Chlf., Abdampfen des Lsgm. im Vakuum, 48std. Rk. von 1,387 g des *3α.20β-Dihydroxy-12-oxo-11α-brompregnan-3.20-bis-methylsuccinats* (2,243 g Rohausbeute) in A. mit KOH in W./A. (1:2) bei Raum-Temp., Lösen des Neutralprod. (635 mg) in Pyridin, Versetzen mit Acetanhydrid bei Raum-Temp., 18std. Stehen, Chromatographie des Rk.-Prod. an Al_2O_3 u. Eluieren mit PAe./Bzl.; Nadeln; $[\alpha]_D^{22}$ +49°; 499 mg. — *3α.20β-Dihydroxy-12-oxo-$\Delta^{9,11}$-pregnen-3.20-bis-methylsuccinat*, $C_{31}H_{44}O_9$, F. 95,5—96,5° (Ae.), durch 20std. Kochen von **IV** u. SeO_2 in $6 \cdot 10^{-4}$n HCl, Verdünnen mit Ae., Filtrieren über Na_2SO_4, Verdünnen des Filtrats mit Ae. u. Abdampfen des Lsgm. aus der organ. Phase, sowie Aufarbeiten des nichtkristallinen Anteils durch Lösen in 80% Chlorbenzol/20% Essigsäure, 2std. Schütteln, Verdünnen mit Ae., Abdampfen des Lsgm., Chromatographie an Al_2O_3 u. Eluieren mit Ae./Bzl. (1:4) sowie Bzl.; $[\alpha]_D^{22}$ +155° (c = 1,0); 58%. — *3α.20β-Dihydroxy-12-oxo-$\Delta^{9,11}$-pregnen*, $C_{21}H_{32}O_3$, F. 242 bis 243°, durch Versetzen vorst. Verb. in CH_3OH mit wss. K_2CO_3, 17std. Kochen, Extraktion mit Ae. u. Abdampfen des Lsgm.; aus Ae. feine Nadeln; 95,5% (roh). *Di-O-acetyl-Deriv.*, $C_{25}H_{36}O_5$, F. 200,5—201,5°, durch Rk. von 2,53 g vorst. Verb. in Pyridin mit Acetanhydrid über Nacht; breite Nadeln; 1,976 g. — *3α.20β-Diacetoxy-9-oxo-9.12-secopregnan-12-säuremethylester*, $C_{25}H_{38}O_7$, F. 126—127°, durch Einleiten (5 Std. 22 Min.) von O_2 mit 8,3% O_3-Anteil (180 cm³/Min.) in die Lsg. von 3,611 g vorst. Diacetyl-Deriv. in Eisessig/abs. Essigester (1:1) bei —10°, Versetzen mit W. u. 30%ig. H_2O_2, Stehen über Nacht bei Raum-Temp., 15std. Rk. der erhaltenen *3α.20β-Dihydroxy-9-oxo-9.12-secopregnan-12-säure* (1,041 g) in abs. Bzl. mit 2,5%ig. äther. CH_2N_2-Lsg. bei 0°, Acetylierung des *Methylesters* (1,061 g) mit Acetanhydrid in Pyridin, Chromatographie an Al_2O_3, Eluieren mit Bzl. u. Bzl./Ae. (4:1) u. Lösen des Neutralprod. in Eisessig/Essigester (1:1) u. Einleiten (7 Std. 52 Min.) von O_2 mit 7,9% O_3-Anteil (160 cm³/Min.) bei —10°; feine Nadeln; $[\alpha]_D^{22}$ +30° (c = 0,891); 144 mg.

H. J. Jahns 3700

0925 **Lithiumaluminiumhydridreduktion von Episulfiden zu Olefinen.** D. A. Lightner und C. Djerassi. (Chem. and Ind. **1962**, 1236—37; Stanford, Calif., Stanford Univ., Dep. of Chem.; engl.) — Die Red. von Cholestan-3-on-2α-äthylxanthogenat mit $NaBH_4$ in A. liefert *Δ^2-Cholesten* [**I**; 40% (Ausbeute)], *Cholestan-3α-ol-2α-äthylxanthogenat* [**II**; Öl; $[\alpha]_D^{27}$ —36° (Chlf.); 30%. *3-Acetat* (**III**), F. 160—161°, $[\alpha]_D^{26}$ +5.4° (Chlf.)] u. *Cholestan-3β-ol-2α-äthylxanthogenat* [**IV**; Öl; $[\alpha]_D^{28}$ —82° (Chlf.); 32%. *3-Acetat*, (**V**), F. 112—113°, $[\alpha]_D^{28}$ —66° (Chlf.)]. **III** geht durch Desulfurierung an Raney-Nickel in *Cholestan-3α-olacetat* u. **V** in *Cholestan-3β-olacetat* über. 2tägiges Behandeln von **II** mit Na-Äthylat in A. bei 25° liefert *Cholestan-2α(S).3α(O)-dithiocarbonat* [F. 195—197°, $[\alpha]_D^{28}$ +108° (Chlf.); 75%], während **IV** in gleicher Rk. *Cholesten-2α.3α-episulfid* [**VI**; F. 123—125°, $[\alpha]_D^{27}$ +39° (Chlf.); 72%] bildet. 3α-Bromcholestan-2-on gibt mit K-Äthylxanthogenat *Cholestan-2-on-3β-äthylxanthogenat*, dessen Red. mit $NaBH_4$ *Cholestan-2β-ol-3β-äthylxanthogenat* (**VII**; F. 100—102°, $[\alpha]_D^{27}$ +38° (Chlf.); 81%. *2-Acetat* (**VIII**), F. 162—163°, $[\alpha]_D^{25}$ +68° (Chlf.) liefert. **VIII** bildet durch Desulfurierung an Raney-Ni. *Cholestan-2β-olacetat* [F. 79—80°, $[\alpha]_D^{28}$ +26° (Chlf.)]. **VII** liefert mit Na-Äthylat *Cholestan-2β(O).3β(S)-dithiocarbonat* [F. 170—172°, $[\alpha]_D^{26}$ +5,5° (Chlf.); 92%]. 42std. Kochen von 2α.3α-Oxidocholestan mit KSCN in A. bildet 7% **I**, 15% *Cholesten-2β.3β-episulfid* [F. 113—115°, $[\alpha]_D^{27}$ +43° (Chlf.)], neben 65% Ausgangsprodukt. Aus vorst. Verb. bzw. aus **VI** entstehen beim Kochen mit $LiAlH_4$ in Ae. oder einem 1:1-Gemisch aus Ae.–Tetrahydrofuran 91% **I**.

R. Gnauck 3700△

0926 **Untersuchungen über Steroide.** 23 Mitt. **Dehydrobromierung von 7-Bromstigmasterylbenzoat.** Saburo Akagi und Kyosuke Tsuda. (Chem. pharmac. Bull. [Tokyo] **9**, 459—63, 1961; Tokyo, Sankyo Co. Ltd., Takamine Res. Labor.; Univ. of Tokyo, Inst. of Appl. Mikrobiol.; engl.) — 22. vgl. C. **1963,** 15437. — Bei der Behandlung von 7ξ-Bromstigmasterylbenzoat (**I**) mit Kollidin wurden *7-Dehydrostigmasterylbenzoat* (**II**) neben *$\Delta^{4.6.22}$-Stigmastatrien-3β-olbenzoat* (**III**) erhalten, während bei der gleichen Rk. mit Pyridin das *7ξ-Pyridiniobromid* (**IV**) neben sehr wenig **II**, **III** u. *Stigmasterylbenzoat* entsteht. **IV** läßt sich in sd. Xylol zu **III** u. *$\Delta^{2.4.6.22}$-Stigmastatetraen* neben sehr wenig *$\Delta^{6.8,14.22}$-Stigmastatrien-3β-olbenzoat* zersetzen. In gleicher Weise erhält man aus dem 7ξ-Pyridiniobromid von Cholesterylbenzoat *7-Dehydrocholesterylbenzoat* u. *$\Delta^{2.4.6}$-Cholestatrien*. **I** geht mit NH_4SCN in das entsprechende *7ξ-Thiocyan-Deriv.* (**V**) über. In gleicher Weise erhält man *7ξ-Thiocyancholesterylbenzoat* (**VI**) aus dem 7α-Brom-Deriv. (**IX**). **VI** erleidet beim Kochen in A. eine Umlagerung zu *7ξ-Isothiocyancholesterylbenzoat* (**VII**), während **V** auch unter drast. Bedingungen keine Veränderung erleidet. Beim Erhitzen in Pyridin gibt **VI** den Thiocyanrest unter Bldg. des *7ξ-Pyridiniothiocyanats* (**VIII**) neben wenig *$\Delta^{4.6}$-Cholestadien-3β-olbenzoat* ab. **VIII** geht durch Erhitzen in Xylol in **VII** über. UV-Maxima sind angegeben.

Versuche: *7ξ-Bromstigmasterylbenzoat* (**I**), $C_{36}H_{51}BrO_2$, F. 126—128°, durch 10 Min. langes Kochen von 2 g Stigmasterylbenzonat mit N-Bromsuccinimid in CCl_4; aus Aceton Nadeln; $[\alpha]_D^{26}$ —123° (c = 1,33; Chlf.); 0,2 g (Ausbeute). —

7ξ-Pyridinio-3β-O-benzoylstigmasterinbromid (**IV**), $C_{41}H_{56}\cdot BrNO_2$, F. 152°, durch 20std. Erhitzen von 6 g **I** in abs. Pyridin auf 100°, Eindampfen im Vakuum, Behandlung des Rückstandes mit Methanol/A., Stehen unter Kühlung, Filtration vom Nd. (**A**; 1,6 g) u. Eindampfen des Filtrats; aus Chlf./A. Mikronadeln; $[\alpha]_D^{26}$ +53° (c = 0,87; Chlf.); 4,3 g; daneben 0,7 g **III**, 0,6 g *Stigmasterylbenzoat* (F. 156°, aus A./Bzl. Schuppen. *Freier Alkohol*, F. 165°, aus A./Bzl. Schuppen) u. wenig **II**. — *$\Delta^{4.6.22}$-Stigmastatrien-3β-ol*, $C_{29}H_{46}O$, F. 126—128°, a) neben **IV** durch Kochen von 1,6 g **A** in A., heiß Filtrieren, Eindampfen des Filtrats u. Hydrolyse des *Benzoats* (**III**; F. 112—114°; aus A./Methanol Nadeln; 0,7 g) mit alkohol. KOH; aus Methanol Nadeln; $[\alpha]_D^{23}$ —51° (c = 1,06; Chlf.); b) durch 1std. Kochen von 2 g **I** mit Kollidin in Xylol, Eindampfen im Vakuum, mehrstd. Stehen mit Methanol. Abfiltrieren des Nd. (**B**), Eindampfen des Filtrats u. 2std. Kochen des erhaltenen **III** (0,3 g) mit alkohol. KOH; 0,1 g; daneben aus **B** 0,7 g **II**. — *7-Dehydrostigmasterin*, $C_{29}H_{46}O$, F. 152—154°, durch 2std. Kochen von 0,7 g **II** in 5%ig. alkohol. KOH; aus A./Bzl. Blättchen; $[\alpha]_D^{25}$ —95° (c = 0,87; Chlf.); 0,4 g. *Benzoat* (**II**), $C_{36}H_{50}O_2$, F. 178°, aus A. Nadeln; $[\alpha]_D^{26}$ —42° (c = 1,19; Chlf.). — *$\Delta^{2.4.6.22}$-Stigmastatetraen*, $C_{29}H_{44}$, F. 98—100°, durch 1std. Kochen von 12 g **IV** in Xylol, Waschen des Nd. mit wss. $NaHCO_3$ u. W. u. Chromatographie in PAe. an Al_2O_3; aus Aceton Nadeln; $[\alpha]_D^{25}$ —10° (c = 1,02; Chlf.); 2,4 g; daneben 0,35 g nachst. Benzoats. — *$\Delta^{6.8,14.22}$-Stimastatrien-3β-ol*, $C_{29}H_{46}O$, F. 146°, durch Hydrolyse des Benzoats mit alkohol. KOH; aus A./Methanol Nadeln; $[\alpha]_D^{24}$ —55° (c = 0,8; Chlf.); 0,2 g. *Benzoat*, $C_{36}H_{50}O_2$, F. 136° (A.); $[\alpha]_D^{24}$ —59° (c = 1,22; Chlf.). *Acetat*, $C_{31}H_{48}O_2$, F. 132°; aus A. Nadeln; $[\alpha]_D^{25}$ —49° (c = 0,9; Chlf.). — *7ξ-Pyridinio-3β-O-benzoylcholesterinbromid*, F. 168—170° (Zers.), durch 5std. Erhitzen von 7α-Bromcholesterylbenzoat (**IX**) in Pyridin auf 100°; aus Methanol/Ae. Mikronadeln; daneben sehr wenig *$\Delta^{4.6}$-Cholestadien-3β-ol* (F. 120°). — *$\Delta^{2,4,6}$-Cholestatrien*, F. 70—72°, durch ½std. Kochen von 1,7 g vorst. Verb. in Xylol u. Chromatographie an Al_2O_3; aus Methanol Nadeln; 0,6 g; daneben *7-Dehydrocholesterylbenzoat* (F. 138—139°; aus A. Nadeln). — *7ξ-Thiocyanstigmasterylbenzoat* (**V**), $C_{37}H_{51}NO_2S$, F. 146—148°, durch 1½std. Rühren von 0,5 g **I** mit NH_4SCN in Aceton bei Raum-Temp.; aus Aceton/Bzl. lange, dünne Nadeln; $[\alpha]_D^{22}$ —190° (c = 1,01; Chlf.); 0,25 g. — *7ξ-Thiocyancholesterylbenzoat* (**VI**), $C_{35}H_{49}NO_2S$, F. 162—163°, durch 35 Min. langes Schütteln von 1 g **IX** mit NH_4SCN in Aceton u. 2std. Stehen; aus Aceton/Bzl. lange, dünne Nadeln; $[\alpha]_D^{32}$ —161° (c = 0,99; Chlf.); 0,5 g. — *7ξ-Isothiocyancholesterylbenzoat* (**VII**), $C_{35}H_{49}NO_2S$, F. 146°, a) durch 1½std. Kochen von 0,35 g **VI** in A. u. mehrstd. Stehen unter Kühlung; aus A./Bzl. Blättchen; $[\alpha]_D^{26}$ —86° (c = 1,04; Chlf.); 0,15 g; b) durch 1std. Kochen von 1 g **VIII** in Xylol. — *1-[3β-Benzoyloxy-Δ^{5}-cholesten-7ξ-yl]-pyridiniumthiocyanat* (**VIII**), $C_{40}H_{54}N_2O_2S$, F. 160—162°, durch 5std. Erhitzen von 5 g **VI** in Pyridin auf 95—100°, Einengen im Vakuum, Ausfällen von unverbrauchtem **VI** (2,2 g) mit Methanol/A., Einengen des Filtrats u. Zugabe von Ae.; aus Aceton/Ae. Mikronadeln; $[\alpha]_D^{25}$ +66° (c = 1,0; Chlf.); 1 g.

P.-G. Dietrich 3700△

0927 **Untersuchungen über Steroide.** 24. Mitt. **Bromderivate von Cholestenon.** 1. Mitt. Saburo Akagi und Kyosuke Tsuda. (Chem. pharmac. Bull. [Tokyo] **9**, 464—69; 1961; engl.) — 23. vgl. vorst. Referat. — Durch katalyt. Hydrierung von $\Delta^{3.5}$-Cholestadien-7-on (**I**) wird *Δ^{5}-Cholesten-7-on* (**II**) erhalten, das durch Bromierung mit N-Bromsuccinimid (NB) *4-Brom-Δ^{5}-cholesten-7-on* (**III**) gibt. **III** geht beim Erhitzen in Pyridin wieder in **I** über u. bildet mit Anilin ein *4-Anilino-Deriv.* (**IV**). Bei der Bromierung von 3β-Hydroxy-Δ^{5}-cholesten-7-onbenzoat [**V**, F. 212° (Zers.)] entsteht das entsprechende *4-Brom-Deriv.* (**VI**) neben *4-Brom-$\Delta^{3.5}$-cholestadien-7-on* (**VII**). **VII** wird auch bei gleichen Rk.-Bedingungen aus 3β-Hydroxy-Δ^{5}-cholesten-7-onacetat erhalten. **VI** wird beim Kochen in Pyridin in *6-Brom-$\Delta^{3.5}$-cholestadien-7-on* (**VIII**) umgelagert, das auch unter gleichen Bedingungen aus 3β-Hydroxy-6.6-dibromcholestan-7-onacetat erhältlich ist. Beim Erhitzen in Methanol mit K-Acetat oder HCl geht **VI** in **VII** über. Mit Perphthalsäure bildet **I** *3α.4α-Epoxy-Δ^{5}-cholesten-7-on* (**IX**), das mit HBr zu **VII** gespalten wird. Das aus Anilin u. **VI** erhaltene *4-Anilino-$\Delta^{3.5}$-cholestadien-7-on* (**X**) läßt sich mit Raney-Ni zu **IV** reduzieren. Die IR- u. UV-Maxima sind angegeben.

Versuche: *Δ^{5}-Cholesten-7-on* (**II**), F. 127—128°, a) durch Hydrierung von 1 g **I** in Ggw. von Raney-Ni in Dioxan bei Raum-Temp.; aus A. Blättchen; $[\alpha]_D^{25}$ —134° (c = 1,0; Chlf.); 0,6 g (Ausbeute); b) aus 1 g **VII** oder **VIII** wie vorst. u. anschließende Chromatographie an Al_2O_3; 0,5 g. — *4-Brom-Δ^{5}-cholesten-7-on* (**III**), $C_{27}H_{43}BrO$, F. 118 bis 119° (Ae./Methanol), durch 5 Min. langes Kochen von **II** mit NB in CCl_4; $[\alpha]_D^{25}$ —89° (c = 1,01; Chlf.); 3,5 g. — *4-Anilino-Δ^{5}-cholesten-7-on* (**IV**), $C_{33}H_{49}NO$, F. 117—118°, a) durch 1½std. Erhitzen von 0,5 g **III** mit Anilin auf 130° u. Chromatographie an Al_2O_3; aus A. hellgelbe Nadeln; $[\alpha]_D^{25}$ —50° (c = 1,0; Chlf.); 0,3 g; b) durch Hydrieren von 0,5 g **X** in Ggw. von Raney-Ni in Dioxan; 0,3 g. — *$\Delta^{3.5}$-Cholestadien-7-on* (**I**), F. 113° (A.), durch 3std. Kochen von 0,5 g **III** in Pyridin; aus Methanol Schuppen; $[\alpha]_D^{25}$ —298° (c = 1,01; Chlf.); 0,25 g. — *3β-Benzoxy-4-brom-$\Delta^{5.22}$-stigmastadien-7-on*, $C_{36}H_{49}BrO_3$, F. 202° (Zers.), durch Kochen von 7 g 7-Oxostigmasterylbenzoat mit 3,5 g NB u. 15 mg Benzoylperoxid in CCl_4; aus Aceton/Bzl. Nadeln; 0,4 g. — $\Delta^{3.5}$-Cholestadien-7-one: *6-Brom-* (**VIII**), $C_{27}H_{41}BrO$, F. 149—151°, a) durch 10std. Kochen von 15 g **VI** in abs. Pyridin, Abdampfen des Lsgm., Zugabe von Methanol u. Chromatographie an Al_2O_3; aus A./Bzl. Blättchen; $[\alpha]_D^{25}$ —286° (c = 1,02; Chlf.); 4 g; daneben wenig **I**; b) durch 2std. Kochen von 3β-Acetoxy-5.6-dibromcholestan-7-on in Pyridin; daneben **I**. — *4-Brom-* (**VII**), $C_{27}H_{41}BrO$, F. 120° (A.), a) durch 8std. Kochen von 6,5 g **VI** mit K-Acetat in A.; aus Aceton Prismen; $[\alpha]_D^{26}$ —212° (c = 1,27; Chlf.); 3 g; b) durch 1std. Kochen von 1 g **VI** mit HCl in A./Dioxan; 0,4 g; c) durch Behandlung von 1 g **IX** mit HBr in Essigsäure, Zugabe von W. nach 40 Min. langem Stehen bei 30° u. Chromatographie an Al_2O_3; 0,35 g. — *4-Anilino-* (**X**), $C_{33}H_{47}NO$, F. 129—130°, durch 1std. Kochen von 5 g **VI** mit Anilin in Xylol; aus A. blaßgelbe Nadeln; $[\alpha]_D^{25}$ —72° (c = 1,0; Chlf.); 1 g. — *3α.4α-Epoxy-Δ^{5}-cholesten-7-on* (**IX**), $C_{27}H_{42}O_2$, F. 127—128° (Ae.), durch 24std. Stehen eines Gemisches aus 3,82 g **I** in Chlf./Ae. mit Perphthalsäure bei 25°; $[\alpha]_D^{25}$ —144°; aus A. Schuppen; 1,8 g.

P.-G. Dietrich 3700△

0928 **Untersuchungen über Steroide.** 25. Mitt. **Bromderivate von Cholestenon.** 2. Mitt. Saburo Akagi. (Chem. pharmac. Bull. [Tokyo] **9**, 470—75, 1961; engl.) — 24. bzw. 1. vgl. vorst. Referat. — Beim Behandeln von 3α.4α-Epoxy-Δ^{5}-cholesten-7-on (**I**) mit HBr wird das *Bromhydrin* u. daraus dessen *Acetat* (**II**) u. *Benzoat* (**III**) erhalten. Aus **II** entsteht bei der Hydrierung in Ggw. von Raney-Ni oder beim Kochen mit Zn/A. *$\Delta^{3.5}$-Cholestadien-7-on* (**VII**), während beim Schütteln von **II** mit Raney-Ni in Essigsäure *Δ^{5}-Cholesten-7-on* erhalten wird. **II** u. **III** reagieren mit HCl/A. unter Abspaltung der Benzoyloxy- oder Acetoxygruppe unter Bldg. von *4-Brom-$\Delta^{3.5}$-cholestadien-7-on* (**IV**). **I** wird in Ggw. von Raney-Ni zu *Cholestan-7-on* hydriert. Beim Erhitzen in Pyridin oder Kollidin wird **III** unter Wanderung des Br-Atoms von $C_{(4)} \rightarrow C_{(6)}$ in *6-Brom-$\Delta^{3.5}$-cholestadien-7-on* (**V**) umgewandelt. **VII** gibt mit 1 Mol Br_2 *3α.4β-Dibrom-Δ^{5}-cholesten-7-on* (**X**), das beim Kochen in Pyridin in **V** übergeht. Bei der Bromierung von **IV** entsteht *3.4.4-Tribrom-Δ^{5}-cholesten-7-on* (**VI**), während aus **V** mit 1 Mol Br_2 *3.4.6-Tribrom-Δ^{5}-cholesten-7-on* (**VIII**) erhalten wird, das mit Pyridin zu **V** entbromiert wird. In gleicher Weise entsteht aus **VI** *4.6-Dibrom-$\Delta^{3.5}$-cholestadien-7-on*. **V** liefert mit Perphthalsäure *3α.4α-Epoxy-6-brom-Δ^{5}-cholesten-7-on*, das mit HBr ein *Bromhydrin* bzw. nach Acetylierung *3α-Acetoxy-4β.6-dibrom-Δ^{5}-cholesten-7-on* (**IX**) gibt. Letzteres wird durch Hydrierung an Raney-Ni in **V** zurückgeführt. UV-Maxima sind angegeben.

Versuche: *3α-Hydroxy-4β-brom-Δ^{5}-cholesten-7-on*, durch 1½std. Stehen von 10 g **I** in Aceton mit HBr u. Zugabe von W.; 11 g (Ausbeute). *Benzoat* (**III**), $C_{34}H_{47}BrO_3$, F. 133—133,5°, aus Aceton Prismen; $[\alpha]_D^{25}$ —136° (c = 1,0; Chlf.). *Acetat* (**II**), $C_{29}H_{45}BrO_3$, F. 107—108°, aus Ae./Methanol Nadeln; $[\alpha]_D^{25}$ —102° (c = 1,0; Chlf.). — *$\Delta^{3.5}$-Cholestadien-7-on* (**VII**), F. 111—112°, a) durch 2std. Kochen von 0,25 g **III** mit Zn in A.; aus A. Blättchen; 0,15 g; b) durch Hydrieren von 0,5 g **II** in Dioxan in Ggw. von Raney-Ni bei Raum-Temp.; 0,2 g. — *Δ^{5}-Cholesten-7-on*, $C_{27}H_{44}O$, F. 125—126°, durch 40 Min. langes Schütteln von **II** in Essigsäure mit Raney-Ni; aus A. Blättchen. — *Cholestan-7-on*, F. 114—115°, durch Hydrierung von 1 g **I** in Dioxan in Ggw. von Raney-Ni; aus A. Blättchen; 0,6 g. — *3α.4β-Dibrom-Δ^{5}-cholesten-7-on* (**X**), $C_{27}H_{42}Br_2O$, F. 120—123° (Zers.), durch Zugabe von Br_2 zu

2 g **VII** in Eisessig bei Raum-Temp. u. Zusatz von Methanol; aus Ae./Methanol Nadeln; $[\alpha]_D^{25}$ −119° (c = 1,01; Chlf.); 1 g. — *6-Brom-$\Delta^{3.5}$-cholestadien-7-on* (**V**), $C_{27}H_{41}BrO$, F. 148 bis 150°, a) durch 3½std. Kochen von 15 g **X** in Pyridin, Einengen im Vakuum u. Zugabe von Methanol; aus A. Blättchen; $[\alpha]_D^{25}$ −306° (c = 1,01; Chlf.); 10 g; b) durch 6std. Kochen von 1 g **III** in Pyridin; 0,8 g; c) durch 1std. Erhitzen von **III** in Kollidin; d) durch 2std. Kochen von 0,5 g **VIII** in Pyridin; 0,3 g; e) durch Hydrierung von 0,5 g **IX** in Dioxan in Ggw. von Raney-Ni; 0,4 g. — *4-Brom-$\Delta^{3.5}$-cholestadien-7-on* (**IV**), F. 118—120°, a) durch 1½std. Kochen von 0,5 g **III** mit HCl in Dioxan/A. (2 : 10); aus A. Nadeln; 0,2 g; b) durch 2tägiges Stehen von 0,5 g **X** in Essigsäure mit HBr bei Raum-Temp. u. Verdünnen mit W.; 30 mg. — *3.4.4-Tribrom-Δ^5-cholesten-7-on* (**VI**), F. 147° (Zers.), durch Bromierung von 0,5 g **IV** in Chlf.; aus Chlf./Essigsäure Nadeln; $[\alpha]_D^{26}$ −126° (c = 1,02; Chlf.); 0,3 g. — *4.6-Dibrom-$\Delta^{3.5}$-cholestadien-7-on*, F. 186—187°, durch 1std. Kochen von 1,2 g **VI** in Pyridin, Einengen im Vakuum u. Behandeln mit Methanol; aus A. Nadeln; 0,1 g. — *3α.4α-Epoxy-6-brom-Δ^5-cholesten-7-on*, $C_{27}H_{41}BrO_2$, F. 133°, durch 48std. Stehen von 3 g **V** in Chlf. mit Perphthalsäure in Ae.; aus Ae./A. Platten; $[\alpha]_D^{25}$ −150° (c = 1,0; Chlf.); 1,5 g. — *3α-Acetoxy-4β.6-dibrom-Δ^5-cholesten-7-on* (**IX**), $C_{29}H_{44}Br_2O_3$, F. 161 bis 166° (Zers.), durch 35 Min. langes Stehen von 3,6 g vorst. Verb. mit HBr in Eisessig bei Raum-Temp., Verdünnen mit W. u. Acetylierung des erhaltenen *Bromhydrins* (3,4 g) in Pyridin; aus A./Bzl. Prismen; $[\alpha]_D^{25}$ +72° (c = 1,0; Chlf.); 0,6 g. — *3.4.6-Tribrom-Δ^5-cholesten-7-on* (**VIII**), $C_{27}H_{41}Br_3O$, durch Bromieren von 2 g **V** in Eisessig u. CCl_4, Zugabe von Methanol bis zur Trübung u. mehrstd. Stehen; aus Ae./Methanol Blättchen; $[\alpha]_D^{25}$ +40° (c = 1,0; Chlf.); 1,5 g.
P.-G. Dietrich 3700△

0929 **Untersuchungen über Steroide.** 26. Mitt. **Bromderivate vom Cholestadienon.** Saburo Akagi und Yutaka Okada. (Chem. pharmac. Bull. [Tokyo] **9**, 476—79, 1961; Tokyo, Takamine Res. Labor.; Sankyo Co. Ltd., Shinagawa Plant; engl.) — 25. vgl. vorst. Ref.; 27. vgl. C. **1963**, 15437. — Die Bromierung von $\Delta^{3.5}$-Cholestadien-7-on mit N-Bromsuccinimid gibt ein *2-Brom-Deriv.* (**I**), das nach Dehydrobromierung *$\Delta^{1.3.5}$-Cholestatrien-7-on* (**II**) neben einem *Isomeren* liefert. **II** geht durch Hydrierung an Raney-Ni in *5α-Cholestan-7-on* (**VI**) über, bei unvollständiger Hydrierung entsteht daneben *Δ^5-Cholesten-7-on.* Weiter gibt **II** mit Maleinsäureanhydrid ein *Addukt* (**III**), das auf Grund der UV- u. IR-Spektren die Struktur von **II** bestätigt. **III** läßt sich zum *$\Delta^{1.3}$-Cholestadien-7-on-Maleinsäureanhydridaddukt* hydrieren u. mit Alkali leicht zum *Maleinsäureaddukt* (**V**) hydrolysieren, das einen *Dimethylester* u. ein *2.4-Dinitrophenylhydrazon* bildet. **I** gibt mit Anilin bei 100° *2-Phenylamino-$\Delta^{3.5}$-cholestadien-7-on* neben wenig *2-Phenylamino-7-phenylimino-$\Delta^{3.5}$-cholestadien* (**IV**). Bei 130—135° entsteht dagegen nur **IV**. UV- u. IR-Maxima sind angegeben.

Versuche: *$\Delta^{1.3.5}$-Cholestatrien-7-on* (**II**), $C_{27}H_{40}O$, F. 121°, durch 3std. Erhitzen von **I** in Methyläthylkollidin auf 190—200°, Verdünnen mit PAe., Abfiltrieren vom ausgeschiedenen Methyläthylkollidinhydrobromid, Eindampfen, Lösen des Rückstandes in heißem Methanol, Abfiltrieren krist. Substanz (**A**), Einengen des Filtrats, Chromatographie in PAe. an Al_2O_3 u. Eluieren mit Ae./Bzl. (1 : 1); aus Methanol/PAe. gelbe Blättchen; 70% (Ausbeute); daneben aus **A** 6% *Isomeres* [$C_{27}H_{40}O$, F. 203° (Essigester)]. — *2-Pyridinio-$\Delta^{3.5}$-cholestadien-7-onbromid* (?), durch 2std. Erhitzen von **I** in Pyridin auf 120°. — **II**-*Maleinsäureanhydridaddukt* (**III**), $C_{31}H_{42}O_4$, F. 174 bis 176°, durch 8std. Erhitzen von 1 g **II** mit Maleinsäureanhydrid in Xylol auf 135°; aus Aceton Platten; $[\alpha]_D^{25}$ −118° (c = 1,08; Chlf.); 740 mg. — **II**-*Maleinsäureaddukt* (**V**), durch ¼std. Schütteln von 1,2 g **III** mit 1n KOH/Methanol, Ansäuern mit HCl u. Extraktion mit Ae.; Öl; 1,2 g. *2.4-Dinitrophenylhydrazon*, $C_{37}H_{48}N_4O_8$, F. 152—154°, aus Methanol tieforangefarbenes Pulver. *Dimethylester*, $C_{33}H_{48}O_5$, F. 147 bis 149°, aus 700 mg **V** mit CH_2N_2 in Ae., aus Methanol Schuppen; 600 mg. — *2-Pyridinio-$\Delta^{3.5}$-cholestadien-7-onbromid*, durch 2std. Erhitzen von **I** in Pyridin auf 120°. — *$\Delta^{1.3}$-Cholestadien-7-on, Maleinsäureanhydridaddukt*, $C_{31}H_{44}O_4$, F. 178—180°, durch Hydrieren von **III** an Raney-Ni in Dioxan; aus Aceton mit PAe. Nadeln; $[\alpha]_D^{25}$ +147° (c = 1,19; Chlf.). — *5α-Cholestan-7-on* (**VI**), $C_{27}H_{46}O$, F. 112—114°, durch 1std. Hydrieren von 500 mg **II** in Dioxan in Ggw. von Raney-Ni; aus A. Schuppen; 350 mg. — *Δ^5-Cholesten-7-on*, $C_{27}H_{44}O$, F. 127—128°, analog **VI** aus 300 mg **II** mit 2,5 Mol H_2 u. Chromatographie an Al_2O_3; aus A. Blättchen; 80 mg; daneben 70 mg **VI**. — *2-Phenylamino-$\Delta^{3.5}$-cholestadien-7-on*, $C_{33}H_{47}NO$, F. 247—249° (PAe.), durch 1½std. Erhitzen von **I** mit Anilin in Bzl. auf 100°; $[\alpha]_D^{25}$ +3,7° (c = 1,06; Chlf.); daneben **IV**. — *2-Phenylamino-7-phenylimino-$\Delta^{3.5}$-cholestadien* (**IV**), $C_{39}H_{52}N_2$, F. 210—211°, durch 1½std. Erhitzen von 500 mg **I** in Anilin auf 130—135°; aus PAe. gelbe Nadeln; 380 mg.
P.-G. Dietrich 3700△

0930 **Untersuchungen über die Bestandteile von Coix-Species.** 1. Mitt. **Über die Inhaltsstoffe der Wurzel von Coix Lachryma Jobi L.** Takaji Koyama und Masatoshi Yamato. (J. pharmac. Soc. Japan [Yakugakuzasshi] **75**, 699 bis 701, Juni 1955; Kumamoto, Univ. of Kumamoto, Pharmac. Fac.; jap., Auszug: engl.) — Die Wurzel von *Coix Lachryma* Jobi L. wird extrahiert u. *Palmitin-* u. *Stearinsäure* aus der sauren Fraktion isoliert. Aus dem alkalilösl. Anteil wird eine neue Verb., *Coixol*, $C_8H_7NO_3$, F. 151—152°, isoliert, die in PAe. unlösl. ist. Aus der Sterinfraktion erhält man *Stigmasterin*, $C_{29}H_{48}O$, F. 169,5—170°; $[\alpha]_D^{20}$ −45,02° (Chlf.), *β-*, $C_{29}H_{50}O$, F. 135,5—136°; $[\alpha]_D^{20}$ −37,01° (Chlf.), u. *γ-Sitosterin*, $C_{29}H_{50}O$, F. 142—143°; $[\alpha]_D^{20}$ −42,02° (Chlf.), u. aus dem wasserlösl. Anteil erhält man *KCl* u. *Glucose*, identifiziert als *Osazon*, $C_{18}H_{22}N_4O_4$, F. 210—211°. W. Mucke 3700△

0931 **Östrogene.** 4. Mitt. **Die Synthese von 2- und 4-Alkylöstronen.** Tad L. Patton. (J. org. Chemistry **27**, 910—14, 1962; Houston, Tex., Univ., M. D. Anderson Hosp.; Tumor Inst., Sect. of Exp. Med.; engl.) — 3. vgl. C. **1963**, 17318. — Durch Kochen von Östronallyläther in Diäthylanilin unter N_2 werden *2-* (**I**) u. *4-Allylöstron* (**II**) erhalten. **I** liefert durch Hydrierung an 5%ig. Pd-Kohle *2-n-Propylöstron* (**V**) mit 80—85%ig. Ausbeute; analog entsteht aus **II** *4-n-Propylöstron* (**VI**) zu 75—80%. Die Konstit. beider Hydrierungs-Prodd. werden durch die IR-Spektren bestätigt. Die Nitrierung von **I** in Eisessig bei Raum-Temp. führt zu *2-Allyl-4-nitroöstron* (**VII**), während aus **II** analog *2-Nitro-4-allylöstron* (**VIII**) entsteht, deren UV-Spektren sich auf Grund ster. Resonanz in gleicher Weise wie die von 4-Nitro- (**IX**) u. 2-Nitroöstron (**X**) unterscheiden. *2.4-Diallylöstron* wurde aus dem Gemisch der Allyläther von **I** u. **II** dargestellt. Das Prod. lieferte durch Hydrierung *2.4-Di-n-propylöstron. Östron-3-crotyläther* (**III**) wurde aus Östron (**IV**) u. Crotylchlorid (**XI**) erhalten. **III** wurde zu *3-n-Butylöstron* hydriert, das auch aus **IV** u. Butyljodid (**XII**) synthetisiert wurde. Die Claisen-Umlagerung von **III** führte zu *2-[α-Methallyl]-östron.* IR-Maxima von **I**, **II**, **V**, **VI**, 2-Methylöstron u. 4-Methylöstradiol sowie die UV-Maxima von **VII**, **VIII**, **IX** u. **X** in A. u. wss. NaOH sind angegeben.

Versuche: *Östron-3-allyläther*, F. 108—109°. — Östrone: *2-Allyl-* (**I**), $C_{21}H_{26}O_2$, F. 186—187°, aus vorst. Äther durch 6std. Kochen in Diäthylanilin unter N_2, nach Aufarbeitung Chromatographie an Al_2O_3; 28% (Ausbeute). *Acetat*, $C_{23}H_{28}O_3$, F. 112,5—120°. — *4-Allyl-* (**II**), $C_{21}H_{26}O_2$, F. 131—132°; neben **I**; 58%. *Acetat*, $C_{23}H_{28}O_3$, F. 104—104,8°. — *2-n-Propyl-* (**V**), $C_{21}H_{28}O_2$, F. 192,5—193° (A.), aus **I** durch Hydrierung an Pd/Kohle in A. in 2 Std. bei 60 lbs./sq.in.; 80%. *Acetat*, $C_{23}H_{30}O_3$, F. 111°. — *4-n-Propyl-* (**VI**), $C_{21}H_{28}O_2$, F. 174—175° (A.), analog **V** aus **II**; 80%. *Acetat*, $C_{23}H_{30}O_3$, F. 128—129°. — *2-Allyl-4-nitro-* (**VII**), $C_{21}H_{25}NO_4$, F. 185 bis 186°, aus 200 mg **I** in Eisessig durch Stehen über Nacht mit HNO_3 bei Raum-Temp. u. Chromatographie an Al_2O_3; 92 mg. — *2-Nitro-4-allyl-* (**VIII**), $C_{21}H_{25}NO_4$, F. 77—78° (A.), analog **VII** aus 200 mg **II**; 110 mg. — *2.4-Diallyl-*, $C_{24}H_{30}O_2$, F. 121,5—122° (A.), aus dem **I**/**II**-Gemisch (1 g) in alkohol. Na-Äthylat-Lsg. durch Zugabe von Allylbromid u. 3std. Kochen u. 18std. Erhitzen in Dimethylanilin auf 190° unter N_2; 680 mg. — *2.4-Di-n-propyl-*, $C_{24}H_{34}O_2$, F. 122—122,5° (A.), durch Hydrierung vorst. Verb. an 10%ig. Pd-Kohle bei Raum-Temp. u. 60 lbs./sq.in. in 3 Std. in A.; 88%. — *2-[α-Methallyl]-*, $C_{22}H_{28}O_2$, F. 211—211,5° (Bzl.), aus **III** durch 12std. Kochen unter N_2 in N.N-Diäthylanilin u. Chromatographie an Al_2O_3; 58%. *Acetat*, $C_{24}H_{30}O_3$, F. 134,5°. — *Östron* (**IV**), *3-Crotyläther* (**III**), $C_{22}H_{28}O_2$, F. 107° (A.), aus **IV** in alkohol. Na-Äthylat-Lsg. durch Zugabe von **XI** in 1 Std. u. 18std. Rühren bei Raum-Temp.; 81%. *3-n-Butyläther*, $C_{22}H_{30}O_2$, F. 107—107,5° (A.), a) aus 1,35 g **IV** in alkohol. Na-Äthylat durch Zugabe von **XII** u. Kochen über Nacht; 1,1 g; b) aus 200 mg **III** durch Hydrierung an Pd/Kohle in A.; 93 mg.
D. Kirstein 3750◇

0932 **Die Photodehydrierung von Harzsäuren.** Walter H. Schuller und Ray V. Lawrence. (J. org. Chemistry **28**, 1386—87, 1963; Olustee, Fla., Naval Stores Labor.; engl.) — Durch Bestrahlung von Lävopimarsäure (**II**) in Ggw. von 0,5 Mol Erythrosin B (**I**)/Liter bzw. von Palustrinsäure (**III**) in Ggw. von 1 Mol **I**/Liter wird *Dehydroabietinsäure* (**IV**) erhalten, während Neoabietinsäure ein Gemisch aus vier Stoffen liefert. Abietinsäure, Pimarsäure, Isopimarsäure u. **IV** erleiden durch Bestrahlung in Ggw. von **I** keine Veränderung. Die Bestrahlung von **II** in Ggw. einer katalyt. Menge von **I** u. einer molaren Menge Nitromethan (**V**) führt ebenfalls zu **IV**. IR-Maxima sowie die Daten der Gaschromatographie s. Original.

Versuche: *Dehydroabietinsäure* (**IV**), F. 171—173° (A.), a) durch 30std. Bestrahlung einer Lsg. von **I** u. **II** in A. bei 30°, Einengen zur Trockne, Extraktion mit Ae., Waschen mit W., Einengen in Aceton, Darst. des *Cyclohexylaminsalzes* [33% (Ausbeute)], Spaltung mit wss. Lsg. H_3PO_4/Ae., Chromatographie an SiO_2 u. Eluieren mit Bzl.; $[\alpha]_D^{25}$ +62,7° (c = 1,1); 20%; b) durch 40std. Bestrahlung von 21,6 g **I** u. 7,42 g **III** analog a); $[\alpha]_D^{26}$ +62,8° (c = 1,1); 1,29 g; liefert mit Diazomethan eine *Verb.* mit $[\alpha]_D^{25}$ +38°; daneben 0,26 g einer *Verb.* mit $[\alpha]_D^{26}$ +64,2° (c = 1,0); 21%; c) durch 54½std. Bestrahlung von 7,55 g **II**, 0,125 g **I** u. 13,4 ml **V** in A. analog a); $[\alpha]_D^{25}$ +64°; 1,02 g; daneben 0,28 g einer *Verb.* mit $[\alpha]_D^{28}$ +61,3°; 17%. H. Dalmer 3950△

D. Makromolekulare Chemie

0933 **Einige stochastische Prozesse in polymeren Systemen.** Jacob Mazur. (J. chem. Physics **38**, 193—201, 1963; Nat. Bur. of Standards; engl.) — Theoret. Untersuchung. C. Gottfried 4000△

0934 **Elektrische Leitfähigkeit von Chelatpolymeren.** A. P. Terentjew, W. W. Rode, Je. G. Ruchadse, W. M. Wosshennikow, S. W. Swonkowa und L. I. Badshadse. (Ber. Akad. Wiss. UdSSR **140**, 1093—95, 1961; Moskau, Univ., Physikal.-chem. Karpow-Inst.; russ.) — Die elektr. Leitfähigkeit von *Chelatpolymeren* von Cu^{2+}, Zn^{2+}, Ni^{2+}, Fe^{2+}, Co^{2+} u. Cd^{2+} wurde in Abhängigkeit von der Struktur untersucht. Wie auch bei anorgan. Halbleitern hängt die elektr. Leitfähigkeit von polymeren Chelaten hauptsächlich von der Art der Bindungen des Metallatoms u. der organ. Reste ab. Helmut Schäfer 4000△

0935 **Hydrodynamik von Lösungen Polymerer.** 3. Mitt. **Einfluß von Volumeneffekten auf die Lichtstreuung und die Reibungskonstante der Makromoleküle in Lösung.** O. B. Ptitzyn und Ju. Je. Eisner. (Hochmolekulare Verbind. [UdSSR] **1**, 966—77, 1959; Inst. für hochmol. Verbb. der Akad. der Wiss. der UdSSR; russ., Auszug: engl.) — 1. vgl. C. **1959**, 16660. — Erörterung u. mathemat. Behandlung des Einfl. von Vol.-Effekten auf die Lichtstreuung polymerer Knäuel, die Reibungs-Konst. u. die Grenzviscosität von Makromoll. in Lösung. Helmut Schäfer 4000△

0936 **Monte Carlo-Untersuchung von Molekülen vom Knäueltyp.** 1. Mitt. **Makromolekulare Konfigurationen.** Frederick T. Wall, Stanley Windwer und Paul J. Gans. (J. chem. Physics **38**, 2220—27, 1963; Urbana, Ill., Univ., Noyes Chem. Labor.; engl.) — Theoret. Untersuchung. C. Gottfried 4000△

0937 **Monte Carlo-Untersuchung von Molekülen. vom Knäueltyp.** 2. Mitt. **Statistische Thermodynamik.** Frederick T. Wall, Stanley Windwer und Paul J. Gans. (J. chem. Physics **38**, 2228—32, 1963; engl.) — 1. vgl. vorst. Referat. — Fortsetzung der l. c. begonnenen theoret. Untersuchungen. C. Gottfried 4000△

0938 **Unbeschränkte Rotation in Polymeren mit diskreten Rotationszuständen.** Jack B. Carmichael und Jack B. Kinsinger. (J. Polymer Sci., Part A **1**, 2459—65, 1963; East Lansing, Mich., Michigan State Univ., Dep. of Chem.; engl.) — Eine Polymerkette mit gleichwahrscheinlichen, aber diskreten Rotationszuständen wird von Vff. eine Kette mit unbeschränkter („unrestricted") Rotation genannt; nur wenn die einzelnen Rotationszustände ebenfalls gleichwahrscheinlich sind, ist die unbeschränkte Rotation ident. mit der „freien" Rotation. Für die mittleren Kettenendenabstände sind entsprechend die Größen $\overline{r_u^2}$ u. $\overline{r_0^2}$ zu unterscheiden. Das Verhältnis $\beta = \overline{r_0^2}/\overline{r_u^2}$ stellt ein Maß für die Kettensteifheit oder die Konformationsordnung dar. β-Werte werden für *Polydimethylsiloxan, Polyäthylen*, isotakt. *Polypropylen* u. *Polyisobutylen* angegeben. O. Fuchs 4000◇

0939 **Eine neue und schnelle Methode zur Bestimmung des Molekulargewichtes wasserlöslicher linearer Polymerer durch Messung der Absetzgeschwindigkeit von Tonsuspensionen.** Yūkichi Toyoshima. (Bull. chem. Soc. Japan **34**, 1734—36, 1961; Kamikizaki, Urawa, Nitto Inst. of Chem. Res.; engl.) — Vf. untersuchte quant. Beobachtungen anderer Autoren, wonach eine Beziehung besteht zwischen der behinderten Sedimentations-Geschw. v von Tonsuspensionen unter Zusatz eines linearen Polymeren u. dem Molgew. des Polymeren. Method. wurde derart vorgegangen, daß die Tonsuspension nach Zusatz des Polymeren in einem 67,3 cm langen Sedimentationsrohr zunächst 15 Min. rotiert wurde u. hierauf bei 30,0±0,1° die Sedimentations-Geschw. gemessen wurde. Gleichzeitig wurde die spezif. Viscosität $[\eta]$ des frisch in einer 1 m $NaNO_3$-Lsg. gelösten Polymeren bei 30,00±0,01° gemessen. Untersucht wurden auf diese Weise die folgenden Polymeren: Teilweise hydrolysiertes *Polyacrylamid* (**I**), *Polyvinylalkohol, Na-Carboxymethylcellulose, Polyvinylpyrrolidon, Stärkedialdehyd, Agar, Gelatine* u. *Polyäthylenoxid*. In allen Fällen wurde eine lineare Beziehung zwischen v u. $[\eta]$ festgestellt. Für **I** ist $v = K\cdot[\eta] + a$ u. $[\eta] = 3{,}73\cdot10^{-4}\cdot M$ exp. 0,66 (M = Molgew.). Die beiden Gleichungen geben $\log(v - a) = 0{,}66 \log M + \log(3{,}73\,K\cdot10^{-4})$, wobei K eine Konst. u. a die Sedimentations-Geschw. des Tons ohne Zusatz des Polymeren bedeutet. Trägt man nun M graph. gegen $\log(v - a)$ auf, dann erhält man wieder eine lineare Beziehung. Mit Hilfe dieser Meth. läßt sich schnell das Molgew. eines unbekannten **I** bestimmen. C. Gottfried 4000△

0940 **Untersuchungen der Molekulargewichtsverteilung und der Eigenschaften verdünnter Lösungen.** 1. Mitt. **Die aus Sedimentations- und Diffusionskonstanten polymerer Lösungen ermittelten durchschnittlichen Molekulargewichte.** Nobuo Yamada und Hideomi Matsuda. (Chem. High Polymers [Tokyo] **18**, 110—14, 1961; Kichijozo, Musashino, Tokyo, Electr. Communication Labor.; jap., Auszug: engl.) — Das nach der Svedberg-Gleichung aus Sedimentations- u. Diffusionsmessungen berechnete durchschnittliche Molgew. $\overline{M}_{SD}$ ergibt sich aus der Gleichung $\overline{M}_{SD} = \sum_i w_i M_i^{1-\gamma} / \sum_i w_i M_i^{-\gamma}$. Für γ gilt $D = K_{III}\cdot M^{-\gamma}$ (M = Molgew., D Diffusions-Konst.). Außerdem gilt: $\overline{M}_{SD} = \overline{M}_w - (\overline{M}_w - \overline{M}_n)\gamma$, wobei $\overline{M}_w$ u. $\overline{M}_n$ die Gew.- bzw. Zahlenmittel des Molgew. sind. M. Hagedorn 4000◇

0941 **Untersuchungen der Molekulargewichtsverteilung und der Eigenschaften verdünnter Lösungen.** 2. Mitt. **Die aus Sedimentations- und Diffusionskonstanten polymerer Lösungen ermittelten durchschnittlichen Molekulargewichte (Versuchsteil).** Nobou Yamada und Hideomi Matsuda. (Chem. High Polymers [Tokyo] **18**, 114—19, 1961; jap., Auszug: engl.) — 1. vgl. vorst. Referat. — Die theoret. Beziehungen werden durch Sedimentations- (S), Diffusions-(D) u. Lichtstreuungsmessungen an *Polystyrolen* in Butanon-Lsgg. bestätigt. Aus den S- u. D-Messungen werden die Molgew.-Verteilungskurven konstruiert. Berechnete Werte für $\overline{M}_{SD}$, $\overline{M}_w$ u. $\overline{M}_n$ stimmen mit den beobachteten gut überein; auch wird die Beziehung $\overline{M}_{SD} = \overline{M}_w - \gamma\cdot(\overline{M}_w - \overline{M}_n)$ experimentell gestützt. Für die Beziehungen zwischen dem Molgew. u. den S- u. D-Konst. gilt: $S_0 = 4{,}09\cdot10^{-15}\,M^{0,47}$ u. $D_0 = 3{,}43\cdot10^{-4}\,M^{-0,53}$. M. Hagedorn 4000◇

0942 **Die Adsorption biegsamer Makromoleküle.** 1. Mitt. **Das an einer ebenen Grenzfläche isolierte Makromolekül.** A. Silberberg. (J. physic. Chem. **66**, 1872—83, 1962; Pittsburgh, Pa., Mellon Inst.; engl.) — Vf. behandelte theoret. die Adsorption eines isolierten linearen polymeren Mol. von hohem Molgew. an einer unendlichen Oberflächenebene, wobei speziell die Frage einer möglichen Gleichgewichtskonfiguration untersucht wurde u. wobei verlangt war, daß wenigstens einige der Segmente im Kontakt mit der Oberfläche sind u. wobei ferner angenommen wurde, daß für jedes so liegende Segment die innere Energie des Syst. durch eine Adsorptionsenergie x red. wird. Es kann gezeigt werden, daß das polymere Mol. in Folgen von Segmenten aufgespalten wird, in Segmente, die alle in der Oberfläche liegen u. Segmentschleifen, die alle außerhalb der Oberfläche liegen. Die Längen der Schleifen werden abnehmen u. der Bruchteil p der Segmente in der Oberfläche wird zunehmen, wenn die Adsorptionsenergie x größer wird. Für ein vollständig adsorbierbares Mol. an einer vollständig adsorbierenden Oberfläche sind die Schleifen klein u. p groß, auch für kleine Werte von x. Solche polymeren Moll. liegen prakt. mit all ihren Segmenten nahe der Oberfläche u. verhalten sich wie zweidimensionale Strukturen. In den Fällen, in denen nicht alle Oberflächenplätze adsorbierend sind u. nicht alle Segmente adsorbierbar sind, nimmt die Größe der Schleife beträchtlich zu, u. es werden höhere Adsorptionsenergien benötigt. C. Gottfried 4000△

0943 **Die Adsorption biegsamer Makromoleküle. 2. Mitt. Die Form des adsorbierten Moleküls; die Adsorptionsisotherme, die Oberflächenspannung und der Oberflächendruck.** A. Silberberg. (J. physic. Chem. **66**, 1884–1907, 1962; engl.) — 1. vgl. vorst. Referat. — Vf. gibt zunächst an Hand der Literatur einen Überblick über die Adsorption von Makromoll. an der Oberfläche, speziell über die Abhängigkeit der Konz., der Temp. u. des Molgew. von der Adsorptionsisotherme sowie über die Oberflächenspannung, den Oberflächendruck u. die Form des adsorbierten Makromoleküls. An Hand eines Modells wurde zuerst gefunden, daß die Adsorption einen Plateauwert erreicht, der innerhalb eines großen Konz.-Bereiches erhalten bleibt. Dieser Plateauwert ist abhängig vom Molgew. u. nimmt mit größer werdendem Molgew. zu u. wird schließlich unabhängig vom Molgew., wenn dieser sehr hoch ist. Trotzdem liegen die Moll. prakt. flach in der Oberfläche. Etwa die Hälfte der Segmente liegt prakt. in der Oberfläche u. die adsorbierte Schicht ist sehr dünn. Die Form des adsorbierten polymeren Mol. ist fast unabhängig von der Konz. u. dem Molgew., hängt jedoch stark von den Faktoren ab, die die Anpassung des Polymeren an die Oberfläche beschränken. Weiter wurde gefunden, daß das Dekrement der Oberflächenspannung u. der Oberflächendruck für sehr verd. Polymeren-Lsgg. nahezu gleich sind. Oberflächenspannung u. Adsorption stehen in Zusammenhang mit der bekannten Gibbsschen Gleichung. C. Gottfried 4000△

0944 **Physik der halbkristallinen Polymeren.** Arthur V. Tobolsky. (J. chem. Physics **37**, 1135–45, 1962; Princeton, N.J., Princeton Univ., Frick Chem. Labor.; engl.) — Theoret. Arbeit, in der die physikal. Eigg. von halbkristallinen Polymeren unter folgenden Gesichtspunkten diskutiert werden: Mol.-Abmessungen von orientierten u. nichtorientierten Ketten; statist. Thermodynamik; Zustandsgleichung für halbkristalline Polymerketten. O. Fuchs 4000◇

0945 **Kristallisieren und Schmelzen von verschiedenen Hochpolymeren nach röntgenographischen Messungen.** H. G. Kilian. (Kolloid-Z. **176**, 49–62, 1961; Aachen, TH, Inst. für phys. Chem.; dt.) — Vf. verfolgte zuerst das Kristallisieren aus unterkühlten Schmelzen röntgenograph. an *Polytetrafluoräthylen, Polyurethan, Polyterephthalsäureäthylenglykolester* (**I**) u. *Polymonochlortrifluoräthylen.* In allen Fällen wurde bei den niedrigsten Temp., bei denen die Polymeren zu kristallisieren beginnen, eine Pseudostruktur ausgebildet; außer bei **I** ist diese Pseudostruktur pseudohexagonal. Es wird offenbar durch statist. unregelmäßige Verdrillung der Atomgruppen innerhalb der einzelnen Moll. im Mittel ein rotationssymm. Querschnitt realisiert, der zu einer hexagonal dichtesten Packung führt. Bei **I** können sich die Benzolringe weitgehend parallelisieren u. es entsteht im statist. Mittel ein ellipt. Mol.-Querschnitt, wodurch sich bei dichter Pakkung eine pseudotrikline Struktur ergibt. In allen Fällen ist das Gitter der Pseudostruktur im Vgl. zur Kristallstruktur aufgeweitet. Es ist dies zweifellos eine Folge des im Mittel größeren Mol.-Querschnitts, den das intramol.-ungeordnete Mol. im Vgl. zum geordneten Mol. besitzt. Diese Gitteraufweitung fällt bei **I** auffallend klein aus; dies ist vermutlich darauf zurückzuführen, daß die intramol. Ordnung infolge der weitgehend parallelisierten Benzolkerne wenigstens schon teilweise eingestellt ist. Das Gitter der Pseudokristalle ist außerdem stärker gestört als das der vollkommenen Kristalle. Vf. bespricht hierauf das stufenweise Wachsen des Kristallisationsgrades α als Funktion der Kristallisations-Temp. T_K. Die Stufe der Pseudostruktur ist dad. gek., daß α zu höheren Temp. hin nur wenig zunimmt, u. daß stets Pseudokristalle entstehen, u. daß ferner etwa gleich große Kristalle gebildet werden. Mit Beginn der Umwandlung in die dreidimensionale, vollkommene Gitterstruktur nimmt α wieder stärker zu. Offenbar können bestimmte Hemmungen, die an Verzweigungen oder Verschlaufungen im Amorphen vorliegen, erst überwunden werden, wenn die Kristallvernetzung durch Beweglichkeit der Moll. in den Kristallen wenigsten teilweise aufgehoben wird. Die beobachtete Zunahme der Langperiode während des Strukturwechsels Pseudostruktur → Kristallstruktur wird dem selektiven Aufschmelzen der kleinsten Teilchen bei gleichzeitigem Wachsen der stabilen Kristalle zugeschrieben. Dies führt zu der Auffassung, daß das Schmelzen der Hochpolymeren in einem Temp.-Intervall von der mittleren Kristallitgröße u. von der Kristallitgrößenverteilung abhängt. Beide Größen können durch unterschiedliche therm. Vorbehandlung der Proben verändert werden. Weiter untersuchte Vf. das Schmelz-Verh. verschieden verzweigter *Polyäthylene — Hochdruckpolyäthylen* u. *Marlex 50*, von *Teflon* u. eines *Copolymerisats* aus *Teflon* u. *Hexafluorpropylen.* Das beobachtete Schmelz-Verh. konnte durch die Theorie von Flory qual. richtig wiedergegeben werden. Hierbei werden die mittlere Kristallitgröße u. die Kristallitgrößenverteilung durch den Einbau nicht kristallisationsfähiger Atomgruppen in das Makromol. entscheidend bestimmt. Der Schmelzvorgang selbst wird als eine Umwandlung 1. Ordnung angesehen. Copolymere, die als spezielle Zweikomponenten-Syst. aufgefaßt werden, schmelzen prinzipiell in einem Temp.-Intervall. C. Gottfried 4000△

0946 **Chemie von positiven Ionen. 1. Mitt. Allgemeine Theorie, insbesondere für die strahlungsinduzierte Vernetzung von Polymeren und die Polymerisation von gesättigten Kohlenwasserstoffen.** W. F. Libby. (J. chem. Physics **35**, 1714–22, 1961; Los Angeles, Calif., Univ. of California, Dep. of Chem. and Inst. of Geophysics; engl.) — Die strahlungsinduzierte Polymerisation von gesätt., aliphat. KW-Stoffen, die strahlungsinduzierte Vernetzung von *Polyäthylen* u. anderen Polymeren sowie strahlungsinduzierte biolog. Veränderungen sind von den dabei gebildeten Ionenradikalen u. sauren (elektrophilen) Carboniumionen abhängig. In der Gasphase wird die Bldg. großer Moll. (Polymerer), in der festen u. fl. Phase werden durch den Käfigeffekt Ionisierung u. Radikalisierung begünstigt. Die Bldg.-Enthalpie ΔH_f [kcal/Mol] für gesätt., aliphat. Carboniumionen beträgt etwa $\Delta H_f = 226 - 7{,}3n + 116\,e^{-n}$ (für n = 1, 2, 3) u. $\Delta H_f = 218 - 7{,}3n$ (für n = 4, 5, 6 ...); die Bldg.-Enthalpie ΔH [kcal/Mol] gesätt. KW-Stoffe $\Delta H = -10 - 5n - 8{,}2\,e^{-n}$; ΔH des dehydrierten Salzions aus dem gesätt., unverzweigten, aliphat. KW-Stoff $\Delta H = 10 - 2{,}3m + 8{,}2e^{-m}$, was für alle $m \geq 4$ u. mit n = 1, 2, 3 exotherm ist. Die Ionisationspotentiale freier Radikale von gesätt., aliphat. KW-Stoffen betragen $I_{(ev)} = 8{,}2 - (n/10) + 5{,}4\,e^{-n}$. ΔH für die Hydridionenübertragungs-Rk. ($C_n{}^+H_{2n+1} + C_mH_{2m+2} = C_nH_{2n+2} + C_m{}^+H_{2m+1}$) beträgt $\Delta H = 2{,}3\,(n - m) - 124\,(e^{-n} - e^{-m})$ u. ist exotherm, wenn $m > n$. G. Vetter 4000◇

0947 **Zur Frage der individuellen quantitativen Aktivitätscharakteristik ungesättigter Verbindungen bei Copolymerisierungsreaktionen.** Ss. Ss. Spasski und L. Ja. Karass. (Hochmolekulare Verbind. [UdSSR] **3**, 505–14, 1961; Chem. Inst. der Ural-Filiale der Akad. der Wiss. der UdSSR: russ., Auszug: engl.) — Die von Alfrey u. Price vorgeschlagene Formel zur Berechnung der Copolymerisationsparameter r_1 u. r_2 aus den Größen Q u. e kann durch Einführung neuer Hilfsgrößen (α, β, ε) übergeführt werden in die Form $r_1 = \alpha_1\beta_1/\alpha_2\beta_2 \cdot e^{-(\varepsilon_1 + \Delta\varepsilon_1/n_1)(\varepsilon_1 - \varepsilon_2)}$. Der Faktor α gibt den Einfl. der Polarisierbarkeit der Doppelbindung auf die Aktivität wieder u. kann mit Hilfe der Mol.-Refraktion bestimmt werden. β gibt den Einfl. der ster. Verhältnisse auf die Aktivität wieder. Der Polaritätsfaktor ε hängt vom Einfl. der Elektronendichte an der reagierenden Doppelbindung auf die Reaktivität ab. $\Delta\varepsilon_1$ bezeichnet die durch Übergang des Monomeren in den Radikalzustand hervorgerufene Änderung von ε. Die genannten Größen wurden für eine Anzahl von Monomeren bestimmt. Das Prod. $\alpha\cdot$ liegt bei einigen Verbb. in der Größenordnung der Aktivierungsenergie. Für substituierte Styrole stimmt die Differenz $E_{Monomeres} - E_{Styrol}$ etwa mit der Hammett-Konst. überein. Es wurden die

Copolymerisationsparameter r_1 u. r_2 für verschiedene Monomerenpaare nach der obigen Gleichung aus den Mittelwerten von α, β u. ε berechnet. Dabei ergab sich eine bessere Übereinstimmung als nach der Formel von Alfrey u. Price.

R. Sattelmeyer 4000◇

0948 **Allgemeine Annäherung an die Adhäsion durch Grenzflächenabscheidung von amphipathischen Molekülen. 1. Mitt. Adhäsion von Polyäthylen an Aluminium.** Harold Schonhorn. (J. Polymer Sci., Part A **1**, 2343—59, 1963; Murray Hill, N.J., Bell Telephone Labor. Inc.; engl.) — Die Oberfläche von *Al*-Folie (**I**) von $^1/_{16}$ in. Dicke wurde zuerst entweder mit $H_2SO_4/Na_2Cr_2O_7$ (**II**; 65°, Einw.-Dauer 7 Min.) oder mit NaOH (90°, 30 Sek., anschließend Abspülen mit verd. HNO_3) gereinigt. **I** wurde mit einer monomol. Schicht von Stearinsäure (**IV**), Octadecylamin (**V**) oder Octadecandicarbonsäuremonoäthylester (**VI**) überzogen (Eintauchen von **I** in W., das mit einer monomol. Schicht von **IV—VI** bedeckt war); die polaren Gruppen von **IV—VI** waren mit der Al-Schicht verbunden. Zwischen 2 derart überzogene **I** wurde eine Folie (0,003 in.) von *Polyäthylen* (**III**; Reinigung der Oberfläche durch Aufrauhen u. dann Abspülen mit heißem Aceton) gelegt; durch Verpressen bei 177° u. bei 30 lbs./sq.in. wurde eine feste Verb. zwischen **I** u. **III** über **IV—VI** hergestellt. Gemessen wurde die Haftfestigkeit F (in lbs./sq.in.) der Kombination durch Auseinanderziehen der **I**, die etwas länger als die **III**-Schicht waren. Für F wurde so unter sonst gleichen Herst.-Bedingungen erhalten: 1459 ohne **IV—VI**, 1683 mit **V**, 1408 mit **VI** (aber 1607, wenn die monomol. **VI**-Schicht zuvor auf eine 0,0005 mol. wss. $AlCl_3$-Lsg. ausgebreitet war), 1561 mit **IV** (aber 1810 bei Verw. einer $AlCl_3$-Lsg.), je für eine **I**-Vorbehandlung mit **II**; 463 mit **IV** für eine **I**-Vorbehandlung mit NaOH. An einer anderen Stelle wird F zu 867 ohne **IV—VI** u. zu 1435 für **IV** angegeben. F steigt mit wachsender Preßzeit zunächst steil u. ab 5 Min. nur noch wenig an. Bei Vorliegen von Inhomogenitäten oder von Fehlstellen in der Zwischenschicht von **IV—VI** wird F erniedrigt. Die Prüfung der Kombination mit dem Schältest (ASTM D-903-49) ergibt eine Zunahme der Bindefestigkeit mit wachsender Preß-Temp. (Verss. zwischen 132 u. 160°). Die Messung des Kontaktwinkels Θ zwischen geschmolzenem **III** u. mit **IV** überzogener **I** ergibt: Θ fällt mit wachsender Berührungszeit bis zum Wert $\Theta = 0$ ab; der Grenzwert wird um so früher erreicht, je höher die Temp. (Verss. zwischen 125 u. 175°) ist. Insgesamt zeigen die Verss., daß die Bindefestigkeit der Kombination größer als die Kohäsionsfestigkeit von **III** ist; bei der Einw. energiereicher Strahlen (Verw. eines Van der Graaff) auf die Kombination wird deren Festigkeit durch die Verminderung der Festigkeit von **III** herabgesetzt.

O. Fuchs 4010◇

0949 **Untersuchungen der Feinstruktur von Polyäthylenen. 1. Mitt. Über die Beziehung zwischen spezifischem Volumen und Kristallinität von Polyäthylenen.** Hiroo Kojima und Akihiro Abe. (Chem. high Polymers [Tokyo] **18**, 728—32, 1961; Haramachi, Ota-ku, Tokyo, Showa Denko Co., Ltd., Central Res. Labor.; jap., Auszug: engl.) — Kristallinität(X_m) u. Orientierung ($I_{110}/I_{200}\cdot 1{,}43$) verschiedener *Polyäthylene* [u. a. *Marlex-6015* (**I**), *-6035* (**II**) u. *-6050*] bei 20° u. nach Abkühlen der Schmelze auf 100, 65, 30 u. 5° wurden röntgenograph. bestimmt u. die Beziehung von X_m zum spezif. Vol. (V) u. zur Dichte der kristallinen u. amorphen Phase untersucht. Mittels der gefundenen Beziehung $V = 1{,}233\ (1 - X_m) + 1{,}009\ X_m$ wurde für 20° V der amorphen Phase mit $V_a = 1{,}233$ cm³/g u. der kristallinen Phase mit $V_c = 1{,}009$ cm³/g bestimmt. Die Werte von a u. b der Zelleinheit konnten aus den (1 1 0)- u. (2 0 0)-Ebenen bestimmt werden. Es betragen X_m [in %] nach dem Abkühlen der Schmelze von **I** (von **II**) auf 100° 87,6 (88,0), auf 65° 84,2 (85,0), 30° 83,0 (84,1), 5° 83,2 (83,8) u. $I_{110}/I_{200}\cdot 1{,}43$ bei 100° 2,01 (2,04), bei 65° 2,26 (2,25), 30° 2,40 (2,40) u. 5° 2,50 (2,49). Die Dichten der kristallinen u. der amorphen Phase wurden aus a u. b mit $d_c = 1/V_c = 0{,}991$ g/cm³ u. $d_a = 1/V_a = 0{,}811$ g/cm³ berechnet. $d_a = 1/V_a$ wurde aus der Gleichung $V_a = (V - V_cX_m)(1 - X_m)$ abgeleitet. Mit wachsender X_m nimmt d_c zu u. d_a ab.

G. Vetter 4010◇

0950 **Katalytische Polymerisation von Olefinen. 3 Mitt. Einfluß der Zusammensetzung des Ziegler-Katalysators auf das Molekulargewicht von Polyäthylen.** A. G. Posamantir, A. A. Korotkow und I. Ss. Lischanski. (Hochmolekulare Verbind. [UdSSR] **3**, 1769—73, 1961; Ochtinsk, Chem. Kombinat; Inst. für hochmol. Verbb. der Akad. der Wiss. der UdSSR; russ., Auszug: engl.) — 2. vgl. C. **1963**, 12823. — Die Abhängigkeit des Molgew. von *Polyäthylen* von der Zus. des Ziegler-Katalysators wurde untersucht. Als Katalysatoren dienten Gemische aus Triäthyl-Al, Diäthyl-AlCl bzw. Äthyl-$AlCl_2$ mit $TiCl_4$ u. $TiCl_3$. Bei Verw. von Katalysatoren auf der Basis von $TiCl_3$ ändert sich das Molgew. in einem breiten Al/Ti-Verhältnis prakt. nicht. In Ggw. von $TiCl_4$ wird das Molgew. vermindert. Die $TiCl_4$-Konz. ist von dem Al/Ti-Verhältnis u. der Red.-Fähigkeit der organ. Al-Verb. abhängig. Die Verminderung des Molgew. in Ggw. von $TiCl_4$ wird durch Kettenabbruch infolge der Rk. der wachsenden Kette mit einem Cl-Atom aus $TiCl_4$ erklärt.

Helmut Schäfer 4010△

0951 **Die Polymerisation von α-Olefinen in Gegenwart fester Katalysatoren. Versuche zur Erklärung der Rolle des Sauerstoffs bei der Polymerisation von Äthylen in Gegenwart eines oxidischen Chromkatalysators.** Włodzimierz Dahlig, Stanisław Benbenek und Bogdan Deczkowski. (Polimery — Tworzywa wielkocząsteczkowe **6**, 283—84, 1961; Warszawa, Politechn., Kat. Technol. org. I; pol.) — Vgl. C. **1961**, 16230. — Schon bei 20° u. bei gewöhnlichem Druck beginnt die Aufnahme von *Äthylen* (**I**) in Ggw. eines aktivierten Cr_2O_3-Katalysators in n-Hexan. Bei 32—34° setzt die Polymerisation (Pm) mit einer deutlichen Wärmeabgabe ein. Die Rk.-Geschw. nimmt nach wenigen Min. ab. Der O_2-Geh. des nichtumgesetzten **I** steigt dabei von 0,043 (%) im Frischgas auf 0,081. Diese Zunahme entspricht nicht der O-Menge, die durch Red. von CrO_3 während der Pm freigeworden ist. IR-spektroskop. wurden im Polymeren 0,6 % O (als CO) gefunden. Bei einem viscosimetr. bestimmten Molgew. von 9600 enthält so jedes Makromol. 4 CO-Gruppen. Das aus CrO_3 stammende O wurde also bei der Pm eingebaut oder hat nach der Pm oxydierend gewirkt. Daß O_2 die Pm nicht inhibiert, zeigt ein Vers., bei dem 25% O_2 im **I** die Aktivität des Cr_2O_3/CrO_3-Katalysators nicht vollständig aufheben konnten.

F. Urban 4010◇

0952 **Mit^{60}Co-γ-Strahlen induzierte Copolymerisation von Äthylen in Gegenwart anderer Monomerer.** P. Colombo, M. Steinberg und D. Macchia. (J. Polymer Sci., Part B **1**, 483—88, 1963; Upton, N.Y., Brookhaven Nat. Labor.; engl.) — Bei einem Druck von 10000 lbs./sq.in. wurden bei 20° unter der Einw. von γ-Strahlen *Copolymere* (**A**) aus *Äthylen* einerseits u. *Styrol, Divinylbenzol, Methylmethacrylat, Methylacrylat, Vinylacetat, Allylacetat, Isobutylen, trans-Buten-(2), cis-Buten-(2), Buten-(1), Isopren, Propylen, Acrylonitril, Chlortrifluoräthylen, Vinylchlorid, CO, Vinylpyrrolidon* u. *Methylvinylketon* andererseits hergestellt. **A** wurde von den gleichzeitig entstandenen Homopolymeren durch Extraktion u. Fällfraktionierung getrennt. Von den erhaltenen **A**-Proben wurden bestimmt: Löslichkeit einer 1%ig. Mischung mit Lsgm., Monomerenverhältnis (durch IR), Dichte, F., Ausbeute u. z. T. Molgewicht.

O. Fuchs 4010◇

0953 **Spezifische Wärme von ataktischem und isotaktischem Polypropylen und die Glasentropie.** Elio Passaglia und Hagop K. Kevorkian. (J. appl. Physics **34**, 90—97, 1963; Marcus Hook, Pa., American Viscose Co.; engl.) — Im Gebiet von ca. 80—490° K wurde an atakt. u. isotakt. *Polypropylen* (**I**) die spezif. Wärme gemessen. Die Molgew. ergaben sich aus Viscositätsmessungen zu 15700 bzw. 140000. Der Kristallinitätsgrad von isotakt. **I** betrug 64,9%, er folgte aus Dichtemessungen bei 18°. Das spezif. Vol. von atakt. **I** ergab sich zu 1,168 cm³/g, der Kristallinitätsgrad berechnete sich aus den Messungen der spezif. Wärme zu 2—3%. Unterhalb der Glas-Temp. (259° K) u. oberhalb des F. (447° K) hat die spezif. Wärme fast denselben Wert. Aus den Meßwerten läßt sich die Entropie, Enthalpie u. freie Energie berechnen. Die Schmelzwärme von reinen isotakt. **I**-Kristallen wurde zu 45 cal/g bestimmt. Die Glasentropie am abs. Nullpunkt ergab sich zu $0{,}62 \pm 0{,}2$ eu/Mol. Durch Extrapolation folgt, daß eine Erniedrigung der Glas-Temp. um $53 \pm 20°$ K ein atakt. **I** ergeben würde, welches die gleiche Entropie besitzt wie das kristalline isotakt. **I**. Bei dieser Temp. ist die Enthalpie u. die freie Energie des Glases höher als die des Kristalls. Erst bei einer Erniedrigung um $150 \pm 15°$ K würde die Glasenthalpie gleich der des Kristalls sein. Die Glasumwandlung ist eine Umwandlung 2. Ordnung, wobei die Entropie der unterkühlten Fl. der bestimmende Faktor ist.

J. Springer 4010◇

0954 **Mechanismus der sekundären Kristallisation in Polymeren.** F. Rybnikář. (J. Polymer Sci., Part A **1**, 2031—38, 1963; Gottwaldov, Czechoslowakia, Res. Inst. for Rubber and Plastics Technol.; engl.) — *Polypropylen* (**I**; *Moplene* u. *Daplene*) wurde zuerst 15 Min. bei 170° geschmolzen u. dann auf eine Temp. T (in °C) abgekühlt; gemessen wurde der zeitliche Verlauf der Dichte bei T° (Verw. von Glycerin als umgebendes Medium). Daraus ergibt sich die Halbwertszeit t_1 (in Min.) für die prim. Kristallisation zu 6 für T = 144 u. 23,5 für T = 150; die Halbwertszeit t_2 für die sek. Kristallisation beträgt beim gleichen T 10 bzw. 37,5. Für eine andere **I**-Probe, die zuvor mit γ-Strahlen (^{60}Co) bestrahlt worden war, betrugen t_1 bzw. t_2 9,5 bzw. 15 für T = 123. *Polycapronamid-(6)* (**II**; *6-PA*) wurde zuerst bei 190° geschmolzen; die Kristallisation wurde in Siliconöl verfolgt. t_1 bzw. t_2 betragen 4,8 bzw. 37 für T = 212. Die Sekundärkristallisation stellt einen neuen der Avrami-Gleichung mit dem Exponenten n = 1 gehorchenden Kristallisationsvorgang dar. Schließlich findet bei längerem t eine weitere langsame Zunahme der Kristallinität von **I** u. **II** statt. O. Fuchs 4010◇

0955 **Untersuchungen über Polypropylenderivate. Die Polymerisation von Propylen durch einen Katalysator vom Ziegler-Typ.** Shu Kambara, Katuhiko Maeda und Takao Ohshika. (Chem. High Polymers [Tokyo] **15**, 503—09, 1958; Tokyo, Inst. of Technol., Res. Labor. of Natural Research Chem.; jap., Auszug: engl.) — *Propylen* wird in n-Heptan-Lsg. in Ggw. des Triäthyl-Al (**I**)–$TiCl_4$-Komplexes polymerisiert. Das Polymere wird durch Extraktion mit verschiedenen Lsgm. aufgetrennt. Es konnte durch Variierung der Rk.-Bedingungen (Verhältnis von $TiCl_4$ zu **I**, Konz. des Katalysators, Rk.-Temp.) weder vorzugsweise ein atakt. noch isotakt. Polymerisat erhalten werden. K. Gröbe 4010◇

0956 **Kristalline Formen von Polypenten-(1).** A. Turner Jones und Jean M. Aizlewood. (J. Polymer Sci., Part B **1**, 471—76, 1963; Welwyn Garden City, Herts., Imp. Chem. Ind. Ltd. Plastics Div.; engl.) — *Polypenten-(1)* (**I**) wurde in einem KW-Stoff als Verdünnungsmittel mit $TiCl_3$ u. $Al(C_2H_5)_2Cl$ hergestellt; es ist zu ca. 40% kristallin (= Typ **Ia**; F. 75—80°, D. 0,92, Vorliegen einer 3_1-Helix, monokline Elementarzelle mit 4 Ketten pro Elementarzelle). Wird **I** mit einer Geschw. von 6°/h von 120° abgekühlt, so wird die Kristallform **IIa** (Kristallisationsgrad > 50%) erhalten. Wird ein dünner Film von **I** von 130 auf —80° abgeschreckt, so entsteht die Kristallform **IIb**. Die Röntgendiagramme von **IIa** u. **IIb** sind angegeben. Werden **I**-Fäden bei 65° gereckt, so entsteht die **IIa**-Form, bei 80° die **IIb**-Form mit geringerem Orientierungsgrad als bei **IIa**. Die Röntgenanalyse ergibt a = 19,30 (Å), b = 16,90, c = 7,08 (= Faserachse), γ = 116°, D. 0,90 für **IIa** u. 19,60, 16,75, 7,08, 115°20′ u. 0,885 für **IIb**. In beiden Fällen liegt eine 4_1-Helix vor; jede Elementarzelle enthält 4 Ketten. Wird bei 50° ein aus dem Schmelzfluß hergestellter **I**-Faden gereckt, so entsteht neben der **IIa**-Form auch die **Ib**-Form (3_1-Helix). O. Fuchs 4010◇

0957 **Bestimmung von Gel in Polymeren.** J. R. Purdon jun. und R. D. Mate. (J. Polymer Sci., Part B **1**, 451—53, 1963; Akron, Ohio, Goodyear Tire & Rubber Co., Chem. Mat. Dev. Dep.; engl.) — Zur Best. des lösl. Anteiles in einem z. T. unlösl. Polymeren werden 0,5 g feinverteiltes Prod. mit 100 cm³ Lsgm. 3 Std. geschüttelt; anschließend wird die Mischung 1 Std. zentrifugiert (2500 U/min). Von der überstehenden Lsg. werden 25 cm³ vorsichtig abgetrennt u. eingedampft. Daraus ergeben sich die Gesamtmenge des lösl. Anteiles u. somit auch die Menge des Gelgehaltes. Wiederholungs-Verss. mit den *Copolymeren* aus *Butadien* (**I**) u. *Acrylonitril* (Extraktion mit Bzl. oder Methyläthylketon) bzw. aus **I** u. *Styrol* (Bzl.) u. mit *Polybutadien* (Bzl.) u. *Polyisopren* (Bzl.) zeigen die gute Reproduzierbarkeit der Methode. O. Fuchs 4010◇

0958 **Über den Einfluß einiger Stabilisatoren auf die thermomechanischen Eigenschaften von Polyvinylchlorid.** S. W. Popowa und D. M. Janowski. (Hochmolekulare Verbind. [UdSSR] **3**, 1782—86, 1961; russ., Auszug: engl.) — Der Einfl. verschiedener Verbb. auf die Änderung der thermomechan. Eigg. von *Polyvinylchlorid* beim Erhitzen auf 175° wurde untersucht. Ba-, Ca- u. Cd-Stearat inhibieren nicht die Dehydrochlorierung, wohl aber den Fließverlust bzw. die Vernetzung des Polymeren. Pb-Stearat verzögert die Dehydrochlorierung u. den Fließverlust. Phenole u. aromat. Ketone beeinflussen die Geschw. der Dehydrochlorierung nicht wesentlich, verlängern aber die Zeitspanne bis zum Eintreten des Fließverlustes bei der therm. Behandlung. Helmut Schäfer 4010△

0959 **Eigenschaften der verdünnten Lösungen von bei tiefer Temperatur polymerisiertem Polyvinylchlorid.** 2. Mitt. **Fraktionierung und Eigenschaften der Fraktionen.** Takashi Kobayashi. (Bull. chem. Soc. Japan **35**, 726—31, 1962; Shinjuku-ku, Tokyo, Kureha Kasei Co., Tokyo Labor.; engl.) — 1. vgl. Bull. chem. Soc. Japan **35**, [1962], 637. — Die untersuchten Proben von *Polyvinylchlorid* (**I**) wurden folgendermaßen hergestellt: Suspensionspolymerisation bei 48° (**Ia**), Emulsionspolymerisation bei 5° (**Ib**) u. Substanzpolymerisation bei —15° (**Ic**). **Ia**—**Ic** wurden unter Verw. von Tetrahydrofuran (**II**) als Lsgm. u. W. als Fällmittel bei 30° fraktioniert (zuerst Wasserzugabe bis zur Trübung, dann Erhitzen bis zum Kp. von **II** u. Wiederabkühlen auf 30°). Von den Fraktionen wurden [η] in **II** bei 30° u. z. T. M_n (osmot) u. M_w (Lichtstreuung) gemessen. Bei der Fraktionierung von **Ib** u. **Ic** steigt [η] mit wachsender Fraktionsnummer zunächst an u. fällt dann erst ab; die Erscheinung wird auf eine Assoziation von **I** zurückgeführt. Bei **Ia** liegt dieser Effekt allerdings nicht vor. Auffallend ist auch, daß die Dichte der ersten Fraktionen von **Ic** größer als die der folgenden ist. Bei der Fraktionierung findet also offenbar nicht nur eine Trennung nach dem Molgew., sondern auch nach der Kettenstruktur statt; der Unterschied zwischen **Ia** u. **Ic** bei der Fraktionierung ist dadurch bedingt, daß **Ic** eine stärker syndyotakt. Struktur als **Ia** besitzt. Es gilt die Beziehung $[\eta] = 2{,}19 \cdot 10^{-1} M_w^{0,54}$ g/100 cm³, unabhängig von den Herst.-Bedingungen von **I** u. von dem Verhältnis M_w/M_n (gilt aber nicht, wenn M_w durch M_n ersetzt wird). Der 2. Virial-Koeff. A_2 von **Ib** u. **Ic** ist kleiner als der von **Ia** (geringere Wechselwrkg. mit **II** bei **Ib** u. **Ic**). $(r^2)_w^{1/2}$ (r = Kettenendenabstand) von **Ia** steigt mit $M_w^{0,73}$ an; $(r^2)_w^{1/2}$ von **Ib** u. **Ic** ist bei gleichem M_w größer als bei **Ia**. O. Fuchs 4010◇

0960 **Kinetik des Verschwindens freier Radikale in bestrahltem Polyvinylchlorid.** S. Ss. Jegorowa, Ju. M. Malinski, W. L. Karpow, A. E. Kalmansson und L. A. Bljumenfeld. (Hochmolekulare Verbind. [UdSSR] **4**, 64—65, 1962; Physik.-chem. Karpow-Inst.; Inst. für chem. Phys. der Akad. der Wiss. der UdSSR; russ., Auszug: engl.) — Durch Messung der paramagnet. Elektronenresonanz wurde die Kinetik der Änderung der Konz. freier Radikale in mit schnellen Elektronen bestrahltem *Polyvinylchlorid*-Pulver bei 70—100° untersucht. Die Abnahme der Radikal-Konz. nach der Bestrahlung wird durch eine kinet. Gleichung 2. Ordnung beschrieben. Die Rekombination erfolgt mit einer Aktivierungsenergie von 44 ± 5 kcal/Mol. Die Geschw.-Konst. (k 10^{22}) des Verschwindens freier Radikale erhöht sich von 0,06 bei 70° auf 8,04 bei 100°. Helmut Schäfer 4010△

0961 **Übergänge und Relaxationen in Polytetrafluoräthylen.** R. K. Eby und K. M. Sinnott. (J. appl. Physics **32**, 1765—71, 1961; Wilmington, Del., E. I. du Pont de Nemours & Co., Du Pont Experimental Station, Polychem. Dep.; engl.) — An 8 Proben von *Polytetrafluoräthylen* mit Kristallinitäten (Kr) zwischen 48 u. 98% messen Vff. die innere Reibung u. den Modul mit longitudinalen Wellen bei einer Frequenz von 12 MHz zwischen 248 u. 548° K sowie die F-kernmagnet. Resonanz zwischen 77 u. 375° K. Die verschiedenen Kr wurden durch verschieden schnelles Abkühlen von 650° K erhalten; die Kr wurden mit Hilfe von IR- u. Röntgen-Meth. bestimmt. Alle Proben zeigten ein Maximum der inneren Reibung nahe 263° K u. ein weiteres Maximum oder eine deutliche Zunahme in der Nähe von 470° K. In der Probe mit der 95%ig. Kr treten 2 weitere Zunahmen der inneren Reibung bei ca. 298 u. 413° K auf. In allen Fällen entsprechen den Maxima der inneren Reibung Abnahmen der Moduln. Das Maximum der inneren Reibung bei ca. 263° K u. die parallel verlaufende Abnahme des Moduls wird den amorphen Bereichen des Polymeren zugeschrieben. Die oberhalb 190° K beobachtete Abnahme der Breite der F-Resonanz von den amorphen Bereichen stammt von derselben mol. Bewegung her, die bei den mechan. Messungen für die beobachtete „Glas II-Relaxation“ beobachtet wurden. Die „Glas I-Relaxation“ kann bei den mechan. Hochfrequenzmessungen beobachtet werden. Bestimmt wurden die Aktivierungsparameter für diese Relaxation. Diese Werte sowie

die für die „Glas II-Relaxation" stimmen mit der Annahme überein, daß die „Glas I-Relaxation" größeren Mol.-Segmenten zuzuschreiben ist als denen der „Glas II-Relaxation". Sowohl bei den Ultraschallmessungen als auch bei den kernmagnet. Messungen wurden Einfl. der kristallinen Übergänge beobachtet. Bei den Ultraschallmessungen konnten die Übergänge 1. Ordnung unabhängig von den kristallinen Relaxationen beobachtet werden, da sie bei höheren Temp. auftreten. Während der „19°-Übergang" keinen beobachtbaren Einfl. auf den Ultraschallmodul zeigt, wurde bei dem „30°-Übergang" eine beträchtliche Abnahme festgestellt, diese begleitet eine Abnahme in der Rotationsordnung des Gitters. Das sehr schnelle Abnehmen der Breite der kernmagnet. Resonanzlinie von den kristallinen Bereichen wurde einer Rotationsbewegung zugeschrieben, die mit den Übergängen 1. Ordnung in Zusammenhang steht.
C. Gottfried 4010△

0962 **Relative Reaktivitätsverhältnisse für 2 neue 2-Chlorbutadien-(1.3)-Systeme.** G. S. Wich und N. Brodoway. (J. Polymer Sci., Part A **1**, 2163—69, 1963; Wilmington, Del., Du Pont de Nemours & Co., Elastomer Chem. Dep.; engl.) — Die Copolymerisation von *2-Chlorbutadien-(1.3)* (I) u. *Methylisopropenylketon* (II) bzw. von I + *Methacrylsäure* (III) wurde bei 40° in Emulsion unter Verw. von $K_2S_2O_8$ durchgeführt. Die r-Werte wurden zu 3,6 u. 0,1 für I/II bzw. zu 2,7 u. 0,15 für I/III bestimmt. Die Q- u. e-Werte von II berechnen sich zu 1,95 u. 1,23. Aus den r-Werten folgt, daß Sequenzlängen mit mehr als 2 I-Einheiten in den Copolymeren viel häufiger als für II u. III vorkommen.
O. Fuchs 4010◇

0963 **Darstellung von Polymeren durch thermische Dehydropolymerisation von Kohlenwasserstoffen.** W. W. Korschak, Ss. L. Ssossin und Tschshou Shun-pei. (Hochmolekulare Verbind. [UdSSR] **3**, 1427, 1961; russ., Auszug: engl.) — Bei Dehydrierungen u. Pyrolyse-Rkk., die in der fl. als auch in der Gasphase durchgeführt werden, bilden sich höhermol. Harze, die jedoch infolge weiterer Zers.-Rkk. keinen einheitlichen Aufbau besitzen. Es wird eine App. beschrieben, bei der die Dehydrierung an einem Pt-Draht in der Fl. erfolgt, wobei das gebildete Polymere rasch entfernt u. darauf durch Erhitzen vom Monomeren befreit wird, das in den Kreislauf zurückgeht. Auf diese Weise ergab *Tetralin* durch Dehydrierung Naphthalin; *p-Xylol, Cumol, Äthylbenzol* u. *p-Diisopropylbenzol* ergaben Polymere, letzteres mit einem Molgew. über 10000 (Ausbeute 10—15%).
R. Sattelmeyer 4010◇

0964 **Korngrößenbestimmung von Latex mit Hilfe der Elektronenmikroskoptechnik.** W. N. Maclay und E. M. Gindler. (J. Colloid Sci. **18**, 343—52, 1963; Monroeville, Pa., Koppers Co., Inc., Res. Center; engl.) — Es wird ein einfaches Gerät beschrieben, welches es gestattet, ohne Verlust an Genauigkeit u. Präzision in kurzer Zeit den Durchmesser u. die Korngrößenverteilung von Latexteilchen aus Elektronenmikroskopaufnahmen zu bestimmen. Das Instrument besteht aus einem zentral verstellbaren Zirkel, der so an eine Taschenuhr angebracht ist, daß eine Veränderung des Abstandes der Zirkelschenkel eine proportionale Änderung der Zeigerstellung der Taschenuhr hervorruft. Die Kalibrierung des Ziffernblattes kann in jeder gewünschten Weise vorgenommen werden. Das Gerät ist sehr einfach gebaut u. leicht zu bedienen. Wiederholte Best. der Korngröße von *Polystyrollatex* durch gleiche u. verschiedene Experimentatoren haben die Zuverlässigkeit des Instruments gezeigt. Das Gerät ist bes. nützlich u. zeitsparend zur Korngrößen-Best. mit Hilfe von elektron. Rechnern.
J. Springer 4010◇

0965 **Monomerreaktivitätsverhältnisse für die Styrol-o-Divinylbenzol-Copolymerisation.** Richard H. Wiley und Burns Davis. (J. Polymer Sci., Part B **1**, 463—64, 1963; Louisville, Ky., Univ. of Louisville, Dep. of Chem.; engl.) — Nach der früher (vgl. C. **1961**, 10202) beschriebenen Technik (Verw. von $^{14}C_{(\beta)}$-Styrol) wurden die r-Werte der Copolymerisation von *Styrol* u. *o-Divinylbenzol* (I) bei 80° mit Dibenzoylperoxid als Initiator bestimmt zu $r_1 = 0{,}92$, $r_2 = 1{,}00$. Das Copolymere ist lösl. in Bzl., eine Vernetzung kann also nicht stattgefunden haben. Nach IR-Aufnahmen scheint z. T. eine Cyclopolymerisation von I stattzufinden.
O. Fuchs 4010◇

0966 **Anionische Pfropfpolymerisation.** A. Zilkha, A. Eisenstadt und A. Ottolenghi. (Bull. Res. Council Israel, Sect. A **11A**, 159—69, 1962; Jerusalem, Hebrew Univ., Dep. of Org. Chem.; engl.) — Die Anlagerung von Alkalimetallen (M = Li, Na u. K) an *Polystyrol* (I) wurde durch Rk. zwischen *Poly-p-jodstyrol* (II) u. $C_{10}H_7M$ (III) in Tetrahydrofuran (IV) ausgeführt; das Mol-Verhältnis für III/II betrug 1:1 u. 1:2. I mit M = Li u. Na ist lösl. u. I mit M = K unlösl. in IV. Bei der Einw. von *Acrylonitril* (V) auf M-haltiges I in IV entsteht ein Gemisch aus reinem I, V-Homopolymerisat u. *Pfropfcopolymerem* (VI) von V auf I (Verss. zwischen —65 u. 25°); VI wurde von den Homopolymeren durch Extraktion mit Bzl. bzw. KSCN-Lsg. getrennt. Der Pfropfungsgrad β von V auf I in VI wurde aus dem N-Geh. bestimmt, er liegt zwischen 39 u. 73% u. steigt mit fallender Pfropfungs-Temp. an. In ähnlicher Weise wurde ein *Pfrofcopolymeres* von *Methacrylonitril* (VII) auf I hergestellt ($\beta = 13$ für M = Li u. 45 für M = K). Auch bei der Einw. von *Oktaäthylcyclotetrasiloxan* (VIII) auf I mit M = K erfolgt bei 60° in IV eine Pfropfcopolymerisation mit $\beta = 7$—9 (aus Si-Geh.); ähnlich wie VIII verhält sich *Oktamethylcyclotetrasiloxan*. I mit M = K addiert auch *Trimethylsilylchlorid* (IX), das entstandene Polymere enthält 3% Si (ähnlich mit M = Na). Bei der Einw. von III oder von n-Butyl-Li auf *Polyvinylchlorid* (X) bei Raum-Temp. werden bis zu 85% des Cl in X durch M ersetzt; bei der anschließenden Solvolyse wird ein unlösl. Polymeres, das nach IR-Spektroskopie C=C-Bindungen u. Cyclopropanringe enthält, erhalten mit F. 95—110°. M-haltiges X gibt mit V oder VII *Pfropfcopolymere* mit $\beta = 28$—38 für M = Li u. $\beta = 9$ für M = K bei V u. $\beta = 30$—70 für M = K bei VII (je Aufpfropfen in IV). Bei der Rk. von VIII oder *Hexaäthylcyclotrisiloxan* auf M-haltiges X entsteht ein *Pfropfcopolymeres* mit $\beta = 24$—29. Auch IX wird vom M-haltigen X addiert (bis zu 5% Si, Rk. bei 40° in IV). Die meisten Pfropfungs-Rkk. wurden, soweit nicht anders angegeben, bei Raum-Temp. ausgeführt.
O. Fuchs 4010◇

0967 **Beziehungen zwischen den Hammettschen Sigma-Werten und dem Logarithmus der Reaktivitätsverhältnisse bei Vinylpolymerisationen.** Richard H. Wiley, Linda Kambach Heidemann und Burns Davis. (J. Polymer Sci., Part B **1**, 521—22, 1963; Louisville, Ky., Univ. of Louisville, Dep. of Chem.; engl.) — Unter Verw. der früher (vgl. C. **1961**, 10202) beschriebenen Meth. wurden folgende r-Werte bestimmt: *Styrol* (I) u. *p-Methoxystyrol* (II) $r_1 = 1{,}05$, $r_2 = 0{,}79$, I u. *p-Dimethylaminostyrol* (III) $r_1 = 0{,}89$, $r_2 = 0{,}62$. Daraus ergeben sich die e-Werte von II, III u. *p-Methylstyrol* zu —1,26, —1,55 u. —1,21. Aus dem Vgl. mit den Hammettschen σ-Werten folgt, daß die elektrostat. Einfl. auf das Rk.-Verh. des I-Radikals für Elektronendonatoren- u. Elektronenacceptoren-Substituenten verschieden sind.
O. Fuchs 4010◇

0968 **Experimentelle Untersuchungen über die Lichtstreuung kolloidaler Kugeln.** 4. Mitt. **Streuverhältnis.** Wilfried Heller und Richard Tabibian. (J. physic. Chem. **66**, 2059—65, 1962; Detroit, Mich., Wayne State Univ., Chem. Dep.; engl.) — 3. vgl. C. **1962**, 15136. — Vff. untersuchten die Lichtstreuung von 18 monodispersen *Polystyrol-* u. *Polyvinyltoluollatices* bei einem Winkel von 90° in bezug auf das linear polarisierte Licht, dessen elektr. Vektor parallel oder senkrecht zur Beobachtungsebene lag. Die zur Verfügung stehenden Latexproben enthielten 30 bis 50% feste Substanz. Zur Darst. von verd. Latex für die Streumessungen wurde eine kleine Menge Latex mit frisch dest. W. in einer Zentrifugenflasche verdünnt u. hierauf zentrifugiert. In der überstehenden Fl. wurde der Geh. an Polymeren bestimmt. Lsgg. verschiedener Konz. wurden an der Standard-Lsg. durch Verdünnen mit W. erhalten. Das gemessene „Streuverhältnis σ", d. h. das Verhältnis der Intensitäten mit dem elektrischen Vektor parallel u. senkrecht zur Beobachtungsebene u. das in engem Zusammenhang mit dem Depolarisations- u. Polarisationsverhältnis steht, erwies sich als sehr gut geeignet zur Best. der abs. Teilchengröße, mit Ausnahme für Teilchendurchmesser $< 1/4\ \mu$. Genau untersucht wurde die Konz.-Abhängigkeit von σ. Die unter Zugrundelegung der Mieschen Theorie aus σ theoret. erhaltenen Teilchendurchmesser stimmen sehr befriedigend mit elektronenmkr. Daten überein.
C. Gottfried 4010△

0969 **Polymerisation und Copolymerisation von α-Phenylisopren-[2-Methyl-1-phenylbutadien-(1.3)].** A. W. Dombrowski und N. I. Ganuschtschak. (Hochschulnachr. [Iwanowo], Chem. chem. Technol. **4,** 516–18, 1961; Lehrstuhl f. org. Chemie; russ.) — *α-Phenylisopren* (I) kann sowohl in Substanz, als auch in Lsg. polymerisiert werden. Wird $AlCl_3$ oder $ZnCl_2$ als Katalysator verwendet, so tritt eine heftige Rk. ein, die ein rotes Prod. ergibt. Bei Einw. von $SnCl_4$ verläuft die Rk. gemäßigter u. liefert ein fast farbloses Prod. mit $[\eta] = 0{,}05$. Therm. Polymerisation tritt erst bei 180 bis 200° ein u. ergibt ein Prod. mit $[\eta] = 0{,}03$. Therm. Copolymerisation mit *Styrol* (in Ggw. von Dibenzoylperoxid) bzw. mit Acrylonitril ergibt Prodd. mit $[\eta] = 0{,}04$ bzw. 0,03. Alle Prodd. waren lösl. in Bzl., Aceton, Ae., Dioxan, Dichloräthan; unlösl. in A. u. Methanol. — I wurde durch Rk. von Isopren mit Phenyldiazoniumchlorid bei pH 6–7 in 80%ig. Ausbeute erhalten; $Kp._6$ 85–86%; n_D^{20} 1,5850; $D._4^{20}$ 0,934. R. Sattelmeyer 4010◇

0970 **Polymerisationsfähige und polymere Verbindungen.** 1. Mitt. **Notiz über die Darstellung von Aryläthylenderivaten des Polystyrols.** Günther Drefahl und Hartmut Grunert. (J. prakt. Chem. [4] **18,** 301–04, 1962; Jena, Friedrich-Schiller-Univ., Inst. für Organ. Chem. u. Biochem.; dt.) — Die Darst. von *Triphenylphosphoniomethylpolystyrolchlorid* (I) wird beschrieben. Bei der Umsetzung von I mit Biphenyl-4-aldehyd, Stilben-4-aldehyd bzw. Tolan-4-aldehyd in abs. A. in Ggw. von Na-Äthylat bei Raum-Temp. werden *p-[p-Phenylstyryl]-*, *p-[p-Styrylstyryl]-* bzw. *p-[p-Phenyläthinylstyryl]-polystyrol* gewonnen, deren UV-Spektren angegeben sind.

Versuche: *Chlormethylpolystyrol*, durch 2std. Rühren von 24 g Polystyrol mit Chlordimethyläther in Ggw. von $ZnCl_2$ bei Raum-Temp., Eingießen in Methanol u. Kneten mit W.; 29 g (Ausbeute). — *Triphenylphosphoniomethylpolystyrolchlorid* (I), durch 8std. Kochen von 20 g vorst. Verb. mit Triphenylphosphin in Dimethylformamid u. Eingießen in Ae.; 39,5 g. W. Hampel 4010△

0971 **Kinetik der Polymerisation von Cyclohexadien.** 2. Mitt. P. Ss. Schantarowitsch und I. A. Schljapnikowa. (Hochmolekulare Verbind. [UdSSR] **3,** 1364–68, 1961; Akad. der Wiss. der UdSSR, Inst. für chem. Phys.; russ., Auszug: engl.) — 1. vgl. C. **1962,** 9002. — Die Kinetik der therm. Polymerisation von *Cyclohexadien* (I) bei 155–200° wurde untersucht. In 2 voneinander unabhängigen Rkk. entstehen *dimeres* u. *polymeres* I. Die Rkk. verlaufen über 2 verschiedene Anfangszentren, u. zwar über symm. u. asymm. Biradikale. Der Übergang vom asymm. zum symm. Biradikal erfordert eine zusätzliche Aktivierungsenergie von 3,8 kcal/Mol, durch die auch das Verhältnis von dimerem zu polymerem I bestimmt wird. Dieses Verhältnis beträgt bei 155° 3,98, bei 200° 2,66. Helmut Schäfer 4010△

0972 **Einkristalle von Polyvinylalkohol.** Kiyoshi Tsuboi und Takani Mochizuki. (J. Polymer Sci., Part B **1,** 531 bis 534, 1963; Kurashiki, Okayama, Japan, Kurashiki Rayon Co., Ltd., Res. Labor.; engl.) — Nach elektronenmkr. Unterss. liegen die Einkristalle von *Polyvinylalkohol* in Form von Parallelogrammen, deren Länge ca. 5mal größer als deren Breite ist, vor (Dicke 100–150 Å); der spitze Winkel des Parallelogramms beträgt 55°. Die Längsseite entspricht der (1 0 1)- u. die kürzere Seite der (1 0 0)-Ebene. Die Konst. der Elementarzelle betragen $a = 7{,}81 \pm 0{,}02$ Å, $c = 5{,}43 \pm 0{,}01$, $\beta = 91°30' \pm 15'$. Die Kristalloberfläche enthält parallel zueinander laufende Runzeln, die mit der Längsachse einen Winkel von 20–30° bilden; sie werden auf das Vorliegen von Zwillingskristallen zurückgeführt. O. Fuchs 4010◇

0973 **Änderung der Enthalpie und freien Energie bei einigen einfachen Polymerisationsprozessen.** George S. Parks und Helene P. Mosher. (J. Polymer Sci., Part A **1,** 1979–84, 1963; Stanford, Calif., Stanford Univ., Dep. of Chem.; engl.) — Die Verbrennungswärmen (in $cal \cdot g^{-1}$) von *Polyoxymethylen* (**I,** Verw. von *Delrin,* D. 1,40), *Polymethylen* (**II,** Molgew. ca. 300000, enthält 0,2% Stabilisator), *Polyäthylen* (**III,** Verw. von *Marlex,* D. 0,96, enthält 4 CH_3-Gruppen pro 10000 C-Atome) u. isotakt. *Polypropylen* (**IV,** D. 0.91, kristalliner Anteil 64%) wurden bestimmt zu 4047 (**I**), 11059 (**II**), 11081 (**III**) u. 11082 (**IV**). Die Änderung der Enthalpie ΔH_F bzw. der freien Energie ΔF_F für die Bldg. von **I–IV** aus den Elementen berechnet sich daraus zu (je in kcal pro Monomereinheit): –40,93 u. –27,20 (**I**), –6,99 u. 0,93 (**II**), –13,38 u. 2,46 (**III**), –20,01 u. 4,05 (**IV**). Die ΔH_f- u. ΔF_f-Werte für die Bldg. von **I–IV** aus den gasförmigen Monomerbausteinen ergeben sich zu –27,70 u. –26,27 (**I**), 66 u. 62,83 (**II**), 12,50 u. 16,28 (**III**), 4,88 u. 14,99 (**IV**). O. Fuchs 4010◇

0974 **Die dielektrische Relaxation bei niedrigen Frequenzen von Polyoxymethylen (Delrin) mit Hilfe einer Gleichstromtechnik.** G. Williams. (Polymer [London] **4,** 27–34, 1963; Teddington, Middlesex, England, National Physical Labor., Basic Physic Div.; engl.) — An *Polyoxymethylen* (Du Pont „Delrin“ 500) vom Molgew. $M_n = 3-5 \cdot 10^4$ werden dielektr. Messungen in einem niedrigen Frequenzbereich (10^{-2} bis 10^{-4} c/s) u. einem niedrigen Temp.-Bereich (20 bis –110°) ausgeführt. Dadurch soll festgestellt werden, ob bei der Glas-Temp. (–87°) die Absorption diskontinuierlich ist. Es werden zwei Absorptionsgebiete beobachtet. Bei höheren Temp. nimmt der Verlustfaktor mit abnehmender Frequenz zu. Da die Absorption vom Feuchtigkeits-Geh. der Probe abhängt, wird angenommen, daß W. oder Verunreinigungen im Polymeren diese Absorption verursachen. Bei konst. Frequenz sinkt der Verlustfaktor bis ca. –20°, bleibt bis ca. –60° konst., um dann wieder anzusteigen u. bei ca. –80° einen Maximalwert zu erreichen. Die Temp. des Maximums für die niedrigste Frequenz stimmt gut mit der Glas-Temp. überein, die aus Messungen des spezif. Vol. ermittelt wurde. J. Springer 4010◇

0975 **Polyäthylenoxid in Lösung.** C. Rossi und V. Magnasco. (J. Polymer Sci. **58,** 977–89, 1962; Genoa, Univ., Ist. di Chim. Ind.; Centro Nazionale di Chim. delle Macromol.; engl.) — An Hand von Messungen des Dipolmoments u. der Viscositätszahl in Bzl. bei 25° an niedermol. *Polyäthylenoxiden* (POEG: *Tetra-*, *Penta-*, *Hexa-* u. *Heptameres*; *POEG 1:20 F2* u. *1:50 F6*) u. einem Hochpolymeren (*Carbowax 6000 F2*) wird die Struktur der Moll. in Lsg. diskutiert. Die POEG wurden durch direkte Synth. aus Äthylenoxid u. Äthylenglykol mit KOH als Katalysator im Autoklaven hergestellt. Alle Prodd. wurden gut fraktioniert u. deren Molgew. in Pyridin durch Titration bestimmt. Sie liegen zwischen 194 u. 1570 bzw. bei 7770. Die innere Rotation der Bindungen ist durch asymm. Potentiale behindert, wobei das Minimum nahe der gauche-Stellung liegt. Die abgeleitete Konformation des Mol. in Lsg. stimmt gut mit den Messungen überein. Hinsichtlich der Unterss. an Polystyrol wurde der Florysche Faktor $\Phi = 2{,}93 \cdot 10^{21}$ verwendet. Die Ergebnisse zeigen auch eine gute Übereinstimmung mit Röntgen-Unterss. der Kristallstruktur u. der IR-Spektren der POEG. J. Springer 4010◇

0976 **Untersuchungen über Formaldehydharze.** 47. Mitt. **Die durch Hexamethylentetramin bewirkte Härtungsreaktion und die Molekulargewichtsverteilungsfunktion von Novolakharz.** Teiichi Tanigaki und Minoru Imoto. (Chem. High Polymers [Tokyo] **15,** 825–28, 1958; Osaka City, Univ., Inst. of Polytechn.; jap., Auszug: engl.) — 36. vgl. C. **1960,** 2018. — Ein *Novolakharz* (Molgew. 400 in Dioxan), Erweichungspunkt 72–76° (aus Ansätzen von Phenol u. 37%ig. Formalin im Molverhältnis 1:0,8) wird in geschmolzenem Zustand mit 10% Hexamethylentetramin bei 100 u. 110° gehärtet. Die Geschw. der Bldg. unlösl. Substanzen wird nach dem Extraktions-Verf. mit Aceton verfolgt. Die Anwendbarkeit einer früher abgeleiteten Gleichung für den zeitlichen Verlauf der Rk. wird erörtert. Die Beziehung zwischen Rk.-Zeit u. Mol.-Gew.-Verteilung wird untersucht u. die Natur der Härtungs-Rk. diskutiert. L. Schuler 4010□

0977 **Einige mechanische Charakteristika von Filmen aus Butvar–Phenol-Polymeren.** A. L. Rabinowitsch. (Hochmolekulare Verbind. [UdSSR] **1,** 998–1015, 1959; Akad. der Wiss. der UdSSR, Labor. für anisotrope Strukturen; russ., Auszug: engl.) — Es wurden einige mechan. Charakteristika von *BF-4-Filmen* (Glasfasern mit Butvar–Phenol-Polymeren als Bindemittel) von 3–160 μ Stärke untersucht. Festigkeit u. Elastizitätsmodul der Filme hängen prakt. nicht von ihrer Stärke ab. Für die Unters. der Deformation von Filmen kann eine verallgemeinerte Maxwell-Gleichung dienen, die den funktionellen Zusammenhang zwischen Deformation, Spannung u. Zeit herstellt. Helmut Schäfer 4010△

0978 **Die viscoelastischen Eigenschaften von vernetztem Polyäthylentetrasulfid.** 1. Mitt. A. V. Tobolsky, R. B. Beevers und G. D. T. Owen. (J. Colloid Sci. **18,** 353–58,

1963; Princeton, N.J., Princeton Univ., Frick Chem. Labor.; engl.) — *Polyäthylentetrasulfid* wurde aus Äthylendichlorid u. Na_2S_4 im alkal. Medium hergestellt. Die Vernetzung erfolgte mit Hilfe von 1.2.3-Trichlorpropan (I). Die Analyse ergab eine gute Übereinstimmung mit den berechneten Werten, u. ein geringer Chlor-Geh. (1,13 bzw. 1,03%) zeigt, daß I eine Vernetzung ausgelöst hat. Durch Messung des Torsionsmoduls wurde die Vernetzung festgestellt. Mit steigendem I-Geh. ergibt sich eine charakterist. Verschiebung des Kurvenverlaufs für die Abhängigkeit des Torsionsmoduls von der Temperatur. Die Messungen erfolgten in einem Temp.-Gebiet von ca. —30 bis 170°. Im gummielast. Zustand ändert sich der Torsionsmodul kaum mit der Temp., jedoch zeigt sich mit steigendem I-Geh. eine Erhöhung des Torsionsmoduls. J. Springer 4010◇

0979 **Die viscoelastischen Eigenschaften von vernetztem Polyäthylentetrasulfid.** 2. Mitt. A. V. Tobolsky, R. B. Beevers und G. D. T. Owen. (J. Colloid Sci. **18**, 359—69, 1963; engl.) — 1. vgl. vorst. Referat. — Die Spannungsrelaxation wurde an vernetztem *Polyäthylentetrasulfid* untersucht. Die Vernetzung erfolgte durch trifunktionelle organ. Chloride, wie l. c. beschrieben. Bei niedriger Vernetzungsdichte tritt ein Betrag der Spannungsrelaxation auf, der auf einem Gleiten der Ketten beruht. In dem Gebiet mittlerer Vernetzungsdichte beruht die Spannungsrelaxation ausschließlich auf dem Austausch der Tetrasulfidbindungen u. diese Proben folgen dem Maxwellschen Spannungsabfall. Die spezif. Geschw.-Konst. für den Bindungsaustausch beträgt $k = 5{,}86 \cdot 10^{23}$ (exp —25900/RT). Die Aktivierungsenergien sind angegeben. Mit steigendem Molenbruch für das Vernetzungsmittel nimmt die Aktivierungsenergie zu, für mittlere Vernetzungsgrade beträgt sie 25,9 kcal·Mol^{-1}. Sie wird mit den Energiewerten für die Aufspaltung von S—S-Bindungen in S-Ketten u. S-Ringen verglichen. J. Springer 4010◇

0980 **Untersuchungen an den Kondensaten aus β-Naphthalinsulfonsäure und Formalin.** 1. Mitt. **Papierchromatographische Trennung der Natriumsalze der Kondensate und die Molekulargewichtsbestimmung.** Ken-ichi Hattori und Yukio Tanino. (J. chem. Soc. Japan, ind. Chem. Sect. [Kōgyō Kagaku Zassi] **66**, 55—58, 1963; Wakayama, Kaô-Sekken KK.; jap., Auszug: engl. S. A5) — *β-Naphthalinsulfonsäure*, die aus Naphthalin u. 98%ig. H_2SO_4 rein dargestellt wird (Meth. der Reinigung ausführlich beschrieben), ergibt mit dem mit Ionenaustauschern gereinigten *Formalin* (pH 6,1) in Ggw. von H_2SO_4 bei 80 bis 85° ein Gemisch von Kondensaten, das mit Na_2CO_3 in die *Na-Salze* übergeführt wird. Die Na-Salze werden papierchromatograph. mit einem Gemisch aus Butanol/Eisessig/W. (4:0,75—1:2) aufsteigend entwickelt, u. das Chromatogramm wird mit einer Lsg. von Thioflavin, Methylviolett u. Ameisensäure in W. gespritzt; unter Bestrahlung mit UV-Strahlen werden 9 Tüpfel beobachtet. Aus den jedem Tüpfel entsprechenden Teilen der Chromatogramme werden mit W. die Komponenten ausgezogen, die getrocknet u. durch Versetzen mit $SOCl_2$ in Dimethylformamid in die *Sulfochloride* übergeführt werden: F. jedes Sulfochlorids (von oben nach unten im Chromatogramm: 75,6—76,0°, 94,5—96,0°, 125 bis 130°, 165—170°, 205—210°, >240°, >240°, >240°, >240°. Das Molgew. jedes Sulfochlorids wird in Campher, Benzophenon oder Acetophenon (K_F 5,62) bestimmt u. entspricht der Struktur aus 1, 2, 3, 4, 5, 6, 7, 8 bzw. 9 Naphthalinmolekülen. E. Maekawa 4010◇

0981 **Untersuchungen an den Kondensaten aus β-Naphthalinsulfonsäure und Formalin.** 2. Mitt. **Bestimmung der Struktur der Natriumsalze der Kondensate mit Hilfe der IR-Spektren.** Ken-ichi Hattori und Kazuo Konishi. (J. chem. Soc. Japan, ind. Chem. Sect. [Kōgyō Kagaku Zassi] **66**, 59—64, 1963; jap., Auszug: engl. S. A5) — 1. vgl. vorst. Referat. — Die IR-Spektren der *Na-Salze* der l. c. papierchromatograph. getrennten einzelnen Kondensate aus *β-Naphthalinsulfonsäure* (I) u. *Formalin* werden in KBr-Preßlingen gemessen (5000—700 cm^{-1}). Zum Vgl. werden die IR-Spektren nachst. Naphthalin-Derivv. gemessen: 1-Naphthylamin-2-, -3-, -5-, -6- u. -7-sulfonsäure, 2-Naphthylamin-1-, -5-, -6-, -8- u. -3-sulfonsäure (Na-Salz), Naphthionsäure, Naphthalin-1.5-disulfonsäure, Schäffersäure, Naphthalin-2.6-disulfonsäure, Perisäure, C-Säure, Amino-ε-säure, G-Säure, K-, J-Säure, M-Säure, R-Säure, γ-Säure, S-Säure, 7-Hydroxy-1-naphthylamin-4-sulfonsäure, 1.4-Dinaphthylamin-7-sulfonsäure, Chicagosäure. Vff. schließen, daß die Kondensate auf Grund der CH-Deformationsschwingungen in der Mol.-Ebene aus *Menaphthylen-(5.8)-sulfonsäure-(3)*-Einheiten bestehen. E. Maekawa 4010◇

0982 **Untersuchungen an den Kondensaten aus β-Naphthalinsulfonsäure und Formalin.** 3. Mitt. **Die UV-Spektren der Natriumsalze der Kondensate.** Ken-ichi Hattori und Kazuo Konishi. (J. chem. Soc. Japan, ind. Chem. Sect. [Kōgyō Kagaku Zassi] **66**, 65—69, 1963; jap., Auszug: engl. S. A5—6.) — 2. vgl. vorst. Referat. — Die UV-Spektren der *Na-Salze* der l. c. getrennten Kondensate aus *β-Naphthalinsulfonsäure* (I) u. *Formalin* werden in W. gemessen; sie zeigen drei Absorptionsbanden: I bei 300 bis 340 [mμ], II bei 270—300 u. III bei 300—240. Zwischen dem mol. Absorptions-Koeff. ε u. der Zahl der I-Moll. in einem Kondensat mit n Naphthalinkernen bestehen die Gleichungen $\varepsilon_I = -2198 + 2341\,n$ ($n \geq 1$), $\varepsilon_{II} = -503 + 5555\,n$ ($n \geq 1$) u. $\varepsilon_{III} = 27368 + 73454\,n$ ($n \geq 2$). Die Wellenlänge der I-Bande nimmt mit steigendem n zu, zeigt jedoch oberhalb n = 5 einen konst. Wert. Die Löslichkeit der Na-Salze der Kondensate in W. nimmt auch mit steigendem n zuerst stark zu u. zeigt oberhalb n = 5 ebenfalls einen konst. Wert. E. Maekawa 4010◇

0983 **Struktur und Stabilität von polymeren Chelaten.** 2. Mitt. **Anwendung auf die selektive Bindung von Übergangsmetallkationen.** Ph. Teyssié. (Makromolekulare Chem. **66**, 133—41, 1963; Rueil-Malmaison, France, Inst. Français du Pétrol, Labor. Chim. Macromol.; engl.) — 1. vgl. C. **1962**, 9742. — Wird pulverförmiges *Polymethacryloylaceton* (vgl. l. c.) mit einer wss. Acetatpuffer-Lsg., die gleiche molare Mengen Cu- u. Ni-Salz enthält, geschüttelt, so wird Cu gebunden, Ni nur in Spuren; bei Erhöhung des pH von 4 auf 5 wird die gebundene Cu-Menge verdoppelt. Durch Extraktion mit verd. H_2SO_4 läßt sich Cu wieder entfernen. Das Bindevermögen von *Polyvinylamin* (I) für Metallkationen wurde durch Dialyse bestimmt (10^{-4} m Lsg. von I·HCl + 10^{-5} m Metallsalz-Lsg. + 0,2 m $NaNO_3$-Lsg., Dialyse in einem Cellulosebeutel gegen $NaNO_3$-Lsg.); es fällt in der Reihenfolge Cu, Ni, Zn, Co ab u. geht für ein gegebenes Kation mit wachsendem pH (Verss. zwischen pH 3,5 u. 9) durch ein Maximum. Enthält I mehrere Kationen, so lassen sich diese stufenweise durch Extraktion mit starken Säuren trennen; für die Trennung von Cu von Ni, Zn u. Co wird zweckmäßig bei pH 4,25 u. für die Trennung von Ni von Zn oder Co bei pH 5,5 gearbeitet. Ausführliche Literaturzusammenstellung über hochselektive Ionenaustauschharze. O. Fuchs 4010◇

0984 **Lichtempfindlichkeit von trocken erhitztem Polyacrylonitril.** Tsuneo Yoshino und Yasuo Manabe. (J. Polymer Sci., Part A **1**, 2135—43, 1963; Kamakura, Kanagawa, Japan, Toyo Rayon Co., Ltd., Basic Res. Labor.; engl.) — Wird *Polyacrylonitril* (I) im Dunkeln unter N_2 oder im Vakuum auf eine Temp. T (in °C) zwischen 230 u. 360 erhitzt u. dann der Einw. von Licht ausgesetzt, so verschiebt sich die Lichtabsorption im Sichtbaren bei wachsender Belichtungszeit t (Verss. zwischen 2,5 u. 180 Min.) nach längeren Wellen. Ab einem gewissen t(= t_{max}) nimmt die Verschiebung $\Delta\lambda$ wieder ab; t_{max} hängt von T ab u. beträgt z. B. ca. 680 Å für T = 230, 600 für T = 240 u. nur 150 für T = 300. Ferner fällt $\Delta\lambda$ mit wachsender Wellenlänge des einfallenden Lichtes stark ab (Verss. zwischen 3900 u. 6500 Å). Auch wenn das zuvor erhitzte I im Dunkeln im Vakuum oder in Ggw. von Luft gelagert wird, tritt die Absorptionsverschiebung auf; sie ist aber nur schwach, wenn die Probe nach dem Erhitzen 30 Min. bei 110° unter N_2 im Dunkeln gehalten wird. Mit dem Belichten ist eine Abnahme der Löslichkeit in wss. Säuren (Verss. mit HCl, HCOOH, H_2SO_4, HNO_3) verknüpft. Durch das Erhitzen entstehen ungepaarte Elektronen (Messung der Elektronenspinresonanz), deren Zahl durch das Belichten noch vergrößert wird; letztere sind allerdings nicht für die Verschiebung der Lichtabsorption maßgebend. Das Molgew. M von I betrug 370000; I mit M = 30000 zeigt nach der gleichen therm. Vorbehandlung eine geringere Empfindlichkeit gegen Licht. *Copolymere* aus *Acrylonitril* u. wenigen % *Acrylamid* oder *Acrylsäure* zeigen ein ähnliches Verh. wie I (ohne nähere Angaben). O. Fuchs 4010◇

0985 **Polymerisation von Acrylonitril in Dimethylsulfoxid.** E. F. T. White und M. J. Zissell. (J. Polymer Sci., Part A **1**, 2189—91, 1963; Maidenhead, Berks, Courtaulds Ltd., Res. Labor.; engl.) — *Acrylonitril* (**I**) wurde unter Verw. von Azobis-isobutyronitril (**II**) bei 50° in Dimethylsulfoxid (**III**) bzw. in Äthylencarbonat (**IV**) polymerisiert. Aus der Abhängigkeit von 1/PG (PG = Polymerisationsgrad des Polyacrylonitrils) von der **II**-Konz. berechnet sich das Verhältnis k_3/k_2 (k_2 = Geschw.-Konst. für Wachstum, k_3 = Geschw.-Konst. für Übertragung mit dem Lsgm.) zu $1,1 \cdot 10^{-5}$ für **III** u. $5 \cdot 10^{-5}$ für **IV**. **I** polymerisiert bei 60° in **III** um 50% rascher als in Dimethylformamid (**V**); PG ist bei der Polymerisation in **III** höher als bei der in **V**. $k_2 k_4^{-1/2}$ ergibt sich bei 50° zu 0,16 $Mol^{-1/2}$ $Liter^{1/2} s^{-1/2}$ in **III** gegen 0,082 in **V** (k_4 = Geschw.-Konst. für Abbruch durch Kombination). Unter Verw. von Di-tert.-butylperoxid als Photoinitiator wurde nach der Meth. des rotierenden Sektors k_2 zu 1910 (25°) bzw. 11600 (60°) Mol^{-1} $Liter \cdot s^{-1}$ u. k_4 zu $2,9 \cdot 10^8$ (25°) bzw. $1,9 \cdot 10^{10}$ (60°) Mol^{-1} $Liter \cdot s^{-1}$ bestimmt (je in **III**). O. Fuchs 4010◇

0986 **Copolymerisationsparameter des Systems α-Chloracrylonitril–Styrol.** Silvano Bresadola und Pietro Canal. (J. Polymer Sci., Part B **1**, 523—26, 1963; Padova, Ital., Univ., Ist. di Chim. Generale; Bollate-Milano, Labor. Ric. Sicedison S.P.A.; engl.) — *α-Chloracrylonitril* (**I**) u. *Styrol* wurden bei 80° unter Verw. von Dibenzoylperoxid unter N_2 copolymerisiert. Aus der Analyse des Copolymeren ergeben sich die r-Werte zu $r_1 = 0,08 \pm 0,02$ u. $r_2 = 0,1 \pm 0,03$. Die Q- u. e-Werte von **I** berechnen sich daraus zu 8,38 u. 1,396. — Zur Darst. von **I** wurde zuerst Cl_2 an Acrylonitril addiert; durch Dehydrochlorierung bei erhöhter Temp. in Ggw. von bas. Verbb. wie Na-Acetat, KCN oder Na_2HPO_4 wurde **I** erhalten, Reinheitsgrad 99,9%, Kp. 88—89°, n_D^{20} 1,4297, D_4^{20} 1,06. O. Fuchs 4010◇

0987 **Theorie der Lichtstreuung von hochpolymeren Lösungen unter Berücksichtigung der Anisotropie von Segmenten.** Masayuki Nakagaki. (Bull. chem. Soc. Japan **34**, 834—39, 1961; Kyoto, Univ., Fac. of Pharmacy; engl.) — Vf. berechnete theoret. die Winkelverteilung der Intensität des von einer hochpolymeren Lsg. gestreuten Lichtes wobei die Anisotropie der Segmente berücksichtigt wurde. Die theoret. Ergebnisse wurden mit experimentellen Daten aus der Literatur verglichen. Speziell bei der Anwendung der experimentellen Daten von Ehrlich u. Doty (vgl. J. Amer. Chem. Soc. **76**, [1954], 3764) über die Lsgg. von *Copolymeren* aus *Methacrylsäure* u. *2-Dimethylaminoäthylmethacrylat* konnte gezeigt werden, daß sich die Anomalien der graph. Meth. von Zimm u. Mitarbeitern (vgl. Polymer Bull. **1**, [1945], 90) durch die Annahme erklären lassen, daß die Segmente eine spezif. Anisotropie haben. C. Gottfried 4010△

0988 **Einfluß des Reckens auf die dielektrische Eigenschaft von Polymethylmethacrylat.** Ichiro Murakami. (J. Sci. Hiroshima Univ., Ser. A-II **25**, 149—58, 1961; Hiroshima, Univ., Fac. of Sci., Dep. of Chem.; engl.) — An nicht gereckten u. verschieden stark gereckten Proben von *Polymethylmethacrylat* mit dem Polymerisationsgrad 15000 wurden die komplexen DK bei Temp. von 40—110° in dem Frequenzbereich von $30—2 \cdot 10^6$ Hz gemessen. Röntgenograph. Unterss. ergaben, daß durch das Recken etwas Faserstruktur gebildet wird. Ganz allg. wurde beobachtet, daß die dielektr. Absorption bei höheren Temp. größer wird, daß sich die Relaxationsfrequenz mit steigender Temp. zu höheren Frequenzen hin verschiebt u. daß schließlich die Verteilung der Relaxationszeit mit dem Temp.-Anstieg konvergiert. Die Werte der Relaxationsfrequenz für die gereckten Proben wird bei Temp. $>70°$ gleich der Relaxationsfrequenz der nicht gereckten Proben. Bei Temp. $<70°$ beeinflußt die durch die Reckung verursachte Verformung den dielektr. Dispersionsprozeß. Aus der Beziehung zwischen der Relaxationsfrequenz u. der Temp. wurden die Aktivierungsenergie, die freie Aktivierungsenergie u. die Aktivierungsentropie des Prozesses der dielektr. Dispersion berechnet. Die Werte sind tabellar. wiedergegeben. Ganz allg. wurde gefunden, daß die beobachtete Dispersion des Polymeren in seinem glasigen Zustand hauptsächlich der Relaxation der Orientierungspolarisation der Esterseitengruppen entspricht. C. Gottfried 4010△

0989 **Kratzfestes Polymethylmethacrylat.** P. K. Choudhury. (Sci. and Cult. [Calcutta] **26**, 44—45, 1960; Calcutta, Univ. Coll. of Technol., Dep. of Appl. Chem.; engl.) — An Stelle der sonst üblichen Steigerung der Kratzfestigkeit von *Polymethacrylsäuremethylester* durch Vernetzung mit doppelt ungesätt. Monomeren gelang das gleiche durch Copolymerisation mit wesentlich billigeren Monomeren wie *Vinylacetat*, *Acrylsäuremethylester*, *Styrol*, *α-Methylstyrol* u. ähnlichen. Die Härte steigt durch die Copolymerisation von 2—3 auf 6 der Mohsschen Skala. W. Kupfer 4010◇

0990 **Dielektrische γ-Absorption von Poly-2-äthoxyäthylmethacrylat.** Yoichi Ishida, Osamu Amano und Motowo Takayanagi. (Kolloid-Z. **176**, 62, 1961; Fukuoka, Kyushu Univ., Fac. of Engng., Dep. of Appl. Chem.; engl.) — Unter Bezugnahme auf Unterss. von Ishida u. Yamafuji (vgl. C. **1963**, 20054) an *Polyäthylmethacrylat* berichten Vff. über Unterss. des dielektr. Verh. von *Poly-2-äthoxyäthylmethacrylat*. Das in dem höheren Temp.-Bereich beobachtete Verh. der α- u. der β-Absorption war ähnlich wie l. c. beobachtet worden war. In dem tieferen Temp.-Bereich dagegen wurde noch eine weitere Absorption, die γ-Absorption, beobachtet. Die Zunahme von ε'' in dem niedrigen Frequenzbereich ist der Schwanz der β-Absorption, während die γ-Absorption als schmale Schulter beobachtet wurde. Die scheinbare Aktivierungsenergie dieser Absorption, die aus der Bewegung der Schulter mit der Temp. berechnet wurde beträgt größenordnungsmäßig 10 kcal/Mol. Aus der Tatsache, daß die Trennung der γ-Absorption von dem Schwanz der β-Absorption mit sinkender Temp. klarer hervortritt, wird geschlossen, daß die γ-Absorption dem Ansprechen der Äthoxygruppe zuzuteilen ist. C. Gottfried 4010△

0991 **Copolymerisation des Methacrylats des Poly-ω-hydroxyönanthsäureesters mit Acrylonitril, Styrol und Vinylacetat.** G. Ss. Kolessnikow und G. T. Gurgenidse. (Mitt. Akad. Wiss. GrusinSSR **28**, 297—303, 1962; Akad. der Wiss. der UdSSR, Inst. für metallorgan. Verbb.; russ.) — Durch Poly-Kondens. von ω-Hydroxyönanthsäure wurde *Poly-ω-hydroxyönanthat* von hoch geordneter Struktur vom Molgew. 7400 dargestellt u. durch Rk. mit Methacrylchlorid in *Poly-ω-hydroxyönanthatmethacrylat* (**I**) vom Molgew. 6000 übergeführt. Durch Copolymerisation von **I** mit *Acrylonitril*, *Styrol* u. *Vinylacetat* in Ggw. von Dibenzoylperoxid oder Azodiisobutyronitril wurden *Graft-Copolymere* mit verschiedener Häufigkeit der Seitenketten erhalten. Ihre thermomechan. Eigg., Viscosität u. Zus. wurden bestimmt. Helmut Schäfer 4010△

0992 **Untersuchung der Polymolekularität stabilisierter Kondensationspolymerer.** E. Turska und J. Matuszewska. (Polimery — Tworzywa wielkocząsteczkowe **6**, 280—82, 1961; Łódź, Politechn., Kat. Chem. fiz. Polim.; pol.) — Nach der Gleichung von Flory nimmt die Polymolekularität mit der Rk.-Dauer zu, nach Korschak (C. **1956**, 2059) soll sie wegen der Kettenaustausch-Rk. abnehmen. Das Problem wurde von Vff. am *Poly-ε-caprolactam* überprüft, das bei 237° in Ggw. von Adipinsäure als Stabilisator u. in N_2-Atmosphäre gehalten worden ist. Unter diesen Bedingungen ist ein weiteres Wachsen der Ketten nicht möglich u. es können höchstens Kettenübertragungs-Rkk. stattfinden. Die nach verschiedenen Zeiten ermittelten Molgew.-Verteilungen stimmen mit der Flory-Kurve überein. Wenn bei der untersuchten Rk. überhaupt eine Kettenübertragung stattgefunden hat, so muß sie die Verteilung nicht verändert haben. F. Urban 4010◇

0993 **Viscoelastisches Verhalten von Nylon-6.6-Einzelfäden unterhalb Zimmertemperatur.** B. A. Dunell, Ann A. Joanes und R. T. B. Rye. (J. Colloid Sci. **15**, 193—204, 1960; Vancouver, Univ. of Brit. Columbia, Chem. Dep.; engl.) — Vff. berichten über Messungen der Spannungsrelaxation sowie der dynam. Zug- u. Verlustmoduln an 15-Denier-Einzelfäden von *Nylon 6.6* bei Temp. zwischen +10 u. −100°. Obwohl die Streuung der Werte für den dynam. Verlustmodul zu groß ist, um eine befriedigende Erklärung zu finden, liefern der dynam. Zugmodul u. der Spannungsrelaxationsmodul zusammengesetzte Kurven, wenn man das Zeit–Temp.-Überlagerungsprinzip anwendet. Die Red.-Faktoren für die dynam. u. Spannungsrelaxationsmoduln sind hinreichend ähnlich, daß man sie durch eine Funktion der Temp. darstellen kann; aus der Neigung der erhaltenen Geraden erhält man eine Aktivierungsenergie von 31 kcal/Mol. C. Gottfried 4010△

0994 **Einfluß der Keimbildung auf die Kinetik der Kristallisation und die Sphärolithe von Nylon 6.** Masakazu Inoue. (J. Polymer Sci., Part A 1, 2013—20, 1963; Tokodori, Showaku, Nagoya, Japan, Toyo Rayon Co., Plastics Labor.; engl.) — Vf. untersuchte den Einfl. von *Nylon 6.6* (**I**), *Polyäthylenterephthalat* (**II**), TiO_2 (**III**), $Pb_3[PO_4]_2$ (**IV**) u. Na-Polyphosphat (**V**) auf das Kristallisations-Verh. von *Nylon 6* (**VI**, Molgew. ca. 15000); **I**—**V** wurden in der Schmelze von **VI** zugemischt. Das Kristallisations-Verh. wurde nach der früher (vgl. C. **1963**, 2103) angegebenen Meth. gemessen. Die Kristallisations-Geschw. α wurde bei verschiedenen Temp. T (in °C) nach der Gleichung von Avrami $\alpha = \alpha_\infty \cdot [1 - \exp(-Kt^n)]$, wo t = Zeit, berechnet; die Halbwertszeit $t_{1/2}$ ergibt sich aus $K = 2{,}3 \cdot \log 2/t^n_{1/2}$. Ferner wurden die Gestalt, Größe u. Verteilung der Sphärolithe mit dem Polarisationsmikroskop untersucht. $t_{1/2}$ (in Min.) beträgt bei T = 180, 200 u. 205: 4,1, 20 u. 70 für **VI** allein; 3,2, 10 u. 43 für **VI** u. 1% **I**; 3, 6,5 u. 32 für **VI** u. 1% **II**; 3,8, 6,5 u. 31 für **VI** u. 0,1% **IV**. n ist im genannten T-Bereich nur wenig abhängig von T (2,1—2,5 für **VI** allein), steigt aber oberhalb T = 210 an (n = 4 für **VI** allein). Durch **I**—**V** wird die Induktionsperiode der Kristallisation erniedrigt. Es liegt offenbar eine heterogene Keim-Bldg. vor. Der erhaltene Kristallisationsgrad beträgt für T = 180 u. 205: 30,5 u. 28,9 (**VI**); 41,9 u. 27,4 (**VI** u. **I**); 29,7 u. 32,3 (**VI** u. **II**); 29,7 u. 33,3 (**VI** u. **IV**). Der Spärolithdurchmesser d (in μ) beträgt (je für T = 150): 50—60 (**VI**), 4—5 (**VI** u. 1% **I** u. für **VI** u. 1% **II**); 10—15 (**VI** u. 0,05% **IV**); 5—10 (**VI** u. 0,05 NaH_2PO_4); 5—6 (**VI** u. 0,05% **V**); 20—25 (**VI** u. 0,05 **III**). d ist nur wenig abhängig von T. Durch die Zusätze wird die Verteilung der Kristallite homogener. O. Fuchs 4010◇

0995 **Bestimmung von Zahlenmittelmolekulargewichten durch Elastoosmometrie.** S. Yamada, W. Prins und J. J. Hermans. (J. Polymer Sci., Part A 1, 2335—42, 1963; Syracuse, N.Y., State Univ. Coll. of Forestry, Cellulose Res. Inst.; engl.) — Ein Streifen aus strahlenvernetztem *Polydimethylsiloxan* (**I**) wurde in Toluol (**II**) um einen bestimmten Betrag gedehnt; nach Einstellung des Quellungsgleichgewichtes betrage die rücktreibende Kraft f_0. Wird in **II** *Polystyrol* (**III**) der Konz. c gelöst, so steigt diese Kraft auf f an. Da die Größe $f - f_0$ linear mit $1/\overline{M}_n$ ($\overline{M}_n$ = Zahlenmittel des Molgew.) zunimmt, ergibt sich daraus die Möglichkeit der Best. von $\overline{M}_n$ von **III**. Ähnlich wie bei osmot. Messungen wird $(f - f_0)/c$ gegen c aufgetragen, woraus durch Extrapolation auf c = 0 $\overline{M}_n$ folgt. Die Brauchbarkeit der Meth. wird an Hand mehrerer **III**-Proben mit $\overline{M}_n$ = 4470—18500 gezeigt. Die Meth. arbeitet rasch u. einfach, setzt aber voraus, daß das gelöste **III** nicht in **I** eindiffundiert. O. Fuchs 4010◇

0996 **Synthese linearer Dimethylmethylpolysiloxane durch Copolymerisation von Cyclosiloxanen.** W. O. Reichsfeld und A. G. Iwanowa. (Hochmolekulare Verbind. [UdSSR] 4, 30—36, 1962; Leningrad, Technol. Lensowjet-Inst.; russ., Auszug: engl.) — Durch Hydrolyse von Methyldichlorsilan in Ae. bei —5 bis +20° wurden in 75—80%ig. Ausbeute *1.3.5.7-Tetramethylcyclotetrasiloxan* [**I**; Kp. 135—136°; D_4^{20} 0,9881; n_D^{20} 1,3875] u. *1.3.5.7.9-Pentamethylcyclopentasiloxan* [**II**; Kp. 168,5—169°; n_D^{20} 1,3908] dargestellt. Die Copolymerisation von *Oktamethylcyclotetrasiloxan* [**III**; Kp. 175°; n_D^{20} 1,3968] mit **I** u. **II** [Gemisch der Monomeren 8—30 Std. lang in Ggw. von 3% $Al_2(SO_4)_3$ erhitzen, in Bzl. aufnehmen u. mit Methanol oder A. ausfällen] lieferte lineare *Polymethylsiloxandimethylsiloxane* der Struktur $\{[-Si(CH_3)_2-O-]_{4p}[Si(CH_3)H-O-]_{xq}\}_n$ (x = 4 u. 5; p u. q sind vom Verhältnis der Ausgangs-Verbb. abhängig) vom Molgew. 40000 bis 120000. Bei der Copolymerisation sind **I** u. **II** aktiver als **III** u. reichern sich im Copolymeren an. Die Copolymerisations-Konst. für die Monomerenpaare **I**-**III** u. **II**-**III** wurden berechnet. Helmut Schäfer 4010△

0997 **Dynamische Eigenschaften von hitzebehandelten Butylvulkanisaten.** A. R. Payne. (J. appl. Polymer Sci. 7, 873—85, 1963; Shawbury, Shrewsbury, Shropshire, England, Rubber & Plastics Res. Assoc. of Great Britain; engl.) — Dehnung u. Hitzebehandlung verändern den Schubmodul u. die Hysteresis. Diese Effekte werden im Dehnungsgebiet untersucht. Dabei zeigte sich, daß durch Ruß die dynam. Eigg. von *Butylkautschuk* (**I**) stark herabgesetzt werden. Quellungsmessungen ergaben aber, daß G_∞, der Schubmodul bei sehr hohen Amplituden, unverändert bleibt. Die Abhängigkeit der Komponenten des Schubmoduls G′ u. G″ sowie des Phasenwinkels δ von der Schwingungsamplitude werden sowohl an einem normalen, mit HAF-Ruß gefüllten **I** als auch an einem Vulkanisat gleicher Zus., das aber einer zusätzlichen Hitzebehandlung in Ggw. von N-Methyl-N.4-dinitrosoanilin unterworfen worden war, untersucht u. miteinander verglichen. Elektronenmkr. Aufnahmen zeigen die Rußeinlagerungen in **I** vor u. nach der Hitzebehandlung. J. Springer 4030◇

0998 **Über Viscosität und Fließmechanismus von Gemischen von Polymeren mit Füllstoffen.** G. M. Bartenew und N. W. Sacharenko. (Kolloid-J. [UdSSR] 24, 121—27, März/April 1962; Moskau, Pädagog. Lenin-Inst.; Labor. f. Polym. Physik; russ., Auszug: engl.) — An *Polyisobutylen* (Molgew. nach Flory 60000) u. *Butadienkautschuk* (aus laufendem Betrieb) wurde der Zusammenhang zwischen Füllstoffen (Ruß, Kreide) u. der Viscosität (η) sowie der Fließmechanismus untersucht. Es wurde festgestellt, daß η bei einem Ruß-Geh. von 10—15 Vol.-% der Einstein-Formel für Suspensionen entspricht. Eine Einführung von dispersen Füllstoffen in das Polymere führt zu einer bedeutenden Vergrößerung von η (ohne Veränderung des Temp.-Koeff.). Die Aktivierungsenergie des Fließens hängt weder von der Spannung u. dem Molgew. des Polymeren noch von der Menge des akt. Füllstoffs ab. C. Kozák 4030◇

0999 **Dynamische Eigenschaften von Schaumgummi. 2. Mitt. Wirkung von Temperatur und oxydativem Abbau.** Kazuyoshi Ogino und Tsurutaro Nakagawa. (Chem. High Polymers [Tokyo] 19, 109—12, 1962; Sapporo, Univ. of Hokkaido, Fac. of Sci., Dep. of Polymer Sci.; jap., Auszug: engl.) — 1. vgl. C. **1963**, 14878. — Unterss. über die dynam. Viscoelastizität von *Schaumgummi*, ihre Temp.-Abhängigkeit u. die Einw. des oxydativen Abbaus bei ca. 100 Hz zeigen, daß die dynam. Steifheit ab- u. die Viscosität in der 1. Abbaustufe zunimmt; in der Endstufe des Abbaus steigen beide Werte. Die scheinbare Aktivierungsenergie des viscosen Prozesses ist mit 2—4 (kcal/Mol) viel geringer als der Wert von 15—20 der Kautschukgrundmasse. Die Ergebnisse werden gedeutet. W. Wesly 4030◇

1000 **Einflüsse hochenergetischer ionisierender Strahlung auf die Kristallinitäten von Cellulose II, III und IV.** Hiroshi Sobue und Yoshitami Saito. (Bull. chem. Soc. Japan 34, 1343—44, 1961; Hongo, Tokyo, Univ., Fac. of Engng., Dep. of Appl. Chem.; engl.) — Als *Cellulose II* (*C II*) wurde *Viscoserayon* verwendet. *Cellulose III* wurde durch Behandlung von C II in fl. NH_3 bei ca. —78° während 4 Std., Entfernen des NH_3 bei 0° u. Trocknen bei Zimmer-Temp. erhalten. *Cellulose IV* wurde durch 1std. Behandeln von C II in Glycerin bei 260 ~ 265°, Auswaschen des Glycerins u. Trocknen im Vakuum erhalten. Die Proben wurden, in Al-Folie eingewickelt, bei —78° mit Elektronen mit den Dosen 10^7, 5 10^7, 10^8 u. 3 10^8 rad bestrahlt. Die Kristallinitäten (Kr) wurden entweder durch Säurehydrolyse oder röntgenograph. bestimmt. Die Beziehung zwischen Dosis u. Kr durch die Säurehydrolyse ist graph. wiedergegeben. Aus diesen Kurven ist ersichtlich, daß bis zu Bestrahlungen von 5 10^7 rad bei allen Cellulosen eine Abnahme der kristallinen Gebiete nicht auftritt. Bei höheren Bestrahlungsdosen dagegen nehmen die Kr merklich ab. Auf röntgenograph. Wege wurden keine merklichen Unterschiede in den Diagrammen der nichtbestrahlten u. bestrahlten Proben festgestellt. Ein möglicher Grund hierfür wird kurz besprochen. C. Gottfried 4050△

1001 **Rolle der Wasserstoffionenkonzentration bei der Retrogradation von Stärkesolen.** A. Joseph Kalb und Clarence Sterling. (J. appl. Polymer Sci. 6, 571—74, 1962; Davis, Calif., Univ. of California, Dep. of Food Sci. and Technol.; engl.) — In Fortführung der von Vff. früher (vgl. C. **1963**, 7569) ausgeführten Verss. über die Retrogradation von Stärke wurden 2%ig. Sole von *Kornstärke* (**I**; über die Darst. der Sole vgl. l. c.) bei 1° gelagert u. nach gewissen Zeiten der Kristallisationsgrad (röntgenograph.), die enzymat. Hydrolyse u. die Löslichkeit in kaltem W. bestimmt. Der pH-Wert (Zusatz von HCl bzw. NH_4OH, pH-Bereich 1,3—10) wurde teils vor der Gelatinierung (Fall A), teils hinterher (Fall B) eingestellt. Aus den gemessenen Eigg. folgt, daß bei A maximale Retrogradation bei pH 5 auftritt, bei B aber bei pH 1—2. Zu Beginn verläuft die Retrogradation rasch, anschließend an diese Periode nach einer Kinetik 1. Ordnung (gilt für alle pH-Werte). Die zugehörige Geschw.-Konst. k (in 10^{-3} h^{-1}) steigt bei A von 0,43 bei pH 2 auf 3,35 (pH 5) u. fällt auf 0,81 (pH 10); bei B fällt k von 4,44 (pH 1,3—2,2) auf 3,14 (pH 10) ab. Die Unterschiede zwischen A u. B können verschiedene Ursachen haben; diskutiert werden die Einfl. der Mol.-Größe, des pH auf die Spaltung von H-Brücken, des sauren Charakters von I u. der Änderung der Konfigurationsentropie von I. O. Fuchs 4050◇

1002 **Die Gewinnung von Benzolpolycarbonsäuren aus Hydrolysenlignin durch Oxydation mit alkalischem Permanganat.** 1. Mitt. M. I. Tschudakow und A. P. Krassnowa. (J. angew. Chem. [UdSSR] **34,** 2754—60, 1961; russ.) — Eine Reihe von Präpp. von *Hydrolysenlignin* (I), die aus Spänen von Tannenholz unter Verw. von 0,5- u. 1,0%ig. H_2SO_4 bei 160, 180 u. 200° u. bei einer Rk.-Dauer von 3 u. 6 Std. gewonnen worden waren, wurden bei 80° (22 Std.) durch Permanganat in alkal. Medium oxydiert u. die gebildeten Säuren als Ba-Salze ausgefällt. Diese enthielten 15 bis 25% Ba-Oxalat. Durch sd. konz. HNO_3 wird das Ba-Oxalat zerstört, während die *Benzolpolycarbonsäuren* (II) unter diesen Bedingungen kaum angegriffen werden. Nach Bearbeitung mit Bzl. zur Entfernung von Nitrophenolen ließen sich die II durch Ae. extrahieren. Je höher die Temp. der Hydrolyse war, desto größer war die Ausbeute an II. Sie kann beim Arbeiten bei 200° bis 12% vom Ausgangslignin betragen. Je härter die Hydrolysenbedingungen sind, desto energischer verlaufen die Kondens.-Prozesse des Lignins, die zur Ausbildung sek. aromat. Strukturen führen. Die erhaltenen II lösen sich gut in W., A., Ae. u. Aceton u. sind unlösl. in Bzl. u. Chloroform. Ausgehend von der Tatsache, daß innerhalb der II nur die *Mellitsäure* (III) ein unlösl. NH_4-Salz gibt, ließ sich zeigen, daß nur aus I, das unter härtesten Hydrolysebedingungen bei einer Rk.-Dauer von 6 Std. erhalten wird, III gebildet werden kann. Weiterhin ließ sich *Benzolpentacarbonsäure* isolieren. M. Ulmann 4050◇

1003 **Die Gewinnung von Benzolpolycarbonsäuren aus Hydrolysenlignin durch Oxydation mit Salpetersäure.** 2. Mitt. M. I. Tschudakowa und A. P. Krassnowa. (J. angew. Chem. [UdSSR] **34,** 2760—64, 1961; russ.) — 1. vgl. vorst. Referat. — *Hydrolysenlignine* (I) verschiedener Herkunft wurden mit einer 10fachen Menge HNO_3 (D. 1,35) 4 Tage bei Zimmer-Temp. belassen u. dann 2½ Std. auf dem sd. Wasserbad erhitzt. Hierbei löst sich das I fast vollständig. Durch Abkühlen auf 0° kann der größte Teil der gebildeten Oxalsäure zum Auskristallisieren gebracht werden, wonach bis zur Trockne eingedampft u. zur Entfernung von Resten von HNO_3 mehrere Tage über NaOH belassen wird. Zur Entfernung gebildeter Nitrophenole wird mit Bzl. u. Chlf. extrahiert u. anschließend 12 Std. mit konz. HNO_3 (D. 1,52) erhitzt, wobei restliche Oxalsäure zerstört wird. Durch Vakuum-Dest. läßt sich die HNO_3 entfernen. Das Gemisch der vorliegenden rohen *Benzolpolycarbonsäuren* (II), das auch hochmol. N-Verbb. enthält, bildet ein sehr hygroskop., braungelbes Pulver, lösl. in W., Ae., A., Aceton, Methyläthylketon, unlösl. in Bzl. u. Chloroform. An II wurden 30%, an Oxalsäure 20—25% u. an Nitrophenolen ca. 4% vom Ausgangslignin erhalten. Aus II konnte *Mellitsäure* isoliert werden. Auch hier zeigte sich wieder, daß bei Einw. von konz. H_2SO_4 auf Lignine sek. aromat. Strukturelemente gebildet werden. M. Ulmann 4050◇

1004 **Eine Theorie und eine Methode für die Spreitung von Proteineinzelschichten.** H. J. Trurnit. (J. Colloid Sci. **15,** 1—13, 1960; Baltimore, Md., Res. Inst. for Advanced Study; engl.) — Vf. beschreibt eine Meth. zur Herst. von *Proteineinzelschichten* oder wahre H-Filme, u. zwar ohne Verlust von dest. W. oder verd. Puffer-Lsgg., wenn sich die Protein-Lsg. vor Erreichen der Wasseroberfläche der Filmschale in Form einer dünnen Schicht um einen Glasstab ausbreiten kann. Während der Fließzeit entlang des Glasstabes diffundiert die Hauptmenge aller Protein-Moll. zu der Grenzfläche W.–Luft, wenn die Fließ-Geschw., die Protein-Konz., die Länge u. der Durchmesser des Stabes genau gewählt sind. Vf. untersuchte den Einfl. dieser Parameter theoretisch. Die theoret. Voraussagen wurden mit experimentellen Ausbreit-Verss. verglichen. C. Gottfried 4070△

1005 **Die Wechselwirkung von Serumalbumin mit Äthanol.** Robert M. Rosenberg, Donald W. Rogers, Jon E. Haebig und Theodore L. Steck. (Arch. Biochem. Biophysics **97,** 433—41, Juni 1962; Appleton, Wis., Lawrence Coll., Chem. Dep.; Middletown, Conn., Wesleyan Univ., Hall Labor. of Chem.; engl.) — Wenn A. bei niedrigem pH zu *Serumalbumin* (I)-Lsg. zugegeben wird, so tritt eine Aufspaltung hydrophober Bindungen (h.B.) u. verstärkte Schrauben-Bldg. ein; bei pH 7 tritt bei einer krit. Konz. von A. Aggregat-Bldg. ein, wobei eine ausreichende Menge von h.P. aufgespalten wird. Am isoion. Punkt u. bei pH 7, bei dem sich das Protein in kompakter Form befindet, sind die Viscositätsänderungen weniger deutlich als in saurer Lsg., in der I Ausdehnungsmöglichkeiten besitzt. Die Aggregat-Bldg. konnte durch p-Chlormercuribenzoat gehemmt werden (Sulfhydryl–Disulfid-Wechselwrkg.), u. ein Gel, welches bei hoher I-Konz. erhalten wurde, ist in 10m Harnstoff-Lsg. löslich. Die Bindungen, welche für die spezif. Wrkg. von menschlichem I auf das Spektrum von Methylorange verantwortlich sind, können durch A. nicht aufgespalten werden. Die Denaturierung von I durch A. erfolgt eher durch Aufspaltung von h.B. als durch Aufspaltung von H-Bindungen. K. Zingraf 4070□

1006 **Adsorptionseigenschaften einiger Eiweißstoffe in Abhängigkeit von ihrer Struktur.** A. Kalaidshijew und L. Stefanowa. (Bull. Inst. Physiol., Acad. Sci. Bulg. **4,** 217—24, 1960; bulg., Auszug: engl.) — Die Unters. der $d\pi/dt = f(\pi)$-Kurve einiger Redox-Syst.-Farbstoffe, die durch Vermischen gereinigter *Proteine* (I) mit Farb-Lsgg. hergestellt waren u. zur Best. der Struktur u. einiger katalyt. Eigg. der Eiweiß-Moll. untersucht wurden, zeigte, abhängig von den Vers.-Bedingungen, eine Erhöhung oder eine Verringerung des katalyt. Stromes J_k des Redox-Syst. (**a**) bei Zugabe von I, ohne daß das Redoxpotential sich veränderte. Die vom sauren oder bas. pH-Wert u. dem Redoxpotential der Farbe abhängigen Veränderungen ΔJ_k des katalyt. Stromes des **a** lassen sich auf die Aktivierung der Eiweiß-Moll. unter der Einw. des **a** zurückführen. I. v. Kloch-Kornitz 4070◇

1007 **Katalytische Redoxeigenschaften von Eiweißlösungen im Hinblick auf die Struktur der Eiweißstoffe.** A. Kalaidshijew und L. Wâltschewa. (Bull. Inst. Physiol., Acad. Sci. Bulg. **4,** 207—16, 1960; bulg., Auszug: engl.) — Die Veränderungen der spezif. *Protein*-Incision der $d\pi/dt \cdot V^2$-Polariskopkurve, die bei verschiedenen Konzz. des kristallinen *Albumins* u. bei verschiedenen pH u. Temp. des *Hämoglobins* auftreten, sind durch die depolarisierende u. katalyt. Wrkg. des polariskop. Stromes (**a**) mit Erreichung einer bestimmten Sättigung bedingt. Es zeigte sich eine charakterist. Verringerung des **a** bei Erhöhung des pH u. bei einem charakterist. Temp.-Maximum. Die akt. Zentren der *Protein*-Moll., deren Dimensionen dem Ssegal-Kalaidschijew-Modell entsprechen, sind bei den Rkk. die Peptidbindungen. I. v. Kloch-Kornitz 4070◇

1008 **Konstitution der Netzverknüpfungen im Elastin.** S. M. Partridge, D. F. Elsden und J. Thomas. (Nature [London] **197,** 1297—98, 1963; Cambridge, Low Temp. Res. Stat.; engl.) — Beim enzymat. Abbau von *Elastin* wurde neben Aminosäuren u. kleineren Peptiden eines mit höherem Molgew. von hellgelber Farbe isoliert. Weiterer Abbau dieses *Peptids* ergab neben bekannten Aminosäuren zwei unbekannte, schwer trennbare Stoffe, die als Chromophore des Peptids bezeichnet werden. Als Summenformeln werden $C_{26}H_{45}N_5O_8$ u. $C_{26}H_{41}N_5O_8$ angegeben. Nach ihrem chem. Verh. handelt es sich um Tetracarboxytetraaminocarbonsäuren. Das fünfte Stickstoffatom ist Teil eines heterocycl. Ringsystems. Die beiden sehr ähnlichen Stoffe unterscheiden sich demnach nur durch ihre verschiedene Anzahl von Doppelbindungen. K. Heyns 4070◇

E. Biologische Chemie, Physiologie, Medizin

E_1. Allgemeine Biologie und Biochemie

1009 **Anomale Titrationen von Cystein.** G. Calcutt. (Biochim. biophysica Acta [Amsterdam] **44,** 364—65, 1960; Nortwood, Middlesex, Mount Vernon Hosp.; Radium Inst., Dep. of Cancer Res.; engl.) — Vff. liefert den Beweis, daß die bei der Titration von *Cystein* (I) mit *p-Chlormercuribenzoe*-

säure häufig zu hoch gefundenen Werte die Folge einer bei der Lagerung stattfindenden inneren Umlagerung im Mol. durch Hitze-Einfl. sind, die dazu führt, daß die Amino- oder Carboxylgruppe in Rk. tritt. Im letzten Stadium der I-Darst. u. Lagerung sind daher Temp. über 20° zu vermeiden.

P. Gregorzewski 4100◇

1010 **Erhebungen über die Methodik der Färbung des Heparins bei der Papierelektrophorese.** A. M. Conti, A. M. Grisi und A. Cresseri. (Boll. Soc. ital. Biol. sperim. **38,** 1196–97, 1962; Mailand, Univ., Ist. di Biol. e. Zool. Gener.; ital.) — Es wird die Färbung von *α-Heparin* mit *Auramin O, Malachitgrün* u. *Brilliantgrün* bei der Papierelektrophorese untersucht u. das Verh. von *Chondroitinsulfat* (*Na-Salz*), *Hyaluronsäure, Desoxyribonucleinsäure* (*Na-Salz*) u. *Ribonucleinsäure* (*Na-Salz*) damit verglichen. Alle 3 Farbstoffe geben nur mit α-Heparin eine gute Färbung. *β-Heparin* wird unter den gleichen Bedingungen nur schwach angefärbt.

F. Kren 4100◇

1011 **Die Wirkung mutagener Stoffe auf auxotrophe Stämme von Streptomyces.** M. Járai. (Acta microbiol. Acad. Sci. hung. **9,** 273–84, 1962; Budapest, Ungarn, Chinoin Pharmaceut. & Chem. Works, Dep. of Antibiotics, Microbiol. Labor.; engl.) — Vf. untersucht die Wrkg. physikal. (*UV*-Bestrahlung, 35–45 W, 3527 Å u. Röntgenstrahlen, 600 r/min) u. chem. (*Acridinorange, Streptomycin, Hydroxylamin, Phenylisocyanat, 8-Hydroxychinolin*) mutagener Stoffe auf die Conidien von 8 biochem. Mutanten von *Strept. aureofaciens* u. einer von *Strept. griseus.* Jedes der untersuchten Mutagene (Mg) zeigt eine spezif. optimale Dosis. Es werden die Wahrscheinlichkeiten der Mutationen (Mn) u. der Rück-Mn für jedes Mg angegeben u. auf Einw. auf zwei verschiedene Gen-Orte geschlossen.

Ekkehard Schmid 4130◇

1012 **Mucopolyasccharide in der Zellwand von Arterien.** Frederick T. Zugibe. (J. Histochem. Cytochem. [Baltimore] **2,** 35, 1963; Pittsburgh, Pa., Univ., Dep. of Anat. and Gen. Med. Res., V. A. Hosp., Basic Cardiovascular Res. Sect.; engl.) — Vf. weist in Zellwänden der menschlichen Aorta, Coronar- u. Cerebralarterien *Mucopolysaccharide* mit Hilfe von Perjodsäure-Schiff- (a), Alkaliblau-Reagens (b) u. koll. Fe (c) in Form des Polyanionenfällungs-Verf. nach. *Hyaluronsäure* (**I**), *Chondroitinsulfat A* (**II**), *Heparin* (**III**) u. *Heparitinsulfat* (**IV**) liefern mit a u. b stark positive Rkk., während c auf **I** nur schwach anspricht, jedoch mit den übrigen Verbb. starke Farb-Rkk. eingeht. a zeigt nach Behandlung der Präpp. mit Amylase nur unter besonderen Vers.-Bedingungen (7–24 Std. Einw.) saure Mucopolysaccharide neben neutralen an, jedoch reagieren auch Sialsäure, ungesätt. Fette, Phospholipide, Serin u. Keratosulfat mit a positiv. Zur Identifizierung spezieller Typen von sauren Mucopolysacchariden dienen die Acridinorange- u. Ionenassoziations-Komplex-Meth. (unter Verw. von Hexadecyltrimethylammonium- bzw. Hexadecylpyridinium–Hexathiocyanatoferrat-Komplexen) sowie die enzymat. Hydrolyse (Einw. von testiculärer u. Streptokokken-Hyaluronidase, eines Extrakts aus Flavobacterium heparinum). Die hydrolysierten Präpp. werden mit b angefärbt. Die Ergebnisse zeigen, daß **I** in der Aorta u. den Coronararterien weit verbreitet ist, aber in den basilären Arterien fehlt. **II** bzw. *Chondroitinsulfat C* ist mit feinen Kollagenfasern assoziiert, u. sein Geh. nimmt mit dem Lebensalter ab, während *Chondroitinsulfat B* an stärkere Kollagenfasern gebunden ist u. sein Anteil zunimmt. **III** u. **IV** sind fleckenartig in den inneren Bereichen verteilt.

P. Fahrnlaender 4150

1013 **Rekonstitution der Zellwandstruktur in vitro und deren Umwandlung in ein erregbares System.** Paul Mueller Donald O. Rudin, H. Ti Tien und William C. Wescott. (Nature [London] **194,** 979–80, 1962; Philadelphia, Pa., Eastern Pennsylvania Psychiatric Inst., Dep. of Basic Res.; engl.) — Stabile, bis 10 mm² große, bimol. *Lipid–Proteolipid*-Membranen zwischen 2 Salz-Lsgg. zeigen die mechan., elektronenmkr. u. elektr. Eigg. der Zellmembran. Da diese Membranen aus extrahierten Lipiden von Zellwandstrukturen hergestellt werden, stellen sie vermutlich eine rekonstituierte Zellwandstruktur dar, die offensichtlich in Abwesenheit aller anderen Zellkomponenten existenzfähig ist. Das Verh. der künstlichen Membran ist durch eine Reihe wasserlösl. Makromoll., die, der Lsg. zugesetzt, spontan adsorbiert werden, beeinflußbar. Einige Proteine werden adsorbiert, ohne den elektr. Widerstand zu ändern, andere senken ihn allmählich auf $10^3\ \Omega\ cm^2$ oder weniger.

K. Maier 4150◇

1014 **Eine Abstufungszentrifugiermethode zur Bestimmung der Teilchengrößeverteilung von Chylomikronen und Fetttröpfchen in künstlichen Fettemulsionen.** G. G. Pinter und D. B. Zilversmit. (Biochim. biophysica Acta [Amsterdam] **59,** 116–27, 1962; Memphis, Tenn., Univ. of Tennessee, Dep. of Physiol.; engl.) — Fettemulsionen u. Hundelymphchylomikronen wurden mit gemäßigter Geschw. zentrifugiert, u. die Zuverlässigkeit der Meth. durch Zentrifugieren von Polystyrol–Latex-Proben u. durch wiederholtes Zentrifugieren der gleichen Fettprobe unter verschiedenen Bedingungen bewiesen. Eine chem. Probe für die Triglyceride u. eine radiochem. Unters. von ^{131}J-markierten Lymphproben wurden zur Darst. der Teilchengrößeverteilung benutzt. 2 Fettemulsionen zeigten eine mittlere Teilchengröße von ca. 0,3–0,5 μ, während der Mittelwert von 11 Lymphchilomikronwerten zwischen 0,18 u. 0,29 μ lag.

U. Drehmann 4150◇

1015 **Den Aminosäureeinbau in Proteine durch Escherichia coli-Ribosomen beeinflussende Faktoren.** A. Tissières und J. W. Hopkins. (Proc. nat. Acad. Sci. USA **47,** **2015–23,** 1961; Harvard Univ., Biol. Labor.; engl.) — Der in vitro-Einbau von *Aminosäuren* (**I**) in Eiweiß durch *E. coli*-Ribosomen wird von *Desoxyribonuclease* teilweise gehemmt u. von gereinigter *DNS* sowie von *Cytidin-, Guanosin-* u. *Uridintriphosphaten* aktiviert. *RNS* wird im gleichen Syst. synthetisiert, wobei die Synth. von intakter DNS u. der Ggw. aller 4 Nucleotide abhängt. Die Eigg. in vitro synthetisierter RNS glichen auf Grund des Sedimentations-Verh. in einem Saccharosegradienten denen der Messenger-RNS, die nach in vivo-Markierung beobachtet wurde, d. h. I-Einbau u. Messenger-RNS-Synth. werden von den gleichen Faktoren beeinflußt. Ein aus Bakterienextrakten isoliertes, großenteils aus RNS bestehendes Präp. aktivierte den I-Einbau. Die Sedimentations-Konst. der akt. Fraktion entsprach der von Messenger-RNS. Nach diesen Befunden hängt der I-Einbau in Protein in einem zellfreien Syst. von der Synth. von Messenger-RNS durch DNS u. von der Ggw. einer in vivo gebildeten, noch akt. Reserve an Messenger-RNS ab.

K. Maier 4150◇

1016 **Wirkung einiger Acenaphthenderivate auf die Mitose der Pisumwurzeln.** W. G. H. Edwards. (Nature [London] **196,** 688–89, 1962; Malta, Royal Univ., Dep. of Chem.; engl.) — Erbsenkeimlinge mit ca. 5 cm langen Wurzeln wurden in Lsgg. verschiedener Acenaphthen-Derivv. [*3-Acenaphthylcarbinol* (**I**), *5-Acenaphthylcarbinol* (**II**), *3-[Acenaphthyl-(3')]-propanol* (**III**), *3-[Acenaphthyl-(5')]-propanol* (**IV**), *3-[Acenaphthyl-(3')]-allylalkohol* (*trans*), *3-[Acenaphthyl-(5')]-allylalkohol* (*trans*), *1-[Acenaphthyl-(5')]-propan-1.3-diol, Acenaphthen* (**V**)] gebracht u. das Wurzelwachstum sowie mkr. die Wurzelspitzen untersucht. Gesätt. wss. Lsgg. der untersuchten Verbb. verursachen (mit Ausnahme von **I** u. **II**) eine starke Hemmung des Wurzelwachstums. In halbgesätt. Lsgg. konnte zumindest eine begrenzte Anzahl von Zellteilungen beobachtet werden. Mitoseanomalien treten nur bei Anwendung von **III, IV** u. **V** auf. Die Ergebnisse stützen die Theorie, daß die mitosewirksamen Acenaphthen-Derivv. mit hydrophiler Seitenkette mindestens eine 3-C-Seitenkette aufweisen müssen u. daß diese Seitenkette in ihrer Drehbarkeit nicht beeinträchtigt sein darf (Doppelbindungen). Im Vgl. mit der Zwiebelwurzel reagiert die Erbsenwurzel langsamer u. schwächer u. nimmt bedeutend weniger **V** auf.

P. Schwerdtfeger 4150◇

1017 **Nucleinsäure- und Proteinstoffwechsel während des Mitosecyclus in Vicia faba.** John Woodard, Ellen Rasch und Hewson Swift. (J. biophysic. biochem. Cytol. **9,** 445–62, Febr. 1961, Chicago, Univ., Dep. Zoology, Whitman Labor.; engl.) — Durch Anwendung von Autoradiographie u. Mikrophotometrie wurden die Änderungen der *Desoxyribonucleinsäure* (*DNS*)-, *Ribonucleinsäure* (*RNS*)- u. *Protein*-Synth. während der Zellteilung im Meristem der Wurzeln von *Vicia faba* untersucht. Unter Verw. von ^{14}*C-Adenin*, ^{3}*H-Uridin*, ^{3}*H-Thymidin* u. ^{14}*C-Phenylalanin* als Vorläufer wurde gezeigt, daß 3 anabol. Phasen u. 1 katabol. Phase im Mitosecyclus auftreten; es kommt zunächst zu einer Akkumulation von Cytoplasma- u. Kern-RNS u. von Kern- u. Chromosomen-*Protein* (Telophase), einer erhöhten

Histon-diphas. DNS-Synth. (Posttelophase) u. erhöhter RNS- u. Protein-Synth. (in Prophase). Die katabol. Phase ist charakterisiert durch Abfall cytoplasmat. u. chromosomaler RNS u. Kern-RNS u. -Protein während der mitot. Teilung. Ch. Zimmer 4150◇

1018 **Isolierung einer RNS mit niedrigem Molekulargewicht aus C. albicans.** A. Ghosh und J. J. Ghosh. (Sci. and Cult. [Calcutta] **28**, 485–86, 1962; Calcutta, Dep. of Appl. Chemistry; engl.) — Im Zusammenhang mit Unterss. über den Mechanismus der Wrkg. einiger Antibiotica wird die Zus. der *Ribonucleinsäure* (*RNS*) normaler Zellen von *Candida albicans* bestimmt. Durch Extraktion der Zellen mit Phenol/H_2O (90:10), Ausfällen der RNS mit alkohol. K-Acetat u. weitere Reinigung wird eine RNS mit niedrigem Molgew. erhalten. Die Ausbeute beträgt 15–20% der gesamten cellulären RNS. Die Nucleotid-Zus. wird zu 23% *Adenylsäure*, 30% *Cytidylsäure*, 22% *Guanylsäure* u. 29% *Uridylsäure* gefunden. Helmut Schulze 4150◇

1019 **Besondere Zusammensetzung einer von Bacillus cereus in Gegenwart von Azaguanin gespeicherten Ribonucleinsäure.** H. Chantrenne. (Arch. int. Physiol. Biochim. **69**, 745–46, 1961; Bruxelles, Univ., Fac. des Sci., Labor. de Chim. biol.; franz.) — *Azaguanin* (**I**) hemmt die *Protein*-Synth. von *B. cereus* fast völlig, ohne aber die der *Nucleinsäuren* zu beeinflussen. **I** wird in die *Ribonucleinsäuren*, wahrscheinlich unter teilweisem Ersatz des *Guanins* (**II**), eingebaut. Die ^{32}P-Verteilung der in Ggw. von **I** u. ^{32}P-Phosphat gebildeten RNS-Nucleotide zeigt, daß auch das Verhältnis der übrigen Basen dieser RNS sich von dem normaler RNS stark unterscheidet. Die Zus. dieser anomalen RNS ähnelt der von *DNS*, wobei *Thymin* durch *Uracil* u. Guanin durch **II** + **I** ersetzt sind. K. Maier 4150◇

1020 **Ein genetischer Locus zur Streuung der Ribonucleinsäuresynthese.** Gunther S. Stent und Sydney Brenner. (Proc. nat. Acad. Sci. USA **47**, 2005–14, 1961; Cambridge, Cavendish Labor., Med. Res. Council Unit. for Mol. Biol.; engl.) — Der *Methionin* (**I**) benötigende *Escherichia coli* K 12-Stamm 58-161 synthetisiert während **I**-Entzug weiter ribosomale *RNS*, während *Aminosäure* (**II**)-Auxotrophe (*Leucin*, *Isoleucin*, *Histidin*, *Valin*) anderer E. coli-Linien die Synth. bei Entzug der betreffenden **II** sofort einstellen. Die Unters. mehrfach auxotropher Abkömmlinge des Stammes 58-161 mit zusätzlichem **II**-Bedarf ergab, daß bei diesem Stamm die normalerweise sehr strenge Kontrolle der ribosomalen RNS-Synth. durch **II** nicht nur bzgl. **I**, sondern auch hinsichtlich anderer gelockert ist. Kreuzungs-Verss. zwischen Hfr-Varianten des Stammes 58-161 u. F^--Bakterien, die strikter **II**-Kontrolle unterliegen, zeigten, daß ein chromosomaler Locus RC existiert, der im „relaxierten" Allelzustand der 58-161-Donatorlinie eine weniger strenge **II**-Kontrolle der ribosomalen RNS-Synth. als das normale Allel ausübt. Der RC-Locus ist entweder ein Regulatorgen, das die Synth. von Repressoren der RNS-Synth. regelt, oder ein Operatorgen, das die Funktion eines Operons steuert, das als direkte chromosomale Matrix ribosomaler RNS dient oder ein cytoplasmat. Zwischenprod. erzeugt, dessen kontinuierliche Ergänzung für die RNS-Synth. notwendig ist. K. Maier 4150◇

1021 **Über den wahrscheinlichen Mechanismus der DNS-Replikation.** T. S. Balasubramaniam. (J. Annamalai Univ., Part B **23**, 168–73, 1961, herausgeg. 1962; Annamalainagar, S. India, Annamalei Univ., Dep. of Zool.; engl.) — Übersicht mit 24 Literaturangaben. W. Damerau 4150◇

1022 **Ein Konservierungs- und Darstellungsverfahren für Desoxyribonucleinsäuren und ihre Ausgangsmaterialien.** Rudolf K. Zahn, Ekkehard Tiesler, Albrecht K. Kleinschmidt und Dimitrij Lang. (Biochem. Z. **336**, 281–97, 1962; Frankfurt/M., Univ., Inst. für Veget. Physiol. u. Hygiene-Inst.; dt.) — Es wird eingehend ein Verf. geschildert, um native *DNS* aus biolog. Material zu isolieren, zu reinigen u. zu konservieren. Um Denaturierung u. Abbau der DNS weitgehend zu vermeiden, wird bei der Isolierung mit hoher Ionenstärke der Lsg. u. neutralem pH gearbeitet; durch Zugabe von *Komplexon* werden Schwermetalle in der Lsg. gebunden, *DNase* (**I**) wird durch Zugabe von Detergens, Adsorption von **I** an Bentonit u. Erhitzen (bis auf 10° unter der „Schmelz-Temp." der DNS) unwirksam gemacht. Zur Beseitigung von Protein u. RNS werden übliche Meth. angewendet. Die Eigg. der aus 3 Seegurken- u. einer Seeigelart sowie aus Ehrlich-Ascitestumorzellen gewonnenen DNS werden beschrieben u. elektronenmkr. Aufnahmen der langfädigen, offensichtlich unverkürzten DNS gezeigt. E.-R. Lochmann 4150◇

1023 **Basenzusammensetzung der Desoxyribonucleinsäuren von „Kappa" und von Paramaecium aurelia, Stamm 51.** Joan Smith-Sonneborn, Lawrence Green und Julius Marmur. (Nature [London] **197**, 385, 1963; Waltham, Mass., Brandeis Univ., Graduate Dep. of Biochem.; engl.) — Verschiedene *Paramaecium* (*P*)-Stämme (sog. „killers") enthalten cytoplasm. Partikel (sog. „Kappa"), die tox. Eigg. besitzen u. andere P-Stämme (sog. „sensitives") abtöten. Es wird die Basen-Zus. (BZ) der *DNS* von Kappa (A), „killer" (B)- u. „sensitive" (C)-P u. von *Aerobacter aerogenes* (D), das zur Kultivierung der P-Stämme verwendet wird, bestimmt. Die BZ wird mit Hilfe der CsCl-Dichtegradientenzentrifugation in einer analyt. Ultrazentrifuge bestimmt. Der nachgewiesene Prozentsatz an *Guanin* + *Cytosin* (**I** + **II**) beträgt bei A 36, C 29 u. D 56%, während bei B drei verschiedene Banden auf *DNS* mit einem Geh. von 29, 36 u. 56% **I** + **II** hinweisen, wobei der Geh. an DNS mit 36% **I** + **II** gering, der mit 29% **I** + **II** groß ist. An Hand dieser Ergebnisse erscheint es unwahrscheinlich, daß die DNS von A u. C größere Bereiche mit homologer Basensequenz besitzen. Da jedoch das Vorhandensein ungewöhnlicher Basen die **I** + **II**-Best. nach dieser Meth. verfälscht, das Vorhandensein solcher Basen im vorliegenden Fall nicht ausgeschlossen werden kann, ist diese Schlußfolgerung noch unsicher. E.-R. Lochmann 4150◇

1024 **Abhängigkeit der Stabilität der DNS verschiedenen GC-Gehaltes von Art und Konzentration der Ionen in wässeriger Lösung.** Ch. Zimmer und H. Venner. (Naturwissenschaften **49**, 86–87, 1962; Jena, Inst. für Mikrobiol. u. exp. Therapie der Dt. Akad. der Wiss. zu Berlin; dt.) — Vff. stellten fest, daß die opt. Rotation der *Desoxyribonucleinsäure* (*DNS*; untersucht wurden gereinigte DNS aus *Streptomyces chrysomallus*, *Streptomyces parvullus*, *Proteus mirabilis*, *Escherichia coli* u. *Heringssperma*) u. ihre Veränderung bei Hitze-Einw. von der H^+-Ionen-Konz., der Ionenstärke u. der in Lsg. vorhandenen Ionenart abhängig sind. Bei Anwendungen von Lsgg. verschiedener einwertiger Kationen (0,15 m Cl^- + 0,015 m *Citrat*, pH 7,0) wurde eine Erniedrigung der T_m-Werte (Temp. der therm. Übergänge) proportional zum Ionenradius der Alkaliionen (Li^+, Na^+, K^+, Rb^+, Cs^+) festgestellt. Diesem Verh. schließen sich Mg^{2+}-Ionen nicht an, sondern setzen bei Anwendung gleicher Ionenstärke die T_m-Werte deutlich herab. — Da H^+-Ionen die DNS-Sekundärstruktur offenbar beeinflussen, wurde ihre Einw. mit Hilfe der UV-Extinktionsmessung untersucht. Dabei ergab sich, daß die T_m-Werte der DNS unterschiedlicher Basen-Zus. bei Veränderung der H^+-Ionen-Konz. nicht in gleichem Maße erniedrigt werden. Die DNS zeigen trotz unterschiedlichen GC (Molprozente *Guanin* + *Cytosin*)-Geh. bei pH 3,0 nahezu den gleichen T_m-Wert von 33,0°. — Die Messung der opt. Rotation stellt ein strenges Kriterium für die Reinheit der verwendeten DNS dar u. sollte nach Vff. für Reinheitsmessungen unbedingt herangezogen werden. H. Kockert 4150◇

1025 **Änderungen im physikalischen Zustand der DNS während des Replikationscyclus.** Ronald Rolfe. (Proc. nat. Acad. Sci. USA **49**, 386–92, 1963; Pasadena, Calif., California Inst. of Technol., Norman Church Labor. of Chem. Biol.; engl.) — Bei *E. coli*, *Bact. subtilis* u. *Bact. megatherium* wurde an exponentiell wachsenden Kulturen beim Zentrifugieren der *Desoxyribonucleinsäure* (*DNS*) im CsCl-Dichtegradienten eine schwerere u. eine leichtere Nebenbande gefunden, in der sich Impuls-markierte DNS vorzugsweise fand. Es wird angenommen, daß die schwerere Bande teilweise kollabierte DNS enthält, bei der die Untereinheiten nicht dissoziiert sind, u. daß die DNS physikal. geändert wird, ehe die Replikation beginnt. M. Wiedemann 4150◇

1026 **Nucleolarstruktur in HeLa-Carcinomzellen.** A. K. Powell. (Naturwissenschaften **49**, 186–87, 1962; Northwood, Middlesex, England, Mount Vernon Hosp., Dep. ef Exp. Pathol.; engl.) — Werden akt. wachsende Kulturen von HeLa-Carcinomzellen mit Mc-Ilvain-Puffer-Lsg. (I), pH 7,4, in Glucose-Lsg. behandelt, so überleben die meisten Zellen in Interphase die akute Behandlung, jedoch in Teilung befindliche Zellen werden entweder abgetötet oder irreversibel geschädigt. Die Nucleoli der unbehandelten HeLa-Zellen sind allg. ziemlich unregelmäßig in der Form, kompakt u. meistens einheitlich gefärbt. Vergleichende Beobachtungen an 48 Std. vorher mit I behandelten Zellen ergaben, daß der normale Nucleolus aus vorwiegend 2 Strukturkomponenten besteht: Einmal aus einer opt. homogenen, an basophilem Material reichen Matrix, die um die andere ein Netzwerk von relativ groben Fasern bildende Komponente herum angeordnet ist. Die Matrix wird bei Behandlung der Zellen mit I langsam entfernt, wogegen das intranucleolare Netzwerk zunächst erhalten bleibt; mit weiterer Degeneration wird dann allerdings auch das Netzwerk aufgelöst. H. Kockert 4160◇

1027 **Der Nachweis zweier Vermittlungsmöglichkeiten des Transportes der neutralen Aminosäuren in Ehrlich-zellen.** Dale L. Oxender und Halvor N. Christensen. (Nature [London] **197**, 765—67, 1963; Michigan, Univ., Dep. of Biol. Chem.; engl.) — Es wird die Aufnahme von *^{14}C-Leucin* (I), *^{14}C-Valin*, *^{14}C-Methionin* (II), *^{14}C-Alanin* (III) u. *^{14}C-Glycin* durch Ehrlich-Ascitestumorzellen in einer 4%ig. Suspension von Krebs-Ringer-Bicarbonatpuffer in Beziehung zur Hemmung dieser Aufnahme durch die gleichen Aminosäuren untersucht. Vff. unterscheiden zwischen einer I-bevorzugenden oder L-Transportvermittlung u. einer III-bevorzugenden oder A-Vermittlung. II stellt einen starken Inhibitor für alle untersuchten Aminosäuren dar. P. Teichgräber 4160◇

1028 **Über den Einfluß von Milchserum auf den Sauerstoffverbrauch einer Suspension von Ehrlich-Ascitestumorzellen in Krebs-Ringer-Bicarbonat.** H. Seipel und E. Lepier. (Naturwissenschaften **50**, 357, 1963; Wien, Univ., Med.-Chem. Inst.; dt.) — Zusatz von 200 mg% *Lactat* steigerte den O_2-Verbrauch von Ascitestumorzellen in Salzpuffer-Lsg., bes. wenn HCO_3^--haltige Ringer-Lsg. (RL) als Medium verwandt wurde; jedoch wurde die Höhe des O_2-Verbrauchs in Ascitesserum auf diese Weise noch nicht erreicht: Das war erst möglich, wenn der Suspension in der R 4 noch Milchserum zugesetzt wurde. K. Zingraf 4160◇

1029 **Komplexe von 3.4-Benzopyren und verschiedenen Substanzen in wässerigen Lösungen. Spektrophotometrische Untersuchungen.** C. Prina und B. Magrassi. (Boll. Soc. ital. Biol. sperim. **38**, 1179—82, 1962; Pavia, Univ., Ist. di Patol. Gen.; ital.) — Es werden Lsgg. von *3.4-Benzopyren* (I) in Chlf. spektrophotometr. im UV-Licht bei allen Wellenlängen zwischen 2500 u. 4100 Å geprüft, u. für jede Länge wird der Extinktions-Koeff. (k) bestimmt. Aus den k-Werten konnte die Fähigkeit von Lsgg. von *Coffein*, *Vitamin PP* u. *Subtosan* zur Bldg. von Komplexen mit I nachgewiesen werden. Die Komplexe sind reversibel, da I daraus durch Chlf. wieder freigesetzt wird. F. Kren 4160◇

1030 **Komplexe von 3.4-Benzopyren und verschiedenen Stoffen in wässeriger Lösung. Wirkung in vitro und in vivo auf die Ehrlich-Ascitestumorzellen.** C. Prina, B. Magrassi und G. Roveta. (Boll. Soc. ital. Biol. sperim. **38**, 1183—84, 1962; Pavia, Univ., Ist. di Patol. Gener.; ital.) — Vgl. vorst. Referat. — Es wird die Wrkg. von *Vitamin PP*, *Polyvenylpyrrolidon*, *Histamindihydrochlorid* u. *Coffein* in Lsgg. mit *3.4-Benzopyren* auf die Ehrlich-Ascitestumorzellen (Maus) untersucht. In vitro werden durch die Lsgg. viele cytoplasmat. Granula fluorescierend gemacht, die vermutlich von Lipidstruktur sind. In vivo bei Mäusen wirken die Lsgg. tox., u. die Tumorzellen besitzen keine fluorescierenden Granula. — 2 Mikrophotos. F. Kren 4160◇

1031 **Der Sulfatstoffwechsel in den Extrakten der Bindegewebe von Vögeln und Säugetieren.** J. B. Adams. (Arch. Biochem. Biophysics **101**, 478—88, 1963; Sydney, Prince of Wales Hosp., Special Unit., New South Wales State Cancer Council; engl.) — Die Hauptfraktion aus einem Osteochondrosarkom (A) einer Patientin nach Homogenisierung, Inkubation mit Pepsin u. nachfolgend mit Trypsin u. Pankreatin, durch Fraktionierung mit Cetavlon u. A. bestand aus saurem Mucopolysaccharid (B). Dieses wiederum bestand offenbar aus *Chondroitinsulfat A* (IA). Daneben wurden in dieser u. in anderen Fraktionen schwache IR-Banden von IC gefunden. Die Hydrolyse mit HCl ergab nur *Galaktosamin*; *Galaktose* wurde nicht gefunden. Extrakte aus Hühnerembryobindegewebe, A-Gewebe u. Rinderembryobindegewebe waren in der Lage, aus *ATP* u. *Mg^{2+} Adenosin-3'-phosphat-5'-sulfatophosphat* (II) zu bilden. Dagegen zeigte menschliches Gewebe (Leber, Milz, Ovarien u. Pankreas) ein schwaches II-bildendes Enzymsystem. IC u. in geringerem Maße *Chondroitin* stimulierten den Einbau von *^{35}S-Sulfat* (^{35}S-III) in saure Mucopolysaccharide. Der Zusatz von *Cortison* (IV) war auf die III-Aufnahme in Ggw. von I ohne Einfluß. ^{35}S-IA (aus ^{35}S-III durch Inkubation mit Extrakten von Chondrosarkomen oder Hühnerembryobindegewebe) zeigte ein ähnliches chromatograph. Verhalten. Neben den sulfurierten Mucopolysacchariden II, *Adenosin-5'-sulfatophosphat* u. III wurden radioakt. Verbb. gefunden, die nach Behandlung mit *Arylsulfatase* verschwanden u. offenbar aus phenol. Sulfaten bestanden. Eine *Phenolsulfokinase* konnte in Bindegewebeextrakten von Hühnerembryonen u. Kalbsbindegewebe sowie von menschlichem B nachgewiesen werden, da nach Inkubation mit *Phenol* bzw. *p-Nitrophenol* (V) in Ggw. von ^{35}S-III die entsprechenden Sulfate gefunden wurden. In den Extrakten der Gelenkfortsätze von Hühnern sowie dem Sternum von Hühnerembryonen wurde eine *Steroidsulfatase* gefunden, die phenol., nicht jedoch alkohol. Steroide veresterte. Untersucht wurden die *Steroide α-Östradiol*, *Östriol*, *Pregnan-3α.20α-diol*, *Dehydroepiandrosteron*, *Androsteron*, *Östron*, *Testosteron* u. IV. Extrakte aus menschlichen Bindegeweben waren gegenüber allen Steroiden inaktiv. Mit IV u. V wurden bei Inkubation mit Extrakten aus Hühnerbindegewebe u. *^{35}S-II* das gleiche pH-Optimum von 7,1 gefunden. Es wird vermutet, daß einfache Phenole u. phenol. Steroide durch ein einziges Enzym in den Bindegewebeextrakten von Vögeln sulfatiert werden. J. Boelter 4160◇

1032 **Arginaseaktivität der Leukocyten normaler Personen und Leukämiekranker.** F. Belfiore. (Boll. Soc. ital. Biol. sperim. **38**, 1234—38, 1962; Catania, Univ., Ist. di Patol. Med.; ital.) — Vgl. C. **1964**, 15-1071. — Es wird die *Arginase* (I)-Aktivität (A) bei 25 normalen Personen u. 26 Leukämiekranken untersucht. Die höchste I-A findet sich bei den normalen Leukocyten in den Granulocyten. Bei der lymphat. chron. Leukämie ändert sich das Bild wenig, während sich bei der myeloiden eine Verringerung ergibt, die bei der akuten Form ein Maximum erreicht; hier sind die Leukocyten meist durch Hämocytoblasten u. Myeloblasten vertreten. F. Kren 4160◇

1033 **Äpfelsäuredehydrogenaseaktivität der Leukocyten von Leukämiekranken.** F. Belfiore. (Boll. Soc. ital. Biol. sperim. **38**, 1242—44, 1962; Catania, Univ., Ist. di Patol.; ital.) — Vgl. vorst. Referat. — Die Unterss. werden an 20 Patienten vorgenommen. Die *Äpfelsäuredehydrogenase*-Aktivität der Leukocyten beträgt bei myeloider chron. Leukämie 7020 E. u. bei der chron. lymphat. Form 6388 Einheiten. F. Kren 4160◇

1034 **Die Leukämie-hemmenden Eigenschaften und die L-Asparaginaseaktivität der Seren verschiedener südamerikanischer Nagetiere.** L. J. Old, E. A. Boyse, H. A. Campbell und G. M. Daria. (Nature [London] **198**, 801, 1963; New York, N.Y., New York Univ., School of Med., Dep. of Pathol.; Cornell Med. Coll., Sloan-Kettering Inst. for Cancer Res., Div. of Exp. Chemotherap.; engl.) — Mäuse erhielten 1 ml Serum verschiedener Nagetiere i.v. injiziert. Gleichzeitig erfolgte subkutane Injektion von 10^6 Leukämie (L)-Zellen (aus Mäusen mit einer durch Röntgenbestrahlung induzierten L). Die L war gegen Unterdrückung durch Meerschweinchenserum sehr sensitiv. Zwei tox. Seren, u. zwar eins aus dem Stachelschwein u. eins aus *Hydrochoerus* wurden subkutan appliziert. Die Seren aller Tiere der Familie der *Cavioideen*, mit Ausnahme von Hydrochoerus, schützten die Mäuse gegen L u. zeigten *L-Asparaginase* (I)-Aktivität. Hydrochoerusserum besaß nur die I-Aktivität. Seren von Chinchilloideen (Chinchilla), Hystricoideen (Coendou, Stachelschwein) u. Octodontoideen (Coypu oder Nutria) schützten weder vor L noch besaßen sie I-Aktivität im Serum. Verdünnungs-Verss. mit Seren ergaben quant. Beziehungen zwischen Schutz gegen L u. I-Aktivität. Die Serum-I-Aktivität schien auf eine kleine Gruppe von Nagetieren beschränkt zu sein. J. Boelter 4160◇

1035 **Phosphohexoseisomerase- und Aldolaseaktivität der Erythrocyten von Normalpersonen und Patienten mit Leukämie.** F. Belfiore und J. Meldolesi. (Boll. Soc. ital. Biol. sperim. **39**, 759—62, 1963; Catania, Univ., Ist. di Patol. Med.; ital.) — Bei Normalpersonen entsprach die

Phosphohexoseisomerase-Aktivität der Erythrocyten 117 μm gebildeten *Fructose-6-phosphats*/h/ml Hämolysat (4 : 1). Sie war bei Patienten mit chron. myeloischer Leukämie, nicht jedoch mit chron. lymphat. oder akuter Leukämie statist. signifikant erhöht. Die *Aldolase*-Aktivität der Erythrocyten betrug bei Normalpersonen 138 Einheiten/ml Hämolysat. Sie zeigte bei Leukämiepatienten keine statist. signifikante Veränderung. K. Zingraf 4160◇

1036 **Enzymatische Aktivität (drei Dehydrogenasesysteme) eines Pharingeustumors im Erdwurm Lumbricus terrestris.** A. Stolk. (Proc., Kon. nederl. Akad. Wetensch., Ser. C **65**, 75—91, 1962; Amsterdam, FU, Dep. of Histol.; engl.) — Die Aktivität mehrerer Enzyme des Pharingeustumors im Erdwurm *Lumbricus terrestris* wurde mit der Aktivität der Enzyme im normalen Gewbe verglichen, wobei einige Enzyme im Tumor niedere Aktivität hatten, andere die gleiche wie im normalen Gewebe. O. Sellemond 4160◇

1037 **Immunologischer Beweis für die verringerte Katalasesynthese in der Leber von Mäusen mit Tumoren.** Edwin T. Nishimura, Thomas Y. Kobara, John P. Kaltenbach und William B. Wartman. (Arch. Biochem. Biophysics **97**, 589—95, 1962; Chicago, Ill., Northwestern Univ., Med. School, Dep. of Pathol.; engl.) — Mit Hilfe von immunochem. Mitteln wird der Beweis für eine scharfe u. ausgeprägte Verringerung der Synth. von *Katalase* (I) in der Leber von Mäusen mit einem in fortgeschrittenem Wachstum befindlichen Tumor gegeben. Die Best. der I-Aktivität erfolgte titrimetrisch. Die Größenordnung der Verringerung der Aktivität steht in Beziehung mit der Verringerung der abs. Konz. an Enzymprotein in der Leber. O. Sellemond 4160◇

1038 **Der Einfluß des initialen Gewebestoffwechsels auf den experimentellen Blastomogeneseprozeß.** O. M. Pozdnyakov. (Nature [London] **198**, 699, 1963; Moskwa, USSR, Inst. für normale u. patholog. Physiolog. der Akad. der Med. Wiss. der UdSSR; engl.) — Gleiche Mengen an *9.10-Dimethyl-1.2-benzanthrazen* (I) wurden in den Thorax (T)- bzw. den Schenkelmuskel (S) des Haushahns appliziert. Die Aktivität an *Bernsteinsäuredehydrogenase* (II) wurde in beiden Muskeln unterdrückt. Die Red. war im weißen T-Muskel stärker als im roten S-Muskel. Im roten Muskel fand eine Reaktivierung von II statt, im weißen nicht. Die Aktivität an *Glucose-6-phosphatdehydrogenase* (III) änderte sich im Muskel nach I-Applikation umgekehrt wie die von II. Sie stieg in beiden Muskeln an u. nahm simultan mit der Reaktivierung von II auf den normalen Wert ab. Die Intensität der Zell-Rk. im roten Muskel auf I war stärker — entsprechend auch die I-Resorption — als im weißen Muskel. Im weißen Muskel wurden Degenerationserscheinungen beobachtet, während im roten die Regenerierung sehr rasch einsetzte. Die Tumor-Bldg. im weißen Muskel ging von morpholog. nahezu unveränderten Muskelfasern aus. Bestimmte Stoffwechselveränderungen bereiteten offenbar die Bldg. maligner Tumore vor, u. der Initialstoffwechsel begünstigte ähnlich dem des Tumors die Carcinogenese. J. Boelter 4160◇

1039 **Untersuchung der Fixierung von ^{131}J-Polyvinylpyrrolidon beim Oberling–Guérin-Myelom in vivo.** M. F. Becchini, G. de Renzi, V. Lamarche und R. Giordani. (Boll. Soc. ital. Biol. sperim. **38**, 1267—68, 1962; Pisa, Univ., Clin. Med. Gen. e Div. di Radiopathol. e Igiene Radiaz. CAMEN S. Piero a Grado; ital.) — Die Unterss. werden an 15 Ratten mit Oberling-Guérin-Myelom durchgeführt, die intraperitoneal 5 μc (0,8 ml Gesamtvol. pro Ratte) ^{131}*J-Polyvinylpyrrolidon* (Molgew. ca. 40000) erhalten. Es ergibt sich eine selektive Konzentrierung der polymeren Verb. im Chloromyelom der Tiere. F. Kren 4160◇

1040 **Untersuchungen über die Azofarbstoffcarcinogenese in der Rattenleber. Die Wirkung von 4-Dimethylamino-3'-methylazobenzol auf den Einbau von ^{14}C-Leucin in Protein der Rattenlebermikrosomen.** A. O. Hawtrey, Vera Schirren und J. Dijkstra. (Biochem. J. **88**, 106—14, 1963; Pretoria, South African Council for Sci. and Ind. Res., Nat. Chem. Res. Labor. and Nat. Nitrit. Res. Inst.; engl.) — Der Einbau von ^{14}*C-L-Leucin* (I) in das Mikrosomenprotein gewaschener Rattenlebermikrosomen (M), die aus M/pH-5-Enzym (II)- oder Mitochondrien–Überstand-Syst. stammten, wurde untersucht. Intraperitoneale Injektion von *4-Dimethylamino-3'-methylazobenzol* (III) stimulierte maximal nach 40 Std. die I-Inkorporation in vitro. Ohne II blieb die Inkorporationsrate konstant. Nichtgewaschene M zeigten einen unterschiedlichen I-Einbau, so daß in der lösl. Fraktion des Leberhomogenats offenbar ein Inhibitor vorhanden ist. Optimaler I-Einbau durch M von III-behandelten Tieren wurde bei 2,25 mg II/2 ml mit normalen M wie auch von III-behandelten Tieren gefunden. Der I-Einbau ging der M-Konz. linear. Die spezif. Aktivität der M blieb konstant. Zum I-Einbau waren ein *ATP*-regenerierendes Syst. u. *GTP* erforderlich. Normaler pH-5-Überstand wie auch der von III-behandelten Tieren (Ü) hemmten den I-Einbau. Die Fraktionierung von Ü mit $(NH_4)_2SO_4$ ergab 3 Fraktionen, die nach Dialyse den I-Einbau stimulierten u. II ersetzen konnten. *GSH* hemmte den I-Einbau durch die Fraktionen kaum, *Ribonuclease* hemmte alle Fraktionen, während *Chloramphenicol* z. T. hemmend wirkte. Zwei der Fraktionen zeigten ein typ. Proteinspektrum, eines ein Nucleoproteinspektrum. J. Boelter 4160◇

1041 **Über die besondere carcinogene Aktivität von F-Norsteranthren.** A. Lacassagne, E. Buchta, D. Kiessling, F. Zajdela und N. P. Buu-Hoi. (Nature [London] **200**, 183—84, 1963; Paris, Univ. de Paris, Inst. de Radium; Erlangen, Univ., Inst. für organ. Chem.; engl.) — Vgl. Naturwissenschaften **49**, [1962], 280. — Zur Klärung, ob mögliche, aus dem *Cholesterin*-Stoffwechsel stammende Ring-Syst. carcinogene Wrkg. zeigen, wurde *F-Norsteranthren* (I; l. c.) Mäusen subkutan injiziert. Drei Injektionen von 0,6 mg I in 0,2 ml Olivenöl führten zu lokalen, rasch fortschreitenden Sarkomen, die nach 15 Tagen zum Tod der Vers.-Tiere führten. ♀ Mäuse zeigten die Sarkome am häufigsten u. am frühesten in den Milchdrüsen. K. Dorfner 4160◇

1042 **Wirkung der Adrenalektomie auf Überleben und Tumorwachstum bei Ratten mit experimentellen Ovarialtumoren.** Stig Kullander. (Acta endocrinol. [Copenhagen] **41**, 205—10, Okt. 1962; Lund, Univ., Dep. of Gynaec. and Obstetr.; engl.) — Die Ovarien in situ sowie Ovarientransplantate in der Milz verlängern die Überlebenszeit nach Adrenalektomie im Alter von 2 Monaten. Werden die Tiere dagegen erst nach 12 Monaten der Adrenalektomie unterworfen, nach welcher Zeit sich in der Milz Ovarialtumoren entwickelt hatten, so wiesen die Tiere mit Ovarialtumoren eine höhere Lebenszeit auf als die Tiere mit den Ovarien in situ. Die Ovarialtumoren der Milz wuchsen auch nach Adrenalektomie weiter u. wiesen keine Anzeichen des Rückgangs auf. P. Schwerdtfeger 4160◇

1043 **Die Wirkung von Antitumorsubstanzen auf sich nicht teilende Zellen.** M. C. Berenbaum und Marlene Calley. (Nature [London] **196**, 656—58, 1962; Greenford, Middlesex, England, Glaxo Res. Ltd.; engl.) — Im Knochenmark des Femurs von ♂ weißen Mäusen wurde die Normalverteilung der Megakaryocyten [junge (a) u. alte Zellen (b)] bestimmt. Verglichen wurden bei subkutaner Injektion: *Methyl-bis-[β-chloräthyl]-aminhydrochlorid* (I), 2,4 mg/kg; *Myleran* (II), 125 mg/kg; *Triäthylenmelamin* (III), 2,0 mg/kg, u. eine einmalige Bestrahlung (B) mit 400 r γ-Strahlen, 10 r/min, einer Kobalt-60-Bombe. II u. B verursachten einen raschen Abfall von a, bei b dauerte es 3—4 Tage bis zum Abfall. Bei I u. III war die Wrkg. umgekehrt. Die Erholung nach II u. B war rasch, nach I u. III langsam, woraus auf Schädigung der Zellen in verschiedenen Entw.-Stadien geschlossen wird. Es erscheint möglich, daß die Empfindlichkeit von Neoplasmen gegen Cytostatica teilweise von der Zellteilung unabhängig ist u. auf verschiedenen Empfindlichkeiten während der Zelldifferenzierung beruht. Ekkehard Schmid 4160◇

1044 **Wirkung von 6-Mercaptopuringaben auf die Porphyrinogenese der weißen Ratte.** A. Gajdos und M. Gajdos-Török. (C. R. Séances Soc. Biol. Filiales **157**, 42—46, 1963; Paris, Hôtel Dieu, Clin. Méd., Labor. de Rech.; franz.) — Bei langfristiger (32 Tage) Verfütterung von *6-Mercaptopurin* (I) an Ratten steigt die Harnausscheidung an *δ-Aminolävulinsäure* (II) u. *Koproporphyrin* an, während *Porphobilinogen* (III) u. *Uroporphyrin* nicht auftreten; in der Leber ist eine Erhöhung der Geh. an II u. III zu verzeichnen. Aus den Ergebnissen folgt, daß I die Porphyrinogenese stimuliert. Die Unters. der Erythrocyten zeigt, daß diese weniger *Purinnucleotide* als normal enthalten u. eine Hemmung der *Phosphorylierung* von *Adenosinmonophosphat* zum *-diphosphat* bzw. *-triphosphat* aufweisen. P. Schwerdtfeger 4160◇

1045 **Untersuchungen über spezifische Färbungen bei Paraproteinämien.** 1. Mitt. **Myelom.** A. Semprini, N. Valora, O. Rizza, G. F. Marinoni und G. Bolognesi. (Boll. Soc. ital. Biol. sperim. **39,** 781–83, 1963; Roma, Univ., Ist. di Clin. Med. Gen. e Terap. Med.; ital.) — *Albumin* u. *Globuline* (I), bes. γ-I, wurden mit *Methylgrünpyronin* (II) u. mit *Pikrinsäure* (III) im Serum von Patienten mit Plasmocytom genau so deutlich gefärbt wie im Serum von Normalpersonen. II färbte auch den Bence-Jones-Körper, III dagegen nicht.
K. Zingraf 4160◇

1046 **Untersuchungen über spezifische Färbungen bei Paraproteinämien.** 2. Mitt. **Makroglobulinämische Syndrome.** O. Rizza, G. F. Marinoni, N. Valora, A. Semprini und G. Bolognesi. (Boll. Soc. ital. Biol. sperim. **39,** 783–84, 1963; Roma, Univ., Ist. di Clin. Med. Gen. e Terap. Med.; ital.) — 1. vgl. vorst. Referat. — Die *Paraproteine* bei Makroglobulinämie u. Myelom werden mit *Methylgrünpyronin* u. *Pikrinsäure* stärker gefärbt als normale Serumeiweißkörper.
K. Zingraf 4160◇

1047 **Unterdrückung der Bestrahlungstumorenbildung bei Farn-Prothalli durch Aminosäuren.** Carl R. Partanen. (Proc. nat. Acad. Sci. USA **46,** 1206–10, 1960; Boston, Mass., Children's Cancer Res. Foundat.; Children's Hosp. Med. Center, Dep. of Pathol.; engl.) — Im wesentlichen ident. mit der C. **1961,** 5829 referierten Arbeit.
Ekkehard Schmid 4160◇

E₂. Enzymologie, Gärung

1048 **Untersuchungen über die Zwischenverbindungen der nichtenzymatischen Reaktionen zwischen Aminosäuren und Pyridoxal.** C. Cennamo. (Boll. Soc. ital. Biol. sperim. **38,** 1037–40, 1962; Modena, Univ., Ist. di Fisiol. Umana; ital.) — Vgl. C. **1962,** 9048. — Es wird spektrophotometr. die Bldg. intermediärer Verbb. der nichtenzymat. Rkk. bei 25° in den gleichen Konzz. u. pH-Werten untersucht, bei denen sie sich in der Wärme abspielen [je 0,01 Mol Pyridoxal (I) u. Aminosäuren u. 0,001 Mol $KAl(SO_4)_2 \cdot 12\,H_2O$]. — Es zeigt sich, daß bei den Rkk. von I mit *Glycin, Alanin, Leucin, Isoleucin, Valin, Phenylalanin* u. *Pyridoxamin* von den beiden akt. Zwischenverbb. Metallchelat u. Schiffsche Basen der Aminosäureester bei 25° nur das Chelat in merklichen Konzz. zugegen ist.
F. Kren 4200◇

1049 **Die Verteilung eines Tracer-Substrates in einem im Gleichgewicht befindlichen Enzym-Substrat-System.** Manuel F. Morales, Mark Horovitz und Jean Botts. (Arch. Biochem. Biophysics **99,** 258–64, 1962; San Francisco, Calif., Univ. of California, San Francisco Med. Center, Cardiovascular Res. Inst.; engl.) — Die kinet. Analyse des einfachsten Enzym-Syst. $E + S = X + P; X + R = E + Q$ ergab, daß die Kenntnis der spezif. Aktivitäten als Funktionen der Zeit es generell ermöglicht, Geschw.-Konst. zu berechnen, u. daß in gewissem Umfang Bedingungen derart gewählt werden können, daß die spezif. Aktivitäten in günstigen Ausmaßen variieren. Die Bedingungen, die der „steady-state"-Näherung von Boyer (vgl. Arch. Biochem. Biophysics **22,** [1959], 387) bei einer Tracerverteilung unterliegen, wurden bes. beachtet.
H. J. Jahns 4200△

1050 **Anwendung von UV-Strahlen zur Untersuchung der aktiven Gruppen der Enzyme.** A. Vescia, E. Boeri und S. Traniello. (Suppl. Nuovo Cimento Nr. 2 (zu [10] **18**), 237–42, 1960; Ferrara, Univ., Ist. di Fisiol. Umana; ital.) — Vff. untersuchten die Wrkg. einer UV-Bestrahlung (monochromat. Licht von 2537 Å) auf eine Lsg. von *saurer Phosphatase* (I) aus menschlicher Prostata; einmal wurde die Beeinflussung der hydrolyt. Aktivität (HA) des Enzyms (Substrat: *Monophenylphosphat, Na-Salz*), zum anderen die der Transferaseaktivität c [TA; Acceptorsubstanz: *Glucose* (II)] untersucht. — Die Inaktivierungs-Geschw. liegt für die HA von I höher als für die TA, u. zwar sowohl bei pH 3,5 als auch bei pH 5. Die Kinetik der Inaktivierung von I ist sowohl für die HA als auch für die TA von nullter Ordnung. — Außerdem wurde festgestellt, daß die HA (bei der Hydrolyse in wss. u. Acetat-Lsg.) gegenüber UV-Bestrahlung weit empfindlicher als die TA ist, u. zwar bei allen getesteten pH-Werten (3,7, 4,3, 5,0, 5,5, 6,0). — II schützt sowohl die HA als auch die TA des I-Mol. vor der UV-Bestrahlung, die letztgenannte allerdings weit ausgeprägter als die erste. Offenbar wird II spezif. an die akt. Stelle von I gebunden u. kann somit seine Schutzfunktion ausüben.
H. Kockert 4200◇

1051 **Der Einfluß des pH-Wertes auf die Geschwindigkeiten von Enzymreaktionen.** 5. Mitt. **Der Fall einiger Enzym-Substrat-Intermediärer.** Richard M. Krupka und K. J. Laidler. (Trans. Faraday Soc. **56,** 1467–76, 1960; Ottawa, Canada, Univ., Dep. of Chem.; engl.) — 4. vgl. C. **1957,** 10974. — Vff. geben eine theoret. Behandlung des pK-Einfl. auf die Geschw. enzymkatalysierter Rkk. für den Fall, daß mehrere ionisierbare Enzym-Substrat-Intermediäre entstehen können. Die pK-Werte, die man bei niedrigen Substrat-Konzz. erhält, entsprechen denen des reinen Enzyms; die pK-Werte bei höheren Substrat-Konzz. entsprechen den Mittelwerten mehrerer Dissoziationskonstanten. Die pK-Werte sind abhängig von der Größe der Geschw.-Konstanten. Auch der Einfl. von Inhibitoren wird behandelt. Die Resultate werden auf Ergebnisse von Rkk. angewandt, die durch *Trypsin, Chymotrypsin* bzw. *Acetylcholinesterase* katalysiert sind.
G. Cleve 4210◇

1052 **Der Einfluß des pH-Wertes auf die Geschwindigkeiten von Enzymreaktionen.** 6. Mitt. **Durch Acetylcholinesterase katalysierte Reaktionen.** Richard M. Krupka und Keith J. Laidler. (Trans. Faraday Soc. **56,** 1477–80, Okt. 1960; engl.) — 5. vgl. vorst. Referat. — Durch elektrometr. Titration wurde der Einfl. des pH-Wertes auf die kinet. Parameter der durch *Acetylcholinesterase* katalysierten Hydrolyse von *Acetylcholin* (I) u. *N-Methylaminoäthylacetat* (II) bei 20,0° in einer Lsg., die $MgCl_2$ (0,04m) u. NaCl (0,1m) enthielt u. gegen CO_2 geschützt war, untersucht. Die Hydrolyse von $1{,}3 \cdot 10^{-4}$ bis $1{,}3 \cdot 10^{-3}$m Lsgg. von I bzw. 1,7 bis $5{,}1 \cdot 10^{-3}$m Lsgg. von II wurden im Bereich von p_H 5,0–9,5 bzw. 6–7 untersucht mit einer Enzym-Konz. von 0,0037 mg/15 ml bzw. 0,058 mg/15 ml; titriert wurde mit 0,017n NaOH. Die Ergebnisse wurden nach der Theorie der vorst. Mitt. interpretiert. Die pK-Werte der ionisierten Gruppe im akt. Zentrum des freien Enzyms sind 6,5 u. 9,35. Diese Ionisationen werden im Michaelis-Komplex (MK) ganz unterdrückt, es bildet sich der Komplex EHS, während EH_2S u. ES nicht vorhanden sind. Das acetylierte Enzym ist wieder ionisiert (pK 6,27 u. 10,03). Demnach entsteht der MK durch Rk. des Substrats mit einer Imidazol- u. einer Säuregruppe. Ferner wird geschlossen, daß für die Bldg. des acetylierten Enzyms ein Übergang des Substrat-Mol. an einen *Serin*-Rest erfolgt.
G. Cleve 4210◇

1053 **Wiederherstellung der Synthese von Enzymen nach Hemmung durch Azaguanin.** H. Chantrenne und S. Devreux. (Biochim. biophysica Acta [Amsterdam] **41,** 239–45, 1960; Bruxelles, Univ., Fac. des Sci., Labor. de Chim. biol.; engl., Auszug: franz.) — Die Hemmung des *Protein* (I)-Synth. durch *8-Azaguanin* (II) (vgl. C. **1963,** 17743) wird bei Kulturen von *Bacillus cereus* NCTC 569 an der Bldg. von *Penicillinase* (IV), *Katalase* (V) u. I (mit ^{14}C-Phenylalanin) untersucht. Die Hemmung, welche fast vollständig ist, kann durch *Guanosin* (III) aufgehoben werden. Je später der III-Zusatz erfolgt, desto geringer ist die Wiederherstellung der I-Synthese. Die Wiederherstellung der synthet. Bldg. nach dem Zusatz von III erfolgt bei IV viel langsamer als bei V u. I. — Vff. schließen, daß II mit Substanzen, vermutlich *Ribonucleinsäuren*, reagiert, von denen die Spezifität der Synth. abhängt.
A. Hesse 4210◇

1054 **Benzoatderivate als Intermediärprodukte bei der Biosynthese von Coenzym Q in der Ratte.** Robert E. Olson, Ronald Bentley, A. S. Aiyar, G. Hossein-Dialameh, Philip H. Gold, Virginia G. Ramsey und C. M. Springer. (J. biol. Chemistry **238,** PC 3146–PC 3148, 1963; Pittsburgh, Pa., Univ., Dep. of Biochem. and Nutrit.; engl.) — Während der Biosynth. von *Coenzym Q* (I) gehen die Seitenketten des *Phenylalanins* u. des *Tyrosins* verloren. *Benzoat-Derivv.* übernehmen die Funktion als Intermediärprodukte. Die *Formiate* stellen den Ursprung der ringgebundenen Methyl- u. Methoxygruppen dar. Neue Ansichten zum Aminosäuremetabolismus werden von Vff. aufgestellt. Für Verss. werden ^{14}C-markierte Vorläufer von I intraperitoneal 150 g schweren normalen u. unter Vitaminmangel gehaltenen Ratten verabreicht. Nach 3 Std. werden die Tiere getötet u. auf I untersucht. Als Substrate wurden verabreicht: *$^{14}C_{(1)}$-Acetat* (II),

$^{14}C_{(2)}$-*Acetat* (**III**), ^{14}C-permarkiertes *L-Phenylalanin* (**IV**), $^{14}C_{(3)}$-*DL-Phenylalanin* (**V**), ^{14}C-permarkiertes *DL-Tyrosin* (**VI**), $^{14}C_{(3)}$-*DL-Tyrosin* (**VII**), ^{14}C-*Formiat* (**VIII**), ringmarkiertes ^{14}C-*Benzoat* (**IX**), $^{14}C_{(7)}$-*Benzoat* (**X**) u. ^{14}C-permarkiertes *Benzochinon* (**XI**). Es wurden die Gesamtkonz. an **I**, das *Diacetylcoenzym Q-Hydrochinon* (**XII**) (als Nachw. der radioakt. Reinheit), das Abbau-Prod. von **XII**, *3'.6'-Diacetoxy-4'.5'-dimethoxy-2'-methylphenylessigsäure* (F. 137°), als Ringfragment u. das *Bis-[dinitrophenyl]-hydrazon vom Lävulinaldehyd* als Seitenkettenfragment untersucht. **II**, **III**, **VII** sind in der Polyisoprenseitenkette, **VI**, **IV**, **IX**, **VIII** im Ring zu finden. Folgender Mechanismus ist daher möglich: Phenylalanin → Tyrosin → p-Hydroxybenzoat (**XIII**) → Coenzym Q. Die Bldg. von **XIII** erfolgt aus dem Benzoat. Verss. an Leberschnitten zeigten nach Inkubation mit **II**, $^{14}C_{(2)}$-*DL-Mevalonat* (**XIV**), ^{14}C-permarkiertes *L-Tyrosin* (**XV**), ^{14}C-permarkiertes *Benzochinon* (**XVI**) u. ^{14}C-permarkiertes *Phenol* (**XVII**), daß Mevalonat zu **II** die Bldg. von **I** zu 96% hemmt, **XIII** zu **XIV** zu 99%, dagegen nur zu 5% bei Zusatz von **XIII** zu **XV**. **XVI** u. **XVII** wurden nicht inkorporiert. **XIII** ist daher ein Intermediärprodukt. Die mit **VIII** erhaltene ^{14}C-markierte substituierte Phenylessigsäure zeigte die Aktivität zu 41% im Ring, zu 59% in der Methoxygruppe. U. Gerhardt 4210◇

1055 **Vergleichende Wirkung einiger Thiaminderivate auf die Cocarboxylase der Leber.** A. Bertelli, T. Scamazzo und S. Ferri. (Boll. Soc. ital. Biol. sperim. **38**, 1220–24, 1962; Milano, Univ., Ist. di Farmacol.; ital.) — Es wird die Wrkg. von *Dithiopropylthiamin* (**I**), *Dithiobenzylthiamin, S-Benzoylthiamin-o-monophosphat* (**II**) u. *Thiamin* (**IV**; je 20 mg/kg per os u. intraperitoneal) auf die *Cocarboxylase* (**III**) der Leber der Ratte untersucht. Schon nach 2 Std. ist bes. bei intraperitonealer Gabe von **I** u. **II** der **III**-Geh. der Leber stark erhöht; auch nach 24 Std. werden außer bei **IV** noch erhöhte Werte verzeichnet. Bei oralen Gaben ist der **III**-Geh. durch **I** am stärksten erhöht. Auch bei Avitaminose B_1 sind orale Gaben von 1 mg **I** oder **II** dem **IV** überlegen. F. Kren 4210◇

1056 **Aminosäurensequenz von Pseudomonas-Cytochrom c-551.** R. P. Ambler. (Biochem. J. **89**, 349–78, 1963; Cambridge, Univ., Dep. of Biochem.; engl.) — Nach enzymat. Behandlung von *Pseudomonas Cytochrom c-551* (**I**) mit Trypsin, Chymotrypsin, Pepsin, Subtilisin B, Elastase, Pronase, Leucinaminopeptidase, Carboxypeptidase wurden die Abbau-Prodd. untersucht u. die Aminosäuresequenz bestimmt. Die vollständige Säurehydrolyse zeigte einen Geh. von 82 *Aminosäuren* in einer einfachen Kette. Die Struktur des Ferments: Glu–Asp–Pro–Glu–Val–Leu–Phe–Lys–Asp·

┌──Häm──┐

(NH_2)–Lys–Gly–Cys–Val–Ala–Cys–His–Ala–Ileu–Asp–Thr–Lys–Met–Val–Gly–Pro–Ala–Tyr–Lys–Asp–Val–Ala–Ala–Lys–Phe–Ala–Gly–Glu(NH_2)–Ala–Gly–Ala–Glu–Ala–Glu–Leu–Ala–Glu(NH_2)–Arg–Ileu–Lys–Asp(NH_2)–Gly–Ser–Glu(NH_2)–Gly–Val–Try–Gly–Pro–Ileu–Pro–Met–Pro–Pro–Asp(NH_2)–Ala–Val–Ser–Asp–Asp–Glu–Ala–Glu(NH_2)–Thr–Leu–Ala–Lys–Try–Val–Leu–Ser–Glu(NH_2)–Lys. Das Protein enthält kein Cystin, die beiden Cysteinbestandteile sind durch Verknüpfung mit dem Häm zu Thioäthern ausgebildet. Das Mol. enthält 4 Prolylreste in einer Sequenz von 6 Aminosäuren. Die Hämkomponente konnte vom Rückstand nach enzymat. Abbau an Carboxymethylcellulose abgetrennt werden. Glutaminsäure ist die N-terminale, Lysin die C-terminale Aminosäure. **I** von Pseudomonas zeigte in den ersten 20 Aminosäuren gleiche Zus. wie **I** aus Pferdeherzen, die restlichen Glieder differierten. U. Gerhardt 4210◇

1057 **Struktur eines chymotryptischen Peptides aus Pseudomonas Cytochrom c-551.** W. R. Gray und B. S. Hartley. (Biochem. J. **89**, 379–80, 1963; Cambridge, Med. Res. Council Labor. of Molecular Biol.; engl.) — Bei Anwendung von fluorescierenden Derivv. von *1-Dimethylaminonaphthalin-5-sulfonylchlorid* (Biochem. J. **89**, [1963], 60P) zur Strukturaufklärung eines Peptids genügen bereits 0,02 µMol einer Substanz zur Analyse nach der von Vff. entwickelten Mikrotechnikmethode. Aus dem chymotrypt. Peptid von *Pseudomonas Cytochrom c-551* ließ sich die N-terminale Sequenz Gly–Pro–Ileu–Pro–Met–Pro mit dieser geringen Einwaage ermitteln. U. Gerhardt 4210◇

1058 **Cytochrom c–Cytochromoxydase in biolumineseenten Pilzen.** E. A. Botan. (Nature [London] **198**, 479, 1963; Wilmington, Mass., Med. Sci. Dep., AVCO Res. and Adv. Dev. Div.; engl.) — Kulturen von *Panus stipticus, Armillaria mellea, Armillaria fusipes, Mycenna polygramma, Clitocybe illudens* u. *Collybia velutipes* wurden auf Agar bei Raum-Temp. gezüchtet u. anschließend in Phosphatpuffer nach Zusatz von α-Naphthol u. Dimethyl-p-phenylendiaminhydrochlorid verrührt. Der Zusatz von „G-Nadi"-Reagens (**I**) ergab bei allen Organismen eine positive Reaktion. Nach Erhitzen der Organismen auf 60° (15 Min.) bzw. nach Zusatz von *KCN* wurde eine negative **I**-Rk. gefunden, so daß eine *Cytochrom c-Cytochromoxydase* (**II**) für die positive **I**-Rk. verantwortlich sein mußte. Die positiven Befunde unterstützen das von McElroy u. Seliger (vgl. Sci. American **207**, [1962], 76) vorgeschlagene evolutionäre Schema der biolumineseenten Pilze. J. Boelter 4210◇

1059 **Untersuchungen über Cytochromoxydase.** 2. Mitt. **Eigenschaften im Fließgleichgewicht.** Takashi Yonetani. (J. biol. Chemistry **235**, 3138–43, 1960; Philadelphia, Pa., Univ. of Pennsylvania, Johnson Res. Foundat.; engl.) — 1. vgl. C. **1961**, 1591. — Im aeroben Fließgleichgewichtszustand ist der 605-mµ-Peak gereinigter *Cytochomoxydase* (**I**) stets in höherem Ausmaß vermindert als bei 445 mµ. An der **I**-Aktivität des Präp. sind *Cytochrom c* (**II**) u. *Ascorbat* (**III**) beteiligt. Die scheinbaren Michaelis-Konst., d. h. die für halbe maximale Aktivität erforderlichen Konzz. von **II** u. **III** betragen $2 \cdot 10^{-5}$ u. $6{,}6 \cdot 10^{-2}$m. Es werden Gleichungen zur Unterscheidung der Fließgleichgewichts-Red. von *Cytochrom a* (**IV**) u. a_3 (**V**) abgeleitet. **V** wird stets aerob fast völlig oxydiert. **III** allein oder das **III**–*Cytochrom* c_1 (**VI**)-Syst. red. **IV** merklich; ein merklicher O_2-Verbrauch tritt jedoch erst in Ggw. von **II** ein. **II** reagiert zwischen **IV** u. **V** sowie zwischen **VI** u. **IV**, so daß **IV** in einem gereinigten Syst. aus **I** u. **II**-Mangel-Präpp. in einem Nebenschluß der Cytochromkette zu lokalisieren ist: **VI** → **II** → **V** → O_2.

↓↑

┄┄→**IV**

K. Maier 4210◇

1060 **Reaktionen von Cytochromoxydase mit Sauerstoff und Kohlenmonoxid.** Q. H. Gibson und C. Greenwood. (Biochem. J. **86**, 541–54, 1963; Sheffield, Univ., Dep. of Biochem.; engl.) — Die Rk. von *Cytochromoxydase* (**I**), Yonetani-Präp. (I_Y), mit *CO* verläuft genau nach 2. Ordnung; die Geschw.-Konst. (k) beträgt $8 \cdot 10^4$ $m^{-1} \cdot s^{-1}$ bei 20° u. die Aktivierungsenergie 6,4 kcal. Die Dissoziations-Geschw.-Konst. des CO–I_{red}-Komplexes bei Ersatz von CO durch *NO* ist 0,023 s^{-1} bei 20° u. pH 7,4. $^1/_3$ des Gesamt-Fe des I_Y reagiert mit CO unter Bldg. der CO-Verbindung. Die Rk. von O_2 mit I_{red} verläuft rasch. Bei niedrigen O_2-Konzz. ist k für I_y u. I_ϱ (Greenwood-Präp.) $6 \cdot 10^7$ u. $3 \cdot 10^7$ $m^{-1} \cdot s^{-1}$. Wird die Rk. zwischen I_{red} u. O_2 bei verschiedenen λ verfolgt, dann ändert sich der Rk.-Verlauf. Bei O_2-Konzz. <5 µm verläuft die Rk. bei 605 mµ rascher als bei 445 mµ, bei >10 µm bei 605 mµ langsamer als bei 445 mµ. Die scheinbare k 2. Ordnung nimmt bei kleinen O_2-Konzz. u. 445 mµ mit fortschreitender Rk. zu, bei hohen O_2-Konzz. ab. Die Änderungen werden Folge-Rkk. zwischen O_2 u. *red. Cytochrom* a_3 (**II**) u. zwischen II_{red} u. *oxydiertem Cytochrom a* (**III**) zugeschrieben. Bei Annahme von $k = 1{,}5 \cdot 10^8$ $m^{-1} \cdot s^{-1}$ für die Rk. von II_{red} mit O_2 u. einer Rk. 1. Ordnung zwischen III_{red} u. **II** mit $k = 1{,}5 \cdot 10^3$ s^{-1} ergibt sich zwischen Beobachtung u. Berechnung befriedigende Übereinstimmung. K. Maier 4210◇

1061 **Elektronenspinresonanzänderungen bei der Oxydation von Cytochromoxydase.** N. M. Atherton, Q. H. Gibson und C. Greenwood. (Biochem. J. **86**, 554–55, 1963; Sheffield, Univ., Dep. of Phys. Chem. and Biochem.; engl.) — Vgl. vorst. Referat. — ESR-Messungen an oxydierter Cytochromoxydase (Yonetani-Präp.) unter Verw. der Schnelleinfriermeth. (10 ms) von Bray (Biochem. J. **81**, [1961], 189), bei 77° K zeigten, daß ein großer Teil des Enzymkupfers während der Einfrierzeit oxydiert werden kann, so daß eine Beteiligung von Cu an der Enzym-Rk. nicht ausgeschlossen ist. Der Schutz, der bei Anwendung von CO gegeben ist, läßt Schlüsse über die Art zu, in welcher das Häm u. das Cu mit O_2 reagieren. Es ist unwahrscheinlich, daß CO selbst sich mit Enzym-Cu verbindet, woraus folgt, daß das Cu nicht direkt mit O_2 reagiert, sondern daß es indirekt unter Mitwirkung des Häm-Fe oxydiert wird. Die ESR-Signale verschwinden weitgehend bei Enzym-Red. mit Cytochrom c–Ascorbinsäure. K. Maier 4210◇

1062 **Isolierung einer Fe-freien kristalliner d-Aminosäureoxydase.** V. Massey und G. Palmer. (Biochem. J. **74**, 40P—41P, 1960; Sheffield, Univ. of Sheffield, Dep. of Biochem.; engl.) — Vgl. Rubo u. Mitarbeiter, C. **1959**, 13201. — Aus Schweineniere wurde ein braunes Präp. erhalten (l. c.), das noch *Fe* enthielt. Mittels Calciumphosphat–Cellulose-Säulen konnte mit Phosphatpuffer pH 6,3 eine gelbe Bande eluiert werden, die sich nach fraktionierter $(NH_4)_2SO_4$-Fällung als feine, weiße Nadeln isolieren ließ. Das Spektrum glich weitgehend dem des *FAD*. Die erhaltene *D-Aminosäureoxydase* war völlig Fe-frei u. zeigte eine Aktivität von 280 µl O_2/min/mg. Die Entfärbung durch zugegebenes Alanin verläuft über ein rotes Zwischenprod., wahrscheinlich das *Flavinsemichinon*. H. Müldner 4210◇

1063 **α-Ketoglutaratoxydase der Hefe.** Helmut Holzer, Günther Hierholzer und Irene Witt. (Biochem. Z. **337**, 115—19, 1963; Freiburg/Br., Univ., Physiolog.-chem. Inst.; dt.) — Aus einem aus Bäckerhefe hergestellten Acetontrockenpulver wurde ein *α-Ketoglutaratoxydase* (I)-Präp. gewonnen. I red. *DPN* in Ggw. von *α-Ketoglutarat* (II). *TPN* an Stelle von DPN verringerte die Rk.-Geschw. auf $<1\%$. Der Ersatz von II durch *Pyruvat* red. die Rk.-Geschw. auf 30%. Das pH-Optimum von I lag bei 7,5. Ohne DPN, II bzw. *Coenzym A* (III) wurde keine oder nur geringe Aktivität gefunden. Ohne *Thiaminpyrophosphat* (IV) betrug die Rk.-Geschw. 40%. Offenbar ist ein Teil von IV fest an das Ferment gebunden. *Arsenit* hemmte das Ferment vollständig. Möglicherweise enthält I fest an das Protein gebundene *α-Liposäure* als Coferment. Die Michaelis-Konst. für *DPN* betrug $2{,}5\cdot10^{-4}$m, für II $5{,}6\cdot10^{-4}$m, für III $6{,}1\cdot10^{-6}$m u. für IV $3{,}8\cdot10^{-5}$m. Für *Glucose* (V) wurde mit Hefe ein Q_{O_2}-Wert von 48 gefunden, so daß ein großer Teil der V-Oxydation über den Citronensäurecyclus ablaufen könnte. J. Boelter 4210◇

1064 **Beitrag zur Frage der Jodausfällung aus angesäuerten Kaliumjodidlösungen durch Pflanzensäfte.** Aloiz Ormandy. (Prûmysl Potravin **13**, Nr. 4, 214—15, 1962; Báb, Výsk. úst. tabakového priemyslu; slowak.) — Das im Saft frischer (grüner) Tabakblätter enthaltene Enzymgemisch wird durch Papierelektrophorese zerlegt. Durch Behandlung der Flecke mit einer Lsg. von Benzidin oder o-Toluidin in einer Lsg. von 1 ml Eisessig in 100 ml W. u. durch die J-Stärke-Rk. mit 10%ig. KJ-Lsg., 0,1n Essigsäure, 1%ig. Stärke-Lsg. u. 1%ig. H_2O_2-Lsg. im Verhältnis 10 zu 1 : 1 : 1 wird festgestellt, daß der Saft 4—6 Komponenten der *Oxydationsenzyme* enthält, die aus angesäuerter *KJ*-Lsg. J_2 freisetzen können. Auf diese Weise ist eine einfache u. schnelle Trennung der Komponenten eines Gemisches von Oxydationsenzymen möglich. R. K. Müller 4210◇

1065 **Rübenperoxydase.** 4. Mitt. **Die Wirkung von pH und Temperatur auf die Reaktionsrate.** Toichiro Hosoya. (J. Biochemistry [Tokyo] **48**, 178—89, Aug. 1960; Maebashi, Gunma Univ., Inst. of Endocrinol., Dep. of Physic. Chem.; engl.) — 3. vgl. C. **1961**, 11363. — Die Rk.-Konst. der Bldg. von „*Complex I*" (I), k_1, u. die der Rk. von „*Complex II*" (II) mit einem H-Donator, k_4', wurden bei verschiedenen pH-Werten u. Temp. durch die Meth. der Gesamt-Rk. mit den *Rübenperoxydasen* A_1 (III), A_2 (IV) u. *D* (V) erhalten. k_4' war abhängig vom pH des Mediums. Es wird geschlossen, daß für die Rk. zwischen *Guajacol* (VI) u. II von III, IV u. V ionisierte Gruppen der Enzyme mit pK-Werten von 7,8, 6,9 bzw. 7,8 bei 20° notwendig sind, bei V eine α-Ammoniumgruppe einer Aminosäure des Enzymproteins. k_1 von V war konst. zwischen pH 6 u. 9, fiel darunter jedoch ab. Die Werte für Aktivierungswärme u. Entropie der Aktivierung konnten aus der Bldg.-Rk. von I der V sowie der Rk. von II von III, IV u. V mit VI ermittelt werden. H.-G. Trüper 4210□

1066 **Rübenperoxydase.** 6. Mitt. **Die Wirkung von Dielektrizitätskonstante und Ionenstärke auf die Reaktionsgeschwindigkeit.** Toichiro Hosoya. (J. Biochimistry [Tokyo] **48**, 803—11, Dez. 1960; Maebashi, Gunma Univ., Inst. of Endocrinol., Dep. of Physic. Chem.; engl.) — 5. vgl. C. **1962**, 10125. — Die Absorptionsspektren von „*Complex I*" (I) u. „*Complex II* (II) u. der *Rübenperoxydasen* A_1 (III) A_2 (IV), *D* (V), sowie die Rk.-Geschw. dieser Enzyme wurden durch hohe Ionenstärken des Mediums nicht verändert. Aceton beeinflußt die Spektren ebenfalls nicht, die Bldg.- u. Abbau-Geschw. von II gingen stark zurück. Bei den untersuchten Enzymen war log k_d eine lineare Funktion von 1/D, wobei k_d die Rk.-Konst. zwischen II u. dem H-Donator u. D die Dielektrizitäts-Konst. des Mediums ist. Die Neigungen betrugen —210 für III, —220 für IV u. —250 für V. Der Mechanismus der Elektronenübertragung vom H-Donator-Mol. auf II wird diskutiert. H. G. Trüper 4210□

1067 **Enzymatische Aktivität (Oxydase und drei Dehydrogenasensysteme) der ovalen Zellen mit keulenförmigen Einschlüssen im verbindenden Gewebe der Cichlide Pterophyllum scalare Cuvier.** Teil I A. A. Stolk. (Proc., Kon. nederl. Akad. Wetensch., Ser. C **65**, 92—104, 1962; Amsterdam, Freie Univ., Dep. of Histol.; engl.) — Das Vork. von *Oxydase* u. 3 *Dehydrogenase*-Syst. in den ovalen Zellen mit keulenförmigen Einschlüssen von *Pterophyllum scalare* Cuvier wird untersucht. Die Vorbereitung des Vers.-Materials wird geschildert. Das Aussehen der ovalen Zellen mit den Einschlüssen wird beschrieben u. die enzymat. Aktivität wird histochem. geprüft. O. Sellemond 4210◇

1068 **Enzymatische Aktivität (Oxydase und drei Dehydrogenasensysteme) der ovalen Zellen mit keulenförmigen Einschlüssen im verbindenden Gewebe der Cichlide Pterophyllum scalare Cuvier.** Teil I B. A. Stolk. (Proc., Kon. nederl. Akad. Wetensch., Ser. C **65**, 105—16, 1962; Amsterdam, Freie Univ., Dep. of Histology; engl.) — Vgl. vorst. Referat. — Die Ergebnisse der Verss. von Teil IA der Arbeit (l. c.) werden diskutiert. Die Verteilung der *Oxydase* u. von 3 *Dehydrogenasen*-Syst. in den ovalen Zellen mit keulenförmigen Einschlüssen deutet darauf hin, daß die keulenförmigen Einschlüsse als Mitochondrien (M) betrachtet werden können, die gegenüber den normalen M viel größer sind. Sie stellen ein für die morpholog. u. histochem. Prüfung von M geeignetes Material dar. O. Sellemond 4210◇

1069 **Enzymatische Dehydrierung von Equilin zu Equilenin.** C. Mittermayer, H. Breuer und W. Dirscherl. (Acta endocrinol. [Copenhagen] **43**, 195—202, 1963; Bonn, Univ., Physiol.-chem. Inst.; Bonn–Venusberg, Chirurg. Univ.-Klin., Chem. Abt.; dt.) — *Equilin* (I) wurde mit Rattenleberschnitten (Wistar-Stamm) in Krebs-Phosphat-Puffer inkubiert. In der Inkubations-Lsg. konnte *Equilenin* (II) papierchromatograph. nachgewiesen werden. Daneben wurden noch *17β-Dihydroequilin* (III) u. *17β-Dihydroequilenin* (IV) gefunden. Nach Inkubation von III wurde die Bldg. von I, II u. vor allem IV nachgewiesen. Die Inkubation von Leberschnitten mit II führte nur zur Bldg. von IV. Die Bldg. von I oder III konnte nicht nachgewiesen werden. Ebenso wurde nach Inkubation von IV nur II, nicht jedoch I oder III gefunden. Die in der Leber vorhandene Steroidring-Dehydrogenase dehydrierte I zu II. Die Rk. war unter den Vers.-Bedingungen irreversibel. Die Umwandlung der in Ring B ungesätt. 17-Keto- u. 17β-Hydroxy-Verbb. wurde durch eine *17β-Hydroxysteroiddehydrogenase* katalysiert. J. Boelter 4210◇

1070 **Einfluß der Verdünnung auf das in Stärkegel erhaltene Muster von Milchsäuredehydrogenaseisozym.** Elliot S. Vesell. (Nature [London] **195**, 497—98, 1962; New York, Rockefeller Inst.; engl.) — In Leukocyten u. Muskelgewebe kommen 5 *Milchsäuredehydrogenase-Isozyme* vor. Diese zeigen ähnliche Spezifität, aber verschiedenes Verh. bei Elektrophorese im Stärkegel. Vf. zeigt, daß die verschiedenartigen Muster bei der Elektrophorese von der aufgebrachten Anfangs-Konz. abhängen. Hierauf muß bei Verw. dieser Elektrophorese für diagnost. Zwecke geachtet werden. A. Hesse 4210◇

1071 **Aktivität der Äpfelsäuredehydrogenase der normalen Leukocyten.** F. Belfiore. (Boll. Soc. ital. Biol. sperim. **38**, 1238—41, 1962; Catania, Univ., Ist. di Patol. Med.; ital.) — Vgl. C. **1964**, 15-1032. — Es wird die Aktivität der *Äpfelsäuredehydrogenase* (I) in den Leukocyten von 25 Personen untersucht. Es ergibt sich eine mittlere I-Aktivität von 13490 E./ml auf 1 : 10 verd. Leukolysat (E. = Aktivität, die die opt. D. um 0,000053/Min. verändert). Nach der mathemat. Meth. ist die I-Aktivität in Granulocyten u. Lymphocyten gleich. F. Kren 4210◇

1072 **Äpfelsäuredehydrogenaseaktivität in den Reticulocyten und Normocyten.** F. Belfiore. (Boll. Soc. ital. Biol. sperim. **39**, 745—48, 1963; Catania, Univ., Ist. di Patol. Med.; ital.) — Vgl. vorst. Referat. — Bei Kaninchen war die *Äpfelsäuredehydrogenase*-Aktivität der Reticulocyten [30400 Einheiten/ml Hämolysat (4 : 1)] um 319% höher als die normaler reifer Erythrocyten. K. Zingraf 4210◇

1073 **Die Verteilung von Bernsteinsäuredehydrogenase und Äpfelsäuredehydrogenase unter den Komponenten von Tabaklaubextrakten.** W. S. Pierpoint. (Biochem. J. **88,** 120—25, 1963; Harpenden, Herts., Rothamsted Exper. Stat., Biochem. Dep.; engl.) — *Bernsteinsäuredehydrogenase* (I) in den Mitochondrien (M) von Tabakblatthomogenat zeigte ein pH-Optimum von 7,7; die K_m für *Succinat* (II) betrug 0,7—0,8 mMol/Liter. I im Blatthomogenat war überwiegend in den M lokalisiert, der Rest in den Chloroplasten. I aus M wurde durch Inkubation mit II stärker aktiviert als I aus Chloroplasten. Das Verh. in der Ultrazentrifuge [Rohrzucker (III)-Gradienten] von I aus M u. Chloroplasten war gleich. Die Verteilung von I in den III-Fraktionen entsprach der von *Bernsteinsäureoxydase* (IV). Die I-Menge in M war für eine mögliche Rolle im IV-Syst. ausreichend. Die *Äpfelsäuredehydrogenase* (V)-Aktivität war zu 55—70% in der Überstandfraktion (Ü) enthalten; der Rest wurde in M u. C gefunden u. konnte z. T. aus M ausgewaschen werden. *Aconithydratase* war zu 73—84% im Ü, der Rest in M enthalten u. konnte ebenfalls z. T. ausgewaschen werden.
J. Boelter 4210◇

1074 **Flavinpeptide in Geweben; die prosthetische Gruppe von Bernsteinsäuredehydrogenase.** Paolo Cerletti, Roberto Strom und Maria-Grazia Giordano. (Arch. Biochem. Biophysics **101,** 423—28, 1963; Rom, Univ., Dep. of Biol. Chem.; Camarino, Univ., Dep. of Biol. Chem.; Roma, Nat. Res. Council Unit for Enzyme Studies; engl.) — Die nach proteolyt. Abbau von Rindergeweben (Niere, Herz u. Leber) mit Trypsin-Chymotrypsin erhaltene *Flavin* (I)-Fluorescenz (Fz) zeigte eine für die prosthet. Gruppe von *Bernsteinsäuredehydrogenase* (II) sehr ähnliche pH-Abhängigkeit, wobei die Fz ein Maximum bei pH 3,1 zeigte. Oberhalb pH 6 wurde keine Fz gefunden. *FAD, FMN* u. *Riboflavin* waren vorher durch Extraktion abgetrennt worden. Die Differenz der Fz-Intensität zwischen pH 3,1 u. 6,2 wird als ein Maß für das aus II freigesetzte, peptidgebundene I angesehen. Ein Verf. zur Best. des peptidgebundenen I aus Geweben ist angegeben. Der I-Geh. in Gehirn, Hoden u. Milz war sehr gering. Die Wechselzahl von II wurde manometr. durch Messung der *Succinat*-Oxydation sowie durch fluorometr. Best. von I gemessen. Das peptidgebundene I machte nur einen geringen, jedoch bedeutenden Bestandteil des Gewebe-I mit Ausnahme des Herzens aus.
J. Boelter 4210◇

1075 **Succinatdehydrogenase aus der Buchtmuschel, Mytilus edulis.** C. A. Ryan und Tsoo E. King. (Biochim. biophysica Acta [Amsterdam] **62,** 269—78, 1962; Corvallis, Oreg., Oreg. State Univ., Dep. of Chem. and Science Research Inst.; engl.) — Aus dem hinteren Anziehmuskel der Buchtmuschel, *Mytilus edulis*, wurde ein festes Präp. von *Succinatdehydrogenase* (I) hergestellt. Die lösl. I wurde daraus durch Behandeln mit Aceton, Lösen in 0,06m Tris-Puffer (pH 8,9) u. Reinigung mit Ca-Phosphatgel gewonnen. Das feste Präp. enthält I u. *Cytochromoxydase*-Syst., katalysiert jedoch die Oxydation des Succinats durch mol. O_2 nicht. Bei der lösl. I konnte im Gegensatz zum festen Präp. nur *Phenazinmethosulfat* u. *Ferricyanid* (II) als Elektronenacceptor dienen, nicht dagegen Menadion, Methylenblau u. O_2. Die Rk. der lösl. I mit II ist bedeutend langsamer als von einem anderen bekannten tier. System. Längeres Behandeln der lösl. I mit Cyanid bei pH 7,4 verringert die Aktivität nicht stärker als der normale Abfall. Die Eigg. der lösl. I werden verglichen mit denen der I anderen Ursprungs.
O. Sellemond 4210◇

1076 **Konkurrenzregulierung von Glutaminsäuredehydrogenasen von Neurospora.** B. D. Sanwal und Madhu Lata. (Arch. Biochem. Biophysics **97,** 582—88, 1962; Winnipeg, Canada, Univ., Dep. of Microbiol.; engl.) — Wilde Stämme von *Neurospora crassa* erzeugen 2 *Glutaminsäuredehydrogenasen*, deren eine spezif. ist für *Diphosphopyridinnucleotid* (*DPN*) u. die andere für *Triphosphopyridinnucleotid* (*TPN*). Beim Kultivieren der Zellen in einem Medium, das sowohl $(NH_4)NO_3$ als auch *Glutamat* (I) enthält, wird die Aktivität des DPN-abhängigen Enzyms stark erhöht bei gleichzeitiger Verringerung der Aktivität des TPN-abhängigen Enzyms. Dieselbe Wrkg. wie Glutamat zeigen auch *Asparaginat, Asparagin, Alanin, Arginin* (II) oder *Ornithin* (III), während Glutamin, Lysin, Methionin, Threonin, Leucin u. Valin fast keine Wrkg. zeigen. Alle Aminosäuren, die den Effekt zeigen, können durch Transaminierung I bilden. In Auxotrophen, welche II, III oder Citrullin benötigen, hatte I keine Wirkung. Alle Verss. deuten darauf hin, daß *Harnstoff* (IV) oder ein akt. Deriv. des IV die Ursache für den Effekt ist, wobei IV aus I u. NH_3 entstanden ist. Zugesetzter IV zeigt auch den Effekt. Die Wrkg. des IV beruht vielleicht darauf, daß das TPN-spezif. Enzym unter dem Einfl. von III in das DPN-spezif. Enzym umgewandelt wird, was allerdings in vitro nicht bestätigt werden konnte.
O. Sellemond 4210◇

1077 **Untersuchungen über die Selbstinhibierung von Hefe- und Leberalkoholdehydrogenasen.** Craig C. Wratten und W. W. Cleland. (Biochemistry [Washington] **2,** 935—41, 1963; Madison, Wis., Univ., Dep. of Biochem.; engl.) — Kinet. Unterss. über die Inhibierung der *Alkoholdehydrogenasen* (I) aus Hefe u. Leber durch ihre Umsatz-Prodd. *A., Acetaldehyd* (II), *DPN*$^+$ u. *DPNH* zeigen, daß in physiolog. Konzz. zuerst das Nucleotid vom freien Enzym addiert wird. Die beiden Substrate werden in definierter Reihenfolge angelagert, wobei sich tern. Komplexe bilden, die unter Freisetzung der Prodd. weiterreagieren können. Für das Leberenzym existieren außerdem *Enzym-DPN*$^+$*-II-* u. *Enzym-DPNH-A.-Komplexe*. A. u. II können auch von nichtreakt. Zentren addiert werden u. so die Rk.-Geschw. beeinflussen.
W. Berndt 4210◇

1078 **Glucose-6-phosphatdehydrogenase-, Phosphohexoseisomerase-, Aldolase- und Milchsäuredehydrogenaseaktivität in Reticulocyten und Normocyten.** F. Belfiore und J. Meldolesi. (Boll. Soc. ital. Biol. sperim. **39,** 754—58, 1963; Catania, Univ., Ist. di Patol. Med.; ital.) — In Reticulocyten von Kaninchen wurden folgende Enzymaktivitäten bestimmt: *Glucose-6-phosphatdehydrogenase* 0,098 Δ D. O./5 Min./0,1 ml Hämolysat (4:1), *Phosphohexoseisomerase* 544 μm Substrat/h/ml Hämolysat; *Aldolase* 258 Bruns-Einheiten/ml Hämolysat; *Milchsäuredehydrogenase* 18990 Einheiten/ml Hämolysat. Alle Aktivitäten waren höher als in normalen reifen Erythrocyten.
K. Zingraf 4210◇

1079 **Auftreten von Glucose-6-phosphatdehydrogenasemangel beim schweren Ikterus des Neugeborenen.** B. Babini und G. P. Salvioli jun. (Boll. Soc. ital. Biol. sperim. **38,** 1092—95, 1962; Bologna, Univ., Ist. di Puericult.; ital.) — Es wird die Häufigkeit des Mangels an *Glucose-6-phosphatdehydrogenase* (I) bei schwerem Ikterus in vorst. Inst. innerhalb 2½ Jahren geprüft. Von 44 Fällen bei Neugeborenen unterschiedlicher Ätiologie tritt nur in 2 Fällen I-Mangel auf.
F. Kren 4210◇

1080 **Reaktionen der Ribonucleotidderivate von Purinanalogen mit der katalytischen Haftstelle der Inosin-5'-phosphatdehydrogenase.** Alexander Hampton. (J. biol. Chemistry **238,** 3068—74, 1963; New York, N.Y., Inst. for Cancer Res., Div. of Nucleoprotein Chem.; engl.) — *Inosin-5'-phosphatdehydrogenase* (I) wurde aus einer Kultur *Aerobacter aerogenes* (Stamm P-14) isoliert. Die enzymat. Umwandlung von *IMP* in XMP, in Ggw. von *DPN, GSH, KCl* vorgenommen, ergab einen Wert von 95%. *Red. Glutathion* aktivierte um das 4fache. Während die Umwandlung nach 15 Min. beendet war, dauerte die Rk. beim *6-Thio-IMP* 2½ Std. *6-Chlor-9-β-d-ribofuranosylpurin-5'-phosphat* (II) reagierte unter denselben Bedingungen mit GSH bei pH 8,0 zu *6-[Alkylmercapto]-purinnucleotiden.* II hemmt I irreversibel. Nichthemmende Konz. an *Inosin-5'-phosphat* verlangsamen den Prozeß, GSH beschleunigt. Das Nucleosid des II u. *6-Chlorpurin* sind 200 mal geringer wirksam. Die Hemmung der Synth. in vivo von *Guaninnucleotid* durch 6-Chlorpurin beruht auf Bldg. von II, das dann I hemmt. Bei ausreichender GSH-Konz. ist die Umwandlung von IMP zu XMP durch 6-Thio-IMP u. *6-Thio-GMP* zu 40% gehemmt. 6-Thio-IMP u. *IMP* konkurrieren in Ggw. von GSH als Substrate für I. In Abwesenheit von GSH ist 6-Thio-IMP ein deutlicher Hemmstoff. Die Hemmung ist nach Zugabe von GSH, nicht aber von IMP reversibel. 6-Thio-GMP zeigt größere Hemmwrkg. ohne GSH. 6-Thioinosin u. die entsprechenden 2'- u. 3'-Phosphate stellen keine Substrate dar u. wirken daher weniger hemmend als das 5'-Phosphat. Die irreversible Hemmung von II u. der zwei 6-Thionucleotide beruht auf Rk. mit der SH-Gruppe, die zu stabilen *Thioäthern* u. *Disulfid-Verbb.* am Rk.-Zentrum des Fermentes führen.
U. Gerhardt 4210◇

1081 **Reinigung und Eigenschaften von 3α-Hydroxysteroid-abhängiger Nicotinamidadenindinucleotidtranshydrogenase der Rattenleber.** D. N. Baron, Marion B. R. Gore, Regina Pietruszko und D. C. Williams. (Biochem.

J. **88,** 19—25, 1963; London, Royal Free Hosp. and School of Med., Dep. of Chem. Pathol.; engl.) — *3α-Hydroxysteroid-transhydrogenase* (**I**) wurde aus dem Überstand von Rattenleberhomogenat durch fraktionierte Fällung mit $(NH_4)_2SO_4$ (**II**) u. Chromatographie an DEAE-Cellulose isoliert u. gereinigt. Geringe Mengen **II** stimulierten die **I**-Aktivität. Die H-Übertragung wurde durch *Na-Selenat, -Phosphat, -Arsenat, -Wolframat, -Oxalat, -Malonat, -Succinat* u. *-Citrat* stimuliert. Die Stimulation durch *Ammonium-, Na-* u. *K-Sulfat* nahm mit steigendem Kationenmolgew. ab. Da *KCl*, $NaNO_3$ u. $NaHCO_3$ nicht stimulierend wirkten, ebensowenig *Mg-, Mn-* u. *Co-Chlorid* ($ZnCl_2$ hemmte), schienen die Anionen für die **I**-Stimulation verantwortlich zu sein. *Cyanid, EDTA* oder *8-Hydrochinolin* aktivierten nicht **I**. Das pH-Optimum von **I** lag unabhängig von der **II**-Konz. bei 7,5. *Glucose-6-phosphatdehydrogenase* (**III**) als $NADPH_2$-regenerierendes Enzym wurde durch 0,1 m oder höherkonz. **II** gehemmt. Mit steigender *Androsteron* (**IV**)-Konz. stieg die Transhydrierungs-Geschw. an (maximale Rk. bei 10 μmol **II**). Maximale Rk.-Geschw. wurde bei einer $NADPH_2$-Konz. von 5 μmol. gefunden. Die *NADP*-gebundene Dehydrierungs-Geschw. war von der **II**-Konz. unabhängig, die *NAD*-gebundene wurde erhöht. Ersatz von **IV** durch *Androstandion* oder *Ätiocholanon* ergab bei Fehlen von **II** kaum eine Rk., ebenso bei Ersatz von NAD durch *3-Acetylanaloge* des *NAD*. Die Rk.-Geschw. bei Ersatz von **III** durch *Isocitronensäuredehydrogenase* sank bei Abwesenheit von **II** auf 15%. Die durch **I** katalysierte Rück-Rk. war von der **II**-Konz. abhängig. J. Boelter 4210◇

1082 **Gemeinsame Reduktion von Cortison und Methylorange deurch den Überstand von Rattenleberhomogenat.** P. Manchon und R. Lowy. (C. R. Séances Soc. Biol. Filiales **156,** 461—63, 1962; Paris, Ecole Prat. des Hautes Etudes, Inst. Nat. d'Hygiène, Labor. de Nutrit. Humaine; franz.) — Im Hinblick auf die als Lebensmittelfarbstoffe zugelassenen *Azofarbstoffe* untersuchen Vff. die möglichen Stoffwechselstörungen, die dadurch auftreten können, daß das *Azoreduktase*-Syst. *Triphosphopyridinnucleotid* (**I**) als Cofaktorbenötigt. — Rattenlebern wurden in 9‰ig. KCl-Lsg. homogenisiert u. 30 Min. bei 0° bei 25000·g zentrifugiert. Das Rk.-Gemisch besteht aus dem so erhaltenen Überstand, *Glucose-6-phosphatdehydrogenase* u. **I**. Dem Rk.-Gemisch werden *Glucose-6-phosphat, Methylorange* (**II**) u. *Cortison* (Base; **III**) zugesetzt, die Inkubation erfolgt unter N_2 bei 37°. Nach 30 Min. Inkubation wird das Verschwinden von **II**, das Auftreten von *Sulfanilsäure* u. das Verschwinden von **III** (Messung bei 240 mμ, nach Entfernung der UV-absorbierenden Störsubstanzen durch Adsorption an Amberlite IR 4B u. Dowex 50) bestimmt. Die durch **III** bedingte Hemmung des **III**-Abbaus beträgt unter den Vers.-Bedingungen im Mittel ca. 21%, während die Hemmung des **III**-Abbaus durch **II** im Mittel 2,6% beträgt (nicht signifikant). **II** scheint daher keine Wrkg. auf den **III**-Abbau durch den Überstand von Rattenleberhomogenaten auszuüben, wenn beide Verbb. in etwa gleicher Konz. vorliegen. P. Schwerdtfeger 4210◇

1083 **Die Eisenproteinbindung in der photosynthetischen Pyridinnucleotidreduktase.** Sakae Katoh und Atusi Takamiya. (Arch. Biochem. Biophysics **102,** 189—200, 1963; Tokyo, Japan, Univ., Dep. of Biochem. and Biophys.; engl.) — Die Bindung des *Eisens* an *Protein* erfolgt in der photosynthet. *Pyridinnucleotidreduktase* (**I**) mit zwei *SH*-Gruppen, außerdem sind alle 6 Fe-Atome des **I** gleichmäßig an der enzymat. Aktivität beteiligt. Isolierung von **I** erfolgte aus grünen Spinatblättern, die Reinigung über DEAE-Cellulose-Säulenchromatographie. Die Aktivitäts-Best. wird durch Photored. des *NADP* ermittelt (Absorptionsmessung bei 340 mμ). *p-Mercuribenzoat* (**II**)-Zugabe ruft eine schnelle Entfärbung des rötlichbraunen **I** hervor (innerhalb von 30 sec bei 20° u. pH 7), begleitet ist dieser Vorgang mit einer Dissoziation des Metalls vom Protein. Der Fe-Geh. wird colorimetr. mit *o-Phenanthrolin* (**III**) bestimmt. Nasse Veraschung, Dialyse, Sephadexsäulentrennung ergaben jeweils in guter Übereinstimmung einen Geh. von 6 Fe-Atomen pro Proteinmolekül. Fe liegt dreiwertig vor, da der Komplex mit **III** nur in Ggw. eines red. Faktors (Hydrochinon) gebildet wird. Die spektrophotometr. Titration von **I** mit **II** ergab eine Abnahme in der Absorption bei 420 mμ, die parallel mit einer Zunahme bei 250 mμ verläuft. Zwei Moll. **II** ersetzen infolge größerer Affinität 1 Fe-Atom; das gesamte Fe wird durch überschüssiges **II** befreit, wobei **II** gleichzeitig mit der *SH*-Gruppe des Fermentes reagiert. Titration mit *Hg-, Ag-, Cu-Ionen* führen durch größere Affinität zur SH-Gruppe rascher zur Entfärbung als die des Fe. Co u. Ni blieben ohne Wirkung. Der Verlust der katalyt. Aktivität des mit **II** behandelten **I** ist eine lineare Funktion vom zugesetzten **II**. Die Photoinaktivierung in Ggw. von Chloroplasten wird durch Zugabe von *Cystein, Ascorbinsäure* u. *3-[3.4-Dichlorphenyl]-1.1-dimethylharnstoff* verhindert, da die Oxydation des Fe—SH-Komplexes unterbleibt. U. Gerhardt 4210◇

1084 **Komplexe organometallischer Modelle der Katalase.** A. Goudot. (J. physik. Chem. [UdSSR] **34,** 2137—45, 1960; Inst. Henri Poincaré, Labor. de théor. phys.; russ.) — Die akt. Gruppe (das *Coenzym*) der *Katalase* (**I**) ist ein organometall. Komplex bekannter Struktur. Als Modell dient der *Protoporphyrinkomplex von* Fe^{3+}, an dem die Elektronenstruktur eines Übergangskomplexes u. der Katalasemechanismus nach der Molekülbahntheorie erläutert wird. Besser geeignet sind Übergangs-*Komplex-Verbb. von* Cu^{2+}, deren Elektronenstruktur im Zusammenhang mit der Bindung u. Zers. von H_2O_2-Moll. besprochen wird. An diesen Komplexen lagern sich wie bei **I** 2 Moll. H_2O_2 in rechtem Winkel zum Metallion an u. nach Zers. des H_2O_2 bleiben 2 O-Atome in 2,8 Å-Abstand mit dem Metallion verbunden; das daraus entstehende O_2-Mol. ist ein starker Acceptor, der ein $2p_z$-Elektron aufnimmt. Diese Vorgänge entsprechen den bei **I** stattfindenden. R. K. Müller 4210◇

1085 **Katalaseaktivität in Eiern von Paracentrotus lividus vor und nach der Befruchtung.** Gilberto Pimpinelli. (Atti Accad. naz. Lincei. Rend., Cl. Sci. fisiche, mat. natur. **28,** 238—40, 1960; Napoli, Stazione Zool., Centro di Biol. del C.N.R.; ital.) — Vf. stellte fest, daß die *Katalase*-Aktivität (gemessen an der O_2-Bldg. aus H_2O_2 bei pH 2,2) der Eier von *Paracentrotus lividus* nach der Befruchtung, im Vgl. zu unbefruchteten Eiern, um 29,41—47,61% angestiegen ist. Bei pH 7 wurde zwischen unbefruchteten u. befruchteten Eiern kein Unterschied hinsichtlich der O_2-Bldg. festgestellt. H. Kockert 4210◇

1086 **d-Phenylalanin, ein organ- und stereospezifischer Inhibitor der alkalischen Phosphatase des menschlichen Darmes.** William H. Fishman, Sidney Green und Norma I. Inglis. (Nature [London] **198,** 685—86, 1963; Boston, Mass., Tufts Univ. School of Med. and the New England Center Hosp.; engl.) — *Alkal. Phosphatase* (**I**) aus menschlichem Darm wurde zu 78% durch *L-Phenylalanin* (L-**II**), nicht jedoch durch D-**II** gehemmt. **I** der Leber, Galle, Knochen, Lunge, Niere u. Milz wurde prakt. nicht durch D- oder L-**II** gehemmt. Die Organspezifität von **I** sowie die stereospezif. Hemmung durch L-**II** wurden nicht nur mit *β-Glycerophosphat*, sondern auch mit *Phenylphosphat* als Substrat gefunden. Nach Mischung einer bekannten Menge Darm-**I** mit **I** aus Leber u. Knochen konnte die Darm-**I** quant. durch Hemmung mit L-**II** bestimmt werden. Es wird angenommen, daß ein Unterschied zwischen den katalyt. Stellen in Darm-**I** u. den anderer **I** besteht. J. Boelter 4210◇

1087 **Die Stärkegelelektrophorese einer alkalischen Phosphatase des Urins.** P. J. Butterworth, E. Pitkanen und D. W. Moss. (Biochem. J. **88,** 19P—20P, 1963; London, Postgrad. Med. School. Dep. of Chem. Pathol.; engl.) — Urin von gesunden Personen sowie Patienten mit verschiedenen renalen u. nichtrenalen Leiden wurde nach Dialyse der Stärkegelelektrophorese bei pH 8,7 unterworfen u. die *alkal. Phosphatase* (**I**)-Banden lokalisiert. Daneben liefen Seren u. Extrakte menschlicher Nieren als Vergleich. In einigen Urinproben schien eine „gefilterte Serum-**I**" enthalten zu sein, die in Fällen von Osteomalazie ohne Beteiligung der Niere im Urin u. Serum erhöhte Werte zeigte. Im normalen Urin fand sich eine schneller wandernde **I** als in Serum u. Niere gefunden. Die **I**-Bande wurde auch bei Patienten mit renalen Schäden in erhöhter Menge im Urin gefunden. In einigen Fällen von Nierenschaden wurden im Urin **I**-Banden gefunden, die in der Geschw. denen der schnellsten zwei Banden von Nierenextrakten ähnelten. Daneben fand sich gelegentlich eine Bande geringerer Geschwindigkeit. J. Boelter 4210◇

1088 **Die intracelluläre Lokalisierung und Aktivierung von alkalischer β-Glycerophosphatase des Kaninchendünndarmes durch Metallionen.** B. Clark und J. W. Porteous. (Biochem. J. **88,** 20 P—21 P, 1963; Aberdeen, Univ., Marischall Coll., Dep. of Biol. Chem.; engl.) — Die *alkal. β-Glycerophosphatase* (I) der Epithelzellen des Kaninchendünndarms war überwiegend in den isolierten subcellulären Fraktionen mit den Kernen u. intakten Mikrovillen lokalisiert. Nach extensiver Dialyse (Aktivität: 100) wurde I bei einer Kationen-Konz. von 33 mÄquivalenten durch Co^{2+} auf 700, Ca^{2+} auf 510, Fe^{2+} 510, Ba^{2+} 320, Mg^{2+} 270, Mn^{2+} 240, Zn^{2+} 220, Cu^{2+} 130 u. Ni^{2+} auf 80 aktiviert (bzw. inaktiviert). Eine maximale Aktivierung von I gelang nach starker Homogenisierung von A, Zentrifugieren, Extraktion des Sedimentes mit 1-Butanol u. Chromatographie an Diäthylaminocellulose durch 6,6 m Äquivalente Co^{2+}/Liter. Es wird vermutet, daß I mehr in den Mikrovillen u./oder in den Kernen als im endoplasmat. Retikulum der Epithelzellen des Dünndarmes lokalisiert ist. J. Boelter 4210◇

1089 **Saure Phosphataseaktivität in Reticulocyten und Normocyten.** F. Belfiore und J. Meldolesi. (Boll. Soc. ital. Biol. sperim. **39,** 758—59, 1963; Catania, Univ., Ist. di Patol. Med.; ital.) — Reticulocyten von Kaninchen zeigen keine höhere Aktivität der *sauren Phosphatase* als normale reife Erythrocyten. K. Zingraf 4210◇

1090 **Reinigung und Eigenschaften einer sauren Phosphatase in der Kuhmilch.** Elizabeth W. Bingham und Charles A. Zittle. (Arch. Biochem. Biophysics **101,** 471 bis 477, 1963; Philadelphia, Pa., Eastern Regional Res. Labor.; engl.) — Eine *saure Phosphatase* (I) wurde aus Kuhmilch durch Adsorption an Amberlite IRC-50, Eluierung mit n NaCl, Dialyse, erneute Adsorption an IRC-50 u. Eluierung, fraktionierte Fällung mit Aceton u. mehrfache Chromatographie an IRC-50 auf das über 40000fache angereichert u. gereinigt. Stärkegelelektrophorese bei pH 8,6 ergab eine einheitliche I-Bande. Das pH-Optimum der gereinigten I wurde bei pH 4,6—4,8 gegenüber 4,2—5,5 der rohen Milch gefunden. I zeigte starke Aktivität gegenüber *p-Nitrophenylphosphat, Phenylphosphat* u. *o-Carboxyphenylphosphat. AMP* wurde kaum, *O-Serinphosphat* u. *β-Glycerinphosphat* überhaupt nicht durch I gespalten. *Anorgan. Pyrophosphat* sowie *ADP* u. *ATP* wurden leicht gespalten. Von den Polyphosphaten wurden *Meta-, Tetra-* u. *Hexametaphosphat* gespalten, *Cyclophosphat* dagegen kaum. Ca-sensitives *α-Casein* sowie *Casein* wurden nur langsam hydrolyisert. Die I-Aktivität wurde durch Zusatz von *Ascorbinsäure* erheblich gesteigert. Etwas aktivierend wirkten auf I *2-Mercaptoäthanol, L-Cystein, red. Glutathion,* $FeSO_4$ u. *Thioglykolat.* Ohne Wrkg. war *N-Äthylmaleinimid.* J. Boelter 4210◇

1091 **Löslichmachung und Stimulierung der Na-aktivierten Adenosintriphosphatase von Gehirnmikrosomen durch oberflächenaktive Agentien.** P. D. Swanson und H. McIlwain. (Biochem. J. **88,** Nr. 3, Proc. biochem. Soc. 68 P, 1963; London, Maudsley Hosp., Inst. of Psychiatry, Dep. of Biochem.; engl.) — Eine Reihe von 8 *Polyoxyäthylenäthern* $R\cdot(O\cdot CH_2\cdot CH_2)_nOH$ (R = Oleyl/Cetyl) (I) aktivieren die *Adenosintriphosphatase* (*ATPase*) in niederen Konzz. u. machen sie lösl. in hohen Konzentrationen. Die höchste Löslichmachung von Protein (60—70%) u. Enzym (80—90%) wurde erreicht bei n durchschnittlich = 10, die höchste Aktivierung bei n durchschnittlich = 13. Geringe Wrkg. wurde bei n < 6 gefunden. Detergentien aktivieren nur in Ggw. von Na^+, in deren Abwesenheit wirken sie inhibierend. Das nichtionogene *Digitonin* hat ähnliche Wrkg. wie I. Ionogene Detergentien verhalten sich anders. O. Sellemond 4210◇

1092 **Die Wirkung von Actin auf die magnesiumaktivierbare Adenosintriphosphatase von schwerem Meromyosin.** L. Leadbeater und S. V. Perry. (Biochem. J. **87,** 233—38, 1963; Birmingham, Univ., Dep. of Biochem.; engl.) — Schweres *Meromyosin* (I) wurde aus *L-Myosin* (II), das von der Rücken- u. Beinmuskulatur des Kaninchens isoliert worden war, durch trypt. bzw. chymotrypt. Abbau sowie Fraktionierung mit $(NH_4)_2SO_4$ erhalten. Die Aktivität der *Adenosintriphosphatase* (III) sowohl in I als in II wurde — in Ggw. von $MgCl_2$ oder in Abwesenheit bivalenter Kationen — durch *KCl* in ähnlicher Weise beeinflußt. Die geringe III-Aktivität in I u. II stieg nach KCl-Zusatz stark an. KCl stimulierte nicht in Ggw. von $MgCl_2$. $MgCl_2$ allein stimulierte leicht die III-Aktivität. Der durch Zusatz von *Actin* (IV) zu I erhaltene Komplex (V) zeigte eine durch *Mg* stimulierbare III-Aktivität, die durch steigende KCl-Mengen stark erniedrigt wurde. Die Aktivierbarkeit von III in V fiel mit fallender IV-Konz. ab. Das Verhältnis der III-Aktivitäten mit u. ohne $MgCl_2$ war ungefähr gleich u. unabhängig vom I : IV-Verhältnis. Die Mg-Aktivierbarkeit von III in V war offenbar weniger gegen chymotrypt. als gegen trypt. Abbau von II empfindlich. Aus der bei geringen Ionen-Konzz. erfolgenden Mg-Aktivierung von III in V bei viscosimetr. Messungen wurde geschlossen, daß V in IV u. I dissoziiert ist. J. Boelter 4210◇

1093 **Untersuchungen über die hohe Anfangsgeschwindigkeit der Adenosintriphosphatase des Actomyosins und des mit Glycerin behandelten Muskels.** William J. Bowen, Laura C. Stewart und Harold L. Martin. (J. biol. Chemistry **238,** 2926—31, 1963; Bethesda, Md., Inst. of Arthritis and Metabol. Diseases; engl.) — *Myosin B-ATPase* u. mit *Glycerin* behandelte Faserbündel aus Kaninchen-Psoasmuskeln zeigen hohe Anfangs-Geschw. bei der Spaltung von *ATP*, die von Vff. näher untersucht werden. Vergleichende Meth., die durch Zugabe von $CuSO_4$ (I) oder *Trichloressigsäure* (II) zum Rk.-Abbruch führen, zeigen stets die gleiche hohe Anfangsaktivität, die dann abfällt. Bei I liegen jedoch die Werte etwas niedriger als bei II. II spaltet daher weniger *phosphoryliertes Myosin.* Bei der Hydrolyse entstehen gleiche Konz. an *ADP* u. *anorgan. Phosphat,* so daß ein anderer Phosphatursprung ausgeschlossen ist, wie es auch durch das konst. $^{32}P_{anorg.}$/ATP-^{32}P-Verhältnis bestätigt wird. Mg^{2+} red., Ca^{2+} erhöht die Aktivität bei Ggw. von 0,075 m *KCl.* Bei 0,018 m KCl tritt keine erhöhte Anfangs-Geschw. auf. die erst nach weiterer Zugabe von 1 mm $MgCl_2$ beobachtet wird. *EDTA* wirkt als Hemmstoff. Die Hydrolysen-Prodd. des ATP hemmen die Aktivität der Muskelfasern, dies kommt in der 2. Phase, die mit langsamer Geschw. verläuft, zum Ausdruck. Im Anfangsstadium geht die Aktivität mit der Ionenstärke parallel. Damit ist die hohe Anfangs-Geschw. die normale, die langsamere die gehemmte Reaktion. U. Gerhardt 4210◇

1094 **Wirkung des Phenylhydroxypentans, Hydroxyphenylsalicylamids und des 3-p-Methoxyphenyltrithions auf die oxydative Phosphorylierung.** G. Fassina. (Boll. Soc. ital. Biol. sperim. **38,** 1059—61, 1962; Padua, Univ., Ist. di Farmacol.; ital.) — Es wird die Aktivität von *1-Phenyl-1-hydroxy-n-pentan, Hydroxyphenylsalicylamid* (I) u. *3-p-Methoxyphenyltrithion* auf die oxydative Phosphorylierung in aus der Leber der Ratte isolierten Mitochondrien untersucht. Durch alle Verbb. (10^{-3} Mol) wird der O_2-Verbrauch gehemmt u. entsprechend der Phosphat-Verbrauch verringert, bes. evident ist dies bei I, wo die Hemmung 90% bei $5\cdot10^{-4}$ Mol beträgt. F. Kren 4210◇

1095 **Vergleichende Wirkung des Natriumdehydrocholats und Natriumdesoxycholats auf die Cholerese und die oxydative Phosphorylierung.** A. R. Contessa. (Boll. Soc. ital. Biol. sperim. **38,** 1076—78, 1962; Padua, Univ., Ist. di Farmacol.; ital.) — Es wird die Wrkg. von *Na-Dehydrocholat* (I) u. *Na-Desoxycholat* (II) an den isolierten Mitochondrien der Leber der Ratte geprüft. Konzz. von $5\cdot10^{-3}$ Mol I hemmen den O_2-Verbrauch in Pyridin-abhängigen Substraten (53%) u. Flavin-abhängigen (27%). Konzz. von 10^{-3} Mol II hemmen den O_2-Verbrauch um 98% bei Glutaminsäure als Substrat u. um 13% mit Bernsteinsäure. In Abwesenheit von Phosphat-Acceptoren in Ggw. von Bernsteinsäure führt II zu einer Stimulierung des O_2-Verbrauchs. Die choleret. Aktivität wird an Hunden geprüft. I u. noch mehr II sind imstande (20 mg/kg i.v.), den Gallenfluß zu erhöhen. F. Kren 4210◇

1096 **Das Vorkommen eines Inhibitors der ATP-Kreatin-transphosphorylase in der Pflanze Ryania speciosa Vahl.** David L. Hill, Masao Ueda, Paul L. Cannon, D. Elworth Hughes und John I. White. (Biochem. biophys. Res. Commun. **5,** 99—103, 1961; Baltimore, Md., U.S. Army Chem. Res. and Developm. Labors., Army Chem. Center, Directorat of Med. Res., and Univ. of Maryland, Dental School, Dep. of Physiol.; engl.) — In *R. speciosa* Vahl-Extrakten wurde neben dem Insekticid *Ryanodin* ein starker *Inhibitor* der Muskel-*ATP-Kreatin-Transphosphorylase* gefunden. Verbb. mit freien *SH*-Gruppen verhindern die Hemmung. K. Maier 4210◇

1097 **UDP-Galaktose-4-epimerase, UDP-N-Acetylglucosamin-4-epimerase, UDP-Glucosepyrophosphorylase und UDP-Galaktosepyrophosphorylase in Extrakten von Trichomonas foetus.** Sheila M. Gompertz und Winifred M. Watkins. (Biochem. J. **88,** 6P, 1963; London, Lister

Inst. of Preventive Med.; engl.) — Zellfreie Extrakte von *Trichomonas foetus* wurden mit *UDP-Glucose* (I) u. *UTP* inkubiert. Nach elektrophoret. Auftrennung der Rk.-Lsg. konnten im Hydrolysat (0,01n HCl) *Glucose* u. *Galaktose* nachgewiesen werden. Die im Extrakt enthaltene *UDP-Galaktose-4-Epimerase* (II) zeigte ein breites pH-Optimum bei 8,5—10,0. Im Gleichgewicht waren I u. *UDP-Galaktose* (III) im Verhältnis 3 : 1 vorhanden. Ein dialysiertes Präp. zeigte ohne *NAD Epimerase*-Aktivität. Entsprechend konnte *UDP-N-Acetylglucosamin-4-Epimerase* durch Inkubation von zellfreiem Extrakt mit *UDP-N-Acetylglucosamin* durch die Ggw. von *N-Acetylgalaktosamin* neben *N-Acetylglucosamin* in der Rk.-Lsg. nachgewiesen werden. Das Verhältnis von *Glucosamin*: *Galaktosamin* (nach Hydrolyse) betrug 3 : 1. *Galaktokinase* konnte nicht in T. foetus-Extrakten gefunden werden; ebensowenig wurde eine Bldg. von III u. I über eine *Uridyltransferase* gefunden. Die Synth. von I u. III aus *UTP* u. *Galaktose-1-phosphat* oder *Glucose-1-phosphat* deutete auf die Anwesenheit von *UDP-Galaktose-* u. *UDP-Glucose-pyrophosphorylase* in T. foetus-Extrakten hin.
J. Boelter 4310◇

1098 **Cerebrale Proteinphosphokinase, die subcelluläre Verteilung und die Wirkung von Kationen auf die Aktivität.** R. Rodnight und B. E. Lavin. (Biochem. J. **88**, 17P—18P, 1963; London, Maudsley Hosp., Inst. of Psychiatry, Dep. of Biochem.; engl.) — *Proteinphosphokinase* (I) aus Acetontrockenpulver der grauen Substanz des Ochsenhirnes wurde durch 5 mMol Mg^{2+} maximal stimuliert; höhere Konzz. hemmten. Weitere Stimulation wurde durch 5 mMol Mg^{2+} + (bis 200 mMol) K^+, Rb^+, Cs^+, Na^+, NH_4^+, *Cholin* u. *Tris* erhalten. Li^+ war inaktiv, Ca^{2+} hemmte I. Die Stimulation durch K^+, Rb^+, Cs^+ u. Na^+ stieg mit fallender Mg^{2+}-Konz. weiter an. Aktivierung von I durch *anorgan. Phosphat* wurde nicht gefunden. Unterss. der subcellulären I-Verteilung ergaben, daß 46% von I in der lösl. Fraktion, 20% in der Mikrosomen-, 28% in der Mitochondrien- u. 6% in der Kernfraktion lokalisiert waren. Die I-Aktivität in den Mikrosomen u. der lösl. Fraktion wurde in gleichem Maße durch Na^+ u. K^+ stimuliert.
J. Boelter 4210◇

1099 **Carbamyl- und Acetylphosphokinaseaktivitäten von Streptococcus faecalis und Escherichia coli.** Kareen J. I. Thorne und Mary Ellen Jones. (J. biol. Chemistry **238**, 2992—98, 1963; Waltham, Mass., Univ., Dep. of Biochem.; engl.) — Vff. beschreiben eine vergleichende Studie über *Carbamylphosphokinase* (I; *ATP*: *Carbamatphosphotranspherase* E. C. 2.7.2.2) u. *Acetylphosphokinase* (II; *ATP*: *Acetatphosphotranspherase* E. C. 2.7.2.1.) aus *Strept. faecalis* R; (ATCC 8043) u. *E. coli* W (ATCC 9637), um festzustellen, ob beide Enzyme ident. sind. Zusätzlich wurde I aus einer E. coli-Mutante untersucht (R 185—482), da diese nicht *Carbamylphosphat* synthetisiert. Durch Ultraschall u. Zentrifugieren wird ein zur Unters. dienender Bakterienextrakt hergestellt. Die Reinigung des Extraktes erfolgt durch Dialyse gegen 0,005m Maleat (III) bei pH 5,4 innerhalb 3 Std. sowie Cellulosephosphat- u. DEAE-Cellulose-Säulenchromatographie. *Arginin* im Nährmedium erhöht die I-Aktivität von S. faecalis über II, dadurch fällt der Quotient II:I. Die Enzymaktivitäten müssen daher mit verschiedenen *Proteinen* verbunden sein. Eine weitere Reinigung des Extraktes erfolgt nach 5% Streptomycinsulfatbehandlung durch Fällung des Eiweißes mit 0,5m Essigsäure bei pH 3,8. 64% I u. nur 9% von II sind in der lösl. Fraktion. Der Quotient II:I fällt um den Faktor 15. $(NH_4)_2SO_4$-Fällung (AF) statt Säurezusatz zeigte keine Veränderung der Aktivitätsverhältnisse beider Enzyme. Eine Cellulosephosphatsäulentrennung nach AF ergab mit 0,005m III bei pH 5,4 25% der II-Aktivität; 66% wurden mit 0,05m III bei pH 5,8 eluiert, diese zeigte keine I-Aktivität. I wurde zu 68% zusammen mit II mit 0,005m III bei pH 5,4 eluiert. Beide Aktivitäten konnten nicht mehr getrennt werden. Die Inaktivierungskurven bei 50° von I u. II unterscheiden sich nur geringfügig in den ersten beiden Minuten. E. coli benötigt für II Carbamat als wahres Substrat. Neben ATP müssen *Mg*-Ionen vorhanden sein. I ist bei pH 3,8 lösl. u. wird mit Ammoniumsulfat gefällt. Werden statt ATP (= 100% Aktivität), *GTP* u. *ITP* bei beiden Bakterienextrakten für I u. II eingesetzt, so findet man bei E. coli bessere Anpassung als bei S. faecalis. Da E. coli W u. Mutante R 185—482 gleiche I-Aktivitäten besitzen, kann nicht von einer „repression" oder einer „feedback" Hemmung gesprochen werden.
U. Gerhardt 4210◇

1100 **Einige die Hexokinasen der Leber beeinflussende Faktoren.** D. G. Walker und S. Rao. (Biochem. J. **88**, 17P, 1963; Birmingham, Univ., Dep. of Biochem.; engl.) — Die Aktivität der Glucosephosphorylierung wurde im Überstand von Rattenleberhomogenat durch Kupplung des mit *Glucose-6-phosphatdehydrogenase* gebildeten *Glucose-6-phosphats* durch Verfolgung der $NADP^+$-Red. bestimmt. Die *Glucokinase* (I)-Aktivität ergab sich aus der Differenz zwischen Gesamtaktivität (A) u. der nichtspezif. *Hexokinase* (II)-Aktivität (jeweils als μMol phosphorylierte *Glucose*/min/g Leber angegeben). Normale ♂ Ratten zeigten eine A von 1,73 ± 0,47, davon 1,28 ± 0,44 I u. 0,45 ± 0,18 II. Normale u. trächtige ♀ Tiere wiesen ähnliche Werte auf. Eine *Phlorrhizin*-Glykosurie hatte auf I u. II keinen Einfluß. Hungernde Tiere red. I auf 0,65 ± 0,25; II blieb unverändert (0,48 ± 0,18). *Alloxan* (III)-diabet. Tiere zeigten unveränderte II-Werte (0,44 ± 0,16); I war sehr niedrig (0,03—0,38). Die Behandlung der III-Tiere mit *Insulin* (IV) für 2 Wochen normalisierte I. Die Behandlung mit *Cortison* (V) red. I auf 0,77 ± 0,34 u. II auf 0,21 ± 0,06, wobei IV kaum einen Schutz gegen V bot.
J. Boelter 4210◇

1101 **Mevalonsäurekinase aus dem Latex von Hevea brasiliensis.** I. P. Williamson und R. G. O. Kekwick. (Biochem. J. **88**, 18P, 1963; Birmingham, Univ., Dep. of Biochem.; engl.) — Latex (L) von *Hevea brasiliensis* wandelte *Mevalonsäure* (I) in eine sich chromatograph. wie *5-Phosphomevalonsäure* verhaltende Verb. um, die 1,5mal schneller als I durch L in Gummi eingebaut wurde. Das Ferment *Mevalonsäurekinase* (II) konnte aus L durch fraktionierte Fällung mit Essigsäure, Gelfiltration an G-200 Sephadex u. Chromatographie an Diäthylaminoäthylcellulose–Sephadex-Kolonne (A-50) auf das 30fache angereichert werden. Das II-Präp. enthielt keine *5-Phosphomevalonsäurekinase.* Maximale II-Aktivität wurde in Ggw. von 2,0 mMol DL-*K*-I gefunden; eine Substrathemmung trat nicht auf. Die K_m für I lag bei 0,15 mMol/Liter. Die optimale *ATP*-Konz. wurde bei 6,0 mMol/Liter gefunden; ein Überschuß hemmte nicht. Mn^{2+} stimulierte maximal im mMol-Bereich; etwas schwächer stimulierten 4,0 mMol Mg^{2+}-Ionen. Beide Ionen hemmten im Überschuß; *Brenztraubensäurekinase* wurde jedoch nicht beeinflußt. II zeigte ein pH-Optimum bei 7,5. II wurde nicht durch *Cystein* oder *Glutathion* aktiviert. Geldiffusion von teilweise gereinigtem II gegen ein Antiserum (Kaninchen) ergab die Ggw. von 3 Komponenten.
J. Boelter 4210◇

1102 **Eine einfache Methode zur Reinigung von Staphylokinase.** Kitty L. A. Glanville. (Biochem. J. **88**, 11—14, 1963; Stanmore, Middlesex, Royal Nat. Orthopaedic Hosp., Inst. of Orthopaedics, Dep. of Pathol.; engl.) — *Staphylokinase* (I) wurde aus *Staphylococcus aureus*-Kulturen durch Fällung mit $(NH_4)_2SO_4$ angereichert. Chromatographie an Carboxymethylcellulose u. fraktionierte Eluierung mit Citronensäure–Phosphat-Puffer (A) bei pH 7 ergab eine 10fache, mit Phosphatpuffer (B) bei pH 6 u. steigender Ionen-Konz. eine 44fache Anreicherung von I. *Leucocidin, Koagulase* oder *Hyaluronidase* konnten nicht in I-Präpp. gefunden werden, *Hämolysin* nur in einigen nach A aufgearbeiteten I-Präparaten. Immunodiffusions-Verss. ergaben die Ggw. von 4 (A) bzw. 2 (B) Antigenen je nach I-Aufarbeitung. J. Boelter 4210◇

1103 **Glykolyse in der Skelettmuskulatur des Hundes.** E. N. Fawaz, E. Manoukian und G. Fawaz. (Biochem. Z. **337**, 195—201, 1963; Beirut, Lebanon, Amer. Univ. of Beirut, School of Med., Dep. of Pharmacol.; engl.) — Die Bldg. von *Lactat* (I) in einem Hundemuskel-Präp. (H), nicht jedoch in einem Rattenmuskel-Präp. (R) war mit der Akkumulation von *Hexosediphosphat* (II) u. in geringerem Maße von *α-Glycerophosphat* (III), *Dihydroxyacetonphosphat* u. *Glucose-6-phosphat* verbunden. Die Inkubation von H in Ggw. von *Malonat* (IV) führte zu Akkumulation von *3-Phosphoglycerat* (V) u. III. Bei Zusatz von *Glucose-1-phosphat* u. II akkumulierte II. V wurde in *Pyruvat* unter Bldg. von *ATP* aus *ADP* umgewandelt. Zusatz von *anorgan. Phosphat* erhöhte die II-Akkumulation. Der Stoffwechsel von II ist wahrscheinlich gehemmt, wobei der Block vor der Teilnahme von *3-Phosphoglyceromutase* gesetzt ist. Die Inkubation von frischem Muskel führte nur zur I-Akkumulation ohne die der glykolyt. Intermediären. In Ggw. von IV akkumulierte II nicht, so daß IV offenbar auf den ersten Glykolyseschritt hemmend wirkt. J. Boelter 4210◇

1104 **β-Glucosidase aus Muscheln (Mytilus edulis L.)** Stig Veibel, K. Aksel Jensen und Eugen Klajn. (Bio chem. Z. **337**, 146—55, 1963; Kopenhagen, Techn. Univ., Organ.-Chem. Labor.; dt.) — Aus Muscheln (*Mytilus edulis L.*) wurde ein Acetontrockenpulver mit *β-Glucosidase* (**I**)-Aktivität gewonnen. **I** zeigte ein pH-Optimum von 4,2 mit einer optimalen Zone von pH 3,8—4,6. Die Anfangs-Geschw. der Hydrolyse durch **I** nahm mit folgenden Substraten (in Klammern die Michaelis-Konst.) in nachst. Reihenfolge ab: *p-Nitrophenol-β-D-glucosid* (0,005 m), *Phenol-β-D-glucosid* (0,007 m), *o-Nitrophenol-β-D-glucosid* (0,006 m), *o-Kresol-β-D-glucosid* (0,021 m) ab. Die Michaelis-Konst. für *5-Nitro-o-kresol-β-D-glucosid* betrug 0,0023 molar. Zusatz von *Glucose* bewirkte eine Hemmung der *Aglukon*-Bildung. Die Ggw. von zwei *β-Glucosidasen* konnte durch Hitzeinaktivierungs-Versuchs. nachgewiesen werden J. Boelter 4210◇

1105 **Stoffwechsel von D-Glucuronolacton in Säugersystemen.** 2. Mitt. **Umwandlung von D-Glucuronolacton in D-Glucarsäure durch Gewebepräparate.** C. A. Marsh. (Biochem. J. **87**, 82—90, 1963; Aberdeen, Bucksburn, Rowett Res. Inst.; engl.) — 1. vgl. Biochem. J. **86**, [1963], 77. — Leber-Präpp. der Ratte werden bei pH 6,5 mit *D-Glucuronolacton* (**I**) oder *D-Glucuronsäure* (**II**) inkubiert (1 Std. bei 37⁰); nach dem Erhitzen, einer Behandlung mit 3 n HCl u. nachfolgende Einstellung auf pH 4,0—4,5 wird mit *β-Glucuronidase* (**III**) beimpft. Es wird ein **III** spezif. hemmender Faktor nachgewiesen, der als *Glucarsäure* (**IV**) identifiziert wird. Unter Heranziehung verschiedener Leberhomogenate (Rohhomogenat, zellfreies u. partiell gereinigtes Präp.) wird der Grad der **III**-Hemmung bei vorausgegangener Inkubation mit **I** oder **II** in Ggw. oder Abwesenheit von *Nicotinamidadenindinucleotid* (*NAD*) bzw. von NAD + *Nicotinamid* untersucht. Die Hemmung erreicht bei **I** durchweg höhere Werte (36—48%) als bei **II** (1—8%), wobei der Prozentsatz in Ggw. von NAD bzw. NAD + Nicotinamid erheblich gesteigert ist (72—75%; 21—15%). Weglassen der Säurebehandlung zugunsten von Alkali (pH 7,5—8,0) führt prakt. zu keiner Hemmung. **IV** wird isoliert u. als *Biphenylhydrazid* charakterisiert; F. 210—211⁰. Auf Grund des Nachw. von **IV** in Gewebe-Präpp. der Niere u. Leber bei Ratte, Maus, Affe u. Mensch wird der Mechanismus ihrer Bldg. sowie die Beziehung zur Ascorbinsäure diskutiert. Dem die Oxydation des **I** zu **IV** bewirkenden Enzym wird die Bezeichnung „*D-Glucuronolacton-Dehydrogenase*" bzw. „*D-Glucuronolacton–NAD-Oxidoreduktase*" gegeben. A. Täufel 4210◇

1106 **Wege des Glucoseabbaus bei Caldariomyces fumago (Ill.).** S. Ramachandran und David Gottlieb. (Biochim. biophysica Acta [Amsterdam] **69**, 74—84, 1963; Urbana, Ill., Univ. of Illinois, Dep. of Plant. Pathol.; engl.) — Bei dem Pilz *C. fumago* erfolgt der Abbau von *Glucose* (**I**) zu *Brenztraubensäure* (**II**) über jeweils Teilstücke der bekannten Abbauwege. Vff. schließen aus ihren Ergebnissen, daß **I** zunächst durch eine „*Notatin*"-Oxydation (Einw. von *Glucoseoxydase* u. *Gluconsäureoxydase*) in *2-Ketogluconat* übergeht, dessen weitere Umwandlung in *6-Phosphogluconat* (**III**) durch die adaptiven Enzyme *2-Ketogluconsäurekinase* u. *2-Keto-6-phosphogluconsäurereduktase* katalysiert wird. Die Umwandlung von **III** in **II** erfolgt auf dem Rest des Entner-Doudoroff- (65%) bzw. des Hexosemonophosphatweges. Die Endoxydation von **II** erfolgt im üblichen Tricarbonsäurecyclus. C. fumago besitzt somit nicht die gesamten Enzyme der bekannten I-Abbauwege, sondern benutzt nur einen Teil von ihnen zum vollständigen I-Abbau. P. Schwerdtfeger 4210◇

1107 **Enzymatische Übertragung einer verzweigten Kette aus D-Glusoseresten.** O. Kjölberg und D. J. Manners. (Biochem. J. **86**, 10P—11P, 1963; Edinburgh, Univ., Dep. of Chem.; engl.) — Aus Backhefeextrakt wurde durch Fraktionieren mit Aceton bei —7⁰ ein bei einer 42—50%ig. Aceton-Konz. gefälltes Enzym gewonnen u. 15 Min. lang auf 53⁰ erhitzt, um Isoamylase, Isomaltase u. Maltasereste zu inaktivieren. Das Enzym hatte keine sichtliche Wrkg. auf Glykogen, ergab aber eine starke Abnahme der Färbung von Amylopektin mit Jod, eine starke Herabsetzung des α-amylolyt. (von 89 auf 84%) u. des β-amylolyt. Endpunkts (von 60 auf 55%) als Folge der Einführung von zusätzlichen Kettenverzweigungsstellen in das Polysaccharid u. ähnliche Wrkg. bei Einw. auf Amylopektin-β-dextrin. Daraus wurde geschlossen, daß durch das Enzym eine α-1 → 4-glucosid. Bindung im inneren Teil der Kette gesprengt, der äußere Teil der Kette, an den 2—3 *Glucose* (**I**)-Reste in einer Seitenkette gebunden sind, abgetrennt u. wieder an einen weiter im Inneren der Kette gelegenen I-Rest so gebunden wird, daß ein kleiner Anteil der neugebildeten äußeren Kettenteile mehr als 3 I-Reste enthält. Der β-amylolyt. Endpunkt liegt dann etwas höher als im ursprünglichen Substrat. Das Enzym kann verzweigte u. lineare Ketten aus α-1 → 4-gebundenen D-I-Resten während der Umwandlung eines Polysaccharids vom Amylopektintyp in den Glykogentyp übertragen. G. Vogel 4210◇

1108 **Die aufeinanderfolgende Induktion von Maltosepermease- und Maltasesystemen in Saccharomyces cerevisiae.** G. Harris und D. J. Millin. (Biochem. J. **88**, 89—95, 1963; Nutfield, Surrey, Brewing Ind., Res. Found.; engl.) — Im *Saccharomyces cerevisiae*, Stamm *240 M*, konnte eine *Maltosepermease* (**I**) durch Inkubation mit *¹⁴C-Maltose* (¹⁴C-**II**) innerhalb von 2,75—3,5 Std. induziert werden. Die I-Synth. war von der exogenen N-Zufuhr unabhängig. Eine *Maltase* (**III**)-Induktion wurde bei Fehlen exogenen N nicht gefunden. In Ggw. exogenen N wurde **III** 3,2—3,5 Std. nach Zusatz des „Inducers" gebildet. Bei Inkubation nichtinduzierter Zellen mit **II** in Abwesenheit von N für 3½ Std. oder mehr u. nachträglichem Zusatz von Aminosäuren wurde das **III**-Syst. nach einer geringen Verzögerungsperiode induziert, so daß eine getrennte Induktion des Transport- u. des hydrolysierenden Syst. im Stamm *340 B* möglich ist. In den *S.* cerevisiae-Stämmen *366* u. *239* war die **III**-Induktion von exogenem N unabhängig; im Stamm *366* war die **III**-Bldg. auch von der Präinduktion des Transport-Syst. unabhängig. Stamm 239, in geringerem Maße auch Stamm 366, wandelte *¹⁴C*-**II** in *¹⁴C-Trehalose* bei pH 8,5 um, wo Hefe-**III** inaktiv war. J. Boelter 4210◇

1109 **Die Wirkung von Ribonuclease auf latente induzierte Maltase in Saccharomyces oviformis.** Bernard Axelrod. (Biochim. biophysica Acta [Amsterdam] **55**, 269 bis 270, 1962; Kopenhagen, Dänemark, Carlsberg Labor.; engl.) — Beim Lagern von zweimal gefrorenen u. aufgetauten Zellen von induzierte *Maltase* enthaltenden *Saccharomyces oviformis* steigt die latente oder gebundene Aktivität des Enzyms bis auf das 5,5fache. Beim Behandeln solcher Zellen mit *Ribonuclease* tritt die Enzymaktivität viel rascher ein, wobei jedoch die endgültige Menge an frei werdender Aktivität bei behandelten u. unbehandelten Zellen gleich hoch ist, vorausgesetzt ist eine genügend lange Lagerzeit. O. Sellemond 4210◇

1110 **Untersuchungen über das kleine Intestinum während der Entwicklung.** 1. Mitt. **Verteilung und Aktivität der β-Galaktosidase.** Ruth G. Doell und Norman Kretchmer. (Biochim. biophysica Acta [Amsterdam] **62**, 353—62, 13/8. 1962; Palo Alto, Calif., Stanford Univ., School of Med., Dep. of Pediatr.; engl.) — Vff. untersuchten die *β-Galaktosidase* (**I**)-Aktivität des kleinen Intestinums bei sich entwickelnden Ratten u. Kaninchen mit *Lactose* (**II**) u. *o-Nitrophenyl-β-galaktosid* (**III**) als Substrate. Bei der Ratte u. beim Menschen befindet sich die **I**-Aktivität vorwiegend im Jejunum, mäßig im Duodenum u. Ileum, u. minimal im Ceocum. Im Magen konnte keine **I**-Aktivität nachgewiesen werden. Die Darmschleimhaut der Kaninchen enthält 2 verschiedene **I**, ein bes. Enzym, das **II** u. **III** hydrolysiert u. ein lösl. Enzym, welches nur **III** spaltet. Auch im Ratten-Intestinum sind 2 Enzyme nachweisbar, ein lösl. Enzym mit einem niedrigeren pH-Optimum u. etwas gleicher Affinität zu **II** u. **III** sowie ein Enzym mit einem pH-Optimum von 6, das **II** rascher spaltet als **III**. Im menschlichen Intestinum scheint **I** mit einer bes. Zellfraktion verbunden zu sein. Sie zeigt gegenüber **II** eine größere Aktivität als gegen **III**. Die Hypothese, daß **I** im fetalen Intestinum durch zirkulierendes **II** induziert werden kann, konnten Vff. nicht bestätigen. B. Görlich 4210◇

1111 **Pyridintransglykosidase aus Schweinemilz.** 1. Mitt. **Reinigung und Eigenschaften.** Herbert W. Dickerman, Anthony San Pietro und Nathan O. Kaplan. (Biochim. biophysica Acta [Amsterdam] **62**, 230—44, 1962; Baltimore, Md., Univ., McCollum-Pratt Inst.; engl.) — *Pyridintransglykosidase* (**I**) kann durch fraktioniertes Zentrifugieren, kurze Behandlung mit Trypsin, fraktionierte Ammoniumsulfatfällung, Chromatographie an DEAE-Cellulose (SF) bei pH 7,0 u. Gel-Elektrophorese um den Faktor 160 gereinigt werden, wobei K_m(TPN) < K_m(DPN). **I** ist eine Transglykosidase, die die Synth. von *Nicotinsäurehydrazid–DPN* katalysiert. *TPN*, *DPN*, *Acetylpyridin–DPN*, *Acetylpyridin–TPN* u. *Desamino-DPN* werden hydrolysiert. Die Aktivität hängt nur wenig vom pH ab; Optimum bei pH 7,0. Inhibierend sind *Nicotinamid*, Zn^{2+}, Fe^{3+}, Hg^{2+}, Cu^{2+} u. Ag^{+}. W. Berndt 4210◇

1112 **Mikrosomen als Ort der α-Amylasesynthese in der Rattenparotisdrüse.** Z. Gromet-Elhanan und T. Winnick. (Biochim. biophysica Acta [Amsterdam] **69,** 85—96, 1963; Rehovoth, Israel, Weizmann Inst. of Sci., Biochem. Sect.; engl.) — Vff. untersuchten in vivo den Einbau injizierter ^{14}*C-Aminosäuren* (Algenproteinhydrolysat) in die Zell-*Proteine* u. die *α-Amylase* (I) verschiedener Zellfraktionen der Rattenparotis in Abhängigkeit von der Zeit. 5—15 Min. nach der Injektion ist die spezif. ^{14}C-Aktivität von I in der Mikrosomenfraktion am höchsten u. in der Zymogenfraktion am niedrigsten; auch im Überstand (nach Sedimentation der Mikrosomenfraktion) findet sich eine relativ hohe ^{14}C-Aktivität der I. Die spezif. ^{14}C-Aktivität der I in den Zymogengranula ist nach 120 Min. auf das 20fache gestiegen, während die übrigen Zellfraktionen nur einen mäßigen Anstieg aufweisen u. die Mikrosomenfraktion einen Rückgang zeigt. Nach Ansicht der Vff. wird daher I in den Mikrosomen synthetisiert, in den lösl. Zellanteil abgegeben u. von den Zymogengranula aufgenommen, wo I konz. u. gespeichert wird.
P. Schwerdtfeger 4210◇

1113 **Stärkesynthetase der Kartoffeln und des Wachsmaises.** Rosalia B. Frydman. (Arch. Biochem. Biophysics **102,** 242—48, 1963; Buenos Aires, Argentinien, Inst. des Investigaciones Bioquim.; engl.) — Stärkekörner-Präpp. aus Kartoffelknollen katalysieren die Freisetzung von *UDP* aus *UDP-D-Glucose* (I). Die gebildete UDP-Konz. ist von der Zeit u. der Stärke-Konz. abhängig. Ist I in der Glucose mit ^{14}C markiert, so entsteht ein unlösl. radioakt. Prod., das aus α-1.4-verbundenen Glucosylresten besteht, wie durch Abbau mit β-Amylase gezeigt wird. 20std. Inkubation in Toluol gesätt. Atmosphäre lieferte bei 37° lösl. radioakt. *Maltose* als Abbauprodukt. Der Einbau von D-Glucose aus *ADP-D-Glucose* ist viel höher als von I. *Adenosin* u. entsprechende phosphorylierte Prodd. hemmen die Übertragung aus I, nicht dagegen hemmen die Uridinderivate. Inakt. war das Ferment gegenüber radioakt. Glucose, Saccharose, ADP-D-Galaktose, UDP-D-Galaktose u. UDP-D-Glucuronsäure. α-D-Glucose-1-phosphat wirkt nicht als D-Glucosyldonator, da im Reinigungsprozeß Phosphorylase entfernt wurde. Eine Übertragung des Glucosylrestes erfolgte auch auf Oligosaccharide vom Typ der *Maltose*, nicht dagegen auf Isomaltose (II). Glucose u. Panose (O-α-D-Glucopyranosyl (1 → 6) O-α-D-glucopyranosyl (1 → 4)α-D-glucopyranose) sind ebenfalls keine Acceptoren, hemmen aber gegenüber II die Inkorporierung der Radioaktivität aus I in die *Stärke* von über 30%. *p-Chlormercuribenzoat* (10^{-3}m) hemmte die Aktivität vollkommen. *Glucoside des Phenols u. des α-Naphthols* sind starke Hemmstoffe. Die mit markiertem *Arbutin* (*Hydrochinon-β-glucosid*) beobachtete Hemmung schließt die Hypothese aus, daß Glucoside als Glucosyldonatoren reagieren. Die Aktivität der Wachsmaisstärke ist allg. geringer als die der Kartoffeln. U. Gerhardt 4210◇

1114 **Eine „Alles oder Nichts"-Methode zur Bestimmung der an der Enzymwirkung beteiligten Aminosäurezentren: Ihre Anwendung bei der Phosphoglucomutase.** W. J. Ray jun. und D. E. Koshland jun. (J. Amer. chem. Soc. **85,** 1977—83, 1963; Lafayette, Ind., Purdue Univ., Dep. of Biol. Sci.; Upton, N.Y., Brookhaven, Nat. Labor., Biol. Dep.; engl.) — Im Falle der *Phosphoglucomutase* (I) mißt die übliche Aktivitäts-Best. die Menge *Glucose-6-phosphat* (II), welche aus *Glucose-1-phosphat* (III) entstanden ist. Eine verminderte Enzymaktivität resultiert in einer verminderten Umwandlung von III. Die angeführte Meth. bestimmt den Anteil des Enzyms, der noch seine volle katalyt. Wrkg. besitzt oder durch Veränderung eines akt. Zentrums nur noch teilweise wirksam ist. Die Best. ist auf 3 verschiedene Arten möglich: a) Messen des ^{32}P-Phosphatverlustes bei der Umsetzung von ^{32}P-I mit III, b) ebenso bei II, c) Messen der Markierung von nichtmarkiertem I durch Umsetzen mit ^{32}P-III u. ^{32}P-II. Die Meth. ist anwendbar für Enzyme, die intermediäre Enzymsubstratkomplexe bilden. H. Müldner 4210◇

1115 **Die Bestimmung der Cholinesterasehemmung unter Verwendung eines cholinabhängigen Stammes von Neurospora crassa.** G. Schatzberg-Porath, J. Zahavy und S. Gitter. (Nature [London] **198,** 686—87, 1963; Petah-Tikva, Israel, Beilinson Hosp.; Tel-Aviv Univ., Dep. of Exper. Biol., Rogoff Med. Res. Inst.; Ness-Ziona, Israel Inst. for Biol. Res.; engl.) — Der *Cholin* (I)-abhängige Stamm von *Neurospora crassa* 14078 ATCC, wurde in einem kompletten Medium gezüchtet. Konidien aus 7 Tage alten Kulturen wurden mit einer präinkubierten Mischung von *Acetylcholinchlorid* (II), *Acetylcholinesterase* (III) aus Rindererythrocyten u. *Diisopropylfluorphosphat* (IV) verschiedener Konzz. zwei Tage lang inkubiert u. die Zunahme des Trocken-Gew. des Mycels bzw. nach Zusatz von Agar das Längenwachstum des Mycels bestimmt. Vorausgesetzt, daß die I-Menge der durch III aus II freigesetzten I-Menge äquivalent war, wurde ein gleiches Wachstum gefunden. Zusatz von II allein bewirkte nur ein begrenztes Wachstum. Das Mycelwachstum wurde durch steigende IV-Konzz. progressiv gehemmt.
J. Boelter 4210◇

1116 **Unterscheidung der Cholinesteraseaktivität in biologischem Material verschiedener Provenienz mit Hilfe von Cholinesteraseinhibitoren.** W. Ferrari, G. Gessa und L. Vargiu. (Arch. ital. Sci. farmacol. [3] **9,** 153—55, 1959; Cagliari, Univ., Ist. di Farmacol; ital.) — Vff. konnten mit Hilfe der *Cholinesterase* (I)-Hemmer *CT 3318* (II; *Bis-[piperidinomethylcumarinyl-(5)]-ketondimethojodid*) u. *Eucupindihydrochlorid* (III) die I-Aktivität in verschiedenen biolog. Material in folgende Hauptgruppen einteilen: III-empfindliche u. II-resistente I in Blutserum von Mensch u. Pferd; III-resistente u. II-empfindliche I in Pferde-, Hunde-, Ratten-, Meerschweinchen-, Katzen-, Kaninchen- u. Schweinehirn; III- u. II-resistente I im Serum von Hund, Ratte, Meerschweinchen, Huhn, Ente u. Taube sowie im Gehirn von Huhn, Ente u. Taube im gestreiften Muskel von Ratte, Meerschweinchen u. Frosch. — Die für eine 50%ig. Hemmung von I in vitro erforderlichen Konzz. an II, III, *Eserinsalicylat* u. *Mintacol* (*E* 600) sind tabellar. angegeben. H. Kockert 4210◇

1117 **Die Wirkung von Zwischenschnitten in der Hirnrinde der Katze auf die Acetylcholinesterase- und Acetyltranspheraseaktivität.** Catherine O. Hebb, I. Krnjević und Ann Silver. (Nature [London] **198,** 692, 1963; Babraham, Cambridge, Inst. of Animal Physiol., Agricult. Res. Council; engl.) — Unter asept. Bedingungen wurden in Katzen Streifen der Hirnrinde in den suprasylvianen u. pericruceaten Bereichen herausgeschnitten. Die Blutversorgung der teilweise isolierten Teile der Rinde wurde nicht beeinträchtigt, so daß eine Degenerierung ganz intracorticaler oder corticofugaler Fasern nicht angenommen zu werden brauchte. Die als cholinerg. angesehenen Fasern zeigten histochem. untersucht eine stark red. *Acetylcholinesterase*-Aktivität. Die *Cholinacetylase*-Aktivität betrug in den isolierten Bereichen nur ca. 17,3% im Vgl. zu Kontrolltieren. Es wird angenommen, daß cholinerg. Fasern, die möglicherweise die Cortexzellen innervieren, in die Cortex vom tieferen Kern u. von entfernteren Corticalregionen führen.
J. Boelter 4210◇

1118 **Über das Vorkommen multipler Molekularformen der Pektinesteerase.** H. O. Hultin und A. S. Levine. (Arch. Biochem. Biophysics **101,** 396—402, 1963; Amherst, Mass., Univ. of Massachusetts, Dep. of Food Sci. and Technol.; engl.) — Aus Bananenpulpe (*Musa sapientum*) wurden durch Extraktion mit dest. W., 0,15m NaCl bei pH 5 sowie 0,15m NaCl bei pH 7,7 drei Fraktionen (A, B bzw. C) mit *Pektinesterase* (I)-Aktivität erhalten. C zeigte ein breites Aktivitätsoptimum von pH 6—9. Das pH-Optimum von A lag bei pH 9,5, das von B etwas unterhalb von 9, wobei der Verlauf der Aktivitäts-pH-Kurve von B auf die Ggw. mehrerer I-Formen in der B-Fraktion hindeuten kann. Der Zusatz von *Na-Dodecylsulfat* (II) verdoppelte die I-Aktivität in A bei pH 7,7, die Wrkg. auf I in B war geringer, I in C wurde nur leicht beeinflußt. Zusatz von II bei pH 3,6 hemmte I in B u. C vollständig, wobei der Zusatz von II vor oder nach dem Zusatz von *Pektin* (III) ohne Einfl. war. I in A wurde bei pH 3,6 durch II nur z. T. gehemmt, die Restaktivität war bei vorherigem Zusatz von III höher als umgekehrt. I wurde durch II nach Lineweaver-Burke kompetitiv gehemmt. Bei therm. Inaktivierungs-Verss. wurde für I aus A eine höhere Hitzeempfindlichkeit als für I aus B u. C gefunden. J. Boelter 4210◇

1119 **Hemmung hydrolytischer Enzyme durch organische Phosphorverbindungen.** L. A. Mounter, Barbara A. Shipley und Mary-Elizabeth Mounter. (J. biol. Chemistry **238,** 1979—83, 1963; Richmond, Va., Med. Coll. of Virginia, Dep. of Biophys. and Biometry; engl.) — Die Wrkg. von 22 organ. P-Verbb. auf 3 Esterasen [*Acetylcholinesterase, Plasmacholinesterase* u. *Weizenkeimesterase* (I)] u. auf 4 proteolyt. Enzyme [*Chymotrypsin* (II), *Trypsin* (III), *Plasmin* u. *Thrombin*] wurde untersucht. Die dabei gebildeten phosphorylierten

Enzym-Derivv. können mit der Formel Enzym-OP(OR)$_2$ dargestellt werden. Die Darst. der Inhibierung erfolgte durch Auftragen der prozentualen Inhibierung gegen den negativen log der Inhibitorkonzentration. Die Größe der Alkylgruppe des Dialkoxyteiles der organ. P-Verbb. ist für die Best. ihrer relativen Rk.-Geschw. mit verschiedenen Enzymen wichtig. **II** u. **III** reagieren schnell mit Di-1-butylphosphat-Derivv., während mit 2-Äthylhexyl-Derivv. die Geschw. wieder abnimmt. **I** reagiert schneller mit Verbb. mit kleinen Gruppen. Bei sehr geringer Hemmung muß die Möglichkeit des Herrührens der Inhibierung von chem. Verunreinigungen bedacht werden. Die Di-1-butylphosphat-Derivv. sind wahrscheinlich die wirksamsten Inhibitoren proteolyt. Enzyme, die bisher beschrieben wurden. O. Sellemond 4210◇

1120 **Die Desulfatierung von ^{35}S-Glycyl-L-serin-O-sulfat in der Ratte.** Y. Noda, N. Tudball und K. S. Dodgson. (Biochem. J. **88**, 5P, 1963; Cardiff, Univ. Coll., Dep. of Biochem.; engl.) — Teilweise gereinigte Enzym-Präpp. [durch Fraktionierung von Überständen aus Ochsen-, Ratten- u. Schafsleberhomogenaten mit $(NH_4)_2SO_4$], die zur Desulfatierung von *L-Serin-O-sulfat* fähig waren, setzten *Sulfat* (**I**) auch aus dem entsprechenden Ester *^{35}S-Glycyl-L-serin-O-sulfat* (**II**) frei, jedoch erheblich langsamer. Nach intraperitonealer Injektion von **II** in Ratten wurden 75% der Radioaktivität in 24 Std. im Urin ausgeschieden, davon 45% als anorgan. **I**, der Rest in veresterter Form. 50% des *^{35}S* wurden innerhalb von 4—5 Std. über den Urin eliminiert, weniger als 2% erschienen in der Galle. Die Inkubation von **II** mit Urin führte nicht zur **I**-Freisetzung (jedoch bei Inkubation mit Rattenfaeces). J. Boelter 4210◇

1121 **Bindungszentren, Reaktivierungsphänomene und mögliche —S—S-Gruppen in Aldolase aus Kaninchenmuskel.** E. W. Westhead, Larry Butler und P. D. Boyer. (Biochemistry [Washington] **2**, 927—34, 1963; Minneapolis, Minn., Univ., Med. School, Dep. of Biochem.; Hanover, N.H., Dartmouth Med. School, Dep. of Biochem.; engl.) — Durch Gleichgew.-Dialyse u. Unterss. mit der Ultrazentrifuge von *Aldolase* (**I**) aus Kaninchenmuskel in Ggw. von *Dihydroxyacetonphosphat* (**II**) bzw. *Fructose-1.6-diphosphat* (**III**) ergibt sich pro Enzym-Mol. ein Substrat-Bindungszentrum. Die Bindung von **III** ist stärker als die von **II** an **I**. Entfernung der terminalen Tyrosinreste lockert die **I**—**III**-Bindung. Bei pH 3 geht die **I**-Aktivität unter Spaltung in inakt. Einheiten verloren, wird bei pH 8 jedoch vollständig wiedererhalten. Aktivierende Metalle konnten in nativen Enzym-Präpp. nicht nachgewiesen werden. Red. mit *β*-Mercaptoäthanol läßt auf höchstens eine *—S-S-Gruppe* im Mol. schließen. W. Berndt 4210◇

1122 **Hydroxylierung von Tryptamin, Indolessigsäure und verwandten Verbindungen durch Mikrosomen zu 6-Hydroxyderivaten.** John B. Jepson, Perola Zaltzman und Sidney Udenfriend. (Biochim. biophysica Acta [Amsterdam] **62**, 91—102, 1962; Bethesda, Md., Nat. Heart Inst., Labor. clin. Biochem.; engl.) — Kaninchenlebermikrosomen (M) hydroxylieren in vitro *Tryptamin*, *Indolessigsäure* u. verwandte Verbb., wie *N.N-Diäthyltryptamin*, *N-Acetyltryptamin*, *N-Acetyltryptophan* zu deren 6-Hydroxy-Derivv. (**I**). L-Tryptophan, Skatol, Phenyläthylamin, N-Acetyl-L-phenylalanin u. Phenylbrenztraubensäure werden nicht hydroxyliert. Zur Rk. werden *TPNH* u. *O* benötigt. Bei in vivo-Verss. am Kaninchen wurden nur geringe Mengen **I** im Urin gefunden. Die M bilden keine 5- oder 7-Hydroxyindole u. sind daher nicht an der Biosynth. von *Serotonin* beteiligt. Ekkehard Schmid 4210◇

1123 **Die Verteilung von Peptidasen in den subcellulären Fraktionen der Mucosa des Rattendünndarmes.** G. B. Robinson. (Biochem. J. **88**, 162—68, 1963; Birmingham, Med. School, Dep. of Med. Biochem. and Pharmacol.; engl.) — Mucosa des Rattendünndarmes wurde nach Homogenisieren durch fraktioniertes Zentrifugieren in Überstand (A), Mikrosomen- (B), Mitochondrien- (C) u. eine Schleimfraktion (D) aufgetrennt. *Cytochromoxydase* (**I**) war vor allem in C (47%) enthalten. Wenig **I** enthielt B (6,5%), kein **I** A. *Alkal. Phosphatase* (**II**) war in B zu 63,5%, in C zu 23% u. in D zu 15% enthalten. A enthielt keine **II**. Die *Peptidase*-Aktivität aller Fraktionen mit *L-Leucylglycin* als Substrat zeigte ein pH-Optimum von 8,3; Mn^{2+} oder Mg^{2+} aktivierten nicht. Verss. mit *Glycylglycin* (**III**) deuteten auf die Ggw. zweier **III** spaltender Fermente hin, wobei die Aktivität bei 7,4 stabiler als die bei 8,2 erschien. Die **III**-spaltenden Enzyme aller Fraktionen wurden durch Co^{2+} aktiviert, ebenso durch Mn^{2+} bei pH 8,0; bei pH 7,5 jedoch gehemmt. Die **III**-spaltende Aktivität war in allen Fällen zu 80—90% im A enthalten. Die enzymat. Aktivität der Partikelfraktionen als Folge einer Adsorption an die Teilchen konnte nicht ausgeschlossen werden. J. Boelter 4210◇

1124 **Die enzymatische Hydrolyse von Prolin- und Glykokoll-haltigen Di- und Tripeptiden durch die Rinderlinse.** Horst Hanson und Heidrun Kirschke. (Z. Vitamin-, Hormon- u. Fermentforsch. [Wien] **11**, 343—54, 1961; Halle, Univ., Physiol.-chem. Inst.; dt.) — Extrakte aus der Augenlinse des Rindes wurden auf ihre proteolyt. Aktivität gegenüber *L-Prolylglycin* (**I**), *L-Prolylglycylglycin* u. *Glycyl-L-prolylglycin* (**II**) untersucht. Die Spalt-Prodd. lassen sich durch quant. Papierchromatographie bestimmen. Im Organ ist eine hohe Aktivität an *Leucinaminopeptidase* vorhanden, während die Aktivität an *Prolinase* (*Iminodipeptidase*), verglichen mit der aus Leber- u. Nierenhomogenaten der Ratte, unbedeutend ist. Mn^{2+} aktiviert die **I**-Spaltung durch Linse u. Leber, die **II**-Hydrolyse durch Linse u. die *L-Leucinamid*-Spaltung durch Linsenextrakt, Rattenserum sowie Rattennieren- u. Rattenleberhomogenat. Co^{2+} u. Ni^{2+} beeinflussen ebenfalls die Spaltung. W. Berndt 4210◇

1125 **Tryptische Peptide aus L-Myosin und Meromyosinen.** M. Landon und S. V. Perry. (Biochem. J. **88**, 9P, 1963; Birmingham, Univ., Dep. of Biochem.; engl.) — Eine *leichte Meromyosin* (**I**)-Fraktion ließ nach *Trypsin* (**II**)-Behandlung u. Chromatographie an Dowex-1X2, Ionophorese bei pH 6,5 u. 3,5 vermuten, daß im allg. die Gesamtzahl der Ninhydrinanfärbbaren Peptide kleiner ist, als auf Grund des Molgew. angenommen wurde. Unterss. der bas. Peptide ergaben die Ggw. von freiem *Lysin* u. *Arginin*. Es wird angenommen, daß in gewissen Bereichen der Polypeptidkette beide bas. Aminosäuren miteinander verbunden sind. Ähnliche Unterss. an **II**-behandeltem, *schwerem Meromyosin* (**III**) lassen vermuten, daß dort wahrscheinlich ident. Peptide wie in **I** vorhanden sind. Auf Grund erschöpfender **II**-Behandlung (85% der Bindungen aufgebrochen) von *L-Myosin* (**IV**) wird angenommen, daß die meisten Peptide des **IV** in **III** enthalten sind. Wahrscheinlich sind diese gewöhnlichen Peptide nicht an den für die biolog. Aktivität des *Myosins* verantwortlichen akt. Zentren gebunden, u. es bestehen sich wiederholende Aminosäuresequenzen mit weniger Aminosäuren als einem einheitlichem Polypeptid vom Molgew. 200000 entspricht. J. Boelter 4210◇

1126 **Die Abnahme der reduzierenden Wirkung von Ovomucoid während der Proteolyse.** J. G. Beeley und F. R. Jevons. (Biochem. J. **88**, 15—19, 1963; Manchester, Univ., Dep. of Chem.; engl.) — *Ovomucoid* (**I**) zeigte bei Abbau mit *Pepsin* oder mit Bakterien-*Proteinase* eine anfangs rasche Abnahme der reduzierenden Wrkg. (RW) bis maximal 30% des Ausgangswertes. Nach Zusatz reduzierender Zucker (N-Acetylglucosamin oder Mannose) zu einem **I**-„digest“ war die RW der Mischung ca. 20% geringer als die der Einzelkomponenten. Von den **I** enthaltenen Aminosäuren zeigten *Cystin* (**II**), *Serin* (**III**) u. *Tyrosin* die höchste RW; eine hohe RW besaß gleichfalls *Tryptophan*. Die RW von *Glycin* (**IV**) + **III** war höher als die der Komponenten, die von **IV** + **II** geringer als additiv berechnet. *Leucin* u. *Asparaginsäure* red. die RW von **III** auf ca. 20%, die RW von **II** wurde kaum verändert. Behandlung von **I** mit *Perameisensäure* red. die RW auf 60%, die von *Chymotrypsinogen* stieg auf 120% an. *Ameisensäure* änderte die RW von **I** nicht. J. Boelter 4210◇

1127 **Standardisierung von fibrinolytischen Präparaten. Messung der proteolytischen und Aktivatoraktivität von Streptokinase-aktiviertem menschlichem Plasminogen.** Werner Baumgarten, Joseph L. Ciminera und Suzanne P. Van Pelt. (J. pharmac. Sci. **51**, 314—17, 1962; West Point, Ma., Merck Inst. of Therapeut. Res. and Merck Sharp and Dohme Res. Labor.; engl.) — Mit der fibrinolyt. Prüfung wird die gesamte Aktivität von fibrinolyt. Präpp. gemessen. Zur getrennten Best. der proteolyt. u. der Aktivatoraktivität wurde eine Meth. entwickelt, für die ein Standard-*Fibrinolysin*-Präp. u. eine statist. Auswertung nötig ist. Das Standard-Präp. wird durch *Streptokinase*-Aktivierung von menschlichem *Plasminogen* hergestellt. Die proteolyt. Aktivität wird durch die direkte caseinolyt. Prüfung bestimmt, die Aktivatoraktivität durch Messung der Hydrolyse des Caseinsubstrates, hervorgerufen durch das durch den Aktivator aktivierte Enzym. O. Sellemond 4210◇

1128 **Carboxymethylierung der Sulfhydryle in Chymotrypsin und Chymotrypsinogen nach Spaltung der Disulfidbrücken durch Natriumborhydrid.** H. Fasold, G. Gundlach und F. Turba. (Biochem. Z. **334**, 255—68, 1961; Würzburg, Univ., Physiol.-chem. Inst.; dt.) — Die Disulfidbrücken des *Chymotrypsinogens* (I) u. des *Chymotrypsins* (II) werden in 8 m Harnstoff-Lsg. mit *$NaBH_4$* gespalten, wobei störende Schwermetallspuren mit EDTA beseitigt werden. Die entstandenen *Sulfhydryle* können amperometr. titriert werden. Überschüssiges $NaBH_4$ soll nicht mit Aceton, sondern durch vorsichtiges Ansäuern zerstört werden. Die SH-Gruppen werden quant. mit Jodacetat verschlossen, wobei die Reinheit des Reagenses von entscheidender Bedeutung ist. Die Diffusions-Geschw. der carboxymethylierten Prodd. sind größer als die von **I** u. **II**, während die Fällbarkeit mit TCE um ca. 40% geringer ist. W. Berndt 4210◇

1129 **Sulfonylfluoride als Esteraseinhibitoren.** 1. Mitt. **Reaktionsgeschwindigkeiten mit Acetylcholinesterase, α-Chymotrypsin und Trypsin.** David E. Fahrney und Allen M. Gold. (J. Amer. chem. Soc. **85**, 997—1000, 1963; New York, N.Y., Univ., Dep. of Biochem.; engl.) — Für die inhibierende Wrkg. auf *α-Chymotrypsin* (I) u. *Trypsin* (II) läßt sich folgende Reihe aufstellen: *Phenylmethan-* > *2-Phenyläthan-1-* (**III**) > *Benzol-* (**IV**) > *2-Methylpropan-1-* (**V**) > *Methansulfonylfluorid* (**VI**). Die Reaktivität gegenüber **I** ist größer als gegen **II**, aber von derselben Größenordnung. Mit *Acetylcholinesterase* reagieren nur **IV** u. **VI** meßbar. Mit Ausnahme von **VI** stimmen die Ergebnisse gut mit der allg. Taftschen Beziehung überein. Vor der Sulfonierung soll sich zuerst ein *Enzym-Sulfonylfluorid-Komplex* bilden. Zur Darst. von **V** gibt man zu einer Suspension von NaF (10,2 g, 0,25 Mol) in 6 ml Tetramethylensulfon 2-Methylpropan-1-sulfonylchlorid (8,4 g, 0,05 Mol) u. erhitzt 3 Std. auf 110°. Nach dem Abkühlen u. Filtrieren wird das Prod. bei 47° (12 mm) dest.; Ausbeute 5,06 g. 72%. — **III** erhält man, indem das entsprechende Sulfonylchlorid (10,25 g, 0,05 Mol), NaF (10,2 g, 0,25 Mol) u. 10 ml Dimethylformamid 4 Std. bei 110° gerührt werden. Nach Zugabe von 40 ml W. u. 25 ml Methylenchlorid wird das Prod. ausgeschüttelt, gewaschen u. getrocknet. Lösen des Rückstandes in 5 ml $CHCl_3$ u. 10 ml PAe. 30/60, Reinigung über Aktivkohle u. zweimaliges Umkristallisieren gibt **III**; 5,83 g, 62%; F. 26,5—27°. W. Berndt 4210◇

1130 **Der Hemmungseffekt von ω-Aminosäuren und Guanidinosäuren gegenüber der Wirkung von α-Chymotrypsinogen und Trypsinogen.** J. D. Geratz. (Arch. Biochem. Biophysics **102**, 327—34, 1963; Chapel Hill, N.C., Univ., Dep. of Pathol.; engl.) — Vf. untersucht die Wrkg. von *ω-Aminosäuren* (I) u. *Guanidinosäuren* (II) auf die Aktivierung von *α-Chymotrypsinogen* (**III**) u. *Trypsinogen* (**IV**), auf das fibrinolyt. Syst. u. auf die proteolyt. Aktivität von einigen Enzymen. **I** u. **II** hemmen die schnelle u. die langsame Aktivierung von **III**; *δ-Aminovaleriansäure* (**V**) u. *γ-Guanidinobuttersäure* (**VI**) sind am stärksten wirksam. **VI** ist aktiver als **V**. Die autokatalyt. Aktivierung von **IV** u. die Aktivierung durch *Enterokinase* (**VII**), die, wie kürzlich gezeigt wurde, stark durch **V** gehemmt werden, sind durch **VI** noch stärker blockiert. **VI** u. **V** hemmen dagegen die trypt. Caseinolyse (CL) nur wenig. Die Hemmung der **III**-Aktivierung durch **VI** u. **V** ist von gemischtem Typ, während die Hemmung von CL keinen Konkurrenzcharakter hat. Die Hemmung von **VII** durch **VI** konkurriert ebenfalls nicht. **VI** ist schwächer als *ε-Aminocapronsäure* u. **V** bei der Fibrinolyse. **I** sind ohne Einfl. auf die proteolyt. Aktivierung von *α-Chymotrypsin* (**VIII**), *Papain* (**IX**) u. *Pepsin*. **II** erhöhen die Proteolyse durch **VIII** u. **IX**. **V** stört die Aktivierung von Pepsinogen nicht. G. Marquard 4210◇

1131 **Über das Schweinetrypsinogen und -trypsin.** M. Charles, M. Rovery, A. Guidoni und P. Desnuelle. (Biochim. biophysica Acta [Amsterdam] **69**, 115—29, 1963; Marseille, Fac. des Sci., Inst. de Chim. Biol.; franz.) — Vff. reinigen gleichzeitig Schweine-*Chymotrypsinogen A* u. *-Trypsinogen* (I) durch Chromatographie an Carboxymethylcellulose bei pH 4,6 bzw. 5,0; die Ausbeute beträgt ca. 45%, bezogen auf den b. Extrakt mit verd. H_2SO_4. Zwischen Schweine- u. Rinder-I bestehen Ähnlichkeiten in bezug auf Molgew. u. *Aminosäuren*-Zus., jedoch zeigen sich auch Unterschiede, die darauf hindeuten, daß größere Mol.-Bereiche eine unterschiedliche Struktur aufweisen. Das *Diisopropylphosphoryl-Deriv.* von *Trypsin* (II) kann ebenfalls an Carboxymethylcellulose bei pH 5,0 gereinigt werden, während akt. **II** einer partiellen Autolyse anheimfällt. Die Autoaktivierung von Schweine- u. Rinder-I verläuft mit etwa gleicher Geschw., wobei *Ca^{2+}* die gleiche Wrkg. zeigt. In beiden Fällen wird eine Lys—Ileu-Bindung im N-endständigen Mol.-Bereich gespalten, wobei das Oktapeptid Phe–Pro–Thr–$(Asp)_4$–Lys freigesetzt wird. Schweine-I u. -II weisen die gleiche C-endständige Folge Thr–(Ileu, Glu·NH_2)–Ala–Asp·NH_2 auf. P. Schwerdtfeger 4210◇

1132 **Das Differenzspektrum von Diisopropylphosphoryltrypsin gegen Trypsin.** Hannah L. Oppenheimer und George P. Hess. (Nature [London] **198**, 689—90, 1963; Ithaca, N.Y., Cornell Univ., Dep. of Biochem.; engl.) — Es wurde das Differenzspektrum (DS) von *Trypsin* (I) gegen *Diisopropylphosphoryltrypsin* (**III**) aufgenommen. **III** wurde durch Zugabe von *Diisopropylfluorphosphat* (II) zu I gebildet. Veränderungen des Spektrums infolge Autolyse von **I** konnten ausgeschlossen werden. Mit *Trypsinogen* (**IV**) wurden in Ggw. von **II** kein DS erhalten. Es wurde jedoch erhalten, wenn **IV** bei pH 7,1 in Ggw. von 0,2 m *$CaCl_2$* zu-I aktiviert worden war. Das DS beruhte also auf einer spezif. Phosphorylierung der akt. Seite von **I**. Denaturierung von **IV** u. **I** durch 8 m *Harnstoff* bei pH 4,5; 7,5 u. 8,5 ließen das DS verschwinden. Intermol. Wechselwrkg. sowie Artefakte während des Vers. konnten ausgeschlossen werden. Starke Veränderungen der Ionen-Konz. bewirkten keine Veränderungen des DS, so daß ein Ladungseffekt wenig wahrscheinlich ist. Position u. Intensität des DS von **III** gegen I waren im Gegensatz zum DS von *Diisopropylphosphoryl-α-chymotrypsin* gegen *α-Chymotrypsin* von der H^+-Ionen-Konz. abhängig. J. Boelter 4210◇

1133 **Untersuchung der aktiven Fragmente des autolysierten Trypsins.** Simon Bresler, Madeleine Champagne und Serge Frenkel. (J. Chim. physique Physico-Chim. biol. **59**, 180—85, Febr. 1962; Leningrad, UdSSR, Inst. des Composés Macromol.; franz.) — Vff. stellten fest, daß die Autolysate des *Trypsins* (I) aus dialysierbaren Polypeptidfragmenten bestehen, die stark enzymat. wirksam sind. Diese Fragmente sind thermostabil. Bei Zerstörung der S—S-Bindungen in den Fragmenten wird durch Thioglykolsäure erzielt, wozu jedoch vorher das Autolysat auf 100° erwärmt werden muß. Nach der Zerstörung der S—S-Brücken verschwindet die enzymat. Aktivität vollständig. Offenbar sind diese Bindungen ein für die Struktur des akt. Zentrums notwendiges Element. — Die Best. der opt. Aktivität von nativem **I** u. des I-Autolysats läßt erkennen, daß im nativen I rechts- u. linksdrehende Helices vorliegen, u. daß im Autolysat die linksdrehenden Helices vorherrschen. Die Verschmelzung der Helices im Autolysat ist reversibel wie beim nativen **I**. — Die elektrophoret. Auftrennung der Fragmente des Gesamtautolysats von I wurde in der Folge auch eine Isolierung der akt. Komponenten gestatten u. so eine Möglichkeit zur eingehenden Unters. des akt. Zentrums von I eröffnen. H. Kockert 4210◇

1134 **Eine kurze Methode zur Reinigung von Arginase aus Ochsenleber.** S. J. Bach, R. A. Hawkins und D. Swaine. (Biochem. J. **89**, 263—65, 1963; Bristol, England, Univ. of Bristol, Dep. of Physiol.; engl.) — Die hier beschriebene Meth. erlaubt die Reinigung von *Arginase* aus acetongetrocknetem Ochsenleberpulver bis zum vorkristallinen Zustand in 2 Tagen. Die acetongetrocknete Ochsenleber wird mit einer $MnSO_4 \cdot 4\,H_2O$-Lsg. behandelt, filtriert, mit Aceton bei 4—6° fraktioniert, filtriert, der Nd. mit dem Enzym in Mn–Maleat-Lsg. (I) gelöst, filtriert, dialysiert, auf 55° erhitzt, filtriert mit $(NH_4)_2SO_4$ fraktioniert, in I gelöst, mit Propanol-(2) bei —10° behandelt, zentrifugiert, in I gelöst, dialysiert, wieder mit $(NH_4)_2SO_4$ fraktioniert u. der enzymat. Nd. wird in einer frisch zubereiteten I aufgenommen. Die spezif. Aktivität der Lsg. soll mindestens 100000 betragen. In dieser Form kann die Enzym-Lsg. bei —15° unbegrenzt gelagert werden. O. Sellemond 4210◇

1135 **Enzyme des Argininstoffwechsels in Küken.** Hadassah Tamir und S. Ratner. (Arch. Biochem. Biophysics **102**, 249—58, 1963; New York, N.Y., Public Health Res.

Inst.; Dep. of Biochem.; engl.) — In drei bis zehn Wochen alten Hühnern sind in der Niere *Ornithintranscarbamylase* (I), *Argininsuccinatsynthetase* (II), *Argininsuccinase* (III) u. *Arginase* (IV)-Aktivitäten nachweisbar, nicht dagegen Carbamylphosphatsynthetase (V). I, II, III, V fehlen in der Leber, IV zeigt nur geringe Aktivität. III konnte außerdem in Pankreas, Milz u. Intestinaltrakt im geringen Maße nachgewiesen werden. *Arginin* kann in der Nahrung durch *Citrullin* ersetzt werden, da II u. III vorhanden sind, nicht aber durch *Ornithin*, da V fehlt. U. Gerhardt 4210◇

1136 **Die Bindung von Pyridoxal-5-phosphat an Asparagataminotranspherase im Schweineherzen.** V. Scardi, P. Scotto, M. Iaccarino und E. Scarano. (Biochem. J. **88**, 172—75, 1963; Napoli, Univ., Ist. di Chim. Org. and Inst. di Fisiol. Umana, Labor di Chim. delle Fermentazioni; engl.) — *Asparagataminotranspherase* (I) aus Schweineherz sowie ein nur teilweise gereinigtes Präp. zeigten nach Inkubation bei 60—65° (2 Min.) mit 20—30% $(NH_4)_2SO_4$ bzw. 80 Min. u. 15% $(NH_4)_2SO_4$ keine Auftrennung in Coenzym (C) u. Apoenzym (A). Das I-Präp. lag in der *Pyridoxal*-Form (Ia) vor. Nur die *Pyridoxamin*-Form (Ib) konnte unter den genannten Bedingungen fast vollständig aufgespalten werden. Gleiche Ergebnisse wurden mit Na_2SO_4 an Stelle von $(NH_4)_2 \cdot SO_4$ erhalten. Mit *Phosphat* (II) wurde bei 60° neben einer Auftrennung von I eine teilweise Denaturierung gefunden. Bei 30° bestand eine lineare Beziehung zwischen unlösl. I u. der reziproken II-Konz., offenbar infolge Konkurrenz zwischen II-Anion u. Phosphatgruppe des C u. dem kation. Zentrum des A; innerhalb gewisser Bereiche bestand eine Beziehung zwischen pH u. Auflösung von I. Unter pH 6 inaktivierte *Arsenat* Ib irreversibel. *Chlorid, Borat, Formiat* u. *Citrat* bewirkten keine Auflösung von I. *Chinolinat* u. *Phthalat* inaktivierten irreversibel. Eine I-Auftrennung gelang nur mit *L-Glutamat* (III) oder *L-Asparagat* (IV) als Substrat; die D-Formen waren inaktiv. Ohne Wrkg. waren *DL-Alanin, α-Ketoglutarat, Oxalessigsäure, γ-Aminobuttersäure, Maleinsäure* u. *Bernsteinsäure*, so daß offenbar nur Aminosäuren, die Substrate sind, eine I-Auftrennung bewirken. Die Rekombination von I aus *Pyridoxal* u. A erforderte Präinkubation mit III oder IV. Es wird angenommen, daß eine stabile Azomethinbindung zwischen der 4-Formylgruppe von *Pyridoxal-5-phosphat* u. einer Aminogruppe des A-Proteins besteht, die durch spezif. Enzym-Einw. zwischen 4-Formylgruppe u. III bzw. IV aufgebrochen wird. Danach kann die übrige Bindung durch Anionen, wie II, aufgespalten werden. Möglicherweise ist dieses Phänomen von physiolog. Bedeutung bei der Regulierung des Aminosäurevorrates durch die Zelle. J. Boelter 4210◇

1137 **Die Wirkung von Alkohol und elektrischer Reizung auf den Aminosäuremetabolismus in Rattengehirnrindenschnitten in vitro.** Hertta-Maija Häkkinen, E. Kulonen und H. Wallgren. (Biochem. J. **88**, 488—98, 1963; Helsinki, Res. Labor. of the State Alkohol Monopoly; engl.) — Intoxikation von *A.* verursacht eine zeitweise Konz.-Veränderung der Aminosäuren; so beobachtet man einen Anstieg an *γ-Aminobuttersäure* (I), *Glutaminsäure* (II) u. *Asparaginsäure*, daneben eine Abnahme von *Glutamin* (III) in Rattengehirnrindenschnitten, die mit 0,4% A. (Endkonz.) 1 Std. inkubiert u. gleichzeitig elektr. gereizt werden. Eine Erhöhung der A.-Konz. auf 0,6% zeigt eine Hemmung des Aminosäurestoffwechsels. Elektr. Stimulierung u. A. erhöhen die Verwertung von I u. III, nicht aber merklich die von II. In den nicht stimulierten Schnitten steigt nach I- u. II-Zugabe der O_2-Verbrauch, da ein Teil der Aminosäuren oxydiert wird. Nur 10—30% der zugesetzten Aminosäuren werden in Form verschiedener anderer Aminosäuren wieder entdeckt. Der Einbau von ^{14}C-markierter II in Lipide u. Protein ist gering. Die Bldg.-Geschw. von I aus II ist in angenäherter Form berechnet. U. Gerhardt 4210◇

1138 **Tyrosinasen unterschiedlicher Thermostabilität und ihre Umwandlungen in Neurospora crassa.** Allen S. Fox und Jean B. Burnett. (Biochim. biophysica Acta [Amsterdam] **61**, 108—20, 1962; East Lansing, Mich., Univ., Dep. of Biochem.; engl.) — Lyophilisiertes Mycel von *Neurospora crassa* wird mit 0,02 m Barbitalpuffer (pH 8,6) homogenisiert, zentrifugiert (3000·g) u. der Überstand durch kontinuierliche Papierelektrophorese an Wh 31 ET mit demselben Puffer in drei Komponenten T_1, T_2 u. T_3 aufgetrennt. Ihre Michaelis-Konst. u. relativen Umsatzzahlen unterscheiden sich nicht, während eindeutige Unterschiede in der Hitzestabilität auftreten. Chromatographie der getrennten Fraktionen an DEAE-Cellulose ergibt keine weitere Auftrennung. Inkubation der unfraktionierten Extrakte bei 5—25° hat ein Absinken des T_1- u. T_2-Geh. zur Folge, während T_3 entsprechend ansteigt. Zur Umwandlung bedarf es vermutlich eines nichtdialysierbaren Faktors, da isolierte Fraktionen stabil sind. W. Berndt 4210◇

1139 **Partielle Reinigung von Säugetiertyrosinase und kinetische Untersuchungen.** Kazuo Shimao. (Biochim. biophysica Acta [Amsterdam] **62**, 205—15, 1962; Boston, Mass., Gen. Hosp., Res. Labor. of the Dep. of Dermatol.; engl.) — Lösl. *Tyrosinase* (I) aus Mäusemelanomen läßt sich durch Agargel-Elektrophorese (0,05 m Veronal; pH 8,6) in zwei akt. Komponenten trennen, während fraktionierte Ammoniumsulfatfällung (0,45—0,55) nur eine Anreicherung ergab. I katalysiert die Oxydation von *DOPA* zum entsprechenden *Chinon*. *Tyrosin* (II) ist inhibierend. Nach kinet. Messungen soll I zwei akt. Zentren besitzen: an einem wird DOPA oxydiert, während am anderen II gebunden wird, das in der ersten Phase der Rk. nicht oxydiert wird. W. Berndt 4210◇

1140 **Glutaminsäure–Oxalessigsäure-Transaminase-, Glutaminsäure–Brenztraubensäure-Transaminase- und Arginase-Aktivität in Reticulocyten und Normocyten.** F. Belfiore. (Boll. Soc. ital. Biol. sperim. **39**, 749—51, 1963; Catania, Univ., Ist. di Patol. Med.; ital.) — In den Reticulocyten des Kaninchens wurden folgende Enzymaktivitäten festgestellt: *Glutaminsäure–Oxalessigsäure-Transaminase* 664 Einheiten/ml Hämolysat (4:1), *Glutaminsäure–Brenztraubensäure-Transaminase* 143 Einheiten/ml Hämolysat (4:1) u. *Arginase* 403 μg N/24 Std./ml Hämolysat (4:1). Die Aktivitäten waren im Vgl. zu denen normaler reifer Erythrocyten alle erhöht. K. Zingraf 4210◇

1141 **Die Bestimmung von Histidin-α-desaminase in menschlichem Stratum corneum und ihr Fehlen bei Histidinämie.** V. G. Zannoni und B. N. La Du. (Biochem. J. **88**, 160—62, 1963; Bethesda, Md., U. S. Public Health Serv., Nat. Inst. of Health, Nat. Inst. of Arthritis and Metabol. Diseases; engl.) — *Histidin-α-desaminase* (I) war in Meerschweinchengeweben nur in der Leber (L) u. in der Epidermisschicht (E) der Haut relativ viel vorhanden. Weder die dermale noch die subkutane Schicht enthielten nachweisbare I-Mengen, ebensowenig Nieren u. Muskeln. Eine sehr geringe I-Aktivität wurde in Herz, Milz, Hoden u. Darm gefunden. Im Gegensatz zur L enthielt E keine *Urocanase* (II). Im menschlichen Stratum corneum war die *Urocansäure* (III)-Bldg. linear der Zeit. III wurde bei Inkubation nicht verändert, so daß Stratum corneum-Homogenat keine II enthielt. In Familien mit Histidinämie besaßen die betroffenen Mitglieder keine I-Aktivität in der Haut. Die nichtbetroffenen Mitglieder zeigten eine erheblich unter normal liegende I-Aktivität. Das Fehlen von I ist offenbar eine auf der Histidinämie beruhende biochem. Abnormität. Die Funktion von I im Stratum corneum ist noch unbekannt. J. Boelter 4210◇

1142 **Eine Reinigungsmethode für Adenosindesaminase aus der Darmschleimhaut des Kalbes.** T. G. Brady und W. O'Connell. (Biochim. biophysica Acta [Amsterdam] **62**, 216—29, 1962; Cork, Ireland, Univ., Dep. of Biochem.; engl.) — Acetontrockenpulver aus der Darmschleimhaut des Kalbes wird mit W. extrahiert, der Extrakt dialysiert u. durch fraktionierte Fällung mit Salicylsäure u. Aceton gereinigt. Anschließende Chromatographie an DEAE-Cellulose (SF) bei pH 7,0 mit Tris-HCl-Puffer u. bei pH 5,6 mit Citratpuffer gibt in 35—45% ig. Ausbeute gereinigte *Adenosindesaminase* (I) mit einer spezif. Aktivität von 430 Einheiten (μMol Adenosin/Min. bei 37°). Das so erhaltene I war homogen in der Ultrazentrifuge, wurde aber durch Stärkegelelektrophorese (0,025 m Boratpuffer; pH 8.64) in vier ebenfalls akt. Zonen aufgetrennt (I.P. bei pH 4,85; pH-Optimum bei 7,0). W. Berndt 4210◇

1143 **Die teilweise Wiederherstellung der Glutaminsäure–Oxalessigsäure-Transaminaseaktivität in den Infarktbereichen des Myocards von Kaninchen während der Stimulierung der Proteinsynthese.** Yu. W. Bukin. (Nature [London] **198**, 692—93, 1963; Moskwa, Akad. der med. Wiss. der UdSSR, Inst. für cardiovasculäre Chirurgie; engl.) — Chinchillakaninchen wurde ein Herzinfarkt durch Ligatur des absteigenden Astes der linken Coronararterie zwischen oberem u. mittlerem Drittel gesetzt. Nach verschiedenen Zeiten wurden die Tiere getötet u. das Herz auf die *Glutaminsäure–Oxalessigsäure-Transaminase* (I)-Aktivität sowie auf den *Protein* (Pr)-Geh. untersucht. Einen Tag nach Ligatur sank die I-Aktivität um ca. 23% ab. Am 5. Tag waren im nekrot. Gewebe noch 50—75% der ursprünglichen I-Aktivität vorhanden. Der Pr-Geh. des Herzens fiel um mehr als die Hälfte ab. Auch die spezif. I-Aktivität nahm um 20—60% ab. Zusatz von *Pyridoxal-5-phosphat* (II) zum Gewebehomogenat bewirkte keinen Anstieg der I-Aktivität, so daß der I-Abfall auf einem Abbau oder auf Ausschüttung ins Blut beruhte. Die zur Stimulierung der Pr-Synth. den Tieren subkutan injizierte Mischung von *Methionin*, *ATP*, *Vitamin* B_{12}, *RNS* u. *DNS* war auf die I-Abnahme ohne Wrkg., jedoch wurde am 5. Tage nach Ligatur eine Aktivierung der I-Synth. auf den normalen Wert sowie in geringem Maße eine Erhöhung des Pr-Geh. durch II gefunden. Durch tägliche Applikation von *Pyridoxin* (subkutan) konnte eine I-Aktivierung in den Infarkttieren erzielt werden. J. Boelter 4210◇

1144 **Die Biosynthese von D-Aminosäuren in Bacillus licheniformis.** Howard K. Kuramitsu und John E. Snoke. (Biochim. biophysica Acta [Amsterdam] **62,** 114—21, 1962; Los Angeles, Calif., U.S.A., Univ. of California, Med. School, Dept. Physiol. Chem.; engl.) — *B. licheniformis* (B.l.) kann *D-Aminosäuren* (I) auf 2 Arten synthetisieren: durch Bldg. von *D-Alanin* (II) aus *L-Alanin* durch eine *Alaninracemase* (III), oder durch Transaminierung zwischen II u. *α-Ketosäuren* (IV) mit Bldg. anderer I. Zellfreie Extrakte (Z.E.) von B.l. besitzen eine akt. III. Die Z.E. katalysieren die Transaminierung (Tr.) von II mit IV zu *D-Glutaminsäure* (V), *D-Asparaginsäure* (VI), *D-Asparagin* u. *D-Ornithin*. Tr. mit V u. geeigneten IV bildet zusätzlich noch *D-Phenylalanin*. Die *Transaminasen* von *D-Ornithin* u. *D-Asparagin* wurden erstmalig nachgewiesen. Das gleiche Enzym katalysiert die Transaminierung von V — *Brenztraubensäure* u. VI-Brenztraubensäure. Ekkehard Schmid 4210◇

1145 **Eine rasche, unzweideutige Methode zur Feststellung von Glutaminsäuredecarboxylase in Primärplattenkulturen der Enterobacteriaceae.** D. J. Stewart. (J. appl. Bacteriol. **26,** 75—79, 1963; Belfast, Irland, Queen's Univ., Ministry of Agric., Dep. Agric. Bacteriol.; engl.) — Lactosespaltende Stämme der *Enterobacteriaceae* werden auf MacConkeys Agar ausgestrichen u. nach 18—24std. Bebrütung bei 37° für 30 Min. Toluoldämpfen ausgesetzt. Danach werden die Kolonien auf Filterpapierscheibchen übertragen u. für 1 Std. auf eine 1%ig. *L-Glutaminsäure*-Lsg. einwirken gelassen. Die Aminosäuren werden mit einem Tropfen W. aus dem Scheibchen eluiert u. chromatographiert. Die Toluoldämpfe greifen die semipermeable Zellmembran an, wodurch die *Glutaminsäuredecarboxylase* (I)-Wrkg. beträchtlich erhöht wird. Diese Rk. ermöglicht rasche u. scharfe Trennung der *E. coli*-Gruppe (I-positiv) von den eng verwandten *A. aerogenes* u. *E. freundii*-Gruppen. Diese Rk. kann auch zur Differenzierung Lactose-negativer, Glucose-positiver Keime der Enterobacteriaceae angewandt werden, es muß lediglich der Zucker in den Platten geändert werden. Ekkehard Schmid 4210◇

1146 **Untersuchungen über die Carbamoylphosphat-L-Ornithincarbamoyltranspherase der Ochsenleber.** R. L. Joseph, E. Baldwin und D. C. Watts. (Biochem. J. **87,** 409—16, 1963; London, Univ. Coll., Dep. of Biochem.; engl.) — *L-Ornithincarbamoyltranspherase* (I) wurde aus Ochsenleber durch Homogenisieren in Cetyltrimethylammoniumbromid-Lsg., Zentrifugieren, durch mehrfache fraktionierte Fällung aus dem Überstand durch $(NH_4)_2SO_4$ sowie durch Chromatographie an DEAE- u. Carboxymethylcellulose gereinigt u. auf das ca. 40fache angereichert. Die I-Aktivität nahm mit steigender Ionenstärke (NaCl) ab. Das pH-Optimum von I in Tris-Puffer wurde bei 6,9 gefunden. Die Anfangs-Geschw. der Rk. bei konst. pH nahm mit steigender Tris-Konz. ab. Die Variation der Konz. von Glycylglycin (II)-Puffer bei konst. pH war auf I ohne Einfluß. Bei niedrigen Substrat-Konzz. wurde in II eine geringe Verschiebung des pH-Optimums nach höherem pH gefunden. Die Wrkg. der Temp. auf die Aktivität u. Stabilität von I wurde untersucht. Die Dissoziations-Konst. von *L-Ornithin* (III) u. *Carbamoylphosphat* (IV) vom Enzym betrugen 1,45 ± 0,19 bzw. 1,79 ± 0,16 mMol, die von III vom I–IV-Komplex sowie die von IV vom I–III-Komplex 1,55 ± 0,23 bzw. 1,81 ± 0,16 mMol. III hemmte I erst in hohen Konzz., dagegen wurde I durch *Phosphat* (V) bei verschiedenen IV-Konzz. kompetitiv gehemmt. Eine nichtkompetitive Hemmung von I wurde durch V bei Variation der III-Konz. gefunden. Die I-Aktivität wurde weder durch Dialyse gegen 1 mm *EDTA* (2 Tage) noch durch Ggw. von *Jodacetat*, Mn^{2+} oder Mg^{2+} bis 10 mm bzw. SO_4^{2-} bis 50 mm beeinflußt. Auf Grund der kinet. Ergebnisse wird angenommen, daß jedes Substrat an separate Stellen im Enzym gebunden wird. J. Boelter 4210◇

1147 **Die Spezifität von Kathepsin C.** R. J. Planta und M. Gruber. (Biochim. biophysica Acta [Amsterdam] **53,** 443—44, 1961; Groningen, Univ., Biochem. Labor.; engl.) — Ein nach De La Haba u. Mitarbeitern (Methods in Enzymol. **2,** [1955], 64; Academic Press, Inc., New York) hergestelltes, durch Chromatographie an Ecteolacellulose gereinigtes *Kathepsin C* (I)-Präp. (36 E./mg Protein) spaltete natives Hämoglobin, natives Serumalbumin, reversibel denaturiertes Serumalbumin, Fibrinogen u. Glukagon nicht, dagegen *β*-Corticotropin unter Abspaltung der N-terminalen Sequenz Ser–Tyr u. das Heptapeptid Gly–Phe–Phe–Tyr–Thr–Pro–Lys rasch unter Abspaltung von Gly–Phe, dann langsam unter Bldg. von Phe–Tyr. I ist eine Endo(?)-Peptidase, die N-terminale Dipeptide mit einer aromat. Aminosäure an 2. Stelle abspaltet. Die proteolyt. Aktivität unreiner I-Präpp. beruht auf Ggw. eines durch Cystein aktivierbaren Enzyms, das mehrere Proteine bei neutralem oder schwach alkal. pH angreift. K. Maier 4210◇

1148 **Die Anwesenheit von Isocitratlyase in Prototheca zopfii.** A. G. Callely und D. Lloyd. (Biochem. J. **88,** 18P—19P, 1963; Cardiff, Univ. Coll., Dep. of Bot.; engl.) — Rohe Extrakte (E) von mit Acetat gewachsenen Zellen von *Prototheca zopfii*-Zellen bildeten bei Inkubation mit *Citrat* oder *Isocitrat* (I) vorwiegend *α-Ketoglutarat* (II). Nach Dialyse produzierte E bei Inkubation mit I jedoch *Glyoxylat*, kein II. Daneben wurde *Succinat*, das andere Prod. der *Isocitratlyase* (III)-Rk. gefunden. Extrakte von auf *Butyrat* gewachsenen Zellen erbrachten ähnliche Ergebnisse, E von auf *Glucose* gewachsenen P. zopfii besaßen prakt. keine III-Aktivität. III war überwiegend in der sedimentierbaren Fraktion lokalisiert. Je nach Art der Zerstörung der Zellwände wurden auch erhebliche III-Aktivitäten im Überstand gefunden. J. Boelter 4210◇

1149 **Die Bestimmung der Serumlipase mit einem Olivenölsubstrat bei 3stündiger Inkubationszeit.** Roderick P. MacDonald und Royal O. LeFave. (Clin. Chem. **8,** 509—19, 1962; Detroit, Mich., Harper Hosp., Dep. of Pathol.; engl.) — Die Wrkg. verschiedener Emulgatoren u. von pH, Puffern u. Rk.-Beschleunigern auf die Meth. der Best. der *Serumlipase* nach Cherry u. Crandall wurde untersucht. Es wird eine Meth. mit 3std. Inkubationszeit u. Olivenöl mit 7% Gummi arabicum als Substrat in Trispuffer, pH 8, mit Mg-Acetat u. Äthylendiamintetraessigsäure als Rk.-Beschleunigern vorgeschlagen. H.-G. Trüper 4210◇

1150 **Die Wirkung von Alkohol-Essigsäure, Formalin, Zenkers Flüssigkeit und Gelatine auf die Lipaseaktivität.** J. Eapen. (Stain Technol. **35,** 227—28, 1960; Baroda, Indien, Univ., Dep. of Zool., Labor. of Animal Physiol. and Histochem.; engl.) — *Lipase* (I) aus dem Fettgewebe von Tauben wurde mit Tributyrin als Substrat durch 6% *Formalin* auf 4,73% der ursprünglichen Aktivität reduziert. I wurde in Ggw. von *A.-Essigsäure* auf 14,34%, durch Zenkers Fl. auf Null red., wobei letztere wahrscheinlich durch die Ggw. von $HgCl_2$ hemmend wirkte. 10% *Gelatine* stimulierten die I-Aktivität um 6,5%. Einfrieren u. Auftauen des I-Präp. war auf die Aktivität ohne Wirkung. J. Boelter 4210◇

1151 **Die Sekretion von Protopektinaseenzym durch Penicillium expansum in infizierten Früchten.** S. C. Gupta. (Current Sci. **29,** 146, 1960; Naini Tal, Government Coll. Th.D.S.B.; engl.) — Verschiedene Früchte wurden mit *Penicillium expansum* inokuliert, 7 Tage bei 25° inkubiert u. der Zellsaft auf *Protopektinase* (I)-Aktivität untersucht. Akt. I wurde durch P. expansum extracellulär in die angegriffenen Früchte sekretiert. Äpfel (Var. *green sweet* u. Var. *king tomkin*) u. Pfirsiche waren der I-Sekretion mehr zugänglich als Pflaumen oder Birnen. J. Boelter 4210◇

1152 **Die Wirkung des pH-Wertes und der Chloridionen auf die Kininaseaktivität des Plasmas.** P. N. Aarsen und

A. Kemp. (Nature [London] **198**, 687—88, 1963; Amsterdam, Univ., Dep. of Pharmacotherapeutics; engl.) — *Kininase* (I)-Aktivität im Meerschweinchenserum wurde an Hand der Inaktivierung von *Bradykinin* bestimmt. Die I-Aktivität war bei gleichem pH in Tyrode-Lsg. viel höher als in Na-Phosphat-Puffer (II), konnte in II jedoch durch *NaCl*-Zusatz (optimal 0,02 m) auf den gleichen Wert gebracht werden. Die I-Aktivität stieg in II bei NaCl-Zusatz stark an. Das pH Optimum wurde mit u. ohne NaCl-Zusatz bei pH 8,0 gefunden. Bei pH 6,0 war I auch in Ggw. von NaCl inaktiv.
J. Boelter 4210◇

1153 **Reaktivierung der Fettsäuresynthese beim Biotinmangelhühnchen durch Biotinzugabe in vitro.** F. v. Schulthess und F. Leuthardt. (Helv. chim. Acta **46**, 1244—47, 1963; Zürich, Univ., Biochem. Inst.; dt.) — Durch Zusatz von 10 γ *Biotin* (I) zu Leberextrakten von I-Mangelhühnchen stieg der *Fettsäure*-Einbau von 5,0 auf 6,5% der zugesetzten Aktivität in Form von ^{14}*C-Acetat*. Die Einbaurate beim Normalhühnchen betrug 8,3%. Durch Zugabe von 1 μm *MgCl$_2$* zu I bleibt die Steigerung aus. Die Aktivität der Leberextrakte fand sich in der 0—30%-$(NH_4)_2SO_4$-Fraktion des bei 104000·g' zentrifugierten Mikrosomenüberstandes wieder. Wurde in vitro *Avidin* (II) dem Mangelhühnchenextrakt zugesetzt, fiel der Fettsäureeinbau stark ab; denaturiertes II dagegen hatte keinen Einfluß. Daraus wird geschlossen, daß beim Mangelhühnchen die Fettsäure-Synth. nur deshalb nicht auf Null abgesunken ist, weil noch andere akt. I-Enzyme gebildet werden können.
H. Müldner 4210◇

1154 **Biosynthese von Sialsäuren durch ein lösliches Enzymsystem aus Dickdarmschleimhaut des Schafes.** P. W. Kent und P. Draper. (Biochem. J. **87**, Nr. 2, Proc. biochem. Soc. 27P—28P. 1963; Oxford, Univ. Dep. of Biochem.; engl.) — Inkubation von Dickdarmschleimhaut mit ^{14}*C$_{(1)}$-Glucose* gibt u. a. nach Behandlung mit *Papain* u. Hydrolyse mit verd. Säure *N-Acetylneuraminsäure* (I) u. ^{14}*C-N-Glykolylneuraminsäure* (II). Eine papierchromatograph. Trennung von I u. II gelingt auf säuregewaschenem Wh. 1 mit den Syst.: n-Butanol–n-Propanol–0,1 n HCl (1:2:1) u. Äthanol–15 m-NH_4OH–W. (40:1:10) bzw. Butan-2-ol-Eisessig–W. (4:1:5). — Das bei pH 7,2 in Ggw. von $MgCl_2$ u. KCl gewonnene Homogenat aus Dickdarmschleimhaut katalysiert folgende Rkk.: 1. *D-Glucosamin-6-phosphat* → *N-Acetylglucosamin-6-phosphat* (III) in Ggw. von *Acetyl-CoA* oder *CoA*, *ATP* u. *Acetat*. 2. *D-Glucosamin* → **III** in Ggw. von Acetat, CoA u. ATP. 3. *N-Acetyl-D-mannosamin* + *Phosphoenolpyruvat* (PEP) → **I** in Ggw. von ATP, NAD u. NADP (15 μmMol/h/mg Trockengew.). 4. *UDP-N-Acetyl-D-glucosamin* → *Sialsäure* in Ggw. von ATP, PEP, NAD u. NADP. Analog reagiert *N-Acetyl-D-glucosamin*, wobei Zugabe von *UMP* die Ausbeute um 30% erhöht (6,5 μmMol/h/mg Trockengew.).
W. Berndt 4210◇

1155 **Die Biosynthese von Cytidin-5'-monophospho-N-acetylneuraminsäure durch ein Enzym von Neisseria meningitidis.** Leonard Warren und Robert S. Blacklow. (J. biol. Chemistry **237**, 3527—34, 1962; Bethesda, Md., Nat. Inst. Arthritis &Metabolic Diseases, Nat. Inst. Health, U. S. Public Health Serv.; engl.) — Aus Bakterienextrakten von *N. meningitidis* konnte mit Aceton, 49% Ammoniumsulfatpräcipitation u. Elution aus einer DEAE-Cellulosesäule ein *Enzym* (I) ca. 400fach angereichert werden. I katalysiert die Bldg. von *Cytidin-5'-monophospho-N-acetylneuraminsäure* aus *Cytidintriphosphat* u. *N-Acetylneuraminsäure*. Als Nebenprod. entsteht *Pyrophosphat*. I erfordert zur Rk. die Anwesenheit von Mg^{2+}-Ionen, sowie eine Verb., die Sulfhydrylgruppen enthält, z. B. *Glutathion*. Die Rk. ist irreversibel.
Ekkehard Schmid 4210◇

1156 **Beitrag zur Histoenzymologie der Nebennieren von Sus scrofa L. (Suidae Gray, 1821) var. domestica.** Lucie Arvy. (C. R. hebd. Séances Acad. Sci. **252**, 467—69, 1961; franz.) — Beim Schwein zeigt das Cytoplasma der Zona glomerulosa der Nebenniere eine *Leucyl-β-naphthylamidase-*, *Monoaminoxydase-*, *Dehydrogenase* (I)- u. *Acetylnaphtholesterase* (II)-Aktivität. Die Gefäße hydrolysieren Adenosintriphosphat, Butyrylcholin u. Acetylcholin. Die Zona fasciculata enthält viel *alkal. Phosphomonoesterase* (III), I u. II. Nicht durch KJO_3 oxydierte u. chromaffine Zellen sind reich an *saurer* **III**, *Adenosintriphosphatase* u. *Carboxylesterasen* (**II**, *Acetylcholinesterase*, *Butyrylcholinesterase*).
K. Zingraf 4210◇

1157 **Histochemische Untersuchung von embryonalen Speichenbeinen: die Wirkung von Parathyroidhormon auf die Aktivität einer Anzahl von Enzymen.** M. P. M. Herrmann-Erlee. (Proc., Kon. nederl. Akad. Wetensch., Ser. C **65**, 22—39, 1962; engl.) — Beim Kultivieren von embryonalen Radii von 15 Tage alten Mäuseembryos in einem Medium mit *Parathyroidhormon* (I) treten auffallende histolog. Änderungen ein. Die Wrkg. von I auf *Dehydrogenasen* des *Kohlenhydrat*-Stoffwechsels, *Fettsäure*-Stoffwechsels u. der *Protein*-Synth. wurde untersucht. Die Lokalisierung u. Aktivität dieser Enzyme in den 3 Gewebetypen der Radii wurde bestimmt. Durch die Anwesenheit von 1 I.E. I/ml wurde die Aktivität der Enzyme mehr oder weniger verringert.
O. Sellemond 4210◇

1158 **Intracelluläre Synthese von Proteinpolysacchariden durch Schnitte von Rinderrippenknorpel.** Robert D. Campo und Dominic D. Dziewiatkowski. (J. biol. Chemistry **237**, 2729—35, 1962; New York, N.Y., Rockefeller Inst.; engl.) — Schnitte von Kalbsrippenknorpel wurden 2 bzw. 4 Std. in gepufferter Lsg. in Ggw. von ^{35}*S-Sulfat*, ^{14}*C-L-Leucin* oder ^{14}*C-L-Phenylalanin* inkubiert. In den Autoradiogrammen der Schnitte konnte ^{35}S bzw. ^{14}C hauptsächlich in den Chondrocyten nachgewiesen werden. Die aus den inkubierten Schnitten isolierten *Proteinpolysaccharide* (I) enthalten ^{35}S u. ^{14}C, wobei beide Isotopen prakt. mit der gleichen Geschw. eingebaut werden. Das isolierte rohe *Kollagen* (II) weist ebenfalls Radioaktivität auf. Nach Inkubation in Ggw. der ^{14}C-Aminosäuren liegt die ^{14}C-Aktivität von II bedeutend höher, als durch eine Beimengung von I erklärt werden kann. Nach Ansicht der Vff. wird der Protein- u. der Polysaccharidanteil von I gleichzeitig u. intracellulär gebildet; auch II wird wahrscheinlich intracellulär synthetisiert. Die mögliche Form der Ausscheidung dieser hochmol. Verbb. aus der Zelle wird diskutiert.
P. Schwerdtfeger 4210

1159 **Das mikrobielle Wachstum auf C$_1$-Verbindungen.** 5. Mitt. **Die enzymatischen Aktivitäten in Extrakten von Pseudomonas AM 1.** P. J. Large und J. R. Quayle. (Biochem. J. **87**, 386—96, 1963; Oxford, Univ., Dep. of Biochem.. Med. Res. Council Cell Metabol. Res. Unit; engl.) — In zellfreien Extrakten (E) von auf *Methanol*, *Formiat* (I) u. *Succinat* gewachsenen Kulturen von *Pseudomonas AM1* konnten die Fermente *Tetrahydrofolsäureformylase*, *Methylentetrahydrofolsäuredehydrogenase*, *Serinhydroxymethyltranspherase*, *Glycerinsäuredehydrogenase*, *Glyoxylsäurereduktase*, *Äpfelsäuresynthetase*, *Citronensäuresynthetase*, *Isocitronensäuredehydrogenase* u. *Äpfelsäuredehydrogenase* nachgewiesen werden. In den Organismen wurde keine *Glyoxylsäurecarboligase*, *Isocitronensäurelyase* u. *decarboxylierende Äpfelsäuredehydrogenase* gefunden. E katalysierten die Bldg. von *Serin* (II) aus ^{14}*C*-I u. *Glycin* (III), wobei *Tetrahydropteroyltriglutamat* als Cofaktor fungierte. DL-II wurde durch E in *Pyruvat* (**IV**) umgewandelt. E katalysierten außerdem die Transaminierung von II in *α-Ketoglutarat* oder **IV** sowie die Red. von *Hydroxypyruvat* (**V**) u. *Glyoxylsäure*, wobei die Red. offenbar durch ein Enzym katalysiert wurde, da das Verhältnis der spezif. Aktivitäten während der Reinigung gleich blieb. *NADPH* war weniger als *NADH* für die Red. brauchbar. *Tartronsemialdehyd* wurde im Vgl. zu **V** nur wenig reduziert. L-II wurde zu *Glycerinsäure* red., die weiter in Ggw. von *red. Glutathion* u. *ATP* zu *Glycerin-3-phosphat* (**VI**) umgewandelt wurde. Ein Rk.-Schema für die Bldg. von **VI** aus **III** u. C$_1$-Einheiten ist angegeben.
J. Boelter 4210◇

1160 **Phosphoroklastische Wirkung von Chlostridium saccharobutyricum auf Pyruvat. Rolle des Eisens bei der Reaktion.** Colette Delavier Klutchko. (Bull. Soc. Chim. biol. **45**, 957—66, 1963; Paris, Inst. de Biol., Physicochim.; franz.) — Extrakte (E) von *Chlostridium saccharobutyricum*, das unter *Fe*-Mangel kultiviert wurde, können weder *Pyruvat* (I) phosphoroklast. (Messung der phosphoroklast. Aktivität durch spektrometr. Beobachtung der Red.-Geschw. von Neotetrazolium bei 540 mμ) oxydieren noch den Einbau von $^{14}CO_2$ in I, sogar in Ggw. von freiem Fe, katalysieren. Die Rolle des Fe ist also nicht auf die eines dissoziierbaren Cofaktors beschränkt. Jedoch regen die E die phosphoroklast. Aktivität normaler Extrakte (nE) an. Mischt man die E mit alten nE, die selbst wirkungslos sind, erhält man ein akt. System. Die E üben keinen Einfl. auf den $^{14}CO_2$-Einbau in I durch nE aus. Die *Phosphotransacetylase* (Messung durch

Arsenolyse von Acetylphosphat bei 37°), die aus Fe-freien Enzym-Präpp. extrahiert wird, weist eine beschränkte oder gar keine Aktivität auf. Diese Tatsache allein kann aber nicht erklären, warum die E auf phosphoroklast. Weg nicht I abbauen können. G. Marquard 4210△

1161 **Die Synthese einiger B_6-Enzyme durch Escherichia coli während der Anlaufphase des Wachstums.** Raimo Raunio und Veikko Nurmikko. (Acta chem. scand. **16,** 711—18, 1962; Turku, Finnland, Univ. of Turku, Dep. of Biochem.; engl.) — Vgl. C. **1962,** 13431. — Aus einem an Aminosäuren u. Vitaminen reichen Medium wurden gut wachsende Zellen von *E. coli* in ein einfaches Glucose–Mineralsalz-Medium geimpft u. auf ihren Enzym-Geh. während der Anlaufphase des Wachstums untersucht. Bei folgenden Enzymen wurden in den Zellen keine Veränderungen beobachtet: *Glutaminsäuredecarboxylase, Arginindecarboxylase, Serin-, Threonin-, Homoserindesaminasen, Cysteindesulfhydrase* u. *Tryptophanase.* Die Synth. der *Tryptophansynthetase* begann sofort nach der Zellübertragung, die Menge des Enzyms stieg linear im Verlauf der Anlaufphase auf das 4- bis 8fache. H.-G. Trüper 4210◇

1162 **Chemische Identifizierung des löslichen Muskelrelaxationsfaktors: eine enzymatische Prüfung.** F. N. Briggs. (Biochim. biophysica Acta [Amsterdam] **69,** 177 bis 179, 1963; Pittsburgh, Pa., Univ. of Pittsburgh School of Med., Dep. of Physiol.; engl.) — Der *Relaxationsfaktor* (**I**; *Actomyosin–Adenosintriphosphat*-Inhibitor) wurde nach Fuchs u. Briggs (C. **1962,** 10536) direkt aus dem Muskel gewonnen. In einem Teil der Verss. zeigte Schlangengift-*Phosphodiesterase* eine Hemmwrkg. gegen **I**, was auf Verunreinigungen durch *Phospholipase* (**II**) *A* zurückzuführen sein dürfte. Auch **II** *D* (aus Kohl) u. **II** *C* (aus *Clostridium perfringens*) erwiesen sich als sehr stark wirksam, wobei eine Beteiligung von Ca^{2+} ausgeschlossen werden konnte. **II** zerstört **I** auch nach Abtrennung des Proteinanteils des Zentrifugenüberstands durch Gelfiltration, was dafür spricht, daß die lösl. **I**-Aktivität nicht auf Verunreinigungen durch Partikel zurückzuführen ist. Nach Ansicht des Vf. handelt es sich bei **I** um ein *Phospholipid.* P. Schwerdtfeger 4210◇

E₃. Mikrobiologie, Bakteriologie, Immunologie

1163 **Bedeutung und Anwendung grenzflächenaktiver Verbindungen in der Bakteriologie.** W. Döll. (Fette, Seifen, Anstrichmittel **63,** 1071—84, 1123—31, 1961; Würzburg, Deutschland, Univ., Inst. für Hyg. und Mikrobiol.; dt.) — Übersicht der grenzflächenakt. Substanzen (**I**) in bakteriolog.-serolog., physiolog. u. morpholog. Sicht u. Wrkg. von **I** auf Antibiotica. — 156 Literaturangaben. Eberhard Schmid 4300◇

1164 **Ein modifiziertes Cellulosemedium für die Isolierung cellulolytischer Pilze aus infizierten Materialien und Böden.** R. G. Bose. (Nature [London] **198,** 505—06, 1963; Calcutta, Indian Jute Mills Assoc. Res. Inst., Microbiol. Sect.; engl.) — 1 g Whatman Nr. 1-Filterpapier (Streifen oder Pulver) wird 3 Std. bei 25—27° mit konz. HCl behandelt, in dest. W. gegeben, abfiltriert, mit A. gewaschen u. getrocknet. 10 g hiervon in 1000 ml Salz-Lsg. nach Czapek mit 1,5% Agar ergeben mit Milchsäure auf pH 5,4 eingestellt ein ausgezeichnetes Medium für cellulolyt. Pilze. Hans Thiele 4310◇

1165 **Verhalten verschiedener Stämme von Azotobacter, welche aus marokkanischen Erdproben isoliert worden waren, gegenüber Malonsäure.** Albert Sasson und Philippe Daste. (C. R. Séances Soc. Biol. Filiales **157,** 1104—08, 1963; Poitiers, Fac. des Sci., Rabat, Univ. Mohammed V, Fac. des Sci., Labor. de Microbiol.; franz.) — Vff. setzen marokkan. Erdproben (Marrakesch, Rabat, Tamesguelt), die sie mit *Malonsäure* (**I**)-Lsg. (1%, pH 7,2) oder *Glucose* (**II**; 1%) behandelt hatten, 15—30 Tage feuchter Wärme (30°) aus u. bestimmen die Anzahl der Zellen von *Azotobacter* (A.). Es zeigt sich, daß **I** durch A. im Boden nicht ausgenutzt werden kann (Blindvers. 190 Zellen A./g Erde, mit **II** 19000, mit **I** 50). Vff. stellten fest, daß *A. chroococcum*-Stämme, die aus der gleichen Erdprobe isoliert worden waren, ein unterschiedliches Verh. gegenüber **I** zeigten. Ein Teil konnte sich nicht im **I**-Substrat entwickeln. Ein anderer Teil wuchs im **I**-Substrat in ähnlicher Stärke wie in der mit **II** angereicherten Kultur, während ein dritter Teil **I** nur mittelmäßig ausnutzen konnte. G. Marquard 4310△

1166 **Struktur des Phosphomannans von Hansenula capsulata NRRL Y-1842.** M. E. Slodki. (Biochim. biophysica Acta [Amsterdam] **69,** 96—102, 1963; Peoria, Ill., Northern Regional Res. Labor.; engl.) — Das nach Slodki u. Mitarbeiter (C. **1964,** 1-1188) isolierte *Phosphomannan* (**I**), das durch die Hefe *H. capsulata* NRRL Y-1842 gebildet wird, liefert bei Autohydrolyse (wss. **I**-Lsg. in Ggw. eines Kationenaustauscherharzes vom Sulfonsäuretyp in der H^+-Form 20 Min. auf 100° erhitzen) nur einen Disaccharidphosphomonoester (**II**) u. einen Trisaccharidphosphomonoester (**III**). Die weitere Strukturaufklärung von **I** erfolgte durch Perjodatoxydation von **I**, **II** u. **III**. Hierdurch konnte **II** als *2-O-[6-O-Phosphoryl-β-D-mannopyranosyl]-D-mannose* identifiziert werden. **III** scheint zusätzlich einen α-1.2-verknüpften Mannosylrest am phosphorylierten Mol.-Teil zu enthalten. Aus den Ergebnissen wird ein Strukturvorschlag für **I** abgeleitet (s. Orig.). Die Befunde werden im Hinblick auf die **I**-Biosynth. diskutiert. P. Schwerdtfeger 4315◇

1167 **Die intracelluläre Teichosäure aus Staphylococcus aureus H.** U. L. Rajbhandary und J. Baddiley. (Biochem. J. **87,** 429—35, 1963; Newcastle upon Tyne, King's Coll., Dep. of Chem.; engl.) — Intracelluläre *Teichosäure* (**I**) wurde aus *Staphylococcus aureus H* isoliert u. an Sephadex gereinigt. Nach Säurehydrolyse ergab sich ein Verhältnis *Glucose* (**II**)/P von 0,066 : 1. Das von *Alanin* (**III**)/P betrug 0,87 : 1. Nach Behandlung von **I** mit 5n NH_3 wurden **III** u. dessen *Amid* gefunden. Nach saurer bzw. alkal. Hydrolyse von **I** wurden ferner *Glycerin* (**IV**), *Glycerinphosphate* u. *-diphosphate, Diglycerintriphosphat,* **II**, *Glucosamin,* **III**, *Gentiobiosylglycerin* u. *Glucosaminylglycerin* gefunden. Die Ggw. von *Anhydroribit* konnte nicht nachgewiesen werden. Der chem. u. der enzymat. Abbau von **I** ließen vermuten, daß **I** aus einem polymeren *Glycerin-1.3-diphosphat* mit einem D-**III**-Rest in 2-Stellung u. wenigen glykosid., an **IV** gebundenen Zuckerresten besteht. **II** kam als Gentiobiosyl-[β-D-glucopyranosyl-(1→6)-O-D-glucopyranosyl]-Rest β-glykosid. an **IV** gebunden vor. Eine geringe Menge N-Acylglucosamin war in 2-Stellung an **IV** gebunden, wobei unbekannt ist, ob Gentiobiosyl- u. Acylglucosaminyl-Reste an ein Mol. **I** gebunden sind oder ob mehrere, chem. verschiedene **I** in S. aureus vorkommen. J. Boelter 4315◇

1168 **Fraktionierung von Wachs D, einem Peptidoglucolipid aus Mycobacterium tuberculosis.** Atsushi Tanaka. (Biochim. biophysica Acta [Amsterdam] **70,** 483—85, 1963; Fukuoka, Japan, Kyushu Univ., Fac. Med., Dep. Biochem.; engl.) — *Wachs D* aus *M. tuberculosis* wurde durch 15malige Extraktion mit kochendem Aceton gereinigt u. mit Pyridin u. Essigsäureanhydrid acyliert. Das A.-gewaschene, getrocknete Präcipitat wurde in eine Hexan-lösl. (F. I) u. unlösl. Fraktion (F. II) geteilt. Die F. I wurde in eine aus gleichen Teilen Kieselsäure u. Hyflosupercel bestehende Säule gebracht u. mit Bzl. (a), Chlf.–Methanol 99 : 1 (b), Chlf.–Methanol 98 : 2 (c), c, Chlf.–Methanol 9 : 1 (d) und Chlf.–Methanol 8 : 2 (e) eluiert. IR-Spektren von a—c zeigten keine Peptidbindung an, wohl aber von F. II, d u. e, Papierchromatographie (P.) gab gleiche Ergebnisse. P. des sauren Hydrolysats von F. II ergab *Leu, Phe, Ala, Glu, Gly* u. *Diaminopimelinsäure* (**I**). d u. e zeigten nur *Ala, Gly* u. **I**. Eberhard Schmid 4315◇

1169 **Magnesium-2.4-divinylphäoporphyrin-a_5-monomethylester, ein von Rhodopseudomonas spheroides erzeugtes Protochlorophyll-ähnliches Pigment.** O. T. G. Jones. (Biochem. J. **89,** 182—89, 1963; Canberra, Australien, C.S.I.R.O., Div. of Plant Ind.; engl.) — Beim Kultivieren von *Rhodopseudomonas spheroides* in Ggw. von *8-Hydroxychinolin* entstehen in den Zellen u. im Medium eine Anzahl von mit *Chlorophyll* verwandten Pigmenten. Durch Chromatographieren der Ae.-lösl. Verbb. des Mediums wurde eine *Mg-Phäoporphyrin* (Verb. 5) isoliert, welches beim Behandeln mit Säure leicht in die Mg-freie Form (Verb. 7) übergeht. Durch Vgl. der spektroskop. Eigg. der Verb. 7 mit anderen bekannten Verbb. wurde die Struktur eines 2.4-Divinylphäophyrins a_5 oder eines 2-Acetylphäoporphyrins für möglich gehalten. Die Ggw. nur einer Carbonylgruppe in Verb. 7 wurde nachgewiesen durch Überführen in das Oxim, dessen spektroskop. Eigg. einem Monooxim entsprechen. Eine 2. Carbonylgruppe konnte auch durch IR-Spektroskopie nicht nachgewiesen werden. Die 2 Vinylgruppen wurden durch die Größenordnung der spektroskop. Verschiebung nach kürzeren Wellenlängen nach erfolgter Hydrierung der beiden Vinylgruppen nachgewiesen. Das nach

Behandeln mit wasserfreier HCl in CH_3OH aus Verb. 7 erhaltene Chlorporphyrin zeigt nach Hydroxylierung der Vinylgruppe 2 OH-Gruppen. Durch Chromatographie in Lutidin–W. u. Hydrolyse in 20% HCl wurde das Vorhandensein eines Monomethylesters nachgewiesen. Es handelt sich also bei Verb. 5 um *Mg-2.4-Divinylphäoporphyrin-a$_5$-monomethylester*, dessen Bedeutung als Zwischenprod. bei der Biosynth. von Pflanzen- u. Bakterienchlorophyll diskutiert wird. O. Sellemond 4320◇

1170 **Mikrobiologische Dehydroxylierung der Cholsäure.** Shohei Hayakawa und Katsumi Kurokawa. (Nature [London] **199,** 490, 1963; Osaka, Fukushima-Ku, Shionogi and Co., Ltd., Shionogi Res. Labor.; engl.) — Es wurde festgestellt, daß *Corynebacterium simplex* (I.F.O. 3530), welches in einem *Cholsäure*-haltigen Medium kultiviert wurde, *12α-Hydroxy-3-oxo-Δ$^{1.4}$-choladiensäure* erzeugt. Die physikal. Konst. der veresterten Säure deuten darauf hin, daß es sich um *12α-Hydroxy-3-oxo-Δ$^{1.4}$-choladiensäuremethylester* (I), $C_{25}H_{36}O_4$ handeln dürfte: F. 146–148°; $[\alpha]_D^{23}$ +294 ± 2° (Dioxan); λ_{max}^{alk} 246 mμ (ε = 15,400); $\nu_{max}^{CHCl_3}$ 3,481 cm^{-1} (OH), 1,732 cm^{-1} (Ester) u. 1,607, 1,624 u. 1,663 cm^{-1} (Δ$^{1.4}$-3-Keton). Die Identität mit einem authent. I, welcher aus *12α-Hydroxy-3-oxo-Δ^4-cholensäuremethylester* durch Dehydrierung mit *SeO_2* dargestellt wurde, konnte durch IR-Vgl. u. Misch-F. bestimmt werden. O. Jansen 4320◇

1171 **Mikrobiologische Umsetzungen. 3. Mitt. Reduktion der Steroid-C-19-Aldehyd-Gruppe.** Charles J. Sih, S. Morris Kupchan, N. Katsui und O. El Tayeb. (J. org. Chemistry **28,** 854–55, 1963; Madison, Wis., Univ., School of Pharm.; engl.) — 2. vgl. C. **1964,** 14-0917. — Bei der Inkubation von *Anhydrostrophanthidon* (I) mit *Penicillium thomii* entsteht zu 55% *19-Dihydroanhydrostrophanthidon* (II), das im UV λ_{max}^{MeOH} 219 mμ zeigt; F. 247–251°. Im IR treten Banden bei 2,92; 5,60; 6,06 u. 6,20 μ auf. II gibt mit Essigsäureanhydrid–Pyridin das entsprechende Monoacetat, F. 186–187°; $[\alpha]_D$ +101° (c = 1,28; Methanol). Katalyt. Oxydation (Pt/O_2) von *Strophanthidol* u. anschließende Behandlung mit Essigsäure gibt ebenfalls **II;** $[\alpha]_D^{25}$ +91° (c = 1,46; Methanol). In Ggw. von P. thomii herrscht ein echtes Gleichgewicht zwischen I u. II. W. Berndt 4320◇

1172 **Mikrobielle Bildung und Hydrolyse von Testololacton.** Chester E. Holmlund, Robert H. Blank, Karl J. Sax und Ralph H. Evans jun. (Arch. Biochem. Biophysics **103,** 105–10, 1963; Pearl River, N.Y., American Cyanamid Co., Fermentation Biochem. Dep.; engl.) — *Testolsäure* (I) ist das stabilste Umwandlungs-Prod. in Fermentationen von *Androstendion* (II) mit *Cephalosporium acremonium.* Das Steroid wurde in 2% methanol. Lsg. zugegeben, so daß eine Endkonz. von 200 μg/ml erreicht wurde. Nährmedium: 2% Edamin, 2% Glucose, 0,5% Corn steep, pH 7. I wurde mit Äthylacetat bei pH 1–2 extrahiert u. papierchromatograph. isoliert. Von 14 Arten von Cephalosporia war nur ein Stamm von C. acremonium fähig, *Progesteron* (III) u. *Testololacton* (IV) in I zu verwandeln. Ein anderer Stamm derselben Art konnte zwar **IV** hydrolysieren, konnte jedoch nicht **IV** aus **III** oder **II** bilden. I wird durch enzymat. Hydrolyse aus **IV** gebildet u. ist wahrscheinlich kein Vorläufer für die mikrobiolog. Bldg. von **IV.** Wahrscheinlich ist **IV** das erste Rk.-Prod. aus **II,** u. I ist ein späteres Stoffwechselprodukt. O. Sellemond 4320◇

1173 **Die Umwandlung von Shikimisäure in bestimmte aromatische Verbindungen durch zellfreie Extrakte von Aerobacter aerogenes und Escherichia coli.** Pauline N. Morgan, Margaret I. Gibson und F. Gibson. (Biochem. J. **89,** 229–39, 1963; Melbourne, Australia, Univ. of Melbourne, Bacteriol. School; engl.) — Zur Klärung der Frage der Umwandlung von *Shikimisäure-5-phosphat* (I) in *Anthranilsäure* (II) durch Mikroorganismen wurden Verss. mit zellfreien Extrakten auxotropher Stämme von *Escherichia coli* u. *Aerobacter aerogens* T17 durchgeführt. Die zunächst verwendeten rohen Zellextrakte wandelten *Shikimisäure* (III) genauso gut um wie I. Die Umwandlung von **III** in **II** durch rohe Zellextrakte bei pH 8–9 u. 37° kann bis zu 88% betragen u. wird durch *$MgCl_2$*, *L-Glutamin* (IV), *ATP*, *NAD* oder *$NADH_2$* u. einem *Zuckerphosphat* stimuliert. Überschüssiges *ATP* u. *Phosphoenolbrenztraubensäure* (V) wirken hemmend. Die Zugabe von *L-Tryptophan* oder das Weglassen von **IV** bewirkt eine Abnahme der **II**-Produktion u. eine Zunahme der Bldg. von *Phenylbrenztraubensäure* (**VI**) u. *4-Hydroxyphenylbrenztraubensäure.* Für die Bldg. von **VI** durch rohe Zellextrakte sind $MgCl_2$, ATP, phosphorylierter Zucker u. NAD notwendig. Bei Verw. von mit $(NH_4)_2SO_4$ ausgefällten Enzym-Präpp. für die Umwandlung von **III** in **II** ist die Anwesenheit von **V,** $NADH_2$, **IV** u. phosphorylierten Zuckers nötig. Die Enzym-Präpp. wandeln in Ggw. von **V,** $NADH_2$ u. $MgCl_2$ bei pH 8,2 I in **VI** um. O. Sellemond 4320◇

1174 **Eine umgekehrte Beziehung zwischen den Wirkungen des Sauerstoffs und des Eisens auf die Produktion von Fluorescein und Cytochrom c durch Pseudomonas fluorescens.** Howard Lenhoff. (Nature [London] **199,** 601–02, 1963; Baltimore, Md., Johns Hopkins Univ., McCollum Pratt Inst.; engl.) — Vf. untersucht den Einfl. von *O_2* u. *Fe* auf die Prod. von *Fluorescin* (I) u. *Cytochrom c* (II) durch *Ps. fluorescens* (Ps.) u. stellt fest, daß Ps. bei starker O_2-Zufuhr (schütteln) in Abwesenheit von Fe große Mengen I neben weniger als 0,1% des Zellproteins als II erzeugt. In Anwesenheit von geringen O_2-Mengen in Ggw. von Fe werden 3,5% des lösl. Eiweißes als II identifiziert u. kaum I gefunden. Es wird gezeigt, daß auch die „Atmungsvorläufer" von I fluorescieren. I wird als Pyrrol- oder Pyrrolidin-Deriv. angesehen. G. Marquard 4320◇

1175 **Untersuchung über die Erzeugung von D-Araboascorbinsäure durch Penicillium. 3. Mitt. Die Umwandlung von $^{14}C_{(1)}$-D-Glucose.** Takeshi Takahashi, Hisashi Kayamori und Moritaka Mitsumoto. (J. agric. chem. Soc. Japan [Nippon Nôgei-Kagaku Kaishi] **35,** 51–53, 1961; jap.) — 2. vgl. J. agric. chem. Soc. Japan [Nippon Nôgei-kagaku Kaishi] **34,** [1960] 958. — Der *D-Araboascorbinsäure* (I) erzeugende Stamm 1026 von *Penicillium notatum* wird in einem Medium von 2 (%) Glucose (II), je 0,1 $(NH_4)_2SO_4$, Harnstoff, $NaNO_3$ u. $MgSO_4 \cdot 7\ H_2O$ u. 0,25 KH_2PO_4, Spuren von $MnSO_4$ u. $ZnSO_4$ bei pH 5 u. 27° 7 Tage wachsen gelassen u. unter der Pilzdecke für eine 2. Gärung 2% II als Träger mit *$^{14}C_{(1)}$-Glucose* (100 μc) gebracht (1/15 Mol Phosphatpuffer für pH 5,0; 27°; 64 Std.). Die papierchromatograph. (Autoradiogramm) Aufarbeitung ergibt ^{14}C-I (R_F 0,40–0,44) neben II (R_F 0,1). I gibt bei Spaltung mit 8n H_2SO_4, 100° in 3 Std. 91% CO_2 neben Furfurol. 78% der Aktivität sind im CO_2 (als $BaCO_3$), neben 21% im restlichen Mol., wenn die der erhaltenen I = 100% ist. Vff. schließen, daß I aus II durch den Pilz u. ohne Spaltung des Mol. gebildet wird. L. Schuler 4320◇

1176 **Der Stoffwechsel von Cysteinsulfinsäure in Escherichia coli.** Franz-J. Leinweber und Kenneth J. Monty. (Biochim. biophysica Acta [Amsterdam] **63,** 171–79, 1962; Baltimore, Md., The Johns Hopkins Univ., McCollum-Pratt Inst.; engl.) — Fraktionierte Fällung zellfreier Extrakte von *E. coli* mit 35–50% (A) u. 50–80% (B) Ammonsulfat ergibt 2 Fraktionen, welche den Stoffwechsel von *L-Cysteinsulfinsäure* (I) in E. coli enzymat. steuern. Fraktion A katalysiert die Freisetzung von *Sulfit* aus I, u. β-Sulfinylpyruvat scheint ein Zwischenprod. dieser allein (?) durch Glutaminsäure–Oxalessigsäure-Transaminase katalysierten Rk. zu sein. Fraktion B red. Sulfit zu Sulfid (H_2S) mit red. Triphosphopyridinnucleotid (TPNH) als reduzierendem Agens. Diese beiden Enzyme stellen den einzigen Weg des I-Stoffwechsels in E. coli dar. Ekkehard Schmid 4320◇

1177 **Untersuchung über den Brenztraubensäure- und Kohlenhydratstoffwechsel von Milchsäurebakterien. 7. Mitt. Dismutationssystem Pyruvat–Zucker bei Lactobacillus brevis.** Kei Yamanaka. (J. agric. chem. Soc. Japan [Nippon Nôgei-kagaku Kaishi] **32,** 236–38, 1958; Kagawa Agric. Coll.; jap.) — 6. vgl. J. agric. chem. Soc. Japan [Nippon Nôgei-kagaku Kaishi] **31,** [1957] 532. — Die Dismutationen zwischen *Glucose* u. *Pyruvat* verlaufen bei *L. brevis* u. *L. pentoaceticus* ähnlich. Für L. brevis wird die Dismutation zwischen *Pyruvat* u. *Fructose, Maltose* u. *Gluconat* nachgewiesen, nicht aber mit *Mannose, Galaktose, Saccharose, Lactose* u. *Xylose.* Im Falle einer Dismutation zeigen die Dismutations-Prodd. stets eine positive Bial-Rk. durch gebildete *Pentose.* L. Schuler 4320◇

1178 **Untersuchung über den Brenztraubensäure-Kohlenhydratstoffwechsel von Milchsäurebakterien. 8. Mitt. Bildung von Pentosephosphat durch Milchsäurebakterien vom Heterotyp.** Kei Yamanaka. (J. agric. chem. Soc. Japan [Nippon Nôgei-kagaku-Kaishi] **32,** 239–43, 1958; jap.) —

7. vgl. vorst. Referat. — Bei den Heterovergärern *Leuconostic mesenteroides, Lactobacillus fermentum, L. brevis* u. *L. pentoaceticus* wird durch Dismutation gebildete *Pentose* nachgewiesen, u. zwar spektrophotometr. nach der Bial-Rk. (maximale Absorption bei 670 nm) nach der Cystein–Carbazol-Rk. (390 nm) u. nach der 1-Naphthol–H_2SO_4-Rk. (550 nm). Eine Cystein–Carbazol-Rk. mit Absorption bei 540 nm ist gleichfalls positiv, was auf Ggw. einer *Ketopentose* deutet. Bei L. fermentum wird die Bldg. einer *Triose* angenommen u. zwar, aus der Änderung der Absorption bei der Cystein–Carbazol-Reaktion. Das nach der Dismutation auftretende Prod. ist gegen Br-Oxydation beständig u. wird in das Ba-Salz umgewandelt, das in $Ba(OH)_2$ lösl., in A. unösl. ist. Demnach muß es sich um ein *Pentosephosphat* bzw. *Ketopentosephopshat* handeln. L. Schuler 4320◇

1179 **Ein Glucan, das von Claviceps purpurea gebildet wird.** A. S. Perlin und W. A. Taber. (Canad. J. Chem. **41**, 2278 bis 2282, 1963; Saskatchewan, Saskatoon, Nat. Res. Council of Canada, Prairie Reg. Labor.; engl.) — Vff. kultivieren *Claviceps purpurea*, Tul. PRL 1980 bei pH 5,2 in einem Medium, das reich an *D-Glucose* (I) u. Phosphat neben *D-Mannit* u. *Weinsäure* ist. Aus den klaren Filtraten von 8 Tage alten Kulturen wird ein *Glucan* (II) isoliert, das unlösl. in W., lösl. in verd. Alkalien ist u. mit 1n H_2SO_4 zu I u. mit Na-Metaperjodat zu *Ameisensäure* abgebaut wird. Die Bldg. von II scheint mit der Akkumulation anderer Nebenprodd. wie der *Mutterkornalkaloide*, der *Polyole* u. der *Tetralose* in Beziehung zu stehen. I besteht aus *β-D-Glucopyranosyl*-Einheiten, von denen die meisten eine 1 → 3-gebundene Hauptkette bilden. Andere Einheiten sind durch 1 → 6-Bindungen mit Einheiten der Hauptkette verknüpft u. sind in relativ gleichmäßiger Anordnung entlang der Länge des Polymeren verteilt. Während II gegenüber *Rhizopus arrhizus* QM 1032 *endo-Laminarinase* (*endo*-III) beständig ist (Abbau des mit Perjodat oxydierten II erst nach Vorbehandlung mit Phenylhydrazin oder $NaBH_4$ zu I u. *Laminaribiose*), wird II mit *Basidiomycete* QM 866 *exo*-III zu α-I u. *α-Gentiobiose*, $C_{12}H_{22}O_{11}$, 2 CH_3OH, F. 90 bis 92° (A.–Methanol) abgebaut. G. Marquard 4320△

1180 **Untersuchungen über die Funktionen und den Stoffwechsel von Mesoinosit.** 1. Mitt. **Morphogenetische Wirkung dieses Faktors auf eine Hefe: Schizosaccharomyces pombe.** W. H. Schopfer, Th. Posternak und D. Wüstenfeld. (Arch. des Sci. [Genève] **13**, 522—30, 1960; Genève, Univ., Labor. de Chim. Biol. et organ. spéciale; Berne, Univ., Inst. de Botan.; franz.) — Vff. stellten fest, daß *Mesoinosit* (I) bei einer Konz. von 1 γ/ml optimales Wachstum von *Schizosaccharomyces pombe* auf einem Nährmedium nach Pennington (J. Bacteriol. **62**, [1951], 677) verursacht. Der I-Antagonist *Methylenpentahydroxycyclohexanepoxid* (II) verändert tiefgreifend die Morphologie der Zellen: er verursacht in Mengen von 60—70 γ/ml einen 50%ig. Rückgang des Trockengewichts u. einen 6—8fachen Anstieg des Zellvol. (Bldg. von Riesenzellen u. Pseudomycelformen). Vollständiges Fehlen von I hat ähnliche doch nicht so ausgeprägte Auswirkungen. Durch einen I-Überschuß können diese Effekte rückgängig gemacht werden. Diese patholog. Veränderungen der Cytogenese sind phänotyp. Natur. *N-Dimethylacroylsulfanilamid*, *N-[3.4-Dimethylphenyl]-sulfanilamid*, *Pyrithiamin* (*Antithiamin*) u. *2.6-Diamino-11.12-dimethylpteroylglutaminsäure* verursachen in Konzz. von 0,1 mg/cm³ keine ähnlichen Wrkg. wie II; die Hemmwrkg. von II wird durch 10 γ/cm³ *Indolylessigsäure*, *6-Furfurylaminopurin* (*Kinetin*), *cis-Traumatinsäure* (*K-Salz*; *Traumatin*) u. *Gibberellin* nicht aufgehoben. H. Kockert 4320◇

1181 **Untersuchungen über die Funktionen und den Stoffwechsel von Mesoinosit.** 2. Mitt. **Vergleichende Untersuchung über die Zusammensetzung der Phospholipide von normalen und durch Antiinosite gehemmten Schizosaccharomyces pombe-Zellen.** Th. Posternak, W. H. Schopfer und J. Deshusses. (Arch. Sci. [Genève] **13**, 530—37, 1960; franz.) — 1. vgl. vorst. Referat. — Bei in Ggw. von *Mesoinosit* (I) u. *Methylenpentahydroxycyclohexanepoxid* (II) oder I u. *Isomytilit* (III) gewachsenen Zellen von *Schizosaccharomyces pombe* macht sich, im Vgl. zu normalen Kulturen, ein höherer Geh. an *Cyclitphosphorsäureestern* (IV) in der *Phospholipid* (V)-Fraktion bemerkbar. Bei den III-gehemmten Zellen geht dieser Anstieg an IV im wesentlichen auf einen merklichen Einbau von III in die V-Fraktion zurück, wogegen in Ggw. von II nur ein geringfügiger II-Einbau stattfindet. Hingegen ist in Ggw. von I die V-Synth. gesteigert. — Die biochem. Mechanismen der beiden (durch II u. III bedingten) Hemmtypen werden diskutiert. H. Kockert 4320◇

1182 **Untersuchungen über die Funktionen und den Stoffwechsel von Mesoinosit.** 3. Mitt. **Vergleichende physiologische Untersuchung der Wirkung von 2 Antiinositen, Isomytilit und Methylenpentahydroxycyclohexanepoxid, auf Schizosaccharomyces pombe.** W. H. Schopfer und Th. Posternak. (Arch. Sci. [Genève] **13**, 537—41, 1960; franz.) — 2. vgl. vorst. Referat. — *Isomytilit* (I) hat offenbar keinen Einfl. auf die Permeabilität der Zellen von *Schizosaccharomyces pombe* gegenüber *Mesoinosit* (II), wogegen *Methylenpentahydroxycyclohexanepoxid* (III) die Permeabilität gegenüber II beeinflußt. I u. III scheinen kompetitive Inhibitoren von II im weitesten Sinnes dieses Ausdruckes zu sein. H. Kockert 4320◇

1183 **Die Hemmung der Bakteriochlorophyllbiosynthese von Rhodopseudomonas spheroides durch 8-Hydroxychinolin.** O. T. G. Jones. (Biochem. J. **88**, 335—43, 1963; Canberra, Australia, C.S.I.R.O., Div. of Plant Industry; engl.) — Der Zusatz von *8-Hydroxychinolin* I) zum Medium von *Rhodopseudomonas spheroides* verursacht einen Abfall der intracellulären Konz. an *Bakteriochlorophyll* (II), aber nicht an *Hämfarbstoffen* oder *Carotinoiden*. Diese Hemmung wird von der Ausscheidung von *Tetrapyrrolfarbstoffen* (III) in das Medium begleitet. I wird bei diesen Verss. unwirksam, wenn Cu^{2+}-Ionen im Medium fehlen, aber bei Fehlen anderer Metallionen sinkt die Ausscheidung von III nicht. Die extracellulären Pigmente wurden durch Chromatographie an Polyäthylen-Kolonnen gereinigt, u. es wurden 8 Komponenten isoliert. Zwei von diesen sind bekannte Verbb., *Mg-Protoporphyrinmonomethylester* u. *Protoporphyrinmonomethylester*, u. wurden im Medium inhibitorfreier Kulturen gefunden. Die anderen Verbb. ähneln in den spektroskopischen Eigg. dem *Phäophorbid a* (IV), *Chlorobium-Phäophorbid 660*, *Chlorobium-Phäophorbid 650*, *Mg-Vinylphäoporphyrin a_5* (V), *Vinylphäoporphyrin a_5* u. einem *Cu-Phäophorbid*. Mit steigender I-Konz. im Medium sinkt die Konz. an intracellulärem II, aber die Ausscheidung der IV- u. V-ähnlichen Substanzen nimmt zu. O. Jansen 4330◇

1184 **Änderungen im Kohlenhydratstoffwechsel in Aspergillus niger, hervorgerufen durch Dinitrobenzol.** Edwin S. Higgins und Wilbur G. Chambers. (Arch. Biochem. Biophysics **103**, 87—93, 1963; Richmond, Va., Med. Coll. of Virginia, Dep. of Biochem.; engl.) — Durch Kultivieren eines *Aspergillus niger*-Stammes auf Nährböden mit zunehmenden Geh. an *m-Dinitrobenzol* (I) wurde ein gegenüber der fungistat. Wrkg. von I resistenter Stamm isoliert. Dieser resistente Stamm enthält ein neues Polysaccharid, wahrscheinlich *β-1.4-Glucan* (II) in einer Menge von 8,5—9,9% des Myceltrockengewichts, das durch mehrfaches Fällen mit A. u. Reinigung durch Dialyse isoliert wurde. Der resistente Stamm zeigt — zum Unterschied gegenüber den wilden Stämmen — die Fähigkeit, *Glucose* (III) anaerob abbauen zu können. Die Atmung des resistenten Stammes wird durch Zugabe von III nicht beeinflußt, u. er zieht Polysaccharid, bes. II, der III als C-Quelle vor. Aerobe u. anaerobe Verss. mit dem wilden u. resistenten Stamm mit III u. II als Substrat sollten den Einfl. des I auf den *Kohlenhydrat*-Stoffwechsel der beiden Stämme zeigen. I hemmt den aeroben u. anaeroben Abbau des II durch den resistenten Stamm. Diese Tatsache ist wahrscheinlich der Grund für die Anhäufung von II durch den resistenten Stamm, da in den Kulturmedien dieses Stammes immer I enthalten war. O. Sellemond 4330◇

1185 **Die Hemmwirkung von Adenylnucleotiden u. -nucleosiden auf die Biosynthese von Porphyrinen bei Rhodopseudomonas spheroides.** Alfred Gajdos und Marianne Gajdos-Török. (Bull. Soc. Chim. biol. **45**, 857—64, 1963; Paris, Parvis de Notre-Dame, l'Hôtel Dieu, Labor. de Rech. de la Clin. Med.; franz.) — Vff. untersuchen die Wrkg. von *Adenin* (I), *Adenosin* (II), *Adenosin-mono-* (III), *-di-* (IV), *-tri-* (V) *-phosphat* u. *Inosin* (VI) auf die Biosynth. von *Porphyrinen* (VII) von *Rhodopseudomonas spheroides*. I—VI hemmen die Synth., wenn die Substrate *Glykokoll*, *α-Ketoglutarsäure* oder *Bernsteinsäure* sind. V ist am stärksten wirksam. Die VII-Synth. wird dagegen bei einem *δ-Aminolävulinsäure* (VIII)-Substrat durch I—VI nicht beeinflußt. Thymin, Uracil, Orotsäure, Cytidin, Thymidin, Uridin, Cytidyl-,

Thymidin- u. Uridylsäure zeigen keine Hemmwirkung. Die hemmende Wrkg. von I—VI scheint auf VIII beschränkt zu sein. Es handelt sich wahrscheinlich um eine Retroinhibition. G. Marquard 4330△

1186 **Die Bildung antibakterieller Substanzen durch Fusarium.** M. O. Tirunarayan und M. Sirsi. (Indian J. med. Res. **49**, 819—27, 1961; Bangalore, Inst. of Sci., Indian Dep. of Pharmacol. Labor.; engl.) — Die Bldg. antibakterieller Substanzen (AS) durch *Fusarium* Spp. sowie der Einfl. von unterschiedlichen C- (*Glucose, Rohrzucker, Fructose, Maltose, Kartoffelstärke*) u. N-Quellen auf Qualität u. Quantität von AS wurde an 33 Fusarium-Stämmen untersucht. Fünf AS (*Fusarinsäure, Javanicin, Enniatin-B, Oxysporin, Sambucinin*) wurden krist. erhalten u. mit repräsentativen grampositiven, gramnegativen u. säurefesten Testkeimen ausgewertet, wobei gute Resultate bei grampositiven u. säurefesten Bakterien beobachtet werden. Die Wachstumsabhängigkeit der Fusarien von der N-Quelle (*Na-Nitrit, Na-Nitrat, Ammoniumtartrat, Äthylaminhydrochlorid, Glycin, Harnstoff*) kann Aufschlüsse über Anfälligkeit oder Resistenz von Pflanzen bei phytopathogenen Fusarien geben. Ekkehard Schmid 4330◇

1187 **Die Röntgenempfindlichkeit von Escherichia coli in Gegenwart von β-Mercaptoäthylamin.** Cezar A. Eliasi (Radiat. Res. **15**, 632—40, 1961; Oak Ridge, Tenn., Oak Ridge Nat. Labor., Biol. Div.; engl.) — Zellsuspensionen (10^7/ml) von *Escherichia coli* wurden mit *β-Mercaptoäthylaminhydrochlorid* (I) inkubiert u. 30 Min. danach mit 250-kV-Röntgenstrahlung bei folgenden Daten bestrahlt: Filter 3 mm Al, Dosisleistung 1666 r/min, Gesamtdosis bis 120 kr. Bei einer anderen Vers.-Reihe wurden die Suspensionen 15 Min. vor der I-Zugabe mit N_2 durchströmt. Unbestrahlte Proben wurden analog behandelt. Die Wrkg. der Strahlung sowie von I wurde durch Aussetzen von Kulturen auf Nährboden u. Abstrich auf Zählplatten untersucht. Es ergab sich, daß die Strahlenempfindlichkeit der Zellen durch I herabgesetzt wird. Diese Schutz-Wrkg. ist größer als die eines Sauerstoffentzugs, sie ist ferner in 0,85% NaCl größer als in 0,066m Phosphatpuffer u. bei pH 7 ausgeprägter als bei pH 6. W. Reusse 4330◇

1188 **Beitrag zur Bestimmung von Biostimulinen und ihr Einfluß auf verschiedene Antibiotica.** J. Meyer, R. Illien und J. G. Faudi. (Arzneimittel-Forsch., Beih. **11**, 972—75, 1961; Straßburg, Univ., Pharmazeut. Fak., Inst. für Hygiene u. Mikrobiol.; dt.) — Es werden 3 Meth. beschrieben, die die Best. der biogenen Wrkg. von *Biostimulinen* (I) auf gasometr. u. biophotometr. Wege sowie durch Plattenkultur erlauben. Pflanzliche u. tier. I erhöhen allg. das Wachstum der *Bakterien* u. verändern die Empfindlichkeit gegen *Antibiotica* (II). Verss. über Einfl. biogener Wuchsstoffe, z. B. Placenta- u. Maiskeimextrakt, auf II ergaben 3 II-Gruppen: 1. Verringerung der Wrkg. durch Placentaextrakte bzw. 2. durch Maiskeimextrakte u. 3. leichte Wrkg.-Verstärkung von *Chloramphenicol, Oxytetracyclin, Chlortetracyclin* u. *Tetracyclin* durch pflanzliche I gegenüber II-empfindlichen Bakterien. Bei resistenten Bakterien verstärkt Placentaextrakt die Wrkg. von *Streptomycin, Penicillin, Bacitracin* u. *Neomycin*. K. Maier 4340◇

1189 **Die Wirkung von Penicillin, Novobiocin, Streptomycin und Vancomycin auf die Membransynthese durch Protoplasten von Bacillus megatherium.** M. D. Yudkin. (Biochem. J. **89**, 290—96, 1963; Cambridge, Mass., Med. Res. Council Unit for Chem. Microbiol., Dep. of Biochem.; engl.) — Bis jetzt konnten keine ausreichenden Beweise für die Annahme gegeben werden, daß die Wrkg. der *Antibiotica* auf einen Eingriff in die Zellmembran-Synth. beruht. Die hier beschriebene Meth. erlaubt eine Beurteilung der Synth. der *Protein-* u. *Lipoid*-Komponenten der Protoplastenmembrane von *Bacillus megatherium* KM mit Hilfe von ^{14}C-markiertem *Arginin, Histidin, Tyrosin* u. *Glycerin* (I). Die Membranen werden von den Protoplastenlysaten durch Zentrifugieren getrennt, sorgfältig gewaschen u. mit 6n HCl 15 Std. bei 105° hydrolysiert. Das Hydrolysat wird nach sorgfältiger Reinigung papierchromatographiert u. das Radioautogramm aufgenommen. Alle 3 Aminosäuren u. I werden eingebaut, ohne daß dabei eine Umwandlung in andere Verbb. vorkommt. *Penicillin* in bis zu 300facher Hemmkonz. für den gesamten Organismus beeinflußt die Geschw. des Einbaus nicht. Es kann kein direkter Beweis gegeben werden, daß das *Novobiocin* (II), *Streptomycin* (III) u. *Vancomycin* (IV) defekte Membran-Bldg. verursachen. II u. III hemmen den Einbau der Aminosäuren stärker, den des I schwächer. IV hemmt den Einbau der Aminosäuren u. des I. Ein Beweis jedoch für eine selektive Inhibierung des Einbaus in die Zellmembrane im Vgl. zum gesamten Zellprotein u. -lipoid kann nicht gegeben werden. O. Sellemond 4340◇

1190 **Die Wirkung von Benzylpenicillin und Cycloserin auf die Ribit-Teicho-Säurebildung durch Staphylococcus aureus.** H. J. Rogers und A. J. Garrett. (Biochem. J. **88**, 6P, 1963; London, Nat. Inst. for Med. Res.; engl.) — *Staphylococcus aureus*-Kulturen wurden mit $^{14}C_{(1)}$-*Alanin* (I) oder ^{32}P-*Orthophosphat* (II) unter Belüftung bei 35° inkubiert. Danach wurden die Zellen nach I-Inkubation mit Trichloressigsäure, nach II-Inkubation mit NaOH extrahiert u. die Radioaktivität der Extrakte bestimmt. Die Inkubation in Ggw. von 0,1—0,3 μg *Benzylpenicillin* (III)/ml hemmte die *Mucopeptid* (IV)-Synth. zu 95%, die der *Teichosäure* (V) zu 40—50% mit dem *S. aureus*-Stamm Oxford, bzw. zu 65—75% mit Stamm *20*. Die Erhöhung der III-Konz. auf das 100fache erhöhte kaum die Hemmung. Ähnliche, wenn auch schwächere Hemmungen wurden mit *Cycloserin* gefunden. Der noch stattfindende Einbau von ^{32}P, verbunden mit *Ribit* u. *Glucosamin* in V in Ggw. von III, ergab eine sehr leicht von der Zellwand ablösbare V. Zwischen V u. IV bestanden keine multiplen Bindungen. I in V war nicht an den Bindungen an IV beteiligt. J. Boelter 4340◇

1191 **Nystatinempfindlichkeit von Candidastämmen.** C. K. J. Paniker, P. V. Kurup und K. Indira Devi. (Indian J. med. Res. **51**, 846—50, 1963; Trivandrum, Med. Coll., Dep. of Bacteriol.; engl.) — *Nystatin* (I) wird heute hauptsächlich nur gegen *Candida*-Infektionen angewandt, bes. auch prophylakt., gegen Candida-Superinfektionen in der Breitbandantibiotica-therapie. Die Empfindlichkeit von 131 Stämmen *C. albicans*, 34 *C. tropicalis*, 27 *C. parapsilosis*, 16 *C. krusei*, 7 *C. guilliermondii* u. 3 *C. stellatoidea* isoliert von Krankenhauspatienten gegenüber I, wurde im quant. Röhrchenverdünnungstest geprüft. Alle geprüften Stämme wurden durch 40 E/ml oder weniger an I gehemmt, die meisten Stämme sogar durch 5 E/ml. Für die meisten Stämme betrug die fungicide Konz. das 2—3fache der minimalen Hemmkonzentration. Die verschiedenen Species zeigten unterschiedliche Empfindlichkeit gegenüber I. O. Sellemond 4340◇

1192 **Zusammenhang einer Serumtrübungsreaktion mit der Serotype von Streptococcus pyogenes.** H. Gooder. (J. gen. Microbiol. **25**, 347—52, 1961; London, Colindale, Central Public Health Labor., Streptococcus Reference Labor.; engl.) — *St. pyogenes* mit *M-Antigen* (I) geben negative Serum-Trübungs-Rkk., ausgenommen Serotypen 2 u. 9. Serotypen mit I geben positive Rkk., was ein wertvolles Hilfsmittel zur Typen-Best. von *Streptokokken* sein kann. Ekkehard Schmid 4350◇

1193 **Schnellmethode des Salmonellanachweises in den Organen und Geweben verendeter Tiere.** P. I. Pritulin. (Tierheilkunde [UdSSR] **39**, Nr. 9, 79—82, Sept. 1962; russ., Auszug: engl.) — Die Meth. der Lumineszenzmikroskopie (LM) mit Verw. von markierten *Antikörpern* ermöglicht es, den *Salmonella*-Nachw. in Organen u. Geweben der an Paratyphus verendeten Tiere in 46—62% der Fälle zu bringen. Nach 7—9 Std. lassen sich in 96—97% der Fälle Salmonellen nachweisen. Im Vgl. zu der bakteriolog. Best.-Meth. ist die Best. nach der Meth. der LM durch gleiche Genauigkeit charakterisiert, kann aber 15—20mal schneller als die letzte durchgeführt werden. Als Material können dem Unters.-Labor. Ausstriche bzw. sich im 1. Zers.-Stadium befindendes Material eingereicht werden. S. Baryschnikow 4370△

1194 **Nebennierenrinde und das durch Bakterienpyrogene hervorgerufene Fieber.** P. Lechat und D. Deleau. (C. R. Séances Soc. Biol. Filiales **155**, 2276—78, 1961; Paris, Assoc. Claude Bernard, Centre de Rech.; franz.) — Verss. an Kaninchen zeigen, daß die Nebennierenrinde bei der Entstehung des durch Bakterienpyrogene (*Antigonokokkenvaccine*; *AV*) hervorgerufenen Fiebers keine Rolle zu spielen scheint. Nur nach Zufuhr von verhältnismäßig hohen Dosen von *ACTH* (10 I.E./kg) ist die hypertherm. Aktivität vermindert u. ihr Auftreten verzögert. Bei Ratten wird durch Adrenalektomie keine Veränderung der hypertherm. Wirksamkeit von AV erzielt. Durch i.v. Injektion von *Hydrocortisonsemisuccinat* wird beim Kaninchen die durch AV ausgelöste Hyperthermie nicht abgeschwächt, sondern im Gegenteil schwach stimuliert, während *Amidopyrin* voll wirksam ist. Auch die vorausgehende Zufuhr von *Dexamethason* ist ohne Wrkg. auf die I-bedingte Hyperthermie. P. Schwerdtfeger 4370◇

1195 **Veränderungen im Plasmaprotein und Nucleinsäuren der Leber während der Immunisierung mit mikrobiellen Toxinen.** S. Pal und S. K. Dutta. (Indian J. med. Res. **51**, 907—16, 1963; Kalkutta, Bengal Immunity Res. Inst.; engl.) — Die Veränderungen in Plasma-*Protein* u. den *Nucleinsäuren* der Leber während der *Antikörper*-Bldg., hervorgerufen durch *Toxine* von *Clostridium welchii*, wurden in Kaninchen untersucht. Der Grad der Immunisierung u. die Änderungen der verschiedenen *Globuline* u. *Albumine* im Plasma der Kaninchen wurde bestimmt. Während der Bldg. der neuen Antikörperproteine wird die *RNS* der Leber verändert, dagegen bleibt die *DNS* im wesentlichen unverändert. O. Sellemond 4370◇

1196 **Quantitative Disproportion im Stärke- und Zuckergehalt zwischen gesunden und viruskranken Kartoffeln.** Michal Šmálik, Ján Drozd und Anna Kubíková. (Pol'nohospodárstvo **8**, 245—50, 1961; Velká Lomnica, ČSSR, Výzk. a šlacht. stan.; slowak.) — Vff. bestimmten den Geh. an *Stärke* (I) u. *reduzierenden Zuckern* vor u. nach Inversion von viruskranken u. gesunden Kartoffelknollen u. -stauden. Eine Störung im Metabolismus der Zucker sowie der Geh. an *Mono-* u. *Disacchariden* ist für die Identifizierung der Erkrankung unspezifisch. Geeignet erscheint dagegen die Best. des I-Geh. u. der Aktivität der Invertase, doch ist der Nachw. auch mit kombinierten Meth. nicht sicher. Gottfried Lange 4374◇

1197 **Die Viruschlorose in ihren Beziehungen zum Eisen. Das Enzymprotein. Modellversuch mit Abutilon striatum.** Paul Reckendorfer. (Pflanzenschutzberichte [Wien] **24**, 73—81, Mai 1960; Wien, Bundesanst. für Pflanzenschutz, Chem. Labor.; dt.) — Das Mosaik aus gelben A- u. grünen B-Feldern auf *Abutilon striatum* bei der infektiösen Buntblättrigkeit ließ sich durch Infiltration von Fe-Chelat (*Fe-Verb. des Di-Na-Salzes von Äthylendiamintetraessigsäure*) nicht verändern. Die vergilbten Blattanteile ergrünten nicht von neuem. Vf. nimmt an, daß das betreffende Enzym durch die Virusnucleinsäure denaturiert wird u. infolgedessen die Chlorophyll-Synth. rückläufig wird. M. Wiedemann 4374◇

1198 **Untersuchung der enzymatischen Biosynthese in vitro der Infektivität des Tabakmosaikvirus.** Pierre Cornuet und Suzanne Astier-Manifacier. (C. R. hebd. Séances Acad. Sci. **255**, 3076—78, 26/11. 1962; Versailles, I.N.R.A., Stat. Centrale de Pathol. Végét.; franz.) — Blätter von Samsun- bzw. Xanthi-Tabak wurden auf ihrer Oberfläche mit einer Suspension von *Tabakmosaikvirus* inokuliert, die Pflanzen 40 Std. bei 25° im Licht gehalten, die Blätter homogenisiert u. die Zellkerne durch Zentrifugieren isoliert. Dem Sediment werden Trispuffer, pH 7,5, $MgCl_2$ u. Al_2O_3 zugesetzt, es wird auf —15° abgekühlt, zerkleinert, mit Trispuffer versetzt u. 15 Min. bei 5000·*g* zentrifugiert (Überstand Fraktion I; Sediment I_0). I wird 90 Min. bei 78000·*g* zentrifugiert (Überstand Fraktion II). II wird mit Protaminsulfat gefällt, der Nd. abzentrifugiert u. in Bernsteinsäurepuffer pH 6,5 gelöst (Fraktion III). Das Sediment I_0 wird in Glycylglycinpuffer pH 7,5 gelöst u. wie oben ultrazentrifugiert u. mit Protaminsulfat gefällt (Fraktion IV). Alle Fraktionen wurden auf ihre biosynthet. Aktivität in bezug auf die Bldg. von Virus-*Ribonucleinsäure* (I) untersucht, indem die nach der Phenol-Meth. isolierte infektiöse Virus-I mit den betreffenden Enzymfraktionen in Ggw. von *Adenosintriphosphat*, *Guanosintriphosphat*, *Cytidintriphosphat* u. *Uridintriphosphat* 60 Min. inkubiert wurden. Die Infektivität der Inkubationsgemische wurde an Blättern von *Nicotiana xanthi* geprüft. Während die Fraktionen I u. II *Nuclease*-Aktivität aufweisen u. nach der Inkubation eine geringere Infektivität aufweisen als vorher, zeigen die Fraktionen III u. IV eine biosynthet. Aktivität bei der Bldg. von Virus-I. P. Schwerdtfeger 4374◇

1199 **Hämagglutination durch Enteroviren, isoliert aus Fieberfällen mit und ohne neurologischen Komplikationen, in Kindern.** A. Bal, N. P. Gupta und Sharda Paul. (Indian J. med. Res. **51**, 859—64, 1963; Lucknow, King George's Med. Coll., Dep. of Pathol. and Bacteriol.; engl.) — Von 102 untersuchten Virenstämmen besaßen nur 29 hämagglutinierende Eigg., wie durch die Agglutination von menschlichen Erythrocyten gezeigt werden konnte. O. Sellemond 4374◇

1200 **Die Isolierung und Charakterisierung eines Mucoproteins aus Ovine-Urin.** Charles E. Cornelius, Jack Pangborn und Robert J. Heckly. (Arch. Biochem. Biophysics **101**, 403—08, 1963; Berkeley, Univ. of California, School of Public Health, Naval Biol. Labor.; Davis, Calif., Univ. of California, Dep. of Clin. Pathol.; engl.) — Aus Ovine-Urin wurde nach Dialyse u. Ultrazentrifugieren ein *Mucoprotein* (I) mit NaCl ausgefällt. I wurde durch mehrfaches Umfällen mit NaCl gereinigt. Elektronenmkr. Unterss. zufolge bestand I aus langen u. dünnen Filamenten mit einer Länge von 2500—40000 Å mit wiederholten perlschnurartigen Verzweigungen. Offenbar representieren die Filamente eine lineare Aggregation kleinerer, sich wiederholender I-Einheiten. Die Verzweigungen beruhen wahrscheinlich auf einer Wechselwrkg. von I mit Wasser. Die Sedimentations-Koeff. waren denen von menschlichem *T*- u. *H-Mucoprotein* sehr ähnlich, ebenso die Viscosität sowie die UV-Absorptionsspektren. Die elektrophoret. Beweglichkeit von I betrug bei pH 7,5—7,8 ca. $-11{,}6 \cdot 10^{-5}\ cm^2 s^{-1} Volt^{-1}$. J. Boelter 4374◇

1201 **Enzymatische Histochemie des Bronchienepithels und der Alveolarzellen im frühen Stadium der Influenzaviruspneumonie der Maus.** J. F. Ph. Hers, R. G. J. Willighagen, D. A. J. Tyrell, Lidy van der Kuip und Maria A. C. Hos. (Nature [London] **193**, 348—49, 1962; Salisbury, Harvard Hosp., Med. Res. Council Common Cold Res. Unit; Leyden, Univ., Inst. of Pathol.; Leyden, Netherlands Inst. of Preventive Med.; Leyden, Univ. Hosp., Dep. of Intern. Med.; engl.) — In Lungenschnitten nichtinfizierter Mäuse wurden *5-Nucleotidase* (I) u. *alkal. Phosphatase* im Bronchienepithel nicht gefunden. Beide Fermente waren jedoch in den glatten Bronchienmuskeln, Gefäßwänden u. evtl. in den Alveolarzellen aktiv. *Bernsteinsäuredehydrogenase* war im Epithel der Bronchiolen viel mehr als in den Bronchien vorhanden. In den Lungen von intranasal mit 0,025 hämagglutinierenden Einheiten von Influenzaviren „A-Schwein-15 (1931, USA) infizierten Mäusen wurde I in dem Bronchienepithel, im Plattenepithel u. in den Bereichen, wo Antikörper gefunden wurden, festgestellt. Aktivität wurde im Kern, der Kernmembran (4 Std. nach Infektion) u. später im Cytoplasma nachgewiesen. Die Aktivität der Alveolarzellen blieb unverändert. Dagegen nahmen die Aktivitäten der Dehydrogenasen, vor allem der *Isocitronensäuredehydrogenase*, *Glucose-6-phosphatdehydrogenase*, *β-Hydroxybuttersäuredehydrogenase*, der *Diaphorasen* der *red. Di-* u. *Triphosphopyridinnucleotide*, der *Milchsäuredehydrogenase* sowie auch der *α-Naphthylacetatesterase* u. *Indoxylacetatesterase* vorwiegend in den Alveolarzellen ab. Die Veränderungen fanden in Bereichen, in denen schwere cytoplasmat. Wrkg. erwartet wurden, statt. J. Boelter 4374◇

1202 **Die Wirkung von Vitamin A auf den Influenzavirus im Ei: Morphologische Aspekte.** H. A. Blough. (Biochem. J. **88**, 11P, 1963; Cambridge, Univ., Dep. of Pathol.; engl.) — Eiembryonen wurden mit 100 EID_{50} Influenzavirus A (PR 8) u. allmählich mit verschiedenen Konzz. (5—150 μg) *Vitamin-A-Alkohol* (I), *-Säure* (I), *-Acetat* (III) bzw. *-Aldehyd* (IV) inokuliert. Die Allantois-Fl. wurde nach Adsorption u. Eluierung an menschlichen Erythrocyten sedimentiert u. der Nd. elektronenmkr. untersucht. I u. Derivv. bewirkten zu 33% filamentöse Formen u. zu 12% „aberrante" Formen (>2000 Å u./oder erheblich pleomorph). Defekte in der Virus-Entw. wurden mit allen I-Derivv. gefunden. Die Möglichkeit, daß III zu einer aktiveren Verb. hydrolysiert wurde, konnte nicht ausgeschlossen werden. Ein fest gebundenes Nucleokapsid wurde mitunter gefunden. Hämagglutination u. Infektivitätstiter wurden durch I—IV kaum verändert, so daß für diese Funktionen die vollständige Integrität der Virus-Entw. nicht erforderlich zu sein scheint. I wirkte auf die Zelloberfläche durch ein „Rearrangement" oder durch eine Auflösung. der Lipid-Moll. aus dem „Blättchen". J. Boelter 4374◇

1203 **Verhalten der antigenen und sonstigen biologischen Eigenschaften menschen- und tierpathogener Virusarten beim Behandeln mit salpetriger Säure.** 2. Mitt. **Verhalten von Myxoviren.** Rudolf Rott und Werner Schäfer. (Z. Naturforsch. **17b**, 160—64, 1962; Tübingen, Max-Planck

Inst. für Virusforsch.; dt.) — 1. vgl. Restle u. Mitarbeiter, C. **1962, 17458.** — Vff. stellten fest, daß ebenso wie beim Poliomyelitisvirus (l. c.) auch beim *Influenzavirus* (*IV*) durch längere Einw. (nach 6 Std. u. mehr) von HNO_2 die antigene Struktur zerstört wird; außerdem leiden hier noch die hämagglutinierende Komponente u. die Virus-*Neuramidinase* Schaden. Trotzdem lassen sich mit Hilfe dieser Inaktivierungs-Meth. sowohl beim IV als auch beim *Newcastle-Disease-Virus* (*NDV*), Stamm „Italien", brauchbare Vaccinen gewinnen, wenn unter den von Vff. eingehaltenen Vers.-Bedingungen die Zeit der Einw. von HNO_2 auf IV 3 Std. u. auf NDV 1 Std. beträgt. H. Kockert 4374◇

1204 **Über die inhibierende Aktivität des Guanidins gegenüber dem Poliomyelitisvirus in vitro.** 12. Mitt. **Charakterisierung der in vitro beim Poliomyelitisvirus induzierten Guanidinresistenz.** B. Loddo. (Boll. Soc. ital. Biol. sperim. **38,** 1043—46, 1962; Cagliari, Univ., Ist. di Farmacol. di Igiene e Microbiol.; ital.) — 11. vgl. C. **1963, 13616.** — Es wird geprüft, wie sich das Poliovirus 1 in Kulturen von HeLa-Zellen in Ggw. steigender Konzz. *Guanidin* (**I**; 1:16000—4000) vermehrt. Das Poliovirus wird leicht **I**-resistent, wenn die anfängliche **I**-Konz. nicht maximal ist; die **I**-Resistenz geht verloren, wenn das Virus in **I**-freie Zellkulturen gelangt; die erworbene **I**-Resistenz bleibt in anderen Zellkulturen erhalten. — Die Ergebnisse lassen unter theoret. Gesichtspunkten den Schluß zu, daß das Virus durch Adaptation u. nicht durch Selektion **I**-resistent wird. F. Kren 4374◇

1205 **Über die inhibierende Aktivität des Guanidins gegenüber den Poliomyelitisvirus in vitro.** 13. Mitt. **Im Poliomyelitisvirus in vitro induzierte Guanidinabhängigkeit.** B. Loddo. (Boll. Soc. ital. Biol. sperim. **38,** 1047, 1962; Cagliari, Univ., Ist. di Farmacol, di Igiene e Microbiol.; ital.) — 12. vgl. vorst. Referat. — Es wird bewiesen, daß das Syst. Poliovirus–Zellreceptor ein biolog. Syst. beträchtlicher Adaptationsfähigkeit darstellt, da sich das Virus konst. in Ggw. von *Guanidin* besser entwickelt. F. Kren 4374◇

1206 **Die Wirkung von Guanidin auf die Entwicklung des Poliovirus.** André Lwoff und Marguerite Lwoff. (C. R. hebd. Séances Acad. Sci. **256,** 5001—04, 1963; Paris, Inst. Pasteur, Serv. de Physiol. microbienne; franz.) — *Guanidin* (**I**) besitzt als Hemmsubstanz der Entw. des Poliovirus eine maximale Wirksamkeit zwischen der 2. bis zur 3. Std. nach der Infektion. Nach Verstreichen dieser Frist kann die Entw. des Virus auch in Ggw. von **I** erfolgen. O. Jansen 4374◇

1207 **Mycobakteriophagen.** 1. Mitt. **Physiko-chemische Charakterisierung.** Margret I. Sellers und H. Richard Runnals. (J. Bacteriol. **81,** 442—47, 1961; Los Angeles, Calif., Univ., School of Med., Dep. of Infectious Diseases; engl.) — Es wurde die serolog. Verwandtschaft, pH-Stabilität, Hitzeinaktivierungs-Geschw. u. der Einfl. einiger Kationen auf das Überleben der Mycobakteriophagen D 28, D 29 u. D 32, die gegen saprophyt. u. virulente Mycobakterien (*M. lactiola*, *M. tuberculosis* ATCC 607, *M. tuberculosis* ATCC 9033) wirksam sind, bestimmt. Serolog. unterscheiden sie sich voneinander u. werden nur durch homologe Antiseren neutralisiert. Ein weiteres Charakteristikum der Viren ist die Hitzeinaktivierung: Der log % Überlebende wird gegen die Zeit aufgetragen: Bei 2 Phagen besteht bis 54° eine lineare Beziehung, die bei D 29 bis 56° geht. Für D 28 u. D 32 zeigt sich bei 56, 58 u. 60° u. bei D 29 bei 58 u. 60° eine 2-Komponenten-Inaktivierungskurve, D 29 ist also hitzestabiler. pH-Empfindlichkeit: D 28 ist stabil bei pH 6—10, D 29 bei pH 7—10 u. D 32 bei pH 7—9. Ein Zusatz von monovalenten Metallionen (K, Na, Li) vermindert die Lebensfähigkeit bei pH 10, u. zwar in der Reihenfolge K > Li > Na bei D 28 u. K > Na > Li bei D 29 u. D 32. Diese Wrkg. kann durch die bivalenten Ionen Ca^{2+} u. Mg^{2+} aufgehoben werden, am wenigsten jedoch durch Mg^{2+} bei D 32. J. Elich 4374◇

1208 **Aufnahme und Metabolismus von ^{14}C-markierten Fettsäuren durch Makrophagen in vitro.** A. J. Day und N. H. Fidge. (J. Lipid Res. **3,** 333—38, Juli 1962; Adelaide, South Australia, Univ., Dep. of Human Physiol. and Pharmacol.; engl.) — In Fortsetzung früherer Arbeiten (vgl. C. **1963,** 19688) über den Stoffwechsel von Makrophagen (Phagocyten) werden weitere Verss. mit den aus der Bauchhöhle von Kaninchen gewonnenen Makrophagen unter Inkubation mit *$^{14}C_{(1)}$-Natriumpalmitat* (**I**) durchgeführt. Die Aufarbeitung erfolgte mittels Papierchromatographie, Radioautographie u. Säulenchromatographie. Nach den graph. u. tabellar. mitgeteilten Ergebnissen wird **I** bis zu 21% der angebotenen Menge von den Zellen der Makrophagen aufgenommen. Die Hauptmenge davon findet sich in Form der *Triglyceride* u. *Phospholipide*. Nur ein geringer Anteil wird zu *Cholesterinester* umgesetzt bzw. ist als Mono- u. Diglycerid nachweisbar. Betrachtungen über die biochem. Bedeutung der Aufnahme u. Umsetzung von Fettsäuren durch die Makrophagenzelle. K. Täufel 4374◇

1209 **Der Einfluß von Cystein- und Cysteaminkonzentration auf die Inaktivierung röntgenbestrahlter T-Phagen.** G. Hotz und A. Müller. (Z. Naturforsch. **17b,** 34—37, 1962; Karlsruhe, Kernforschungszentrum, Inst. für Strahlenbiol.; dt.) — Vff. stellten fest, daß zur Erreichung des gleichen Strahlenschutzes (Röntgenstrahlen) bei *T1-Bakteriophagen* eine 18fach höhere *Cystein* (**I**)-Konz. als bei T 2-Phagen benötigt wird. Bei Verw. von *Cysteamin* (**II**) als Strahlenschutzsubstanz ist kaum mehr ein signifikanter Unterschied hinsichtlich der benötigten Menge feststellbar. — Die Unterschiede zwischen **I** u. **II** zeigen, daß nicht allein die Ggw. von *SH*-Gruppen für die Wrkg. als Schutzstoff bestimmend ist, sondern auch die Struktur des gesamten Moleküls. H. Kockert 4374◇

1210 **Über die Verwendung von Triphenyltetrazoliumchlorid zur Messung von Planktonpopulationen.** D. V. Subba Rao und P. N. Ganapati. (Current Sci. [Bangalore] **31,** 287—88, 1962; Waltair, Andhra Univ., Dep. of Zool.; engl.) — Nach Aleem (Kieler Meeresforsch. **11 (2),** [1955], 160) wird einer Planktonsuspension zugesetztes farbloses *Triphenyltetrazoliumchlorid* (**I**) durch die *Dehydrogenase*-Aktivität des Planktons im Lichte wie im Dunkeln zum roten *Formazan* (**II**) reduziert. Verss. der Vff. ergaben, daß in planktonhaltigem, planktonfreiem oder erhitztem Meereswasser **I** nur bei Einw. von Sonnenlicht, nicht aber bei Lichtausschluß, zu **II** red. wird. Die Red. ist ein rein photochem. Prozeß. K. Maier 4380◇

E₄. Pflanzenchemie, Pflanzenphysiologie, Pflanzenpathologie

1211 **Präparierung und Anfärbung der Schnitte von Cruciferensamenschalen.** J. G. Vaughan. (Stain Technol. **35,** 229—31, 1960; London, Queen Elizabeth Coll., Dep. of Biol.; engl.) — Präparierung: Samen über Nacht in W. oder verd. Glycerin einweichen, 10-μ-Schnitte herstellen, in Leitungswasser (LW) zwecks Ablösung der Schale vom Embryo verbringen. — Anfärbung: Zur Bleichung die Schnitte in LW verbringen, dem einige Tropfen einer 1%ig. Na-Hypochlorit-Lsg. hinzugefügt werden, dann in 6%ig. H_2O_2-Lsg. legen, die Schnitte an Objektträgern mit Albumin befestigen (hier ggf. fixiertes Öl durch Extraktion mit Ae. entfernen!), gut in fließendem LW waschen, 10 Min. mit Hämatoxylin nach Delafield anfärben, in LW spülen, in HCl-sauren A. (0,25—0,5% HCl) eintauchen, in fließendem LW „blauen", in 20-, 50-, 70-, 90%ig. u. 2mal in absol. A. trocknen u. in Euparal einbetten. H. Kockert 4400◇

1212 **Massive Algenkultur.** 1. Mitt. **Auswahl der Stämme, Ausbeuten und Zusammensetzung.** Guglielmo Stagno d'Alcontres, Giuseppe Lamonica, Maria Polimeni Conti und Andrea Lino. (Atti Soc. Peloritana Sci. fisiche mat. natur. **6,** 349—82, 1960; Messina, Univ., Ist. di Biochim. applicata; Centro per le Ricerche sulle Alghe, Regione Siciliana; ital.) — Vff. beschreiben die Ergebnisse umfangreicher Unterss. über die Auswahl der Algenstämme sowie über Ausbeuten u. chem. Zusammensetzung. — Wannenkulturen von *Scenedesmus quadricauda* (A) ergaben Ausbeuten zwischen 4,1 u. 7,7 g/m²·Tag. Der *β-Carotin* (**I**)-Geh. der unversehrten Zellmembran von *Chlorella Tx* (B) u. A beträgt 0,022 bzw. 0,053/100 g Trockensubstanz; hingegen liegt der **I**-Geh. der zerriebenen Zellen bei 0,037 bzw. 0,076%. Damit liegt der **I**-Geh. von A etwa so hoch wie der von Karotten, Tomaten u. anderen Pflanzen. Der *Chlorophyll*-Geh. von A beträgt 7,79%, der Geh. an *lösl. N* 0,43%, der an *Gesamt-N* von im Trockenschrank getrockneten Algen 5,18% u. von durch Lyophilisation getrockneten Algen 6,06%; für beide Trocken-Verff. bestimmt sich der *Rein-Protein*-Geh. zu 31,95 bzw. 37,44%. Eine *Aminosäuren* (**II**)-Best. ergab bei lyophilisierter A das Vork. aller *essentiellen* u. *halbessentiellen* **II**. — Der *Thiamin*-Geh. von A wurde zu 0,13 mg/100 g Trocken-Gew. ermittelt u. liegt damit höher als der von *Scenedesmus* *obliquus* (C), grünen Erbsen, Orangensaft usw.; der *Vitamin-B_{12}*-Geh. beträgt 0,48 γ/100 g Trockengew. u. liegt somit ebenfalls höher als der von C. — Die Unterss. ergaben, daß für viele Komponenten von A unter den von Vff. eingehaltenen Züchtungsbedingungen bessere Werte erhalten wurden als für B, *Chlorella pyrenoidosa* u. C. H. Kockert 4420◇

1213 **Die Glyceridstruktur des Fettes der Samen von Erythrina indica.** A. R. S. Kartha und R. Narayanan. (J. Sci. Food Agric. **13**, 411—14, 1962; New Delhi, Indien, Indian Agric. Res. Inst.; engl.) — Samen von *E. indica* wurden nach Trocknung im Soxhlet-App. mit redest. PAe. bei 50—70° extrahiert. Es wurden 9% Öl erhalten u. auf *Fettsäuren* (**I**) untersucht. Es wurden 34 Mol-% gesätt. **I** u. keine trisaturierten *Glyceride* gefunden. Die *Triglyceride* bestanden in Mol-% aus 27,1 bisaturierten, 48,3 monosaturierten u. 24,6 triunsaturierten *Glyceriden*. Dies steht im Gegensatz zur Glyceridtypenverteilungsregel, wonach 28,8, 44,4 u. 26,8 Mol-% jeweils erhalten werden sollten. Ekkehard Schmid 4420◇

1214 **Purin- und Pyrimidinderivate in reifen Erbsensamen.** E. G. Brown. (Biochem. J. **88**, 498—504, 1963; Swansea, Univ. Coll., Dep. of Botany; engl.) — Im Gegensatz zu früheren Berichten konnten keine *Harnsäure* u. keine anderen freien *Purin-* oder *Pyrimidinbasen* in den Samen von *Pisum sativum* L. var. Meteor nachgewiesen werden. Die Nucleosidbestandteile der reifen Erbsensamen waren *Uridin, Adenosin, Xanthosin* u. *Guanosin* (Reihenfolge abnehmender Konz.). Ein ungewöhnliches Nucleotid wurde aus den Samen isoliert u. als *Acetyl-3'-dephosphocoenzym A* (**I**) identifiziert (Best. spektrophotometr. u. durch Hydroxamat-Bldg.). Der rohe Samenextrakt wies Spuren von zwei anderen mit Hydroxylamin reagierenden Substanzen auf: Die beiden Hydroxamate wurden papierchromatograph. als *Succinohydroxamat* u. *Malonohydroxamat* identifiziert. O. Jansen 4420◇

1215 **Trennung der Purinfraktion aus Mate durch Gegenstromverteilung.** A. J. Siesto. (Arch. ital. Sci. farmacol. [3] **9**, 194—96, 1959; Roma, Univ., Ist. di Farmacol.; ital.) — Vf. erzielte mit Hilfe der Gegenstromverteilung eine Auftrennung der Purinfraktion aus Mate in die 3 Komponenten *Coffein* (**I**), *Theobromin* (**II**) u. *Theophyllin* (**III**). Für die Sorte Flor de Lis beträgt der **I**-Geh. 80,5 (% der Gesamtpurinfraktion), für die Sorte Brasiliano 62,4, für die Sorte Naturale Argentino 90,7; die entsprechenden Werte für **II** lauten: 14,5, 30,5, 7,2, für **III**: 1,6, 2,1, 0,0. Daneben werden noch kleinere Purinfraktionen (2,3, 5,3, 1,9) gefunden.) H. Kockert 4420◇

1216 **Über die basischen Inhaltsstoffe des Fliegenpilzes. 12. Mitt. Über die Isolierung, Strukturaufklärung und Synthese des 3-Butenyltrimethylammoniumchlorids.** P. L. Schuller und C. A. Salemink. (Planta med. [Stuttgart] **10**, 327—34, 1962; Utrecht, Univ., Organ.-chem. Labor.; dt.) — 11. vgl. Recueil Trav. chim. Pays-Bas **82**, [1963], 21. — Bei der Isolierung von *Muscaridin* aus *Amanita muscaria* L. wurde beim Chromatographieren über Cellulosepulver ein neues Alkaloid entdeckt, das durch wiederholtes Chromatographieren rein gewonnen werden konnte (R_F 0,56 in n-Butanol–A.–W. 5:5:2). Es wurde als *3-Butenyltrimethylammoniumchlorid* identifiziert u. konnte durch Veresterung von Buten-(3)-ol-(1) mit p-Toluolsulfonylchlorid, anschließende Behandlung mit überschüssigem Dimethylamin u. Überführung in die quart. Base mit CH_3J synthetisiert werden. U. Drehmann 4420◇

1217 **Phenol in Verbindung mit Dalapon in der Quecke.** Theodore R. Flanagan und Alan R. Langille. (Science [Washington] **140**, 179—80, 1963; Burlington, Vt., Vermont Agricult. Exp. Station, Dep. of Agronomy; engl.) — Vff. isolierten chromatograph. aus Rhizomgewebeextrakten der mit *Dalapon* behandelten Quecke eine unbekannte Verb. (**I**), die $AgNO_3$-Lsg. red. u. eine positive Rk. im LeRosen-Test ergibt. Der λ_{max}-Wert im UV (271 nm) von **I** ist ident. mit dem von Phenol (**II**). Die FF. des *Phenylurethan-Deriv.* von **I** (126°) u. des *α-Naphthylurethan-Deriv.* von **I** (132 bis 134°) sowie die IR-Spektren beider **I**-Derivv. (sind angegeben) sind mit den entsprechenden Derivv. von **II** identisch. O. Jansen 4420◇

1218 **Untersuchungen über den Aminosäuregehalt der Weide-, Wiesen- und Ackerfutterpflanzen.** Kurt Gruhn. (Wiss. Z. Friedrich-Schiller-Univ., Jena/Thür., math.-naturwiss. Reihe **10**, 169—70, 1960/61; Jena, Friedrich-Schiller-Univ., Inst. für Tierernährung; dt.) — Vf. bestimmte den *Aminosäuren* (**I**)-Geh. in Einzelpflanzen der Wiese (Leguminosen, Gräser, Kräuter), von Weidepflanzen u. von Ackerpflanzen (die Unterss. erfolgten 1957 u. 1958). — Vogelwicke enthält eine größere Menge *essentieller* **I** (**II**) als Gelbklee, jedoch eine geringere als Wiesenrotklee u. Weißklee. Die blattreichen Wiesenpflanzen enthalten allg. im Rohprotein mehr **II** als die stengelreichen. — Bei den Weidepflanzen findet sich ein höherer **II**-Geh. als bei den Wiesenpflanzen. — *Methionin* (**III**) ist von allen analysierten **I** in Grünfutterpflanzen die limitierende Aminosäure. Der *Lysin-* u. *Threonin*-Geh. des Grünfutters deckt den Bedarf knapp, der *Tryptophan*-Geh. ist ausreichend u. der **III**-Geh. ist in unzureichender Menge vorhanden. H. Kockert 4420◇

1219 **Die Isolierung von β- und γ-Sitosterin aus den Blättern von Clitoria marina Linn.** A. Sinha. (Current Sci. [Bangalore] **29**, 225, 1960; Agra, Med. Coll., Div. of Chem., Pharmacol. Labor.; engl.) — Blätter von *Clitoria marina* wurden mit PAe. extrahiert u. die erhaltene Sterinfraktion durch Chromatographie an Brockmann-Al_2O_3 in zwei Fraktionen aufgetrennt. Die eine Fraktion wurde nach Reinigung als *β-Sitosterin*, die andere Fraktion als *γ-Sitosterin* identifiziert. J. Boelter 4420◇

1220 **Die prosthetische Gruppe von C-Phycocyanin.** C. Ó hEocha und R. F. Lambe. (Arch. Biochem. Biophysics **93**, 458—60, 1961; Galway, Ireland, Univ. Coll.; engl.) — Hydrolyse von *Nostoc muscorum-C–Phycocyanin* (**I**) mit konz. HCl bei Raum-Temp. (30 Min.) gibt kein *Mesobiliviolin* (**II**), sondern ein säurebeständiges bläulichgrünes Pigment (**III**) mit λ_{max} 367 u. 655 mμ, während *Arthrospira maxima*-**I** ein labiles blaues Pigment liefert, das in Säure in ein **II** übergeht. Viele Eigg. von **III** entsprechen denen des *Mesobiliverdins* (**IV**), das aus **II**, erhalten aus **I**, durch $FeCl_3$-Oxydation entsteht. Anscheinend wird die violinide prosthet. Gruppe (*Phycocyanobilin*) von Arthrospira-**I** zu einem **IV** (oder einem unbekannten Gallenfarbstoff) isomerisiert, u. zwar bes. rasch bei niedriger Temp. u. noch in Bindung am Protein befindlich. K. Maier 4420◇

1221 **Kinetische Untersuchungen über die Primärvorgänge der Photosynthese.** H. T. Witt, R. Moraw, A. Müller, B. Rumberg und G. Zieger. (Z. Elektrochem., Ber. Bunsenges. physik. Chem. **64**, 181—87, 1960; Marburg/Lahn, Univ., Physikal.-Chem. Inst.; dt.) — Bei Anregung der Photosynth. mit Blitzlicht sind an Pflanzenzellen 4 Typen kurzzeitiger Absorptionsänderungen (Größenordnung ca. 0,1%, Dauer 10^{-5} s bis mehrere Min.) zu beobachten. Der Typ 0 ist den photophysikal. erzeugten Triplettzuständen des *Chlorophylls a* (**I**) zuzuordnen. Die Absorptionsänderungen sind durch negative Änderungen mit λ_{max} 430 mμ u. positive bei $\lambda > 450$ mμ charakterisiert. Enthält die Zelle neben **I** noch andere Chlorophyll (**II**)-Derivv., z. B. *Chlorophyll b* u. *Phaeophytine*, so ist die Wellenlängenabhängigkeit des Typs 0 durch die Bldg. der Triplettzustände mehrerer **II**-Komponenten bestimmt. Typ 1 beschreibt eine photochem. Rk. an **I** u. ist an den Chromatophorenbruchstücken von Grün-, Blau-, Rot-, Braun- u. Kieselalgen zu beobachten. Die Triplettzustände (Typ 0) treten anscheinend immer erst dann in Erscheinung u. die **I**-Rk. Typ 1 ist stets dann nicht beobachtbar, wenn die normale **II**-Anordnung der Chromatophoren durch therm. Zerstörung der Chromatophorenstruktur, starke Erniedrigung der **II**-Konz., Trennung der **II**-Moll. u. niedrige **II**-Konz. verändert wird. Die Typ-1-Absorptionsänderungen an Grünzellen sind durch negative Absorptionsänderungen mit λ_{max} 430 mμ u. durch positive mit λ_{max} 520 mμ gek. u. treten im alkal. wie im stark sauren pH-Bereich auf. Sie zeigen, daß das gebildete **I**-*Deriv.* ein Absorptionsmaximum bei 520 mμ besitzt. An photochem. intaktem Zellmaterial bei —160° durchgeführte Messungen lassen sich durch die Annahme deuten, daß Typ 1 einen Elektronen- oder Atomaustausch an **I** bedeutet. In diamagnet. Gasen (H_2, CO_2, N_2) treten bei porös gefriergetrockneten Grünzellchromatophoren bei allen Drücken die Typ-1-Absorptionsänderungen genau so auf wie in wss. Lsg., während in paramagnet. Gasatmosphäre (O_2, NO) diese mit wachsendem Druck abnehmen (Löschung von Typ 1 bei 1 atm). O_2 u. NO sind ausgezeichnete Löscher für Triplettzustände, so daß die Vorstufe für die Ausbildung von Typ 1 mit zunehmendem Druck durch die Gegen-Rk. I $\xleftarrow{O_2, NO}$ I^{xx} (Triplettzustand) verringert wird

Typ 2 hängt mit Teil-Rkk. der Wasserspaltung zusammen u. ist durch eine negative Absorptionsänderung mit λ_{max} 420 u. 475 mμ u. eine positive mit λ_{max} 515 mμ charakterisiert. Die Anstiegzeiten betragen $\leq 10^{-4}$ s, die stark temperaturabhängige Abklingdauer $\tau_{1/2}$ bei 20° $1 \cdot 10^{-2}$ s, bei 0° $6 \cdot 10^{-2}$ s. Oberhalb 50° treten keine Absorptionsänderungen vom Typ 2 auf. Rk. Typ 2 besteht wahrscheinlich in der Umwandlung eines Stoffes x von λ_{max} 475 u. 420 mμ unter Beteiligung unbekannter Moll. u. in einem Stoff x'. Beim Abklingen der Absorptionsänderungen wird x unter Beteiligung unbekannter Moll. v zurückgebildet: 1. $x + u \rightarrow x' + u'$; 2. $x' + v \rightarrow x + v'$. x' kann mit bekannten Verbb. zur Rk. gebracht werden. Nach Extraktion von v aus den Chromatophoren steigt die Abklingdauer $\tau_{1/2}$ auf $\approx 10^{-1}$ s (20°) an; Zusatz oxydierter Stoffe (o.S.; Hill-Reagentien: Phenolindophenol, Toluylenblau, Thionin, Methylenblau, usw.) verkürzt sie auf $\tau_{1/2} = 5 \cdot 10^{-4}$ s: $x' + o.S. \rightarrow x +$ red. Stoff. Es können nur solche o.S. mit x' reagieren, die bei pH 6,5 ein Redoxpotential >0 Volt besitzen. Das Redoxpotential von x muß demnach $E_{x_{red.}/x_{ox.}} \approx 0$ Volt betragen. Die Absorptionsänderungen Typ 3 beschreiben den Ablauf der Redox-Rk. (Hill-Rk.) am Ende des Primärprozesses. Letztere besteht aus einer reversiblen u. einer irreversiblen Phase, wobei letztere bei 50° verschwindet. Oberhalb 60° ist auch die reversible Phase nicht mehr zu beobachten.

K. Maier 4460◇

1222 **Bildung von Calciumphosphat bei fossilen Algen.** Klaus Fahlbusch. (Naturwissenschaften **50,** 517—18, 1963; Darmstadt, TH, Inst. für Geol. u. Techn. Gesteinsk.; dt.) — Unterss. über die systemat. Stellung der Conodonten (Calciumphosphat-Hartgebilde, die vom Kambrium bis zur Oberkreide vorkommen u. deren Stellung im Tier- oder Pflanzenreich umstritten ist) ergaben, daß es sich um Teile von Algenthalli handeln muß. An Hand von Auflicht-Unterss. wurde der Aufbau der Conodonten geklärt.

Ernst Schulte 4460◇

1223 **Zur Biosynthese von Lupanin und Hydroxylupanin.** H. R. Schütte, E. Nowacki, P. Kovacs und H. W. Liebisch. (Arch. Pharmaz. **296/68,** 438—41, 1963; Halle/Saale, Dt. Akad. der Wiss. zu Berlin, Inst. für Biochem. der Pflanzen; dt.) — Mit Hilfe der ^{3}H-markierten Alkaloide *Spartein* (**I**), *Lupanin* (**II**) u. *Hydroxylupanin* (**III**) konnte bei *Lupinus angustifolius* gezeigt werden, daß **I** die Vorstufe von **II** u. **III** u. **II** die Vorstufe von **III** sein kann. Andererseits wird die Radioaktivität von **III** nur sehr wenig in **II** eingebaut. Aus den Unters.-Ergebnissen kann abgeleitet werden, daß **III** ein Endprod. u. kein Anfangsprod. auf dem Wege von Umwandlungen der genannten Alkaloide darstellt.

O. Jansen 4460◇

1224 **Die Wirkung von Molybdän auf die Wachstumsgeschwindigkeit und die Stickstoffaufnahme durch Cylindrospermum sphaerica.** G. S. Venkataraman. (Current Sci. **27,** 306—07, 1958; New Delhi, I.A.R.I., Bot. Div., Algal Labor.; engl.) — Kulturen von *Cylindrospermum sphaerica* zeigten in Ggw. von 0,4 mg *Na-Molybdat* (**I**)/Liter ein stetiges Wachstum, in Ggw. von 0,1 mg **I**/Liter ein wesentlich geringeres Wachstum u. nach 16 Tagen sogar eine Abnahme. In Abwesenheit von **I** wurde prakt. kein Wachstum gefunden. Der N-Umsatz aus *Nitrat* war offenbar wenig von der **I**-Konz. abhängig; es wurde eine stetige Aufnahme von N aus dem Medium gefunden, die bei höherer **I**-Konz. etwas höher war.

J. Boelter 4470◇

1225 **Toxische und Nährstoffwirkungen organischer Verbindungen auf Sämlinge von Ladinoklee.** D. G. Routley und J. T. Sullivan. (Agronomy J. **52,** 317—19, 1960; University Park, Pa., ARS, USDA, Crops Res. Div., Reg. Pasture Res. Labor.; engl.) — Ladinokleesämlinge wurden in Sandkulturen gezogen, denen 95 verschiedene organ. Substanzen in Konzz. bis 1000 ppm zugesetzt wurden. Es wurde die Toxizität der Zusatzstoffe u. die Möglichkeit der Assimilation des in ihnen enthaltenen N untersucht. *Aminosäuren* u. *Nucleinsäure*-ähnliche Stoffe waren allg. nicht tox. u. die Pflanzen waren in der Lage, den in ihnen enthaltenen N zu assimilieren. *Alkaloide* u. *Antibiotica* (außer Penicillin) verhielten sich meist umgekehrt. Die untersuchten *Vitamine* (*Vitamin C* u. verschiedene Faktoren des *Vitamin-B-Komplexes*) waren nicht toxisch. E. Lück 4470◇

1226 **Gibberellinähnliche Substanzen in Pflanzen.** Jiro Kato, William K. Purves und Bernard O. Phinney. (Nature [London] **196,** 687—88, 1962; Sakai, Japan, Univ. of Osaka Prefecture, Dep. of Biol.; Santa Barbara, Univ. of California, Dep. of Biol. Sci.; Los Angeles, Calif., Univ. of California, Dep. of Botany; engl.) — Vff. untersuchten das Auftreten von *Gibberellin* (**I**)-Aktivität in Essigesterextrakten von *Juniperus chinensis* L. (J.ch.; Beeren), *Alsophila cooperi* F. Muell. (A.c.), *Marchantia polymorpha* L., *Chlamydomonas reinhardi* Dang., *Macrocystis pyrifera* (L.) C. Agardh. u. *Gonyaulax polyedra* Stein. Nur bei J.ch. u. A.c. konnte eine **I**-Aktivität beobachtet werden.

P. Schwerdtfeger 4485◇

1227 **Halogenierte Kojisäurederivate, verwandte Verbindungen und ihre physiologischen Wirkungen auf das Pflanzenwachstum.** Louis G. Nickell und Philip N. Gordon. (Agric. biol. Chem. [Tokyo] **27,** 65—68, 1963; Honolulu, Hawai, Hawaiian Sugar Planters' Assoc., Exp. Stat.; Groton, Conn., Chas. Pfizer u. Co., Med. Res. Labor.; engl.) — Vff. untersuchen die Wrkg. von Kojisäure u. ihren Derivv. auf das Wachstum von *Lemna minor* in asept. Kultur. Folgende Ergebnisse werden erhalten: Kojisäuren: *Unsubstituiert* 40, 70, 65, 70 (Veränderung des Wachstums gegenüber den Kontrollen bei Konzz. von 1, 5, 10, 20 ppm); *α-Chlor-* 5, 0, —40, tot; *α-Brom-* 20, —45, —90, tot; *α-Jod-* 0, tot, tot, tot; *6-Hydroxymethyl-* 0, 0, 30, 110; *6-Propenyl-* 15, 40, 100, 160; *6-Allyl-* 60, 70, 100, 90; *α.6-Dichlor-* 50, 235, 100, 0; *α-Chlor-6-brom-* 5, 150, 175, 10; *6.6-Dikojylmethan* 55, 60, 65, 95; *Allomaltol* 5, 35, 60, 70; *2-Hydroxymethyl-5-hydroxy-γ-pyridon* —10, 50, 110, 135; *5-Methylkojisäure* 0, 0, 0, 0; *5-Allyloxy-2-hydroxymethyl-γ-pyridon* 0, 0, 0, 0; *2-Chlormethyl-5-methoxy-γ-pyridon* 15, —5, —35, —60; *Maltol* 40, 110, 105, 80. W. Hiller 4485◇

1228 **Der Einfluß des Kinetins auf die Inkorporation von $^{14}C_{(1)}$-Glycin in verschiedene Fraktionen von Tabakblättern.** B. Parthier und R. Wollgiehn. (Wiss. Z. Martin-Luther-Univ. Halle-Wittenberg, math.-naturwiss. R. **10,** 1115—17, 1961; Halle-Wittenberg, Martin-Luther-Univ., Inst. für Allg. Botanik; Halle/Saale, Dt. Akad. der Wiss. zu Berlin, Inst. für Biochem.; dt.) — Vff. stellten fest, daß der Einbau von $^{14}C_{(1)}$*-Glycin* (**I**) in *Ribonucleinsäure* (*RNS*), *Desoxyribonucleinsäure* (*DNS*) u. *Eiweiß* (**II**) von mit *Kinetin* (**III**) behandelten ausgewachsenen grünen Blättern (Unterss. an Blatthälften u. ausgestanzten Blattscheiben) von *Nicotiana rustica* etwa doppelt so hoch liegt wie bei Kontrollen. In Unterss. mit $^{14}C_{(1)}$*-Methionin* wurden grundsätzlich ähnliche Ergebnisse wie mit **I** erhalten. H. Kockert 4485◇

E$_5$. Tierchemie, Tierphysiologie, Tierpathologie

1229 **Die Reaktion von β-Lactoglobulinsulfenyljodid mit Mercaptanen, Thiouracil und Thiocyanat.** Leon W. Cunningham und B. J. Nuenke. (Biochim. biophysica Acta [Amsterdam] **39,** 565—66, 1960; Nashville, Tenn., Vanderbilt Univ., School of Med., Dep. of Biochem.; engl.) — *β-Lactoglobulinsulfenyljodid* (**I**; aus J_2 in KJ u. *β-Lactoglobulin*) zeigte bei 355 mμ eine charakterist. Absorption, die das Verschwinden des **I** zu messen gestattete. *Cystein* in hohen Konzz. u. *Glutathion* reagierten mit **I**. Weniger komplexe Mercaptane, wie *2-Mercaptoäthanol* u. *2-Mercaptoäthylamin* reagierten etwas schneller mit **I**, wobei in allen Fällen ein gemischtes Disulfid gebildet wurde. Eine Gruppe von Verbb. einschließlich *Propylthiouracil*, *Thiouracil* u. *Thioharnstoff* reagierten gegenüber **I** wahrscheinlich in gleicher Weise wie die Mercaptane. *Thiocyanat* reagierte spontan mit **I**.

J. Boelter 4500◇

1230 **Das Vorkommen von trans-Oktadecen-(16)-säure im perinephritischen Fett des Schafes und des Ochsen.** R. P. Hansen. (Nature [London] **198,** 995, 1963; Wellington, New Zealand, Dep. of Sci. and Ind. Res., Fats Res. Labor.; engl.) — Im perinephrit. Fett von Ochsen u. Schafen konnte gaschromatograph. mit einem ^{90}Sr-Ionisationsdetektor u. einer 8 Fuß $^1/_4$ in. messenden, mit 20% Polyäthylenglykoladipat imprägnierten Celitekolonne bei 207° *trans-Oktadecen-(16)-säure* als Methylester nachgewiesen werden, nicht jedoch an einer mit 5% Apiezon L imprägnierten Kolonne.

J. Boelter 4520◇

1231 **Kohlenhydrate im menschlichen Vaginagewebe.** A. T. Gregoire. (Nature [London] **198,** 996, 1963; Philadelphia, Pa., Jefferson Med. Coll., Dep. of Obstetrics and Gynecol., Strickler Root Labor.; engl.) — Normales menschliches

Vaginagewebe wurde in W. homogenisiert. Die Kohlenhydrate wurden extrahiert u. papierchromatograph. sowie chem. bestimmt. Es konnten *Glucose, Maltose, Maltotriose* u. *Maltotetraose* nachgewiesen werden. J. Boelter 4520◇

1232 **Gradienteneluierung von Phosphatiden von Kieselsäuresäulen.** Hermann Bader und H. E. Morgan. (Biochim. biophysica Acta [Amsterdam] **57,** 562—68, 1962; Nashville, Tenn., Vanderbilt Univ., Dep. of Physiol.; engl.) — Es wird eine säulenchromatograph. Meth. mit *Kieselsäure* unter Verw. von Methanol/Chloroform-Gradienten beschrieben, die sich bes. gut zur Trennung von *Phospholipiden* eignet. E.-R. Lochmann 4520◇

1233 **Chromatographie von Phosphatiden auf Kieselsäure-imprägniertem Glaspapier.** W. E. Cornatzer, Will A. Sandstrom und John H. Reiter. (Biochim. biophysica Acta [Amsterdam] **57,** 568—72, 1962; Grand Forks, N.Dak., Univ., Dep. of Biochem., Guy and Bertha Ireland Res. Labor.; engl.) — Es wird eine papierchromatograph. Meth. zur quant. Trennung u. mikroanalyt. Best. von *Phosphatiden* beschrieben, bei der mit Kieselsäure getränktes Glaspapier u. als Lsgm.-Syst. ein Gemisch aus Diisobutylketon/Essigsäure/W./Bzl. 160:50:8:7 (v/v) benutzt wird. Es können Konzz. von 3—45 µg *Phospholipid-P* getrennt werden. E.-R. Lochmann 4520◇

1234 **Der SH-Gehalt in der Haut von Mäusen.** Joseph A. DiPaolo. (Nature [London] **198,** 1007—08, 1963; Buffalo, N.Y., New York State Dep. of Health, Roswell Park Mem. Inst.; engl.) — ♂ u. ♀ Mäuse (CAF_1, C, C_{57}B 1/6 u. DBA/2) wurden unmittelbar vor dem Tode geschoren. Nach dem Tode wurde die Rückenhaus isoliert u. homogenisiert. Im Zentrifugierüberstand wurde der SH-Geh. bestimmt. Der SH-Geh. von 3,5 Monate alten CAF_1-Mäusen (innerhalb 5 Tagen nach dem Scheren getötet) blieb etwas konst.; das Scheren stimulierte also das Haarwachstum oder eine epidermale Hyperplasie nicht wesentlich. Allg. schien der SH-Geh. der Haut von ♀ Tieren (1—12 Monate alt) denen der ♂ Tiere gegenüber erhöht, wobei der stärkste Unterschied in den ersten 3,5 Monaten gefunden wurde. In der verdickten Haut von Tieren in einer akt. Wachstumsphase des Haares (anagenes Stadium) wurde ein höherer SH-Geh. als in der von Tieren in einer telogenen Phase des Haarwachstums gefunden. Die Applikation von *Aceton* allein auf die geschorene Haut bewirkte keine Änderung des SH-Geh.; dagegen wurde nach Applikation von 0,1% *7.12-Dimethylbenz(a)anthracen* oder *Benz(a)pyren* in Aceton auf die Haut von CAF_1-Mäusen ein erhöhter SH-Geh. im Vgl. zu unbehandelten Tieren gefunden. J. Boelter 4520◇

1235 **Chitin in der hyalinen Exocuticela des Skorpions.** S. R. A. Malek. (Nature [London] **198,** 301—02, 1963; Alexandria, Egypt. Univ., Dep. of Zool.; engl.) — Die hyaline Exocuticela (HE) des Skorpions *Pandinus imperator* gibt nach Alkalibehandlung (zur Umwandlung von *Chitin* in *Chitosan*; I) mit J_2 eine negative Rk. auf I. Wird die Kutikel von *Buthus quinquestriatus* nach der I-Umwandlung in A. (a) bzw. W. (b) aufbewahrt, so löst sich die HE nach Behandlung a weder in verd. Essigsäure, noch gibt sie eine positive I-Rk., während die nach b aufbewahrten Proben eine positive I-Rk. zeigen, jedoch in Essigsäure unlösl. sind. Histochem. Unterss. zeigen, daß die HE von *Buthus* mit einem *Sterin-Protein-Komplex* imprägniert ist. Das unverseifbare Sterin schützt I gegen den Angriff der Essigsäure. Im Gegensatz dazu wird der Proteinkomplex durch Alkali leicht abgebaut, doch lassen sich die Spaltstücke nur durch gründliches Waschen mit W. entfernen. Nach Ansicht des Vf. liegen die Verhältnisse bei der HE von Pandinus ähnlich. Die Exokutikel von Buthus ist dagegen, wie bei allen Arthropoden, frei von Chitin. P. Schwerdtfeger 4520◇

1236 **Kinetik des Na-Austauschs bei einem euryhalinen Teleostier (Platichthys flesus flesus Linné) im Verlauf sukzessiver Passagen Meerwasser-Süßwasser-Meerwasser als Funktion der Verweilzeit in Süßwasser.** René Motais. (C. R. hebd. Séances Acad. Sci. **253,** 2609—11, 1961; Monaco, Musée Océanograph., Labor.; franz.) — Vf. stellte fest, daß die Readaptation an das Meerwasser, gemessen an der Menge an wiederaufgenommenen *Na,* von einer halben Std. in Süßwasser verbrachtem *Platichthys flesus flesus* Linné unverzüglich erfolgt. Jedoch ist diese Readaptation, die als Rk. auf eine Stimulierung des akt. Na-Transports aufzufassen ist, um so langsamer, je länger die Verweilzeit in Süßwasser ist. H. Kockert 4550◇

1237 **Die Sensibilisierung von Meerschweinchen gegen Chromverbindungen.** F. C. J. van Neer. (Nature [London] **198,** 1013, 1963; Nijmwegen, R.C. Univ., Clinic of Dermatol.; engl.) — Nach intrakutaner Injektion von 3 mal 0,1 ml $Cr_2(SO_4)_3$-Lsg. in Meerschweinchen zeigten 60% der Tiere eine Kontaktdermatitis nur dann, wenn sie in Kontakt mit einer nichttox. *Cr(VI)*-Lsg. gebracht wurden. In wenigen Tieren konnten *Antikörper* gegen *Cr(III)*-Verbb. durch den passiven, kutanen Anaphylaxietest nachgewiesen werden. Es ist möglich, daß Cr(III)-Verbb. die Haut durchdringen u. eine kontaktartige *Cr*-Allergie setzen, aber selbst keine Rk. hervorrufen [eine Rk. wird nur durch Cr(VI)-Verbb. hervorgerufen), oder daß zirkulierende Antikörper im Meerschweinchen direkt gegen Cr(III) gerichtet sind. J. Boelter 4551◇

1238 **Die Antigenstruktur der Paraproteine.** A. Hässig. (Ergebn. Mikrobiol., Immunitätsforsch. exp. Therap. **34,** 180—212, 1961; Bern, Blutspendedienst des SRK, Zentrallabor.; dt.) — Übersicht. Paraproteinbegriff, Immunglobuline des Humanserums, antigenanalyt. Unterss. an Myelomproteinen, Bence-Jones-Proteinen u. Makroglobulinen, immunoelektr. Analyse von Paraproteinämieseren (γ-, β_{2A}-, β_{2M}-Paraproteinämien, Dysproteinämien vom γ-Typus). — 135 Literaturangaben. K. Maier 4551◇

1239 **Verhalten der γ-Globuline und der Fraktionen I und III nach Porter im Hinblick auf die Antigene bei der passiven Anaphylaxie in vitro.** M. Liacopoulos, B. N. Halpern, R. Liacopoulos und M. F. Perramant. (C. R. Séances Soc. Biol. Filiales **157,** 76—82, 1963; Paris, Inst. Nat. d'Hyg., Centre de Rech. Allerg. et Immunol.; Assoc. Claude Bernard; Coll. de France, Chaire de Méd. Exp., Hôp. Broussais.; franz.) — Vff. untersuchten an den Syst. Hühner-*Ovalbumin* (I)—Kaninchen-*Antikörper* gegen I u. Kaninchen-*γ-Globulin* (II)-Meerschweinchenantikörper gegen II das Verh. der S_7-γ-Globuline (III) u. der Fraktionen I u. III nach Porter (C. **1955,** 10531) bei der passiven Anaphylaxie in vitro. Bei der direkten passiven Anaphylaxie (vorherige Sensibilisierung mit Antikörper) lösen **III** u. Fraktion III eine anaphylakt. Rk. aus, während Fraktion I inakt. ist. Fraktion I desensibilisiert jedoch das Organ, so daß **III** nicht mehr wirksam wird. Bei der umgekehrten Anaphylaxie (vorherige Sensibilisierung mit *Antigen*) erfolgt ebenfalls eine positive Rk. nur bei Verw. von **III** bzw. Fraktion III. Aus den Verss. folgt, daß die Rk. eines Antikörpers mit einem monovalenten Antigen zwar zur Absättigung der Antikörpervalenzen führt, jedoch nicht die Ausschüttung von Histamin auslöst. Zur Erzielung dieses Phänomens ist die Ausbildung eines Antikörper–Antigen-Komplexes erforderlich. P. Schwerdtfeger 4551◇

1240 **Die Calcifizierung von Keratin.** P. R. Blakey, C. Earland und J. G. P. Stell. (Nature [London] **198,** 481, 1963; Bradford, Inst. of Technol., Dep. of Textile Ind.; engl.) — Verschiedene *Keratine* (I) wurden auf ihre Calcifizierung mittels Röntgenstrukturanalyse untersucht. Körperhaare von Schrabeltieren gaben sehr geringe I-Reflexe, dagegen starke *Apatit* (II)-Reflexe. Dagegen fehlte **II** in den Schwanzhaaren vollständig. In den Wurzeln von Barthaaren des Löwens wurden nur geringe I-Reflexe, dagegen starke II-Reflexe gefunden. **II** verschwand an den Enden der Barthaare, die I-Intensität nahm dafür zu. Kalamus von Gänsefedern zeigte nach Oxydation mit Peressigsäure im NH_3-unlösl. Teil starke II-Reflexe. Nach der Röntgenstrukturanalyse können < 1% nicht einwandfrei nachgewiesen werden. In den Fingernägeln von Insassen eines Altersheimes konnten in 16% starke II-Reflexe beobachtet werden. J. Boelter 4552◇

1241 **Ionisiertes Calcium in Speichel.** Lois Lightfoot und T. B. Coolidge. (J. Dental Res. **40,** 282—86, 1961; Chicago, Ill., Univ., Dep. of Biochem. and Zoller Clin.; engl.) — Unterss. an 21 Speichelproben von 9 Personen ergaben, daß das ionisierte *Ca* 60% des Gesamt-Ca u. 70—100% des ultrafiltrierbaren Ca umfaßt. F. Krusen 4555◇

1242 **Einbau von Propionsäure in eine kettenverzweigte Fettsäure der Gefiederfettdrüse der Gans.** Rudolf E. Noble, Rune L. Stjernholm, Daniel Mercier und Edgar

Lederer. (Nature [London] **199,** 600—01, 1963; Gif-sur-Yvette, Seine-et-Oise, Inst. de Chim. des Substances naturelles; engl.) — Vff. injizieren *$^{14}C_{(3)}$-Na-Propionat* (I) oder *$^{14}C(CH_3)$-L-Methionin* (II) in physiolog. NaCl-Lsg. in die Gefiederfettdrüse von Gänsen. Während nach II-Injektion die aus der Drüse extrahierten, in der Hauptsache aus *2.4.6.8-Tetramethyldecansäure* (III) u. *2.4.6.8-Tetramethylundecansäure* bestehenden Fettsäuren nicht radioakt. waren, hatte nach I-Injektion *Propionsäure* (IV)-Einbau stattgefunden. Methylierung des radioakt. Extraktes mit Diazomethan, Chromatographie u. Kuhn-Roth-Abbau der chromatograph. dem III-Methylester entsprechenden Fraktion lieferte unter 24% ig. Wiederherstellung der Radioaktivität *Essigsäure,* die weiter nach der Schmidt-Meth. abgebaut wurde. Die Abbaudaten zeigten, daß die Aktivität von III zu 99% auf die Methylgruppe beschränkt u. ein Einbau von IV in III erfolgt war. G. Marquard 4555◇

1243 **Die sauren Mucopolysaccharide in den Lorenzini-Drüsen der Elasmobranchii.** J. Doyle. (Biochem. J. **88,** 7P—8P, 1963; Millport, Scotland, Marine Stat.; engl.;) — Sekrete der Lorenzini-Drüsen der Elasmobranchii enthielten 80% der *Hexosamine* (I) als *Glucosamin* (II). Daneben wurde noch *Galaktosamin* (III) gefunden. Die Chromatographie des Hydrolysates ergab nur Spuren von *Uronsäure* (IV). Das Verhältnis I/IV betrug ca. 20:1. *Sulfat* u. I waren in etwa äquimol. Mengen in den Sekreten vorhanden. Als neutrales Monosaccharid wurde *Galaktose* gefunden. Das Verhältnis von *Hexosen*:II betrug 1,35:1. Ein geringer N-Geh. im Sekret deutete auf die Ggw. geringer Mengen Protein hin. Die Ggw. von II kann mit dem Vork. von *Keratinsulfat* besser als mit dem von *Hyaluronsäure* erklärt werden. J. Boelter 4555◇

1244 **Untersuchung über die Proteine in menschlicher Milch.** 1. Mitt. **Löslichkeit und Trübungsgrad von Menschen- und Rindermilchcasein.** Isao Kiyosawa, Taizo Ryoki und Masahisa Maeno. (J. agric. chem. Soc. Japan [Nippon Nôgei-Kagaku Kaishi] **35,** 75—79, 1961; jap.) — Bei Prüfung mit McIlvain-Puffern ergibt sich, daß von ca. pH 4,5 (isoelektr. Punkt) an bis pH 8,0 Humanmilch-*Casein* (I) weniger lösl. ist als jenes aus Rindermilch (II). Bis 40° ist der Trübungsgrad (TG) von II höher. Wird von 40° an um 2° gekühlt, so geht der TG für I u. II gleichmäßig zurück. L. Schuler 4555◇

1245 **Sektretion der Radioaktivität mit dem Milchfett nach oraler Verabreichung einer einzelnen Dosis von ^{3}H-Caprinsäure an eine Ziege.** Lars Reinius und Teuvo Suominen. (Suomen Kemistilethti B **33,** 199—201, 1960; Helsinki, Veterinary Coll.; engl.) — Vgl. C. **1961,** 11390. — 152 mg *$^3H_{(C2)}$-Caprinsäure* (I) wurden einer lactierenden Ziege (tägliche Leistung 1300 ml) oral verabreicht, u. die Radioaktivität in den totalen Milchlipiden u. in 4 Fettsäurefraktionen während 14 Tagen bestimmt. Meßbare Mengen an Radioaktivität fanden sich in den *Milchlipiden* (II) 4 Std. nach der Verabreichung der I, maximale Aktivität nach 32 Std.; die totale Radioaktivität in den gesammelten II (20 Proben/14 Tage) betrug 15% der einverleibten Aktivität. Zur Zeit der höchsten Aktivität des Milchfettes erwies sich die Verteilung der Radioaktivität in den Fettsäurefraktionen ähnlich wie bei Verss. mit *Myristinsäure* (III). Die Wasserdampfflüchtigen Fraktionen zeigten eine geringere Aktivität. Gegen Ende der Vers.-Periode war jedoch das Verhältnis der Aktivität der nichtflüchtigen gesätt. Fettsäuren: nichtflüchtigen ungesätt. Fettsäuren bei I 6mal größer als bei III. B. Görlich 4555◇

1246 **Methode der chromatographischen Trennung der Stickstoffkomponenten des Bilirubins in reiner Lösung.** B. Cassia und A. Pittera. (Boll. Soc. ital. Biol. sperim. **38,** 1231—32, 1962; Catania, Univ., Ist. di Patol. Med. e Metodol. Clin.; ital.) — Es wird eine schnelle Meth. der chromatograph. Trennung des *Azofarbstoffs* (I) beschrieben, der bei der hydrolyt. Spaltung von Bilirubin mit Diazobenzolsulfonsäure entsteht. Es wird eine Al_2O_3-Säule verwendet; die stationäre Phase ist ein Gemisch von mit Glycinpuffer gesätt. n-Butanol u. Methyläthylketon, die mobile Phase eine Lsg. von Glycinpuffer. Auf diese Weise erweist sich I aus einer polaren u. apolaren Fraktion bestehend. F. Kren 4555◇

1247 **Chromatographische Verteilung des Azofarbstoffs des reinen Bilirubins.** A. Pittera und B. Cassia. (Boll. Soc. ital. Biol. sperim. **38,** 1233—34, 1962; Catania, Univ., Ist. di Patol. Med. e Metodol. Clin.; ital.) — Vgl. vorst. Referat. — Die Azoverb. A (I) wird durch Diazotieren einer Lsg. von Bilirubin in Chlf. u. A. erhalten. Die chromatograph. Trennung ergibt für die I-Bestandteile: a) Azofarbstoff (II) gelb, stark polar in wss. Lsg.; stark am I-Aufbau beteiligt; b) gelborangefarbener II in geringer Menge; c) rotvioletter II, noch stärker wie a) am I-Aufbau beteiligt, wenig beweglich; d) unbeweglicher violetter II u. e) in wss. Lsgm. apolarer roter II. F. Kren 4555◇

1248 **Wirkungen von Thyroxin, Cortison und Androgenen auf die Blutreticulocytose und den Einbau von ^{59}Fe in Erythrocyten und verschiedene Organe der Ratte bei Einweißmangel.** A. Aschkenasy. (C. R. Séances Soc. Biol. Filiales **157,** 91—95, 1963; Paris, Hôp. de la Pitié; franz.) — ♂ Ratten (180 g) erhielten 7 Tage lang ein eiweißfreies Futter u. Injektionen mit den zu untersuchenden Verbb.; am 1. Tag wurde der Geh. an Erythrocyten, Hämoglobin, Reticulocyten u. der Hämatokritwert bestimmt. Am 7. Tag erhielten die Tiere i.v. *^{59}Fe* injiziert u. wurden 24 Std. später auf die Verteilung der ^{59}Fe-Aktivität im Blut sowie in Leber, Milz u. Knochenmark untersucht. Die Ergebnisse zeigen, daß die Hemmung der Erythropoiese unter dem Einfl. des Eiweißmangels teilweise durch *Cortison* (I), *Thyroxin* sowie *Testosteron* u. *17-Äthyl-19-nortestosteron* aufgehoben werden kann. Diese Hormone verstärken die ^{59}Fe-Fixierung durch das Knochenmark, jedoch normalisiert nur I die ^{59}Fe-Retention der Leber. Die untersuchten Hormone stimulieren möglicherweise die Sekretion von *Erythropoietin.* P. Schwerdtfeger 4558◇

1249 **Aminosäureänderungen in den Ovarien während deren Cyclus in Cirrhina reba (Hamilton).** G. Durairaj. (J. Annamalai Univ. Part B **23,** 135—44, 1961, herausgeg. 1962; Annamalainagar, Annamalai Univ., Dep. of Zool.; engl.) — Es wurde der Geh. an freien *Aminosäuren* (I) u. Protein-I in den Ovarien von *Cirrhina reba* vor u. während der Reife sowie nach dem Laichen untersucht. Die Verteilung wechselte stark, *Serin* war die einzige freie I, die in allen Stadien gefunden wurde. In den vollausgereiften Ovarien wurde die höchste Anzahl von I gefunden, freies *Histidin* kam prakt. nur hier vor. W. Damerau 4559◇

1250 **Einfluß eines Tryptophan-freien Futters auf die uterotrophe Wirkung der Östrogene bei der geschlechtsreifen kastrierten Ratte.** G. Casaglia. (Boll. Soc. ital. Biol. sperim. **38,** 1088—91, 1962; Bologna, Univ., Clin. Obstetr. e Ginecol. P. Sfameni; ital.) — Die Unterss. werden an 40 Ratten durchgeführt, die 30 Tage nach der Ovarektomie u. Futter ohne *Tryptophan* 5—6 Tage lang 0,3; 1 bzw. 2,5 μg *α-Östradiol* (I) täglich erhielten. Es zeigte sich, daß I in gleichen Dosen bei diesen Tieren eine viel größere uterotrophe Wrkg. als bei normalen Tieren auslöst. F. Kren 4559◇

1251 **Einfluß der Veränderungen des Gehalts an Sexualsteroiden und an Corticosteroiden beim Auftreten der Decidualreaktion bei der Ratte.** P. Burin und G. Mayer. (C. R. Séances Soc. Biol. Filiales **156,** 1370—72, 1962; Bordeaux, Fac. de Méd., Labor. d'Histol.; franz.) — Durch Gaben von *Östradiol* während der progestativen Phase können scheinbar spontane Deciduome auftreten, wobei eine Abnahme des Geh. an *Progesteron* nicht auftreten kann. Die traumat. Decidual-Rk. tritt in Abwesenheit von Nebennieren u. trotz Gaben von *Cortison* u. *Desoxycorticosteron* auf, aber in diesen Fällen kann, je nach Dosierung, deren Struktur zerstört sein. M. Blaschette-Huttinger 4559◇

1252 **Glucuronidbildung beim in vitro-Transport von Östradiol durch den Rattendarm.** Frank R. Smith, Donald F. Tapley und Joan E. Ross. (Biochim. biophysica Acta [Amsterdam] **69,** 68—73, 1963; New York, N.Y., Columbia Univ., Coll. of Physic. and Surg., Dep. of Med.; engl.) — Werden gewendete Säckchen aus Rattendarm mit *^{14}C-17β-Östradiol* (I) inkubiert, so erfolgt ein Transport der ^{14}C-Aktivität zur Serosaseite, wobei I zu *Östron* (II) oxydiert u. in das entsprechende *Glucuronid* umgewandelt wird; auch *$^3H_{(16)}$-Östron* wird analog transportiert. Das konjugierte II sammelt sich im Serosamedium an, wobei die II-Konz. auf der Serosaseite bis zum 7fachen derjenigen der Mucosaseite ansteigen kann. Diese Akkumulationskapazität ist für den gesamten Darm (Duodenum bis Colon) charakteristisch. Stoffwechselinhibitoren, wie *2.4-Dinitro-*

phenol, $HgCl_2$, Na-Azid, NaF, NaCN bzw. 100%ig. N_2-Atmosphäre hemmen den Transport der ^{14}C-Aktivität stark. Nach Ansicht der Vff. läßt sich die Akkumulation der ^{14}C-Aktivität im Serosamedium durch die relative Impermeabilität der Mucosa für das konjugierte **II** erklären.
P. Schwerdtfeger 4559◇

1253 **Übergang von 17β-Östradiol in die Kuhmilch.** Torleiv Lunaas. (Nature [London] **198**, 288—89, 1963; Oslo, Veterin. Coll. of Norway, Dep. of Reprod. Physiol. and Pathol.; engl.) — *17β-Östradiol* (**I**; 50 mg) wurde einer nichtträchtigen Kuh (Milchleistung ca. 5 Liter/Tag) i.m. injiziert u. **I** in der ermolkenen Milch bestimmt. — Zu 50 ml Milch werden 60 ml A. u. 10 ml 5n NaOH gegeben, ½ Min. zum Sieden erhitzt, auf 35° abgekühlt u. das unhydrolysierte Fett mit 20 ml PAe. extrahiert. Die wss. Phase wird mit 5 ml 50%ig. H_2SO_4 angesäuert, mit 30 g $(NH_4)_2SO_4$ u. danach mit 100 ml Ae. geschüttelt, zentrifugiert u. die Ae.–A.-Phase, nach Waschen mit $(NH_4)_2SO_4$-Lsg., im Vakuum zur Trockne eingeengt. Der mit W. aufgenommene Extrakt wird mit Ae. extrahiert, die wss. Phase nach Zusatz von HCl 15 Min. gekocht u. danach erneut mit Ae. extrahiert. Beide Ae.-Extrakte werden nach Brown (C. **1956**, **3122**) aufgearbeitet u. **I** bestimmt. **I** wird offenbar nur in Spuren als freies Östrogen in die Milch übergeführt; es tritt hauptsächlich als Ae.-unlösl. Deriv. auf. Da im Blut prakt. nur freies **I** nachweisbar ist, dürfte die Bldg. des **I**-Konjugats in der Milchdrüse erfolgen.
P. Schwerdtfeger 4559◇

1254 **Die Verteilung von injiziertem ^{14}C-Östron und ^{14}C-Diäthylstilböstrol.** Gösta Bengtsson. (Acta endocrinol. [Copenhagen] **43**, 587—91, 1963; Stockholm, Veterinärhögskolan, Dep. of Pharmacol. and Dep. of Animal Nutrit., Genet. and Hyg.; engl.) — *^{14}C-Östron* (**I**) bzw. *^{14}C-Diäthylstilböstrol* (**II**) wurden Mäusen injiziert. Die Tiere wurden nach verschiedenen Zeiten getötet u. die Verteilung der Radioaktivität durch Radioautographie von Ganzkörperschnitten untersucht. 5, 20 bzw. 60 Min. nach **I**-Injektion war die Aktivität in der Nebennierenrinde (NN) am höchsten. Etwas geringere Aktivität war in der Leber (L) vorhanden. Hohe Aktivität wiesen der Inhalt des vorderen Dünndarms (D) sowie die Nieren (N) auf. Hirn u. Myocard akkumulierten etwas Aktivität. Wenig *^{14}C* wurde in Blut (B) u. Skelettmuskulatur (SK) gefunden. Nach 4 Std. war die Aktivität in NN gefallen, die von L u. D stieg weiter an. Die übrigen Organe zeigten wenig Aktivität. Nach 24 Std. war die Aktivität in L u. D hoch. ^{14}C konnte auch nach 4 Tagen in L u. D nachgewiesen werden. **II** wurde 20 Min. nach Injektion vor allem in D u. L gefunden, daneben in NN sowie in den N u. der Speicheldrüse. Wenig Aktivität wurde in B u. SK festgestellt. Nach 1 Std. war die Aktivität in L u. D gestiegen, die der anderen Organe war wenig verändert. Ähnliche Ergebnisse wurden auch nach 4 Std. erhalten. Nach 24 Std. war der ^{14}C-Geh. in D weiter angestiegen; sonst zeigten nur L u. N noch wesentliche Aktivität. Nach 4 Tagen war Aktivität nur noch in D u. L vorhanden. J. Boelter 4559◇

1255 **Pseudoschwangerschaft in der Ratte durch kurze Behandlung mit Progesteron: Isolationswirkung.** John W. Everett. (Nature [London] **198**, 695—96, 1963; Durham, N.C., Duke Univ., School of Med., Dep. of Anat.; engl.) — ♀ ausgewachsenen Osborne-Mendel-Ratten wurden 10 mg *Progesteron* (**I**; „Proluton“, Schering) in mehreren Dosen subkutan injiziert u. täglich Vaginaspülungen mit einer Salz-Lsg. unterworfen. Ein verlängerter Diöstrusintervall von 13—21 Tagen wurde als wahre „Pseudoschwangerschaft“ (PS) angesehen. Als erste Anzeichen einer PS wurden Schuppen mucifizierter Epithelzellen gefunden. 70% der 4-Tage-Cyclus-Ratten zeigten eine PS nach **I**-Applikation u. täglicher Vaginaspülung, sofern die Tiere nicht isoliert wurden. Ein umgekehrtes Verhältnis (30% der Tiere zeigten eine PS) wurde bei Isolierung der Tiere u. Auslassen der Vaginaspülungen gefunden. Von den 5-Tage-Cyclus-Ratten wiesen die meisten in jedem Falle eine PS auf. Die elektr. Stimulierung des Cervix von Kontrolltieren während des Östrus führte zu einer PS aller Tiere. J. Boelter 4559◇

1256 **Die Progesteronkonzentration im Plasma nach Entfernung des Corpus luteum in der Kuh.** John A. McCrakken. (Nature [London] **198**, 507—08, 1963; Glasgow, Bearsden, Univ. of Glasgow, Veter. Hosp.; engl.) — Die Gelbkörper (GK) von Kühen wurden unter Epiduralanästhesie nach Einschnitt in den dorsalen vaginalen Fornix am 12. Tag des Östruscyclus entnommen. Die *Progesteron* (**I**)-Konz. im Plasma fiel unmittelbar nach Entfernung von GK auf die Hälfte ab. Danach erfolgte ein geringerer Abfall. Dies entsprach der Entfernung des endogenen verfügbaren **I** sowie dem raschen Verschwinden von **I** aus dem Blut, während der schwächere Abfall der **I**-Konz. auf dem Geh. von **I** in der Nebenniere u. dem Depotfett beruhte. Eine bilaterale Ovarektomie der gleichen Tiere nach einem normalen Cyclus ergab den gleichen Abfall von **I** im Plasma, so daß das **I** im Eierstock für den flachen Abfall des **I**-Geh. im Plasma nicht verantwortlich ist. Wahrscheinlich ist der **I**-Geh. im Körperfett, vor allem für den späteren langsameren **I**-Abfall im Plasma verantwortlich.
J. Boelter 4559◇

1257 **Die Umwandlung von 17α-Hydroxyprogesteron in Pregn-4-en-3α.17α-diol-20-on und andere Verbindungen bei Perfusion durch Rindernebennieren und -ovarien.** H. Levy, T. Saito, S. Takeyama, A. P. Merrill und J. P. Schepis (unter techn. Mitarbeit von G. Porter und M. Fitts). (Biochim. biophysica Acta [Amsterdam] **69**, 198—200, 1963; Shrewsbury, Mass., Worcester Foundat. for Exp. Biol.; engl.) — Bei Perfusion von Rindernebennieren mit *17α-Hydroxyprogesteron* (**I**) treten neben *Cortisol* unbekannte Verbb. mit F. 250—257° (**II**), F. 268—270° (**III**), F. 199—200° (**IV**) u. F. 202—204° (**V**) auf. Durch Vgl. mit den IR-Spektren synthet. Verbb. konnte **II** als *Allopregnan-17α-ol-3.20-dion*, **III** als *Allopregnan-3β.17α-diol-20-on* u. **V** als *Pregn-4-en-17α.20β-diol-3-on* identifiziert werden. Werden Ovarien nichtträchtiger Kühe mit $^{14}C_{(4)}$-**I** durchströmt, so treten **IV** sowie *Pregn-4-en-17α.20α-diol-3-on* als ^{14}C-markierte Metabolite auf. **IV** konnte auf Grund des IR-Spektrums sowie der Spektren verschiedener Derivv. u. des Kernresonanzspektrums als *Pregn-4-en-3α.17α-diol-20-on* identifiziert werden, **IV** ist der erste Fall einer Red. eines *Δ^4-3-Ketosteroids* zu einem *Δ^4-3-Hydroxysteroid* durch Nebennieren u. Ovarien u. der erste Fall einer Isolierung in krist. Form aus einem biochem. System. P. Schwerdtfeger 4559◇

1258 **Testosteron und Asthma.** E. R. Trethewie. (Nature [London] **198**, 290, 1963; Melbourne, Univ., Dep. of Physiol.; engl.) — Auf Grund der Altersverteilung der Asthmahäufigkeit nimmt Vf. eine Beziehung zu den Geschlechtshormonen an. Verss. am Meerschweinchenjejunum über die Empfindlichkeit gegen *Histamin* zeigen, daß *Testosteron* diese Empfindlichkeit stark dämpft, während *Östrogenin* ohne Wrkg. ist. *Cortisone*, die bei Asthma eine günstige therapeut. Wrkg. zeigen, vermindern ebenfalls die Histamin-Rk. des Darmes.
P. Schwerdtfeger 4559◇

1259 **Die Bestimmung von oral zugeführtem Fluoxymesteron an der kastrierten Ratte.** Ralph I. Dorfman. (Acta endocrinol. [Copenhagen] **41**, 265—67, 1962; Shrewsbury, Mass., Worcester Foundat. for Exp. Biol.; engl.) — Vf. beschreibt einen 10tägigen Biotest zur Best. von *Androgenen* durch orale Zufuhr unter Verw. von jungen (25 bis 28 Tage) kastrierten ♂ Ratten, wobei die Gew.-Entw. von Samengefäßen, Ventralprostata u. Levator ani beobachtet wird. Durch Verlängerung des Vers. über 10 Tage hinaus konnte keine Erhöhung der Genauigkeit erzielt werden. Bei Anwendung einzelner täglicher Dosen u. einer wss. Suspension betragen die λ-Werte: Samengefäße 0,210, Ventralprostata 0,190 u. Levator ani 0,218. Die angeführten Beleganalysen wurden mit *Fluoxymesteron* (*9α-Fluor-11β-hydroxy-17α-methyltestosteron*) durchgeführt. Die Genauigkeit dieser Meth. ist geringer als bei subkutaner Injektion der Testsubstanzen.
P. Schwerdtfeger 4559◇

1260 **Wirkung verschiedener Steroide auf die Entwicklung der Bursa fabricii bei Hühnerembryos.** Richard L. Aspinall, Roland K. Meyer und M. Appaswami Rao. (Endocrinology **68**, 944—49, 1961; Madison, Wis., Univ. of Wisconsin, Dep. of Zool.; engl.) — Die Wrkg. verschiedener *Androgen*-ähnlicher *Steroide* auf die Entw. der Bursa fabricii, die Schilddrüse u. Milz wurde an Hühnerembryos studiert. Wechselnde Dosen der Hormone (im Bereich von 0,05 bis zu 1,5 mg) wurden in Ölemulsion in den Albuminteil der in Entw. stehenden Eier am 5. Tage der Brutzeit injiziert. Die Autopsie wurde am 19. Tage der Brutzeit vorgenommen. — Von den getesteten Verbb. wurde *Dihydrotestosteron* als die die Entw. der Bursa am aktivsten hemmende Verb. gefunden. In der Reihenfolge sinkender Aktivität sind wirksam: *Androsteron, Androstan-3.17-dion, 19-Nortestosteron, Testosteroncyclopentyl-*

propionat, Methylandrostendiol u. *Testosteron.* Darüberhinaus wurden noch getestet: *Δ^5-Androsten-3.17-diolbenzoat, Dehydroepiandrosteron, Androstan-17-on, Δ^4-Androsten-3.17-dion, 17-Hydroxypregnenolon, α-Östradiol.* O. Jansen 4559◇

1261 **Ein subkutaner Injektionstest auf Antiandrogene beim Küken.** Ralph I. Dorfman. (Acta endocrinol. [Copenhagen] **41**, 268—73, 1962; Shrewsbury, Mass., Worcester Foundat. for Exp. Biol.; engl.) — Die stimulierende Wrkg. von *Testosteron* auf die Entw. des Hahnenkamms kann durch subkutane Injektion verschiedener Antiandrogene [*Norethisteron* (I; *17-Äthinyl-19-nortestosteron*), *2-Acetyl-7-oxo-1.2.3.4.4a.4b.5.6.7.9.10.10a-dodekahydrophenanthren* (*Ro2-7239*), *Cortisol, Progesteron, 1-[p-2-Diäthylaminoäthoxyphenyl]-1-phenyl-2-p-methoxyphenyläthanol*(*Mer-25*)] gehemmt werden. Es konnten jedoch keine Dosis–Wrkg.-Beziehungen nachgewiesen werden. In diesem Test erwies sich I als am wirksamsten. 1—2 Tage alte ♂ Küken erhalten subkutan 0,5 mg *Testosteronönanthat* in 0,5 ml Sesamöl u. danach 7 Tage lang täglich die Testverb. in Sesamöl gelöst. Danach wird das Kamm- u. Körper-Gew. bestimmt u. als Verhältnis von Kamm-Gew. (mg) zu Körper-Gew. (g) ausgedrückt. P. Schwerdtfeger 4559◇

1262 **Die Prolactinbildung und Freisetzung durch eine verpflanzte Hypophyse und durch die Hypophyse in situ.** O. L. Wolthuis und S. E. de Jongh. (Acta endocrinol. [Copenhagen] **43**, 271—79, 1963; Leiden, Univ., Dep. of Pharmacol.; engl.) — ♀ Ratten wurden 5 Wochen nach Transplantation einer Ovarie in die Milz hypophysektomiert. Am gleichen Tag wurde eine Hypophyse (H) unter die Nierenkapsel transplantiert. Die Tiere erhielten 10 Tage täglich insgesamt 10 I.E. *Hormonchoriongonadotropin* (*HCG*; I) u. 10 I.E. *gonadotrope Hormone* (*PMS*; II) subkutan injiziert. Einen Tag danach wurden die Tiere getötet u. untersucht. Daneben wurden hypophysektomierte Tiere u. mit verpflanzter H nach 29 Tagen getötet u. das Blutserum isoliert. 12 ml des Blutserums bzw. 0,5 Hypophysenäquivalente wurden über 6 Tage hypophysektomierten u. mit hohen Dosen I u. II behandelten Tieren injiziert. Die *Prolactin* (III)-Wrkg. durch H-Verpflanzung war höher als bei H in situ. Sofern geringe *Östrogen*-Mengen aus dem portalen Kreislauf austreten konnten, wurden die III-Wrkg. in hypophysektomierten sowie auch in Tieren mit H in situ verstärkt. Unterss. des Serums u. der H von ovarektomierten u. hypophysektomierten Tieren bei H-Verpflanzung in die Niere ergeben gegenüber Kontrolltieren einen niedrigeren III-Gehalt. Es wird angenommen, daß der Hypothalamus die III-Funktion in der H in situ hemmt, wobei die III-Freisetzung mehr als die III-Bldg. gehemmt wird. Östrogene fördern die III-Bldg. in der H möglicherweise durch eine direkte Wrkg. auf die Hypophyse. J. Boelter 4560◇

1263 **Klinische und experimentelle Untersuchungen über die Wirkung von Corticotropin und Steroiden auf den Bilirubingehalt des Blutes.** William H. J. Summerskill, Bernard F. Clowdus, Jesse L. Bollman und Gerard A. Fleisher. (Amer. J. med. Sci. **241**, 555—62, 1961; Rochester, Minn., Mayo Clin. and Mayo Foundat., Sect. of Biochem. and Sect. of Med.; engl.) — Nach Anwendung von *Corticotropin* (I) oder von verschiedenen Steroiden (II; *Prednisolon, Cortisonacetat, Triancinolon*) sank der *Bilirubin* (III)-Geh. im Blut von Hepatitispatienten mit Verschlußsymptomen stärker ab als bei Patienten mit Ikterus infolge von Cirrhose oder extrahepat. Verschlußerkrankungen. Bei Patienten mit akuter Hepatitis nahm gleichzeitig der Calorienverbrauch zu u. die chem. Leberfunktionsprüfungen zeigten Besserung. Bei Patienten mit Cirrhose nahm bei 5—10tägiger Behandlung mit I oder II die Serum-*Transaminase*-Aktivität deutlich ab. Bei Hunden mit Ikterus infolge von Abbinden des Gallenganges bewirkte *Cortison* keine Veränderung des III-Geh. im Blut oder der Überlebensdauer der Erythrocyten; bei Hunden mit Gallenfistel nahm das Vol. der sezernierten Galle zu, aber der III-Geh. veränderte sich nur wenig. K. Zingraf 4560◇

1264 **Die Wirkung von S-Methylisothioharnstoff auf Corticotropin.** E. V. Ellington. (Biochim. biophysica Acta [Amsterdam] **69**, 171—74, 1963; Jamaica, Univ. of the West Indies, Dep. of Biochem.; engl.) — *Corticotropin A_1* (I) wurde bei pH 10,5 (NH_4OH) mit überschüssigem *S-Methylisothioharnstoff* (II) 48 Std. bei Raum-Temp. umgesetzt. Das so erhaltene I-Deriv. weist weder freie ε-Aminogruppen (Lysin) noch α-Aminogruppen (N-endständiges Serin) auf. Nach Entsalzung an Amberlite wurde das I-Deriv. der Totalhydrolyse (6n HCl, 24 Std. bei 105°) unterworfen u. das Hydrolysat papierelektrophoret. untersucht, wobei das Verschwinden der Lysinreste bestätigt werden konnte. Nach Behandlung des I-Deriv. mit Phenylisothiocyanat konnte kein Phenylthiohydantoin von Serin nachgewiesen werden. Der enzymat. Abbau (Chymotrypsin) liefert 5 Bruchstücke, von denen eins isoliert u. als Guanidyl-Deriv. des N-endständigen Dipeptids Ser·Tyr identifiziert wurde. Nach Behandlung von I mit II konnte daraus kein N-Acetyl-I dargestellt werden. Die Ergebnisse zeigen, daß II unter bestimmten Bedingungen (Beeinflussung der pK-Werte der α-Aminogruppe) außer mit den ε-Aminogruppen auch mit α-Aminogruppen reagieren kann. P. Schwerdtfeger 4560◇

1265 **Einfluß der laufenden Behandlungen mit Steroidhormonen und ACTH auf die Protidogramme von Plasma und Gewebe.** 4. Mitt. **Leber- und Nierenproteine.** G. Missere, G. Murari und G. Tonini. (Arch. ital. Sci. farmacol. [3] **9**, 178—80, 1959; Bologna, Univ., Ist. di Farmacol.; ital.) — 2. u. 3. vgl. C. **1960**, 12395. — Ratten erhielten 0,35 E. *Adrenocorticotropes Hormon* (*ACTH*)/kg oder 0,41 mg *Cortison, Desoxycortison, Desoxycorticosteronacetat* (*DOCA*), *Testosteron, Methyltestosteron, Chlortestosteron, Androsteron, Dehydroisoandrosteron, Östradiol, Äthinylöstradiol* oder *Progesteron* (I)/kg täglich 28 Tage lang. Die Veränderungen der mit Puffer-Lsg., pH 7,2, niedriger Ionenstärke (0,10) extrahierten Leber- u. Nieren-*Proteine* (II) werden papierelektrophoret. untersucht. — Die Nieren-II variieren ziemlich einheitlich: alle getesteten Substanzen, mit Ausnahme von I, verursachen einen Abfall der *Albumin*-Fraktion u. einen Anstieg der den α-Globulinen des Serums entsprechenden Fraktion; die männlichen Hormone sowie DOCA, ACTH u. I verursachen einen Anstieg der den γ-Globulinen entsprechenden Fraktion. Die Östrogene u. Glykocorticoide verhalten sich umgekehrt. Für die Leber-II werden weniger regelmäßige Veränderungen festgestellt. H. Kockert 4560◇

1266 **Die Bestimmung des menschlichen Wachstumshormons mit Hilfe der Antigenantikörperbildung während der Gelelektrophorese.** W. Fitschen. (Biochem. J. **88**, 13 P, 1963; London, Hosp. for Sick Children; engl.) — Verdünnungen von Antiserum (A) mit *menschlichem Wachstumshormon* (I) einerseits sowie bestimmte Mengen ^{131}J-I zusammen mit nichtmarkiertem I andererseits wurden in Polyacrylamidgel der Elektrophorese unterworfen. Nach 1 Std. waren I u. A zusammengetroffen, nach 2 Std. war eine Trennung von I u. den *γ-Globulinen* (II) erfolgt. Die Antigen–Antikörper-Bldg. wird als %-Satz der an immunes II gebundenen Radioaktivität ausgedrückt. Die Red. der gebundenen Radioaktivität ist eine lineare Funktion des Logarithmus der Konz. nichtmarkierten I in der Probe. Die Empfindlichkeit der I-Best. ist von der Verdünnung abhängig. Bis zu 0,4 mg I können nachgewiesen werden. J. Boelter 4560◇

1267 **Der Einfluß von Wachstumshormon, Cortisol und Insulin auf den Einbau von Aminosäuren in Protein.** S. R. Wagle. (Arch. Biochem. Biophysics **102**, 373—78, 1963; Indianapolis, Ind., Univ., Med. School, Dep. of Pharm.; engl.) — Vf. untersucht den *Aminosäuren* (I)-Einbau in *Protein* sowohl in vivo als auch in vitro. Vf. inkubiert Leberschnitte der Ratte in Ringer-Bicarbonatmedium unter O_2/CO_2 oder ein Leber-*pH 5-Enzym*–Mikrosom-Syst. mit *$^{14}C_{(2)}$-Alanin* (II), *$^{14}C_{(2)}$-Glutamat*, *$^{14}C_{(CH_3)}$-Methionin* oder *$^{14}C_{(2)}$-Phenylalanin* oder er injizierte bei der Ratte intraperitoneal II u. bestimmte nach Isolierung der Gewebeproteine bzw. nach Abtötung u. Isolierung der Leber (Nuclei, Mitochondrien, Mikrosomen u. Überstand), der Nebenniere, des Herzens u. der Muskeln die Radioaktivität. Hypophysektomizierte Ratten zeigen einen verminderten Einbau von Alanin, Glutaminsäure, Methionin u. Phenylalanin in Protein in vivo u. in vitro. Der Einbau kann teilweise durch Verabreichen von *Wachstumshormon* (III) oder *Insulin* (IV) u. vollständig durch gleichzeitige Therapie mit III u. IV wiederhergestellt werden. Normale, ungefütterte Tiere weisen einen herabgesetzten I-Einbau auf, der bei Fütterung wieder ausgeglichen wird. Bei hypophysektomierten Tieren wird der I-Einbau nicht davon beeinflußt, ob Futter verabreicht wird oder nicht. *Cortisol* erhöht bei gesunden Ratten den I-Einbau, während bei Alloxandiabetes keine Wrkg. auftritt. G. Marquard 4560◇

1268 **Isolierung von Hypophysenhormonen: Reinigung des Follikelreifungshormons des Schafes.** Marian Jutisz, Claude Hermier, Andrée Colonge und Robert Courrier. (C. R. hebd. Séances Acad. Sci. **250,** 431–35, 1960; Paris, Coll. de France, Morphol. exp. et Endocrinol.; franz.) — Beschreibung einer Meth. zur Extraktion der *Hormone des Hypophysenvorderlappens* des Schafes, der Abtrennung von *Follikelreifungshormon* u. seiner Reinigung durch Ausfällung mit $(NH_4)_2SO_4$ u. mit A. in Ggw. von Zinkacetat sowie durch Chromatographie auf Amberlite IRC-50. K. Zingraf 4560◇

1269 **Differenzierende Wirkung von Wasserstoffperoxid auf die biologische Wirkung von TSH und Luteinisierungshormon.** Leo E. Reichert jun. (Endocrinology **69,** 398–400, 1961; Atlanta, Ga., Emory Univ., Div. of Basic Health Sci., Dep. of Biochem.; engl.) — Rohe, durch *Luteinisierungshormon* (I) verunreinigte *TSH*-Präpp. aus der Hypophyse erleiden bei der Oxydation mit H_2O_2 (1 Std. bei Raum-Temp. u. pH 5,5) eine selektive Inaktivierung der I-Verunreinigung. Im Falle eines partiell gereinigten TSH-Präp. aus der Rindshypophyse ist die verminderte I-Wrkg. mit einer signifikanten Abnahme der TSH-Wrkg. verknüpft. K. F. Müller 4560◇

1270 **Blutzuckersteigernde Wirkung von Vasopressin beim Hund nach Nebennieren- oder Hypophysenexstirpation.** A. Baisset, Dang Tran Lac und P. Montastruc. (C. R. Séances Soc. Biol. Filiales **157,** 877–81, 1963; Toulouse, Fac. de Méd., Physiol. appl. et Pharmacol. Labor. de Physiol.; franz.) — *Vasopressin* (I) steigert den *Blutzucker* beim normalen Tier u. verstärkt die Hyperglykämie des Hundes nach Bauchspeicheldrüsenexstirpation. Im Gegensatz dazu entsteht ein Blutzuckerabfall durch I beim Hund ohne Nebennieren oder Hypophyse. Beim Tier, dem ein Bestandteil des endokrinen, blutdrucksteigernden Syst. fehlt, wirkt das neurohypophysäre Hormon ähnlich dem Insulin auf den Blutzucker; diese Wrkg. wurde ebenfalls in vitro beobachtet. Die blutzuckersteigernde Wrkg. einer I-Injektion beim normalen Tier ist wahrscheinlich an eine *Corticotropin* (II)-Ausscheidung gebunden, die unter dem Einfl. des exogenen I entstanden ist, das, ebenso wie verschiedene einfache Polypeptide, I freisetzende Eigg. besitzt. M. Blaschette-Huttinger 4560◇

1271 **Die Cupriionenkomplexe von Oxytocin und 2-Phenylalaninoxytocin.** Esther Breslow. (Biochim. biophysica Acta [Amsterdam] **53,** 606–09, 1961; New York, N.Y., Cornell Univ., Med. Coll., Dep. of Biochem.; engl.) — Unters. der Cu^{2+}-Bindung durch *Oxytocin* (I), *2-Phenylalanin* (II) u. *Desaminooxytocin* durch kontinuierliche H^+-Titration in Ggw. von 1 Mol $CuCl_2$/Mol Peptid zeigte, daß das Tyrosin-OH sehr wahrscheinlich nicht an der Bldg. des Cu^{2+}–Hormon-Komplexes teilnimmt, wohl aber die freie NH_2-Gruppe von I u. II. Die 3 restlichen Cu^{2+}-Liganden sind vermutlich 3 Peptid- oder Amidbindungen, aus denen durch Cu^{2+} zwischen pH 4 u. 9 Protonen abgespalten werden. K. Maier 4560◇

1272 **Dünnschichtchromatographische Untersuchungen über die Auftrennung von Steroidgemischen und die Ausscheidung intravenös applizierter Glucocorticoidester in Galle und Duodenalsaft.** F. Scheiffarth, L. Zicha, F.-W. Funck und M. Engelhardt. (Acta endocrinol. [Copenhagen] **43,** 227–45, 1963; Erlangen, Univ., Medizin. Klinik; dt.) — Patienten mit gesunder Leber (A), mit einer T-Drainage (B) sowie solche mit Leberparenchymschaden bzw. mit Cholecystopathie erhielten 25–75 mg *Prednisolon-Na-hemisuccinat* (II) i.v. injiziert. Vor u. nach Injektion wurde der Duodenalsaft (DS) gesammelt u. nach Extraktion mit A.–Ae., Chlf. oder Butanol durch Dünnschichtchromatographie auf I- u. II-Metabolite untersucht. Im DS von A- bzw. in Galle von B-Patienten wurden I u. II nur 10–30 Min. nach Injektion unverändert wiedergefunden. Nach 10–20 Min. konnten bereits die entsprechenden freien Alkohole *Prednisolon* (III) u. *6α-Methylprednisolon* (IV) nachgewiesen werden. Ca. 20 Min. nach Injektion von I u. II wurde eine dem *Prednisolonacetat* entsprechende Fraktion gefunden. I u. II ließen sich im Leber- u. Gallenkranken etwas länger verfolgen, die Bldg. von III u. IV schien jedoch nicht gestört. Die Acetate waren bei Lebergeschädigten mit stark patholog. Funktionstesten deutlich red. oder fehlten überhaupt, erschienen jedoch im Verlauf der Normalisierung des Funktionstests wieder. Es wird angenommen, daß die wasserlösl. Glucocorticoide in der Leber eliminiert werden u. daß C_{21}-Acetate wahrscheinlich in der Leber gebildet werden. J. Boelter 4561◇

1273 **Steroide.** 223. Mitt. **Farbreagens auf Steroide in der Dünnschichtchromatographie.** Joseph S. Matthews. (Biochim. biophysica Acta [Amsterdam] **69,** 163–65, 1963; Mexico City, Mexico, Syntex Res. Labor.; engl.) — 222. vgl. C. **1963,** 20046. — Zum Nachw. von *Steroiden* auf Dünnschichtchromatogrammen (Silicagel G bzw. neutrales Al_2O_3) eignet sich eine 0,5%ig. Lsg. von Vanillin in H_2SO_4–A. (4 : 1). Die meisten Steroide reagieren bereits bei Raum-Temp., die intensivsten Färbungen werden nach 5 Min. bei 100° erhalten. Mit dem vorgeschlagenen Reagens färben sich (5 Min. bei 100°) grau: *4-Chlortestosteron, Cholestan*; braun: *Allopregnan-3.21-diol-11.20-dion, Allopregnan-3.17.21-triol-11.20-dion, Prednisolon, Pregnenolon, 6β-Brom-Δ^4-androsten-3.17-dion, 6β-Nitro-Δ^4-androsten-3.17-dion*; rot: *Allopregnan-3.17.21-triol-20-on, Allopregnan-3.11.17.21-tetrol-20-on, Testosteronacetat*; orange: *Östron, Progesteron, 6β-Chlorprogesteron, 6β-Fluorprogesteron, 11-Dihydrocorticosteron, Cortison*; gelb: *Androstan-3.17-dion, Androstan-3-on, Östron-3-methyläther*; grüngelb: *Östradiol, Corticosteron*; dunkelgrün: *6β-Hydroxyprogesteron, 11-Dihydrocortison, 11-Dihydrocortison-21-acetat*; violett bis purpur: *Allopregnan-3.11.21-triol-20-on, Desoxycorticosteron, 11-Desoxy-17-hydroxycorticosteron, 17α-Äthinylöstradiol-3-methyläther, Pregnandiol, Allopregnanolon, Testosteron, Androsteron, Androstan-17-on, Δ^2-Androsten.* P. Schwerdtfeger 4561◇

1274 **Beitrag zur Untersuchung der Möglichkeit einer Bildung von Corticosteroiden in anderen Organen als der Nebenniere.** A. R. Ratsimamanga, T. Rahandraha, G. Costes-Sodigné, S. Jaquard und M. Rabinowicz. (C. R. Séances Soc. Biol. Filiales **156,** 1547–51, 1962; Paris, Fac. de Méd., C.N.R.S.; Hautes Études, Labor. de Physiol. Nutritionelle des Hormones et Vitamines; franz.) — Die im Aortenblut von adrenalektomierten Ratten nachgewiesenen *freien Corticosteroide* (I) entstammen, zumindest teilweise, anderen Organen u. Geweben als der Nebenniere. Die Menge dieser produzierten I reicht jedoch nicht aus, um das adrenalektomierte Tier überleben zu lassen. H. Kockert 4561◇

1275 **Hormonale Eigenschaften vom „Nebennierencorticoid"-Typ einer Triterpensäure, der Polyporensäure A.** A. Rakoto Ratsimamanga, B. Pasich, P. Boiteau und M. Nigeon-Dureuil. (C. R. Séances Soc. Biol. Filiales **156,** 1552–54, 1962; Paris, Fac. de Méd., École Pratique des Hautes Études; C.N.R.S., Labor. de Physiol. Nutritionnelle des Hormones et des Vitamines; franz.) — Vff. stellten fest, daß *Polyporensäure A* (I) bei adrenalektomierten Ratten nach peroraler Verabfolgung ähnliche physiolog. Wrkg. entfaltet wie *Desoxycorticosteron* (II) oder *Hydrocortison* (III); die Wrkg. von I übertrifft jedoch die von II bei weitem. Im Kälteüberlebenstest nähert sich die Wrkg. von I jedoch mehr der von III. H. Kockert 4561◇

1276 **Nierenausscheidung von Protein bei adrenalektomierten Hunden, welche mit verschiedenen Nebennierenrindenhormonen behandelt wurden.** Robert D. Coye und James Donkle. (Endocrinology **68,** 950–55, 1961; Madison, Wis., Univ. of Wisconsin, Med. School, Dep. of Pathol.; engl.) — Die Ausscheidung von Harn-*Protein* (I) wurde an 4 adrenalektomierten Hunden untersucht, u. es ergaben sich verschiedene Typen u. Niveaus bei ersatzweise verabreichten *Nebennierenrindenhormonen* (II). Eine bes. Änderung sowohl im Spiegel der *Serumproteine* als auch in den *Serumelektrolyten* wurde nur von geringen Änderungen der I-Ausscheidungs-Geschw. begleitet. Ein Anwachsen der *Globulin*-Clearance während der Verabfolgung hoher *Cortison*-Gaben wurde festgestellt. Dies ist der verminderten Serum-Konz. dieser Fraktion zuzuschreiben, während die Ausscheidungs-Geschw. konst. bleibt. Diese Daten zeigen, daß die II bei der Regulierung der I-Ausscheidung bei normalen Hunden eine geringe Rolle spielen. O. Jansen 4561◇

1277 **In vitro-Wirkung der Epiphyse auf die Aldosteronsekretion durch die Nebennieren der Ratte.** Pierre Jouan. (C. R. hebd. Séances Acad. Sci. **254,** 2680–82, 1962; Rennes, Fac. de Méd. et de Pharm.; franz.) — Die qual. Unters. der Nebennierensekretion der Ratte in vitro nach Gaben von *Epiphysenextrakt* läßt eine deutliche Zunahme der Sekretion von *Steroid X_2* u. *Aldosteron* erkennen, wohingegen die Sekretion von *Steroid X_3, Corticosteron* u. *11-Dehydrocorticosteron* sehr niedrig bleibt. Die Wrkg. von Epiphysenextrakt unterscheidet sich von der von *ACTH* u. enthält eine Substanz, welche spezif. auf gewisse, den Mineralocorticoiden verwandte Corticosteroide einwirkt. M. Blaschette-Huttinger 4561◇

1278 **Wirkung von Cortison auf das Glykogenniveau im Gehirn und in der Leber von fastenden Ratten.** R. Rajan, K. G. Prasannan und K. Subrahmanyam. (Indian J. med. Res. **51,** 933—36, 1963; Pondicherry, Med. Coll., Dep. of Biochem.; engl.) — Vff. bestimmen das *Glykogen* (I) in Leber u. Gehirn von normalen fastenden Ratten u. von solchen, die vorher 1 oder 5 Injektionen von je 1 mg *Cortison* (II) erhalten hatten. II regt offenbar die I-Synth. an, so daß sowohl in der Leber als auch im Gehirn eine I-Zunahme festgestellt wurde. G. Marquard 4561△

1279 **Experimentelle Tyzzerkrankheit der Maus unter Cortisonbehandlung.** Y. Takagaki, M. Naiki, K. Fujiwara und Y. Tajima. (C. R. Séances Soc. Biol. Filiales **157,** 438—41, 1963; Tokyo, Univ., Inst. des maladies infectieuses; franz.) — Vff. versuchen zu beweisen, daß die intracellulären, stabförmigen Formen des *B. piliformis von Tyzzer* die Erreger der Krankheit sind, obschon sie in normalen Kultivierungsmedien nicht wachsen. Diese Stäbchenformen befinden sich ab 40. Std. nach der Inokulation von bacillenhaltigem Leberparenchym, u. nur nach dieser experimentellen Infektionsform, an der Peripherie der nekrot. Läsionen innerhalb der Leberzellen. Die Krankheit ist nur fatal bei einer gleichzeitigen oder bis 5. Tag nach der Inokulation beginnenden *Cortison* (I)-Behandlung, obschon die histolog. Leberveränderungen ebenfalls ohne I-Behandlung u. ohne fatalen Ausgang am 7. Krankheitstag auftreten. M. Blaschette-Huttinger 4561◇

1280 **Untersuchungen über die Schutzwirkung einer anabolischen Verbindung, des Noräthandrolons, auf die Nebennierenrinde der mit Hydrocortison behandelten Ratte.** G. Basset, Y. Jeanjean und J. Turiaf. (C. R. Séances Soc. Biol. Filiales **156,** 232—34, 1962; Paris, Hôp. Bichat, Labor. de Pathol. respiratoire; franz.) — Es werden die Ergebnisse der Verss. an 40 ♂ Ratten (165—170 g) mitgeteilt. Von den Vers.-Gruppen zu je 10 Tieren erhielt (a) eine täglich 2 g *Hydrocortison* (I), (b) die 2. 2 mg I + 2,5 mg *Noräthandrolon* (II) u. (c) die 3. 2 mg I + 2,5 mg *Testosteron* (III); die Vers.-Dauer betrug 15 Tage. Wie die Vers.-Gruppen b u. c zeigen, hemmen II u. III die katabol. Wrkg. von I u. bewirken eine fast normale Entw. der Nebennieren. Im Gegensatz zur Lipoidarmut der Nebennierenrinde der Tiere aus Gruppe a ist der entsprechende *Lipoid*-Geh. der Tiere aus den Gruppen b u. c prakt. normal bzw. erhöht. Die vorliegenden Ergebnisse gestatten jedoch nicht den Schluß, daß auch die Funktion der Nebennieren durch I bzw. II normal erhalten werden konnte. P. Schwerdtfeger 4561◇

1281 **Reaktion von Cortisol und Cortisol-21-aldehyd mit Pyridoxamin.** Carl Monder und Abraham White. (Arch. Biochem. Biophysics **97,** 351—59, Mai 1962; New York, N.Y., Yeshiva Univ., Albert Einstein Coll. of Med., Dep. of Biochem.; engl.) — Wird eine Lsg., die je $2 \cdot 10^{-4}$m *Cortisol* (I), *Pyridoxamin* (II) u. *Cu^{2+}-Acetat* in 0,2 m Na-Phosphatpuffer, pH 6,9, enthält, 6—8 Min. auf 100° erwärmt, so färbt sie sich intensiv gelb. Die gebildete gelbe Verb. (III) kann mit Amylalkohol extrahiert werden. III zeigt im sichtbaren Bereich Absorptionsmaxima bei 440, 420 u. 376 mμ. Cu^{2+} kann bei dieser Rk. nicht durch Cu^+, Mn^{2+}, Mg^{2+}, Hg^{2+}, Co^{2+}, Bi^{2+}, Cr^{3+}, Al^{3+}, Fe^{3+}, Cl^-, NO_3^-, SO_4^{2-} oder $CH_3 \cdot COO^-$ ersetzt werden. Außer I vermag auch *Cortison, Dihydrocortison, Desoxycorticosteron* u. *Dihydroxyaceton* sowie in langsamer Rk. *Cortisol-21-acetat* u. *Cortison-21-acetat* ähnliche gelbe Verbb. zu bilden; *Progesteron, Androstan-3β-ol-17-on, Testosteron, Pregnan-3α.21α-diol, 21.21-Dimethoxyprogesteron, 4-Androsten-3.11.17-trion, 21-Desoxycortisol* u. *21-Desoxycortison* sowie *Aceton* reagieren nicht. Für die Rk. zwischen I u. II ist die Ggw. von O erforderlich. Cu^{2+} oxydiert die Alkoholgruppe am $C_{(21)}$ von I zum Aldehyd. Bei Inkubation von *Cortisol-21-aldehyd* (IV) mit II wird auch in Abwesenheit von O bei Raum-Temp. III gebildet. In Abwesenheit von Metallionen kondensieren IV u. II unter Bldg. einer gelben Verb., die 2 Steroid- u. 1 Pyridoxylidinrest enthält. Hierbei reagiert 1 Mol IV mit II in Form einer Schiffschen Base, während das 2. Mol IV als Hemiacetal an die Hydroxymethylgruppe von II gebunden wird. Diese Verb. bildet reversible Chelate mit Cu^{2+} unter Bldg. von III. P. Schwerdtfeger 4561◇

1282 **Die Bestimmung der Bindungskapazität von cortisolbindendem Protein.** D. L. Schatz und C. Osorio. (Biochem. J. **88,** 12P—13P, 1963; London, Hammersmith Hosp., Med. Res. Council Exper. Radiopathol. Res. Unit; engl.) — Papierelektrophorese von Serum (S) in Ggw. von 5 μg *^{14}C-Cortisol* (I)/100 ml ergab 95% der Aktivität in der „α-Zwischenzone" (ZZ). Die Aktivität nahm mit der Erhöhung der I-Konz. ab. I allein wanderte kaum bei der Elektrophorese. Der abs. Betrag an I in ZZ nahm mit der I-Konz. im Plasma (P; Maximum 16 μg I/100 ml bei einer P-I-Konz. von über 30 μg/100 ml) zu. Bei dieser I-Konz. ist das Corticosteroidbindende Protein (II) prakt. gesätt. u. der Betrag des gebundenen I ein Maß für die Corticosteroid-bindende Kapazität (CBK). Zur Messung der CBK wurden 85 bzw. 170 μg I/100 ml 2 aliquoten Teilen P zugesetzt u. der Elektrophorese unterworfen. Aus der Aktivität in ZZ u. der I-Gesamtmenge im P kann die CBK berechnet werden. Sofern I im S u. an II gebundenes I gleiche Aktivitäten aufweisen, wird eine Sättigung angenommen. Die CBK wurde zu 15,6 μg/100 ml gefunden. Die CBK war im S von Schwangeren stark erhöht. J. Boelter 4561◇

1283 **Antiphlogistische Eigenschaft gewisser 11-Desoxysteroide nach systemischer Verabreichung.** André Robert und James E. Nezamis. (Endocrinology **68,** 937—43, 1961; Kalamazoo, Mich., Upjohn Co., Dep. of Endrocrinol.; engl.) — *Desoxycorticosteron* (*DOC*) u. Reichsteins *Verb. S* wurden in der Ratte nach system. oder lokaler Verabfolgung als antiphlogist. erkannt. Wenn sie system. in großen Dosen verabreicht werden, wirken sie zusätzlich katabol. u. thymolytisch. *Progesteron,* system. verabreicht, ist schwach antiphlogist. u. thymolyt. wirksam. Seine antiphlogist. Eig. war ausgeprägter nach lokaler Verabreichung vorhanden. O. Jansen 4561◇

1284 **Über die Bestimmung der Brenzcatechinamine im Harn.** R. M. Antognetti und S. Nava. (Boll. Soc. ital. Biol. sperim. **38,** 1176—78, 1962; Pavia, Univ., Ist. di Clin. Med. e Terap. Clin.; ital.) — Es werden die für die *Brenzcatechinamin* (I)-Best. im Harn bekannten Verff. untersucht. Als am besten brauchbar wird eine modifizierte Meth. von Hingerty (Lancet **1,** [1957], 766) angegeben (20 Min. saure Hydrolyse u. Adsorption auf Al_2O_3-Kolonne), nach welcher gute I-Werte ohne viel Zeitaufwand erhalten werden. F. Kren 4561◇

1285 **Technik zur Untersuchung der Mobilisierung der Fettsäuren des Fettgewebes in vivo. Wirkung von Noradrenalin.** R. Vertua und M. Usardi. (Boll. Soc. ital. Biol. sperim. **38,** 1204—07, 1962; Milano, Univ., Ist. di Farmacol.; ital.) — Vgl. C. **1964,** 15-1286. — Bei der Technik handelt es sich um die Isolierung des Fetts des Omentums des Hundes in situ, wobei die Gabe von Pharmacis in die afferente Arterie u. die Entnahme von Blutproben aus der efferenten Vene möglich ist, wodurch die direkte u. quant. Wrkg. von Stoffen auf die Fettsäuren des Fettgewebes beobachtet werden kann. Nach dieser Meth. wird die erhöhte Mobilisierung der Fettsäuren durch Gaben von 0,1 μg *Noradrenalin* in vitro u. von ca. 1 mg in vivo beim Hund nachgewiesen. F. Kren 4561◇

1286 **Wirkung des Nicotins auf die Mobilisierung der Fettsäuren des Fettgewebes des Omentums.** R. Vertua und M. Usardi. (Boll. Soc. ital. Biol. sperim. **38,** 1208—11, 1962; Milano, Univ., Ist. di Farmacol.; ital.) — Vgl. vorst. Referat. — Die Unterss. werden an Hunden durchgeführt, denen in die afferente Arterie 6,25—50 μg *Nicotinbitartrat* injiziert wird. Schon bei 6,25 μg wird nach 4 Min. eine 70%ig. Steigerung der Freimachung der Fettsäuren des Fettgewebes als Maximum registriert, das sich bei höheren Dosen nur verlängert. F. Kren 4561◇

1287 **Stoffwechselanomalien von Adrenalin und Noradrenalin beim Cirrhotiker.** J. Warter, J. Schwartz und R. Bloch. (C. R. Séances Soc. Biol. Filiales **155,** 2030—32, 1961; Strasbourg, Fac. de Méd., Clin. méd. A.; franz.) — Vff. untersuchen durch Spektrophotofluorometrie nach von Euler die Urinausscheidung von *Noradrenalin* (I) u. *Adrenalin* (II) bei Cirrhose u. starker Mangelernährung. Die Werte betragen beim normalen Menschen 33 μg I/24 Std. (± 3,6 μg) u. 12,7 μg II/24 Std. (± 1,7 mg); bei dekompensierter Cirrhose 79,7 μg I/24 Std. (maximal 117 μg) u. 10,6 μg II/24 Std.; bei kompensierter Cirrhose ist die Streuung der Resultate sehr stark; bei mangelernährten Patienten 11,9 μg I pro 24 Std. u. 4,5 μg II/24 Stunden. Beim dekompensierten Cirrhotiker besteht also eine bedeutende Zunahme der I-Ausscheidung. Die Wrkg. auf den portalen Kreislauf muß beachtet werden. M. Blaschette-Huttinger 4561◇

1288 **Die Reaktivität der Haut und der muskulären Blutgefäße auf Noradrenalin während einer induzierten Atmungsacidose in Katzen.** S. Bygdeman. (Nature [London] **198,** 491—92, 1963; Stockholm, Karolinska Inst., Fac. of Med., Dep. of Physiol.; engl.) — Katzen wurden am linken Oberschenkel enthäutet (A) bzw. nichtenthäutet (B) u. an der Pfote abgebunden, um vor allem eine Perfusion der Muskelgefäße (M) zu erzielen. Einem Teil der Tiere wurde die linke sympath. Kette sowie der Splanchnicusnerv auf beiden Seiten zerschnitten. Spontane Atmungsbewegungen wurden durch Succinylcholin unterdrückt. Die Tiere wurden künstlich beatmet. Eine Atmungsacidose (AA) wurde durch Inhalation einer Mischung von CO_2 u. O_2 gesetzt. Bei Ventilierung mit 10% CO_2 stieg der Perfusionsdruck in A-Tieren um 35 mm Hg, bei 20% um 85 mm Hg an. In B-Tieren war die Wrkg. etwas geringer. Während der AA nahm die Gesamtwrkg. von *Noradrenalin* (I) auf die peripheren Blutgefäße viel mehr in den B- als in den A-Tieren ab. Nach Denervierung war der Unterschied geringer, bei 20% CO_2 aber noch merklich, so daß offenbar ein Unterschied in der Reaktivität zwischen Haut- u. M-Gefäßen während der AA besteht. AA bewirkte eine stärkere Vasokonstriktion der M als der Hautgefäße. In B-Tieren resultierte eine Rückverteilung des Blutes von den stärker zusammengezogenen M zu den Hautgefäßen. Bei A-Tieren wurden geringe Unterschiede zwischen innervierten u. denervierten Präpp. gefunden. J. Boelter 4561◇

1289 **Reaktion der Nickhaut auf Adrenalin nach Anwendung von Thyroninen bei Katzen, die mit Propylthiouracil behandelt wurden.** J. C. Devoghel, Z. M. Bacq und G. Barac. (C. R. Séances Soc. Biol. Filiales **157,** 923—25, 1963; Liège, Univ., Labor. de Pathol. et Therapeut. general.; franz.) — Vff. stellen fest, daß bei der mit *Propylthiouracil* (20 mg subkutan) behandelten Katze *L-* u. *D-Thyronin* (9% in NaCl mit wenig NaOH, 9 mg/kg) ähnlich wie *L-Thyroxin* u. *3.5.3'-L-Trijodthyronin* die Nickhaut gegenüber *Adrenalin* sensibilisieren. G. Marquard 4561◇

1290 **Positive Wirkung einer gleichzeitigen Konditionierung von Transplantatacceptor und Transplantat mit Colchicin oder Thiocolchicin auf interraciale brephoplastische Thyreoidhomotransplantate.** Raoul-Michel May und Jacqueline Heurtault-Rossi. (C. R. hebd. Séances Acad. Sci. **256,** 3770—73, 1963; Paris, Fac. de Sci., Labor. d'Anat. Comparée; franz.) — Verss. an Mäusen verschiedener Stämme zeigen, daß eine Immersion (18 Std. bei 5°) der Transplantate (Thyreoidgewebe) in Lsgg. von *Colchicin* (I) bzw. *Thiocolchicin* (II) bei Konzz. von $1 \cdot 10^{-3}$ bis $2 \cdot 10^{-5}$ mg/10 ml in einem relativ hohen %-Satz der Fälle (25% bei I, 2,6—18,7% bei II) zu einer erfolgreichen intraoculären Transplantation (Beobachtungszeit 30 Tage) führt, wenn die Acceptortiere ebenfalls I bzw. II ($6 \cdot 10^{-4}$ bis $25 \cdot 10^{-4}$ mg/g) intraperitoneal injiziert erhielten. P. Schwerdtfeger 4562◇

1291 **Der Thiocyanatgehalt im Serum und Schilddrüse von Kühen aus Gebieten, in denen Kropfbildung verschiedener Intensität beim Menschen gefunden wurde.** S. Bobek und A. Pelczarska. (Nature [London] **198,** 1002, 1963; Krakau, Polen, Coll. of Agricult., Dep. of Animal Physiol.; engl.) — In Gegenden, in denen beim Menschen eine Kropf-Bldg. verschiedenen Ausmaßes festgestellt wurde, wies der Extrakt der Schilddrüsen von Rindern eine der Häufigkeit des Auftretens menschlicher Kropf-Bldg. parallel gehende Erhöhung des *Thiocyanat* (I)-Geh. auf. In der gleichen Richtung wurde eine verstärkte Gew.-Zunahme der Schilddrüsen der Rinder gefunden. Es wurde keine klare Beziehung zwischen der Häufigkeit menschlicher Kropf-Bldg. u. dem I-Geh. im Rinderplasma gefunden. Ein hoher I-Geh. wurde in Schilddrüsen, in denen Cysten gefunden wurden, festgestellt. Dem erhöhten I-Geh. der Rinderschilddrüse ging eine entsprechende Abnahme des *J*-Geh. im Trinkwasser parallel. Neben anderen Faktoren scheint I eine abnorme vergrößerte Schilddrüse beim Rind hervorzurufen. J. Boelter 4562◇

1292 **Über die Beziehungen zwischen Schilddrüsensekretion und gonadotroper Aktivität.** G. Mangili, E. Müller und A. Zanoboni. (Boll. Soc. ital. Biol. sperim. **39,** 743—45, 1963; Milano, Univ., Ist. di Farmacol. e Terap.; ital.) — Bei Ratten bewirkte die Verabreichung von *Thyroxin* (I) oder *Propylhiouracil* (II) eine Zunahme des Gew. der Prostata, die durch Kombination von I oder II mit *Choriongonadotropin* noch gesteigert wurde. K. Zingraf 4562◇

1293 **Beitrag zum Studium der Beziehungen zwischen Hämopoiese und Schilddrüse mit besonderer Berücksichtigung der Oxymetrie des Blutes im Mark und der Peripherie.** R. M. Antognetti und S. Nava. (Boll. Soc. ital. Biol. sperim. **38,** 1174—76, 1962; Pavia, Univ., Ist. di Clin. Med. e Terap.; ital.) — Es wird der O_2-Geh. im Blut des Marks u. des venösen u. arteriellen Bluts bei Personen mit Hyperthyreose untersucht. Es ergibt sich eine Verringerung des O_2-Unterschieds zwischen arteriellem u. venösem Blut, ein Zustand mäßiger hypochromer Anämie u. im Mark eine relative Hyperoxie gegenüber normalen Personen. F. Kren 4562◇

1294 **^{131}J-Verwertung durch das Schilddrüsengewebe von Eptatretus stoutii.** Winton Tong, Paul Kerkof und I. L. Chaikoff. (Biochim. biophysica Acta [Amsterdam] **52,** 299—304, 1961; Berkeley, Calif., Univ., Dep. of Physiol.; engl.) — Die Verwertung des *J* wurde nach 1, 2, 4, 6 u. 10 Tagen nach ^{131}*J*-Injektion in *Eptatretus stoutii* untersucht. — ^{131}J wird durch die in der Kiemengegend des Fisches gelegenen Schilddrüsenelemente aufgenommen u. in eine proteingebundene Form eingebaut. Eine enzymat. Hydrolyse des ^{131}J-Proteins u. nachfolgende chromatograph. Trennung des Hydrolysats ergab das Vorliegen von ^{131}*J-Monojodtyrosin* (22—47%), *Dijodtyrosin* (13—35%) u. kleine Mengen von *Thyroxin* (0,7—2,2%). ^{131}J-Thyroxin war im Plasma bis zum 4. Tag nach der ^{131}J-Injektion nicht nachweisbar. O. Jansen 4562◇

1295 **Der Stoffwechsel von ^{131}J in Beziehung zur Schilddrüsenfunktion.** Gaetano Salvatore, Italo Covelli und Jean Roche. (Atti Accad. naz. Lincei, Rend., Cl. Sci. fisiche, mat. natur. [8] **27,** 267—74, Nov. 1959; Napoli, Univ., Ist. di Patol. generale u. Stazione Zool.; ital.) — Vff. stellten fest, daß Larven von *Ciona intestinalis* u. *Eunicella verrucosa* in der Lage sind, die im externen Medium vorhandenen *Jodide* (*Na^{131}J*) zu fixieren, wobei eine Erhöhung der Konz. an ^{131}*J* in den Larven erzielt wird; die interne ^{131}J-Konz. kann um ein mehrfaches höher liegen als die des umgebenden Mediums. In Butanolextrakten von Gewebehomogenaten von Ciona konnte vor allem *Thyroxin*, in den Extrakten von Eunicella *Mono-* u. *Dijodtyrosin* eindeutig nachgewiesen werden. H. Kockert 4562◇

1296 **Hemmung der Fixierungsfähigkeit der Schilddrüse gegenüber ^{131}J durch organische Phosphorsäureester.** B. Fischetti. (Arch. ital. Sci. farmacol. [3] **9,** 158—59, 1959; Roma, Univ., Ist. di Farmacol.; ital.) — In Unterss. an Ratten u. Mäusen stellte Vf. fest, daß *Diazinon* (I) u. *Malathion* (II) unter den eingehaltenen Vers.-Bedingungen (einmalige Verabfolgung von niedrigeren als subakuten tox. Dosen) eine merkliche Verminderung der Fixierungsfähigkeit der Schilddrüse gegenüber ^{131}*J* verursachen. Diese Wrkg. ist mit der von *Parathion* identisch. Die Red. der ^{131}J-Fixierung ist auch mit solchen Dosen reproduzierbar, die nicht die *Cholinesterase*-Aktivität hemmen (0,3—0,5 mg/kg, intraperitoneal, für I; 20—50 mg/kg, intraperitoneal, für II). H. Kockert 4562◇

1297 **Einfluß einiger Tranquillizer auf die Fixierung von ^{131}J durch die Schilddrüse.** B. Fischetti und M. Inselvini. (Arch. ital. Sci. farmacol. [3] **9,** 159—60, 1959; Roma, Univ., Ist. di Farmacol.; ital.) — Vgl. vorst. Referat. — Die Unterss. wurden an Ratten u. Mäusen beiderlei Geschlechts unter Verw. folgender Substanzen durchgeführt: *Meprobamat* (I), *Promazin* (II), *Brompromazin* (III), *Äthylcrotonylharnstoff* (IV), *Atarax* (V) u. *Benactizin* (VI). — Es wurde festgestellt, daß nur I, IV u. V (Reihenfolge abnehmender Aktivität) in geeigneten Dosen merklich die Fixierungsfähigkeit der Schilddrüse gegenüber ^{131}J vermindern (Messung der Radioaktivität in vivo). II u. III sind nur in hohen Dosen akt., VI ist völlig inaktiv. Eine Unters. über die Verteilung von ^{131}J auf die verschiedenen (anorgan. u. organ.) Fraktionen der Schilddrüse u. des Plasmas (Messung der Radioaktivität in vitro) ergab, daß die getesteten Tranquillizer entweder die ^{131}J-Fixierungsfähigkeit der Schilddrüse durch einen direkten Mechanismus (wahrscheinlich im Falle von I zutreffend) vermindern oder die die Verwertung von Jod für die Biosynth. der Schilddrüsenhormone katalysierenden Enzym-Syst. hemmen (trifft speziell für Phenothiazine zu). H. Kockert 4562◇

1298 **Über die Bildung von 3.5.3'-Trijodthyronamin im Darm der Ratte nach Gaben von 3.5.3'-Trijod-L-thyronin.** Jean Roche, Raymond Michel, Maria Stüzel und Bernard Poillot. (C. R. Séances Soc. Biol. Filiales **155,** 2293—96, 1961; Paris, Coll. de France, Biochim. gén. et comp.; franz.) — Das *3.5.3'-Trijodthyronamin* (T_3NH_2; I) wurde im Darminhalt u. in der Galle der Ratte nach Behandlung mit *3.5.3'-Trijod-L-thyronin* (II) in physiolog. Dosierung durch Elektrophorese u. Autoradiopapierchromatographie abgetrennt u. charakterisiert. I scheint nach Decarboxylierung von II durch die Darmbakterien zu entstehen. Seine Synth. ist von großem physiolog. Interesse, weil es die Inhibitions-Wrkg. von *Adrenalin* auf die Darmmotilität sogar in sehr niedriger Dosis potentialisiert.
M. Blaschette-Huttinger 4562◇

1299 **Zur Bestimmung von Schilddrüsenhormonen auf Papierchromatogrammen durch Neutronenaktivierung.** H. Stärk und D. Knorr. (Atomkernenergie **6,** 408—11, 1961; München, TH, Inst. für Radiochem. u. Univ., Kinderklin.; dt.) — Es wird eine Meth. zur Best. jodhaltiger Verbb. auf Papierchromatogrammen in Mengen von 10^{-9} g u. darunter durch kurzzeitige Aktivierung mit Neutronen angegeben. Diese Erfassungsgrenze ist nur durch radiochem. Jodabtrennung erreichbar. Verss., den Na- u. Cl-Geh. des Papiers durch Ionenaustausch wesentlich herabzusetzen oder ^{128}J aktivitätsrein zu eluieren, führten nicht zum Ziele. — Vff. weisen auf die große Bedeutung der Meth. für die Medizin hin; es lassen sich z. B. *Schilddrüsenhormone* aus kleinen Mengen Serum bestimmen, ohne den Patienten vorher mit Radiojod zu belasten — Ausführliche Beschreibung der Meth. vgl. Original.
H. Kockert 4562◇

1300 **Der Einfluß von Insulin und Adrenalin auf den Einbau von ^{14}C-markierter Glucose in die Glykogenfraktionen des isolierten Rattenzwerchfells.** Adrienne J. M. Kits van Heijningen. (Arch. Biochem. Biophysics **102,** 456—63, 1963; Amsterdam, Univ., Farmac.-therapeut. Labor.; engl.) — Vff. inkubieren Paare von Rattenhemidiaphragmen mit einheitlich markierter *^{14}C-D-Glucose* in Abwesenheit oder Ggw. von *Insulin* (I) bis zu $1^1/_4$ Std. u. bestimmen den Gesamtgeh. u. die spezif. Aktivität (s.A.) der freien u. gebundenen *Glykogen* (II)-Fraktionen. Die Fraktion mit gebundenem II hat nach 1 u. 2 Min. Inkubation eine höhere s.A. als die Fraktion mit freiem II; nach 7 Min. sind die s.A. beider Fraktionen annähernd gleich. In Abwesenheit von I steigt die s.A. zwischen 7 u. 75 Min. in gleicher Weise an. I steigert den Geh. der freien II-Fraktion, jedoch nicht der gebundenen, während es die s.A. beider Fraktionen ansteigen läßt. In Ggw. von I übertrifft die s.A. der freien II-Fraktion diejenige des gebundenen II. Vff. diskutieren die Ergebnisse im Zusammenhang mit der besonderen Struktur des II-Mol. u. folgern, daß die Resultate mit der Theorie vereinbar sind, die unter diesen Vers.-Bedingungen gebundenes II als Vorläufer des freien II ansieht. Unter gleichzeitigem Einfl. von I u. *Adrenalin* steigt der Geh. an gebundenem II, während die s.A. sinkt. Vff. zeigen, daß unter diesen Umständen das gebundene II mit inakt. Glucose aus unidentifizierter Quelle verd. ist. Bei diesen Verss. konnte weder Überführung des II aus der freien in die gebundene Fraktion, noch gebundenes II als Vorläufer des freien II festgestellt werden.
G. Marquard 4564◇

1301 **Inulin-Nieren-Clearance bei Milchvieh.** R. R. Anderson und J. P. Mixner. (J. Dairy Sci. **43,** 1476—79, 1960; Sussex, N.J., Agricult. Exp. Stat., Dep. of Dairy Sci.; engl.) — Die Nieren-Clearance (Cl) des *Inulins* (I) ist ein Maß des Grades der Nierenglomerularfiltration bei Säugetieren. Vff. beschreiben eine prakt. Meth. zur Best. der I-Cl u. des Vol. der extracellulären Fll. des Milchviehs. Die Best.-Meth. basiert auf der Messung der Kinetik der I-Verteilung nach i.v. Infusion. Hierzu wird der I-Blutspiegel in Abständen von 2 Std. nach der I-Infusion bestimmt. I erreicht nach ca. 45 Min. (Halbzeit nach 6 Min.) mit den extracellulären Fll. des Körpers ein Gleichgewicht. Das Verteilungs-Vol. von I wird auf 29,3 (%) des Körper-Gew. für Kälber u. auf 15,3 für Kühe berechnet. Die I-Vol.-Cl beträgt 2,61 u. 2,57 ml/min/kg Körpergewicht.
G. Bratfisch 4564◇

1302 **Das Verhalten von Plasmainsulin in Meerschweinchen mit zirkulierenden Antikörpern gegenüber Ochseninsulin.** Caroline B. Mann und G. Howard Smith. (Biochem. J. **88,** 13P—14P, 1963; Beckenham, Kent, Wellcome Res. Labor., Biochem. Dep.; engl.) — Antikörper gegen *Insulin* (I) wurden in Meerschweinchen durch subkutane Injektionen von I aus Ochsen gebildet. Normales Meerschweinchenserum (NS) zeigte bei Verss. am isolierten Rattenzwerchfell eine erhebliche I-Aktivität. Antiserum (A) allein zeigte unter diesen Bedingungen keine I-Aktivität. Darüber hinaus wurde die I-Aktivität im NS durch Mischen mit 1/10 A zerstört. Eine Substanz mit I-ähnlicher Aktivität konnte aus A extrahiert werden, wurde aber ebenfalls durch Original-A neutralisiert. Nach intracardialer Injektion von A in normale Meerschweinchen wurde keine Änderung des Blut-Glucose-Geh. gefunden. Danach wurde keine I-ähnliche Aktivität in diesen passiv immunisierten Tieren gefunden; 30 Tage nach Injektion kehrte die I-Aktivität zurück.
J. Boelter 4564◇

1303 **Einfache Methode zur Markierung von Insulin mit ^{131}J.** G. Boeuf, R. Depieds, C. Cartouzou und H. Gignoux. (C. R. Séances Soc. Biol. Filiales **157,** 137—40, 1963; Marseille, Fac. de Méd., Clin. Endocrinol., Inst. des Isotopes, Labor. de Biochim. Méd.; franz.) — Vff. beschreiben eine Modifizierung der Meth. nach Banerjee u. Gibson (J. Endocrinology **25,** [1962], 145). Die Markierung des Schweine-*Insulins* (I) erfolgt mit trägerfreiem *$Na^{131}J$* in 0,2 m Na-Boratpuffer, pH 8,0, in Ggw. von Chloramin T. Nach 3 Min. wird Na-Metabisulfit in Na-Boratpuffer zugesetzt sowie Humanalbumin. Das Rk.-Gemisch wird durch Papierelektrophorese in 0,1 m Veronalpuffer, pH 8,6, bei 18 mA in 90 Min. aufgetrennt. Das durch Elution aus dem Papier erhaltene ^{131}J-I enthält Verunreinigungen in Höhe von 0—5%; die spezif. Aktivität beträgt 100—500 $\mu c/\mu g$.
P. Schwerdtfeger 4564◇

1304 **Die Durchblutung des Pankreas beim Hund, geprüft an Hand der Diffusionskurven von $Na^{131}J$.** 2. Mitt. **Einfluß des Adrenalins.** F. Balsano, I. Indovina, A. Musca und G. Pitucco. (Boll. Soc. ital. Biol. sperim. **38,** 1246—50, 1962; Palermo, Univ., Ist. di Clin. Med. Gener. e Terap. Med. e Centro Provinc. Antidiabet.; ital.) — 1. vgl. Minerva Cardioangiol. **10,** [1962], 93. — 8 Hunden werden i.v. 20 μc $Na^{131}J$/kg injiziert. Die dabei erhaltene Diffusionskurve wird mit der verglichen, die nach i.v. Gabe von 30 μg *Adrenalinhydrochlorid* (I) erhalten wird. In 6 Fällen wird durch I eine erheblich erhöhte Blutzirkulation des Pankreas verzeichnet.
F. Kren 4564◇

1305 **Die Durchblutung des Pankreas beim Hund, geprüft an Hand der Diffusionskurven von $Na^{131}J$.** 3. Mitt. **Einfluß des 2-N-[p-Tolyl]-N-[m-hydroxyphenyl]-aminomethylimidazolins (Regitin).** F. Balsano, I. Indovina, G. Pitucco und A. Musca. (Boll. Soc. ital. Biol. sperim. **38,** 1250—53, 1962; Palermo, Univ., Ist. di Clin. Med. e Terap. Med. e Centro Provinc. Antidiabet.; ital.) — 2. vgl. vorst. Referat. — Bei 6 Hunden werden nach Durchführung der Diffusionskurve (i.v. 20 μc $Na^{131}J$/kg) i.v. 500 μg *Regitin* (I)/kg injiziert. Aus der Prüfung der vor u. nach der I-Gabe erhaltenen Kurven ergibt sich eine erhebliche Verminderung der Blutzirkulation des Pankreas durch das adrenolyt. wirkende I.
F. Kren 4564◇

1306 **Die Durchblutung des Pankreas beim Hund, geprüft an Hand der Diffusionskurven von $Na^{131}J$.** 4. Mitt. **Einfluß des Acetylcholins.** F. Balsano, I. Indovina, A. Musca und G. Pitucco. (Boll. Soc. ital. Biol. sperim. **38,** 1253—57, 1952; ital.) — 3. vgl. vorst. Referat. — 5 Hunde erhalten 20 μc $Na^{131}J$/kg. Es werden die Kurven vor u. nach i.v. Gabe von 5 mg *Acetylcholin*/kg untersucht. Die für die Zirkulation des Pankreas erhaltenen niedrigeren Werte nähern sich den bei Verabfolgung von Regitin erhaltenen.
F. Kren 4564◇

1307 **Die Durchblutung des Pankreas beim Hund, geprüft an Hand der Diffusionskurven von $Na^{131}J$.** 5. Mitt. **Einfluß des Atropins.** F. Balsano, I. Indovina, A. Musca und G. Pitucco. (Boll. Soc. ital. Biol. sperim. **38,** 1257—59, 1962; ital.) — 4. vgl. vorst. Referat. — 5 Hunde erhalten 20 μc $Na^{131}J$/kg. Es werden die Diffusionskurven vor u. nach i.v. Gabe von 30 μg *Atropinsulfat*/kg untersucht. In 4 Fällen ergibt sich ein erhöhter Pankreasfluß.
F. Kren 4564◇

1308 **Die Durchblutung des Pankreas beim Hund, geprüft an Hand der Diffusionskurven von $Na^{131}J$.** 6. Mitt. **Einfluß von Nicotinsäure (Natriumsalz).** F. Balsano, I. Indovina, A. Musca und G. Pitucco. (Boll. Soc. ital.

Biol. sperim. **38**, 1260—62, 1962; ital.) — 5. vgl. vorst. Referat. — 5 Hunde erhalten 20 μc $Na^{131}J$/kg. Es werden die Kurven vor u. nach i.v. Gabe von 5 mg *Nicotinsäure* (*Na-Salz*)/kg untersucht. In allen Fällen ergibt sich eine deutliche Zunahme der Pankreasdurchblutung. F. Kren 4564◇

1309 **Zur Hemmung der Lipoidsynthese der Leber beim Diabetes.** Otto Wieland und Ingrid Eger-Neufeldt. (Biochem. Z. **337**, 349—59, 1963; München, Univ., II. Med. Klin., Abt. für klin. Chem. u. Biochem.; dt.) — Vff. führten vergleichende Verss. über den Einbau von ^{14}C-*Acetat* in die langkettigen *Fettsäuren* (I) in Leberschnitten u. partikelfreien Leberextrakten u. in *Cholesterin* (II) in Leberschnitten von normalen u. alloxandiabet. Ratten durch. Dabei konnten zweierlei Formen der I-Synth.-Hemmung voneinander abgegrenzt werden. Die eine betrifft das chron. Stadium mit schwacher Ketose (Langzeitdiabetes) u. ist in erster Linie auf den Abfall der *Acetylcarboxylase* zurückzuführen. Im akutdekompensierten Diabetes mit schwerer Ketose tritt eine bedeutend stärker ausgeprägte Hemmung auf, die nicht durch einen Rückgang der wesentlichen Enzyme erklärt werden kann. In diesem Stadium ist eine ebenso starke Hemmung der II-Synth. zu beobachten, so daß eine gemeinsame Ursache der Hemmung angenommen werden muß. Während die II-Synth. nach Überwindung der akuten Phase wieder völlig hergestellt ist, bleibt die I-Synth. noch gehemmt, was ebenfalls in chron. Stadium zu beobachten ist. Die Hemmung der II-Synth. findet sich nicht nur bei diabet., sondern auch bei alimentären, durch einseitige Fettfütterung hervorgerufenen Ketosen. Die Ursache dieser Hemmung wird diskutiert. G. Marquard 4564

1310 **Geschichte der Diabetesbehandlung durch blutzuckersenkende Sulfonamide und Guanidinderivate.** A. Loubatières. (Chemotherapia [Basel] **2**, 239—61, 1961; Montpellier, Fac. de Méd., Inst. de Biol., Labor. de Physiol. appliquée et Pharmacodynamie; franz.) — Übersicht. — Es werden u. a. besprochen: *2 [p Aminophenylsulfonamido]-5-isopropyl-1.3.4-thiodiazol* (RP 2254), *β-Phenyläthylbiguanid*. — 84 Literaturangaben. O. Jansen 4564◇

1311 **Schwangerschaft, Zuckerkrankheit und Chemotherapie.** Moustafa H. Ghanem. (Chemotherapia [Basel] **2**, 342—63, 1961; Alexandria, Egypt., VAR Univ., Fac. of Med., Metabolic and Arthritis Clin.; engl.) — Vf. gibt die Ansichten mehrerer Autoren über den Verbrauch chemotherapeut. Substanzen während der Schwangerschaft wieder u. referiert über eigene Erfahrungen. — 90 Literaturangaben. O. Jansen 4564◇

1312 **Die orale Diabetesbehandlung mit Sulfonylharnstoffen unter dem Aspekt des endokrinen Defektes beim Altersdiabetes.** E. F. Pfeiffer, H. Ditschuneit und K. Schöffling. (Chemotherapia [Basel] **2**, 283—327, 1961; Frankfurt/M., I. Medizinische Univ.-Klinik; dt.) — Vff. beschreiben die Entw. der Diabetesbehandlung mit *Sulfonylharnstoffen*. — 98 Literaturangaben. O. Jansen 4564◇

1313 **Rolle des Golgi-Apparates und bestimmter Ultrastrukturen bei der Bildung von β-Granula des endokrinen Pankreas nach blutzuckersenkend wirkenden Arylsulfonamiden.** Claude Théret und Edmond Tamboise. (C. R. hebd. Séances Acad. Sci. **256**, 1838—40, 1963; franz.) — Aus Unterss. an Ratten u. Meerschweinchen geht hervor, daß die tox. Wrkg. mäßiger jedoch längere Zeit verabfolgter Dosen an *blutzuckersenkenden Arylsulfonamiden* (z. B. *Carbutamid, Tolbutamid*) histolog. sich in einer Verzögerung des Zusammentritts von anfärbbaren u. chromophoben Proteinen innerhalb des Golgi-Komplexes bemerkbar macht. Die histolog. Befunde werden ausführlich dargelegt. H. Kockert 4564◇

1314 **Die Bedeutung der Sulfonylharnstoffe und der Biguanide für die Behandlung des Diabetes mellitus.** Hellmut Mehnert. (Chemotherapia [Basel] **2**, 262—82, 1961; München, Diabetiker-Ambulanz der Med. Univ. Poliklinik; dt.) — 94 Literaturangaben. O. Jansen 4564◇

1315 **Veränderungen des Zuckerstoffwechsels nach kombinierter Anwendung von N-[4-Methylbenzolsulfonyl]-N'-butylharnstoff mit Cysteamin oder Thioctsäure.** M. Palazzoadriano. (Arch. ital. Sci. farmacol. [3] **9**, 185, 1959; Palermo, Univ., Ist. di Farmacol.; ital.) — Vff. untersuchten an Ratten den Einfl. verschieden hoher Dosen an *Tolbutamid* (I; *N-[4-Methylbenzolsulfonyl]-N'-butylharnstoff*) bei kombinierter Anwendung mit *Cysteamin* (II) oder *Thioctsäure* (III) auf den Blutzuckerspiegel. — Es wurde festgestellt, daß II u. III die Wrkg. von I als blutzuckersenkender Substanz steigern, u. zwar auch dann, wenn I in nicht hypoglykäm. oder sogar hyperglykäm. wirkenden Dosen verabfolgt wird. Offenbar verursachen die vorst. genannten Kombinationen auch eine Herabsetzung der Muskelglykogenolyse u. eine Hemmung der Leber-Glykogen-Synthese. H. Kockert 4564◇

1316 **Verringerung des Blutspiegels an Bradykininogen beim Menschen nach Verabfolgung von Adrenalin und Kallikrein.** F. Sicuteri, P. Periti, F. Gasparri, G. Franchi und M. Fanciullacci. (Boll. Soc. ital. Biol. sperim. **38**, 1033—34, 1962; Firenze, Univ., Ist. di Clin. Med. Gener. di Farmacol. e Clin. Ostetr.-Ginecol.; ital.) — *Bradykininogen* (I) ist der Vorläufer von *Bradykinin* (II) u. wird bestimmt, indem es in vitro durch Trypsin aktiviert u. der Geh. in Äquivalenten II ausgedrückt wird. — 12 Personen erhalten i.m. 1 mg *Adrenalin* bzw. *Noradrenalin*. Es kommt nur bei Adrenalin zu einer Verringerung des I-Geh. im Blut, zum Teil bis zur Hälfte der Norm. Im gleichen Sinne wirken i.v. Gaben von 150—200 E. *Kallikrein*. Parenterale Gaben von Placebos verändern den I-Geh. im Blut nicht. F. Kren 4569◇

1317 **Stimulierung der Atmung durch Bradykinin und Kallidin.** V. Gjuriš, B. Heicke, P. Holtz und E. Westermann. (Experientia [Basel] **18**, 385, 1962; Frankfurt/M., Univ., Pharmakolog. Inst.; dt.) — Kleine *Bradykinin-* u. *Kallidin*-Dosen (1—8 µg/kg i.v.), die noch nicht bronchokonstriktor. wirkten, verursachten an Meerschweinchen u. Kaninchen starke Hyper- u. Tachypnoe. Bilaterale Vagotomie sowie *Salicylate* (4—40 mg *Aspirin*/kg i.v.) hoben diese atmungsstimulierende Wrkg. auf. Die tachypno. Wrkg. kleiner Dosen *Veratrin* (5—20 µg/kg i.v.) ließ sich durch *Salicylate* nicht verhindern. Die tachypno. Wrkg. des *Histamins* (2—20 µg/kg i.v.) ist mit bronchokonstriktor. Wrkg. verknüpft u. wird durch Broncholytica (Aludrin) aufgehoben. H. Jacobi 4569△

1318 **Wirkung von 5-Hydroxytryptamin auf die in vitro-Sekretion von Corticosteroiden durch die Rattennebennieren.** Marcel Cormier und Pierre Jouan. (C. R. hebd. Séances Acad. Sci. **254**, 3444—45, 1962; Rennes, Fac. de Méd. et de Pharm.; franz.) — Rattennebennierenschnitte wurden in Krebs-Lsg. 3 Std. bei 37° aerob in Ggw. von *5-Hydroxytryptamin* (I) inkubiert. Die freigesetzten *Corticosteroide* wurden mit Chlf. extrahiert, der Extrakt eingeengt, die Steroide durch Papierchromatographie in Bzl./Methanol/W. (100:50:50) aufgetrennt u. nach der Meth. von Gornall u. MacDonald (C. **1955**, 8934) quant. bestimmt. Die qual. Unters. der Chromatogramme zeigt, daß I die Ausschüttung von *Steroid* X_2 (R_F 0,18) u. *Aldosteron* (R_F 0,46) erhöht, während es auf das *Steroid* X_3 (R_F 0,70), *Corticosteron* (R_F 0,78) u. *11-Dehydrocorticosteron* keinen Einfl. ausübt. I zeigt somit eine begrenzte, spezif. Wrkg. auf die Corticogenese, die qual. derjenigen von Epiphysenextrakten ähnlich ist. Die quant. Unters. ergab einen signifikanten Anstieg der Corticosteroide um durchschnittlich 30%. P. Schwerdtfeger 4569◇

1319 **Proteinnatur des Hirnhormons von Insekten.** Mamori Ichikawa und Hironori Ishizaki. (Nature [London] **198**, 308—09, 1963; Kyoto, Japan, Univ., Coll. of Sci., Zool. Inst.; engl.) — Das *Hirnhormon* (I), das die Metamorphose steuert, wurde nach Ichikawa u. Ishizaki (Nature [London] **191**, [1961], 933) aus dem Hirn von *Bombyx mori* isoliert. I ist nicht dialysierbar. Die Hitzeinaktivierung von I bei 90° ist pH-abhängig; die größte Stabilität wird bei pH 6,0 beobachtet. Bei Fällung von I mit $(NH_4)_2SO_4$ tritt die I-Aktivität in der Fraktion auf, die zwischen 60 u. 80% Sättigung ausfällt. Bei Zusatz von Aceton fällt I zwischen 70 u. 90% aus; auch durch 5—10%ig. Trichloressigsäure wird I gefällt. Während Pepsin u. Trypsin keine Wrkg. auf I zeigen, wirken *Subtilisin* u. *Pronase* inaktivierend. Auf Grund dieser Ergg. ist I nicht mit den Hirnhormonen von Kobayashi u. Mitarbeiter (Mushi **36**, [1962], 85) bzw. von Gersch u. Mitarbeiter (C. **1961**, 199) identisch. P. Schwerdtfeger 4569◇

1320 **Verfahren zur Gewinnung des Geschlechtsanlockstoffs für den männlichen Tabakhornschwärmer.** Norman Allen, W. S. Kinard und Martin Jacobson. (J. econ. Entomol. **55,** 347—51, 1962; Clemson, S.C., South Carolina Agric. Exp. Stat., Dep. Entomol. & Zool. and Agric. Res. Serv., U.S.D.A., Entomol. Res. Div.; engl.) — Der Geschlechtsanlockstoff für den ♂ Tabakhornschwärmer (*Protoparce sexta J.*) wurde aus den 3 Hinterleibsringen der ♀ mit Ae. extrahiert. Extraktions-Verss. mit A. waren erfolglos. Nach Verdunstung des Ae. lockte der Rückstand die ♂ genau so an wie attraktive ♀. Ekkehard Schmid 4569◇

1321 **Bestimmung von Anionen im Blut der Wegschnecke, Arion ater L. (Gastropoda: Pulmonata).** D. K. Roach. (Biochem. J. **85,** 36P, 1962; Cardiff, Univ. Coll., Zool. Dep.; engl.) — Nach Fällung des Eiweißes (z. B. mit 10% Trichloressigsäure) wurde Cl^- nach einer Meth. von Wigglesworth (Biochem. J. **31,** [1938], 1719) mit NaCNS titrimetr. bestimmt. Die Best. des SO_4^{2-} erfolgte konduktometr. mit einer modifizierten Meth. von Paulson (Acta chem. scand. **7,** [1953], 325) u. die des PO_4^{3-} photometr. nach Courgill u. Pardee [1957]. Die Durchschnitts-Konz. aus 20 Proben betrug für Cl^- 52,45 mm, für SO_4^{2-} 2,21 mm u. für PO_4^{3-} 0,157 mm. Achim Müller 4572◇

1322 **Sauerstoffsättigung des Markblutes bei normalen Personen.** S. Nava, G. Marchetti und R. M. Antognetti. (Boll. Soc. ital. Biol. sperim. **38,** 1173—74, 1962; Pavia, Univ., Ist. di Clin. Med. e Terap. Clin.; ital.) — Bei 15 Personen durchgeführte Unterss. zeigen, daß die O_2-Sättigung des durch Sternalpunktion gewonnenen Markblutes 82% beträgt u. damit geringer als die des arteriellen (91%) u. größer als die des venösen Blutes (65%) ist. F. Kren 4572◇

1323 **Die Aminosäuresequenz eines Hämpeptides mit zwei Hämgruppen.** Karl Dus, Robert G. Bartsch und Martin D. Kamen. (J. biol. Chemistry **236,** PC 47—PC 48, 1961; Waltham, Mass., Brandeis Univ., Graduate Dep. of Biochem.; engl.) — Vgl. C. **1961,** 178. — Ein Hämpeptid mit 27 Aminosäureresten u. 2 Häm-Gruppen wurde aus *Chromatium,* Stamm D, isoliert u. pept. abgebaut. Chromatographie an Celit ergab drei Peptide, deren Sequenz durch weiteren Abbau mit Trypsin, Chymotrypsin, Carboxypeptidase u. weiteren Abbau mit konz. HCl ermittelt wurde (Endgruppen-Best. nach Sanger). Ein Peptid besaß die Sequenz: *Phe-Ala-Gly-Lys-*$CySO_3H$*-Ser-Glu-*$CySO_3H$*-His-Thr-Leu-Val-Ala-Asp-Glu-Gly-Ser-Ala-Lys-*$CySO_3H$*-His-Thr-Phe-Asp-Glu-Gly-Ser* (45%). Das zweite Peptid (50%) unterschied sich davon nur durch das Fehlen des endständigen *Phenylalanins.* Das dritte Peptid mit 5% enthielt die Sequenz *Ala-Gly-Lys-*$CySO_3H$*-Ser-Glu-*$CySO_3H$*-His-Threonin.* Das Spektrum des *Hämochromogens* war mit dem von *Cytochrom c* identisch. Eine Häm-Gruppe ist durch Thioätherbindung zwischen den Vinylseitenketten u. den Cysteinresten in 5- u. 8-Stellung gebunden. Das andere Häm ist möglicherweise an Cystein in 20-Stellung in Form eines Monothioätheradduktes gebunden. J. Boelter 4572◇

1324 **Untersuchungen über den Mechanismus des Gleichgewichtes zwischen Sauerstoff und Hämoglobin. Wirkung der Hämoglobinkonzentration auf die Eigenschaften des Gleichgewichtes mit Sauerstoff.** Alessandro Rossi-Fanelli, Jeffries Wyman, Eraldo Antonini und Antonio Caputo. (Atti Accad. naz. Lincei, Rend., Cl. Sci. fisiche, mat. nat. [8] **30,** 449—51, April **1961;** Roma, Univ., Ist. di Chim. Biol. u. Ist. „Regina Elena" per lo Studio e la Cura dei Tumori; ital.) — Vff. stellten fest, daß menschliches *Hämoglobin* (I) unter bestimmten experimentellen Bedingungen reversibel in Untereinheiten mit dem halben Molgew. des ursprünglichen I dissoziiert; unter diesen Bedingungen behält jedoch der Exponent n der empir. Gleichung von Hill seinen Wert nahe **3** (vgl. C. **1961, 13244**). Ist dieser Befund darauf zurückzuführen, daß zwischen den Hämen der verschiedenen Untereinheiten eine Wechselwrkg. zusätzlich zu der Wechselwrkg. zwischen dem Hämpaar jeder Untereinheit stattfindet, dann müßte der Wert von n von der Protein-Konz. abhängen u. sollte mit abnehmender I-Konz. absinken. Um diese Möglichkeit zu prüfen, wurden O_2-Dissoziationskurven von Lsgg. menschlichen I (Konzz.: 62,5—0,5 mg/ml) aufgenommen. Es wurde in Übereinstimmung mit der vorst. ausgesprochenen Annahme festgestellt, daß bei hoher Ionenstärke mit fallender I-Konz. der n-Wert von 3,6 auf 2,7 (bei der höchsten u. niedrigsten I-Konz.) abnimmt. Bei niedriger Ionenstärke macht sich mit zunehmendem O_2-Sättigungsdruck von I eine Tendenz zur Zunahme von n bemerkbar; n liegt hier jedoch bei allen I-Konzz. stets unterhalb von 2. H. Kockert 4572◇

1325 **Hämoglobinanomalie unter der Bevölkerung von Madras.** P. M. De Traverse, M. L. Coquelet und J. G. Henrotte. (C. R. Séances Soc. Biol. Filiales **157, 38—41, 1963;** Paris, Univ., Inst. de Biol. Clin.; Liège, Univ., Labor. de Pathol. et de Thérapeut.; Madras, India, Stanley Med. Coll., Dep. of Physiol.; franz.) — Die Blutproben von **101** gesunden ♂ Personen wurden durch Zonenpapierelektrophorese in Veronal-Na-Puffer, pH 9,2, Ionenstärke 0,02 u. in 0,03 m Phosphatpuffer, pH 6,5, untersucht, die *Hämoglobin* (I) A_2-Fraktion nach elektrophoret. Trennung bestimmt, die Resistenz gegen Alkalidenaturierung geprüft, die Löslichkeit gemessen u. die Proben durch Chromatographie an Amberlite IRC 50 bei pH 6 untersucht. Mit Ausnahme von 3 Fällen konnten keine Besonderheiten gefunden werden. Bei diesen 3 Personen zeigte die Elektrophorese bei pH 9,2 eine Fraktion, die schneller als I *A* wandert. Diese Fraktion ist nicht mit den I *J*, *H* oder *K* ident., sondern stellt wahrscheinlich I A_3 dar, das in diesen Fällen in höherer Konz. als normal auftritt. Es scheint eine Beziehung zwischen (ernährungsbedingter) Anämie u. dem Auftreten von I A_3 zu bestehen. P. Schwerdtfeger 4572◇

1326 **Untersuchung der Wirkung von Natriumchlorid auf das Oxyhämoglobin.** 2. Mitt. **Einfluß der Eiweißkonzentration auf die Dissoziation.** N. Benhamou, M. Daune, M. Jacob, A. Luzzati und G. Weili. (Biochim. biophysica Acta [Amsterdam] **37,** 1—14, 1960; Strasbourg, Centre de Rech. sur les Macromol.; franz.) — 1. vgl. C. **1958,** 1895. — Menschliches *Oxyhämoglobin* (I) dissoziiert bei pH 7 in einem Puffer von geringer Ionenstärke selbst in verd. *Eiweiß* (II)-Lsgg. nicht. Wenn der Puffer 1 m *NaCl* enthält, ist eine Abnahme des Molgew. u. des Sedimentations-Koeff. u. eine Zunahme des Diffusions-Koeff. zu beobachten: wahrscheinlich dissoziiert I in diesem Falle in Abhängigkeit vom II-Geh. in halbe Moleküle. K. Zingraf 4572◇

1327 **Markierung der Blutelemente mit Diisopropylfluorphosphat (DF ^{32}P).** V. Vondráček, V. Slouka und A. Šmid. (Českoslov. Fysiol. **10,** 55, 1961; Hradec Králové, VLVDU; tschech.) — In Verss. an Ratten wird ^{32}P-*Diisopropylfluorphosphat* irreversibel an die *Esterase*-Eiweißstoffe gebunden, wodurch sich das diisopropylphosphorylierte Enzym bildet. Im Gesamtblut nimmt die ^{32}P-Aktivität zunächst rascher, vom 10. Tage an langsamer ab. Bei Hunden nimmt in den Erythrocyten die Aktivität des ^{32}P zuerst zu (Maximum im Gesamtblut 1 Std. nach der Zufuhr), bei den Thrombocyten erreicht sie $7 \cdot 10^3$ Impulse/Min. auf 10^9 Thrombocyten. R. K. Müller 4573◇

1328 **Anwendung von markiertem Thymidin bei der Kontrolle der Blutcytodifferenzierung in vitro durch Eigenstrahlung von Explantaten der embryonalen Milz des Huhnes.** G. Cury und A. Gotlieb. (C. R. Séances Soc. Biol. Filiales **157,** 1043—45, 1963; Nancy, Fac. de Méd. Labor. d'Embryol. et Labor. de Phys.; franz.) — Vff. stellen Kulturen von embryonalen Milzzellen von Hähnchen her u. markieren diese mit radioakt. *Thymidin* (100 mc/mMol, 2 μc/cm³ Kultur-Lsg.) an verschiedenen Stellen (300 Kulturen) oder verpflanzen sie nach 48 Std. (40 Kulturen) in ein radioakt. Medium oder nach 5 Tagen (9 Kulturen) in das Standardmedium. Erstere Verss. zeigen, daß die *DNA*-Synth. in den Myelocyten, Erythrocyten, Thrombocyten u. in den Stammzellen, den Hämohistioblasten u. den Reticularzellen stattfinden kann. Die Verpflanzungs-Verss. weisen darauf hin, daß das Zusammenwirken der Differenzierungserscheinungen in vitro bestehenbleibt. G. Marquard 4573△

1329 **Adenosintriphosphatgehalt in den Reticulocyten und Normocyten.** F. Belfiore. (Boll. Soc. ital. Biol. sperim. **39,** 752—54, 1963; Catania, Univ., Ist. di Patol. Med.; ital.) — Der Geh. von *Adenosintriphosphat* in den Reticulocyten des Kaninchens beträgt 70 mg/100 ml Hämolysat (4:1) u. ist damit wesentlich höher als der normaler reifer Erythrocyten. K. Zingraf 4573◇

1330 **Die Serumproteine einiger Laboratoriumstiere. Analyse mittels zweidimensionaler Elektrophorese auf Stärkegel.** A. M. Conti und A. Cresseri. (Boll. Soc. ital. Biol.

sperim. **38**, 1198—1200, 1962; Mailand, Univ., Ist. di Biol. e Zool. Gener.; ital.) — Es werden die Proteine des Serums von Ratte, Hamster, Maus, Kaninchen u. Meerschweinchen durch Kombinieren einer elektrophoret. Trennung auf Papier u. einer auf Stärkegel in orthogonaler Richtung zueinander untersucht. Vor allem bei der Ratte, weniger beim Hamster, ist die auf die α_1-*Globuline* zurückzuführende Fraktion viel heterogener als die α_2-*Globulin*-Fraktion; bei den anderen Tieren ist es umgekehrt. F. Kren 4574◇

1331 **Darstellung von jodiertem Serumalbumin mit ^{132}J und Möglichkeiten seiner Anwendung.** V. Slouka. (Českoslov. Fysiol. **10**, 55—56, 1961; Hradec Králové, VLVDU; tschech.) — Zur Jodierung von Serumalbumin wird das als Zerfall-Prod. von ^{132}*Te* erhaltene ^{132}*J* verwendet. Als Träger dient 10%ig. KJ-Lsg., die Isolierung erfolgt mittels einer Ionenaustauscherkolonne mit *Amberlite IRA 400* in der *OH*-Form. R. K. Müller 4574◇

1332 **Eigenschaften der Peptidketten der normalen und pathologischen menschlichen γ-Globuline.** S. Cohen. (Biochem. J. **89**, 334—41, 1963; London, St. Mary's Hosp. Med. School, Dep. of Immunol.; engl.) — Normale u. patholog. menschliche γ-*Globuline* (**III**) haben eine grundsätzlich ähnliche Struktur. Sie können durch Red. (Trispuffer, pH 8,2, 1—3 Std.) gespalten u. durch Gelfiltration (Sephadex G 75 oder G 200) in lange Ketten *A* (**I**) u. kürzere *B*-Ketten (**II**) getrennt werden. **I** u. **II** liegen in gleichen Verhältnissen in *7 sγ* (**IV**)-, γ_1 *A* (**V**)- u. γ_1 *M* (**VI**)-*Globulinen* vor. Die von Porter (1962, Symposium on Basic Problems in Neoplastic Disease) angenommene 2 **I** + 2 **II**-Struktur von **III** wird durch die relativen Ausbeuten an **I** u. **II**, ihre Aminosäure-Zus. (Molgew. von **III** 140000, von **I** 50000, von **II** 20000), den Sulfhydryl-Geh. (5 Disulfidbindungen zwischen den Ketten) u. ihre Stabilität nach vollständiger Red. von **III** gestützt. Die elektrophoret. u. antigenen Eigg. zeigen, daß **IV**, **V** u. **VI** unterschiedlich gebaute **I** besitzen. Das *Papain* (**VII**)-*Fragment F* besteht aus **I**. **II** aus normalem **IV** u. **VI** sind elektrophoret. identisch. **II** von **IV** trägt die gruppenspezif., antigenen Determinanten (1 u. 2), die allen **III** gemeinsam sind. Alle **III**-Typen enthalten also **II** von ähnlicher Struktur. Im **VII**-*Fragment S* liegt **II** vor. **II** von Myeloma-Proteinen sind in bezug auf ihre elektrophoret. (Harnstoff–Ameisensäure-Gel) u. ihre antigenen Eigg. weniger komplex als die normaler Proteine. G. Marquard 4574△

1333 **Über das Verhalten der Haptoglobine im Serum von Trägern der Thalassämie-Erbanlage.** S. Cutillo, M. Berni Canani und M. Miragia del Giudice. (Boll. Soc. ital. Biol. sperim. **39**, 772—75, 1963; Napoli, Univ., Ist. di Clin. Pediatr.; ital.) — Bei 19 von 29 Trägern der Thalassämieerbanlage wurde eine Verringerung der *Haptoglobine* im Serum festgestellt. Es bestand keine Beziehung zwischen dieser Verringerung u. einer Zunahme des osmot. Widerstandes. K. Zingraf 4574◇

1334 **Schockbehandlung mit Gelatine als Mittel zur Plasmaexpansion.** P. N. Bardhan, B. Coyaji und Mansa Ram. (Indian J. med. Res. **51**, 871—89, 1963; Poona, Armed Forces Med. Coll., K.E.M. Hosp. u. Nat. Chem. Labor.; engl.) — *Gelatine* (**I**), die als Mittel zur Plasmaexpansion vom nationalen chem. Labor in Poona hergestellt worden war, wurde zur Schockbehandlung benutzt. Von 50 behandelten Fällen war bei 38 die Rk. gut, bei 6 annehmbar u. in 6 Fällen schlecht. **I** verursacht weder unerwünschte Rkk. noch Komplikation durch Blutverdünnung. Es erwies sich als gefahrlos für i.v. Anwendung. Die **I**-Abscheidung im Urin betrug in den meisten Fällen 23—65%. G. Marquard 4576△

1335 **Aminosäureaktivierung in embryonalem Gewebe von Xenopus laevis. 2. Mitt. Hydroxamsäurebildung in Gegenwart von L-Leucin.** E. M. Deuchar. (Exp. Cell Res. **26**, 568—70, 1962; London, Univ. College, Anatomy Dep.; engl.) — Durch Messung der *Leucinhydroxamsäure* wurde das Vorhandensein einer *Leucin*-Aktivierung im embryonalen Gewebe von *Xenopus laevis* bewiesen. O. Sellemond 4583◇

1336 **Untersuchungen über den Mechanismus der Blockierung des embryonalen Wachstums durch Äthionin. Wirkung von Methionin, Betain und Cholin.** P. Dessi, C. Rizzoli und A. Cestari. (Arch. ital. Sci. farmacol. [3] **9**, 146—48, 1959; Bologna, Univ., Isti. di Farmacol. e di Istol.; ital.) — Nach gleichzeitiger Injektion von *Methionin* (**I**) u. *Äthionin* (**II**) in den Dottersack des Hühnerembryos ist der Gew.-Anstieg blockiert, die Morphogenese der einzelnen Organe verlangsamt, u. es tritt Lebersteatosis auf. Der **I**–**II**-Antagonismus im Embryo ist streng kompetitiv. *Cholin* u. *Betain* verbessern die durch **II** verlangsamte Organdifferenzierung. *Glycin* ist jedoch weder in der Lage, die Wrkg. von **II** auf die Morphogenese noch auf den Gew.-Anstieg zu verhindern oder einzuschränken. Auch *Vitamin* B_{12} u. *Folsäure* wirken der blockierenden Wrkg. von **II** nicht entgegen. Die Toxizität von *L*-**II** ist in allen Unterss. am größten. H. Kockert 4583◇

1337 **Wirkung von Äthionin auf Wachstum und Differenzierung des Embryos.** C. Rizzoli, P. Dessi und A. Cestari. (Arch. ital. Sci. farmacol. [3] **9**, 190—91, 1959; Bologna, Univ., Isti. di Farmacol. e di Istol.; ital.) — Vff. stellten fest, daß *Äthionin* (**I**) eine starke Blockierung des Wachstums von Hühnerembryos (Dosis: 10—20 mg/Ei zwischen dem 5. u. 7. Tage der Bebrütung) verursacht: der Gew.-Anstieg der **I**-behandelten Embryos wird im Vgl. zu Kontrollen stark u. progressiv gehemmt. Die Sterblichkeit ist merklich erhöht. Makroskop. ist eine ausgeprägte Verzögerung der Morphogeneseprozesse zu verzeichnen. — 2 Farbmikrophotos. H. Kockert 4583◇

1338 **Menschliche Ernährung und Proteinstoffwechsel.** K. Ramamurti. (J. Annamalai Univ. Part B **23**, 145—58, 1961; herausgeg. 1962; Manchester, Univ. of Manchester, Fac. of Technol., Dep. of Biochem.; engl.) — Übersicht über *Protein* (**I**)- u. *Stickstoff* (**II**)-Stoffwechsel in Mensch, Tier u. Pflanze u. den **I**- bzw. **II**-Bedarf unter besonderer Berücksichtigung ind. Verhältnisse. W. Damerau 4585◇

1339 **Die Wirkung von Alakreatin auf die Ratte.** Coy D. Fitch und James S. Dinning. (Nature [London] **198**, 1003, 1963; Little Rock, Ark., Univ. of Arkansas School of Med., Dep. of Biochem. and Med.; engl.) — Die bei früheren Verss. (C. **1961**, 564) an Ratten bei einem 2% *DL-α-Guanidinopropionsäure* (**I**; *Alakreatin*) enthaltenden Futter hervorgerufene Schwäche der Tiere beruhte offenbar auf einer sich durch den Geruch bemerkbar machenden S-haltigen, als Verunreinigung in **I** enthaltenen Verb., da hochgereinigtes, geruchloses **I** in Vers.-Tieren weder einen Defekt im *Kreatin*-Stoffwechsel noch eine Körperschwäche hervorrief. Die verunreinigende Verb. ist noch nicht identifiziert, besteht aber möglicherweise aus einem *Isothioharnstoff*- oder einem *Guanidin*-Derivat. J. Boelter 4585◇

1340 **Der Einfluß der reticuloendothelialen Stimulation auf die Reaktion der Ratte gegenüber alimentärem Cholesterin.** S. J. Riggi und N. R. Di Luzio. (J. Lipid Res. **3**, 339—43, Juli 1962; Memphis, Tenn., Univ. of Tennessee, Med. Units, Dep. of Physiol.; engl.) — Die i.v. Verabreichung von *Zymosan* (**I**) an ♂ Holtzman-Ratten ruft eine ausgeprägte Stimulierung u. Hyperplasie des reticuloendothelialen Syst. (RES) hervor u. führt gleichzeitig zu einer Red. in der Anreicherung von *Cholesterinestern* in Plasma u. Leber. Zufuhr von **I** per os ist ohne Wirkung. *Glucan* u. andere Fraktionen aus **I** verhindern signifikant die alimentär verursachte Lebercholesterosis. Die ermittelten Befunde werden dahingehend gedeutet, daß eine Beziehung zwischen der funktionellen Aktivität des RES u. dem *Cholesterin*-Metabolismus besteht. K. Täufel 4585◇

1341 **Hydrolyse und Fettsäureaustausch von Cholesterinestern, in Lipoproteinen an Cebusaffen verabreicht.** O. W. Portman und M. Sugano. (Arch. Biochem. Biophysics **102**, 335—42, 1963; Boston, Mass., Harvard School of public Health, Dep. of Nutrit.; engl.) — Vff. bestimmen die Verteilung der Radioaktivität in verschiedenen *Cholesterinester* (**V**)-Komponenten des Plasmas von Cebusaffen (Fütterung mit 300 cal/kg Körper-Gew./Tag mit 15% des cal-Geh. in Maisöl) in verschiedenen Zeiträumen nach Injektion des *N.N'-Dibenzyläthylendiaminsalzes von* $^{14}C_{(2)}$-*Mevalonsäure* (**I**) oder nach (i.v.) Anwendung von $^{14}C_{(4)}$-*Cholesterin* (**VI**)-*estern* von *Olein*- (**II**), *Palmitin*- (**III**), oder *Linolensäure* (**IV**), welche in *Lipoprotein*-Form nach der Meth. von Avigan (J. biol. Chemistry **234**, [1959], 787) stabilisiert worden waren. Das Plasma von Affen, die mit **I** behandelt worden waren, zeigte in den verschiedenen **V**-Fraktionen, die durch Dünnschichtchromatographie getrennt wurden, eine radioakt. Verteilung ähnlich der Verteilung von Fettsäuren in der **V**-Fraktion, wie sie ohne Rücksicht auf die nach der Behand-

lung verstrichenen Zeit vorliegt. Bei Verabreichung von **II**, **III** u. **IV** schreitet die Wiederverteilung von **VI** zwischen **V** so lange fort, bis die spezif. Aktivitäten zwischen dem 1. u. dem 3. Tag fast gleich sind. Vff. berechnen, daß die Hydrolysen-Geschw. von **II**, **III** u. **IV** ungefähr ein Einsatz/Tag ist.
G. Marquard 4585◇

1342 **Untersuchungen über die Wirkungsweise eines Vitamin-A-Überschusses. 4. Mitt. Die Spezifität der Wirkung auf Knochenknorpel in Kultur von Kükenembryos und auf isolierte Rattenleberlysosomen.** Honor B. Fell, J. T. Dingle und M. Webb. (Biochem. J. **83**, 63—69, 1962; Cambridge, Strangeways Res. Labor.; engl.) — 3. vgl. C. **1962**, 17272; 1. vgl. C. **1961**, 6930. — An Explantaten von Humerus, Ulna, Femur u. Tibia von 7 Tage alten Kükenembryos zeigt nur *Vitamin-A-säure* (**I**) bei einer Konz. von 0,01 μMol/ml eine typ. *Vitamin-A-alkohol* (**II**)-Rk., d. h. **I** verursacht Erweichung, Schrumpfung u. Verdrehung des Knorpelgewebes u. in Gewebeschnitten einen Verlust des metachromat. Materials aus der Matrix; *hydrierter* **II** (**III**) u. *β-Ionon* (**IV**) zeigen einen leicht retendierenden Effekt auf das Längenwachstum ohne histolog. Wirkung. Folgende Verbb. sind ohne Wrkg. auf die Matrix: Phytol (**V**), Anhydrovitamin A (**VI**), Vitamin-A-epoxid (**VII**) u. Citral (**VIII**). — Ca. zwei Drittel der gebundenen *Protease*-Aktivität werden aus isolierten Rattenleberlysosomen durch 0,7 μMol **II**/ml freigesetzt. Von den übrigen bei dieser Konz. getesteten Verbb. zeigt nur noch freie **I** eine ähnliche Wrkg. wie **II**. Ca. ein Viertel der **II**-Wrkg. zeigen *in Luft oxydierter* **II**, *Geraniol*, *α-Ionon*, **IV**, *p-Cymen* u. *Pinen*. Folgende Verbb. sind bei einer Konz. von 0,7 μMol/ml nur geringfügig oder nicht wirksam: *Na-Salz* von **I**, *Vitamin-A-acetat*, *-palmitat*, **VII**, **III**, **VI**, *Isopren*, **VIII**, **V**, *Dodecanol*, *Octanol*, *Glycerintrioleat*, *Glycerin*, *Isobutanol*, *2-Methylbutanol-(2)*, *A.*, *Toluol*, *Aceton*, *Cystein*, *Calciferol*. — Bei höheren Konzz. (3,5 u. 7,0 μMol/ml) ist die Spezifität der **II**-Derivv. vermindert.
H. Kockert 4587◇

1343 **Biochemische und physiologische Funktion von Thiamin im Nervengewebe.** Jack R. Cooper, Robert H. Roth und Mohandas M. Kini. (Nature [London] **199**, 609—10, 1963; New Haven, Conn., Yale Univ., School of Med., Dep. of Pharm.; engl.) —Vff. zeigen an *Rana catesbiana*, daß bei Stimulierung (Hüftnerv, 6—22 V, 1 ms) spinaler Nervenstränge in vivo u. in vitro *Thiamin* (**I**) oder seine Metaboliten aus einer gebundenen Form als **I**, als *Monophosphat* u. in einem Falle als *α-Hydroxyäthylthiaminpyrophosphat* in Freiheit gesetzt werden. Die **I**-Komponente wurde papierchromatograph. identifiziert. Vff. inkubierten spinale Nervenstränge von Fröschen mit ^{35}*S*-**I**, verfolgten die Geschw. der **I**-Aufnahme im Verlauf von 2 Std. u. diskutierten die Möglichkeit eines phosphorylierten **I**-Deriv. als neurophysiolog. akt. Form von **I**. Es wird eine Beziehung zwischen **I** u. dem Na-Transport-Syst. hergestellt.
G. Marquard 4587◇

1344 **Vitaminbedarf der Seidenraupe.** Yasuhiro Horie und Toshio Ito. (Nature [London] **197**, 98—99, 1963; Tokio, Sericultural Exp. Stat.; engl.) — Für das normale Wachstum u. die Entw. der Larven der Seidenraupe, *Bombyx mori* L., sind *Nicotinsäure*, *Pantothensäure* u. *Pyridoxin* essentiell, während die für das Insektenwachstum normalerweise notwendigen Vitamine Riboflavin u. Biotin nicht benötigt werden. Führt man die Messungen nicht unter sterilen Bedingungen durch, so können Mikroorganismen evtl. den Vitaminbedarf decken.
W. Berndt 4587◇

1345 **Untersuchungen über die Folsäureverbindungen im menschlichen Blut.** J. M. Noronha und V. S. Aboobaker. (Arch. Biochem. Biophysics **101**, 445—47, 1963; Trombay, Bombay, Atomic Energy Establ., Biol. Div.; engl.) — Menschliche Blutextrakte (A) zeigten nach Behandlung mit *Konjugase* (**I**, aus Hühnerleberhomogenat durch Zentrifugieren u. durch Fraktionieren des Überstandes mit $(NH_4)_2SO_4$ sowie durch Chromatographie an DEAE-Cellulose] eine 7—10fache Stimulierung des Wachstums von *Lactobacillus casei*. Plasma zeigte nach **I**-Behandlung keine wachstumsstimulierende Wrkg.; die geringe vorher vorhandene Aktivität beruhte auf der Ggw. von *N$_{(5)}$-Methyltetrahydrofolsäure* (**II**) im Blut. Die Monoglutamylform ist offenbar im Plasma, die konjugierte Form vor allem in der Zelle lokalisiert. Die aus A nach Chromatographie an DEAE-Cellulose erhaltenen, nach **I**-Behandlung Aktivität gegenüber L. casei zeigenden vier Fraktionen entsprachen **II** verschiedener Komplexität. A zeigte auch nach **I**-Behandlung keine Stimulierung des Wachstums von *Pediococcus cerevisiae* u. *Streptococcus faecalis R.* Der *Folsäure*-Geh. des Blutes von Patienten mit megaloblast. Anämie war vor u. nach **I**-Behandlung gering. Während der Extraktion müssen oxydative Veränderungen ausgeschlossen werden.
J. Boelter 4587◇

1346 **Einfluß von Vitamin B$_{12}$ und seinem Coenzym auf den in vivo-Einbau von Aminosäuren in Gewebeproteine der Ratte.** M. Weber, W. Ostrowski und B. Stachurska. (Bull. Acad. polon. Sci., Sér. Sci. biol. **11**, 13—17, 1963; Kraków, Zaklad Chemii Fizjologicznej; engl.) — Nach Gaben von *Vitamin B$_{12}$* (**I**) bzw. dem entsprechenden Coenzym *5.6-Dimethylbenzimidazolylcobamid* (**II**) ist der Einbau von ^{14}*C-Lysin* (4 μc/100 g Körper-Gew.) in Diaphragma u. Leber der Ratte nach 60 Min., in Pankreas nach 120 Min. maximal. Nach Gabe von **II** ist der Einbau in das Pankreas ca. 3mal größer als nach **I**-Gabe, während in den anderen Geweben **I** die Einbaurate gegenüber **II** geringfügig erhöht. Analog waren die Ergebnisse in subcellularen Fraktionen der Organe, wobei die höchste Aktivität erwartungsgemäß in den lösl. Proteinen u. in den Proteinen der Mikrosomen gefunden wurde. Variation der Menge an **I** u. **II** (5—500 μg) u. Gabe von ^{14}*C-Valin* ergeben für 100 μg einen maximalen ^{14}C-Einbau, wobei dieselben Ergebnisse wie oben erzielt wurden. Auf die Aktivitätserhöhung von *Hämoglobin* u. Serum-*Albumin* hat **I** ebenfalls einen größeren Einfl. als **II**. Bei der in vivo-Synth. der Proteine der untersuchten Organe kann **I** nicht durch **II** ersetzt werden. Eine Ausnahme bildet das Pankreas, bei dem der Effekt von **II** $>$ **I** ist.
W. Berndt 4587◇

1347 **Adaptive Regulierung der Ascorbinsäuresynthese in Rattenleberextrakten. Einfluß von Röntgenbestrahlung und Änderungen der Nahrungszusammensetzung.** F. Stirpe, M. Comporti und G. Caprino. (Biochem. J. **86**, 232—36, 1963; Siena, Univ., Ist. di Patol. Gen., Ist. di Radiol.; engl.) — Nach Röntgenbestrahlung (600 oder 800 r; 80 r/min) ist die *Ascorbinsäure* (**I**)-Bldg. in der Rattenleber gehemmt, was durch verminderte Nahrungsaufnahme bedingt ist, denn auch nach 24std. Fasten ist die **I**-Bldg. vermindert. Glucuronolactongabe hat wenig Einfluß. Ebenso wirkt eine kohlenhydratfreie Kost, die, bedingt durch eine adaptive Fermentumstellung, nach 24 Std. einen stärkeren Effekt hervorruft als nach 6tägiger kohlenhydratfreier Fütterung.
R. Ristow 4587◇

1348 **Vergleichende Untersuchungen der Darmresorptionsteste mit Hilfe von Triolein und Ölsäure markiert mit ^{131}J und mit ^{14}C.** J. F. Grenier, M. Hatano und A. G. Weiss. (C. R. Séances Soc. Biol. Filiales **156**, 1513—17, 1962; Strasbourg, Fac. de Méd., Clin. Méd. B et Labor. de Chirurg. exp. Pautrier; franz.) — Der Vgl. der Darmresorption derselben Fette, markiert mit ^{131}*J* bzw. ^{14}*C*, zeigt die Mängel der Teste, welche mit ^{131}*J* markiertes *Triolein* (**I**) u. *Ölsäure* (**II**) gebrauchen: Sie können zur falschen Annahme einer Dickdarmresorption mit Durchgang durch die Pfortader von **I** u. **II** führen, während sie in Wirklichkeit im Dünndarm resorbiert werden u. mit der Lymphe den Weg des Thoraxkanals einschlagen. Die Messung der totalen Radioaktivität des Plasmas sagt nichts über den Anteil der Darmresorption aus, weil ^{131}J ohne Fettresorption durch den Darm freigesetzt werden kann. Das mit ^{131}J markierte **I** u. **II** ergibt wegen seiner Instabilität unsicherere Resultate als das stabile, mit ^{14}C markierte **I** u. **II**.
M. Blaschette-Huttinger 4594◇

1349 **Speicherung skelettalen Fluorids und deren Folgen.** J. R. Marier, Dyson Rose und M. Boulet. (Arch. environment. Health **6**, 664—71, 1963; Ottawa, Canada, Div. of Appl. Biol., Nat. Res. Council; engl.) — Übersicht über die Speicherung skelettalen *F* im Verdauungstrakt, in den Knochen u. im Skelett; Wrkg. bei Inkorporation in den Knochen, F-Akkumulierung u. patholog. Veränderungen in diesen u. Speicherung in den Zähnen. — 71 Literaturangaben.
O. Jansen 4594◇

1350 **Ausscheidung von Triolein und Ölsäure mit ^{131}J.** O. Andrysek, J. Šetka und Z. Mařatka. (Českoslov. Fysiol. **10**, 65—66, 1961; Praha, KU, lék. fak. II. int. klin.; Bulovec, II. int. odd. nemocn.; tschech.) — Bei der Unters. der Fettbilanz bei Steatorrhoe werden *Triolein* u. *Ölsäure* mit ^{131}*J* radioakt. gemacht. Ihre Resorption u. Motilität kann dann durch Aktivitätsmessung verfolgt werden.
R. K. Müller 4596◇

1351 **Über das Verhalten der Kreatinphosphokinaseaktivität im Serum von Personen mit progressiver Muskeldystrophie.** S. Cutillo, A. Coletta, F. Rea und M. Berni Canani. (Boll. Soc. ital. Biol. sperim. **39,** 769–72, 1963; Napoli, Univ., Ist. di Clin. Pediatr.; ital.) — In der Initialphase der progressiven Muskeldystrophie ist die *Kreatinphosphokinase*-Aktivität des Serums wesentlich erhöht; sie nimmt im Laufe der Krankheit ab, bleibt aber immer deutlich erhöht. K. Zingraf 4597◇

1352 **Über das Verhalten einiger Enzymaktivitäten im Serum einer Person mit progressiver Muskeldystrophie im Verlauf einer Virushepatitis.** S. Cutillo, A. Coletta, F. Rea und M. Berni Canani. (Boll. Soc. ital. Biol. sperim. **39,** 762–66, 1963; Napoli, Univ., Clin. Pediatr.; ital.) — In den ersten Tagen einer Virushepatitis bei einem Kind mit progressiver Muskeldystrophie waren die Aktivitäten der *Glutaminsäure–Oxalessigsäure-Transaminase, Glutaminsäure–Brenztraubensäure-Transaminase, Fructose-1.6-diphosphataldolase, Fructose-1-phosphataldolase, Äpfelsäuredehydrogenase, Transketolase, Glucose-6-phosphatdehydrogenase* u. *α-Glycerophosphatdehydrogenase* im Serum erhöht, die der *Milchsäuredehydrogenase* u. *Kreatinphosphokinase* dagegen verringert. K. Zingraf 4597◇

1353 **Über die Glucose-6-phosphatdehydrogenase- und Transketolaseaktivität im Serum von Personen mit progressiver Muskeldystrophie.** M. Berni Canani, A. Coletta, F. Rea und G. Fanuele. (Boll. Soc. ital. Biol. sperim. **39,** 766–69, 1963; Napoli, Univ., Ist. di Clin. Pediatr.; ital.) — Bei 14 Patienten mit progressiver Muskeldystrophie war die Aktivität der *Glucose-6-phosphatdehydrogenase* u. der *Transketolase* im Serum vollkommen normal. K. Zingraf 4597◇

1354 **Biochemische Beziehung zwischen Actin und Myosinsynthesen während der Differenzierung von Skelettmuskelgeweben von Triturus.** Y. Ogawa. (Exp. Cell Res. **26,** 526–33, 1962; Misima, Japan, Nat. Inst. of Genetics, Dep. of Biochem. Genetics; engl.) — *Actin* (I) wird im Skelettmuskel im frühen Embryonalzustand vor *Myosin* (II) gebildet. Die biochem. Beziehung zwischen der Synth. von I u. II wurde untersucht. Verss. mit Röntgenstrahlen, verschiedenen Temp. (10, 15 u. 18°), *Na-Glucuronat, Glucosamin* u. *Glucuronolacton* zeigen deutlich, daß die Synth. von I u. II voneinander unabhängig sind. O. Sellemond 4597◇

1355 **Untersuchungen über den Stoffwechsel des säurelöslichen Phosphors des Myocards, durchgeführt mit Hilfe von ^{33}P.** G. Tamburino, E. Barbagallo, G. Colombrita und F. Saglimbene. (Boll. Soc. ital. Biol. sperim. **38,** 1225–28, 1962; Cantania, Univ., Ist. di Semeiot. Med.; ital.) — Es wird als Funktion der Zeit (bis 16 Tage) bei 40 Albinoratten das Verh. der ^{32}P-Konzz. im anorgan. *Orthophosphat* (I), in *ATP, ADP, AMP, Phosphagen* u. *P*-haltigen *Hexosen* u. *Triosen* im Myocard u. im I des Plasmas untersucht. Der I-P des Plasmas ist als Vorläufer desjenigen des Gewebe-I anzusehen. Der I-Stoffwechsel läuft in Abhängigkeit von einer P-Erneuerung des organ. säurelösl. P ab. Die Zeit zum Erreichen des Gleichgewichts der Veränderung zwischen spezif. Aktivität (sA; Verhältnis zwischen radioakt. u. nichtradioakt. P) des säurelösl. organ. P u. der sA von I ist die, die zur Überwindung der Zellmembran benötigt wird. F. Kren 4597◇

1356 **Untersuchungen über den Stoffwechsel des säurelöslichen Phosphors des Myocards bei der Intoxikation mit Digitalis. Mit Hilfe von ^{32}P durchgeführte Untersuchungen.** E. Barbagallo, G. Colombrita, F. Saglimbene und G. Tamburino. (Boll. Soc. ital. Biol. sperim. **38,** 1228–31, 1962; Cantania, Univ., Ist. di Semeiot.; ital.) — Vgl. vorst. Referat. — Ratten erhielten i.m. täglich 1 mg *Digitoxin*/kg u. nach 8 Tagen ^{32}*P-Orthophosphat* (ca. 100 µg P). Es ergibt sich eine ca. 20%ig. Verringerung des *säurelösl. P* u. 20%ig. Zunahme an *Orthophosphat* im Myocard; der P-Stoffwechsel ist verlangsamt, denn die spezif. Aktivität wird bei der anorgan. Fraktion um 33%, bei der organ. um 41% verringert. F. Kren 4597◇

1357 **Ort der Eiweißbildung.** Stanley Mandeles und Eufemio D. Ducay. (J. biol. Chemistry **237,** 3196–99, 1962; Albany, Calif., Western Reg. Res. Labor.; engl.) — Einer Legehenne wurde $^{14}C_{(1)}$-*Lysin* (I) u. $^{14}C_{(1)}$-*Glutaminsäure* (II) i.v. injiziert u. die durch Säulenchromatographie an DEAE-Cellulose isolierten *Proteine* des Eiklars auf ihre ^{14}C-Aktivität untersucht. Die spezif. Aktivität von I u. II war in *Ovalbumin 1* (III-*1*) u. *Conalbumin* (IV) prakt. gleich u. signifikant höher als in *Lysozym* (V). ^{14}C-I- u. -II-markiertes IV wurde einer anderen Legehenne i.v. injiziert u. die Eiklarproteine analog auf ihre ^{14}C-Aktivität untersucht. Die Aktivitätsverteilung war bei III-1, IV u. V die gleiche, wie sie mit freiem ^{14}C-I u. -II erhalten wurde. Da bei IV keine Anreicherung der ^{14}C-Aktivität im Vgl. mit III-1 erzielt wurde, wird das zirkulierende IV offenbar nicht im Eileiter konzentriert. Eine IV-Synth. außerhalb des Eileiters ist daher unwahrscheinlich. Eileiterbrei von Legehennen in verschiedenen Stadien des Legecyclus wurde mit $^{14}C_{(2)}$-*Glycin* (VI) inkubiert u. die isolierten Eiklarproteine auf ihre ^{14}C-Aktivität untersucht. ^{14}C-VI wurde in III-1, III-2, IV, *Ovomucoid,* V, die *Flavoprotein*-Fraktion u. die Nichtproteinfraktion eingebaut. Die spezif. Aktivität von VI zeigt, daß die III u. IV mit der gleichen Geschw. synthetisiert werden. P. Schwerdtfeger 4597◇

1358 **Messung von Synthesegeschwindigkeiten der Plasmaproteine, die in der Leber aufgebaut werden.** A. S. McFarlane. (Biochem. J. **89,** 277–90, 1963; London, Nat. Inst. for Med. Res.; engl.) — Vf. injiziert $^{14}C_{(6)}$-*Arginin* (15 u. 50 µc, aus $Ba^{14}CO_3$) bei Kaninchen (K) u. Menschen u. setzt *Guanidin-C* (I) der *Plasmaproteine* (V) enzymat. (Arginase, 4 Std., 37°, pH 7) als CO_2 in Freiheit (genaue Beschreibung der Vakuum-App.). Die spezif. Aktivitäten von I in *γ-Globulinen* (II) sind um vielfaches höher als in zur gleichen Zeit von der Leber aufgebauten *Proteinen.* Bedeutender Wiederverbrauch des injizierten ^{14}C wird beobachtet. Vf. verbessert die Genauigkeit der gemessenen spezif. Aktivitäten von I durch „Waschen" der mit ^{14}C markierten *Albumine* (III) u. der mit ^{14}C markierten *Fibrinogene* (IV) mit unmarkierten II. Sie wurden zusammen mit den Radioaktivitäten von ^{14}C-Harnstoff zur Berechnung der Synth.-Geschw. von III u. IV in K benutzt. Die Werte lagen etwas niedriger als die der katabol. Geschw., die mit mit ^{131}J markiertem III u. mit mit ^{125}J markiertem IV über einen längeren Zeitraum gemessen wurden. Es schien nicht vorteilhaft, Messungen mit III länger als 4 Std. u. mit IV länger als 6 Std. durchzuführen. Wurde *Na-*^{14}*C-Carbonat* (VI) in einer einzigen Dosis gegeben, waren die spezif. Aktivitäten von I der II etwa halb so groß wie die der von der Leber aufgebauten Proteine. Die Wiederverarbeitung war gering. Beim erwachsenen Menschen werden höchstens 0,2% der injizierten Radioaktivität in I der V eingebaut. Fraktionale Synth.-Geschw. wurden unter Benutzung einer Formel berechnet, die unabhängig von dem Arginin-Geh. der V u. deren Konz. im Plasma ist. Die katabol. Geschw. (im Vers. mit ^{131}J-Markierung) u. die Synth.-Geschw. (im Vers. mit ^{14}C-Markierung) von III beim K stimmen überein. Es wurden Beweise für die nahe Beziehung zwischen Harnstoff-Synth. u. der Synth. von I von III u. IV beim normalen Menschen erbracht. Ein Verf. für die Anwendung von 100–200 µc VI bei der Messung der fraktionalen Synth.-Geschw. des menschlichen III u. IV wird beschrieben. Die für den gleichen Markierungsgrad der Proteine erforderliche Dosis an VI ist zwar viel höher als bei VII, die Strahlungsgefahr ist jedoch bei VI geringer. G. Marquard 4597△

1359 **Untersuchungen über den Metabolismus der Plasmaproteine in der isolierten und durchströmten Rattenmilz.** E. Espinosa. (Int. J. appl. Radiat. Isotopes **12,** 122–32, 1961; London, Mill Hill, Nat. Inst. for Med. Res.; engl.) — Vf. beschreibt eine Beobachtungs-Meth. der Durchblutung der isolierten Rattenmilz mit O_2-haltigem Blut bei konst. Temp. u. Druck, nachdem aus dem Blut die Leukocyten u. Thrombocyten entfernt worden waren. Während einer 4std. Perfusion wurde nach einer Latenzzeit von 20–30 Min. das durch Hitze denaturierte u. durch ^{131}J markierte Ratten-*Albumin* mit konst. Geschw. katabolisiert, was auf ein Weiterbestehen der reticuloendothelialen Funktion schließen läßt. Nach einer kurzen Latenzzeit wurde ebenfalls während einiger Std. der Einbau von ^{14}*C-Aminosäuren* (I) mit konst. Geschw. in die Plasmaproteine beobachtet. Nach 4½std. Perfusionsdauer waren 1–3% der radioakt. Dosis eingebaut. Durch Zonen- u. Papierelektrophorese sowie DEAE-Cellulosechromatographie stellte man einen weit überwiegenden Einbau der I in die *γ-, β-* u. *α-Globuline* (II) fest u. einen sehr geringen in die Albumine. Nach grober Schätzung werden 9,5 mg II pro 24 Std. synthetisiert, wovon 5,1 mg zu den *γ*-II gehören. Die Radioaktivität des Milzproteinpulvers lag zwischen

3,5 u. 5,4% der Initialdosis. Das Problem eines Proteinverlustes aus den durchströmten Organen als ein möglicher Störungsfaktor in den Analysenergebnissen wird erörtert.
M. Blaschette-Huttinger 4597◇

1360 **Eine nach einem verbesserten Isolierungsverfahren erhaltene Einzelelektroplax.** 2. Mitt. **Auf die leitende Membran wirkende Verbindungen.** Philip Rosenberg und Henry Higman. (Biochim. biophysica Acta [Amsterdam] **45**, 348–54, 1960; New York, N.Y., Columbia Univ., Coll. of Physic. and Surg., Dep. of Neurol. and Biochem.; engl.) — 1. vgl. C. **1962**, 18553. — Es wurde die Wrkg. zweier Verb.-Typen, die an der leitenden Membran wie an den Synapsen wirksam sind, auf die elektr. Aktivität eines isolierten Einzelelektroplax-Präp. untersucht, u. zwar tert. Amine (TA) u. lipidlösl. quart. Ammonium-Verbb. (QA). Einige TA sind starke Inhibitoren von *Acetylcholinesterase* u. Acetylcholinreceptoren, wie *Physostigmin* (**I**), *tert. I-Analoges* (**II**). Andere blockieren vorwiegend den Receptor: *Procain, Tetracain, Dibucain, Atropin.* Alle diese Verbb. blockieren die elektr. Aktivität ohne Depolarisation. Die QA, wie *Pyridinaldoximdodecyljodid, Noracetylcholin, Norcholin,* wirken auf das Acetylcholin-Syst., wobei die Affinitäten zu den verschiedenen Proteinkomponenten offensichtlich von Konz. u. Konstit. beeinflußt sind. **I** u. **II** wirken als Inhibitoren der elektr. Aktivität bei pH 6 doppelt so stark wie bei pH 9. Bei pH 6 liegen die gelösten Moll. als Kation, bei pH 9 in der ungeladenen Form vor.
K. Maier 4598◇

1361 **Wirkungen der neurovegetativen Stimulierung auf den Choledochus-Duodenum-Komplex.** 1. Mitt. **Untersuchungen in vitro.** G. Benzi und G. M. Frigo. (Boll. Soc. ital. Biol. sperim. **39**, 775–78, 1963; Pavia, Univ., Ist. di Farmacol. e Terap. Sperim.; ital.) — Elektr. Reizung des periarteriellen Plexus der *Arteria pancreatico-duodenalis superior* mit einer Frequenz von 60 Hz löst am isolierten Duodenum-Choledochus-Komplex der Katze unter isoton. Bedingungen meist eine Zunahme des Flusses durch den Endtraktus des Choledochus aus, während nach *Bretylium* bei der Reizung eine Verringerung oder vollständige Hemmung des Flusses eintritt.
K. Zingraf 4598◇

1362 **Einbau von ^{32}P in die Phospholipide subcellulärer Fraktionen verschiedener Teile des Zentralnervensystems der Ratte.** S. Harth, T. Borkowski, R. Mardell und P. Mandel. (Exp. Cell Res. **26**, 587–90, 1962; Straßburg, Fac. de Méd., Inst. de Chim. Biol.; engl.) — Die Verteilung der *Phosphatide* in den subcellulären Fraktionen verschiedener Zonen des zentralen Nerven-Syst. ist sehr ungleichmäßig. Die Geschw. des Einbaues von ^{32}P in die Phosphatide der einzelnen Zonen ist verschieden.
O. Sellemond 4598◇

1363 **Die Isolierung eines encephalitogenen, kleinen Polypeptides aus Grundproteinen und aus Proteolipiden des Rückenmarks.** C. E. Lumsden, D. M. Robertson und R. Blight. (Biochem. J. **88**, 15P, 1963; Leeds, Univ., Dep. of Pathol.; engl.) — Auf verschiedene Weise isoliertes encephalitogenes akt. Polypeptid (EP) aus Proteinen des Marks schien papierchromatograph. bzgl. des Peptidteils ident. zu sein. Es wird angenommen, daß nur ein essentielles „kleines Polypeptid" für die Encephalomyelitisaktivität aller Protein- u. von Proteinen ableitbaren Fraktionen des Rückenmarks verantwortlich ist. Unterss. von encephalomyelit. akt. Peptiden aus der wss. u. der Chlf.-Phase des Folch-Less-Syst. sowie des alkal. Hydrolysen-Prod. eines hochgereinigten Federproteolipids deuten darauf hin, daß die encephalomyelit. Aktivität der Proteolipide auf einer Peptidkomponente beruht. Ob dieses Fragment mit den akt. Polypeptiden aus den Grundproteinen des Marks ident. ist, wurde noch nicht geklärt.
J. Boelter 4598◇

1364 **Das Vorkommen eines langkettigen Ätheranalogen von Phosphatidyläthanolamin im Gehirngewebe.** G. B. Ansell und Sheila Spanner. (Biochem. J. **88**, 56–64, 1963; Birmingham, Med. School, Dep. of Exp. Neuropharmacol.; engl.) — Lipide aus Hirngeweben wurden an Kieselsäure chromatographiert u. die schwach säure- u. alkalistabile Fraktion mit methanol. HCl hydrolysiert → Fraktion A. Intensive HCl-Hydrolyse von A ergab *Äthanolamin* sowie eine weitere, ninhydrinpositive Substanz. Die Hydrolyse von *Chimyl* u. *Batyl* (Glycerin-1-hexadecyläther-Analoges u. Glycerin-1-oktadecyläther-Analoges von Phosphatidyläthanolamin, die in 2-Stellung mit Stearinsäure verestert sind) u. von A ergaben chromatograph. einander sehr ähnliche Substanzen. Isotopenverdünnungs-Verss. (intraperitoneale Injektion von ^{32}P-*Orthophosphat* in Ratten u. Isolierung der Hirnlipide, Zusatz von Batyl u. Aufarbeitung) bestätigten die obigen Ergebnisse. Die Isolierung von A aus Corpus callosum des Ochsens sowie aus Eigelb gelang durch selektive Hydrolyse sowie Chromatographie an Al_2O_3, Kieselsäure u. Florisil. Aus den Ergebnissen sowie IR-Spektren-Vgl. von A mit einem Glycerin-1-alkoxy-3-phosphoryläthanolamin wird vermutet, daß das Phospholipid nach Hydrolyse mit einem Glycerin-1-alkoxy-3-phosphat bzw. einer Mischung von Phosphaten ident. ist. Es kommt zu 2–3% im Ratten- u. zu 3% in der weißen Masse des Ochsenhirns vor.
J. Boelter 4598◇

1365 **All-cis-Dokosa-4.7.10.13.16.19-hexaensäure in der Retina der Ochsen.** A. R. Hands und W. Bartley. (Biochem. J. **87**, 263–65, 1963; Oxford, Univ., Dep. of Biochem.; engl.) — Ochsenretina wurde in KOH–Methanol erwärmt (3 Std. auf 60°) u. aus dem Hydrolysat nach Entfernung nichtverseifter Lipide die Fettsäuren extrahiert. Nach Behandlung der Fettsäuren mit Diazomethan konnte gaschromatograph. die *all-cis-Dokosa-4.7.10.13.16.19-hexaensäure* (**I**) als Methylester isoliert werden. Die Struktur von **I** wurde durch chem. Abbau u. Auswertung des IR-Spektrums ermittelt.
J. Boelter 4598◇

1366 **Hemmung der Wirkung von Linsen-Mutarotase auf Glucose durch katarakterzeugende Zucker und entsprechende Polyole.** Albert S. Keston. (Arch. Biochem. Biophysics **102**, 306–12, 1963; New York, N.Y., Inst. for Med. Res. and Studies; engl.) — *Mutarotase* (**I**) katalysiert die Umwandlung verschiedener isomerer Formen der *D-Glucose* u. anderer Zucker. **I** kommt in den Linsen verschiedener Tiere vor. Eine mögliche Beziehung gehemmter **I** zum Galaktosekatarakt wird besprochen. Die Verabreichung von Katarakt erzeugenden Zuckern, im Frühstadium der Katarakt-Bldg., bewirkt eine Hemmung von **I**. Untersucht wurde die Aktivität an Ochsen- u. Kaninchenlinsen. Von den untersuchten Zuckern unterlagen *D-Xylose* (**II**), *L-Arabinose* (**III**) u. *D-Galaktose* (**IV**) der Mutarotation, nicht dagegen *L-Xylose* u. *D-Arabinose*. **II**, **III**, **IV**, *Xylit*, *Dulcit* hemmen die I-Wrkg. auf Glucose.
U. Gerhardt 4598◇

1367 **Postmortales Ansteigen des Kaliums in der menschlichen Cerebrospinalflüssigkeit.** F. Fraschini, E. Müller und A. Zanoboni. (J. chem. Physics **198**, 1208, 1963; Milan, Univ., Dep. of Pharmacol.; engl.) — Vff. stellten fest, daß nach dem Tode eine beachtliche Diffusion von K^+ in die Cerebrospinal-Fl. eintritt; die K-Konz. ist 24 Std. nach dem Tode ca. 20mal höher als unter physiolog. Bedingungen. Dieses Phänomen nimmt mit der Zeit zu, weshalb es vom Gesichtspunkt der forens. Medizin verwendet werden kann. Nach dem Tode wurden keine bedeutenden Veränderungen der Na^+- u. Ca^{2+}-Spiegel festgestellt. Würde die post mortem festgestellte K-Konz. in der Cerebrospinal-Fl. eines lebenden Tieres auftreten, so würden tox. Symptome verursacht werden, welche durch eine starke u. typ. Erregung der Zentralnerven charakterisiert sind.
O. Jansen 4599◇

1368 **Post mortem-Veränderungen im Aminosäuregehalt des Muskels des gemeinen Karpfens, Labeo fimbriatus (Block).** S. Annamalay. (J. Annamalai Univ. Part B **23**, 159–67, 1961, herausgeg. 1962; Annamalainagar, Annamalai Univ., Dep. of Zool.; engl.) — Es wurde der Geh. an *freien* u. *proteingebundenen Aminosäuren* (**I** bzw. **II**) im Muskel von *Labeo fimbriatus* innerhalb von 24 Std. post mortem in 4std. Intervallen papierchromatograph. bestimmt. Im frischen Muskel waren 12 **I** vorhanden [*Leucin–Isoleucin, Phenylalanin, Valin* (**III**), *Tyrosin, Alanin* (**IV**), *Threonin, Glycin, Serin, Glutaminsäure, Histidin, Arginin* u. *Lysin*], davon wurde nur **IV** während der ganzen Aufbewahrungszeit gefunden. Andererseits traten in dieser Zeit freies *Methionin* (**V**), *Asparaginsäure, Asparagin* u. *Cystin* auf. In den **II** wurden **III** u. **V** zu keiner Zeit gefunden, jedoch trat zeitweise *Ornithin* auf. — Es wird geschlossen, daß der Nährwert des Muskelfleisches innerhalb von 24 Std. nicht verlorengeht.
W. Damerau 4599◇

E₆. Pharmakologie, Therapie, Toxikologie, Hygiene

1369 **Durch einfache chemische Umwandlung erhaltene wirkungsvollere Medikamente.** Charles I. Jarowski. (Trans. New York Acad. Sci. [2] **21**, 290–94, 1959; Brooklyn,

N.Y., Chas. Pfizer and Co., Inc., Pharmaceut. Res. and Dev.; engl.) — Vortrag u. Übersicht. — Für eine Anzahl von Medikamenten werden an Hand der Literatur zwecks Erzielung besserer therapeut. Erfolge einfache Meth. zur Umwandlung in besser verträgliche, besser resorbierbare, stabilere u. schmackhaftere Substanzen besprochen. *Salicylate* u. *Oleandomycin* werden z. B. durch Acetylierung verestert, *Chloromycetin* in das Palmitat umgewandelt. Besser verträglich als *Chinidinsulfat* ist das Polygalakturonat. Durch Salz-Bldg. werden auch die Eigg. folgender Substanzen günstig verändert: *Thiamin, Benzylpenicillin* (Penicillin G), *Phenoxymethylpenicillin* (Penicillin V), *Streptomycin, Morphin, Epinephrin* u. *Strychnin*, durch Resinat-Bldg. die von *Vitamin* B_{12} u. *Codein*. — 26 Literaturangaben. H. Kockert 4600◇

1370 **Heterosis und die Röntgenbestrahlung von Hoden.** R. Rugh, H. Funk und M. Wohlfromm. (Atompraxis **7**, 243—48, Juli 1961; New York, N.Y., Columbia Univ., Radiol. Res. Labor.; engl.) — ♂ Mäuse des Stammes CF1, weiße Schweizer (A), C57 Schwarze/6 (B) sowie der aus beiden Stämmen durch Kreuzung erhaltenen Hybride (C) wurden einer Ganzkörperbestrahlung von 500 r unterworfen. Von den A-Tieren überlebten 0%, von den B-Tieren 25% u. von den C-Tieren 100% die Bestrahlung. Bei 400 r wurde eine hohe Radiosensitivität der Hoden von A-Tieren im Vgl. zu den gleich resistenten u. gleich großen Hoden der B- u. C-Tiere gefunden. Auch bei 200 r wurde eine erhöhte Sensitivität der Hoden von A-Tieren gegenüber den von B- u. C-Tieren festgestellt. Histolog. ergab sich im Hoden u. den seminiferen Tubuli das gleiche Bild. Eine celluläre Heterosis schien evident. J. Boelter 4601◇

1371 **Der Wirkungsmechanismus der Nervenschädigung durch ionisierende Strahlen geringer Dosis.** W. Kroebel und K. Vanselow. (Atomkernenergie **6**, 385—96, 1961; Kiel, Univ., Inst. für angew. Phys.; dt.) — In einer Übersicht werden zunächst die bislang bekannt gewordenen Unters.-Ergebnisse von Wrkg. ionisierender Strahlen auf Nerven-Präpp. zusammengefaßt. — Bestrahlungs-Verss. wurden mit Röntgenstrahlen an Nervenfaserbündeln (Ischiadicusnerv des Frosches) durchgeführt. Es konnte mit 60 r (5 kV Röhrenspannung) ein Schädigungseffekt erzielt werden. Der Vgl. der Ergebnisse mit den an monostabilen Syst. zu erwartenden Effekten führt zu der Auffassung, daß die gefundene Strahlenschädigung auf einem störenden Eingriff in das Stoffwechsel-Syst. des Nervs beruht; offenbar wird im wesentlichen das Aktionsatmungs-Syst. in der Weise betroffen, daß die Atmungs-Geschw. verlangsamt ist. — 32 Literaturangaben. H. Kockert 4601◇

1372 **Thioctsäure mildert den Abfall des Ascorbinsäure- und Cholesterinspiegels der Nebennieren nach Röntgenbestrahlung.** E. Genazzani und B. Loscalzo. (Arch. ital. Sci. farmacol. [3] **9**, 160—62, 1959; Napoli, Univ., Ist. di Farmacol. e Tossicol.; ital.) — In Unterss. an *Mus rattus* stellten Vff. fest, daß *Thioctsäure* eine konst. Schutz-Wrkg. gegenüber der Einw. von Röntgenstrahlen auf den *Ascorbinsäure* (I)- u. *Cholesterin* (II)-Spiegel der Nebennieren ausübt: nach allen getesteten Dosen (500, 700, 800 r) ist bei vorheriger einmaliger I-Gabe (50 mg/kg, intraperitoneal) der II- u. III-Spiegel stets weniger vermindert als nach alleiniger Bestrahlung. Dieses Phänomen tritt bes. deutlich bei der niedrigsten Bestrahlungsdosis hervor. H. Kockert 4601◇

1373 **Untersuchungen zum Röntgenstrahlenschutz.** 2. Mitt. **Modifikation des Strahlensyndromes bei weiblichen DAL-Swiss-Mäusen durch AET und S-HT.** James L. Leitch. (Radiation Res. **15**, 641—47, 1961; Los Angeles, Calif., Univ., School of Med., Dep. of Biophys. and Nucl. Med.; engl.) — ♀ Mäuse wurden mit 250-kV-Röntgenstrahlen bestrahlt (Filter 0,67 mm Cu + 1 mm Al, HWS 2,3 mm Cu, Gesamtdosis 460, 600, 900 u. 1200 r, Dosisleistung 18,9—20,0 r/min, FHA 70 cm). 20—30 Min. vor der Bestrahlung erhielten die Tiere intraperitoneale Injektionen mit *2-Aminoäthylisothiuroniumbromid·HBr* (I), *5-Hydroxytryptaminkreatininsulfat* (*Serotonin*, II) u. 0,9% NaCl (zur Kontrolle). Beobachtung der Überlebensverhältnisse ergab, daß Gaben von 10 μm I + 1 μm II nach Applikation von 460 r eine Herabsetzung der Überlebensdauer bewirken (DL_{50} wächst von 7,2 auf 40 Tage, die 60-Tage-Letalität fällt von 95,8 auf 48,6%). Anwendung von 1200 r bewirkt bei der gleichen I + II-Dosis die gleiche Letalität wie 460 r ohne I + II-Gaben. Bei Herabsetzung der Dosisleistung von 19 auf 0,96 r/min zeigen die I + II-Gaben keine Schutzwirkung. W. Reusse 4601◇

1374 **Einfluß von Gammabestrahlung auf den Stoffwechsel der Plasmaproteine.** R. S. Piha und S. S. Oja und O. Hänninen. (Teknillisen Kemian Aikakauslehti **17**, 763—70, 1960; Helsinki, Univ., Inst. of Physiol.; engl.) — Vff. untersuchten an Kaninchen den Einfl. einer 4std. ^{60}Co-γ-Bestrahlung (500 r) des Blutes auf den Stoffwechsel der ^{14}C-markierten Plasma-*Proteine*. Die Konz. der Gesamtplasmaproteine änderte sich nicht. Die biolog. Halbwertszeit von *Globulin* änderte sich nicht, bei *Albumin* war sie geringfügig, bei *Fibrinogen* erheblich (von 82 auf 278 Std.) erhöht. H.-G. Floß 4601◇

1375 **Wirkung von Bestrahlung auf die Verteilung von ^{35}S-markiertem Sulfonamid.** Mary F. Argus, Judith F. Kane und Francis E. Ray. (Proc. Soc. exp. Biol. Med. **103**, 87—91, 1960; Gainesville, Fla., Univ., Cancer Res. Labor.; engl.) — Vgl. C. **1963**, 6631. — 8 Wochen alte Wistar-Ratten u. 7 Wochen alte CAF_1/Jax-Mäuse wurden 48 bzw. 144 Std. einer 150 r Ganzkörperbestrahlung ausgesetzt, die eine Verringerung des Thymus- u. Milzgewichts zur Folge hatte. Den Tieren wurden 1,3 ml einer 0,05n NaOH, welche 12 mg *^{35}S-N.N'-Bis-[2-naphthyl]-2.7-fluorendisulfonamid* (I) enthielt, in die Schwanzvene appliziert. Die Best. des radioakt. Materials in Geweben u. Exkreten erfolgte nach einer früher beschriebenen Methode (l. c.). Im Gegensatz zu den Ergebnissen bei tumortragenden Tieren bewirkte eine Ganzkörperbestrahlung keine verringerte Lokalisierung von I in Leber u. Milz. Nur bei ♂ Mäusen wurden signifikante Differenzen in der Lokalisierung von I in Blutzellen u. Thymus (herabgesetzte bzw. verstärkte Lokalisierung) im Vgl. zu unbestrahlten gefunden. R. Heinrich 4601□

1376 **Anmerkungen über die akute Toxizität von radioaktivem Coffein.** M. Inselvini. (Arch. ital. Sci. farmacol. [*3*] **9**, 169—70, 1959; Roma, Univ., Ist. di Farmacol.; ital.) — Vff. stellen in Unterss. an Mäusen fest, daß *$^{14}C_{(CH_3-N_{(7)})}$-Coffein* (I) stärker ausgeprägte Wrkg. hat als die *nicht markierte Verb.* (II) bei gleich hoher Dosierung u. bei gleicher Art der Verabfolgung. In Dosen von 6,5 mg verursacht II nur einen Zustand leichter motor. Erregung, hingegen induziert I stets das Auftreten von convulsiven Krisen u., in der Mehrzahl der Fälle, exitus. Da chromatograph. keine bes. Veränderungen im I-Mol festgestellt werden konnten, muß angenommen werden, daß die höhere Toxizität von I mit seiner Radioaktivität zusammenhängt. H. Kockert 4601◇

1377 **Untersuchungen über den Stoffwechsel von trägerfreiem Radioruthenium.** 1. Mitt. **Vorläufige Untersuchungen.** R. S. Bruce und T. E. F. Carr. (Reactor Sci. Technol. **14**, 9—17, 1961; Harwell, Berks., Med. Res. Council Radiobiol. Res. Unit; engl.) — Vff. verabfolgten peroral an Kaninchen u. Albinoratten (Wistar-Stamm) *^{106}Ru* in verschiedenen chem. Formen [als *Rutheniumchlorid* (I), *Rutheniumdioxid* (II) u. als *Nitrosylkomplex*: $RuNO(NO_3)_3 \cdot (H_2O)_3 \cdot 2\,H_2O$ (III)] u. bestimmten Aufnahme u. Verteilung im Körper. — ^{106}Ru wird in Form von III in hohem Maße resorbiert; die Aufnahme beträgt 13% beim Kaninchen u. 8% bei der Ratte. Die Aufnahme von I liegt niedriger als die von III u. unterscheidet sich kaum von der von II in Abwesenheit eines Trägers. Die Aufnahme aller 3 Formen erfolgt schnell, jedoch wird ein Großteil der resorbierten Verbb. im Urin innerhalb von 3 Tagen wieder ausgeschieden. Während die Art der chem. Verbb. maßgeblich auf die Resorption Einfl. nimmt, ist die nachfolgende Verteilung von ^{106}Ru nicht von der chem. Natur abhängig. Während der ersten Tage nach der Ingestion liegen im Magen–Darm-Trakt u. in den Nieren die höchsten Konzz. an ^{106}Ru vor. H. Kockert 4601◇

1378 **Untersuchungen über den Stoffwechsel von trägerfreiem Radioruthenium.** 2. Mitt. **Die Aufnahme von Nitrosylrutheniumkomplexen aus dem Gastrointestinaltrakt.** R. S. Bruce und T. E. F. Carr. (Reactor Sci. Technol. **14**, 145—54, 1961; engl.) — 1. vgl. vorst. Referat. — Vff. verabfolgen peroral an Kaninchen u. Albinoratten (Wistar-Stamm) trägerfreies *^{106}Ru* (als *Nitrosyltrinitrat-Komplex*, I; l. c.) als einmalige Dosis u. in wiederholten Gaben über längere Zeit hinweg. Es wurde die Menge an resorbiertem ^{106}Ru u. die Verteilung in den Körpergeweben bestimmt. — Kaninchen resorbieren 13% bei einmaliger Gabe u. Ratten ca. 3%, während nach 7 Tagen die in den Geweben retinierten Mengen 1 u. 0,4% betragen. Die Halbwertszeit der Ausscheidung von ^{106}Ru beträgt bei den Kaninchen während der ersten 10 Tage 1,6 Tage u. steigt danach auf wenigstens 7 Wochen an. Nach 50 Wochen, während deren ^{106}Ru 2 mal wöchentlich an Kaninchen verabfolgt wurde, werden nur 3,8% der mittleren wöchentlichen Dosis 18 Tage nach der letzten Dosis im Tierkörper zurückgehalten. Es wird geschlossen, daß die Retention bei jeder Seriendosis geringer ist als bei einer Einzeldosis. Die Menge an durch 2 mal wöchentlich mit I gefütterten Ratten retiniertem ^{106}Ru steigt zwischen 41 u. 58 Wochen nicht an u. beträgt im Durchschnitt 3% der wöchentlich verabreichten Dosis. — Keines der untersuchten Gewebe weist eine auffällig hohe Konz. an ^{106}Ru (u. zwar weder nach einmaligen noch wiederholten Gaben) auf. Es ist wahrscheinlich, daß I teilweise an die Körpergewebe gebunden wird, u. daß die Geschw. der Abgabe von Ru durch die Gewebe von der Geschw. des Katabolismus von I abhängig ist. H. Kockert 4601◇

1379 **Leberschäden bei Beagle-Hunden durch ^{239}Pu: Dosierung, Verteilung und Schädigung.** Terence H. Cochran, Webster S. S. Jee, Betsy J. Stover und Glenn N. Taylor. (Health Physics **8**, 699—703, 1962; Salt Lake City, 12, Utah, Div. Radiobiol. Dep. and Radiol.; engl.) — Bei 59 ♀ u. ♂ Hunden erfolgte nach einmaliger i.v. Gabe von 0,1—3,0 μc/kg tetravalentem ^{239}*Pu* die Ablagerung schnell in Leber (15—30%) u. Knochengewebe. Initial war die α-Aktivität in der Leber gleichmäßig, 400 Tage nach der Injektion (I.) herdförmig im verdichteten Reticulum verteilt. 3—8 Jahre nach der I. bestanden 60—80% des Lebergewebes aus regenerativen Zentren ohne α-Aktivität. Auffällig war das Fehlen von Hepatomen trotz osteogener Sarkome bei einigen Tieren mit vergleichbaren Knochen- u. Leberdosen. H. Hüller 4601◇

1380 **Die Wirkung von Diäthylentriaminopentaessigsäure- und Polypropylenglykoläthylenoxid-Polymeren auf die Ausscheidung von inhaliertem ^{239}PuO$_2$ durch Hunde.** E. G. Tombropoulos, W. J. Bair und J. F. Park. (Nature [London] **198**, 703—04, 1963; Richland, Wash., General Electric Co., Hanford Labor., Biol. Labor.; engl.) — 1—2 Jahre alte Spürhunde wurden 15 Tage lang täglich eine Std. ^{239}*PuO$_2$*-Aerosolen ausgesetzt, die Aerosole enthielten außerdem zusätzlich entweder 25% *Na$_3$-Ca-Salz* der *Diäthylentriaminopentaessigsäure* (I), 10% „*Pluronics F68*" (II; *Polypropylenglykoläthylenoxid*-Polymeres) bzw. 8% II + 2% *Gummi arabicum.* Urin u. Faeces wurden auf ^{239}PuO$_2$ untersucht. Nach 17 Tagen wurden die Tiere getötet. II erhöhte zwar die ^{239}*Pu*-Ausscheidung; die Wrkg. war jedoch gering. I war noch weniger wirksam. Möglicherweise bewirkten II u. in geringerem Maße I eine Verschiebung von ^{239}PuO$_2$ von der Lunge nach anderen Geweben. In der Verteilung von ^{239}Pu bestanden mit Ausnahme der Lymphknoten keine Unterschiede zwischen den Geweben der einzelnen Gruppen. ^{239}PuO$_2$ war fast ausschließlich in der Lunge sowie in den Lymphknoten nur ^{239}PuO$_2$-behandelter Tiere lokalisiert. II ist möglicherweise wegen seiner geringen Toxizität brauchbar. J. Boelter 4601◇

1381 **Der extrauterine Rückkreislauf des ^{131}Jod vom neugeborenen Tier zur Rattenmutter.** M. Samel, A. Caputa und L. Struhárová. (Nature [London] **198**, 489, 1963; Bratislava, Endocrinol. Inst. SAV, Czechoslovak. Acad. of Sci.; engl.) — 10 Tage alte Wistar-Ratten erhielten 2 μc ^{131}*J* intraperitoneal injiziert (A) u. wurden mit den Muttertieren (M) wiederzusammengebracht. Nach 4 Std. wurden die A-Tiere getötet u. die M mit gleichalten, nicht ^{131}J-behandelten Tieren (B) für 4 Std. zusammengebracht, wobei die Jungen die Möglichkeit zum Saugen hatten. Danach wurden die M- u. B-Tiere getötet u. Magen, Schilddrüse, Serum sowie Harnblase auf Radioaktivität untersucht. Die in den B-Tieren gefundene Aktivität läßt auf einen raschen Austausch von ^{131}J zwischen Jungen u. M in beiden Richtungen schließen. Die beobachtete Aufnahme von Urin der Jungtiere durch die M-Tiere ist möglicherweise ein Schutzmechanismus (der auch andere Substanzen einschließen kann) für das M-Tier, um den Verlust durch die Milch zu kompensieren. Da die Jungtiere bis 2 Wochen nach der Geburt nicht allein zu urinieren vermögen, ist das M-Tier für die normale Entw. in diesem Zeitraum verantwortlich. J. Boelter 4601◇

1382 **Jod-131 in Utah im Juli und August 1962.** R. C. Pendleton, R. D. Lloyd und C. W. Mays. (Science [Washington] **141**, 640—42, 1963; Salt Lake City, Univ. of Utah, Anatomy Dep., Div. of Radiobiol. Health and Radiobiol. Div.; engl.) — Die im Juli 1962 in Nevada erfolgten Kernwaffenexplosionen bewirkten bei den Einwohnern von Utah, die täglich einen Liter Milch tranken, eine durchschnittliche Zunahme von 58000 (pc) (^{131}J-Aktivität) u. eine Maximalzunahme von 800000. Die entsprechenden Thyroiddosen von Kindern betrugen 1 (rad) im Durchschnitt u. maximal 14. Ernst Schulte 4601◇

1383 **Einfluß von Ca^{2+} auf die Herabsetzung der Nerv-Muskel-Übertragung durch Cholinesterase hemmende Verbindungen.** M. Midrio und P. Zatti. (Boll. Soc. ital. Biol. sperim. **38**, 1052—55, 1962; Padua, Univ., Ist. di Fisiol. Uman.; ital.) — Es wird der Einfl. von *Ca^{2+}* (7—35 mg%) auf die durch *Eserinsalicylat, Prostigmin, Mestinon* u. *DFP* herabgesetzte Nerv-Muskel-Übertragung im isolierten Zwerchfell der Ratte untersucht. Bei großem Ca-Defizit ist keine der Verbb. in der Lage, die Muskelkontraktionen herabzusetzen, während bei erhöhten Ca-Konzz. alle 4 Substanzen prakt. gleichwertig die indirekt durch einzelne Stimuli verursachten Kontraktionen herabsetzen. F. Kren 4606◇

1384 **Aufnahme, Ausscheidung und Retention von Quecksilber durch die Niere. 1. Mitt. Eine Aufnahme an Kaninchen während der Infusion von Quecksilberchlorid.** Maths Berlin und Sten Gibson. (A.M.A. Arch. environmental Health **6**, 617—25, 1963; Stockholm, Sweden, Karolinska Inst., Inst. of Hygiene u. Nat. Inst. of Public Health, Dep. of Gen. Hyg.; engl.) — Die Aufnahme durch die Niere u. die Harnausscheidung des *Hg*, als auch die Geschw. der glomerulären Filtration wurden an anästhetisierten u. nicht anästhetisierten Kaninchen gemessen, denen ^{203}*HgCl$_2$* durch kontinuierliche i.v. Infusion (bis zu 4 Std.) in Gesamtdosen von ca. 0,1—1 mg *Hg* verabreicht wurde. Die Nierenextraktion übersteigt nicht 10% des Hg in dem die Nieren durchlaufenden Blut. Ungefähr 50% der infundierten Gesamtdosis wurden von den Nieren aufgenommen, aber weniger als 10% wurden im Harn abgeschieden. Das Abbinden des Harnleiters hatte auf die Aufnahme des Hg durch die Niere keinen Einfl., was vermutlich anzeigt, daß die Aufnahme direkt durch das Blut stattfindet. Die Harnausscheidung u. Blut-Konz. stehen zueinander in Beziehung. Keine Beziehung besteht jedoch zwischen der in der Niere akkumulierten Hg-Menge u. der Harnausscheidung des Hg. Ungefähr 50% Hg im Blut wurden in den Blutkörperchen gefunden. O. Jansen 4606◇

1385 **Aufnahme, Ausscheidung und Retention von Quecksilber durch die Niere. 2. Mitt. Eine Untersuchung an Kaninchen während der Infusion von Methyl- und Phenylmercuriverbindungen.** Maths Berlin. (A.M.A. Arch. environmental Health **6**, 626—33, 1963; engl.) — 1. vgl. vorst. Referat. — Die Aufnahme durch die Niere u. die Harnausscheidung von *Hg*, als auch die glomeruläre Filtrationsrate wurden an anästhetisierten u. nichtanästhetisierten Kaninchen untersucht, denen ^{203}*Hg*-markiertes *Phenylmercuriacetat* (I) oder *Methylmercuridicyandiamid* (II) durch kontinuierliche i.v. Infusion (bis zu 4 Std.) verabreicht wurden. Die I-Dosis betrug insgesamt 0,1—8 mg Hg, die II-Dosis ca. 4 mg Hg. Die Nierenextraktion überstieg nicht 10% des Betrages an Hg in dem die Nieren passierenden Blut, u. zwar sowohl nach I wie auch nach II. Es bestand keine Beziehung zwischen der in den Nieren angehäuften Hg-Menge u. der Harnausscheidung von Hg nach I- u. II-Gaben. Eine Beziehung wurde zwischen der Harnausscheidung u. der Hg-Konz. im Blut in jedem der beiden Fälle gefunden. Im Falle von I wurde ein geringer Prozentsatz des infundierten Hg während der Verss. im Harn ausgeschieden, während ca. 30% in den Nieren angehäuft wurden. Nach der Infusion von II überschreitet die Hg-Ausscheidung im Harn nicht einige Promille der infundierten Dosis, u. weniger als 10% werden in den Nieren akkumuliert. Für I wie für II gilt, daß ca. 90% der Blut-Hg-Konz. in den Blutkörperchen vorliegen, u. weniger als 1% des Plasma-Hg passierte die Nieren unter Ultrafiltration. O. Jansen 4606◇

1386 **Resorption und Ausscheidung von Quecksilber im Menschen. 3. Mitt. Blutquecksilber in Beziehung zur Dauer der Einwirkung.** Morris B. Jacobs, Arthur C. Ladd und Leonard J. Goldwater. (A.M.A. Arch. enviromental Health **6**, 634—37, 1963; New York, N.Y., Columbia Univ., Fac. of Med., School of Public Health and Administrative Med., Div. of Occupat. Med.; engl.) — 2. vgl. A.M.A. Arch. enviromental Health **6**, [1963] 480. — Es wurde ein Vers. unternommen, um die Dauer der Einw. u. den *Hg*-Blutspiegel bei Angestellten, welche im Arbeitsprozeß mit verschiedenen, vorwiegend organ. *Hg*-Verbb. (l. c.) zu tun haben, in Wechselbeziehung zu bringen. Statist. nicht signifikant wurde gefunden, daß der Hg-Blutspiegel als Funktion einer längeren Einw. ansteigt. O. Jansen 4606◇

1387 **Die Toxizität von Antimonylchininhydrochlorid sowie die Resorption, Gewebeverteilung und Ausscheidung von Antimon nach oraler Applikation der Substanz.** Wan-chu Ma, Kang-wan Kuo und Chen-Yu Sung. (Acta pharmac. sinica **7**, 144—48, 1959; Peking, Chinese Acad. of Med. Sci., Inst. of Materia Medica, Dep. of Pharmacol.; chin., Auszug: engl.) — Nach oraler Applikation von *Antimonylchininhydrochlorid* (I) wurden 90% des *Sb* nach 8 Std. im Gastrointestinaltrakt (G) gefunden. Nach Ligatur zwischen Duodenum u. Pylorus vor I-Applikation fanden sich große Mengen Sb im Verdauungstrakt. In der Galle wurde Sb wenige Min. nach I-Zufuhr gefunden. Sb wurde vor allem mit den Fäces ausgeschieden, $< 1\%$ mit dem Urin. 24 Std. nach oraler I-Zufuhr war Sb in allen Geweben nachweisbar. Neben G wies die Leber den höchsten Sb-Geh. auf. Geringe Sb-Mengen waren in Niere u. Milz u. nur sehr geringe Mengen in Lunge, Herz, Hirn u. Blut vorhanden. Das langsame Verschwinden von Sb aus G beruht offenbar nicht auf einer langsamen I-Absorption. Sb wird wahrscheinlich rasch absorbiert. Die Ausscheidung erfolgt offenbar z. T. über die Galle. J. Boelter 4607◇

1388 **Die Einflüsse von Fluoracetat, Malonat und des Säure-Basen-Gleichgewichtes auf die Verwertung von Citrat durch die Niere.** M. A. Crawford. (Biochem. J. **88**, 115—20, 1963; Kampala, Uganda, Makerere Univ. Coll. Med. School, Dep. of Physiol.; engl.) — Die intraperitoneale Injektion von *Fluoracetat* (I) in Albinoratten führte zu keinem Anstieg der urinären Ausscheidung (UA) von *Citrat* (II), obwohl die II-Konz. im Nierengewebe (N) stark anstieg. $KHCO_3$ (III) erhöhte stark die UA von II. I änderte nicht die Wrkg. von III auf die UA; der Anstieg von II in der Niere war additiv. Die Ausscheidung bzw. der Geh. an *α-Ketoglutarat* (IV) im N wurde durch I u. II in gleicher Weise wie II beeinflußt; lediglich der II-Anstieg im N nach I + III-Gabe war nicht additiv. Die *Na-Hydrogensalze* (10mMol/kg) von *Bernstein-*, *Malon-* u. *Äpfelsäure* beeinflußten die II-Ausscheidung sowie den II-Geh. im N in gleicher Weise wie III. Die freien Säuren (5mMol/kg) zeigten im Gegensatz zu den Salzen keinen Anstieg der UA von II. Der Anstieg von II in N war durch Säuren geringer als durch die Salze. Die UA von IV wurde durch *NaH-Malat* (V) erhöht, nicht durch die Säure. I änderte nicht die UA von IV nach V-Applikation; Vorbehandlung mit *Na-Malonat* u. I red. die UA von II nach V-Behandlung nicht. Injektion von III erhöhte den II-Geh. in N, nicht in Leber, Lunge, Herz, Milz, Muskel, Hirn u. Blut, I dagegen in allen Geweben. Es wird angenommen, daß das Säure-Basen-Gleichgewicht ein wichtiger Faktor bei der II-Ausscheidung ist. J. Boelter 4607◇

1389 **Die Wirkung von Äthionin auf den gesteigerten Stoffwechsel einiger Arzneimittel und die gesteigerte Urinausscheidung von Vitamin C, die durch Vorbehandlung mit Chloreton und Phenobarbital erzeugt wurde.** R. Kato, P. Vassanelli und G. Frontino. (Experientia [Basel] **18**, 9—10, 1962; Milano, Univ. degli Studi, Ist. di Farmacol. e di Terapia; engl.) — Es wurde untersucht, ob *Äthionin* (I), das den durch *Phenobarbital* (II) oder *Chloreton* (III) induzierten erhöhten Stoffwechsel einiger Arzneimittel verringert, auch die durch II oder III erzeugte Erhöhung der *Ascorbinsäure* (IV)-Ausscheidung im Harn reduziert. Ratten wurde I u. anschliessend II oder III injiziert (jeweils intraperitoneal) u. die IV-Ausscheidung bestimmt. Außerdem wurde der Stoffwechsel von *Pentobarbital* (V) u. *Meprobamat* (VI) in Leberschnitten der vorbehandelten Tiere untersucht. Die Verss. zeigten, daß durch I der Stoffwechsel von V u. VI, nicht aber die IV-Ausscheidung verringert wurde. Ohne I-Behandlung hatte II eine größere stoffwechselfördernde u. geringere IV-ausscheidende Wrkg. als III. W. Damerau 4607◇

1390 **Der Gehalt an extrahierbaren Gangliosiden im Rattengehirn während einer Alkoholintoxikation.** Hertta-Maija Häkkinen und E. Kulonen. (Nature [London] **196**, 995, 1963; Helsinki, Res. Labor. of the State Alcohol Monopoly (Alko); engl.) — Wistar-Ratten erhielten 550 mg *A.*/kg als 33% ig. Lsg. durch eine Magensonde appliziert. Nach einer Std. wurden die Tiere getötet. Ihnen wurde das Gehirn entnommen u. der caudale Teil des cerebralen Bereiches sowie des cranialen Teiles auf den Geh. an *Gangliosiden* untersucht. Der Geh. an *N-Acetylneuraminsäure* (I) betrug in den A.-behandelten Tieren $0{,}211 \pm 0{,}011$ μMol/100 g, der der Kontrolltiere $0{,}188 \pm 0{,}011$ μMol/100 g Hirngewicht. Die Ursache des I-Anstiegs im Rattenhirn nach A.-Intoxikation ist noch unbekannt. J. Boelter 4607◇

1391 **Über die zweiphasigen Gele von Jodpolyvinylalkohol.** Ss. N. Uschakow. (Ber. Akad. Wiss. UdSSR **139**, 160—62, 1961; Inst. für hochmol. Verbb. der Akad. der Wiss. der UdSSR; russ.) — Durch Anwendung von Zweiphasengelen von *Jodpolyvinylalkohol* (I) kann die Resorptionsdauer des Gels im Organismus verlängert werden. Bei der üblichen Herst. der I-Lsg. verursachen die Beimengungen von Jodiden u. anderen Salzen unerwünschte Nebenerscheinungen. Die Reinigung der I-Lsg. durch Dialyse ist nicht möglich. Zur Herst. einer reinen I-Lsg. wird folgendes Verf. vorgeschlagen: feingepulverter *Polyvinylalkohol* (II) wird in der wss. Lsg. von Jodid (KJ, NH_4J), suspendiert, die mit J_2 versetzt u. mit Salzen starker Säuren gesätt. wurde. Nach Aufnahme einer bestimmten, leicht kontrollierbaren Menge J durch II unter Bldg. von I wird filtriert u. mit Eiswasser gewaschen. Das I-Pulver ist prakt. unlösl. u. quillt nicht. Bei Behandlung des I mit W. von ca. 60° wird eine Lsg. ohne Beimengung von Mineralsalzen erhalten. Bei Einführung der so gewonnenen I-Lsg. in das Blut oder bei Verw. als Ausgangs-Lsg. für die üblichen thixotropen oder Zweiphasengele treten im Organismus keine schädlichen Nebenwrkg. auf. O. Lebtag 4607△

1392 **Stoffwechsel von Carbazol.** S. R. Johns und S. E. Wright. (Experientia [Basel] **18**, 416—17, 1962; Sydney, Univ., Pharmacy Dep.; engl.) — Nach intraperitonealer Verabreichung von *Carbazol* (I) an Ratten oder oraler Anwendung im Kaninchen wurde die Hauptmenge des I im Harn als *3-Hydroxycarbazol* bzw. dessen *Glucuronid* ausgeschieden. Verss. mit ^{14}C-I an Ratten bestätigten diese Befunde u. gaben Anhaltspunkte, daß möglicherweise auch di- oder polyhydroxyliertes I entsteht. W. Damerau 4607◇

1393 **Die Auswirkung langfristiger Gaben von Pyrogallol auf den Stoffwechsel von Brenzcatechinaminen.** Tadaatsu Nukada, Masami Matsuoka und Reiji Imaizumi. (Jap. J. Pharmacol. **12**, 57—61, 1962; Osaka, Univ. Dep. of Pharmacol.; engl.) — ♂ Kaninchen wurden täglich 20 mg *Pyrrogallol* (I)/kg Körpergewicht subkutan injiziert. Aus dem Urin wurden *Adrenalin* (II) u. *Noradrenalin* (III) isoliert u. fluorimetr. bestimmt. Außerdem wurden noch *3-Methoxy-4-hydroxymandelsäure* (IV) u. *O-Methyladrenalin* (V) bzw. *-noradrenalin* (VI) gemeinsam bestimmt. Nach Applikation von täglich 20 mg I/kg sinken die Ausscheidungen von IV, V u. VI kurzfristig ab u. erreichen nach 20 Tagen wieder die Normalwerte. Die Ausscheidung von II u. III steigt allmählich zu einem Maximum nach 20 Tagen an. Nach I-Behandlung (50 mg/kg täglich über mehrere Wochen) stiegen die Aktivitäten der *O-Methyltranspherase* u. *Monaminoxydase* in der Leber an. Die Ergebnisse lassen vermuten, daß der veränderte endogene Brenzcatechinaminspiegel durch eine adaptive Veränderung der Enzymaktivitäten reguliert wird. H. Russel 4602◇

1394 **Saure und enzymatische Hydrolyse von N-Butylformamid sowie seine orale Unwirksamkeit.** Edward R. Garrett und Dennis J. Weber. (J. Pharmac. Sci. **51**, 387—89, 1962; Kalamazoo, Mich., Upjohn Co., Res. Labor.; engl.) — Das pharmakolog. wirksame *N-Butylformamid* wird durch *Pepsin* oder *Trypsin* bei den entsprechenden pH-Optima von 2 bzw. 7,8 nicht meßbar gespalten. Die Halbwertszeit bei 39° in 0,4n HCl beträgt 22,8 Std., so daß die Stabilität der Verb. die Retentionszeit im Magen weit übersteigt. Die orale Unwirksamkeit wird wegen der geringen Lipoidlöslichkeit durch mangelnde Resorption durch Magenschleimhaut erklärt. W. Berndt 4607◇

1395 **Pharmakologische Wirkungen von N.N-Diisopropyl-N'-isoamyl-N'-diäthylaminoäthylharnstoff, einem Blocker**

des Nebennierenmarks. A. Malafaya-Baptista, J. Garrett, W. Osswald und S. Guimarães. (Naunyn-Schmiedeberg's Arch. exp. Pathol. Pharmakol. **244**, 550–63, 1963; Porto, Portugal, Medizin. Fakultät, Pharmakol. Labor.; dt.) — I.v. Injektion von *N.N-Diisopropyl-N'-isoamyl-N'-diäthylaminoäthylharnstoff* (**I**) am chloralisierten Hund führt in Dosen, die keine nennenswerte Wrkg. auf die Erregungsübertragung in sympath. Ganglien ausüben (2,5–5 mg/kg), zu einer spezif. Blockade des Nebennierenmarks. Durch Splanchnicusreizung oder sog. ganglienstimulierende Pharmaka wie *Dimethylphenylpiperaziniumjodid* (**II**) u. *m-Bromphenylhydroxychinolinbromid* (**III**) (5–10 µg/kg) hervorgerufene Blutdrucksteigerung wird durch **I** deutlich abgeschwächt, ebenso die reflexbedingten Hypertensionen nach zentralem Vagusreiz, Carotissinusentlastung oder Asphyxie. Die durch Nervenreizung oder durch **II** u. **III** ausgelöste Ausschüttung von Brenzcatechinaminen aus der Nebenniere wird durch **I** reversibel gehemmt. Kombination von **I** mit dem sympathopleg. wirkenden *Bretyliumtosylat* führt zur vollständigen Ausschaltung des gesamten sympathoadrenalen Systems. Am Vagus-Vorhof-Präp. zeigt **I** parasympathicolyt. Wrkg. u. setzt Amplitude u. Frequenz herab; weiterhin ist es papaverinähnlich spasmolyt. wirksam. H. Franzke 4607◇

1396 **2-Substituierte Cyclopropylamine.** 2. Mitt. **Auswirkung der Struktur auf die Wirksamkeit der Monoaminoxydasehemmung, gemessen in vivo durch Potenzierung von Tryptaminkrämpfen.** Charles L. Zirkle, Carl Kaiser, David H. Tedeschi, Ralph E. Tedeschi und Alfred Burger. (J. med. pharmac. Chem. **5**, 1265–84, 1962; Philadelphia, Smith Kline and French Labor., Res. and Developm. Div., Charlottesville, Univ. of Virginia, Dep. of Chem.; engl.) — 1. vgl. C. **1964**, 10-0835. — Aus Unterss. der *Monoaminoxydase* (**I**)-Inhibitor-Wrkg. zahlreicher Analoga u. Ringhomologe von *2-Phenylcyclopropylamin* u. ähnlicher Verbb. durch Potenzierung von *Tryptamin*-Krämpfen an lebenden Ratten geht hervor, daß folgende Strukturbedingungen für eine hohe Aktivität dieser Verbb. nötig sind: a) ein Cyclopropanring, b) eine Aminogruppe direkt am Cyclopropanring u. c) ein Substituent in 2-Stellung mit aromat. Teil. An Mol.-Modellen der Cyclopropylamin-Derivv. u. anderer Typen von **I**-Inhibitoren wurde die ster. Wechselwrkg. dieser Verbb. mit **I** diskutiert. A. Zschunke 4607◇

1397 **Versuche mit radioaktiven Isotopen über die Wirkung von einigen Phenothiazinderivaten auf die durch Serotonin provozierte Ödembildung bei der Ratte.** J. M. Giao T. Rico. (C. R. Séances Soc. Biol. Filiales **156**, 207–09, 1962; Lisbonne, Fac. de Méd., Inst. de Pharmacol. et Thérapeut. gén. et Labor. de Méd. nucléaire; franz.) — Albinoratten wird ^{131}J enthaltendes Albumen verabfolgt. Bei der 1. Gruppe wird überdies *Chlorpromazin* (*Largactil*; **I**), *Perphenazine* (*Trilafon*; **II**) u. *Pyrathiazine* (*Pyrrolazote*; **III**) subkutan zu 10^{-5}m/kg verabfolgt; das *Dietazin* (**IV**) zu 10^{-4}m/kg. 30 Min. später folgt eine Injektion von $5 \cdot 10^{-9}$m *Kreatininsulfat von Serotonin* (**V**) in 0,1 cm³ physiolog. NaCl-Lsg. in die Fußsohle der Hinterpfoten. Die Inhibition der Ödembldg. durch **V** bei subkutaner Anwendung der Phenothiazin-Derivv. betrug gegenüber den Vgl.-Tieren ohne Phenothiazinbehandlung 7,4% bei **IV**, 27,2% bei **III**, 32,3% bei **II**, 46,2% bei **I**. Bei einer zweiten Vers.-Reihe wurden die Phenothiazin-Derivv. u. **V** zur gleichen Zeit lokal injiziert, **I**, **II** u. **III** zu $2 \cdot 10^{-8}$m u. **IV** zu $2 \cdot 10^{-7}$molar. Hier betrug die Inhibition bei **IV** 28,5%, bei **III** 24,1%, bei **II** 43,25% u. bei **I** 45,8%. Die Resultate mit **V** sind homogener als diejenigen mit *Hyaluronidase* (**VI**). Sowohl bei lokaler als auch bei systemat. Anwendung hat die Inhibition der Ödem-Bldg. ein ähnliches Gefälle mit Ausnahme von **IV**, welches lokal relativ wirksamer ist. Die Vers.-Resultate mit **V** stimmen nicht mit den Verss. mit **VI** überein, bei denen die Ödem-Bldg. sicher von multiplen anderen Faktoren mitbeeinflußt wird. M. Blaschette-Huttinger 4607◇

1398 **Untersuchungen über die gleichzeitige Toxizität zweier Verbindungen: Azofarbstoffe, Chloroquine.** A. Pedron, P. Manchon, R. Lowy und J. Trémolières. (C. R. Séances Soc. Biol. Filiales **157**, 58–61, 1963; Paris, Inst. Nat. d'Hyg., Hôp. Bichat, Labor. de Nutr. Humaine; franz.) — Die Unterss. wurden an ♂ Mäusen (20 g; Stamm CEB) durchgeführt. Die Tiere erhielten in steigender Konz. subkutan *Dinatrium-1-[4'-sulfo-1'-phenylazo]-2-hydroxynaphthyl-6-sulfonat* (**I**) u. 1 Std. später eine konst. Dosis von *Chloroquine* (**II**; 3,5 mg/20 g); nach 24 Std. wurde der Anteil der verendeten Tiere bestimmt. Während 0,5 mg **I**/20 g die Mortalität von 65 auf 100% steigern, senkt die 20fache **I**-Dosis die Mortalität auf 0%. Ähnliche Beobachtungen wurden auch mit den Kombinationen *Methanol*-**II** sowie *Cinchophene* (**III**)-**I**, **III**-Methanol u. **III**-*Äthanol* gemacht. Bei anderen Kombinationen [*Helianthin*-**III**, *Neucoccin* (*Trinatrium-3-[4'-sulfo-1'-naphthylazo]-2-hydroxynaphthalin-6.8-disulfonat*)] erfolgt jedoch eine Abschwächung der Toxizität bei niedrigen Dosen u. eine Erhöhung bei höheren Dosen. Bei der Kombination *Adrenalin* (**IV**)-**III** wird eine einfache Steigerung der Toxizität durch steigende **IV**-Gaben beobachtet. Die Bedeutung dieses unterschiedlichen Verh. für die Beurteilung der Unschädlichkeit von Medikamenten u. Lebensmittelkomponenten wird herausgestellt. P. Schwerdtfeger 4607◇

1399 **Schutz der Ratten gegen Adjuvans-Arthritis durch Lipopolysaccharide von Bakterien.** Fae D. Wood und Carl M. Pearson. (Science [Washington] **137**, 544–45, 1962; Los Angeles, Veterans Admin. Center Wedsworth Hosp. and Univ. of California, School of Med.; engl.) — *Lipopolysaccharide* (**I**) von gramnegativen u. grampositiven Bakterien in einer an Adjuvans unvollständigen Emulsion (W.-in-Öl, subkutane Inoculation) machen Ratten gegen das mycobakterielle (vollständige) Arthritis-Adjuvans resistent. Wenn **I**, welche Ratten bei Verabreichung in einem Adjuvans schützen, in einer physiolog. Kochsalz-Lsg. verabreicht werden, geben sie keinen Schutz. Wachs D-Fraktion von *Mycobacterium tuberculosis* in physiolog. Kochsalz-Lsg. schützte, während es in einem Adjuvans Arthritis hervorrief. H. Aman 4607◇

1400 **Wirkung von Benzylcarbamyläthylisonicotinoylhydrazin in einer Kultur in vitro auf das Wachstum des embryonalen, noch knorpeligen Hühneroberschenkelknochens.** Isabel Teixeira. (C. R. Séances Soc. Biol. Filiales **156**, 209–10, 1962; Lisbonne, Fac. de Méd., Inst. d'Histol. et Embryol.; franz.) — In einem Standardmedium mit dem Monaminoxydase-Inhibitor *Benzylcarbamyläthylisonicotinoylhydrazin* (*Nialamid*, Pfizer; **I**) ist das Knochenwachstum schon nach 24 Std. merkbar gehemmt; nach 4–5 Tagen bleibt das Längenwachstum deutlich zurück; die Knochen behalten dasselbe Aussehen bei, u. die Epiphysen, Condylen u. Apophysen entwickeln sich kaum im Gegensatz zum Parallelvers. im selben Standardmedium ohne **I**. Bei geringerer Dosis treten die gleichen Erscheinungen weniger deutlich auf. Durch eine Erwärmung beider Medien zu 38° wird bewiesen, daß der Temp.-Faktor keinen Einfl. hat u. die Hemmung auf **I**-Wrkg. beruht. M. Blaschette-Huttinger 4607◇

1401 **Insekticide Carbamate: Aktivitätsvergleich von N-methyl- und N.N-dimethylcarbamaten verschiedener Phenole.** R. L. Metcalf, T. R. Fukuto und M. Y. Winton. (J. econ. Entomol. **55**, 345–47, 1962; Riverside, Calif., Univ. of California; engl.) — Vff. verglichen die korrespondierenden N-methyl- (**I**) u. N.N-dimethylcarbamate (**II**): *1-Naphthyl-*, *Phenyl-*, *3-Isopropylphenyl-*, *3-tert.-butylphenyl-*, *2-Isopropoxy-5-methoxyphenyl-*, *3.5-Dimethoxyphenyl-* u. *4-Dimethylamino-3.5-xylyl-* hinsichtlich der Hemmung der Fliegenhirn (*Musca domestica* L.)-*Cholinesterase* u. ihrer Toxizität auf Fliegen, Mücken (*Culex pipiens quinquefasciatus* S.) u. die Raupe von *Estigmene acrea* D. **I** waren allg. schwächer wirksam als **II**, die Wrkg. wurde durch die *Arylgruppe* bestimmt. Bei Fliegen ergab sich eine angenäherte lineare Abhängigkeit des log der Toxizität der Cholinesterasehemmung. Ekkehard Schmid 4607◇

1402 **Zur Wirkung insekticider chlorierter Kohlenwasserstoffe auf das Zentralnervensystem von Ratten.** A. Ghazal. (Naunyn-Schmiedeberg's Arch. exp. Pathol. Pharmakol. **244**, 504–09, 1963; Berlin, Freie Univ., Pharmakol. Inst.; dt.) — Der unterschiedliche Einfl. in öliger Lsg. oral applizierter Insekticide auf den *Glutaminsäure-*, *Glutamin-*, *γ-Aminobuttersäure-* u. *Glutathion*-Geh. von Rattenhirn wird säulenchromatograph. bestimmt. Dabei wird eine geringe bzw. deutliche Erhöhung des Glutamin-Geh. durch *4.4'-Dichlordiphenyltrichloräthan* (*DDT*; **I**) bzw. *γ-Hexachlorcyclohexan* (*Gammexan*; **II**) gegenüber unbehandelten Tieren beobachtet. *Dieldrin* (**III**) u. *Toxaphen* (**IV**) rufen dagegen keine bemerkenswerte Änderung hervor. Parallel dazu wird mit **I** eine schwache, mit **II** eine starke, lang anhaltende Krampfresistenz gegen *Cardiazol* erzielt, während **III** u. **IV** keine anticonvulsive Wrkg. zeigen. H. Franzke 4607◇

1403 **Carbamoylalkyldithiophosphate als chemotherapeutische Mittel: Prüfung ihrer Wirkung auf Stechmücken an Laboratoriumssäugetieren, Lämmern und Kälbern.** Redginal Hewitt, Anne Brebbia und Emanuel Waletzky. (J. econ. Entomol. **51**, 126—31, 1958; Pearl River, N.Y., Amer. Cyanamid Co., Parasitic Chemotherapy Dep., Exper. Therapeutics Res. Stat., Res. Div.; engl.) — Von 13 bekannten Insekticiden, die Mäusen oral gegeben wurden, töteten 9 (*Lindan, Aldrin, Dieldrin, Dipterex, Dow ET-57, Chlordan, Chlorthion, Malathion, DDT*) die an ihnen saugenden *Aedes aegypti* L. ab, darunter die 6 als Dassellarven tötend bekannten (außer Diazinon). — Von 19 geprüften *Carbamoylalkyldithiophosphaten* war das Dimethyl-methylanaloge (*Amer. Cyanamid 12880; Dimethoat*) am wirkungsvollsten. Bzgl. der Struktur waren die O.O-Dimethyl- den entsprechenden Diäthylanalogen überlegen, höhere Alkyle waren uninteressant. In der O.O-Dimethylreihe war die unsubstituierte Carbamoylgruppe nur $^1/_{20}$ so wirksam wie die methylsubstituierte.
Fritz Müller/Ludwigshafen 4607

1404 **Die psychotropen Wirkstoffe der mexikanischen Zauberpilze.** A. Hofmann. (Chimia [Zürich] **14**, 309—18, 1960; Basel, Sandoz, Pharmazeut.-chem. Forschungslabors.; dt.) — Vortrag. — Geschichte der mexikan. Zauberpilze sowie ihre botan. Best. u. Züchtung; Isolierung der Wirkstoffe; Stellung von *Psilocybin* (**I**) u. *Psilocin* in der Systematik der natürlich vorkommenden *Indol-Verbb.*; die pharmakolog. Wrkg. von **I**; die Wrkg. von **I** auf den Menschen. — 28 Literaturangaben. H. Kockert 4608◇

1405 **Teratogene Wirkung von Cobragift (Naja) am Kükenembryo.** J. V. Ruch und O. Gabriel-Robez-Kremer. (C. R. Séances Soc. Biol. Filiales **156**, 1508—09, 1962; Strasbourg, Fac. Méd., Inst. Embryol.; franz.) — Injektion von 2 μg krist. *Cobragift* (*Naja*) in 0,2 ml Tyrode-Lsg. in das Eiklar von Hühnereiern hat ausgesprochene teratogene Wirkung. Bei dieser Dosis trat eine Mortalität von 59% auf, bei 269 überlebenden Embryonen wurden 42 Miß-Bldg. (15%) beobachtet. Am häufigsten trat Coelosomie, Gliederabnormalität u. Außenlagerung des Herzens auf.
Ekkehard Schmid 4609◇

1406 **Pharmakologie eines alkoholischen Extraktes aus Bombyx mori-Kokons.** H. H. Siddiqui. (Indian J. Pharmacy **24**, 183—86, 1962; Delhi, Hamdard Build., Inst. of the History of Med. and Med. Res.; engl.) — Vff. extrahieren Kokons von *Bombyx mori* nacheinander mit PAe., Ae., Chlf. u. 90%ig. A.; der alkohol. Auszug (I) wird nach Abtrennung wachs- u. harzartiger Substanzen auf seine pharmakolog. Wirksamkeit geprüft. Es zeigt sich, daß **I** (8 mg/kg i. v.) bei anästhetisierten u. spinalen Katzen (a) auch nach Zufuhr von *Mepyraminmaleat* (2) eine Blutdrucksenkung verursacht. Nach Vorbehandlung mit *Atropinsulfat* (**II**; 2) ruft **I** dagegen Hypertension hervor. **I** (8) inhibiert in gleicher Weise wie *Acetylcholin* (**III**; 2 μg/ml) oder KCl (10 mg/kg) die ventriculären u. auriculären Kontraktionen des a-Herzens. **II** blockiert die Wrkg. von **I** u. **III**, nicht jedoch die von KCl. Ferner hemmt **I** teilweise die Funktionen des isolierten, durchströmten Kaninchenherzens u. erniedrigt Frequenz u. Kontraktionsamplitude des isolierten Froschherzens; **III** u. KCl zeigen die gleichen Effekte. Durch Atropinisierung wird nur die Wrkg. von **I** u. **III**, nicht die von KCl aufgehoben. **I** verursacht Kontraktionen des isolierten Darmmuskels vom Kaninchen- u. Meerschweinchenileum, diese Wrkg. werden durch **II** inhibiert. Intraperitoneale **I**-Injektionen bis 5 g/kg rufen bei Mäusen u. Ratten keinerlei tox. Symptome hervor. Die Ergebnisse zeigen, daß **I** eine auf den Kreislauf u. die glatte Muskulatur wirksame Substanz enthält, deren pharmakolog. Aktivität peripher, cholinerg. u. nicotinähnlich zu sein scheint.
P. Fahrnlaender 4609◇

1407 **Mucin als ein die Infektion von Heuschrecken mit Pseudomonas aeruginosa (Schroeter) Migula förderndes Agens.** June M. Stephens. (Canad. J. Microbiol **5**, 73—77, 1959; Ottawa, Canada, Dep. of Agric., Sci. Serv., Entomol. Div.; engl.) — Die DL_{50} von *P. aeruginosa* für Heuschrecken (*Melanoplus bivittatus*) wurde bei Injektion oder Verfütterung der Bakterien zusammen mit 1% *Mucin* (I) signifikant verringert. Bei Verfütterungs-Verss. war *P. aeruginosa* in **I** 6,4fach pathogener als allein. **I** beschleunigte den Tod der Tiere nicht. K. Maier 4609◇

1408 **Bedeutung der Valenz auf die antiluetische Wirkung von wasserlöslichen Wismutkomplexen.** M. Ferrari und F. Galla. (Boll. Soc. ital. Biol. sperim. **38**, 1073—75, 1962; Padua, Univ., Ist. di Farmacol. e Clin. Dermatol.; ital.) — Die Unterss. werden mit *P 89* (47% Bi^{5+}; 5—12,5 mg/kg Bi, intraperitoneal), *P 99* (47,3% Bi^{3+}; 1,5—5 mg Bi) u. *Wismut-Natriumtartrat* (41,5% Bi^{5+}; 1,5—5 mg Bi) bei mit Lues infizierten Kaninchen durchgeführt. In allen Fällen führt die Behandlung zu einem schnellen Verschwinden der Spirochäten. Die größte Aktivität zeigt P 99, doch ist es deutlich toxischer als die anderen. F. Kren 4610◇

1409 **Ausscheidung von 3-Sulfa-6-methoxypyridazin über die Galle.** B. Loscalzo und E. Marmo. (Arch. ital. Sci. farmacol. [3] **9**, 172—73, 1959; Napoli, Univ., Ist. di Farmacol. e Tossicol.; ital.) — Vff. stellten in Unterss. an ♂ *Mus rattus*, Stamm Morini, fest, daß durch Magensonde verabreichtes *3-Sulfa-6-methoxypyridazin* (**I**) die höchsten Ausscheidungswerte in freier u. acetylierter Form 13½ Std. nach der **I**-Gabe in der Galle aufweist. Danach geht die Gesamtausscheidung zurück, die Ausscheidung der acetylierten Form steigt jedoch bis 23½ Std. nach der **I**-Verabfolgung weiter an. Diese u. a. Befunde rechtfertigen die Hypothese, daß **I** einen enterohepat. Kreislauf hat. H. Kockert 4610◇

1410 **Über die Passage von Dimethylchlortetracyclin in der Lymphe.** M. Ferrari und G. Bologna. (Boll. Soc. ital. Biol. sperim. **38**, 1070—72, 1962; Padua, Univ., Ist. di Farmacol.; ital.) — Die Unterss. werden bei mit *Dimethylchlortetracyclin* (**I**; 20—60 mg/kg intraduodenal) behandelten Hunden durchgeführt. Bei sämtlichen **I**-Konzz. ist nach 4 Std. in der Lymphe von Thorax u. Cervix sowie im Plasma die **I**-Konz. gleich groß. Nur in den ersten Std. sind erhebliche Unterschiede in den **I**-Konzz. der Lymphen zu beobachten.
F. Kren 4611◇

1411 **Die Wirkung von Lysergsäurediäthylamid auf das äußere Verhalten von großen Karpfen.** H. A. Abramson, H. H. Gettner, M. P. Hewitt und G. Dean. (Nature [London] **193**, 320—21, 1962; Long Island, N.Y., Cold Spring Harbor, Biol. Labor.; engl.) — Etwa 2 lb. schwere Karpfen zeigten 10 Min. lang nach Zusatz von 2 mg *Lysergsäurediäthylamid* (**I**)/Liter Anzeichen einer **I**-Wrkg.; nach 30 Min. waren alle Tiere an der Fl.-Oberfläche, den Schwanz nach unten gerichtet. Die Kontrolltiere blieben am Boden. Nach Überführung in frisches W. blieben die Vers.-Tiere an der Oberfläche u. nahmen auch keine Nahrung auf. Östliche Bachforellen reagierten nicht auf **I** wie Karpfen. 2 mg *Lysergsäureäthylamid*/Liter wirkten auf Karpfen ähnlich **I**, doch trat die Wrkg. später ein u. hielt nicht lange an. **I** wirkt möglicherweise auf eines der Oxydase-Syst. im lebenden Organismus. J. Boelter 4620◇

1412 **Demethylierung in vivo und in vitro von Methixen (9-[(N-^{14}C-methyl-3-piperidyl)-methyl]-thioxanthenhydrochlorid).** H. Aebi, J. Quitt und E. Lauber. (Naunyn-Schmiedeberg's Arch. exp. Pathol. Pharmakol. **244**, 477—92, 1963; Bern (Schweiz), Univ., Medizin.-chem. Inst.; dt.) — Umsatz u. Ausscheidungs-Geschw. (**I**; *9-[(N-Methyl-3-piperidyl)-methyl]-thioxanthenhydrochlorid* (des Parasympathicolyticums *Methixen*; Tremaril Wander) u. seiner Metaboliten wurde mit Hilfe von N-Methyl-^{14}C-Markierung im Belastungs-Vers., in der isolierten, perfundierten Rattenleber u. an inkubierten Leberschnitten bestimmt. Im Belastungs-Vers. an der Maus wurde nach intraperitonealen Gaben von 1 mg/100 g ^{14}C-**I** durch Messung der $^{14}CO_2$-Bldg. eine mittlere Demethylierungs-Geschw. von 0,14 μMol/Std./100 g Maus ermittelt. In isolierter, perfundierter Rattenleber betrug die Demethylierungs-Geschw. (D.G.) bei einer Dosis von 2 mg ^{14}C-I/200 ml Perfusat in der 1. Std. 0,025μ Mol/Std./g Leber-Feuchtgewicht. Die in der Galle eliminierte ^{14}C-Aktivität entspricht ca. 130 μg ^{14}C/I/Std./Rattenleber. Radiopapierchromatograph. wurde ^{14}C-I-Sulfoxid nachgewiesen (25% der Gesamtaktivität). An inkubierten Gewebeschnitten wurde bei einer I-End-Konz. von $1{,}1 \cdot 10^{-4}$m für Rattenleber in der 1. Std. eine in vitro-D.G. von 0,21 $\pm$ 0,05 μMol/Std./g Feucht-Gew. errechnet. Entsprechend ergab sich für Menschenleber eine um ca. 15mal kleinere D.G. (0,015 μMol/Std./g Feucht-Gew.). Nach beendeter Inkubierung findet sich in Rattenleberschnitten unverändertes ^{14}C-I um den Faktor ca. 40 angereichert vor. Die im suspendierenden Medium vorhandene ^{14}C-Aktivität besteht prakt. ausschließlich aus I-Sulfoxid, das mit einer Bldg.-Geschw. von 4—5 μMol/Std./g Leber-Feucht-Gew. entsteht.
H. Franzke 4620◇

1413 **Beitrag zur neurophysiologischen Untersuchung von Imipramin.** R. Plas und R. Naquet. (C. R. Séances Soc. Biol. **155**, 840—43, 1961; Marseille, Fac. de Méd., Labor. de Neurobiol.; franz.) — Es werden die experimentellen Ergebnisse einer neurophysiolog. Unters. der Wrkg. von *Imipramin* (I) an der Katze mitgeteilt. Vor allem scheint I funktionelle Modifikationen an Strukturen des Rhinencephalons, weniger an neocorticalen Strukturen zu verursachen.
H. Kockert 4622◇

1414 **Untersuchung neuer Antihistamine.** M. R. Rajarama Rao und H. H. Siddiqui. (Indian J. med. **51**, Res. 921—24, 1963; Bombay, Univ., Dep. of Chem. Techn.; engl.) — Vff. prüfen die *Antihistamin-*, *Antiacetylcholin-* u. *Antibariumchlorid*-Aktivität von *N-[N'-Dimethylaminoäthyl]-5-methyl-*, *-5-äthyl-* u. *-5-isopropylacridanhydrochlorid* (I) auf das isolierte Ileum von Meerschweinchen u. untersuchen die akute Toxizität bei weißen Mäusen. I hat die stärkste Antihistamin-Aktivität u. ist am stärksten spasmolyt. wirksam, ist aber weniger akt. als *Promethazin-Hydrochlorid*, welches jedoch stärker giftig ist. J. Marquard 4625△

1415 **Methotrexat: Unterdrückung einer experimentellen allergischen Encephalomyelitis.** Michael W. Brandriss. (Science [Washington] **140**, 186—87, 1963; Bethesda, Md., National Inst. of Allergy and Infectious Diseases; engl.) — *Methotrexat* (I) hemmt die Entstehung einer allerg. Encephalomyelitis bei Meerschweinchen, wenn es zwischen dem Zeitpunkt der Sensibilisierung u. dem Krankheitsbeginn verabreicht wird. Auch wenn die Behandlung mit I bis zum Beginn der Encephalomyelitis verzögert wird, wird die Krankheit noch beeinträchtigt u. die Sterblichkeit herabgesetzt.
O. Jansen 4625◇

1416 **Einfluß von N-Allylnormorphin und Morphin auf den Glykogengehalt der Rattenleber.** E. Paroli und L. Caprino. (Arch. ital. Sci. farmacol. [3] **9**, 186—87, 1959; Roma, Univ., Ist. di Farmacol.; ital.) — Vff. stellten fest, daß *Morphinhydrochlorid* (I) bei Ratten auch in analget. wirksamen Dosen glykogenolyt. wirksam ist. *N-Allylnormorphinhydrobromid* (II) verursacht in äquivalentanalget. Dosen ebenso wie I eine Verminderung des Glykogen (III)-Geh. der Leber. Chron. mit I behandelte Ratten werden schließlich immer weniger empfindlich gegenüber der glykogenolyt. Wrkg. von I; unter eben diesen Bedingungen verursacht auch II keine wesentlichen Veränderungen des III-Spiegels der Leber.
H. Kockert 4627◇

1417 **Einfluß von Morphin auf den Stoffwechsel der Steroidhormone bei Ratte und Meerschweinchen.** E. Paroli und P. Melchiorri. (Arch. ital. Sci. farmacol. [3] **9**, 187—89, 1959; Roma, Univ., Ist. di Farmacol.; ital.) — Vff. stellten fest, daß eine Zugabe von *Morphinhydrochlorid* (I) zu Nebennierenhomogenaten (Meerschweinchen) die *3β-Hydroxydehydrogenase*-Aktivität senkt. — Verabfolgung von I (Dosis: 15 mg/kg Körpergewicht pro die für 2 Tage) an Ratten hat eine Verminderung der im Urin ausgeschiedenen *konjugierten Ketosteroide* zur Folge. Eine chromatograph. Analyse ergab, daß die *17-Ketosteroide* (II) vermindert u. bes. die *11-Hydroxysteroid* (III)-Fraktion (*Corticosteron, Cortison, Hydrocortison*) erhöht ist. Nach prolongierter I-Verabfolgung (15 mg/kg pro die 90 Tage lang) an Ratten macht sich eine Verminderung der konjugierten Fraktionen u. der II bemerkbar, die III-Fraktion ist dagegen erhöht. H. Kockert 4627◇

1418 **Fötale Mißbildungen bei der Ratte durch hohe Dosen von Deserpidin.** H. Tuchmann-Duplessis und L. Mercier-Parot. (C. R. Séances Soc. Biol. Filiales **155**, 2291—95, 1961; Paris, Fac. de Méd., Labor. d'Embryol.; franz.) — Das *Deserpidin* (I), welches bei der Ratte die gonadotrope Wrkg. der Hypophyse hemmt, ist vereinbar mit einer Schwangerschaft, wenn die Verabfolgung vom 6. bis 16. Tag erfolgt. Mit einer täglichen Dosis von 300 γ I/kg verläuft die Schwangerschaft normal, aber die Niederkunft ist mehr oder weniger gestört. Zahl u. Aussehen der Jungen scheint normal. Bei täglichen Gaben von 450 γ I/kg wird die Gesundheit der Mutter beeinträchtigt; Aborte treten auf; die Zahl der Jungen ist um 27% vermindert; 6% der Jungen weisen Mißbildungen auf. M. Blaschette-Huttinger 4627◇

1419 **Untersuchungen über den Wirkungsmechanismus eines neuen Psychoanalepticums: 3.3-Pentamethylen-4-hydroxybuttersäure.** K. Gopal und R. Vertua. (Boll. Soc. ital. Biol. sperim. **38**, 1200—04, 1962; Milano, Univ., Ist. di Farmacol.; ital.) — Vff. stellten bei mit *Glutaminsäure* (I) bzw. mit *Hydroxylaminhydrochlorid* vorbehandelten Ratten fest, daß *3.3-Pentamethylen-4-hydroxybuttersäure* (II) keine Konvulsionen induziert; bei nicht vorbehandelten Tieren hingegen verursacht II Krämpfe. Eine I-Behandlung steigert die *γ-Aminobuttersäure*-Konz. im Gehirn u. induziert ein Absinken des II-Geh. im Gehirn (Unterss. unter Verw. von ^{14}C-II).
F. Kren 4628◇

1420 **Wirkung von Nicotin auf den Endtrakt des isolierten Choledochus in toto.** G. Benzi. (Boll. Soc. ital. Biol. sperim. **39**, 778—81, 1963; Pavia, Univ., Ist. di Farmacol. e Terap. Sperim.; ital.) — Am Endtrakt des isolierten Choledochus der Katze löst *Nicotin* Kontraktionen aus, die durch *Hexamethonium, Dibenamin, Lysergsäurediäthylamid* (*LSD 25*) u. *Atropin* nicht beeinflußt werden. K. Zingraf 4628◇

1421 **Einfluß eines Ca-Chelatbildners, der Äthylendiamintetraessigsäure, auf die Kontraktionen des isolierten Kaninchendarms.** Serge Cottin und Jean Paupe. (C. R. Séances Soc. Biol. Filiales **156**, 1587—90, 1962; Paris, Fac. de Méd., Labor. de Pathol. exp. et comparée; franz.) — Eine Unters. der Veränderungen der Kontraktionsamplitude des isolierten Kaninchendarms in einem Medium (Tyrode-Lsg.), in dem die Ca^{2+}-Ionen zunehmend durch *Di-Na-Komplexon* (Na_2EDTA) gebunden werden, ergab einen Kurvenverlauf, der sich von dem bei Verw. eines anfänglich Ca^{2+}-freien Mediums unterscheidet, dem wachsende Ca^{2+}-Mengen zugesetzt werden (aufgetragen wird die Zahl der spontanen Kontraktionen gegen die Ca^{2+}-Konz.). Beim Eintragen von Na_2EDTA in die Bad-Fl. geht der progressiven Verminderung der Kontraktionsamplitude eine anfängliche Erhöhung voraus. Der Einfl. des ionisierten Ca^{2+} auf die spontanen Kontraktionen variiert demnach merklich, u. zwar in Abhängigkeit davon, ob die Ca^{2+}-Konz. ansteigt oder abfällt, jedoch bleiben letztlich die Unterschiede hinsichtlich des festgestellten Kurvenverlaufs unerklärbar. H. Kockert 4628◇

1422 **Überadditive Wirkungen bei Kombination von Stoffen der Curaregruppe.** R. Seeger. (Naunyn-Schmiedeberg's Arch. exp. Pathol. Pharmakol. **244**, 493—503, 1963; Würzburg, Univ., Inst. für Pharmakol. u. Toxikol.; dt.) — Kombination von Curarealkaloiden mit anderen Stoffen der Curaregruppe zeigen unterschiedliche gegenseitige Beeinflussung der Wirksamkeit. In der Wrkg.-Stärke (am Kaninchen-Head drop) zeigten Mischungen (im Wrkg.-Verhältnis 1:1) von *d-Tubocurarin* (I) mit *Dimethyl-d-tubocurarin* (II) sowie *Gallamin* (III) mit *Toxiferin* (IV) bzw. *Diallyl-nor-toxiferin* (V) nur additive Wirkung. Bei allen anderen der zehn möglichen Kombinationen war die Wrkg.-Stärke überadditiv gesteigert. Die stärkste Potenzierung (um das 1,5fache) ergab die Kombination von II mit III. In der Wrkg.-Dauer zeigten Kombinationen von I mit II sowie III mit IV bzw. V einfache additive Wrkg., ebenso IV mit V u. I mit III. Bei den übrigen fünf Kombinationen war die mittlere Wrkg.-Dauer erheblich verlängert, für die Kombination von II mit V um das 3,5fache. Diese fünf Kombinationen ergaben auch eine Potenzierung bei der Best. der DL_{50} an der Maus. H. Franzke 4628◇

1423 **Curarewirkung von kurzer Dauer von p-Phenylendiacetylcholin (IS 1647).** W. Scognamiglio. (Arch. ital. Sci. farmacol. [3] **9**, 191—93, 1959; Roma, Ist. Superiore di Sanità; ital.) — Vf. stellte in Unterss. an Säugetieren eine intensive u. kurz dauernde Curare-Wrkg. von *p-Phenylendiacetylcholin* (I) fest. Am Nervus sciaticus-Musculus gastrocnemius-Präp. des chloralosierten Hundes wurde mit ansteigenden Dosen zwischen 0,05 u. 1,0 mg I/kg i. v. eine schnelle u. ansteigende neuromusculäre Paralyse beobachtet. Beim Kaninchen beträgt die head-drop-Dosis von I 8 mg/kg, intravenös. Am isolierten Rattendiaphragma u. am isolierten Kaninchendarm ist I wenig aktiv. Am Musculus gastrocnemius des Huhnes verursacht I jedoch eine ähnliche Kontraktion u. Paralyse wie die durch *Succinylcholin* induzierte. Die kurze Wrkg.-Dauer von I ist zweifellos durch die Esterfunktion im I-Mol. bedingt, die durch Gewebecholinesterasen u. -Esterasen leicht angreifbar ist. Diese Annahme wurde durch Unterss. in vitro bestätigt: *Pseudocholinesterasen* u. Leber-*Esterasen*, nicht jedoch *wirkliche Cholinesterasen*, katalysieren die Hydrolyse von I. *Eserin* u. *Neostigmin* potenzieren u. verlängern die cuararisierende Wrkg. von I. H. Kockert 4628◇

1424 **Pharmakologische Eigenschaften und Esteraseempfindlichkeit einiger Derivate von Benzoyl- und Phenylacetylcholin.** V. Rosnati und F. Bovet-Nitti. (Rend.

Ist. super. Sanità **18**, 971—82, 1955; Rom, Ist. super. Sanità, Labor. di chim. terapeut.; ital.) — Folgende Verbb. wurden auf ihre pharmakol. Eigg. u. ihre Esteraseempfindlichkeiten hinuntersucht: *Benzoesäure-β-dimethylaminoäthylester, Methyljod* (**I**), *-β-diäthylaminoäthylester, Äthyljodid* (**II**), *-γ-dimethylaminopropylester, Methyljodid* (**III**), *-γ-diäthylaminopropylester, Äthyljodid* (**IV**), *Phenylessigsäure-β-dimethylaminoäthylester* (**Va**), *Methyljodid* (**V**), *-β-diäthylaminoäthylester, Äthyljodid* (**VI**), *-γ-dimethylaminopropylester* (**VIIa**), *Methyljodid* (**VII**) u. *-γ-diäthylaminopropylester* (**VIIIa**), *Äthyljodid* (**VIII**). — Muscarinähnliche Wrkg. hat ausschließlich **I** (Hund), curarisierend wirken neben **I** noch **III**, **IV** u. **V** (Hund); die stärkste curarisierende Wrkg. übt **V** aus. **V** zeigt auch die stärkste Kontraktions-Wrkg. am isolierten Kanincheninteştinum u. am Musculus rectus abdominis der Kröte; an beiden Präpp. sind **II**, **IV**, **VI** u. **VII** völlig unwirksam. Gegenüber der *Pseudocholinesterase* sind die Substanzen unterschiedlich empfindlich, die höchste Empfindlichkeit zeigen **I** u. **V**; gegenüber *Cholinesterase* ist die Empfindlichkeit allg. gering bzw. fehlt völlig.

Versuche: Alle Verbb. werden in optimalen Ausbeuten (70—90%) durch Einw. von 1 Mol des entsprechenden Säurechlorids auf 2 Mol Dialkylaminoalkylalkoholhydrochlorid in Chlf. dargestellt: 2std. Kochen am Rückfluß, erkalten lassen, mit Eiswasser-HCl, 1:1, behandeln, Chlf. abtrennen, die HCl-saure Lsg. mit 2n NaOH alkal. machen u. mit Ae. extrahieren, den Ae. abziehen, den Rückstand im Vakuum destillieren: **Va**, $C_{12}H_{17}NO_2$, Kp.$_{23}$ 164—165°; **VIIa**, $C_{13}H_{19}MO_2$, Kp.$_{0,8}$ 103 bis 104°; **VIIIa**, $C_{15}H_{23}NO_2$, Kp,$_{1,5}$ 130—131°. Die entsprechenden quartären Verbb. werden durch Einw. von Methyl- bzw. Äthyljodid auf die tertiären Ester erhalten: **I**, F. 243—244°; **II**, F. 137°; **III**, F. 185°; **IV**, F. 139°; **V**, F. 150—151°; **VI**, ölige Fl.,; **VII**, F. 154—155°; **VIII**, F. 104—105°.

H. Kockert 4628◇

1425 **Über die Pharmakologie des Zerumbons, eines aus Zinger zerumbet Smith isolierten Sesquiterpens.** M. Sirsi. (Indian J. Pharmacy **24**, 83—85, 1962; Bangalore, Ind. Inst. of Sci., Pharm. Labor.; engl.) — Aus dem Öl des wilden Ingwers (*Zinger zerumbet*) isoliertes *Zerumbon* (**I**) inhibiert in 1%ig. Lsg. das Wachstum von *Micrococcus pyogenes*, var. *aureus* u. in Konzz. von 10^{-4} das von *Mycobacterium tuberculosis* H 37 Rv in vitro. Durch *Acetylcholin* am Rattenileum induzierte Spasmen werden durch geringe **I**-Mengen (5—10 μg/ml) gehemmt, durch höhere stimuliert. Gesätt. Lsgg. von **I** u. *Ingweröl* besitzen starke spasmolyt. Wrkg.; das letzte besitzt einen stärker inhibierenden Einfl. auf die Spasmen als **I**. In gleicher Weise werden auch durch Ba^{2+} hervorgerufene Spasmen beeinflußt. Am Meerschweinchenileum durch *Histamin* induzierte Kontraktionen werden durch geringe Mengen Ingweröl (1 μg/ml) gesteigert, durch größere gehemmt; **I** wirkt auch in höheren Konzz. stimulierend. Die anregende Wrkg. von *Adrenalin* (6 μg/ml) auf die Samengefäße der Ratte wird durch **I** abgeschwächt. Ferner steigert **I** (0,5 mg/kg) den diastol. Druck u. die Atmung u. erniedrigt die Amplitude, höhere **I**-Gaben (5) verursachen Apnoe u. Blutdrucksenkung. Subkutane u. intraperitoneale Injektionen von **I** (bis zu 200 mg/kg) rufen keinerlei tox. Symptome hervor.

P. Fahrnlaender 4628◇

1426 **Vergleichende cardiotonische Aktivität von Carissa carandas L. und Carissa spinarum A. Dc.** M. M. Vohra und N. N. De. (Indian J. med. Res. **51**, 937—40, 1963; Lucknow, Central Drug Res. Inst., Div. of Pharm.; engl.) — Vff. stellen eine positive inotrope Aktivität in dem Extrakt (95%ig. A.) von Wurzeln, Stamm u. Blättern von *Carissa carandas* (C.c.) u. *Carissa spinarum* (C.sp.) auf hypodynam. Meerschweinchenherzen u. isolierte Papillarmuskel-Präpp. von Katzen fest. Die bei Katzen verursachten elektrocardiograph. Veränderungen waren typ. für ein Cardenolid. Vff. untersuchen die Brechreiz erregende u. muskulotrope Aktivität. Die cardioton. Aktivität in C. sp. ist 4—6mal größer als die von C.c.

G. Marquard 4630△

1427 **Über die Pharmakologie von Maclura aurantiaca Nutt.** G. Fassina. (Boll. Soc. ital. Biol. sperim. **38**, 1061—63, 1962; Padua, Univ., Ist. di Farmacol.; ital.) — Die Unterss. werden mit Extrakten aus frischen Früchten von *Maclura aurantiaca* Nutt durch warmen A. (besser als Äthylacetat) durchgeführt. Die Extrakte zeigen keine tox. Wrkg. (25 mg/kg bei der Maus u. 10 ml beim Frosch), u. am isolierten Froschherzen wird eine stimulierende Wrkg. festgestellt. Ferner ergibt sich beim Kaninchen u. der Ratte ein intensiver hypotensiver Effekt ohne Änderung der Atmung.

F. Kren 4630◇

1428 **Einfluß des Ca^{2+} auf den negativ chronotropen Effekt der Vagusstimulierung in den vom Kaninchen isolierten Vagus-Vorhofpräparaten.** M. Midrio und M. Panelli. (Boll. Soc. ital. Biol. sperim. **38**, 1055—59, 1962; Padua, Univ., Ist. di Fisiol. Umana; ital.) — Die Unterss. werden an 20 Präpp. der Vagusvorhöfe in Ggw. von *Ca^{2+}* (als $CaCl_2$) in Konzz. von 2,2—8,8 mm durchgeführt. Es zeigt sich, daß die Erhöhung der Ca^{2+}-Ionen im Milieu den cardioinhibitor. Effekt der Vagusstimulierung, gemessen als negativchronotroper Effekt, in 17 Fällen verstärkt. Die Erhöhung der Ca^{2+}-Konzz. verstärkt auch die negativchronotrope Wrkg. von *Acetylcholin.*

F. Kren 4630◇

1429 **Einfluß des Uridin-5-triphosphats auf die Widerstandskraft des Myocards gegenüber dem totalen oder partiellen Entzug von Sauerstoff.** G. Cascio. (Boll. Soc. ital. Biol. sperim. **38**, 1244—46, 1962; Palermo, Univ., Ist. di Farmacol.; ital.) — Nachdem die prophylakt. Behandlung mit *Uridin-5-triphosphat* (**I**) als wirksam bei der Anoxie des isolierten Herzens des Kaninchens erkannt wird, werden noch Verss. in vivo unter Verw. der coronarspast. Aktivität des vasopressor. hypophysären Hormons *Pituitrin* (i.v. 2 E./kg) bei i.v. Gabe von 10 mg **I**/kg durchgeführt. Auch hier ergibt sich eine klare Schutz-Wrkg. von **I** u. Wiederherst. der normalen Herzfunktion.

F. Kren 4630◇

1430 **Über die antifibrillatorische Wirkung einiger substituierter Benzamide und Anilide.** M. Libonati und G. Segre. (Arch. ital. Sci. farmacol. [3] **9**, 170—72, 1959; Napoli, Univ., Ist. di Farmacol. e Tossicol.; ital.) — Vff. untersuchten die antifibrillator. Wrkg. folgender Substanzen auf die isolierte rechte Rattenherzkammer u. bestimmten zu diesem Zwecke die Erregbarkeit, die Rheobase, die maximale Frequenz u. die abs. u. relative refraktäre Phase im Vgl. zu den entsprechenden Parametern von *Procainamid* (**I**): *p-Hydroxybutyl-N-[2-diäthylaminoäthyl]-benzamid* (*ES 176*), *p-Isopropyl-N-[2-diäthylaminoäthyl]-benzamid* (*ES 177*), *p-Isopropylen-N-[2-diäthylaminoäthyl]-benzamid* (*ES 178*), *p-Isopropyl-N-[3-diäthylaminopropyl]-anilid* (*ES 179*) u. *p-Hydroxybutyl-N-[3-diäthylaminopropyl]-anilid* (*ES 290*). — Alle Verbb. sind weit wirksamer als **I**: ihre Wirksamkeit ist 75,4-, 10,3-, 15,9-, 19,5- u. 25,2mal so hoch (in der Reihenfolge der vorst. genannten Verbb.) wie die von **I** (*Chinidin* hat eine 36,8mal höhere Aktivität als **I**).

H. Kockert 4630◇

1431 **Die Abnahme von Noradrenalin im Atrium von Kaninchen durch Reserpin in vitro.** Takaaki Matsuo. (Jap. J. Pharmacol. **12**, 62—71, 1962; Kyoto, Univ., Dep. of Pharmacol.; engl.) — In der rechten Herzkammer findet Vf. 1,48, in der linken 0,93 ppm *Noradrenalin* (**I**). Nach Zugabe von 10^{-5} *Reserpin* (**II**) zur Ringer-Lsg., worin die Atriumzubereitung aufbewahrt wurde, sank der **I**-Geh. nach 3 Std. in der rechten Herzkammer um 30%, in der linken um 24%. Der Effekt wurde durch *SKF 385* (*trans-dl-2-Phenylcyclopropylaminmaleinat*) oder *Iproniazid* (*N-Isonicotinyl-N'-isopropylhydrazid*) z. T. aufgehoben, z. T. überkompensiert, obwohl die Verbb. ohne **II** prakt. unwirksam waren.

H. Russel 4630◇

1432 **Die Einwirkung von Pervitin und Cocain auf die Abnahme des Gehalts der Brenzcatechinamine in Gehirn, Herz und Nebenniere des Kaninchens durch Reserpin.** Hideo Higuchi, Takaaki Matsuo und Kiro Shimamoto. (Jap. J. Pharmacol. **12**, 48—56, 1962; Kyoto, Univ., Dep. of Pharmacol.; engl.) — Vgl. C. **1964**, 8-1454. — In gesunden Kaninchen sinkt nach i.v. Applikation von *Reserpin* (**I**) der *Noradrenalin*-Geh. von Gehirn, Atrium sowie der *Adrenalin*-Geh. der Nebennieren im Laufe von 1—12 Std. stark ab. Wurde jedoch vorher *Pervitin* (**II**; *1-Phenyl-2-methylaminopropan-HCl*) gereicht, so stieg der Geh. nach Gaben von **I** kurz an, um später weiter stark abzufallen. Nach Vorbehandlung mit *Cocain* (**III**) war nach **I**-Gabe sofort ein starker Abfall der Brenzcatechinamin-Geh. zu beobachten. **II** u. **III** allein haben auf die Adrenalin- u. Noradrenalin-Geh. in den genannten Organen nur eine geringe, kurze Zeit dauernde Wirkung.

H. Russel 4630◇

1433 **Einfluß von Röntgenstrahlen auf die Digipurpidase-Aktivität.** Vorl. Mitt. M. Filomeni. (Arch. ital. Sci. farmacol. [3] **9**, 155—57, 1959; Camerino, Univ., Ist. di Farmacol. e Farmacognosia; ital.) — Es konnte nicht mit Sicherheit

nachgewiesen werden, ob Röntgenstrahlen in der Lage sind, die *Digipurpidase* (*Digilanidase*)-Aktivität aus getrockneten *Digitalis*-Blättern des Handels so zu beeinflussen, daß ihre Wrkg. auf die Digitalisglykoside ohne Beeinträchtigung der Aktivität der herzwirksamen Komponenten gehemmt ist.
H. Kockert 4630◇

1434 **Anstieg der Toxizität eines Pulvers von Digitalis purpurea nach Röntgenbestrahlung.** M. Filomeni. (Arch. ital. Sci. farmacol. [3] **9**, 157—58, 1959; Camerino, Univ., Ist. di Farmacol. e Farmacog.; ital.) — Mit 2500—5000 r bestrahltes Pulver aus Blättern von *Digitalis purpurea* zeigt im Tier-Vers. (Taube) höhere Toxizität als unbestrahltes Pulver.
H. Kockert 4630◇

1435 **Blockiert Spironolacton die renalen Wirkungen des Cortisols?** J. N. Mills, S. Thomas und K. S. Williamson. (J. Physiology **155**, 18P—19P, 1961; Manchester, Univ., Dep. of Physiol.; engl.) — *Cortisol* (I) erzeugt eine Abnahme der *Na*-Ausscheidung u. eine Erhöhung der *K*-Ausscheidung im Urin. Verabreicht man einer Vers.-Person, der I injiziert wurde, *Spironolacton* (II; *3-[3-Keto-7α-acetylthio-17β-hydroxy-4-androsten-17γ-yl]-propionsäure-γ-lacton*), so steigt die Na-Ausscheidung, jedoch nicht K-Ausscheidung. II übt somit eine gewisse blockierende Wrkg. auf die Na-zurückhaltende Wrkg. des I aus. Diese blockierende Wrkg. ist jedoch unvollständig, da bei einer Vers.-Person, der nach II-Verabreichung I injiziert wird, die Na-Ausscheidung red. ist.
K.-F. Müller 4634◇

1436 **Wirkungen von Chlorothiazid und Hydrochlorothiazid auf die blutdrucksenkende Wirkung von Reserpin.** P. Preziso, E. Marmo und E. Miele. (Arch. int. Pharmacodynam. Thérap. **131**, 355—67, 1961; Naples, Univ., Inst. de Pharmacol.; franz.) — Inhaltlich ident. mit der C. **1962**, 7241 referierten Arbeit.
K. Zingraf 4634◇

1437 **Klinische Untersuchung über die diuretische Wirkung von 1-Oxo-3-[3′-sulfamyl-4′-chlorphenyl]-3-hydroxyisoindolin.** A. Strata und H. Preis. (Minerva med. [Torino] **52**, 695—705, 1961; Parma, Univ., Ist. di Clin. Med. Gen. e Terap. Med.; ital.) — Bei Normalpersonen u. Patienten mit Ödemen u. Hypertension bewirkten 200 bis 300 mg *1-Oxo-3-[3′-sulfamyl-4′-chlorphenyl]-3-hydroxyisoindolin* (*G 33182*) eine deutliche Zunahme der *W*.-, Na^+- u. Cl^--Diurese, die länger als einen Tag anhielt, während die Ausscheidung von K^+ nur äußerst wenig verändert wurde. Bei Patienten mit Hypertension wurde die Wrkg. der blutdrucksenkenden Mittel potenziert.
K. Zingraf 4634◇

1438 **Choleretische Aktivität des 2.4-Dinitrophenols.** E. Santi-Soncin und C. E. Tóth. (Boll. Soc. ital. Biol. sperim. **38**, 1066—70, 1962; Padua, Univ., Ist. di Farmacol.; ital.) — Bei Ratten wird durch 2 mg/kg intraduodenal gegebenes *2.4-Dinitrophenol* (I) eine gleich große choleret. Aktivität wie durch 50 mg *Dehydrocholat* erzielt. Beim Hund (1 mg I/kg i.v.) wird der Gallenfluß in der ersten Std. um 119% erhöht; nach 6 Std. sind es noch 53 ± 15%, nach 8 Std. 36 ± 8%.
F. Kren 4640◇

F. Pharmazeutische Chemie, Desinfektion

1439 **Radioaktive Isotopen in der Pharmazie.** 3. Mitt. **Radioaktive Isotopen in der Apotheke. Eine Übersicht.** B. K. Jensen. (Dansk Tidsskr. Farmaci **36**, 21—31, 1962; Randers, Centralsygehus, apoteket; dän.) — 2. vgl. C. **1963**, 7085. — Übersicht über die pharmazeut. verwendeten Radioisotopen, ihre Handhabung, Lagerung, Prüfung, Verunreinigung u. die Beseitigung von radioakt. Abfällen.
R. K. Müller 4750◇

1440 **Anpassung käuflicher Viscosimeter an Spezialzwecke in der pharmazeutischen Rheologie.** 1. Mitt. **Das Brookfield-Viscosimeter.** John H. Wood, Gregory Catacalos und S. V. Lieberman. (J. pharmac. Sci. **52**, 296—98, 1963; Hillside, N.J., Bristol Myers Prod. Div., Res. and Develop. Dep.; engl.) — Durch Zusatzgeräte läßt sich das Brookfield-Viscosimeter vom T-Typ, z. B. das LVT-Gerät, in ein Rheometer umwandeln, mit dem Scherwerte von $0{,}5-15\,s^{-1}$ bestimmt werden können. Auch das Brookfield-Viscosimeter RVF kann in ein Rheometer umgebaut werden.
H. P. Fiedler 4758◇

1441 **Modifiziertes automatisches Gerät zur Bestimmung der Auflösungsgeschwindigkeit von Kapseln und Tabletten.** Louis C. Schroeter und William E. Hamlin. (J. pharmac. Sci. **52**, 811—12, 1963; Kalamazoo, Mich., Upjohn Co., Pharm. Res. Sect., Prod. Res. and Developm.; engl.) — Ein modifiziertes automat. Gerät (Spektrophotometer) zur Best. der Auflösung in vitro von Tabletten u. Kapseln wird beschrieben.
J. Seidemann 4766◇

1442 **Untersuchungen über die Arbeitstechnik bei der Herstellung von Suppositorien.** Chr. Wollmann und K. Papke. (Pharmazie **18**, Nr. 7, Beil.: Pharmaz. Prax. 132—34, 1963; Greifswald, Univ.-Kliniken, Zentralapotheke; dt.) — Vff. stellten fest, daß Mengendifferenzen bei der Herst. von Suppositorien nach dem Gieß-Verf. u. a. von der Arbeitstechnik abhängig sein können. Zur weitgehenden Ausschaltung der Fehlerquellen ist es erforderlich, die Suppositorienformen (I) mit der Gesamtfüllung zu eichen, die Suppositorien bei einer bestimmten Temp. der Schmelze auszugießen u. auf eine konst. Temp. der I zu achten. I mit einer Abweichung der Einzelbohrungen um mehr als 2% vom Durchschnittswert sollten nicht verwendet werden.
G. Mews 4766◇

1443 **Untersuchungen über die ausländischen organischen Grundstoffe der gepulverten pflanzlichen Arzneimittel.** 1. Mitt. Tsutomu Shimomura, Kazumitsu Nishimoto und Hiroko Kurokawa. (Annu. Rep. Tokyo Coll. Pharmacy **1958**, 139—40; jap.)
H. Krause 4782△

1444 **Phytochemische und pharmakologische Untersuchungen über Viscum album L.** Gunnar Samuelsson. (Svensk farmac. Tidskr. **66**, 261—71, 1962; Stockholm, Kungl. Farmac. Inst., Farmakognost. avd.; schwed.) — Vgl. C. **1963**, 11737. — Zusammenfassung der l. c. u. früher referierten Arbeiten. — 31 Literaturangaben.
R. K. Müller 4782◇

1445 **Abhängigkeit der Reinheit und Qualität von Herba Absinthii vom Gewinnungsverfahren.** Z. Blažek und F. Starý. (Farmac. Obzor **30**, 325—33, 1961; Praha, Výzk. úst. přírod. léčiv; tschech.) — Für die nächste Arzneibuchausgabe haben Vff. eine Abänderung einiger Qualitätskriterien für *Herba Absinthii* vorgeschlagen. Nach diesem Vorschlag sind Stengel stärker als 5 mm bis zu 8% zulässig, u. als normale, minimale Menge von äther. Öl genügt 0,25%.
J. Špinka 4782◇

1446 **Pharmakognosie und Chemie der herzwirksamen Glykoside.** Jovan Petričić. (Farmac. Glasnik **18**, 200—08, 1962; Zagreb, Sveučilište, Farmac. fak., Zav. za farmakogn.; kroat.) — Übersicht über die herzwirksamen Glykoside aus Digitalis- u. Strophanthusarten, Convallaria maialis u. Scilla maritima. — 23 Literaturangaben.
S. Beckmann 4782◇

1447 **Ammi visnaga (L.) Lam. — Rohstoff für die Khellingewinnung.** Branka Akačić. (Farmac. Glasnik **18**, 227—36, 1962; Zagreb, Farmac. fak., Zav. za farmakogn.; kroat.) — Übersicht über die Inhaltsstoffe von *Ammi visnaga*, ihre Gewinnung, Best. u. pharmakolog. Wirkung. Die oberird. Teile der Pflanze enthalten 0,82% Khellin, wovon 28,25% durch Extraktion mit W. u. Perforieren mit Chlf. in reinem Zustand erhalten wurden. — 35 Literaturangaben.
S. Beckmann 4782◇

1448 **Beitrag zur Untersuchung von Pyrethrosin.** Armand Castille. (An. Real Acad. Farmac. **28**, 286—96, 1962; Louvain, Univ., Inst. de Pharm.; franz.) — Vf. schlägt eine neue bicycl. Sesquiterpen-Konstit.-Formel für *Pyrethrosin* (Pyrethrolacton) in *Chrysanthemum Cinerariaefolium* vor u. stützt sie auf die Regel von Chiurdoglu u. Descamps u. auf die Meerwein-Whitmoresche Umlagerung.
U. Drehmann 4782◇

1449 **Lakritzwurzel und Lakritzflüssigextrakt.** E. V. Christensen und Aage Hansen. (Arch. Pharmac. og Chem. **69 (119)**, 641—51, 1962; Sundby apotek; dän.) — Die Bldg. von Ndd. beim Lagern von Lakritzextrakt wird vermieden, wenn die Wurzel nicht mit wss.-alkohol. NH_3-Lsg. extrahiert wird, sondern NH_3 erst nach 2maligem Macerieren der Wurzel mit W. + A. (6:1), Filtrieren u. Eindampfen zugegeben wird. Dadurch wird die Glycyrrhizinsäure in Lsg. gehalten, während Pektin u. Stärke zurückgehalten werden.
R. K. Müller 4790◇

1450 **Zur Herstellung von Harnstofflösung für die intravenöse Applikation.** J. Meinhard. (Pharmazie **18,** Nr. 7, Beil.: Pharmaz. Prax. 147–48, 1963; Weißenfels a. S., Clara-Zetkin-Krankenhaus, Apotheke; dt.) — Harnstoff-Lsgg. zur i.v. Verw. werden hergestellt, indem 100 ml 20%ig. Invertzucker-Lsg. durch Asbestfilter u. G_4-Glasfilternutsche in 300 ml Blutkonservenflaschen gefüllt u. bei 120° sterilisiert werden. Dann wird eine Lsg. von 45 g pyrogenfreiem Harnstoff in pyrogenfreiem sterilem W. auf 150 ml gelöst. Nach Klärung mit Aktivkohle u. Filtration durch Asbestfilter wird diese Lsg. unter sterilen Bedingungen durch ein Bakterienfilter zur Invertzucker-Lsg. gegeben. Die Verw.-Fähigkeit bei Aufbewahrung im Kühlschrank beträgt 10 Wochen. G. Zessin 4790◇

1451 **Emetica, Antiemetica und Mittel gegen Reisekrankheiten.** J. Büchi. (Pharmac. Acta Helvetiae **38,** 321–37, 1963, Beilage zu: Schweiz. Apotheker-Ztg.; Zürich, Eidgenöss. TH, Pharmaz. Inst.; dt.) — Übersicht über chem. Eigg. u. Indikationen der wichtigsten *Emetica* u. *Antiemetica* mit bes. Berücksichtigung der modernen Phenothiazin-Derivv. sowie über Mittel zur Bekämpfung der sog. Reisekrankheiten. W. Rittler 4806◇

1452 **Galenik der Vitamine.** 3. Mitt. **Solubilisierung von Oleovitamin A im System Polyoxyäthylensorbitanester–Polyol–Wasser (Co-Solubilisierung).** R. Hüttenrauch und L. Klotz. (Arch. Pharmaz. 296/68, 145–50, 1963; Jena, VEB Jenapharm, Wiss. Labor.; dt.) — 1. vgl. C. **1963,** 12900; 2. im Druck. — Es wird untersucht, wie die an sich bereits bekannte u. hier ausführlich zitierte Herst. von Hydrosolen von Oleovitamin A mit Hilfe von Polyoxyäthylensorbitanestern (z. B. Tween 80) dahingehend verbessert werden kann, daß der Geh. an Lsg.-Vermittler herab- u. der an Vitamin A heraufgesetzt wird, indem man Polyole, wie Glycerin, Mono- bzw. Disaccharide bzw. Sorbit hinzusetzt. Von den verschiedenen angeführten Meth. zur Best. des Solubilisierungseffektes mit Hilfe des „HLB" (hydrophil-lipophil-balance) kommt nur die Best. der sog. „Wasserzahl" nach einer modifizierten Meth. von Greenwald u. a. [1956] in Frage. Die Ergebnisse sind in Phasendiagrammen dargestellt. Der Effekt der Polyole der als „Co-Solubilisierung" bezeichnet wird, läßt sich mit relativen Zahlenwerten kennzeichnen. Einzelheiten s. Original. — 39 Literaturangaben. W. Ritter 4808◇

1453 **Antibioticaerzeugung durch sporenbildende Bakterien.** 7. Mitt. **Über den protoplastauflösenden Faktor (3).** Tokujiro Aida und Mikiko Ito. (J. agric. chem. Soc. Japan [Nippon Nôgei-Kagaku Kaishi] **36,** 720–23, 1962; Tohoku, Univ., Fac. Agric., Labor. Agric. Microbiol.; jap. — 5. vgl. C. **1963,** 2922.) J. Lehmberg 4810◇

1454 **Antibioticaerzeugung durch sporenbildende Bakterien.** 8. Mitt. **Die Bildung von Bacitracin-Aktivsubstanz durch die Protoplastmembran des Bacillus subtilis Tracy (1).** Tokujiro Aida. (J. agric. chem. Soc. Japan [Nippon Nôgei-Kagaku Kaishi] **36,** 724–28, 1962; jap. — 7. vgl. vorst. Referat.) J. Lehmberg 4810◇

1455 **Die gebräuchlichsten natürlichen und synthetischen Anticoagulantien.** Dragutin Barković. (Farmac. Glasnik **18,** 242–52, 1962; Zagreb, Farmac. fak., Zav. za farmac. kem.; kroat.) — Übersicht über die chem. Struktur, Eigg., Wrkg. u. therapeut. Verw. der gebräuchlichsten Antikoagulantien. — 14 Literaturangaben. S. Beckmann 4812◇

1456 **Ferguson-Prinzip und die kritische Micellkonzentration.** Bernard Ecanow und Frederick P. Siegel. (J. pharmac. Sci. **52,** 812–13, 1963; Chicago, Ill., Univ. of Illinois, Coll. of Pharm.; engl.) — Die thermodynam. Aktivitätswerte einer Reihe von quart. Ammoniumsalzen können direkt aus der krit. Micell-Konz. errechnet werden. Die Wechselbeziehung der thermodynam. Aktivitäten zu den gefundenen Werten der baktericiden Aktivität wird durch Anwendung des Ferguson-Prinzips aufgezeigt. J. Seidemann 4832◇

1457 **Prüfung und Beurteilung der Wirkung keimtötender Stoffe.** L. S. Stuart. (Soap chem. Specialties **39,** 89–94, 1963; Washington, USA, Dep. of Agricult., Agricult. Res. Serv.; engl.) — Vf. fordert, daß die zur Zeit in den USA am meisten benutzten Prüf-Verff. (Swimming Pool-, Phenol-Coefficient-Test u. a. A.O.A.C.-Meth.) noch ergänzt u. verbessert werden. Durch erhöhte Genauigkeit u. Reproduzierbarkeit sollen diese Verff. auch ohne eine große Anzahl von Einzel-Verss. eine zuverlässige Überprüfung von neuen Desinfektionsmitteln u. -Verff. ermöglichen. H. Meiner 4832◇

1458 **Zur Bestimmung des Erstarrungspunktes am rotierenden Thermometer.** F. Biedebach. (Pharmaz. Ztg. Verein. Apotheker-Ztg. **108,** 790–91, 1963; Frankfurt/M.-Rödelheim; dt.) — Einzelheiten über App. u. prakt. Ausführung der Best. des Ep. (Vaselin, Paraffin) sowie Diskussion der Ergebnisse. W. Rittler 4880◇

1459 **Beitrag zur mikroskopischen Charakterisierung und Identifizierung von Arzneimitteln.** 4. Mitt. M. Brandstätter-Kuhnert, A. Kofler und R. Hoffmann. (Sci. pharmac. [Wien] **31,** 140–48, 1963; Innsbruck, Univ., Pharmakogn. Inst.; dt.) — 3. vgl. C. **1963,** 991. — Tabellar. Zusammenstellung thermomkr. Kennzahlen von 38 Arzneimitteln, die nicht in der Identifizierungstabelle von L. u. A. Kofler enthalten sind. U. Drehmann 4880◇

1460 **Arzneimittelprüfung mit der pH-Box „Merck".** R. Opfer-Schaum. (Pharmaz. Ztg. Verein. Apotheker-Ztg. **108,** 720, 1963; Rodheim-Bieber über Gießen; dt.) — Vf. empfiehlt zur Schnell-Best. des pH-Wertes in Arzneimittel-Lsgg. die „pH-Box Merck", ein Sortiment von 3 Indicatorpapieren, das den pH-Bereich von 0,5–13,0 umfaßt. Winfried Krüger 4880◇

1461 **Bestimmung des Feuchtigkeitsgehaltes von Calciumcarbonat mit einer Radioisotopentechnik.** Mei Chen Schneiter, Wayne V. Kessler und John E. Christian. (J. Amer. pharmac. Assoc., sci. Edit. **51,** 1005–06, 1962; West Lafayette, Ind., Purdue Univ., School of Pharm., Bionucleonics Dep.; engl.) — Bei gleicher Partikelgröße ist die Durchdringungsfähigkeit einer ^{90}Sr-Y-β-Strahlung durch $CaCO_3$-Pulver der Feuchtigkeit des Präp. direkt proportional, so daß aus einer Eichkurve direkt der Wasser-Geh. des Präp. zwischen 0 u. 9% abgelesen werden kann. Winfried Krüger 4880◇

1462 **Papierchromatographischer Nachweis von Pentinol® und Dormutil®.** Chr. Wollmann und D. Schulz. (Pharmazie **18,** Nr. 7, Beil.: Pharmaz. Prax. 128–30, 1963; Greifswald, Univ.-Kliniken, Zentralapotheke; dt.) — *3-Methylpentin-(1)-ol-(3)* [I; Pentinol®] kann nicht direkt oder durch Bldg. von Xanthogenaten u. Azobenzolcarbonsäureestern, sondern nach Umsetzung des Oxydations-Prod. *Methyläthylketon* mit 2.4-Dinitrophenylhydrazin chromatographiert werden. Eine 10–50 mg I enthaltende Zubereitung wird nach Zugabe von 10 ml W. 0,5 ml konz. H_2SO_4 u. 0,5 g gepulvertem $KMnO_4$ in eine Lsg. von 2.4-Dinitrophenylhydrazin in 10 ml konz. H_2SO_4 u. 10 ml W., aufgefüllt auf 50 ml, destilliert. Der gelborange Nd. wird nach Waschen mit 5–10 ml W. aus A. umkrist., in Bzl. gelöst u. auf Schleicher u. Schüll-Papier 2043a aufgetragen, dieses mit Dimethylformamid imprägniert, 15 Min. an der Luft getrocknet u. anschließend mit Cyclohexan chromatographiert. R_F-Werte hängen stark von der Trocknungszeit des imprägnierten Papiers ab. *2-Methyl-3-o-tolylchinazolinon* [Dormutil®] wird auf WF-16-Papier, wie oben mit Dimethylformamid behandelt, mit Dioxan/Ligroin (2:5) chromatographiert u. mit Dragendorff-Reagens sichtbar gemacht. G. Zessin 4880◇

1463 **Photometrische Bestimmung des Bromids des Diäthylmethylaminoäthylesters der α-Phenylcyclohexylhydroxyessigsäure in Tabletten und Dragees.** Włodzimierz Grabowicz. (Chem. analit. [Warszawa] **8,** 79–85, 1963; Pabianice, Pharm. Works „Polfa", Res. Labor.; poln.) — Die Tabletten u. Dragees werden unter den Handelsnamen Spasmophen, Antrenyl oder Oxyphenonium geführt. Zur Br^--Best. wird die Probe in einem Phosphatpuffer (pH ca. 5) gelöst u. mit 0,1%ig. NaOH-haltiger Bromphenolblau-Lsg. versetzt. Man extrahiert den sich bildenden gelben Komplex mit Chlf., schüttelt die organ. Phase mit NaOH-Lsg. u. photometriert die nun blauviolette wss. Phase. Der Br^--Geh. wird aus einer Eichkurve ermittelt. Der Fehler der Meth. liegt bei ±2%, wobei noch 0,5 μg/ml nachweisbar sind. H. Kuchenbecker 4880◇

1464 **Einige cytostatische pharmazeutische Präparate und ihre quantitative Bestimmung.** Matti Wuokko. (Farmaseuttinen Aikakauslehti [Farmac. Notisbl.] **68,** 291–96, 1959; engl.) — Inhaltlich ident. mit der C. **1962,** 6504 referierten Arbeit. W. Holland 4880◇

1465 **Tranquillizer und verwandte Arzneimittel: Eigenschaften zu ihrer Identifizierung.** 3. Mitt. Ponnusamy Rajeswaran und Paul L. Kirk. (Bull. on Narcotics **14**, Nr. 1, 19—33, 1962; Berkeley, Calif., Univ. of California, School of Criminol.; engl.) — 2. vgl. C. **1963**, 22856. — Für 50 Tranquillizer werden Kristallformen (nach Sublimation Schmelzen u. Umkristallisation aus 2 Lsgm.), Farbtests, Röntgenbeugungsbanden u. UV-Spektren als geeignete Erkennungsmerkmale mitgeteilt. — 25 Literaturangaben. P. Gregorzewski 4880◇

1466 **Eine spektrophotometrische Methode zur Bestimmung von Phenindion.** B. C. Bose und R. Vijayvargiya. (J. Pharmacy Pharmacol. **14**, 58—60, 1962; Indore, Indien, M.P., M.G.M. Med. Coll., Dep. of Pharmacol.; engl.) — *Phenindion* läßt sich in Mengen bis herab zu 1—2 μg/ml spektrophotometr. bei 288 nm in Toluol mit Zusatz von 0,05n alkohol. KOH mit einer Genauigkeit von ±5% bestimmen. Die Aufarbeitung von Tabletten sowie Geweben u. Körper-Fll. ist beschrieben. Winfried Krüger 4880◇

1467 **Über eine Farbreaktion zur Identifizierung von 2-Methylchromonen und zum Nachweis des Visnagins.** M. M. Sidky und M. R. Mahran. (Arch. Pharmaz. **296/68**, 569—70, 1963; Dokki-Cairo, Nat. Res. Centre; dt.) — *2-Methylchromone* geben als Vinylhomologe des Acetophenons nach Umsatz mit 5%ig. Nitroprussid-Na in alkal. Lsg. u. Ansäuern mit Essigsäure rotviolette Färbungen. Die Rk. tritt nur ein, wenn in 2-Stellung eine CH_3-Gruppe anwesend st. Zur Unterscheidung des pharmakolog. wertvollen *Khellin* (I) vom unwirksamen *Visnagin* (II) werden einige Kristalle der Probe mit Millonschem Reagens versetzt. I gibt Gelb-, II Rotviolettfärbung. W. Kupfer 4880◇

1468 **Identifizierung einiger pharmazeutischer Gemische durch Dünnschichtchromatographie.** Tatjana Bičan-Fišter. (Acta pharmac. jugosl. **12**, 73—78, 1962; Zagreb, Zav. za ispit. i kontrol. lijekova; kroat.) — Durch Dünnschichtchromatographie an Kieselgel G lassen sich nachst. Gemische rasch trennen u. identifizieren. 1. Codeinphosphat (I; R_F 0,0), Coffein (**II**; 0,13), Aminopyrin (0,43), Phenacetin (**III**; 0,71) u. Phenobarbiton (1,0); Fließmittel Ae., Zeit 30 Min., Sichtbarmachung mit Dragendorff-Reagens (**IV**) u. Hg-Nitrat. 2. Procainhydrochlorid (0,0) u. **II** (0,60); Fließmittel Chlf./A. (100:1), 15 Min., Sichtbarmachung mit Diazoreagens u. **IV**. 3. Acetylsalicylsäure (1,0), **III** (0,88) u. **I** (0,0); Fließmittel Äthylacetat, 30 Min., Sichtbarmachung mit $FeCl_3$ u. **IV**. S. Beckmann 4880◇

1469 **Chromatographische Analyse einiger zusammengesetzter Arzneimittel.** Franciszek Adamanis, Ewaryst Pawełczyk, Józef Szlanga und Maria Zajac. (Farmacja polska **17**, 415—17, 1961; Poznań, Akad. Med. Zakl. Chem. farmac.; pol.) *Strychnin, Coffein* u. *Cardiamid* werden durch Rundfilterchromatographie (Papier getränkt mit einer KH_2PO_4-Lsg.) mit n-Propanol-W. (3:1), wassergesätt. n-Butanol oder wassergesätt. n-Amylalkohol getrennt u. nachgewiesen. Ähnlich lassen sich *Phenacetin, Carbromal* u. *Aspirin* auf mit NH_4-Acetat (pH 7—9) getränktem Papier mit Toluol + n-Propanol (2:1), gesätt. mit konz. NH_4OH trennen. *Phenazolin, Ephedrin, Theophyllin* u. *Luminal* wurden mit n-Butanol-A.-konz. HCl (3:3:0,2) getrennt. F. Urban 4880◇

1470 **Analyse von Phenobarbital-Elixier durch Ionenaustausch und nichtwässerige Titraiton.** Martin I. Blake und Frederick P. Siegel. (J. Amer. pharmac. Assoc., sci. Edit. **51**, 944—46, 1962; Chicago, Ill., Univ. of Illinois, Coll. of Pharm.; engl.) — *Phenobarbital* (I) wird an einer Säule von Dowex 2-X 8 (50—100 mesh, 1⇌30 cm) von störenden Begleitstoffen getrennt u. mit 50%ig. CH_3COOH in 95%ig. A. eluiert. Das Eluat bringt man zur Trockne, nimmt in Dimethylformamid auf u. titriert **I** potentiometr. mit Na-Methylat in Bzl./Methanol. — Die Standardabweichung beträgt 1%. Winfried Krüger 4880◇

1471 **Kombinierter Nachweis der Ausscheidungsdauer von Diäthylbarbitursäure. 3. Mitt. zur Chemie und Analytik der Schlafmittel.** Karl-Heinz Beyer. (Dtsch. Apotheker-Ztg. **103**, 31—34, 1963; Berlin, Landesanst. für Lebensmittel-, Arzneimittel u. gerichtl. Chem.; dt.) — 2. vgl. C. **1962**, 9814. — Die papierchromatograph., mikrochem. u. spektrophotometr. Prüfung der Ausscheidungsdauer von *Diäthylbarbitursäure* u. deren Abbau-Prodd. erwies die papierchromatograph. Meth. als empfindlichstes Analysenverfahren. — 30 Literaturangaben. F. Bourseaux 4880◇

1472 **Identifizierung und Bestimmung von in der Pharmazie gebräuchlichen, synthetischen organischen Farbstoffen.** F. Pellerin, J.-A. Gautier und J. G. Kiger. (Ann. pharmac. franç. **21**, 355—74, 1963; Paris, Fac. de Pharm., Chaire de Chim. organ.; franz.) — Zur Identifizierung, Reinheitsprüfung u. Geh.-Best. handelsüblicher Farbstoffe werden folgende Meth. beschrieben: Aussehen der Farbstoffe in Substanz u. in Lsg., Papierchromatographie, Farbstoffaffinitäts-Best., qual. u. quant. Spektrophotometrie im sichtbaren u. UV-Licht. U. Drehmann 4880◇

1473 **N-Glykoside von Sulfonamiden.** 3. Mitt. **Papierchromatographie der Sulfonamide und Sulfonamid-N-glykoside.** H. Bräuniger und F. Moede. (Pharmaz. Zentralhalle Deutschland **101**, 383—89, 1962; Rostock, Univ., Pharm.-chem. Inst.; dt.) — Vgl. C. **1963**, 129. — *Sulfonamide* u. *Sulfonamid-N-glykoside* (I) lassen sich durch Rundfilterpapierchromatographie trennen. Die **I** zersetzen sich bei Behandlung mit Säuren, Pyridin oder Dimethylformamid, wobei im Chromatogramm neben den Ausgangskomponenten bisher nicht identifizierte Verbb. auftraten. Die Fließmittel u. gefundenen R_F-Werte sind in 4 Tabellen zusammengestellt. Winfried Krüger 4880◇

1474 **Farb- sowie Fluorescenzreaktionen der Digitalisglucoside.** Marcel Frèrejacque und Paul de Graeve. (Ann. pharmac. franç. **21**, 509—29, 1963; Paris, Etablissement Nativelle, Serv. de Recherches, et Muséum d'Histoire naturelle, Labor. de Chim.; franz.) — Tabellenmäßige Zusammenstellung derjenigen Stoffe, die eine Farb- oder Fluorescenz-Rk. mit Digitalisglucosiden geben, unter Angabe der Rk.-Bedingungen u. des Anwendungsbereiches. — 174 Literaturangaben. W. Rittler 4880◇

1475 **Dünnschichtchromatographische Trennung der Digitalisglucoside.** A. Bonati und M. Bacchini. (Boll. chim. farmac. **101**, 921—28, 1962; Milano, Labor. Ric. Dott. Inverni & Della Beffa S.p.A.; ital.) — Beschreibung einer dünnschichtchromatograph. Trennungs-Meth. von *Lanatosid A, B* u. *C, Digoxin, Gitoxin* u. *Digitoxin* unter Verw. von Chlf.-Pyridin-W. (5:1:4) oder Methylenchlorid-Methanol (9:1) als Lsgm.-Gemische u. $SbCl_3$ oder Trichloressigsäure in Chlf. zur Sichtbarmachung. Die Meth. ist anwendbar auf Reinglucoside u. auf Extrakte von *Digitalis lanata* u. *D. purpurea*. K. Zingraf 4880◇

1476 **Biologische Standardisierung und Prüfung herzwirksamer Glykoside.** Vladimir Kušević. (Farmac. Glasnik **18**, 209—11, 1962; Zagreb, Zav. za ispit. i kontrol. lijekova; kroat.) — Übersicht. Als Vers.-Tier zur biolog. Prüfung herzwirksamer Glykoside wird die Taube empfohlen. S. Beckmann 4880◇

1477 **Gaschromatographie von Alkaloiden, Alkaloidsalzen und Derivaten.** E. Brochmann-Hanssen und A. Baerheim Svendsen. (J. pharmac. Sci. **51**, 1095—98, 1962; San Francisco, Calif., Univ. of California, School of Pharm., Med. Center; engl.) — Vff. geben tabellar. für ca. 70 *Alkaloide* (I), *Alkaloidsalze* u. *-Derivv.* die Retentionszeiten unter definierten Bedingungen an. Einige **I** werden bei der Gaschromatographie zersetzt, wobei die Zers. durch Glaswolle am Säulenkopf begünstigt wird. Winfried Krüger 4880◇

1478 **Colorimetrische Bestimmung von Codein.** Y. Thilmans und R. Smeyers. (Ann. pharmac. franç. **20**, 719—25. 1962; Brüssel, Labor. L. Sanders; franz.) — Mit der Lsg. von 1,2 g p-Dimethylaminobenzaldehyd in 100 ml 70%ig. Schwefelsäure (II) gibt eine Lsg. von 250 mg *Codeinphosphat* (I) bzw. 200 mg *Codein* in 100 ml 10%ig. **II** eine gelbe Färbung, die bei 440 mμ gemessen werden kann. Nachw.-Grenze: 1,5—2 mg **I** in 100 ml verd. **II**. Einzelheiten zur Ausführung der jetzt im 3. Nachtrag zum DAB 6 aufgenommenen Meth.; Diskussion der Reproduzierbarkeit der Ergebnisse. W. Rittler 4880◇

1479 **Eine Bemerkung zur papierchromatographischen Trennung von Codein, Morphin und Nalorphin.** Harold V. Street. (J. Pharmacy Pharmacol. **14**, 56—57, 1962; Edinburgh, Univ., Dep. of Forensic Med.; engl.) — Die Trennung von *Codein* (I), *Morphin* (II) u. *Nalorphin* (III) gelingt schnell u. sicher nach folgenden Verff.: An Whatman-ECTEOLA (ET 20)-Ionenaustauschpapier wandert **I** aufsteigend in 0,2n NH_4OH-Lsg. innerhalb 5 Min. mit einem R_F-Wert von 0,84 u. kann unter der UV-Lampe (λ 254 nm) erkannt werden. II u. III bleiben am Start zurück. Nach der Rundfiltertechnik auf mit Ricinolsäuremonoglycerid imprägniertem Whatman-Nr. 1-Papier mit 0,15m Phosphatpuffer (pH 7,4) als Fließmittel ergeben sich nach 90 Min. folgende R_F-Werte: I 0,58, II 0,57 u. III 0,41. Bei aufsteigender Chromatographie bei 86° an mit Tributyrin imprägniertem Papier liegen die R_F-Werte nach 15—20 Min. bei I 0,62, II 0,80 u. III 0,38. Winfried Krüger 4880◇

1480 **Analyse der Belladonnaalkaloide durch Säulenverteilungschromatographie.** Ralph S. Santoro und Andrew R. Matz. (J. Amer. pharmac. Assoc., sci. Edit. **51**, 984—87, 1962; Philadelphia, Pa., Smith Kline & French Labor.; engl.) — Aus pharmazeut. Zubereitungen lassen sich die *Belladonnaalkaloide* (I), *Atropin-* u. *Hyoscyaminsulfat* sowie *Scopolaminhydrochlorid* gemeinsam mit *Chlorpheniramin* (II) u. *Phenylpropanolamin* (III) an einer Celite (Hy–Flo–Supercel)-Säule mit Phosphatpuffer pH 7,0 als stationärer Phase abtrennen, wenn zur Elution von II Cyclohexan–CCl_4 (1 : 1) u. von I Chlf. verwendet wird. III bleibt an der Säule adsorbiert. Die I können nachfolgend mit einer modifizierten Vitali-Meth. mit Methylorange als Komplexbildner colorimetr. bestimmt werden. Winfried Krüger 4880◇

1481 **Quantitative Bestimmung des p-Menthadiens-(3.8,9).** H.-G. Däßler. (Pharmaz. Zentralhalle Deutschland **101**, 409—11, 1962; Tharandt, Inst. für Pflanzenchem. u. Holzforsch.; dt.) — Die quant. Best. von *p-Menthadien-(3.8,9)* (I) gelingt dienometr., indem man die in Bzl. gelöste Probe mit 0,1n *Maleinsäureanhydrid* (II) im geschlossenen Rohr mehrere Std. auf 100° erhitzt u. nach dem Abkühlen das unverbrauchte II jodometr. zurücktitriert.

Versuche: *Isopulegolchlorid*, $Kp._{12}$ 84—86°, aus 30,8 g Isopulegol u. 41,6 g PCl_5 in PAe. bei 5° u. durch Fraktionierung des Rk.-Prod. im Vakuum; n_D^{20} 1,4778; 28,91 g (Ausbeute). — *p-Menthadien-(3.8,9)* (I), $Kp._{18}$ 66—67°, aus 30 g vorst. Verb. in Chinolin bei 210°. I dest. dabei in eine mit 0,1n H_2SO_4 beschickte Vorlage. Das Destillat wird mit W. gewaschen, über Na_2SO_4 getrocknet u. mehrfach (z. T. über K) fraktioniert; n_D^{20} 1,4850; 14,33 g. Winfried Krüger 4880◇

1482 **Über die Bestimmung einiger chemischer Kennzahlen von Harzen und Balsamen.** Jovan Petričić und Branko Poje. (Acta pharmac. jugosl. **12**, 89—98, 1962; Zagreb, Farmac. fak., Zav. za farmakogn.; kroat.) — Die Best. der SZ. u. VZ. von Harzen u. Balsamen ist nach den Vorschriften der Arzneibücher meist undurchführbar. Mit einer Einwaage von 0,1 g ist die Best. der SZ. von *Myrrha* (15—28), *Mastix* (50—75) u. *Kolophonium* (I, 120—170) durch direkte Titration möglich, die Best. der SZ. von *Benzoe* (II, 170—185) u. *Tolubalsam* (III, 170—180) nur durch indirekte Titration mit Thymolblau. Die VZ. von I (180—250), II (190—290) u. III (230—280) läßt sich ohne Schwierigkeiten bestimmen. S. Beckmann 4880◇

1483 **Charakterisierung einiger antibiotischer Substanzen durch Chromatographie und Papierelektrophorese.** R. Paris und J.-P. Theallet. (Ann. pharmac. franç. **20**, 436—42, 1962; Paris, Fac. de Pharm., Labor. de Matière méd.; franz.) — Wiedergabe von Meßergebnissen papier-, dünnschichtchromatograph. u. papierelektrophoret. Unterss. an Antibioticis (Penicillin u. Abkömmlinge, Heteroside, Macrolide, Tetracycline, Aminosäurenabkömmlinge, Polypeptide u. Polyene), durch die bei Anwendung geeigneter Vers.-Bedingungen eine einfache u. genaue Charakterisierung dieser Substanzen möglich ist. U. Drehmann 4880◇

1484 Smith, Kline & French Laboratories, Philadelphia, Pa., V.St.A., **Herstellung von Tris-[dialkylaminoalkyl]-phosphaten** der allg. Formel I (R_1 u. R_2 = Alkyl-

I

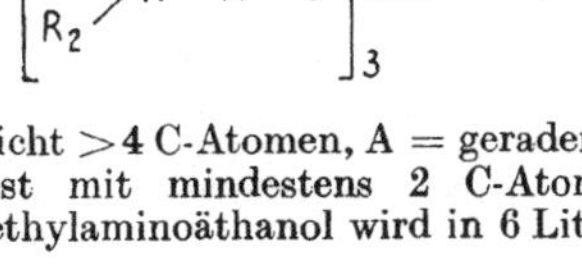

gruppen mit nicht > 4 C-Atomen, A = gerader oder verzweigter Alkylenrest mit mindestens 2 C-Atomen). Beispiel: 1376 g β-Dimethylaminoäthanol wird in 6 Liter Toluol unter Rühren u. Kühlung mit 396 g $POCl_3$ versetzt. Nach 3std. Rühren, Stehen über Nacht werden 800 ml W. zugegeben u. die obere Schicht im Vakuum eingeengt. Der viscose Rückstand wird in 3 Liter A. aufgenommen u. mit 1300 g 10%ig. HCl-Lsg. in Isopropanol versetzt u. die Fällung aus A. umkrist. → *Tris-(β-dimethylaminoäthyl)-phosphat, Trihydrochlorid*, F. 169—170°. Weitere Beispiele: *Maleat, Citrat* u. *Tris-(β-dibutylaminoäthyl)-phosphat, Trihydrobromid.* — *Mittel gegen Hypercholesterinämie.* (**E. P. 891 413** vom 16/9. 1959, ausg. 14/3. 1962. A. Prior. 6/10. 1958.) R. Bauereis 4807

1485 Farbenfabriken Bayer Akt.-Ges., Leverkusen, **Monoalkyl-aminoalkylhydroxy-benzole** der allg. Formel I,

I

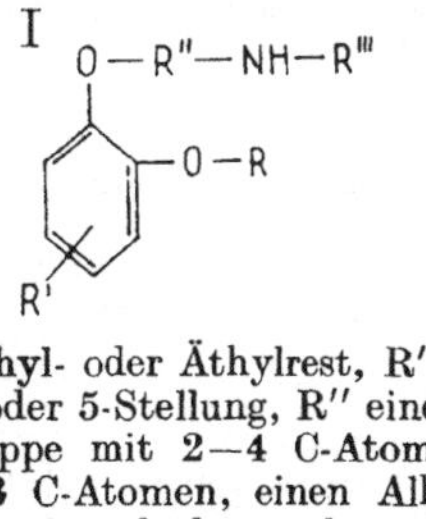

in der R einen Methyl- oder Äthylrest, R′ einen Allyl- oder Propenylrest in 4- oder 5-Stellung, R″ eine gerade oder verzweigte Alkylengruppe mit 2—4 C-Atomen u. R‴ einen Alkylrest mit 1—3 C-Atomen, einen Allylrest oder einen 2-Bicyclo-[2.2.1]-heptylrest bedeutet, können z. B. hergestellt werden durch Rk. von entsprechend substituierten Hydroxybenzolen mit reaktionsfähigen Estern von Monoalkylaminoalkoholen, deren sek. Aminogruppe durch eine Acylcarbalkoxy- oder Sulfonylgruppe geschützt ist, in Ggw. von säurebindenden Mitteln, wie Alkalimetalloxide oder -alkoholate, u. ggf. Verseifung des Rk.-Prod. zum freien sek. Amin. Beispiele: *1-(β-Methylaminoäthoxy)-2-äthoxy-5-propenylbenzol, Hydrochlorid*, F. 134—135°; *1-(β-Äthylaminoäthoxy)-2-äthoxy-5-propenylbenzol, Hydrochlorid*, F. 107—108°; *1-(β-n-Propylaminoäthoxy)-2-äthoxy-5-propenylbenzol, Hydrochlorid*, F. 97°; *1-(β-2-Bicyclo-[2.2.1]-heptylaminoäthoxy)-2-äthoxy-5-propenylbenzol, Monophosphat*, F. 142—142,5°. — *Depressoren für das Zentralnervensystem und den Blutdruck* mit lang anhaltender Wirkung. (**E. P. 908 316** vom 3/2. 1961, ausg. 17/10. 1962. D. Prior. 4/2. 1960.) R. Bauereis 4807

1486 Aktiebolaget Pharmacia, Uppsala, Schweden, **Substituierte o-Aminoalkoxy-Acyl-Benzole** der allg. Formel I (R = ggf. substituierter KW-Stoffrest, R^1 = Alkylrest mit nicht > 5 C-Atomen oder Halogenatom, B = gerader oder verzweigter Alkylenrest mit nicht > 6 C-Atomen, R^2 = Dialkylaminogruppe, deren Alkylreste bis zu 4 C-Atomen enthalten, wie -N-morpholino-, -N-piperidino- oder -N-pyrrolidinogruppe) werden erhalten durch Rk. einer Verb. der allg. Formel II mit einer Verb. der allg. Formel YR^2 (ent-

I II

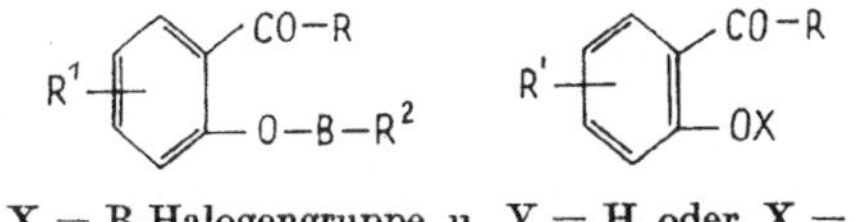

weder X = B-Halogengruppe u. Y = H oder X = H oder Na u. Y = B-Halogengruppe). Beispiel. In eine Suspension von 4 (g) NaOH in 300 ml Xylol werden unter Kochen u. gleichzeitiger Entfernung des W. 19,2 2-Hydroxy-5-methylvalerophenon gelöst in 100 ml Xylol eingetragen. Dann werden 13,6 2-Methyl-3-dimethylaminopropylchlorid zugegeben u. 7 Std. gekocht. Nach Abkühlung wird die organ. Base mit HCl extrahiert u. nach Alkalisieren der wss. Lsg. mit Ae. ausgeschüttelt u. dest. → *2-(γ-Dimethylamino-β-methylpropoxy)-5-methylvalerophenon*, $Kp._{0,2}$ 140—142°. Weitere Beispiele: (—R, —B—, —R′, —R^2, F. des Hydrochlorids): Methyl, Äthylen, 5-Methyl, Dimethylamino, 173°; Methyl, Äthylen, 4-Methyl, Diäthylamino, 124°; Methyl, Äthylen, 5-Methyl-, Diäthylamino, 137°; Methyl, Äthylen, 4-Methyl, N-Piperidino, 169°; Methyl, n-Propylen, 4-Methyl, Dimethylamino, 178°; Methyl, n-Propylen, 5-Methyl, Dimethylamino, 134°; Äthyl, Äthylen, 5-Methyl, Dimethylamino, 121°; Äthyl, Äthylen, 5-Methyl, Diäthylamino, 118°; Äthyl, Isopropylen, 5-Methyl, Diäthylamino, 111°; Äthyl, n-Propylen, 5-Methyl, N-Piperidino, 135°; n-Propyl, n-Äthylen, 5-Methyl, Diäthylamino, 123°; n-Propyl, n-Propylen, 5-Methyl, Dimethylamino, 100°; n-Propyl, n-Propylen, 5-Methyl, N-Morpholino, 116°; Isopropyl, Äthylen, 5-Chlor, N-Diäthylamino, 131°; n-Butyl,

Äthylen, 5-Methyl, Dimethylamino, 120°; n-Butyl, Äthylen, 5-Methyl. Diäthylamino, 131°; n-Butyl, Äthylen, 5-Methyl, N-Piperidino, 164°; n-Butyl, 1-Methyläthylen, 5-Methyl, Diäthylamino, 86°; n-Butyl, n-Propylen, 5-Methyl, Dimethylamino, 109°; n-Butyl, n-Propylen, 5-Methyl, Diäthylamino, 127°; n-Butyl, n-Propylen, 5-Methyl, N-Piperidino, 133°; n-Butyl, 2-Methylpropylen, 5-Methyl, Diäthylamino, Öl; n-Pentyl, Äthylen, 5-Methyl, Dimethylamino, 106°; n-Pentyl, Äthylen, 5-Methyl, Diäthylamino, 109°; n-Pentyl, Propylen, 5-Methyl, Dimethylamino, 114°; n-Pentyl, Propylen, 5-Methyl, Diäthylamino, 112°; n-Pentyl, Propylen, 5-Methyl, N-Piperidino, 107°; n-Pentyl, Propylen, 5-Methyl, N-Morpholino, 133°; n-Pentyl, 2-Methylpropylen, 5-Methyl, Dimethylamino, 110°; n-Pentyl, 2-Methylpropylen, 5-Methyl, N-Morpholino, 102°; 1-Methylbutyl, n-Propylen, 5-Methyl, Dimethylamino, 115°; 1-Äthylpropyl, n-Propylen, 5-Methyl, Dimethylamino, 121°; 1 Äthylpropyl, 2-Methylpropylen, 5-Methyl, Dimethylamino, 149°; Hexyl, Äthylen, 5-Methyl, Dimethylamino, 103°; Hexyl, Äthylen, 5-Methyl, Diäthylamino, 100°; Hexyl, Äthylen, 5-Methyl, N-Piperidino, 147°; Hexyl, n-Propylen, 5-Methyl, Dimethylamino, 92°; Hexyl, n-Propylen, 5-Methyl, Diäthylamino, 104°; Hexyl, n-Propylen, 5-Methyl, N-Piperidino, 125°; 1-Methylpentyl, n-Propylen, 5-Methyl, Dimethylamino, 95°; Cyclohexyl, n-Propylen, 5-Methyl, Dimethylamino, 130°; Heptyl, n-Propylen, 5-Methyl, Dimethylamino, 90°; Benzyl, Äthylen, 5-Methyl, Diäthylamino, 124°; Phenyl, Äthylen, 5-Methyl, Dimethylamino, 161°; Phenyl, Äthylen, 4-Methyl, Dimethylamino, 201°; Phenyl, Äthylen, 5-Methyl, Diäthylamino, 148°; Phenyl, Äthylen, 4-Methyl, N-Piperidino, 139°; Phenyl, Äthylen, 5-Methyl, N-Piperidino, 146°; Phenyl, Äthylen, 5-Chlor, N-Piperidino, 176°; Phenyl, n-Propylen, 5-Methyl, Dimethylamino, 162°; Phenyl, n-Propylen, 5-Methyl, N-Piperidino, 64°; o-Chlorphenyl, 2-Methyläthylen, 5-Chlor, Dimethylamino, 158°. — *Psychopharmaka, Lokalanästhetica, Analgetica, Antihistaminica.* (**E. P. 872 997** vom 23/1. 1958, ausg. 19/7. 1961. Schwed. Prior. 26/1. 1957.)

R. Bauereis 4807

1487 W. R. Grace & Co., New York, N.Y., übert. von: Bernard Rudner und Albert Tockman, Baltimore, Md., V.St.A., **Quaternäre Salze von Sulfonamiden** der allg. Formel **I** [R_1 = Alkyl, Alkenyl, Alkylcarbonylaminoalkyl,

I

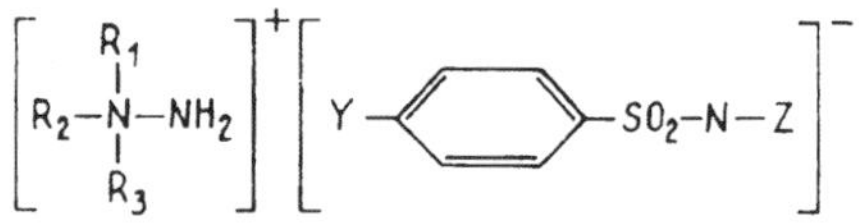

Alkylcarbonyloxyalkyl, Alkylcarbonyloxyalkylaminoalkyl mit 8—24 C-Atomen; R_2 u. R_3 = Alkyl, Alkenyl mit 1—25 C-Atomen, Hydroxyalkyl, Hydroxypolyalkoxyalkyl oder beide gemeinsam mit Na-Morpholin-, Piperidin u. Pyrrolidinrest; Y = H, niedermol. Alkyl, NH_2, Alkylcarbonylamin, Succinyl, Benzalkylidenimin, Phenylazo, Phenylhydrazo u. Phenylhydrazino; Z = H, Carbamoyl, Alkanoyl, ggf. eine durch einen niedermol. Alkylrest substituierte Oxazolyl-, Isoxazolyl-, Thiazolyl-, Pyridyl-, Pyrimidyl-, Pyrazinyl-, Chinolinyl-, Chinoxalinylgruppe] werden erhalten durch Rk. des entsprechenden Hydraziniumkations mit dem entsprechenden Sulfonamidanion in wss. oder wasserfreiem Medium oder durch Verschmelzen der beiden Salze bei verhältnismäßig niederer Temperatur. — 50 (g) 2-Sulfanilamidothiazol u. 8 NaOH in 750 ml W. werden mit 25 Dimethyloctadecylhydraziniumchlorid behandelt. Man überschichtet mit 100 ml Aceton u. rührt rasch 30 Min. u. filtriert den Nd. ab → 22 *[2-Sulfanilamidothiazol]-dimethyloctadecylhydraziniumsalz*, F. 83° unter Druck aus Essigsäureäthylester. — Auf analoge Weise werden erhalten: *[2-Sulfanilamidopyridin]-dimethyloctadecylhydraziniumsalz*, F. 82°. — *[2-Sulfanilamidopyridin]-methyl-bis-[hydrotallow]-hydraziniumsalz* (das als Ausgangsstoff verwendete Amingemisch enthält 90% tert. Amine, davon sind ca. 70% Methyldioctadecylamin, 23% Methyldihexadecylamin, 5% Trioctadecylamin u. 2% Trihexadecylamin), F. 82°. — *[2-Sulfanilamidopyrimidin]-methyl-bis-[hydrotallow]-hydraziniumsalz*, F. 100° (Phasenänderung bei ca. 65°). — *[2-Sulfanilamidopyrimidin]-dimethyl-„soy"-hydraziniumsalz* („soyamin" = Dimethylalkylaminmischung mit 20 [Gew.-%] Hexadecyl, 17 Octadecyl, 26 Octadecenyl u. 37 Octadecadienyl), F. ca. 86°. — *[2-(p-Natriumsuccinylaminobenzol)-sulfonamidothiazol]-bis-[hydroxysesquihexaoxyäthyl]-„soy"-hydraziniumsalz*, F. ca. 225°, Erweichung bei ca. 60°, Teilzers. bei ca. 200°. — *Na-freie Verb.* aus vorst. Verb., F. ca. 143—145°, Übergangs-Temp. ca. 110°. — *[Sulfanilamido]-dimethyl-β-[p-octylphenoxy]-äthylhydraziniumsalz*, F. 161—162°, Schmelzbeginn ca. 60°. — *[N¹-Acetylsulfanilamido]-dimethyl-γ-stearoylaminopropylhydraziniumsalz*, F. ca. 68° unter Druck, Erweichungspunkt ca. 45°. — *[Sulfanilamidochinoxalin]-methyldi-„coco"-hydraziniumsalz* („coco" besteht aus einer Mischung mit ca. 8 [Gew.-%] Octyl, 9 Decyl, 47 Dodecyl, 8 Hexadecyl, 5 Octadecyl, 18 Tetradecyl u. 5 Octadecenyl), F. 103°, Erweichungspunkt unter Druck ca. 50°. — *[4-Methyl-2-sulfanilamidopyrimidin]-dimethyloctadecylhydraziniumsalz*, F. ca. 75°, Erweichungspunkt ca. 65°. — *[Benzolsulfonamido]-4-amino-4-[γ-oleylaminopropyl]-morpholiniumsalz*, F. ca. 106°. — *[N¹-Acetyl-p-toluolsulfonamido]-1-amino-1-[β-hydroxyäthyl]-2-heptadecenylimidazoliniumsalz*, F. ca. 131°, Erweichungspunkt ca. 68°. — *[N₄-Acetylsulfanilamido]-1.1-bis-[β-hydroxyäthyl]-1-[γ-(N-β-hydroxyäthyl-N-octadecyl)-aminopropyl]-hydraziniumsalz.* — *[2-Sulfanilamidothiazol]-„ethomeen 5/60"-hydraziniumsalz* („Ethomeen 5/60"-Chlorierungs-Prod. = $\{C_{16-18}H_{33-37}N(NH_2)\cdot[(C_2H_4O)_{25}\cdot H]_2\}^+Cl^-$), F. ca. 142° unter Druck. — *Heilmittel.* (**A. P. 2 901 475** vom 4/3. 1957, ausg. 25/8. 1959.)

F. Hirsch 4807

1488 Ernst Albert Hermann Friedheim, New York, N.Y., V.St.A., **Therapeutisch aktive Organoarsenverbindungen** der allg. Formel **I** (X = Halogen, ein durch eine

I

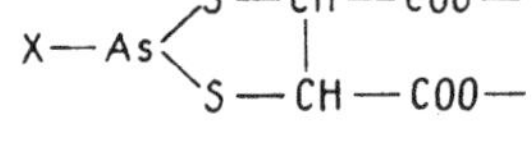

Hydroxy- u./oder Aminogruppe substituierter Phenylrest, der durch ein Phenyl-C-Atom an das As-Atom gebunden ist, ein Rest der Formel **II**, monovalenter Rest einer Monomercapto-

II

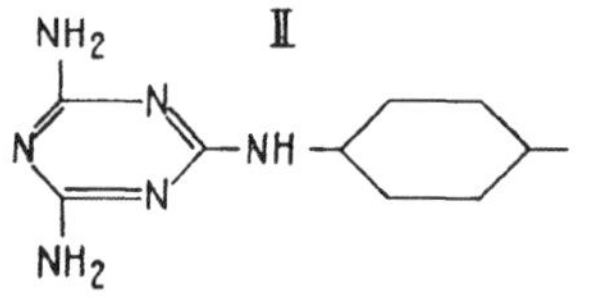

carbonsäure mit freier Valenz am S-Atom oder ein organ. Dimercaptorest der Formel **III**, verbunden durch das freie

III

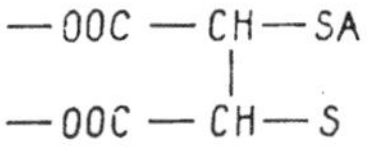

S-Atom, worin A = H oder ein Rest der Formel **IV** ist u. die freien Valenzen der Carbonylgruppen durch Na, K, Li, NH_4,

IV

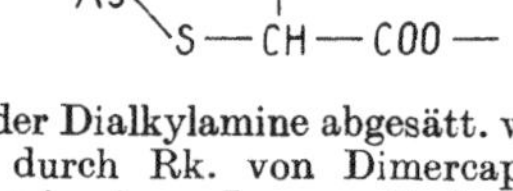

Ca, Mg, Mono- oder Dialkylamine abgesätt. wird) können hergestellt werden durch Rk. von Dimercaptobernsteinsäure oder deren Salzen in einem Lsgm. mit einer organ. oder anorgan. Verb. des 3- oder 5wertigen As, die zur Rk. mit SH-Gruppen befähigt ist. Beispiel: 10 g Dimercaptobernsteinsäure werden in 300 ml CH_3OH gelöst u. zu einer heißen Lsg. von 16 g „Melarsenoxid" zugegeben. Die Fällung wird abfiltriert u. durch Zugabe von K-Acetat das K-Salz des *2-(4-Melaminylphenyl)-arsen-1.3-dithia-4.5-dicarboxycyclopentan* gefällt. Weitere Verbb.: *2-(4¹-Hydroxy-3¹-acetylaminophenyl)-arsa-1.3-dithia-4.5-dicarboxycyclopentan, 2-(4¹-Hydroxy-3¹-aminophenyl)-arsa-1.3-dithia-4.5-dicarboxycyclopentan, 2-(4'-Aminoacetamidophenyl)-arsa-1.3-dithia-4.5-dicarboxycyclopentan.* — *Therapeuticum bei parasitären Erkrankungen.* (**E. P. 899 218** vom 12/2. 1960, ausg. 20/6. 1962. A. Prior. 2/3. 1959.)

R. Bauereis 4807

1489 Baxter Laboratories, Inc., Morton Grove, übert. von: Arthur Berger, Skokie, Ill., V.St.A., **Antikonvulsiva,** bestehend aus alkylsubstituierten 2-Thiohydantoinen (I) der allg. Formel II (R = Alkylrest mit 1 bis 7 C-Atomen, R_1 Allyl- oder Alkylrest mit 1—4 C-Atomen).-

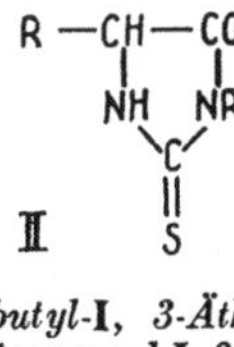

II

Beispiele: *3-Allyl-5-isobutyl-I*, *3-Äthyl-5-isobutyl-I*, *3-Äthyl-5-sek.-butyl-I*, *3-Äthyl-5-isopropyl-I*, *3.5-Diisobutyl-I*, *3-Methyl-5-isobutyl-I*, *3-Allyl-5-heptyl-I*. Tabelle über die ED_{50} bei Elektro- u. Metrazolschock. (**A. P. 3 013 943** vom 10/4. 1959, ausg. 19/12. 1961.) R. Bauereis 4807

1490 American Cyanamid Co., New York, N.Y., V.St.A., **5-Aryl-2-amino-2-oxazolin-4-one** der allg. Formel I (X = H oder Halogen; R_1 u. R_2 = H oder niedere

I

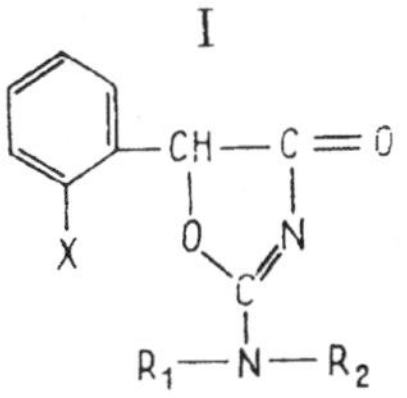

Alkylreste mit 1—6 C-Atomen, falls X = Halogen; R_1 u. R_2 = Alkylreste mit 1—6 C-Atomen, falls X = H) bzw. deren nichtgiftige Säureadditionssalze erhält man durch Alkylierung (II) bzw. Aminierung (III) eines in 2-Stellung durch Y substituierten Oxazolin-4-ons; falls Y = NHR_1 erfolgt die II mit einem niederen Alkylhalogenid, -sulfat oder -sulfonat in Ggw. einer Base; falls Y = $-N(R_3)(R_4)$ oder $-SR_3$ (R_3 u./oder R_4 = H, Alkyl oder Aryl) erfolgt die III mit einem Amin der allg. Formel $R_1(R_2)NH$. Man erhält I auch durch Cyclisierung von Phenylessigsäure-Derivv. der allg. Formel $(O-)X-C_6H_4-CH(Y)-C(:O)K$ [1. K = NH—C(Z)—N·$(R_1)R_2$; Z = O falls Y = Halogen oder Sulfonyloxy, Z = NH oder S, falls Y = OH; 2. K = —NHCN u. Y=OH; 3. K = $-N(R_3)R_4$ (R_3 u. R_4 = H, Alkyl, Aryl, Alkoxy, Aryloxy u. Y = $-O-C(:NH)-N(R_1)R_2$]. — 8,8 (g) 5-Phenyl-2-amino-2-oxazolin-4-on, 9 $(CH_3)_2NH$ u. 50 ml A. werden im Autoklav 2 Std. auf 125° erhitzt → *2-Dimethylamino-5-phenyl-2-oxazolin-4-on*, F. 137—139° (Essigester), *HCl-Salz*, F. 167—171° (Zers.). Ferner wurden erhalten: *-2-oxazolin-4-one*: *2-Diäthylamino-5-phenyl-*, F. 76—77° (Essigester), *HCl-Salz*, F. 149 bis 154° (Zers.); *2-Diisobutylamino-5-phenyl-*, *2-Äthylmethylamino-5-phenyl-*, F. 104—107° (Essigester); *2-Amino-5-(o-bromphenyl)-*, F. 262—264° (Zers.; Essigester); *2-Amino-5-(o-chlorphenyl)*, F. 259—261° (Zers.; wss. A.); *2-Amino-5-(o-fluorphenyl)-*, F. 235—237° (Zers.; A.); *2-Dimethylamino-5-(o-fluorphenyl)-*, F. 175—177° (Bzl.); *2-Dimethylamino-5-(o-chlorphenyl)*, F. 129—132° (Essigester-Cyclohexan); *2-Methylamino-5-(o-chlorphenyl)-*, F. 175—179° (Essigester). — *Stimulantien*. (**E. P. 907 848** vom 23/2. 1961, ausg. 10/10. 1962. A. Prior. 10/6. 1960.) A. Jahn 4807

1491 A. H. Robins Co., Inc., Richmond, Va., V.St.A., **5-substituierte Phenoxymethyl-2-oxazolidone** der allg. Formel I (R = H, KW-Stoffrest mit bis zu 8 C-Atomen, bes.

I

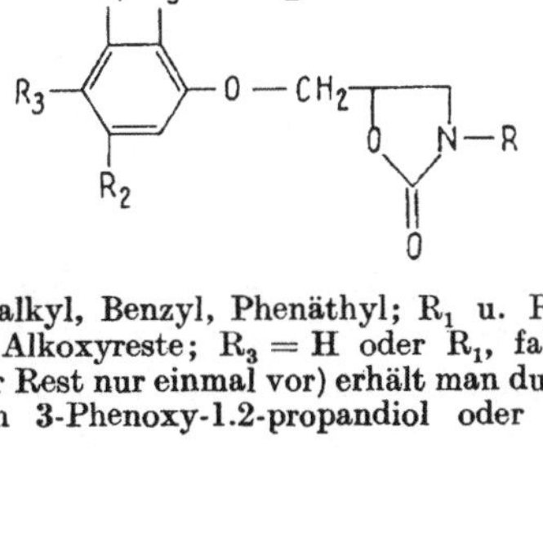

Alkyl, Cycloalkyl, Benzyl, Phenäthyl; R_1 u. R_2 = niedere Alkyl- oder Alkoxyreste; R_3 = H oder R_1, falls R_3 = R_1 kommt dieser Rest nur einmal vor) erhält man durch Rk. von substituierten 3-Phenoxy-1.2-propandiol oder 3-Phenoxy-1-halogen-2-propanol oder 3-Phenoxy-2-hydroxy-1-propylcarbamat mit Harnstoff oder durch Rk. von 3-Phenoxy-1-amino-2-propanol mit Carbonylchlorid oder Dialkylcarbonat in Ggw. eines bas. Mittels. — 1,96 (Mol) Harnstoff u. 0,98 3-(3¹.5¹-Dimethylphenoxy)-1.2-propandiol werden rasch auf 195—200° erhitzt, die Mischung 5 Std. auf dieser Temp. gehalten u. nach dem Aufarbeiten in 79%ig. Ausbeute *5-(3¹.4¹'-Dimethylphenoxymethyl)-2-oxazolidon*, F. 121,5 bis 123° (Äthylacetat), erhalten. Ferner erhält man die *2-Oxazolidone*: *5-(2¹.3¹.5¹-Trimethylphenoxymethyl)-*, F. 125—126° (Äthylacetat). *5-(3¹.5¹-Dimethoxyphenoxymethyl)-3-äthyl-*, $Kp._{0,08}$ 204—205°, F. 71—72° (Isopropyläther). *5-(3¹.4¹.5¹-Trimethoxyphenoxymethyl)-*, F. 129—132°; *5-(3¹.5¹-Dimethoxyphenoxymethyl)-*, F. 124—125°; *5-(3¹.5¹-Diäthylphenoxymethyl)-3-propyl-*. — *Krampflösende Mittel, Beruhigungsmittel*. (**E. P. 888 594** vom 19/8. 1959, ausg. 31/1. 1962. A. Prior. 19/6. 1959.) A. Jahn 4807

1492 U. S. Vitamin & Pharmaceutical Corp., New York, übert. von: Seymour L. Shapiro, Hastings on Hudson, und Louis Freedman, Bronxville, N.Y., V.St.A., **3-(o-substituierte Phenyl)-oxazolidindione** der allg. Formel I erhält man durch Rk. eines α-Hydroxyesters der

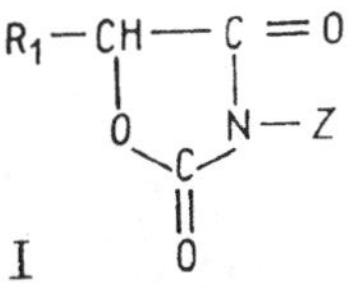

I

allg. Formel $R_1CH(OH)-COOC_2H_5$ mit $Z-NH_2$ zum α-Hydroxyamid der allg. Formel $R_1CH(OH)CONHZ$, das bei der weiteren Rk. mit Alkyl-, Halogenalkyl- oder Phenylchloroformiat Carbonatester (II) der allg. Formel $R_2O-CO-O-CH(R_1)-CO-NHZ$. Durch 0,1—2std. Erhitzen von II auf 150—300° erhält man unter R_2OH-Abspaltung I (R_1 = H, niederer Alkyl- oder Arylrest; R_2 = niederer Alkyl- oder Phenylrest, β-Chloräthyl- oder β-Chlorpropylrest; Z = o-substituierter Phenylrest mit niederem Alkyl, niederem Alkoxy, OH, Halogen als Substituenten). Die Zugabe von $NaOCH_3$ beschleunigt die Bldg. von I. — Zu 4 g N-(2-Äthoxyphenyl)-lactamid in 15 ml Pyridin gibt man bei 0° 3 ml $Cl-COOC_2H_5$ während 10 Min. unter Rühren, läßt die Rk.-Mischung 2 Std. bei 20° stehen u. erhält nach dem Aufarbeiten in 81%ig. Ausbeute den Äthylkohlensäureester des N-(2-Äthoxyphenyl)-lactamids (III), F. 52,5—53° (A.-W.). 0,01 Mol III wird mit 20 mg CH_3ONa 15 Min. auf 160—170° erhitzt u. nach dem Aufarbeiten *3-(o-Äthoxyphenyl)-5-methyl-1.3-oxazolidin-2.4-dion*, F. 99—100° (Essigester-Hexan), erhalten. — Analog erhält man die *5-Methyl-1.3-oxaoxazolidin-2.4-dione*: *3-(o-Chlorphenyl)-*, F. 85—87° (Hexan-Essigester); *3-(o-Methoxyphenyl)-*, F. 84—86° (Hexan-Essigester); *3-(o-Methylphenyl)-*, F. 103—104° (Hexan-Essigester); *3-(2.4-Dimethylphenyl)-*, $Kp._{0,05}$ 100—110°. — *Anticonvulsiva* u. *Tranquilizer*. (**A. P. 2 928 840** vom 26/11. 1958, ausg. 15/3. 1960.) A. Jahn 4807

1493 U. S. Vitamin & Pharmaceutical Corp., übert. von: Seymour L. Shapiro, Hastings on Hudson, und Louis Freedman, Bronxville, N.Y., V.St.A., **Heteroaryloxazolidindione** der allg. Formel I erhält man durch

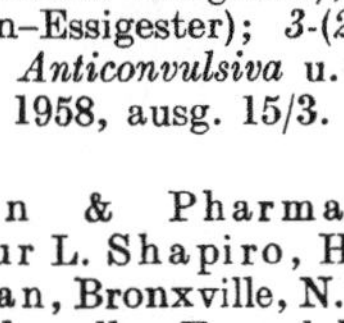

I

Rk. eines Heteroarylamins bzw. Heteroaralkylamins mit einem α-Hydroxyester u. einem niederen Kohlensäureester in Ggw. eines bas. Katalysators, bes. C_2H_5ONa u. CH_3ONa nach der Gleichung: $R_1(R_2)C(OH)-COOC_2H_5 + (C_2H_5O)_2 \cdot CO + H_2N-Z \rightarrow$ I (R_1 u. R_2 = H oder niederer Alkylrest; Z = Heteroarylrest, wie Pyridyl-, Picolyl-, Pyrimidyl-, Chinolylrest, der ggf. über eine CH_2-Gruppe an den Oxazolidindionring gebunden ist). — 0,2 g Na in 4 ml A. wird zu 0,1 (Mol) 4-Aminopyridin 0,11 α-Hydroxyisobuttersäureäthylester u. 37 ml $CO(OC_2H_5)_2$ gegeben u. die Mischung zum Rückfluß erhitzt, wobei nach 30 Min. die Temp. von 136 auf 105° gefallen ist. Nach dem Aufarbeiten erhält man in 65%ig. Ausbeute *3-(4-Pyridyl)-5.5-dimethyl-1.3-oxazolidindion*, F. 131—133° (Hexan–Essigester), *Methojodid*, F. 241 bis 244°. — Analog erhält man die *1.3-Oxazolidindione*: *3-(3-Chinolyl)-5.5-dimethyl-*, F. 164—166° (Hexan–Essigester), *Methojodid*, F. 217—219°; *3-(2.6-Dimethyl-4-pyrimidyl)-*, F. 92,5—94° (Hexan); *3-(4-Picolyl)-5.5-dimethyl-*, F. 93,5—94,5° (Hexan–Essigester). *3.(2-Pyridyl)-5-methyl-*, $Kp._{0,2}$ 134°. — *Entzündungshemmende Heilmittel*. (**A. P. 2 954 381** vom 3/12. 1958, ausg. 27/9. 1960.)

A. Jahn 4807

1494 F. Hoffmann-La Roche & Co. Akt.-Ges., Basel, Schweiz, **Isomerisierungsprozeß**, dad. gek., daß ein Isomer einer asymm. Verb. der allg. Formel **I** (Y = disubsti-

I

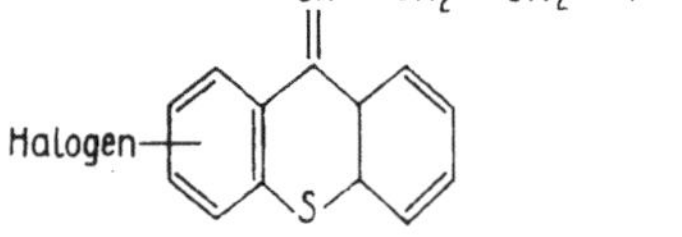

tuierte Aminogruppe) mit Oxalsäure behandelt wird u. ggf. das Salz in die freie Base übergeführt wird. Beispiel 315 (g) 2-Chlor-9-(ω-dimethylaminopropyliden)-thioxanthen mit 79% cis-Isomer werden mit 262 Oxalsäure zu einem Ölbad unter Rühren 30 Min. auf 110° erhitzt. Dann wird evakuiert u. 600 ml Aceton zugegeben, 30 Min. unter Kühlung (0°) gerührt, filtriert u. mit 300 ml Aceton gewaschen. Das Oxalat wird in 3 Liter W. alkalisiert u. mit Bzl. die Base extrahiert. Nach Umkristallisieren mit Isopropyläther wird das *trans-Isomere*, F. 98—99°, erhalten, *Hydrochlorid*, F. 225°. — *Beruhigungsmittel* u. *Antiemeticum*. (**E. P. 899 898** vom 29/6. 1960, ausg. 27/6. 1962. Schwz. Prior. 10/7. u. 22/10. 1959.)

R. Bauereis 4807

1495 W. R. Grace & Co., New York, N.Y., übert. von: Bernard Rudner, Pittsburgh, Pa., V.St.A., **Piperaziniumsalze** der Formel **I** (R = niedrigmol. Alkyl-, Hydroxy-

I

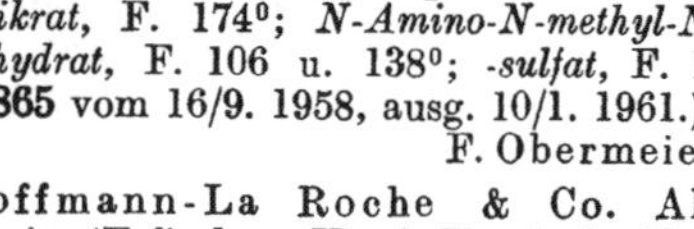

alkyl- oder Allylalkenylrest, R′ u. R″ = ggf. durch Halogen, niedrigmol. Alkyl- u. Alkoxygruppen substituierte Phenylreste, X = Anion, n = Valenz von X, d. h. 1—3) erhält man entweder durch Rk. von NH_2Cl oder $H_2N \cdot SO_3H$ mit einem R-, R′- u. R″-substituierten Piperazin. *Antihistamine*. Folgende N′-Benzhydrylpiperaziniumsalze wurden hergestellt: *N-Amino-N-methyl-*, *-hexafluorphosphat*, F. 194°; *-chlorid*, F. 230°; *-pikrat*, F. 174°; *N-Amino-N-methyl-N′-p-chlor-*, *-chloridmonohydrat*, F. 106 u. 138°; *-sulfat*, F. 174—176°. (**A. P. 2 967 865** vom 16/9. 1958, ausg. 10/1. 1961.)

F. Obermeier 4807

1496 F. Hoffmann-La Roche & Co. Akt.-Ges., Basel, Schweiz (Erfinder: Karl Doebel, Hackensack, N.J., V.St.A., Gerald Rey-Bellet, Reinhard Schläpfer und Hans Spiegelberg, Basel, Schweiz), **Verfahren zur Herstellung von tricyclischen Verbindungen** der Formel **I** (A = nichtaromat., tert. Aminogruppen enthaltender

I

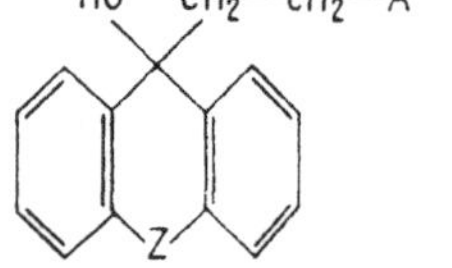

Rest, Z = Äthylengruppe, O oder S) u. von deren im Kern Alkyl-, Aralkyl-, Aryl-, Alkoxy-, Aralkoxy-, Aryloxy-, Alkylthio-, Aralkylthio-, Arylthio-, Halogen-, Acyl-, Amino-, Hydroxyl- u. Carboxygruppen aufweisenden Derivv., dad. gek., daß man Verbb. der Formel **II** oder deren Alkyl-, Aralkyl-Aryl-, Alkoxy-, Aralkoxy-, Aryloxy-, Alkylthio-, Arylkylthio-, Arylthio-, Halogen-, geschützte Acyl-, Amino- u. Carboxylgruppen aufweisenden Derivv. mit Alkalimetall-Verbb. der Formel **III** (M = Alkalimetall) umsetzt, das Rk.-

II

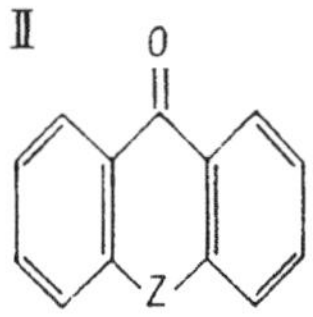

III

M—C≡C—A

Prod. hydrolysiert, ggf. vorhandene schützende Gruppen abspaltet u. in der Seitenkette vorhandene Mehrfachbindungen hydriert. Die Rk. mit der Alkalimetall-Verb. erfolgt vorteilhaft in fl. NH_3. Die erhaltenen Basen werden bes. in ihre Säureadditions-Verbb. übergeführt. NH_3 wird mit Na bis zum Auftreten einer blauen Farbe getrocknet, man trägt unter Rühren weiteres Na ein, bis nach 15—20 Min. Lsg. eintritt. Man gibt zu der koll. Lsg. 3-Dimethylaminopropyn-(1) bis die blaue Farbe der Lsg. verschwunden ist. Hierauf trägt man pulverisiertes 2-Chlorthioxanthon ein, u. nach ½ Std. wird mit Ae. verdünnt. Man rührt über Nacht, gibt NH_4Cl hinzu, verdampft anschließend das Lsgm., setzt W. zu u. filtriert vom Ungelösten, wäscht es salzfrei u. krist. nach dem Trocknen aus PAe., wobei *2-Chlor-9-[3-dimethylaminopropyn-(1)-yl]-thioxanthenol-(9)*, F. 170—172°, erhalten wird. Man löst dieses Prod. in heißem Methanol u. schüttelt es mit 5%ig. Pd–Kohle bei 30° mit H_2 unter normalem Druck, bis die Dreifachbindung in die Doppelbindung übergeführt ist. Man filtriert vom Katalysator u. wäscht mit heißem Methanol. Beim Einengen der methanol. Lsg. krist. *2-Chlor-9-[3-dimethylaminopropen-(1)-yl]-thioxanthenol-(9)*, F. 158—159°; Essigester), aus. In Ggw. von PtO u. eisenfreier Tierkohle hydriert man bei 30° u. 30 at in Isopropanol das Thioxanthenol zu *2-Chlor-9-(3-dimethylaminopropyl)-thioxanthenol-(9)*, F. 153 bis 154° (PAe.). — Auf analoge Weise werden hergestellt: *2-Chlor-9-[3-(4-methylpiperazino)-propyn-(1)-yl]-thioxanthenol-(9)*, F. 176,4—177,5° (korr.; Essigester) → *2-Chlor-9-[3-(4-methylpiperidino-1-propyl]-thioxanthenol*, F. 146—147° (Isopropyläther); 3-Dimethylaminopropyn-(1) → *9-[3-Dimethylaminopropyn-(1)-yl]-xanthenol-(9)*, F. 195—197°, → *9-[3-Dimethylamino-1-propyl]-xanthenol-(9)*, F. 109—110° (Ae.–PFe.); Dibenzo-[a, e]-cyclohepta-[1.5]-dien-5-on → 5-Hydroxy-5-[3-dimethylaminopropyn-(1)-yl]-dibenzo-[a, e]-cyclohepta-[1.5]-dien, F. 155—156° $\xrightarrow[\text{Raney-Ni}]{}$ *5-Hydroxy-5-[3-dimethylaminopropen-(1)-yl]-dibenzo-[a, e]-cyclohepta-[1.5]-dien*, F. 103,5 bis 104,5° $\xrightarrow[\text{Pto + Ilerkohle}]{H}$ *5-Hydroxy-5-(3-dimethylaminopropyl)-dibenzo-[a, e]-cyclohepta-[1.5]-dien*, F. 116—117°, F. des *Hydrochlorids* 211—212°; 3-(4-Methylpiperazino)-propyn-(1) u. Dibenzo-[a, e]-cyclohepta-[1.5]-dien-5-on → *5-Hydroxy-5-[3-(4-methylpiperazino)-propyn-(1)-yl]-dibenzo-[a, e]-cyclohepta-[1.5]-dien*, F. 132—133° $\xrightarrow[\text{Raney-Ni}]{H}$ *5-Hydroxy-5-[3-(4-methylpiperazino)-propen-(1)-yl]-dibenzo-[a, e]-cyclohepta-[1.5]-dien*, F. 143—144°, $\xrightarrow[\text{Pto + Tierkohle}]{H}$ *5-Hydroxy-5-[3-(4-methylpiperazino) propyldibenzo-[a, e]-cyclohepta-[1.5]-dien*, F. 165—166°; 3-Piperidinopropyn-(1)-yl-natrium u. Dibenzo-[a, e]-cyclohepta-[1.5]-dien-5-on → *5-Hydroxy-5-[3-piperidinopropyn-(1)-yl]-dibenzo-[a, e]-cyclohepta-[1.5]-dien*, F. 158—160° (A.), $\xrightarrow[\text{Raney-Ni}]{H}$ *5-Hydroxy-5-[3-piperidinopropen-(1)-yl]-dibenzo-[a, e]-cyclohepta-[1.5]-dien*, F. 188—189°, $\xrightarrow[\text{Pt + Tierkohle}]{H}$ *5-Hydroxy-5-(3-piperidinopropyl)-dibenzo-[a, e]-cyclohepta-[1.5]-dien*, F. 166 bis 168°; 3-(Methyl-β-picolylamino)-propyn-(1)-yl-Na u. Dibenzo-[a, e]-cyclohepta-[1.5]-dien → *5-Hydroxy-5-[3-(methyl-β-picolylamino)-propyn-(1)-yl]-dibenzo-[a, e]-cyclohepta-[1.5]-dien*, F. 159—160°, $\xrightarrow[PtO_2]{H}$ *5-Hydroxy-5-[3-(methyl-β-picolylamino)-propyl]-debenzo-[a, e]-cyclohepta-[1.5]-dien*, F. 85—86° (PAe.); *5-Hydroxy-5-[3-morpholinopropyn-(1)-yl]-dibenzo-[a, e]-cyclohepta-[1.5]-dien*, F. 137—138° (Essigester–PAe.), $\xrightarrow[\text{Raney-Ni}]{H}$ *5-Hydroxy-5-[3-morpholinopropen-(1)-yl]-dibenzo-[a, e]-cyclohepta-[1.5]-dien*, F. 179—180° (Essigester), $\xrightarrow[PtO_2]{H}$ *5-Hydroxy-5-(3-morpholinopropyldibenzo-[a, e]-cycloheptal-[1.5]-dien*, F. 150 bis 151° (Essigester); *5-Hydroxy-5-[3-diäthylaminopropyn-(1)-yl]-dibenzo-[a, e]-cyclohepta-[1.5]-dien*, F. 146—148° (A.), $\xrightarrow[\text{Raney-Ni}]{H}$ *5-Hydroxy-5-[3-diäthylaminopropen-(1)-yl]-dibenzo-[a, e]-cyclohepta-[1.5]-dien*, F. 124—125° (abs. A.), $\xrightarrow[PtO_2]{H}$ *5-Hydroxy-5-(3-diäthylaminopropyl)-dibenzo-[a, e]-cyclohepta-*

[1.5]-dien, F. 91–92° (PAe.); *3-Chlor-5-hydroxy-5-[3-dimethylaminopropyn-(1)-yl]-dibenzo-[a, e]-cyclohepta-(1.5]-dien*, F. 182 bis 184° (Essigester), $\xrightarrow[\text{Raney-Ni}]{\text{H}}$ *3-Chlor-5-hydroxy-5-[3-dimethylaminopropen-(1)-yl]-dibenzo-[a, e]-cyclohepta-[1.5]-dien*, F. 136–137° (PAe.), $\xrightarrow[\text{PtO}_2]{\text{H}}$ *3-Chlor-5-hydroxy-5-(3-dimethylaminopropyl)-dibenzo-[a, e]-cyclohepta-[1.5]-dien*, F. 127 bis 128° (PAe.). — *Arzneimittel* mit narkosepotenzierenden, adrenolyt., sedativen, antiemet., antihistamin., antipyret. u. hypotherm. Wirkungen. Durch Wasserabspaltung erhält man Verbb. mit semicycl. Doppelbindung, die auch Arzneimittel sind. (**Schwz. P. 355 458** vom 12/2. 1959, ausg. 31/8. 1961.) G. König 4807

1497 Farbenfabriken Bayer Akt.-Ges., Leverkusen, **Herstellung von 2.3-Dimercaptochinoxalinderivaten** der allg. Formel I (A = 1 oder 2 Acylreste oder =CO, =CS, =CNR′,

I

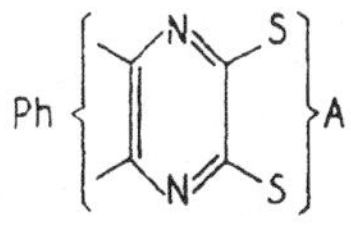

II

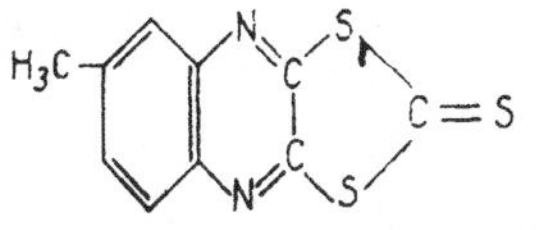

=S, =SO, R′ = Alkyl- oder Arylrest, Ph = ggf. substituierter annellierter Benzol- oder Naphthalinring) durch Rk. eines entsprechenden 2.3-Dimercaptochinoxalins mit einem Mono- oder bifunktionellen Säurehalogenid, -anhydrid, -isocyanats oder -isothiocyanats. — Zu einer Lsg. von 31,2 (g) 6-Methyl-2.3-dimercaptochinoxalin u. 14 NaOH in 200 W. werden bei $<$ 15° langsam 19 Thiophosgen gegeben. Man rührt ½ Std. u. filtriert das Rk.-Prod. ab. Ausbeute 29,8 der Verb. der Formel **II**, F. 162–164°. — Weitere formelmäßig angeführte Beispiele. — ***Mittel*** gegen *Ascariden*. (**Ind. P. 69 301** vom 13/10. 1959. E. Prior. 3/7. 1959.) C. Lüttgen 4807

1498 John B. Bicking, Hatfield, Pa., Glenn S. Skinner, Newark, Del., und John R. Lovett, Metuchen, N.J., V.St.A., **3.5-Morpholindione** der allg. Formel I (R = H,

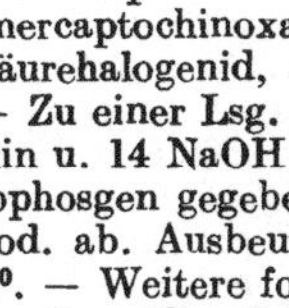

I

gerader oder verzweigter Alkylrest mit 1–6 C-Atomen; R′ = C_6H_5; R″ = H, CH_3, C_2H_5) erhält man nach dem Rk.-Schema: R(R′)C(OH)–CO_2R‴ + X–CH_2–CO_2R‴ (+ $NaNH_2$ oder NaH) → R(R′)C(CO_2R‴)–O–CH_2–CO_2R‴ (II) II + H_2O → R(R′)C(CO_2H)–O–CH_2–CO_2H (III). III + NH_3 → R(R′)·C($CONH_2$)–O–CH_2–$CONH_2$ (IV). III + R″NH_2 → I (R″ = CH_3 oder C_2H_5); IV —→ I (R = H) (R‴ = aliphat. Rest; X = Halogen). — Es wurden die *3.5-Morpholindione* erhalten: *2-Phenyl*, F. 124–125° (A.), *2-Äthyl-2-phenyl-*, F. 124–125° (Methanol-W.). — ***Anticonvulsiva, Hypnotica***. (**A. P. 2 948 723** vom 2/1. 1958, ausg. 9/8. 1960.) A. Jahn 4807

1499 G. D. Searle & Co., Chicago, Ill., übert. von: Max J. Kalm, Skokie, Ill., V.St.A., **2-Cyclohexyl-4-[2-hydroxyäthyl]-3-methylmorpholinester substituierter Benzoesäuren** der allg. Formel I (Cy = Cycloalkylrest; R = Alkyl; Alk =

I

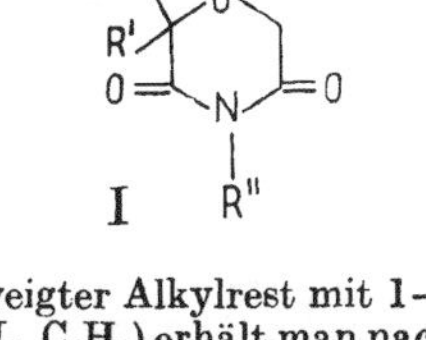

Alkylenrest; Ph = Phenylrest, der ggf. durch Halogen u./oder einen oder mehrere Alkyl-, Alkoxy-, Nitro-, Amino- u./oder Dialkylaminoreste substituiert ist) erhält man durch Rk. der entsprechenden N-Morpholylalkanole mit einem Säurechlorid der allg. Formel Ph–COCl u. alkalisieren des Rk.-Prod. oder durch Rk. mit einem Ester der allg. Formel Ph–$COOCH_3$ in Ggw. von $NaOCH_3$, Na u. einem hochsd. organ. Lsgm. (Xylol). — Eine Mischung aus 20 (g) 2-Cyclohexyl-4-(2-hydroxyäthyl)-3-methylmorpholin, 15 2-Chlorbenzolsäuremethylester, 5400 Xylol u. 2 $NaOCH_3$ wird auf 1/6 ihres Vol. eingedampft u. nach dem Aufarbeiten *2-(2 Cyclohexyl-3-methylmorpholino)-äthyl* (**II**)-*2-chlorbenzoat-HCl*, F. 161–162° (Ae.). Analog erhält man: **II** *3-Chlorbenzoat-HCl*, F. 186–187°; **II**-*4-Brombenzoat-HCl*, F. 223–225° (A.-Ae.); **II**-*3-Brombenzoat-HCl*, F. 159–162° (Ae.-A.); **II**-*5-Brombenzoat-HCl*, F. 155–158°; **II**-*4-Jodbenzoat-HCl*, F. 224–226°; **II**-*2-Jodbenzoat-HCl*, F. 144–147°; **II**-*2.4-Dichlorbenzoat-HCl*, weiße Nadeln, F. 201–201,3°; **II**-*4-Methoxybenzoat-HCl*, F. 194 bis 195°; **II**-*2-Methoxybenzoat-HCl*, weiße Kristalle, F. 171 bis 174,5°; **II**-*3.4.5-Trimethoxybenzoat-HCl*, weiße Nadeln, F. 192,5–194°; **II**-*4-Nitrobenzoat-HCl*, F. 205–208°; **II**-*Nitrobenzoat-HCl*, farblose Kristalle, F. 193–194°; **II**-*3-Dimethylaminobenzoat-2·HBr*, weiße Kristalle, F. 205–207° (Zers.). *Pharmazeutica* bes. *gegen Pilzinfekte*. (**A. P. 3 047 574** vom 28/3. 1960, ausg. 31/7. 1962.) A. Jahn 4807

1500 Smith, Kline & French Laboratories, Philadelphia, übert. von: Paul N. Craig, Roslyn, Pa., V.St.A., **Trifluormethylphenoxazine** der allg. Formel I [R = H oder

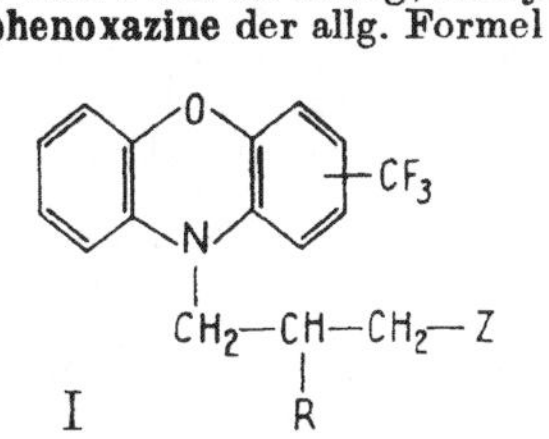

I

CH_3; Z = –N(CH_3)$_2$, –N(C_2H_5)$_2$, N-Hydrogenpiperazyl, N-Alkylpiperazyl, N-(ω-Hydroxyalkylen)-piperazyl, N-(ω-acyloxyalkylen)-piperazinyl-, N-(ω-hydroxyalkylenoxyalkylen)-piperazinyl-, N-(ω-Hydroxyäthoxyäthoxyäthyl)-piperazinyl-, N-(ω-carbamyloxyalkylen)-piperazinyl-, N-(ω-Dialkylcarbamyloxyalkylen)-piperazinyl, Dimethyl- oder Diäthylcarbamyl] erhält man 1. durch Rk. eines 2-Nitrochlorbenzols mit Guajacol-(1-hydroxy-2-methoxybenzol), wobei einer der Ausgangsstoffe durch die CF_3-Gruppe substituiert ist, in Ggw. eines Kondens.-Mittels, bes. eines Alkalimetallhydroxids u. Red. des entstandenen 2′-Methoxy-2-nitrodiphenyläthers mit Raney-Ni, Hydrazinhydrat oder H_2 in Ggw. von Pt-Oxid zum 2-Amino-2′-methoxydiphenyläther (**II**). **II** wird dann bes. mit 48%ig. HBr oder mit HCl unter Druck bei ca. 120–140° hydrolysiert, der 2-Amino-2′-hydroxydiphenyläther durch Erhitzen mit Mineralsäure, bes. im Einschlußrohr bei ca. 180–220° (4–72 Std.) cyclisiert u. das CF_3-substituierte Phenoxazin alkyliert mit: a) einem Aminoalkylhalogenid oder -arylsulfonat in Ggw. eines Alkalimetallamids oder -hydroxids oder einer Alkalimetallaryl- oder -alkyl-Verb., b) α-Brom-ω-chloralkan u. weitere Rk. des (ω-Chloralkyl)-trifluormethylphenoxazins mit einem Anion; 2. durch Rk. von **II** mit 50–98%ig HCOOH bei 140–180°, bes. ca. 160°, Cyclisierung des 2-Formamido-2′-halogendiphenyläthers in Ggw. eines Erdalkalicarbonats, bes. in Ggw. von Cu-Pulvern oder Cu-Salz u. Hydrolyse des N-Formylphenoxazins bes. mit Alkali u. nachfolgender Alkylierung wie unter a) oder b). — Es wurden die *2-Trifluormethylphenoxazine* erhalten: *10-(3′-Dimethylaminopropyl)-*, *10-(3′-Diäthylaminopropyl)-*, *10-(2′-Methyl-3′ dimethylaminopropyl)*, *10-[3′-(4″-Methyl-1″-piperazinyl)-propyl]-*, *10-(3′-Piperazinyl)-*, *10-[3′-(N-Benzoyloxyäthylpiperazinyl)-propyl]-*, *10-[3′-(N-ω-Hydroxybutylpiperazinyl)-propyl]-*, *10-[3′-(4″-Methyl-1″-piperazinyl)-2′-methylpropyl]-*, *10-[3′-(N-Hydroxyäthoxyäthylpiperazinyl)-propyl]-*, *10 [3′-(N-Hydroxybutoxybutylpiperazinyl)-propyl]-*, *10-[3′-(N-Propionyloxyäthylpiperazinyl)-prcpyl]-*, *10-[3′-(N-Propionyloxyäthylpiperazinyl)-propyl]-*, *10-[3′-(4″-Propyl-1″-piperazinyl)-propyl]-*, *10-[3′-(N-Hydroxyäthoxyäthoxyäthylpiperazinyl)-propyl]-*, *10-[3′-(N-Carbamyloxyäthylpiperazinyl)-propyl]-*, *10-[3′-(N-Dimethylcarbamyloxyäthylpiperazinyl)-propyl]-*, sowie *1-(p-Nitrophenäthyl)-4-[3-(2-trifluormethyl-10-phenoxazinyl)-propyl]-piperazin*. — *Beruhigungsmittel. Antibrechmittel*. (**A. P. 2 947 747** vom 8/6. 1959, ausg. 2/8. 1960. **E. P. 875 348** vom 31/5. 1960, ausg. 16/8. 1961. A. Prior. 8/6. 1959.) A. Jahn 4807

1501 Smith, Kline & French Laboratories, Philadelphia, übert. von: Michael P. Olmsted, Gladwyne, Pa., V.St.A., **Herstellung von Phenoxazinen (I) und deren Zwischenprodukten.** Man setzt I bei 140–180° mit 50 bis

98% ig. wss. HCOOH-Lsg. zum N-Formyl-Deriv. um, cyclisiert dieses bei ca. 80—250° in Ggw. eines Alkalimetallcarbonats in N.N-Dimethylformamid, N.N-Dimethylacetamid, Bzl., Toluol oder Xylol zu **III** u. decarbonyliert **III** mit wss.

I

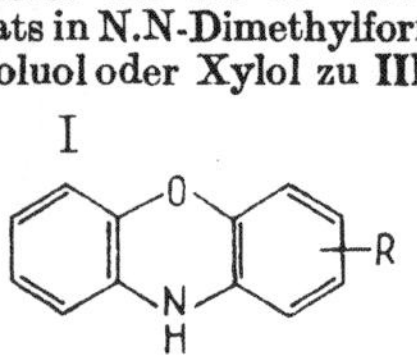

II

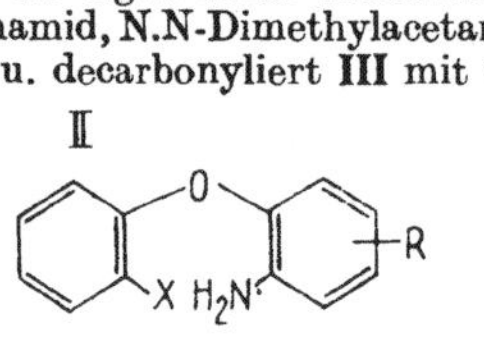

III

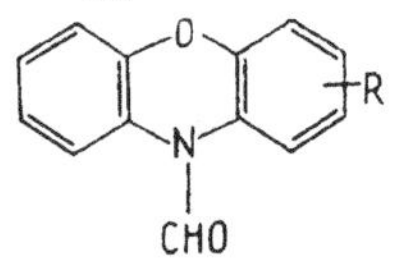

NaOH oder KOH-Lsg. zu **II** (R = F_3C-, F, Cl, Br, niederer Alkoxy- oder Alkylrest; X = Cl, Br oder J). **I** erhält man durch Rk. von 2-Halogenphenolen mit durch X substituierten 2-Halogennitrobenzol u. chem. oder katalyt. Red. der entstandenen 2'-Halogen-2-nitrodiphenyläther. — 261 g 2-Bromphenol, 340 g 3-Nitro-4-chlorbenzotrifluorid u. 20 ml W. wird gerührt, während in 15 Min. 94 g KOH zugegeben werden. Die Mischung wird 3 Std. auf 110—115° erhitzt → 2-Nitro-4-trifluormethyl-2'-bromdiphenyläther (**IV**), $Kp._{0,5}$ 140 bis 155°. 475 g Eisenspäne u. 387 g **IV** werden in 1750 ml W. 3 Std. unter Rückfluß erhitzt, während 1 Liter Eisessig zugegeben wird u. dann 2-Amino-4-trifluormethyl-2'-bromdiphenyläther (**V**) gewonnen. 61 g **V** werden mit 159 g 90% ig. HCOOH auf 160° erhitzt u. dann der erhaltene 2-Formamido-4-trifluormethyl-2'-bromdiphenyläther mit 17 g K_2CO_3, 1 g $CuCO_3$ u. 100 ml Xylol 20 Std. unter Abtrennung des Rk.-Wassers zum Rückfluß erhitzt. Zuletzt gibt man 8 g NaOH in 50 ml W. zu, erhitzt die Mischung 2 Std. zum Rückfluß u. erhält in 70% ig. Ausbeute *2-Trifluormethylphenoxazin*, F. 149—152°. Analog: *2-Chlorphenoxazin*, F. 143 bis 146°. *3-Methoxyphenoxazin*, *2-Fluorphenoxazin*. *Antieleptica*, *Beruhigungsmittel*. (**A. P. 2 947 746** vom 14/5. 1959, ausg. 2/8. 1960. **E. P. 897 157** vom 13/5. 1960, ausg. 23/5. 1962. A. Prior. 14/5. 1959.) A. Jahn 4807

1502 G. D. Searle & Co., Chicago, übert. von: Willard M. Hoehn, Wilmette, Ill., V.St.A., **Derivate von Harzsäuren** der allg. Formel **I** erhält man bei der Rk. eines nied-

I

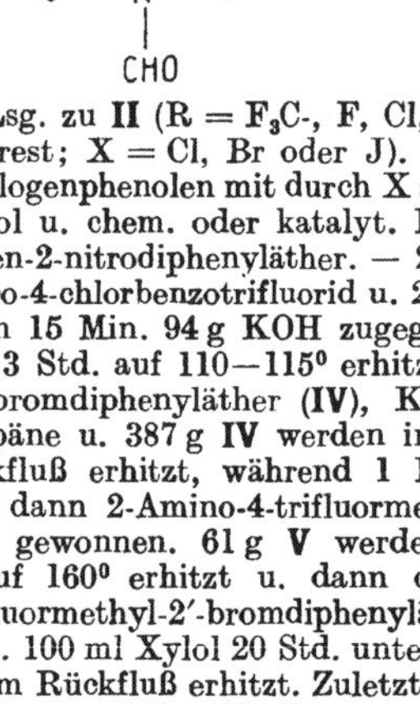

rigmol. Esters der Dehydroabietinsäure mit Phenoxyacetylchlorid oder mit durch Halogen, Alkyl- oder Alkoxygruppen substituiertem Phenoxyacetylchlorid in Ggw. von Friedel-Crafts-Katalysatoren, ggf. in Ggw. eines Verdünnungs- oder Lösungsmittels. Man kann auch von Chloracetylchlorid ausgehen u. erhält dann das Säurechlorid an Stelle der Phenoxyverbindung. — In der Formel **I** steht die Alkylgruppe für einen gerad- oder verzweigtkettigen KW-Stoffrest mit < 9 C-Atomen, Ar für ein aromat. Radikal mit < 9 C-Atomen. Ar kann durch Halogen, Alkyl- oder Alkoxygruppen substituiert sein. — Methyldehydroabietat u. Chloracetylchlorid in Nitrobenzol wird mit $AlCl_3$ bei 0—5° 48 Std. behandelt u. anschließend in Eiswasser gegossen. Ae. wird zugegeben u. die organ. Phase wird mit W. gewaschen u. anschließend die flüchtigen Bestandteile abdestilliert. Man erhält *Methyl-6-chloracetyldehydroabietat*, F. 119—120°, (CH_3·OH); p-Chlorphenoxacetylchlorid → *Methyl-6-(p-chlorphenoxyacetyl)-dehydroabietat*, $Kp._{0,02}$ 220—225°; o-Chlorphenoxacetylchlorid → *Methyl-6-(o-chlorphenoxacetyl)-dehydroabietat*; Äthyldehydroabietat u. p-Bromphenoxyacetylchlorid → *Äthyl-6-(p-bromphenoxacetyl)-dehydroabietat*, $Kp._{0,02}$ 255—260°. Es werden ferner erhalten: *Methyl-6-(o-methoxy-p-methylphenoxyacetyldehydroabietat*, $Kp._{0,04}$ 185—190°; *-Methyl-6-(p-äthoxyphenoxyacetyl)-dehydroabietat*; *-Methyl-6-phenoxyacetyldehydroabietat*, Kp. 215—218°; *-Methyl-6-(p-methylphenoxyacetyl)-dehydroabietat*. *Hormonale Wirkungen*. Red. des Cholesterin-Geh. im Serum. Antibacterielle Wrkg., bes. gegenüber E. coli u. B. subtilis. (**A. P. 2 846 463** vom 6/7. 1956, ausg. 5/8. 1958.) G. König 4807

1503 Julian Laboratories, Inc., Franklin Park, übert. von: Percy L. Julian, Oak Park, Elizabeth Huang, Chicago, und Arthur Magnani, Wilmette, Ill., V.St.A., **16-Alkylverbindungen der Pregnenreihe.** Man setzt z. B. $\Delta^{5,6,16}$-Pregnadien-3-ol-20-on-3-acetat (**I**) in Chlf.-Pyridin mit Cl_2 um → *5.6-Dichlor-Δ^{16}-pregnen-3-ol-20-on-3-acetat* (**II**), F. 150—153°; $[\alpha]_D$ —32°. — Führt man die Chlorierung von **I** in Methylenchlorid aus, so erhält man → *5.6.16.17-Tetrachlorpregnan-3-ol-20-on-3-acetat*, F. 209—114° (Zers.); $[\alpha]_D$ 15°, welches sich mit Zn-Staub–Essigsäure partiell entchlorieren läßt → **II**. — **II** + CH_3MgBr in Ggw. von CuCl u. anschließende Rk. mit Acetylchlorid → *5.6-Dichlor-16α-methyl-Δ^{17}-pregnen-3.20-diol-3.20-diacetat*, welches sich durch Epoxydation mit Peressigsäure u. Spaltung des Epoxides mit NaOH überführen läßt → *5.6-Dichlor-16α-methylpregnan-3.17α-diol-20-on-3-acetat*, F. 207—212°; daraus durch Rk. mit Br_2 in Chlf. → *5.6-Dichlor-16α-methyl-12-brompregnan-3.17α-diol-20-on-3-acetat*, F. 182—185°, welches sich durch Rk. mit K-Acetat acetoxylieren läßt → *5.6-Dichlor-16α-methylpregnan-3.17α.21-triol-20-on-21-acetat*; daraus durch übliche CrO_3-Oxdation → *2.6-Dichlor-16α-methylpregnan-17α.21-diol-3.20-dion-21-acetat*, F. 171—174° (Zers.), aus welchem man durch Rk. mit Zn-Staub in Essigsäure *16α-Methyl-Δ^1-pregnen-17α.21-diol-3.20-dion-21-acetat*, F. 160—165°, erhält; *freier Alkohol*, F. 188—190°; $[\alpha]_D$ 10°. — *Zwischenprodd.* zur Herst. von *Heilmitteln*. (**A. P. 3 030 389** vom 23/1. 1961, ausg. 17/4. 1962.) U. Sievers 4809

1504 Smith, Kline & French Laboratories, Philadelphia, übert. von: James F. Kerwin, Broomall, und Manfred E. Wolff, Elkins Park, Pa., V.St.A., **11,18-Epoxy-20-dialkylaminosteroide.** Man behandelt z. B. das Methojodid des 3β.11β-Dihydroxyconanins, F. 277—279°, mit IRA-400 (Ionenaustauscher; Hydroxidform) in methanol. Lsg. → u. erhitzt die erhaltene freie quatern. NH_4-Base unter vermindertem Druck auf 170° (15 Min.) → *11.18-Epoxy-20-dimethylaminoallopregnan-3β-ol*, F. 177—180°; $[\alpha]_D$ 74°; *Methojodid*, F. 260°, welches sich durch Rk. mit Na-Methylat in Dimethylformamid unter Rückfluß überführen läßt → *11.18-Epoxy-20-allopregnan-3β-ol*, F. 144—145°; daraus durch Oxydation mit CrO_3 → *11.18-Epoxy-20-allopregnan-3-on*, F. 169—171°, welches sich mit OsO_4 hydroxylieren läßt → *11.18-Epoxyallopregnan-20.21-diol-3-on*, F. 212 bis 215°; *Diacetat*, F. 155°. — *Heilmittel* sowie Zwischenprodd. zu deren Herstellung. (**A. P. 3 033 861** vom 22/7. 1960, ausg. 8/5. 1962.) U. Sievers 4809

1505 Smith, Kline & French Laboratories, Philadelphia, Pa., übert. von: Vlasios Georgian, Belmont, Mass., James F. Kerwin, Broomall, Pa., und Manfred E. Wolff, San Bruno, Calif., V.St.A., **12β.13β-Methano-18-norsteroide.** Man führt z. B. das Methojodid des 3β-Hydroxy-11-ketoconanins, F. > 285°; $[\alpha]_D^{25}$ 49°, durch Behandlung an Amberlite IRA 400 (Hydroxidform) in die freie quatern. NH_4-Base über u. erhitzt diese auf 170°/15 mm → *3β-Hydroxy-11-keto-18-dimethylamino-Δ^{20}-allopregnen* (**I**), F. 132—133,5°; $[\alpha]_D^{25}$ 34°, welches sich durch Rk. mit CH_3J überführen läßt → **I**-*Jodmethylat*, F. 228—229°; $[\alpha]_D^{25}$ 42°; daraus durch Rk. mit Na-Methylat in Dimethylformamid unter Rückfluß → *3β-Hydroxy-11-keto-12β.13β-methano-18-nor-Δ^{20}-allopregnen*, F. 128—129,5°; $[\alpha]_D^{25}$ —3°, welches sich durch CrO_3-Oxydation in die 3-Keto-Verb. u. durch anschließende Hydroxylierung mit OsO_4 überführen läßt → *3.11-Diketo-12β.13β-methano-18-nor-allopregnan-20.21-diol*. — Analog: *3α-Hydroxy-11-keto-12β.13β-methano-18-nor-Δ^{20}-pregnen*; *3.11-Diketo-12β.13β-methano-18-nor-Δ^{20}-pregnen*, F. 140 bis 142,5°; *3.11-Diketo-12β.13β-methano-18-norpregnan-20.21-diol*, F. 151—155°. — *Heilmittel* sowie Zwischenprodd. zu deren Herstellung. (**A. P. 3 019 235** vom 10/1. 1961, ausg. 30/1. 1962.) U. Sievers 4809

1506 G. D. Searle & Co., Chicago, übert. von: Paul D. Klimstra und Raymond E. Counsell, Skokie, Ill., V.St.A., **17-Oxigenierte 3α-Halogen-5α-androstan-2β-ole**

und deren Derivate. Man erhitzt z. B. 3β-p-Toluolsulfonyl-oxy-5α-androstan-17-on in Kollidein unter Rückfluß → *5α-Δ²-Androsten-17-on* (**Ib**), F. 103—105°; [α]D 163°, welches sich durch Rk. mit N-Bromsuccinimid in Dioxan–$HClO_4$ überführen läßt → *3α-Brom-2β-hydroxy-5α-androstan-17-on* (**Ia**), F. 194—196°; [α]D 124°; daraus durch Dehydrobromierung mit Na_2CO_3 in wss. Tetrahydrofuran–Dioxan-Gemisch → *2β.3β-Epoxy-5α-androstan-17-on* (**I**), F. 121—123°; [α]D 132°. Hieraus erhält man durch Epoxidspaltung mit HJ in Chlf. → *2β-Hydroxy-3α-jod-5α-androstan-17-on*, F. 149—149,5° (Zers.); [α]D 137,5°. — Alternativ läßt sich I mit HF spalten → *3α-Fluor-2β-hydroxy-5α-androstan-17-on*, F. 185—186°. — **Ia** + Acetanhydrid in Pyridin → *2β-Acetoxy-3α-brom-5α-androstan-17-on*, F. 168—169°; [α]D 131°. — Analog: I + HCl → *3α-Chlor-2β-hydroxy-5α-androstan-17-on*, F. 202—204°; [α]D 120°; *2-Acetat*, F. 135—136°; [α]D 122,5°. — **I** läßt sich mit Li-tri-(tert.-butoxy)-Al-hydrid in Tetrahydrofuran red. → *3α-Brom-5α-androstan-2β.17β-diol*, F. 197—198°; [α]D 56°. — **Ib** läßt sich durch Red. mit $NaBH_4$ überführen → *5α-Δ²-Androsten-17-ol*, F. 157—158°; [α]D 62°; *17-Acetat* (**II**), F. 101—101,5°; [α]D 47,7°. — Alternativ läßt sich **Ib** durch Rk. mit $LiCH_3$ oder CH_3MgBr überführen → *17α-Methyl-5α-Δ²-androsten-17β-ol*, F. 149—151°; [α]D 33°. — Analog: *17α-Äthinyl-5α-Δ²-androsten-17β-ol*, F. 172,5—174,5°; 4°. — **II** + N-Bromsuccinimid wie vorst. → *3α-Brom-5α-androstan-2β.17β-diol-17-acetat*, F. 145—147°; [α]D 46,5°. — Analog: *3α-Brom-17α-methyl-5α-androstan-2β.17β-diol*, F. 162,5—166°. — *3α-Brom-17α-äthinyl-5α-androstan-2β.17β-diol*, F. 175—178°. — *Heilmittel* sowie Zwischenprod. zu deren Herstellung. (**A. P. 3 018 298** vom 14/3. 1961, ausg. 23/1. 1962.) U. Sievers 4809

1507 G. D. Searle & Co., Chicago, übert. von: Raymond M. Dodson, Park Ridge, und Paul B. Sollman, Wilmette, Ill., V.St.A., **6-Alkoxy- und 6-Ketosteroide.** Man setzt z. B. Δ⁴-Androsten-3.17-dion in Pyridin mit Methanol in Ggw. von CuBr unter Rückfluß um → *6β-Methoxy-Δ⁴-androsten-3.17-dion*, F. 164—166°; [α]D 122°. — Analog: *6β-Äthoxy-Δ⁴-pregnen-3.20-dion*, F. 162—163°. — *17β-Hydroxy-6β-methoxy-17α-methyl-Δ⁴-androsten-3-on*, F. 149—150°; [α]D 22° (Chlf.); 15° (Methanol). — *17α.21-Dihydroxy-6β methoxy-Δ⁴-pregnen-3.11.20-trion*, F. 233—238°; [α]D 132°. — *17α-Acetoxy-6β-methoxy-Δ⁴-pregnen-3.20-dion*, F. 254—255°; [α]D 20°. — *6β-Methoxy-Δ⁴-pregnen-3.20-dion*, F. 172—173°; [α]D 127°. — *17β-Hydroxy-6β-methoxy-Δ⁴-androsten-3-on*, F. 213 bis 217°; [α]D 45°. — *17α-Acetoxy-6β-methoxy-6α-methyl-Δ⁴-pregnen-3.20-dion*, F. 210—215°; [α]D 7,5°. — *17α-Äthinyl-17β-hydroxy-6β-methoxy-6α-methyl-Δ⁴-androsten-3-on*, F. 216,5 bis 220,5°; [α]D —23,3°. — *17β-Hydroxy-6-methoxy-Δ⁴·⁶-androstadien-3-on*, F. 165—167°. — *17α-Acetoxy-6-methoxy-Δ⁴·⁶-pregnadien-3.20-dion*, F. 201—204°. — *17β-Acetoxy-6-methoxy-Δ⁴·⁶-androstadien-3-on*, F. 161—162°; [α]D 3°, welches sich mit konz. HCl in Dioxan überführen läßt → *17β-Acetoxy-Δ⁴-androsten-3.6-dion*, F. 212—214°. — Analog: *17β-Hydroxy-5α-androstan-3.6-dion*, F. 218—221°; *17-Acetat*, F. 174—179° u. 188—190°. — *5α-Pregnan-3.6.20-trion*, F. 235—238°; [α]D 60°. — *Cholestan-3.6-dion*, F. 176—177°. — *21-Hydroxy-5α-pregnan-3.6.20-trion*, F. 217—220°. — *Heilmittel* sowie Zwischenprodd. zu deren Herstellung. (**A. P. 3 032 565** vom 24/8. 1960, ausg. 1/5. 1962.) U. Sievers 4809

1508 G. D. Searle & Co., übert. von: Frank B. Colton, Chicago, Ill., V.St.A., **Δ¹-5α-Androsten-3β.17β-diole und deren Ester.** Man red. z. B. Δ¹-Androsten-3.17-dion mit $NaBH_4$ in Äthylacetat–Methanol → *5α-Δ¹-Androsten-3β.17β-diol*, F. 122—123° (Sequihydrat); 154—156° (Hydrat). — Analog: 17α-Methyl-5a-Δ¹-androsten-17β-ol-3-on + $LiAlH_4$ in Ae. — Tetrahydrofuran → *17α-Methyl-5α-Δ¹-androsten-3β.17β-diol* (**I**), F. 214—215°; [α]D 17°. — *17α-Äthyl-5α-Δ¹-androsten-3β.17β-diol* (**II**), F. 208—211°; [α]D 28°. — **I** + Acetanhydrid in Pyridin → **I**-*3-Acetat*, F. 132—134°; [α]D 16,5°. — Analog: **II**-*3-Acetat*, F. 148—150°; [α]D 20°. — Alternativ kann man z. B. 3β-Acetoxy-6-methyl-Δ⁵·¹⁶-pregnadien-20-on über sein Oxim durch Rk. mit $POCl_3$/Pyridin überführen → *3β-Acetoxy-6-methyl-Δ⁵-androsten-17-on*, F. 151—152°; [α]D —19°, welches sich durch katalyt. Hydrierung mit H_2/Pd-Kohle in Eisessig überführen läßt → *3β-Acetoxy-6β-methyl-5α-androstan-17-on*, F. 151—157°; *freier Alkohol*, F. 157—158°, welcher sich mit CrO_3 in Aceton–H_2SO_4 oxydieren läßt → *6β-Methyl-5α-androstan-3.17-dion*, F. 171—173°; daraus durch Bromierung mit Br_2/Essigsäure in Ggw. von HBr → *2-Brom-6β-methyl-5α-androstan-3.17-dion*, F. 193—195°, aus welchem sich durch Dehydrobromierung mit Collidin *6β-Methyl-5α-Δ¹-androsten-3.17-dion*, F. 141—144°, herstellen läßt; daraus durch Red. mit $NaBH_4$ in Isopropanol → *6β-Methyl-5α-Δ¹-androsten-3β.17β-diol*; *3.17-Diacetat*, F. 122—132°. — *Heilmittel.* (**A. P. 3 031 473** vom 18/7. 1960, ausg. 24/4. 1962.) U. Sievers 4809

1509 G. D. Searle & Co., Chicago, Ill., übert. von: Clarence G. Bergstrom, Chicago, Ill., und Raymond M. Dodson, Minneapolis, Minn., V.St.A., **17-Oxigenierte 9α-Fluor-Δ⁴-androsten-3-one** erhält man durch Rk. einer entsprechenden 11β-Hydroxy-9α-H-Verb. mit einem HF-Pyridin-Reagens (**I**). — Man setzt z. B. 11β-Hydroxy-Δ⁴-androsten-3.17-dion mit **I** bei Raum-Temp. um → *9α-Fluor-Δ⁴-androsten-3.17-dion* (**IIa**), F. 227—228°. — Analog: *9α-Fluor-17β-hydroxy-Δ⁴-androsten-3-on* (**II**), F. 206—207°. — *17β-Acetoxy-9α-fluor-Δ⁴-androsten-3-on*, F. 197,5—198,5°; [α]D 71°. — **II**-*17-Propionat*, F. 163—165°; [α]D 62°. — **IIa**-*3-Äthylenoläther*, F. 153—161°, welcher sich in üblicher Weise äthinylieren läßt → *17α-Äthinyl-9α-fluor-17β-hydroxy-Δ⁴-androsten-3-on* (nach Ätherspaltung), F 296,5° (Zers.); daraus durch katalyt. Red. mit H_2/Pd-$CaCO_3$ → *9α-Fluor-17β-hydroxy-17α-vinyl-Δ⁴-androsten-3-on*, F. 193,5—196,5°; [α]D 56,5°; durch weitere katalyt. Red. mit H_2/Pd-Kohle erhält man hieraus → *17α-Äthyl-9α-fluor-17β-hydroxy-Δ⁴-androsten-3-on*, F. 198—199°. — *Heilmittel.* (**A. P. 3 029 258** vom 5/5. 1961, ausg. 10/4. 1962.) U. Sievers 4809

1510 Abbott Laboratories, North Chicago, übert. von: Paul Kurath, Waukegan, und John Wayne Cole, Deerfield, Ill., V.St.A., **16.17-Lactone der Androstanreihe.** Man setzt z. B. 3β-Hydroxy-17-oxo-Δ⁵-androsten mit Trinatriumperjodat (para) in Ggw. von H_2SO_4 u. d-Weinsäure sowie von wss.-methanol. NaOH um → *3β-Hydroxy-17-oxo-Δ⁵-androsten-16-ylidenessigsäure* (**I**), F. 239—241°; *3-Acetat*, F. 271 bis 273°. — **I** läßt sich sodann mit 2.2-Dimethoxypropan in Ggw. von methanol. HCl überführen → **I**-*Methylester*, F. 140—141°; *3-Acetat*, F. 148—149°. — **I** läßt sich alternativ mit $NaBH_4$ in wss. Methanol red. → *3β.17β-Dihydroxy-Δ⁵-androsten-16-ylidenessigsäure* (**II**), F. 211—312° (Zers.); *3.17-Diacetat*, F. 210—212°; daraus durch katalyt. Hydrierung mit H_2/PtO_2 → *3β.17β-Diacetoxy-Δ⁵-androsten-16β-ylessigsäure* (**III**), F. 252—253°. — Durch erschöpfende Hydrierung von **II** erhält man → *3β.17β-Diacetoxy-5α-androstan-16β-ylessigsäure*, F. 243—244°; daraus durch Rk. mit methanol. KOH → *3β.17β-Dihydroxy-5α-androstan-16β-ylessigsäurelacton*, F. 236 bis 237°, welches sich mit $Na_2Cr_2O_7$ in Ggw. von H_2SO_4 oxydieren läßt → *17β-Hydroxy-3-oxo-5α-androstan-16β-ylessigsäurelacton* (**IVa**), F. 223—224°. — Analog: **III** → *3β.17β-Dihydroxy-Δ⁵-androstan-16β-ylessigsäurelacton*, F. 237 bis 239°. — *17β-Hydroxy-3-oxo-Δ⁴-androsten-16β-ylessigsäurelacton*, F. 251—253°, welches sich mit SeO_2 dehydrieren läßt → *17β-Hydroxy-3-oxo-Δ¹·⁴-androstadien-16β-ylessigsäurelacton* (**IV**), F. 238—239°. — **IV** läßt sich alternativ auch aus **IVa** durch Bromierung u. Dehydrobromierung in üblicher Weise herstellen. — *Heilmittel.* (**A. P. 3 045 012** vom 2/6. 1960, ausg. 17/7. 1962.) U. Sievers 4809

1511 American Home Products Corp., New York, N.Y., V.St.A., übert. von: Romano Deghenghi, Westmount, Canada, **17α-Methylätiansäure** erhält man durch Rk. einer 17-Halogen-20-keto-Verb. der Pregnanreihe mit konz. wss. Alkalihydroxid in Ggw. eines organ. wasserlösl. Lsgm. u. Überführung des erhaltenen Alkalisalzes in die freie Säure. — Man behandelt z. B. 17α-Bromprogesteron in Aceton mit wss. NaOH → *17α-Methyl-Δ⁴-androsten-3-on-17β-carbonsäure*, F. 305—308°; [α]D 83,8°. — Analog: *17α-Methyl-6α-fluor-Δ⁴-androsten-3-on-17β-carbonsäure*, F. 275—280°. — *Zwischenprodd. zur Herst. von Heilmitteln.* (**A. P. 3 041 358** vom 26/6. 1961, ausg. 26/6. 1962.) U. Sievers 4809

1512 American Home Products Corp., New York, N.Y., V.St.A., übert. von: David J. Marshall, Westmount, Canada, **1-Dehydro-17α-bromprogesterone** erhält man durch Dehydrierung der entsprechenden 1.2-Dihydro-Verbb. mit SeO_2. — Man dehydriert z. B. 17α-Bromprogesteron mit SeO_2 in tert. Butanol → *1-Dehydro-17α-bromprogesteron*, F. 153—154° (Zers.). — Analog: *1-Dehydro-17α-brom-6α-fluorprogesteron*, F. 180—181° (Zers.). — *Heilmittel.* (**A. P. 3 040 066** vom 2/12. 1959, ausg. 19/6. 1962.) U. Sievers 4809

1513 Nopco Chemical Co., Newark, N.J., übert. von: Howard Klein, Brooklyn, N.Y., und Roland Kapp, Williamsport, Pa., V.St.A., **7-Dehydrosterole** erhält man durch Dehydrohalogenierung einer entsprechenden $\Delta^{5,6}$-7-Halogen-Verb. mit Hexamethylentetramin (I). — Man setzt z. B. 7-Bromcholesterylbenzoat mit I in Xylol um → *7-Dehydrocholesterolbenzoat*; Reinheit 92,7%. — *Zwischenprod. zur Herstellung von Heilmitteln.* (**A. P. 3 037 996** vom 13/2. 1961, ausg. 5/6. 1962.) U. Sievers 4809

1514 Sterling Drug, Inc., New York, N.Y., übert. von: Robert L. Clarke, Bethlehem, N.Y., V.St.A., **2-Oxigenierte 4-Methyl-$\Delta^{1.3.5,10}$-östratriene.** Man behandelt z. B. 2-Hydroxytestosteron (I) mit methanol. p-Toluolsulfonsäure 5 Std. unter Rückfluß u. arbeitet chromatograph. an Silicagel auf → *2-Methoxy-4-methyl-$\Delta^{1.3.5,10}$-östratrien-17β-ol* (II), F. 114,4—116°; $[\alpha]_D^{25}$ 123°. Alternativ kann man die Umlagerung auch mit I-Diacetat durchführen. — II läßt sich durch Rk. mit Pyridinhydrochlorid bei 165° überführen → *4-Methyl-$\Delta^{1.3.5,10}$-östratrien-2.17β-diol* (III), F. 256,8—259,2°; $[\alpha]_D^{25}$ 50,1°; daraus durch Rk. mit Diäthylphosphit in CCl_4 u. Triäthylamin u. anschließende Rk. des erhaltenen III-2-Diäthylphosphates mit Na in fl. NH_3 in Ggw. von A. u. Tetrahydrofuran → *4-Methyl-$\Delta^{1.3.5,10}$-östratrien-17β-ol*, F. 114—115,5°; $[\alpha]_D^{25}$ 59°. — Alternativ kann man 17β-Hydroxy-2-methoxy-$\Delta^{1.4}$-androstadien-3-on, F. 215—218,5°, mit $LiAlH_4$ in Tetrahydrofuran red. → II, welches sich durch CrO_3-Oxydation überführen läßt → *2-Methoxy-4-methyl-$\Delta^{1.3.5,10}$-östratrien-17-on*, F. 135,8—137°; $[\alpha]_D^{25}$ 112,7°. — 17β-Hydroxy-2-methoxy-$\Delta^{1.4}$-androstadien-3-on + Acetanhydrid in Ggw. von H_2SO_4 → *1.17β-Diacetoxy-2-methoxy-4-methyl-$\Delta^{1.5.5,10}$-östratrien*, F. 135—136,8°; $[\alpha]_D^{25}$ 104,4°, *freier Alkohol*, F. 209—210,4°; $[\alpha]_D^{25}$ 165°. — Analog: 2.17β-Diacetoxy-1.4-androstadien-3-on, F. 207—209° → *1.2.17β-Triacetoxy-4-methyl-$\Delta^{1.3.5,10}$-östratrien*, F. 176—178,2°; $[\alpha]_D^{25}$ 94,4°; *freier Alkohol*, F. 209—210,4°; $[\alpha]_D^{25}$ 167,6°. — *Heilmittel.* (**A. P. 3 037 033** vom 21/8. 1961, ausg. 29/5. 1962.) U. Sievers 4809

1515 American Cyanamid Co., New York, übert. von: Joseph Jacob Goodman, Nanuet, und Mary Matrishin, Pearl River, N.Y., V.St.A., **Erzeugung von 7-Chlor-6-demethyltetracyclin** durch submerse aerobe Gärung von *Streptomyces aureofaciens*, ATCC Nr. 12551, 12552, 12553 oder 12554 in einem wss. Nährmedium (aus Kohlenhydraten, N-Verbb. u. Mineralsalzen), dad. gek., daß man als Methylierungsinhibitor eine geringe Menge einer Verb. der allg. Formel: p-R_1—C_6H_4—SO_2—NH—R_2 zusetzt (R_1 = H oder

I

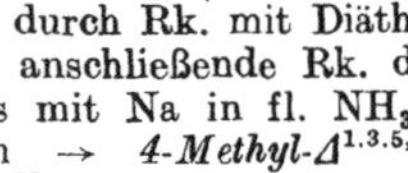

NH_2; R_2 = Phenyl, Pyridinyl, Triazinyl, Pyridazinyl, Pyrimidazinyl, O=C—CH=C$(CH_3)_2$ oder eine Verb. der Formel I. Genannt sind bes. 2- bzw. 4-Sulfanilamidopyrimidin, 2-Sulfanilamido-6-chlorpyrazin, 3-Sulfanilamidopyridazin u. p.p'-Diaminodiphenylsulfon. — Mengenbeispiele. (**A. P. 3 019 172** vom 14/3. 1960, ausg. 30/1. 1962.) G. Vogel 4811

1516 Eli Lilly and Co., übert. von: Enos Brown Robbins, Indianapolis, Ind., V.St.A., **Analgeticum.** Es enthält als Wirkstoff „d-Propoxyphen"= *α-d-1.2-Diphenyl-2-propionoxy-3-methyl-4-dimethylaminobutan* (I) u. als potenzierende Komponente in einer Menge von 3—7 (Teilen) auf 1 I „Phenaglycodol" = *2-p-Chlorphenyl-3-methyl-2.3-butandiol*, eine Verb. die als Tranquillizer für sich allein keine analget. Wrkg. hat. (**A. P. 3 036 954** vom 5/10. 1959, ausg. 29/5. 1962.) W. Heyer 4815

1517 Geigy Chemical Corp., Ardsley, N. Y., übert. von: Martin Rubin, Silver Spring, Md., und Martin Dexter, White Plains, N.Y., V.St.A., **Arzneimittel zur Behandlung der Hämachromatosis**, gek. durch einen Geh. an 1—10(%) chem. reiner *Trinatrium-Ca-diäthylentriaminopentaessigsäure* u. 5—10 *Glucose* in wss. isoton. Lsg.; die Lsg. wird dann auf pH 7,2—7,4 eingestellt. (**A. P. 3 062 719** vom 19/10. 1959, ausg. 6/11. 1962.) W. Heyer 4815

1518 May & Baker Ltd., Dagenham, England, **Arzneimittel** zur Behandlung von Hypertonie in Tabletten- oder injizierbarer Form, gek. durch einen Geh. an *1.2.2.5.5-Pentamethyl-* oder *2.2.5.5-Tetramethyl-$\Delta^{3.4}$-pyrrolin* als Hydrochlorid oder Hydrogentartrat. (**Ind. P. 67 133** vom 23/3. 1959, ausg. 20/12. 1961. E. Prior. 24/3. 1958.) C. Lüttgen 4815

1519 Beecham Research Laboratories Ltd., Brentford, Middlesex, England, **Oral anwendbares Arzneimittel** *zur Bekämpfung von Infektionskrankheiten der Harnwege* — grampositive u. gramnegative Bakterien —, enthaltend pro Dosis als Wirkstoff 130—200 (mg) Sulfadiazin, 130—200 Sulfamerazin u. 120—280 α-Phenoxyäthylpenicillinkalium. (**E. P. 910 456** vom 17/8. 1961, ausg. 14/11. 1962. A. Prior. 2/9. 1960.) W. Heyer 4815

1520 Beecham Research Laboratories Ltd., Brentford, Middlesex, England, **Arzneimittel** *zur Behandlung von Infektionskrankheiten* — oral anwendbar — enthält als Wirkstoffe pro Dosis 60—140 (mg) α-Phenoxyäthylpenicillin, bes. in Form des K-Salzes, 165—250 Acetylsalicylsäure, 120—150 Acetophenetidin, 15—30 Coffein u. 1—30 Phenyltoloxamindihydrogencitrat, ggf. zusammen mit 10 bis 25 Phenylpropanolamin 2,5—5 Phenylephrinhydrochlorid u. 1,25—2,5 Chlorpheniraminmaleat. (**E. P. 911 482** vom 1/9. 1961, ausg. 28/11. 1962. A. Prior. 6/10. 1960.) W. Heyer 4815

1521 Armour & Co., Chicago, übert. von: Robert E. Thompson, Momence, Ill., V.St.A., **Herstellung einer protrahiert wirkenden Lösung des Corticotropins.** Es enthält in wss. Suspension auf 100 U.S.P.-Einheiten Corticotropin 0,1—2,5 (mg) Tannat, 0,5—2 Zn, 6—60 partiell hydrolysierte Gelatine u. 0,2—2 Cystein. Das Corticotropin bildet mit dem Zn-Salz, Gelatine u. Tannat einen wasserunlösl. Komplex. (**A. P. 3 036 956** vom 15/8. 1958, ausg. 29/5. 1962.) W. Heyer 4815

1522 Farbwerke Hoechst Akt.-Ges. vormals Meister Lucius & Brüning, Frankfurt/M., übert. von: Georg Lämmler, Frankfurt/M., Heinz Loewe, Kelkheim, und Gerhard Ross, Frankfurt/M., **Tierarzneimittel** zur Behandlung von *Fasciola hepatica* zur oralen Applikation, bes. bei Haustieren, enthaltend in üblicher pharmazeut. Grundlage als Wirkstoff *1.4-Bis-* bzw. *1.3-Bis-(Trichlormethyl)-benzol* oder das *1.3.5-Tris-(Trichlormethyl)-benzol* oder Gemische dieser Verbindungen. (**A. P. 3 029 186** vom 9/9. 1959, ausg. 10/4. 1962.) W. Heyer 4817

1523 Armour and Co., Chicago, übert. von: Alan B. Rogers, Palos Park, und John F. Roland jun., Glenview, Ill., V.St.A., **Arzneimittel** zur Bekämpfung der unerwünschten Mikroorganismen im Gastrointestinaltrakt bei Säugetieren. Es enthält eine Verb., die durch Rk. zwischen einem kation. u. anion. oberflächenakt. Mittel, bes. die durch Rk. von Trimethyloctadecylammoniumstearat mit einem Polyelektrolyt wie Hexasulfonsäure (Suramin), Polysulfonsäureharz (Amberlite IR-105), Polyacrylsäure, Alginsäure, Carboxymethylcellulose, Heparin, Chondroitinschwefelsäure oder einer Polyphosphonsäure wie „Duolite C-61" erhaltene Verbindung. (**A. P. 3 011 843** vom 30/11. 1955, ausg. 5/12. 1961.) W. Heyer 4817

1524 Monsanto Chemical Co., St. Louis, Mo., übert. von: Samuel Allen Heininger und Gail H. Birum, Dayton, Ohio, V.St.A., **Arylsulfinylhalogenalkannitrile** der allg. Formel I (R = H, KW-Stoffrest ohne aliphat. Mehrfachbindung mit 1—6 C-Atomen, mindestens 1 R = H; X = Cl,

I

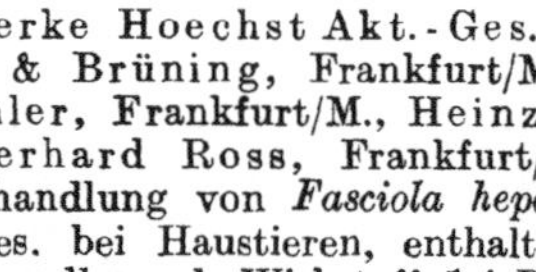

Br; Y = H, Halogen, Alkyl mit 1—5 C-Atomen; n = 1—5) werden hergestellt durch Oxydation der entsprechenden Sulfide mit H_2O_2 in Essigsäure oder mit HNO_3 in Acetanhydrid. Die Sulfide werden hergestellt durch Rk. von Alkyl- oder Halogenarylsulfenylchloriden oder -bromiden mit Acrylnitril; oder durch Addition von Thiophenolen an α-Halogenacrylnitrile; oder durch Anlagerung von Halogenwasserstoff an die olefin. Doppelbindung von Phenylthioacrylnitrilen; oder durch Rk. eines 2.3-Dihalogenpropionitrils mit einem Alkalithiophenolat. — (Im folgenden: *Phenylsulfinyl* = *PS*; *Chlorpropionitril* = **II**; *Brompropionitril* = **III**). Zu 43,3 (g) p-ClC_6H_4SH in 75 ml Dioxan, das 5 ml 50%ig. wss. Cholin enthält, gibt man bei 35—40° 26,3 α-Chloracrylnitril, rührt ½ Std. u. gießt in Eiswasser, trennt die organ. Schicht ab u. dest. → 55 3-(4-Chlorphenylthio)-2-**II**, $C_9H_7Cl_2NS$, F. 39—40° (aus A.), Kp.$_{0,6}$ 147—148°; n_D^{25} 1,5885; 79% (Ausbeute). Aus 5,8 der vorst. Verb. mit 11,3 30%ig. H_2O_2 in 40 ml Eisessig bei 50—90° → sulfoxidhaltiges *3-(4'-Chlor-PS)-2-***II**, $C_9H_7Cl_2NOS$, F. 111,5—112° (aus abs. A.). — Zu 289 p-ClC_6H_4SH u. 80 NaOH in 800 ml W. gibt man innerhalb 2 Std. 247,5 2.3-Dichlorpropionitril, rührt 1 Std. nach, läßt über Nacht stehen u. filtriert → 363 3-(4'-Chlorphenylthio)-2-**II**, F. 42—43°; 78,3%. Hieraus mit rauchender HNO_3 in Acetanhydrid → sulfoxidfreies *3-(4'-Chlor-PS)-2-***II**, F. 116—117° (aus A.). — Analog erhält man *3-PS-2-***II** aus 3-(Phenylthio)-2-**II** (F. 115—116°, Kp.$_{0,3}$ 115 bis 116°; n_D^{35} 1,5762; 85%). — Methacrylnitril u. p-Tolylsulfenylchlorid → 2-Methyl-2-(p-methylphenylthio)-3-**II**, $C_{11}H_{12}ClNS$, Kp.$_{0,2}$ 122—124°; n_D^{25} 1,5581; 67,7%; hellgelb. Hieraus mit HNO_3 → *2-Methyl-2-(4'-methyl-PS)-3-***II**. — Als weitere mögliche Verbb. sind aufgeführt: *2-PS-3-***II**; *3-(2'-Chlor-PS)-2-***II**; *3-(3'-Chlor-PS)-2-***II**; *2-(2'-Chlor-PS)-3-***II**; *2-(3'-Chlor-PS)-3-***II**; *2-(4'-Chlor-PS)-3-***II**; *3-(2'.4'-Dichlor-PS)-2-***II**; *2-(2'.4'-Dichlor-PS)-3-***II**; *3-(Pentachlor-PS)-2-***II**; *2-(Pentachlor-PS)-3-***II**; *3-PS-2-***III**; *2-PS-3-***III**; *3-(2'-Brom-PS)-2-***III**; *3-(3'-Brom-PS)-2-***III**; *3-(4'-Brom-PS)-2-***III**; *2-(2'-Brom-PS)-3-***III**; *2-(3'-Brom-PS)-3-***III**; *2-(4'-Brom-PS)-3-***III**; *3-(2'.4'-Dibrom-PS)-2-***III**; *2-(2'.4'-Dibrom-PS)-3-***III**; *3-(Pentabrom-PS)-2-***III**; *2-(Pentabrom-PS)-3-***III**; *2-(4'-Brom-PS)-3-***II**; *3-(2'-Chlor-PS)-2-***III**; *3-(2'-Brom-4'-chlor-PS)-2-***III**; *2-(2'.4'-Dibrom-3 chlor-PS)-3-***II**; *3-(Pentabrom-PS)-2-***II**; *3-(2'-Jod-PS)-2-***II**; *2-(4'-Jod-PS)-3-***III**; *3-(2'.4'-Dijod-PS)-2-***II**; *2-(3'.4'-Dijod-PS)-3-***III**; *3-(2'.3'-Dijod-PS)-2-***II**; *2-(2'-Jod-4'-brom-PS)-3-***II**; *3-(4'-Fluor-PS)-2-***III**; *2-(2'-Fluor-3'-jod-4'-brom-PS)-3-***II**; *3-(3'.5'-Diäthyl-PS)-2-***III**; *2-(2'-Methyl-4'-chlor-PS)-3-***III**; *3-(2'.4'-Dichlor-5'-äthyl-PS)-2-***III**; *2-(4'-n-Hexyl-PS)-3-***II**; *2-(2'-Jod-PS)-2-methyl-3-***II**; *3-(2'.4'-Dimethyl-PS)-3-phenyl-2-***III**; *3-(4'-Chlor-PS)-2-cyclohexyl-2-***II**; *2-(β-Naphthylsulfinyl)-3-***III**; *3-(β-Brom-α-naphthylsulfinyl)-2-***II**. — *Wachstumsinhibitoren* für Mikroorganismen. Die bakteriostat. u. fungistat. Wrkg. gegen *Micrococcus pyogenes* var. *aureus*, *Salmonella typhosa* u. *Aspergillus niger* ist angegeben. (**A. P. 3 018 304** vom 31/12. 1957, ausg. 23/1. 1962.)

A. Debo 4833

1525 J. R. Geigy Akt.-Ges., Basel, Schweiz, **Herstellung eines desinfizierenden Reinigungsmittels** der allg. Formel I (A = 2wertiger aliphat. oder cycloaliphat. Rest, der

I

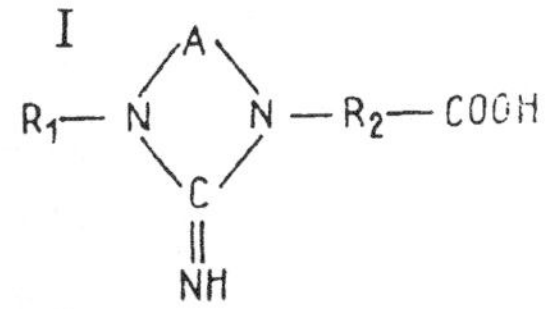

mit den N-Atomen einen 5- oder 6-gliedrigen Ring bildet, $R_1 = C_{10}—C_{16}$-Alkylrest oder einen solchen enthaltenden Rest, $R_2 = C_1—C_3$-Alkylenrest). — 58 (Teile) 1-Dodecyl-2-iminoimidazolidinhydrochlorid u. 21 Chloressigsäure werden in 100 W. gelöst, bei 30—35° mit 91,8 18,3%ig. NaOH versetzt, 14 Std. bei 15—20° u. 2 Std. bei 90—95° gerührt u. bei 50—55° im Vakuum eingedampft. Der Rückstand wird in CH_3OH (**II**) gelöst, so viel HCl in die Lsg. geleitet, bis eine mit W. verd. Probe Kongopapier gerade blau färbt, das ausgefallene NaCl abfiltriert u. der **II** im Vakuum abdest. → *3-Dodecyl-2-iminoimidazolyl-1-essigsäurehydrochlorid* als wachsartige Masse, die zur Reinigung von Milchkannen geeignet ist. Weitere, formelmäßig angeführte Beispiele. (**Ind. P. 67 249** vom 2/4. 1959, ausg. 12/10. 1961.) C. Lüttgen 4833

1526 **Charles E. Frosst & Co.**, Montreal, übert. von: **John Mulvin Parker**, Montreal, und **Burton Kendall Wasson**, Valois, Quebec, Canada, *2-Propargylpropandioldicarbamate*. (**A. P. 3 056 828** vom 8/11. 1957, ausg. 2/10. 1962. — C. **1962**, 3184 [E. P. 846 377].)

1527 **Roussel-Uclaf**, Paris (Erfinder: **Bernard Goffinet**, Paris, und **Gaston Amiard**, Noisy-le-Sec, Seine), Frankreich, *Herstellung von Diaminocapronsäurederivaten*. (**Schwz. P. 370 093** vom 24/6. 1957, ausg. 15/8. 1963. F. Prior. 17/7. 1956. — C. **1961**, 10288 [F. P. 1 176 117].)

1528 **Upjohn Co.**, Kalamazoo, übert. von: **Brooke D. Aspergren, Robert B. Moffett**, Kalamazoo, und **Merrill E. Speeter**, Kalamazoo Township, Mich., V.St.A., *Herstellung von niedrigmolekularen 4-Tertiäramino-4-alkylbutyroamiden*. (**A. P. 3 072 722** vom 21/7. 1955, ausg. 8/1. 1963. — C. **1959**, 217 [D. A. S. 1 025 889].)

1529 **C. F. Boehringer & Söhne G. m. b. H.**, Mannheim (Erfinder: **Erich Haack**, Heidelberg, **Wilhelm Peschke, Ruth Heerdt**, Mannheim, **Walter Aumüller**, Kelkheim/Taunus, und **Gerhard Korger**, Frankfurt/M.), *Herstellung von oral wirksamen Antidiabetica*. (**Schwz. PP. 370 764, 370 765** u. **370 766** vom 4/2. 1958, ausg. 13/9. 1963. Alle D. Prior. 26/2. 1957. — C. **1961**, 15842 [Oe. P. 203 510].)

1530 **Farbwerke Hoechst Akt.-Ges. vormals Meister Lucius & Brüning** (Erfinder: **Walter Aumüller, Rudi Weyer** und **Gerhard Korger**), Frankfurt/M., *Herstellung von N-Sulfonyl-N'-acylharnstoffen*. (**Schwz. P. 370 401** vom 22/5. 1958, ausg. 30/8. 1963. **A. P. 3 068 282** vom 23/5. 1958, ausg. 11/12. 1962. Beide D. Prior. 25/5. 1957. — C. **1959**, 10338 [D. A. S. 1 046 026].)

1531 **Cilag-Chemie Ltd.**, Schaffhausen, übert. von: **Karl Koebel**, Neuhausen am Rheinfall, und **Robert Egli**, Schaffhausen, Schweiz, *Herstellung von N-Arylsulfonyl-N'-alkylharnstoffen*. (**A. P. 3 075 012** vom 5/4. 1960, ausg. 22/1. 1963. Schwz. Prior. 7/4. 1959. — C. **1962**, 10190 [D. A. S. 1 114 804].)

1532 **Hoffmann-La Roche, Inc.**, Nutley, N.J., V.St.A., übert. von: **Hugo Gutmann**, Reinach, Schweiz, *N^1-substituierte Benzoyl-$N^1.N^2$-diisopropylhydrazide*. (**A. P. 3 072 713** vom 29/9. 1959, ausg. 8/1. 1963. Schwz. Prior. 17/10. 1958. — C. **1963**, 17414 [D. A. S. 1 105 427 u. Niederl. P. 100 568], C. **1962**, 14954 [Oe. P. 212 300] u. C. **1962**, 12389 [E. P. 864 236].)

1533 **Geigy Chemical Corp.**, Ardsley, N.Y., V.St.A., übert. von: **Albert Joseph Hermann Jöhl** und **Willy Stoll**, Basel, Schweiz, *α-Substituierte Glycinderivate*. (**A. P. 3 074 942** vom 17/2. 1960, ausg. 22/1. 1963. Schwz. Prior. 13/1. 1958. — C. **1961**, 16200 [D. A. S. 1 097 990].)

1534 **Byk-Gulden Lomberg, Chemische Fabrik G. m. b. H.**, Konstanz, *Herstellung eines wasserunlöslichen Kondensationsproduktes*. (**Niederl. P. 104 130** vom 28/12. 1957, ausg. 15/3. 1963. D. Prior. 22/2. 1957. — C. **1958**, 12772 [D. A. S. 1 031 799].)

1535 **Imperial Chemical Industries Ltd.**, London, England, übert. von: **Robert J. Stephenson**, Newport, Wales, *Pivalylferrocene*. (**A. P. 3 078 291** vom 21/12. 1959, ausg. 19/2. 1963. E. Prior. 7/1. 1959. — C. **1962**, 16771 [E. P. 864 197].)

1536 **Ciba Akt.-Ges.**, Basel (Erfinder: **Jean Druey**, Riehen, **Paul Schmidt**, Therwil, und **Kurt Eichenberger**, Basel), Schweiz, *Herstellung neuer Pyrazolo-*[2.3:*a*]*-imidazolidine*. (**Schwz. P. 369 462** vom 30/5. 1958, ausg. 15/7. 1963. — C. **1962**, 10191 [D. A. S. 1 111 640].)

1537 **Cassella Farbwerke Mainkur Akt.-Ges.**, Frankfurt/M. (Erfinder: **Walther Persch** und **Heinz Günter Greve**, Frankfurt/M.), *Herstellung neuer Triazine*. (**Schwz. P. 366 549** vom 19/12. 1957, ausg. 28/2. 1963. D. Prior. 19/12. 1956. — C. **1958**, 7209 [D. A. S. 1 024 516].)

1538 **Geigy Chemical Corp.**, Ardsley, N.Y., V.St.A., übert. von: **Helmut Teufel**, Biberach/Riß, *3-Oxo-1.2.6-thiadiazin-1.1-dioxide und deren Herstellung*. (**A. P. 3 041 336** vom 23/9. 1959, ausg. 26/6. 1962. **E. P. 912 552** vom 30/9. 1959, ausg. 12/12. 1962. Beide Schwz. Prior. 1/10. 1958. — C. **1963**, 8650 [D. A. S. 1 120 456].)

1539 **Egyesült Gyógyszer-és Tápszergyár**, Budapest, Ungarn, *Herstellung von 3α-Acyloxy-6β-hydroxytropanen*. (**Niederl. P. 104 144** vom 27/3. 1958, ausg. 15/3. 1963. Ung. Prior. 1/4. 1957. — C. **1961**, 5542 [D. A. S. 1 087 614].)

1540 **Chinoin Gyógyszer-és Vegyészeti Termékek Gyára R.T.**, Budapest, Ungarn, *Herstellung von Steroiden*. (**E. P. 918 738** vom 26/6. 1959, ausg. 20/2. 1963. Ung. Prior. 26/6. 1958. — C. **1962**, 13871 [D. A. S. 1 122 945].)

1541 **Takeda Pharmaceutical Industries Ltd.**, Osaka (Erfinder: **Takezi Hasegawa, Takeshi Takahashi**, Toyonaka, **Masamoto Nishikawa**, Nishinomiya, und **Hikoichi Hagiwara**, Osaka), Japan, *Herstellung von 11- und 19-Hydroxysteroiden*. (**Schwz. P. 368 796** vom 15/11. 1957, ausg. 15/6. 1963. Jap. Prior. 19/11. 1956. — C. **1961**, 15491 [D. A. S. 1 100 623].)

1542 **Roussel-Uclaf**, Paris, Frankreich, *Herstellung von D-Homosteroiden*. (**E. P. 922 652** vom 15/7. 1959, ausg. 3/4. 1963. F. Prior. 25/7. 1958. — C. **1962**, 12766 [D. A. S. 1 107 224].)

1543 **Roussel-Uclaf**, Paris, Frankreich, *Herstellung von D-Homosteroiden*. (**E. P. 924 005** vom 22/7. 1959, ausg. 18/4. 1963. F. Prior. 8/8. 1958. — C. **1963**, 9046 [D. A. S. 1 096 355].)

1544 **E. Merck Akt.-Ges.** (Erfinder: **Klaus Brückner**), Darmstadt, *Herstellung von $\Delta^{1.4.6}$-Trien-3-ketosteroiden*. (**Schwz. P. 368 799** vom 28/6. 1958, ausg. 15/6. 1963. D. Prior. 1/8. 1957. — C. **1959**, 15195 [D. A. S. 1 044 077].)

1545 **Ciba Akt.-Ges.**, Basel (Erfinder: **Albert Wettstein**, Riehen, **Robert Neher**, Binningen, **Ernst Vischer** und **Peter Wieland**, Basel), Schweiz, *Herstellung von Allopregnanolonverbindungen*. (**Schwz. P. 368 798** vom 20/12. 1957, ausg. 15/6. 1963. — C. **1962**, 952 [D. A. S. 1 102 733].)

1546 **Merck & Co., Inc.**, Rahway, N.J. (Erfinder: **Glen Edward Arth**, Cranford, N.J., **William Walter Spooncer**, Emoryville, Calif., und **Lewis Hastings Sarett**, Princeton, N.J.), V.St.A., *Herstellung von 16α-Methylpregnan-3α-ol-11.20-dion-3-acylaten*. (**Schwz. P. 369 449** vom 3/6. 1958, ausg. 15/7. 1963. A. Prior. 3/6. 1957. — C. **1963**, 225 [Belg. P. 568 015].)

1547 **Merck & Co., Inc.**, Rahway (Erfinder: **William Joseph McAleer**, Roselle, und **Thomas Henry Stoudt**, Westfield), N.J., V.St.A., *Herstellung von 16α-Alkyl-11α.17α-dihydroxy-Δ^4-pregnen-3.20-dionen*. (**Schwz. P. 369 450** vom 22/11. 1958, ausg. 15/7. 1963. A. Prior. 22/11. 1957. — C. **1962**, 18570 [A. P. 2 954 326].)

1548 **Glaxo Group Ltd.**, Greenford (Erfinder: **Joseph Elks**, London, **John Francis Oughton**, Gerrards Cross, und **Leslie Stephenson**, London), England, *Herstellung von 19-Nor-$\Delta^{5,7,9,10}$-pregnatrienen*. (**D. A. S. 1 155 776** Kl. 12o vom 7/8. 1959, ausg. 17/10. 1963. E. Prior. 7/8. 1958. — C. **1963**, 10579 [E. P. 864 231].)

1549 **Chinoin Gyógyszer-és Vegyészeti Termékek Gyára R. T.** (Erfinder: **Zoltan Ecsery, Imre Hercsel** geb. **Jolán Szepespataky** und **Miklós Müller** geb. **Erzsébet Szabó**), Budapest, Ungarn, *Herstellung von 7-Dehydrocholesterinestern bzw. 7-Dehydrocholesterin.* (**D. A. S. 1 154 466** Kl. 12o vom 27/3. 1961, ausg. 19/9. 1963. Ung. Prior. 31/3. 1960. — C. **1961,** 12935 [Ung. P. 148 480].)

1550 **Roussel-Uclaf,** Paris, Frankreich, *Herstellung von D-Homoätiocholanderivaten.* (**E. P. 922 316** vom 1/9. 1959, ausg. 27/3. 1963. F. Prior. 15/10. 1958. — C. **1963,** 9047 [D. A. S. 1 097 984].)

1551 **Ciba Ltd.,** Basel, Schweiz, *Herstellung von N-substituierten Lysinverbindungen.* (**E. P. 917 014** vom 29/4. 1959, ausg. 30/1. 1963. Schwz. Prior. 29/4. 1958. — C. **1963,** 7864 [D. A. S. 1 112 525].)

1552 **Ciba Corp.,** Del., V.St.A., übert. von: **Ernst Gäumann,** Zürich, und **Fritz Benz,** Binningen, Schweiz, *Herstellung und Gewinnung des Antibioticums Lemacidin.* (**A. P. 3 089 816** vom 26/9. 1958, ausg. 14/5. 1963. Schwz. Prior. 29/10. 1957. — C. **1961,** 234 [D. A. S. 1 077 380].)

1553 **Takeda Pharmaceutical Industries Ltd.,** übert. von: **Akira Miyake,** Nishinomiya, Japan, *Herstellung einer antibiotisch aktiven Aminosäure und deren Derivaten.* (**A. P. 3 061 633** vom 21/5. 1959, ausg. 30/10. 1962. Jap. Prior. 23/5. 1958. — C. **1962,** 13501 [D. A. S. 1 124 045].)

1554 **Badische Anilin- & Soda-Fabrik Akt.-Ges.** (Erfinder: **Heinz Graefje**), Ludwigshafen/Rh., *Herstellung von Polyvinylhydroxymethyläthern.* (**E. P. 924 036** vom 3/8. 1961, ausg. 18/4. 1963. D. Prior. 4/8. 1960. — C. **1963,** 14054 [D. A. S. 1 142 237].)

G. Analyse, Laboratorium

1555 **Eine Quecksilbersäule mit einer Genauigkeit von** $\pm 10^{-5}$. Alberto Paratella. (Ric. sci., Parte II, Sez. A [2] **1,** 144—51, 1961; Padova, Univ., Ist. di Impianti chim.; ital.) — Beschreibung der 5 m hohen Hg-Säule zur Druckmessung. C. Gottfried 5016△

1556 **Über die Bestimmung extrem niedriger Gasdrücke durch elektronische Adsorptionsmethoden.** N. D. Morguliss. (Ukrain. physik. J. **5,** 212—22, 1960; Physikal. Inst. der Akad. der Wiss. der UkrainSSR; ukrain., Auszug: engl.) — Zur Best. extrem niedriger Gasdrücke wurde die Gasadsorption elektron. nach drei Meth. (Reflexion langsamer Elektronen, Messung des direkten u. umgekehrten Kontaktpotentials sowie der Autoelektronenemission) ermittelt. Diskussion der gegenwärtig in der Hochvakuumtechnik üblichen Meßmethoden. H. Jäger 5016□

1557 **Messung tiefer Temperaturen mit Halbleiterwiderstandsthermometern.** Herbert B. Sachse. (Z. angew. Physik **15,** 4—7, 1963; St. Marys, Pa.; dt.) — Übersicht. — 7 Literaturangaben. Kl. Jaeger 5016◇

1558 **Kombination aus Heizplatte und Abzug zum Verdampfen aus mehreren Bechergläsern.** W. B. Harris, E. E. Christofano und M. Lippmann. (Amer. ind. Hyg. Assoc. J. **22,** 302—06, 1961; New York, N.Y., U. S. Atomic Energy Comm., Health and Safety Labor.; engl.) — Beschreibung einer Vorr. zur kontrollierten Einengung u. Verdampfung von Fll. in 250—600-ml-Bechergläsern, die sich am Arbeitsplatz selbst unter dem Regal mit Chemikalien unterbringen läßt. I. Köditz 5028

1559 **Ein verbesserter Molekulardestillations- und Vakuumsublimationsapparat.** Robert J. McCarter. (Rev. sci. Instruments **33,** 388—89, 1962; Wilmington, Del., E. I. du Pont de Nemours & Co., Central Res. Dep., Exp. Stat.; engl.) — Beschreibung einer App. aus Pyrexglas für Labor.-Zwecke. D. Noack 5038◇

1560 **Viscosimeter von hoher Präzision.** A. A. Filatow. (Laboratoriumswesen [UdSSR] **9,** Nr. 9, 56—57, 1963; Medizin. Inst. der Krim; russ.) — Variante eines Oswald-Capillarviscosimeters. Die höhere Präzision der Viscositäts-Best. wird durch eine 3—4 mal längere Durchlaufzeit der zu untersuchenden Fl.-Menge erreicht. S. Baryschnikow 5040△

1561 **Molekulargewichtsbestimmung mit dem Beckmann-Thermometer.** G. Amarell. (Glas-Instrumenten-Techn. **5,** 192—98, 1961; Wertheim; dt.) — Der Lebenslauf, die Arbeitsstätten u. Gebiete von Ernst Beckmann werden beschrieben u. eine Übersicht über die Molgew.-Best. mit dem Beckman-Thermometer gegeben. W. Graf 5044□

1562 **Ein modifizierter Kippscher Appprat für die elektrolytische Entwicklung von Sauerstoff.** A. F. Colson. (Analyst **88,** 243—45, 1963; Northwich, Imp. Chem. Ind. Ltd., Res. Dep., Alkali Div.; engl.) — Durch Einführung von zwei Pt-Netzelektroden läßt sich ein Kippscher App. zur O_2-Erzeugung verwenden. R. Krämer 5048◇

1563 **Die Ringofenmethode. Eine neue Arbeitstechnik in der Mikro- und Spurenanalyse.** D. Klockow. (Molkerei- u. Käserei-Ztg. **14,** 1357—63, 1963; Freiburg/Br., Univ., Chem. Labor.; dt.) — Prakt. Einführung in die Ringofen-Meth. nach Weisz. — 35 Literaturangaben. P. Kurzmann 5050◇

1564 **Analytische Geräte für die Weltraumforschung.** Edgar L. Steele. (Analytic. Chem. **35,** 23A—38A, Aug. 1963; College Station, Tex., Agric. and Mechan. Coll. of Texas, Activat. Analysis Res. Labor.; engl.) — Aufzählung u. Beschreibung analyt. Geräte für die Verw. im Weltraum. P. Kurzmann 5052◇

1565 **Einrichtungen für die Thermogravimetrie im Vakuum.** A. Blažek und J. Halousek. (Silikáty [Praha] **6,** 100—12, **1962;** Praha, **Hutnický ústav Českoslov. akad. věd;** tschech., Auszug: engl.) — Konstruktionsbeschreibung von 2 Vakuumthermowaagen (10^{-4} bis 10^{-5} Torr) mit gleichzeitiger Registrierung von DTA-Kurven. J. Tůmová 5052◇

1566 **Ein Kaskaden-Massenspektrometer.** F. A. White, J. C. Sheffield und F. M. Rourke. (Appl. Spectroscopy **17,** 39—44, 1963; Schenectady, N.Y., Gen. Electr. Co., Knolls Atomic Power Labor.; engl.) — Vff. beschreiben ein 2-stufiges Massenspektrometer mit hintereinanderliegenden, halbkreisförmigen Ionenbahnen. Aus der ersten Ionenquelle stammende Teilchen treffen mit definierter Energie auf die zu untersuchende Probe, dort reflektierte oder ausgelöste Ionen passieren den zweiten Magnetsektor u. gelangen zum Detektor. Ergebnisse der Messungen von Isotopenverhältnissen an Mo, Ag, Cu u. In, meist bei Anregung durch $^{133}Cs^{+}$-Beschuß, werden mitgeteilt. W. Herfurt 5052◇

1567 **Massenspektrographische Bestimmung von Mikroverunreinigungen in Feststoffen.** M. S. Tschupachin und G. G. Glawin. (J. analyt. Chem. [UdSSR] **18,** 618—23, 1963; Moskau, Vernadsky-Inst. für Geochem. u. analyt. Chem. der Akad. der Wiss. der UdSSR; Forschungs- u. Projektierungsinst. der Seltenmetallind.; russ., Auszug: engl.) — Angaben über die Empfindlichkeit der Meth. sowie über die Richtigkeit u. Reproduzierbarkeit der Ergebnisse werden gemacht. Es wird eine Meth. zur Unterscheidung zwischen gleichmäßiger oder ungleichmäßiger Verteilung der Verunreinigungen im Feststoff vorgeschlagen. Ergebnisse von Unterss. über Verunreinigungen in *Pt* u. *Ag* werden mitgeteilt. Ferner wird der Geh. von mehratomigen C-Moll. im Graphit bestimmt u. versucht, aus den Ergebnissen Rückschlüsse auf die Struktur des Graphits zu ziehen. H. Kuchenbecker 5052◇

1568 **Gaschromatograph mit Temperaturprogrammierung.** H. M. McNair. (Afinidad **20** (**42**), 145, 1963; Holanda, F & M Sci. Europa N. V.; span.) — Kurze Übersicht mit Beschreibung eines Gaschromatographen mit 2 Säulen der Firma F. & M. (Modell 720) mit Temp.-Programm sowie Anwendungsbeispielen. P. Kurzmann 5062◇

1569 **Graphitierter Ruß als Adsorbens bei der Gaschromatographie.** W. Ss. Wassiljewa, A. W. Kisselew, Ju. Ss. Nikitin, R. Ss. Petrowa und K. D. Schtscherbakowa. (J. physik. Chem. [UdSSR] **35,** 1889—91, 1961; Moskau, Lomonossow-Univ., Chem. Fak., Labor. für Adsorption u. Gaschromatograph.; russ.) — Als Adsorbens für die Gasadsorptionschromatographie schlagen Vff. bei 3000° geglühten Ruß vor, der als hochdisperses Material mit weitgehend gleichartiger Oberfläche der Partikel eine sehr hohe Adsorptions-Wrkg. besitzt. — Der Ruß wird in die Poren von grobkörnigem, therm. u. chem. stabilem Silicagel mit geringer Oberfläche u. schwacher Adsorptions-Wrkg. eingetragen. Durch hydrothermale Behandlung des Silicagels im Autoklaven bei 350° wird dessen Oberfläche bis 15 m^2/g gesenkt, durch Einführung von Trimethylsilylgruppen die Adsorptions-Wrkg. erniedrigt. Die Menge des Rußes beträgt 18%. Als Beispiel werden die Unters.-Ergebnisse bei der Trennung eines Gemisches von n-Hexan, Aceton u. Bzl. an

hydrotherm. modifiziertem Silicagel, an mit Trimethylsilylgruppen beschwertem Silicagel u. an mit Ruß behandeltem modifiziertem Silicagel angegeben. — Das vorgeschlagene Adsorbens kann einmal als günstige Säulenfüllung für die Gasadsorptionschromatographie, zum anderen auch als ausgezeichnetes Trägermaterial für die fl. stationäre Phase in der Gas–Fl.-Chromatographie verwendet werden.
H.-P. Pietsch 5062◇

1570 **Einige Probleme bei der quantitativen Analyse durch Gaschromatographie.** Luis Condal Bosch. (Afinidad **20 (42),** 219—25, 1963; span.) — Vf. behandelt die graph. Flächen-Best. der Banden, die Meth. zur quant. Analyse durch Gaschromatographie u. die Anwendung von Empfindlichkeitsfaktoren. P. Kurzmann 5062◇

1571 **Untersuchung über einige quantitative Gesichtspunkte der Gaschromatographie und über Anwendungen auf Treibstoffe.** A. F. Williams und W. J. Murray. (Analyt. Chem., Proc. int. Sympos., Birmingham Univ. [U. K.] **1962,** 361—69, 1963; Stevenston, Ayrshire, Imp. Chem. Ind. Ltd., Nobel Div., Res. and Dev. Dep.; engl.) — Vff. schildern vergleichende gaschromatograph. Unterss. mit unterschiedlichen Meth. zur Einführung der Probe, wobei Wärmeleitfähigkeits- u. Flammenionisationsdetektoren hinsichtlich quant. Auswertung der Chromatogramme diskutiert werden. Eine Trennung von Methylchlorsilanen an Säulen, die mit einem 2-Nitrodiphenyl/„Embacel"-Gemisch (20 : 80) belegt sind, wird beschrieben. Außerdem werden Best. von Dipentaerythrit in Pentaerythrit in Form der Acetate u. von Propan-1.2-diol in Glycerin angegeben. G. Krien 5062◇

1572 **Präparative Verteilungsgaschromatographie.** R. G. Ackman und F. A. Vandenheuvel. (Chem. in Canada **15,** 34—36, 1963; Halifax, Canada, Technol. Stat., Fisheries Res. Board; engl.) — Allg. Ausführungen über die Verteilungsgaschromatographie u. Angabe der Arbeitsbedingungen für die Trennung folgender Stoffe: Fluor-KW-Stoffe, KW-Stoffe, Äthylnitrat, Ameisensäure, Toluol/A., Dimethylamin, n-Butanol, p-Methoxyacetophenon, Dihalogencyclohexane, Duftstoffe, Ketone, Alkylchloride, Äthylbenzol, Citronenöl, Phenole, Nelkenöl, Alkohole, Aldehyde, Terpene u. metallorgan. Verbindungen. — 67 Literaturangaben.
H. J. Altmann 5062◇

1573 **Vorläufige Untersuchungen über Fließbettchromatographie.** G. R. Fitch, M. E. Probert und P. F. Tiley. (J. chem. Soc. [London] **1962,** 4875—81; Bristol, Coll. of Sci. and Technol.; engl.) — Dem aufwärts strömenden u. die Probe transportierenden Trägergas (N_2) fließt die Trenn-Fl. (20% Dinonylphthalat auf Celite 44—60 mesh) entgegen. Die schwächer adsorbierte Komponente strömt mit dem N_2 oben aus der App., die stärker adsorbierte wandert in der Trenn-Fl. abwärts, wird in einer beheizten Zone desorbiert u. durch einen separaten Gasstrom aus der Trennsäule gespült. Das Adsorbens wird mit einer rotierenden Trommel ausgetragen, deren Umdrehungszahl die Fließgeschw. bestimmt. Aus beiden Gasströmen werden die getrennten Komponenten ausgefroren u. in einem normalen Gaschromatographen analysiert. An Hand der Ergebnisse wird der Einfl. der Strömungs-Geschw. von Gas u. Trenn-Fl. auf die Trennleistung diskutiert. Als prakt. Beispiel ist die Trennung von $(CH_3)_2O$ (**I**), CH_2Cl_2 (**II**) u. $CH_2(OCH_3)_2$ (**III**) bei Raum-Temp. in einer 4 ft. langen Glassäule angegeben. Zuerst erfolgt Trennung in **II** u. **I** + **III**, letzteres wird anschließend in reine Komponenten getrennt. Pro Std. wurden 3—5 ml Probe aufgegeben. G. Bock 5062◇

1574 **Eine analytische Untersuchung über chelatbildende Harze.** G. Schmuckler. (Talanta [London] **10,** 745—51, 1963; Haifa, Israel, Technion-Israel Inst. of Technol., Dep. of Chem.; engl.) — Die Änderung der Kapazität von Dowex A-1 u. Dowex-50 für Cu^{2+} u. Pb^{2+} mit der Änderung des Lsg.-Mediums wird untersucht. Die Kapazität nimmt ab, wenn in der Lsg. ein Komplexbildner vorhanden ist, u. zwar um so stärker, je stabiler der gebildete Komplex ist. Die Kapazität von Dowex-50 nimmt stärker ab als die des komplexbildenden Harzes Dowex A-1. Die Gleichgewichts-Konst. (log k_m) der Verdrängungs-Rk. $Cu^{2+} + PbR \rightleftharpoons CuR + Pb^{2+}$ wurden in 0,2 m Acetatmedium zu 0,96, in 1,5%ig. Glycin-Lsg. zu —0,62 bestimmt. Aus acetathaltiger Lsg. wird daher Cu^{2+}, aus glycinhaltiger Pb^{2+} bevorzugt aufgenommen.
R. Krämer 5062◇

1575 **Verteilungschromatographie an Ionenaustauscherharzen. 3. Mitt. Trennung von anionischen Oxydationsmitteln.** G. L. Starobinetz und Ss. A. Metschkowski. (J. analyt. Chem. [UdSSR] **18,** 298—303, 1963; Minsk, Beloruss. Lenin-Univ.; russ., Auszug: engl.) — 2. vgl. J. analyt. Chem. [UdSSR] **18,** [1963], 255. — Vff. untersuchen die Möglichkeit einer verteilungschromatograph. Trennung von $Na_2Cr_2O_7$, Na_2CrO_4, $NaNO_3$, $NaNO_2$ u. Na_2SO_4 an den Kationiten KU-2×6 (Na-Form) bei Verw. des bin. Gemisches W.–Aceton als mobiler Phase, deren Zus. variiert wird. Der Logarithmus des Verteilungs-Koeff. ist für alle Salze eine lineare Funktion des molaren Anteils an Aceton im bin. Gemisch. Eine exakte Trennung der Anionen, bes. der Paare $Cr_2O_7^{2-}$–CrO_4^{2-}, NO_3^-–NO_2^- u. ihre Abtrennung von SO_4^{2-} ist unter den beschriebenen Vers.-Bedingungen möglich. H.-P. Pietsch 5062◇

1576 **Eine neue Methode zur Bestimmung der Ladung von Ionen in Lösung mit Hilfe von Ionenaustauscherharzen.** Aleksandr Matveevič Trofimov und Lidia Nikolaevna Stepanova. (Svensk kem. Tidskr. **73,** 72—75, 1961; Leningrad, Radievyj Inst. Akad. Nauk SSR; engl.) — Übersicht über Arbeiten der Verfasser. A. Senning 5062◇

1577 **Anionenaustauschuntersuchungen.** 30. Mitt. **Eine Anzahl von Elementen in Lösungen von Äthylendiamintetraessigsäure.** F. Nelson, R. A. Day jun. und K. A. Kraus. (J. inorg. nuclear Chem. **15,** 140—50, 1960; Oak Ridge, Tenn., Oak Ridge Nat. Labor.; engl.) — 29. vgl. C. **1961,** **2731.** — Das Adsorptionsvermögen einer Anzahl von Metallen, Be, Ca, Sr, Ba, Ra, Sc, V, Cr, Mn, Co, Ni, **Zn,** wurde in Lsgg. von EDTA (**I**) in Abhängigkeit der **I**-Konz., der Konz. an NH_4Cl im Austauscherharz Dowex-1 u. des pH-Werts untersucht. Die Ergebnisse werden diskutiert. Das Adsorptionsvermögen von **I** an die Cl^--Form des Austauschers ist eine Funktion der Beladung mit NH_4Cl. Die Trennschärfe des Austauschers für **I** erlaubt, Trennungen in **I**-Lsgg. durchzuführen. W. Leipnitz 5062◇

1578 **Röntgenfluorescenzanalyse — Anwendungen und Grenzen.** C. H. Wakker. (Chimia [Aarau, Schweiz] **17,** 109—13, 1963; Genève, Analix. S. A.; franz.) — Überblick.
G. Günzler 5063◇

1579 **Röntgenfluorimetrie als neue analytische Methode. — Anwendung auf die Analyse von Lösungen.** Tsutomu Fukasawa. (Chem. and chem. Ind. [Kagaku to Kôgyô] **16,** 1139—47, 1963; Nagoya-Daigaku, Kôgakubu; jap.) — Übersicht. — 82 Literaturangaben. E. Maekawa 5063◇

1580 **Röntgenfluorimetrie als neue analytische Methode. — Anwendung auf die Metallanalyse.** Masakatsu Sugimoto. (Chem. and chem. Ind. [Kagaku to Kôgyô] **16,** 1120 bis 1126, 1963; Kawasaki, Nihon-Kinzoku; jap.) — Übersicht, bes. über die Analyse des rostfreien Stahls.
E. Maekawa 5063◇

1581 **Röntgenfluorimetrie als neue analytische Methode. — Anwendung auf die chemische Industrie.** Sadao Sumikama. (Chem. and chem. Ind. [Kagaku to Kôgyô] **16,** 1135 bis 1138, 1963; Syôwa-Denkô, Tyûô-Kenkûuzyo; jap.) — Übersicht. — 30 Literaturangaben. E. Maekawa 5063◇

1582 **Röntgenfluorimetrie als neue analytische Methode. — Anwendung auf die Produktionskontrolle.** Kazuo Yasuda, Toshio Watanabe und Iwao Shukuya. (Chem. and chem. Ind. [Kagaku to Kôgyô] **16,** 1112—19, 1963; Fuji-Seitetu, Tyûô-Kenkyûzyo; jap.) — Übersicht. — 2 Literaturangaben. E. Maekawa 5063◇

1583 **Fluorescenzmikroanalysator für das Röntgenspektrum.** K. I. Narbutt. (Nachr. Akad. Wiss. UdSSR, physik. Ser. **26,** 423—28, 1962; russ.) — Der Aufbau u. die Wirkungsweise eines Fluorescenzmikroanalysators werden beschrieben u. gleichzeitig seine Verw. als lokaler Mikroanalysator zur Unters. mineralog. Schliffe diskutiert. — 22 Literaturangaben. W.-D. Heußner 5063◇

1584 **Mikroanalyse durch Röntgenemissionsspektrographie.** R. Castaing. (Angew. Chem. **75,** 161—64, 1963; Paris, Univ., Fac. des Sci.; dt.) — Vgl. C. **1964,** 4-1736.
Ch. Weiske 5063◇

1585 **Einfluß von Unterschieden in der Quantenzählausbeute von Detektoren auf die mittlere Wellenlänge von Röntgenemissionslinien.** A. J. C. Wilson und B. W. Delf. (Proc. physic. Soc. **78,** 1256—58, 1961; Cardiff, Univ. Coll., Viriamu Jones Labor.; engl.) — Vff. berechneten Werte von f'/f für eine Reihe verschiedener Detektoren bei den Mo—Kα-, Cu—Kα- u. Cr—Kα-Linien. Die Werte sind tabellar. wiedergegeben. C. Gottfried 5063△

1586 **Die Genauigkeit der Spektrophotometrie. 1. Mitt. Fehler bei Messungen mit dem Spektrophotometer.** G. Ss. Tereschin. (J. analyt. Chem. [UdSSR] **14**, 388—95, 1959; Moskau, Kurnakow-Inst. für allg. u. anorgan. Chem. der Akad. der Wiss. der UdSSR; russ., Auszug: engl.) — Es werden die zufälligen Fehlerquellen bei spektrophotometr. Messungen besprochen. Als bestimmender Faktor für die Meßgenauigkeit bei hoher Empfindlichkeit muß der Zustand der Küvetten angesehen werden. E. Steinberg 5063◇

1587 **Über die Berechnung der Größe von Störungen bei einigen spektrophotometrischen Bestimmungen.** M. J. Maurice. (Z. analyt. Chem. **198**, 155—62, 1963; Arnhem, A. K. U. u. Konzerngesellschaften, Zentrales Forschungsinst.; dt.) — Mit Hilfe statist. Meth. untersucht Vf. an zwei Beispielen, der photometr. Sb-Best. als SbJ_4^- in Ggw. von Tl(I) u. der photometr. Cl^--Best. mit $Hg(SCN)_2$ u. Fe(III) in Ggw. größerer Fe(III)-Mengen, ob die beobachtete Störung reproduzierbar ist. Die statist. Berechnung liefert Gleichungen, in denen der Einfl. des störenden Ions berücksichtigt wird. Weiterhin wird gezeigt, daß festgestellt werden kann, inwieweit diese Berücksichtigung die Genauigkeit der Meth. beeinflußt. Gerhard Schulze 5063◇

1588 **Ein billiger Spannungsstabilisator für photometrische Arbeiten.** B. J. Brinkworth und V. Zakian. (J. sci. Instruments **39**, 478—79, 1962; Cardiff, Univ. Coll. of South Wales and Monmouthsh., Dep. of Engng.; engl.) — Mit der Anordnung lassen sich Gleichstromspannungen von NiFe-Zellen von 10 V bei 0,5 A auf <1% Schwankungen konst. halten. Das Gerät wird für Lichtquellen für Photometer, die aus Batterien gespeist werden, verwendet. D. Noack 5063◇

1589 **Ein preiswerter Spannungsstabilisator für photometrische Arbeiten.** B. J. Brinkworth und V. Zakian. (J. sci. Instruments **40**, **83**, 1963; engl.) — Vgl. vorst. Referat. — Vff. diskutieren die Einwände von Peppitt (vgl. C. **1964**, 4-1768) gegen die Arbeit der Vff. (vgl. l. c.). Es sind jetzt Stromdioden, die den Strom über einen weiten Spannungsbereich innerhalb von 1% konst. halten, erhältlich; mit diesen Dioden wird der angegebene Stromkreis vereinfacht u. die Stabilität des Stromkreises von Peppitt verbessert. Ernst Schulte 5064◇

1590 **Neue Kombinationen und Anwendungen mit dem Radiometertitrator.** Roland Plüss. (Chem. Rdsch. [Solothurn] **15**, 441—46, 1962; Zürich, Sigrist-Photometer Akt.-Ges.; dt.) — App. Beschreibung des automat. Titrators Typ TTT 1 (Radiometer, Kopenhagen), des Zusatzgeräts Titrigraph u. der Autobürette Modell ABU 1 sowie Besprechung einiger Anwendungsmöglichkeiten. U. Wenzel 5066◇

1591 **Neue Kombinationen und Anwendungen mit dem Radiometertitrator.** R. Plüss. (Chem. Ind. [Solothurn] Jahrb. **1962/63**, 24—33; dt.) — Vgl. vorst. Referat. — Beschreibung von neuen automat., elektrometr. Titrations-Verff. u. der dazugehörigen Apparaturen. E. Klever 5066◇

1592 **Automatisches Laboratoriums-Hochfrequenztitrationsgerät.** G. A. Muchin, M. A. Wexler und A. I. Bojarinow. (Betriebs-Lab. [UdSSR] **29**, 1008—09, 1963; russ.) — Das Prinzip u. das Blockschaltbild eines Hochfrequenztitrators mit automat. Unterbrechung der Titration am Äquivalenzpunkt u. Registrierung des Titrationsmittelverbrauchs Genauigkeit $\pm 0{,}04$ ml) wird beschrieben. R. Gerbatsch 5066◇

1593 **Beiträge zur Hochfrequenztitration. 3. Mitt. Neue Wege zur Anpassung kapazitiver Meßzellen.** R. Bertram und K. Cruse. (Z. Instrumentenkunde **71**, 221—25, 1963; Clausthal-Zellerfeld, Bergakad., Physikal.-chem. Inst.; dt.) — 2. vgl. Z. Instrumentenkunde **69**, [1961], 39; vgl. C. **1963**, 2184. — Durch Änderung der Zellform u. der „effektiven Wandkapazität" lassen sich „elektrodenlose" kapazitive Meßzellen einem gegebenen Meßproblem anpassen. Neue Zelltypen werden erörtert, die sich durch extrem dünne Isolierschichten auszeichnen u. sowohl im Hoch- als auch im Niederfrequenzgebiet verwendet werden können. Gerhard Schulze 5066◇

1594 **Vorschlag für einen Redox-Standard: Tetramethylm moniumtetrachloroferrat(III).** L. J. Sacks. (Analytic. Chem. **35**, 1299—1300, 1963; Portland, Oreg., Reed Coll., Chem. Dep.; engl.) — Vf. schlägt Tetramethylammoniumtetrachloroferrat(III), $(CH_3)_4NFeCl_4$, als Standard zur jodometr. Einstellung von $S_2O_3^{2-}$-Lsgg. vor. Das hellgelbe Pulver kann leicht aus $(CH_3)_4NCl$ u. wasserfreiem $FeCl_3$ in nichtwss. Lsgm. oder besser durch Zugabe von $(CH_3)_4NCl$ zu geschmolzenem $FeCl_3 \cdot 6\,H_2O$ hergestellt u. aus A. umkrist. werden. Die Verb. wird bei 110° an Luft getrocknet, sie ist nicht hygroskop., löst sich sehr leicht in W., ist bei Raum-Temp. mindestens 1 Jahr lang haltbar u. hat ein hohes Äquivalent-Gew. (271,81). J. Peters 5070◇

1595 **Dicäsiumhexachloroplutonat als Standardsubstanz für Plutonium.** F. J. Miner, R. P. De Grazio und J. T. Byrne. (Analytic. Chem. **35**, 1218—23, 1963; Golden, Colo., Dow Chem. Co., Rocky Flats Div.; engl.) — Vff. schlagen die Benutzung von Cs_2PuCl_6 als Standard für Pu vor. Die Darst. des Salzes erfolgt durch Lösen von 10 g Pu in 20 ml 8n HCl u. Oxydation zu Pu(IV) durch langsame Zugabe von 10 ml konz. HNO_3, tropfenweise Zugabe dieser Lsg. zu einer Lsg. von 15 g CsCl in 350 ml konz. HCl unter Rühren, Abzentrifugieren des Nd., 3maliges Waschen mit konz. HCl u. Trocknen bei 110°. Die so hergestellte Verb. besitzt eine konst. Zus., ist stabil, hat ein hohes Äquivalent-Gew. u. ist in verd. Säuren leicht löslich. J. Peters 5070◇

1596 **Reinigung von Plutoniumsulfattetrahydrat durch Umkristallisation und Ionenaustausch.** Albert W. Wenzel und Charles E. Pietri. (Analytic. Chem. **35**, 1324—25, 1963; New Brunswick, N.J., U. S. Atomic Energy Comm., New Brunswick Labor.; engl.) — Durch mehrmaliges Umkristallisieren aus schwefelsaurer Lsg. als $Pu(SO_4)_2 \cdot 4\,H_2O$ gelingt die Darst. eines sehr reinen Pu-Salzes für analyt. Standardzwecke sogar aus Lsgg., die mehr als 10% Verunreinigungen enthalten. Nach 1-, 2-, 3-, 4- bzw. 5maligem Umkristallisieren ergibt sich ein Reinheitsgrad von 98,2, 99,74, 99,92, 99,97 bzw. 99,98%. Durch Adsorption des verunreinigten Pu an einem Anionenaustauscherharz (analysenreines Dowex-1, X-10, 200—400 mesh, Nitratform), Auswaschen der Verunreinigungen mit 8n HNO_3, Eluieren des Pu mit 0,35n HNO_3 u. Kristallisation als $Pu(SO_4)_2 \cdot 4\,H_2O$ wird in einer Stufe ein Prod. mit $>99{,}95$%ig. Reinheit gewonnen. Durch nochmaliges Umkristallisieren bzw. Behandlung mit Ionenaustauschern kann die Reinheit auf $>99{,}995$% gesteigert werden. Die Ausbeute einer Umkristallisation beträgt ca. 99,7%. J. Peters 5070◇

1597 **Berechnungsformel für die Bereitung von Lösungen gewünschter Normalität.** Ju. A. Ketschek. (Laboratoriumswesen [UdSSR] **9**, Nr. 9, 35—36, 1963; Erewan, Medizin. Inst., Lehrstuhl für Biochem.; russ.) S. Baryschnikow 5070△

1598 **8-Mercaptochinolin als analytisches Reagens. Dissoziations- und Bildungskonstanten von Metallchelaten.** Alfio Corsini, Quintus Fernando und Henry Freiser. (Analytic. Chem. **35**, 1424—28, 1963; Tucson, Ariz., Univ. of Arizona, Dep. of Chem.; engl.) — Die spektrophotometr. u. potentiometr. Best. der Säuredissoziations-Konst. von 8-Mercaptochinolin (I) u. der ersten Bldg.-Konst. seiner Metallchelate mit Cu, Pb, Zn, Ni u. Mn(II) in 50 Vol.-% wss. Dioxan zeigen, daß die Chelate von I die gleiche Stabilität wie die Chelate des 8-Hydroxychinolins (II) besitzen u. bei kleineren pH-Werten als die II-Chelate entstehen. Eine Umkehrung in der üblichen Stabilitätsreihenfolge bei den I-Chelaten von Zn u. Ni wurde beobachtet. W. Hegenberg 5072◇

1599 **Fällungsreaktionen verschiedener Metallionen mit Phenylarsonsäure und ihren Derivaten.** Hisakazu Nakata, Yuzuru Kusaka und Shigeaki Kikkawa. (Bull. chem. Soc. Japan **35**, 1611—14, 1962; Higashinada, Kobe, Konan Univ., Fac. of Sci., Dep. of Chem.; engl.) — Vff. untersuchten die Fällungs-Rkk. von Nb(V), Ta(V), Ti(IV), Zr IV), Sb(V), Sb(III), Sn(II), U(VI), Th(IV), Bi(III), Fe(III), Sn(IV), Pb(II), Zn(II), Ag(I), Ce(III), La(III), Cd(II), Cu(II), Cr(III), Mn(II), Co(II) u. Ni(II) mit Phenylarsonsäure sowie mit p-Hydroxy-, p-Amino-, o-Nitro-, m-Nitro-, p-Nitro- u. p-Hydroxy-m-nitrophenylarsonsäure in Abhängigkeit vom pH-Wert. Die Acidität der Lsg. bei Beginn u. bei Vollständigkeit der Fällung wird für jeden Fall tabellar. mitgeteilt. Helmut Noack 5072◇

1600 **Photometrische Bestimmung von Benzol neben Alkylderivaten in der Luft.** Janina Adamiak. (Chem. analit. [Warszawa] **8**, 547—54, 1963; Łódź, Inst. of Occupational

Med. in Textile and Chem. Ind., Dep. of Ind. Toxicol.; pol.) — Vf. beschreibt ein Verf. zur photometr. Best. von Bzl. neben seinen Alkyl-Derivv. in Luft, das auf der Nitrierung durch Durchsaugen der Luft durch Nitriersäure, Oxydieren der Alkylbenzole mit CrO_3, Extraktion mit Bzl. u. Messung der Extinktion bei 570 nm nach Aceton- u. KOH-Zusatz beruht. In einer nicht mit CrO_3 oxydierten Probe kann Toluol bestimmt werden, falls keine anderen Homologen anwesend sind. P. Kurzmann 5088◇

a) Elemente und anorganische Verbindungen

1601 **Schema für die anorganische qualitative Mikroanalyse durch Circularpapierchromatographie.** I. I. M. Elbeih und G. G. Gabra. (Chemist-Analyst **52**, 36—40, 1963; Giza, Univ. of Cairo, Fac. of Sci., Dep. of Chem.; engl.) — Vff. arbeiten je einen Trennungsgang für Kationen u. Anionen aus, der folgende Ionen umfaßt: Sb(III) (R_F =) 0,00, Ba 0,02, Cr(III) 0,04, K 0,04, Na 0,06, Sr 0,06, Ag(I) 0,08, Ti(IV) 0,11, Co(II) 0,12, Ni(II) 0,12, Zn 0,12, Mg 0,13, Mn(II) 0,15, Al 0,16, Ca 0,17, Pb(II) 0,17, V(V) 0,17, Fe(III) 0,23, Cd 0,24, Be 0,26, Li 0,28, Cu(II) 0,29, Mo(VI) 0,42, As(III) 0,43, Ce(III) 0,45, Hg(II) 0,55, Bi(III) 0,69, Th(IV) 0,73, U(VI) 0,75, Sn(II) 0,82; F^- 0,01, $[Fe(CN)_6]^{4-}$ 0,01, AsO_4^{3-} 0,03, CrO_4^{2-} 0,03, $Cr_2O_7^{2-}$ 0,03, PO_4^{3-} 0,03, S^{2-} 0,03, CN^- 0,06, SO_4^{2-} 0,07, $[Fe(CN)_6]^{3-}$ 0,08, $B_4O_7^{2-}$ 0,09; $S_2O_3^{2-}$ 0,09, CO_3^{2-} 0,10, JO_3^- 0,10, AsO_2^- 0,12, SO_3^{2-} 0,20, BrO_3^- 0,41, NO_2^- 0,43, Cl^- 0,45, Br^- 0,50, NO_3^- 0,56, ClO_3^- 0,60, J^- 0,61, SCN^- 0,66. Die Ionen werden mit den in der Tüpfelanalyse üblichen Reagentien angefärbt. Während der Entw. befindet sich das Chromatogramm zwischen zwei Glasplatten, von denen die untere mit einer Bohrung für den Docht versehen ist. Als Laufmittel zur Kationentrennung dient eine Lsg. von 2 ml konz. HNO_3 u. 0,05 g EDTA in 2 ml W., die mit 100 ml Dioxan verd. u. mit 1 g Antipyrin versetzt ist. Die Anionen werden mit A./Pyridin/konz. NH_3-Lsg./W. (60 : 20 : 4 : 16) entwickelt. F. M. Friedrich-Anderseck 5106◇

1602 **Bestimmung einiger Metallionen unter Verwendung von Hexaminkobalt(III)-chlorid und Natriumthiosulfat als Fällungsmittel.** Jun Yoshimura, Yoshimasa Takashima, Yoshio Murakami und Toyoaki Kusaba. (Bull. chem. Soc. Japan **35**, 1433—37, 1962; Hakozaki, Fukuoka, Kyushu Univ., Fac. of Sci., Dep. of Chem.; engl.) — Beim Mischen einer $[Co(NH_3)_6]Cl_3$- u. einer $Na_2S_2O_3$-Lsg. bildet sich ein Nd. der Zus. $[Co(NH_3)_6](S_2O_3)Cl\cdot H_2O$. Nimmt man die Fällung in Ggw. von Ag-, Cd-, Hg- u. Bi-Ionen vor, so erhält man wie auch in Ggw. von Cu^{2+} u. Pb^{2+} schwerlösl. Komplexe, deren Zus. (außer für Bi) wie folgt ermittelt wurde: $[Co(NH_3)_6]\cdot[Ag(S_2O_3)_2]$, $[Co(NH_3)_6]_4[Cd(S_2O_3)_3]_3\cdot 6\,H_2O$ u. $[Co(NH_3)_6]_4\cdot[Hg(S_2O_3)_3]_3\cdot 10\,H_2O$. Die Verw. dieser Fällungs-Rkk. für analyt. Best. wurde untersucht. So wurden Ag durch jodometr. Titration des überschüssigen $Na_2S_2O_3$, Cu u. Hg durch Auswägen der Ndd. sowie Hg u. Pb durch Titration der zersetzten Komplexe mit EDTA bestimmt. Helmut Noack 5106◇

1603 **Automatische Analyse von Ozon.** Ju. N. Shitnew. (J. physik. Chem. [UdSSR] **37**, 2136—37, 1963; Moskau, Lomonossow-Univ.; russ., Auszug: engl.) — Ein Verf. zur automat. Best. von O_3 in Strömungs-Syst. unter Verw. eines Katharometers mit Thermistoren wird beschrieben, das bei geeigneter Thermostatierung des Katharometer auf ± 0,2° eine Empfindlichkeit von wenigstens 0,03 Vol.-% besitzt. H. Roschkowski G 239◇

1604 **Bestimmung kleiner Mengen von Wasser und Hydroxylgruppen durch Deuteriumaustausch mit massenspektroskopischer Messung.** L. T. Shurawlew, A. W. Kisselew, W. P. Naidina und A. L. Poljakow. (J. physic. Chem. [UdSSR] **37**, 2054—61, 1963; Akad. der Wiss. der UdSSR, Inst. für phys. Chem.; Moskau, Lomonossow-Univ.; russ., Auszug: engl.) — Zur Best. von W. u. OH^- auf der Oberfläche hochdisperser Stoffe wird unter Verw. von D_2O ein Austausch nach z. B. $\equiv Si-OH + D_2O \rightarrow \equiv Si-OD + HOD$ durchgeführt, das Austausch-Prod. in Wasserstoff überführt u. dessen Isotopen-Zus. massenspektrometr. bestimmt. Das Verf. u. eine App. werden eingehend beschrieben, ebenso einige Verss. an Aerosil, Silicagel u. einem Pigment. H. Roschkowski G 240◇

1605 **Gaschromatographische Bestimmung von Stickstoff in schwerschmelzbaren Substanzen.** Robert J. Hynek und Joseph A. Nelen. (Analytic. Chem. **35**, 1655—57, 1963; Milwaukee, Wis., Allis-Chalmers Res. Labor.; engl.) — In einem Induktionsofen wird die Substanz in O_2-Atmosphäre bei ca. 1500° verbrannt. Freiwerdendes N_2 wird in einer modifizierten Hempel-Bürette aufgefangen u. gaschromatograph. bestimmt. Die Meth. wurde auf die Analyse von AlN, BN, CrN, Si_3N_4, TiN, ZrN, AlN·SiC u. AlN·B_6Si angewendet. W. D. Schönherr G 243◇

1606 **Fällung des Ammoniumions als Ammoniumtetraphenylborat. Photometrische Untersuchung.** Francis E. Crane jun. und Eva Agnes Smith. (Chemist-Analyst **52**, 105—06, 1963; New Brunswick, N.J., State Univ., Douglass Coll.; Rutgers Graduate School; engl.) — Der nach der Fällung mit Tetraphenylborat (I) in der Lsg. verbleibende NH_4^+-Geh. wurde mit Hilfe einer photometr. Ninhydrin-Meth. in Abhängigkeit vom pH, der Ionenstärke u. des I-Überschusses untersucht. Zur quant. Fällung von mg-Mengen NH_4^+ ist ein großer Überschuß an I, ein nicht zu hoher Salz-Geh. der Lsg. u. ein pH zwischen 1 u. 5,4 nötig. G. Günzler G 243◇

1607 **Chemische Reaktionen im Kanal einer Kohleelektrode bei der Spektralanalyse des Fluors.** W. R. Ognew. (Hochschulnachr. [Tomsk], Physik **1962**, Nr. 1, 19—24; Irkutsk, Med. Inst.; russ.) — Die Strahlungsintensität der bei der spektralen *F*-Analyse meist benutzten CaF-Bande 5291 Å wird als Funktion der relativen Konz. u. der Flüchtigkeit der Komponenten Ca u. F behandelt. Alkalimetall-Verbb. (außer Li) verändern durch Bldg. von Alkalifluoriden die Intensität stark. Zusatz von CaO u. Graphit wirkt dieser Rk. entgegen. Die Enthalpien u. Entropien der beteiligten Rkk. werden tabellar. mitgeteilt. R. K. Müller G 246◇

1608 **Colorimetrische Bestimmung des Siliciums bei Anwesenheit von Phosphorionen. Anwendung auf Natriumphosphate.** Pierre Désiré. (Chaleur et Ind. **38**, 271—76, 1957; Soc. Probil, Labor. de Rech. Phosphates; franz.) — Die Best. durch Red. des Molybdatosilicats zu Molybdänblau ist in Abwesenheit von P_2O_5 wegen des raschen Umschlages der Blaufärbung sehr empfindlich. In Anwesenheit bedeutender Mengen P_2O_5 ist die Best. nicht möglich. Niedrige P_2O_5-Konzz. stören nicht. Zur Stabilisierung der Blaufärbung wird Oxalsäure, als Red.-mittel Aminonaphtholsulfonsäure verwendet. Der abs. Fehler bei Si-Best. in Phosphaten beträgt ± 0,01 mg. O. Jansen G 264◇

1609 **Papierchromatographie sehr langkettiger Phosphate.** Shigeru Ohashi und John R. van Wazer. (Analytic. Chem. **35**, 1984—85, 1963; St. Louis, Mo., Monsanto Chem. Co., Inorg. Chem. Div.; engl.) — Die langkettigen Phosphate mit Kettenlängen (KL) > 10, die bei Verw. der herkömmlichen Lsgm. ungetrennt in Startpunktnähe bzw. bei hohen KL auf den Startpunkt verbleiben, können durch Wasserzusatz zum Lsgm. — untersucht wurde das saure Lsgm. von Ebel (C. **1954, 4676**) — zum Wandern gebracht werden. Vff. zeigen, daß die R_F-Werte der dabei entstehenden langgezogenen Flecke (gemessen an der Stelle des analyt. bestimmbaren maximalen P_2O_5-Geh.) eine ungefähre Abschätzung der mittleren KL des Phosphats erlaubten. W. Feldmann G 264◇

1610 **Spektrochemische Analyse von sehr reinem Beryllium.** R. W. Lewis, C. F. Earl, J. L. Potter und R. Fehler. (U.S. Dep. Interior, Bur. Mines, Rep. Invest. **1962**, Nr. 6108, 1—15; Boulder City, Nev., Bureau of Mines; engl.) — Vff. beschreiben die Best. von Al, Bi, B, Ca, Cr, Co, Cu, Fe, Pb, Mg, Mn, Mo, Ni, Si, Ag, Sn, Ti u. V im ppm-Bereich in elektrolyt. gereinigtem Be u. hochgereinigtem BeO im Gleichstrombogen. Die Metallproben werden in verd. HCl gelöst; durch Eindampfen u. Glühen bei 900° wird das Oxid erhalten. CuO wird bei der Best. von B u. Mo als innerer Standard zugesetzt, Nd_2O_3–Graphit-Gemisch bei der Best. von Ca u. GeO_2–Graphit-Gemisch bei der Best. der übrigen 15 Metalle. Der Fehler beträgt 11 Rel.-%, bei der Best. von Cu ca. 43 Rel.-%. P. Kurzmann G 281◇

1611 **Die Anwendung radiochemischer Analysenmethoden zur Bestimmung von Zink- und Calciumspuren in Gallium.** Pierre Lerch und Leo Kreienbühl. (Chimia [Aarau, Schweiz] **15**, 519—22, 1961; Bern, Univ., Inst. für anorg., analyt. u. phys. Chem., Radiochem. Labor.; dt.) — Der Ca-Geh. in Ga wird aktivierungsanalyt. bestimmt. Dabei erweist sich das neben anderen Isotopen gebildete ^{45}Ca wegen seines Einfangquerschnittes u. seiner Halbwertszeit als bes. geeignet. Analysen- u. Standardproben wurden mit therm. Neutronen bestrahlt u. nach einer Abklingzeit von 10 Tagen in Königswasser gelöst. Nach Trägerzusatz konnte durch ein kombiniertes Fällungs- u. Extraktions-Verf. Ca als Oxalat rein abgetrennt werden. Nach der Überführung in Carbonat wurde die Größe der β-Aktivität des ^{45}Ca gemessen u. daraus der ursprüngliche Ca-Geh. (1—77 ppm) in Ga ermittelt. Gleicherweise konnte der Zn-Geh. nicht bestimmt werden, da nicht auszuschließen war, daß evtl. vorhandene schnelle Neutronen eine Ga(n, p)Zn-Rk. auslösten. Die Zn-Verunreinigungen wurden daher mit der Isotopenverdünnungs-Meth. bestimmt. Dazu wurde einer Ga-Schmelze ^{65}Zn als radioakt. Indicator zugesetzt, eine homogene Verteilung hergestellt u. daraus Vgl.-Proben entnommen. Nach dem Ausheizen der Ga-Schmelze im Vakuum wurden wieder Proben entnommen. Die Best. der Radioaktivität erfolgte nach Aufarbeitung des Zn zu $ZnNH_4PO_4$-Präpp. durch Messung der γ-Strahlung (^{65}Zn-Peak bei 1,114 MeV). Mit dieser Meth. konnte eine Nachw.-Empfindlichkeit von 0,01 ppm Zn in Ga erreicht werden. W. Wiechmann G 288◇

1612 **Bestimmung von Quecksilberspuren in metallischem Selen mit Dithizon.** Satoru Uehara und Shuichi Hamada. (J. chem. Soc. Japan, ind. Chem. Sect. [Kogyo Kagaku Zasshi] **63**, 1580—83, 1960; Tôkyô-Sinzyukuku, Tôkyô-Rika-Daigaku; jap., Auszug: engl. S. A 87.) — Se wird in HNO_3 gelöst, die Lsg. mit W. verd. u. mit Na-Acetat-Lsg. u. wss. NH_3 auf pH ca. 5 gebracht, mit Ammoniumamidosulfat zur Zers. des HNO_2 versetzt, erneut mit wss. NH_3 auf pH 5,0—5,5 eingestellt u. mit Dithizon (I) in Chlf. extrahiert. Eine Hälfte des I-Auszugs wird mit KH-Phthalat u. KJ in $Na_2S_2O_3$-haltigem W. versetzt u. die Extinktion gegen die andere Hälfte des Extraktes bei 600 nm gemessen. Das Beersche Gesetz ist erfüllt. Enthält das Se Ag, so muß der I-Auszug zuerst mit salzsaurer NaCl-Lsg. geschüttelt werden. Die Analyse kann auch in Ggw. von Cu u. Pb durchgeführt werden. E. Maekawa G 290◇

1613 **Trennung des Galliums von anderen Elementen. 5. Mitt. Anreicherung von Spurenmengen Gallium in Salzsäure mit großen Mengen anderer Elemente durch Anionenaustauschersäulen.** 2. Mitt. Ichiro Aoyagi. (Rep. Government ind. Res. Inst., Nagoya **10**, 255—61, 1961; jap., Auszug: engl.) — 4. vgl. C. **1964**, 10-1786. — Spuren Ga in HCl lassen sich in Anionenaustauschern anreichern. Störendes Fe^{3+} u. Sn^{4+} werden durch vorherige Red. mit $TiCl_3$ oder Ti-Schwamm unschädlich gemacht. W. Wesly G 295◇

1614 **Trennung des Zinns und Antimons von Indium durch Extraktion mit N-Benzoylphenylhydroxylamin.** E. Je. Rakowski und O. M. Petruchin. (J. analyt. Chem. [UdSSR] **18**, 539—41, 1963; Moskau, Inst. für Geochem. u. Analyt. Chem. der Akad. der Wiss. der UdSSR; russ.) Die Abtrennung des In von großen Mengen Sn(IV) u. Sb(III) erfolgt durch Extraktion des Sn u. Sb aus 10n H_2SO_4. Es wurde außerdem eine Extraktion von Sb aus konz. H_2SO_4 mit Chlf. beobachtet. P. Kurzmann G 296◇

1615 **Bestimmung von ^{90}Sr und ^{144}Ce in Proben durch Extraktion.** F. Ja. Rowinski und W. W. Issprwanikowa. (Atomenergie [UdSSR] **14**, Nr. 3, 285—89, 1963; russ.) — ^{90}Sr kann in Proben des Bodens, des Schlamms oder der Asche biolog. Herkunft durch Extraktion des damit im Gleichgewicht stehenden ^{90}Y mit Tributylphosphat aus HNO_3-Lsg. bestimmt werden, gleichzeitig wird ^{144}Ce extrahiert. Danach folgt Fällung mit NH_4OH u. Wiederaufnahme in HNO_3. Das Verf. dauert 2½ Std. u. zeigt gegenüber dem radiochem. Standard-Verf. ca. 7% Abweichung. M. Wiedemann G 304◇

1616 **Bestimmung von Titan in meteoritischem Material.** A. J. Easton und L. Greenland. (Analytica chim. Acta [Amsterdam] **29**, 52—55, 1963; Canberra, A.C.T., Australian Nat. Univ., Dep. of Geophys.; engl.) — Vff. bestimmten 0,07—0,08% Ti in Meteoriten mit Tiron bei 430 nm u. pH 5,6. Zu der Ti-haltigen Lsg. werden Tiron, EDTA zum Maskieren von Fe(III), Acetat-Puffer u. $Na_2S_2O_4$ zur Red. des Fe(III)-EDTA-Komplexes zum farblosen Fe(II)-Komplex gegeben. Es muß innerhalb von 15 Min. nach der $Na_2S_2O_4$-Zugabe photometriert werden, da durch Zers. des $S_2O_4^{2-}$ eine Trübung auftreten kann. Die nach dieser Meth. erhaltenen Werte stimmen mit nach der H_2O_2-Meth. erhaltenen überein, jedoch ist die Tiron-Meth. empfindlicher. P. Kurzmann G 321◇

1617 **Volumetrische Bestimmung des Zirkoniums.** 2. Mitt. **Chromatometrische Methode.** A. Schneer und H. Hartmann. (Acta chim. Acad. Sci. hung. **22**, 139—51, 1960; Budapest, Inst. für allg. u. anorg. Chem., Univ. Eötvös, dt.) — 1. vgl. C. **1963**, 17438. — Man löst das Zr-Salz der Mandelsäure in konz. H_2SO_4 u. setzt eine bekannte Menge schwefelsaure $Na_2Cr_2O_7$-Lsg. hinzu u. verd. mit Wasser. Die Lsg. wird 20 Min. lang auf 115° erwärmt, dabei wird die Mandelsäure quant. zu CO_2 u. W. oxydiert. Das überschüssige $Na_2Cr_2O_7$ wird gegen Ferroin als Indicator mit einer $FeSO_4$-Lsg. titriert. H. Schroth G 322◇

1618 **Über die Reaktion von Thorium mit Natriumhexamethylendiamintetraacetat.** D. I. Rjabtschikow, M. P. Wolynetz und W. A. Sarinski. (J. analyt. Chem. [UdSSR] **18**, 542—44, 1963; Moskau, Akad. der Wiss. der UdSSR, Vernadsky-Inst. für Geochem. u. Analyt. Chem.; russ., Auszug: engl.) — Vff. bestimmten die Zus. des sich bei pH 3 bildenden schwerlösl. Komplexes zwischen Th u. Na-Hexamethylendiamintetraacetat (I) auf hochfrequenztitrimetr., thermogravimetr. u. chem. Wege zu 1 : 1 mit 3 H_2O. I kann zur Best. von Th in Ggw. eines 5fachen Überschusses an Seltenerdmetallen durch Hochfrequenztitration herangezogen werden. P. Kurzmann G 324◇

1619 **Photometrische Bestimmung von Thorium in Gegenwart von Fremdionen einschließlich der Seltenerdmetalle.** Ronald J. Romagnoli und Peter F. Lott. (Chemist-Analyst **52**, 106—08, 1963; Jamaika, N.Y., St. John's Univ., engl.) — Die Verw. von Thymolphthalexon, 3'.3''-Bis-{bis-[carboxymethyl]-aminomethyl}-5'.5''-diisopropyl-2'.2''-dimethylphenolphthalein, zur Best. von Th in Ggw. der Seltenerdmetalle wurde untersucht. Fe u. U werden mit EDTA maskiert. In Ggw. von Zr u. Cr wurden bei der photometr. Best. negative Abweichungen, in Ggw. von Ti positive Abweichungen erhalten. Cl^- u. F^- stören nicht. Die Stabilitäts-Konst. des Th-Thymolphthalexon-Komplexes wurde nach der Jobschen Meth. zu $9{,}6 \cdot 10^4$ bestimmt. G. Günzler G 324◇

1620 **Anwendung von Ionenaustauschern in der analytischen Chemie.** 2. Mitt. **Trennung des Ca^{2+} von Pb^{2+} mit Hilfe von Kationenaustauschern.** Candin Liteanu und Maria Demian. (Studia Univ. Babeş-Bolyai, Cluj, Ser. I **1961**, Nr. 2, 85—88; rum.) — 1. vgl. Studia Univ. Babeş-Bolyai, Cluj, Ser. I **1960**, Nr. 2, 125. — Die unterschiedliche Stabilität der Komplexe mit Komplexon III wird zur Trennung von Ca^{2+} u. Pb^{2+} an Wofatit F in der K^+-Form benutzt. Der Ca-Komplex wird optimal bei pH 4,24 zersetzt, während der Pb-Komplex stabil bleibt. Die Lsg. der Ca- u. Pb-Komplexe wird bei pH 4 (Acetatpuffer) mit 5,0—5,5 ml/Min. durch die Austauschersäule geleitet. Das nicht adsorbierte Pb^{2+} wird als $PbSO_4$ bestimmt, das adsorbierte Ca^{2+} mit 10%ig. KNO_3-Lsg. eluiert u. komplexometr. bestimmt. Die Trennung erfolgt bei $Pb^{2+} : Ca^{2+} = 200 : 1$ mit einem Fehler von $\pm$ 1%. R. K. Müller G 328◇

1621 **Quantitative Bestimmung von Zn^{2+}, Pb^{2+}, Al^{3+} und Cr^{3+} durch konduktometrische Titration mit einer Lösung des Dinatriumsalzes des Vanillinazins.** Regina Matyja. (Chem. analit. [Warszawa] **8**, 533—38, 1963; Warszawa, Agric. Univ., Dep. of General Chem.; pol.) — Vanillinazin reagiert mit Zn^{2+}, Pb^{2+}, Al^{3+} u. Cr^{3+} im Verhältnis 1 : 1 unter Chelat-Bldg.; der Endpunkt kann konduktometr. ermittelt werden. Zn^{2+} u. Pb^{2+} bzw. Zn^{2+} u. Al^{3+} können nebeneinander bestimmt werden, wobei Pb^{2+} bzw. Al^{3+} zuerst gefällt werden. Die potentiometr. Best. von Zn^{2+} wurde ebenfalls untersucht. Bei pH 7 fällt ein roter Nd. aus; beim Erhöhen des pH-Wertes färbt er sich gelb. Im Äquivalenzpunkt wird ein plötzliches Ansteigen des pH-Wertes beobachtet. Die Ergebnisse der potentiometr. Titration stimmen mit denen der konduktometr. gut überein. P. Kurzmann G 335◇

1622 **Die Anwendung von Kaliummanganat in der quantitativen Analyse.** 9. Mitt. **Die photometrische Bestimmung von Arsen, Chrom, Thiosulfat und Ameisensäure.** H. L. Polak, G. den Boef und Li de Galan. (Z. analyt. Chem. **198**, 321—25, 1963; Amsterdam, Univ., Labor. für analyt. Chem. dt.) — 8. vgl. C. **1963**, 5592. — Vff. verbessern die potentiometr. Rücktitration des Manganat-Überschusses mit As(III)-Lsg. durch Anwendung einer photometr. Rücktitration. Nach dieser Meth. wurden 0,1—1 mVal $S_2O_3^{2-}$, Cr^{3+} u. HCOOH bestimmt. Bei Titration mit kleineren Vol. Manganat-Lsg. im Elko-Photometer können noch 0,2—1 mg $S_2O_3^{2-}$ mit einem Fehler von maximal 1,5 Rel.-% bestimmt werden. Bei Best. von ca. 1 mVal Substanz beträgt der Fehler 0,3 Rel.-%. P. Kurzmann. G 335◇

1623 **Ein neues Reagens für reduktometrische Titrationen: Eisen(II) in stark phosphorsaurem Medium. 4. Mitt. Gleichzeitige potentiometrische Bestimmung von Vanadin(V) und Uran(VI) [oder Molybdän (VI)] in Gemischen.** G. Gopala Rao und L. S. A. Dikshitulu. (Talanta [London] **10,** 1023—29, 1963; Waltair, India, Andhra Univ., Dep. of Chem. engl.) — 3. vgl. C. **1963,** 16300. — Das formale Redoxpotential des Syst. V(V)/V(IV) wird in 0,25—12,00m H_3PO_4-Lsg. bestimmt. In 12mH_3PO_4-Lsg. besteht zwischen den Potentialen von V(V)/V(IV) einerseits u. U(VI)/U(IV), Mo(VI)/Mo(V) bzw. V(IV)/V(III) andererseits eine genügend große Differenz, um V(V) u. U(VI) nebeneinander mit Fe(II) reduktometr. bestimmen zu können. Es werden zwei Potentialsprünge beobachtet; der erste entspricht der vollständigen Red. von V(V) zu V(IV), der zweite der gleichzeitigen Red. von V(IV) zu V(III) u. U(VI) zu U(IV) bzw. Mo(VI) zu Mo(V), Mn(II) u. W(VI) stören nicht. J. Peters G 339◇

1624 **Regeneration der Uranylacetatabfälle.** Z. Jablonski. (Zeszyty naukowe Politechn. Szczecińskiej, Chem. **1960,** Nr. 14, 75—76, Kat. Chem., Nieorgan.; pol.) — Die bei der quant. Na-Best. anfallenden Rückstände werden mit HCl unter Zusatz von 1—2 ml konz. HNO_3 bis auf $^1/_3$ des ursprünglichen Vol. eingeengt. Die Fällung mit NH_3 führt zu $(NH_4)_2U_2O_7$, Auflösen von HCl zu UO_2Cl_2, nochmalige Behandlung mit NH_3 u. Glühen führt zu U_3O_8. Dieses wird durch Auflösen von konz. HNO_3 + CH_3COOH (1 : 10) zu $UO_2(CH_3COO)_2$ umgesetzt. P. Kadach G 339◇

1625 **Trennung von Niob und Tantal von Titan und Eisen nach einer chromatographischen Methode.** I. P. Alimarin, I. M. Gibalo und Guan-Shun Zin. (Hochschulnachr. [Iwanowo], Chem. u. chem. Technol. **5,** 374—77, 1962; Moskau, Lomonossow-Univ., Analyt. Inst.; russ.) — Untersucht wurde unter stat. Bedingungen die Sorption von Nb, Ta, Ti u. Fe an Ionenaustauscherharzen KU-2 u. EDE-10P aus weinsauren Lsgg. in Ggw. von HCl. Die Sorption an KU-2 erhöht sich wesentlich mit der Temperatur. Die Trennung gelingt an KU-2 aus 2% ig. weinsauren Lsgg., die 0.15n an HCl sind. Albert Krause G 354◇

1626 **Titrimetrische Bestimmung von Eisen(III) mit Titan(III) bei Zimmertemperatur. Safranin T, Phenosafranin und Neutralrot als Indicatoren.** P. V. Krishna Rao und G. Gopala Rao (Analytica chim. Acta [Amsterdam] **29,** 82—84, 1963; Waltair, India, Andhra Univ., Dep. of Chem.; engl.) — Mit allen drei Indicatoren waren 0,4—1 mMol Fe(III) mit einer Genauigkeit von ± 0,3—0,5 Rel.-% in Ggw. von Oxalsäure bei Zimmer-Temp. bestimmbar. Die Red. der Farbstoffe durch Ti(III) verläuft zwar bei Zimmer-Temp. langsam, kann aber durch Oxalsäurezusatz stark beschleunigt werden. In 0,1m Oxalsäure erfolgt sie prakt. sofort. Die Umschläge sind scharf, aber irreversibel. Die angewendeten Indicatoren sind für die Fe(III)-Best. mit Ti(III) besser geeignet als Methylenblau. P. Kurzmann G 354◇

1627 **Jodometrische Titration von freier Säure in Eisen(III)-Lösungen und Bestimmung von basischen Eisen(III)-Verbindungen.** Kurt Starke. (Analytic. Chem. **35,** 1310—11, 1963; Marburg/Lahn, Univ., Inst. für Kernchem.; engl.) — Die Fe(III)-Verb. wird in einer bekannten Menge 0,5n H_2SO_4 gelöst, das Fe(III) mit KJ red., das J_2 mit $S_2O_3^{2-}$ titriert, das Fe(II) mit $K_3[Co(CN)_6]$ gefällt u. das auf Zusatz von KJO_3 frei werdende, der freien Säure äquivalente J_2 in Abwesenheit schwacher Säuren direkt mit $S_2O_3^{2-}$ titriert. In Ggw. von Carbonsäuren ist der Endpunkt nicht scharf erkennbar. In diesem Falle wird $S_2O_3^{2-}$ im Überschuß zugesetzt u. mit J_2 zurücktitriert. Bei der Analyse bas. Fe-Verbb. wird eine der angewendeten H_2SO_4-Menge äquivalente Menge $S_2O_3^{2-}$ zugegeben. Die J_2-Menge entspricht dann der Menge der bas. Verbindung. Die Meth. eignet sich zur Analyse der Verbb. $Fe(OCH_3)_2X$ mit X = NO_3^-, $HCOO^-$, CH_3COO^-, Anionen der Pivalin-, Adipin-, Chloressig- u. Trichloressigsäure, nicht jedoch für die Verbb. der Stearinsäure, des Acetessigesters, Dibenzoylmethans u. Thenoyltrifluoracetons, da diese schwachen Säuren nicht vollständig mit J^- u. JO_3^- reagieren. P. Kurzmann G 354◇

1628 **Bestimmung von Mikromengen von Elementen nach der Ringcolorimetermethode unter Verwendung von Kupfer(II)-hexacyanoferrat(II)-Standard.** 1. Mitt. **Bestimmung von Uran, Mangan, Kobalt und Quecksilber [Quecksilber(I)- und -(II)-Ionen].** Tomislav J. Janjić, Milenko B. Célap und Slavoljub Marjanović. (Ber. chem. Ges. Belgrad **27,** 9—12, 1962; Beograd, Naturwiss.-Math. Fak., Chem. Inst.; serbokroat., Auszug: engl.) — Die Best. von U, Mn u. Cd wird unter Verw. des Ringofens von Weiß durchgeführt (Laufmittel 0,1n HCl; Papier Schleicher & Schüll Nr. 589, ∅ 5,5 cm; Behandlung in wss. 2% ig. $Na_4[Fe(CN)_6]$-Lsg.; Fixierung mit wss. 2% ig. $CuSO_4$). Ag- u. Co-Ionen wurden mit 0,05n HNO_3 in die Ringzone gewaschen. Die Best. erforderte ca. 10 γ des entsprechenden Ions. Ch. Weiske G 355◇

1629 **Thermochromatographie auf Papier. 1. Mitt. Trennung des Gemisches Cu^{2+} + Cd^{2+} (Eluent Butanol + HCl).** Candin Liteanu und Simion Gocan. (Studia Univ. Babeş-Bolyai, Cluj, Ser. I **1961,** Nr. 2, 99—102; rum.) — Der für die Papierchromatographie eines Gemischs von $CuCl_2$ u. $CdCl_2$ verwendete Papierstreifen hängt in einem Reagensglas, dessen oberer Teil mit einer Drahtspirale elektr. erhitzt wird. Durch den so erhaltenen Temp.-Gradienten ändern sich die R_F-Werte bei Cd^{2+} stärker als für Cu^{2+}, ebenso nimmt R_F für Cd^{2+} bei abnehmender Durchlaufgeschw. des Eluenten (80% Butanol + 20% 3n HCl) stärker zu als für Cu^{2+}. Dadurch wird die Trennung beider Ionen verbessert. R. K. Müller G 358◇

1630 **Hochselektiver Tüpfelnachweis für Kupfer durch Bildung von Kupfer(I)-acetylid.** T. H. Whitehead und Georgia Hatcher. (Chemist-Analyst **52,** 109, 1963; Athens, Ga., Univ. of Georgia, Dep. of Chem.; engl.) — Die neutrale oder schwach ammoniakal. Lsg. von Cu(II) gibt in Ggw. von Hydroxylamin mit C_2H_2-Lsg. eine intensiv rote Farbe. Der Tüpfel-Nachw. hat eine Nachw.-Grenze unter 10 μg Cu u. eine Verdünnungsgrenze von weniger als 1 : 20000. Einfl. verschiedener Kationen u. Anionen werden mitgeteilt. G. Günzler G 358◇

1631 **Bestimmung von Kupferspuren.** L. de Roo, J. F. M. Tertoolen und C. Buijze. (Analytica chim. Acta [Amsterdam] **29,** 82, 1963; Delft, Rubber Res. Inst. T.N.O.; Rijswijk, Analyt. Res. Inst. T.N.O.; engl.) — Die Ursache der Unterschiede u. Schwankungen der Werte bei der Best. von 0,5—20 ppm Cu in Ruß durch Photometrie mit Diäthyldithiocarbamat gegenüber der Neutronenaktivierungsanalyse wird auf die zur Veraschung verwendeten Porzellantiegel zurückgeführt. Bei Verw. von Quarztiegeln stimmen die nach beiden Meth. erhaltenen Werte überein. P. Kurzmann G 358◇

1632 **2-Diäthylaminoäthanthiolhydrochlorid als spektrophotometrisches Reagens auf Rhodium.** Suresh C. Srivastava. (Analytic. Chem. **35,** 1165—67, 1963; New Orleans, La., Lousiana State Univ., Dep. of Chem.; engl.) — Beim Erhitzen eines Überschusses von 2-Diäthylaminoäthanthiolhydrochlorid in wss. Lsg. mit Rh entsteht eine gelbe Farbe. Die Empfindlichkeit der Farb-Rk. beträgt nach Sandell 0,0064 $\mu g/cm^2$, das Absorptionsmaximum liegt bei 330 nm. Zur vollen Entw. der Farbe ist ca. 30 Min. langes Erhitzen bei pH 1,5—3,5 erforderlich. Im Konz.-Bereich von 0,3 bis 15,4 ppm Rh gehorcht das Syst. dem Beerschen Gesetz, wobei der optimale Bereich zwischen 0,6 u. 8,3 ppm liegt. Störungen durch andere Metalle der Pt-Gruppe wurden untersucht. J. Heinze G 364◇

1633 **Herstellung von Eichproben verschiedener Legierungen und Untersuchung des Einflusses „dritter" Elemente in ihnen.** K. A. Ssuchenko, O. I. Mladenzewa und A. W. Akssenowa. (Nachr. Akad. Wiss. UdSSR, physik. Ser. **23,** 1147—48, 1959; russ.) — Vff. berichten über Herst.-Verff. von verschiedenen Eichproben für spektroskop. Unterss. u. geben optimale Analysenbedingungen für Ti-Legierungen. Der Einfl. der „dritten" Elemente auf die Analysenergebnisse kann durch die richtige Wahl der Lichtquelle u. Vergrößerung der Intensität der Entladung, etwa durch Verw. von Impulsgeneratoren, herabgesetzt werden. G. Rudakoff 5280□

1634 **Phasenanalyse von Nichteisenlegierungen.** M. N. Koslowa, N. F. Laschko und K. P. Ssorokina. (Betriebs-Lab. [UdSSR] **29,** 261—71, 1963; russ.) — Literaturübersicht über die elektrolyt. Phasentrennung von Ni-, Co-, Cr-, Cu-, Ti-, Nb-, Zn-, Al- u. Mg-Legg. u. über die chem. Aufbereitung des Anodenniederschlags. — 100 Literaturangaben. R. Gerbatsch 5280◇

1635 **Schnellanalyse von Legierungen vom Sn-Pb-Sb-Typ.** Durda Deur-Šiftar und Egon Bauman. (Kem. u. Ind. [Zagreb] **11,** 695—99, 1962; Zagreb, Technol. Fak.; serbokroat.) — Von Proben mit >50% Pb werden 2 g in ein Gemisch aus 20 (ml) H_2O_2 (30% ig.), 20 H_2O u. 8 CH_3COOH

gebracht, nach Auflsg. 20 ml konz. HCl u. 50 ml H_2O zugesetzt, gekocht, weitere 20 ml konz. HCl u. 50 ml 40% ig. Weinsäure zugegeben, die Lsg. mit überschüssigem konz. NH_3 versetzt u. im Meßkolben auf 500 ml aufgefüllt. Proben mit >50% Sn (2 g) löst man in 80 ml konz. HCl u. 5—10 ml H_2O_2 (30% ig.), kocht u. behandelt weiter wie oben. Die Best. der einzelnen Metalle erfolgt in diesen Lsgg. durch Titrieren von Sn in salzsaurer Lsg. nach Red. mit NaH_2PO_2 mit 0,05n KJO_3-Lsg., Sb in salzsaurer Lsg. nach Red. mit SO_2 mit 0,05n $KBrO_3$-Lsg. (Indicator Methylorange), Pb in ammoniakal. Lsg. nach Entfärbung mit KCN anfangs mit 0,05m Komplexon-III- (I) u. zum Schluß mit 0,01m I-Lsg. (Indicator Methylthymolblau), Zn in der bei Pb austitrierten Lsg. nach Zugabe von CH_2O mit 0,05m I-Lsg., Cu in ammoniakal. Lsg. photometrisch. M. Strachill 5282◇

1636 **Elektrochemische Abtrennung und Untersuchung der zementierenden und carbidischen Phasen von harten Wolfram-Kobalt-Legierungen.** W. I. Tumanow, S. Ss. Truchanowa, W. F. Funke und W. G. Schtscherbakow. (Betriebs-Lab. [UdSSR] **29,** 277—80, 1963; Forsch.-Inst. für harte Legg.; russ.) — Eine Meth. zur elektrolyt. Abtrennung der carbid. u. zementierenden Phasen mit anschließender chem. u. röntgenograph. Analyse wird beschrieben. Die Co-Phase wird in 6n HCl bei einer Stromdichte von 0,03 A·cm^{-2} u. einer Elektrodenspannung von 0,8—0,9 V u. die WC-Phase in 6n NaOH bei 0,6 A·cm^{-2} u. 3 V abgetrennt. Unters.-Ergebnisse für verschiedene einfache u. höherlegierte Legg. werden angeführt. R. Gerbatsch 5282◇

1637 **Phasenanalyse inchromierter Nickellegierungen.** N. I. Blok, M. N. Koslowa und N. F. Laschko. (Betriebs-Lab. [UdSSR] **29,** 272—76, 1963; russ.) — Zur Phasenanalyse der Oberflächenschichten von Zylindern aus inchromierten hochwarmfesten Ni-Legg. wurde ein Verf. entwickelt, das auf der schichtweisen anod. Auflösung der Proben mit anschließender chem. Analyse des Anodenrückstandes u. des Elektrolyten sowie Röntgenstrukturanalyse des Anodenrückstandes beruht. In Tabellenform sind die isolierten Phasen in Abhängigkeit von den Chromierungsbedingungen zusammengestellt. R. Gerbatsch 5282◇

1638 **Röntgenfluorescenzanalyse von Kupfer-Nickel-Legierungen. 3. Mitt. Bestimmung von Mangan, Zink und Blei.** Tsutomu Fukasawa, Tsugio Takeuchi und Akinari Ichiryu. (Japan Analyst **10,** 1195—1200, 1961; Nagoya, Univ., Fac. of Engng., Inst. of Techno-Analyt. Chem. u. Sumitomo Light Metal Ind. Ltd.; jap., Auszug: engl.) — 2. vgl. C. **1963,** 22445. — Es wurden 0,01—1,3% Mn in Cu-Ni-Legg. bestimmt. Im Bereich 0,01—0,023% Mn wurde die „fixed-count"-Meth. angewandt. Der Fehler betrug 0,0007%. Bei >0,023% Mn wurde die einfache Zähl-Meth. benutzt; Fehler ~0,02%. Da der Ni-Geh. der Cu-Ni-Legg. die Intensitäten der Zn-K_α-Linie beeinflußt u. der Cu-Geh. die Untergrundintensitäten u. -profile verändert, konnten Zn-Verunreinigungen nur bis auf 0,05% bestimmt werden. Die Erfassungsgrenze der Pb-Best. lag bei 0,1%. K. Jaeger 5282◇

b) Organische Verbindungen

1639 **Eine modifizierte Methode zur Oxydation von Radiokohlenstoffverbindungen.** P. K. Bhattacharyya. (J. sci. ind. Res. [New Delhi], Sect. B **17,** 467—70, 1958; Poona, Nat. Chem. Labor., Div. of Biochem.; engl.) — Vf. entwickelte eine verbesserte einfache App. zur nassen u. trockenen Oxydation radioakt. organ. Stoffe, in denen das radiakt. C nach van Slyke bestimmt wird. Die bei der Oxydation entwickelten Spuren SO_3 werden durch Einleiten des entstandenen Gases in Chromschwefelsäure entfernt u. das CO_2 wird sehr wirksam in einer Spezialwaschanlage in einem kleinen Vol. Alkalihydroxid absorbiert. G. Heller 5352◇

1640 **Radiometrische Analyse flüchtiger organischer mit ^{14}C und ^{3}H markierter Verbindungen mit Hilfe der Gaschromatographie.** Fulvio Cacace und Inam-Ul-Haq. (Ricerca sci. **30,** 501—08, 1960; Roma, Univ., Ist. di chim. farm. e tossilog.; ital.) — Verf. zur gaschromatograph. Trennung u. zur quant. Best. der Radioaktivität von mit ^{14}C oder ^{3}H markierten organ. Verbindungen. Erste Vers.-Ergebnisse sind für tritiiertes *Bzl., Chlorbenzol* (**I**), *Toluol* (**II**), ein tritiiertes **I**—**II**-*Anisol*-Gemisch sowie für mit ^{14}C in der Carboxylgruppe markiertes *Äthylacetal* angegeben. C. Gottfried 5363△

1641 **Messung der Aktivität von Tritium enthaltenden organischen Verbindungen.** A. N. Nessmejanow, W. W. Posdejew und Ja. Klass. (Betriebs-Lab. [UdSSR] **28,** 305—07, 1962; Moskau, Univ.; russ.) — Die zu analysierenden organ. Verb. wird in Ggw. von Zn, NiO u. H_2O bei 640° verbrannt. Das entstandene Gasgemisch wird in ein Geiger-Müller-Proportionalzählrohr überführt. Das Zählrohr wird mit einem Gemisch aus 50% CH_4 u. H_2 gefüllt. Als Löschgas wird Cyclohexan verwendet. Butan als Löschgas verschlechtert die Registration der schwachenerget. β-Teilchen. Bestimmt wurde die Tritiumaktivität von *Cyclohexen, Cyclohexadien-1.3; Adipin-, Bernstein-* u. *Glutarsäure* mit einem Meßfehler von 1%. G. Ewald 5364◇

1642 **Gaschromatographische Methode zur Bestimmung von aktivem und Hydridwasserstoff in organischen Substanzen. Mikroanalyse von Boranverbindungen und Alkoholen.** Ihor Lysyj und R. C. Greenough. (Analytic. Chem. **35,** 1657—59, 1963; Canoga Park, Calif., North America Aviat., Inc., Rocketdyne Div.; engl.) — In einer Mikro-Rk.-Zelle, die in das von N_2 als Trägergas durchspülte Syst. eingebaut ist, wird akt. u. Hydrid-H freigesetzt u. die H_2-Bande mit einem Wärmeleitfähigkeitsdetektor gemessen. Die Meth. wurde für die Best. von Hydrid-H aus Boran-Verbb. (Trimethylaminoboran u. Borazol) u. für die Best. von Hydroxyl-H aus Alkoholen (Benzylalkohol) benutzt. Aus ersteren wurde das H durch saure Hydrolyse, aus letzteren durch Rk. mit $LiAlH_4$ in Freiheit gesetzt. Die Probenmenge lag im mg-Bereich, die Analyse erfordert <5 Minuten. W. D. Schönherr 5364◇

1643 **Trennung und Identifizierung aliphatischer Aldehyde und Ketone durch die Dünnschichtchromatographie der 2.4-Dinitrophenylhydrazone.** H. T. Badings und J. G. Wassink. (Nederl. Melk-en Zuiveltyjdschr. **17,** 132—49, 1963; Ede, Netherlands Inst. for Dairy Res.; engl.) — Die Trennung der 2.4-Dinitrophenylhydrazone (**I**) von n-Alkanalen, n-Alkanonen, n-2-Alkenon-(4), n-2-Alkenalen u. n-2.4-Alkandienalen auf bas. Zinkcarbonatschichten erfolgt mit PAe./Bzl.-Pyridin (7:1:2) + 0,1% A. als Laufmittel. Die Best. der Kettenlänge von C_2—C_{11}-Carbonyl-Verbb. ist durch Verteilungschromatographie der **I** auf mit Carbowax imprägnierten Schichten mit PAe. (Kp. 100—120°) als Laufmittel möglich. H. J. Altmann G 650◇

1644 **Bestimmung von Äquivalentgewichten der organischen Säuren durch Titration von Benzylthiuroniumsalzen mit HMB-Lösung.** Mieczysław Wroński. (Chem. analit. [Warszawa] **8,** 113—15, 1963; Łódź, Uniw., Kat. Technol. Chem..; poln.) — Das Benzylthiuroniumsalz (**I**) wird in Methanol gelöst; nach Hinzufügen von etwas 1n NaOH-Lsg. sowie W. titriert man mit 0,001—0,05n HMB-Lsg. gegen Thiofluorescein bis zum Verschwinden der blauen Farbe. — Zuvor wird **I** nach folgender Rk.-Gleichung aus dem Hg-Salz der zu bestimmenden Säure (z. B. *Valerian-, Salicyl-, Phthal-, Anthranil-, Benzoe-* u. *Adipinsäure*) gebildet u. als schwerlösl. Verb. abgetrennt: $C_6H_5CH_2—S—C(NH)NH_2 + RHgOH \rightarrow C_6H_5·CH_2—S—HgR + NH_2CONH_2$. D. Zobel G 800◇

1645 **Nachweis, Charakterisierung und Bestimmung von Carbonsäuren und Estern.** Stig Veibel. (Analyt. Chem., Proc. int. Sympos., Birmingham Univ. [U. K.] **1962,** 53 57, 1963; Copenhagen, TU, Dep. of Org. Chem.; engl.) — Allg. Überblick über einige Methoden. — 12 Literaturangaben. — Diskussion. H. Kuchenbecker G 800◇

1646 **Über die Verfahren der qualitativen und quantitativen Bestimmung von d-Zuckersäure.** Romuald Bogoczek, Czesława Troszkiewicz. (Zeszyty naukowe Politechn. Śląskiej, Chem. **1961,** Nr. 5, 91—98; Kat. Chem. Organicz.; pol.) — Zum Nachw. von d-Zuckersäure (**I**) (Tetrahydroxyadipinsäuren) dient die Pyrrolreaktion. Zur quant. **I**-Best. in Ggw. anderer Carbonsäuren wird das Ca-Salz bei bestimmten pH-Wert fraktioniert ausgefällt. W. Wesly G 820◇

1647 **Einfache Methode zur Analyse von Reineckeaten aliphatischer Amine.** Friedrich Kuffner, Sonja Sattler-Dornbacher und Cornelia Humer. (Mh. Chem. **93,** 99—101, 1962; Wien, Univ., Org.-chem. Inst.; dt.) — Durch kurzes Erhitzen von Reineckeaten aliphat. Amine (*Isopropylamin, Diisopropylamin, 3-Aminononan, 5-Dimethylaminononan*) mit alkal. Tartrat-Lsg. wurde Cr umkomplexiert u. SCN^- direkt gegen einen Fluorescenzindicator mit $AgNO_3$ titriert. Heinrich Arnold G 910◇

1648 **Spektrophotometrische Bestimmungsmethode für Schiffsche Basen mit Methylorange.** Robert E. Keller. (Analytic. Chem. **35**, 1753–54, 1963; St. Louis, Mo., Monsanto Chem. Co., Res. Dep., Org. Div.; engl.) — *Prim., sek.* u. *tert. Amine* reagieren bei einem bestimmten pH-Wert mit Methylorange. Der dabei entstehende Farbkomplex ist in organ. Lsgm. löslich. Dieser Komplex kann durch Extraktion aus der organ. Phase in eine wss. saure Phase überführt werden. Die photometr. Best. in der wss. Phase bei 508 nm ist empfindlicher als die in der organ. Phase bei 430 nm. Die zur Unters. verwendete Schiffsche Base läßt sich durch die Formel tert.-$C_{12-15}H_{25-31}NCH_2$ wiedergeben.
W. Hegenberg G 910◇

1649 **Bestimmung von tertiären Aminen in Gegenwart von primären und sekundären Aminen.** M. Miller und D. A. Keyworth. (Talanta [London] **10**, 1131–38, 1963; Des Plaines, Ill., Universal Oil Prod. Co.; engl.) — Läßt man das zu untersuchende Amingemisch mit Phenylisothiocyanat (I) in Methylisobutylketon (II) unter gelindem Erwärmen bis zum vollständigen Auflösen u. dann noch 2 Std. ohne Erwärmen stehen, reagieren prim. u. sek. Amine unter Bldg. von Thioharnstoff-Derivv., während unverändertes tert. Amin mit 0,2n wasserfreiem HCl in **II** potentiometr. titriert werden kann. Die Brücke zur Kalomel-Vgl.-Elektrode enthält mit LiCl gesätt. **II**. Obwohl **I** nicht mit N-sek.-Alkylanilinen u. mit ster. gehinderten o-substituierten N-Alkylanilinen, mit Schiffschen Basen oder schwachen, nicht mit wasserfreiem HCl titrierbaren Aminen reagiert, reagiert es mit allen untersuchten p-substituierten N-Alkylanilinen u. mit vielen prim. u. sek. Aminen, die gegenüber Acetanhydrid resistent sind. Neben der 20fachen Menge prim. u. sek. Amin können noch 0,005% tert. Amin mit einer Genauigkeit von 0,03 mVal. bestimmt werden. Untersucht wurden: *p-*$RHNC_6H_4NHR'$, $R = CH(C_2H_5)CH_2CH(CH_3)_2$, $R' = CH(C_2H_5)CH_2CH(CH_3)\cdot CH_2CH_3$; (R = R' =) *sek.-Butyl*; *Isopropyl*; R = *H*, R' = *Isopropyl*; C_6H_5NRR', R = CH_3, R' = *sek.-Butyl*; R = R' = *Isopropyl*; R = *H*, R' = *sek.-Butyl, n-Butyl, n-Hexyl, Cyclohexyl* bzw. *2-Hydroxyäthyl*; R = R' = *1.2-Dimethyl-n-butyl*; *Pyridin*; *Bis-[1.3-dimethyl-n-butyl]-amin*; $C_6H_{13}CH(CH_3)\cdot NH(CH_2)_2NH(CH_2)_2\cdot N[CH(CH_3)C_6H_{13}]_2$; $[CH_3CH_2CH(CH_3)]_2\cdot N(CH_2)_2NHCH(CH_3)CH_2CH_3$; $[CH_3CH_2CH(CH_3)NHCH_2]_2$; $HOCH_2CH_2NR(CH_2)_2NHR$ (R = *Cyclohexyl*); $(CH_3)_2CHCH_2\cdot C(CH_3) = N-CH(CH_3)CH_2CH(CH_3)_2$; $HOCH_2CH_2N[CH\cdot(CH_3)_2]\cdot(CH_2)_2N[CH(CH_3)_2]_2$ u. $HOCH_2CH_2NR\cdot CH(CH_3)\cdot CH_2CH_3$ (R = *p-*$C_6H_4NH_2$). A.-M. Fretzdorff G 910◇

1650 **Trennung von Aminosäuren auf Ionenaustauscherpapier.** J. Hartel, J. A. Copper und C. Van Bochove. (Recueil Trav. chim. Pays-Bas **82**, 264–74, 1963; Delft, Central Labor. T.N.O.; engl.) — Gemische von Aminosäuren werden durch Entw. mit 0,2m Na-Acetatpuffer (pH 7,0) auf Papier, das quatern. Aminogruppen enthält (QAP), in Gruppen bas. [Arginin (**I**), Lysin (**II**), Histidin (**III**)], saurer [Cystein- (**IV**), Asparagin- (**V**), Glutaminsäure (**VI**)] u. neutraler Komponenten [Tyrosin (**VII**), Tryptophan (**VIII**), Phenylalanin] zerlegt. Auf sulfoniertem Papier mit 0,1m Na-Acetatpuffer (pH 4,8) erreicht man lediglich die Abtrennung der bas. Verbindungen. Diese können mit 0,2m Na-Phosphatpuffer (pH 9,0) oder 0,05m NH_4-Formiat-Lsg. (pH 9,0) auf demselben Papier voneinander getrennt werden, wobei R_F **I** > R_F **II** > R_F **III** ist. Auf carboxyliertem Papier wandert in 0,1m Li-Acetatpuffer (pH 9,0 oder NH_4-Formiat-Lsg. **I** schneller als **II** u. **III**. Mit 0,1m $CH_2ClCOOH$-Lsg. (pH 2,0) auf QAP-Papier ist R_F **IV** > R_F **V** ≫ R_F **VI**. Aus Wollhydrolysaten können **VII** u. **VIII** durch Entw. mit Na-Phosphatpuffer (pH 7,0) aus QAP-Papier abgetrennt werden, **VII** auch bei pH 7,6 bzw. mit Acetatpuffer von pH 4,0 oder 4,8 auf sulfoniertem Papier. Vor der absteigenden Entw. wurden die Papiere mit dem Laufmittel gewaschen u. z. T. nach Zwischenwaschung mit W. getrocknet.
F. M. Friedrich-Anderseck G 950◇

1651 **Elektrochromatographische Trennung von Aminosäuren.** J. Martin Kaplan und Frank L. Schneider. (Microchem. J. [New York] **6**, 557–60, 1962; Flushing, N.Y., Queens Coll., Dep. of Chem.; engl.) — Es wird eine elektrochromatograph. Meth. mit Dünnschichtplatten angegeben. Getrennt werden *Alanin* u. *Asparagin*. Verwendet werden Merck Cellulose MN 300–$CaSO_4\cdot\frac{1}{2}H_2O$, ein Essigsäure–Ameisensäure-Puffer (pH 1,9) u. eine Stromstärke von ca. 10 mA. H. Althoff G 950△

1652 **Eine modifizierte Technik zur Trennung einander überlagernder Aminosäuren.** V. A. Shinde, I. P. Agarwal, S. C. L. Verma und R. I. Jain. (Current Sci. [Bangalore] **32**, 118–19, 1963; Gwalior, G. R. Med. Coll., Dep. of Anatomy and Pharmacol.; engl.) — Da bei der Rundfilterpapierchromatographie eine zweidimensionale Trennung mit verschiedenen Lsgm. nicht möglich ist, müssen die Überlagerungszonen herausgeschnitten u. nachchromatographiert werden. Zu diesem Zweck bespannten Vff. ein Drahtgestell waagerecht mit einem 2,5 cm breiten, ca. 17 cm langen Filterpapierstreifen in den senkrecht der aus dem Erstchromatogramm ausgeschnittene, die Aminosäuremischung (z. B. Glutaminsäure–Threonin oder Asparaginsäure–Serin–Glycin) enthaltende Streifen eingehängt wurde, dessen unteres ausgefranstes Ende als Docht wirkte. Nach Einsetzen des Aggregates (oder mehrerer) in den Chromatographier-App. wurde wie üblich chromatographiert. Zwei schräge Wachsstreifen auf dem waagerechten Filterpapier (Aufgabeseite) verhinderten ein seitliches Abwandern der Fraktionen.
J. Trupke G 950◇

1653 **Hochempfindlicher Nachweis von Aminosäuren mittels Gaschromatographie und Elektronenaffinitätsspektrometrie.** R. A. Landowne und S. R. Lipsky. (Nature [London] **199**, 141–43, 1963; New Haven, Conn., Yale Univ., School of Med., Dep. of Internal Med.; engl.) — Für diese Kombinations-Meth. sind Aminosäure-Derivv. mit endständigen 2.4-Dinitrophenylgruppen (DNP) bes. geeignet, da solche Gruppen sowohl chromophoren als auch hoch elektrophoren Charakter haben. Untersucht wurden in Form ihrer Methylester die chem. reinen DNP-Aminosäuren Alanin, β-Alanin, α-Aminobuttersäure, γ-Aminobuttersäure, Asparaginsäure, Cystin, Glutaminsäure, Glycin, Isoleucin, Isovalin, Leucin, Lysin, Methionin, Norvalin, Ornithin, Phenylalanin, Prolin, Valin. Die Verbb. wurden bei 220° chromatographiert; geeignete stationäre Phasen waren Neopentyladipinat- oder -sebacinatpolyester oder das polare Nitrilgruppen enthaltende Silicon XE 60; die Arbeitsbedingungen des Elektronenfangdetektors waren 14 V, 200° u. 200 ml Argon/min. Die minimal nachweisbare Menge war in allen Fällen $3\cdot10^{-16}$ Mole/Sek. ± 13%, auch bei den 2 DNP-Gruppen tragenden Verbb. Lysin, Ornithin u. Cystin. Die Meth. spricht streng nur auf die DNP-Gruppen an, der Rest des Mol. sowie die meisten Verunreinigungen sind ohne Einfl. auf das Resultat. Aussichtsreiche Verss. mit Butyl- oder Amylestern der DNP-Aminosäuren sowie mit N-Chloracetylaminosäuren sind im Gange.
J. Trupke G 950◇

1654 **Eine einfache Methode zur Bestimmung der relativen Mengen von DL-Threonin und DL-Allothreonin mit Hilfe der Infrarotabsorptionsspektroskopie.** Toshiyuki Furuyama und Saburo Senoh. (Bull. chem. Soc. Japan **36**, 126–27, 1963; Tokyo, Asahi Chem. Ind. Co., Techn. Res. Labor. engl.) — Als Analysenbanden werden 702 für *DL-Threonin* u. 619 cm^{-1} für *DL-Allothreonin* benutzt. Der %-Geh. an einer Verb. ergibt sich als Verhältnis der Höhe des Bandenmaximums über der Basislinie der betreffenden Analysenbande zur Summe der Höhe der beiden Banden. Diese Höhen werden in Längeneinheiten im Durchlässigkeitsdiagramm gemessen. Die Meth. hat eine Genauigkeit von ca. 1%.
P. Kahlow G 950△

1655 **Bestimmung kleiner Mengen ε-Aminocapronsäure in ihrem Lactam.** Janina Majewska. (Chem. analit. [Warszawa] **8**, 589–91, 1963; Łódź, Inst. of Artificial and Synthetic Fibers, Dep. of Synthetic Fibers; pol.) — Die Best. erfolgt durch Titration mit 0,01n NaOH-Lsg. gegen Phenolphthalein nach Eliminierung der Aminogruppen durch überschüssigen Formaldehyd. J. Peters G 950◇

1656 **Bestimmung von Nitrobenzol in Gegenwart von Tetrachlorkohlenstoff.** R. Je. Schindel und A. A. Ponomarenko. (J. analyt. Chem. [UdSSR] **18**, 525–28, 1963; Lwow, Handelsökon. Inst.; russ., Auszug: engl.) — Vff. bestimmen polarograph. Nitrobenzol (I) neben CCl_4 bei pH-Werten ≧ 5. CCl_4 kann quant. in Ggw. von O_2 aus der zweiten Stufe bestimmt werden. Die Best. von CCl_4 neben **I** ist unter den untersuchten Bedingungen nicht möglich.
P. Kurzmann G 1010◇

1657 **Papierchromatographie substituierter Trinitrobenzole.** David M. Colman. (Analytic. Chem. **35**, 652–54, 1963; Livermore, Calif., Univ. of California, Lawrence Radiat. Labor.; engl.) — Die beschriebene Schnell-Meth. zum Nachw. von Derivv. des *symm.*-Trinitrobenzols (TrH_3) beruht auf der Ermittlung des R_F-Wertes in zwei verschiedenen Syst. u. auf Farb-Rk. die bei Erhitzen bzw. bei Einw. von N.N'-Diphenylbenzidin, verd. NaOH-Lsg., Griessschem Reagens, Di-n-butylamin–Dimethylformamid u. Rhodamin B im Bereich des sichtbaren bzw. des UV-Lichtes auftritt. Das Schema erfaßt folgende Verbb.: TrH_3, TrH_2X (X = OH, NH_2, COOH, OCH_3, Cl, CH_3, $N\langle^{CH_3}_{NO_2}$), $TrHX_2$ [X = OH, (NH_2, OH), NH_2, (CH_3, OH), (OCH_3, NH_2), OCH_3, CH_3], TrX_3 (X = OH, Cl, CH_3). Entwickelt wird absteigend mit Cyclohexan/Bzl. (1:1) auf formamidimprägniertem Papier u. mit dest. W. auf Papier, das zuvor mit 10%ig. schweren Mineralöl (Squibbs) in n-Hexan imprägniert wurde. F.-M. Friedrich-Anderseck G 1010

1658 **Über die quantitative Bestimmung von dünnschichtchromatographisch getrennten Phenolen.** Helmuth Seeboth und Hedda Görsch. (Chem. Techn. **15**, 294–96, **1963**; Berlin, Akad. der Wiss., Inst. für org. Chem.; dt.) — Ausdehnung der früheren Arbeiten (C. **1964**, **14**-1780) auf die Phenol-Best. in Abwässern; hier ist diese Meth. jedoch nur begrenzt verwendbar. Ausführliche Arbeitsvorschrift wird angegeben. H. Hoffmann G 1060◇

1659 **Analyse der Oxydationsprodukte von o-Xylol durch kombinierte gaschromatographische und spektroskopische Methoden.** R. A. Brown und E. R. Quiram. (Appl. Spectroscopy **17**, 33–36, 1963; Linden, N.J., Esso Res. and Engng. Co.; engl.) — Vff. analysierten Gemische aus 32 Komponenten in Anteilen von 0,003–3,5 Gew.-% u. Kpp. bis 220°. Die Proben wurden nacheinander bei 80° u. 150° gaschromatograph. mit He als Schleppgas fraktioniert. Teile des Abgasstromes der Säule gelangten nach Passieren einer Ionisationskammer in ein Flugzeit-Massenspektrometer. Ergänzend wurden IR-Spektren einzelner Fraktionen gemessen u. einzelne Proben in einem Massenspektrometer zur Analyse schwerster Teilchen untersucht. Folgende Verbb. wurden in den Oxydations-Prodd. des o-Xylols identifiziert: Methylacetylen, Butadien, Buten, Vinylacetylen, Pentadien, Penten, Pentenin, Bzl., Toluol, p- u./oder m-Xylol, o-Xylol, 1-Methyl-2-äthylbenzol, 1-Methyl-2-vinylbenzol, Methyläthinylbenzol, Naphthalin, Acenaphthen, Phenanthren u./oder Anthracen sowie Dimere des Xylols, ferner Formaldehyd, Acetaldehyd, Acrolein, Aceton, Furan, Dihydrofuran, Methylvinylketon, Crotonaldehyd, Benzofuran, Benzaldehyd, Phenylacetaldehyd, o-Tolualdehyd, Phenol u. o-Kresol. W. Herfurt 1060◇

1660 **Komplexbildung und Fluorescenz. 3. Mitt. Salicylatokomplexe.** John A. Bishop. (Analytica chim. Acta [Amsterdam] **29**, 84–87, 1963; Newark, N.J., Newark Coll. of Engng.; engl.) — 2. vgl. Analytica chim. Acta [Amsterdam] **29**, [1963], 178. — Zur Möglichkeit der Salicylat-Best. in geringen Konzz. durch Fluorescenzmessungen untersuchte Vf. den Einfl. von Cu^{2+}, Co^{2+}, Ni^{2+}, Zn^{2+}, Mg^{2+}, Be^{2+}, Fe^{3+} u. Al^{3+} auf Salicylat-Lsgg. im pH-Bereich 2–7. Nur Cu, Be, Fe u. Al rufen Veränderungen der Fluorescenz hervor, u. zwar Cu eine Verringerung, Be eine starke Erhöhung u. Verschiebung des Maximums von 500 nm nach 380 nm, Fe eine Verringerung (die Lsgg. verändern sich außerdem mit der Zeit) u. Al je nach Konz. in geringerem Maße eine Erhöhung bzw. erst eine Verringerung, dann eine Erhöhung. P. Kurzmann G 1250◇

1661 **Qualitative Analyse von Flavonoiden durch Röntgenbeugung.** Jaques Robin, Philippe Lebreton und Christiane Beau. (J. Chim. physique Physico-Chim. biol. **59**, 779–84, 1962; Villeurbanne/Rhône, Inst. Nat. des Sci. Appl.; Lyon, Fac. des Sci., Labor. de chim. biol.; franz.) — Mit CuKα-Strahlung stellten Vff. Pulverdiagramme der folgenden Verbb. her: *7-Hydroxyflavon, Pratol, 7-Hydroxy-3'.4'-dimethoxyflavon, 7-Hydroxy-3'.4'.5'-trimethoxyflavon, 7-Hydroxy-3-methoxyflavon, 7-Hydroxy-3.4'-dimethoxyflavon, Trimethylfisetin, Tetramethylrobinetin, Chrysin, Acacetin, Dimethylluteolin, Methyltricin, Methylgalangin, Dimethylkämpherol, Trimethylquercetin* u. *Tetramethylmyricetin*. Die Daten der Pulverdiagramme sind tabellar. wiedergegeben. Bei den Aufnahmen wurde den Substanzen als Standardsubstanz Si-Pulver beigemischt. In einer weiteren Tabelle sind die charakteristischsten Linien der untersuchten Substanzen zusammengestellt. Es ergab sich ganz allg., daß die Struktur der Verbb. zu komplex ist, um sie an Hand der Pulveraufnahmen zu identifizieren. C. Gottfried G 3211△

1662 **Amperometrische Titration von Xanthinbasen in saurer Lösung (HCl) mit Wolframatokieselsäure.** Toshio Yoshino. (J. pharmac. Soc. Japan [Yakugakuzasshi] **78**, 1303–06, 1958; Osaka, Osaka Municipal Techn. Res. Inst.; jap., Auszug: engl.) — Xanthinbasen, wie Theobromin u. Theophyllin, reagieren mit Wolframatokieselsäure (**I**) in salzsaurer Lsg. quant. unter Bldg. eines Nd. aus 1 Mol **I** u. 4 Mol Base. In 1,5n HCl lassen sich bei −0,80 V (gegen Standard-Kalomelelektrode) unter amperometr. Endpunktsanzeige kleine Mengen der Base schnell bestimmen. W. Hampel G 3272△

1663 **Identifizierung von Mikromengen verschiedener Zuckerphosphate durch Papierchromatographie und Elektrophorese.** Romano Piras und Enricö Cabib. (Analytic. Chem. **35**, 755–60, 1963; Buenos Aires, Inst. de Invest. Bioquim. „Fundacion Campomor" u. Fac. de Ci. Exact. y Nat.; engl.) — Nach der absteigenden Meth. wird das Wanderungs-Verh. von Glucose-1-, Glucose-6-, Galaktose-1-, Galaktose-6-, Mannose-1-, Mannose-6-, Fructose-1-, Fructose-6-, Ribose-5- u. Xylose-1-phosphat bzw. ihren Rk.-Prodd. mit Dicyclohexylcarbodiimid in folgenden Laufmitteln untersucht: n-Butanol/Pyridin/W. (6:4:3) (A) mit 2,5% Cetylammonium (CTA)-bromid bzw. K-Borat; Isopropanol/konz. NH_3-Lsg./W. (7:1:2); A./1 m NH_4-Acetat-Lsg./W. (7:5:3). Die besten Trenn-Eigg. besitzt **A** auf Papier, das zuvor mit 0,01 m K-Borat-Lsg. imprägniert wurde, wobei die Rk.-Prodd. der 1-Phosphate von denen der entsprechenden 6-Phosphate getrennt werden. Die elektrophoret. Eigg. werden in NH_4-Acetat bei 14 V/cm u. in CTA-Carbonat, K-Borat bzw. CTA-Borat bei 20 V/cm untersucht. Vff. diskutieren das Wanderungs-Verh. im Hinblick auf die Struktur der Verbindungen. F. M. Friedrich-Anderseck G 3400◇

1664 **Säulenchromatographische Methode zur Trennung von Kohlenhydratabbauprodukten. Trennung von Furanderivaten an Aluminiumoxid.** R. de la Burde, J. E. Jarrell und A. Bavley. (Analytic. Chem. **35**, 1535–36, 1963; Richmond, Va., Philip Morris, Inc., Res. Center; engl.) — Saure Hydrolyse u. oxydativer Abbau von *Inulin*, *Ascorbinsäure* sowie *Mono-*, *Di-* u. *Polysacchariden* können zur Bldg. von Furfurol (**I**), 5-Hydroxymethylfurfurol (**II**), Furfurylalkohol (**III**) u. Fumarsäure (**IV**) führen. Zur Trennung der Prodd. sind Gas- u. Säulenchromatographie an Polystyrolaustauschern empfohlen worden, leichter gelingt die Trennung an akt. Al_2O_3. Die Säule (4·33 cm) enthält 450 g bas. Al_2O_3. Die Packung erfolgt mit Aceton, dann wird mit Äthylacetat, Methanol u. W. entwickelt. Die getrennt aufgefangenen Eluate werden papierchromatograph. untersucht [Syst.: Butanol–Essigsäure–W. (4:1:1); Toluol; Methanol-W. (8:1)]. Die Unters. einer abgebauten *Fructose*-Lsg. (10 Std. lang am Rückfluß bei bei pH 5,2 erhitzt) u. der vier Abbau-Prodd. ergab die Anwesenheit der Abbau-Prodd. in der Acetonfraktion, die von *Mesityloxid* in der Acetonfraktion u. die der reinen Fructose in der Methanol- u. Wasserfraktion. Die Auftrennung der Acetonfraktion erfolgt an neutralem Al_2O_3 (925 g; 4·70 cm). Die Elution der Abbau-Prodd. gelingt mit Toluol (**I** u. **II**), Chlf. (**III**) u. 95%ig. A. (**IV**). Die Identität der Verbb. wurde papierchromatograph. u. mit Hilfe der UV- u. IR-Analyse nachgewiesen. W. Rehner G 4050◇

1665 **Quantitative Chromatographie der Osen als Bestandteile von Glykoproteiden.** Jean Montreuil und Nelly Scheppler. (Bull. Soc. Chim. biol. **41**, 13–28, 1959; Lille, Fac. des Sci.; Fac. de Méd. et de Pharm., Labor. de Chim. Biol.; franz.) — Polyoside u. Glykoproteine können mit 1n HCl in 1–4 Std. oder mit 2n HCl in 1–3 Std. hydrolysiert werden, wenn keine Ketosen anwesend sind. H_2SO_4 eignet sich wegen ihrer kondensierenden Eigg. nicht. In Ggw. von Pentosen ist Vorsicht geboten. W. Holland G 4070◇

c) Bestandteile von Pflanzen und Tieren

1666 **Standardisierte Hitzefixierung von Blutabstrichen.** P. Pinheiro und Patricia Lockner. (Stain Technol. **38**, 227–29, 1963; Montreal, Quebec, Canada, Univ., Dep. of Anatomy; engl.) — Es wird eine Meth. zur Fixierung von Blutabstrichen ohne Anwendung von Lsgm. durch trockenes Erhitzen (5 Min., 150°) beschrieben. Eine Giemsa-Färbung der Blutabstriche nach der Hitzebehandlung zeigt, daß die geformten Blutelemente ihre charakterist. Gestalt unverändert beibehalten. Die Meth., bei der alkohollösl. Bestandteile des Blutes erhalten bleiben, flüchtige abdampfen u. hitze-

labile Elemente nur etwas modifiziert werden, ist bes. geeignet für radioautograph. u. cytochem. Untersuchungen.
K. Pfordte 5661◇

1667 **Die Vorbereitung histologischer Schnitte nicht entkalkter Knochen mit Hilfe von Einschlüssen von Methacrylsäureestern.** J. W. Boellaard und Th. v. Hirsch. (Lab. sci. [Milano] **7,** 129—35, 1959; ital.) — Kurze Wiedergabe der C. **1963,** 4477, referierten Arbeit.
C. Gottfried 5662

1668 **Quantitative spektrophotometrische Bestimmung von Indolyl-3-essigsäure.** R. A. Fletscher und Saul Zalik. (Nature [London] **199,** 903—04, 1963; Edmonton, Canada, Univ. of Alberta, Dep. of Plant Sci.; engl.) — Der Methanolextrakt aus 1,5 g Pflanzenmaterial wird mit Isopropanol–NH_3–W. (8:1:1) chromatographiert. Das Chromatogramm wird mit p-Dimethylaminoacetaldehyd-Lsg. besprüht. Von einem nicht besprühten Streifen wird das Gebiet zwischen R_F 0,32 u. 0,35 mit CH_3OH extrahiert u. das UV-Spektrum von 230—300 nm aufgenommen. Aus der Extinktion bei 273 nm wird die Indolyl-3-essigsäure von 1—30 μg/ml auf $\pm$1,1% bestimmt. Obwohl diese Meth. gegenüber den biolog. Prüfungen etwas weniger empfindlich ist, ist sie diesen überlegen, weil sie einfacher, genauer u. spezif. ist.
W. Kupfer 5666◇

d) Medizinische und toxikologische Analyse

1669 **Versuch der Anwendung der Kammer EFA-1 zur Immunoelektrophorese im Gel.** Ju. Ss. Tatarinow. (Laboratoriumswesen [UdSSR] **9,** Nr. 6, 15—18, 1963; Astrachan, Med. Inst., Lehrstuhl für Biochemie; russ.) — Die modifizierte App. ermöglicht eine gleichzeitige Analyse von 12—36 Proben biolog. Flüssigkeiten. S. Baryschnikow 5725△

1670 **Durchführung einer erhöhten Zahl von gelelektrophoretischen Untersuchungen auf der Apparatur für Papierelektrophorese.** W. A. Waitschjuwenas. (Laboratoriumswesen [UdSSR] **9,** Nr. 6, 7—10, 1963; Kaunas, Med. Inst., Lehrst. für patholog. Physiol.; russ.) — Mit Hilfe einer beschriebenen App. werden in der auf eine Glasplatte aufgetragenen Agarschicht 3 Reihen von je 16—18 parallelen Rinnen eingeschnitten. Das Vol. der zur elektrophoret. Unters. in jede Rinne eingeführten Fl. beträgt 0,0015—0,0020 ml. Der elektr. Kontakt zwischen der Puffer-Lsg. in den Küvetten erfolgt mit Hilfe von Filterpapier, das auf die Ränder der Agarschicht aufgesetzt wird. Spezielle Anweisungen zur Best. der Proteinfraktionen des menschlichen Blutserums mit Hilfe der App. werden angegeben.
S. Baryschnikow 5727△

1671 **Einfluß verschiedener Faktoren auf die Dialyse von Sera, die der Elektrophorese unterworfen werden.** W. I. Okulow. (Laboratoriumswesen [UdSSR] **9,** Nr. 6, 10—15, 1963; Simferopol, Med. Inst. der Krim, Lehrst. für Biochem.; russ.) — Der Einfl. der Temp., Rühr-Geschw., der Verdünnung mit Veronal–Puffer-Lsg., des dem Blutserum zugefügten Stoffs [bes. Harnstoff u. $(NH_4)_2SO_4$] u. des Vol. des der Elektrophorese unterworfenen Serums auf seine Dialysedauer wird erörtert. Eine die Best. der elektrophoret. Beweglichkeit der Proteine erleichternde Gleichung zur Red. der bei 2—24° gemessenen elektr. Leitfähigkeit (EL) von 8 Veronal–Puffer-Lsgg. auf ihre EL bei 3—5° wird angegeben.
S. Baryschnikow 5728△

1672 **Flammenphotometrische Kalium- und Natriumbestimmungsmethode im Blutserum.** W. G. Wershikowskaja und W. W. Popow. (Laboratoriumswesen [UdSSR] **9,** Nr. 6, 21—24, 1963; Saporosh, Pharmazeut. Inst., Lehrstuhl für Biochem.; russ.) — Das Blutserum soll mit W. im Verhältnis 1:25 bzw. 1:100 verd. werden. Zur Ca-Best. erwies sich die Meth. als ungeeignet. Die Fehlergrenze der K- bzw. Na-Best. beträgt -8 bis $+4$ bzw. -1 bis $+2$%. Fe, Co, Cr, C, S, P, J u. N stören prakt. nicht.
S. Baryschnikow 5728△

1673 **Die gleichzeitige Bestimmung der Elemente Chrom, Mangan, Eisen, Kobalt, Kupfer und Zink in menschlichem Serum und in Seewasser durch Röntgenspektralphotometrie.** Samuel Natelson, Donald R. Leighton und Ciro Calas. (Microchem. J. [New York] **6,** 539—56, 1962; New York, N.Y., Roosevelt Hosp., Dep. of Biochem.; engl.) — Die Röntgen-Spektralphotometrie kann für die Analyse der in biolog. Syst. bedeutsamen Elemente mit den Ordnungszahlen 24—30 angewandt werden. Arbeitsvorschriften zum Nachw. der Elemente Cr, Mn, Fe, Co, Ni, Co u. Zn in Serum u. Seewasser sind angegeben. Wird die Asche einer Probe von 5 ml eingesetzt, so ist die Erfassungsgrenze für die genannten Elemente 2 μg/100 ml. H. Althoff 5728△

1674 **Abscheidung von γ-Globulin aus dem Serum von Blutspendern nach der Chromatographie auf Calciumphosphat.** Ss. A. Kibardin und T. A. Nikolajewa. (Laboratoriumswesen [UdSSR] **9,** Nr. 6, 24—26, 1963; Leningrad, Pasteur-Inst., Biochem. Labor.; russ.) — Säulenchromatograph. Meth. zur Abscheidung von elektrophoret. homogenen γ-Globulin (I) aus dem menschlichen Blutserum. Die I-Adsorption erfolgt an $Ca_3(PO_4)_2$, die Elution mit 2m NaCl-Lsg. in Phosphatpuffer-Lsg. (pH 6,8). Die Ausbeute an I beträgt 80—85%. S. Baryschnikow 5728△

1675 **Bestimmung von Seromucoid im Blutserum.** G. A. Smolenski. (Laboratoriumswesen [UdSSR] **9,** Nr. 6, 26—29, 1963; Perm, Med. Inst., Lehrstuhl für Propädeutik der inneren Krankheiten; russ.) — 4,5 ml 0,85%ig. NaCl-Lsg., 0,5 ml Blutserum u. 2,5 ml 1,8m $HClO_4$-Lsg. werden 10 Min. lang stehengelassen u. das Gemisch filtriert. 5 ml Filtrat u. 1ml 5%ig. Phosphorwolframsäure-Lsg. in 2n HCl werden 10 Min. lang stehengelassen u. zentrifugiert (15 Min. bei 3000 U/min). Der feste Rückstand (I; Seromucoid) wird mit 10 ml A. gewaschen, wie oben zentrifugiert u. getrocknet. Die colorimetr. Best. der Mannosekomponente von I erfolgt nach Badin (beschrieben von Ssolowjewa, vgl. C. **1963,** 10221).
S. Baryschnikow 5728△

1676 **Beitrag zur Bestimmung des Cholins im Blutserum.** H. Wachsmuth und L. van Koeckhoven. (Clin. chim. Acta [Amsterdam] **4,** 206—12, 1959; Anvers, Hop. Stuivenberg, Labor. de Chim. ei de Biochim.; franz.) — Cholin (I) wird aus dem Ae.-Extrakt des Serums mit Silicowolframsäure gefällt u. nach Red. mit HSO_3^- bei 650 nm colorimetr. bestimmt. Die Farbintensität ist 600mal stärker als bei der Best. als I-Reineckat. B. Görlich 5728◇

1677 **Eine neue einfache Semimikromethode zur colorimetrischen Bestimmung von Harnstoff.** J. J. Coulombe und L. Favreau. (Clin. Chem. [New York] **9,** 102—08, 1963; Sherbrooke, Quebec, Canada, Hotel-Dieu Hosp., Biochem. Labor.; St. Vincent-de-Paul Hosp., Biochem. Labor.; engl.) — Als neue rasche Meth. zur quant. Halbmikro-Best. von *Harnstoff* (I) im Blut wird die Auswertung des bei Zimmer-Temp. stabilen roten Farbkomplexes empfohlen, der sich in saurer Lsg. bei I-Ggw. aus Diacetylmonoxim u. Thiosemicarbazid bildet; maximale Absorption 530 nm. Es werden nur 0,2 ml eines 1:10 verd. Blutfiltrates benötigt. Im Harn (1:20 verd.) kann eine gleiche Best. durchgeführt werden.
U. Tausendfreund 5732◇

1678 **Neue Methode zur Bestimmung von Dextran in Blut und in Harn.** Jerzy Kościelak und Halina Górniak. (Farmajca polska **18,** 463—65, 1962; Warszawa, Inst. Hematol., Zakł. Biochem.; pol.) — Dextran wird durch Zusatz von 1%ig. alkohol. Na-Acetat-Lsg. im Blutserum oder Harn gefällt. Die Fällungszeit dauert nur 15 Minuten. Zur colorimetr. Best. wird der Nd. in wenig W. gelöst u. mit Phenol u. konz. H_2SO_4 (an Stelle von Anthron) versetzt. Die Erfassungsgrenze beträgt 30 μg. F. Urban 5732◇

1679 **Zur quantitativen Bestimmung von Zucker im Harn.** L. Ss. Kreinin. (Laboratoriumswesen [UdSSR] **9,** Nr. 9, 18, 1963; Burdenko-Hauptmilitärkrankenhaus, Labor.-Abt.; russ.) — Koeff. zur Ermittlung des *Glucose-* bzw. *Galaktose-*Geh. im Harn, dessen Drehvermögen in „internationalen Zuckergraden" (Verw. des üblichen Saccharimeters) erfaßt wurde. S. Baryschnikow 5732△

1680 **Photoelektrocolorimetrische Bestimmung von Urobilin im Harn.** T. G. Gorbowskaja. (Laboratoriumswesen [UdSSR] **9,** Nr. 9, 40—41, 1963; Inst. für Infektionskrankheiten des Minist. für Gesundheitswesen der UdSSR; russ.) — Die Meth. beruht auf der Farb-Rk. von Urobilin (I) mit konz. HCl. Zu 5 ml des zu untersuchenden Harns werden 5 Tropfen H_2SO_4 zugefügt u. das Gemisch mit 2,5 ml Ae. ausgeschüttelt. Die abgetrennte organ. Phase wird mit 2 ml HCl (D. 1,19) versetzt, der Ae. auf dem Wasserbad abgedampft, das I-enthaltende HCl mit W. auf 5 ml aufgefüllt u. die Lsg. colorimetriert (Schichtdicke = 5 mm, grünes Lichtfilter). Zur Beseitigung der störenden Wrkg. des evtl. im Harn vorhandenen Bilirubin wird dieses durch Fällung mit Pb-Acetat bzw. $BaCl_2$ aus dem Harn vorher eliminiert. S. Baryschnikow 5732△

1681 **Zur Thiochrommethode der Bestimmung von Vitamin B_1 im Harn.** Ju. F. Udalow und N. A. Tschelnokowa. (Laboratoriumswesen [UdSSR] **6,** Nr. 5, 25—26, 1960; Moskau, Wiss. Forsch.-Prüf-Inst. für Flug-Med.; russ.) — Bei Verw. des Thiochrom-Verf. zur Best. des Vitamins B_1 wurden Fehler beobachtet, wenn der Harnlieferant neben B_1 auch noch B_6 eingenommen hatte. Bei Einnahme von B_6 scheidet sich im Harn auch 4-Pyridoxsäure aus, das in saurer Lsg. ein Lacton bildet, das zwar bei der Thiochrom-Meth. mit Isobutylalkohol extrahiert wird, jedoch nur zu 20% seines Gehalts. Bei Verss. mit 8 Personen, die entweder beide Vitamine oder nur B_6 bzw. kein Vitamin eingenommen hatten, wurden Harnanalysen nach dem Thiochrom-Verf. durchgeführt. — Es ergab sich, daß der Harn vor der Analyse mit Borsäure (nicht zu lange Zeit) zu konservieren ist, während 4n HCl als Konservans sich nicht bewährte.
A. v. Wilpert 5732◇

1682 **Bestimmung von β-Aminoisobuttersäure in Urin.** H. Smith und B. Dymond. (Clin. chim. Acta [Amsterdam] **8,** 614—19, 1963; Annan, Dumfriesshire. U.K.A.E.A., Safety Div.; engl.) — β-Aminoisobuttersäure (I) ist ein Abbau-Prod. von Thymin u. kommt bei Totalbestrahlung menschlicher Organismen in erhöhten Mengen im Urin vor. Vff. haben ein Routineanalysen-Verf. entwickelt. I wird durch Ionenaustauscher- u. Papierchromatographie sehr rein abgetrennt u. colorimetr. durch Absorption bei 570 nm bestimmt. Erfassungsgrenze bei 2,5 μg. R. Heindl 5732◇

1683 **Bestimmung von Hydroxyprolin und Prolin in biologischen Flüssigkeiten. Bestimmung von Hydroxyprolin.** 1. Mitt. I. I. Pilw und A. A. Titajew. (Laboratoriumswesen [UdSSR] **9,** Nr. 9, 22—25, 1963; Inst. für Pädiatrie der Akad. der med. Wiss. der UdSSR; russ.) — Colorimetr. Best.-Meth. von freiem Hydroxyprolin (I) u. papierchromatograph. Best.-Meth. von gesamtem I u. Prolin (II) im Harn werden erörtert. Die Best. von freiem I beruht auf seiner Oxydation in alkal. Lsg. u. in Ggw. von $CuSO_4$ mit H_2O_2. Die entstandene Δ^1-Pyrrolin-4-carbonsäure wird durch Ansäuerung der Lsg. in Pyrrol-2-carbonsäure übergeführt, welche mit p-Dimethylaminobenzaldehyd eine gefärbte Komplex-Verb. bildet. Das Colorimetrieren der Lsg. erfolgt bei 540 nm. Die papierchromatograph., gleichfalls eingehend beschriebenen Best. von gesamtem I bzw. von II, erfolgen unter Verw. von 0,25%ig. Lsg. von Ninhydrin in Aceton bzw. einer alkohol. (Isatin + Harnstoff)-Lsg. als Entwickler.
S. Baryschnikow 5732△

1684 **Bestimmung des wahren Chloridgehalts biologischer Flüssigkeiten und Gewebe.** 1. Mitt. **Isotopenverdünnungsanalyse mit Chlor-36.** Ernest Cotlove. (Analytic. Chem. **35,** 95—100, 1963; Bethesda, Md., Nat. Inst. of Health, Nat. Heart Inst., Labor. of Kidney and Electrolyte Metabolism; engl.) — Die Meth. beruht auf dem vollständigen Isotopenaustausch zwischen dem Cl der Probe u. zugesetztem ^{36}Cl u. der Best. der resultierenden spezif. Aktivität in der mehrfach gereinigten Lsg. mit einem Fl.-Zählrohr bei unendlicher Schichtdicke. Die relative Standardabweichung für Cl-Geh. von 150—250 μVal beträgt ±0,6%. Die gefundenen Cl-Geh. von Geweben von Ratten, Hunden u. Fröschen sind geringer als früher berichtete. Die Meth. wird als Standard für die Beurteilung einfacherer Meth. vorgeschlagen.
R. Krämer 5750◇

1685 **Bestimmung des wahren Chloridgehalts biologischer Flüssigkeiten und Gewebe.** 2. Mitt. **Analyse durch einfache nicht radioaktive Methoden.** Ernest Cotlove. (Analytic. Chem. **35,** 101—05, 1963; engl.) — 1. vgl. vorst. Referat. — Die Meth. beruht auf der automat. coulometr.-amperometr. Titration des Chlorids. In biolog. Fll. kann direkt titriert werden. Die Probe-Fl. aus Geweben gewinnt man entweder durch alkal. Auszug der nassen oder getrockneten Gewebe, anschließende Fällung der Proteine mit $Zn(OH)_2$ u. Oxydation der SH-Gruppen mit Perborat oder Extraktion des fettfreien, getrockneten u. pulverisierten Gewebes mit verd. HNO_3 oder durch Extraktion mit Wasser. Die erste Meth. ist am genauesten u. am allgemeinsten anwendbar.
R. Krämer 5750◇

1686 **Mikrobestimmung von Magnesium und Calcium in tierischem Gewebe.** M. Höfer. (Experientia [Basel] **19,** 367—68, 1963; Prague, Czechoslov. Acad. of Sci., Inst. of Microbiol., Labor. for Cell Metabolism.; engl.) — 10—60 μg Mg u. 5—15 μg Ca werden nach Veraschen des Gewebes an einem Kationenaustauscher (Dowex 50-X 8) chromatograph. getrennt, indem Mg mit 5 ml 2n HCl, Ca mit 5 ml 3n HCl eluiert wird. Nach Eindampfen der Eluate u. Aufnehmen der Rückstände in W. werden die mit Mg eluierten Störelemente (Fe, Zn, Cu, Mn) nach Zusatz von 0,1% 8-Hydroxychinolin bei pH 5,6 (Acetatpuffer) mit Chlf. extrahiert. Mg wird in der wss. Phase mit EDTA gegen Eriochromschwarz T bei pH 10,5 (NH_4Cl-Puffer) photometr. bei 650 nm titriert. Ca wird indirekt photometr. mit Na-Naphthalohydroxamat bei 390 nm oder durch komplexometr. Titration gegen Calcon (pH 12,5, Diäthylamin) bestimmt.
W. Kupfer 5750◇

1687 M. L. Zap, **Katalytische Reduktion von Molybdatophosphorsäure** zur *P-Best.* mittels Amidol in Ggw. von $CuSO_4$. Die Probe mit 0,005—0,1 mg P_2O_5 wird mit 5 (ml) einer Lsg. aus gleichen Vol. 1n $CuSO_4$ u. 2,5%ig. Ammoniumheptamolybdat in 10n H_2SO_4 u. 54%ig. Amidol-Lsg. in 10%ig. Sulfit-Lsg. versetzt, auf 50 aufgefüllt u. bei 825 nm photometriert. (**UdSSR. P. 134 526** vom 6/2. 1960.)
L. Großner G 264

H. Angewandte Chemie

H_1. Allgemeine chemische Technologie

1688 **Beziehungen für den kritischen Zustand, die den Übergang von laminarer zu turbulenter Strömung bei freier Konvektion beschreiben.** L. S. Klyachko. (Int. J. Heat Mass Transfer **5,** 763—64, 1962; USSR, All-Union Res. Inst. of Hydrotechn. and Sanitarytechn. Works; engl.) — Der Übergang von laminarer zu turbulenter Strömung wird durch bestimmte Werte des Prod. aus Archimedes-Zahl u. Prandtl-Zahl angegeben, die für die Spezialfälle freier Konvektion an ebenen Platten u. gekrümmten Oberflächen bestimmt wurden. Diese Werte bleiben für Wärme- u. Stoffübergang die gleichen. Inge Vieweg 5800◇

1689 **Absetzung, Transport und Wiederaufwirbelung von staubförmigem Gut im Luftstrom.** Walter Barth. (Chemie-Ing.-Techn. **35,** 209—14, 1963; Karlsruhe, TH; dt.) — Beschreibung einer App. u. der Verss. zur Best. der abgesetzten bzw. wiederaufgewirbelten Gutmengen bei verschiedener Luft-Geschw. u. Materialbeladung. Es bestehen grundsätzliche Unterschiede zwischen dem Verh. von feinen u. groben Gütern im Luftstrom. Der Impulsaustausch zwischen Gut u. Luft ist bei feinen Teilchen viel größer als bei groben Teilchen. Bei Überschreitung gewisser Grenzen tritt Strähnen-Bldg. u. schließlich Ablagerung ein. Die Vorgänge können nicht als Strömungsvorgänge eines homogenen Gemisches betrachtet werden. A. Knickenberg 5800◇

1690 **Fortschritte beim Entwurf von chemischen Reaktoren.** R. H. Wilhelm. (Pure appl. Chem. **5,** 403—21, 1962; Princeton, N.J., Princeton Univ., School of Engng. and Appl. Sci.; engl.) I. Köditz 5802

1691 **Über den Wirkungsgrad homogener kontinuierlicher Reaktoren.** U. Lelli und F. P. Foraboschi. (Chim. e Ind. [Milano] **43,** 1385—88, 1961; Bologna, Univ., Fac. di ing., Ist. di Impianti Chim. e di Chim. appl.; ital.) — Vff. diskutieren die Meth. zur Berechnung des Wrkg.-Grades isotherm. Röhrenreaktoren u. führen Ausbeuten für Rkk. 1. Ordnung für Modelle mit Kolbenströmung mit Axialdiffusion u. laminarer Strömung an. Für Schachtreaktoren (CSTR) wird die Bedeutung der Kenntnis der Verteilung der Verweilzeiten aufgezeigt, da sie den strömungsdynam. Zustand charakterisieren. Die Effekte für Rkk. 1. Ordnung werden berechnet; sie sind unter bestimmten Bedingungen von Konvektionserscheinungen abhängig. I. Köditz 5802△

1692 **Umstellung auf ISO-Rohrnormen bei chemischen Apparaten und Rohrleitungen.** Hans Ziegler. (Chemie-

Ing.-Techn. **34,** 824—27, 1962; Leverkusen, Farbenfabriken Bayer A.G.; dt.) — In verschiedenen Tabellen werden die früher gültigen DIN-Normen den neuen ISO- (International Organization for Standardization) Normen für Rohre gegenübergestellt. Vf. schlägt vor, sich baldigst auf die neuen Außendurchmesser der Grundreihe umzustellen. Für Reparaturen sind die bisherigen Rohre u. Flansche noch notwendig. Für den App.-Bau ist die Umstellung leichter als für die Chemiewerke. A. Knickenberg 5802◇

1693 **Ein Überblick über die Literatur über Dynamik und Regelung von Wärmeaustauschern.** Theodore J. Williams und Henry J. Morris. (Chem. Engng. Progr., Symposium Ser. **57,** Nr. 36, 20—33, 1961; St. Louis, Mo., Monsanto Chem. Co.; engl.) — Übersicht über 42 Arbeiten aus den Jahren 1952—1960. Inge Vieweg 5814◇

1694 **Berechnung der Achsentemperaturen in Wärmeaustauscherrohren für pseudoplastische Flüssigkeiten in laminarer Strömung.** S. E. Charm. (Ind. Engng. Chem. **1,** 79—82, 1962; Cambridge, Mass., Mass. Inst. of Technol., Dep. of Nutrition, Food Sci. and Technol.; engl.) — Eine pseudoplast. Fl. [definiert durch: Schubspannung $\tau = b(dv/dr)^s$] strömt laminar durch ein beheiztes bzw. gekühltes Rohr von Radius r_ω, so daß die Temp. T_ω an der Rohrwand konst. bleibt. Unter Erweiterung eines Ansatzes von Eckert für Newtonsche Fll. (s = 1), nämlich Annahme einer Parabel 3. Grades für das ausgebildete Temp.-Profil, wird deren einzige längs der Rohrachse variable Konst. a berechnet. Für die Temp. T_c in Rohrachse gilt bei voll ausgebildetem Temp.-Profil $T_c = T_\omega - 5/6\, a\, r_\omega$. Ist der so errechnete Wert von T_c bei Heizung (Kühlung) niedriger (höher) als die Einlauf-Temp. T_1, so ist das Profil noch nicht ausgebildet u. es gilt $T_c - T_1$. Messungen bestätigen diese Resultate für ausgebildete wie für nicht ausgebildete Profile. W.-G. Ackermann 5814◇

1695 **Über ein System von Differentialgleichungen für hochintensiven Wärme- und Stoffübergang.** M. S. Smirnov. (Int. J. Heat Mass Transfer **5,** 521—24, 1962; Moscow, All-Union Food Ind. Corresp. Inst.; engl.) — Es wird eine Möglichkeit gezeigt, das den hochintensiven Wärme- u. Stoffübergang bei bestimmten Trocknungsvorgängen beschreibende Syst. der drei linearen Differentialgleichungen mit Hilfe einer kombinierten Funktion der Temp., des Feuchtigkeits-Geh. u. des Überdruckes in gewöhnliche Fourier-Gleichungen für Wärmeleitung überzuführen, die mit wesentlich geringerem Rechenaufwand zu lösen sind. Inge Vieweg 5816◇

1696 **Einfluß des Oberflächenemissionsvermögens auf den Wärmeübergang bei gleichzeitiger Wärmeleitung und -strahlung.** R. Viskanta und R. J. Grosh. (Int. J. Heat Mass Transfer **5,** 729—34, 1962; Argonne, Ill., Argonne Nat. Labor.; Lafayette, Ind., Purdue Univ.; engl.) — In Fortsetzung früherer Arbeiten wird der Wärmeübergang durch Wärmeleitung u. -strahlung in ein absorbierendes u. emittierendes Medium für den allgemeineren Fall betrachtet, daß die das Medium einschließenden Oberflächen grau u. diffuse Reflektoren sind. Der Einfl. des Oberflächenemissionsvermögens auf die Temp.-Verteilung u. den Wärmeübergang wird durch eine das Temp.-Feld beschreibende nichtlineare Integralgleichung erfaßt, die für einen großen Bereich von Parametern iterativ zu lösen ist. Die Temp.-Verteilung wird graph., die Wärmeübertragung tabellar. angegeben. Inge Vieweg 5816◇

1697 **Auftriebseffekte bei horizontaler Grenzschichtströmung und Wärmeübergang.** E. M. Sparrow und W. J. Minkowycz. (Int. J. Heat Mass Transfer **5,** 505—11, 1962; Minneapolis, Minn., Univ. of Minnesota, Dep. of Mech. Engng., Heat Transfer Labor.; engl.) — Theoret. Unters. des Einfl. des Auftriebs auf eine Grenzschichtströmung längs einer ebenen Platte bei Zwangskonvektion im Bereich verschiedener Prandtl-Zahlen. Es wurde gefunden, daß der Auftrieb den Wärmeübergang z. B. von der Oberfläche einer wärmeren ebenen Platte zu einem darüberströmenden kälteren Gas verbessert. Fll. mit kleiner Prandtl-Zahl sind gegen Auftriebs-Einfl. bes. empfindlich. Inge Vieweg 5816◇

1698 **Über dicke Grenzschichten bei schlanken Körpern mit einigen Effekten des Wärme- und Stoffübergangs und des Druckgradienten.** Martin H. Steiger und Martin H. Bloom. (Int. J. Heat Mass Transfer **5,** 513—20, 1962; Freeport, N.Y., Polytechn. Inst. of Brooklyn; engl.) — Für den Spezialfall, daß die Grenzschichtdicke im Vgl. zum Körperradius nicht vernachlässigbar ist, werden mit Hilfe der Integral-Meth. Kompressibilität, Wärme- u. Stoffübergang sowie der Druckgradient in Strömungsrichtung in der Grenzschicht schlanker rotationssymm. Körper untersucht, wobei ähnliche u. nichtähnliche Lösungen berücksichtigt werden. Für Strömungen mit u. ohne Druckgradient u. Stoffaustausch werden die Strömungsprofile untersucht. Inge Vieweg 5816◇

1699 **Eine Methode der Bestimmung des örtlichen konvektiven Wärmeübergangs von einem senkrecht zu einem Luftstrom ausgerichteten Zylinder.** D. A. van Meel. (Int. J. Heat Mass Transfer **5,** 715—22, 1962; Hague, Central Techn. Inst. T.N.O.; engl.) — Das bei allg. Unterss. über Turbulenzerscheinungen aufgetretene Problem des örtlichen konvektiven Wärmeübergangs von senkrecht angeströmten Zylindern wird mit Hilfe der Gleichung für stetige Temp.-Verteilung auf der Rohrwand gelöst, wobei als Grenzbedingungen die gemessene Temp.-Verteilung an der Rohraußenfläche u. ein bekannter, konst. Wärmeübergangs-Koeff. an der Rohrinnenwand verwendet werden. Für den Fall der ungestörten Anströmung werden Meßergebnisse mitgeteilt. Inge Vieweg 5816◇

1700 **Dynamik der Wärmeabführung von einem mit Mantel versehenen Rührkessel.** W. S. Stewart, C. M. Sliepcevich und T. H. Puckett. (Chem. Engng. Progr., Symposium Ser. **57,** Nr. 36, 119—25, 1961; Norman, Okla., Univ. of Oklahoma; Bartlesville, Phillips Petroleum Co.; engl.) — Vff. untersuchen die Dynamik des Wärmeübergangs in einem mit Kühlmantel versehenen Rührwerkbehälter, aus dem Wärme durch Verdampfen eines flüchtigen Kühlmittels (Freon-12), das im Mantel siedet, abgeführt wird. Sie stellen für mehrere Varianten die Übergangsfunktionen auf u. ermitteln für die Regelung des Syst. wichtige Abhängigkeiten. Inge Vieweg 5816◇

1701 **Wärmeabgabe an Wasser und Dampf bei wechselnder Wärmekapazität (nahe dem kritischen Gebiet).** S. L. Miropolski und M. Je. Schitzman. (J. techn. Physik [UdSSR] **27,** 2359—72, Sept./Okt. 1957; russ.) — Nach Ergebnissen experimenteller Unterss. werden lokale Koeff. für die *Wärmeabgabe* an W. u. überhitztem Dampf bei Drücken von 4—280 atm (Maximal-Temp. 420°) angegeben. Gleichzeitig weisen Vff. auf die Unbrauchbarkeit herkömmlicher Meth. zur Berechnung in diesem Druck- u. Temp.-Bereich hin u. empfehlen die angegebenen Methoden. W.-D. Heußner 5816◇

1702 **Über Bedingungen der spontanen Dispergierung fester Stoffe.** I. P. Wyrodow. (J. angew. Chem. [UdSSR] **35,** 191—92, 1962; russ.) — Die spontane *Dispergierung* fester Stoffe erfolgt unter Erniedrigung der freien Oberflächenenergie, deren Wert zu 10^{-2} erg/cm^2 gefunden wurde. Dieser Wert ist wesentlich niedriger als der von Schtschukin u. Rehbinder gefundene (< 1 erg/cm^2). J. v. Schroeder 5824◇

1703 **Bestimmung der einem theoretischen Boden äquivalenten Höhe beim Gegenstrom-Ionenaustausch.** Ss. G. Katalnikow, W. A. Rewin, B. M. Andrejew und W. Je. Prokopetz. (J. angew. Chem. [UdSSR] **34,** 2669—74, 1961; russ.) — Für die Best. der einem theoret. Boden äquivalenten Höhe beim *Ionenaustausch* für $RLi + NH_4Cl \rightarrow RNH_4 + LiCl$ verwenden Vff. die Meßwerte bei kontinuierlicher Arbeitsweise der Kolonne. Im Ergebnis dieser Gleichgewichts-Unterss. beim Austausch zwischen Li u. NH_4 läßt sich zeigen, daß bei 25° der Verteilungs-Koeff. K für Li/NH_4 am Ionenaustauscher *SBS* = 2,24 ist. Daraus werden für die Zahl der theoret. Böden Werte von 1,5—2,0 bei einer Bodenhöhe von jeweils 13,5—25 cm ermittelt. Für die kontinuierliche u. industriell nutzbare Arbeitsweise von Gegenstrom–Ionenaustauscher-Kolonnen wird ein Dosiergerät zur laufenden Zugabe des Ionenaustauschers entwickelt u. diskutiert. W.-D. Heußner 5826◇

1704 **Quellung von Kationenaustauscherharzen in gemischten Lösungsmitteln.** G. M. Pantschenkow und

W. I. Gorschkow. (Hochmolekulare Verbind. [UdSSR] **3**, 177–83, 1961; Moskau, Lomonossow-Univ.; russ., Auszug: engl.) — Die Quellung der Kationenaustauscherharze *SDW-3*, *SBS*, *KU-1* u. *KB-4P-2* wird in wss.-alkohol. u. wss. Aceton-Lsg. untersucht. Die Beziehung zwischen dem Quell-Verh. u. der Zus. des Lsgm. ist für die verschiedenen Harze verschieden. Sie hängt vom Typ der Austauschgruppen, von der Kapazität, der Kationform des Harzes u. der Struktur des KW-Stoff-Skeletts ab. Für die verschiedenen Salzformen (außer der H-Form von KB-4P-2) nimmt in beiden Lsgm. die Quellkapazität in der Reihenfolge H-Form > Li-Form > Na-Form > K-Form ab. Die Harze absorbieren W. selektiv aus Lsgm.-Gemischen mit hohem Geh. an organ. Komponenten. R. K. Müller 5826◇

1705 **Untersuchungen zur Trennung strömender Gas/Flüssigkeits-Gemische durch Zentrifugalkräfte.** Klaus Traube und Jürgen Vollradt. (Chemie-Ing.-Techn. **34**, 827–33, 1962; Frankfurt/M., Allg. Elektrizitätsgesellschaft; dt.) — In einem Glasrohr wurde ein Luft–W.-Gemisch zwecks Phasentrennung mittels Umlenkschaufeln (Axialzyklon) in Rotation versetzt. Die Verss. ergaben nur für einen begrenzten Bereich von Geschw. u. Gas-Geh. eine wirksame Trennung. Letztere wird behindert durch die Zerkleinerung der Gasblasen infolge des Dralls, so daß die Trennung unvollständig bleibt. Ausblick auf techn. Anwendungen. A. Knickenberg 5828◇

1706 **Zur Theorie der Sorptionsdynamik bei der Filtration in körnigen Stoffen.** W. M. Schesstakow. (J. physik. Chem. [UdSSR] **35**, 2358–62, 1961; Moskau, Lomonossow-Univ.; russ., Auszug: engl.) — Bei längerer *Filtration* einer Lsg. durch ein körniges Gut wird die Art der Konz.-Verteilung in erster Linie durch den *Sorptionseffekt*, aber auch durch die mit der Filtration verbundene *Diffusion* bestimmt. Unter Berücksichtigung beider Faktoren werden nach 2 Meth. Gleichungen abgeleitet. R. K. Müller 5830◇

1707 **Adsorptionsreinigung der Luft von Acetylen und Kohlendioxid in Anlagen von technischem gasförmigem und flüssigem Sauerstoff.** I. P. Ischkin und N. F. Katina. (Sauerstoff [UdSSR] **12**, Nr. 2, 37–38, 1959; russ.) — An Hand von 6 Literaturangaben wird das Adsorptionsvermögen von akt. Tonerde sowie stückförmigen u. granulierten Silicagelen *KSK* u. *KSM* in einem Adsorber *BR-1* in Abhängigkeit von Druck u. Temp. untersucht. Nadja Winkler 5848△

1708 **Über die Staubabscheidung in Gichtgaswaschern.** Ekkehard Weber. (Staub **20**, 338–44, 1960; Zweibrücken; dt.) — Aus den theoret. Unterss. des Vorgangs der Staubabscheidung in Naßwaschern, wie sie zur weiteren Entstaubung von vorgereinigtem Gichtgas verwendet werden, folgt: Die Wascherleistung kann durch die Wahl der für spezielle Betriebsbedingungen günstigen Tropfengrößen, durch bestmögliche Verteilung der Tropfengemische sowie durch Änderung der Wassereinspritzung u. der Gas-Geschw. vergrößert werden. I. Köditz 5850

1709 **Der Einfluß von Veränderungen physikalischer Eigenschaften auf den flüssigkeitsseitigen Stoffübergang bei verschiedenen laminaren Strömungen.** Donald R. Olander. (Int. J. Heat Mass Transfer **5**, 765–80, 1962; Berkeley, Calif., Univ. of Calif., Dep. of Nuclear Engng.; engl.) — Im Gebiet laminarer Strömungen u. an Syst. mit hoher Schmidt-Zahl wurde mit Hilfe einer Störungs-Meth. der Einfl. von Veränderungen der Dichte, Wärmeleitfähigkeit, Zähigkeit sowie Strömungs-Geschw. an der Trennfläche auf den Stoffübergang an einer festen Oberfläche untersucht, wobei als Strömungsgeometrien die rotierende Scheibe, die ebene Platte u. der fallende Fl.-Film betrachtet wurden. In drei charakterist. bin. Syst. ergaben diese Veränderungen Abweichungen in der Sherwood-Zahl bis zu 30% von jenen Werten, die die Veränderungen nicht berücksichtigen. Auf die Notwendigkeit von Korrekturen für veränderliche Stoffwerte u. Geschw. an der Trennfläche wird hingewiesen. Inge Vieweg 5860

1710 **Einfluß von Oberflächenerscheinungen auf die Stoffübergangszahlen bei der Flüssig–Flüssig-Extraktion.** H. Sawistowski und B. R. James. (Chemie-Ing. Techn. **35**, 175 bis 179, 1963; London, Dep. of Chem. Engng. Imperial Coll. of Sci. and Technol.; dt.) — Für den Stoffübergang bei der fl.–fl.-Extraktion gibt es drei hydrodynam. verschiedene Bereiche. Vff. bezeichnen den Diffusionsbereich als stabil u. im Gegensatz hierzu die eruptiven u. turbulenten Bereiche als instabil. Die Bereiche werden durch den Grenzflächendruck u. die Oberflächenkompressibilität stark beeinflußt, wobei oberflächenakt. Stoffe von großer Bedeutung sind. Besprechung der Vers.-Einrichtungen an einer ebenen Fläche u. an einer Sprühkolonne. A. Knickenberg 5862◇

1711 **Charakteristika der Dynamik von Destillationskolonnen und ihre Simulierung mittels Analogrechner.** D. E. Lamb, R. L. Pigford und D. W. T. Rippin. (Chem. Engng. Progr., Symposium Ser. **57**, Nr. 36, 132–47, 1961; Newark, Del., Univ. of Del.; London, Imp. College; engl.) — Vff. simulierten das dynam. Verh. einer Boden-Dest.-Kolonne mit 16 theoret. Böden auf einem Analogrechner u. verfolgten die Fortpflanzung von Störungen durch Änderung der Zus. des Aufgabegutes oder des Rückflußverhältnisses von Boden zu Boden. Während bei niederen Störfrequenzen das Verh. durch eine für angenäherte Regelung ausreichende Verzögerung 1. Ordnung mit Totzeit wiedergegeben werden kann, liegt bei hohen Frequenzen ein wesentlich anderes dynam. Verh. vor, das für genaue Regelung durch Simulierung auf einer Rechenmaschine berücksichtigt werden muß. Inge Vieweg 5864◇

1712 **Dynamik und Regelung von Destillationsanlagen und anderen Stoffübertragungseinrichtungen.** David H. Archer und Robert R. Rothfus. (Chem. Engng. Progr., Symposium Ser. **57**, Nr. 36, 2–19, 1961; Pittsburgh, Pa., Carnegie Inst. of Technol.; engl.) — Bibliographie zum genannten Thema, die mathemat. Grundlagen, das „start-up"-Problem u. den Übergang zwischen Beharrungszuständen, die diskontinuierliche Arbeitsweise, die Verf.-Regelung, sowie andere Anwendungsgebiete des Übergangszustandes bei Stoffübertragungsvorgängen behandelt. — 94 Literaturangaben. Inge Vieweg 5864◇

1713 **Ein hydrodynamisches Modell für das Blasensieden.** C. L. Tien. (Int. J. Heat Mass Transfer **5**, 533–40, 1962; Berkeley, Calif., Univ. of Calif., Dep. of Mech. Engng.; engl.) — Zur Klärung des Einfl. der Dampfblasen auf den Wärmefluß beim Blasensieden mit Verdampfung werden die Vorgänge an einer ebenen Oberfläche durch das hydrodynam. Modell der Staupunktströmung veranschaulicht. Aus der Annahme einer achsensymm. Staupunktströmung ergibt sich eine Beziehung zwischen dem Wärmeübergangs-Koeff. u. der Dicke der von den aufsteigenden Blasen herrührenden therm. Grenzschicht u. daraus eine Gleichung für die Wärmestromdichte. Die Konst. wurden für sd. W. bestimmt, die berechneten Werte stimmen im Bereich kleiner Wärmestromdichten mit den Meßergebnissen gut überein. Inge Vieweg 5864◇

1714 **Druckabfall und Dampfvolumen beim unterkühlten Blasensieden.** D. P. Jordan und G. Leppert. (Int. Heat Mass Transfer **5**, 751–61, 1962; Livermore, Calif., Univ. of Calif., Lawrence Radiation Labor.; Stanford, Calif., Stanford Univ.; engl.) — Unterkühltes Blasensieden tritt auf, wenn eine nicht auf Sättigungs-Temp. befindliche Fl. über eine Fläche beheizt wird, deren Temp. höher als die Sättigungs-Temp. der Fl. ist. Der in dem beheizten Rohr auftretende Druckabfall kann mittels der Reynolds-Analogie zwischen Wärme- u. Impulsaustausch berechnet werden. Aus Messungen des stat. Druckes, des Dampf-Vol. pro Flächeneinheit u. der Heizwand-Temp. in einem Ringraum ergibt sich der örtliche Widerstandsbeiwert u. die örtliche Stanton-Zahl. Die Berechnungs-Meth. ist nicht auf den Beginn der Heizstrecke anzuwenden. Inge Vieweg 5864◇

1715 **Experimentelles Übergangsverhalten der Destillationskolonne einer Pilotanlage.** M. F. Baber, L. L. Edwards jun., W. T. Harper jun., M. D. Witte und J. A. Gerster. (Chem. Engng. Progr., Symposium Ser. **57**, Nr. 36, 148–59, 1961; Newark, Del., Univ. of Del.; engl.) — In einer mit dem Syst. Aceton–Bzl. unter totalem Rückfluß arbeitenden Glockenbodenkolonne mit 5 Böden u. 2 ft. Ø wurde das Übergangs-Verh. bei plötzlicher Änderung der Zus. des Rückflusses auf dem obersten Boden untersucht. Die Unterss. wurden bei wechselnden Dampf- u. Fl.-Belastungen in der Nähe des Staupunktes u. bei Drücken bis 5 atm durchgeführt. Die Ergebnisse wurden in Zus.–Zeit-Kurven für die verschiedenen Böden dargestellt u. mit auf einem Analogrechner

vorausberechneten Werten verglichen; gute Übereinstimmung bewies die Richtigkeit verschiedener Annahmen.
Inge Vieweg 5864◇

1716 **Der Entwurf von mit direktem Kontakt arbeitenden Kühlern und Kondensatoren.** Donald R. Olander. (Ind. Engng. Chem. **53**, 121–26, 1961; Berkeley, Calif., Univ. of California, Dep. of Chem. Engng.; engl.) — Die Berechnung der Höhe von Kolonnen, in denen Fl. u. Gase in direktem Kontakt gekühlt bzw. kondensiert werden, ist für das Syst. W./Luft bekannt, bereitet aber nach der Meth. von Colburn u. Hougen für andere Syst. rechner. Schwierigkeiten. Vf. entwickelt ein Berechnungs-Verf., das auf integralen u. differentiellen Stoff- u. Enthalpiebilanzen sowie Wärme- u. Stoffübergangsbeziehungen aufbaut u. zu mit erträglichem rechner. Aufwand auf einer Digitalrechenmaschine zu lösenden Gleichungen für die Auslegung des Kühlers bzw. Kondensators führt. Es wurden Berechnungen an den Syst. CCl_4/HCl, Bzl./Luft u. W./CO_2 durchgeführt. Inge Vieweg 5864◇

1717 **Eine Variationsmethode für kombinierte freie und erzwungene Konvektion in Rohren.** H. C. Agrawal. (Int. J. Heat Mass Transfer **5**, 439–44, 1962; Kharagpur, Indian Inst. of Technol.; engl.) — Das für Kernreaktoren, elektr. beheizte Rohre u. Wärmeaustauscher wichtige Problem der kombinierten freien u. erzwungenen Konvektion in senkrechten Rohren wird, auf Moment- u. Energiegleichungen aufbauend, mit einer Variations-Meth. untersucht; die erhaltenen Näherungslösungen werden mit verfügbaren exakten Lösungen verglichen, die Übereinstimmung ist gut. Die Meth. wird am Beispiel der Strömung in einem senkrechten rechteckigen Kanal erläutert, kann jedoch auch auf kreisförmige Rohre erweitert werden. Inge Vieweg 5864◇

1718 **Oberflächenverdampfung durch Zwangskonvektion. 1. Mitt. Gleichzeitiger Wärme- und Stoffübergang.** C. G. M. Slesser und D. Cleland. (Int. Heat Mass Transfer **5**, 735–49, 1962; Glasgow, Roy. Coll. of Sci. and Technol., Dep. of Chem. Technol.; engl.) — Das Problem des gleichzeitigen Wärme- u. Stoffübergangs bei Zwangskonvektion wird in einer neuartigen Anordnung untersucht, bei der eine Fl. unter stationären Bedingungen von einem bewegten, flüssigkeitsgetränkten Band aus synthet. Fasern verdunstet wird. Zahlreiche Parameter werden variiert. Die Meßergebnisse werden statist. ausgewertet u. in Kenngrößenbeziehungen für den Wärme- u. Stoffübergang zusammengefaßt. Die j-Beziehungen sind äquivalent, der Exponent der Schmidt-Zahl ergibt sich zu 0,576. Inge Vieweg 5864◇

1719 **Zusammenhänge zwischen Wärmeübergang und Phasenänderung im Umlaufverdampfer.** Otto Nagel. (Chemie-Ing. Techn. **35**, 179–85, 1963; Karlsruhe, TH, Inst. für App.-Bau u. Verf.-Technik; dt.) — An einem senkrechten Verdampferrohr wurden bei Selbstumlauf die Wärmeübergangsverhältnisse an einem C_2H_5OH/W.-Gemisch mit 93% C_2H_5OH sowie an reinem W. untersucht. Das Verdampferrohr wurde in eine Anwärmzone u. eine Verdampferzone unterteilt. Die Verss. ergaben, daß die Wärmeübergangszahlen in der Verdampfungszone wesentlich höher liegen als in der Anwärmzone. Das Zusammenwirken von Blasen-Bldg. u. Strömungs-Geschw. beim Wärmeübergang konnte mathemat. formelmäßig erfaßt werden.
A. Knickenberg 5864◇

1720 **Vergrößerung der Kapazität eines Verdampfers.** Paul W. Kilpatrick und Edward Breitwieser. (Ind. Engng. Chem. **53**, 119–20, 1961; Albany, Calif., U. S. Dep. of Agric., Western Regional Res. Labor.; engl.) — In einem 9 ft. hohen vertikalen, mit Zwangsumlauf arbeitenden Verdampfer mit Rohren von 1 in. ∅, in dem Tomatensaft von 15 auf 32% Feststoff konzentriert wird, wurden die Verdampferrohre mit rauher Oberfläche durch polierte Rohre ersetzt. Es ergaben sich eine Kapazitätssteigerung um 80%, geringere Überhitzungsschäden, geringere Ansatzbildung u. dadurch eine wesentlich längere Fahrperiode zwischen zwei Reinigungsperioden. Inge Vieweg 5864◇

1721 **Moderne Vorstellungen über Kristallisation.** H. B. Caldwell. (Ind. Engng. Chem. **53**, 115–18, 1961; New York, N.Y., Swenson Evaporator Co.; engl.) — Betrachtungen über theoret. Grundlagen, Auslegung u. Arbeitsweise eines neuartigen, kontinuierlich arbeitenden Kristallisators, in dem Übersättigung mehr durch Vakuumkochen als durch Verdampfen erreicht wird u. der sofort Kristalle von handelsüblicher Größe liefert. Wichtigste Merkmale des Kristallisators sind die Beseitigung überschüssiger Feinanteile, Zirkulation der Kristalle in der Übersättigungszone u. Aufrechthalten einer hohen Feststoffkonzentration. Der App. wird zur Herst. von KCl, $(NH_4)_2SO_4$ u. Borax vorgeschlagen.
Inge Vieweg 5868◇

1722 **Trocknen.** Paul Y. McCormick. (Ind. Engng. Chem., int. Edit. **53**, 583–85, 1961; Wilmington, Del., E. I. du Pont de Nemours & Co., Inc.; engl.) — Überblick über die Entw. von Sprühtrocknern unter Berücksichtigung der Literatur vom 4. Quartal 1959 bis Ende 1960. — 59 Literaturangaben. I. Köditz 5874

1723 **Spaltrohrmotorpumpen für Hochtemperaturheizanlagen in der chemischen Industrie.** L. Cojocaru. (Chemie-Ing.-Techn. **34**, 821–24, 1962; Nürnberg, Klein, Schanzlin u. Becker Akt.-Ges. Werk Amag; dt.) — Neuartige Wärmeübertragungsmittel haben bei hohen Temp. niedrige Dampfdrücke u. bleiben bis 400° stabil. Bei Benutzung dieser Stoffe zur Hochtemp.-Heizung werden an Stelle der herkömmlichen Pumpenarten stopfbüchslose vollkommen geschlossene Spaltrohrmotorpumpen verwendet. Für die Abfuhr der Wärme u. die Schmierung der Lager dient ein eigener Kreislauf, das Statorgehäuse hat einen Wasserkühlmantel. Die Pumpenteile werden aus Sphäroguß, Stahlguß oder Cr-Ni-Mo-Legg. hergestellt. Die Pumpenart kann auch zur Förderung von heißen Säuren, Laugen u. KW-Stoffen verwendet werden.
A. Knickenberg 5880◇

1724 **„On-line"-Rechner zur Regelung von Verfahren.** J. F. Roth. (Trans. Soc. Instrument Technol. **14**, 102–14, 1962; Borehamwood, Panellit Ltd.; engl.) — Nach einem Überblick über konventionelle u. moderne Syst. der Regelung u. Steuerung von Produktions-Verff. wird das „On-line"-Syst. der Information u. Steuerung mittels Rechenmaschinen beschrieben. Es wird auf verschiedene Anwendungsmöglichkeiten hingewiesen, u. bereits ausgeführte u. prakt. arbeitende Syst. werden erläutert. Die Zuverlässigkeit der Syst. ist gut, zur Unterhaltung gehört allerdings ein beachtlicher Aufwand. Vf. sieht für das „On-line"-Syst. bei der zukünftigen Automatisierung von Anlagen große Anwendungsmöglichkeiten. Inge Vieweg 5888◇

1725 **Über die Dynamik chemischer Reaktoren.** Leon Lapidus. (Chem. Engng. Progr., Symposium Ser. **57**, Nr. 36, 34–39, 1961; Princeton, N.J., Princeton Univ.; engl.) — Überblick über den gegenwärtigen Stand u. mögliche Entw.-Richtungen beim Simulieren des dynam. Verh. chem. Reaktoren mit Rechenmaschinen. — 23 Literaturangaben. Inge Vieweg 5888◇

1726 **Das dynamische Verhalten von Rührwerkbehältern.** George R. Marr jnu. und Ernest F. Johnson. (Chem. Engng. Progr., Symposium Ser. **57**, Nr. 36, 109–18, 1961; Princeton, N.J., Princeton Univ.; New York, N.Y., Columbia Univ.; engl.) — Auf der Grundlage von Verss. mit einem diskontinuierlich arbeitenden Rührwerkbehälter wurde ein mathemat. Modell für das dynam. Verh. von unvollständig gerührten Behältern aufgestellt, das auf diskontinuierliche u. kontinuierliche Arbeitsweise anzuwenden ist. Das dynam. Verh. bei kontinuierlicher Strömung kann jedoch nicht allein auf Grund der bei diskontinuierlicher Arbeitsweise im gleichen Syst. gewonnenen Ergebnisse vorausgesagt werden. Die Ergebnisse besitzen Bedeutung für die Automatisierung u. Regelung von Prozessen mit Rührwerkbehältern.
Inge Vieweg 5888◇

1727 **Ein Naßprobenmesser für niedrige Strömungsgeschwindigkeiten und hohe Drücke.** W. M. Miller. (Ind. Engng. Chem. **53**, 127–30, 1961; Martinez, Calif., Tidewater Oil Co., Res. and Dev. Dep.; engl.) — Mehrere Typen von Gasmengenmessern für geringe Gas-Geschw. u. hohe Drücke, wie Kapillarströmungsmesser, mit dem Druckverlust arbeitende Strömungsmesser, thermoelektr. Meßinstrumente, konventionelle Naßprobenmesser in Hochdruckkapseln sowie magnet. u. direkt angetriebene Hochdruckmesser wurden bzgl. ihrer Eignung für eine Pilotanlage zur katalyt. Entschwefelung von Erdöl-Prodd. untersucht. Der direkt angetriebene Hochdruckmesser erwies sich als am besten geeignet u. wurde für die Belange der Pilotanlage umgebaut u. getestet.
Inge Vieweg 5888◇

1728 **Brennstoffwahl und Korrosionstest für den Reaktor LAMPRE I.** C. C. Burwell, R. M. Bidwell, R. P. Hammond, J. E. Kemme und B. J. Thamer. (Nuclear Sci. Engng. **14**, 123—34, 1962; Los Alamos, N.Mex., Los Alamos Sci. Labor.; engl.) — Der Reaktorkern (Leistung 1 MW) besteht aus 145 Tantalkapseln, die zu $^3/_4$ mit einer geschmolzenen Leg. aus Pu u. Fe (10%) gefüllt sind. Na dient als Kühlmittel. Zusatz von 200—400 ppm C zum Pu–Fe-Eutektikum verhindert Stofftransport des Ta bei Temp. bis 800° u. verringert Korrosion bei 750°. Spuren von Ca u. Mg im Pu–Fe-Brennstoff lassen diesen in den Gasraum der Kapsel gelangen u. dort korrodierend wirken. Die Anwesenheit von O im Brennstoff ist nicht schädlich. W. Knoch 5894◇

1729 **Zwei Formen des Ausbrennens (DNB) in Abhängigkeit vom Übergang der Dampfenergie in gleichförmig erhitzten Kanälen.** William J. Levedahl. (Nuclear Sci. Engng. **14**, 201—03, 1962; Baltimore, Md., Martin-Marietta Corp. Nucl. Div.; engl.) — Beim Übergang von örtlichem Sieden zur Filmverdampfung, die zur Zerstörung des Heizelementes führt, können im Siedewasser-Syst. 2 Arten von Instabilität unterschieden werden. 1. Therm. Instabilität: bei abnehmendem Wärmestrom nimmt der Dampfenergiefluß zu. Der Übergang von normalem Sieden zur Filmverdampfung geschieht abrupt bei ca. 0,5 Btu/ft^2h. 2. Hydrodynam. Instabilität: Überschreitet der Siedebruch 80% der gesamten Kanallänge, so tritt der Übergang zur Filmverdampfung schon bei geringem Wärmestrom (ca. 10^4 Btu/ft^2h) auf u. ist von großen Schwankungen des Fluß- u. Druckverlustes begleitet. W. Knoch 5894◇

1730 **Einfluß eines elektrischen Feldes auf die Strömung des Kühlgases in einem Kernreaktor.** V. Stach. (Int. J. Heat Mass Transfer **5**, 445—56, 1962; Prague, Nuclear Res. Inst. of Czechoslovak Acad. of Sci.; engl.) — Die zur Kühlung von Kernreaktoren verwendeten Gase sind infolge der radioakt. Strahlung schwach ionisiert u. können deshalb durch ein quer zur Strömungsrichtung angelegtes elektr. Feld in ihrem Strömungs-Verh. beeinflußt werden. Es wurden Verss. in einer Reaktorschleife durchgeführt, die die Stoffwerte des ionisierten Gases ergaben; die Beeinflussung der Gasströmung durch das elektr. Feld ist analog zu der einer Fl.-Strömung bei ungleicher Dichteverteilung durch das Schwerefeld u. führt zu einer sog. Schichtströmung, die den Wärmeübergang von der Wand zum Gas verbessert. Inge Vieweg 5894◇

1731 **Das Geschwindigkeitsprofil bei der kontinuierlichen Strömung des Kühlmittels durch den zylindrischen Kern eines heterogenen Kernreaktors.** Tadeusz Świerzawski. (Zeszyty naukowe Politechn. Śląskiej, Chem. **1961**, 21—31, Katedra Teorii Maszyn Cieplnych; pol.) — Aus der Analyse der ungleichmäßigen Wärme-Entw. längs des Radius eines heterogenen Reaktorkerns werden Gleichungen abgeleitet, welche die notwendige Strömungs-Geschw. des Kühlmittels als Funktion des Radius des Reaktorkerns angeben, die eine gleichmäßige Temp.-Verteilung am Austritt aus den Kühlkanälen bewirkt. Inge Vieweg 5894◇

1732 **Chemische Reaktion und Stofftransport bei heterogenen Gasreaktionen im Strömungsrohr.** F. Fetting. (Chemie-Ing.-Techn. **35**, 185, 1963; Hannover, TH, Inst. für Techn. Chemie; dt.) — Vorbericht über theoret. u. experimentelle Unterss. in einem Strömungsreaktor zur Klärung des Einfl. der Raumdiffusion auf den Umsatz bei einer chem. Wandreaktion. Zur Lösung des mathemat. Problems wurde ein Analogrechner benutzt u. die Umsatzkurven für die Rk.-Ordnungen zwischen 0 u. 2 berechnet. Zur experimentellen Unters. wurde die katalyt. Umwandlung von para- in ortho-H_2 an Pd herangezogen. Für die Aktivierungsenergie wurden Werte zwischen 5 u. 10 kcal/Mol ermittelt. A. Knickenberg 5902◇

1733 **Wärme- und Stoffübergang an einem frontalen Punkt stumpfer Körper für Gasströmungen beim Ablauf heterogener chemischer Reaktionen.** V. P. Motulevich. (Int. J. Heat Mass Transfer **5**, 489—504, 1962; Moscow, Krzhizhanovsky Power Inst. of the Acad. of Sci. of the USSR; engl.) — Die Vorgänge beim Wärme- u. Stoffübergang zwischen einem festen Körper u. einem strömenden Gas, in dem heterogene chem. Rkk. endlicher Geschw. auftreten, werden theoret. analysiert. Dabei werden der Gültigkeitsbereich der angewendeten Meth., die Grenzwerte der Oberflächen-Temp., die Geschw. des Stoffübergangs u. die Konz. der Primär-Prodd. in Wandnähe quant. untersucht. Der Einfl. der gleichen Faktoren wird bei Berücksichtigung einer heterogenen Rk. qual. erfaßt. Besonders untersucht wurde das Problem der Zündung u. Löschung von Festkörpern in einer Gasströmung. Die Rechen-Meth. kann auch auf katalyt. Vorgänge, Sublimieren u. Verdampfen angewendet werden. Inge Vieweg 5902◇

1734 **Über eine kontinuierliche Technologie von katalytischen Kontaktprozessen.** A. Ss. Minassjan. (Hochschulnachr. [Iwanowo], Chem. chem. Technol. **3**, 908—14, 1960; Forsch.-Inst. für Monomere, Jaroslaw, Technol. Inst.; russ.) — Vf. untersucht die Umwandlung von 4.4-Dimethyl-1.3-dioxan zu Isopren (I) an einem nicht näher bezeichneten Kontakt in Ggw. von Wasserdampf bei 360—400°. Wird der Kontakt pulverförmig verwendet, so liegen die Ausbeuten an I zwischen 85 u. 89 Mol-% u. die optimalen Verweilzeiten (VZt) bei 0,20—0,25 Sek.; bei grobkörnigem Katalysator beträgt die maximale Ausbeute 80% u. die optimale VZt 0,5 Sekunden. Vf. untersucht außerdem die Vor- u. Nachteile des Wirbelschicht-Verf. (WV), bei dem die vergrößerte katalyt. wirksame Oberfläche als günstig, als größter Mangel die Unmöglichkeit der Einstellung einer exakten VZt hervorgehoben wird. Als weitere Mängel des WV werden die Schwierigkeiten bei Druck-Rkk. u. die geringe Durchsatzmöglichkeit bei Rkk., für die lange VZt erforderlich sind, bezeichnet. Für kontinuierliche Kontaktprozesse wird ein Festbettreaktor mit senkrecht von oben nach unten wanderndem Kontakt besonders geeignet befunden. Hans Nestler 5904□

1735 **Über die Hydrodynamik der Wirbelschicht.** V. Kolář. (Collect. czechoslov. chem. Commun. **27**, 2816—25, 1962; Prague, Czechoslov. Acad. of Sci., Inst. of Chem. Process Fundamentals; engl.) — Es werden die hydrodynam. Eigg. von Wirbelschichten unter Anwendung der Turbulenztheorie behandelt u. neue Beziehungen für die Expansion der Schicht abgeleitet, die mit Vers.-Ergebnissen anderer Autoren verglichen werden. Drei verschiedene hydrodynam. Bereiche werden nachgewiesen u. durch Werte der Reynoldsschen Zahl Re_0 (gebildet mit der freien Fall-Geschw.) begrenzt: laminarer ($Re_0 \lesssim 1$), turbulenter ($Re_0 \geq 500$) u. der Übergangsbereich. Für die ersten zwei Bereiche ergeben sich semiempir. Gleichungen zur Berechnung der Expansion der Wirbelschicht u. der Wirbelpunktgeschwindigkeit. M. Ryba 5904△

1736 **Einheitlichkeit und Stabilität von Wirbelschichtbetten.** Richard C. Bailie, Liang-Tseng Fan und Joe J. Stewart. (Ind. Engng. Chem., int. Edit. **53**, 567—69, 1961; Manhattan, Kan., Kansas State Univ.; engl.) — Gestützt auf eine stat. Meth. wird ein Index der Instabilität für die Betthöhen definiert u. der Einfl. der Gas-Geschw., Teilchengröße u. der Betthöhe auf diesen Index untersucht. Der Index gibt die experimentelle Möglichkeit, den Einfl. physikal. Veränderlicher auf die Heterogenität des Bettes zu ermitteln u. ermöglicht außerdem, die Bettleistung in verschiedenen Abstufungen der Wirbelschicht-Bldg. quant. zu beschreiben. I. Köditz 5904

1737 Sadaaki Takaki, Okasaki, **Dichtung und Lager für sich drehende Achsen** aus Polyamid, das mit elast. machenden Stoffen (10—40% Kautschuk oder synthet. Kautschuk), viscos machenden Stoffen (Fette), festen Schmiermitteln (MoS_2, Graphit) u. anderen Zusatzstoffen, wie Metallpulver, TiO_2, Holzmehl, gemischt ist. (**Jap. A. S. 13 840/1961** vom 29/5. 1958, ausg. 19/8. 1961.) M. Pankow 5811

1738 Lubrizol Corp., Wickliffe, übert. von: Richard L. McMillen, Fred Corwin Goldsmith, Painesville, und John H. Gantz, Willoughby, Ohio, V.St.A., **Öllösliche, Calciumcarbonat enthaltende Dispersionen,** die sich als Sikkative, Rostschutz, Gerbmittel, Insekticiden u. Schmiermittelzusätze eignen, erhält man durch Vermischen von einem in Mineralöl gelösten Ca-Mahoganysulfonat (I), $Ca(OH)_2$, Alkohol u. mindestens 1% W., worauf durch den Ansatz bei $>30°$ CO_2 bis zum Neutralpunkt durchgeleitet wird. — Beispiel: 1045 (g) einer 45%ig. Lsg. von I in Mineralöl mit 1% Wasser-Geh. wird mit 254 $Ca(OH)_2$ u. 251 CH_3OH vermischt, worauf bei 40—45° über 9 Std. CO_2 durchgeleitet wird. Dann erwärmt man auf 150° u. verd. mit 790 Mineralöl. — Vgl. E. P. 833 465; C. **1963**, 6375. (**A. P. 3 027 325** vom 7/11. 1955, ausg. 27/3. 1962.) H. Möllering 5825

1739 Minnesota Mining and Mfg. Co., übert. von: Ernest J. Duwell und Joseph W. Shepard, St. Paul,

Minn., V.St.A., **Herstellung anorganischer Ionenaustauscher** durch gemeinsame Fällung eines Oxidhydratpaares aus der Gruppe Al-, Si-, Ti-, Zn- u. Zr-Oxid in wss. Medium bei einem pH von 5—7 durch eine starke anorgan. Base, Dekantieren, Trocknen bei Temp. < 150° u. Waschen, wobei die Molmenge des niederwertigen Partners zwischen dem 3- u. 99fachen der Molmenge des höherwertigen Partners betragen soll. — Aus einer Lsg. von 225 (Teile) $ZnCl_2$ u. 100 $AlCl_3 \cdot 6$ aq in 2500 0,1 n HCl wird bei pH 5,5 mit 10%ig. NaOH gefällt, dekantiert, bei 100° getrocknet, gewaschen u. nochmals getrocknet. Die erhaltene Substanz entsprach etwa der Formel $4\,ZnO \cdot {}^1\!/_2\,Al_2O_3 \cdot x\,H_2O$. (**A. P. 3 002 932** vom 27/10. 1958, ausg. 3/10. 1961.) H. Roos 5827

1740 American Cyanamid Co., New York, N.Y., übert. von: Norman T. Woodberry, Stamford, Conn., V.St.A., **Herstellung wasserlöslicher Kunstharze** durch Rk. eines Mischpolymerisates aus 15—25 (Gew.-%) Acrylnitril (I) u. 85—75 Acrylamid mit Hydroxylamin in Mengen von 5 bis 100 Mol.-%, berechnet auf den I-Geh. im Mischpolymeren, bei pH 3,8—8,0. Die Rk. wird nach den Mengenbeispielen bei 70—98° in wss. Medium durchgeführt. Die gelösten Endprodd. dienen als *Flockungsmittel* im Erz- u. Kohlenbergbau. Im Vakuum getrocknet erhält man frei fließende u. in W. wieder lösl. Pulver. (**A. P. 2 959 574** vom 17/2. 1958, ausg. 8/11. 1960.) H. Schindler 5829

1741 K. L. Tschewaschowa, **Herstellung von Filtersieben** durch selektives anod. Ätzen von auf metallkeram. Wege erhaltenen Folien. — Ni-Folien (0,04 mm) werden in 1%ig. NH_4Cl-Lsg. bei 20—40° bei einer Anodenstromdichte von 14 (A/dm^2) u. einer Kathodenstromdichte von 90, Folien aus nichtrostendem Stahl (0,08—0,13 mm) in 10—15%ig. HCl bei 15—30°, Anodenstromdichte 5—12 u. Kathodenstromdichte 45—90 geätzt. Zur Herst. von Filtern aus unlösl. Metallen, bes. W, Mo u. Ta, wird Metallkeramik unter Zusatz von lösl. Metallen verwendet. (**UdSSR. P. 134 092** vom 18/3. 1960.) L. Großner 5831

1742 Frederico Gattinoni, Mailand, Italien, **Reinigen von Rauchgasen,** dad., daß man in Richtung des Abgases W. einsprüht, das Gemisch zentrifugiert u. das Waschwasser getrennt abführt. — Vorr., Zeichnung. (**It. P. 558 069** vom 24/8. 1956.) K. Koebke 5851

1743 Union Carbide Corp., New York, N.Y., V.St.A., **Zerlegen von Luft** durch Tieftemp.-Rektifikation im Zweikolonnenkreislauf. Ein größerer Teil der zu zerlegenden Luft (= A) wird unter einem Druck, der höher ist als der Druck in der Hochdruckrektifikationsstufe (I), u. ein kleinerer Teil (= B) unter einem Druck, der zwischen dem Druck der I u. dem Druck der „Niederdruck"-Rektifikationsstufe (II) liegt, komprimiert. A u. B werden durch Wärmeaustausch auf die Kondens.-Temp. des N_2 bzw. O_2 durch Mischen mit einer entsprechenden Menge der anfallenden N_2- bzw. O_2-haltigen Kondensate abgekühlt, worauf B in die II u. A in die I geführt wird, in der er durch partielle Rektifikation u. Kondens. in eine N_2-reiche u. eine O_2-reiche Fl. zerlegt wird, die nach Einstellen auf niederen Druck in die II geführt werden, in der sie zusammen mit dem abgekühlten B rektifiziert werden. — Verf.-Schema. (**Ind. P. 68 218** vom 30/6. 1959, ausg. 31/10. 1961.) C. Lüttgen 5857

1744 Cities Service Research and Development Co., New York, N.Y., übert. von: Bernard H. Berger, Trenton, N.J., V.St.A., **Gefrierschutzmittel,** bestehend aus z. B. Äthylenglykol mit ca. 2,5(%) W., 0,25—1,0 a-Arsenit, 0,1—0,6 Na-Mercaptobenzothiazol, 0,5—2,0 $NaBO_2$ u. 0,2 bis 2,0 eines Alkanolaminborats der allg. Formel I, worin R,

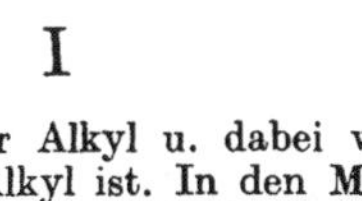

I

R' u. R'' = H oder Alkyl u. dabei wenigstens eines der R, R' oder R'' = Alkyl ist. In den Mengenbeispielen sind Triisopropanol-, Hexanol-, Triäthanol-, Diisopropanol-, Monoäthyldiisopropanol-, Methanol- u. Monopropyldibutanolaminborat eingesetzt. Mengenbeispiele u. Tabellen über Vgl. Versuche. (**A. P. 3 046 230** vom 19/8. 1959, ausg. 24/7. 1962.) H. Schindler 5859

1745 Sun Oil Co., Philadelphia, übert. von: Walter J. Coppock, Wallingford, Pa., V.St.A., **Feuerbeständige hydraulische Flüssigkeit,** bestehend aus einer Emulsion einer metallfreien Wasserphase in einer Schmierölphase auf Petroleumbasis, in welcher die Wasserphase mindestens 20 (Vol.-%) der Fl. beträgt. Die Emulgatoren sind ein Partialester des Glycerins (I) mit organ. Monocarbonsäuren u. ein polyalkoxylierter Partialester (II) eines mehrwertigen Alkohols mit einer organ. Monocarbonsäure, wobei der Ester II hydrophiler ist als Ester I u. beide in Mengen von je 0,5—5 vorliegen. — Beispiel: 54,4(%) Naphthendestillatschmieröl, 1,2 Glycerinmonooleat, 1,2 Polyoxyäthylensorbitantrioleat, 1,2 Trikresylphosphat, 40 Wasser. (**A. P. 3 030 309** vom 23/12. 1957, ausg. 17/4. 1962.) E. Drews 5893

1746 Commissariat à l'Énergie Atomique (Erfinder: Pierre Jean Ricard), Paris, Frankreich, **Kernreaktor** zum Schiffsantrieb. Der Behälter weist ein 1., von Meerwasser durchflossenes Kühl-Syst. auf sowie ein 2. Kühl-Syst., dessen Zulaufverteiler an die Speiseleitung des Wärmetauschers oder der Turbine u. dessen Abflußsammelleitung zur Rückführung des Kühlmittelkondensats an das Reaktorgefäß angeschlossen ist, so daß der so gebildete Kühlkreis den Wärmetauscher oder die Turbine überbrückt. (**D. A. S. 1 137 810** Kl. 21g vom 10/8. 1959, ausg. 11/10. 1962. F. Prior. 14/8. 1958.) H. Kessel 5895

1747 Gebrüder Sulzer Akt.-Ges. (Erfinder: Alfred Brunner), Winterthur, Schweiz, **Kernreaktoranlage** mit in mindestens 2 nach ihrer verschiedenen Wärme-Entw. strömungsmäßig zusammengefaßten Spaltstoffelementen, bei der jeweils eine Gruppe der Spaltstoffelemente mit geringerer Wärme-Entw. Wärmetransportmittel mit höherer Eintritts- u. höherer Austritts-Temp. führt als eine andere Gruppe mit größerer Wärmeentwicklung. Im Strömungsweg des Wärmetransportmittels liegt ein Wärmeübertrager mit verschiedenen Anschlüssen für das Wärmetransportmittel entsprechend dessen verschiedenen Temperaturen. Im Strömungsweg zwischen den Anschlüssen für den Eintritt u. denen für den Austritt liegt eine Umwälz-Vorr. für das Wärmetransportmittel. (**D. A. S. 1 139 215** Kl. 21g vom 16/4. 1960, ausg. 8/11. 1962. Schwz. Prior. 11/4. 1960.) H. Kessel 5895

1748 Závody V. I. Lenina Plzeň, Národní Podnik, Pilsen (Erfinder: Pavel Kovanic und Milan Kulka, Prag), Tschechoslowakei, **Automatische Inbetriebnahme eines Kernreaktors.** Durch Programmsteuerung wird eine Bewegung eines auf die radioakt. Strahlung des Reaktors ansprechenden Fühlers im Strahlungsfeld des Reaktors längs einer Bahn, entlang der die Strahlungsintensität prakt. exponentiell verläuft, hervorgerufen. Das Differenzsignal aus dem Fühler- u. dem Sollwertsignal wird einem Selektor zugeführt, der nacheinander die Regelorgane in Abhängigkeit von diesem Differenzsignal bewegt. (**D. A. S. 1 143 278** Kl. 21g vom 16/2. 1959, ausg. 7/2. 1963. **F. P. 1 229 780** vom 18/2. 1959, ausg. 9/9. 1960. **E. P. 914 178** vom 17/2. 1959, ausg. 28/12. 1962. Alle Tschech. Prior. 18/2. 1958.) H. Kessel 5895

1749 Závody V. I. Lenina Plzeň, Národní Podnik, Pilsen (Erfinder: Pavel Kovanic und Milan Kulka, Prag), Tschechoslowakei, **Automatische Kernreaktorregelung.** Ein in dem Strahlungsfeld des Reaktors längs einer Bahn, entlang der die Strahlungsintensität prakt. exponentiell verläuft, bewegbarer, auf die radioakt. Strahlung des Reaktors ansprechender Fühler liefert in der 1. Phase des Anfahrens, in der die Regelorgane nach einem vorgegebenen Programm bewegt werden, ein Signal, das von einem vorgegebenen Signal subtrahiert wird. Das so gebildete Differenzsignal wird einem Servo-Antrieb zugeführt, der den Fühler so bewegt, daß das Differenzsignal einem Minimum zustrebt. Beim Erreichen einer vorgegebenen Leistung u./oder Periode wird die Programmsteuerung abgeschaltet u. der Fühler mit vorgegebener Geschw. bewegt. Das dann vom Fühler abgegebene Signal wird von dem vorgegebenen Signal subtrahiert u. das so gebildete Differenzsignal einem Servo-Antrieb zugeführt, der eine Regelorganbewegung steuert. Bei Erreichen der Sollleistung wird die Bewegung des Fühlers gestoppt. (**D. A. S.**

1 143 277 Kl. 21g vom 16/2. 1959, ausg. 7/2. 1963. **F. P. 1 229 779** vom 18/2. 1959, ausg. 9/9. 1960. Beide Tschech. Prior. 18/2. 1958.) H. Kessel 5895

1750 Rolls Royce Ltd., Derby (Erfinder: Cecil Alastair Comyns-Carr, Coxbench), England, **Kernreaktor-Dampferzeuger.** Ein Gehäuse ist durch eine Wand in 2 Kammern unterteilt; die eine enthält den Reaktor, die 2. das zu verdampfende W. u. ein zum geschlossenen Kühlmittelkreislauf gehörendes, als Wärmeaustauscher dienendes Rohrbündel. (**D. A. S. 1 119 424** Kl. 21g vom 6/12. 1956, ausg. 14/12. 1961. E. Prior. 20/12. 1955 u. 28/11. 1956.) H. Kessel 5895

1751 de Bataafsche Petroleum Mij. N. V., Den Haag, Niederlande, **Herstellung von Katalysatoren** durch Beladen von SiO_2 u./oder Al_2O_3 in Gel- bzw. Hydroxidform mit Heteropolysäuren, wie Phosphorwolframsäure, -molybdänsäure, -molybdänwolframsäure, -vanadinsäure, Silicowolframsäure, -molybdänsäure, Arsenmolybdänsäure oder Borwolframsäure. Nach einem Beispiel wird ein von Na-, Cl- u. NH_4-Ionen freigewaschenes SiO_2-Gel im Warmluftstrom bei 150° getrocknet. Dann wird eine obiger Säuren in so viel W. gelöst, daß das Gel suspendiert werden kann. Dann wird unter Rühren auf dem Dampfbad vorgetrocknet u. der Rest W. im Luftstrom bei 180° in 8 Std. entfernt. Mit den Katalysatoren wird in Gemischen aus 80,7 (%) n-Butan u. 19,3 Isobuten, letzteres bei 40° zu 92—100%, polymerisiert. Außerdem eignen sich die Katalysatoren zum *Cracken*, *(De-)Hydrieren* von KW-Stoffen, für *Additions-Rkk.* u. *Alkylieren.* — Tabellen. (**E. P. 847 784** vom 27/4. 1959, ausg. 14/9. 1960. Niederl. Prior. 28/4. 1958.) H. Schindler 5905

1752 Shawinigan Chemicals Ltd., Montreal, Quebec, Canada, übert. von: Konrad H. Kossmann, Columbus, Ohio, V.St.A., **Elektrisches Erhitzen eines Wirbelbettes von feinverteilten, den elektrischen Strom leitenden Teilchen** (Koks, Petroleumkoks) zur *Durchführung* von *endothermen Reaktionen.* In einem cylind. Gefäß, dessen Boden als umgekehrter Konus als Elektrode ausgebildet ist, werden feine Koksteilchen (Ø 1—2,4 mm) durch Einleiten eines Gases von unten aufgewirbelt u. gleichzeitig wird durch die oben eingeführte Stabelektrode ein elektr. Strom geleitet, wodurch die Teilchen bei 115 V u. 16 A auf 740° erhitzt werden. — Durch Aufwirbelung der Teilchen mit N_2 wird nach dem Erreichen von 850° bei 220 V u. 30 A durch diese eine Mischung aus 54 (%) Propan, 37,2 Propylen, 5,1 Äthan u. 3,7 Methan geleitet, wodurch 14,3 *Äthylen* (I) entstehen; aus reinem Butan erhält man 22,8 I. Ferner kann umgesetzt werden: NH_3 mit C oder KW-Stoffen zu *HCN*; C mit S-Dampf oder H_2S zu CS_2; durch Red. von CO_2 entsteht *CO*; durch Cracken von gesätt. KW-Stoffen bilden sich *Olefine* u. *Acetylen.* — Vorr., Zeichnung. (**A. P. 2 968 683** vom 25/3. 1960, ausg. 17/1. 1961.) G. Krauß 5907

1753 **Farbenfabriken Bayer Akt.-Ges.**, Leverkusen, *Herstellung von schwammähnlichen Kationenaustauschern.* (**E. P. 894 391** vom 21/4. 1958, ausg. 18/4. 1962. D. Prior. 20/4. 1957. — C. **1963,** 10989 [D. A. S. 1 113 570].)

1754 **Permutit Co. Ltd.**, London, England (Erfinder: **Theodore Roger Ernest Kressman**), *Aufbereiten von Ionenaustauschharzen.* (**Aust. P. 235 887** vom 2/12. 1959, ausg. 9/11. 1961. E. Prior. 8/12. 1958 u. 3/3. 1959. — C. **1963,** 7470 [E. P. 861 397].)

1755 **Union Carbide Corp.**, New York, N.Y., V.St.A. (Erfinder: **Arthur Noah Pines** und **Eugene Anthony Zientek**), *Silicon-Gefrierschutzmittel.* (**E. P. 919 460** vom 1/12. 1959, ausg. 27/2. 1963. A. Prior. 2/12. 1958. — C. **1961,** 17329 [D. A. SS. 1 104 762 u. 1 104 763].)

1756 **Soc. des Usines Chimiques Rhône-Poulenc**, Paris, Frankreich, *Antischaummittel.* (**E. P. 884 972** vom 11/3. 1960, ausg. 20/12. 1961. F. Prior. 23/7. 1959. — C. **1962,** 2117 [D. A. S. 1 110 862].)

1757 **Lear, Inc.**, Santa Monica, Calif., V.St.A., *Elektrolyt für Flüssigkeitswiderstände.* (**Niederl. P. 103 802** vom 24/5. 1956, ausg. 15/2. 1963. — C. **1962,** 6911 [Schwed. P. 164 321].)

1758 **Siemens-Planiawerke Akt.-Ges. für Kohlefabrikate**, Meitingen b. Augsburg, *Herstellung von als Reaktorwerkstoff verwendbarem Reinstgraphit.* (**E. P. 880 547** vom 21/10. 1958, ausg. 25/10. 1961. D. Prior. 25/10. 1957. — C. **1960,** 4309 [D. A. S. 1 047 179].)

1759 **United Kingdom Atomic Energy Authority**, London, England, *Herstellung von Graphitkörpern.* (**E. P. 883 021** vom 12/9. 1958, ausg. 22/11. 1961. — C. **1962,** 18227 [D. A. S. 1 117 028].)

1760 **Studiengesellschaft Kohle m. b. H.**, Mülheim/Ruhr, *Kontinuierliche Durchführung von Reaktionen.* (**Niederl. P. 104 092** vom 21/3. 1957, ausg. 15/3. 1963. D. Prior. 24/3. 1956. — C. **1961,** 8424 [D. P. [DDR] 17 606].)

H_2. Betriebsschutz, Feuerschutz

1761 **Internationales Symposium sul oxycarbonismo in Turin.** Zorn. (Gas- u. Wasserfach, Ausg. Gas, **104,** 961—63, **1963**; dt.) — Ausführliche Wiedergabe eines Vortrags von Sales u. Borelli über die Odorierung von Gasen. Bericht über ärztliche Anschauungen über den Mechanismus der CO-Vergiftung u. Maßnahmen zur 1. Hilfe. F. Rosendahl 5930△

1762 **Ergebnisse der Untersuchung der Haut von Arbeitern des Kombinates für synthetische Fettsäuren und höhere Fettalkohole.** M. D. Bagnowa. (Nachr. Dermatol. Venerol. [UdSSR] **37,** Nr. 3, 51—54, 1963; Moskau, Erissman-Forsch.-Inst. für Hygiene, Klin. Abt.; russ., Auszug: engl.) — Auf Grund der Unterss. an 341 Arbeitern eines Betriebes für synthet. Fettsäuren u. höhere Fettalkohole werden Maßnahmen zur Herabsetzung der Schädigungen durch hochmol. gesätt. u. ungesätt. KW-Stoffe vorgeschlagen. O. Lebtag 5932△

1763 **Gefahren bei der Verwendung von flüssigem Wasserstoff in Blasenkammern.** Michael G. Zabotakis, Aldo L. Furno und Henry E. Perlee. (U. S. Dep. Interior, Bur. Mines, Rep. Invest. Nr. **6309,** 1—39, 1963; Pittsburgh, Pa., Bur. Mines, Explosives Res. Center; engl.) — Die Unterss. dienten zur Feststellung der Gefahren, die bei der Verw. von fl. H_2 in Blasenkammern zur Best. von ionisierten Teilchen auftreten können. Bei Verw. bestimmter Materialien ist die Verw. von fl. H_2 ohne Gefahr. Gefährlich ist ein plötzliches Austreten von H_2 infolge einer Undichtigkeit, weil die bisher bekannt gewordenen Detektoren nur ansprechen, wenn eine gefahrbringende Anreicherung von H_2 langsam vor sich geht. F. Rosendahl 5936△

1764 **Staubmonitor zur betrieblichen Staubüberwachung.** Wilfried Coenen. (Staub **23,** 119—23, 1963; Bonn, Staub-Forsch.-Inst. des Hauptverbandes der gewerblichen Berufsgenossenschaften e. V.; dt.) I. Köditz 5940△

1765 **Registrierende Messung kleinster Staubkonzentrationen hinter Filtern.** Alfred Schütz. (Staub **23,** 115—18, 1963; Bonn, Staub-Forsch.-Inst. des Hauptverbandes der gewerblichen Berufsgenossenschaften e. V.; dt.) — Ein kontakt-elektr. Verf. zur kontinuierlichen registrierenden Best. kleinster Staub-Konzz. durch Messung der beim Auftreffen von Staubteilchen auf einen Metalldraht entstehenden Ladung wird beschrieben. I. Köditz 5940△

1766 **Erfahrungen über den Einsatz von Filtern zur Messung radioaktiver Schwebstoffe in der Luft.** Marcel Collet. (Staub **23,** 58—59, 1963; EURATOM-Gesundheitsschutz, Referat Vorbeugung u. Überwachung; dt.) — Überblick über die Unterss. von EURATOM über die den einzelnen Überwachungsstationen zur Verfügung stehenden Filter u. deren prakt. Anwendung zur Best. der radioakt. Schwebstoffe in der Luft. Diese Kenntnis soll später die Grundlage von Kriterien werden, die rationelle u. vergleichbare Ergebnisse garantieren. I. Köditz 5942△

1767 **Photoelektrisches Rauchdichtemeßgerät nach der Zweistrahlkompensationsmethode.** Harro Müller. (Staub **23,** 123—25, 1963; München; dt.) — Es wird ein photoelektr. Rauchdichtemeßgerät auf der Grundlage der Zweistrahl-Kompensations-Meth. unter Anwendung des Autokollimationsprinzips bei Verw. einer Lampe u. einer lichtelektr. Zelle (Si-Photoelement) beschrieben. Die relative Empfindlichkeit dieses Geräts ist über den gesamten Meßbereich konstant. I. Köditz 5942△

1768 **Möglichkeiten einer theoretischen Erfassung des Ausbreitungsvorganges.** Friedrich Wippermann. (Staub **21,** 104—09, 1961; Darmstadt, TH, Meteorolog. Inst.; dt.) — Vf. beschreibt den physikal. Inhalt der Theorie, die der Ausbreitung von Gasen in der Atmosphäre zugrunde liegt, um einen Einblick in die physikal. Voraussetzungen u. die erforderlichen Vereinfachungen für die prakt. Anwendung, etwa zur Berechnung der Mindesthöhe von Schornsteinen, zu geben. Die Theorie der turbulenten Ausbreitung von Gasen in der Atmosphäre bildet die Grundlage einer zur Zeit im Entwurf vorliegenden VDI-Richtlinie „Schornsteinmindesthöhe". I. Köditz 5942△

1769 **Über Experimente zur Gasausbreitung.** Hartmut Markusch. (Staub **21,** 116—18, 1961; Darmstadt, TH, Inst. für Meteorologie; dt.) — Beschreibung von Verss. (in Harwell, Nordnebraska u. Stanford) zur Ermittlung von Bedingungen, um vergleichbare Messungen zur Gasausbreitung zu erhalten. Überblick über Meß-Meth. (Fluorescenz-Spuren-Verf.) u. -Anordnung, die vom Institut für Meteorologie der TH Darmstadt zur Unters. der Gasausbreitung angewendet wurden. I. Köditz 5942△

1770 **Kriterien zur Beurteilung von Meßverfahren für gasförmige Immissionen.** Heinrich Stratmann. (Staub **21**, 118–21, 1961; Essen, Forsch.-Inst. für Luftreinhaltung e. V.; dt.) — Es werden Faktoren aufgezeigt, die eine exakte physikal. u. chem. Definition eines Vielstoff-Syst., wie sie die verunreinigte Atmosphäre darstellt, erschweren. Diese Faktoren müssen zur Vermeidung von Fehlurteilen bei der Beurteilung von Meßergebnissen mit Hilfe von bestimmten Meß-Verff. berücksichtigt werden. I. Köditz 5942△

1771 **Staubkonzentrationsmessungen in der freien Atmosphäre.** Dieter Hasenclever. (Staub **21**, 131–36, 1961; Bonn, Hauptverband der gewerblichen Berufsgenossenschaften, Staub-Forsch.-Inst.; dt.) — Überblick über die bei der Messung von Staub-Konzz. in der Luft zu berücksichtigenden Faktoren u. über die möglichen Fehlerquellen. Beschreibung der Staubmeßgeräte (Konimeter HS, Martius, GAST, Elektrostatik Sampler der Mines Safety Appliances) sowie der Vor- u. Nachteile dieser Geräte. Anschließend wird das Prinzip der trägheitslosen registrierenden Staubmessung mittels Kleinionenanlagerung diskutiert. I. Köditz 5942△

1772 **Registrierende Staubkonzentrationsmessung.** Theodor Gast. (Staub **21**, 136–39, 1961; Walsum, Bergwerksgesellschaft, Labor. für Staubphysik u. Meßtechnik; dt.) — Übersicht der Staubmeß-Verff. (gravimetr., manometr., akust. Meth., Mikroskopie, subjektive u. objektive Photometrie, chem. Meth., elektr. Meth., Radioaktivität) u. der Arbeitsweise einiger Staubmeßgeräte (Staubregistrierung mit empir. Kalibrierung des Anzeigerinstruments, Konitest-Gerät, pneumat. Staubschreiber, Staubwaage, Tyndalloskop u. Kernzähler von Verzar). I. Köditz 5942△

1773 **Messung von Gaskonzentrationen bei Industrieemissionen.** Hans Willi Thoenes. (Staub **21**, 121–24, 1961; Essen, Techn. Überwachungsverein e. V.; dt.) — Beschreibung der Meßprinzipien, die den diskontinuierlichen Meß-Verff. u. den registrierenden Meßgeräten für die Messung von gasförmigen Emissionen zugrunde liegen. I. Köditz 5942△

1774 **Emissionen in der chemischen Industrie.** Rudolf Pistor. (Staub **21**, 84–87, 1961; Leverkusen, Farbenfabriken Bayer Akt.-Ges.; dt.) — Überblick über die Entfernung von H_2S, Cl_2, HCl, SO_2, nitrosen Gasen, F, organ. Dämpfen usw. aus Abgasen sowie die Beseitigung staubförmiger Emissionen. I. Köditz 5942△

1775 **Auswurf von Staub und Gasen bei der Zementindustrie.** Erich Ruhland. (Staub **21**, 91–94, 1961; Neubeckum, Westf., Dyckerhoff Zementwerke Akt.-Ges. u. Elsa Zement- u. Kalkwerke Akt.-Ges.; dt.) — Überblick über die Staubquellen u. -arten in der Zementindustrie, die Maßnahmen zur Bekämpfung des Staubauswurfs u. die Richtlinien der VDI-Kommission „Reinhaltung der Luft" über den zulässigen Staubauswurf. I. Köditz 5942△

1776 **Auswurf von Staub und Gasen in der Nichteisen-Metallindustrie.** Georg Oswald. (Staub **21**, 82–84, 1961; Branbach/Rhein; dt.) — Überblick über die von Metallhütten selbst ergriffenen Maßnahmen zur Verringerung schädlicher Emissionen: Verwertung SO_2-armer, in Zink- u. Bleihütten anfallender Röstgase, Verbesserung der Waschanlage für die Abgase der chlorierenden Röstung (Cu-Gewinnung aus Schwefelkiesabbränden) u. Waschung der F-haltigen Gase in Al-Hütten. I. Köditz 5942△

1777 **Auswurf von Staub und Gasen in Eisenhüttenwerken und Eisengießereien.** Kurt Guthmann. (Staub **21**, 78–82, 1961; Düsseldorf, VDE; dt.) — Überblick über Vorr. zur Bekämpfung der Staubquellen bei der Erzaufbereitung, in Hochöfen, Blasstahlwerken u. in Eisengießereien. I. Köditz 5942△

1778 **Auswurf von Staub und Gasen in Kokereien und Gaswerken.** Erich Friehmelt. (Staub **21**, 89–91, 1961; Gelsenkirchen-Buer, Essener Steinkohlenbergwerke Akt.-Ges.; dt.) — Überblick über die Möglichkeiten der Beseitigung der Luftverunreinigung durch von Kokereien u. Gaswerken emittierten Staub, Ruß, Teernebel u. Gasen. I. Köditz 5942△

1779 **Ursachen und Herkunft der Luftverunreinigung durch die Mineralölindustrie.** Wilhelm Becker. (Staub **21**, 88–89, 1961; Gelsenkirchen, Gelsenberg Benzin Akt.-Ges.; dt.) — Der Geh. an SO_2 in den Abgasen bei Heizölverbrennung läßt sich durch entsprechende Raffination von Dieselöl u. leichterem Heizöl prakt. verhindern. Für schweres Heizöl ist noch kein rationelles Verf. für die Entschwefelung u. damit für die Unterbindung des SO_2-Auswurfs gefunden worden. I. Köditz 5942△

1780 **Schwefeldioxidemissionen.** Karl Schwarz. (Staub **21**, 71–77, 1961; Essen, Techn. Überwachungsverein; dt.) — Bei der Herabsetzung des SO_2-Auswurfs durch geeignete Auswurfsbedingungen (hohe Schornsteine) müssen neben den Betriebsbedingungen auch die meteorolog. u. topograph. Bedingungen berücksichtigt werden. Am wirtschaftlichsten wird im allg. eine Kombination der Möglichkeiten zur Verringerung der Auswurfsmenge u. zur Verdünnung der SO_2-Gase sein. I. Köditz 5942△

1781 **Die Gefahr der Luftverunreinigung, hervorgerufen durch Straßentunnels in der Innenstadt.** E. H. E. Neumann. (Strassen u. Tiefbau **17**, 152–60, 1963; Stuttgart, VDI; dt.) — Es wird auf die gesundheitlichen Schäden, die durch die Abgase in Tunnelbauten entstehen, hingewiesen. Es handelt sich in der Hauptsache um Ölnebel, Rußpartikelchen u. Überschreiten der krit. CO-Grenze. N. Peters 5942◇

1782 **Kraftwagen und atmosphärische Verunreinigungen.** L. Raymond. (Riv. Combustibili **16**, 528–45, 1962; Socony Mobil Oil Co.; ital.) — Überblick über die gesetzlichen Verordnungen in USA über die Kontrolle der Einrichtungen zum Auswurf der Abgase u. zur Ventilation der Kraftwagenmotoren u. über die möglichen Verff. u. Geräte zur Verminderung der durch Abgase u. Auspuffgase hervorgerufenen Luftverunreinigung. R. Grundmann 5942◇

1783 **Über die Messung von Kraftfahrzeugemissionen.** Horst Luther. (Staub **21**, 125–31, 1961; Clausthal, Bergakad., Inst. für Brennstoffchemie u. Brennstofftechnik; dt.) — Überblick über angewandte Analysen-Meth., die Art der Probenentnahme, die einen repräsentativen Durchschnittswert der Auspuffgase für alle Fahrzustände („Einheitsfahrcyclus") gibt, u. die Meß-Meth. (dispersive u. nichtdispersive UR-Spektroskopie, UV-Spektroskopie, magnet. O_2-Best.). Die geschilderten Analysen-Verff. geben einen besseren Einblick in die Zusammenhänge bei der Verbrennung im Motor als die üblichen Analysenmethoden. Sie ermöglichen ferner eine Kontrolle der Wirksamkeit von Maßnahmen zur Veränderung der Abgaszusammensetzung. I. Köditz 5942△

1784 Fujikura Kasei Kabushiki Kaisha (Erfinder: Tomiji Nishimura), Tôkyô, Japan, **Herstellung von strahlungshemmendem Material** durch Polymerisation einer Mischung aus ungesätt. Polyester u. Pb-Methacrylat oder dessen Anfangspolymerisat etwa im Verhältnis 7:3 bis 1:1. — Schutz gegen Röntgenstrahlen. (**Jap. A. S. 13 747/1961** vom 23/5. 1959, ausg. 18/8. 1961.) M. Pankow 5933

1785 Teroson-Werk Erich Ross (Erfinder: Jivko A. Potchinkov), Heidelberg, **Herstellung von Schutzkleidung,** bes. Handschuhen, durch Überziehen von Gewebegrundlagen (I) mit plast. Kunststoffen nach einer Vorbeschichtung, dad. gek., daß die I zunächst mit Emulsionen, Dispersionen oder Lsgg. auf der Basis von Polybutadien–Acrylnitril, die mit dem eigentlichen Beschichtungsmittel verträglich, aber unlösl. in dem Lsgm. des letzteren sind, vorbeschichtet u. anschließend mit in Lsgm. gelösten Polyester–Polyisocyanat-Kombinationen mehrmals beschichtet werden, worauf nach Einstellung auf die verlangte Dicke die Vernetzung durchgeführt wird. (**D. A. S. 1 142 832** Kl. 81 vom 22/12. 1959, ausg. 31/1. 1963.) M. Böttcher 5937

1786 Giuseppe Bruzzone, Turin, Italien, **Desodorieren und Sterilisieren von Luft,** dad., daß man einen aufsteigenden warmen Luftstrom erzeugt, befeuchtet u. mit Ozon mischt. — Vorr., Zeichnung. (**It. P. 558 306** vom 4/6. 1954.) K. Koebke 5943

1787 Nu-Swift Ltd. (Erfinder: Eric Edward Cooper Cawood), **Feuerlöschpulver,** bestehend aus 50–30 (Gew.-Teilen) $KHCO_3$, 35–55 $(NH_4)_2SO_4$ u. 7–13 $(NH_4)_2HPO_4$, wobei das Gemisch durch Zusatz von feinteiligem Metallstearat u. Talkum oder Diatomeenerde in freifließendem Zustand gehalten wird. (**Aust. P. 238 079** vom 31/12. 1959, ausg. 12/4. 1962. E. Prior. 9/1. 1959.) K. Demmler 5945

1788 Dow Chemical Co., übert. von: Jack F. Mills, Charles K. McAnallen und Robert S. Montgomery, Midland, Mich., V.St.A., **Stabilisierungsmittel für Feuerlöschschaum,** gek. durch $NaHCO_3$ mit einem Zusatz von 1—20% eines wasserlösl. Salzes der wasserunlösl. Säurefraktion eines partiellen Kohleoxydationsprodukts. (**A. P. 3 053 763** vom 2/10. 1959, ausg. 11/9. 1962.) A. Gradl 5945

1789 Monsanto Chemical Co., St. Louis, Mo., übert. von: John G. Abramo, Albert Y. Garner und Earl C. Chapin, Springfield, Mass., V.St.A., **Äthylenisch ungesättigte Phosphon(in)-säureverbindungen** der allg. Formel $CH_2=C(R)-Ar-CH_2-P(:O)(OH)(R_1)$ erhält man durch Rk. von Verbb. der allg. Formel $X-CH_2-CH(R)-Ar-CH_2X$ mit Phosphorig- bzw. Phosphonigsäureestern der allg. Formel $R_3O-P(OR_2)_2$ bzw. $R_3O-P(R_2)(OR_2)$ im ca. äquimolaren Verhältnis bei ca. 50—200°, anschließende Abspaltung von HX mit einer Alkalimetallbase in einem inerten wasserfreien Lsgm. bei 50—120° u. dann Hydrolyse des Rk.-Prod. bei ca. 80—150° (X = Halogen; R = H, CH_3; Ar = Arylenrest mit 6—14 C-Atomen; R_1 = OH, R_2 u. OR_2, wobei R_2 = KW-Stoff-Rest mit 1—20 C-Atomen; $R_3 = R_2$). — Bevorzugte Endprodd. sind *Vinylbenzylphosphonsäure* bzw. deren *Monoäthylester* u. *Isopropenylbenzylphosphinsäure.* — *Flammschutzmittel.* (**A. P. 3 051 740** vom 4/1. 1960, ausg. 28/8. 1962.) A. Jahn 5945

1790 Shea Chemical Corp., Jeffersonville, Ind., und Columbia, Tenn., übert. von: Ingenuin Hechenbleikner, Clarksburg, Mass., V.St. A., **Trialkenylphosphite (I), -phosphate (II) und Tri-2-halogenalkenylphosphate (III).** I erhält man durch Umesterung eines Triarylphosphits, das im Arylrest noch Alkyl enthalten kann, oder Trihalogenphenylphosphits mit wenigstens 4,5 bes. 6—9 Mol eines Alkenols in Ggw. einer solchen Menge NaOH oder KOH, daß das gesamte gebildete Phenol neutralisiert wird, bei Raum-Temp. bis höchstens 40°. — II u. III entstehen nach dem anderen Verf. durch Oxydation von Monoaryldialkenyl-, Monoaryldi-2-halogenalkenyl-, Diarylmonoalkenyl-, Diarylmono-2-halogenalkenyl-, Monoalkyldialkyl-, Monoalkyldi-2-halogenalkenyl-, Dialkylmonoalkenyl- u. Dialkylmono-2-halogenalkenylphosphiten mit H_2O_2 in Ggw. von NaOH, KOH, Na_2CO_3, $Ca(OH)_2$, organ. Basen oder quatern. Ammoniumhydroxiden bei pH wenigstens 8, bes. > 11 u. 0—60°. — Aus 1 (Mol) Triphenylphosphit u. 6 Allylalkohol in Ggw. von 3 gepulvertem NaOH bei < 40°, dann Eingießen in W. → 98,5%ig. *Triallylphosphit,* Ausbeute 80%. — Methallylalkohol → *Trimethallylphosphit.* Weitere Ausgangsstoffe sind: Tri-p-, -o- u. -m-Kresylphosphit, Tri-2.4-xylylphosphit, Tributylphenyl-, Tri-o-chlorphenyl-, Tri-o-bromphenyl- u. -m-chlorphenylphosphit. — Aus 1 Triallylphosphit in 250 cm^3 W., enthaltend 1% NaOH, u. 1 30%ig. H_2O_2 bei höchstens 60° → *Triallylphosphat,* $Kp._1$ 85—90°; Ausbeute 99%. — *Trimethallyl-, Tri-2-chlorallyl-, Tri-2-bromallyl-, Tri-2-fluorallylphosphat.* — Ferner sind oxydierbar: o-Tolyl-, Methyldiallylphosphit, Monophenyldi-2-chlorallyl-, Diphenylmono-2-chlorallyl-, Methyldi-2-chlorallyl-, Dibutylallyl-, Dibutylmono-2-chlorallyl- u. Octyldiallylphosphit. — *Zwischenprodd.,* bes. zur *Herst.* von *Flammschutzmitteln.* (**A. PP. 2 851 476** vom 5/7. 1956, ausg. 9/9. 1958 u. **2 852 551** vom 18/10. 1956, ausg. 16/9. 1958.) G. Krauß 5945

1791 Farbenfabriken Bayer Akt.-Ges., Leverkusen (Erfinder: Georg Manecke, Berlin, und Harold Heller, Leichlingen/Rhld.), **Herstellung von Äthylenimin-N-äthylphosphonsäuredialkylestern,** dad. gek., daß man Vinylphosphonsäuredialkylester mit Äthylenimin (I), ggf. in Ggw. von bas. Katalysatoren, bes. Alkalialkoholate oder -phenolate oder Alkalimetalle, umsetzt. — Zu 5,2 g I gibt man 0,3 in Scheiben geschnittenes Na u. läßt unter N_2 bei 15—20° langsam 12 Vinylphosphonsäurediäthylester zutropfen. Das Gemisch erwärmt sich dabei allmählich. Nach Abklingen der Rk. wird noch 3 Std. bei 45—55° erwärmt u. anschließend im Vakuum in inerter Atmosphäre mehrfach fraktioniert dest., nachdem vorher das restliche Na abgetrennt wurde → *Äthylenimin-N-äthylphosphonsäurediäthylester,* $Kp._{0,01-0,05}$ 59—60° in 70%ig. Ausbeute. — *Flammschutzmittel.* (**D. A. S. 1 153 022** Kl. 12p vom 4/2. 1960, ausg. 22/8. 1963.) C. Lüttgen 5945

H_3. Elektrotechnik

1792 **Auswahl von Legierungen für Präzisionswiderstände im System Kupfer-Mangan-Zinn.** W. Ss. Messkin und L. A. Popowa. (Metallkunde therm. Metallbearb. [UdSSR] **1961,** Nr. 4, 20—24; russ.) — Zur Auffindung von Materialien für *Präzisionswiderstände* mit geringerem Temp.-Widerstands-Koeff. (α) als der des klass. Manganins wurden die elektr. u. mechan. Eigg. von Cu-Mn-Sn-Legg. mit 1—7% Sn u. 5—12% Mn u. Cu-Mn-Sn-Si-Legg. mit geringen Si-Anteilen (bis 0,3%) untersucht. Für prakt. Zwecke brauchbar erscheint eine Cu-Mn-Sn-Leg. mit ca. 9% Mn u. 4% Sn, die nach Tempern im Vakuum bei 570° einen spezif. Widerstand von 0,36 $\Omega/mm^2/m$ u. $\alpha = 2 \cdot 10^{-6}$ (bei 15—30°) sowie bei 0—100° keine Thermo-EMK mit Cu aufweist u. die gleichen mechan. Eigg. wie Manganin besitzt. H. Jäger 5954□

1793 **Pneumatische Förderanlagen in der Akku-Industrie.** H. Engler. (Batterien [Utrecht] **17,** 503—06, Aug. 1963; Waldacker bei Offenbach; dt. u. engl.) — Die techn. Anwendungsmöglichkeiten von Normalpneumatik- u. Fließpneumatik-App. zur automat. u. verstaubungsfreien Transportierung u. Dosierung der (giftigen) Bleioxide u. Bleistaub-Qualitäten in Akkumulatorenfabriken werden beschrieben. C. Drotschmann 5970◇

1794 **Über das elektrochemische und chemische Verhalten von Manganoxiden bei kathodischer Reduktion.** C. Drotschmann. (Batterien, [Utrecht] **17,** 497—503, 1963; Eindhoven, TH, Abt. Elektrochem.; dt. u. engl.) — Zusammenfassender Bericht über das Verh. von Manganoxiden in galvan. Zellen des Leclanché-Typs (Vortrag gehalten auf dem Symposium Elektrochemie, TH Eindhoven, 15. Mai 1963). — Anwendung der Nernstschen Beziehung auf das Elektrodenpotential von Manganoxidelektroden, die Abhängigkeit vom pH-Wert, Stabilität des Potentials, Elektronenleitvermögen der höheren Oxide u. Energieausbeute. C. Drotschmann 5970◇

1795 **Eine Übersicht über neue Arbeiten mit dem Platinel-Thermoelement.** E. D. Zysk. (Engelhard Ind., Inc., techn. Bull. **4,** 5—8, 1963; Newark, N.J., Engelhard Ind., Inc., Res. and Dev. Div.; engl.) — Fortschrittsbericht. — 10 Literaturangaben. W. Wesly 5970◇

1796 **Physikalische Grundlagen des thermionischen Konverters und Übersicht der technischen Anwendungen.** J. Bohdansky und R. Langpape. (Kerntechn., Isotopentechn. u. -chem. **5,** 361—65, 1963; Mannheim, Brown, Boveri u. Cie. Akt.-Ges.; dt.) — Übersicht. — 25 Schrifttumshinweise. F. Rosendahl 5970△

1797 **Edelgasgefüllte thermionische Energiekonverter.** W. Bloss. (Kerntechn., Isotopentechn. u. -chem. **5,** 372—76, 1963; Stuttgart, TH, Elektrotechn. Inst., Lehrstuhl für Gasentladungstechn. u. Photoelektronik; dt.) — Übersicht. — 20 Schrifttumshinweise. F. Rosendahl 5970△

1798 **Die nucleare Cäsium-Zelle.** H. Neu. (Kerntechn., Isotopentechn. u. -chem. **5,** 365—72, 1963; Ispra [Varese], Italien, Euratom, Gemeinsames Forsch.-Zentrum; dt.) — Übersicht. — 37 Schrifttumshinweise. F. Rosendahl 5970△

1799 **Über die Direktumwandlung der kinetischen Energie von Spaltbruchstücken in elektrische Energie.** K. Schretzmann. (Kerntechn., Isotopentechn. u. -chem. **5,** 377—81, 1963; Karlsruhe, Kernforsch.-Zentrum, Inst. für Neutronenphysik u. Reaktortechnik; dt.) — Arbeitsweise von Dioden u. Experimente mit Spalttrioden. Übersicht. — 10 Schrifttumshinweise. F. Rosendahl 5970△

1800 **Die Erzeugung elektrischer Energie mit Radionuclidbatterien.** J. Euler und A. Scharmann. (Kerntechn., Isotopentechn. u. -chem. **5,** 385—87, 1963; Frankfurt/M., Varta Akt.-Ges., Zentrallabor. u. Gießen, Univ., 1. Physikal. Inst.; dt.) — Übersicht. — 9 Schrifttumshinweise. F. Rosendahl 5970△

1801 **Über die Messung der elektrischen Energie von Elektroluminescenz-Zellen.** Taro Ishikawa. (Bull. Nagoy Inst. Technol. **13,** 160—67, 1961; jap., Auszug: engl.) — Beschreibung der Arbeitsweise u. Eigg. des sofort anzeigenden, elektron. Wattmessers u. der Messung des Energieverbrauches (im Vgl. mit anderen Meßverff.) von Elektroluminescenzzellen. W. Wesly 5978◇

1802 Standard Telephones and Cables Pty. Ltd. (Erfinder: Henley Frank Sterling und Frederick John Raymond), **Herstellung von Halbleitersubstanzen.** Zu E. P. 871 158; C. **1963,** 2961 ist nachzutragen: Das Verf. ist auch für die Herst. von B durch therm. Zers. von Borhydriden anwendbar. (**Aust. P. 236 778** vom 26/2. 1959, ausg. 18/1. 1962. E. Prior. 21/3. 1958.) C. Lüttgen 5953

1803 Westinghouse Electric Corp. (Erfinder: Leonard J. Kroko), **Halbleiterelement,** bestehend aus einem monokristallinen SiC-Plattenkörper, auf dessen entgegengesetzten Seiten unter Zwischenschaltung einer Schicht aus Si oder einer Si-Ge-Leg. je eine Graphitschicht aufgebracht ist, auf die eine Endelektrode aus Mo, W, Ta oder Zr mittels einer Ni-Al-Leg. aufgelötet ist. (**Aust. P. 237 347** vom 5/1. 1960, ausg. 22/2. 1962. A. Prior. 5/2. 1959.) K. Demmler 5953

1804 Faculty of Chemistry of MGU „Lomonosov", Moskau, UdSSR (Erfinder: Valentin Alexeevich Karguin, Victor Alexandrovich Kabanov und Vitaly Pavlovich Zoobov), **Hitzebeständige Halbleiter.** Man sättigt aliphat. oder aromat. Nitrile mit Halogeniden von Metallen der Gruppen II, III, IV, V oder VIII des Period. Syst. u. erhitzt sie dann auf $< 300^0$. — Zum Beispiel setzt man 6 (Mol) wasserfreies $ZnCl_2$ (I) 20 Acetonitril zu u. erhitzt im Autoklaven 8 Std. bei 200^0. Das in organ. u. anorgan. Lsgm. unlösl. Polymere, das zwecks Entfernung von I mit W. gewaschen wird, ist bis $500-600^0$ beständig u. besitzt eine Leitfähigkeit von $10^{-5}\ \Omega^{-1}$. (**E. P. 892 566** vom 23/12. 1960, ausg. 28/3. 1962.) K. Sarre 5953

1805 A. M. Iwanowa, **Galvanisches Titanieren** von SnO_2-Halbleiterschichten auf Isolatoren. Es werden Elektrolyten verwendet, die nur Ti-Doppelsalze organ. Säuren, bes. der Oxal-, Wein- u. Citronensäure enthalten u. hydrolyt. unter Bldg. von TiO^{2+}-Ionen gespalten werden, bei $4-8$ mA/cm², pH $2-2{,}3$ u. $18-25^0$. (**UdSSR. P. 134 090** vom 18/4. 1960.) L. Großner 5953

1806 Westinghouse Electric Corp., East Pittsburgh, Pa., übert. von: Yoshio Ichikawa, Swissvale, Pa., V.St.A., **Kaltleiter** der Zus. $M_xBa_{1-x}Zr_yTi_{1-y}O_3$, in der M für Yttrium oder Cer steht, für x Werte von $0{,}003-0{,}03$ u. für y Werte von $0{,}01-0{,}25$ gelten, werden aus den entsprechenden Ausgangskomponenten durch Sintern in einer nichtoxydierenden Atmosphäre bei $1300-1550^0$ hergestellt. Anschliessend wird das Sinterprod. auf $1000-1300^0$ in einer oxydierenden Atmosphäre erhitzt. Das fertige Prod. zeichnet sich durch einen spezif. elektr. Widerstand bei Raum-Temp. von ca. 80 Ω/cm aus. Bei Steigerung der Temp. auf 150^0 nimmt dieser Widerstand auf ca. 100000 Ω/cm zu. Ab 150^0 aufwärts nimmt der Widerstand wieder ab. — Kurve. (**A. P. 3 044 968** vom 13/5. 1958, ausg. 17/7. 1962.) H. Widmann 5953

1807 Carborundum Co., Niagara Falls, N.Y., V.St.A., **Heizstab aus Siliciumcarbid.** Eine Mischung von β-SiC u. wenigstens 20 (Gew.-%) freien Si u. 10 C wird zu Formkörpern gepreßt u. bei Temp. über 1800^0, jedoch nicht über 2300^0 so lange gesintert, bis mindestens die Hälfte des Si in SiC umgewandelt ist. Das Erhitzen muß dabei so ausgeführt werden, daß das in der β-Modifikation eingeführte SiC nicht in die α-Modifikation übergeht. (**E. P. 910 213** vom 6/1. 1961, ausg. 14/11. 1962. A. Prior. 13/1. 1960.) H. Widmann 5953

1808 Cabot Corp., Boston, Mass., V.St.A. (Erfinder: Harold Reintjes), **Kontinuierliche Carbonisierung.** Eine Mischung aus Petrolkoks u. einem verkokbaren Bindemittel wird durch einen Metallzylinder mit glatter Innenfläche gepreßt u. im Zylinder bei Temp. von ca. 800^0 carbonisiert. Aus dem Metallzylinder tritt das fertige Formstück aus, das für *Elektroden* u. dgl. verwendet werden kann. (**E. P. 898 800** vom 22/9. 1959, ausg. 14/6. 1962.) H. Widmann 5953

1809 Godfrey L. Cabot, Inc. (Erfinder: Harold Reintjes), **Kontinuierliche Carbonisierung von kohlenstoffhaltigem Material,** das z. T. aus flüchtigen Verbb. zusammengesetzt ist, z. B. Petrolkoks u. Kohle, durch Erhitzen des bes. mit einem carbonisierbaren Bindemittel versehenen Materials während seines Durchflusses durch ein von außen beheiztes Rohr unter Ausschluß von O_2 unter Druck von z. B. 12 lbs./sq.in. auf wenigstens 800^0, bes. 1150^0 F u. weiteres Erhitzen des angefallenen Kokses auf z. B. 1800^0 F. — Verw. des Kokses zu *Elektrodenmassen.* (**Aust. P. 237 241** vom 7/8. 1959, ausg. 15/2. 1962.) K. Demmler 5953

1810 Gilbert Goodman, Schenectady, N.Y., V.St.A., **Dielektrisches Material.** Ein keram. Dielektrikum von der Formel $3\,SrO \cdot ZrO_2 \cdot 2\,Ta_2O_5$ wird durch Mischen der Komponenten in einer Kugelmühle, die außerdem noch Amylacetat enthält, erhalten. Die gemahlene Mischung wird getrocknet, in einem Platingefäß bei 1350^0 calciniert, fein gemahlen, mit einem Plastifizierungsmittel versehen („Carbowax") u. zu Scheiben verpreßt, die auf Platinunterlagen zwischen 1500 u. 1750^0 in Luft gesintert werden. Die fertige Keramik hat eine DK zwischen 70 u. 100 u. einen Verlustwinkel von $3-7 \cdot 10^{-4}$. Sie zeichnet sich bes. durch eine zwischen 0 u. 500^0 prakt. konst. bleibende DK aus. SrO kann ganz oder teilweise durch BaO, ZrO_2 durch TiO_2, SnO_2 oder Mischungen derselben ersetzt werden. — Diagramme. (**A. P. 3 002 841** vom 16/3. 1960, ausg. 3/10. 1961.) H. Widmann 5957

1811 General Electric Co., N.Y., übert. von: Franklin P. H. Chen, Pittsfield, Mass., V.St.A., **Keramisches Material.** Eine Mischung von $4-30$ (Gew.-%) Li_2O, $50-80$ SiO_2 u. $3-25$ Al_2O_3 sowie bis zu 15 Fließmittel wie Na_2O, K_2O, B_2O_3, CaF_2, ZrO_2, CaO, BaO, ZnO, MgO, NaF u. KF wird in einem Ofen geschmolzen u. im Schleuderguß geformt. Der erstarrte Guß wird aus der Form genommen u. bei 500^0 getempert. Danach wird die Temp. auf 650^0 erhöht u. ca. 1 Std. gehalten um die Kristallisation des Gußstückes einzuleiten. Danach wird die Temp. auf 950^0 erhöht, damit das Gußstück vollständig durchkristallisieren kann. Nach einer Wartezeit von 4 Std. wird langsam abgekühlt. Der fertige Körper zeichnet sich durch Härte, Dichte u. hohes *elektr. Isoliervermögen* aus. Außerdem läßt er sich mit engen Toleranzen bzgl. der Abmessungen herstellen. (**A. P. 3 006 755** vom 23/9. 1959, ausg. 31/10. 1961.) H. Widmann 5957

1812 Owens-Corning Fiberglas Corp., Del., übert. von: Dana L. Bishop, Ottawa Lake, Mich., V.St.A., **Bindemittel für Isolationsmaterial aus Erdalkalisilicaten.** Das Bindemittel besteht aus ca. 40 (%) CaO/SiO_2 im Mol-Verhältnis $0{,}95-1{,}20$ Asbest, 30 hydraul. Ca-Aluminat-Zement u. 1 Methylcellulose, zeichnet sich durch kleine Schwindung beim Brand aus u. ist leicht zu verarbeiten u. gewährleistet eine rissefreie Herst. von Isoliermitteln. (**A. P. 3 042 536** vom 22/10. 1957, ausg. 3/7. 1962.) H. Widmann 5957

1813 Allmänna Svenska Elektriska Aktiebolaget, Västerås, Schweden, **Schutzlack für elektrische Isolatoren,** bestehend aus SiC u. einem Alkydplast, z. B. Epoxyharz, das beim Härten ein Schrumpfen von $0{,}5-5\%$ aufweist. (**Norw. P. 98 234** vom 20/6. 1960, ausg. 3/7. 1961. Schwed. Prior. 22/6. 1959.) K. H. Kähler 5957

1814 Imperial Chemical Industries Ltd. (Erfinder: Roxburgh Richmond Aitken und Reginald Hurd), **Isolierlack für elektrische Drähte,** bestehend aus einer Lsg. eines OH-Gruppen aufweisenden Polyesters (I) aus 9 (Mol) Terephthalsäure u./oder Isophthalsäure (III), $4-8$ Äthylenglykol (II), $5-9$ eines gesätt. Alkohols mit $\geqq 3$ OH-Gruppen, z. B. 2000 (Teilen) III, 520 II u. 1325 Trimethyloläthan, u. einem Polyisocyanat in einer Menge, die $70-120\%$ den OH-Gruppen des I äquivalent ist. (**Aust. P. 236 951** vom 2/7. 1959, ausg. 1/2. 1962.) C. Lüttgen 5957

1815 Tervakoski Osakeyhtiö (Erfinder: Reinhold Miksits), **Verminderung der Energieverluste in als Dielektrikum dienendem Papier.** Man setzt der Papierpülpe akt. Substanzen in Form von feinteiligen Metallhydroxiden, -oxidhydraten oder -oxiden zu, die eine große Oberfläche u. vorherrschend eine Teilchengröße von $0{,}5\ \mu$ oder weniger aufweisen, z. B. bei $> 1000^0$ calcinierten Kaolinit oder Bentonit oder bei 1000^0 calciniertes $Al(OH)_3$. (**Aust. P. 238 585** vom 16/1. 1959, ausg. 7/6. 1962. D. Prior. 17/1. 1958.) K. Demmler 5957

1816 Technical Waxes Ltd., Walshaw, England (Erfinder: Muir James Mackridge), **Imprägnierung für fasriges Isoliermaterial, zum Beispiel Papier, für elektrische Kabel,** bestehend aus einem geeigneten Wachs oder dgl. u. einer Montmorillonit-Verb. einer organ. Base. — 95 (Teile) Weichpetrolat werden mit 5 Dimethyldioctadecylammonium-Montmorillonit vermischt. Das Gemisch hat F. $100-105^0$. (**E. P. 914 001** vom 26/6. 1958, ausg. 28/12. 1962.) H. Möllering 5957

1817 Imperial Chemical Industries Ltd., London, England (Erfinder: Christopher Nigel Kenney und

Raymond Spencer Thornhill), **Magnetisches nichtmetallisches Material.** Fe(III)-Oxidhydrat [α-FeO(OH)] wird mit $Ba(OH)_2 \cdot 8\,H_2O$ in solchem Mengenanteil versetzt, daß sich im Autoklav innerhalb 4—120 Std. eine Verb. von der Formel $BaO \cdot 6\,Fe_2O_3$ bilden kann. Die Rk.-Temp. beträgt 300—350°. Das so gewonnene Pulver wird mit einem Bindemittel versetzt, zu Formkörpern verpreßt u. bei 1250° gebrannt. Die fertigen Körper zeichnen sich durch hohe Remanenzinduktion aus. Das Verf. läßt sich auch bei der Herst. *weichmagnet. Materialien* anwenden. (**E. P. 908 212** vom 31/5. 1960, ausg. 17/10. 1962.) H. Widmann 5959

1818 Radio Corp. of America, Del., übert. von: Howard Lessoff, Milton, Mass., V.St.A., **Magnetische Körper** mit einem Gütefaktor von über 100 u. einer reellen Permeabilität > 5 werden aus feinverteilten Mischungen von 50 (Mol-%) Fe_2O_3, 17,2 ZnO u. 32,8 NiO hergestellt. Diesen Mischungen werden noch 0,1—10 BaO zugesetzt. Sie zeichnen sich durch geringe Temp.-Abhängigkeit der Anfangspermeabilität bis zu ca. 100 MHz Meßfrequenz aus. (**A. P. 3 042 617** vom 31/12. 1958, ausg. 3/7. 1962.) H. Widmann 5959

1819 Radio Corp. of America, Del., übert. von: Arthur Miller, Princeton, N.J., V.St.A., **Magnetogrammträger.** Nadelförmiges hydratisiertes α-Fe_2O_3 wird mit Oxiden, Chloriden, Bromiden der Metalle Li, Zn, Mn, Co, Cu, Ni, Ge, Ag, Al, Ge, Zn, Tl, Sn vermischt u. in neutraler Atmosphäre erhitzt, bis die Ionen der genannten Metalle in das α-Fe_2O_3 eindiffundiert sind. Die äußere Form des α-Fe_2O_3 darf hierbei *nicht* zerstört werden. Das gefrittete Gemisch wird dann mit einem organ. Bindemittel versetzt, gemahlen u. als Suspension auf ein flexibles Band aufgetragen. Die Schicht soll ca. 0,0005 in. stark sein. Während des Trocknens werden die Partikel in einem Magnetfeld ausgerichtet. Die Remanenz-Induktion der fertigen Bänder beträgt 1060 Gauß, die Koerzitivkraft 200—300 Oe u. die Sättigungsmagnetisierung ca. 1700 Gauß. (**A. P. 3 047 505** vom 7/5. 1959, ausg. 31/7. 1962.) H. Widmann 5959

1820 Yoshimitsu Kikuchi, Sendai City, Japan, **Herstellung eines magnetostriktiven Schwingers aus Ferriten.** Eine Mischung von 10—70 (Mol-%) NiO, 0,1—30 Li_2O, 30—60 Fe_2O_3 u. 0,1—60 eines Metalloxids aus der Gruppe Cu, Co, Zn, Cd, V, Cr u. W wird bei 700—1000° gefrittet, anschließend gemahlen, zu Formkörpern gepreßt u. bei 1000° bis 1400° ½—3 Std. in Luft gesintert. Nach der Sinterung wird langsam abgekühlt. Die fertigen Körper zeichnen sich durch einen elektromechan. Kopplungsfaktor von 15—25% aus. — Diagramm. (**A. P. 3 033 792** vom 23/5. 1958, ausg. 8/5. 1962. Jap. Prior. 28/5. 1957.) H. Widmann 5959

1821 W. R. Grace & Co., New York, N.Y., übert. von: Robert B. MacCallum, Baltimore, und Forrest R. Hurley, Ellicott City, Md., V.St.A., **Herstellung von ferromagnetischem Material.** Ferrite mit Eisengranatstruktur auf der Basis von Fe, Y u. Seltenen Erden (I) werden im Verhältnis von 3 Mol Y_2O_3 u. I zu 5 Mol Fe_2O_3 in einer konz. Lsg. eines Alkalihydroxids angesetzt, die Mischung 1½—5 Std. bei Temp. zwischen 100 u. 200° gerührt u. schließlich auf 250—400° erhitzt, bei dieser Temp. 2—5 Std. gehalten u. dann abgekühlt. Die Oxide werden ausgewaschen u. bei 1000° calciniert, um ein kristallines Prod. zu gewinnen. (**A. P. 3 062 746** vom 29/2. 1960, ausg. 6/11. 1962.) H. Widmann 5959

1822 North American Philips Co., Inc., New York, N.Y., V.St.A., übert. von: Gerard Heinrich Jonker, Eindhoven, Niederlande, **Ferromagnetisches Material.** 2—21 (Mol-%) AO, 5—45 MeO u. 52—83 Fe_2O_3 werden gemischt, wobei A mindestens eins der Elemente Ba, Sr, Pb oder Ca u. Me Fe^{2+}, Mn^{2+}, Co^{2+}, Ni^{2+}, Zn^{2+}, Mg^{2+}, Cu^{2+} oder $Li^{+} + Fe^{3+}$ bedeuten. Die Mischung wird gesintert, bis eine Verb. mit der Zus. $A_{1-y}Ca_yMe_2Fe_{16}O_{27}$ entsteht, worin y bis zu 0,4 sein kann. Die Verb. zeichnet sich durch geringe Verluste bei sehr hohen Frequenzen u. durch eine relativ hohe Anfangspermeabilität aus. — Diagramme. (**A. P. 3 043 776** vom 16/4. 1958, ausg. 10/7. 1962. Niederl. Prior. 18/4. 1957.) H. Widmann 5959

1823 North American Philips Co., Inc., New York, N.Y., V.St.A., übert. von: Evert Willem Gorter, Frederik Karel Lotgering und Hugo Gerrit Blejers, Eindhoven, Niederlande, **Ferromagnetisches Material.** Ein keram. Versatz mit BaO, SrO, PbO, CuO, CoO, Mn_2O_3 u. Fe_2O_3 wird nach der Formel $Ba_{1-a-b-c}Sr_aPb_bCa_cD_dMe_{d-e} \cdot Co_eFe_{12-2d-}Mn_f$ gemischt. D steht an Stelle der vierwertigen Metalle Ti, Ge, Zr, Hf u. Sn, die Werte für d liegen dabei zwischen 0,4 u. 2,5. Me steht an Stelle der zweiwertigen Metalle Mn, Ni, Zn, Mg u. Cu, die Werte für f liegen zwischen 0 u. 3. Die Werte für a liegen zwischen 0 u. 1, für b zwischen 0 u. 1, für c zwischen 0 u. 0,4 u. für e zwischen 0 u. 1. Die Sinterung der Mischung, welche unter Zusatz von organ. Bindemittel zu Formkörpern verarbeitet wird, erfolgt bei 1200—1400°. Die fertigen Körper eignen sich bes. für die *Mikrowellentechnik.* (**A. P. 3 046 227** vom 20/10. 1958, ausg. 24/7. 1962. Niederl. Prior. 21/10. 1957.) H. Widmann 5959

1824 North American Philips Co., Inc., New York, übert. von: Frank G. Brockman, Dobbs Ferry, Paul W. Beck, Irvington, und Kenneth E. Matteson, Mahopac, N.Y., V.St.A., **Ferromagnetisches Material mit rechteckförmiger Hysteresisschleife.** Zus. mit 10 bis 48,5 (Mol-%) NiO, 1,5—32,5 ZnO, 0,2—7 CoO, 0,2—7,5 CuO u. 47,5—49,8 Fe_2O_3 werden in Luft oder in einer noch O_2-reicheren Atmosphäre zwischen 1000 u. 1300° 2—10 Std. gesintert. Über die Abkühlgeschw. sind keine Angaben gemacht. Das Ausgangsmaterial wird wie üblich bei ca. 900° in Luft vorgesintert, fein gemahlen u. dann zu Formkörpern mit Hilfe eines Bindemittels gepreßt u. gesintert. Die fertigen Körper erreichen ein Rechteckverhältnis bis 0,95 bei einer Koerzitivkraft von 0,59 Oe u. einer Remanenzinduktion von 2800 Gauß. — Diagramme. (**A. P. 3 039 966** vom 17/6. 1959, ausg. 19/6. 1962.) H. Widmann 5959

1825 E. I. du Pont de Nemours & Co., Wilmington, Del., übert. von: Thomas I. Swoboda, Wilmington, Del., V.St.A., **Ferromagnetische Verbindungen mit Ilmenitstruktur.** Eine fein zerkleinerte Mischung von MnO, Co_3O_4, NiO, metall. Ni u. Co u. ggf. MnO_2 wird bei 500—800° in Ggw. von O_2 bei mindestens > 50 at in eine Verb. der Zus. Co_xNi_{1-x}-MnO_3 (x zwischen 0,01—0,99) übergeführt. Zur Beschleunigung der Rk. werden Flußmittel wie $NaNO_3$, $K_2S_2O_7$, LiF, BaF_2 usw. zugesetzt. (**A. P. 3 039 964** vom 6/5. 1957, ausg. 19/6. 1962.) H. Widmann 5959

1826 Allen-Bradley Co., Milwaukee, Wis., übert. von: Leonard W. Beaudoin, Milwaukee, Ralph G. Kraft, Whitefish Bay, und Kenneth W. Steinbrecher, Shorewood, Wis., V.St.A., **Herstellung eines Mangan-Zink-Ferrits.** Ein keram. Versatz aus 51—55 (Mol-%) Fe_2O_3, 31,5—40 MnO u. 9—17,5 ZnO wird bei 2225° gefrittet, dann gemahlen u. zu Formkörpern verpreßt. Korngröße zwischen 1,25 u. 1,35 μ). Zur Sinterung werden die Körper zunächst mit einer Temp.-Steigerung von 400° pro Std. auf 2550° F gebracht u. 2 Std. in Luft gesintert. Eine weitere Std. wird dann in Stickstoff gesintert u. anschließend mit 400° F pro Std. auf Raum-Temp. in Stickstoff mit 0,01 Vol-% O_2 abgekühlt. Die Induktion der fertigen Körper erreicht 5000 Gauß, die Verluste sind gering bei 16 kHz. — Diagramm. (**A. P. 3 046 228** vom 8/6. 1959, ausg. 24/7. 1962.) H. Widmann 5959

1827 Hughes Aircraft Co., Culver City, Calif., übert. von: Milton K. Jack, La Mirada, und Edward T. Wierman, Canoga Park, Calif., V.St.A., **Verlustarme Ferrite mit hoher Curie-Temperatur.** Nickelferrite mit Al u. Ti mit einer Zus. von der Formel $NiFe_{1.9-x-y}Al_xTi_yO_4$, wobei x sich zwischen 0,00 u. 0,25 u. y zwischen 0,002 u. 0,1 erstreckt, können im Mikrowellenbereich bis zu 250 kW UHF-Leistung verwendet werden, weil die dielektr. Verluste sehr gering sind (tg $\delta = 0{,}003$) u. die Sättigungsmagnetisierung relativ niedrig ist. Die Curie-Temp. liegt bei 520°. Ferner können sie für gyromagnet. Zwecke Verw. finden, weil die Resonanzbreite nur 600 Oersted u. die Frequenzverschiebung immerhin 3,48 MHz/Oersted beträgt. (**A. P. 3 052 634** vom 26/11. 1958, ausg. 4/9. 1962.) H. Widmann 5959

1828 Electric Storage Battery Co., Philadelphia, Pa., V.St.A., **Zink-Elektroden für Akkumulatoren** werden durch Einbringen von Zn-Pulver in ein Trägernetz, durch Sintern von ZnO-Pulver oder durch Pressen von Zn-Pulver mit einem Bindemittel hergestellt. Um das beim Laden auftretende ungleichmäßige Absetzen des Zn auf den Träger zu unterbinden u. die damit verbundene Zerstörung des Akkumulators zu vermeiden, wird in die Poren der Elektroden ein Cellulose-Füllmaterial eingebracht, welches als Diaphragma wirkt. Dazu werden z. B. die Poren vollständig mit einer

Cellulosexanthogenat-Lsg. ausgefällt u. die Cellulose mit verd. H_2SO_4 ausgefällt, dann wird mit NaOH-Lsg. behandelt u. gewaschen. Die Elektrode kann auch mit einer Lsg. von Cellulosenitrat in einem Ae.–A.-Gemisch imprägniert u. getrocknet werden. (**E. P. 886 463** vom 3/2. 1960, ausg. 10/1. 1962. A. Prior. 23/3. 1959.) F. Laaß 5971

1829 Electric Storage Battery Co. (Erfinder: Howard Jerome Strauß), **Nickel-Cadmium-Sammler** in gasdichten Behälter, wobei die negative Elektrode aus zwei von einander getrennten Teilen besteht, die in Kontakt stehen mit einer gasdurchlässigen u. über den Fl.-Spiegel des alkal. Elektrolyten hinausragenden Schicht aus einem thermoplast. Harz, wie Polytetrafluoräthylen, Polytrifluorchloräthylen, Polypropylen oder Polyäthylen. — Zeichnungen. (**Aust. P. 238 171** vom 14/4. 1960, ausg. 19/4. 1962. A. Prior. 4/5. 1959.) K. Demmler 5971

1830 Minnesota Mining & Mfg. Co., St. Paul, Minn., V.St.A., **Thermoelektrischer Stoff** u. Leiter des p-Typs besteht aus einem Rk.-Prod. von Te mit Mn, das 69,9—72 (Gew.-%) Te enthält. Metall. Verunreinigungen dürfen nicht $>$ 0,01 betragen. Die Herst. erfolgt z. B. durch Rk. von Mn_3C mit Te in einer H_2- oder CO-Atmosphäre. — Vgl. D. A. S. 1 129 196; C. **1963**, 9455. (**Niederl. P. 102 539** vom 14/2. 1959, ausg. 17/9. 1962. A. Prior. 14/2. 1958.) F. Böhm 5971

1831 **N. V. Philips' Gloeilampenfabrieken**, Eindhoven, Niederlande, *Keramische Körper für elektromechanische Umwandlungselemente.* (**Aust. P. 235 932** vom 20/8. 1959, ausg. 16/11. 1961. A. Prior. 25/8. 1958. — C. **1963**, 4485 [D. A. S. 1 125 341].)

1832 **Westinghouse Electric Corp.**, East Pittsburgh, Pa., V.St.A., *Herstellung von Aluminiumsockeln für elektrische Glühbirnen.* (**Niederl. P. 103 898** vom 5/9. 1958, ausg. 15/2. 1963. A. Prior. 24/9. 1957. — C. **1962**, 16799 [A. P. 2 975 556].)

H_4. Wasser, Abwasser

1833 **Trinkwasserversorgung und Gesetzgebung.** André Tréhard. (Eau **50**, 550—59, 1963; franz.) — Die Rechtsgrundlagen für die Nutzung ober- u. unterird. Wasser-Vork. zur Trinkwasserversorgung in Frankreich sind nicht in einem einheitlichen Wassergesetz verankert, sondern finden sich teils im Code Civil, teils im Code Rural u. in zahlreichen Ländergesetzen. Vf. beschreibt, daß die vorhandenen gesetzlichen Regelungen z. T. überaltert, für heutige Anforderungen ungenügend u. Anlaß zu Kompetenzüberschneidungen u. -streitigkeiten sind. Von dem in Vorbereitung befindlichen neuen Wassergesetz verspricht er sich umfassende Beseitigung der aufgezeigten Mißstände M. Bittmann 6010◇

1834 **Die grundlegende biologische Produktivität in einem industriellen Küstengebiet.** Roger Tollefson. (J. Water Pollut. Control Federat. **35**, 989—1005, 1963; Toledo, Oreg.; engl.) — Bericht über die Zus. der verschiedenen Planktonarten der Bellingham Bay, Wash., aus dem keine Rückschlüsse über andere Gebiete, auch wenn sie in hydrograph. Beziehung ähnlich sein sollten, gezogen werden dürfen. Aus den ermittelten Werten läßt sich der Nachw. für die regulierende Funktion hydrograph. Faktoren auf die grundlegende biolog. Aktivität in einem Küstengebiet erbringen, d. h. biolog. Werte müssen selbst zu geringen hydrograph. Unterschieden in Beziehung gesetzt werden. I. Köditz 6036△

1835 **Vorbehandlung von Industrieabwässern in Dallas, Texas.** W. D. Bentley. (J. Water Pollut. Control Federat. **35**, 1051—54, 1963; Dallas, Tex., City Water Works; engl.) — Überblick über die in einer Verordnung festgelegten Vorschriften für die Vorbehandlung von Industrieabwässern, bevor sie in die Kanalisation abgeleitet werden dürfen. I. Köditz 6036△

1836 **Abwasserarbeiten der Stadtgemeinden Sutton und Cheam: Betriebserfahrungen.** W. E. Oliver. (J. Proc. Inst. Sewage Purificat. **1963**, 434—39; engl.) — Mitt. über Betriebserfahrungen in 2 Abwasseranlagen. Es werden die normale Sedimentation, biolog. Filtration, die Schlammbehandlung, Schlammtrocknung u. -entfernung nach der Dünnschicht-Meth. behandelt. Übersichtliche Kapazitätsangaben. R. Worbis 6036◇

1837 **Abwässer der Papierindustrie.** B. Huriet. (Eau **50**, 571—74, 1963; franz.) — Gegenstand der Unterss. sind Wasserbedarf u. Abwässer der Papierindustrie, Aufbereitung, Rückführung u. Unschädlichmachung der Abwässer. Als Wasserbedarf wurde ermittelt: für Lumpenbrei 400 bis 700 (m^3/t), Holzbrei 50—100, Zeitungspapier 75—120, Karton 60—120, ungebleichte Cellulose 250—300, gebleichte Cellulose 375—500, Papier allg. 75—300. Abläufe aus Papierbrei- u. aus Papier- u. Karton-Herst. haben unterschiedliche Zusammensetzung. Bei hohen Geh. an organ. Substanz kann das Abwasser konz. u. verbrannt werden. Infolge des hohen Heizwerts u. durch die Mineralstoffrückgewinnung ist dieses Verf. wirtschaftlich. Weniger konz. Abwässer mit anorgan. Material werden durch Sedimentation, Flotation u./oder Filtration, solche mit vorwiegend organ. Belastung auf biolog. Wege aufbereitet. Ob bei Belebtschlamm-Verf. zusätzliche Nährstoffe u. evtl. Züchtung spezieller Mikroben u. Adaptierung an das W. erforderlich werden, bedarf noch der experimentellen Untersuchung. M. Bittmann 6036◇

1838 **Die Verwertung der Abwässer von Anlagen der Lebensmittelindustrie für die Bewässerung landwirtschaftlicher Böden.** A. M. Konjuschkow. (Wasserversorg. sanit. Techn. [UdSSR] **1961**, Nr. 6, 38—40; russ.) — Allg. Übersicht. Nadja Winkler 6036

1839 **Programm für die Abwasserkontrolle eines Flusses mit stark veränderlicher Wasserführung.** Daniel A. Okun, James C. Lamb III und C. C. Wells jun. (J. Water Pollut. Control Federat. **35**, 1025—43, 1963; Chapel Hill, N.C., Univ. of North Carolina; Rock Hill, S.C., Bowaters Carolina Corp.; engl.) — Überblick über die sich aus dem Ablassen der Abwässer einer Zellstoffabrik in einen Fluß mit stark wechselnder Wasserführung ergebenden Probleme, die zur Verfügung stehenden Abwasserbehandlungsmöglichkeiten, die Meth. für die automat. Messung der Flußverunreinigungen sowie eine kurze Beschreibung des aufgestellten Programms für den Betrieb des Abwasserbeseitigungssystems. Die Anlage eines Auffangbeckens für die Abwässer, das gleichzeitig als Stabilisierungsteich dient, verbindet mit der Möglichkeit, die Abwässer dem Wasserstand im Fluß anzupassen, den Vorteil, daß in diesem Becken bereits eine BSB-Senkung erfolgt. Die kontinuierliche automat. Kontrolle der Flußverunreinigung gewährleistet die maximale Ausnutzung der Flußkapazität ohne die Vorschriften über Wasserreinhaltung zu verletzen. I. Köditz 6038△

1840 **Die hygienische Bedeutung von Abwässern aus berg- und hüttenmännischen Betrieben des ostslowakischen Bezirkes.** Ivan Kratochvil. (Rudy **10**, 157—60, 1962; Košice, Kraj. hygienik; slowak.) — Die bergmänn. Betriebe des ostslowak. Gebietes liegen an kleinen, wasserarmen Nebenflüssen, u. die Abwässer beeinflussen daher sehr stark die Selbstreinigung des Wasserlaufs. Bes. stark beeinflußt wird die Photosynth. grüner Organismen, was die Fischwirtschaft schädigt. Direkte Beziehungen zwischen dem Auftreten von BSB_5 u. der Häufigkeit von Darmerkrankungen konnten statist. nicht erwiesen werden. J. Spinka 6038◇

1841 **Dosierung von Calciumhydroxid bei der Reinigung von Wasser mit Aluminiumkoagulantien.** G. P. Rychlikow. (J. angew. Chem. [UdSSR] **35**, 221—24, 1962; Omsk, Lehrstuhl der anorgan. u. analyt. Chem. des medizin. Kalinin-Inst.; russ.) — Zusatz einer optimalen Dosis von $Ca(OH)_2$ (Berechnung wird beschrieben) zum Al-Fällungsmittel erhöht die Menge der ausfällbaren Verunreinigungen des W. um 7—10%. Die Menge der reduzierbaren Substanzen wird stark verringert. J. v. Schroeder 6042◇

1842 **Die Wasserwirtschaft der Erzaufbereitungsanlage des Bergwerkes Kaňk.** Bořivoj Drábek. (Rudy **10**, 164—67, 1962; Brno, Výzk. Ústav vodohospod.; tschech.) — Die Abwässer enthalten nach der Klärung 81,891 mg/Liter wasserlösl. u. 141 mg/Liter wasserunlösl. Stoffe, davon sind Phenol u. KCN bes. gefährlich. Die in den Fluß Klejnárka abgeleiteten Abwässer enthalten noch 9 mg Phenol/Liter u. 0,5 mg KCN/Liter, obwohl die zulässige Menge nur 0,1 mg/Liter beträgt. Es wurde daher dazu übergegangen, im Flotationsprozeß die Phenole durch weniger giftige Stoffe zu ersetzen. J. Spinka 6042◇

1843 **Abwässer aus Erzaufbereitungsanlagen.** Jiři Soudek. (Rudy **10**, 167—69, 1962; Příbram ÚVR; tschech.) — Vf. schlägt folgende Verbesserungen zur Behandlung der Abwässer aus Erzaufbereitungsanlagen vor: Dort, wo die Sedimentation der unlösl. Stoffe ungenügend ist, soll die Koagulation chem. beschleunigt werden. Phenole können entweder biolog. abgebaut oder neutralisiert oder durch andere, kein Phenol enthaltende Schaummittel behandelt werden. Die Aktivität der Flotationsöle läßt sich durch Emulgierung erhöhen u. so die notwendige Menge der Flotationsöle herabsetzen. Außerdem ist es möglich, einen geschlossenen Abwasserkreislauf im Betrieb durchzuführen. J. Spinka 6042◇

1844 **Untersuchung der Behandlung chemischer Abwässer in belüfteten Lagunen.** Joseph T. Ling. (J. Water Pollut. Control Federat. **35,** 963—72, 1963; St. Paul, Minn., Minnesota Mining and Mfg. Co.; engl.) — Nach einem Überblick über die Verw. natürlicher, künstlich belüfteter Teiche als Kläranlagen werden ein künstlich angelegter Teich u. die damit erreichte Reinigung chem. Abwässer (BSB-Senkung, Verringerung des Geh. an Phenol u. biolog. Wachstum) einschließlich der entstehenden Kosten beschrieben. I. Köditz 6044△

1845 **Das Moskitoproblem in Oxydations-Teichen.** C. J. Loedolff. (J. Proc. Inst. Sewage Purificat. **1963,** 464—66; Nat. Inst. for Water Res.; engl.) — Die Entw. u. Häufigkeit der beiden Moskitoarten *Culex* u. *Anopheles* in Oxydationsteichen (I) wurde über ein ganzes Jahr verfolgt. I stellen Brutherde der Moskitos dar. Als wirksamster Schutz werden eine dünne Schicht Dieselöl oder eine 1—2%ig. Lsg. von DDT oder BHC oder eine 2%ig. Malathionemulsion angegeben. R. Worbis 6044◇

1846 **Stabilisierungsteiche für Industrieabwässer in Kanada.** Fred A. Voege und D. R. Stanley. (J. Water Pollut. Control Federat. **35,** 1019—24, 1963; Toronto, Ontario, Ontario Water Resources Comm.; engl.) — Überblick über die Anwendung von Stabilisierungsteichen für die Behandlung verschiedener industrieller Abwässer (Bergbau, Fleischverarbeitung, Geflügelzubereitung, Fettschmelzen, Konservierungskartoffelverarbeitung, Milchwirtschaft, Papierindustrie, Erdölverarbeitung, Gaserzeugung, Petrolchemie) in Kanada. Die Daten zeigen, daß Stabilisierungsteiche sowohl bei anaerobem als auch bei aerobem Betrieb unter bestimmten Bedingungen eine wirtschaftliche u. zufriedenstellende Reinigung von Industrieabwässern gewährleisten. I. Köditz 6044△

1847 **Nematoden bei der Abwasser-Behandlung.** Wilson T. Calaway. (J. Water Pollut. Control Federat. **35,** 1006—16, 1963; Gainesville, Fla., Univ. of Florida, Coll. of Agric., Dep. of Entomol.; engl.) — Überblick über Vork., Bedeutung u. Rolle von *Nematoden* in biolog. Klärbecken sowie Identifizierungsmethoden. — 20 Literaturangaben. I. Köditz 6044△

1848 **Bakteriophagen und ihre mögliche Verwendung bei der Abwasserreinigung.** Elizabeth M. J. Carstens. (J. Proc. Inst. Sewage Purificat. **1963,** 467—68; Nat. Inst. for Water Res.; engl.) — Ein *Bakteriophage* (I) stellt ein Virus dar, das nur Bakterien angreift u. sie entweder zerstört oder in Symbiose mit dem Wirt lebt. Beschreibung der Eigg. der Viren u. die mögliche Anwendung der I als Indicator für die Ggw. von humanen Viren oder als Anzeige für gefährliche fäkale Verunreinigungen. R. Worbis 6044◇

1849 **Reinigen von Luft für Belebtschlammanlagen.** I. Withnell. (J. Proc. Inst. Sewage Purificat. **1963,** 447—53; St. Helens, Parr Sewage Works; engl.) — Folgende Reinigungseffekte wurden bei den verschiedenen Filtertypen erzielt: Filterpapiere der H.P.-Typen: Schmutzentfernung 44—87%ig Microlog-Typen; 78—80%ig; O-Micron-Typen: 83—99,8%ig; behandelte Filtersäcke: 99,4—99,8%ig; Elektrofilter: 98,5-bis 98,7%ig. Kosten-Vgl. der einzelnen Filtertypen in einer Tabelle. Als beste 3 Reinigungsmittel haben sich O-micron 2-stage Filter, das pre-coat Sackfilter u. ein Elektrofilter ergeben. R. Worbis 6044◇

1850 **Behandlung der Abwässer von Kernreaktoren in Kanada.** C. A. Mawson. (J. Water Pollut. Control Federat. **35,** 1055—65, 1963; Chalk River, Ontario, Atomic Energy of Canada Ltd., Environmental Res. Branch; engl.) — Überblick über die gesetzliche Regelung der Behandlung von radioakt. Abfallstoffen in Kanada. I. Köditz 6050△

1851 **Die Energieverteilung radioaktiver Isotope in der Grundwasserströmung.** C. Torre. (Atomkernenergie **8,** 226—31, 1963; Wien, Bundesversuchs- u. Forschungsanst. Arsenal; dt.) — Aufstellung einer mathemat. Theorie für ein neu wickeltes Meßverf., nach dem die Ergiebigkeit der Grundwasserströmung mit Hilfe radioakt. Isotope untersucht u. die Abnahme der radioakt. Konz. in der Zeit ermittelt wird. Unter Verw. eines Filterrohres als Isotopenbehälter wird die Ausströmgeschw. des Grundwassers in Abhängigkeit von der kinemat. Zähigkeit, vom Rohrhalbmesser u. von der Strahlungsintensität u. die Strömungsrichtung durch die stationäre Verteilung der Strahlungsenergie im Erdreich um das Filterrohr herum ermittelt. U. Drehmann 6054◇

1852 **Neutronenstreuung: Eine Technik für die direkte Bestimmung von Anteilen des biologischen Rasens in einem Sickerfilter.** B. R. Harvey, G. E. Eden und N. T. Mitchell. (J. Proc. Inst. Sewage Purificat. **1963,** 495—506; Sterenage, Water Pollut. Res. Labor.; engl.) — Wenn eine verunreinigte Fl., die organ. Materie enthält, mit einem Sickerfilter behandelt wird, wird nur ein Teil der organ. Materialien durch Oxydation am Filter entfernt. Der andere Teil bildet entweder bei der Bldg. neuer Zellen oder bei der Niederschlagung von suspendiertem u. koll. Material einen biolog. Rasen. Die Experiment liegt folgende Rk. zugrunde: ${}^{10}_{5}B + {}^{1}_{0}n \rightarrow {}^{7}_{3}Li + {}^{4}_{2}He$. Verwendet wurde BF_3. Die Schaltung der Meßapp. wird angegeben, über die Eichung des Instruments ausführlich berichtet. Die Ergebnisse werden mit gravimetr. Ergebnissen verglichen u. zeigen größtenteils gute Übereinstimmung. R. Worbis 6056◇

1853 **Die Quellen von Copahue. Analyse der Wässer.** Héctor R. Daló. (An. Direcc. nac. Quím. **13,** 5—23, 1960; span.) — Bäder, Brunnen, Teiche sowie der künstliche See von Chancho, die in der Umgebung des Vulkans Copahue gelegen sind u. Mineralwässer verschiedener Qualitäten enthalten, werden eingehend beschrieben. Zahlreiches Analysenmaterial gibt Auskunft über die jeweilige Aktivität u. die Verw.-Möglichkeit der verschiedenen Wässer. B. Franz 6058◇

1854 **Analyse von Teichgewässern der Region Iaşi.** E. Văscăuţanu und V. Revent. (An. ştiinţ. Univ. „Al. I. Cuza" Iaşi, Sect. I [N. S.] **7,** 189—92, 1961; rum.) — Die chem. Bedingungen der untersuchten Teichgewässer der Region Iaşi sind für die Entw. von Fischkulturen nicht sehr gut. Verss. zur Züchtung von Karpfen unterstützen diese Ansicht. R. Grundmann 6060◇

1855 **Organische Stoffe in der Wasserversorgung.** E. G. Paulson. (Water Sewage Works **110,** 216—19, 1963; Pittsburgh, Pa., Hall Labor., Process and Waste Engng.; engl.) — Übersicht über neue Nachw.-, Best.- u. Entfernungs-Meth. für organ. Verunreinigungen im Trinkwasser. Beschreibung eines neuen radioakt. Schnelltests, der im Illinois Dep. of Public Health angewendet wird. U. Drehmann 6060◇

1856 **Die Bestimmung der Sulfat-Ionen nach der Methode der direkten Titration mit dem Indicator Alizarin S.** A. Ja. Rosenberg und G. N. Wlassowa. (Chemiefasern [UdSSR] **1959,** Nr. 4, 67—68; russ.) — Die Best. der *Sulfat*-Ionen in *Abwässern* der Kunstfaser-Herst. beruht auf der Fällung von SO_4^{2-} mit $BaCl_2$-Lsg. in Ggw. von Alizarin S (I). Das Ende der Titration ist durch den in Ggw. von freiem Ba^{2+} stattfindenden Farbumschlag des entstandenen Nd. (durch I-Adsorption gefärbtes $BaSO_4$) von Gelb in Rosa charakterisiert. Die Fehlergrenze der Best. beträgt 1—2%. Die Ggw. von $\leqq 25$ g Liter/Zn^{2+} stört nicht. S. Baryschnikow 6068△

1857 **Zur Methodik der Pyridinbasenbestimmung in Fabrikabwässern.** F. G. Djatlowitzkaja. (Hyg. u. Sanitätswes. [UdSSR] **25,** Nr. 6, 51—54, 1960; russ.) — *Pyridin* u. seine Homologen *Picolin* u. *Lutidin* befinden sich in verschiedenen Mengen in den Abwässern der Kokereien u. Gasfabriken. Zwecks Best. des Pyridin-Geh. des W. wurde die Meth. von Asmus u. Garschagen modifiziert. Die Best. beruht auf der Rk. von CNCl mit Pyridin u. Barbitursäure. CNCl wird aus Chloramin u. Cyanid gewonnen. Die Genauigkeit dieser Meth. beträgt 0,5 mg Pyridin/1 Liter Wasser. Die Farb-Rk. (rotviolette Färbung) wird durch Ggw. von NH_3, Säuren u. aromat. Aminen sowie Aldehyden u. Ketonen nicht beeinflußt. Die mit Photocolorimeter gemessenen Werte werden mit einer Eichkurve verglichen, von der der Pyridin-Geh. abgelesen wird. S. Paprotny 6068◇

1858 **Ergebnisse der modifizierten Kessener-Anlage bei Rochdale.** J. P. Todd. (J. Proc. Inst. Sewage Purificat. **1963,** 454—63; engl.) — Die Leistungsfähigkeit des T.N.O.-

Rotors zur Belüftung der Anlage wird an Zeit–O_2-Löslichkeits-Diagrammen gezeigt. Der biolog. Abbau im W. wird analyt. über 3 Monate verfolgt. Angaben über Permanganatzahl, pH-Wert, suspendierte Festkörper, NH_3-, Albumin-, NO_2- u. NO_3-N, anion. Detergentien u. gebildeten Schlamm werden gegeben. R. Worbis 6068◇

1859 Carrier Corp., Syracuse, N.Y., V.St.A., **Gewinnung von Trinkwasser aus Salzwasser,** dad. gek., daß das Salzwasser (I) im Vakuum zum Gefrieren gebracht, der entstehende Wasserdampf (II) abgezogen u. das I–Eis Gemisch in eine Trennsäule übergeführt wird, in der sich das Eis von dem konz. I infolge des leichteren spezif. Gew. abscheidet, worauf es durch den II oder durch teilweises Schmelzen vom I freigewaschen u. anschließend geschmolzen wird. — Zeichnung. (**Ind. PP. 66 153** vom 17/12. 1958 u. **66 155** vom 17/12. 1958, ausg. 12/1. 1962.) C. Lüttgen 6015

1860 Koppers Co., Inc., Pittsburgh, Pa., V.St.A., **Gewinnung von reinem Wasser aus Seewasser** (I) oder ähnlichen Salz-Lösungen. Man leitet I durch eine ein Hydrat (II) bildende Zone, in der es mit einem II bildenden Stoff (III), bes. C_1—C_4-KW-Stoffen, wie Äthan, unter Druck, z. B. 485 lbs./sq.in., bei 57—58° F vermischt wird. Das sich bildende feste II wird abgetrennt u. durch Erwärmen zersetzt. Der dabei frei werdende III wird nach Kühlung in das Verf. zurückgeführt. — Zeichnung. (**Ind. P. 68 928** vom 1/9. 1959, ausg. 17/11. 1961.) C. Lüttgen 6015

1861 I. Krüger A/S, Kopenhagen, Dänemark, **Verfahren zum Behandeln von Abwasser.** Der in der ersten Stufe einer Reinigungsanlage anfallende aerobe Schlamm wird mit dem noch unbehandelten Abwasser vermischt u. dann der Reinigungsanlage zugeführt. — Zeichnung. (**Dän. P. 88 030** vom 1/4. 1955, ausg. 11/1. 1960.) K. H. Kähler 6041

H_5. Anorganische Industrie

1862 **Adsorptionstrocknung von Sauerstoff unter technischen Bedingungen.** L. N. Ssoljankin. (Sauerstoff [UdSSR] **12,** Nr. 2, 39—45, 1959; russ.) — Beschreibung der Konstruktion u. Arbeitsweise der App. *OK-600* u. *OK-300*, die entsprechend eine Leistungsfähigkeit von 600 (m^3/Std.) u. 300 aufweisen u. zur Gewinnung von fast trocknem O_2 verwendet werden. E. Steinberg H 239

1863 **Überhitzung und Sieden von flüssigem Sauerstoff.** M. Je. Lebedew. (Sauerstoff [UdSSR] **12,** Nr. 2, 15—21, 1959; russ.) — Die Ursachen des Überhitzens bei der Lagerung von fl. O_2 werden untersucht. Um ein Überhitzen von fl. O_2 in verschiedenen Gefäßen zu vermeiden, werden unter der Fl. auf dem Boden des Gefäßes eine Anzahl kleiner Stutzen, die aus Rohrstücken angefertigt sind u. deren obere Enden zugelötet werden, angebracht. Auch von unten nach oben führende ausgebuchtete Vertiefungen im Boden des Gefäßes geben einen guten Effekt. E. Steinberg H 239

1864 **Sicherheitsmaßnahmen bei der Blausäureherstellung nach der Andrussovschen Methode sowie bei der Herstellung und Verarbeitung von Natriumcyanid.** M. Pascu. (Rev. Chim. [Bucureşti] **8,** 45—48, 1957; rum.) — Überblick über die Schutzmaßnahmen gegen HCN-Vergiftung bei der HCN-Gewinnung aus CH_4, NH_3 u. Luft u. bei der Darst. von NaCN aus $CaCN_2$, Kohle u. NaCl oder Na_2CO_3 oder aus Na, C u. NH_3. Eine App. wird schemat. dargestellt. R. K. Müller H 260◇

1865 **Versuch zur Trennung von Tantalkonzentraten im Kondensatorfeld mit flüssigen Dielektrika im Laboratorium.** G. Ss. Berger und I. N. Lewin. (Nachr. Akad. Wiss. UdSSR, Abt. techn. Wiss., Metallurgie Brennstoffe **1961,** Nr. 4, 115—17; Kasach. Inst. für Mineralrohstoffe; russ.) — Beschreibung u. Arbeitswese eines für die Industrie geeigneten dielektr. Separators mit fl. Dielektrika (Gemische von Kerosin u. Nitrobenzol) zur Anreicherung von *Ta*-Erzen werden mitgeteilt. H. Jäger H 332◇

1866 Appareils et Évaporateurs Kestner, Lille, Nord, Frankreich, **Kristallwasserfreies Natriumsulfat** aus Na_2SO_4-Spinnbad-Lsgg. bzw. $Na_2SO_4 \cdot 10\,H_2O$. Aus den Spinnbad-Lsgg. wird $Na_2SO_4 \cdot 10\,H_2O$ in einer Kühlstufe auskrist. u. dieses oder solches anderer Herkunft in einer Schmelzstufe im Kristallwasser geschmolzen, aus der Schmelze wasserfreies Na_2SO_4 abgetrennt u. die beim Abtrennen erhaltene Mutterlauge in das Verf. zurückgeführt, wobei Kristallisations- u. Schmelzstufe durch eine Kühlanlage wärmemäßig derart miteinander verbunden sind, daß mit der Kompressionswärme des in der Kühlanlage verdampften u. komprimierten Kühlmittels das Schmelzen des Dekahydrats vorgenommen u. die durch Verdampfen des Kühlmittels erforderliche Wärme der Kristallisationsstufe entzogen wird. — Anlage — 2 Zeichnungen. (**D. A. S. 1 148 219** Kl. 121 vom 18/10. 1960, ausg. 9/5. 1963. F. Prior. 25/11. 1959.) K. Wolk H 253

1867 Studiengesellschaft Kohle m. b. H. (Erfinder: Roland Köster), Mülheim/Ruhr, **Boralkyle neben hochaktivem Aluminiumoxid** werden hergestellt durch Rk. von B_2O_3 mit Verbb. der allg. Formel $R_xB(OR')_y$ ($x + y = 3$; $x = 1, 2$; R, R' = Alkyl); die so erhaltenen Lsgg. werden mit AlR_3 oder $R_xAl(OR')_y$ oder R_2AlH umgesetzt, u. das Bortrialkyl oder die Mischung aus Alkyldiboran u. Bortrialkyl werden abdestilliert. Es kann auch, ggf. kontinuierlich eine fl. Mischung der Rk.-Komponenten hergestellt werden u. diese anschließend, vorzugsweise bei Temp. über 150°, u. im Vakuum in Boralkyle u. aluminiumalkoholathaltiges Al_2O_3 in kontinuierlichen Verdampfern gespalten werden. — Man löst 21 (Teile) B_2O_3 in 56 $C_2H_5B(OC_4H_9\text{-n})_2$, tropft 92 $Al(C_2H_5)_3$ ein u. dest. → 85 *Bortriäthyl*, Kp. 95°; 95% Ausbeute. Die vorst. Verb. erhält man auch aus $(C_2H_5)_2B(OC_4H_9)$ in gleicher Ausbeute. (**D. A. S. 1 154 108** Kl. 12o vom 21/1. 1959, ausg. 12/9. 1963.) A. Debo H 258

1868 Standard Oil Co., Chicago (Erfinder: John Mayer Coopersmith, Olympia Fields), Ill., V.St.A., **Metallalkyle** werden hergestellt durch Elektrolyse von Alkyl-Grignard-Verbb. an einer Anode aus dem Metall, dessen Alkyl-Verbb. hergestellt werden soll, wobei man zur Abführung der Wärme aus der Elektrolysierzone das Alkylhalogenid, das der im Elektrolyten enthaltenden Alkyl-Grignard-Verb. entspricht, als Kühlmittel in indirektem Wärmeaustausch mit dem Elektrolyten strömen läßt. Man kann so verfahren, daß man das Alkylhalogenid in der Elektrolysierzone unter gesteuertem Druck verdampfen läßt, die gebildeten Alkylhalogeniddämpfe abzieht, verdichtet u. zur Kondens. abkühlt u. die so gebildete Fl. als Kühlmittel für die Elektrolysierzone im Kreislauf zurückführt. — 2 Zeichnungen. (**D. A. S. 1 153 753** Kl. 12o vom 19/1. 1962, ausg. 5/9. 1963. A. Prior. 23/1. 1961.) A. Debo H 270

1869 Farbenfabriken Bayer Akt.-Ges., Leverkusen (Erfinder: Friedrich Schubert, Neuried bei München, und Konrad Lang, Leverkusen), **Herstellung von Alkaliboranaten aus Borhalogeniden und Alkalihydriden beziehungsweise Alkalimetallen und Wasserstoff.** Zu D. A. S. 1 129 935; C. **1963,** 5165 ist nachzutragen, daß als Boramidkatalysator Alkylborsäurediamide bzw. Dialkylborsäureamide verwendet werden. (**D. A. S. 1 143 188** Kl. 12i vom 12/11. 1959, ausg. 7/2. 1963.) K. Wolk H 272

1870 Karl Ziegler, Mülheim/Ruhr (Erfinder: Karl Ziegler, Roland Köster, Mülheim/Ruhr, und Wolfram Grimme, Moers), **Magnesiumdialkyle werden umalkyliert** durch Rk. mit Bortrialkylen, die höhere Alkylreste als die Mg-Verbb. haben. Das Verf. kann im Kreislauf durchgeführt werden, indem man die gebildeten niedermol. Bortrialkyle abtrennt u. mit C_2H_4 wieder in höhermol. B-Verbb. überführt. — Man erwärmt 17,8 (g) $Mg(C_2H_5)_2$ mit Bortridodecyl [aus 73 Dodecan-(1) u. 16 Triäthylborazan] bei 10 Torr auf 50°, wobei 13,5 $B(C_2H_5)_3$ abdest., zurück bleiben 82 *Magnesiumdidodecyl* als viscoses Öl. Aus vorst. Verb. mit CO_2 u. anschließender Hydrolyse → Tridecylsäure, F. 41°; 89% (Ausbeute). — Analog: Bortri-β-[cyclohexen-(3)-yl-(1)]-äthyl [aus $Al(C_4H_9\text{-iso})_3$, 1-Vinylcyclohexen-(3) u. $B(OCH_3)_3$] u. $Mg(C_2H_5)_2$ → *Magnesiumdi-β-[cyclohexen-(3)-yl-(1)]-äthyl,* dickes Öl; hieraus → β-[1-Cyclohexen-(3)-yl]-propionsäure, F. 33°; 90%. — Aus 185,1 eines statist. Bortrialkylgemisches mit 3,5% B [aus $B(C_2H_5)_3$, C_2H_4 u. $Al(C_2H_5)_3$] u. 73 $Mg(C_2H_5)_2$ u. anschließendes Carbonisieren → 6,2 Propionsäure, $Kp._{50}$ 71°; 35,8 Valeriansäure, $Kp._{50}$ 112°; 58,7 Heptylsäure, $Kp._{50}$ 145°; 58,5 Pelargonsäure, $Kp._{50}$ 172,5°; 40,5 Undecylsäure, $Kp._{10}$ 161°; 27,6 Tridecylsäure, $Kp._{10}$ 182°; Pentadecylsäure, $Kp._{10}$ 201°; 6,2 Heptadecylsäure, $Kp._{10}$ 220°; 2,4 Nonadecylsäure, $Kp._{10}$ 238°. — 94 Bortridokosyl u. 16,5 $Mg(C_3H_7\text{-n})_2$ →

97 zähfl. *Mg-Didokosyl*; hieraus Trikosansäure; 88%. — Weitere Beispiele für Alkylgemische sind angegeben. — *Zwischenprodukte*. (**D. A. S. 1 154 110** Kl. 12o vom 25/2. 1960, ausg. 12/9. 1963.) A. Debo H 282

1871 Karl Ziegler (Erfinder: Karl Ziegler und Herbert Lehmkuhl), Mülheim/Ruhr, **Mischungen aus Aluminiumtriäthyl (I) und anderen Metalläthylverbindungen** werden getrennt, indem man das freie I in der Mischung in den Komplex MeF·2 $Al(C_2H_5)_3$ (II) (Me = Alkalimetall) überführt, nach möglichst weitgehendem Abkühlen der Rk.-Mischung die jetzt entmischten Phasen trennt u. ggf. anschließend I durch therm. Zers. von II wiedergewinnt; den hierbei erhaltenen Komplex MeF·$Al(C_2H_5)_3$ kann man wieder zur Bldg. von II verwenden. Das Verf. ist bes. zur Trennung der bei der elektrolyt. Herst. von Bleitetraäthyl anfallenden Mischungen geeignet. Die Löslichkeit von $Pb(C_2H_5)_4$ in II ist für Temp. von —15 bis +80° angeführt. — Beispiele für die Trennung von $Pb(C_2H_5)_4$, $Zn(C_2H_5)_2$ u. $Sn(C_2H_5)_4$ von I sind angegeben. (**D. A. S. 1 153 372** Kl. 12o vom 4/7. 1959, ausg. 29/8. 1963.) A. Debo H 294

1872 Kali-Chemie Akt.-Ges., Hannover (Erfinder: Herbert Jenkner, Köln), **Bor-, Silicium-, Zink- und Zinnalkyle** werden hergestellt durch Rk. der Halogen-, Alkoxy- oder Aroxy-Verbb. dieser Elemente mit Alkalialuminiumtetraalkylen, wobei je Halogenatom, Alkoxy- oder Aroxygruppe ein Mol Alkalialuminiumtetraalkyl verwendet wird. Das sich bei der Rk. abspaltende Al-Trialkyl kann im Kreislauf geführt werden. — In 109 (g) $NaAl(C_2H_5)_4$ in 120 Paraffinöl leitet man bei 120—130° innerhalb 3 Std. 23,2 BCl_3. Nach Dest. → 18,6 *Bortriäthyl*, 96% (Ausbeute). — Analog erhält man: Aus $SnCl_4$ → *Zinntetraäthyl*, 93%; aus $SiCl_4$ → *Siliciumtetraäthyl*; aus $ZnCl_2$ → *Zinkdiäthyl*; 92,6%. (**D. A. S. 1 153 367** Kl. 12o vom 17/10. 1959, ausg. 29/8. 1963.) A. Debo H 327

1873 Karl Ziegler (Erfinder: Karl Ziegler und Herbert Lehmkuhl), Mülheim/Ruhr, **Alkyle von Metallen der II. Nebengruppe und der III.—V. Hauptgruppe**, bes. *Bleitetraalkyle*, werden hergestellt, indem an Anoden aus dem Metall, dessen Alkyle hergestellt werden sollen, eine Verb. der allg. Formel $Me[AlR'_4]$ (M = Na, K; R' = geradkettiges Alkyl mit 2—6 C-Atomen) elektrolysiert wird, die anod. gebildete Mischung der gewünschten Metallalkyle u. Al-Trialkyl abgetrennt wird u. diese Mischung mit Verbb. der allg. Formel $Me[Al(R')_3OR]$ (R = Alkylrest mit 2—8 C-Atomen, ggf. substituiertes Phenyl) behandelt wird u. anschließend die Rk.-Prodd. aufgetrennt werden. Als Elektrolyt wird eine Mischung von $Na[AlR'_4]$ u. $K[AlR'_4]$ mit überwiegendem Anteil der letzteren verwendet. Die bei der Auftrennung der Rk.-Prodd. erhaltenen Verbb. der allg. Formel $Me[AlR'_4]$ können im Kreislauf in den Elektrolyt zurückgegeben werden. — Man elektrolysiert mit 20 A eine äquimol. Mischung aus $Na[Al(OC_2H_5)_4]$ u. $K[Al(OC_2H_5)_4]$ {aus 3320 (g) $Na[Al(OC_2H_5)_4]$ u. 740 KCl} an einer Pb-Anode (Leitfähigkeit des Elektrolyten bei 100° = $4{,}5 \cdot 10^{-2}\ \Omega\, cm^{-1}$). Nach 6,3 Std. rührt man den aus dem Anodenraum abgezogenen Elektrolyt mit 990 $Na[Al(C_2H_5)_3OC_4H_9]$ bei 80°, trennt die aus $Pb(C_2H_5)_4$ u. $Al(C_2H_5)_2OC_4H_9$ bestehende untere Phase ab u. dest. sie → 350 *Bleitetraäthyl*; 92% (Ausbeute). Das $Al(C_2H_5)_2OC_4H_9$ überführt man mit NaH u. C_2H_4 wieder in $Na[Al(C_2H_5)_3OC_4H_9]$. — Analog erhält man: *Zinkdipropyl*, $Kp._{10}$ 48°, 88%. (**D. A. S. 1 153 754** Kl. 12o vom 14/2. 1958, ausg. 5/9. 1963.) A. Debo H 328

1874 Staat Israel, vertreten durch das Finanzministerium (Erfinder: Rudolph Bloch und Shmuel Perlmutter), Jerusalem, Israel, **Herstellung von Manganoxid in 2 Stufen aus mangansalzhaltigen Lösungen,** die durch Zers. von Mn-Erzen mit Mineralsäuren gewonnen wurden, in denen das Mn durch Zusatz von den gelösten Mn-Salzen annähernd äquivalenten Mengen festen MgO, $MgCO_3$ u./oder bas. Mg-Carbonate aus der Lsg. ausgefällt wird, dad. gek., daß man in der 1. Stufe die mangansalzhaltige Lsg. mit einem Überschuß zur äquivalenten Menge Mg-Verb. bei 70—80° behandelt, den erhaltenen Nd. abtrennt u. in der 2. Stufe mit einem 2. Anteil Mn-Salz-Lsg. bei der gleichen Temp. umsetzt, den entstehenden Nd. abtrennt, die Mutterlauge zurückführt u. den getrockneten Nd. aus reinem $Mn(OH)_2$ oder $MnCO_3$ in bekannter Weise durch Sintern zu MnO verarbeitet. Es wird z. B. ein 69,9% Mn enthaltendes, von MgO freies Prod. erhalten. (**D. A. S. 1 153 005** Kl. 12n vom 8/7. 1958, ausg. 22/8. 1963. Israel. Prior. 14/7. 1957.) K. Demmler H 350

1875 Knapsack-Griesheim Akt.-Ges., Knapsack (Erfinder: Oskar Glemser und Gerhard Gattow, Göttingen), **Herstellung von Kunstbraunstein der η''-Modifikation,** dad. gek., daß man natürliche u./oder synthet. Braunsteine der γ-, δ-, η- oder η'-Modifikationen mehrere Std. mit W. kocht. — Zum Beispiel entsteht durch 24std. Kochen quant. η''-Braunstein. (**D. A. S. 1 152 095** Kl. 12n vom 12/8. 1959, ausg. 1/8. 1963.) K. Demmler H 350

1876 Farbenfabriken Bayer Akt.-Ges., Leverkusen (Erfinder: Herbert Corte, Opladen, und Erhard Meier, Leverkusen), **Gewinnung von Schwermetallionen oder Schwermetallkomplexen aus Lösungen** unter Verw. von schwachsauren Kationenaustauschern mit Schwammstruktur auf Basis von vernetzten Polymerisaten, die durch Mischpolymerisation von Monomeren mit einer u. mit mehreren olefin. Doppelbindungen in Ggw. von mindestens 10%, bezogen auf das Gew. der Monomeren, solcher Lsgm. für die Monomeren, in denen die Polymerisate prakt. nicht quellbar sind, erhalten werden. Als Lsgm. werden z. B. Dekahydronaphthalin, Benzinfraktionen, Di-n-butyläther u. Butanol-(2) verwendet. — Beispiel: Ein Filter, das mit 100 Vol.-Teilen eines hochporösen Austauschers auf der Basis quervernetzter Polyacrylsäure gefüllt war, wurde mit einer Ni-Acetat-Lsg. (330 mg Ni/Liter) beladen; nach 9000 Vol.-Teilen war das Ni durchgebrochen. Bei der Regenerierung mit 20%ig. Essigsäure wurden 2,9 kg *Ni* je 100 Liter mit einer maximalen Konz. von 15,3 g/Liter wiedergewonnen. (**D. A. S. 1 153 004** Kl. 12n vom 20/4. 1957, ausg. 22/8. 1963.) K. Demmler H 356

1877 **Herbert James Elliott**, Karachi, West Pakistan, *Reinigung von Schwefel*. (**E. P. 860 674** vom 23/4. 1957, ausg. 8/2. 1961. Ind. Prior. 23/4. u. 26/12. 1956. — C. **1961,** 14054 [Ind. P. 57 130] u. C. **1962,** 608 [Ind. P. 59 217].)

1878 **Nobel-Bozel Soc. An.**, Paris (Erfinder: **Henri Georges Louis Marcheguet**, Amfreville-la-Mi-Voie, und **Louis Gandon**, Paris), Frankreich, *Gewinnung von Schwefeldioxid*. (**D. A. S. 1 129 139** Kl. 12i vom 2/2. 1960, ausg. 10/5. 1962. **A. P. 2 994 585** vom 21/1. 1960, ausg. 1/8. 1961. **E. P. 891 422** vom 18/1. 1960, ausg. 14/3. 1962. **Niederl. P. 102 876** vom 4/1. 1960, ausg. 15/10. 1962. Alle F. Prior. 2/2. 1959. — C. **1963,** 15940 [F. P. 1 224 892].)

1879 **Deutsche Gold- und Silber-Scheideanstalt vormals Roessler**, Frankfurt/M., *Herstellung von Lösungen von Acroleinmischpolymerisaten in wässerigen Lösungen von SO_2*. (**E. P. 913 136** vom 6/7. 1959, ausg. 19/12. 1962. D. Prior. 8/7. 1958. — C. **1963,** 5981 [F. P. 1 228 657].)

1880 **Metallgesellschaft Akt.-Ges.**, übert. von: **Gustav Rowedder** Frankfurt/M., *Herstellung von konzentrierter Schwefelsäure und Oleum*. (**A. P. 3 008 804** vom 3/12. 1957, ausg. 14/11. 1961. D. Prior. 24/12. 1956. — C. **1961,** 5927 [D. A. S. 1 066 556].)

1881 **Imperial Chemical Industries Ltd.** (Erfinder: **Hugh Leithead Roberts**), *Herstellung von Schwefelpentafluoridmonochlorid*. (**Aust. P. 235 840** vom 22/4. 1959, ausg. 9/11. 1961. E. Prior. 1/10. 1958. — C. **1961,** 6637 [D. A. S. 1 087 576].)

1882 **United States Borax & Chemical Corp.** (Erfinder: **Graham Baptie Cooper, Anthony Arthur Robinson Wood** und **George Herbert Bull**), *Herstellung von Boriden*. (**Aust. P. 235 817** vom 21/1. 1959, ausg. 9/11. 1961. E. Prior. 13/2. 1958. — C. **1961,** 15880 [Oe. P. 210 390].)

1883 **Comp. de Saint-Gobain**, Neuilly-sur-Seine (Erfinder: **Claude Michel Cherrier**, Saint-Mandé/Seine), Frankreich, *Herstellung hochreiner Metalle und Metalloide mit Metallcharakter*. (**Schwz. P. 367 809** vom 8/5. 1957, ausg. 30/4. 1963. F. Prior. 12/5. 1956. — C. **1959,** 11695 [D. A. S. 1 047 175].)

1884 **UCB (Union Chimique-Chemische Bedrijven) Soc. An.**, Saint-Gilles, Belgien, und **Comp. de Saint-Gobain**, Neuilly-sur-Seine, Frankreich, *Herstellung von Phosphorsäure*. (**Niederl. P. 104 053** vom 20/12. 1955, ausg. 15/3. 1963. Belg. Prior. 7/6. 1955. — C. **1962,** 9475 [A. P. 2 950 171].)

1885 **VEB Farbenfabrik Wolfen**, Wolfen, Kr. Bitterfeld (Erfinder: **Friedrich Wolf**, Leipzig, **Wilhelm Wehland**, Halle, und **Hans Niehaus**, Bitterfeld), *Membranen für Dialysiervorrichtung zur Reinigung von Alkalihydroxidlaugen*. (**D. P. [DDR] 18 357** Kl. 121 vom 6/3. 1958, ausg. 29/3. 1960 [Wirtschaftspatent]. — C. **1959,** 10371 [D. A. S. 1 051 263].)

1886 **Columbia-Southern Chemical Corp.**, Pittsburgh, Pa., V.St.A., *Abkühlen von Eisen(III)-chlorid enthaltenden Gasen*. (**E. P. 874 548** vom 1/10. 1957, ausg. 10/8. 1961. A. Prior. 15/10. 1956. — C. **1961,** 6991 [A. P. 2 940 541].)

1887 **British Titan Products Co. Ltd.**, Billingham, England (Erfinder: **James Dennis Groves**), *Abziehen fester Chloride aus einem Festkörperabscheider*. (**E. P. 875 156** vom 9/8. 1957, ausg. 16/8. 1961. — C. **1960,** 259 [D. A. S. 1 059 416].)

1888 **United States Atomic Energy Commission**, Washington, D.C., V.St.A., *Wiedergewinnung von Plutonium aus einer wässerigen Salpetersäurelösung*. (**E. P. 865 778** vom 21/7. 1958, ausg. 19/4. 1961. A. Prior. 26/7. 1957. — C. **1963,** 6378 [A. P. 2 951 740].)

H$_6$. Silicatchemie, Baustoffe

1889 **Über eine Schnellschmelze von Glas.** D. B. Ginsburg, M. A. Matwejew und I. I. Kukssin. (Glas u. Keram. [UdSSR] **19**, Nr. 11, 4—7, 1962; Moskau, Mendelejew-Inst. für chem. Techn.; russ.) — Vff. beschreiben die bisherigen Typen von *Glasöfen* u. zeigen, daß ihre Neukonstruktionen (Cyclon-Ofen u. Cyclon-Kaskaden-Ofen) über erhebliche Vorteile verfügen u. eine bedeutende Rationalisierung der Glasschmelze ermöglichen. Konstruktionsschemata u. Technologie der neuen Öfen sind angeführt. R. Thätner 6172◇

1890 **Die glasige Erstarrung.** A. Winter. (Verres et Réfractaires **17**, 88—94, 1963; C.N.R.S., Labor. de Verres; franz.) — Die Wärmetönungen bei Kristallisation u. Glas-Bldg. werden miteinander verglichen. Die Energiebilanzen zeigen, daß es sich bei beiden Vorgängen um die gleiche Größenordnung handelt. Es werden Verff. mitgeteilt, mit denen das tatsächliche Bestehen eines Umwandlungsgebietes nachgewiesen werden kann. J. Heinze 6200◇

1891 **Die Bedeutung der Polarisationseigenschaften von Ionen für die Herstellung von leichtschmelzenden Gläsern.** I. I. Kitaigorodski, W. G. Karpetschenko und L. A. Gretschanik. (Glas u. Keram. [UdSSR] **19**, Nr. 11, 10—13, 1962; Moskau, Mendelejew-Inst. für chem. Technologie; russ.) — An Hand der Änderung der Deformations-Temp. von V–P-Gläsern durch Änderung des V_2O_5- bzw. P_2O_5-Geh. zeigen Vff. den Einfl. der Polarisations-Eigg. von Kationen auf die Schmelzbarkeit der Gläser. Schwerpolarisierbare Kationen erhöhen die Deformations-Temp. u. umgekehrt. Deshalb führt der Zusatz von Oxiden leichtpolarisierbarer Kationen zu einer bedeutenden Verringerung der Viscosität der Gläser (z. B. Tl–Silicat- u. Tl–B-Gläser). Auch bei Anionen führt die Erhöhung der Polarisierbarkeit zu einer erheblichen Abnahme der Viscosität der entsprechenden Gläser. R. Thätner 6200◇

1892 **Die Übergangselemente in Gläsern.** M. B. Volf. (Silikáty [Praha] **7**, 168—78, 1963; Sázava n/S., Sdružení podniků techn. skla; tschech.) — Systemat. Übersicht des Einfl. von Übergangselementen auf die Eigg. von Silicat- u. Phosphatgläsern mit kurzer Anführung der Anwendungsmöglichkeiten. — Vf. unterteilt die Übergangselemente in die Gruppe der nichtfärbenden (Sc, Y, La, Zr, Hf, Th), unter Red.-Bedingungen färbende (Ti, Nb, Ta, Mo, W), unter Oxydationsbedingungen färbende (V, Cr, Mn, Fe, Co, Ni, U) u. die Gruppe der Pt-Elemente. — 7 Literaturangaben. J. Tůmová 6200◇

1893 **Eindringen des Kupfers in Glas und dessen Reduktion zum Metall.** Bohumil Perner. (Silikáty [Praha] **7**, 108—17, 1963; Nový Bor, Sdružení podniků užitkového skla; tschech., Auszug: russ., engl.) — Zu den Verss. wurden Glasplättchen aus 4 Alkaligläsern der Größe 20—30 cm^2 u. 2—4 mm Stärke verwendet, auf welche eine Paste von 52,7% $CuSO_4$ + 47,3% geschwemmten Tons aufgetragen wurde. Die Plättchen wurden dann bei 590° 10 Min. geglüht, in der Paste die Alkaliionen u. im Glas das Cu bestimmt. — Die Menge des in das Glas eindringenden Cu steigt mit der Temp. u. dem Alkali-Geh., sinkt mit dem SiO_2-Geh. des Glases u. ruft eine Trübung hervor. Cu ersetzt die Alkalimetalle im Verhältnis 1:1, wobei bei um 60° höheren Temp. als der dilatometr. Erweichungspunkt des Glases (530—560°) sich Na mehr an der Substitution beteiligt. Im Glas wird das Cu durch H_2 oder CO red.; H_2 ist wegen der Rk. bei niedrigeren Temp. vorteilhafter. J. Tůmová 6200◇

1894 **Über die Zusammensetzung des Glases für die Abschirmung von Filmprojektoren.** D. L. Gik, O. W. Medwed und S. A. Gradow. (Glas u. Keram. [UdSSR] **19**, Nr. 11, 16—17, 1962; Lwow, Polytechn. Inst.; russ.) — Die Abhängigkeit des Wärmeausdehnungs-Koeff. u. der bleibenden Spannungen im Glas von dessen Zus. zeigt, daß bei einen Na_2O-Geh. zwischen 16,7 u. 17,2% optimale Bedingungen im erforderlichen Temp.-Intervall vorliegen. R. Thätner 6200◇

1895 **Einfluß der mechanischen Bearbeitung auf die mikroheterogene Struktur der Glasoberfläche.** Jiři Götz und Jaroslav Staněk. (Silikáty [Praha] **7**, 42—45, 1963; Jablonec, n/N., Výzk. ústav užit. skla a bižuterie; tschech.) — Das opt. B-Korundglas [69,70 (%) SiO_2; 3,80 B_2O_3; 5,50 Na_2O; 17,50 K_2O; 3,10 CaO; 0,40 As_2O_3] zeigt eine deutliche strukturelle Mikroheterogenität, die wahrscheinlich Folge der Phasenentmischung bei langzeitigem Kühlen der Blöcke des opt. Glases ist. Nach längerem Schleifen können die mikroheterogenen Flächen (400—600 Å) beseitigt werden; sie werden jedoch nach kurzem Polieren wieder sichtbar. Aus dem Vgl. mit frisch geschmolzenen Glas geht hervor, daß die Mikroheterogenitäten therm. Ursprungs sind. J. Tůmová 6200◇

1896 **Solarisation photoplastischer Gläser.** Milota Fanderlík. (Silikáty [Praha] **7**, 46—51, 1963; Hradec Králové, Stát. výzk. ústav sklářský; tschech.) — Vf. beschreibt die Eigg. photoplast. Gläser eigener Erzeugung [72,50 (%) SiO_2; 12,50 Li_2O; 5,00 K_2O; 10,00 Al_2O_3; 0,02 CeO_2 als Sensibilisator; 0,01 Au bzw. 0,08 Ag (AgCl) als photoempfindliche Elemente]; das Relief wird nach Bestrahlen mit UV-Licht (Hg-Lampe) u. Ätzen mit HF hervorgerufen. Bei einer zu großen Lichtdosis erscheint eine den Photoschichten ähnliche Solarisation. Bei Erscheinen der Solarisation kann das Relief nicht mehr angeätzt werden; der Effekt wird dadurch erklärt, daß bei langem Belichten so viele Keime entstehen, daß zum weiteren Anwachsen zu wenig Metall vorhanden ist u. es so nicht zur Kristallisation von $Li_2O \cdot SiO_2$ kommen kann. J. Tůmová 6200◇

1897 **Die Darstellung von Oxidglasfilmen durch reaktives Versprühen.** W. Robert Sinclair und F. G. Peters. (J. Amer. ceram. Soc. **46**, 20—23, 1963; Murray Hill, N. J., Bell Telephone Labor., Inc.; engl.) — Durch Versprühen eines Metalls oder einer Halbleiterelektrode in einer oxydierenden Atmosphäre lassen sich Filme beträchtlicher Stärke erzeugen, die sich durch ihre Qualität, das Fehlen innerer Spannungen u. ihre Haftfestigkeit auf den verschiedensten Unterlagen auszeichnen. Die Darst. von $PbTeO_3$-, SiO_2-, GeO_2-, Silicat- u. Stannatglasfilmen wird beschrieben. Filme dieser Art können für die Unters. der Keim-Bldg. u. in der Praxis als therm. u. elektr. Nichtleiter verwendet werden. I. Köditz 6200

1898 **Kristallglasuren.** Anonym. (Sprechsaal Keram., Glas, Email **96**, 365—66, 1963; dt.) — Es werden zwei Versätze für Kristallglasuren gegeben: 1. Für eine Grundglasur auf Porzellan für SK. 10; 2. für eine aus Fritte u. Versatz zusammengesetzte Kristallglasur auf hoch verschrühtem Steingutscherben für 1160—1180°. Ergänzend werden Angaben zur Anfärbung der Glasuren mit Metalloxiden u. zur möglichst sicheren Ausbildung der Kristallisationen gemacht W. Gulbins 6212◇

1899 **Weiße, Zirkon enthaltende Mattglasuren für Porzellanisolatoren.** I. A. Asskowa, Ss. N. Iwanowa, R. N. Krimer und E. I. Kudrjawzewa. (Glas u. Keram. [UdSSR] **19**, Nr. 11, 32—35, 1962; Werk „Isolator"; russ.) — Vff. untersuchen verschiedene *Glasuren*, die sich durch Art u. Menge des Trübungsmittels unterscheiden. Als Kriterium für die Eignung der Glasur dienen Farbe u. Verteilungs-Eigg. der Glasur sowie ihr Einfl. auf die mechan. Eigg. des Porzellans. Vff. finden Glasuren für Isolatoren, die allen techn. Anforderungen gerecht werden. R. Thätner 6212◇

1900 **Eine neue Technologie zur Anreicherung von Kaolinen der Jeleniner und Tschikmakuler Vorkommen.** W. W. Kljatschin und Ss. I. Kropanew. (Glas u. Keram. [UdSSR] **19**, Nr. 11, 28—31, 1962; Ural, Inst. für mechan. Bearb.; russ.) — Nach dem alten Verf. wurde der feine Kaolinstaub nicht ausgenützt, was zu bedeutenden Verlusten führte. Vff. schlagen eine neue Technologie der nassen Anreicherung vor, die höhere Ausbeute u. Qualität der Kaolinkonzentrate sichert. Außerdem wird die Aufarbeitung von Ausgangsmaterial mit erhöhtem Schiefer-Geh. (bis 35%) möglich. Bei der neuen Technologie werden als Nebenprodd. grobkörnige Quarzkonzentrate (bis 23% des Rohmaterials gewonnen. R. Thätner 6216◇

1901 **Einfluß von organischen Substanzen auf die Verflüssigung des Kaolins.** A. Mangel und Z. Pospíšil. (Silikáty [Praha] **7**, 135—38, 1963; Hradec Králové, Výzk. ústav elektrotechn. keramiky; tschech., Auszug: russ., engl.) — Durch schwankende Geh. an organ. Substanzen ist eine generelle Verflüssigung des Kaolins von Sedlec nicht möglich. Kaolin wurde mittels 30%ig. H_2O_2 von organ. Substanzen befreit u. ließ sich bei Na_2CO_3-Zusatz (0,15%) erst nach Zugabe von 0,8% Na-Humat verflüssigen. J. Tůmová 6216◇

1902 **Über die Phasenzusammensetzung von Chrommagnesiterzeugnissen bei verschiedenem Brenngrad.** Ss. M. Subakow und I. K. Balach. (Nachr. Akad. Wiss. Kasach-

SSR, Ser. Metallurgie, Erzaufbereit. feuerfeste Mater. **1960**, Nr. 3, 109—19; russ., Auszug: kasach.) — Vff. untersuchten *Chrommagnesit*-Massen, die aus 70% hochgeglühtem MgO bzw. Magnesit u. 30% Chromit verschiedener Herkunft u. Korngröße unter 1000 kg/cm² gepreßt u. in schwach oxydierender Atmosphäre bei 1100, 1400 u. 1700° geglüht u. langsam abgekühlt wurden. Die mkr. u. röntgenograph. Unters. zeigte eine starke Abhängigkeit der Mineralisierungsprozesse von Zus. u. Korngröße der Ausgangsstoffe. Bei 1100° wurden hauptsächlich die Phase R_2O_3, Mg-Ferrit, Forsterit u. Glas beobachtet. Die Umsetzung von Cr_2O_3 mit MgO ist für diese Temp. nicht charakterist., während mit steigender Temp. sek. Spinelle auftreten; so wird z. B. $MgO \cdot Fe_2O_3$ durch Spinell $(Mg, Fe^{2+})(Cr, Al, Fe^{3+})_2O_4$ verdrängt, der bessere feuerfeste Eigg. besitzt. Durch Brennen bei 1700° tritt gute Rekristallisation der Neubildungen ein, was die technolog. Eigg. dieser feuerfesten Massen radikal verbessert.
H. Jäger 6218□

1903 **Einfluß der Oberflächenschichten auf die mechanischen Eigenschaften von MgO.** A. E. Gorum und J. W. Moberly. (J. Amer. ceram. Soc. **45**, 316—18, 1962; Menlo Park, Calif., Stanford Res. Inst.; engl.) — MgO-Einkristalle, die durch Spaltung auf eine Stäbchengröße $1 \times {}^1/_8 \times {}^1/_{16}$ in. gebracht worden waren, wurden durch Aufdampfen mit metall. Überzügen von Cu, Co, Ni, Al, Fe u. Au versehen, die therm. oxydiert wurden. An derartigen Präpp. wurden die Biegebruchfestigkeiten gemessen u. die Bruchstellen nach vorangehender Ätzung mkr. untersucht.
R. G. Kaiser 6220◇

1904 **Untersuchung über den Reaktionsmechanismus beim Heißpressen.** A. Accary und R. Caillat. (J. Amer. ceram. Soc. **45**, 347—51, 1962; Saclay, France, Centre d'Études nucléaires, Dép. de Métallurgie, Serv. de Chim. des Solides; engl.) — Verss. zur Herst. dichter Körper von UN aus $U_2N_3 + U$ u. von U_3Si_2 aus dem stöchiometr. Metallgemisch durch Heißpressen in der für UC üblichen Weise ergaben für UN die Bldg. eines Gemisches ungleicher UN-Körner bei 1000° u. 250—300 kp Preßdruck unter 10^{-5} Torr. Durch nachfolgende Härtung wurden bei 1000° die Kristallite größer u. so wurde eine Dichte von 98% der Theorie erhalten. Dagegen trat im U-Si-Syst. schon bei 470—520° Rk. ein, höhere Erhitzung führte zu einer Vol.-Vermehrung, die nur durch längeres Tempern auf Sinter-Temp. >1400° ausgeglichen wurde. Die Gründe für dieses verschiedene Verh. der beiden Gemische wurden unter Bezugnahme auf Unterss. von Kuczinsky [1949] u. Kingery u. Berg (C. **1958**, 1221) erörtert. R. Kaiser 6220◇

1905 **Der Einfluß der Herstellung auf die Eigenschaften von Sinterkorund.** N. M. Pawluschkin. (Freiberger Forsch.-H., Reihe B Heft. **78**, 5—21, 1963; Moskau; dt.) — Es wird der Einfl. der Aufheiz-Geschw., der Haltezeit bei maximaler Temp. (1—300 Min. bei 1630—1820°) u. der Zeit für die Abkühlung auf den Rekristallisationsgrad von Al_2O_3-Pulver bei der Bldg. von Sinterkorund (Mikrolith) untersucht. Verunreinigungen wie SiO_2, CaO, Na_2O u. Fe_2O_3 sowie NH_3 u. H_2 als Gasmedium erleichtern die Sinterung. Gehemmt wird die Sinterung in Ggw. von Ar u. Luft, eine Zwischenstellung nehmen O_2 u. N_2 ein. Bei der Rekristallisation werden 3 Stadien unterschieden: Ausheilung von Oberflächenfehlern der Al_2O_3-Körner zwischen 1000 u. 1200°, Ausgleichung innerer Fehler der Körner zwischen 1200 u. 1400°, Wachsen des Kristallkorns zwischen 1400 u. 1700°. Die Bindung der Körner im Sinterkorund erfolgt über eine poröse unbeständige Zwischenschicht aus den Beimengungen. Der Fortgang der Sinterung wird elektronenmkr. verfolgt.
O. Henning 6220◇

1906 **Der Einfluß der Dispersität und der Form der Ausgangssubstanz auf die Eigenschaften von Sinterkorund.** N. M. Pawluschkin. (Freiberger Forsch.-H., Reihe B Heft **78**, 23—42, 1963; Moskau; dt.) — Bei Veränderung des Verhältnisses Tonerde:W.:Kugeln von 1:1:2 auf 1:1:8 in Kugelmühlen wird der Mahlvorgang bis zur Erreichung einer mittleren Korngröße von <0,5 μm um das 5—6fache beschleunigt, bei 1:1:12 wird der Mahlvorgang noch stärker intensiviert. Die Mahlzeit zur Erreichung dieser Korngröße beträgt bei gewöhnlicher Tonerde 10 Std., nach 2std. Behandlung bei 1450° 20 Std., nach Behandlung bei 1650° 150 Std. u. nach Schmelzen mehr als 200 Stunden. Während die Temp. u. Dauer der therm. Behandlung nur geringen Einfl. auf die Sinterung haben, bremsen große Mahlfeinheiten die Sinterung. Bei starker Zerkleinerung (50—60% der Körnung <0,5 μm) u. einer Sinterungs-Temp. von 1700° wird Sinterkorund mit sehr feinem Gefüge u. bei höheren Temp. sehr harter Sinterkorund erhalten. Mit zunehmender Sinterung verringert sich die Biegefestigkeit.
O. Henning 6220◇

1907 **Über die Wirkung kontrollierten Kornwachstums auf das Sinterverhalten von Uranoxid.** C. A. Elyard, B. M. Gibbs und H. Rawson. (Trans. Brit. ceram. Soc. **62**, 127—37, 1963; Rugby, AEI Res. Labor.; engl.) — Beim Sintern von reinem U-Oxid wird während des Sinterprozesses ein Zustand erreicht, wo die Poren innerhalb der wachsenden Körner eingeschlossen werden. Diese eingeschlossenen Poren verschwinden langsam, u. es ist möglich, den Stoff bis zur theoret. Dichte zu sintern. Die Bldg. von eingeschlossenen Poren kann verhindert werden, indem das Kornwachstum während des Sinterns unterdrückt wird. An UO_2 wurden Unterss. durchgeführt, bei welchen das Kornwachstum nach zwei Meth. eingeschränkt wurde: a) Zugabe einer kleinen Menge an disperser zweiter Phase; b) Sintern über lange Zeiten bei relativ tiefen Temperaturen. Die höchsten Dichten, bis zu 10,9 g/cm³, ergaben sich, indem ein anfangs stark von der Stöchiometrie abweichendes Material 70 Std. lang bei 1400° in H_2 gesintert wurde.
F. M. Nehmzow 6220◇

1908 **Über das Kriechen unter Druck und einige Eigenschaften von Uranmonocarbid.** J. J. Norreys und M. J. Wheeler. (Trans. Brit. ceram. Soc. **62**, 183—87, 1963; Wembley, Gen. Electr. Co.; engl.) — Vorläufige Unterss. über das Kriech-Verh. von U-Monocarbid u. anderen U-Carbid-Verbb. unter Druck haben ergeben, daß UC in stabilem Rhythmus von 0,001%/h bei 1400° u. einer Belastung von 406 kg/cm² kriecht. Die Kriech-Geschw. steigt mit dem C-Geh. (bis zu 58 Atom-%). Der elektr. Widerstand steigt von 40,5 $\mu\Omega \cdot$cm bei Raum-Temp. bis auf 277 $\mu\Omega$ bei 2252° K. Das spektrale Emissionsvermögen fällt von 0,67 bei 1100° K bis auf 0,47 bei 1600° K u. bleibt dann konst. bei höheren Temperaturen. F. M. Nehmzow 6220◇

1909 **Strahlungseinflüsse auf Uran- und Plutonium-Keramik.** J. B. Sayers. (Trans. Brit. ceram. Soc. **62**, 139—57, 1963; Harwell, Atomic Energy Res. Establ.; engl.) — UO_2 gilt als vielversprechender Kernbrennstoff, da es von den meisten Reaktorkühlmitteln nicht angegriffen wird, einen hohen F. u. eine gute Formbeständigkeit aufweist. Sein wesentlicher Nachteil ist die schlechte Wärmeleitfähigkeit, die zu hohen Temp. im Brennstoff führt. Vf. diskutiert den Einfl. der Bestrahlung auf fünf Eigg., die für UO_2 bei seiner Anwendung als Kernbrennstoff wichtig sind: 1. Formänderungen, die durch die Spalt-Prodd. u. durch das Anhäufen der Spalt-Prodd. hervorgerufen werden; 2. Riß-Bldg. u. Strukturänderung; 3. Wärmeleitfähigkeit; 4. Austreten von Spalt-Prodd.; 5. Einfl. von Pu-Zusätzen. — 19 Literaturangaben.
F. M. Nehmzow 6220◇

1910 **Die Verwendung von Brennhilfsmitteln in der Ferritindustrie.** G. Hofmeister. (Sprechsaal Keram., Glas, Email **96**, 361—63, 1963; Düsseldorf/Heerdt, Heinrich Koppers G.m.b.H; dt.) — Bericht über einige von der Fa. Heinrich Koppers, Düsseldorf/Heerdt, entwickelte Brennhilfsmittel (Platten, Kapseln, Stützen) für die Herst. von Ferritmaterial. Die an solche Artikel gestellten Anforderungen bzgl. Standfestigkeit, Durchbiegefestigkeit, Temp.-Wechselbeständigkeit, Wärmeleitfähigkeit, chem. Widerstandsfähigkeit u. Abriebfestigkeit sind recht hoch u. werden kurz besprochen. Die verwendeten Massen bestehen für Temp. bis 1200° aus Spezialschamotte, während für höhere Temp. eine andere hochtonerdehaltige mullitgebundene Qualität verwendet wird, die bes. bei der Sinterung von Ferrit-Teilen in Schuböfen um 1400° eingesetzt wird. Für besondere Fälle werden Platten aus SiC hergestellt, die zur Verhinderung von Rkk. zwischen SiC u. Ferrit durch korundhaltige Engoben geschützt sind. Auch zirkonhaltige Engoben sind ggf. brauchbar, bis Platten aus reinem ZrO_2 geliefert werden können. Besondere Massen dienen ferner zur Verarbeitung auf Stützenmaterial für den Etagenaufbau.
W. Gulbins 6220◇

1911 **Bewertung der Qualität von Metallschichten auf Keramik für Vakuumverbindungen.** V. Jirkovský und J. Mikulíčková. (Silikáty [Praha] **7**, 139—49, 1963; Praha, Výzk. ústav pro vakuovou elektrotechn.; tschech., Auszug: russ., engl.) — Für die numer. Auswertung der Festigkeit von metallisierten Lötschichten auf keram. Unterlagen (Korundbestandteile für keram. Elektronenröhren) wird das Brechen der gelöteten Proben auf dem Prinzip der Festigkeitsprüfungen unter stat. Bedingungen vorgeschlagen. Die Proben in Form von Ringen (30×20×8 mm) werden durch Schleifen mit einer ebenen Fläche versehen (12×8 mm), diese gereinigt ($HCl + HNO_3$), metallisiert u. mit einer *Ag 720 Cu*-Folie gelötet (0,1 mm). Die Metallisierung wird durch Anstreichen mit einer Paste aus Mo, Ferrosilicium u. LiF (5—7 mg/cm^2) u. Glühen bei 1200° durchgeführt; die Festigkeit der Lötstellen erreicht bis 72 kg/cm^2. J. Tůmová 6220◇

1912 **Wärmebilanz von Zement-Brennöfen.** Kikuji Goto. (J. Fuel Soc. Japan **42**, 13—20, 1963; Nihon Cement Co. Ltd.; jap., Auszug: engl.) — Das Brennen von Zement mit möglichst wenig Luft wird empfohlen. Beim Brennen unter Druck in der Brennzone des Zementofens spielt sich die Rk. $2 C + O_2 \rightarrow CO_2 + C$ mit größerer Wahrscheinlichkeit als die Rk. $2 C + O_2 \rightleftharpoons 2 CO$ ab, die bisher angenommen wurde. W. Wesly 6222◇

1913 **Eine neue Synthese von $3 CaO-SiO_2$ und Untersuchungen über die Eigenschaften des gewonnenen Produkts.** P. P. Budnikow, I. M. Pietrowych und W. G. Sawieliew. (Cement-Wapno-Gips **17 (27)**, 91—93, 1962; Moskau; pol.) — Die Synth. von Tricalciumsilicat erfolgt durch einmaliges Brennen bei relativ niedriger Temp. von $3 CaO \cdot SiO_2 \cdot n H_2O$. Struktur u. opt. Eigg. des erhaltenen $3 CaO \cdot SiO_2$ werden angegeben. H. Guischard 6222◇

1914 **Das Löschen von Kalk mit Elektrolytlösungen.** Ernest Pischinger und Stanisław Kamiński. (Cement-Wapno-Gips **18 (28)**, 73—79, 1963; Toruniu, Uniwersytet Mikołaja Kopernika, Katedra Technol. Chemicznej; pol.) — Vff. untersuchen den Einfl. von Elektrolyt-Lsgg. (NaCl, KCl, $CaCl_2$, $NaNO_3$, Na_2SO_4) auf das Löschen von Kalk bei verschiedenen Temperaturen. Im Vgl. zu W. erfolgt das Löschen in Ggw. von Elektrolyten schneller. Ausgehend von der Löslichkeit von CaO in den Elektrolyt-Lsgg. werden die bestehenden Vorstellungen über die Ursachen für die beschleunigende Wrkg. von Elektrolyten auf den Löschvorgang analysiert. I. Köditz 6226

1915 **Ausblühungen und Fleckenbildung auf Ziegelmauerwerk.** B. Butterworth. (Ziegelindustrie **16**, 26—32, 1963; dt.) — Überblick über die Natur u. das Aussehen von Ausblühungen, den Ursprung ausblühender Salze, die Verhütung sowie die Behandlung von Ausblühungen auf Ziegeln, Mörtel, Beton u. Fugen. O. Henning 6228◇

1916 **Die Ausdehnung einiger Kunststoffe bei Wärmeeinwirkung und ihre Bedeutung für das Bauwesen.** J. Binka und A. Schauer. (Stavivo **41**, 250—52, 1963; Praha, VÚSF; tschech.) — Vff. untersuchen die Wärmeausdehnung einiger Kunststoffe u. Baumaterialien u. ihren Einfl. auf die Anwendung im Bauwesen vom Gesichtspunkt der Verhütung möglicher Schäden. Die Meß-App. sowie die Meßergebnisse werden angeführt. J. Schneider 6228◇

1917 **Boden–Zement-Technologie — eine Zusammenfassung.** Miles D. Catton. (J. PCA Res. Development Lab. **4**, Nr. 1, 13—21, 1962; Portland Cement Assoc.; engl.) — Für Boden–Zement-Mischungen benötigt man 6—16 Vol.-% Zement, wobei einem höherem Geh. an Schlamm, Kreide, organ. Material u. Koll. ein höherer Zementbedarf entspricht. Die besonderen Eigg. des Bodenkorns variieren weitgehend u. haben offenbar einen größeren Einfl. auf die Rkk. von Bodenmaterial u. Zement. Die Wrkg. des Zements ist dieselbe wie in Beton, im fertigen Boden-Zement ist das Zementkorn von den Bodenmaterialkörnern umhüllt. Die Verhältnisse beim Boden-Zement sind kompliziert, sie werden von den physikochem. Eigg. der Boden-Zementmischung, von den physikochem. Eigg. der Böden u. der Zementchemie bestimmt. Der Naß–Trocken- u. der Gefrier–Tau-Test für das Bodenmaterial haben sich bewährt zur empir. Best. des Mindest-Geh. von Zement für einen Boden-Zement von festem Gefüge. — 45 Literaturangaben. G. Kröner 6230◇

1918 **Durch Verwendung von Bindemitteln aus Aotsuchi, Feldspat und Toseki hergestellte, keramisch gebundene Schleifscheiben.** Shoji Terada, Yukito Ito, Shigeru Katto, Yosoo Matsuno und Hiroshi Yamada. (Rep. Government ind. Res. Inst., Nagoya **12**, 123—28, 1963; jap., Auszug: engl.) — Unterss. über Schleifscheiben aus geschmolzenem Korundschleifmaterial mit Bindemitteln aus 0—30 (%) Aotsuchi (I; aus verwittertem Plagioklas u. Limonit bestehend), 40—80 Feldspat u. 10—50 Toseki zeigen, daß die Trockenfestigkeit der geformten Schleifscheiben u. ihre Schleif-Wrkg. mit dem I-Geh. steigen. Die Farbe der Schleifscheiben mit diesen Bindemitteln ist blaßgelb bis hellbraun. W. Wesly 6238◇

1919 **Meßmethode zur Bestimmung der Wärmeausbreitung bis zu 1000°.** W. A. Plummer, D. E. Campbell und A. A. Comstock. (J. Amer. ceram. Soc. **45**, 310—16, 1962; Corning, N.Y., Corning Glass Works; engl.) — Es wird eine Meth. zur Messung der Wärmeausbreitung in planparallelen Platten einiger Gläser u. Keramiken beschrieben u. die Theorie der Beziehungen der so erhaltenen Diffusionswerte α als Funktion der eingesetzten Anfangs-Temp. zur Wärmeleitfähigkeit (K) erörtert. Für die Vorausberechnung von K ergab sich der Ausdruck $K = \alpha \cdot \varrho \cdot c_p$, worin ϱ die Dichte u. c_p die spezif. Wärme des Probekörpers sind. R. Kaiser 6240◇

1920 **Infrarotspektroskopische Untersuchung von Verbindungen und festen Lösungen im System $Li_2O-Al_2O_3-SiO_2$.** M. Krishna Murthy und Elizabeth M. Kirby. (J. Amer. ceram. Soc. **45**, 324—29, 1952; Toronto, Ontario, Canada, Ontario Res. Found.; engl.) — Röntgenanalyt. identifizierte Proben der verschiedenen Verbb. u. festen Lsgg. der Bestandteile des Syst. $Li_2O-Al_2O_3-SiO_2$ wurden IR-Spektral-Unterss. unterworfen: Wiedergabe u. Erörterung der Absorptionslinien von β-Eukryptit–β-Spodumen, von β-Spodumen–SiO_2, von reinem Tonerdesilicat, von reinen Li-Silicaten u. Li-Aluminaten. — 26 Literaturangaben. R. Kaiser 6240◇

1921 **Bestimmung von Bayerit neben Böhmit durch Differentialthermoanalyse.** Svatopluk Krais. (Silikáty [Praha] **7**, 52—57, 1963; Bratislava, Výs. ústav pre ropu a uhlovodík. plyny; tschech.) — Aus DTA-Unterss. von reinen natürlichen u. synthet. Proben von Bayerit u. Böhmit sowie deren Mischungen geht hervor, daß Bayerit in Böhmit ab 1% festgestellt u. ab 3% quant. ermittelt werden kann. — Der endotherme DTA-Effekt von Bayerit liegt bei 300—320° (Temp.-Anstieg 10°/min), der des Böhmits zwischen 510 u. 580°. J. Tůmová 6240◇

1922 **Beitrag zur Bestimmung von Spinellen in den Glassanden der nordböhmischen Kreidetafel.** František Kupka und Jiří Svoboda. (Silikáty [Praha] **7**, 36—41, 1963; Kutná Hora, Ustav nerost. surovin; tschech.) — Die Isolierung der Spinelle erfolgt durch Schweretrennung (Bromoform), Extraktion in $HF + H_2SO_4$ u. Schmelzen mit $KNaCO_3$; die Spinelle werden durch diesen Vorgang prakt. nicht angegriffen. Ermittelt wurden der grüne Spinell ($a_0 = 8{,}094 \pm 0{,}008$ Å) u. der braune Chrompicotit ($a_0 = 8{,}259 \pm 0{,}07$ Å); die Gesamtmenge beträgt in den Fraktionen unterhalb 0,1mm bis 0,8%, wobei der Anteil des Chrompicotits überwiegt. Durch Vgl. der Gitterparameter wurde die annähernde Formel des Chrompicotits zu $(MgO_{0,7}Fe_{0,3})(Cr_{0,7}\cdot Al_{0,3})_2O_4$ bestimmt. J. Tůmová 6240◇

1923 **Erschließung neuer Dimensionen im Glas durch das Elektronenmikroskop D 2 aus Jena.** Walther Skatulla. (Jenaer Rdsch. **4**, 79—83, Juni 1959; Jena, Labor. für Elektronenmikroskopie, VEB Glaswerke Schott Jena; dt.) — Nach allg. Betrachtungen über verschiedene Auffassungen über die Glasstruktur werden die Aufgaben behandelt, die dem Elektronenmikroskop in der Glasforschung zufallen. N. Peters 6242◇

1924 **Eine kristalloptische Methode zur Bestimmung von Fehlern im Glas.** M. W. Ochotin und A. W. Rybtschinskaja. (Glas u. Keram. [UdSSR] **19**, Nr. 11, 7—10, 1962; Moskau, Glasinst.; russ.) — Vff. diskutieren die am häufigsten im *Glas* anzutreffenden Fehler, zeigen die Ursachen für deren Entstehung u. erläutern an Hand zahlreicher Aufnahmen die charakterist. Besonderheiten des mkr. Bildes verschiedener Fehler. R. Thätner 6242◇

1925 **Eine automatische Vorrichtung für die Bestimmung von Ungleichmäßigkeiten im Glas.** W. I. Scheljubski und A. G. Gefen. (Glas u. Keram. [UdSSR] **19**, Nr. 11, 13—15, 1962; russ.) — Das automat. Gerät arbeitet nach dem Prinzip der Änderung der Streuung von monochromat. Licht durch feines Pulver in einer Immersions-Fl. bei geringen Temp.-Änderungen. Aus den Kurven der Lichtdurchlässigkeit in Abhängigkeit von der Temp. wird die Ungleichmäßigkeit im *Glas* bestimmt. Als Kriterium dient die statist. Dispersion. Vff. geben genaue Beschreibung der einzelnen Bestandteile des Gerätes. R. Thätner 6242◇

1926 **Eine neue Methode für die Messung der Glasviscosität im Intervall von 10^5—10^{14} Poise.** W. T. Slawjanski, Je. N. Kresstnikowa und W. M. Boreiko. (Glas u. Keram. [UdSSR] **19**, Nr. 11, 18—22, 1962; Staatl. opt. Wawilow-Inst.; russ.) — Vff. konstruierten ein Gerät zur Messung der Viscosität nach dem Prinzip der Messung der Fall-Geschw. eines belasteten zylindr. Stabes in der zu bestimmenden Glasmasse. Genaue Beschreibung des Gerätes sowie Arbeitsanleitung u. Eichung sind angegeben. R. Thätner 6242◇

1927 **Chemische Dauerhaftigkeit aus Gläsern erzeugter polykristalliner Werkstoffe.** Megumi Tashiro, Sumio Sakka und Tokuji Yamamoto. (J. ceram. Assoc. Japan [Yogyo Kyokai Shi] **71**, 152—57, 1963; Osaka, Kyoto Univ., Inst. for Chem. Res.; jap., Auszug: engl.) — Gläser der Zus. $Li_2O \cdot 1{,}5\,SiO_2$, $Li_2O \cdot 2\,SiO_2$, $Li_2O \cdot 3\,SiO_2$ u. $Li_2O \cdot 3\,SiO_2 \cdot 0{,}1\,M_mO_n$ ($M_mO_n = Na_2O$, K_2O, Al_2O_3 oder ZrO_2; in Mol.) mit oder ohne Pt werden poliert, auf 900° erhitzt u. der Einw. verschiedener Lsgg. (H_2SO_4, KCl, KOH, Na_2CO_3), hauptsächlich 5%ig. HCl von 90° für verschieden lange Zeit ausgesetzt. Die chem. Dauerhaftigkeit (Dh) der Zwei-Komponenten-Syst. steigt mit dem SiO_2-Gehalt. Pt-Zusätze (0,005 bis 0,01%) steigern die Dh durch Verhinderung der Rißbildung. Zusätze von Na_2O u. K_2O senken die Dh beträchtlich. Im allg. ist die Dh gegen alkal. Lsgg. viel geringer als gegen saure Lsgg. u. Wasser. W. Wesly 6242◇

1928 **Über die Homogenität des Quarzglases.** K. Rau. (Verres et Réfractaires **17**, 61—74, 1963; franz.) — Eine abgeänderte Schlieren-Meth. wird beschrieben, mit deren Hilfe die Qualität von Abb. bewertet werden kann, die von schlierigen Gläsern geliefert worden waren. Die App. mißt das Verhältnis zwischen der Schärfe der Abb. u. dem Grad der Schlierenhaltigkeit von Quarzgläsern. Unterss. an handelsüblichen Quarzgläsern zeigen, daß ihre Homogenität der der besten opt. Gläser gleicht. J. Heinze 6244◇

1929 **Bestimmung der Empfindlichkeitsgrenze der Pipettierungsmethode bei Korngrößenmessungen nach Andreasen.** Ludvík Nový. (Silikáty [Praha] **7**, 58—60, 1963; Karlovy Vary, Ustav technol. hrubé keramiky a úpravnictví keram. surovin; tschech.) — Experimentelle Best. unter Verw. des Kaolins Sedlec I a mit graph. Darst. der Fehlerabweichung in % von der Menge der Körnungsfraktion. Die Abhängigkeit stellt keine lineare Funktion dar, da sie von der Teilchenzahl u. nicht von der Teilchengröße abhängt. J. Tůmová 6248◇

1930 **Bestimmung der Korngröße von Kaolin mittels der densimetrischen Methode nach Cassagrande.** Ludvík Nový und František Tomášek. (Silikáty [Praha] **7**, 159—67, 1963; Ústav technol. hrubé keramiky a úpravnictví keram. surovin; tschech., Auszug: russ., engl.) — Vff. vergleichen die Meth. der Korngrößen-Best. durch Best. der Dichte nach Cassagrande mit der üblichen indirekten Pipettierungs-Meth. nach Andreasen an Hand prakt. Messungen. Die Meth. von Cassagrande ist einfacher u. leichter durchzuführen, einer der Hauptvorteile ist die größere Genauigkeit (die Meßunterschiede liegen bei 75% der Messungen $< 0{,}5\%$, bei 25% $< 1\%$). Für Betriebszwecke werden ein Nomogramm u. Tabellen für die Berechnungen angeführt. J. Tůmová 6248◇

1931 **Elektronenmikroskopische Untersuchung der hydratisierten Produkte von Calciumsilicaten und Portlandzement.** L. E. Copeland und Edith G. Schulz. (J. PCA Res. Development Lab. **4**, Nr. 1, 2—12, 1962; Portland Cement Assoc.; engl.) — Die hydratisierten Prodd. von Ca-Silicat wurden aus β-Dicalciumsilicat u. aus Tricalciumsilicat nach 3 verschiedenen Verff. durch Hydratation hergestellt: a) als Paste, b) in Überschuß von W. in einer rotierenden Flasche u. c) in einer Kugelmühle. Die Einw.-Dauer nach dem Mischen mit W. lag zwischen 1 Min. u. 11 Monaten. Für die elektronenmkr. Unters. wurden die getrockneten Proben zerkleinert, in 1.1.1-Trichloräthan suspendiert u. 2 Min. mit Ultraschall behandelt. Die chem. Zus. der Hydrate nach Verf. a) aus Tricalciumsilicat u. aus β-Dicalciumsilicat gebildet, ist etwas verschieden, die morpholog. u. anderen Eigg. sind sehr ähnlich. Beide Hydrate zeigen bei der Röntgenanalyse 3 Linien, sie sind dem natürlichen Mineral Tobermorit ähnlich u. haben eine Oberfläche von ca. 300 m^2/g. Die elektronenmkr. Aufnahme läßt Einzelteilchen in Form von Fasern erkennen. — Bei der Hydratation von β-Dicalciumsilicat nach b) entsteht ein Hydrat, dessen Teilchen die Form von zigarrenförmigen Bündeln aus dünnen Fasern haben, die spezif. Oberfläche ist ca. 300 m^2/g. Die Teilchen des hydratisierten Tricalciumsilicats bestehen aus Blättchen, die gewellt erscheinen. Die spezif. Oberfläche ist 376 m^2/g. — Bei der Hydratation nach c) entstehen bei beiden Silicaten Hydrate, deren morpholog. Eigg. sich während des Prozesses ändern, bei Tricalciumsilicat außerdem auch die Kristallstruktur. Nach 6 Wochen wird der zunächst gebildete Tobermorit in Afwillit umgewandelt. — In Portlandzement bilden die Silicate bei Beginn des Abbindens Büschel von nadelförmigen Teilchen, welche größer u. kompakter werden. Es wird angenommen, daß das Zusammenwachsen dieser Büschel das Hartwerden des Zements verursacht. G. Kröner 6252◇

1932 **Ein Beitrag zur Prüfung der Zementeignung für das Wärmebehandlungsverfahren.** A. Pavlík. (Stavivo **41**, 260—63, 1963; Praha, TZÚS; tschech.) — Es wird ein Entwurf für die Durchführung von Prüfungen der Bindefähigkeit der für die Wärmebehandlung geeigneten Zemente vorgelegt. Diese Prüfung ist Voraussetzung bei der Betonerzeugung mit Abbindungsbeschleunigung durch Wärme. J. Schneider 6252◇

1933 **Untersuchungen über Bor–Bleiglätte–Glycerin–Zement. 1. Mitt. Untersuchungen über Strahlungsschutzstoffe.** Toshio Sugiura, Keiichi Murakami und Hirobumi Tanaka. (J. ceram. Assoc. Japan [Yogyo Kyokai Shi] **71**, 135—40, 1963; Sendai, Tohoku Univ., Fac. of Engng.; jap., Auszug: engl.) — Als Werkstoff für Strahlungsschutz dient ein getempertes Gemisch von PbO mit Glycerin (I)–Borsäure (II)-Lösung. Die Einfl. des I:II-Verhältnisses, PbO:II-Verhältnisses u. der Trockenzeit auf Festigkeit u. Härte des Prod. werden ermittelt. Der Höchstwert der Biegefestigkeit beträgt 141, die Druckfestigkeit 403 kg/cm^2. Die Halbwertsdicke wurde für 2 MeV γ-Strahlung zu 2 cm, für therm. Neutronen (2200 cm/s) zu 0,35 cm ermittelt. W. Wesly 6252◇

1934 **Radioisotope in der Zement- und Kalkindustrie.** Stanisław Kwieciński und Jan Matuła. (Cement-Wapno-Gips **18 (28)**, 79—84, 1963; Kraków, Inst. Techn. Jądrowej AGH, Katedra Fizyki II AGH; pol.) — Überblick über die Grundlagen der Kernphysik sowie über die Best.-Meth. u. Anwendungsmöglichkeiten ionisierender Strahlen in der Zement- u. Kalkindustrie. I. Köditz 6252

1935 **Über die Möglichkeit der Anwendung der Radioisotopentechnik zur Bestimmung von K_2O im Zementstaub.** Jan Bielatowicz. (Cement-Wapno-Gips **18 (28)**, 84—86, 1963; pol.) — Vf. zeigt an Beispielen die Zusammenhänge zwischen der chem. Zus. u. der Radioaktivität der Stäube u. diskutiert die Vorteile, die sich aus der Verw. von Radioisotopen in der Betriebspraxis ergeben. I. Köditz 6252

1936 **Zersetzungstemperatur von Calciumcarbonat und die physikalischen und chemischen Eigenschaften des Rohmaterials.** Halina Szlendak. (Cement-Wapno-Gips **17 (27)**, 93—99, 1962; pol.) — In Labor.-Verss. wurden Kalksteinproben (I) verschiedener geolog. Formationen gebrannt. Nach Best. der physikal. u. chem. Eigg. von I wurde die Calcinierung in 1—9 Std. u. bei einer Temp. von 700—1000° durchgeführt. Härte u. Spezif. Gew. beeinflussen die Zers.-Temp. u. -Geschw. des Rohmaterials. H. Guischard 6254◇

1937 **Anwendung der Thermogravimetrie auf Kinetikuntersuchungen der Zersetzung von Magnesit und Kalkstein bei steigender Temperatur.** V. Haber, J. Rosický und St. Škramovský. (Silikáty [Praha] **7**, 95—107, 1963; Praha, Katedra anorgan. chem. Přírodověd. fak.-Karlovy

Univ.; tschech.) — Beschreibung einer automat. thermogravimetr. App. auf dem Prinzip der elektr. Kompensation der Gew.-Änderungen mit Hilfe eines Solenoids in Rückkopplungsschaltung; die Temp. kann mittels eines Kompensators bis 800° mit einer Genauigkeit von 0,3° abgelesen werden. — Die Zers. des $MgCO_3$ verläuft kompliziert u. kann nur mit Durchschnittswerten angegeben werden; die Werte betragen für die Aktivierungsenergie $E = 32{,}55 \pm 2{,}85$ kcal/Mol, die Rk.-Ordnung $n = 0{,}49 \pm 0{,}12$ u. den Frequenzfaktor $A = 5{,}85 \cdot 10^4$ g/cm²·s. Der therm. Zers.-Verlauf von $CaCO_3$ ist linear u. die Werte betragen $E = 39{,}8 \pm 2{,}7$ kcal/Mol; $n = 0{,}56 \pm 0{,}05$; $A = 3{,}61 \cdot 10^3$ g/cm²·s. — Die Werte wurden nach der Meth. von Caroll u. Freeman berechnet; für $MgCO_3$ wurde auch mit der Berechnung nach Polanyi u. Wigner gute Übereinstimmung erzielt.
J. Tůmová 6254◇

1938 **Untersuchung der Dehydratationskinetik von Gips in Calciumchloridlösungen.** Vladimir Šatava und Milo Prokop. (Silikáty [Praha] 7, 118—24, 1963; Praha, Katedra technol. silikátů, Vys. školy chem. technol.; tschech., Auszug: russ., engl.) — Die Dehydratation wurde in 30—50%ig. $CaCl_2$-Lsg. bei Temp. bis 103° unter Rühren (600—2900 U/min) durchgeführt; als Rohstoff wurde Alabaster der mittleren Teilchengröße von 10 μm benutzt. — Die Dehydratation hängt vom engen Kontakt des Alabasters mit der Lsg. ab (geringe Rühr-Geschw. verlangsamt die Rk.). Alabaster geht anfangs rasch in Lsg., so daß die die Abscheidung des Monohydrats kontrollierende Rk. die Kristallisation des Monohydrats ist. Der Umwandlungsgrad folgt der Gleichung $\alpha = K' \cdot t^3$ u. die Rk. verläuft „über die Lösung"; die Aktivierungsenergie der Rk. beträgt 25000 cal/Mol. Abscheidungs-Geschw. u. Wachstum des Monohydrats nehmen mit der Übersättigung der $CaCl_2$-Lsg. zu u. somit auch mit der $CaCl_2$-Konz. u. mit der Temperatur.
J. Tůmová 6254◇

1939 **Mikroskopische Untersuchungen von hartgelöteten Keramik-Metall-Verbindungen.** Vojtěch Heřmanský. (Silikáty [Praha] 7, 19—28, 1963; Hradec Králové, Výzk. ústav elektrotechn. keramiky; tschech.) — Die Herst. von metallograph. Schliffen von Keramik–Metall-Verbb. verlangt eine Verfeinerung der Technologie, um die durch verschiedene Härte bedingten Höhenreliefs zu vermeiden. — Die Proben werden in *Duracryl* unter N_2-Druck (4—5 at zur Beseitigung von Bläschen) eingegossen; das Schleifen wird mit üblichen Meth. durchgeführt; das Polieren (Tonerde Dujardin Nr. 3) muß auf harten Unterlagen auf Samt mit kürzestem Flor geschehen, es darf nur wenig Material beseitigt werden (50 Umdrehungen). J. Tůmová 6260◇

H₇. Agrikulturchemie, Schädlingsbekämpfung

1940 **Die Perspektiven der Bodenkunde.** G. Greene. (J. Soil Sci. **14**, 1—11, 1963; Harpenden, Rothamsted Exp. Stat.; engl.) — Vortrag. — 56 Literaturangaben.
M. Winiker 6300◇

1941 **Bodenklassifizierung. Ein Vergleich des amerikanischen und des französischen Systems.** Ph. Duchaufour. (J. Soil Sci. **14**, 149—55, 1963; Nancy, Fac. des Sciences; engl.) — Vortrag. — 16 Literaturangaben.
M. Winiker 6300◇

1942 **Über die Klassifizierung und Genese von über saurem vulkanischem Material unter humiden tropischen Bedingungen entwickelten Böden.** 2. Mitt. K. H. Tan und J. van Schuylenborgh. (Netherl. J. agric. Sci. **9**, 41—54, 1961; engl.) — 1. vgl. C. **1959**, 12170. — Die Profile von 7 zonalen u. 4 intrazonalen Böden, die sich auf saurem vulkan. Material (vorwiegend rhyolit. u. dacit. Tuffe) entwickelten, werden eingehend beschrieben (Profilmorphologie nach Farbe, Textur, Struktur u. Konsistenz). Proben aus den verschiedenen Horizonten dieser Profile wurde auf pH, Geh. an organ. Substanz, mineralog. Zus. der Sandfraktion, chem. Zus. der Tonfraktionen u. C/N-Verhältnis untersucht. An Hand der Ergebnisse der morpholog. u. chem. Unterss. wird eine Klassifizierung der Böden vorgenommen u. ihre Entstehungsgeschichte diskutiert. In Abhängigkeit von Temp. u. Nd. entwickelten sich 4 zonale Bodentypen: Podsolböden in 1500—2000 m Höhe, eine Zwischenstufe zwischen Podsol u. Parabraunerde in 1100—1500 m Höhe, Parabraunerden in 500—1100 m Höhe u. rotgelbe Podsole unterhalb 500 m Höhe. In den niedrigen Lagen bildeten sich zudem intrazonale Böden, u. zwar in Abhängigkeit von der Wasserführung Andosole, humose Gleyböden oder hydromorphe Böden.
Wilfried Werner 6304◇

1943 **Über die organische Substanz in tropischen Böden.** K. H. Tan und J. van Schuylenborgh. (Netherl. J. agric. Sci. **9**, 174—80, 1961; Bogor, Univ. of Indonesia; Wageningen, Agric. Univ.; engl.) — Die von Vff. in früheren Arbeiten vertretene Ansicht, daß die organ. Substanz in trop. Böden relativ wenig akt. ist, wird durch die Ergebnisse von Unterss. an Böden einiger großer Bodengruppen (Best. der Absorption oder organ. Substanz im sichtbaren u. im ultravioletten Licht, des C/N-Verhältnisses der organ. Substanz u. des Al_2O_3/Fe_2O_3-Verhältnisses der einzelnen Horizonte) weiter gestützt. Wilfried Werner 6304◇

1944 **Eine vergleichende Untersuchung von aus einigen Schwarzerden Indiens gewonnenen Huminsäuren.** S. Singh und P. K. Singh. (Proc. nat. Acad. Sci., India, Sect. A **29**, 378—81, 1960; Varanasi, Banaras Hindu Univ., Coll. of Agric.; engl.) — Die aus Bodenproben von 5 verschiedenen Standorten abgetrennten *Huminsäure* (**I**)-Fraktionen, die in ihrem C-Geh. zwischen 54,3 u. 57,1%, in ihrem N-Geh. zwischen 3,2 u. 3,8% u. im C/N-Verhältnis zwischen 14,53 u. 17,01 schwankten, wurden papierchromatograph. weiter aufgetrennt. Die **I**-Fraktionen aus allen Böden ergaben hierbei sehr ähnlich verteilte Flecken. Hieraus u. aus den nur sehr geringen Unterschieden im C/N-Verhältnis wird gefolgert, daß die **I** in diesen Böden trotz unterschiedlichen Ausgangsgesteins unter ähnlichen Bedingungen gebildet wurden.
Wilfried Werner 6304◇

1945 **Die Beziehung zwischen chemischen und physikalisch-chemischen Eigenschaften von Sumpfreisböden in trocknem Zustand und bei andauernder Überflutung.** D. M. Rodrigo. (Trop. Agriculturist **117**, 245—72, 1961; Ceylon, Dep. of Agric.; engl.) — 20 Böden aus 7 Bodengruppen verschiedener Klimazonen wurden in Tongefäßen 5 cm mit W. überstaut u. 7mal in 2—4wöchigem Abstand auf ihren Geh. an NH_4, Fe, Mn u. oxydierbarer organ. Substanz sowie auf ihren pH-Wert u. ihr Redoxpotential untersucht. Bei den trockenen Böden wurden der pH-Wert, die Korngrößen-Zus., die Kationenaustauschkapazität sowie der Geh. an austauschbaren Kationen, freien Fe-Oxiden, Gesamt-Fe, leicht reduzierbarem Mn, Gesamt-Mn, verfügbarem PO_4 u. SiO_4 bestimmt. Das Perkolationswasser wurde ebenfalls auf seinen Geh. an NH_4, NO_3, Fe, Mn u. organ. Substanz sowie auf seine Leitfähigkeit untersucht. Die Ergebnisse werden im Hinblick auf die Veränderungen der wichtigsten chem. u. physikal.-chem. Boden-Eigg. im Verlauf der Überstauung ausgewertet u. diskutiert. Wilfried Werner 6304◇

1946 **Böden mit eisenhaltigen oder ferrallitischen Krusten in tropischen Gegenden.** G. Aubert. (Soil Sci. **95**, 235—42, 1963; engl.) — Vortrag. — 35 Literaturangaben.
M. Winiker 6304◇

1947 **Die roten und gelben Böden der tropischen und subtropischen Hochländer.** J. Bennema. (Soil Sci. **95**, 250 bis 257, 1963; engl.) — Vortrag. — 14 Literaturangaben.
M. Winiker 6304◇

1948 **Wichtige Eigenschaften der Alluvialböden in den Tropen.** C. H. Edelman und P. K. J. van der Voorde. (Soil Sci. **95**, 258—63, 1963; Wageningen, Agricult. Univ.; engl.) M. Winiker 6304◇

1949 **Untersuchungen über die Beschaffenheit von Konkretionen in alluvialen Böden.** Amrit Kumar, Abhiswar Sen und S. P. Raychaudhuri. (Indian J. agric. Sci. **31**, 53—58, 1961; New Delhi, Indian Agric. Res. Inst.; engl.) — Vff. untersuchten Konkretionen in 2 alluvialen Bodenprofilen, von denen das eine im semiariden, das andere im humiden Gebiet liegt. Die Konkretionen beider Böden waren kalkhaltig. Unter semiariden Bedingungen kamen Konkretionen vorwiegend in einer Tiefe von 2 m vor, hatten einen hohen Geh. an Sesquioxiden u. waren stark verhärtet. Im humiden Gebiet fanden sich die Konkretionen in den Horizonten zwischen 75 cm u. 1,80 m. Sie waren hier weniger hart u. von gelben Flecken durchsetzt. Die möglichen Ursachen der Bldg. von Konkretionen werden im Zusammenhang mit den Ergebnissen chem. u. mechan. Bodenanalysen erörtert.
Wilfried Werner 6304◇

1950 **Eine vergleichende Untersuchung des Gangesalluviums bei landwirtschaftlicher Nutzung und bei Aufforstung.** 1. Mitt. **Physikalische und physikalisch-chemische Eigenschaften.** B. P. Ghildyal, J. G. Shrikhande und Rajendra Prasad. (Indian J. agric. Sci. **31**, 38—46, 1961; Kharagpur, Indian Inst. of Technol.; engl.) — Die Böden von Uttar Pradesch gehören zum Gangesalluvium u. sind überwiegend aus Gneis- u. Schiefermaterial des Himalayas entstanden. Vff. untersuchten die verschiedenen Horizonte von je einem Profil unter Wald u. landwirtschaftlichen Kulturen, wobei sie folgende Unterschiede in den physikal. u. physikal.-chem. Eigg. fanden: Eine stärkere Tonverlagerung aus den oberen Horizonten u. eine Tonanreicherung in ca. 60—80 cm Tiefe beim Kulturboden; eine stärkere Ca-Auswaschung aus dem bebauten Profil u. daher höhere pH-Werte in den Horizonten des Waldbodenprofils; höhere Porosität u. Wasserkapazität des Bodens unter Wald u. höhere Kationenaustauschkapazität u. demzufolge höhere Geh. an austauschbaren Kationen im forstlich genutzten Boden. Es zeigte sich also, daß die intensivere landwirtschaftliche Nutzung der alluvialen Böden unter subtrop. Bedingungen sich auf die Boden-Entw. ungünstig auswirkt u. mit einem Rückgang der Fruchtbarkeit verbunden ist. Durch forstliche Nutzung wird den destruktiven Prozessen bis zu einem gewissen Grade entgegengewirkt. Wilfried Werner 6304◇

1951 **Dunkle Tonböden in tropischen und subtropischen Gebieten.** R. Dudal. (Soil Sci. **95**, 264—70, 1963; engl.) — Vortrag. — 11 Literaturangaben. M. Winiker 6304◇

1952 **Saure Sulfatböden (Cat-clays) in den Tropen.** F. R. Moormann. (Soil Sci. **95**, 271—75, 1963; Bangkok; engl.) — Vortrag. — 15 Literaturangaben. M. Winiker 6304◇

1953 **Einige Gesichtspunkte der Nutzung der wichtigeren tropischen Böden.** V. Ignatieff und Petezval Lemos. (Soil Sci. **95**, 243—49, 1963; engl.) — Vortrag. — 21 Literaturangaben. M. Winiker 6304◇

1954 **Der pH-Wert und der Gehalt an Phosphor, Kalium, Calcium und Magnesium von organischen Böden in Michigan.** J. C. Shickluna und R. E. Lucas. (Michigan State Univ., agric. Exp. Stat., quart. Bull. **45**, 417—25, 1963; engl.) M. Winiker 6304◇

1955 **Die Böden Israels und ihre Verteilung.** Joel Dan und Hanna Koyumdjisky. (J. Soil Sci. **14**, 12—20, 1963; Rehovot, Israel, Nat. and Univ. Inst. of Agricult.; engl.) — Zusammenfassender Überblick. — 21 Literaturangaben. M. Winiker 6304◇

1956 **Tief verwitterte Felsen in Schottland, ihr Vorkommen, Alter und Beitrag zur Bodenbildung.** E. A. Fitzpatrick. (J. Soil Sci. **14**, 33—43, 1963; Aberdeen, Univ., Dep. of Soil Sci.; engl.) M. Winiker 6304◇

1957 **Basalt-Böden von Südwest-Island.** 1. Mitt. Bjarni Helgason. (J. Soil Sci. **14**, 64—72, 1963; Reykjavik, Univ. Res. Inst., Dep. of Agric.; engl.) — An Hand der Literatur (26 Hinweise) sowie der Ergebnisse eigener Unterss. diskutiert Vf. die Entstehung u. physikal. Eigg. der Basaltböden von Südwestisland. M. Winiker 6304◇

1958 **Vergleyte Pseudopodsole von Mitteleuropa und die Bildung binärer Oberflächenablagerungen.** I. P. Gerasimov. (Commonwealth Bur. Soils, Soils Fertilizers **23**, 1—7, 1960; engl.) — An Hand der Literatur (16 Hinweise) legt Vf. dar, daß vergleyte Pseudopodsole in Westeuropa als Sols lessivés u. Pseudogleye bezeichnet u. so mit Recht von den für Osteuropa typ. echten Podsolen unterschieden werden, daß es aber nicht richtig ist, dieselben als genet. Formationen zu betrachten, die mit echten Podsolen kontrastieren oder ihnen gleichrangig sind. M. Winiker 6304◇

1959 **(Austausch)acidität und austauschbares Aluminium.** G. Gilly. (Ann. Inst. nat. Rech. agronom., Sér. A **9**, 679—91, 1958; Dijon, Stat. d'Agron.; franz.) — Vf. bestimmte die Austauschacidität von 12 Böden aus der Umgebung von Dijon. Es zeigte sich, daß die Austauschacidität derselben nur durch austauschbares Al bedingt war. M. Winiker 6304◇

1960 **Austauschacidität und freies oder austauschbares Aluminium im Boden.** R. Blanchet, S. Périgaud, C. Chaumont und J. C. Nadeau. (Ann. Inst. nat. Rech. agronom., Sér. A **11**, 621—49, 1960; Châteauroux, Stat. agron.; franz.) — Bei der Behandlung saurer Böden mit verschiedenen Salz-Lsgg. ($BaCl_2$, NH_4Cl, Ba-Acetat) wurden beträchtliche Mengen an bes. labilem Al erhalten, das sich von Al, das aus dem Gitter von Tonmineralien stammt, deutlich unterschied. Das Vorhandensein einer derartigen Al-Form im Boden wurde begünstigt durch einen pH-Wert >5 u. eine Kationensättigung von ca. 60%. Bei der Austauschacidität solcher Böden herrscht Al im Vgl. zu den H^+-Ionen bisweilen vor. Dieses labile Al lag in manchen Fällen ausschließlich als Al^{3+} vor. M. Winiker 6304◇

1961 **Nichtaustauschbare Fixierung von Ammonium durch Böden.** P. M. Smirnow und N. I. Fruktowa. (Bodenkunde [UdSSR] **1963**, Nr. 3, 83—93; Moskau, Timirjasew-Akad. für Landwirtsch.; russ., Auszug: engl.) — Die Böden enthalten eine gewisse Menge (abhängig von der vorhergehenden Düngung u. Bearbeitung) von fixiertem, nichtaustauschbarem NH_4^+. Böden mit systemat. Mineral- bzw. Mistdüngung u. solche mit guter Bearbeitung zeigen die Tendenz einer Anreicherung; dabei sinkt gleichzeitig die Fähigkeit solcher Böden, zusätzliches NH_4^+ zu fixieren. Bei Schwarzerdeböden ist die Fixierung wesentlich höher als bei Rasen–Podsol-Böden. Schwere Böden können nichtaustauschbares NH_4^+ besser als leichte Böden fixieren. Die Fähigkeit, nichtaustauschbares NH_4^+ zu binden, steigt mit der Tiefe des Bodenprofils. Solche Böden sind für Nitrifikationsbakterien u. die unmittelbare Pflanzenernährung nur ganz wenig zugänglich. Verss. ergaben, daß die Pflanzen nicht mehr als 10% der eingebrachten Menge verwerten können. H. Findeisen 6304◇

1962 **Einfluß des Bodenvolumens auf die Absorption von Bodenphosphor durch Pflanzen und die Bestimmung von labilem Bodenphosphat.** S. Larsen und C. D. Sutton. (Plant and Soil [The Hague] **18**, 77—84, 1963; Ipswich, Levington Res. Stat.; engl.) — In Verss. wurde das für das Wachstum von Raygras verfügbare Boden-Vol. variiert. Aus kleinen Boden-Vol. erfolgte eine relativ größere *P*-Aufnahme u. eine Erhöhung des *labilen P*. Es scheint, daß im Boden ein Gleichgewicht besteht zwischen *nichtlabilem* u. *labilem P*, u. daß dieses Gleichgewicht durch die *P*-Entnahme der Pflanzen gestört wird. H. Goebel 6304◇

1963 **Die Wirksamkeit von Dicalciumphosphat als Düngemittel im Boden von Delhi.** A. K. Rishi, S. Sen und M. A. Idnani. (Indian J. agric. Sci. **31**, 271—74, 1961; New Delhi, Indian Agric. Res. Inst.; engl.) — In einem P-Formen-Vergleichs-Vers. auf einem neutralen sandigen Lehmboden erwies sich *Dicalciumphosphat* im Mittel der beiden Vers.-Jahre zu Mais dem *Superphosphat* als gleichwertig, zu Weizen als leicht unterlegen (sowohl im Ertrag als auch im P-Entzug). Beide P-Formen brachten gegenüber „ungedüngt" bzw. „nur N" beachtliche Mehrerträge. Wilfried Werner 6304◇

1964 **Das Ansprechen von Weizen und Gerste auf N- und P-Dünger auf der Gerstenversuchsfarm Gurgaon.** Gurcharn Singh und Narsingh Dass. (Indian J. agric. Sci. **31**, 29—37, 1961; Punjab, Dep. of Agric.; engl.) — In mehrjährigen Düngungs-Verss. zu Gerste u. Weizen mit steigenden *N*- u. *P*-Gaben [0,25 u. 50 lbs./acre *N* bzw. P_2O_5 in Form von $(NH_4)_2SO_4$ bzw. *Superphosphat*], allein u. in Kombination, wurden lediglich durch die N-Düngung signifikante Mehrerträge erzielt, während die P-Düngung, sowohl allein als auch in Kombination mit der N-Düngung, keine gesicherte Wrkg. hatte. Wilfried Werner 6304◇

1965 **Löslichkeitseigenschaften von Stickstoff enthaltenden Phosphat-Düngemitteln in kalkhaltigen Böden und Vergleich der Wirksamkeit mittels Gefäßversuchen im Gewächshaus.** W. H. Fuller, W. Fred Riley und Donald Seamands. (J. agric. Food Chem. **5**, 935—41, 1957; Madison, Wis., Univ. of Wisconsin, Dep. of Entomol. and Pharmaceut. Chem.; engl.) — Unterss. über die Aufnahme von P_2O_5 aus *Nitrophosphaten* (erhalten durch Aufschluß von Rohphosphat mit HNO_3 allein oder gemischt mit H_2SO_4 oder H_3PO_4), *NH_4-Phosphatsulfat* u. *ammonisiertem Superphosphat* in kalkhaltigenBöden durch wiederholte Extraktion mit W. zeigten, daß die Menge des gelösten P_2O_5 in Wechselbeziehung zur P_2O_5-Aufnahme von Tomaten u. deren Wachstum stand. Zwischen der Wirksamkeit der genannten Düngemittel bestand prakt. kein Unterschied. W. Wesly 6304◇

1966 **Untersuchungen über die kumulierende Wirkung von anorganischen Düngern, organischen Düngern und**

deren Kombination auf Ertrag und chemische Zusammensetzung von Mais auf einem kalkhaltigen Boden. M. B. Sen Gupta. (Indian J. agric. Sci. **31,** 16—22, 1961; New Delhi, Indian Agric. Res. Inst.; engl.) — In einem 6jährigen Vers. wurde auf einem sandigen Lehmboden mit hohem Kalk-Geh. (36% $CaCO_3$) die Wrkg. einer mineral. *NP*-Düngung, einer *Stallmist*-Düngung u. einer kombinierten NP + Stallmistdüngung zu Mais untersucht. Mit Ausnahme des 1. Vers.-Jahres wurden bei alleiniger organ. Düngung die höchsten Erträge erzielt. Bei alleiniger NP-Zufuhr fielen die Erträge von Jahr zu Jahr stärker ab. Die kombinierte Düngung erbrachte etwas niedrigere Erträge als die alleinige organ. Düngung. Im N-Geh. der Körner war kein gesicherter Einfl. der Düngung festzustellen. Was den P_2O_5-Geh. der Körner betrifft, so war in einem Jahr die Stallmistdüngung deutlich überlegen. Der P_2O_5-Geh. der Körner fiel jedoch von Jahr zu Jahr deutlich ab u. auch beim N-Geh. war eine leicht abfallende Tendenz festzustellen. Der Geh. des Bodens an organ. C u. N nahm bei alleiniger N-Düngung deutlich ab, während er bei kontinuierlicher organischer Düngung zunahm. Wilfried Werner 6304◇

1967 **Die Auswirkung der Kalkung auf die Strukturelemente und den Sättigungsgrad des Bodens.** S. Mériaux. (C. R. hebd. Séances Acad. Agric. France **47,** 322—25, 1961; franz.) — Saure Lehmböden (pH 6,0) erhielten eine einmalige Düngung von 5 t *CaO*/ha in Form von gemahlenem *Kalkstein* (I) oder I + CaO. Während der Dauer des Vers. (2½ Jahre) hatte die Kalkung einen positiven Einfl. auf die Permeabilität u. die Sättigung des Sorptionskomplexes der Böden mit Ca^{2+}, wobei I allein stets wirksamer war als I + CaO. M. Winiker 6304◇

1968 **Die Wirkung verschiedener organischer Dünger auf den Humuszustand des Bodens.** U. Springer. (Bayer. landwirtsch. Jb. **37,** 3—39, 1960; München, Landesanst. für Pflanzenbau u. Pflanzenschutz; dt.) — Auf einer gleyartigen, schwach sauren Braunerde mit mittlerer Nährstoffversorgung wurde 6 Jahre lang hintereinander mit Grünmasse, Stroh, 5 Arten von Stallmist, Mehrungsmist, Kompost u. 3 Arten von Torf in der Weise gedüngt, daß jedes Jahr pro Ar jeweils 200 kg organ. Trockenmasse in den Boden kamen. Die organ. gedüngten Parzellen bekamen zudem eine mineral. Ausgleichsdüngung in einer solchen Höhe, daß die Menge der verabreichten Gesamtnährstoffe N, P u. K in keinem Fall unter derjenigen lag, die jeweils mit „schwach verrottetem Stallmist" (Standardparzellen) gegeben wurden. In den ersten 10 Vers.-Jahren wurde 6mal Hackfrucht, einmal Sommerraps, einmal Winterraps u. 2mal Winterweizen angebaut. Zu Vers.-Beginn (Herbst 1947) sowie 2 Jahre nach der letzten organ. Düngung (Herbst 1954) u. im Herbst 1957 erfolgte die Best. folgender Werte: Gesamt-C, Huminstoffe-C, Gesamt-N, Huminstoffe-N, Farbwerte (Farbtiefe, Farbton bzw. Humifizierungszahl u. Farbtonquotient), Bindungsfestigkeit der Humusstoffe, Boden-Rk., hygroskop. W. u. Sorptionskapazität. Bei den verschiedenen Düngungen wurde im Boden eine starke Abhängigkeit der in allen Fällen beobachteten Zunahme der C- u. N-Werte u. der genannten übrigen Werte von der Art der angewandten Dünger, bes. von der jeweiligen Humusform, festgestellt. Die C-Zunahme im Boden ging nicht immer mit der Menge u. Reife der eingebrachten Huminstoffe parallel. Unter den gegebenen Boden- u. Klimaverhältnissen wurden bei der Düngung mit schwach bis mäßig verrotteten Stoffen (z. B. schwach verrotteter Stallmist, mit Kalkstickstoff gewonnener Mehrungsmist) auch nach Abschluß der Düngung noch Huminstoffe gebildet, während die organ. Substanz (einschließlich der Huminstoffe) von gut zersetzten Materialien (z. B. Komposten) einem relativ starken Abbau unterlag. Die vermutliche Ursache hierfür u. die hieraus für die Praxis zu ziehenden Schlüsse werden eingehend diskutiert. Im Unterboden erfuhren die Humusstoffe als unmittelbare Folge der Düngung in der Mehrzahl der Fälle eine deutliche Vermehrung, doch erfolgten bereits wenige Jahre nach Beendigung der Düngung durch Auswaschung wieder beträchtliche Huminsäureverluste. M. Winiker 6304◇

1969 **Bedeutung des Kupfers für Ackerbau und Grünland.** Ch. H. Henkens. (Landwirtsch. Forsch., Sonderh. Nr. **16,** 56—65, 1962; Groningen, Inst. voor Bodemvruchtbaarheid; dt.) — Für Hafer- bzw. Weizenkulturen erwies sich ein *Cu*-Geh. des Bodens von >3 bzw. >4 mg/kg Boden als erforderlich. Beim Einsäen von Grünland sollte dafür Sorge getragen werden, daß der Cu-Geh. des Bodens >4 mg/kg Boden beträgt, da dann mit Sicherheit mit einem Cu-Geh. des Grases von >7 mg/kg Trockenmasse gerechnet werden kann. M. Winiker 6304◇

1970 **Manganmangel und dessen Beseitigung.** Ch. H. Henkens. (Landwirtsch. Forsch., Sonderh. Nr. **16,** 66—71, 1962; Groningen, Inst. voor Bodemvruchtbaarheid; dt.) — Gefäß- u. Feld-Verss. zur Verhütung eines Auftretens von *Mn*-Mangel bei Kartoffeln, Zuckerrüben u. Erbsen auf Mn-Mangelböden durch eine Vorratsdüngung mit $MnSO_4$ ergaben noch keine eindeutigen Ergebnisse. Vf. empfiehlt daher für die Praxis, mit $MnSO_4$ zu spritzen, wenn Mangelerscheinungen auftreten u. die Spritzung nachher zu wiederholen. Allerdings wird durch diese Maßnahme bei Rüben nicht immer ein Mehrertrag erzielt. Zur Verhütung der Braunherzigkeit bei Erbsen kann eine Spritzung der Pflanzen zur Zeit der vollen Blüte u. eine Wiederholung der Spritzung am Ende der Blüte empfohlen werden. M. Winiker 6304◇

1971 **Auswirkung des Einweichens von Samen in Nährsalzlösungen. 1. Mitt. Die Zinkaufnahme durch Baumwollsamen aus Zinksulfatlösung und ihr Einfluß auf Wachstum und Ertrag.** S. P. Singh. (Indian J. agric. Sci. **31,** 11—15, 1961; New Delhi, Indian Agric. Res. Inst., Div. of Botany; engl.) — Die Zn-Aufnahme von Baumwollsamen aus $ZnSO_4$-Lsgg. (0,001—0,01 m) stieg mit der Konz. der Lsgg. an, wobei die Samenschalen höhere Zn-Geh. aufwiesen als die Keimlinge. Die Keimfähigkeit wurde durch die Zn-Behandlung nicht beeinträchtigt. In Wasserkultur-Verss. mit Zn-freier Nährlsg. zeigten die Pflanzen aus Zn-behandelten Samen ein deutlich besseres Wachstum. Die Zn-Aufnahme der Samen beim Einweichen erwies sich jedoch als noch nicht ausreichend, um die Zn-Versorgung der Pflanzen während des gesamten Wachstumsverlaufs sicherzustellen. In einem Feld-Vers. war die Zn-Vorbehandlung der Samen ohne Einfl. auf Wachstum u. Ertrag. Wilfried Werner 6304◇

1972 **Auswirkung des Einweichens von Samen in Nährsalzlösungen. 2. Mitt. Die Zinkaufnahme durch Weizensamen aus Zinksulfatlösung und ihr Einfluß auf Wachstum und Ertrag.** S. P. Singh. (Indian J. agric. Sci. **31,** 266—70, 1961; engl.) — 1. vgl. vorst. Referat. — Weizenkörner wurden bei Raum-Temp. 24 Std. in $ZnSO_4$-Lsgg. steigender Konzz. (0,001—0,01 m) eingeweicht. Hierbei nahmen die Körner proportional der Zn-Konzz. der Lsgg. erhebliche Zn-Mengen auf (Keimling: 255—715, Endosperm: 195—360 ppm in der Trockensubstanz). Die prozentuale Keimung wurde bei geringen Zn-Konzz. erheblich gefördert, während sich höhere Konzz. depressiv auswirkten. In Zn-freier Wasserkultur hatten die Pflanzen aus Zn-behandelten Samen ein besseres Wachstum als Pflanzen aus Samen, die lediglich in W. eingeweicht worden waren. Im Feld-Vers. wirkte sich dagegen eine Behandlung des Saatgutes mit $ZnSO_4$-Lsg. nicht auf Wachstum u. Ertrag aus. Wilfried Werner 6304◇

1973 **Bodenbakteriologische Untersuchungsergebnisse aus mehrjährigen Feldversuchen unter besonderer Berücksichtigung der Vollstrohdüngung.** W. Nowak und A. Netzsch-Lehner. (Bayer. landwirtsch. Jb. **38,** 338—50, 1961; München, Bayer. Landesanst. für Pflanzenbau u. Pflanzenschutz; dt.) M. Winiker 6306◇

1974 **Die Mikrobiologie von Felsen und verwitterten Steinen.** D. M. Webley, Moira E. K. Henderson und Irene F. Taylor. (J. Soil Sci. **14,** 102—12, 1963; Aberdeen, Macaulay Inst. for Soil Res.; engl.) — Mikrobiolog. Unterss. an Felsen u. verwitterten Steinen in Schottland ergaben: Auf Felsen nahm die Zahl der Mikroorganismen mit dem Ausmaß der Besiedlung mit Moosen zu. Die höchsten Mikroorganismenzahlen wurden in „rohem" Boden in Felsspalten gefunden. Bakterien, Actinomyceten u. Fungi fanden sich auch im Innern von porösen verwitterten Steinen, nicht aber in nicht verwitterten Steinen. M. Winiker 6306◇

1975 **Untersuchungen über die „Vergiftung" tropischer Regenwälder zum Zwecke der Inkulturnahme des Landes und der Nutzung des Holzes.** G. H. Morhaus und L. F. van Santen Kolff. (Netherl. J. agric. Sci. **9,** 17—26, 1961; engl.) — In einem 3000 ha großen Gebiet Sumatras wurden mehrjährige Verss. über die Brauchbarkeit der „selektiven

Vergiftung" bei der Nutzbarmachung trop. Regenwälder durchgeführt. Als Chemikalien kamen zur Anwendung: *Trioxone* u. *2.4.5-T* in W. bzw. in Dieselöl, *Na-Arsenit*. Die Wrkg. dieser Mittel war abhängig von der Art der Anwendung, der Aufwandmenge u. der Art der Bäume. Auf Grund der erzielten Ergebnisse sind Vff. der Ansicht, daß das Verf. der „selektiven Vergiftung" auch unter den Bedingungen der Praxis anwendbar ist. Wilfried Werner 6312◇

1976 **Verbesserte Bekämpfung von „Cape Tulip".** G. A. Pearce. (J. Agric. Western Australia [4] **4**, 158–64, 1963; engl.) — Für die Bekämpfung der giftigen „Cape Tulip" in Südaustralien wird empfohlen, nach Abbrennen der Weiden vor April (erhöht die Zahl der keimenden Zwiebeln), austreibende Pflanzen mit *2.4-D-Ester* oder *-Amin*, oder *2.2-DPA* (*2.2-Dichlorpropionsäure*) zu spritzen. Die Behandlung muß im folgenden Jahr wiederholt werden. H. Goebel 6312◇

1977 **Wirkung einer Spritzung mit 4.6-Dinitro-o-kresol (DNOC) auf Stickstoffernährung und Ernteertrag von Winterroggen (Secale cereale L.).** J. Bruinsma. (Plant and Soil [The Hague] **18**, 1–20, 1963; Wageningen, Plant Physiol. Res. Centre; engl.) — Spritzung junger Getreidesaaten mit *4.6-Dinitro-o-kresol* (*DNOC*) bewirkt neben der Herbicid-Wrkg. eine Erhöhung des Ernteertrages. Aus Verss. wird geschlossen, daß DNOC-Spritzung von Winterroggen nicht nur als Stickstoffanwendung wirkt, sondern daß sie Wachstum u. Entw. anregt u. den Ertrag erhöht durch Befähigung der Saat zur besseren Ausnutzung des in Boden u. Pflanze vorhandenen Stickstoffs. H. Goebel 6312◇

1978 **Untersuchungen über die Bekämpfung von Kartoffelschorf (Streptomyces scabies) durch Bodendesinfektion mit PCNB.** Nils Gustafsson. (Kungl. Skogs-och Lantbruksakad. Tidskr. **101**, 301–16, 1962; Nynäshamn, Inst. för växtforskn. och kyllagring; schwed.) — Durch Breitstreuung, Eineggen oder Furchenstreuung wird *Pentachlornitrobenzol* (**I**, *PCNB*) in Mengen von 30, 60 u. 120 kg/ha zur Vorbehandlung des Bodens von Kartoffeläckern verwendet. Die Schutz-Wrkg. von **I** gegen Kartoffelschorf nimmt mit der Dosis zu. Lokalisierung von **I** in den Ackerfurchen bringt keine Verbesserung der Wirkung. Geringe Ertragsminderungen können mit einer durch **I** verursachten Verzögerung der Entw. erklärt werden, ebenso auch gelegentliche Herabsetzung des Geh. an Stärke u. Trockensubstanz. Bei größeren **I**-Dosen können auch Verminderungen der Kochqualität u. des Geschmacks u. Neigung zu Verfärbung auftreten. Aus diesen Gründen erscheint eine Beschränkung auf 50–80 kg/ha angezeigt. R. K. Müller 6312◇

1979 **Feldmäßige Beurteilung der Antibiotica und Fungicide, die zur Bekämpfung des durch Sclerotinia fructicola und S. laxa bei Sauerkirschen verursachten Blütenmehltaus und der Fruchtfäule verwendet werden.** Rajendra K. Grover. (Res. Bull. Panjab Univ. [N.S.] **13**, 103–14, 1962; Chandigarh, India, Panjab Univ., Dep. of Botany; engl.) — Bei künstlich mit Sclerotinia fructicola (Wint.) Rehm. (a) u. S. laxa Ader. et Ruhl. (b) infizierten Kirschbäumen (Prunus cerasus L.) wurde der Mehltau der Blüten u. Triebe mit 1 u. 2 ppm *Actidion* (**I**), 1 u. 2 ppm *Actidion-semicarbazon* (**II**), 1 u. 2 ppm *Phytoactin* (**III**), $^1/_2$ u. 1 lb. (pro 100 gal.) *Cyprex* (**IV**), 1 u. $1^1/_2$ lb. *Fermate* (**V**), 1 u. 2 lb. *Phaltan* (**VI**) sowie $^1/_4$ u. $^1/_2$ *Phygon* (**VII**) bekämpft. Durch 1 u. 2 ppm **III** ließ sich **b** fast vollständig vernichten, während dies bei **a** nur mit 2 ppm möglich war, die die Blüten leicht schädigten. Wirksam bekämpft werden konnten **a** u. **b** mit 2 ppm **I**, 2 lb. **VI** u. $^1/_2$ lb. **VII**. **II** bewährte sich nicht. In drei Obstgärten mit zahlreichen unterschiedlichen Konzz. u. Präpp. vorgenommene Verss. zur Bekämpfung der durch **a** u. **b** ebenfalls verursachten Fäule der reifen Früchte ließen die starke Abhängigkeit der vernichtenden Wrkg. von den lokalen Bedingungen erkennen. Als erfolgreiche Bekämpfungsmittel erwiesen sich **VI** + Haftmittel, **I** + **IV**, **I** + **V**, **IV**, *Bordeauxbrühe* u. **V**. Direkte Spritzungen beeinflußten teilweise Größe, Farbe u. Geschmack der Früchte ungünstig. W. Kreipe 6312◇

1980 **Einfluß von Mineralöleinmischung in Böden.** Olle Johansson. (Kungl. Skogs-och Lantbruksakad. Tidskr. **101**, 278–90, 1962; Uppsala, Kungl. Lantbrukshögskolan; schwed.) — Mineralölverunreinigungen in der Größenordnung von 0,1% verursachen keine Schädigung der Fruchtbarkeit von Ackerböden, Mengen bis zu 1% schädigen nur auf begrenzte Zeit. Bei kolloidarmen Böden können auch schon < 1% Leichtöl den Ertrag auf kurze Zeit mindern. Schwerere Öle schädigen weniger, aber länger. Höhere Ton- oder Humus-Geh. erhöhen das Puffervermögen von Böden gegen Ölverunreinigung. Als vorläufiger Grenzwert für bei Ackerböden zulässige Ölmengen wird 1 kg/m² vorgeschlagen. R. K. Müller 6312◇

1981 **Über Pollenmilben und ihre Bekämpfung.** Harry Hirschfelder. (Bayer. landwirtsch. Jb. **38**, 368–72, 1961; Erlangen, Bayer. Landesanst. für Bienenzucht; dt.) — Durch *S*-Dämpfe werden Pollenmilben ziemlich rasch getötet. Da die Eier der Milben jedoch nicht abgetötet werden, ist eine Wiederholung des Schwefelns erforderlich. Auch *Chlorbenzilat* ist ein wirksames Bekämpfungsmittel, hat als Berührungsgift aber den Nachteil, daß es nur da wirkt, wo es als Belag vorhanden ist. Als besonders geeignete Bekämpfungsmittel sind *Essigsäure* u. *Imkerglobol* anzusehen, die als langsam verdampfende Atemgifte längere Zeit wirksam sind. M. Winiker 6312◇

1982 **Der Wassergehalt bei pF 2 als Kriterium bei Bodenerhebungen in den Niederlanden.** H. Kuipers. (Netherl. J. agric. Soil **9**, 27–35, 1961; Groningen, Inst. for Soil Fertility; engl.) — Der Wasser-Geh. von Böden bei pF = 2 ist nach den Unterss. des Vf. ein brauchbares Kriterium für die Lagerungsdichte von Böden mittlerer u. schwerer Textur. Es zeigte sich, daß die Best. des Wasser-Geh. bei pF = 2 nicht unbedingt in ungestörten Bodenproben durchgeführt zu werden braucht, da weder das Poren-Vol. noch die Aggregatgröße (bei Aggregaten >2–3 mm) die Werte verändert. Bei hohen Geh. der Böden an Aggregaten <1 mm steigt der Wasser-Geh. bei pF = 2 stark an, bei sehr dichter Lagerung nimmt er ab. Wilfried Werner 6324◇

1983 **Ermittlung der Nährstoffbedürfnisse von tropischen Böden.** H. N. Mukerjee. (Soil Sci. **95**, 276–80, 1963; Bangkok; engl.) — Vortrag, in dem Vf. über von ihm in Indien gemachte Erfahrungen berichtet. M. Winiker 6324◇

1984 **Schnellmethoden für Boden- und Pflanzenanalysen durch kleine Laboratorien.** A. C. Schuffelen, A. Muller und J. Ch. van Schouwenburg. (Netherl. J. agric. Sci. **9**, 2–16, 1961; Wageningen, Agric. State Univ., Labor. of Soils and Fertilizers; Amsterdam, Royal Inst. for the Tropics; Groningen, Inst. for Soil Fertility; engl.) — Es werden die Arbeitsvorschriften einer Reihe von Schnellmeth. für Boden u. Pflanzenanalysen zusammengestellt, die sich in niederländ. Labor. als genügend genau u. reproduzierbar erwiesen haben. Im einzelnen sind angeführt: Best. von pH-Wert, Glühverlust u. Cl-Geh. des Bodens sowie im Morgan-Extrakt von Fe, Al, Ca, K, Mn mit Perjodat, Mn mit Formaldoxim, Mg, PO_4, NO_3 mit Brucin, NO_3 mit Pyrogallol, NH_3; Best. von reduzierbarem Mn im Boden; Best. des Geh. von Pflanzen an Na, K, Ca, N (nach Kjeldahl), PO_4 u. Mg. Wilfried Werner 6324◇

1985 **Direkte Bestimmung von anorganischem Bodenphosphat.** D. J. Parton. (J. Soil Sci. **14**, 167–77, 1963; Ipswich, Suffolk, Levington Res. Stat.; engl.) — Beschreibung einer Isotopenverdünnungsmethode. M. Winiker 6324◇

1986 **Bemerkungen zur colorimetrischen Bestimmung der Phosphorsäure.** J. Cotte und M. L. Gielfrich. (Ann. Inst. nat. Rech. agronom., Sér. A **11**, 713–22, 1960; Rennes, École nat. d'Agriculture; franz.) — Vff. untersuchten die Reproduzierbarkeit der colorimetr. Best. (mittels der *Molybdänblau*-Meth.) von *Phosphat* in SiO_2-haltigen Pflanzen- u. Bodenextrakten bei Benutzung verschiedener Red.-Mittel, nämlich *Hydrochinon* (**I**), *Metol* (**II**), *1.2.4-Aminonaphtholsulfonsäure* (**III**) u. *Hydrazin* (**IV**). Bei kalter Rk.-Lsg. verdient **III** im Hinblick auf die Empfindlichkeit u. die Geschw. der Rk. den Vorzug vor **I** u. **II**. Bei warmer Rk.-Lsg. ist **III** besonders für die Best. geringer Phosphat-Konzz. (1–2 γ P_2O_5/10 ml) geeignet. Im Hinblick auf die Geschw. der Rk., den störenden Einfl. von Si u. die Farbstabilität sind **III** u. **IV** eindeutig geeigneter als **I** u. **II**. M. Winiker 6324◇

1987 **Die Dynamik des Kaliums im Boden und die Kaliumversorgung der Pflanzen.** A. Strasman, P. Quidet und R. Blanchet. (Ann. Inst. nat. Rech. agronom., Sér. A **9**, 637–60, 1948; Versailles, Stat. centrale d'Agron.; Paris

Soc. comm. des Potasses d'Alsace; franz.) — Freiland-Verss. ergaben, daß die Dynamik des *Kaliums* im Boden nicht nur von der Art der in letzterem enthaltenen Tonmineralien sondern auch von den vorliegenden Humus-Koll. abhängt. Eine Beziehung zwischen der K-Versorgung der Pflanzen u. der Konz. an austauschbarem K^+ in der Boden-Lsg. wurde nicht festgestellt. Es wird empfohlen, für die Belange der Praxis die Best. des Geh. der Böden an austauschbarem K^+ durch die Best. des Verhältnisses austauschbares K^+:S-Wert oder des Verhältnisses austauschbares Ca^{2+}:austauschbarem K^+ zu ersetzen. M. Winiker 6324◇

1988 **Beitrag zur Untersuchung der Austauschkapazität und der austauschbaren Basen nicht kalkhaltiger Böden. 1. Mitt. Die Austauschkapazität; Diskussion und Wahl von (geeigneten Bestimmungs)methoden.** P. Lefèvre. (Ann. Inst. nat. Rech. agronom., Sér.A **12**, 169—206, 1961; Amiens, Stat. d'Agron.; franz.) — Nach eingehender Diskussion u. Überprüfung der zur Zeit zur Best. der Austauschkapazität von Böden zur Verfügung stehenden Meth. entschieden sich Vff. im Prinzip für die *NH_4-Acetat*-Meth., für die sie eine eigene Arbeitsvorschrift entwickelten, die ausführlich beschrieben wird. — 77 Literaturangaben.
M. Winiker 6324◇

1989 **Chemische und mikrobiologische Bestimmung von Kupfer im Boden.** Aage Henriksen und H. L. Jensen. (Acta Agric. scand. **8**, 441—69, 1958; Vejle, Dep. of Soil Chem.; Lungby, Dep. of Bacteriol.; engl.) — In 688 Proben von landwirtschaftlich genützten Böden wurde *Cu* mittels folgender Meth. bestimmt: (**a**) Extraktion mit *HCl* (pH 2,0) nach Steenbjerg, (**b**) Extraktion mit 0,02m Lsg. von *Na_2-EDTA* u. (**c**) *Aspergillus niger*-Meth. nach Mulder. Meth. **a** liefert die niedrigsten, Meth. **c** die höchsten Cu-Werte. Die mittels Meth. **b** erhaltenen Cu-Werte waren am besten reproduzierbar u. korrelierten am besten mit den Ergebnissen von Cu-Düngungs-Verss. auf den betreffenden Böden, jedoch waren auch die mit den Meth. **a** u. **c** erzielten Cu-Werte für für die Belange der Praxis brauchbar. M. Winiker 6324◇

1990 **Bestimmung von Maneb in Gegenwart von Kupfer.** K. Gardner und S. V. Swift. (Analyst **88**, 242—43, 1963; Harston, Cambridge, Fisons Pest Control Ltd., Analyt. Dep.; engl.) — Mn-Äthylen-1.2-bis-[dithiocarbamat] (Maneb) wird zur Best. durch Zers. mit H_3PO_4 in CS_2 übergeführt, das durch Absorption in äthanol. KOH-Lsg. in das Xanthat verwandelt wird, das mit Jod titriert werden kann. Dabei stört Cu. Zur Vermeidung der Störung gibt man zu der Substanz einen 1,5fachen Überschuß an fein verriebenem ZnS u. 2 ml W., verreibt sorgfältig, fügt noch einmal 2 ml W. zu u. führt die Best. wie üblich durch. R. Krämer 6328◇

1991 **Chromatographie von organischen Insekticiden. 3. Mitt. Chromatographie von Rotenon und seinen Derivaten.** Takashi Shishido. (J. agric. chem. Soc. Japan [Nippon Nôgei-Kagaku Kaishi] **36**, 780—84, 1962; jap.) — 2. vgl. C. **1963**, 19387. S. Hess 6328◇

1992 **Bestimmung von Begasungsmitteln. 23. Mitt. Wiederauffinden von Blausäure in begasten Insekten.** H. J. Bhambhani. (J. Sci. Food Agric. **7**, 276—81, 1956; Sunninghill, Berks., Imperial College Field Stat.; engl.) — 22. vgl. J. Sci. Food Agric. **3**, [1952], 390. — Von dem in begasten *Calandra canaria L.* oder *C. oryzae L.* als Cyanhydrin vorhandenem *HCN* (**I**) war die nach einem abgeänderten Verf. bei pH 3,2 durch Dest. bestimmte Gesamtmenge ebenso wie der durch kalte Belüftung wiedergefundene Anteil höher, wenn die Insekten gemahlen wurden, wobei die Differenz zwischen der aufgenommenen u. der wiedergefundenen Menge **I** bei kurzer Begasungsdauer kaum meßbar war. Die von Pradhan u. Bhatia (Bull. entomol. Res. **42**, [1951] 399) bei pH 1,2 einer in den ungemahlenen Insektenkörper zugeschriebenen Umwandlung gefundene Differenz scheint zum mindesten z. T. auf unvollständiger Best. zu beruhen.
Fritz Müller/Ludwigshafen 6328◇

1993 Dow Chemical Co., Midland, Mich., übert. von: Howard Johnston, Concord, Calif., V.St.A., **Herstellung von Trichlornitroäthylen,** Kp.$_{18}$ 59°, durch Rk. von C_2HCl_3 mit wss., 30—80, bes. 50—70%ig. HNO_3 in mol. Verhältnis von 1 : 1 bis 1 : 3, bes. 1 : 1,5 bis 1 : 2 bei 75—90°. Als Nebenprod. entsteht $CCl_4(NO_3)_2$, Kp.$_{18}$ 43°. Verw. zur *Bekämpfung von Wasserpflanzen* (Anacharis spp., Cabomba caroliniana, Lysimaestrum nummularia, Salvinia rotundifolia u. Ceratophyllum spp.) mit 99—100%ig. Wirkg. bei einer Konz. von 0,001%. (**A. P. 3 054 828** vom 17/10. 1960, ausg. 18/9. 1962.) W. Gräger 6313

1994 Dow Chemical Co., übert. von: Roger F. Monroe und Arthur W. Anderson, Midland, Mich., V.St.A., **Herstellung von epoxylierten Äthern acetylenisch ungesättigter Alkohole,** bes. der 2.3-Epoxypropyläther der Formel $HC{\equiv}C{-}R{-}O{-}CH_2{-}CH{-}CH_2$ (mit O-Brücke zwischen CH und CH_2) (R = gesätt. 2wertiger C_{1-8}KW-Stoffrest, 6 C-Atome können dabei einen Ring bilden), die durch Rk. eines 2-Hydroxy-3-chlorpropyläthers eines acetylen. Alkohols (**I**) mit einem Alkali- oder Erdalkalihydroxid, bes. im mol. Überschuß, bei Raum-Temp. bis 100° erhalten werden, wie *1.2-Epoxy-3-(1-äthinylcyclohexyloxy)-propan*, Kp.$_{0,5}$ 70°; *1-(1.1-Dimethylpropinyloxy)-2.3-epoxypropan*, Kp.$_{63}$ 102°; *1.2-Epoxy-3-(1-isobutyl-1-methylpropinyloxy)-propan*, Kp.$_{0,8}$ 70°; *1.2-Epoxy-3-propargyloxypropan*, Kp.$_1$ 30°. Setzt man **I** mit Epichlorhydrin (**II**) in Ggw. eines Alkali- oder Erdalkalihydroxids um oder läßt man **II** mit dem acetylen. Alkohol in Ggw. eines Metallhalogenids, wie $SnCl_2$, ZnJ_2 oder BF_3, reagieren u. behandelt das Rk.-Prod. mit Alkali- oder Erdalkalihydroxid, wobei die Rkk. ebenfalls bei Raum-Temp. bis zu 100° durchgeführt werden können, so erhält man Epoxypropoxychlorpropyläther von acetylen. Alkoholen der Formel $HC{\equiv}C{-}R{-}O{-}[CH_2{-}CH(CH_2Cl){-}O{-}]_n{-}CH_2{-}CH{-}CH_2$ (mit O-Brücke zwischen CH und CH_2) (R = 2wertiger aliphat. oder cycloaliphat. C_{1-8}-KW-Stoffrest, n = 1—100 oder mehr). u. zwar bei Verw. von **II** im Überschuß ist diesem entsprechend n = 2—100. Die Prodd. können in Ggw. von Katalysatoren mit mehrwertigen Alkoholen (Glykol) zu Polymeren umgesetzt werden, die mit polymerisierbaren Monomeren in üblicher Weise vernetzt werden können. An monomeren Äthern erhält man: *1-Chlor-2-(2.3-epoxypropoxy)* (**III**)-*3-(1-äthinylcyclohexyloxy)-propan*, Kp.$_{20}$ 116°; *1-Chlor-3-(1.1-dimethylpropinyloxy)-2-(2.3-epoxypropoxy)-propan*, Kp.$_2$ 116°; **III**-*3-(1-isobutyl-1-methylpropinyloxy)-propan*, Kp.$_{0,9}$ 115°; **III**-*3-Propargyloxypropan*, Kp.$_1$ 110°. Die monomeren Prodd. wirken schon in sehr geringer Konz. (100 ppm) als *Herbicide*. (**A. PP. 2 986 569 u. 2 986 570** vom 3/3. 1958, ausg. 30/5. 1961.)
W. Gräger 6313

1995 Dow Chemical Co., Midland, übert. von: Dorsey R. Mussell, Clare, Mich., V.St.A., **Veränderung der Wachstumseigenschaften von Pflanzen.** Zur selektiven Vernichtung des Wachstums von keimenden Unkrautsamen, auflaufenden Unkrautkeimlingen oder -pflanzen im Vorauflauf- oder Nachauflauf-Verf., bes. von Gräsern u. breitblättrigen Unkräutern, z. B. Crab- oder Johnson-Gras, werden die Kulturböden oder sonstige Wachstumsmedien u. Unkrautpflanzen mit Lsgg., Emulsionen, wss. Dispersionen, Suspensionen oder festen, feinverteilten, inerten Stäubemitteln besprüht oder bestäubt, welche als tox. Wirkstoff 0,0001 bis 50 (%), bes. 0,1, einer Kresol-Verb. der Formel **I** enthalten, in

$$A{-}CH_2{-}N{<}^{R}_{R} \qquad \mathbf{I}$$

der R Methyl oder Äthyl u. A. die Reste **II** oder **III** bedeuten,

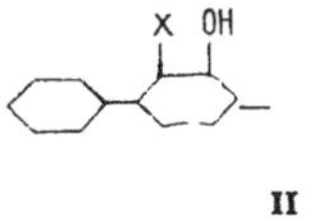

oder

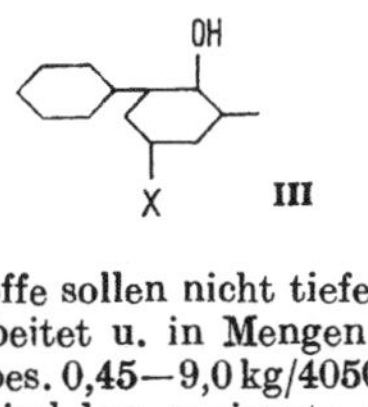

II **III**

wobei X H oder Cl ist. Die Wirkstoffe sollen nicht tiefer als 3,8 cm in die Ackerkrume eingearbeitet u. in Mengen von wenigstens 2 ppm bzw. 0,45—45 kg, bes. 0,45—9,0 kg/4050 m², verwendet werden. Als Wirkstoffe sind bes. geeignet: *α-Dimethylamino-*, *4-Chlor-α-(dimethylamino)-*, *4-Chlor-α-(diäthylamino)-6-phenyl-o-kresol* u. *6-Chlor-α-(diäthylamino)-5-phenyl-o-kresol*. Sie sind im Ackerboden sehr beständig u. bewirken eine mehrere Monate dauernde Abtötung der Unkräuter, während tieferwurzelnde Kulturpflanzen, z. B. Baumwollpflanzen, nicht geschädigt werden. Die Kresol-Verbb. sind auch zur *Dechloro-*

phyllisierung von Pflanzen u. zur Erzeugung von *Albinismus* verwendbar. (**A. P. 2989391** vom 5/4. 1957, ausg. 20/6. 1961.) H. Karst 6313

1996 Soc. An. des Manufactures des Glaces et Produits Chimiques de Saint-Gobain, Chauny & Cirey, Frankreich (Erfinder: Luce Coupin), **Verhinderung der Knospenbildung an Pflanzen,** bes. an Tabak, durch Behandlung der einzelnen Stauden mit einer wss. Lsg. von Aminoplasten, wie Harnstoff-, Thioharnstoff-, Melamin- oder Anilin-Formaldehydharze, denen ein Härtemittel im Verhältnis 10 : 1 zugesetzt ist. Die gebrauchsfertige Lsg. wird erst nach Ablauf von ca. $^1/_3$ der Gesamtzeit, die für die Durchhärtung erforderlich ist, verwendet. (**F. P. 1 228 274** vom 11/3. 1959, ausg. 29/8. 1960.) W. Wittholz 6313

1997 Monsanto Chemical Co., St. Louis, Mo., V.St.A., **Mono- und Dithiocarbaminsäurebenzylester** der allg. Formel $R_2(R_1):N-C(=X)-X-R_3$ (X = O oder S, jedoch mindestens ein X = S; R_1 u. R_2 = H, Alkyl-, Alkoxyalkyl-, Carboxyalkyl-, Carbamylalkyl-, Cycloalkyl-, Alkenyl- oder Halogenalkenylrest mit $\leqq$ 7 C-Atomen oder zusammen einen Rest der allg. Formel C_nH_{2n} bildend, wobei n = 4—8 u. der Rest ggf. durch ein O-Atom oder die Gruppen der allg. Formel —NY— unterbrochen ist; Y = H, Aklyl- oder Hydroxyalkylrest; R_3 = Benzyl-, Methylbenzyl- oder Halogenbenzylrest mit $\leqq$ 4 Halogenatomen am Ring) erhält man nach E. P. 886 425 durch Kondens. eines Alkali- oder Ammoniumthiocarbamats oder der entsprechend substituierten Thiocarbaminsäure mit einem halogenierten Benzylhalogenid mit 2—4 Halogenatomen am Ring. Bevorzugt sind Prodd. mit 1 Cl-Atom in 2- oder 6-Stellung bzw. 2 Cl-Atomen in 2- oder 6-Stellung u. 3 Cl-Atomen in 2.3.6- oder 2.4.6-Stellung zur CH_2-Gruppe. Man leitet z. B. 2 (Mol) COS in eine auf — 10° gekühlte Lsg. von 2 Di-n-propylamin in 500 ml trockenem Ae. bis zu einer Gewichtszunahme von 120 g ein, rührt noch 1½ Std. bei 0—10°, setzt 1 Trichlorbenzylchlorid zu, hält das Gemisch 24 Std. bei 25—30°, filtriert, entfernt unter Vakuum Ae. u. nichtumgesetztes Trichlorbenzylchlorid bei $Kp._{1-2}$ 150 bis 200° u. filtriert *Di-[n-propyl]-thiolcarbaminsäuretrichlorbenzylester*, $C_{14}H_{18}Cl_3NOS$, dunkles, bernsteinfarbenes viscoses Öl; 82,7% (Ausbeute). Analog erhält man *Trichlorbenzylester* folgender Säuren: *N.N-Bis-[2-methoxyäthyl]-dt* (*dt = dithiocarbaminsäurerest*), bernsteinfarbenes Öl; 71,1%; *N-[3-Chlor-2-butenyl]-N-cyclohexyl-dt*, viscoses Öl; 90%; *N-[2-Carbamoyläthyl]-N-cyclohexyl-dt*, F. 111—113° (aus A.), 70%; *N-[2-Chlorallyl]-N-isopropyl-dt*, viscoses Öl, 79,5%; dt, F. 126—134°, 36,8%; *N-Carboxymethyl-N-methyl-dt*, F. 193—195° (aus Äthylacetat), 95%; *N-[β-Hydroxyäthyl]-piperazin-dc* (*dc = dithiocarbonsäurerest*), F. 90—95° (aus A.), 66,3%; *5-Äthyl-2-methyl-1-piperidin-dc*, braunes viscoses Öl, 88%; *N-Carboxymethyl-N-methyl-dt*, daraus *O-Na-Salz des Dihydrats*, F. 70—80°, 30,6%; *N.N-Diäthyl-th* (*th = thiolcarbaminsäurerest*), gelbe Fl., 71%; *N.N-Diisobutyl-th*, viscoses, bernsteinfarbenes Öl, 82%; *N-Carboxymethyl-N-methyldithiocarbaminsäure-2.3.6-trichlorbenzylester*, daraus *O-Na-Salze des Dihydrats*, F. 242 bis 245°, 53,4%. Nach E. P. 886 429 erhält man folgende Ester der *N.N-Diisopropyldithiocarbaminsäure*: *2.4.5-Trichlorbenzylester*, F. 53—54°, $C_8H_{16}Cl_3NS_2$, 98,5%; *2.4.6-Trichlorbenzylester*, F. 129—130° (aus A.), 77,5%; *2.3.6-Trichlorbenzylester*, F. 82—83° (aus Heptan), 79,5%; *2.3.4-Trichlorbenzylester*, $Kp._{10}$ 137—142°, Fl., 90,2%; *2.5-Dichlorbenzylester*, $Kp._{25}$ 132 bis 136°, Fl., 78,7%; *p-Chlorbenzylester*, F. 84—85° (aus A.), 96,3%; *2.4-Dichlorbenzylester*, bernsteinfarbenes Öl, 80,9%; *o-Chlorbenzylester*, bernsteinfarbenes Öl, 83%; *m-Chlorbenzylester*, viscoses Öl, 89,5%; *3.4-Dichlorbenzylester*, F. 59 bis 61°; 96%; *2.6-Dichlorbenzylester*, F. 100—101° (aus A.), 83,5%; *2.3.5.6-Tetrachlorbenzylester*, F. 110—111° (aus A.), 79%; *2.3.4.5-Tetrachlorbenzylester*. F. 82—83° (aus A.), 98%. — *Herbicide.* — Tabellen. (**E. PP. 886 425** u. **886 426** vom 6/5. 1958, ausg. 10/1. 1962. A. Prior. 6/5. 1957. **Zusätze zu E. P. 805500; C. 1959, 8416.**) G. Vogel 6313

1998 N. V. Aagrunol Chemische Fabrieken, Groningen, Niederlande, **Fungicide und insekticide Mittel,** enthaltend als Wirkstoff ein quatern. Ammonium-Salz einer Dithiocarbaminsäure, besitzen nicht nur prophylakt., sondern auch kurative Wirksamkeit bei der Behandlung von Pflanzen. — Stearyltrimethylammonium-, Tetradecyltrimethylammonium-, Cetyldimethylbenzylammonium-Salze der Dimethyldithiocarbaminsäure. Diäthyldithiocarbaminsäure oder der Methyldithiocarbaminsäure. Weitere Beispiele. Man kann feste oder fl. Füllstoffe, Bindemittel, Netzmittel u. Emulgatoren zugeben. (**E. P. 902627** vom 12/12. 1958, ausg. 1/8. 1962. Niederl. Prior. 16/12. 1957.) K. Koebke 6313

1999 Farbenfabriken Bayer Akt.-Ges., Leverkusen, **Fungicide Mittel für den Pflanzenschutz,** bestehend aus 5—95 (%) eines organ. Fungicids („Zineb" TMTD, „Ziram", CDN) u. a) 1—25 eines Aryloxypolyglykoläthers, eines Fettsäurepolyglykolesters u./oder eines Fettsäureglycerinesters mit wenigstens einer freien OH-Gruppe oder einem Palmitylalkoholglykolpolyäther mit 5—25 Glykolgruppen u. Ca-Palmitylpolyglykoläther oder einem Fettalkoholpolyglykoläther, wobei die Fettsäure bzw. der Fettalkohol 8—25 C-Atome aufweisen u. mit Polyglykoläthern von 2—50 Glykolgruppen kondensiert sind, b) 1—15 eines Metall- (Ca, Mg, Zn, Mn, Fe, Al) Salzes einer Fettsäure mit 8—25 C-Atomen, c) 0—10 einer festen organ. aliphat. Di- oder Poly- oder Hydroxycarbonsäure mit 3—10 C-Atomen u./oder einer aromat., ggf. mehrbas. oder OH-Gruppen enthaltenden Carbonsäure u. d) als Rest einem inerten Füllstoff. — Rasch einsetzende u. lang anhaltende Wrkg., gute Verteilung. (**E. P. 905 695** vom 9/3. 1960, ausg. 12/9. 1962. D. Prior. 10/3. 1959.) K. Koebke 6313

2000 Dow Chemical Co., übert. von: George B. Sterling, Midland, und Chester E. Pawloski, Bay City, Mich., V.St.A., **Propargyloxybenzoesäurephenylester** erhält man durch Rk. eines Salicylsäurephenylesters, dessen Phenylrest in o-, m- oder p-Stellung durch einen C_{1-5}-Alkylrest substituiert sein kann, mit Propargylchlorid oder -bromid in äquimol. Mengen in einem Lsgm. (Aceton, Ae., Bzl., Hexan) in Ggw. von Alkalicarbonat als HCl- oder HBr-Acceptor bei 34—100°. Man erhält so: *Phenyl-o-propargyloxybenzoat* (**I**), n_D^{25} 1,5769, $D._{25}^{25}$ 1,169; *4-tert.-Butyl-I*, n_D^{25} 1,5375, $D._{25}^{25}$ 1,076; *2-* oder *3-Methyl-I*, *4-Äthyl-I*, *2-Butyl-I*, *4-Amyl-I*. — *Herbicide.* (**A. P. 3 061 631** vom 23/3. 1961, ausg. 30/10. 1962.) W. Gräger 6313

2001 Dr. F. Raschig G. m. b. H., Ludwigshafen/Rh., übert. von: Arnolds Steinhards, Kalamazoo Township, Mich., V.St.A., und Wilhelm Mathes, Ludwigshafen/Rh., **Mittel zur Vernichtung unerwünschten Pflanzenwachstums und von Nematoden.** Die Mittel bestehen aus wss. Emulsionen, Suspensionen, Dispersionen, Stäubemitteln, netzbaren Pulvern, Konzentraten u. dgl., welche ein Netzmittel u. als Wirkstoff 0,1—80, bes. 0,1—1%, einer Verb. der allg. Formel **I** enthalten, in der R einen KW-Stoff-Rest mit 1 bis

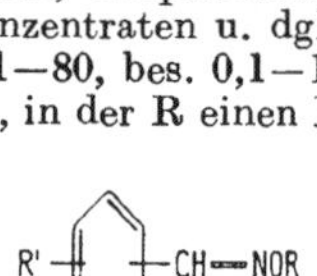

I

12 C-Atomen, bes. Alkyl-, Alkenyl-, Cycloalkyl-, Cycloalkenyl-, Cycloalkylalkyl-, Cycloalkenylalkyl-, Aralkyl- oder Aralkenylreste u. R' H oder Methyl bedeuten. Bes. geeignete Wirkstoffe sind: die *O-n-Propyl-*, *O-Isoamyl-* u. *O-n-Amyläther des 2-Pyridinaldoxims*, die *O-n-Propyl-*, *O-Isoamyl-* u. *O-2-Phenyläthyläther* des *3-Pyridinaldoxims* oder *4-Pyridinaldoxims*, die *O-n-Propyl*, *O-Isoamyl-* u. *O-Benzyläther* des *6-Methyl-2-pyridinaldoxims* u. der *O-Allyläther* des *2-Methyl-4-pyridinaldoxims*. Die Mittel werden in ca. 7,5 cm Tiefe in die Ackerkrume in Mengen von 2,25—45 kg/4050 m², bes. 4,5—13,5 kg, eingearbeitet. Die Konzz. der wss. Emulsionen u. Dispersionen an den Wirkstoffen betragen ca. 50—2000 ppm. Andere Herbicide, z. B. Phenoxyessigsäure-Derivv., NH_4-Sulfamat, Dinitro-o-Kresol, Arsenite, Carbamate, Chlorate, Harnstoff-Derivv., Pentachlorphenolate u. Trichloressigsäure, können den Mitteln zugesetzt werden. Die Wirkstoffe sind als Total- u. selektive Herbicide sowie zur Vernichtung von *Heterodera-*, *Meloidogyne-*, *Ditylenchus-* u. dgl. *Nematodenarten* verwendbar. (**A. P. 3 043 675** vom 7/12. 1959, ausg. 10/7. 1962.) H. Karst 6313

2002 Monsanto Chemical Co., St. Louis, Mo., übert. von: Joseph W. Baker, Nitro, W.Va., V.St.A., **Bekämpfung des Pflanzenwachstums.** Als Kontakt- u. Vorauflaufherbicide werden Emulsionen, wss. Dispersionen, Spritz- oder Stäubemittel verwendet, die als Wirkstoff

0,1—10 Gew.-% eines Esters der Phosphordiamidsäure der Formel I enthalten, in der R^I Alkylreste mit 1—12 C-Atomen,

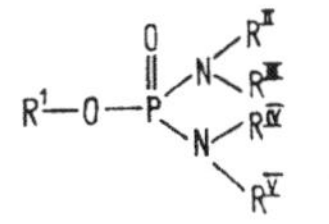

einschließlich Cyanoäthyl, Äthoxyäthyl, Benzyl u. Nitrophenyl, u. R^{II}, R^{III}, R^{IV} u. R^V niedere Alkyl- u. Allylreste bedeuten, wobei für den Fall, daß R^I Methyl ist, R^{II}, R^{III}, R^{IV} u. R^V jedes für sich wenigstens 3 C Atome enthalten sollen. Beispiele der herbiciden Wirkstoffe sind: *Propyl-, Butyl-, Amyl-, Hexyl-, Octyl-, 2-Äthylhexyl-, Nonyl-, Decyl-, Undecyl-, Dodecyltetramethyl-* oder *-tetraäthylphosphordiamidat, Äthyltetrapropyl-, Äthyltetraallyl-, Äthyltetrabutyl-, Butyltetrapropyl, 2.3-Dichlorallyltetrapropylphosphordiamidat* u. dergleichen. Zur Vernichtung von grasartigen u. breitblättrigen Unkräutern der *Gramineae-, Leguminosae-, Cucurbitaceae-, Chenopodiaceae-, Amaranthaceae-, Convolvulaceae-* u. *Polygonaceae-Familien* werden ca. 4,5—27,0 kg/4050 m^2 benötigt. Die herbicide Wrkg. der Verbb. hält für längere Zeitperioden an. Sie können außerdem als *Bodensterilisations-* u. *Entblätterungsmittel* dienen. (**A. P. 2 993 775** vom 8/10. 1956, ausg. 25/7. 1961.) H. Karst 6313

2003 Monsanto Chemical Co., St. Louis, Mo., übert. von: George A. Saul, Joseph W. Baker, Nitro, und Kenneth L. Godfrey, St. Albans, W.Va., V.St.A., **Unkrautvernichtung mit Mischanhydriden der Phosphoramidsäure.** Die herbiciden Mittel enthalten als Wirkstoffe Mischanhydride der allg. Formel I, in der Hlg = Cl, Br u. J, X u. Y = O u S,

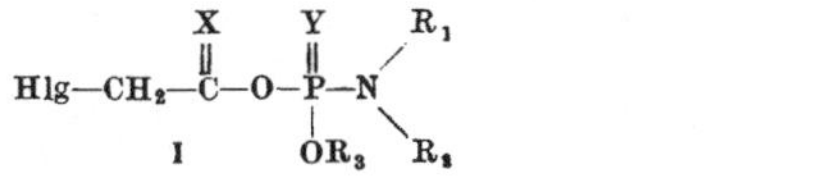

R_1, R_2 u. R_3 niedere Alkyl-, Alkenyl-, Alkoxy-, Alkenoxy-, Alkoxyalkyl-, Alkenoxyalkyl-, Pyrrolidin-, Morpholin- u. Piperidin-Gruppen bedeuten. Bes. geeignet sind: Mischanhydride der *Chloressigsäure* u. der *Äthyldiäthyl-, Äthyldimethylphosphoramidsäure* oder der *Äthyldimethylphosphoroamidothiosäure* u. dgl. in Konzz. von 0,1—10,0% u. Mengen von 0,225 — 7 kg/4050 m^2. Die Wirkstoffe vernichten bes. im Vorauflauf-Verf. Unkräuter der *Gramineae-, Amaranthaceae-* u. *Chenopodiaceae-Familien.* (**A. P. 2 983 595** vom 19/2. 1958, ausg. 9/5. 1961.) H. Karst 6313

2004 Monsanto Chemical Co., St. Louis, Mo., übert. von: Milton Kosmin, Dayton, Ohio, V.St.A., **Alkanthiolsalze** der allg. Formel Alk—SH·NH_2—(R—NH)n—R—NH—X (Alk. = Alkylrest mit 1—8 C-Atomen, R = Alkylenrest mit 2—3 C-Atomen, n = Zahl von 0—2, X = aliphat. Rest. mit 8—18 C-Atomen) können hergestellt werden durch Rk. von Alkanthiolen mit N-KW-Stoffpolyäthylenpolyaminen. Die Verbb. sind in niedrigen Konzz. (10 ppm) wirksame *Fungicide* u. in höheren Konzz. (1%) *Herbicide.* (**A. P. 3 004 885** vom 16/10. 1956, ausg. 17/10. 1961.) R. Bauereis 6313

2005 „Shell" Research Ltd. (Erfinder: Pieter den Haken), **Fungicide Pflanzenschutzmittel** erhält man durch Rk. von Polythiuramsulfiden der allg. Formel (—S_x·SC·NR·X·NR'·CS·S_y)n (R u. R' = H oder KW-Stoffrest, X = organ. Rest, x u. y = 0 oder ganze Zahl, wobei x + y = 1, 2, 3 oder 4, n = 1—4) mit Alkalihydroxiden in wss. oder alkohol. Lsg. oder Alkalialkoxiden in alkohol. Lsg. u. Umsetzen mit einem lösl. Salz eines mehrwertigen Metalls. Man löst 10,5 (Teile) Äthylen-bis-thiuramdisulfid in einer Lsg. von 4 NaOH in 10 W. u. 250 A. bei 0°, gibt eine Lsg. von 5,4 $FeCl_3$ in 10 W. u. 50 A. zu, zentrifugiert den Nd. ab u. trocknet ihn. Analog das Zn-Salz des *1.2-Propylen-bis-thiuramdisulfids.* (**Aust. P. 234 970** vom 24/6. 1959, ausg. 7/9. 1961. E. Prior. 26/6. 1958.) C. Lüttgen 6313

2006 Badische Anilin- & Soda-Fabrik Akt.-Ges., Ludwigshafen/Rh. (Erfinder: Franz Reicheneder, Karl Dury, Ernst-Heinrich Pommer, Ludwigshafen/Rh., und Herbert Stummeyer, Mannheim), **Fungicide Mittel,** gek. durch den Geh. an einem N-substituierten Dichlormaleinimid der allg. Formel I, in der R H oder einen geraden oder verzweigten Alkylrest bedeutet,

I

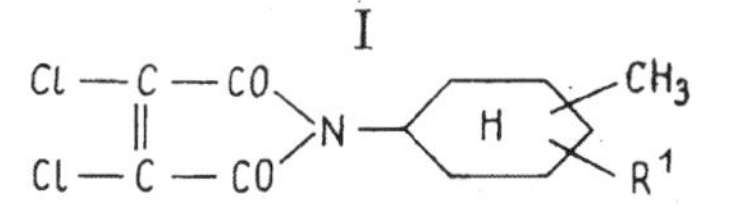

bes. *N-(p-Methylcyclohexyl)-dichlormaleinimid,* welches durch Rk. von Dichlormaleinsäureanhydrid mit Hexahydro-p-toluidin hergestellt wird. (**D. A. S. 1 147 006** Kl. 30i vom 21/9. 1960, ausg. 11/4. 1963.) K. Koebke 6313

2007 Parke, Davis & Co., Detroit, übert. von: Frank H. Tendick, Grosse Pointe Park, Paul E. Thompson, Grosse Pointe Farms, und Edward F. Elslager, St. Clair Shores, Mich., V.St.A., **Herstellung von 3.6-Dichlor-9-[γ-(bis-{β-hydroxyäthyl}-amino)-propylamino]-acridin,** *Dihydrochlorid,* F. 227—228°, *Sulfat, Disalicylat, Bis-7-jod-8-hydroxychinolin-5-sulfonat,* dad. gek., daß man 3.6.9-chloracridin mit γ-[Bis-(β-hydroxyäthyl)-amino]-propylamin bei ca. 75° in bas. Phenol als inertem Lsgm. kondensiert u. die freie Base in *Säureadditionssalze* überführt. — *Fungicide,* bes. gegen Alternaria solani, Phytophthora infestans u. Fusarium oxysporum lycopersici. (**A. P. 3 017 413** vom 5/12. 1958, ausg. 16/1. 1962.) W. Heyer 6313

2008 Rohm & Haas Co., Philadelphia, übert. von: Wayne E. Feely, Rydal, Pa., V.St.A., **Herstellung von Cyan-Verbindungen des Pyridins, Chinolins und Isochinolins,** dad. gek., daß man einen mit Cyanionen beladenen Anionenaustauscher in ca. 50% ig. A. suspendiert, das Gemisch auf 0° kühlt, mit der heterocycl. Base in Form eines quatern. N-Alkoxysalzes versetzt, die Lsg. auf ca. 55° erwärmt, den Ionenaustauscher abfiltriert u. die Lsg. wieder auf 0° abkühlt. — Aus 1-Methoxy-4-cyanpyridiniummethylsulfat → *2.4-Dicyanpyridin,* F. 88—89°; aus 1-Methoxychinoliniummethylsulfat → *2-Cyanchinolin,* F. 93—94°; aus 1-Methoxypyridiniummethylsulfat → *2-* bzw. *4-Cyanpyridin;* aus 2-Methoxyisochinoliniummethylsulfat → *1-Cyanisochinolin,* F. 89—91°. — *Fungicide Mittel.* (**A. P. 3 046 278** vom 24/10. 1960, ausg. 24/7. 1962.) W. Heyer 6313

2009 Soc. des Usines Chimiques Rhône-Poulenc, Paris, übert. von: Jean Metivier, Arpajon, Frankreich, **2-Thiocyanmethylbenzthiazol (I) und 2-Thiocyanmethylbenzoxazol (II)** (beide ggf. im Benzolring substituiert durch ein oder mehrere Halogenatome oder Alkyl- oder Alkoxygruppen mit 1—4 C-Atomen werden erhalten durch Rk. eines reaktionsfähigen Esters von 2-Hydroxymethylbenzthiazol (III) oder -benzoxazol mit einem Metallrhodanid. — 32 (g) III-p-toluolsulfonat, 14,5 KSCN u. 500 cm^3 Aceton (IV) werden 40 Min. gerührt u. dann ½ Std. unter Rückfluß erhitzt. Im Vakuum wird IV bei 40—50° abdest., der Rückstand in 250 cm^3 Bzl. aufgenommen u. aufgearbeitet → 18,1 I; F. 88—89°. — Analog werden hergestellt: *5-Chlor-*I, F. 105°, aus 5-Chlor-III, F. 112—115°, über 5-Chlor-III-p-toluolsulfonat, F. 130°. — II, F. 66—67°, aus 2-Hydroxymethylbenzoxazol (V), F. 61°, über V-p-toluolsulfonat, F. 91°. — *Fungicide.* (**A. P. 2 932 649** vom 10/9. 1958, ausg. 12/4. 1960.) F. Hirsch 6313

2010 Ester Medical Laboratories, Inc., Dover, Del., übert. von: Johannes S. Buck, Albany, N.Y., V.St.A., **Bakterieid und Fungicid,** bestehend aus im Phenylkern durch Halogen (Cl oder Br) u. durch Hydroxyl-substituiertes Indan u. üblichen Trägerstoffen. Beispiele: *7 Chlorindanol-(4),* F. 91—93°; *5-Chlorindanol-(4),* F. 71—72°; *6-Chlorindanol-(5),* F. 37—40°; *7-Bromindanol-(4),* F. 107 bis 108,2°. *5.7-Dichlorindanol-(4),* F. 58—60°. (**A. P. 2 990 324** vom 26/2. 1957, ausg. 27/6. 1961.) R. Bauereis 6313

2011 Rohm & Haas Co., Philadelphia, übert. von: Chien-Pen Lo, Philadelphia, Pa., V.St.A., **Fungicid,** bestehend aus *N-Halogenmethyl-1.2-benzisothiazolin-3-on-1.1-dioxid* (Halogen = Cl-, Br- oder J-). Beispiele: *N-Chlormethyl-,* F. 139—144°; *N-Brommethyl-,* F. 146—149°; *N-Jodmethyl-,* F. 152—155°. (**A. P. 3 002 884** vom 15/4. 1959, ausg. 3/10. 1961.) R. Bauereis 6313

2012 Council of Scientific and Industrial Research, Neu-Delhi (Erfinder: J. G. Saha, A. N. Basu und A. Lahiri, Jealgora), Indien, **Herstellung von fungi-**

ciden Stoffen durch Behandeln von zwischen 180 u. 360° sd. Teerölfraktion mit trockenem Cl_2, ggf. in Ggw. von Lsgm., bes. CCl_4, CH_3OH, A. u. Eisessig, u. Cl_2-Überträgern, z. B. $FeCl_3$, J, Fe-Feilicht oder Al-Amalgam. (**Ind. P. 67 821** vom 27/5. 1959, ausg. 2/12. 1961.) C. Lüttgen 6313

2013 American Cyanamid Co., New York, N.Y., V.St.A., **Sekundäre Phosphinsulfide** der allg. Formel

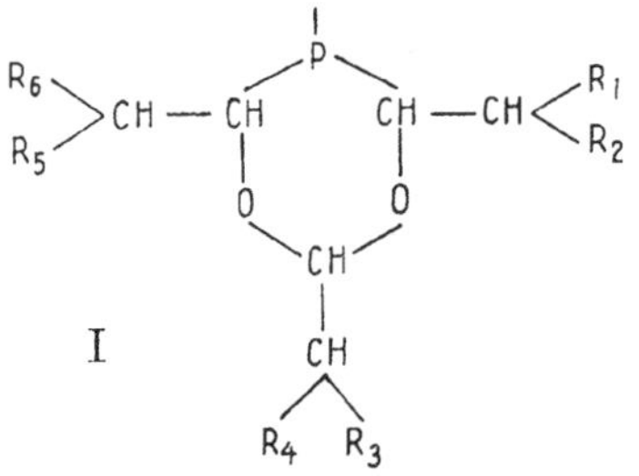

I

H—X=S (X = I oder R_a—P—R_b; R_a u. R_b = C_1—C_{18}-Alkyl; Aryl- oder gesätt. alicycl. Rest; R_1—R_6 = C_1—C_{10}-Alkyl) erhält man durch Rk. der entsprechenden sek. Phosphine der allg. Formel H—X mit ≦ 1 Mol S bei 0—100°, bes. 15 bis 75° in Inertgasatmosphäre in organ. Lsgm. (Bzl.). — Zu 0,05 (Mol) Di-n-butylphosphin in 70 ml Bzl. gibt man unter N_2 0,05 S, rührt die Mischung u. läßt sie über Nacht stehen. Man erhält *Di-n-butylphosphinsulfid. Nematocide* u. *Fungicide.* (**E. P. 902 803** vom 29/11. 1960, ausg. 9/8. 1962. A. Prior. 2/12. 1959.) A. Jahn 6313

2014 Monsanto Chemical Co., St. Louis, Mo., übert. von: Gail H. Birum, Dayton, Ohio, V.St.A., **Phosphinylester von Phosphinigsäureestern** erhält man nach dem Schema $RPCl_2$ + 2 Z—CHO + 2 $XP(OY)_2$ → 2 YCl + R—P[O—CH(Z)—P(:O) (X) $(OY)]_2$ (R = KW-Stoffrest frei von aliphat.-ungesätt. Bindungen mit 1—12 C-Atomen; Z = H, KW-Stoffrest frei von aliphat.-ungesätt. Bindungen mit 1—11 C-Atomen; y = Alkyl, Halogenalkyl mit 1—12 C-Atomen; X = OY oder R). — Zu einer Mischung aus 265,2 (g) Tris-(2-chloräthyl)-phosphit u. 89,5 $C_6H_5PCl_2$ (I) gibt man während 0,3 Std. 64,5 Propionaldehyd (II) bei 18—20°, erwärmt die Mischung auf 90° u. erhält nach dem Aufarbeiten in 100%ig. Ausbeute *Bis-{1-[bis-(2-chloräthoxy)-phosphinyl]-propyl}-phenylphosphonigsäureester,* n_D^{25} 1,5170 der Formel $C_6H_5P[OCH(C_2H_5)P(:O)(OCH_2CH_2Cl)_2]_2$; I + Trihexylphosphit + Benzaldehyd → *Phenylphosphonigsäure-bis-[α-(dihexylphosphinyl)-benzyl]-ester,* n_D^{25} 1,5068; Triäthylphosphit + II + n-C_4H_9-PCl_2 → *n-Butylphosphonigsäure-bis-[1-diäthoxyphosphinyl)-propyl]-ester;* Phenylphosphonigsäurediäthylester + I + Acetaldehyd → *Phenylphosphonigsäure-bis-[1-(äthoxyphenylphosphinyl)-äthyl]-ester,* n_D^{25} 1,5583. *Insekticide, Fungicide, Nematocide, Bacteriostatica.* (**A. P. 3 014 947** vom 5/7. 1960, ausg. 26/12. 1961.) A. Jahn 6313

2015 Stauffer Chemical Co., New York, N.Y., übert. von: Ralph B. Fearing, Hammond, Ind., und Edward N. Walsh, Chicago Heights, Ill., V.St.A., **Stabilisierung von Methylparathion,** $(CH_3O)_2P(S)OC_6H_4NO_2$, im Gemisch mit Montmorillonit (I), I + Kaolin + $CaCO_3$ oder Attapulgit als Trägerstoff, gek. durch den Zusatz von Triäthylphosphat, Acetal, Methylbutinol u./oder Furfurylalkohol in einer Menge von 1—10% bezogen auf den Wirkstoff. — *Schädlingsbekämpfungsmittel.* (**A. P. 3 060 083** vom 18/1. 1960, ausg. 23/10. 1962.) W. Heyer 6313

2016 Československá Socialistická Republika (Erfinder: Jozef Drábek, Stefan Truchlík, Stanislav Gahér und Theobald Sirota, Preßburg), Tschechoslowakei, **Herstellung insekticider Ester von Dialkyldithiophosphorsäuren** der allg. Formel $(RO)_2$·P(S)·S·CH_2·X·CH_2·CH_2·S·R', in der R u. R' Alkyl, X = O oder S bedeutet, indem man eine Dialkyldithiophosphorsäure mit HCHO u. mit Verbb. der allg. Formel $R'SCH_2CH_2XH$ reagieren läßt. — Beispiel: Zu 19,0 (g) Diäthyldithiophosphorsäure u. 10,7 β-Äthylmercaptoäthylalkohol läßt man bei 20 bis 25° innerhalb 35 Min. 8,0 HCOH (40%) zutropfen. Nach 1 Std. Stehens erhitzt man 3 Std. auf 60°, kühlt, setzt 70 ml Bzl. zu, schüttelt mit 50 ml Na_2CO_3 (10%ig.) u. dest. Bzl. ab. Man gewinnt 18,7 rohes O.O-Diäthyl-S-(2-oxa-5-thia-heptyl)-(1)-dithiophosphat mit 10,62% P-Gehalt. (**Tschech. P. 98194** vom 20/10. 1959, ausg. 15/1. 1961.) L. Macher 6313

2017 Dow Chemical Co., übert. von: Henry Tolkmith, Harold R. Slagh und Kenneth C. Kauer, Midland, Mich., V.St.A., **Herstellung organischer Phosphorverbindungen** der allg. Formel RO—P(S)Cl_2 (I) (R = Arylrest) erfolgt durch Rk. von mindestens 1 (Mol) O-Aryldichlorphosphit RO-PCl_2 mit mindestens 1,8 Phosphorthiochlorid bei mindestens 120° unter PCl_3-Abspaltung. Beispiele zur Herst. von Verbb., wobei in I Rest R gleich *2.4.5-Trichlorphenyl,* $Kp._{10}$ 174—176°. — *2-Isopropylphenyl,* $Kp._6$ 122—126°. — *2-sek.-Butylphenyl,* $Kp._7$ 120—136°. — *2-Phenylphenyl,* $Kp._4$ 167—174°. — *4-Methoxyphenyl,* $Kp._3$ 127—134°. — *2-Chlor-4-tert.-butylphenyl,* $Kp._4$ 156—165°. — *2-Brom-4-phenylphenyl,* $Kp._1$ 198°. — *3-Äthylphenyl,* $Kp._9$ 141—148°. — Die Verbb. sind *Parasiticide* u. dienen zum Imprägnieren von Papier, Anstrichen u. Holz. (**A. P. 3 022 329** vom 5/3. 1956, ausg. 20/2. 1962.) O. Müller-Meiningen 6313

2018 Dow Chemical Co., übert. von: Etcyl H. Blair, Midland, Mich., V.St.A., **O-Aryl-O-alkylphosphorsäurechloride** der allg. Formel RO—PO(OX)Cl (X = niedermol. Alkyl, R = Halogenphenyl oder Alkylhalogenphenyl, wobei Alkyl = C_1—C_{12}) erhält man durch Rk. von O-Arylphosphorsäuredichloriden der allg. Formel RO—P(O)Cl_2 mit einem niedermol. Alkanol bei 10° bis zum Kp. des Alkanols. — Man gibt z. B. eine Dispersion von 3,2 (g) CH_3OH in 25 cm³ CH_2Cl_2 zum Gemisch aus O-(2.4.5-Trichlorphenyl)-phosphorsäuredichlorid in 50 cm³ CH_2Cl_2 bei 24—28° innerhalb von 15 Min. u. rührt 2 Std. lang bei Raum-Temp. weiter. Nach Vakuum-Dest. erhält man als Rückstand (96,5%) *O-(2.4.5-Trichlorphenyl)-O-methylphosphorsäurechlorid.* — *O-(4-tert.-Butyl-2-chlorphenyl)*-Verb., $D._4^{25}$ 1,2756; n_D^{25} 1,5160. *O-(3.4-Dichlorphenyl)*-Verbindung. — *O-(2-Chlorphenyl)*-Verbindung. — *O-(4-Chlorphenyl)-, O-(2.4-Dichlorphenyl)-, O-(4-Chlorphenyl)-O-äthyl*-Verb., $Kp._{0,4-0,5}$ 106—107,5°; $D._4^{25}$ 1,352; n_D^{25} 1,5086. — *O-(2.4.5-Trichlorphenyl)-O-isopropyl*-Verb.; $D._4^{25}$ 1,469; n_D^{25} 1,5304. — *O-(2.4-Dibrommethylphenyl)-O-methyl*-Verb., n_D^{25} 1,5688. — *O-[2-Chlor-4-(1'.1'-dimethylpropyl)-phenyl]-O-methyl*-Verb., $D.^{25}$ 1,249; n_D^{25} 1,5149. — *O-(4-Chlor-2-methylphenyl)-O-methyl*-Verb., $Kp._{3,5-4}$ 135—140°. — Ferner folgende Phosphorsäurechloride: *O-(4-Chlor-2-amylphenyl)-O-methyl-, O-(2-Bromphenyl)-O-amyl-, O-(4-Brom-2.6-dichlorphenyl)-O-äthyl-, O-(2-Brom-4-dodecylphenyl)-O-methyl-, O-(2-Chlor-4-hexylphenyl)-O-methyl-, O-(4-Chlor-2-octylphenyl)-O-propyl-, O-(2.4.6-Tribromphenyl)-O-butyl-, O-(2.5-Dichlorphenyl)-O-propyl-.* — *Parasiticide* u. Zwischen-Prodd. zu deren Herstellung. (**A. P. 2 971 974** vom 11/1. 1960, ausg. 14/2. 1961.) O. Müller-Meiningen 6313

2019 Rohm & Haas Co., Philadelphia, übert. von: Williams S. Wadsworth jun., Willow Grove, und William D. Emmons, Huntingdon Valley, Pa., V.St.A., **Bicyclische Thiophosphate** der allg. Formel $RC(CH_2O)_3$·P(S), worin R eine niedere Aklylgruppe mit 1—4 C-Atomen, eine Hydroxymethyl-, Halogenmethyl-, Alkoxymethyl-, oder eine Acyloxymethylgruppe, worin die Alkoxy- u. die Acylgruppe 1—12 C-Atome enthalten, bedeutet, können durch Rk. eines bicycl. Phosphits mit einem S-Donator hergestellt werden, bes. in Ggw. eines Azo-Katalysators, wie Azodiisobutyronitril oder Azodiisobutyramid. — *Pesticide* zur Bekämpfung von Pilzen, Bakterien u. Insekten. (**A. P. 3 038 001** vom 21/4. 1960, ausg. 5/6. 1962.) R. Bauereis 6313

2020 North American Philips Co., Inc., New York, N.Y., V.St.A., übert. von: Cornelis Johannes Schoot, Eindhoven, Marinus Johannes Koopmans und Bernardus Gerhardus van den Bos, Weesp, Niederlande, **Bis-(dimethylamido)-pentachlorphenyl(thiol)-phosphat** der allg. Formel C_6Cl_5—X—P(:O)—$[N(CH_3)_2]_2$ (I) erhält man durch Rk. von Na-Pentachlorphenolat (II) mit dem entsprechenden Diamidophosphorylchlorid, bes. in Aceton, Bzl. oder CH_3CN. Nicht umgesetztes II wird mit Na_2CO_3 oder KOH entfernt. — I: X = O, F. 144°; X = S, F. 133° (PAe.). — *Insekticide.* (**A. P. 3 038 924** vom 16/2. 1959, ausg. 12/6. 1962. Niederl. Prior. 24/2. 1958.) A. Jahn 6313

2021 Monsanto Chemical Co., St. Louis, übert. von: John P. Chupp, Kirkwood, und Peter E. Newallis, Crestwood, Mo., V.St.A., **S-(2-Cyanalkyl)-thiophosphonate** der allg. Formel (R'O)(R)P(:X)—S—A—CN erhält man durch Rk. von Thiophosphonsäuren der allg. Formel (R'O)(R)P(:X)·

SH mit einem Olefin der allg. Formel $H-(CH_2)_b-CH=C\cdot(CN)-(CH_2)_b-H$ bei ca. 10—120° ggf. in Ggw. von 0,2 bis 2 Gew.-% eines tert. aliphat. Amins, ggf. in Ggw. eines Polymerisationsinhibitors (0,05—4%) ($R = C_6H_5$, Alkylrest mit 1—5 C-Atomen; X = O oder S; R' = Alkylrest mit 1—4 C-Atomen; A = Alkylenrest mit 2—6 C-Atomen u. jeweils 2 C-Atomen zwischen S u. CN). — Zu einer Mischung aus 15,6 (g) Methyldithiophosphonsäuremonoäthylester, 0,3 Triäthylamin u. 0,1 Hydrochinon in 40 Bzl. gibt man unter Rühren ca. 5,3 Acrylsäurenitril, erhitzt die Mischung 8 Std. lang auf 60—80° u. erhält nach dem Aufarbeiten *Methyldithiophosphonsäure-O-äthyl-S-(2-cyanäthyl)-ester*, gelbes Öl. — *Insekticide.* (**A. P. 3 041 365** vom 27/9. 1960, ausg. 26/6. 1962.)
A. Jahn 6313

2022 Farbenfabriken Bayer Akt.-Ges., Leverkusen (Erfinder: Reimer Cölln und Gerhard Schrader, Wuppertal), **Dithiophosphonsäureester** der allg. Formel $R-P(:S)(SR_3)$ O-Alkylen$-N(R_1)(R_2)$ (I) erhält man durch Rk. von Dithiophosphonsäureanhydriden der allg. Formel RPS_2 mit prim. oder sek. Aminoalkanolen der allg. Formel HO—Alkylen$-N(R_1)R_2$ u. nachfolgende Alkylierung der entstandenen Thionothiolphosphonsäure-O-ester der allg. Formel $R-P(:S)(S^{\ominus})$ O-Alkylen$-\overset{\oplus}{N}H(R_1)R_2$ mit niederen Alkylhalogeniden in Ggw. säurebindender Mittel (R = Alkyl, Cyclohexyl, ggf. durch CH_3O substituierter Arylrest; R_1, R_2 u. R_3 = niedere Alkylreste, R_2 darüber hinaus H). — 33 g CH_3PS_2 in 300 ml Bzl. werden auf einmal mit 27 g β-(N.N-Dimethylamino)-äthanol versetzt u. nach dem Aufarbeiten Methylthionothiolphosphonsäure-O-(β-N.N-dimethylaminoäthyl)-monoester (II), farblose Kristalle, F. 181,5° erhalten. 20 g **II** in 100 ml A. werden mit 23 g methanol. Na-Methylat-Lsg. versetzt u. das Rk.-Gemisch nach Zugabe von 16 g C_2H_5J noch 1 Std. lang bei 70° gerührt. Nach dem Aufarbeiten erhält man 10,8 g (47%ig. Ausbeute) *Methylthionothiolphosphonsäure-S-äthyl-O-(β-N.N-dimethylaminoäthyl)-ester*, gelbes Öl. Analog erhält man Verbb. der Formel **I** Alkylen-, $-CH_2CH_2-$ ($R_1 = R_2 = CH_3$; $R_3 = C_2H_5$) R = C_2H_5, farblose Fl., $Kp._{0,01}$ 76°. R = *Cyclohexyl*, gelbliches Öl; R = *p-Methoxyphenyl*, gelbliches Öl. — R_1 = H, $R_2 = CH_3$, $R_3 = C_2H_5$; R = C_2H_5, farbloses Öl, $Kp._2$ 104°. — $R_1 = R_2 = R_3 = C_2H_5$: R = CH_3, farblose Fl., $Kp._{0,01}$ 77°. R = C_2H_5, fast farbloses Öl, $Kp._{0,01}$ 92°. R = *Cyclohexyl*, schwach gelbliches Öl. R = *p-Methoxyphenyl*, schwach gelbliches Öl. — Ferner *Äthylthionothiolphosphensäure-S-äthyl-O-(β-N.N-diäthylaminoisopropyl)-ester*, farbloses Öl, $Kp._{0,01}$ 80°. *Insekticide.* (**D. A. S. 1 150 979** Kl. 12o vom 23/12. 1959, ausg. 4/7. 1963.) A. Jahn 6313

2023 Farbenfabriken Bayer Akt.-Ges., Leverkusen (Erfinder: Gerhard Schrader, Wuppertal), **Di- beziehungsweise Trithiophosphonsäureester** der allg. Formel $R-P(:S)(SR_1)XR_2$ erhält man durch Rk. von Phosphonigsäure-S-alkylesterhalogeniden der allg. Formel $R-P(SR_1)Cl$ mit Alkoholen, Mercaptanen oder (Thio)-Phenolen der allg. Formel HXR_2 u. weitere Rk. der entstandenen Verbb. mit S, bes. bei 0—10° (R = Alkyl, Cycloalkyl oder ggf. durch Halogen oder niedere Alkoxygruppen substituierter Arylrest; R_1 = Alkyl; R_2 = Alkylrest, der ggf. substituiert ist durch Halogen, Hydroxy-, Mercapto-, Alkylmercapto-, Amino-, Dialkylamino-, Alkoxycarbonyl oder CN-Reste; Cycloalkylrest oder ein ggf. durch Halogenatome, eine NO_2-, niedere Alkoxy-, niedere Alkyl- u./oder Alkylmercaptogruppe bzw. ein Halogenatom substituierter Arylrest; X = O oder S). Es wurden erhalten: *Äthylthionophosphonsäure-S-äthylester*: *S-(β-äthylmercaptoäthyl)*, $Kp._{0,01}$ 94°. *O-(β-äthylmercaptoäthyl)*, $Kp._{0,01}$ 86°. *S-(β-diäthylaminoäthyl)*, $Kp._{0,01}$ 97°. *O-(4-methylmercaptophenyl)*, $Kp._{0,01}$ 110°. *O-(4-methylmercapto-3-methylphenyl)*, $Kp._{0,01}$ 112°. *O-(2.4-dichlorphenyl)*-, farbloses, in W. unlösl. Öl. *O-(4-chlorphenyl)*, $Kp._{0,01}$ 104°. *S-(4-chlorphenyl)*, farbloses Öl. *S-phenyl*, farbloses Öl. *O-(2-chlor-4-tert.-butylphenyl)*, schwachgelbes Öl. *S-cyclohexyl*, $Kp._{0,01}$ 85°. *S-äthoxycarbonylmethyl*, $Kp._{0,01}$ 86°. *S-(4-methylmercaptophenyl*, hellgelbes Öl. *O-tert.-butyl*, farbloses Öl. *O-(β.β.β-trichloräthyl)*, $Kp._{0,01}$ 72°. *O-pinakolyl*, $Kp._{0,01}$ 68°. *O-(4-nitrophenyl*, gelbes Öl. *Phenylthionophosphonsäure-S-äthylester*: *O-(β-äthylmercaptoäthyl)*, gelbes Öl, $Kp._{0,01}$ 150°. *S-(β-äthylmercaptoäthyl)*, $Kp._{0,01}$ 128°. *p-Chlorphenylthionophosphonsäure-S-äthylester*: *O-* bzw. *S-(β-äthylmercaptoäthyl*, gelbe Öle. *Methylthionophosphonsäure-S-äthylester*: *O-(β-äthylmercaptoäthyl)*, $Kp._{0,01}$ 86°. *O-(4-chlorphenyl)*, $Kp._{0,01}$ 110°. *S-(β-äthylmercaptoäthyl)*, $Kp._{0,01}$ 98°. *S-(4-chlorphenyl)*, $Kp._{0,01}$ 112°. *S-carbäthoxmethyl*, $Kp._{0,01}$ 82°. *O-pinakolyl*, $Kp._{0,01}$ 68°. *Methylthionophosphonsäure-S-methyl-O-(β-methylmercaptoäthyl)-ester*, Kp. 81°. — *Insekticide.* (**D. A. S. 1 150 387** Kl. 12o vom 5/10. 1960, ausg. 20/6. 1963.) A. Jahn 6313

2024 Stauffer Chemical Co., New York, übert. von: Karoly Szabo, Yonkers, N.Y., John G. Brady und Thomas Bruce Williamson, Santa Clara, Calif., V.St.A., **Thionothiolphosphonsäureester** der allg. Formel $R(R'O)P(:S)-S-C_6H_4-Y$ (I) erhält man durch Rk. von Thionophosphonsäurehalogeniden der allg. Formel $R(R'O)\cdot P(:S)-X$ mit Thiophenol, das ggf. durch Alkylgruppen substituiert ist, bes. in Ggw. von Alkali u. einem inerten organ. Lsgm. (R u. R' = CH_3, C_2H_5; Y = H, Alkyl bis zu 4 C-Atomen, X = Cl, Br). — Zu 12,4 g p-Methylthiophenol u. 70 ml Äthylthionophosphonsäure-O-äthylesterchlorid in 70 ml Aceton gibt man unter Rühren 10,1 g Triäthylamin u. erhitzt die Mischung ½ Std. zum Rückfluß. Nach dem Aufarbeiten erhält man in 92%ig. Ausbeute *Äthyldithiophosphonsäure-S-p-tolyl-O-äthylester*, n_D^{25} 1,5897, gelbes Öl. Analog erhält man **I** ($R = R' = C_2H_5$): Y = C_6H_5, $Kp._{0,1}$ 130—132°, n_D^{25} 1,5883; Y = *p-tert. Butyl*, weiße Kristalle, F. 56° (Methanol); *Insekticide, Acaricide, Nematocide.* (**A. P. 2 988 474** vom 28/7. 1960, ausg. 13/6. 1961.) A. Jahn 6313

2025 Eastman Kodak Co., Rochester, N.Y., übert. von: Richard L. McConnell und Harry W. Coover jun., Kingsport, Tenn., V.St.A., **Thionothiolphosphate der 5.6-Dihydro-4H-1.3-oxazine und 5.6-Dihydro-4H-1.3-thiazine** der allg. Formel I (R = Alkylrest mit 1 bis

I

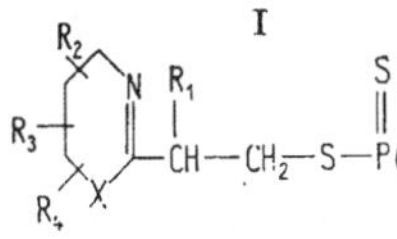

4 C-Atomen; R_1 = H oder CH_3; R_2, R_3 u. R_4 = H, Alkylrest mit 1—4 C-Atomen, oder Halogenalkylrest mit 1—4 C-Atomen) erhält man durch Rk. von Dithiophosphorsäureestern der allg. Formel $(RO)_2P(:S)SH$ mit Oxazinen oder Thiazinen der allg. Formel **II** bei —25 bis 150°, bes. 25—100°. Es wurden

II

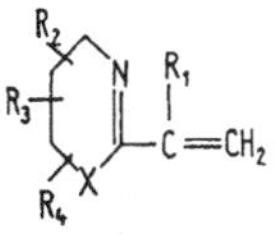

die folgenden *Thionothiolphosphate* erhalten: *O.O-Diäthyl-S-[2-(5.6-dihydro-4.4.6-trimethyl-4H-1.3-oxazin-2-yl)-äthyl]-*, viscoses gelbes Öl. *O.O-Diäthyl-S-[2-(5.6-dihydro-5.5-dimethyl-4H-1.3-oxazin-2-yl)-äthyl]-*, viscoses farbloses Öl. — *O.O-Diäthyl-S-[2-(5.6-dihydro-4.4.6-trimethyl-4H-1.3-oxazin-2-yl)-2-methyläthyl]-*, n_D^{20} 1,5210. *O.O-Dimethyl-S-[2-(5.6-dihydro-4H-1.3-oxazin-2-yl)-äthyl]-*, *O.O-Diisopropyl-S-[2-(5.6-dihydro-4-isopropyl-5.5-dimethyl-4H-1.3-oxazin-2-yl)-2-methyläthyl]-*, *O.O-Diäthyl-S-{2-[5.5-bis-(chlormethyl)-5.6-dihydro-4H-oxazin-2-yl]-äthyl}*, *O-Äthyl-O-methyl-S-{2-[5.5-bis-(brommethyl)-5.6-dihydro-4H-1.3-oxazin-2-yl]-äthyl}-*, *O.O-Diäthyl-S-[2-(5.6-dihydro-4.4.6-trimethyl-4H-1.3-thiazin-2-yl)-äthyl]-*, *O.O-Dimethyl-S-[2-(5.6-dihydro-5.5-dimethyl-4H-1.3-thiazin-2-yl)-2-methyläthyl]-*. — *Insekticide.* (**A. P. 2 992 219** vom 19/9. 1958, ausg. 11/7. 1961.) A. Jahn 6313

2026 Československá Socialistická Republika (Erfinder: Miroslav Zbirovský, Prag), Tschechoslowakei, **Herstellung pesticid wirksamer Stoffe** der allg. Formel **I** (X = H, Cl, CH_3; n = 1—5) durch Einw. von Alkali-

I

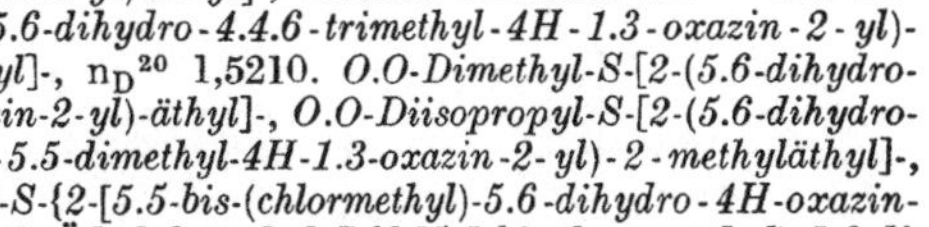

Salzen des 2-Mercaptobenzthiazols (**II**) auf entsprechende Benzylchloride. — Beispiel: 12,6 (g) Benzylchlorid (= 0,1 Mol) kocht man mit 0,1 Mol Na-Salz des **II** 3 Std. lang bei 80°; nach

Waschen mit 3%ig. NaOH u. W. erhält man 19,5 (76,5% d. Th.) *Benzylbenzthiazolsulfid*, F. 51°. (**Tschech. P. 99 908** vom 7/12. 1959, ausg. 15/6. 1961.) L. Macher 6313

2027 Hooker Chemical Corp., Niagara Falls (Erfinder: Donald L. Lawatsch und John D. van Geluwe, Ithaca), N.Y., V.St.A., **Schädlingsbekämpfung.** Verw. von Hexachlorcyclopentadien u. seinen Polymeren bei der Bodenbehandlung zum Schutz von Weinstöcken gegen Rebläuse. (**D. A. S. 1 151 150** Kl. 451 vom 8/2. 1961, ausg. 4/7. 1963. A. Prior. 10/2. 1960.) K. Koebke 6313

2028 United States of America, Secretary of Agriculture, übert. von: Martin Jacobson, Silver Spring, Md., V.St.A., **Lockmittel für Schwammspinner ♂.** Zur Kontrolle eines Gebietes werden Fallen mit *12-Acetoxy-1-hydroxyoctadecen-(9)* (I) in geringen Mengen auf Trägerstoffen (Filterpapier oder anderen saugfähigen Stoffen) beschickt. Bei Auftreten des Schwammspinners wird das fragliche Gebiet mit Insekticiden, wie DDT, behandelt. Zur Herst. von I wird Ricinolarylalkohol acetyliert u. das erhaltene Diacetat, $Kp._{1,3}$ 180°, n_D^{25} 1,4519, partiell verseift zu **I**, $Kp._{0,5}$ 182°, n_D^{25} 1,4607. (**A. P. 3 018 219** vom 11/8. 1960, ausg. 23/1. 1962.) W. Gräger 6313

2029 Imperial Chemical Industries of Australia and New Zealand (Erfinder: Colin Stanley Hocking und Kevin Desmond Kirby), **Herstellung wässeriger mikrokristalliner Dispersionen von Hexachlorbenzol oder DDT,** dad. gek., daß man diese in geschmolzenem Zustand mit wasserlösl. Salzen des sulfatierten Butyloleats u. einem nichtion. Tensid mischt u. das Gemisch in W. dispergiert. (**Aust. P. 236 521** vom 22/8. 1958, ausg. 21/12. 1961. **Zusatz zu Aust. P. 207 207; C. 1960, 7309.**) C. Lüttgen 6313

2030 **Ruhrchemie Akt.-Ges.**, Oberhausen, *Kunstdünger*. (**Niederl. P. 103 889** vom 20/6. 1958, ausg. 15/2. 1963. D. Prior. 19/7. 1957. — C. **1959,** 15173 [D. A. S. 1 049 881].)

2031 **Soc. de Produits Chimiques et Engrais d'Auby,** Neuilly, Seine (Erfinder: **Jean Tapin,** Feuchy-les-Arras, Pas-de-Calais), Frankreich, *Neutralisieren von Mehrnährstoff-Düngemitteln durch Behandlung von sauren Rohphosphataufschlußmassen.* (**D. A. S. 1 151 819** Kl. 16 vom 25/3. 1959, ausg. 25/7. 1963. F. Prior. 27/3. 1958. — C. **1963,** 1041 [F. P. 1 204 404].)

2032 **Esso Research and Engineering Co.,** Elizabeth, N.J., V.St.A. (Erfinder: **Robert E. Emond,** Moorstown, Ontario, und **Gilbert Stewardson,** Sarnia, Ontario, Canada), *Steuern der Geschwindigkeit der Pflanzennährstoffabgabe aus mineralischen Düngemitteln.* (**D. A. S. 1 150 692** Kl. 16 vom 14/7. 1958, ausg. 27/6. 1963. A. Prior. 23/7. 1957. — C. **1961,** 5226 [E. P. 828 400].)

2033 **Walter Jost,** Iserlohn, *Düngemittel.* (**Niederl. P. 103 829** vom 21/3. 1957, ausg. 15/2. 1963. D. Prior. 22/3. 1956. — C. **1958,** 2853 [D. A. S. 1 007 789].)

2034 **N. V. Philips' Gloeilampenfabrieken,** Eindhoven, Niederlande, *Triazinverbindungen und deren Herstellung.* (**E. P. 892 421** vom 2/4. 1958, ausg. 28/3. 1962. Niederl. Prior. 5/4. 1957. — C. **1962,** 17901 [Aust. P. 226 943].)

2035 **Deutsche Gold- und Silber-Scheideanstalt vormals Roessler,** Frankfurt/M., übert. von: **Werner Schwarze,** Frankfurt/M., *Herstellung von Triazinthiocyanaten.* (**A. P. 2 996 505** vom 17/7. 1959, ausg. 15/8. 1961. D. Prior. 24/7. 1958. — C. **1962,** 5818 [D. A. S. 1 111 641].)

2036 **Schering Akt.-Ges.,** Berlin, *Herstellung von Dimethylthiurammonosulfid.* (**E. P. 905 891** vom 3/3. 1959, ausg. 12/9. 1962. D. Prior. 29/3. 1958. — C. **1961,** 7728 [D. A. S. 1 098 280].)

2037 **Farbenfabriken Bayer Akt.-Ges.,** Leverkusen, übert. von: **Victor Flück,** Leverkusen, **Engelbert Kühle,** Köln, und **Richard Wegler,** Leverkusen, *Fungicide.* (**A. P. 3 005 750** vom 13/3. 1959, ausg. 24/10. 1961. D. Prior. 14/3. 1958. — C. **1960,** 17586 [D. A. S. 1 079 381].)

2038 **Schering Akt.-Ges.,** Berlin, *Nematocide Pflanzenschutzmittel.* (**Belg. P. 572 253** vom 21/10. 1958, ausg. 1/6. 1962. D. Prior. 26/10. 1957 u. 28/3. 1958. — C. **1960,** 2671 [D. A. S. 1 062 980] u. C. **1960** 16232 [D. A. S. 1 080 347].)

2039 **Farbenfabriken Bayer Akt.-Ges.,** Leverkusen, *Thiophosphinsäurederivate.* (**E. P. 901 551** vom 18/3. 1959, ausg. 18/7. 1962. D. Prior. 18/3., 2/4., 5/5., 30/5., 21/6. u. 19/7. 1958. — C. **1962,** 8037 [D. A. S. 1 112 852], C. **1962,** 16109 [D. A. S. 1 119 859], C. **1961,** 10342 [D. A. S. 1 099 788], C. **1962,** 7670 [D. A. S. 1 114 359], C. **1964,** 2-1945 [D. A. S. 1 143 513], C. **1960,** 16911 [D. A. S. 1 078 125] u. C. **1963,** 9882 [D. A. S. 1 134 372].)

H_8. Metallurgie, Korrosion

2040 **Bestimmung eines optimalen Prospektierungsplans.** R. J. Uffen und R. M. Ellis. (Pennsylvania State Univ., Mineral Ind. Exp. Stat., Bull. **1960,** Nr. 72, 27—31; London, Ontario, Canada, Univ. of Western Ontario; engl.) — Übersicht über die Wege zur Betriebs-Unters. u. ihre Anwendung zur *Erz*-Prospektierung. — Diskussion. W. Wesly 6354◇

2041 **Wahrscheinlichkeitsrechnung bei der Bestimmung des Gehalts von Erzen.** R. M. Becker und Scott W. Hazen jun. (Pennsylvania State Univ., Mineral Ind. Exp. Stat. Bull. **1960,** Nr. 72, 39—49; Denver, Colo., U. S. Dep. of the Interior, Bur. of Mines; engl.) — Zur Ermittlung des Geh. von *Erzen* aus Proben gleicher Größe werden Überlegungen aus der Wahrscheinlichkeitsrechnung herangezogen. — Diskussion. W. Wesly 6354◇

2042 **Die Behandlung von saurem Schlamm in der Flammenschmelzanlage der International Nickel Company of Canada Limited.** J. N. Lilley, R. W. Chambers und C. E. Young. (Trans. Canad. Inst. Mining Metallurgy Mining Soc. Nova Scotia **64,** 245—47, 1961; engl. — C. **1962,** 4316.) J. Heinze 6360◇

2043 **Der Einfluß von Kaliumdodecylxanthat auf die Stabilität von Sphaleritsuspensionen.** Shinnosuke Usui. (Sci. Rep. Res. Inst. Tôhoku Univ., Ser. A **15,** 21—31, 1963; Res. Inst. of Mineral Dressing and Metallurgy; engl.) — Durch Messungen der Adsorptionsisothermen, der Elektrophorese u. der Flotation wird der Einfl. von Kaliumdodecylxanthat (KDX) auf die Koagulation, Dispergierung u. den Flotationsgrad von wss. Zinkblendesuspensionen untersucht. Koagulationsgrad, Suspendierung u. Flotation hängen von der Art der KDX-Adsorptionsschicht auf der Oberfläche der Zinkblende ab, wodurch auch das Zeta-Potential bestimmt wird. Der Zusammenhang zwischen der Stabilität der Suspensionen u. dem hydrophilen oder hydrophoben Charakter der Teilchen wird auf Grund der Hamaker-Voldschen Theorie über van der Waalssche Kräfte zwischen Kolloidteilchen erklärt. K. L. Wolf 6362◇

2044 **Untersuchungen über die Flotation von Molybdänit. 1. Mitt. Flotation von Molybdänit mit lehmhaltigem Gangmaterial.** Masayoshi Wada, Hiroshi Majima, Ryosuke Takeda, Seiitsu Takeshita und Kakuji Hirose. (Sci. Rep. Res. Inst. Tôhoku Univ., Ser. A **15,** 32—50, 1963; Res. Inst. of Mineral Dressing and Metallurgy; engl.) — Die schwierige Molybdänglanzaufbereitung bei Ggw. von Lehm als Gangmaterial ist möglich, wenn Natriumsilicat (optimales Verhältnis SiO_2:Na_2O ist 2:1) zum Drücken des Lehms in genau dosierter Menge hinzugegeben wird, wobei das ausgeschlämmte Prod. 10—20 Min. nach dem Zusatz des Silicates den geringsten Kieselsäure-Geh. aufweist. Zur Regulierung des pH-Wertes ist *NaOH* dem Kalk vorzuziehen. Neben den üblichen Ölsammlern, die bei der Molybdänflotation in erheblichen Mengen zugesetzt werden müssen, kann in einigen Fällen zusätzlich mit *Xanthat* gearbeitet werden. In der DAITO-Mine (Japan) wird nach diesem neuen, modifizierten Verf. ein Molybdänitkonzentrat von 86,3—87,4% MoS_2 erhalten. Die Flotationsquote beträgt 95,5—97,9% bei einem Geh. von 1,06—1,13% der Flotationseingabe. K. L. Wolf 6362◇

2045 **Zur Frage der Anreicherung von SewGOK-Eisenerzen.** N. P. Titkow. (Hüttenwes. u. Erzbergbau [UdSSR] **1963,** Nr. 4, 55—58; Inst. „Mechanobr"; russ.) — Angaben über eine techn.-wirtschaftliche Anreicherung von „*SewGoK*-Fe-Erzen u. über die hierzu benutzten Anreicherungs-Verff. (Flotations-magnet. Verff.) in Abhängigkeit von der Zus. der anfallenden Erze. H. Hochstein 6362◇

2046 **Das Schlackenverhältnis während der Periode des Schmelzens in großräumigen Siemens-Martin-Öfen.** W. A. Schtscherbakow und Je. W. Abrossimow. (Hochschulnachr. [Moskau], Eisenmetallurgie **6,** Nr. 7, 59—64, 1963; Moskau, Inst. für Stahl u. Legg.; russ.) — Die verhältnismäßig kurzzeitige Periode des Aufschäumens der Schlacke in großräumigen Siemens-Martin-Öfen wird nicht in vollständigem Umfange für eine schnelle Schlackenentfernung aus dem Ofen verwendet. In neuzeitlichen Öfen mit einem Fassungsvermögen von 900 t wird daher die Entfernung der Primärschlacke durch zwei Stichlöcher in der hinteren Ofenwand u. durch die Brücken von drei Chargieröffnungen vorgenommen. H. Hochstein 6370◇

2047 **Untersuchung des Einflusses der flüssigen Phase auf die Bewegung des Gasstroms im kalten Modell eines Hochofens.** De-Shun Wan und L. M. Zylew. (Nachr. Akad. Wiss. UdSSR, Abt. techn. Wiss., Metallurgie Brennstoffe **1961,** Nr. 4, 12—17; Moskau; russ.) — Die *Gasstrom*-Druckverluste in einem kalten *Hochofen*-Modell durch eine aus Maschinenöl u. Ruß dargestellte Schmelzzone wurden in Ab-

hängigkeit von der Menge, der Viscosität, der Höhe u. der Lageform dieser imitierten Schmelzzone untersucht.
H. Jäger 6370◇

2048 **Ein Versuch zur Herstellung von manganhaltigem Koks und dessen Verwendung zum Schmelzen von Stahlroheisen.** W. A. Ssorokin, A. I. Iwanow und A. P. Rogatsch. (Hüttenwes. u. Erzbergbau [UdSSR] **1963,** Nr. 4, 32–33; Donezker polytechn. Inst.; russ.) — Erzeugt wird ein *Mn*-haltiger Koks mit einem Zusatz von 10% Gichtstaub mit einem Mn-Geh. bis zu 3%. Der Koks hat eine ausreichende mechan. Festigkeit u. einen etwas erhöhten S-Geh. infolge dessen Bindung mit Fe- u. Mn-Oxiden. Das metall., während der Verkokung aus seinen Oxiden reduzierte Mn geht in starkem Maße in das Stahlroheisen über. Zwecks Verringerung des S-Geh. im Koks sind Mn-haltige Zusätze mit geringster Menge an Fe-Oxiden erforderlich. Zur Erzielung eines einwandfreien Hochofenganges soll grober Mn-haltiger Koks einer Zerkleinerung mit nachfolgender Klassierung unterworfen werden
H. Hochstein 6370◇

2049 **Verwendung von gipshaltigen Sandmischungen in der Leichtmetallgießerei.** András Rajczy. (Kohászati Lapok [Ung. Z. Hüttenwes.] **96,** Nr. 7, Öntöde **14,** 157–60, 1963; Budapest, Csepel Metallwerke; ung.) — Vf. berichtet über die mit Gipsbindemittel enthaltenden Sandmischungen vorgenommenen Versuche. Die Verw. von Gips bezweckte die Beseitigung der aus den organ. Bindemitteln während des Gießens entstehenden Gase. Die Erfahrungen bestätigen die großen techn. u. wirtschaftlichen Vorteile der gipshaltigen Sandmischungen.
L. Zombory 6382△

2050 **Neue Methoden zur Untersuchung der Erstarrung mit Verwendung von Stearin.** Stanislav Šimonik. (Slévárenství **10,** 245–49, 1962; Brno, Stát. výzk. ústav materiálu a technologie, slévárenský výzkum; tschech.) — Unterss. der Bldg. von Lunkern u. der Verbindung zwischen Einguß u. Gußstück beim Gießen von Metallen mit Hilfe von Stearinmodellen. Stahl- u. Stearinguß zeigen gleiche Formbildungen; vorteilhaft ist nur die Form von Wärmeknotenpunkten zu untersuchen. Für die Best. von Härtungslinien (Isosoliden) eignet sich der Guß mit verschieden gefärbtem Stearin.
J. Tůmová 6382◇

2051 **Ein Vergleich der mechanischen und chemischen Abdichtung von Blöcken aus unberuhigtem Stahl.** R. S. Elimelach, N. P. Merschtschi und K. Ss. Alferow. (Hüttenwes. u. Erzbergbau [UdSSR] **1963,** Nr. 4, 14–19; Makejewka, Hüttenwerk „Kirow"; russ.) — Die mechan. Abdichtung von Blöcken aus unberuhigtem Stahl mit großem Gew. in Flaschenkokillen bewirkt im Vgl. zu anderen Abdichtungs-Meth. die beste Struktur des Kopfteils der Blöcke u. die geringsten Abgänge (2,0–2,5%) durch verlorene Köpfe bei geringster Verunreinigung des Stahles durch Einschlüsse. Beim steigenden Abguß wird eine Verringerung der Dicke der blasenfreien Randschicht beobachtet. Eine chem. Abdichtung durch Al-Granalien, die zentral vor der Schlußfüllung der Kokillen mit Stahl in einer Menge von 150–200 g/t für Stähle mit über 0,14% C u. von 250–400 g/t für niedriger gekohlte Stähle zugesetzt werden, verringert die Abfälle durch verlorene Köpfe um 1% im Vgl. zu normalen Blöcken aus unberuhigtem Stahl, führt aber zu einer Verschmutzung des zentralen Blockteils durch Aluminate. Bei Abdichtung von Blöcken durch 45%ig. Ferrosilicium (ca. 2–3 Min. nach Beendigung der Kokillenfüllung bei steigendem Guß u. einer Gieß-Geschw. von 0,18 bis 0,25 m/Min.) wird der Abfall ebenfalls um 1% gesenkt. Die Abdichtung von Blöcken aus unberuhigtem Stahl beseitigt chem. Ungleichmäßigkeit u. erhöht die Gleichmäßigkeit der mechan. Eigenschaften.
H. Hochstein 6382◇

2052 **Das Innere der Metalle.** Carl A. Zapffe. (Smithsonian Inst. Publ. Rep. **1961,** 253–61, 4 Tafeln; Baltimore, Md.; engl. — C. **1956,** 7076.)
H. Hochstein 6388◇

2053 **Konstruktionslegierungen für kryogene Anwendung.** Jack L. Christian, James E. Chafey, Abraham Hurlich, James F. Watson und William E. Witzell. (Metal Progr. **83,** 101–04, 138, 142, 1963; General Dynamic Corp. u. Fairchild Stratos Corp.; engl.) — Die Verw. von kryogenen Treibmitteln in Weltraumschiffen erfordert hochfeste schweißbare Legierungen. Die mechan. Eigg. von *Stählen, Hastelloy, René 14, Inconel* wurden in Tabellen angegeben. Es wird gezeigt, daß sich die Eigg. dieser Legg. durch geeignete Kaltverformung, Wärmebehandlung, Änderung der Zus. u. des Geh. an Verunreinigungen verbessern lassen.
F. Vier 6388◇

2054 **Spezifische Wärmen einiger hochschmelzender Legierungen.** L. Hoyet. (Métallurgie Construct. **95,** 355, 357, 359, 361, 363–65; franz.) — Vgl. C. **1963,** 21441. — Der Begriff „Spezif. Wärme" wird definiert, die physikal. Grundlagen der Messung erläutert u. eine App. zur Best. der Spezif. Wärme beschrieben u. die Spezif. Wärme einiger Metalle u. Legg. bestimmt.
F. Vier 6388◇

2055 **Die Untersuchung von Reduktionsverfahren der Eisenmineralien durch Methangas, durch Fluidisieren und Wirbelschmelze.** P. Dumitrașcu und M. Ispas. (Studii Cercetări Metalurgie [București] **5,** 371–90, 1 Tafel, 1960; rum.) — Die in der Chemie u. Energetik angewandten Verff. der Fluidisierung u. Wirbelschmelze werden auf das Gebiet der extraktiven Metallurgie übertragen u. in den klass. Verff. im Hinblick auf die technolog. Ausbeute u. Ökonomie übernommen. Die Verss. werden im Labor.- u. im Industriemaßstab durchgeführt. Bei den Verss. wird geschmolzenes Metall (Stahl) erhalten, wobei CH_4-Gas sowohl als therm. als auch reduzierendes Agens dient.
R. Grundmann 6390◇

2056 **Untersuchung des Temperaturzustandes geschmolzener Eisenmetalle.** W. Ss. Kotscho und W. N. Korotkewitsch. (Hüttenwes. u. Erzbergbau [UdSSR] **1963,** Nr. 4, 64–66; Kiew, Polytechn. Inst.; Lugansk, Gossplan, Ukrain-SSR, Abt. des Inst. für Automatik; russ.) — Es werden Angaben über eine möglichst fehlerfreie Temp.-Messung von fl. Fe-Metallen unter Verw. einer wassergekühlten App. für das Thermoelement gemacht, womit ein Diagramm für den Temp.-Zustand von Stahl u. Schlacke beim Erschmelzen von Stahl der Marke 25 ermittelt wird.
H. Hochstein 6390◇

2057 **Die neue Verhüttungstechnik bei Hochöfen.** J. Guerbois. (Rev. Ind. minérale **45,** 465–96, 1963; Usinor Louvroil; franz.) — Vf. berichtet über Neuerungen im Betrieb der Hochöfen, bes. über das Einblasen von Kohlenstaub u. Wasserdampf in den Winderhitzer zur Wiedergewinnung der Wärme u. Leistungssteigerung der Öfen, ferner über die Bestrebungen zur Automatisierung des Betriebs u. über die Verarbeitung saurer *Fe*-Erze. — Diskussion.
R. Kaiser 6390◇

2058 **Der Einfluß von gesiebten Sinter auf die Ofenleistung.** N. D. Macdonald. (Blast Furnace, Coke Oven, raw Mater. Committee Iron Steel Divis., Amer. Inst. Mining, metallurg., Petroleum Engr., Proc. **20,** 2–15, 1961; engl. — C. **1963,** 16336.)
H. Hochstein 6390◇

2059 **Elektrochemische Kennzeichen von $FeO-MnO-SiO_2$-Schmelzen.** D. A. Dukelow und G. Derge. (Trans. metallurg. Soc. AIME **218,** 1131, 1960, herausgeg. 1961; engl.) — Diskussion zu der C. **1963,** 12953 referierten Arbeit.
M. Gehlen-Keller 6390◇

2060 **Untersuchungen über die Entphosphorung von flüssigem Eisen. Einfluß von Phosphor auf die Aktivität von Sauerstoff in flüssigem Eisen.** Koji Sanbongi und Hideo Koizumi. (Sci. Rep. Res. Inst. Tôhoku Univ. Ser. A **14,** 316–23, 1962; Res. Inst. of Mineral Dressing and Metallury; engl.) — Zur Unterss. der Wechselwrkg. von *O* u. *P* in fl. Fe wird eine Gleichgewichtsmessung einer Fe–P-Schmelze mit einem H_2–Wasserdampf-Gemisch bei 1540, 1585 u. 1625° durchgeführt. Die Ergebnisse zeigen, daß P in schwachem Maße die Aktivität des in fl. Fe gelösten O erhöht u. der Wechselwrkg.-Parameter ca. $\pm 0{,}06$ bei 1585° beträgt. Ähnliche Messungen werden bei 1540 u. 1625° zur Best. des Temp.-Einfl. auf die O-Aktivität in Fe-Schmelzen angestellt; jedoch bleibt dieser Parameter im Bereich von 0,05 bis ca. 0,07 u. läßt einen nur geringen Temp.-Einfl. erkennen.
H. Hochstein 6390◇

2061 **Kornwachstum in Si-haltigem Eisen.** P. K. Koh. (Trans. metallurg. Soc. AIME **218,** 1121–22, 1960, herausgeg. 1961; engl.) — Diskussion zu der C. **1963,** 4117 referierten. Arbeit.
M. Gehlen-Keller 6390◇

2062 **Methoden zur Entschwefelung von Gußeisen.** A. K. Sapolski. (Hüttenwes. u. Erzbergbau [UdSSR] **1963,** Nr. 4, 11–13; Inst. für Gas-Verw. der Akad. der Wiss. der Ukrain-SSR; russ.) — Überblick. — 17 Literaturangaben.
H. Hochstein 6402◇

2063 **Erfahrungen über den Einfluß des Überhitzens auf im Elektroofen synthetisch erschmolzenes Gußeisen.** Walter Simml. (Giessereipraxis **1961**, 418—26; Jenbach, Tirol; dt.) — Nach Behandlung der Einfl.-Größen, welche die Gefüge-Bldg. u. damit erstrangig die Eigg. von Grauguß bestimmen, wird auf Grund von Erfahrungen über das elektr. Erschmelzen von synthet. Grauguß über das Auftreten des Überhitzungseffekts nach Piwowarsky u. über die Beseitigung mittels Impfung berichtet. Hierbei wird angenommen, daß die Unterschiede in der Kristallisation der Schmelze vorwiegend auf Veränderungen des Trübe-Geh. der Schmelze bezogen werden können. — 24 Literaturangaben.
H. Hochstein 6402◇

2064 **Stahl aus Eisensanden.** J. Grindrod. (Tidsskr. Kjemi, Bergves. Metallurgi **22**, 80—22, 30/4. 1962; New Milton' Hants.; norw.) — Beschrieben wird ein aluminotherm. Verf. zur Herst. von Stahlgußstücken unter Verw. von Eisensanden [28,5 (%) *FeO*, 53,3 Fe_2O_3, 59,0 Gesamt-*Fe*, 7,8 TiO_2, 5,0 SiO_2, 0,56 *MnO*, 0,60 *CaO*, 0,40 V_2O_5, 2,4 *MgO*] aus Neuseeland-Fundstellen zusammen mit Al-Schrott als die wesentlichsten Ausgangsmaterialien. H. Hochstein 6408◇

2065 **Stahlerzeugung durch den direkten HyL-Reduktionsprozeß.** R. Lawrence jun. (Blast Furnace, Coke Oven, raw Mater. Committee Iron Steel Divis., Amer. Inst. Mining metallurg., Petroleum Engr. Proc. **20**, 293—97, **1961**; M. W. Kellog Co.; engl.) — Beschrieben wird das HyL-Verf. (Verf. der Hojalata y Lamina, Soc. An. in Mexico), bei dem Stahl im Elektroofen aus bis zu 85—90% red. Fe-Schwamm, der 6—10% SiO_2 enthält, durch direkte Red. hergestellt wird. — Diskussion. H. Hochstein 6408◇

2066 **Praktische Erfahrung über den Betrieb eines Großraum-Lichtbogenofens.** J. M. Mowat, A. G. McMillan und R. McDonald. (J. West Scotland Iron Steel Inst. **69**, 111—62, 1961/62; Wm. Beardmore & Co. Ltd.; engl.) — Die betrieblichen Kennzahlen eines 80-t-Lichtbogenofens u. seiner Nebenanlagen werden mitgeteilt u. die Arbeitsweise bei der Erzeugung von unlegierten, legierten u. nichtrostenden Stählen wird beschrieben. Die Schmelzverläufe einer Anzahl von Beispielen für verschiedene Stahlsorten sind zusammengestellt. Die leistungsbestimmenden Einfl.-Größen werden besprochen u. hierbei bes. Temp. u. Zus. des Einsatzes, Geh. an P, S, H u. anderen Elementen behandelt. Das Verf. der feuerfesten Ofenausmauerung wird erörtert, u. es werden Angaben über den Elektroden- u. Stromverbrauch gemacht. — Diskussion. H. Hochstein 6408◇

2067 **Die Entschwefelung von Siemens-Martin-Stahl durch flüssige synthetische Schlacke.** Je. Ss. Kalinnikow. (Hochschulnachr. [Moskau], Eisenmetallurgie **6**, Nr. 7, 65—69, 1963; Zentrales Forschungsinst. für das Eisenhüttenwes.; russ.) — Durch Anwendung von fl. synthet. Schlacke gelingt es, einen Stahl mit nicht nur einem sehr niedrigen *S*-Geh., sondern auch mit niedrigem *P*-Geh. zu erzeugen.
H. Hochstein 6408◇

2068 **Wärmezufuhr und Oxydation beim basischen Siemens-Martin-Verfahren.** A. Donald, T. Urie, D. Hadfield und I. M. Mackenzie. (J. West Scotland Iron Steel Inst. **69**, 49—78, 1961/62; Colvilles Ltd.; engl.) — Die Frage des Siemens-Martin-Ofenbetriebs im Wettbewerb mit dem neuzeitlichen O_2-Aufblasverf. im Konverter kann durch Beschleunigung des Aufheizens u. Einschmelzens des Schrotts bei guter Anpassung des gleichzeitigen Frischens des Bades zugunsten des Siemens-Martin-Ofens gelöst werden. Die Höhe der Wärmeübertragung u. der Wrkg. des O_2 auf das Schmelzgut ist von der Stärke der Badbewegung abhängig. Die Bedingungen zur Voraussage der Dauer der Einschmelzzeit werden erörtert. Durch Einblasen von *Graphit*-Pulver an Stelle des Zusatzes von Roheisen sowie durch Frischen mit gasförmigem O_2 an Stelle von festen Frischmitteln werden günstigere Betriebsbedingungen geschaffen. Die Betriebsergebnisse eines Stahlwerks bei hoher Leistung u. befriedigender Stahlgüte werden ausgewertet. Der O_2-Bedarf u. der Zeitpunkt der ersten Probenahme werden genau ermittelt. — Diskussion. H. Hochstein 6408◇

2069 **Einfluß des Mangan-Gehalts auf die anisothermischen Umwandlungs-Schaubilder von Baustählen mit 0,2% Kohlenstoff.** M. Economopoulos und T. Greday. (Rev. univ. Mines, Métallurgie, Mécan., Trav. publ., Sci. Arts appl. Ind. [9] **18** (**105**), 559—77, 15/9. 1962; Lüttich, Univ.; franz.) — Aufgenommen werden die anisotherm. Umwandlungsdiagramme von 6 Baustählen mit 0,15—0,2 (%) C, deren Mn-Geh. in den Grenzen von 0,85—2,13 schwanken. 3 Stähle enthalten 0,2 Si, während die drei anderen Stähle nur 0,013 bis 0,016 Si besitzen. Das allg. Aussehen der Diagramme wird durch die Änderung im Mn-Geh. nicht beeinflußt. Dagegen ändern sich die Lage u. der Umfang der verschiedenen Umwandlungsbereiche auf dem Temp.-Zeit-Diagramm stark mit zunehmendem Mn-Gehalt. Es zeigt sich, daß das anisotherm. Diagramm insgesamt im Sinne einer Erhöhung der Härtbarkeit verschoben wird. Die Temp. der Gleichgewichtsumwandlungen der Zwischenstufen- u. der martensit. Umwandlung werden erniedrigt. Die bainit. u. martensit. Umwandlungsbereiche werden erweitert. Das Aussehen der Strukturen, die den verschiedenen Abkühlungsbereichen entsprechen, wird nicht verändert. Eine kombinierte Wrkg. von Mn u. Si zur Förderung der Austenitstabilisierung wird festgestellt. Für einen festen Wert der Streckgrenze wird die Abkühlungs-Geschw. verringert u. die Bildsamkeit verbessert. — 15 Literaturangaben. H. Hochstein 6408◇

2070 **Auswahl, Wärmebehandlung und Verwendung von Stahl für Erdbewegungsgeräte.** W. W. Sellers und W. J. Cormack. (J. West Scotland Iron Steel Inst. **69**, 1—48, 1961/62; Caterpillar Tractor Co. Ltd.; engl.) — Überblick mit Zusammenstellung wichtiger Daten. — Diskussion.
H. Hochstein 6408◇

2071 **Kohlenstoff-Festigkeits-Verhältnisse von hochfestem Stahl mit 5% Cr.** John C. Hamaker jun. und Eugene J. Vater. (Proc. Amer. Soc. Testing Mater. **60**, 691—720, 1960; Latrobe. Pa., Vanadium Alloys Steel Co.; engl.) — Kennwerte solcher Stähle mit 0,2—0,5 (%) C, 0,8—1,0 Si 5 Cr, 1,3 Mo, 0,5 V im üblichen Zug-Vers. u. im Warmzug-Vers. werden mitgeteilt. Kerbschlag-Verss. werden bei —320 bis +1100° F u. Dauerschwingverss. bei Raum-Temp. nach Vergüten auf unterschiedliche Härte durchgeführt. Der Einfl. des *C*-Geh. wird ermittelt u. die Wrkg. eines mehrmaligen Anlassens bestimmt. Durch eine Vakuumschmelzbehandlung wird eine wesentliche Verbesserung der Duktilität u. Zähigkeit dieser Stähle erreicht. Es können Festigkeitswerte von 330000 lbs./sq.in. bei 275000 lbs./sq.in. Streckgrenze bei hoher Dauerfestigkeit u. Kerbschlagzähigkeit ermittelt werden. Durch eine Sekundärhärtung werden Restaustenit u. Restspannungen beseitigt u. Verbesserungen der Dauerfestigkeit, Kerbempfindlichkeit u. der Querduktilität erzielt.
H. Hochstein 6410◇

2072 **Herstellung von Schiffsschrauben aus 13%igem Chromstahlguß.** Kurt Fellcht und Klaus Schneider. (Neue Hütte **8**, 80—83, **1963**; Hennigsdorf bei Berlin; dt.) — Der zur Herst. von Schiffsschrauben dienende 13%ig. Cr-Stahlguß wird bei 1540—1570° gegossen. Die geforderten mechan. Werte (einschließlich einer Kerbschlagzähigkeit von >3 kpm/cm²) werden erreicht durch Austenitisieren bei 1000°, Abkühlen durch Gebläseluft u. Sprühwasser. Anlassen bei 730° mit anschließender Abkühlung im Ofen bis 600°.
W. Wesly 6410◇

2073 **Verwendung von gasförmigem Sauerstoff für die Herabsetzung des Kohlenstoffgehalts in hochlegierten Chrom- und Chromnickelstählen.** Pavel Pant. (Slévárenství **11**, 144—49, 1963; Brno, Šmeralovy závody n. p.; tschech.) — Theoret. Ableitungen u. prakt. Überprüfungen zeigen, daß bei der Entkohlung von Cr- u. CrNi-Stählen mittels O_2 der geringste Cr-Abbrand sowie die geringste Ausmauerungsbeschädigung bei einem optimalen C- u. Cr-Geh. erscheint (13—15% Cr, 0,25—0,35 bzw. 0,40—0,50% C, 1540°, resultierender C-Geh. <0,15%). Vor der Red. muß der CaO-Geh. der Schlacke möglichst erhöht werden. Zur Red. eignet sich sehr gut *Al*-Gries, doch greift das entstehende Al_2O_3 die Ausmauerung sehr an. Auch bei der Red. mit *Ferrosilicium* (75%; 15 kg Si/t) wurden gute Erfolge erzielt.
J. Tůmová 6410◇

2074 **Flocken in Stahlgußstücken.** František Brandejský. (Slévárenství **10**, 250—52, 1962; tschech.) — Vf. weist auf den erhöhten H-Geh. in Cr–Ni-Stählen als Ursache der Flocken-Bldg. im Zusammenhang mit der Struktur u. der Feuchtigkeit hin. Danach kann durch Verkürzung der Desoxydationszeit — ohne Diffusionsdesoxydation — durch Verw. von Mg-Al-haltiger Schlacke der H-Geh. erniedrigt werden. J. Tůmová 6410◇

2075 **Die Herstellung von hochsilicierten Stählen durch den sauren Siemens-Martin-Ofen-Prozeß.** T. G. Grey-Davies. (Iron Coal Trades Rev. **182,** 833—38, 1961; Partridge, Jones & John Paton Ltd.; engl.) — Die Praxis zur Herst. von Stählen mit bis zu 4,3% Si für elektrotechn. Zwecke (Dynamo- u. Transformatorenbleche) in sauer zugestellten Siemens-Martin-Öfen wird beschrieben. Hierbei wird Ca-Silicid zur Verringerung des S-Geh. auf die für den Zweck verlangten geringe Werte solcher Stähle verwendet. Beispiele der Entschwefelung durch *Silicocalcium* zur Schmelze im Ofen oder in der Pfanne werden besprochen.
H. Hochstein 6410◇

2076 **Isothermische Zersetzung von Austenit in gewissen für Lager verwendete Stähle.** Buţu Rotenstein und Nicolae Drăgan. (Studii Cercetări Metalurgie [Bucureşti] **5,** 321—42, 6 Tafeln, 1960; rum.) — Die isotherm. Zers. von Austenit in den 3 Stählen: *RUL 1*, 1,05 (%) C, 0,54 Cr; *RUL 3*, 1,01 C, 1,54 Cr; *SH15SG*, 0,93 C, 1,55 Cr, 0,55 Si, 1,1 Mn wird untersucht. Die kinet. Kurven werden mit Hilfe einer thermomagnet. Meth. erhalten. Außerdem wird die Mikrostruktur u. die Härte bestimmt. Die erhaltenen Kurven weisen auf ein Übergangsstadium hin, das bei ca. 335° beginnt; die Kinetik von *SH15SG* entspricht der von ARC_3, der ebenfalls Si u. Mn enthält. R. Grundmann 6410◇

2077 **Elektronenmikroskopische Untersuchung der Fehlerstellen im Martensit der Kupfer-Aluminium-Legierung.** Zenji Nishiyama und Setsuo Kajiwara. (Trans. Japan Inst. Metals **3,** 127—32, 1962; Sakai, Osaka, Osaka Univ.; engl.) — Die Fehlerstellen im Martensit einer Cu-Leg. mit 11,7% Al wurden mittels Durchstrahlungselektronenmikroskopie untersucht. Feine parallele Streifungen wurden in den Martensitplättchen beobachtet. Interferenzerscheinungen infolge Stapelfehler mit Ausmaßen von 100 Å traten auf. Die Elektronenbeugungsfiguren des Martensits zeigen lange Streifen starker Intensität senkrecht zur Ebene der Stapelfehler. Teilversetzungen traten zahlreich in den Martensitplättchen auf. Gelegentlich wurden „stair rod"-Versetzungen beobachtet. F. Vier 6432◇

2078 **Die Bedeutung von hitzebeständigen Metallen in Superlegierungen.** Earl R. Parker. (Proc. Amer. Soc. Testing Mater. **60,** 849—66, 1960; Berkeley, Calif., Univ. of California; engl.) — Ein Verständnis des grundlegenden Mechanismus des Kriechens ist eine wesentliche Voraussetzung zum Verständnis dafür, wie die Elemente *Mo, W, V* u. *Nb* zur Minderung des Kriechens u. zur Verlängerung der Haltbarkeit von Superlegg. wirken. Die das Kriechen, bes. die Diffusion u. das Klettern der Versetzungen, bestimmenden physikal. Vorgänge werden daher erörtert. Die Einfl. von verschiedenen Faktoren, welche die Hochtemp.-Festigkeit beeinflussen, z. B. von der Korngröße, den in Lsg. befindlichen Elementen, von der Ggw. einer Sekundärphase u. der Wärmebehandlung, werden in bezug auf ihre Einw. auf die das Kriechen bei erhöhten Temp. bestimmende physikal. Prozesse besprochen. Es werden Werte mitgeteilt, die erkennen lassen, daß sowohl Mo als auch W wichtige Mischkristallverfestiger sind, daß aber Mo in dieser Beziehung dem W überlegen ist. V u. Nb sind bes. wirksame Verfestiger, da sie stabile Carbide bilden, die die Bewegung von Versetzungen hemmen. Komplexe Legg. erweisen sich als fester als die einfachen Legg., wovon die Gründe näher erörtert werden. Ferner wird besprochen, warum die wirksamste Verfestigung durch eine Kombination von Mischkristallverfestigern u. Carbidbildnern erzielt wird. — 23 Literaturangaben. Diskussion. H. Hochstein 6434◇

2079 **Die Herstellung von metallischem Calcium aus einfachen industriellen Verbindungen.** Ştefan Mantea und Nicolae Petrescu. (Studii Cercetări Metalurgie [Bucureşti] **5,** 365—70, 1 Tafel, 1960; rum.) — Die Herst. von metall. Ca aus *Silicocalcium* durch Vakuum-Dest. wird durch die große Affinität von Ca zu Si erschwert. Das wird durch Einführung von *Al*, das die Affinität von Ca zu Si vermindert, oder von *Fe*, das eine große Affinität zu Si u. Al u. eine sehr kleine Löslichkeit für Ca besitzt, erleichtert. Die gleichzeitige Zugabe von Fe u. Al gestattet es, in annehmbarer Ausbeute Ca zu erhalten, wenn bei 1100° gearbeitet wird. Der Dest.-Rückstand kann als Desoxydans in der Eisenindustrie verwendet werden. R. Grundmann 6442◇

2080 **Schmelzen von Al-Mg-Legierungen unter vermindertem Druck.** 1. Mitt. **Verdampfung von Mg aus geschmolzenen Legierungen unter vermindertem Druck bei 500°.** Shiro Fujino und Morihiro Okada. (Rep. Government ind. Res. Inst., Nagoya **11,** 676—79, 1962; jap., Auszug: engl.) — Unterss. über die Beziehung zwischen Temp. u. Druck zu Beginn des Verdampfens von Mg aus Al-Legg. mit 3—12 (%) Mg u. 0—0,01 *Be* zeigen, daß die Anfangs-Temp. der Mg-Verdampfung mit dem Mg-Geh. der Legg. steigt; der Dampfdruck von Legg. mit höherem Mg-Geh. ist größer als der Mg-ärmerer Proben. Der Anfangsdruck der Mg-Verdampfung Mg-reicher Proben steigt mit der Temp. stärker als der von Legg. mit geringerem Mg-Gehalt. Die Anfangs-Temp. der Mg-Verdampfung steigt u. ihr Dampfdruck fällt mit steigendem Be-Geh. der Legierungen.
W. Wesly 6446◇

2081 **Der Einfluß kleiner Mengen von Wasserstoff auf die mechanischen Eigenschaften von Titanlegierungen.** Je. W. Petunina und W. L. Poplawskaja. (Metallkunde therm. Metallbearb. [UdSSR] **1961,** Nr. 4, 25—27; Zentr. Forschungsinst. für Eisenmetallurg.; russ.) — Der H-Geh. der α-Ti-Legg. *IMP1A* mit 0,18 (%) O, 0,04 N, 0,004 H, 0,08 Si, 0,25 Fe, 0,15 Ni u. *IMP7* mit 3 Al, 2 V, 0,16 O, 0,03 N, 0,01 H, 0,06 Si, 0,3 Fe, 0,10 Ni wurde durch 2std. Entgasen von Blechen (0,5—3 mm) im Hochvakuum bei 800° auf 0,003—0,001 herabgesetzt. Während durch die Entgasung die mechan. Eigg. von *IMP1A* nur geringfügig verändert werden, wurde bei *IMP7* eine mit abnehmender Blechstärke wachsende Zunahme von Biegefestigkeit u. Dehnung u. Abnahme der Festigkeit beobachtet. H. Jäger 6448□

2082 **Mechanische und technologische Eigenschaften von ternären Titanlegierungen.** L. P. Lushnikow und W. M. Nowikowa. (Metallkunde therm. Metallbearb. [UdSSR] **1961,** Nr. 4, 31—35; russ.) — Vff. untersuchen Legg. auf der Grundlage von 94% *Ti*, 0—6% *Sn* u. entsprechenden Zusätzen einer dritten Komponente als β-Stabilisator (*Zr, Cr, V, Mo* u. *Mn*) sowie das Syst. *Ti-Al-Zr* (ebenfalls mit 94% Ti). Die mechan. Eigg. der Legg. bei 20 u. 400° u. die technolog., bes. schweißtechnolog., Eigg. werden mitgeteilt. Die Verw. von Sn an Stelle von Al als Grundbestandteil von Ti-Legg. bietet keine technolog. Vorteile, während kombinierte Al-Zr- u. Sn-Zr-Zusätze zu Ti technolog. gute Legg. ergeben. Die Gesetzmäßigkeiten der Eigg. von Ti-Legg. mit Sn u. β-Stabilisatoren sind die gleichen wie bei Legg. von Ti mit Al u. β-Stabilisatoren. H. Jäger 6448□

2083 **Struktur und mechanische Eigenschaften von hochlegiertem Titan.** L. Ss. Golubewa und R. P. Schtschegolewa. (Metallkunde therm. Metallbearb. [UdSSR] **1961,** Nr. 4, 28—30; Zentr. Forschungsinst. für Eisenmetallurg.; russ.) — Vff. untersuchen die mechan. Eigg. u. Phasen-Zus. von zwei *Ti*-Legg. mit 1. 3 (%) Fe, 3 Mn, 3 Cr u. 2. 3 Fe, 3 Cr, 3 Al in Abhängigkeit von ihrer Wärmebehandlung u. Alterung. H. Jäger 6448□

2084 **Die Metallurgie des Scandiums.** Doyle Geiselman. (J. less-common Metals [Amsterdam] **4,** 362—75, 1962; Niagara Falls, N.Y., Union Carbide Metals Co., Div. of Union Carbide Corp.; engl.) — Übersicht über die physikal. u. chem. Eigg. von *Sc* u. von *Sc-Ti*-Legg. mit Ti-Geh. bis 11,35%. W. Wesly 6448◇

2085 **Neuer Fortschritt beim Vermahlen und Extrahieren von Gold bei der Giant Yellowknife Gold Mines Limited.** R. J. C. Tait. (Trans. Canad. Inst. Mining Metallurgy Mining Soc. Nova Scotia **64,** 204—16, 1961; Yellowknife, N.W.T., Giant Yellowknife Mines Ltd.; engl.) — Vgl. C. **1962,** 18255. — Durch Einsatz eines Zweikammerwirbelschichtofens mit kontinuierlichem Feststofftransport (two-stage Fluosolid roaster), der für über 1000 tato ausgelegt wurde, u. Verbesserung der Erzmahlung konnte das Ausbringen von 58 auf 78,4% bei gleichzeitiger Steigerung der Produktion verbessert werden. Nach dem Rösten der Sulfide (Pyrit, Arsenopyrit, Stibnit u. Sb-Sulfominerale) wird das Au durch Cyanidisierung wie früher gewonnen. J. Heinze 6456◇

2086 **Die Herstellung von hochdispersem Kupferpulver.** N. T. Kudrjawzew, N. I. Michailow und A. A. Nowikow. (Pulvermetallurgie [UdSSR] **3,** Nr. 3, 18—24, 1963; Moskau, Chem.-technolog. Mendelejew-Inst.; russ., Auszug: engl.) — Untersucht wird die Möglichkeit der Herst. von *Cu*-Pulver durch Red. mit *Ti*-Verbb. in wss. Lsgg., u. es wird dabei festgestellt, daß bei der Rk. von $Ti_2(SO_4)_3$ mit [illegible] Lsg.

bei Zusatz von 200—250 g/dm³ H_2SO_4 hochdisperses reines Cu-Pulver mit Teilchen von abgerundeter Form erhalten wird. Es werden zwei Meth. der Herst. von Cu-Pulver ausgearbeitet, nämlich mit tropfenweisem Zusatz einer gesätt. $CuSO_4$-Lsg. zur $Ti_2(SO_4)_3$-Lsg. (period. Meth.) oder durch anod. Lsg. von metall. Cu in $Ti_2(SO_4)_3$-Lsg. (kontinuierliche Meth.). In beiden Fällen verläuft der Prozeß mit gleichzeitiger elektrochem. Red. $Ti^{4+} + e \rightarrow Ti^{3+}$ an einer Pb- oder Cu-Kathode. Zur Herst. von Pulvern von bes. hoher Reinheit ist es zweckmäßig, die period. Meth. anzuwenden, da die Metallsalze leichter von Verunreinigungen zu reinigen sind als das Metall. Die Vorzüge der kontinuierlichen Meth. liegen in der Möglichkeit der Verw. verschiedener Cu-Abfälle als Anode, im Fehlen von Ti- u. Cu-Salzverlusten sowie in der Möglichkeit einer Automatisierung des Prozesses. Ausgearbeitet werden Meth. zur Behandlung u. Trocknung des Pulvers, zur Best. der Dispersität u. des Reinheitsgrades des Endprodukts. Es wird gezeigt, daß man zur Best. des Grades der Oxydierbarkeit des Cu-Pulvers eine visuelle Meth. anwenden muß, wobei die Farbe des erhaltenen Prod. mit der Farbe von zuvor hergestellten Eichproben verglichen wird.
H. Hochstein 6474◇

2087 **Mechanische Eigenschaften und Mikrostruktur gesinterter Titanlegierungen.** B. A. Borok, L. Ss. Golubewa, R. P. Schtschegolewa und N. A. Rutschjewa. (Pulvermetallurgie [UdSSR] **3,** Nr. 3, 88—98, 1963; Zentr. Forschungsinst. für das Eisenhüttenwes.; russ., Auszug: engl.) — Untersucht werden die mechan. Eigg. u. die Mikrostruktur bin. Legg. von *Ti* mit *Fe, Cr, Mn* u. anderen Metallen sowie von tern. Legg. des Syst. *Ti–Al–V* u. von quatern. Legg. des Syst. *Ti–Al–V–Mo* im gesinterten, unverformten Zustand. Hierbei wird die Zweckmäßigkeit der Verw. von V, Al u. Mo als Leg.-Elemente von Ti festgestellt. Eine Ti-Leg. mit 3 (%) Al u. 3 V, hergestellt durch die gemeinsamen Red. der Oxide TiO_2, Al_2O_3 u. V_2O_5 durch CaH_2 sowie eine Ti-Leg. mit 3 Al + 3 V + 2 Mo kann für die Herst. von Werkstücken mit hoher Festigkeit auf pulvermetallurg. Wege empfohlen werden.
H. Hochstein 6474◇

2088 **Elektrische Widerstandsmessungen von inhomogenen Lamellen.** P. E. Evans. (Planseeber. Pulvermetallurgie **11,** 3—13, 1963; Manchester, Univ.; engl.) — An gewalzten *Cu*-Pulverbändern wird der elektr. Widerstand in Walz (WR)- u. in Querrichtung (QR) gemessen. In WR war der Widerstand von red. Cu-Pulver 60% höher als in QR. Dichteunterschiede wurden dabei korrigiert. Stark oxydierte Cu-Pulver zeigten in WR 88% höhere elektr. Widerstände. Die Meßergebnisse konnten mit der Verteilung oberflächlicher Berührungsstellen zwischen den Pulvern in Beziehung gebracht werden.
H. Fahlenbrach 6474◇

2089 **Die Eigenschaften der zu Schneidwerkzeugen für Mineralien verwendeten Wolframcarbid-Kobalt-Legierungen.** A. Latin. (Metallurgia [Manchester] **64,** 211—16, 267—73, 1961; Nat. Coal Board, Mining Res. Establ.; engl.) — Die Eigg. von WC–Co-Legg. (4—20% Co), ihre Verw. zum Bohrschneiden von Mineralien, die Messung ihres Schneidabriebs, die das Schneidverh. beeinflussenden Faktoren (bes. Stoßbeanspruchung) werden untersucht u. Richtlinien für die Wahl des Werkstoffs der Schneidwerkzeuge gegeben. — 26 Literaturangaben.
W. Wesly 6476◇

2090 **Beitrag zur Untersuchung der plastischen Warmverformung von Stählen.** Claude Rossard. (Métaux **1960,** Nr. 415, 102—15, März, 140—53, April, 190—205, Mai; franz.) — Beschrieben werden zwei Maschinen zur Warmtorsions- u. Warmzugprüfung von Stählen bei konst. Verformungsgeschwindigkeit. Die mit diesen Maschinen aufgenommenen Warmverformungskurven werden besprochen u. Gleichungen zur Berechnung der Verformungsspannungen mitgeteilt. Der Einfl. der Geschw. u. der Temp. der Verformung auf den Verformungswiderstand werden für verschiedene Stähle mit C-Geh. von 0,05, 0,25, 0,85 u. 1,2 (%) C sowie mit 25 Cr u. mit 18 Cr u. 8 Ni angegeben.
H. Hochstein 6480◇

2091 **Die Moore-Dauerfestigkeitsprüfung mit umlaufender Biegebeanspruchung. Der Einfluß von Veränderungen bei der Probenherstellung auf die Dauerfestigkeit einer kaltgezogenen Stange aus der Phosphorbronzelegierung A.** G. R. Gohn und A. Fox. (Proc. Amer. Soc. Testing Mater. **60,** 560—76, 1960; New York, N.Y., Bell Telephone Labor., Inc.; engl.)
H. Hochstein 6480◇

2092 **Prüfmaschinen und -geräte für Draht.** H. Mintrop und K. Schneemann. (Draht-Welt **49,** 256—62, 1963; Hannover; dt.) — Überblick. — 27 Literaturangaben.
M. Gehlen-Keller 6480◇

2093 **Apparatur zur Untersuchung der Einflüsse sehr kurzzeitiger Temperaturbeanspruchung und hoher Dehnungsgeschwindigkeiten auf das Verhalten von Stoffen bei erhöhter Temperatur.** Warren F. Savage. (J. appl. Polymer Sci. **6,** 303—15, 1962; Troy, N.Y., Rensselaer Polytechn. Inst.; engl.) — Ein neues Gerät zur Best. der Eigg. von *Metallen* u. *Legg.* bei kurzzeitiger Hochtemp.-Beanspruchung wird beschrieben. Testproben werden durch einen Heizstrom großer Stärke infolge eigenen Widerstands rasch erhitzt. Eine elektron. Kontrolleinrichtung erlaubt Temp.-Steigerungen bis zu 3000° F/s u. darüber. Vollständige therm. Cyclen mit einem komplexen Heizungs- u. Kühlungsprogramm können mit einem speziellen elektron. Referenzgenerator mit einer dynam. Genauigkeit von ±15° F für Spitzen-Temp. bis zur Grenze der Brauchbarkeit der Thermoelemente automat. programmiert werden. Die Programmierung löst auch die Spannungsbewegung bis zu 4½ in./s u. Belastungen bis zu 10000 pounds aus. Die Werte werden automat. aufgezeichnet. Beispiele für die Anwendung sowie Vorschläge für eine künftige Anwendung werden beschrieben. — Diskussion.
K. Gröbe 6480◇

2094 **Die Zugfestigkeits-Eigenschaften eines hartgezogenen Stabes aus der Phosphorbronze-Legierung A.** G. R. Gohn und W. G. Bader. (Proc. Amer. Soc. Testing Mater. **60,** 843—48, 1960; New York, N.Y., u. Murray Hill, N.J., Bell Telephone Labor.; engl.) — Die gültige Theorie über den Mechanismus des Kaltziehprozesses wird erörtert. Eine kaltgezogene P-Bronzestange zeigt jedoch, daß im Gegensatz hierzu die Zugfestigkeit u. Streckgrenze bei 0,2% bleibender Dehnung zunehmen, wenn der Durchmesser von „subsize"-Proben abnimmt.
H. Hochstein 6480◇

2095 **Eine Prüfung der die Hochtemperatur-Zeitstandfestigkeit betreffenden Parameter.** Francis J. Clauss. (Proc. Amer. Soc. Testing Mater. **60,** 905—27, 1960; Sunyvale, Calif., Lockheed Aircraft Corp., Missiles and Space Div.; engl.) — Überblick über die in der Literatur zu diesem Zweck vorgeschlagenen Methoden. — 28 Schrifttumshinweise.
H. Hochstein 6480◇

2096 **Festigkeit von Baulegierungen unter schneller Erhitzung und Belastung.** J. R. Kattus und D. W. McDowell jun. (Proc. Amer. Soc. Testing Mater. **60,** 928—39, 1960; Birmingham, Ala.; engl.) — Die Zugfestigkeit, wie sie sich bei einer kurzen Zerreißprüfung ergibt, u. die Kurzzeitkriecheigg. werden von drei Blechen aus handelsüblichen *nichtrostenden Stählen,* drei handelsüblichen *Ni*-Legg. sowie aus einem bei —105° F kaltgewalzten nichtrostenden Stahl mitgeteilt. Die Proben wurden auf Prüftemp. bis auf 2000° F innerhalb von 30 Sek. erhitzt. Die Zugfestigkeits-Eigg. wurden mit einer Dehnungs-Geschw. von 0,1 in. je Sek. ermittelt; die Kriecheigg. wurden bei Zugspannungen erhalten, die den Bruch der Proben innerhalb von 1—30 Min. ergaben. Die Belastungsfähigkeit aller Legg. nimmt mit abnehmenden Aussetzungszeiten von 30 Min. bis zu 1 Sek. bei der Prüftemp. unter Last ab. Die hochfesten nichtrostenden Stähle sind fester als die Ni-Legg. bei den niedrigeren Temp., jedoch erhalten die Ni-Legg. ihre nützliche Belastungsfähigkeit bis zu höheren Temp. als dies die nichtrostenden Stähle tun; die Kurzzeitkriechfestigkeits-Eigg. der Ni-Legg. im Bereich von 1400—1800° F sind einigermaßen gleich denen der nichtrostenden Stähle zwischen 1000 u. 1400° F. Bis zu 1200° F hat der zuvor bei —105° F kaltgewalzte nichtrostende Stahl *304* zur Erzielung einer Streckfestigkeit über 350000 lbs./sq.in. bei Raum-Temp. eine höhere Zugfestigkeit als jeder der anderen handelsüblichen nichtrostenden Stähle.
H. Hochstein 6480◇

2097 **Das Zug- und Ermüdungsverhalten von unlegiertem ARC-Gußmolybdän bei erhöhter Temperatur.** G. W. Brock und G. M. Sinclair. (Proc. Amer. Soc. Testing Mater. **60,** 530—39, 1960; Urbana, Ill., Univ. of Illinois; engl.) — Zug- u. Dauerfestigkeitsprüfungen werden zwischen —300 u. +1800° F an unlegiertem ARC-Mo ausgeführt, um die möglichen Wechselwrkg.-Einfl. zwischen atomaren Fehlstellen

u. Versetzungen auf das Ermüdungs-Verh. von rekrist., geringe Geh. an Einlagerungselementen enthaltendem Mo festzustellen. Dabei wurde kein Zugfestigkeitsanstieg ähnlich dem des Blauversprödungsgebiets von Stahl im angegebenen Unters.-Temp.-Bereich festgestellt. Die Werte der oberen u. unteren Streckgrenze bleiben bei 200—400° F im wesentlichen unverändert. Die Ggw. eines „Knies" im S — log N-Ermüdungsdiagramm von 75—875° F deutet an, daß Reckalterung das Ermüdungs-Verh. in diesem Temp.-Bereich beeinflussen kann u. auch verantwortlich für die hohen Werte des bei diesen Temp. beobachteten Dauerfestigkeitsverhältnisses von 0,65—0,72 ist. — Diskussion.
H. Hochstein 6480◇

2098 **Relaxations-Merkmale von Inconel bei erhöhten Temperaturen.** C. R. Kennedy und D. A. Douglas. (Proc. Amer. Soc. Testing Mater. **60,** 867—84, 1960; Oak Ridge, Tenn., Union Carbide Corp.; engl.) — Eine Spannungs-Relaxations-Maschine für sehr genaue Ergebnisse über den gesamten Temp.-Bereich der allg. Baumetalle wird entwickelt. Es wird gezeigt, daß bei Anwendung einer Einzelprobe u. von relativ kurzen Prüfzeiten ein vollständiger Satz von Spannungs-Dehnungs-Geschw.-Werten bei einer beliebigen gewünschten Temp. erhalten werden kann. Jedoch ergibt sich, daß die Relaxationsprüfung kein Ersatz für die Kriechprüfung ist. H. Hochstein 6480◇

2099 **Mechanische und physikalische Eigenschaften von fünf Kupfer-Gußlegierungen.** W. H. Johnson und J. G. Kura. (Proc. Amer. Soc. Testing Mater. **60,** 796—811, 1960; Columbus, Ohio, Battelle Memorial Inst.; engl.) — Genaue Messungen werden für die mechan. u. physikal. Eigg. einer Leg. aus 76 (%) Cu, 2,5 Sn, 6,5 Pb u. 15 Zn, einer 20%ig. *Ni-Ag*-Leg., eines 81-4-15 *Si-Messings*, einer 65000 lbs./sq.in. *Mn-Bronze* u. einer 110000 lbs./sq.in. Mn-Bronze bei verschiedenen Temp. von —40 bis 550° F durchgeführt. Die gemessenen Eigg. waren: Zerreißfestigkeit, Streckgrenze, Dehnung, Einschnürung, Elastizitätsmodul, Druckfestigkeit, Kerbschlagzähigkeit, Brinell-Härte, Dauerfestigkeit, Bearbeitbarkeit, Schmelzbereich, Schrumpfung, Dichte u. Spezif. Gew., elektr. Widerstand, Wärmeleitfähigkeit u. Wärmeausdehnung. H. Hochstein 6480◇

2100 **Einfluß von Warmwalzbedingungen auf den Sprödbruch in einer Stahlplatte.** F. de Kazinczy und W. A. Backofen. (Trans. Amer. Soc. Metals **53,** 55—73; 1961; Oxelösund, Schweden, Järnverks A.B. u. Metals Processing Labor.; MIT; engl.) — 1½ u. 13 in. dicke Platten aus einem Stahl mit 0,15 (%) C, 1,18 Mn, 0,03 Si, 0,017 P u. 0,026 S bzw. mit 0,19 C, 0,74 Mn, 0,04 Si, 0,017 P u. 0,028 S, die nach einer üblichen Walzverarbeitung u. nach einer geregelten Warmverformung mit niedriger Fertigbearbeitungs-Temp. hergestellt waren, wurden zwecks Feststellung der Ursachen für die höhere Kerbzähigkeit in der geregelt gewalzten Platte untersucht. Die niedrigere Versprödungsübergangs-Temp. in den untersuchten Platten rührten von einer feineren Ferritkorngröße her. Experimentell wurde auch nachgewiesen, daß ein Teil der verbesserten Eigg. von einer Mikroriß-Bldg. in der Ebene der Platte am Kerbgrund herrührte, mit der Wrkg., daß Spannungs-Dreiachsigkeit aufgehoben u. die Versprödungsübergangs-Temp. herabgesetzt wurde. Der Ursprung der für die Risse verantwortlichen Flocken konnte nicht mit Sicherheit ermittelt werden, jedoch bestand Grund zur Annahme, daß einfache Einschlüsse in einer Faserstruktur vorhanden waren, die in ihrer Größe zu fein für eine normale metallograph. Beobachtung waren. Das für die Mikroriß-Bldg. angegebene Kriterium war: 1. eine Flockenstruktur, verteilt über einen Bereich, der nicht größer ist als der Umfang des plast. Vol., von dem der spröde Riß entsteht; 2. ein Verhältnis der krit. Bruchspannung zur Walzrichtung von nicht über $^1/_2$. Die erforderliche Bruchanisotropie wurde durch intensivere Faser-Bldg. u. feinere Korngröße gefördert. Dieses Kriterium wurde durch die geregelt gewalzte Stahlplatte fast vollständig erfüllt. Eine Glühung über 900° erbrachte eine Zusammenballung der Einschlüsse u. wurde von einer ausgeprägten Zunahme der krit. Bruchspannung begleitet. — 28 Literaturangaben. H. Hochstein 6480◇

2101 **Ermittlung der chemischen Heterogenität von Strukturbestandteilen in Legierungen nach der Methode der Warmätzung.** G. A. Faiwilewitsch. (Betriebs-Lab. [UdSSR] **29,** 814—15, 2 Tafeln, 1963; Zentrales Bardin-Forsch.-Inst. für Eisenmetallurgie; russ.) — Die Meth. der Warmätzung, die eine große Empfindlichkeit gegenüber unbedeutenden Veränderungen der chem. Zus. besitzt, erlaubt nicht nur eine klare Trennung der Gefügebestandteile, sondern läßt auch die Ungleichmäßigkeit überschüssiger Phasen u. des Grundmischkristalls komplizierter Legg. erkennen.
H. Hochstein 6482◇

2102 **Metallographie mittels Elektronendurchstrahlung.** Teil 1. E. Hornbogen und H. Warlimont. (Metall **17,** 437—45, 897—905, 1963; Stuttgart; dt.) — Das Wesen der Elektronenbeugung u. der Bildentstehung, die kinemat. Theorie der Elektronenbeugung, der Kontrast im Dunkelfeld, das Entstehen der Moirémuster u. die Vorbereitung der Proben durch schnelles Dünnen u. durch Elektropolieren werden beschrieben. — Anwendungsbeispiele. — 87 Literaturangaben. F. Vier 6482◇

2103 **Quantitative Auswertung von Röntgenfluorescenzmessungen an plattierten AlZnMgCu- und AlCuMg-Blechen.** K. Feltkamp und G. Schimmel. (Aluminium **39,** 165—69, 1963; Frankfurt/M.; dt.) — Vff. schlagen ein neues Auswertungs-Verf. zur Best. der Schichtdicke u. Diffusion an plattierten *AlZnMgCu*- u. *AlCuMg*-Blechen nach den Meth. der Röntgenfluorescenzanalyse vor. Danach kann der Diffusions-Koeff. in der Plattierung allein aus Röntgenfluorescenzmessungen bestimmt werden. Es werden Formeln angegeben, die es ermöglichen, den örtlichen u. zeitlichen Konz.-Verlauf zu berechnen u. graph. darzustellen. Die gleichzeitige Diffusion mehrerer Elemente kann ohne Schwierigkeit verfolgt u. damit auch die gegenseitige Beeinflussung dieser Elemente bzgl. ihrer Diffusion erfaßt werden.
F. Vier 6484◇

2104 **Über strukturelle Veränderungen in Metallen bei sehr kleinen Verformungsgeschwindigkeiten.** L. M. Rybakowa und B. M. Rowinski. (Physik Metalle Metallkunde [UdSSR] **6,** 874—78, 1958; Inst. für Maschinenkunde der Akad. der Wiss. der UdSSR; russ.) — Vff. berichten über die röntgenograph. Unters. (Verbreiterung der Interferenzlinien) bei der langsamen Verformung von *Ni* u. *Stahl.*
H. Jäger 6484◇

2105 **Grundlegende Aspekte der Metallverformung unter besonderer Berücksichtigung der Kaltverformung.** D. H. Sansome. (Sheet Metal Ind. **40,** 571—74, 1963; Birmingham, Coll. of Advanced Technol.; engl.) — Unterss. über die Verformung von Metallen beim Lochen oder Umkehrstrangpressen führen zur Ableitung von Gleichungen zur Berechnung der Lochstempelbelastung u. der Lochungsspannung.
W. Wesly 6490◇

2106 **Praktische und theoretische Aspekte der Kaltverformung von Stahl.** S. S. Chang. (Sheet Metal Ind. **40,** 575—80, 1963; Joseph Lucas Ltd.; engl.) — Erörterung der Vorteile des Strangpressens u. der maschinellen Bearbeitung, der Mechanik des Strangpressens, der Voraus-Best. der Werkzeugbeanspruchung, der Werkzeugkonstruktion u. des Metallflusses. — 15 Literaturangaben. W. Wesly 6490◇

2107 **Der Einfluß der Durchwärmetemperatur auf die Richtfähigkeit von Aluminiumblech.** Shigeo Zaima, Shizuo Tada und Kaneshige Matsushita. (Light Metals [Tokyo] **13,** 17—23, 1963; Shizuoka, Univ., Fac. of Engng.; jap., Auszug: engl.) — Unterss. über den Einfl. der Durchwärme-Temp. auf die Richtfähigkeit beim Walzen von Al-Blech zeigen, daß diese bei 45°-Richtung zur Walzrichtung höher ist, wenn hohe Durchwärme-Temp. u. starke Dickenverminderungen gegeben sind. Bei niedriger Durchwärme-Temp. u. geringen Dickenverminderungen ist die Richtfähigkeit bei 0° 90° höher. Die Richtfähigkeit in einer Richtung gewalzter Bleche ist in 45°-Richtung höher als schräg gewalzter Bleche bei gleicher Dickenverminderung u. Wärmebehandlung. W. Wesly 6490◇

2108 **Der Einfluß der Oberflächenrauhigkeit von Blechen und Werkzeugen auf die Tiefziehfähigkeit.** Shinji Fukui, Kioyta Yoshida, Kunio Abe und Koji Ozaki. (Sheet Metal Ind. **40,** 739—44, 754, 1963; engl.) — Unter zylindr., tiefgezogenen Flußstahlbechern ausgeführte Unterss. zeigen, daß das Grenzziehverhältnis bei gleichbleibender Bruchfestigkeit (BF) des Becherbodens mit fallendem Reibungswiderstand (RW) zunimmt; es nimmt auch zu, wenn die BF bei gleichbleibendem RW am Becherflasch zunimmt. Die

BF hängt von der Reibung zwischen Stempel u. Blech in der Bruchgegend ab u. steigt mit steigendem RW. W. Wesly 6490◇

2109 **Kunststoffe als Schmiermittel beim Tiefziehen und Pressen.** D. R. Mear und H. H. Topper. (Sheet Metal Ind. **40,** 567—76, 1963; Imp. Metal Ind. [Kynoch] Ltd.; engl.) — Übersicht über Fortschritte der Verw. von Methacrylat-Copolymeren in Trichloräthylen-Lsg. (*Trilac*) als Schmiermittel beim Tiefziehen. W. Wesly 6490◇

2110 **Verarbeitung von Titan und einigen festeren Legierungen durch Tiefziehen.** N. Davies. (Sheet Metal Ind. **40,** 733—38, 1963; engl.) — An *Ti* u. der Leg. *317* mit 0,13 (%) Fe, 5,05 Al, 2,50 Sn u. *318 A* mit 0,09 Fe, 6,09 Al, 3,87 V ausgeführte Unterss. zeigen, daß sich die Verformung mit verschiedenem Schwierigkeitsgrad ausführen läßt. Bei *318 A* tritt Richtungsabhängigkeit auf. Erhöhte Verformungs-Temp. begünstigt die Anpassung an die gewünschte Form. W. Wesly 6490◇

2111 **Die Härtung der Legierung AK4.** I. A. Nikiforow. (Metallkunde therm. Metallbearb. [UdSSR] **1963,** 32; russ.) — Die günstigste Härtungs-Meth. für *AK 4-Al*-Legg. mit 1,9—2,5 (%) Cu, 0,5—1,2 Si, 1,4—1,8 Mg, bis 0,2 Mn, 1,0 bis 1,5 Fe, bis 0,3 Zn, 1—1,5 Ni, besteht in einer Glühung bei 535°, Abkühlung in heißem W. u. Ausalterung bei 175°. H. Hochstein 6492◇

2112 **Die Verkürzung des Cyclus der Wärmebehandlung der Aluminiumlegierungen AL9 und AL9W.** Ss. I. Rudjuk und A. A. Muchamedow. (Hochschulnachr. [Ordshonikidse], Nichteisenmetallurgie **5,** Nr. 5, 132—36, 1962; Taschkent, Polytechn. Inst.; russ.) — Die mechan. Eigg. der Al-Legg. *Al9* u. *Al9W* wurden nach einem Härtungsprozeß von ½—12 Std. bei 535° (±5°) untersucht. Bei der genannten Temp. u. der Härtedauer von ½ Std. erreicht man optimale mechan. Werte, die allg. über den garantierten GOST-Werten lagen. Eine Verlängerung des Härtevorgangs bis zu 6 bzw. 12 Std. brachte nur eine Erhöhung der relativen Dehnung bei *Al9* u. *Al9W* u. eine geringfügige Erhöhung der Festigkeit u. der Härte bei *Al9W*. W. Kundorf 6492◇

2113 **Der Einfluß der der Brennhärtung vorangehenden Wärmebehandlung und des dadurch entstandenen Ausgangsgefüges auf die Ergebnisse beim Brennhärten.** R. Neményi. (Industrieblatt **61,** 667—69, 1961; An C-Stahl u. schwach legiertem Cr-Stahl nach verschiedenen Verff. ausgeführte Härtungen führen zu verschiedenen Härten u. Härtetiefen. Die schlechtesten Werte ergaben sich bei geglühtem, die besten bei vergütetem Ausgangszustand. Es wird gefolgert, daß die Werkstücke vor dem Brennhärten vergütet, mindestens aber normalisiert werden müssen, um eine gleichmäßige, hohe Oberflächenhärte bei größerer Einhärtetiefe zu sichern. W. Wesly 6492◇

2114 **Aufkohlung bei Temperaturen um 980°.** Bruno Finnern. (Durferrit-Hausmitt. **1962,** Nr. 35, 3—27; Frankfurt/M.; dt.) — Die Anwendung einer Kohlungs-Temp. von 980° im Salzbad für Einsatzhärtungstiefen von < u. > 1 mm führt im Vgl. mit der Behandlung bei 930° zu techn. u. wirtschaftlichen Vorteilen. W. Wesly 6492◇

2115 **Die Wärmebehandlung von Schmiedegesenken.** F. N. Tawadse und Je. K. Kowschikow. (Metallkunde therm. Metallbearb. [UdSSR] **1963,** 41—42; russ.) — Zur Erzielung einer hohen Leistung u. Haltbarkeit von Schmiedegesenken aus den Stählen *5ChNM, 5ChGM, 5ChNW* u. *5ChNT* werden die günstigsten Abschreck- u. Anlaß-Temp. angegeben. Empfohlen wird eine mehrstufige Behandlung: Erhitzen in 1 Std. auf 600° u. in 8 Std. auf 860°, 3std. Halten, Abschrecken auf 300°, 9std. Erhitzung auf 500°, 2std. Haltezeit, Abkühlung in 2½ Std. auf 170°, 12std. Erhitzen auf 650°, 3std. Haltezeit, Abkühlung auf Raumtemperatur. H. Hochstein 6492◇

2116 **Einfluß von Carbid-Schilfer auf den Verzug von Matrizenstählen während der Wärmebehandlung.** K. Sachs. (Metal Treatment Drop Forging **28,** 31—36, 59—62, 115—19, 157—64, 1961; Wolverhampton, G.K.N. Group Res. Labor.) — Im Anschluß an die C. **1963,** 6400 referierte Arbeit wird der Einfl. von verschiedenen Härte- u. Schmiede-Verff., bes. einer starken Verformung beim Schmieden, auf das Verh. des Carbidschilfers u. den hierdurch bedingten Verzug der Matrizenstähle erörtert, wobei auch der Einfl. der Ausgangsgußstruktur sowie prakt. Maßnahmen zu möglichst weitgehender Verzugsminderung besprochen werden. Zu diesen Maßnahmen zählt das Warmbadhärten. Die Änderung der Carbidstruktur hierbei wird behandelt. Auch der Einfl. einer homogenisierenden Glühung wirkt verzugsmindernd. — 23 Literaturangaben. H. Hochstein 6492◇

2117 **Abschrecken von Stählen mit 0,18 und 0,30 % Kohlenstoff von Temperaturen oberhalb des A_3-Punktes im Warmbad.** Julius Reschka. (Werkstatt u. Betrieb **94,** 259—64, 1961; Müllheim/Baden; dt.) — Zwei Stähle mit 0,18 bzw. 0,30% C werden von Temp. oberhalb des A_3-Punktes im Warmbad mit 200—450° abgeschreckt, dort 10 Sek. bis zu 15 Min. belassen u. danach an der Luft abgekühlt. Mit zunehmender Warmbad-Temp. tritt beim Stahl mit 0,18% C eine fallende Tendenz der Kerbschlagzähigkeit u. Zugfestigkeit auf, während beim Stahl mit 0,30% C mit steigender Warmbad-Temp. ebenfalls ein Absinken der Zugfestigkeit, jedoch bei prakt. gleichbleibender Kerbschlagzähigkeit festgestellt wird. Der im Warmbad abgeschreckte Stahl mit 0,18% C konnte hinsichtlich der Kerbschlagzähigkeit als dem vergüteten Stahl zugeordnet werden. Eine künstliche Alterung (10% gestaucht u. 1 Std. bei 250° angelassen) bewirkte bei diesem Stahl, daß alle Werte der im Warmbad abgeschreckten Proben mit einer Ausnahme in der Größenordnung der normal vergüteten u. gealterten Proben lagen, u. zwar ebenso wie auch im ungealterten Zustand bei prakt. gleichen Brinell-Härtewerten. Beim Stahl mit 0,30% C erbrachte das Abschrecken im Warmbad gegenüber dem Normalglühen Verbesserungen der Kerbschlagzähigkeit, die sich bei den gealterten Proben bei den Prüf-Temp. von 0 bis —80° bes. bemerkbar machten. Mit steigender Warmbad-Temp. war eine zunehmende Entmischung des Gefügeaufbaues der Stähle verbunden. H. Hochstein 6492◇

2118 **Neue Ergebnisse über das Weichnitrier (Tenifer-®)-Verfahren.** Johannes Müller. (Industrieblatt **61,** 639 bis 645, 1961; Frankfurt/M., Degussa; dt.) — Übersicht über die Fortschritte des *Tenifer*-Verf. (Verschleiß- u. Freß-Eigg. nitrierter Oberflächen, die Korrosionsbeständigkeit der Verbindungsschichten, die Dauerfestigkeit bei schwingender Beanspruchung, die Anwendung des *Tenifer*-Verf. im Zahnradbau u. die *Tenifer*-Anlagen). — 14 Literaturangaben. W. Wesly 6492◇

2119 **Nitrit in Leichtmetallvergütungsbädern.** Carl Albrecht. (Durferrit-Hausmitt. **1962,** Nr. 35, 28—29; Kronberg/TS; dt.) — Die zur Wärmebehandlung von Leichtmetallen dienenden NO_3-enthaltenden Bäder unterliegen beim Gebrauch einer Zers. ($2 NaNO_3 \rightarrow 2 NaNO_2 + O_2$), die dadurch bekämpft wird, daß man dem Vergütungssalz etwas $NaNO_2$ zusetzt. — Empfehlungen für die Praxis. W. Wesly 6492◇

2120 **Einige strukturelle und physikalische Gesichtspunkte der Wärmebehandlung von Stählen.** K. W. Andrews. (Metal Treatment Drop Forging **28,** 183—92, Mai 1961; United Steel Comp. Ltd., Swinden Labor.; engl.) — Die Abhängigkeit techn. Eigg. legierter Stähle vom Gefügeaufbau u. von physikal. Faktoren wird erörtert. Die Struktur bei hohen Temp. (A_1 u. höher) hängt in erster Linie von der Allotropie des Fe sowie von den Einw. der Leg.-Elemente auf diese Haupterscheinung zusammen. Die Möglichkeiten zur Berechnung von Gleichgewichtsstrukturen werden angegeben. Die Gefügeveränderungen, die unterhalb der A_3- u. A_1-Temp. auftreten, werden auf Grund der zuständigen Zeit–Temp.-Umwandlungs-Diagramme erörtert. Die Beziehung solcher Diagramme zu Wärmebehandlungsprozessen u. zur Härtbarkeit von Stahl wird angegeben. Ferner wurden noch andere Gesichtspunkte über die Berechnung der Ms-Temp. in Abhängigkeit vom Leg.-Geh. sowie über das Verhältnis der Struktur zu den Stahl-Eigg. behandelt. — 23 Literaturangaben. H. Hochstein 6492◇

2121 **Metallüberzüge durch thermische Zersetzung.** R. L. Hoyle. (Plating **49,** 1173—75, 1264—68, 1962, **50,** 45—49, 139—43, 1963; Arlington, Tex., Arlington State Coll.; engl.) — Bibliographien u. Kurzberichte über die Anwendung von Elementen u. Verbb. (*Halide, Carbonyle, Carbonyl-Halide, Nitro-Verbb., Nitrosylcarbonyle, Hydride, Oxide* u. verschiedene metallorgan. Verbb.) durch therm. Zers. für Überzüge. — 352 Literaturangaben. F. Vier 6492◇

2122 **Statistische Untersuchungen zur Aufstellung eines Auswertungsverfahrens von Festigkeitsuntersuchungen an mit Messing- und Neusilberloten spaltgelöteten Verbindungen.** J. Colbus. (Z. Schweisstechn. [Zürich] **50,** 302 bis 308, 1960; Saarbrücken; dt.) — Zur Ermittlung der mittleren Festigkeit von Messing- u. Neusilberlötungen genügen 10 Proben. Zur Beurteilung der Güte u. Gleichmäßigkeit von Spaltlötverbindungen u. Angabe eines gesicherten Belastungswertes ist die Best. der mittleren, quadrat. Abweichung erforderlich. Dazu sind 25 Proben notwendig. W. Wesly 6504◇

2123 **Untersuchungen zum Einfluß des Kaltverformungsgrades auf die Abschmelzleistung von Nacktdrahtelektroden.** F. Erdmann-Jesnitzer, J. Schubert und K. Teichert. (Industrieblatt **61,** 631—38, 1961; Freiberg, Sachsen, Bergakad., Inst. für Metallkunde u. Mat.-Prüfung; dt.) — Schweiß-Unterss. über den Einfl. des Kaltverformungsgrades auf das Abschmelz-Verh. von Nacktdrahtlichtbogenelektroden zeigen, daß eine Verformung von 33,8—78,5% die Abschmelzzeiten im Vgl. mit Weichglühen nicht beeinflußt. Die Abschmelzzeiten nehmen mit zunehmender Schweißzeit ab. Weichgeglühte Elektroden schmelzen bei der Minuspolung zunächst schneller als kaltverformte ab; jedoch gleichen sich die Unterschiede mit zunehmender Erwärmung aus. W. Wesly 6506◇

2124 **Schweißen von Aluminium und seinen Legierungen im Atom-Reaktorbau.** C. G. Keel. (Z. Schweisstechn. [Zürich] **50,** 298—301, 1960; Basel, ETH; dt. u. franz.) — Übersicht über Ausführung von TIG- u. MIG-Schweißungen an Al (-Legg.) u. die Prüfung der Schweißnähte. W. Wesly 6506◇

2125 **Schmelzschweißung von Titan und seinen Legierungen.** W. G. Hull. (Welding Metal Fabricat. **29,** 111 bis 113, 1961; Atom. Power Constr. Ltd.; engl.) — Ergänzung zu der C. **1962,** 15753 referierten Arbeit. Übersicht über das beim Schmelzschweißen von Ti(-Legg.) verwendete Verdikkungsmaterial, die Entspannungsbehandlung u. die Schweißqualität. W. Wesly 6506◇

2126 **Die Verwendung von Radioelementen bei der Behandlung gewisser Probleme der Elektrometallurgie.** R. Collée. (Ind. atom. **6,** 79—86, 1962; Liège, Univ.; franz.) — Anwendung der Indicator-Meth. u. der γ-Spektrometrie zur Unters. elektrometallurg. Niederschläge. Gerhard Schmidt 6514◇

2127 **Kinetik der Konzentrationsveränderungen der galvanischen Bäder.** V. Klapka, J. Matějovský und J. Průšek. (Korose Ochrana Mater. **1962,** 77—80; Praha, SVÚOM; tschech.) — Gleichungen für die Berechnung des Zeitverlaufs von Konz.-Änderungen von galvan. Bädern unter Betriebsbedingungen, nach denen die Konz.-Änderungen in Abhängigkeit von dem metallisierten Gut, Badgröße u. Zus. sowie die Regenerationsbedingungen vorausgesagt werden können. — Beispiele. J. Tůmová 6516◇

2128 **Untersuchung über die mechanischen Eigenschaften von galvanoplastischen Nickelformen (Mantelstücken). 2. Mitt. Über die Hitzefestigkeit von Nickel, erhalten durch elektrogalvanoplastische elektrolyt. Abscheidung aus einem Sulfaminatbad.** Kenzo Kawakami und Naoharu Kinoshita. (Rep. Inst. physic. chem. Res. [Rikagaku Kenkyusho Hokoku] **37,** 186—88, 1961; jap.) — *Ni*, das bei 50°, pH 4,8, u. 3 A/dm² aus einer Lsg. von 450 (g/Liter) *Ni-Sulfamat*, 30 H_3BO_3 u. 0,7 Na-Laurat galvanoplast. abgeschieden wird, ist sehr spröde u. auch bei über 400° infolge der Warmsprödigkeit kaum zu bearbeiten, trotz der fast völligen Freiheit von inneren Spannungen. L. Schuler 6520◇

2129 **Neuere Erfahrungen auf dem Gebiete der anodischen Oxydation von Aluminium in Chromsäure.** F. Modic. (Aluminium **39,** 169—80, 1963; Ljubljana; dt.) — Nach einem Überblick über die Entw. der anod. Oxydation von Al in CrO_3 werden eingehend die allg. Bad- u. Anodisierbedingungen für das CrO_3-Verf., bes. bei höheren Bad-Temp., erörtert. Bei höheren Temp. bilden sich die Oxidschichten erheblich schneller, zeigen ein opakes Aussehen u. lassen sich auch schnell in satten Pastelltönen einfärben. Sie eignen sich bes. für dekorative Zwecke. Steigender Sulfat-Geh. im Bad hebt die Opazität auf. Dicke u. mechan. Eigg. werden nicht beeinflußt. Geringe Cl-Geh. beschleunigen die Oxid-Bldg. u. wirken sich günstig auf die Opazität aus. Ähnlich verhalten sich Phosphationen. F. Vier 6530◇

2130 **Korrosion und ihre Verhütung.** Charles M. Loucks. (Heating, Piping Air Condit. **35,** Nr. 3, 145—60, 1963; engl.) — Übersicht über Grundlagen der Korrosion, mehrere Beispiele von Korrosionen an Metallen u. Legg. u. die Maßnahmen zur Korrosionsverhütung. W. Wesly 6538◇

2131 **Allgemeine Abhängigkeit der Metallkorrosion von dem pH-Wert der Lösung.** K. Smrček. (Korose Ochrana Materiálu **3,** 57—59, 1959.) — Vf. teilt die Metalle in 5 Gruppen ein, in denen die Korrosions-Geschw.-Abhängigkeit vom pH-Wert in verd. Lsgg. vom pH 1—14 ähnlich ist. Bei geringen Elektrolytmengen im Verhältnis zur Oberfläche treten andere Verhältnisse auf. E. L. Schmeling 6538◇

2132 **Langzeitprüfung der atmosphärischen Korrosion an niedriglegierten Stählen.** H. R. Copson. (Proc. Amer. Soc. Testing Mater. **60,** 650—66, 1960; Bayonne, N.J., International Nickel Co., Inc.; engl.) — Langjährige Unterss. über das Korrosions-Verh. einer großen Gruppe niedriglegierter Stähle an Meeresluft (15½—17 Jahre) u. in Industrieluft (18 Jahre) ergaben, daß Leg.-Elemente, wie *Cu*, *P*, *Ni* u. *Cr*, sich auf die Korrosionsbeständigkeit günstig auswirkten. Solche niedriglegierten Stähle entwickeln schnell einen schützenden Rostüberzug, u. die Korrosions-Geschw. nehmen rasch auf niedrige Werte ab. Während der letzten Hälfte der Prüfperioden lagen die Korrosions-Geschw. von vielen der besseren niedriglegierten Stähle zwischen 0,05 u. 0,2 Mil/Jahr, wobei die höheren Werte an Meeresluft auftraten. H. Hochstein 6538◇

2133 **Mechanische Eigenschaften (Zug) gesinterter Al-Gefüge mit Fe- und Ni-Zusätzen (Knetzustand) für die Korrosionsbeständigkeit gegen Wasser von hoher Temperatur.** P. Lelong, J. Moisan und J. Herenguel. (Mém. Sci. Rev. Métallurgie **57,** 683—88, Sept. 1960; Le Havre, Soc. des Tréfileries et Laminoirs, Centre de Rech. d'Anatomy; franz.) — Die mechan. Eigg., wie Zerreißfestigkeit, Streckgrenze u. Dehnung, von Al—Alumin-Erzeugnissen mit Fe- u. Ni-Zusätzen, eingeführt in Form oxid. Ionen oder in intermetall. Form, wurden nach ihrer Herst. durch Sintern u. Strangpressen mit oder ohne nachfolgendes Walzen bei 25° u. bei 350° gemessen. Der Einfl. der Dicke der Al-Plättchen u. des Aluminfilms sowie auch der Einfl. der Verformungsart durch Pressen oder Walzen wurde bestimmt. Die Fe- u. Ni-Zusätze, welche die Korrosionsbeständigkeit gegen Heißwasser bewirken, verbessern auch leicht die mechan. Eigenschaften. Der Verformungswiderstand wird erhöht, die Bruchdehnung aber verringert. H. Hochstein 6538◇

2134 **Schmierstoffe zur Verhinderung von Passungsrost.** Norris A. Scarlett. (Erdöl Kohle-Erdgas-Petrochem. **15,** 542—47, 1962; Chester, England, Thornton Res. Centre, „Shell" Res. Ltd.; dt.) — Es werden Vers.-Reihen mit verschiedenen Fetten u. Ölen beschrieben. Hierbei wird festgestellt, daß die Schmierstoffe bzgl. dieser Eigg. stark voneinander abweichen, u. daß solche mit bestimmten polaren Zusätzen, die keine E.P. (Extreme Pressure)-Eigg. haben, die beste Wrkg. erzielen. Feste Schmierstoffe, wie Graphit u. Mo-Disulfid als Zusatz, haben teilweise ungünstige Auswirkungen auf die korrosionsverhindernden Eigenschaften. W. Lauk 6538◇

2135 **Korrosionserfahrungen bei der Säurenauslaugung von Kobalt-Nickel-Sulfiden.** R. B. McIntosh und S. Romanchuk. (Trans. Canad. Inst. Mining Metallurgy Mining Soc. Nova Scotia **64,** 239—44, 1961; engl. — C. **1962,** 3254.) J. Heinze 6538◇

2136 **Die Verarbeitung von saurem Schlamm bei Algom Nordic.** J. B. Mitchell und A. G. Roach. (Trans. Canad. Inst. Mining Metallurgy Mining Soc. Nova Scotia **64,** 229—36, 1961; engl. — C. **1962,** 3254.) J. Heinze 6538◇

2137 **Der Korrosionsschutz und die Dichtung der Tübbingsäulen in den Rossenray-Schächten.** Hans Reinhard Kukuk. (Glückauf **97,** 1262—71, 1961; Essen; dt.) — Als Korrosionsschutz von Tübbing-Säulen dient ein kalthärtender Polyester, der auf den durch Sandstrahlen, Spritzverzinken u. $ZnCrO_4$ vorbehandelten Untergrund aufgespachtelt wurde. Als Dichtungen wurden vorgeformte, 3 mm starke Bleche aus *Pb* gewählt, da 50 Jahre alte Pb-Dichtungen noch in gutem Zustand waren. Die Schrauben der Tübbing-Verbindungen wurden in Korrosionsschutzlack getaucht. Muttern u. Gewinde erhielten PVC-Schutzhauben. W. Wesly 6538◇

2138 **Die Korrosion von Zink durch neuzeitliche Waschmittel.** H. Stüpel und F. Koch. (Werkstoffe u. Korrosion **11,** 33—39, 1960; Seifenfabr. Hochdorf, Labor.) — Unterss. über die Korrosion von Zn durch Waschmittel (Best. des Gew. von Probeplättchen nach 30 Min. langem Kochen mit der betreffenden Flotte, 15 Min. langem Abkühlen, Spülen u. 4maliger Wiederholung dieser Behandlung) zeigen, daß die Korrosion mit steigender Härte des zum Ansetzen der Flotte verwendeten W. abnimmt. Ca^{2+} wirkt stärker inhibierend als Mg^{2+}. Markenwaschmittel zeigen verschiedene Korrosions-Eigg.; Inhibitoren wirken erst nach mehrfachem Waschen deutlich. *Polymere Phosphate* u. *Perborate* greifen Zn bes. gemeinsam stark an; die Korrosion steigt mit dem Komplex-Bldg.-Vermögen von Pyro- über Tripoly- zu Metaphosphat an. — 19 Literaturangaben. W. Wesly 6538◇

2139 **Verträglichkeit von Magnesium-Zirkonium-Legierungen mit Kohlendioxid bei erhöhtem Druck und erhöhter Temperatur.** R. Darras, D. Leclercq und R. David. (J. nuclear Mater. [Amsterdam] **8,** 23—38, 1963; Grenoble, CEN de Grenoble; Sect. d'Étude de la Corrosion par Gaz et Métaux Liquides; franz.) — Das Verh. der Mg-Legg. mit 0,4, 0,5 u. 0,6% Zr wurde bei 450, 500 u. 530° in Ggw. von CO_2 bei 15, 25 u. 60 atm untersucht u. mit unlegiertem Mg verglichen. Kinet. Kurven, die parabol. sind, zeigen, daß die Gleichgewichtszunahmen immer sehr gering bleiben. Die Korrosionsfestigkeit dieser Legg. erfüllt in der Praxis ihre Zwecke bis zu 500° ausgezeichnet, auch bei veränderlichen Begleiterscheinungen (Wachstum, Strukturwechsel), u. trotz der auf der Oberfläche gebildeten ziemlich unregelmäßigen u. sehr dünnen schwarzen Schichten. Die Legg. finden Verw. als Hüllenmaterial für Brennelemente in Reaktoren. H. Jehne 6538◇

2140 **Umrechnungsnomogramm für Korrosionsgeschwindigkeiten.** V. Rýpar. (Korose Ochrana Materiálu **3,** 62—64, 1959; SVÚOM; tschech.) — Durch ein Nomogramm ist es möglich, die Angaben der Korrosions-Geschw. durch direkte Ablesung in andere zu überführen. Angegeben sind: mg/(dm²·Tag), mg/(cm²·Tag), mg/(dm²·h), mg/(cm²·h), g/(m²·Tag), g/(m²·h), Jahre/mm, mm/Jahr, μ/Jahr. E.-L. Schmeling 6540◇

2141 Kaiser Aluminum & Chemical Corp., Oakland, übert. von: Jacques R. Martinet, San José, Calif., V.St.A., **Herstellung von feuerfesten Produkten** für die Ausmauerung von metallurg. Öfen. Eine Mischung aus wenigstens 50% gebranntem grobkörnigem *Dolomit* u. nicht über 50% feinkörnigem Dolomit wird bei 120—220° erhitzt u. mit 4—10% eines auf die gleiche Temp. erhitzten wasserfreien verkokbaren C-haltigen Bindemittels gemischt u. unter Vibration u. Druckanwendung verformt. Der Druck soll nicht so hoch sein, daß allein dadurch ein dichter Körper entsteht. — Abbildung. (**A. P. 3 058 736** vom 2/3. 1960, ausg. 16/10. 1962.) M. Neckermann 6371

2142 Glen Gecy Shale Brick Corp., übert. von: James R. Coxey, Reading, Pa., V.St.A., **Herstellung von Flußspatbriketts** aus feinem Säurespat, 0,1—0,3% Bindemittel aus sulfidiertem Holzfaserstoff u. ca. 7—12% Feuchtigkeit. Die Mischung wird geformt, getrocknet u. mit einer Geschw. von 2—8° F pro Min. erhitzt, um das Bindemittel zu entfernen u. das Feingut in eine einheitliche, poröse u. harte Masse überzuführen. Die Briketts eignen sich besonders zur Verw. bei der *Stahl*-Herstellung. — Abbildung. (**A. P. 3 044 140** vom 6/10. 1959, ausg. 17/7. 1962.) M. Neckermann 6377

2143 Robert Gordon Becher, Australien, **Erzanreicherung.** *Ilmenit* wird in Ggw. eines Red.-Mittels, z. B. *Kohle*, geröstet, das Erz von der Gangart u. dem nicht verbrannten Red.-Mittel abgetrennt u. dann in W. unter Durchblasen von *Luft*, O_2 oder anderen oxydierenden Gasen behandelt. Das red. elementare *Fe* wird hierdurch in einen Nd. verwandelt, der leicht von dem mit Ilmenit angereicherten Rückstand abzutrennen ist. Die Oxydation kann beschleunigt werden durch Zusatz von *S* oder *S-Oxiden* oder *Sulfiden*, von Kationen des NH_4, der Alkalimetalle, des Cu oder Co u./oder von organ. oder anorgan. Anionen der Acetate, Chloride, Sulfate, Nitrate, Fluoride u. Thionate. (**F. P. 1 299 750** vom 30/6. 1961, ausg. 12/12. 1962.) M. Neckermann 6379

2144 Commissariat à l'Énergie Atomique, Frankreich (Erfinder: Henrick Kahan, André Pattoret und Roger Platzer), **Herstellung von reinen Metallen, insbesondere Alkali- und Erdalkalimetallen,** sowie *Mg*, *Be*, *Mn* usw. Die verunreinigten Metalle oder deren dissoziierbaren Verbb. werden in einem Tiegel unter Vakuum bis zum Verdampfen erhitzt. Die Metalldämpfe strömen durch eine Reihe übereinander angeordneter Prallbleche, welche nach oben hin fallende Temp. aufweisen u. eine fraktionierte Ausscheidung von Verunreinigungen u. zu gewinnendem Metall bewirken. — Abbildung. (**F. P. 1 300 163** vom 26/5. 1961, ausg. 12/12. 1962.) M. Neckermann 6381

2145 Soc. d'Électro-Chimie, d'Électro-Métallurgie et des Aciéries Électriques d'Ugine, Paris, Frankreich, **Herstellung von Metallen und Metallegierungen.** Zu F. P. 1 225 647; C. **1962,** 6955 ist nachzutragen: Die Red. der Oxide wird mit einer genügend großen Menge an Red.-Mittel durchgeführt, um die gesamten Oxide zu reduzieren. (**Ind. P. 69 979** vom 8/12. 1959. E. Prior. 29/7. 1959.) C. Lüttgen 6381

2146 Foseco International Ltd., Birmingham, England (Erfinder: George Joseph Nall Cherry), **Entgasung von geschmolzenen Metallen im Vakuum.** Der Schmelzbehälter wird derart bewegt, daß sich auf der Oberfläche des Metalls Wellen von solcher Stärke bilden, daß die Wellenkämme unstabil werden u. aufbrechen. — Beispiel: H_2-Entfernung aus *Stahl.* (**E. P. 917 228** vom 7/4. 1960, ausg. 30/1. 1963.) M. Neckermann 6381

2147 Commissariat à l'Énergie Atomique, Frankreich, **Behandlung von Metallen und Legierungen, insbesondere spaltbares Material, wie Uran.** U wird im Schmelzfluß bei 1000—1400° zur besseren Beseitigung von Verunreinigungen mit einer Schlacke behandelt, die aus *BeO* u. weiteren Metalloxiden hoher thermodynam. Stabilität, wie *BaO*, *CaO*, *SrO*, *MgO* u. *La-Oxid* besteht. — Abbildung. (**F. P. 1 291 772** vom 18/3. 1961, ausg. 21/9. 1962.) M. Neckermann 6381

2148 Soc. des Aciéries de Pompey (Erfinder: Eugène Herzog und Laszlo Bäcker), Frankreich, **Behandlung von natrium-, eisen-, aluminium- und siliciumreichen Rückständen,** z. B. *Bauxit*, mit einer 30—50%ig. *Soda*- oder *Pottasche*-Lsg. bei 120—140°, wobei Al_2O_3, Si- u. Na-haltige Bestandteile in Lsg. gehen u. das Fe_2O_3 im Rückstand verbleibt. Nach dem Filtrieren u. Auswaschen des Fe_2O_3-haltigen Rückstandes wird dieser unter Zusatz von *Kalk* als Bindemittel brikettiert. Die paramagnet. Fe-Oxide werden durch Zusatz von 2wertigen Fe-Ionen, wie *FeS*, $FeSO_4$ oder $FeCO_3$ in ferromagnet. Fe-Oxide umgewandelt. (**F. P. 1 301 964** vom 12/7. 1961, ausg. 26/12. 1962.) M. Neckermann 6381

2149 M. W. Kellogg Co., Jersey City, übert. von: Edwin Sterling, Murray Hill, N.J., V.St.A., **Behandlung von reduzierbaren Eisenoxiden** mit Lsgg. von Salzen der Alkali- u. Erdalkalimetalle, Metallen der Gruppen VI u. VI B des Period. Syst. der Elemente, des B u. Si, zwecks Bldg. eines Überzugs auf den Erzteilchen zur Verhinderung der Agglomeration oder mit genügender Porosität, damit die Red. der Erzteilchen vor sich gehen kann. Die mit dem Überzug versehenen Teilchen werden getrocknet u. sodann im Fließbett mittels Red.-Gas bei 500—1535° reduziert. Die Lsg. enthält z. B. die *Chloride* des *Mg* oder *Ca*, $Mg(NO_3)_2$, *Mg-Phosphat* oder $MgCO_3$. (**A. P. 3 062 639** vom 21/7. 1959, ausg. 6/11. 1962.) M. Neckermann 6391

2150 Fred Daniel Devaney, **Reduzierendes Röstverfahren für nichtmagnetische Eisenoxide.** Das dem Röstofen von oben nach unten durchlaufende Oxid wird im Gegenstrom mit einem Gemisch aus CO_2, inerten Gasen u. reduzierenden Gasen, wie CO u./oder H_2 behandelt, die bei normaler Temp. am Boden des Ofens eintreten. In die Mitte des Ofens werden heiße, durch Verbrennung von fl. Brennstoffen erzeugte Gase in solcher Menge eingeführt, daß im oberen Teil des Röstofens eine Temp. von 800—1700° F herrscht. Die den Röstofen am Kopf verlassenden Gase werden z. T. nach Kühlung als inerte Gase zum Mischen mit den reduzierenden Gasen verwendet u. z. T. mit den in den mittleren Teil des Ofens eingeführten Heizgasen gemischt. — Verf.-Schema. (**Aust. P. 236 974** vom 16/11. 1959, ausg. 1/2. 1962.) C. Lüttgen 6391

2151 Molybdenum Corp. of America, New York, N.Y., V.St.A., **Eisen und Stahl** mit verbesserten mechan. Eigg. u. erhöhter Korrosions- u. Oxydationsfestigkeit erhält man durch Zusatz von Komplexsalzen Seltener Erden mit einer Atomzahl von 57—71, bes. *Ce*, *La*, *Nd*, *Sa*, zur Schmelze. (**Ind. P. 68 860** vom 25/8. 1959, ausg. 1/11. 1961.) C. Lüttgen 6391

2152 VEB Fachanstalt für Gießereiwesen, Deutschland, **Zusatz von Preßlingen aus exothermischen Legierungen zu Metallbädern, insbesondere Gießereibädern.** Die Zusätze werden in die Gießpfanne gegeben, u. zwar in Form von Scheiben mit einer Stärke von 10—15 mm, die in der Mitte ein kreisförmiges Loch aufweisen. Die Leg.-Zusätze enthalten 30—50% *Ferrosilicium*, *Ferromangan*, *Ferrophosphor*, *Ferrochrom*, *Ferromolybdän* oder *Ferrokupfer* mit einer Korngröße bis zu 5 mm, 50—65% einer exotherm. Mischung mit körnigem *Al* von einer Korngröße bis 3 mm u. Fe_2O_3, $NaNO_3$, MnO_2 u. 0,1—1,0% eines cellulosehaltigen Bindemittels. (**F. P. 1 302 050** vom 18/8. 1961, ausg. 28/12. 1962.) M. Neckermann 6419

2153 American Zink, Lead and Smelting Co., V.St.A., **Gewinnung von Nichteisenmetallen aus Ferriten.** Durch Behandlung mit einer verd. Säure, z. B. H_2SO_4, in Ggw. von metall. *Fe* bei ca. 100°. Das Verf. ermöglicht die Gewinnung von Metallen, die in der Spannungsreihe unter dem Fe stehen. — Beispiel: Behandlung von Rückständen aus der H_2SO_4-Laugerei von *Röstblende*. (**F. P. 1 300 187** vom 9/6. 1961, ausg. 12/12. 1962.) M. Neckermann 6421

2154 Stolberger Zink Akt.-Ges. für Bergbau und Hüttenbetrieb, Deutschland, **Zinkknetlegierung** besteht aus 0,01—1(%) *Ti*, 0,1—10 *Cu*, ggf. 0,1—50 *Al*, Rest Feinzink u./oder Hüttenzink u. ist dad. gek., daß das Ti einen Geh. von 1—67 Atom-% *H* gelöst oder gebunden aufweist, der insgesamt oder vorzugsweise nur z. T. durch *N* u./oder *O* ersetzt sein kann. Das Ti kann bis zu 50% seiner Menge durch *Zr* u./oder *Hf* u. das Cu kann bis zu ca. 50% seiner Menge durch *Mn* ersetzt werden. Zur Erhöhung der Bildsamkeit wird die Leg. nach einer bei 20—100° vorgenommenen Kaltverformung vor ihrer Verw. bei 100—350° geglüht. Zur Herst. der Leg. kann man das fl. Cu, das ggf. noch Zn enthält, mit den genannten Gasen, bes. mit H_2 oder NH_3, begasen u. das Ti in diese Cu-Schmelze einbringen, wobei man ggf. auch das Ti vor dem Einbringen in die Cu-Schmelze begast. Die so erhaltene Vorleg. wird in die Zn-Schmelze eingebracht. Andererseits kann man auch eine Cu-Ti-Vorleg. begasen u. in die Zn-Schmelze eintragen. — Vgl. auch D. A. S. 1 138 553; C. **1963**, 19760. (**F. P. 1 296 575** vom 16/2. 1961, ausg. 12/11. 1962. D. Prior. 19/2. u. 7/6. 1960.) C. F. Gross 6427

2155 E. I. du Pont de Nemours & Co., übert. von: John Irwin Peters, Lancaster Village, Wilmington, Del., V.St.A., **Gewinnung von Blei aus bleihaltigen Nebenprodukten,** wie sie bei der Herst. von *Pb-Tetraäthyl* anfallen. Das Material wird in Ggw. von C im Überschuß sowie einer Salzmischung, bestehend aus 3—40% *NaCl* u. 97—60% K_2CO_3 u. Na_2CO_3, auf 600—750° erhitzt u. das hierbei entstehende Pb von der übrigen Rk.-Mischung abgetrennt. (**A. P. 3 052 535** vom 20/9. 1960, ausg. 4/9. 1962.) M. Neckermann 6431

2156 Graham, Savage & Associates, Inc., Kalamazoo, Mich., V.St.A., **Gewinnung von Kupfer hoher Reinheit aus Kupferschrott** mit Sn als Verunreinigung. Der Schrott wird mit einer nicht oxydierenden Säure, z. B. H_2SO_4, angefeuchtet. Nach Ablaufen der Säure wird der Schrott belüftet u. dann der Vorgang wiederholt. In der mit Cu angereicherten Lsg. wird das Sn oxydiert, z. B. mit *Alkaliperoxid* oder H_2O_2, u. die Cu-haltige Lsg. nach Abtrennung des Sn-Nd. zwecks Gewinnung des Cu elektrolysiert. (**E. P. 918 934** vom 23/11. 1960, ausg. 20/2. 1963. A. Prior. 24/11. 1959.) M. Neckermann 6433

2157 Süddeutsche Kalkstickstoff-Werke Akt.-Ges., Deutschland, **Reduktion von Kupferschmelzen** mittels P. Der nicht in das Oxid übergeführte P wird durch *Ca* chem. gebunden. Die Red. wird mittels eines *Phosphides*, eines *Erdalkalimetalls* oder *Be-Phosphides* durchgeführt. Die Red.-Mittel werden in Form von geeigneten Legg. zugesetzt. (**F. P. 1 302 778** vom 6/10. 1961, ausg. 2/1. 1963. D. Prior. 7/6. 1961.) M. Neckermann 6433

2158 Ampco Metal, Inc., übert. von: John F. Klement, Milwaukee, Wis., V.St.A., **Aluminiumbronze** mit ausgezeichneter Korrosionsbeständigkeit, verbesserter Zähigkeit u. Verschleißfestigkeit besteht aus 13,0—18,0(%) Al, 2,0—6,0 *Fe*, 0,50—2,5 *V*, Rest Cu u. ≤0,5 Verunreinigungen. Die Leg. hat eine Zugfestigkeit von 70000—100000 lbs./sq.in., eine Streckgrenze von 50000—80000 lbs./sq.in., eine Dehnung (Meßlänge 2 in.) bis 3% u. eine Rockwell-Härte C von 25—50. Die in einer Amsler-Prüfmschine gegen 18/8-Stahl bei einer Belastung von 25 kg gemessene Verschleißrate beträgt 0,0020—0,0040 g/1000 Umdrehungen. Die Leg. wird u. a. verwendet zur Herst. von Teilen, die in Zieh- u. Formgebungs-Verff. verwendet werden. Sie kann auch in Form von *Schweißdrähten* oder umhüllten bzw. nichtumhüllten *Schweißstäben* verwendet werden, wobei letztere zur Herst. verschleißfester Oberflächen durch Auftragsschweißung dienen. (**A. P. 3 062 642** vom 23/2. 1961, ausg. 6/11. 1962.) C. F. Gross 6433

2159 D. I. Lissowski, Ss. A. Bulach, A. W. Wanjukow, L. A. Lobik, Ss. Je. Ljumkiss und L. L. Tschermak, **Aufbereitung oxidischer Ni-Co-Erze.** Das nach UdSSR. P. 123 891 erhaltene Konzentrat mit 8% Ni wird bei 800—1000° unter Oxydation von *Fe* geröstet u. auf 1150 bis 1200° bis zum Erweichen der Schlacke erhitzt, wobei sich unter Teilchenvergröberung Ni in der metall. Phase auf 30% anreichert. (**UdSSR. P. 129 822** vom 1/7. 1959. **Zusatz zu UdSSR. P. 123 891; C. 1963, 10262.**) L. Großner 6435

2160 E. I. du Pont de Nemours & Co., Wilmington, Del., übert. von: Jurgen M. Kruse, Pitman, N.J., V.St.A., **Laugung von Nickel und Kobalt aus lateritischen Erzen** mit ca. 1,07 (%) *Ni*, 0,15 *Co* u. 53 *Fe*. Die Erze werden zunächst sulfatisierend geröstet, um *Fe*, *Ni*, *Cr*, *Co*, *Mn*, *Al* u. *Si* zu sulfatisieren. Das sulfatisierte Erz wird dann auf 500—620° erhitzt, um das *Fe-Sulfat* in das unlösl. Fe_2O_3 überzuführen, wobei das entwickelte SO_3 kontinuierlich in die Sulfatisierungsstufe geleitet wird. Anschließend wird mit einer Lsg. gelaugt, deren pH-Wert so eingestellt ist, daß die Lauge einen pH-Wert von 2,5—4,5 aufweist. Schließlich wird die Lsg. vom unlösl. Fe_2O_3-Rückstand abgetrennt. — Abbildung. (**A. P. 3 057 716** vom 9/2. 1959, ausg. 9/10. 1962.) M. Neckermann 6435

2161 Soc. d'Électro-Chimie, d'Électro-Métallurgie et des Aciéries Électriques d'Ugine (Erfinder: André Greffe, Maurice Asselin und François Grandjacques), Frankreich, **Herstellung von Mangan** aus karburiertem *Ferromangan* (6—7% C) durch Vakuum-Dest. bei 1200—1300° u. Drücken zwischen 10^{-1} u. 10^{-4} mm Hg, dad. gek., daß Ferromangan geschmolzen u. ihm zu Beginn des Schmelzens auf einmal oder der Schmelze nach u. nach so viel *Fe* zugesetzt wird, daß der gesamte C von dem vorhandenen Fe ständig in dem Maße gelöst wird, in dem er im Verlauf der Dest. frei wird. Bei dem Verf. kann gleichzeitig *Gußeisen* (z. B. mit 1% Mn u. 2,68% C) hergestellt werden. (**F. P. 1 255 377** vom 23/1. 1960, ausg. 12/6. 1961.) K. Bayer 6437

2162 Titanium Metals Corp. of America, New York, N.Y., übert. von: James V. Luhan, Bridgeport, Conn., V.St.A., **Schweiß- und wärmebehandelbare α-β-Titanlegierung** besteht aus 4,5—5,5 (%) *Al*, 4—6 *Zr*, 4—6 *Sn*, 0,7—1,3 *Mo*, 0,7—1,3 *V*, Rest Ti u. <0,5 an zufälligen Verunreinigungen, bes. <0,2 *O*. Die Leg. besitzt gute Festigkeits-Eigg. bei Raum-Temp. u. erhöhter Temperatur. Durch Lsg.-Glühen bei 1700° F, Abschrecken in W. u. anschließendes Altern bei 1000—1100° F über 8—2 Std. wird die Zugfestigkeit der Leg. auf über 200000 lbs./sq.in. erhöht, wobei die gute Duktilität erhalten bleibt. In vielen Fällen genügt auch nach dem Lsg.-Glühen ein Abkühlen an Luft. Die Leg. findet in den üblichen Halbzeugformen Verw., bes. im *Flugzeugbau*. — Graph. Darstellung. (**A. P. 3 061 427** vom 28/4. 1960, ausg. 30/10. 1962.) C. F. Gross 6449

2163 Westinghouse Electric Corp., Pittsburgh, Pa., V.St.A., **Hochtemperaturfeste und oxydationsbeständige Nioblegierungen** zur Verw. für Hochtemp.-Zwecke bestehen aus 1—40(%) *Hf*, Rest Nb oder aus 3—15 Hf, einem oder mehreren der Metalle *Mo*, *V* u. *Zr*, u. zwar in Mengen von 0,5—20 Mo, 0,5—20 V u./oder 0,1—5 Zr, Rest mindestens 60 Nb. Bes. bestehen die Legg. aus 3—15 Hf, 3—15 Mo, Rest Nb. Nach E. P. 914 862 bestehen die Legg. aus 0,5—20 V,

0,5—20 Mo, Rest Nb, wobei die Legg. mit >5 V noch 0,1—5 Zr enthalten können. Sämtliche Legg. verfügen auch über eine ausreichende Duktilität bei Raumtemperatur. (**E. PP. 914 861** u. **914 862** vom 5/12. 1960, ausg. 9/1. 1963. Beide A. Prior. 8/2. 1960.) C. F. Gross 6449

2164 Metallgesellschaft Akt.-Ges., Frankfurt/M., und Süddeutsche Kalkstickstoff-Werke Akt.-Ges., Trostberg/Obb. (Erfinder: Jürgen Motz, Bad Homburg v. d. Höhe, Franz Kaess und Erwin Vogel, Trostberg), **Einbringen Seltener Erdmetalle in Silicium-Legierungen.** Anwendung des Verf. zum Einbringen Seltener Erdmetalle in Form von Stoffen, die Oxide oder Salze der Seltenen Erden enthalten, in Si-haltige Vorlegg., die zur Behandlung von Fe- u. Stahlschmelzen bestimmt sind, nach Patent 1 116 414, auf Si-Schmelzen, auf Schmelzen von Si-Legg. u. deren Bldg.-Gemische. Die Si-Legg. können *Fe* u./oder *Mn* enthalten. (**D. A. S. 1 131 417** Kl. 40b vom 19/3. 1957, ausg. 14/6. 1962. **Zusatz zu D.A.S. 1 116 414; C. 1963, 18250.**) K. Bayer 6449

2165 A. Ju. Beilin, A. I. Ssinelnikowa und I. N. Plakssin, **Fällen von Au und Ag aus sauren Thiocarbamidlösungen** durch Eintragen von *Pb*-Staub der Körnung ≦0,05 mm. Der Nd. wird durch Kupellieren aufgearbeitet. (**UdSSR. P. 129 333** vom 4/11. 1959.) L. Großner 6463

2166 Commonwealth Engineering Corp., Dayton, Ohio, V.St.A. (Erfinder: Malvern I. Hiler), **Herstellung von Metallpulver von Submikrongröße** aus gasförmigen Metall-Verbb., die bis zu ihrer Zers. erhitzt werden, wobei die Metalle als Pulver ausfallen. Zur Regelung der Korngröße wird das Gas rasch unter die Zers.-Temp. abgekühlt. — Beispiele: Zers. von *Carbonylen, Hydriden, Halogeniden, Nitriden* u. *metallorgan. Verbindungen.* (**E. P. 912 636** vom 21/1. 1959, ausg. 12/12. 1962.) M. Neckermann 6475

2167 Union Carbide Corp., übert. von: James B. Culbertson, Lockport, Headlee Lamprey, Lewiston, und Robert L. Ripley, Lockport, N.Y., V.St.A., **Herstellung von ultrafeinen Metallpulvern** durch Umsetzung von dampfförmigen Halogeniden der herzustellenden Metalle mit H_2 u. W. in einen Rk.-Behälter u. in Abstand von den Wänden dieses Behälters. Das hierbei entstehende *Suboxid* wird rasch von den übrigen Rk.-Komponenten abgetrennt u. auf eine Temp. erhitzt, welche das Kornwachstum auf die gewünschte Korngröße begrenzt. Die gesammelten Suboxide werden mit H_2 red., u. zwar ebenfalls bei einer Temp., die das Metallpulver in der gewünschten Korngröße anfallen läßt. — Beispiele: Herst. von *W-, Fe-* u. *Mo*-Pulver. — Abbildung. (**A. P. 3 062 638** vom 3/5. 1961, ausg. 6/11. 1962.) M. Neckermann 6475

2168 General Electric Co., Schenectady, N.Y., V.St.A., **Gesintertes Dichtungsmaterial für gleitenden Kontakt mit Metalloberflächen** besteht aus mindestens 70 (%) Ag, ggf. bis 16 MoS_2, Rest SnS_2 u. bes. aus 70—96 Ag, 1,4—4 Mo, Rest 1,3—24 SnS_2. Der Werkstoff besitzt einen niedrigen Reibungs-Koeff., gute Verträglichkeit mit Schmiermitteln, bes. mit Silikonölen bei hohen Temp., u. gute Notlaufeigenschaften. Er findet daher Verw. als Dichtungsmaterial in Dampf- u. Gasturbinen, sowie in Pumpen u. ähnlichen bei höheren Temp. arbeitenden Maschinen, bes. in Form einer auf einer rotierenden Welle befestigten Dichtung. (**E. P. 902 033** vom 29/7. 1960, ausg. 25/7. 1962. A. Prior. 30/7. 1959.) C. F. Gross 6475

2169 Je. M. Prokofjew, **Aufarbeitung metallkeramischer Ag-Cd-Abfälle** bei der Herst. von Kontakten durch Lösen in verd. HNO_3 (1:1), Fällen mit Alkali, reduzierendes Rösten bei 450—500° u. Sieben des aus *Ag* u. *CdO* bestehenden Prod. auf 270 mesh. (**UdSSR. P. 129 334** vom 21/12. 1959.) L. Großner 6475

2170 Ford Motor Co. of Canada Ltd. (Erfinder: Michael Humenik jun. und Roy Leonard von Alsten), **Gesinterte Metall-Graphit-Körper** werden hergestellt durch Erhitzen der feinteiligen Komponentengemische, die 10—70 Vol.-% des Metalls (Fe, Co, Cu oder Ni) enthalten u. denen wenigstens 0,1, bes. 5, Gew.-% Ca, Mg, Ba oder Sr, bes. in Form ihrer Si-Legg., zugesetzt sind, in inerter Atmosphäre (H_2, He, Ar) auf Temp., bei denen das betreffende Metall sich vollständig im fl. Zustand befindet. (**Aust. PP. 238 002** vom 30/12. 1958, ausg. 12/4. 1958. A. Prior. 13/1. 1958, **238 003**, **238 004** u. **238 005** vom 30/12. 1958, ausg. 12/4. 1962. A. Prior. 14/1. 1958.) K. Demmler 6475

2171 American Radiator & Standard Sanitary Corp., New York, N.Y., V.St.A. (Erfinder: Bernard Carl Karner und Robert Joseph La Valley), **Kantenplattieren von Aluminiumband mit einer Lotschicht.** Das Al-Band wird zu einer Rolle aufgewickelt. Die Rolle wird zunächst in fl. *Zn* getaucht, dann ggf. mit *Cu* u. schließlich mit einem Lotmetall (*Bronze*), ggf. elektrochem., überzogen. Das Band als solches ist dann lediglich an beiden Seitenkanten mit der Lotschicht plattiert, wenn es längs in 2 Streifen geschnitten wird, nur an einer der beiden Seitenkanten. (**E. P. 899 764** vom 9/8. 1960, ausg. 27/6. 1962.) H. Baur 6505

2172 International Nickel Co., Inc., New York, N.Y., übert. von: Charles E. Witherell, Bound Brook, N.J., V.St.A., **Schweißelektrode auf Ni-Cr-Basis.** Der Kerndraht besteht aus ca. 17(%) Cr, ca. 6,5 *Fe*, ca. 3 *Ti*, ca. 2,3 *Mn*, Rest Ni. Das Überzugsmittel enthält ca. 18 Teile $CaCO_3$, ca. 18 *Kryolith*, ca. 18 $MnCO_3$, ca. 18 TiO_2, ca. 10 *Mn*-Pulver, ca. 3 *Bentonit*, ca. 10 *Nb* u. einen Silicatbinder. Man erhält auf diesem Wege einen risse- u. porenfreien Schweißniederschlag. (**A. P. 3 024 137** vom 17/3. 1960, ausg. 6/3. 1962.) W. Hauswald 6507

2173 Union Carbide Corp., New York, N.Y., V.St.A., **Schweißmittel für die Lichtbogenschweißung,** bestehend aus einem Metalloxid, bes. *Al-, Ba-, Ca-, Sr-, Ti-, Zr-, Fe-, Mn-* oder *Si-Oxid* mit einer geringen Menge von eingelagerten mkr. kleinen Metallteilchen. Die Herst. des Prod. erfolgt, indem man die Oxide in geschmolzenem Zustand mit reduzierenden Mitteln, z. B. mit Koks, in einem Kupolofen behandelt, u. rasch abkühlt. (**Ind. P. 69 900** vom 1/12. 1959.) C. Lüttgen 6507

2174 Bronze Industriel René Loiseau & Cie., Frankreich, **Kupferlegierung** mit hoher elektr. u. therm. Leitfähigkeit sowie Warmfestigkeit bis 500° besteht aus 0,5—8(%), bes. 2—8 *Ag*, 0,01—1, bes. 0,05—0,25, *Zr*, Rest Cu. Die Leg. wird in einem Tiegel, vorzugsweise einem Graphittiegel, unter Vakuum oder unter Abdeckung mit einem neutralen Gas bzw. einer geschmolzenen Glasdecke erschmolzen, wobei vorzugsweise das Cu zuerst geschmolzen wird u. Ag u. Zr erst vor dem Gießen zugegeben werden. Die Leg. kann warm u./oder kalt durch Ziehen, Walzen oder Hämmern verarbeitet werden, wobei die Kaltverformung vorgezogen wird. Das Homogenisieren erfolgt bei 900°, das Aushärten bei 500°. Die Leg. wird für elektr. Zwecke, bes. zur Herst. von *Schweißelektroden* für die elektr. Widerstandsschweißung verwendet. (**F. P. 1 298 462** vom 31/5. 1961, ausg. 30/11. 1962.) C. F. Gross 6507

2175 Reynolds Metals Co., Richmond, Va., V.St.A., **Reinigen von Aluminiumfolie von anhaftenden Schmiermittelresten.** Die aufgerollte Folie wird bis auf 850° F erhitzt u. dabei einem strömenden Dampf oder Gas, welches genügend freien O_2 enthält (Frischluft) ausgesetzt, um jede Spuren des Schmiermittels, das auch nichtflüchtige Bestandteile enthalten kann, zu oxydieren bzw. zu beseitigen. (**E. P. 906 455** vom 31/3. 1959, ausg. 19/9. 1962. A. Prior. 7/4. 1958.) H. Baur 6509

2176 Purex Corp. Ltd., übert. von: Kenneth Walter Newman, Van Nuys, Calif., V.St.A., **Reinigen und Polieren von Aluminium und seinen Legierungen.** Die Oberfläche wird zunächst mit einem Film einer wss. Lsg. überzogen, die im wesentlichen aus 1 (Teil) *Thioharnstoff*, 1 bis ca. 5 *Glycolsäure* u. ca. 10—20 *W.* besteht u. einen pH-Wert zwischen ca. 2 u. 3 hat, sodann poliert, bis sie (15—30 Min.) von Oxiden u. Anlauf frei ist u. glänzt, u. schließlich mit W. abgespült. (**A. P. 3 041 285** vom 27/5. 1955, ausg. 26/6. 1962.) H. Baur 6513

2177 Daniel Fuentes, New York, N.Y., V.St.A., **Metallreiniger** zur Beseitigung von *Gips* u. *Kalk* besteht im wesentlichen aus 32,4 (Gew.-%) *K-Na-Tartrat*, 20,2 Na_2SO_4, 5,6 *K-Bitartrat*, 10,4 $NaBO_3$, 4,5 $NaHCO_3$, 24,1 *Na-N-methyl-N-oleyltaurat*, 2,8 *NaOCl*, Rest *Wasser*. (**A. P. 3 047 508** vom 26/2. 1960, ausg. 31/7. 1962.) H. Baur 6513

2178 Purex Corp. Ltd., übert. von: Tro J. Vosbigian, Los Angeles, Calif., V.St.A., **Reinigen von Aluminium** mittels einer KW-Stoff-freien, wss. Lsg., die im wesentlichen aus 3—25 Gew.-Teilen eines wasserlösl., aliphat. Amins besteht u. einen pH-Wert von mindestens 12,5 hat, wenn die Lsg. 25%ig. ist, u. aus einem wasserlösl. Chromat oder

Dichromat oder CrO_3 als Chromationenlieferant in einer solchen Menge, daß auf 1 Teil CrO_3 1 bis ≧ 50 Teile Amin kommen. Ein Glykoläther kann als Netzmittel zugesetzt werden. — Beispiel: 5,0(%) *Äthylendiamin*, 1,0 K_2CrO_4, 5,0 *Dipropylenglykolmonomethyläther*, 2,5 *Isooctylphenolpolyäthylenglykoläther*, 1,0 *Oxymethylcellulose*, 84,5 Wasser. **(A. P. 3 048 547** vom 23/6. 1958, ausg. 7/8. 1962.) H. Baur 6513

2179 Plessey Co. Ltd., London, England (Erfinder: Russell Swale Vincent, Tzu en Shen und Colin Bartlett Taylor), **Entmetallisieren metallisierter nichtmetallischer Gegenstände zur Herstellung eines Musters auf diesen.** Auf die Oberflächenteile, an welchen die Metallschicht (Al) entfernt werden soll, wird im Mal- oder Druck-Verf. ein Stoff aufgebracht, der mit dem Metall eine Verb. ergibt, die leicht gelöst werden kann (*NaOH, KOH*). Mit einem entsprechenden Lsgm. wird dann die gebildete Verb. gelöst u. abgewaschen. **(E. P. 891 483** vom 18/10. 1957, ausg. 14/3. 1962.) H. Baur 6513

2180 Metal Diffusions Ltd., Isleworth, Middlesex, England, **Herstellung eines Metallüberzugs auf einen eisenhaltigen Gegenstand** durch Diffusion, dad. gek., daß die Diffusion mit einem Halogenid des den Überzug bildenden Metalls in Ggw. von NH_4NO_3 durchgeführt wird. Die Gegenstände können zur Diffusionsbehandlung in einem Quarzsand hoher Reinheit nur 99,3(%) SiO_2 u. nicht über 0,05 Fe_2O_3 eingebettet werden. Zum Verchromen wird z. B. eine Masse vorgeschlagen, die 10 CrF_3, 89,39 *Sand*, 0,5 NH_4F, 0,1 NH_4Cl u. 0,01 NH_4NO_3 enthält. **(Oe. P. 223 902** vom 25/8. 1960, ausg. 25/10. 1962.) F. Vier 6517

2181 Reynolds Metals Co., V.St.A., **Stromloses Vernickeln von Aluminium und seinen Legierungen.** Nach Behandeln in einem alkal. Ätzbad werden die Gegenstände in eine ammoniakal. wss. Lsg. getaucht, die eine Aminopolycarbonsäure oder ein Salz dieser Säure, z. B. *NH_4-Äthylendiamintetraacetat*, enthält. Danach wird mit einer wss. Lsg. behandelt, die ein Ni-Salz u. *Na-Hypophosphit* enthält. Es bilden sich gleichmäßige Ni-Überzüge aus. **(F. P. 1 272 833** vom 4/11. 1960, ausg. 2/2. 1962.) F. Vier 6521

2182 Armco International Corp., V.St.A., **Verzinken von Gegenständen aus Stahl,** z. B. Bändern. Die Gegenstände werden in ein schmelzfl. Zn-Bad getaucht, das 0,001—0,35% *Al* enthält, u. dann auf über 460, bes. 480—510°, z. B. durch Induktion, so lange erhitzt, bis 8—12% Fe in den Zn-Überzug diffundiert sind. Der so erhaltene Überzug ist dehnbar, blättert nicht ab u. bricht nicht beim Verformen. **(F. P. 1 268 287** vom 26/9. 1960, ausg. 1/12. 1961.) F. Vier 6523

2183 Johnson, Matthey & Co. Ltd., London, England (Erfinder: Alfred Frank Scutt und Alan Arthur Bourne), **Plattieren hochschmelzender Metalle mit Edelmetallen.** Bleche oder Bänder hochschm. Metalle (*Ti, Ta, Nb, V, Zr*) werden mit Edelmetallen (*Pt* oder dessen Legg.) ein- oder beidseitig belegt, luftdicht mit *Ni* oder *Weicheisen* umhüllt, auf 800—950° erhitzt u. bei dieser Temp. durch Preßdruck (½—5 t/sq.in.) miteinander verschweißt. Alsdann wird das Bimetallstück bei 700—800° in Ar-Atmosphäre auf die gewünschte Dicke gewalzt. Das genaue Maß der Blech- oder Bandstärke wird anschließend durch entsprechende Kaltwalzen erzielt. **(E. P. 900 804** vom 12/11. 1959, ausg. 11/7. 1962.) H. Baur 6527

2184 Sel-Rex Corp. (Erfinder: Robert Duva und Edwin Cornell Rinker), **Erzeugung einer glatten, dehnbaren Goldschicht** durch Elektrolyse einer wss. Lsg., die 10—150 g/Liter einer wasserlösl., schwachen, stabilen, organ. Säure, z. B. Citronensäure, Weinsäure, 2—7 C-Atome enthaltende monocarbocycl. oder aromat. Säure, Hydroxy- oder ungesätt. Säure oder Dicarbonsäure, eine für pH 3—6 ausreichende Alkalimenge u. 1—30 g/Liter Au als Cyanid enthält. **(Aust. P. 238 463** vom 31/7. 1959, ausg. 24/5. 1962.) K. Demmler 6527

2185 Sel-Rex Corp. (Erfinder: Edwin Cornell Rinker), Nutley, N.J., V.St.A., **Antimonhaltige Elektrolytlösung zum Erzeugen glänzender, hellgelber Goldüberzüge.** Die in der D. A. S. 1 085 741 gek. Lsg. enthält über 3,5 bis 11,2 g/Liter einer lösl. *Sb*-Verb. (berechnet als Sb), z. B. *Kaliumantimonyltartrat*. **(D. A. S. 1 143 076** Kl. 48a vom 13/3. 1959, ausg. 31/1. 1963. **Zusatz zu D.A.S. 1085741; C. 1961, 18868.**) F. Markhoff 6527

2186 Pierre Masnou, Frankreich, **Verbesserung des Reibungswiderstandes der Oberflächen eiserner Gegenstände** durch Bldg. einer Oberflächenschicht aus *FeO* u. *FeS* durch Behandlung mit nascierendem H_2S, das in Ggw. von *Wasserdampf* in reduzierender Atmosphäre bei 100 bis 200° durch Zers. von *Metall- (Si-, Al-)sulfiden* im gleichen Behandlungsraum entsteht. **(F. P. 1 274 648** vom 16/9. 1960, ausg. 19/1. 1962.) H. Baur 6529

2187 Amchem Products, Inc., V.St.A. (Erfinder: Nelson James Newhard jun. und David Yeats Dollman), **Herstellung von chemischen Konversionsschichten auf Aluminium und seinen Legierungen** mittels wss.-saurer (pH 0,8—4,5) Lsgg., die 0,15—12,5 (g/Liter) *Fluorid*, 3—60 6wertiges *Cr* (berechnet als CrO_3) u. 2—285 *Phosphat* (berechnet als PO_4) u./oder *Arsenat* enthalten. Die Konz. des in der Lsg. vorhandenen gelösten Al wird intermittierend oder kontinuierlich bestimmt u. die Menge, die über die gewünschte Konz. hinaus in der Lsg. vorhanden ist, wird in Form von kaum lösl. oder unlösl. Alkalifluoaluminaten gefällt, indem auf je 1 (Mol) überschüssiges Al 3 Alkaliionen (Gemisch von 2 K u. 1 Na) zugesetzt werden, u. zwar in Form ihrer *Alkalihydroxide*. Die Fällung u. Entfernung des überschüssigen Al in Form der Alkalifluoaluminate wird an einem, vom Überzugsbad abgezogenen Teil in einem Hilfsbehälter durchgeführt, wobei auch, ehe dieser Badteil wieder zum Bad zurückgeführt wird, die übrigen Bestandteile ergänzt werden. **(F. P. 1 278 282** vom 16/12. 1960, ausg. 6/4. 1962. A. Prior. 17/12. 1959.) H. Baur 6529

2188 Pyrene Co. Ltd., Brentford, Middlesex, England (Erfinder: Ann Maureen Triggle), **Bildung farbloser Überzüge auf Zink und seinen Legierungen** mittels saurer, wss., CrO_3 u. $Cr_2(SO_4)_3$ u. $(NH_4)_2SO_4$ enthaltender Lsgg., deren Gesamt-Geh. an Cr(VI), berechnet als CrO_3, u. Cr(III), berechnet als wasserfreies $Cr_2(SO_4)_3$, 10—50 g/Liter beträgt, wobei das Gew.-Verhältnis von Cr(VI):Cr(III) zwischen 0,2 u. 4,0 liegt, u. deren Geh. an $(NH_4)_2SO_4$ mindestens der Formel 0,9 [Cr(VI) + Cr(III)] {0,4 [Cr(VI)/Cr(III)] + 0,12} entspricht u. vorzugsweise innerhalb des Bereiches (1,0—1,5) [Cr(VI) + Cr(III)] {0,4[Cr(VI)/Cr(III)] + 0,12} gehalten wird, u. die einen pH-Wert von 0,8—2,8 besitzen. Beispiel: wss. Lsg. aus 10,0 (g/Liter) Cr(VI), berechnet als CrO_3, 13,7 Cr(III), berechnet als $Cr_2(SO_4)_3$ u. 10 $(NH_4)_2SO_4$. **(E. P. 899 599** vom 9/2. 1960, ausg. 27/6. 1962. **Zusatz zu E.P. 869 395; C. 1962, 14315.**) H. Baur 6529

2189 Polymer Corp. (Erfinder: Fritz John Nagel), Reading, Pa., V.St.A., **Harzmischung für Wirbelbettüberzüge.** Man mischt Harz u. Zusatzstoff unter Wärme-Entw. u. Scher-Wrkg. u. zerkleinert die homogene Mischung ggf. bis zu einer Teilchengröße von 40—325 mesh. Als Harze sind PVC, Epoxidharz, Celluloseacetatbutyrat genannt. — 45 (Teile) Vinylchlorid-Vinylacetat-Mischpolymerisat, 15 Vinylchlorid-Vinylidenchlorid-Mischpolymerisat, 24 Mischung aus 4 eines Gemisches aus 1,5 Cd-Ba-Seife „Mark WS" u. 0,75 Epoxychelatisierungsmittel „Mark C" der Argus Chemical Co., 1,75 epoxydierte Sojafettsäure (I) mit 20 des Gemisches aus 70 TiO_2 u. 30 I, ferner 1,25 I u. je 9 n-Octyldecylphthalat u. Chlorwachs werden im Simplexmischer bei Raum-Temp. bis zur Trockne gemischt; man spritzt bei 150° aus der Strangpresse, zerkleinert bei —45° zu 50 Maschenteilchen, taucht Metall von 215° in das daraus hergestellte Wirbelschichtbad 4—8 Sek. u. erhitzt dies mit dem 0,2 bis 0,3 mm starken Überzug ½—1 Min. auf 215°. **(F. P. 1 250 367** vom 9/3. 1960, ausg. 31/3. 1961. **Jap. A. S. 13 739/1961** vom 14/3. 1960, ausg. 18/8. 1961. Beide A. Prior. 13/3. 1959.) M. Pankow 6529

2190 Monsanto Chemical Co., St. Louis, Mo., übert. von: Morris L. Nielsen, Dayton, Ohio, V.St.A., **Verminderung der Korrosion von Eisen durch Wasser** durch Zusatz von 0,01—2,0 Gew.-% eines o-Tolidin-Salzes der $(HOPONH)_3$, z. B. *Tetrametaphosphimat-o-tolidin* ($[C_{14}H_{16}N_2]_2 \cdot [HOPONH_4] \cdot 8\,H_2O$). **(A. P. 3 039 844** vom 17/10. 1957, ausg. 19/6. 1962.) H. Baur 6539

2191 Dow Chemical Co., Midland, Mich., übert. von: John F. Eberhard und Billy D. Oakes, Tulsa, Okla., V.St.A., **Verhinderung der Korrosion von Eisen** durch wss. Lsgg. von Säuren (HCl, H_2SO_4, H_3PO_4) mittels Zusatz (in Mengen von ca. 0,01—1,0 Vol.-%) von *Propargylmercaptan*. **(A. P. 3 037 934** vom 2/1. 1958, ausg. 5/6. 1962.) H. Baur 6539

2192 Diversey Corp., übert. von: Robert H. Krueger, Palatine, Neil W. Berst, Evanston, und Leslie L. Alt, Chicago, Ill., V.St.A., **Verhinderung der Korrosion von Eisen durch Ätzalkali-Lösungen,** die ca. 0,35 bis 20 (Gew.-%/Vol.) Ätzalkali (*NaOH*), ca. 0,002—5 einer Ausfällungen verhindernden, wasserlösl., aliphat., gesätt. Polyoxo-Verb. der Formel $R_1-(CHOH)_n-R_2$, in welcher n eine ganze Zahl zwischen 3 u. 5 ist u. R_1 u. R_2 die Reste $-CH_2OH$ oder —COOH sind (*Sorbitol, Gluconsäure, Saccharinsäure, Mucinsäure* oder deren wasserlösl. Salze), u. Rest *W.* enthalten. Diesen wird als Korrosionsinhibitor eine B-Verb. zugesetzt (H_3BO_3, ein wasserlösl. Salz derselben oder solche B-Verbb., die in der Lage sind, durch Hydrolyse in alkal. Lsgg. wasserlösl. Salze der H_3BO_3 zu ergeben) im Verhältnis Inhibitor: Ausfällungsverhinderer = ca. 0,1 bis ca. 3,0. (**A. P. 3 039 970** vom 5/11. 1958, ausg. 19/6. 1962.) H. Baur 6539

2193 Dow Chemical Co., Midland, übert. von: Herbert K. De Long, Clare, Mich., V.St.A., **Verhinderung der Korrosion von Magnesium,** das innerhalb eines Elektrolyten mit einem edleren Metall elektr. leitend verbunden ist, durch Auflösen einer geringen, aber hinreichenden Menge (0,2—2,0 Gew.-%) einer Sn-Verb. (*Tributylzinnacetat, Tributylzinnoxid, Dimethylzinndichlorid, Zinnoctoat,* $Na_2SnO_3 \cdot H_2O$) mit einer Wasserlöslichkeit von mindestens 0,05 Gew.-% bei 20° u. 0,1—5 Gew.-% eines lösl. Metallnitrats ($LiNO_3 \cdot 3\,H_2O$) im Elektrolyt. (**A. P. 3 034 210** vom 3/9. 1959, ausg. 15/5. 1962.) H. Baur 6539

2194 California Research Corp., San Francisco, Calif., V.St.A. (Erfinder: Ernest Wells Baker), **Korrosionsschutz von Erdölbohranlagen.** Die korrodierende Wrkg. von O_2, der in den beim Bohren verwendeten Fl. enthalten ist, wird durch Zugabe von *Hydrazin* oder Verbb. desselben (*Hydrazinsulfat*) zu dieser Fl. verhindert. (**E. P. 895 702** vom 27/10. 1959, ausg. 9/5. 1962.) H. Baur 6539

2195 **Bolidens Gruvaktiebolag,** Skelleftehamn, Schweden, *Verbesserung der elektrischen Leitfähigkeit von geglühtem Elektrolyt-Kupfer.* (**Belg. P. 544 940** vom 3/2. 1956, ausg. 9/10. 1959. Schwed. Prior. 24/8. 1955. — C. **1960,** 5635 [E. P. 803 102].)

2196 **Elmore's Metall Akt.-Ges.,** Schladern/Sieg, *Elektrolytische Herstellung von Kupfer-Halbzeug hoher Leitfähigkeit.* (**E. P. 868 286** vom 12/8. 1958, ausg. 17/5. 1961. D. Prior. 12/8. 1957. — C. **1962,** 12451 [D. A. S. 1 103 709].)

2197 **Soc. d'Électro-Chimie, d'Électro-Métallurgie et des Aciéries Électriques d'Ugine,** Paris, Frankreich, *Abtrennung des Nickels aus Kobalt und Nickel enthaltenden Lösungen.* (**Belg. P. 547 623** vom 7/5. 1956, ausg. 6/11. 1959. F. Prior. 23/5. 1955. — C. **1959,** 4960 [D. A. S. 1 028 790].)

2198 **Pechiney Comp. de Produits Chimiques et Électrométallurgiques,** Paris, Frankreich, *Herstellung von Reinmangan.* (**Belg. P. 558 510** vom 19/6. 1957, ausg. 25/3. 1960. F. Prior. 22/6. 1956. — C. **1960,** 10398 [D. A. S. 1 060 147].)

2199 **Pechiney Comp. de Produits Chimiques et Électrométallurgiques,** Paris, Frankreich, *Gewinnung von Mangan im Niederschachtofen.* (**Belg. P. 559 638** vom 29/7. 1957, ausg. 8/4. 1960. F. Prior. 31/7. 1956. — C. **1962,** 8407 [D. A. S. 1 113 467].)

2200 **Walter M. Weil,** V.St.A. (Erfinder: **Hugh Spencer Cooper, James Clement Schaefer** und **Ernst Charles Schmidt**), *Gewinnung von Mangan aus metallurgischen Schlacken, Stäuben und Erzen.* (**F. P. 1 204 649** vom 3/5. 1958, ausg. 27/1. 1960. A. Prior. 3/5. 1957. — C. **1960,** 11104 [A. P. 2 877 110].)

2201 **Union Carbide & Carbon Corp.,** New York, N.Y., V.St.A. (Erfinder: **M. C. Carosella**), *Elektrolytische Herstellung von Chrom.* (**Belg. P. 548 756** vom 18/6. 1956, ausg. 20/11. 1959. A. Prior. 28/6. 1955. — C. **1961,** 14088 [A. P. 2 849 354].)

2202 **Karl Ziegler,** Deutschland (Erfinder: **Karl Ziegler, Herbert Lehmkuhl** und **Wolfram Grimme**), *Kathodische Abscheidung von Natrium durch Elektrolyse von natriumhaltigen organischen Aluminiumverbindungen.* (**F. P. 1 287 334** vom 3/5. 1960, ausg. 30/7. 1962. D. Prior. 6/5. 1959. — C. **1962,** 16883 [D. A. S. 1 114 330].)

2203 **Süddeutsche Kalkstickstoff-Werke Akt.-Ges.,** Deutschland, *Herstellung von Calcium.* (**F. P. 1 251 242** vom 16/12. 1958, ausg. 14/4. 1961. D. Prior. 10/1. 1958. — C. **1962,** 12451 [D. A. S. 1 110 428].)

2204 **Knapsack-Griesheim Akt.-Ges.,** übert. von: **Otto Bretschneider** und **Franz Rodis,** Knapsack b. Köln, *Thermische Herstellung von Magnesium.* (**A. P. 2 934 423** vom 29/5. 1956, ausg. 26/4. 1960. D. Prior. 4/6. 1955. — C. **1962,** 1399 [D. A. S. 1 095 522].)

2205 **Pechiney Comp. de Produits Chimiques et Électrométallurgiques,** Paris, übert. von: **Charles Daniel Menegoz,** Grenoble, Frankreich, *Gewinnung von Aluminium aus Mischungen, die Aluminium und Aluminiumcarbid enthalten.* (**A. P. 3 068 092** vom 14/11. 1960, ausg. 11/12. 1962. F. Prior. 18/11. 1959. — C. **1962,** 15758 [Ung. P. 149 559].)

2206 **Aluminium Laboratories Ltd.,** Montreal, übert. von: **William G. Wallace** und **Hugo Skantze,** Arvida, Quebec, Canada, *Elektrolyt für die Aluminium-Elektrolyse.* (**A. P. 2 915 443** vom 12/6. 1957, ausg. 1/12. 1959. **E. P. 831 930** vom 9/6. 1958, ausg. 6/4. 1960. **F. P. 1 208 457** vom 12/6. 1958, ausg. 24/2. 1960. Beide A. Prior. 12/6. 1957. — C. **1963,** 12591 [D. A. S. 1 125 190].)

2207 **Pechiney Comp. de Produits Chimiques et Électrométallurgiques,** Paris, Frankreich, *Gewinnung von Aluminium.* (**E. P. 842 726** vom 31/10. 1956, ausg. 27/7. 1960. F. Prior. 4/11. 1955. — C. **1962,** 3620 [A. P. 2 835 566].)

2208 **Kaiser Aluminum & Chemical Corp.,** Oakland, übert. von: **Robert A. Lewis,** Cupertino, Calif., V.St.A., *Herstellung von Aluminium durch Schmelzflußelektrolyse.* (**A. P. 2 915 442** vom 28/11. 1955, ausg. 1/12. 1959. — C. **1961,** 14177 [Aust. P. 217 737].)

2209 **Aluminium-Industrie Akt.-Ges.,** Chippis, Schweiz, *Elektrolytische Raffination von Aluminium nach dem Dreischichtenverfahren.* (**E. P. 831 923** vom 2/4. 1958, ausg. 6/4. 1960. Schwz. Prior. 3/4. 1957. — C. **1960,** 11105 [Oe. P. 201 299].)

2210 **Titangesellschaft m. b. H.,** Leverkusen (Erfinder: **L. W. Gendvil, O. W. Moles** und **H. R. Palmer**), *Herstellung von Titan durch Schmelzflußelektrolyse.* (**Belg. P. 561 639** vom 15/10. 1957, ausg. 20/5. 1960 A. Prior. 18/10. 1956. — C. **1962,** 3620 [Aust. P. 221 897].)

2211 **Imperial Chemical Industries Ltd.,** London, übert. von: **William Percival Fentiman,** Birmingham, England, **Stuart Leslie Ames,** Natrona Heights, Pa., V.St.A., **Peter Harlow Morton** und **Harry Wilfrid Mead,** Birmingham, England, *Titanlegierungen.* (**A. P. 3 049 425** vom 12/11. 1959, ausg. 14/8. 1962. E. Prior. 14/11. 1958. — C. **1963,** 14842 [F. P. 1 250 493].)

2212 **Peter Spence & Sons Ltd.** (Erfinder: **Gerald Taylor Brown** und **Robert Lewis Bickerdike**), England, *Herstellung von Titan oder Zirkonium und von Alkalifluotitanaten oder -fluozirkonaten.* (**F. P. 1 192 146** vom 27/8. 1956, ausg. 23/10. 1959. E. Prior. 27/8. 1955. — C. **1961,** 16271 [E. P. 834 792].)

2213 **Associated Electrical Industries Ltd.,** London (Erfinder: **Thomas Raine,** Bramhall, und **James Alan Robinson,** Cheadle, Cheshire), England, *Zirkoniumlegierung.* (**D. A. S. 1 138 236** Kl. 40b vom 10/6. 1960, ausg. 18/10. 1962. E. Prior. 22/6. 1959. — C. **1963,** 12973 [E. P. 884 682 u. F. P. 1 266 014].)

2214 **Associated Electrical Industries Ltd.,** London (Erfinder: **Thomas Raine,** Bramhall, und **Thomas Alan Robinson,** Combermere, Close Cheadle, Cheshire), England, *Zirkoniumlegierung mit hoher Korrosionsbeständigkeit.* (**D. A. S. 1 149 909** Kl. 40b vom 10/6. 1960, ausg. 6/6. 1963. E. Prior. 11/6. 1959. — C. **1963,** 12973 [E. P. 873 884, A. P. 3 004 849 u. F. P. 1 262 121].)

2215 **Timax Corp.,** New York, N.Y., V.St.A. (Erfinder: **Harvey L. Slatin**), *Elektrolytische Gewinnung von reinem, duktilem Niob oder Tantal.* (**E. P. 837 722** vom 13/6. 1958, ausg. 15/6. 1960. **F. P. 1 210 014** vom 4/7. 1958, ausg. 4/3. 1960. A. Prior. 24/7. 1957. — C. **1962,** 1399 [D. A. S. 1 096 043].)

2216 **General Electric Co.,** Schenectady, N.Y., V.St.A., *Nioblegierungen.* (**E. P. 925 044** vom 5/5. 1960, ausg. 1/5. 1963. A. Prior. 11/6. 1959. — C. **1963,** 12973 [F. P. 1 259 636].)

2217 **Siemens-Schuckertwerke Akt.-Ges.,** Berlin und Erlangen (Erfinder: **Werner Gebauhr,** Erlangen), *Kontinuierliche Reinigung von Gallium.* (**Schwz. P. 354 583** vom 4/9. 1956, ausg. 15/7. 1961. **A. P. 2 928 731** vom 27/8. 1956, ausg. 15/3. 1960. Beide D. Prior. 6/9. 1955. — C. **1958,** 9057 [D. A. S. 1 013 075].)

H_9. Organische Industrie

2218 **Die Kobalt-Katalysatoren.** Roger Seive. (Techn. du Pétrole **18,** Nr. 212, 23—24, 27—28, 1963; franz.) — Die Verw. von Co-Katalysatoren bei der Fischer-Tropsch-Synth., der Hydrierentschwefelung u. als Promotor bei der Synth. von CS_2 wird beschrieben. F. Rosendahl 6556△

2219 **Oberflächenaktive Stoffe aus Perfluorcarbon- und Perfluorsulfonsäuren.** R. A. Guenthner und M. L. Vietor. (Ind. Engng. Chem., Product Res. Development **1,** 165—69, 1962; St. Paul, Minn., Minnesota Mining & Manufact. Co.; Chem. Div.; engl.) — Ein allg. Überblick über die Herst. von oberflächenakt. Stoffen aus Perfluorcarbon- u. Perfluorsulfonsäuren wird gegeben u. deren Oberflächenaktivität in W., Elektrolyten u. organ. Medien diskutiert; diese Stoffe zeichnen sich durch ihre chem. u. therm. Beständigkeit aus u. haben eine weite Anwendung gefunden. I. Köditz H 490

2220 **Fluorchlorkohlenwasserstoffe.** Anonym. (Techn. du Pétrole **18,** Nr. 212, 21—22, 1963; franz.) — Übersicht über Herst., Eigg. u. Verwendung. F. Rosendahl H 500△

2221 **Grobgranulierte Ionenaustauscher als Katalysatoren der Hydratisierung von Olefinen und der Dehydratisierung von Alkoholen.** S. N. Werchowskaja, L. B. Wysstawkina, M. Ja. Klimenko, A. Ss. Tewlina und Je. B. Trosstjanskaja. (Chem. Ind. [UdSSR] **1962,** 248—50; russ.) — Vgl. C. **1962,** 8940. — Das durch Sulfonierung von Körnern von Styrol–Divinylbenzol-Copolymeren hergestellte Kationenaustauschharz *KU-2* neigt zum mechan. Zerfall bei der Sulfonierung u. im Gebrauch als Katalysator. Mechan. fester sind die Prodd. der Sulfonierung von 1,5—2 mm dicken Bandstücken von Styrol–Butadien-Copolymeren (Kationenaustauscher *SBS*; **I**). Infolge der geringen Stärke der sulfonierten Schicht bleiben die Stücke im Gebrauch als Katalysator genügend elast.; allerdings beträgt bei der Hydratisierung von *Isobutylen* (**II**) in Ggw. von **I** bei 100° u. 10—15 at mit Wasserdampf: **II** = 7,55—7,8 u. 100 Sek. Kontaktdauer der Umwandlungsgrad von **II** nur 21,5% gegenüber 49,4%

bei einem feinkörnigen Katalysator (III; 0,5—1,0 mm), die Kontaktleistung 189 (I) gegenüber 391 g/Liter·h (III). Mit I muß der Prozeß bei 15 at u. 210 Sek. Kontaktdauer durchgeführt werden, um dieselben Ergebnisse wie mit III zu erzielen. Bei der Dehydratisierung von *tert.-Butanol* (IV) ist die Rk.-Geschw. mit I etwas kleiner, die II-Ausbeute kann aber durch Erhöhung der Kontaktdauer von 8 auf 9—10 Std. derjenigen mit III angeglichen werden. Bei beiden Prozessen wird nach 100 Std. kein Zerfall von I festgestellt. III kann durch Bindemittel vergröbert werden, z. B. durch F-organ. Kautschuk oder I. Bei der Dehydratisierung von IV ist die Aktivität eines solchen Katalysators prakt. unabhängig von der I-Konz. im Gemisch, wenn diese 50—80% beträgt, u. kaum kleiner als bei einem I-Katalysator des Handels.
R. K. Müller H 520◇

2222 **Extraktion von Isobutylen aus einer technischen Butan-Butylen-Fraktion.** N. G. Poljanski und Je. F. Fedorow. (Petrochemie [UdSSR] 1, 800—03, 1961; Nowokuibyschew, Forsch.-Inst. für synthet. Alkohole u. org. Prodd.; russ.) — An lufttrockenem oder bei 110° getrocknetem Kationenaustauscherharz (*KU-2*, H-Form) mit einer Austauschkapazität von 2,96 bzw. 5,03 mVal/g wird die Hydratisierung von *Isobutylen* (I) bei 50—150°, die I-Polymerisation u. das Verhältnis der isomeren Butene in einer Butan–Butylen-Fraktion (II) untersucht. Mit 1 g KU-2 können 1,3 g I hydratisiert werden. Die Geschw. der Umwandlung von I in Trimethylcarbinol wird durch den Wasser-Geh. von KU-2 bestimmt. Die wss. Extrakte werden am Rückfluß von I befreit u. der Rückstand mercurimetr. (vgl. C. **1963**, 12540) analysiert, das Gas wird chromatograph., das Mikrodestillat u. das Destillat kryoskop. untersucht. Bei ≧75° wird I an lufttrockenem KU-2 polymerisiert. Bei steigender Temp. bleibt die Polymerisation konst., die Hydratisierung nimmt zu. Die Polymerisation an KU-2 eignet sich zur Isolierung von I aus II. An der Polymerisation nehmen auch die n-Butene teil. R. K. Müller H 520◇

2223 **Acetylen, ein Grundstoff für organische Synthesen.** F. Klema. (Chem. Rdsch. [Solothurn] **16**, 656—60, 1963; dt.) — Übersicht. — 41 Literaturhinweise.
F. Rosendahl H 530△

2224 **Veränderung der Eigenschaften eines Zink–Chrom-Katalysators bei der Gewinnung von Isobutylalkohol.** W. M. Wlassenko, B. I. Kruglow, M. G. Rosenfeld, M. T. Russow und P. W. Ssitschkow. (Chem. Ind. [UdSSR] **1962**, 244—48; russ.) — Vgl. C. **1962**, 9845. — Zur Aufklärung der Ursachen der geringen Ausbeuten (11—12%) an *Isobutanol* (I) bei der Synth. aus CO u. H_2 in Ggw. eines *ZnO—Cr_2O_3—K_2O*-Katalysators (II) u. der Vergiftung von II werden Verss. in einer Kolonne mit Verteilung von II auf mehrere Böden u. mit vorgeheizten Gasen durchgeführt. Bei den ersten (obersten) II-Schichten hat die Temp. noch nicht die genügende Höhe (400°), so daß ca. 25% von II zur Methanol-Bldg. verbraucht werden. Die Temp.-Differenz der Kolonne beträgt 110°. Nach 71 Tagen Betriebsdauer entnommene II-Proben sind mit bis 5,8% C (aus der Spaltung von I u. KW-Stoffen) u. bis 0,54% Fe_2O_3 (aus Korrosion der App.) verunreinigt. Das Verhältnis der Komponenten von II ist prakt. unverändert, jedoch ist die Konz. an freien Metallen vermindert (Zn von 0,67 auf 0,165%), wodurch eine Änderung der elektr. Leitfähigkeit u. der Aktivität von II bedingt ist. Eine Änderung der Porenstruktur folgt aus der Abnahme der spezif. Oberfläche von 116,5 auf Werte bis 42,5 m^2/g. Abscheidung harziger Stoffe an den Wänden des Wärmeaustauschers kann Störungen der Wärmeübertragung verursacht haben. R. K. Müller H 560◇

2225 **Herstellung von sekundären Amylalkoholen.** D. W. Muschenko und R. D. Dergatschewa. (Petrochemie [UdSSR] 1, 811—16, 1961; Allunions Forsch.-Inst. für petrochem. Prozesse; russ.) — Die Gewinnung von *Amylschwefelsäure* (I) aus techn. *Pentan–Amylen*-Fraktionen (II) durch Umsetzung mit 85%ig. H_2SO_4 in fl. Phase bei 45° u. 10 atü ist bei 10 Min. langer Kontaktdauer kontinuierlich durchführbar. Durch Hydrolyse von I wird ein Gemisch von sek. *Amylalkoholen* (III) erhalten. Werden die tert. Amylene aus II durch Behandlung mit 65%ig. H_2SO_4 entfernt, dann geht die Polymerisation des Restgemisches zurück, u. es kann *Isoamylen* gewonnen werden. Bei einem 2stufigen Gegenstrom-Verf. mit Amylen: H_2SO_4 = 0,8—1 ist eine Gesamtausbeute von 60% III, bezogen auf Amylene, möglich.
R. K. Müller H 560◇

2226 **Hydratisierung tertiärer Amylene zu tert.-Amylalkohol unter Verwendung des Harzes KU-2.** N. G. Poljanski, Ss. M. Markewitsch, T. I. Koslowa und N. L. Potudina. (Petrochemie [UdSSR] 1, 804—10, Nov./Dez. 1961; Nowokuibyschew, Forsch.-Inst. für synthet. Alkohole u. org. Prodd.; russ.) — Bei Verw. von in W. gequollenem Kationenaustauscherharz *KU-2* (I) in der H-Form können tert. Amylene (II) ohne Wasserzufuhr, allein mit dem in I aufgenommenen W., zu *tert.-Amylalkohol* (III) hydratisiert werden. Mit steigender Temp. nimmt die Hydratisierungs-Geschw. rasch zu u. die Gleichgewichtskonversion von II in III ab. Die Kinetik der Bldg. von Isoamylalkohol scheint nicht durch Diffusionsprozesse, sondern durch die Geschw. der Wasseranlagerung an die Doppelbindung bestimmt zu werden. Aus KW-Stoffgemischen mit ca. 80% II kann an I präparativ III von hoher Reinheit dargestellt werden. Bei Einführung von W. (ohne dessen Berührung mit I) wird die Umwandlung von II in III durch Verschiebung des Gleichgewichts nach der III-Seite gefördert. Die Wirksamkeit von I wird durch dessen Austauschkapazität u. Vernetzungsgrad u. den Zustand der Bindung des katalyt. akt. Gegenions in der akt. Gruppe bestimmt. R. K. Müller H 560◇

2227 **Die Reaktivität der Doppelbindungen von Fumar- und Maleinsäureestern bei erhöhten Temperaturen.** Lahja Turunen. (Ind. Engng. Chem. Product Res. Development 1, 40—45, 1962; Gothenburg, Sveden, Svenska Oljeslageri Ab; engl.) — Die Neben-Rkk., die bei der Herst. ungesätt. Ester auftreten, werden untersucht, wobei Malein- u. Fumarsäureester als Modellsubstanzen dienen. Fumarsäure-bis-(2-äthylhexyl)-ester (IV) bildet unter dem Einfl. von O_2-Spuren nach einem radikal. Mechanismus hauptsächlich Dimere (Rk.-Temp. 180—220°); Hydrochinon (I) in Konzz. von 0,1—0,01% sowie Benzochinon in einer Konz. von 0,01% unterdrücken die Rk. weitgehend. Beim 48std. Erhitzen von Maleinsäure-bis-(2-äthylhexyl)-ester (II) u. -dibutylester (III) auf 180—200° in Ggw. von 0,01% I unter CO_2 erfolgt bei II zunächst ein teilweiser Abbau unter Bldg. saurer Verbb.; bei III erfolgt diese Rk. erheblich langsamer. Es erfolgt anschließend bei II im Gegensatz zu III eine langsame Isomerisierung zu IV. Die Isomerisierung von III kann durch Zusatz von 1—5% Benzoesäure erreicht werden, womit bewiesen ist, daß die Acidität entscheidend für die Isomerisierung ist. Die Isomerisierung eines Polyesters aus Triäthylenglykol u. Maleinsäureanhydrid (V) erfolgt noch schneller (zu 90% bei 200° in 8 Std.); die SZ. sinkt dabei von 160 auf 50. Ein Polyester aus Propandiol-(1.2) u. V isomerisiert in 2½ Std. bei 200°. Die Isomerisierung des Halbesters aus Octylalkohol u. Maleinsäure (VI) erfolgt bei 130° in ½ Std. unter Disproportionierung des Halbesters zu VI u. dem Diester u. Isomerisierung von VI zu *Fumarsäure*. K. Gröbe H 820◇

2228 **Die Bldg. von Milchsäure durch alkalischen Abbau von Saccharose.** D. Korf, A. v. d. Ley, J. C. Vlugter und H. I. Waterman. (Chim. et Ind. **85**, 409—12, 1961; Delft, Pays-Bas, Inst. de Technol., Labor. de Gén. chim.; franz.) — Im Autoklav bei 10 at N_2 wird Saccharose (I) durch $Ca(OH)_2$ bei 230° bereits in 4 Min. in *Milchsäure* übergeführt. Weder die Konz. von I noch die Dauer der Vorerhitzung hat großen Einfl. auf die Ausbeute. Erdalkalisalze von HCOOH u. CH_3COOH begünstigen die Rk.; bei deren Abwesenheit ist ein Überschuß an Alkali vorteilhaft.
K. Dorfner H 850◇

2229 **Die Gewinnung von Glutaminsäure aus der Separationslauge.** G. Ss. Benin. (Zucker-Ind. [UdSSR] **31**, Nr. 2, 50—53, 1957; Zentr. Forsch.-Inst. der Zucker-Ind.; russ.) — Beschreibung eines Verf. (Fließbild) zur Gewinnung des Mono-Na-Salzes der *Glutaminsäure* aus der Melasse.
J. Lehmberg H 950△

2230 **Darstellung von Phthalsäureanhydrid durch Oxydation aromatischer Kohlenwasserstoffe des katalytischen Gasöls.** M. G. Imajew, A. Ch. Scharipow, G. N. Maximowa und N. W. Masslennikowa. (Petrochemie [UdSSR] 1, 817—22, Nov./Dez. 1961; Ufa, Forsch.-Inst. für petrochem. Betriebe; russ.) — Eine bei 230—245° sd. Fraktion von Gasöl aus dem katalyt. Cracken wird an einem VSO_4-K_2SO_4-Katalysator zu *Phthalsäureanhydrid* (I) u. *Maleinsäure-*

anhydrid **(II)** in Dampfphase oxydiert. In Vgl.-Verss. werden die optimalen Bedingungen ermittelt: 390°, Vol.-Geschw. 2500 Liter/Liter·h, Luft:KW-Stoff = 250 g/g·h. Unter diesen Bedingungen werden 38,3% **I** u. 5,1% **II** erhalten. Bei 360—370°, 2500 Liter/Liter·h u. 206 g/g·h betragen die Ausbeuten 27,9 bzw. 3,7%. R. K. Müller H 1220◇

2231 **Untersuchung der Zusammensetzung von bei der Phenylierung des Äthylesters der Orthokieselsäure erhaltenen Phenyläthoxysilanen.** D. Ja. Shinkin, A. G. Kusnetzowa und M. A. Tshinenowa. (Plast. Mass. [UdSSR] **1960,** Nr. 4, 13—15; russ.) — *Diphenyldiäthoxysilan* (I) wird aus Orthokieselsäureäthylester (II), Chlorbenzol (III) u. Mg-Spänen neben Phenyltriäthoxysilan u. Triphenyläthoxysilan erhalten, wobei I durch bes. Stabilität gek. ist. Die Synth. wird unter ständigem Rühren u. bei 140—160° durchgeführt, das Rk.-Gemisch läßt man 2—3 Std. stehen, danach wird die Suspension im Vakuum filtriert. Durch die fraktionierte Dest. der fl. Phase werden Überschüsse an II (Kp. 160—166°) u. **III** (Kp. 126—135°) entfernt; der Rückstand wird einer Vakuum-Dest. unterworfen. In jeder Fraktion wird Si gravimetr. bestimmt. Einige Proben werden mit 10%ig. HCl in Ggw. von A. als Lsgm. hydrolysiert u. mit Na_2SO_4 getrocknet. Nach Verdampfen des Lsgm. bleiben in der I entsprechenden Fraktion Kristalle von $(C_6H_5)_2Si(OH)_2$, F. 144°, zurück. Nach der Hydrolyse des Rückstands wird Hexaphenyldisiloxan, F. 223°, erhalten. N. Winkler H 1380∧

2232 **Gewinnung von Pyridinbasen aus Rohbenzol durch Ionenaustausch.** P. K. Banerjee, S. N. Roy und A. Lahiri. (J. sci. ind. Res. [New Delhi], Sect. A **19,** 174—78, 1960; Jealgora, Centr. Fuel Res. Inst.; engl.) — Als technolog. Verf. zur Gewinnung der *Pyridinbasen* aus Rohbenzol (I) wird die Abtrennung der Basen an Ionenaustauschersäulen (Dowex-50, Amberlite IR-120) empfohlen. Eluieren erfolgt nach Zwischenspülung der Säulen mit A. durch wss. Säuren. E. Moisar H 3231◇

2233 **Einfluß inerter organischer Lösungsmittel auf die Darstellung von Melamin aus Dicyandiamid.** Dalimil Vranjican und Z. Ježić. (Kem. u Ind. [Zagreb] **10,** 190—91, 1961; Zagreb, Kem. ind. zajednica; kroat.) — Die bei der Darst. von Melamin aus Dicyandiamid als Folge von unkontrollierten Erwärmungen auftretenden harten, fest an den Wänden des Rk.-Gefäßes haftenden Nebenprodd. lassen sich durch Auswahl geeigneter Lsgm. [Cyclohexanol, Cyclohexanon, Dekahydronaphthalin, Tetrahydronaphthalin, n-Butylalkohol, CH_3OH, Isopropylalkohol, Erdölfraktion (Kp. 175—200°), Erdölfraktion (Kp. 175—200°)] vermeiden. I. Köditz H 3313

2234 Rheinpreussen Akt.-Ges., für Bergbau und Chemie, Homberg (Erfinder: Walter Grimme, Utford, und Rudolph Hermann, Homberg), **Kontinuierliches Alkylieren cyclischer Verbindungen mit Olefinen über Friedel-Crafts-Katalysatoren,** dad. gek., daß der beim Aufarbeiten der Alkylierungs-Prodd. anfallende Synth.-Schlamm, der unzersetzt mit metall. Al unter Zusatz von trockenem HCl behandelt wurde, als Katalysator verwendet wird, u. daß in einem mit Vibrationsmischern versehenen Rk.-Turm in an sich bekannter Weise gearbeitet wird, wobei das Ausgangsgemisch von unten her im Gegenstrom zum Katalysator durch die Rk.-Zone geleitet wird. — Zeichnung. (**D. A. S. 1 146 864** Kl. 12o vom 1/10. 1957, ausg. 11/4. 1963.) E. Kahles 6579

2235 Farbwerke Hoechst Akt.-Ges. vormals Meister Lucius & Brüning (Erfinder: Kurt Dialer und Wilhelm Riemenschneider), Frankfurt/M., **Aldehyde, Ketone oder den Aldehyden entsprechende Säuren** erhält man durch Rk. von Olefinen mit O_2 oder O_2 enthaltenden Gasen im neutralen bis sauren Medium in Ggw. von W., Edelmetallsalzen, die mit den Olefinen Additions-Verbb. oder Komplexsalze bilden u. in denen die Edelmetalle unter den Rk.-Bedingungen mindestens 2wertig sind, u. anorgan. Redox-Syst., indem man dem Katalysator zusätzlich noch, bes. 0,1—3 Gew.-% eines Chinons, das ggf. durch Sulfon- u./oder Carboxylgruppen substituiert sein kann, bzw. dessen wasserlösl. Salze zusetzt, bes. o-, p-Benzochinon, Naphthochinon, Anthrachinon, Phenanthrenchinon, 1.2-naphthochinon-4-sulfonsaures K. Dadurch läßt sich der Olefinumsatz u. die Rk.-Geschw. steigern. (**D. A. S. 1 135 441** Kl. 12o vom 31/10. 1957, ausg. 30/8. 1962.) A. Jahn 6583

2236 D. M. Orotschko, A. P. Sinowjewa und T. Ch. Melik-Achnasarow, **Katalytische Dehydrierung von Kohlenwasserstoffen** in einem Kolonnen-App., in dessen unterem, kälterem Teil dehydriert wird u. in dessen oberem Teil der den KW-Stoffen entgegenfließende Katalysator regeneriert wird. — Zeichnung. (**UdSSR. P. 129 200** vom 30/5. 1957.) L. Großner 6583

2237 Phillips Petroleum Co., übert. von: Emory W. Pitzer und Lucien Bagnetto jun., Bartlesville, Okla., V.St.A., **Dehydrierung von Monoolefinen, Alkylpyridinen und Alkylarylkohlenwasserstoffen** erfolgt bei 1050—1300° F in Ggw. von Dampf im Verhältnis 1:5—30 u. eines Katalysators, der aus 30—45 (%) MgO, 10—35 Fe_2O_3, 3—6 Cr_2O_3 u./oder CuO u. 30—40 K_2CO_3 oder der äquivalenten Menge KOH, KNO_3 oder K-Acetat besteht u. z. B. durch Vermahlen der Oxide in einer Kugelmühle unter Zusatz von Gerbsäure als Bindemittel, anschließendem Verformen, Trocknen bei 200—350° F u. Erhitzen auf 1050—1300° F hergestellt worden ist. — In Ggw. eines Katalysators aus 42,2 MgO, 35,2 K_2CO_3, 18,4 Fe_2O_3 u. 4,2 CuO erhält man aus 2-Buten in Ggw. von Dampf bei 1130—1190° F *Butadien* in 87,4%ig. Ausbeute, die nach 100 Tagen noch 86,5 beträgt. — 2-Methyl-2-buten → *Isopren.* — Äthylbenzol → *Styrol.* — 2-Methyl-5-äthylpyridin → *2-Methyl-5-vinylpyridin.* Ferner können dehydriert werden: 1-Buten, Methyläthyl-, Trimethyl-, Isopropyläthylen, 1-Penten, 1-Hexen u. Olefine bis zu 10 C-Atomen. Alkylbenzole u. Alkylpyridine können je 1—4 Alkylgruppen mit je 6 u. weniger C-Atomen im Alkyl enthalten. — Vgl. A. P. 2 888 499; C. **1961,** 16651. (**A. P. 2 950 258** vom 29/8. 1956, ausg. 23/8. 1960.) G. Krauß 6583

2238 Esso Research and Engineering Co., Elizabeth, N.J., übert. von: Henry G. Schutze und Andrew D. Suttle jun., Baytown, Tex., V.St.A., **Umwandlung von Monoolefinen, Diolefinen, Naphthenen, Aromaten, Paraffinen und deren Mischungen oder Alkoholen, Ketonen oder Aldehyden** mit 1—20 C-Atomen erfolgt bei 100 bis 5000, bes. bis 3000° F durch *Bestrahlung mit elektromagnet. Strahlen* von >2,26 meV, daß 10^5—10^{10} erg je g Verb. aufgenommen werden, in Ggw. von D_2O oder HDO in fl. oder gasförmigem Zustand. HDO oder D_2O kann auf feinverteiltes Pd, Pt, Ni oder Zr aufgebracht sein. Die Bestrahlung kann auch mit ^{24}Na, ^{56}Mn, ^{72}Ga, ^{140}La durchgeführt werden. — 1 Mol Butadien u. 1 Mol Styrol werden zusammen in 5—10 Mol W., das $^1/_5$ davon als D_2O oder als äquivalente Menge HDO enthält, in Ggw. von 0,01—0,1 Mol-% einer Seife emulgiert u. mit elektromagnet. Strahlen bestrahlt, bis 10^6—10^{10} erg je g-aufgenommen sind. Durch Zusatz von NaCl wird die Emulsion gebrochen u. der entstandene *Kautschuk* abgetrennt. D_2O wird abdest. u. in den Kreislauf zurückgeführt. Ferner können umgesetzt werden: Äthylen, Propylen, Butylene, Pentylene, Hexylene, Heptylene, Octylene, Polyäthylen, -propylen, -butylen, Tri- u. Tetrapropylen, Diisobutylen. — Das Verf. dient ferner zum *Alkylieren, Hydrieren, Isomerisieren, Polymerisieren, Depolymerisieren, Aromatisieren, Entschwefeln* von KW-Stoffen, *Reinigen* von *Schmierölen* u. *Vernetzen* von *Polymeren,* bes. von *Polyäthylen.* — Vorr., Zeichnungen. (**A. P. 2 914 452** vom 10/4. 1957, ausg. 24/11. 1959.) G. Krauß 6599

2239 E. I. du Pont de Nemours & Co., Wilmington, übert. von: Fred W. Hoover, Pembrey, Del., V.St.A., **Carbonsäuren** erhält man durch Rk. von HCOOH mit organ. Verbb., die wenigstens eine $\equiv$CH-Gruppe besitzen u. an diesem C kein doppelt gebundenes O-Atom enthalten, bei —100 bis + 200° unter Bestrahlung mit wenigstens 10^4 rad u. wenigstens 50 eV, bes. im Verhältnis 3:1 bis 1:3. Als Ausgangsstoffe dienen: aliphat., cycloaliphat. u. aromat. KW-Stoffe, Alkohole, Äther, Aldehyde. Ketone, Amine, Nitrile, bes. Alkane, Alkene, Alkine, deren aromat. Derivv., Bzl., Naphthalin u. Anthracen mit höchstens 30, bes. höchstens 18 C-Atomen. — Aus 230 g 98%ig. HCOOH u. 230 g Bzl. unter 1 std. Bestrahlung (Aufnahme von $9 \cdot 10^5$ Wsec) mit 500 W (2 meV) → *Benzoesäure; p-Bromphenacylbenzoat,* F. 120—121°. — Cyclohexan → *Cyclohexancarbonsäure,* F. 91 bis 92°; *p-Bromphenacylester.* — Methan → *Essigsäure.* Äthan → *Propionsäure.* Neopentan → *3.3-Dimethylbuttersäure.* Methanol → *Glykolsäure.* Methylchlorid → *Chloressigsäure.* Methylfluorid → *Fluoressigsäure.* Methylamin → *Glycin.* Trimethylamin → *N.N-Dimethylglycin.* Acetonitril → *Cyan-*

essigsäure. Propan → *Butter-* u. *Isobuttersäure*. Isobutan → *Pivalin-* u. *Isovaleriansäure*. Naphthalin → *α-* u. *β-Naphthoesäure*. A. → *Milch-* u. *Hydracrylsäure*. Isopropanol → *α-Hydroxyiso-* u. *3-Hydroxybuttersäure*. Ae. → *2-* u. *3-Äthoxypropionsäure*. Äthylbromid → *2-* u. *3-Brompropionsäure*. Diäthylsulfid → *2-* u. *3-Äthylthiopropionsäure*. Essigsäuremethylester → *Malonsäuremonomethylester* u. *Acetoxyessigsäure*. Heptan → *Octansäure* u. deren *Isomere*. Propylen → *Vinylessigsäure* u. Isomere. Toluol → *Phenylessig-* u. *Toluylsäure*. 1-Hexin → *2-Äthinylvaleriansäure* u. Isomere. Phenylacetylen → *p-Äthinylbenzoesäure* u. Isomere. 2.4.4-Trimethylpentanol → *2-Hydroxy-3.5.5-trimethylcapronsäure* u. Isomere. Benzylalkohol → *Mandelsäure* u. Isomere. Dibenzyläther → *α-Benzyloxy-p-toluylsäure*. Propyljodid → *2-Jodbuttersäure* u. Isomere. Chlorbenzol → *p-Chlorbenzoesäure* u. Isomere. 1-Bromnaphthalin → *1-Brom-4-naphthoesäure*. Benzylchlorid → *Chlorphenylessigsäure*. Benzaldehyd → *p-Formylbenzoesäure*. 4-Heptanon → *4-Heptanon-1-carbonsäure*. Benzophenon → *4-Benzophenoncarbonsäure*. Piperidin → *Piperidin-2-carbonsäure*. Morpholin → *Morpholin-2-carbonsäure*. N.N-Dimethylanilin → *4-Dimethylaminobenzoesäure*. Benzonitril → *p-Cyanbenzoesäure*. Phenylacetonitril → *2-Cyan-2-phenylessigsäure*. Nitrobenzol → *m-Nitrobenzoesäure* u. die *Isomeren* dieser Säure. (**A. P. 2940914** vom 3/5. 1957, ausg. 14/6. 1960.) G. Krauß H 460

2240 Friedrich D. Cramer, Darmstadt, Klaus G. Gartner, Troisdorf, und Dynamit Akt.-Ges., Troisdorf/Rhld., **Säureanhydride** erhält man durch Rk. einer nicht oxydierend wirkenden Säure mit einem neutralen Ester einer Säure des 5wertigen P, die wenigstens eine α-Alkoxy-β-carbalkoxyvinyloxygruppe enthält, der allg. Formel $(RO)_m-P(=X)(R'')_n-O-C(O-R')=CH-COO-R'$ bei 0—50, bes. 15—35°, ggf. unter Druck u. in Ggw. eines Lsgm. (Bzl.); R u. R″ = je gleiches oder verschiedenes gerad- oder verzweigtkettiges Alkyl, Cycloalkyl, Alkenyl, Alkadienyl, Cycloalkenyl, Cycloalkadienyl, Aryl, das noch Alkyl, Alkenyl, Cycloalkyl u. Aryl enthalten u. ein- oder mehrkernig sein kann, bes. mit 1—20 C-Atomen, die außerdem noch CN, Halogen, Alkoxy, Carbalkoxy, Isocyan, NO_2, SO_2, —O—, —OOC—, —S— oder —CO— enthalten können; R′ = Alkyl mit 1—7 C-Atomen; X = O oder S; m u. n = je 0—2 u. m + n = 2; wenn m = 2, ist jedes R ein KW-Stoffrest oder beide R zusammen gleich Alkylen; sämtliche Reste R sollen keine Acetylenbindungen enthalten. Nicht oxydierende Säuren sind: aliphat., cycloaliphat., aromat., heterocycl., gesätt. oder ungesätt. Mono- oder Polycarbonsäuren, Aminosäuren, wie Glycin u. Alanin, Thiocarbon-, Sulfon-, Sulfin-, Sulfam-, Phosphor- u. Polyphosphor-, Phosphon-, Phosphin-, Phosphonig-, Phosphinig-, Bor-, Boron-, Borin-, Arsen-, Arsenig-, Kiesel-, Tellursäuren, Halogenwasserstoffsäuren, mehrbas. Säuren, deren Teilester u. Salze, Dialkylhydrogenphosphate, Alkylhydrogenalkylboronate, ein- u. mehrwertige Phenole, Kresole, Mono- u. Polyhalogenphenole, -nitrophenole u. Aminophenole. — Aus 8 Teilen Phosphorsäure-(α-äthoxy-β-carbäthoxyvinylester)-diäthylester u. 1,62 Teilen Essigsäure → $C_6H_{13}O_5P$, $Kp._{0,2}$ 70°; n_D^{25} 1,4115; 38% (Ausbeute). Propionsäure → $C_7H_{15}O_5P$, $Kp._{0,05}$ 68°; n_D^{25} 1,4140; 63%. Buttersäure → $C_8H_{17}O_5P$, $Kp._{0,03}$ 76—77°; n_D^{25} 1,4172; 64%. Valeriansäure → $C_9H_{19}O_5P$, $Kp._{0,05}$ 79°; n_D^{25} 1,4186; 66%. Capronsäure → $C_{10}H_{21}O_5P$, $Kp._{0,01}$ 82—84°; n_D^{25} 1,4202; 66,5%. Benzoesäure → $C_{11}H_{15}O_5P$, $Kp._{0,01}$ 110—111°; n_D^{25} 1,4922; 55%. p-Nitrophenol → $C_{10}H_{14}NO_6P$, $Kp._{0,05}$ 139—140°; n_D^{25} 1,5088; 71%. Diäthylphosphat → *Anhydrid*, $Kp._{0,05}$ 105—106°; n_D^{25} 1,4173; 85%. Zimtsäure → gemischtes *Anhydrid* aus Diäthylphosphat u. Zimtsäure. p-Toluolsulfonsäure → *Anhydrid* aus Diäthylphosphat u. p-Toluolsulfonsäure; 87%. Phosphorsäurediphenylester → *Anhydrid* aus Diäthylphosphat u. Diphenylphosphat; 60%. Carbobenzoxyglycin → *CboNHCH₂COOP*·$(=O)(OC_2H_5)_2$, (Cbo = Carbobenzoxy); 80%. — *Anhydride*, hergestellt aus Phosphorsäure-[α-äthoxy-β.β-dichlorvinylester]-diäthylester u. Diäthylphosphatphosphat (so Orig.! -pyrophosphat? Die Red.) 30%; u. Benzoesäure, 40%; u. Diphenylphosphat, 42%. Ferner sind die Anhydride herstellbar aus Verbb. der allg. Formel $R_1-P(R_2)(=X)-O-C(OR_3)=CH-COOR_4$; R_1 u. R_2 = Methoxy; R_3 u. R_4 = Methyl; X = O; R_3 u. R_4 = Äthyl (die nicht erwähnten R u. X haben stets die vorst. Bedeutung); R_1 = Methyl; R_2 = Äthoxy; X = S; R_1 = Äthoxy; R_2 = Phenoxy; X = O; R_1 u. R_2 = Phenoxy; R_3 = Methyl; R_1 u. R_2 = Isopropoxy; R_3 = Äthyl; R_1 = Methoxy; R_2 = Isobutoxy; R_3 u. R_4 = n-Propyl; X = S; R_1 = Benzyloxy; R_2 = Methyl; R_3 u. R_4 = Isopropyl; X = O; R_2 = Benzyloxy; R_3 u. R_4 = Äthyl; X = S; R_1 = Tolyl; R_2 = Methyl; X = O; R_1 u. R_2 = Allyloxy; R_3 u. R_4 = Isobutyl; R_1 = Cyclohexyloxy; R_2 = Cyclohexyl; R_3 u. R_4 = Methyl; X = S; R_1 u. R_2 = Äthyl; R_3 u. R_4 = Cyclohexyl; X = O; Ameisen-, Essig-, Propion-, Butter-, Valerian-, Capron-, Caprin-, Pelargon-, Laurin-, Myristin-, Palmitin-, Stearin-, Öl-, Linol-, 2.4-Pentadien-, Acryl-, Methacryl-, Croton-, Hydrosorbin-, Tetrol-, Benzoe-, Toluyl-, Naphthen-, Zimt-, Diphenylessig-, p-Chlorformylbenzoe-, Terephthal-, Isophthal-, p-tert.-Butylbenzoe-, o-Methyl-p-tert.-butylbenzoe-, p-Octadecylbenzoe-, Carbamin-, Methylcarbamin-, Diäthylcarbamin-, Äthylchlorameisen-, N-Piperidincarbon-, Bis-(1.3-dimethylbutyl)-carbamin-, Diallylcarbamin-, N-Phenylmethylcarbamin-, Cyclohexylchlorameisen-, Cyclopentancarbon-, Cyclohexancarbon-, Dimethylcyclopentancarbon-, 3-Chlorformylpropion-, Adipin-, Bernstein-, Phthal-, Tetrachlor-2.5-endomethylentetrahydrophthal-, Glutar-, Thioessig-, Thiopropion-, Thiobutter-, Thiobenzoe-, Dimethylthiocarbamin-, Dipropylthiocarbamin-, 2.3-Dichlorthiobutter-, p-Nitrophenylthioessig-, Methansulfon-, Benzolsulfon-, 1-Butansulfon-, Benzolsulfinsäure, Glycin, Alanin, Phenol, Kresol, Nitrophenol, Brenzcatechin, Resorcin, Pyrogallol, Phloroglucin u. Aminophenol. Die Ausgangsstoffe der vorst. allg. Formeln werden nach Perkow, vgl. Chem. Ber. **87**, [1954], 755; **88**, [1955], 662; J. Amer. chem. Soc. **77**, [1955], 2871 u. A. P. 2765331; C. **1961**, 1708, hergestellt. (**A. P. 2939876** vom 27/4. 1959, ausg. 7/6. 1960. D. Prior. 28/10. 1958.) G. Krauß H 460

2241 Arthur D. Little, Inc., übert. von: John C. Sheehan, Cambridge, Mass., V.St.A., **Amide** erhält man durch Kondens. von Aminen, die am N-Atom mindestens 1 H-Atom enthalten, mit einer Carbonsäure in Ggw. eines Monocarbodiimids der allg. Formel: R—N=C=N—R (R = Alkyl mit 2—12 C-Atomen oder durch einen Aryl-, niedrigmol. Dialkylamino-, Morpholinyl-, Piperidyl- oder Pyridylrest substituiertes niedrigmol. Alkyl). Dabei setzen sich prim. u. sek. Amine mit der Säure nach dem Schema: —COOH + =NH + —N=C=N— → —CON= + —HN—CO—NH— in einem Lsgm. um. Tert. Carbodiimide sind durch Umsetzung zu Salzen oder quatern. Verbb. wasserlösl. zu machen u. akt. Gruppen, z. B. in Seitenketten, zu schützen. — Man erhitzt z. B. eine Lsg. von 0,138 (Mol) Cyclohexylisothiocyanat u. 0,138 N-[2-Aminoäthyl]-morpholin in 500 Ae. 10 Min. unter Rückfluß → 36 g 1-Cyclohexyl-3-[2-morpholinyl-(4)-äthyl]-thioharnstoff, F. 128—129° (Aceton–Ligroin); davon erhitzt man 0,0147 2mal mit 6 g HgO in 50 ml Aceton 6 Std. unter Rückfluß, filtriert HgS jeweils ab, konz. das Gemisch u. dest. den Rückstand bei $Kp._{0,2}$ 140° → 2,4 g 1-Cyclohexyl-3-[2-morpholinyl-(4)-äthyl]-carbodiimid (**I**), C_{13}·$H_{23}N_3O$ (im Original irrtümlich: $C_{13}H_{22}N_2O$. Der Referent.). — Aus je 2,1 (mMol) **I** u. Methyl-p-toluolsulfonat → 0,6 g quatern. Salz, 1-Cyclohexyl-3-[2-morpholinyl-(4)-äthyl]-carbodiimidmetho-p-toluolsulfonat (**II**), $C_{21}H_{33}N_3O_4S$, F. 113 bis 115° (Bzl.). — Aus einer Suspension von 1,46 Glycinäthylesterhydrochlorid (**III**) in 4 ml trockenem Dioxan u. 1,46 Phthaloylglycin in Ggw. von 1,56 **I**, Dest. des Dioxans, Lösen des Rückstands in Äthylacetat, Waschen der Lsg. mit n-HCl u. n-$KHCO_3$ u. Dest. des Lsgm. → *Phthaloylglycylglycinäthylester* (**IV**), F. 191—193° (A.), 80% (Ausbeute); gleiches Prod. bei Verw. von 5 ml Dioxan u. 1 ml W. in Ggw. von 1,56 N-Cyclohexyl-N′-[4-diäthylaminocyclohexyl]-carbodiimid (**V**), → Prod., F. 193—195°, 83%; oder aus Phthaloylglycin u. Glycinäthylester in Ggw. von N-Cyclohexyl-N′-[4-diäthylaminocyclohexyl]-carbodiimidmetho-p-toluolsulfonat (**VI**) → Prod., F. 194—195°, 75%; oder durch Verw. von **III** in Ggw. von 1.3-Di-[4-diäthylaminocyclohexyl]-carbodiimid (**VII**) → Prod., F. 192—194°; 81%. — Aus N.N-Diäthyl-1.4-cyclohexylendiamin u. Cyclohexylisothiocyanat in Ae. → 1-Cyclohexyl-3-[4-diäthylaminocyclohexyl]-thioharnstoff, $C_{17}H_{33}N_3S$, F. 139—141° (Aceton–Ligroin), 80%; daraus mit HgO durch Eindampfen u. gleichzeitige Dest. des konz. Filtrats → **V**, $C_{17}H_{31}N_3$ (im Original irrtümlich: $C_{17}H_{31}N_2$. Der Referent.), 84%; daraus **VI**, $C_{25}H_{41}N_3O_3S$, hygroskop.; 100%. — Aus Phthaloylglycin u. Glycinäthylester in Ggw. von **VI** → **IV**, F. 194—195°; 75%. — Aus **III** u. Phthaloyl-L-phenylalanin in Dioxan in Ggw. von **I** → *Phthaloyl-L-phenylalanylglycinäthylester*, F. 160—161° (A.), $[\alpha]_D^{26}$ —146° (aus A.); gleiches Prod. in Ggw. von **V**, 90%; bzw.

aus Dioxan–W.-Lsg., 71%; bzw. aus Dioxan-Lsg. in Ggw. von N-Cyclohexyl-N'-[β-diäthylaminoäthyl]-carbodiimid (**VIII**) (im Original irrtümlich: N-Cyclohexyl-N-[β-diäthylaminoäthyl]-carbodiimid. Der Referent.); 20%. — Aus L-Leucinäthylesterhydrochlorid u. Phthaloyl-L-phenylalanin in Dioxan in Ggw. von **V** → *Phthaloyl-L-phenylalanyl-L-leucinäthylester*, F. 108—109°, $[\alpha]_D^{26}$ —115° (aus A.), 87%; gleiches Prod. bei Zusatz von W. zur Rk.-Mischung; 50%. — Aus **III** u. Carbobenzoxyglycyl-L-phenylalanin in Dioxan in Ggw. von **V** → *Carbobenzoxyglycyl-L-phenylalanylglycinäthylester*, F. 117—118°, $[\alpha]_D^{26}$ —12,4° (aus A.); 81%. — Aus L-Phenylalaninmethylesterhydrochlorid u. Phthaloyl-L-phenylalanin in Ggw. von **V** → *Phthaloyl-L-phenylalanyl-L-phenylalaninmethylester*, $C_{27}H_{24}N_2O_5$ (im Original irrtümlich: $C_{27}H_{24}\cdot N_2OS$. Der Referent.), F. 101—102° (n-Butyläther–Hexan), $[\alpha]_D^{26}$ —128° (aus A.); 88%. — Aus N.N-Diäthyl-1.4-cyclohexylendiamin u. CS_2 in Methanol → 1.3-Di-[4-diäthylaminocyclohexyl]-thioharnstoff, $C_{21}H_{42}N_4S$, F. 164—165° (Ligroin, Kp. 90—100°), 35%; daraus mit HgO → **VII**, $C_{21}H_{40}N_4$, Kp.$_{0,03}$ 180° (beim Verdampfen u. Dest. des konz. Rk.-Gemisches); 66%. — Aus Cyclohexylisothiocyanat u. N.N-Diäthyläthylendiamin durch Rk. des Thioharnstoff-Deriv. (gelbes Öl) mit HgO → **VIII**, $C_{13}H_{25}N_3$, Kp.$_{0,05}$ 100°, Öl. — Aus Äthylisothiocyanat u. Aminoäthylmorpholin → 1-Äthyl-3-[2-morpholinyl-(4)-äthyl]-thioharnstoff, F. 94,5—96°, 90%; daraus mit HgO → 1-Äthyl-3-[2-morpholinyl-(4)-äthyl]-carbodiimid (**IX**), nach Dest. bei Kp.$_{0,2}$ 135° (Ölbad-Temp.), n_D^{25} 1,4944, 50%; $D._{25}^{25}$ 1,0235. Aus **IX**: Metho-p-toluolsulfonat (**XI**), F. 91,5 bis 92,5° (Aceton–Bzl.), 64%; Hydrochlorid; Sulfat, dessen wss. Lsg. zur Amid-Kondens. u. zum Vernetzen von Gelatine dient. — 1.3-Di-[γ-diäthylaminopropyl]-carbodiimid; 25%. — 1-Äthyl-3-[γ-dimethylaminopropyl]-carbodiimid; 30%. — Aus Phthalsäureanhydrid u. L-Threonin → *Phthaloyl-L-threonin*, $C_{12}H_{11}NO_5$, F. 143—144° (A.–W.), $[\alpha]_D^{26}$ —36,7° (0,048 g in 1,5 ml abs. A.), 94%; daraus mit L-Phenylalaninmethylester in Ggw. von N.N'-Dicyclohexylcarbodiimid (**X**) → *Phthaloyl-L-threonyl-L-phenylalaninmethylester*, $C_{22}H_{22}N_2O_6$, F. 153—154° (Aceton–Ae.), $[\alpha]_D^{27}$ +1,93° (0,0986 g in 1,5 ml Dimethylformamid), 91%; daraus mit HCl → *Phthaloyl-L-threonyl-L-phenylalanin*, $C_{21}H_{20}N_2O_6$, F. 207—208° (A.–W.), $[\alpha]_D^{27}$ + 23,2° (0,025 g in 1,5 ml abs. A.), 54%; daraus mit L-Phenylalaninmethylester in Ggw. von **X** → *Phthaloyl-L-threonyl-L-phenylalanyl-L-phenylalaninmethylester*, $C_{31}H_{31}N_3O_7$, F. 147,2 bis 148° (A.–W.), $[\alpha]_D^{27}$ —25,6° (0,0271 g in 1,5 ml abs. A.); 92%. — Aus Phthaloyl-L-threonin u. L-Leucinbenzylester in Ggw. von **X** → *Phthaloyl-L-threonyl-L-leucinbenzylester*, $C_{25}H_{28}N_2O_6$, F. 109—110° (Aceton–Ae.–Hexan), $[\alpha]_D^{26}$ —16,7° (0,077 g in 1,5 ml abs. A.); 89%. — Aus L-Serin, Eisessig u. HCl → O-Acetyl-L-serinhydrochlorid, F. 150° (A.–Ae.), $[\alpha]_D^{27}$ —7,4° (0,0334 g in 1,5 ml abs. A.); daraus mit Triäthylamin → *O-Acetyl-L-serin*, $C_5H_9NO_4$, F. 167—168° (W.–A.), $[\alpha]_D^{27}$ + 9,15° (0,0268 g in 1,5 ml 0,1n HCl), 98%; daraus mit Phthalsäureanhydrid → *Phthaloyl-O-acetyl-L-serin*, $C_{13}\cdot H_{11}NO_6$, F. 151—153° (A.–W.), $[\alpha]_D^{27}$ —63,1° (0,0363 g in 1,5 ml abs. A.), 63%; daraus mit L-Phenylalaninmethylester in Ggw. von **X** → *Phthaloyl-O-acetyl-L-seryl-L-phenylalaninmethylester*, $C_{23}H_{22}N_2O_7$, F. 131—132° (A.–W.), $[\alpha]_D^{27}$ + 14,7° (0,0395 g in 1,5 ml abs. A.); 89%. — Aus Carbobenzoxy-L-hydroxyprolin u. L-Phenylalaninmethylester in Ggw. von **X** → *Carbobenzoxy-L-hydroxyprolyl-L-phenylalaninmethylester*, $C_{23}H_{26}N_2O_6$, F. 114—115° (Aceton–Ae.–Hexan), $[\alpha]_D^{27}$ — 29,2° (0,0416 g in 1,5 ml abs. A.); 86%. — Aus Phenylessigsäure u. Anilin in Ggw. von 1-Äthyl-3-[2-morpholinyl-(4)-äthyl]-carbodiimidmetho-p-toluolsulfonat (**XI**) → *Phenylacetanilid*, F. 117,8—118° (Bzl.–PAe., Kp. 30—60°), Nadeln, 83%; gleiches Prod. erhält man in Ggw. von **X**, F. 118—118,5° (Aceton–Cyclohexan), 70% bzw. in Ggw. von 1-Äthyl-3-phenylcarbodiimid, F. 116—118°. — Aus β-Naphthylamin u. wasserfreier HCOOH in Ggw. von **XI** → *N-Formyl-β-naphthylamin*, F. 129,5—130,5° (CH_2Cl_2–PAe., Kp. 30—50°), Plättchen; 82%. — Aus Trifluoressigsäure, Anilin u. **XI** → *Trifluoracetanilid*, $C_8H_6F_3NO$ (im Original irrtümlich $C_3H_6F_3N\cdot O$. Der Referent.), F. 90,5—91° (Isooctan); 85%. — *Benzanilid*, F. 164—165°; 51%. — Aus Aminoäthylmorpholin u. Phenylessigsäure in Ggw. von **X** → *N-[2-Morpholinyl-(4)-äthyl]-phenylacetamid*, $C_{14}H_{20}N_2O_2$, F. 82,5—83,5° (Aceton–W.); 58%. — Aus Phenylessigsäure u. Cyclohexylamin in Ggw. von **XI** → *N-Cyclohexylphenylacetamid*, F. 138,5—139,5° (Bzl.–Isooctan), 31%; gleiches Prod. in Ggw. von **IX**, F. 137 bis 138°; 25%. — Aus Cyclohexylamin u. Benzoesäure in Ggw. von **X** → N-Benzoyl-N.N'-dicyclohexylharnstoff, $C_{20}H_{28}N_2O_2$, F. 166—166,5° (Bzl.–PAe., Kp. 30—60°), 38%; Nadeln, u. aus dem Filtrat → *N-Cyclohexylbenzamid*, F. 149 bis 150°, Plättchen, 14%; gleiches Amid in Ggw. von **XI**, F. 147—149°; 9%. — Beispiele für die Verw. von **XI**: Verflüssigung von Gelatine, Verbesserung der Schrumpffestigkeit von Känguruhschwanzfasern (Kollagen) gegen W. von 90°, Herst. von Blutplasmaersatz oder Trägerstoffen für Antibiotica, Insulin, Glucose, Eiweißhydrolysate, Lebensmittel (zur Injektion oder oral) aus verflüssigter, dialysierter u. durch Gefrieren getrockneter Gelatine, Herst. von durch Hitze unlösl. gemachter Gelatine für nichtklebende u. wasserfeste Überzüge auf Kapseln u. Tabletten (Aspirin, Vitamine), ggf. unter Zusatz von Glycerin als Weichmacher, Herst. von chirurg. Schwämmen aus Gelatine bzw. reißfesterem Nähmaterial aus Schafdarm u. Mitteln für Haardauerwellen, bzw. für die Verw. von **VI**: Härten von Photoemulsionen, Herst. von schrumpffester u. weicherer Wolle, glänzender u. fettbeständiger Seide u. dimensionsbeständigen Pelzwaren, wobei Wolle u. Pelz ggf. mit 1%ig. Papain- oder mit Na_3PO_4-Lsg. vorbehandelt werden, bzw. für die Verw. von **X**: Herst. von besser wasserbeständigen u. flaumigeren Hühnerfedern (**X** in überschüssiger 10%ig. Benzol-Lsg.). (**A. P. 2938892** vom 10/10. 1958, ausg. 31/5. 1960.)

G. Vogel H 460

2242 Esso Research and Engineering Co., Elizabeth, N.J., V.St.A., **Mischung aus Aldehyd und Ester,** der 2 C-Atome mehr als 2 Moleküle des Ausgangsolefins enthält, entsteht durch Rk. eines Olefins, mit 2—20 C-Atomen, mit CO u. H_2 in Ggw. eines Metalls der 8. Gruppe des Period. Syst. u. einer Sn(II)-Verbindung. — Zu A. P. 2963499; C. **1962,** 18634 ist nachzutragen: Der entstandene Ester entspricht der allg. Formel R—COOR' (R u. R' = Alkyl; R enthält 1 C-Atom weniger als R'). — Aus 700 g Olefin mit 7 C-Atomen in Ggw. von 0,33 Mol Co-Oleat u. 0,22 Mol Sn(II)-Oleat u. Mischung aus H_2 u. CO im Verhältnis 1,3:1 bei 350° F u. 3000 lbs./sq.in., Zers. der Co-Carbonyle bei 350° F u. 700 lbs./sq.in. H_2-Druck u. Fraktionierung → 36 (%) Aldehyd + Alkohol mit je 8 C-Atomen, Kp.$_{20}$ 54—99°; 19,3 *Octansäureoctylester*, Kp.$_{19}$ 158—170°; $D._{25}^{25}$ 0,858; n_D^{25} 1,4374; 1 Alkohol mit 16 C-Atomen, Kp.$_{20}$ 171—182°. — Propylen → *Butyraldehyd* + *Ester* mit 8 C-Atomen. — 1-Decen → *Aldehyd* mit 11 u. *Ester* mit 22 C-Atomen. Ferner sind in Ester überführbar: Äthylen, Butylene, Hexen, Octen, Nonen, Cyclohexen, Cyclohepten, ungesätt. Fettsäuren u. deren Ester, ungesätt. Alkohole u. Aldehyde u. Vinyläther. — *Weichmacher* u. *Schmiermittel*. (**E. P. 851265** vom 18/3. 1959, ausg. 12/10. 1960. A. Prior. 25/6. 1958.)

G. Krauß H 490

2243 Sinclair Refining Co., New York, N.Y., übert. von: Frank J. Bruns, Hazel Crest, Ill., V.St.A., **Spaltung von Kohlenwasserstoffen,** bes. gasförmigen, zu *Acetylen* u. *Äthylen*. Man leitet die KW-Stoffe durch geschmolzenes Metall, bes. Pb, wobei sich die entstandenen Nebenprodd. Koks u. Teer auf der Oberfläche des Metalls abscheiden u. zeitweise entfernt werden können. Ein Teil des geschmolzenen Metalls wird abgezogen, abgekühlt u. in den oberen Teil des Rk.-Raumes eingesprüht, wodurch die entstandenen Rk.-Gase gleichzeitig abgeschreckt u. aus ihnen Koks u. Teer ausgewaschen werden. Durch Spaltung von Propan in geschmolzenem Pb bei 1500—1530° F werden 32,4% *Äthylen* gewonnen. — Vorr., Zeichnungen. (**A. P. 2931843** vom 11/1. 1956, ausg. 5/4. 1960.)

G. Krauß H 500

2244 M. I. Bogdanow und O. W. Bogdanowa, **Trennung der Gemische von di- und monoolefinischen Kohlenwasserstoffen.** *Isopren* wird von 2-Methylbuten-(2) durch selektive Extraktion mittels ammoniakal. Cu-Salicylat-Lsg. getrennt. Der Trennungsgrad wird durch Zugabe von Paraffin-KW-Stoffen, bes. 10—40% (des Ausgangsgemisches) Isopentan, erhöht. Im Desorbat steigt die Konz. an Isopren um 14—28%. (**UdSSR. P. 131755** vom 12/11. 1959.)

I. Lasch H 520

2245 Esso Research and Engineering Co., Elizabeth, N.J., übert. von: Norman P. Neureiter, Baytown, Tex., V.St.A., **Reine Olefine** erhält man durch Erhitzen eines Olefin- oder Diolefinepisulfids mit 2—15 C-Atomen in Ggw. eines 3 wertigen Organophosphins oder -phosphits im Mol-Verhältnis 1:1—10, bes. 1:5 auf 100—300° unter Druck in fl. Zustand. — Aus trans-2-Butenepisulfid u. Triäthylphosphit im Mol-Verhältnis 1:10 bei 120° → *trans-2-Buten*; 100% (Ausbeute). — cis-2-Butenepisulfid → *cis-2-Buten*. — 2-Penten-, 2-Octen- u. Cyclohexenepisulfid bei 160° → *2-Penten, 2-Octen* u. *Cyclohexen*; 100%. — Ferner sind umsetzbar: Äthylen-, Propylenepisulfid, Butadien-, Piperylen- u. 2.4-Hexadienmono- u. -diepisulfid in Ggw. von Tripropyl-, Tributyl-, Triphenylphosphit u. -phosphin, Diäthylpropyl-, Triisopropylphosphit, Triamyl-, Triisoamyl-, Tri-p-tolyl-, Diäthylphenyl- u. Dipropylphenylphosphin. Die Rk.-Zeit beträgt 1—300 Sekunden. — Vorr., Zeichnung. (**A. P. 2 950 337** vom 17/9. 1958, ausg. 23/8. 1960.) G. Krauß H 520

2246 Esso Research and Engineering Co., Elizabeth, N.J., V.St.A., **α-Olefine** der allg. Formeln R—CH= CH_2 u. $(R)_2C=CH_2$ erhält man durch Isomerisieren von Olefinen mit nicht endständiger Doppelbindung, z. B. der allg. Formeln R—CH=CH—R, $(R)_2C$=CH—R u. $(R)_2C=C(R)_2$ (R = Alkyl, Alkylcycloalkyl, Alkylaryl) dadurch, daß man diese Olefine mit B_2H_6 oder dieses liefernde Verbb., z. B. $NaBH_4$ + BF_3-Ätherat, oder mit Trialkylboranen in Ggw. eines Lsgm. (Ae., Tetrahydrofuran) bei —50 bis +150, bes. —10 bis +50° u. normalem Druck bis 2000 lbs./sq.in. in die entsprechenden B-Trialkyle überführt, diese dann auf 100—250, bes. 150—200° längere Zeit erhitzt u. dann die B-Trialkyle in Ggw. eines Olefins, bes. Äthylen, bei 100—150° zersetzt u. das α-Olefin bes. gleichzeitig abdestilliert. Die Zers. kann auch in Ggw. von Ni, Co, Cr-Dibenzol, Ferrocen, Cyclopentadienyl-Ni, Methylamin, Triäthylamin oder Äther als Katalysatoren durchgeführt werden. $6\,CH_3C(CH_3)=CHCH_3 + B_2H_6 \rightarrow 2\,[CH_3CH(CH_3)CH(CH_3)]_3 \cdot B \rightarrow 2\,[CH_3CH(CH_3)CH_2CH_2]_3B + 6\,C_2H_4 \rightarrow 6\,CH_3CH\cdot(CH_3)CH=CH_2 + 2\,(C_2H_5)_3B$. — $6\,(CH_3)_2C=C(CH_3)_2 + B_2H_6 \rightarrow 2\,[CH_3CH(CH_3)C(CH_3)_2]_3B \rightarrow 2\,[CH_3CH(CH_3)CH\cdot(CH_3)CH_2]_3B + 6\,C_2H_4 \rightarrow 6\,CH_3CH(CH_3)C(CH_3)=CH_2 + 2\,(C_2H_5)_3B$. Isomerisiert wird Tetrapropylen in wasserfreiem Ae. mit B_2H_6 bei 160° unter N_2 u. das entstandene Tridodecylboran bei 125° u. 2500 lbs./sq.in. Äthylendruck zersetzt. — Nach dem anderen Verf. werden schwer voneinander trennbare, aliphat. Monoolefine mit 4—10 C-Atomen, deren Kpp. sehr nahe beieinander liegen, nach dem vorst. Verf. in die B-Trialkyle übergeführt, diese dann durch Dest. voneinander getrennt u. anschließend wie vorst. in die Olefine übergeführt. — Zum Beispiel wird eine Mischung aus Isobuten, 2- u. 1-Buten mit B-Triäthyl in B-Triisobutyl, Kp. 188°, B-Tri-sek.-butyl, Kp. 200°, u. B-Tri-n-butyl, Kp. 214°, übergeführt, diese werden voneinander durch Dest. getrennt u. dann durch Erhitzen mit Äthylen in die Olefine umgewandelt. — Verw. als *Alkylierungsmittel* u. zur Herst. von *Oxoalkoholen*. — Vorr., Zeichnung. (**E. PP. 874 507** vom 21/8. 1959, ausg. 10/8. 1961 u. **878 762** vom 21/8. 1959, ausg. 4/10. 1961. Beide A. Prior. 28/11. 1958.) G. Krauß H 520

2247 Internationale Research Mij. N. V., Den Haag (Erfinder: Willem Pieter Hendal und Pieter Visser, Amsterdam), Niederlande, **Gasförmige Olefine**, bes. *Äthylen* u. *Propylen*, erhält man durch Cracken von KW-Stoffen (Naturgas, Raffineriegas, Benzinen mit Kp. ca. 35 bis ca. 200°, bes. <100°, u. Rückstandsölen mit Kp. über ca. 350°) in Mischung mit einer Salzschmelze (Alkali- oder Erdalkalichloride oder deren Mischungen, wie $BaCl_2$, Mischung aus KCl u. NaCl), die mit hoher Geschw. so durch eine rohrförmige Rk.-Kammer, bes. mit 15 mm ∅ u. 300 mm Länge, geleitet wird, daß die Verweilzeit höchstens 0,02, bes. 0,01 Sek. beträgt. Das Salz wird von den Rk.-Prodd. abgetrennt, u. seine Verweilzeit im Trenngefäß soll höchstens 0,5 Sek. betragen; anschließend wird es mit einem oxydierenden Gas, bes. Luft, die mit O_2 angereichert sein kann, behandelt, wodurch es gleichzeitig auf die zum Cracken erforderliche Temp. erhitzt wird, dann wird es in das Rk.-Gefäß zurückgeführt. Die leichten KW-Stoffe werden bei 800—1000°, die hochsd. dagegen bei 750—900° gecrackt. Die Salzschmelze wird mit dem KW-Stoff durch eine Düse in das Rk.-Gefäß eingespritzt. — Aus Propan werden bei 800—1000° 46,8 (%) *Äthylen*, 13 *Propylen*, 10 *Butylen*, 0,7 *Acetylen* u. 23,5 *Methan* erhalten. (**D. A. S. 1 135 892** Kl. 12o vom 12/5. 1960, ausg. 6/9. 1962. F. Prior. 14/5. 1959.) G. Krauß H 520

2248 Esso Research and Engineering Co., Elizabeth, N.J., V.St.A., **Reinigung von Monoolefinen**, bes. mit 2—6 C-Atomen, die als Verunreinigungen Diolefine u. Acetylene, bes. Propadien, Butadien u. Methylacetylen enthalten, erfolgt durch deren selektive Hydrierung mit H_2 in Ggw. eines Hydrierungskatalysators, bes. Co-Molybdat, Pt oder Pd auf Al_2O_3, bei 70—1100, bes. 100—650° F, 40 bis 500, bes. 100—250 lbs./sq.in. u. einer Raum-Geschw. von 400—5000 Vol. Gas je Vol. Katalysator je Stunde. Die Olefine werden vor der Hydrierung mit bereits gereinigten Olefinen verd., wobei deren Menge mit der Zunahme der Katalysator-Wrkg. erhöht u. mit der Abnahme der Wrkg. vermindert wird. — Gereinigt wird z. B. eine durch Cracken erhaltene Mischung aus H_2, Methan, Äthan, Äthylen, Acetylen u. Propadien, die von 465 auf 90° F bei 8 lbs./sq.in. mit W. abgeschreckt u. dann mit >50% eines gereinigten Olefins verd. wurde. — Vorr., Zeichnung. (**E. P. 865 299** vom 24/11. 1959, ausg. 12/4. 1961. A. Prior. 10/12. 1958.) G. Krauß H 520

2249 Solvay & Cie., Brüssel, Belgien, **Reinigung von Vinylchlorid (I)**. Die durch Pyrolyse von 1.2-Dichloräthan z. B. in Ggw. von $FeCl_3$ bei 525—550° erhaltene Mischung wird z. B. auf —15 bis —20° abgekühlt, um das nicht umgesetzte Dichloräthan zu entfernen. Dann wird die Mischung, die HCl enthält, im Dampfzustand, über $HgCl_2$, das auf Aktivkohle, SiO_2 oder Al_2O_3-Gel aufgebracht ist, bei 100° geleitet. Das I kann anschließend mit W. u. wss. Alkali gewaschen, über Silicagel getrocknet u. dest. werden. In Ggw. von Azodiisobutyronitril polymerisieren in 11 Std. 95%, ohne diese Behandlung nur 2—5%. Der Hg-Geh. je kg Katalysator beträgt 20—75 g. (**E. P. 836 970** vom 5/1. 1959, ausg. 9/6. 1960. Belg. Prior. 22/1. 1958. **Belg. P. 564 178** vom 22/1. 1958, ausg. 17/6. 1960.) G. Krauß H 520

2250 Sicedison S. p. A., übert. von: Antonio Ferri und Germano Patron, Mailand, Italien, **Stabilisierung von Trichloräthylen** (= „Triéline") gegen die katalyt. Wrkg. von Metallen, bes. Fe u. Al, Feuchtigkeit, Luft, Licht, bes. in der Wärme u. beim Entfetten von Metallen erfolgt durch Zusatz einer Mischung aus je 0,001—1 (%) p-tert.-Butylbrenzcatechin u. Di-(isopropyl)-amin. — Nach den anderen Verff. wird eine Mischung aus je 0,001—1 Propylen-u./oder Butylenoxid, Essigsäureäthylester u. ggf. Isobutanol oder aus 0,001—1 Isobutanol, 0,001—0,5 α- oder β-Pinen (= Nopinen), ggf. unter Zusatz von 0,01 Pyridin verwendet. — Diagramm. — Vgl. A. P. 2 910 512; C. **1960**, 15218, F. P. 1 186 713; C. **1961**, 14826, Schwz. P. 352 325; C. **1962**, 19003, D. A. S. 1 122 513 u. E. P. 874 491; C. **1963**, 1432. (**A. P. 2 906 782** vom 21/12. 1956, ausg. 29/9. 1959. **Belg. PP. 555 219** vom 21/2. 1957, ausg. 12/2. 1960. It. Prior. 23/11. 1956 u. **555 220** vom 21/2. 1957, ausg. 12/2. 1960. It. Prior. 12/1. 1957.) G. Krauß H 520

2251 Esso Research and Engineering Co., Elizabeth, N.J., V.St.A., **Isobutylen (I)** mit über 99,9%ig. Reinheit erhält man durch Behandeln von I, das höchstens 2% n-Butene enthält, mit einem Zeolith (kristallines Metall-Al-Silicat), dessen Porendurchmesser ca. 5 Å beträgt, bei 40—80° F u. einer Raum-Geschw. von 0,3—10 Teilen Gas je Teil Zeolith je Std., wodurch die n-Butene entfernt werden. Der Zeolith kann in Form von Pillen angewendet werden, die als Bindemittel calcinierten Bentonit enthalten. — Durch Erhitzen von wss. Na-Metasilicat, $Na_2O\cdot SiO_2$, mit wss. Na-Aluminat, $Al_2O_3\cdot 1{,}5\,Na_2O$, auf 210—215° F erhält man Na-Al-Silicat, $Na_2O\cdot Al_2O_3\cdot 2\,SiO_2$, Porendurchmesser 4 Å, daraus durch Erhitzen mit $CaCl_2$ auf 850° F → 0,28 $Na_2O\cdot 0{,}71\,CaO\cdot Al_2O_3\cdot 2\,SiO_2$, Porendurchmesser 5 Å; Adsorptionsvermögen 0,19 cm^3 n-Heptan je g. Gereinigt wird z. B. eine Mischung aus 95(%) I, 0,4—1,2 1- u. 2-Buten, 0,5—1,6 n-Butan u. 0,8—2,3 KW-Stoffen mit 5 C-Atomen. — Das gereinigte I wird zur Herst. von *Butyl-*, *Isobutylen-Styrol-* oder *Isobutylen-Butadien-Kautschuk* verwendet. (**E. P. 850 415** vom 29/4. 1958, ausg. 5/10. 1960. A. Prior. 31/7. 1957.) G. Krauß H 520

2252 Polymer Corp. Ltd., Sarnia, Ontario, Canada, übert. von: Donald Herbert Welch, Lake Charles, La., V.St.A., Donald David Livingstone und Walter Hayduk, Sarnia, Ontario, Canada, **Gewinnung von Isobutylen (I)** aus seinen Mischungen mit anderen Olefinen u. KW-Stoffen mit 4 C-Atomen, wie n-Butylen u. Butan. Die Mischung wird zuerst mit ca. 65%ig. H_2SO_4 bei ca. 29° u. 9,5 at extrahiert. Das Restgas wird dann mit einer bereits zur Extraktion verwendeten u. im Vakuum wieder konz., bes. 61,5% ig. H_2SO_4, die höchstens 2%, bes. < 1%, nichtwss. Verunreinigungen enthalten soll, bes. im Gegenstrom bei 16° u. 9,5 at gewaschen. Die H_2SO_4-Extrakte werden dann auf 57—66°, bes. 63—66°, erhitzt, um ggf. gelöste KW-Stoffe zu entfernen. Aus dem in der H_2SO_4 gelösten, aus I entstandenen tert.-Butanol wird dann durch Verdünnen u. Erhitzen I zurückgewonnen. — Vorr., Zeichnung. (**A. P. 2 961 472** vom 1/8. 1958, ausg. 22/11. 1960. Can. Prior. 5/12. 1957.) G. Krauß H 520

2253 Institut Français du Pétrole, des Carburants et Lubrifiants (Erfinder: Geneviève Clement und Jean Claude Balaceanu), Paris, Frankreich, **Diolefine mit konjugierten Doppelbindungen** erhält man durch Oxydation von fl. aliphat. oder cycloaliphat. Olefinen, mit wenigstens 4 C-Atomen, mit O_2 oder diesen enthaltenden Gasen bei < 150°, bes. 50—125°, ggf. in Ggw. der entstandenen Hydroperoxide als Anspringmittel, Zers. oder Red. des Hydroperoxids bei < 150° u. Wasserabspaltung aus den entstandenen Olefinalkoholen in fl. oder Dampfzustand bei 100—350°, dad. gek., daß der Umwandlungsgrad des Olefins in das Hydroperoxid 2—20% beträgt u. daß man dieses im nichtumgesetzten Olefin in den Olefinalkohol überführt. Die Oxydation kann in Ggw. eines Lsgm., bes. Bzl., Chlorbenzole, die bes. zur Stabilisierung u. zur Verhinderung der Bldg. von Polymeren 2—10% Nitrobenzol enthalten, durchgeführt werden. Die Red. des Hydroperoxids erfolgt bes. bei 30—80°, bes. mit K- u. NaJ, Na_2SO_3 oder K_2SO_3, Na- u. K-Sulfhydrat, Fe-Thiocyanat, $TiSO_4$, $SnCl_2$, $TiCl_2$, Arseniten, Pb-, Fe-, Hg-, Cu-, Mn-, Co-Salzen; die Zers. bei 0—40°, bes. in Ggw. von Cd, Pb, Sn, Bi, Ag, Cu, NaOH, KOH, $Ba(OH)_2$, $Ca(OH)_2$, Alkylaminen, Äthanolamin oder Aktivkohle. Die Wasserabspaltung aus den Olefinalkoholen mit α-ständiger Doppelbindung erfolgt im Dampfzustand bei 200—375° in Ggw. der Oxide des Al, Th, Cr, W; von Tonen, Kaolin, Alaun, Al- u. Na-Triphosphaten; im fl. Zustand unter dem Kp. des Alkohols, bes. in Ggw. von H_3PO_4, H_2SO_4, HCl, HBr, HJ, $ZnCl_2$, K- oder Na-Sulfaten, -Phosphaten, Anilinhydrobromid, J_2, Al_2O_3 u. Tonen. — Aus 3-Hepten → Heptenylhydroperoxid → Heptenole → Mischung aus *1.3-* u. *2.4-Heptadien*; 70% (Gesamtausbeute). — 2-Dodecen → Dodecenylhydroperoxid → Dodecenole → Mischung aus *2.4-* u. *3.5-Dodecadien*; 78,5%. — 2-Methyl-2-penten → 2-Methylpentenylhydroperoxid → 2-Methylpentenole → Mischung aus *2-Methyl-2.4-* u. *-1.3-pentadien*; 78%. — 4-Methyl-3-hepten → 4-Methylheptenylhydroperoxid → 4-Methylheptenole → Mischung aus *4-Methyl-2.4-* u. *-3.5-heptadien*. — 3-Methyl-1-buten → 3-Methylbutenylhydroperoxid → 3-Methylbutenole → *Isopren*; die Wasserabspaltung kann auch mit 10% ig. wss. Oxalsäure bei 60° erfolgen. — Cyclohexen → Cyclo-3-hexenylhydroperoxid → 1-Cyclohexen-3-ol → *1.3-Cyclohexadien*. — 1-Methyl-2-cyclohexen → 1-Methylcyclohexenylhydroperoxid → 1-Methylcyclohexenole → *Methylcyclohexadien*; 96%. — *Zwischenprodd.* zur Herst. von *Polymeren* u. *Mischpolymeren* u. *Addukten*, bes. mit Maleinsäureanhydrid nach Diels-Alder. — Vgl. F. P. 1 230 442; C. **1962**, 16486. (**D. A. S. 1 138 758** Kl. 12o vom 3/3. 1959, ausg. 31/10. 1962. F. Prior. 3/3. 1958.) G. Krauß H 520

2254 Esso Research and Engineering Co., übert. von: George P. Baumann, Edison, N.J., V.St.A., **Dehydrierung von Paraffinen oder Olefinen zu Diolefinen, Cracken und Isomerisieren von Kohlenwasserstoffen** erfolgt in Ggw. von auf 1200—1600° F überhitztem Dampf u. eines Katalysators. Die Rk. wird abwechselnd in zwei miteinander verbundenen Rk.-Gefäßen durchgeführt, wobei in einem die Wiederbelebung des Katalysators erfolgt. Durch die Zufuhr des überhitzten Dampfes wird in beiden Gefäßen Druckausgleich hergestellt. — Aus auf 1125° F vorerhitztem Buten u. 25 lbs./sq.in. unter Mischen mit Dampf von 1400° F u. 40 lbs./sq.in. → *Butadien*. — Vorr., Zeichnung. (**A. P. 2 924 632** vom 6/3. 1957, ausg. 9/2. 1960.) G. Krauß H 520

2255 Sinclair Refining Co., New York, N.Y., übert. von: Willis C. Keith, Lansing, Ill., V.St.A., **Butadien** erhält man durch Dehydrieren einer KW-Stofffraktion mit 4 C-Atomen, die wenigstens 80 Mol-% n-Butene, die aus wenigstens 80% cis- u. trans-2-Buten bestehen sollen, enthält, in Ggw. von 5—40 Mol, bes. 15—25 Mol, eines inerten Gases, bes. Wasserdampf, u. in Abwesenheit eines Katalysators bei 1200—1700° F, bes. 1300—1500° F; bes. wird 98% ig. 2-Buten verwendet. Die Verweilzeit im Rk.-Raum beträgt 0,01 bis 0,2 Sek., bes. 0,05—0,1 Sekunden. 2-Buten kann durch Erhitzen von 1-Buten in Ggw. von SiO_2-Al_2O_3-MgO oder Bauxit bei 400° F erhalten werden. — Vorr., Zeichnung. (**A. P. 2 873 301** vom 9/4. 1956, ausg. 10/2. 1959.) G. Krauß H 520

2256 Institut Français du Pétrole, des Carburants et Lubrifiants (Erfinder: Jean Pierre Servaud, Paris, Daniel Lumbroso, Le Vesinet, Michel Hellin, Rueil-Malmaison, Seine-et-Oise, Fernand Coussemant, Paris, Marcel Alexandre, Chatou, Seine-et-Oise, Bernard Choffe, Neuilly/Seine, und Jacques Boyer, Paris), Frankreich, **Isopren** erhält man durch Spaltung von 4.4-Dimethyl-1.3-dioxan (I) im Dampfzustand, bes. unter Zusatz von N_2, Wasserdampf, Paraffin- u. Naphthendämpfen als Verdünnungsmittel bei > 200°, bes. 250—280°, in Ggw. von SiO_2, bes. in Form von gekörntem oder gefrittetem Quarz, Sand oder Sandstein, z. B. mit einer Teilchengröße von 0,5—2,5 mm, dessen spezif. Oberfläche (vgl. Brunauer, Emmett u. Teller, J. Amer. chem. Soc. **60**, [1938], 309) höchstens 100 m^2, bes. höchstens 20 m^2, je g beträgt, u. das 0,3—5%, bes. 1—2,5%, H_3PO_4 nach dem Tränken u. Trocknen bei ca. 280° enthält. Die Raum-Geschw. beträgt 0,2—3 Liter je Std. je Liter Katalysator. Dieser wird durch erneutes Tränken mit H_3PO_4 wiederbelebt. — Nach dem anderen Verf. dient als Träger für die H_3PO_4 Rutil (TiO_2) mit einer Teilchengröße von bes. 3 mm u. einer spezif. Oberfläche von z. B. < 15 m^2 je g u. der z. B. ca. 10 Std. bei 1200° gefrittet wurde. Der H_3PO_4-Geh. beträgt 1—10%, bes. 2—6%; die Raum-Geschw. 0,06—1 Liter je Std. je Liter Katalysator. Die Wiederbelebung erfolgt durch Tränken mit H_3PO_4, ggf. nach vorherigem Behandeln mit O_2 oder Luft bei 300—600°. — Nach einem weiteren Verf. dient als Katalysator ein mit H_3PO_4 getränktes Silicat, das selbst nicht sauer ist u. eine spezif. Oberfläche von höchstens 100 m^2, bes. höchstens 20 m^2, je g hat, bes. Glaskörner, Glaswolle, Glasfasern oder Asbestwolle. Der H_3PO_4-Geh. beträgt 5—60%, bes. 25—35%; die Raum-Geschw. 0,2—2 Liter je Std. je Liter Katalysator. Die Verff. sind auch im Vakuum oder bis zu einem Druck von 5 at durchführbar. — Nach einem noch anderen Verf. wird Isobutylen, auch als Lsg. in einem KW-Stoff mit HCHO in wss.-saurer Lsg. umgesetzt, der z. B. durch Depolymerisieren von Paraformaldehyd in Ggw. von H_3PO_4 oder H_2SO_4 erhalten wurde. Das entstandene I wird dann in Ggw. von mit H_3PO_4 getränktem SiC oder der vorst. Katalysatoren wie vorst. gespalten. Die saure Lsg. u. der bei der Spaltung entstandene HCHO werden im Kreislauf geführt. Der HCHO wird durch Oxydation von Methanol gewonnen u. durch Dest. im Vakuum oder azeotrope Dest. oder in Ggw. von Säuren oder Alkalien in Paraformaldehyd übergeführt. — Vgl. E. PP. 874 569, 876 960 u. 879 728; C. **1963**, 8342. (**D. A. SS. 1 144 715** Kl. 12o u. **1 144 716** Kl. 12o vom 29/9. 1959, ausg. 7/3. 1963. Beide F. Prior. 29/9. 1958 u. 13/5. 1959 u. **1 144 717** Kl. 12o vom 29/9. 1959, ausg. 7/3. 1963. F. Prior. 29/9. 1958. **E. PP. 884 809** vom 25/9. 1959, ausg. 20/12. 1961. F. Prior. 29/9. 1958 u. 13/5. 1959 u. **893 206** vom 18/5. 1960, ausg. 4/4. 1962. F. Prior. 19/5. 1959.) G. Krauß H 520

2257 Esso Research and Engineering Co., Elizabeth, N.J., V.St.A., **Reinigung von Alkoholen**, welche Carbonyl-Verbb. als Verunreinigungen enthalten, erfolgt durch Zugabe von 0,5—50 mg einer Lewis-Säure, wie $AlCl_3$, BF_3, in Mengen von 5—30 g/Liter des Alkohols. Die Dauer der Einw. liegt vorteilhaft zwischen 15 Min. u. 4 Stunden. (**E. P. 874 583** vom 2/3. 1960, ausg. 10/8. 1961. A. Prior. 21/4. 1959.) G. König H 550

2258 Sinclair Refining Co., New York, N.Y., übert. von: Robert R. Chambers und Robert L. Foster, Park Forest, Ill., V.St.A., **Primäre Octylenalkohole**, $(CH_3)_3C-CH=C(CH_3)-CH_2OH$ u. $(CH_3)_3C-CH_2-C(=CH_2)-CH_2OH$, erhält man durch Hydrolyse einer Mischung aus prim. u. sek. Diisobutylenmonochloriden, $(CH_3)_3C-CH=C(CH_3)-CH_2Cl$, $(CH_3)_3C-CH_2-C(=CH_2)-CH_2Cl$, $(CH_3)_3C-CHCl-C(=CH_2)CH_3$, in Ggw. von wenigstens 10—30% überschüssigem Alkalihydroxid u. W. bei 75 bis ca. 200° unter Rückfluß oder bes. unter Druck bis 100 lbs./sq.in., wodurch die Ausbeute erhöht wird. Das Verhältnis von W. : Chlorid soll 0,43—1,7 : 1 betragen. Durch Red. der entstandenen Octenole mit H_2 in Ggw. von PtO_2 in Äthylacetat bei Raum-Temp. entsteht *2.4.4-Trimethylpentan-1-ol*, Kp. 170—171°;

3.5-Dinitrobenzoat, aus Methanol-W., F. 72—72,5°. — Hydrolyse-Geschw. vgl. 3 Diagramme. (**A. P. 2 885 445** vom 7/4. 1953, ausg. 5/5. 1959.) G. Krauß H 560

2259 N. W. Blisnjak, D. M. Maiorow, B. Ja. Sterlin, W. G. Tscherkajew, A. A. Bag und I. M. Towbin, **Herstellung hochmolekularer ungesättigter Alkohole** durch Hydrierung von Spermöl (I) in Ggw. von Katalysatoren der Methanol-Synth. unter 150—300 at u. >300°, wobei die als Wachse oder Glyceride vorliegenden ungesätt. Säuren zu Alkoholen red. werden. — 20 (g) I (EZ. 133; Br-Zahl 44,7) werden mit 6 Zn-Cr-Katalysator 1½ Std. bei 320° unter 200 bis 190 at hydriert: 76% Fraktion mit $Kp._2$ 145—202°; EZ. 0; OH-Zahl 15,9; Br-Zahl 48,4. (**UdSSR. P. 133 877** vom 19/3. 1960.) L. Großner H 560

2260 W. G. Tscherkajew, N. W. Blisnjak und A. A. Bag, **Herstellung ungesättigter Alkohole** durch Hydrieren von Estern ungesätt. Säuren in Ggw. von ZnO, das ggf. Ca- oder Cd-Verbb. als Promotoren enthält, bei 110 at. (**UdSSR. P. 133 878** vom 28/3. 1960.) L. Großner H 560

2261 Je. F. Aleksejew und I. N. Nasarow, **Herstellung von Acetylenalkoholen** aus C_2H_2 (I) u. Carbonyl-Verbb. in Ggw. von KOH oder KOH + CaC_2 bei 60—80° u. 5—20 at. — Eine Suspension von 3,5 g 75%ig. KOH in 500 ml Ae. wird bei 20° mit 5 at I gesätt., danach wird auf 75° erwärmt, das Gemisch von 56 g Aceton u. 55 ml Methanol zugesetzt u. nach 1 Std. mit 40 ml W. zersetzt: 7,7 g *Dimethyläthinylcarbinol*, Kp. 101—103,5°; n_D^{20} 1,4211. (**UdSSR. P. 133 875** vom 12/3. 1960.) L. Großner H 560

2262 Esso Research and Engineering Co., Elizabeth, N.J., übert. von: George R. L. Shepherd, Ira G. Thompson und Albert T. Watson, Baytown, Tex., V.St.A., **Geschwefelte Halogenkohlenwasserstoffe** erhält man durch Erhitzen von gesätt. aliphat. Chlor- oder Brom-KW-Stoffen mit Molgew. 100—500, bes. 400—450, mit einer Mischung aus Alkali- u. Erdalkalisulfit u. -bisulfit auf 380 bis 450° F, bes. 400—450° F, u. bes. 50—500 lbs./sq.in., wobei die Bisulfitmenge so groß sein soll, daß das pH der Lsg. 5—9, bes. 5—6,5, beträgt. — Aus 100 (Teilen) eines aliphat. Chlor-KW-Stoffs, Molgew. ca. 440, Cl-Geh. 17,6%, in Ggw. von 68,8 Na_2SO_3 u. 54,9 $NaHSO_3$ in 197 W., pH 5,99, bei 350° F u. 90 lbs./sq.in. nach 4 Std. → *geschwefelter Chlor-KW-Stoff*, S-Geh. 0,91%, Cl-Geh. 12,58%. (**A. P. 2 905 664** vom 11/9. 1957, ausg. 22/9. 1959.) G. Krauß H 600

2263 Eastman Kodak Co., Rochester, N.Y., V.St.A. (Erfinder: Hugh John Hagemeyer jun.), **Gemischte Aldole** der allg. Formel $R-CH(OH)C(CH_3)_2CHO$ erhält man durch Rk. von Isobutyraldehyd mit einem aliphat. Aldehyd der allg. Formel R—CHO (R = H, Alkyl mit 1 bis 9 C-Atomen) im Mol-Verhältnis von wenigstens 1,1 : 1, bes. 1—5 : 1, in Ggw. von 2—10% Alkalicarbonat, bes. als 20—50%ig. wss. Lsg., bei 50—90°, bes. 60—75°. — Aus 150 g Isobutyraldehyd u. 650 g 37%ig. Formalin in Ggw. von 56 g K_2CO_3 in 90 g W. bei 70° → 790 g *Hydroxypivalaldehyd*, $Kp._4$ 78—85°; *dimerisiert* beim Stehen, F. 92—94°. — Butyraldehyd → *3-Hydroxy-2.2-dimethylhexaldehyd*, $Kp._{14}$ 125°. — Acetaldehyd → *3-Hydroxy-2.2-dimethylbutyraldehyd*, $Kp._{22}$ 90°. — Propionaldehyd → *3-Hydroxy-2.2-dimethylvaleraldehyd*. Höchste genannte Ausbeuten 97%; vgl. Tabellen. (**E. P. 834 100** vom 26/10. 1957, ausg. 4/5. 1960.) G. Krauß H 690

2264 Shell Internationale Research Mij. N. V., Den Haag, Niederlande (Erfinder: Daniel B. Luten jun., Berkeley, und Jan Oldrich Konecny, Oakland, Calif., V.St.A.), **In β-Stellung durch die Äthergruppe substituierte Propionaldehyde** erhält man durch Rk. von Acrolein mit mindestens 1,5 Mol, bes. 2,5—3,5 Mol, eines gesätt. oder olefin. ungesätt. aliphat. Alkohols mit 1—25 C-Atomen in fl. Phase in Ggw. eines Katalysators, der aus einem Gemisch von mindestens einer β-Alkoxycarbonsäure (I) u. mindestens einem Alkalisalz einer I besteht, bei ca. 10—60°, bes. 35—50°, wobei die Katalysator-Konz. mindestens 1% des Gesamtgew. des Rk.-Gemisches betragen muß. Bevorzugt verwendet man I, die durch Oxydation von β-Alkoxyaldehyden mit O_2 in Ggw. von Verbb. mehrwertiger Metalle, bes. Co-Acetat oder Co-Octanoat, bes. bei ca. 40—70° u. einem O_2-Partialdruck von ca. 0,28—0,7 at hergestellt wurden. Es werden Ausbeuten von 94% u. eine Acroleinumwandlung von 87% erreicht. (**D. A. S. 1 153 352** Kl. 12o vom 17/8. 1960, ausg. 29/8. 1963. A. Prior. 19/8. 1959.) A. Jahn H 690

2265 Soc. Industrielle des Dérivés de l'Acétylène (S.I.D.A.), Paris, übert. von: André Galvin, Saint-Avre-la-Chambre, Paul Besson, La Chambre, Pierre Brun, Saint Avold, und Pierre Thirion, Saint-Avre, Frankreich, **Reines, wasserfreies Methyläthylketon (I).** Die durch katalyt. Dehydrierung von sek.-Butanol im Dampfzustand bei 400° erhaltene Mischung wird auf ca. 250° abgekühlt; die Dämpfe werden in einer Kolonne fraktioniert dest., wobei am Boden die Nebenprodd. u. am Kopf I u. inerte Gase abgezogen werden. Aus den Gasen wird das I durch Verflüssigen abgetrennt; die Gase werden komprimiert u. im Gegenstrom mit Butanol gewaschen, um das restliche I zu entfernen. 30—50% der gewaschenen Gase werden in den unteren Teil der Kolonne eingeführt; die restlichen Gase werden noch mit den Nebenprodd. bei ca. 600—100 g/cm² gewaschen, um das Butanol daraus zu entfernen, das dann aus den Nebenprodd. durch Dest. abgetrennt wird. — Diagramme, Vorr., Zeichnung. — Vgl. F. P. 1 111 081; C. **1958**, 4028. (**A. P. 2 944 083** vom 25/9. 1957, ausg. 5/7. 1960. **E. P. 811 500** vom 5/7. 1955, ausg. 8/4. 1959. Beide F. Prior. 5/8. 1954.) G. Krauß H 710

2266 Armour & Co., Chicago, Ill., V.St.A. (Erfinder: Carl Wilhelm Christensen, Edgar Simon Hammerberg und Russell Chesrown), **Reinigung von Rohketonen,** die durch Rk. einer aliphat. Monocarbonsäure mit 6—25 C-Atomen in fl. oder Dampfzustand in Ggw. von Fe-Pulver (90—120 Siebmaschen) bei 305—320° bes. unter Druck erhalten wurden, erfolgt durch 15 Min. langes Behandeln mit bes. fester Oxalsäure (½ Mol Säure je Mol Fe) bei 100 bis 225°, bes. 170°. Anschließend werden die Fe-Verunreinigungen abfiltriert. — 567 (Teile) rohes Stearon (hergestellt aus fl. Stearinsäure u. Fe) werden mit 30 Oxalsäure 30 Min. auf 170° erhitzt u. dann im Vakuum filtriert. Ferner können gereinigt werden: Palmiton, Lauron, Oleon u. Behenon u. die Ketone aus: Capron-, Capryl-, Caprin-, Myristin-, Linol- u. Linolensäure. (**E. P. 834 348** vom 25/9. 1957, ausg. 4/5. 1960.) G. Krauß H 710

2267 I. G. Tischtschenko, **Herstellung von Diacetyl** aus Methylvinylketon mit H_2O_2 in alkal. Lsg. u. anschließende Isomerisierung des gebildeten Oxids in Ggw. von $ZnCl_2$. — Man kühlt 112 (g) Methylvinylketon ($Kp._{130}$ 33—35°; n_D^{19} 1,4086) auf —10° u. tropft während 4 Std. 385 15%ig. H_2O_2-Lsg. u. 200 2%ig. wss. $NaHCO_3$-Lsg. zu (Temp. ≦ —8°). Nach 2 Std. neutralisiert man mit H_2SO_4, zersetzt H_2O_2 mit MnO_2, dest. Aceton ab, sättigt mit NaCl u. äthert aus: 34 *Methylvinylketonoxid*, $Kp._{21}$ 44,5°; n_D^{20} 1,4228. 6,5 davon werden mit 0,15—0,2 $ZnCl_2$ auf 75—80° erwärmt. Durch Dest. erhält man 4,2 rohes *Diacetyl*, Kp. 87—89°; n_D^{20} 1,3922. (**UdSSR. P. 131 348** vom 27/11. 1959.) I. Lasch H 720

2268 Council of Scientific and Industrial Research, Neu-Delhi (Erfinder: Srinivasan Ramanujam, Rajendra Kishore Bhatnagar und Narasino Rao Kuloor, Delhi), Indien, **Herstellung von Vinylestern, insbesondere Vinylacetat,** aus Aldehyd u. Säureanhydrid. Man leitet ein Gemisch aus Essigsäureanhydrid u. Paraldehyddampf im mol. Verhältnis von 1 : 1,5 über einen festen Katalysator, der aus einem synthet. kation. Harz oder mit schwachen Säuren, z. B. glasiger Phosphorsäure, p-Toluolsulfonsäure, imprägnierten Trägern besteht, u. fraktioniert das entstehende Rk.-Produkt. Die Rk. wird bes. bei 90—200° u. einem Druck von 50—200 mm Hg ausgeführt. (**Ind. P. 70 172** vom 26/12. 1959.) C. Lüttgen H 810

2269 Je. N. Silberman und A. Ja. Lasariss, **Herstellung von Chloracetamidinhydrochlorid** aus HCl u. $ClCH_2CN$ (I) bei 0 u. —15° u. anschließende Behandlung mit niederen aliphat. Alkoholen. — In die Lsg. von 10 g I in 5 ml abs. Ae. wird bei 0° HCl bis zur Kristallabscheidung eingeleitet, danach wird 2 Tage bei —10 bis —15° belassen. Der erhaltene Nd. wird in 35 ml Butanol gelöst, mehrere Std. bei Zimmer-Temp. gehalten u. die Lsg. im Vakuum eingedampft, F. 96—100°; 98% Ausbeute. (**UdSSR. P. 133 892** vom 21/4. 1960.) L. Großner H 810

2270 Knapsack-Griesheim Akt.-Ges., Knapsack (Erfinder: Kurt Sennewald, Knapsack, Klaus Born, Hermülheim, Günther Dobek, Köln, und Heinz Erpenbach, Rodenkirchen), **α.β-ungesättigte Carbonsäurenitrile** erhält man durch Wasserabspaltung aus β-Hydroxycarbonsäurenitrilen in Ggw. von wasserhaltiger ca. 50—85%ig. H_3PO_4 als Katalysator im Mol-Verhältnis von ca. 3—9 : 1 bei hohen Temp., bes. zwischen ca. 400 u. ca. 800°, u. einer kurzen Verweilzeit, bes. ca. 1—2 Sek., durch Zerstäuben der Mischung aus den Hydroxycarbonsäurenitrilen u. der wasserhaltigen H_3PO_4 in einem durch Einleiten heißer, inerter, O_2-freier Gase erhitzten Rk.-Raum, wobei die feine Zerstäubung der Rk.-Mischung innerhalb des Rk.-Raums u. mit Hilfe der heißen Gase erfolgt. — Aus 3,6 kg einer Mischung aus 89,5% ig. Äthylencyanhydrin u. 85% ig. H_3PO_4 im Mol-Verhältnis ca. 3 : 1 unter gleichzeitigem Eindüsen von 720° heißen, O_2-freien Verbrennungsgasen (erhalten durch Verbrennung von 2 m^3 Leuchtgas mit 7,3 m^3 Luft) bei einer Verweilzeit von 1½ Sek. → *Acrylsäurenitril;* 99% Ausbeute. Vorr., Zeichnung. — Vgl. D. A. SS. 1 033 656; C. **1959,** 15190, 1 069 614; C. **1962,** 3982 u. 1 113 216; C. **1962,** 9515. (**D. A. S. 1 153 014** Kl. 12o vom 29/9. 1959, ausg. 22/8. 1963.) G. Krauß H 810

2271 Union Carbide Corp., New York, N.Y., V.St.A., **Acetaldehydmonoperacetat** (I) erhält man durch Oxydation von Acetaldehyd (**II**) mit O_2 in Ggw. von O_3 oder UV-Licht bei —15 bis +30°, bes. —5 bis +5°, indem man den fl. Strom von **II** mit O_2 bei Strömungs-Geschw. mit der Reynoldsschen Zahl (**III**) von >2100, bes. >250000, behandelt. — Durch einen 3 m langen Reaktor vom ∅ 2,5 cm führt man bei —5° eine 69,7% **II** enthaltende aceton. Lsg in einer Menge von 12,5 kg stündlich u. leitet stündlich 0,908 m^3 O_2, der 0,6% O_3 enthält, ein. Das Rk.-Gemisch enthält 27% **I**, 5% Essigsäure, Lsgm. u. nicht umgesetzten **II**. Hält man jedoch in der Fl. die **III** von 292800 aufrecht u. führt einen Teil der Rk.-Fl. im Kreislauf, so erhält man stündlich 3,73 kg **I** je Rk.-Vol. u. eine Ausbeute von 335 g **I** je g O_3. — Zeichnung. (**E. P. 877 662** vom 22/12. 1959, ausg. 20/9. 1961. A. Prior. 24/12. 1958.) A. Jahn H 810

2272 Scientific Design Co., Inc., New York, N.Y., V.St.A. (Erfinder: Robert Baldwin Egbert und Mitchell Becker), **Maleinsäureanhydrid** erhält man durch Oxydation von Bzl. mit O_2 bei 350—550°, bes. 350—450°, in Ggw. eines Katalysators, der aus 1 (Teil) MoO_3, 1,5—8 V_2O_5, 0,1—0,01 Ni besteht u. je Teil dieser Mischung 3—15 eines Trägers, wie geschmolzenes Al_2O_3, enthält u. dessen Teilchengröße 0,2—1 cm ∅ u. dessen Oberfläche 0,002—10 m^2 je g beträgt. Der Träger wird mit den entsprechenden Salz-Lsgg. getränkt oder mit den entsprechenden Oxiden gemischt, bei 175—320° getrocknet u. auf 320—400° in Ggw. von Luft mit einer linearen Geschw. von 0,58—21,1 cm je Min. erhitzt. Der Katalysator besteht z. B. aus: 50 Träger, 2,49 MoO_3, 5,23 V_2O_5, 0,0545 Na, 0,0562 P_2O_5 u. 0,0732 Ni. In Ggw. dieses Katalysators beträgt die Ausbeute 75—80%. — Vgl. Niederl. P. 94 511; C. **1961,** 10362. (**E. P. 853 849** vom 11/1. 1957, ausg. 9/11. 1960.) G. Krauß H 820

2273 Union Rheinische Braunkohlen Kraftstoff Akt.-Ges. (Erfinder: Ernst Müller, Karl Reichert und Karl Bauers), Wesseling, **Genaue und kontinuierliche Förderung von Harnstoffschmelze gegen Druck,** dad. gek., daß man die Schmelze einer Dosierpumpe bereits mit einem Druck zuführt, der die Eigentension der Schmelze an NH_3-Gas übersteigt. — Beispiel zur Harnstoffförderung in ein Gefäß mit 100 atü zur Bldg. von Melamin. — Zeichnung. (**D. A. S. 1 153 013** Kl. 12o vom 22/11. 1961, ausg. 22/8. 1963.) G. Vogel H 880

2274 Farbenfabriken Bayer Akt.-Ges., Leverkusen (Erfinder: Engelbert Kühle, Köln), **Carbodiimide** erhält man durch Rk. von Isocyaniddihalogeniden (bes. Dichloriden u. -bromiden) mit prim. Aminhydrohalogeniden bei erhöhter Temp., bes. 100—200°, u. bes. in Ggw. eines höher sd., inerten Lsgm. (chlorierte Benzole, Nitrobenzol, Dimethylacetamid, Tetramethylensulfon). — $C_6H_5NCCl_2$ + $C_6H_5NH_2 \cdot HCl$ → $C_6H_5N{=}C{=}NC_6H_5$ (I) + 3 HCl. — Aus Bis-isocyaniddihalogeniden oder prim. Diaminsalzen entstehen *Bis-carbodiimide,* während Bis-isocyaniddihalogenide mit Diaminsalzen *Polycarbodiimide* liefern. — Aus 39 g Anilinhydrochlorid u. 56 g Phenylisocyaniddichlorid unter Durchleiten von N_2 bei 180° → *Diphenylcarbodiimid* (**I**), $Kp._{0,1}$ 112 bis 118°. — 4-Chlorphenylisocyaniddichlorid → *(4-Chlorphenyl)-phenylcarbodiimid,* $Kp._{0,08}$ 139—141°. — 4-Chloranilinhydrochlorid + 2.4.6-Trichlorphenylisocyaniddichlorid in o-Dichlorbenzol → *(2.4.6-Trichlorphenyl)-(4-chlorphenyl)-carbodiimid,* F. 116°. — 4-Nitranilinhydrochlorid + Phenylisocyaniddichlorid → *(4-Nitrophenyl)-phenylcarbodiimid,* F. 63 bis 66°. Ferner können umgesetzt werden: N-Butyl-, Cyclohexylisocyaniddichlorid, Phenylisocyaniddibromid, 4-Chlorphenyl-, 2.4-Dichlorphenyl-, 2-Nitrophenyl-, Naphthylisocyaniddichlorid, 4-Isocyaniddichloridobenzoylchlorid u. 1.4-Phenylen-bis-isocyaniddichlorid mit den Hydrochloriden oder -bromiden des Butyl-, Cyclohexylamins, Anilins, der Toluidine, Chlor- u. Nitroaniline, des Aminodiphenyls, Naphthylamins u. Phenylendiamins. — *Zwischenprodukte.* (**D. A. S. 1 149 712** Kl. 12o vom 14/11. 1961, ausg. 6/6. 1963.) G. Krauß H 880

2275 National Distillers and Chemical Corp., New York, N.Y., übert. von: David W. Lum und Irving L. Mador, Cincinnati, Ohio, V.St.A., **Semicarbazidderivate** der allg. Formel I: $R(NH_2)N{-}C({=}O){-}N(H)R'$, erhält man durch katalyt. Hydrierung substituierter Nitrosoharnstoffe nach dem Schema: $R(O{=}N)N{-}C({=}O){-}N(H)R' + 2\,H_2 \rightarrow$ I (R = Alkyl mit 1—18 C-Atomen, bes. 1—8 C-Atomen, u. linearer oder verzweigter Kette; R' = R oder H) in Ggw. eines Edelmetallkatalysators der VIII. Gruppe des Period. Syst. (Pt oder Pd), einer anorgan. oder organ. Säure (pH-Einstellung auf 1—6, bes. 2—4) u. eines Lsgm. (W., A., CH_3OH oder deren Gemische, Ae., KW-Stoffe) bei 0—100° u. 10—1000 lbs./sq.in., bes. 20—100 lbs./sq.in., ggf. unter Zusatz einer Pufferlösung. — Man löst z. B. 2,5 (g) Nitrosomethylharnstoff in 150 ml CH_3OH-W.-Gemisch, das 10 Citronensäure u. NaOH bis pH 2,75 enthält, hydriert 18 Std. in Ggw. von 0,5 Pt (auf Kohle) bei 30—50 lbs./sq.in. u. entfernt den Katalysator → 1,36 (= 32,4% Ausbeute), *Benzaldehyd-Deriv.,* F. 161—162°. Die Rk. verläuft über das *Salz* der verwendeten Säure. (**A. P. 2 959 615** vom 9/10. 1957, ausg. 8/11. 1960.) G. Vogel H 880

2276 Solvay & Cie., Brüssel, Belgien, **Hexamethylendiisocyanat.** Hexamethylendiamin wird in einem Verdünnungsmittel (o-Dichlorbenzol) gelöst oder aufgeschlämmt u. bei 100° durch Einleiten von CO_2 in das *Carbamat* übergeführt; dieses wird abfiltriert oder abgeschleudert u. im gleichen oder in einem anderen Verdünnungsmittel aufgeschlämmt, dann zuerst bei —5° u. anschließend durch langsames Erhitzen auf 165° mit $COCl_2$ behandelt; Ausbeute quantitativ. (**E. P. 833 467** vom 29/10. 1956, ausg. 27/4. 1960. Belg. Prior. 23/11. 1955.) G. Krauß H 890

2277 A. N. Baschkirow, Ju. B. Kagan und G. A. Kliger, **Herstellung von Alkylaminen** aus aliphat. prim. oder sek. C_{4-22}-Alkoholen, Aldehyden oder Ketonen, NH_3 u. H_2 bei >200° u. erhöhtem Druck in Ggw. von durch saure oder amphotere Oxide (Cr-, B-, Al-, Si-, Mn- oder V-Oxide) aktivierten $FeO{-}Fe_2O_3$-Katalysatoren. Herst. eines Katalysators: Die Schmelze von 100 (Gew.-Teilen) Fe_3O_4 u. 5 V_2O_5 wird auf 3—4 mm gekörnt u. bei 440—450° mit 50 at H_2 reduziert. Rk.-Bedingungen: 20—100 at, 230—260°, Vol.-Durchsatz an H_2 800—1000 (h^{-1}), an Alkohol 0,2—0,5, NH_3 im Gasgemisch 40—50 (%), Ausbeuten 89—96. — Tabellen. (**UdSSR. P. 133 889** vom 16/3. 1960.) L. Großner H 910

2278 A. N. Baschkirow, Ju. B. Kagan und G. A. Kliger, **Herstellung höherer Alkylamine** aus NH_3, CO u. H_2 bei 160—190° u. 100—200 at in Ggw. von mit sauren oder amphoteren Oxiden u. Erdalkalioxiden aktivierten $FeO{-}Fe_2O_3$-Katalysatoren, z. B. aus 100 (Gew.-Teilen) Fe_3O_4, 5 Al_2O_3 u. 7,5 BaO, die geschmolzen, auf 3—4 mm gekörnt u. bei 430—450° mit 50 at H_2 red. werden. Das Synth.-Gas enthält CO u. H_2 im Verhältnis 1 : 4 u. 30 Vol.-% NH_3; Vol.-Durchsatz 1000 h^{-1}. Ausbeute je m^3 Gas 80—90 g fl. Prodd., davon 50 (%) Amine (3 <C_4, 7,1 C_4, 10,2 C_5, 12,2 C_6, 13,2 C_7, 8,6 C_8, 6,5 C_9, 5,3 C_{10}, 33,9 C_{11} u. höher). (**UdSSR. P. 133 890** vom 16/3. 1960.) L. Großner H 910

2279 I. Ss. Matwejew und A. Je. Kretow, **Herstellung von β-Hydroxypropylamin** (**I**) durch Rk. von Propylenoxid (**II**) mit $CaCN_2$ (**III**) u. alkal. Verseifung des erhaltenen 2-Imino-5-methyloxazolidins-(1.3) (**IV**). — Eine wss. Lsg. von **III** wird 2 Std. mit **II** bei Zimmer-Temp. geschüttelt, dann wird filtriert u. <130° eingeengt, wobei **IV** erhalten wird. 1 Mol **IV** wird in 500 ml 30% ig. wss. KOH 3 Std. auf 95—100° erwärmt, danach wird mit CO_2 neutralisiert, W. verdampft u. **I** mit A. extrahiert; 92—95% Ausbeute. (**UdSSR. P. 133 891** vom 28/3. 1960.) L. Großner H 920

2280 A. P. Skoldinow, T. W. Protopopowa und W. T. Klimko, **Herstellung quartärer Ammoniumsalze** mit einem β-Acroleinylrest durch Rk. ggf. durch eine Alkyl-

oder Arylgruppe in α-Stellung substituierter β-Chloracroleine mit tert. Aminen in Äther. — 0,6 (g) β-Chloracrolein werden in 20 ml Ae. mit 0,8 Triäthylamin in 20 ml Ae. versetzt, der Nd. wird mit Aceton u. einigen Tropfen A. ausgekocht: 0,54 *Triäthyl-β-acroleylammoniumchlorid*, F. 118—119°, hygroskopisch. (**UdSSR. P. 133 872** vom 29/3. 1960.) L. Großner H 930

2281 E. I. du Pont de Nemours & Co., Wilmington, Del., übert. von: Arthur O. Rogers, Lewiston, N.Y., V.St.A., **Optisch aktive Salze aus Aminosäuren und acyclischen Sulfonsäuren** erhält man durch Rk. einer opt. akt. Sulfonsäure mit einer dl-Aminosäure u. fraktionierte Kristallisation der d- u. l-Salze aus einem Lösungsmittel. — Man erhitzt z. B. eine Mischung aus 1 (Mol) 2-Brombutan, 1,2 Na_2SO_3 u. 600 g W. 16 Std. unter Rühren u. Rückfluß, verd. die erhaltene Lsg. mit W., führt sie durch einen Kationenaustauscher (sulfoniertes Styrol–Vinylbenzol-Mischpolymerisat) in der H-Form, erhitzt den Abfluß, um W. u. HBr abzutreiben, verd. das 0,035 H_2SO_4 u. ca. 0,4 dl-Butan-2-sulfonsäure enthaltende Rohprod. mit W. auf 100 ml, mischt 0,47 *l*-Lysin (als 39%ig. Lsg.) zu, extrahiert die entfärbte u. eingedampfte Lsg. mit einer sd. Mischung aus 500 (ml) CH_3OH u. 25 W., filtriert unlösl. *l*-Lysinsulfat u. dampft das Filtrat zu einer glasigen Masse ein → *l*-Lysin-dl-butan-2-sulfonat (I), $C_{10}H_{24}N_2O_5S$; $[\alpha]_D^{20}$ +6,19° (c = 4% in W.). — Man löst 113,5 g I in einer sd. Mischung von 500 (ml) A. u. 40 W., kühlt die Lsg. auf 50°, rührt ca. 24 Std. u. filtriert → 20 g Nd., *l-Lysin-l-butan-2-sulfonat* (II), Nadeln, während *l*-Lysin-d-butan-2-sulfonat (III) gelöst bleibt. Man löst den Nd. in W., führt die Lsg. durch den sauren Kationenaustauscher, wobei *l*-Lysin adsorbiert wird u. Butan-2-sulfonsäure; $[\alpha]_D$ —0,109° (c = 27,6% in W.) abfließt. Umgekehrt erhält man I durch Einw. von *l*-Butan-2-sulfonsäure auf dl-Lysin usw., Eluieren des *l*-Lysins mit NH_4OH-Lsg. u. Eindampfen der Lösung. Die Mutterlauge (III enthaltend) liefert beim Erhitzen ein Racemat, aus dem man II krist. usw., bis alles Lysin in die *l*-Form übergeführt ist. Analoges Verf. mit 2-Methylbutan-1-sulfonsäure. Ferner sind folgende Sulfonsäuren geeignet: *Pentan-2-*, *3-Methylbutan-2-*, *2-Methylpentan-1-*, *3-Methylpentan-1-* u. ggf. *1-Phenyläthan-1-* bzw. *2-Phenylpropan-1-sulfonsäure.* Aus *l-Lysin* ggf. *Hydrochlorid.* — Zusatz zu Nahrungs- u. Arzneimitteln. (**A. P. 2 934 561** vom 28/9. 1955, ausg. 26/4. 1960.) G. Vogel H 950

2282 Ciba Akt.-Ges. bzw. Ciba Ltd., Basel (Erfinder: Robert Schwyzer, Beat Iselin, Riehen, Heini Kappeler, Birsfelden, Werner Rittel, Basel, und Herbert Zuber, Riehen), Schweiz, **Herstellung von MSH-aktiven Octadecapeptiden** der Formel: L-Asparaginyl-L-serylglycyl-L-prolyl-L-tyrosyl-L-lysyl-L-methionyl-L-glutaminyl-L-histidyl-L-phenylalanyl-L-arginyl-L-tryptophylglycyl-L-seryl-L-prolyl-L-prolyl-L-lysyl-L-asparaginsäure, in der ggf. für den Glutaminylrest der Glutaminsäurerest steht, bzw. deren Salzen, dad. gek., daß man das Heptapeptid L-Asparaginyl-L-serylglycyl-L-prolyl-L-tyrosyl-L-lysyl-L-methionin mit geschützten Aminogruppen (erhalten durch Kondens. des Tripeptids L-Asparaginyl-L-serylglycin mit geschützter α-Aminogruppe u. einem Ester des Tetrapeptids L-Prolyl-L-tyrosyl-L-lysyl-L-methionin mit geschützter ε-Aminogruppe u. Verseifung der Estergruppe oder durch Kondens. des Hexapeptids L-Asparaginyl-L-serylglycyl-L-prolyl-L-tyrosyl-L-lysin mit geschützter α- u. ε-Aminogruppe u. einem L-Methioninester u. Verseifung der Estergruppe) kondensiert mit einem Diester des Undecapeptids L-Glutaminyl (bzw. L-Glutamyl)-L-histidyl-L-phenylalanyl-L-arginyl-L-tryptophylglycyl-L-seryl-L-prolyl-L-prolyl-L-lysyl-L-asparaginsäure mit geschützter ε-Aminogruppe [erhalten durch Kondens. des Hexapeptids L-Glutaminyl (bzw. L-Glutamyl)-L-histidyl-L-phenylalanyl-L-arginyl-L-tryptophylglycin mit geschützter α-Aminogruppe mit einem Diester des Pentapeptids L-Seryl-L-prolyl-L-prolyl-L-lysyl-L-asparaginsäure mit geschützter ε-Aminogruppe u. Abspaltung der α-Aminoschutzgruppe] u. ggf. die COOH-Gruppen des Asparaginsäureesters u. die Aminogruppen des Asparaginylrestes bzw. der Lysylreste in Freiheit setzt. Man kondensiert das Heptapeptid mit dem Undecapeptid bes. in Ggw. eines Carbodiimids, schützt die freie Aminogruppe des Asparaginrestes mit einem reduktiv abspaltbaren Rest, die ε-Aminogruppe der Lysinreste durch die Tosylgruppe u. baut den Pentapeptiddiester stufenweise von der COOH-Gruppe der Asparaginsäure her durch Ankondensieren jeweils einer weiteren Aminosäure auf. Die Abkürzungen Asp, Ser, Pro, Tyr usw. stehen für die vorst. Aminosäurereste in der L-Form, Z für die Carbobenzoxygruppe, Tos für die Tosylgruppe, BOC für die tert.-Butyloxycarbonylgruppe u. pNBz für den p-Nitrobenzylrest. Man gewinnt Salze, daraus Basen u. aus diesen Salze durch Rk. mit Halogenwasserstoff-, Salpeter-, Thiocyan-, Schwefel-, Phosphor-, Essig-, Propion-, Glykol-, Milch-, Brenztrauben-, Malein-, Fumar-, Oxal-, Malon-, Bernstein-, Wein-, Citronen-, Benzoe-, Zimt-, Salicyl-, 2-Phenoxybenzoe-, 2-Acetoxybenzoe-, Mandel-, Methansulfon-, Äthansulfon-, Hydroxyäthansulfon-, Benzolsulfon-, Toluolsulfon-, Naphthalinsulfon- oder Sulfanilsäure. 1. Aus 105 (g) Z–Gly–OH, 103 p-Nitrobenzylchlorid u. 85 ml Triäthylamin in 1000 ml Essigester (I) 15 Std. gekocht → 139 Z–Gly–O–pNBz, F. 108—110° (A.), davon 103 in 600 ml Eisessig u. 215 ml 4,2n HBr in Eisessig bei 10—15° → 2. 80,5 Hydrobromid von H–Gly–O–pNBz, F. 202—205° aus Methanol (II), davon 58 in 100 W., 300 ml I u. 50 ml kalter gesätt. K_2CO_3-Lsg. geschüttelt, → 36,4 H–Gly–O–pNBz, F. 50—52° (Ae.); 3. aus 12 Z–Ser–OH u. 10,5 H–Gly–O–pNBz in 120 ml Cl_2CH_2 bei 0° in Ggw. von 11,3 Dicyclohexylcarbodiimid (III) in 20 ml Cl_2CH_2 → 15 Z–Ser–Gly–O–pNBz, F. 121—123°; $[\alpha]_D^{30}$ —8,5° (c = 2,01 in Eisessig), in Ggw. von Pd/Kohle hydriert (Aufnahme von 5 Äquivalenten H) → H–Ser–Gly–OH; $[\alpha]_D^{25}$ +31,3° (c = 3,17 in n-Salzsäure); bei Verw. von Dimethylformamid (IV) für Rk. 3 entsteht ca. 15% schwer abtrennbares *Carbobenzoxy-L-seryl-N.N'-dicyclohexylharnstoff* als Nebenprod., F. 170—171° (aus II); 4. aus 43,1 Z–Ser–Gly–O–pNBz in 100 ml Essigester u. 200 ml einer 2n Lsg. von HBr in I → 30 rohes Hydrobromid von H–Ser–Gly–O–pNBz, F. 148—150° (A.); $[\alpha]_D^{27}$ +12° (c = 2,02 in W.); aus 29 Hydrobromid in 450 ml Chlf. u. 40 einer 2,5n Lsg. von NH_3 in ca. 1,3 Val II → 16,9 roher Ester H–Ser–Gly–O–pNBz, F. 94—96° aus Acetonitril (V); 5. aus 26,6 Z–(β-NH_2)–Asp–OH u. 19,3 des Prod. aus 4. in 100 ml IV in Ggw. von 20,6 III in 200 ml V → 15,8 Z–(β-NH_2)–Asp–Ser–Gly–O–pNBz, Nadeln, F. 210—212°; $[\alpha]_D^{27}$ —12,2° (c = 2,38 in Eisessig); 6. aus 8,2 des Prod. aus 5. in 75 ml Dioxan u. 36 ml 0,5n Natronlauge → 4,1 Z–(β-NH_2)–Asp–Ser–Gly–OH, F. 185—186° (W.); $[\alpha]_D^{20}$ —8,4° (c = 1,90 in Eisessig); 7. aus 100 Z–Pro–OH u. 78 H–Tyr–OCH_3 in 1000 Cl_2CH_2 in Ggw. von 86,5 III bei 0° → 160 Z–Pro–Tyr–OCH_3, F. 72—74° (Aceton-Ae.); $[\alpha]_D^{27}$ —24° (c = 4,08 in A.); 8. aus 149 des Prod. aus 7. in 750 ml II u. 900 ml n-NaOH-Lsg. bei 0° → 135 Z–Pro–Tyr–OH, farbloser Schaum; 9. aus 135 des vorst. Prod. u. 109 (N–Tos)–Lys–OCH_3 in 1000 V in Ggw. von 72 III bei 0° → 139,5 Z–Pro–Tyr–(N–Tos)–Lys–OCH_3, F. 134 bis 136° (aus II); $[\alpha]_D^{28}$ —47° (c = 4,01 in A.), acetyliert → Z–Pro–(O–$COCH_3$)–Tyr–(N–Tos)–Lys–OCH_3, krist., F. 109 bis 111° (I); $[\alpha]_D^{20}$ —42,3° (c = 1,80 in A.); 10. aus 7,1 des Prod. aus 9 (nicht acetyliert) in 30 ml II u. 30 ml 1n NaOH → 6,9 Z–Pro–Tyr–(N–Tos)–Lys–OH, mit Ae. verrieben; $[\alpha]_D$ —33,2° (c = 4,76 in A.), farbloses, amorphes Pulver, davon 11. 50 in 200 II mit 1 Val HCl in II in Ggw. von Pd/Kohle bei Raum-Temp. hydriert → 37 H–Pro–Tyr–(N–Tos)–Lys–OCH_3-Hydrochlorid, F. 198—200° (bei langsamem Aufheizen); $[\alpha]_D$ —19,4° (c = 2,16 in W.), davon 33,5 in 350 ml I u. 30 ml einer 2,5n NH_3-Lsg. in II → Tripeptidester 31,3 rohes Prod., umkrist., F. 85—87°; $[\alpha]_D^{26}$ —15,8° (c = 5,44 in A.), davon 12. 31,3 in 60 ml Pyridin u. 13,1 tert.-Butyl-p-nitrophenylcarbonat bei 20° → 35,5 BOC–Pro–Tyr–(N–Tos)–Lys–OH, gelblicher Schaum; 13. aus 6,11 des Hydrochlorids aus Rk. 11. in 40 ml 1n NaOH bei 0° → 4,40 H–Pro–Tyr–(N–Tos)–Lys–OH, F. 224—226°, Nadeln aus IV mit II; $[\alpha]_D^{27}$ —16,6° (c = 2,36 in 0,5n $NaHCO_3$), gleiches Prod. aus 3,47 des Prod. aus Rk. 10 in 35 ml II u. in Ggw. von 0,5 Pd/Kohle hydriert; 14. aus 34 BOC–Pro–Tyr–(N–Tos)–Lys–OCH_3 in 50 ml II u. 150 ml 1n NaOH → Prod. wie nach 12., farbloses Pulver, Val = 660; 15. aus 33 des vorst. Prod. u. 9 H–Met–OCH_3 in 250 V u. in Ggw. von 11,4 III bei —5 u. 0° → 38,3 BOC–Pro–Tyr–(N–Tos)–Lys–Met–OCH_3, gelbes, amorphes Pulver mit 10% Verunreinigungen; analog aus Z–Met–O–pNBz, F. 62—64°; $[\alpha]_D$ —15° (c = 2,02 in Aceton), mit HBr in I → H–Met–O–pNBz·HBr, F. 149 bis 151°; $[\alpha]_D^{30}$ +4° (c = 1,97 in II) → BOC–Pro–Tyr–(N–Tos)–Lys–Met–O–pNBz, gelblicher, unreiner Schaum; 96% Ausbeute; 16. aus 20,1 des vorst. Methylesters in 40 ml II u. 75 ml n-NaOH → 15,4 BOC–Pro–Tyr–(N–Tos)–Lys–Met–OH, gelbliches Pulver (nach Verreiben mit Ae.), Val = 824;

gleiches Prod. bei Verseifung des analogen p-Nitrobenzylesters; 83% Ausbeute; 17. aus 15,0 des Prod. von 16. in 75 ml **I** u. 300 ml einer 2,5n Salzsäure → 12,6 Hydrochlorid, daraus mit n-NH_4OH-Lsg. bis pH 6 → 8,65 H–Pro–Tyr–(N–Tos)–Lys–Met–OH, F. 229–231° (aus **IV**–**II**), Nadeln; $[\alpha]_D^{26}$ −42,0 ± 0,2° (c = 2,02 in 0,5n $KHCO_3$); gleiches Prod. aus dem p-Nitrobenzylester nach 15. u. Salzsäure in **I** durch Verseifen des entstandenen H–Pro–Tyr–(N–Tos)–Lys–Met–O–pNBz; 60% Ausbeute; 18. aus 1,03 des Prod. aus 6., 0,38 ml Triäthylamin in 5 ml **IV**, 0,35 Isobutylchlorocarbonat in 2 ml Tetrahydrofuran, 1,73 des Prod. aus 17. u. 0,41 ml Triäthylamin in 15 **IV** durch Erhitzen auf ca. 120° → 0,54 *Z–(β-NH_2)–Asp–Ser–Gly–Pro–Tyr–(N–Tos)–Lys–Met–OH*, F. 175–177° (aus A. u. **II**), leichtes Sintern bei 171°; $[\alpha]_D^{26}$ −30,1° (c = 2,06 in **IV**); analog entsteht aus Z–(β-NH_2)–Asp–Ser–Gly–OH u. dem Prod. nach 13. → Z–(β-NH_2)–Asp–Ser–Gly–Pro–Tyr–(N–Tos)–Lys–OH, F. 138–143° (A.), leichtes Sintern bei 133°; $[\alpha]_D$ −31,1° (c = 2,16 in **II**), daraus durch hydrogenolyt. Decarbobenzoxylierung → H–(β-NH_2)–Asp–Ser–Gly–Pro–Tyr–(N–Tos)–Lys–OH, F. 192–196° aus **IV**–**II**, Braunfärbung ab 180°; 19. aus 45 H–(β-OCH_3)–Asp–OCH_3 u. 126 (N(α)–Z)–(N(ε)–Tos)–Lys–OH in 1,5 Liter **V** in Ggw. von **III** bei −15° → 148,6 (N(α)–Z)–(N(ε)–Tos)–Lys–(β-OCH_3)–Asp–OCH_3, F. 144–146° aus **I** u. **II**; $[\alpha]_D$ +27 ± 0,6° (c = 1,11 in Chlf.) bzw. Nebenprod. *1-(N(α)-Carbobenzoxy-N(ε)-tosyl-L-lysyl)-1.3-dicyclohexylharnstoff*, F. 122–124°; davon 20. 50 in 200 abs. Eisessig u. 90 ml 4,2n HBr in Eisessig → 44,37 krist. rohes (N–Tos)–Lys–(β-OCH_3)–Asp–OCH_3 · HBr, F. 144 bis 146° aus **II**–Ae.; $[\alpha]_D$ +7,0 ± 0,3° (c = 2,14 in **II**), davon 44 in 120 ml W., Chlf., Eis u. konz. K_2CO_3-Lsg. stark alkalisiert → 33 freier Dipeptidester, zähes, klares Öl, davon 21. 33 u. 20,4 Z–Pro–OH in 500 ml **V** u. in Ggw. von 17 **III** bei −15 bis +3° → 42 Z–Pro–(N–Tos)–Lys–(β-OCH_3)–Asp–OCH_3, F. 126–129° aus Aceton–Ae., Nadeln; $[\alpha]_D$ −22,6 ± 0,8° (c = 1,02 in Chlf.), daraus 22. mit überschüssigem NH_3 in **II** → Z–Pro–(N–Tos)–Lys–(β-NH_2)–Asp–NH_2, F. 196–202° aus **II**; $[\alpha]_D$ −20,8 ± 0,7° (c = 1,30 in **IV**); 23. aus 2 des Prod. nach 21. in 25 ml **II** u. 2 ml 2n Salzsäure in **II** in Ggw. von Pd/Kohle bei Normaldruck u. -temp. hydriert → Hydrochlorid von H–Pro–(N–Tos)–Lys–(β-OCH_3)–Asp–OCH_3 (1,66 farbloses Harz), mit kalter konz. K_2CO_3-Lsg. → 1,27 freier Tripeptiddimethylester, farbloses Harz; 24. unter vorst. Hydrierungsbedingungen gibt das Prod. nach 22. → H–Pro–(N–Tos)–Lys–(β-NH_2)–Asp–NH_2 · HCl, F. 236–238° aus W.–Aceton; $[\alpha]_D$ −37,9 ± 1,2° (c = 1,08 in W.), daraus mit 2n Soda-Butanol-Lsg. → H–Pro–(N–Tos)–Lys–(β-NH_2)–Asp–NH_2, F. 117–135° nach Zerreiben in Ae., farbloses Pulver; $[\alpha]_D$ −40,4 ± 0,6° (c = 1,09 in W.); 25. aus 20,5 des freien Tripeptiddimethylesters nach 23. u. 11,35 Z–Pro–OH in 300 **V** bei −15° in Ggw. von 9,4 **III** nach 78std. Gegenstromverteilung des Rohprod. zwischen 80% **II** u. Chlf.–CCl_4 (1 : 1) → 17 Z–Pro–Pro–(N–Tos)–Lys–(β-OCH_3)–Asp–OCH_3, farbloses Harz; $[\alpha]_D$ −70 ± 1° (c = 2,09 in **II**), davon 26. 10 in 200 ml **II** u. 10 ml 2n HCl–**II**-Lsg. in Ggw. von Pd/Kohle hydriert → Hydrochlorid, farbloses Harz, daraus wie nach 23. 6,86 freier Ester H–Pro–Pro–(N–Tos)–Lys–(β-OCH_3)–Asp–OCH_3, farbloses Harz; daraus 27. in 150 **V** mit 2,61 Z–Ser–OH bei −15° in Ggw. von 2,47 **III**, nach Gegenstromverteilung reines Prod. Z–Ser–Pro–Pro–(N–Tos)–Lys–(β-OCH_3)–Asp–OCH_3, F. 70–105°; $[\alpha]_D$ −92,0 ± 0,6° (c = 2,16 in **II**); 84% Ausbeute; davon 28. 8 in 200 ml **II** u. 4 ml 3,3n HCl–**II**-Lsg., in Ggw. von Pd/Kohle hydriert → 6,53 Hydrochlorid des H–Ser–Pro–Pro–(N–Tos)–Lys–(β-OCH_3)–Asp–OCH_3, F. 110 bis 150° (aus Aceton mit Ae.), amorphes Pulver; $[\alpha]_D$ −86,7 ± 0,7° (c = 2,41 in **II**), davon 5 in 500 ml Chlf. u. 50 2n Soda-Lsg. → 4 freier Pentapeptidester, farbloses Harz; 29. aus 1,36 Z–(γ-NH_2)–Glu–His–Phe–Arg–Tyr–Gly–OH in 16 ml **IV** u. 1,6 des Hydrochlorids aus 28. in Ggw. von 0,59 **III** in 3,5 ml **IV** (3 Tage bei normaler Temp.), nach Reinigung mit **I** u. Gegenstromverteilung → 1,34 reines Carbobenzoxyundecapeptiddimethylesterhydrochlorid, amorphes, weißes Pulver; $[\alpha]_D^{25}$ −53,8 ± 1,8° (c = 0,9475 in **IV**); davon 30. 1,25 in 70 **II** (2,2 Val HCl-Gas enthaltend) in Ggw. von Pd/Kohle hydriert → 1,19 amorphes, rosafarbiges *Trihydrochlorid des Undecapeptiddiesters*; davon löst man 31. 0,21 in 2 ml **IV** bei 0°, setzt 0,28 ml 1n Triäthylamin-Lsg. in **IV** zu, läßt 2 Std. bei 0° stehen, gibt nach Abscheiden des Triäthylaminhydrochlorids (90 Min.) 0,152 des Prod. aus 18. u. nach weiteren 15 Min. 0,21 ml einer 1n **III**-Lsg. in **IV** zu, läßt 3 Tage bei 0° u. 1 Tag bei Raum-Temp. stehen, filtriert Dicyclohexylharnstoff ab, fällt mit 60 ml **I** u. trocknet im Hochvakuum bei 40° → 90 *Z–(β-NH_2)–Asp–Ser–Gly–Pro–Tyr–(N–Tos)–Lys–Met–(γ-NH_2)–Glu–His–Phe–Arg–Tyr–Gly–Ser–Pro–Pro–(N–Tos)–Lys–(β-OCH_3)–Asp–OCH_3 · HCl*. Man reinigt das Prod. chromatograph. an einer Cellulosesäule mit n-Butanol, gesätt. mit 1% Essigsäure; 32. man löst 0,4 des Prod. aus 31. in 8 ml 75%ig. Dioxan unter N_2, setzt während 14 Min. 0,4 ml 0,46n $Ba(OH)_2$ bei Raum-Temp. zu (pH 11,4), neutralisiert mit 1,84 ml 0,1n H_2SO_4, dampft das Lsgm. bei 40° unter vermindertem Druck ab, nimmt den Rückstand in 10 ml 50%ig. Dioxan auf, trennt $BaSO_4$ ab, löst 0,385 des trocknen Verseifungs-Prod. in 80 ml trocknem fl. NH_3, red. mit Ca beim Kp. des NH_3, läßt die dunkelblaue Lsg. 10 Min. stehen, setzt viel NH_4HCO_3 zu, dampft NH_3 aus der milchfarbigen Fl. bei Raum-Temp. ab, trocknet im Hochvakuum, extrahiert den Rückstand mit 1n NH_4HCO_3 (3mal 10 ml) u. 2mal mit 5 ml W., filtriert, stellt die klare wss. Lsg. (pH 8,4) mit Eisessig auf pH 4,2 ein, dampft bei 40° im Vakuum das W. ab, dampft den Rückstand noch 5mal mit je 10 ml W. ab, sublimiert NH_4-Acetat im Hochvakuum bei 40° u. reinigt das Prod. durch Verteilung zwischen sek.-Butanol u. 0,5%ig. wss. Trichloressigsäure 1 : 1 über 160 Stufen → 0,1 Octadecapeptidacetat *H–(β-NH_2)–Asp–Ser–Gly–Pro–Tyr–Lys–Met–(γ-NH_2)–Glu–His–Phe–Arg–Tyr–Gly–Ser–Pro–Pro–Lys–Asp–OH · CH_3COOH*. — *Pharmazeut. Präpp.* mit der Wrkg. des natürlichen melanocytenstimulierenden Hypophysen (β-MSH)-Hormons. — Mengenbeispiele, Rk.-Schemata. (**D. A. S. 1 126 397** Kl. 12q vom 24/5. 1960, ausg. 29/3. 1962. Schwz. Prior. 28/5. 1959. **Ind. P. 68 136** vom 23/6. 1959, ausg. 15/11. 1961.) G. Vogel H 950

2283 G. M. Strongin, G. N. Sapewalowa und D. N. Birjukow, **Herstellung von Azo-bis-isobutyronitril** durch Oxydation von Hydrazo-bis-isobutyronitril (**I**) mit Cl_2 in wss. Suspension in Ggw. von HCl. — In die Suspension von 1 kMol **I** in 1000 Liter 6%ig. HCl wird 30 Min. bei 0–10° Cl_2 eingeleitet, danach wird zentrifugiert u. gewaschen; Ausbeute 96–98%. (**UdSSR. P. 133 893** vom 13/3. 1959.) L. Großner H 950

2284 Union Carbide Corp., New York (Erfinder: Enrico James Pepe, Kenmore), N.Y., V.St.A., **Nitro- oder Nitritogruppen enthaltende Silane** der allg. Formel $(Z{-}C_aH_{2a})_n{-}Si(R_b)R'_{4-(b+n)}$ (Z = Nitro, Nitrito; R = KW-Stoffrest; R' = Alkoxy; a = 3–18; b = 0, 1, 2; n = 1, 2, 3 u. b + n = 1–3) werden hergestellt durch Rk. eines Silber- oder Alkalinitrits in Ggw. eines inerten organ. Lsgm. unterhalb 50° mit einem Halogenalkylensilan der allg. Formel $(XC_aH_{2a})_n{-}Si(R_b)R'_{4-(b+n)}$ (X = Halogen). — Zu 123 (g) $AgNO_2$ u. 500 ml Ae. gibt man unter N_2 u. unter Rühren innerhalb 1 Std. unterhalb 25° in 10 ml-Portionen 210 γ-Jodpropyltriäthoxysilan. Man rührt 60 Std. bei 0° u. 36 Std. bei 25°, filtriert u. dest. → 19,9 *γ-Nitritopropyltriäthoxysilan* (**I**), $ONOCH_2CH_2CH_2Si(OC_2H_5)_3$, $Kp._{0,9}$ 83°, n_D^{25} 1,418, $D._4^{25}$ 1,066, u. 73 *γ-Nitropropyltriäthoxysilan* (**II**), $O_2NCH_2CH_2CH_2Si(OC_2H_5)_3$, $Kp._{0,8}$ 88°, n_D^{25} 1,4210, $D._4^{25}$ 1,039. — Analog aus 176 $BrCH_2CH_2CH_2Si(OC_2H_5)_3$ u. 55 $NaNO_2$ in 500 ml Dimethylformamid → 18,7 **I** u. 64,5 **II**. IR-Banden bei **I**: 6,13 μ, bei **II**: 6,43 u. 7,24 μ. — *Zwischenprodd.* für Pharmazeutica u. Aminoalkyl–Si-Verbb., für Siliconharze u. Siliconelastomere. (**D. A. S. 1 154 477** Kl. 12o vom 3/8. 1960, ausg. 19/9. 1963. A. Prior. 3/8. 1959.) A. Debo H 980

2285 R. Ch. Freidlina und Je. Z. Tschukowskaja, **Herstellung von α-[Trialkylsilyl]-propionitrilen** der Formel $CH_3CH[Si(R)_3]{-}CN$ (R = CH_3 oder C_2H_5) durch Umsetzung von Alkyl- oder Alkylchlorsilanen mit Acrylnitril in Ggw. von $Fe(CO)_5$ u. $NiCl_2$. — 115 (g) CH_3SiCl_2H u. 160 $CH_2{=}CHCN$ werden mit 1 ml $Fe(CO)_5$ u. 0,15 $NiCl_2$ im Autoklaven 3 Std. auf 120–130° erwärmt: 102 $C_4H_7Cl_2NSi$, $Kp._{20}$ 85–90°. Methylierung durch Grignard-Rk. zu $C_6H_{13}NSi$, $Kp._{20}$ 71,5°. — Analog aus $(C_2H_5)_3SiH$ $C_9H_{19}NSi$, $Kp._8$ 97–98°. (**UdSSR. P. 132 222** vom 28/12. 1959.) I. Lasch H 980

2286 M. F. Schosstakowski und W. M. Wlassow, **Herstellung von Trialkylvinyloxysilanen** durch Umsetzung von Trialkylsilanolen mit Acetylen bei 16–50 at in Ggw. von K-Silanol. — Zu Trialkylsilanol in abs. Dioxan gibt man bei 10–12° metall. K (10% der Silanolmenge). In den Autoklaven leitet man 10–15 Min. Acetylen ein; Rk.-Temp. 65–130°, Rk.-Zeit 15 Std., Ausbeute ca. 30%: *Trimethyl-*, $Kp._{13}$ 75 bis 76°, bzw. *Triäthylvinyloxysilan*, $Kp._{13}$ 45–46°. (**UdSSR. P. 132 223** vom 16/1. 1960.) I. Lasch H 980

2287 Farbenfabriken Bayer Akt.-Ges., Leverkusen (Erfinder: Günter Oertel, Köln, Hugo Malz, Leverkusen, Hans Holtschmidt, Köln, und Eberhardt Degener, Leverkusen), **Stickstoffhaltige Organosiliciumverbindungen** werden hergestellt durch Rk. von Si-Verbb., die eine oder mehrere Si–N-Bindungen im Mol. enthalten, mit Isocyanaten u./oder Senfölen. — Man erhitzt 29 (g) N-(Trimethylsilyl)-diäthylamin (I) u. 15 Methylsenföl 2 Std. auf 100⁰ u. dest. → 32 $(CH_3)_3SiN(CH_3)C(S)N(C_2H_5)_2$, hellgelbes Öl, $Kp._{0,15}$ 88⁰. — Analog: I u. Äthylisocyanat → $(CH_3)_3SiN(C_2H_5)C(O)N(C_2H_5)_2$, $Kp._{0,2}$ 55⁰, n_D^{20} 1,4480, 75% (Ausbeute). — I u. Phenylisocyanat → $(CH_3)_3SiN\cdot(C_6H_5)C(O)N(C_2H_5)_2$, Öl, $Kp._{0,1}$ 90⁰, 95%. — Dimethyl-bis-(N.N-diäthylamino)-silan (II) u. Methylsenföl → $(C_2H_5)_2\cdot N(CH_3)_2SiN(CH_3)C(S)N(C_2H_5)_2$, $Kp._{0,15}$ 117⁰, n_D^{20} 1,510, 73%. — II u. Phenylsenföl → $(C_2H_5)_2N(CH_3)_2SiN(C_6H_5)C\cdot(S)N(C_2H_5)_2$, gelbes Öl, nicht unzersetzt destillierbar. — I u. Diäthoxythiophosphorylsenföl → $(CH_3)_3SiN[P(S)\cdot(OC_2H_5)_2]C(S)N(C_2H_5)_2$, gelbes Öl. — I u. Tetramethylendiisocyanat → $(CH_3)_3SiN([C(O)N(C_2H_5)_2]-(CH_2)_4-N[C\cdot(O)N(C_2H_5)_2]Si(CH_3)_3$, gelbes Öl. — I u. Diphenylmethan-4.4′-diisocyanat → $\{(CH_3)_3SiN[C(O)N(C_2H_5)_2]-C_6H_4-\}_2CH_2$, viscoses Öl. — II u. Phenylisocyanat → $[(C_2H_5)_2NC(O)N(C_6\cdot H_5)]_2Si(CH_3)_2$, F. 87⁰. — Verw. für *Kunststoffe, Pflanzenschutzmittel.* (**D. A. S. 1 154 475** Kl. 12o vom 10/11. 1961, ausg. 19/9. 1963.) A. Debo H 980

2288 W. M. Wdowin, A. D. Petrow, L. Ch. Freidlin und T. A. Sladkowa, **Herstellung von γ-Aminopropylsilanen und α.ω-Di-[γ-aminopropyl]-tetraalkyldisiloxanen** durch Hydrierung von β-Cyanäthylsilanen u. α.ω-Di-[β-cyanäthyl]-tetraalkyldisiloxanen mit Metallkatalysatoren, wie Raney-Ni (I) oder Pt/C in alkohol. Lsg. bei 70—150⁰ u. 75—150 at, ggf. in Ggw. von NH_3. — 11,5 (g) Trimethyl-β-cyanäthylsilan werden in 10 ml CH_3OH in Ggw. von 3 I u. 6 NH_3 bei 80⁰ mit 75 at H_2 hydriert: $(CH_3)_3SiCH_2CH_2CH_2\cdot NH_2$, $Kp._{27}$ 55⁰; n_D^{20} 1,4300; $D._4^{20}$ 0,7915; 87 % (Ausbeute). — Analog: ($-CH_2CH_2CH_2NH_2$ = A) $(C_2H_5O)_3Si-A$, $Kp._3$ 68⁰; $Kp._9$ 92⁰; n_D^{20} 1,4225; $D._4^{20}$ 0,9506; 68%. — $(CH_3O)_3Si-A$, $Kp._5$ 67⁰, $Kp._{15,5}$ 91—92⁰; n_D^{20} 1,4235; $D._4^{20}$ 1,0265; 31%. — $[(CH_3)_2Si-A]_2O$, $Kp._{3,5}$ 116⁰; n_D^{20} 1,4507; $D._4^{20}$ 0,9054; 92%. — $[(C_2H_5)_2Si-A]_2O$, $Kp._{3,5}$ 150⁰; 63%. (**UdSSR. P. 133 883** vom 13/2. 1960.) L. Großner H 980

2289 Esso Research and Engineering Co., übert. von: Charles S. Lynch, Plainfield, und Richard F. Finn, Cranford, N.J., V.St.A., **Metallsalze von Dialkyldithiophosphorsäuren.** 1 Mol eines Alkohols mit 1—14, bes. 3—6 C-Atomen, wie Methanol, A., Butanol, Isobutanol, Isopropanol, Cyclohexanol, 2-Äthylhexanol, Methylcyclohexanol, Oxoalkohol mit 5,7 oder 13 C-Atomen, bes. deren Mischungen, oder Glykole, bes. 1.3-Propylenglykol, wird mit 0,225—0,275 Mol P_2S_5 1—6 Std. auf 160—200⁰ erhitzt u. die entstandene Mischung auf < 110⁰ abgekühlt. Die sich abscheidenden Feststoffe werden abfiltriert, das Filtrat wird mit 0,52 bis 0,6 Mol eines Metalloxids oder -hydroxids, z. B. von Mg, Ca, Al, Mn, Fe, Co, Ni, Cu, Ba, Pb, bes. Zn, bei 140—200⁰ neutralisiert. Die Mischung, die 0,5—4% W. enthält u. deren pH 6 bis 6,9 betragen soll, wird dann 1—4 Std. auf 150—200⁰ erhitzt, mit 5—20% eines Mineralöles, Viscosität 35—45 SSU/210⁰, verd. u. der entstandene Nd. abfiltriert. Nach dem Trocknen der Lsg., deren Wassergeh. < 0,5% liegen soll, wird eine klare, geruchslose H_2S-freie Lsg. erhalten. Umgesetzt wird eine Mischung aus: 70% Methylisobutylcarbinol u. 30% Isopropanol mit P_2S_5 u. die entstandene Dithiophosphorsäure mit ZnO neutralisiert. — *Zusatzmittel*, bes. für *Hochdruck-* u. *Getriebeschmieröle; Antioxydations-* u. *Korrosionsschutzmittel* für *Cu-Pb-Lager.* — Fließbild, Zeichnung. (**A. P. 2 932 614** vom 7/1. 1958, ausg. 12/4. 1960.) G. Krauß H 980

2290 Universal Oil Products Co., Des Plaines (Erfinder: Herman Samuel Bloch, Skokie), Ill., V.St.A., **Alkylieren von aromatischen Kohlenwasserstoffen mit Olefinen** in Ggw. von BF_3 unter Rückführung des Katalysators, dad. gek., daß eine gasförmige Fraktion, enthaltend BF_3, eine fl. monoalkylierte aromat. KW-Stoff-Fraktion u. eine fl. polyalkylierte aromat. KW-Stoff-Grundfraktion aus dem Rk.-Prod. u. voneinander abgetrennt werden, die Gasfraktion mit mindestens einem Teil der fl. polyalkylierten aromat. Fraktion gewaschen wird, u. die anfallende BF_3 enthaltende polyalkylierte aromat. KW-Stoff-Fraktion zur Rk. zurückgeleitet wird. — Zeichnung. (**D. A. S. 1 148 220** Kl. 12o vom 10/1. 1959, ausg. 9/5. 1963.) E. Kahles H 1010

2291 I. A. Trojanow und W. A. Ignatow, **Herstellung von 2.4.5-Trichlorphenol** durch Hydrolyse von 1.2.4.5-Tetrachlorbenzol (I) in wss. CH_3OH (II) bei 200—230⁰. — 0,0284 (Mol) I, 0,625 II, 0,0625 NaOH u. 0,22 W. werden 30 Min. im Schüttelautoklaven auf 200⁰ erhitzt: Ausbeute 92,7%. (**UdSSR. P. 133 895** vom 7/3. 1960.) L. Großner H 1060

2292 Distillers Co. Ltd., Edinburgh, Schottland (Erfinder: Reginald Harold Hall, Epsom, Surrey, und William Webster, Grangemouth, England), **Herstellung von m- und p-Diisopropylbenzoldihydroperoxiden** durch Oxydation von m- u./oder p-Diisopropylbenzol im fl. Zustand bei erhöhten Temp., bes. zwischen 85 u. 100⁰ mit O_2, absatzweiser oder fortlaufender Extraktion der Dihydroperoxide während der Oxydation mit wss. 1—8%ig. NaOH u. weiterer Oxydation des nicht extrahierten Anteils, dad. gek., daß man m- u./oder p-Diisopropylbenzole oxydiert, die frei von o-Diisopropylbenzol u. 1.1.3-Trimethylindan sind, da die aus dem letzten entstandenen Oxydations-Prodd. die Oxydations-Geschw. herabsetzen u. das o-Deriv. nicht oxydiert wird. — Vgl. E. P. 785 607; C. **1961,** 4164 u. F. P. 68 616; C. **1959,** 14881. (**D. A. S. 1 111 630** Kl. 12o vom 22/4. 1955, ausg. 27/7. 1961. E. Prior. 24/4. 1954. **Zusatz zu D. B. P. 961 168; C. 1957, 14187.**) G. Krauß H 1070

2293 Badische Anilin- & Soda-Fabrik Akt.-Ges. (Erfinder: Karl Merkel), Ludwigshafen/Rh., **Herstellung von 5-Sulfoisophthalsäure,** F. 258⁰; Ausbeute quant., erfolgt durch Sulfonieren von Isophthalsäure mit $ClSO_3H$ im Mol-Verhältnis 1 : 1—1,6 bei 100—230⁰ dadurch, daß man die Rk. in Ggw. von 5—100 (Teilen), bes. 96—100%ig. H_2SO_4 je 100 Isophthalsäure durchführt oder zu Ende führt. Die H_2SO_4-Menge soll so groß sein, daß das Rk.-Gemisch fl. bleibt. (**D. A. S. 1 142 165** Kl. 12o vom 12/7. 1961, ausg. 10/1. 1963. **Zusatz zu D. A. S. 1 133 722; C. 1963, 18263.**) G. Krauß H 1090

2294 Lobitus Oilfields Ltd., Ellesmere Port, Wirral, Thomas Ferguson Brown, Barnston, und Peter Mathews, Hartford, Cheshire, England, **Öllösliche Petroleumsulfonsäuren und deren Salze.** Naphthene enthaltende Mineralschmierölfraktionen mit Kp. bes. 300—500⁰ u. einer Viscosität von 75—900 SUS/100⁰ F oder 15—200 cSt werden mit einem Edelmetall als Katalysator, wie Pt, Pd, Rh, Ir, der auf einen Träger, wie Al_2O_3, SiO_2, deren Mischungen, MgO, Kohle oder Graphit aufgebracht ist u. der bes. noch 0,1 bis 5 (%) Cl u./oder F enthalten soll, bei 250—450, bes. 300 bis 400⁰, u. 1—1000 lbs/sq.in. bes. in Ggw. von 1—20 Mol H_2 dehydriert, wodurch aus den Naphthenen Aromaten u. Alkylaromaten entstehen. Die erhaltene Mischung wird dann mit wenigstens 95%ig. H_2SO_4, bis zu 60%ig. Oleum, fl. SO_3, $ClSO_3H$ oder FSO_3H bei −30 bis +60, bes. 0—20⁰, sulfoniert. Die Sulfonsäuren können anschließend mit Alkali- oder Erdalkalioxiden, -hydroxiden oder Carbonaten, bes. des Ba u. Mg, neutralisiert werden. Die Farbzahl des Ausgangsöles soll nicht dunkler als + 15 nach Seybolt sein, der N-Geh. soll 0,05 u. der Pb-Geh. 40 Teile je 10^9 Teile nicht übersteigen. Vorhandene Olefine werden vorher durch Hydrieren in gesätt. KW-Stoffe, Mercaptane u. N-Verbb. durch die gleiche Maßnahme u. Harz- u. Farbbestandteile durch Behandeln mit Montmorillonit, Attapulgit, Diatomeen- u. Fullererde oder Tierkohle bei 100—350⁰ entfernt. Der Dehydrierungskatalysator wird bes. nach A. P. 2 478 916 u. E. P. 657 565; letzteres C. **1954,** 11097 hergestellt. — Ein Schmieröl, n_D^{20} 1,4852; $D._{60F}^{60F}$ 0,893; Viscosität 78,9 cSt/100⁰ F, Wassergeh. 0,01; N-Geh. 0,02; S-Geh. < 0,0005; Pb-Geh. < 20 je 10^9 Teile; Farbzahl +23 nach Seybolt, wird mit 0,5 Pt auf Al_2O_3, das je 0,35 gebundenes Cl u. F enthält, 280 Min. bei 332 bis 337⁰ behandelt, wodurch 99,5 H_2 entwickelt werden; das dehydrierte Öl wird dann mit 20%ig. Oleum sulfoniert, die Sulfonsäuren werden mit 20%ig. wss. NaOH neutralisiert u. die anorgan. Salze durch Zusatz von Isopropanol abgeschieden. — *Schmierölzusatzmittel* u. *Reinigungsmittel.* (**E. P. 867 483** vom 2/5. 1958, ausg. 10/5. 1961.) G. Krauß H 1090

2295 Ju. A. Strepichejew, A. A. Artemjew, W. Ss. Chailow und B. M. Babkin, **Herstellung von Dimethylterephthalat und Methyl-p-toluylat** durch Veresterung der Säuren mit CH_3OH ohne Verw. von Katalysatoren im hyperkrit. Gebiet bei 250—260⁰ unter 80—130 at mit einem 5 bis

20fachen Überschuß an CH_3OH. (**UdSSR. P. 133 874** vom 11/1. 1955.) L. Großner H 1200

2296 Soc. des Usines Chimiques Rhône-Poulenc bzw. Rhône-Poulenc Soc. An., Paris, übert. von: Igor Scriabine, Lyon, Frankreich, **Alkylaromatische Aldehyde** der allg. Formel Ar—CHB—CHA—CHO erhält man durch Rk. eines aromat. KW-Stoffs, der ggf. durch Cl-Atome oder niedere Alkoxygruppen substituiert ist mit einem α.β-ungesätt. Aldehyd der allg. Formel CH_2=CA—CHO oder einem Alken-2-ylidendiacylat der allg. Formel CHB=CA—$CH(OOCR)_2$ in Ggw. von $TiCl_4$ als Katalysator, der durch BF_3 oder dessen Komplex-Verbb. in einer Menge von 0,005 bis 0,1 Mol, bezogen auf $TiCl_4$, aktiviert ist, bei —30 bis +20°, wobei das Kondens.-Prod. des Diacylats hydrolysiert wird (Ar = einkernige aromat. KW-Stoffe, die ggf. durch Cl-Atome oder niedere Alkoxygruppen substituiert sind; A u. B = H oder niederer Alkylrest; R = niederer Alkylrest oder Arylrest). Zu 52 (Teilen) Cumol (**I**), das auf —10° gekühlt wurde, gibt man eine Mischung aus 19 $TiCl_4$ u. 0,55 BF_3-Ätherat (**II**) u. anschließend in 45 Min. 7 Methacrolein u. 13 **I**, rührt dann die Mischung 10 Min. bei —10° u. gießt sie in eine Mischung aus 100 Eis u. 100 konz. HCl. Die Lsg. wird entfärbt u. mit $NaHCO_3$-Lsg. neutralisiert; nach dem Aufarbeiten → 6,68 2-Methyl-3-(4'-isopropylphenyl)-propionaldehyd, Kp.$_1$ 92°. — Toluol + Acrolein (**III**) → *3-(Methylphenyl)-propionaldehyd*, Kp.$_{1,5}$ 92 bis 93°, n_D^{30} 1,5171. **I** + **III** → *3-(4'-Isopropylphenyl)-propionaldehyd*, Kp.$_{0,5}$ 89—92°, n_D^{25} 1,511. Allylidendiacetat (**IV**) + **I** → 3-(4'-Isopropylphenyl)-propen-1-yl-monoacetat, Kp.$_{0,5}$ 101 bis 103°, n_D^{24} 1,5115, das mit 6n H_2SO_4 hydrolysiert wird → *3-(4'-Isopropylphenyl)-propionaldehyd*, Kp.$_{0,9}$ 90—91°, dessen Semicarbazon, F. 148°. **I** + α-Methylallylidendiacetat (**V**) → 3-(4'-Isopropylphenyl)-2-methylpropen-1-yl-monoacetat, Kp.$_{0,8}$ 101°, D_4^{35} 0,9813, n_D^{25} 1,5007, nach der Hydrolyse mit K-Carbonat → *2-Methyl-3-(4'-isopropylphenyl)-propionaldehyd*, Kp.$_{0,6}$ 89°, dessen Semicarbazon, F. 170°. **I** + Crotylidendiacetat (**VI**) → *3-Methyl-3-(4'-isopropylphenyl)-propen-1-yl-monoacetat*, Kp.$_{0,5}$ 107—110°, nach der Hydrolyse mit wss. alkohol. H_2SO_4 → *3-Methyl-3-(4'-isopropylphenyl)-propionaldehyd*, Kp.$_{0,5}$ 89—91°, dessen Semicarbazon, F. 131 bis 132°, 2.4-Dinitrophenylhydrazon, F. 118—120°. **I** + 2-Methylpenten-2-ylidendiacetat → Monoacetat, Kp.$_{0,8}$ 114 bis 115°, n_D^{20} 1,5100, nach der Hydrolyse mit H_2SO_4 → *freier Aldehyd*, Kp.$_{0,9}$ 104—105°, dessen 2.4-Dinitrophenylhydrazon, F. 169—169,5°. Toluol + **VI** → *3-Methyl-3-(4'-methylphenyl)-propionaldehyd*, Kp.$_{0,9}$ 110,5—111,5°, n_D^{25} 1,5112, dessen p-Nitrophenylhydrazon, F. 110—110,5°, 2.4-Dinitrophenylhydrazon, F. 106—109°, Semicarbazon, F. 78—81°. **IV** + Bzl. → 3-Phenylpropen-1-yl-acetat, Kp.$_1$ 85°, n_D^{25} 1,5165, nach der Hydrolyse → *3-Phenylpropionaldehyd*, Kp.$_{12}$ 101°, $n_D^{21,5}$ 1,5190, dessen Semicarbazon F. 127°. **V** + Bzl. → 3-Phenyl-2-methylpropen-1-yl-acetat, Kp.$_{0,9}$ 90—92°, n_D^{24} 1,5140, nach der Hydrolyse → 3-Phenyl-2-methylpropionaldehyd, Kp.$_6$ 92°, n_D^{24} 1,5087, dessen Semicarbazon F. 119°. α-Äthylallylidendiacetat (**VII**) + Bzl. → 3-Phenyl-2-äthylpropen-1-yl-acetat, Kp.$_{0,9}$ 90—92°, n_D^{24} 1,5105, nach dessen Hydrolyse → *3-Phenyl-2-äthylpropionaldehyd*, Kp.$_{10}$ 104,5°, n_D^{26} 1,5063, dessen 2.4-Dinitrophenylhydrazon, F. 116,5°. α-Isopropylallylidendiacetat + Bzl. → *3-Phenyl-2-isopropylpropionaldehyd*, Kp.$_{10,5}$ 120,5°, n_D^{28} 1,5020, dessen 2.4-Dinitrophenylhydrazon, F. 143—144°. **VII** + Toluol → 3-(4'-Methylphenyl)-2-äthylpropen-1-yl-acetat, Kp.$_2$ 125—126°, n_D^{31} 1,5090, nach der Verseifung mit wss. methanol. K-Carbonat-Lsg. → *3-(4'-Methylphenyl)-2-äthylpropionaldehyd*, Kp.$_{0,5}$ 86 bis 86,5°, n_D^{31} 1,5070, dessen Semicarbazon F. 125—126°, 2.4-Dinitrophenylhydrazon F. 118—119°. **VII** + Äthylbenzol → 3-(4'-Äthylphenyl)-2-äthylpropen-1-yl-acetat, Kp.$_{1,3}$ 113 bis 114°, n_D^{32} 1,5075, nach der Verseifung mit K-Carbonat → *3-(4'-Äthylphenyl)-2-äthylpropionaldehyd*, Kp.$_1$ 98—99°, n_D^{26} 1,5072, dessen Semicarbazon F. 82—83°. **VII** + **I** → 3-(4'-Isopropylphenyl)-2-äthylpropen-1-yl-acetat, Kp.$_1$ 120°, n_D^{25} 1,5060, nach der Verseifung mit wss. K-Carbonat-Lsg. → *3-(4'-Isopropylphenyl)-2-äthylpropionaldehyd*, Kp.$_{0,5}$ 94°, $n_D^{28,5}$ 1,5010, dessen 2.4-Dinitrophenylhydrazon F. 89—99°. **IV** + Anisol → 3-(4'-Methoxyphenyl)-propen-1-yl-acetat, Kp.$_1$ 113—116°, n_D^{25} 1,5245, nach der Hydrolyse mit H_2SO_4 → *3-(4'-Methoxyphenyl)-propionaldehyd*, Kp.$_1$ 82—84°, n_D^{25} 1,5257, dessen Semicarbazon F. 138°. (**A. P. 3 023 247** vom 28/7. 1958, ausg. 27/2. 1962. F. Prior. 1/8. 1957. **D. A. S. 1 145 161** Kl. 12o vom 31/7. 1958, ausg. 14/3. 1963. F. Prior. 1/8. 1957 u. 28/3. 1958.) A. Jahn H 1120

2297 Chemische Werke Witten G. m. b. H. (Erfinder: Gustav Renckhoff und Walter Rudolph), Witten/Ruhr, **Herstellung von Halbesterchloriden von Benzoldicarbonsäuren** durch Rk. von Trichlormethylbenzoesäureestern prim., gesätt., aliphat. Alkohole bei 100 bis 160° in Ggw. von 0,01—1,0% koordinativ ungesätt. anorgan. Polyhalogen-Verbb. als Katalysatoren mit Ausnahme von $FeCl_3$ nach D. A. S. 1 148 995 dad. gek., daß man anstelle der Trichlormethylbenzoesäureester deren Kernhalogensubstitutions-Prodd., z. B. p-Chlor-m-trichlormethylbenzoesäuremethylester, verwendet. (**D. A. S. 1 153 010** Kl. 12o vom 24/2. 1962, ausg. 22/8. 1963. **Zusatz zu D. A. S. 1 148 995; C. 1963, 22905.**) L. Stadelmann H 1220

2298 Badische Anilin- & Soda-Fabrik Akt.-Ges., Ludwigshafen/Rh. (Erfinder: Michael Jahrstorfer, Heidelberg, Guenter Bogenstaetter und Gotthilf Wenner, Ludwigshafen/Rh.), **Iso- und Terephthalsäuredialkylester** von Alkanolen mit 1—4 C-Atomen erhält man durch Oxydation einer Lsg. von Dialkylbenzolen in Alkanolen (1—4 C) mit O_2 in Ggw. eines Schwermetalloxydationskatalysators bei 120—220° u. mindestens 8 at, wobei der Rk.-Raum während der Oxydation ständig mit Fl. vollständig gefüllt bleiben soll. Die Oxydation u. gleichzeitige Veresterung erfolgt mit hoher Ausbeute. (**E. P. 878 269** vom 21/12. 1959, ausg. 27/9. 1961. D. Prior. 12/9. 1959.) L. Stadelmann H 1220

2299 Frank J. Sowa, Cranford, N.J., V.St.A., **Alkyl- und Arylisocyanate und -bis-isocyanate,** bes. der allg. Formel OCN—R—NCO (R = Alkylen oder Arylen) erhält man durch Erhitzen von Alkyl- oder Arylharnstoff oder -bisharnstoff der allg. Formel H_2NCONH—R—NH—CO—NH_2 mit BF_3 oder dieses liefernden Stoffen auf 50—200, bes. 50—80° in Abwesenheit oder Ggw. eines Lsgm. (Alkohole, Bzl., Naphtha, Xylol). — Aus 1 Mol Isobutylharnstoff in 500 cm³ Methanol unter Einleiten von 1 Mol gasförmigem BF_3 unter 40° → Isobutylharnstoff-BF_3-Addukt, dann Abdest. des Methanols bei 100 mm Hg u. Erhitzen auf 75° → 80 g *Isobutylisocyanat*, Kp. 101°. — Phenylharnstoff → *Phenylisocyanat*, Kp. 165°. — *Äthyl-, Tolyl-, Naphthylisocyanat, Äthylen-, Diphenylmethan-4.4'-, 3.3'-Ditolyl-4.4'-diisocyanat.* Anstelle von BF_3 ist verwendbar: $NH_3 \cdot BF_3$ u. $NH_4 \cdot BF_4$. (**E. P. 839 279** vom 16/5. 1958, ausg. 29/6. 1960. A. Prior. 8/5. 1958. **A. P. 3 013 045** vom 8/5. 1958, ausg. 12/12. 1961.) G. Krauß H 1290

2300 Kefalas A/S, Kopenhagen, Dänemark, **Herstellung von β-Phenylisopropylhydrazin oder seinen Salzen.** Man setzt ein Benzylmagnesiumhalogenid mit Acetaldazin um u. hydrolysiert das Rk.-Prod., worauf das gebildete *β-Phenylisopropylhydrazin*, Kp.$_1$ 100—120°, mit HCl in das *Hydrochlorid* übergeführt wird. F. 122—123°. (**Dän. P. 88 429** vom 21/6. 1958, ausg. 19/4. 1960.) K. H. Kähler H 1310

2301 M. G. Woronkow und Ss. M. Rabkina, **Herstellung von 1-Alkoxycyclohexenen** durch Erwärmen von Cyclohexanon (**I**) mit einem Überschuß von Tetraalkoxysilan oder (zur Einführung höherer Alkylreste) mit Tetraäthoxysilan (**II**) u. einem höheren Alkohol in Ggw. von H_3PO_4 (**III**). — 68,7 (g) **I**, 76,1 Tetramethoxysilan u. 1 **III** werden 12 Std. gekocht, danach wird fraktioniert u. die Hauptfraktion über Na dest.: *1-Methoxycyclohexen*, Kp. 143—145°; n_D^{20} 1,4613; D_4^{20} 0,9224; 71% (Ausbeute). — Analog folgende Cyclohexene: *1-Äthoxy-*, Kp.$_{14}$ 56—58°, n_D^{20} 1,4623, D_4^{20} 0,9150, aus 68,7 **I**, 104,2 **II** u. 1 **III**; 63,2%. — *1-Butoxy-*, Kp. 201 bis 204°, n_D^{20} 1,4601, D_4^{20} 0,8912, aus 68,7 **I**, 104,2 **II**, 148,2 n-Butanol u. 1 **III**; 60,2%; daneben 44,8 *Tetrabutoxysilan*, Kp.$_{14}$ 154 bis 160°. — *1-Isoamyloxy-*, Kp.$_{10}$ 95—98°, n_D^{20} 1,4599, D_4^{20} 0,8851, aus 59 **I**, 150,6 Tetraisoamyloxysilan u. 1 **III**; 55%. (**UdSSR. P. 133 876** vom 14/3. 1960.) L. Großner H 1870

2302 Esso Research and Engineering Co., Elizabeth, N.J., V.St.A., **Carbonylieren von Olefinen,** insbesondere von Cyclohexen u. Buten-(1), durch Behandeln der Ausgangsolefine mit bes. 2—20 C-Atomen mit CO u. H_2 (Synth.-Gas) bei 150—400° u. 3000—4000 lbs./sq.in. in Ggw. eines üblichen Carbonylierungskatalysators (Co-Acetat, -Stearat, -Oleat, -Naphthenat), Trennen der Rk.-Prodd durch fraktionierte Dest. u. ggf. Hydrieren der erhaltenen Aldehyde zu den entsprechenden Alkoholen bei 150 —400° u. 1000 bis 5000 lbs./sq.in. in Ggw. eines Katalysators (Ni, Co, Cu-Chromit, W-Sulfid) u. ggf. 10 Vol.-% W. bzw. Oxydation zu den entsprechenden Monocarbonsäuren mit Luft oder O_2 in Ggw. eines Katalysators, z. B. eines Co-Salzes, dad. gek., daß man die Carbonylierung in Ggw. eines Olefinoxids, bes. Äthylen- oder Propylenoxid, bzw. eines mehrwertigen Alkohols (Äthylenglykol, Propylenglykol-(1.2) oder -(1.3), Butandiol-(1.4), Glycerin) durchführt u. die gebildeten Acetale vor ihrer Weiterverarbeitung mit Wasserdampf destilliert. — Zum Beispiel wird in 60%ig. Ausbeute das *Äthylenacetal* des *Hexahydrobenzaldehyds* hergestellt, $Kp._{20}$ 204,8—414° F, das durch Erhitzen mit 4n HCl unter Rückfluß hydrolysiert u. in das *2.4-Dinitrophenylhydrazon* des *Hexahydrobenzaldehyds*, F. 175 bis 177° (aus Äthylacetat) übergeführt werden kann. — Analog erhält man in 56%ig. Ausbeute das *Äthylenacetal* von *Pentanal* [Isomerenverhältnis geradkettiger (n-Valeraldehyd) zu verzweigtem (2-Methylbutyraldehyd) Aldehyd 70:30], $Kp._{40}$ 156 bis 162° F. (**E. P. 875 050** vom 28/12. 1959, ausg. 16/8. 1961. A. Prior. 16/3. 1959.) R. Hauß H 1920

2303 Abbott Laboratories, Chicago, Ill., V.St.A., **Herstellung von Cyclohexylamin** durch Red. von Anilin mit H_2 in einer Rk.-Zone, die unter einem H_2-Druck von ≧ 200 lbs./sq.in. steht u. eine Temp. von 25—200°, bes. 100°, aufweist, in Ggw. von elementarem Rh. (**Ind. P. 69 925** vom 3/12. 1959.) C. Lüttgen H 2110

2304 Rütgerswerke Akt.-Ges., Frankfurt/M. (Erfinder: Karl Friedrich Lang, Ruppertshain, Walter Metzendorf, Kronberg, Johannes Turowski, Castrop-Rauxel, und Heinrich Gick, Rheinkamp), **Entschwefelung von kristallisierenden aromatischen Kohlenwasserstoffen** mittels Komplex-Verbb. des Bortrifluorids bei erhöhter Temp., dad. gek., daß man zusätzlich als Lsgm. Nitrobenzol oder Acetophenon verwendet u. die Rk. bei ca. 100° durchführt. — So wird z. B. durch Behandlung von *Naphthalin* mit $BF_3 \cdot 2\ CH_3 \cdot COOH$ in Nitrobenzol bei ca. 100° der S-Geh. von 0,6% auf 0,07% verringert. 0,1% S enthaltendes *Acenaphthen* wird nach dem gleichen Verf. schwefelfrei erhalten. (**D. A. S. 1 152 390** Kl. 12o vom 27/9. 1958, ausg. 8/8. 1963.) E. Kahles H 2750

2305 Distillers Co. Ltd., Edinburgh, Schottland (Erfinder: John Bentley Williamson, Epsom, Surrey, England), **Herstellung von Epoxiden** durch Rk. einer äthylen. ungesätt. organ. Verb., die mindestens 3 C-Atome enthält, mit dem Monoperacylat eines niedrigmol., aliphat. Aldehyds (bes. des Acet- oder Propionaldehyds) in fl. Zustand bei 25—200, bes. 40—120°, bes. in Ggw. eines inerten Lsgm. (Essigsäure) u. zweckmäßig unter Entfernung des bei der Epoxydierung frei werdenden Aldehyds aus der Rk.-Mischung, dad. gek., daß man die Epoxydierung in Ggw. einer Lewis-Säure oder -Base als Katalysator durchführt, bes. organ. u. anorgan. Säuren, die stärker als Essigsäure sind, wie HCOOH, H_2SO_4, saure Salze, wie $FeCl_3$; als Basen sind geeignet: NH_3, tert., organ. Amine, wie Pyridin-, Alkali- u. Erdalkalisalze schwacher organ. u. anorgan. Säuren, Alkali- u. Erdalkalioxide, -hydroxide, -carbonate u. -bicarbonate. Es werden ca. 0,001—1, bes. 0,005—0,1% Katalysator verwendet. — In das *Epoxid* werden übergeführt: *1-* u. *2-Octen*, *Ölsäure*, *Oleylalkohol* u. *α-Methylstyrol* in Ggw. von Acetaldehydmonoperacetat (erhalten durch Einleiten von O_2 in Acetaldehyd bei 2° in Ggw. eines Verdünnungsmittels unter Bestrahlung mit UV-Licht); Ausbeute in Abhängigkeit verschiedener Katalysatoren u. deren Konzz. vgl. Tabellen. Ferner sind epoxydierbar: Propylen, Butylene, Pentene, Hexene, Heptene, Butadien, Styrol, ungesätt. Aldehyde, Ketone, Carbonsäuren, deren Ester, Alkohole, Äther u. Halogen-KW-Stoffe. — Vgl. E. P. 820 461; C. **1962**, 14327. Zwischenprodd. zur Herst. von Harzen u. Schmiermitteln. Lsgm.; Weichmacher; Schädlingsbekämpfungsmittel. (**D. A. S. 1 117 581** Kl. 12o vom 8/1. 1958, ausg. 23/11. 1961. E. Prior. 10/1. 1957.) G. Krauß H 3030

2306 G. M. Bogoljubow, M. A. Ssokolowski, D. M. Rudkowski und Je. K. Remis, **Herstellung von β-Chlormethyl-β-[diäthoxyphosphinomethyl]-trimethylenoxid** (I) durch Rk. von Triäthylphosphit (II) mit überschüssigem *β.β*-Di-[chlormethyl]-trimethylenoxid (**III**) bei 190° unter kontinuierlicher Entfernung des gebildeten C_2H_5Cl. — 46,5 (g) **III** u. 33,2 **II** werden 10 Std. auf 190° erhitzt: **I**, Kp.$_1$ 153°; Ausbeute 70%. (**UdSSR. P. 133 884** vom 13/4. 1960.) L. Großner H 3040

2307 Carl Gunnar Carlsson Skogh, Schweden, **Herstellung von Furfurol** in kontinuierlichem Verf., dad. gek., daß die als Ausgangsstoffe dienenden Pentosane u. Pentosen in fester Form im Gegenstrom zu eingeblasenem Wasserdampf geführt werden u. das Rk.-Prod. als Gas abgezogen wird. — Vorr.; 3 Zeichnungen. (**F. P. 1 244 022** vom 16/12. 1959, ausg. 20/1. 1961. Schwed. Prior. 17/12. 1958 u. 18/11. 1959.) G. Colsmann H 3061

2308 B. Je. Kogan und O. M. Pljuschtsch, **Gewinnung von Indol** aus Steinkohlenteer. Die bei 250—270° sd. Pyridinbasenfraktion wird in der doppelten Menge Bzl. gelöst, die Lsg. mit 10—20%ig. H_2SO_4 extrahiert u. nach Verdampfen des Bzl. dest., wobei ein Destillat mit 90% *Indol* (0,04% des Teers) erhalten wird. (**UdSSR. P. 133 888** vom 8/2. 1960.) L. Großner H 3081

2309 Ciba Soc. An., Schweiz, **Herstellung von Pyrazolo-[3.4:d]-vic.-triazinen.** Zu D. A. S. 1 058 519; C. **1960**, **3317** sind folgende als Ausgangs-Prodd. verwendete 3-Aminopyrazole nachzutragen: *2-Phenyl-4-cyan-* (**I**), F. 135—137° (A.), aus Äthoxymethylenmalonsäuredinitril (**II**) u. Phenylhydrazin durch 10 std. Kochen in A.; Kristalle. — *2-Phenyl-4-carbamyl-*, F. 167—168° (A.), aus **I** durch 3 std. Kochen mit 2n NaOH. — *2-[p-Chlorphenyl]-4-cyan-*, F. 170—171°, aus **II** u. p-Chlorphenylhydrazin durch 4 std. Kochen. — Daraus *2-[p-Chlorphenyl]-4-carbamyl-*, F. 203—204° (A.). (**F. P. 1 246 730** vom 13/1. 1958, ausg. 10/2. 1961. Schwz. Prior. 14/1. 1957.) G. Colsmann H 3122

2310 Je. M. Gepschtein, **Abtrennung von 2.5-Lutidin** aus der bei 155—160° sd. Pyridinfraktion des Steinkohlenteers durch Behandeln mit H_3PO_4, Fällen des Phosphats mit CH_3OH, Zerlegung mit Alkali u. Dampfdestillation. (**UdSSR. P. 133 887** vom 15/3. 1960.) L. Großner H 3231

2311 A/S Dumex (Dumex Ltd.), Kopenhagen, Dänemark, **Gewinnung von 2.6-Lutidin** aus einer Teerfraktion von rohen Picolinen. Die Fraktion (Kp. 140—145°) wird mit konz. H_2SO_4 versetzt, die gebildeten Picolinsulfate werden in Butanol oder Pentanol gelöst u. von dem ungelösten 2.6-Lutidinsulfat getrennt. Aus letzterem wird 2.6-Lutidin durch Zusatz von NaOH gewonnen. (**Dän. P. 88 934** vom 21/10. 1957, ausg. 1/8. 1960.) K. H. Kähler H 3231

2312 P. A. Lewin, **Herstellung von 4-Amino-2.4-dimethyl-Δ^2-piperideinon-(6)-carbonsäure-(3)-amid** durch 5—60, bes. 30 Tage lange Rk. zwischen Diketen u. einem doppelten Überschuß NH_4OH bei Zimmer-Temp., Einengen der Rk.-Lsg., Waschen mit Aceton u. Umkristallisation aus A.-Ae.; Ausbeute 50%. (**UdSSR. P. 133 886** vom 4/3. 1960.) L. Großner H 3231

2313 Roche Products Ltd., Welwyn Garden City, England (Erfinder: Aaron Cohen und Peter George Philpott), **Herstellung von Chinolizinderivaten.** Zu einer Lsg. von CH_3MgJ in Anisol wird eine warme Lsg. von 2-Oxo-A (A = 1.2.3.4.6.7.12.12b-Oktahydroindolo-[2.3-a]-chinolizin) getropft, wobei die Temp. durch Kühlen auf 18—20° gehalten wird. Das Gemisch wird 2 Std. bei 20° gerührt, mit einer wss. NH_4Cl-Lsg. versetzt u. filtriert. Vom Filtrat wird die organ. Schicht abgetrennt u. aufgearbeitet. *2-Methyl-2-hydroxy-A*, F. 200—204°, das sich chromatograph. mit bas. Al_2O_3 in ein Racemat (**I**) mit dem F. 219—221° (Zers.) u. eines mit dem F. 255—258° (Zers.) zerlegen läßt. Analog mit C_6H_5MgBr *2-Phenyl-2-hydroxy-A*, F. 214—216° (Zers.) u. dessen **I**, F. 231 bis 232° (Zers.), mit Butyl-Li *2-Butyl-2-hydroxy-A*, F. 207 bis 210°, mit Li-Acetylid *2-Äthinyl-2-hydroxy-A*, F. 204—206° (Zers.), das mit H_2 zu *2-Vinyl-2-hydroxy-A*, F. 188—190° hydriert wird. (**E. P. 844 342** vom 24/4. 1958, ausg. 10/8. 1960.) C. Lüttgen H 3231

2314 Olin Mathieson Chemical Corp., New York, N.Y. (Erfinder: Bruno H. Wojcik, Ruxton, Md.), V.St.A., **Cyanursäure** erhält man durch Erhitzen von Harnstoff oder Biuret in 2-, 3- oder 4-Methylcyclohexylcarbaminat als Rk.-Medium bei 170—215°, wodurch die Bldg. von Ammoniumcarbaminat unterbleibt. (**D. A. S. 1 143 821** Kl. 12p vom 14/2. 1960, ausg. 21/2. 1963. **E. P. 907 464** vom 31/8. 1960, ausg. 3/10. 1962. Beide A. Prior. 21/9. 1959.) A. Jahn H 3313

2315 Ciba Soc. An., Schweiz, **Herstellung von Arylchlortriazinen** durch Kondens. von 1 (Mol) Cyanurchlorid (**I**) mit 1 oder 2 oder einem Überschuß m-Dialkylbenzolen < 100° in Ggw. von $AlCl_3$ in einem inerten Lsgm., bes. Benzol. — 1.3.5-Triazine: *2.4-Bis-[2.4-dimethylphenyl]-6-chlor-*, $C_{19}H_{18}ClN_3$, F. 133,5—134,5° (Bzl.), aus 500 (Teilen) m-Xylol (**II**) u. 184 **I** durch Zugabe von 150 $AlCl_3$ unter Rühren bei 20—25°, 48std. Stehen u. Eingießen in HCl-haltiges Eiswasser; 180 Teile (Ausbeute). — *2-[2.4-Dimethylphenyl]-4.6-dichlor-*, $C_{11}H_9Cl_2N_3$, F. 135—136° (PAe.), aus 53 **II** u. 92 **I** in Bzl. durch Zugabe von 100 $AlCl_3$ u. 62std. Rühren bei 20 bis 25°; Prismen; 45 Teile. (**F. P. 1 246 403** vom 3/12. 1959, ausg. 8/2. 1961. Schwz. Prior. 24/12. 1958.) G. Colsmann H 3313

2316 British Petroleum Co. Ltd., London, und Ian Stuart Fisher, Sunbury-on-Thames, England, **Herstellung von Amiden oder Lactamen**, dad. gek., daß man ein Oxim in der Dampfphase mit einem SiO_2-Al_2O_3-Katalysator in Kontakt bringt. Das Verf. eignet sich bes. zur *Herst. von ε-Caprolactam* aus Cyclohexanonoxim, wobei Ausbeuten bis zu 80% erhalten werden. (**E. P. 881 927** vom 16/6. 1959, ausg. 8/11. 1961.) C. Lüttgen H 3370

2317 Imperial Chemical Industries Ltd., London, England (Erfinder: David Richard Goodman), **Umwandlung cyclischer Polymerer des ε-Caprolactams in monomeres ε-Caprolactam** durch Dest. unter vermindertem Druck in Ggw. von 1—2% einer starken anorgan. Base, z. B. festem NaOH. Vorteilhaft ist es, das Gemisch vor der Dest. bei normalem Druck kurze Zeit zu erhitzen. (**E. P. 862 567** vom 22/5. 1957, ausg. 15/3. 1961.) C. Lüttgen H 3370

H$_{10}$. Färberei, Organische Farbstoffe

2318 **Die Wechselwirkungskräfte zwischen Polyacrylonitrilfasern und Dispersions- und kationischen Farbstoffen.** F. Feichtmayr und A. Würz (J. Soc. Dyers Colourists **77**, 626—37, 1961; Ludwigshafen/Rh., Germany, Bad. Anilin- u. Soda-Fabrik A.-G.; engl.) — Auf dem Gebiet der theoret. Chemie erzielte Ergebnisse werden bei der Unters. der Struktur der NC-Gruppe angewandt u. neuere Erkenntnisse aus der Physik der Hochpolymeren zur Erklärung der Beziehung zwischen der Struktur der Polyacrylonitrilfaser (**A**) u. ihrem physikal. Verh. herangezogen. Die Wechselwrkg. zwischen den NC-Gruppen von **A** u. Dispersions- (1-Amino-, 1.4-Diamino-, 1.4-Diamino-2-methoxy-, 1-Amino-4-hydroxy-, 1.4-Dihydroxy- u. 1-Methylamino-4-[β-hydroxyäthylamino]-anthrachinon) bzw. kation. Farbstoffen [Crystal Violet (C. I. Basic Violet 3)] werden besprochen u. Betrachtungen über die Wechselwrkg. zwischen kation. Farbstoffen u. den anion. Gruppen, die in handelsübliche **A** einpolymerisiert sind, angestellt. Es wird angenommen, daß die Bindung der Farbstoffe an die Faser durch Dipolkräfte erfolgt, während bei nichtanion. **A** eine Einlagerung von Ionenpaaren infolge Solvatisierung u. anschließende Stabilisierung eintritt. Auf cyanäthylierter Baumwolle durchgeführte Färbe-Verss. bestätigen die Richtigkeit der Vorstellungen hinsichtlich der Bindungskräfte zwischen **A** u. kation. Farbstoffen. R. Bamberger 7002◇

2319 **Eine Untersuchung über die Diffusion von Farbstoffen in polymeren Filmen mittels einer mikrodensitometrischen Technik.** R. H. Peters, J. H. Petropoulos und R. McGregor. (J. Soc. Dyers Colourists **77**, 704—14, 1961; Manchester 1, Manchester Coll. of Sci. and Technol., Dep. of Text. Chem.; engl.) — Die Konz.-Verteilung von Farbstoffen, die während des Färbens in den polymeren Film eingebracht werden, wird für folgende Syst. bestimmt: Dispersionsfarbstoff [*Duranol Red 2B* (C. I. Disperse Red 15)] in Celluloseacetat u. Nylon, Direktfarbstoff [*Chlorazol Sky Blue FF* (C. I. Direct Blue 1)] in Cellulose u. saurer Farbstoff [*Naphthalene Scarlet 4 R* (C. I. Acid Red 18)] in Nylon. Die Analysenergebnisse zeigen beim substantiven u. sauren Farbstoff eine nahezu lineare Abhängigkeit des Diffusions-Koeff. von der Farbstoffkonzentration. Der Dispersionsfarbstoff wird dagegen in Celluloseacetat u. Nylon gelöst u. verhält sich nahezu ideal. Die Ergebnisse werden in Beziehung zu dem prakt. Verh. dieser Syst. u. ihren thermodynam. Eigg. gesetzt. R. Bamberger 7002◇

2320 **Die Hydrolyse von Reaktivfärbungen.** J. Benz. (J. Soc. Dyers Colourists **77**, 734—40, 1961; Basel, Switzerland, Sandoz Ltd.; engl.) — Mercerisierte Baumwolle wird mit 12 Reaktivfarbstoffen, die dieselbe chromophore Gruppe, aber verschiedene reaktive Gruppen u. Brückenglieder enthalten, in Standardtiefe gefärbt u. der Einfl. der alkal. u. sauren Hydrolyse auf die Färbungen untersucht. Eine zunehmende Reaktivität von Dichlor- u. Trichlorpyrimidylfarbstoffen ist von einer steigenden Hydrolysenempfindlichkeit gegenüber Säuren u. bes. Alkalien begleitet. Die Stelle, an der die Verseifung erfolgt, hängt von der Natur der Brückenglieder ab. So werden HN< oder CH_3N< -Brücken zwischen der Cellulose u. der Reaktivgruppe gespalten, während bei ätherartigen Brückengliedern an diesen die Spaltung erfolgt. Bei einer zweiten Farbstoffgruppe, bei der verschiedene reaktive Syst. mit der chromophoren Gruppe über eine HN< -Gruppe verbunden sind, konnte keine allg. Beziehung zwischen Reaktivität u. Hydrolysenempfindlichkeit festgestellt werden. — Folgende 1-Hydroxynaphthalin-4.6-disulfonsäuren werden untersucht: *2-{m-[2.6-Dichlorpyrimidyl-(4)-amino]-benzol-azo}-*, *2-{m-[2.6-Dichlorpyrimidyl-(4)-oxy]-benzolazo}-*, *2-{m-[2.6-Dichlorpyrimidyl-(4)-oxymethyl]-benzolazo}-*, *2-{m-[2.5.6-Trichlorpyrimidyl-(4)-amino]-benzolazo}-*, *2-{{m-{N-[2.5.6-Trichlorpyrimidyl-(4)]-N-methylamino}-benzolazo}}-*, *2-{m-[2.5.6-Trichlorpyrimidyl-(4)-oxy]-benzolazo}-*, *2-{m-[4.6-Dichlor-symm.-triazinyl-(2)-amino]-benzolazo}-*, *2-{m-[4-Chlor-6-(p-sulfoanilido)-symm.-triazinyl-(2)-amino]-benzolazo}-*, *2-[m-(β-Chlorpropionamido)-benzolazo]-*, *2-[m-Acroylamidobenzolazo]-*, *2-[m-(β-Chlorcrotonoylamido)-benzolazo]-*, *2-[m-(β-Sulfatoäthansulfonyl)-benzolazo]-*. R. Bamberger 7002◇

2321 **Egalisiermittel in der Küpenfärberei unter besonderer Berücksichtigung von Remol E.** A. Weckler. (Textil-Praxis **18**, 361—66, 1963; Frankfurt/M.-Höchst, Farbwerke Hoechst Akt.-Ges, vormals Meister Lucius & Brüning; dt.) — Die handelsüblichen Egalisierhilfsmittel für Küpenfarbstoffe werden in Gruppen zusammengefaßt. Die 1. Gruppe umfaßt Egalisiermittel, die vornehmlich die 1. Phase des Färbprozesses bei Küpenfarbstoffen, das Aufzieh- u. Adsorptionsvermögen, beeinflussen. In der 2. Gruppe befinden sich Prodd., die hauptsächlich in der 2. Phase, dem Ausgleich- u. Wanderungsvorgang, eingreifen können. In der 3. Gruppe werden neuartige Egalisiermittel aufgeführt, die in beiden Phasen des Färbeprozesses wirksam sind. Als Vertreter dieser Gruppe wird *Remol E*, in bezug auf Eigg., Einsatzgebiete u. Anwendungs-Konzz. besprochen. I. Beßer 7006◇

2322 **Unterschiede in der Faserstruktur am Beginn und zum Ende des Spinnkuchens bei der Viscosekunstseide nach dem Zentrifugenverfahren - deren Einfluß auf das Farbenaufziehvermögen.** Karel Schwertassek und Otto Ligocki. (Textil [Praha] **17**, 15—18, 1962; Brno, Výzkumný ústav, sletařský; Bratislava, Chem. závody I. Dimitrova n. p.; slowak.) — Die Ursachen der ungleichmäßigen Ausfärbung u. 2 Meth. zum Ausgleichen der Unterschiede werden untersucht. Die Eignung dieser Meth. für die Praxis wird besprochen. I. Beßer 7016◇

2323 **Über die coloristische Veredlung von Textilmaterialien aus Polyacrylnitrilfasern.** G. Frerker. (Z. ges. Textilind. **65**, 276—85, 1963; Ludwishafen/Rh., BASF Akt-Ges, Anwendungstechn. Abt.; dt.) — Eine Übersicht über den derzeitigen Stand der colorist. Veredlung von Fasern u. Geweben aus Polyacrylonitrilfasern wird gegeben. Die Vorreinigung u. die Bleiche werden eingehend besprochen. Die zum Färben u. Drucken einsetzbaren Faserstoffgruppen u. deren ausgesuchte Vertreter werden genannt, die jeweils günstigsten Färbe- u. Druck-Verff. werden beschrieben. I. Beßer 7016◇

2324 **Der Einfluß der Thermofixierung auf das färberische Verhalten von Nylongarnen und -geweben.** H. W. Peters und T. R. White. (J. Soc. Dyers Colourists **77**, 601—15, 1961; Pontypool, Monmouthsire, Brit. Nylon Spinners Ltd.; engl.) — Der Einfl. der Temp. u. der Dauer der Trockenhitzebehandlung auf die Farbstoffaufnahme von Nylon-66-garnen u. -geweben beim Färben mit dem Direktfarbstoff *Chlorazol Violet R* (C. I. Direct Violet 3) u. den 1:2 Metallkomplexfarbstoffen *Irgalan Red 3 G* (C. I. Acid Red 220) u. *Irgalan Gray BL* (C. I. Acid Black 58) wird untersucht. Ähnliche Unterss. werden an mit Sattdampf behandeltem Nylon 66 durchgeführt, um den Einfl. einer vorausgehenden Hitzebehandlung, des Dampfdrucks, der Dampfqualität u. einer Änderung der Sattdampfbehandlung festzustellen. Durch die Sattdampffixierung nehmen die Farbstoff u. Feuchtigkeitsaufnahme zu, während sie durch eine Trockenhitzefixierung herabgesetzt werden. Bei einer Dampffixierung wirken sich weder eine unterschiedliche Dämpfdauer, noch ein schwankender Feuchtigkeits-Geh. des Dampfes auf das Farbstoff- u. Feuchtigkeitsbindevermögen aus. Nach einer Trockenhitzefixierung bei 200° zeigt sich für

Direkt-, Metallkomplex- u. Dispersionsfarbstoffe ein deutliches Minimum der Aufzieh-Geschw., während durch die Sattdampffixierung die Aufzieh-Geschw. mit steigender Fixier-Temp. zunimmt. Es wird versucht, an Hand der erhaltenen Daten die physikal. Struktur der Polyamidfasern u. ihre Veränderung bei der Hitzebehandlung zu deuten.

R. Bamberger 7016◇

2325 **Das Färben von Polyacrylonitrilfasern mit kationischen Farbstoffen. Ein Überblick über veröffentlichte Arbeiten und ihre Auswertung.** W. Beckmann. (J. Soc. Dyers Colourists **77**, 616—25, 1961; Leverkusen, Germany, Farbenfabriken Bayer Akt.-Ges., engl.) — Meth., die eine Aussage über das färber. Verh. von kation. Farbstoffen [Malachite Green (C. I. 42000), Astrazon Blue FGL (C. I. Basic Blue 44)] auf Acrylfasern (Orlon 42 u. Dralon) erlauben, sind sehr wertvoll, da das Vorliegen von Sättigungswerten, das geringe Egalisiervermögen der Farbstoffe u. die Abhängigkeit der Aufzieh-Geschw. von der Farbstoff-Konz. u. der Temp. eine sorgfältige Kontrolle des Färbevorgangs erfordern. Die Natur der Bindung zwischen dem Farbstoff u. der Faser u. die Abhängigkeit des Färbegleichgewichts von den Färbebedingungen werden besprochen u. Gleichungen zur Berechnung der Farbstoffaufnahme von einzelnen Farbstoffen [*Astrazon Yellow 8 GL* (C. I. Basic Yellow 20), *Astrazon Yellow 7 GLL* (C. I. Basic Yellow 21), *Astrazon Yellow 5 G* (C. I. Basic Yellow 12), *Astrazon Yellow 3 G* (C. I. Basic Yellow 11), *Astrazon Yellow GRL* (C. I. Basic Yellow 29), *Astrazon Golden Yellow GL* (C. I. Basic Yellow 28), *Astrazon Golden Yellow GLD* (C. I. Basic Orange 29), *Astrazon Yellow Brown 2 GL* (C. I. Basic Orange 30), *Astrazon Orange 2 RL* (C. I. Basic Orange 28), *Astrazon Orange 3 RL* (C. I Basic Orange 27), *Astrazon Orange G* (C. I. Basic Orange 21), *Astrazon Orange R* (C. I. Basic Orange 22), *Astrazon Red RL* (C. I. Basic Red 25), *Astrazon Red GTL* (C. I. Basic Red 18), *Astrazon Red BBL* (C. I. Basic Red 23), *Astrazon Red 5 BL* (C. I. Basic Red 24), *Astrazon Red GB* (C. I. Basic Violet 7), *Astrazon Bordeaux BL* (C. I. Basic Violet 19), *Astrazon Pink FG* (C. I. Basic Red 13), *Astrazon Blue 3 RL* (C. I. Basic Blue 47), *Astrazon Blue RL* (C. I. Basic Blue 46), *Astrazon Blue FGL* (C. I. Basic Blue 44), *Astrazon Blue G* (C. I. Basic Blue 1), *Astrazon Blue 5 GL* (C. I. Basic Blue 45), *Astrazon Blue B* (C. I. Basic Blue 5), *Astrazon Red Violet F 2 R* (C. I. Basic Violet 20), *Astrazon Violet F 3 RL* (C. I. Basic Violet 21), *Astrazon Olive Green BL* (C. I. Basic Green 6), *Astrazon Blue BG* (C. I. Basic Blue 3), *Astra Red 3 G* (C. I. Basic Red 28), *Astra New Fuchsine* (C. I. Basic Violet 25), *Astra Violet 3 R extra* (C. I. Basic Violet 16), *Astra Diamond Green GX* (C. I. Basic Green 1), *Astra Malachite Green* (C. I. Basic Green 4)] u. von Gemischen abgeleitet. Verff. zur Vervollständigung der Egalisierung der Färbungen werden angegeben.

R. Bamberger 7020◇

2326 **Praktische Probleme bei der Herstellung und beim Färben von Kreuzspulen.** J. Whittaker. (J. Soc. Dyers Colourists **77**, 690—99, 1961; Blackburn, Lanc., Robinson Bros. Ltd., Salisbury Dyeworks; engl.) — Die Herst. u. Eigenarten der verschiedenen Kreuzspulen, die günstigsten Spuldichten für Baumwolle, Reyon, Nylon, Wolle u. Courtelle, die Arbeitsweise der offenen u. geschlossenen App. sowie derjenigen mit Axialpumpen, die Bedeutung des Flottendrucks u. der Zirkulationsrichtung sowie die Auswahl von Farbstoff, Hilfsmittel u. W. werden besprochen. Ferner werden genaue Färbevorschriften für Küpen-, Naphthol AS-, Reaktiv-, Säure-, Phthalogen- u. bas. Farbstoffe angegeben; auf das Trocknen der Kreuzspulen mit Drucktrocknern wird näher eingegangen. R. Bamberger 7020◇

2327 **Eine Untersuchung über das färberische Verhalten von abgenutzter Wolle.** H. R. Hadfield und D. R. Lemin. (J. Soc. Dyers Colourists **77**, 715—26, 1961; Blackley, Manchester, Imp. Chem. Ind. Ltd., Dyestuffs Div.; engl.) — Der Einfl. der Abnutzung von Wolle (**A**) auf die Eigg. bestimmter Säurefarbstoffe auf Wollfasern wird untersucht. Vor dem Färben geschädigte **A** nimmt an den Scheuerstellen den Farbstoff stärker auf als unbeschädigtes Material. Erfolgt die Abnutzung nach dem Färben, so erscheinen die Scheuerstellen weniger gefärbt, was auf einen opt. Effekt zurückzuführen ist, der durch die Aufsplitterung der Faser verursacht wird. Das Reiben von **A** aneinander ergibt einen Effekt, der ident. mit dem der Abscheuerung mittels Glaspapier u. a. Scheuermitteln ist. Die Zeit, die zur Erzielung egaler Färbungen auf geschädigter **A** benötigt wird, hängt von der Art des Farbstoffs u. seinem Sulfonierungsgrad ab. Bestimmte kation. Hilfsmittel reduzieren die Färbezeit. Anscheinend erhöht die Abnutzung die hydrophile Natur der Faseroberfläche. Folgende Farbstoffe werden untersucht: *Lissamine Fast Yellow 2 G* (C. I. Acid Yellow 17), *Propolan Yellow 3 G* (ICI), *Tartrazine K* (C. I. Acid Yellow 27), *Tartrazine N* (C. I. Acid Yellow 23), *Lissamine Fast Yellow AE* (C. I. Acid Orange 3), *Naphthalene Fast Orange 2 G* (C. I. Acid Orange 10), *Naphthalene Scarlet R* (C. I. Acid Red 26), *Croceine Scarlet 3 B* (C. I. Acid Red 73), Naphthalene Red J (C. I. Acid Red 88), *Naphthalene Red EA* (C. I. Acid Red 13), *Naphthalene Scarlet* 4 R (C. I. Acid Red 18), *Azo Geranine 2 G* (C. I. Acid Red 1), *Propolan 3 G* (C. I. Acid Red 57), *Lissamine Fast Red 4 G* (C. I. Acid Red 30), *Carmoisine W* (C. I. Acid Red 14), *Solway Rubinol R* (C. I. Acid Red 80), *Lissamine Red 6 B* (C. I. Acid Violet 7), *Naphthalene Bordeaux B* (C. I. Acid Red 17), *Lissamine Red 7 BP* (C. I. Acid Violet 5), *Lissamine Fast Red B* (C. I. Acid Red 37), *Lissamine Fast Violet 2 B* (C. I. Acid Violet 41), *Lissamine Violet 2 R* (C. I. Acid Violet 1), *Lissamine Violet 10 B* (C. I. Acid Blue 13), *Solway Purple R* (C. I. Acid Violet 43), *Lissamine Blue BF* (C. I. Acid Blue 18), *Solway Blue RN* (C. I. Acid Blue 47), *Solway Blue BN* (C. I. Acid Blue 45), *Lissamine Ultra Blue AR* (C. I. Acid Blue 71), *Lissamine Ultra Sky R* (C. I. Acid Blue 67), *Solway Blue A* (C. I. Acid Blue 69), *Solway Blue 2 G* (C. I. Acid Blue 40); *Solway Blue PFN* (ICI), *Disulphine Blue AN* (C. I. Acid Blue 7), *Disulphine Blue FFN* (C. I. Acid Blue 147), *Lissamine Green BN* (C. I. Acid Green 50), *Disulphine Green B* (C. I. Acid Green 9), *Naphthalene Green G* (C. I. Acid Green 3), *Lissamine Green V* (C. I. Acid. Green 16), *Lissamine Navy FK* (ICI), *Lissamine Navy AN* (ICI), *Lissamine Navy Blue FG* (*ICI*), *Naphthalene Black 12 B* (C. I. Acid Black 1), *Naphthalene Blue Black C* (C. I. Acid Black 41).

R. Bamberger 7020◇

2328 **Das Färben mit Küpenfarbstoffen auf vormercerisiertem Stranggarn im Hängesystem.** E. Schneider. (Textil-Praxis **18**, 360—61, 1963; Ludwigshafen/Rh., BASF Akt.-Ges., Anwendungstechn. Abt., Text.-Techn. Labor.; dt.) — Ausführungen über das Färben von vormercerisierten Baumwollzwirnen in Strangform nach dem Pigmentier-Temp.-Stufen-Verf. werden gemacht. Vgl. mit der Arbeitsweise auf der Spritzfärbemaschine werden besprochen.

I. Beßer 7020◇

2329 **Die Anwendung von Küpenfarbstoffen auf Courtelle und seinen Mischungen mit Cellulosefasern.** R. J. Hannay u. Mitarbeiter. (J. Soc. Dyers Colourists **77**, 700—03, 1961; Leeds, Assoc. Chem. Comp. Sales Ltd.; engl.) — Eine Meth. zur Anwendung von Küpenfarbstoffen [*Caledon Yellow 5 G* (C. I. Vat Yellow), *Cibanone Golden Yellow FGK*, *Ciba Blue 2 B* (C. I. Vat Blue 5), *Durindone Printing Scarlet YS* (C. I. Vat Red 45), *Ciba Printing Black FTL*] im Reservedruck auf Acrylfasern enthaltendem Gewebe wird beschrieben. Unter Verw. von quart. Ammonium-Verbb. als Reservierungsmittel u. einem nichtionogenen Stärkeäther (*Natrosol 250 Low*) als Verdickungsmittel werden auf 100% Courtelle (**A**) u. auf **A**-Cellulosemischungen mit 40—66% **A** befriedigende Reservedrucke erhalten. Die Herst. der Küpenfärbung erfolgt nach einem 2-Stufen-Verf. (Klotzen mit dem dispergierten Farbstoff, Trocknen bei 135°, Klotzen mit der alkal. Red.-Lsg. u. Dämpfen bei 100—102°). Die Vor- u. Nachteile dieser Arbeitsweise gegenüber dem 1-Stufen-Verf. werden besprochen. Nach dem Verf. lassen sich auf Fasergemischen zwar Weiß-, jedoch keine Buntreserven herstellen. R. Bamberger 7022◇

2330 **Bedrucken von Geweben aus synthetischen Fasern und von deren Gemischen mit Zellwollfasern.** Josef Bella. (Textil [Praha] **17**, 219—21, 265—67, 1962; Dvůr Králové nad. Lab., Výzkumný ústav zušlechťovací; tschech.) — Das Bedrucken von Polyamid, Polyestergeweben u. Gemischen von Polyestergeweben mit Baumwolle wird behandelt. Geeignete Farbstoffe, Textilhilfsmittel u. Fixations-Meth. werden aufgeführt. I. Beßer 7022◇

2331 **Das Färben von chromgegerbtem Leder mit Hilfe von Äthylenoxid-Egalisiermitteln.** J. Herndl und W. Haldemann. (J. Soc. Dyers Colourists **77**, 646—56, 1961; Basle, Switzerland, Ciba Ltd.; engl.) — Die Eigg. von Leder, die Anwendung von Farbstoffen (**A**) in Ggw. von nichtionogenen, anion. u. kation. Textilhilfsmitteln (**B**) sowie die Fixierung von

Cr-Komplexen, vegetabil. u. synthet. Gerbstoffen werden beschrieben. Auf das Färben von Wildleder wird bes. eingegangen u. der Einfl. von zwei verschiedenen nichtionogenen hydroxyäthylierten Verbb. auf die Absorptionsspektren von **A** (*1-Benzolazo-2-hydroxynaphthalin-6-sulfonsäure, 1-[p-Sulfobenzolazo]-2-hydroxynaphthalin-6-sulfonsäure, 1-[Sulfobenzolazo]-2-hydroxynaphthalin, 1-Benzamido-7-{2-[4-(p-tert.-pentyl)-phenoxy]-benzolazo}-8-hydroxynaphthalin-3.6-disulfonsäure, 1-Hydroxy-7-amino-8-[o-(o-chlorphenoxy)-p-chlorbenzolazo]-naphthalin-3-sulfonsäure, 1-Amino-2-brom-4-[o-sulfo-p-toluidino]-anthrachinon*) untersucht. Aus den Ergebnissen wird gefolgert, daß zur Erzielung befriedigender Färbungen auf chromgegerbtem Wildleder die verwendeten **A** ähnliche Affinität besitzen müssen, Unterschiede in der Affinität durch Zugabe von geeigneten **B** auf ein Mindestmaß zurückgeführt werden können u. daß **B** die Absorptionsspektren von **A** in gleicher Weise beeinflussen muß. R. Bamberger 7024◇

2332 **Über einige Erfahrungen bei der Durchführung von Echtheitsprüfungen.** W. Bubser. (Textil-Praxis **18**, 366 bis 370, 1963; Krefeld, Textilforsch.-Anstalt; dt.) — Über Erfahrungen bei der Durchführung der Hypochlorit-Bleichechtheiten, der Peroxid-Waschechtheit u. der Lichtechtheiten wird berichtet. Der Einfl. des mechan. Bewegens des Prüflings bei der Lsgm.-Echtheit wird geprüft. Die Unterss. erstrecken sich bei den Hypochlorit-Bleichechtheiten auf den Austausch der $NaClO_2$-Lsg. durch pulverförmiges $LiClO_2$ bei der Peroxid-Waschechtheit auf die Durchführung derPrüfung im elektr. beheizten Launder-Ometer u. bei der Best. der Lichtechtheiten auf das exakte Abdecken während der Belichtung. Bei der Lsgm.-Echtheit ist es bei mechan. Prüfung notwendig, daß Art u. Wirkungsweise des Prüfgerätes angegeben wird, da hiervon die Stärke des Anblutens auf die Begleitgewebe abhängig sein kann. Die Vers.-Durchführung wird ausführlich beschrieben. I. Beßer 7028◇

2333 **Die Industrie der synthetischen organischen Farbstoffe.** D. Dal Monte und E. Sandri. (Boll. sci. Fac. Chim. ind. Bologna **19**, 115—72, 1961; Bologna; ital.) — Übersicht über die Entw. der industriellen Farbstoffe in der Welt u. bes. in Italien sowie statist. Material über das Anwachsen der Produktion u. des Verbrauchs von Farbstoffen in der Welt. — 109 Literaturangaben. P. Golinske 7048△

2334 **Moderne physikalische Methoden bei der Farbeinstellung.** J. V. Alderson, E. Atherton und A. N. Derbyshire. (J. Soc. Dyers Colourists **77**, 657—69, 1961; Blackley, Manchester, Imp. Chem. Ind. Ltd., Dyestuffs Div.; engl.) — Die Möglichkeiten der Verw. moderner physikal. Instrumente zur Farbkontrolle u. Farbeinstellung werden unter bes. Berücksichtigung von Filtercolorimetern u. Elektronenrechnern besprochen. Es wird gezeigt, daß visuelle Meth. zur Eichung von Colorimetern verwendet u. Messungen von geringen Farbunterschieden in der Sprache der Coloristen ausgedrückt werden können. Ein Elektronenrechner wird so programmiert, daß eine schnelle Berechnung von Farbeinstellungen möglich ist. Die Anwendung u. die Möglichkeiten dieser Meth. werden beschrieben. R. Bamberger 7086◇

2335 **Kontrolle und Bestimmung von fluorescierenden Weißtönern und Farbstoffen.** J. M. Adams. (J. Soc. Dyers Colourists **77**, 670—77, 1961; Leatherhead, Surrey, Printing, Packing, and All. Trades Res. Assoc.; engl.) — Colorimeter verschiedener Hersteller geben im allg. keine übereinstimmenden Werte, obwohl sie die CIE-Vorschriften erfüllen. Die Gründe hierfür werden dargelegt. Die Bedingungen, die von einem zu Messung fluorescierender Farbstoffe bestimmten Colorimeter erfüllt werden müssen, werden angegeben u. die Spektralkurven der Lichtquellen (Tageslicht, Xe-Bogenlampe, Lichtquellen des Elrepho-Colorimeters u. nach Hisdol u. Harrison sowie 3000°-K-Lampe mit Chance-OB 8-Filter), die für die colorimetr. u. visuelle Best. von fluorescierenden Materialien vorgeschlagen werden, verglichen. Einige der Meß-Meth. sind nur bei opt. aufgehellten Weißtönern anwendbar. R. Bamberger 7086◇

2336 **Die Anwendung des Spectromat in der Textilveredlungsindustrie.** E. Rohner. (Z. ges. Textilind. **65**, 269—76, 1963; Zürich, Pretema Akt.-Ges.; dt.) — An Hand von schemat. Darst. wird der Aufbau, das Meßprinzip u. die Arbeitsweise des Spectromat kurz erläutert. Er ermöglicht die äußerst rasche Ermittlung von spektralen Lichtverteilungen, so auch von Remissionskurven gefärbter Textilien. I. Beßer 7086◇

2337 **Anwendung der Polarographie bei der Bewertung von synthetischen Farbstoffen.** Miroslav Matrka. (Textil [Praha] **17**, 187—88, 221—22, 1962; Pardubice-Rybitví, Výzkumný ustav. org. synt., Org.-technol. Labor. I; tschech.) — Allg. Ausführungen über die Vorteile der polarograph. Best. von Farbstoffen gegenüber colorimetr. Methoden. Klaus Schmidt 7086□

2338 General Aniline & Film Corp., New York, N.Y., V.St.A. (Erfinder: Ralph Gower Davies Moore und Robert James Cox), **Herstellung von Aminopyridindiazoniumsalzen,** dad. gek., daß man z. B. das aus 2-Aminopyridin durch Methylieren mit Dimethylsulfat, Nitrieren des gebildeten 2-Dimethylaminopyridin ($Kp._{15}$ 81—85°) zu 2-Dimethylamino-5-nitropyridin (F. 154—155°) u. katalyt. Red. dieser Verb. in Isopropanol erhaltene 5-Amino-2-dimethylaminopyridin in Form des Hydrochlorids (F. ca. 260°) in bekannter Weise diazotiert → *6-Dimethylamino-3-pyridindiazoniumchlorid,* F. 165° (Zers.). Analog werden folgende *3-Pyridindiazoniumchloride* hergestellt. *6-Methylamino-*, F. 154° (Zers.); *6-Morpholino-*, F. 162° (Zers.); *6-Piperazino-*, F. 160° (Zers.); *6-Benzylamino-*, F. 155° (Zers.); *6-p-Toluidino-*, F. 137° (Zers.) *6-(p-Dimethylaminoanilino)-*, F. 128°. *N.N'-(4.4'-Biphenylen)-bis-(6-amino-*, F. >320°; *6-Anilino-*, F. 128° (Zers.); *6-[Pyridyl-(2')-amino]-*, F. 185° (Zers.); *6.6'-(p.p'-Methylendianilino)-bis-*; *N-Methyl-6-anilino-*, F. 145 bis 147°; *6-Dimethylamino-5-methyl-*, F. 135—137°; *2-Dimethylamino-*, F. 185—190° (Zers.). — *Farbstoffkuppler.* (**E. P. 870 027** vom 19/8. 1959, ausg. 7/6. 1961. A. Prior. 30/9. 1958.) W. Heyer 7049

2339 Ciba Akt.-Ges., Basel (Erfinder: Hans Heinrich Bosshard und Heinrich Zollinger, Binningen), Schweiz, **Herstellung von Azofarbstoffen,** die mindestens eine Isothiocyanatgruppe enthalten. Die Farbstoffe, welche wasserlösl. machende Gruppen enthalten, eignen sich zum Färben u. Bedrucken von Wolle u. synthet. Fasern u. bes. von Cellulose. — *1-Aminobenzol-2-sulfonsäure* → *2-Isothiocyanato-5-hydroxynaphthalin-7-sulfonsäure.* Der Farbstoff färbt Baumwolle nach dem Thermofixier-Verf. orangerot u. sehr gut waschecht. (**Schwz. P. 356 225** vom 6/5. 1958, ausg. 29/9. 1961.) F. Rath 7053

2340 Ciba Soc. An., Basel, Schweiz, **Kobalthaltige Azofarbstoffe** der allg. Formel $HO_3S-R(OH)-N=N-K$ (R = Rest der Benzol- oder Naphthalinreihe mit OH in Nachbarstellung zur Azogruppe u. K = Rest eines Hydroxylbenzols mit OH in o-Stellung zur Azogruppe). Die kobaltierten Farbstoffe färben Seide, Leder u. bes. Wolle (**I**) u. Polyamide u. -urethane. — *4-Nitro-2-amino-1-hydroxybenzol-6-sulfonsäure* → *4-tert.-Amyl-1-hydroxybenzol.* Der wie üblich kobaltierte Azofarbstoff färbt **I** braunviolett u. ausgezeichnet echt. (**F. P. 1 248 053** vom 28/10. 1959, ausg. 1/3. 1961.) F. Rath 7053

2341 Farbenfabriken Bayer Akt.-Ges. (Erfinder: Georg Rösch, Leverkusen, Karl-Heinz Gehringer und Helmut Klappert, Köln), **Wasserunlösliche Tetra-aza-porphine** werden erhalten, wenn man wasserlösl. Tetra-aza-porphine, die man nach D. A. S. 1 114 265; C. **1962,** 8798 aus metallhaltigen oder metallfreien Bz-Azaphthalocyaninen durch Rk. mit ω-Halogen-N-methylimiden von Dicarbonsäuren in organ. Säuren herstellen kann, in Substanz oder auf der Faser aufgebracht, erwärmt. — Mit den Farbstoffen kann man Färbungen u. Drucke auf Seide, Fasermaterialien aus Polyacrylnitril, bes. cellulosehaltigen Fasern u. Geweben erhalten. — 10 (Gew.-Teile) des wasserlösl. Farbstoffs (**I**), der durch Rk. von 23 Bz-Aza-Cu-phthalocyanin mit 34 ω-Chlormethylphthalimid in Ameisensäure erhalten werden kann, wird in 250 W. gelöst 30 Min. zum Sieden erhitzt. Unlösl. blauer Farbstoff. Die Farbstoff-Bldg. ist innerhalb weniger Min. beendet, wenn in Ggw. von 1 NaOH, K_2CO_3, K-Acetat oder $KHCO_3$ erhitzt wird. — In eine Färbeflotte aus 3 **I** in 2000 W. trägt man bei 50° 100 Baumwollstranggarn ein, behandelt 30 Min. bei steigender Temp. u. weitere 15 Min. bei 90—100°, spült, behandelt mit einer Lsg. von 5—10 Soda in 2000 W. 15 Min. bei 100° u. seift kräftig nach. Man erhält ein blaugefärbtes Garn. — In eine Färbeflotte aus 2 I, 4000 W. u. 3 30%ig. Essigsäure geht man bei 50° mit 100 Fasermaterial aus Polyacrylnitril ein u. geht mit der Temp. in 30 Min. auf 96—98°. Man färbt 1—1½ Std. bei dieser Temp. u. erhält nach dem Spülen u. einer Seifenbadnachbehandlung das blaugefärbte Garn. — Weitere Färbe- u. Druckbeispiele. (**D. A. S. 1 145 731** Kl. 22c vom 2/12. 1957, ausg. 21/3. 1963.) O. Roick 7073

H_{IIa}. Farben, Anstriche, Lacke, Naturharze

2342 **Leistungssteigerung bei Siebgeweben aus Chemiefasern.** Bernd Schwegmann. (Farbe u. Lack **68,** 241—43, 1962; Beuel/Rh.; dt.) — Überblick über die webtechn. Ausgestaltung der offenen Siebfläche u. die Oberflächenstruktur sowie deren Einfl. auf den Siebeffekt, verbunden mit einem Überblick über den Stand der Bindungstechnik. Siebgewebe aus Chemiefasern mit Schlingerbindung steigern die Leistung der Elektroschnellsiebe, bes. bei der Absiebung pigmentierter Lacke. Anwendungsbeispiele werden gegeben. I. Köditz 7090△

2343 **Titanat-Pigmente für Schutzüberzüge.** Vilém Koutník und Zdeněk Uhlíř. (Sborník vědeckých Prací, Vysoké Škola chem.-technol. Pardubice **1959,** 89—97; Pardubice, Inst. of Chem. Technol.; tschech.) — Die Bedingungen der Bldg. von Pb-, Zn- u. Mg-Titanat werden untersucht. R. Grundmann 7092◇

2344 **Untersuchungen über Acajounußschalen-Flüssigkeit. 1. Mitt. Verfahren zur Verbesserung der Ausbeute an Phenol-Bestandteilen von Acajounußschalenflüssigkeit.** S. C. Sethi undB. C. Subba Rao. (Indian J. Technol. **1,** 218—20, 1963; Poona, Nat. Chem. Labor.; engl.) — Durch Acetylieren, Hydrieren u. Verestern von Acajounußschalen-Fl. (CNSL) in situ vor der Dest. wird die Ausbeute an Phenolbestandteilen im Vgl. mit der Dest. ohne Vorbehandlung von 50—60 auf >80% gesteigert. Die Verw.-Möglichkeiten von CNSL zur Herst. von Farben, Harzen, oberflächenakt. Mitteln, Pesticiden u. a. wird untersucht. W. Wesly 7096◇

2345 **Anwendungsmöglichkeiten von Chlorphenyläthern.** Otto Pesta und Friedrich Sinwel. (Farbe u. Lack **68,** 236—38, 1962; Linz, Oberösterreich, Österreich. Stickstoffwerke Akt.-Ges., Organ. Forsch.-Abt. u. Anw.-Techn.; dt.) — Vff. untersuchen die chem. Beständigkeit, Weichmacher-Eigg. (Chlorkautschuk, Cyclokautschuk, Polyvinylchlorid–Polyvinylacetat-Mischcopolymere u. in A. lösl. Nitrowolle), die Lichtbeständigkeit in Anstrichfilmen sowie den Einfl. auf die mechan. Eigg. von Anstrichen auf der Basis von Chlorkautschuk eines chlorierten Phenoläthers, dessen nähere chem. Konstit. nicht angegeben wird. Es ist eine in den üblichen organ. Lsgm. leichtlösl., gelblich gefärbte Fl. mit schwachem Eigengeruch, Cl-Geh. ca. 23,5%, Siedebereich (0,2 Torr) 150 bis 160°, Dichte ca. 1,061, Brechungsindex n_D^{20} ca. 1,509. Dieser als „Vers.-Weichmacher DCD" bezeichnete Phenoläther eignet sich ausgezeichnet als Weichmacher für Anstrich-Syst. auf der Basis von Chlor- u. Cyclokautschuk, A.-lösl. Nitrocellulose u. Vinelite-Lacken u. weist keine hautreizende Wrkg. auf. I. Köditz 7096△

2346 **Aluminiumseifen mehrfach ungesättigter höherer Fettsäuren.** Georg Marwedel. (Farbe u. Lack **68,** 212—22, 1962; Schramberg; dt.) — Vf. untersucht die Stabilität u. Viscosität von Al-Seifen mehrfach ungesätt. höherer Fettsäuren sowie die Wasserquellbarkeit von Filmen, die solche Al-Seifen enthalten. — Lackleinölfilme mit Beimengungen von Al-Linoleat zeichnen sich durch ihre glatte Oberflächenbeschaffenheit, die gleichmäßige Dicke der Schicht u. durch ihren Widerstand gegen Feuchtigkeit aus. Zusätze von Al-Seifen fördern im allg. die An- u. Durchtrocknung von ölhaltigen Bindemitteln, ohne zu Übersikkativierung zu führen, dabei bleibt auch die Dauerelastizität u. Haftfestigkeit erhalten. I. Köditz 7096△

2347 **Einige markante Fortschritte in der Technologie der Anstriche.** P. W. Sherwood. (Chim. Peintures **26,** 63, 1963; franz.) — 1. Für Grundanstriche auf Stahl für den Schiffsbau hat sich ein Zinkstaub-haltiger Grundanstrich gut bewährt. 2. Vergilbungen von ölhaltigen Harzen können durch NH_3 u. andere N-haltige Verunreinigungen in der Luft hervorgerufen werden, es bilden sich chromophore Pyrrolgruppen. 3. Um Kühltürme aus Holz zu schützen, hat sich ein Anstrich bestehend aus 65% Neopren + 35% Xylol mit einer Schichtdicke von ca. 75 μm bewährt. Für Außenanstriche kann mit Al-Pulver pigmentiert werden. 4. Ein Siliconüberzug <0,001 in. Dicke gibt einen vorzüglichen Korrosionsschutz. H.-G. Moslé 7106◇

2348 **Zunahme der Deckkraft von Weißlacken durch Tönen.** Frederick K. Daniel. (Paint Varnish Product. **51,** Nr. 13, 52—54, 1961; Jersey City, N.J., Daniel Prod. Co.; engl.) — Zur Hebung der Deckkraft von Weißlacken wird ein Tönen mit den Mischungen Mineralviolett/Ultramarinblau oder Carbazolviolett/Indanthrenblau empfohlen. L. Kempf 7106◇

2349 **Hitzehärtende Isolier- bzw. Drahtlacke auf der Basis von Polyestern der Terephthalsäure.** M. Böttcher. (Farbe u. Lack **69,** 121—23, 1963; München; dt.) — Patentübersicht. H. Sontag 7106◇

2350 **Über Betonlacke und Betonspachtel.** Wolfram A. Riese. (Farbe u. Lack **68,** 222—29, 1962; Wallisellen, Zürich; dt.) — Überblick über die Anforderungen, die an gute Lacke für Betonböden zu stellen sind, u. Beispiele für Formulierungen geeigneter Betonlacke. Abschließend werden Formulierung, Eigg. u. Auftragsweise von Betonspachtelmassen (Pulvermassen u. hochgefüllte, kalthärtende Epoxy-Syst.) besprochen. I. Köditz 7106△

2351 **Elektrostatische Oberflächenbehandlung von Holz.** Emery P. Miller. (Ind. Finishing **39,** 60—63, 1963; Ransburg Electro Coating Corp.; engl.) — Nach dem beschriebenen neuen Verf. können Holzoberflächen elektrostat. gefärbt u. beschichtet werden, wenn sie durch Eintauchen in eine nicht näher beschriebene Lsg. vorbehandelt wurden. E. Schaaf 7106◇

2352 **Hitzebeständige, elastische, feuchtigkeitsisolierende Überzüge für Holz.** B. N. Ugolew. (Holzverarb.-Ind. [UdSSR] **9,** Nr. 10, 9—10, 1960; Moskau, Forsttechn. Inst.; russ.) — Ein Verf. zur Herst. von Überzügen für Holz, die aus bei Raum-Temp. polymerisiertem *Phenol–Formaldehyd-Harz* u. aus Kerosinkontakt, Erdöl-, Steinkohle- oder Holzteer (Erweichungs-Temp. von 90—120°) sowie Kaolin, Diatomeenerde oder Glaspulver als Füllstoffe bestehen, wird angegeben. K. Wekua 7106□

2353 **Ein Polyvinylchloridfilm für die Verkleidung von Möbeln.** W. A. Bogdanow. (Holzverarb.-Ind. [UdSSR] **9,** Nr. 10, 22—23, 1960; russ.) — Durch Zugabe von verschiedenen Farbstoffen (0,2—2%) zu einer Masse von Polyvinylchlorid werden durchsichtige oder gemusterte (Aufdrucken) *Polyvinylchloridfilme* (I) erhalten, die auf Holzplatten aufgebracht werden. Die Meth. für die Verkleidung von Möbeln, wobei durch **I** verschiedene Holzarten imitiert werden können, ist angegeben. K. Wekua 7106□

2354 **Metallisierte Oberflächen.** Karl Schreiber. (Ind. Finishing **39,** 66—68, 1963; engl.) — Vf. diskutiert die vielfältigen Möglichkeiten, beim Metallisieren von Oberflächen verschiedene Farb- u. Glanzeffekte zu erzielen. E. Schaaf 7106◇

2355 **Lösliche Pigmente.** H. F. Clay. (Off. Digest Federat. Soc. Paint Technol. **33,** 492—505, 1961; Matlock, England, Cromford Colour Comp. Ltd.; engl.) — Bericht über potentiometr. Messungen u. Tauch-Verss. bzgl. der Erfassung der korrosionsschützenden Wrkg. von Chromatlösungen. L. Kempf 7152◇

2356 **Über die Sauerstoffaufnahme lufttrocknender Lackfilme.** G. Widmer. (Schweiz. Arch. angew. Wiss. Techn. **25,** 120—25, 1959; Basel, Ciba Akt.-Ges., Kunststoff-Abt.; dt.) — Vf. berichtet über Ergebnisse der Unters. der O_2-Aufnahme von Leinöl (I) u. Allyl–Melamin-Äther [Penta-(allyloxymethyl)-monomethylolmelamin; (II)] u. dessen wärmebehandeltes Prod. (**III**) bei normaler Temp. in Ggw. von Co–Pb-Trocknern. Die **I**- u. **III**-Filme nehmen mehr O_2 auf als sich gravimetr. im Filmrückstand feststellen läßt. Als flüchtige Oxydations-Prodd. werden bei **I**- u. **III**-Filmen gefunden: größere Mengen W. u. geringere Mengen CO_2 neben geringen Mengen Aldehyd. Im Filmrückstand von **III** liegen wesentliche Mengen Carbonsäure, Alkohole u. Ester vor. Bei **I**-Filmen, in denen sich zum Unterschied von **III**-Filmen die berechnete O_2-Aufnahme nicht mit der gravimetr. ermittelten Gew.-Erhöhung deckt, müssen noch andere, hier nicht festgestellte Oxydations-Prodd., vorliegen. Aus den Unterschieden wird gefolgert, daß der Trocknungsmechanismus beider Filmarten sich in einigen wesentlichen Punkten voneinander unterscheidet. I. Köditz 7154

2357 **Fließmessungen an thixotropen Lacken.** H. J. Freier. (Farbe u. Lack **69,** 87—92, 1963; Krefeld-Uerdingen, Farbenfabriken Bayer Akt.-Ges., Anwendungstechn. Labor.; dt.) — Das anstrichtechn. Verh. thixotroper Lacke wird durch folgende rheolog. Messungen gek.: Best. der Viscosität bei hohem Geschw.-Gefälle über $10^3\,s^{-1}$ (Verstreichbarkeit); Best. der Viscosität bei niedrigem Geschw.-Gefälle nach einer Scherbeanspruchung mit hohem Geschw.-Gefälle, wie z. B. $10^3\,s^{-1}$ (Tropfneigung); Best. der Viscosität bei niedrigem Geschw.-Gefälle in Abhängigkeit von der Zeit, ausgehend vom Solzustand bzw. nach einer entsprechenden Scherbeanspruchung bei hohem Geschw.-Gefälle (Verlauf- u. Ablaufneigung) u. Best. der Fließgrenze durch Messung mit einem Flügelrührer mit senkrechten Rührflächen, der das Gel nur in unmittelbarer Nähe der Flächen beansprucht (Gelfestigkeit). Die graph. belegten Ergebnisse der Messungen an 3 Lacktypen standen in guter Beziehung zu deren anwendungstechn. Eigenschaften. H. Sontag 7158◇

2358 **Untersuchungen über die Eindringtiefe von Bindemitteln in verschiedenen Holzarten.** M. Kisters. (Farbe u. Lack **69,** 101—06, 1963; Rüfenacht/Schweiz; dt.) — Folgende Holzarten wurden als Anstrichträger eingesetzt, Kieferkern, Kiefersplint, Gabun, Teak, Limba, Esche, Eiche Fichte, Ahorn u. Buche. Als Bindemittel, die zur Kennzeichnung ihrer Eindringtiefe blau oder schwarz angefärbt wurden, wurden untersucht: DD-Einlaßgrund, DD-Decklack, Halböl, NC-Politur, Leinöl-Standöl-30P, Leinöl, Leinöl-Standöl-60P, Leinöl–Alkydharz u. Soja–Alkydharz. Die an Hand von Photographien erörterten Prüfungsergebnisse, die eine deutliche Abhängigkeit der Eindringtiefe von der Schnittlage zeigen, ermöglichen eine Klassifizierung der Lacke u. Hölzer nach ihrem Eindring- bzw. Aufnahmevermögen. H. Sontag 7158◇

2359 **Eine Schnellmethode zur Bestimmung des Korrosionswiderstandes von Farbanstrichen.** W. Matracka und M. Szandorowski. (Polimery-Tworzywa wielkocząsteczkowe **7,** 378—80, 1962; Gliwice, Inst. Farb. i Lakierow; pol.) — Beschreibung der App. u. der Meth. zur Best. der Korrosionsbeständigkeit von Farbanstrichen auf Hydronalium unter Bedingungen, die denen im Seewasser entsprechen. I. Köditz 7158

2360 **Die Prüfung von Anstrichen unter variierten Klimabedingungen (Mehrpunktmethodik).** W. Funke. (Farbe u. Lack **69,** 80—87, 1963; Stuttgart, Forsch.-Inst. für Pigmente u. Lacke e. V.; dt.) — Von folgenden Prüf-Meth. wurde die Abhängigkeit der Meßergebnisse von der bei der Messung herrschenden Luftfeuchte (Unters.-Bereich 20 bis 100%) u. Temp. (Unters.-Bereich 10—40°) untersucht: Pendeldämpfung nach König, Schlagtiefung u. Gitterschnittprobe. Zur Unters. wurden Nitrokombinations-, Alkydharz-, Alkyd–Melaminharz-, Epoxidharz- u. Polyvinylacetatlacke herangezogen. Die graph. belegten Unters.-Ergebnisse zeigen eine merkliche Abhängigkeit der Meßwerte von Temp. u. Luftfeuchte in praxismöglichen Bereichen. Es wird gefolgert, daß bei der Angabe solcher Prüfwerte außer der Schichtdicke des Anstrichs u. den Trocknungsbedingungen auch die Klimabedingungen anzugeben sind. Ferner wird angeregt, die Prüfung von Anstrichen bei stufenweiser Variation der Klimabedingungen durchzuführen. H. Sontag 7158◇

2361 **Untersuchung der inneren Spannungen in Polyesterüberzügen.** P. I. Subow und L. A. Lepilkina. (Kolloid-J. [UdSSR] **24,** 30—33, 1962; Moskau, Inst. für physik. Chem. der Akad. der Wiss. der UdSSR; russ., Auszug: engl.) — An einem auf der Basis von ***Malein-*** oder ***Phthalsäureanhydrid*** hergestellten Lack wurde die Änderung der inneren Spannungen bei der Bldg. eines Films aus einem Lsgm. (Triäthylglykoldimethacrylat oder Styrol) untersucht. Das Vorzeichen u. die Größe der inneren Spannungen hängen sowohl von der Filmdicke u. der Film-Bldg.-Zeit, als auch von der Ggw. eines flüchtigen Lsgm. (Aceton) u. von der Polymerisations-Temp. ab. Die inneren Spannungen in dem Film wachsen (am Rand der Glasunterlage) gleichförmig bis zum selbständigen Abblättern des Films von der Unterlage, ohne daß das Vorzeichen der Spannung sich ändert. C. Kozák 7158◇

2362 Anthony Giordano, Cleveland, Ohio, V.St.A., **Herstellung von Quecksilbersulfid mit einer für die Verwendung als Pigment geeigneten Teilchengröße.** Man bringt Hg mit überschüssigem S in Ggw. eines Alkalipolysulfids in wss. Medium bei Raum-Temp. bis 90° unter gleichzeitiger Bewegung u. Zerkleinerung der Rk.-Prodd. zur Rk., wobei so viel Polysulfid angewendet wird, daß auf 1 (Mol.) Hg 0,015—0,5 Polysulfid entfallen, u. wobei jedes (Mol.) Polysulfid wenigstens 3 S enthalten soll. Das Prod. enthält wenigstens 75% Teilchen kleiner als 1 μ u. wenigstens 90% Teilchen kleiner als 10 μ. (**A. P. 3 061 412** vom 16/2. 1960, ausg. 30/10. 1962.) K. Demmler 7093

2363 Sandoz Ltd., Basel, Schweiz, **Herstellung von Pigmenten** durch Homogenisieren einer Suspension eines wasserfreien Pigments in einer Lsg. eines wasserunlösl. Polymerisations- oder Polykondens.-Prod. in einem organ. Lsgm. bei 100—250 at u. Trocknen des erhaltenen Prod., wobei als Polymerisations- oder Polykondens.-Prodd. bes. Cellulose-2½-Acetat oder ein Vinylchlorid–Vinylacetat-Mischpolymerisat, als Lsgm. Aceton oder Alkylacetat u. als Pigment z. B. Ruß oder Hexadecachlorkupferphthalocyanin angewendet werden. (**E. P. 898 367** vom 24/4. 1959, ausg. 6/6. 1962. Schwz. Prior. 25/4. 1958. **Zusatz zu E. P. 895751; C. 1963, 20964.**) K. Demmler 7093

2364 Badische Anilin- & Soda-Fabrik Akt.-Ges. (Erfinder: Ewald Daubach, Bruno Hirsekorn, Hans Schroeder, Heinrich Sixtus und Hanns Wuest), Deutschland, **Mit Pigmenten gefärbte Massen und Gemische,** die neben Farbstoff, Emulgierungs- u. Schutz-Koll. bis zu 10% des N.N'-Dimethylperylen-3.4.9.10-tetracarbonsäurediimids in einer Teilchengröße von 0,05—5 μ enthalten. — Ein Lack, welcher 40 (Teile) Alkydharz auf Cocosölbasis, 12 Harnstoff–HCHO-Harz, 40 Xylol u. 8 n-Butanol enthält, wird mit 4—8 des Pigments gemahlen u. danach zu einem Lack von hoher Brillanz verarbeitet. Das Pigment wird hergestellt durch Kochen einer wss. Suspension von 100 (Teilen) Perylen-3.4.9.10-tetracarbonsäurediimid einer Körnchengröße von 0,1 μ mit 250 50%ig. wss. NaOH u. Eintragen von 150 CH_3Cl, worauf langsam auf 100° erwärmt u. diese Temp. 4—8 Std. gehalten wird. Nach dem Abkühlen wird filtriert u. der Nd. mit 5 Dodecylalkohol u. 0,5 des Additions-Prod. von 20 Mol Äthylenoxid an Spermölalkohol versetzt. Durch Zusatz von 400—500 W. entsteht eine fl. Paste, die bei 60—80° zu einer homogenen Masse gemahlen wird. (**F. P. 1 285 579** vom 29/3. 1961, ausg. 3/8. 1962. Belg. Prior. 30/3. 1960.) M. F. Müller 7093

2365 Luminous Products Corp., Boston, übert. von: Felix R. De Leo, Needham, und Edward Shapiro, Newton, Mass., V.St.A., **Selbstleuchtende Farben** enthalten im Bindemittel das radioakt. Isotop Tritium (**I**) zur Lieferung der Anregungsenergie zur Luminescenz von Phosphoren anstatt von Radium u. sind deshalb gefahrlos herzustellen u. zu handhaben. **I** wird in geringen Mengen in die Ausgangsstoffe für die Herst. von Bindemitteln, wie Polyvinyl-, Phenolformaldehyd- u. Alkydharzen, Cellulose-Derivv., Polyester usw., oder von nichtflüchtigen Weichmachern synthet. eingebaut. Menge u. Teilchengröße der Phosphore können errechnet werden, da eine Beziehung zwischen diesen Werten u. dem Ausmaß der Umwandlung der β-Strahlung in sichtbares Licht besteht. (**A. P. 3 033 797** vom 19/4. 1957, ausg. 8/5. 1962.) H. Kastner 7093

2366 Glidden Co., Cleveland, Ohio, V.St.A., **Herstellung von trocknenden Ölen** durch Rk. von C_{8-20}-geradlinigen aliphat. Carbonsäuren, nichtsubstituierten aromat. Säuren mit mindestens 7 C-Atomen, deren niedrigmol. alkylsubstituierten Derivv., Harzsäuren oder Gemischen der genannten Säuren mit einem epoxydierten, in Ggw. von Na hergestellten Mischpolymerisat aus 60—90 (Gew.-%) eines C_{4-6}-konjugierten Diolefins, bes. Butadien, u. eines monocycl., monomeren vinylaromat. KW-Stoffs, bes. (methyl- oder äthylalkyliertes) Styrol. Den Mengenbeispielen liegt ein epoxydiertes Mischpolymerisat aus 80 (%) Butadien u. 20 Styrol zugrunde, das einen Oxiranwert von 2,9% u. einen Geh. von 50% in einem Mineralsprit vom Kp. 150—200° aufweist. Als Rk.-Komponenten dienen Harzsäuren verschiedener Herkunft, p-tert.-Butylbenzoesäure, Stearinsäure, Oleinsäure, Benzoesäure, Pelargonsäure, Caprylsäure, Capronsäure, Laurinsäure, 2-Äthylhexonsäure, so daß esterifizierte Öle erhalten werden, die mit anderen (halb-)trocknenden Ölen, Pigmenten, Verdickungsmitteln u. anderen in der Anstrichtechnik üblichen Materialien gemischt oder diese ersetzend verwendet werden können. — Tabellen. (**E. P. 874 868** vom 21/12. 1959, ausg. 10/8. 1961.) H. Schindler 7097

2367 American-Marietta Co., Stoner-Mudge Co. Division, Chicago, Ill., übert. von: Henry J. Bach, Mount Lebanon Township, Allegheny County, Pa., V.St.A., **Grundierungsmittel,** enthaltend in einem organ. Lsgm. gelöst eine Harzmischung aus 75—85 (Gew.-%) eines Gemisches von Vinylmischpolymerisaten (I) sowie 25—15 eines in Ggw. von Alkali gewonnenen Kondens.-Prod. aus 0,75—0,95 (Mol) Formaldehyd mit 1 eines wenigstens trifunktionellen Bisphenols. Mindestens 15% von I sind ein Mischpolymerisat mit Molgew. 6000—20000 aus 67—91 (Mol-%) eines Vinylhalogenids u. mit 0,15—5 einer α,β-ungesätt. Carbonsäure, deren Anhydrid oder Teilester, während der Rest von I auf ein Mischpolymerisat (Molgew. 20000) mit 92—97 eines Vinylhalogenids entfällt. (**A. P. 3 010 846** vom 2/11. 1959, ausg. 28/11. 1961.) P. Krug 7097

2368 Dow Chemical Co., übert. von: Gerald E. Clock, Walter E. F. Rupprecht und Ira J. Cummings, Midland, Mich., V.St.A., **Ausfüllen von Poren in Sperrholz und ähnlichen Platten.** Auf die defekten Oberflächen als Füllmasse gibt man eine Mischung aus einem wss. Polymerisatlatex u. mindestens 50 Gew.-% eines harten, teilchenförmigen Füllstoffs (Korngrößr 40—200 Maschen gemäß U.S. Standard-Sieb). Nach dem Antrocknen unterhalb 70° härtet man unter erhöhter Temp. u. Druck die Füllmasse aus. Hernach wird die Oberfläche geglättet oder mit Dekorationspapier bzw. Geweben verziert. Geeignete Latices sind z. B. solche auf Basis von Mischpolymerisaten aus Styrol u. Butadien, Polyvinylacetat oder tern. Mischpolymerisate aus Vinylidenchlorid u. Vinylchlorid mit einem Alkylacrylat als innerem Weichmacher. (**A. P. 3 011 903** vom 13/2. 1958, ausg. 5/12. 1961.) P. Krug 7097

2369 Carl E. Fisher, Clawson, Mich., V.St.A., **Zur Wasseranfärbung geeigneter Formstücke** enthalten lösl. Farbstoffe, wie Rhodamin B oder 6 G, Fluorescein, Methylviolett usw., die durch Mannit gebunden sind. Zu ihrer Herst. trägt man die Farbpulver in geschmolzenem Mannit ein, vergießt in Hohlformen u. läßt die Masse durch Abkühlen erstarren. Ggf. folgt noch Verpackung in wasserlösl. Folien. Die Stücke sind beim Lagern gegen hohe atmosphär. Feuchtigkeit u. erhöhte Temp. beständig u. geben nach Eintragen in W. kontinuierlich ihren Farbstoff ab. Als *Markierungsfarbe* auch für Meerwasser verwendbar. — Abbildungen. (**A. P. 3 048 464** vom 7/4. 1959, ausg. 7/8. 1962.) H. Kastner 7107

2370 Steel City Industries, Inc., übert. von: Robert C. Sefton, Pittsburgh, Pa., V.St.A., **Isolieranstrich.** Ein durch Spritzen einfach zu verarbeitendes, feuerfestes Isolieranstrichmittel mit niedrigem spezif. Gew. setzt sich zusammen aus 0,5—2,5 (Gew.-%) Polyvinylalkohol, 7,5—16 Asbest, 30—50 Gips, 5,5—13,5 Portlandzement, 25—40 leichten Füllstoffs, wie Vermiculite, Perlit, Schlacke u. a., u. W. zur Einstellung der Verarbeitungsviscosität. In einem Arbeitsgang können damit Schichten bis zu 2 in. Dicke auf *Bauwerksflächen* aufgetragen werden. (**A. P. 3 042 681** vom 25/5. 1959, ausg. 3/7. 1962.) H. Kastner 7107

2371 Minnesota Mining and Mfg. Co., Saint Paul, Minn., V.St.A. (Erfinder: James S. Casement und James R. Hinkley), **Selbsthärtende, lösungsmittelfreie Überzugsmasse für elektrische Geräte** im Tauchverf. enthält 100 (Gew.-Teile) eines fl. Epoxyharzes, ein fl. Polycarbonsäureanhydrid, z. B. Tetrapropenylbernsteinsäureanhydrid als Härter, einen kationmodifizierten Ton, z. B. Bentonit, ggf. tert. Amine als Härter, feinverteilte inerte, anorgan. Füllstoffe. (**E. P. 906 423** vom 17/10. 1958, ausg. 19/9. 1962.) M. Böttcher 7107

2372 American-Marietta Co., Stoner-Mudge Co. Division, V.St.A. (Erfinder: Edward Joseph Esswein und Naaman Freeman Barr), **Überzugsmittel** zum Überziehen der Innenwände von Biergefäßen unter Bldg. eines bei Pasteurisierungs-Temp. widerstandsfähigen Überzugs. Es enthält $\geqq$ 75 (Gew.-%) eines fl., einkernigen aromat. KW-Stoffs, $\geqq$ 18 eines festen Harzes aus einem Gemisch von Mischpolymerisaten A u. B. A besteht aus Vinylchlorid u. einem Diester der Malein-, Fumar- oder Chlormaleinsäure im Verhältnis von 98:2 bis 75:25. Es ist zu 25% in Toluol löslich. B enthält ein Polymerisat von Vinylchlorid u. einem Vinylester einer Fettsäure. Außerdem enthält das Mittel ein veräthertes Aminharz, das als Ätherkomponente einen gesätt., prim., einwertigen Alkohol mit 3—8 C-Atomen u. außerdem eine Polymethylol-Verb. eines Polyamins enthält. Letztere wird z. B. durch Rk. von Harnstoff, Melamin oder Benzoguanamin mit überschüssigem HCHO hergestellt. (**F. P. 1 288 960** vom 1/3. 1961, ausg. 16/8. 1962. A. Prior. 2/3. 1960.) M. F. Müller 7107

2373 Hercules Powder Co., übert. von: Walter S. Ropp, Hockessin, Wilmington, Del., V.St.A., **Überzugs- und Imprägniermittel.** Bis-(3-methoxypropyliden)-pentaerythrit reagiert bei erhöhter Temp. mit Polyhydroxy-Verbb. zu den gleichen filmbildenden Endprodd. wie Diallylidenpentaerythrit, aus dem er durch Rk. mit 2 Mol. Methanol gewonnen werden kann, wobei anstatt des störenden Acroleins Methanol freigesetzt wird. Man kann aus warmer wss. Lsg. verarbeiten. Nach der durch geringe Mengen Säure katalysierten Hitzehärtung, z. B. ½ Std. bei 150°, entstehen wasserunlösl. Filme. Die als Rk.-Partner geeigneten Polyhydroxide, wie Äthylenglykol, Maleinsäure oder Pentaerythrit, müssen wenigstens 10% prim. freie OH-Gruppen enthalten u. werden auf diese bezogen im stöchiometr. berechneten Verhältnis eingesetzt. Pigmente, andere Bindemittel u. auch organ. Lsgm. können mit verwendet werden. (**A. P. 3 042 630** vom 21/5. 1959, ausg. 3/7. 1962.) H. Kastner 7107

2374 Rohm & Haas Co., Philadelphia, übert. von: Everett F. Carman, Fort Washington, Pa., V.St.A., **Thermoplastische Überzugsmischung** auf der Basis von Copolymerisaten aus Acrylaten, Vinylmonomeren u. ungesätt. Carbonsäuren sowie stickstoffhaltigen ungesätt. Verbb. werden vor dem Auftragen mit 0,5—3% einer organ. Säure versetzt. — Beispiel: Zu einem 40%ig. in Toluol gelösten Copolymerisat aus 80 (Teilen) Methylmethacrylat, 12 Äthylacrylat u. 8 Methacrylamid werden 0,4 Maleinsäure gegeben. Zur Verarbeitung wird auf 20% Festkörper verdünnt. — Luft- u. ofentrocknende *Lacke für Metalle, Glas, Stein, Beton, Zement, Holz, Leder, Papier u. Textilien.* (**A. P. 3 037 955** vom 29/5. 1958, ausg. 5/6. 1962.) H. Kastner 7107

2375 Shell Oil Co., übert. von: Herbert A. Newey, Lafayette, Calif., V.St.A., **Substituierte Polyamine** der allg. Formel I (R = H oder Alkyl mit 1—10 C-Atomen,

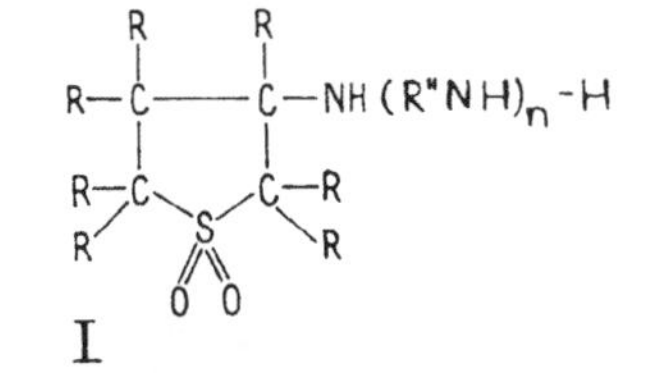

I

R'' = Alkylen mit 1—20 C-Atomen, wobei die Summe von R u. R'' 20 C-Atome nicht überschreitet, n = Zahl von 1—6) können hergestellt werden durch Rk. von 3-Sulfolen mit einem entsprechenden Amin bei 70—90° bzw. in Ggw. einer alkal. Substanz. — *Zusatzmittel für Polyepoxide, Schutzüberzüge.* (**A. P. 3 041 352** vom 22/12. 1958, ausg. 26/6. 1962.) R. Bauereis 7107

2376 Shawinigan Chemicals Ltd., West Montreal, Quebec, Canada, übert. von: Richard W. Rees, Wilmington, Del., V.St.A., **Herstellung von pigmentierten wässerigen Polymerisatemulsionen.** Man polymerisiert eine Mischung aus W., einer polymerisierbaren Verb., z. B. Vinylester, Acrylsäureester, Methacrylsäureester, Acrylnitril, Styrol, Mischungen davon oder Mischungen aus Butadienstyrol, einer wss. Pigmentdispersion, z. B. TiO_2, einem üblichen Netzmittel u. einem üblichen Schutz-Koll. in Ggw. eines Redoxkatalysators, der ein in W. lösl. Salz der Perschwefelsäure, ein reduzierendes Salz einer Oxysäure von S, ein lösl. Fe-Salz als Aktivator u. eine mit Fe Komplexe bildende Verb. enthält, unter Rühren bei einer Temp, die unter der Rückfluß-Temp. der Rk.-Mischung liegt. Man erhält koagulatfreie Emulsionen. — *Überzugsmittel.* (**A. P. 3 054 762** vom 29/12. 1958, ausg. 18/9. 1962.) L. Stadelmann 7107

2377 General Tire & Rubber Co., Akron, übert. von: Robert E. Bingham und Charles W. Beringer, Cuyahoga Falls, Ohio, V.St.A., **Suspensionspolymerisation von Vinylchlorid** oder dessen Mischung mit Vinylacetat. Man polymerisiert in Ggw. von 0,01—4% eines wasserlösl. Koll., das ein Mischpolymerisat ist aus Vinylacetat u. einem monoolefin. ungesätt. Lactam, das 4—7 C-Atome im Lactamring enthält, z. B. 1-Vinyl-2-pyrrolidon, 3-Allyl-2-pyrrolidon, 1-Vinyl-2-piperidon, 1-Butenyl-3-piperidon, 1-Vinyl-2-suberonisoxim oder 1-Amyl-2-vinyl-3-suberonisoxim. Die erhaltenen Polymerisate sind gelfrei. — *Überzugsmittel.* (**A. P. 3 053 801** vom 25/8. 1959, ausg. 11/9. 1962.)
L. Stadelmann 7107

2378 Shawinigan Chemicals Ltd., Montreal, Quebec, Canada, übert. von: Richard W. Rees, Wilmington, Del., V.St.A., **Herstellung von hydriertem Polyvinylchlorid** oder Vinylchlorid–Vinylacetat-Mischpolymerisat. Man setzt ein Vinylchloridpolymerisat, das in einem inerten Lsgm. gelöst ist, bei 20—150° u. erhöhtem Druck unter Abspaltung von HCl mit NH_3 um u. hydriert das ungesätt. Rk.-Prod. in Ggw. eines Hydrierungskatalysators, bes. Pd-Schwarz. — *Überzugsmittel.* (**A. P. 3 053 821** vom 23/7. 1959, ausg. 11/9. 1962.)
L. Stadelmann 7107

2379 Minnesota Mining & Mfg. Co., St. Paul, Minn., übert. von: Francis J. Honn, Westfield, N.J., und John M. Hoyt, Woodside, N.Y., V.St.A., **Kautschukartige Mischpolymerisate des Trifluorchloräthylens** erhält man durch Polymerisation einer Monomerenmischung aus mindestens 30 Mol.-% Trifluorchloräthylen, mindestens 30% Vinylidenfluorid u. mindestens 10% eines anderen Polyfluorolefins, z. B. 1.1-Chlorfluoräthylen, Trifluoräthylen, Perfluorpropen, Perfluorisobuten, Tetrafluoräthylen, 2-Chlorpentafluorpropen, Bromtrifluoräthylen oder 4.6.7-Trichlorperfluorhepten-(1), bei —30 bis +150° in Ggw. eines freie Radikale bildenden Katalysators. — *Überzugsmittel.* (**A. P. 3 053 818** vom 31/7. 1956, ausg. 11/9. 1962.)
L. Stadelmann 7107

2380 Allied Chemical & Dye Corp., New York, N.Y., übert. von: Michael Erchak jun., Morris Township, Morris County, N. J., V.St.A., **Herstellung oxydierter hochmolekularer Wachse.** Man setzt ein Polyäthylenwachs vom Molgew. 1000—3000 bei Schmelztemp. mit einem O_2 enthaltenden Gas, das in feiner Verteilung zur Einw. gebracht wird, in Ggw. oder Abwesenheit von Katalysatoren um u. erhält Hartwachse, die stabile, durchsichtige Emulsionen geben. — *Überzugsmittel.* (**A. P. 3 060 163** vom 15/6. 1955, ausg. 23/10. 1962.)
L. Stadelmann 7107

2381 Fukumatsu Niki, Nagaoka City, Japan, **Wasserfestmachende Mittel** erhält man durch Lösen von Paraffinwachs, festen oder fl. Chlorparaffinen, Harnstoffharz u. ggf. Naturharz in Bzn. u. Mischen mit Naturkautschuk-Lsg., Leinöl, Bleimennige, Füllstoffen u. ggf. Färbepigmenten. Daraus entstehen wasserdichte, haftfeste, zähe u. flexible Überzüge auf Geweben (z. B. für Regenumhänge), die gefaltet werden können u. schwerentflammbar sind, oder auf Bauobjekten, bes. Verputzflächen. — Beispiel: 30 (kg) Paraffinwachs, 7,5 Gummi-Lsg., 3,8 Chlorparaffinpulver, 6,4 Harnstoffharz, 18,8 Leinöl, 5,2 Bleimennige, 2,3 Gasruß u. 100 Liter Benzin. (**E. P. 907 147** vom 9/6. 1959, ausg. 3/10. 1962. Jap. Prior. 15/9., 20/9. u. 13/12. 1958.)
H. Kastner 7107

2382 **Dow Corning Corp.**, übert. von: **Harold A. Clark**, Midland, Mich., V.St.A., *Stabilisierte Organopolysiloxanharze.* (**A. P. 3 032 529** vom 30/6. 1958, ausg. 1/5. 1962. — C. **1962**, 6598 [E. P. 862 470].)

2383 **Schering Akt.-Ges.**, Berlin, *Herstellung von Polyurethanüberzügen.* (**E. P. 921 423** vom 21/7. 1959, ausg. 20/3. 1963. D. Prior. 23/7. 1958. — C. **1961**, 1384 [D. A. S. 1 086 372].)

2384 **Monsanto Chemical Co.**, St. Louis, Mo., V.St.A. (Erfinder: **Robert Joseph Frey jun.** und **Murray Herbert Roth**), *Polymerisation von Styrol in wässeriger Lösung.* (**Aust. P. 235 810** vom 5/12. 1958, ausg. 9/11. 1961. A. Prior. 9/12. 1957. — C. **1963**, 8767 [A. P. 2 961 420].)

H_{11b}. Plaste (Kunstharze, Plastische Massen)

2385 **Vergleich der Antioxydationsaktivität verschiedener butylierter aralkylierter Kresole.** R. B. Spacht, C. W. Wadelin, W. S. Hollingshead und D. C. Wills. (Ind. Engng. Chem., Product Res. Development **1**, 202—05, 1962; Akron, Ohio, Goodyear Tire and Rubber Co., Res. Div.; engl.) — Die Eignung von 2-Benzyl- (**I**), 2-[α-Methylbenzyl]- (**II**) u. 2-[α.α-Dimethylbenzyl]-4-methyl-6-tert.-butylphenyl (**III**), 2-[α-Methylbenzyl]-3-methyl-6-tert.-butylphenol (**IV**) u. 4-[α-Methylbenzyl]-2-methyl-6-tert.-butylphenol (**V**) als Stabilisatoren für verschiedene Polymere (cis-1.4-Polyisoprene u. „Plioflex 1510") u. als Antioxydantien für Vulkanisate des natürlichen Kautschuks wird untersucht. Von den untersuchten Verbb. weist **III** die schlechtesten u. **I** die bei weitem besten Antioxydantien-Eigg. auf. Es scheint einen optimalen Wert der ster. Hinderung von alkylierten Phenolen für deren maximale Antioxydantienaktivität zu geben. Phenol-Derivv., deren ster. Hinderungswerte über oder unter diesem optimalen Wert liegen, weisen, wenn andere Effekte konst. gehalten werden können, eine geringere Antioxydantienaktivität auf.
I. Köditz 7170

2386 **Das Schrumpfen plastischer Massen.** I. Sch. Pik und A. Ss. Ssindarowskaja. (Plast. Mass. [UdSSR] **1960**, Nr. 4, 30—34; russ.) — Um das starke *Schrumpfen* bei der Herst. von Prodd. aus plast. Massen zu vermeiden, wird entsprechend für Pheno- u. Aminoplaste eine Preßtemp. von 50 u. 35° vorgeschlagen. Eine Tabelle mit optimalen Preßbedingungen für einige Werkstücke wird angegeben.
Nadja Winkler 7170△

2387 **Die Widerstandsfähigkeit von Kunststoffen gegen Termiten.** Günther Becker. (Materialprüfung **5**, 218—32, 1963; dt.) — Im Labor. wird die Widerstandsfähigkeit von 50 verschiedenen Kunststoffen (Phenoplast-, Aminoplast- u. sonstige Kondens.-Kunststoffe, Polyadditions- u. Polymerisationskunststoffe, Natur- u. Synth.-Kautschuk, Kunststoffe aus Naturstoffen) unter opt. Klimabedingungen gegenüber dem Befall von Termiten (*Kalotermes flavicollis* Fabr., *Reticulitermes lucifugus* Rossi als var. *santonensis* Feytaud, *Heterotermes indicola* Wasmann, *Odontotermes transvaalensis* Sjöstedt u. *Nasuitermes ephratae* Holmgren) untersucht. Aus den Ergebnissen werden Schlußfolgerungen über die Eigg. von Kunststoffen, die Beziehung zwischen Härte u. Termitenfestigkeit sowie über die Eignung u. Zweckmäßigkeit von Vers.-Anordnungen gezogen. Die erhaltenen Ergebnisse werden mit Angaben anderer Autoren verglichen.
I. Köditz 7170△

2388 **Das Färben von plastischen Massen, insbesondere von Polyolefinen.** C. Musgrave. (J. Soc. Dyers Colourists **77**, 638—45, 1961; Rhodes, Manchester, Geigy Co. Ltd., Plastics Chem. Div.; engl.) — Die Eigg. der Farbstoffe für plast. Massen (**A**) u. die verschiedenen Farbstoffklassen, wie saure, bas. u. lösungsmittellösl. Farbstoffe, anorgan. u. organ. Pigmente (metallfreie u. metallhaltige Farbstoffe, Toner, Küpenfarbstoffe), die zum Färben von **A** besonders geeigent sind, werden besprochen. Infolge der wachsenden Bedeutung der Polyolefine wird auf das Färben dieser Polymeren näher eingegangen. Bei der Auswahl der Farbstoffe müssen dabei die Dispergierbarkeit, Hitzebeständigkeit, Lichtechtheit, das Kalken u. die Toxizität besonders beachtet werden.
R. Bamberger 7172◇

2389 **Kristallisation von Polypropylen mit hohem Aschengehalt und mit großem Anteil an ataktischer Phase.** Josef Majer. (Kunststoff-Rdsch. **8**, 529—32, 1961; Brno, ČSSR, Forsch.-Inst. für makromol. Chem.; dt.) — Die Abhängigkeit der Kristallisations-Geschw. von rohem Polypropylen (**A**) von der Temp. nach der Desaktivierung des Katalysators wird untersucht. Der Verlauf der Kristallisation bei 100—145° wird gravimetr. an **0,7** mm dicken Folien von **A**, das durch Polymerisieren von $CH_3CH{:}CH_2$ in Ggw. von $Al(C_2H_5)_3$ + $TiCl_3$ + $Zn(C_2H_5)_2$ hergestellt wurde, verfolgt. Der opt. F. beträgt 163°. Die untersuchten Proben enthalten 1,3 Gew.-% Asche u. 17,5 Gew.-% amorphe Anteile. **A** wird mit 4.4'-Butyliden-bis-[3-methyl-6-tert.-butylphenol] stabilisiert. Die Inhärentviscosität (0,1 g/100 ml Tetrahydronaphthalin) beträgt 2,1 ($\pm 0{,}2_{max}$) dl/g. — Die erhaltenen Werte werden mit denen anderer Autoren verglichen.
I. Köditz 7172

2390 **Die Anwendungen der Polyisobutylene.** T. Garlanda. (Materie plast. **27**, 397—01, 731—36, 1961; ital.) — Zusammenfassende Beschreibung der phys. u. chem. Eigg. u. der verschiedenen Anwendungen von reinem Polyisobutylen.
G. Piekarski 7172◇

2391 **Polymerisation von Butadien mit Alkylaluminium und Kobaltchlorid.** Morris Gippin. (Ind. Engng. Chem. Product Res. Development **1**, 32—39, 1962; Akron, Ohio,

Firestone Tire & Rubber Co., Chem. u. Phys. Res. Labor.; engl.) — Durch das Syst. $CoCl_2$ oder $CoCl_2$–Pyridin u. $(C_2H_5)_2 \cdot AlCl$ (I) gelingt bei 5° die Polymerisation von Butadien zu einem *Polybutadien* mit 98% cis-Struktur. Bzl. dient bei der Polymerisation als Lsgm.; Zusatz von W. oder O_2 aktiviert den Katalysator. Optimal sind 20—60 Mol-% O_2 bzw. 10 Mol-% W. bezogen auf I. Die Verw. von $CoCl_2 \cdot 6 H_2O$ gibt nur einen schwach wirksamen Katalysator. Vom $CoCl_2$–Pyridin-Komplex werden nur geringe Mengen benötigt (0,006 bis 0,5 mMol/100 g Monomer); auch hier ist der Zusatz von 10 Mol-% W. bezogen auf I optimal. Bei Variation des Verhältnisses $CoCl_2$–Pyridin/I steigt der Anteil an 1.4-cis-Verb. mit steigendem I-Anteil (Maximum 98% mit 20 mMol I u. 0,02 mMol $CoCl_2 \cdot$Pyridin). Verw. von W. enthaltenden organ. Substanzen [A., Phenol, C_2H_5SH u. $(C_2H_5)_2NH$] hat die gleichen Wrkg. wie der Einsatz von W.; die wirksamen Rk.-Prodd. bei der Rk. von I mit W. bzw. O_2 scheinen zu sein: $AlC_2H_5 \cdot (OH)Cl$ bzw. $AlC_2H_5(OC_2H_5)Cl$, bei der Desalkylierung geben diese Verbb. AlOCl, so daß der Co-Katalysator ein $AlCl_3$ in einer besonders akt. Form ist. Mit steigendem Pyridin-Geh. des $CoCl_2$–Pyridin-Komplexes (1, 2 bzw. 4 Mol auf 1 Mol) sinkt das Molgew. des Polymeren ab. Beim $CoCl_2$–Pyridin-Komplex sinken mit steigender Polymerisations-Temp. Umsatz u. Ausbeute an 1.4-cis-Verb. etwas ab. Erniedrigung des Monomeren-Geh. im Lsgm. erhöht den cis-Geh. u. erniedrigt die Menge an polymerem Gel. Verw. von Hexan an Stelle von Bzl. als Lsgm. erniedrigt den Umsatz; der cis-Geh. bleibt unverändert. Die Polymerisations-Geschw. ist proportional der Katalysator-Konz. u. etwa proportional der Monomerenkonzentration. Alterung des Katalysators (60 Min. langes Stehen vor Zugabe des Butadiens) senkt den Umsatz von 82,5 auf 41%. Das Syst. $Al(iso\text{-}C_4H_9)_3/CoCl_2$ arbeitet von Raum-Temp. bis 50° mit maximalem Umsatz bei einer Menge von 50 mMol $CoCl_2$/100 g Monomeres. Die Verw. eines Pyridin-Komplexes ist unbefriedigend. Die Verw. von $CoCl_2 \cdot 6 H_2O$ ist bei diesem Syst. erfolgreich. Verw. von 124/50 mMol $Al(iso\text{-}C_4H_9)_3/CoCl_2 \cdot 6 H_2O$ bei 50° gibt bei 94,4%ig. Umsatz 92% cis-Polybutadien; bei 5° entstehen nur harzige Substanzen. K. Gröbe 7172◇

2392 **Anomales Verhalten eines Aerosols, das durch Zerstäubung von monodispersem Polystyrollatex erhalten wird.** G. Langer und A. Lieberman. (J. Colloid. Sci. **15**, 357—60, 1960; Chicago, Ill., Illinois Inst. of Technol., Armour Res. Foundation; engl.) — Die Einheitlichkeit der Aerosolteilchen wird untersucht, u. es wird festgestellt, daß der Stabilisator einmal die Teilchengröße erhöht u. außerdem selbst in trockner Luft das W. bindet, so daß das Aerosol bis zum Erhitzen auf 340° F stabil bleibt. Im Elektronenmikroskop lassen sich Fremdteilchen feststellen, deren Existenz wahrscheinlich auf den Stabilisator zurückzuführen ist. Es wird gezeigt, daß die Zerstäubung von monodispersem Polystyrollatex nicht unbedingt monodisperse Aerosole liefert. K. Huste 7172◇

2393 **Kalt-Bearbeiten von Polyäthylen.** Bryce Maxwell und Paul H. Rothschild. (J. appl. Polymer Sci. **5**, S 11 bis S 13, 1961; Princeton, N.J., Princeton Univ., Plastics Labor.; Schenectady, N.Y., Gen. Electr. Comp., Gen. Engng. Labor.; engl.) — Die Charakteristiken der Kaltbearbeitung durch Kaltrollen u. durch Druckformen in einer geschlossenen Preßform von verschiedenen Sorten Polyäthylen (Ziegler, Phillips, Branched) werden aufgezeigt. Unter Kaltbearbeitung von thermoplast. Hochpolymeren wird die mechan. Beanspruchung in einem Temp.-Bereich oberhalb der Übergangs-Temp. in den glasartigen Zustand aber unterhalb des kristallinen F. verstanden. Durch die Kaltbearbeitung tritt eine Dichteerhöhung des Materials von 0,1 bis 0,2% auf, die die Orientierung der Struktur, aber nicht den Kristall-Geh. beeinflußt. H. Strauch 7172◇

2394 **Die Alterungsbeständigkeit von Ziegler-Polyäthylen-Rohren.** K. Richard, E. Gaube und G. Diedrich. (Materialprüfung **5**, 213—17, 1963; Frankfurt/M.-Höchst, Farbwerke Hoechst Akt.-Ges.; dt.) — Aus 7jährigen Alterungs-Verss. mit Ziegler-Polyäthylen-Rohren im Freien u. in belüfteten Wasserbädern von 40—100° läßt sich der Schluß ziehen, daß Trinkwasserrohre aus Hostalen GM 5010 eine Alterungsbeständigkeit aufweisen, die weit über die geforderte Mindestdauer von 50 Jahren hinausgeht. I. Köditz 7172△

2395 **Epoxid-Weichmacher.** 1. Mitt. Krystyna Płochoka. (Polymery-Tworzywa wielkocząsteczkowe **8**, 4 bis 7, 1963; Inst. Tworzyw Sztucznych; pol.) — Überblick über die zur Verfügung stehenden Epoxidweichmacher, ihre Synth., ihren Einfl. auf die Eigg. von plastiziertem PVC sowie über einige Anwendungsmöglichkeiten. I. Köditz 7172△

2396 **Zur Bezeichnung des organischen Glases.** Walter Bauer. (Kunststoffe **52**, 261—65, 1962; Darmstadt; dt.) — Der Begriff „Glas„ als allg. Zustandsbegriff im Bereich der makromol., amorphen Substanzen wird erläutert u. damit die Berechtigung zur Bezeichnung von Polymethylmethacrylaten als „organ. Glas“ begründet. R. Helbig 7172◇

2397 **Die strahlenchemische Polymerisation des monomeren Methylmethacrylats zu Polymeren.** Otto F. Joklik. (Chem. Techn. **13**, 357—61, 1961; Rom; dt.) — Am Beispiel der strahlungschem. Polymerisation von Methylmethacrylat wird die großtechn. Anwendungsmöglichkeit energiereicher Strahlen (Multicurie-^{60}Co-Strahlungsquelle) in der industriellen organ. Chemie erläutert. Mit der strahlungschem. Polymerisation kann die Polymerisation auch ohne Zusatz von Katalysatoren bei Raum-Temp. durchgeführt werden, wodurch die infolge des Erhitzens des Monomeren bei der üblichen Polymerisation auftretenden techn. Schwierigkeiten vermieden werden. Da γ-Strahlen an der Polymerkette akt. Zentren erzeugen, läßt sich mit ihnen auch ohne weiteres eine Vernetzung linearer Polymerer erreichen. Die strahlungschem. initiierte Polymerisation weist alle Vorteile der UV-Polymerisation auf. Durch Temp.-Änderung läßt sich eine Kontrolle u. Beeinflussung des Molgew. erreichen. I. Köditz 7172△

2398 **Extrudierte Platten aus Polymethylmethacrylat.** P. Musso. (Materie plast. **27**, 351—60, 1961; Milano, Soc. Montecatini; ital.) — Allg. Beschreibung der Vor- u. Nachteile bei der Herst. von Gegenständen aus Polymethylmethacrylat nach dem Verf. der Blockpolymerisation in Formen u. nach dem Extrusions-Verf. aus Granulat; Anwendungsbeispiele für letzteres Verfahren. G. Piekarski 7172◇

2399 **Synthetische Harze.** H. Warson. (Paint Manufact. **32**, 207—08, 210—13, 1962; engl.) — Überblick über Mischpolymere des Vinyllaevulinats mit Vinylacetat, Vinylchlorid Styrol usw., die Polymerisation von Vinylacetat, über Acetale, anorgan. Vinyl-Derivv., Metallvinyl-Derivv., Acrylsäure u. Methacrylsäureester, Methacrylsäure u. -amide, Acrylonitrilpolymere, Polystyrol u. Derivv., Polyäthylen, KW-Stoffpolymere, Allylpolymere, vernetzte Vinylharze sowie über die freie Radikalpolymerisation u. physikal. Untersuchungen. — 83 Literaturangaben. I. Köditz 7172

2400 **Die Kondensation ungesättigter Polyester.** 1. Mitt. Zofia Kłosowska. (Polimery — Tworzywa wielkocząsteczkowe **8**, 9—13, 1963; Inst. Tworzyw Sztucznych; pol.) — Die Kondens.-Verf. von Polyestern aus verschiedenen Säuren u. Säureanhydride sowie die Meth. für die Best. des Polymerisationsgrades u. der Veresterungs-Geschw. werden beschrieben. Die verschiedenen Neben-Rkk., die während der Polykondens. ablaufen, u. der Einfl. des 2stufigen Kondens.-Prozesses auf die Polydispersität der erhaltenen Prodd. werden untersucht. I. Köditz 7176△

2401 **Abhängigkeit der dielektrischen Eigenschaften von Polyäthylenterephthalat von der Temperatur und der Frequenz.** W. Conti und F. Protospataro. (Materie plast. **27**, 321—26, 1961; ital.) — Die bekannten Abhängigkeiten der DK (ε) von *Polyäthylenterephthalat* (**A**), wie Erhöhung der ε bei abnehmender Frequenz u. bei erhöhter Temp., werden durch Anwendung der Meth. der „red. Variablen“ durch eine einzige Beziehung (Diagramme) ausgedrückt. Ebenso wird die Abhängigkeit des dielektr. Verlustfaktors von der Frequenz u. der Temp. gekennzeichnet. Für 60° u. 100 kHz z. B. kann ε aus dem ablesbaren Wert für ε_r (red. ε) von 3,13 aus der Formel $\varepsilon_r = (\varepsilon - \varepsilon_\infty)\, T\varrho_0/T_0\varrho + \varepsilon_\infty$ zu 3,09 berechnet werden ($\varepsilon_\infty = 2{,}77$, $T_0 = 298°$ K, ϱ-Werte aus Diagramm Dichte/Temp. für **A**). G. Piekarski 7176◇

2402 **Die Reaktionskinetik der Kondensation von Harnstoff mit Formaldehyd bei hohen Temperaturen.** W. N. Gorbunow und Ss. Ss. Rydwanowa. (Plast. Massen [UdSSR] **1960**, Nr. 4, 5—8; russ.) — *Harnstoff* wird im Ölbad bei 140—180° u. pH 5,5—7,0 mit *Formaldehyd* kondensiert. Die Verss. zeigen, daß höhere Temp. die Rk. beschleunigen u. die Herst. von *Harnstoffharzen* guter Qualität begünstigen. Bei 170—180° zersetzt sich das Harnstoffharz. K. Wekua 7180□

2403 **Eine Schnellmethode für die Fraktionierung von Polyamiden.** Eligia Turska und Jadwiga Matuszewska-Czerwik. (Polimery — Tworzywa wielkocząsteczkowe **8**, 13—16, 1963; Łódź. Politechn., Katedra Chem. Fiz. Polimerow.; pol.) — Die beschriebene Meth. ermöglicht, eine vorliegende Polyamidprobe in 5—6 Tagen bei 25° in 16 Fraktionen zu zerlegen. Die Meth. beruht auf der Verteilung der Fraktionen in 2 fl. Phasen, einem Lsgm. für Polyamid [Phenol/Tetrachloräthan (1:1)] u. einem Nichtlsgm. (n-Hexan). Die Differentialverteilungskurve der Molgew. der erhaltenen Fraktionen wird mit der Flory-Kurve u. die nach dieser Kurve erhaltenen Werte mit den nach Łaczkowski erhaltenen Werten verglichen. I. Köditz 7180△

2404 **Polyamide in der Extruderverarbeitung.** Richard Pflüger. (Kunststoffe **52**, 273—82, 1962; Ludwigshafen/Rh., Bad. Anilin- u. Sodafabrik Akt.-Ges., Anwendungstechn. Abt., Kunststoff-Rohstofflabor.; dt.) — Übersicht über Polyamidstrangpreßmassen u. ihre Verarbeitung auf dem Extruder. R. Helbig 7180◇

2405 **Katalytisches Niederschlagen und Aufpfropfen von Olefinpolymeren auf Cellulosematerial.** Douglas J. Bridgeford. (Ind. Engng. Chem. Product Res. Development **1**, 45—52, 1962; Danville, Ill., Tee-Pak, Inc., Res. and Dev. Dep.; engl.) — Die Möglichkeit, der Pfropfpolymerisation von Cellulose (**A**) mit Olefinpolymeren mit Hilfe von an **A** gebundene metall. oder nichtmetall. Katalysatoren wird untersucht. Hierzu wird **A** mit einer (bes. wss.) Lsg. des Katalysators [Fe(II)-Ammoniumsulfat, $AgNO_3$, $SnCl_2$, Cu(II)-Ammoniakat, $N_2H_4 \cdot H_2O$, Triäthanolamin oder $UO_2(NO_3)_2$ in einem Kolben oder einer Ionenaustauscherkolonne stehengelassen; die OH-Gruppen von **A** binden den Katalysator. **A** wird dann in dem Monomeren suspendiert u. Polymerisationsinitiatoren (H_2O_2, Dibenzoylperoxid, Persulfat, tert.-Butylhydroperoxid) werden hinzugefügt. Das Syst. wird erhitzt bzw. mit Licht bestrahlt. Derart können auf **A** gepfropft werden: Polyacrylsäure, Polyacrylonitril, Poly-2.5-dichlorstyrol, Polyallylacrylat, Polyvinylidenchlorid, Polymethylmethacrylat, Polystyrol, Polyvinylacetat, Polybutylacrylat, Polyäthylacrylat, Poly-(N.N-dimethylaminoäthyl)-acrylat, Poly-p-chlorstyrol. Dieses Pfropfverf. kann auch bei anderen Polymeren, wie Proteine (Seide, Wolle, Casein), Agar-Agar, Alginsäure, Stärke sowie Polycaprolactam u. oxydiertes Polyäthylen angewandt werden u. führt zu Eigg.-Verbesserungen dieser Verbindungen. K. Gröbe 7198◇

2406 **Untersuchung der Härtebestimmung von Plasten mit der Brinell-Methode.** Andrzej Iwasiewsicz, Jerzy Kapko und Franciszek Rudol. (Polimery — Tworzywa wielkocząsteczkowe **8**, 20—23, 1963; Krakow, Politechn., Zaklad Tworzyw Sztucznych; pol.) — Die Best. der Brinell-Härte von Plasten in Abhängigkeit von der verwendeten Belastung zeigt, daß bei $p < 50$ kg zu hohe Werte, bei $p = 50$ kg ein geringes Minimum u. bei $p > 50$ kg relativ konst. Werte mit leicht ansteigender Tendenz erhalten werden. Aus den erhaltenen Daten u. ihrer statist. Auswertung wird der Schluß gezogen, daß der Härte-Best. von weichen u. harten Plasten dieselben Parameter zugrunde gelegt werden sollten. Nur bei $p = 50$ kg u. einem Kugeldurchmesser von 5 mm werden vergleichbare Werte für unterschiedliche Plastarten erhalten. I. Köditz 7210△

2407 **Die colorimetrische Bestimmung der spezifischen Stabilität von Polyvinylchlorid.** Aleksy Potocki, Adolf Balas und Bernard Dudek. (Polimery — Tworzywa wielkocząsteczkowe **8**, 16—20, 1963; Gdańsk, Politechn., Katedra Technol. Chem., Zaklad Technol. Kanozukow i Gumy; pol.) — Die Meth. für die Best. der spezif. Stabilität von PVC werden diskutiert; eine colorimetr. Meth., die auf der Farb-Rk. von abgebautem PVC mit Pyridin beruht, wird beschrieben. Mit Hilfe dieser Meth. wird die Kinetik des Abbaus von PVC untersucht. I. Köditz 7210△

2408 **Polarographische Bestimmung von Nitrocyclohexan in der Caprolactamherstellung.** Ja. I. Turjan und P. M. Saitzew. (Betriebs-Labor. [UdSSR] **27**, 1329—31, 1961; Lissitschansk, Filiale des Inst. für Stickstoffind.; russ.) — Mit dem Elektronenpolarographen *PE-312* (Puffer-Lsg. W.-Methanol, pH 4,65) können in techn. Caprolactam 0,0003% *Nitrocyclohexan* mit einer Genauigkeit von ca. 3% bestimmt werden. Cyclohexan, Dicarbonsäuren, Cyclohexanol, Caprolactam u. der entsprechende Schwefelsäureester, $(NH_4)_2SO_4$, Trichloräthylen, Cyclohexanonoxim u. Bzl. stören nicht, Nitrophenol u. Nitrobenzol haben keinen wesentlichen Einfluß. E. Steinberg 7210◇

2409 **Photometrische Analyse von Siliconen.** 1. Mitt. **Analyse durch UV-Absorption.** Toshizo Uriu und Tomom Hakamada. (J. chem. Soc. Japan, ind. Chem. Sect. [Kōgyō Kagaku Zassi] **62**, 1421—28, 1959; Tôkyô-Ôta, Sin'etu-Kagaku, Tyûô-Kenkyûzyo; jap., Auszug: engl. S. A 88). — UV-Absorptionsspektren von verschiedenen Siloxanen mit CH_3- bzw. Phenylrest(en) werden bei 220 bis 300 mμ gemessen. Die Siloxane, die nur CH_3-Gruppen tragen, zeigen kaum eine Absorption bei > 240 mμ, während die in den Phenylgruppen direkt an Si gebunden sind, bei 270, 264, 259 u. 253 mμ deutlich absorbieren. Bei hochmol. Siloxanen beträgt der Mol.-Absorptions-Koeff. bei 264 mμ ca. 335 pro Phenylgruppe; die Phenylreste können also UV-spektrophotometr. bestimmt werden. Die Silicone, in denen 2 Phenylreste an Si gebunden sind, zeigen viel stärkere Absorption im Vgl. zu denen, bei denen nur ein Phenylrest an Si gebunden ist, bei < 240 mμ. Durch diese Meth. wird die Struktur einiger käuflicher Siliconöle geklärt. E. Maekawa 7210□

2410 **Photometrische Analyse von Siliconen.** 2. Mitt. **Infrarot-Absorptionsspektroskopische Analyse der Methylsilicone.** Toshizo Uriu, Sigeyuki Tanaka und Tadashi Wada. (J. chem. Soc. Japan, ind. Chem. Sect. [Kōgyō Kagaku Zassi] **62**, 1577—80, 1959; jap., Auszug: engl. S. A97.) — 1. vgl. vorst. Referat. — Polymerisierte Methylsiloxane mit $CH_3SiO_{1,5}$ bzw. $(CH_3)_2SiO$- oder $(CH_3)_2SiO_{1,5}$-Einheiten zeigen spezif. Absorption bei 11,9 bzw. 12,5 oder 13,0 μ; die Polymereneinheit kann durch diese Absorption qual. nachgewiesen werden. Die käuflichen Methylsilicone bestehen in den meisten Fällen aus bin. Kondensaten aus Einheiten mit den Zus. $CH_3SiO_{1,5}$ u. $(CH_3)_2SiO$. Beträgt der Molenbruch (T) der Einheit $CH_3SiO_{1,5} < 0,6$ in diesen Gemischen, so kann er durch Messen der relativen Absorptionsintensitäten $D_{13}/D_{11,7}$ bei 11,7 u. 13 μ gemäß $D_{13}/D_{11,7} = 0,387 + 1,80\,T/(T + D)$ berechnet werden, wo D der Molenbruch der Einheit $(CH_3)_2 \cdot SiO$ ist. Falls $T > 0,6$, wird er durch Vgl. der Absorptionsintensitäten bei 13 u. 12,5 μ gemäß $D_{13}/(D_{13} + D_{12,5}) = 0,485\,[T/(T + D)]\,2,44 + 0,235$ errechnet. E. Maekawa 7210□

2411 **Photometrische Analyse von Siliconen.** 3. Mitt. **Bestimmung des Verhältnisses Methyl-/Phenylrest in Siliconen durch Infrarot-Absorptionsspektrometrie.** Toshizo Uriu, Shigeyuki Tanaka und Hiroyoshi Yamamoto. (J. chem. Soc. Japan, ind. Chem. Sect. [Kōgyō Kagaku Zassi] **62**, 1581—83, 1959; jap., Auszug: engl. S. A97). — 2. vgl. vorst. Referat. — Zwischen den relativen Absorptionsintensitäten von σ_{CH} im CH_3- u. Phenylrest von Siliconen bei 3,4 u. 3,3 μ besteht folgende Beziehung: log {[Methyl]/[Phenyl]} = 1,50, log $(D_{3,4}/D_{3,3})$ + 0,20, wo [Methyl] bzw. [Phenyl] Mol-% des CH_3- bzw. Phenylrestes in den Siliconen sind. Gemäß dieser Gleichung kann das Verhältnis [Methyl]/[Phenyl] in Siliconen leicht bestimmt werden. E. Maekawa 7210□

2412 Laporte Chemicals Ltd., Kingsway, Luton, Bedfordshire, England (Erfinder: Thomas David Manly), **Tertiäralkylchlorperoxide** der allg. Formel (R) (R′) (R″)-COOCl (R, R′ u. R″ = gleiche oder verschiedene Alkylreste, die noch weitere Chlorperoxygruppen enthalten können, bes. mit 1—5 C-Atomen) erhält man durch Einleiten von Cl_2 in tert.-Alkylhydroperoxid in Ggw. von wss. Alkali u. bes. eines Lsgm. (PAe., Chlor-KW-Stoffe, Ester) unter —5°, bes. unter —10°, bis ein pH < 7 erreicht ist. — Aus 75 g 75%ig. tert.-Butylhydroperoxid in Ggw. von 26 g NaOH in 300 cm³ W. unter Einleiten von Cl_2 unter Rühren bei —15 bis —10° bis die Lsg. sauer wird → *tert.-Butylchlorperoxid*, zersetzt sich beim Erwärmen auf ca. 0°; die Rk. ist auch in Ggw. von PAe. durchführbar. — 2.5-Dimethylhexan-2.5-dihydroperoxid → *2.5-Dimethylhexan-2.5-bis-[chlorperoxid]*, viscoses Öl, das sich bei ca. 0° zersetzt. — *Polymerisationskatalysator.* (**E. P. 865 324** vom 21/11. 1958, ausg. 12/4. 1961.) G. Krauß 7171

2413 Badische Anilin- & Soda-Fabrik Akt.-Ges., Ludwigshafen/Rh. (Erfinder: Günther Hamprecht, Limburgerhof, und Ludwig Taglinger, Ludwigshafen/

Rh.), **Titan und Beryllium oder Zink enthaltende Cyclopentadienyl- oder Indenylkomplexe** der allg. Formel $[TiR_2X]_2MeX_2$ (R = Cyclopentadienyl, Indenyl; X = Halogen Me = Be, Zn) werden hergestellt durch Rk. von Verbb. der allg. Formel R_2TiX in einem inerten Lsgm. mit Metallhalogeniden MeX_2. R_2TiX kann aus einem Ti(III)-Halogenid u. Alkalicyclopentadienyl bzw. -indenyl in situ hergestellt werden. — Man erwärmt 106 (Gew.-Teile) $(C_5H_5)_2TiCl$ in 600 Raumteilen Bzl. unter Luft- u. Wasserausschluß mit 25 $BeCl_2$ 4 Std. auf 80°, kühlt ab → blaue Kristalle, die mit Bzl.-Dampf extrahiert werden → 140 $[(C_5H_5)_2TiCl]_2 \cdot BeCl_2 \cdot 2\,C_6H_6$, $C_{32}H_{32}BeCl_4Ti_2$, blaue Kristalle. — Analog: 106 $(C_5H_5)_2TiCl$ in 600 Raumteilen Toluol u. 25 $BeCl_2$ → 105 $[(C_5H_5)_2TiCl]_2 \cdot BeCl_2$, $C_{20}H_{20}BeCl_4Ti_2$, grüne Kristalle. — $[(C_5H_5)_2TiCl]_2 \cdot ZnCl_2 \cdot 2\,C_6H_6$, $C_{32}H_{32}Cl_4Ti_2Zn$, blaugrüne Kristalle. — *Katalysatoren* für Polymerisationen u. Oligomerisationen. (**D. A. S. 1 153 749** Kl. 12o vom 7/3. 1961, ausg. 5/9. 1963.) A. Debo 7171

2414 Continental Oil Co., Ponca City, Okla., V.St.A., **Herstellung eines Katalysators für die Polymerisation von ungesättigten Kohlenwasserstoffen,** wie von α-Olefinen, Diolefinen u. Acetylenen. Man dispergiert Na oder K u. $TiCl_3$ in einem fl. Alkan, fügt eine Lsg. eines chlorsubstituierten KW-Stoffes mit 3—20 C-Atomen in einem fl. Alkan zu u. erhitzt ½—3 Std. in einer inerten Atmosphäre auf 20—70°. (**E. P. 855 757** vom 28/4. 1959, ausg. 7/12. 1960. A. Prior. 30/6. 1958.) M. Schaber 7173

2415 Farbwerke Hoechst Akt.-Ges. vormals Meister Lucius & Brüning, Frankfurt/M., **Herstellung von metallorganischen Mischkatalysatoren zur Niederdruckhomo- oder -Mischpolymerisation von α-Olefinen** durch Umsetzung von $^1/_6$—$^1/_3$ Mol Alkylaluminiumsesquichlorid (I) oder $^1/_4$—$^1/_2$ Mol Alkylaluminiumdihalogenid (**II**) mit äquimol. Mengen Al-Trialkyl (**III**) oder von $^1/_6$—$^1/_3$ Mol Al-Trihalogenid (**IV**) mit der doppelten Menge **III** oder von m Mol (m = $^1/_3$—$^1/_2$) **I** mit 1—2m Mol **III** oder von n Mol (n = $^1/_2$—1) **II** oder n Mol (n = $^1/_3$—$^1/_2$) **IV** mit (1—n) Mol **III** in einem inerten Lsgm., bes. einer Erdölfraktion oder acycl. KW-Stoffen bei 0,1—10 mol. Konz. der Al-organ. Verb., Behandeln des Prod. bei —80 bis +40° mit Ti-Tetrahalogeniden, bes. $TiCl_4$, anschließendes Tempern bei 40—150° u. nochmalige Umsetzung mit **III** im Mol-Verhältnis von 0,6 bis 1,5 pro Mol **II**. Ein so hergestellter Kontakt enthält ein red. Ti-Tetrachlorid, 1—1,6 Mol Dialkylaluminiumhalogenid u. ≦ 0,3 Mol **III** pro Mol Ti. — Beispiele. (**Oe. P. 217 478** vom 20/1. 1960, ausg. 10/10. 1961. D. Prior. 22/1. 1959.) G. Colsmann 7173

2416 Badische Anilin- & Soda-Fabrik Akt.-Ges., Ludwigshafen/Rh. (Erfinder: Günther Hamprecht, Limburgerhof, Heinrich Grubert, Heidelberg, und Matthias Schwarzmann, Ludwigshafen/Rh.), **Organotitanaluminiumkomplexe** der allg. Formel $(C_5H_5)_2TiAlR_mX_{(3-m)}$ mit Ti^{2+} (R = Alkyl, Aryl, Cycloalkyl, Cyclopentadienyl; X = Cl, Br, J, m = 1, 2, 3) werden hergestellt durch Rk. von Titan(II)-Halogenid mit Cyclopentadienylalkalimetall u. $AlR_mX_{(3-m)}$ in einem inerten organ. Lsgm. bei Temp. zwischen —20° u. der Zers.-Temp. der Komplex-Verb., bes. zwischen +20 u. +100°. — Zu 30 (Teilen) feingemahlenem $TiCl_2$, 200 Bzl. u. 45 NaC_5H_5 gibt man langsam unter Luft- u. Feuchtigkeitsausschluß u. Rühren 31,5 $(C_2H_5)_2AlCl$, anschließend weitere 100 Bzl. u. rührt 2 Std. bei 50°. Man filtriert oder zentrifugiert u. dampft die rote Lsg. zur Trockne ein → 50 $(C_5H_5)_2TiAl(C_2H_5)Cl$, schwarze Kristalle aus Heptan, F. 108°. Die vorst. Verb. erhält man auch aus 44 NaC_5H_5, 75 $C_5H_5Al(C_2H_5)_2$ u. 60 $TiCl_2$. — Ähnlich erhält man $(C_5H_5)_2 \cdot TiAl(CH_3)_2Cl$, rotschwarze Kristalle aus Heptan, F. 121°. *Katalysatoren*, bes. für Polymerisation von Olefinen. (**D. A. S. 1 153 750** Kl. 12o vom 8/3. 1961, ausg. 5/9. 1963.) A. Debo 7173

2417 Chemische Werke Hüls Akt.-Ges. (Erfinder: Hermann Röhl und Werner Eversmann), Marl, **Pentamethylcyclopentadienyltitantrichlorid** (**I**) wird hergestellt durch Rk. von $TiCl_4$ mit ungesätt. aliphat. KW-Stoffen bei erhöhter Temp. u. erhöhtem Druck. — Man erhitzt 3225 (g) $TiCl_4$ u. 2330 fl. 93%ig. Isobutylen unter autogenem Druck 2 Std. auf 300° u. dest. → 1100 **I**, $C_{10}H_{15}Cl_3Ti$, Kp.$_4$ 194 bis 196°, F. 181° (aus Hexan), orange Kristalle. — Analog aus 1075 $TiCl_4$ u. 870 C_2H_4 → 85 **I**. — *Polymerisationskatalysator* für Olefine, *Zwischenprod.* für polymere Titanverbindungen. (**D. A. S. 1 153 365** Kl. 12o vom 22/9. 1961, ausg. 29/8. 1963.) A. Debo 7173

2418 N. V. de Bataafsche Petroleum Mij., Den Haag, Niederlande, **Katalysator-Kombination für Polymerisation von äthylenisch ungesättigten Verbindungen** oder deren halogensubstituierten Derivv., bestehend aus einem Additions-Prod. (I) eines Halogenids von Metallen der Gruppen IVa, Va oder VIa des Period. Syst. mit einer organ. Verb., die wenigstens eine Nitro-, Ester-, Acyl-, Sulfid- oder Ketogruppe enthält u. aus einer Organometallverbindung (**II**). In den Mengenbeispielen werden **I** aus $TiCl_4$ u. Nitrobenzol, F. 80—81°, $TiCl_4$ u. Benzonitril, F. 172° sowie aus $TiCl_4$ u. Diäthylformamid hergestellt, die nach Zusatz von $Al(C_2H_5)_3$ oder Al-Tributyl als **II** Äthylen, Propylen, 1-Buten, Butadien u. Styrol bei Rk.-Temp. von 40—50° zu festen Polymeren polymerisieren. Die Metallmengen in **I** u. **II** stehen im Verhältnis 1 : 1 bis 1 : 10 u. die von **II** zum Metallhalogenid wie 2 : 1 bis 8 : 1. Die verhältnismäßig schnell gebildeten Endprodd. haben Molgew. von 50000—1 Million. (**E. P. 851 583** vom 23/3. 1959, ausg. 19/10. 1960. A. Prior. 24/3. 1958.) H. Schindler 7173

2419 Olin Mathieson Chemical Corp., New York, N.Y., V.St.A. (Erfinder: Isadore Shapiro und Harold Gilbert Weiss), **Polymerisation von Olefin- oder Acetylenkohlenwasserstoffen** zwischen 10 u. 150° in Ggw. eines Katalysators aus oberflächenmodifizierten Oxiden des Si, Al, Mg, in deren Gelform an der Oberfläche H-Atome der OH-Gruppen durch $-BX_2$-Reste ersetzt sind (X = H, OH). Der Katalysator wird hergestellt aus Gelen, die nur noch gebundenes W. enthalten, durch Behandlung mit Diboran-Gas im Hochvakuum unter O_2- u. W.-Ausschluß. Mit diesem Katalysator kann auch Acetylen zu Bzl. cyclisiert werden. (**E. P. 857 143** vom 13/3. 1957, ausg. 29/12. 1960.) S. Purucker 7173

2420 Shell Internationale Research Mij. N. V., Den Haag, Niederlande (Erfinder: Edward Charles Shokal, Walnut Creek, und Glen Allison Short, Concord, Calif., V.St.A.), **Polymerisation von ungesättigten Monomeren,** bes. solchen, aus denen stereospezif. Polymeren gebildet werden können, dad. gek., daß man die Monomeren (I) in Ggw. einer Katalysatorzubereitung (II), welche Kristallsalze von Co, Mg oder Ce oder Mischungen davon enthält, deren Oberfläche mit einer dünnen Metallschicht von Ti, V, Co oder Zr oder Mischungen davon überzogen worden ist, in inerter Atmosphäre u. unter prakt. wasserfreien Bedingungen polymerisiert. Der **II** kann noch ein Metallalkyl mit nicht > 6 C-Atomen, bes. $Al(C_2H_5)_3$, zugesetzt werden. Die Kristallsalze sollen eine Teilchengröße von ca. 4—0,02, bes. 0,15—0,04 mm besitzen u. die Stärke der Metalloberfläche soll 1—1000, bes. 10—100 Mol betragen. Nach den Mengenbeispielen werden $CoCl_2$ (u. NaCl)-, $MgCl_2$-, $CeCl_3$- oder $CoBr_2$-Kristalle im Hochvakuum bei ca. 1500° mit Ti, V u. Zr bedampft. Als **I** werden Propylen, Äthylen, Styrol, Butadien, Isopren, Methyl-(meth-)acrylat, Acryl- (u. Methacryl-)säure u. Vinylchlorid unter Erwärmen polymerisiert. Die Endprodd. haben isotakt. Struktur, FF. von ca. 90—330° u. Molgew. 50000—1000000 u. eignen sich für Fasern, Filme u. Preßstoffe. (**D. A. S. 1 110 425** Kl. 39c vom 20/4. 1960, ausg. 6/7. 1961. A. Prior. 22/4. 1959.) H. Schindler 7173

2421 Eastman Kodak Co., V.St.A. (Erfinder: Harry Wesley Coover jun., Frederic Blount Joyner und Newton Henry Shearer jun.), **Polymerisieren von Olefinen** mit den P-Verbb. nach A. P. 2 969 345; C. **1963,** 11830, zusammen mit 1. Na, Li, K, Mg u. Zn, die an Ti- oder V-Tetrahalogenid assoziiert sind [z. B. ein Katalysator aus 1 (Mol) Na, 1 $TiCl_4$ u. 0,25 Hexamethyltriphosphoramid], 2. einem Halogenid eines Übergangsmetalles u. dem Metall-Deriv. R^1M^1, $R^1_2M^2$ u. R^1M^2X (R^1 = C_{1-8}-Alkyl-, Phenyl-, Benzylrest; M^1 = Na, K, Li; M^2 = Mg, Zn; X = Cl, Br, J; z. B. ein Katalysator aus 1 Amyl-Na, 1 $TiCl_4$ u. 0,5 Tris-N.N-dimethylphosphoramid [I]), 3. einer Verb. $R^2{}_3Al$ u. einem Ti- oder V-Trihalogenid [R^2 = C_{1-12}-Alkyl-, Aryl- oder Aralkylrest, z. B. 1 $(C_2H_5)_3Al$, 1 $TiCl_3$ u. 0,5 $OP[N(CH_3)_2]_3$], 4. einer Ti-Verb. u. einem polymeren, nicht destillierbaren Methylenhalogenid u. Mg, Zn oder Al (z. B. 1 des polymeren Rk.-Prod. von CH_2Cl_2 u. Al, 1 $TiCl_4$ u. 0,5 **I**), 5. dem Katalysator nach A. P. 2 969 345 (z. B. ein Katalysator aus 1 $C_2H_5AlCl_2$,

1 $TiCl_4$ u. 1 I), 6. einer Übergangsmetall-Verb. u. $R_3{}^2Al_2X_3$ (z. B. der Katalysator aus 1 Phenyl-Al-Sesquibromid, 1 $TiCl_3$ u. 0,5 I), 7. einem Übergangsmetallhalogenid u. einem Metallhydrid der Gruppe Ia u. IIa des Period. Syst. (z. B. dem Katalysator aus 1 NaH, 1 $TiCl_4$ u. 0,5 I), 8. einem Übergangsmetall, Al, Zn oder Mg u. Cl, Br oder J (z. B. ein Katalysator aus 0,6 g Al, 1 g Ti u. ca. 0,3 g Hexamethyltriphosphoramid), 9. einem Halogenid eines Übergangsmetalls u. einem Tetra-C_{1-12}-Alkyl–Al–Alkalimetallkomplex [z. B. ein Katalysator aus 1 $(C_2H_5)_4AlNa$, 1 $TiCl_4$ u. 0,5 I], 10. R^2AlX_2 u. einem Aklylat eines Übergangsmetalls (z. B. ein Katalysator aus 1 $C_2H_5AlCl_2$, 1 Tetradodecyltitanat u. 0,5 I). (**F. P. 1 231 089** vom 25/3. 1959, ausg. 26/9. 1960. A. Prior. 31/3. 1958.) M. Pankow 7173

2422 Eastman Kodak Co., V.St.A. (Erfinder: Harry Wesley Coover jun. und Newton Henry Shearer jun.), **Polymerisieren von α-Olefinen** mit einer Katalysatormischung aus der Verb. R_3Z (Z = N, P, As, Sb; R = H oder C_{1-12}-KW-Stoffrest, z. B. Methyl bis Dodecyl, Phenyl, Naphthyl; genannt sind z. B. Tributylphosphin, -amin, Triphenylphosphin, -arsin, -stibin, Diäthylanilin) u. als weiteren Komponenten den in F. P. 1 231 089; vorst. Ref. unter 1. bis 10. genannten Stoffen. So polymerisiert man Propylen in Heptan mit der Mischung aus 1 (Mol) Na, 1 VCl_4 u. 0,25 Tributylphosphin. (**F. P. 1 231 090** vom 25/3. 1959, ausg. 26/9. 1960. A. Prior. 31/3. 1958.) M. Pankow 7173

2423 Aries Associates, Inc., New York, N.Y., V.St.A., **Polymerisation von α-äthylenisch ungesättigten Monomeren** (Äthylen, Propylen, Styrol, Vinylfluorid, Vinylchlorid, Vinylester) in einer Suspension in organ. Lsgm. (I) von a) Metallsalzen, die in mehreren Wertigkeiten vorkommen, der Gruppen Ib, IIIb, IV, VI, VII, VIII des Period. Syst. (Halogenide, Acetylacetonate, fettsaure Salze) u. b) 0,1% eines Aktivators (Metall-Hydrid, -alkyl, -alkylhydrid, -alkylhalogenid, -alkylester), der ggf. in einem Lsgm. gelöst ist, das mit I mischbar oder darin lösl. ist. Als I sind genannt KW-Stoffe, halogenierte KW-Stoffe, Äther frei von anderen funktionellen Gruppen. (**E. P. 855 012** vom 28/12. 1956, ausg. 30/11. 1960. A. Prior. 29/12. 1955.) S. Purucker 7173

2424 Philips Petroleum Co., Bartlesville, Okla., V.St.A., **Herstellung isotaktischer Polymerer aus 1-Olefinen** durch Polymerisation in inertem fl. Verdünnungsmittel mit einem Katalysator aus a) einem bestrahlten Halogenid oder Oxyhalogenid eines Metalls der IV., V., VI. Nebengruppe u. b) einem Metall, Metallhydrid, Metall-Leg. oder einer Organometall-Verb. der I., II., III. Gruppe des Period. Systems. Die Bestrahlung von a) erfolgt mit α-, β-, γ- oder UV-Strahlen in einer Dosis zwischen $1 \cdot 10^2$ u. $1 \cdot 10^{11}$ r. (**E. P. 853 781** vom 8/9. 1958, ausg. 9/11. 1960. A. Prior. 25/9. 1957.) S. Purucker 7173

2425 Esso Research and Engineering Co., Elizabeth, N.J., V.St.A., **Reinigung von Verdünnungsmitteln** (I), wie Isopentan, Cyclohexan, Heptan, Bzl., Toluol, Xylol, die bei der *Niederdruckpolymerisation von Olefinen*, bes. *Propylen*, bei 0—100° in Ggw. von $TiCl_4$, $TiCl_3$, dieses auch in Mischung mit $AlCl_3$, u. einer reduzierend wirkenden Organometall-Verb. oder eines Alkali- oder Erdalkalihydrids als Katalysator verwendet wurden u. als Verunreinigungen Acetylaceton, Diacetyl u. Alkohole mit 1—8 C-Atomen enthalten, erfolgt dadurch, daß man die I mit einer verd., wss. Alkali-Lsg., z. B. 0,1—20, bes. 0,5—5%ig. wss. NaOH oder KOH u. anschließend mit W. wäscht, dann durch azeotrope Dest. trocknet u. destilliert. Gereinigt wird Xylol, aus dem vorher die Hauptmenge Methanol abdest. wurde. — Vorr., Zeichnung. (**E. P. 859 807** vom 24/9. 1959, ausg. 25/1. 1961. A. Prior. 10/11. 1958.) G. Krauß 7173

2426 Atlantic Refining Co., Philadelphia, Pa., V.St.A. (Erfinder: William Kenneth Griesinger und John Crawford Reid), **Polymerisations-Verfahren für ein KW-Stoff-Gas, das Propylen enthält** bei 125—315° u. 150—770 lbs./sq.in. mit 14—120% eines Katalysator-Adduktes aus BF_3, W. u. normalerweise fl. KW-Stoff, bezogen auf Gew.-Einheit des Propylen-Geh. einer Beschickung pro Stunde. (**E. P. 854 605** vom 13/6. 1958, ausg. 23/11. 1960.) S. Purucker 7173

2427 Yarsley Research Laboratories Ltd., Chessington, Surrey, England, **Farblose und kristallklare Polymerisate und Copolymerisate von Styrol und substituierten Styrolen,** die im Kern oder in der Seitenkette in α-Stellung substituiert sein können, mit guten elektr. Eigg. u. hohen Erweichungspunkten erhält man durch Polymerisation der Monomeren in wss. Emulsion bei Verw. von H_2O_2 als Katalysator u. eines quatern. Ammoniumsalzes der allg. Formel $R_1R_2R_3R_4NX$ (R_1 = Alkylrest mit mindestens 12 C-Atomen; R_2, R_3 u. R_4 = gleiche oder verschiedene Alkyl-, Aryl- oder Aralkylreste; X = Halogen) als Emulgator, anschließende Koagulation u. Extraktion mit einem aliphat. Alkohol von höchstens 3 C-Atomen, dessen Kp. mindestens 10° unter dem Erweichungspunkt des Polymerisats liegt, der bei seiner Siede-Temp. nicht quellend oder lösend auf das Polymerisat wirkt u. in dem das quatern. Ammoniumsalz leicht lösl. ist. Rk.-Temp. 0—100°; Konz. des Emulgators 0,1—5%, Konz. des H_2O_2 mindestens 01,%, bezogen auf die Monomeren; Konz. der Monomeren 15—50% der Gesamtmischung. (**E. P. 836 841** vom 20/2. 1957, ausg. 9/6. 1960.) M. Schaber 7173

2428 Farbenfabriken Bayer Akt.-Ges., Leverkusen (Erfinder: Heinrich Krimm und Hermann Schnell, Krefeld), **Herstellung von Mischpolymerisaten mit Phenolresten als Seitenketten.** Man polymerisiert p-Vinylphenole, die am Vinylrest durch KW-Stoffreste substituiert sind, mit anderen Vinylmonomeren in Ggw. von Lewis-Säuren, z. B. $AlCl_3$, $InCl_2$, $FeCl_3$ oder BF_3, oder ähnlich wirkenden Säuren, in homogene Phase. — Beispiel: Mischpolymerisat aus *p-Isopropenylphenol–Styrol*. — *Zwischenprodd.* zur Herst. von Kunststoffen. (**D. A. S. 1 153 527** Kl. 39c vom 19/6. 1961, ausg. 29/8. 1963.) L. Stadelmann 7173

2429 Union Carbide Corp., New York, N.Y., V.St.A. (Erfinder: Guido Bartolomeo Stampa und Alford Gailey Farnham), **Polymerisation von Olefinen** zu festen Polymerisaten, die frei von korrosiven Katalysatorrückständen sind, wird durchgeführt in Ggw. einer Organo-Al-Verb. der allg. Formel AlR_3 oder $AlHR_2$ (R = einwertiger KW-Stoff-Rest) u. eines teilweise hydrolysierten Alkylvanadats, dispergiert in einem inerten KW-Stoff, als Katalysator bei Temp. von 20—150°. — In eine Dispersion von 1,2 g $(C_2H_5)_4V_{10}O_{27}$, erhalten durch teilweise Hydrolyse von $(C_2H_5O)_3VO$, u. 3,29 g Al-Triisobutyl in 1000 cm³ Bzl. leitet man bis zu einem Druck von 2,67 at Äthylen ein u. hält 90 Min. bei 30° → 7,5 g Polyäthylen. Höhere Drücke ergeben höhere Ausbeuten. (**E. P. 857 106** vom 25/6. 1958, ausg. 29/12. 1960. A. Prior. 26/6. u. 19/7. 1957.) M. Schaber 7173

2430 L'Air Liquide, Soc. An. pour l'Étude et l'Exploitation des Procédés Georges Claude, Paris, Frankreich, **Polymerisation von Äthylen** in Ggw. eines Katalysators, bestehend aus $TiCl_4$ u. einem Prod., das durch Erhitzen von $AlCl_3$ u. einem Prod., das durch Erhitzen von $AlCl_3$ mit 0,8—5 Grammatomen Alkalimetall pro Mol $AlCl_3$ in Ggw. von Äthylen oder/u. H_2 entsteht, in einem inerten organ. Lsgm. u. bei einem Druck unter 200 kg/cm²·Mol. Verhältnis $AlCl_3/TiCl_4$ = 2—500. (**E. P. 839 425** vom 10/10. 1958, ausg. 29/6. 1960. F. Prior. 14/10. 1957 u. 30/5. 1958.) M. Schaber 7173

2431 Imperial Chemical Industries Ltd., London, England (Erfinder: Richard Derek Mulley und Percy Arthur Small), **Polymerisation von Äthylen** wird durchgeführt in Ggw. einer Mischung, bestehend aus einem Alkyl- oder Aralkylchlorid oder -bromid, bes. in einem inerten Lsgm., u. einer feingemahlenen Lsg. aus mindestens 20 (%) Al u. 20 Cu, bei 50—100° u. > 100 lbs./sq.in.g. — 4 g einer Leg. aus 50 Cu, 45 Al u. 5 Zn werden in einer Lsg. von 12 cm³ C_2H_5Br in 50 cm³ PAe. unter Ausschluß von Luft bei 50° fein gemahlen u. in einen Autoklaven gebracht. Nach Einleiten von Äthylen bei 20° bis zu einem Druck von 800 lbs./sq.in.g erhitzt man 15 Std. auf 70°. Nach Filtrieren u. Waschen → 13 g weißes Polyäthylen. (**E. P. 854 385** vom 18/10. 1957, ausg. 16/11. 1960.) M. Schaber 7173

2432 Mitsui Chemical Industry Co. Ltd., Tokio, Japan, **Polyäthylen** wird hergestellt durch Polymerisation von sauerstofffreiem Äthylen in einem sauerstofffreien Lsgm. bes. bei 1—10 at, 20—70° C u. in Ggw. eines Katalysators, der aus folgenden 3 Komponenten besteht: a) mindestens eine Verb. eines Metalls der 4., 5. oder 6. Nebengruppe des Period. Syst.; b) mindestens ein Al-Trialkyl, Dialkyl-Al-Halogenid oder Dialkylmonoalkoxy-Al; c) ein Prod., das durch Behandlung eines Gemisches aus a) u. b) mit O_2 oder einem organ. Peroxid in einem Lsgm. entsteht. — In eine Mischung aus 50 cm^3 Toluol, 0,25 mMol $Al(C_2H_5)_3$ u. 0,25 mMol $TiCl_4$ leitet man bei Raum-Temp. Luft ein, fügt 200 cm^3 Toluol u. ein Gemisch aus 3 mMol $Al(C_2H_5)_3$ u. 2,5 mMol $TiCl_4$ zu u. leitet bei 60° Äthylen ein → Polyäthylen, mittleres Molgew. 65000. (**E. P. 854 988** vom 26/2. 1957, ausg. 23/11. 1960. Jap. Prior. 7/3. 1956.) M. Schaber 7173

2433 Sequoia Process Corp., Redwood City, Calif., V.St.A., **Vergrößerung der Dehnung von linearem Polyäthylen** oder seinen Mischpolymerisaten durch Einarbeiten kleiner Mengen für Kautschuk als Beschleuniger oder Vulkanisiermittel bekannter Verbb., die S, Se, Te enthalten, u. eines Sulfonylhydrazids. Dann setzt man das Polyäthylen einer energiereichen, ionisierenden Strahlung von mindestens $1 \cdot 10^6$ rep. aus u. erhitzt anschließend mindestens 30 Min. auf 130—200°. (**E. P. 855 874** vom 12/3. 1957, ausg. 7/12. 1960. A. Prior. 15/3. 1956.) S. Purucker 7173

2434 Spencer Chemical Co., Kansas City, Mo., V.St.A., **Phosphorhaltige Äthylenpolymerisate.** Polyäthylen, das in der Kette Segmente der Struktur $-CH_2-CH(POCl_2)-CH_2-CH_2-$ oder $-CH_2-CH[PO(OH)_2]-CH_2-CH_2-$ aufweist, wird hergestellt durch Behandlung von Polyäthylen mit PCl_3 in Ggw. von Sauerstoff u. ggf. anschließende Hydrolyse der erhaltenen $POCl_2$-Gruppen. — Zu einer Lsg. von 50 g Polyäthylen (Dichte 0,916, Molgew. ca. 21000, Schmelzindex 8) in 300 cm^3 Tetrachloräthylen gibt man 25 cm^3 PCl_3, erhitzt auf 110° u. leitet 3 Std. Luft ein. Man gießt in heißes W. ein, filtriert u. reinigt → *P-haltiges Polyäthylen*, P-Geh. 0,6%. Verbesserte Eigg. gegenüber konventionellem Polyäthylen. (**E. P. 838 745** vom 29/1. 1958, ausg. 22/6.1960. A. Prior. 30/1. 1957.) M. Schaber 7173

2435 Union Carbide Corp., New York, N.Y., V.St.A., **Copolymerisate von Äthylen und Buten-(1)** erhält man durch Einleiten von Äthylen bei 25—100° in einen KW-Stoff als Lsgm., der ein Gemisch aus einem Ti-Ester, Ti-Halogenid u. einem Al-Trialkyl der allg. Formel $AlR_1R_2R_3$ (R_1, R_2, R_3 = gleiche oder verschiedenen Alkylgruppen) als Katalysator enthält, wobei Dimerisation von Äthylen unter Bldg. von Buten-(1) u. gleichzeitige Copolymerisation mit Äthylen erfolgt. — In 2000 cm^3 trockenes Cyclohexan, das 10 (mMol) $TiCl_3$, 12,5 Tetrabutyltitanat u. 50 Al-triisobutyl enthält, leitet man bei 60—65° 3 Std. Äthylen → 133 g Copolymerisat, Buten-(1)-Geh. 17,9%, $D.^{25}$ 0,908, Schmelzindex 0,144 (10 P-ASTM-Meth. D-1238-52 T modifiziert). Gute elektr. u. Tieftemp.-Eigenschaften. (**E. P. 855 761** vom 15/6. 1959, ausg. 7/12. 1960. A. Prior. 31/7. 1958.) M. Schaber 7173

2436 E. I. du Pont de Nemours and Co., übert. von: Robert Charles Doban, Wilmington, Del., V.St.A., **Verbessern der Adhäsionsfähigkeit von Oberflächen aus Polytetrafluoräthylen.** Die Oberflächen werden mit einer Dispersion eines koll. Fluorkohlenstoffharzes u. von koll. SiO_2 im Verhältnis 5 : 1 bis 20 : 1 überzogen. Danach wird die überzogene Oberfläche 0,1—5 Min. auf 500—550° erhitzt. (**A. P. 2 906 658** vom 5/2. 1958, ausg. 29/9. 1959.) F. Markhoff 7173

2437 Minnesota Mining and Mfg. Co., übert. von: Robert Herr, St. Paul, und Warren R. Beck, Mahtomedi, Minn., V.St.A., **Oberflächenbehandlung von Fluor-Kohlenstoff-Polymerisaten** zwecks Verbesserung der Benetzbarkeit durch Harze, Druckfarben oder Klebmittel. Man erhitzt die Oberfläche des Polymerisats auf mindestens 150°, ohne jedoch das Polymerisat zu zersetzen, u. bringt sie dann mit dem Dampf einer flüchtigen, leicht hydrolysierbaren Verb. von Si, Ti oder Ge, z. B. $TiCl_4$, in Ggw. von Feuchtigkeit in Berührung. — Abbildung. (**A. P. 2 898 229** vom 31/3. 1958, ausg. 4/8. 1959.) F. Markhoff 7173

2438 Ruhrchemie Akt.-Ges. (Erfinder: Heinz Noeske), Oberhausen, **Herstellung von Polyäthylen-Chlorierungsprodukten.** Man läßt Cl_2 auf feinverteiltes in Lsg. unlösl. Polyäthylen vom Erweichungspunkt oberhalb 200° u. Molgew. > 100000° bei höchstens 100° einwirken, wobei man das Polyäthylen während der Chlorierung mit Hilfe des Gases in einen schwebend wirbelnden Zustand versetzt. (**D. B. P. 976 427** Kl. 39c vom 17/7. 1954, ausg. 29/8. 1963. Anmeldung bekanntgemacht 8/11. 1956.) L. Stadelmann 7173

2439 Nordiske Fabriker De-NO-FA A/S, Fredrikstad, Norwegen, **Herstellung epoxydierter Öle.** Ungesätt. Öle, wie Herings-, Wal-, Soja- oder Leinöl, werden bis zu einer Jodzahl 80—100 hydriert u. dann in bekannter Weise expoxydiert. Derartige Öle sind bes. als *Weichmacher für Polyvinylchlorid* geeignet. (**Norw. P. 98 165** vom 8/10. 1958, ausg. 12/6. 1961.) K. H. Kähler 7173

2440 Argus Chemical Corp., Brooklyn (Erfinder: Arthur C. Hecker, Queens, und Mark W. Pollok, New York), N.Y., V.St.A., **Verhindern der Verfärbung von natürlichem Asbest als Füllstoff in thermoplastischen Polyvinylchloridmassen** bei der Herst. von Formkörpern. Den thermoplast. Massen wird als Schutzmittel eine aliphat. oder cycloaliphat. Verb., die zwei oder mehr alkohol. Hydroxylgruppen im Mol. enthält, einverleibt, z. B. Trimethyloläthan, Pentaerythrit, 2.2-Bis-[4'-hydroxycyclohexyl]-propan. — Vgl. A. P. 2 943 070; C. **1963,** 715. (**D. A. S. 1 137 203** Kl. 39b vom 25/9. 1958, ausg. 27/9. 1962. A. Prior. 11/10. 1957.) F. Markhoff 7173

2441 Flexa Industria Materia Plastiche S. p. A., Mailand, Italien, **Oberflächenbehandlung von Natur- oder Kunstharzfolien,** die eine Gewebeunterlage aufweisen können. Man erzielt eine der Sämischgerbung gleichende Beschaffenheit, wenn man die noch weiche Oberfläche bis zum teilweisen Eindringen mit Festteilchen bombardiert, bes. auf elektrostat. Weise, härtet u. die haftenden Teilchen mechan. entfernt. — Zeichnungen. (**It. P. 555 509** vom 27/2. 1956.) K. Koebke 7205

2442 Minnesota Mining & Mfg. Co., St. Paul (Erfinder: David E. Rice, Minneapolis), Minn., V.St.A., **Mischpolymerisate halogenierter Nitrosoalkane.** Man polymerisiert eine Mischung aus einem Mono- oder Dinitrosoalkan, z. B. Trifluornitrosomethan, 2-Hydroxyperfluornitrosoäthan, Tetrafluordinitrosoäthan, Heptafluornitrosopropan, 1-Nitroso-1.3.5.7.9.9.9-heptachlordodecafluornonan, mit ungesätt. organ. Verbb., bes. halogenhaltigen acycl. Olefinen, wie Vinylidenfluorid, 1.1-Difluorbutadien-(1.3), 2.2.2-Trifluoräthylvinyläther, in wss. Dispersion in Ggw. eines in W. u. den Monomeren unlösl. anorgan. Dispersionsmittels, z. B. $MgCO_3$, TiO_2, ZnO, MgO, $BaSO_4$, bei —50 bis 0°, bes. in Ggw. einer den Gefrierpunkt senkenden anorgan. wasserlösl. Verb., z. B. LiBr, $Zn(NO_3)_2$. — Hochmol., thermoplast. u. elastomere Mischpolymerisate. — Verw. als *Dichtungs-, Kleb- u. Überzugsmittel.* (**D. A. S. 1 153 173** Kl. 39c vom 9/3. 1962, ausg. 22/8. 1963. A. Prior. 27/3. 1961.) L. Stadelmann 7173

2443 Kurashiki Rayon Kabushiki Kaisha, Kurashiki City, Japan (Erfinder: Michijiro Akaboshi, Tsugio Kominami, Kikuji Uragami und Seigo Fukuda), **Verseifen von alkoholischen Polyvinylesterlösungen** erfolgt in einer näher beschriebenen App. (Zeichnung) derart, daß auf die an einer Zylinderinnenwand herabfließenden Lsgg. ein bas. Katalysator, bes. NaOH-Lsg., versprüht wird, so daß am Fuß der Vorr. der Polyvinylalkohol abgezogen werden kann. Die beiden Fll. u. der Rk.-Raum werden auf 50—90° erhitzt. (**E. P. 862 488** vom 27/7. 1959, ausg. 8/3. 1961.) H. Schindler 7173

2444 Consortium für elektrochemische Industrie G. m. b. H., München (Erfinder: Heinz Winkler, Burghausen/Obb., Walter Keil und Jürgen Smidt, München, und Joseph Heckmaier, Burghausen/Obb.), **Herstellung von Polyvinylacetatdispersionen,** dad. gek., daß die Polymerisation nach D. A. S. 1 046 314; C. **1960,** 2357, hier in Ggw. von sauren Salzen der H_2SO_3, durchgeführt wird. Bevorzugt wird $NaHSO_3$ bzw. die Anlagerungs-Verb. mit CH_2O in Mengen von 0,05—0,1 (Gew.-%), bezogen auf die Gesamtdispersion. Außerdem können noch 0,001—1 mehrwertige Metallionen bindende Stoffe, z. B. Essigsäure, Carboxyäthylcellulose oder ein Phosphorsäureteilester des Cocosfetts zugesetzt werden. — Mengenbeispiele u. Tabellen über die Stabilitätsverbesserungen u. mechan. Eigg. der Endprodukte. (**D. A. S. 1 122 703** Kl. 39c vom 4/8. 1959, ausg. 25/1. 1962.) H. Schindler 7173

2445 Röhm & Haas G. m. b. H., Darmstadt (Erfinder: Theodor Völker, Freiburg, Schweiz, und Klaus Ross, Darmstadt), **Herstellung von Mischpolymerisaten aus Acrylsäure- oder Methacrylsäureestern.** Man polymerisiert Gemische aus 1—50% eines quatern. Aminoesters der Acrylsäure oder Methacrylsäure, 1—50% eines tert. Aminoesters der Acrylsäure oder Methacrylsäure u. 50—98% eines oder mehrerer wasserunlösl. neutraler Ester der Acryl- oder Methacrylsäure in einem organ. Lsgm., bes. in Ggw. von W., unter Zusatz radikal. Beschleuniger. — Verw. als *haarkosmet. Mittel, Emulgiermittel, Lackgrundlage*. (**D. A. S. 1 153 529** Kl. 39c vom 9/9. 1961, ausg. 29/8. 1963.) L. Stadelmann 7173

2446 Ss. K. Chomjakowa und A. A. Berlin, **Herstellung löslicher Copolymerer** aus Acryl- oder Methacrylsäureestern u. tetra- oder polyfunktionellen Allyl- oder Vinylmonomeren in Ggw. von Azodiisobutyronitril (I) zur Vermeidung der Bldg. unlösl. Trimerer. — 10 (kg) Methylacrylat u. 1 Diäthylenglykol werden in 88 CH_3OH in Ggw. von 0,33 I 6—8 Std. bei 65—70° polymerisiert. (**UdSSR. P. 125 376** vom 12/11. 1949. **Zusatz zu UdSSR. P. 70 763; C. 1963, 13384.**) L. Großner 7173

2447 Badische Anilin- & Soda-Fabrik Akt.-Ges., Ludwigshafen/Rh. (Erfinder: Gerhard Norbert Schrauzer und Helmut Thyret, München), **Nickel(0)-Komplexe** werden hergestellt durch Rk. von $Ni(CO)_4$ mit alkylsubstituierten p-Benzochinonen unter O_2-Ausschluß. — 5 g Durochinon in 25 ml Bzl. kocht man mit 3—4 ml $Ni(CO)_4$ unter Rückfluß. Von den roten Kristallen trennt man ab u. krist. sie aus CH_2Cl_2 um → *Bis-durochinonnickel(0)*, an der Luft stabil bis 205°, sublimierbar bei 160°/10^{-3} Torr unter teilweiser Zersetzung. — *Katalysatoren* für Polymerisation ungesätt. Verbb., z. B. Acrylnitril oder Phenylacetylen. (**D. A. S. 1 154 474** Kl. 12o vom 16/3. 1961, ausg. 19/9. 1963.) A. Debo 7173

2448 Montecatini Soc. Gen. per l'Industria Mineraria e Chimica, Mailand, Italien, **Katalysatorgemisch für Acrylnitrilpolymerisation,** bestehend aus einer Organometall-Verb. eines Metalls der I., II. oder II. Gruppe des Period. Syst. u. einer Verb. eines Übergangsmetalls der Gruppen IV, V oder VI, bei der wenigstens ein organ. Rest über ein Sauerstoffatom an das Metall gebunden ist. Als Komponenten sind in den Mengenbeispielen genannt: Cr-Acetylacetonat u. Triäthoxyvanadyl einerseits u. Zn-Dibutyl, $Zn(C_2H_5)_2$ u. $Al(C_2H_5)_3$ andererseits. Die Polymerisation wird in einem für das Monomere als Lsgm. dienenden KW-Stoff, z. B. Bzl. oder Toluol, oder in einem Lsgm. für Polyacrylnitril, z. B. Dimethylformamid, durchgeführt. Arbeits-Temp. 0—100°, bes. 40—80°, in O_2- u. wasserfreier Atmosphäre. (**E. P. 858 759** vom 3/10. 1957, ausg. 18/1. 1961. It. Prior. 4/10. 1956.) H. Schindler 7173

2449 B. X. Plastics Ltd., Brantham Works, Essex, England (Erfinder: Robert Roy Smith, Dennis Charles MacMillan Mann und Enid Bevis), **Herstellung von Pfropfmischpolymerisaten** aus einem Vinylchloridmischpolymeren (I) u. Acrylnitril oder Äthylacrylat erfolgt mit ionisierenden Strahlen einschließlich γ-Strahlen u. beschleunigten Elektronen in Mengen von 10000—1000000 rep. I kann aus Vinylchlorid u. Vinylidenchlorid bzw. Vinylacetat erhalten sein, das vor der Bestrahlung in den aufzupfropfenden Monomeren gequollen wird. Die Endprodd. sind härter u. haben einen höheren Erweichungspunkt als die I. (**E. PP. 861 454** u. **861 455** vom 4/9. 1957, ausg. 22/2. 1961.) H. Schindler 7173

2450 Hermann Rath, Tübingen, und Eduard Hilscher, Frankfurt/M. (Erfinder: Eduard Hilscher. Frankfurt/M.), **Herstellung von Polyvinylamin.** Man setzt Polyacrylsäure in H_2SO_4 mit Stickstoffwassersäure um u. setzt die Base ggf. mit Alkali in Freiheit. (**D. A. S. 1 153 528** Kl. 39c vom 4/3. 1959, ausg. 29/8. 1963.) L. Stadelmann 7173

2451 Shell Internationale Research Mij. N. V., Den Haag, Niederlande (Erfinder: Granville Thorpe Merrall, Hale Barns, Altrincham, Cheshire, und Donald Caiger, Davyhulme, Lancashire, England), **Preßmassen,** die polymere Äther (Polyäthylenoxid) mit einem Molgew. von mindestens 10000, 20—95 Gew.-% Talkum u./oder Cellulose u./oder Kieselsäure enthalten, werden zur Herst. von Folien oder Platten verwendet. (**D. A. S. 1 151 378** Kl. 39b vom 7/8. 1961, ausg. 11/7. 1963. E. Prior. 8/8. 1960.) F. Koch 7177

2452 Chemische Werke Witten G. m. b. H., Witten (Erfinder: Edith Behnke, Hamburg, und Helmut Wulff, Witten), **Herstellung von wasserunlöslichen, schmelzbaren Kunstharzen** durch Rk. von harzartigen natürlichen oder künstlichen Stoffen sowie deren höhermol. Vorprodd., polyfunktionellen aliphat. Aminen u. in W. weitgehend unlösl. Monoepoxiden, die ein Molgew. über 100 besitzen, in der Schmelze nach D. A. S. 1 066 741, dad. gek., daß Monoepoxide verwendet werden, die außer der Epoxygruppe eine $>C=C<$-Bindung im Mol. aufweisen. — Zum Beispiel werden 50 (Gew.-Teile) eines Novolaks vom F. 62 bis 65° auf 105° erhitzt u. 50 Allylglycidäther eingerührt. Nach Abkühlen der klaren Lsg. werden noch 2 Diäthylentriamin zugerührt, worauf sich die Masse erwärmt. Sie ist in ungesätt. Monomeren, wie Styrol, löslich. Solche Lsgg. können mittels organ. Peroxide ausgehärtet werden. (**D. A. S. 1 137 212** Kl. 39c vom 10/11. 1960, ausg. 27/9. 1962. **Zusatz zu D. A. S. 1066741; C. 1961, 1031.**) K. Sarre 7177

2453 Farbenfabriken Bayer Akt.-Ges., Leverkusen (Erfinder: Manfred Dahm, Leverkusen, und Walter Simmler, Köln), **Polyurethanharnstoffe** erhält man wie in D. A. S. 1 122 698, jedoch mit der Weiterbildung, daß als Organo-Si-Verbb. solche aus Methylalkylaminen u./oder Methylalkyläthern, deren Methylgruppen je einen Siloxanylrest tragen, deren Alkylgruppen 3—6 C-Atome aufweisen u. deren Alkylgruppen als ggf. in 2- bis 5-Stellung substituierte Aminoalkyl- oder als ggf. in 2- bis 5-Stellung verätherte Hydroxyalkylreste vorliegen. (**D. A. S. 1 150 516** Kl. 39b vom 30/8. 1961, ausg. 20/6. 1963. **Zusatz zu D. A. S. 1 122 698; C. 1963, 7555.**) E. Dörfel 7181

2454 Friedrich Scheermesser, Herdecke/Ruhr, **Imprägnierung von Polyurethanschaumstoffen** mit chloroformhaltigen Lsgg. von Siliconölen bzw. anderen Werkstoffen, wie desodorierenden bzw. insekticiden Stoffen, unter zwischenzeitlichem Aufquellen, ggf. zusammen mit anderen flüchtigen chlorierten KW-Stoffen. (**D. A. S. 1 148 379** Kl. 39b vom 26/11. 1956, ausg. 9/5. 1963.) E. Dörfel 7181

2455 Armour & Co., Chicago, Ill., V.St.A., **Herstellung von Phosphoryl- oder Thiophosphorylisocyanaten bzw. -isothiocyanaten.** Zu einer auf 7° gekühlten Suspension von PCl_5 in Äthylenchlorid (I) wird eine Lsg. von Äthylcarbamat gegeben u. das Gemisch langsam zum Sieden erhitzt. Wenn nach ca. 4½ Std. die Gas-Entw. aufhört, wird das Gemisch im Vakuum konz. u. der Rückstand fraktioniert. *Dichlorphosphorylisocyanat* (II), $Kp._8$ 37°. Zu einer Lsg. von 0,315 (Mol) II in trockenem Toluol (III) gibt man unter Rühren langsam (3½ Std.) 0,315 abs. A. in III, wobei die Temp. auf —10° gehalten wird, erwärmt langsam auf 15—20°, rührt noch ½ Std. u. konz. im Vakuum. Die konz. Lsg. wird langsam (2½ Std.) bei 0 ± 5° zu einer Lsg. von 0,63 $N(C_2H_5)_3$ u. 0,63 Äthylenimin in III gegeben, ¼ Std. gerührt, auf Zimmer-Temp. erwärmt u. filtriert. Der Filterrückstand wird mehrmals mit trockenem Bzl. verrieben u. die Benzol-Lsg. im Vakuum eingedampft. *Bis-(äthylenimido)-phosphorylurethan* (IV), F. 88—99°, das durch Kochen in III in *Bis-(äthylenimido)-phosphorylisocyanat* (V) übergeführt wird. Analog aus CH_3OH u. II → *Methyl-[bis-(äthylenimido)-phosphoryl]-carbamat*, F. 119—121°, u. *Bis-(äthylenimido)-phosphorylisocyanat*, aus IV u. Benzylalkohol → *Benzyl-[bis-(äthylenimido)-phosphoryl]-carbamat*, F. 134—135°, aus IV u. Cyclohexanol → *Cyclohexyl-[bis-(äthylenimido)-phosphoryl]-carbamat*, aus V u. Cyclohexylamin → *N-Cyclohexyl-N'-bis-(äthylenimido)-phosphorylharnstoff*, F. 250—253° (Zers.). Weitere Beispiele für *Bis-(äthylenimido)-thiophosphorylurethan* (VI), *5-Ribosyl-VI* u. *Benzyl-[bis-(äthylenimido)-phosphoryl]-thiocarbamat*. — Zwischenprodd., bes. für die *Herst. von plast. Polymeren*. (**E. P. 877 671** vom 28/7. 1959, ausg. 20/9. 1961. A. Prior. 1/8. 1958.) C. Lüttgen 7181

2456 Montecatini Soc. Gen. per l'Industria Mineraria e Chimica, Mailand, Italien, **Herstellung von Triazinharzen.** Harnstoff (I) wird 2 Std. auf 150° u. danach 10 Std. auf 200—220° erhitzt u. das erhaltene Prod. [50 (%) Cyanursäure, 28,5 Amelin, 21,5 Amelid] in saurem, neutralem oder alkal. Milieu mit CH_2O oder anderen Aldehyden, ggf. zusammen mit I oder Melamin, kondensiert. Die Kondensate sind in der *Kunstharzindustrie*, als *Leim für Holz*, als *Appretiermittel* u. Mittel zum *Wasserdichtmachen in der Textilindustrie* verwenbar. (**It. P. 561 538** vom 26/10. 1956.) K. Koebke 7181

2457 B. X. Plastics Ltd., Brantham Works, Essex, England (Erfinder: Robert Roy Smith), **Pfropfpoly-**

merisate erhält man aus *Cellulostriacetat* u. (*Methyl-*) *Styrol* (I) in Abwesenheit von O_2 durch Bestrahlung mit ionisierenden Strahlen, bes. beschleunigten Elektronen. I dient als Quellmittel u. soll nicht >5 Gew.-% des Gemisches betragen. Die Endprodd. sind bes. raumstabil. (**E. P. 870 052** vom 25/1. 1957, ausg. 7/6. 1961.) H. Schindler 7199

2458 Wolff & Co. K. G. auf Akt., Walsrode, **Herstellung einer Imprägnierdispersion** durch Polymerisation von 90—95 (%) Vinylidenchlorid (I), 5—10 Vinylacetat u./oder (Meth-) Acrylsäure-C_{1-3}-Alkylester u. 0,1—1 einer wasserlösl. polymerisierbaren Monocarbonsäure in Ggw. eines üblichen Redox-Syst. u. eines Emulgiermittels. — Zum Beispiel wird zunächst Acrylsäure in Ggw. von $NaHSO_3$ u. $(NH_4)_2S_2O_8$ u. Alkylbenzolsulfonat bei 20—30° vorpolymerisiert, worauf nach Zusatz von Äthylacrylat u. I bei ca. 32° zu Ende polymerisiert wird. Die erhaltene Dispersion wird auf regenerierte Cellulose gezogen u. *macht die Folien wasserdicht* u. *heißversiegelbar*. Ähnliche Prodd. erhält man aus 60—95 (%) I u. 40—5 einer wasserlösl. polymerisierbaren Monocarbonsäure u. eines (Meth-) Acrylesters u./oder Vinylacetat. Nach dem Beispiel dienen als Ausgangsstoffe 89 I, 6 Methylmethacrylat u. 5 Acrylsäure. (**E. PP. 870 621** vom 7/10. 1958, ausg. 14/6. 1961. D. Prior. 25/11. 1957 u. **872 179** vom 25/2. 1959, ausg. 5/7. 1961. D. Prior. 11/3. 1958.) H. Schindler 7199

2459 W. A. Kargin, A. A. Berlin, A. G. Kronman und D. M. Janowski, **Herstellung von armierten Plasten** unter Verw. des Kunststoffs nach UdSSR. P. 125 675. — 200 (g) Polyvinylchlorid u. 22 Methylvinylpyridinkautschuk mit 25% Methylvinylpyridin werden bei 165° zu 0,25 bis 0,75 mm starken Folien gewalzt; die Folien werden mit Zwischenlagen von Glasgewebe bei 170° unter 100 at gepreßt. (**UdSSR. P. 134017** vom 11/2. 1960. **Zusatz zu UdSSR. P. 125675; C. 1963, 22514.**) L. Großner 7205

H_{12}. Kautschuk

2460 **Der Einfluß der Kompression auf den Schubmodul von Kautschuk.** A. R. Payne. (Ind. Engng. Chem. Product Res. Development **1**, 86—88, 1962; Shawbury, Shrewsbury, Shropshire, England, Rubber and Plastics Res. Assoc. of Great Britain; engl.) — Die von Haringx [1948] entwickelte Theorie für das Knicken von Zylindern läßt sich auf stark zusammendrückbare, nicht sichtlich knickende Spiralen u. Stäbe anwenden. In Verbindung mit der vom Vf. entwickelten Formfaktor-Unters. (Engineer **207**, [1959], 328, 368) werden Beziehungen zwischen der Veränderung des Schubmoduls eines zusammengedrückten Kautschukzylinders zum Grad der Kompression u. dem Formfaktor entwickelt. I. Köditz 7222

2461 **Untersuchung von synthetischen Kautschuklatices mit dem Elektronenmikroskop.** W. Rupar und J. M. Mitchell. (Rubber Chem. Technol. **35**, 1028—40, 1962; Sarnia, Ontario, Canada, Polymer Corp. Ltd.; engl.) — Mittels elektronenmkr. Aufnahmen werden die Veränderung von Teilchengröße u. -form während des Polymerisationsprozesses u. ihre Beeinflussung durch bestimmte Polymerisationsbedingungen verfolgt. Teilchen, die eingequollenes Monomeres oder niedrigpolymere Anteile enthalten, können unter dem Mikroskop Verformungen durch Elektronenstrahlen hoher Intensität erleiden. Die Änderung der Teilchengrößenverteilung durch kontrolliertes Einfrieren u. partielles Agglomerieren durch Chemikalien u. Lsgm. u. ihre Auswrkg. auf die Viscosität der Latices werden untersucht; auf die Vorgänge bei der Koagulierung durch Gefrieren wird eingegangen. W. Pöge 7222◇

2462 **Kautschuke.** Edward Hellier. (Mines Mag. **53**, Nr. 7, 11, 1963; engl.) — Kurzer Überblick über Eigg., Verw. u. Preise einiger Kautschuksorten (Butadien-Styrol-, fl. SBR-, Neopren-, stereospezif. sowie Silicon-Kautschuksorten). I. Köditz 7224△

2463 **Elaprim, der erste italienische Nitrilkautschuk.** E. Ferraris. (Materie plast. **27**, 612—22, 1961; ital.) — Nach kurzer Beschreibung von 3 *Elaprim*-Typen wird mit zahlreichen Beispielen auf ihre Anwendung eingegangen. G. Piekarski 7224◇

2464 **Schnellhärtung von Urethan-Elastomeren.** S. V. Urs. (Ind. Engng. Chem., Product Res. Development **1**, 199—202, 1962; Naugatuck, Conn., U.S. Rubber Co., Naugatuck Chemical; engl.) — Ein neues Urethan-Elastomeres wird durch Blockmischpolymerisation von Polyäthylenpropylenadipat (**A**; 1 Mol), Diphenylmethandiisocyanat (**B**; 1,2 Mol) u. wasserfreiem Hexamethylendiamin (0,2 Mol) dargestellt. Das Elastomere kann mit Peroxiden, z. B. Dicumylperoxid (I) oder 2.5-Dimethyl-2.5-di-tert.-butylperoxyhexan, vulkanisiert werden u. läßt sich in 3 Min. beim Erhitzen auf 350° F härten; es ist prozeß- u. lagerbeständig. Seine ausgezeichneten physikal. u. mechan. Eigg. bleiben bei der Alterung, in der Wärme, in Ölen u. Perchloräthylen weitgehend erhalten. Ein geradkettiges Polymethanelastomeres wird durch Copolymerisation von **A** u. **B** bei sorgfältiger Entfernung von in der Rk. gebildetem W., um Harnstoff-Bldg. auszuschalten, erhalten. Dieses Elastomere läßt sich mit Ruß u. SiO_2-Füllstoffe verstärken u. gibt bei der Vulkanisation mit I Vulkanisate mit guten mechan. Eigenschaften, doch läßt es sich nicht bei höheren Temp. schnell härten. I. Köditz 7224

2465 **Die die Verdickung von carboxyliertem Latex durch Polyacrylatverdicker beeinflussenden Faktoren.** W. W. White. (Ind. Engng. Chem., Product Res. Development **1**, 220—24, 1962; Naugatuck, Conn., U.S. Rubber Co., Naugatuck Chem. Div.; engl.) — Die statist. Auswertung der Ergebnisse der Unters. des Einfl. von Polymerisationsvariablen ($K_2S_2O_8$, K_2CO_3, Na-Alkylbenzolsulfonat) auf die Eigg. eines mit einer ungesätt. Monomersäure carboxyliertem Styrol-Butadien-Latex-Syst. u. den Polyacrylat-Verdicker-Bedarf dieses Syst. zeigt, daß die Oberfläche (Teilchengröße) den entscheidenden Einfl. auf die Viscosität des Syst. ausübt. Die Viscosität ist bei einer gegebenen Verdicker-Konz. um so größer, je kleiner die Teilchengröße ist. Eine Erhöhung des Geh. an Elektrolyten u. Emulgierungsmittel führt zwar zu einer Verringerung der Wirksamkeit des Verdickungsmittels, doch sind ihre Einfl. auf die Viscosität relativ gering. Die Viscosität hängt nicht linear vom zugesetzten Verdicker ab. Die Partikelgröße des Latex ist eine komplexe Funktion des Emulgierungsmittels, des Elektrolyten u. der Katalysatorkonzentration. Der Elektrolytzusatz führt zu einer Vergrößerung, der Emulgierungsmittelzusatz zu einer Verkleinerung der Teilchengröße. I. Köditz 7226

2466 **Lösungsmittelbeständige Kautschuke, die unter Verwendung von Metallseifen erhalten wurden.** Juan Korb. (J. appl. Polymer Sci. **6**, 240—50, 1962; Brooklyn, N.Y.; engl.) — Die Anforderungen, die an gegen Öl u. Lsgm. beständige Kautschukmischungen gestellt werden, werden beschrieben, die entsprechenden Prüfungs-Meth. kommentiert, u. ein Überblick über die Herst.-Verff., die die geforderte Spezifikation gewährleisten, wird gegeben. Es wird vorgeschlagen, für die Herst. von gegen Lsgm. beständige Kautschuke unpolare, mit Metallseifen (Na-, Zn-, Al-Di- u. Monostearat sowie Al-Octanoat) versetzte Elastomere zu verwenden. Abschließend werden die Struktur u. Eigg. von Metallseifen besprochen u. das Verh. von Rezepturen mit u. ohne Seifenzusatz wird verglichen. I. Köditz 7230△

2467 **Volumenänderungen und Entnetzung in elastomeren Gemischen aus Glaspulver und Polyvinylchlorid bei großen Deformationen.** Thor L. Smith. (Trans. Soc. Rheol. **3**, 113—36, 1959; Pasadena, Calif., California Inst. of Technol, Jet Propulsion Labor.; engl. — C. **1963**, 2638.) W. Wesly 7230◇

2468 **Die dynamische Zusammendrückbarkeit eines Kautschuk-Schwefel-Vulkanisats und ihre Beziehung zum freien Volumen.** J. E. McKinney, H. V. Belcher und R. S. Marvin. (Trans. Soc. Rheol. **1960**, 347—62; Washington, D.C., Nat. Bur. of Standards; engl.) — Unterss. über den Einfl. von Druck (0—1000 bar), Temp. (—30 bis +70°) u. Lastwechsel (50—1000 Wechsel/s) auf Vulkanisate von Naturkautschuk mit 12% S führen zu Ableitungen von Gleichungen für die Beziehung zwischen Zusammendrückbarkeit u. freiem Volumen. W. Wesly 7230◇

2469 **Viscoelastische Faktoren der Spannung von Elastomeren unter komplexem Druck nach der Stichmethode.** D. I. Livingston, G. S. Yeh, P. Rohall und S. D. Gehman. (J. appl. Polymer Sci. **5**, 442—51, 1961; Akron, Ohio, Goodyear Tire & Rubber Co., Res. Div.; engl.) — Unter dem Einfl. einer komplexen Spannungsverteilung, die durch das Eindringen eines zylindr. Prüfkörpers bis zum Bruch des

Elastomeren hervorgerufen wird, wird das viscoelast. Verh. von Styrol–Butadien- u. Butylkautschuk-Gummisorten untersucht. Die Meßwerte wurden auf 25° reduziert u. gegen den log der reziproken Eindring-Geschw. aufgetragen. Die Ergebnisse bestätigen die allg. Bedeutung des viscoelast. Prinzips. W. Kupfer 7248◇

2470 W. N. Gruber, B. I. Pantschenko, W. N. Karzew, G. G. Karelina und L. I. Schebalina, **Herstellung von Siloxankautschuk** durch HCl-Hydrolyse von $(CH_3)_2 \cdot SiCl_2$ u. 8–10std. Ausblasen der Rk.-Masse mit auf 100° erhitzter Luft. (**UdSSR. P. 134 014** vom 12/2. 1960.) L. Großner 7225

2471 United States Rubber Co., New York, N.Y., V.St.A., **Alterungsschutzmittel für Kautschuk,** bes. gegen O_3-Einw., bestehend aus einer Verb. der Formel $(R_1)(R_2)N-N(R_3)R_4)$, in der R_1 u. R_2 gerade oder verzweigte Alkylreste, gesätt. Cycloalkylreste oder Aralkylreste mit 1–18 C-Atomen sind, u. wobei die Summe der Aralkylreste < 3 ist, u. in der R_3 u. R_4 die gleichen Reste oder H sein können. R_1 u. R_2 können auch zusammen einem Ring mit dem Tetramethylen-, Pentamethylen- oder Oxydiäthylenrest angehören. — Beispiele: Tri-n-butylhydrazin, 1.1-Di-n-butylhydrazin, 1-Benzyl-2.2-dimethylhydrazin, 1-Cyclohexyl-2.2-dimethylhydrazin, 1.1-Dimethyl-2-n-octadecylhydrazin u. 1.1-Dimethyl-2-n-octylhydrazin. (**E. P. 875 151** vom 30/10. 1959, ausg. 16/8. 1961. A. Prior. 31/12. 1958.) W. Overbeck 7227

2472 Rhein-Chemie G. m. b. H., Mannheim, **Herstellung von faktisähnlichen Produkten,** dad. gek., daß man Ester von Oxyfettsäuren, z. B. Triricinolein, die eine Doppelbindung enthalten, mit einem anorgan. Chlorid eines Elements der 4. Gruppe des Period. Syst., z. B. mit $SiCl_4$ reagieren läßt. (**E. P. 879 006** vom 15/12. 1959, ausg. 4/10. 1961. D. Prior. 15/12. 1958.) M. Böttcher 7227

2473 W. M. Fridland, L. W. Rasspopowa, Ja. Ss. Saretzki, R. A. Tschernyschew, A. N. Ssamssonowa, Je. M. Saitzewa, W. Ss. Winter, B. W. Mamonow, D. R. Mnuschkina und W. P. Schmagin, **Herstellung von Thiokol** in Suspension mit 17–40 μ Teilchengröße aus Na_2S_4 u. Dichloräthan unter Verw. einer Thiokoltetrasulfiddispersion als Dispergator u. anschließende Entschwefelung. (**UdSSR. P. 134 020** vom 7/3. 1960.) L. Großner 7229

2474 United States Rubber Co., New York, N.Y., V.St.A., **Misch- und Vulkanisierverfahren.** Eine Kautschukmischung, die alle Zusätze enthält mit Ausnahme der für die Ultravulkanisation erforderlichen, wird mittels einer Walzenstrangpresse zu einem dünnen Film ausgezogen. Auf diesen wird die restliche Vulkanisationskomponente, z. B. ein Ultrabeschleuniger, aufgestreut, worauf er in einer zweiten Walzenstrangpresse u. angeschlossenen Schneckenstrangpresse vermischt u. z. B. zu einem Autolaufstreifen verformt wird. — Zeichnung. (**E. P. 871 528** vom 28/11. 1958, ausg. 28/6. 1961. A. Prior. 3/1. 1958.) W. Overbeck 7229

2475 Union Carbide Corp., New York, N.Y., V.St.A. (Erfinder: Francis Martin O'Connor, Tudor Lloyd Thomas und Francis Kenneth Boyle), **Vulkanisierverfahren** für Natur- oder Synth.-Kautschuk sowie für Polyvinylchlorid, gek. durch den Zusatz eines mit einem Vulkanisationsbeschleuniger beladenen aktivierten krist. Zeoliths. (**E. P. 876 074** vom 28/3. 1960, ausg. 30/8. 1961. A. Prior. 29/4. 1959.) W. Overbeck 7229

2476 United States Rubber Co., New York, N.Y., V.St.A., **Vulkanisierverfahren.** Naturkautschuk, kautschukartige Butadienpolymerisate oder -copolymerisate oder kautschukartige Polyurethane werden bei 200–400° F 2 Min. bis 8 Std. in Mischung mit einem Füllstoff u. 0,25–6 (Gew.-Teilen) auf 100 Kautschuk eines Monomaleinids, Monocitraconimids oder deren N-substituierten Derivv. erhitzt, z. B. mit Maleinimid; N-Phenylmaleinimid; N-Äthylmaleinimid; N-1-Naphthylmaleinimid u. ferner die folgenden Maleinimide: N-(4-Anisyl)-, F. 151–154°; N-(4-Acetylphenyl)-, F. 157,5–160°; N-(2.4-Xylyl)-, F. 74,5–77°; N-(2.6-Xylyl)-, F. 108–109,2°; N-(2-Chlorphenyl)-, F. 57,5–59°; N-(3-Chlorphenyl)-, F. 87–89,5°; N-(Isopropyl)-, F. ca. 23°, $Kp._5$ 70–73°; u. N-(4-tert.-Butylphenyl)-, F. 98–99°. Ferner kann ein Thiazolbeschleuniger zugesetzt sein. (**E. P. 880 947** vom 31/3. 1960, ausg. 25/10. 1961. A. Prior. 7/5. 1959.) W. Overbeck 7229

2477 United States Rubber Co., New York, N.Y., V.St.A., **Vulkanisierverfahren.** Eine Mischung aus 100 (Teilen) Natur- oder Synth.-Kautschuk u. 1,5–15 Alkylacrylat, Acrylsäureester von gesätt. 2wertigen Alkoholen, Methacrylsäureester von gesätt. 2wertigen Alkoholen, Acrylsäureester von 2wertigen Polyalkoholen oder Methacrylsäureester von 2wertigen Polyalkoholen wird einer ionisierenden Strahlung von 4–40 W·h/lb. ausgesetzt. (**E. P. 881 281** vom 27/11. 1959, ausg. 1/11. 1961. A. Prior. 16/1. 1959.) W. Overbeck 7229

2478 United States Rubber Co., New York, N.Y., V.St.A., **Vulkanisation von Natur- oder Synthesekautschuk.** Füllstoffe enthaltender Kautschuk wird bei 200–400° F (ca. 94–205° C) 30 Min. bis 8 Std. unter Zusatz von 0,5 bis 8 Gew.-% eines N.N'-gebundenen Bis-maleinsäuremonoamids vulkanisiert, ggf. unter Zusatz eines organ. Peroxids. — Beispiele: N.N'-Phenylen-(oder Äthylen-)bis-maleinsäureamid. (**E. P. 880 596** vom 31/3. 1960, ausg. 25/10. 1961. A. Prior. 7/5. 1959.) W. Overbeck 7229

2479 W. N. Karzew, **Vulkanisieren von Fluoropren–Nitrilkautschukgemischen** mit Altax u./oder Kaptax u. Diphenylguanidin- oder Thiurambeschleunigern. — Tabellen. (**UdSSR. P. 134 015** vom 6/11. 1959.) L. Großner 7229

2480 Carlo Donadoni, Busto Garolfo, Mailand, Italien, **Herstellung von Cocos-Teppichen,** bes. für Kraftfahrzeuge. Man erzeugt eine Schicht von mikroporösem Schaumkautschuk, kalandriert zu einer etwas geringeren Dicke als der des Cocosgewebes, imprägniert mit einer Kautschuk-Lsg., preßt das Gewebe mit ca. 1 kg/cm² an u. vulkanisiert. (**It. P. 561 050** vom 23/10. 1956.) K. Koebke 7231

H_{16}. Nahrungs-, Genuß- und Futtermittel

2481 **Über die Wertigkeit der einzelnen Lebensmittel für die ^{90}Sr-Zufuhr.** G. Kistner. (Sympos. Sonderausschusses Radioaktiv., Bad Kreuznach **1959**, Nr. 18, Strahlenschutz 1–8; dt.) — Vf. diskutiert die Möglichkeiten einer ^{90}*Sr*-Zufuhr in den menschlichen Organismus durch Lebensmittel. Dabei ist bes. die Aufnahme des ^{90}Sr durch pflanzliche Lebensmittel entscheidend, die besonders hoch bei schnellwachsenden Pflanzen u. Getreide ist, während sie für Fleisch u. Fisch verhältnismäßig gering ist. Weiterhin sind die Eßgewohnheiten bzw. die Zus. der Nahrung ausschlaggebend. Die stärkste Zufuhr ergibt sich über die Milch. G. Heder 7630◇

2482 **Technologie und Verpackung tiefgekühlter Lebensmittel.** Ferdinand P. Mehrlich. (Chem. and Ind. **1959,** 31–34; Chicago, Ill., US Army Quartermasters Food and Container Inst. for the Armed Forces; engl.) — Übersicht. — 7 Literaturhinweise. E. Moisar 7632◇

2483 **Eine Laboratoriumsmethode zur Aufrechterhaltung bestimmter Kohlendioxid-Konzentrationen in Kammern mit kontrollierter Atmosphäre.** M. Uota. (Proc. Amer. Soc. horticult. sci. **78, 43**–45, 1961; Fresno, Calif., U. S. Dep. of Agric., Agric. Market. Sew., Market Qual. Res. Div.; engl.) — Beschreibung eines Austauschers, in welchem die im Kreislauf zirkulierende Luft der Lagerkammer durch Waschen mit W. teilweise von CO_2 befreit wird. Durch die Strömungs-Geschw. des gleichfalls im Kreislauf zirkulierenden Waschwassers, kann die CO_2-Aufnahme auf einen bestimmten Wert eingeregelt werden. E. Moisar 7632◇

2484 **Synthetische Carotinoide zur Färbung von Lebensmitteln.** O. Isler, R. Rüegg und P. Schudel. (Chimia [Schweiz] **15,** 208–26, 1961; Basel, F. Hoffmann-La Roche & Co. Akt.-Ges., Chem. Forschungsabt.; dt.) — Vgl. C. **1961,** 2002 u. 4707. — Vff. geben eine Übersicht über die techn. Synth. von *β-Carotin* **(I)**, *β-Apo-8'-carotinal* (C_{30}) **(II)**, *Vitamin A*, *Canthaxanthin* **(III)** sowie die Synth. von *β-Apocarotinsäureestern* **(IV)**. Die industriellen Synth. basieren auf Citral u. führen über β-Ionon u. C_{14}-Aldehyd zu den verschiedenen Carotinoiden. *Lycopin* **(V;** Tomaten), *Torularhodin* (rote Hefe) u. **III** (roter Eierschwamm) werden als Farbstoffe für die Lebensmittelfärbung geprüft. Die industrielle Synth. wird mit der Biosynth. der Carotinoide verglichen. Tier-

Verss. zeigen, daß I, II, III, IV u. V als Nahrungszusatz unschädlich sind. II u. III eignen sich besonders gut als Futterzusatz bei der Geflügelhaltung. Analyt. Meth. (Absorptions- u. Kernresonanzspektren sowie Röntgenpulverdiagramme) u. verschiedene Gebrauchsformen für Carotinoide (Mikrokristalldispersion von I in Fett oder Öl, wasserdispergierbare Form u. a.) werden beschrieben. Gottfried Schreiber 7638◇

2485 **Die Wirkung von Zusätzen von Erdnußmehl oder isoliertem Erdnußprotein, das mit Calciumsalzen und Vitaminen wirkungsverstärkt ist, oder von Magermilchpulver auf den Verdaulichkeitskoeffizienten, die biologische Wertigkeit und die Netto-Ausnutzung der Proteine von unzureichenden indischen Kostformen, die an unterernährte Kinder verabfolgt werden.** Kantha Joseph, P. K. Tasker, M. Narayanarao, M. Swaminathan, A. Sreenivasan und V. Subrahmanyan. (Brit. J. Nutrit. **17**, 13—18, 1963; Mysore, Indien, Central Food Technol. Res. Inst.; engl.) — Bei einer Aufwertung von Reiskost durch Erdnußmehl oder Magermilchpulver wird der wahre Verdaulichkeits-Koeff. kaum beeinflußt, jedoch liegt die biolog. Wertigkeit der mit Milchpulver aufgewerteten Kost höher als bei Aufwertung mit Erdnußmehl bzw. mit Erdnußprotein. Ebenso liegt die Netto-Protein-Ausnutzung bei der Aufwertung mit Milchpulver höher als bei Zusätzen von Erdnußmehl bzw. -eiweiß. G. Heder 7646◇

2486 **Antiseptica für Nahrungsmittel.** 58. Mitt. Fukujiro Fujikawa, Akimasa Tokuoka, Masaharu Nishimoto und Kazuko Miura. (J. pharmac. Soc. Japan [Yakugakuzasshi] **75**, 600—02, 1955; Kyoto Coll. of Pharm.; jap., Auszug: engl.) — 57. vgl. J. pharmac. Soc. Japan [Yakugakuzasshi], **74**, [1954], 1122. — Nachst. aufgeführte Verbb. besitzen bei Konzz. <0,01% in Sojasauce keine schimmelverhütende Wrkg.: *Chinoxalin, Pyrazincarbonsäure, -methylester, -amid, Pyrazin-2.3-dicarbonsäure, -dimethylester, -diamid, -dihydrazid, Nicotinsäure, -methylester, -hydrazid, 2-Chlor-6-methyl-4-isoamylresorcin, 2-Chlor-6-methyl-4-hexylresorcin, 3.3'-Dicyclohexyl-4.6.4'.6'-tetrahydroxydiphenyl* u. *Agaricinsäuretrihydrazid.*

Versuche: *6-Jod-4-cyclohexylresorcindimethyläther*, $C_{14}H_{19}JO_2$, F. 133°, aus 4-Cyclohexylresorcindimethyläther. — *3.3'-Dicyclohexyl-4.6.4'.6'-tetramethoxydiphenyl*, $C_{28}H_{38}O_4$, F. 146°, aus vorst. Verb. u. Cu bei 210—220°. — *3.3'-Dicyclohexyl-4.6.4'.6'-tetrahydroxydiphenyl*, $C_{24}H_{30}O_4$, F. 267°, durch Entmethylierung vorst. Verb. mit HJ. — *2-Chlor-6-methyl-4-isoamylresorcin*, $C_{12}H_{17}ClO_2$, F. 102°, aus 2.4-Dihydroxy-3-chlor-5-isoamylbenzaldehyd. — *2-Chlor-6-methyl-4-hexylresorcin*, $C_{13}H_{19}ClO_2$, F. 73°, aus 2.4-Dihydroxy-3-chlor-5-hexylbenzaldehyd. — *Agaricinsäuretrihydrazid*, $C_{22}H_{46}N_6O_4$, F. 170° (Zers.), aus Agaricinsäuretrimethylester u. Hydrazinhydrat. L. Lamza 7658△

2487 **Zur Mineralstoffverlagerung in Getreidekörnern als Folge einer hydrothermischen Behandlung.** W. Höfner und H. Beringer. (Getreide u. Mehl **12**, 82—84, 1962; Beil. zu: Mühle; Gießen, Justus-Liebig-Univ., Inst. für Pflanzenernährung; dt.) — Aus Verss. an Weizen- u. Roggenkörnern, die einer der Konditionierung ähnlichen Behandlung unterworfen wurden, geht hervor, daß durch dieses Verf. bei den für die Ascheermittlung wichtigen Elementen K u. P eine Anreicherung im Embryo stattfindet, K jedoch auch im Endosperm vermehrt auftritt. Die Verschiebbarkeit dieses Gleichgewichtes der Mineralstoffanreicherung im Endosperm einerseits u. Embryo andererseits ist je nach Feuchtigkeits-Geh. u. Vers.-Dauer unterschiedlich. G. Heder 7664◇

2488 **Lagerschäden durch Pilzbefall bei Getreide.** C. M. Christensen. (Getreide u. Mehl **12**, 78—81, 1962; Beil. zu: Mühle; St. Paul, Minn., Univ., Inst. für Phytopathologie; dt.) — Vf. erörtert Lagerschäden bei Getreide, die sich in einer Hemmung der Keimung äußern u. in erster Linie durch sog. Lagerpilze verursacht werden. Zu ihnen gehören Penicillium- u. Aspergillusarten, bes. *Aspergillus glaucus* u. *Aspergillus restrictus*. Ihre Einschleppung kann bes. durch Insekten erfolgen. Das Wachstum dieser Pilze ist bei den gewöhnlichen Lagerungsbedingungen für Getreide optimal. G. Heder 7664◇

2489 **Beitrag zur landwirtschaftlichen und chemischen Kenntnis des in Mexico angebauten Buchweizens.** Jesús Uribe Ruiz, Ma. Elena Aragón und Ana Teresa Viterbo. (Rev. Soc. quím. México, **5**, 129—31, 1961; México, D. F., Labor. Nac. de Fomento ind.; span.) — Im Vgl. mit Weizenmehl enthält Buchweizenmehl etwas weniger Kohlenhydrate (81,12%), etwas mehr Rohprotein (12,58%) u. doppelt soviel Rohfett (3,48%). Der Geh. an den verschiedenen Aminosäuren u. Vitaminen wird für Korn, Schale, Mehl usw. tabellar. mitgeteilt. R. K. Müller 7664◇

2490 **Hydrophile Kolloide in Frucht-Torten-Füllungen.** Clarence E. Kunz und Willard B. Robinson. (Food Technol. **16**, Nr. 7, 100—02, 1962; Geneva, N.Y., Cornell Univ., New York State Agric. Exp. Stat.; engl.) — Vff. diskutieren den Einsatz von Stärke- u. gummiartigen Prodd. in Tortenfüllungen, die sich in rheolog. Hinsicht unterscheiden. Die Verw. von hydrophilen Gummi-Prodd. an Stelle von Stärke bei Pfirsich- u. Kirschfüllungen erhöht die Klarheit des eingedickten Saftes, hat aber keinen Einfl. auf die Stabilität der Farbe. Bei 70° F werden Kirschfüllungen mit Gummizusatz schneller zerstört als Prodd., die als Verdickungsmittel Stärke-Prodd. enthalten. G. Heder 7674◇

2491 **Die Eignung des Peroxydaseaktivität-Testes zur Bestimmung der „relativen Phytophthora-Resistenz" (Feldresistenz) bei Kartoffeln.** H. Henniger und W. Bartel. (Züchter **33**, 86—91, 1963; Groß-Lüsewitz, Deutsche Akad. der Landwirtschaftswiss. zu Berlin, Inst. für Pflanzenzüchtung; dt.) — Eine Korrelation zwischen *Peroxydase*-Aktivität u. der relativen Phytophthoraresistenz bei *Kartoffeln* erscheint nach vorliegenden Unterss. stark sortenabhängig u. ist nicht verallgemeinerungsfähig. G. Heder 7678◇

2492 **Unterscheidung zwischen Konserven frischer und regenerierter Erbsen auf Grund ihres Homoserin-Gehaltes.** R. Biston, C. Mathieu, J. Casimir und M. Renard. (Bull. Inst. agronom. Stat. Rech. Gembloux **30**, 3—7, 1962; franz.) — *Homoserin* findet sich nur in Konserven frischer, nicht aber regenerierter Erbsen; *Threonin* ist in regenerierten Erbsen in geringerer Menge als in frischen enthalten. Zum Nachw. werden die Aminosäuren (a) aus der Probe mit A. extrahiert; das Filtrat wird auf einen Kationenaustauscher gegeben, den man mit NH_4OH eluiert. Das im Vakuum bei Temp. <50° zur Trockne eingedampfte Eluat dient, in W. gelöst, zur papierchromatograph. Unters. unter Verw. eines Gemisches von n-Butanol–Ameisensäure–W. (75:15:10) u. mit Phosphat–Citronensäure–Puffer-Lsg. (pH 4,2) gesätt. Phenol. Zum Nachw. der a wird das mit einer alkohol. Ninhydrin-Lsg. besprühte Papier 10 Min. auf 110° erwärmt. Die Chromatogramme der a werden wiedergegeben. W. Wesly 7684◇

2493 **Trocknen von rohem Reis mit erhitzter Luft in Flachbett-Trocknern.** Alejandro B. Catambay, Dante B. de Padua und Jose R. Arboleda. (Philippine Agriculturist **44**, 67—79, 1960; Central Exper. Station; engl.) — Bei der Steigerung der Trockentemp. von geschältem *Reis* von 120 auf 140° F vermindert sich die Ausbeute um 3,3%. In 17 in. starken Reisbetten besteht kein Ausbeuteunterschied zwischen Proben aus verschiedenen Tiefen, wenn die Luft-Temp. 140° F beträgt; bei 160° F ist die Ausbeute der vom Boden stammenden Proben geringer. Mit steigender Temp. der Trockenluft steigt die Geschw. der Feuchtigkeitbeseitigung u. fällt die Luftausnutzung. W. Wesly 7686◇

2494 **Zwei Versuchsreihen über die Lagerung von McIntosh-Äpfeln unter kontrollierten atmosphärischen Bedingungen.** G. D. Blanpied und R. M. Smock. (Proc. Amer. Soc. horticult. Sci. **78**, 35—42, 1961; Ithaca, N.Y., Cornell Univ.; engl.) — Es wird über den Einfl. der Lagerbedingungen (CO_2- u. O_2-Geh.; Temp.) auf die Qualität von Äpfeln berichtet. E. Moisar 7688◇

2495 **Der Einfluß der Hydrokühlung auf die Verkaufsqualität von Cantaloupe-Melonen.** W. J. Lipton und J. K. Stewart. (Proc. Amer. Soc. horticult. Sci. **78**, 324—31, 1961; Fresno, Calif., US Dep. of Agric., Horticult. Field Stat.; engl.) — Es wurde keine Qualitätseinbuße von *Cucumis melo L. var. reticulatus* durch Hydrokühlung festgestellt. Die Gefahr von Oberflächenschäden u. Schimmel-Bldg. wurde durch Fungicidzusatz [Na-o-Phenylphenolat, $Ca(ClO)_2$] vermindert. Eine vorherige Abkühlung der Früchte auf ca. 70° F verbesserte die Lagerbeständigkeit. E. Moisar 7688◇

2496 **Qualitätsbeurteilung von Beutelmelonenfrüchten.** D. A. Gilbart und R. R. Dedolph. (Michigan State Univ., agric. Exp. Stat., quart. Bull. **45,** 589—94, 1963; Dep. of Horticult.; engl.) — Die geschmacklich beurteilte Qualität von Beutelmelonen hängt ab vom Geh. an lösl. Feststoffen, dem Verhältnis Zucker:Säure u. der Festigkeit des Fruchtfleisches. Ein Anstieg des Geh. an lösl. Feststoffen steigert die Qualität linear. Die optimalen Werte für die Festigkeit u. das Zucker:Säure-Verhältnis werden ermittelt. Außer diesen wichtigen Kriterien bestimmen noch andere Faktoren die Qualität. W. Wesly 7688◇

2497 **Der Einfluß tiefer Lagerungstemperaturen auf Farbe, Carotinoidpigmente, Lagerfähigkeit und Festigkeit gereifter Tomaten.** C. B. Hall. (Proc. Amer. Soc. horticult. Sci. **78,** 480—87, 1961; Gainesville, Fla., Florida Agric. Exper. Stat.; engl.) — Reife Tomaten erlitten bei Lagerung bei 35 u. 40° F einen anfangs raschen Farbverlust, während bei Lagerung bei höheren Temp. (bis 70° F) schließlich Farbvertiefung auftrat. Vorherige Lagerung bei 35° F vermochte nicht, ein Verderben der Früchte bei anschließender Aufbewahrung bei ca. 70° F zu verhindern. E. Moisar 7690◇

2498 **Änderungen des pH und des Gehaltes löslicher Feststoffe beim Verbleib reifer Tomaten an der Pflanze.** G. C. Hanna. (Proc. Amer. Soc. horticult. Sci. **78,** 459—63, 1961; Davis, Calif., Univ. of California; engl.) — Bei nach Eintritt der Reife an der Pflanze verbleibenden Tomaten blieb der Geh. lösl. Stoffe konst., während eine allmähliche pH-Erhöhung beobachtet wurde. E. Moisar 7690◇

2499 **Pektingehalt von Rosinen.** M. Alice Brown, James R. Woodward und Floyd DeEds. (J. Food Sci. **28,** 64, 1963; Albany, Calif., US Dep. of Agric., Res. Serv., Western Reg. Res. Labor.; engl.) — Der *Pektin*-Geh. von 2 Rosinenproben wurde zu ca. 1% des Frucht-Gew. bestimmt; davon sind ca. 25% wasserlöslich. E. Moisar 7702◇

2500 **Die Extraktion von Pektinen aus Apfelmarkpräparaten.** M. A. Joslyn und H. Deuel. (J. Food Sci. **28,** 65—83, 1963; Berkeley, Calif., Univ., Dep. of Nutrit. Sci.; Zürich, ETH, Agrikulturchem. Inst.; engl.) — Nach Extraktion verschiedener Proben Apfelmark (Boskoop) mit einer Reihe von Extraktionsmitteln wurde ein von Fall zu Fall deutlich verschiedener Geh. an *Pektinen* (I) festgestellt. So wurden durch Lsgg. von Neutralsalzen, wie NaCl, mehr I extrahiert, als mit W., mit Lsgg. von Äthylendiamintetraacetat oder mit Lsgg. von Butanol, Harnstoff u. Glutathion. Oxydation des Fruchtgewebes verringerte die I-Löslichkeit. Das extrahierbare I war mit einer überraschend großen Proteinmenge assoziiert. Ein Einfl. mehrwertiger Kationen (Ca^{2+}) auf die Löslichkeit des I ist unter natürlichen Bedingungen nicht anzunehmen. E. Moisar 7702◇

2501 **Über den Polyphenolgehalt von Apfelsäften in Abhängigkeit von Sorte, Keltermethode und verschiedenen kellertechnischen Behandlungsverfahren.** Karl Wucherpfennig und G. Bretthauer. (Flüssiges Obst **30,** Nr. 1, I/6—10, 1963; Geisenheim/Rhg., Inst. für Obst- u. Gemüseverwert.; dt.) — Verschiedene Apfelsorten wurden auf ihren *Leucoanthocyan*(I)-Geh. u. *Gerbstoff*(II)-Geh. untersucht. Über entsprechende Änderungen in Abhängigkeit vom Preßvorgang sowie über halbtechn. Verss. mit Polyamidpulver zur Entfernung polyphenolartiger Substanzen wird berichtet. H. Ackermann 7706◇

2502 **Der Einfluß anorganischer Salze auf die Verbrennung von Zigaretten und auf den Übergang von Nicotin in den Rauch.** Yūsuke Kobashi und Sōichi Sakaguchi. (Agric. biol. Chem. [Tokyo] **25,** 200—05, 1961; Japan Monopoly Corp., Centr. Res. Inst., Tobacco Smoking Res. Labor.; engl.) — Fe^{3+}, Fe^{2+}, NH_4^+, Mg^{2+}, Cl^-, SO_4^{2-} vermindern, K^+, Ca^{2+}, NO_3^-, CO_3^{2-} fördern die Brennbarkeit von Zigaretten. Die Temp. der Verbrennungszone beträgt 815 bis 857° u. wird durch anorgan. Salze nicht signifikant beeinflußt. $Mg(NO_3)_2$, $Zn(NO_3)_2$ u. KH_2PO_4 verbessern den Weißgrad von Zigarettenasche; die anderen Salze verursachen Dunkelfärbung. Zwischen dem Weißgrad der Asche u. der Brennbarkeit von Zigaretten besteht jedoch keine Beziehung. Die in den Rauch übergehenden Mengen *Nicotin* werden durch anorgan., bes. Mg-Salze, vermindert. W. Wesly 7734◇

2503 **Chemische und physikalische Veränderungen bei der Gefriertrocknung von Fleisch.** Reiner Hamm. (Fleischwirtschaft **15,** 201—03, 1963; Columbus, Ohio, State Univ., Dep. of Agric. Biochem.; Gießen, Justus-Liebig-Univ., Inst. für Ernährungswiss.; dt.) — Für die Qualität von gefriergetrocknetem *Fleisch* ist das Rehydratationsvermögen sowie die Kraft entscheidend, mit der das Rehydratationswasser bei Anwendung von Druck vom Gewebe festgehalten wird. Eine Erniedrigung des Wasserbindungsvermögens findet nach Gefriertrocknung nur bei pH-Werten in der Nähe des I.P. statt; gleichzeitig nimmt die Rigidität des Fleisches zu. Bei Temp. >30° im Endstadium der Gefriertrocknung ist Hitzedenaturierung möglich. E. Moisar 7750◇

2504 **Zur Anwendung von Antioxydantien und Natriumsalzen von organischen Säuren bei Fleischwaren.** L. Kotter und R. Wellhäuser. (Fleischwirtschaft **15,** 176—77, 1963; München, Univ., Tierärztl. Fak., Inst. für Nahrungskunde; dt.) — Eine Anwendung der in der Fleischverordnung von 1959 in der Bundesrepublik zugelassenen *Antioxydantien* ist nicht auf ausgelassene tier. Fette beschränkt, sondern auch bei ausgepreßten oder im Gewebeverband belassenen Fetten gestattet. E. Moisar 7750◇

2505 **Orientierende Untersuchungen über die Beziehung zwischen Eiweiß- und Feuchtigkeitsgehalt von frischem und geräuchertem Schinken.** Endel Karmas, John E. Thompson und Lawrence G. Eisen. (Food Technol. **17,** Nr. 5, 153—56, 1963; Chicago, Ill., Reliable Packing Co., Res. Labor.; engl.) — Unterss. über das Verhältnis zwischen Feuchtigkeits- u. Eiweiß(a)-Geh. von frischem u. geräuchertem Schinken zeigen, daß starke Schwankungen bei verschiedenen Proben auftreten. Die Wechselbeziehungen zwischen % a u. % Feuchtigkeit sind für geräucherten *Biceps femoris* sehr gering u. für frischen *Glutaeus medius* sogar negativ. W. Wesly 7750◇

2506 **Bemerkung zur Tyrosinbildung bei der Gefrierlagerung von Leber.** R. A. Lawrie. (J. Sci. Food Agric. **14,** 65—66, 1963; engl.) — Während einer 8 wöchigen Lagerung der Lebern verschiedener Tiere bei —5°, —10° u. —20° bildet sich freies *Tyrosin* (I), wobei diese Bldg. bei der höheren Temp. ausgeprägter ist. Auffallend ist weiterhin die deutlich vergrößerte Menge von I, die im Fall von Schafs-, Schweine- u. Rinderleber gegenüber Pferdeleber entsteht. Autolyt. Vorgänge scheinen für dieses Verhalten nicht verantwortlich zu sein. G. Heder 7750◇

2507 **Der Mechanismus der Eisensulfid-Verfärbung in Dosen mit Garnelen.** Mary H. Thompson. (Food Technol. **17,** Nr. 5, 157—63, 1963; Pascagoula, Miss., Bur. of Commerc. Fisheries, Technol. Labor.; engl.) — Die Entzinnung von Konservendosen mit Garnelen erfolgt durch einen im Garnelenfleisch anscheinend enthaltenen Depolarisator, wobei das entstandene Sn^{2+} durch einen metallbindenden Stoff des Fleisches gebunden wird u. eine FeS-Verfärbung auftritt. Die Verfärbung wird durch Zusatz von Citronensäure oder Citronensaft zur Salzsole vermindert. Die Wanderung von Sn^{2+} ist am stärksten bei der Erwärmung der eingedosten Garnelen. W. Wesly 7752◇

2508 **Wachstum und proteolytische Aktivität von Pseudomonas fluorescens in Eiern und Eiprodukten.** W. C. Hurley, F. A. Gardner und Carl Vanderzant. (J. Food Sci. **28,** 114—21, 1963; College Station, Tex., Agric. Exper. Stat., Dep. of Poultry Sci., Dep. of Dairy Sci.; engl.) — In Frisch-*Eiweiß* (I; pH 7,8—8,0), in I, welches auf pH 7,4 eingestellt war, in I mit Zusatz von Eigelb, in 30 Tage altem I (pH 9,0) u. in Substraten aus Trocken-I wurde nach Impfung das Wachstum u. die proteolyt. Aktivität einiger Stämme von *Pseudomonas fluorescens* untersucht. Während in allen Fällen eine Zellvermehrung auftrat, wurde eine proteolyt. Aktivität bei den einzelnen Stämmen in unterschiedlichem Maße u. nicht in allen Substraten gefunden. E. Moisar 7754◇

2509 **Die Gelierung von Eidotter.** W. D. Powrie, H. Little und A. Lopez. (J. Food Sci. **28,** 38—46, 1963; Madison, Wisc., Univ., Dep. of Dairy and Food Ind.; engl.) — Eine starke Zunahme der bei 25° gemessenen Viscosität von *Eigelb* (a) trat nach kurzer Abkühlung des a auf —10° u. —14° auf. Eine ähnliche Viscositätserhöhung erfolgte durch *Harnstoff*; in beiden Fällen verringerte ein Zusatz von Zucker oder NaCl jedoch erheblich den Viscositätsanstieg. Änderungen der Lipoprotein-Zus. wurden als Wrkg. der Kältebehandlung elektrophoret. nachgewiesen. E. Moisar 7754◇

2510 **Bulgarische Sauermilch.** P. Prodanski. (Dtsch. Milchwirtsch. **10,** 149—50, 1963; Plovdiv, Hochschule für Nahrungs- und Lebensmittelind.; dt.) — Vf. vermittelt Überblick über die Bedeutung u. Herst. von Sauermilch in Bulgarien. Ferner wird der Geh. an freien u. in Eiweiß gebundenen Aminosäuren in Schafs- u. Kuhsauermilch sowie der Geh. zahlreicher biolog. wertvoller Inhaltsstoffe in der Sauermilch erörtert. G. Heder 7756◇

2511 **Blockmilch — ein schnittfestes Dauermilchprodukt.** R. Hansen, J. Lange, W. Schott und H. Herz. (Dtsch. Milchwirtsch. **10,** 146—48, 1963; Oranienburg, Inst. für Milchforschung; dt.) — Vf. beschreibt die Herst. von Blockmilch unter besonderer Berücksichtigung des Wasserentzuges aus einem auf 50% Trockenmasse voreingedickten Konzentrat. Dabei werden Temp. von 70—75° bei 260—160 Torr empfohlen. Die Haltbarkeit der Blockmilch ist einmal durch licht- u. luftundurchlässige Verpackung sowie durch erhöhten Zucker-Geh. verbessert. In einem Lager-Vers. zeigen Proben nach einjähriger Lagerung, bei Temp.-Schwankungen von — 20° bis + 33° noch befriedigende Qualitätsmerkmale, jedoch sollte eine Temp. von 35° nicht überschritten werden. G. Heder 7756◇

2512 **Beobachtungen an verschiedenen Auftaufaktoren von Milch nach dem Schnellgefrieren.** Evelyne Hôte-Baudart und Robert Coppens. (Bull. Inst. agronom. Stat. Rech. Gembloux **30,** 113—27, 1962; Chaire de Technol., Labor. du Froid; franz.) — Unterss. über den Einfl. verschiedener Auftauverff. auf die Eigg. schnellgefrorener Milch (Sahne-Vol., Viscosität, Sedimentation durch Zentrifugieren, pH, Geh. an *Ascorbinsäure*) zeigen, daß keine Wechselbeziehung zwischen Sahne-Vol. u. Viscosität der Fettemulsion besteht. Durch Schnellauftauen werden die physikal. u. koll. Eigg. u. die Ascorbinsäure am besten erhalten. W. Wesly 7756◇

2513 **Vorsichtsmaßregeln bei Molkereianlagen zur Vermeidung von Wasserzusätzen in Milch.** A. C. Smith, R. F. Anderson, R. W. Waldo, C. W. Chaffee und R. M. Parry. (J. Milk Food Technol. **25,** 379—82, 1962; Storrs, Univ. of Connecticut, Dep. of Animal Ind., and Hartford, Conn., Dep. of Agric. and Natural Resources; engl.) — Bericht über die Kontrolle von 15 Molkereien im Staate Connecticut, in denen die Milch bei einer Kapazität von 2500—30000 lbs./h nach dem Kurzzeitverf. pasteurisiert wird. Im einzelnen werden die App.-Teile besprochen, in denen es zu einer unabsichtlichen Verwässerung der Milch durch restliches Spülwasser oder zu Milchverlusten kommen kann. Winfried Krüger 7756◇

2514 **Einfluß physikalischer Eigenschaften des Magermilch-Pulvers auf dessen Dispergierbarkeit.** Hans A. Troesch und Gunther Wilk. (Milchwissenschaft **17,** 132 bis 136, 1962; Karlsruhe, Entwicklungslabor. für Apparatebau der Industriewerke; dt.) — Vf. berichtet über Zusammenhänge zwischen physikal. Eigg. von Magermilchpulver u. dessen Benetzbarkeit, wobei das Gew. der Partikel u. deren Struktur eine Rolle spielt. Auf Grund dieser Kenntnisse war die Herst. eines instant-ähnlichen Magermilchpulvers möglich. G. Heder 7756◇

2515 **Konsistenzuntersuchungen bei Prüfung von Butter in Kleinpackungen.** Ernst Knoop, Max Erich Schulz, Eberhard Voss und Karl-Heinz Peters. (Milchwissenschaft **17,** 140—45, 1962; Kiel, Chem. u. physikal. Inst. der Bundesforschungsanstalt für Milchwirtschaft; dt.) — Eine weichere Konsistenz von Sommerbutter gegenüber Winterbutter ist durch eine fütterungsbedingte Erhöhung der JZ. der Sommerbutter bedingt, jedoch ist der Geh. an kurzkettigen Fettsäuren im Winter gegenüber der Sommerbutter erhöht, wodurch die eindeutige Beziehung der Schnittfestigkeit zur JZ. gestört ist. Die unterschiedlichen Herst.-Bedingungen der Butter in den verschiedenen Jahreszeiten nehmen weiterhin auf dieses Verhältnis ihren Einfluß. G. Heder 7758◇

2516 **Über die chemische und mikroskopische Futtermitteluntersuchung.** W. Huss. (Getreide u. Mehl **12,** 73—78, 1962; Beil. zu: Mühle; Stuttgart-Hohenheim, Württ. Landesversuchsanstalt für landw. Chemie; dt.) — Während die übliche Weender-Futtermittelanalyse nur allg. Aussagen über Geh. an W., Trockensubstanz, Asche, Rohprotein, Rohfett, Rohfaser, N-freie Extraktstoffe, Reineiweiß u. Amide gestattet, gibt sich die biolog. Qualität der Nahrungsträger oft durch qual. mkr. Unterss. der Mischungskomponenten zu erkennen, deren biolog. Wert gewöhnlich bekannt ist. Im Zusammenhang mit Futterbewertungs-Verss. im Tierexperiment leisten chem. u. mkr. Unters.-Meth. bei Futtermittel-Unterss. gute Dienste. G. Heder 7780◇

2517 **Die energetische Verwertung der Futterstoffe.** 1. Mitt. **Die energetische Verwertung der Kraftfutterstoffe durch Ratten.** K. Nehring, R. Schiemann, L. Hoffmann und W. Jentsch. (Arch. Tierernähr. **13,** 119—32, 1963; Rostock, Oskar-Kellner-Inst. für Tierernährung; dt.) — Bei 14 Kraftfutterstoffen, deren chem. Zus. beträchtlich schwankt, wird in Verss. an Ratten die energet. Verdaulichkeit in erster Linie durch den Geh. an *Lignin* u. *Cellulose* beeinflußt. Die umsetzbare Energie der Futterstoffe entspricht für den verdaulichen Nährstoffanteil bei Rohfett, Rohfaser u. N-freiem Extrakt der verdaulichen Energie, beim Rohprotein beträgt die umsetzbare Energie 86% der verdaulichen. Zur Berechnung der Nettoenergie aus dem Geh. an verdaulichen Nährstoffen wird eine, durch mehrfachkorrelative Auswertung erhaltene Gleichung angeführt, die für die gesamte Gruppe der Kraftfutterstoffe verallgemeinerungsfähig ist. G. Heder 7780◇

2518 **Die energetische Verwertung der Futterstoffe.** 2. Mitt. **Die energetische Verwertung der Kraftfutterstoffe durch Kaninchen.** W. Jentsch, R. Schiemann, L. Hoffmann, K. Nehring und teilweise Mitarbeit von F. Hovorka. (Arch. Tierernähr. **13,** 133—45, 1963; Rostock, Oskar-Kellner-Inst. für Tierernährung; dt.) — 1. vgl. vorst. Referat. — Im Tier-Vers. an Kaninchen werden 14 Kraftfutterstoffe auf ihre Verdaulichkeit u. energet. Verwertbarkeit untersucht. Den größten negativen Einfl. auf die Verdaulichkeit übten *Cellulose* u. *Lignin* aus. Die umsetzbare Energie der Futterstoffe entspricht für den verdaulichen Nährstoffanteil bei Rohfett u. den N-freien Extraktstoffen der verdaulichen Energie, beim Rohprotein beträgt sie 82% der verdaulichen. Die Berechnung der Nettoenergie erfolgt durch eine angegebene Gleichung. G. Heder 7780◇

2519 **Die energetische Verwertung der Futterstoffe.** 3. Mitt. **Die energetische Verwertung der Kraftfutterstoffe durch Schweine.** K. Nehring, L. Hoffmann, R. Schiemann und teilweise Mitarbeit von F. Hovorka. (Arch. Tierernähr. **13,** 147—61, 1963; Rostock, Oskar-Kellner-Inst. für Tierernährung; dt.) — 2. vgl. vorst. Referat. — Im Tier-Vers. an Schweinen werden 12 Kraftfutterstoffe, deren chem. Zus. schwankt, bzgl. ihrer energet. Verwertung eingesetzt. Einen negativen Einfl. auf die Höhe der Verdaulichkeit üben einerseits hoher Fett-Geh. u. andererseits der Geh. an *Cellulose* u. *Lignin* aus. Die umsetzbare Energie der Futterstoffe entspricht bei dem N-freien Extrakt der verdaulichen Energie, bei Rohfett u. Rohfaser berechnet sich die umsetzbare Energie zu 96% u. bei Rohprotein zu 83% der verdaulichen. Die Berechnung der Nettoenergie erfolgt wie vorst. mitgeteilt. G. Heder 7780◇

2520 **Die energetische Verwertung der Futterstoffe.** 4. Mitt. **Die energetische Verwertung der Kraftfutterstoffe durch Schafe.** L. Hoffmann, R. Schiemann und K. Nehring. (Arch. Tierernähr. **13,** 163—75, 1963; Rostock, Oskar-Kellner-Inst. für Tierernährung; dt.) — 3. vgl. vorst. Referat. — Im Tier-Vers. an Schafen wurden 12 Kraftfutterstoffe, deren chem. Zus. schwankt, eingesetzt u. bzgl. ihrer energet. Verwertung geprüft. Ein negativer Einfl. auf die Höhe der Verdaulichkeit wird durch den Geh. an *Cellulose* u. *Lignin* verursacht. Die umsetzbare Energie der Futterstoffe entspricht bei Rohfett der verdaulichen Energie, beim Rohprotein beträgt die umsetzbare Energie 76%, bei Rohfaser 86% u. bei den N-freien Extraktstoffen 90% der verdaulichen. Die Berechnung der Nettoenergie erfolgt wie vorst. mitgeteilt. G. Heder 7780◇

2521 **Die energetische Verwertung der Futterstoffe.** 5. Mitt. **Die energetische Verwertung der Kraftfutterstoffe durch Rinder.** R. Schiemann, K. Nehring und L. Hoffmann. (Arch. Tierernähr. **13,** 177—92, 1963; Rostock, Oskar-Kellner-Institut für Tierernährung; dt.) — 4. vgl. vorst. Referat. — Im Tier-Vers. an Rindern werden 13 Kraftfutterstoffe, deren chem. Zus. schwankt, eingesetzt u. bzgl. ihrer energet. Verwertung geprüft. Einen negativen Einfl. auf die Höhe der Verdaulichkeit üben einerseits hoher Fett-Geh. u. andererseits *Cellulose* u. *Lignin* aus. Die umsetzbare Energie der Futterstoffe entspricht beim Rohfett der verdaulichen Energie, bei Rohprotein beträgt sie 68%, bei Rohfaser 87% u. bei den N-freien Extraktstoffen 88% der verdaulichen. Die Berechnung der Nettoenergie erfolgt wie vorst. mitgeteilt. G. Heder 7780◇

2522 **Die energetische Verwertung der Futterstoffe.** 6. Mitt. **Die energetische Verwertung der Kraftfutterstoffe durch Rinder, Schafe, Kaninchen, Schweine und Ratten (Tierartenvergleich).** K. Nehring, L. Hoffmann, R. Schiemann und W. Jentsch. (Arch. Tierernähr. **13,** 193—213, 1963; Rostock, Oskar-Kellner-Inst. für Tierernähr.; dt.) — 5. vgl. vorst. Referat. — Vff. stellen in vergleichenden Betrachtungen die Ergebnisse der vorst. Mitt. gegenüber, wobei die Überlegenheit der Wiederkäuer gegenüber den monogastr. Tieren bzgl. der Verdaulichkeit der organ. Substanz hervorgehoben wird. G. Heder 7780◇

2523 **Mineralstoffzusätze im Futter für Schafe.** R. G. Hemingway. (J. Sci. Food Agric. **14,** 75—79, 1963; engl.) — In Auswertung von Verss., bei denen Schafen 12 handelsübliche Mineralstoffgemische unterschiedlicher Zus. verabfolgt werden, werden der Bedarf an *Mineralstoffen* u. *Spurenelementen* sowie deren biochem. Funktionen diskutiert. G. Heder 7780◇

2524 **Die Knochenentwicklung bei säugenden Ferkeln.** R. Blair, J. R. B. Diack und R. M. Macpherson. (Brit. J. Nutrit. **17,** 19—29, 1963; Bucksburn, Aberdeen, Rowett Res. Inst.; engl.) — Neben radiograph. Unterss. über die Knochen-Bldg. bei Jungferkeln konnte ermittelt werden, daß innerhalb der ersten 8 Lebenswochen 77% des Ca u. 42% des P, die durch Nahrung aufgenommen werden, bei Bedingungen der Tierhaltung, unter denen das Lebendgew. der Jungtiere nach dieser Zeit im Durchschnitt 38 lbs. beträgt, in den Knochen angereichert werden. G. Heder 7780◇

2525 **Vollmilcharme Kälberaufzucht mit einem Milchaustauschmittel aus kaltgewonnenem Fischleberöl und einem Nebenprodukt der Molkeverarbeitung.** E. Kraack. (Dtsch. Milchwirtsch. **10,** 130—32, 1963; Potsdam-Rehbrücke; dt.) — Mit Hilfe eines aus Nebenprodd. der inländ. Industrie entwickelten Kälberaufzuchtmittels „Wirkmil" ist ein wertvoller Milchaustauschstoff für die Kälberaufzucht gewonnen, in den 25% Filtrationsrückstände der Gefrierleberöl-Herst., 25% Streptomycintrockenmycel u. 50% Molkenkonzentrat eingearbeitet sind. G. Heder 7786◇

2526 **Infrarot-Spektroskopie.** Walter G. Jennings. (Food Technol. **17,** Nr. 5, 50—52, 54, 1963; engl.) — Übersicht über Grundzüge, Geräte u. Anwendung der IR-Spektroskopie in der Lebensmittelchemie. W. Wesly 7788◇

2527 **Bestimmung der relativen Gleichgewichts-Feuchtigkeit von Nahrungsmitteln.** Oskar Kvaale und Emil Dalhoff. (Food Technol. **17,** Nr. 5, 151—53, 1963; Roskilde, Dänemark, Danish Meat Inst.; engl.) — Zur Best. der relativen Gleichgewichtsfeuchtigkeit (RGF) von Nahrungsmitteln werden Filterpapierstreifen mit gesätt. Lsgg. von $ZnSO_4$, Na-Citrat, $BaCl_2$, Na-Tartrat, KNO_3, $NaBrO_3$, Na_2SO_4 oder $Pb(NO_3)_2$ getränkt u. mit der zu untersuchenden Probe in 2 aneinander mit Aceton geklebten Bodenhälften von Petri-Kunststoffschalen 20 Std. lang einer Temp. von 20° ausgesetzt. Die visuelle Beobachtung der Papierstreifen mit bekannter RGF zeigt, ob sie naß oder trocken sind u. Feuchtigkeit aufgenommen haben oder nicht u. ermöglicht eine Schätzung der RGF der Probe. W. Wesly 7788◇

2528 **Bedeutung und Veränderung der Thiram (TMTD)-Rückstände auf Erdbeeren.** Gemna Gilles, Simone Dormal und Gaston Dardenne. (Bull. Inst. agronom. Stat. Rech. Gembloux **30,** 87—112, 1962; Gembloux, Centre de Rech. de Phytopharm.; franz.) — Die auf Erdbeeren befindlichen *Thiram* (I)-Rückstände entsprechen den angewendeten I-Mengen. Mit der je Bodenfläche angewendeten I-Menge steigt die Menge Rückstand, die sich langsam mit der Zeit (ca. 7 Tage) auf < 1 ppm bei Anwendung von 20 g I/ar vermindert. Die Rückstandsmenge wird wenig von der I-Anwendungsart (Verstäubung oder Vernebelung) beeinflußt; sie ist um so geringer, je dichter die Vegetation ist. Man kann daher die I-Dosis mit fortschreitender Vegetation etwas steigern (Maximaldosis: 30—40 g I/ar). Die Verminderung der Rückstände wird durch Regen wenig beeinflußt. Durch Eintauchen der Erdbeeren in W. werden bis zu 100% der Rückstände beseitigt. Schwache I-Dosen werden beim Sterilisieren vollständig zersetzt. W. Wesly 7788◇

2529 **Vergleich zwischen auf der Brabender-Quadruplex-Apparatur gewonnenen Mehlen und Handelsmehlen.** R. K. Bequette und R. B. Potts. (Cereal Sci. today **7,** 354—58, 1962; Bozeman, Mont., Agric. and Exp. Stat.; engl.) — Feuchtigkeit, Asche, Protein-Geh. u. Farinographabsorption der auf der Brabender-App. ermahlenen Mehle lagen höher als in handelsüblichen Mehlen. Dennoch sind die Werte durchaus geeignet zur vorherigen Best. geeigneter Mischungsverhältnisse verschiedener Weizensorten. H. Haevecker 7798◇

2530 **Päonidin-3-monoglucosid in Weintrauben.** R. F. Albach, R. E. Kepner und A. D. Webb. (J. Food Sci. **28,** 55—58, 1963; Davis, Calif., Univ., Dep. of Chem.; Dep. of Viticult. and Enol.; engl.) — Extrakte der Fruchthäute von *Vitis vinifera* var. *Freisa* (2%ig. methanol. HCl) wurden papierchromatograph. getrennt. Im 4. von insgesamt 8 Pigmentflecken wurde ein Pigment isoliert, das auf Grund chromatograph. Rkk. seiner Hydrolyse-Prodd. als *Päonidin-3-monoglucosid* identifiziert wurde. E. Moisar 7808◇

2531 **Farbuntersuchungen an verarbeiteten Trockenfrüchten.** F. S. Nury und J. E. Brekke. (J. Food Sci. **28,** 95—98, 1963; Albany, Calif., Western Reg. Res. Labor.; engl.) — Es wird ein Verf. zur Messung der Farbänderung von Trockenfrüchten (Äpfel, Feigen, Pflaumen, Aprikosen u. Rosinen) während der Lagerung beschrieben. Die zu untersuchenden Früchte werden 24 Std. mit 50%ig. A. extrahiert; die Extinktion der Lsg. wird bei 440 nm gemessen. Die Änderung der Farbdichte während der Lagerung von Rosinen bei 50, 70 u. 90° F wird angegeben. E. Moisar 7808◇

2532 **Das ätherische Öl von Schinus molle. Die Terpenkohlenwasserstoff-Fraktion.** Richard A. Bernhard und Ronald Wrolstad. (J. Food Sci. **28,** 59—63, 1963; Davis, Calif., Univ., Dep. of Food Sci. and Technol.; engl.) — Durch Gaschromatographie (mit n-Butylcyclohexylphthalat, Tween-20 oder LAC-2-R 446 als fl. Phase) wurden in der durch Wasserdampf-Dest. erhaltenen Terpenfraktion der Früchte von *Schinus molle* L. folgende Verbb. nachgewiesen: α- u. *β-Pinen*, α- u. *β-Phellandren*, *Myrcen*, *D-Limonen*, *Camphen*, *p-Cymol*; ferner traten 3 weitere, nichtidentifizierte Verbb. auf. E. Moisar 7808◇

2533 **Colorimetrische Bestimmung von Mikromengen Vanillin.** G. S. Bains, N. S. Kapur und D. S. Bhatia. (J. sci. ind. Res. [New Delhi], Sect. B **17,** 462—67, 1958; Mysore, Central Food Technol. Res. Inst.; engl.) — *Vanillin* in Lebensmitteln läßt sich nach Extraktion in Ae. oder PAe. auf Grund der Extinktion seines farbigen *Thiobarbitursäure* (I)-Komplexes (λ_{max} 432—434 nm) bestimmen. Zur Best. werden 5 ml der wss. Probe-Lsg. mit 4 ml 15n H_3PO_4 (oder 5n HCl) u. 1 ml 0,72%ig. I-Lsg. gemischt. Sowohl Mineralsäuren als auch organ. Säuren erhöhen die Extinktion erheblich, ebenso Zucker, deren Einfl. sich im allg. an Hand ihrer Eigenabsorption eliminieren läßt. W. Betcke 7826◇

2534 **Die Bestimmung von Zuckern in Dextrose enthaltenden Schokoladen.** Mario Borghi. (Boll. Lab. chim. provinc. **11,** 376—84, 1960; ital.) — Vf. beschreibt die Best. von *Saccharose* (I) oder I u. *Lactose* (II) oder I u. *Dextrose* (III) oder gleichzeitig I, II u. III in Schokoladen. Die enzymat. Meth. liefert bei der Best. von I u. III bessere Ergebnisse. Die Best. von II in Ggw. von I wird nach Luff ermittelt. Sind alle 3 Zucker in Schokolade anwesend, so werden die gesamten reduzierenden Zucker in einem aliquoten Teil der Probe-Lsg. bestimmt, I u. III fermentativ entfernt u. dann II ermittelt, wobei die Differenz dieser 2 Best. die Menge von III angibt. Die Analysenwerte u. Berechnungen werden mitgeteilt. G. Platzer 7832□

2535 **Eine modifizierte 2-Thiobarbitursäure(TBS)-Methode zur Bestimmung von Malondialdehyd in Pökelfleisch.** Marelynn W. Zipser und Betty M. Watts. (Food Technol. **16,** Nr. 7, 102—04, 1962; Tallahassee, Fla., Florida State Univ., Dep. of Food and Nutrit.; engl.) — Der die Best. von *Malondialdehyd* mit *2-Thiobarbitursäure* störende Einfl. von NO_2^- in gepökeltem Fleisch kann mit *Sulfanilamid* unterbunden werden, wobei durch Umsatz des letztgenannten mit NO_2^- das Diazoniumsalz entsteht. G. Heder 7850◇

2536 **Biochemische Änderungen im Fischmuskel während der Leichenstarre.** D. J. Nazir und N. G. Magar. (J. Food Sci. **28,** 1—7, 1963; Bombay, Inst. of Sci., Dep. of Biochem.; engl.) — Die während der Aufbewahrung verschiedener Fische (*Mugil dussumieri, Harpodon nehereus* u. *Epinephalus malabaricus*) in Eis bei 2° auftretenden Änderungen der chem. Zus. wurden untersucht. Es wurde eine Zunahme von *Milchsäure, anorgan. Phosphat, Trimethylamin,* der durch Ba-Acetat nicht ausfällbaren (NA) *Ribose* (I) u. des Verhältnisses NA-I: säurelösl. I beobachtet, während im Verlauf der Leichenstarre eine Abnahme des Geh. an *Glykogen, Kreatinphosphat* u. *Adenosintriphosphat* erfolgt. Der pH-Wert nahm geringfügig ab. E. Moisar 7852◇

2537 **Direkte chromatographische Analyse von Milch.** R. Bassette, S. Ozeris und C. H. Whitnah. (J. Food Sci. **28,** 84—90, 1963; Manhattan, Kans., Kansas Agric. Exp. Stat.; engl.) — Es wird über die gaschromatograph. Unters. (20% Carbowax-20 M auf Chromosorb-W als feste Phase) der beim Erhitzen verschiedener *Milch* (a)-Proben (mit Zusatz von 1,2 g Na_2SO_4 pro 2 g a) auf 60° in den Gasraum abgegebenen flüchtigen Verbb. berichtet. Die Zahl der flüchtigen organ. Verbb. nahm beim Lagern, bei der Oxydation von a mit Cu^{2+} oder nach Bestrahlung mit Sonnenlicht zu; Parallelverss. mit Zusatz von *Hydroxylamin* zur a zeigten, daß ein Teil der flüchtigen Substanzen Carbonyl-Verbb. [u. a. *Acetaldehyd, Propionaldehyd, Aceton* u. *Butanon-(2)*] waren. Frische u. ranzige a ergaben fast ident. Gaschromatogramme, während in den Chromatogrammen sauer gewordener a relativ wenig Carbonyl-Verbb. nachgewiesen wurden. E. Moisar 7856◇

2538 **Die Untersuchung Ziegenmilch zugesetzter Kuhmilch. Anwendung auf Käse.** S. Kuzdzal-Savoie und W. Kuzdzal. (Lait **40,** 393—407, 1960; Jouy-en-Josas, Stat. Centr. de Rech. lait. et de Technol. des Prod. anim.; franz.) — Zum Nachw. von Kuhmilch in Ziegenmilch u. -käse wird ein Verf. vorgeschlagen, das darauf beruht, daß Ziegenmilch frei von *β-Carotin* (I) ist, dieses aber stets in Kuhmilch enthalten ist. Zur Best. von I wird dieses aus dem Unverseifbaren des Fetts (von Milch, Butter oder Käse) durch Absorptionschromatographie auf Al_2O_3 isoliert u. durch seine Extinktion bei 450 nm identifiziert. W. Wesly 7856◇

2539 **Die Aminosäuren von Ölkuchen.** A. de Vuyst, W. Vervack, M. van Belle, R. Arnould und A. Moreels. (Agricultura [Louvain] [2] **11,** 385—90, 1963; Lovenjoul, Univ. de Louvain, Centre de Rech. Zootechn.; franz.) — Zusammenstellung der Geh. der wichtigsten, zur Viehfütterung dienenden Ölkuchen an Aminosäuren. W. Wesly 7868◇

2540 FMC-Corp., San Jose, Calif., übert. von: Robert Sidney Long, Bound Brook, N.J., V.St.A., **Färben von Orangen.** Die Früchte werden mit einer wss. Dispersion von *1-[2.5-Dimethoxyphenylazo]-2-naphthol* (I) behandelt. — Zum Beispiel werden 5 (Gew.-Teile) I in 50 einer Mischung eines aromat. KW-Stoffs u. Terpineol gelöst. Die Lsg. wird 590 einer 5,5%ig. Na-Oleat-Lsg. bei 38° zugegeben. 10 dieser Lsg. werden mit 500 W. dispergiert u. auf 50° erwärmt. Die Früchte werden in das Bad eingetaucht oder mit der Dispersion besprüht. (**A. P. 3 046 141** vom 16/1. 1962, ausg. 24/7. 1962.) W. Kranz 7689

2541 General Foods Corp., White Plains, übert. von: Bruce A. Lister, Baldwin, und Nicholas D. Pintauro, New City, N.Y., V.St.A., **Pektinpräparat für Gelierzwecke,** bestehend aus einer Mischung eines Pektins mit normalem Methoxyl-Geh., Adipinsäure (I), einer Fruchtsäure, z. B. Citronen-, Fumar- oder Weinsäure, sowie eines Verdünnungsmittels, z. B. Dextrose, Saccharose oder Lactose. — Beispiel für ein Pektin-Präp. zur Herst. eines Wassergelees: 2,5 (g) Pektin (D.M. 73), 7,875 I, 0,875 Citronensäure, 16,15 Dextrose, 0,5 Farbstoff, 0,5 Geschmacksstoff. (**A. P. 3 041 179** vom 8/9. 1959, ausg. 26/6. 1962.) W. Kranz 7703

2542 Fabbriche Riunite Amido Glucosio Destrina S. p. A., Mailand, Italien, **Herstellung von Zuckerwaren,** bes. Karamellen. Man verwendet eine Glucose-Lsg., der 0,5—2% lösl., bes. durch Oxydation lösl. gemachte, Stärke zugemischt wurde. Die Zuckerwaren kristallisieren nicht u. sind nicht hygroskopisch. (**It. P. 559 804** vom 16/4. 1955.) K. Koebke 7705

2543 Distillers Co. Ltd. (Erfinder: Robert George Denton Crick), **Verwendung von D-Arabit als süßender Zusatz** in festen Nahrungsmitteln u. trinkbaren Fll. in Mengen von 0,5—70 Gew.-%. (**Aust. P. 236 271** vom 14/1. 1959, ausg. 30/11. 1961. E. Prior. 4/2. 1958.) K. Demmler 7713

2544 Russell W. Evans, Denver, Colo., V.St.A., **Herstellung eines Zwiebelaromenpräparates.** Frische Zwiebeln werden fein zerkleinert u. mit einem jodhaltigen, z. B. JCl_3 enthaltenden pflanzlichen Öl, wie Sesam- oder Baumwollsaatöl gemischt. Die Masse steht 12—24 Std. in Glasbehältern u. wird dann zentrifugiert. Die aus Saft u. Öl bestehende Emulsion wird bei niedriger Temp. als Film im Luftstrom entwässert u. in Öl u. Saft getrennt. Der Saft wird mit $CaCl_2$ zur Entfernung der Wasserreste gemischt u. mit dem Öl wieder vereinigt. Nach einer Abstehpause von 10 bis 12 Std. wird das Öl abgetrennt u. durch Zugabe von NH_4Cl neutralisiert. (**A. P. 3 037 866** vom 8/4. 1960, ausg. 5/6. 1962.) W. Kranz 7715

2545 Erwin Linthout, Meran, Italien, **Filtern von Tabakrauch.** Man schaltet der zu rauchenden Zigarette (Zigarre) über einen Doppelkonus eine als Filter dienende zweite Zigarette (Zigarre) vor. (**It. P. 559 115** vom 14/6. 1955.) K. Koebke 7735

2546 Baxter Laboratories, Inc., Morton Grove, Ill., übert. von: Hans Schleich, Staten Island, N.Y., und Robert S. Arnold, Chicago, Ill., V.St.A., **Enzympräparat zum Zartmachen von Fleischprodukten,** z. B. Schinken. Das Mittel enthält eine aus *Bacillus subtilis* kultivierte Bakterienprotease u. ein Polyphosphat, z. B. Na-Hexametaphosphat, -Pyrophosphat, -Tetraphosphat, -Tripolyphosphat. Zur Gewinnung des Enzyms wird Bacillus subtilis in einer 6 (Gew.-%) Stärkehydrolysat, 1,0 Caseinhydrolysat, 0,5 Na_2HPO_4, 0,5 Hefeextrakt, 0,03 Ferriammoniumcitrat, 0,03 $MgSO_4 \cdot 7\,H_2O$ u. 91,94 W. enthaltenden Nährlsg. bei pH 7,0—7,2 gezüchtet. Die Kultur wird anschließend 35 Min. unter Dampfdruck sterilisiert. Zur Fleischbehandlung dient eine Fl., die z. B. aus 2,8 (Teilen) Na-Tripolyphosphat, 10,7 NaCl, 2,8 Saccharose, 8,5 Dextrose, 0,2 $NaNO_2$ 0,6 $NaNO_3$, 0,04 Na-Isoascorbat u. 16 W. besteht u. 0,01—0,70, z. B. 0,13, Proteaseeinheiten, berechnet auf die Fl.-Menge, enthält. Die Behandlung erfolgt bei wenigstens 143° F. (**A. P. 3 037 870** vom 8/9. 1960, ausg. 5/6. 1962.) W. Kranz 7751

2547 Borden Co., New York, N.Y., übert. von: Winston H. Wingerd, Clifford D. Bauer und Russell D. Damisch, Elgin, Ill., V.St.A., **Geschmacksstabilisierung von Milch-Casein** (I). Magermilch mit einem niedrigen Fett-Geh., z. B. 0,07%, wird mit einem proteolyt. Enzym, z. B. Pankreatin, so lange behandelt, bis beim Proteinabbau 0,004—0,025 (Gew.-Teile) Tyrosin, berechnet auf 2,5 I, freigemacht sind. Die Masse wird bei 142° F während 30 Min. pasteurisiert. Durch Zugabe von H_2O_2 wird die Ascorbinsäure oxydiert. Die Mischung wird auf z. B. 90 bis 105° F abgekühlt u. durch Säurezugabe das I ausgefällt. Nach Abtrennung der Fl. wird das I mit W. vom pH 4,3 ausgewaschen u. getrocknet. (**A. P. 3 036 918** vom 23/12. 1959, ausg. 29/5. 1962.) W. Kranz 7757

H_{17}. Fette, Seifen, Wasch- und Reinigungsmittel usw.

2548 **Die Glyceridstruktur der natürlichen Fette: Eine Übersicht und eine neue Hypothese. — Die spezifischen Regeln der eingeschränkten statistischen Verteilung.** A. R. S. Kartha. (J. sci. ind. Res. [New Delhi], Sect. A **21,** 577—90, 1962; New Delhi, Indian Agric. Res. Inst.; engl.) — Die natürlichen Fette haben in der Verteilung ihrer Strukturen eine Zus., die nicht der statist. Verteilung der Fettsäuretypen entspricht. Bes. liegen *Triglyceride* mit 3 gesätt. Säuren in geringerem Ausmaß vor, als es der Statistik entsprechen würde. Dies ist auch im Sinne biolog. Zweckmäßigkeit. Vf. gibt eine Übersicht über die Literatur auf diesem Gebiet u. stellt eine Theorie der „eingeschränkten statist. Verteilung" auf. Nach dieser Theorie finden zwischen der *β*-Stellung eines Glycerids mit 3 gesätt. Säuren u. der mit einer ungesätt. Säure besetzten *α*-Stellung eines 2- oder 3fach ungesätt. Glycerids Umesterungen statt, die bevorzugt zu symm. digesätt. u. unsymm. monogesätt. Triglyceriden führen. Neben dieser Theorie wird ausführlich der Einfl. von Säurespezifitäten der Enzyme auf die Konfiguration der Triglyceride diskutiert — 62 Literaturangaben. G. Günther 7870◇

2549 **Das Cuphea llavea-Samenöl als gute Rohstoffquelle für Caprinsäuren.** T. L. Wilson, T. K. Miwa und C. R. Smith jun. (J. Amer. Oil Chemists' Soc. **37**, 675—76, 1960; Peoria, Ill., Northern Reg. Res. Labor.; engl.) — Das Samenöl von *Cuphea llavea* var. *miniata* enthält 82,7% *Caprinsäure* (I); wenigstens 72% können in 97%ig. Reinheit durch Dampf-Dest. der Gesamtfettsäuren isoliert werden. Die zerkleinerten Samen wurden über Nacht im Soxhlet mit PAe. (30—60°) extrahiert. Ein Teil des Öls wurde mit äthanol. KOH unter N_2 verseift u. das Unverseifbare abgetrennt (3,9%). Die isolierten freien Fettsäuren wurden dampfdest. u. die dabei anfallenden Fraktionen in die Methylester übergeführt. Die einzelnen Fraktionen wurden gaschromatographiert. Aus der Fraktion, die im wesentlichen aus I bestand, wurde das *Caprinsäureamid*, $C_{10}H_{21}NO$, F. 96—97° (wss. A.), weiße Kristalle, u. das *Capranilid*, $C_{16}H_{25}NO$, F. 62,5—63° (wss. A.), weiße Kristalle, hergestellt. Das Öl hat nachfolgende Zus.: 0,8 (%) Capryl-, 0,1 Pelargon-, 82,7 I, 1,2 Laurin-, 0,8 Myristin-, 2,6 Palmitin-, 0,5 Stearin-, 4,9 Öl-, 6,3 Linol- u. 0,1 Linolensäure; ferner sind Spuren einer nichtidentifizierten Fettsäure enthalten. H. P. Fiedler 7894◇

2550 **Über die Verwendung der methanolischen Bariumhydroxid-Lösung als Verseifungsmittel.** Emile André und Jacques Henry. (Oléagineux **18**, 583—84, 1963; franz.) H. Franzen 7906◇

2551 **Der Einsatz nichtionogener Textilhilfsmittel zur Beseitigung von Ölschmutzen.** Karl Zeidler. (Abh. dtsch. Akad. Wiss. Berlin, Kl. Chem., Geol. Biol. **1963**, Nr. 2, 92—100; Schkopau über Merseburg, VEB Chem. Werke Buna; dt.) — Ausgehend von der Tatsache, daß bes. ausgewählte nichtionogene Äthylenoxidaddukte Mineralöl bis zur Wasserlöslichkeit emulgieren, wird ein Verf. beschrieben, mit dem es gelingt, Ölflecke u. Webschmutzen an Polyamidgeweben weitgehend zu entfernen. I. Beßer 7916◇

2552 **Fettsäureanalyse durch „High Resolution Nuclear Spin Resonance" (NSR-Spektroskopie). Vorläufige Auswertung.** W. H. Storey jun. (J. Amer. Oil Chemists' Soc. **37**, 676—78, 1960; San Antonio, Tex., Southern Res. Inst.; engl.) — Die NSR-Spektroskopie erweist sich als geeignet, um z. B. die bei der Hydrierung von Linolensäure möglicherweise anfallenden 8 Komponenten zu trennen. Die Spektrogramme der Methylester der *9.12.15-Linolen-*, der *9.12-Linol-*, der *9-Öl-* u. der *Stearinsäure* werden wiedergegeben u. diskutiert. H. P. Fiedler 7936◇

2553 **Die Bewertung der Leistung von Geschirrspülmitteln.** M. Howells. (Soap, Chem. Specialties **39**, 61—62, 125, 1963; Glebe, N.S.W., Australia, Chem. Materials Ltd.; engl.) — Die „Decol Titration Test"-Meth. arbeitet mit dem „Thermomix"-Gerät der Firma B. Braun, DBR. Die App. besteht aus einem Rührer, einer Zirkulationspumpe u. einer thermostat. geregelten Eintauchröhrenheizung. Zu der umgepumpten Lsg. des Geschirrspülmittels in 7,5 Liter W. von 50°, die sich in einer weißen Emailleschüssel befindet, wird der fette Schmutz (geschmolzener Talg) aus einer Bürette mit Heißwassermantel zugesetzt (10 ml Talg/min). Der Endpunkt der Titration ist dadurch erkennbar, daß am Rande der Schüssel an einem schaumfreien Fleck erste nichtemulgierte Fetttröpfchen sichtbar werden u. der Schaum zusammenbricht. Die Ergebnisse der Meth. sind gut reproduzierbar, entsprechen der prakt. Erfahrung u. stimmen mit den Ergebnissen nach einem Standard-Tellerwaschtest überein. Dabei entspricht ein Teller 2 ml titriertem Talg. I. Ohme 7942◇

2554 Procter & Gamble Co., Cincinnati, Ohio, V.St.A., übert. von: Dieter F. Schmid, Heidelberg, und Fredric J. Baur, Cincinnati, Ohio, V.St.A., **Abtrennen von unlöslichem Fettmaterial aus vegetabilischen Ölen.** Man löst in dem Öl, bes. Baumwollsamenöl oder hydriertes Sojabohnenöl, bei einer Temp., bei der das abzutrennende Fettmaterial in Lsg. ist, ca. 0,001—0,5 Gew.-%, bezogen auf das Öl, Rohrzucker, der zu 15—80% mit gesätt. Fettsäuren mit 12—22 C-Atomen in der Alkylkette u. zu 0—85% mit ungesätt. Fettsäuren mit 12—22 C-Atomen in der Alkylkette verestert ist, wobei der Ester nicht mehr als 5 nichtveresterte Hydroxylreste enthält, kühlt auf eine Temp., bei der die unlösl. Fettstoffe sich ausscheiden, u. trennt sie vom Öl ab. **(A. P. 3 059 009** vom 21/9. 1961, ausg. 16/10. 1962.) K. Demmler 7895

2555 Procter & Gamble Co., Cincinnati, Ohio, V.St.A., übert. von: Dieter F. Schmid, Heidelberg, und Fredric J. Baur, Cincinnati, Ohio, V.St.A., **Abtrennen von unlöslichem Fettmaterial aus vegetabilischen Ölen.** Man löst in dem Öl, bes. Baumwollsamenöl oder hydriertes Sojabohnenöl, bei einer Temp., bei der das abzutrennende Fettmaterial in Lsg. ist, ca. 0,001—0,5 Gew.-%, bezogen auf das Öl, Rohrzucker, der mit wenigstens einer gesätt. Fettsäure mit 12—22 C-Atomen in der Alkylkette u. wenigstens einer Fettsäure mit 1—6 C-Atomen in der Alkylkette verestert ist, wobei der Geh. an kurzkettiger Fettsäure 5—100 Gew.-% des Geh. der langkettigen Fettsäure beträgt u. der Ester nicht mehr als 5 nichtveresterte Hydroxylreste enthält, u. scheidet die unlösl. Fettstoffe durch Kühlen ab. **(A. P. 3 059 010** vom 21/9. 1961, ausg. 16/10. 1962.) K. Demmler 7895

2556 Procter & Gamble Co., übert. von: Fredric J. Baur, Cincinnati, Ohio, V.St.A., **Abtrennen von unlöslichem Material aus vegetabilischem Öl.** Man löst bei einer Temp., bei der das abzutrennende Fettmaterial in Lsg. ist, im Öl ca. 0,001—1 Gew.-%, bezogen auf das Öl, verestertes Dextrin, z. B. Dextrinmono-, -di- oder -tripalmitat oder Dextrinmonoacetyldipalmitat, u. scheidet das unlösl. Fettmaterial vom Öl, bes. Baumwollsamen- oder hydriertes Sojabohnenöl, unter Kühlen ab. An Stelle der Dextrinester können auch Glucosepentapalmitat oder Gemische aus Gluconsäuretri- u. Gluconsäuretetrapalmitat angewendet werden. **(A. PP. 3 059 008** vom 8/9. 1961 u. **3 059 011** vom 6/12. 1961, beide ausg. 16/10. 1962.) K. Demmler 7895

2557 Colgate-Palmolive Co., New York, N.Y., übert. von: Joseph A. V. Turck jun., Clearfield, Pa., V.St.A., **Waschmittel in Stückform,** bestehend aus 10—60% Na-Seife, 5—40% Zinkseife u. 15—60% Na-Fettsäuremonoglyceridsulfat (I), z. B. 40,1 (Teilen) I aus hydrierter Cocosfettsäure, 4,5 Tetrapropylenbenzolsulfonat, 17,8 Na- u. 26,8 Zn-Seife aus Talg, 5,7 NaCl, 2,2 Na_2SO_4 u. 6 Wasser. **(A. P. 3 030 310** vom 28/10. 1957, ausg. 17/4. 1962.) C. Lüttgen 7913

2558 George G. Wittwer, Hawthorne, N.Y., V.St.A., **Waschmittel in Stückform,** bestehend aus 10—90 (%) Lauroyl- u./oder -Stearoylisäthionat u. 90—10 Alkylarylsulfonat, z. B. Na-Dodecylbenzolsulfonat. **(A. PP. 3 055 837** vom 8/10. 1958, ausg. 25/9. 1962 u. **3 057 805** vom 9/7. 1959, ausg. 9/10. 1962.) C. Lüttgen 7913

2559 Colgate-Palmolive Co., New York, N.Y., übert. von: Harold Eugene Wixon, Jersey City, N.J., V.St.A., **Flüssiges Waschmittel,** enthaltend 5—15 (Teile) waschakt. Stoffe vom Sulfattyp, 15—45 $K_4P_2O_7$ u./oder $K_5P_3O_{10}$, 2—15 Fettsäurealkylolamide, 4—12 Alkalitoluol- u./oder -xylolsulfonat, 0,5—20 A. oder Propanol u. W., z. B. 9,61 Na-Laurylsulfat, 24 $K_5P_3O_{10}$, 6,4 K-Toluolsulfonat, 8 Cocosfettsäurediäthanolamid, 35 W., 15,6 A. u. 1,44 Na-Carboxymethylcellulose. **(A. P. 3 052 635** vom 14/12. 1960, ausg. 4/9. 1962.) C. Lüttgen 7913

2560 N. V. de Bataafsche Petroleum Mij., Den Haag, Niederlande, **Flüssiges Waschmittel für Baumwolle,** bestehend aus einer wss. Lsg. eines Gemisches von a) sek. Na- oder K-Alkylsulfaten mit 8—18 C-Atomen, eines Gemisches von b) Na- oder K-C_8-C_{14}-Alkylbenzolsulfonaten, Na- oder K-Hexametaphosphat ((I) u. K_2CO_3 oder Na_2CO_3, wobei das mol. Verhältnis von a : b 2—1,4, von I, berechnet als $(NaPO_3)_6$ oder KPO_3 zu a + b 0,55 u. das atomare Verhältnis von Na : K 2,5—3,5 u. der pH-Wert der Lsg. ≥ 9 betragen soll. **(Belg. P. 573 012** vom 17/11. 1958, ausg. 21/9. 1962.) C. Lüttgen 7913

2561 Robert John Anderson, Bloomfield, N.J., V.St.A., **Waschmittel in Blattform,** bestehend aus Hydroxyäthylcellulose oder einem Alkali- oder NH_4-Salz von Carboxymethylcellulose, einem acycl. gesätt. Alkohol als Weichmacher, z. B. Glycerin, Propylenglykol, u. einem waschakt. Stoff, z. B. Seife, Tetradecylbenzolsulfonat oder Laurylsulfat. **(E. P. 899 100** vom 23/9. 1959, ausg. 20/6. 1962. A. Prior. 24/9. 1958.) C. Lüttgen 7913

2562 Monsanto Chemical Co., St. Louis, Mo., übert. von: Earl L. Brown, Dayton, Ohio, V.St.A., **Stark schäumendes Reinigungsmittel,** bestehend aus 90—99,25% Na–C_5–C_{18}-Alkylbenzol-, -toluol- u./oder -xylolsulfonat, bes. Dodecylbenzolsulfonat, u. 0,075—10% hydrolysiertem Polyacrylnitril. (**A. P. 3 032 506** vom 8/1. 1957, ausg. 1/5. 1962.) C. Lüttgen 7913

2563 California Research Corp., San Francisco, übert. von: William G. Toland, San Rafael, und Maurice J. Schlatter, Berkeley, Calif., V.St.A., **Reinigungsmittel,** bestehend aus 15—40 (Teilen) Na- oder Mg-Salzen von C_{12}—C_{15}-Alkylbenzolsulfonsäuren, 60—75 anorgan. Gerüststoffen u. 1—20 eines n-C_{12}—C_{18}-Alkyl-o-carboxybenzylsulfids als Schaumverbesserer, bes. n-Tetradecyl-o-carboxybenzylsulfid. (**A. P. 3 053 771** vom 6/5. 1960, ausg. 11/9. 1962.) C. Lüttgen 7913

2564 Colgate-Palmolive Co., New York, N.Y., übert. von: Hans George Kirschenbauer, Allendale, N.J., V.St.A., **Waschmittel** aus neutralen oder alkal. anionakt. oder nichtionogenen Waschrohstoffen, gek. durch einen Geh. an sauren Verbb., bes. Weinsäure u. Sulfaminsäure, in Partikelform, die mit einem sich langsam lösenden Überzug, z. B. aus Lauroylmonoäthanolamid oder festem Polyglykol, überzogen sind, so daß die anfänglich alkal. Waschflotte im Laufe des Wasch-Verf. einen pH-Wert unter 7 annimmt. (**A. P. 3 042 621** vom 1/11. 1957, ausg. 3/7. 1962.) C. Lüttgen 7913

2565 Olin Mathieson Chemical Corp., übert. von: Herman A. Bruson, North Haven, und Tomas P. O'Day, Hamden, Conn., V.St.A., **Oberflächenaktive basische Polyäther.** Man läßt phenol. Amine der Formel $A_rR(OH)[CH_2N(X)(Y)]_n$, in der A Alkyle mit 20 C-Atomen oder Cycloalkyle mit 6—10 C-Atomen, r 1 oder 2, R den Phenylrest, X H, Alkyle mit 1—20 C-Atomen, Cycloalkyle mit 6 bis 10 C-Atomen oder Hydroxyalkyle mit 2—20 C-Atomen, Y die gleichen Hydroxyalkyle u. n 1 oder 2 bedeuten, mit 8—50 Mol Äthylenoxid (**I**) reagieren. — Z. B. läßt man auf ein Amin der Formel $C_7H_{15}C_6H_3(OH)CH_2NHCH_2CH_2OH$ 10 Mol **I** bei 120 bis 130° während 2 Std. unter Rühren u. unter N_2 einwirken, läßt noch 1 Std. bei dieser Temp. stehen u. entfernt aus dem noch warmen bernstein- bis rötlichgefärbten Prod. bei 18 mm Hg das nicht umgesetzte **I**. — Oberflächenakt., Metalle nicht korrodierendes *Reinigungsmittel.* (**A. P. 2 998 452** vom 7/3. 1958, ausg. 29/8. 1961. **E. P. 877 062** vom 18/2. 1959, ausg. 13/9. 1961. A. Prior. 7/3. 1958.) K. Sarre 7913

2566 E. I. du Pont de Nemours & Co., übert. von: Gordon I. Jenkins und Elbert V. Kring, Wilmington, Del., V.St.A., **Bleich- und Reinigungsmittel** in fester Form, gek. durch einen Geh. an $KHSO_5$ u. einem Sequestrierungsmittel, bes. Diäthylentriaminpentaessigsäure u. deren Alkalisalze. (**A. P. 3 049 495** vom 1/7. 1959, ausg. 14/8. 1962.) C. Lüttgen 7917

2567 Economics Laboratory, Inc., St. Paul, übert. von: Arthur T. Martin, St. Paul, und Norman S. Temple, Newport, Minn., V.St.A., **Reinigungsmittel** für automat. Geschirrspülmaschinen, bestehend aus anorgan., reinigend wirkenden Alkalisalzen, wie Soda, Phosphate, Silicate, u. einem Polyoxyalkylenglykol mit wechselndem Äthylenoxid- u. Propylenoxidgruppen, z. B. ein oxäthyliertes Polypropylenglykol, an das endständig Propylenoxid angelagert ist. — Diagramme. (**A. P. 3 048 548** vom 26/5. 1959, ausg. 7/8. 1962.) C. Lüttgen 7917

2568 **United States Rubber Co.,** New York, N.Y., übert. von: **Pliny O. Tawney,** Passaic, N.J., und **John W. Sargent,** Naugatuck, Conn., V.St.A., *2.6-Bis-[2-hydroxy-1-naphthylmethyl]-4-alkylphenole.* (**A. P. 3 033 883** vom 5/2. 1959, ausg. 8/5. 1962. — C. **1962,** 17606 [E. P. 874 869].)

2569 **Hercules Powder Co.,** Wilmington, Del., V.St.A. (Erfinder: **Charles Murray Lambert**). *Gelfreie Natrium- oder Kaliumharzseifen.* (**Aust. P. 235 988** vom 19/5. 1959, ausg. 16/11. 1961. — C. **1961,** 12309 [D. A. S. 1 095 434].)

2570 **Colgate-Palmolive Co.,** New York, N.Y., V.St.A. (Erfinder: **Jack Vair Schurman**), *Fettsäuredihydroxyalkylamide.* (**Aust. P. 235 827** vom 11/3. 1959, ausg. 9/11. 1961. — C. **1961,** 17791 [A. P. 2 877 246].)

H_{18a}. Holz, Cellulose, Zellstoff, Papier, Papierdruck, Celluloid, Linoleum

2571 **Die mit Methanol extrahierbaren Stoffe in neu gebildetem Espenholz.** Jarrell B. Mugg. (Tappi **42,** 289—94, 1959; Appleton, Wis., Inst. of Paper Chem.; engl.) — Die Fraktionierung des methanol. Auszuges von Espenholzgewebe zeigt die Ggw. von Phenylalanin, Tyrosin, Serin, Glycin u. Sinapinaldehyd (**I**). Reifes Espenholz erhält im Vgl. zu neuem Xylem wenig freie Aminosäuren. Beide Gewebe enthalten viel **I**. Braunssches Lignin aus z. T. verholztem Espenholz ähnelt dem aus reifem Holz isolierten bzgl. IR- u. UV-Spektrum. Geh. an CH_3O u. physikal. Eigenschaften. Dagegen fehlen Shikimi-, Sinapin-, Ferulasäure, Coniferylalkohol, -aldehyd u. Syringin. W. Wesly 7952◇

2572 **Wirkung von Zeit und Temperatur auf die direkte Nitrierung von Eucalyptus rostrata.** Menachem Lewin und Joseph A. Epstein. (Tappi **42, 549**—**52,** 1959; Jerusalem, Israel, Ministry of Commerce and Ind., Inst. for Fibres and Forest Prod. Res.; engl.) — Unterss. der bei 0,5—1000 std. Nitrieren von Holz von *Eucalyptus rostrata* bei 3° gebildeten Prodd. zeigen, daß eine Fraktion A entsteht, die eine acetonlösl., mit W. ausfällbare Fraktion A_1, eine acetonunlösl. Fraktion A_2 u. eine aceton- u. wasserlösl. Fraktion A_3 enthält. Die Ergebnisse werden mit denen der bei 20° ausgeführten Nitrierung verglichen u. auf Grund der dem Holz zugeschriebenen α-Cellulose–Hemicellulose-Bindung gedeutet. Temp.-Koeff., Aktivierungsenergie der Zerstörung dieser Bindung u. Polymerisationsgrad der A-Fraktionen werden ermittelt. W. Wesly 7952◇

2573 **Die industrielle Bedeutung des mikrobiellen Zerfalls von Cellulose.** J. A. Gascoigne. (Chem. and Ind. **1961,** 693—96, Wythenshawe, Manchester, Brit. Rayon Res. Assoc.; engl.) — Die Zers. von Cellulose (**A**) wird durch extra- oder intracelluläre Enzyme katalysiert. **A** wird zunächst hydrolyt. durch Cellulase zu Zuckern u. Oligosacchariden abgebaut. Beachtung verdienen die Erreger der Rotfäule, *Merulius lacrymans,* mehrere Vertreter der Gattung *Dematiaceae,* ferner viele Glieder von *Aspergillus, Penicillium, Fusarium* u. die allg. im Erdboden vorkommende Bakterie *Sporocytophaga myxococcoides.* Enzymextrakte aus den meisten Organismen bauen gefällte **A** u. einige in W. lösl. **A**-Derivv. ab, greifen jedoch hochkristalline **A** nicht an. Hierzu sind nur die ganzen Mikroorganismen imstande, weshalb die Existenz von 2 Enzymtypen anzunehmen ist. Die Ggw. eines weiteren Enzym-Syst. wird in gewissen Pilzkulturen festgestellt, das eine höhere Alkaliquellung bewirkt u. als S-Faktor bezeichnet wird. Durch Feuchtigkeit oder durch die bei der Ausrüstung von Textilien mit Stärke-Derivv. oder Gelatine verwendeten Materialien wird das Wachstum von Mikroorganismen begünstigt. Die am Befall von Baumwolle beteiligten Bakterien sind *Sporocytophaga, Cellulomonas, Cellvibrio* u. Pilze, die der Gattung *Alternaria, Fusarium* u. *Cladosporium* angehören. Der Angriff auf Pflanzenfasern läßt 3 Stadien unterscheiden. 1. Zers. von lösl. Zuckern u. Stärke durch Rost u. Schmutz; 2. Abbau von Zuckern u. Polysacchariden einschließlich **A** durch saprophyt. Pilze. 3. Angriff auf Hemicellulose durch **A** u. Lignin abbauende Basidiomyceten u. einige Ascomyceten. Diesem Angriff ist Holz u. die daraus hergestellten Prodd., wie Holzschliff, Zellstoff, Papier u. Pappe bes. ausgesetzt. Die Bekämpfung der durch Mikroorganismen hervorgerufenen Schädigungen kann erfolgen durch 1. Abänderung der **A**-Moll.; 2. Errichtung einer beständigen inerten physikal. Schranke, 3. Behandlung mit giftigen Stoffen, 4. Behandlung mit einem die Enzyme spezif. hemmenden Mittel. Für alle Behandlungsarten werden Beispiele gebracht. Ein weiteres Verw.-Gebiet der **A** abbauenden Mikroorganismen ist die Reinigung von Abwässern. F. Zeidler 7954◇

2574 **Die Oxydation von Alkalicellulose durch ozonhaltige Luft.** O. A. Kremnew, W. R. Borowski, A. Ss. Tschawdarow, A. P. Roshen und I. G. Schimko. (Chemiefasern [UdSSR] **1963,** Nr. 4, 34—37; Inst. für Wärmeenergetik der Akad. der Wiss. der UkrainSSR u. Kombinat Kiew; russ.) — Nachdem mit Hilfe einer Labor.-App. festgestellt worden war, daß bei der Vorreife von *Alkalicellulose* (**I**) eine relative Feuchtigkeit von nicht unter 75—80% vorliegen **muß**, andernfalls ein Austrocknen u. eine Verschlechterung der Eigg. von **I** stattfinden, daß es vorteilhaft ist, Luft durch eine Schicht von **I** zu leiten, wodurch der Reifeprozeß 8—10 mal schneller als bei üblichen techn. Anlagen verläuft, daß eine Beimischung von atomarem *O* den Reifeprozeß weiter beschleunigt u. daß eine Erhöhung der Temp. von 40 auf 80° von günstiger Wrkg. ist, wird die Konstruktion einer kontinuierlich arbeitenden techn. App. mit einem bandförmigen Transportnetz für die Vorreife

u. anschließende Abkühlung von I angegeben. Der Gesamtprozeß ist in 35—40 Min. beendet, während man sonst hierzu 18—32 Std. benötigt. M. Ulmann 7954◇

2575 **Raffination von Weichholz- und Hartholz-Zellstoff, getrennt und in Gemischen.** J. R. Peckham und M. N. May. (Tappi **42**, 556—58, 1959; Appleton, Wis., Inst. of Paper Chem., Pulping and Papermaking Sect.; engl.) — Unterss. über das Mahlen von Hartholz (**A**) u. Weichholz (**B**) getrennt u. in Gemischen [60 (%) **B**, 40 **A**] zeigen, daß getrenntes Mahlen u. anschließendes Vermischen des Zellstoffes dessen mechan. Festigkeits-Eigg. etwas verbessert. W. Wesly 7956◇

2576 **Die Auswahl eines technologischen Schemas zur Cellulosebleiche.** F. P. Komarow. (Papier-Ind. [UdSSR] **38**, Nr. 6, 3—5, 1963; Allunions Forschungsinst. für die Cellulose-Papier-Ind.; russ.) — Nach einem Überblick über die verschiedenen Möglichkeiten einer rationellen Bleiche von *Zellstoffen*, wobei die spätere Verw. des gebleichten Materials zu berücksichtigen ist, wird als einfachste Meth. eine 5-Stufenbleiche genannt: Chlorierung, Alkalibehandlung, 2 Stufen Bleiche u. Behandlung mit einem Reduktionsmittel. M. Ulmann 7956◇

2577 **Die Verwendung von Peroxid nach Chlordioxid zum Bleichen von Kraftzellstoff.** A. F. Chadwick, F. L. Fennell und H. E. Wagoner. (Tappi **42**, 308—12, 1959; Wilmington, Del., E. I. du Pont de Nemours & Co., Electrochem. Dep.; engl.) — Die optimalen Bedingungen zum Bleichen von Kraftzellstoff sind: Chlorieren, Extrahieren mit NaOH, Bleichen mit ClO^-, ClO_2 u. einem Gemisch von H_2O_2, Na_2SiO_3 u. $MgSO_4$ oder H_2O_2, $MgSO_4$, Gluconsäure u. alkal. Pufferlösung. Die H_2O_2-Lsg. soll 2—3, besser 4 Std. lang bei 170—185° F einwirken. Die Arbeitsweise führt zu Zellstoff mit guter Festigkeit u. ausgezeichnetem Glanz. W. Wesly 7956◇

2578 **Peroxidbleiche als Endbleichverfahren.** Ferdinand Wultsch. (Tappi **42**, 313—16, 1959; Graz, Austria, Univ.; engl.) — Unterss. über die Endbleiche von Zellstoff mit dem Ziele einer Verbesserung des Glanzes zeigen, daß H_2O_2 den Vorzug vor HSO_3^- u. $S_2O_4^{2-}$ verdient. Zur Vorbleiche wird die Verw. von Cl_2 u. ClO^- empfohlen. Bei Ausführung der Endbleiche in alkal. Lsg. in der Kamyr-Maschine muß der Zellstoff angesäuert werden. W. Wesly 7956◇

2579 **Alkaliaufschluß von Tannenholz mit Zusätzen von Salzen.** D. W. Tischtschenko und Je. N. Losowskaja. (J. angew. Chem. [UdSSR] **34**, 2791—92, 1961; russ.) — Salze wirken beim Natronaufschluß hemmend auf die Lsg. von *Lignin* in der Reihenfolge: $NaCl < Na_2SO_4 < Na_3PO_4$. Mit der Höhe des Kristallwasser-Geh. der Salze steigt ihre hemmende Wirkung. Man hat es hier mit einer koll.-chem. u. nicht einer chem. Erscheinung zu tun. M. Ulmann. 7958◇

2580 **Reduktions-Oxydationsreaktionen beim Alkaliaufschluß von Holz.** 1. Mitt. G. Tschirkin und D. Tischtschenko. (J. angew. Chem. [UdSSR] **35**, 153—59, 1962; Holztechn. Kirow-Akad.; russ.) — Im Zusammenhang mit der Frage, warum *Lignin* (I) beim Sulfataufschluß (NaOH + NaSH) von Holz schneller u. vollständiger gelöst wird als beim Natronaufschluß (NaOH), vertreten Vff. die Anschauung, daß die Kondens. der Prodd. der Hydrolyse des **I** prim. zu Derivv. des Hydroxydiphenylmethans führt. Letztere werden beim Sulfataufschluß unter Beteiligung von vorliegendem H_2S zu in Alkali lösl., niedermol. Stoffen phenol. Natur gespalten. Frei werdendes S bildet unter den gegebenen Rk.-Bedingungen neben anderen Salzen erneut Na_2S, welches immer weiter als spaltendes Red.-Mittel wirkt. Experimentell ließ sich zeigen, daß bei unter sonst gleichen Bedingungen durchgeführten Aufschlüssen von Nadelholz bei einem rein alkal. Aufschluß ein Zellstoff mit ca. 7% **I** erhalten wird, beim Sulfataufschluß hingegen mit nur ca. 4% **I**. Zusätze von Red.-Mitteln, wie N_2H_4, NH_2OH, Acetonoxim u. $Sn(ONa)_2$ führen zu Zellstoffen mit geringeren Geh. an **I**. Salzartige Red.-Mittel, wie Na_2HPO_3, NaH_2PO_3, letzteres + NaOH, $Na_2S_2O_4$ + NaOH u. Na_2SO_3 können verschieden wirken, da hier 2 konkurrierende Prozesse vorliegen. Red.-Mittel erleichtern die Lsg. des **I**, während z. B. eine kolloid-chem. Wrkg. von Na_3PO_4 die Lsg. des **I** hemmt. Es dürfte nach Vff. erwiesen sein, daß ein Sulfataufschluß infolge der Ggw. eines starken Red.-Mittels (H_2S) besser als ein einfacher Natronaufschluß wirkt. M. Ulmann 7958◇

2581 **Das Sivola-Sulfitkoch- und Rückgewinnungs-Verfahren.** T. A. Pascoe, J. S. Buchanan, E. H. Kennedy und George Sivola. (Tappi **42**, 265—81, 1959; Port Edwards, Wis., Nekoosa Edwards Paper Co.; engl.) — Übersicht über Grundzüge, Ausführung u. Ergebnisse des Sulfit-Verf. von Sivola. Kleine Mengen $S_2O_3^{2-}$ als Mittel zur Ligninbeseitigung in an freiem SO_2 reicher Lauge führen zu dunklem Zellstoff u. steigern den Bleichmittelbedarf. Beim Aufschluß mit gebundenem SO_2 kann die Lauge $\leq 8\%$ $Na_2S_2O_3$ (auf trockenes Holz bezogen) ohne unerwünschte Wrkg. enthalten. W. Wesly 7962◇

2582 **Arbeitsweise der 1957 errichteten Versuchsanlage zur Rückgewinnung der Aufschlußlösungen auf Natrium-Grundlage bei der Consolidated Water Power and Paper Company.** R. S. Parsons und R. Q. Boyer. (Tappi **42**, 565—72, 1959; Wisconsin Rapids, Wis., Consolidated Water Power and Paper Co.; Los Angeles, Calif., Western Precipitation Corp., Chem. Process Dep.; engl.) — Beschreibung einer Vers.-Anlage zur Rückgewinnung von sauren u. neutralen Sulfit-Lsgg. durch Umwandlung in SO_2 u. Verdampfungskristallisation (Trennung von Na_2CO_3 u. Na_2S) (Fließbild). W. Wesly 7962◇

2583 **Der Aufschluß von Cellulose unter Verwendung eines Soda-Pottaschegemisches.** G. A. Kalisstratow. (Papier-Ind. [UdSSR] **38**, Nr. 8, 3—4, 1963; Kombinat Ssokol; russ.) — Nach dem üblichen Aufschluß-Verf. unter Verw. von CaO als Base erhaltene Zellstoffe lassen sich in ihren Eigg. wesentlich verbessern durch teilweisen Ersatz von CaO durch ein Gemisch, bestehend aus 97,1% K_2CO_3 + Na_2CO_3 (7,7% K_2CO_3) u. 2,9% K_2SO_4. Der Geh. an Na_2O in der Aufschlußsäure soll nicht unter 45—50% liegen. Die Menge an CaO wurde bis auf 30% erniedrigt u. die $(NH_4)_2O$-Menge bei ca. 20% gehalten. Der Gesamtbasen-Geh. der Turmsäure betrug 1,12 bis 1,18%. M. Ulmann 7964◇

2584 **Untersuchungen über die durch Kochen mit Sulfit-Bisulfit-Lösungen erzeugte Ligninfraktion von Zellstoff aus Espenholz.** Don E. Marth. (Tappi **42**, 301—08, 1959; Appleton, Wis., Inst. of Paper Chem.; engl.) — Espenholzschnitzel werden verschieden lange mit Sulfit–Bisulfit-Lsgg. bei pH 4,5, 7,2 u. 9,0 gekocht. Die Beziehungen zwischen der Ausbeute an Zellstoff, dem Geh. an Lignin (**A**) u. S, der Aldehydausbeute (nach Oxydation mit Nitrobenzol) u. der Stellung der sulfonierten u. unsulfonierten **A**-Rückstände in den z. T. gekochten Schnitzeln für die verschiedenen pH-Werte u. Kochzeiten werden ermittelt. W. Wesly 7966◇

2585 **Chemisch modifizierte Cellulose.** A. I. Bobrow und F. I. Kortschemkin. (Papier-Ind. [UdSSR] **38**, Nr. 6, 24 bis 25, 1963; Moskau, Filiale des Allunions Forschungs-Inst. für Papier; russ.) — Übersicht im Hinblick auf die Möglichkeiten zur Herst. von *Papieren* mit verbesserten oder speziellen Eigenschaften. M. Ulmann 7974◇

2586 **Änderungen der Zugfestigkeit als Folge der Hypochloritbleiche.** L. F. McDonnell und M. N. May. (Tappi **42**, 526—34, 1959; Appleton, Wis., Inst. of Paper Chem.; engl.) — Die Zugfestigkeit von Papier wird durch Ligninbeseitigung u. eine Verminderung des D.P. beeinflußt. Die größere Bindungsfestigkeit des gebleichten Zellstoffes wird einer Oberflächenvergrößerung (Faserquellung) u. dem Bleichen zugeschrieben. Die Faserfestigkeit wird durch ClO^- vermindert; zwischen der Faserfestigkeit u. dem D.P.-Wert des Zellstoffes besteht eine nichtlineare Beziehung. W. Wesly 7984◇

2587 **Kennzeichnung von ungebleichtem Zellstoff durch seinen Bromverbrauch.** Theodor N. Kleinert und Jean M. Roberge. (Tappi **42**, 281—88, 1959; Montreal, Quebec, Canada, Pulp and Paper Res. Inst. of Canada; engl.) — Unterss. über die Bromierung von ungebleichtem Zellstoff (**A**) mit angesäuerter 0,1n $KBrO_3$–KBr-Lsg. zeigen, daß bei logarithm. Wiedergabe eine lineare Beziehung zwischen Rk.-Zeit u. Br_2-Verbrauch besteht. Unter gleichen Kochbedingungen mit Ausbeuten bis 60% gewonnener Fichten- u. Pappelholz-Sulfit-**A** zeigt eine lineare Beziehung zwischen dem Br_2-Verbrauch bei konst. Rk.-Zeit (30 Min.) einerseits u. dem CH_3O-Geh. von **A** u. der Roeschen Cl-Zahl andererseits. Da der Br_2-Verbrauch von ungebleichtem **A** in Beziehung zum Gesamt-Lignin-Geh. steht, gibt das Klason-Lignin nur die säureunlösl. Lignin- anteile wieder. W. Wesly 8006◇

2588 **Ein nichthydrolytisches, spektrophotometrisches Verfahren zur Ligninbestimmung in Zellstoff hoher Reinheit.** Richard Bartunek. (Tappi **42**, 553—56, 1959; Oberbruch, Verein. Glanzstoff-Fabriken A.G.; engl.) — Zur Best. der Ligninzahl (LZ) von Holzzellstoff dient die Stärke der bei Behandlung mit warmer, verd. HNO_3 entstehenden Gelbfärbung (Extinktion bei 261 u. bei 330 bis 338 mμ). Die Abnahme des Verbrauchs an Viscosefilterstoffen verläuft der Verminderung der LZ parallel. W. Wesly 8006◇

2589 **Gaschromatographische Analyse von Schwefelwasserstoff, Schwefeldioxid, Mercaptanen, Alkylsulfiden und -disulfiden.** Donald F. Adams und Robert K. Koppe. (Tappi **42**, 601—05, 1959; Pullman, Wash., State Coll. of Washington, Air Pollut. Res. Sect.; engl.) — Zur gaschromatograph. Trennung eines Gemisches von H_2S, SO_2, Mercaptanen, Alkylsulfiden u. -disulfiden, wie es in den Abgasen der Kraftzellstoff-Herst. u. den Verbrennungs-Prodd. von Schwarzlaugen vorkommt, dient eine Säule aus Triton X-305, einem Alkylarylpolyätheralkohol mit einer Polyoxyäthylenseitenkette von ca. 30 Einheiten. Die Ausführung der Trennung wird beschrieben. Vor der Analyse von Proben mit viel W. empfiehlt sich dessen Abtrennung. W. Wesly 8006◇

2590 **Ein Verfahren zur Bestimmung der Substanz kleiner Papierflächen.** E. S. Brazington und B. Radvan. (Tappi **42**, 545—48, 1959; Cardiff, Wales, Ely Paper Mills Ltd.; Beaconsfield, Buckinghamshire, England, Wiggins Teape Group Res. Organis.; engl.) — Mit Hilfe von α-Strahlen einer ^{210}Po-Quelle erhaltene Photographien mehrerer Papiersorten werden wiedergegeben. Da der Strahlenbereich konst. ist, entspricht jede exponierte Stelle der Photographie einer Substanzfläche, die geringer als dieser Wert ist. Durch Einschalten dünner Al-Filme zwischen Strahlenquelle u. Papier werden Photographien erhalten, deren exponierte Stellen Flächen abnehmender Substanzmengen entsprechen. W. Wesly 8010◇

2591 **Spannungs-Dehnungs-Zähigkeitsprüfung von Papier und Pappe.** I. B. Sanborn und R. J. Diaz. (Tappi **42**, 588—97, 1959; Luke, Md., Luke Res. Labor.; Charleston, S.C., West Virginia Pulp and Paper Co.; engl.) — Unterss. über die Spannungs-Dehnungs-Zähigkeit (SDZ) von Papier u. Pappe zeigen, daß eine Verminderung der Breite auf $<$ 15 mm die Zähigkeit vermindert, eine Verminderung der Länge die Zähigkeit steigert. Die Zähigkeit wird durch Änderungen der Beanspruchung im Bereich 4—100% der Probe je Min. nicht signifikant beeinflußt. Zwischen der SDZ- u. der Tütenzerreißprobe bestehen gewisse zahlenmäßige Beziehungen. W. Wesly 8010◇

2592 **Wechselbeziehung zwischen dem Sheffieldschen Porosimeter und dem Gurleyschen Densimeter.** K. G. Chesley, E. D. Jones und R. L. Truax. (Tappi **42**, 299 bis 300, 1959; Crosett Co., Res. Div.; engl.) — An Pappeproben mit dem Sheffieldschen Porosimeter u. dem Gurleyschen Densimeter ausgeführte Porositätsmessungen beweisen, daß sich die beiden Werte in Beziehung zueinander setzen lassen. W. Wesly 8016◇

2593 Luigi Migliazza, Mailand, und Livio Grazioli, Como, Italien, **Oberflächenbehandlung von Holz.** Vor dem Aufbringen von Lack oder Politur bestreicht man das Holz mit einer fl. Mischung aus feinverteiltem Holzmehl, Öl, ggf. Harz u. Terpentin, so daß die Poren verschlossen werden. (**It. P. 560 917** vom 15/10. 1956.) K. Koebke 7953

2594 Mo och Domsjö Aktiebolag, Stockholm, Schweden, **Bleichen von Sulfitzellstoff,** bes. aus Laubholz. Die von der Hauptligninmenge befreite Masse wird einer sauren u. reduzierenden Behandlung, z. B. mit SO_2 oder HNO_2 unterworfen, an die sich eine Warmbehandlung mit Alkali anschließt. Die Schlußbleiche erfolgt mit Hypochlorit oder ClO_2. (**Norw. P. 97 688** vom 22/8. 1958, ausg. 13/3. 1961.) K. H. Kähler 7957

2595 Stora Kopparbergs Bergslags Aktiebolag, Falun, Schweden, **Herstellung von Sulfitzellstoff aus harzreichem Holz** in zwei Stufen. Der Sulfitaufschluß in der 1. Stufe erfolgt in einem Kocher bei 1—8 atü während 1 bis 8 Std., worauf der größte Teil der Koch-Fl. entfernt wird. Alsdann wird die im Kocher verbliebene Masse mit SO_2 hydrolysiert. (**Norw. P. 97 922** vom 13/9. 1954, ausg. 2/5. 1961. Schwed. Prior. 30/3. 1954.) K. H. Kähler 7963

2596 L. W. Rosental und Je. T. Beljanina, **Plastifizieren von Cellulosetriacetatfilmen** mit 25—30% Polyglykol-, bes. Diäthylenglykolestern ein- u. zweibas. aliphat. Säuren mit $\geqq$6 C-Atomen, bes. Adipinsäure. — Tabellen. (**UdSSR. P. 133 974** vom 25/3. 1960.) L. Großner 7971

2597 International Business Machines Corp., New York, N.Y., V.St.A., **Drucken mit magnetischen Farben.** Die Farbe ist ein Gemisch von magnet. Teilchen mit Farbstoffen. Diese werden nach dem Drucken mittels Lsgm. in der Unterlage zur Absorption gebracht u. die magnet. Teilchen werden entfernt. (**E. P. 878 806** vom 31/12. 1959, ausg. 4/10. 1961. A. Prior. 31/12. 1958.) C. Kittler 7989

2598 Aktieselskabet Fjeldhammer Brug, Oslo, Norwegen, **Herstellung von granuliertem Streumaterial für Dachpappe.** Flintstein wird zunächts zerkleinert u. dann gebrannt, wobei gleichzeitig Glasurmaterial u. anorgan. Farbstoffe zugesetzt werden. (**Norw. P. 97 524** vom 2/5. 1955, ausg. 20/2. 1961.) K. H. Kähler 7993

H_{18b}. Textilfasern

2599 **Untersuchung über Octadecylisocyanat-Derivate.** Yoshiro Tezuka. (J. Soc. Textile Cellulose Ind. Japan [Sen-i Gakkaishi] **17**, 802—06, 1961; Ookayama, Meguroku, Tokyo, Japan, Tokyo Inst. of Technol.; jap., Auszug: engl.) — N-Octadecyl-N'-N'-äthylenharnstoff reagiert mit nucleophilen Agentien bei niedriger Temp. unter Öffnung des Äthyleniminringes, bei höherer Temp. unter Bldg. von *Octadecylisocyanat.* N-Octadecylphenylurethan, dessen Na-Bisulfit-Addukt, Octadecylharnstoff, Dioctadecylharnstoff u. trimeres Octadecylisocyanat reagieren mit Cellulose alle als Isocyanat. Die behandelte Cellulose ist wasserabstoßend. G.-D. Gollnisch 8028◇

2600 **Untersuchungen über Polyoxyäthylen-N.N;N'.N'-bis-äthylenurethane.** 1. Mitt. **Synthese und Reaktionen.** Yoshio Iwakura und Yoshiro Tezuka. (J. Soc. Textile Cellulose Ind. Japan [Sen-i Gakkaishi] **17**, 794—98, 1961; Ookayama, Meguro-ku, Tokyo, Japan, Tokyo Inst. of Technol.; jap., Auszug engl. S. 794.) — *Polyoxäthylen-N.N;N'.N'-bis-äthylenurethane* (**A**) werden in folgenden Stufen hergestellt: Polyäthylenglykol (+ $COCl_2$) → Polyoxyäthylen-bis-chlorformiat (+ Äthylenimin in Ae. oder Bzl.) → Di-, Tri-, Polyoxäthylen-N.N;N'.N'-bis-äthylenurethan. **A** reagieren mit Thiophenol oder HCl zu Additions-Verbb. u. sind zur Vernetzung von Cellulose brauchbar. G.-D. Gollnisch 8028◇

2601 **Untersuchungen über Polyoxyäthylen-N.N.N'.N'-bis-äthylenurethane.** 2. Mitt. **Herstellung in Wasser.** Yoshiro Tezuka. (J. Soc. Textile Cellulose Ind. Japan [Sen-i Gakkaishi] **17**, 798—801, 1961; jap., Auszug engl. S. 794.) — 1. vgl. vorst. Referat. — Polyoxyäthylen-N.N;N'.N'-bis-äthylenurethan kann aus dem entsprechenden Polyoxyäthylen-bis-chlorformiat u. Äthylenimin in Ggw. von Na_2CO_3 in W. hergestellt werden. Die Ausbeute ist als HCl-Additions-Verb. gut, während die des reinen Prod. gering ist. Die Rk. in W. ist erforderlich, wenn das Urethan für die Behandlung von Cellulose verwendet werden soll. G.-D. Gollnisch 8028◇

2602 **Untersuchungen über Polyoxyäthylen-N.N.N'.N'-bis-äthylenurethane.** 3. Mitt. **Ausrüstung von Cellulose.** Yoshiro Tezuka. (J. Soc. Textile Cellulose Ind., Japan [Sen-i Gakkaishi] **17**, 948—54, 1961; jap., Auszug engl.) — 2. vgl. vorst. Referat. — Viscose-Reyongewebe werden mit wss. Lsgg. von Dimethylen-, Dioxyäthylen-, Trioxyäthylen-u. Polyoxyäthylen-(600)-N.N;N'.N'-bis-äthylenurethan mit u. ohne Zusatz von Harnstoff–Melamin-Harz-Lsgg. behandelt. Die nur mit den Bis-äthylenurethanen behandelten Proben sind zwar im Cuproammoniumbad fast unlösl., im übrigen bringt diese Behandlung keine merkliche Verbesserung der textiltechn. Eigg. der Gewebe. Dagegen verbessert der Zusatz von Harnstoff–Melamin-Harz zu den Lsgg. der Bis-äthylenurethane u. zu einer N.N-Äthylenstearylurethan-Lsg. die Knittererholung der behandelten Reyongewebe u. erhöht ihre mechan. Festigkeitseigenschaften. H. Sontag 8028□

2603 **Textilveredlung durch Polyphosphate.** Karl Schuster. (Textil-Praxis **18**, 353—59, 1963; Ludwigshafen/Rh.; dt.) — Die Vorteile, die sich durch Zusatz von Calgon (**A**) zu Spinnschmälzen ergeben, werden aufgezeigt. Die Bedeutung von **A** für die Waschprozesse u. in der Färberei werden hervorgehoben. Es wird gezeigt, daß mit *Calgon BF* ausgerüstete Fasern keinerlei Pilzbefall aufweisen. Eine Behandlung mit Lsgg. von **A** geben Dekontaminationseffekte von 96—98%. Meth. u. App. zur Best. des Saugvermögens von Textilien wird ausführlich beschrieben. Es wird ein Hilfsmittelreste enthaltendes Gewebe auf sein Saug- bzw. Wiederbenetzungsvermögen gegenüber Lsgg. grenzflächenakt. Substanzen untersucht; die Definition des Saugwertmessers wird erläutert. I. Beßer 8032◇

2604 **Fungicid- und Baktericid-Ausrüstung von Textilerzeugnissen.** Vlastimil Zourek. (Textil [Praha] **17,** 218—19, 1962; Trutnov, VHJ Centrolen; tschech.) — Die Anwendung von *Arigal C* (Ciba) zur dauerhaften Ausrüstung wird beschrieben. I. Beßer 8032◇

2605 **Methoden zur praktischen Durchführung von Thermosol-, Thermofix- und anderen Heißbehandlungsvorgängen an thermoplastischen Fasern.** H. Bonanni. (Z. ges. Textilind. **65,** 291—93, 1963; dt.) — Die Durchführung von Heißbehandlungsvorgängen wird nach Verf.-Schritten eingeteilt. Es wird versucht, die günstigsten Möglichkeiten für ein u. dasselbe Verf. mit unterschiedlichen Maschinenausführungen aufzuzeichnen. I. Beßer 8032◇

2606 **Die weitere Entwicklung der Herstellung von Mischtextilien aus Polyester und Wolle durch pillingfreie Polyesterfasern.** W. Brennecke. (Textil-Praxis **18,** 305—09, 1963; dt.) — Eigg. u. Anwendung der pillingfreien Polyesterfaser *Diolen FL* werden besprochen. I. Beßer 8040◇

2607 **Alkalische Hochveredlungsverfahren auf Baumwolle.** M. Seidel. (Z. ges. Textilind. **65,** 293—96, 1963; Farbwerke Hoechst Akt.-Ges., vormals Meister Lucius & Brüning, Anwendungstechn. Abt.; dt.) — Die für eine alkal. Hochveredlung von Baumwolle geeigneten Verbb., ihr Rk.-Ablauf, ihre Anwendung sowie die zu erzielenden Ausrüstungseffekte werden ausführlich beschrieben u. vergleichend betrachtet. I. Beßer 8044◇

2608 **Zur Frage der Fett- und Fettsäureextraktion aus Wolle.** M. Rösch und H. Liebertz. (Z. ges. Textilind. **65,** 268, 1963; dt.) — Extraktionen an Wollmaterialien mit Ae. u. Ae./Eisessig werden durchgeführt. Entsprechend den Extraktionsbedingungen wird in den Ae./Eisessigextrakten ein erhöhter N-Geh. festgestellt. I. Beßer 8060◇

2609 **Untersuchungen einiger Dekatierprozesse.** Cl. Sustmann und H. Zahn. (Z. ges. Textilind. **65,** 286—90, 1963; Aachen, Text.-Ing.-Schule u. Wollforsch.-Inst.; dt.) — Die Kessel- u. Naßdekatur wird untersucht. Die Ergebnisse befassen sich mit der Temp. u. Feuchtigkeit beim Dekatieren, der Veränderung physikal. Eigg. des Gewebes u. der Modifizierung der Wollsubstanz nach der Dekatur. I. Beßer 8060◇

2610 **Herstellung von faserbildendem Polyvinylalkohol.** Maria Tokarzewska, Jadwiga Jabłońska und Halina Pietkiewicz. (Polimery — Tworzywa wielkoczasteczkowe **8,** 7—9, 1963, Zakład, Chem. Oświęcim, Zaklad Naukowo-Badawczy; pol.) — Überblick über die Tendenzen bei der Herst. von faserbildendem Polyvinylalkohol, Herst.-Meth. u. Eigenschaften. I. Köditz 8080△

2611 **Ausrüstung von Geweben aus 100% Polyesterfasern.** Miloslav Horálek. (Textil [Praha] **17,** 216—17, 1962; Brno, Vyzkumný ústav vlnařský; tschech.) — Die weichmachende Veredlung von Geweben aus Polyesterfasern für Oberbekleidung durch Hilfsmittel oder durch Behandeln mit heißen Lsgg. von NaOH u. in Ggw. von Katalysator wird untersucht. Die Prüfungen zeigen, daß durch die Laugenbehandlung markantere Weicheffekte u. geringere Pilling-Neigung als durch Textilhilfsmittel erzielt werden. I. Beßer 8080◇

2612 **Das Papier als Textilrohstoff mit Zukunft.** Jean Pilisi. (Ind. Textile **908,** 875—77, 1962; franz.; Textil-Praxis **18,** 310—12, 1963; dt.) — Kurze Hinweise über die Verarbeitung von Papier zu Garnen nach dem Mark-Verf., die gesponnenen Nummern, die Wasserbeständigkeit u. die Verarbeitung von Papiergarnen auf Web- u. Wirkmaschinen werden gegeben. Bisher in den USA hergestellte Prodd. sind schlauchförmige Säcke mit Papiergarn im Schuß, Netze aus Papiergarnen für die Verpackung von Gemüse u. Früchten u. a., Bucheinbände, Kunststoffverstärkungen, Sommerhüte, Taschentücher, Sitzbezüge, Stoffe für Beschichtungen usw. L. Jentgen 8086◇

2613 **Fasertestwerte der Saison 1962/1963.** Anonym. (Textil-Praxis **18,** 312—13, 1963; Bremen, Firma Fr. Naumann sen., Baumwolltest-Labor.; dt.) — Sämtliche Micronaire- u. Pressley-Werte der getesteten Proben u. Typen der verschiedensten Provenienzen werden tabellar. ausgeführt u. ausgewertet. I. Beßer 8102◇

2614 **Isolierung des Baumwollanteiles aus der Mischung Polyamid/Baumwolle oder Polyester/Baumwolle zwecks Bestimmung der DP-Werte.** Miloš Šmíd. (Textil [Praha] **17,** 224—25, 1962; Dvur Králové nad Labem, Výzkumný ústav zušlecht'ovací; tschech.) — Die Bedingungen zur Best. des Baumwollanteils in verschiedenen Mischungen mit synthet. Fasern, wobei es zu keiner chem. Beschädigung des Baumwollanteils kommt, werden untersucht. Die Prüfung einiger Mischgewebe wird beschrieben; die Meth. für die Mischung Polyamid/Baumwolle wird ausführlich erläutert. I. Beßer 8102◇

2615 **Viscosimetrie der Lösungen von Polyäthylenterephthalatfasern.** Vlastimil Hochman. (Textil [Praha] **17,** 223—24, 1962; Brno, Výzkumný ústav vlnařský; tschech.) — Die Verw. von m-Kresol für die Best. der Viscosität der verd. Polymer-Lsgg. wird beschrieben. I. Beßer 8116◇

2616 Farbwerke Hoechst Akt.-Ges. vormals Meister Lucius & Brüning, Frankfurt/M. (Erfinder: Walter Gutmann, Kronberg/Taunus, und Lorenz Heiss, Frankfurt/M.), **Chemische Reinigung von Fasergut** mit üblichen, einen Reinigungsverstärker (**I**) enthaltenden Lsgm., dad. gek., daß als **I** ein Gemisch aus Salzen von Alkylarylsulfonaten, Amin- oder Erdalkalisalzen von Schwefelsäureestern von Kondens.-Prodd. aus höhermol. Fettsäureamiden u. Äthylenoxid u. einem Lösungsvermittler verwendet wird. (**D. B. P. 976 012** Kl. 23e vom 12/2. 1955, ausg. 10/1. 1963. Anmeldung bekanntgemacht 25/10. 1956.) C. Lüttgen 8027

2617 R. Ch. Freidlina, E. M. Brainina und A. N. Nessmejanow, **Herstellung von Zr-Tetraacylaten** durch Rk. von Zr-Tetraacetylacetonat (**I**) mit Fettsäuren. — Eine benzol. Lsg. von 1 (g) **I** wird mit 2,32 Stearinsäure unter Einleiten von Luft, danach unter Vakuum, auf 90—130° erhitzt: *Zr-Tetrastearat*; Ausbeute 100%. — Analog das *Palmitat, Laurat, ω-Chlorundecanat, Önanthat, Valerianat* u. *Capronat*. — *Gleit-* u. *Hydrophobisierungsmittel*. (**UdSSR. P. 133 873** vom 28/1. 1960.) L. Großner 8029

2618 Rohm & Haas Co., Philadelphia, Pa., V.St.A., **Schrumpffestmachen von Textilien** durch Behandeln mit einer wss. Dispersion eines wasserunlösl. Polymerisats, das mindestens 3 Gew.-% ungesätt. cycl. Epoxideinheiten im Mol. aufweist, z. B. Mischpolymerisat aus 90 (Teilen) n-Butylacrylat u. 10 3.4-Epoxyhexahydrobenzylmethacrylat (**I**) oder 50 **I**, 41 Methacrylsäure u. 523 Methylmethacrylat. (**Ind. P. 69 840** vom 26/11. 1959.) C. Lüttgen 8033

2619 I.G. Farbenindustrie Akt.-Ges., Frankfurt/M. (Erfinder: Willard Edwin Catlin, Roselle, Del., V.St.A.), **Verbesserte Stoßfestigkeit gestreckter Drähte und Saiten aus linearen Polykondensaten und Polymerisaten.** Drähte, bes. aus Polyamiden, werden ohne Spannung in Ggw. eines nichtlösl. Quellmittels, bes. gesätt. Wasserdampf (**I**) so lange erhitzt, bis die Stoßfestigkeit um 25% zugenommen u. die Reißfestigkeit um höchstens 30% abgenommen hat. Verw. für Tennisschläger u. Musikinstrumente. — Verstrecktes Polyhexamethylensebacinamid (1,3 mm ∅) wird 30 Min. im spannungslosen Zustand im Autoklav mit **I** bei 151—153° behandelt. (**D. R. P. 766 441** Kl. 8k vom 30/3. 1941, ausg. 22/8. 1963. A. Prior. 3/4. 1940.) H. Möllering 8033

2620 Solvay & Cie., Belgien, **Aktivieren von Chloritlösungen** zum oxydierenden *Bleichen von Textilien* durch Elektrolyse wss. Lsgg. der Chlorite. Das zu bleichende Gut wird entweder direkt in die Elektrolyt-Lsg. gebracht oder in einer getrennten, mit der Lsg. verbundenen Zelle behandelt;

Verw. von Pt-, Ti-, Ag- oder Graphit-Elektroden, Stromdichte 0,1—5 A/dm², Bldg. von ClO_2; Messen des Oxydationspotentials (ca. 500 mV) mit einer Kalomelelektrode. — Diagramme. (**F. P. 1 243 653** vom 21/12. 1959, ausg. 18/1. 1961. Niederl. Prior. 19/11. 1959.) H. Meltzer 8033

2621 Badische Anilin- & Soda-Fabrik Akt.-Ges., Ludwigshafen/Rh. (Erfinder: Horst-Günter Conrad, Weinheim/Bergstr., und Walter Krause†, Ilvesheim), **Hydrophobieren vollsynthetischer Faserstoffe** erfolgt in wss. Medium mit üblichen Hydrophobiermitteln unter gleichzeitiger oder vorheriger Einw. von aromat. Aminen oder deren Salzen mit (an)organ. Säuren, worauf in üblicher Weise (geseift u.) fertiggestellt wird. — Polyamidgewebe wird 30 bis 40 Min. mit einer wss. 0,5—1%ig. Lsg. von salzsaurem Toluidin bei 40—50° behandelt, worauf der Flotte eine Leim u. Tonerde enthaltende Paraffinemulsion nachgesetzt wird. (**D. A. S. 1 148 967** Kl. 8k vom 18/6. 1955, ausg. 22/5. 1963.) H. Möllering 8037

2622 Feldmühle Akt.-Ges., Düsseldorf (Erfinder: Gustav-Adolf Schröter, Wesseling, Bez. Köln, und Ernst Seehaus, Düsseldorf), **Herstellung von mit Polyäthylen (I) oder dessen Mischpolymerisaten ausgerüsteten bzw. überzogenen Trägerstoffen (II),** z. B. *Faserstofferzeugnissen*, dad. gek., daß man eine wss. Dispersion auf den II aufträgt, die durch Herst. einer mindestens 40%ig. heißen Lsg. von I in einem mit W. nicht mischbaren organ. Lsgm., durch Abkühlen der Lsg. zu einem Gel (**III**) u. durch mechan. Küpen das III in W. erzeugt worden ist, u. daß der beschichtete II einer Wärmebehandlung unterworfen wird. (**D. B. P. 976 286** Kl. 81 vom 18/4. 1952, ausg. 12/6. 1963. Anmeldung bekanntgemacht 19/7. 1956.) M. Böttcher 8039

2623 Deutsche Gold- und Silber-Scheideanstalt vormals Roessler, Frankfurt/M., **Schutzkleidungsstücke, wie Handschuhe,** bestehen aus einer Gerüstsubstanz wie Gewebe, Glasgewebe usw., das mit einem glatten, homogenen Überzug von Siliconkautschuk versehen ist. (**E. P. 871 323** vom 8/4. 1959, ausg. 28/7. 1961. D. Prior. 17/4. 1958.) M. Böttcher 8039

2624 Cotonificio Valla di Susa S. p. A., Turin, Italien, **Herstellung von elastischen Textilfasern.** Ein gekräuselter Faden aus synthet. Material wird mit einem Baumwollfaden umwickelt u. der entstehende Faden oder das daraus gefertigte Gewebe bei 20° 7 Min. mit einer NaOH-Lsg. von 16° Bé behandelt. (**It. P. 561 699** vom 6/11. 1956.) K. Koebke 8041

2625 Naka Nippon Kangyo Kabushiki Kaisha, Toyohashi-Shi, Japan, **Verbessern der Verspinnbarkeit von Kapokfasern,** dad. gek., daß man auf die Fasern einen Film aus festem Harz, z. B. Silicon-, Harnstoff- Acryl-, Vinylharz, aufbringt, indem man sie z. B. in eine Lsg. oder wss. Dispersion dieser Harze eintaucht u. trocknet. (**Ind. P. 68 446** vom 20/7. 1959.) C. Lüttgen 8047

2626 Deering Milliken Research Corp., Spartanburg (Erfinder: Cyril George Evans, Clemson), S.C., V.St.A., **Kräuseln von Garnen aus Celluloseesterfäden bzw. -garnen.** Die Garne werden vor dem Ziehen über eine Schneide mit der wss. Lsg. einer, den Celluloseester unter Rk.-Bedingungen nicht oxydierenden Mineralsäure oder Salzen dieser Säure mit mehrwertigen Metallen behandelt, gewaschen u. getrocknet. — Cellulosetriacetatgarn wird 15 Min. mit einer wss. 0,1mol. $ZnCl_2$-Lsg. bei Raum-Temp. behandelt, gespült, getrocknet u. über eine Klingenkante gezogen. Auch eine wss. entsprechend mol. H_2SO_4-Lsg. kann verwendet werden. (**D. A. S. 1 149 132** Kl. 29b vom 7/2. 1957, ausg. 22/5. 1963. **Belg. P. 554 799** vom 7/2. 1957, ausg. 29/1. 1960. Beide A. Prior. 9/2. 1956.) H. Möllering 8077

2627 Courtaulds Ltd., London, England (Erfinder: Roger Alleyn Davison), **Mischpolymerisate auf Basis Acrylnitril (I)** erhält man z. B. aus 93,5 (%) **I**, 5 Methylacrylat u. 1,5 Na-Äthylensulfonat durch Erhitzen auf 83° während 1 Std. in Ggw. von Azodiisobutyronitril in 50%ig. wss. Lsg. von Na-Thiocyanat. Die aus den Prod. im Extruder-Verf. erhaltenen *Fasern* haben gute Anfärbbarkeit u. Widerstand gegen Hitzeverfärbung. (**E. P. 862 499** vom 13/8. 1958, ausg. 8/3. 1961.) H. Schindler 8081

2628 I.G. Farbenindustrie Akt.-Ges., Frankfurt/M. (Erfinder: Edgar William Spanagel, Wilmington, Del., V.St.A.), **Präparation für Polyamidfäden.** Man verwendet (Misch-)Polymerisate aus Acrylsäure u./oder Methacrylsäure u. ggf. 10% Styrol. Dabei können Weichmacher, wie Glycerinester, Harnstoff, Dextrin, Netzmittel, Mineral- oder fette Öle, (Oxyalkyl) Amine mitverwendet werden. — In A. mit 11% Glycerin-Geh. wird Polymethacrylsäure zu einer 10%ig. Lsg. gelöst. Mit der Lsg. wird kaltverstrecktes Polyhexamethylenadipamidgarn 5 Min. bei 25° behandelt, abgeschleudert u. getrocknet. Das über einen Filz mit W. angefeuchtete Garn ist unter guter Maschen-Bldg. zu Strümpfen verwirkbar. (**D. R. P. 757 623** Kl. 8k vom 20/10. 1939, ausg. 22/8. 1963. A. Prior. 29/10. 1938.) H. Möllering 8081

2629 I.G. Farbenindustrie Akt.-Ges., Frankfurt/M. (Erfinder: John Kimberly Owens, Buffalo, und Arthur Galbraith Scroggie, Kenmore, N.Y., V.St.A.), **Veredlung von linearen Polyamiden, besonders Fäden.** Das Gut wird vor seinem bestimmungsgemäßen Gebrauch mindestens 15 Min. bis mehrere Std. bei erhöhter Temp. mit der Lsg. von alkal. Stoffen, deren Konz. der einer NaOH-Lsg. von 0,01—5% entspricht, unter Hydrolysevermeidung behandelt. — Mattiertes, nichtgestrecktes Garn aus Polyhexamethylenadipamid wird 5 Std. mit einer sd. 0,01n NaOH-Lsg. behandelt, wobei jede Std. eine äquivalente Menge 0,01n NaOH-Lsg. nachgesetzt wird. Das Garn wird gewaschen u. getrocknet. Das Garn verfärbt sich in heißer Luft von 150° nicht. (**D.R.P. 753 776** Kl. 8k vom 4/10. 1939, ausg. 22/8. 1963. A. Prior. 3/10. 1938.) H. Möllering 8081

2630 Soc. Acc. Carlo Mocchetti, Legnano, Mailand, Italien, **Textilprodukt,** bestehend aus zwei Gewebeschichten, von denen wenigstens eine aus Polyamidfasern besteht u. die durch ein Kunstharz miteinander verklebt sind. Als Bindemittel wird ein Polyisopren oder ein Acryl- oder Vinylharz verwendet, dem Isocyanat zur Erhöhung der Flexibilität, ein Weichmacher (aromat. Polyäther), ein Siliconelastomeres (Wasserdichtigkeit) u. Chlorophyll zugesetzt sein können. (**It. P. 545 475** vom 29/11. 1955.) K. Koebke 8081

2631 Raduner & Co. Akt.-Ges., Horn, Schweiz, **Änderung der färberischen Eigenschaften von vollsynthetischen thermoplastischen Garnen und Textilien in Musterung unter Anwendung von Wärme** erhält man dadurch, daß auf das Gut örtlich feste u./oder fl. Stoffe aufgebracht werden, die das Substrat ohne zu reagieren quellen oder die Wärmeübertragung ändern, worauf das Substrat bis unterhalb des F. erwärmt wird, z. B. mittels fl. Metalle, heiße Farbstoffflotten, (Präge)Kalander oder dergleichen. — Polyestergewebe wird mit Al-Plättchen mustermäßig bedruckt, 10 Sek. auf 215° durch Strahlung erwärmt, vom Al freigewaschen u. mit Acetatfarbstoff gefärbt. Die mit Al abgedeckte Musterung ist geringer gefärbt. — Man kann auch mit einem 220° heißen Luftstrom mustern u. dann färben. — Nylongewebe wird geprägt u. mit Säurefarbstoff gefärbt, an den Prägestellen ist die Färbung tiefer. Vgl. Schwz. P. 311 902; C. **1959,** 13957. (**D. A. S. 1 146 472** Kl. 8k vom 3/10. 1952, ausg. 4/4. 1963. Schwz. Prior. 29/3. u. 18/9. 1952.) H. Möllering 8081

H_{19}. Brennstoffe, Erdöl, Mineralöle

2632 **Untersuchungen und technologische Arbeiten des Bureau of Mines über Kohle im Jahre 1960.** Anonym. (U. S. Dep. Interior, Bur. Mines, Inform. Circ. **1962,** Nr. 8119, 1—121; engl.) — Überblick über die 1960 noch laufenden Arbeiten sowie die 1960 veröffentlichten Berichte des Bureau of Mines. — 158 Literaturangaben. I. Köditz 8126△

2633 **Untersuchungen und technologische Arbeiten des Bureau of Mines über Kohle im Jahre 1962.** Anonym. (U. S. Dep. Interior, Bur. Mines, Inform. Circ. **1963,** Nr. 8189, 1—112; engl.) — Vgl. vorst. Referat. — Übersicht über Chemie u. Technologie der Kohlen in USA. — 130 Literaturhinweise. F. Rosendahl 8126△

2634 **Untersuchungen und technologische Verarbeitung von Kohlen aus Alabama. Mit Bemerkungen versehene Bibliographie.** R. Q. Shotts und J. B. Gayle. (U.S. Dep. Interior., Bur. Mines, Inform. Circ. **1963,** Nr. 8186, 1—102; Tuscaloosa, Ala., Bur. of Mines, Tuscaloosa Metallurgy Res. Center u. Coal Labor.; engl.) — Übersicht. — 458 Literaturangaben. F. Rosendahl 8126△

2635 **Die Zündung brennbarer Gemische mit Hilfe laminarer Strahlen heißer Gase.** Marcel Vanpée und

Arthur E. Bruszak. (U. S. Dep. Interior, Bur. Mines, Rep. Invest. **1963**, Nr. 6293, 1—84; Pittsburgh, Pa., Bur. of Mines, Explosives Res. Labor.; engl.) — Mit der beschriebenen Meth. ist es möglich, die Rk.-Kinetik bei der Zündung brennbarer Gemische unter Bedingungen zu untersuchen, die sich nicht allzusehr von den Vorgängen beim Ausbreiten der Flamme unterscheiden. Der einzige Unterschied gegenüber einer normalen Flammen-Bldg. ist, daß bei niedriger Temp. in kleinerem Maßstab gearbeitet wird; es wird festgestellt, daß die bei begrenzten Temp. sich in der Flamme abspielenden Vorgänge die gleichen sind, die bei Verw. eines Zündstrahls vor sich gehen. In einer Vorzündzone tritt eine Leucht-Rk. auf, in der die Wärme eine bestimmte Rolle bei der Zündung spielt; ist die Vorzündungszone nicht leuchtend, wird auch keine Wärme-Entw. beobachtet, es sei denn kurz vor der Explosion. Genauere Unters. der Vorzündungszone gibt Aufklärung über den kinet. Ablauf der Rkk., doch muß für den 1. Fall noch eine Theorie geschaffen werden, deren mathemat. Erfassung einige Schwierigkeiten bereitet. Aus dem Verlauf des 2. Rk.-Typs können bessere Schlüsse gezogen werden, da die Grenzen sehr scharf sind, z. B. bei CH_4, bei dem die einzelnen Abschnitte der Rkk. sich in Abschnitten von jeweils 1 mm abspielen. Das Auftreten solcher Rk.-Zonen ist der Anfang einer Ketten-Rk., die an der anderen Grenze der Zone durch einen Unterbrechungsfaktor unterbrochen wird. F. Rosendahl 8128△

2636 **Aktive Sauerstoffgruppen von Vitrainkohlen im Lichte der Untersuchungen über die Sorption polarer Dämpfe.** Leszek Czuchajowski, Mieczysław Lason und Mieczysław Zyła. (Chem. stosowana **4**, 3—13, 1960; Krakow, Akad. Gornicze Hutniczcy; Polskiej Akad. Nauk, Zaklad Mechan. Górotworu; pol.) — Aus der Unters. der Sorption von CH_3OH- u. Wasserdämpfen an verschiedenen Vitrainkohlen wird eine Beziehung zwischen dem aus der BET-Gleichung abgeleiteten V_m-Wert u. der Anzahl der akt. O-Gruppen der Kohlen abgeleitet. Die Anzahl der akt. Adsorptionszentren entspricht bei Kohlen mit 70—80% C bei der Sorption von CH_3OH der der Sorption von W.; bei hochwertigen Kohlen ist die Zahl der Sorptionszentren für CH_3OH jedoch größer als die für H_2O. Die V_m-Werte, die sich aus den Sorptionsdaten ergeben, entsprechen nicht der Zahl akt. Zentren, die aus dem O-Geh. in den HO- u. CO-Gruppen der Kohlen berechnet werden. I. Köditz 8126△

2637 **Aufbereitungseigenschaften von Kohle aus dem Kanawha-Revier, W.Va.** T. E. Gray und A. W. Deurbrouck. (U. S. Dep. Interior, Bur. Mines, Rep. Invest. **6296**, 1—53, 1963; Pittsburgh, Pa., Bur. of Mines, Coal Mining Res. Center; engl.) — Übersicht. — 64 Literaturhinweise. F. Rosendahl 8134△

2638 **Aufbereitungseigenschaften von Kohlen aus dem Tazewell-Revier, Va.** Albert W. Deurbrouck. (U.S. Dep. Interior, Bur. Mines, Rep. Invest. **1963**, Nr. 6297, 1—31; Pittsburgh, Pa., Bur. of Mines, Coal Mining Res. Center; engl.) — Übersicht. — 56 Literaturangaben. F. Rosendahl 8134△

2639 **Die Verkokung von großstückigen Gaskohlen des Donezgebietes.** K. A. Below, W. M. Saitschenko, Ss. G. Aronow, Ju. B. Tjutjunnikow und W. Ja. Zepurit. (Koks u. Chem. [UdSSR] **1962**, Nr. 12, 10—13; russ.) — Die Möglichkeit der Herst. von *Stückkoks* aus grobstückiger Gaskohle (Klasse > 3 mm $= 72$—86%) bei einer Stärke der plast. Zone $\geqq 9$ mm in industriellen Koksöfen, Kammerbreite **407** mm, wird gezeigt. Trotz zwangsläufiger Verschlechterung der Betriebsbedingungen (verlängerte Garungszeit, erhöhte Temp. der Heizzüge) steigt die Kapazität der Öfen um 12,5% (Kohleentladung wird beschleunigt, Staub- u. Gasbelästigung verringert, Aufnahmevermögen der Kammern erhöht). Die Trommelfestigkeit ist gegenüber aus zerkleinerter Kohle hergestelltem Koks geringer, jedoch ausreichend für Heizzwecke. O. Hedicke 8144◇

2640 **Über die Hydrierung von Steinkohlenteer in der Dampfphase bei mittlerem Druck und fest angeordneten Katalysatoren.** Zhi-yuang Huang, Yu-xiu Wei und M. D. Shapiro. (Acta Focalia sinica **5**, 21—33, Jan. 1960; chin., Auszug: russ.) — Die Unterss. werden mit dem neuentwickelten Katalysator 5871 durchgeführt u. betreffen die Senkung der Materialbilanz, die Aktivität, Betriebs- u. Regenerationszeit. J. Lehmberg 8176△

2641 **Vergleich der Ölausbeute eines durch Abbau und eines durch Bohren erhaltenen Ölschiefers vom Green River.** J. W. Smith, L. G. Trudell und K. E. Stanfield. (U. S. Dep. Interior, Bur. Mines, Rep. Invest. **6299**, 1—35, 1963; Laramie, Wyo., Bur. of Mines, Laramie Petrol. Res. Center; engl.) — Beim Vgl. der Ölausbeute aus einem durch Tagebau u. einem durch Bohren erhaltenen Ölschiefer werden keine nennenswerte Unterschiede festgestellt. Ebenso verhält es sich mit den S-Verbindungen. F. Rosendahl 8180△

2642 **Laboratoriumsprüfmethode für das unstetige Strömen von Gasen durch verdichtetes poröses Material.** J. S. Miller und C. J. Walker. (U. S. Dep. Interior, Bur. Mines, Rep. Invest. **1963**, Nr. 6302, 1—29; Bartlesville, Okla., Bur. of Mines, Bartlesville Petrol. Res. Center; engl.) — Verss. in einer bes. entwickelten App. werden unternommen, um eine einfache Lsg. des vorliegenden Problems zu erhalten. Druck u. Geschw. werden variiert. Das Ziel wurde nicht erreicht. Das einzige Ergebnis ist eine geeignete App. für solche Versuche. F. Rosendahl 8186△

2643 **Reformieren von Erdgas.** T. G. Somer. (Brit. chem. Engng. **8**, 466—70, 1063; Ankara, Turkey, Middle East Tech. Univ.; Dep. of Chem. Engng.; engl.) — Die Kenntnis über die Zus. von Erdgas ist für den Entwurf von Anlagen für dessen Rk. mit Wasserdampf zu CO u. H_2 sehr wichtig. Solche Daten werden an einer Anlage zur Verarbeitung von 600000 scf CH_4/Tag erhalten, wobei die Ergebnisse aus Verss. mit 3 verschiedenen Katalysatoren bei 750°, einer Temp., bei der das chem. Gleichgewicht fast erreicht wird, berücksichtigt werden. Thermodynam. Berechnungen ermöglichen eine gute Betriebsführung. Die Berechnungen beziehen sich nicht nur auf das Dampf–Gas-Verhältnis u. auf die erforderliche Temp., sondern auch auf die Verminderung der C-Abscheidung auf dem Katalysator u. die Verminderung der Anhäufung von CO_2 durch Führung von anfallendem CO_2 im Kreislauf. Die gewonnenen Daten werden tabelliert. Sie können zum Entwurf u. Betrieb von Anlagen für die Rk. von Dampf mit Erdgas verwendet werden. Das Verhältnis zwischen Dampf, Erdgas u. Temp. kann so eingestellt werden, daß ein Endprod. gewünschter Zus. erhalten wird; die Ablagerung von C kann vermieden werden. F. Rosendahl 8186△

2644 **Versuche zur Ölgewinnung durch Untertageverbrennung im Venango-First-Sand, Warren-River, Pa.** N. A. Caspero, W. T. Wertman und W. E. Eckard. (U. S. Dep. Interior, Bur. Mines. Rep. Invest. **6320**, 1—39, 1963; Morgantown, W.Va., Bur. of Mines, Morgantown Petrol. Res. Labor.; engl.) — Durch Untertageverbrennung von Öl konnte die Ausbeute an Rohöl nicht gesteigert werden. Eine geringe Mehrausbeute wird auf die erhöhte Menge an Luft zurückgeführt, die zur Aufrechterhaltung der Verbrennung eingeführt werden muß. F. Rosendahl 8190△

2645 **Thermokatalytische Umwandlung von Kohlenwasserstoffen der C_6-Fraktion am Alumoplatin-Katalysator.** R. I. Ismailow, A. M. Okrushnow, G. I. Fedorow und R. A. Wirobjanz. (Erdölchemie [UdSSR] **1**, 505—08, 1961; Akad. der Wiss. der UdSSR, Kasan, Inst. für organ. Chem.; russ.) — C_6-Fraktionen des Erdöls aus Devonablagerungen wurden bei 480°/15 at am Al-Pt-Kontakt bei einer Vol.-Geschw. von 2 Liter/Liter·h dem Reforming unterworfen. Bei der Isohexanfraktion vom Kp. 60—64° erfolgte zur Hälfte Hydrocrackung. Gleichzeitig bildeten sich *n-Hexan* (I), *Methylcyclopentan* (II) u. *Benzol*. Die I-Fraktion vom Kp. 67 bis 69° erlitt hauptsächlich einen Zerfall, in geringerem Maße Isomerisierung zu *Isohexanen*. Das in dieser Fraktion enthaltene **II** ging glatt in Bzl. über. Das in der Naphthenfraktion vom Kp. 69—85° enthaltene I erfuhr in geringem Maße Hydrocrackung, **II** Hydrierung. Die Benzolausbeute betrug 34%, bezogen auf das Rohmaterial. Mit Erhöhung des Naphthen-Geh. in der Ausgangsfraktion nahm der Umwandlungsgrad von I ab. Durch Erhöhung des Drucks von 11 auf 20 at erhöhte sich bei gleichem Umwandlungsgrad von I die Ausbeute an fl. Katalysat u. Isohexanen durch Verminderung der Hydrocrackung nur wenig. Helmut Schäfer 8200△

2646 **Einige physikalische Aspekte der Schmierung und des Verschleißes.** A. W. Crook. (Contemporary Physics **3**, 257—71, 1962; Aldermaston, Berkshire, Aldermaston Court, Assoc. Electr. Ind., Res. Labor.; engl.) — Durch kapazitive Schichtdickenmessung konnte gezeigt werden, daß in Rollenlagern bei Lagerdrücken bis 100 kg/cm Kontaktlinie u. Umlauf-Geschw. von 915 cm/s reine hydrodynam.

Schmierung vorliegt. Die Ölfilmdicke beträgt im Mittel 1 μm u. ist im Bereich der prakt. interessanten Lagerdrücke nur von der Umlauf-Geschw. u. der Ölviscosität bei der Temp. der Lageroberflächen abhängig. Die Einfl. von Scherkräften u. vom Druck auf die effektive Viscosität des Schmieröls sowie die Temp. im Ölfilm können aus den Vers.-Ergebnissen entnommen werden. Der Zusammenhang zwischen dem Auftreten von Metall–Metall-Kontakten durch den Schmierfilm u. der Größe des Verschleißes wird diskutiert.
K. Strenge 8220◇

2647 **Praktische Erfahrungen bei der Verarbeitung kationischer Bitumenemulsionen.** K. Wagner. (Bitumen **24,** 41–45, 1962; Hamburg; dt.) — Eigg. u. Anwendungsgebiete sowie Erfahrungen u. Bewährung von 3 Typen kation. Bitumenemulsionen (spritzfähige Bitumenemulsion, Mischemulsion für Splitte mit ca. 15% Mineralanteil von < 2 mm ∅, Bitumenemulsion für Bodenstabilisierungen) werden behandelt. R. Grundmann 8230◇

2648 **Eine verbesserte Methode der laboratoriumsmäßigen Bestimmung der Verkokbarkeit von Kohlen.** G. K. Petrik, Sch. Ssarymssakow und O. Belekow. (Koks u. Chem. [UdSSR] **1962,** Nr. 12, 13–16; russ.) — Eine von Nikolajew ausgearbeitete Meth. gestattet zwar eine direkte Best. der Verkokbarkeit, hat aber nur formale Analogien zu den industriellen Bedingungen. Vff. änderten die Konstruktion des Labor.-Koksofens, des Verkokungsbehälters, das Einbringen der Kohle u. das Ablöschen des Kokses.
O. Hedicke 8246◇

2649 **Beziehung zwischen der Zusammensetzung des Kohlenstoffverbindungstyps, der Viscositäts–Dichte-Konstante und der Brechungshemmung viscoser Erdölfraktionen.** Stewart S. Kurtz jun., Richard W. King, William J. Stout, Dorothy G. Partikian und E. A. Skrabek. (Analytic. Chem. **28,** 1928–36, 1956; Marcus Hook and Norwood, Pa., Sun Oil Co.; engl.) — Ein Dreiecksdiagramm wird entwickelt, das die C-Bindungsform, ausgedrückt in % aromat. C, Naphthen-C u. Paraffin-C in Beziehung setzt zur Viscositäts–Dichte-Konst. (VDK) u. zur Brechungshemmung (BH) von viscosen Erdölfraktionen. Aus bekannten Werten von VDK u. BH kann die C-Bindungsform ermittelt werden. Zur Benutzung des Diagramms müssen bekannt sein: Viscosität, spezif. Gew. u. Brechungsindex. W. Wesly 8252◇

2650 **Molekülmassenspektrographische Untersuchungen von Diffusionspumpenölen.** M. von Ardenne, K. Steinfelder und R. Tümmler. (Vakuum-Techn. **12,** 135–44, 1963; Dresden, Forsch.-Inst. Manfred von Ardenne; dt.) — Zur Unters. von Diffusionspumpentreibmitteln (**A**) kann die Mol.-Massenspektrographie herangezogen werden, da sich die linienarmen Spektren zur Best. ihrer Zus. eignen. Dadurch kann die Massenverteilung bei Mineralölfraktionen bestimmt werden u. der Nachw. von Verunreinigungen u. Nebenbestandteilen, soweit sie aus definierbaren Substanzen bestehen, erbracht werden. Nach Einw. von Druck, Temp., O_2 u. a. auf **A** kann festgestellt werden, welche chem. Änderungen vor sich gegangen sind. Es ist möglich, durch Vorunters. festzustellen, ob ein Mineralöl für den gedachten Zweck zu gebrauchen ist. F. Rosendahl 8252△

2651 **Abtrennung und Kennzeichnung polarer Stoffe aus destilliertem Heizöl.** J. W. Davis, D. E. Hirsch, Norman G. Foster und F. G. Schwartz. (U. S. Dep. Interior, Bur. Mines, Rep. Invest. **6298,** 1–18, 1963; Bartlesville, Okla., Bur. of Mines, Bartlesville Petrol. Res. Center; engl.) — Die Unterss. werden durchgeführt, um die in gecrackten u. dest. Heizölen (**A**) vorkommenden O-, N- u. S-Verbb. (polare Substanzen) zu identifizieren, weil sie die Ursache für Harz- u. Schlamm-Bldg. beim Lagern von **A** sind. Durch Eluieren aus einer Tonerdekolonne können 3 Fraktionen gewonnen werden. Nachdem der Hauptteil der KW-Stoffe mit Pentan entfernt wurde, können ein Benzol-, ein Ae.- u. ein A.-Extrakt abgeschieden werden. Die erhaltenen Fraktionen werden jede für sich aufgearbeitet u. die anfallenden Fraktionen durch Gaschromatographie, Massenspektrometrie, IR-Spektrometrie sowie durch Elementar- u. Funktionsanalyse gekennzeichnet. Im Benzolextrakt werden nachgewiesen: *Naphthalin* u. Homologe, *Phenanthren* u. Homologe, *Methylinden, Chinoline, Phenylindan* u. *Benzothiophen*; im Ae.-Extrakt bilden *Chinoline* den Hauptanteil; in untergeordnetem Maße werden *Carbazole, Acridane* u. *Indole* gefunden. In der A.-Fraktion sind 10% Nicht-KW-Stoffe, deren Moll. mehr als 1 Heteroatom enthalten, wodurch die Kennzeichnung der einzelnen Verbb. erschwert wird. An S-Verbb. sind vorhanden: *Benzothiophen, Dibenzothiophene, Thionothiophene, Tetrahydrobenzothiophene, Dithienyle* u. *Naphthothiophene*. In allen Fraktionen können Verbb., die Seitenketten mit > 3 C-Atomen enthalten, allenfalls in Spuren festgestellt werden. F. Rosendahl 8256△

2652 Metallgesellschaft Akt.-Ges., Frankfurt/M., **Reinigen von brennbaren Industriegasen,** z. B. Konvertgas, Stadtgas usw., durch konz. Alkalicarbonat-Lsg. (**I**) unter Druck bei 60–120° u. Rückführung der regenerierten **I**, dad. gek., daß eine **I** verwendet wird, die ein Alkalisalz einer schwachen anorgan. Säure oder einer schwachen u. schwer flüchtigen N-freien organ. Säure oder das Salz einer schwer flüchtigen Base u. einer schwachen Säure enthält, das mit dem gelösten Alkalicarbonat ein reziprokes Paar Salze, das sind Salze mit verschiedenem Anion u. Kation, bildet, z. B. K- u. Na-Salze der Bor-, Vanadin-, Antimon-, Arsen- oder Carbolsäure. (**Ind. P. 68 483** vom 22/7. 1959.)
C. Lüttgen 8165

2653 Sinclair Refining Co., New York, N.Y., V.St.A., **Fluorfreier Katalysator für Kohlenwasserstoffumwandlungen,** bes. in Ggw. von H_2, für *Polymerisation*, für *Anlagerung* von *W.* an *Olefine* u. für *Verätherungen* wird dadurch erhalten, daß man eine wss. Aufschlämmung von Al_2O_3, dessen Mono- oder Trihydrat oder deren Mischungen, wie Boehmit, mit wenigstens einem wasserunlösl. Oxid, Hydroxid, Carbonat oder Sulfid von Co, Ni, Fe, Mo, W oder V bei 125–212° F behandelt, das W. entfernt, die Masse trocknet u. dann auf 800–1200° F erhitzt. Al_2O_3 soll 0,1–10 (%) der Katalysatorbestandteile enthalten; außerdem können noch bis zu 25 als Stabilisierungsmittel oder Beschleuniger vorhanden sein: SiO_2 u. die Oxide von Ti, Zr u. Th. — Zu 322 g Al_2O_3 (Oberfläche 244 m^2/g, bestehend aus 37 Al-Trihydrat u. 8,38 Boehmit) in 1 Liter W gibt man bei 160° F 13,6 g Co-Carbonat, filtriert die Mischung nach 6 Std., trocknet den Nd. bei 230° F, gibt 225 ml einer Lsg. von 27,5 g NH_4-Paramolybdat in W. zu, trocknet bei 230° F, tablettiert die Masse u. erhitzt sie 6 Std. an der Luft auf 900° F. Der Katalysator enthält: 2,43 Co, 5,72 Mo, 0,02 Na u. 1,16 bei 1200° F flüchtige Stoffe; er dient zum *Entschwefeln* eines *Rohpetroleums* mit H_2. — Vgl. A. P. 2 898 308; C. **1960,** 10814. (**E. P. 827 298** vom 8/6. 1956, ausg. 3/2. 1960. A. Prior. 10/6. 1955.) G. Krauß 8195

2654 Esso Research and Engineering Co., Elizabeth, N.J., V.St.A., **Trennung von Kohlenwasserstoffmischungen** erfolgt durch deren Behandlung mit Mol.-Sieben. — Zu D. A. S. 1 115 392; C. **1962,** 9953, ist nachzutragen: Als Mol.-Siebe dienen: Analcit, $NaAlSi_2O_6 \cdot H_2O$, Chabasit, $CaAl_2Si_4O_{12} \cdot 6\,H_2O$ u. Zeolithe, z. B. der Formeln (Ca, $Na_2)Al_2Si_4O_{12} \cdot 2\,H_2O$ u. $4\,CaO \cdot Al_2O_3 \cdot 4\,SiO_2$ mit Porendurchmesser 4–6 Å. Die Trennung erfolgt bei 200–400, bes. 250 bis 300° F u. das Austreiben des adsorbierten KW-Stoffes im Vakuum bei höchstens 50 mm Hg oder mit einem Spülgas bes. bei 600–800° F. Das Adsorptionsmittel kann als Fließ- oder Festbett angewendet werden. — Aus einer Naphthafraktion mit Kp. 150–200° F werden die n-Paraffine abgetrennt. — Diagramme, Zeichnungen. (**E. P. 820 160** vom 4/3. 1958, ausg. 16/9. 1959. A. Prior. 26/4. 1957.) G. Krauß 8195

2655 Badische Anilin- & Soda-Fabrik Akt.-Ges. (Erfinder: Erich Haarer, Ludwigshafen/Rh., und Ernst Fürst, Neustadt/Weinstr.), **Selektive Extraktion von paraffinische und aromatische Kohlenwasserstoffe enthaltenden Kohlenwasserstoffgemischen,** dad. gek., daß α.ω-Bis-[pyrrolidonyl-(1)]-alkane, ggf. unter Zusatz von 5 bis 25% W., als selektive Lsgm. verwendet werden. (**D. A. S. 1 152 777** Kl. 23b vom 31/8. 1961, ausg. 14/8. 1963.)
E. Kahles 8195

2656 Esso Research and Engineering Co., Del., V.St.A., Südafrikanische Union, übert. von: Francis M. Archibald, Durban, Natal, Union of South Africa, und William A. Wilson, Roselle, N.J., V.St.A., **Entfernung von feinverteilten Feststoffen oder anderen unlöslichen Stoffen aus Mineralölen oder Mineralöllösungen,** die öllösl. Metallsalze, Seifen, bes. Ca-Sulfonate, u. 0,1 bis 1% W. enthalten, erfolgt durch Zusatz eines polymeren, wasserlösl. Polyelektrolyts mit Molgew. 10000 bis 100000, bes. 15000, der eine lineare C-Kette enthält, u. z. B. nach A. P. 2 625 529; C. **1954**, 10805, durch Mischpolymerisation von Vinylacetat mit Maleinsäure, deren Anhydrid, deren Amiden, Alkali- u. Erdalkalisalzen u. Alkyl- u. Aminoalkylhalbestern gewonnen wurde. Zugesetzt werden ca. 0,001 bis 0,1% des Elektrolyten. Anschließend wird die Öl-Lsg. filtriert. (**A. P. 2 885 357** vom 19/10. 1954, ausg. 5/5. 1959.) G. Krauß 8195

2657 Ethyl Corp., New York, N.Y., übert. von: Joseph D. Odenweller, Birmingham, und Lloyd E. Goddard, Detroit, Mich., V.St.A., **Phenylphosphorsäuredihalogenide** erhält man durch Rk. von 1 Mol eines einwertigen Phenols mit höchstens 8 C-Atomen u. höchstens 1 Cl-Atom am Ring mit einer geringen Menge von Al bei mindestens 150° u. Zusatz des Rk.-Gemisches in steigenden Portionen zu 1—2 Mol eines Phosphorylhalogenids bei 80—110, bes. 90—100°. Man setzt z. B. 0,47 (Teile) Al-Späne mit 119 techn. Kresylsäure bei 195—200° um, kühlt die Mischung am Ende der H_2-Entw., setzt sie während 1 Std. bei 90—100° zu 306 $OPCl_3$ zu u. dest. das Prod. am Ende der langsam einsetzenden Rk. bei $Kp._{50}$ bis 150° → 214,1 Rohprod., das 84,8% *Tolylphosphorsäuredichlorid* (Gemisch der Isomeren) enthält. Analog aus Phenol → *Phenylphosphorsäuredichlorid*; aus Chlorxylenol → *Chlorxylylphosphorsäuredichlorid*. Rasche Rkk. u. hohe Ausbeuten erhält man durch Rk. von $OPCl_3$ mit Al-Xylenolat (aus Al-Spänen u. Xylenol bei 230° hergestellt) u. Zusatz von Xylenol während 1 Std. bei 110° → *Xylylphosphorsäuredichlorid*; oder durch Erhitzen von Al-Spänen mit m-Kresol auf 150°, Zusatz von $OPCl_3$ u. Zusatz von m-Kresol während $^3/_4$ Std. bei 80° → *m-Tolylphosphorsäuredichlorid*. — *Zwischenprodd.* zur bekannten Herst. von Tolyl- bzw. Xylyldimethylphosphaten zur *Verbesserung der Zündung von Autobenzin* mit Pb-Gehalt. (**A. P. 2 938 048** vom 23/4. 1958, ausg. 24/5. 1960.) G. Vogel 8205

2658 N. V. de Bataafsche Petroleum Mij., Den Haag, Niederlande, **Herstellung von öllöslichen modifizierten Mischpolymerisaten** aus einem Polyen mit 4—8 C-Atomen u. einem monoäthylen. ungesätt. Monomeren mit mindestens 10 C-Atomen. Als Komponenten sind genannt Isopren, Butadien u. Pentadien einerseits u. 1-Dodecen, 1-Octadecen, Lauryl- oder Stearylmethacrylat, Vinyl- oder Allylstearat u. N-Laurylmethacrylamid andererseits. Die Modifizierung erfolgt durch Rk. des Mischpolymerisats mit Mercapto-Verbb. der allg. Formel $HS(CH_2)_n—X$, worin n = 1—4 u. X = —COOR, —OR oder $—NR_2$ ist; R steht für H oder C_{8-20}-Alkyl. Bes. genannt sind Mercaptoessigsäure, deren Methyl- oder Äthylester, Mercaptoäthanol u. (2-Mercaptoäthyl)-diäthylamin. Das Mischpolymerisat wird mit Peroxid- oder Ziegler-Katalysatoren erhalten u. soll ein Molgew. von 500—2500000, bes. 100000—600000 haben. Mengenbeispiele für Herst. u. Verw. als *Zusatz zu Schmierölen*. — Tabellen. (**E. P. 846 856** vom 15/5. 1959, ausg. 31/8. 1960. A. Prior. 19/5. 1958.) H. Schindler 8221

2659 Shell Internationale Research Mij. N.V., Den Haag, Niederlande, **Herstellung von Schmieröl-Additiven** durch Rk. von Polyäthyleniminen mit Alkylsalicylsäuren, bes. $C_{14}—C_{18}$-Mono- u. -Dialkylsäuren, die z. B. durch Alkylieren von Phenol mit $C_{14}—C_{18}$-Olefinen u. anschließendes Carboxylieren mit CO_2 nach Kolbe-Schmitt erhältlich sind. (**Ind. P. 69 700** vom 16/11. 1959.) C. Lüttgen 8221

2660 Sinclair Refining Co., New York, N.Y., übert. von: Manley Kjonaas, Hammond, Ind., und Lee V. Brown, Chicago, Ill., V.St.A., **Öllösliche, basische Bariumpetroleumsulfonate** mit hohem Ba-Geh. erhält man dadurch daß man öllösl., bas. Ba-Sulfonate (erhalten z. B. durch Sulfonieren von Petroleumfraktionen mit Kp. 600—1000° F mit Oleum oder SO_3 u. Neutralisieren mit BaO) mit CO_2 behandelt u. anschließend mit BaO bei mindestens 300° F neutralisiert u. das entstandene Prod. dann noch mehrmals mit CO_2 u. BaO behandelt. — Eine Gasölfraktion, Viscosität 270 SUS/100° F, wird mit 20%ig. Oleum sulfoniert u. die Sulfonsäure mit 212 g BaO in Ggw. von 424 cm^3 W. bei 300° F neutralisiert. Das entstandene Ba-Sulfonat, Ba-Geh. 2,87 (%), wird dann bei 150° F mit CO_2 behandelt u. dann mit $Ba(OH)_2 \cdot 8\,H_2O$ zuerst bei 140—160, dann bei 300° F neutralisiert, Ba-Geh. 3,95; durch 2maliges Wiederholen dieser Behandlung wird der Ba-Geh. auf 6,03 erhöht. — *Schmierölzusatzmittel*. (**A. P. 2 881 206** vom 8/4. 1957, ausg. 7/4. 1959.) G. Krauß 8221

2661 C. C. Wakefield & Co. Ltd., London, England (Erfinder: Ian Robert Henry Crail und Peter Lewis McIlmoyle), **Polymerisation von Acryl- und Methacrylestern.** Zur Herst. von Lsgg. von Homo- oder Copolymerisaten von Estern der Acryl- oder Methacrylsäure u. Alkoholen mit mindestens 4 C-Atomen in synthet. oder mineral. Schmierölen polymerisiert man in Ggw. eines Katalysators u. hält die Rk.-Temp. durch Zugabe von Schmieröl, das höchstens Raum-Temp. besitzt, konstant. — *Viscositätsindexverbesserer* u. *Tropfpunktserniedriger für Schmiermittel*. (**E. P. 852 332** vom 27/9. 1956, ausg. 26/10. 1960.) M. Schaber 8223

2662 Teerbau, Gesellschaft für Straßenbau m.b.H., Essen (Erfinder: Hans Lüer, Essen), **Herstellung von Belägen für Straßendecken,** bes. für farbige oder farblose dünne Verschleißschichten auf Teerbeton oder dergleichen, auf der Grundlage von Kunstharzdispersionen mit Zusatz von Füllstoffen, dad. gek., daß man als zusätzliches Bindemittel *Bitumen*-Extraktharze oder Naturharze in Emulsionsform verwendet. (**D. A. S. 1 149 290** Kl. 80b vom **17/11.** 1958, ausg. 22/5. 1963.) M. Böttcher 8237

2663 Zeller & Gmelin, Eislingen/Fils (Erfinder: Friedrich Hugel, Stuttgart), **Herstellung von bituminösem Mischgut für den Straßenbau** unter Verw. von Bitumenemulsionen (I), die mit einem nichtionogenen Emulgator hergestellt werden, dad. gek., daß während des Mischens des Gesteins mit der **I**, der man ein Haftmittel zugesetzt hat, so viel saure anorgan. Reagentien, z. B. Säuren oder saure Salze zugesetzt werden, bis die alkal. Rk. der wss. Komponente der in Mischung befindlichen Stoffe in eine saure Rk. umschlägt, so daß ihr pH-Wert weniger als 7 beträgt. (**D. A. S. 1 146 428** Kl. 80b vom 16/3. 1960, ausg. 28/3. 1963.) M. Böttcher 8237

H_{21}. Leder, Gerbstoffe

2664 **Die Wirkung von reduzierenden Agentien auf die Struktur des Kollagens.** A. L. Zaides und A. N. Mikhailov. (Leather Sci. [Madras, India] **10,** 1—5, 1963; Moskau, USSR, Central Sci. Res. Inst. for Leather & Shoes; engl.) — Die Behandlung von Kalbskollagen (Mittelschicht aus frischer Kalbshaut) mit wss. Lsgg. von Na_2SO_3 (0,5, 1 u. 2 m) u. $Na_2S_2O_4$ (0,1 m) führt nach längerer Einw. (3—25 Tage) zu einer chem. Veränderung u. teilweisen Entfernung der Kohlenhydratkomponente des Kollagen, die gleichzeitig mit einer Strukturumwandlung der Kollagenfibrillen verbunden ist. Außerdem wird eine Zerstörung der Membran, welche die Kollagenfibrillen zu Faserbündeln vereinigt, beobachtet. Extrahiert man im Anschluß an die reduzierende Behandlung das Kollagen mit Citratpuffer, so beobachtet man elektronenmkr., daß das Innere der Kollagenfibrillen aus Kollastrominsubfibrillen mit einem Durchmesser von 500 Å besteht. H. G. Fröhlich 8330◇

2665 **Bildung von Fibrillen in Lösungen von Eukollagen.** R. Reed, G. Stainsby und A. G. Ward. (J. Soc. Leather Trades' Chemists **47,** 312—21, 1963; Leeds, Univ., Procter Dep. of Food and Leather Sci.; engl.) — Versetzt man ca. 0,2%ig. wss. Lsgg. von *Eukollagen* mit Chondroitinsulfat oder Heparin, so beobachtet man die Bldg. von Fibrillen. Das gleiche erfolgt beim Zusatz von wss. NaCl-Lsg. bis zu einer Konz. von 2% an NaCl zu einer 0,2%ig. Eukollagen-Lsg. in Acetatpuffer (pH 3,7). An Stelle von NaCl kann man auch 0,02% CH_2O, 33,3% bas. Cr-Sulfat oder 0,01% Na-Metapolyphosphat zusetzen. Die gebildeten Kollagenfibrillen sind 70—2000 Å breit u. haben eine Länge von 800 Å bis 20 μ. Die Fibrillen besitzen zumeist nur wenig geordnete Strukturen im Gegensatz zu den nativen Fibrillen. Die Herst. der elektronenmkr. Präpp. wird beschrieben. H. G. Fröhlich 8330◇

2666 **Herstellung und Eigenschaften der löslichen Kollagene.** N. T. Crosby, D. G. Higgs, R. Reed, G. Stainsby und A. G. Ward. (Rev. techn. Ind. Cuir **55,** 54—68, 1963; franz.) — Es wird ein sog. *Eukollagen* (I) beschrieben, seine Herst. aus Kalbshaut, Lsg. mit Citratpuffer nach kalter, alkal. Vorbehandlung u. Regenerierung. Das lösl. **I** ähnelt in seinen Eigg. dem gewöhnlichen lösl. Kollagen, unterscheidet sich aber wesentlich von diesem in seiner elektronenmkr. Struktur. A. Beuther 8330◇

2667 **Über die Wirkung der Calciumsalze beim Lösen von Kollagen der Kalbshaut mit Monochloressigsäure.** 3. Mitt. Ph. Comte, F. Balme und L. Villa. (Bull. Assoc. franç. Ing., Chimistes Techniciens Ind. Cuir Doc. Inform. Centre techn. Cuir **25**, 141—52, 1963; Beilage zu: Rev. techn. Ind. Cuir; franz.) — 2. vgl. ibid. **25**, [1963], 99. — Der Einfl. verschiedener Konzz. (2—10%) an $CaCl_2$ beim Lösen von Kollagen der Kalbshaut mittels Monochloressigsäure wird untersucht u. als Optimum 6% auf Frischhaut gefunden. Dabei geht das gesamte Kollagen der Haut u. nichtkollagenes Protein in Lösung. Die möglichen Bindungen des Ca^{2+} an COOH-Gruppen des Kollagens u. der Mucopolysaccharidproteine nach Bruch transversaler Bindungen wird diskutiert. Der Geh. an Hexosaminen u. nichtkollagenem Protein in dem aus seinen Lsgg. ausgefällten Kollagen gilt als Beweis, daß Mucopolysaccharidproteine an der Regenerierung u. Stabilisierung der Kollagenfaser beteiligt sind. A. Beuther 8330◇

2668 **Beobachtungen bei der Acetonentwässerung und der Gefriertrocknung von Hautkollagen.** E. Heidemann und W. Rieß. (Leder **14**, 87—93, 1963; Darmstadt, TH, Inst. für Gerbereichemie; dt.) — Das unterschiedliche Verh. von Hautkollagen bei der Aceton-Gefrier- u. -Lufttrocknung u. bei der Rehydratisierung wird beschrieben. Zeitlich (bis 24 Std.) näher untersucht wurde die Wasserabgabe bei 1—5fachem Acetonwechsel u. die damit verbundene Vergrößerung der durch Tierart, topograph. Lage der Haut u. Äscherdauer beeinflußbaren inneren Oberfläche. Diese beträgt bei der Aceton- u. nachfolgenden Vakuumtrocknung 30 m^2/g, während bei der Gefriertrocknung 3 m^2/g gefunden wurden, da hier keine Auftrennung der Kollagenfaser in Fibrillen stattfindet wie bei der Acetontrocknung. A. Beuther 8330◇

2669 **Über die Enthaarung von Rindshaut in der Tonne.** U. J. Thuau. (Rev. techn. Ind. Cuir **55**, 53—54, 1963; franz.) — Es werden zwei seit 20 Jahren übliche Rezepte zur Enthaarung von Rindshaut teils mit, teils ohne Haarerhaltung gegeben, ausgeführt in einer Walktonne mit einem die Ruhe- u. Bewegungszeiten regulierenden Gangwerk. A. Beuther 8334◇

2670 **Ein möglicher Ersatz für den Jawasee-Prozeß.** L. M. Prasad, I. M. S. Patel und A. Ganesan. (Leather Sci. Madras, India **10**, 217—21, 1963; Madras, Indien, Central Leather Res. Inst.; engl.) — Verss., zur Enthaarung von Häuten an Stelle des Jawasee-Verf. (Behandlung mit Jawasee-Pulver, Salz u. W. während 2—3 Wochen) eine Paste aus $Ca(OH)_2$, Na_2S u. W. zu verwenden, haben zu guten Ergebnissen geführt. Die so enthaarten u. vegetabil. gegerbten Häute zeigten günstigere chem.-physikal. Werte bei höherer Festigkeit u. Wasseraufnahme (Vgl. mit gegerbten Häuten, die nach dem Jawasee-Prozeß enthaart wurden). Die Anwendung der beschriebenen Enthaarungspaste an Stelle des Jawasee-Prozesses ist daher gerechtfertigt. H. G. Fröhlich 8334◇

2671 **Einfluß der Operationen vor dem Gerben auf die Entfernung des globulären Proteins und kollagenhaltiger Bestandteile aus Häuten und Fellen.** G. J. Thabaraj, S. M. Bose und Y. Nayudamma. (Leather Sci. [Madras India] **10**, 109—19, 1963; Madras, Indien, Central Leather Res. Inst.; engl.) — Die Ergebnisse von Unterss. über den Einfl. der Arbeiten der Wasserwerkstatt (WW) auf die Entfernung von globulärem Protein (Albumin, Globulin, Mucoide) sowie kollagenhaltigen Bestandteilen aus Ziegenhaut zeigen, daß beim Äschern die meisten globulären Proteine in Lsg. gehen. Danach folgen erst das Beizen, Weichen u. Pickeln. Der größte Anteil an Albumin geht beim Weichen verloren, während beim Äschern vor allem die Globuline u. Mucoide in Lsg. gehen. Im ganzen werden bei den Arbeiten der WW entfernt: 78 (%) Albumin, 81 Globulin, 59 Mucoide u. 1,6 Kollagen. — 58 Literaturangaben. H. G. Fröhlich 8334◇

2672 **Über die Zusammenhänge zwischen Gewicht, Dicke und Prallheit tierischer Haut bei Einwirkung von Schwefelnatrium mit Zusätzen verschiedener Alkalien. (Untersuchungen zum Äscherp.ozeß.)** 1. Mitt. H. Herfeld und B. Schubert. (Leder **14**, 77—87, 1963; Reutlingen, Westdeutsche Gerberschule; dt.) — Zahlenmäßige Unterss. bei der Einw. kationenmäßig verschiedener Äscher-Syst., wie $Na_2S + Ca(OH)_2$, $Na_2S + NH_3$, Na_2S + NaOH mit konst. SH-Konz. u. steigender OH-Konz. auf tier. Haut bei gleichzeitiger Berücksichtigung der Temp. haben gezeigt, daß die 3 Faktoren: Gew.-Zunahme, Dickenzunahme u. Prallheit sich nicht gleichartig ändern, sondern unterschiedlich, teils sogar gegenläufig. Dickenzunahme u. mehr noch die Prallheit sind für den Äscheraufschluß am bedeutendsten. — 24 Literaturangaben. A. Beuther 8334◇

2673 **Über die Zusammenhänge zwischen Gewicht, Dicke und Prallheit tierischer Haut bei Einwirkung von Sulfhydraten mit Zusätzen verschiedener Alkalien. (Untersuchungen zum Äscherprozeß).** 2. Mitt. H. Herfeld und B. Schubert. (Leder **14**, 117—23, 1963; dt.) — 1. vgl. vorst. Referat. — Die Wirkungsweise von Äscher-Syst. auf Basis NaSH bzw. $Ca(SH)_2$ gegenüber Blößenmaterial bei steigenden Zusätzen (0,5—10 Val/l S-Atom) an NaOH, $Ca(OH)_2$ u. NH_3 bei 10 u. 25° wird näher untersucht. Hierbei ist die Änderung von Gew., Stärke u. Prallheit der Blößen nicht gleichartig, sondern vom Alkali abhängig. So dämpfen Ca- u. bes. NH_4-Ionen im Vgl. zu Na-Ionen die Quellung u. bes. die Prallheit. Entsprechend bewirken alle mit $Ca(SH)_2$ angesetzten Äscher geringere Quellung u. Prallheit als die auf Basis NaSH angesetzten Äscher. Mit steigendem $Ca(OH)_2$-Zusatz der Äscher nehmen Prallheit u. Quellung zwar zu, jedoch in geringerem Maße als bei äquivalenten NaOH-Zusätzen. Bei NH_3-Zusatz ist noch eine beträchtliche Gew.-Zunahme festzustellen, während die Stärkezunahme geringer ist als bei NaOH- u. $Ca(OH)_2$-Zusätzen. Bei 25° liegen alle Werte der untersuchten Äscher-Syst. niedriger als bei 10°. Die vorliegenden Unterss. bestätigen erneut, daß bes. dem Kationen-Einfl. eine bes. Bedeutung hinsichtlich der Veränderung der Hautsubstanz bei Äscherprozessen zukommt. H. G. Fröhlich 8334◇

2674 **Über das Salzen von Schafshaut.** M. Viard. (Bull. Assoc. franç. Ing., Chimistes Techniciens Ind. Cuir Doc. Inform. Centre techn. Cuir **25**, 115—26, 1963; Beilage zu: Rev. techn. Ind. Cuir; franz.) — Gute Resultate bei der Salzkonservierung der empfindlichen Schafshaut werden erhalten, wenn die Häute 2 Std. nach der Schlachtung mit Erdalkali ($CaSO_4$)-freiem Salz bestimmter Korngröße, 1 bis 3 mm, im Überschuß konserviert werden. Die chem. bedingten, sog. Salzflecke, verursacht durch $CaSO_4$ (Anhydrid), das mit der Phosphorsäure der Haut Ca-Phosphate bildet, werden vermindert durch Anwesenheit von $MgSO_4$, noch besser durch Ausfällen des Ca^{2+} durch Sodazugabe. Die bakteriell bedingten roten u. violetten Konservierungsflecke werden behoben durch Zugabe von Antiseptica (2,5% Na_2CO_3 u. 2,5% Naphthalin oder 2,5% Trichlorbenzol), am besten zu dem kalibrierten Salz. A. Beuther 8334◇

2675 **Untersuchungen über Gerbung in Vergangenheit und Zukunft.** Harold G. Turley. (Rev. techn. Ind. Cuir **55**, 81—103, 1963; Philadelphia, Pa., Röhm u. Haas Co.; franz.) — Übersicht. — 28 Literaturangaben. A. Beuther 8336◇

2676 **Die Eigenschaften einiger indischer Mangrove-Gerbstoffe.** G. E. Cunningham und D. Grosh. (Leather Sci. [Madras, India] **10**, 127—37, 1963; Australia, Univ. of New South Wales u. Australian Leather Res. Assoc.; engl.) — Rinde von *Ceriops roxburghiana* (Goran), *Rhizophora mucronata* (**II**) u. *Bruguiera gymnorrhiza* (**III**) wurden im Temp.-Bereich von 20—90° mit W. erschöpfend extrahiert (2malige Extraktion bei 40—60° ist ausreichend) u. die hierbei gewonnenen Mangrove-Gerbstoffbrühen für Gerb-Verss. verwendet. Die an entkälkter Kuhhaut erhaltenen Ergebnisse zeigen, daß die Gorangerbstoffe das beste Durchdringungsvermögen aufweisen u. die besten Leder ergeben. Die mit 20° Bk konz. Gerbbrühen erreichten Schrumpfungs-Temp. lagen bei 93° u. die mit 10° Bk konz. Brühen sogar bei 98°. Die Gerbdauer betrug 6 Wochen. Der Durchgerbungseffekt unter Verw. von **II** u. **III** ist nur bei Anwendung von 10°-Bk-Brühen günstig. Die maximal erreichbaren Schrumpfungs-Temp. unter Verw. von **II** u. **III** liegen bei 92—94°. Die Analysendaten für die gegerbten Leder sind angegeben. H. G. Fröhlich 8336◇

2677 **Untersuchungen über die Entfärbung von Mangrovebrühen.** D. Ghosh. (Leather Sci. [Madras India] **10**, 201—06, 1963; New South Wales, Australien, Univ.; engl.) —

Unterss. über die Aufhellung von Mangrovebrühen durch Zusatz von organ. Säuren, deren Salzen, K-Antimonyltartrat (I) u. Na-Hydrogensulfit (II) ergaben, daß lediglich I u. II einen Aufhellungseffekt bewirken. Die besten Ergebnisse werden erreicht, wenn man zum Gerben Brühen verwendet, die durch Kaltwasserextraktion gewonnen wurden, u. die hiermit gegerbten Leder mit 2%ig. wss. Lsgg. von I, II, Citronensäure oder Oxalsäure während 15 Min. behandelt. Eine bes. gute Aufhellung wird mit Oxalsäure erzielt.
H. G. Fröhlich 8336◇

2678 **Herstellung von Aluminium-gegerbten Hockey- und Cricketball-Leder.** R. Selvarangan und T. S. K. Mahadevan. (Leather Sci. [Madras India] **10**, 138—40, 1963; engl.) — Die Herst. von Leder für Hockey- u. Cricketbälle aus naßgesalzenen Kuhhäuten (15—18 kg Ware) unter Verw. von $Al_2(SO_4)_3$ als Gerbstoff wird an Hand von Arbeitsvorschriften beschrieben. Während für die Hockeyball-Leder eine kombinierte $CH_2O/Al_2(SO_4)_3$/Cr-Salz-Gerbung empfohlen wird, verwendet man für die Cricketball-Leder eine vegetabil./$Al_2(SO_4)_3$-Gerbung. H. G. Fröhlich 8336◇

2679 **Beziehung zwischen der Doppelbrechung, der wasserlöslichen Substanz und der Schrumpfungstemperatur bei pflanzlich gegerbten Ledern.** B. C. Basu, N. Ramanathan und Y. Nayudamma. (Leather Sci. [Madras, India] **10**, 206—12, 1963; Madras, Indien, Central Leather Res. Inst.; engl.) — Die Unterss. über den Zusammenhang zwischen der Doppelbrechung u. der Schrumpfungs-Temp. pflanzlich gegerbter Leder (Myrobalam, Mimosa, Gambier, Sumach, Kastanie, Goran) ergaben eine deutliche Abhängigkeit der Schrumpfungs-Temp. vom Geh. des Leders an wasserlösl. Substanz. Mit zunehmender Auswaschdauer der Lederproben nimmt die Schrumpfungs-Temp. zu, wobei die negative Doppelbrechung in eine positive umschlägt. Bei Leder mit positiver Doppelbrechung (Goran-Leder) bleibt die Schrumpfungs-Temp. auch nach dem Auswaschen prakt. unverändert; lediglich der positive Charakter der Doppelbrechung nimmt etwas ab. Die Ergebnisse werden ausführlich diskutiert.
H. G. Fröhlich 8340◇

2680 **Schrumpfung und plastischer Fluß bei Chromleder während des Trocknens.** C. H. Spiers und M. S. Pearson. (J. Soc. Leather Trades' Chemists **47**, 285—304, 1963; London, National Leathersellers Coll.; engl.) — Ausführliche Unterss. über das Verh. von Cr-Leder (Feuchtigkeit 16%) beim Trocknen ohne u. mit Spannung (5—25 lbs.) zeigen, daß beim Trocknen unter Spannung die Trocknungs-Geschw. zunächst konst. verläuft; nach dem Erreichen von ca. 70% Restfeuchtigkeit tritt eine deutliche Verlangsamung ein. Die Fläche des Leders nimmt hierbei mit zunehmender Spannung zu u. die Dicke ab. Gleichzeitig wurde ein plast. Fluß (plastic flow) der Lederfasern in Höhe von 4—5% oberhalb von 35% Restfeuchtigkeit beobachtet. Die benötigte Spannung zur Auslösung des plast. Flusses war um so größer, je niedriger die Trocknungs-Temp. u. die Lederfeuchtigkeit waren. Trocknet man ohne Spannung, so liegt der Knick in der Trocknungskurve bei ca. 85% Restfeuchtigkeit. Unterhalb dieser Feuchtigkeit fällt die Trocknungs-Geschw. stark ab. Die gleichzeitig eintretende Schrumpfung des Leders bleibt bis ca. 80% Feuchtigkeit unter 10%, um bei weiterer Trocknung stark anzusteigen. Mit zunehmender Trocknungs-Geschw. nimmt auch die Schrumpfung stärker zu. H. G. Fröhlich 8340◇

2681 **Über den Einfluß der Temperatur beim Färben von Schafsleder.** F. Grall. (Bull. Assoc. franç. Ing., Chimistes Techniciens Ind. Cuir Doc. Inform. Centre techn. Cuir **25**, 127—40, 1963; Beilage zu: Rev. techn. Ind. Cuir; franz.) — Die Temp. spielt eine wichtige Rolle beim Färben von Schafsleder mit sauren oder substantiven Farbstoffen. Durch Messung der Baderschöpfung vor u. nach der Säuerung werden die Farbstoffaufnahme, die Geschw. der Aufnahme, ferner die visuelle Farbintensität beurteilt; der Einfl. der Temp. ist je nach den Farbstoffen verschieden, woraus sich Regeln für die Praxis ergeben. A. Beuther 8340◇

2682 **Der Einfluß von UV-Absorbern auf Wetterfestigkeit und Lichtechtheit von Weich-PVC-Erzeugnissen der Kunstlederindustrie.** Helga Streller. (Plaste u. Kautschuk **9**. 520—25, 1962; Coswig, Bez. Dresden, Zentr. Forschgs. u. Entwicklgs.-Stelle für Kunstlederind.; dt.) — Zur UV-Stabilisierung von PVC-Weichfolien eignen sich: 2.4-Dihydroxybenzophenon, 2-Hydroxy-4-methoxybenzophenon, 2-Hydroxy-4-methoxy-4'-methylbenzophenon, 2.2'-Dihydroxy-4-methoxybenzophenon, 2.2'.4.4'-Tetrahydroxybenzophenon sowie Tinuvin B (Alkylhydroxyphenylbenzotriazol) u. Bayer 318. Ungeeignet sind: Benzophenon, Cumarin u. Phenylsalicylat sowie wegen geringer Verträglichkeit 4-Methyl-7-hydroxycumarin, 4-Methyl-6.7-dihydroxycumarin, 4-Methyl-7.8-benzocumarin sowie die UV-Absorber Merck PZ 1847 u. PZ 2866.
K. Gröbe 8352◇

2683 Röhm & Haas G. m. b. H. (Erfinder: Otto Grimm), Darmstadt, **Beizen geäscherter (und entkälkter) Blössen mittels Enzymen** aus Mikroorganismen in Ggw. von NH_4-Salzen bei pH 3—5 erfolgt in der Weise, daß pH (teilweise) mit in W. lösl., nichtgerbenden Arylsulfocarbonsäuren eingestellt wird. — Beiz-Fl. für abgeschwellte Ziegenblössen enthält 8(%) NaCl, 0,5 Schimmelpilzprotease, 0,6 $(NH_4)_2SO_4$ u. 1 Sulfophthalsäure, wobei sich pH 5 einstellt. (**D. A. S. 1 149 131** Kl. 28a vom 10/7. 1959, ausg. 22/5. 1963. **Zusatz zu D. B. P. 927 464; C. 1955, 10900.**)
H. Möllering 8335

2684 S. r. l. Industria Prodotti Chimici, Mailand, Italien, **Mittel zum Enthaaren von Fellen.** Es enthält als akt. Verb. ein Thiol der Formel $SH \cdot C_nH_{2n}COOH$, $COOH \cdot CHSH \cdot (CH_2)_mCOOH$ oder $COOH \cdot (CH_2)_x \cdot CHSH \cdot (CH_2)_y \cdot COOH$, wobei n 1—5, m 0—3, x u. y 1—3 bedeuten, oder ein Mercaptopolyol u. ein Hydroxid eines Metalles mit einem Atomgew. von 6—40 in solcher Menge, daß der pH-Wert der Lsg. 9—11,5 beträgt. Die Lsgg. können auch NH_4OH enthalten. — 10—100 (Teile) β-Mercaptopropionsäure, 700 bis 400 W., 50—200 $Ca(OH)_2$, 200—50 koll. Ton, 50—10 Netzmittel, 50—100 Feuchthalter (Glycerin, Äthylenglykol). (**It. P. 560 746** vom 5/10. 1956.) K. Koebke 8335

2685 Nathan W. Levin, New York, N.Y., Alexis E. Ushakoff, Somerville, Mass., und J. B. Hatton, Grand Haven, Mich., übert. von: Alexis E. Ushakoff, Beverly, Mass., V.St.A., **Entwässern von Blößen** mit mit W. mischbaren organ. Lsgm. erfolgt, nachdem die Blössen mit mindestens 0,5% CH_2O in wss. Lsg. vorbehandelt sind, bis die Schrumpftemp. 69° erreicht hat. Diese Schrumpftemp. soll in weniger als 2 Std. dadurch erreicht werden, daß die CH_2O-Brühe bis auf 57° erwärmt wird. — So vorbehandelte Blößen nehmen die zum Entwässern verwendete Aceton-Lsg. gleichmäßiger an. — Vorrichtung. (**A. P. 3 006 714** vom 1/10. 1956, ausg. 31/10. 1961.) H. Möllering 8335

2686 Miles Laboratories, Inc., Elkhart, Ind., V.St.A., **Schnellgerbung schwerer Häute.** Die entkälkten Blössen werden bei pH 7,5—8,5 mit einer wss. Dialdehydstärke-Lsg. behandelt, bis die inneren Hautregionen vorgegerbt sind, worauf nach Waschen in eine wss. 10—15%ig. Lsg. pflanzlicher Gerbstoffe bei pH 3—5 eingegangen wird. Bezogen auf das Gewicht der Blößen werden 5—15% Dialdehydstärke angewendet. (**E. P. 882 975** vom 13/9. 1960, ausg. 22/11. 1961. A. Prior. 16/9. 1959.) H. Möllering 8337

2687 Ja. P. Berkman und N. A. Jaremtschuk, **Herstellung wasserlöslicher Azofarben mit aktiver Gerbfähigkeit.** Bei der Herst. von Farbstoffen durch Azokupplung von Diazo- u. Azokomponenten, von denen eine mit Formaldehyd bearbeitet wurde, werden als Diazolieferant Prodd. aus Formaldehyd u. aromat. Aminen, Aminophenolen, Aminonaphtholen u. ihren Sulfonsäuren angewendet. Die erhaltenen Farben sind zum Färben von Leder beliebiger Gerbung geeignet. Sie geben eine gleichmäßige Färbung bei gleichzeitiger Gerbung des Leders u. können gemeinsam mit synthet. oder natürlichen Gerbstoffen angewendet werden. Die Färbung kann mit der Emulsionsfettung des Leders vereinigt werden. — Zur Lsg. von 44,8 (g) Schäffer-Säure u. 10 NaOH in 100 W., auf 70° erhitzt, fügt man unter Rühren 9 40%ig. Lsg. von Formaldehyd u. erhitzt auf dem Wasserbad. Zur erhaltenen Masse fügt man 16 NaOH hinzu, kühlt auf 10 bis 12°, gibt unter Rühren im Verlauf von 30 Min. die Bis-Diazokomponente zu, die durch Diazotieren von 34,5 Benzidindisulfonsäure erhalten wurde, u. rührt 2 Std., wobei gegen Ende die Temp. auf 60° erhöht wird. Der erhaltene Farbstoff hat in Lsg. eine rotbraune Färbung, ist beständig in sauren wss. Lsgg. u. färbt Chromleder im sauren Bad klar orangerot, wobei sich die Plastizität der äußeren Schicht vergrößert. (**UdSSR. P. 149 842** vom 12/12. 1961.)
D. Gorin 8337

2688 S. I. Smirnow, **Herstellung eines granulierten Gerbstoffextraktes** nach UdSSR. P. 138 316; dad. gek., daß das synthet. Prod. auf ein Band mit erniedrigter Feuchtigkeit, z. B. 14—19%, gegeben u. seine Abkühlung bis zum plast. Zustand durch Anblasen mit einem Luftstrahl erreicht wird. Die Zerkleinerung des Extraktes zu Körnchen wird im plast. Zustand vor der Verfestigung durchgeführt. Nach dem Festwerden wird das Granulat vom Band genommen u. verpackt. (**UdSSR. P. 149 179** vom 9/11. 1961.)
D. Gorin 8337

2689 Diamond Alkali Co., Cleveland, übert. von: Clifford N. Matthews, Painesville, Ohio, V.St.A., **Herstellung von Chromgerbbrühe unter Gewinnung von Adipinsäure als Nebenprodukt.** Alkalidichromat wird in Ggw. von H_2SO_4 mit einer Cyclohexylverb., bes. mit Cyclohexanon, Cyclohexanol, Cyclohexen oder Cyclohexan, zweckmäßig im Verhältnis von 1 (Teil) $Na_2Cr_2O_7$ zu 0,25 Cyclohexyl-Verb. in üblicher Weise red., worauf die Adipinsäure z. B. durch Filtration abgetrennt u. gereinigt wird. — Schema zur Rk.-Anlage. (**A. P. 3 005 678** vom 17/4. 1958, ausg. 24/10. 1961. **E. P. 872 907** vom 14/4. 1959, ausg. 12/7. 1961. A. Prior. 17/4. 1958.) H. Möllering 8337

2690 Ja. P. Berkman, N. A. Jaremtschuk und L. M. Schuter, **Herstellung von Fixatoren** zum Haltbarmachen von Tanniden, Farbstoffen u. fettenden Stoffen mit anion. Charakter im Leder. Bei der Herst. von Fixatoren durch gemeinsame Kondens. von Salzen aliphat. u. aromat. Amine mit Formaldehyd u. Polyphenolen oder ihren techn. Gemischen wird die Kondens. stufenweise durchgeführt: Zuerst kondensiert man die Polyphenole oder ihre Gemische mit Aminen u. Aldehyd, danach wird das Rk.-Gemisch abgekühlt u. nochmals mit Aminen u. Formaldehyd kondensiert. — Zur Lsg. von 55 (g) Resorcin u. 20,45 Diäthylaminhydrochlorid in 80 W. werden bei 16—18° unter Rühren im Verlauf von 10—15 Min. 37,5 30%ig. Formaldehyd-Lsg. (I) zugefügt. Danach wird 40 Min. auf dem sd. Wasserbad erhitzt. Nach Abkühlung auf 16—18° werden 10,2 Dimethylaminhydrochlorid u. unter Rühren langsam 7,5 I zugefügt. Danach wird das Gemisch wieder 40 Min. erhitzt. Das Prod. ist gut löslich in W., beständig in sauren wss. Lsgg., zeigt gerbende Wrkg. u. schlägt direkte u. saure Farbstoffe, natürliche u. synthet. Gerbstoffe nieder. (**UdSSR. P. 149 786** vom 30/10. 1961.)
D. Gorin 8339

2691 E. W. Kusmina, A. I. Metelkin, W. N. Sasorin und F. F. Makarow, **Herstellung von Chromleder.** Zur Verbesserung der Qualität des Leders u. zur Verkürzung des Verf. wird die Neutralisation der Säure im Leder gleichzeitig mit der Tanningerbung durchgeführt u. als neutralisierender Stoff eine Puffer-Lsg. synthet. Gerbstoffe verwendet. Diese erhält man durch Zufügen von wss. NH_3 bis zu pH 6,8—7. Bei der Herst. von Chromleder für Schuhoberflächen werden die Halbfabrikate 45—60 Min. in strömendem W. bei 25—30° in der Trommel gewaschen. Die Färbung wird bei 65° u. einem Fl.-Koeff. von 3—4 durchgeführt. Danach wird die Lsg. abgegossen u. das Leder erneut mit W. gewaschen. Die Gerbung wird gemeinsam mit der Neutralisation bei 32—35° u. einem Fl.-Koeff. 2 durchgeführt. Die Lsg. der synthet. Gerbstoffe mit pH 6,8—7 wird in 2—3 Portionen in Intervallen von 15—20 Min. in die Trommel gegeben. Die Bearbeitung wird 1—1½ Std. durchgeführt. Danach wird die Lsg. abgegossen u. das Leder gefettet. Bei der Herst. von Unterleder wird nicht gefärbt, weil die Gerbmittel SPS No. 12 u. No. 11 eine gleichmäß ge Färbung in hellen Tönen ohne Zugabe von Farbstoffen garantieren. — Die Meth. garantiert eine gleichmäßige Verteilung der Gerbstoffe über die Schichten u. topograph. Bezirke des Leders. Sie verbessert die Qualität u. die Waren-Eigg. des Leders. (**UdSSR. P. 145 690** vom 6/5. 1961.) D. Gorin 8341

2692 F. I. Rabinowitsch, **Herstellung einer Emulsion zum Einfetten von Leder.** Zur Anreicherung des Leders mit Fett mit Hilfe von Fettsäuren (I) wird zur Emulsion Harnstoff (II) hinzugegeben. Die Verbb. der I mit II mischen sich mit W. in beliebigem Verhältnis u. dringen tief in das Leder ein, wobei sie es ausfüllen. — Im Gefäß mit Rührer werden 10 kg II mit 5 Liter W. oder 5 Liter CH_3OH vermischt, auf 40° erhitzt u. 7 kg synthet. I (C_{10}–C_{20}), die vorher geschmolzen wurden, zugegeben. Das Gemisch wird 1—2 Std. gerührt u. dann 10 bis 12 Std. stehengelassen. Das Prod. trennt sich beim Abkühlen ab u. schwimmt auf der Oberfläche. Dabei nimmt es eine große Menge Lsgm. auf, welche durch wiederholtes Erhitzen auf 50—60° abgetrennt wird. Das Fetten des Leders erfolgt in der Trommel bei 50° im Verlaufe von 40—50 Min. auf übliche Art. (**UdSSR. P. 149 852** vom 13/11. 1961.)
D. Gorin 8341

2693 Böhme Fettchemie G. m. b. H., übert. von: Jürgen Plapper und Rudi Heyden, Düsseldorf, **Hydrophobieren gegerbter Blößen** erfolgt durch Imprägnierung unter in situ-Bldg. von organometall. Komplex-Verb. durch Rk. von Estern oder Amiden von Tri- oder Polycarbonsäuren u. dreibas. anorgan. Säuren, wobei mindestens ein organ. hydrophober Rest enthalten sein soll, oder durch Rk. von Kondensaten aus Maleinsäure u. ungesätt. Fettsäuren, wobei zwei salzbildende Gruppen zur Rk. mit Metallionen frei bleiben sollen, wobei dann mit einer gerbenden Cr-, Al- oder Fe-Verb. nachbehandelt wird. — Chromgare Rindseiten werden in wss. Brühe mit 1—5% NH_4-Salz eines sauren Phosphorsäuredodecylesters behandelt, dann gefärbt u. gefettet. — Mit Gerbrinden gegerbte Rindseiten werden mit 1—5% NH_4-Salz von Citronensäuremonooleylester in wss. Flotte behandelt u. mit 0,5—1% Cr_2O_3 als handelsübliche 33% bas. Chrombrühe nachchromiert, gefettet u. fertiggestellt. (**A. P. 3 010 780** vom 25/3. 1958, ausg. 28/11. 1961. D. Prior. 30/3. 1957.) H. Möllering 8341

2694 Bőr-, Cipő-, Szőrmeipari Kutató Intézet, Budapest (Erfinder: Frau László Vermes, Erzsébet Frankl, Kálmán Fekete, István Malovecz und Géza Tóth, Pécs), Ungarn, **Hydrophobieren von mit Chrom bzw. Chrom und Kunststoff gegerbtem Sohlenleder.** Das dehydratisierte Leder wird 2—6 Std. bei 30° mit Cr-, Al- oder Cr-Al-Stearat enthaltenden Stoffen in konz. Form völlig durchimprägniert. Nach 4—12std. Stehen wird Lsgm.-Tausch durch Wasserspülung vorgenommen. Das Hydrophobierungsmittel wird mit 50 Gew.-% Spiritus, Methanol oder Isopropylalkohol oder mit diesen mischbaren polaren Lsgm. verdünnt. Das erhaltene Leder hat niedriges spezif. Gewicht u. ist luft- u. dampfdurchlässig. (**Ung. P. 150 764** vom 10/3. 1961, ausg. 20/4. 1963.) F. Landsberger 8341

2695 Flavio und Mario Puccini, S. Croce nell' Arno, Pisa, Italien, **Herstellung von Matrizen für die Lederprägung.** Ein Stück des natürlichen Leders wird mit einer dünnen Schicht Graphit überzogen u. kathod. mit Cu belegt. Auf die negative Cu-Platte preßt man eine Pb-Folie, deren negative Oberseite als Kathode zur Erzeugung einer negativen Cu-Platte dient, welche die fertige Matrize darstellt. — Zeichnungen. (**It. P. 559 549** vom 13/9. 1956.)
K. Koebke 8359

2696 **Ledoga S. p. A.**, Mailand, Italien, *Kontinuierliche Extraktion von Tanninsäure aus Holz.* (**It. P. 532 663** vom 14/4. 1955. — **C. 1958**, 10249 [F. P. 1 146 956].)

H_{22}. Leim, Klebstoffe usw.

2697 **Untersuchungen über die Herstellung von Leim und Gelatine aus Knochen indischer Rinder.** D. R. Krishnan und S. K. Barat. (Leather Sci. [Madras, India] **10**, 335—39, 1963; Madras, Central Leather Res. Inst.; engl.) — Die Druckextraktion frischer Rinderknochen ohne Vorbehandlung liefert Leim schlechter Qualität. Durch Kalken werden Mark u. Sehnen beseitigt; nach dem üblichen Entkalken führt die Extraktion zu guter Gelatine. Eine saure Vorbehandlung allein liefert nicht eine so gute Gelatinequalität wie Säurebehandlung u. Kalkung. Jedoch vermindert das Kalken der Knochensubstanz die Ausbeute beträchtlich.
W. Wesly 8384◇

2698 **Leim aus pflanzlich gegerbten Lederabfällen.** D. R. Krishnan und S. K. Barat. (Leather Sci. [Madras, India] **10**, 212—16, 1963; Madras, Indien, Central Leather Res. Inst.; engl.) — Verss., aus pflanzlich gegerbten Lederabfällen (Hautsubstanz 38—40%, Schrumpfungs-Temp. 83°) durch Entgerben mit wss. 2%ig. NaOH-Lsg., 1%ig. KCNS-Lsg. u. mit Aceton–W.-Gemisch (1 : 1) Leim zu gewinnen, waren nicht sehr erfolgreich, da die Entgerbung bei einem Geh. an Hautsubstanz von 75—78% prakt. stehenbleibt. Die optimale Ausbeute lag bei ca. 7—8% Leim. Die Verw. von $Ca(OH)_2$ zur Entgerbung war völlig negativ. H. G. Fröhlich 8384◇

2699 **Leim aus chromgegerbten Lederabfällen.** D. R. Krishnan und S. K. Barat. (Leather Sci. [Madras India] **10**,

120—26, 1963; Madras, Indien, Central Leather Res. Inst.; engl.) — Die Wrkg. verschiedener Entgerbungs-Meth. auf Cr-Lederabfälle zwecks Gewinnung von Leim wird untersucht. Die Ergebnisse zeigen, daß eine völlige Entchromung (Entgerbung) mit Säuren, Alkalien, Calgon oder Äthylendiamintetraessigsäure nicht möglich ist. Die besten Ergebnisse werden mittels einer alternativen Behandlung der Lederabfälle mit 0,2n H_2SO_4 (über Nacht) u. 0,2n NaOH (über Nacht) u. nochmals 0,2n H_2SO_4 erhalten. Eine Nachbehandlung der entgerbten Lederabfälle während 6 Tagen mit 1%ig. NaOH-Lsg. bei 20—30° erhöht die Leimausbeute u. deren Qualität. H. G. Fröhlich 8384◇

2700 **Wachskleber für Verlegung von Kunststoffböden.** Thiel. (Adhäsion **7,** 331—36, 1963; Weißkirchen; dt.) — Es wird die Verw. von Wachsklebern zum Verlegen von Kunststoffußböden beschrieben. Ihre technolog. Eigg. werden im Vgl. zu Lsgm. enthaltenden Klebstoffen aufgeführt. H. Liese 8388◇

2701 **Verwendung synthetischer Harze in industriellen Klebstoffen.** P. W. Sherwood. (Chem. Rdsch. **16,** 574 bis 575, 577—581, 1963; White Plains, N.Y.; engl.) — Übersicht. F. Rosendahl 8388△

2702 **Zur Untersuchung von Streckmitteln für Harnstoffharze.** K. Haidinger. (Holzforsch. u. Holzverwert. [Wien] **15,** 18—19, 1963; Wien, Österr. Holzforsch. Inst.; dt.) — Die den Kunstharzleimen zugesetzten Streckmittel (**I**) sollen eine Veränderung der technolog. Eigg. der Verleimung, bes. eine Herabsetzung der Sprödigkeit bewirken. Die **I** sind Mehle aus Roggen, Wicke usw.; um die Qualität der mit ihnen angesetzten Leimflotten möglichst konst. zu halten, werden sie nach verschiedenen Meth. untersucht. Bekannte Unters.-Arten werden aufgezählt u. eine neue Meth. beschrieben, mit der die Aufschäumungstendenz, die das Mehl der Leimflotte verleiht, bestimmt wird, eine geeignete App. wird skizziert. F. Zeidler 8388◇

2703 **Warenkundlicher Vergleich zwischen einem Kaseinleim und einem Polyvinylacetatdispersionsleim sowie der Versuch einer Kombination beider.** Klaus Feist und Rudolf Hinterwaldner. (Adhäsion **7,** 259—69, 1963; Hamburg, Univ., Wirtsch.- u. Sozialwiss. Fak.; dt.) — Unterss. über die Klebfestigkeit von Kaseinleim (**a**) u. Polyvinylacetatdispersionsleim (**b**) an Buchenleisten zeigen, daß die Klebfestigkeit beider Leime relativ gleich ist. Die Scherfestigkeit von **a** ist höher als die von **b**; jedoch sind Verleimungen mit **a** gegen schlagartig einsetzende Belastungen empfindlicher als entsprechende Verleimungen mit **b**. Die Scherfestigkeit einer Kombination von **a** u. **b** hat einen abs. Wert von 90 kg/cm² u. beträgt 48,28 (%) des Wertes für **a** u. 77,85 des Wertes für **b**. **b** ist prakt. unbegrenzt haltbar, **a** zeigt schon nach 8 Std. einen starken Abfall der Klebfestigkeit. W. Wesly 8388◇

2704 **Eigenschaften von mit Polyvinylacetalen modifizierten Epoxidklebern.** Lesław Bucki, Irma Gruin, und Zdzisław Krukowski. (Polimery — Tworzywa wielkocząsteczkowe **8,** 23—29, 1963; Inst. Lotnictwa; pol.) — Vff. untersuchen den Einfl. der Natur u. der Menge von Polyvinylacetalen (**I**) auf die Abziehfestigkeit von Klebern für Duralumin auf der Grundlage des Epoxidharzes Epidian 1 sowie den Einfl. der Abbindungsbedingungen auf die Bindungsfestigkeit. Die Werte für die Kompressions- u. Abziehfestigkeit sowie die Alterungs- u. Meerwasserbeständigkeit der Bindungen mit dem Kleber ME-1 werden mit den Werten verglichen, die bei der Verw. des Klebers MPF-1 ermittelt wurden. I. Köditz 8388△

2705 Samuel Jones & Co. Ltd., London, England (Erfinder: Peter Sidney Dunnett und Herbert Walter Chatfield), **Klebstoffherstellung.** Man stellt kleine Teilchen eines Cyclohexanonkunstharzes oder durch Maleinsäure modifiziertes Kolophonium her durch Fällung in einem geeigneten Lsgm. u. dispergiert die Teile mit kleinen Mengen eines Weichmachers in einem flüchtigen Medium, in welchem beide Bestandteile nicht lösl. sind. Beispiel: 32 (Teile) gefälltes Dicyclohexylphthalat, 16 gefälltes Cyclohexanonkunstharz, 16 Polybutylmethacrylat-Emulsion (Konz. 40 Gew.-%), 1 Monoäthanolamin, 36 Wasser. (**E. P. 910 871** vom 23/12. 1957, ausg. 21/11. 1962.) G. Czerwony 8389

2706 Samuel Jones & Co. Ltd., London, England (Erfinder: Peter Sidney Dunnett und Herbert Walter Chatfield), **Klebstoffherstellung.** Man dispergiert gleichzeitig ein Harz oder Harz-Deriv. u. einen Weichmacher in einem Dispergiermittel, um eine feindisperse Harzdispersion zu erhalten, u. setzt weitere Weichmacher u. einen viscosen Stoff zu. Beispiel: 5 (Gew.-Teile) Dicyclohexylphthalat u. 5,3 Kolophonium werden bei 95° zusammengeschmolzen u. in 28,6 einer 3,3%ig. wss. Lsg. von Monoäthanolamin, die 0,18 Celluloseäther enthält, gegossen. Der Rest des Weichmachers, nämlich 26 Dicyclohexylphthalat, wird geschmolzen u. unter Rühren der Dispersion zugegeben. Die Dispersion wird verschnitten mit 16 einer Polybutylmethacrylatdispersion u. als Klebeüberzugsschicht, auf z. B. Papier, aufgebracht. (**E. P. 911 821** vom 23/12. 1957, ausg. 28/11. 1962.) G. Czerwony 8389

2707 Ramkant Bhattacharya, Calcutta, Indien, **Klebstoff für Holz, Leder, Papier, Metall und Kunststoff.** Man erhitzt 6 (Teile) eines hydrolysierten Gummilacks 6—7 Std. mit 4 Polyäthylenglykol (Molgew. 300—1000) auf 110—130°, gibt 10 Harz zu, erhitzt weitere 2 Std., gibt 5 Schellack zu, erhitzt 1—2 Std. auf 120—130° u. löst das Gemisch in Spiritus. (**Ind. P. 69 596** vom 5/11. 1959.) C. Lüttgen 8389

2708 American Cyanamid Co., New York, N.Y., übert. von: Tzeng Jiuez Suen, New Canaan, und Nicholas R. Segro, Stamford, Conn., V.St.A., **Klebmittelmischung,** enthaltend 50—97% hydrolysiertes Polyvinylacetat (70—100%ig. Hydrolyse), 50—53% Methylen-bis-acrylamid, 10^{-6} bis 10^{-1} Mol Cer(IV)-Salz (pro Mol Acrylamid) u. 100—300% Ton. Verw. als wss. Lsg. oder Dispersion, bes. für *Papierverklebungen.* (**A. P. 3 053 787** vom 29/9. 1959, ausg. 11/9. 1962.) L. Stadelmann 8389

2709 A. A. Berlin und W. N. Ssolowjewa, **Herstellung polymerisierender Kleber** nach UdSSR. P. 123 273; C. **1963,** 22181 unter Verw. von Glycerindimethacrylat (**I**) als hydroxylgruppenhaltigem Monomeren. — Ein lösl. Copolymerisat aus Acrylestern u. Allylestern zweibas. Säuren wird mit 10—25 (%) Füllstoff, 10—50 **I** u. der 1- bis 5fachen Menge Lsgm., z. B. Aceton, versetzt. (**UdSSR. P. 129 328** vom 28/12. 1948.) L. Großner 8389

2710 Farbenfabriken Bayer Akt.-Ges., Deutschland (Erfinder: Manfred Dollhausen und Eugen Bock), **Beständige Lösungen von Polychlorbutadien (I)** als *Klebe-* u. *Überzugsmittel.* Die Lsgg. von **I** in organ. Lsgm., wie Bzl., Toluol, Xylol, Cyclohexan, Chlorbenzol, C_2HCl_3, $C_2H_4Cl_2$, Methyl-, Äthyl- oder Butylacetat oder Methyläthylketon, enthalten a) 0,1—20 (Gew.-%) — auf **I** bezogen — einer aromat. Verb. mit mindestens 2 OH-Gruppen, bes. Brenzcatechin, Pyrogallol, Hydroxyhydrochinon oder 4-[tert.-Butyl]-1.2-dihydroxybenzol, b) 0,5—20 einer aliphat. Carbonsäure mit mindestens 2 COOH-Gruppen oder ihrer Anhydride, wie Malon-, Bernstein-, Glutar-, Adipin-, Malein-, Itacon-, Citracon-, Citronen- oder Weinsäure oder deren Anhydride, z. B. Bernsteinsäureanhydrid, u. c) 0,5—25 einer mindestens z. T. in der **I**-Lsg. lösl. Metall-Verb., bes. ZnO, $ZnCl_2$, $ZnSO_4$, $ZnCO_3$ oder Zn-Acetat, -Formiat, -Stearat oder -Maleat; an Stelle von **I** sind ferner Mischpolymerisate aus **I** u. Styrol, Acrylsäure, Acrylnitril, Vinylchlorid, Vinylidenchlorid, Chlortrifluoräthylen, Butadien, 2-Methyl- oder Dichlorbutadien oder auch Gemische aus **I** u. Natur- oder Kunstkautschuk, wie Chlor- oder Butadien–Acrylnitril-Kautschuk, verwendbar; ferner können den Lsgg. geringe Mengen aromat. Mono- oder Dicarbonsäuren, wie Benzoe-, Salicyl-, Phthal-, Hydroxybenzoe-, Essig-, Fumar-, Endomethylentetrahydrophthal- oder Stearinsäure, oder deren Salze zugesetzt werden; an Stelle der OH-Verbb. können ferner auch Terpen-Phenol-, mit Kolophonium modifizierte Phenol–CH_2O-, Alkylphenol–CH_2O- oder mit Phenolen modifizierte Cumaron-Kunstharze verwendet werden; schließlich können die Lsgg. noch weitere Zusätze, wie Säurebindemittel, Stabilisatoren, Antioxydantien oder Füllstoffe, wie Natur- oder Kunstharze, Ruß, Silicate, Amine oder Phenole, enthalten. — Solche **I**-Lsgg. dienen zum Verkleben von Stoffen aller Art, wie Leder, natürlichen oder synthet. Elastomeren, Holz, Metallen, Glas, keram. Stoffen, Papier, Karton, Kunstharzen, Naturstein, Beton oder Textilstoffen u. liefern Verklebungen von hoher Hitzebeständigkeit; sie eignen sich ferner zur Herst. von selbstvulkanisierenden Schichten, Verkleidungen oder Überzügen. — Beispiele, Tabellen. (**F. P. 1 286 155** vom 30/3. 1961, ausg. 20/7. 1962. D. Prior. 30/3. 1960.) W. Raetz 8389

2711 Eberhard Keller, Ludwigsburg, **Metallklebefolie.** Die einseitig mit einem reaktivierbaren Klebstoff überzogene Metallfolie (Schichtdicke < 100 μ ist auf der nicht mit Klebstoff bedeckten Seite in der jeweils gewünschten Weise elektrolyt. oxydiert. Als Klebstoff verwendet man solche, die durch Lsgm., Hitze u./oder Druck aktiviert werden. (**E. P. 893 582** vom 16/11. 1959, ausg. 11/4. 1962. D. Prior. 18/4. 1959.) P. Krug 8389

2712 T. J. Smith & Nephew Ltd., Kingston-upon-Hull, Yorkshire, England (Erfinder: James Dow), **Druckempfindlicher Klebestreifen,** bestehend aus: Trägermaterial (Polypropylen), Haftvermittler (Pfropfpolymerisat aus Alkylmethacrylat u. Naturkautschuk), druckempfindlichem Klebstoff (Elastomeres, z. B. Naturkautschuk u. ein Harz). Beispiel für Haftvermittler: 100 (Gew.-Teile) Pfropfpolymerisat [30% Polymethylmethacrylat u. Naturkautschuk], 60 Poly-β-pinenharz (Erweichungspunkt 115° C), aufgebracht als Lsg. in 500 Toluol. (**E. P. 905 032** vom 25/11. 1958, ausg. 5/9. 1962.) G. Czerwony 8389

2713 **Minnesota Mining and Mfg. Co.**, St. Paul, Minn., V.St.A., *Polyester*. (**E. P. 924 622** vom 12/5. 1959, ausg. 24/4. 1963. A. Prior. 12/5. 1958. — C. **1962**, 17987 [F. P. 1 223 904].)

2714 **General Electric Co.**, Schenectady, N.Y. (Erfinder: **John Thomas Goodwin**, Kansas City, Mo.), V.St.A., *Druckempfindliches Klebeband*. (**Schwz. P. 363 426** vom 8/7. 1955, ausg. 14/9. 1962. A. Prior. 8/7. 1954. — C. **1960**, 5370 [F. P. 1 134 005].)

H_{24}. Photographie

2715 **Überblick über die gegenwärtigen Kenntnisse vom photographischen Effekt.** Maurice Ducasse. (Sci. Ind. photogr. [2] **34,** 1—4, 1963; École Norm. Sup. de l'Enseign. Techn.; franz.) — Kurzer Überblick über zur Zeit diskutierte Ansichten über die Natur, Verteilung u. die Bldg. des *latenten Bildes* sowie über die Deutung des Herschel- u. Debot-*Effekts*, der *Solarisation* u. des *Reziprozitätsfehlers*. E. Moisar 8594◇

2716 **Über den Einfluß von Benzazolen und ähnlichen Verbindungen auf die Farbe des entwickelten Silbers von flüssigen photographischen Emulsionen.** Kiyoshi Futaki. (Chem. pharmac. Bull. [Tokyo] **9,** 592—99, 1961; Kyoto, Mitsubishi Paper Mills Co., Photograph. Div.; engl.) — In Fortsetzung früherer Arbeiten (vgl. C. **1962,** 11068) untersuchte Vf. folgende Benzazole auf ihre Wrkg., die Farbe des entwickelten Ag-Bildes durch Zusatz zu photograph. Emulsionen oder zum Entwickler zu beeinflussen: *Benzimidazol* (**I**), *5.6-Dimethyl*-**I**, *6-Chlor*-**I**, *6-Cyan*-**I**, *6-Nitro*-**I**, *1-Methyl-2-methylmercapto*-**I**, *Benztriazol* (**II**), *Benztriazolsulfosäure-(5)*, *5-Cyan*-**II**, *5-Chlor*-**II**, *5-Methoxy*-**II**, *5.6-Dimethyl*-**II**, *1-Methyl*-**II**, *Indazol*, *Benzimidazolinthion-(2)* (**III**), *1.3-Dimethyl*-**III**, *Benzoxazolinthion-(2)* (**IV**), *3-Methyl*-**IV**, *Benzthiazolinthion-(2)* (**V**), *3-Methyl*-**V**, *1-Methyl-2-methylmercapto*-**I**, *2-Methylmercaptobenzoxazol*, *2-Methylmercaptobenzthiazol* (**VI**), *Imidazolinthion-(2)*, *Oxazolidinthion-(2)* u. *Thiazolidinthion-(2)*. — Es zeigte sich, daß der Blauschwarzeffekt von der Adsorbierbarkeit der Benzazol-Verb. am Silberkorn abhängt. **I**-Derivv. werden möglicherweise als Anionen am AgCl adsorbiert. Von den Benzimidazolen zeigt 6-Nitro-**I** den stärksten Blauschwarzeffekt. Er nimmt ab in der Reihenfolge: $NO_2 \rightarrow CN \rightarrow Cl \rightarrow H$. **II** zeigt im Gegensatz zu 1-Methyl-**II** einen starken Blauschwarzeffekt, da es ein dissoziierbares H-Atom am N besitzt. Auch der heterocycl. Ring übt einen Einfl. aus: Die Azolidinthione wirken stärker als die entsprechenden Azolinthione. **VI** ist im Gegensatz zu dem isomeren 3-Methyl-**V** nahezu inaktiv. W. Günther 8596◇

2717 **Photographische Schichten mit ungewöhnlichen Reziprozitätsfehlern.** John Eggert. (Z. angew. Physik **14,** 713—15, 1962; Zollikon, Zürich; dt.) — Es wird über das abnorme *Reziprozitäts-Verh.* einer chem. nicht gereiften, *jodidhaltigen AgBr-Emulsion* berichtet. Schichten mit dieser Emulsion zeigen den „*Intensitätsumkehreffekt*"; bei Niedrigintensitätsbelichtung (NI) tritt nur sehr wenig latentes Oberflächenbild auf, während Hochintensitäts-Kurzzeitbelichtung (HI) zu hohen Schwärzungen führt. Nach diffuser HI-Vorbelichtung ergibt bildmäßige NI-Nachbelichtung ein Umkehrbild. Erklärt wird der Effekt durch Elektronenfallen im Korninneren (Fehlstellen infolge AgJ-Einbau), die bei NI wirksam sind, bei HI jedoch nicht ausreichen; in diesem Fall wirkt auch die nichtgereifte Kornoberfläche als Elektronenfalle u. gibt Anlaß zur Bldg. eines latenten Oberflächenbildes. E. Moisar 8598◇

2718 **Abhängigkeit der Lichtempfindlichkeit photographischer Schichten bei längeren Belichtungszeiten von einigen Emulsionsfaktoren.** P. W. Meikljar, W. M. Schwarz und S. W. Charitonowa. (J. wiss. angew. Photogr. Kinematogr. [UdSSR] **4,** 381—83, Sept./Okt. 1959; Kasan, Kinophoto-Forschungsinst., Zweigstelle; russ.) — Die Empfindlichkeit von photograph. Platten (z. B. für astronom. oder spektroskop. Zwecke) gegenüber Licht geringer Intensität wird stark verbessert, wenn der pBr-Wert durch Waschen oder durch Zusatz von 1%ig. $AgNO_3$-Lsg. erhöht wird oder wenn die Dauer der 2. Reifung auf mehr als das Doppelte der Zeit maximaler Empfindlichkeit (bei $^1/_{20}$ Sek. Belichtung) erhöht wird. Es wird angenommen, daß bei der ersten Meth. die Red. der Br^--Konz. die Wahrscheinlichkeit des Einfangs von therm. ionisierten Ag-Atomen vermindert, während im zweiten Fall gröbere Empfindlichkeitszentren gebildet werden, wodurch die Aktivierungsenergie für die Abgabe von Elektronen aus den ersten in diesen Zentren gebildeten Atomen des photolyt. Ag erhöht wird. R. K. Müller 8604◇

2719 **Isothermische Entwicklung von Schichten der Emulsionskammern.** D. M. Ssamoilowitsch und Je. Ss. Barinowa. (J. wiss. angew. Photogr. Kinematogr. [UdSSR] **4,** 383—84, Sept./Okt. 1959; russ.) — Die in Tabellen wiedergegebenen Zahlen für die Abhängigkeit der Empfindlichkeit u. des Schleiers von Emulsionen vom pH-Wert des Entwicklers zeigen, daß der in großen Emulsionskammern verwendete Kernemulsionstyp R ein optimales Verhältnis von Spurdichte zu Schleierdichte aufweist, wenn 2½—4 Std. lang bei 8—10° u. pH 6,7—7,0 gearbeitet wird. R. K. Müller 8604◇

2720 **Beziehung zwischen der Reifung und dem Altern photographischer Schichten.** Ss. M. Ssolowjew. (J. wiss. angew. Photogr. Kinematogr. [UdSSR] **4,** 321—28, Sept./Okt. 1959; Allunions Kinophoto-Forschungsinst.; russ.) — Nach der zweiten *Reifung* von verschiedener Dauer (1—7 Std.) werden ammoniakal. AgBr-Emulsionen ohne Zusatz (A), mit Zusatz eines Rot- oder IR-Stabilisators (B), mit einem Stabilisator (C) u. mit Stabilisator + Sensibilisator (D) aufgetragen. Die Lagerdauer beträgt bis zu 2 Monaten. Die Menge des Nichthalogenid-Ag ändert sich beim Lagern an Luft oder O_2 unter 20 at nicht. Die *Alterung* nach A u. B stellt im allg. eine „verlängerte Reifung" dar, jedoch bewirkt Stabilisatorzusatz Störungen. Beim Altern nach C nach 2—3std. Reifung nimmt die Empfindlichkeit stark ab, nach 4—7std. Reifung zuerst zu, dann allmählich ab. Die Alterung nach D mit Rotsensibilisator folgt dem gleichen Schema, dagegen nimmt mit IR-Sensibilisator die Empfindlichkeit bei allen Reifezeiten von Anfang an stark ab. R. K. Müller 8610◇

2721 **Die statische Elektrizität des photographischen Films.** Edgar Drvodelić. (Kem. u. Ind. [Zagreb] **12,** 73—78, 1963; Zagreb, Fotokemika; kroat.) — Kurze Literaturübersicht über die elektrostat. Aufladbarkeit photograph. Filme. Behandelt werden: Faktoren, die die Aufladbarkeit beeinflussen, Meßmeth. zum Nachw. der Aufladbarkeit, Maßnahmen zur Verringerung der Filmaufladbarkeit. W. Günther 8612◇

2722 **Untersuchung der Temperaturabhängigkeiten der photographischen Entwicklung. 4. Mitt. Beziehungen zwischen der Aktivierungsenergie der Entwicklung und der selektiven Wirkung des Entwicklers.** W. I. Scheberstow. (J. wiss. angew. Photogr. Kinematogr. [UdSSR] **4, 341—44,** Sept./Okt. 1959; Allunions Kinophoto-Forschungsinst.; russ.) — 3. vgl. C. **1960,** 5701. — Wenn die Geschw. der Entw. des Bildes v_i, die des Schleiers v_f ist, bestehen folgende Beziehungen: bei selektiver Entw. ist $v_i > v_f$, $U > K$ (U = Grad der selektiven Wrkg.; K = Proportionalitäts-Koeff.), $P \exp \cdot (\Delta E/RT) > 1$ (P = vorexponentieller Faktor, E = Aktivierungsenergie); bei nichtselektiver Entw. $v_i = v_f$, $U = K$, $P \exp (\Delta E/RT) = 1$; bei Entw. unter Bildumkehrung $v_i < v_f$, $U < K$, $P \exp (\Delta E/RT) < 1$. In allg. Form gilt $v_i = k\, C_{AgBr} C_{Red} \exp(-E/RT)$ (C = Konz. von red. AgBr bzw. Red.-Mittel), $v_i = k_i N_i C_{Red} \exp(-E_i/RT)$, $v_f = k_f N_f C_{Red} \exp(-E_f/RT)$ u. $U = K(v_i/v_f) = K_1 (N_i/N_f) \cdot \exp(E_f - E_i/RT)$. Bedingung der selektiven Entw. ist $N_i > N_f$. Selektive Entw. ist auch bei $E_f = E_i$ u. bei $E_f < E_i$ möglich, wenn auch in geringerem Grade. R. K. Müller 8618◇

2723 **FX16-Kornstruktur-Entwickler für höchstempfindliche Filme.** Geoffrey W. Crawley. (Brit. J. Photogr. **110,** 429, 1963; engl.) — Zur Erzeugung einer gewissen *Kornstruktur* für Spezialeffekte ohne Verlust an Konturenschärfe wird für höchstempfindliche Filme folgender *Entwickler* empfohlen: 0,5 g Metol, 0,5 g Glycin, 4 g Na_2SO_3 wasserfrei, 50 g Na_2CO_3 wasserfrei, 250 ml Pinakryptolgelb-Lsg. 0,05%ig, W. auf 1000 ml. Entw.-Zeiten bei einer Temp. von 20°: Kodak Tri-X-Rollfilm 12 Min., Ilford HPS-Rollfilm 12 Min., Agfa Isopan Record Rollfilm 18 Min., Agfa Isopan Record Kleinbildfilm 15 Min., Gevapan 36 Rollfilm 18 Min., Gevapan 36 Kleinbildfilm 15 Minuten.
W. Günther 8618◇

2724 **Mikrofilmnegative für neue Auskopierverfahren.** Terry Wilson. (Brit. J. Photogr. **110,** 480—83, 494, 1963; engl.) — Vf. untersucht die Probleme, die bei der Dokumentation von Büchern, Schriftstücken u. bes. von Zeichnungen auftreten, wenn über ein Negativ Kopien mit Hilfe elektrostat. Verff., durch Offsetdruck oder Diazotypie hergestellt werden sollen. Die Reproduktion eines Originals ist vom Auflösungsvermögen u. von der Wiedergabeschärfe des verwendeten Kopiermaterials abhängig. So werden beispielsweise bei der Übertragung von Halbtonnegativen auf Offsetmaterialien gewisse Details nicht wiedergegeben. — Es wird gezeigt, welchen Einfl. Belichtung, Entw., opt. Syst. auf die Reproduktion haben. Es werden die an das Dokumentenfilmmaterial bzgl. Körnigkeit u. Auflösungsvermögen zu stellenden Forderungen diskutiert u. Hinweise zur Verarbeitung solcher Filme gegeben. W. Günther 8624◇

2725 **Gemeinsame Entwicklung von Ektacolor und Kodacolor.** Ernest Ch. Gehret. (Brit. J. Photogr. **109,** 648—49, 1962; engl.) — Die Entw. von Kodak-Negativ-Positiv-Farbmaterialien (C-22 u. P-122) kann, wie gezeigt wird, im Gegensatz zu den bisherigen Verff., die 12 verschiedene Lsgg. benötigten, mit gemeinsamen Stamm-Lsgg. durchgeführt werden. Ansatzvorschriften werden mitgeteilt.
W. Günther 8630◇

2726 **Die routinemäßige Herstellung von Farbkopien in kleineren Photolaboratorien.** Leighton S. Williams. (Brit. J. Photogr. **110,** 551—53, 1963; engl.) — Es werden Hinweise gegeben, wie auch kleinere Entw.-Anstalten mit relativ einfachen Hilfsmitteln befriedigende Farbkopien nach dem Negativ-Positiv-Verf. herstellen können.
W. Günther 8630◇

2727 **Farbmasken für die Reprophotographie.** R. L. Solomons. (Brit. J. Photogr. **110,** 261—63, 1963; engl.) — Es wird ein Überblick über die in der Reprophotographie verwendeten Maskierungs-Verff. gegeben. Behandelt werden: Indirekte u. direkte Maskierung, Silberbildmaskierung, Farbbildmaskierung, McCorquodale-Gresham-Verf., Multimask-Verfahren. W. Günther 8652◇

2728 **Das Polaroidverfahren und seine Anwendung in der Mikrophotographie.** P. Guex. (Mesures Contrôle ind. **28,** 511—20, 1963; Museum Nat. d'Histoire Nat.; C.N.R.S.; franz.) — Es werden die Grundlagen des *Polacolor*-Verf. beschrieben u. Angaben über Filmempfindlichkeit, Entw.-Dauer, verfügbare Formate, Farb-Temp. u. Reziprozitätsfehler mitgeteilt. Anwendung in der Mikrophotographie werden gegeben. Hinweise über Optik, Lichtquellen, Belichtungszeiten, Filter, Kontrast u. Aufnahmeapparaturen.
W. Günther 8652◇

2729 **Sensitometrie für die Zeit-Temperatur-Kurve.** R. W. Graham. (Brit. J. Photogr. **109,** 434—35, 1962; engl.) — Vf. zeigt, wie die Abhängigkeit der γ-Zeitkurve von der Entw.-Temp. auf sensitometr. Wege bestimmt werden kann. Für folgende Entw.-Substanzen werden die Temp.-Koeff. angegeben: *Brenzcatechin*: 2,8, *Ferrooxalat*: 1,7, *p-Aminophenol*: 1,5, *Pyrogallol*: 1,9, *Metol*: 1,25, *Hydrochinon*: 2,2 bis 2,8, *Metolhydrochinon*: 1,9. W. Günther 8660◇

2730 **Untersuchung zur Densitometrie der Schwärzung.** 2. Mitt. **Lichtstreuung durch entwickeltes photographisches Papier.** I. M. Dawydkin. (J. wiss. angew. Photogr. [UdSSR] **4,** 334—40, Sept./Okt. 1959; Leningrad, Kinoingenieurinst.; russ.) — 1. vgl. C. **1960,** 17003. — Bei entwickeltem photograph. Papier nimmt mit dem Glanzgrad die Spiegelreflexion zu. Die Lichtstreuung durch die Schwärzungsstellen des Papiers ändert sich mit der opt. Dichte (D) derart, daß der Deformationsgrad der Streuungsindicatrix mit Zunahme von D zunimmt. Auch durch den Einfallwinkel ändert sich die Indicatrix; bei Glanz- u. Hochglanzpapier nimmt mit zunehmendem Einfallwinkel der Helligkeits-Koeff. in Richtung der Spiegelreflexion zu. Eine auf Grund von D entwickelte „Glanzzahl" G beträgt für Matt- u. Halbmattpapiere 0,0—0,4, für Glanz- u. Hochglanzpapiere 0,9—3,5.
R. K. Müller 8660◇

2731 **Lösungsvermögen photographischer Emulsionen.** Glenn A. Fry. (J. opt. Soc. America **53,** 368—74, 1963; Columbus, Ohio, State Univ., School of Optometry; engl.) — Zur Darst. des Einfl. eines photograph. Korns auf das Lösungsvermögen dient eine schachbrettartige Anordnung mit willkürlich angeordneten schwarzen u. weißen Flächen u. dem Auge nicht erkennbaren Gitterbildern. Die Kontrastschwelle solcher Gitter ist viel höher als die gewöhnlicher Gitter. Die Sichtbarkeit solcher Gitter wird stark von der Vergrößerung oder dem Abstand des Beschauers beeinflußt. Bei zu starker Vergrößerung kann das Auge die Helligkeit eines Kornfleckens nicht abschätzen, bei zu schwacher Vergrößerung die Gitterlinien nicht auflösen. Unterss. zeigen, daß die Korngröße nicht der die Gitterauflösung begrenzende Faktor ist. Ein wichtigerer Faktor ist die Ausdehnung des Bildes, die den Kontrast zwischen den hellen u. dunklen Gitterstellen vermindert u. viereckige Wellen in sinusförmige verwandelt. Zur Prüfung der kombinierten Einfl. von *Körnigkeit, Durchlässigkeit, Linienabstand* u. *Kontrast* auf die Sichtbarkeit sinusförmiger Gitter wird ein Verf. vorgeschlagen.
W. Wesly 8660◇

2732 **Über den Korrektureffekt photographischer Schichten.** I. A. Nowikow. (J. wiss. angew. Photogr. Kinematrogr. [UdSSR] **4,** 356—62, Sept./Okt. 1959; Kasan, Chimsawod „Kuibyschew"; russ.) — Die chem. Korrektur (*Korngrößenverminderung*) von Filmen wird untersucht, indem der Film unter einem opt. Stufenkeil unter Verw. eines Rasters mit 54 Linien/cm belichtet, 5 Min. lang mit Tschibissow-Entwickler bei 20° entwickelt, fixiert, gewaschen u. getrocknet wird. Die um die Rasterelemente vorhandenen, für den Reproduktionsprozeß unerwünschten Aureolen spielen bei der chem. Retusche von Rasterbildern eine wichtige Rolle. Der Korrektureffekt wird durch die Bedingungen der Filmbehandlung wenig beeinflußt, stark dagegen durch die Eigg. der Emulsionsschicht. Die Korrektur-Eigg. der photograph. Schichten werden bei zunehmendem Geh. an Ag-Halogenid, bei zunehmendem Deckvermögen u. bei abnehmendem Verhältnis Gelatine : Ag in der Emulsion sehr verbessert.
R. K. Müller 8660◇

2733 Ciba Akt.-Ges., Basel, Schweiz, **Wasserlösliche Styrolfarbstoffe,** *geeignet zur Herst. von Filterschichten, bes. Gelbfilterschichten*, die zwischen der blauempfindlichen u. den für andersfarbiges Licht empfindlichen weiteren Schichten *eines farbphotograph. Materials* angeordnet sind, ferner zur Herst. von *Lichthofschutzschichten* sowie auch als *Dämpfungsfarbstoffe für Silberhalogenidemulsionen*, erhält man durch Rk. von p-(Dibenzylamino)-benzaldehyd (I) oder einem beliebig substituierten I in an sich bekannter Weise mit akt. Methlyl- oder Methylengruppen enthaltenden Verbb., bes. Pyrazolonen-(5), wobei dafür Sorge getragen wird, daß mindestens eine der beiden Ausgangskomponenten mindestens eine wasserlösl. machende Gruppe, bes. eine SO_3H-Gruppe, enthält. — 9,7 (g) 1-(2'-Chlor-5'-sulfophenyl)-3-methylpyrazolon-(5) in 160 W. gelöst, mit NaOH auf pH 6 gebracht u. auf 70° erwärmt, wird in 5 Min. mit einer Lsg. von 10 I in 200 A. + 0,2 cm^3 Piperidin versetzt u. $^1/_4$ Std. zum Sieden erhitzt. Orangegefärbter Farbstoff. Aus einem sulfonierten I u. Barbitursäure wird ein dunkelgelber Farbstoff erhalten. — Verw.-Beispiel. (**Oe. P. 223 725** vom 25/1. 1960, ausg. 10/10. 1962. Schwz. Prior. 26/1. 1959.) O. Roick 8591

2734 Kodak Ltd., London, England (Erfinder: Martin Hepher), **Herstellung einer lichtempfindlichen, azidhaltigen Schicht.** Ein wasserlösl. Azid wird in einer wss. Dispersion eines wasserunlösl. Bindemittels (I) dispergiert, die Dispersion zu einer Schicht ausgebreitet u. das W. entfernt. Als I wird ein Mischpolymerisat aus Butadien u. Methacrylsäuremethylester, aus Butadien u. Acrylnitril, aus Butadien u. Styrol, oder Butadienkautschuk verwendet. (**E. P. 901 735** vom 13/1. 1958, ausg. 25/7. 1962.) R. Hartinger 8601

2735 Kodak Ltd., London, England (Erfinder: Martin Hepher und Hans Max Wagner), **Herstellung einer lichtempfindlichen, diarylazidhaltigen Schicht.** Ein wasserunlösl. Bindemittel (I) wird in einem organ. Lsgm. gelöst oder dispergiert, ein wasser- u. alkaliunlösl. Diarylazid (II) hinzugefügt, die Lsg. oder Dispersion zu einer Schicht ausgebreitet u. das Lsgm. entfernt. Als I wird cyclisierter Kautschuk, Zimtsäurepolyvinylester oder ein Mischpolymerisat aus Butadien u. Styrol verwendet. Als II wird 4.4'-Diazidobenzalaceton, 1.3-Di-(4-azidophenyl)-2.3-propen-1-on oder 1.2-Di-(4-azidocinnamoyloxy)-äthan verwendet. Zur Herst. einer Schablone, z. B. einer Ätzschutzschicht, wird die Lsg. der lichtempfindlichen Schicht auf einer Cu-Platte ausgebreitet, das Lsg. verdampft, die Schicht bildmäßig belichtet, die nicht belichteten Bildteile werden mit Trichloräthylen entfernt, die Schicht mit einer Lsg. von „Waxoline" in Trichloräthylen gefärbt, mit W. abgespült u. getrocknet. (**E. P. 892 811** vom 18/4. 1957, ausg. 28/3. 1962.) R. Hartinger 8601

2736 General Aniline & Film Corp., New York (Erfinder: Steven Levinos, Vestal), N.Y., V.St.A., **Katalysatoren für photopolymerisierbare Schichten** sind Sulfide, Selenide oder Telluride von Metallen, die in der Spannungsreihe zwischen Al u. Hg liegen. — Beispiele: ZnS, ZnSe, ZnTe, CdS, CdSe, CdTe, ZnS, CdS. (**E. P. 904 097** vom 6/7. 1960, ausg. 22/8. 1962. A. Prior. 27/8. 1959.) R. Hartinger 8601

2737 S. p. A. Ferrania, Mailand, Italien, **Photographische Filme** mit einem Träger aus kristallinen Linearpolymeren, wie Polyäthylenglykolterephthalat (I). Um die lichtempfindliche Schicht gut zu verankern, bringt man auf die Unterlage zuerst eine Schicht aus dem kristallinen Linearpolymeren auf. — Auf einen Träger aus I bringt man vor der lichtempfindlichen Schicht 4 Zwischenschichten auf: 1. 0,5 (g) I, 99,5 Tetrachloräthan (II), 2. 1,0 Nitrocellulose (III), 99,0 Lsgm.-Gemisch (CH_3OH, Aceton, II), 3. 0,5 Gelatine (IV), 0,5 III, 80,0 CH_3OH, 15,0 Aceton (V), 2,0 Benzylalkohol, 2,0 W., 4. 0,5 IV, 85,5 CH_3OH, 12,0 V, 2,0 Wasser. (**It. P. 559 984** vom 22/9. 1956.) K. Koebke 8603

2738 Kodak Ltd., London, England (Erfinder: Glen Gordon Gray und Joseph Thomas Leone), **Herstellung von Papier mit erhöhter Wasserfestigkeit.** Papier wird acyliert durch Behandlung mit einem Gemisch eines niedermol. Fettsäureanhydrids u. eines Veresterungskatalysators (Phosphorsäure, Perchlorsäure), z. B. 15—20 Sek. bei 730° F u. dann 1 Std. bei 73° F oder 15—20 Sek. bei 230° F. Das acylierte Papier wird mit mindestens 12% einer mit W. mischbaren Fl. (W., A., Aceton) getränkt u. in Berührung mit einer glatten, glänzenden Oberfläche auf über 200° F bei einem Druck von über 300 lbs./sq.in. erhitzt. — Grundlage für *Photopapier*. (**E. P. 858 060** vom 26/4. 1957, ausg. 4/1. 1961. A. Prior. 26/4. 1956.) P. Mayer 8603

2739 Eastman Kodak Co., Rochester, N.Y., V.St.A., bzw. Kodak-Pathé, Frankreich, übert. von: Jean Elmore Jones und Paul Harold Stewart, Rochester, N.Y., V.St.A., **Sensibilisierung einer ZnO-Bindemittelschicht** für die Elektrophotographie erfolgt mit S-haltigen Farbstoffen, z. B. mit Merocyaninen, Merocarbocyaninen, Merodicarbocyaninen, dreikernigen holopolaren Farbstoffen oder komplexen Merocyaninen. — Formeln in der Beschreibung. (**A. P. 3 047 384** vom 9/4. 1959, ausg. 31/7. 1962. **F. P. 77 496** vom 7/4. 1960, ausg. 30/7. 1962. A. Prior. 9/4. 1959. **Zusatz zu F. P. 1 202 286; C. 1962, 4792.**) R. Hartinger 8605

2740 M. A. Achmedsjanow, M. Ss. Chaikin, W. A. Kuchtin, A. W. Borin und W. I. Slessarewa, **Stabilisieren von Haloidsilberemulsionen** durch 5—10 ml 1%ig. alkohol. Lsg. von Phenylglucosazon oder Glucosephenylhydrazon je Liter Emulsion als Antioxydans. — Tabelle. (**UdSSR. P. 133 340** vom 22/2. 1960.) L. Großner 8611

2741 O. K. Smirnow, Ss. M. Lewi und A. I. Rybnikowa, **Plastifizieren von Gelatineemulsionen** durch Rk.-Prodd. von Diäthylamin u. C_{8-18}-Alkenylbernsteinsäureanhydriden, die der Emulsion in Mengen von >4 ml/Liter zugesetzt werden. — Tabelle. (**UdSSR. P. 108 677** vom 15/9. 1956.) L. Großner 8611

2742 O. K. Smirnow, Ss. M. Lewi, Ja. S. Saidenberg, S. Ss. Kondakowa, W. L. Schulman, K. M. Prosekowa und R. W. Obloshenko, **Plastifizieren von Gelatineemulsionen** mit Verbb. nach UdSSR. P. 108 677, dad. gek., daß $\leq 20\%$ der Gelatine in der Emulsion durch den Weichmacher ersetzt werden. (**UdSSR. P. 129 939** vom 5/10. 1959. **Zusatz zu UdSSR. P. 108 677; vgl. vorst. Referat.**) L. Großner 8611

2743 Ss. M. Lewi, O. K. Smirnow, E. D. Kornewa, A. I. Rybnikowa, Ss. N. Kotschnewa und O. W. Popowa, **Härten und Plastifizieren photographischer Emulsionsschichten** mit Hexamethylolmelaminäthern von Äthern oder Polyäthern 2- oder 3wertiger Alkohole, bes. Methylcarbitol, Methylcellosolve oder Hexaglycerin, die der Emulsion vor dem Vergießen zugesetzt oder in die Schicht durch Diffusion eingebracht werden. — Tabellen. (**UdSSR. P. 129 940** vom 5/10. 1959.) L. Großner 8611

2744 Ju. B. Wilenski, T. N. Weretenowa, Ss. M. Lewi, Ss. N. Kontschewa und O. W. Popowa, **Härten von plastifizierten Gelatineemulsionen.** Auf die Unterlage wird zuerst die einen Weichmacher u. einen Härtungsaktivator [Phloroglucin (I) oder Butandiol] enthaltende Emulsion aufgebracht u. nach Gelieren eine Härter enthaltende Gelatinelösung. — Die Lsg. für die Unterschicht besteht z. B. aus Emulsion mit allen Zusätzen außer Härter, 80 ml 1%ig. wss. I-Lsg./kg u. 6 g Plastifikator PL 257/kg (Alkenylbernsteinsäurediamid) als 10%ig. wss. Lsg.; die Lsg. für die Oberschicht enthält in 1000 ml 20 g Gelatine, 15 g Hexamethylolmelaminmethylcellosolveäther u. 5 ml 4%ig. Netzmittelösung. — Tabellen. (**UdSSR. P. 129 483** vom 10/10. 1958.) L. Großner 8611

2745 Gevaert Photo-Producten N. V., Mortsel bei Antwerpen, Belgien, **Verhütung der Diffusion von wasserlöslichen sauren, organischen Verbindungen,** die geeignet sind, um zeitlich oder dauernd hydrophile koll. Schichten anzufärben, dad. gek., daß man diesen Schichten lösl. gemachte Prodd. von Polymerisaten oder Mischpolymerisaten zufügt, die vor der Löslichmachung eine Gruppe der allg. Formel: $-CH_2-CH(NHCOOR)-$ (R = Alkyl- oder Aralkylrest) enthalten. Es werden bes. koll. Schichten verwendet, die Bestandteil eines photograph. Materials sind u. hauptsächlich aus Gelatine bestehen. — Man versetzt z. B. 0,5 g Polybenzyl-N-vinylcarbamat (durch Behandlung mit HBr in Isatin-Lsg. lösl. gemacht) mit 200 ml einer 8%ig. Gelatine-Lsg., die 1 g Tartrazin enthält, stellt pH 7 ein u. filtriert. Der Farbstoff diffundiert aus der Filterschicht nicht in Nachbarschichten. Die Filterschicht kann in einem Entwicklerbad entfärbt werden. Genannt ist noch ein Mischpolymerisat aus 35,4 g Benzyl-N-vinylcarbamat u. 17,2 Vinylacetat. Man gießt das Prod. z. B. als *Antilichthofschicht* auf einen Film. — Beispiele. (**Belg. P. 560 219** vom 22/8. 1957, ausg. 22/4. 1960.) G. Vogel 8613

2746 M. S. Chaikin, G. W. Derstuganow, W. A. Kuchtin, E. F. Rul und L. G. Fedorina, **Bearbeitung von Schwarz-Weiß-Photomaterialien mit Entwicklerhärtestoffen,** z. B. um Auswaschreliefs auf „hydrotypen" Matrizenfilmen durch Härte-Entw. zu erhalten. Man verwendet als Entwickler Alkyl-Derivv. des 7.8-Dihydroxybenzopyryliumchlorids (I), z. B. 2.4-Dimethyl-7.8-dihydroxybenzopyryliumchlorid. Die Alkyl-Derivv. von I erhält man durch Kondens. von β-Diketonen mit Pyrogallol beim Durchschicken von trocknem HCl durch die Essigsäure-Lsgg. der Ausgangsstoffe. (**UdSSR. P. 148 722** vom 5/7. 1961.) W. Tsch. 8619

2747 Kodak-Pathé, Frankreich (Erfinder: James Gordon Jaruis), **Herstellung eines Photoleiters für xerographische Verfahren.** Der Leiter besteht aus einem Träger, der mit einer Schicht aus Pigment u. 10—50% Bindemittel überzogen ist. Als Pigment wird ein Gemisch eines ZnO vom Typ F mit 2—20% ZnO vom Typ A oder ein ZnO vom Typ F, in dem ca. 20% durch Al-Phosphat, Pb-Carbonat, CaO oder $BaSO_4$ ersetzt worden sind, verwendet. — 4 Zeichnungen; Diagramme. (**F. P. 1 285 094** vom 29/3. 1961, ausg. 6/7. 1962. A. Prior. 31/3. 1960.) M. F. Müller 8643

2748 Research Laboratories of Australia Ltd., Adelaide, South Australia, Australien, **Herstellung eines metallischen Toners für einen elektrophotographischen Entwickler oder einer Metallfarbe.** Von einem Metallstück mit glatter Oberfläche werden die feinen Pulverteilchen unter einer oxydationsverhindernden Fl. oder einem oxydationsverhinderndem Gas abgeschnitten. — Vorrichtung. (**E. P. 901 196** vom 13/3. 1961, ausg. 18/7. 1962. Aust. Prior. 17/3. 1960.) R. Hartinger 8643

2749 B. I. Tichonow und S. M. Neuman, **Verbesserung von Arbeitsparametern elektrophotographischer Entwicklungssubstanzen.** Zur Verbesserung der Eigg. elektrophotograph. Entwicklersubstanzen aus leicht schmelzbarem Harz wird die Oberfläche der Teilchen mit einer dünnen, festen Schicht aus triboelektr. akt. u. mechan. festem Material überzogen. Für sich negativ aufladende Substanzen kann man Polystyrol, Bakelit, Polyvinylalkohol u. Melaminharze verwenden; für sich positiv aufladende z. B. Äthylcellulose. Die Aufarbeitung besteht in ihrer Benetzung mit schwach konz. Lsgg. (bis 0,25%) der genannten Verbindungen. (**UdSSR. P. 149 304** vom 19/12. 1960.) W. Tsch. 8643

2750 Badische Anilin- & Soda-Fabrik Akt.-Ges. (Erfinder: Bjoern Olsen, Herbert Bittermann und Wilhelm Schuette), Deutschland, **Herstellung von Druckklischees** aus Polyamiden auf photograph. Wege unter Verw. z. B. von Platten oder Zylindern, die erhalten werden aus 3 verschiedenen cycl. Carbonsäureamiden, wie Caprolactam, Önantholactam, Capryllactam oder Laurinolactam, durch Polymerisation in Ggw. von alkal. Mitteln unter Bldg. von linearen Polyamiden. — Ein Gemisch aus 60 (%) Caprolactam, 30 Capryllactam u. 10 Laurinolactam wird zusammengeschmolzen. Die eine Hälfte der Masse wird auf 0,6% K-Geh. gebracht u. die andere Hälfte mit 4% Hexamethylendiamid der Bis-capryllactam-N-carbonsäure versetzt. Beide Hälften werden bei 90—100° verrührt u. in eine Form von 130° gegossen. Die Polymerisation vollzieht sich in 10 Minuten. Danach wird schnell abgekühlt u. die Platte aus der Form genommen. Man gewinnt Platten von ≤ 2 mm Dicke. (**F. P. 1 292 434** vom 27/4. 1961, ausg. 26/9. 1962. D. Prior. 28/4. 1960.) M. F. Müller 8645

2751 Kalle & Co. Akt.-Ges., Wiesbaden, **Lichtempfindliches Reproduktionsmaterial,** bes. *zur Herst. von Druckformen,* besteht aus einem Träger, z. B. Al-Folie, u. einer Schicht aus koll. Polyacrylsäure, Polymethacrylsäure, Mischpolymerisaten aus Acryl- u. Methacrylsäure oder aus Gemischen der genannten Polymerisate, welche Schicht als lichtempfindlichen Stoff 75—400 Gew.-%, bezogen auf Trockensubstanz, mindestens eines *4-Diazoniumchlorids* oder *-bromids von Diphenylamin* oder von einem in einem oder beiden Arylkernen substituierten Deriv. davon enthält. (**Niederl. P. 102 180** vom 14/2. 1958, ausg. 15/8. 1962.) F. Böhm 8645

2752 Agfa Akt.-Ges., Leverkusen, **Herstellung korrigierter Farbauszüge für Mehrfarbenreproduktion.** Ein unkorr. Farbauszug u. mindestens eine Maske werden direkt von demselben Farboriginal in 2 getrennten Schichten hergestellt. Das lichtempfindliche Material dient dabei zur Herst. der Maske u./oder der unkorr. Farbauszug enthält 1. einen gefärbten Kuppler, der beim Rückkuppeln eine andere Farbe ergibt oder in der chromogenen Entw. farblos wird, oder 2. einen farblosen (oder nahezu farblosen) Kuppler, der an den ungekuppelten Stellen nach oder während der chromogenen Entw. automat. gefärbt wird. (**E. P. 903 050** vom 1/1. 1959, ausg. 9/8. 1962. D. Prior. 3/1. 1958.) C. Kittler 8645

2753 Gevaert Photo-Producten N. V., Mortsel, Belgien (Erfinder: Louis Maria De Haes, Paul Maria Cassiers, André Rott, Petrus Albert Wagemans und Jozef Frans Willems), **Herstellung von Flachdruckformen mit Hilfe des Silbersalzdiffusionsverfahrens.** Auf einer Druckplatte, auf die mit Hilfe einer alkal. Entwickler-Lsg. mit einer silbersalzlösenden Substanz ein Silbersalzbild übertragen wurde, erfolgt die Red. zum Silberbild durch das Metall (I) der Druckplatte. Das Silberbild wird mit einer lyophilen Lsg. eines quart. Ammoniumsalzes oder einer mercaptogruppenhaltigen Verb. behandelt, wodurch die oleophilen Eigg. der Bildteile aus Ag u. die hydrophoben Eigg. der Bildteile aus dem I der Druckplatte verbessert werden. Als I werden Al, Zn, Mg, Cu, Pb oder deren Legg. verwendet. (**E. P. 913 591** vom 25/10. 1957, ausg. 19/12. 1962.) R. Hartinger 8645

2754 Minnesota Mining and Mfg. Co. (Erfinder: Thomas G. Wartman und Lester C. Krogh), St. Paul, Minn., V.St.A., **Herstellung von lichtempfindlichen aromatischen Azidopolymerisaten,** dad. gek., daß an aromat. Ringe eines Polymerisats gebundene Diazogruppen durch Rk. mit einem Salz von NH_3 in Azidogruppen übergeführt werden. — Es werden z. B. 20 g Polyacrylnitril (Viscositätszahl 0,09) bei 80° in 120 (cm³) Eisessig gelöst, nach Abkühlen auf 30° 120 konz. H_2SO_4 derart zugegeben, daß die Temp. 40° nicht übersteigt, dann auf 0° gekühlt u. im Eis-Salz-Bad bei 5° nicht übersteigender Temp. mit 15 konz. HNO_3 versetzt, anschließend in 3 Liter Eiswasser gegossen u. hierbei Poly-p-nitroacrylanilid gefällt. Dieses wird in 400 Pyridin (I) gelöst, 25 wss. NH_3 zugegeben, unter langsamer Temp.-Steigerung auf 100° mit H_2S gesätt., bei dieser Temp. 5 Std. unter Durchleiten von H_2S gehalten, anschließend I im Vakuum abdest., Rückstand in $CH_3-CO-C_2H_5$ gelöst u. mit W. ausgefällt. 1 g des trocknen Poly-p-aminoacrylanilids wird in 50 Äthylenglykolmonomethyläther u. 3 konz. HCl gelöst, auf 0° gekühlt, Lsg. von 0,6 g $NaNO_2$ in 6 W. zugegeben, worauf nach 15 Min. langem Rühren völlige Azid-Bldg. eingetreten ist. Die Endprodd. dienen bes. als Sensibilisatoren für lithograph. Platten u. als Reservierungsmittel bei der Herst. von aufgedruckten Stromkreisen. (**Schwz. P. 363 353** vom 8/4. 1957, ausg. 14/9. 1962. A. Prior. 9/4. 1956.) O. Müller-Meiningen 8645

2755 Eugene Dietzgen Co., Chicago, Ill., V.St.A., **Wärmeentwickelbares Diazotypiematerial** besteht aus einem Schichtträger u. einer lichtempfindlichen Schicht aus einer wasserlösl. Diazo-Verb., einer Kupplungskomponente, einer in der Wärme flüchtigen, sauren Verb. (I) u. einer in der Wärme alkal. reagierenden Verb. (II). Als I wird Malonsäure, als II Harnstoff, alkylsubstituierter Harnstoff, Guanidin, alkylsubstituiertes Guanidin, ein Salz aus einem Amin u. Essigsäure, Malonsäure oder Gluconsäure; Tris-(hydroxymethyl)-aminomethan, 2-Amino-2-methyl-1.3-propandiol, Äthanolamin, Diäthanolamin, Äthyldiäthanolamin, Ammoniumgluconat, Ammoniumacetat, Ammoniumcarbonat, Ammoniumdiglykolat oder Ammoniumoleat verwendet. (**E.P. 907724** vom 5/12. 1960, ausg. 10/10. 1962. A. Prior. 1/2. 1960.) R. Hartinger 8647

2756 **Polaroid Corp.,** Cambridge, übert. von: **Arthur B. Goulston,** Roxbury, und **Myron S. Simon,** Newton Centre, Mass., V.St.A., *Photographisches Diffusionsübertragungsverfahren.* (**A. P. 3 081 167** vom 26/1. 1959, ausg. 12/3. 1963. — C. **1962,** 10714 [D. A. S. 1 116 532].)

2757 **Gevaert Photo-Producten N. V.,** Antwerpen, übert. von: **Raphael Karel van Poucke,** Mechlin, **Arthur Henri De Cat** und **Marcel Hendrik Verbrugghe,** Antwerpen, Belgien, *Farbkuppler für die Farbentwicklung.* (**A. P. 3 079 256** vom 3/11. 1960, ausg. 26/2. 1963. Belg. Prior. 20/11. 1959. — C. **1962,** 2610 [D. A. S. 1 109 522].)

2758 **Kodak-Pathé,** Frankreich (Erfinder: **Anthony Loria, Ilmari Fritiof Salminen** und **Arnold Weissberger**), *Farbkuppler für die Farbentwicklung.* (**F. P. 1 297 678** vom 18/8. 1961, ausg. 21/11. 1962. A. Prior. 24/8. 1960. — C. **1963,** 21033 [D. A. S. 1 138 632].)

2759 **Agfa Akt.-Ges.** (Erfinder: **Max Heilmann, Hanswilli von Brachel** und **Hans Holtschmidt**), *Bleichfixieren photographischer Bilder.* (**F. P. 1 292 118** vom 14/6. 1961, ausg. 24/9. 1962. D. Prior. 14/6. 1960. — C. **1963,** 21033 [D. A. S. 1 146 363].)

2760 **Agfa Akt.-Ges.,** Leverkusen, *Lichtschutz für photographische Farbbilder.* (**E. P. 926 454** vom 9/11. 1961, ausg. 15/5. 1963. D. Prior. 16/11. 1960. — C. **1963,** 21033 [D. A. S. 1 146 752].)

Redaktionsschluß: 28. Februar 1964

Herausgeber: Prof. Dr. Heinrich Bertsch, Berlin, u. Prof. Dr. Dr. h. c. Wilhelm Klemm, Münster
Chefredakteure und verantwortlich für den Inhalt: Dr. Eugen Klever, Berlin 30, Geisbergstraße 39, Fernsprecher: 249541
und Prof. Dr.-Ing. Eberhard Leibnitz, Berlin N 4, Schiffbauerdamm 19, Fernsprecher: 425571

Verlag: Akademie-Verlag GmbH, Berlin W 8, Leipziger Str. 3—4 (Fernsprecher: 220441, Telex-Nr. 011773, Postscheckkonto Berlin 35021), und Verlag Chemie, GmbH, Weinheim/Bergstr. (Fernsprecher: Weinheim 3635 [Sammelnummer]; Fernschreiber: 0465516 chemieverlwhn; Postscheckkonten: Frankfurt/M. 145314 u. Berlin [West] 7430). Bestellnummer: 1007/135. Das Chemische Zentralblatt erscheint wöchentlich. Preis des Jahrganges einschl. Autoren-, Patent-, Sach- u. Formelregister: DM 1800,—; einseitig bedruckte Ausgabe: DM 2200,—. Abgabe der Zeitschrift nur mit sämtlichen Registern. Abbestellungen nur bis spätestens 6 Wochen vor Ablauf des Kalenderjahres

Satz u. Druck: VEB „Maxim Gorki", Altenburg, u. VEB Leipziger Druckhaus, Leipzig, III/18/203. IV. 64
Veröffentlicht unter der Lizenznummer 1273 des Presseamtes beim Vorsitzenden des Ministerrates
Printed in Germany

Fortsetzung siehe umstehend

1950 I. Halbjahr .... nur noch einzelne Hefte lieferbar
II. Halbjahr (Heft 1 bis 26) einschl. Autoren- und Patentregister .... DM 125,—
Autoren- und Patentregister I. Halbjahr (einzeln) .... vergriffen
Autoren- und Patentregister II. Halbjahr (einzeln) .... DM 16,—
Formelregister .... DM 27,—
Sachregister .... vergriffen

Sonderband 1950—54

Teil 1	DM 42,—	Teil 9	DM 50,—
Teil 2	DM 48,—	Teil 10	DM 41,—
Teil 3	DM 52,—	Teil 11	DM 32,—
Teil 4	DM 47,—	Teil 12	DM 36,—
Teil 5	DM 46,—	Teil 13	DM 38,—
Teil 6	DM 45,—	Teil 14	DM 36,—
Teil 7	DM 47,—	Teil 15	im Druck
Teil 8	DM 46,—	Teil 16	in Bearbeitung

1951 Sach- und Formelregister (nur noch einzelne Hefte lieferbar) .... DM 80,—
1952 Jahresbezugspreis einschl. Autoren- und Patentregister .... DM 320,—
Sach- und Formelregister .... DM 96,—
1953 Jahresbezugspreis einschl. Autoren- und Patentregister .... DM 320,—
Sach- und Formelregister .... DM 96,—
1954 Jahresbezugspreis einschl. Autoren- und Patentregister .... DM 370,—
Sach- und Formelregister .... DM 96,—
1955 Jahresbezugspreis einschl. Autoren- und Patentregister .... DM 370,—
Sach- und Formelregister .... DM 96,—
1956 Jahresbezugspreis einschl. Autoren-, Patent-, Sach- und Formelregister ... DM 680,—
1957 Jahresbezugspreis einschl. Autoren-, Patent-, Sach- und Formelregister ... DM 680,—
1958 Jahresbezugspreis einschl. Autoren-, Patent-, Sach- und Formelregister ... DM 680,—
1959 Jahresbezugspreis einschl. Autoren-, Patent-, Sach- und Formelregister ... DM 960,—
1960 Jahresbezugspreis einschl. Autoren-, Patent-, Sach- und Formelregister ... DM 960,—
1961 Jahresbezugspreis einschl. Autoren-, Patent-, Sach- und Formelregister ... DM 960,—
1962 Jahresbezugspreis einschl. Autoren-, Patent-, Sach- und Formelregister ... DM 1200,—
1963 Jahresbezugspreis einschl. Autoren-, Patent-, Sach- und Formelregister ... DM 1200,—
1964 Jahresbezugspreis einschl. Autoren-, Patent-, Sach- und Formelregister ... DM 1800,—

Generalregister IX (1935 bis 1939) Teil IV: Sachregister

1. Lieferung	vergriffen	6. Lieferung	DM 52,—
2. Lieferung	vergriffen	7. Lieferung	DM 50,—
3. Lieferung	DM 52,—	8. Lieferung	DM 50,—
4. Lieferung	DM 55,—	9. Lieferung	DM 50,—
5. Lieferung	DM 52,—	10. Lieferung	im Druck

Generalregister X (1940 bis 1944)
Teil I: Autorenregister, 1. bis 4. Lieferung .... vergriffen
5. und 7. Lieferung .... je DM 50,
6. Lieferung .... vergriffen
Teil II: Patentregister .... vergriffen
Teil III: Formelregister und Teil IV: Sachregister .... vorgesehen

Generalregister XI (1945 bis 1949 einschl. Ergänzungsbände) .... vorgesehen
Generalregister XII (1950 bis 1954)
Teil I: Autorenregister .... in Bearbeitung
Teil II: Patentregister .... DM 33,—
Teil III u. IV (Formel- u. Sachregister nur für Sonderbände) .... vorgesehen

Das System (Stand vom 1. April 1958) 95 Seiten — gr. 8° .... DM 12,—

Lieferungsmöglichkeit vorbehalten

AKADEMIE-VERLAG · BERLIN

VERLAG CHEMIE · GMBH · WEINHEIM/BERGSTR.

FSC
www.fsc.org
MIX
Papier | Fördert gute Waldnutzung
FSC® C083411

Kolibri 360 GmbH
Ferdinand-Jühlke-Straße 7
99095 Erfurt, Deutschland
produktsicherheit@kolibri360.de